本书从第3~8章均为建模内容，这6章内容以110个实例详细介绍了3ds Max在内置几何体建模、样条线建模、修改器建模、网格建模、NURBS建模和多边形建模中的应用。在这6大建模技术中，以内置几何体建模、样条线建模、修改器建模和多边形建模最为重要，读者需要对这些建模技术中的实例勤加练习，以达到快速建出优秀模型的目的。另外，为了满足实际工作的需求，我们在实例编排上面尽量做到全面覆盖，既有室内家具建模实例（如桌子、椅子、凳子、沙发、灯饰、柜子、茶几、床等），也有室内框架建模实例和室外建筑外观建模实例（如剧场、别墅等），内容几乎涵盖实际工作中所要遇到的所有效果图模型。

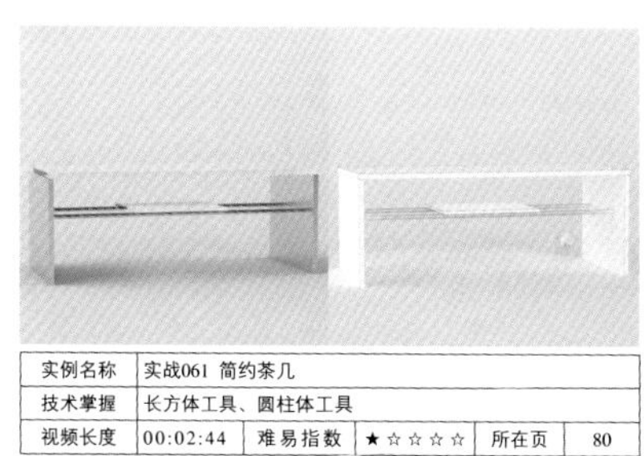

实例名称	实战061 简约茶几				
技术掌握	长方体工具、圆柱体工具				
视频长度	00:02:44	难易指数	★☆☆☆☆	所在页	80

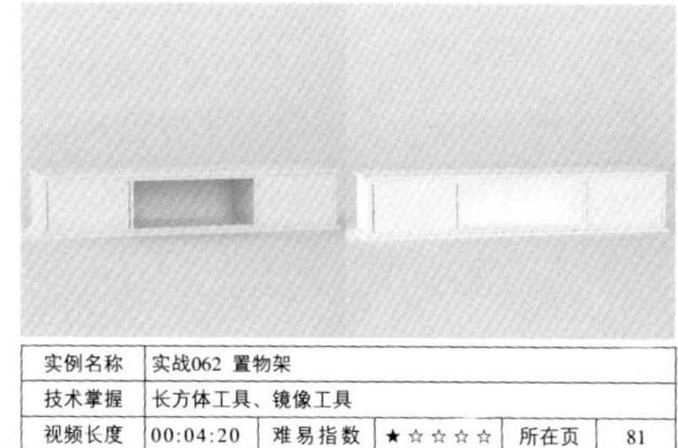

实例名称	实战062 置物架				
技术掌握	长方体工具、镜像工具				
视频长度	00:04:20	难易指数	★☆☆☆☆	所在页	81

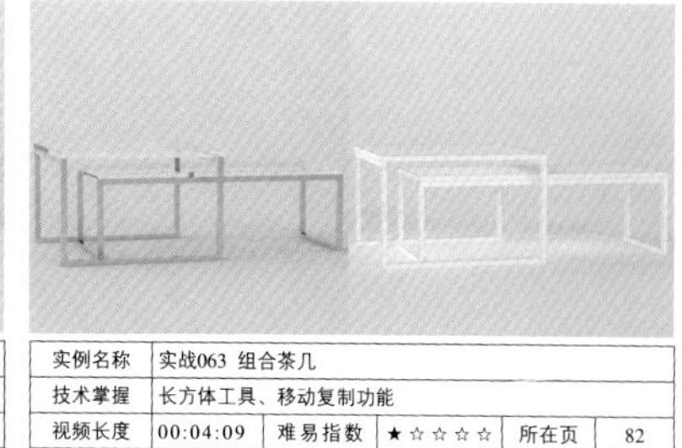

实例名称	实战063 组合茶几				
技术掌握	长方体工具、移动复制功能				
视频长度	00:04:09	难易指数	★☆☆☆☆	所在页	82

实例名称	实战064 简约茶桌				
技术掌握	圆柱体工具、长方体工具、旋转复制功能、仅影响轴技术				
视频长度	00:03:59	难易指数	★★☆☆☆	所在页	83

实例名称	实战065 简约书柜				
技术掌握	长方体工具、圆柱体工具、移动复制功能				
视频长度	00:06:25	难易指数	★☆☆☆☆	所在页	84

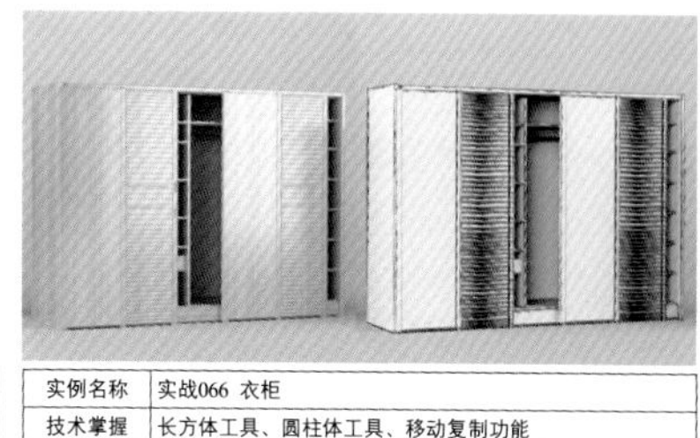

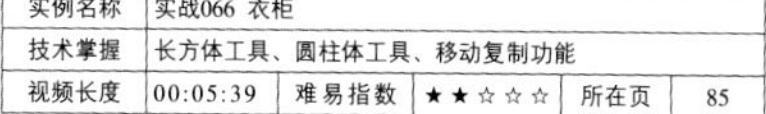

实例名称	实战066 衣柜				
技术掌握	长方体工具、圆柱体工具、移动复制功能				
视频长度	00:05:39	难易指数	★★☆☆☆	所在页	85

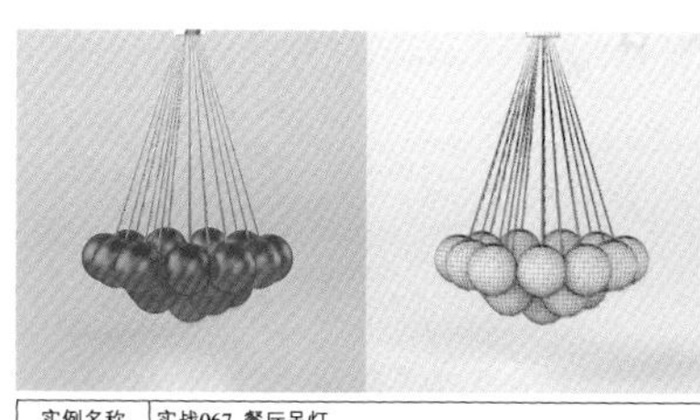

实例名称	实战067 餐厅吊灯				
技术掌握	球体工具、圆柱体工具、移动复制功能、仅影响轴技术				
视频长度	00:04:26	难易指数	★★☆☆☆	所在页	87

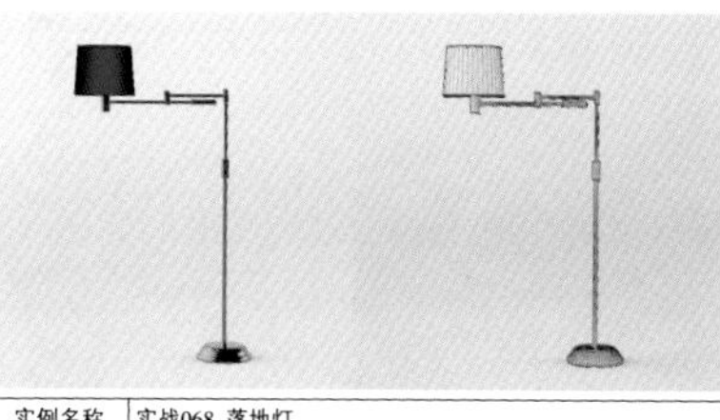

实例名称	实战068 落地灯				
技术掌握	管状体工具、圆柱体工具				
视频长度	00:03:02	难易指数	★★☆☆☆	所在页	88

实例名称	实战069 床头柜				
技术掌握	切角长方体工具、切角圆柱体工具、C-Ext工具				
视频长度	00:04:40	难易指数	★★☆☆☆	所在页	89

实例名称	实战070 茶几				
技术掌握	长方体工具、圆柱体工具、管状体工具				
视频长度	00:06:59	难易指数	★★☆☆☆	所在页	91

实例名称	实战071 电视柜				
技术掌握	切角长方体工具、移动复制功能				
视频长度	00:05:15	难易指数	★☆☆☆☆	所在页	92

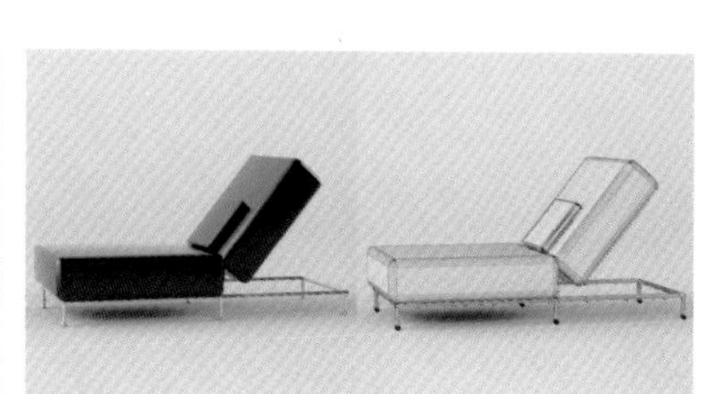

实例名称	实战072 休闲躺椅				
技术掌握	切角长方体工具、切角圆柱体工具、球体工具				
视频长度	00:03:28	难易指数	★☆☆☆☆	所在页	93

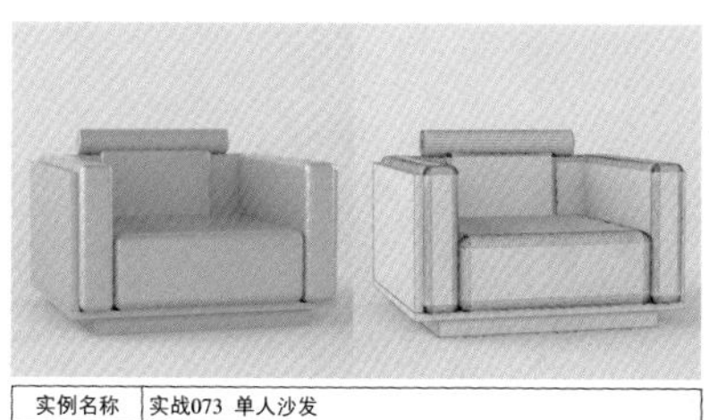

实例名称	实战073 单人沙发				
技术掌握	切角长方体工具、切角圆柱体工具				
视频长度	00:06:38	难易指数	★☆☆☆☆	所在页	95

实例名称	实战074 玻璃茶几				
技术掌握	切角长方体/切角圆柱体/球体/圆柱体工具、组命令				
视频长度	00:03:29	难易指数	★☆☆☆☆	所在页	96

实例名称	实战075 组合餐桌椅				
技术掌握	长方体工具、切角长方体工具、组命令				
视频长度	00:02:27	难易指数	★★☆☆☆	所在页	97

建模技术 重点

本精彩例

适合对象：家装造型设计师　工业造型设计师　室内设计表现师　建筑设计表现师

实例名称	实战076 简约床头柜				
技术掌握	长方体工具、移动复制功能				
视频长度	00:03:08	难易指数	★☆☆☆☆	所在页	98

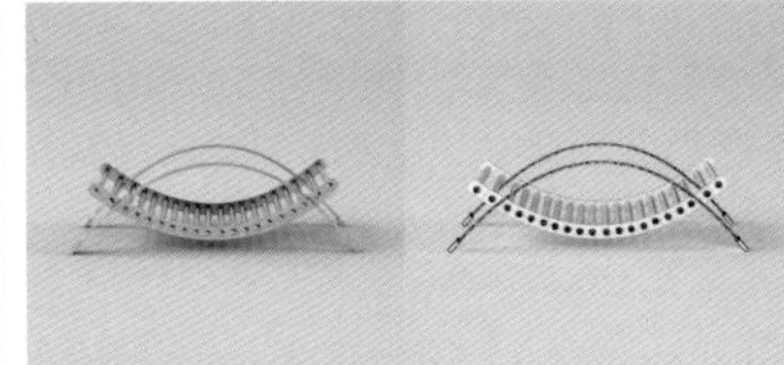

实例名称	实战077 水果架				
技术掌握	管状体工具、圆柱体工具、移动复制功能				
视频长度	00:03:46	难易指数	★☆☆☆☆	所在页	99

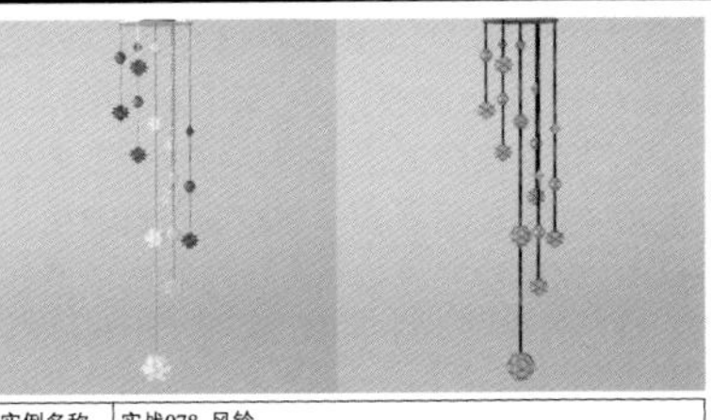

实例名称	实战078 风铃				
技术掌握	切角圆柱体工具、圆柱体工具、异面体工具				
视频长度	00:05:44	难易指数	★☆☆☆☆	所在页	100

实例名称	实战079 饮料吸管				
技术掌握	软管工具、参考物的运用				
视频长度	00:02:11	难易指数	★☆☆☆☆	所在页	101

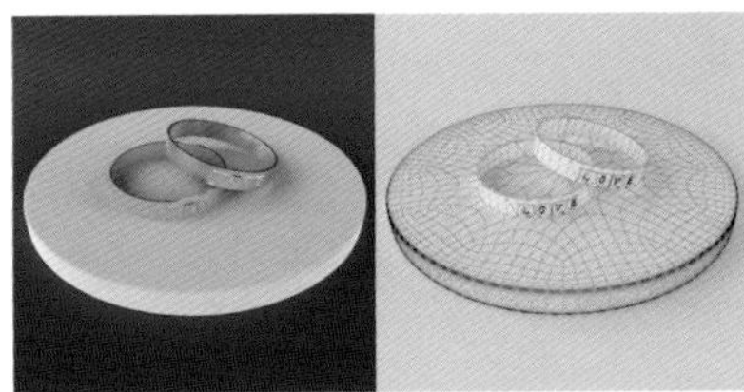

实例名称	实战080 戒指				
技术掌握	管状体工具、图形合并工具、文本工具、建模工具选项卡				
视频长度	00:03:40	难易指数	★★★☆☆	所在页	102

实例名称	实战081 骰子				
技术掌握	切角长方体工具、塌陷工具、ProBoolean工具				
视频长度	00:03:48	难易指数	★★☆☆☆	所在页	103

实例名称	实战082 窗台				
技术掌握	固定窗工具、栏杆工具				
视频长度	00:03:46	难易指数	★★★☆☆	所在页	105

实例名称	实战083 休闲室				
技术掌握	直线楼梯工具、固定窗工具、栏杆工具				
视频长度	00:03:54	难易指数	★★☆☆☆	所在页	107

实例名称	实战084 mental ray代理会议室				
技术掌握	固定窗工具、挤出修改器、mr代理工具				
视频长度	00:02:31	难易指数	★★★☆☆	所在页	108

实例名称	实战085 VRay代理剧场				
技术掌握	VRay网格体导出命令、VRay代理工具				
视频长度	00:03:03	难易指数	★★★☆☆	所在页	111

实例名称	实战086 迷宫				
技术掌握	墙矩形/通道/角度/T形/宽法兰工具、挤出修改器				
视频长度	00:02:15	难易指数	★☆☆☆☆	所在页	114

实例名称	实战087 藤椅				
技术掌握	线工具、多边形工具、螺旋线工具				
视频长度	00:09:06	难易指数	★★☆☆☆	所在页	114

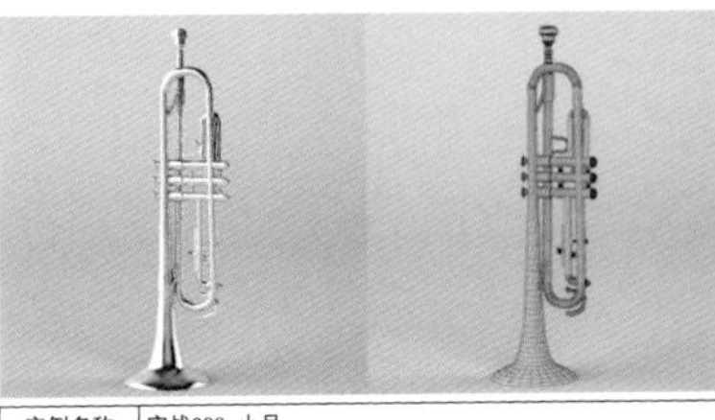

实例名称	实战088 小号				
技术掌握	线工具、放样工具、车削修改器				
视频长度	00:06:31	难易指数	★★☆☆☆	所在页	117

实例名称	实战089 杂志				
技术掌握	线工具、轮廓工具、挤出修改器				
视频长度	00:03:06	难易指数	★☆☆☆☆	所在页	118

实例名称	实战090 罗马柱				
技术掌握	线工具、矩形工具、车削修改器、挤出修改器				
视频长度	00:02:04	难易指数	★☆☆☆☆	所在页	119

实例名称	实战091 简约茶几				
技术掌握	圆工具、挤出修改器、线工具				
视频长度	00:03:49	难易指数	★☆☆☆☆	所在页	120

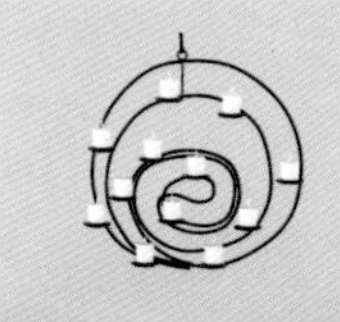

实例名称	实战092 艺术烛台				
技术掌握	线工具、车削修改器				
视频长度	00:06:21	难易指数	★☆☆☆☆	所在页	121

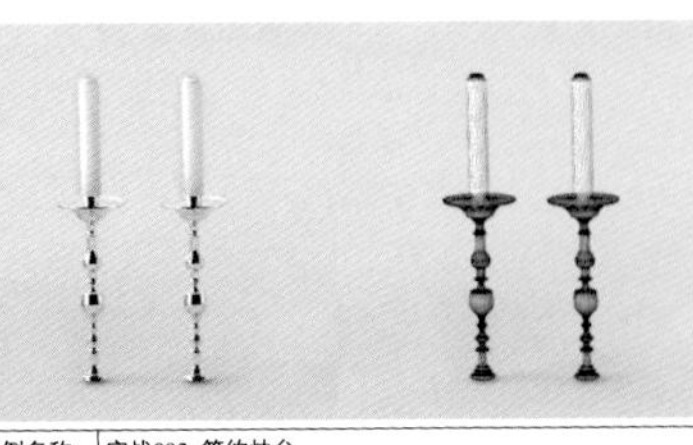

实例名称	实战093 简约烛台				
技术掌握	线工具、车削修改器				
视频长度	00:02:44	难易指数	★☆☆☆☆	所在页	122

实例名称	实战094 玻璃花瓶				
技术掌握	线工具、车削修改器				
视频长度	00:04:53	难易指数	★☆☆☆☆	所在页	122

实例名称	实战095 时尚台灯				
技术掌握	切角工具、线工具、车削修改器				
视频长度	00:02:26	难易指数	★☆☆☆☆	所在页	123

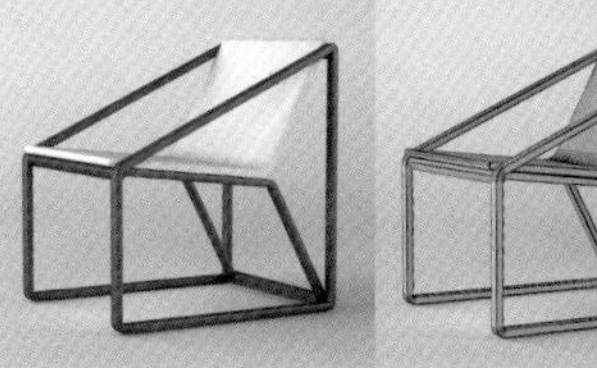

实例名称	实战096 休闲椅				
技术掌握	线工具、圆角工具、挤出修改器				
视频长度	00:04:46	难易指数	★☆☆☆☆	所在页	123

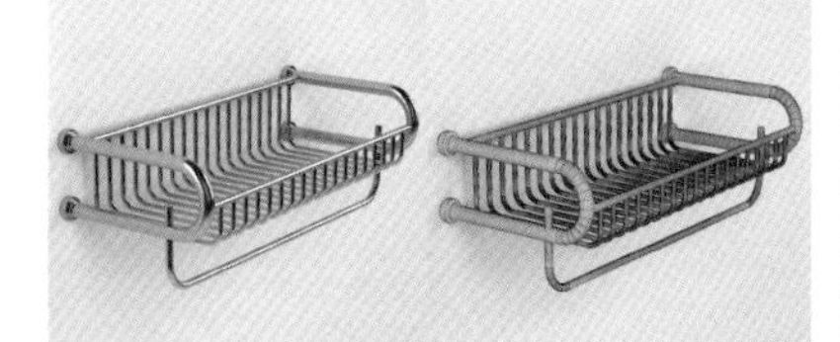

实例名称	实战097 金属挂篮				
技术掌握	线工具				
视频长度	00:06:31	难易指数	★☆☆☆☆	所在页	124

实例名称	实战098 铁艺置物架				
技术掌握	线工具、长方体工具				
视频长度	00:04:40	难易指数	★☆☆☆☆	所在页	125

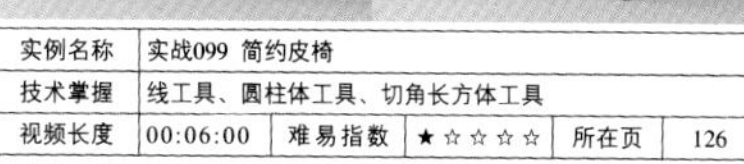

实例名称	实战099 简约皮椅				
技术掌握	线工具、圆柱体工具、切角长方体工具				
视频长度	00:06:00	难易指数	★☆☆☆☆	所在页	126

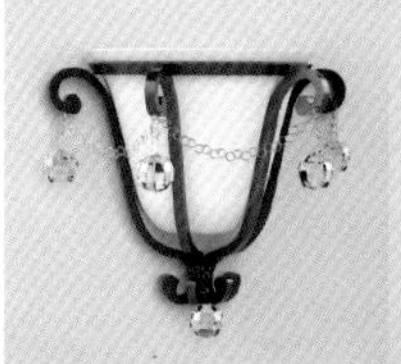

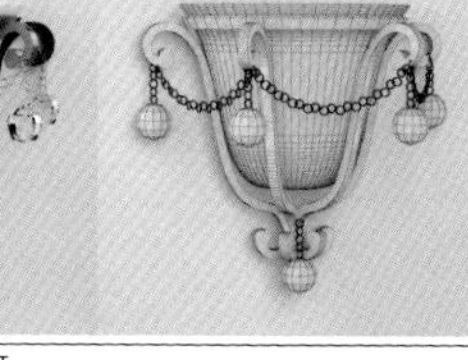

实例名称	实战100 壁灯				
技术掌握	线工具、弧工具、圆工具、车削修改器、挤出修改器				
视频长度	00:07:07	难易指数	★☆☆☆☆	所在页	127

实例名称	实战101 花槽				
技术掌握	线工具、车削修改器、挤出修改器				
视频长度	00:05:16	难易指数	★★☆☆☆	所在页	129

实例名称	实战102 金属茶几				
技术掌握	线工具、矩形工具、挤出修改器				
视频长度	00:04:46	难易指数	★☆☆☆☆	所在页	131

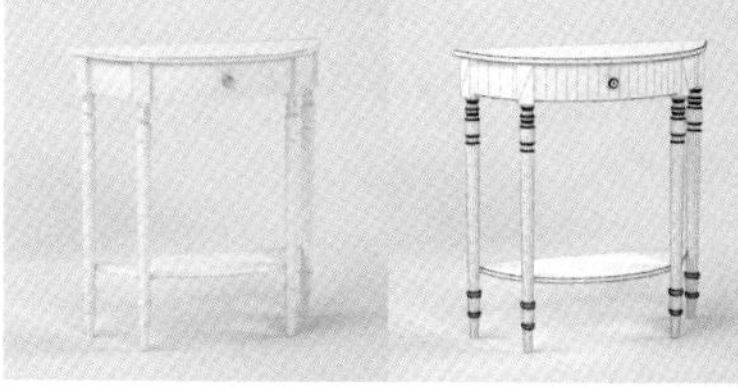

实例名称	实战103 田园梳妆台				
技术掌握	线工具、挤出修改器、车削修改器				
视频长度	00:06:18	难易指数	★★☆☆☆	所在页	132

实例名称	实战104 铁艺餐桌				
技术掌握	线工具、圆工具、车削修改器				
视频长度	00:06:03	难易指数	★★☆☆☆	所在页	133

实例名称	实战105 伸缩门				
技术掌握	线工具、插入工具、挤出工具、切角工具、车削修改器				
视频长度	00:10:53	难易指数	★★★☆☆	所在页	135

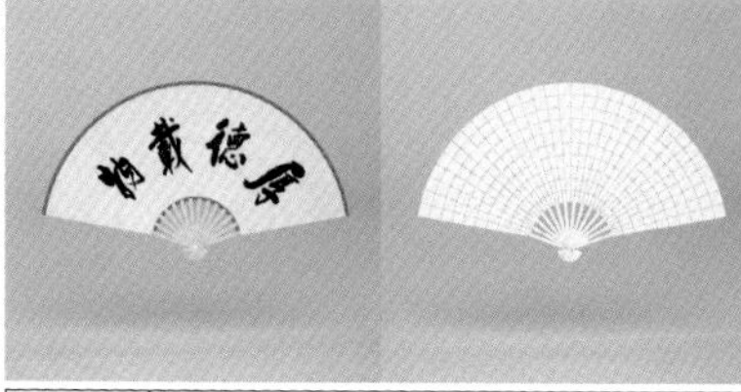

实例名称	实战106 折扇				
技术掌握	弯曲修改器、旋转复制功能、仅影响轴技术				
视频长度	00:02:07	难易指数	★☆☆☆☆	所在页	140

实例名称	实战107 咖啡杯				
技术掌握	网格平滑修改器、FFD 4×4×4修改器、噪波修改器、平滑修改器				
视频长度	00:05:00	难易指数	★★☆☆☆	所在页	141

实例名称	实战108 平底壶				
技术掌握	壳修改器、网格平滑修改器				
视频长度	00:02:46	难易指数	★★☆☆☆	所在页	143

实例名称	实战109 高脚杯				
技术掌握	车削修改器				
视频长度	00:04:14	难易指数	★☆☆☆☆	所在页	145

实例名称	实战110 酒具				
技术掌握	车削修改器、壳修改器				
视频长度	00:03:48	难易指数	★☆☆☆☆	所在页	145

实例名称	实战111 吸顶灯				
技术掌握	挤出修改器、对称修改器				
视频长度	00:01:21	难易指数	★☆☆☆☆	所在页	146

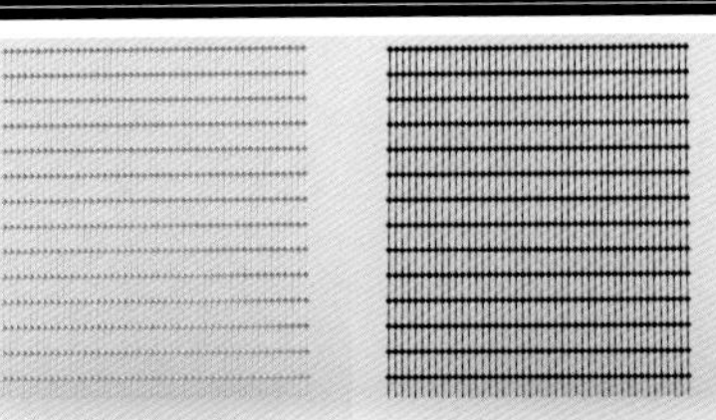

实例名称	实战112 珠帘				
技术掌握	晶格修改器				
视频长度	00:01:06	难易指数	★☆☆☆☆	所在页	147

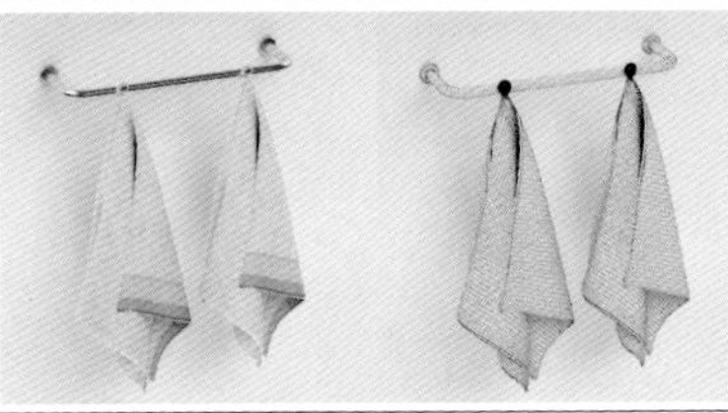

实例名称	实战113 毛巾				
技术掌握	Cloth（布料）/细化/网格平滑/壳修改器				
视频长度	00:02:33	难易指数	★★☆☆☆	所在页	148

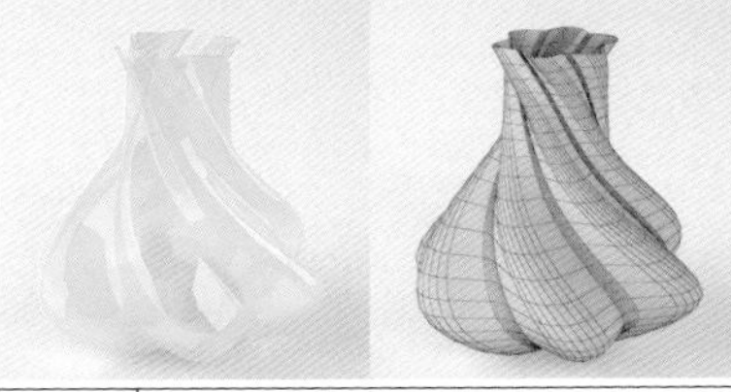

实例名称	实战114 旋转花瓶				
技术掌握	挤出/FFD（圆柱体）/扭曲/壳修改器				
视频长度	00:02:38	难易指数	★★☆☆☆	所在页	149

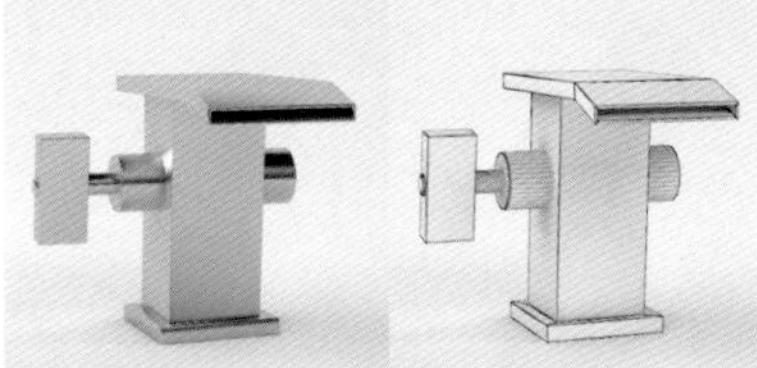

实例名称	实战115 水龙头				
技术掌握	编辑多边形修改器				
视频长度	00:03:28	难易指数	★★☆☆☆	所在页	151

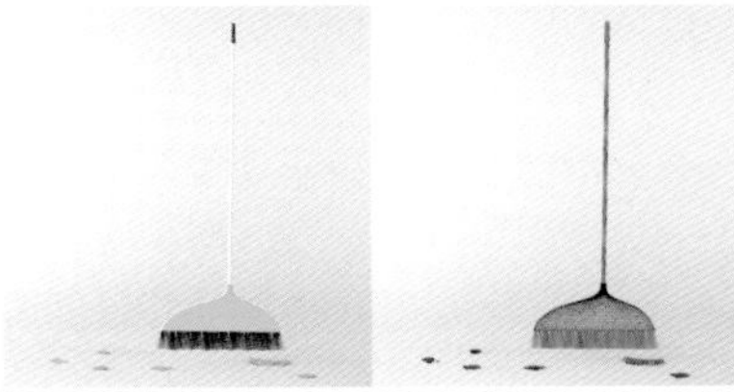

实例名称	实战116 笤帚				
技术掌握	Hair和Fur（WSM）（毛发和毛发（WSM））修改器				
视频长度	00:02:30	难易指数	★★☆☆☆	所在页	153

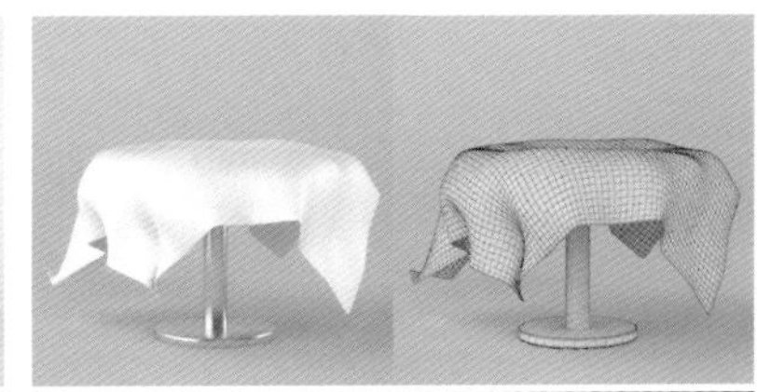

实例名称	实战117 桌布				
技术掌握	Cloth（布料）修改器、细化修改器				
视频长度	00:03:36	难易指数	★★★☆☆	所在页	155

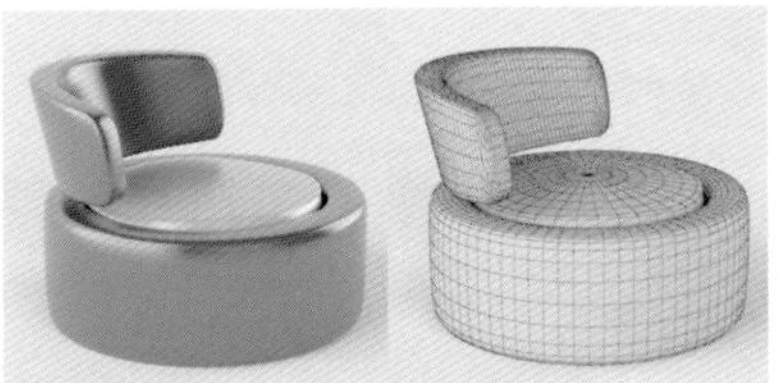

实例名称	实战118 单人沙发				
技术掌握	网格平滑修改器、FFD 3×3×3修改器				
视频长度	00:05:02	难易指数	★☆☆☆☆	所在页	156

实例名称	实战119 木椅				
技术掌握	FFD 3×3×3修改器、FFD（长方体）修改器				
视频长度	00:05:58	难易指数	★★☆☆☆	所在页	158

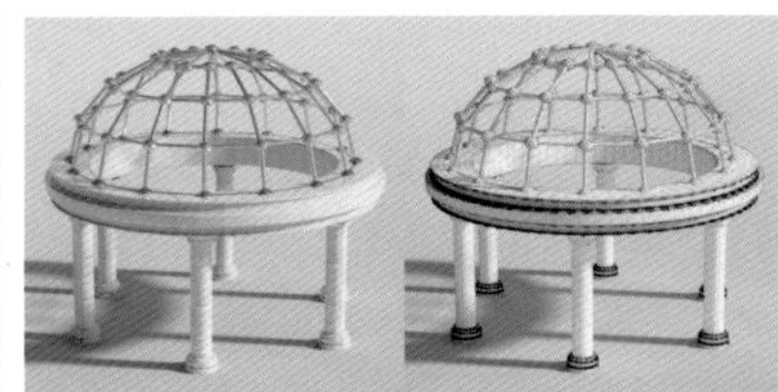

实例名称	实战120 凉亭				
技术掌握	车削修改器、晶格修改器				
视频长度	00:06:25	难易指数	★★☆☆☆	所在页	160

实例名称	实战121 床头柜				
技术掌握	挤出工具、切角工具				
视频长度	00:05:31	难易指数	★☆☆☆☆	所在页	164

实例名称	实战122 不锈钢餐叉				
技术掌握	挤出工具、切角工具、网格平滑修改器				
视频长度	00:05:10	难易指数	★☆☆☆☆	所在页	166

实例名称	实战123 餐桌				
技术掌握	挤出工具、切角工具、网格平滑修改器				
视频长度	00:05:36	难易指数	★☆☆☆☆	所在页	169

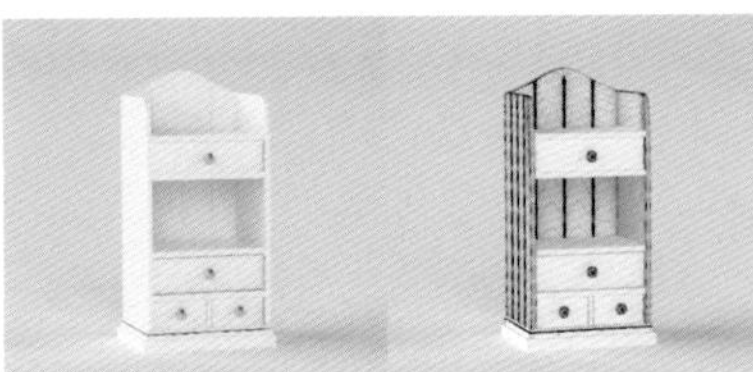

实例名称	实战124 欧式床头柜				
技术掌握	挤出工具、切角工具、倒角工具				
视频长度	00:06:15	难易指数	★★★☆☆	所在页	171

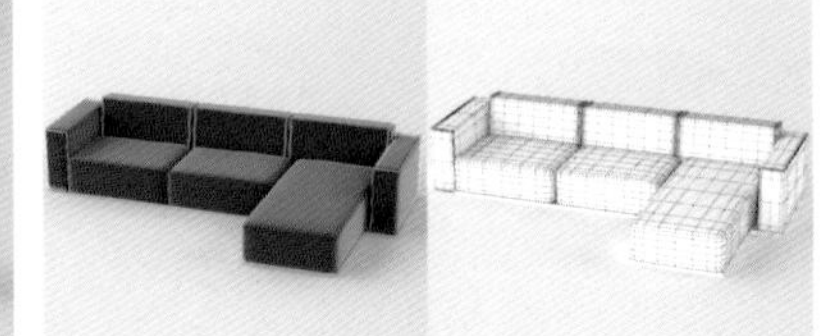

实例名称	实战125 沙发				
技术掌握	切角工具、由边创建图形工具、网格平滑修改器				
视频长度	00:09:06	难易指数	★★★☆☆	所在页	175

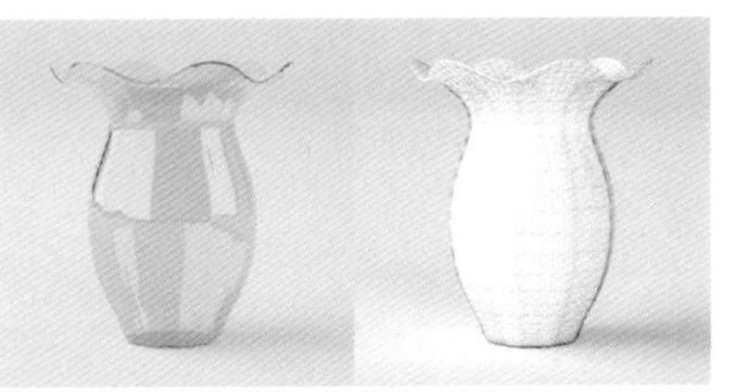

实例名称	实战126 艺术花瓶				
技术掌握	点曲线工具、创建U向放样曲面工具、创建封口曲面工具				
视频长度	00:01:31	难易指数	★☆☆☆☆	所在页	180

实例名称	实战127 陶瓷花瓶				
技术掌握	点曲线工具、创建车削曲面工具				
视频长度	00:01:44	难易指数	★☆☆☆☆	所在页	181

实例名称	实战128 盆景植物				
技术掌握	CV曲面工具				
视频长度	00:03:53	难易指数	★☆☆☆☆	所在页	182

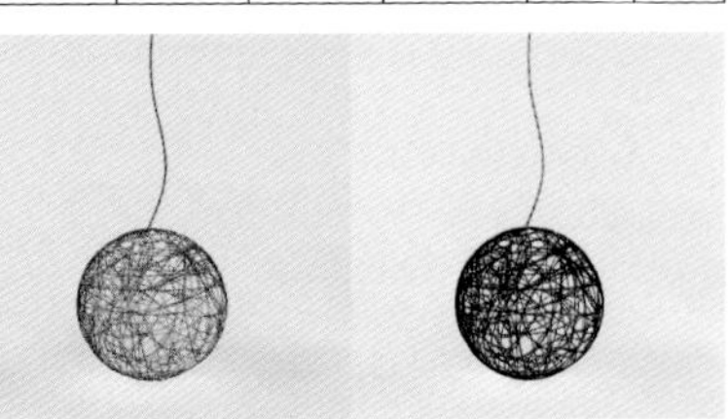

实例名称	实战129 藤艺饰品				
技术掌握	创建曲面上的点曲线工具、分离工具				
视频长度	00:03:18	难易指数	★☆☆☆☆	所在页	183

建模技术 重点

本 精 彩 例

适合对象：家装造型设计师　工业造型设计师　室内设计表现师　建筑设计表现师

实例名称	实战130 洗涤瓶				
技术掌握	创建U向放样曲面工具、创建封口曲面工具				
视频长度	00:02:30	难易指数	★☆☆☆☆	所在页	185

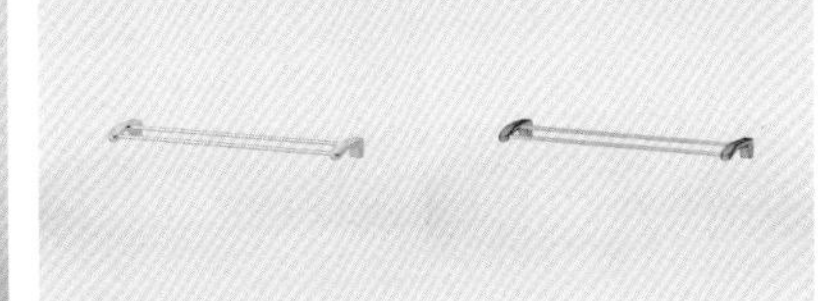

实例名称	实战131 浴巾架				
技术掌握	挤出工具、切角工具				
视频长度	00:04:37	难易指数	★☆☆☆☆	所在页	188

实例名称	实战132 苹果				
技术掌握	多边形的顶点调节、切角工具				
视频长度	00:03:08	难易指数	★☆☆☆☆	所在页	189

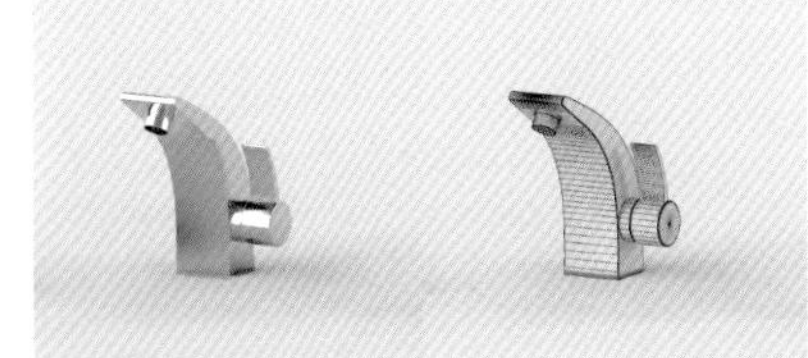

实例名称	实战133 金属水龙头				
技术掌握	切角工具、挤出修改器				
视频长度	00:03:16	难易指数	★☆☆☆☆	所在页	191

实例名称	实战134 调味罐				
技术掌握	分离工具、布尔工具、弧工具、车削修改器、壳修改器				
视频长度	00:04:34	难易指数	★★☆☆☆	所在页	192

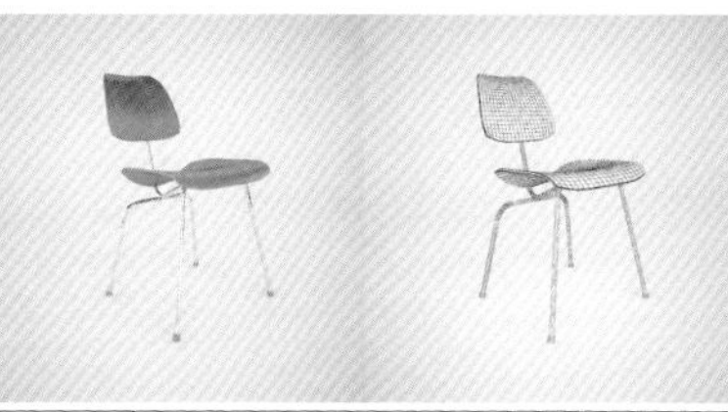

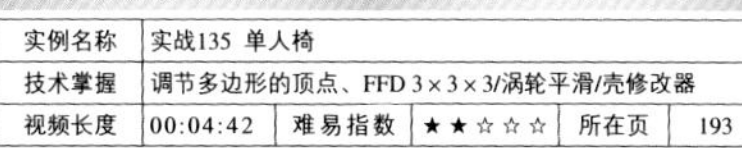

实例名称	实战135 单人椅				
技术掌握	调节多边形的顶点、FFD 3×3×3/涡轮平滑/壳修改器				
视频长度	00:04:42	难易指数	★★☆☆☆	所在页	193

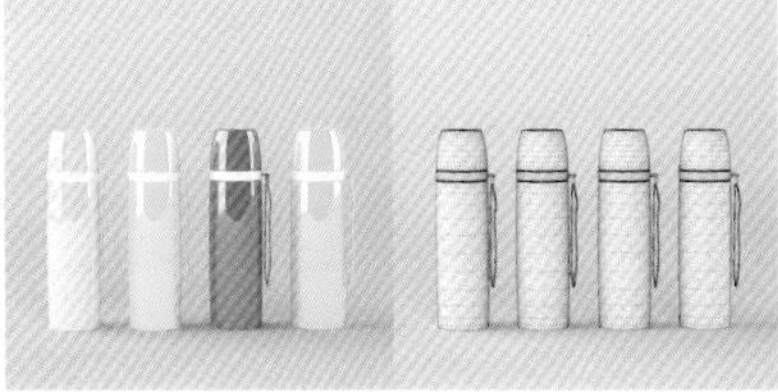

实例名称	实战136 保温杯				
技术掌握	插入工具、挤出工具、切角工具、网格平滑修改器				
视频长度	00:04:04	难易指数	★★☆☆☆	所在页	194

实例名称	实战137 低音炮				
技术掌握	挤出工具、连接工具、插入工具、切角工具				
视频长度	00:07:22	难易指数	★★★☆☆	所在页	196

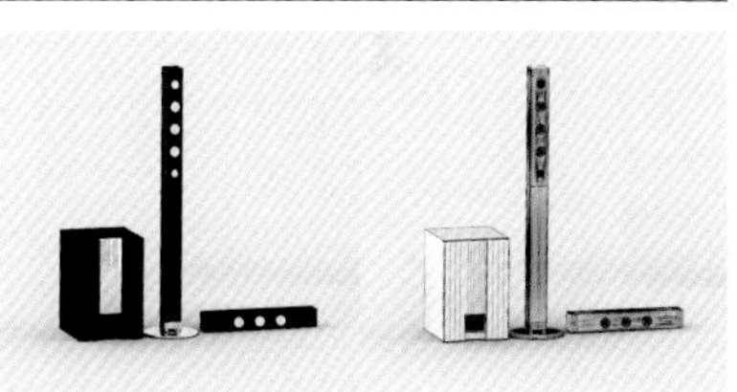

实例名称	实战138 组合音响				
技术掌握	附加工具、Proboolean工具				
视频长度	00:09:19	难易指数	★★☆☆☆	所在页	200

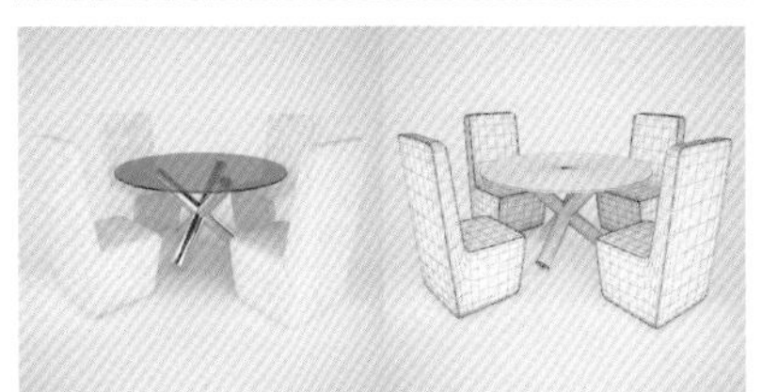

实例名称	实战139 多人餐桌椅				
技术掌握	仅影响轴技术、调节多边形的顶点、挤出工具、切角工具				
视频长度	00:06:29	难易指数	★★☆☆☆	所在页	201

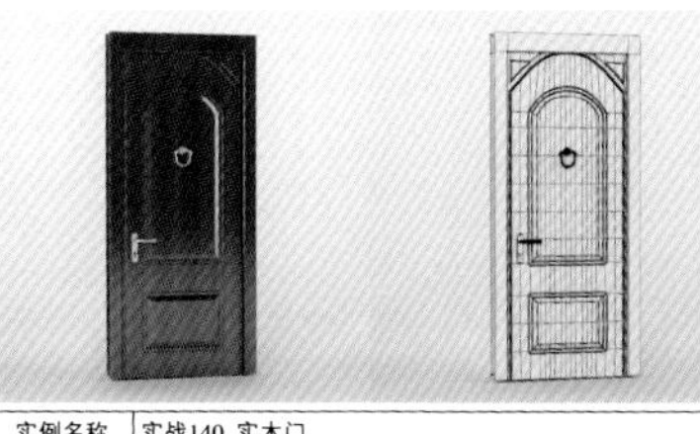

实例名称	实战140 实木门				
技术掌握	倒角工具、切角工具、连接工具				
视频长度	00:10:59	难易指数	★★★☆☆	所在页	204

实例名称	实战141 简约床头柜				
技术掌握	挤出工具、切角工具				
视频长度	00:04:10	难易指数	★☆☆☆☆	所在页	206

实例名称	实战142 欧式床头柜				
技术掌握	倒角工具、切角工具、车削修改器、挤出修改器				
视频长度	00:05:59	难易指数	★★★☆☆	所在页	207

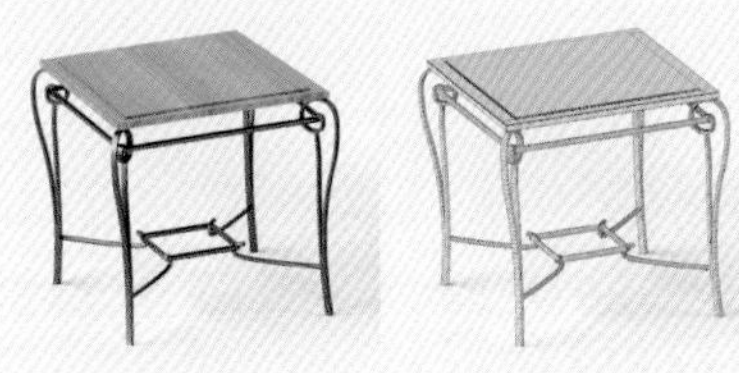

实例名称	实战143 铁艺方桌				
技术掌握	挤出工具、切角工具				
视频长度	00:06:02	难易指数	★★☆☆☆	所在页	209

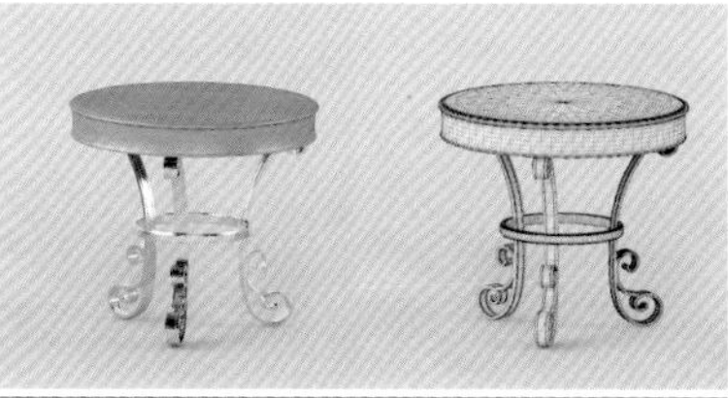

实例名称	实战144 欧式圆茶几				
技术掌握	连接工具、挤出工具、切角工具、插入工具				
视频长度	00:09:38	难易指数	★★★☆☆	所在页	211

实例名称	实战145 木质茶几				
技术掌握	插入工具、挤出工具、切角工具、倒角工具				
视频长度	00:04:32	难易指数	★★★☆☆	所在页	214

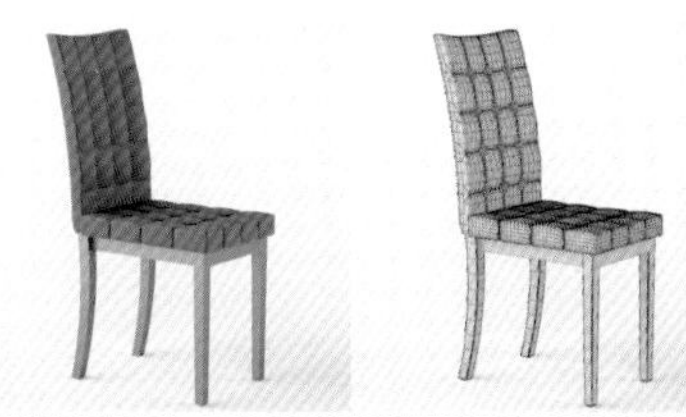

实例名称	实战146 绒布餐椅				
技术掌握	切角工具、挤出工具、连接工具、软选择功能				
视频长度	00:06:38	难易指数	★★★☆☆	所在页	216

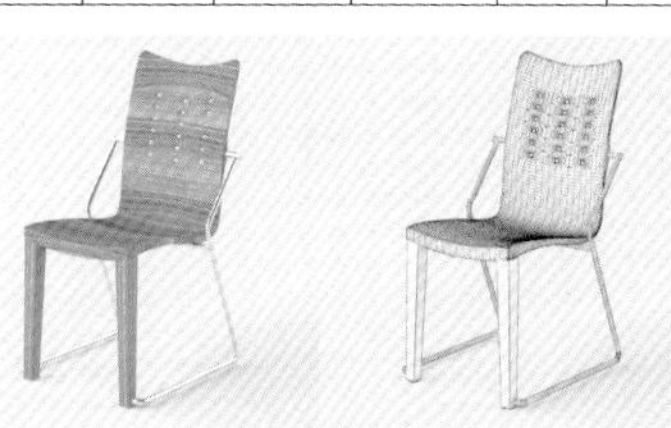

实例名称	实战147 木质餐椅				
技术掌握	FFD 4×4×4修改器、切角工具、桥工具				
视频长度	00:09:05	难易指数	★★☆☆☆	所在页	218

实例名称	实战148 简约沙发				
技术掌握	切角/挤出/切割/利用所选内容创建图形工具				
视频长度	00:12:30	难易指数	★★★☆☆	所在页	220

实例名称	实战149 简约组合餐桌椅				
技术掌握	挤出工具、连接工具、切角工具				
视频长度	00:06:27	难易指数	★★☆☆☆	所在页	223

实例名称	实战150 田园组合餐桌椅				
技术掌握	挤出/切角/循环/利用所选内容创建图形工具				
视频长度	00:07:18	难易指数	★★★☆☆	所在页	225

实例名称	实战151 中式餐桌椅				
技术掌握	切角工具、插入工具、挤出工具				
视频长度	00:09:12	难易指数	★★☆☆☆	所在页	228

实例名称	实战152 座便器				
技术掌握	挤出工具、插入工具、倒角工具、切角工具				
视频长度	00:11:37	难易指数	★★★☆☆	所在页	230

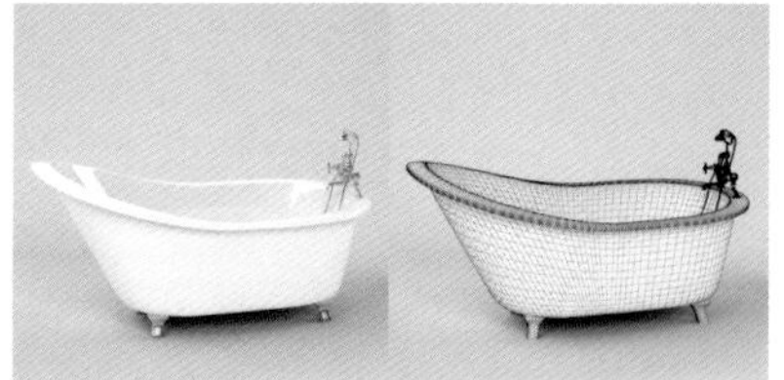

实例名称	实战153 罗卡贵妃浴缸				
技术掌握	插入工具、挤出工具、切角工具				
视频长度	00:08:02	难易指数	★★★☆☆	所在页	233

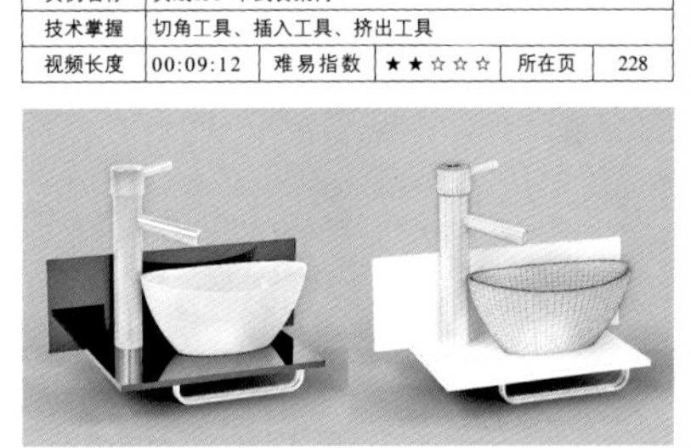

实例名称	实战154 洗手池				
技术掌握	插入工具、挤出工具、切角工具				
视频长度	00:04:19	难易指数	★★★☆☆	所在页	235

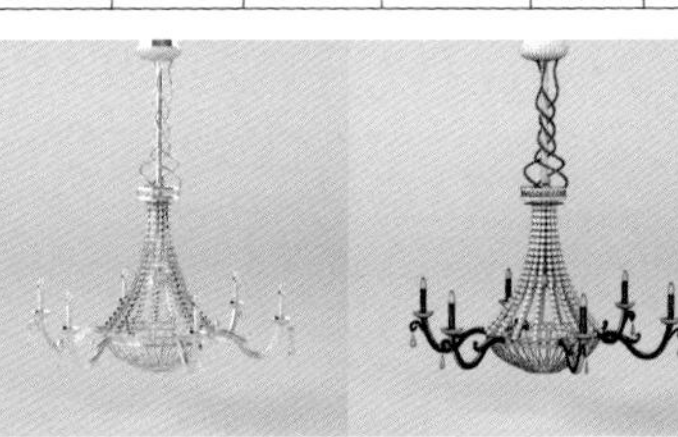

实例名称	实战155 欧式吊灯				
技术掌握	放样/仅影响轴/间隔/挤出/切角工具				
视频长度	00:13:41	难易指数	★★★★☆	所在页	237

实例名称	实战156 转角沙发				
技术掌握	挤出/连接/切角/利用所选内容创建图形工具				
视频长度	00:11:33	难易指数	★☆☆☆☆	所在页	241

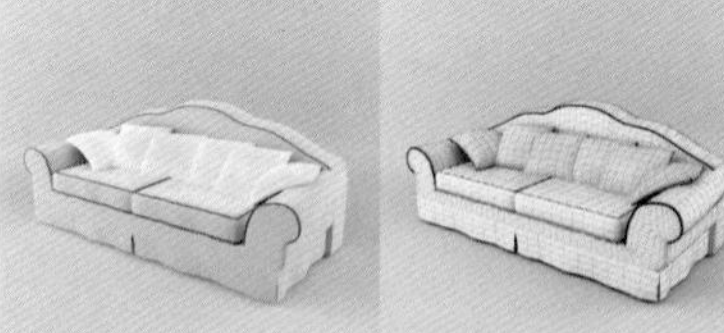

实例名称	实战157 多人沙发				
技术掌握	切角/挤出/塌陷/利用所选内容创建图形工具				
视频长度	00:11:41	难易指数	★★★☆☆	所在页	243

实例名称	实战158 欧式单人沙发				
技术掌握	切角工具、挤出工具、倒角工具				
视频长度	00:11:23	难易指数	★★★☆☆	所在页	246

实例名称	实战159 欧式梳妆台				
技术掌握	挤出工具、切角工具、连接工具、插入工具、倒角工具				
视频长度	00:10:14	难易指数	★★★☆☆	所在页	248

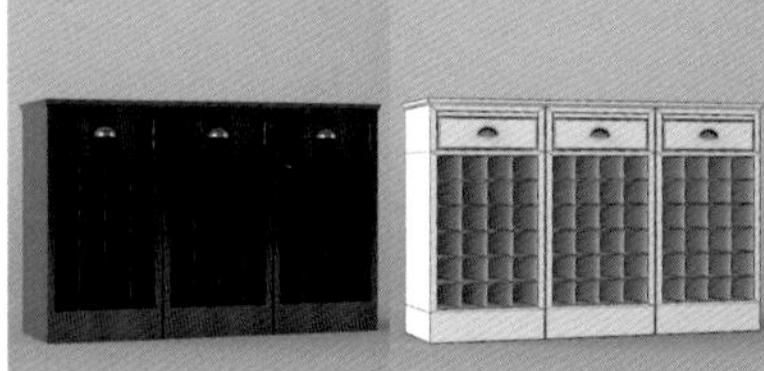

实例名称	实战160 中式酒柜				
技术掌握	倒角工具、挤出工具、切角工具、插入工具、连接工具				
视频长度	00:05:59	难易指数	★★☆☆☆	所在页	251

实例名称	实战161 中式鞋柜				
技术掌握	切角/插入/倒角/挤出/连接工具、倒角剖面修改器				
视频长度	00:06:22	难易指数	★★★☆☆	所在页	253

实例名称	实战162 中式雕花椅				
技术掌握	放样/插入/倒角/挤出/切角/塌陷/连接/桥工具				
视频长度	00:15:21	难易指数	★★★★☆	所在页	256

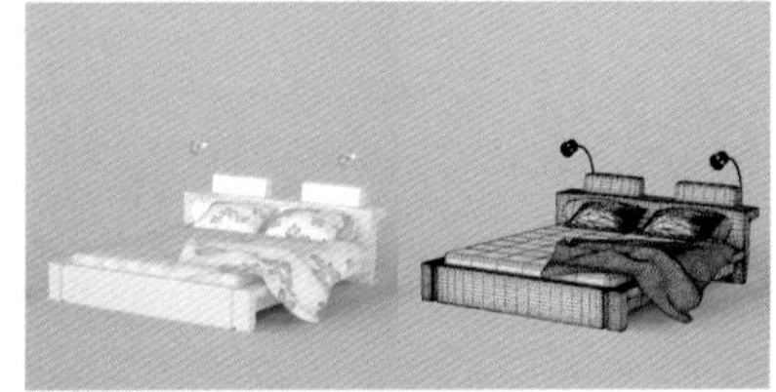

实例名称	实战163 白色双人软床				
技术掌握	切角工具、挤出工具、连接工具				
视频长度	00:08:02	难易指数	★★★☆☆	所在页	261

实例名称	实战164 豪华双人床				
技术掌握	挤出工具、切角工具、Cloth（布料）修改器				
视频长度	00:07:49	难易指数	★★★★☆	所在页	263

实例名称	实战165 简欧双人床				
技术掌握	利用所选内容创建图形/切角/挤出/倒角/连接工具				
视频长度	00:11:33	难易指数	★★★★☆	所在页	266

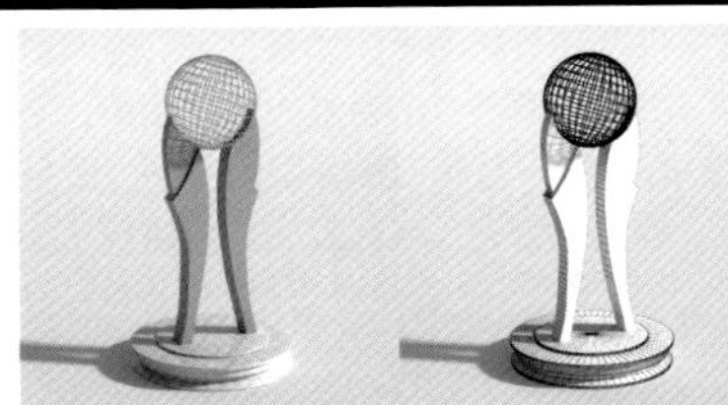

实例名称	实战166 室外雕塑				
技术掌握	挤出修改器、车削修改器、利用所选内容创建图形工具				
视频长度	00:05:59	难易指数	★★★☆☆	所在页	268

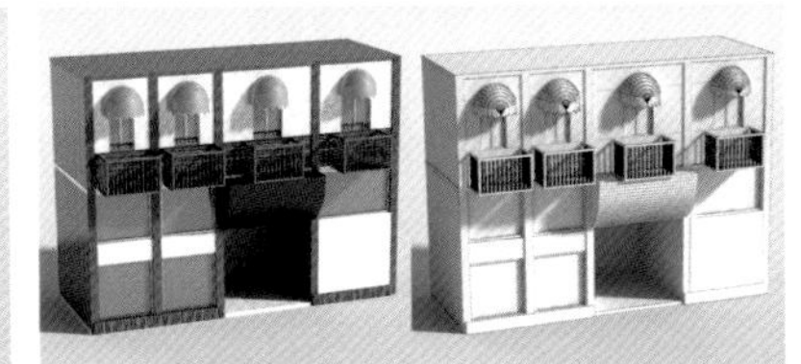

实例名称	实战167 店铺				
技术掌握	长方体工具、矩形工具、挤出修改器、壳修改器				
视频长度	00:10:37	难易指数	★★★☆☆	所在页	269

实例名称	实战170 根据CAD图纸创建户型图				
技术掌握	根据CAD图纸创建模型				
视频长度	00:06:01	难易指数	★★★☆☆	所在页	281

实例名称	实战168 欧式别墅				
技术掌握	倒角工具、挤出工具、插入工具、切角工具、连接工具				
视频长度	00:18:14	难易指数	★★★★★	所在页	271

实例名称	实战169 简约别墅				
技术掌握	挤出工具、连接工具、插入工具、倒角工具、焊接工具、切片平面工具、切片工具、分离工具				
视频长度	00:07:17	难易指数	★★★★★	所在页	276

至此，本书110个建模实例全部展示完成，这部分内容是一幅优秀作品的基础，因为无论是灯光还是渲染，都必须基于优秀的模型，没有模型的场景，再好的灯光和渲染参数都不起任何作用。此外，由于建模技术是3ds Max中的一大难点，因此在安排实例难度时尽量做到循序渐进。如果读者遇到某些步骤无法完成（少数实例的制作难度比较大），可以反复阅读该步骤的前后内容，或者打开该实例的视频教学，以查看更详细的制作方法。

鉴于实际工作中的需求，建议读者重点学习内置几何体建模、样条线建模、修改器建模和多边形建模。学好了这4大建模技术，基本就可以满足工作中的所有建模要求。

没有灯光的世界将是一片黑暗，在三维场景中也是一样，即使有精美的模型、真实的材质以及完美的动画，如果没有灯光照射也毫无作用，由此可见灯光在三维表现中的重要性。灯光是视觉画面的一部分，其功能主要有3点：提供一个完整的整体氛围，展现出影像实体，营造空间的氛围；为画面着色，以塑造空间和形式；让人们集中注意力。在3ds Max中共有两种类型的灯光，分别是标准灯光和光度学灯光，而安装VRay渲染器后，还可以使用VRay的灯光。在VRay灯光中，以目标灯光、目标聚光灯、目标平行光、VRay灯光和VRay太阳最为常用，也最为重要。

本书第9章为灯光内容，一共25个实例。这些实例包含了在实际工作中经常要遇到的灯光项目，比如壁灯、灯泡、灯带、吊灯、灯箱、屏幕、射灯、台灯、烛光、舞台灯光、阳光、天光等，同时还涉及了一些很重要的灯光技术，如光域网、阴影贴图、三点照明、灯光排除、焦散等。

3ds Max中的摄影机在制作效果图和动画时非常有用。在3ds Max中最重要的摄影机是“目标摄影机”，而VRay渲染器中最重要的摄影机是“VRay物理摄影机”。本书第10章涉及摄影机内容，以5个实例详细讲解了目标摄影机和VRay物理摄影机中的“景深”功能、“运动模糊”功能、“缩放因子”功能、“光圈数”功能和“镜头光晕”功能。

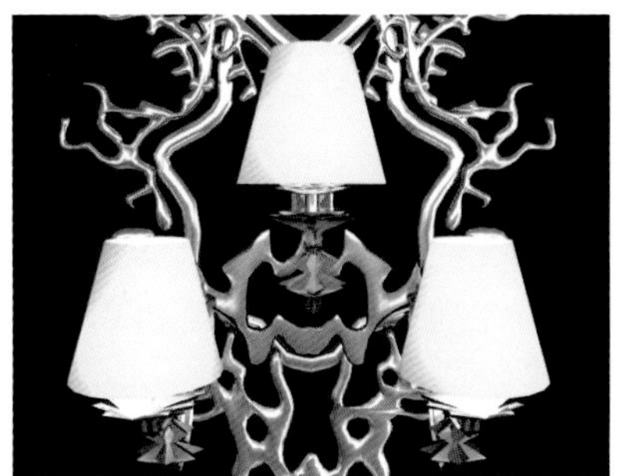

实例名称	实战171 壁灯				
技术掌握	用VRay球体灯光模拟壁灯				
视频长度	00:04:31	难易指数	★☆☆☆☆	所在页	284

实例名称	实战172 灯泡照明				
技术掌握	用VRay球体灯光模拟灯泡照明				
视频长度	00:02:31	难易指数	★☆☆☆☆	所在页	286

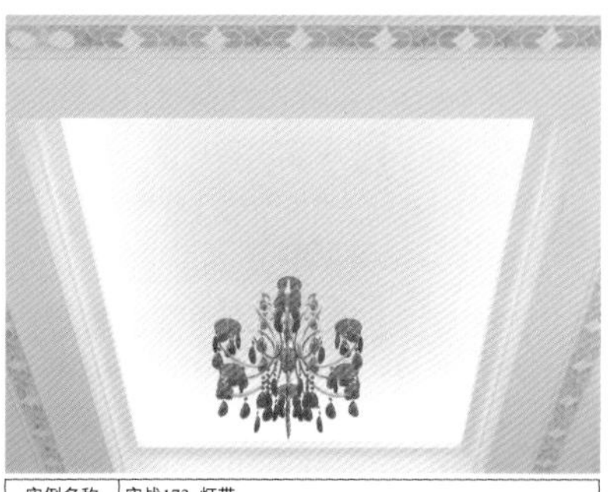

实例名称	实战173 灯带				
技术掌握	用VRay平面灯光模拟灯带				
视频长度	00:05:02	难易指数	★☆☆☆☆	所在页	288

实例名称	实战174 吊灯				
技术掌握	用VRay球体灯光和平面灯光模拟吊灯照明				
视频长度	00:02:21	难易指数	★☆☆☆☆	所在页	289

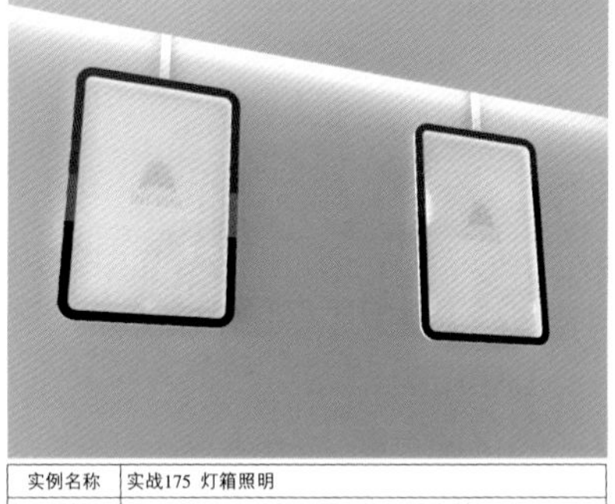

实例名称	实战175 灯箱照明				
技术掌握	用VRay灯光材质和VRay平面灯光模拟灯箱照明				
视频长度	00:05:29	难易指数	★★☆☆☆	所在页	291

实例名称	实战176 屏幕照明				
技术掌握	用VRay平面灯光模拟屏幕发光；用球体灯光模拟台灯				
视频长度	00:02:36	难易指数	★☆☆☆☆	所在页	292

实例名称	实战177 射灯				
技术掌握	用目标灯光模拟射灯				
视频长度	00:02:46	难易指数	★☆☆☆☆	所在页	293

实例名称	实战178 台灯				
技术掌握	用VRay球体灯光模拟台灯；用目标灯光模拟射灯				
视频长度	00:02:58	难易指数	★☆☆☆☆	所在页	293

实例名称	实战179 烛光				
技术掌握	用VRay球体灯光模拟烛光				
视频长度	00:03:12	难易指数	★☆☆☆☆	所在页	294

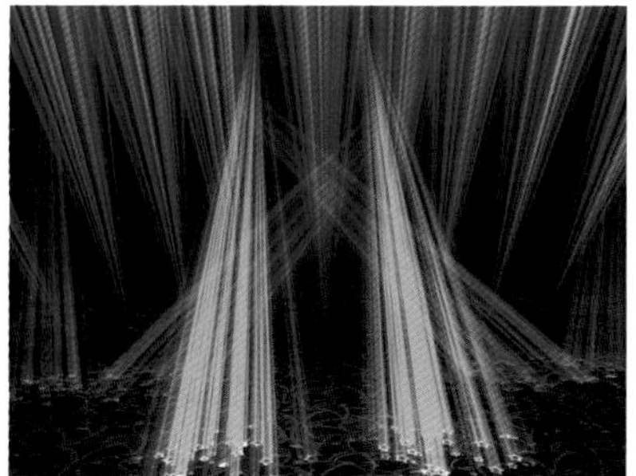

实例名称	实战180 舞台灯光				
技术掌握	用目标聚光灯模拟舞台灯光				
视频长度	00:05:35	难易指数	★★★☆☆	所在页	295

实例名称	实战181 摄影场景布光				
技术掌握	用VRay平面灯光模拟摄影场景布光（三点照明技术）				
视频长度	00:03:27	难易指数	★☆☆☆☆	所在页	297

实例名称	实战182 灯光排除				
技术掌握	将物体排除于光照之外				
视频长度	00:04:59	难易指数	★★☆☆☆	所在页	298

实例名称	实战183 灯光阴影贴图照明				
技术掌握	用阴影贴图表现灯光阴影细节				
视频长度	00:02:08	难易指数	★☆☆☆☆	所在页	300

实例名称	实战184 mental ray焦散				
技术掌握	用mental ray渲染器配合灯光产生焦散特效				
视频长度	00:02:43	难易指数	★★☆☆☆	所在页	301

实例名称	实战185 VRay焦散				
技术掌握	用VRay渲染器配合灯光产生焦散特效				
视频长度	00:02:49	难易指数	★☆☆☆☆	所在页	303

实例名称	实战186 室内阳光				
技术掌握	用VRay太阳模拟室内阳光；用VRay穹顶灯光模拟天光				
视频长度	00:01:50	难易指数	★☆☆☆☆	所在页	304

实例名称	实战187 天光				
技术掌握	用VRay太阳模拟天光				
视频长度	00:01:28	难易指数	★☆☆☆☆	所在页	305

实例名称	实战188 自然光照				
技术掌握	用VRay太阳模拟自然光				
视频长度	00:01:53	难易指数	★☆☆☆☆	所在页	305

实例名称	实战189 夜晚室内灯光				
技术掌握	用VRay球体灯光模拟壁灯				
视频长度	00:02:15	难易指数	★☆☆☆☆	所在页	306

实例名称	实战190 室内黄昏光照				
技术掌握	用VRay太阳模拟室内黄昏光照				
视频长度	00:03:23	难易指数	★☆☆☆☆	所在页	307

实例名称	实战191 室外黄昏光照				
技术掌握	用VRay太阳模拟室外黄昏光照				
视频长度	00:01:18	难易指数	★☆☆☆☆	所在页	308

实例名称	实战192 清晨街道灯光				
技术掌握	用VRay太阳模拟清晨阳光；用目标聚光灯模拟路灯和车灯				
视频长度	00:06:35	难易指数	★★★★☆	所在页	309

实例名称	实战193 室外建筑日景				
技术掌握	用VRay太阳模拟室外建筑日景光照				
视频长度	00:01:58	难易指数	★☆☆☆☆	所在页	311

实例名称	实战194 室外建筑夜景				
技术掌握	用VRay太阳模拟月光；用目标灯光模拟室内射灯和吊灯				
视频长度	00:05:39	难易指数	★★★☆☆	所在页	311

实例名称	实战195 宾馆夜晚灯光				
技术掌握	用目标灯光模拟射灯；用VRay灯光模拟室内暖色灯光				
视频长度	00:06:12	难易指数	★★★☆☆	所在页	314

实例名称	实战198 缩放因子				
技术掌握	用VRay物理摄影机的缩放因子参数调整镜头的远近				
视频长度	00:03:01	难易指数	★☆☆☆☆	所在页	320

实例名称	实战197 景深				
技术掌握	用目标摄影机和VRay渲染器制作景深特效				
视频长度	00:01:55	难易指数	★☆☆☆☆	所在页	319

实例名称	实战196 运动模糊				
技术掌握	用目标摄影机和VRay渲染器制作运动模糊特效				
视频长度	00:02:59	难易指数	★☆☆☆☆	所在页	318

实例名称	实战199 光圈数				
技术掌握	用VRay物理摄影机的光圈数参数调整画面的明暗度				
视频长度	00:02:01	难易指数	★☆☆☆☆	所在页	321

实例名称	实战200 光晕				
技术掌握	用VRay物理摄影机制作镜头光晕效果				
视频长度	00:02:18	难易指数	★☆☆☆☆	所在页	322

在大自然中，物体表面总是具有各种各样的特性，比如颜色、透明度、表面纹理等。而对于3ds Max而言，制作一个物体除了造型之外，还要将表面特性表现出来，这样才能在三维虚拟世界中真实地再现物体本身的面貌，既做到了形似，也做到了神似。

本书第11章用35个实例详细介绍了3ds Max和VRay常用材质与贴图的运用，如“标准”材质、VRayMtl材质、“VRay材质包裹器”材质、“混合”材质、“多维/子对象”材质、“衰减”程序贴图、“遮罩”程序贴图、“噪波”程序贴图以及各式各样的位图贴图。合理利用这些材质与贴图，可以模拟现实生活中的任何真实材质。下面所示的材质球就是用这些材质与贴图模拟出的各种真实材质。

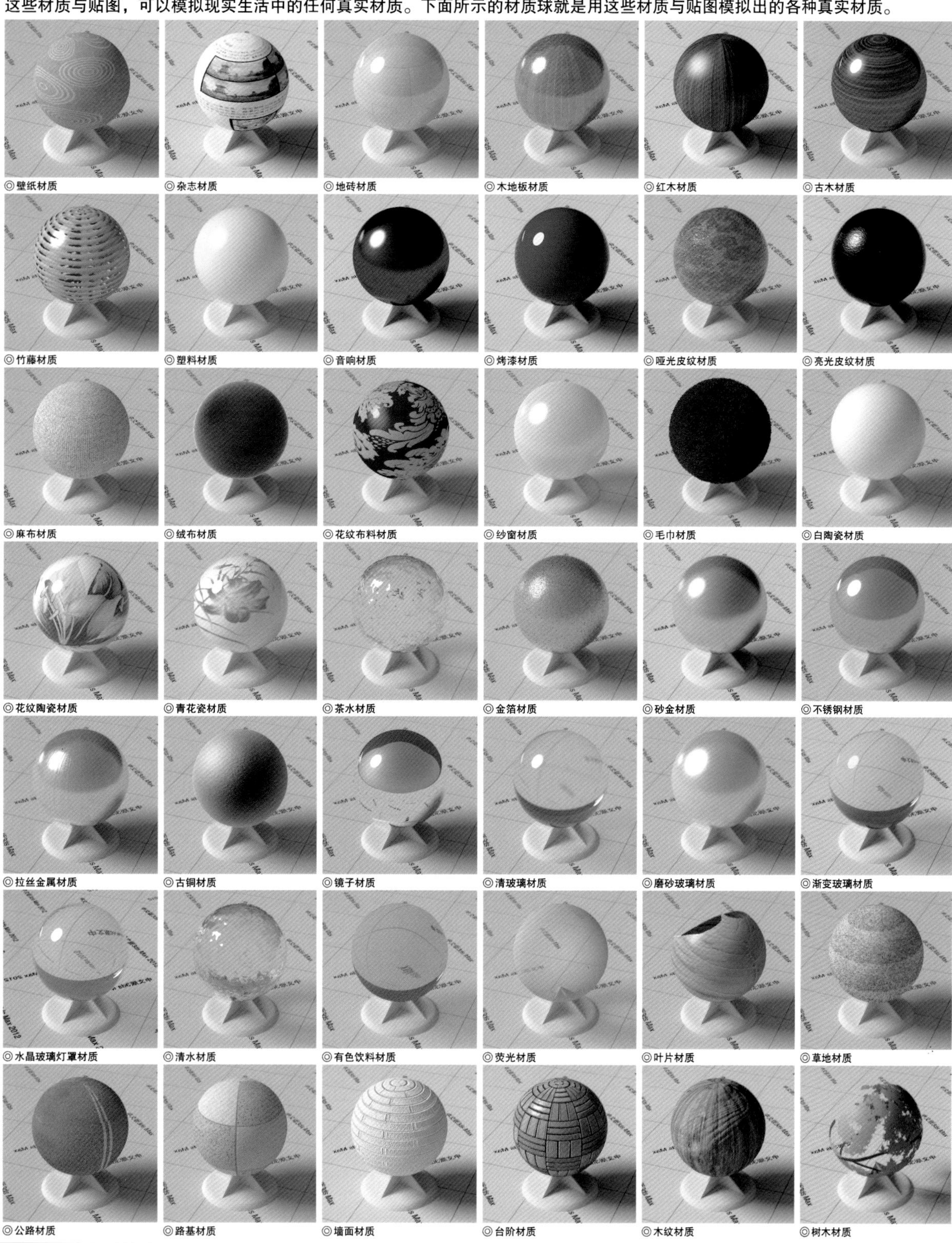

◎壁纸材质 ◎杂志材质 ◎地砖材质 ◎木地板材质 ◎红木材质 ◎古木材质
◎竹藤材质 ◎塑料材质 ◎音响材质 ◎烤漆材质 ◎哑光皮纹材质 ◎亮光皮纹材质
◎麻布材质 ◎绒布材质 ◎花纹布料材质 ◎纱窗材质 ◎毛巾材质 ◎白陶瓷材质
◎花纹陶瓷材质 ◎青花瓷材质 ◎茶水材质 ◎金箔材质 ◎砂金材质 ◎不锈钢材质
◎拉丝金属材质 ◎古铜材质 ◎镜子材质 ◎清玻璃材质 ◎磨砂玻璃材质 ◎渐变玻璃材质
◎水晶玻璃灯罩材质 ◎清水材质 ◎有色饮料材质 ◎荧光材质 ◎叶片材质 ◎草地材质
◎公路材质 ◎路基材质 ◎墙面材质 ◎台阶材质 ◎木纹材质 ◎树木材质

实例名称	实战201 壁纸材质				
技术掌握	用VRayMtl材质模拟壁纸材质				
视频长度	00:02:11	难易指数	★☆☆☆☆	所在页	324

实例名称	实战202 杂志材质				
技术掌握	用VRayMtl材质模拟书本材质				
视频长度	00:03:25	难易指数	★☆☆☆☆	所在页	326

实例名称	实战203 地砖材质				
技术掌握	用VRayMtl材质模拟地砖材质				
视频长度	00:01:15	难易指数	★☆☆☆☆	所在页	327

实例名称	实战204 木地板材质				
技术掌握	用VRayMtl材质模拟木地板材质				
视频长度	00:02:53	难易指数	★☆☆☆☆	所在页	328

实例名称	实战205 红木材质				
技术掌握	用VRayMtl材质模拟红木材质				
视频长度	00:01:33	难易指数	★☆☆☆☆	所在页	329

实例名称	实战206 古木材质				
技术掌握	用VRayMtl材质模拟古木材质				
视频长度	00:02:50	难易指数	★☆☆☆☆	所在页	329

实例名称	实战207 竹藤材质				
技术掌握	用VRayMtl材质模拟竹藤材质				
视频长度	00:01:57	难易指数	★☆☆☆☆	所在页	330

实例名称	实战208 塑料材质				
技术掌握	用VRayMtl材质模拟塑料材质				
视频长度	00:02:53	难易指数	★☆☆☆☆	所在页	331

实例名称	实战209 音响材质				
技术掌握	用VRayMtl材质模拟音响材质				
视频长度	00:01:36	难易指数	★☆☆☆☆	所在页	332

实例名称	实战210 烤漆材质				
技术掌握	用VRayMtl材质模拟烤漆材质				
视频长度	00:01:18	难易指数	★☆☆☆☆	所在页	333

实例名称	实战211 亚光皮纹材质				
技术掌握	用VRayMtl材质模拟亚光皮纹材质				
视频长度	00:02:25	难易指数	★☆☆☆☆	所在页	333

实例名称	实战212 亮光皮纹材质				
技术掌握	用VRayMtl材质模拟亮光皮纹材质				
视频长度	00:02:11	难易指数	★☆☆☆☆	所在页	334

实例名称	实战213 麻布材质				
技术掌握	用VRayMtl材质模拟麻布材质				
视频长度	00:01:58	难易指数	★☆☆☆☆	所在页	335

实例名称	实战214 绒布材质				
技术掌握	用标准材质模拟绒布材质				
视频长度	00:02:50	难易指数	★★☆☆☆	所在页	335

实例名称	实战215 花纹布料及纱窗材质				
技术掌握	用混合材质模拟花纹布料材质，用VRayMtl模拟纱窗材质				
视频长度	00:06:12	难易指数	★★★☆☆	所在页	336

实例名称	实战216 毛巾材质				
技术掌握	用VRayMtl材质、置换贴图和凹凸贴图模拟毛巾材质				
视频长度	00:02:56	难易指数	★★★☆☆	所在页	338

实例名称	实战217 白陶瓷与花纹陶瓷材质				
技术掌握	用多维/子对象材质和VRayMtl材质模拟花纹陶瓷材质				
视频长度	00:03:44	难易指数	★★☆☆☆	所在页	339

实例名称	实战218 青花瓷与茶水材质				
技术掌握	用VRayMtl材质模拟青花瓷与茶水材质				
视频长度	00:05:15	难易指数	★★☆☆☆	所在页	342

实例名称	实战219 金箔材质				
技术掌握	用VRayMtl材质模拟金箔材质				
视频长度	00:02:03	难易指数	★★☆☆☆	所在页	343

实例名称	实战220 砂金材质				
技术掌握	用VRayMtl材质模拟砂金材质				
视频长度	00:01:41	难易指数	★☆☆☆☆	所在页	344

实例名称	实战221 不锈钢材质				
技术掌握	用VRayMtl材质模拟不锈钢材质				
视频长度	00:01:36	难易指数	★☆☆☆☆	所在页	344

实例名称	实战222 拉丝金属材质				
技术掌握	用VRayMtl材质模拟拉丝金属材质				
视频长度	00:02:41	难易指数	★☆☆☆☆	所在页	345

实例名称	实战223 古铜材质				
技术掌握	用标准材质模拟古铜材质				
视频长度	00:03:26	难易指数	★★★☆☆	所在页	346

实例名称	实战224 镜子材质				
技术掌握	用VRayMtl材质模拟镜子材质				
视频长度	00:04:32	难易指数	★☆☆☆☆	所在页	347

实例名称	实战225 清玻璃材质				
技术掌握	用VRayMtl材质模拟清玻璃材质				
视频长度	00:03:25	难易指数	★☆☆☆☆	所在页	348

实例名称	实战226 磨砂玻璃材质				
技术掌握	用VRayMtl材质模磨砂玻璃纸材质				
视频长度	00:02:21	难易指数	★☆☆☆☆	所在页	348

实例名称	实战227 渐变玻璃材质				
技术掌握	用VRayMtl材质和渐变程序贴图模拟渐变玻璃材质				
视频长度	00:02:16	难易指数	★★☆☆☆	所在页	349

实例名称	实战228 水晶玻璃灯罩材质				
技术掌握	用VRayMtl材质模拟水晶材质				
视频长度	00:01:45	难易指数	★☆☆☆☆	所在页	350

实例名称	实战229 清水材质				
技术掌握	用VRayMtl材质模拟清水材质				
视频长度	00:02:07	难易指数	★★☆☆☆	所在页	351

实例名称	实战230 有色饮料材质				
技术掌握	用VRayMtl材质模拟有色饮料材质				
视频长度	00:02:35	难易指数	★☆☆☆☆	所在页	352

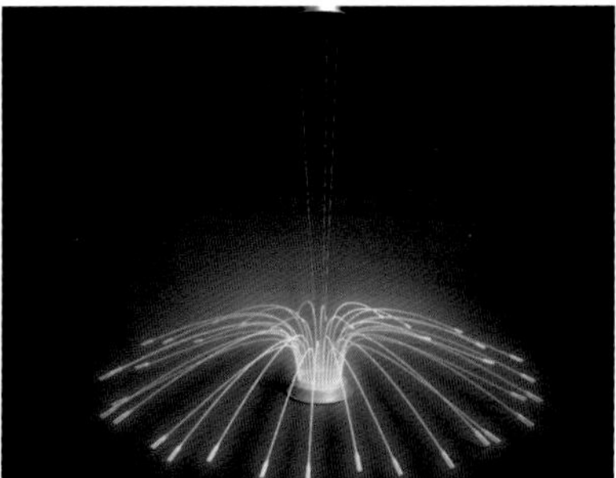

实例名称	实战231 荧光材质				
技术掌握	用标准材质模拟荧光材质				
视频长度	00:02:01	难易指数	★★☆☆☆	所在页	353

实例名称	实战232 叶片及草地材质				
技术掌握	用VRayMtl材质模拟叶片和草地材质				
视频长度	00:03:47	难易指数	★★☆☆☆	所在页	354

实例名称	实战233 公路材质				
技术掌握	用标准材质模拟公路材质，用VRayMtl材质模拟路基材质				
视频长度	00:02:51	难易指数	★★☆☆☆	所在页	355

实例名称	实战234 西饼店材质				
技术掌握	用VRayMtl材质模拟建筑外观材质				
视频长度	00:04:16	难易指数	★★☆☆☆	所在页	356

实例名称	实战235 简约别墅材质				
技术掌握	用VRayMtl材质模拟木纹材质、玻璃材质和树木材质				
视频长度	00:06:46	难易指数	★★★★☆	所在页	357

使用3ds Max创作作品时，一般都遵循“建模→灯光→材质→渲染”这个最基本的步骤，渲染是最后一道工序（后期处理除外）。渲染的英文为Render，翻译为“着色”，也就是对场景进行着色的过程，它是通过复杂的运算，将虚拟的三维场景投射到二维平面上，这个过程需要对渲染器进行复杂的设置。

3ds Max 2014默认的渲染器有iray渲染器、mental ray渲染器、“Quicksilver硬件”渲染器、 “VUE文件”渲染器和“默认扫描线”渲染器。在安装好VRay渲染器之后也可以使用VRay渲染器来渲染场景，当然也可以安装一些其他的渲染插件，如Renderman、Brazil、FinalRender、Maxwell和Lightscape等。

在以上渲染器中，VRay渲染器是最重要的渲染器。VRay渲染器是保加利亚的Chaos Group公司开发的一款高质量渲染引擎，主要以插件的形式应用在3ds Max、Maya、SketchUp等软件中。由于VRay渲染器可以真实地模拟现实光照，并且操作简单，可控性也很强，因此被广泛应用于建筑表现、工业设计和动画制作等领域。VRay的渲染速度与渲染质量比较均衡，也就是说在保证较高渲染质量的前提下也具有较快的渲染速度，所以它是目前效果图制作领域最为流行的渲染器。

在一般情况下，VRay渲染器一般的使用流程主要包含以下4个步骤。

第1步：创建摄影机以确定要表现的内容。

第2步：制作好场景中的材质。

第3步：设置测试渲染参数，然后逐步布置好场景中的灯光，并通过测试渲染确定效果。

第4步：设置最终渲染参数，然后渲染最终成品图。

本书第12章为VRay渲染器的内容，一共安排了25个实例，全部是VRay渲染器重要参数的测试实例。这部分内容详细介绍了VRay渲染器的每个重要技术，如全局开关、图像采样器、颜色贴图、环境、间接照明（GI）、发光图、灯光缓存、焦散、DMC采样器和系统等，另外还介绍了一个实际工作中常用的渲染技巧，如彩色通道图的渲染方法、批处理渲染以及渲染自动保存与关机。对于这部分内容，希望读者仔细对书中的实例进行练习，同时要对重要参数多加测试，并且还要仔细分析不同参数值所得到的渲染效果以及耗时对比。

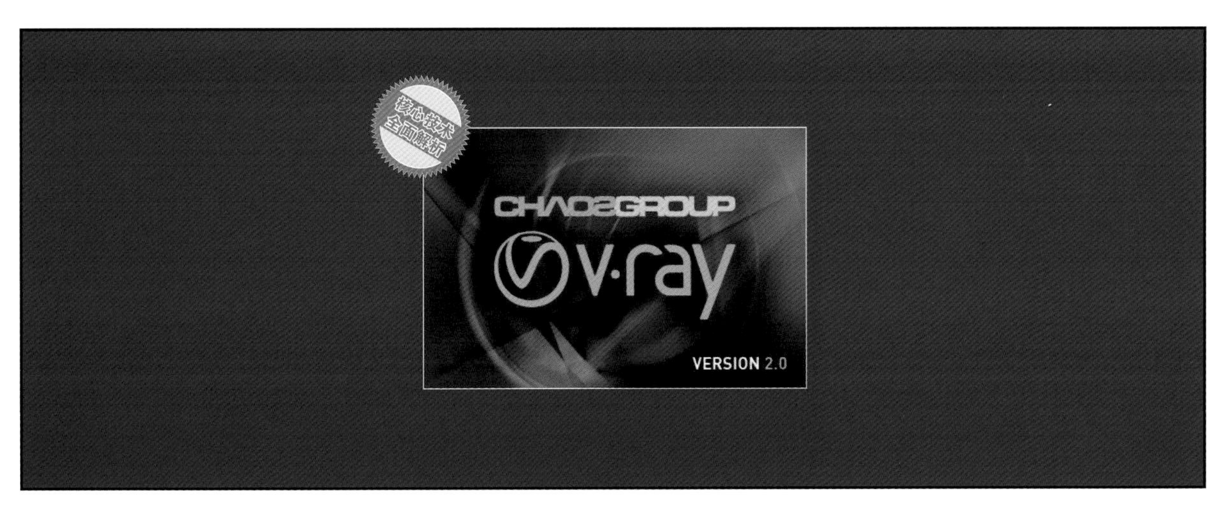

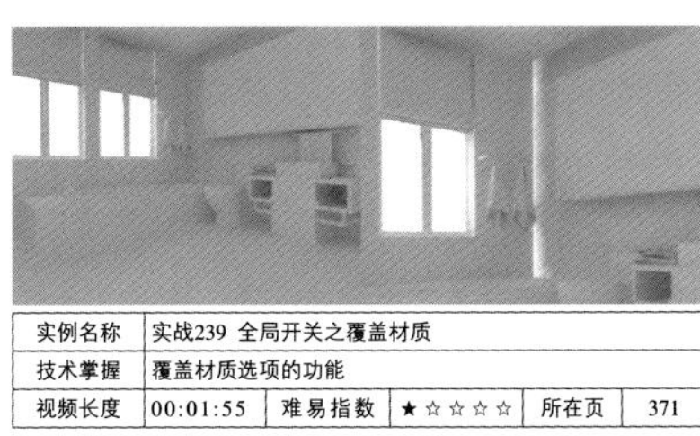

实例名称	实战239 全局开关之覆盖材质				
技术掌握	覆盖材质选项的功能				
视频长度	00:01:55	难易指数	★☆☆☆☆	所在页	371

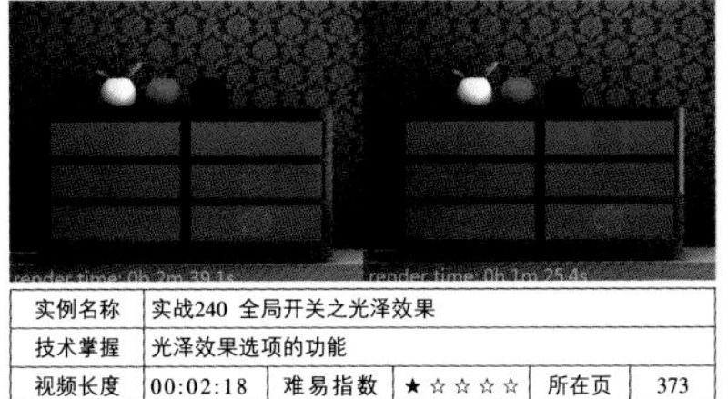

实例名称	实战240 全局开关之光泽效果				
技术掌握	光泽效果选项的功能				
视频长度	00:02:18	难易指数	★☆☆☆☆	所在页	373

实例名称	实战244 环境之全局照明环境（天光）覆盖				
技术掌握	全局照明环境（天光）覆盖的作用				
视频长度	00:01:44	难易指数	★☆☆☆☆	所在页	381

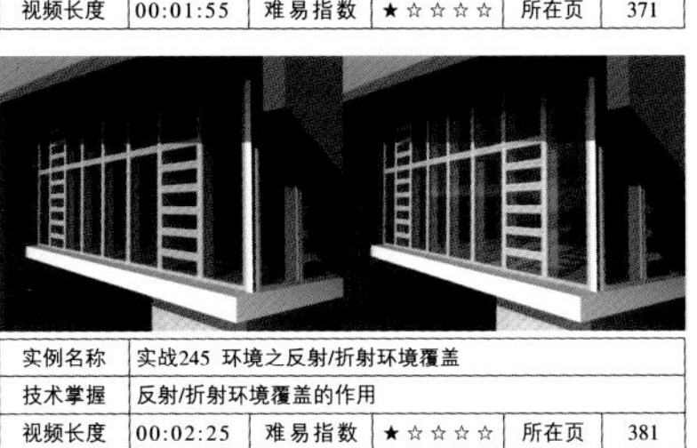

实例名称	实战245 环境之反射/折射环境覆盖				
技术掌握	反射/折射环境覆盖的作用				
视频长度	00:02:25	难易指数	★☆☆☆☆	所在页	381

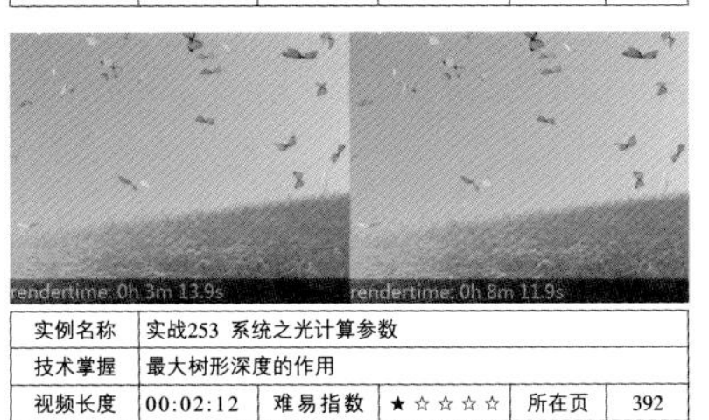

实例名称	实战253 系统之光计算参数				
技术掌握	最大树形深度的作用				
视频长度	00:02:12	难易指数	★☆☆☆☆	所在页	392

实例名称	实战254 系统之渲染区域分割				
技术掌握	渲染区域分割的x/y参数的作用				
视频长度	00:03:17	难易指数	★☆☆☆☆	所在页	393

实例名称	实战241 图像采样器之采样类型				
技术掌握	3种图像采样器的作用				
视频长度	00:05:26	难易指数	★★☆☆☆	所在页	374

实例名称	实战242 图像采样器之反锯齿类型				
技术掌握	常用反锯齿过滤器的作用				
视频长度	00:03:12	难易指数	★★☆☆☆	所在页	377

实例名称	实战243 颜色贴图				
技术掌握	用颜色贴图快速调整场景的曝光度				
视频长度	00:03:16	难易指数	★☆☆☆☆	所在页	378

实例名称	实战246 间接照明（GI）				
技术掌握	间接照明（GI）的作用				
视频长度	00:01:59	难易指数	★★☆☆☆	所在页	383

实例名称	实战236 VRay渲染的一般流程				
技术掌握	用VRay渲染器渲染场景的流程				
视频长度	00:20:46	难易指数	★★★☆☆	所在页	362

实例名称	实战238 全局开关之隐藏灯光				
技术掌握	隐藏灯光选项的功能				
视频长度	00:02:00	难易指数	★☆☆☆☆	所在页	370

实例名称	实战248 间接照明之灯光缓存				
技术掌握	灯光缓存的作用				
视频长度	00:02:03	难易指数	★☆☆☆☆	所在页	387

实例名称	实战255 系统之帧标记				
技术掌握	帧标记的作用				
视频长度	00:01:29	难易指数	★☆☆☆☆	所在页	394

实例名称	实战247 间接照明之发光图				
技术掌握	发光图的作用				
视频长度	00:03:35	难易指数	★★★☆☆	所在页	385

实例名称	实战250 DMC采样器之适应数量				
技术掌握	适应数量的作用				
视频长度	00:02:56	难易指数	★☆☆☆☆	所在页	389

实例名称	实战251 DMC采样器之噪波阈值				
技术掌握	噪波阈值的作用				
视频长度	00:02:00	难易指数	★☆☆☆☆	所在页	390

实例名称	实战258 系统之渲染元素				
技术掌握	渲染元素的作用				
视频长度	00:01:16	难易指数	★☆☆☆☆	所在页	397

实例名称	实战259 多角度批处理渲染				
技术掌握	批处理渲染的作用				
视频长度	00:01:34	难易指数	★☆☆☆☆	所在页	398

所谓后期处理就是对效果图进行修饰，将效果图在渲染中不能实现的效果在后期处理中完美体现出来。后期处理是效果图制作中非常关键的一步，这个环节相当重要。在一般情况下都是使用Adobe公司的Photoshop来进行后期处理。本书第13章为Photoshop后期处理与效果图常见效果图的制作，一共安排了25个（限于彩页篇幅，没有全部展示出来）实例，这些实例全部是针对实际工作中经常要遇到的后期操作进行讲解，如调整效果图的亮度、层次感、清晰度、色彩、光效和环境。另外，请特别注意，在实际工作中不要照搬这些实例的参数，因为每幅效果图都有不同的要求，我们安排这些实例的目的是让大家知道“方法”，而不是“技术”。相比于其他重点内容，这部分内容只要求大家掌握常见的后期处理方法即可。

在效果图后期处理中，必须遵循以下3点最基本的原则。第1点：尊重设计师和业主的设计要求；第2点：遵循大多数人的审美观；第3点：保留原图的真实细节，在保证美观的前提下尽量不要进行过多修改。

实例名称	实战261 加载环境贴图				
技术掌握	加载室外环境贴图				
视频长度	00:01:43	难易指数	★☆☆☆☆	所在页	402

实例名称	实战263 体积光效果				
技术掌握	用体积光制作体积光				
视频长度	00:03:26	难易指数	★★★☆☆	所在页	403

实例名称	实战262 全局照明				
技术掌握	调节全局照明的染色和级别				
视频长度	00:01:44	难易指数	★☆☆☆☆	所在页	402

实例名称	实战265 色彩平衡效果				
技术掌握	用色彩平衡效果调整场景的色调				
视频长度	00:01:50	难易指数	★☆☆☆☆	所在页	407

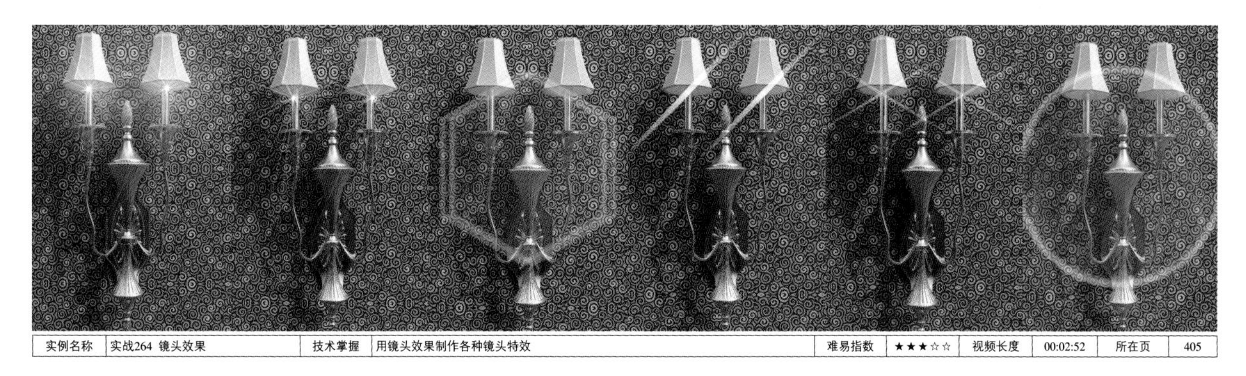

实例名称	实战264 镜头效果	技术掌握	用镜头效果制作各种镜头特效	难易指数	★★★☆☆	视频长度	00:02:52	所在页	405

实例名称	实战266 用曲线调整效果图的亮度				
技术掌握	用曲线命令调整效果图的亮度				
视频长度	00:01:36	难易指数	★☆☆☆☆	所在页	408

实例名称	实战267 用亮度/对比度调整效果图的亮度				
技术掌握	用亮度/对比度命令调整效果图的亮度				
视频长度	00:01:03	难易指数	★☆☆☆☆	所在页	410

实例名称	实战268 用正片叠底调整过亮的效果图				
技术掌握	用正片叠底模式调整过亮的效果图				
视频长度	00:01:01	难易指数	★☆☆☆☆	所在页	410

实例名称	实战269 用色阶调整效果图的层次感				
技术掌握	用色阶命令调整效果图的层次感				
视频长度	00:01:45	难易指数	★☆☆☆☆	所在页	411

实例名称	实战270 用曲线调整效果图的层次感				
技术掌握	用曲线命令调整效果图的层次感				
视频长度	00:01:18	难易指数	★☆☆☆☆	所在页	411

实例名称	实战271 用智能色彩还原调整效果图的层次感				
技术掌握	用智能色彩还原滤镜调整效果图的层次感				
视频长度	00:01:09	难易指数	★☆☆☆☆	所在页	412

实例名称	实战272 用明度调整效果图的层次感				
技术掌握	用明度模式调整效果图的层次感				
视频长度	00:00:56	难易指数	★☆☆☆☆	所在页	412

实例名称	实战273 用USM锐化调整效果图的清晰度				
技术掌握	用USM锐化滤镜调整效果图的清晰度				
视频长度	00:01:18	难易指数	★☆☆☆☆	所在页	413

实例名称	实战275 用色相/饱和度调整色彩偏淡的效果图				
技术掌握	用色相/饱和度命令调整色彩偏淡的效果图				
视频长度	00:00:55	难易指数	★☆☆☆☆	所在页	414

实例名称	实战276 用照片滤镜统一效果图的色调				
技术掌握	用照片滤镜调整图层统一效果图的色调				
视频长度	00:01:09	难易指数	★☆☆☆☆	所在页	415

实例名称	实战277 用色彩平衡统一效果图的色调				
技术掌握	用色彩平衡调整图层统一效果图的色调				
视频长度	00:01:07	难易指数	★☆☆☆☆	所在页	415

实例名称	实战278 用叠加增强效果图光域网的光照				
技术掌握	用叠加模式增强效果图的光域网光照				
视频长度	00:03:32	难易指数	★★★☆☆	所在页	416

实例名称	实战279 用叠加为效果图添加光晕				
技术掌握	用叠加模式为效果图添加光晕				
视频长度	00:02:19	难易指数	★★☆☆☆	所在页	416

实例名称	实战280 用柔光为效果图添加体积光				
技术掌握	用柔光模式为效果图添加体积光				
视频长度	00:02:01	难易指数	★★☆☆☆	所在页	417

实例名称	实战281 用色相为效果图制作四季光效				
技术掌握	用色相模式为效果图制作四季光效				
视频长度	00:02:33	难易指数	★★☆☆☆	所在页	418

实例名称	实战282 为效果图添加室外环境				
技术掌握	用魔棒工具为效果图添加室外环境				
视频长度	00:02:38	难易指数	★★☆☆☆	所在页	419

实例名称	实战283 为效果图添加室内配饰				
技术掌握	室内配饰的添加方法				
视频长度	00:02:52	难易指数	★★☆☆☆	所在页	420

实例名称	实战284 为效果图增强发光灯带环境				
技术掌握	用高斯模糊滤镜和叠加模式为效果图增强发光灯带环境				
视频长度	00:01:23	难易指数	★☆☆☆☆	所在页	421

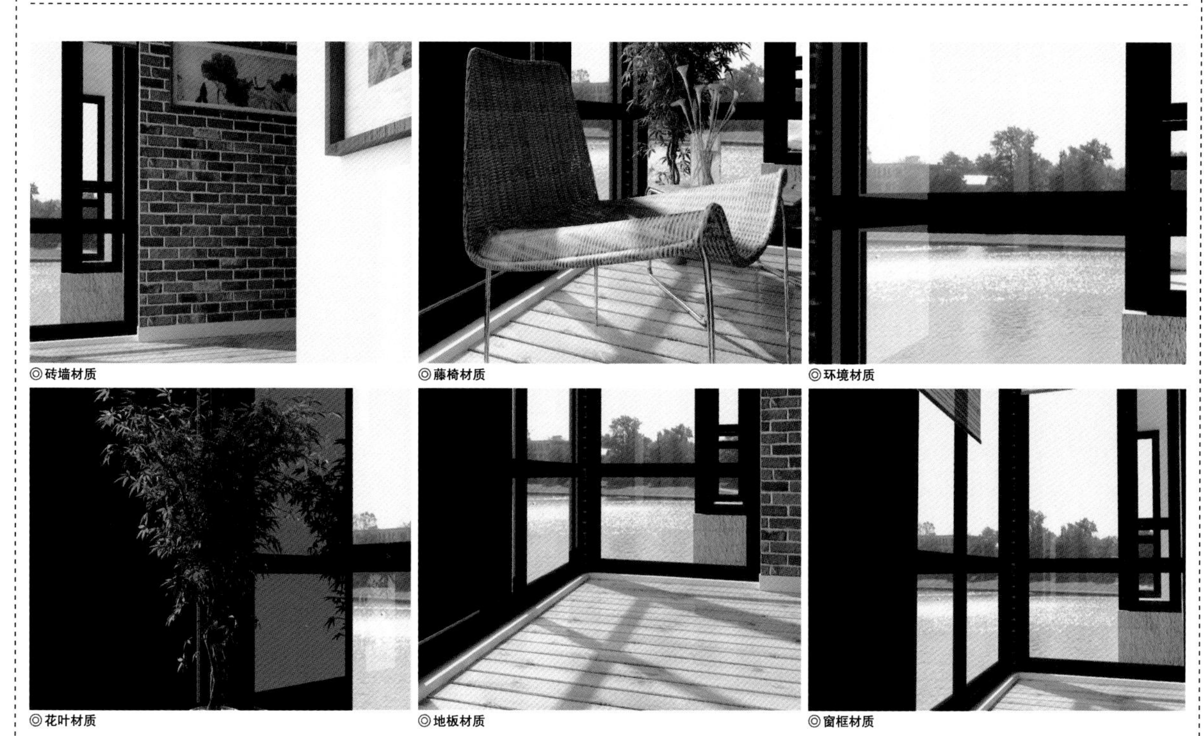

◎砖墙材质 ◎藤椅材质 ◎环境材质

◎花叶材质 ◎地板材质 ◎窗框材质

实战286 精通小型半开放空间：休息室纯日光表现

实例概述：本例是一个半开放的休息室空间，其中砖墙材质、藤椅材质和花叶材质的制作方法以及纯日光效果的表现方法是本例的学习要点。

技术掌握：砖墙材质、藤椅材质和花叶材质的制作方法，小型半开放空间纯日光效果的表现方法。

视频长度：00:29:55　难易指数：★★★★☆　所在页：424

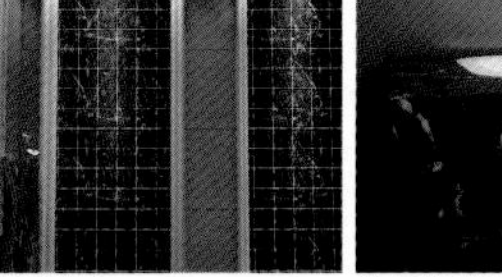

◎墙面材质

◎大理石台面材质

◎外景材质

◎大理石地面材质

◎毛巾材质

实战287 精通小型半封闭空间：卫生间阳光表现

实例概述：本场景是一个小型的卫生间空间，其中墙面材质、大理石台面材质、外景材质和毛巾材质的制作方法以及阳光效果的表现方法是本例的学习要点。

技术掌握：墙面材质、大理石台面材质、外景材质、毛巾材质的制作方法；小型半封闭空间阳光效果的表现方法。

视频长度：00:15:03　难易指数：★★★★☆

所在页：431

◎橱柜板材材质

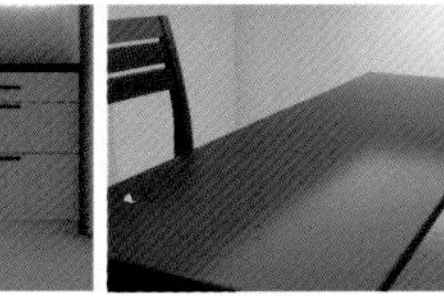

◎餐桌板黑木材质

◎白陶瓷材质

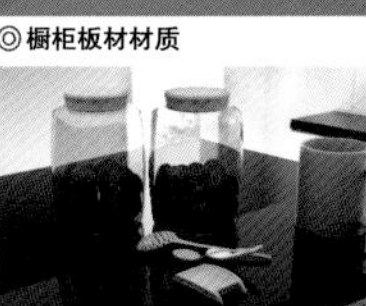

◎玻璃材质

◎藤艺材质

◎窗帘材质

◎黑大理石材质

实战288 精通小型半封闭空间：现代厨房阴天气氛表现

实例概述：本场景是一个小型的现代厨房空间，其中橱柜材质、黑木材质、玻璃材质、藤艺材质和窗帘材质和黑大理石材质的制作方法以及阴天效果的表现方法是本例的学习要点。

技术掌握：橱柜材质、黑木材质、玻璃材质、藤艺材质、窗帘材质和黑大理石材质的制作方法，小型半封闭空间中阴天效果的表现方法。

视频长度：00:18:05　难易指数：★★★★☆　所在页：438

◎墙面涂料材质

◎白色混油木材质

◎地毯材质

◎发光屏幕材质

实战289 精通小型半封闭空间：现代书房夜晚灯光表现

实例概述：在实际工作中经常会选用晴朗的月夜作为夜晚效果图的表现方法，因为此时柔和的月光进入室内，会使整体空间都染上些许蓝色，与空间内暖色灯光形成较强的色彩对比。

技术掌握：墙面涂料材质、白色混油木材质、地毯材质和发光屏幕材质的制作方法，小型半封闭空间中夜晚灯光的表现方法。

视频长度：00:15:43 难易指数：★★★★☆ 所在页：445

◎地毯材质 ◎床单材质 ◎镜面材质 ◎软包材质
◎窗帘材质 ◎水晶灯材质 ◎环境材质

实战290 精通小型半开放空间：现代卧室朦胧晨景表现

实例概述：本例是一个现代卧室空间，其中床单材质、镜面材质、软包材质、窗帘材质、水晶灯材质的制作方法以及朦胧晨景灯光的表现方法是本例的学习要点。

技术掌握：床单材质、镜面材质、软包材质、窗帘材质、水晶灯材质的制作方法，小型半开放空间中朦胧晨景灯光效果的表现方法。

视频长度：00:24:24　难易指数：★★★★☆　所在页：452

◎地板材质

◎地毯材质

◎木纹材质

◎窗纱材质

◎皮椅材质

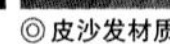
◎窗帘材质

◎皮沙发材质

实战291 精通中型半封闭空间：奢华欧式书房日景表现

实例概述：本例是一个中型半封闭的奢华欧式书房空间，其中地板材质、窗纱材质、皮椅材质、窗帘材质和皮沙发材质的制作方法以及日景效果的表现方法是本例的学习要点。

技术掌握：地板材质、窗纱材质、皮椅材质、窗帘材质和皮沙发材质的制作方法，中型半封闭空间中日景效果的表现方法。

视频长度：00:29:50　难易指数：★★★★★　所在页：463

◎地板材质

◎沙发材质

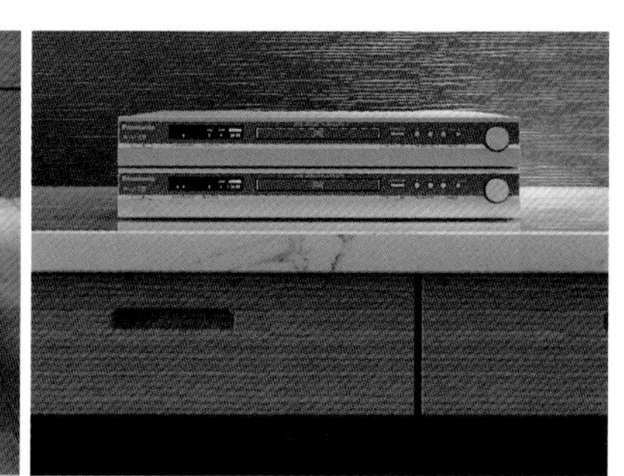
◎大理石台面材质

◎墙面材质

◎地毯材质

◎音响材质

实战292 精通中型半封闭空间：现代客厅日光表现

实例概述：本例是一个现代风格的客厅空间，其中地板材质、沙发材质、大理石材质和音响材质的制作方法以及日景灯光效果的表现方法是本例的学习要点。

技术掌握：地板材质、沙发材质、大理石材质和音响材质的制作方法，中型半封闭空间中日景灯光效果的表现方法。

视频长度：00:35:46　难易指数：★★★★☆　所在页：475

◎地面材质 ◎餐桌材质 ◎椅子材质 ◎门材质

◎壁纸材质 ◎窗帘材质 ◎吊灯材质 ◎桌布材质

实战293 精通中型全封闭空间：欧式餐厅夜晚灯光表现

实例概述：本例是一个中型全封闭式的餐厅场景，其中窗帘材质和桌布材质的制作方法以及夜晚灯光效果的表现方法是本例的学习要点。

技术掌握：窗帘材质和桌布材质的制作方法，中型全封闭空间中夜晚灯光效果的表现方法。

视频长度：00:19:48 难易指数：★★★★☆ 所在页：484

◎地面石材材质

◎壁纸材质

◎钢琴烤漆材质

◎琴椅木纹材质

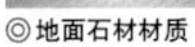

◎沙发皮纹材质

◎窗帘材质

实战294 精通中型半封闭空间：奢华欧式客厅夜晚灯光表现

实例概述：本例是一个中型半封闭式的欧式客厅空间，其中地面石材材质、钢琴烤漆材质、琴椅木纹材质、沙发皮纹材质和窗帘材质的制作方法以及夜晚灯光效果的表现方法是本例的学习要点。

技术掌握：地面石材材质、钢琴烤漆材质、沙发皮纹材质和窗帘材质的制作方法，中型半封闭空间中夜晚灯光效果的表现方法。

视频长度：00:20:06　难易指数：★★★★☆　所在页：491

◎窗纱材质

◎沙发材质

◎木纹材质

◎地面材质

◎灯罩材质

◎瓷器材质

实战295 精通大型半封闭空间：别墅中庭复杂灯光综合表现

实例概述：本例是一个纵深比较大的中式别墅中庭空间，其中窗纱材质、沙发材质、灯罩材质和瓷器材质的制作方法以及大纵深空间中灯光效果的表现方法是本例的学习要点。

技术掌握：窗纱材质、沙发材质、灯罩材质和瓷器材质的制作方法，大纵深空间中灯光效果的表现方法。

视频长度：00:33:40 难易指数：★★★★★ 所在页：500

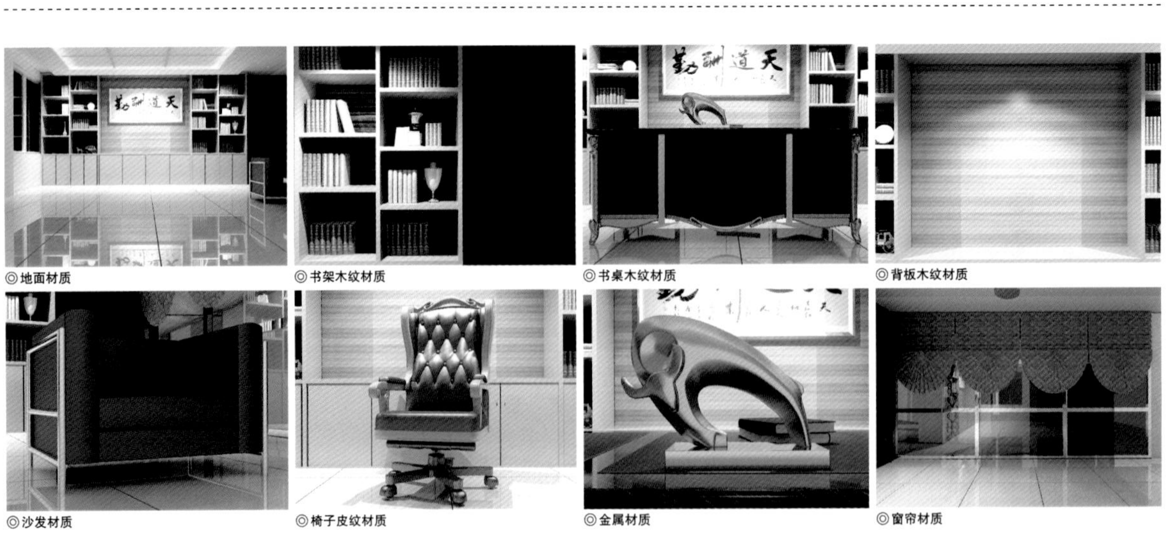

◎地面材质 ◎书架木纹材质 ◎书桌木纹材质 ◎背板木纹材质

◎沙发材质 ◎椅子皮纹材质 ◎金属材质 ◎窗帘材质

实战296 精通小型半封闭空间：办公室日光表现

实例概述：本例是一个小型半封闭式的办公室公共空间，其中木纹材质、皮纹材质、金属材质和窗帘材质的制作方法以及日光效果的表现方法是本例的学习要点。

技术掌握：木纹材质、皮纹材质、金属材质和窗帘材质的制作方法，小型半封闭空间中日光效果的表现方法。

视频长度：00:19:39　难易指数：★★★★☆　所在页：512

◎天花乳胶漆材质

◎墙面灰色涂料材质

◎釉面砖材质

◎展柜木纹材质

◎布材质

◎窗玻璃材质

◎发光环境材质

实战297 精通中型半封闭空间：商店日光效果表现

实例概述：本场景是一个中型半封闭式的商店公共空间，其中乳胶漆材质、墙面材质、釉面砖材质、布材质和发光环境材质的制作方法以及日光效果的表现方法是本例的学习要点。

技术掌握：乳胶漆材质、墙面材质、釉面砖材质、布材质和发光环境材质的制作方法，中型半封闭空间中日光效果的表现方法。

视频长度：00:21:42　难易指数：★★★★☆　所在页：521

◎大理石地面材质 ◎柱子涂料材质 ◎接待处背景木纹材质 ◎沙盘台面石材材质

◎沙盘玻璃材质 ◎沙盘楼体材质 ◎椅子塑料材质 ◎吊灯灯罩材质

实战298 精通大型半开放空间：接待大厅日光表现

实例概述：本例是一个大型半开放式的接待大厅场景，其中大理石地面材质、沙盘材质和椅子塑料材质的制作方法以及日光效果的表现方法是本例的学习要点。

技术掌握：大理石地面材质、沙盘材质和椅子塑料材质的制作方法，大型半开放空间中日光效果的表现方法。

视频长度：00:22:58 难易指数：★★★★★ 所在页：532

◎外墙材质

◎玻璃材质

◎草地材质

实战299 精通建筑日景制作：地中海风格别墅多角度表现

实例概述：本例是一个超大型地中海风格的别墅场景，灯光、材质的设置方法很简单，重点在于掌握大型室外场景的制作流程，即“调整出图角度→检测模型是否存在问题→制作材质→创建灯光→设置最终渲染参数”这个流程。

技术掌握：外墙材质、玻璃材质和草地材质的制作方法，大型室外建筑场景的制作流程与相关技巧。

视频长度：00:10:56　难易指数：★★★★★　所在页：543

◎墙面石材材质

◎地面石材材质

◎地板木纹材质

◎池水材质

实战300 精通建筑夜景制作：现代风格别墅多角度表现

实例概述：本例是一个超大型现代风格的别墅外观场景，墙面石材材质、地面石材、地板木纹以及池水材质是本例的学习重点。在灯光表现上主要学习月夜环境光以及多层空间布光的方法。由于本例的场景非常大，因此在材质与灯光的制作思路上与前面所讲的实例有些不同。本例先是将材质与灯光的“细分”值设置得非常低，以方便测试渲染，待渲染成品图时再提高“细分”值。另外，本例还介绍了光子图的渲染方法。

技术掌握：石材、木纹、池水材质的制作方法，别墅夜景灯光的表现方法，光子图的渲染方法。

视频长度：00:31:43 难易指数：★★★★★ 所在页：551

中文版 3ds Max 2014/VRay

效果图制作实例教程

梁峙 编著

人民邮电出版社

北 京

图书在版编目（CIP）数据

中文版3ds Max 2014/VRay效果图制作实例教程 / 梁峙编著. -- 北京 : 人民邮电出版社, 2014.7
ISBN 978-7-115-35055-8

Ⅰ. ①中… Ⅱ. ①梁… Ⅲ. ①三维动画软件－教材
Ⅳ. ①TP391.41

中国版本图书馆CIP数据核字(2014)第062917号

内容提要

这是一本全面介绍中文版 3ds Max 2014/VRay 制作各种效果图的书。本书从易到难，是入门级读者快速而全面掌握 3ds Max 2014/VRay 效果图制作的必备参考书。

本书从 3ds Max 2014 的基本操作入手，共 15 章，结合 300 个可操作性实例（60 个软件基础操作实例+110 个建模实例+25 个灯光设置实例+5 个摄影机设置实例+35 个材质设置实例+25 个 VRay 渲染器入门实例+25 个效果图后期处理实例+10 个家装实例+3 个工装实例+2 个建筑实例），全面而深入地阐述了中文版 3ds Max 2014/VRay 在建模、灯光、摄影机、材质和渲染方面的运用。

本书讲解模式新颖、思路清晰，非常符合读者学习新知识的思维习惯。本书附带 1 张 DVD9 教学光盘，内容包含本书所有实例的源文件、场景文件、贴图文件、多媒体教学录像以及赠送的 500 套常用单体模型、180 个高动态 HDRI 贴图和 1 套中文版 3ds Max 2014 的专家讲堂（共 160 集）。另外，作者还为读者精心准备了中文版 3ds Max 2014 的快捷键索引、效果图制作实用附录（内容包括常用物体折射率、常用家具尺寸和室内物体常用尺寸）以及效果图常见材质（共 60 种材质）参数设置索引，以方便读者学习。

本书非常适合作为初、中级读者学习 3ds Max 2014/VRay 效果图制作的入门及提高参考书，尤其适合零基础读者学习。同时，本书也非常适合作为院校和培训机构艺术专业课程的教材。另外，本书所有内容均采用中文版 3ds Max 2014、VRay 2.0 进行编写，请读者注意。

◆ 编　　著　梁　峙
责任编辑　孟飞飞
责任印制　程彦红

◆ 人民邮电出版社出版发行　　北京市丰台区成寿寺路 11 号
邮编　100164　　电子邮件　315@ptpress.com.cn
网址　http://www.ptpress.com.cn
北京艺辉印刷有限公司印刷

◆ 开本：787×1092　1/16
印张：36　　彩插：16
字数：853 千字　　2014 年 7 月第 1 版
印数：1－3 500 册　　2014 年 7 月北京第 1 次印刷

定价：79.00 元（附光盘）

读者服务热线：(010)81055410　印装质量热线：(010)81055316
反盗版热线：(010)81055315

策划/编辑

总　　编 | 刘有良
策划编辑 | 王　祥
执行编辑 | 王　祥
校对编辑 | 游　翔
美术编辑 | 王小兰

关于3ds Max

Autodesk的3ds Max作为世界顶级的三维软件之一，自诞生以来就一直受到CG艺术家的喜爱。3ds Max在模型塑造、场景渲染、动画及特效等方面都能制作出高品质的对象，这也使其在室内设计、建筑表现、影视与游戏制作等领域占据领导地位（在国内以制作效果图为主），成为全球最受欢迎的三维制作软件之一。

本书内容

全书从实用角度出发，全面、系统地讲解了中文版3ds Max 2014/VRay的所有应用功能，基本涵盖了3ds Max 2014和VRay在效果图制作中的全部重要技术，包含3ds Max的常用设置、基本操作、建模、灯光、摄影机、材质与贴图、VRay渲染技术和后期处理。本书不讲晦涩难懂的理论知识，全部以实例（共300个实例）形式进行讲解，避免读者被密集的理论“轰炸”。

本书共15章，第1~第2章以60个实例详细介绍了3ds Max 2014的常用设置与基本操作。第3~第8章以110个实例分别介绍了内置几何体建模、样条线建模、修改器建模、网格建模、NURBS建模和多边形建模的思路及相关技巧。第9~第11章以65个实例分别介绍了各种常见空间内灯光、摄影机与材质的设置方法及相关技巧；第12章以25个入门级实例介绍了VRay渲染器的各项重要技术。第13章以25个实例介绍了效果图各种常见瑕疵的处理方法。第14~第15章以15个大型空间详细介绍了VRay渲染器在家装、工装和建筑外观表现中的运用。

本书特色

本书在同类书中别具一格，新颖独特，非常符合读者学习新知识的思维习惯，简单介绍如下。

■ **完全自学**：本书设计了300个实例，从最基础的设置与操作入手，由浅入深、由易到难，可以让读者循序渐进地学到3ds Max和VRay的重要技术及相关操作技巧，同时掌握行业内的相关知识。

■ **技术手册**：本书在以实例介绍软件技术和项目制作的同时，并没有放弃对常见疑点和技术难点的深入解析。几乎每章都根据实际情况设计了“技巧与提示”、“技术专题”，不仅可以让读者充分掌握该板块中所讲的知识，还可以让读者在实际工作中遇到类似问题时不再犯相同的错误。以书中298页的“技术专题：三点照明”为例，读者想要渲染一款产品的效果图，但是无论怎样布光都达不到良好的光影效果，这时就可以采用这个技术专题中的三点布光原则进行布光，肯定会得到质量很好的产品展示效果。

■ **速查手册**：在实际工作中，拿到一个项目以后，往往会先交给模型师制作模型，如要创建一个欧式台灯模型，而这个模型师恰好又刚入行不久，因此在看到图样时往往会无从下手，这时就可以查阅书中相应的实例（在目录和彩色插页中均可方便查到），寻找制作思路与灵感。

■ **专业指导：**除去60个3ds Max常用设置和基本操作实例，其他的240个实例全部是根据实际工作中最常遇到的项目进行安排的。以建模的110个实例为例，这些实例全部是根据市场调研，以当前最流行的室内装修建模（如桌、椅、沙发、灯饰、床、柜等）和精致软装物品（如窗帘、工艺品等）为主，同时穿插一些建筑外观建模，让读者真正学到该学的专业知识。

■ **名师讲解：**本书由专门从事3ds Max培训的名师编写而成，每个实例都有详细的制作过程，同时还配有专业的多媒体语音视频教学（本书视频教学不仅录制了书中实例的操作过程，还在其中穿插了很多书中未涉及的专业知识），就像一位专业老师在一旁指导一样。另外，为了方便零基础读者，我们还在光盘中附赠了1套中文版3ds Max 2014的专家讲堂，以方便初学者入门。

培训指导

为了方便培训老师在教学时有的放矢，可以参照下表对各部分内容进行详讲或略讲。

章节	难易指数	详讲/略讲
第1章 熟悉3ds Max 2014的界面与文件管理	低	详讲
第2章 掌握3ds Max 2014的基本操作	低	详讲
第3章 内置几何体建模	低	详讲
第4章 样条线建模	中	详讲
第5章 修改器建模	中	详讲
第6章 网格建模	低	略讲
第7章 NURBS建模	低	略讲
第8章 多边形建模	中	详讲
第9章 室内外灯光应用	中	详讲
第10章 摄影机应用	低	详讲
第11章 室内外材质应用	中	详讲
第12章 VRay渲染器快速入门	中	详讲
第13章 效果图常见效果制作与后期处理	低	略讲
第14章 商业项目实训：家装篇	高	详讲
第15章 商业项目实训：工装与建筑篇	高	详讲

光盘内容

本书附带1张DVD9教学光盘，内容包括本书所有实例的源文件、场景文件、贴图文件与多媒体教学录像，同时我们还准备了500套常用单体模型、180个高动态HDRI贴图以及1套中文版3ds Max 2014的专家讲堂（共160集）赠送给读者。读者在学完本书内容后，可以调用这些资源进行深入练习。

致读者的学习建议（学习本书前必读）

1.软件优化

3ds Max 2014是一款相当庞大的三维软件，对计算机的硬件配置要求相当高，如果经济条件允许，建议购买一台配置较高的计算机。另外，也可以通过对3ds Max的一些合理优化来提高软件的使用性能，比如关掉不常用的工具栏和面板、设置自动备份工程文件的文件数和保存时间间隔，这些优化方法在本书第1章中均有介绍。这里介绍其中最为重要的一种，即修改显示驱动程序（书中没有讲到，这里单独提出来介绍）。

第1步：执行“自定义>首选项”菜单命令，打开“首选项设置”对话框。

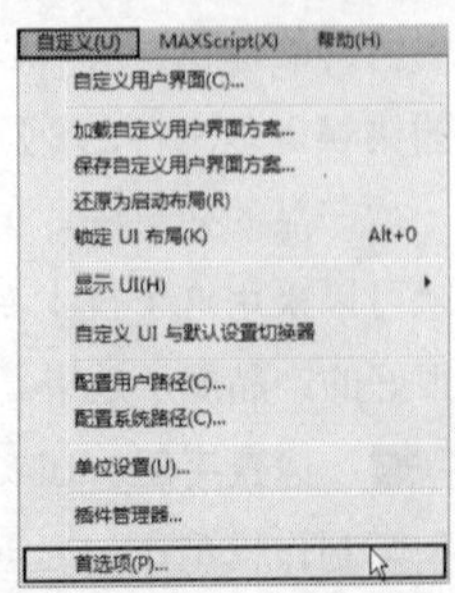

第2步：在“首选项设置”对话框中单击“视口”选项卡，然后在“显示驱动程序”选项组下单击“选择驱动程序”按钮 选择驱动程序... ，接着在弹出的“显示驱动程序选择”对话框中选择“旧版OpenGL”驱动程序。

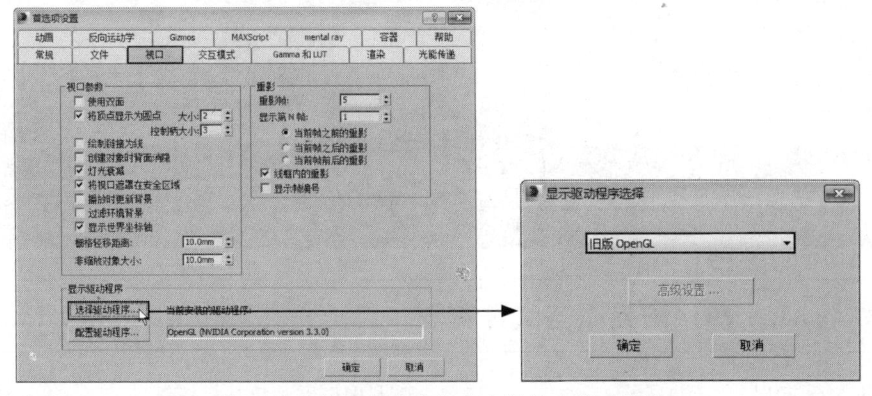

第3步：重新启动3ds Max 2014，这时软件的运行速度与稳定性能会提高很多。

2.设定快捷键

由于3ds Max的命令非常多，不可能每个常用的工具或命令都配备快捷键，因此我们可以根据实际情况来合理设定常用的命令快捷键，以提高工作效率。比如“组>组”和“组>解组”菜单命令，这两个命令在实际工作中的使用频率相当高，而在默认情况下这两个命令均没有快捷键，因此我们就可以根据自己的习惯为其设定快捷键。关于快捷键的设定方法可以参考34页的“实战019 自定义快捷键”。

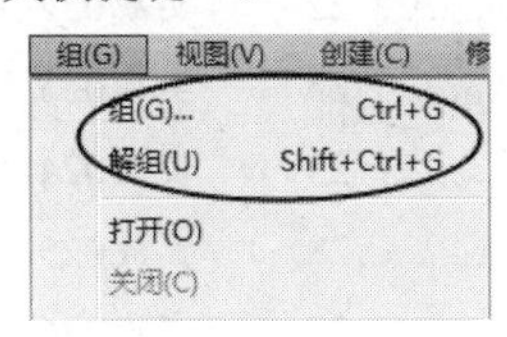

3.善于使用附录

在本书的最后提供了6个速查表，包含3ds Max快捷键索引、本书技术专题速查表、常见物体折射率、常用家具尺寸、室内物体常用尺寸和效果图常见材质参数设置索引。这些速查表对于提高工作效率和解决疑难问题非常有帮助。读者遇到问题时可以查询相应的速查表进行解决。

4.合理利用光盘资源

本书附带了1张超大容量的DVD9教学光盘，里面不仅提供了与本书相关的文件，同时还包括500套单体模型、180个高动态HDRI贴图以及1套中文版3ds Max 2014的专家讲堂（共160集）赠送给读者。对于零基础读者，在安装好中文版3ds Max 2014以后，建议先观看专家讲堂，这样对软件的使用有一个大概的了解。在学完本书内容以后，读者还可以调用光盘中的500套单体模型进行深入练习，以提高自己的技术水平。

售后服务

在学习技术的过程中会碰到一些难解的问题，我们衷心地希望能够为广大读者提供力所能及的阅读服务，尽可能地帮大家解决一些实际问题。如果大家在学习过程中需要我们的支持，请通过以下方式与我们取得联系，我们将尽力解答。

客服/投稿QQ：996671731

客服邮箱：iTimes@126.com

祝您在学习的道路上百尺竿头，更进一步！

编者

2014年2月

目 录 CONTENTS >>>>>>>

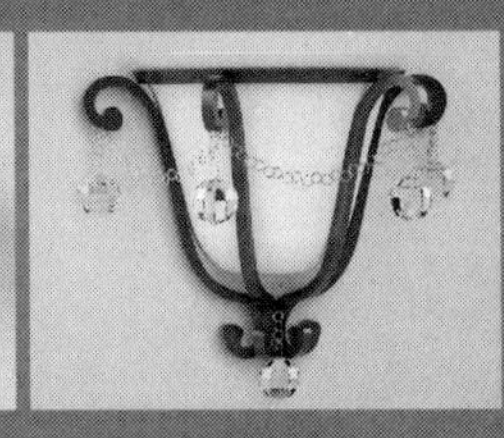

目 录 CONTENTS >>>>>>

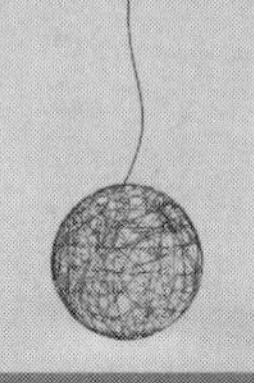

目录 CONTENTS >>>>>>

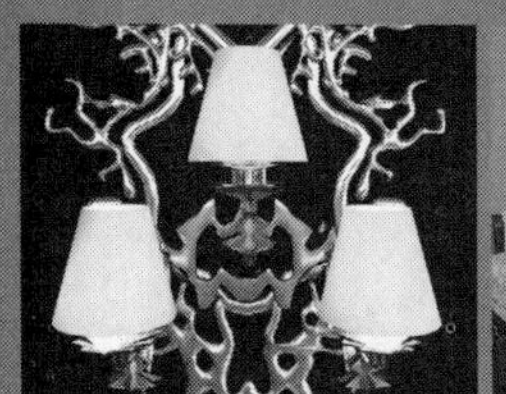

目 录 CONTENTS >>>>>>

目 录 CONTENTS >>>>>>

目 录 CONTENTS >>>>>>>

目 录 CONTENTS >>>>>>>

第1章 熟悉3ds Max 2014的界面与文件管理

学习要点：3ds Max 2014**的界面操作** / 3ds Max 2014**的视图操作** / 3ds Max 2014**的快捷键操作** / 3ds Max 2014**场景文件的基本操作**

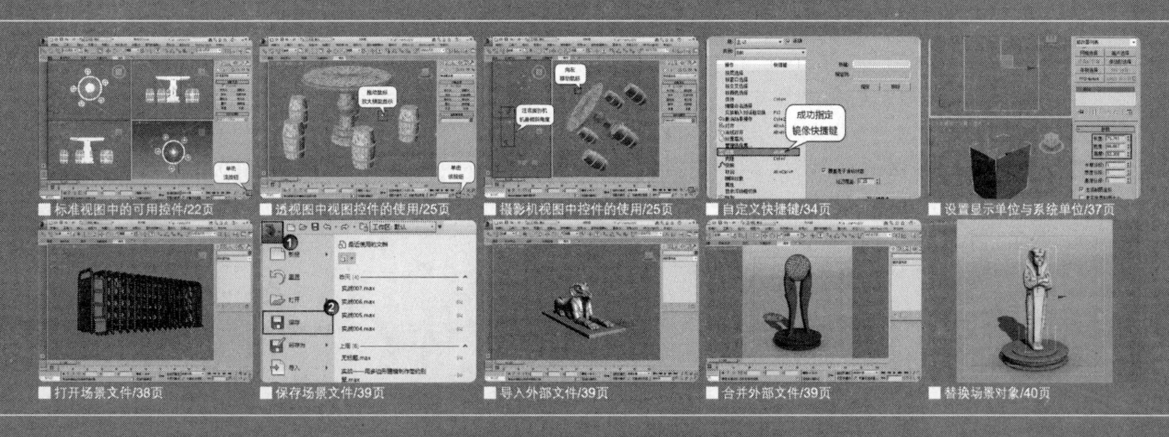

■ 标准视图中的可用控件/22页
■ 透视图中视图控件的使用/25页
■ 摄影机视图中控件的使用/25页
■ 自定义快捷键/34页
■ 设置显示单位与系统单位/37页
■ 打开场景文件/38页
■ 保存场景文件/39页
■ 导入外部文件/39页
■ 合并外部文件/39页
■ 替换场景对象/40页

家装造型设计师

工业造型设计师

室内设计表现师

建筑设计表现师

实战001 启动3ds Max 2014

场景位置	无
实例位置	无
视频位置	DVD>多媒体教学>CH01>实战001.flv
难易指数	★☆☆☆☆
技术掌握	掌握启动3ds Max 2014的两种方法

安装好3ds Max 2014后，可以通过以下两种方法启动3ds Max 2014。

01 第1种方法很简单，直接双击桌面上的快捷图标即可。

02 下面介绍第2种方法。执行“开始>所有程序>Autodesk 3ds Max 2014 64-bit>Autodesk 3ds Max 2014-Simplified Chinese”菜单命令，如图1-1所示。

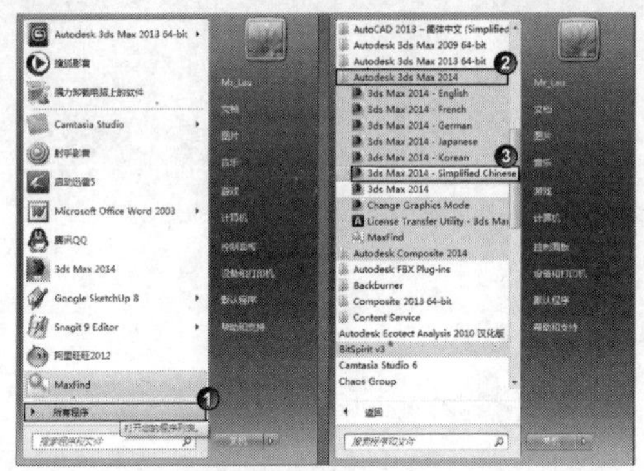

图1-1

技巧与提示

3ds Max 从2010开始分为两个独立版本，一个是面向大众的3ds Max；另一个是专门为建筑师、设计师以及可视化设计而量身定制的3ds Max Design。对于大多数用户而言，这两个版本的功能是相同的。本书均采用大众版本3ds Max 2014进行编写。此外，3ds Max 2014同时安装了多种语言版本，在本书中根据使用习惯选择了Simplified Chinese（简体中文版）。

03 在启动3ds Max 2014的过程中，可以观察到3ds Max 2014的启动画面，如图1-2所示，此时将自动加载软件必需的文件。

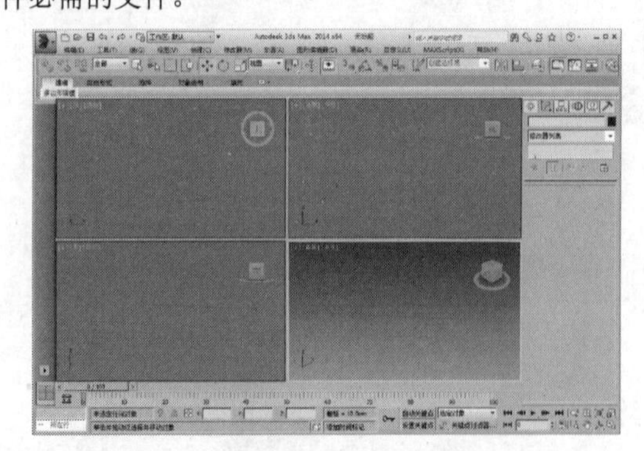

图1-2

04 默认设置下，启动完成后首先将弹出“欢迎使用3ds Max”对话框，此时单击右下角的“关闭”按钮 关闭 即可，如图1-3所示。

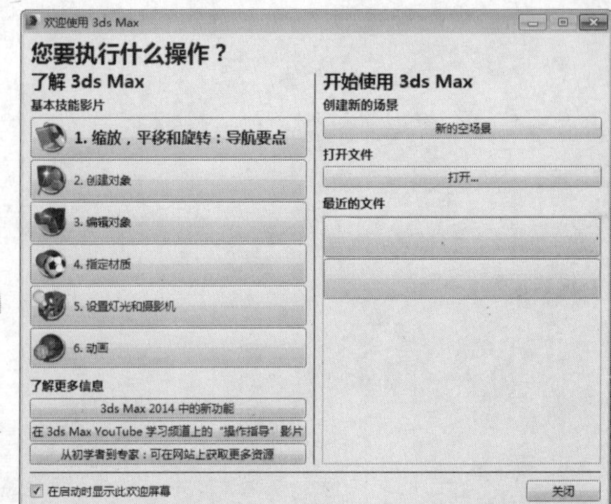

图1-3

05 关闭“欢迎使用3ds Max”对话框后会进入3ds Max 2014的工作界面，如图1-4所示。在默认情况下，进入3ds Max 2014后的用户界面是黑色的。在实际工作中一般都不用黑色界面，而是用灰色界面，如图1-5所示。执行“自定义>加载自定义用户界面方案”菜单命令，然后在弹出的“加载自定义用户界面方案”对话框中选择3ds Max 2014安装路径下的UI（一般路径为C:\Program Files\Autodesk\3ds Max 2014\zh-CN\UI）文件夹中的界面方案，一般选择DefaultUI界面方案，接着单击“打开”按钮 打开(O)，如图1-6所示。

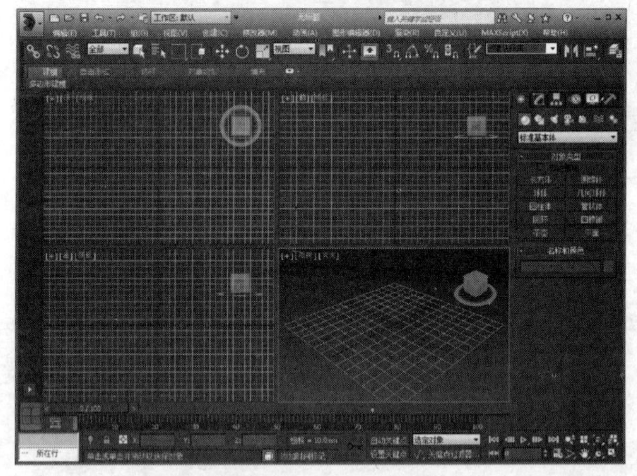

图1-4

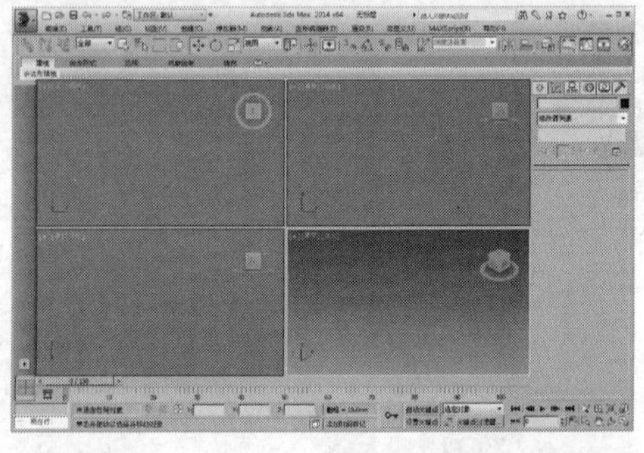

图1-5

图1-6

技术专题 01 认识3ds Max 2014的工作界面

3ds Max 2014的用户界面主要构成有“应用程序”按钮、“快速访问栏”、“工作台切换”、“标题栏”、“信息中心”、“菜单栏”、“主工具栏”、“命令”面板、“建模工具”选项卡、“绘图区”、“视口布局”选项卡、“轨迹栏”、“视口导航控制”按钮、“MaxScript迷你侦听器”、“状态栏与提示行”以及“动画及时间控制”按钮16个大的板块构成，如图1-7所示。

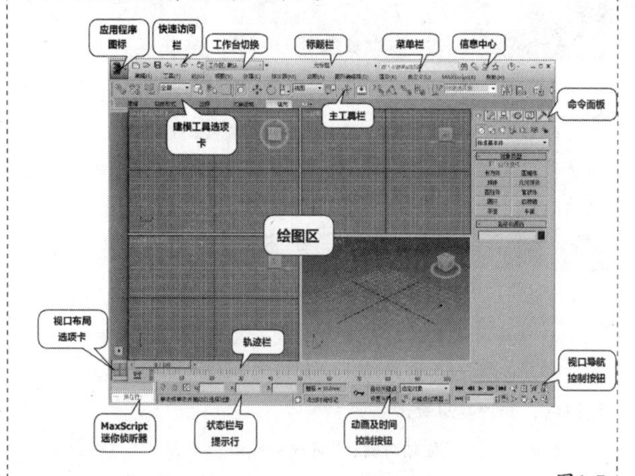

图1-7

应用程序：单击“应用程序”按钮会弹出一个用于管理场景位置的下拉菜单。这个菜单与之前版本的“文件”菜单类似，主要包括“新建”、“重置”、“打开”、“保存”、“另存为”、“导入”、“导出”、“发送到”、“参考”、“管理”和“属性”11个常用命令，如图1-8所示。

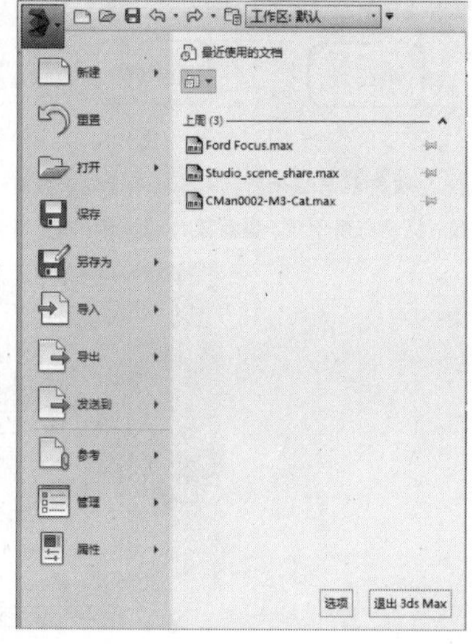

图1-8

快速访问栏与工作台切换：“快速访问栏”集合了用于管理场景位置的常用命令，便于用户快速管理场景位置，包括“新建场景”、“打开文件”、“保存文件”、“撤销场景操作”、“重做场景操作”、“项目文件夹”以及“工作台”7个常用工具，同时用户也可以单击右侧的下拉按钮自定义“快速访问栏”，如图1-9所示。

图1-9

标题栏：显示了当前使用的软件名称、版本号以及当前打开的文件名，如图1-10所示。

信息中心：由“搜索栏”、“搜索按钮”、“注册”、“通迅”、“收藏”以及“帮助”6个部分构成，如图1-11所示，主要用于软件功能、注册信息查询以及用户交流。

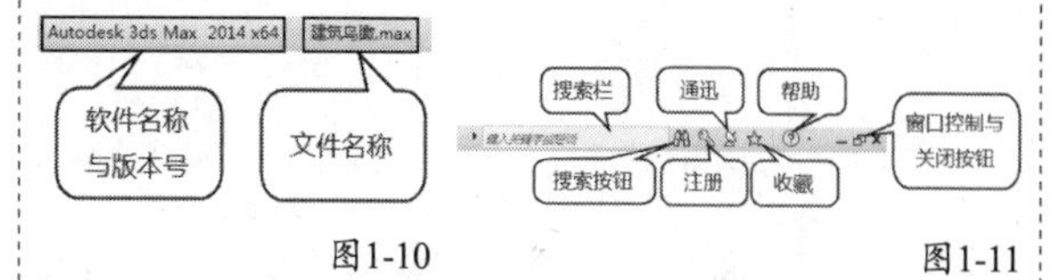

图1-10 图1-11

菜单栏：在用户界面的上方是菜单栏，与Windows操作系统下的大多数程序一样，菜单中包含了3ds Max几乎所有的命令。3ds Max的菜单也具有子菜单或多级子菜单，如图1-12所示。

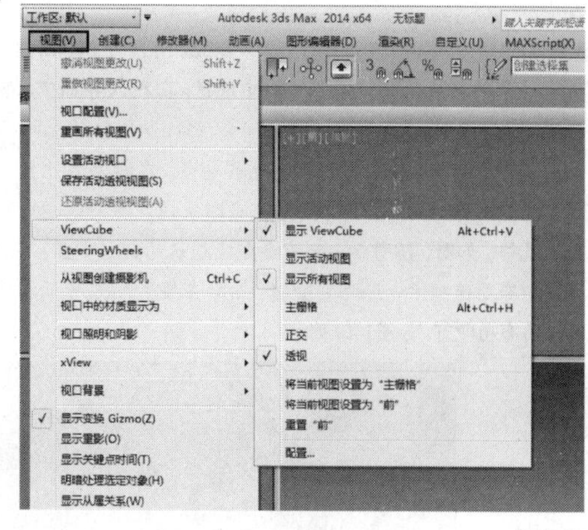

图1-12

主工具栏：集合了3ds Max使用频率最高的操作和控制类工具，如图1-13所示。在第2章中将详细介绍“主工具栏”中相关工具的使用方法。

图1-13

命令面板：“命令”面板位于用户界面的右侧，从左至右依次为“创建”、“修改”、“层次”、“运动”、“显示”和“工具”6个子面板，如图1-14所示。

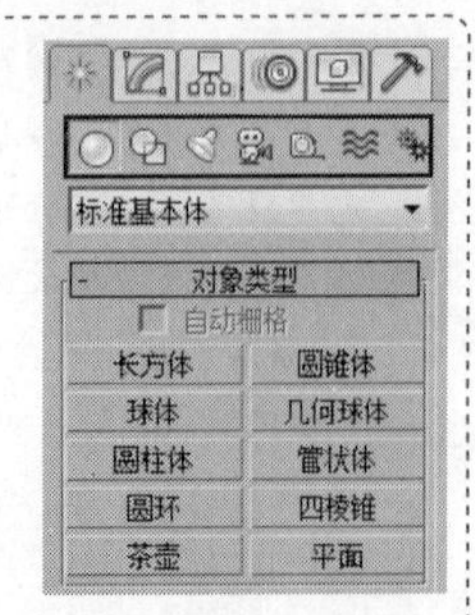

图1-14

建模工具选项卡：“建模工具选项卡”将3ds Max使用频率较高的建模与选择工具分门别类地集合在一起，主要有“建模工具”选项卡、“自由形式”选项卡、“选择”选项卡、“对象绘制”以及“填充”选项卡（其中“填充”选项卡是3ds Max 2014新增的功能，主要用于制作人群动画），如图1-15所示。选择对应的选项卡，然后单击右侧的按钮可以展开该选项卡内的工具按钮集，如图1-16所示。

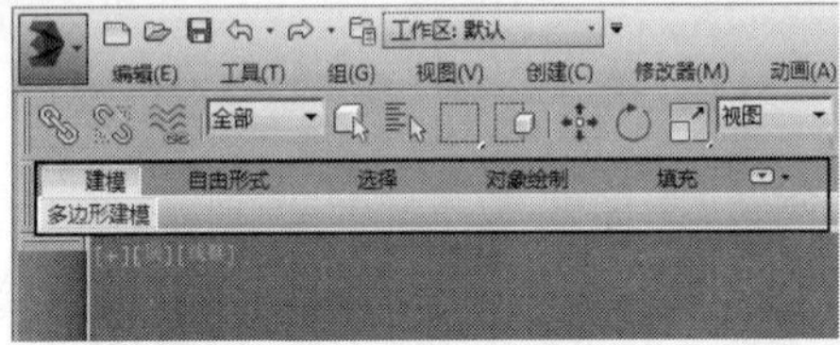

图1-15

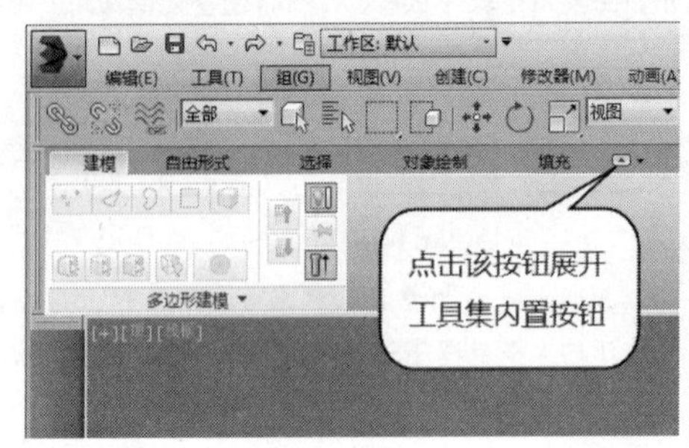

图1-16

绘图区与视口布局选项卡：视口是3ds Max的主要操作区域，所有对象的变换和编辑都在视口中进行，在默认界面中主要显示顶视图、前视图、左视图和透视图4个视口，如图1-17所示。用户可以从这4个视口中以不同的角度观察场景。在视图左上角名称以及右上角导航按钮上单击鼠标可以切换视口类型或视口对象的显示风格，如图1-18所示。如果要更换默认的视口布置，可以单击“视口布局选项卡”上的按钮，然后在展开的选择面板中选择对应的布局即可，如图1-19所示。

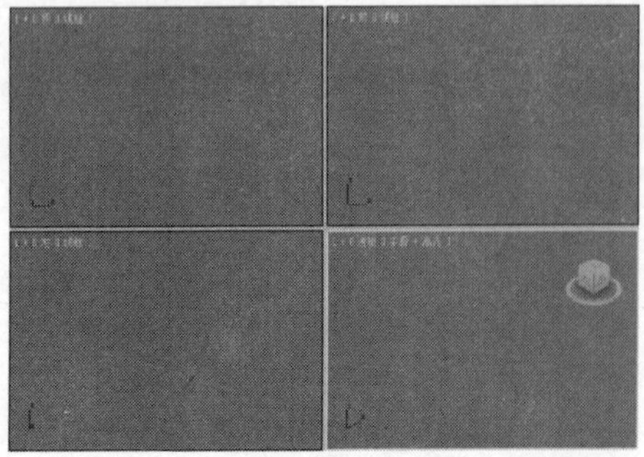

图1-17

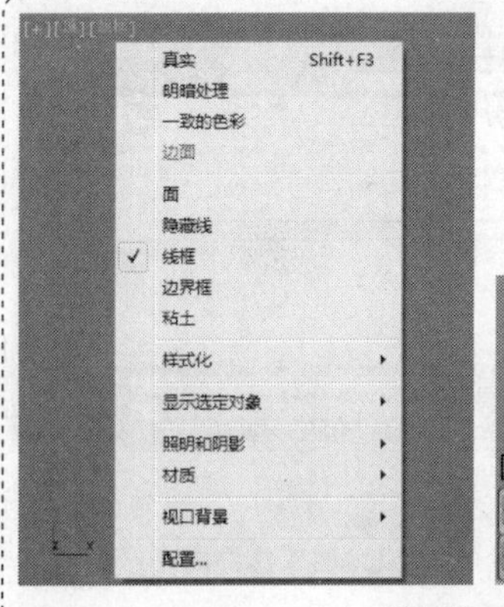

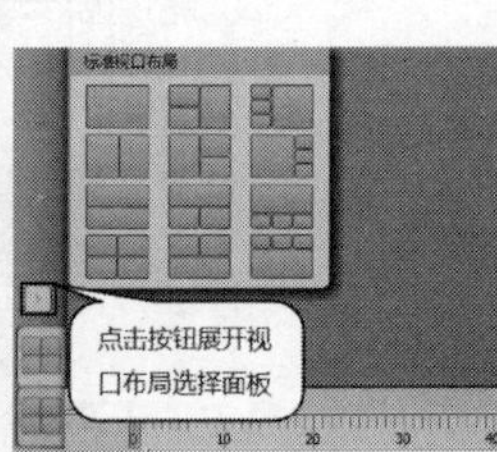

图1-18　图1-19

视口导航控制按钮：主要用于视口缩放、旋转、平移等操作，要注意的是在3ds Max中不同的视图控制按钮会产生一些变化，如图1-20~图1-22所示。

图1-20　图1-21　图1-22

轨迹栏：“轨迹栏”提供了显示帧数的时间线，同时可以移动、复制和删除关键点，是3ds Max 2014制作动画的重要辅助工具，如图1-23所示。

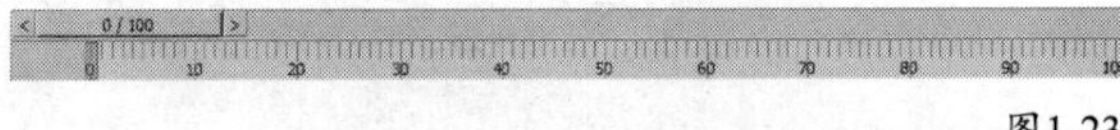

图1-23

动画及时间控件：动画控件用于创建及调整动画的关键点；时间控件主要用于动画时间方面的设置以及动画视口预览控制，如图1-24所示。

MaxScript迷你侦听器：“MaxScript 侦听器”分为粉红和白色两个文本框，如图1-25所示。粉红色的文本框是“宏录制器”文本框；白色文本框是“脚本”文本框，可以在这里创建脚本。

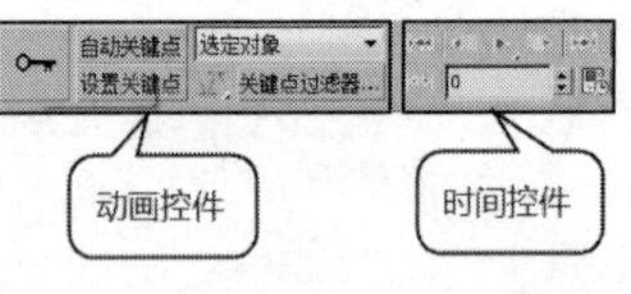

图1-24　图1-25

状态栏与提示行：状态栏用于显示当前模型的状态以及坐标值；提示行用于显示当前操作的提示信息，如图1-26所示。

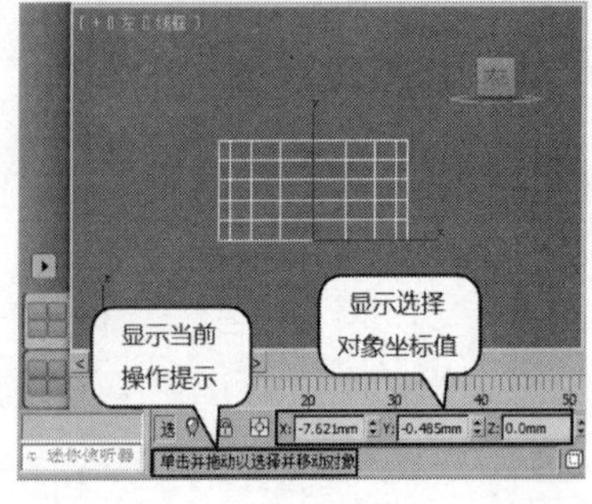

图1-26

实战002 使用教学影片及帮助

场景位置	无
实例位置	无
视频位置	DVD>多媒体教学>CH01>实战002.flv
难易指数	★☆☆☆☆
技术掌握	掌握如何使用3ds Max 2014的教学影片与帮助功能

用户在使用3ds Max 2014时，可以使用软件自带的教学影片学习一些简单的操作，同时也可以使用帮助文档查询、解决工作中碰到的一些问题。

01 在默认设置下启动3ds Max 2014时，会弹出“欢迎使用3ds Max”对话框，其中包括6个基本技能影片以及其他自学资源链接按钮，如图1-27所示。

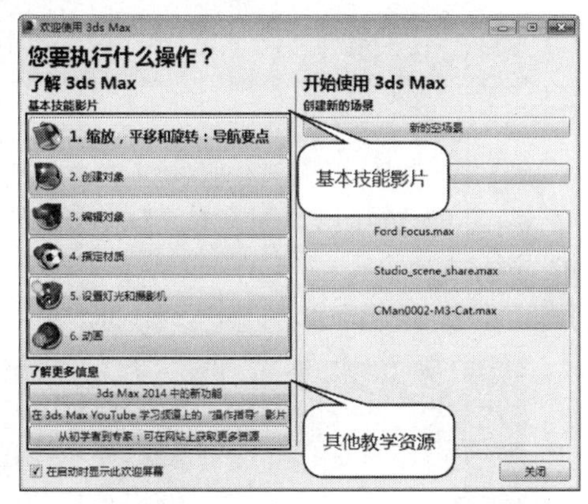

图1-27

02 单击其中的任一影片按钮即自动链接到Autodesk网站播放相关的基本技能学习视频，如图1-28所示。

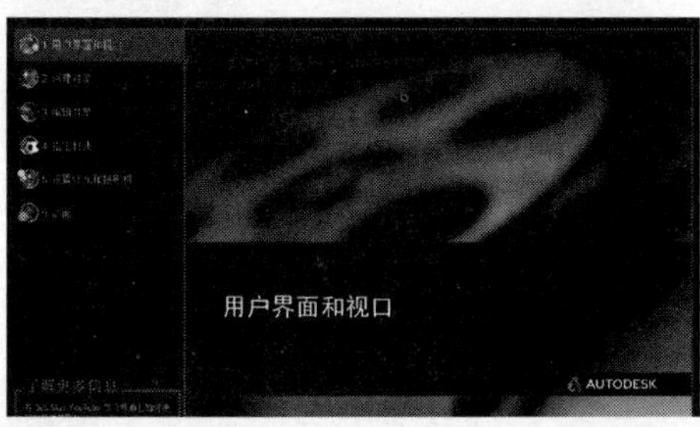

图1-28

03 若想在启动3ds Max 2014时不弹出“欢迎使用3ds Max”对话框，只需要在该对话框左下角关闭“在启动时显示此欢迎屏幕”选项即可。若要恢复“欢迎使用3ds Max”对话框的显示，可以执行“帮助>欢迎屏幕”菜单命令重新打开该对话框，如图1-29所示。

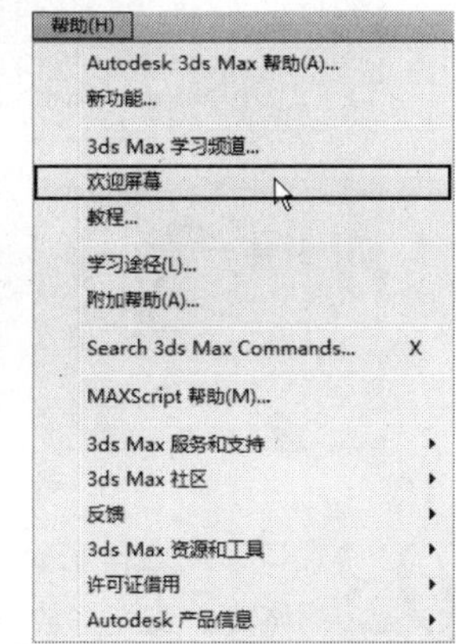

图1-29

04 除了基本技能教学影片外，还可以执行“帮助>教程”菜单命令，打开3ds Max的帮助文档，如图1-30和图1-31所示。

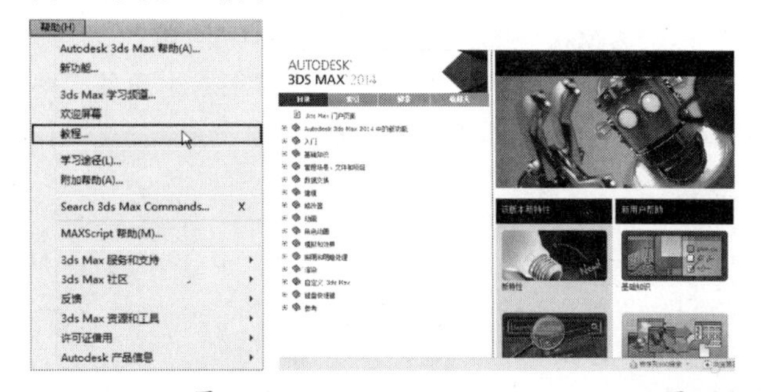

图1-30　图1-31

技巧与提示

在使用帮助文档时，可以单击进入“搜索”选项卡输入关键词，快速搜索到相关的学习资源。图1-32和图1-33所示为搜索“捕捉”关键词后生成的学习资源。

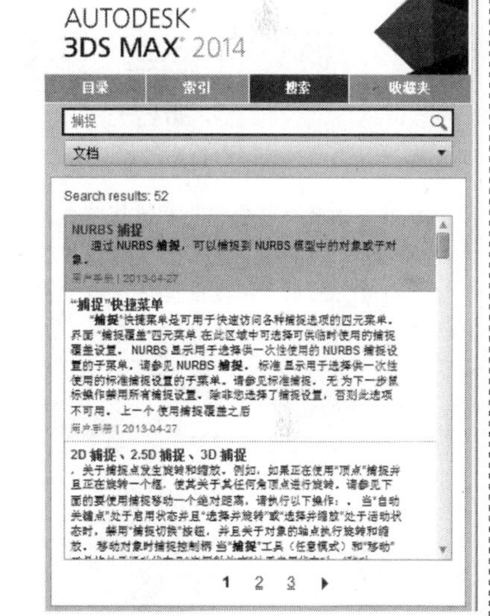

图1-32

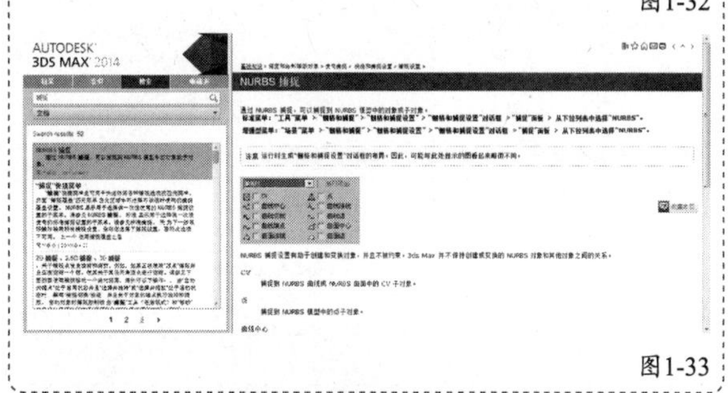

图1-33

实战003 安全退出3ds Max 2014

场景位置	无
实例位置	无
视频位置	DVD>多媒体教学>CH01>实战003.flv
难易指数	★☆☆☆☆
技术掌握	掌握退出3ds Max 2014的两种方法

在使用完3ds Max 2014后，通过标准的方法退出软件

可以避免文件信息的损坏或丢失。

01 下面介绍第1种方法。单击界面左上角的“应用程序”图标，然后在弹出的下拉菜单中单击“退出3ds Max”按钮退出3ds Max，如图1-34所示。

02 下面介绍第2种方法。单击界面右上角的“关闭”按钮，如图1-35所示。

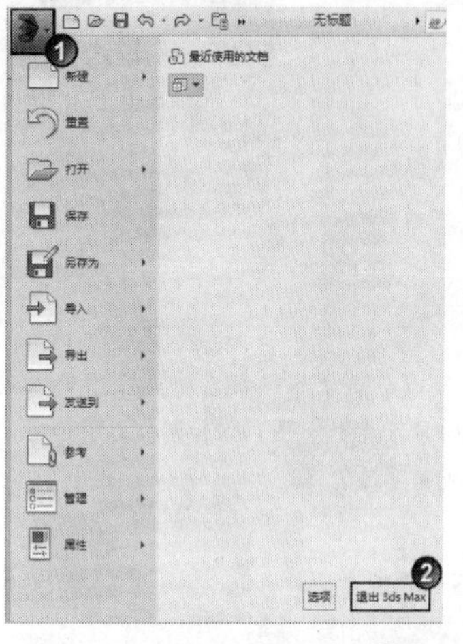

图1-34

图1-35

技巧与提示

注意，如果当前场景正在操作对象，一定要先保存好场景再退出3ds Max 2014，否则制作好的对象将丢失。如果需要保存场景，可以单击界面左上角的“应用程序”图标，然后在弹出的下拉菜单中执行“保存”或“另存为”命令即可，如图1-36所示。

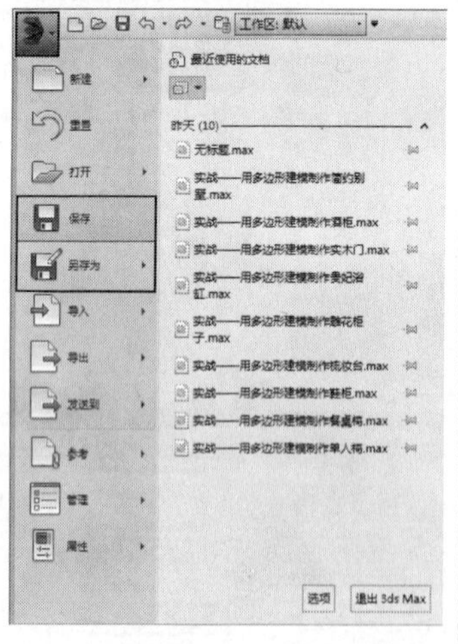

图1-36

实战004 快速调整3ds Max 2014的视口布局

场景位置	DVD>场景文件>CH01>实战004.max
实例位置	无
视频位置	DVD>多媒体教学>CH01>实战004.flv
难易指数	★☆☆☆☆
技术掌握	掌握如何快速调整3ds Max 2014的视口布局

对于不同的场景，使用合适的视口数量与适当的视口大小，可以更好地观察场景细节并降低视觉疲劳。

01 打开光盘中的“场景文件>CH01>实战004.max”文件，如图1-37所示。这是一个较为复杂的建筑场景。

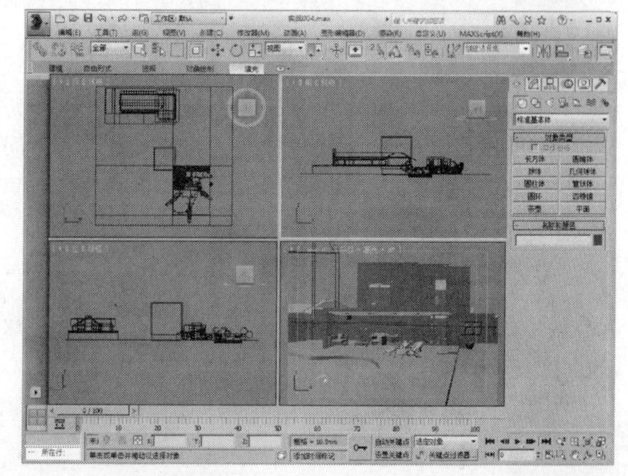

图1-37

02 当前场景以均衡大小的四视口显示，为了能在右下角的透视图中观察到更清晰的模型细节，可以单击“视口布局选项卡”上的“创建新的视口布局选项卡”按钮，然后选择第3个布局，如图1-38和图1-39所示。

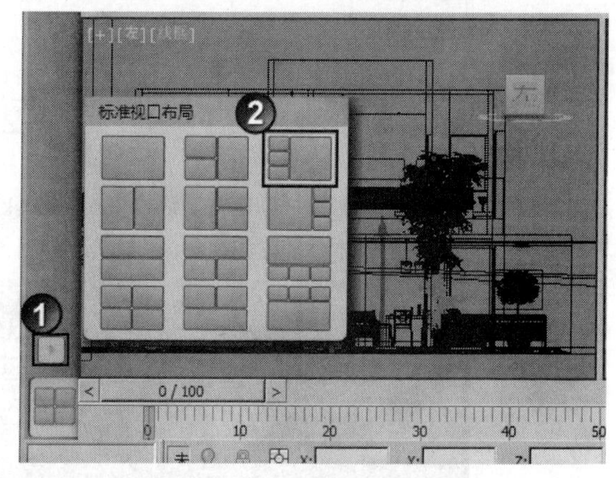

图1-38

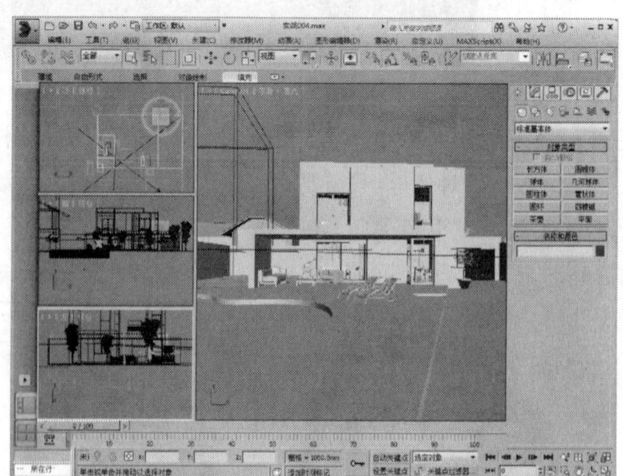

图1-39

03 视口布局选择完成后，还可以调整左侧3个视口的宽度，将光标放在视口的竖向分割处，然后按住鼠标左键向右拖曳光标即可，如图1-40和图1-41所示。

图1-40　　图1-41

04 此外，将光标放在视口的横向分割处还可以调整视口的高度，如图1-42和图1-43所示。

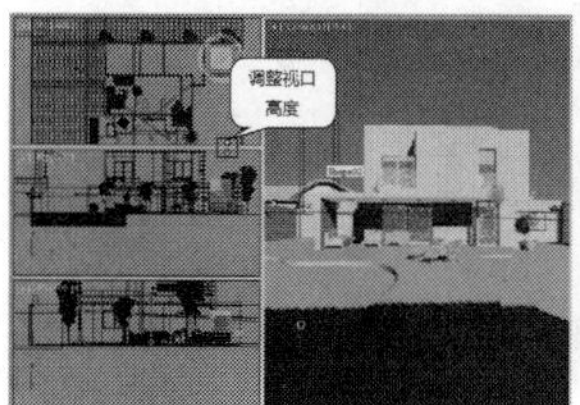

图1-42　　图1-43

05 如果要还原视口，可以将光标放在视口分割处的任意位置，然后单击鼠标右键，接着在弹出的菜单中选择“重置布局”命令，如图1-44和图1-45所示。

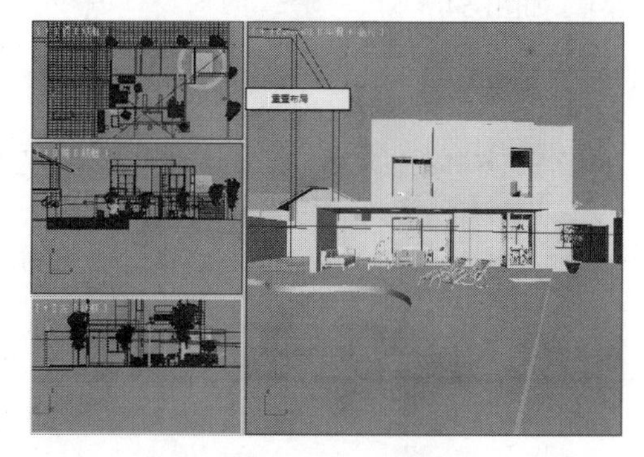

图1-44

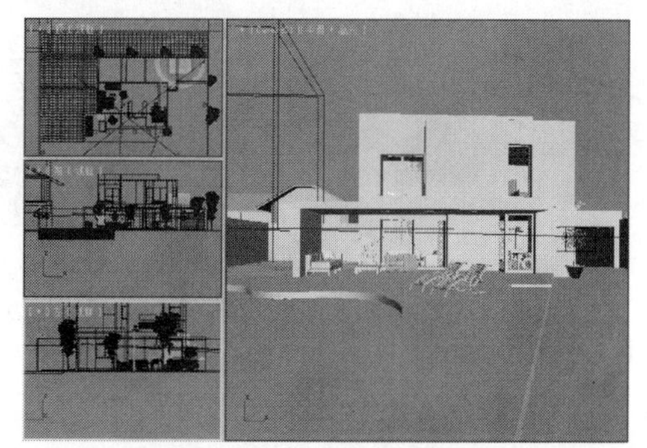

图1-45

实战005 切换3ds Max 2014的视口类型

场景位置	DVD>场景文件>CH01>实战005.max
实例位置	无
视频位置	DVD>多媒体教学>CH01>实战005.flv
难易指数	★☆☆☆☆
技术掌握	掌握切换视图的多种方法

在实际工作中经常需要观察对象各个侧面的效果或调整场景对象的位置、高度以及角度，此时针对性地切换到各个视图，既能快速观察到模型效果，又利于调整得准确性，从而提高工作效率。

01 打开光盘中的“场景文件>CH01>实战005.max”文件，如图1-46所示。这是一把公园长椅。

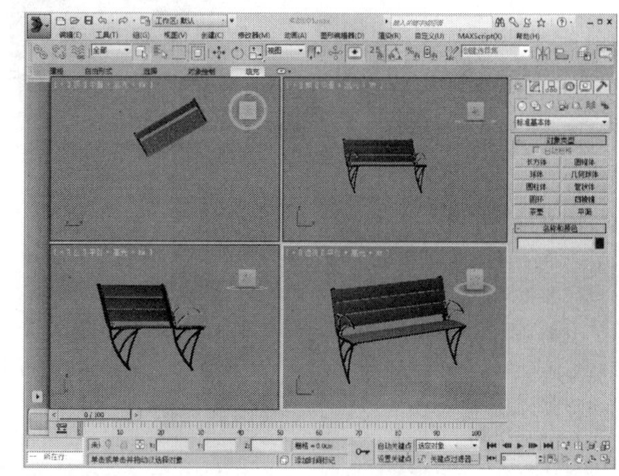

图1-46

02 下面介绍如何切换视图。当前右上角的前视图的模型显示效果与透视图类似，为了观察到模型的更多细节，在前视图左上角的视图名称上单击鼠标右键，然后在弹出的菜单中选择“右”命令，可以将当前视图切换为右视图，如图1-47和图1-48所示。

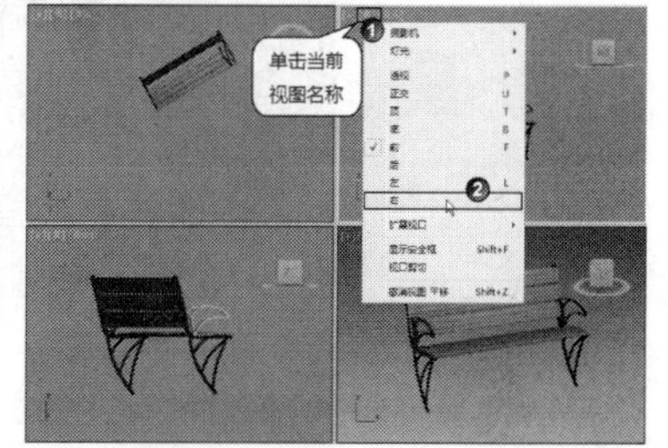

图1-47

图1-48

03 下面介绍如何切换摄影机视图（以透视图为例）。在透视图中按C键可以将透视图切换为摄影机视图，如图1-49和图1-50所示。

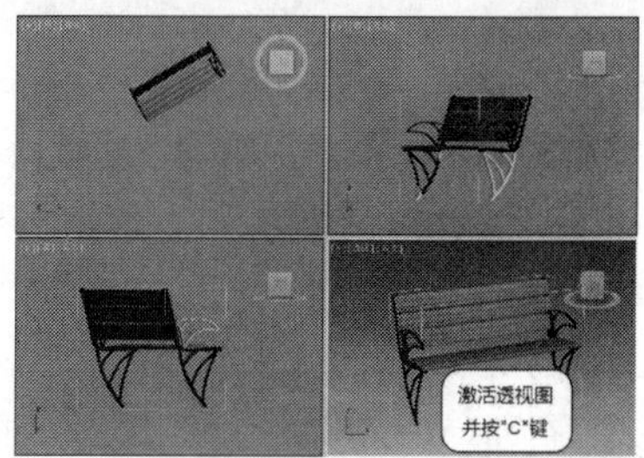

图1-49

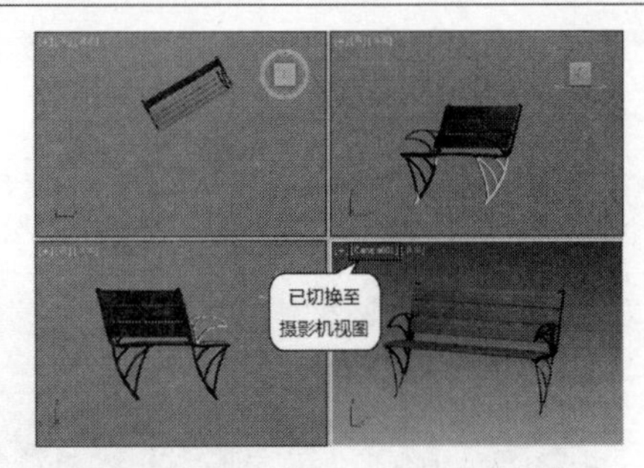

图1-50

技巧与提示

在切换视图类型时，使用快捷键进行切换是最好的选择，各视图对应的快捷键如下。

按T键为顶视图；按L键为左视图；按B键为底视图；按U键为用户视图；按F键为前视图；按P键为透视图；按C键为摄影机视图。

此外，如果当前未创建摄影机视图，可以先将某个视图调整为透视图，然后调整好视图的角度与位置，接着按Ctrl+C组合键即可创建出对应的摄影机视图，如图1-51和图1-52所示。

图1-51

图1-52

实战006 调整视图显示风格

场景位置	DVD>场景文件>CH01>006max
实例位置	无
视频位置	DVD>多媒体教学>CH01>实战006.flv
难易指数	★☆☆☆☆
技术掌握	掌握调整视图显示风格的多种方法

在实际工作中，不同的建模阶段需要显示不同的视图模型风格。比如在考虑建模布线时需要将模型显示线框以分析布线是否合理，在赋予材质时又需要将模型显示为真实的材质效果以判断贴图、色彩是否理想。此外，在3ds Max 2014中还可以通过“样式化”直接在视口中显示“彩色铅笔”和“彩色腊笔”等效果。

01 打开光盘中的“场景文件>CH01>实战006.max”文件，如图1-53所示。这是一个音乐播放器模型。

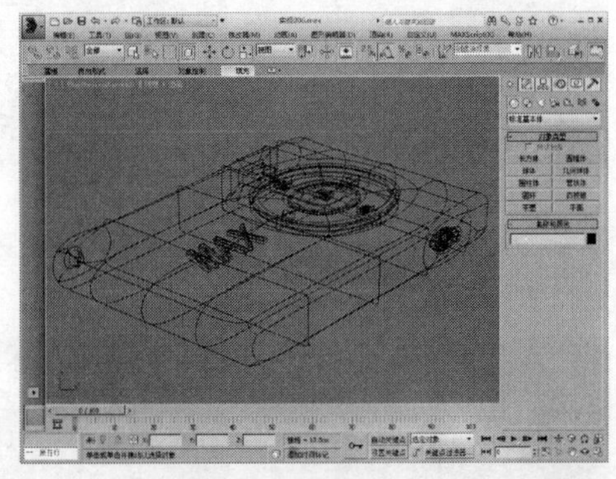

图1-53

02 观察视图左上角，可以发现此时模型为“线框”显示，单击“线框”文字即可弹出视口显示风格菜单，如图1-54所示。

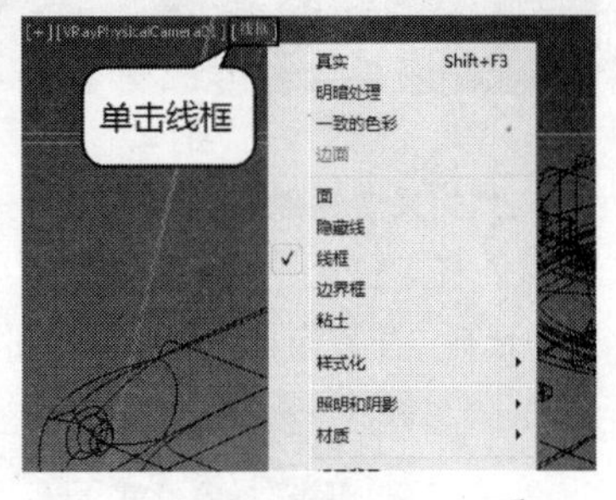

图1-54

03 选择其中的风格名称，模型将自动转变为对应的效果。比如要同时观察到布线与三维造型，可以选择“明暗处理”命令，如图1-55所示，效果如图1-56所示。

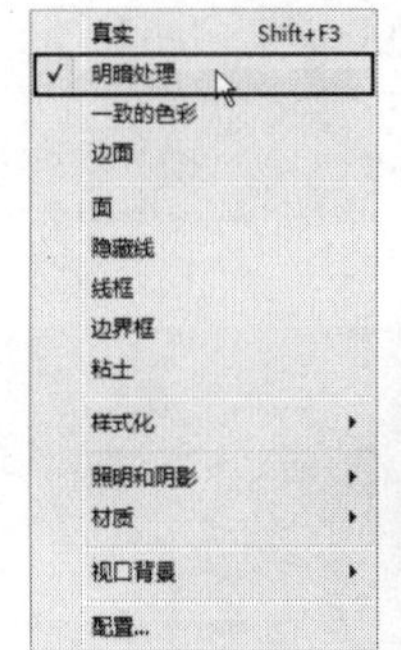

图1-55　图1-56

04 如果要观察模型的材质与阴影效果，可以选择“真实”命令，如图1-57所示，效果如图1-58所示。

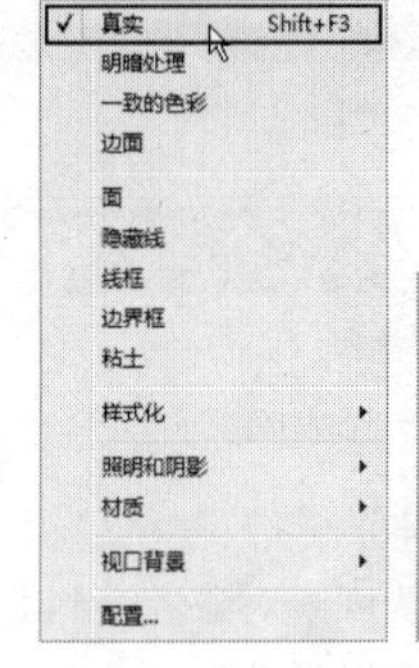

图1-57　图1-58

技术专题 02 摄影机视图释疑

这里针对摄影机视图中最常见的两个问题进行详细分析。

第1个：在某些情况下，将摄影机视图切换为“真实”时，模型会显示为黑色，如图1-59所示。产生这种情况的原因通常是由于创建了外部灯光而又没有使用外部灯光照明所造成的。图1-60所示的场景中已经创建了一盏VRay面光源，要解决该问题只需要按Ctrl+L组合键切换为外部灯光照明即可。

图1-59

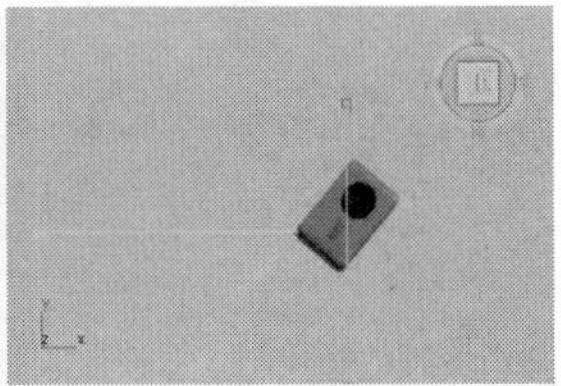

图1-60

第2个：有时将摄影机视图切换为真实显示时，模型下方会出现一些杂点，如图1-61所示。其实这不是杂点，而是3ds Max 2014的实时照明和阴影显示效果（默认情况下，在3ds Max 2014中打开的场景都有实时照明和阴影）。如果要关闭实时照明和阴影，可以单击“真实”文字，然后在弹出的菜单中选择“配置”命令，如图1-62所示，接着在弹出的“视口配置”对话框中单击“照明和阴影”选项卡，再关闭“天光作为环境光颜色”、“阴影”和“环境光阻挡”以及“环境中的反射”选项，最后单击“应用到活动视图”按钮 应用到活动视图 ，如图1-63所示，这样在活动视图中就不会显示出实时的照明和阴影，如图1-64所示。由于开启实时照明和阴影会占用一定的系统资源，因上建议计算机配置比较低的用户关闭这个功能。

图1-61

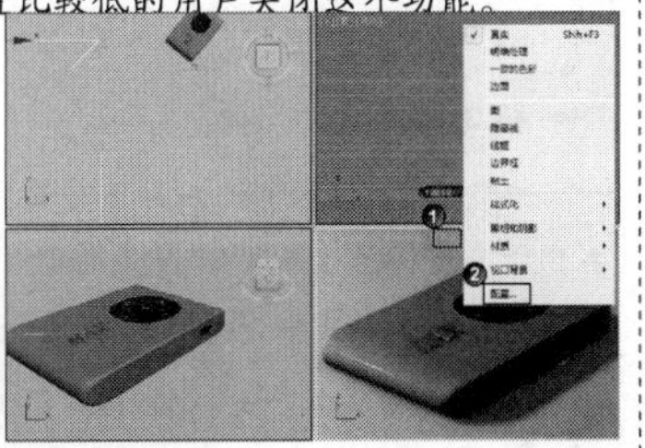

图1-62

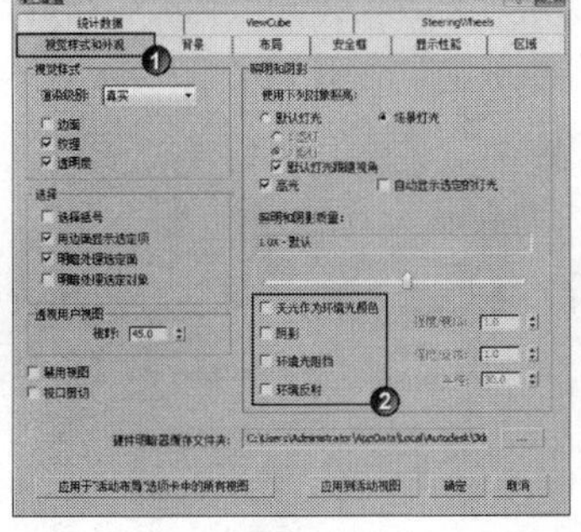

图1-63

图1-64

05 如果要将模型最简化显示以节约系统资源，可以选择“边界框”命令，如图1-65所示，效果如图1-66所示。

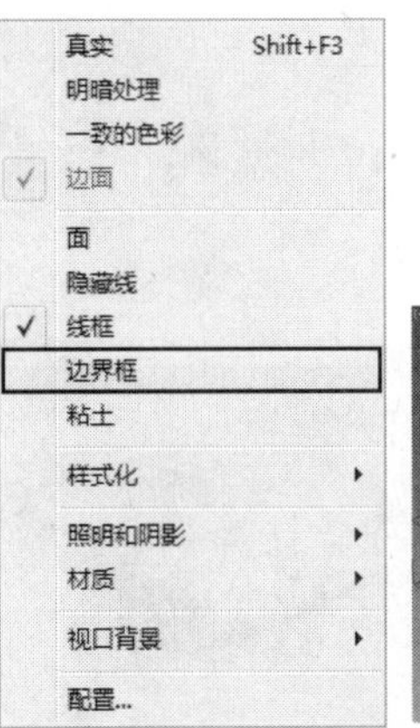

图1-65

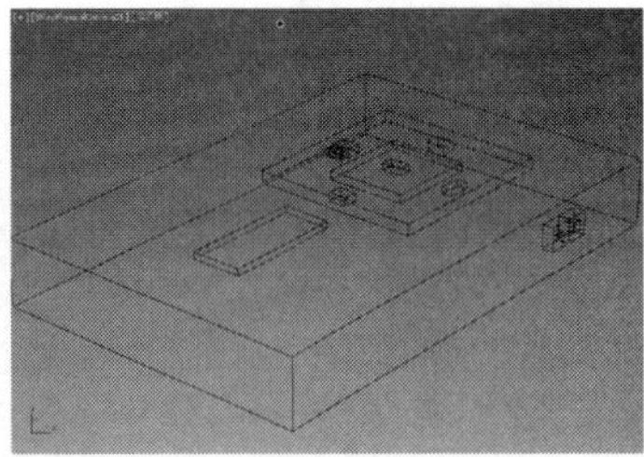

图1-66

技术专题 03 将单个对象显示为边界框

直接在视图选择“边界框”命令会使视图内的所有对象均以最简化的线框进行显示，如果要单独使某部分模型以这种效果进行显示，可以采用以下方法来进行设置。

第1步：选择目标模型，然后单击鼠标右键，接着在弹出的菜单中选择“对象属性”命令，如图1-67所示。

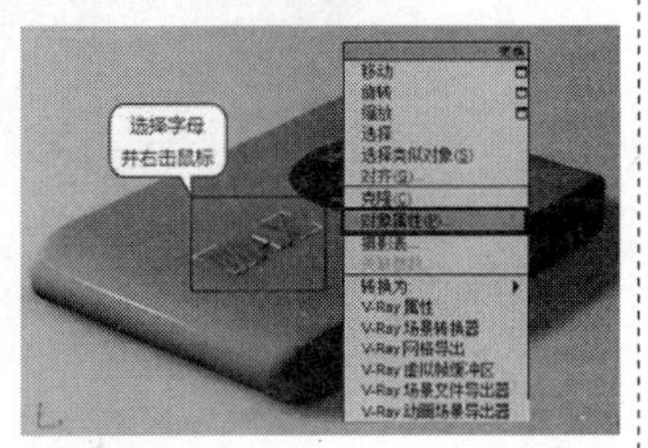

图1-67

第2步：在弹出的“对象属性”对话框中单击“常规”选项卡，接着在“显示属性”选项组下勾选“显示为外框”选项，如图1-68所示，效果如图1-69所示。

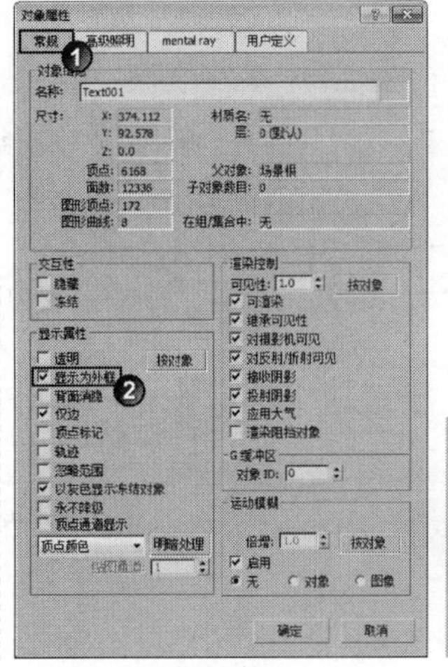

图1-68

图1-69

06 如果要将模型在视口中直接显示为“彩色铅笔”等效果，可以选择“样式化”菜单下的命令，如图1-70所示，其中“彩色铅笔”与“彩色蜡笔”效果如图1-71和图1-72所示。

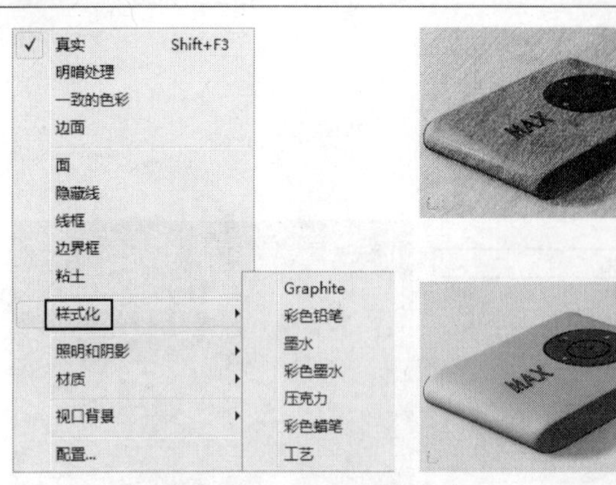

图1-71

图1-70　　图1-72

技巧与提示

在3ds Max中，还可以在不同的视图内将不同的对象显示为不同的样式化效果，如图1-73所示。

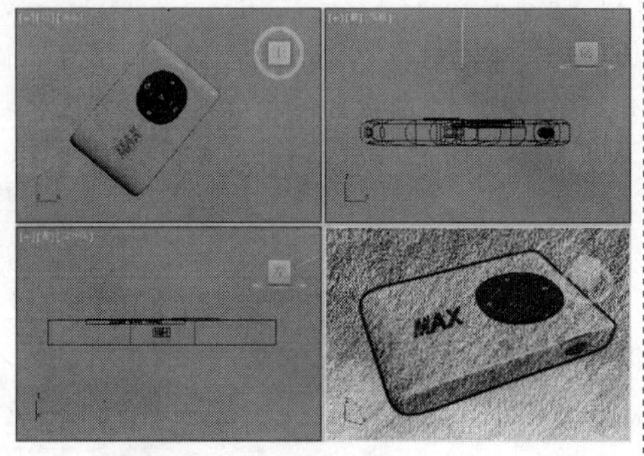

图1-73

实战007 标准视图中的可用控件

场景位置	DVD>场景文件>CH01>实战007.max
实例位置	无
视频位置	DVD>多媒体教学>CH01>实战007.flv
难易指数	★☆☆☆☆
技术掌握	掌握标准视图中可用的控件的使用方法

视图导航控制按钮位于工作界面的右下角，主要用来控制视图的显示和导航，包括缩放、平移和旋转活动的视图等，其中标准视图（指顶、底、左、右、前、后以及正交视图）的控制按钮如图1-74所示。

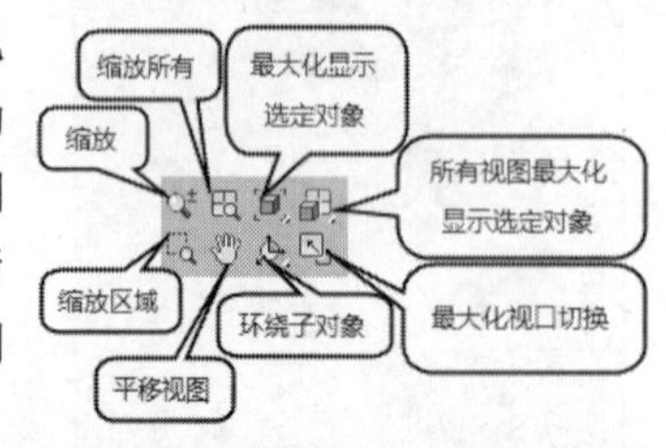

图1-74

技巧与提示

在图1-74中有些按钮处于隐藏状态，这些按钮在使用时需要手动切换，如图1-75所示。

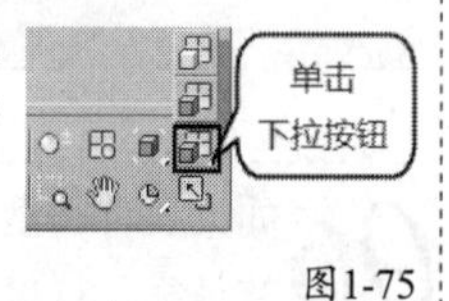

图1-75

01 打开光盘中的“场景文件>CH01>实战007.max”文件，如图1-76所示。本场景中的对象在4个视图中均显示出了局部，并且位置没有居中。

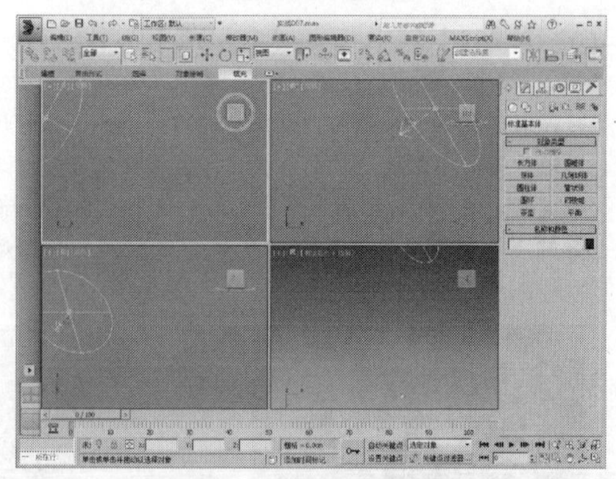

图1-76

02 如果想要一次性使整个场景的对象都居中且最大化显示，可以单击“所有视图最大化显示选定对象”按钮，如图1-77所示。

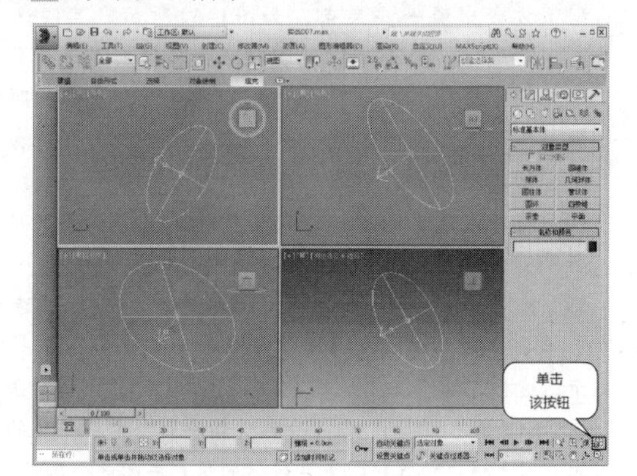

图1-77

技巧与提示

在上一步的操作中，由于当前未选定任何对象，因此单击“所有视图最大化显示选定对象”按钮时，3ds Max已经自动切换到下拉按钮中的“所有视图最大化显示”按钮。

03 如果想要在某个视图中将选择对象最大化且居中显示，首先需要在目标视图中选中目标模型（本例选择石桌凳），如图1-78所示，然后单击“最大化显示选定对象”按钮（也可以按Z键），效果如图1-79所示。

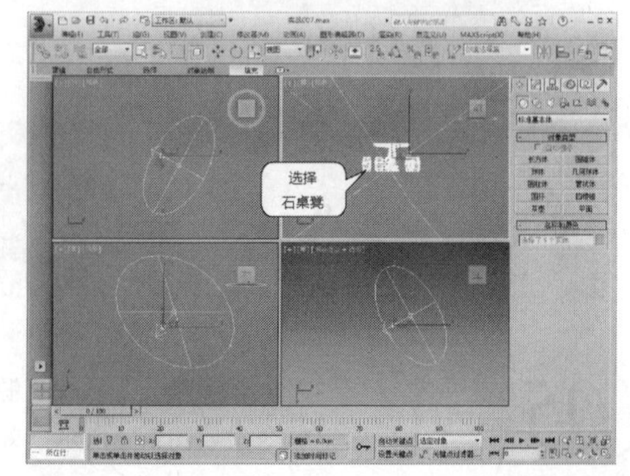

图1-78

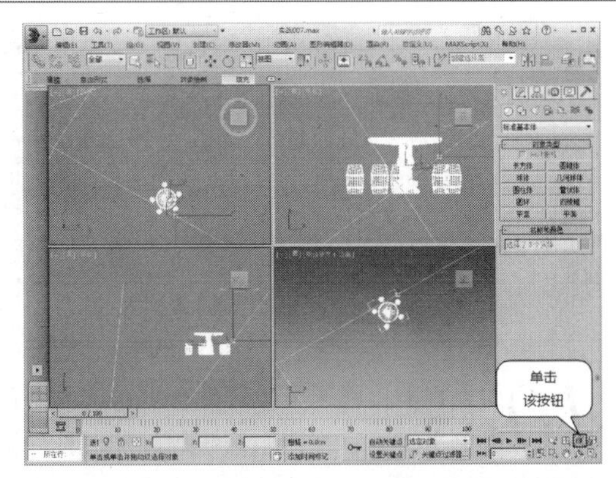

图1-79

04 如果想要在所有视图中将选择对象最大化且居中显示，首先需要在目标视图中选中目标模型，然后单击“所有视图最大化显示选定对象”按钮，如图1-80所示。

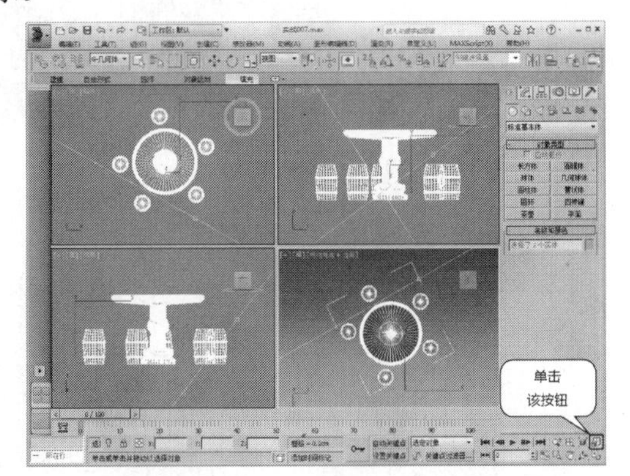

图1-80

05 在当前选定对象的前提下，如果想要在某个视图中将所有对象最大化且居中显示，首先需要选择目标视图，然后切换并选定“最大化显示”按钮，如图1-81所示。

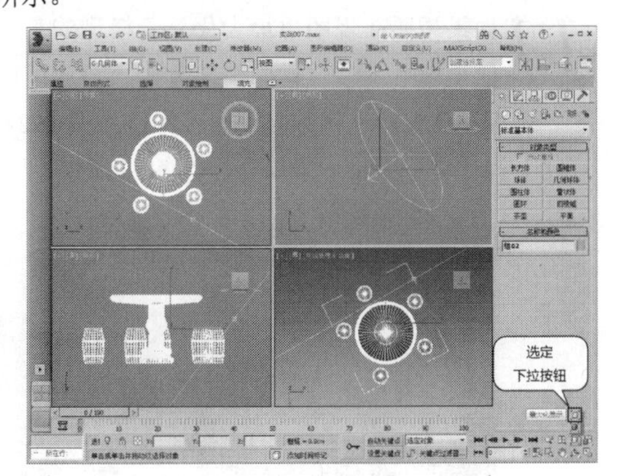

图1-81

06 如果想要同时缩放所有视图内的模型显示，可以单击“缩放所有视图”按钮，然后在任一视口内推拉鼠标即可缩放所有视图内的模型显示，如图1-82和图1-83所示。

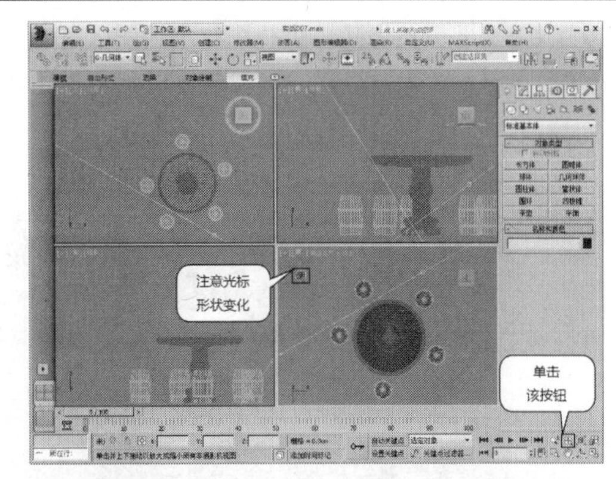

图1-82

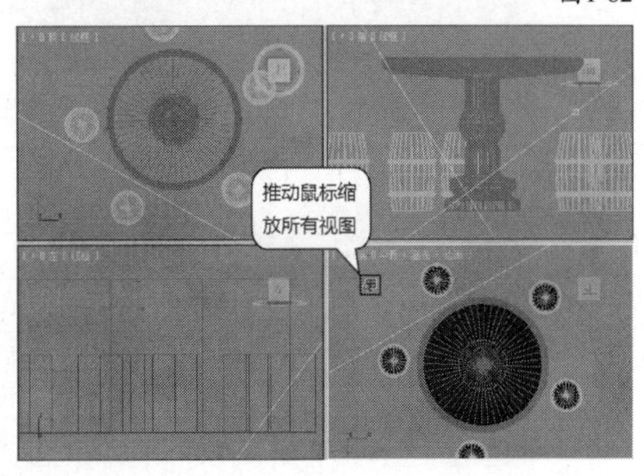

图1-83

07 如果仅想在某一个视图缩放所有视图内的模型显示，可以单击“缩放”按钮，然后在目标视图内推动鼠标即可缩放所有视图内的模型显示，如图1-84和图1-85所示。

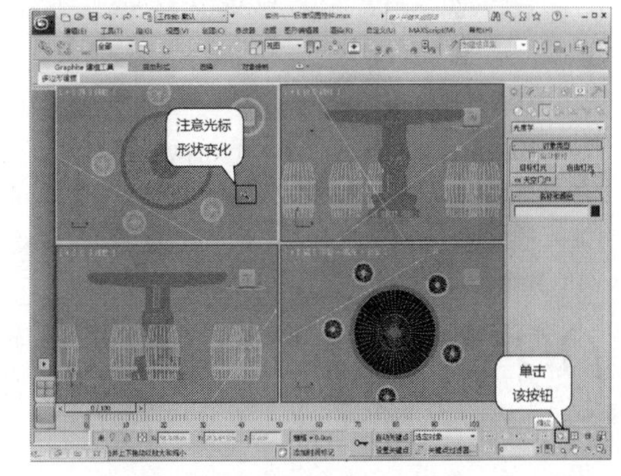

图1-84

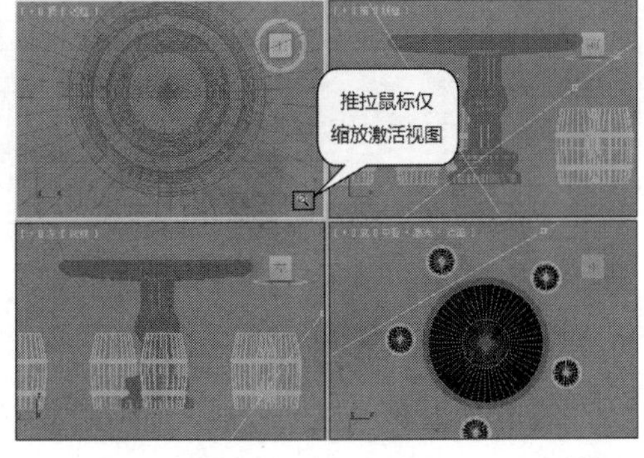

图1-85

08 如果想要将某一个视图布满绘图区进行最大化观察，首先需要选择目标视图，然后单击“最大化切换视口”按钮，如图1-86和图1-87所示。

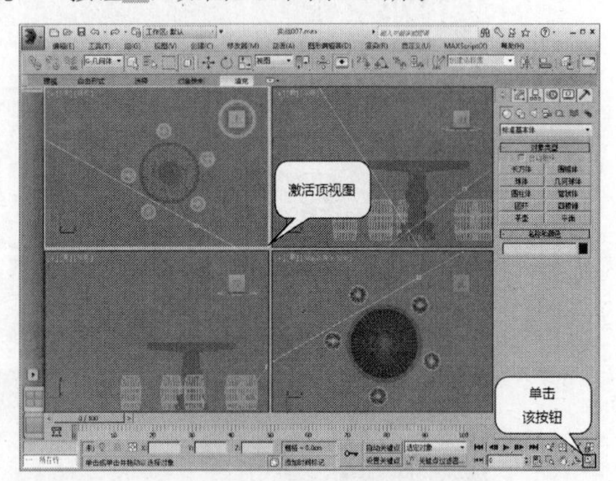

图1-86

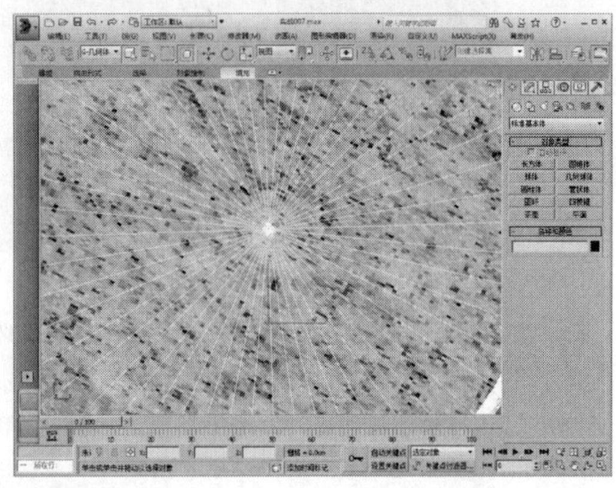

图1-87

技巧与提示

最大化切换视口还可以通过Alt+W组合键完成，该功能通常用于观察材质表面纹理或模型造型细节。如果要退出最大化显示，可以再次单击“最大化切换视口”按钮或按Alt+W组合键。

09 如果想要将某一个视图内的对象进行旋转观察，可以单击“选定的环绕”按钮，然后按住鼠标左键拖曳鼠标即可，如图1-88和图1-89所示。

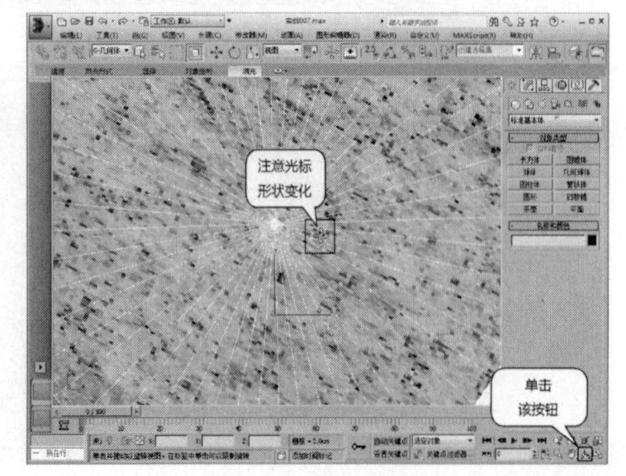

图1-88

图1-89

10 如果视图内的模型没有处在理想的观察位置，可以单击“平移视图”按钮，然后按住鼠标左键拖曳鼠标即可，如图1-90和图1-91所示。

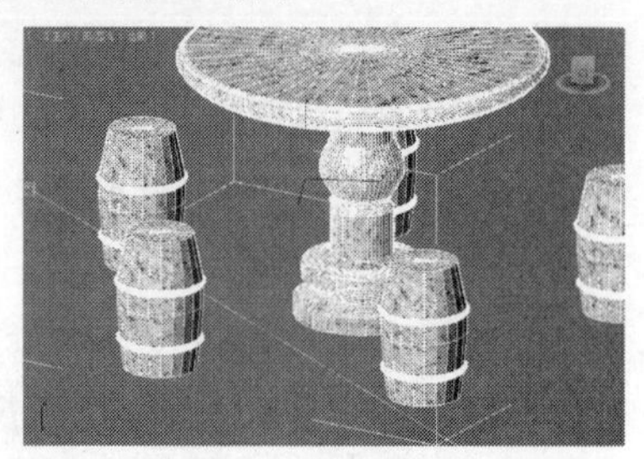

图1-90

图1-91

11 如果想要在视图内最大化显示模型的某一部分以便于观察细节，首先需要单击“缩放区域”按钮，然后按住鼠标左键划定观察范围，如图1-92和图1-93所示。操作完成后将场景保存，以备后用。

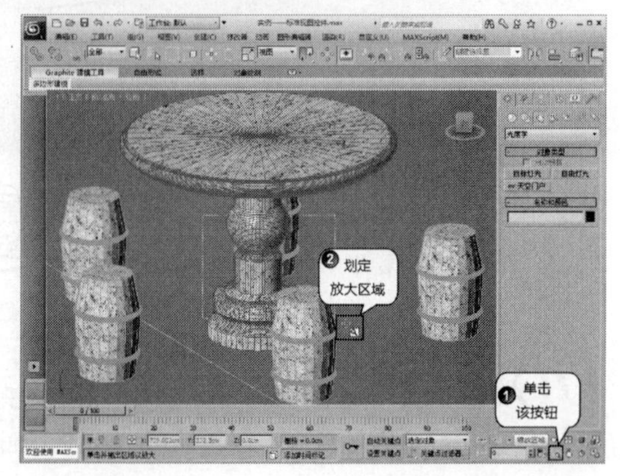

图1-92

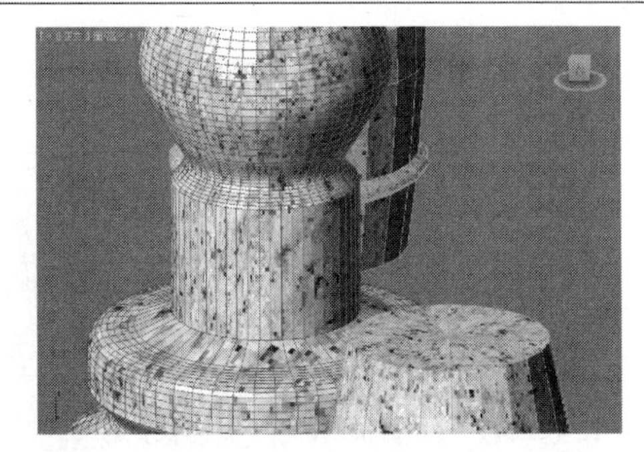

图1-93

实战008 透视图中视图控件的使用

场景位置	DVD>场景文件>CH01>实战008.max
实例位置	无
视频位置	DVD>多媒体教学>CH01>实战008.flv
难易指数	★☆☆☆☆
技术掌握	掌握透视图中视图控件的使用方法

在透视图中的控制按钮如图1-94所示，相比于标准视图的控件，只有缩放区域与视野两个按钮不同。由于缩放区域很简单，因此下面主要介绍视野的功能。

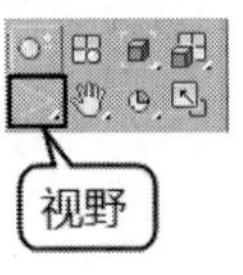

图1-94

01 打开上一个实例中保存好的场景，如图1-95所示。

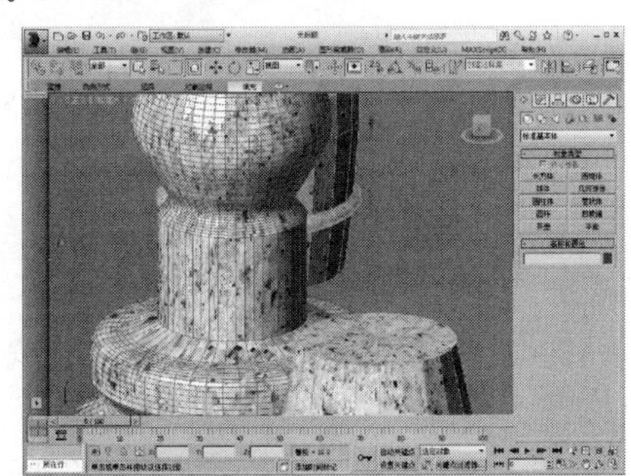

图1-95

02 选择视图并按P键将其切换到透视图，此时石桌凳将自动全部显示，效果如图1-96所示。

图1-96

03 单击视图控件中的“视野”按钮，此时在视图中推动鼠标可以放大模型显示，如图1-97所示；拉回鼠标则可以缩小模型显示，如图1-98所示。

图1-97

图1-98

实战009 摄影机视图中控件的使用

场景位置	DVD>场景文件>CH01>实战009.max
实例位置	无
视频位置	DVD>多媒体教学>CH01>实战009.flv
难易指数	★☆☆☆☆
技术掌握	掌握摄影机视图控件的使用方法

创建摄影机后，按C键可以切换到摄影机视图，该视图中的控件如图1-99所示。

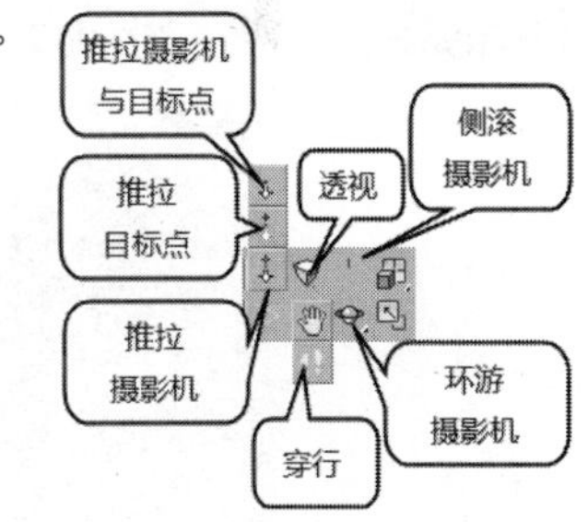

图1-99

01 打开光盘中的“场景文件>CH01>实战009.max”文件，如图1-100所示。在本场景中已经创建好了摄影机。

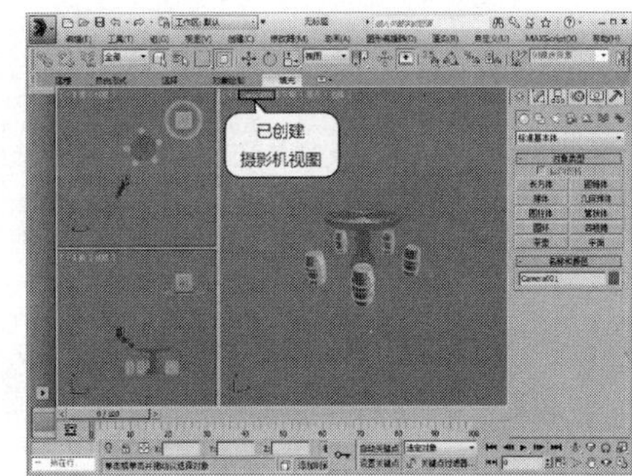

图1-100

02 单击“透视”按钮，在摄影机视图中拉回鼠标可以缩小当中的模型显示，如图1-101所示；如果向前推动鼠标则将放大当中的模型显示，如图1-102所示。注意，此时摄影机的位置会发生变化。

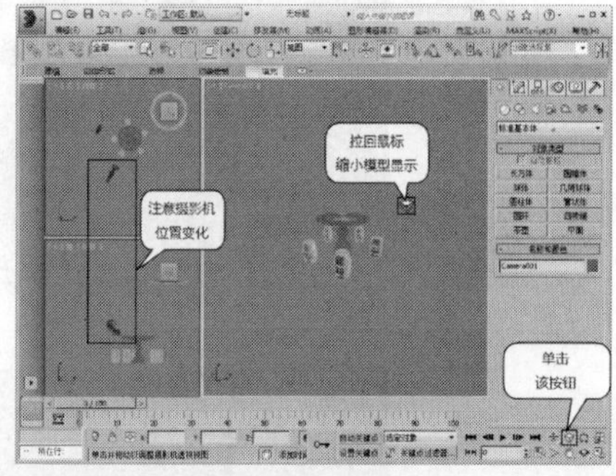

图1-101

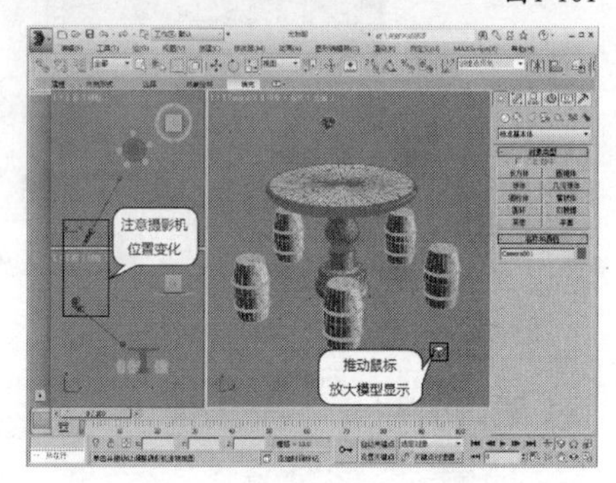

图1-102

03 单击“推拉摄影机”按钮，在摄影机视图中拉回鼠标同样可以缩小当中的模型显示，如图1-103所示；如果向前推动鼠标则将放大当中的模型显示，如图1-104所示。注意，此时摄影机的位置也会发生变化。

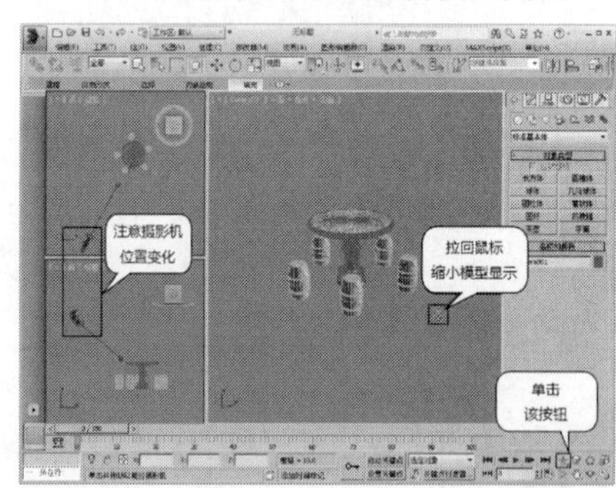

图1-103

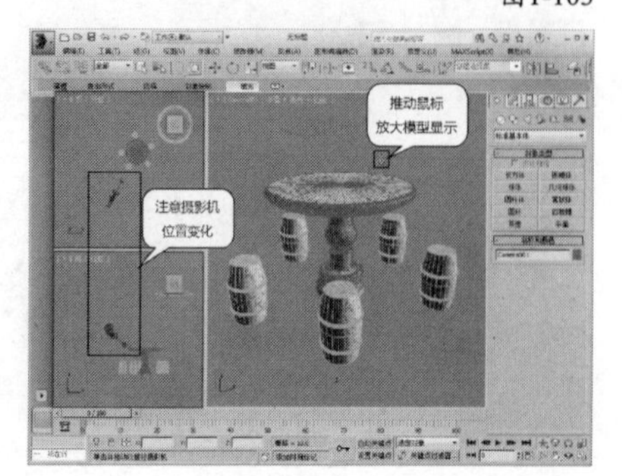

图1-104

技巧与提示

对比上面两次操作，可以发现摄影机视图中“透视”按钮与“推拉摄影机”按钮产生的效果十分类似，但这两个按钮是有区别的。当使用“透视”按钮缩放摄影机视图时，摄影机的“镜头”与“视野”选项同样会发生变化，如图1-105所示；而使用“推拉摄影机”按钮缩放摄影机视图时，则只会通过摄影机位置的改变来缩放模型显示。因此，当需要保证摄影机的“镜头”与“视野”参数不变时，最好使用“推拉摄影机”按钮缩放摄影机视图。

图1-105

04 单击“推拉摄影机目标点”按钮，在摄影机视图中拉回鼠标时摄影机目标点将靠近摄影机，如图1-106所示；向前推动鼠标时摄影机目标点将远离摄影机，如图1-107所示。

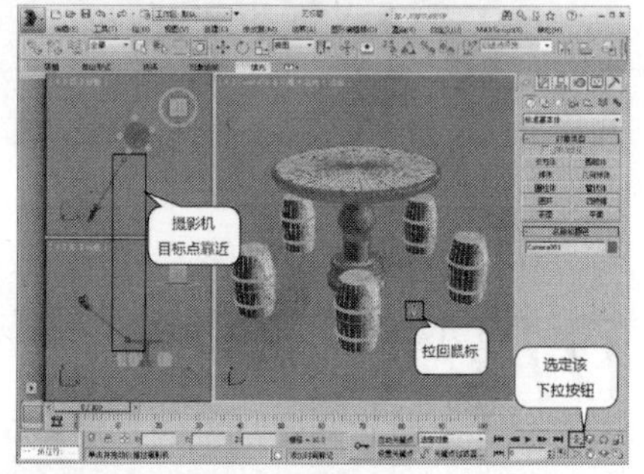

图1-106

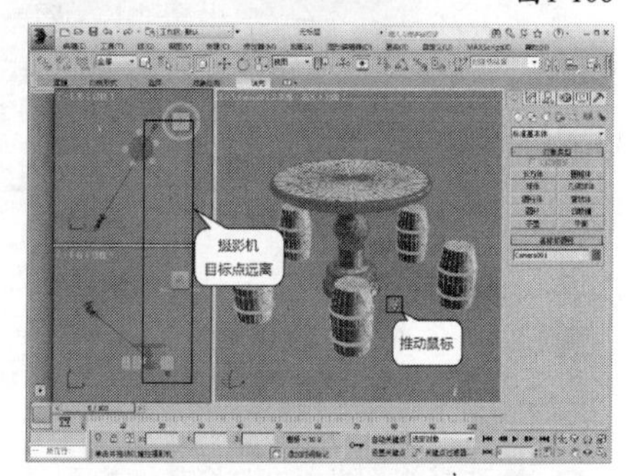

图1-107

05 单击“推拉摄影机+目标点”按钮，在摄影机视图中向前推动鼠标时将放大模型显示，如图1-108所示；拉回鼠标时则缩小模型显示，如图1-109所示。注意，此时摄影机与目标点会同步移动。

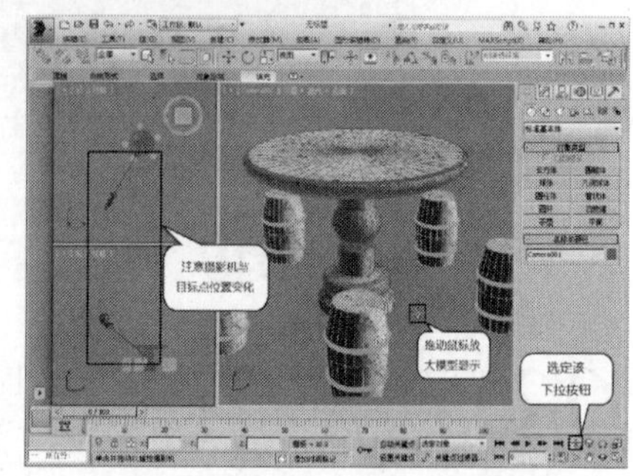

图1-108

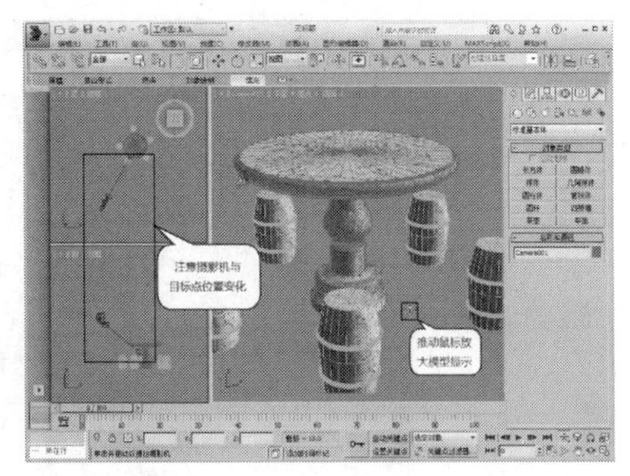

图1-109

06 单击“视野”按钮，在摄影机视图中拉回鼠标时将缩小模型显示，如图1-110所示；向前推动鼠标将放大模型显示，如图1-111所示。

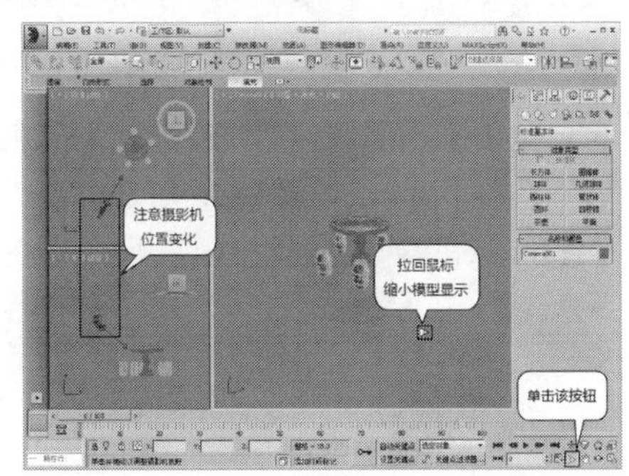

图1-110

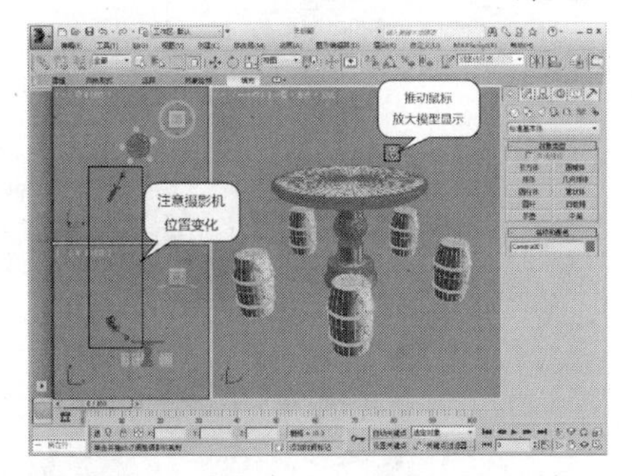

图1-111

技巧与提示

使用“视野”按钮缩放摄影机视图时，摄影机与目标点位置将不会产生变化，此时可以通过修改摄影机的“视野”参数来改变摄影机视图内模型的显示大小，如图1-112所示。

图1-112

07 切换并选定“穿行”按钮，在摄影机视图向左移动鼠标时摄影机视图内的模型将向左转动，如图1-113所示；向右移动鼠标时将向右转动，如图1-114所示。观察可以发现此时的转动中心为摄影机。

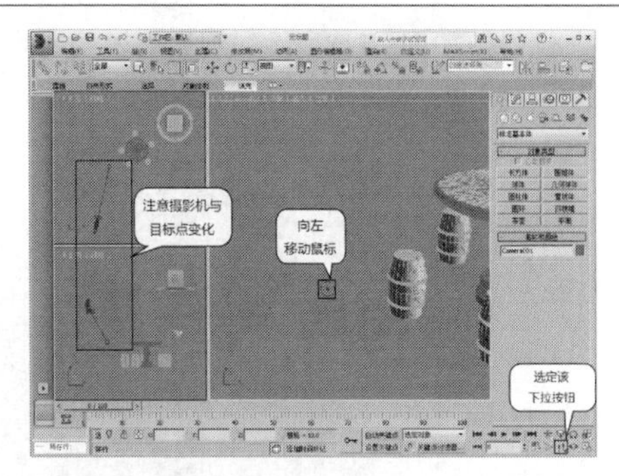

图1-113

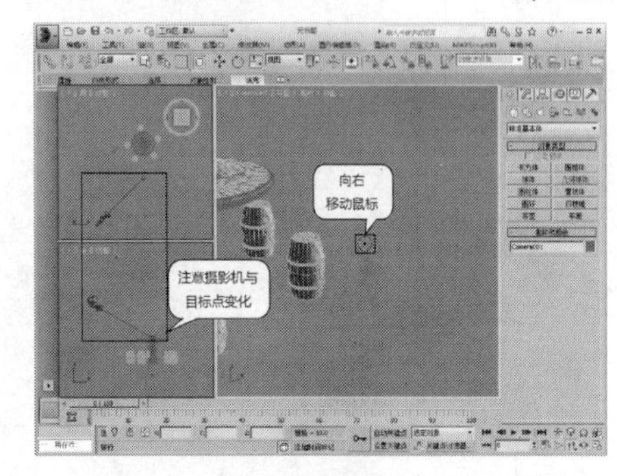

图1-114

08 切换并选定“环游摄影机”按钮，在摄影机视图向右下移动鼠标时摄影机视图内的模型将向左上转动，如图1-115所示；向左上移动鼠标时影机视图内的模型将向右下转动，如图1-116所示。观察可以发现此时的转动中心为目标点。

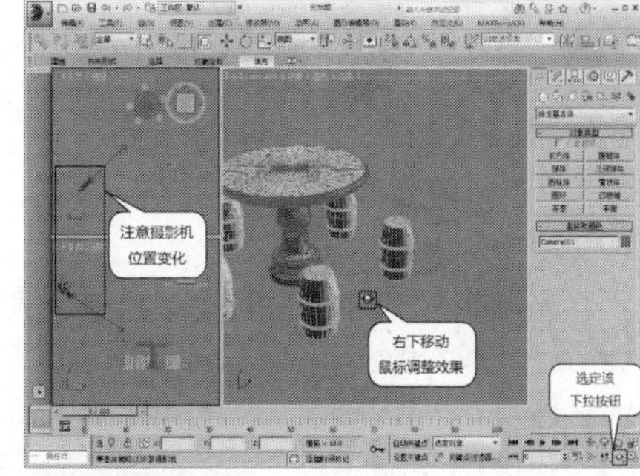

图1-115

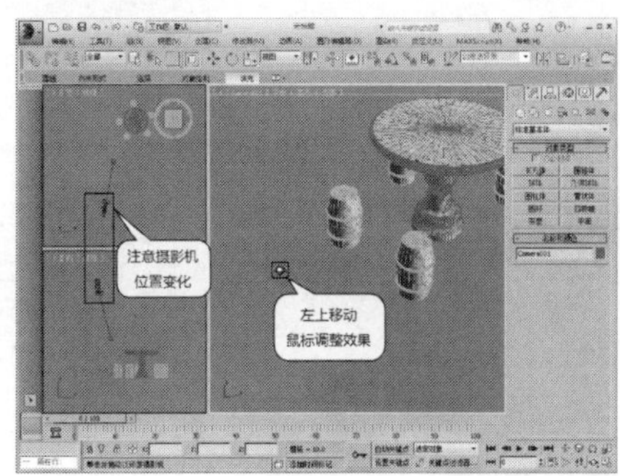

图1-116

09 单击“侧滚摄影机”按钮，在摄影机视图向右移动鼠标时摄影机视图内的模型将向右倾斜，如图1-117所示；向左移动鼠标时摄影机视图内的模型将向左倾斜，如图1-118所示。观察可以发现此时的倾斜效果是由摄影机机身倾斜产生的。

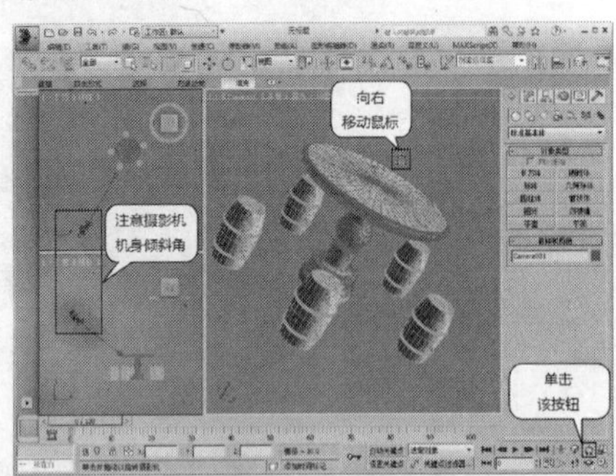

图1-117

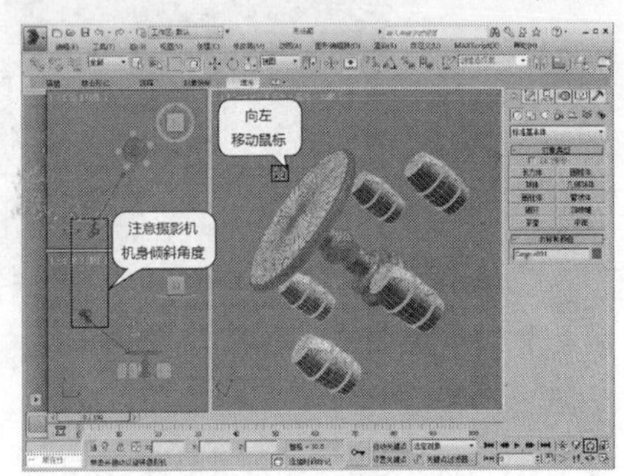

图1-118

实战010 加载背景贴图

场景位置	DVD>场景文件>CH01>实战010.jpg
实例位置	无
视频位置	DVD>多媒体教学>CH01>实战010.flv
难易指数	★☆☆☆☆
技术掌握	掌握背景贴图的加载方法

在3ds Max中可以将参考图片加载视口背景中，用于建模参考等用途。

01 启动3ds Max 2014，进入工作界面后激活前视图并最大化显示，如图1-119所示。

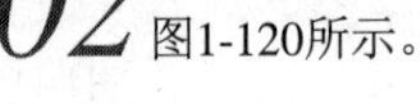

02 执行“视图>视口背景>视口背景”菜单命令，如图1-120所示。

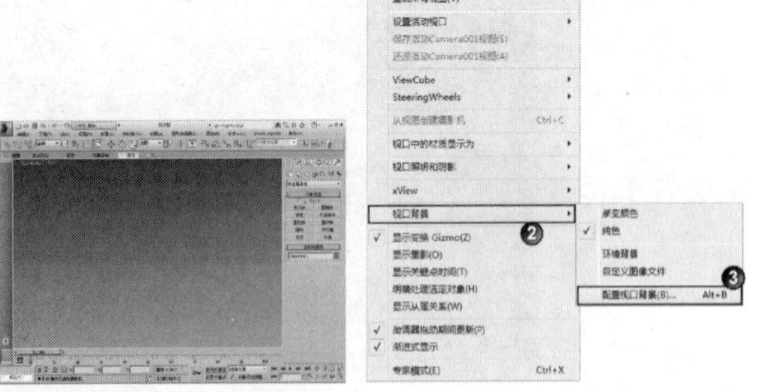

图1-119　　图1-120

03 在弹出的“视口配置”对话框中单击“背景”选项卡，然后勾选“使用文件”选项，接着单击“文件”按钮 文件... ，如图1-121所示。

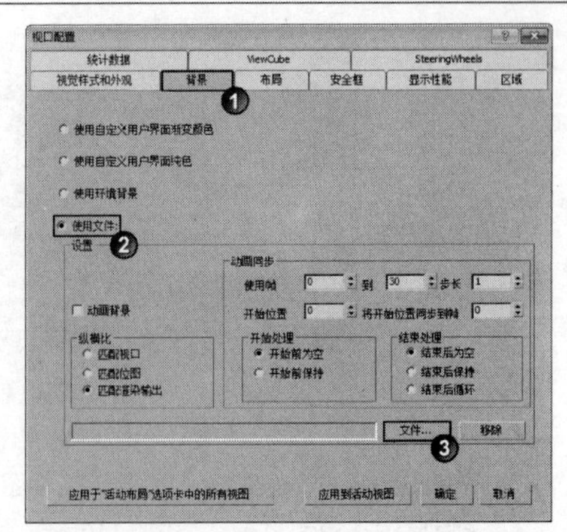

图1-121

技巧与提示

打开“视口背景”对话框的快捷键是Alt+B组合键。

04 在弹出的“选择背景图像”对话框中选择光盘中的“场景文件>CH01>实战010.jpg”文件，接着单击“打开”按钮 打开(O) ，如图1-122所示，最终效果如图1-123所示。

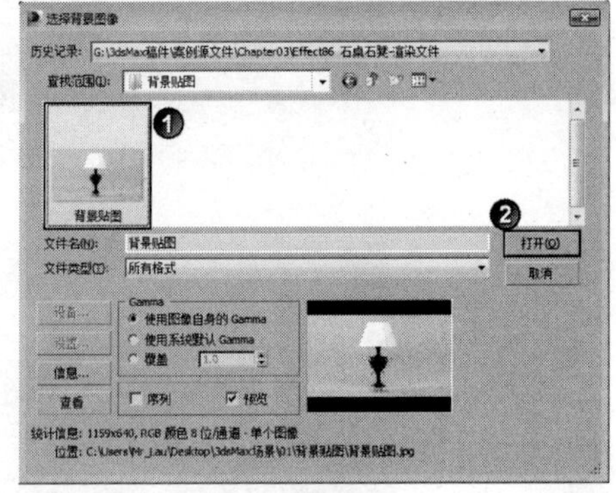

图1-122

图1-123

实战011 自定义用户界面颜色

场景位置	无
实例位置	无
视频位置	DVD>多媒体教学>CH01>实战011.flv
难易指数	★☆☆☆☆
技术掌握	掌握如何自定义用户界面的颜色

在通常情况下，首次安装并启动3ds Max 2014时，界面是由多种不同的黑色构成的。如果用户想要更改为其

他颜色，可以通过自定义的方式来自定义界面各处的颜色。下面以更改界面中视口背景颜色为例来讲解调整方法。

01 启动3ds Max 2014，进入工作界面后执行"自定义>自定义用户界面"菜单命令，如图1-124所示。

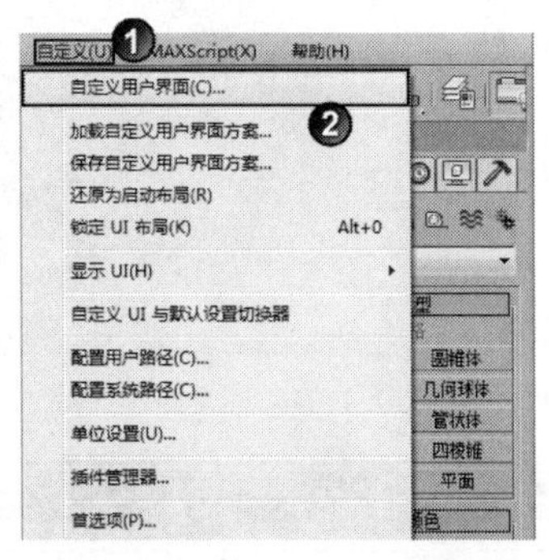

图1-124

02 在弹出的"自定义用户界面"对话框中单击"颜色"选项卡，然后设置"元素"为"视口"，接着在列表中选择"视口背景"选项，最后单击"颜色"选项旁边的色块，如图1-125所示，在弹出的"颜色选择器"对话框中可以观察到"视口背景"默认的颜色为（红:125，绿:125，蓝:125），如图1-126所示。

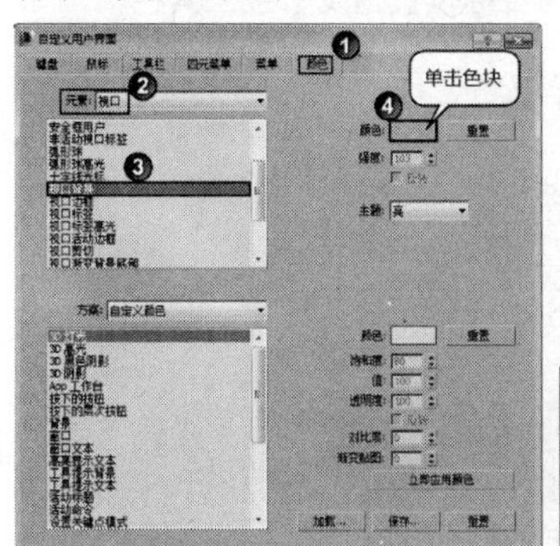

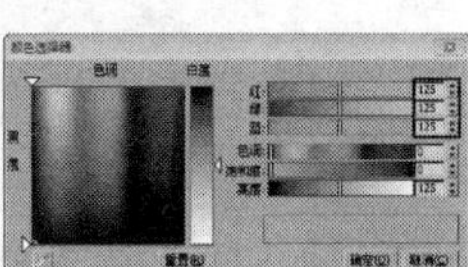

图1-125　　图1-126

03 在"颜色选择器"对话框中设置颜色为（红:0，绿:0，蓝:0），然后单击"确定"按钮确定(O)，接着单击"立即应用颜色"按钮立即应用颜色，如图1-127所示。

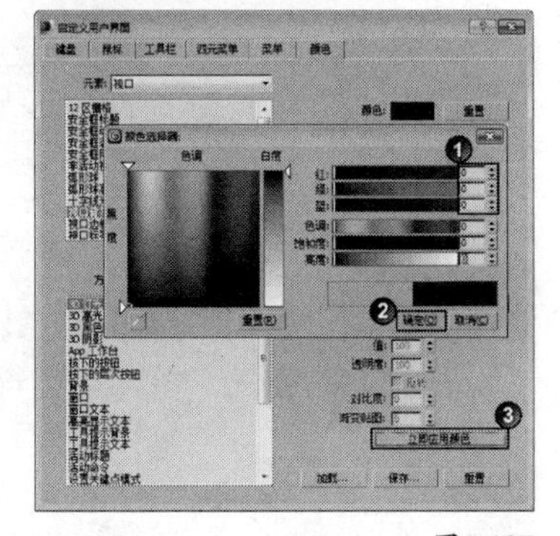

图1-127

04 调整完成后关闭"自定义用户界面"对话框，工作界面中的视口背景将转换为黑色，效果如图1-128所示。

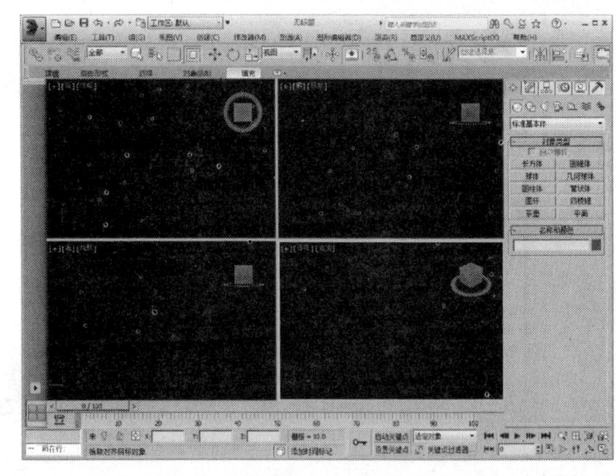

图1-128

实战012 加载内置界面方案

场景位置	无
实例位置	无
视频位置	DVD>多媒体教学>CH01>实战012.flv
难易指数	★☆☆☆☆
技术掌握	掌握如何加载系统内置的界面方案

除了可以更换工作界面局部的颜色外，还可以通过加载内置的界面方案来整体更换3ds Max 2014的工作界面效果。

01 在默认情况下，启动3ds Max 2014后的工作界面效果如图1-129所示。

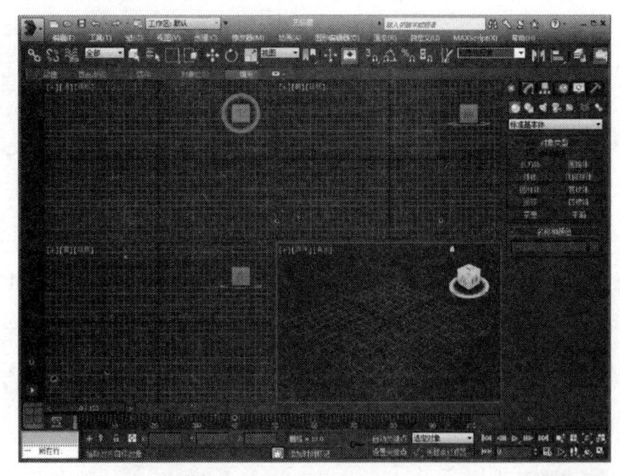

图1-129

02 执行"自定义>加载自定义用户界面方案"菜单命令，打开"加载自定义用户界面方案"对话框，如图1-130所示，然后在弹出的"加载自定义用户界面方案"对话框中选择3ds Max 2014安装路径下的UI（一般路径为C:\Program Files\Autodesk\3ds Max 2014\zh-CN\UI）文件夹中的界面方案，一般选择ame-light.ui界面方案，接着单击"打开"按钮打开(O)，如图1-131所示，效果如图1-132所示。

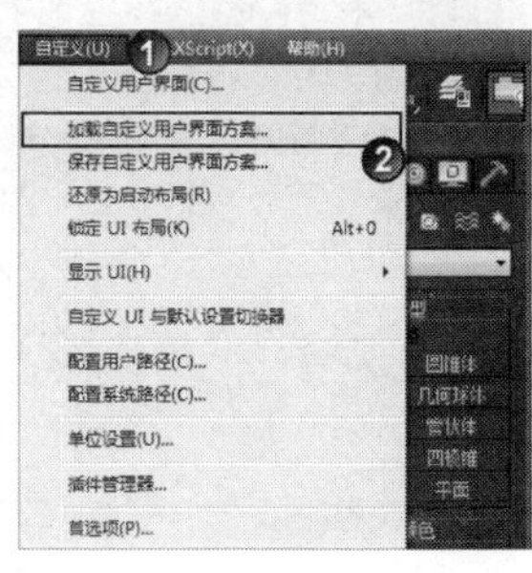

图1-130

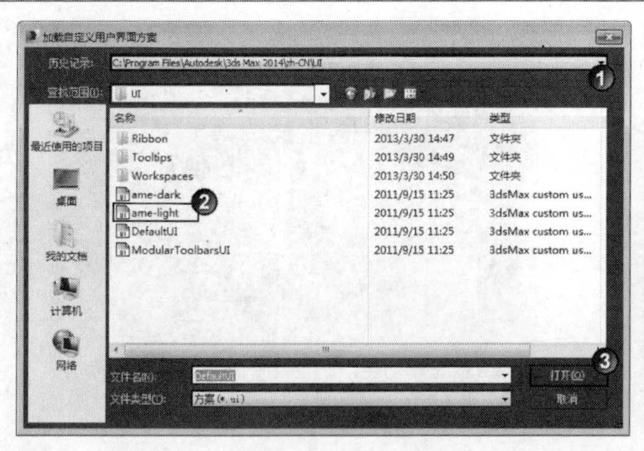

图1-131

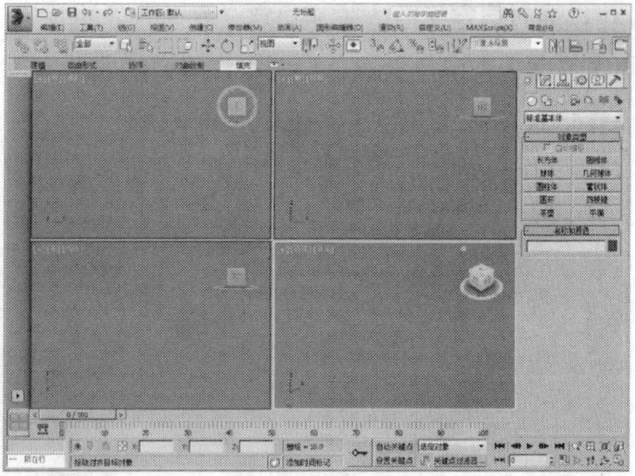

图1-132

实战013 将停靠的主工具栏与命令面板设置为浮动状态

场景位置	无
实例位置	无
视频位置	DVD>多媒体教学>CH01>实战013.flv
难易指数	★☆☆☆☆
技术掌握	掌握如何将停靠的工具栏和面板设置为浮动状态

在默认状态下，“主工具栏”和“命令”面板分别停靠在视图的上方和右侧，可以通过拖曳的方式将其移动到视图中的其他位置，这时的“主工具栏”和“命令”面板会以浮动的面板形态呈现在视图中。

01 将光标放在“主工具栏”的停放条上，如图1-133所示，然后按住鼠标左键向目标位置拖曳“主工具栏”，如图1-134所示。

图1-133

图1-134

02 将“主工具栏”拖曳到合适的位置后，松开鼠标左键，此时“主工具栏”将会变成浮动的面板，如图1-135所示。

03 通过相同方法也可以将“命令”面板拖曳到合适的位置变成浮动的面板，如图1-136所示。

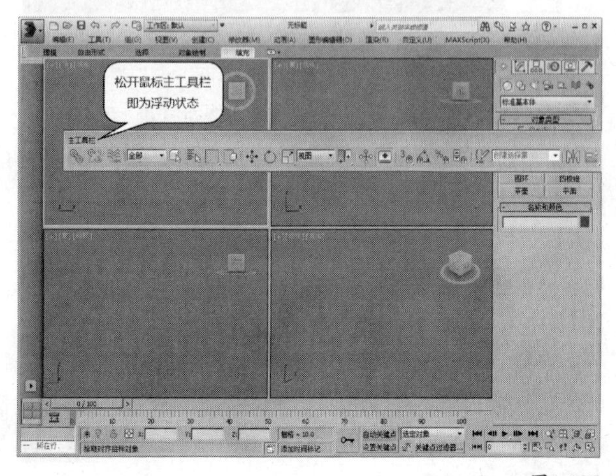

图1-135

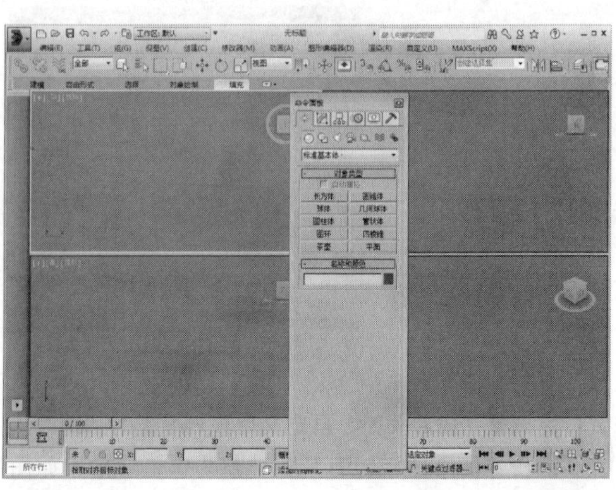

图1-136

实战014 将浮动的主工具栏与命令面板设置为停靠状态

场景位置	无
实例位置	无
视频位置	DVD>多媒体教学>CH01>实战014.flv
难易指数	★☆☆☆☆
技术掌握	掌握如何将浮动的工具栏和面板设置为停靠状态

如果要将浮动的“主工具栏”与“命令”面板设置为停靠状态，可以通过以下两种方法来实现。

01 下面介绍第1种方法。双击“主工具栏”的标题名，即可自动将其停靠在界面左侧，如图1-137和图1-138所示。

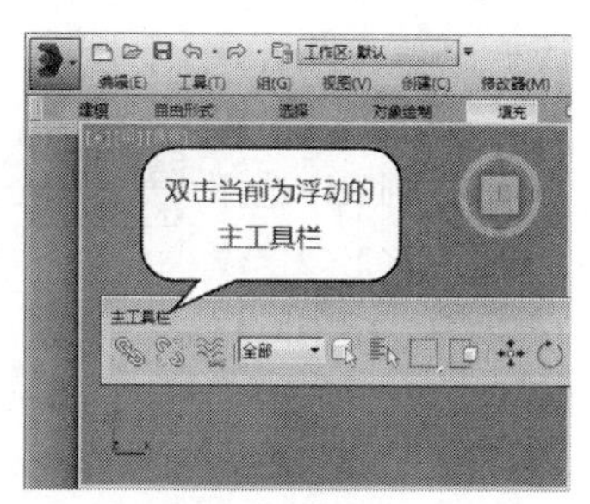

图1-137

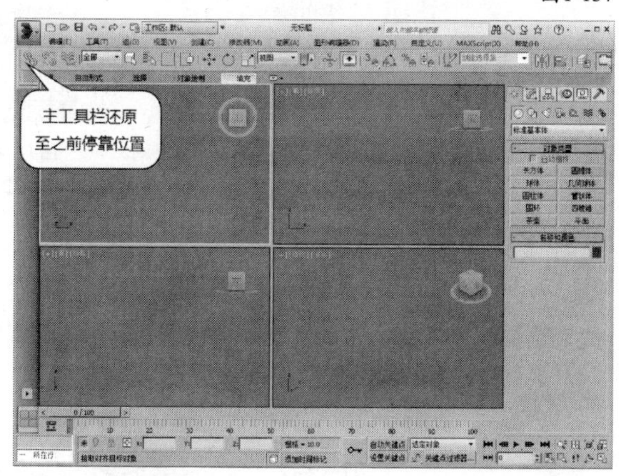

图1-138

02 下面介绍第2种方法。将光标放在“主工具栏”的标题名上，然后按住鼠标左键将其拖曳到需要停靠的位置后松开鼠标，如图1-139和图1-140所示。

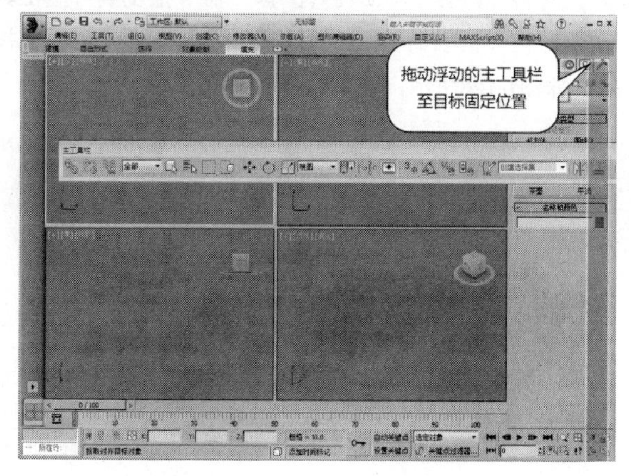

图1-139

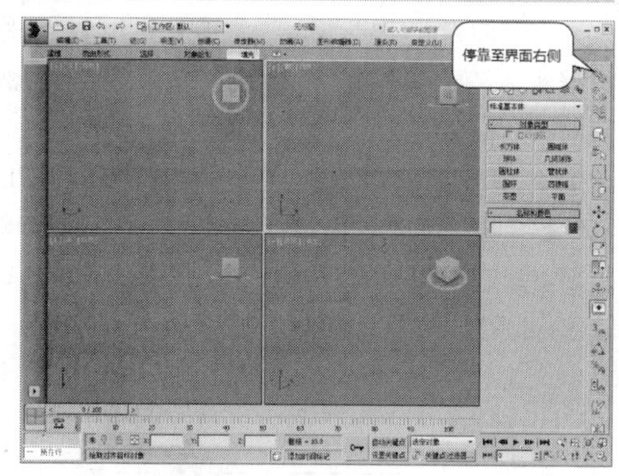

图1-140

技巧与提示

对于“命令”面板，除了以上两种方法外还可以在面板上的空白处单击鼠标右键，然后选择“停靠”菜单下的子命令来选择停靠位置，如图1-141和图1-142所示。

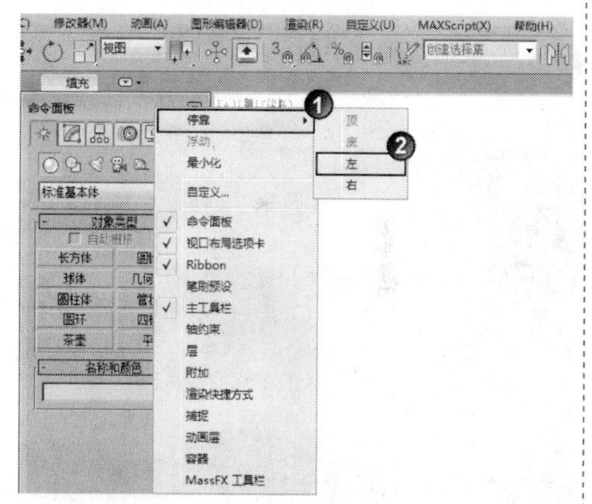

图1-141

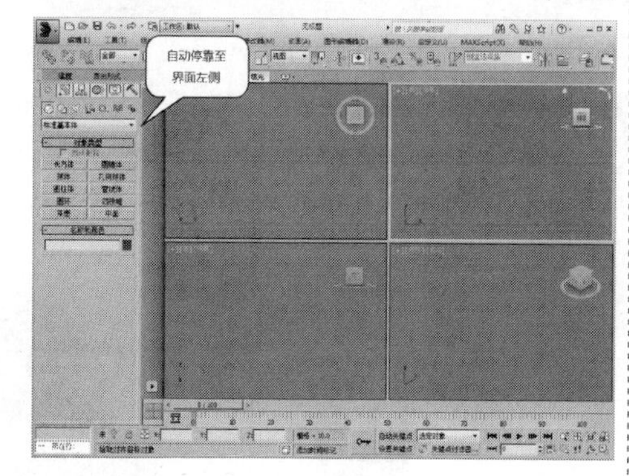

图1-142

如果不小心关闭了“主工具栏”，可以按Alt+6组合键重新将其调出来，再次按Alt+6组合键则将隐藏“主工具栏”。此外，为了避免在工作中无意移动“主工具栏”，可以按Alt+0组合键锁定其位置。

实战015 调出与隐藏工具栏

场景位置	无
实例位置	无
视频位置	DVD>多媒体教学>CH01>实战015.flv
难易指数	★☆☆☆☆
技术掌握	掌握如何调出隐藏的工具栏

为精简界面，3ds Max隐藏了很多工具栏，用户可以根据实际需要调出处于隐藏状态的工具栏。当然，将隐藏的工具栏调出来后，也可以将其关闭。

01 调出隐藏的工具栏。执行“自定义>显示UI>显示浮动工具栏”菜单命令，视图中就会显示出隐藏的工具栏，这些工具栏是以浮动的形式显示在视图中的，如图1-143和图1-144所示。

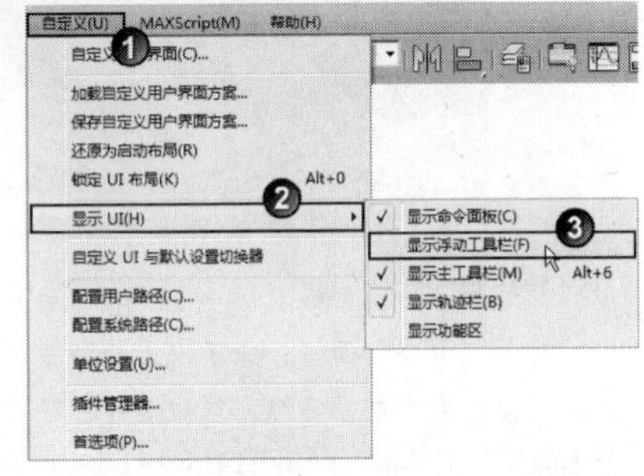

图1-143

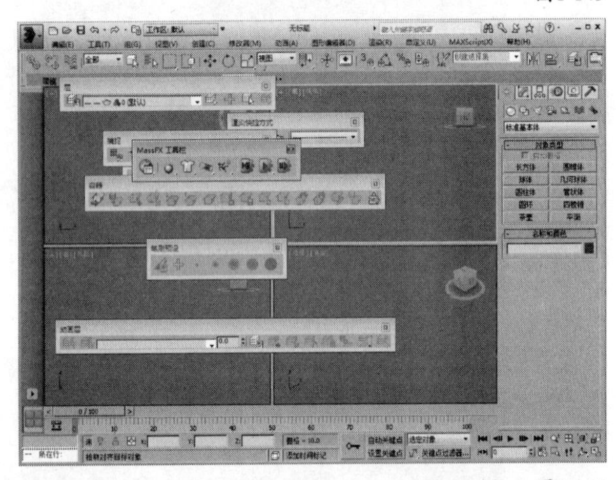

图1-144

02 关闭工具栏。在任意一个工具栏上单击鼠标右键，然后在弹出的菜单中关闭相应工具栏的名称即可关闭该工具栏，如图1-145所示。

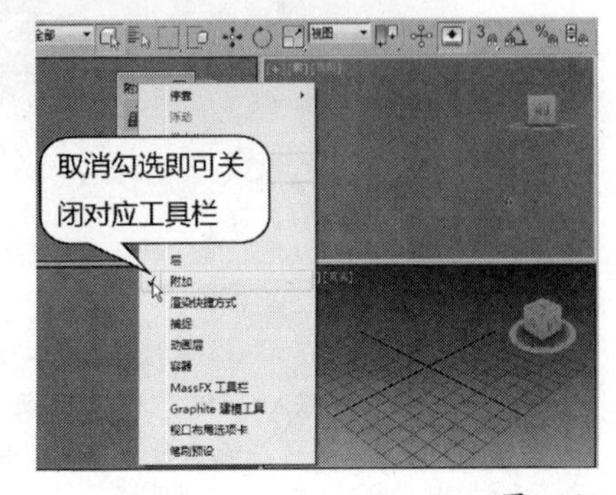

图1-145

实战016 添加工具栏按钮

场景位置	无
实例位置	无
视频位置	DVD>多媒体教学>CH01>实战016.flv
难易指数	★☆☆☆☆
技术掌握	掌握如何添加新的工具按钮到工具栏上

3ds Max默认设置下的工具栏有时满足不了工作的需求，为了提高工作效率，可以将一些常用的工具按钮添加到工具栏上。

01 执行“自定义>自定义用户界面”菜单命令，如图1-146所示，然后在弹出的“自定义用户界面”对话框中单击“工具栏”选项卡，然后在“操作”列表下选择“FFD 2×2×2修改器”命令，如图1-147所示。

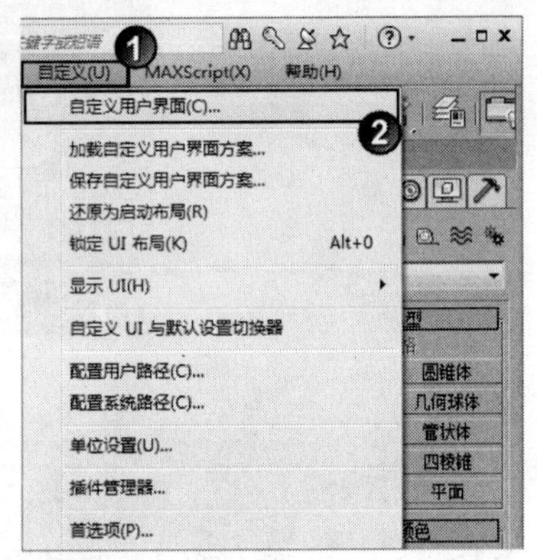

图1-146

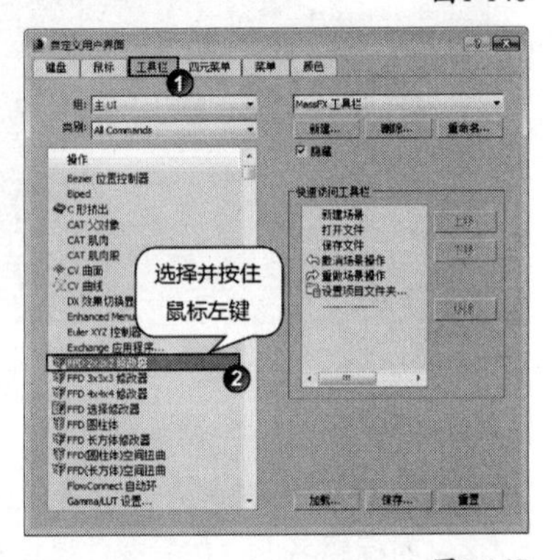

图1-147

02 将“FFD 2×2×2修改器”命令拖曳到“主工具栏”的目标位置，松开鼠标左键即成功添加按钮，如图1-148所示，效果如图1-149所示。

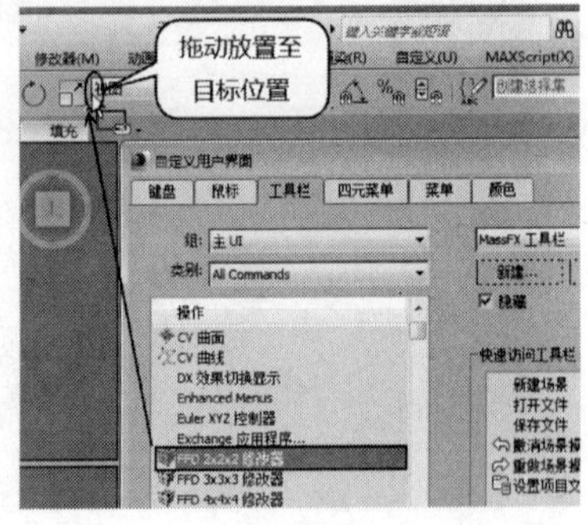

图1-148

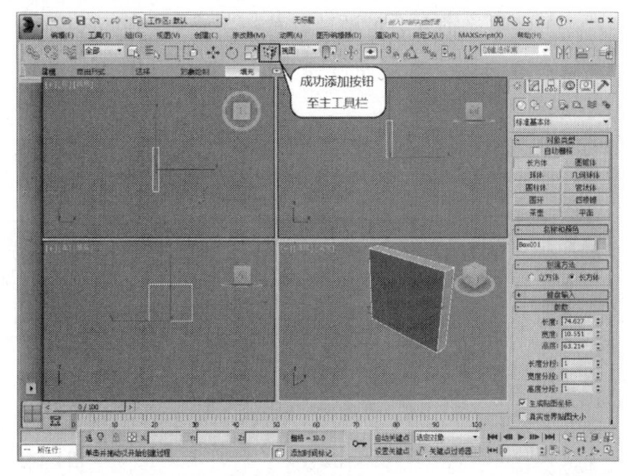

图1-149

03 对于隐藏的工具栏，在显示后也可以通过相同的方法添加其他工具按钮，如图1-150和图1-151所示。

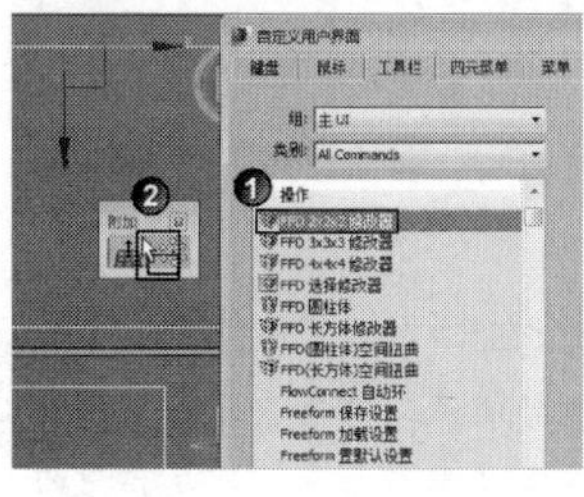

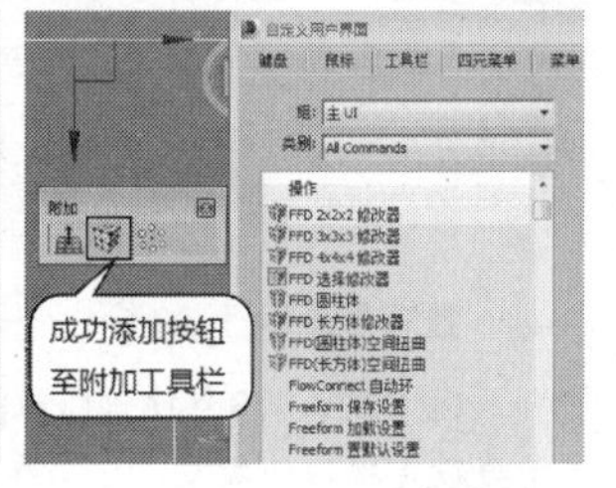

图1-150 图1-151

实战017 删除工具栏按钮

场景位置	无
实例位置	无
视频位置	DVD>多媒体教学>CH01>实战017.flv
难易指数	★☆☆☆☆
技术掌握	掌握如何从工具栏上删除工具按钮

3ds Max默认的工具栏上有一些并不常用的工具按钮，在工作中可以根据实际需要将其删除，以精简面板或为其他需要添加的工具按钮节省出空间。下面以“断开当前选择链接”工具为例来介绍删除方法。

01 启动3ds Max 2014，进入工作界面后按住Alt键单击“断开当前选择链接”按钮，如图1-152所示。

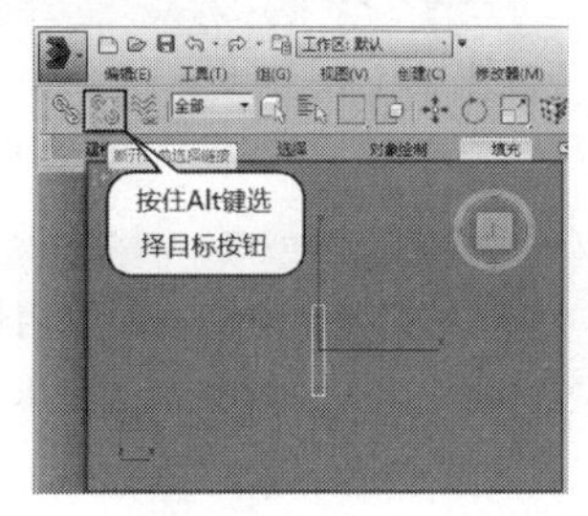

图1-152

02 拖曳鼠标将按钮移出“主工具栏”，然后松开鼠标并在弹出的“确认”对话框中单击“是”按钮，如图1-153所示，删除完成后的“主工具栏”效果如图1-154所示。

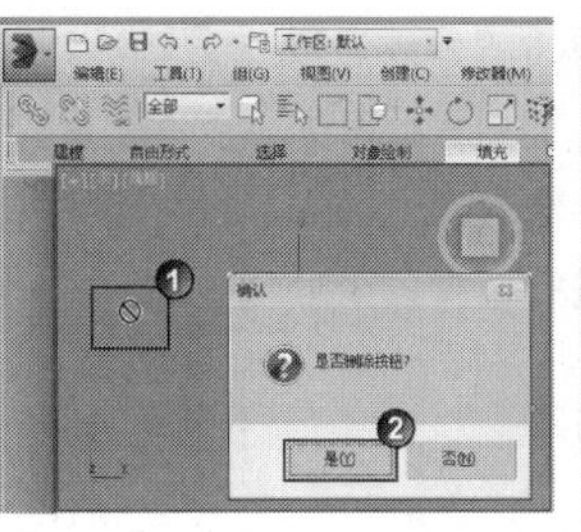

图1-153 图1-154

技巧与提示

对于手动添加的按钮，还可以在目标按钮上单击鼠标右键，然后选择“删除按钮”命令并确认即可删除，如图1-155和图1-156所示。

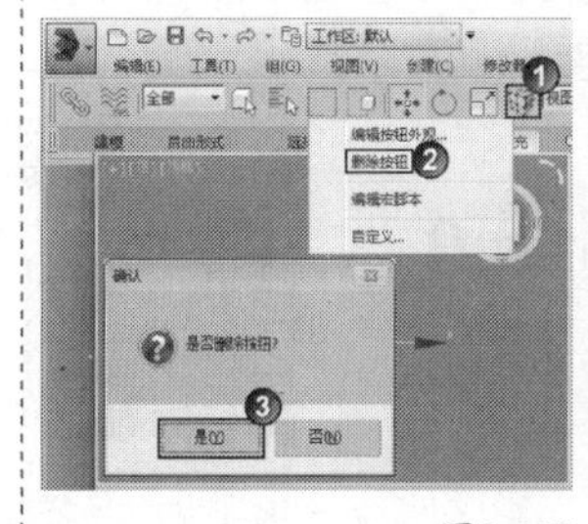

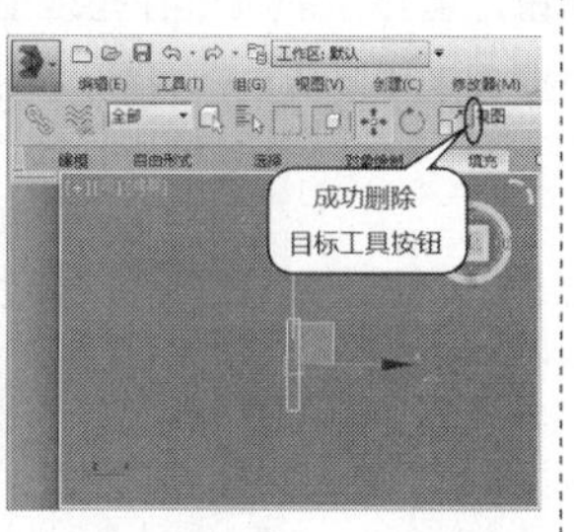

图1-155 图1-156

实战018 配置命令面板修改器集

场景位置	无
实例位置	无
视频位置	DVD>多媒体教学>CH01>实战018.flv
难易指数	★☆☆☆☆
技术掌握	掌握如何配置命令面板修改器集

在默认设置下，在“命令”面板中添加修改命令时，需要通过下拉按钮进行选择，为了提高工作效率可以在其下方直接显示修改命令按钮，然后根据需要调整修改命令按钮。

01 启动3ds Max 2014，进入工作界面后首先单击“创建”面板中的“长方体”按钮 长方体 ，然后任意创建一个长方体，如图1-157所示。

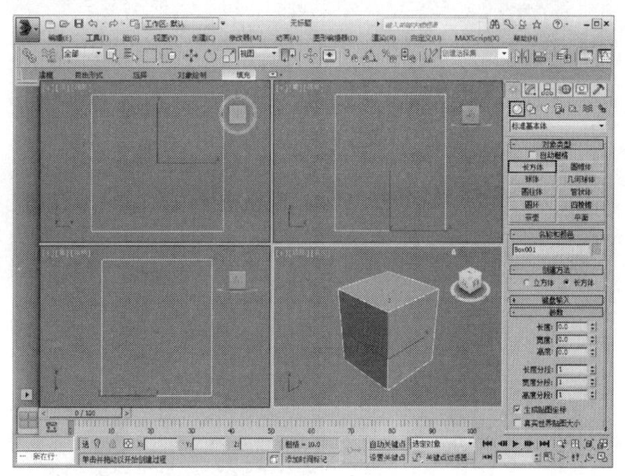

图1-157

02 在“命令”面板中单击“修改”按钮，进入“修改”面板，此时如果要为创建好的长方体添加修改器，必须在下拉列表的众多命令中进行选择，十分不便，如图1-158所示。

图1-158

03 为了能在“修改”面板下方显示修改器的相关按钮，可以单击“配置修改集”按钮，然后在弹出的菜单中选择“显示按钮”命令，如图1-159所示。经过这个操作可以在“修改”面板下方显示修改器的按钮，但显示的按钮有些是空白的，有些也不常用，因此接下来还需要进行调整，如图1-160所示。

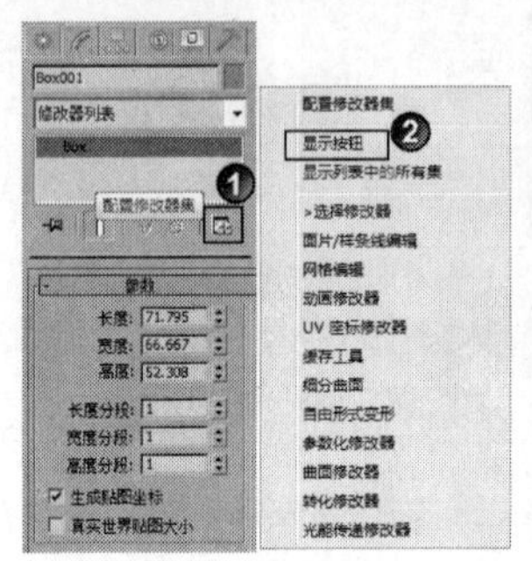

图1-159

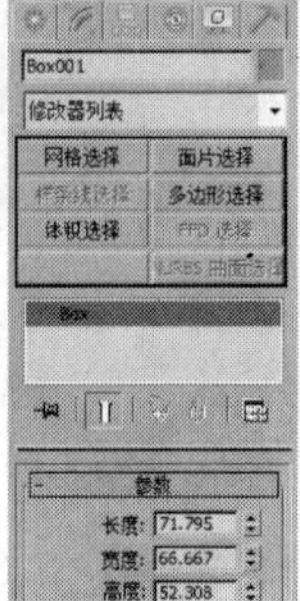

图1-160

04 单击“配置修改集”按钮，然后在弹出的菜单中选择“配置修改器集”命令，如图1-161所示，接着在弹出的“配置修改器集”对话框中选择要放置的修改器，最后按住鼠标左键将其拖曳到空白按钮上，如图1-162和图1-163所示。

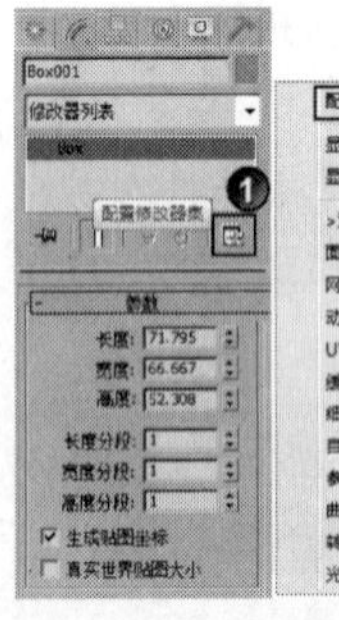

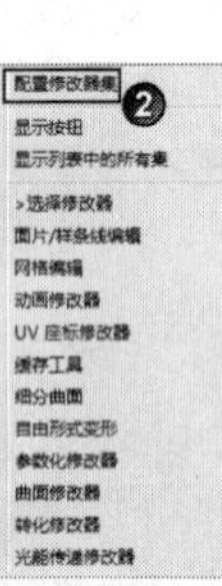

图1-161

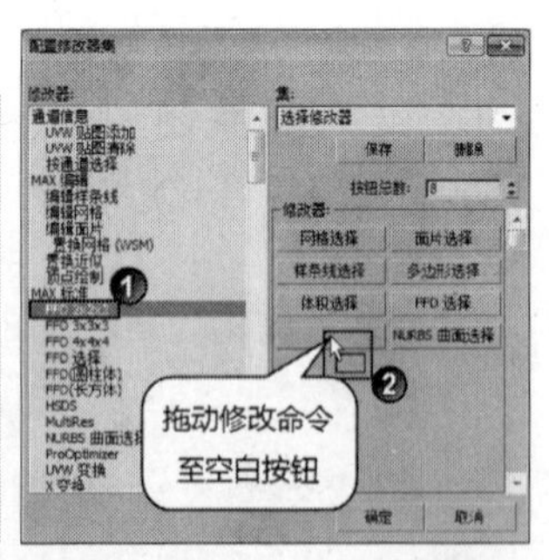

图1-162

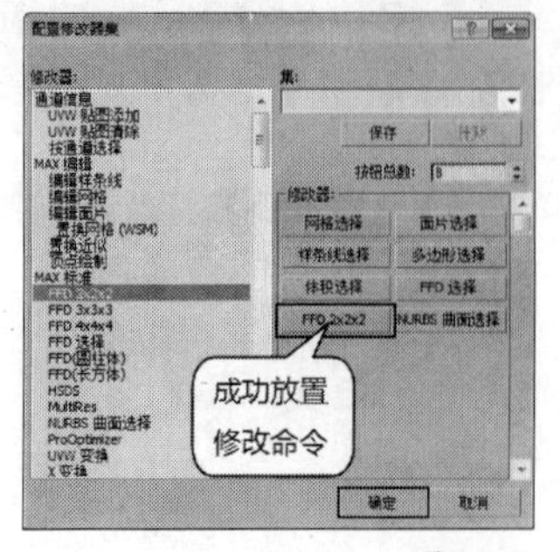

图1-163

05 如果当前配置的修改器按钮不合适，也可以选择新的修改器，通过拖曳的方式将其覆盖，如图1-164和图1-165所示。

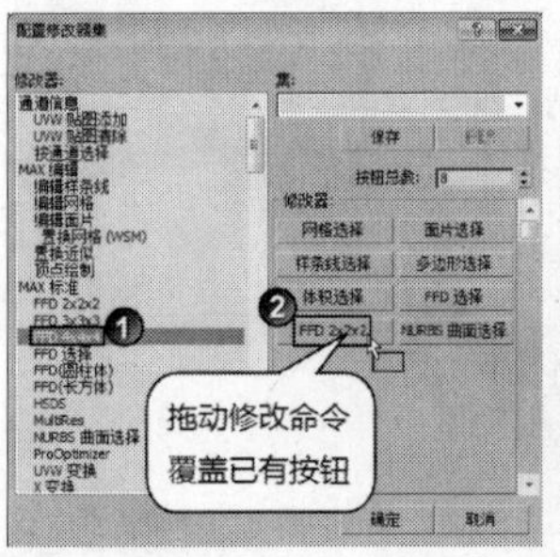

图1-164

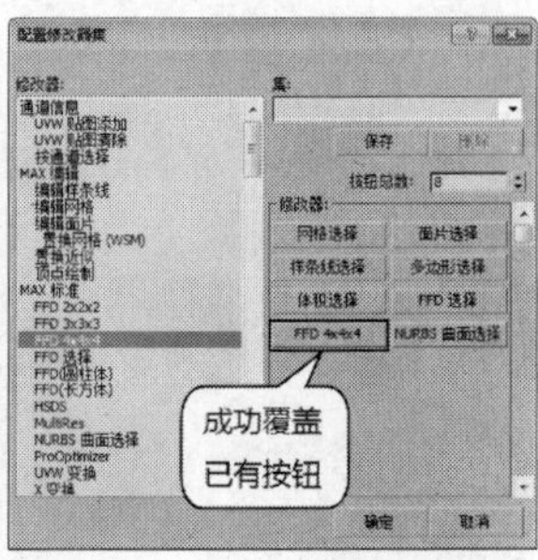

图1-165

06 配置完成后单击“配置修改器集”对话框中的“确定”按钮 确定 返回“修改”面板，此时可以发现下方已经出现了配置好的按钮集，如图1-166所示。

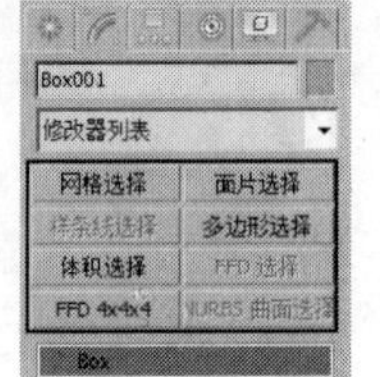

图1-166

技巧与提示

通常默认的8个按钮已经能够满足工作需要，如果用户需要设定按钮的数量，可以在“配置修改器集”对话框中的“按钮总数”输入框中输入相应的数值即可，如图1-167和图1-168所示。

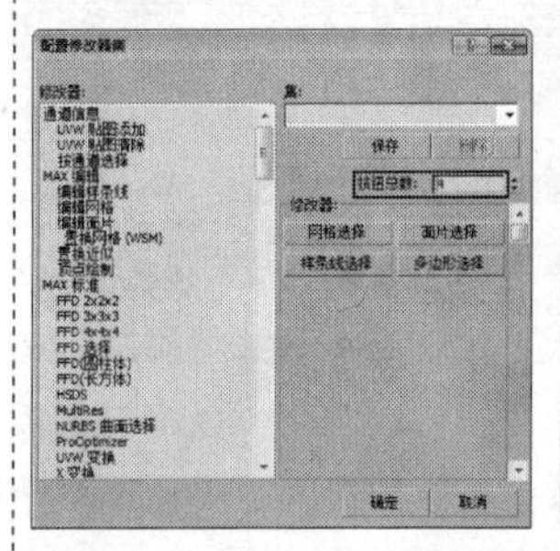

图1-167

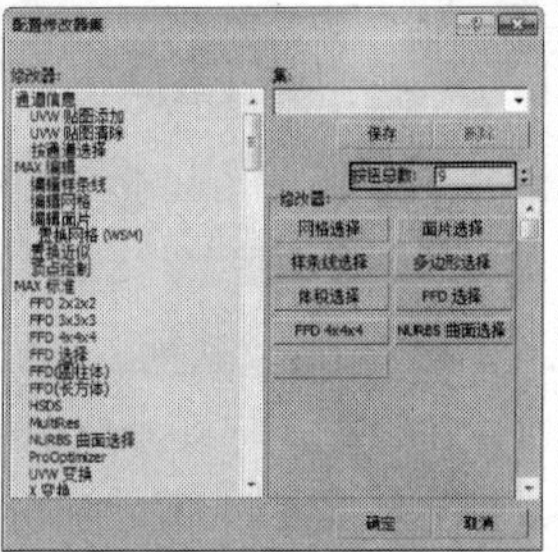

图1-168

实战019 自定义快捷键

场景位置	无
实例位置	无
视频位置	DVD>多媒体教学>CH01>实战019.flv
难易指数	★☆☆☆☆
技术掌握	掌握如何自定义快捷键

在实际工作中，可以用快捷键来代替很多烦琐的操作，以提高工作效率。在3ds Max 2014中，用户还可以自行设置快捷键来调用常用的工具和命令。

01 执行“自定义>自定义用户界面”菜单命令，然后在弹出的“自定义用户界面”对话框中单击“键盘”选项卡，为了方便命令的查找将“类别”设置为Edit（编辑），此时在下面的列表中可以观察到一些命令后面已经配置好了快捷键，如图1-169和图1-170所示。

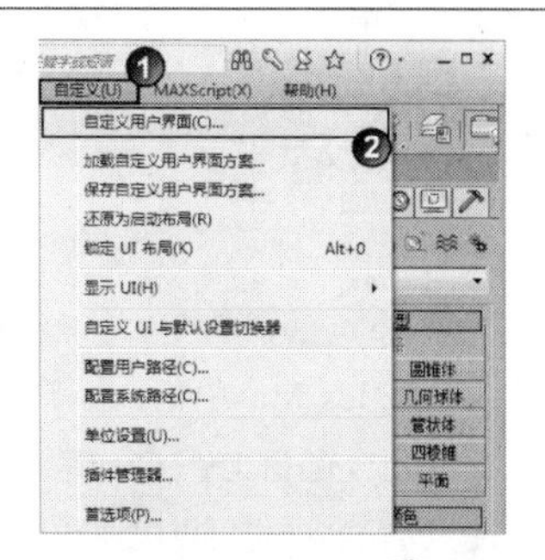

图1-169

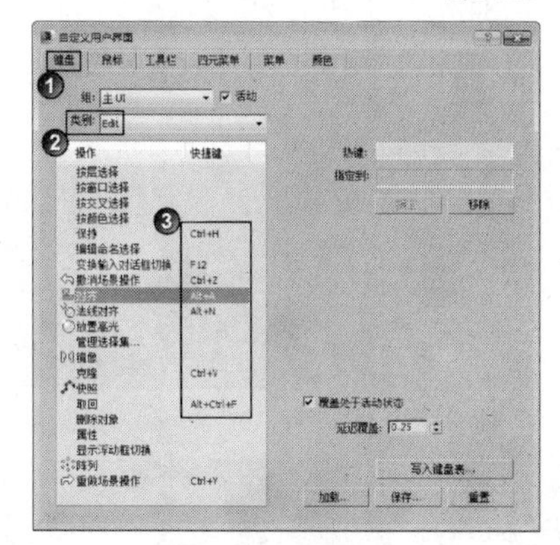

图1-170

02 选择当前未定义快捷键的“镜像”命令，然后在右侧的“热键”输入框中按Alt+M组合键，接着单击“指定”按钮 指定 ，如图1-171所示。

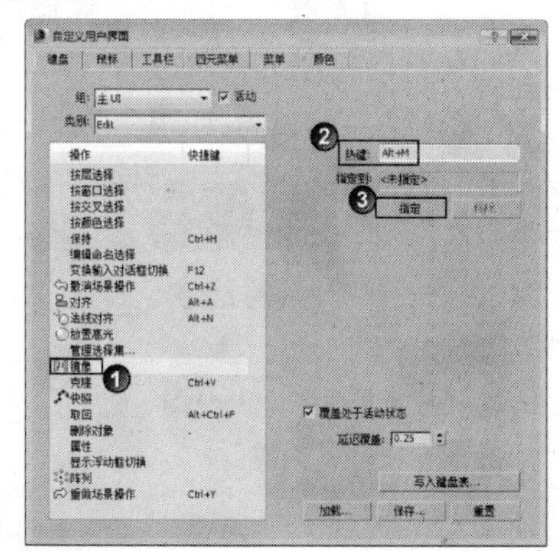

图1-171

03 经过以上步骤后再观察左侧的列表，可以发现已经将Alt+M组合键成功指定给了“镜像”命令，如图1-172所示。

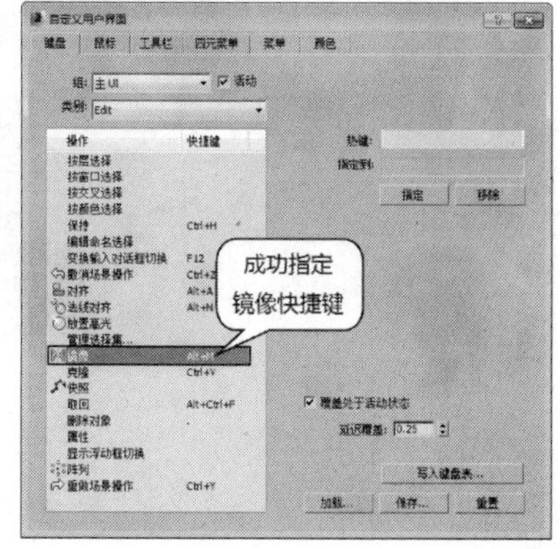

图1-172

04 为了方便以后在其他计算机上使用这套快捷键，可以将其保存起来。在“自定义用户界面”对话框中单击“保存”按钮 保存... ，然后在弹出的“保存快捷键文件为”对话框中设置好保存的路径与文件名，接着单击“保存”按钮 保存... 完成保存，如图1-173所示。

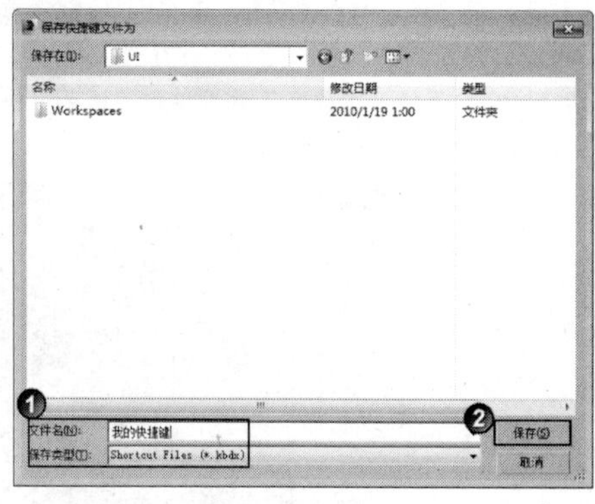

图1-173

05 保存完成后如果需要在其他计算机上应用这套快捷键，可以先进入“自定义用户界面”对话框中的“键盘”选项卡下，然后单击“加载”按钮 加载... ，如图1-174所示，接着在弹出的“加载快捷键文件”对话框中选择前面保存好的文件，最后单击“打开”按钮 打开(O) 即可，如图1-175所示。

图1-174

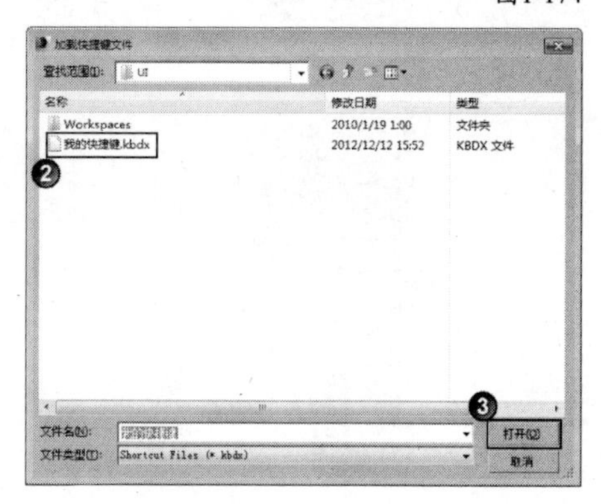

图1-175

技术专题 04 将快捷键导出为文本文件

对于初学者来说，如果要强记一些常用的快捷键，可以将设置好的快捷键导出为.txt（记事本）文件，以便随时查看，方法如下。

第1步：首先设置好快捷键，然后在“自定义用户界面”对话框中单击“写入键盘表”按钮 写入键盘表... ，如图1-176所示，接着在弹出的“将文件另存为”对话框中设置文件格式为.txt，再输入文件名，最后单击“保存”按钮 保存(S) ，如图1-177所示。

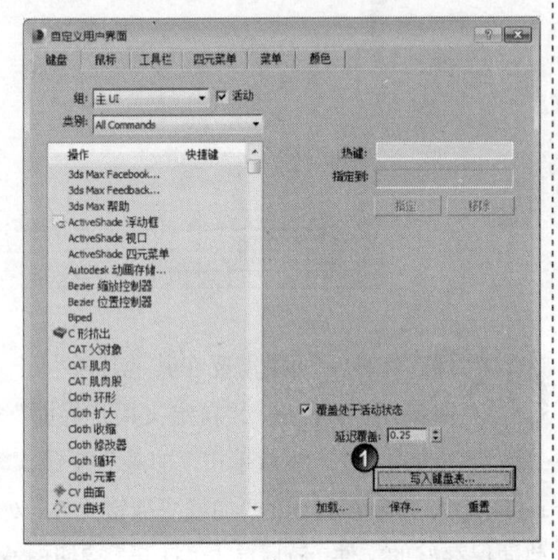

图1-176

图1-177

第2步：打开保存好的记事本文档，就可以查看到当前设置的所有快捷键，如图1-178所示。

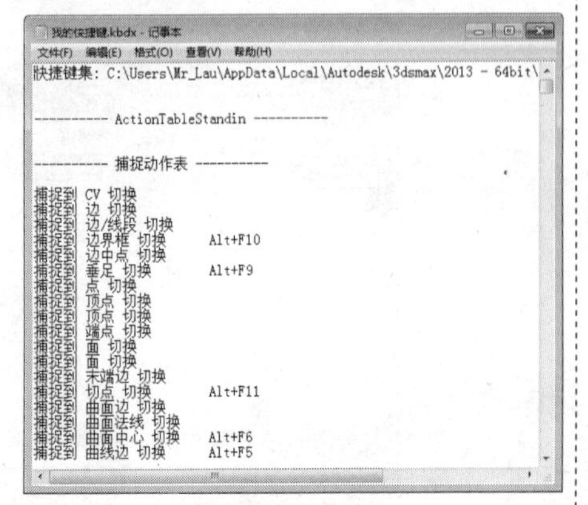

我的快捷键.kbdx - 记事本

文件(F) 编辑(E) 格式(O) 查看(V) 帮助(H)

快捷键集: C:\Users\Mr_Lau\AppData\Local\Autodesk\3dsmax\2013 - 64bit\

---------- ActionTableStandin ----------

---------- 捕捉动作表 ----------

捕捉到 CV 切换
捕捉到 边 切换
捕捉到 边/线段 切换
捕捉到 边界框 切换 Alt+F10
捕捉到 边中点 切换
捕捉到 垂足 切换 Alt+F9
捕捉到 点 切换
捕捉到 顶点 切换
捕捉到 顶点 切换
捕捉到 端点 切换
捕捉到 面 切换
捕捉到 面 切换
捕捉到 末端边 切换
捕捉到 切点 切换 Alt+F11
捕捉到 曲面边 切换
捕捉到 曲面法线 切换
捕捉到 曲面中心 切换 Alt+F6
捕捉到 曲线边 切换 Alt+F5

图1-178

实战020 自定义鼠标快捷菜单

场景位置	无
实例位置	无
视频位置	DVD>多媒体教学>CH01>实战020.flv
难易指数	★☆☆☆☆
技术掌握	掌握如何自定义鼠标快捷菜单

在3ds Max中除了直接使用键盘快捷键外，单击鼠标右键或配合键盘上的 Ctrl键、Alt键以及Shift键也可以弹出快捷菜单，这样也可以快速执行一些常用的命令，如图1-179~图1-184所示。而在工作中要根据实际需要自定义好右键菜单中的命令，这样才能更好地利用这些右键快捷菜单。

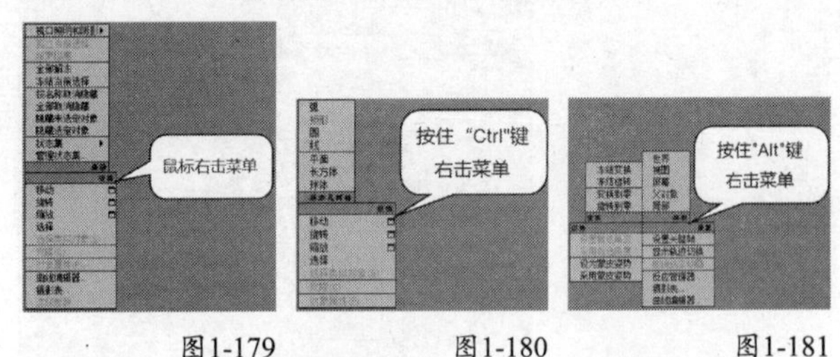

图1-179　图1-180　图1-181

按住“Shift”键右击菜单　按住“Shift”+“Alt”键右击菜单　按住“Ctrl”+“Alt”键右击菜单

图1-182　图1-183　图1-184

01 启动3ds Max 2014，执行“自定义>自定义用户界面”菜单命令，如图1-185所示，然后在弹出的“自定义用户界面”对话框中单击“四元菜单”选项卡，为了方便命令的查找，将“类别”设置为Edit（编辑），接着选定要添加的菜单命令（本例选择“对齐”命令），如图1-186所示。

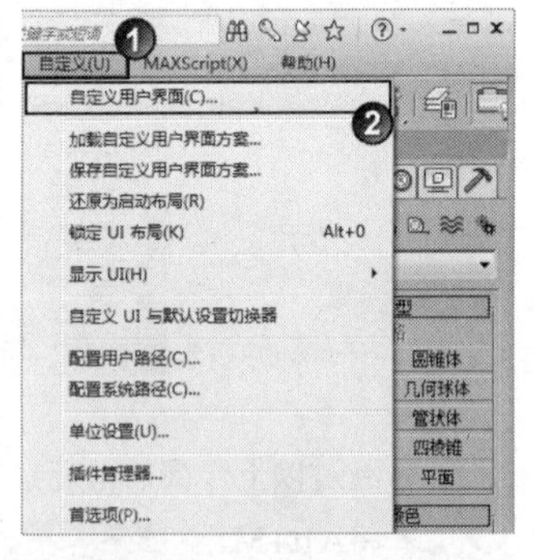

图1-185

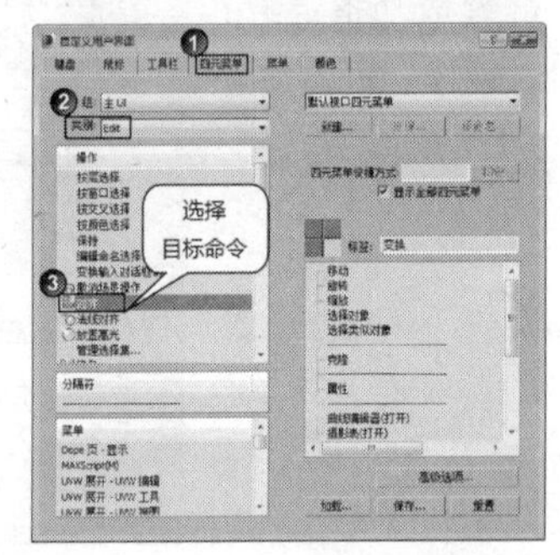

图1-186

02 按住鼠标左键将“对齐”命令拖曳到右侧鼠标右击菜单的目标位置，然后松开鼠标即可成功添加，如图1-187和图1-188所示。

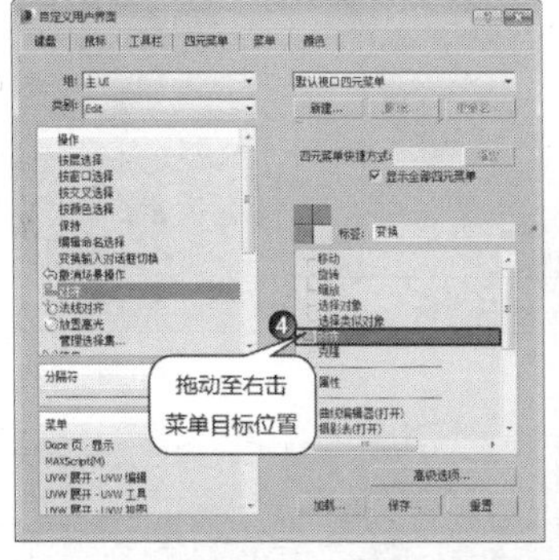

图1-187

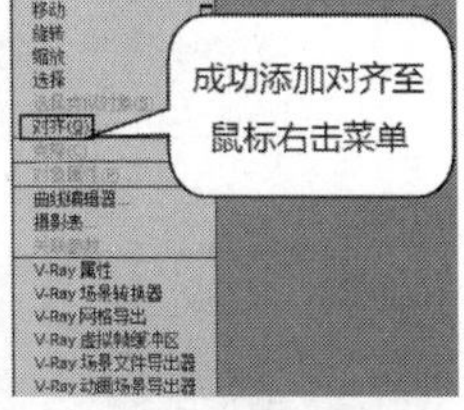

图1-188

03 了解了添加鼠标右键菜单命令的方法后，接下来以图1-189中的“曲线编辑器”命令为例来了解删除鼠标右键菜单命令的方法。

图1-189

04 首先进入“自定义用户界面”对话框中的“四元菜单”选项卡下，然后选择目标命令并单击鼠标右键，接着在弹出的菜单中选择“删除菜单项”命令即可成功删除，如图1-190和图1-191所示。

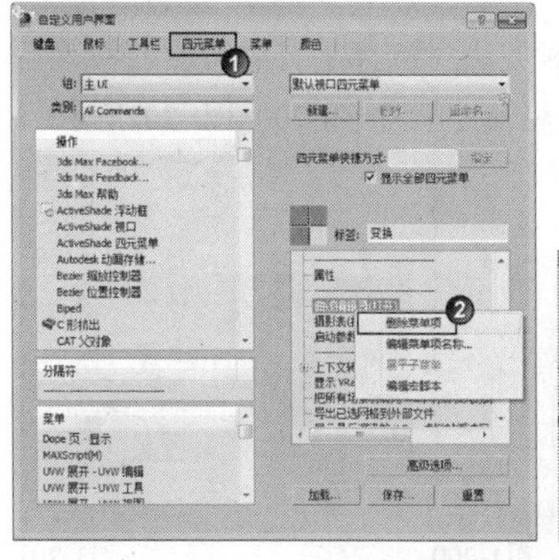

图1-190

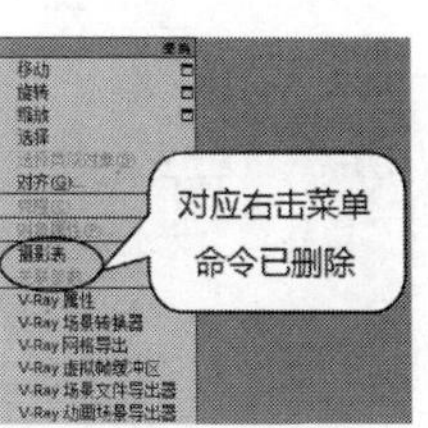

图1-191

实战021 设置显示单位与系统单位

场景位置	DVD>场景文件>CH01>实战021.max
实例位置	无
视频位置	DVD>多媒体教学>CH01>实战021.flv
难易指数	★☆☆☆☆
技术掌握	掌握如何设置显示与系统单位

在使用3ds Max制作模型之前设置好显示单位能制作出精确的模型，设置系统单位则能避免导出场景内模型或导入外部模型时产生单位的误差。

01 打开光盘中的“场景文件>CH01>实战021.max”文件，这是一个正方体，在“命令”面板中单击“修改”按钮，然后在“参数”卷展栏下查看，可以发现该模型的尺寸只有数字，没有显示任何单位，如图1-192所示。此时无法判断其真正大小，因此接下来将长方体的单位设置为mm（mm表示“毫米”）。

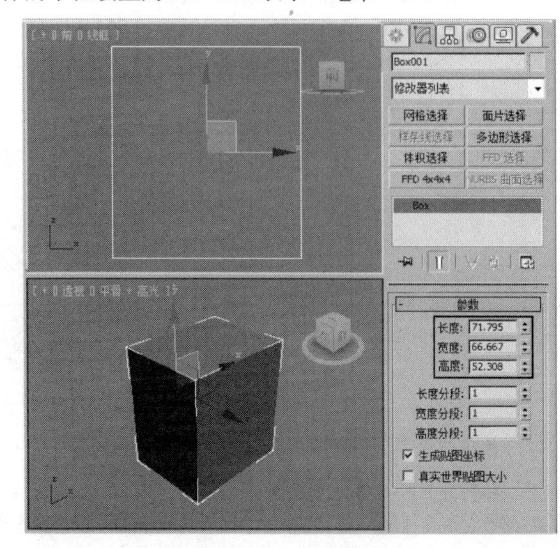

图1-192

02 执行“自定义>单位设置”菜单命令，然后在弹出的“单位设置”对话框中，设置“显示单位比例”为“公制”，接着在下拉列表中选择单位为“毫米”， 如图1-193和图1-194所示。

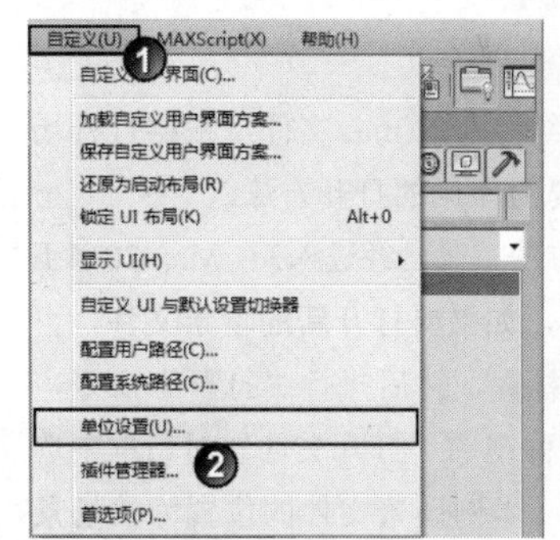

图1-193

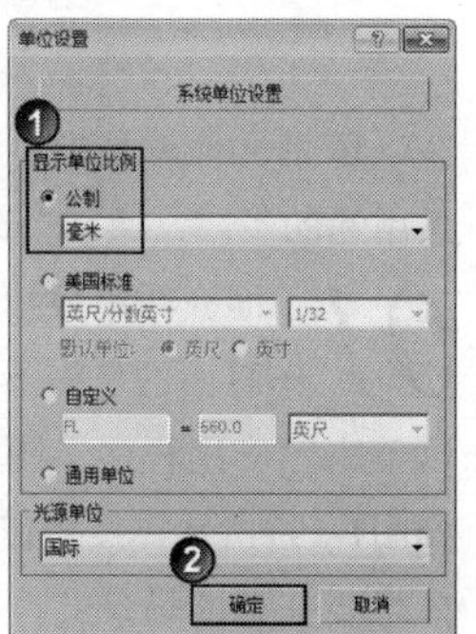

图1-194

03 设置完成后退出“单位设置”对话框，再次查看长方体的参数，可以发现已经添加了mm为单位，如图1-195所示。

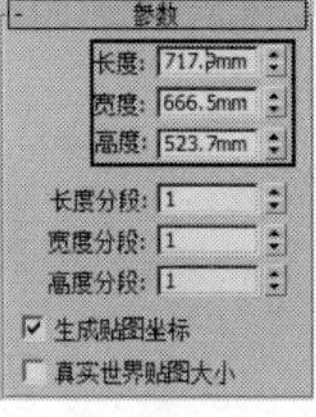

图1-195

技巧与提示

在实际的工作中经常需要导入外部模型或导出场景模型，以便在不同的三维软件中完成整体的项目制作。为了避免场景导入或导出时与其他软件的单位产生误差，在设置好显示单位后还需要设置好系统单位。注意，“系统单位”一定要与“显示单位”保持一致，这样才更方便进行操作。

04 再次打开“单位设置”对话框，然后单击“系统单位设置”按钮 系统单位设置，接着在弹出的“系统单位设置”对话框中设置“系统单位比例”为“毫米”，最后单击“确定”按钮 确定，如图1-196所示。

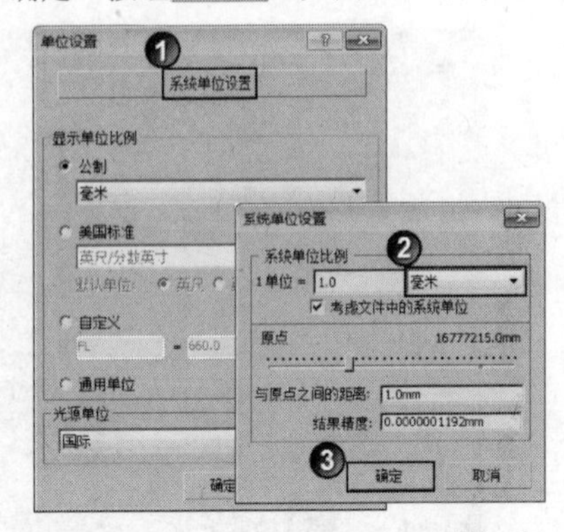

图1-196

技巧与提示

在制作室外场景时一般采用m（米）作为系统单位，而在制作室内场景时一般采用cm（厘米）或mm（毫米）作为系统单位。

实战022 打开场景文件

场景位置	DVD>场景文件>CH01>实战022.max
实例位置	无
视频位置	DVD>多媒体教学>CH01>实战022.flv
难易指数	★☆☆☆☆
技术掌握	掌握打开场景文件的方法

场景文件就是指已经存在的.max文件，根据打开场景用途的不同，通常会选择不同的打开方法。

01 下面介绍第1种方法。在已经进入3ds Max 2014工作界面的前提下，如果要打开新的场景文件，可以单击“应用程序”图标，然后执行“打开”命令，如图1-197所示，接着在弹出的“打开文件”对话框中选择想要打开的场景文件（本例场景文件的位置为“场景文件>CH01>实战022.max”），最后单击“打开”按钮 打开(O)，如图1-198所示，打开场景后的效果如图1-199所示。

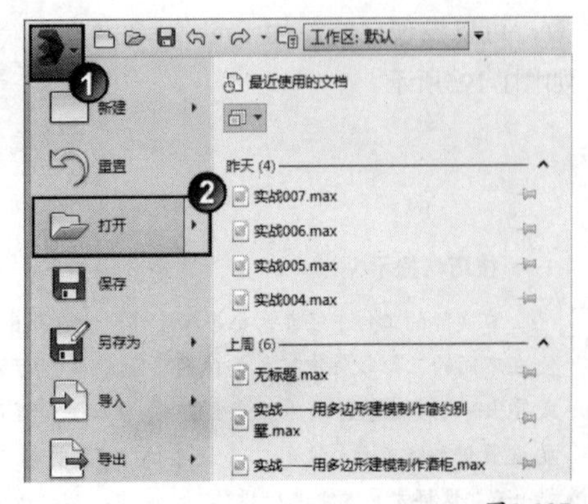

图1-197

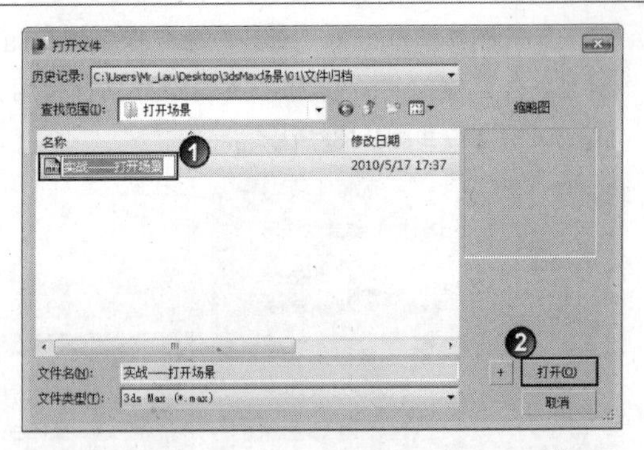

图1-198

图1-199

技巧与提示

按Ctrl+O组合键同样可以执行这种打开方法。要注意的是如果此时场景中已经有模型文件，通过这种方法打开后，此前的文件将自动关闭，3ds Max始终只打开一个软件窗口。

02 下面介绍第2种方法。找到要打开的场景文件，然后直接双击即可将其打开，如图1-200~图1-202所示。

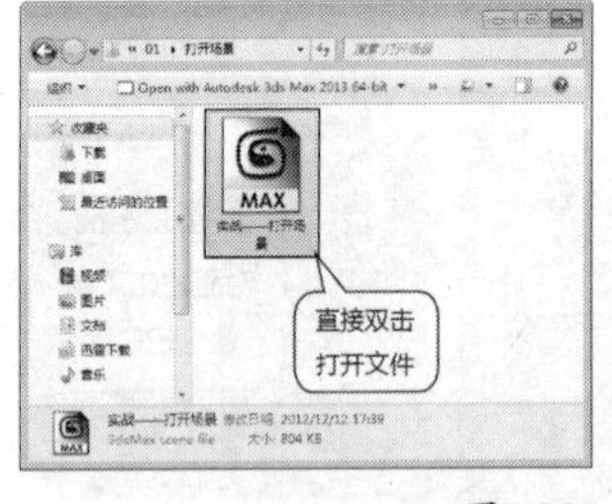

图1-200

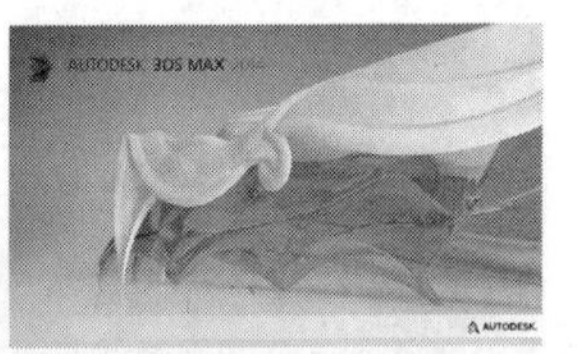

图1-201

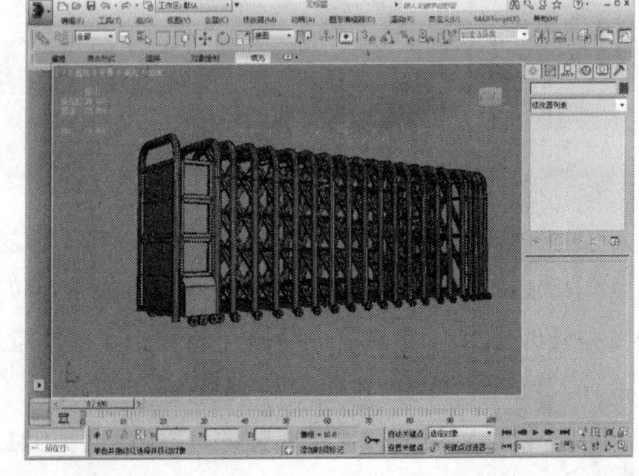

图1-202

技巧与提示

通过双击打开的场景将自动开启一个新的软件窗口，因此需要同时打开多个软件窗口时可以使用这种打开方法。此外，直接使用鼠标左键将场景文件拖曳到已打开的3ds Max窗口中同样可以打开场景，但是这样也会自动关闭此前的场景。

实战023 保存场景文件

场景位置	无
实例位置	无
视频位置	DVD>多媒体教学>CH01>实战023.flv
难易指数	★☆☆☆☆
技术掌握	掌握保存场景文件的方法

在创建场景的过程中，需要适时地对场景进行保存，以避免突发情况造成文件损坏或丢失。在场景制作完成后同样需要保存，以保证下次打开文件时得到的是最终场景效果。

单击"应用程序"图标，然后在弹出的下拉菜单中执行"保存"命令， 如图1-203所示，接着在弹出的"文件另存为"对话框中选择好场景文件的保存路径，并为场景进行命名，最后单击"保存"按钮，如图1-204所示。

图1-203

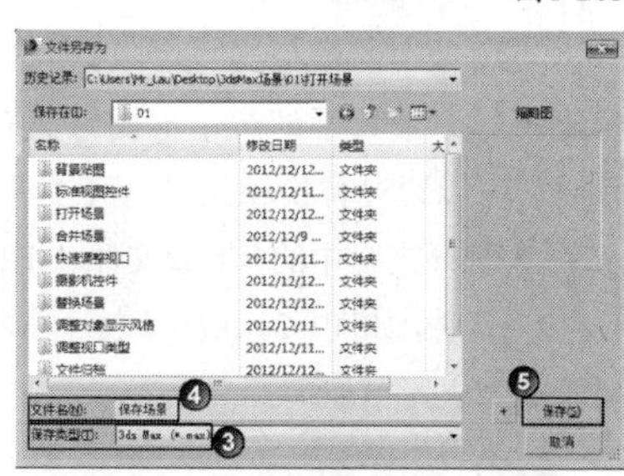

图1-204

技巧与提示

按Ctrl+S组合键同样可以打开"文件另存为"对话框。

实战024 导入外部文件

场景位置	DVD>场景文件>CH01>实战024.3ds
实例位置	无
视频位置	DVD>多媒体教学>CH01>实战024.flv
难易指数	★☆☆☆☆
技术掌握	掌握如何导入外部文件

在三维场景的制作中，为了提高工作效率，可以将一些已经制作好的外部文件（如.3ds和.obj文件）导入到现有场景中。

01 单击界面左上角的"应用程序"图标，然后在弹出的下拉菜单中执行"导入>导入"菜单命令，如图1-205所示。

02 在弹出的"选择要导入的文件"对话框中选择光盘中的"场景文件>CH01>实战024.3ds"文件，然后单击"打开"按钮，如图1-206所示。

图1-205

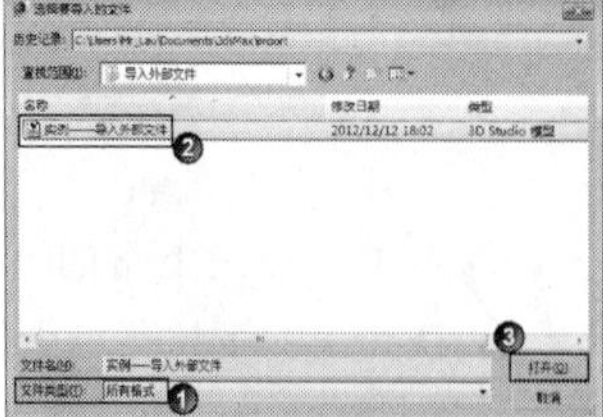

图1-206

03 继续在弹出的"3DS导入"对话框中勾选"合并对象到当前场景"选项，然后单击"确定"按钮，如图1-207所示，导入到场景后的效果如图1-208所示。

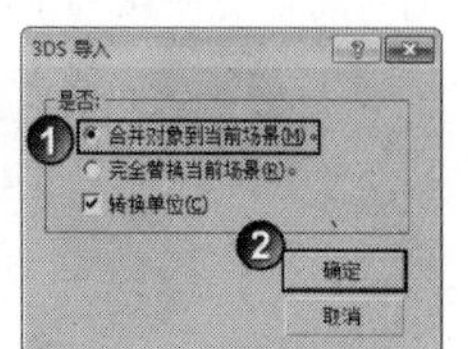

图1-207

图1-208

技巧与提示

如果在"3DS导入"对话框中勾选"完全替换当前场景"选项，则当前打开的场景将自动关闭，而仅打开导入的外部文件。

实战025 合并外部文件

场景位置	DVD>场景文件>CH01>实战025-1.max和实战025-2.max
实例位置	DVD>实例文件>CH01>实战025.max
视频位置	DVD>多媒体教学>CH01>实战025.flv
难易指数	★☆☆☆☆
技术掌握	掌握如何合并外部场景文件

合并文件就是将外部的文件合并到当前场景中。这种合并是有选择性的，可以是几何体、二维图形，也可以是灯光、摄影机等。相比于导入外部文件，合并外部

文件可以直接合并.max文件，因此在实际的工作中使用频率更为频繁。

01 打开光盘中的“场景文件>CH01>实战025-1.max”文件，这是一个雕塑底座模型，如图1-209所示。

图1-209

02 单击界面左上角的“应用程序”图标，然后在弹出的下拉菜单中执行“导入>合并”菜单命令，如图1-210所示，接着在弹出的对话框中选择光盘中的“场景文件>CH01>实战025-2.max”文件并将其打开，如图1-211所示。

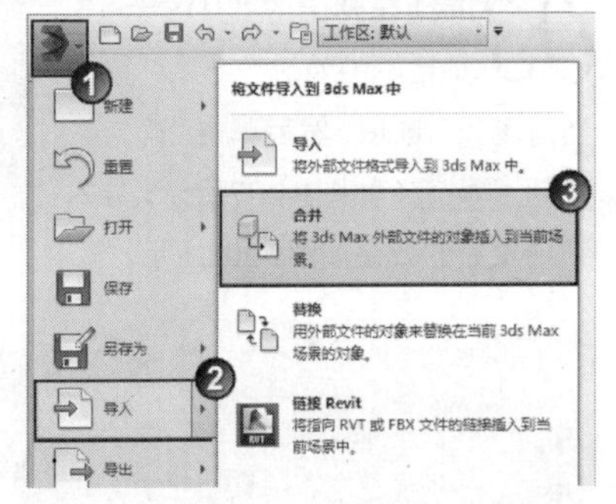

图1-210

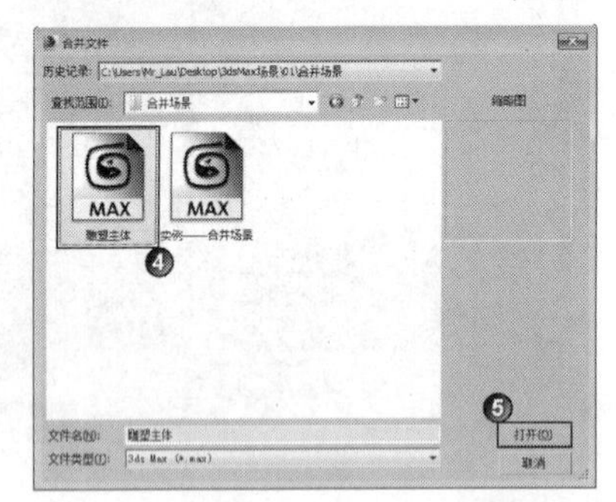

图1-211

03 执行上一步骤后，系统会弹出“合并”对话框，用户可以选择需要合并的文件类型，这里仅选择雕塑主体，然后单击“确定”按钮，如图1-212所示，合并文件后的效果如图1-213所示。

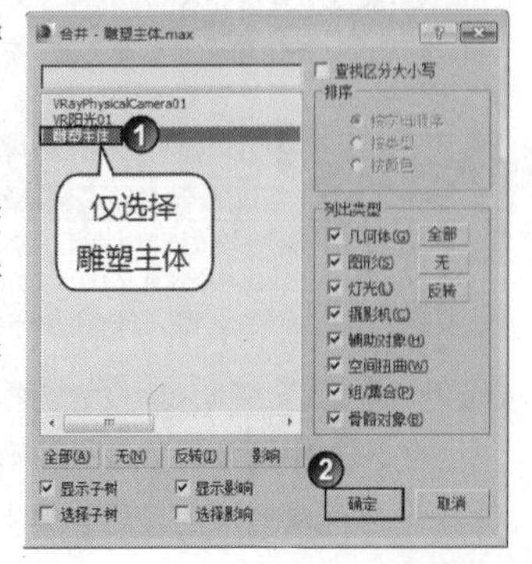

图1-212

图1-213

技巧与提示

在实际工作中，合并文件通常是有选择性的，合并最多的是家具、树木等模型。因此，通常利用类型反选过滤掉灯光与摄影机可以自动选择模型，如图1-214和图1-215所示。

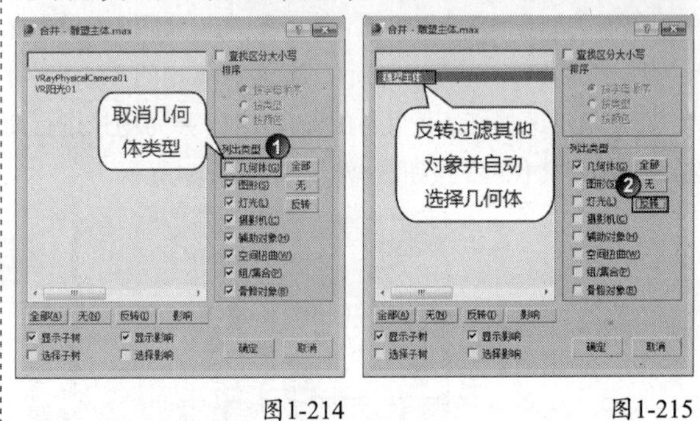

图1-214　图1-215

实战026 替换场景对象

场景位置	DVD>场景文件>CH01>实战026-1.max和实战026-2.max
实例位置	DVD>实例文件>CH01>实战026.max
视频位置	DVD>多媒体教学>CH01>实战026.flv
难易指数	★☆☆☆☆
技术掌握	掌握如何替换场景对象

当场景中的模型（也可以是几何体、图形、灯光、摄影机等）效果不理想，但同时又有比较理想的外部文件时，可以通过替换场景对象直接进行更新。

01 打开光盘中的“场景文件>CH01>实战026-1.max”文件，如图1-216所示。接下来将通过替换场景对象更新雕塑主体模型。

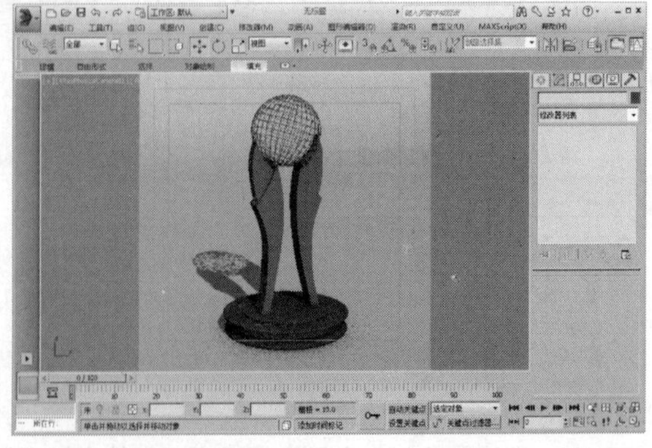

图1-216

02 单击界面左上角的“应用程序”图标，然后在弹出的下拉菜单中执行“导入>替换”菜单命令，接着在弹出的对话框中选择光盘中的“场景文件>CH01>实战026-2.max”文件并将其打开，如图1-217和图1-218所示。

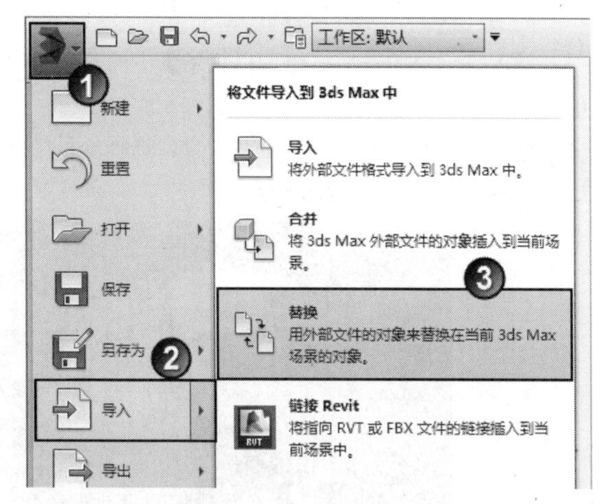

图1-217

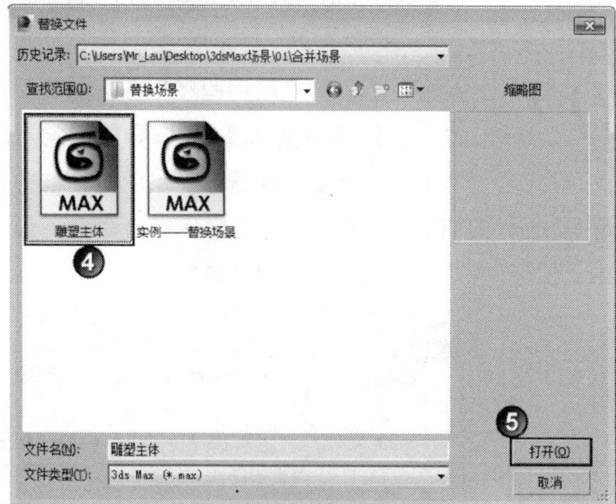

图1-218

03 执行上一步骤后，系统会弹出“替换”对话框，用户可以选择需要替换的文件，这里选择雕塑主体，然后单击“确定”按钮，如图1-219所示，最后在弹出的对话框中单击“是”按钮完成替换，如图1-220所示，替换完成后的场景效果如图1-221所示。

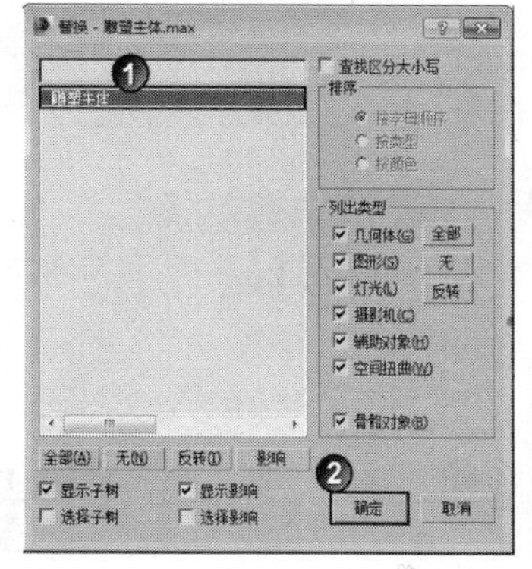

图1-219

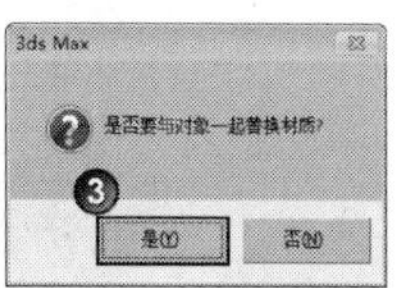

图1-220

图1-221

技巧与提示

在进行对象替换时，两个模型的名称要完全相同。注意，不是.max文件的名称，而是场景内模型（或组）的名称。此外，为了便于替换后对模型进行调整，务必首先通过“层次”面板将两个对象的轴心都调整为“居中到对象”，如图1-222~图1-224所示。另外，在调整完成后要离开当前的“层次”面板再进行其他操作，否则有可能移动调整好的轴心。

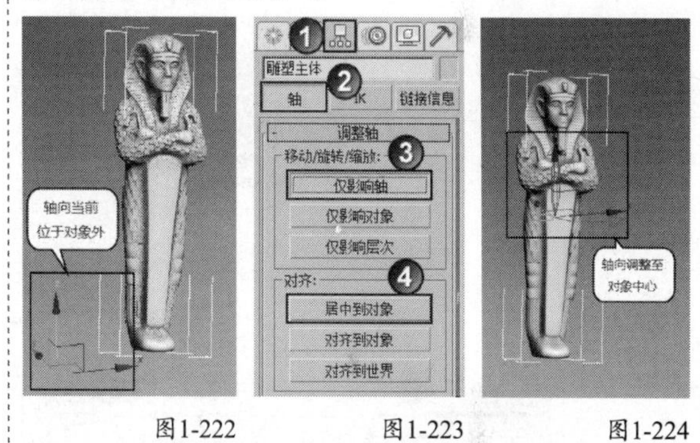

图1-222　图1-223　图1-224

实战027 导出整个场景

场景位置	DVD>场景文件>CH01>实战027.max
实例位置	DVD>实例文件>CH01>实战027.3ds
视频位置	DVD>多媒体教学>CH01>实战027.flv
难易指数	★☆☆☆☆
技术掌握	掌握如何导出整个场景

创建完一个场景后，可以将场景中的所有对象导出为其他格式的文件，以方便在其他软件中进行加工处理。

01 打开光盘中的“场景文件>CH01>实战027.max”文件，这是一个餐厅场景，如图1-225所示。

图1-225

02 单击界面左上角的“应用程序”图标，然后在弹出的下拉菜单中执行“导出>导出”菜单命令，如图1-226所示，接着在弹出的对话框中选择好导出的文件格式，再为导出的文件进行命名，最后单击“保存”按钮 保存(S) ，如图1-227所示。

图1-226

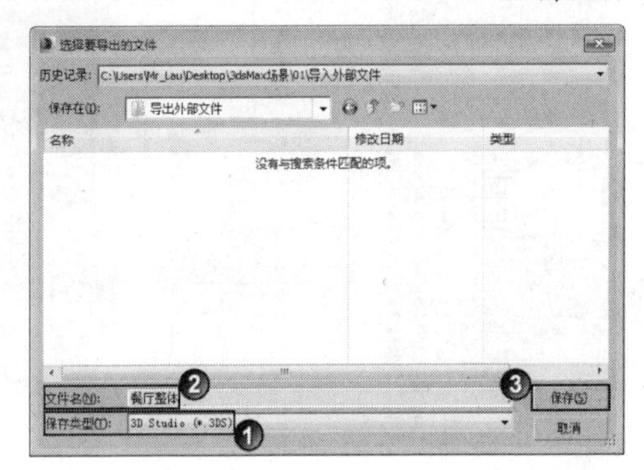

图1-227

03 在弹出的“将场景导出到.3DS文件”对话框中勾选“保持MAX的纹理坐标”选项，然后单击“确定”按钮 确定 ，如图1-228所示，经过导出后可以在设置的文件路径中找到导出的.3ds文件，如图1-229所示。

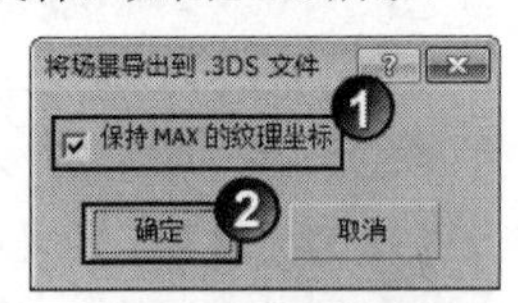

图1-228

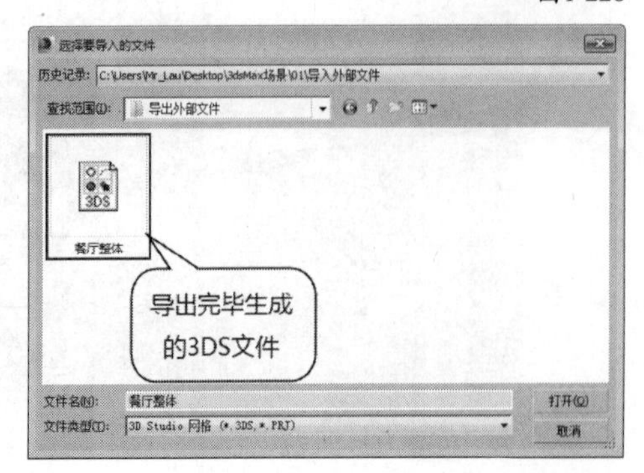

图1-229

实战028 导出选定对象

场景位置	无
实例位置	DVD>实例文件>CH01>实战028.3ds
视频位置	DVD>多媒体教学>CH01>实战028.flv
难易指数	★☆☆☆☆
技术掌握	掌握如何导出选定的场景对象

创建完一个场景后，也可以将场景中的若干个对象单独导出为其他格式的文件。

01 继续沿用上一实例的场景文件。选择场景中的隔断模型，如图1-230所示。

图1-230

02 单击界面左上角的“应用程序”图标，然后在弹出的下拉菜单中执行“导出>导出选定对象”菜单命令，如图1-231所示，接着在弹出的对话框中选择好导出的文件格式，再为导出的文件进行命名，最后单击“保存”按钮 保存(S) ，如图1-232所示。

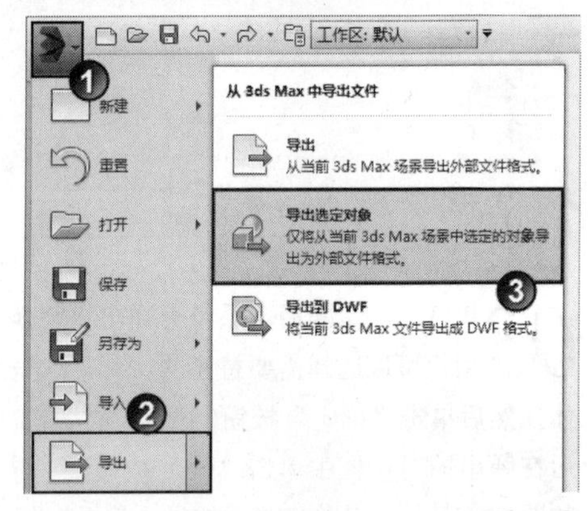

图1-231

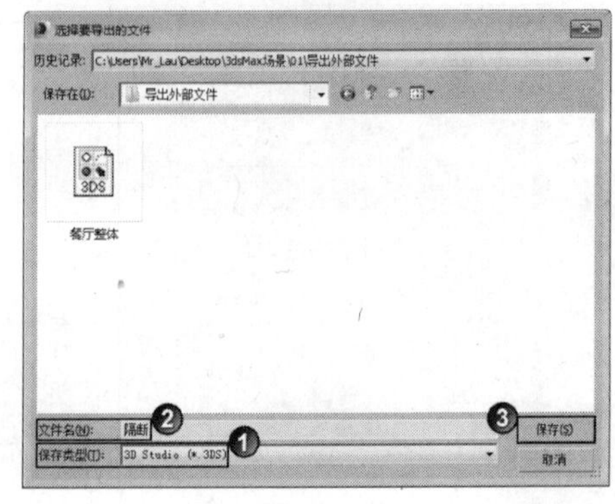

图1-232

03 在弹出的“将场景导出到.3DS文件”对话框中勾选“保持MAX的纹理坐标”选项，然后单击“确定”按钮，如图1-233所示，经过导出后可以在设置的文件路径中找到导出的.3ds文件，如图1-234所示。

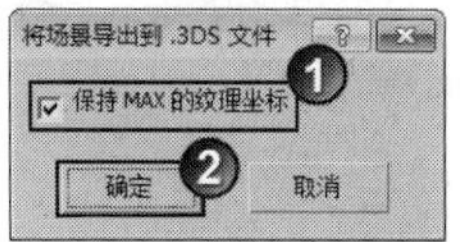

图1-233

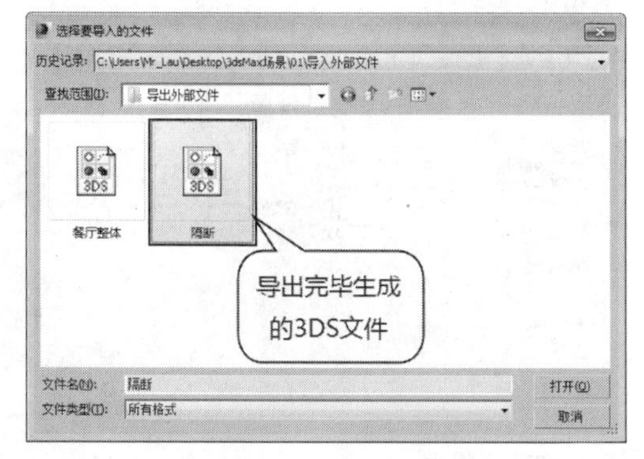

图1-234

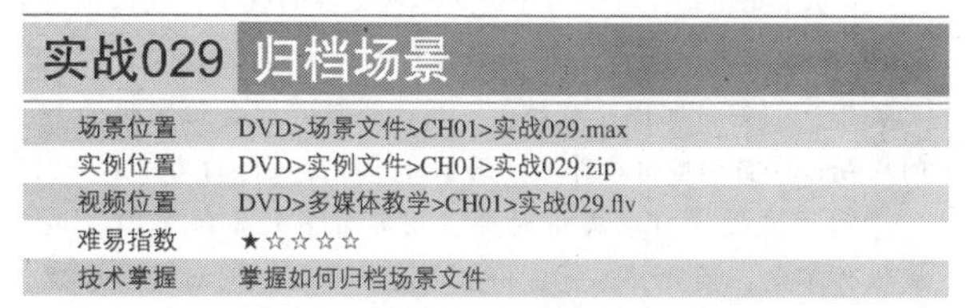

实战029 归档场景

场景位置	DVD>场景文件>CH01>实战029.max
实例位置	DVD>实例文件>CH01>实战029.zip
视频位置	DVD>多媒体教学>CH01>实战029.flv
难易指数	★☆☆☆☆
技术掌握	掌握如何归档场景文件

如果需要在其他计算机上打开创建好的3ds Max场景文件，不但需要场景模型，而且需要相应的贴图与光域网文件，此时使用场景归档功能可以将模型、贴图以及光域网文件自动打包成.zip文件。

01 打开光盘中的“场景文件>CH01>实战029.max”文件，如图1-235所示。本场景的主体模型为加载了贴图的椅子，同时场景中的射灯还加载了光域网。

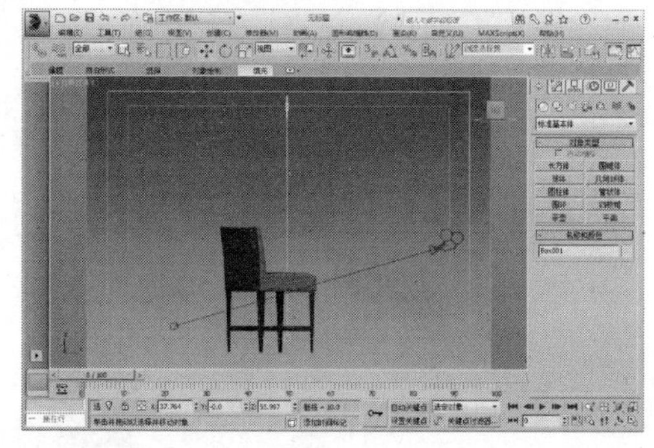

图1-235

02 单击界面左上角的“应用程序”图标，然后在弹出的菜单中执行“另存为>归档”命令，如图1-236所示，接着在弹出的“文件归档”对话框中设置好保存位置和文件名，最后单击“保存”按钮，如图1-237所示。场景归档完成以后，在保存位置会出现一个.zip压缩包，如图1-238所示。

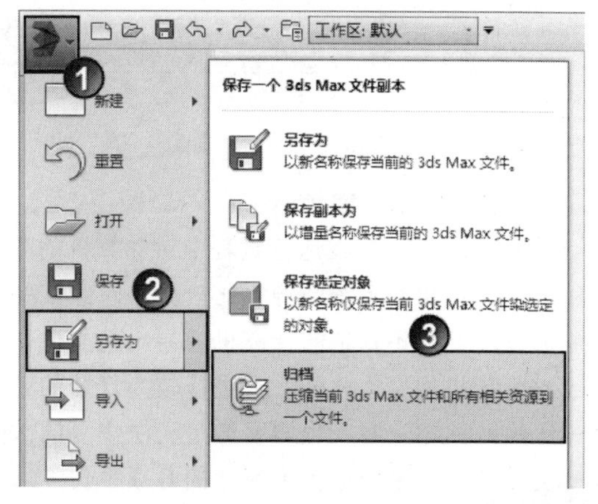

图1-236

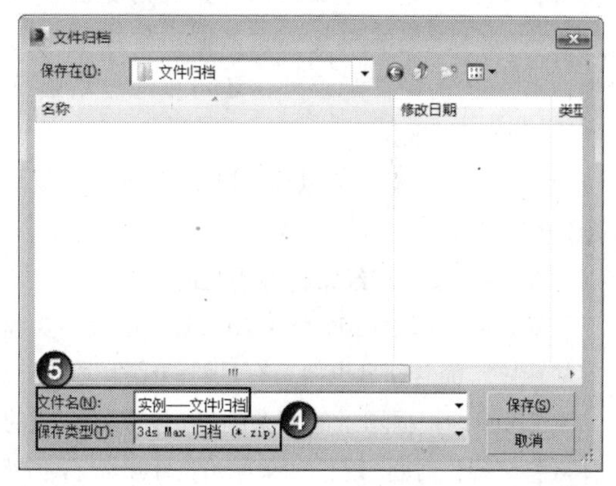

图1-237

图1-238

技巧与提示

双击进入压缩包中会发现包含了场景模型、贴图和光域网文件，同时还有一个记录了场景信息的.txt文档，如图1-239所示。

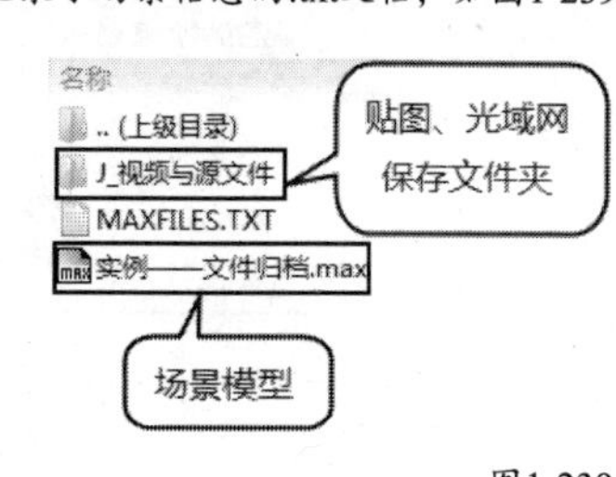

图1-239

实战030 自动备份工程文件

场景位置	无
实例位置	无
视频位置	DVD>多媒体教学>CH01>实战030.flv
难易指数	★☆☆☆☆
技术掌握	掌握如何自动备份文件

3ds Max 2014在运行过程中对计算机的配置要求比较高，占用的系统资源也比较大，因此某些配置较低或系统性能不稳定的计算机容易出现文件自动关闭或发生死机现象。此外，在进行较为复杂的计算（如光影追踪渲染）时，也容易产生无法恢复的故障，这些突发状况容易导致丢失所做的各项操作，造成无法弥补的损失。另外，像断电等突发情况也有可能导致文件的损坏，无法恢复模型数据。解决这类问题除了提高计算机的硬件配置外，还可以通过增强系统稳定性来减少死机现象。

在一般情况下，可以通过以下3种方法来提高系统的稳定性。

第1种：要养成经常保存场景的习惯。

第2种：在运行3ds Max 2014时，尽量不要或少启动其他程序，而且硬盘也要留有足够的缓存空间。

第3种：根据场景的复杂程度，设置好合适的备份文件数量与备份时间。这样如果原始文件损坏了，仍然可以打开时间最接近的备份文件，最大程度挽回场景数据。

执行“自定义>首选项”菜单命令，然后在弹出的“首选项设置”对话框中单击“文件”选项卡，接着在“自动备份”选项组下勾选“启用”选项，再对“Autobak文件数”和“备份间隔（分钟）”以及“自动备份文件名”选项进行设置，最后单击“确定”按钮 确定 即可完成设置，如图1-240和图1-241所示。

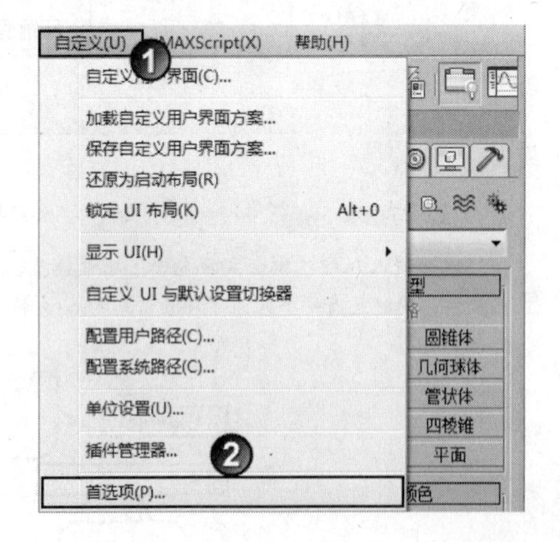

图1-240

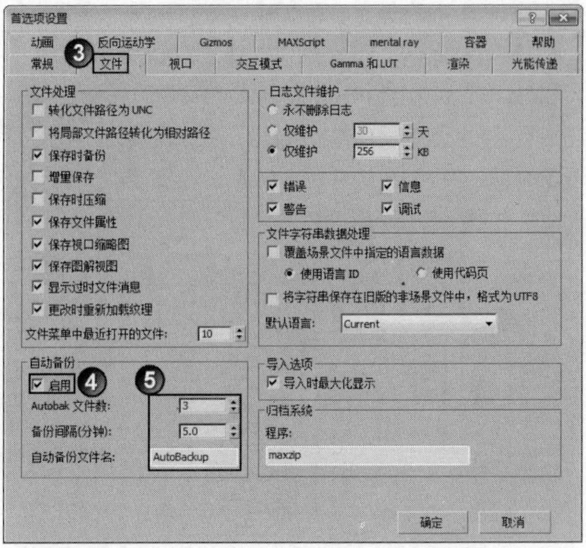

图1-241

技巧与提示

“Autobak文件数”用于设置备份文件的数量，默认值为3，即在备份到第4份文件时会覆盖掉备份好的第1份文件，依此类推；“备份间隔（分钟）”用于设置产生备份文件的时间周期；“自动备份文件名”用于设置备份文件的文件名。

由于文件在自动备份时会占用非常多的系统资源，造成操作不便，因此并不是备份数量越多越好，同时还要合理设置备份的时间周期，这样既能保证文件安全又能保证工作效率。此外，如果需要在同一时期内制作多个场景，最好根据场景特点对应修改“自动备份文件名”，避免文件交叉覆盖，而无法有效保证备份模型。

第2章 掌握3ds Max 2014的基本操作

学习要点：熟练3ds Max 2013的基本操作 / 掌握3ds Max 2013基本工具的运用

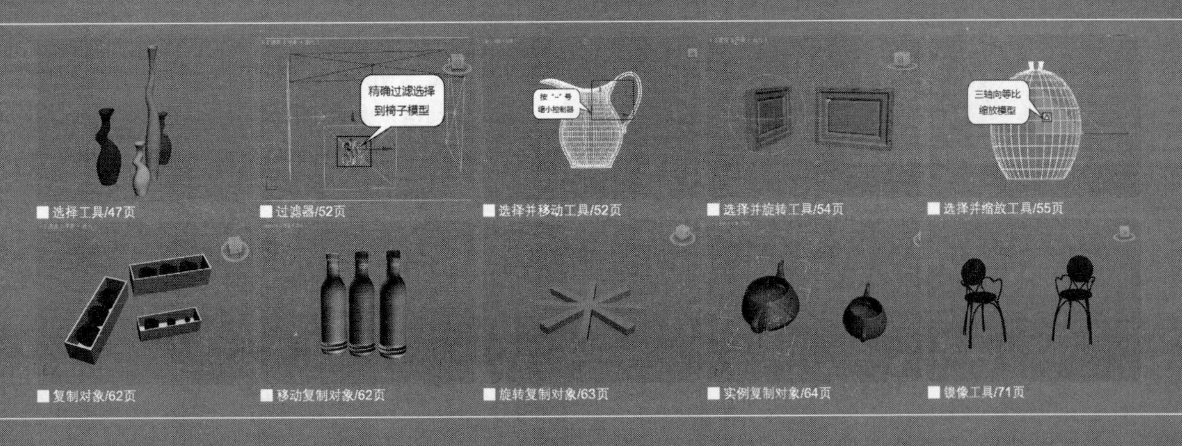

家装造型设计师

工业造型设计师

室内设计表现师

建筑设计表现师

实战031 撤销场景操作工具

场景位置	DVD>场景文件>CH02>实战031.max
实例位置	无
视频位置	DVD>多媒体教学>CH02>实战031.flv
难易指数	★☆☆☆☆
技术掌握	掌握如何撤销场景操作

在3ds Max 的使用过程中，操作失误不可难免，使用“撤销场景操作”工具可以快速返回上一步或多步前的状态。

01 打开光盘中的“场景文件>CH02>实战031.max”文件，如图2-1所示。

02 使用“选择并移动”工具选择黑色的椅子，然后将其随意拖曳一段距离，如图2-2所示。

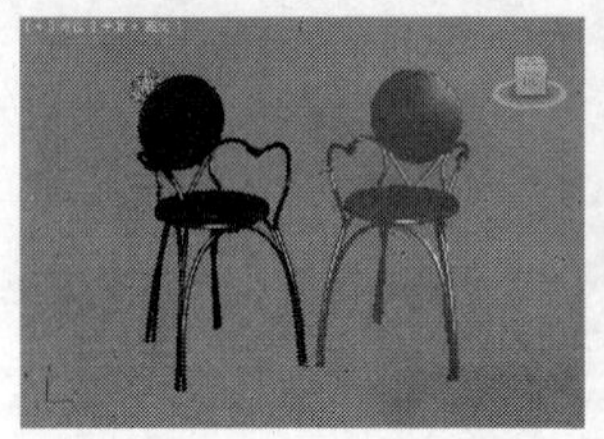

图2-1

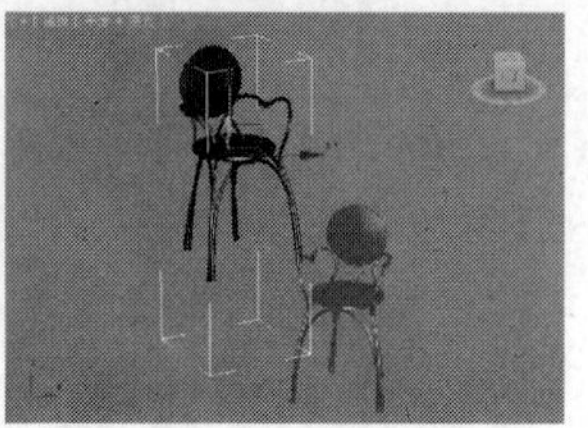

图2-2

03 执行“编辑>撤销”菜单命令或按Ctrl+Z组合键撤销移动操作，将黑色椅子恢复到原来的位置，如图2-3所示。

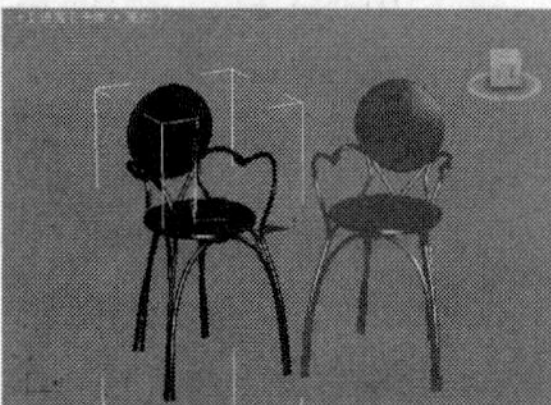

图2-3

04 如果在操作过程中需要一次撤销多步操作，可以单击位于快速访问工具栏上的“撤销场景操作”按钮右侧的下拉按钮，查看最近执行过的操作，如图2-4所示，在其中选择相应的操作就可以返回到该步骤，如图2-5所示。

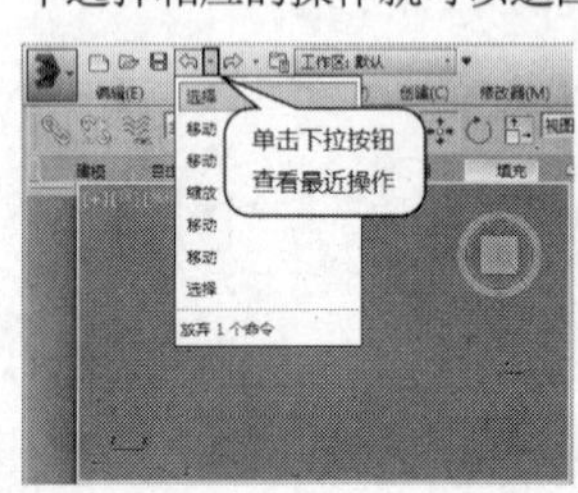

图2-4

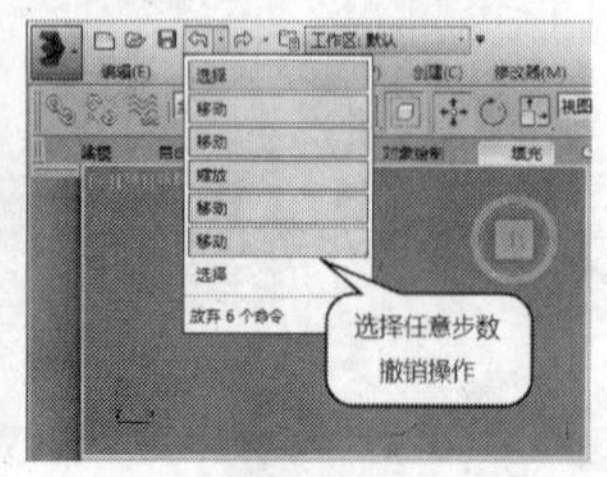

图2-5

技术专题 05 修改可撤销次数

需要注意的是3ds Max 2014 默认可撤销次数为20次，也就是说系统可以记录的操作记录为20次。若要更改记录次数，可以执行“自定义>首选项”菜单命令，如图2-6所示。然后在弹出的“首选项设置”对话框中单击“常规”选项卡，接着在“场景撤销”选项组下更改“级别”选项的数值即可，如图2-7所示。

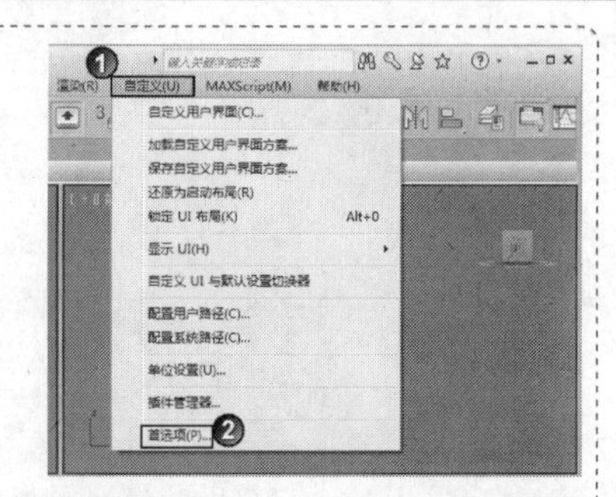

图2-6

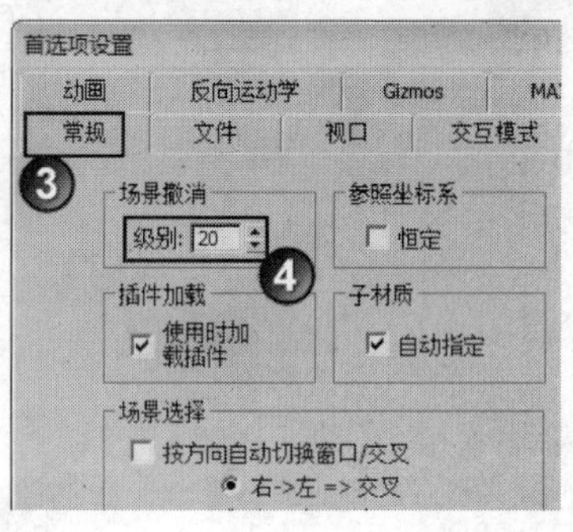

图2-7

实战032 重做场景操作工具

场景位置	DVD>实例文件>CH02>实战032.max
实例位置	无
视频位置	DVD>多媒体教学>CH02>实战032.flv
难易指数	★☆☆☆☆
技术掌握	掌握如何重做场景操作

在使用“撤销场景操作”工具时有可能因为失误操作造成多余的撤销，此时可以使用“重做场景操作” 工具进行恢复。此外，在实际工作中结合使用“撤销场景操作”工具与“重做场景操作”工具可以动态查看操作前后的变化，为确定最终效果提供较准确的参考。

01 打开光盘中的“场景文件>CH02>实战032.max”文件，如图2-8所示。

02 使用“选择并移动”工具选择红色的椅子，然后将其随意拖曳一段距离，如图2-9所示。

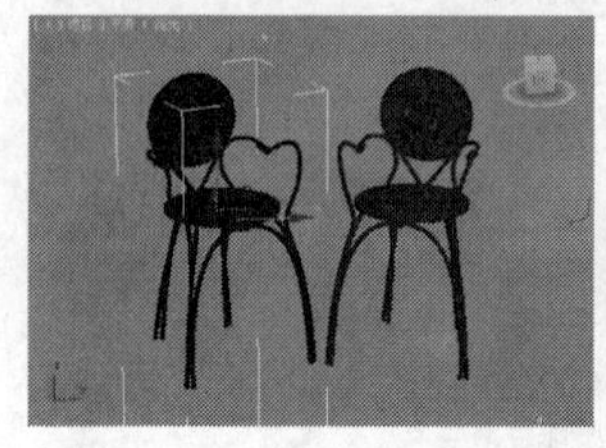

图2-8

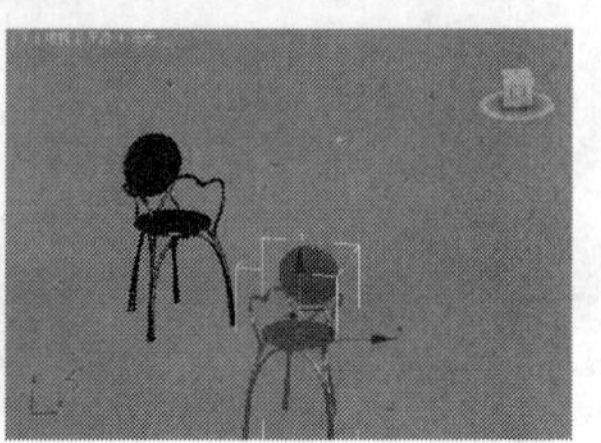

图2-9

03 按Ctrl+Z组合键撤销移动操作，将红色椅子恢复到原来的位置，如图2-10所示。

04 执行“编辑>重做”菜单命令或按Ctrl+Y组合键执行“重做”操作，此时可以观察到红色椅子又恢复到了移动后的状态，如图2-11所示。

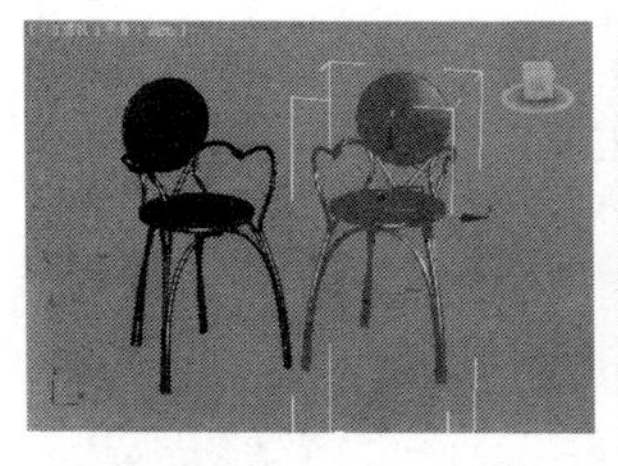

图2-10

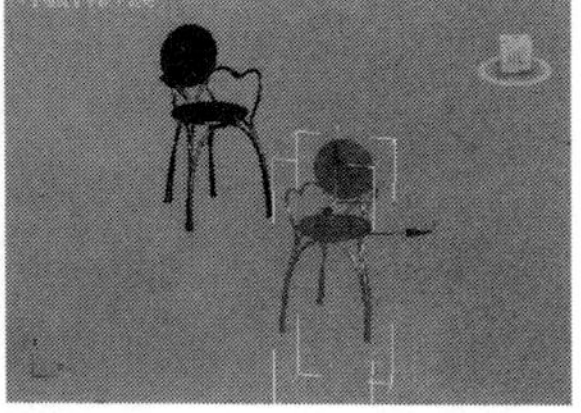

图2-11

05 同样，如果要进行多步重做，可以通过快速访问工具栏上“重做场景操作”按钮右侧的下拉按钮选择完成，如图2-12所示。

图2-12

实战033 选择工具

场景位置	DVD>场景文件>CH02>033.max
实例位置	无
视频位置	DVD>多媒体教学>CH02>实战033.flv
难易指数	★☆☆☆☆
技术掌握	掌握如何使用选择工具选择对象

在3ds Max 的使用过程中很多操作需要首先精确地选择到目标才能成功执行，因此熟练掌握“选择”工具的用法十分必要。

01 打开光盘中的“场景文件>CH02>033.max”文件，如图2-13所示。

02 在“主工具栏”中选择“选择”工具，然后在场景中单击深红色的花瓶，此时这个花瓶将被选中，如图2-14所示。

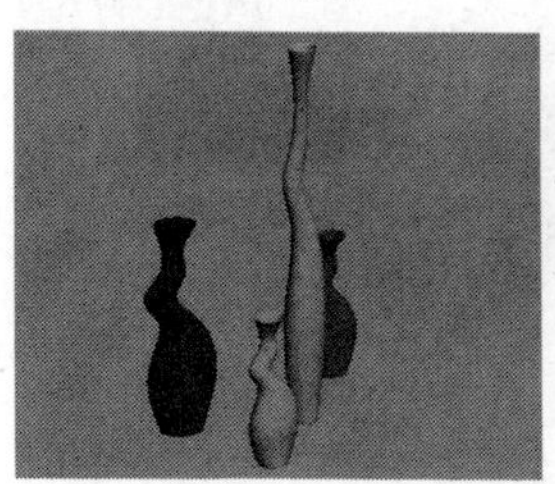

图2-13

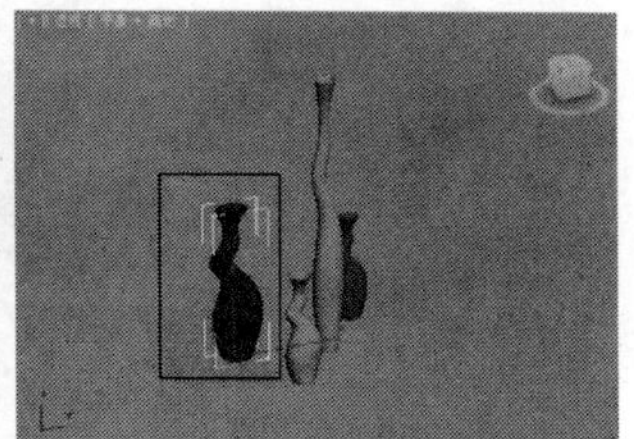

图2-14

技巧与提示

“选择”工具的快捷键为Q键，在默认设置下对象如果以三维面显示，被选择后会在周围显示白色线框（按J键可以取消或显示该线框），如果是对象本身以线框显示则会变成纯白色，因此在复杂的场景中为了分清选择的对象，最好切换到线框显示风格，此时选择的模型会以白色线框进行显示，非常容易辨认，如图2-15所示。

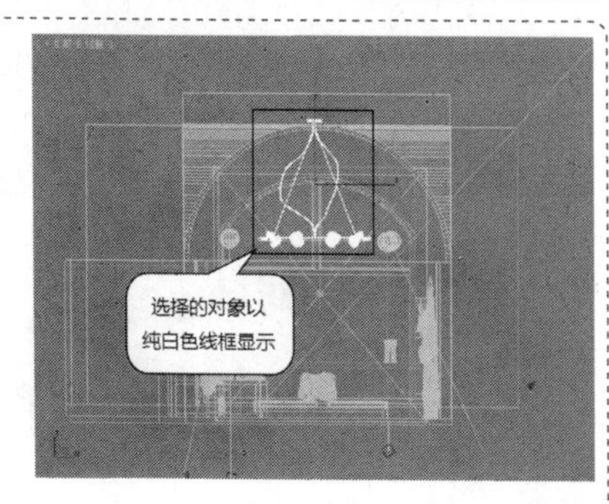

图2-15

03 如果要加选其他模型，可以按住Ctrl键使用“选择”工具单击其他模型，这样就可以同时选择其他模型，如图2-16所示。

04 如果要取消一些模型的选择，可以按住Alt键使用“选择工具”单击不需要选择的模型，如图2-17所示。

图2-16

图2-17

技巧与提示

“选择锁定切换”工具（快捷键是Space键，即空格键）经常与“选择”工具一起配合使用，该工具位于界面底部的中间位置，如图2-18所示。锁定当前选择对象后，后续执行的操作都只针对当前选择的对象。

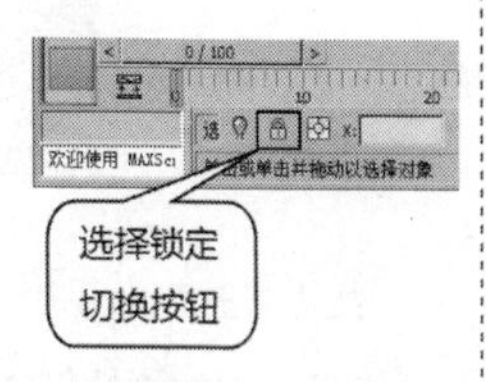

图2-18

实战034 选择类似对象

场景位置	DVD>场景文件>CH02>实战034.max
实例位置	无
视频位置	DVD>多媒体教学>CH02>实战034.flv
难易指数	★☆☆☆☆
技术掌握	掌握如何选择类似对象

在3ds Max中经常会通过复制生成多个相同的对象，如果在后期需要整体选择，可以通过“编辑>选择类似对象”菜单命令一次性选择相关对象。

01 打开光盘中的“场景文件>CH02>实战034.max”文件，图2-19所示模型中的所有射灯均由其中一盏复制而来。

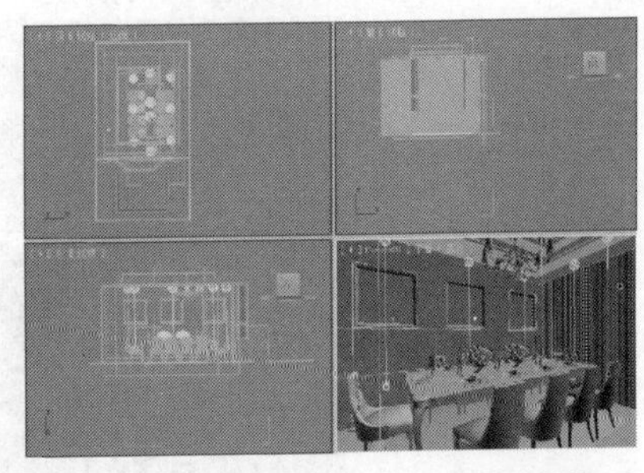

图2-19

02 为了整体调整射灯的高度，首先在左视图中选择任意一盏射灯，如图2-20所示。

图2-20

03 按Ctrl+Q组合键执行“编辑>选择类似对象”菜单命令，执行完成后在顶视图中可以发现此时已经选择了所有相关的射灯，如图2-21所示。

图2-21

技巧与提示

在3ds Max的操作中要注意合理利用视图。见图2-22，本场景适合在左视图中选择灯光（如果在顶视图中选择灯光则将同时选择到灯光目标点，在前视图中灯光又被模型遮挡），而顶视图适合观察选择对象的数量。只有合理运用视图才能保证操作的准确度，同时又能提高工作效率。

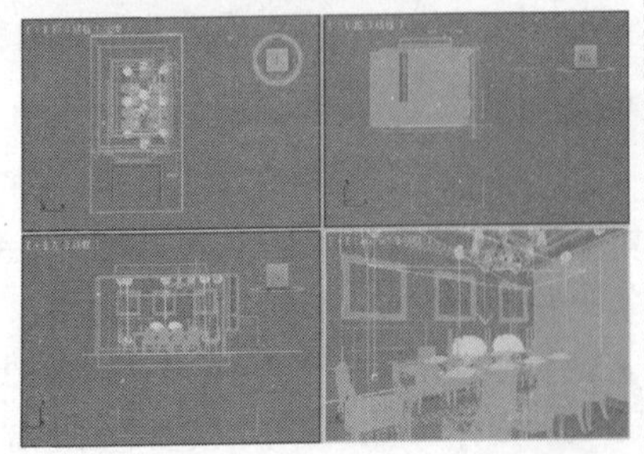

图2-22

要注意的是这种方法在选择不同类型的灯光时很有用，但是在选择模型时很有可能由于模型名称与类型不具代表性造成误选，如图2-23和图2-24所示。

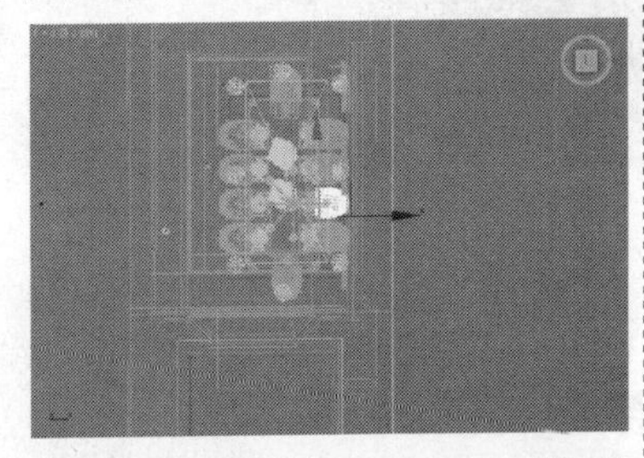

图2-23

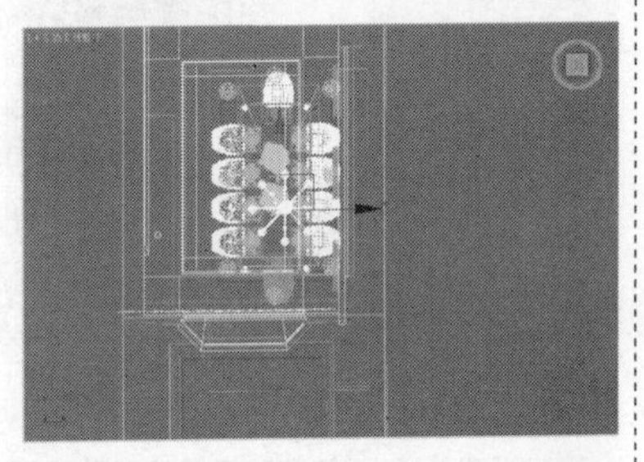

图2-24

实战035 按名称选择工具

场景位置	DVD>场景文件>CH02>035.max
实例位置	无
视频位置	DVD>多媒体教学>CH02>实战035.flv
难易指数	★☆☆☆☆
技术掌握	掌握如何使用按名称选择工具选择对象

“按名称选择”工具非常重要，它可以按场景中的对象名称来选择对象。当场景中的对象比较多时，使用该工具选择对象相当方便。

01 打开光盘中的“场景文件>CH02>实战035.max”文件，如图2-25所示。

图2-25

02 在“主工具栏”中单击“按名称选择”按钮，打开“从场景选择”对话框，从该对话框中可以观察到场景中的对象名称，如图2-26所示。

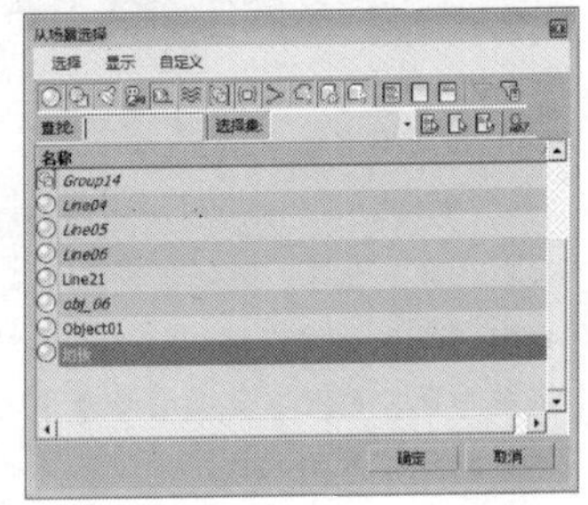

图2-26

技巧与提示

打开“从场景选择”对话框后会发现有些名称呈灰色显示，比如上图中的“地板”，这是因为当前“地板”模型已经被选择的原因。

03 如果要选择单个对象，可以直接在“从场景选择”对话框中单击该对象的名称，然后单击“确定”按钮 确定 ，如图2-27所示。

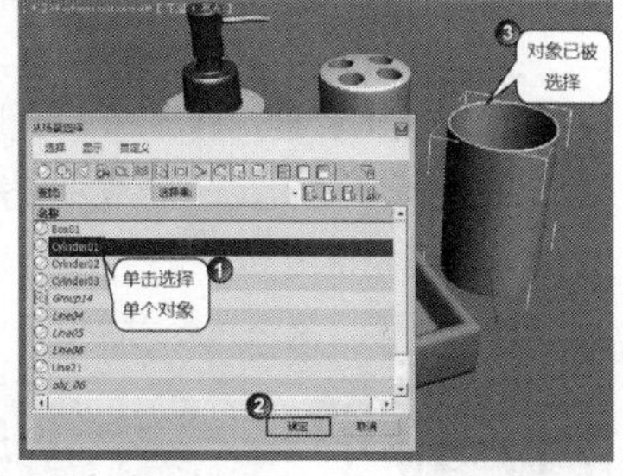

图2-27

04 如果要选择隔开的多个对象，可以按住Ctrl键依次单击对象的名称，然后单击“确定”按钮 确定 ，如图2-28所示。

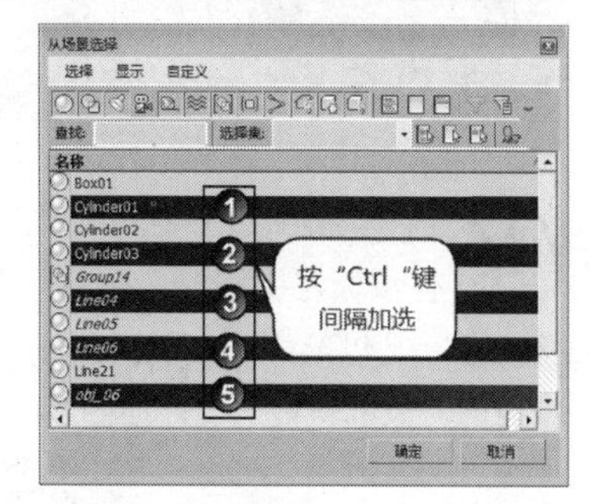

图2-28

05 如果要选择连续的多个对象，可以按住Shift键依次单击首尾的两个对象名称，然后单击“确定”按钮 确定 ，如图2-29和图2-30所示。

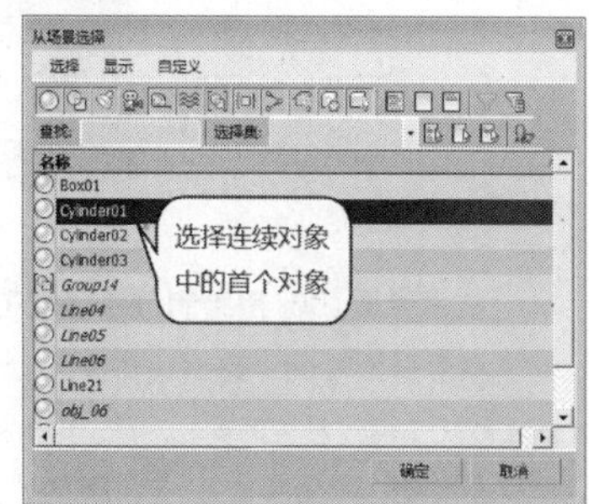

图2-29

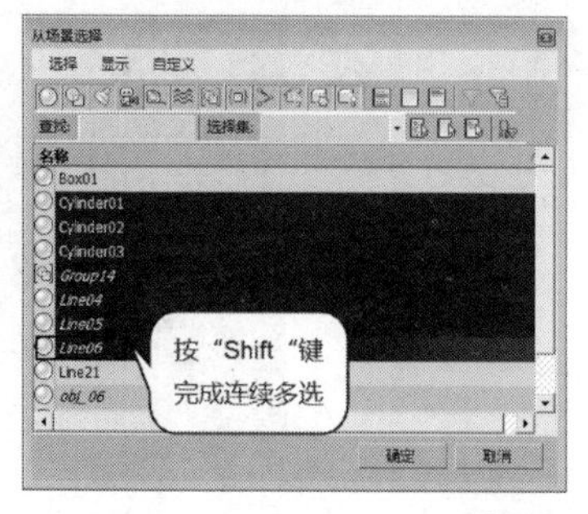

图2-30

06 如果需要在大量的模型中选择某一种，可以通过“反转”选择。以选择场景中的摄影机为例，首先可以关闭“摄影机”按钮，如图2-31所示，然后单击“反转显示”按钮就可以快速选择摄影机，如图2-32所示。选择完成后再次单击“反转显示”按钮就可以查看到其他模型，如图2-33所示。

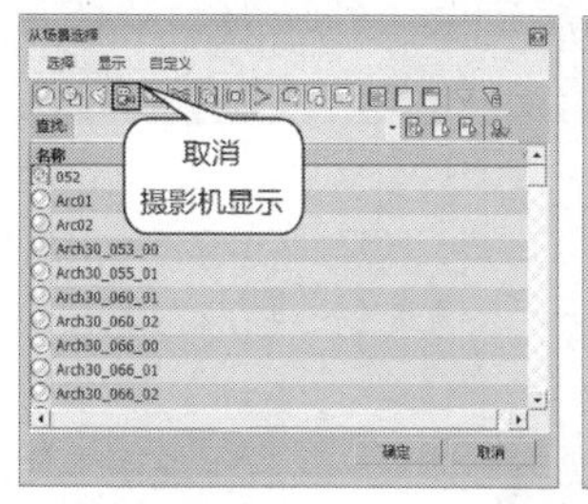

图2-31

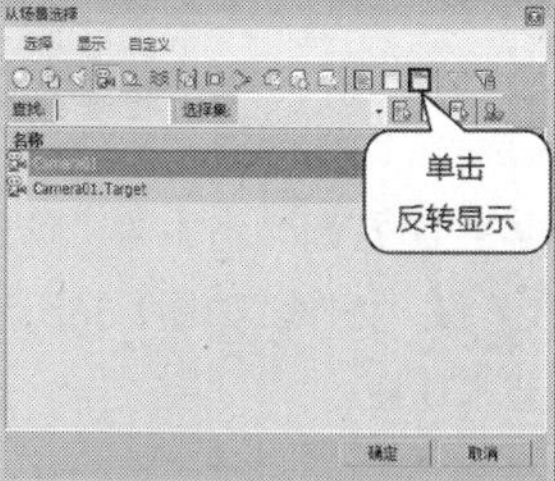

图2-32

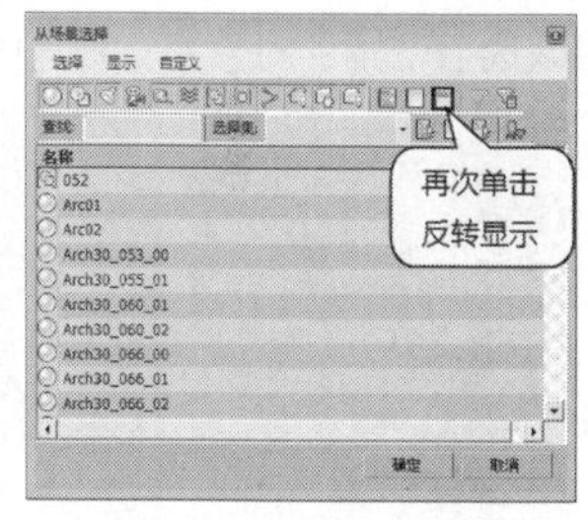

图2-33

技巧与提示

“从场景选择”对话框中有一排按钮与“创建”面板中的部分按钮是相同的，这些按钮主要用来显示对象的类型，各按钮对应的对象类型如图2-34所示。

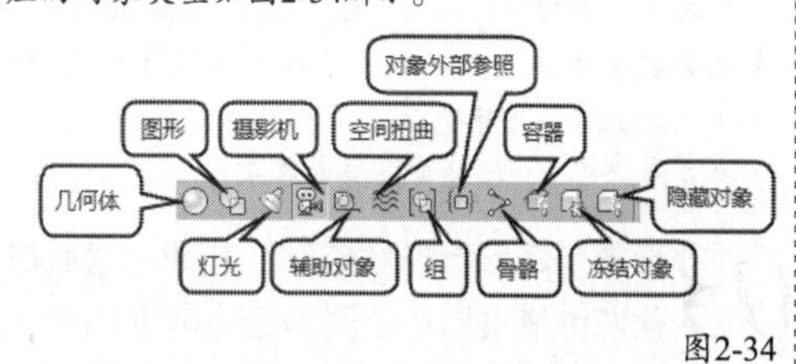

图2-34

实战036 选择区域工具

场景位置	DVD>场景文件>CH02>036.max
实例位置	无
视频位置	DVD>多媒体教学>CH02>实战036.flv
难易指数	★☆☆☆☆
技术掌握	掌握如何使用选择区域工具选择对象

选择区域工具主要是通过划定选择范围的方式来选择对象，共包含5种工具，分别是“矩形选择区域”工具、“圆形选择区域”工具、“围栏选择区域”工具、“套索选择区域”工具和“绘制选择区域”工具，如图2-35所示。注意，这几种工具必须配合“选择工具”和“选择并移动”工具一起使用才有效，也就是说在使用这几种工具之前必须先激活“选择工具”和“选择并移动”工具中的一种。

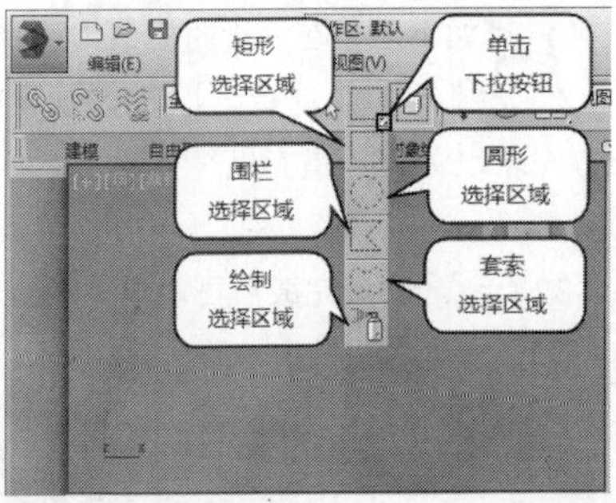

图2-35

01 打开光盘中的“场景文件>CH02>实战036.max”文件，如图2-36所示。本场景是一些形态各异的艺术花瓶。

02 选择“矩形选择区域”工具，然后在视图中按住鼠标左键拖曳出一个矩形选框范围，那么处于该选框范围的对象都将被选中，如图2-37所示。

图2-36

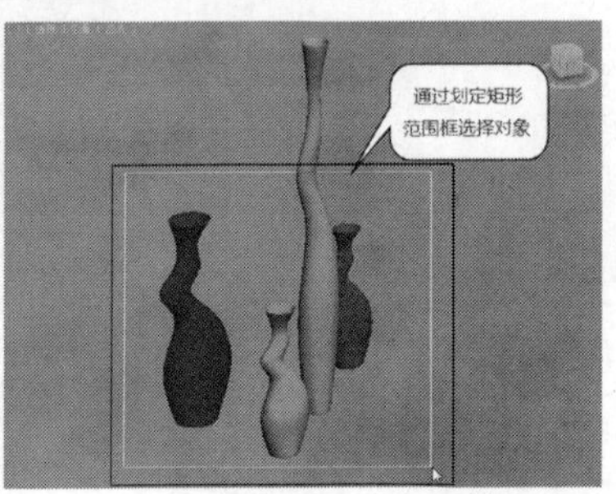

图2-37

技巧与提示

注意，在默认情况下只要对象被框选了一点，那么该对象也会被选中。选择区域工具最终的选择效果与“窗口/交叉”工具有很大的关联，在本例中只介绍选择区域工具的使用方法，具体选择效果的区别请参考下一个实例。

03 选择“圆形选择区域”工具，然后在视图中按住左键拖曳出一个圆形选择范围，那么处于该选框范围的对象都将被选中，如图2-38所示。

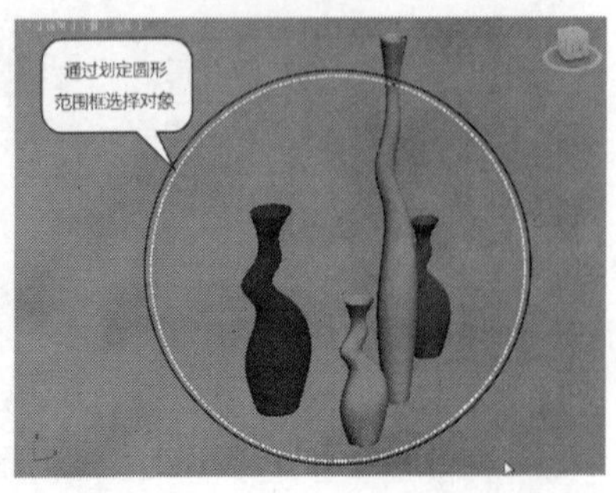

图2-38

04 选择“围栏选择区域”工具，先在视图中按住鼠标左键确定一个点为围栏的起点，如图2-39所示，然后移动光标并逐个单击确定围栏范围，接着指定终点划定围栏范围选择对象，如图2-40所示。

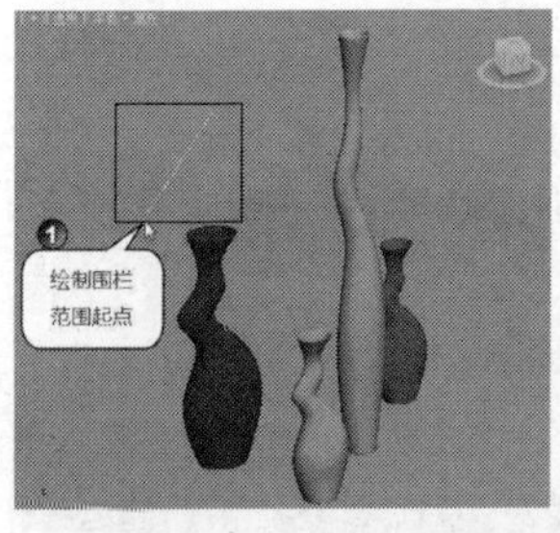

图2-39

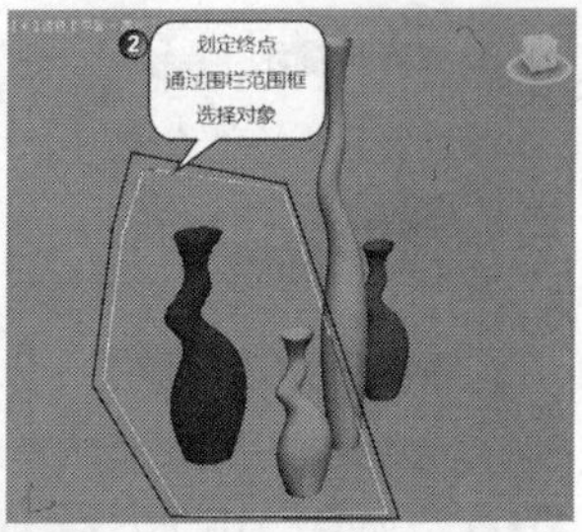

图2-40

05 选择“套索选择区域”工具，先在视图中按住鼠标左键确定一个点为套索范围的中心点，然后拖曳鼠标确定套索范围的半径，如图2-41所示，接着拖曳鼠标划定套索范围选择对象，如图2-42所示。

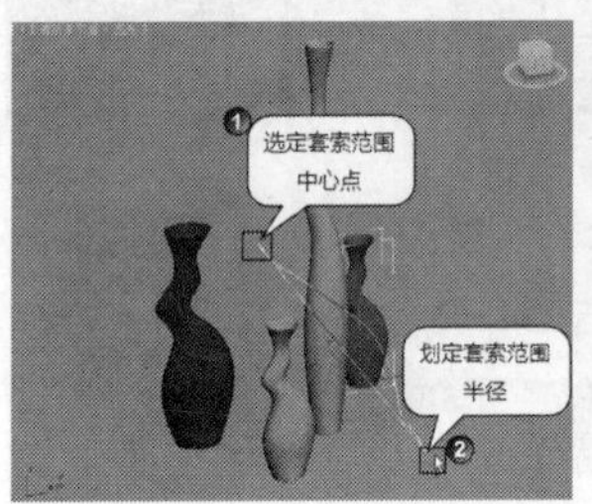

图2-41

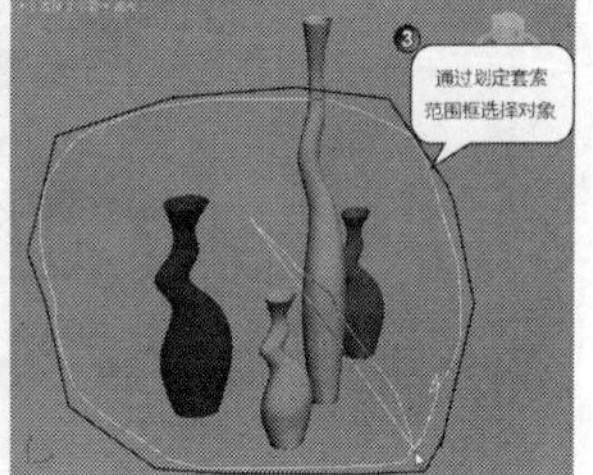

图2-42

06 选择“绘制选择区域”工具，然后在视图中按住鼠标左键拖曳光标进行绘制（采用这种方式选择对象，是以笔刷绘画的方式进行选择的），所绘制区域内的对象都将被选中，如图2-43所示。

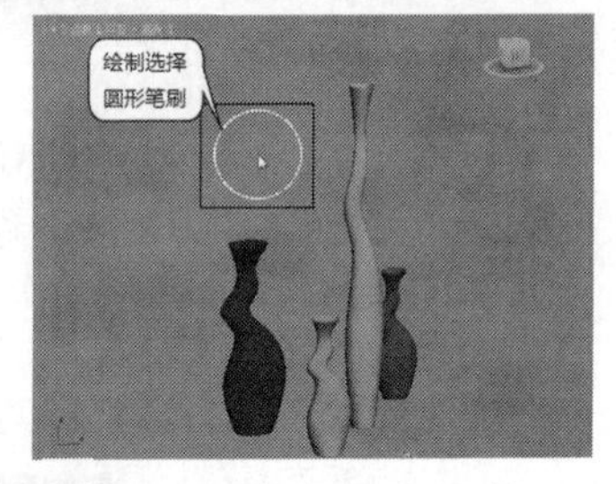

图2-43

技术专题 06 用绘制选择区域工具选择多边形面

在实际工作中，“绘制选择区域”工具通常用于选择可编辑多边形或可编辑网格的多边形面，具体操作步骤如下。

第1步：选择场景中右侧深红色的花瓶，然后按4键切换到“多边形”层级，如图2-44所示。

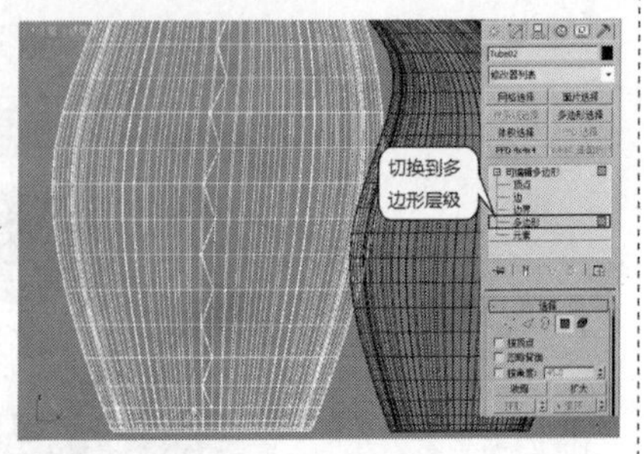

图2-44

第2步：选择“绘制选择区域”工具，然后按住鼠标左键开始绘制选择，如图2-45所示。如果要选择更多的多边形，可以继续拖曳鼠标进行绘制选择，这样笔刷所经过的模型面均会被选中，如图2-46所示。

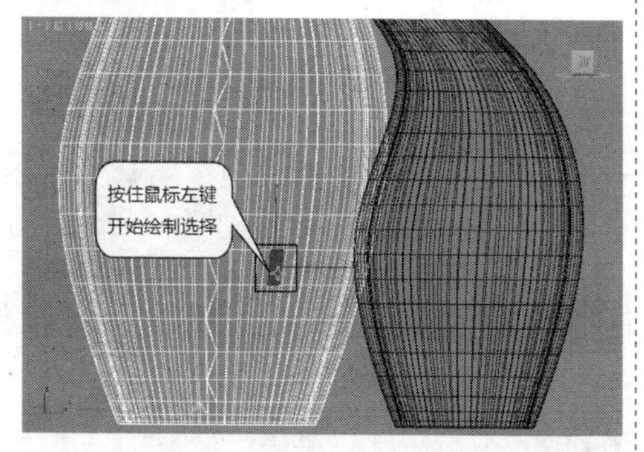

图2-45

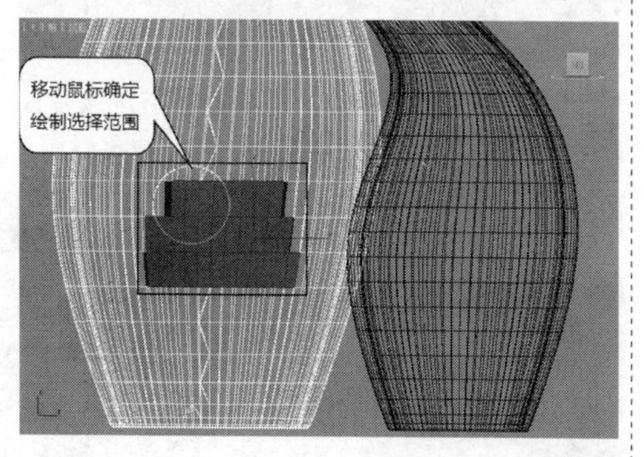

图2-46

另外，如果要调整笔刷的大小，可以进入“首选项设置”对话框，然后在“常规”选项卡下对“绘制选择笔刷大小”的数值进行调整，如图2-47所示。

图2-47

实战037 窗口/交叉工具

场景位置	DVD>场景文件>CH02>实战037.max
实例位置	无
视频位置	DVD>多媒体教学>CH02>实战037.flv
难易指数	★☆☆☆☆
技术掌握	掌握如何使用窗口/交叉工具选择对象

学习完上一个实例中选择区域工具的使用方法后，可以发现这些工具都是通过划定选择范围来确定选择对象，但最终要确定划定选择范围到底能选择到哪些对象，还需要通过“窗口/交叉”工具来决定。接下来就通过最常用的“矩形选择区域”工具来了解具体的操作。

01 打开光盘中的“场景文件>CH02>实战037.max”文件，如图2-48所示。

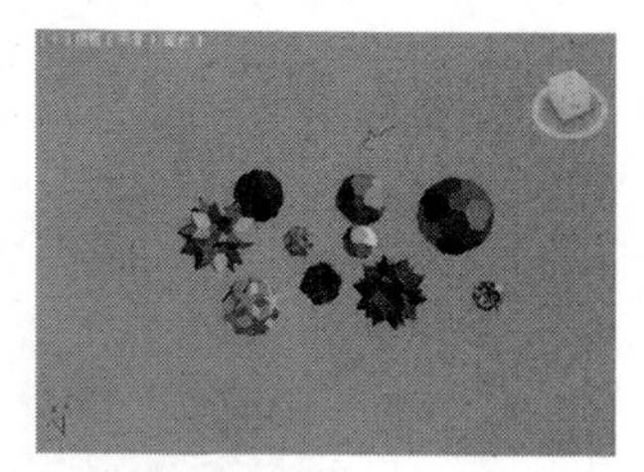

图2-48

02 在“主工具栏”中单击“窗口/交叉”按钮，使其处于激活状态，然后按住鼠标左键在视图中拖曳出一个如图2-49所示的选框，接着释放鼠标左键，此时可以观察到只有完全处于选框区域内的对象才会被选中，如图2-50所示。

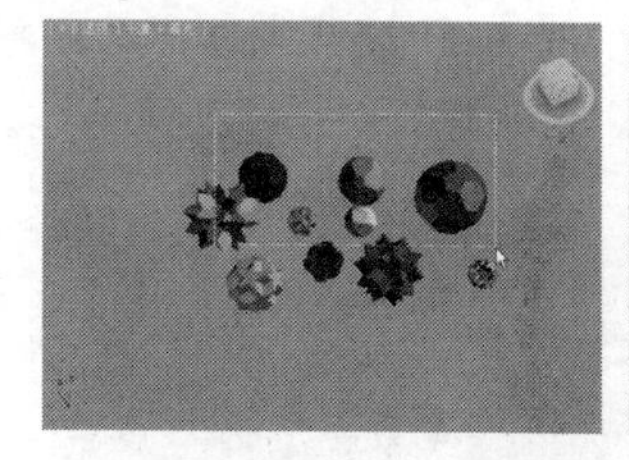

图2-49

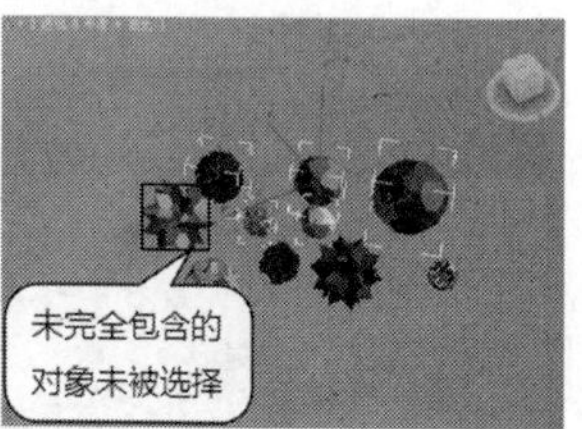

图2-50

03 继续在“主工具栏”中单击“窗口/交叉”按钮，使其处于未激活状态，然后按住鼠标左键在视图中拖曳出一个如图2-51所示的选框，接着释放鼠标左键，此时可以观察到只要是选框划过的区域，哪怕某些对象没有被完全选中，这些对象也都被选中，如图2-52所示。

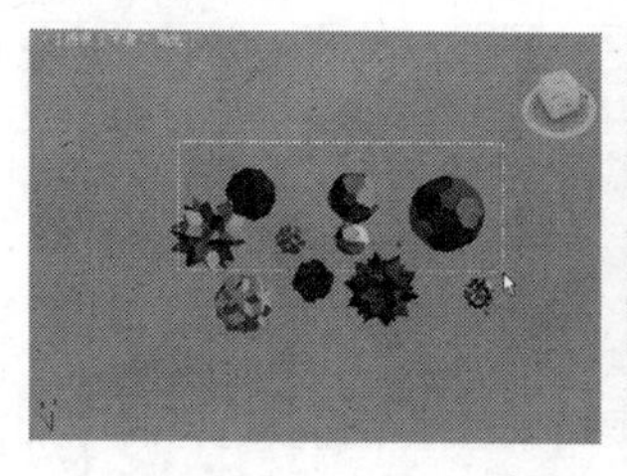

图2-51

图2-52

技巧与提示

在实际工作中通常都不会通过单击“窗口/交叉”按钮来切换具体的选择方式，因为这样来回操作会耗费很多时间，这里介绍一种比较常用的选择方法。打开“首选项设置”对话框，然后在“常规”选项卡下勾选“按方向自动切换窗口/交叉”选项，如图2-53所示。

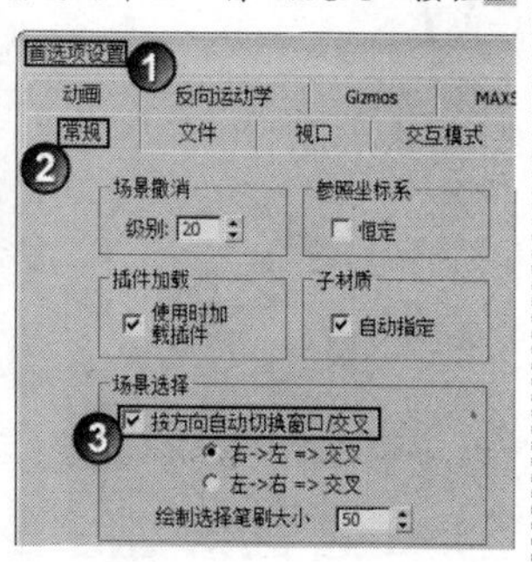

图2-53

勾选“按方向自动切换窗口/交叉”选项后，在默认情况下由右向左划定选择范围为“交叉”模式，此时划定的范围框为虚线框，如图2-54所示。采用这种方式选择对象时，即使选框只选择了对象的一部分，那么该对象也会被选中。

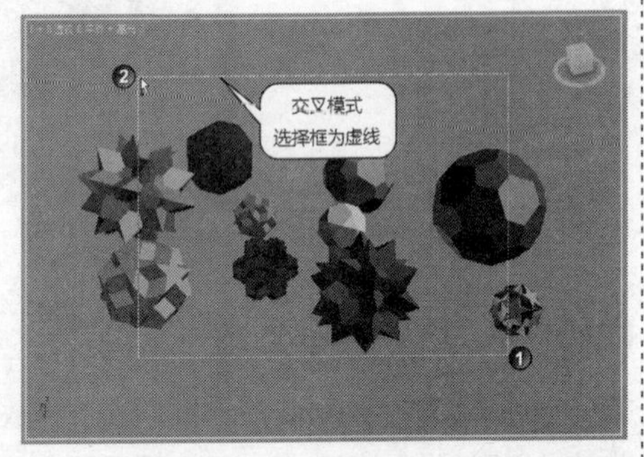

图2-54

勾选“按方向自动切换窗口/交叉”选项后，在默认情况下由左向右划定选择范围为“窗口”模式，此时划定的范围框为实线框，如图2-55所示。采用这种方式选择对象时，只有选框选择了对象的全部，该对象才会被选中。

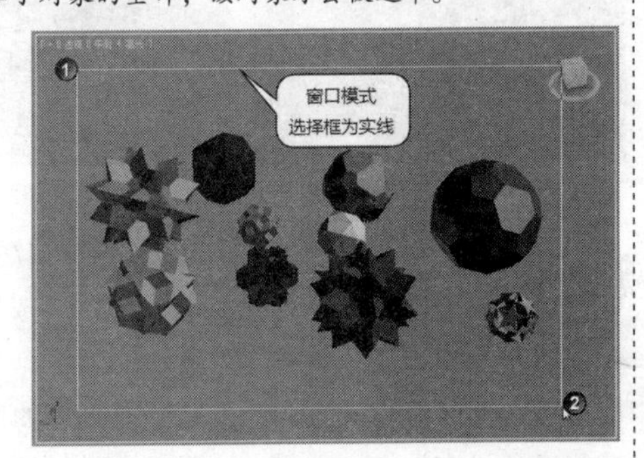

图2-55

实战038 过滤器

场景位置	DVD>场景文件>CH02>实战038.max
实例位置	无
视频位置	DVD>多媒体教学>CH02>实战038.flv
难易指数	★☆☆☆☆
技术掌握	掌握如何使用过滤器选择对象

“过滤器” 全部 主要用来过滤不需要选择的对象类型，这对于批量选择同一种类型的对象非常有用，如图2-56所示。

01 打开光盘中的“场景文件>CH02>实战034.max”文件，从视图中可以观察到本场景包含两把椅子和4盏灯光，如图2-57所示。

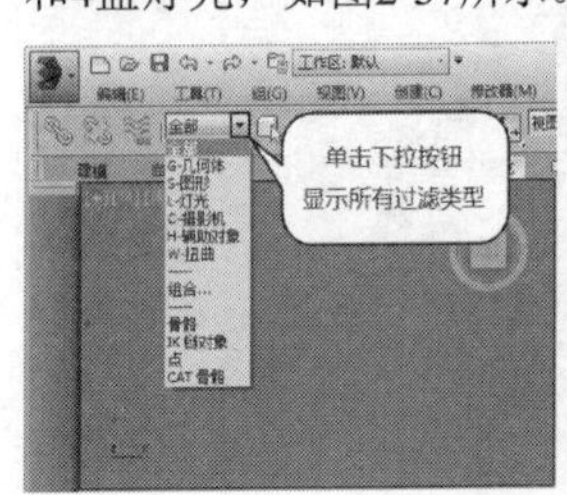

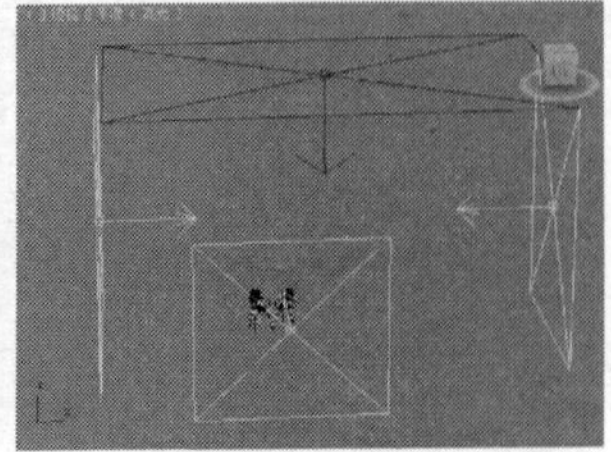

图2-56　图2-57

02 如果要选择灯光，可以在“主工具栏”中的“过滤器” 全部 下拉列表中选择“L-灯光”选项，如图2-58所示，然后使用“选择并移动”工具框选视图中的灯光，框选完毕后可以发现只选择了灯光，而椅子模型并没有被选中，如图2-59所示。

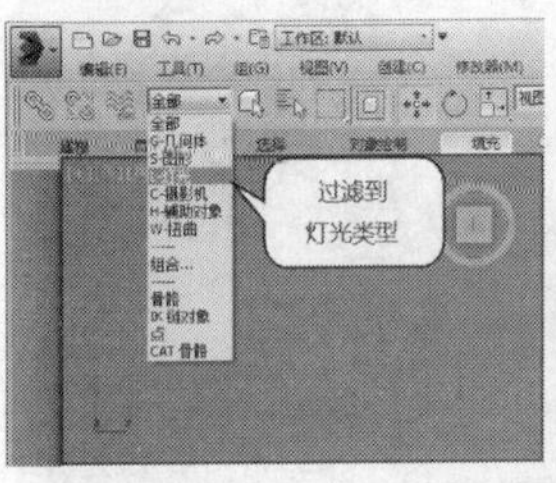

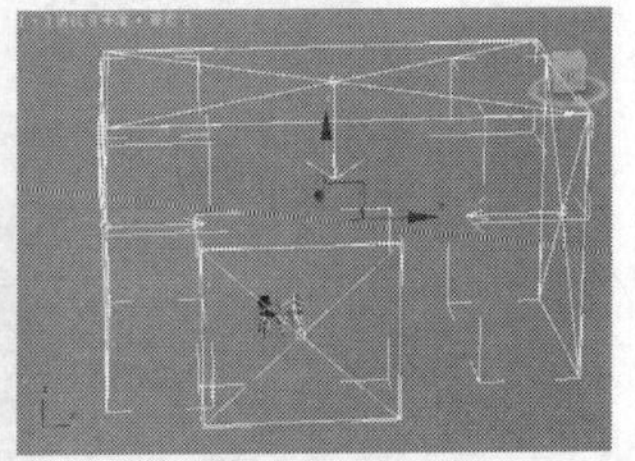

图2-58　图2-59

03 如果要选择椅子模型，可以在“主工具栏”中的“过滤器” 全部 下拉列表中选择“G-几何体”选项，如图2-60所示，然后使用“选择并移动”工具框选视图中的椅子模型，框选完毕后可以发现只选择了椅子模型，而灯光并没有被选中，如图2-61所示。

图2-60　图2-61

实战039 选择并移动工具

场景位置	DVD>场景文件>CH02>实战039.max
实例位置	DVD>实例文件>CH02>实战039.max
视频位置	DVD>多媒体教学>CH02>实战039.flv
难易指数	★☆☆☆☆
技术掌握	掌握如何使用选择并移动工具移动对象

使用“选择并移动”工具可以将选中的对象移动到任何位置。当使用该工具选择对象时，在视图中会显示出坐标移动控制器，如图2-62所示。通过该控制器可以完成移动操作。

01 打开光盘中的“场景文件>CH02>实战039.max”文件，这是一个茶壶模型，如图2-63所示。

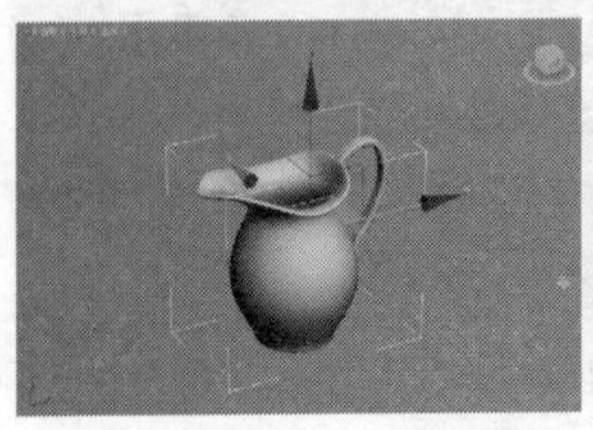

图2-62　图2-63

02 为了便于观察对称的移动通常会选择标准视图分两步完成。以茶壶为例，先选择前视图按Alt+W组合键最大化显示前视图，然后选择“选择并移动”工具，接着将光标放在x轴上，按住鼠标左键选定x轴，如图2-64所示。

03 拖曳鼠标可以发现茶壶只能在选定的x轴上水平移动，在下方状态栏中x轴的数值表示移动的距离，如图2-65所示。

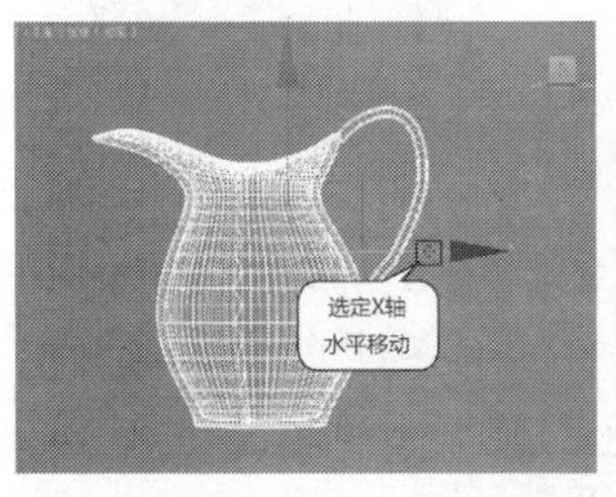

图2-64

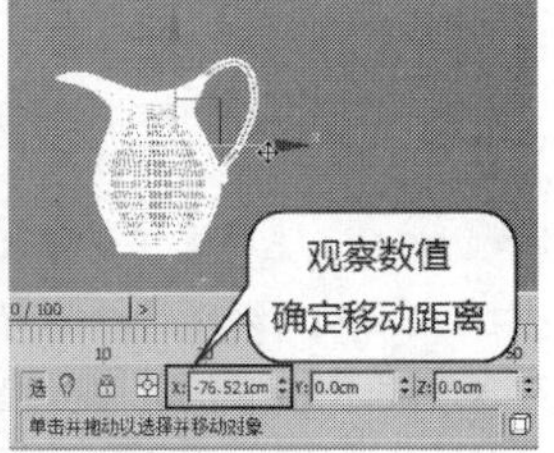

图2-65

技术专题 07 认识3ds Max的控制器

在3ds Max中，最常见的控制器包含移动、旋转以及缩放控制器3种，其中旋转和缩放控制器如图2-66和图2-67所示。它们的形状与功能各不相同，但在颜色以及操作上有以下一些共同点。

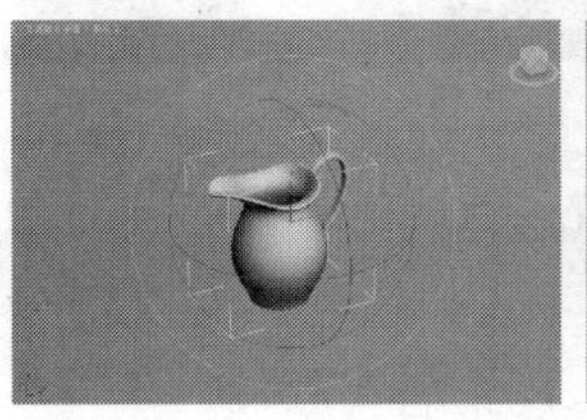

图2-66

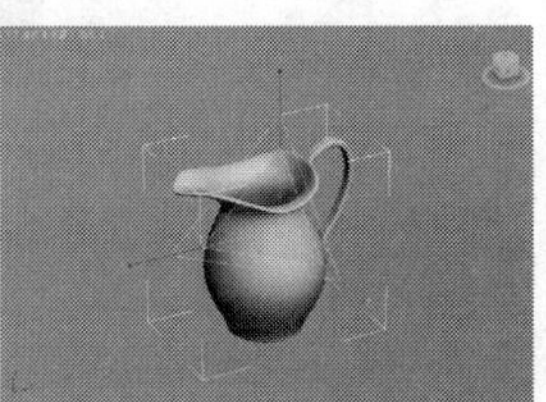

图2-67

第1点：所有控制器在轴向与颜色对应都是统一的，以移动控制器为例，其对应关系如图2-68所示。

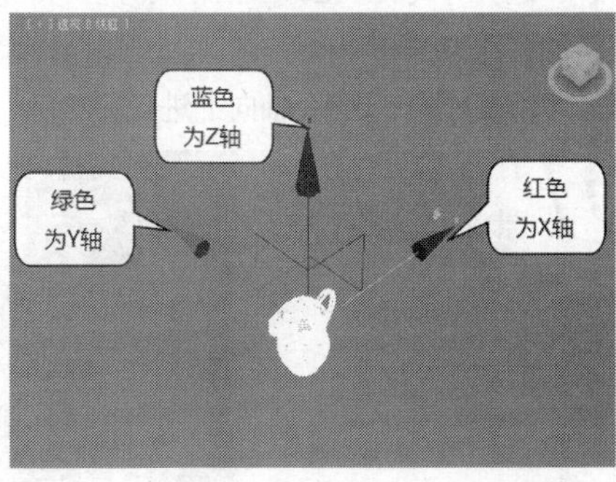

图2-68

第2点：当选择某一个控制轴向时，对应坐标轴会更改为黄色显示，如图2-69所示。当选择某一个控制平面时，除了构成平面的轴会以黄色显示外，平面还会呈高亮状态，如图2-70所示。

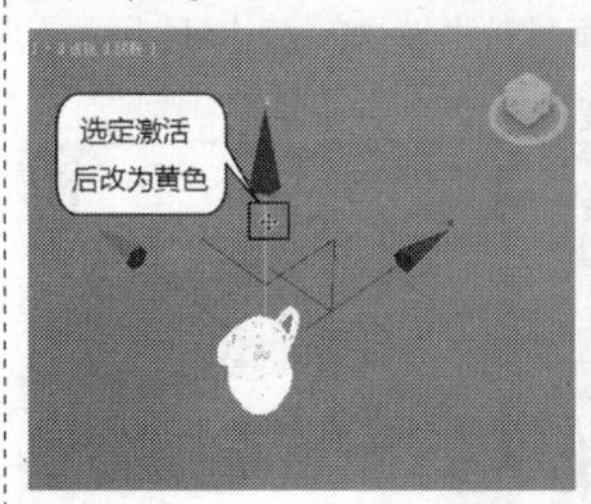

图2-69

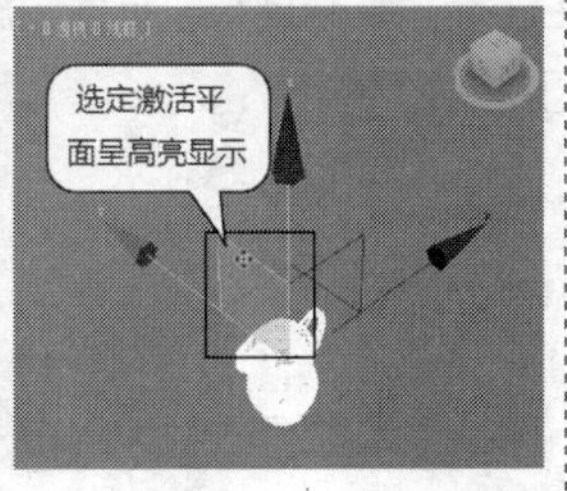

图2-70

第3点：移动控制器的大小是可以调整的，以移动控制器为例，按+键可以放大控制器，按-键可以缩小控制器，如图2-71和图2-72所示。

图2-71

图2-72

04 选定y轴或xy平面可以发现茶壶只能在垂直于当前屏幕方向的位置上进行移动，如图2-73和图2-74所示。

图2-73

图2-74

05 切换到顶视图，然后选择该视图中的y轴即可调整之前垂直于屏幕方向上的位置，如图2-75所示。

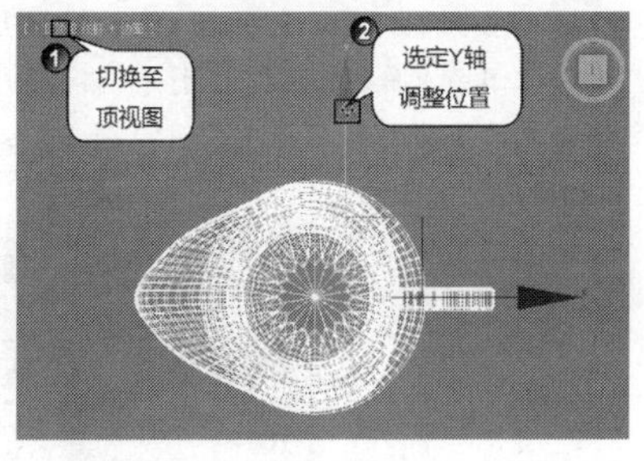

图2-75

06 除了手动调整距离外，也可以使用“主工具栏”中的“选择并移动”工具（快捷键为F12键）打开“移动变换输入”对话框，如图2-76所示。该对话框左侧显示的是模型当前的坐标值，右侧用于设置各个轴向上的输入偏移量。

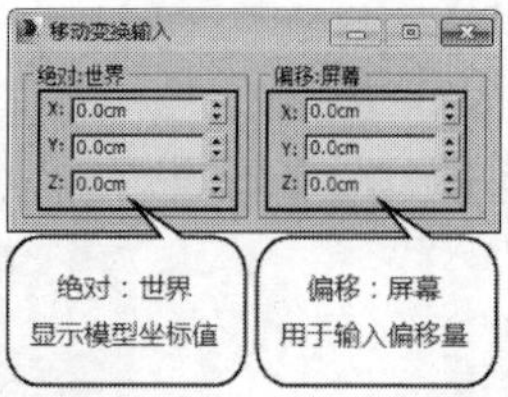

图2-76

07 如果要在x轴上向右移动120个单位，可以在“移动变换输入”对话框右侧的x参数后方输入120，然后按回车键即可，如图2-77和图2-78所示。同样，其他轴向上的移动只需要在对应轴向上输入数值即可。

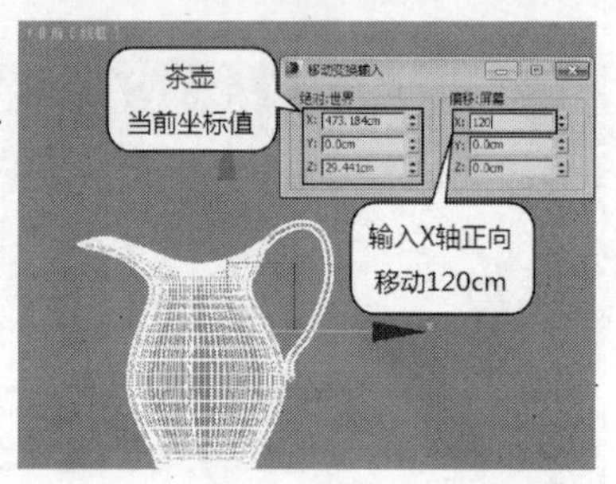

图2-77

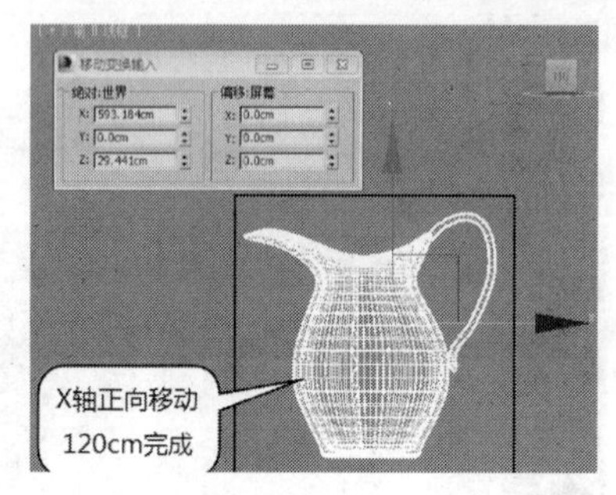

图2-78

技巧与提示

在复杂场景中移动对象时，由于模型较多容易出现在选择轴向时误选到其他对象，为了避免这种现象，可以在“主工具栏”的空白处单击鼠标右键，然后在弹出的菜单中选择“轴约束”命令，调出“轴约束”工具栏，如图2-79所示，接着在“捕捉开关”工具上单击鼠标右键，打开“栅格和捕捉设置”对话框，最后在“选项”选项卡下勾选“使用轴约束”选项，如图2-80所示。

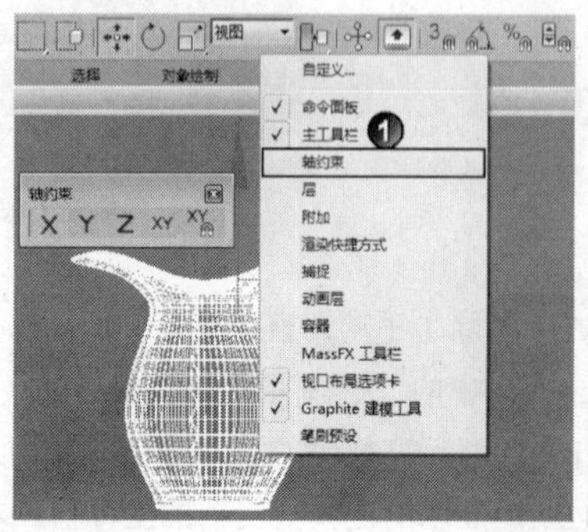

图2-79

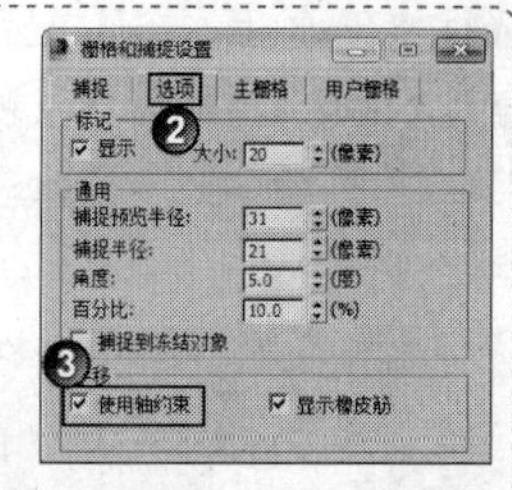

图2-80

经过以上设置后就可以通过按键控制轴向了，如按F5键就会自动约束到x轴，选择对象只能在x轴向上移动，如图2-81所示。此外，按F6键将自动约束y轴，按F7键将自动约束z轴，按F8键则在约束xz\xy\yz平面上切换。

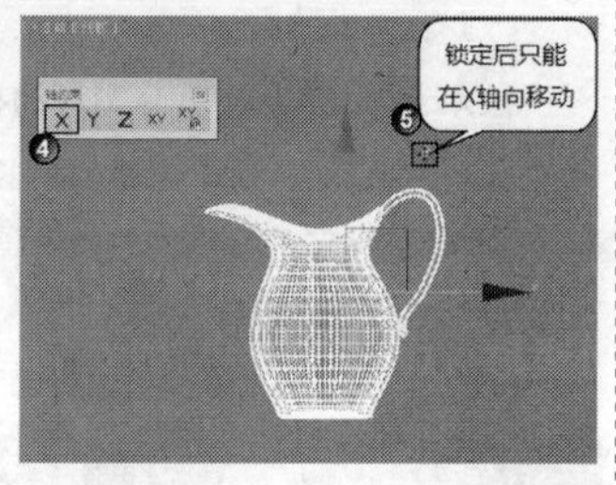

图2-81

实战040 选择并旋转工具

场景位置	DVD>场景文件>CH02>实战040.max
实例位置	DVD>实例文件>CH02>实战040.max
视频位置	DVD>多媒体教学>CH02>实战040.flv
难易指数	★☆☆☆☆
技术掌握	掌握如何使用选择并旋转工具旋转对象

“选择并旋转”工具的使用方法与“选择并移动”工具的使用方法相似，当该工具处于激活状态时，被选中的对象可以在x、y、z这3个轴向上进行旋转。

01 打开光盘中的“场景文件>CH02>实战040.max”文件，如图2-82所示。

图2-82

02 在“主工具栏”中选择“选择并旋转”工具，然后选择左侧相框显示旋转控制器，如图2-83所示。旋转控制器默认激活z轴平面，因此移动鼠标并根据右上角的旋转度数即可完成旋转操作，如图2-84所示。

图2-83

图2-84

03 同样，在“主工具栏”中的“选择并旋转”工具上单击鼠标右键（快捷键为F12键），打开“旋转变换输入”对话框，然后在“偏移:世界”选项组下输入z轴的旋转角度为30，即可将选定对象在x轴上旋转30°，如图2-85和图2-86所示。

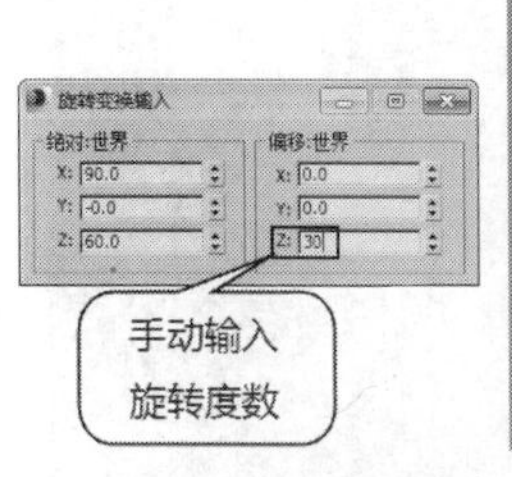

图2-85

图2-86

实战041 选择并缩放工具

场景位置	DVD>场景文件>CH02>实战041.max
实例位置	DVD>实例文件>CH02>实战041.max
视频位置	DVD>多媒体教学>CH02>实战041.flv
难易指数	★☆☆☆☆
技术掌握	掌握如何使用选择并缩放工具缩放和挤压对象

按住“选择并均匀缩放”工具会弹出被隐藏的其他缩放工具，分别是“选择并均匀缩放”工具、“选择并非均匀缩放”工具和“选择并挤压”工具，如图2-87所示。

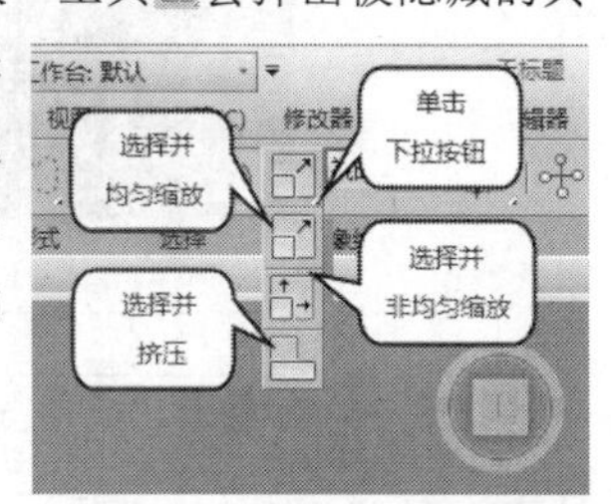

图2-87

01 打开光盘中的“场景文件>CH02>实战041.max”文件，如图2-88所示。

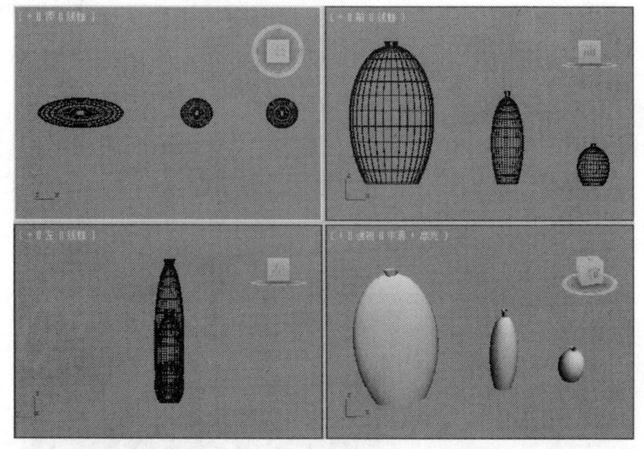
图2-88

02 首先来了解单轴缩放操作。在“主工具栏”中选择“选择并均匀缩放”工具，然后将光标放在任意轴向上，待光标显示为状态时推拉即可进行单轴缩放，如图2-89所示，模型各个轴向单独缩放的效果如图2-90~图2-92所示。

图2-89

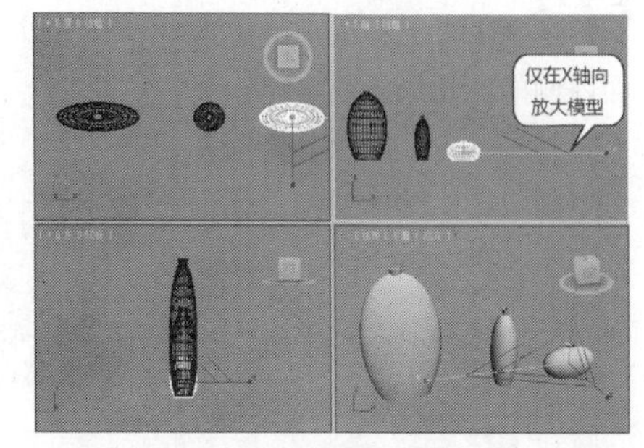

图2-90

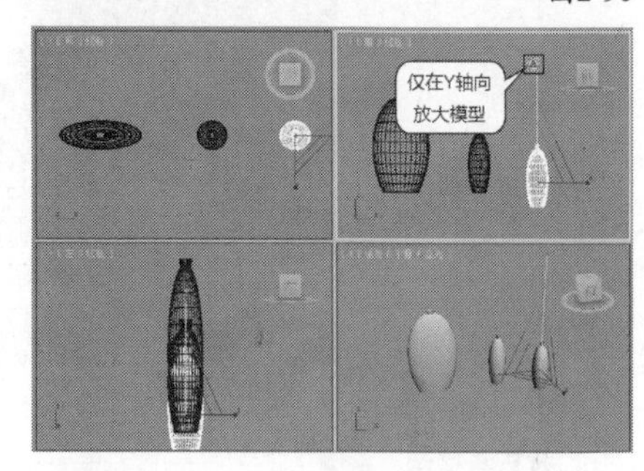

图2-91

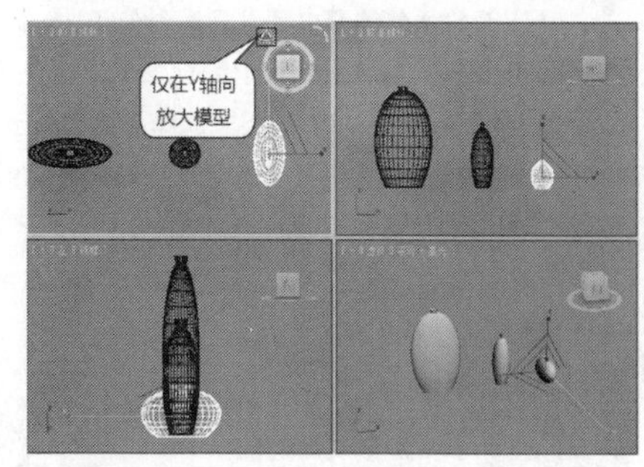

图2-92

03 在“主工具栏”中选择“选择并均匀缩放”工具，然后将光标放在坐标平面外围的梯形区域，待光标显示为状态时推拉即可进行某个平面的缩放操作，如图2-93和图2-94所示。

图2-93

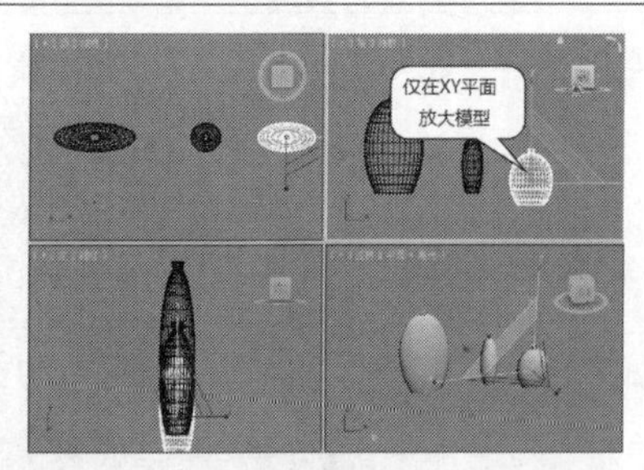

图2-94

04 在“主工具栏”中选择“选择并均匀缩放”工具，然后将光标放在坐标平面内侧的三角形区域，待光标显示为状态时推拉即可进行三轴向等比例缩放操作，如图和图2-95和图2-96所示。

图2-95

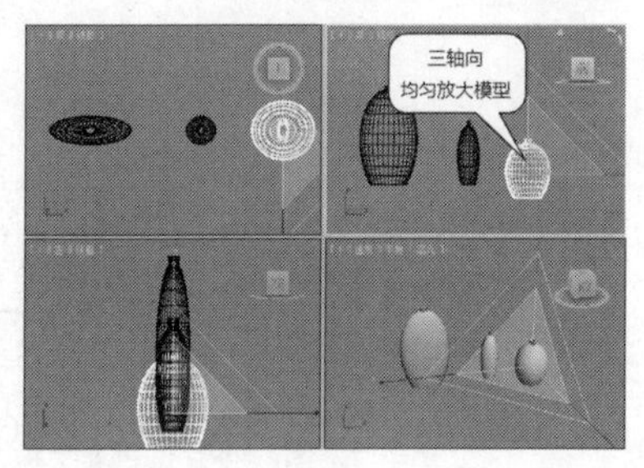

图2-96

技巧与提示

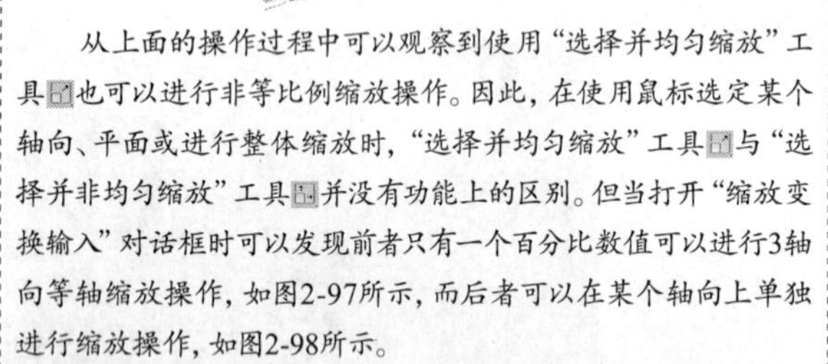
从上面的操作过程中可以观察到使用“选择并均匀缩放”工具也可以进行非等比例缩放操作。因此，在使用鼠标选定某个轴向、平面或进行整体缩放时，“选择并均匀缩放”工具与“选择并非均匀缩放”工具并没有功能上的区别。但当打开“缩放变换输入”对话框时可以发现前者只有一个百分比数值可以进行3轴向等轴缩放操作，如图2-97所示，而后者可以在某个轴向上单独进行缩放操作，如图2-98所示。

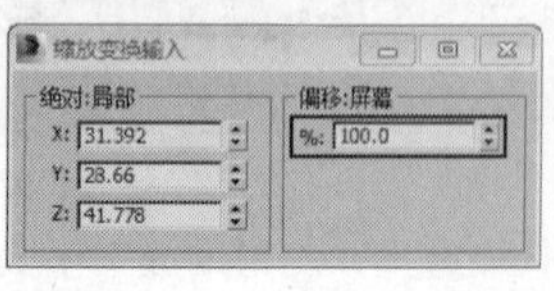

图2-97

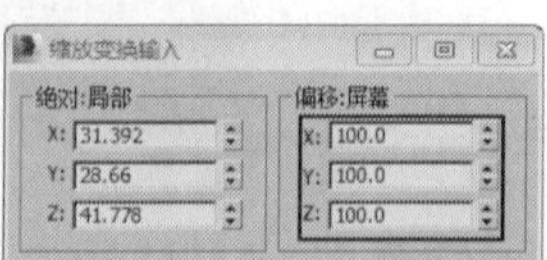

图2-98

05 在“主工具栏”中选择“选择并挤压”工具，然后选择最右边的模型，接着在前视图中选定y轴，待光标显示为状态时推拉鼠标即可挤压缩放模型，如图2-99所示。

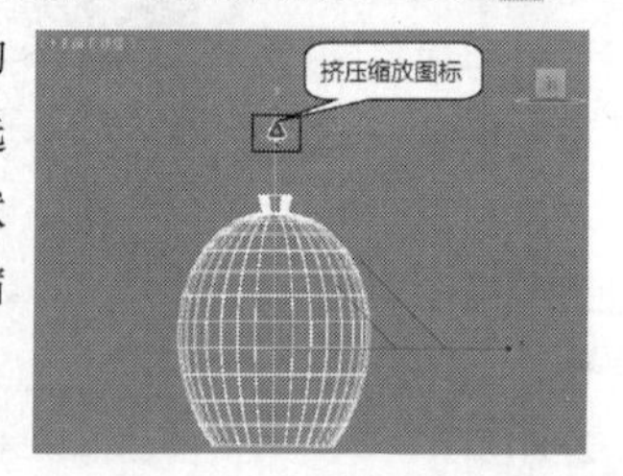

图2-99

技巧与提示

使用“选择并挤压”工具时无论怎么操作，模型的体积都不会改变，如当改变瓶身的高矮时，则瓶身会发生对应的粗细变化以保持体积不变，如图2-100所示；而当改变瓶身的精细时，则瓶身的高矮会发生对应变化以保持体积不变，如图2-101所示。

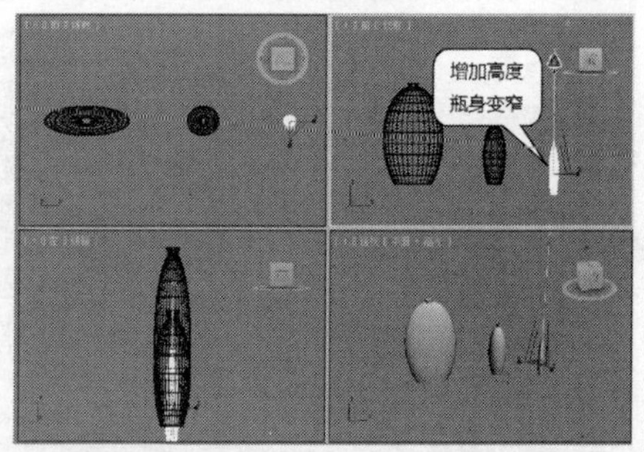

图2-100

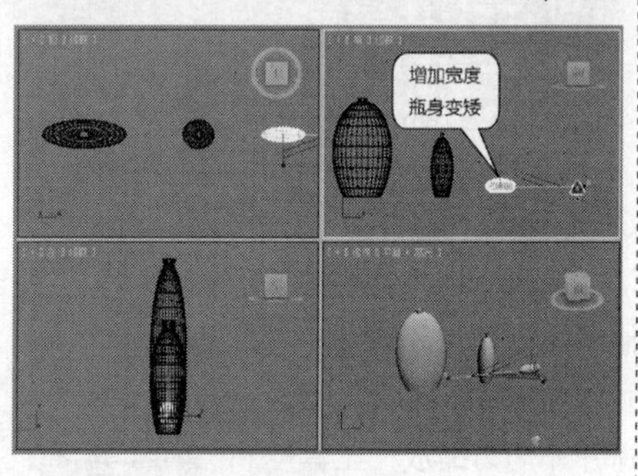

图2-101

实战042 参考坐标系

场景位置	DVD>场景文件>CH02>实战042.max
实例位置	无
视频位置	DVD>多媒体教学>CH02>实战042.flv
难易指数	★☆☆☆☆
技术掌握	掌握各种参考坐标系的区别

“参考坐标系”可以用来指定变换操作（如移动、旋转、缩放等）所使用的坐标系统，包括视图、屏幕、世界、父对象、局部、万向、栅格、工作区和拾取9种坐标系，如图2-102所示。在本例中将主要介绍常用的视图、屏幕、世界、父对象、局部以及拾取6种坐标系。

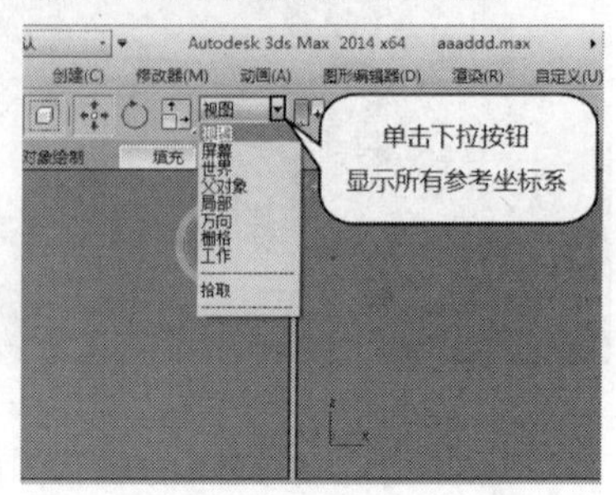

图2-102

01 打开光盘中的“场景文件>CH02>实战042.max”文件，此时这个场景使用的是默认的“视图”坐标系，同时激活的是透视图，观察可以发现透视图显示标准的三坐标，而另外3个标准视图的坐标是以透视图坐标为参考，如图2-103所示。

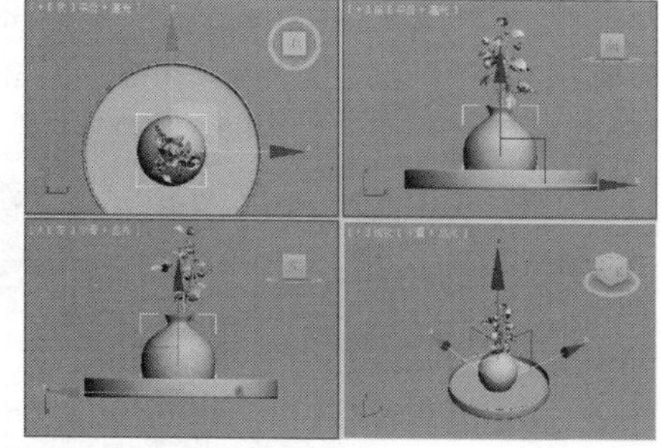
图2-103

02 如果更换激活视图，比如选择激活前视图，可以发现激活后的前视图坐标发生了改变，此时的坐标以屏幕为参考，位于屏幕内的坐标轴自动更新为x/y轴，垂直屏幕的轴向自动更新为z轴，如图2-104所示。另外，其他视图内的坐标也以前视图为参考进行了相应的改变。

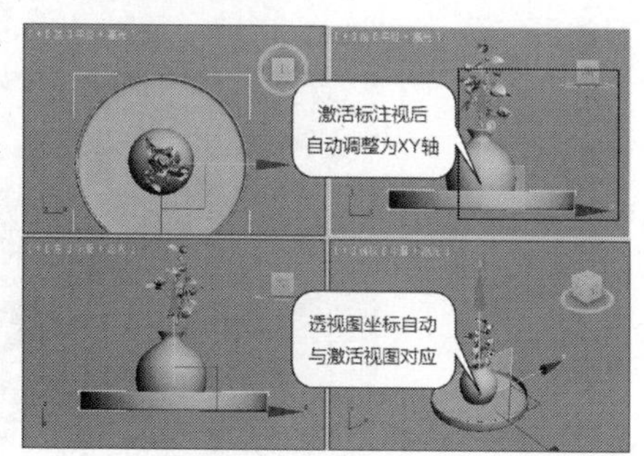

图2-104

03 再逐个激活顶视图与左视图，可以发现坐标发生了同样的改变，如图2-105和图2-106所示。因此"视图"坐标参考系可以理解为激活视图内坐标自动分配x/y轴，其他视图以该视图为参考自动调整轴向。但要注意的是不管激活哪个视图，透视图内的坐标始终为标准的三坐标，只是轴向会发生对应变化。

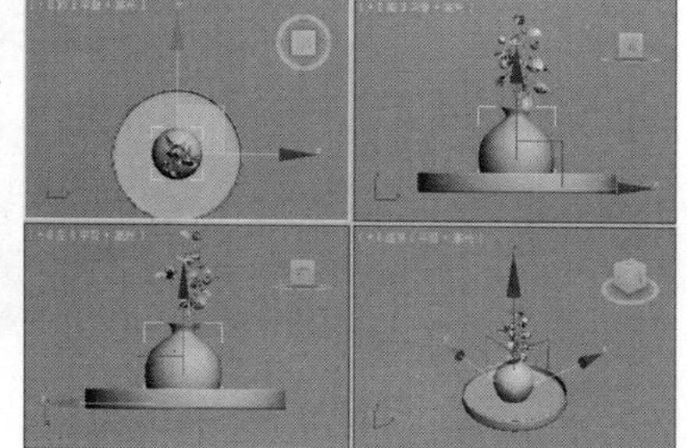
图2-105

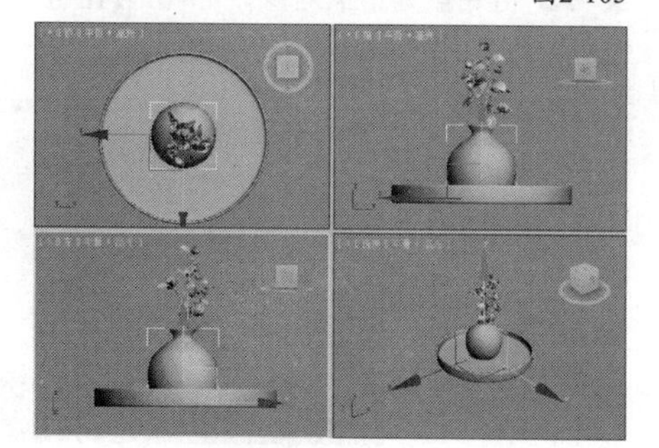
图2-106

04 下面设置"参考坐标系"为"屏幕"坐标系，然后逐一激活各个视图观察坐标系的变化，经过测试可以发现该坐标系的功能与"视图"坐标系类似，唯一的区别在于当激活透视图时其坐标自动更新并只显示x/y轴，垂直屏幕的轴向自动更新为z轴，变得和"视图"坐标系中的标准视图一样，如图2-107和图2-108所示。

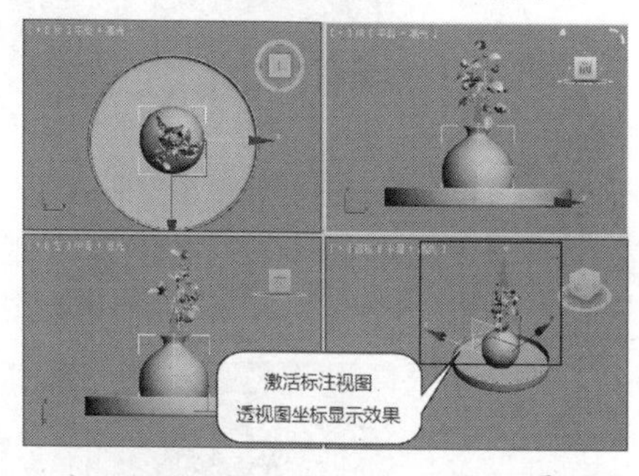

图2-107

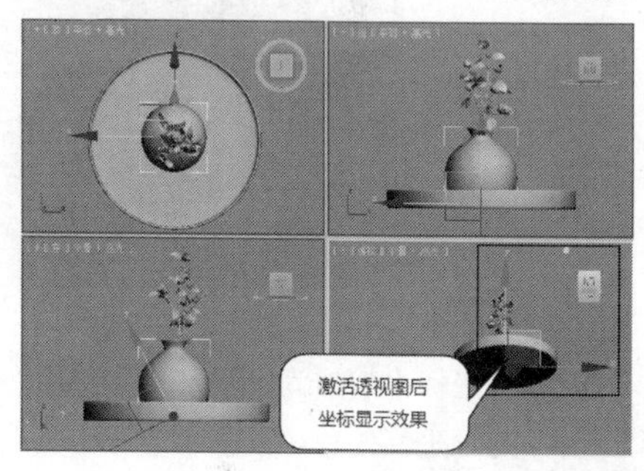

图2-108

05 设置"参考坐标系"为"世界"坐标系，此时切换激活视图可以发现模型坐标以透视图中的x/y/z轴为绝对参考，不会产生任何变化，如图2-109~图2-111所示。

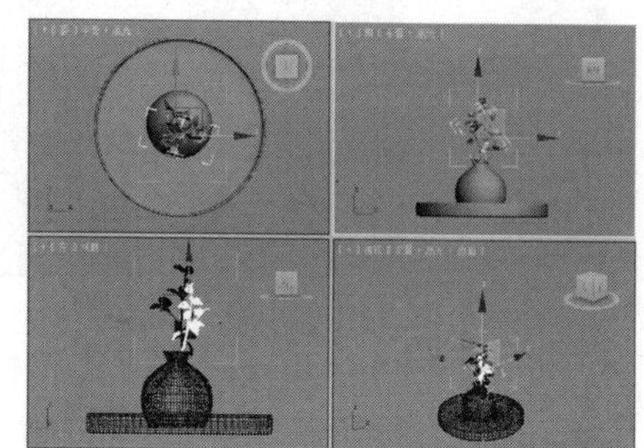
图2-109

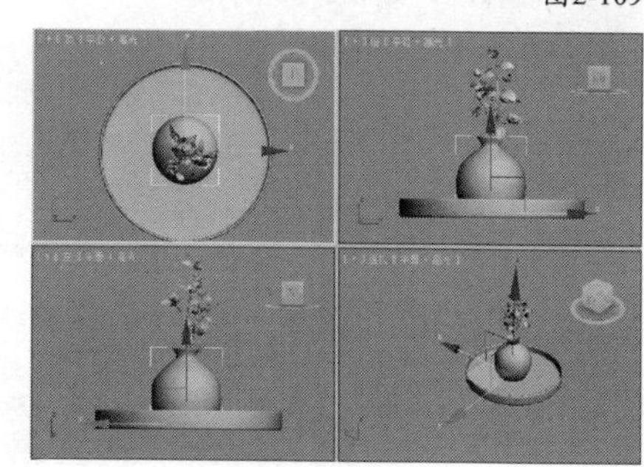
图2-110

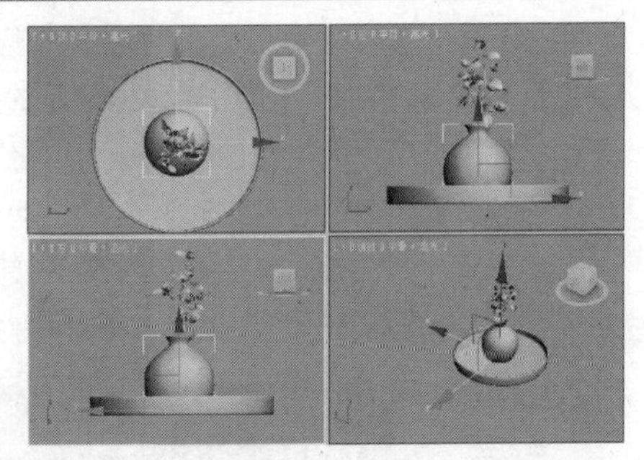

图2-111

06 将坐标系切换回“视图”坐标系，然后将整体模型进行逆时针旋转，观察可以发现此时只有透视图的坐标发生了对应的改变，而标准视图中的坐标并没有发生同样的变化，如图2-112所示。

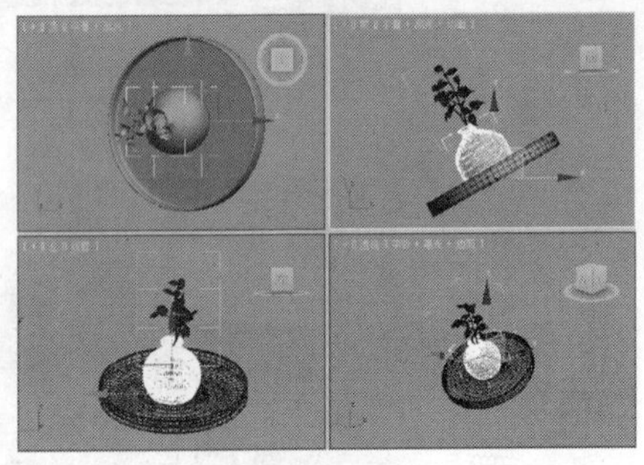

图2-112

07 将坐标系切换为“局部”坐标系，观察可以发现此时坐标的角底发生了改变，竖向轴指向模型法线方向，横向轴保持与竖向轴90°的夹角，整体与透视图中的坐标保持一致，如图2-113所示。

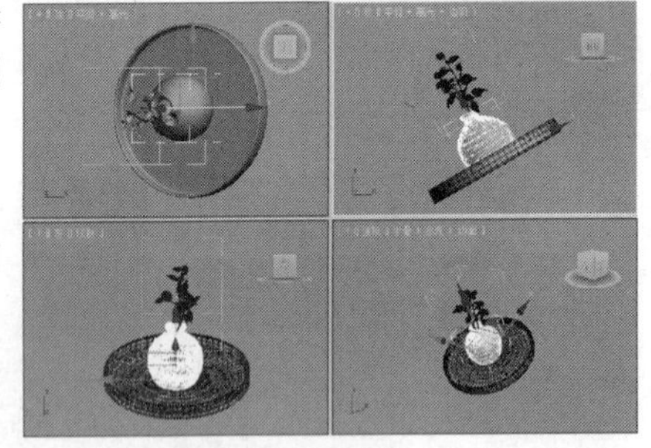

图2-113

08 下面来了解“父对象”坐标系。首先将坐标系切换回“视图”坐标系，然后将底盘倾斜并将花瓶模型向右移动，如图2-114所示。

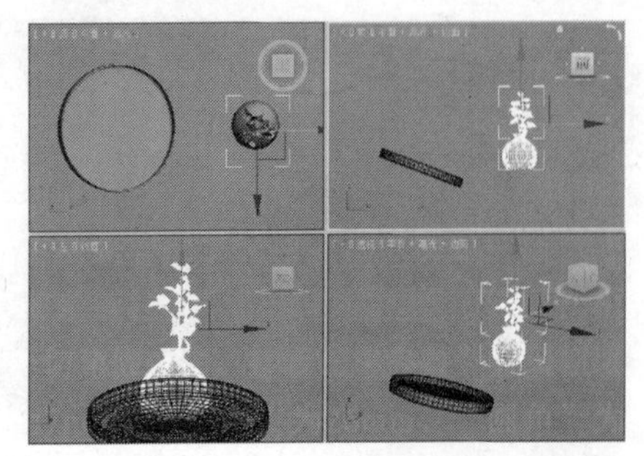

图2-114

09 要使用“父对象”坐标系，首先要创建模型的父子层级，在“主工具栏”中单击“选择并链接”按钮，接着单击右侧的花瓶，再拖曳鼠标链接到左侧的底盘上，如图2-115所示。

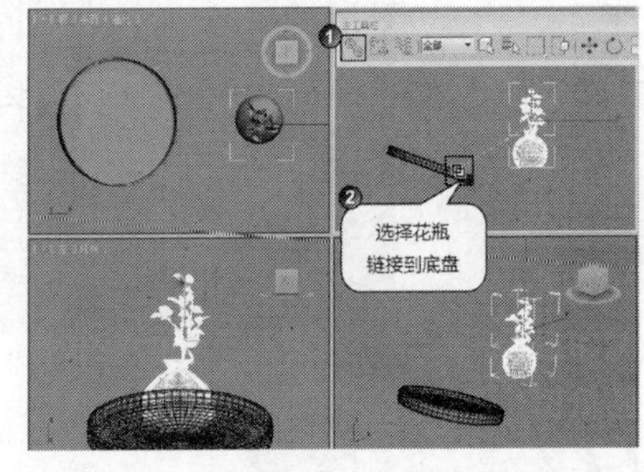

图2-115

10 经过以上链接操作，此时底盘为花瓶的父对象，因此在切换“父对象”坐标系时，花瓶将使用底盘的坐标系，如图2-116所示。

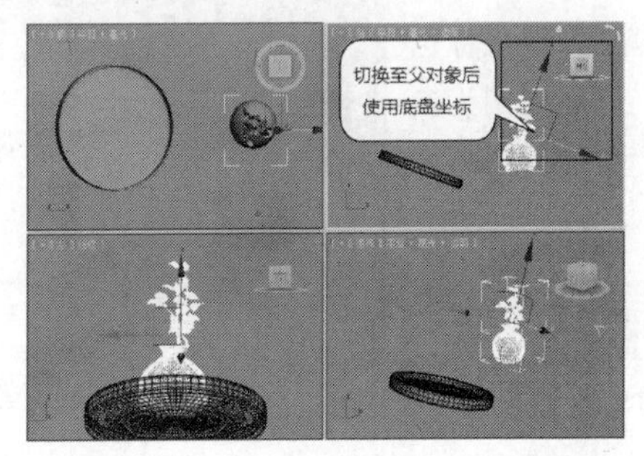

图2-116

11 下面来了解“拾取”坐标系。首先将坐标系切换回“视图”坐标系，以还原花瓶的坐标系，如图2-117所示。

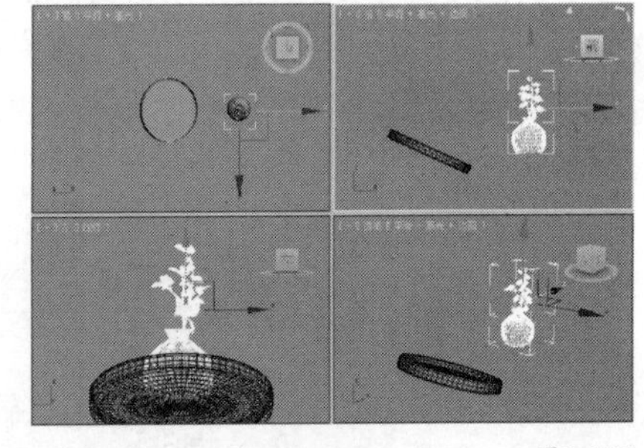

图2-117

12 选择花瓶，然后切换到“拾取”坐标系，接着单击底盘为拾取对象，如图2-118所示，拾取完成后可以发现此时的花瓶坐标已经更换为拾取的底盘坐标，如图2-119所示。

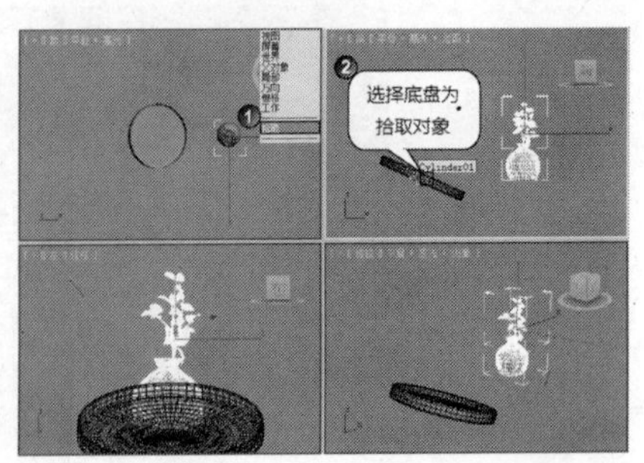

图2-118

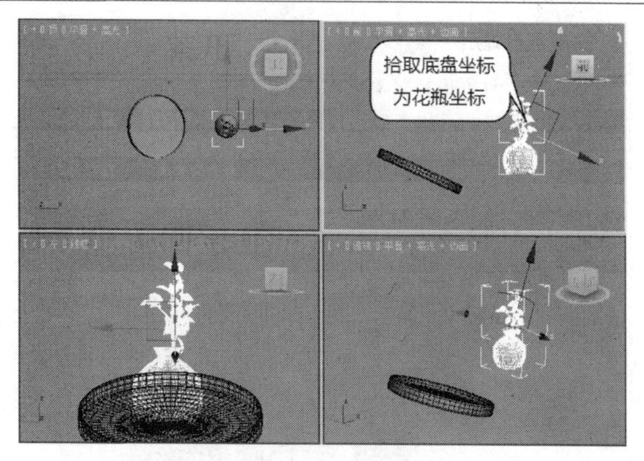

图2-119

技巧与提示

其他坐标系统在实际工作中不是很实用，因此这里不进行讲解。另外，在实际工作中最常用的坐标系为默认的“视图”坐标系。

实战043 选择并操纵工具

场景位置	DVD>场景文件>CH02>实战043.max
实例位置	无
视频位置	DVD>多媒体教学>CH02>实战043.flv
难易指数	★☆☆☆☆
技术掌握	掌握选择并操纵工具的使用方法

使用“选择并操纵”工具可以通过在视图中拖曳操纵器，编辑某些对象、修改器和控制器的参数。在本例中将以平面角度操纵器为例来讲解“选择并操纵”工具的用法。

01 启动3ds Max 2013，然后设置参考坐标系为“屏幕”坐标系，接着创建一个球体，具体参数设置如图2-120所示。

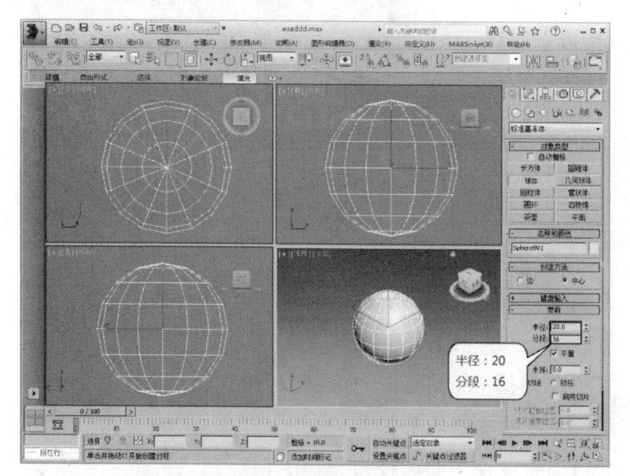

图2-120

02 在“创建”面板中设置创建类型为“辅助对象”，然后设置辅助对象的类型为“操纵器”，接着单击“平角角度”按钮 平面角度 ，最后在前视图中创建一个平面角度操纵器，如图2-121所示。

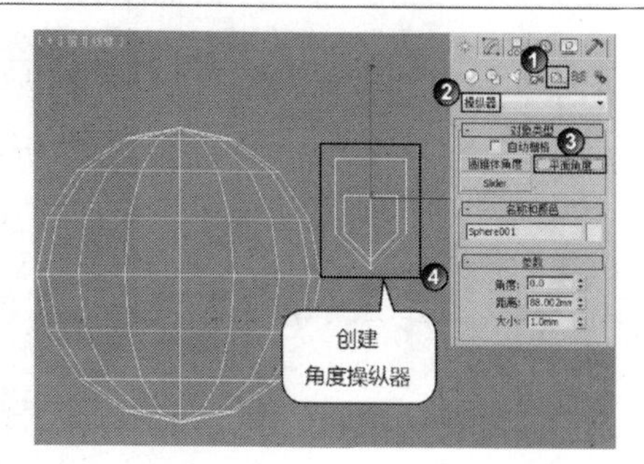

图2-121

03 选择创建好的平面角度操纵器，然后单击鼠标右键，在弹出的菜单中选择“关联参数”命令，接着在弹出的菜单中选择“对象>角度”命令，如图2-122所示，再将虚线拖曳到球体上并单击鼠标左键进行关联，最后在弹出的菜单中选择“对象>切片结束”命令，如图2-123所示。

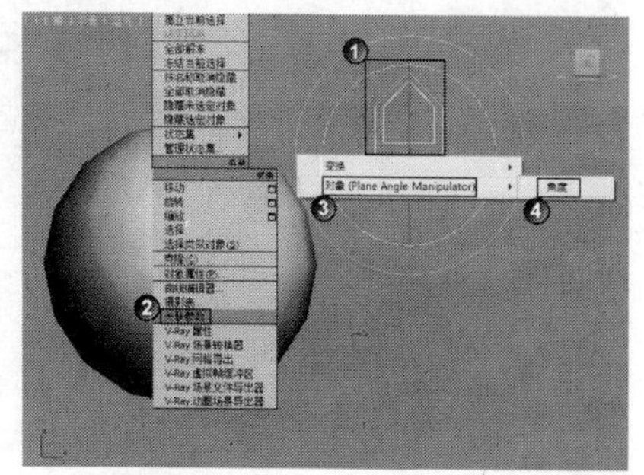

图2-122

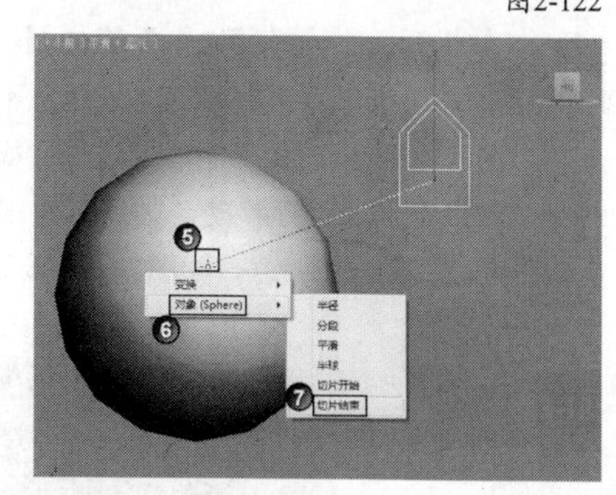

图2-123

04 执行完上面的操作后会弹出“参数关联”对话框，首先单击“单向连接：（左侧参数控制右侧参数）”按钮，然后单击“连接”按钮 连接 ，如图2-124所示。单击完成后，平面角度操纵器即关联并控制球体的“切片结束”参数，如图2-125所示。

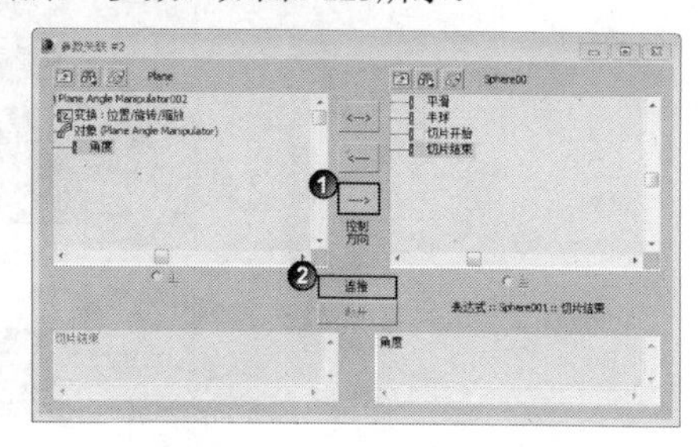

图2-124

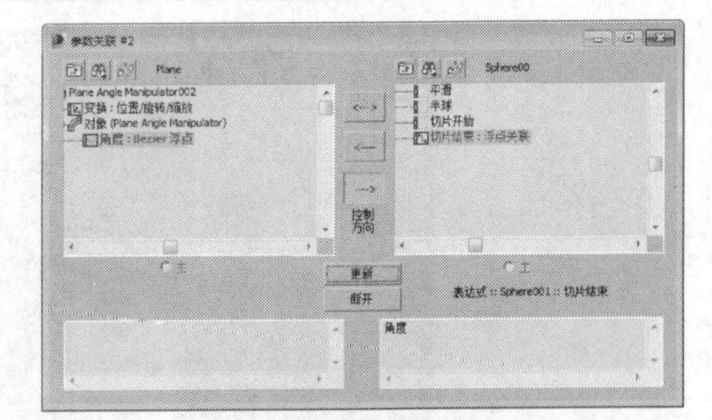

图2-125

05 为产生控制效果，选择球体进入“修改”面板，然后在“参数”卷展栏下勾选“启用切片”选项，如图2-126所示。由于默认设置下平面角度操纵器的角度为180°，因此启用后球体会被切去一半，如图2-127所示。

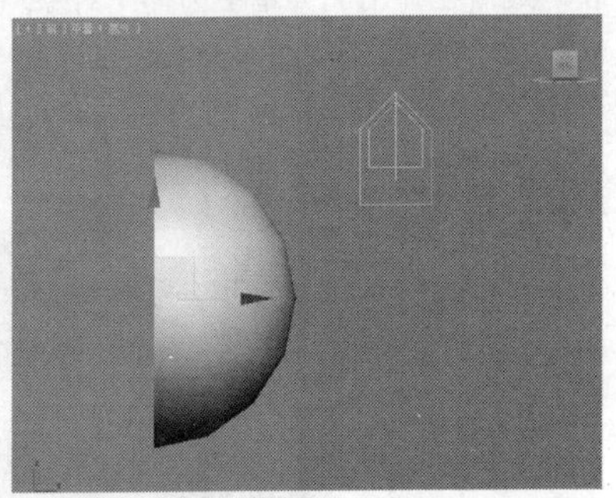

图2-126 图2-127

06 如果激活“选择并操纵”工具，鼠标只能对平面角度操纵器进行移动等操作，不会改变切片状态，如图2-128所示；如果激活“选择并操纵”工具，对平面角度操纵器进行移动，则可以发现切片角度与控制器角度会产生同步关联，如图2-129所示。

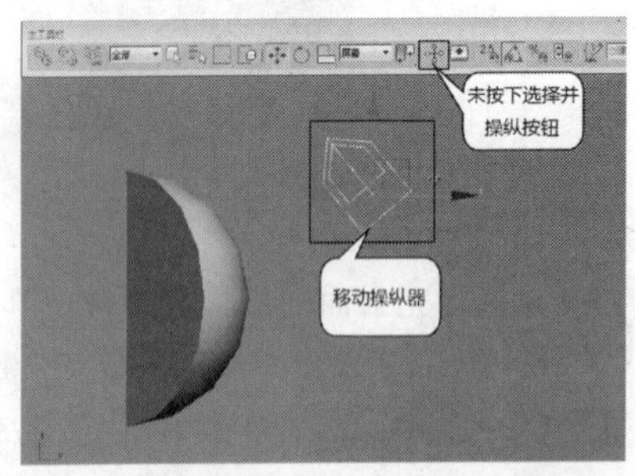

图2-128

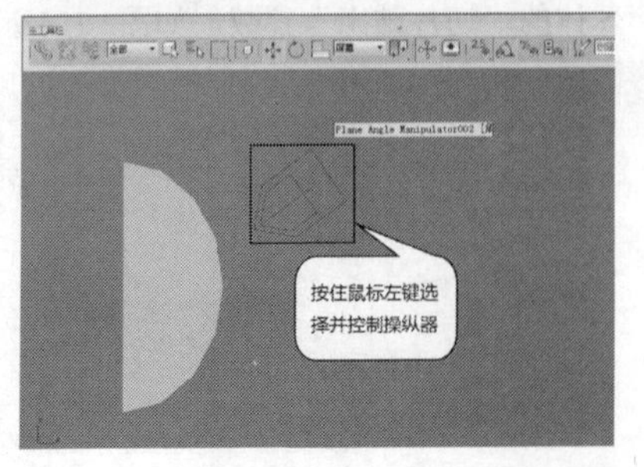

图2-129

技巧与提示

选择平面角度操纵器进入“修改”面板，调整“角度”参数值一样可以调整球体切片的最终角度，如图2-130所示。但在实际的动画制作中控制器通常不用于控制单个对象，而是同一个控制器将控制多个对象的多个参数（如多辆汽车的运动和树木的晃动），这样在调整一个控制器时，其他关联对象的相关参数会同时修改，如图2-131和图2-132所示。

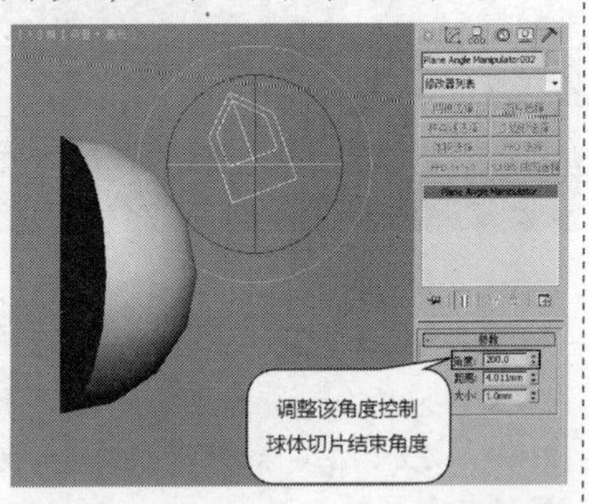

图2-130

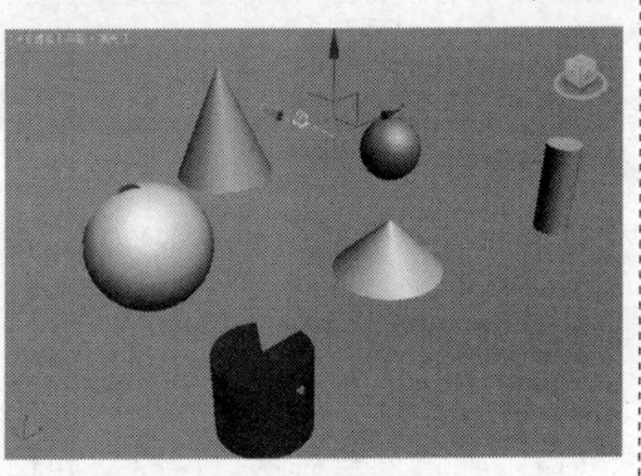

图2-131

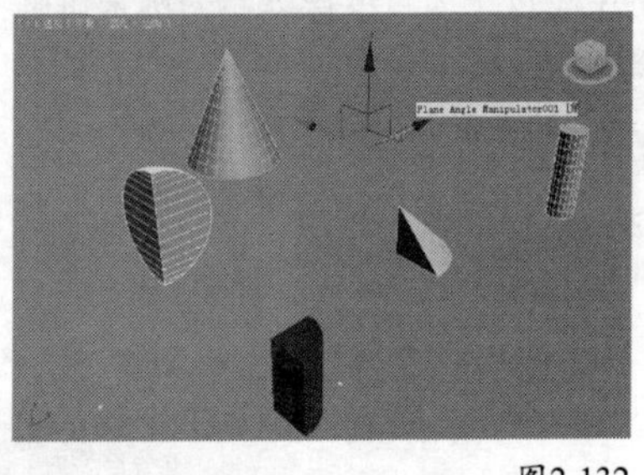

图2-132

实战044 调整对象变换中心

场景位置	DVD>场景文件>CH02>实战044.max
实例位置	无
视频位置	DVD>多媒体教学>CH02>实战044.flv
难易指数	★☆☆☆☆
技术掌握	掌握各个对象变换中心的使用方法与区别

在使用3ds Max时，如果同时选择到多个对象进行移动、旋转以及缩放等操作，系统会自动将变换中心调整为“使用选择中心”，此时如有需要可以切换到“使用轴点中心”和“使用变换中心”，如图2-133所示。

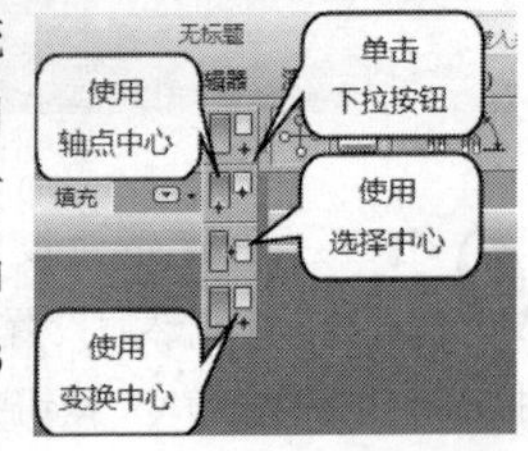

图2-133

01 打开光盘中的“场景文件>CH02>实战044.max”文件，如图2-134所示。

图2-134

02 当选择场景中任意一个酒杯时，此时控制中心将自动选择为“使用轴点中心”，如图2-135所示。

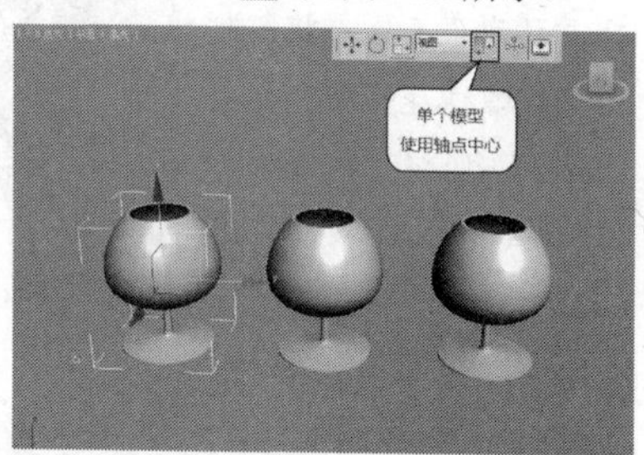

图2-135

03 选择场景中的多个酒杯时，会发现此时控制中心自动切换为“使用选择中心”，如图2-136和图2-137所示。另外，如果对选择的对象进行旋转或缩放，都将以选择的整体为参考，如图2-138和图2-139所示。

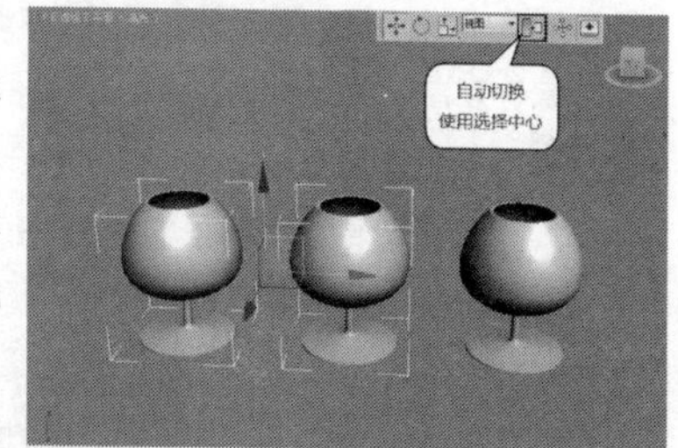

图2-136

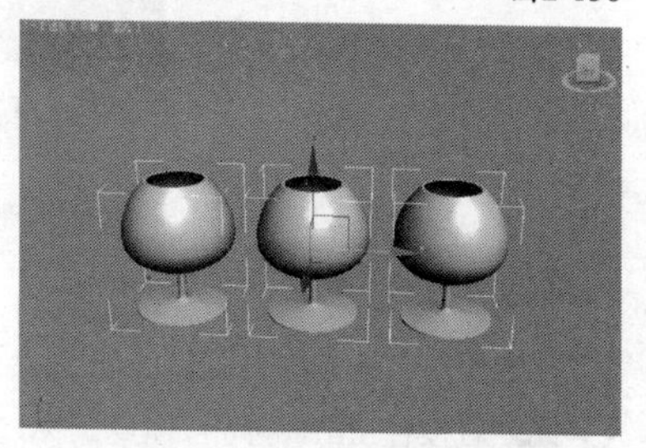

图2-137

图2-138

图2-139

04 如果需要对所有选择的对象进行单独的旋转和缩放等操作，首先需要手动切换到“使用轴点中心”，然后再进行相关操作，如图2-140和图2-141所示。

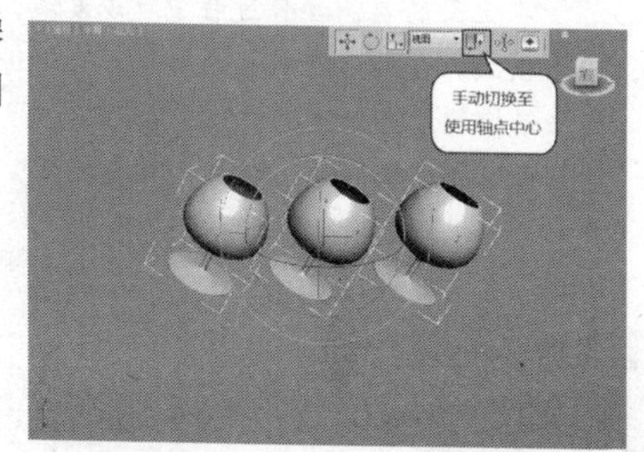

图2-140

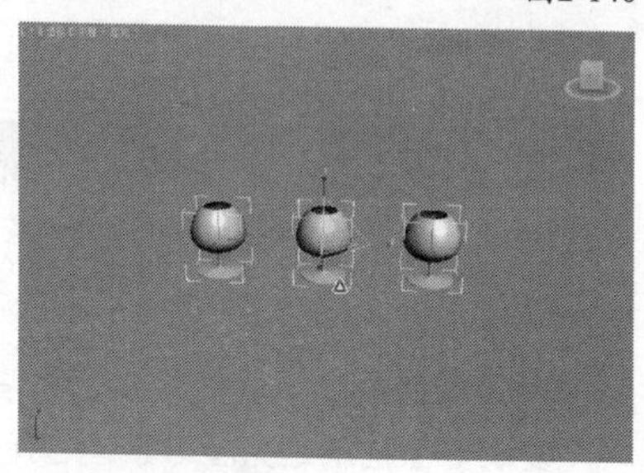

图2-141

05 如果需要对所有选择的对象以原点为参考点进行移动、旋转和缩放操作，则可以手动切换为“使用变换中心”，然后再进行相关操作即可，如图2-142~图2-144所示。

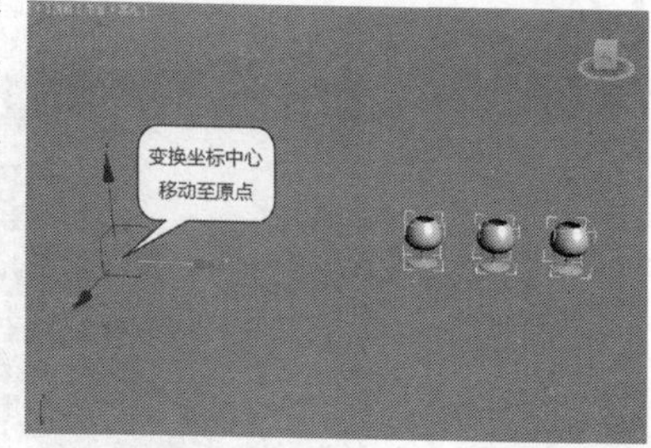

图2-142

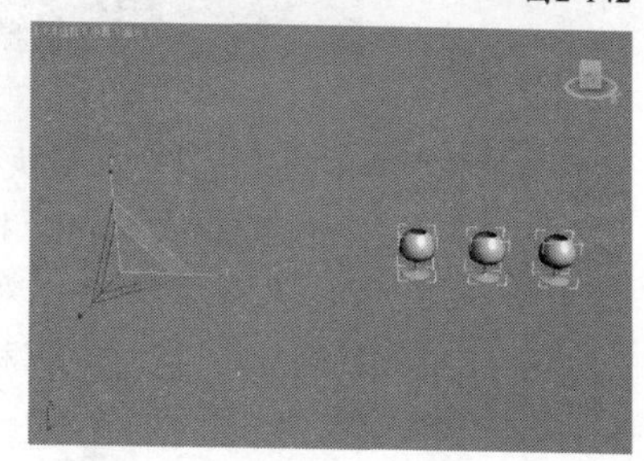

图2-143

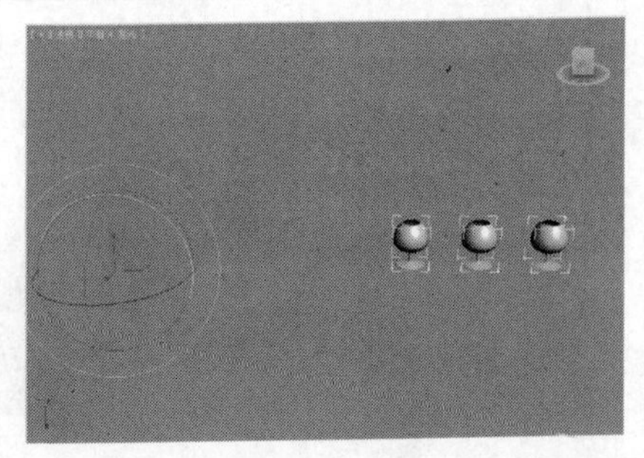

图2-144

技巧与提示

在上面的实例操作过程中可以发现，默认设置下的变换中心模式会随着选择对象的变化而自动进行切换，如果要通过手动切换，可以执行“自定义>首选项”菜单，然后在弹出的“首选项设置”对话框中单击“常规”选项卡，接着在“参考坐标系”选项组下勾选“恒定”选项，如图2-145所示。

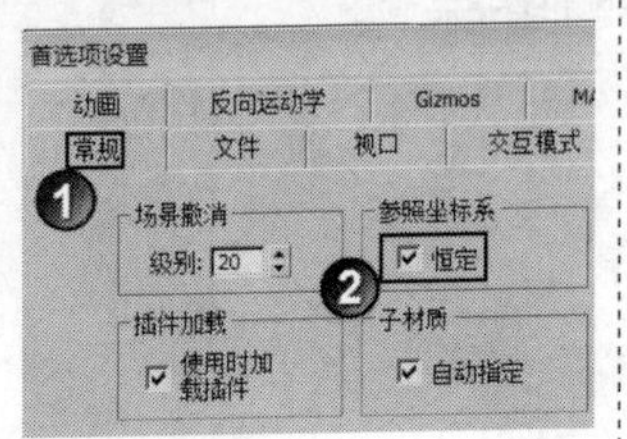

图2-145

实战045 复制对象

场景位置	DVD>场景文件>CH02>实战045.max
实例位置	DVD>实例文件>CH02>实战045.max
视频位置	DVD>多媒体教学>CH02>实战045.flv
难易指数	★☆☆☆☆
技术掌握	掌握如何复制对象

复制对象也就是克隆对象。选择一个对象或多个对象后，按Ctrl+V组合键或执行“编辑>克隆”菜单命令即可在原处复制出一个相同的对象。

01 打开光盘中的“场景文件>CH02>实战045.max”文件，如图2-146所示。

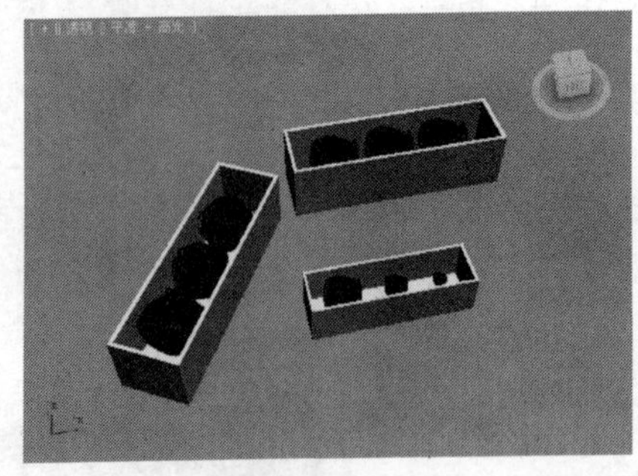

图2-146

02 选择要复制的玫瑰花，然后执行“编辑>克隆”菜单命令（快捷键为Ctrl+V）打开“克隆选项”对话框，如图2-147所示，接着在“对象”选项组下勾选“复制”选项并确定复制对象的名称，最后单击“确定”按钮 确定 即可在原处复制出一盒玫瑰花，如图2-148所示。

图2-147

图2-148

03 由于复制出来的玫瑰花与原来的玫瑰花是重合的，这时可以使用“选择并移动”工具将复制出来的玫瑰花拖曳到其他位置，以观察复制效果，如图2-149所示。

图2-149

实战046 移动复制对象

场景位置	DVD>场景文件>CH02>实战046.max
实例位置	DVD>实例文件>CH02>实战046.max
视频位置	DVD>多媒体教学>CH02>实战046.flv
难易指数	★☆☆☆☆
技术掌握	掌握如何使用选择并移动工具移动复制对象

移动复制对象是指在移动对象的过程中同时完成复制操作，这种复制方法是最常用的一种。

01 打开光盘中的“场景文件>CH02>实战046.max”文件，如图2-150所示。

图2-150

02 使用“选择并移动”工具选择任意一个酒瓶，然后按住Shift键向右拖曳鼠标，如图2-151所示，移动到目标位置后松开鼠标，最后在弹出的“克隆选项”对话框中设置好相关参数，单击“确定”按钮 确定 即可完成移动复制操作，如图2-152所示。

图2-151

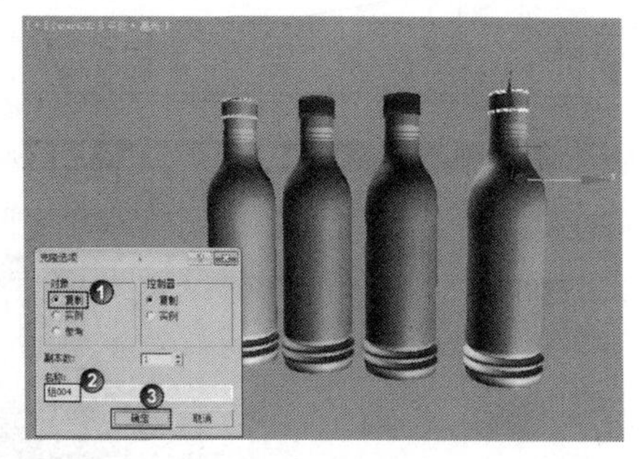

图2-152

03 如果要进行比较精确的复制，可以在移动复制的过程中观察状态栏中的坐标值变化，如图2-153所示；如果要等距复制多个对象，可以在弹出的“克隆选项”对话框中修改“副本数”的数值即可，如图2-154所示。

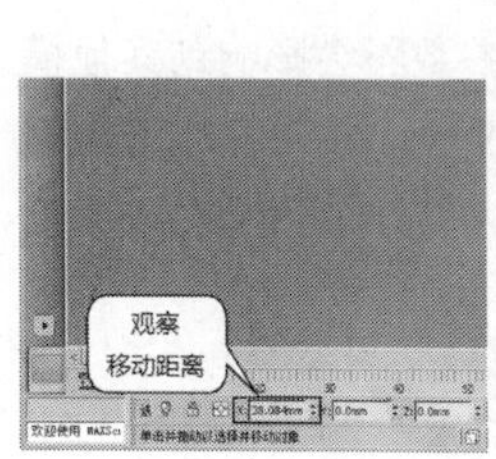

图2-153

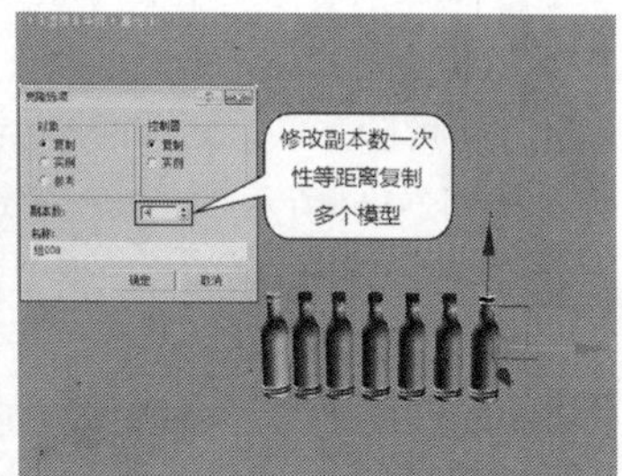

图2-154

技巧与提示

在移动复制的过程中如果要精确复制等距模型，可以适当地利用相同位置的捕捉点，如图2-154和图2-155所示。关于捕捉工具的用法将在下面的内容中进行详细介绍。

图2-155

图2-156

实战047 旋转复制对象

场景位置	DVD>场景文件>CH02>实战047.max
实例位置	DVD>实例文件>CH02>实战047.max
视频位置	DVD>多媒体教学>CH02>实战047.flv
难易指数	★☆☆☆☆
技术掌握	掌握如何使用“选择并旋转”工具旋转复制对象

旋转复制对象是指在旋转对象的过程中同时完成复制操作，这种复制方法在制作交叉物体时非常有用。

01 打开光盘中的“场景文件>CH02>实战047.max”文件，如图2-157所示。

图2-157

02 使用“选择并旋转”工具选择两个长方体，然后按住Shift键并选择旋转中心轴，如图2-158所示，接着按顺时针方向旋转选定模型（不要松开Shift键）并观察模型右上角的旋转角度，如图2-159所示。

图2-158

图2-159

03 确定好旋转角度后松开鼠标左键，然后在弹出的“克隆选项”对话框中设置好相关参数，接着单击“确定”按钮 确定 ，如图2-160所示，旋转复制完成后的效果如图2-161所示。

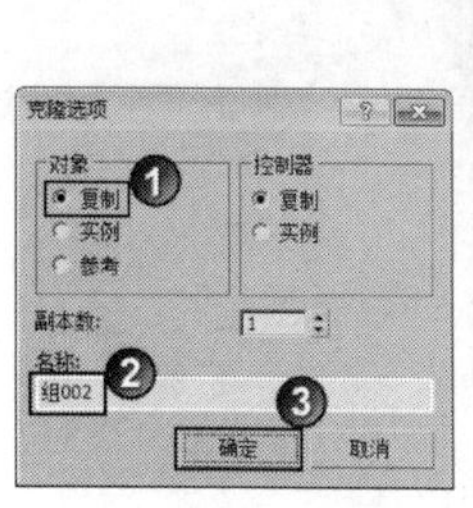

图2-160

图2-161

技巧与提示

在复制、移动复制以及旋转复制的过程中都会出现“复制”、“实例”以及“参考”3种不同的复制方式，在上面的相关实例中为了便于讲解统一选择了“复制”方式。接下来将通过具体的实例来了解“实例”与“参考”复制方式的区别。

实战048 实例复制对象

场景位置	DVD>场景文件>CH02>实战048.max
实例位置	DVD>实例文件>CH02>实战048.max
视频位置	DVD>多媒体教学>CH02>实战048.flv
难易指数	★☆☆☆☆
技术掌握	掌握如何关联（实例）复制对象

关联（实例）复制对象与前面讲解的复制对象有很大的区别。使用复制方法复制出来的对象与源对象虽然完全相同，但是当改变任何一个对象的参数时，另外一个对象不会随着发生变化；而使用关联复制方法复制对象时，无论是改变源对象还是复制对象的参数，另外一个对象都会随着发生相应的变化。

01 打开光盘中的“场景文件>CH02>048.max”文件，这是一个茶壶模型，如图2-162所示。

02 使用“选择并移动”工具选择茶壶模型，然后按住Shift键向右移动复制一个茶壶，接着在弹出的对话框中设置“对象”为“实例”，确定好名称后单击“确定”按钮完成复制，如图2-163所示。

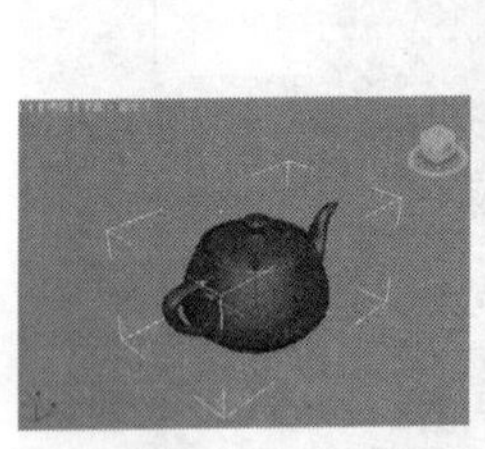

图2-162

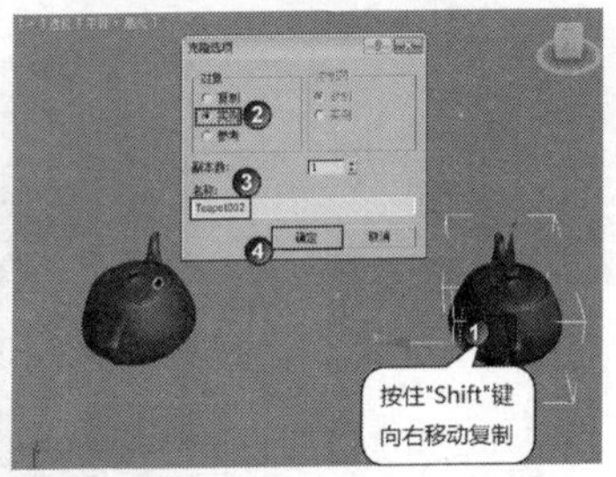

图2-163

03 选择其中任意一个茶壶，然后在“命令”面板中单击“修改”按钮，进入“修改”面板，接着在“参数”卷展栏下设置“半径”为30mm，最后在“茶壶部件”选项组下关闭“壶盖”选项，具体参数设置如图2-164所示。

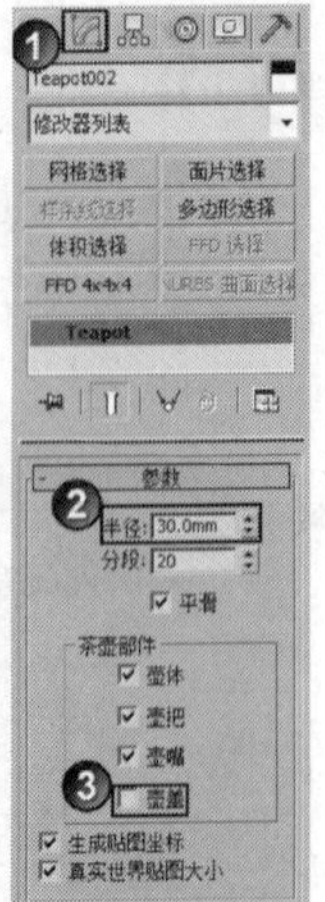

图2-164

04 修改完参数后观察视图可以发现两个茶壶都发生了相同的变化，如图2-165所示。这就是关联复制的作用，复制完成后如果需要全体更改属性只需要调整其中的任意一个，这种方法十分适用于批量处理相同的模型。

图2-165

05 如果要解除某个实例茶壶的关联，可以选择目标模型，然后进入“修改”面板单击“使唯一”按钮即可解除关联，此时再修改参数不会影响到其他模型，如图2-166所示。在操作的过程中要注意的一个细节是有存在实例效果的修改器通常会以加粗文字进行显示，如图2-167所示。

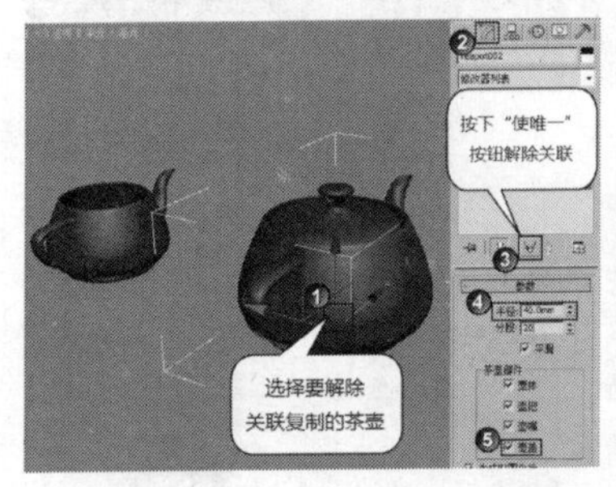

图2-166

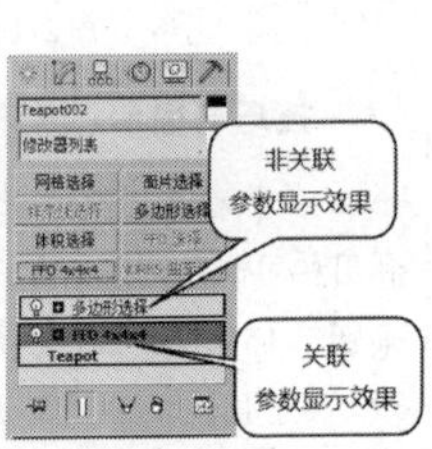

图2-167

技术专题 08 修改器的实例复制

在实际工作要注意，即使是实例复制的对象，也并不能保证所有修改操作都能产生同步关联。见图2-168中的两个茶壶模型，其中一个茶壶模型是实例复制出来的，将其中一个模型放大后，另一个并不会发生同样的改变。事实上，实例复制对象时只能对“修改”面板中的参数产生同步关联。如果要在实例复制或本来无关的模型中产生新的参数关联，就要通过修改器的实例复制来完成。

图2-168

下面详细介绍一下如何对修改器进行实例复制。

第1步：打开“场景文件>CH02>048-1.max”文件，图2-169所示的是两张高矮不同的方几模型，两者之间不存在任何复制关系。

图2-169

第2步：为了让两者产生同步的关联参数，先选择其中任意一个方几（本例选择左侧的方几），然后进入“修改”面板添加一个FFD 4×4×4修改器，接着在修改器上单击鼠标右键，并在弹出的菜单中选择“复制”命令，如图2-170所示。

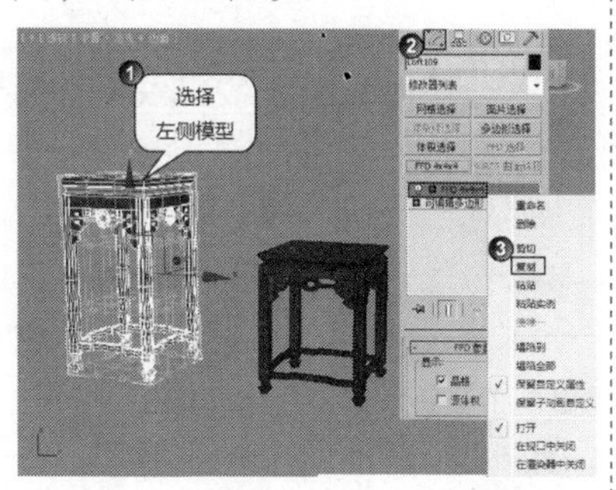

图2-170

第3步：选择另一个方几，进入“修改”面板单击鼠标右键将复制好的修改器以“粘贴实例”的方式复制到该模型上，如图2-171所示。

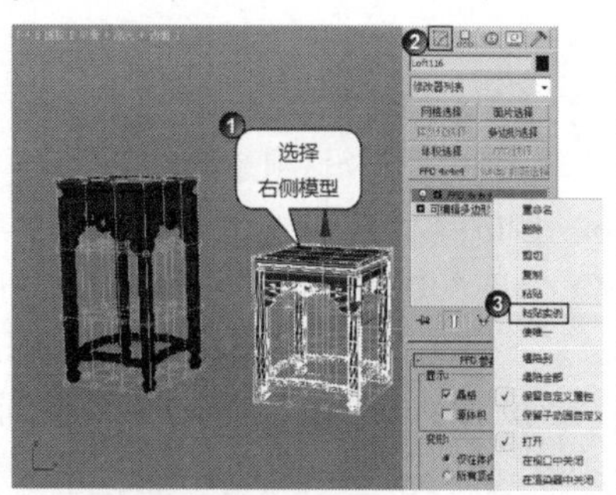

图2-171

第4步：通过上面的方式实例复制修改器后，选择任意一个模型进入复制的修改器更改参数，均会产生相同的修改变化，如图2-172和图2-173所示。

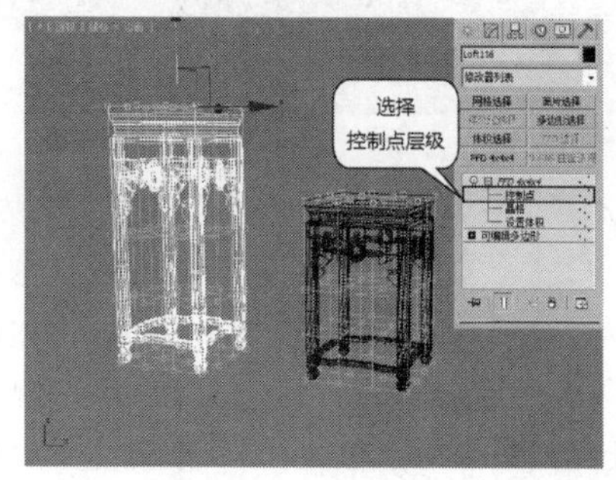

图2-172

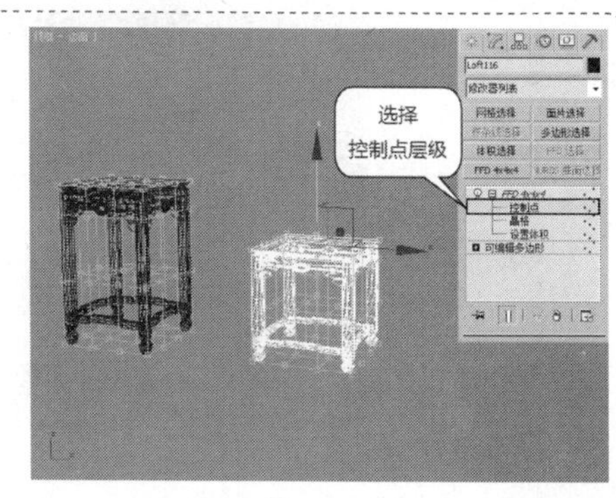

图2-173

第5步：要注意的是修改器同步修改的效果只针对实例复制的修改器本身，如进入任意一个模型的“可编辑多边形”修改器进行参数调整，由于之前该修改器没有关联，因此不会影响到另一个模型，如图2-174和图2-175所示。

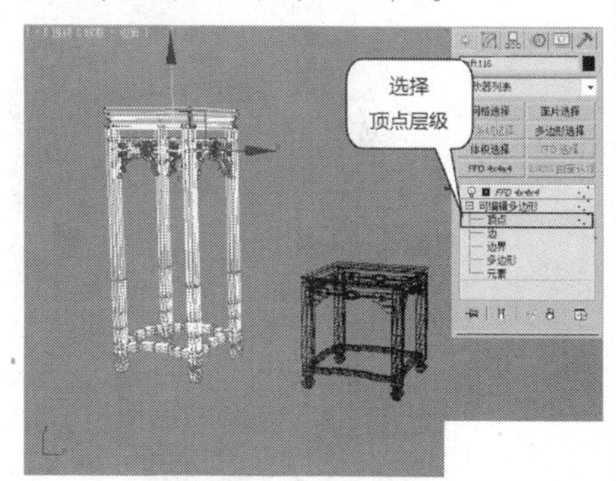

图2-174

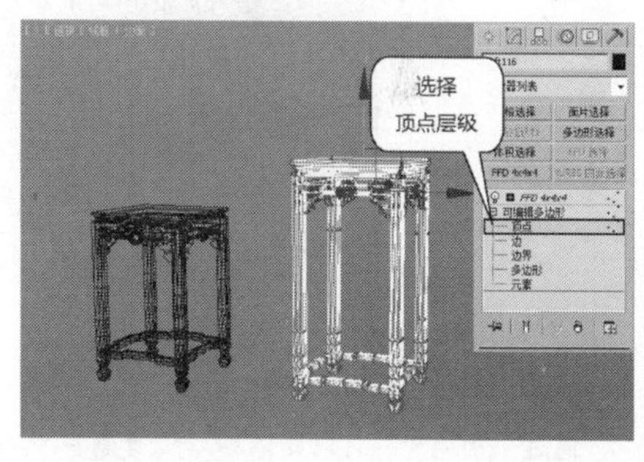

图2-175

实战049 参考复制对象

场景位置	DVD>场景文件>CH02>实战049.max
实例位置	DVD>实例文件>CH02>实战049.max
视频位置	DVD>多媒体教学>CH02>实战049.flv
难易指数	★☆☆☆☆
技术掌握	掌握如何参考复制对象

如果在复制的过程中选择“参考”方式，那么将创建一个原始对象的参考对象。此时修改原始对象将影响到复制对象，但修改复制对象时原始对象不会发生任何变化。

01 打开光盘中的“场景文件>CH02>实战049.max”文件，然后选择四棱锥并向右“参考”复制一份，如图2-176所示。

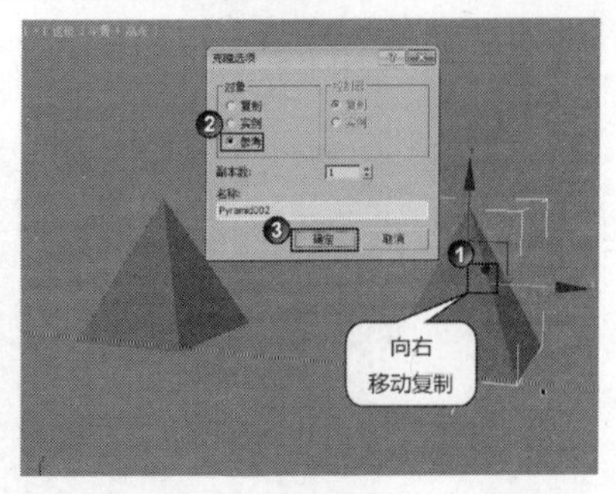

图2-176

02 选择任意一个四棱锥，然后进入“修改”面板调整参数，可以发现两者会相互影响，如图2-177和图2-178所示。

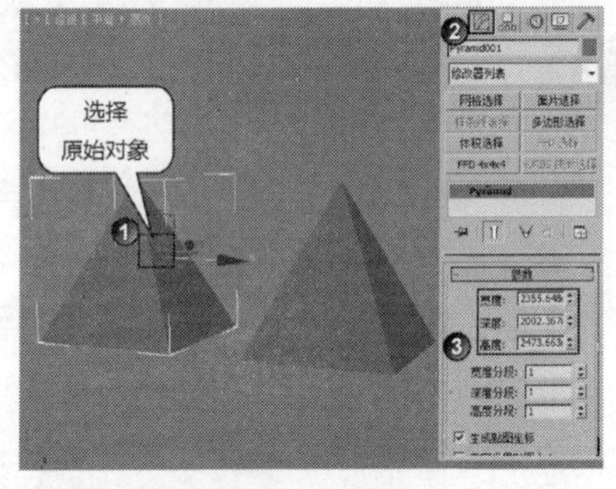

图2-177

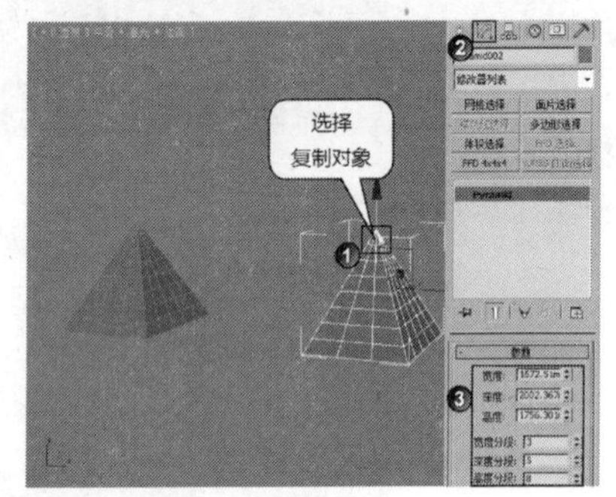

图2-178

技巧与提示

通过上面的操作可以发现“参考”复制与“实例”复制在修改自身参数时，原始对象与复制对象都能相互影响，接下来通过添加修改器来了解“参考”复制与“实例”复制的区别。

03 选择左侧原始的四棱锥模型，进入“修改”面板，添加一个FFD 4×4×4修改器，此时可以发现在复制的四棱锥上产生了同样的变化，如图2-179所示。

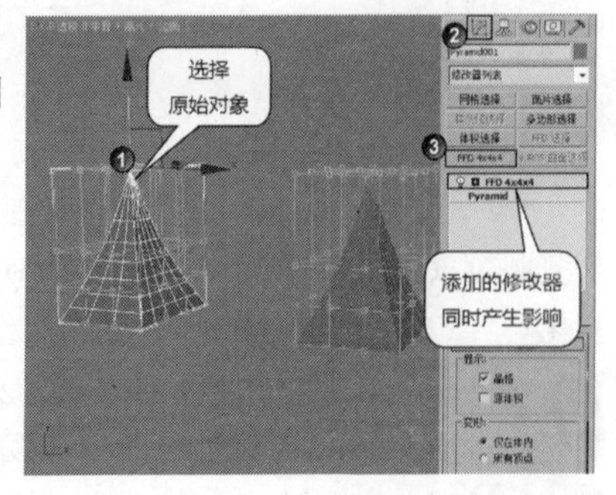

图2-179

04 按Ctrl+Z组合键取消上一步操作，然后选择右侧复制的四棱锥模型，进入“修改”面板，添加一个FFD 4×4×4修改器，此时可以发现仅在复制对象上产生了变化，如图2-180所示。

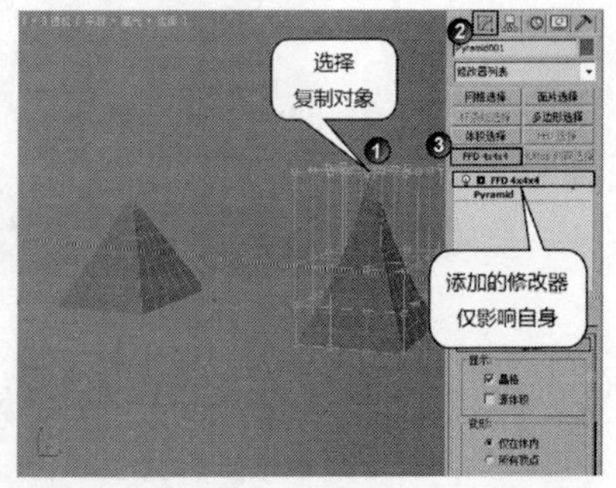

图2-180

实战050 捕捉开关工具

场景位置	无
实例位置	无
视频位置	DVD>多媒体教学>CH02>实战050.flv
难易指数	★☆☆☆☆
技术掌握	掌握“捕捉开关”工具的作用

3ds Max中捕捉开关包括“2D捕捉”工具、“2.5D捕捉”工具和“3D捕捉”工具3种，如图2-181所示。接下来了解这3种捕捉工具的使用与功能区别。

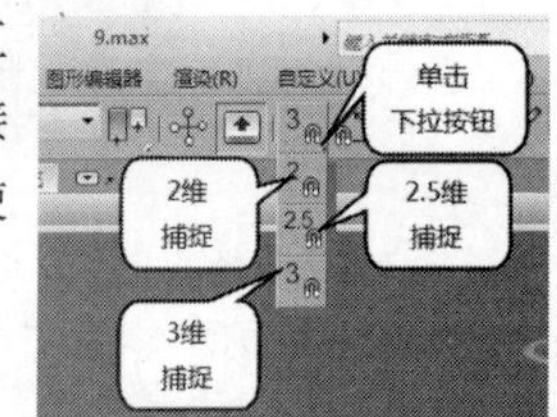

图2-181

01 启动3ds Max，进入工作界面后创建两个长方体，然后沿x轴移动复制一份，完成后的效果如图2-182所示。

02 在“3D捕捉”工具上单击鼠标右键，然后在弹出的“栅格和捕捉设置”对话框中单击“捕捉”选项卡，接着勾选常用的捕捉点，具体参数设置如图2-183所示。

图2-182

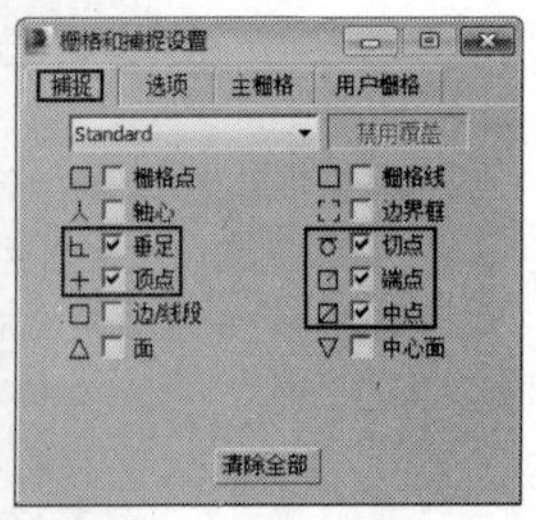

图2-183

03 按W键启用“选择并移动工具”，然后单击“3D捕捉”工具（快捷键为S键）将其激活，接着捕捉右侧长方体左下角的顶点为移动起始点，如图2-184所示，再按住鼠标左键移动到右侧长方体并捕捉右上角的顶点为移动结束点，确定位置后松开鼠标即使用“3维”捕捉精确移动完成模型，如图2-185所示。

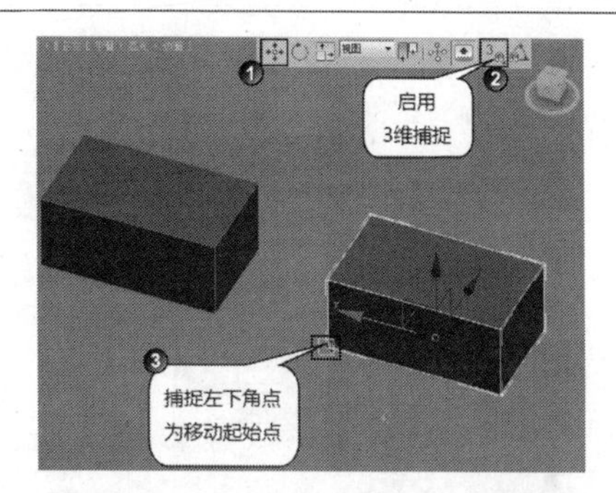

图2-184

图2-185

04 按Ctrl+Z组合键返回移动前的状态，然后将捕捉开关切换为“2D捕捉”工具，接着执行同样的捕捉操作可以发现“2D捕捉”工具无法捕捉空间上的点，如图2-186所示。但如果移动鼠标到与移动起点共面的其他顶点则可以发现“2D捕捉”工具可以成功捕捉到相关顶点，如图2-187所示。下面来了解“2.5D捕捉”工具的功能特点。

图2-186

图2-187

05 按Ctrl+Z组合键返回移动前的状态，然后将捕捉开关切换为“2.5D捕捉”工具，接着执行同样的捕捉操作可以发现在透视图中“2.5D捕捉”工具似乎与“3D捕捉”工具一样，可以捕捉并移动空间上的点，如图2-188所示。

图2-188

06 按Ctrl+Z组合键再次返回到移动前的状态，然后捕捉右侧长方体背面不可见的左下角顶点为移动起始点，如图2-189所示，接着按住鼠标左键移动到右侧长方体并捕捉右上角的顶点为移动结束点，此时可以发现“2.5D捕捉”工具可以捕捉到右上角的点，但不能将起始点与之重合，如图2-190所示。松开鼠标左键后的场景效果如图2-191所示，可以观察到当移动捕捉起点位于不可见位置时，“2.5D捕捉”工具可以捕捉空间上的点作为移动结束参考，但只能将对象在平面上移动。

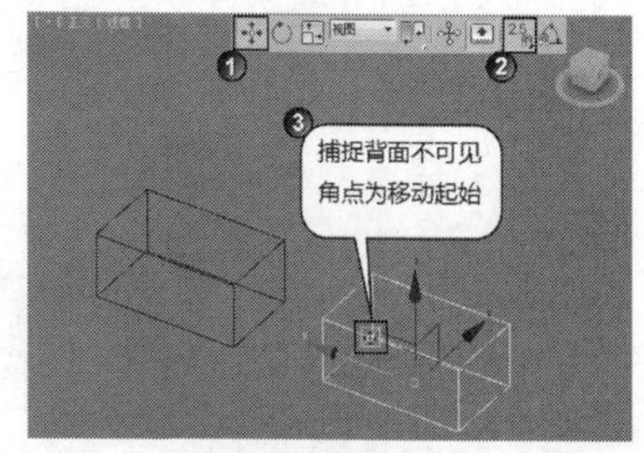

图2-189

图2-190

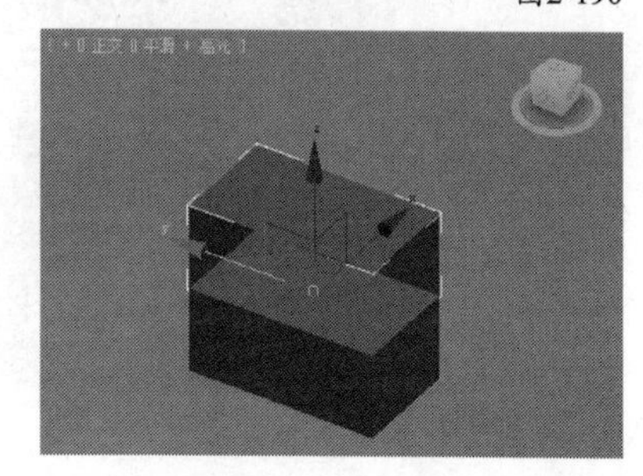

图2-191

07 按Ctrl+Z组合键再次返回到移动前的状态，然后切换为“3D捕捉”工具，接着重复上一步的捕捉操作，可以发现在相同情况下该工具可以顺利捕捉并移动模型，如图2-192~图2-194所示。

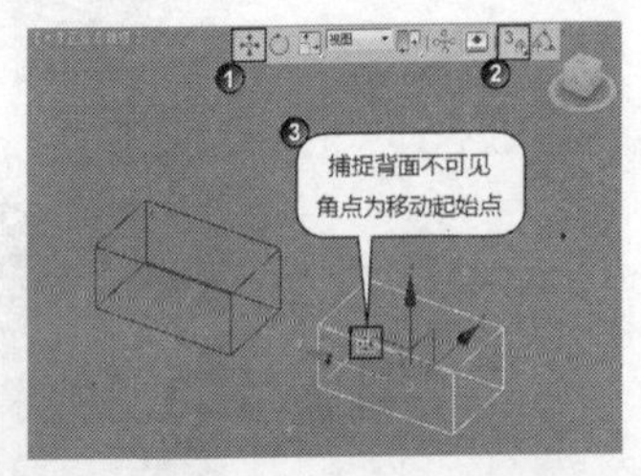

图2-192

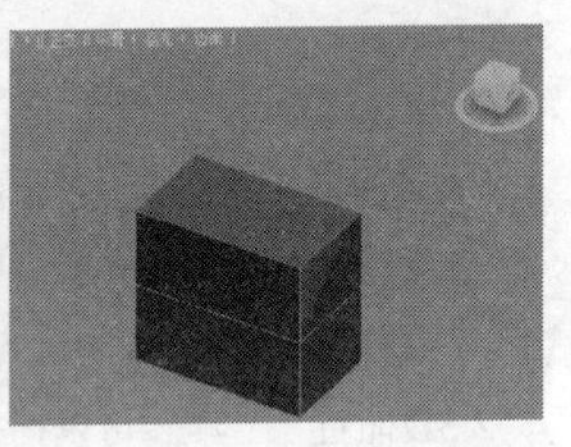

图2-193　图2-194

技术专题 09 移动、锁定、捕捉以及轴约束工具的综合使用

在3ds Max中，想要快速、准确地进行移动操作，通常需要结合锁定、捕捉以及轴约束工具，接下来以一个实例来了解其具体的使用技巧。

第1步：打开一个文件，如图2-195所示。下面将该场景中创建好的文字移动到展厅背板的中部。

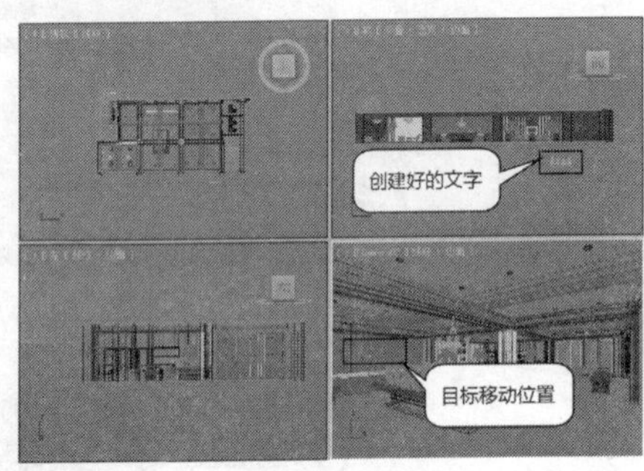

图2-195

第2步：选择前视图，按Alt+W组合键将其最大化显示，然后选择文字和背景墙，接着单击鼠标右键，并在弹出的菜单中选择“孤立当前选择”命令，如图2-196所示。

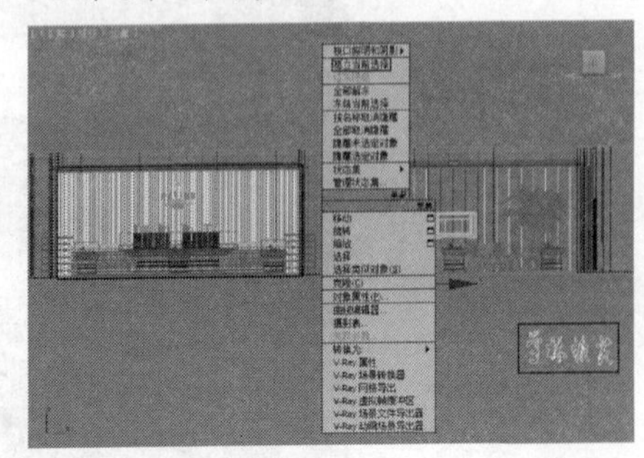

图2-196

第3步：切换到“2.5D捕捉”工具，然后在该工具上单击鼠标右键，接着在弹出的“栅格和捕捉设置”对话框中设置好捕捉点，如图2-197所示。

第4步：单击“选项”选项卡，然后在“平移”选项组下勾选“使用轴约束”和“显示橡皮筋”选项，如图2-198所示。

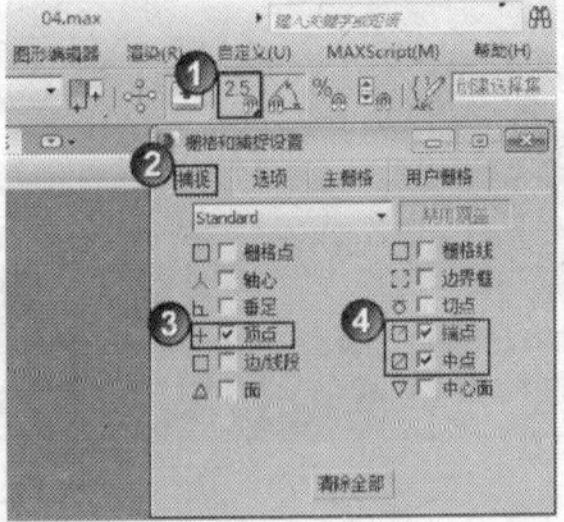

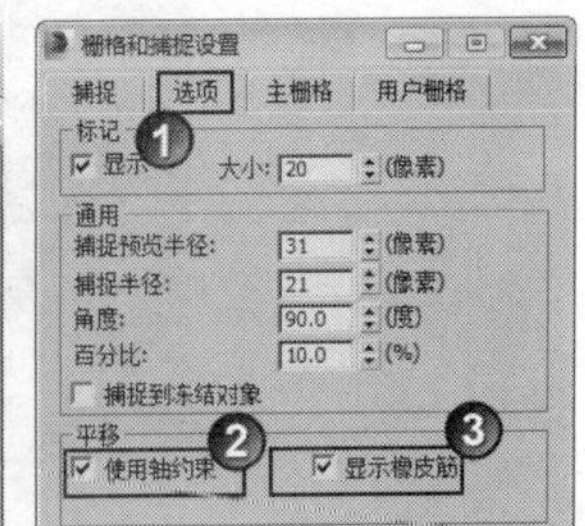

图2-197　图2-198

第5步：选择文字并按Space键启用锁定功能，然后按F5键切换为x轴约束，接着使用“选择并移动”工具选择文字中间的位置并按住鼠标左键设为移动起始点，如图2-199所示。

第6步：向右移动并捕捉背景板中间的顶点，松开鼠标左键确定好文字在当前x轴上的位置，如图2-200所示。

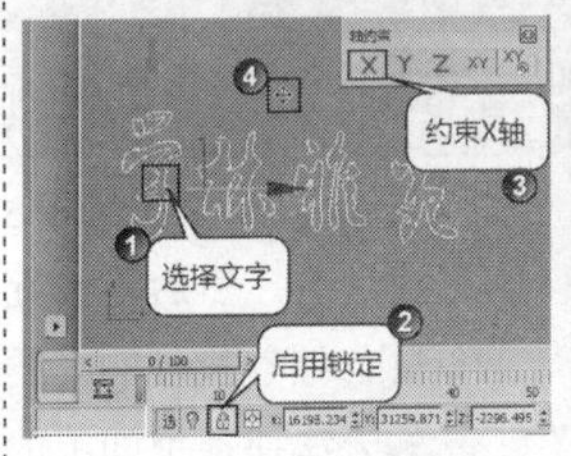

图2-199　图2-200

第7步：下面调整文字在当前y轴上的位置。按F6键切换到约束y轴，然后捕捉右侧文字中间的顶点为移动起始点，如图2-201所示。

第8步：向上移动鼠标捕捉背景板右侧的中点为移动结束点，松开鼠标确定好文字在当前y轴上的位置，如图2-202所示。

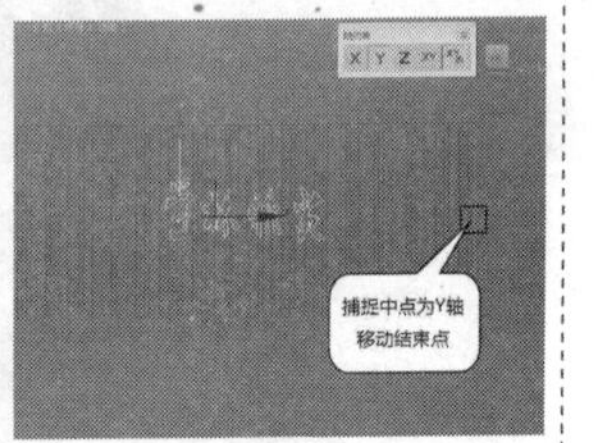

图2-201　图2-202

第9步：至此，文字在当前视图中的位置调整完成，接下来切换视图为顶视图并保持y轴束，然后大致调整文字靠近到背景墙位置，如图2-203所示。

第10步：放大视图以便精确调整好文字位置，然后捕捉文字内侧的端点为移动起点，如图2-204所示。

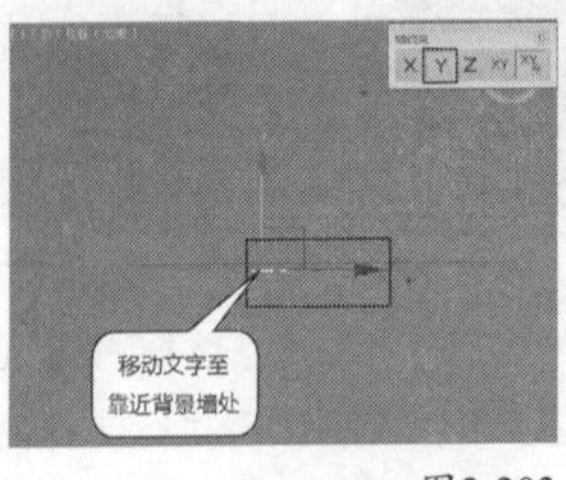

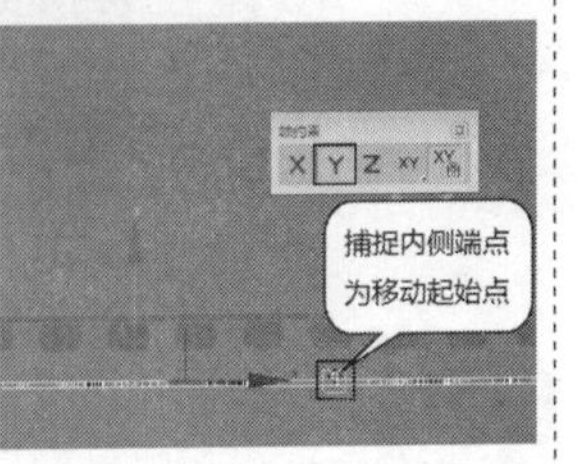

图2-203　图2-204

第11步：向上移动鼠标捕捉木方顶点为移动结束点，确定后松开鼠标完成移动操作，如图2-205所示。至此，文字的位置调整完成，在透视图中的效果如图2-206所示。

图2-205

图2-206

实战051 角度捕捉切换工具

场景位置	DVD>场景文件>CH02>实战051.max
实例位置	DVD>实例文件>CH02>实战051.max
视频位置	DVD>多媒体教学>CH02>实战051.flv
难易指数	★☆☆☆☆
技术掌握	掌握角度捕捉切换工具的使用方法

“角度捕捉工具切换”工具可以用来指定捕捉的角度（快捷键为A键）。激活该工具后，角度捕捉将影响所有的旋转变换。在默认状态下以5°为增量进行旋转。

01 打开光盘中的“场景文件>CH02>实战051.max”文件，如图2-207所示。这是一个没有时间刻度的挂钟，接下来主要使用缩放复制功能配合“角度捕捉切换”工具制作好钟表刻度。

02 在“创建”面板中单击“球体”按钮 球体 ，然后在场景中创建一个大小合适的球体，如图2-208所示。

图2-207

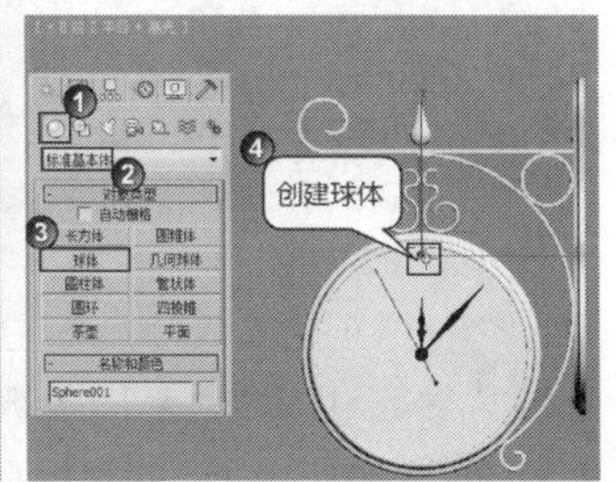

图2-208

03 选择“选择并均匀缩放”工具，然后在左视图中沿x轴负方向进行缩小，如图2-209所示，接着使用“选择并移动”工具将其移动到表盘的“12点钟”位置，如图2-210所示。

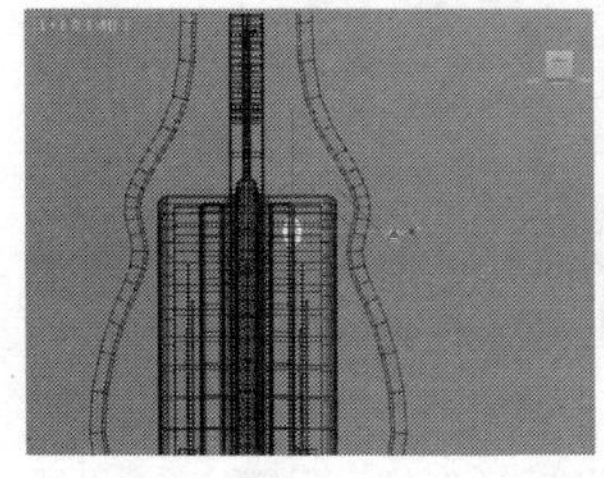

图2-209

图2-210

04 在“命令”面板中单击“层次”按钮，进入“层次”面板，然后单击“仅影响轴”按钮 仅影响轴 （此时球体上会增加一个较粗的坐标轴，这个坐标轴主要用来调整球体的轴心点位置），如图2-211所示。

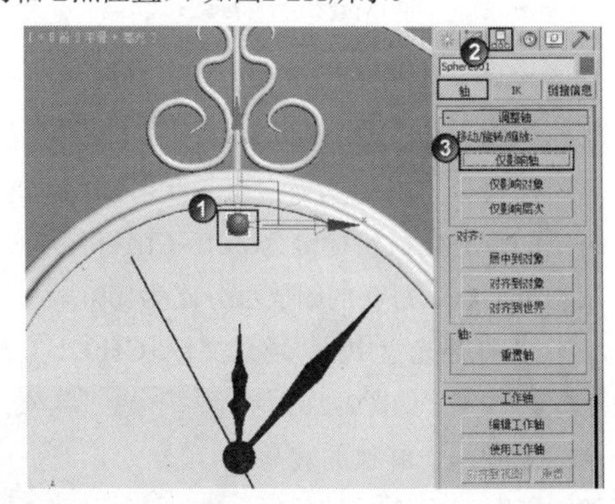

图2-211

05 使用“选择并移动”工具将球体的轴心点移动到表盘的中心位置，如图2-212所示。调整完成后单击“仅影响轴”按钮 仅影响轴 退出“仅影响轴”模式。

06 在“角度捕捉切换”工具上单击鼠标右键（注意，要使该工具处于激活状态），然后在弹出的“栅格和捕捉设置”对话框中单击“选项”选项卡，最后设置“角度”为30°，如图2-213所示。

图2-212

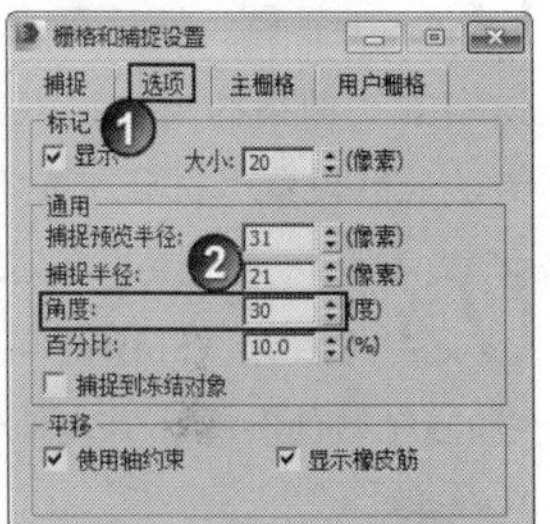

图2-213

技巧与提示

角度捕捉的默认增量为5°，由于钟表有12个刻度，每个刻度间的角度为30°，为了旋转复制的快速与准确，调整增量角为30°。

07 选择“选择并旋转”工具，然后在前视图中按住Shift键顺时针旋转30°，接着在弹出的“克隆选项”对话框中设置“对象”为“实例”、“副本数”为11，最后单击“确定”按钮 确定 ，如图2-214所示，最终效果如图2-215所示。

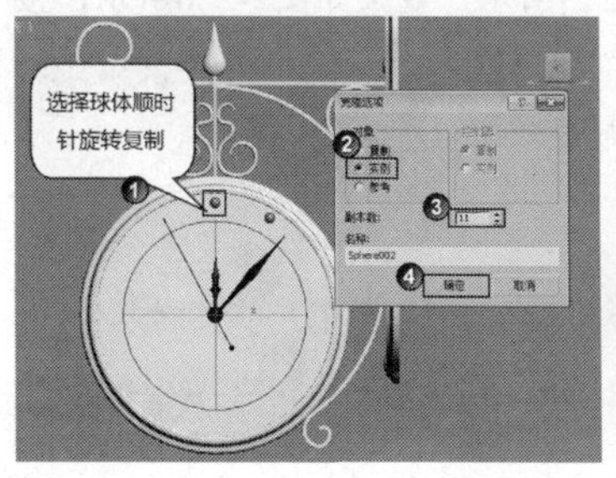

图2-214

图2-215

实战052 百分比捕捉切换工具

场景位置	DVD>场景文件>CH02>实战052.max
实例位置	DVD>实例文件>CH02>实战052.max
视频位置	DVD>多媒体教学>CH02>实战052.flv
难易指数	★☆☆☆☆
技术掌握	掌握百分比捕捉切换工具的使用方法

“百分比捕捉切换”工具可以将对象缩放捕捉到自定的百分比（快捷键为Shift+Ctrl+P组合键），在缩放状态下，默认每次的缩放百分比为10%。

01 打开光盘中的“场景文件>CH02>实战052.max”文件，如图2-216所示。这是一个单独的骏马雕塑模型，下面使用缩放复制功能配合“百分比捕捉切换”工具制作等比例缩小的艺术品组件效果。

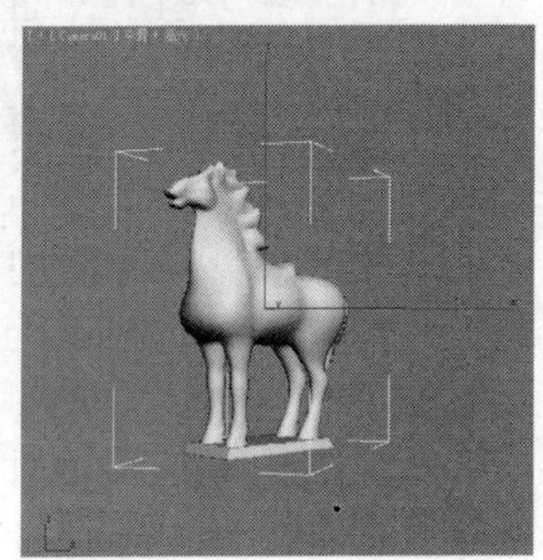

图2-216

02 按Ctrl+Shift+P组合键启用“百分比捕捉切换”工具，然后在该工具上单击鼠标右键，接着在弹出的“栅格和捕捉设置”对话框中单击“选项”选项卡，最后设置“百分比”为20%，如图2-217所示。

03 使用“选择并均匀缩放”工具选择骏马雕塑，然后按住Shift键向内移动鼠标（观察下方状态栏中的x轴数值）缩小并复制模型，如图2-218示。

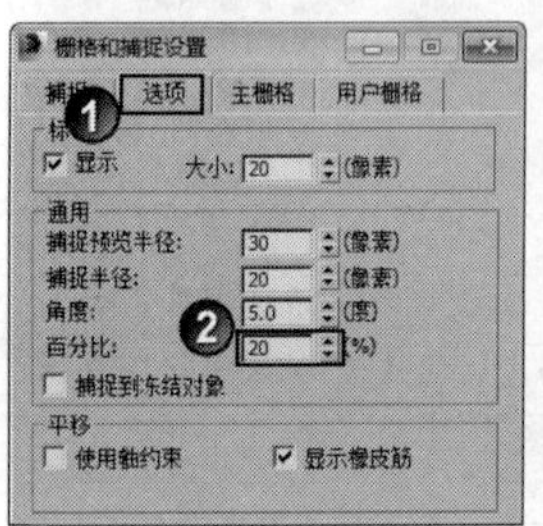

图2-217

图2-218

04 确定缩小比例为80%后松开鼠标，然后在弹出的“克隆选项”对话框中设置“对象”为“复制”、“副本数”为2、“名称”为Group005，设置完成后单击“确定”按钮 确定 ，如图2-219所示，效果如图2-220所示，接着使用“选择并移动”工具调整好各模型位置，最终效果如图2-221所示。

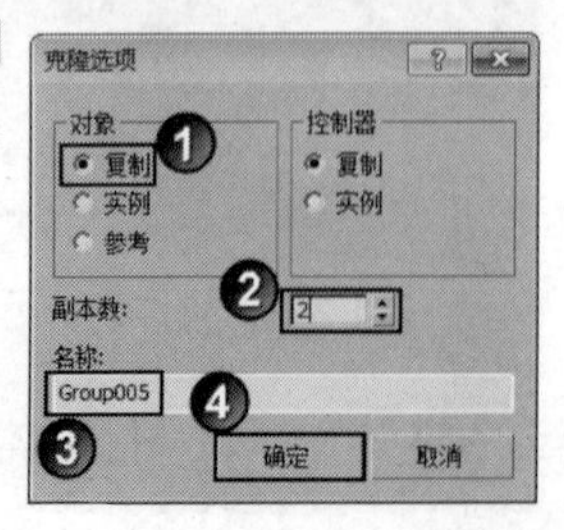

图2-219

图2-220

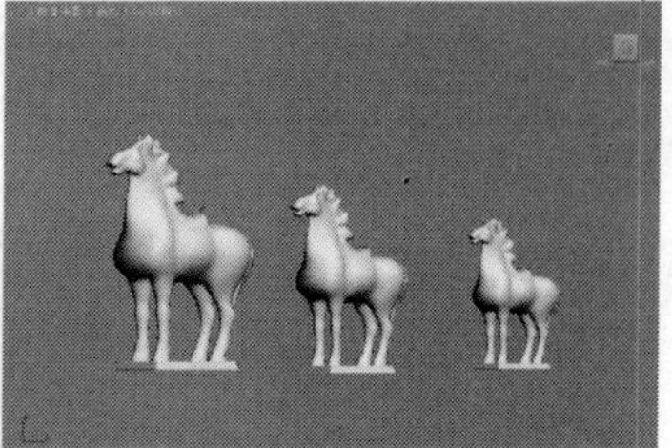

图2-221

实战053 微调器捕捉切换工具

场景位置	DVD>场景文件>CH02>实战053.max
实例位置	无
视频位置	DVD>多媒体教学>CH02>实战053.flv
难易指数	★☆☆☆☆
技术掌握	掌握微调器捕捉切换工具的使用方法

“微调器捕捉切换”工具主要用来设置3ds Max可调整参数中微调器单次单击的增加值或减少值。

01 在“创建”面板中单击“图形”按钮，然后单击“文本”按钮 文本 ，如图2-222所示。

02 在“参数”卷展栏下设置“大小”为100cm，然后在“文本”输入框中输入3ds Max 2014，接着在视图中单击鼠标左键创建好文字，如图2-223所示。

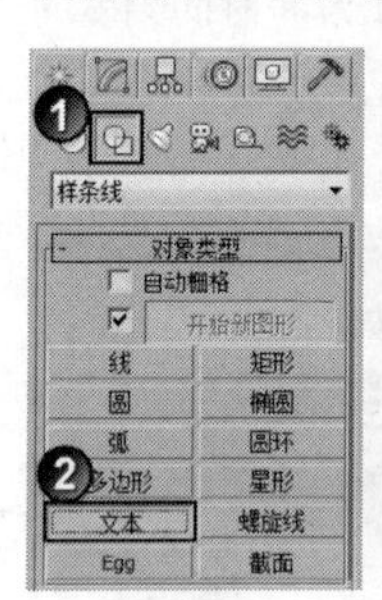

图2-222

图2-223

03 文字创建完成后如果需要微调文字的“大小”等参数（以调整“大小”参数为例），可以进入“修改”面板，然后单击“大小”选项后面的微调按钮，可以发现此时微调数值变化十分不规律，且小数点后面的数值十分凌乱，如图2-224所示。

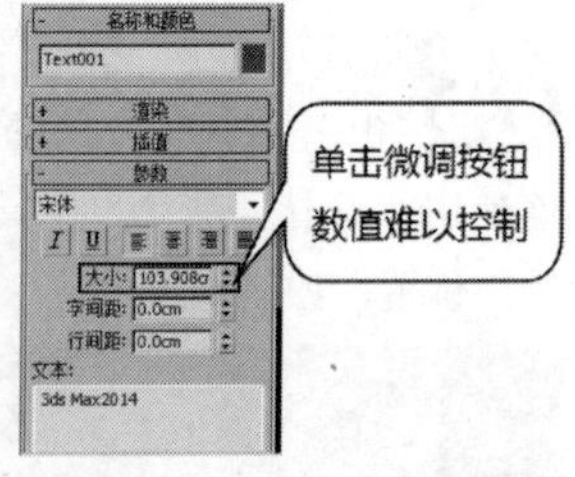

图2-224

04 为了使微调变得有规律，可以先在“微调整切换”工具上主单击鼠标右键，然后在弹出的“首选项设置”对话框中单击“常规”选项卡，接着设置“精度”为1小数（小数点后只保留一位数）、“捕捉”为20（每次单击微调按钮的更改值为20），如图2-225所示。

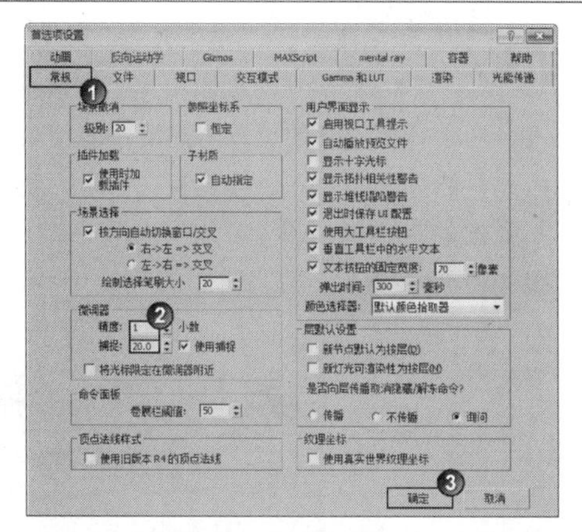

图2-225

05 经过步骤04的设置后激活“微调整切换”工具，然后单击“大小”选项后面的微调按钮，可以发现此时该数值会以20为增量进行变化，如图2-226所示。

图2-226

实战054 镜像工具

场景位置	DVD>场景文件>CH02>实战054.max
实例位置	DVD>实例文件>CH02>实战054.max
视频位置	DVD>多媒体教学>CH02>实战054.flv
难易指数	★☆☆☆☆
技术掌握	掌握如何镜像复制对象

使用“镜像”工具可以设定一个轴心，镜像出一个或多个副本对象。选中要镜像的对象后，单击“镜像”工具，可以打开“镜像:世界坐标”对话框，如图2-227所示。接下来学习该工具的具体使用方法。

01 打开光盘中的“场景文件>CH02>实战054.max”文件，如图2-228所示。

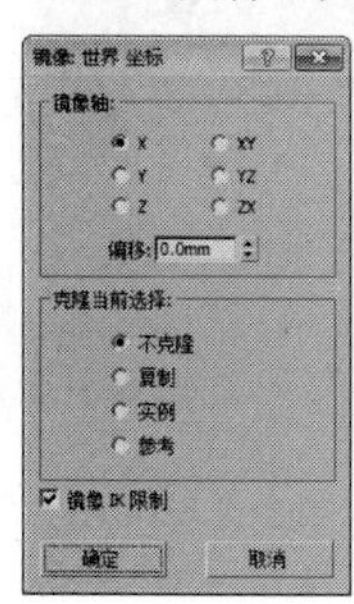

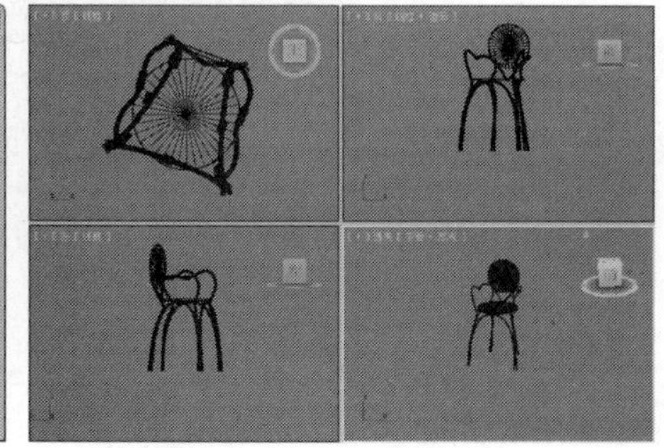

图2-227　　图2-228

02 选中椅子模型，然后在“主工具栏”中单击“镜像”按钮，接着在弹出的“镜像”对话框设置“镜像轴”为x轴、“偏移”为-120cm、“克隆当前选择”为“复制”，最后单击“确定”按钮，具体参数设置如图2-229所示，最终效果如图2-230所示。

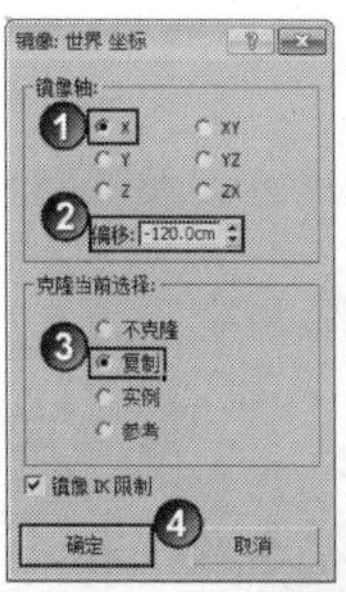

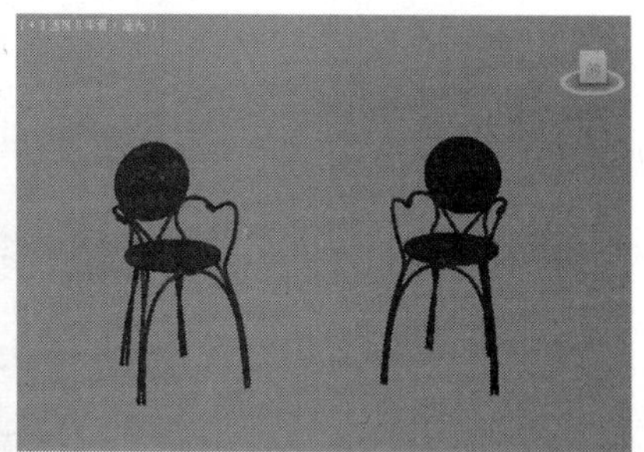

图2-229　　图2-230

实战055 对齐工具

场景位置	DVD>场景文件>CH02>实战055.max
实例位置	DVD>实例文件>CH02>实战055.max
视频位置	DVD>多媒体教学>CH02>实战055.flv
难易指数	★☆☆☆☆
技术掌握	掌握如何对齐对象

对齐工具包括6种，分别是“对齐”工具、“快速对齐”工具、“法线对齐”工具、“放置高光”工具、“对齐摄影机”工具和“对齐到视图”工具，如图2-231所示。

01 打开光盘中的“场景文件>CH02>实战055.max”文件，可以观察到本场景中左侧有两把椅子未整齐摆放，同时在右侧有一个需要摆放到台面中央的花瓶，如图2-232所示。

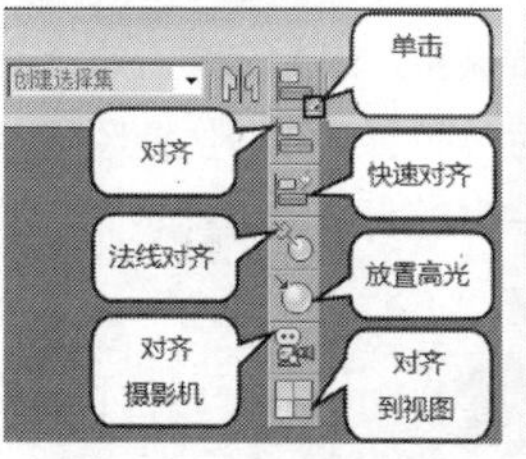

图2-231　　图2-232

02 选择左侧中间的座椅，然后在前视图中观察可以发现这把座椅仅位置上有偏移，高度与其他椅子一致，如图2-233所示。

03 在“主工具栏”中单击“对齐”按钮，然后在透视图中单击另外一把处于正常位置的椅子，如图2-234所示。

图2-233　　图2-234

04 由于这把座椅只在x轴上产生了位置偏移，因此在弹出的对话框中设置"对齐位置（世界）"为"x位置"、"当前对象"与"目标对象"均设置为"轴点"，最后单击"确定"按钮，如图2-235所示。对齐后的效果如图2-236所示。

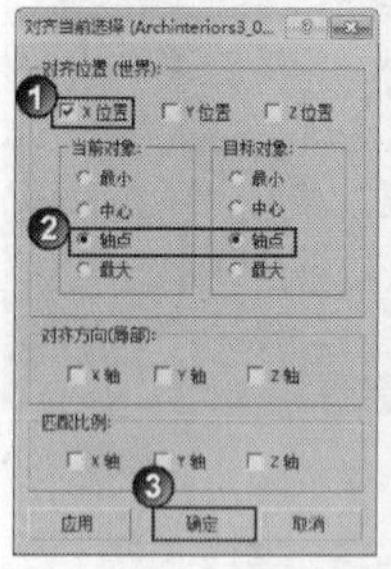

图2-235

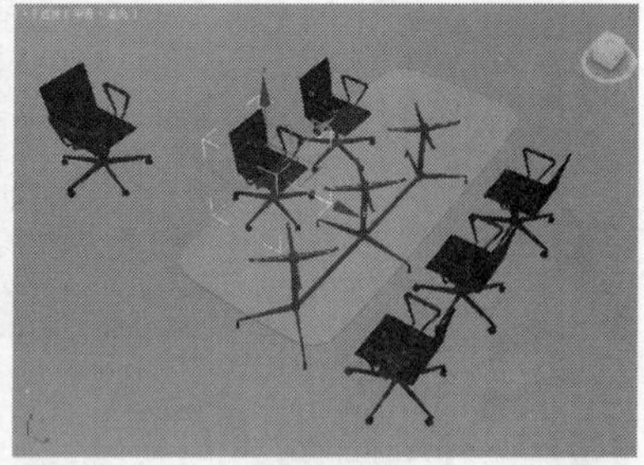

图2-236

05 选择左侧另一把座椅，然后在前视图中观察可以发现这把座椅的高度与位置均产生了偏移，如图2-237所示。

图2-237

06 在"主工具栏"中单击"对齐"按钮，然后在透视图中单击另外一把处于正常位置的椅子，由于这把座椅的位置与高度均需要调整，因此在弹出的对话框中设置"对齐位置(世界)"为"x位置"和"y位置"、"当前对象"与"目标对象"均设置为"轴点"，接着单击"确定"按钮，如图2-238所示。对齐后的效果如图2-239所示。

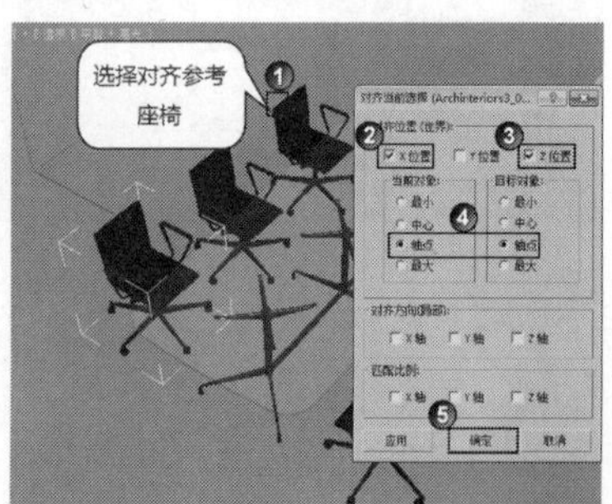

图2-238

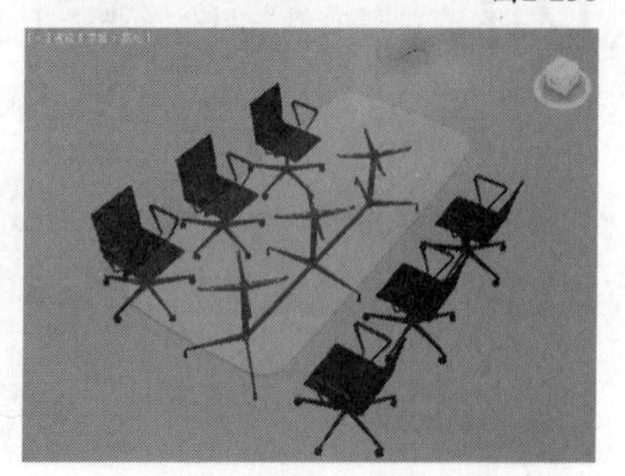

图2-239

07 选择花瓶，在"主工具栏"中单击"对齐"按钮，然后在透视图中单击玻璃桌面作为对齐参考，由于需要对齐的位置与高度不能使用相同对齐点，因此只能分两步对齐。首先将花瓶对齐到桌面的中心，在弹出的对话框中设置"对齐位置（世界）"为"x位置"和"y位置"、"当前对象"和"目标对象"均设置为"轴点"，然后单击"应用"按钮，如图2-240所示。

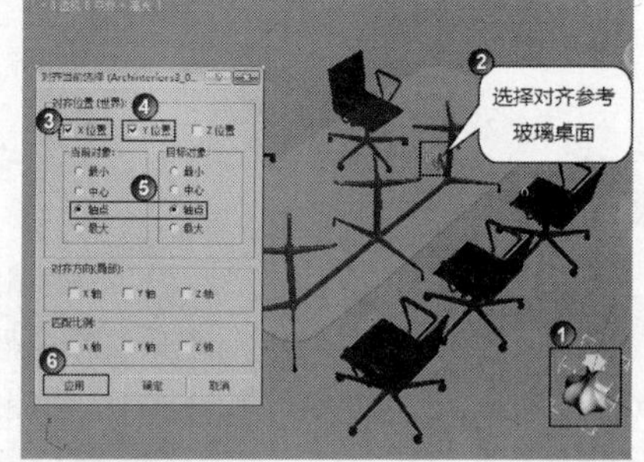

图2-240

08 对齐到中心位置后，下面将花瓶底部对齐到玻璃桌面的顶部。在"对齐当前选择"对话框中设置"对齐位置（世界）"为"z位置"、"当前对象"为"最小"、"目标对象"为"最大"，然后单击"确定"按钮，如图2-241所示，最终效果如图2-242所示。

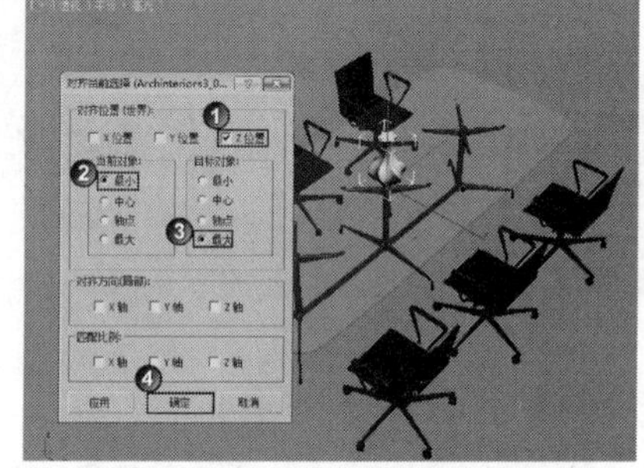

图2-241

图2-242

技巧与提示

其他类型的对齐工具在实际工作中基本不会用到，下面来简单介绍一下。

快速对齐：快捷键为Shift+A组合键，使用"快速对齐"方式可以立即将当前选择对象的位置与目标对象的位置进行对齐。如果当前选择的是单个对象，那么"快速对齐"

需要使用到两个对象的轴；如果当前选择的是多个对象或多个子对象，则使用“快速对齐”可以将选中对象的选择中心对齐到目标对象的轴。

法线对齐：快捷键为Alt+N组合键，“法线对齐”基于每个对象的面或是以选择的法线方向来对齐两个对象。要打开“法线对齐”对话框，首先要选择对齐的对象，然后单击对象上的面，接着单击第2个对象上的面，释放鼠标后就可以打开“法线对齐”对话框。

放置高光：快捷键为Ctrl+H组合键，使用“放置高光”方式可以将灯光或对象对齐到另一个对象，以便可以精确定位其高光或反射。在“放置高光”模式下，可以在任意视图中单击并拖动光标。

对齐摄影机：使用“对齐摄影机”方式可以将摄影机与选定的面法线进行对齐。“对齐摄影机”工具的工作原理与“放置高光”工具类似。不同的是，它是在面法线上进行操作，而不是入射角，并在释放鼠标时完成，而不是在拖曳鼠标期间时完成。

对齐到视图：“对齐到视图”方式可以将对象或子对象的局部轴与当前视图进行对齐。“对齐到视图”模式适用于任何可变换的选择对象。

实战056 对象名称与颜色

场景位置	DVD>场景文件>CH02>实战056.max
实例位置	无
视频位置	DVD>多媒体教学>CH02>实战056.flv
难易指数	★☆☆☆☆
技术掌握	掌握如何修改对象的名称与颜色

在3ds Max中创建的模型会自动根据对象类型进行命名，同时将随机分配颜色，在实例的制作中有时需要规范命名或统一模型颜色，以便于选择和管理。

01 打开光盘中的“场景文件>CH02>实战056.max”文件，然后选择场景的吊灯，在“命令”面板中可以查看到当前选定对象的名称与颜色，如图2-243所示。可以看到当前模型的命名与模型的功能并不相符。

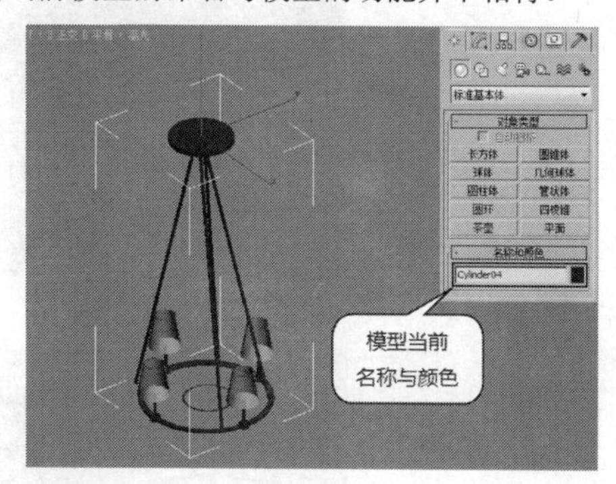

图2-243

技巧与提示

注意，在创建模型时，模型面与线显示的颜色会一致，但当模型被赋予材质后模型面会显示材质中设置的“漫反射”颜色与贴图纹理，但线的颜色会保持不变，如图2-244所示。

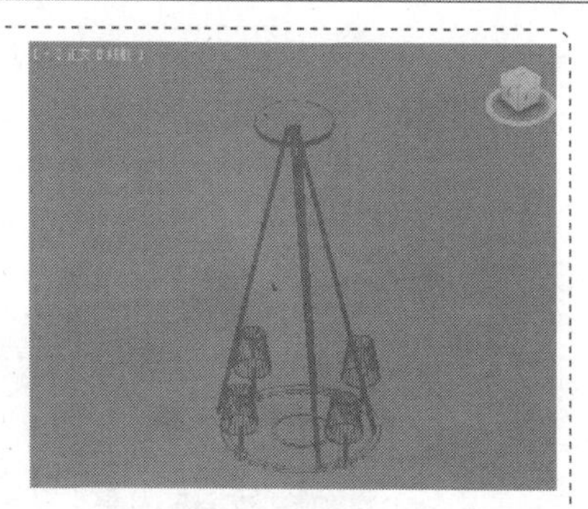

图2-244

02 如果要修改选定对象的名称，可以在“创建”面板下展开“名称和颜色”卷展栏，然后重新输入名称即可；如果要修改模型的颜色，可以单击名称后面的色块，然后在弹出的“对象颜色”对话框中重新选择一种颜色即可（本例选择黑色），如图2-245所示。调整完成之后，按F3键可以观察到模型的线框颜色已经变成了黑色，如图2-246所示。

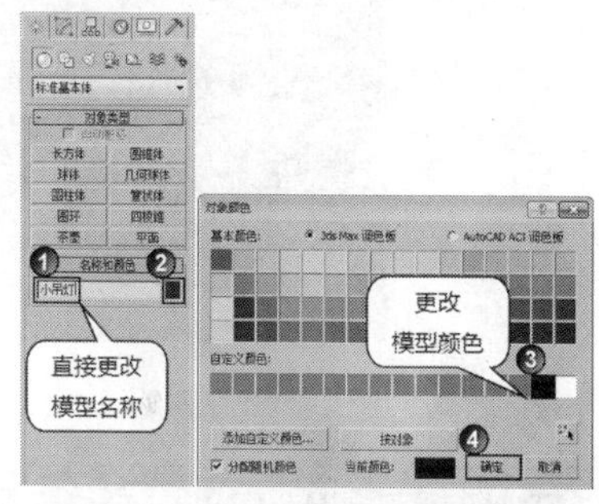

图2-245

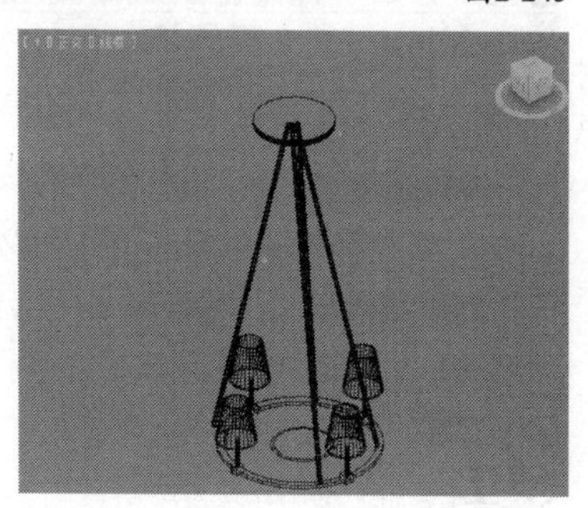

图2-246

技巧与提示

在实际工作中创建大型的场景时，如果模型均保持随机分配的颜色，则在线框模式下选择模型时会觉得场景相当繁杂，不但不利于选择，而且容易造成视觉疲劳，如图2-247所示。

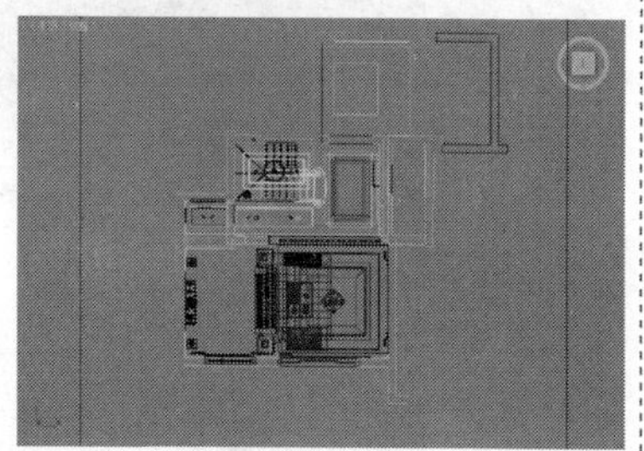

图2-247

考虑到模型在选择状态下会以白色进行显示，为了突出选择模型，可以按Ctrl+A组合键全选场景模型，然后整体调整为黑色，如图2-248所示。调整完成后再选择模型可以十分清楚地观察到选择对象，同时场景也显得整洁了许多，如图2-249所示。

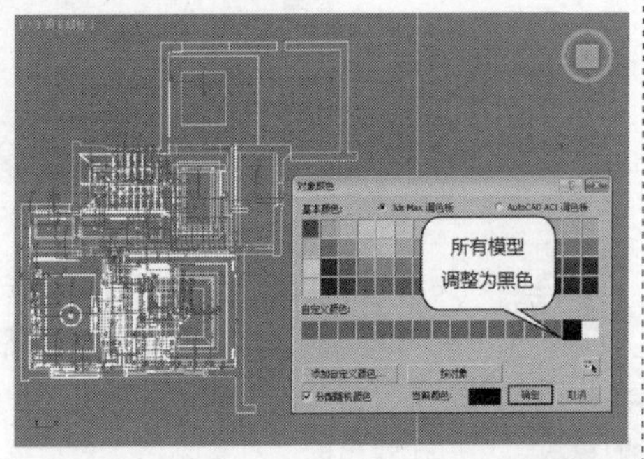

图2-248

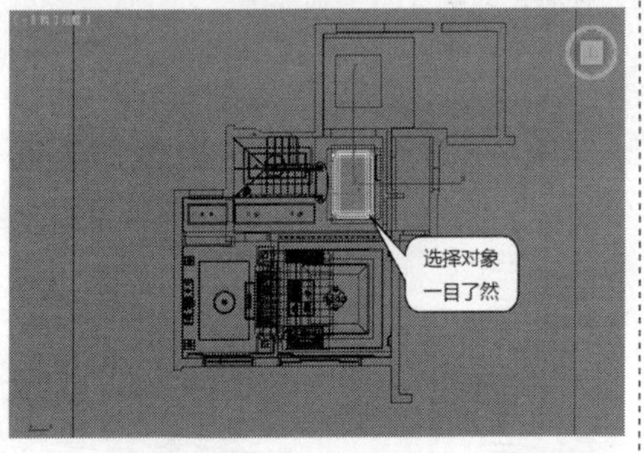

图2-249

实战057 对象的隐藏与显示

场景位置	DVD>实例文件>CH02>实战057.max
实例位置	无
视频位置	DVD>多媒体教学>CH02>实战057.flv
难易指数	★☆☆☆☆
技术掌握	掌握如何隐藏对象与显示出隐藏的对象

隐藏功能非常重要，有的物体会被其他物体遮挡住，这时就可以使用隐藏功能将其暂时隐藏起来，待处理好场景后再将其显示出来。

01 打开光盘中的“场景文件>CH02>实战057.max”文件，如图2-250所示。

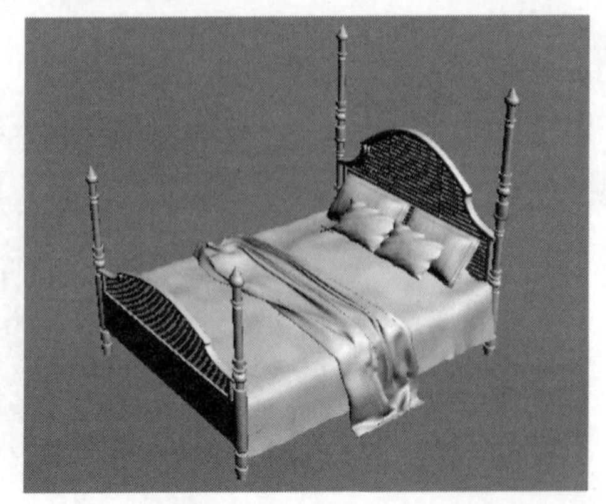
图2-250

02 如果需要将床单隐藏起来，可以先选择床单，然后单击鼠标右键，接着在弹出的菜单中选择“隐藏当前选择”命令，如图2-251所示，隐藏床单后的效果如图2-252所示。

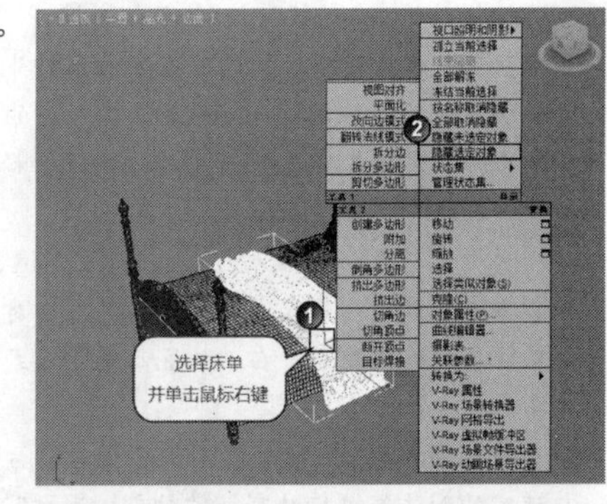

图2-251

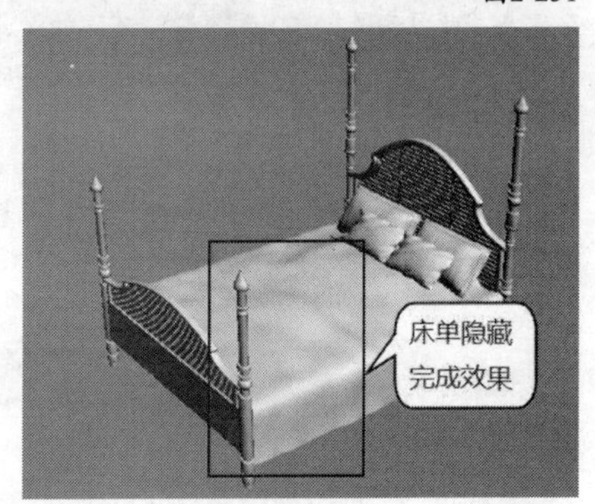

图2-252

03 如果只想在视图中显示出枕头模型，可以先选择除了枕头外的所有物体，然后再按下Ctrl+I组合键反选对象，接下来单击鼠标右键并在弹出的菜单中选择“隐藏未选定对象”命令，如图2-253所示，效果如图2-254所示。

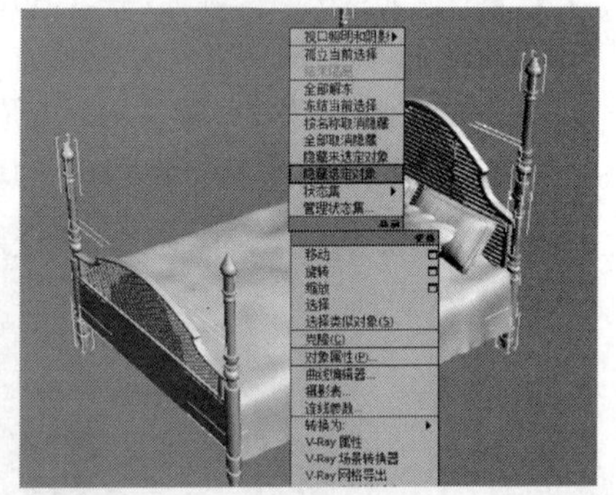
图2-253

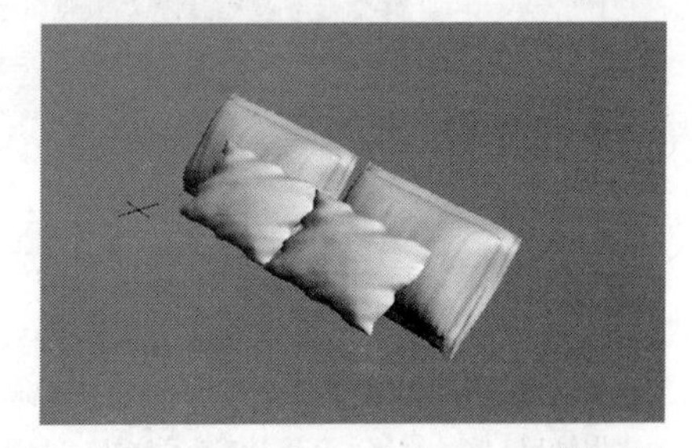
图2-254

技巧与提示

隐藏枕头模型还有另外一种更为简便的方法。先选择枕头模型，然后单击鼠标右键，接着在弹出的菜单中选择“隐藏未选定对象”命令，如图2-255所示。

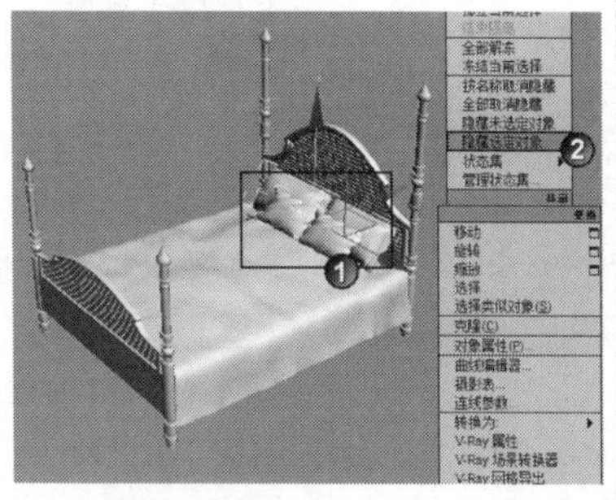

图2-255

04 如果想要将隐藏的模型显示出来，可以单击鼠标右键，然后在弹出的菜单中选择“全部取消隐藏”命令，如图2-256所示，效果如图2-257所示。

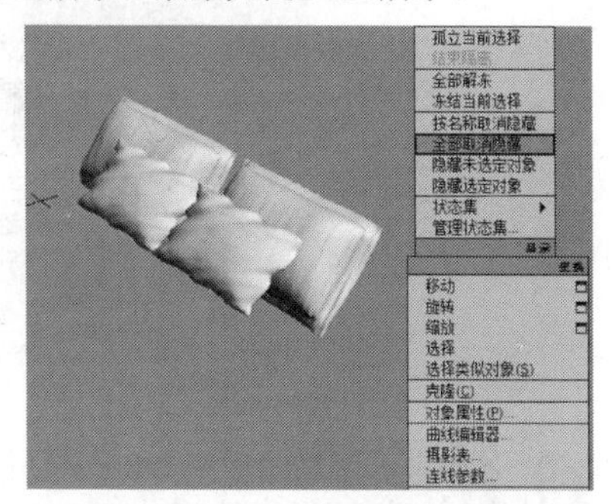

图2-256

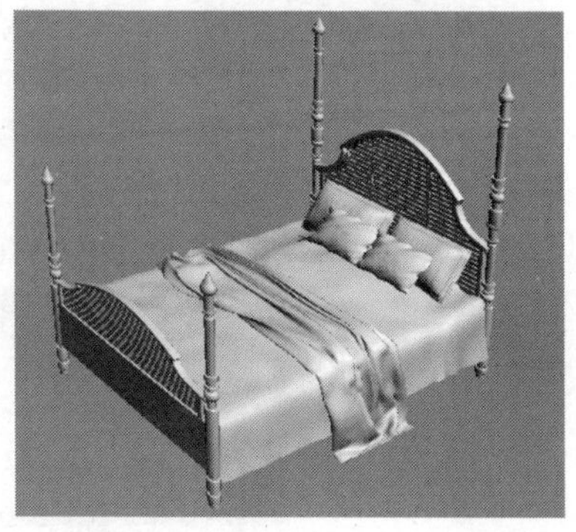

图2-257

技巧与提示

在3ds Max中，除了选择对象通过命令隐藏外，还可以通过快捷键快速隐藏或显示某一类型的对象，各快捷键隐藏或显示对应的对象类型如下所示。

Shift+C：隐藏/显示摄影机。

Shift+G：隐藏/显示几何体。

Shift+L：隐藏/显示灯光。

Shift+P：隐藏/显示粒子系统。

Shift+W：隐藏/显示空间扭曲物体。

Shift+H：隐藏/显示辅助物体。

实战058 对象的冻结与解冻

场景位置	DVD>场景文件>CH02>实战058.max
实例位置	无
视频位置	DVD>多媒体教学>CH02>实战058.flv
难易指数	★☆☆☆☆
技术掌握	掌握如何冻结与解冻对象

在实际工作中，有很多模型是相互靠在一起的，这时如果想要操作其中一部分对象，可以先将其冻结起来，待处理完其他对象后再将其解冻。

01 打开光盘中的“场景文件>CH02>实战058.max”文件，如图2-258所示。

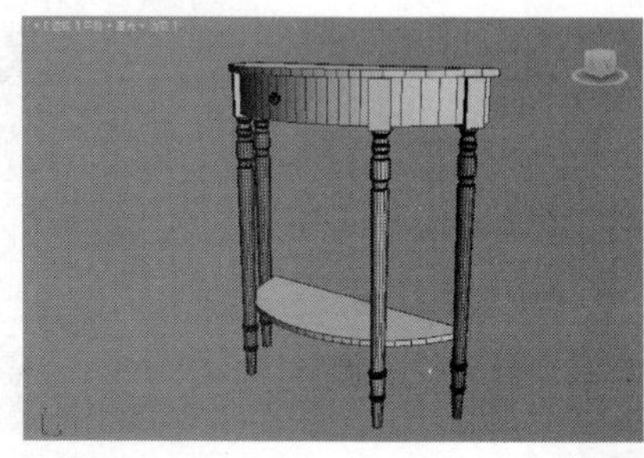

图2-258

02 如果要将腿部对象冻结起来，可以先选择腿部模型，然后单击鼠标右键，接着在弹出的菜单中选择“冻结当前选择”命令，如图2-259所示。

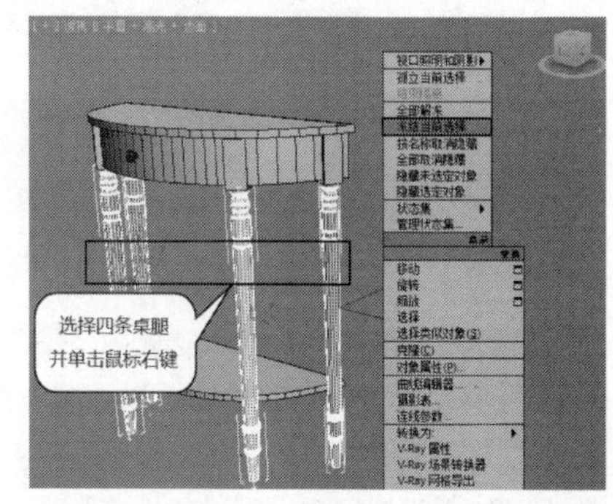

图2-259

技巧与提示

将腿部模型冻结后，这部分模型将不能进行任何操作，这样就方便了对其他模型的操作，如图2-260所示。

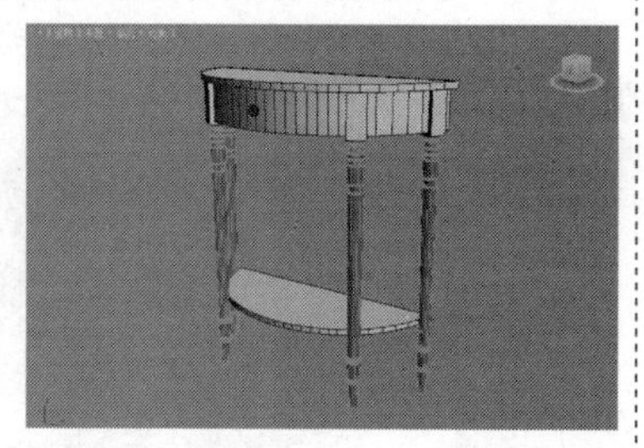

图2-260

03 如果将冻结的腿部模型进行解冻，可以单击鼠标右键，然后在弹出的菜单中选择“全部解冻”命令，如图2-261所示，解冻后的效果如图2-262所示。

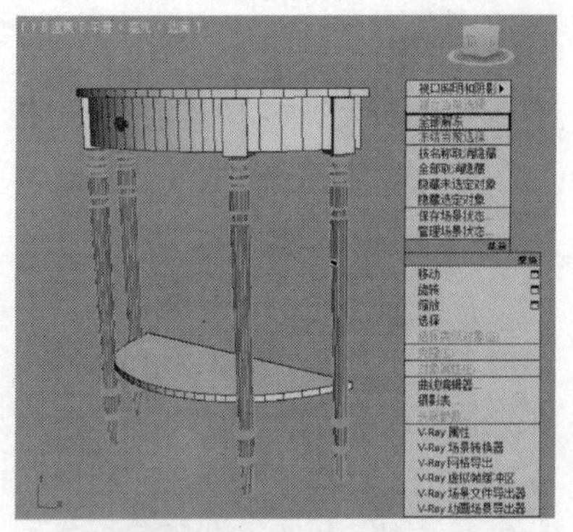

图2-261

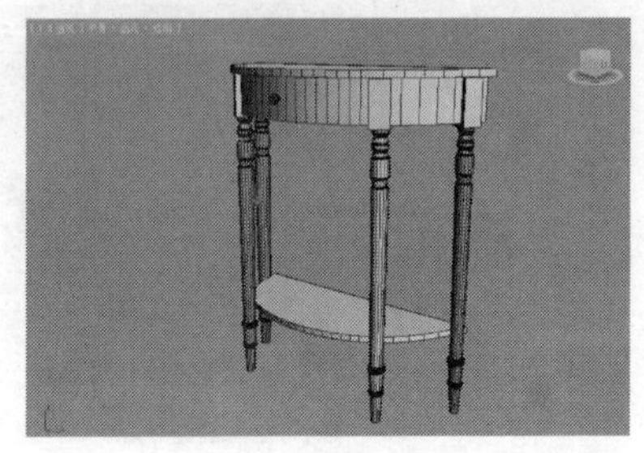

图2-262

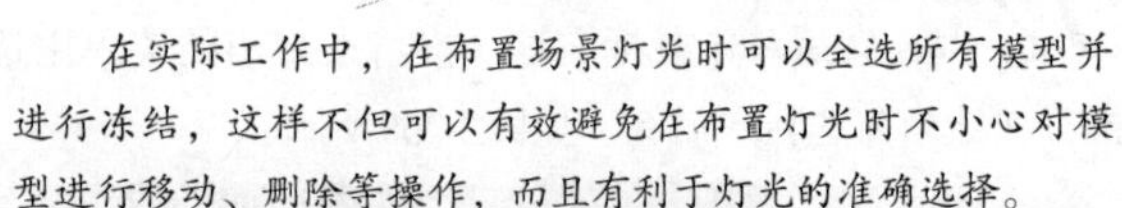

技巧与提示

在实际工作中，在布置场景灯光时可以全选所有模型并进行冻结，这样不但可以有效避免在布置灯光时不小心对模型进行移动、删除等操作，而且有利于灯光的准确选择。

实战059 对象的成组与解组

场景位置	DVD>场景文件>CH02>实战059.max
实例位置	无
视频位置	DVD>多媒体教学>CH02>实战059.flv
难易指数	★☆☆☆☆
技术掌握	掌握对象的成组与解组方法

两个或两个以上的对象可以编成一个组，成组后对象可以进行整体操作，如移动、旋转等。当然成组的对象也可以进行解组。

01 打开光盘中的“场景文件>CH02>实战059.max”文件，如图2-263所示。这是一个由若干个长方体组成的木架，此时如果要对同一部分的长方体进行操作（如底部搁架），选择起来会比较麻烦，因此最好通过编组的方法将其编为一组。

图2-263

02 选择底部搁架相关的长方体，然后执行“组>成组”菜单命令，接着在弹出的对话框中将“组名”命名为“底部搁架”，最后单击“确定”按钮 确定 ，如图2-264和图2-265所示。

图2-264

图2-265

03 将对象编成一组后，只要选择其中任何一个长方体，处于该组中的所有长方体都将被选中，这样就非常方便进行操作，如图2-266所示。

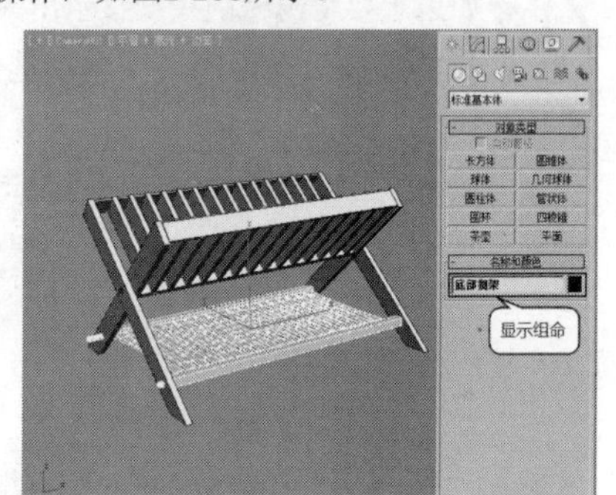

图2-266

04 如果需要单独调整组内的模型，可以选择该组中的对象，然后执行“组>解组”菜单命令，如图2-267所示，解组完成后即可任意选择到组内的模型，如图2-268所示。

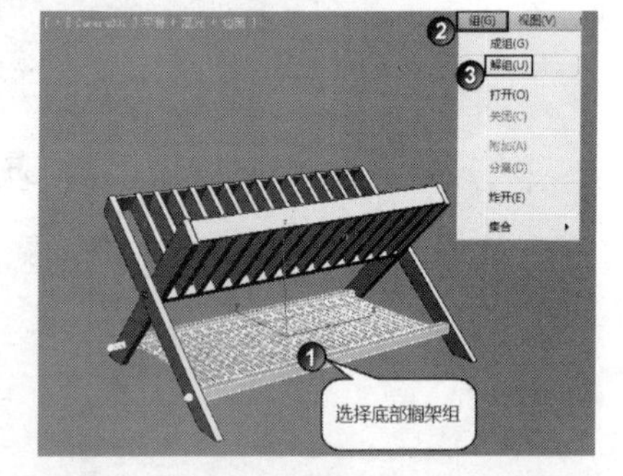

图2-267

图2-268

05 对于本场景中的模型，还可以逐步将主支架与顶部搁架单独创建为组，如图2-269所示，同时还可以选择这3个组再执行“成组”命令，以“木架”组与这3个组一起编为嵌套的组，如图2-270所示。

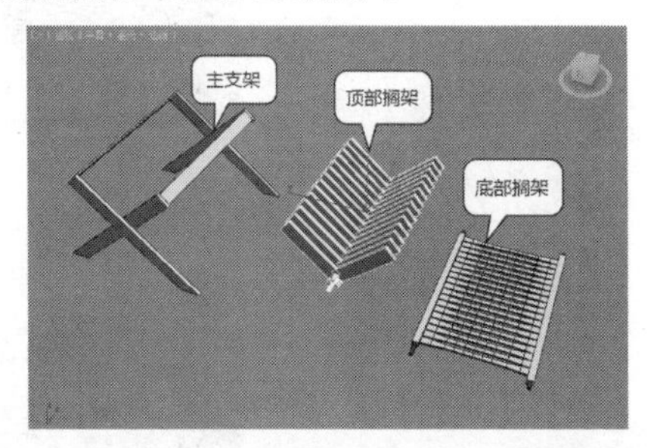

图2-269

图2-270

06 创建好嵌套组以后，执行“组>解组”菜单命令，可以将最外层的组（本例为“木架”）解开，但下一层的组仍将保留，如图2-271和图2-272所示。

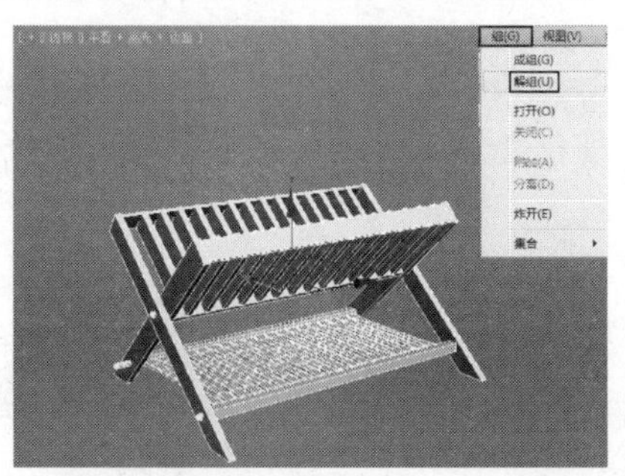

图2-271

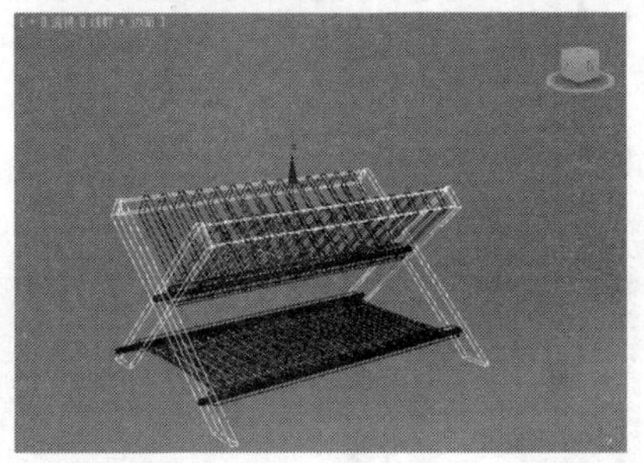

图2-272

07 如果要一次性解开所有的组，可以执行“组>炸开”菜单命令，如图2-273所示。炸开完成后模型将恢复到最初的单独状态，如图2-274所示。

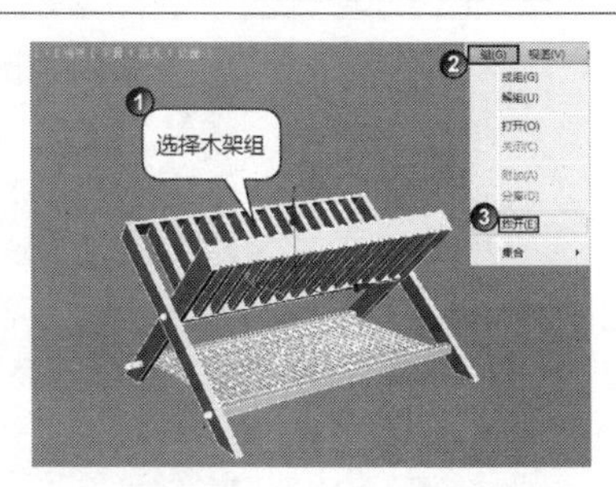

图2-273

图2-274

08 当场景中存在多个组时，如果想要其中的某些组合并成一个嵌套组，可以先执行“组>附加”菜单命令，如图2-275所示，然后单击需要附加的组即可，如图2-276和图2-277所示。

图2-275

图2-276

图2-277

09 如果要将嵌套组中的某些组分离出去，可以先执行“组>打开”菜单命令，如图2-278所示，然后选择要分离出去的组，接着执行“组>分离”菜单命令即可，如图2-279和图2-280所示。

图2-278

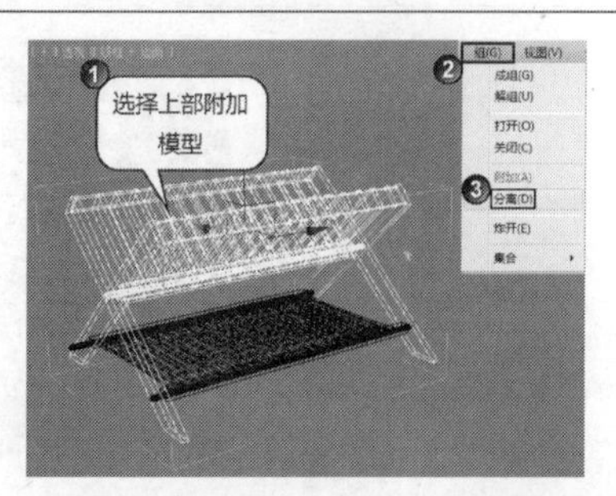

图2-279

图2-280

10 成功分离出目标组以后，还需选择之前打开的组，执行“组>关闭”菜单命令将其关闭，如图2-281和图2-282所示。

图2-281

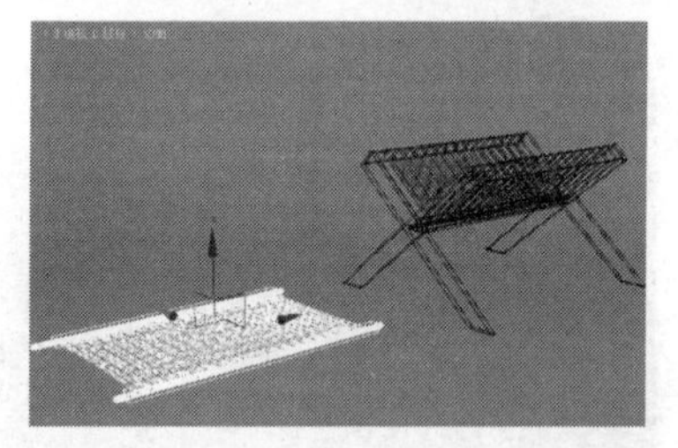

图2-282

实战060 创建选择集

场景位置	DVD>场景文件>CH02>实战060.max
实例位置	DVD>实例文件>CH02>实战060.max
视频位置	DVD>多媒体教学>CH02>实战060.flv
难易指数	★☆☆☆☆
技术掌握	掌握如何创建选择集

在3ds Max中可以将相关的模型编为选择集，在后面的操作中如果需要选择该选择集中的模型，只需要选择到选择集名称即可。选择集与组有类似的功能，但选择集的使用更为灵活。

01 打开光盘中的“场景文件>CH02>060.max”文件，如图2-283所示。

图2-283

02 按Ctrl+A组合键全选模型，然后在“主具栏”中的“创建选择集”输入框 创建选择集 中直接输入名称“床整体”，接着按回车键确认，如图2-284所示。

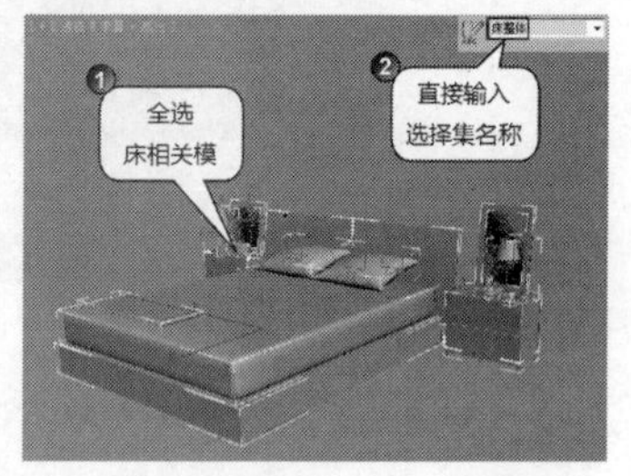

图2-284

03 逐步选择左右两侧的床头柜，然后通过相同的方法创建好对应名称的选择集，如图2-285和图2-286所示。

图2-285

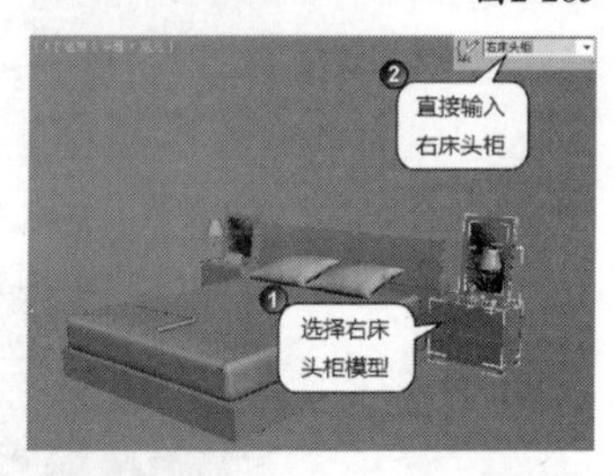

图2-286

04 以上选择集创建完成后，单击任意模型仍可以单独选择到这些模型，如图2-287所示。

05 如果要整体选择到之前创建好的选择集中的模型（如右床头柜），只需要单击“创建选择集”后面的下拉按钮▾选择到对应名称即可，如图2-288所示。

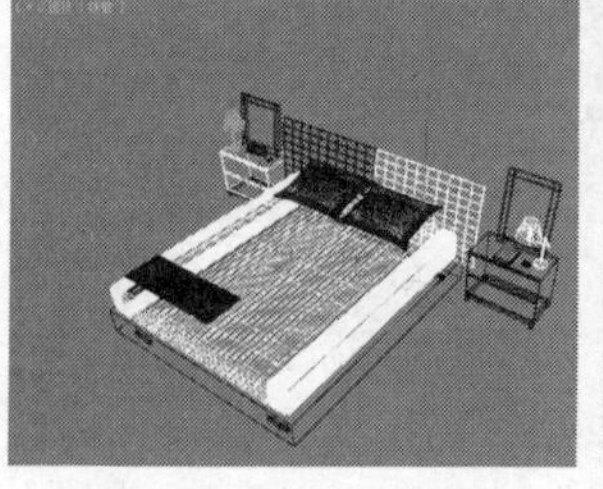

图2-287

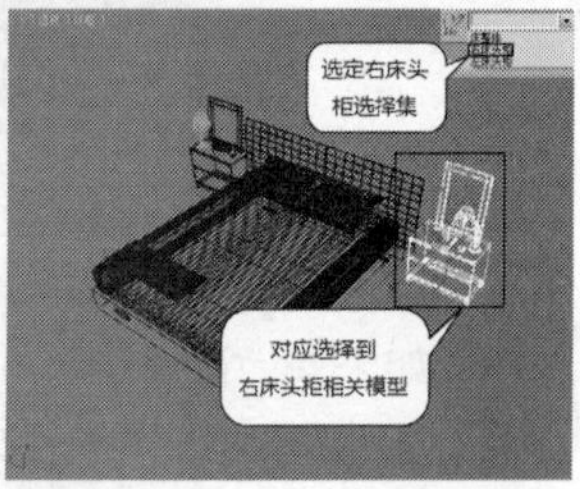

图2-288

第3章
内置几何体建模

学习要点：标准基本体建模工具 / 扩展基本体建模工具 / 复合对象建模工具 / 门、窗、栏杆和楼梯的创建方法 / 代理物体的创建方法

家装造型设计师

工业造型设计师

室内设计表现师

建筑设计表现师

实战061 简约茶几

场景位置	无
实例位置	DVD>实例文件>CH03>实战061.max
视频位置	DVD>多媒体教学>CH03>实战061.flv
难易指数	★☆☆☆☆
技术掌握	长方体工具、圆柱体工具

简约茶几模型如图3-1所示。

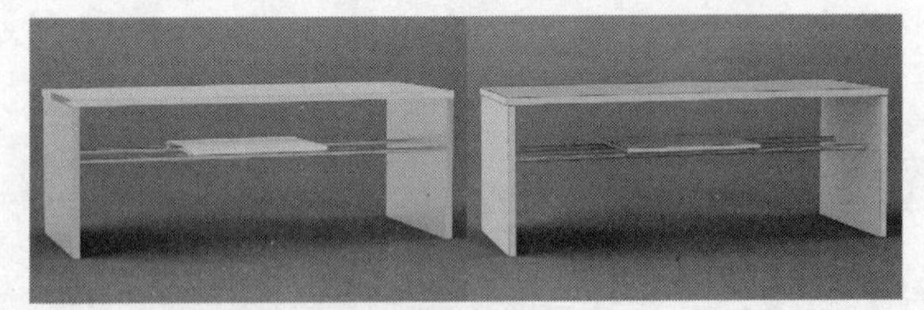

图3-1

01 下面创建桌面模型。在“命令”面板中单击“创建”按钮，进入“创建”面板，然后单击“几何体”按钮，接着设置几何体类型为“标准基本体”，再单击“长方体”按钮 长方体 ，如图3-2所示。

02 使用“长方体”工具 长方体 在场景中创建一个长方体，然后在“命令”面板中单击“修改”按钮，进入“修改”面板，接着在“参数”卷展栏下设置“长度”为120mm、“宽度”为280mm、“高度”为5mm，具体参数设置如图3-3所示。

图3-2

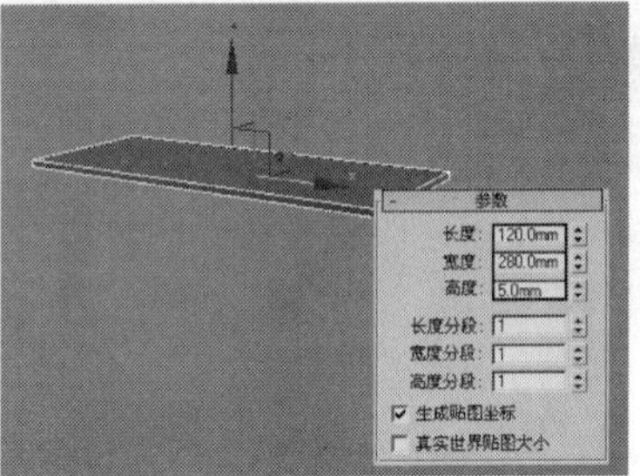

图3-3

技巧与提示

在创建模型之前，首先要设置场景的单位。单位的设置方法在前面的章节中已经讲解过，用户可以参考相关内容进行设置。

03 继续使用“长方体”工具 长方体 在场景中创建一个长方体，然后在“参数”卷展栏下设置“长度”为80mm、“宽度”为100mm、“高度”为3mm，具体参数设置及模型如图3-4所示。

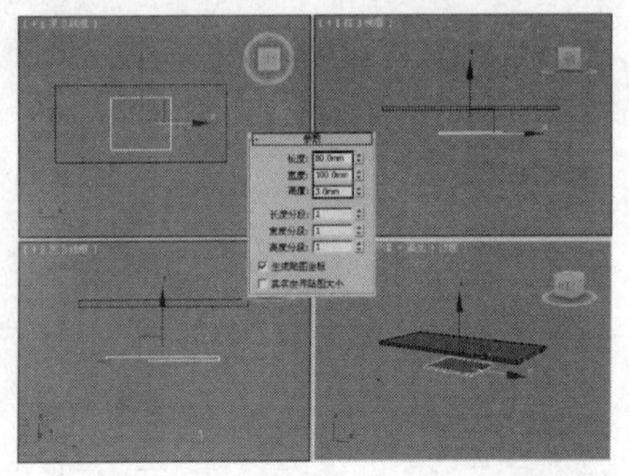

图3-4

04 下面创建腿部模型。使用“长方体”工具 长方体 在场景中创建一个长方体，然后在“参数”卷展栏下设置“长度”为120mm、“宽度”为100mm、“高度”为5mm，模型位置如图3-5所示，接着按住Shift键使用“选择并移动”工具移动复制一个长方体到另外一侧，如图3-6所示。

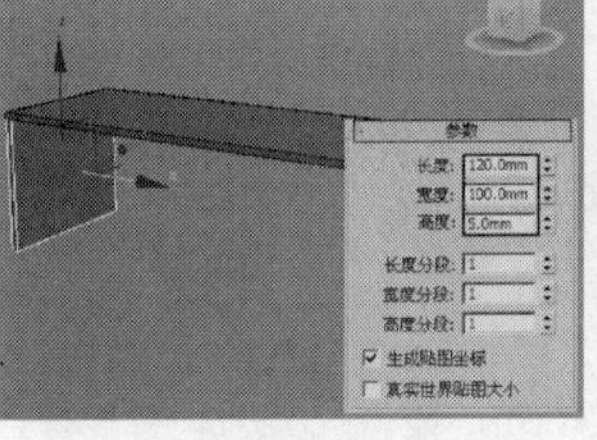

图3-5

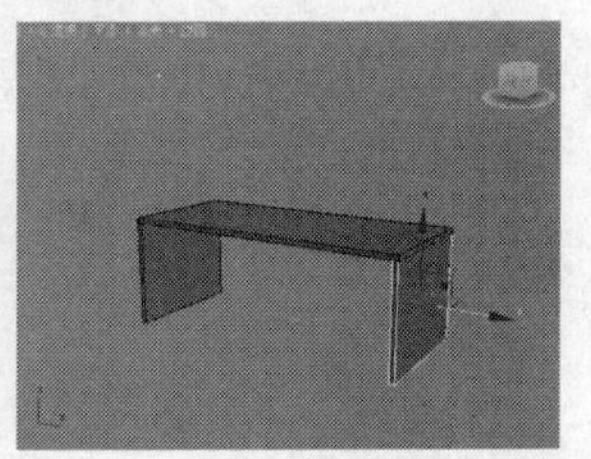

图3-6

05 在“创建”面板中单击“圆柱体”按钮 圆柱体 ，然后在场景中创建一个圆柱体，接着在“参数”卷展栏下设置“半径”为2mm、“高度”为-270mm，具体参数设置及模型位置如图3-7所示。

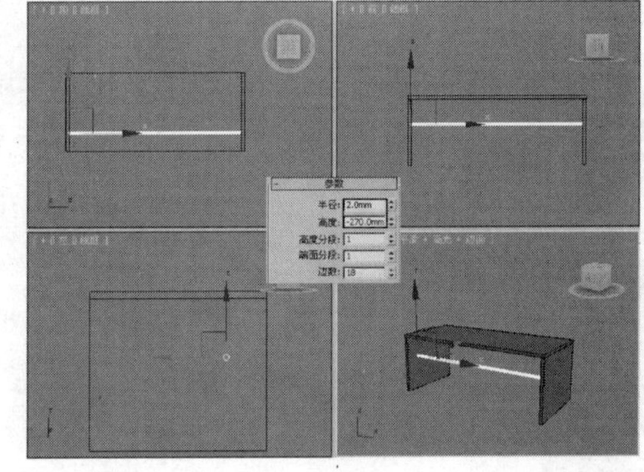

图3-7

技巧与提示

在调整模型位置时，可以在各个视图中进行调整，这样调整出来的模型位置才更加精确。

06 按住Shift键使用“选择并移动”工具移动复制一个圆柱体到如图3-8所示的位置。

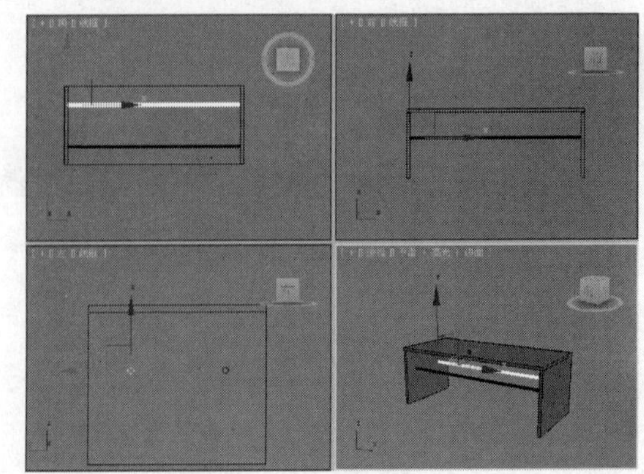

图3-8

07 使用“长方体”工具 长方体 在两个圆柱体的上面创建一个长方体，然后在“参数”卷展栏下设置“长度”为80mm、“宽度”为100mm、“高度”为3mm，具体参数设置及模型位置如图3-9所示，最终效果如图3-10所示。

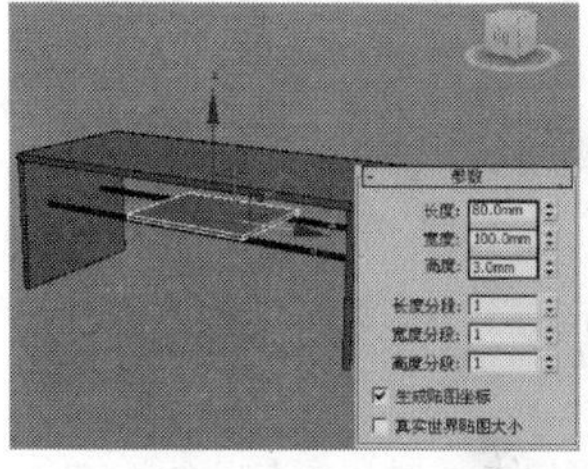
图3-9

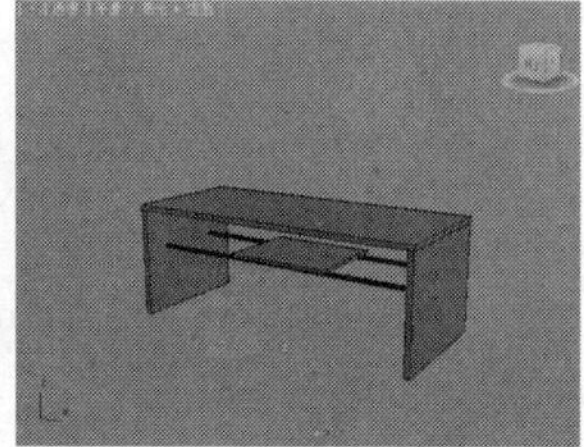
图3-10

技巧与提示

这里省略了一个步骤，在制作完场景后，需要将其保存起来。保存场景的方法在前面的章节中已经讲解过，用户可以参考相关内容进行保存。

实战062 置物架

场景位置	无
实例位置	DVD>实例文件>CH03>实战062.max
视频位置	DVD>多媒体教学>CH03>实战062.flv
难易指数	★☆☆☆☆
技术掌握	长方体工具、镜像工具

置物架模型如图3-11所示。

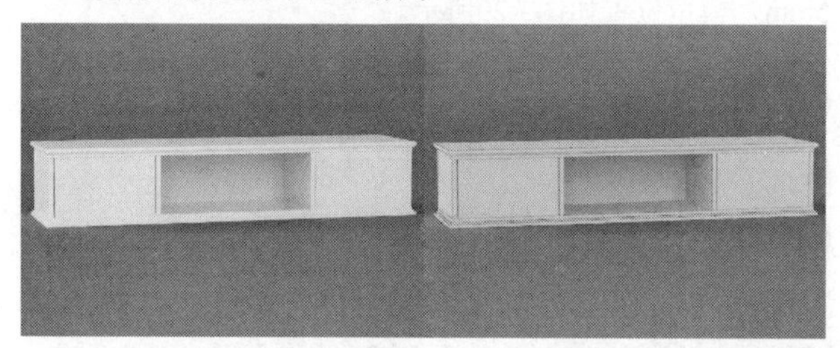
图3-11

01 下面创建隔板模型。使用“长方体”工具 长方体 在场景中创建一个长方体，然后在“参数”卷展栏下设置“长度”为60mm、“宽度”为230mm、“高度”为3mm，如图3-12所示。

02 使用“长方体”工具 长方体 在场景中创建一个长方体，然后在“参数”卷展栏下设置“长度”为58mm、“宽度”为228mm、“高度”为1.5mm，模型位置如图3-13所示。

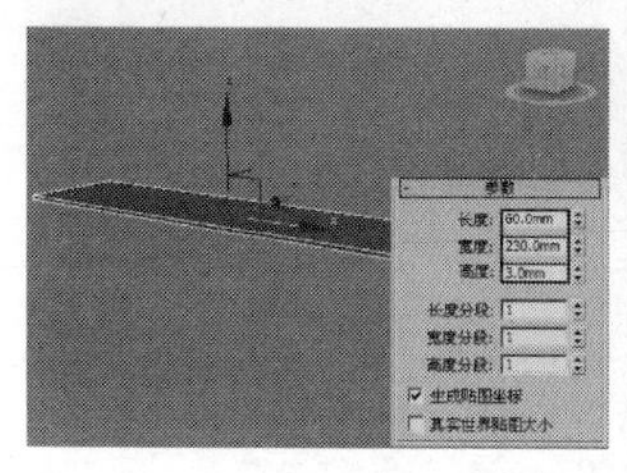
图3-12

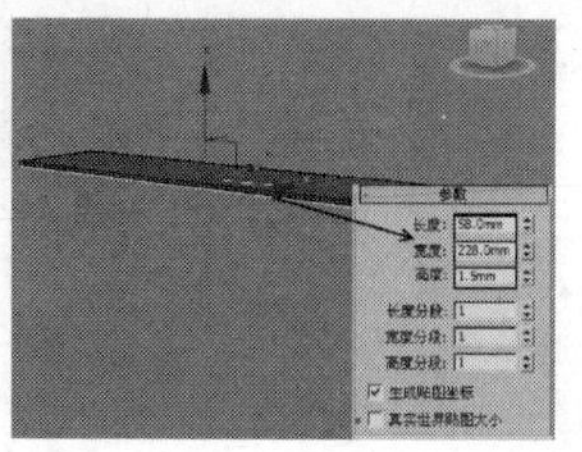
图3-13

03 选择创建好的两个长方体，然后在“主工具栏”中单击“镜像”按钮，接着在弹出的对话框中设置“镜像轴”为z轴、“偏移”为-40mm、“克隆当前选择”为“复制”，如图3-14所示。

04 使用“长方体”工具 长方体 在场景中创建一个长方体，然后在“参数”卷展栏下设置“长度”为56mm、“宽度”为226mm、“高度”为3mm，模型位置如图3-15所示。

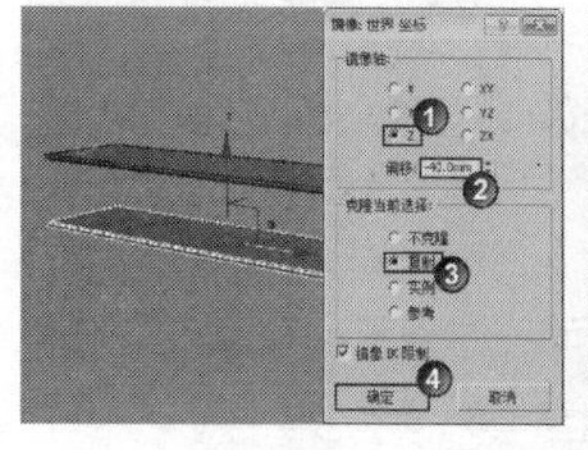
图3-14

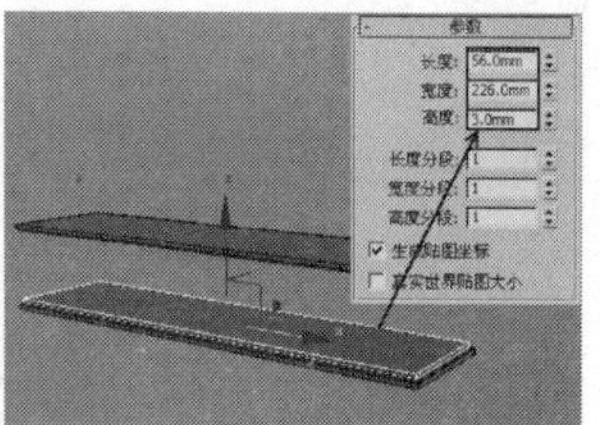
图3-15

05 使用“选择并移动”工具选择上一步创建的长方体，然后按住Shift键移动复制一个长方体到如图3-16所示的位置。

06 下面创建抽屉模型。使用“长方体”工具 长方体 在隔板之间中创建一个长方体，然后在“参数”卷展栏下设置“长度”为56mm、“宽度”为55mm、“高度”为3mm，模型位置如图3-17所示。

图3-16

图3-17

07 使用“选择并移动”工具选择上一步创建的长方体，然后按住Shift键移动复制3个长方体到如图3-18所示的位置。

08 使用“长方体”工具 长方体 在背面创建一个长方体，然后在“参数”卷展栏下设置“长度”为55mm、“宽度”为226mm、“高度”为3，模型位置如图3-19所示。

图3-18

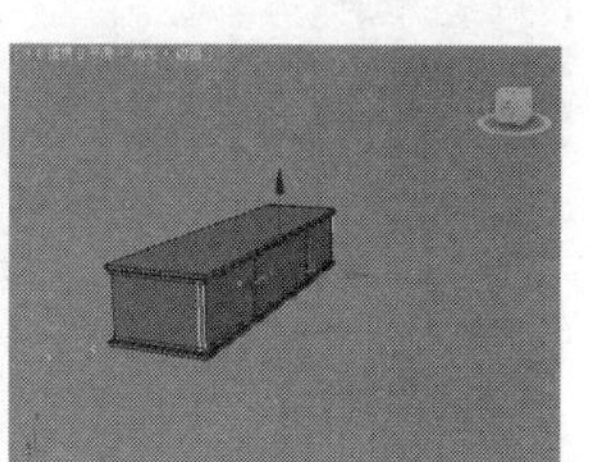
图3-19

09 继续使用“长方体”工具 长方体 在抽屉之间创建一个长方体，然后在“参数”卷展栏下设置“长度”为60mm、“宽度”为55mm、“高度”为3mm，模型位置如图3-20所示。

10 使用“选择并移动”工具选择上一步创建的长方体，然后按住Shift键移动复制一个长方体到另外一个抽屉处，最终效果如图3-21所示。

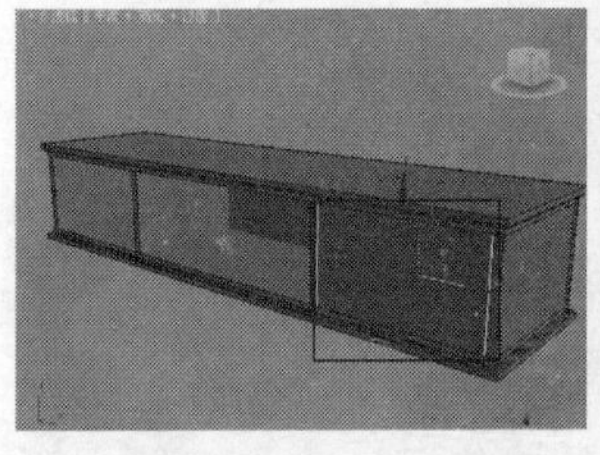
图3-20

图3-21

实战063 组合茶几

场景位置	无
实例位置	DVD>实例文件>CH03>实战063.max
视频位置	DVD>多媒体教学>CH03>实战063.flv
难易指数	★☆☆☆☆
技术掌握	长方体工具、移动复制功能

组合茶几模型如图3-22所示。

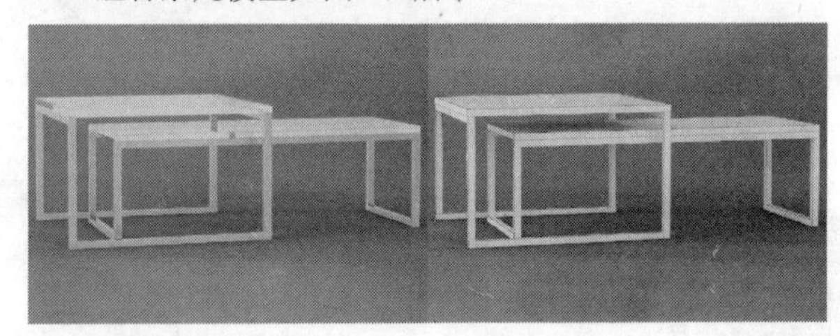
图3-22

01 下面创建桌面模型。使用“长方体”工具 长方体 在场景中创建一个长方体，然后在“参数”卷展栏下设置“长度”为150mm、“宽度”为150mm、“高度”为5mm，如图3-23所示。

02 继续使用“长方体”工具 长方体 在场景中创建一个长方体，然后在“参数”卷展栏下设置“长度”为100mm、“宽度”为240mm、“高度”为5mm，如图3-24所示。

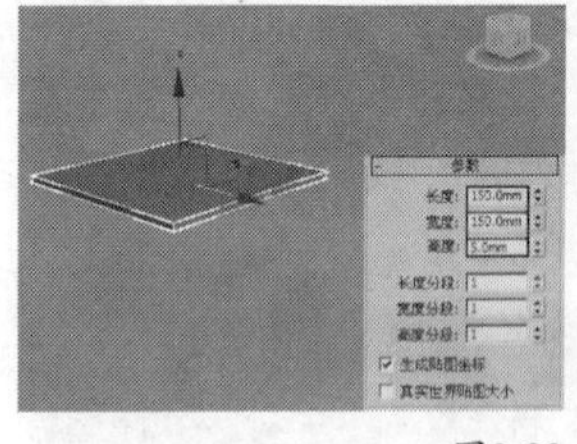

图3-23

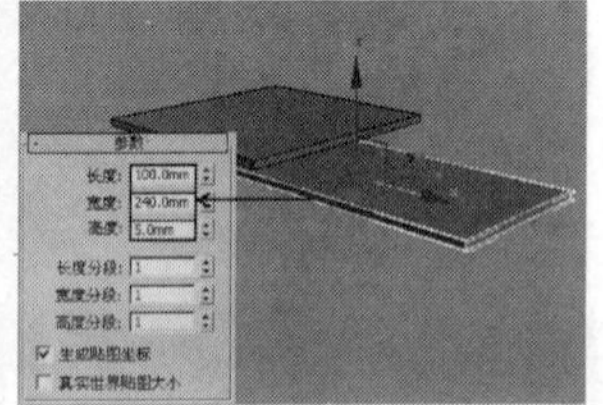

图3-24

03 下面创建腿部模型。使用“长方体”工具 长方体 在桌面边缘创建一个长方体，然后在“参数”卷展栏下设置“长度”为150mm、“宽度”为5mm、“高度”为5mm，模型位置如图3-25所示。

04 选择上一步创建的长方体，然后复制3个长方体到如图3-26所示的位置。

图3-25

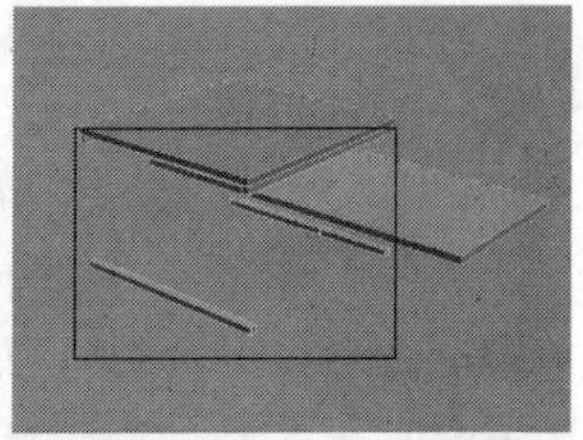
图3-26

05 使用“长方体”工具 长方体 在桌面角底部创建一个长方体，然后在“参数”卷展栏下设置“长度”为90mm、“宽度”为5mm、“高度”为5mm，模型位置如图3-27所示。

06 选择上一步创建的长方体，然后复制3个长方体到如图3-28所示的位置。

图3-27

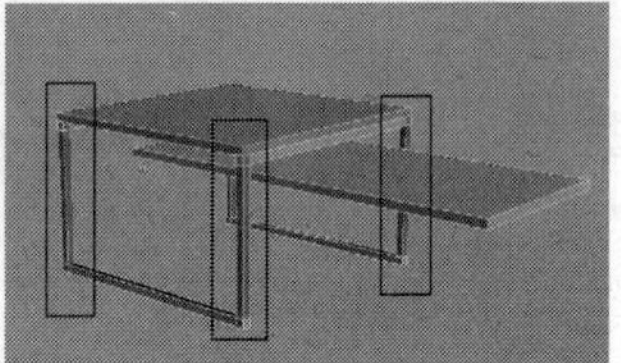
图3-28

07 使用“长方体”工具 长方体 在两条桌腿之间创建一个长方体，然后在“参数”卷展栏下设置“长度”为240mm、“宽度”为5mm、“高度”为5mm，模型位置如图3-29所示。

08 选择上一步创建的长方体，然后复制一个长方体到另一侧，如图3-30所示。

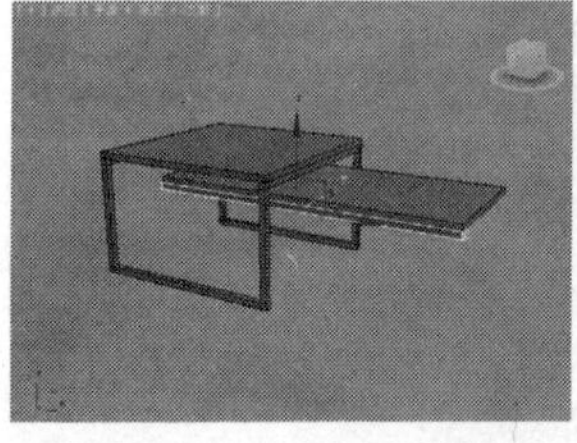
图3-29

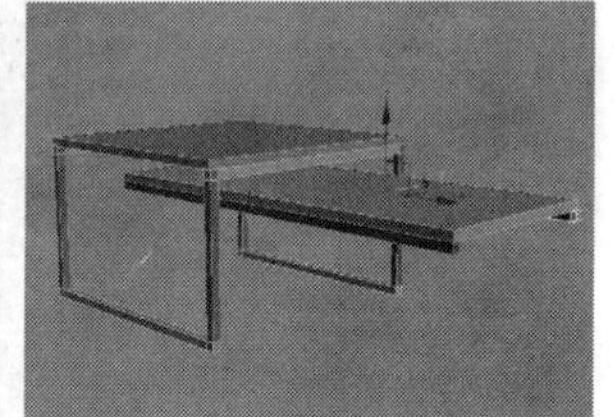
图3-30

09 使用“长方体”工具 长方体 在场景中创建一个长方体，然后在“参数”卷展栏下设置“长度”为100mm、“宽度”为5mm、“高度”为5mm，模型位置如图3-31所示。

10 选择上一步创建的长方体，然后复制一个长方体到如图3-32所示的位置。

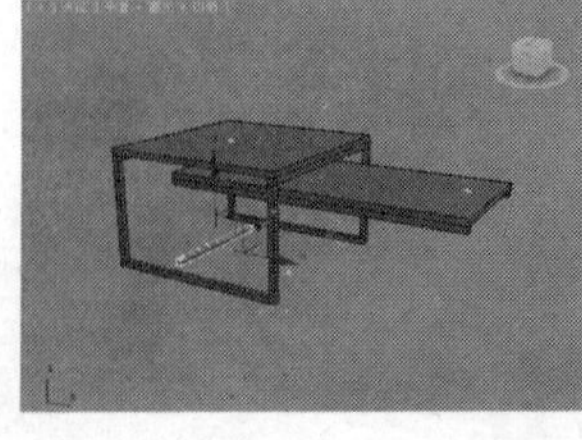
图3-31

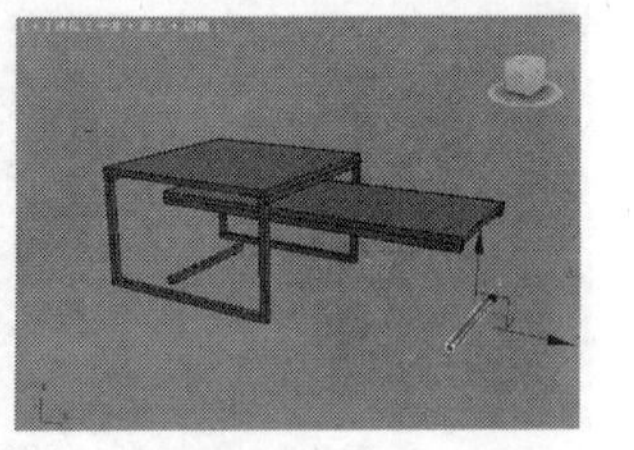
图3-32

11 继续使用“长方体”工具 长方体 创建剩余的支架，完成后的效果如图3-33所示，最终效果如图3-34所示。

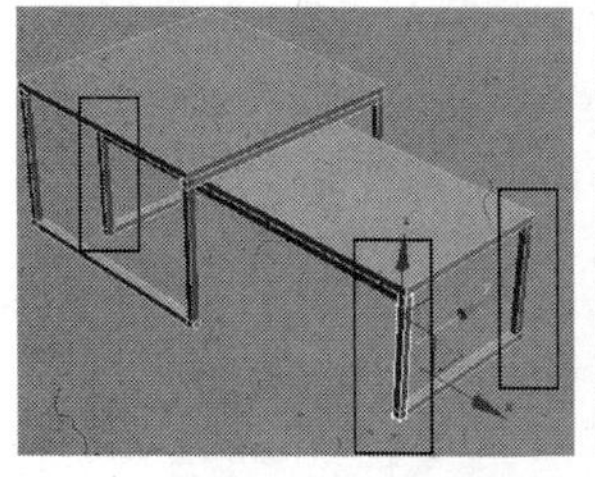
图3-33

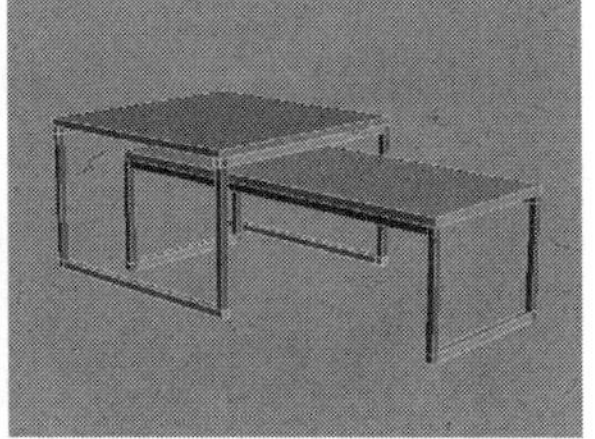
图3-34

实战064 简约茶桌

场景位置	无
实例位置	DVD>实例文件>CH03>实战064.max
视频位置	DVD>多媒体教学>CH03>实战064.flv
难易指数	★★☆☆☆
技术掌握	圆柱体工具、长方体工具、旋转复制功能、仅影响轴技术

简约茶桌模型如图3-35所示。

图3-35

01 下面创建桌面模型。使用“圆柱体”工具 圆柱体 在场景中创建一个圆柱体，然后在“参数”卷展栏下设置“半径”为950mm、“高度”为150mm、“边数”为36，如图3-36所示。

02 下面创建腿部模型。使用“长方体”工具 长方体 在桌面底部创建一个长方体，然后在“参数”卷展栏下设置“长度”为1600mm、“宽度”为130mm、“高度”为130mm，接着使用“选择并旋转”工具将其旋转一定的角度，如图3-37所示。

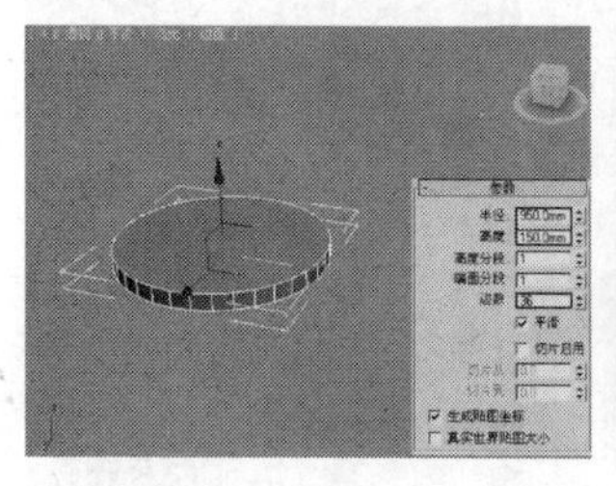
图3-36

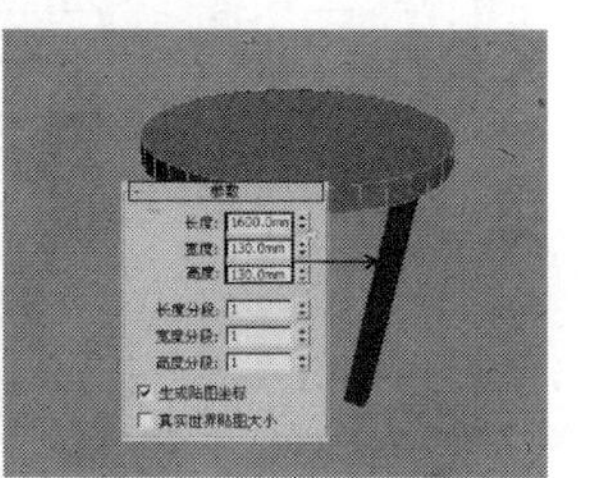
图3-37

03 选择上一步创建的长方体，在“命令”面板中单击“层次”按钮，然后单击“轴”按钮 轴 ，接着单击“仅影响轴”按钮 仅影响轴 ，最后将轴心点调整到桌面的中心位置，如图3-38所示。

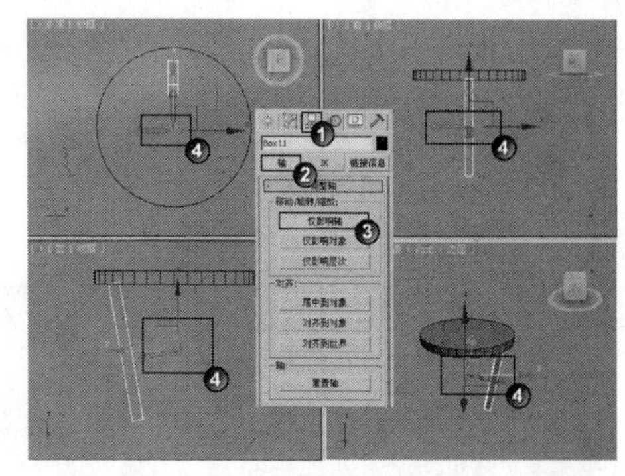
图3-38

04 单击“仅影响轴”按钮 仅影响轴 ，退出“仅影响轴”模式，然后按住Shift键使用“选择并旋转”工具旋转复制长方体（旋转角度为-90°），接着在弹出的对话框中设置“对象”为“复制”、“副本数”为4，最后单击“确定”按钮 确定 ，如图3-39所示，复制后的效果如图3-40所示。

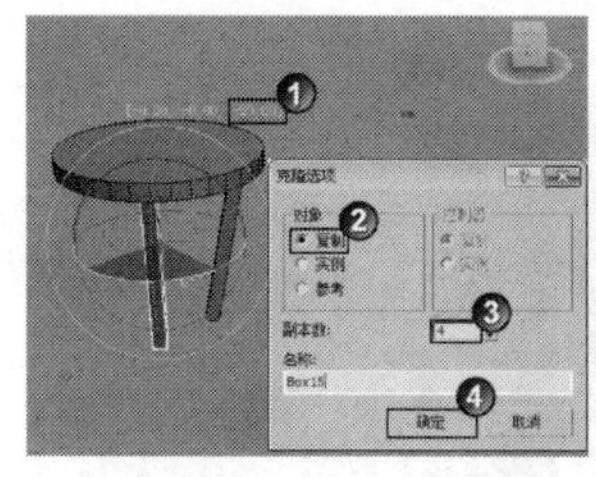
图3-39

图3-40

技术专题 10 “仅影响轴”技术解析

“仅影响轴”技术是一个非常重要的轴心点调整技术。利用该技术调整好轴点的中心以后，就可以围绕这个中心点旋转复制出具有一定规律的对象。如在图3-41中所示有两个球体（这两个球体是在顶视图中的显示效果），如果要围绕右边球体旋转复制3个左边球体（以90°为基数进行复制），那么就必须先调整左边球体的轴点中心。具体操作过程如下。

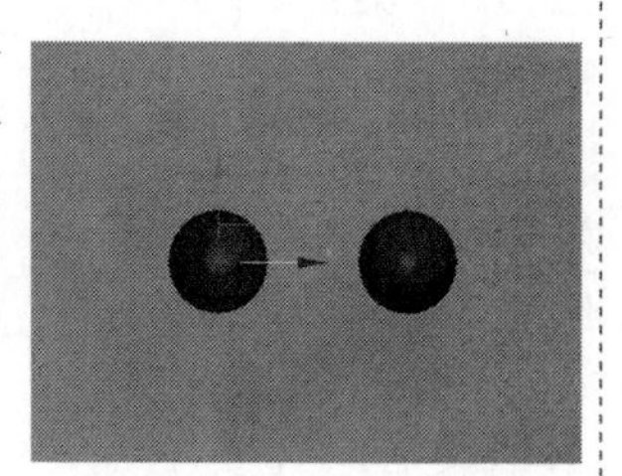
图3-41

第1步：选择左边球体，在“创建”面板中单击“层次”按钮切换到“层次”面板，然后在“调整轴”卷展栏下单击“仅影响轴”按钮 仅影响轴 ，此时可以观察到左边球体的轴点中心位置，如图3-42所示，接着用“选择并移动”工具将左边球体的轴心点拖曳到右边球体的轴点中心位置，如图3-43所示。

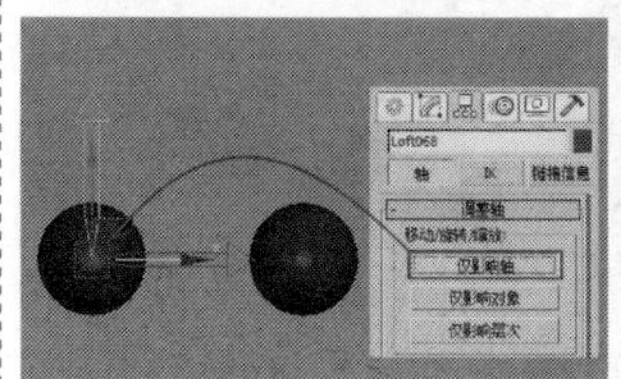
图3-42

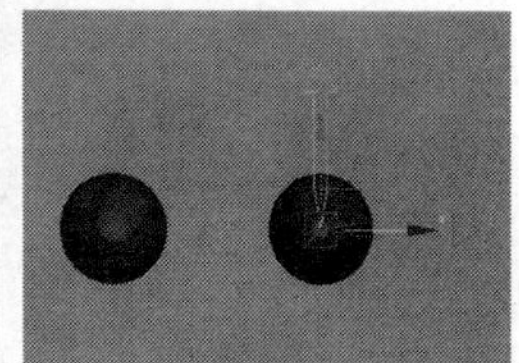
图3-43

第2步：再次单击“仅影响轴”按钮 仅影响轴 ，退出“仅影响轴”模式，然后按住Shift键使用“选择并旋转”工具将左边球体旋转复制3个（设置旋转角度为90°），如图3-44所示，这样就得到了一组以右边球体为中心的3个左边球体，效果如图3-45所示。

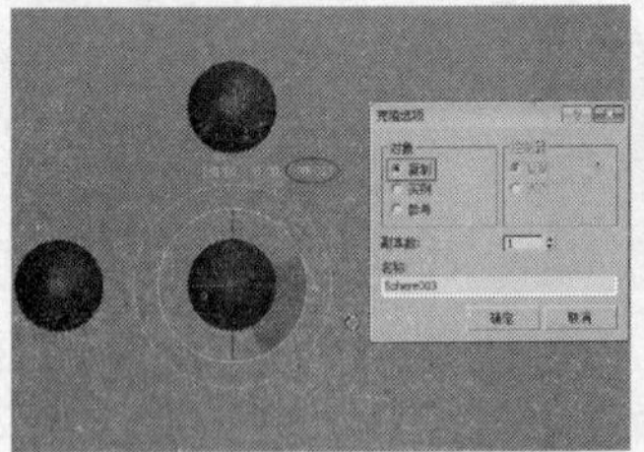
图3-44

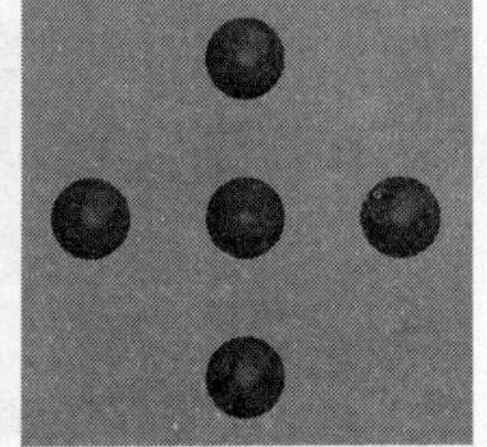
图3-45

05 使用“长方体”工具 长方体 在桌面底部创建一个长方体，然后在“参数”卷展栏下设置“长度”为130mm、“宽度”为1400mm、“高度”为100mm，模型位置如图3-46所示。

06 按住Shift键使用“选择并旋转”工具将上一步创建的长方体旋转复制90°，如图3-47所示。

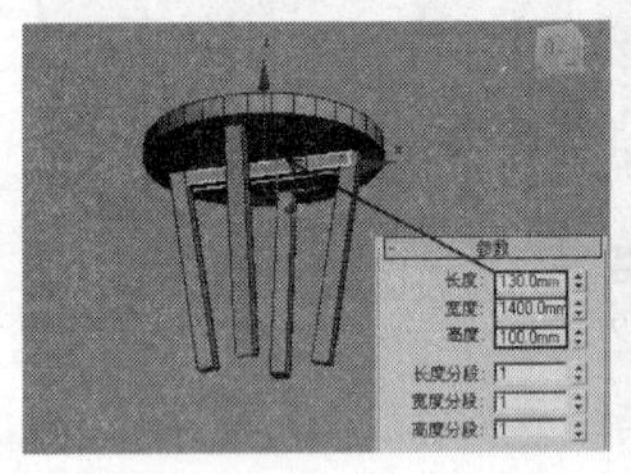
图3-46

图3-47

07 下面创建底座模型。使用“长方体”工具 长方体 在桌腿底部创建一个长方体，然后在“参数”卷展栏下设置“长度”为150mm、“宽度”为1100mm、“高度”为120mm，模型位置如图3-48所示。

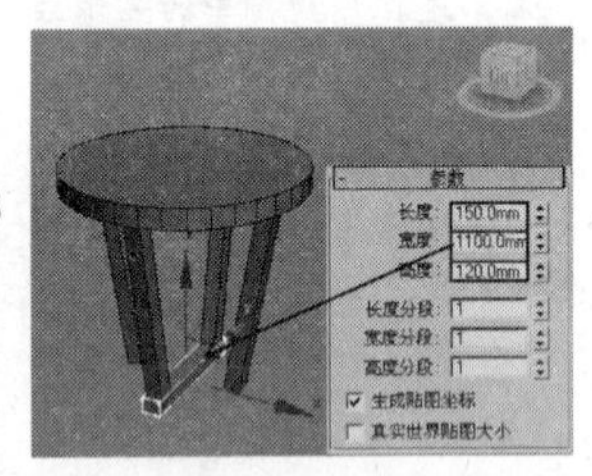
图3-48

08 按住Shift键使用“选择并旋转”工具将上一步创建的长方体旋转复制90°，如图3-49所示，简约茶几模型最终效果如图3-50所示。

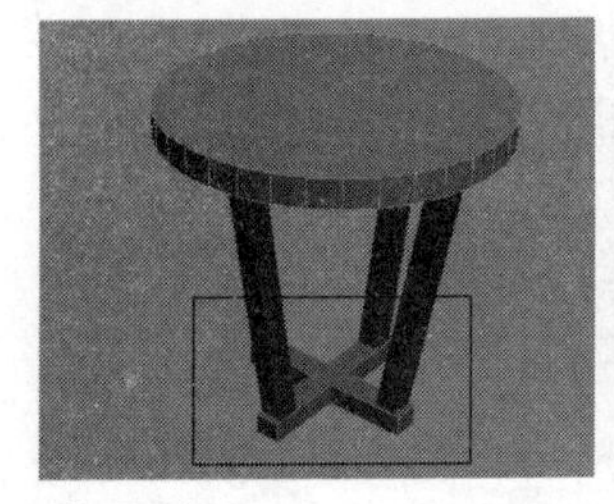
图3-49

图3-50

实战065 简约书柜

场景位置	无
实例位置	DVD>实例文件>CH03>实战065.max
视频位置	DVD>多媒体教学>CH03>实战065.flv
难易指数	★☆☆☆☆
技术掌握	长方体工具、圆柱体工具、移动复制功能

简约书柜模型如图3-51所示。

图3-51

01 下面创建外框模型。使用“长方体”工具 长方体 在场景中创建一个长方体，然后在“参数”卷展栏下设置“长度”为120mm、“宽度”为240mm、“高度”为20mm，如图3-52所示。

02 使用“选择并移动”工具选择上一步创建的长方体，然后按住Shift键移动复制一个长方体到如图3-53所示的位置。

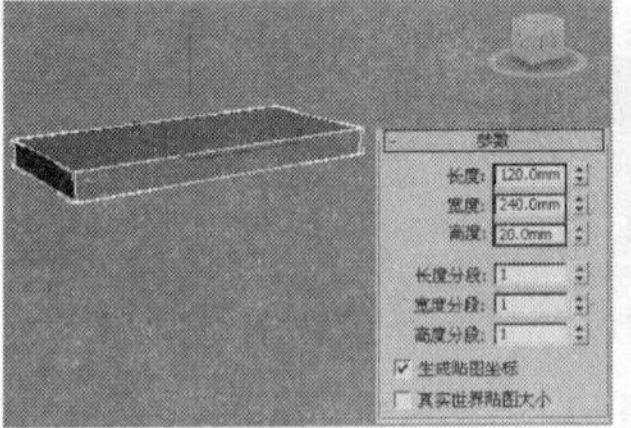
图3-52

图3-53

03 继续使用“长方体”工具 长方体 在场景中创建两个长方体，具体参数设置如图3-54所示，模型位置如图3-55所示。

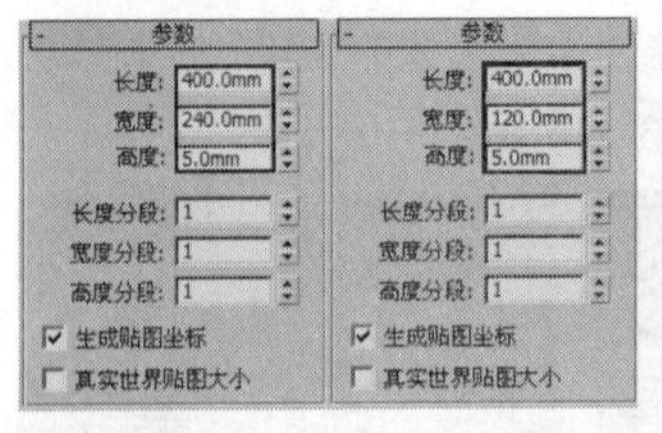

图3-54

图3-55

04 使用“选择并移动”工具选择侧面的长方体，然后按住Shift键移动复制一个长方体到如图3-56所示的位置。

图3-56

05 下面创建隔板模型。使用“长方体”工具 长方体 在场景中创建一个长方体，然后在“参数”卷展栏下设置“长度”为115mm、“宽度”为235mm、“高度”为5mm，模型位置如图3-57所示。

06 使用“选择并移动”工具选择上一步创建的长方体，然后按住Shift键移动复制4个长方体到如图3-58所示的位置。

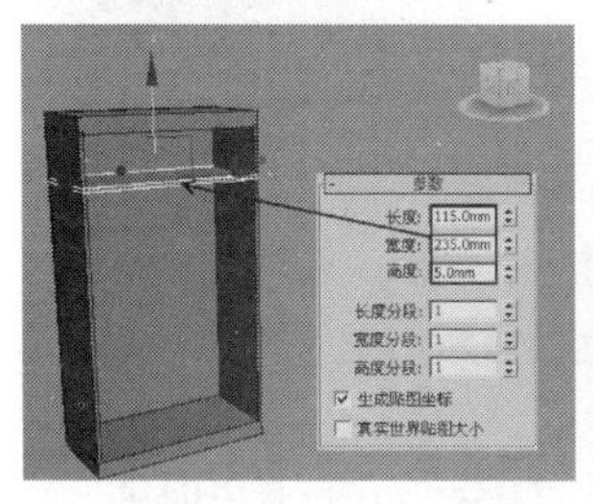

图3-57

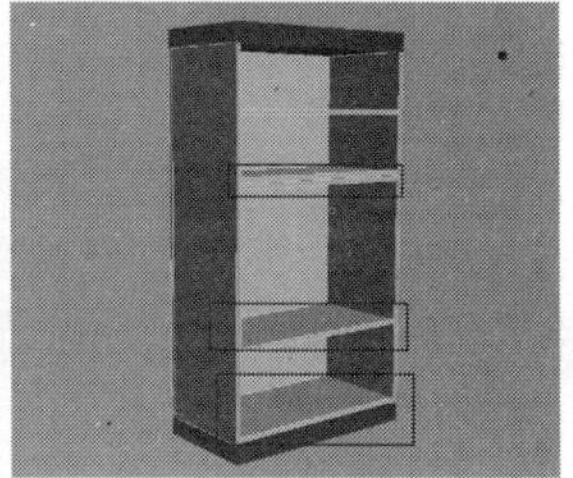

图3-58

07 使用“长方体”工具 长方体 在场景中创建一个长方体，然后在“参数”卷展栏下设置“长度”为115mm、“宽度”为135mm、“高度”为5mm，模型位置如图3-59所示。

08 使用“选择并移动”工具选择上一步创建的长方体，然后按住Shift键移动复制一个长方体到如图3-60所示的位置。

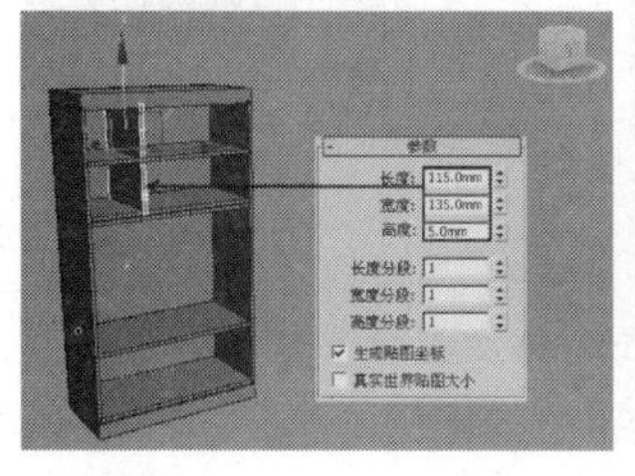

图3-59

图3-60

09 使用“长方体”工具 长方体 在场景中创建一个长方体，然后在“参数”卷展栏下设置“长度”为115mm、“宽度”为285mm、“高度”为5mm，模型位置如图3-61所示。

10 使用“选择并旋转”工具选择上一步创建的长方体，然后按住Shift键旋转复制一个长方体到如图3-62所示的位置。

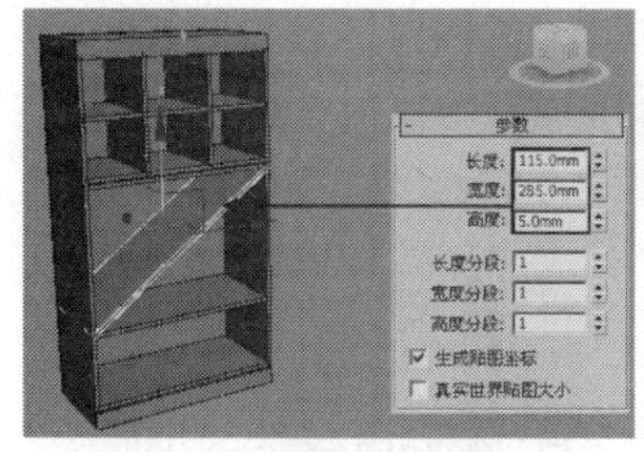

图3-61

图3-62

11 使用“长方体”工具 长方体 在场景中创建一个长方体，然后在“参数”卷展栏下设置“长度”为115mm、“宽度”为115mm、“高度”为80mm，模型位置如图3-63所示。

12 使用“选择并移动”工具选择上一步创建的长方体，然后按住Shift键移动复制一个长方体到如图3-64所示的位置。

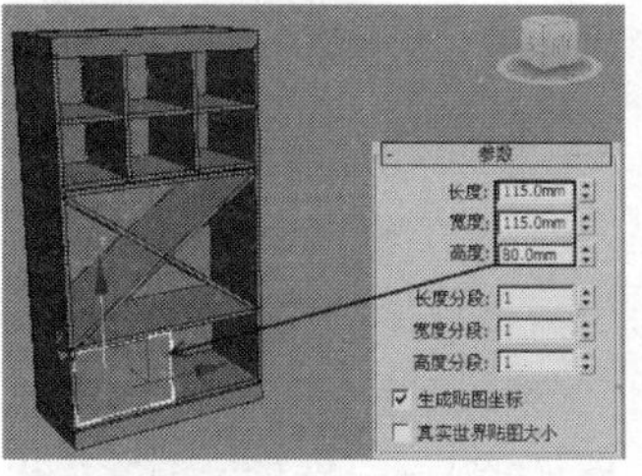

图3-63

图3-64

13 使用“圆柱体”工具 圆柱体 在抽屉上创建一个圆柱体，然后在“参数”卷展栏下设置“半径”为4mm、“高度”为6mm、“高度分段”为1，模型位置如图3-65所示。

14 继续使用“圆柱体”工具 圆柱体 在上一步创建的圆柱体上创建一个圆柱体，然后在“参数”卷展栏下设置“半径”为6mm、“高度”为2mm、“高度分段”为1，模型位置如图3-66所示。

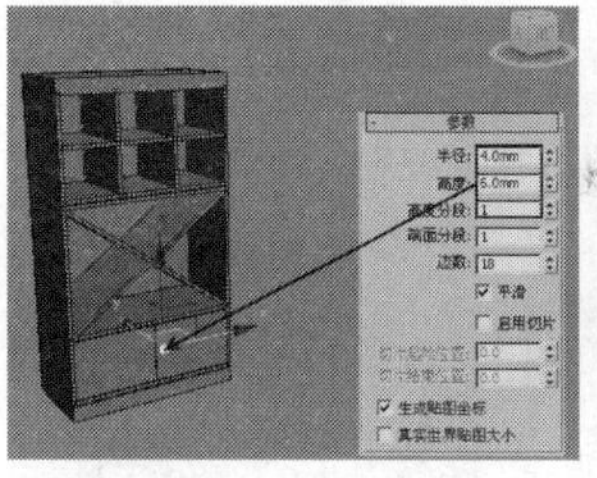

图3-65

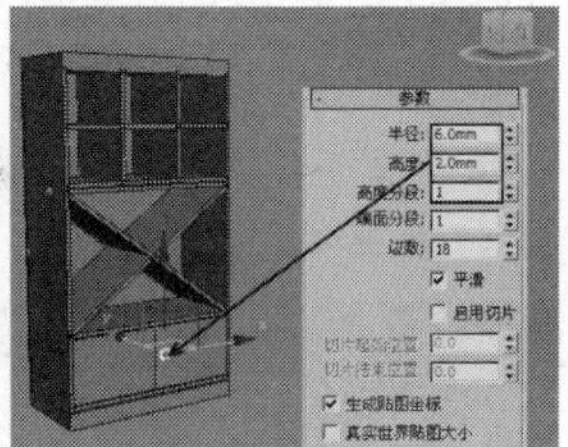

图3-66

15 使用“选择并移动”工具选择两个圆柱体，然后按住Shift键移动复制两个圆柱体到如图3-67所示的位置，最终效果如图3-68所示。

图3-67

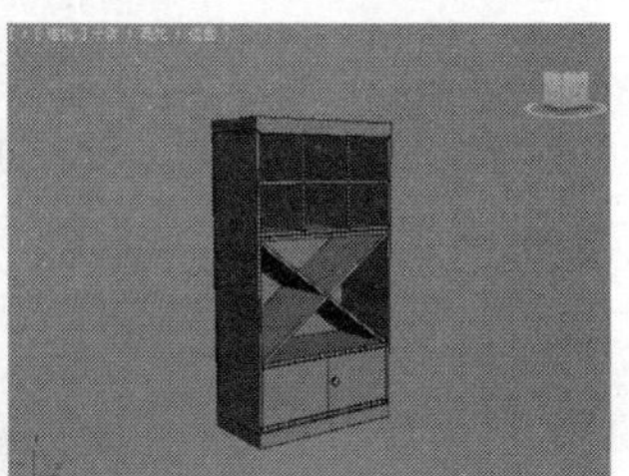

图3-68

实战066 衣柜

场景位置	无
实例位置	DVD>实例文件>CH03>实战066.max
视频位置	DVD>多媒体教学>CH03>实战066.flv
难易指数	★★☆☆☆
技术掌握	长方体工具、圆柱体工具、移动复制功能

衣柜模型如图3-69所示。

图3-69

01 下面创建柜体模型。使用长方体”工具 长方体 在场景中创建一个长方体，然后在“参数”卷展栏下设置“长度”为130mm、“宽度”为470mm、“高度”为8mm，如图3-70所示。

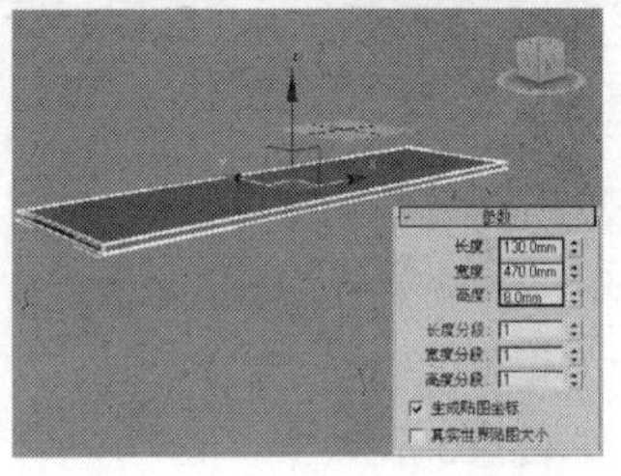

图3-70

02 使用长方体”工具 长方体 在场景中创建一个长方体，然后在“参数”卷展栏下设置“长度”为350mm、“宽度”为130mm、“高度”为8mm，模型位置如图3-71所示。

03 使用“选择并移动”工具选择上一步创建的长方体，然后按住Shift键移动复制一个长方体到如图3-72所示的位置。

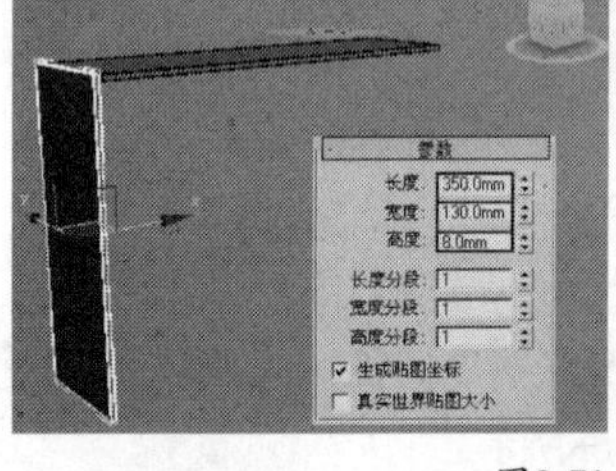

图3-71　图3-72

04 继续使用“长方体”工具 长方体 在场景中创建两个长方体，具体参数设置如图3-73所示，模型位置如图3-74所示。

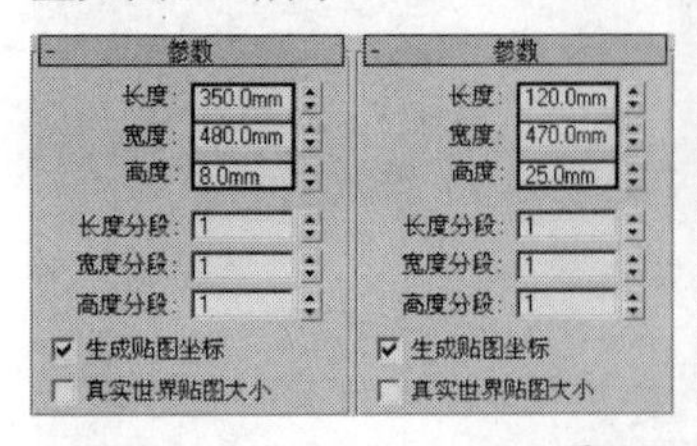

图3-73　图3-74

05 下面创建隔断模型。使用长方体”工具 长方体 在场景中创建一个长方体，然后设置“长度”为310mm、“宽度”为112mm、“高度”为5mm，模型位置如图3-75所示。

06 使用“选择并移动”工具选择上一步创建的长方体，然后按住Shift键移动复制一个长方体到如图3-76所示的位置。

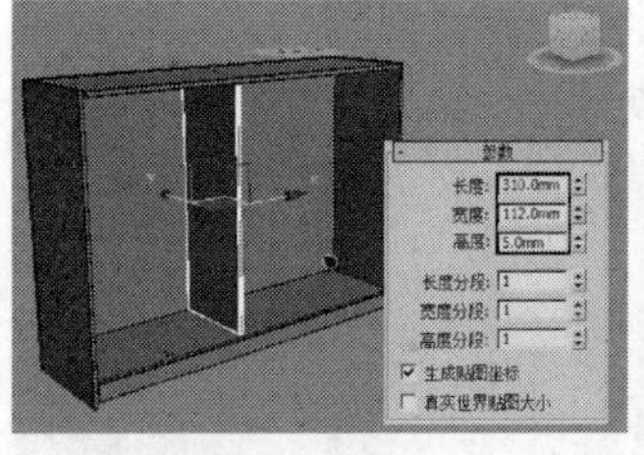

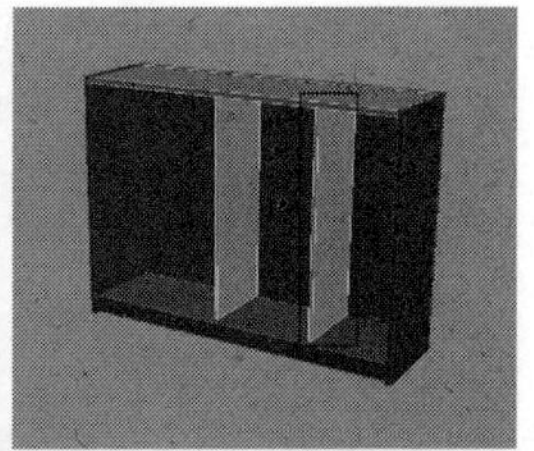

图3-75　图3-76

07 采用相同的方法继续使用“长方体”工具 长方体 创建出其他的隔断，完成后的效果如图3-77所示。

08 使用“圆柱体”工具 圆柱体 在场景中创建一个圆柱体，然后在“参数“卷展栏下设置“半径”为3mm、“高度”为145mm、“高度分度”为1，模型位置如图3-78所示。

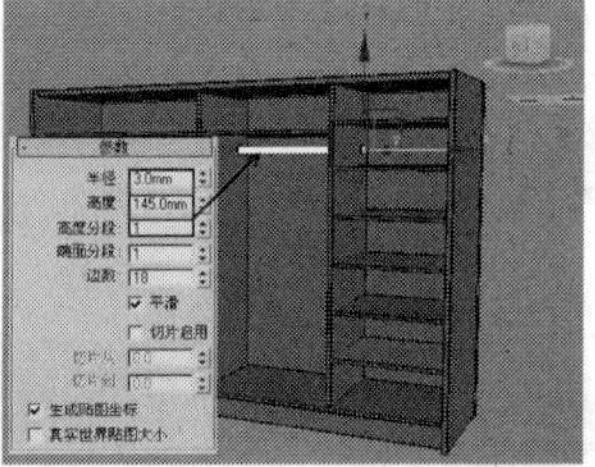

图3-77　图3-78

09 下面创建拉门模型。使用“长方体”工具 长方体 在场景中创建3个长方体，具体参数设置及模型位置如图3-79所示，然后将这部分模型放置在如图3-80所示的位置。

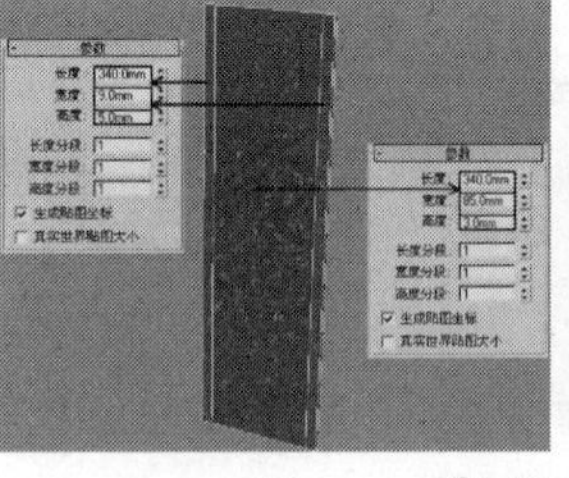

图3-79　图3-80

10 使用“选择并移动”工具选择上一步创建的门模型，然后按住Shift键移动复制一个门模型到如图3-81所示的位置。

图3-81

11 继续使用“长方体”工具 长方体 在场景中创建如图3-82所示的模型，接着将其放置到如图3-83所示的位置。

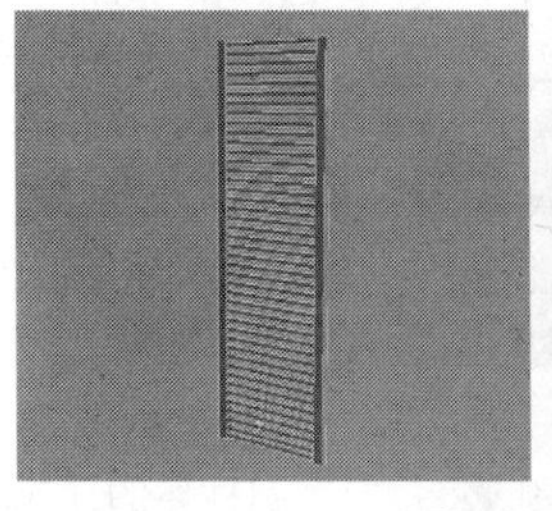

图3-82

图3-83

12 使用“选择并移动”工具选择上一步创建的模型，然后按住Shift键移动复制一份到另一侧，衣柜模型的最终效果如图3-84所示。

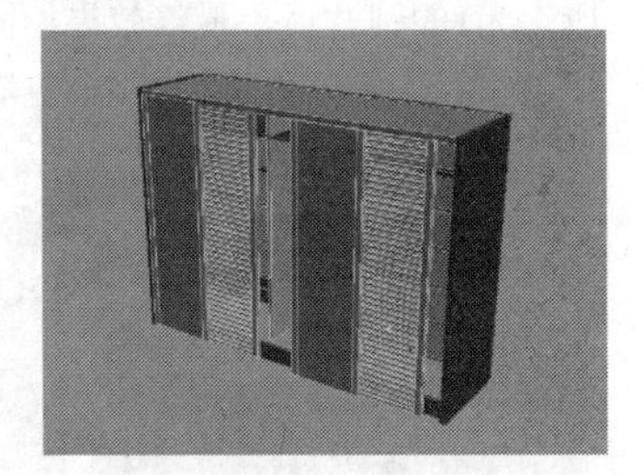

图3-84

实战067 餐厅吊灯

场景位置	无
实例位置	DVD>实例文件>CH03>实战067.max
视频位置	DVD>多媒体教学>CH03>实战067.flv
难易指数	★★☆☆☆
技术掌握	球体工具、圆柱体工具、选择并旋转工具、移动复制功能、仅影响轴技术

餐厅吊灯模型如图3-85所示。

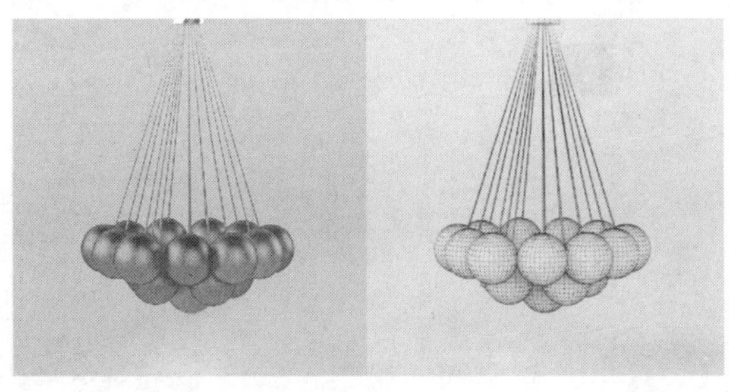

图3-85

01 下面创建灯头模型。使用“球体”工具 球体 在场景中创建一个球体，然后在“参数”卷展栏下设置“半径”为30mm，如图3-86所示。

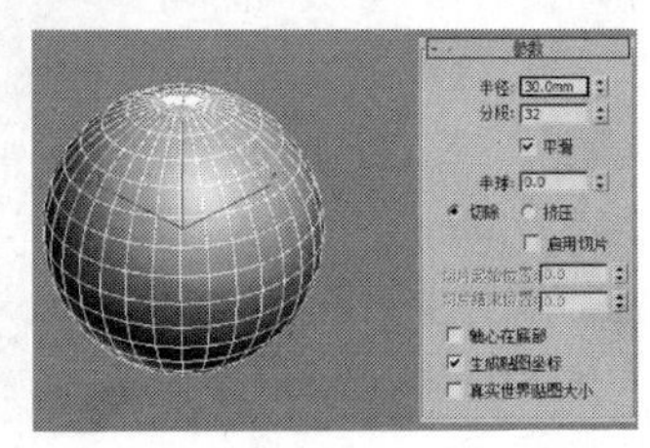

图3-86

02 在“命令”面板中单击“层次”按钮，进入“层次”面板，然后单击“仅影响轴”按钮 仅影响轴 ，接着在顶视图中将球体的轴心点调整到如图3-87所示的位置。

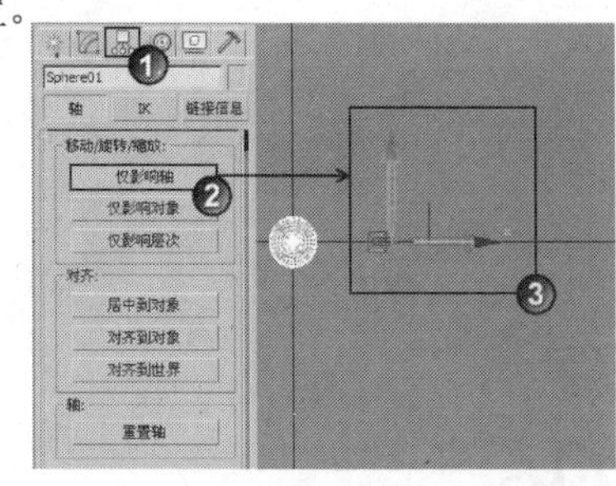

图3-87

03 再次单击“仅影响轴”按钮 仅影响轴 ，退出“仅影响轴”模式，然后在“主工具栏”中单击“角度捕捉切换”按钮，使用“选择并旋转”工具选择球体，接着按住Shift键在顶视图中将球体旋转复制-30°，并在弹出的对话框中设置“对象”为“复制”、“副本数”为11，最后单击“确定”按钮 确定 ，如图3-88所示，复制效果如图3-89所示。

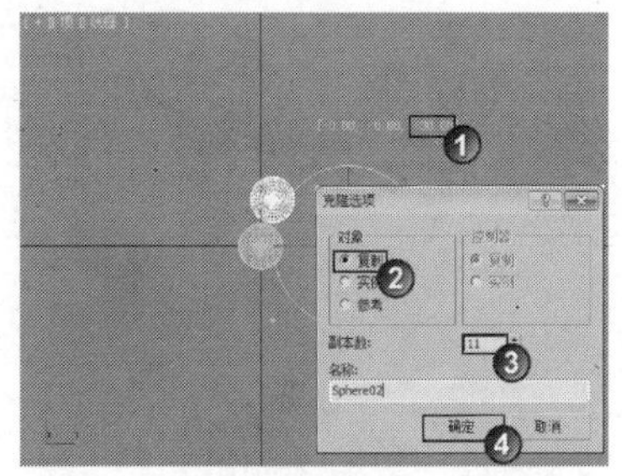

图3-88

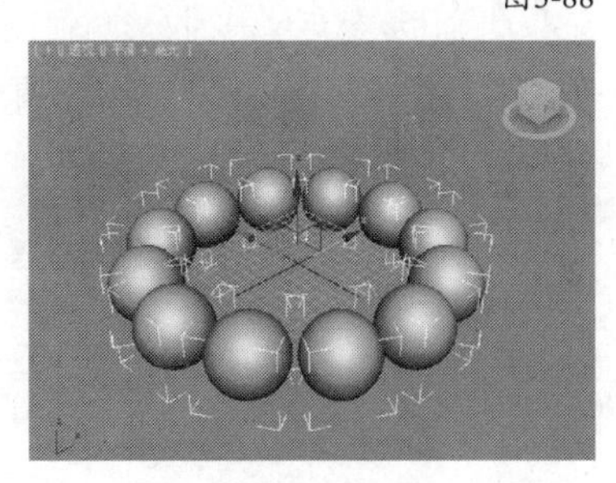

图3-89

04 使用移动复制功能复制出如图3-90所示的4个球体，然后在前视图中沿y轴将复制的4个球体向下拖曳到如图3-91所示的位置。

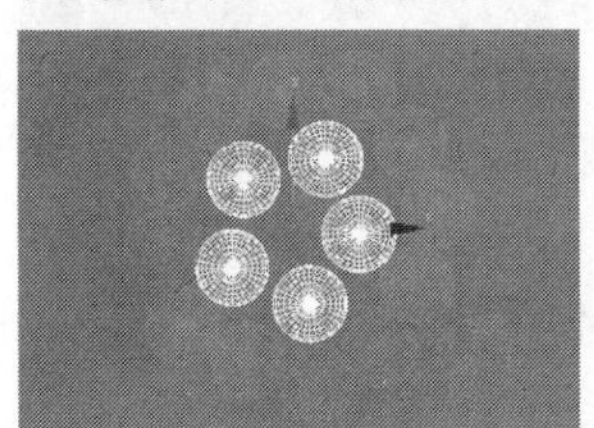

图3-90

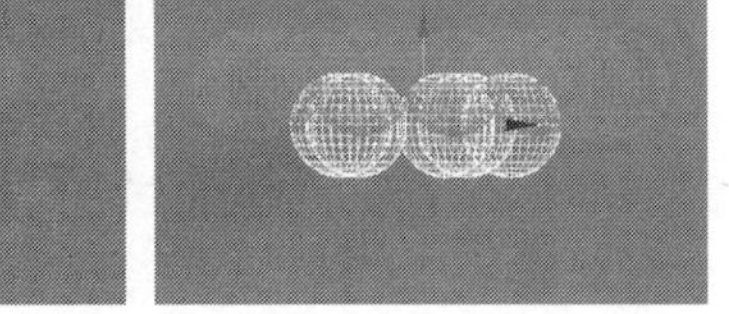

图3-91

05 继续使用移动复制功能复制出如图3-92所示的球体，然后在前视图中沿y轴将复制的球体向下拖曳到如图3-93所示的位置。

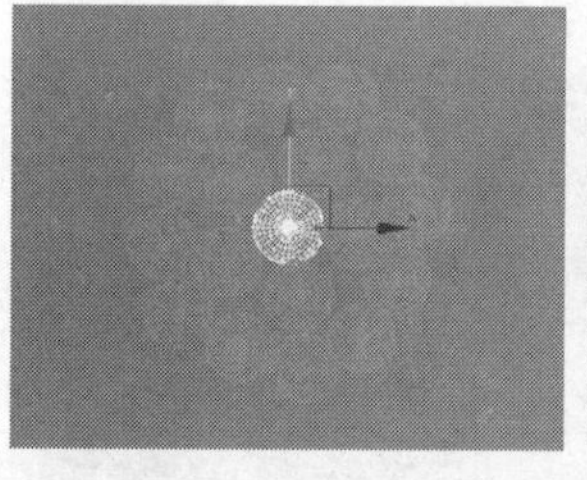

图3-92　图3-93

06 下面创建吊线模型。使用“圆柱体”工具 圆柱体 在外围的一个球体顶部的中心位置创建一个圆柱体，然后在“参数”卷展栏下设置“半径”为1.5mm、“高度”为320mm、“高度分段”为1，模型位置如图3-94所示。

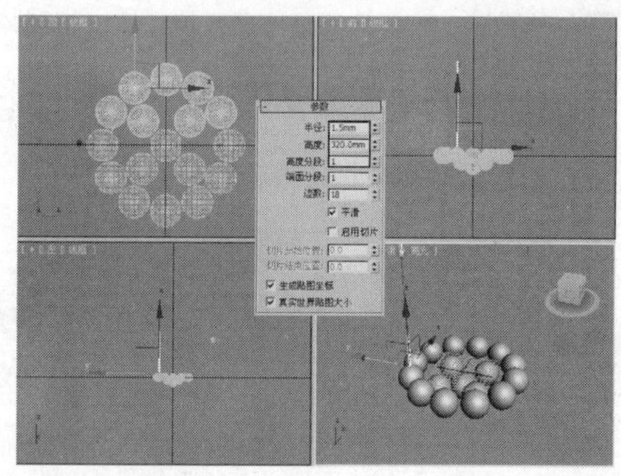

图3-94

07 在“命令”面板中单击“层次”按钮，进入“层次”面板，然后单击“仅影响轴”按钮 仅影响轴 ，接着在顶视图中将圆柱体的轴心点调整到如图3-95所示的位置。

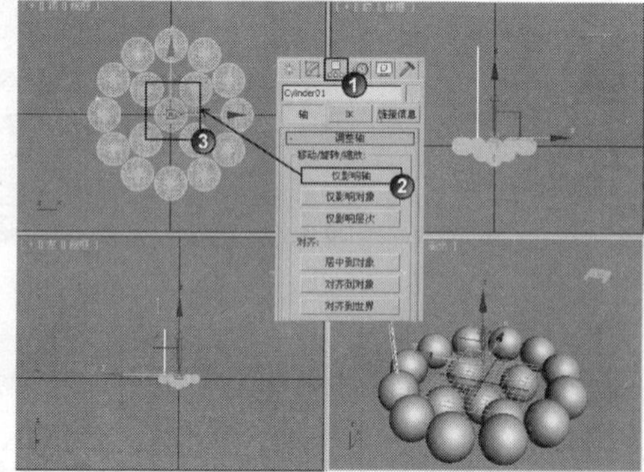

图3-95

08 再次单击“仅影响轴”按钮 仅影响轴 ，退出“仅影响轴”模式，然后在“主工具栏”中单击“角度捕捉切换”按钮，使用“选择并旋转”工具选择圆柱体，接着按住Shift键在顶视图中将球体旋转复制-30°，并在弹出的对话框中设置“对象”为“复制”、“副本数”为11，最后单击“确定”按钮 确定 ，如图3-96所示，复制效果如图3-97所示。

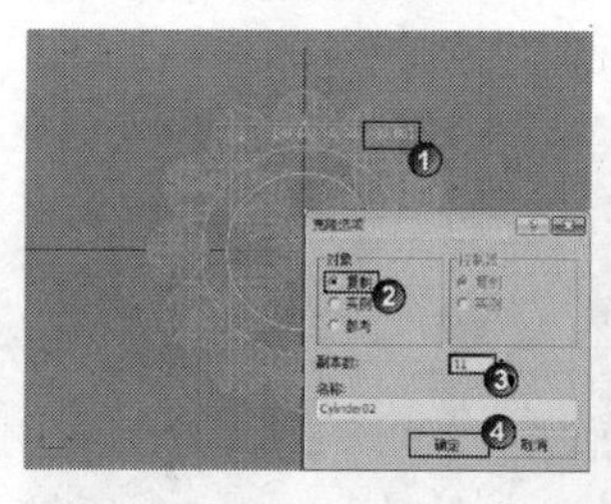

图3-96　图3-97

09 使用“选择并旋转”工具将每一个圆柱体的顶部都向中间旋转，使其聚集在一起，如图3-98所示。

10 使用“圆柱体”工具 圆柱体 在顶部创建一个“半径”为20mm、“高度”为5mm、“宽度分段”为1的圆柱体，最终效果如图3-99所示。

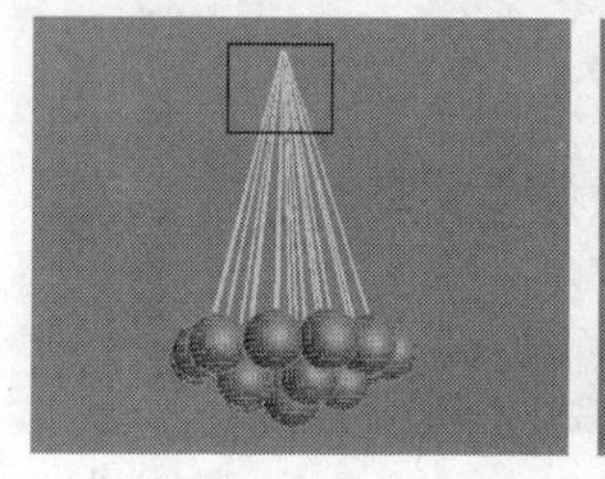

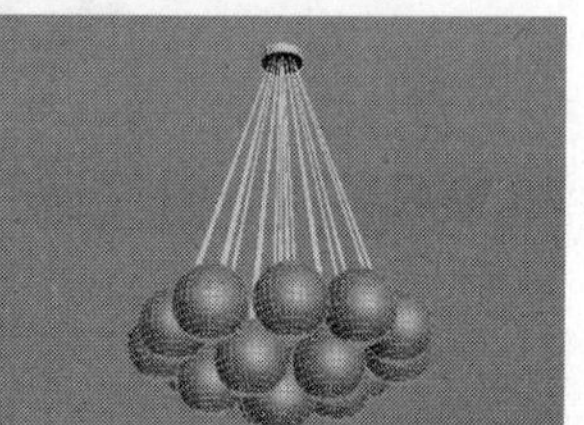

图3-98　图3-99

实战068 落地灯

场景位置	无
实例位置	DVD>实例文件>CH03>实战068.max
视频位置	DVD>多媒体教学>CH03>实战068.flv
难易指数	★★☆☆☆
技术掌握	管状体工具、圆柱体工具

落地灯模型如图3-100所示。

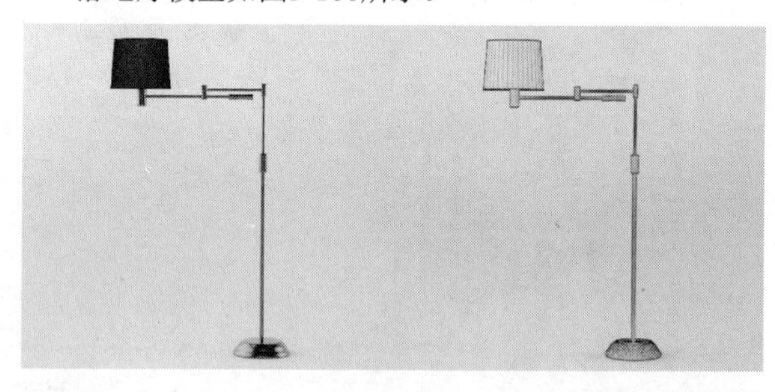

图3-100

01 下面创建灯罩模型。在“创建”面板中单击“管状体”按钮 管状体 ，然后在场景中创建一个管状体，接着在“参数”卷展栏下设置“半径1”为60mm、“半径2”为59mm、“高度”为100mm、“边数”为36，具体参数设置及模型效果如图3-101所示。

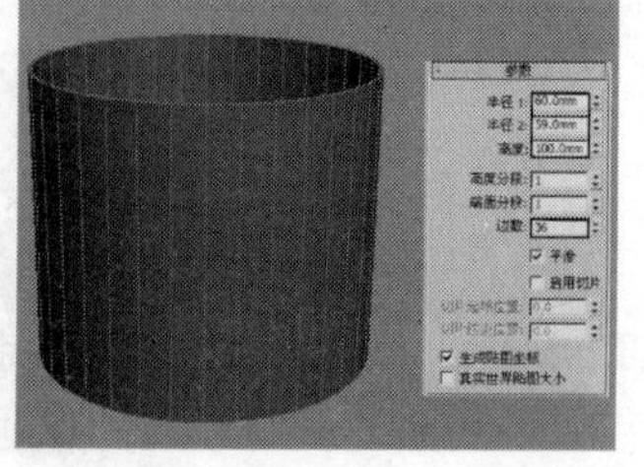

图3-101

02 下面创建支架模型。使用“圆柱体”工具 圆柱体 在管状体底部创建一个圆柱体，然后在“参数”卷展栏下设置“半径”为10mm、“高度”为48mm、“边数”为36，模型位置如图3-102所示。

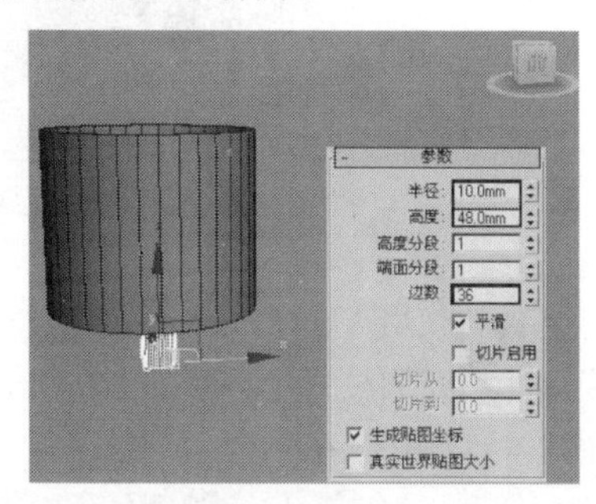

图3-102

03 使用“圆柱体”工具 圆柱体 在场景中创建一个圆柱体，然后在“参数”卷展栏下设置“半径”为3.5mm、“高度”为180mm、“边数”为36，模型位置如图3-103所示。

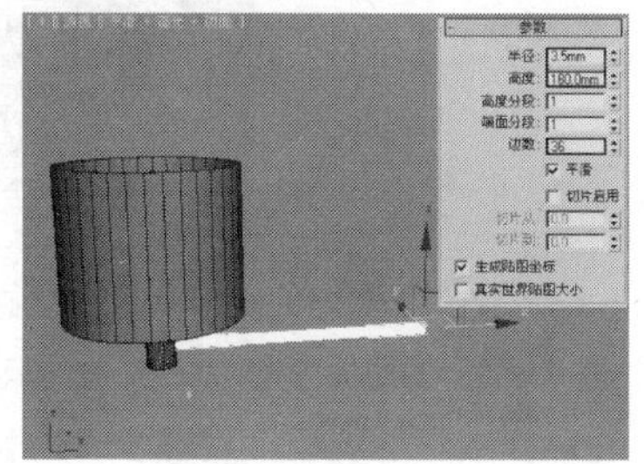

图3-103

04 采用相同的方法继续使用“圆柱体”工具 圆柱体 创建出落地灯的其他支架，完成后的效果如图3-104所示。

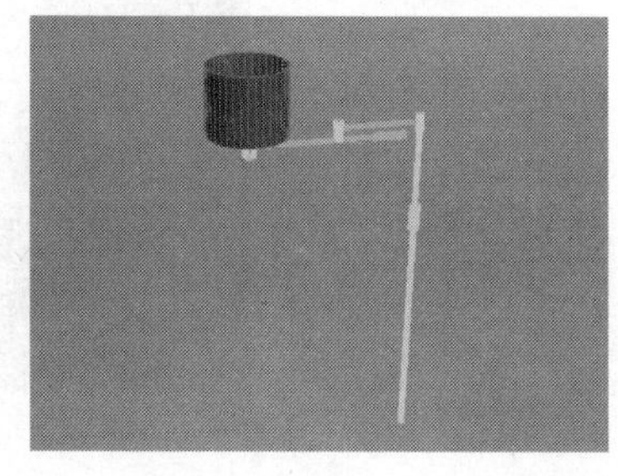

图3-404

05 下面创建底座模型。使用“圆柱体”工具 圆柱体 在支架的底部创建3个圆柱体，具体参数设置如图3-105所示，最终效果如图3-106所示。

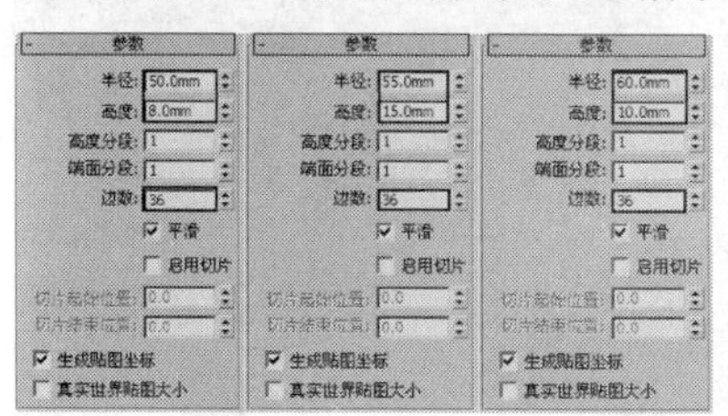

图3-105

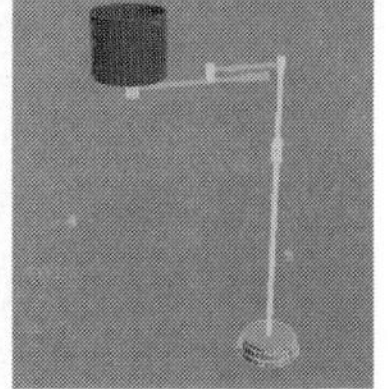

图3-106

实战069 床头柜

场景位置	无
实例位置	DVD>实例文件>CH03>实战069.max
视频位置	DVD>多媒体教学>CH03>实战069.flv
难易指数	★★☆☆☆
技术掌握	切角长方体工具、切角圆柱体工具、C-Ext工具

床头柜模型如图3-107所示。

图3-107

01 下面创建柜体模型。在“创建”面板中单击“几何体”按钮，然后设置几何体类型为“扩展基本体”，接着使用“切角长方体”工具 切角长方体 在场景中创建一个切角长方体，最后在“参数”卷展栏下设置“长度”为110mm、“宽度”为170mm、“高度”为10mm、“圆角”为1mm，如图3-108所示。

02 使用“选择并移动”工具选择上一步创建的切角长方体，然后按住Shift键移动复制一个长方体到如图3-109所示的位置。

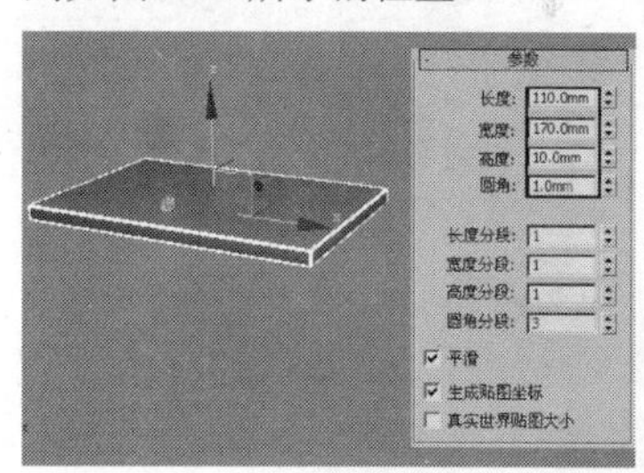

图3-108

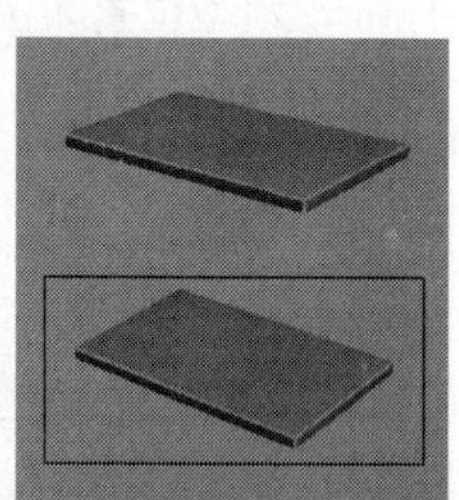

图3-109

03 继续使用“切角长方体”工具 切角长方体 在侧面创建一个切角长方体，然后在“参数”卷展栏下设置“长度”为110mm、“宽度”为130mm、“高度”为10mm、“圆角”为1mm，模型位置如图3-110所示。

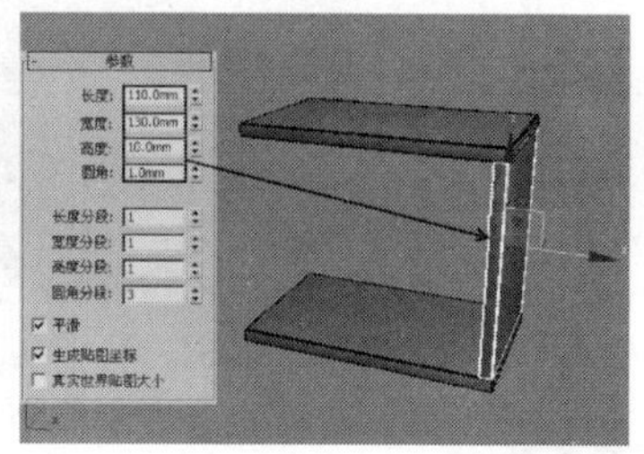

图3-110

04 使用“选择并移动”工具选择上一步创建的切角长方体，然后按住Shift键移动复制一个长方体到如图3-111所示的位置。

图3-111

05 使用“切角长方体”工具 切角长方体 在背面创建一个切角长方体，然后在“参数”卷展栏下设置“长度”为130mm、“宽度”为153mm、“高度”为10mm、“圆角”为1mm，模型位置如图3-112所示。

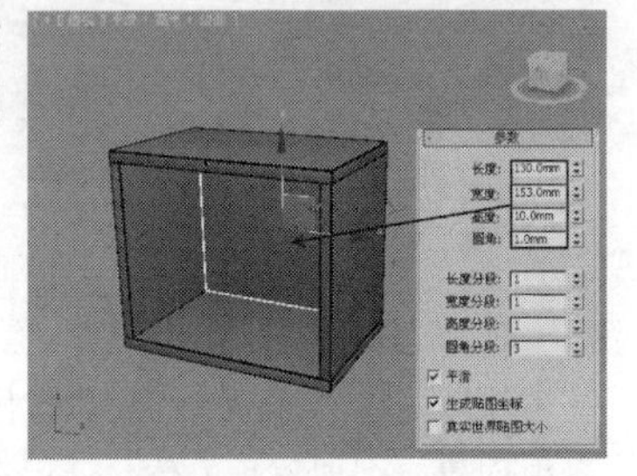
图3-112

06 继续使用“切角长方体”工具 切角长方体 在正面创建一个切角长方体，然后在“参数”卷展栏下设置“长度”为60mm、“宽度”为148mm、“高度”为10mm、“圆角”为1mm，模型位置如图3-113所示。

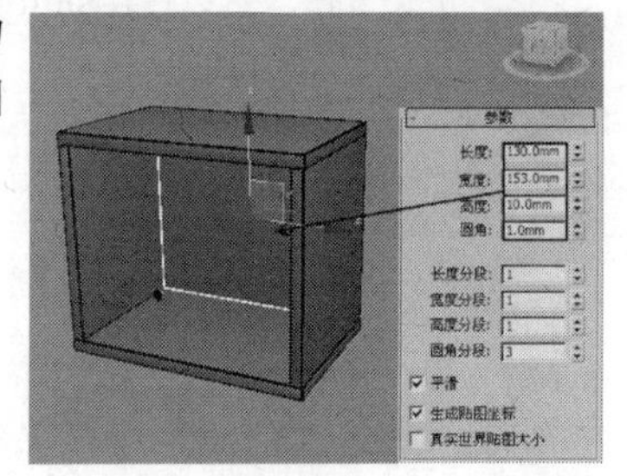
图3-113

07 使用“选择并移动”工具选择上一步创建的切角长方体，然后按住Shift键移动复制一个长方体到如图3-114所示的位置

图3-114

08 下面创建柜腿和把手模型。在“创建”面板中单击“切角圆柱体”按钮 切角圆柱体 ，然后在柜体底部创建一个切角圆柱体，接着在“参数”卷展栏下设置“半径”为7mm、“高度”为26mm、“圆角”为0.8mm、“边数”为24，模型位置如图3-115所示。

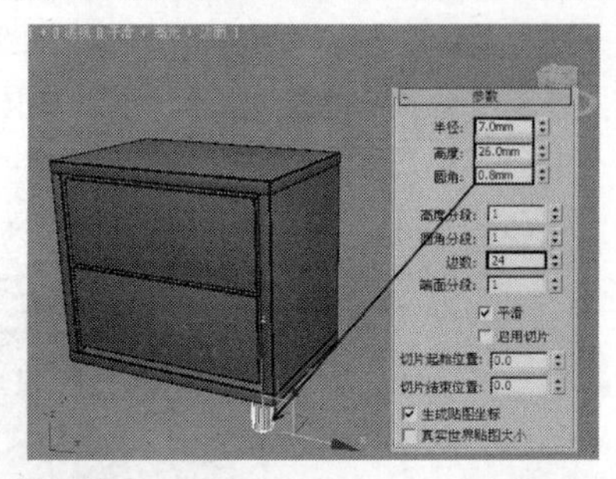
图3-115

09 使用“选择并移动”工具选择上一步创建的切角圆柱体，然后按住Shift键移动复制3个切角圆柱体到如图3-116所示的位置。

图3-116

10 在“创建”面板中单击C-Ext按钮 C-Ext ，然后在抽屉上创建一个C-Ext模型作为把手，接着在“参数”卷展栏下设置“背面长度”为12mm、“侧面长度”为35mm、“前面长度”为12mm、“背面宽度”为6mm、“侧面宽度”为2mm、“前面宽度”为6mm、“高度”为2mm，具体参数设置及模型位置如图3-117所示。

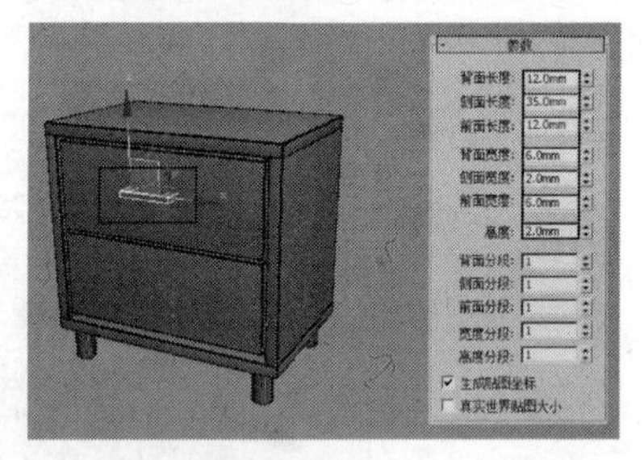
图3-117

11 使用“选择并移动”工具选择上一步创建的把手，然后按住Shift键移动复制一个把手到另一个抽屉上，床头柜模型的最终效果如图3-118所示。

图3-118

实战070 茶几

场景位置	无
实例位置	DVD>实例文件>CH03>实战070.max
视频位置	DVD>多媒体教学>CH03>实战070.flv
难易指数	★★☆☆☆
技术掌握	长方体工具、圆柱体工具、管状体工具

茶几模型如图3-119所示。

图3-119

01 下面创建桌面模型。使用“长方体”工具 长方体 在场景中创建一个长方体，然后在“参数”卷展栏下设置“长度”为100mm、“宽度”为130mm、“高度”为1mm，如图3-120所示。

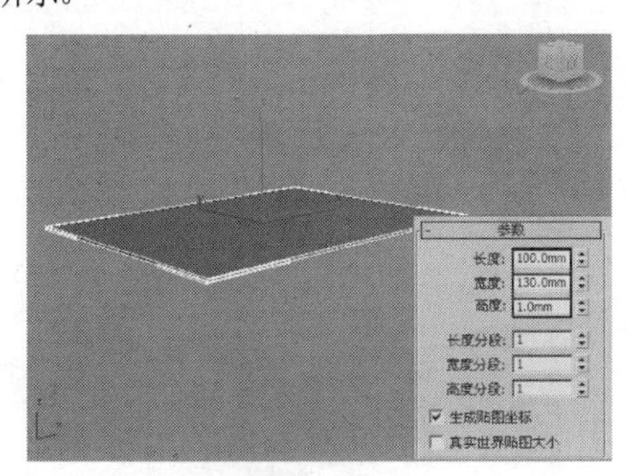

图3-120

02 使用“圆柱体”工具 圆柱体 在场景中创建一个圆柱体，然后在“参数”卷展栏下设置“半径”为55mm、“高度”为1.5mm、“高度分段”为1、“边数”为36，模型位置如图3-121所示。

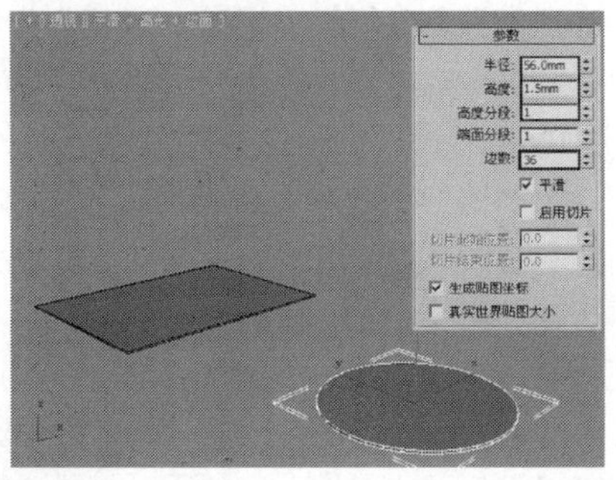

图3-121

03 下面创建腿部模型。使用“长方体”工具 长方体 在桌面底部的边缘创建一个长方体，然后在“参数”卷展栏下设置“长度”为6mm、“宽度”为130mm、“高度”为1.8mm，模型位置如图3-122所示。

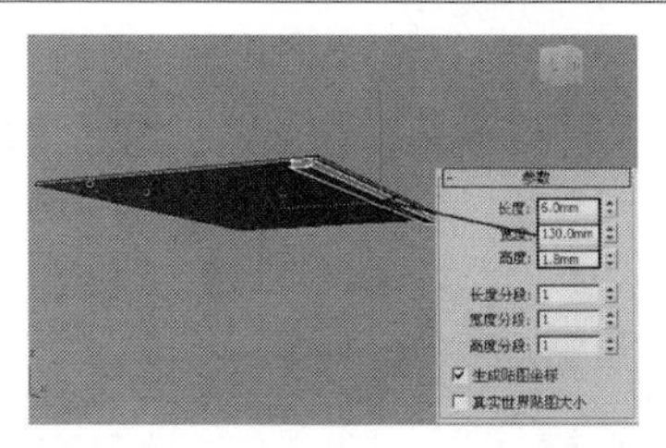

图3-122

04 使用“选择并移动”工具选择上一步创建的长方体，然后按住Shift键移动复制3个长方体到如图3-123所示的位置。

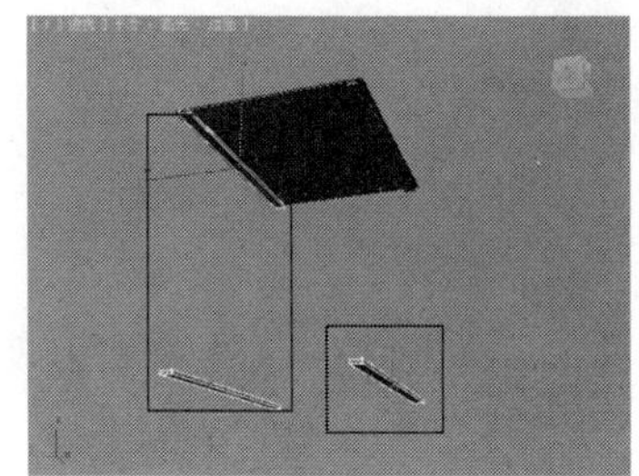

图3-123

05 使用“长方体”工具 长方体 在桌面底部的另一侧边缘处创建一个长方体，然后在“参数”卷展栏下设置“长度”为6mm、“宽度”为95mm、“高度”为1.8mm，模型位置如图3-124所示，接着使用“选择并移动”工具选择长方体，然后按住Shift键移动复制一个长方体到如图3-125所示的位置。

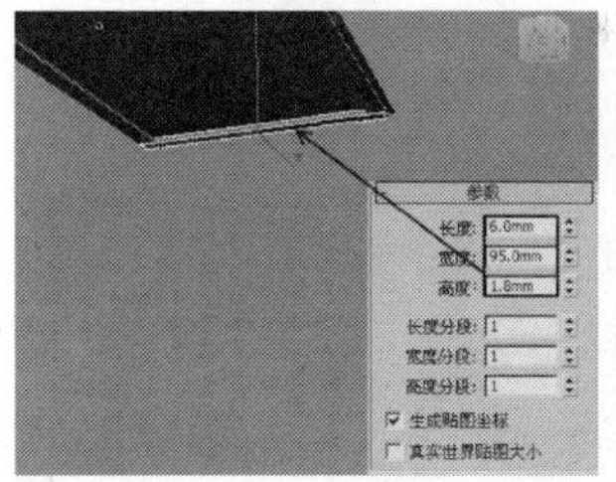

图3-124

图3-125

06 使用“长方体”工具 长方体 在场景中创建一个长方体，然后在“参数”卷展栏下设置“长度”为6mm、“宽度”为130mm、“高度”为1.8mm，模型位置如图3-126所示。

07 使用“选择并移动”工具选择上一步创建的长方体，然后按住Shift键移动复制3个长方体到如图3-127所示的位置。

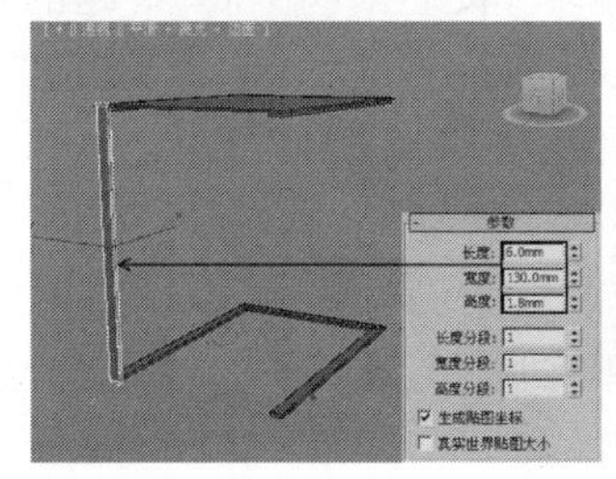

图3-126

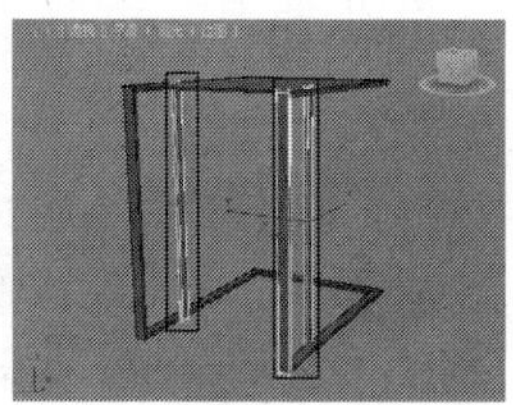

图3-127

08 下面制作圆形茶几的腿部模型。使用“管状体”工具 管状体 在圆形桌面底部创建一个管状体，然后在“参数”卷展栏下设置“半径1”为56mm、“半径2”为45mm、“高度”为2mm、“边数”为36，模型位置如图3-128所示。

09 使用“选择并移动”工具选择上一步创建的管状体，然后按住Shift键移动复制一个管状体到如图3-129所示的位置。

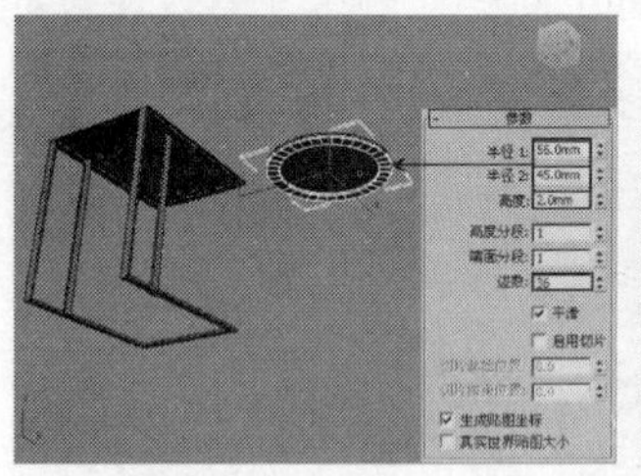

图3-128

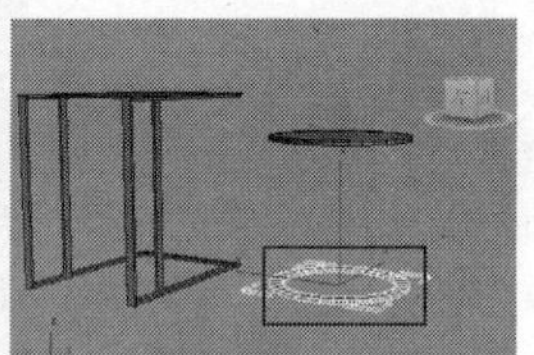

图3-129

10 使用“长方体”工具 长方体 在两个管状体之间创建一个长方体，然后在“参数”卷展栏下设置“长度”为8mm、“宽度”为98mm、“高度”为2mm，模型位置如图3-130所示。

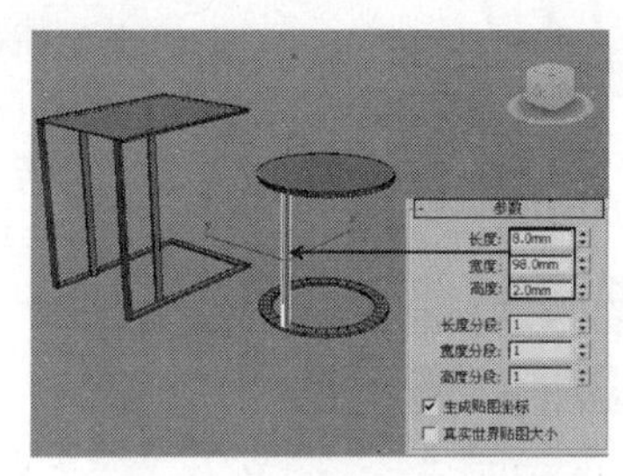

图3-130

11 在“命令”面板中单击“层次”按钮，进入“层次”面板，然后单击“仅影响轴”按钮 仅影响轴 ，接着在顶视图中将长方体的轴心点调整到如图3-131所示的位置。

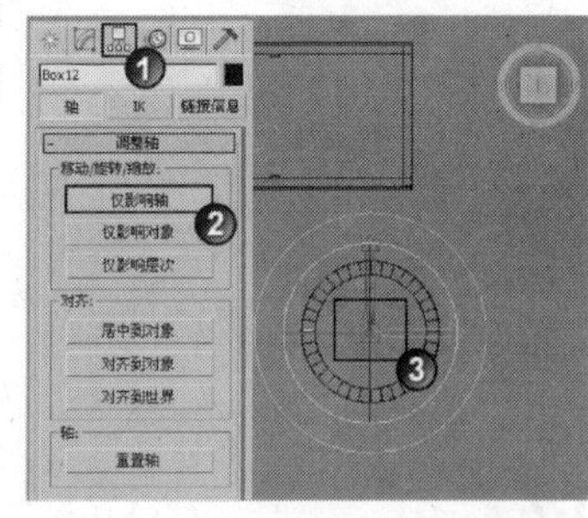

图3-131

12 再次单击“仅影响轴”按钮 仅影响轴 ，退出“仅影响轴”模式，然后在“主工具栏”中单击“角度捕捉切换”按钮，使用“选择并旋转”工具选择圆柱体，接着按住Shift键在顶视图中将球体旋转复制-120°，并在弹出的对话框中设置“对象”为“复制”、“副本数”为2，最后单击“确定”按钮 确定 ，如图3-132所示，复制效果如图3-133所示，茶几模型的最终效果如图3-134所示。

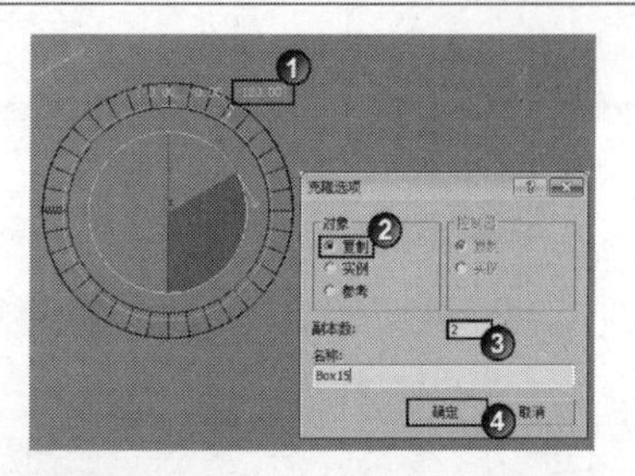

图3-132

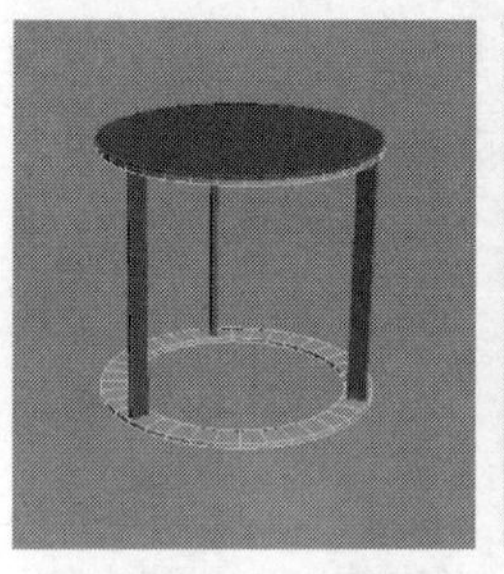

图3-133

图3-134

实战071 电视柜

场景位置	无
实例位置	DVD>实例文件>CH03>实战071.max
视频位置	DVD>多媒体教学>CH03>实战071.flv
难易指数	★☆☆☆☆
技术掌握	切角长方体工具、移动复制功能

电视柜模型如图3-135所示。

图3-135

01 下面创建柜体模型。使用“切角长方体”工具 切角长方体 在场景中创建一个切角长方体，然后在“参数”卷展栏下设置“长度”为85mm、“宽度”为150mm、“高度”为4mm、“圆角”为0.4mm，如图3-136所示。

02 使用“选择并移动”工具选择上一步创建的切角长方体，然后按住Shift键移动复制一个切角长方体到如图3-137所示的位置。

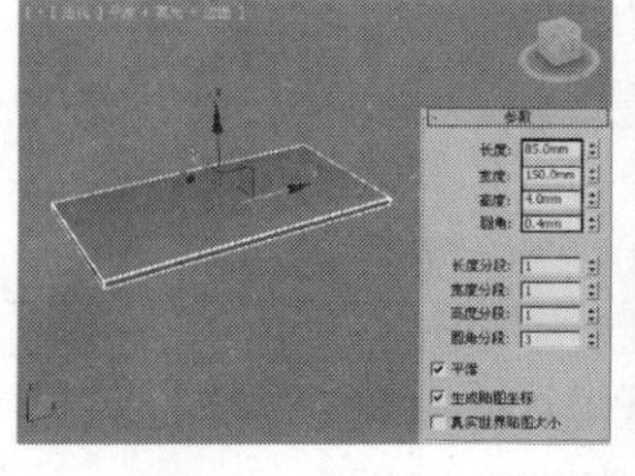

图3-136

图3-137

03 使用“切角长方体”工具切角长方体在场景中创建一个切角长方体，然后在“参数”卷展栏下设置“长度”为85mm、“宽度”为58mm、“高度”为4mm、“圆角”为0.4mm，模型位置如图3-138所示。

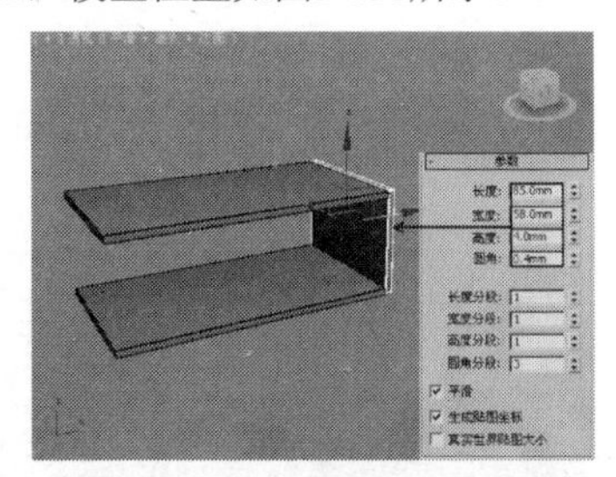

图3-138

04 继续使用“切角长方体”工具切角长方体在场景中创建一个切角长方体，然后在“参数”卷展栏下设置“长度”为85mm、“宽度”为300mm、“高度”为4mm、“圆角”为0.4mm，模型位置如图3-139所示。

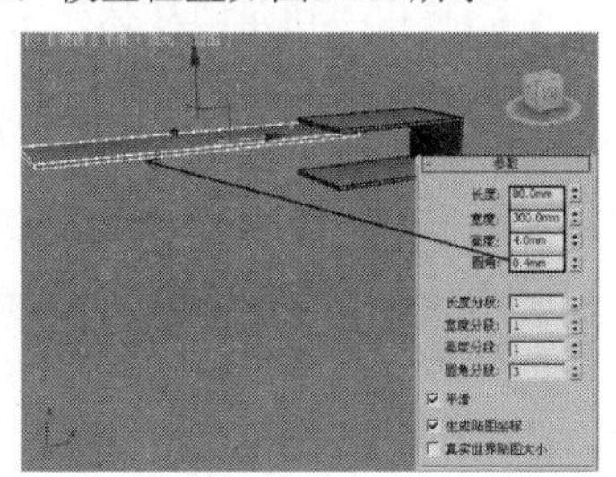

图3-139

05 使用“选择并移动”工具选择上一步创建的切角长方体，然后按住Shift键移动复制一个切角长方体到如图3-140所示的位置。

06 采用相同的方法使用“选择并移动”工具移动复制出其他的切角长方体，完成后的效果如图3-141所示的模型。

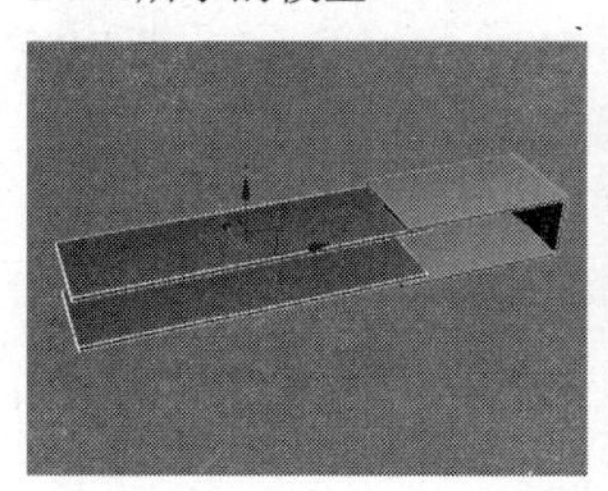

图3-140

图3-141

07 下面创建底座模型。使用“切角长方体”工具切角长方体在场景中创建一个切角长方体，然后在“参数”卷展栏下设置“长度”为85mm、“宽度”为40.09mm、“高度”为4mm、“圆角”为0.4mm，模型位置如图3-142所示。

08 使用“选择并移动”工具选择上一步创建的切角长方体，然后按住Shift键移动复制一个切角长方体到如图3-143所示的位置。

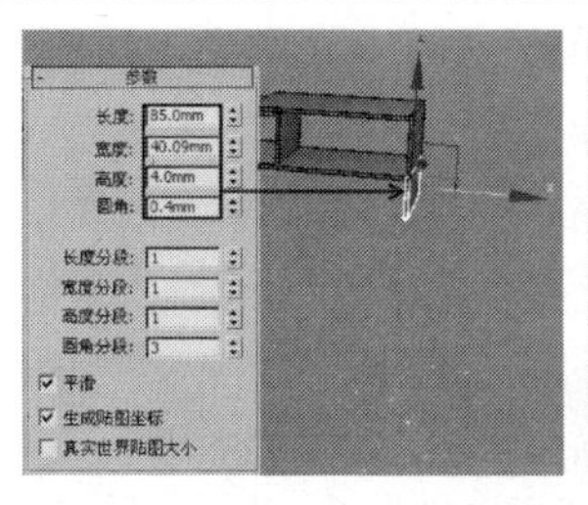

图3-142

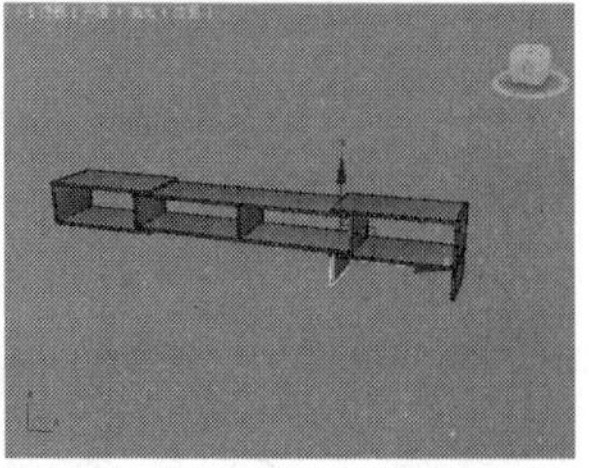

图3-143

09 使用“切角长方体”工具切角长方体在场景中创建一个切角长方体，然后在“参数”卷展栏下设置“长度”为85mm、“宽度”为150mm、“高度”为4mm、“圆角”为0.4mm，模型位置如图3-144所示。

10 采用相同的方法继续使用“切角长方体”工具切角长方体创建出其他的切角长方体，最终效果如图3-145所示。

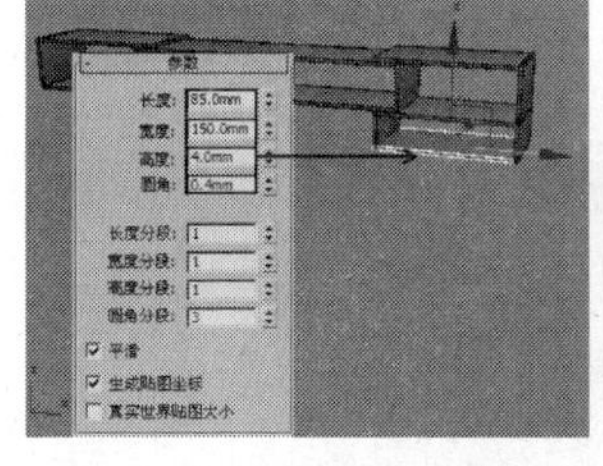

图3-144

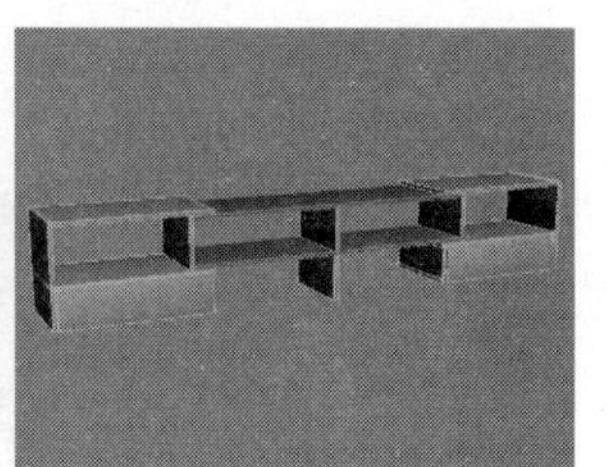

图3-145

实战072 休闲沙发

场景位置	无
实例位置	DVD>实例文件>CH03>实战072.max
视频位置	DVD>多媒体教学>CH03>实战072.flv
难易指数	★☆☆☆☆
技术掌握	切角长方体工具、切角圆柱体工具、球体工具

休闲沙发模型如图3-146所示。

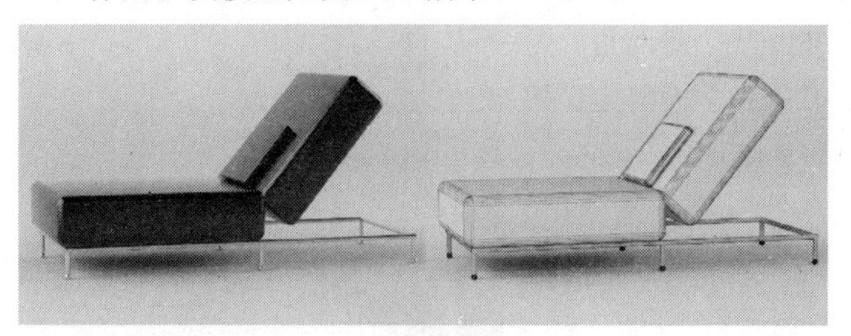

图3-146

01 下面创建靠背和座垫模型。使用“切角长方体”工具切角长方体在场景中创建一个切角长方体，然后在“参数”卷展栏下设置“长度”为140mm、“宽度”为170mm、“高度”为40mm、“圆角”为7mm、“圆角分段”为5，如图3-147所示。

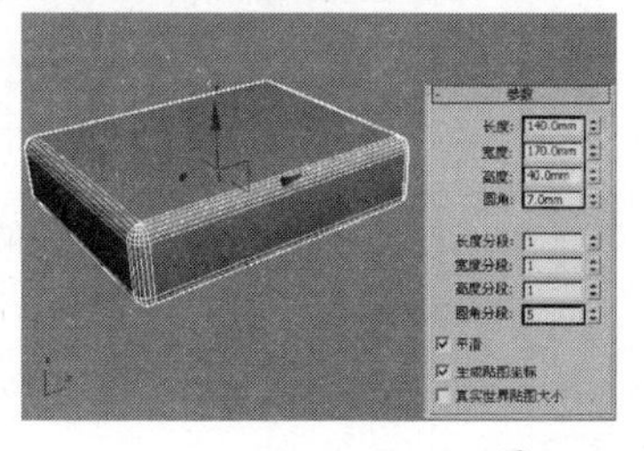

图3-147

02 继续使用“切角长方体”工具 切角长方体 在场景中创建一个切角长方体，然后在“参数”卷展栏下设置“长度”为140mm、“宽度”为130mm、“高度”为40mm、“圆角”为7mm、“圆角分段”为5，模型位置如图3-148所示。

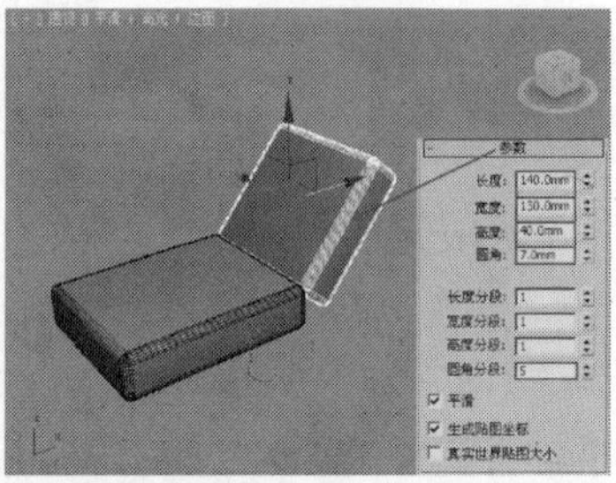

图3-148

03 再次使用“切角长方体”工具 切角长方体 在场景中创建一个切角长方体，然后在“参数”卷展栏下设置“长度”为70mm、“宽度”为60mm、“高度”为8mm、“圆角”为2.5mm、“圆角分段”为5，模型位置如图3-149所示。

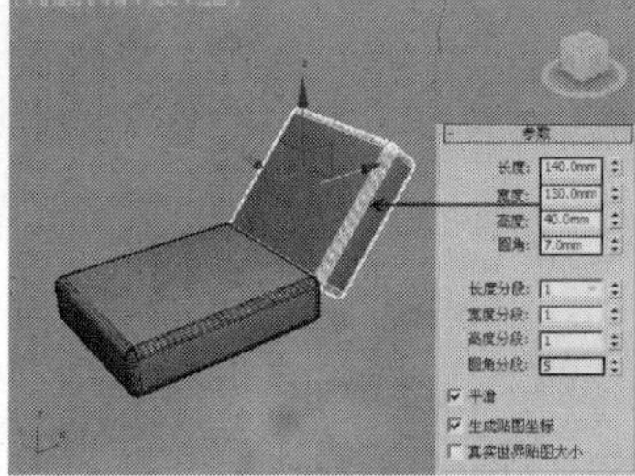

图3-149

04 下面创建支架模型。使用“切角圆柱体”工具 切角圆柱体 在场景中创建一个切角圆柱体，然后在“参数”卷展栏下设置“半径”为2mm、“高度”为300mm、“圆角”为0.5mm，模型位置如图3-150所示。

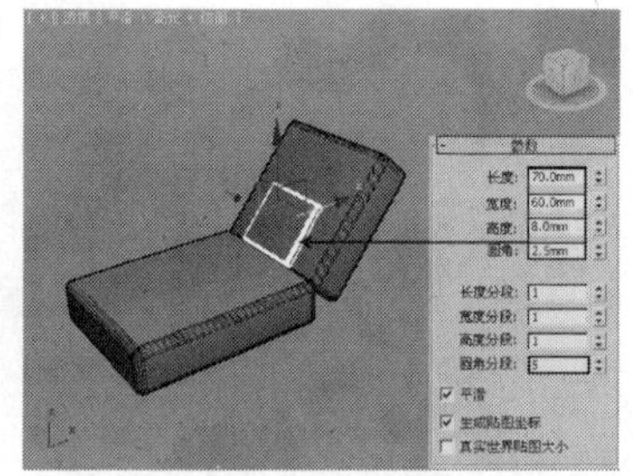

图3-150

05 使用“选择并移动”工具选择上一步创建的切角圆柱体，然后按住Shift键移动复制一个切角圆柱体到如图3-151所示的位置。

图3-151

06 使用“切角圆柱体”工具 切角圆柱体 在前面创建的两个切角圆柱体之间创建一个切角圆柱体，然后在“参数”卷展栏下设置“半径”为2mm、“高度”为126mm、“圆角（高度）”为0.5mm，模型位置如图3-152所示。

07 使用“选择并移动”工具选择上一步创建的切角圆柱体，然后按住Shift键移动复制一个切角圆柱体到如图3-153所示的位置。

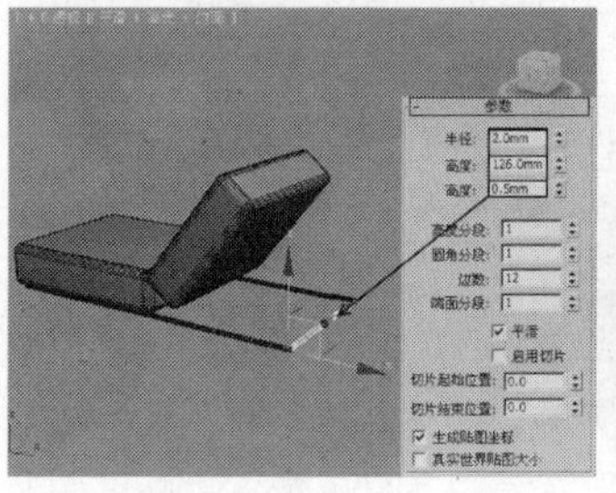

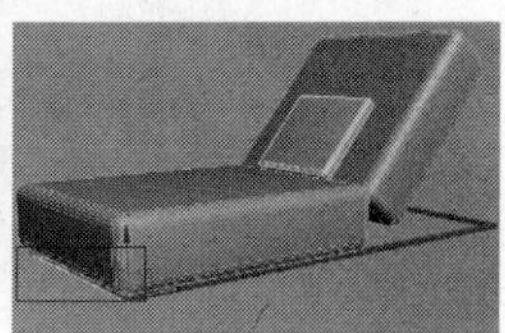

图3-152　图3-153

08 使用“切角圆柱体”工具 切角圆柱体 在场景中创建一个切角圆柱体，然后在“参数”卷展栏下设置“半径”为2mm、“高度”为20mm、“圆角”为0.2mm，模型位置如图3-154所示。

09 使用“选择并移动”工具选择上一步创建的切角圆柱体，然后按住Shift键移动复制5个切角圆柱体到如图3-155所示的位置。

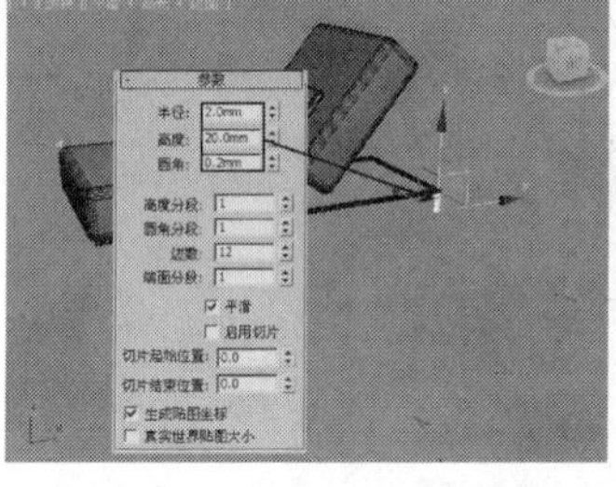

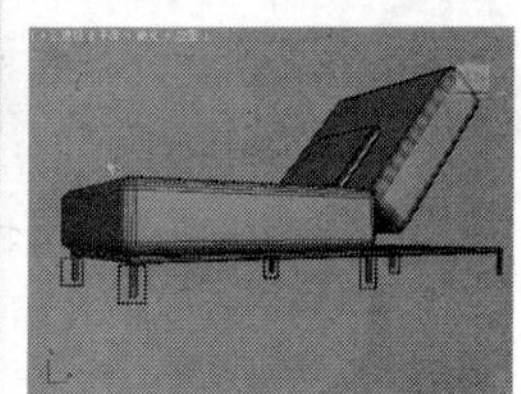

图3-154　图3-155

10 使用“球体”工具 球体 在支柱底部创建一个球体，然后在“参数”卷展栏下设置“半径”为2.5mm、“分段”为32，模型位置如图3-156所示。

11 使用“选择并移动”工具选择上一步创建的球体，然后按住Shift键移动复制5个球体到另外5个支柱的底部，最终效果如图3-157所示。

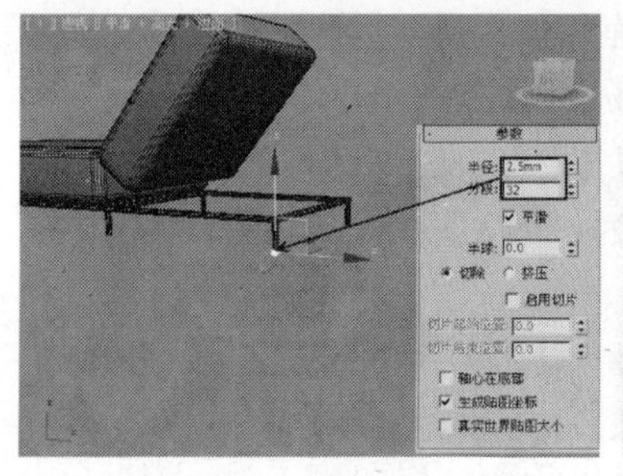

图3-156　图3-157

实战073 单人沙发

场景位置	无
实例位置	DVD>实例文件>CH03>实战073.max
视频位置	DVD>多媒体教学>CH03>实战073.flv
难易指数	★☆☆☆☆
技术掌握	切角长方体工具、切角圆柱体工具

单人沙发模型如图3-158所示。

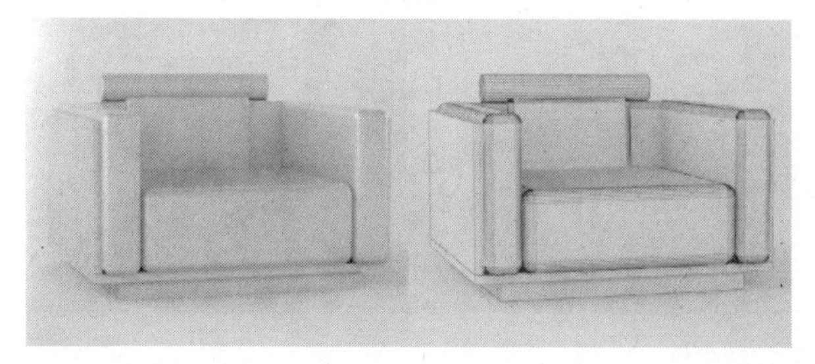

图3-158

01 下面创建靠背和座垫模型。使用“切角长方体”工具 切角长方体 在场景中创建一个切角长方体，然后在“参数”卷展栏下设置“长度”为150mm、“宽度”为150mm、“高度”为54mm、“圆角”为8mm、“圆角分段”为8，如图3-159所示。

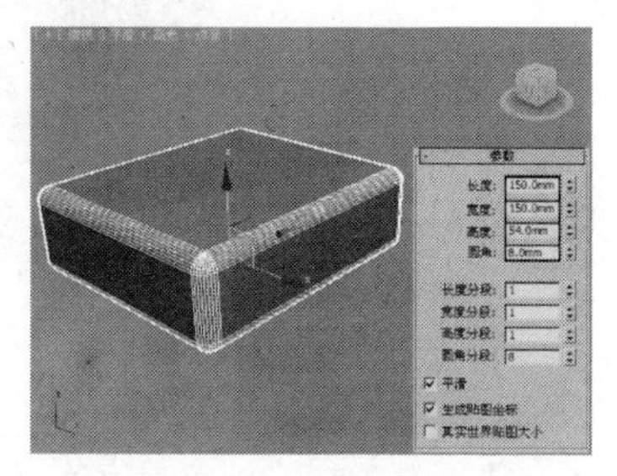

图3-159

02 继续使用“切角长方体”工具 切角长方体 在场景中创建一个切角长方体，然后在“参数”卷展栏下设置“长度”为150mm、“宽度”为90mm、“高度”为25mm、“圆角”为5mm、“圆角分段”为8，模型位置如图3-160所示。

03 使用“选择并移动”工具选择上一步创建的切角长方体，然后按住Shift键移动复制5个切角长方体到如图3-161所示的位置。

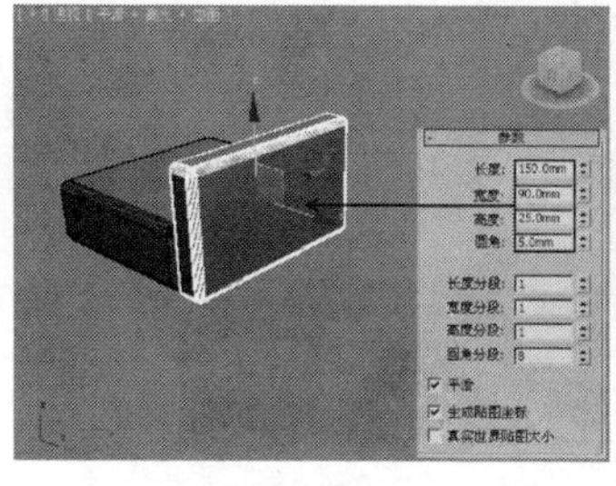

图3-160

图3-161

04 使用“切角长方体”工具 切角长方体 在场景中创建一个切角长方体，然后在“参数”卷展栏下设置“长度”为170mm、“宽度”为90mm、“高度”为25mm、“圆角”为5mm、“圆角分段”为8，模型位置如图3-162所示。

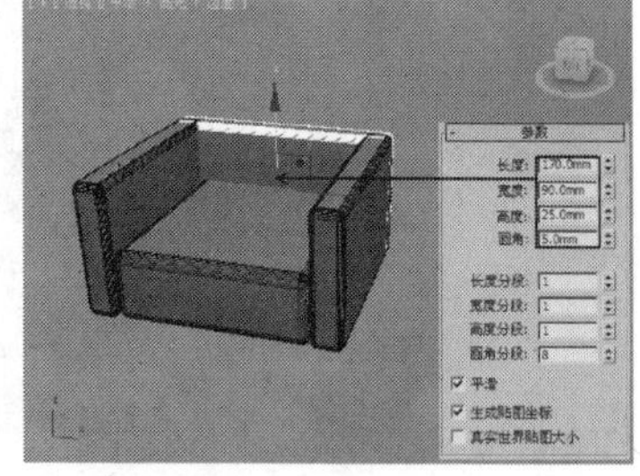

图3-162

05 继续使用“切角长方体”工具 切角长方体 在场景中创建一个切角长方体，然后在“参数”卷展栏下设置“长度”为70mm、“宽度”为50mm、“高度”为25mm、“圆角”为3mm、“圆角分段”为8，模型位置如图3-163所示。

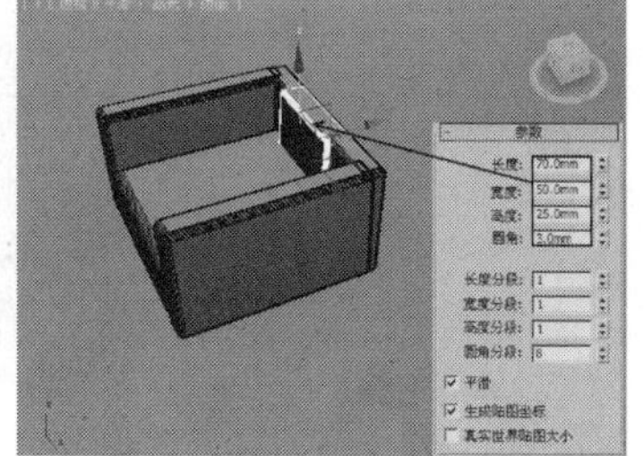

图3-163

06 使用“切角圆柱体”工具 切角圆柱体 在靠背上创建一个切角圆柱体，然后在“参数”卷展栏下设置“半径”为9mm、“高度”为120mm、“圆角”为0.5mm、“边数”为24，模型位置如图3-164所示。

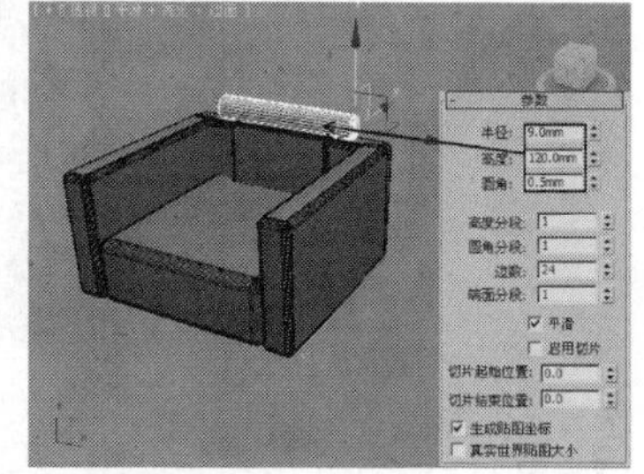

图3-164

07 下面创建底座模型。使用“切角长方体”工具 切角长方体 在侧面创建一个切角长方体，然后在“参数”卷展栏下设置“长度”为150mm、“宽度”为85mm、“高度”为6mm、“圆角”为0mm、“圆角分段”为1，模型位置如图3-165所示。

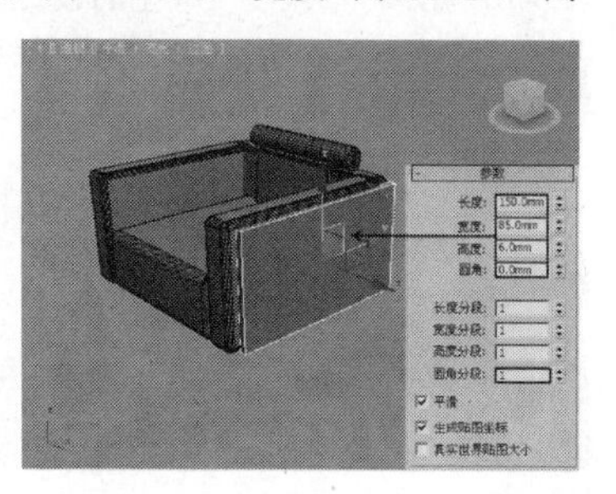

图3-165

08 使用“选择并移动”工具选择上一步创建的切角长方体，然后按住Shift键移动复制一个切角长方体到另一侧，如图3-166所示。

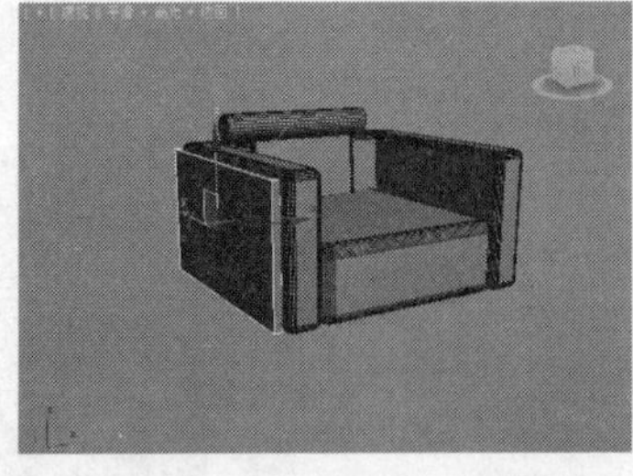
图3-166

09 使用“切角长方体”工具 切角长方体 在背面创建一个切角长方体，然后在“参数”卷展栏下设置“长度”为180mm、“宽度”为83.309mm、“高度”为6mm、“圆角”为0mm、“圆角分段”为1，模型位置如图3-167所示。

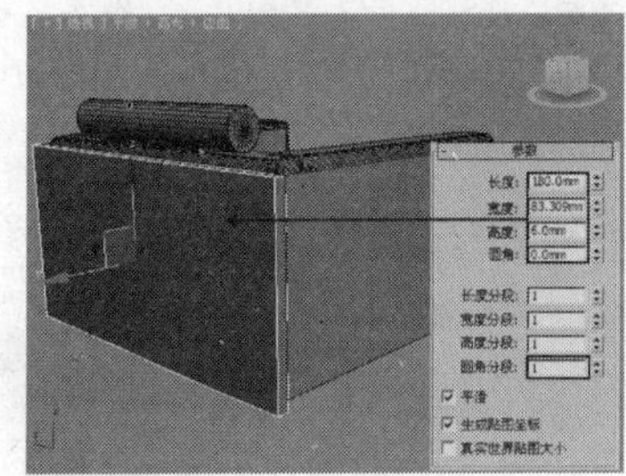
图3-167

10 继续使用“切角长方体”工具 切角长方体 在底部创建一个切角长方体，然后在“参数”卷展栏下设置“长度”为150mm、“宽度”为182.605mm、“高度”为6mm、“圆角”为0mm、“圆角分段”为1，模型位置如图3-168所示。

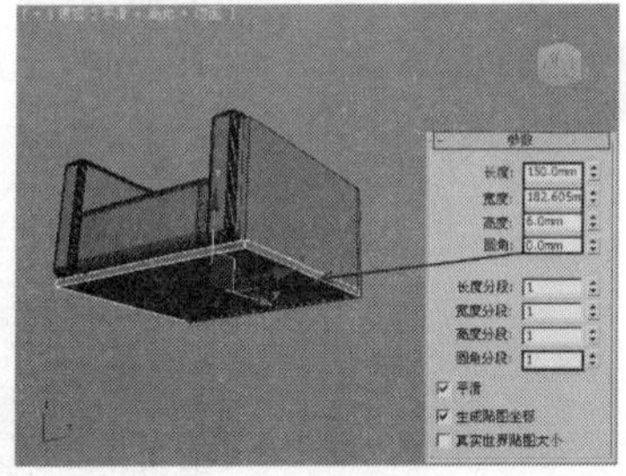
图3-168

11 再次使用“切角长方体”工具 切角长方体 在底部创建一个切角长方体，然后在“参数”卷展栏下设置“长度”为120mm、“宽度”为150mm、“高度”为13mm、“圆角”为0mm、“圆角分段”为1，模型位置如图3-169所示，单人沙发模型的最终效果如图3-170所示。

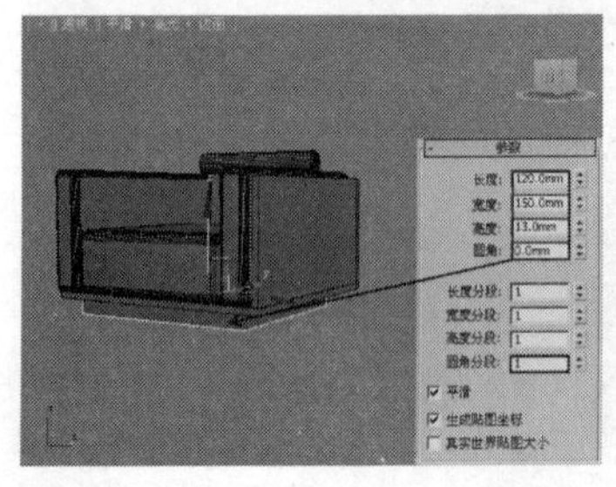
图3-169

图3-170

实战074 玻璃茶几

场景位置	无
实例位置	DVD>实例文件>CH03>实战074.max
视频位置	DVD>多媒体教学>CH03>实战074.flv
难易指数	★☆☆☆☆
技术掌握	切角长方体工具、切角圆柱体工具、球体工具、圆柱体工具、组命令

玻璃茶几模型如图3-171所示。

图3-171

01 下面创建桌面模型。使用“切角长方体”工具 切角长方体 在场景中创建一个切角长方体，然后在“参数”卷展栏下设置“长度”为100mm、“宽度”为200mm、“高度”为3mm、“圆角”为0.3mm，如图3-172所示。

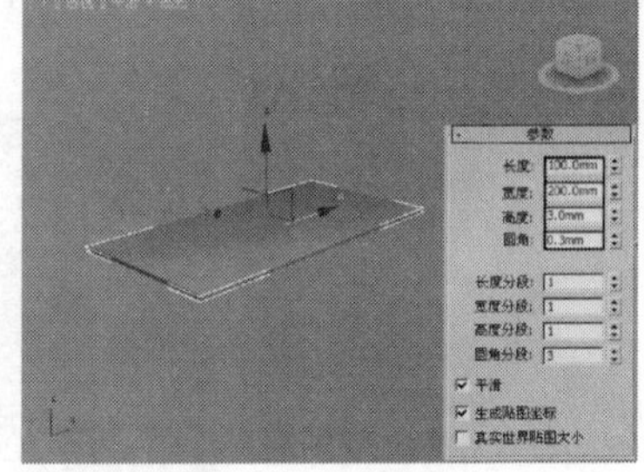
图3-172

02 继续使用“切角长方体”工具 切角长方体 在场景中创建一个切角长方体，然后在“参数”卷展栏下设置“长度”为60mm、“宽度”为100mm、“高度”为3mm、“圆角”为0.3mm，模型位置如图3-173所示。

03 使用“选择并移动”工具选择上一步创建的切角长方体，然后按住Shift键移动复制一个切角长方体到如图3-174所示的位置。

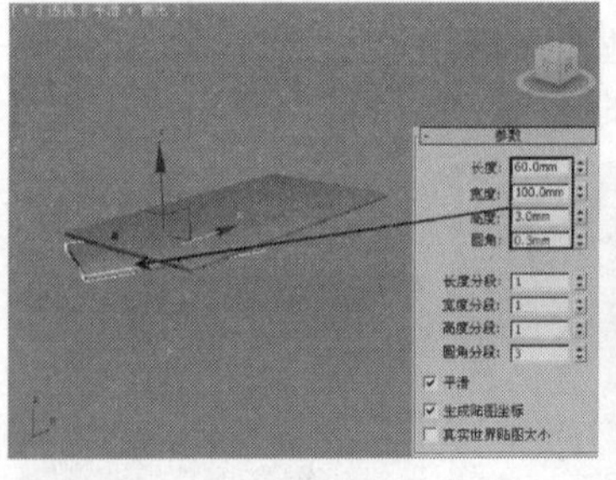
图3-173

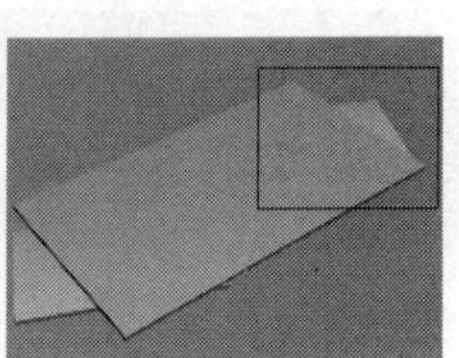
图3-174

04 下面创建腿部模型。使用“切角圆柱体”工具 切角圆柱体 在场景中创建一个切角圆柱体，然后在“参数”卷展栏下设置“半径”为5mm、“高度”为3.5mm、“圆角”为0.3mm，模型位置如图3-175所示。

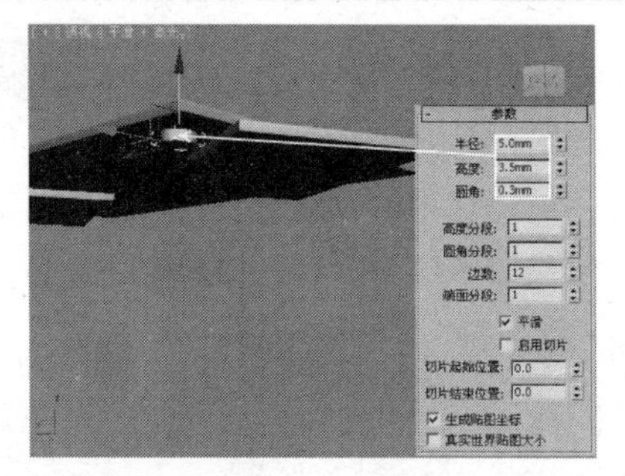

图3-175

05 继续使用“切角圆柱体”工具 切角圆柱体 在上一步创建的切角圆柱体的底部创建一个切角圆柱体，然后在“参数”卷展栏下设置“半径”为5mm、“高度”为9mm、“圆角”为0.3mm，模型位置如图3-176所示。

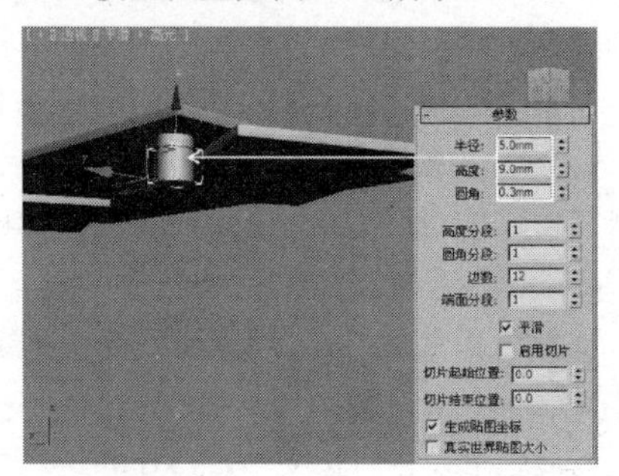

图3-176

06 采用相同的方法使用“切角圆柱体”工具 切角圆柱体 在场景中再次创建两个切角圆柱体，具体参数设置及模型位置如图3-177所示。

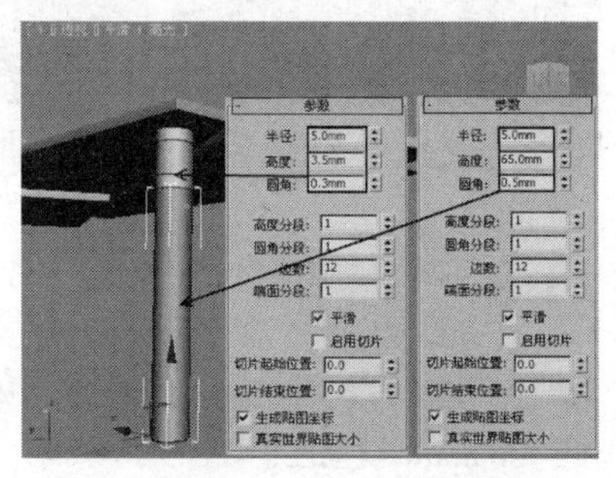

图3-177

07 使用“圆柱体”工具 圆柱体 、“切角圆柱体”工具 切角圆柱体 和“球体”工具 球体 创建如图3-178所示的模型。

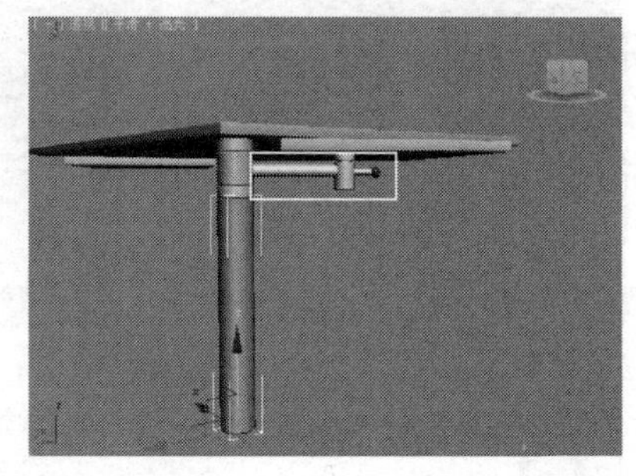

图3-178

08 选择如图3-179所示的模型，然后执行“组>组”菜单命令，将这部分模型编成一组，接着复制3组模型到另外3个桌角处，最终效果如图3-180所示。

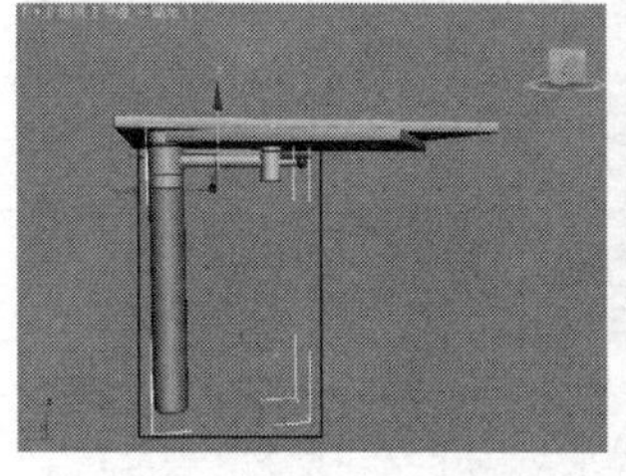

图3-179

图3-180

实战075 组合餐桌椅

场景位置	无
实例位置	DVD>实例文件>CH03>实战075.max
视频位置	DVD>多媒体教学>CH03>实战075.flv
难易指数	★★☆☆☆
技术掌握	长方体工具、切角长方体工具、组命令

组合餐桌椅模型如图3-181所示。

图3-181

01 下面创建餐桌模型。使用“长方体”工具 长方体 在场景中创建一个长方体，然后在“参数”卷展栏下设置“长度”为78mm、“宽度”为40mm、“高度”为2.5mm，如图3-182所示。

02 继续使用“长方体”工具 长方体 在上一步创建的长方体底部创建一个长方体，然后在“参数”卷展栏下设置“长度”为78mm、“宽度”为40mm、“高度”为0.5mm，模型位置如图3-183所示。

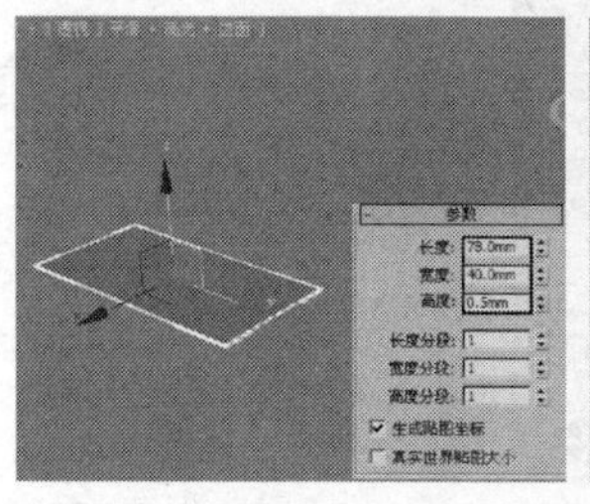

图3-182

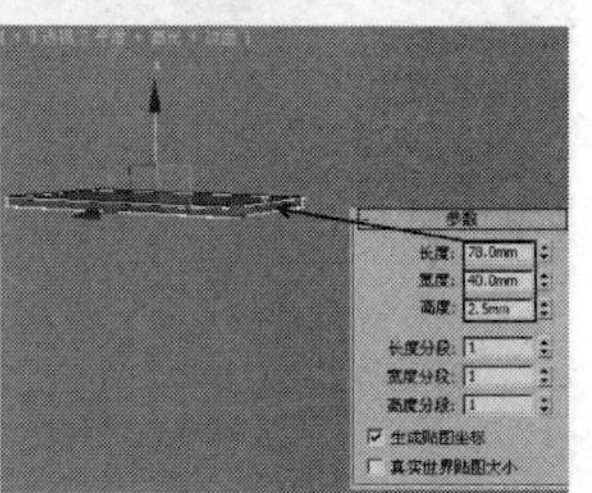

图3-183

03 再次使用“长方体”工具 长方体 在桌面底部创建一个长方体，然后在“参数”卷展栏下设置“长度”为4mm、“宽度”为4mm、“高度”为30mm，模型位置如图3-184所示。

04 使用“选择并移动”工具选择上一步创建的长方体，然后按住Shift键移动复制3个长方体到另外3个桌角处，如图3-185所示。

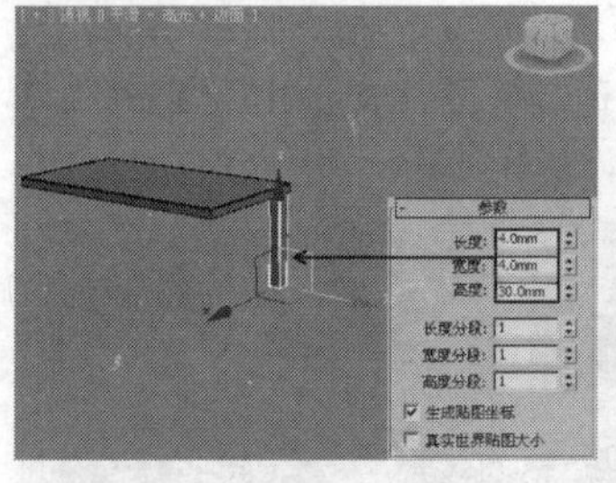

图3-184

图3-185

05 下面创建餐椅模型。使用“长方体”工具 长方体 在场景中创建一个长方体，然后在“参数”卷展栏下设置“长度”为26mm、“宽度”为2mm、“高度”为12mm，如图3-186所示。

06 继续使用“长方体”工具 长方体 在场景中创建餐椅的其他部件，完成后的效果如图3-187所示。

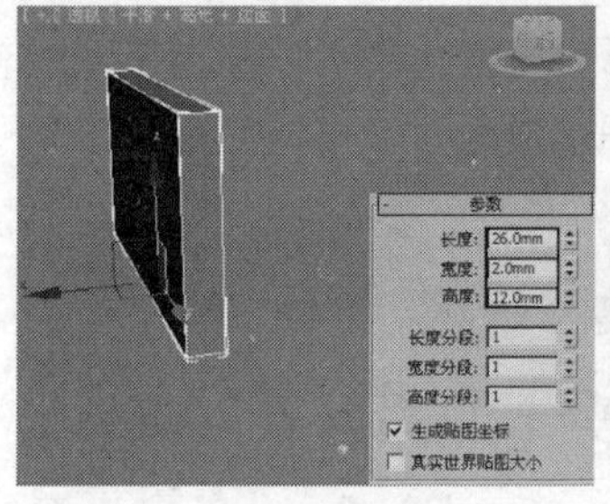

图3-186

图3-187

07 使用“切角长方体”工具 切角长方体 在座垫底部创建一个切角长方体，然后在“参数”卷展栏下设置“长度”为2mm、“宽度”为2mm、“高度”为15mm、“圆角”为0mm、“圆角分段”为3，模型位置如图3-188所示。

08 使用“选择并移动”工具选择上一步创建的切角长方体，然后按住Shift键移动复制3个切角长方体到如图3-189所示的位置。

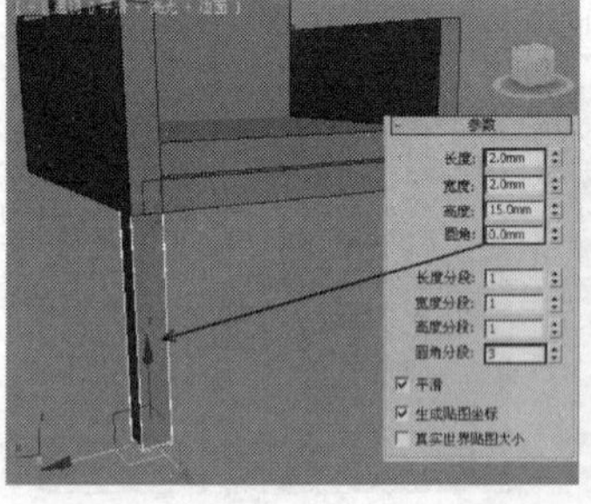

图3-188

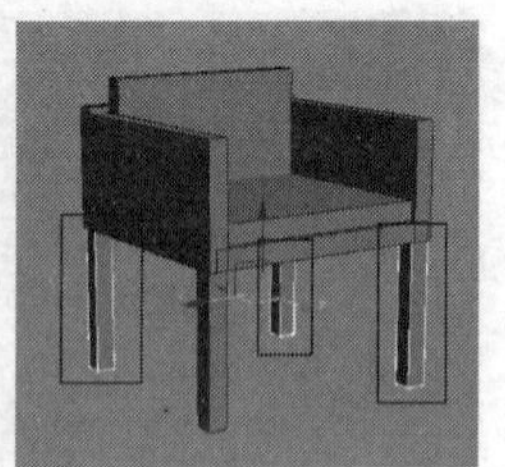

图3-189

09 选择餐椅的所有部件，然后执行“组>组”菜单命令，接着复制5个餐椅模型到相应的位置，最终效果如图3-190所示。

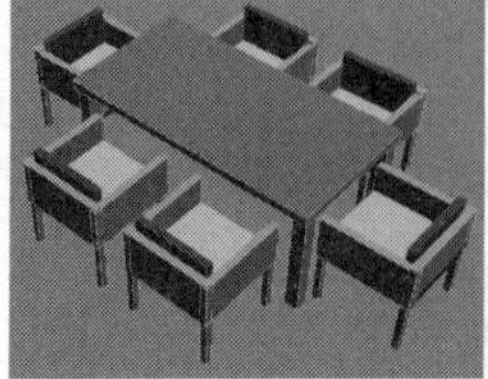

图3-190

实战076 简约床头柜

场景位置	无
实例位置	DVD>实例文件>CH03>实战076.max
视频位置	DVD>多媒体教学>CH03>实战076.flv
难易指数	★☆☆☆☆
技术掌握	长方体工具、移动复制功能

简约床头柜模型如图3-191所示。

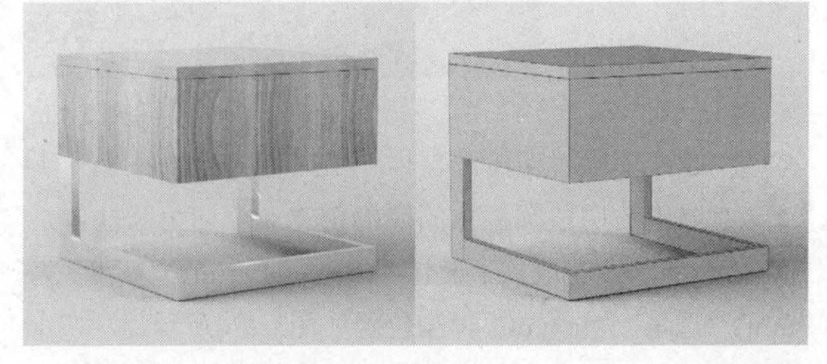

图3-191

01 下面创建台面模型。使用“长方体”工具 长方体 在场景中创建一个长方体，然后在“参数”卷展栏下设置“长度”为150mm、“宽度”为160mm、“高度”为60mm，模型效果如图3-192所示。

02 继续使用“长方体”工具 长方体 在上一步创建的长方体顶部创建一个长方体，然后在“参数”卷展栏下设置“长度”为151mm、“宽度”为161mm、“高度”为6mm，模型位置如图3-193所示。

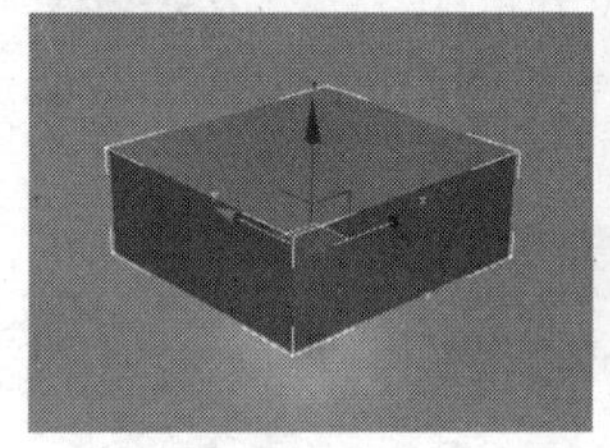

图3-192

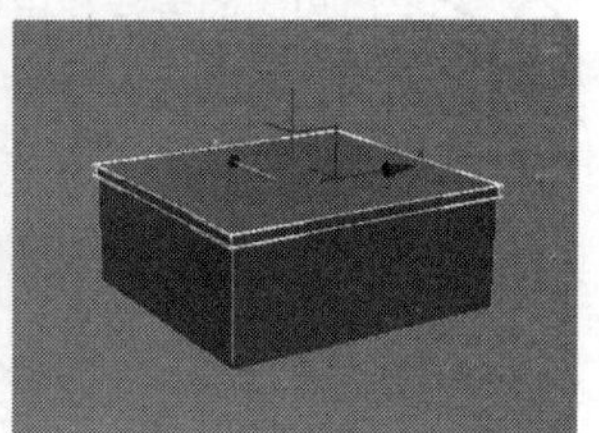

图3-193

03 下面创建腿部模型。使用“长方体”工具 长方体 在台面底部的边缘处创建一个长方体，然后在“参数”卷展栏下设置“长度”为15mm、“宽度”为6mm、“高度”为60mm，模型位置如图3-194所示。

04 使用“选择并移动”工具选择上一步创建的长方体，然后按住Shift键移动复制一个长方体到如图3-195所示的位置。

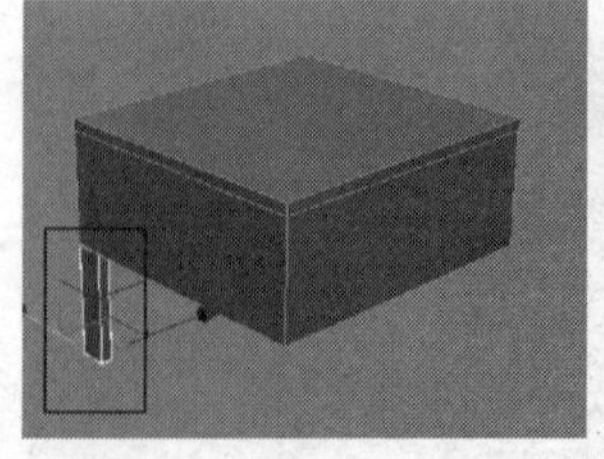

图3-194

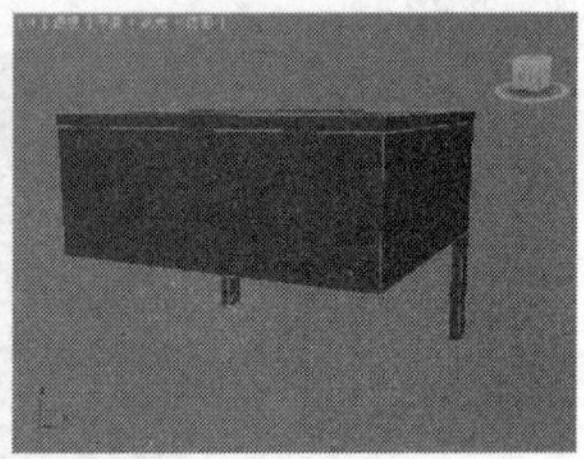

图3-195

05 使用“长方体”工具 长方体 在场景中创建一个长方体，然后在“参数”卷展栏下设置“长度”

为15mm、“宽度”为6mm、“高度”为135.6mm，模型位置如图3-196所示。

06 使用“选择并移动”工具选择上一步创建的长方体，然后按住Shift键移动复制一个长方体到如图3-197所示的位置。

图3-196

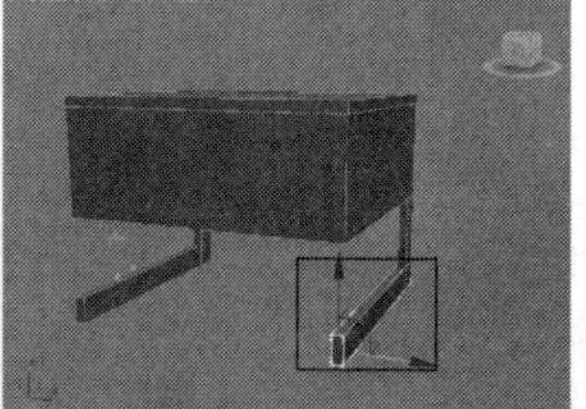

图3-197

07 使用“长方体”工具 长方体 在场景中创建一个长方体，然后在“参数”卷展栏下设置“长度”为15mm、“宽度”为6mm、“高度”为161mm，模型位置如图3-198所示，最终效果如图3-199所示。

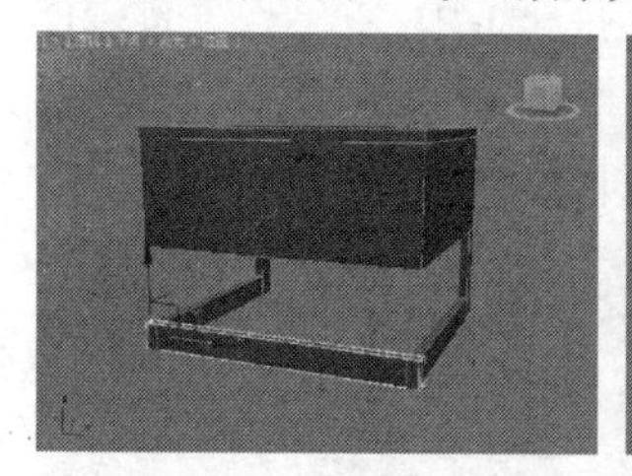

图3-198

图3-199

实战077 水果架

场景位置	无
实例位置	DVD>实例文件>CH03>实战077.max
视频位置	DVD>多媒体教学>CH03>实战077.flv
难易指数	★☆☆☆☆
技术掌握	管状体工具、圆柱体工具、移动复制功能

水果架模型如图3-200所示。

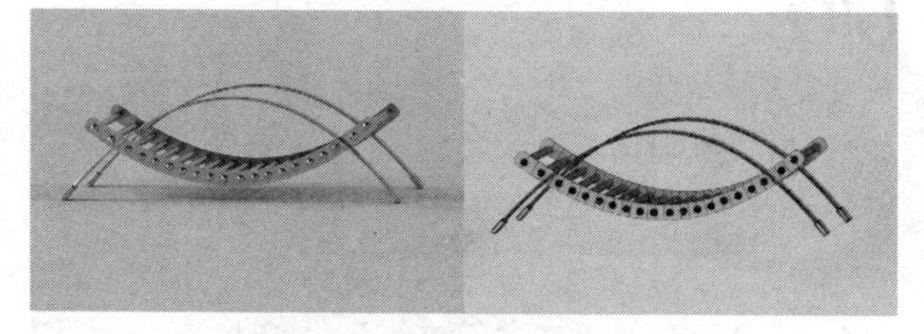

图3-200

01 下面创建支架模型。使用“管状体”工具 管状体 在场景中创建一个管状体，然后在“参数”卷展栏下设置“半径1”为100mm、“半径2”为98mm、“高度”为10mm、“高度分段”为1、“边数”为36，接着勾选“启用切片”选项，并设置“切片起始位置”为-300、“切片结束位置”为-60，如图3-201所示。

02 使用“选择并移动”工具选择上一步创建的管状体，然后按住Shift键移动复制一个管状体到如图3-202所示的位置。

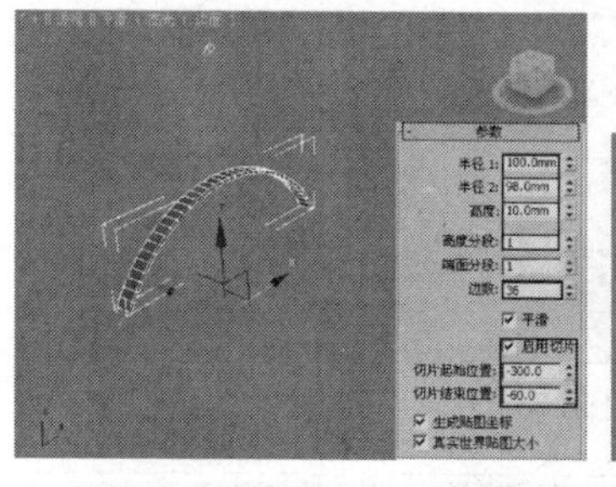

图3-201

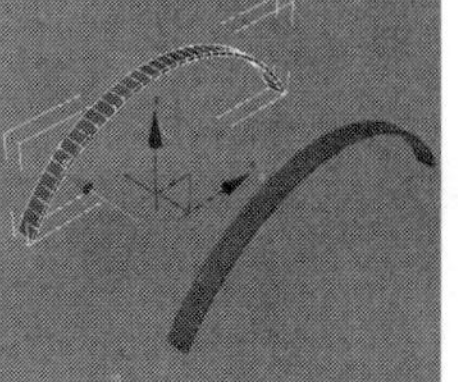

图3-202

03 使用“管状体”工具 管状体 在场景中创建一个管状体，然后在“参数”卷展栏下设置“半径1”为100mm、“半径2”为94mm、“高度”为0.6mm、“高度分段”为1、“边数”为36，接着勾选“启用切片”选项，并设置“切片起始位置”为240、“切片结束位置”为120，如图3-203所示。

04 使用“选择并移动”工具选择上一步创建的管状体，然后按住Shift键移动复制一个管状体到如图3-204所示的位置。

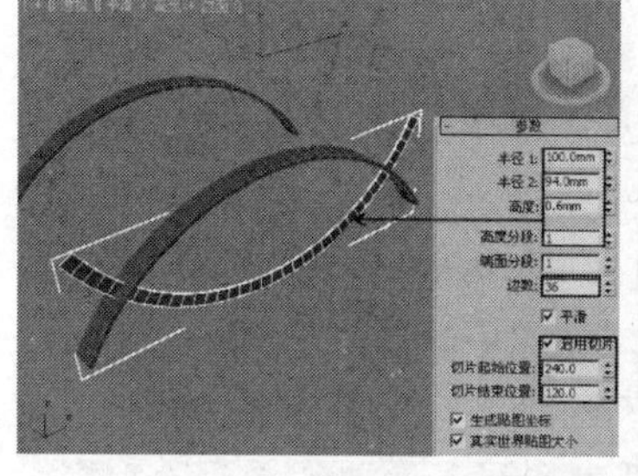

图3-203

图3-204

05 下面创建分割模型。使用“圆柱体”工具 圆柱体 在场景中创建一个圆柱体，然后在“参数”卷展栏下设置“半径”为1.8mm、“高度”为100mm、“高度分段”为1，模型位置如图3-205所示。

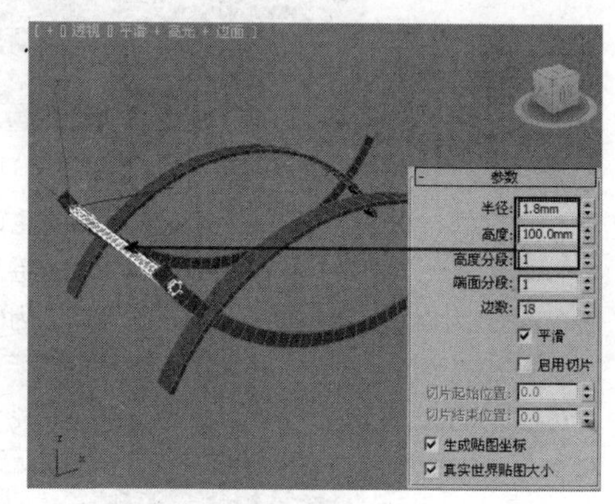

图3-205

06 使用“选择并移动”工具选择上一步创建的圆柱体，然后按住Shift键在前视图中移动复制19个圆柱体到如图3-206所示的位置，水果架模型的最终效果如图3-207所示。

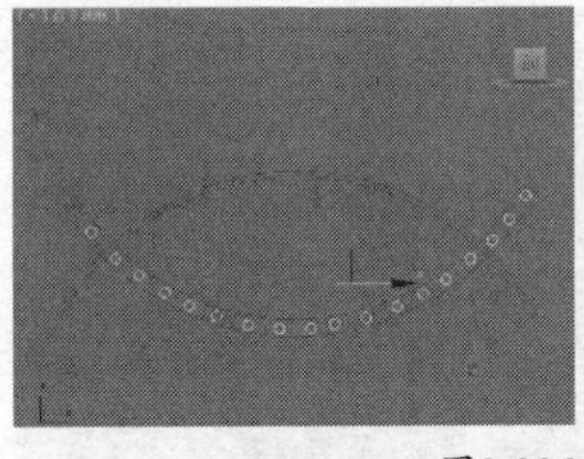

图3-206

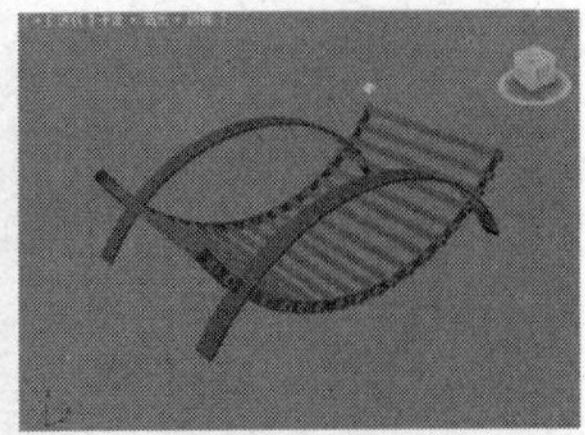

图3-207

实战078 风铃

场景位置	无
实例位置	DVD>实例文件>CH03>实战078.max
视频位置	DVD>多媒体教学>CH03>实战078.flv
难易指数	★☆☆☆☆
技术掌握	切角圆柱体工具、圆柱体工具、异面体工具

风铃模型如图3-208所示。

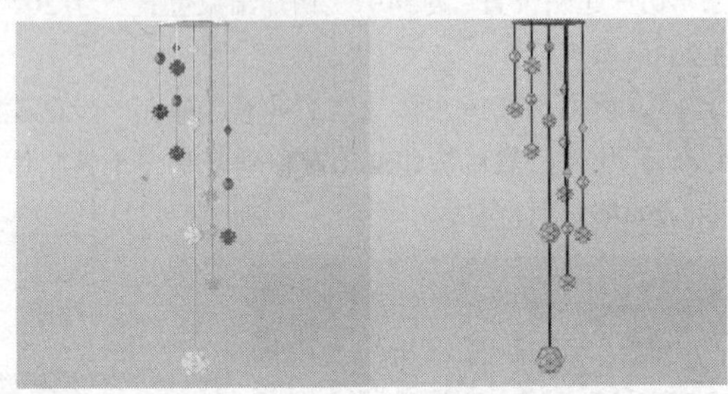

图3-208

01 下面创建吸盘和吊线模型。使用“切角圆柱体”工具 切角圆柱体 在场景中创建一个切角圆柱体，然后在“参数”卷展栏下设置“半径”为45mm、“高度”为1mm、“圆角”为0.3mm、“边数”为30，具体参数设置及模型效果如图3-209所示。

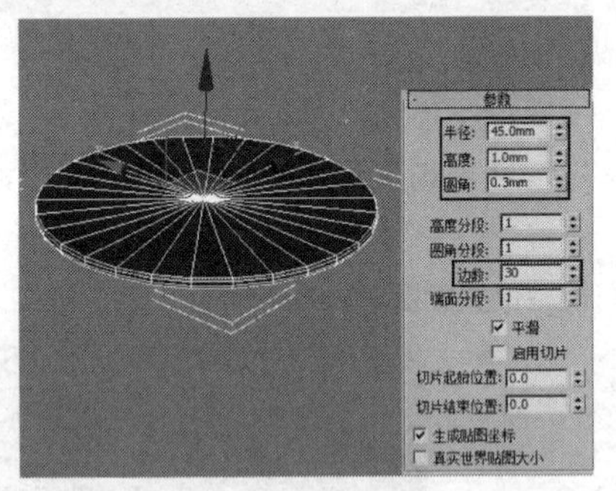

图3-209

02 继续使用“切角圆柱体”工具 切角圆柱体 在场景中创建一个切角圆柱体，然后在“参数”卷展栏下设置“半径”为12mm、“高度”为1mm、“圆角”为0.2mm、“高度分段”为1、“边数”为30，具体参数设置及模型位置如图3-210所示。

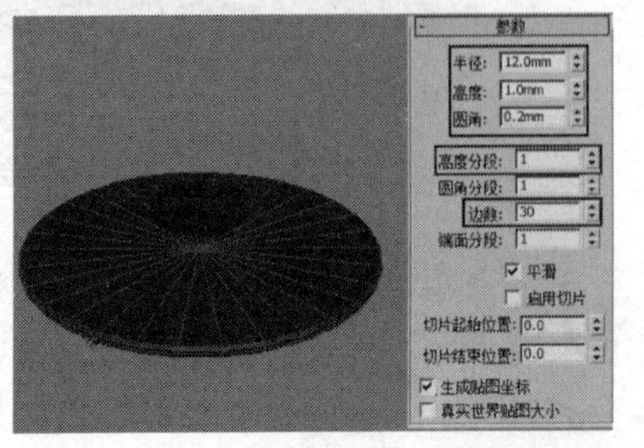

图3-210

03 使用“圆柱体”工具 圆柱体 在两个切角圆柱体中间创建一个圆柱体，然后在“参数”卷展栏下设置“半径”为1.5mm、“高度”为80mm、“高度分段”为1、“边数”为30，具体参数设置及模型位置如图3-211所示。

04 继续使用“圆柱体”工具 圆柱体 在比较大的切角圆柱体边缘创建“半径”为1mm，高度不一的圆柱体作为吊线，完成后的效果如图3-212所示。

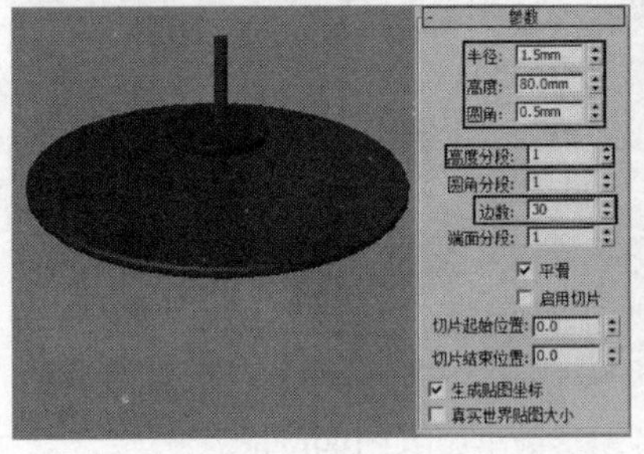

图3-211

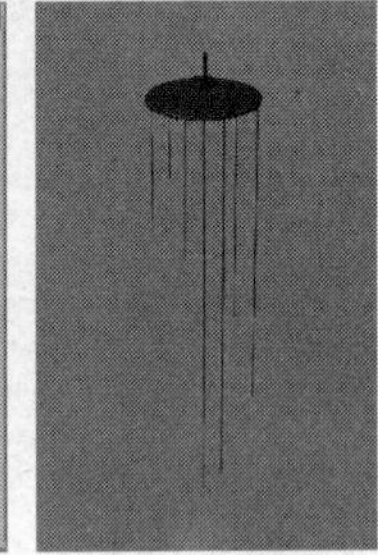

图3-212

05 下面创建风铃模型。使用“异面体”工具 异面体 在吊线上创建一个异面体，然后在“参数”卷展栏下设置“系列”为“十二面体/二十面体”、“半径”为3mm，具体参数设置及模型效果如图3-213所示。

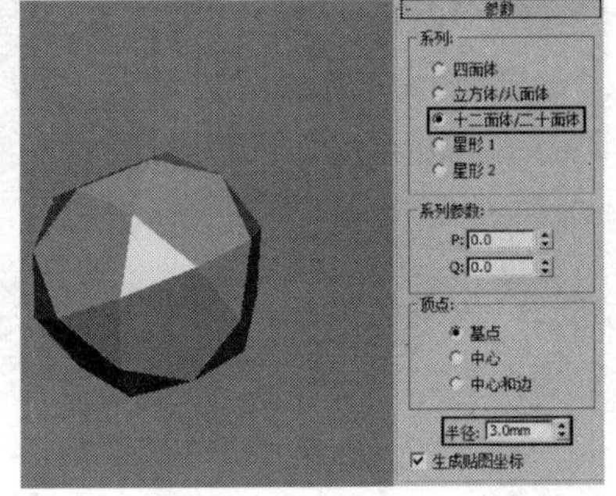

图3-213

06 继续使用“异面体”工具 异面体 创建一些异面体，其参数设置及模型效果如图3-214~图3-216所示。

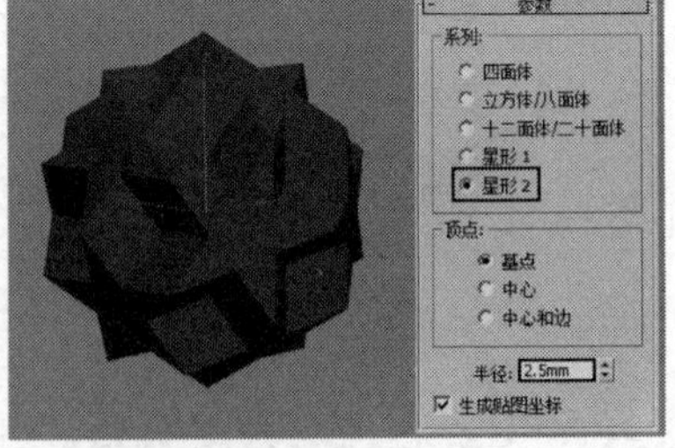

图3-214

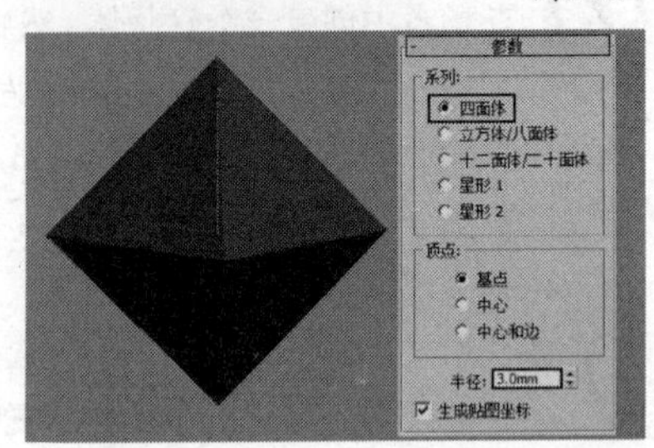

图3-215

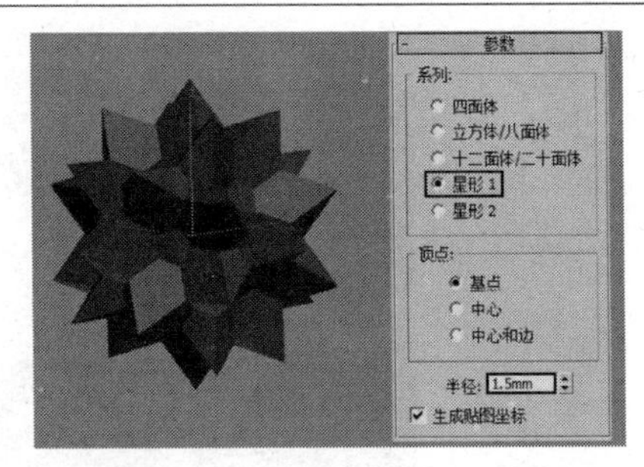

图3-216

07 将创建的异面体复制一些到吊线上，最终效果如图3-217所示。

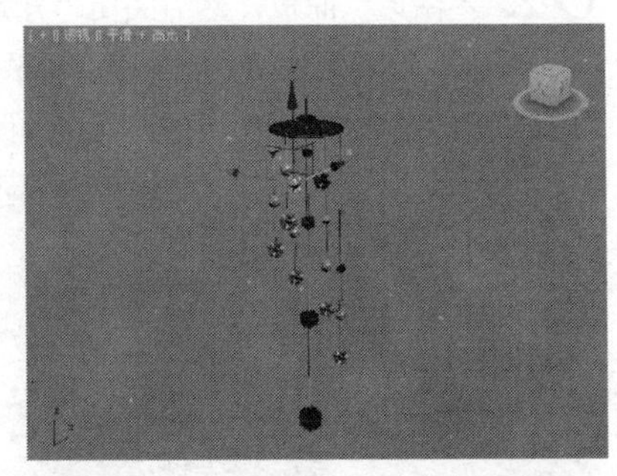

图3-217

实战079 饮料吸管

场景位置	DVD>场景文件>CH03>实战079.max
实例位置	DVD>实例文件>CH03>实战079.max
视频位置	DVD>多媒体教学>CH03>实战079.flv
难易指数	★☆☆☆☆
技术掌握	软管工具、参考物的运用

饮料吸管模型如图3-218所示。

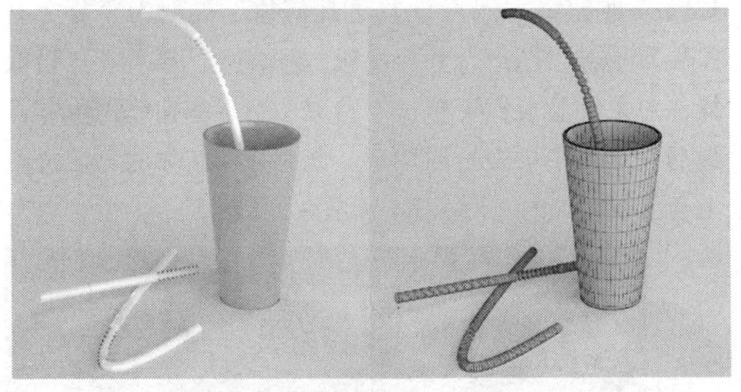

图3-218

01 打开光盘中的“场景文件>CH03>实战079.max”文件，这个场景中包含一个杯子、两个球体和一个长方体，如图3-219所示。

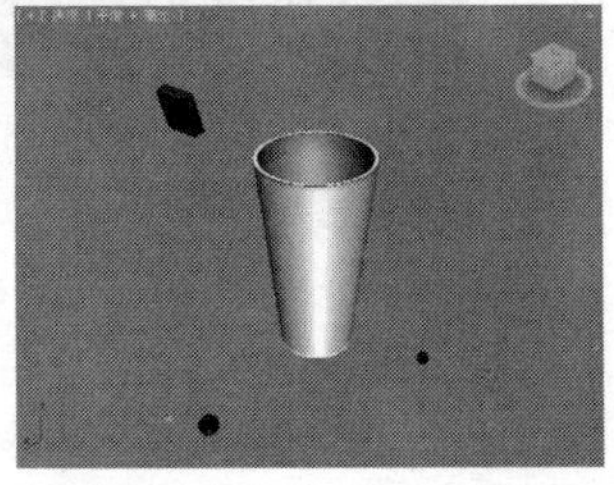

图3-219

技巧与提示

杯子模型是事先创建好的模型，而其他3个模型主要是用来作为创建吸管模型的参考物。

02 下面创建吸管模型。设置几何体类型为“扩展基本体”，然后使用“软管”工具 软管 在杯子中创建一个软管，接着展开“软管参数”卷展栏，在“断点方法”选项组下勾选“绑定到对象轴”选项；在“绑定到对象”选项组下单击“拾取顶部对象”按钮 拾取顶部对象 ，然后在场景中单击创建好的长方体，并设置“张力”为0，接着单击“拾取底部对象”按钮 拾取底部对象 ，最后在场景中单击创建好的杯子模型的底面，并设置“张力”为94；在“公用软件参数”卷展栏下勾选“启用柔体截面”选项，然后设置“起始位置”为30、“结束位置”为50、“周期数”为10、“直径”为-25；在“软管形状”选项组下设置“直径”为2.8mm、“边数”为20，具体参数设置如图3-220所示。

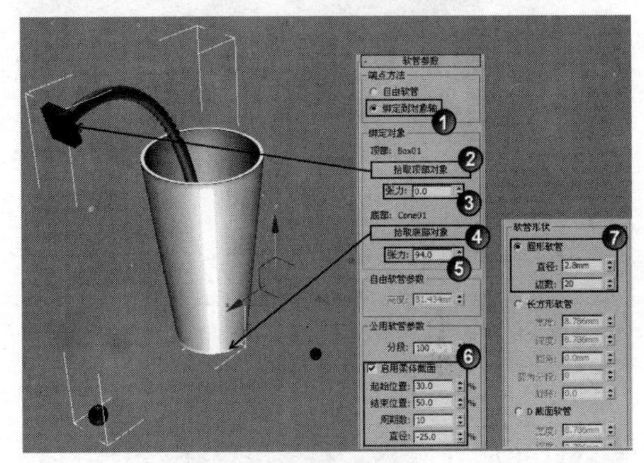

图3-220

03 采用相同的方法继续创建另外两只吸管，完成后的效果如图3-221所示。

图3-221

04 选择长方体和两个球体，然后单击鼠标右键，在弹出的菜单中选择“隐藏选定对象”命令，将这3个参考模型隐藏起来，如图3-222所示，最终效果如图3-223所示。

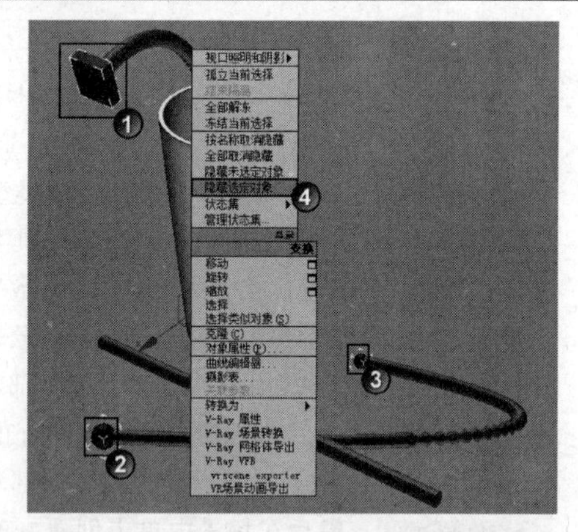

图3-222

图3-223

技巧与提示

一个简单的扩展几何体，经过修改后就被应用到了实际场景中，这是一种非常简便的方法，千万不要为了建模而建模，可以节省时间的方法一定要加以利用。

实战080 戒指

场景位置	无
实例位置	DVD>实例文件>CH03>实战080.max
视频位置	DVD>多媒体教学>CH03>实战080.flv
难易指数	★★★☆☆
技术掌握	管状体工具、图形合并工具、文本工具、建模工具选项卡

戒指模型如图3-224所示。

图3-224

01 下面创建戒指模型。使用“管状体”工具 管状体 在场景中创建一个管状体，然后在“参数”卷展栏下设置“半径1”为50mm、“半径2”为48mm、“高度”为16mm、“高度分段”为1、“边数”为36，具体参数设置及模型效果如图3-225所示。

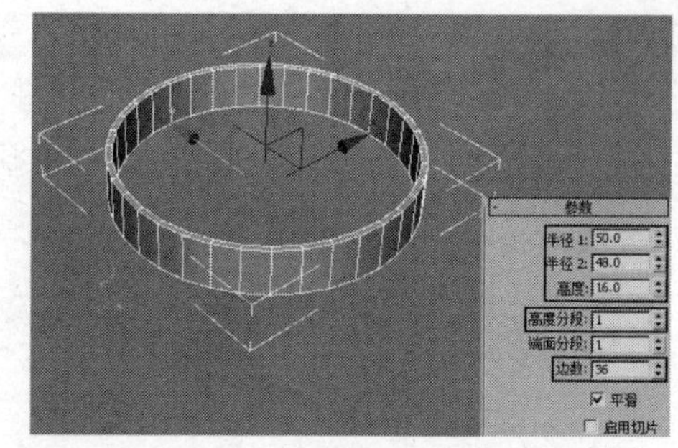

图3-225

02 在“创建”面板中单击“图形”按钮，进入“图形”面板，然后关闭“开始新图形”选项，接着单击“矩形”按钮 矩形 ，如图3-226所示，最后在视图中绘制4个大小相同的矩形，如图3-227所示。

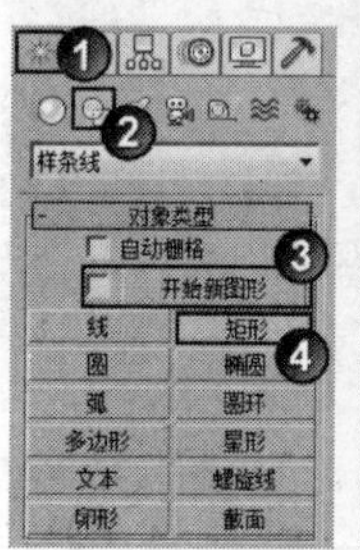

图3-226

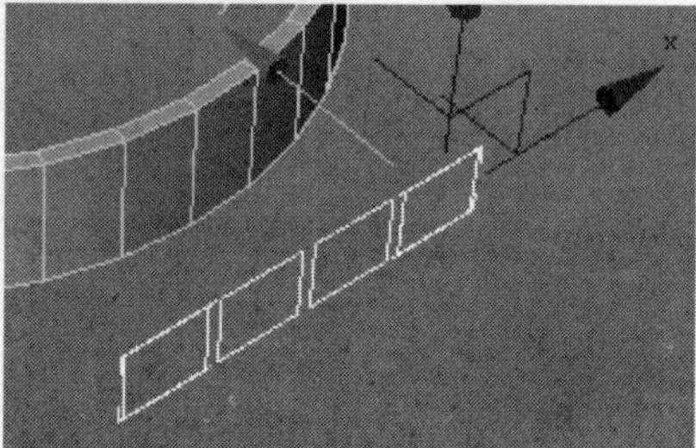

图3-227

技巧与提示

关闭“开始新图形”选项后，在后面绘制出来的所有图形将是一个整体。

03 选择管状体，在“创建”面板中单击“几何体”按钮，然后设置“几何体”类型为“复合对象”，单击“图形合并”按钮 图形合并 ，接着在“拾取操作对象”卷展栏下单击“拾取图形”按钮 拾取图形 ，最后在场景中依次拾取图形，此时在管状体的相应位置上会出现相应的矩形图形，如图3-228所示。

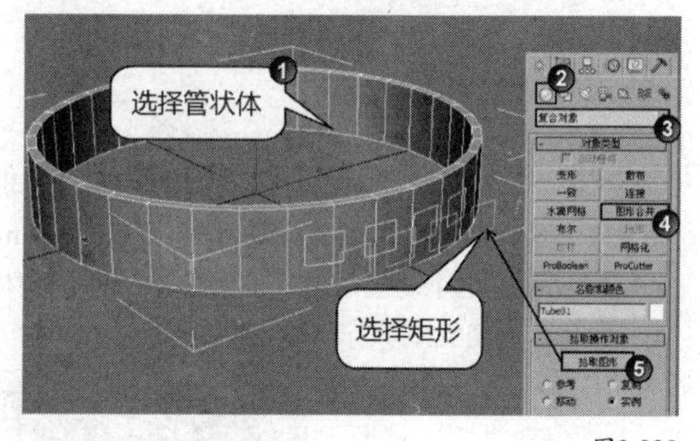

图3-228

技巧与提示

如果用户执行以上操作后观察不到管状体上的图形，这是因为模型当前的显示模式为“真实”，如图3-229所示，此时可以按F4键将模型显示模式切换为“真实+边面”，这样就可以观察到线框效果，如图3-230所示。

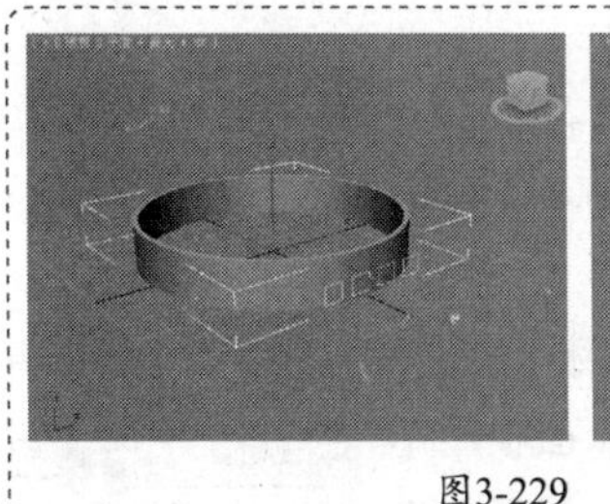

图3-229

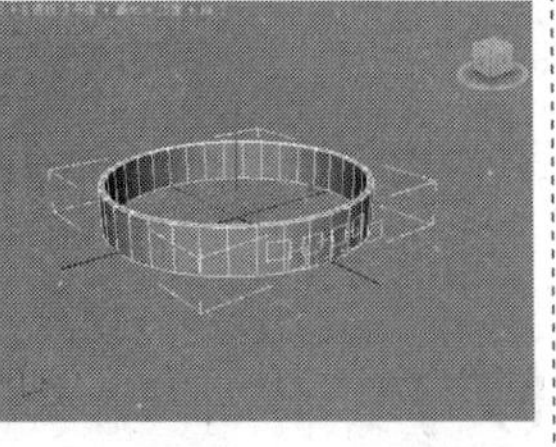

图3-230

04 在“主工具栏”中单击“切换功能区”按钮，打开“建模工具”选项卡，如图3-231所示。

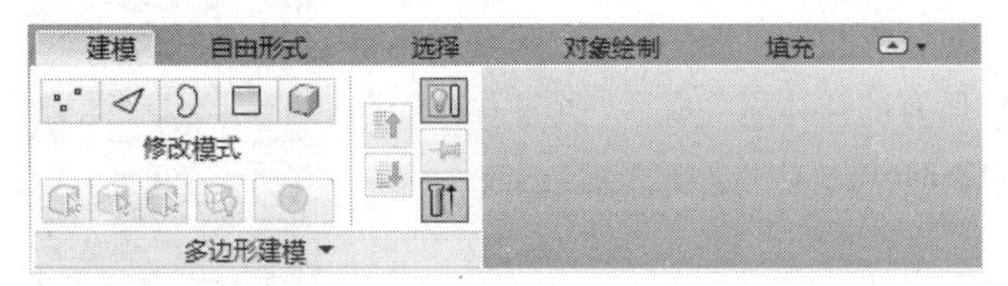

图3-231

05 选择戒指模型，然后将光标放在“建模”选项卡上，接着在弹出的下拉菜单中选择“转化为多边形”命令，如图3-232所示。

06 在“命令”面板中单击“修改”按钮，进入“修改”面板，然后在“选择”卷展栏下单击“多边形”按钮■，进入“多边形”级别，如图3-233所示。

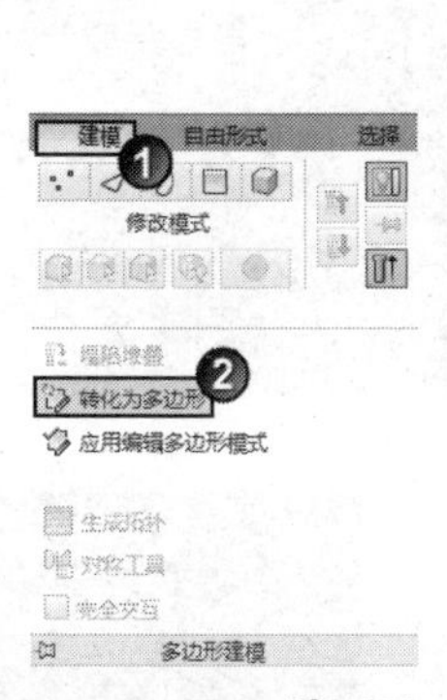

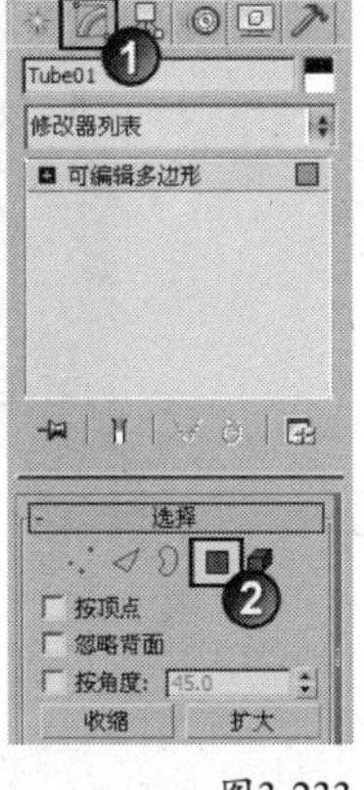

图3-232 图3-233

07 选择如图3-234所示的多边形，将光标放在“建模工具”选项卡上的“多边形”图标上，然后在弹出的下拉菜单中单击“挤出”图标，接着单击“挤出设置”图标，如图3-235所示，最后在视图中设置“类型”为“组”、“高度”为1mm，并单击“确定”按钮，如图3-236所示。

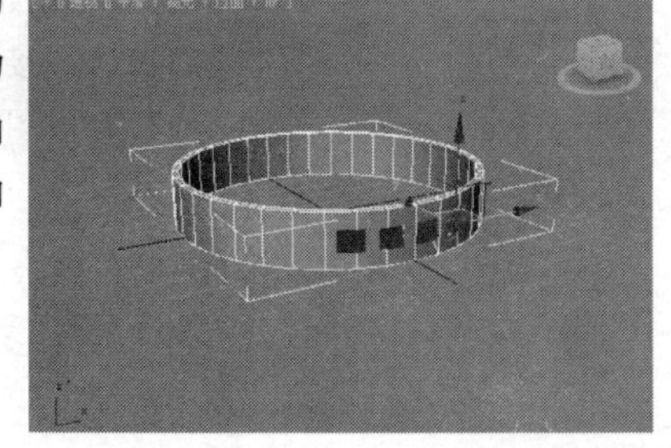

图3-234

图3-235

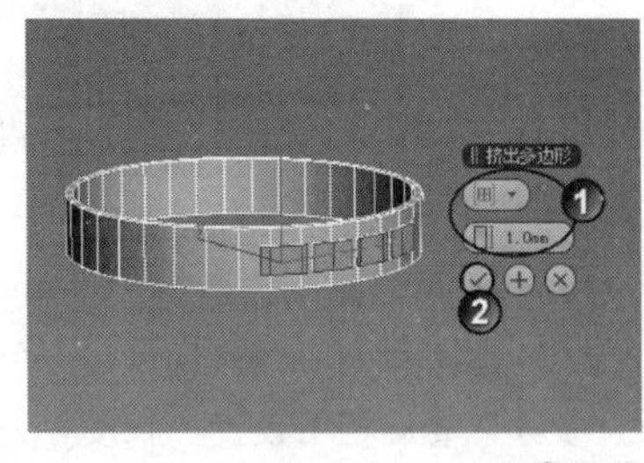

图3-236

08 下面创建文字模型。在“创建”面板中单击“图形”按钮，然后单击“文本”按钮，如图3-237所示。

09 展开“参数”卷展栏，然后选择任意一种英文字体，并设置“大小”为10mm、“字间距”为7mm，接着在“文本”输入框中输入字母LOVE，如图3-238所示，最后在视图中拖曳光标创建文字，并将其摆放到如图2-239所示的位置。

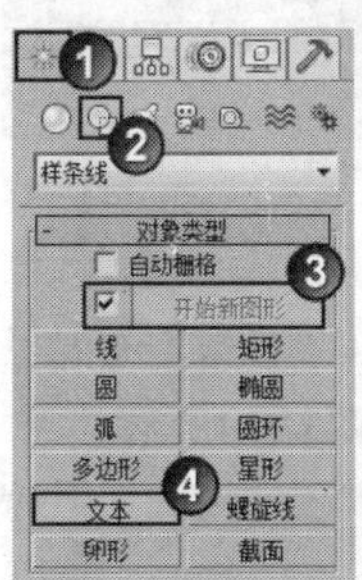

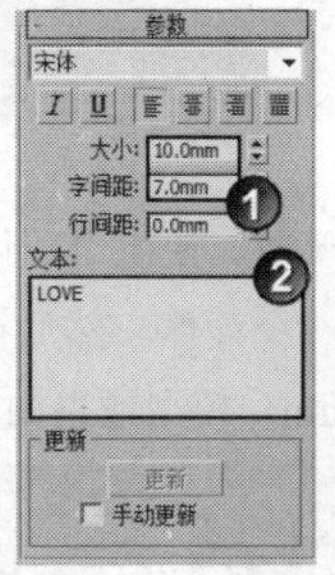

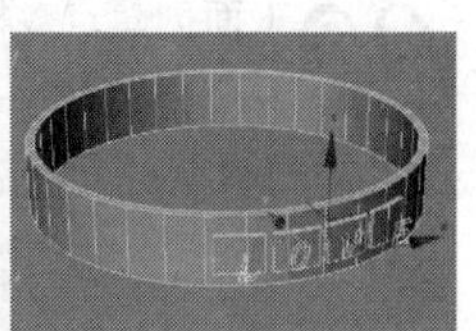

图3-237 图3-238 图3-239

10 采用前面的方法使用“图形合并”工具将文字合并到戒指上，完成后的效果如图3-240所示。

11 采用前面的方法将戒指转换为可编辑多边形，然后将其文字部分进行挤出，最终效果如图3-241所示。

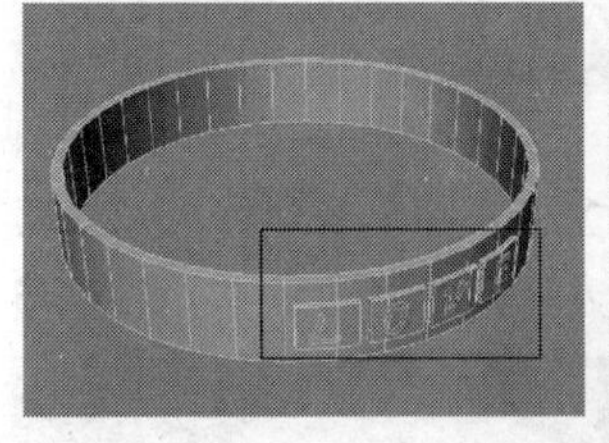

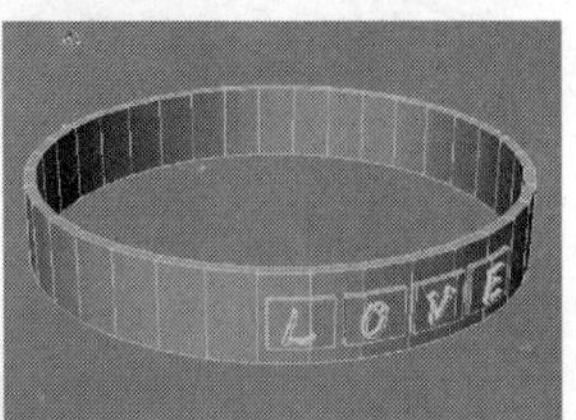

图3-240 图3-241

实战081 骰子

场景位置	无
实例位置	DVD>实例文件>CH03>实战081.max
视频位置	DVD>多媒体教学>CH03>实战081.flv
难易指数	★★☆☆☆
技术掌握	切角长方体工具、塌陷工具、ProBoolean工具

骰子模型如图3-242所示。

图3-242

01 下面创建主体模型。使用“切角长方体”工具 切角长方体 在场景中创建一个切角长方体，然后在“参数”卷展栏下设置“长度”为80mm、“宽度”为80mm、“高度”为80mm、“圆角”为5mm、“圆角分段”为5，模型效果如图3-243所示。

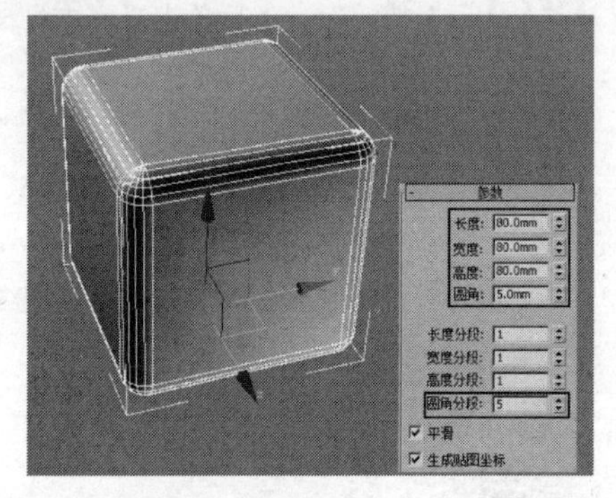

图3-243

02 下面创建点数模型。使用“球体”工具 球体 在场景中创建一个球体，然后在“参数”卷展栏下设置“半径”为8.2mm，模型效果如图3-244所示。

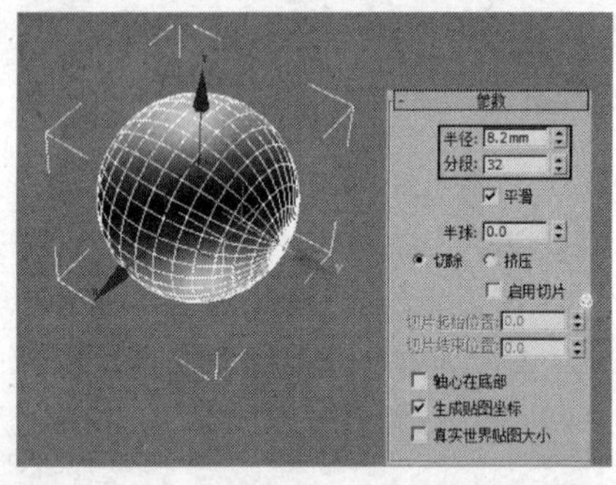

图3-244

03 按照每个面点数的多少复制一些球体，并将其分别摆放在切角长方体的6个面上，如图3-245所示。

图3-245

技巧与提示

骰子的点数由1~6个内陷的半球组成，为了在切角长方体中“挖”出这些点数，下面就要使用ProBoolean工具 ProBoolean 进行制作。

04 下面需要将这些球体塌陷为一个整体。选择所有球体，在“命令”面板中单击“实用程序”按钮，然后单击“塌陷”按钮 塌陷 ，接着在“塌陷”卷展栏下单击“塌陷选定对象”按钮 塌陷选定对象 ，这样就将所有的球体塌陷成了一个整体，如图3-246所示。

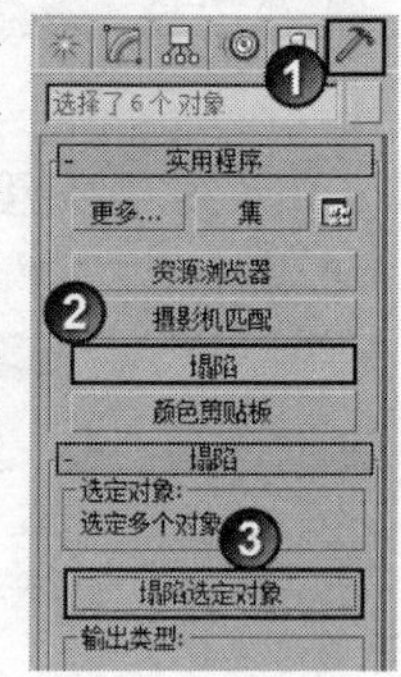

图3-246

技巧与提示

在选择球体时，可以先将切角长方体冻结起来，如图3-247所示，这样就可以很方便地框选球体了，如图3-248所示。

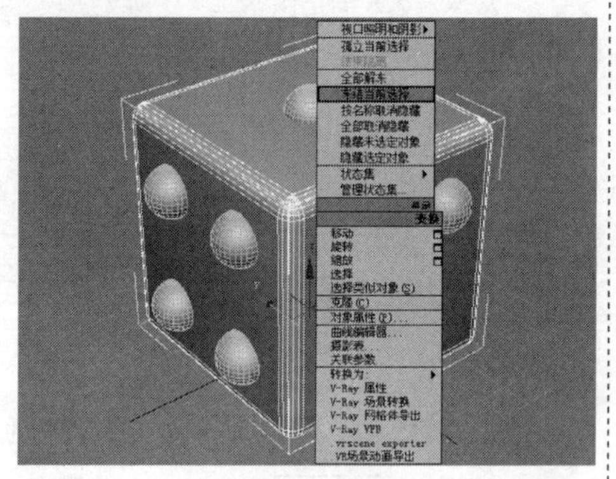

图3-247

图3-248

05 选择切角长方体，然后在“创建”面板中设置几何体类型为“复合对象”，接着单击ProBoolean按钮 ProBoolean ，如图3-249所示。

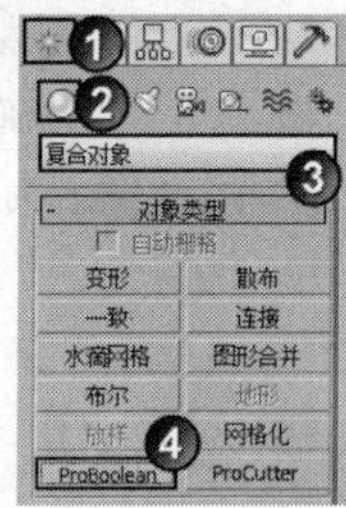

图3-249

06 保持对切角长方体的选择，在“参数”卷展栏下设置“运算”为“差集”，然后在“拾取布尔对象”卷展栏下单击“开始拾取”按钮 开始拾取 ，接着拾取场景中的球体，如图3-250所示，最终效果如图3-251所示。

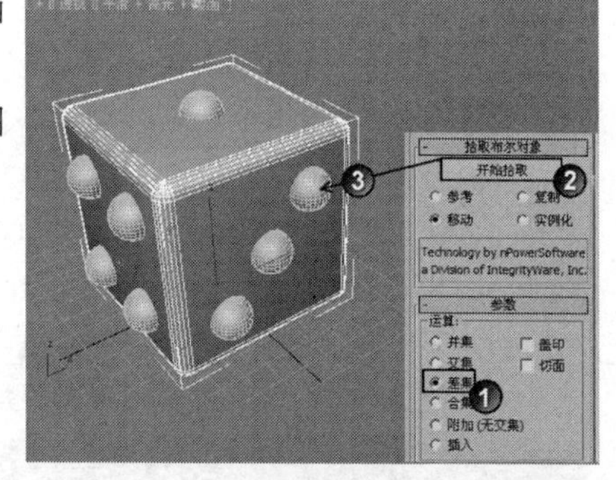

图3-250

图3-251

实战082 窗台

场景位置	无
实例位置	DVD>实例文件>CH03>实战082.max
视频位置	DVD>多媒体教学>CH03>实战082.flv
难易指数	★★★☆☆
技术掌握	固定窗工具、栏杆工具

窗台模型如图3-252所示。

图3-252

01 下面创建外框模型。使用“长方体”工具 长方体 在场景中创建一个长方体，然后在“参数”卷展栏下设置“长度”为210mm、“宽度”为600mm、“高度”为50mm，模型效果如图3-253所示。

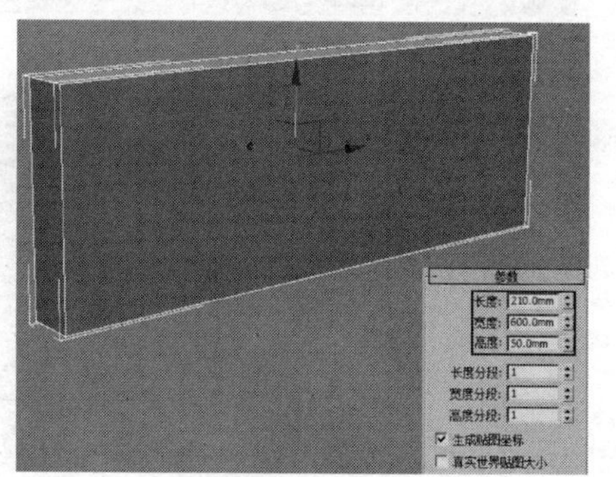

图3-253

02 使用“选择并移动”工具选择上一步创建的长方体，然后按住Shift键沿z轴移动复制一个长方体到如图3-254所示的位置。

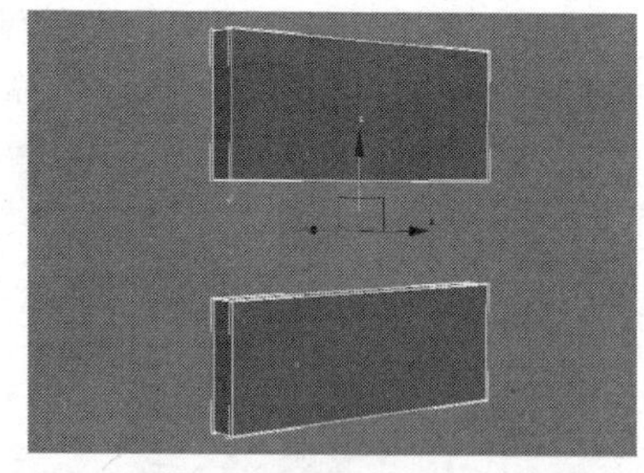

图3-254

03 继续使用“长方体”工具 长方体 在前面创建的两个长方体之间创建一个长方体，然后在“参数”卷展栏下设置“长度”为112mm、“宽度”为190mm、“高度”为50mm，模型位置如图3-255所示。

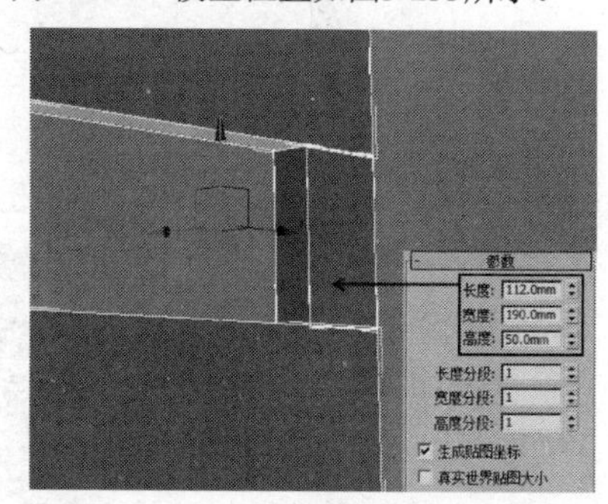

图3-255

04 采用相同的方法使用“长方体”工具 长方体 创建其他模型，完成后的效果如图3-256所示。

图3-256

05 下面创建窗户模型。设置几何体类型为“窗”，然后单击“固定窗”按钮 固定窗 ，如图3-257所示，接着在窗框位置创建一个固定窗。

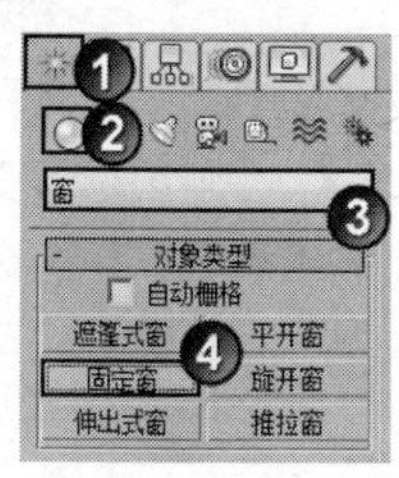

图3-257

06 展开“参数”卷展栏，然后设置“高度”为190mm、“宽度”为158mm、“深度”为3mm，接着在“窗框”选项组下设置“水平宽度”为2mm、“垂直宽度”为2mm、“厚度”为6mm，再设置玻璃的“厚度”为0.3mm，最后在“窗格”选项组下设置“宽度”为6mm、“水平窗格数”为2、“垂直窗格数”为3，具体参数设置如图3-258所示，模型效果如图3-259所示。

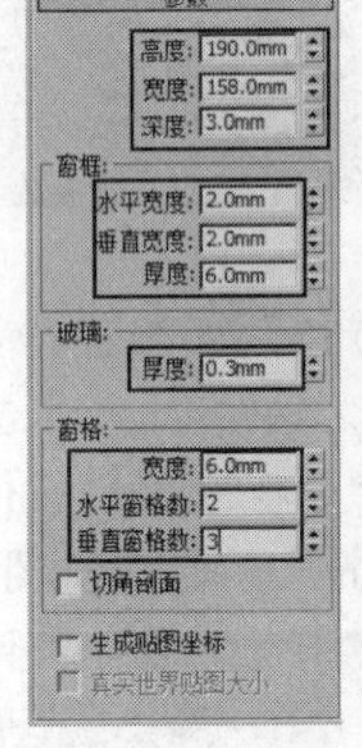

图3-258

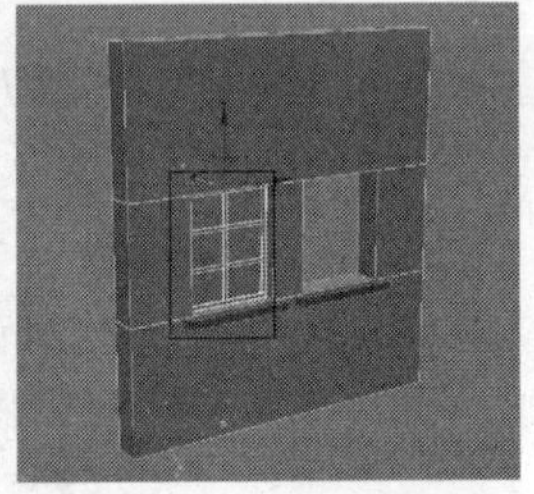

图3-259

07 使用“选择并移动”工具选择上一步创建的窗户模型，然后按住Shift键移动复制一个窗户模型到如图3-260所示的位置。

图3-260

08 下面创建栏杆模型。在“创建”面板中单击“图形”按钮，然后设置图形类型为“样条线”，接着单击“线”按钮 线 ，如图3-261所示，最后在顶视图中绘制出栏杆的路径，如图3-262所示。

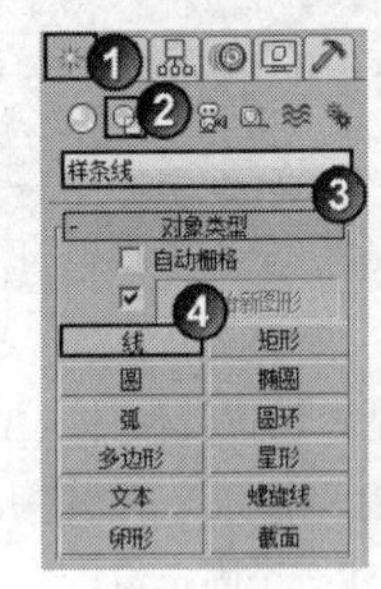

图3-261

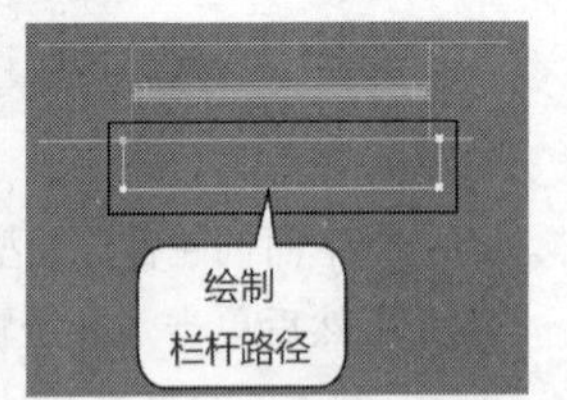

图3-262

09 在“创建”面板中设置几何体类型为“AEC扩展”，然后单击“栏杆”按钮 栏杆 ，如图3-263所示。

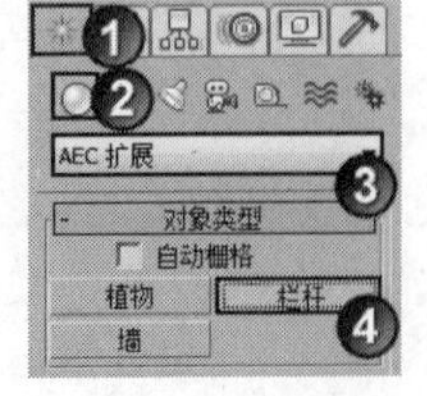

图3-263

10 使用“栏杆”工具 栏杆 在场景中创建一个栏杆，然后在“栏杆”卷展栏下单击“拾取栏杆路径”按钮 拾取栏杆路径 ，接着在视图中单击之前创建的样条线，再勾选“匹配拐角”选项；在“上围栏”选项组下设置“剖面”为“方形”、“深度”为4mm、“宽度”为3mm、“高度”为40mm；在“下围栏”选项组下设置“剖面”为“圆形”、“深度”为2mm、“宽度”为2mm，然后单击“下围栏间距”按钮，接着在弹出的“下围栏间距”对话框中设置“计数”为2，并关闭“始端偏移”选项后的“锁定”按钮，最后单击“关闭”按钮 关闭 ，具体参数设置如图3-264所示。

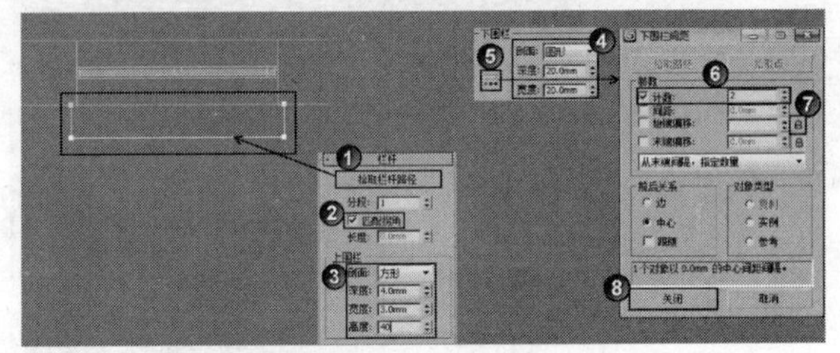

图3-264

11 展开“立柱”卷展栏，然后设置“剖面”为“方形”、“深度”为2mm、“宽度”为2mm，接着单击“立柱间距”按钮，并在弹出的“立柱间距”对话框中设置“计数”为3，最后单击“关闭”按钮 关闭 ；展开“栅栏”卷展栏，然后设置“类型”为“支柱”，接着设置“剖面”为“圆形”、“深度”为2mm、“宽度”为2mm，再单击“支柱间距”按钮，最后在弹出的“支柱间距”对话框中设置“计数”为2，并单击“关闭”按钮 关闭 ，具体参数设置如图3-265所示，模型效果如图3-266所示。

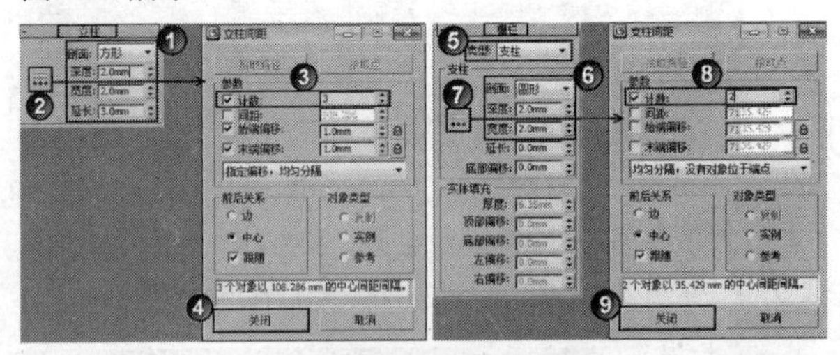

图3-265

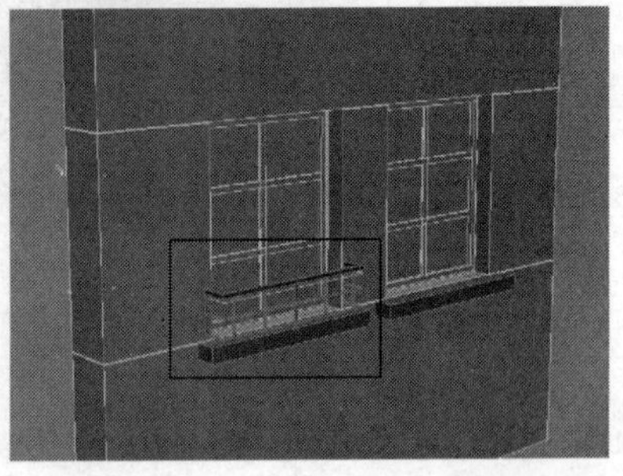

图3-266

12 使用“选择并移动”工具选择栏杆模型，然后按住Shift键移动复制一个栏杆模型到如图3-267所示的位置，最终效果如图3-268所示。

图3-267

图3-268

实战083 休闲室

场景位置	无
实例位置	DVD>实例文件>CH03>实战083.max
视频位置	DVD>多媒体教学>CH03>实战083.flv
难易指数	★★☆☆☆
技术掌握	直线楼梯工具、固定窗工具、栏杆工具

休闲室模型如图3-269所示。

图3-269

01 下面创建墙体模型。使用“长方体”工具 长方体 在场景中创建一个长方体，然后在“参数”卷展栏下设置“长度”为190mm、“宽度”为230mm、“高度”为2mm，模型效果如图3-270所示。

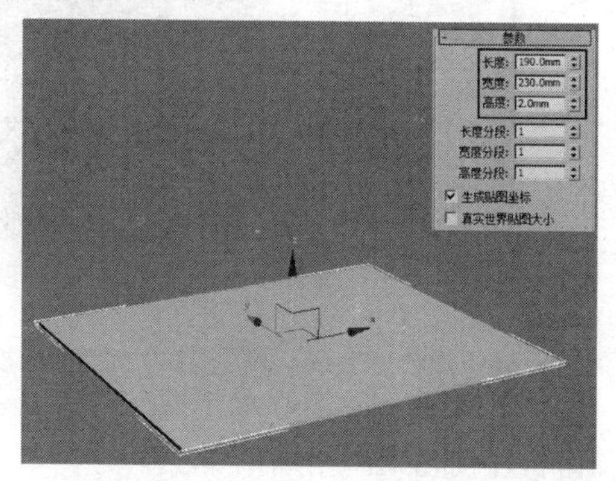

图3-270

02 继续使用“长方体”工具 长方体 创建另外几面墙，完成后的效果如图3-271所示。

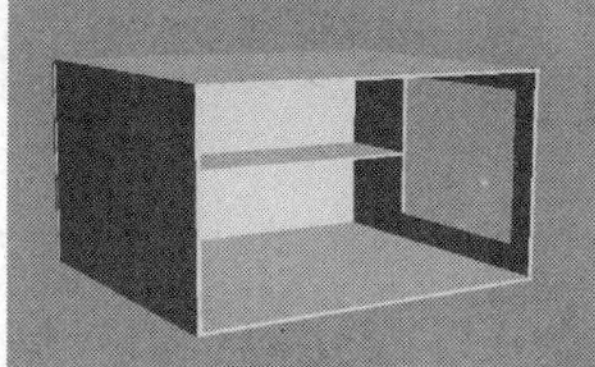
图3-271

03 下面创建楼梯模型。设置几何体类型为“楼梯”，然后使用“直线楼梯”工具 直线楼梯 在墙体框架的左侧拖曳光标创建一个直线楼梯。展开“参数”卷展栏，然后在“布局”选项组下设置“长度”为80mm、“宽度”为45mm，接着在“梯级”选项组下设置“总高”为67.2mm、“竖板高”为5.6mm，最后在“台阶”选项组下设置“厚度”为2mm；展开“支撑梁”卷展栏，然后设置“深度”为0.02mm、“宽度”为4mm，具体参数设置如图3-272所示，模型效果如图3-273所示。

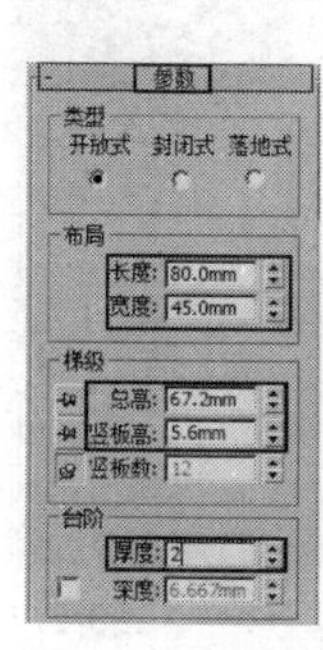

图3-272

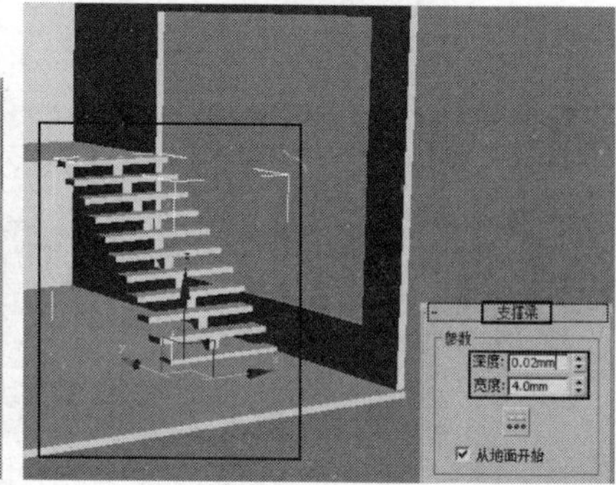

图3-273

04 下面创建窗户模型。设置几何体类型为“窗”，然后使用“固定窗”工具 固定窗 在墙体左侧拖曳光标创建一个固定窗。展开“参数”卷展栏，然后设置“高度”为115mm、“宽度”为115mm、“深度”为6mm；在“窗口”选项组下设置“水平宽度”为2mm、“垂直宽度”为2mm、“厚度”为0.5mm；在“玻璃”选项组下设置“厚度”为0.8mm；在“窗格”选项组下设置“宽度”为1mm、“水平窗格数”为4、“垂直窗格数”为1，具体参数设置如图3-274所示，模型效果如图3-275所示。

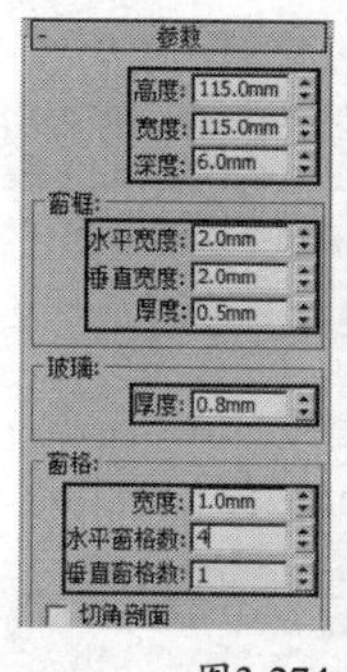

图3-274

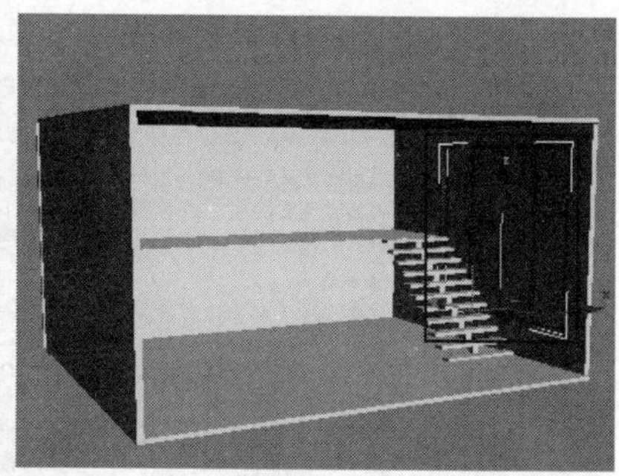
图3-275

05 下面创建栏杆模型。设置几何体类型为“AEC扩展”，然后使用“栏杆”按钮 栏杆 在楼梯顶部创建一个栏杆。展开“栏杆”卷展栏，然后设置“长度”为180mm，接着在“上围栏”选项组下设置“剖面”为“方形”、“深度”为4mm、“宽度”为3mm、“高度”为24mm；展开“立柱”卷展栏，然后设置“剖面”为“圆形”、“深度”为2mm、“宽度”为2mm、“延长”为0mm；展开“栅栏”卷展栏，然后设置“类型”为“支柱”，接着在“支柱”选项组下设置“剖面”为“方形”、“深度”为1mm、“宽度”为1mm，具体参数设置如图3-276所示，模型效果如图3-277所示。

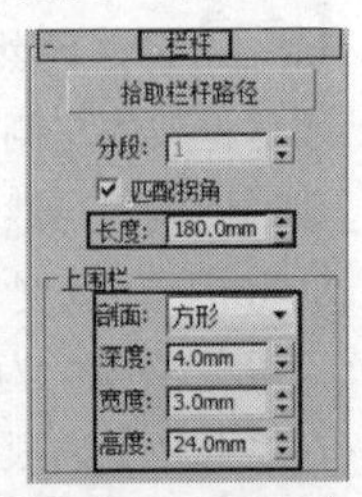

图3-276

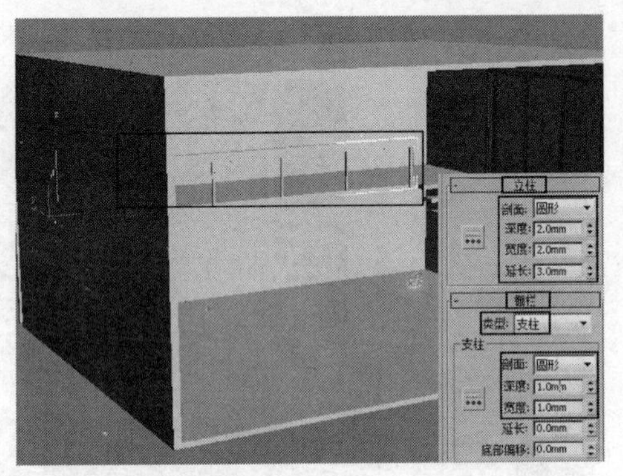

图3-277

06 使用“长方体”工具 长方体 在场景中创建一些隔断和家具模型，最终效果如图3-278所示。

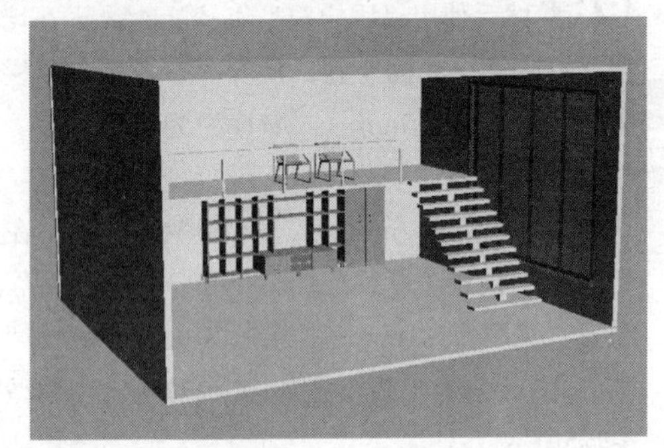

图3-278

实战084 mental ray代理会议室

场景位置	DVD>场景文件>CH03>实战084-1.3DS、实战084-2.3DS
实例位置	DVD>实例文件>CH03>实战084.max
视频位置	DVD>多媒体教学>CH03>实战084.flv
难易指数	★★★☆☆
技术掌握	固定窗工具、挤出修改器、mr代理工具

mental ray代理会议室模型如图3-279所示。

图3-279

01 下面创建墙体模型。使用“长方体”工具 长方体 在场景中创建一个长方体，然后在“参数”卷展栏下设置“长度”为30mm、“宽度”为1000mm、“高度”为500mm，模型效果如图3-280所示。

02 继续使用“长方体”工具 长方体 在场景中创建出其他墙面，完成后的效果如图3-281所示。

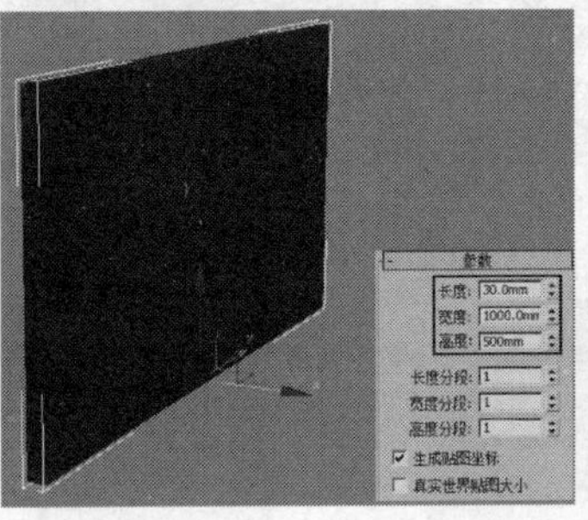

图3-280

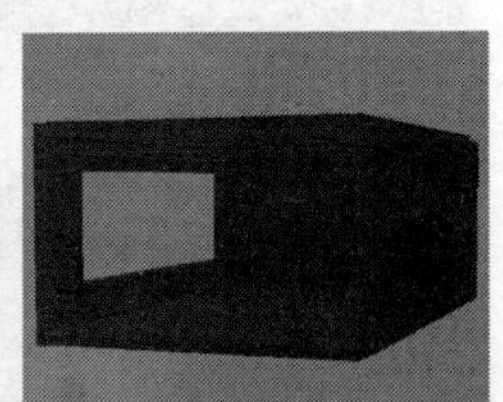

图3-281

03 下面创建窗户模型。设置“几何体类型”为“窗”，然后使用“固定窗”工具 固定窗 在窗框位置创建一个固定窗。展开“参数”卷展栏，然后设置“高度”为290mm、“宽度”为950mm、“深度”为10mm；在“窗框”选项组下设置“水平宽度”为2mm、“垂直宽度”为2mm、“厚度”为0.5mm；在“玻璃”选项组下设置“厚度”为0.25mm；在“窗格”选项组下设置“宽度”为10mm、“水平窗格数”为5、“垂直窗格数”为2，具体参数设置如图3-282所示，模型效果如图3-283所示。

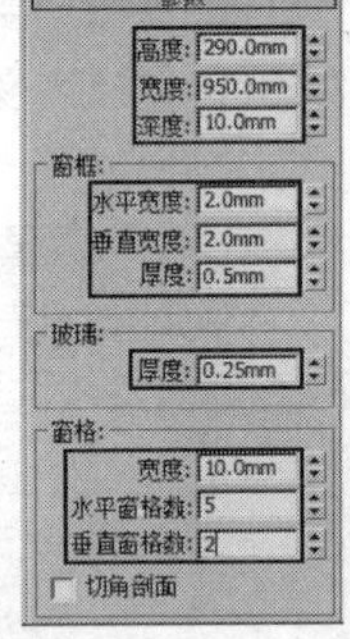

图3-282

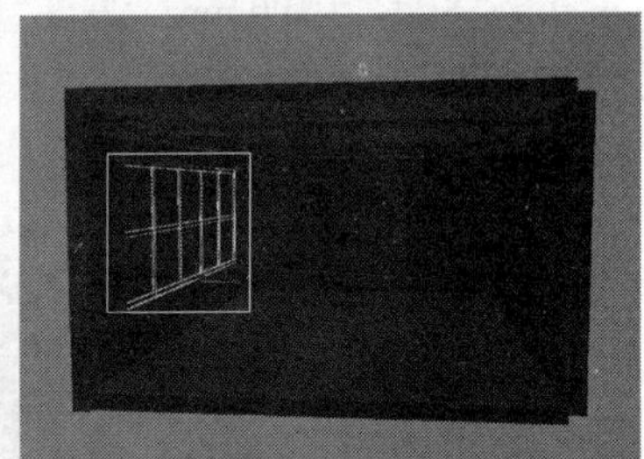

图3-283

04 下面创建会议桌模型。在“创建”面板中单击“图形”按钮，然后使用“线”工具 线 在顶视图中绘制如图3-284所示的样条线。

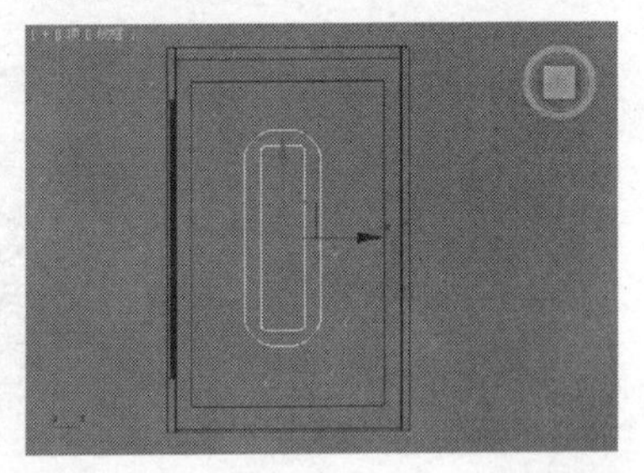

图3-284

05 选择样条线，然后在“命令”面板中单击“修改”按钮，进入“修改”面板，接着在“修改器列表”中为其加载一个“挤出”修改器，最后在“参数”卷展栏下设置“数量”为15mm，如图3-285所示，模型效果如图3-286所示。

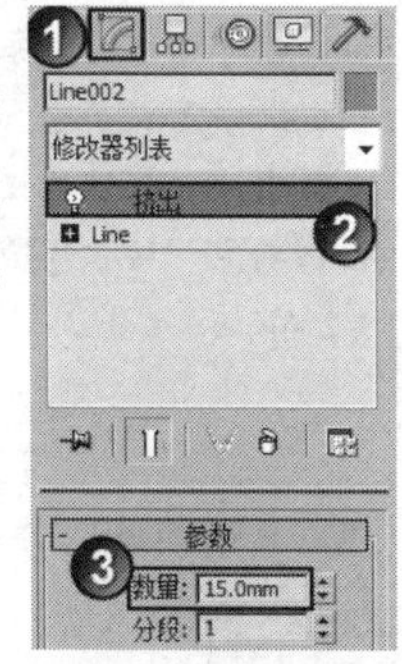

图3-285

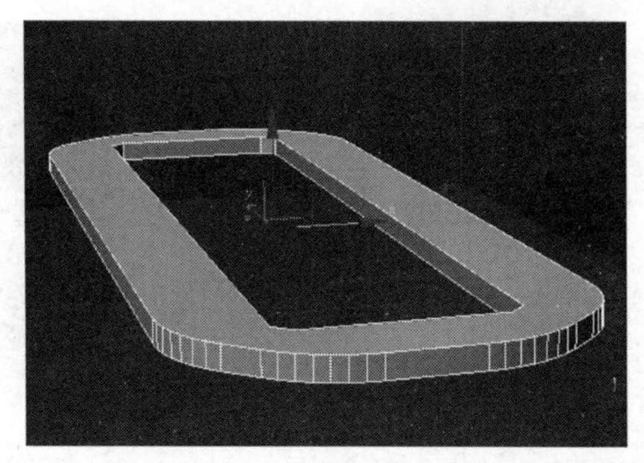

图3-286

06 使用“线”工具 线 在视图中绘制如图3-287所示的样条线，然后在“修改器列表”中为其加载一个“挤出”修改器，接着在“参数”卷展栏下设置“数量”为100mm，如图3-288所示，模型效果如图3-289所示。

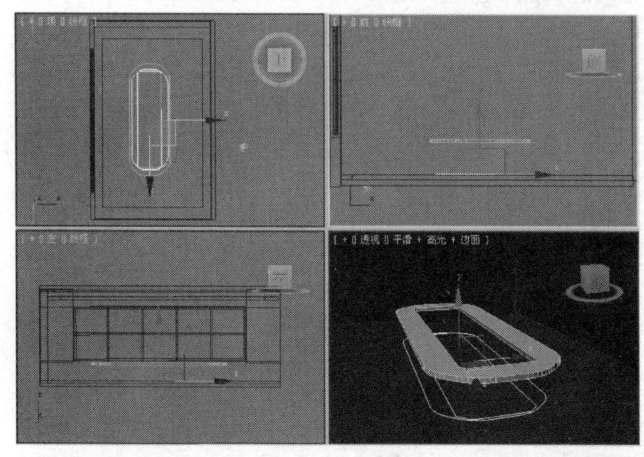

图3-287

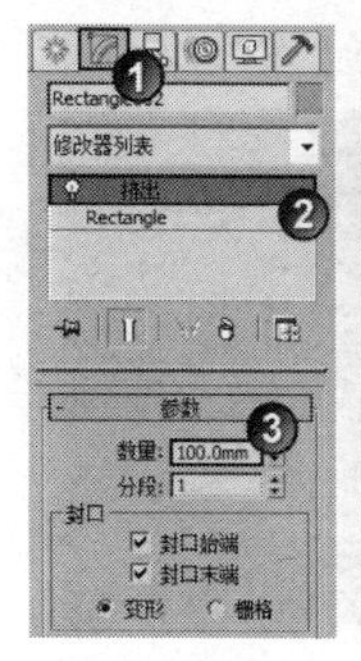

图3-288

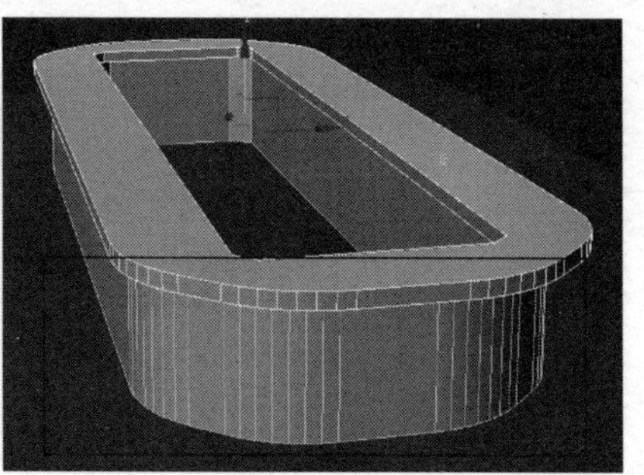

图3-289

技巧与提示

会议桌模型使用到了样条线建模和修改器建模方法，这两个建模方法将在后面的内容中进行详细讲解。

07 下面创建mental ray代理对象。单击界面左上角的“应用程序”图标，然后执行“导入>导入”菜单命令，接着在弹出的“选择要导入的文件”对话框中选择光盘中的“场景文件>CH03>实战084-1.3DS”文件，最后在弹出的“3DS导入”对话框中设置“是否:”为“合并对象到当前场景”，如图3-290所示，导入后的效果如图3-291所示。

图3-290

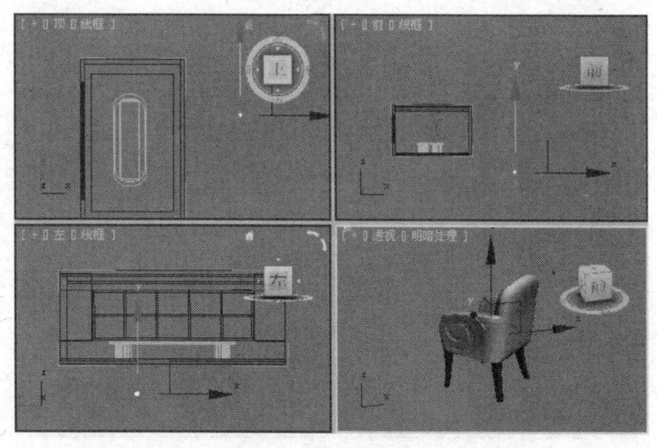

图3-291

技术专题 11 mental ray代理对象介绍

mental ray代理对象主要运用在大型场景中。当一个场景中包含多个相同的对象时就可以使用mental ray代理物体。mental ray代理对象的基本原理是创建“源”对象（也就是需要被代理的对象），然后将这个“源”对象转换为mr代理格式。若要使用代理物体时，可以将代理物体替换掉“源”对象，然后删除“源”对象（因为已经没有必要在场景显示“源”对象）。在渲染代理物体时，渲染器会自动加载磁盘中的代理对象，这样就可以节省很多内存。

08 使用“选择并移动”工具、“选择并旋转”工具和“选择并均匀缩放”工具调整好座椅的位置、角度与大小，完成后的效果如图3-292所示。

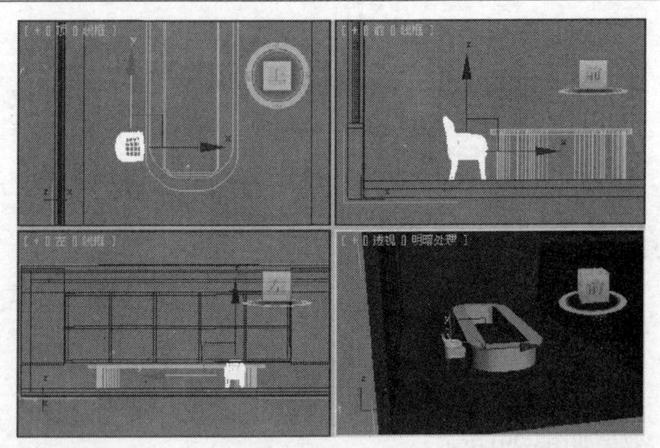

图3-292

09 设置几何体类型为mental ray，然后单击“mr代理”按钮 mr 代理 ，如图3-293所示。

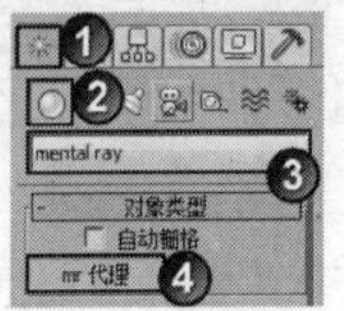

图3-293

技术专题 12 加载mental ray渲染器

需要注意的是mental ray代理对象必须在mental ray渲染器中才能使用，所以使用mental ray代理物体前需要将渲染器设置成mental ray渲染器。在3ds Max 2014中，如果要将渲染器设置为mental ray渲染器，可以按F10键打开“渲染设置”对话框，然后单击“公用”选项卡，展开“指定渲染器”卷展栏，接着单击第1个“选择渲染器”按钮 ... ，最后在弹出的对话框中选择渲染器为“mental ray渲染器”，如图3-294所示。

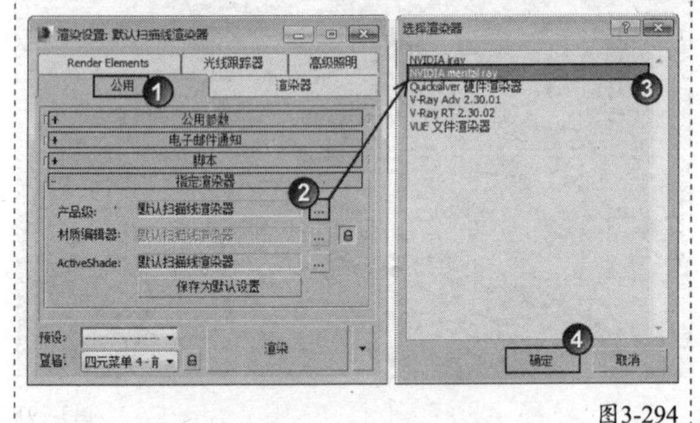

图3-294

10 在“参数”卷展栏下单击“将对象写入文件”按钮 将对象写入文件... ，然后在视图中拖曳光标创建一个代理图形，如图3-295所示。

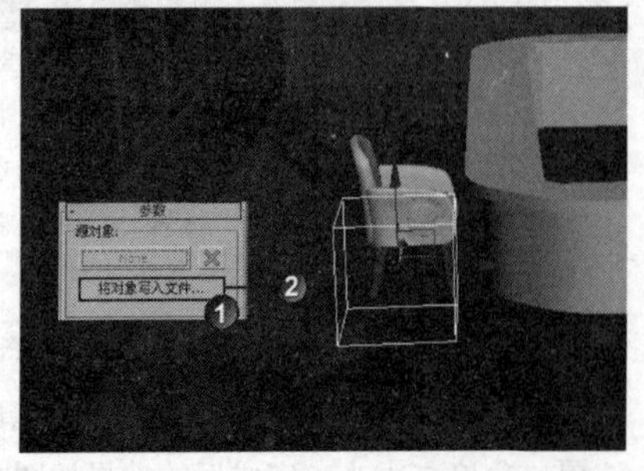

图3-295

技巧与提示

在单击“将对象写入文件”按钮 将对象写入文件... 时，3ds Max可能会弹出“mr代理错误”对话框，单击“确定”按钮 确定 即可，如图3-296所示。

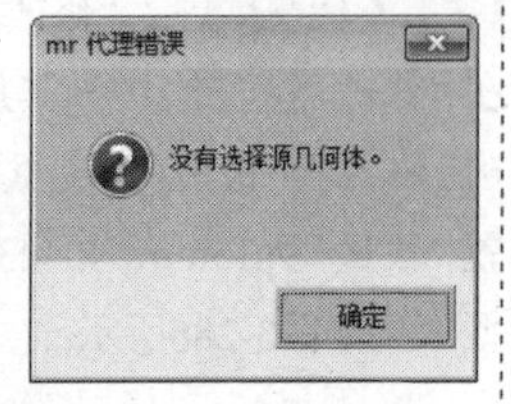

图3-296

11 切换到“修改”面板，在“参数”卷展栏下单击None（无）按钮 None ，然后在视图中单击之前导入的椅子模型，如图3-297所示。

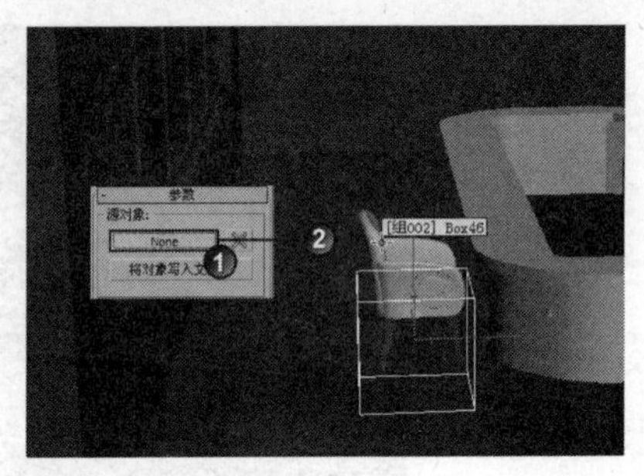

图3-297

12 继续在“参数”卷展栏下单击“将对象写入文件”按钮 将对象写入文件... ，然后在弹出的“写入mr代理文件”对话框中进行保存（保存完毕后，在“代理文件”选项组下会显示代理物体的保存路径），接着设置“比例”为0.03，最后勾选“显示边界框”选项，具体参数设置如图3-298所示。

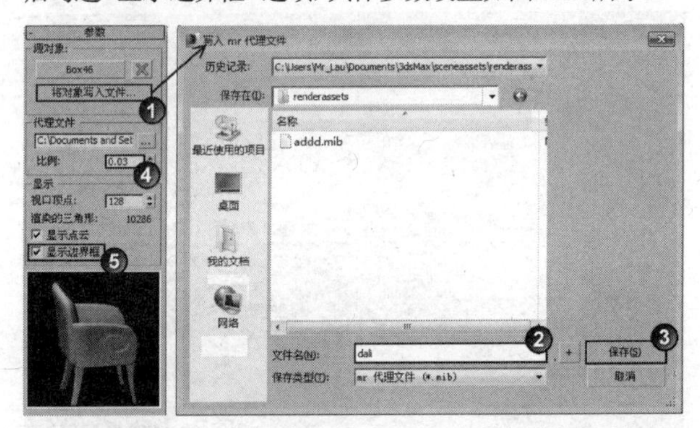

图3-298

技巧与提示

代理完毕后，椅子模型便以mr代理对象的形式显示在视图中，并且是以点的形式显示出来，如图3-299所示。

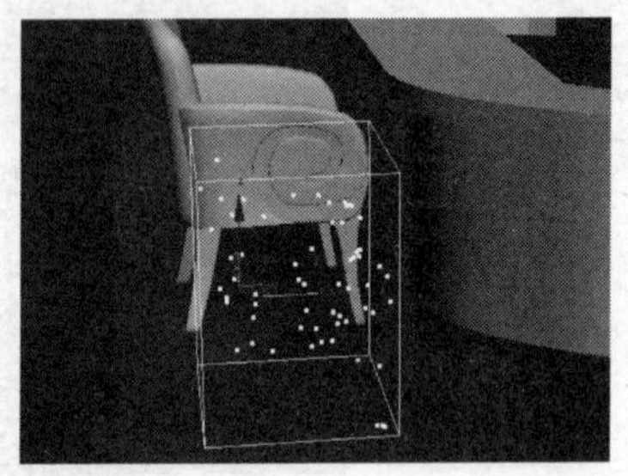

图3-299

13 使用复制功能将代理物体复制到会议桌的四周，如图3-300所示。

图3-300

14 继续导入光盘中的“场景文件>CH03>实战084-2.3DS”文件，如图3-301所示，然后采用相同的方法创建茶杯代理物体，最终效果如图3-302所示。

图3-301

图3-302

技巧与提示

代理物体在视图中是以点的形式显示出来的，只有使用mental ray渲染器渲染出来才是真实的模型效果。

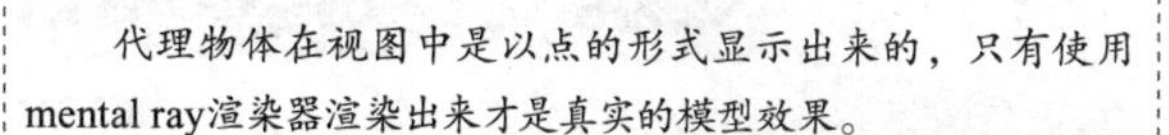

实战085 VRay代理剧场

场景位置	DVD>场景文件>CH03>实战085.3DS
实例位置	DVD>实例文件>CH03>实战085.max
视频位置	DVD>多媒体教学>CH03>实战085.flv
难易指数	★★★☆☆
技术掌握	VRay网格体导出命令、VRay代理工具

VRay代理剧场模型如图3-303所示。

图3-303

01 下面创建墙体模型。使用“长方体”工具 长方体 在场景中创建一个长方体，然后在“参数”卷展栏下设置“长度”为140mm、“宽度”为280mm、“高度”为6mm，模型效果如图3-304所示。

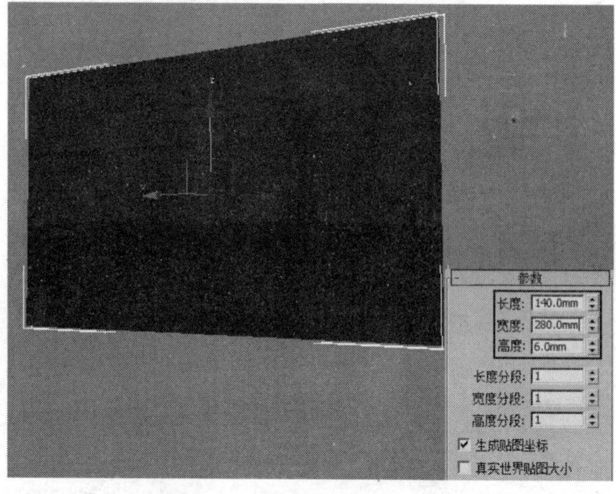

图3-304

02 继续使用“长方体”工具 长方体 创建出另外几面墙体和阶梯模型，如图3-305和图3-306所示。

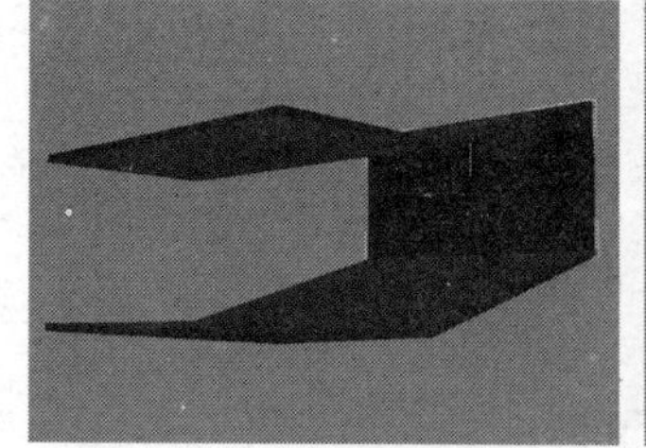

图3-305

图3-306

03 下面创建VRay代理对象。导入光盘中的“场景文件>CH03>实战085.3DS”文件，然后将其摆放在如图3-307所示的位置。

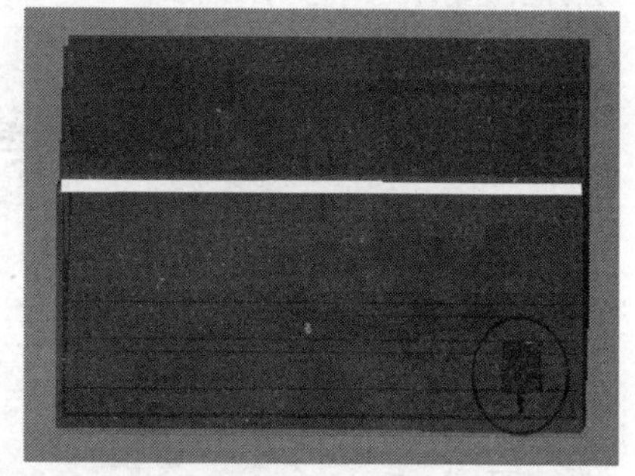

图3-307

04 选择椅子模型，然后单击鼠标右键，并在弹出的菜单中选择“VRay网格体导出”命令，接着在弹出的“VRay网格体导出”对话框中单击“文件夹”选项后面的“浏览”按钮 浏览 ，为其设置一个合适的保存路径，再设置一个名称，最后单击“确定”按钮 确定 ，如图3-308所示。

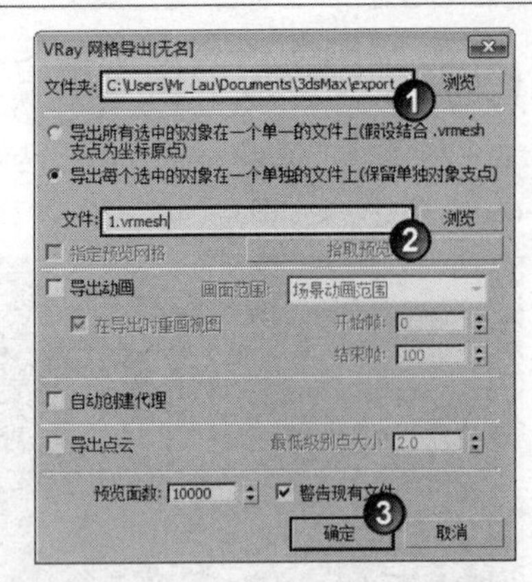

图3-308

技巧与提示

导出网格以后，在保存路径下就会出现一个格式为.vrmesh的代理文件，如图3-309所示。

图3-309

05 设置几何体类型为VRay，然后单击“VRay代理”按钮 VR代理 ，如图3-310所示。

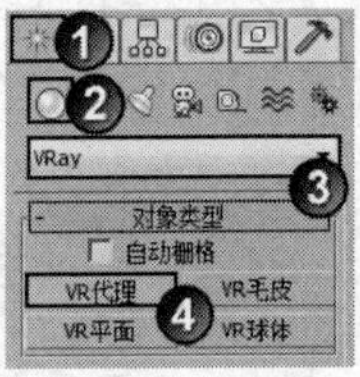

图3-310

技术专题 13 加载VRay渲染器

当需要使用VRay物体时就需要将渲染器设置为VRay渲染器。首先按F10键打开“渲染设置”对话框，其次在“公用”选项卡下展开“指定渲染器”卷展栏，再次单击第1个“选择渲染器”按钮...，最后在弹出的对话框中选择渲染器为VRay渲染器，如图3-311所示。

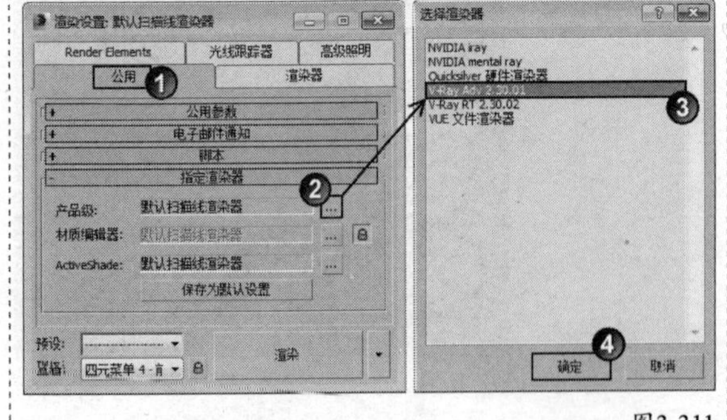

图3-311

06 在“网格代理参数”卷展栏下单击“浏览”按钮 浏览 ，找到前面导出的1.vrmesh文件，如图3-312所示，然后在视图中单击鼠标左键，此时场景中就会出现代理椅子模型（原来的椅子可以将其隐藏起来），如图3-313所示。

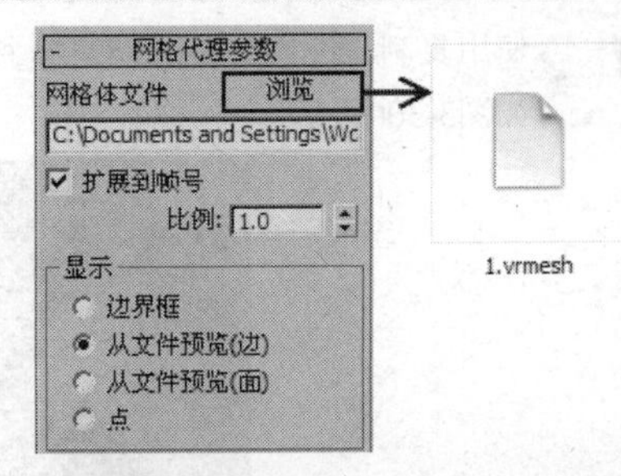

图3-312

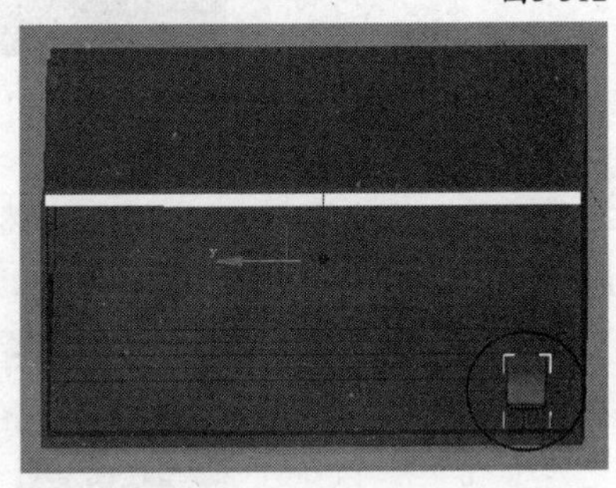

图3-313

技巧与提示

如果要隐藏某个对象，可以先将其选中，然后单击鼠标右键，接着在弹出的菜单中选择“隐藏选定对象”命令。

07 利用复制功能复制一些代理物体，将其排列在剧场中，最终效果如图3-314所示。

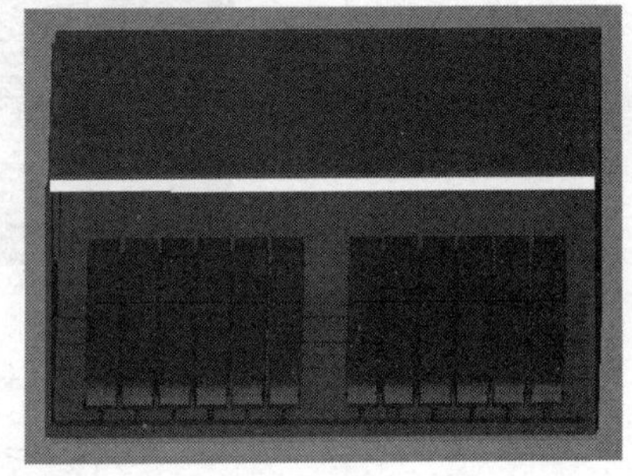

图3-314

技巧与提示

虽然场景中相同或相似的物体可以用“VRay代理”工具 VR代理 来制作，但是不能过于夸张地进行复制，否则会增加渲染压力。

04

第4章
样条线建模

学习要点：样条线建模的常用工具 / 样条线建模的基本流程 / 用样条线和修改器制作各种模型

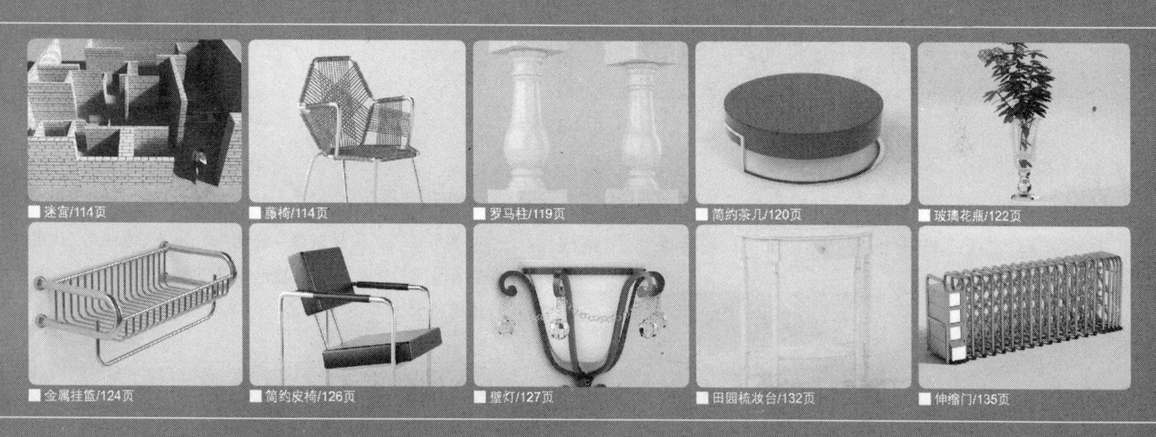

迷宫/114页　藤椅/114页　罗马柱/119页　简约茶几/120页　玻璃花瓶/122页

金属挂篮/124页　简约皮椅/126页　壁灯/127页　田园梳妆台/132页　伸缩门/135页

家装造型设计师

工业造型设计师

室内设计表现师

建筑设计表现师

实战086 迷宫

场景位置	DVD>场景文件>CH04>实战086.max
实例位置	DVD>实例文件>CH04>实战086.max
视频位置	DVD>多媒体教学>CH04>实战086.flv
难易指数	★☆☆☆☆
技术掌握	墙矩形工具、通道工具、角度工具、T形工具、宽法兰工具、挤出修改器

迷宫模型如图4-1所示。

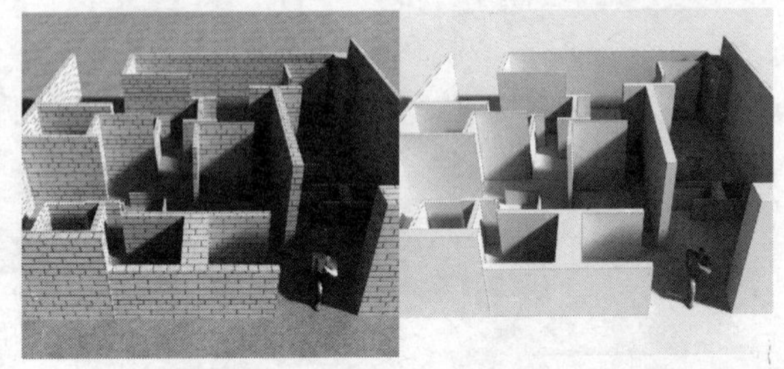

图4-1

01 在"创建"面板中单击"图形"按钮，进入"图形"面板，然后设置"图形"类型为"扩展样条线"，接着单击"墙矩形"按钮，如图4-2所示，最后在顶视图中创建一个墙矩形，如图4-3所示。

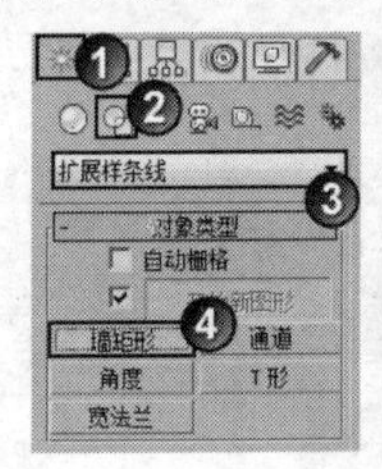

图4-2

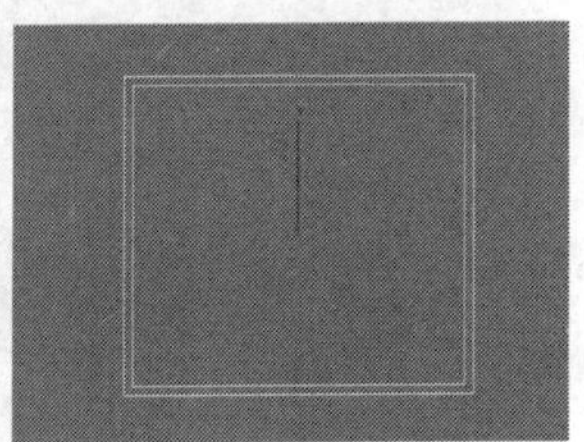

图4-3

02 继续使用"通道"工具、"角度"工具、"T形"工具和"宽法兰"工具在视图中创建出相应的扩展样条线，完成后的效果如图4-4所示。

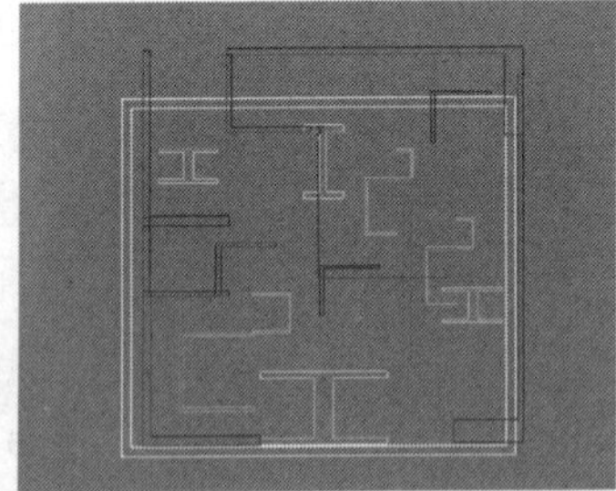

图4-4

技巧与提示

注意，在一般情况下都不能一次性绘制出合适的扩展样条线，因此在绘制完成后，需要使用"选择并移动"工具和"选择并均匀缩放"工具调整好其位置与大小比例。

03 选择所有的样条线，然后在"修改器列表"中为样条线加载一个"挤出"修改器，接着在"参数"卷展栏下设置"数量"为100mm，如图4-5所示，模型效果如图4-6所示。

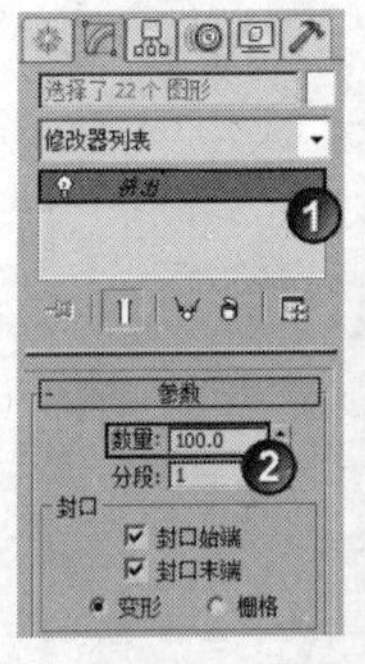

图4-5

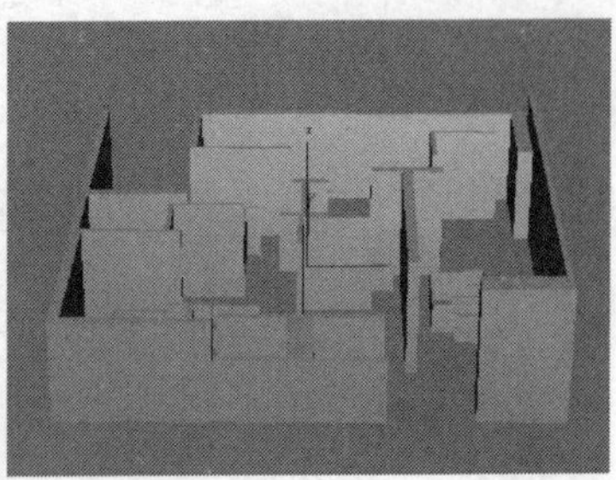

图4-6

技巧与提示

注意，这里可能得不到理想的挤出效果，因为每人绘制的扩展样条线的比例大小都不一致，且本例没有给出相应的创建参数，因此如果设置"挤出"修改器的"数量"为100mm很难得到与图4-6相似的模型效果。也就是说，"挤出"修改器的"数量"值要根据扩展样条线的大小比例自行调整。

04 单击界面左上角的"应用程序"图标，然后执行"导入>合并"菜单命令，接着在弹出的"合并文件"对话框中选择光盘中的"场景文件>CH04>实战086.max"文件，再调整好人物模型的大小比例与位置，最终效果如图4-7所示。

图4-7

技巧与提示

实际上"扩展样条线"就是"样条线"的补充，让用户在建模时节省时间，但是只有在特殊情况下才使用扩展样条线来建模，而且还得配合其他修改器一起来完成。

实战087 藤椅

场景位置	无
实例位置	DVD>实例文件>CH04>实战087.max
视频位置	DVD>多媒体教学>CH04>实战087.flv
难易指数	★★☆☆☆
技术掌握	线工具、多边形工具、螺旋线工具

藤椅模型如图4-8所示。

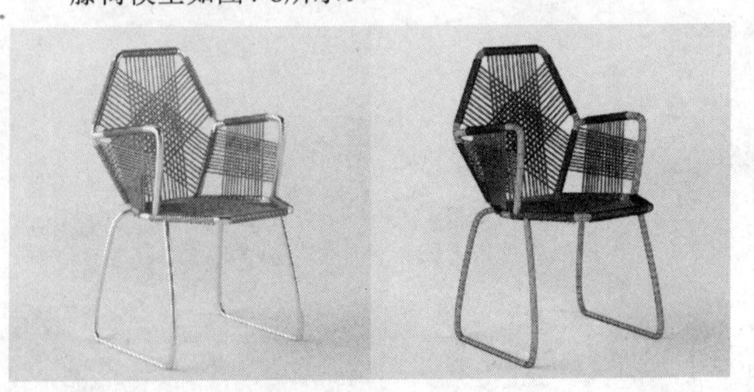

图4-8

01 设置“图形”类型为“样条线”，然后使用“线”工具 线 在左视图中绘制一条如图4-9所示的样条线作为一侧的扶手模型。

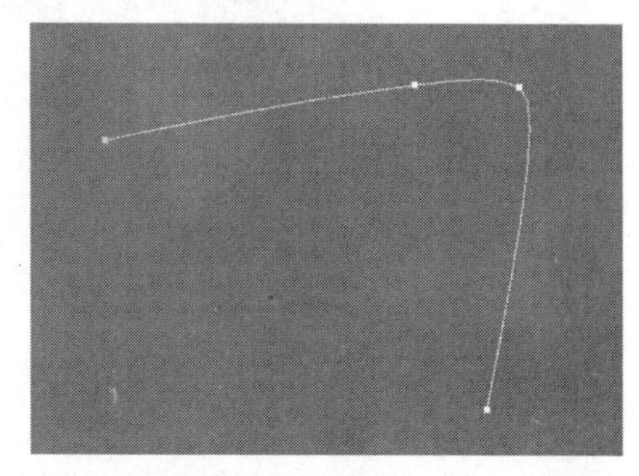

图4-9

技术专题 14 调节样条线的形状

如果绘制出来的样条线不是很平滑，就需要对其进行调节（需要尖角的角点时就不需要调节），样条线形状主要是在“顶点”级别下进行调节。下面以图4-10中的矩形来详细介绍一下如何将硬角点调节为平面的角点。

进入“修改”面板，然后在“选择”卷展栏下单击“顶点”按钮，进入“顶点”级别，如图4-11所示。

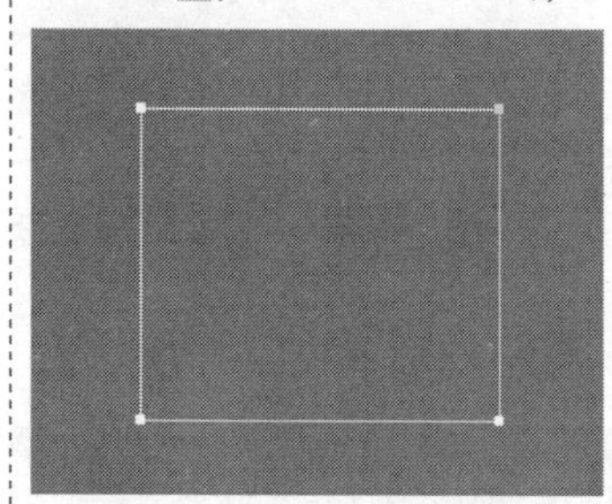

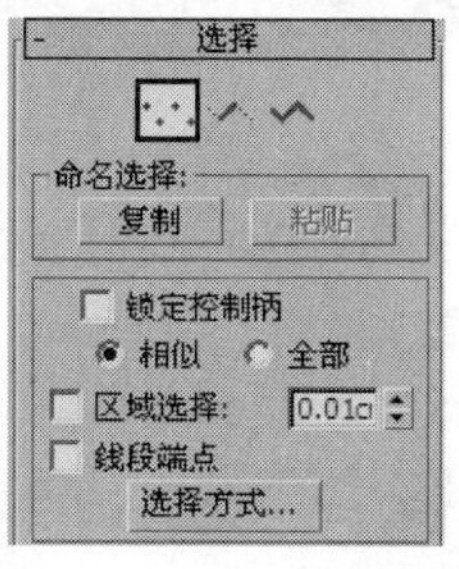

图4-10 图4-11

选择需要调节的顶点，然后单击鼠标右键，在弹出的菜单中可以观察到除了“角点”选项以外，还有另外3个选项，分别是“Bezier角点”、Bezier和“平滑”选项，如图4-12所示。

平滑：如果选择该选项，则选择的顶点会自动平滑，但是不能继续调节角点的形状，如图4-13所示。

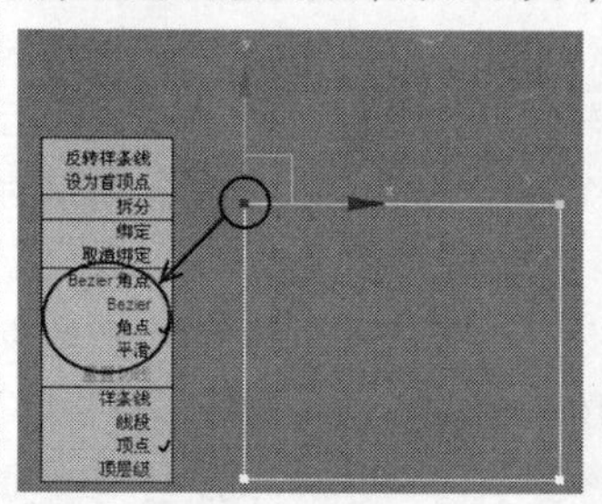

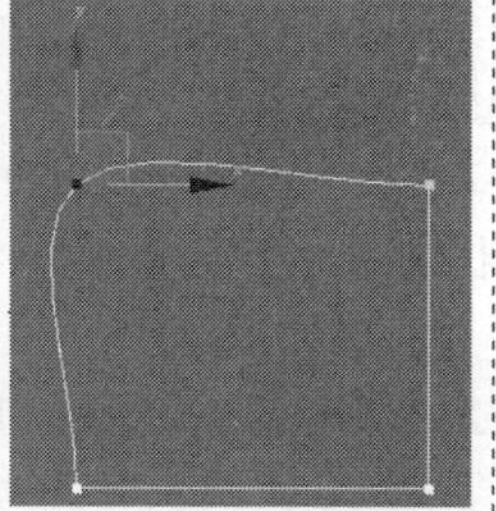

图4-12 图4-13

Bezier角点：如果选择该选项，则原始角点的形状保持不变，但会出现控制柄（两条滑竿）和两个可供调节方向的锚点，如图4-14所示。通过这两个锚点，可以用“选择并移动”工具、“选择并旋转”工具和“选择并均匀缩放”工具等对锚点进行移动、旋转和缩放等操作，从而改变角点的形状，如图4-15所示。

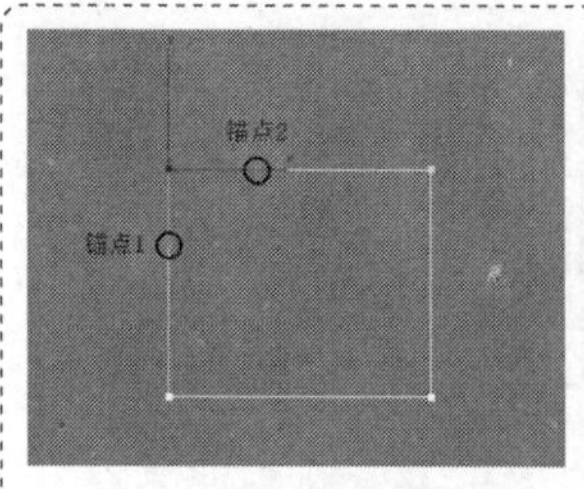

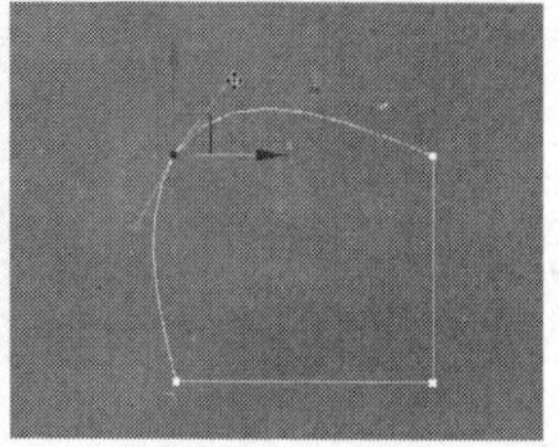

图4-14 图4-15

Bezier：如果选择该选项，则会改变原始角点的形状，同时也会出现控制柄和两个可供调节方向的锚点，如图4-16所示。同样通过这两个锚点，可以用“选择并移动”工具、“选择并旋转”工具和“选择并均匀缩放”工具等对锚点进行移动、旋转和缩放等操作，从而改变角点的形状，如图4-17所示。

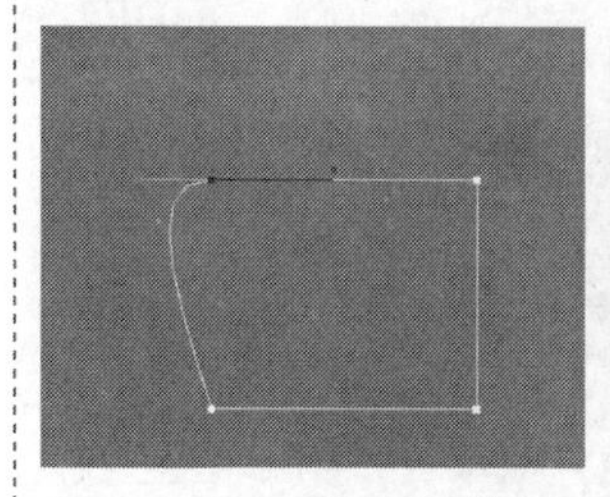

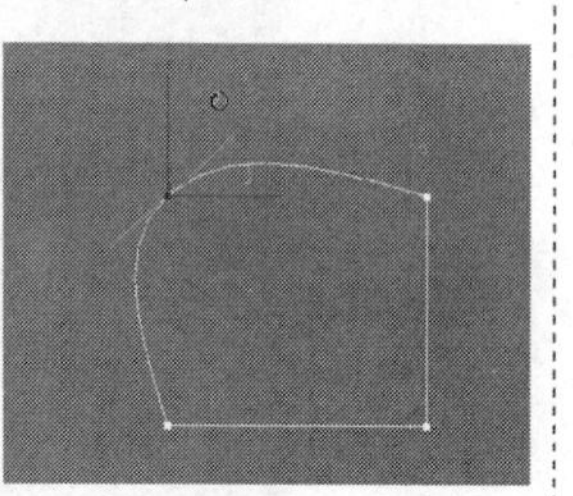

图4-16 图4-17

02 选择样条线，进入“修改”面板，然后在“渲染”卷展栏下勾选“在渲染中启用”和“在视口中启用”选项，接着勾选“径向”选项，最后设置“厚度”为7mm，如图4-18所示。

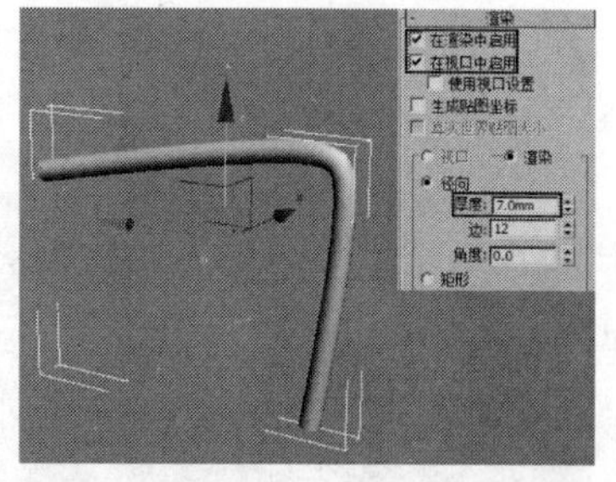

图4-18

03 使用“选择并移动”工具选择扶手模型，然后按住Shift键移动复制一个扶手到如图4-19所示的位置。

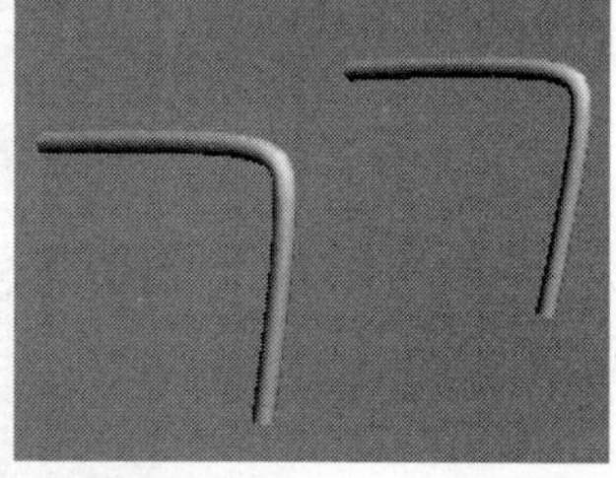

图4-19

04 使用“多边形”工具 多边形 在前视图中绘制一个与两侧扶手契合的六边形，如图4-20所示，然后在“渲染”卷展栏下勾选“在渲染中启用”和“在视口中启用”选项，接着勾选“径向”选项，最后设置“厚度”为7mm；展开“参数”卷展栏，然后设置“半径”为86.65mm，接着设置“角半径”为13.2mm，如图4-21所示。

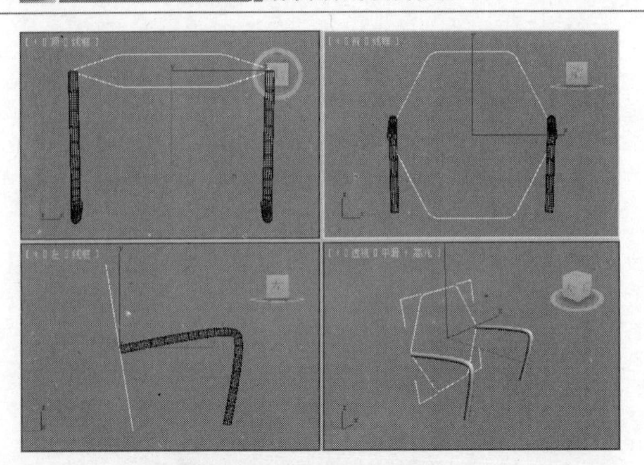

图4-20

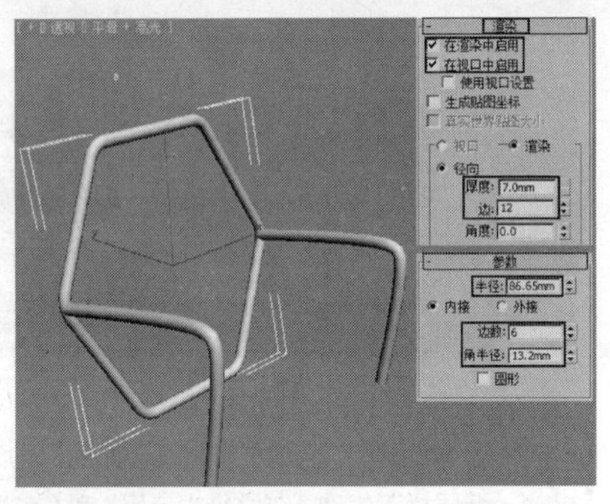

图4-21

05 采用相同的方法创建椅子的座垫和椅腿模型，完成后的效果如图4-22和图4-23所示。

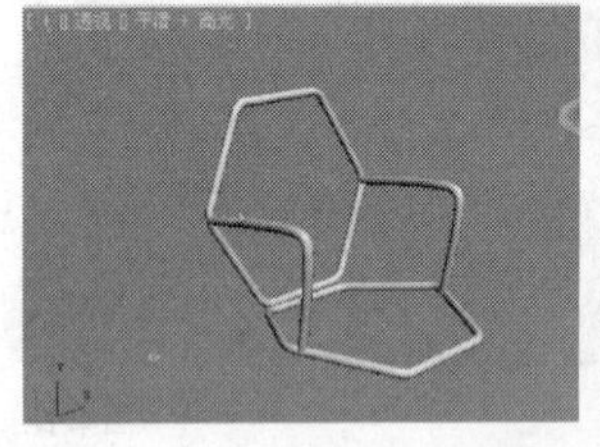

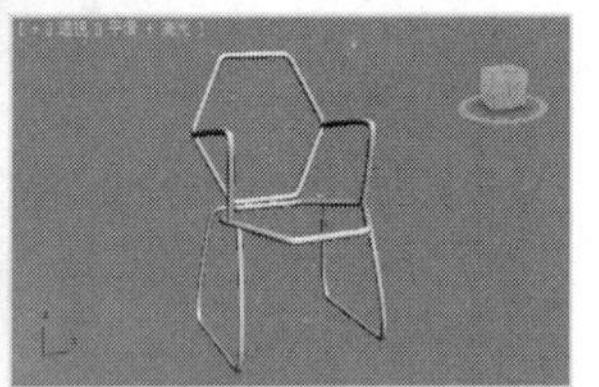

图4-22　图4-23

06 使用“螺旋线”工具 螺旋线 在扶手处绘制一条螺旋线，如图4-24所示。

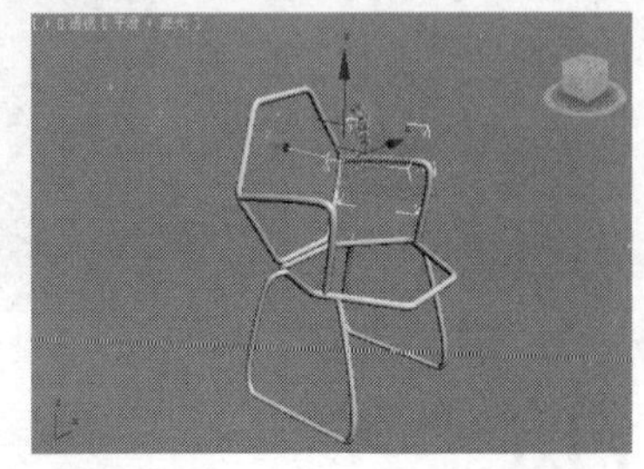

图4-24

07 展开“渲染”卷展栏，然后勾选“在渲染中启用”和“在视口中启用”选项，接着勾选“径向”选项，再勾选“径向”选项，最后设置“厚度”为1.8mm；展开“参数”卷展栏，然后设置“半径1”为3.5mm、“半径2”为3.25mm、“高度”为68mm、“圈数”为28，具体参数设置如图4-25所示，模型效果如图4-26所示。

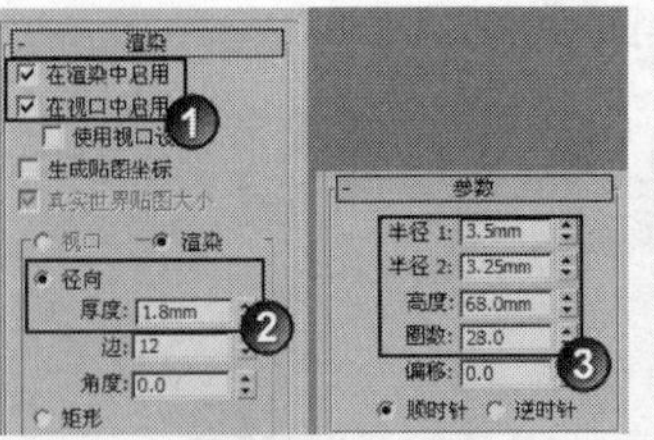

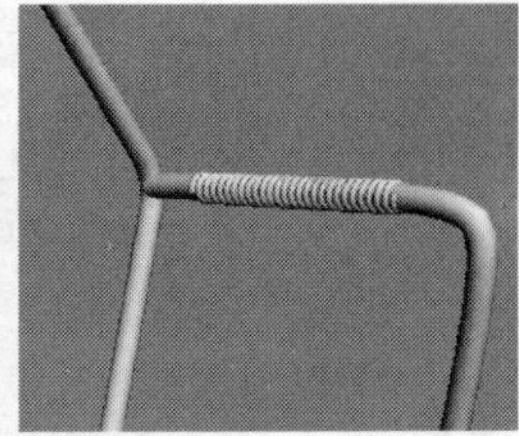

图4-25　图4-26

08 采用相同的方法创建其他螺旋线，完成后的效果如图4-27所示。

09 使用“线”工具 线 在前视图中绘制出如图4-28所示的样条线。

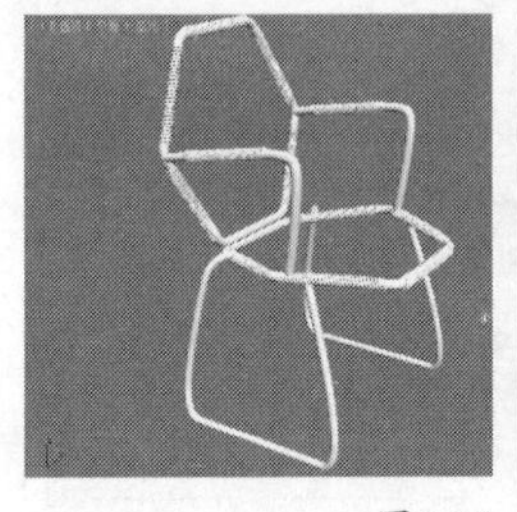

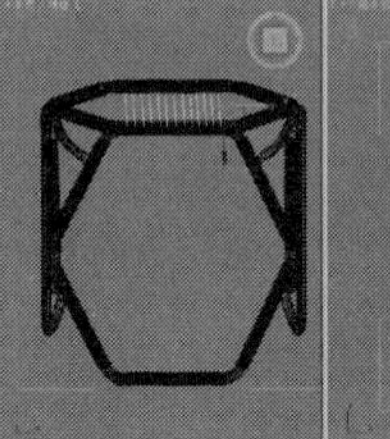

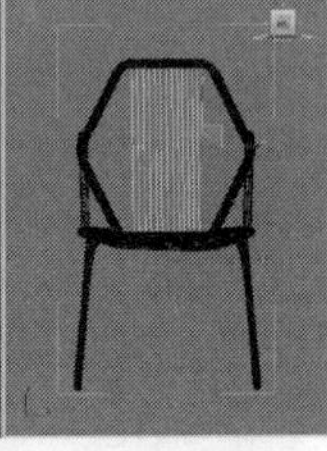

图4-27　图4-28

10 选择样条线，然后在“渲染”卷展栏下勾选“在渲染中启用”和“在视口中启用”选项，接着设置“厚度”为1.8mm，具体参数设置如图4-29所示，模型效果如图4-30所示。

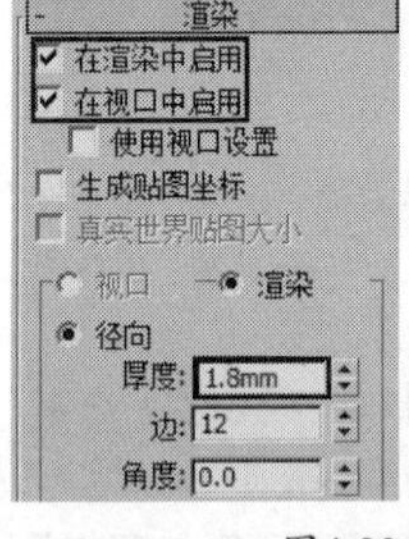

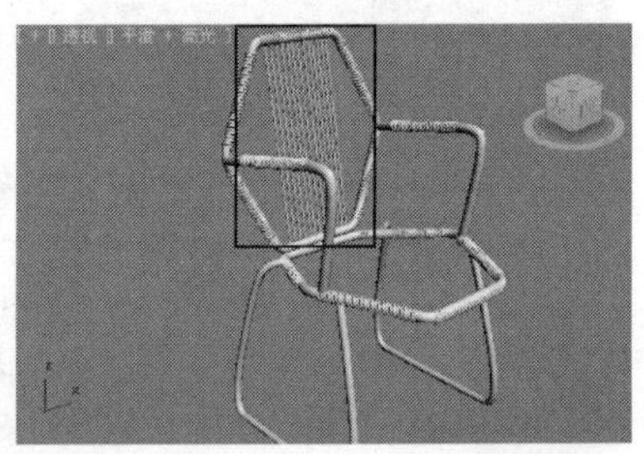

图4-29　图4-30

11 使用“选择并旋转”工具选择网状模型，然后按住Shift键旋转复制一个模型到如图4-31所示的位置。

12 采用相同的方法创建座垫上的网状模型，藤椅模型的最终效果如图4-32所示。

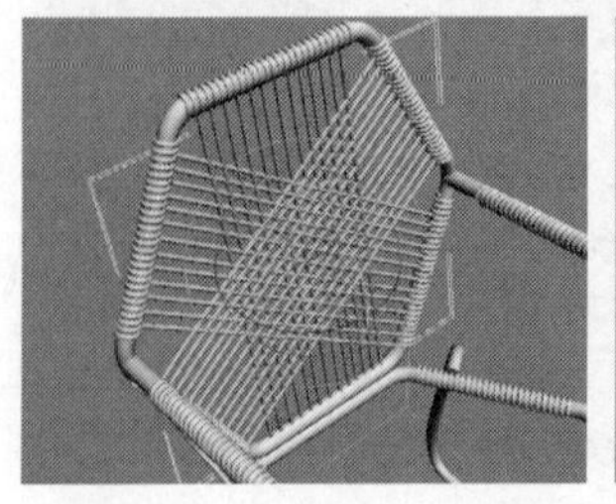

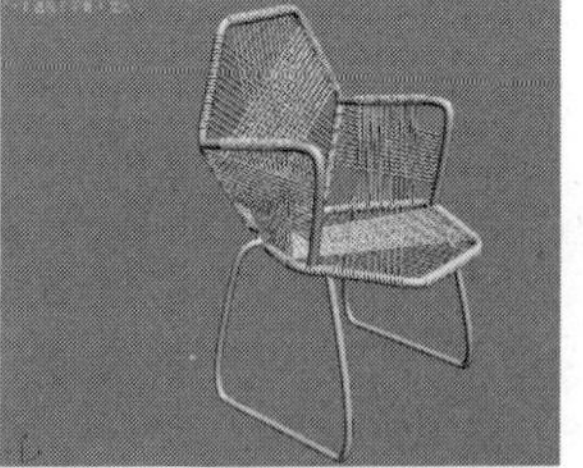

图4-31　图4-32

实战088 小号

场景位置	无
实例位置	DVD>实例文件>CH04>实战088.max
视频位置	DVD>多媒体教学>CH04>实战088.flv
难易指数	★★☆☆☆
技术掌握	线工具、放样工具、车削修改器

小号模型如图4-33所示。

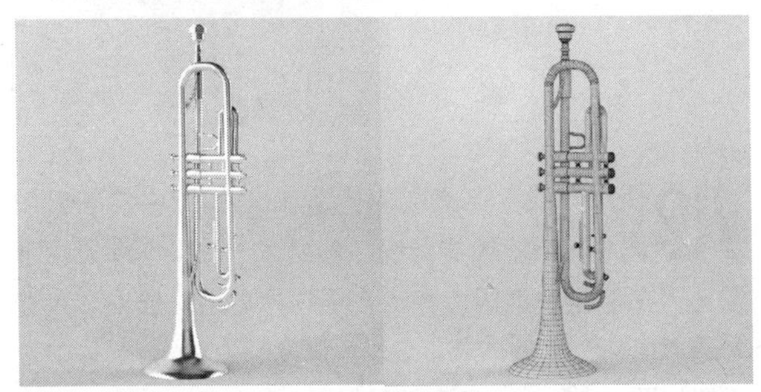

图4-33

01 下面创建主体模型。使用“线”工具 线 在前视图中绘制一条如图4-34所示的样条线。

02 按1键进入“顶点”级别，然后将样条线调节成如图4-35所示的形状。

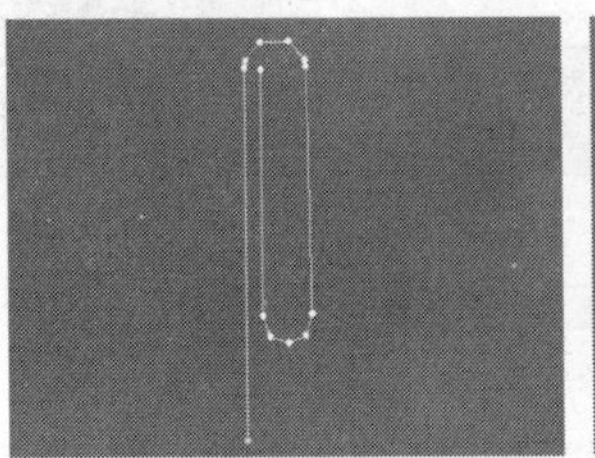

图4-34

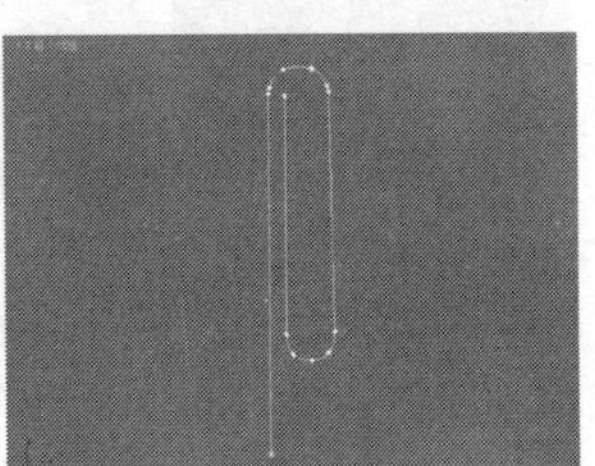

图4-35

技术专题 15 快速切换样条线的调整层级

在通常情况下，绘制出来的样条线都不能一步到位，需要在次物体层级（级别）下对其形状进行仔细调节。这里介绍3种不同的切换方法。

第1种：这是最慢的一种切换方法。选择样条线以后，在“选择”卷展栏下单击相应的级别按钮，如图4-36所示。

第2种：这是一种中速的切换方法。选择样条线以后，在视图中单击鼠标右键，然后在弹出的菜单中选择相应的级别命令，如图4-37所示。

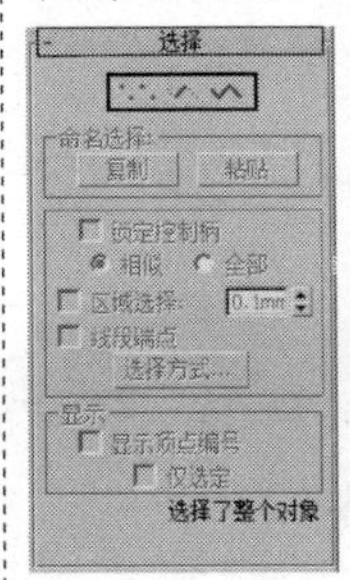

图4-36

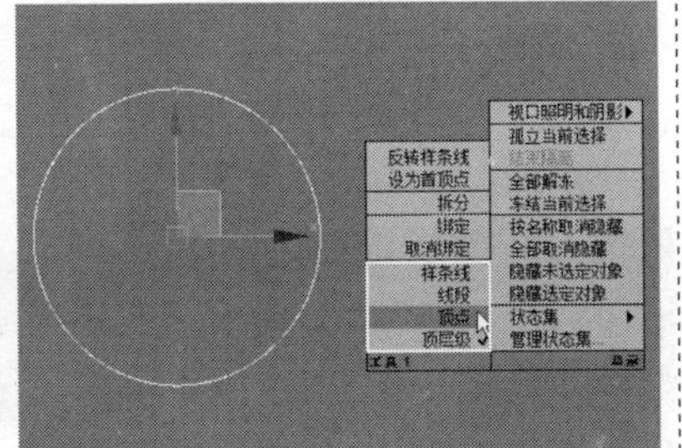

图4-37

第3种：这是最便捷的一种切换方法。选择样条线以后，直接在大键盘上按1键、2键、3键，其中1键表示“顶点”级别，2键表示“线段”级别，3键表示“样条线”级别。

03 使用“圆”工具 圆 在上一步绘制的图形底部绘制一个圆形，然后在“参数”卷展栏下设置“半径”为6.2cm，如图4-38所示。

04 继续使用“圆”工具 圆 依次向上绘制出圆形，其“半径”数值也依次减小，完成后的效果如图4-39所示。

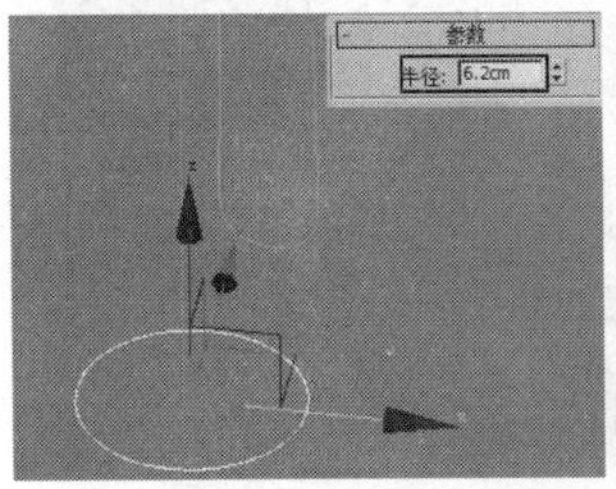

图4-38

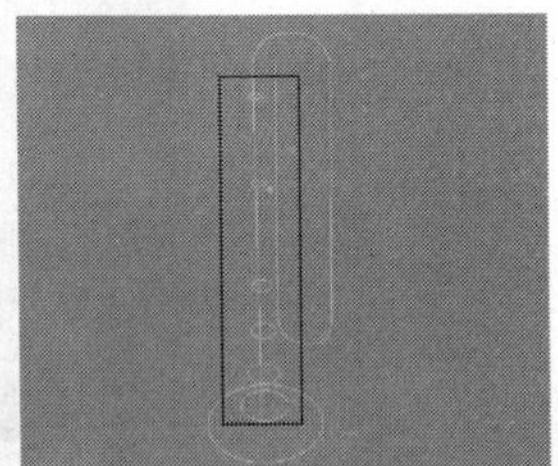

图4-39

05 选择样条线，然后在“创建”面板中单击“几何体”按钮，接着设置几何体类型为“复合对象”，最后单击“放样”按钮 放样 ，如图4-40所示。

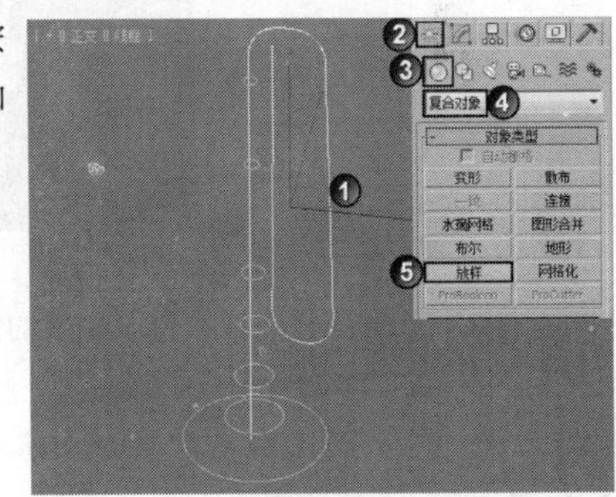

图4-40

06 展开“创建方法”卷展栏，然后单击“获取图形”按钮 获取图形 ，接着在视图中拾取最底端的圆形，如图4-41所示，模型效果如图4-42所示。

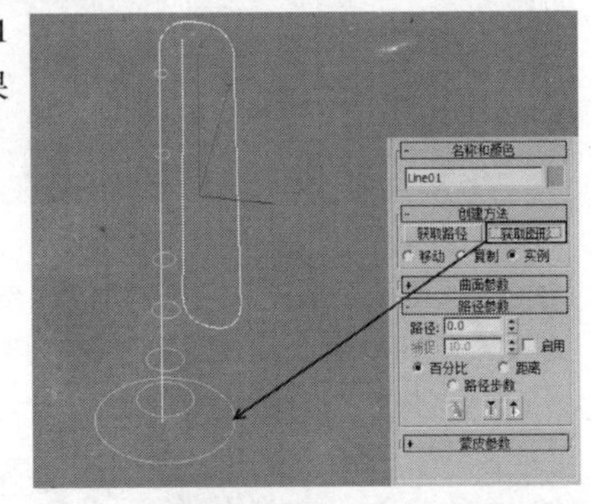

图4-41

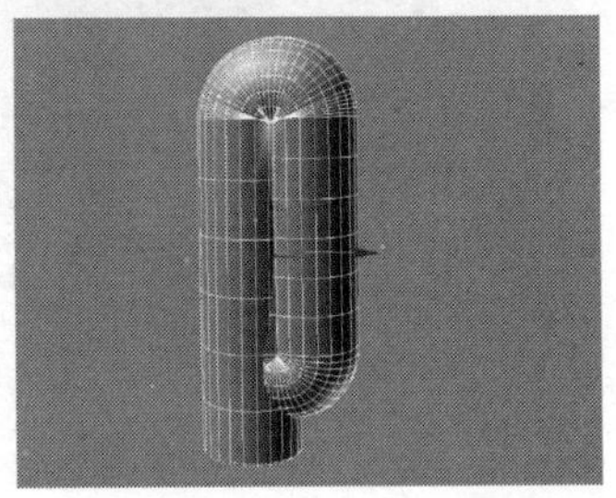

图4-42

07 在“路径参数”卷展栏下设置“路径”为2，然后单击“获取图形”按钮 获取图形 ，接着在视图中拾取第2个圆形，如图4-43所示，此时小号底部的直径会变小一些，如图4-44所示。

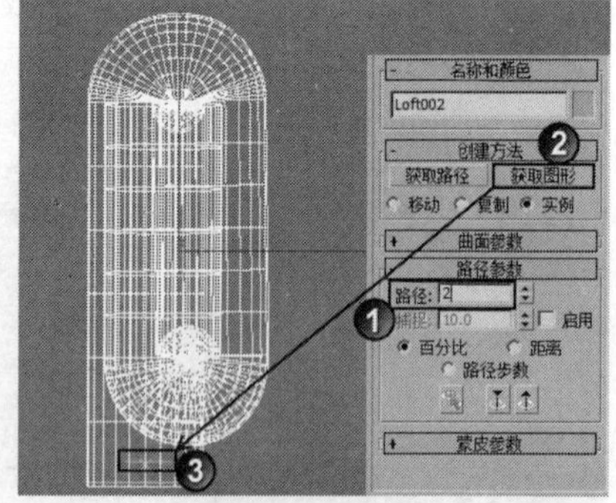

图4-43

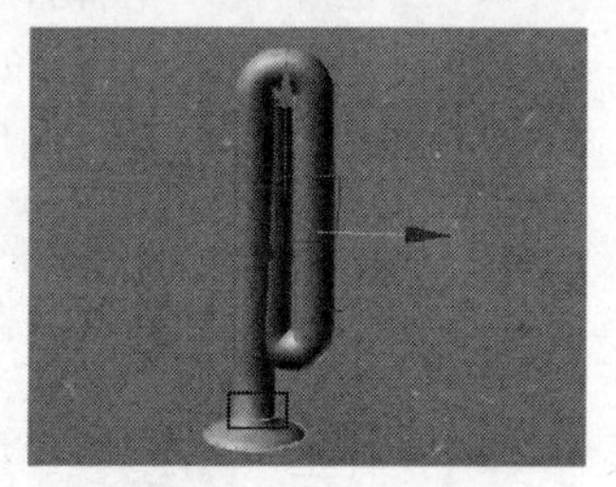

图4-44

08 采用相同的方法依次拾取剩余的圆形，完成后的效果如图4-45所示。

09 使用“线”工具 线 在前视图中绘制一条如图4-46所示的样条线。

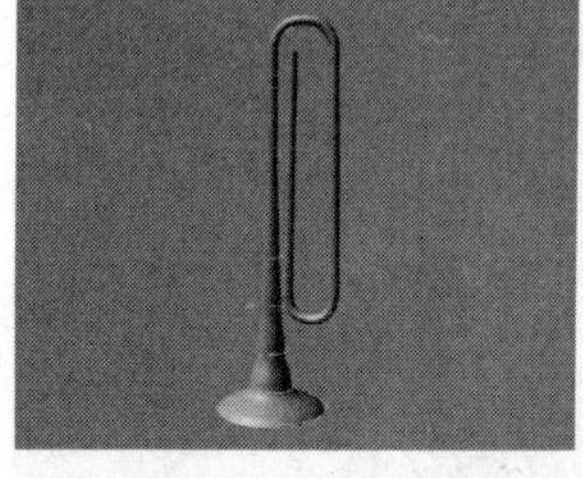

图4-45

图4-46

10 选择样条线，进入“修改”面板，然后在“修改器列表”中为样条线加载一个“车削”修改器，接着在“参数”卷展栏下设置“度数”为360、“方向”为y轴 Y 、“对齐”为“最小” 最小 ，如图4-47所示。

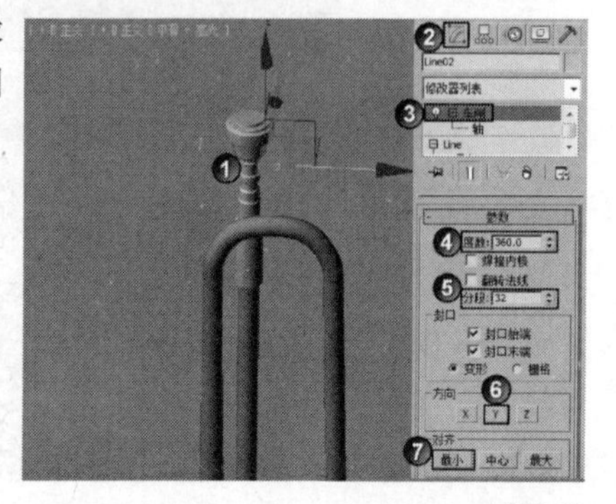

图4-47

11 使用“圆柱体”工具 圆柱体 制作小号中间的部分，完成后的效果如图4-48所示。

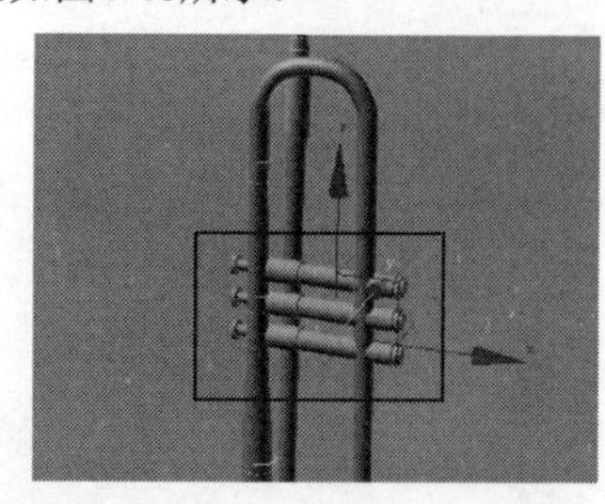

图4-48

12 使用“线”工具 线 在前视图中绘制出如图4-49所示的样条线，然后在“渲染”卷展栏下勾选“在渲染中启用”和“在视口中启用”选项，接着勾选“径向”选项，最后设置“厚度”为1cm，具体参数设置如图4-50所示，模型效果如图4-51所示。

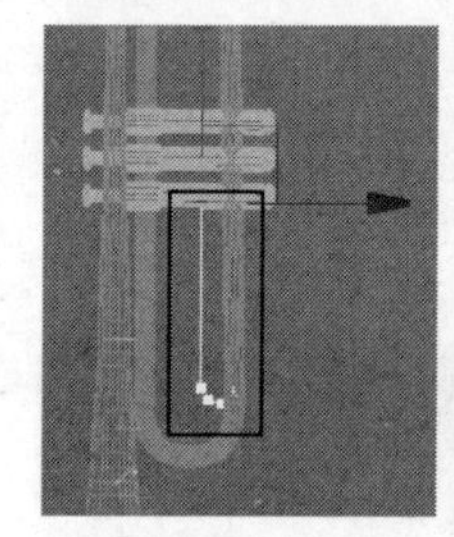

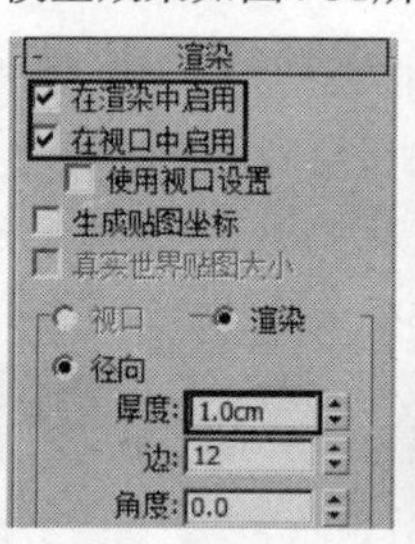

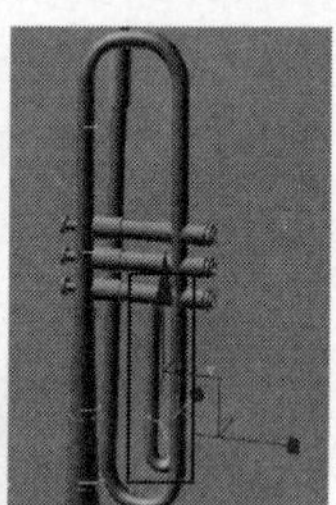

图4-49 图4-50 图4-51

13 继续使用“线”工具 线 和样条线的“在渲染中启用”和“在视口中启用”功能制作出其他部分，最终效果如图4-52所示。

图4-52

实战089 杂志

场景位置	无
实例位置	DVD>实例文件>CH04>实战089.max
视频位置	DVD>多媒体教学>CH04>实战089.flv
难易指数	★☆☆☆☆
技术掌握	线工具、轮廓工具、挤出修改器

杂志模型如图4-53所示。

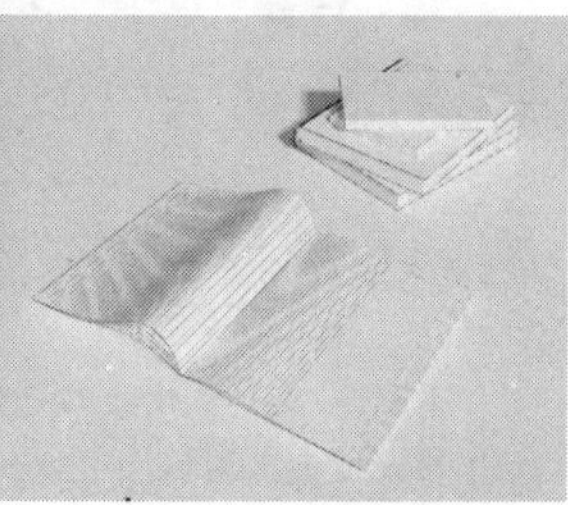

图4-53

01 使用“线”工具 线 在前视图中创建一条如图4-54所示的样条线。

02 选择创建好的线段，然后进入“顶点”级别，接着调整好样条线的形状，如图4-55所示。

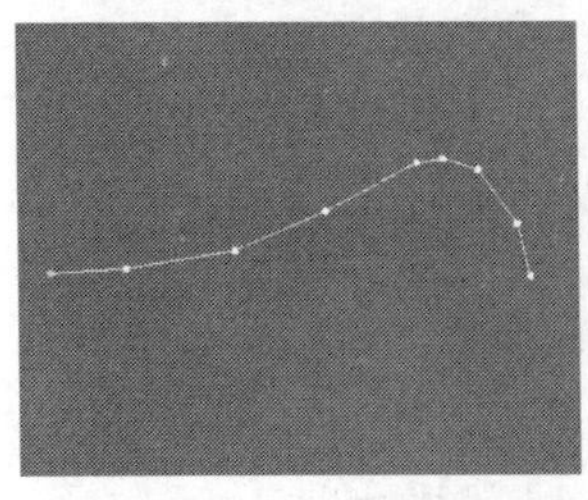

图4-54

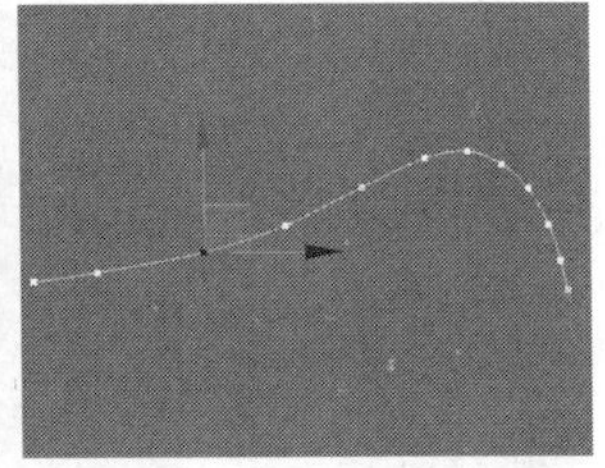

图4-55

03 进入“修改”面板，然后在“选择”卷展栏下单击“样条线”按钮，并选择整条样条线，接着在“几何体”卷展栏下单击“轮廓”按钮 轮廓 ，最后在后面的输入框中输入为0.2mm，如图4-56所示，效果如图4-57所示。

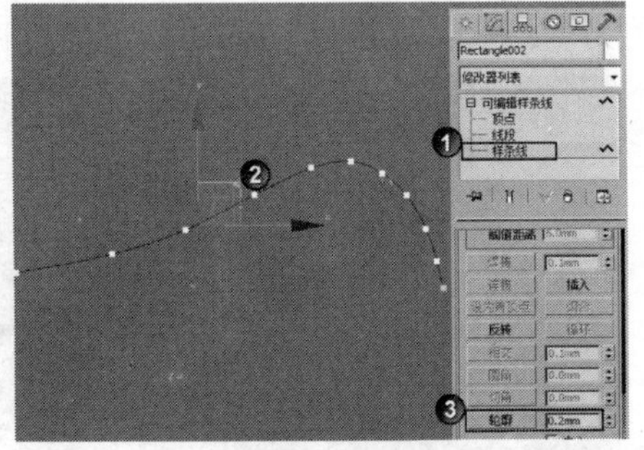

图4-56

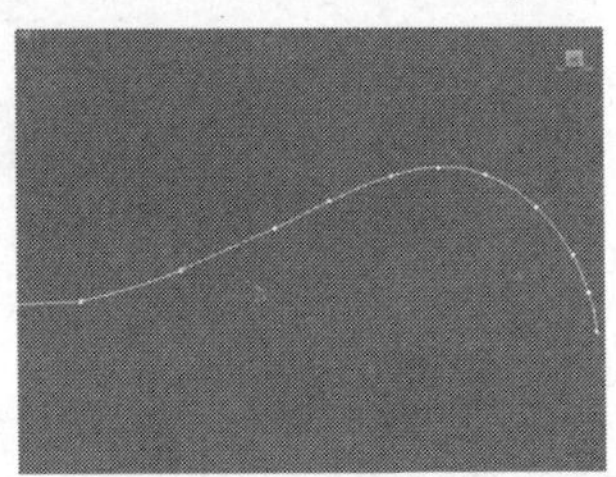

图4-57

技巧与提示

由于杂志的页面具有一定的厚度，所有要使用“轮廓”工具 轮廓 对样条线修改成闭合的样条线。

04 进入“修改”面板，然后在“修改器列表”中为样条线加载一个“挤出”修改器，接着在“参数”卷展栏下设置“数量”为345mm，如图4-58所示，模型效果如图4-59所示。

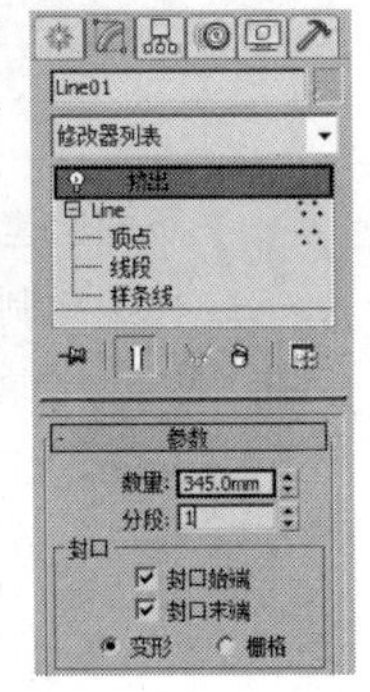

图4-58

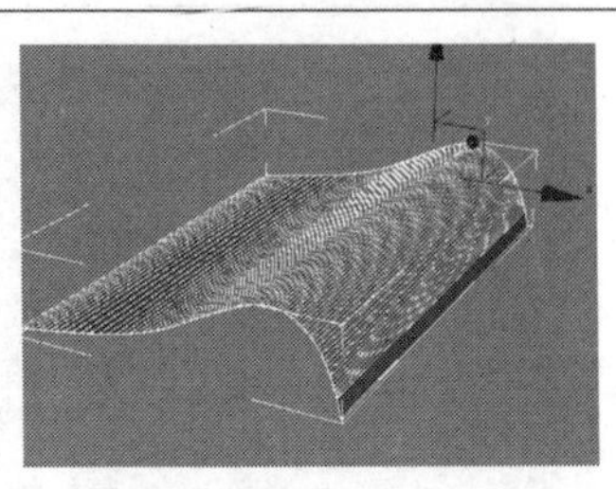

图4-59

05 采用相同的方法制作另一侧的页面，最终效果如图4-60所示。

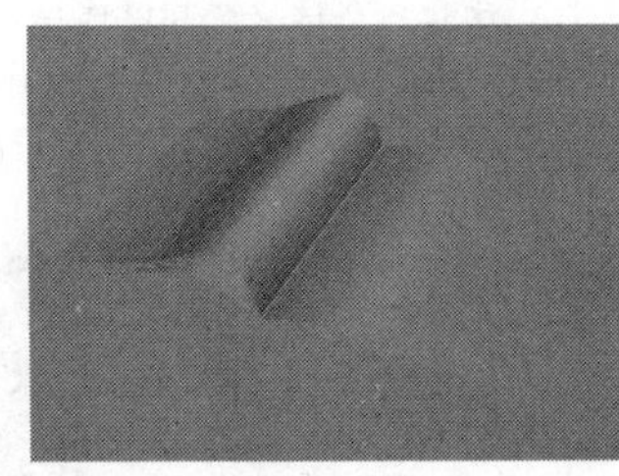

图4-60

实战090 罗马柱

场景位置	无
实例位置	DVD>实例文件>CH04>实战090.max
视频位置	DVD>多媒体教学>CH04>实战090.flv
难易指数	★☆☆☆☆
技术掌握	线工具、矩形工具、车削修改器、挤出修改器

罗马柱模型如图4-61所示。

图4-61

01 下面创建主体模型。使用“线”工具 线 在前视图中绘制出主体模型的1/2横截面，如图4-62所示。

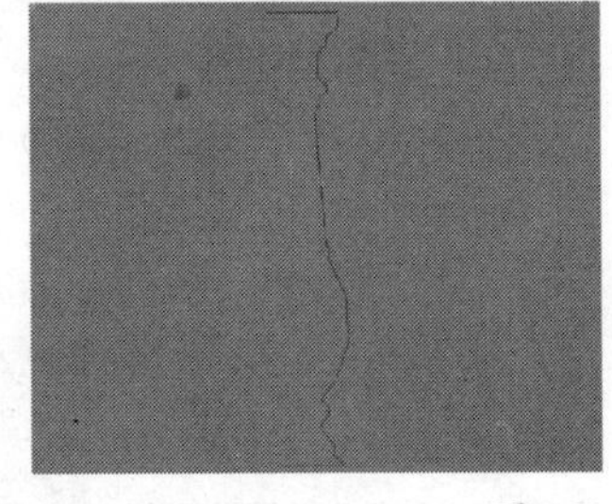

图4-62

技巧与提示

如果绘制出来的样条线不是很平滑，就需要对其进行平滑处理。进入“顶点”级别，然后选择如图4-63所示的顶点，接着单击鼠标右键，最后在弹出的菜单中选择“平滑”命令，平滑后的效果如图4-64所示。

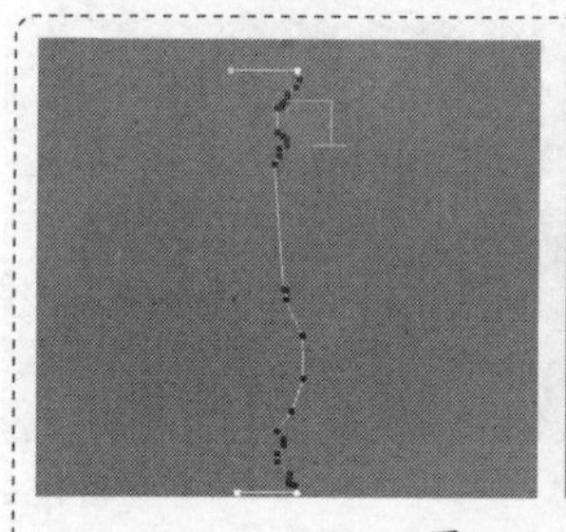

图4-63

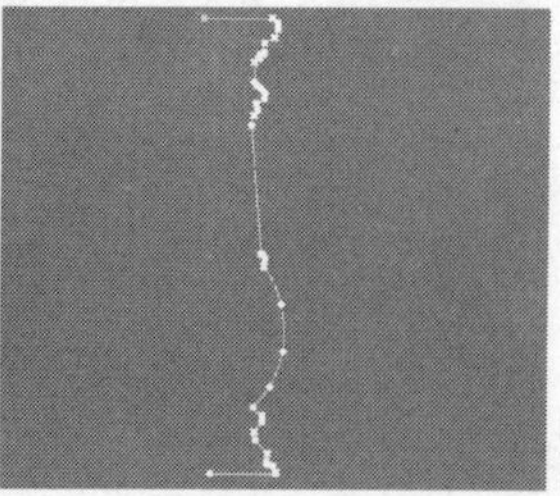

图4-64

注意，在这里既可以选择“平滑”命令，也可以选择Bezier命令，这两个命令都可以对顶点进行平滑处理。

02 选择样条线，然后在“修改器列表”中为其加载一个“车削”修改器，模型效果如图4-65所示。

图4-65

技巧与提示 

从图4-65中可以看出车削后的模型表面不是很平滑，因此下面还需要对模型进行调整。

03 展开“参数”卷展栏，然后设置“分段”为32，如图4-66所示，模型效果如图4-67所示。

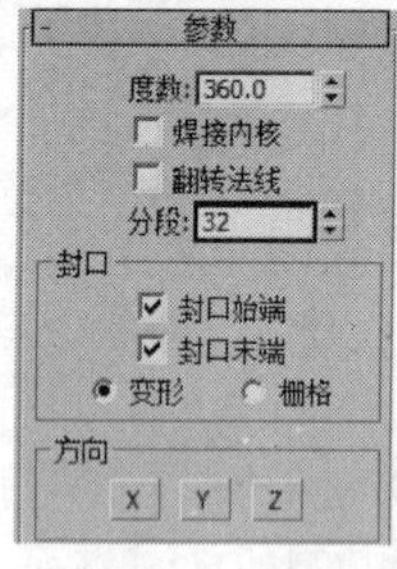

图4-66

图4-67

技巧与提示

“分段”数值越大，模型越平滑，但是占用的内存资源也越多。

04 下面创建台面和底座模型。使用“矩形”工具 矩形 在主体模型的顶部绘制一个矩形，然后在“参数”卷展栏下设置“长度”为16.5cm、“宽度”为17.5cm、“角半径”为1.2cm，如图4-68所示。

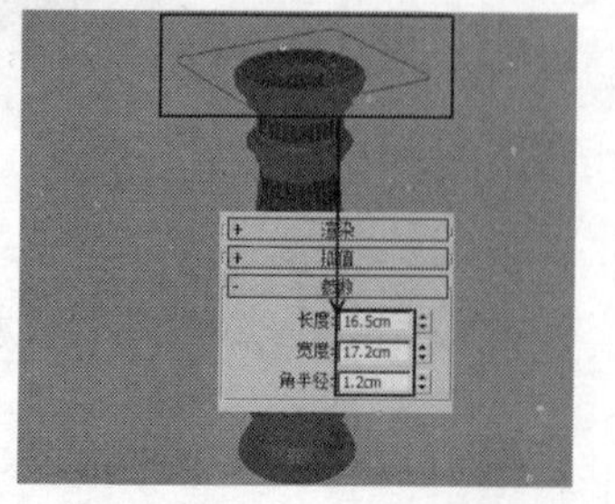

图4-68

05 为矩形加载一个“挤出”修改器，然后在“参数”卷展栏下设置“数量”为6.8cm，如图4-69所示，模型效果如图4-70所示。

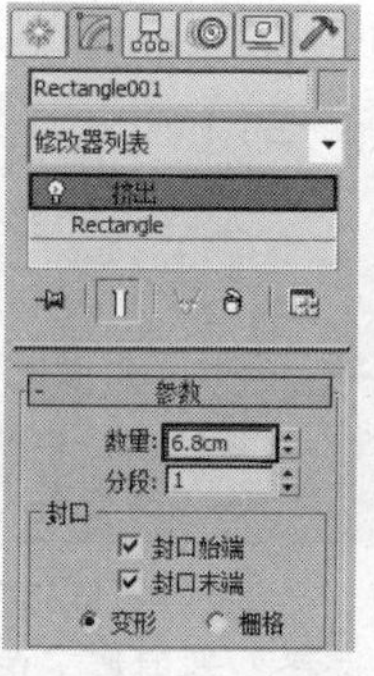

图4-69

图4-70

06 使用“选择并移动”工具选择台面模型，然后按住Shift键移动复制一个模型到主体模型的底部，接着在弹出的“克隆选项”对话框中设置“对象”为“实例”，如图4-71所示，最终效果如图4-72所示。

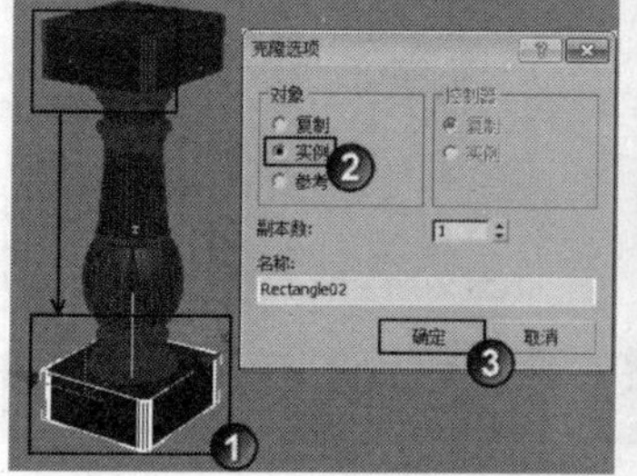

图4-70

图4-72

实战091 简约茶几

场景位置	无
实例位置	DVD>实例文件>CH04>实战091.max
视频位置	DVD>多媒体教学>CH04>实战091.flv
难易指数	★☆☆☆☆
技术掌握	圆工具、挤出修改器、线工具

简约茶几模型如图4-73所示。

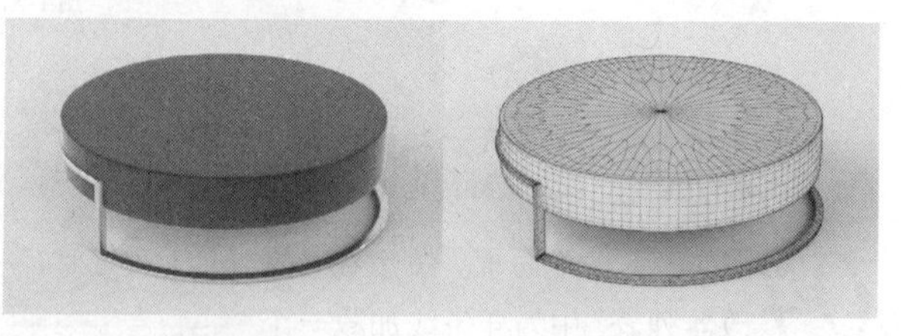

图4-73

01 下面创建桌面模型。使用“圆”工具 圆 在视图中绘制一个圆形，然后在“参数”卷展栏下设置“半径”为50mm，如图4-74所示。

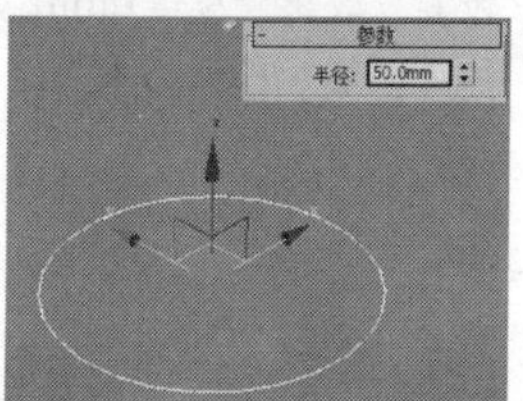

图4-74

02 为圆形加载一个“挤出”修改器，然后在“参数”卷展栏下设置“数量”为20mm，如图4-75所示，模型效果如图4-76所示。

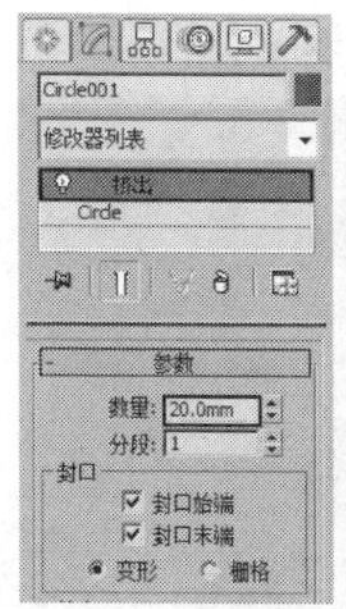

图4-75

图4-76

03 下面创建腿部模型。使用“线”工具 线 在视图中绘制出腿部的二维样条线，如图4-77所示。

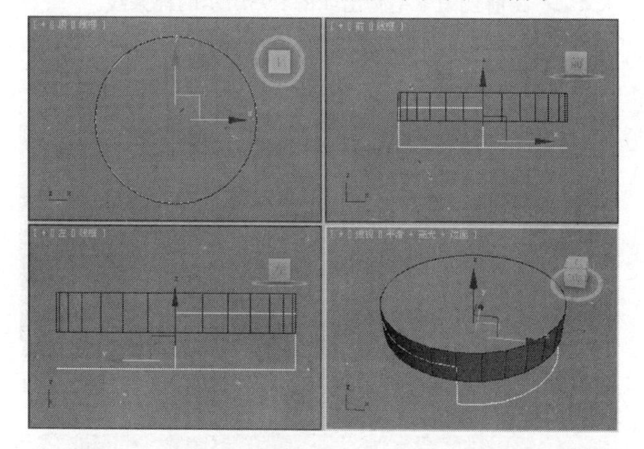

图4-77

04 选择样条线，然后在“渲染”卷展栏下勾选“在渲染中启用”和“在视口中启用”，接着勾选“矩形”选项，最后设置“长度”为2mm、“宽度”为3mm，具体参数设置如图4-78所示，最终效果如图4-79所示。

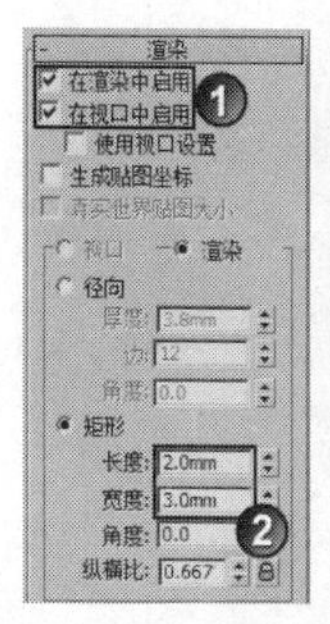

图4-78

图4-79

实战092 艺术烛台

场景位置	无
实例位置	DVD>实例文件>CH04>实战092.max
视频位置	DVD>多媒体教学>CH04>实战092.flv
难易指数	★☆☆☆☆
技术掌握	线工具、车削修改器

艺术烛台模型如图4-80所示。

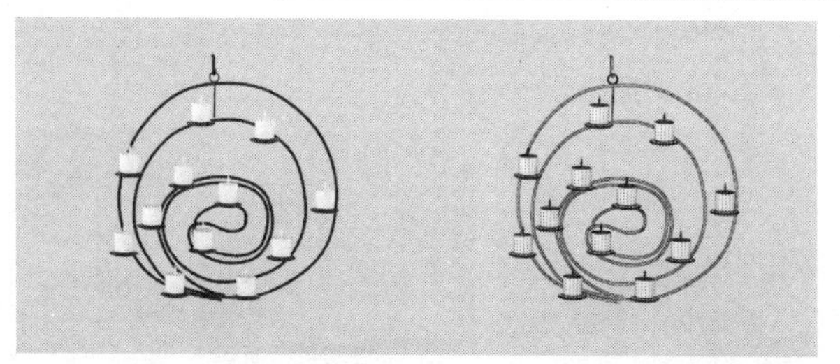

图4-80

01 下面创建挂件模型。使用“线”工具 线 在前视图中绘制出如图4-81所示的样条线。

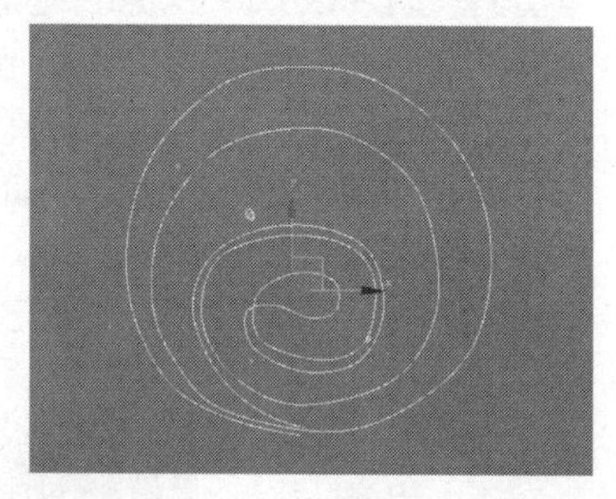

图4-81

02 选择样条线，然后在“渲染”卷展栏下勾选“在渲染中启用”和“在视口中启用”，接着勾选“径向”选项，最后设置“厚度”为3.8mm，具体参数设置如图4-82所示，模型效果如图4-83所示。

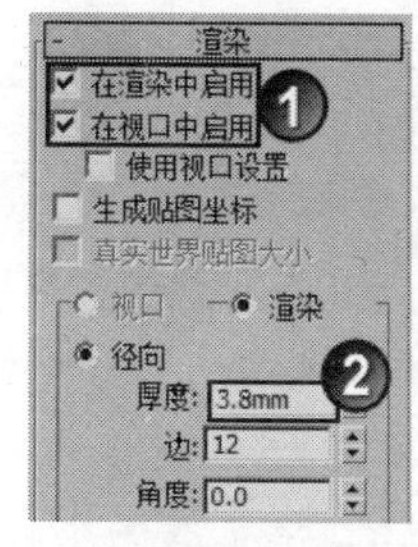

图4-82

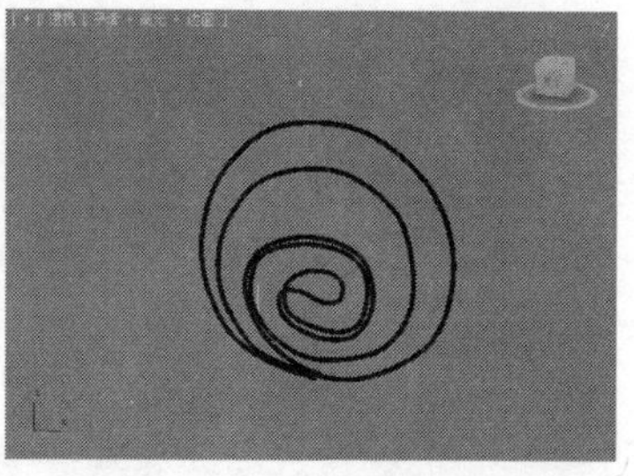

图4-83

03 使用“线”工具 线 和“圆”工具 圆 在视图中绘制出如图4-84所示的样条线，然后在“渲染”卷展栏下勾选“在渲染中启用”和“在视口中启用”选项，接着勾选“径向”选项，最后设置“厚度”，具体数值与完成效果如图4-85所示。

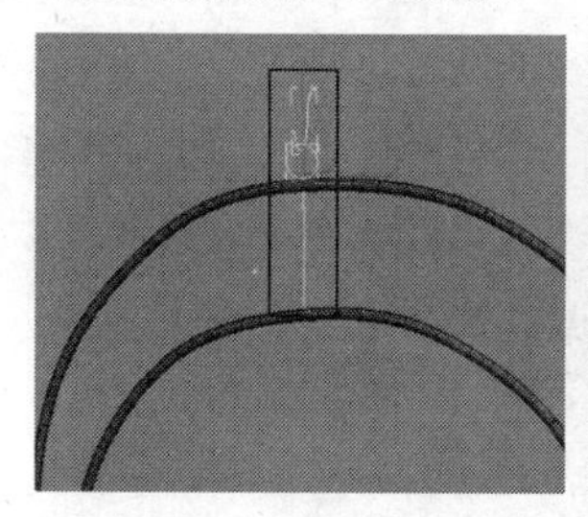

图4-84

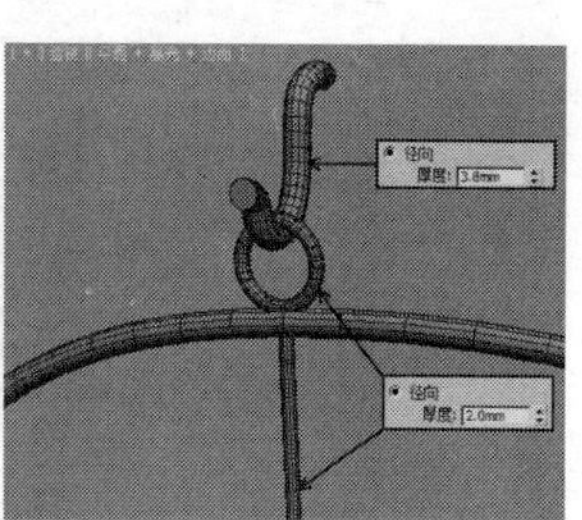

图4-85

04 下面创建蜡烛模型。使用“线”工具 线 在前视图中绘制出如图4-86所示的样条线。

05 为样条线加载一个“车削”修改器，模型如图4-87所示。

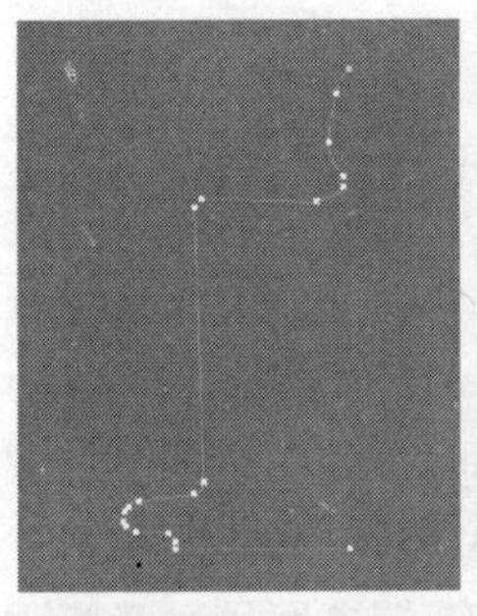

图4-86

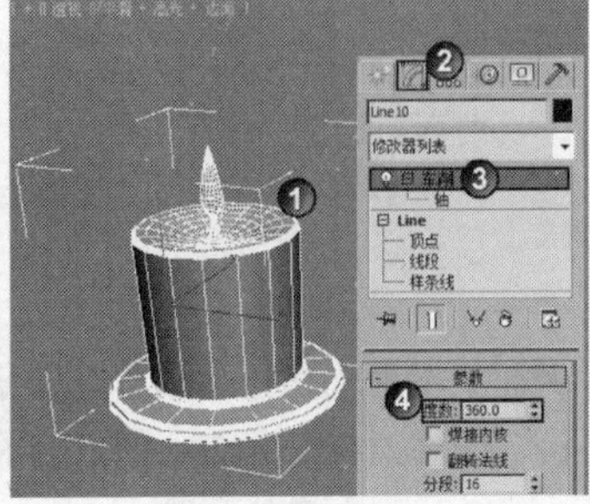

图4-87

06 使用“选择并移动”工具选项蜡烛模型，然后按住Shift键移动复制11个蜡烛，并将其放在合适的位置，最终效果如图4-88所示。

图4-88

实战093 简约烛台

场景位置	无
实例位置	DVD>实例文件>CH04>实战093.max
视频位置	DVD>多媒体教学>CH04>实战093.flv
难易指数	★☆☆☆☆
技术掌握	线工具、车削修改器

简约烛台模型如图4-89所示。

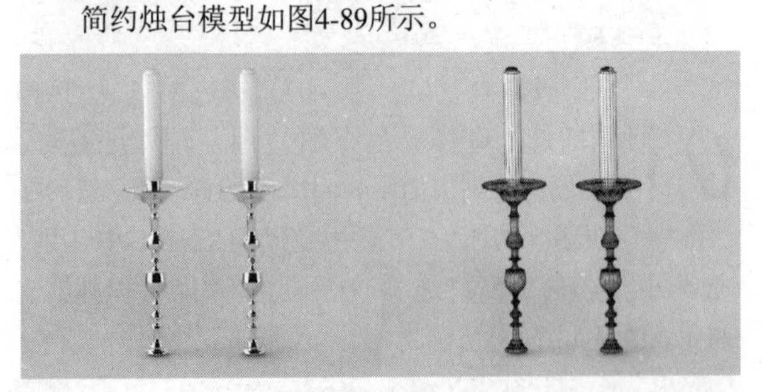

图4-89

01 下面创建蜡烛模型。使用“线”工具 线 在前视图中绘制出如图4-90所示的样条线。

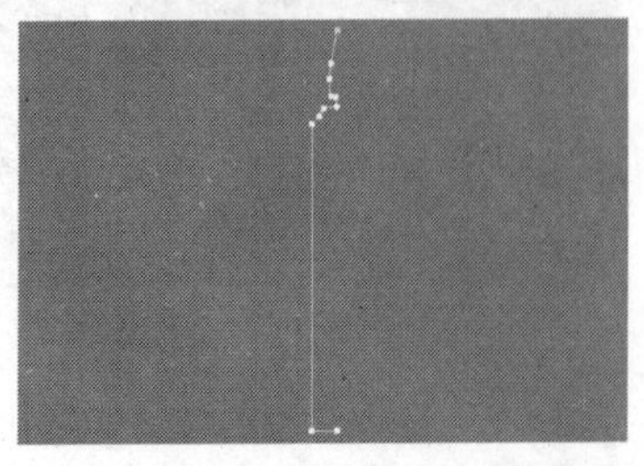

图4-90

02 为样条线加载一个“车削”修改器，然后单击“车削”修改器前面的+号图标，展开次物体层级列表，接着选择“轴”次物体层级，如图4-91所示，最后在前视图中将模型调整成如图4-92所示的效果。

图4-91

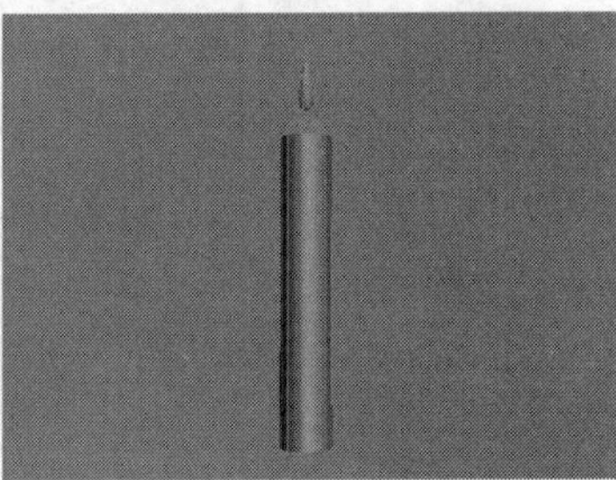

图4-92

03 下面创建烛台模型。使用“线”工具 线 在前视图中绘制出如图4-93所示的样条线。

04 为样条线加载一个“车削”修改器，最终效果如图4-94所示。

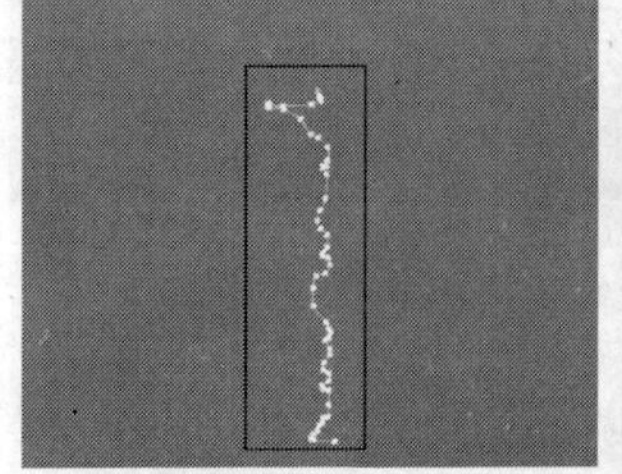

图4-93

图4-94

实战094 玻璃花瓶

场景位置	无
实例位置	DVD>实例文件>CH04>实战094.max
视频位置	DVD>多媒体教学>CH04>实战094.flv
难易指数	★☆☆☆☆
技术掌握	线工具、车削修改器

玻璃花瓶模型如图4-95所示。

图4-95

01 使用“线”工具 线 在前视图中绘制出如图4-96所示的样条线。

02 选择样条线，然后为其加载一个“车削”修改器，接着在“参数”卷展栏下设置“分段”为32，最后选择“轴”次物体层级，并将其调整好，最终效果如图4-97所示。

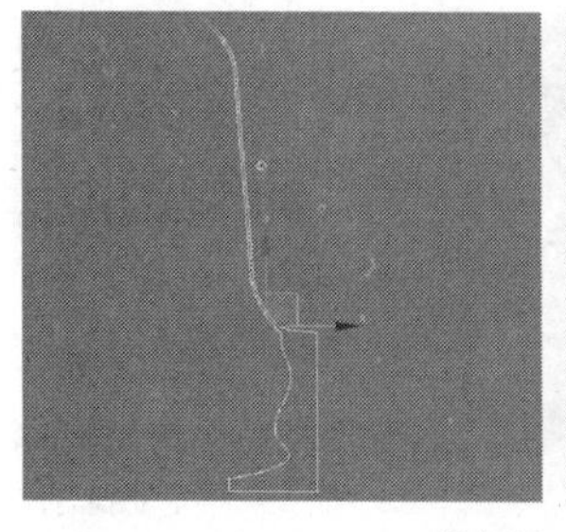

图4-96

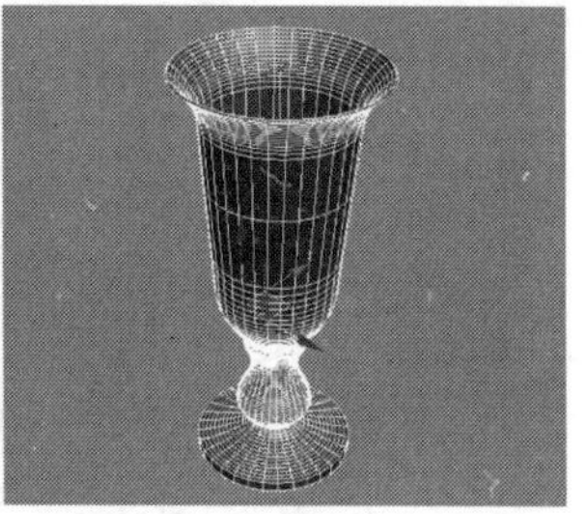

图4-97

实战095 时尚台灯

场景位置	无
实例位置	DVD>实例文件>CH04>实战095.max
视频位置	DVD>多媒体教学>CH04>实战095.flv
难易指数	★☆☆☆☆
技术掌握	切角工具、线工具、车削修改器

时尚台灯模型如图4-98所示。

图4-98

01 下面创建灯罩模型。使用“管状体”工具 管状体 在场景中创建一个管状体，然后在“参数”卷展栏下设置“半径1”为55mm、“半径2”为54mm、“高度”为80mm、“高度分段”为3，模型效果如图4-99所示。

02 选择管状体，然后单击鼠标右键，接着在弹出的菜单中选择“转换为>转换为可编辑多边形”命令，将其转换为可编辑多边形，如图4-100所示。

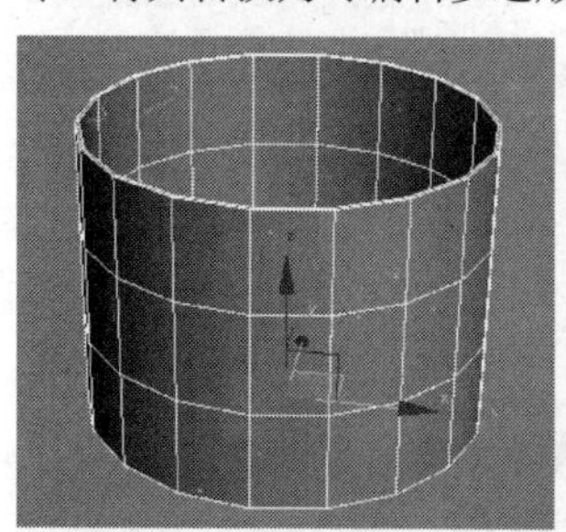

图4-99

图4-100

03 在“选择”卷展栏下单击“边”按钮，进入“边”级别，然后选择如图4-101所示的边，接着在“编辑边”卷展栏下单击“切角”按钮 切角 后面的“设置”按钮，最后设置“边切角量”为0.2mm，如图4-102所示。

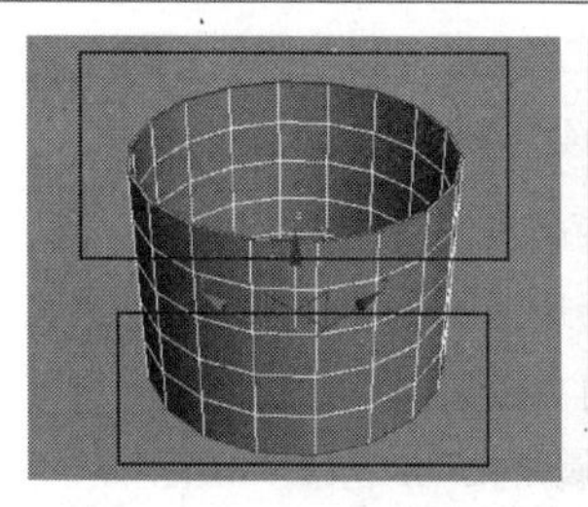

图4-101

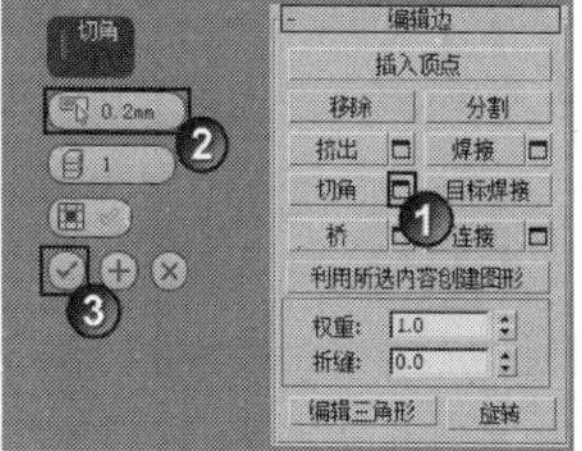

图4-102

04 为管状体加载一个“网格平滑”修改器，然后设置“迭代次数”为2，如图4-103所示，模型效果如图4-104所示。

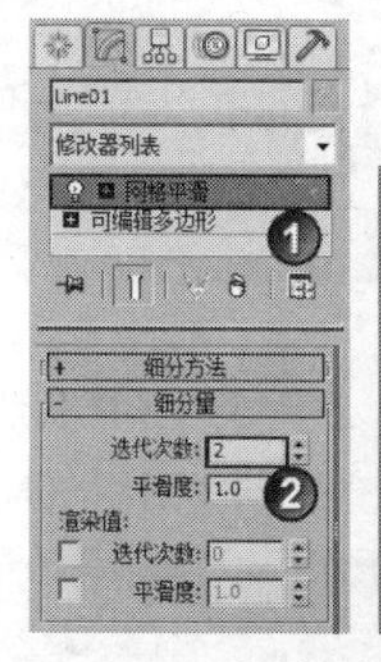

图4-103

图4-104

05 下面创建底座模型。使用“线”工具 线 在前视图中绘制出如图4-105所示的样条线。

06 为样条线加载一个“车削”修改器，时尚台灯模型最终效果如图4-106所示。

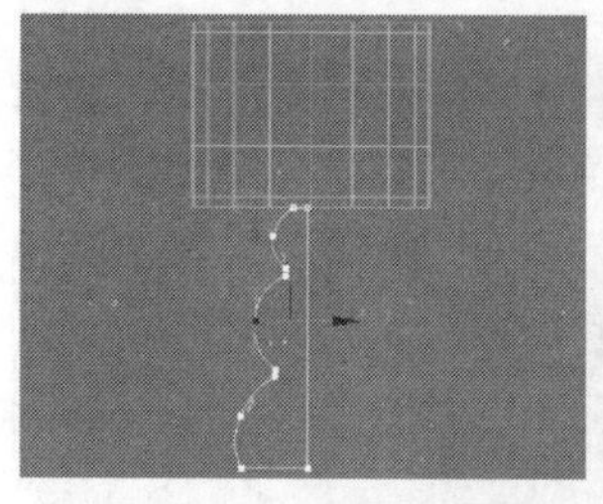

图4-105

图4-106

实战096 休闲椅

场景位置	无
实例位置	DVD>实例文件>CH04>实战096.max
视频位置	DVD>多媒体教学>CH04>实战096.flv
难易指数	★☆☆☆☆
技术掌握	线工具、圆角工具、挤出修改器

休闲椅模型如图4-107所示。

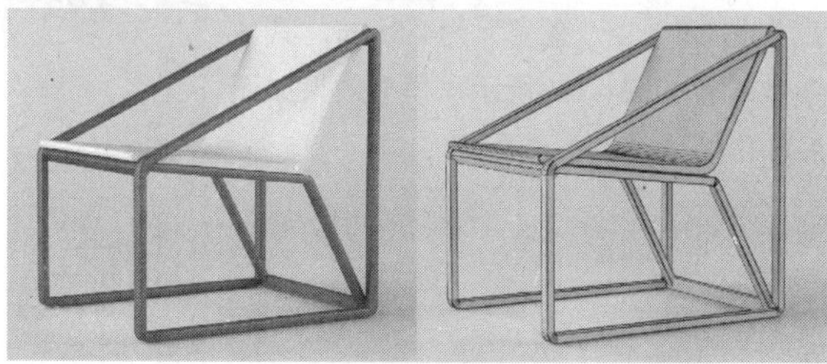

图4-107

01 下面创建支架模型。使用"线"工具 线 在前视图中绘制如图4-108所示的样条线。

02 在"选择"卷展栏下单击"顶点"按钮，进入"顶点"级别，然后选择所有顶点，接着在"几何体"卷展栏下单击"圆角"按钮 圆角 ，最后在前视图中拖曳光标对顶点进行圆角处理，如图4-109所示。

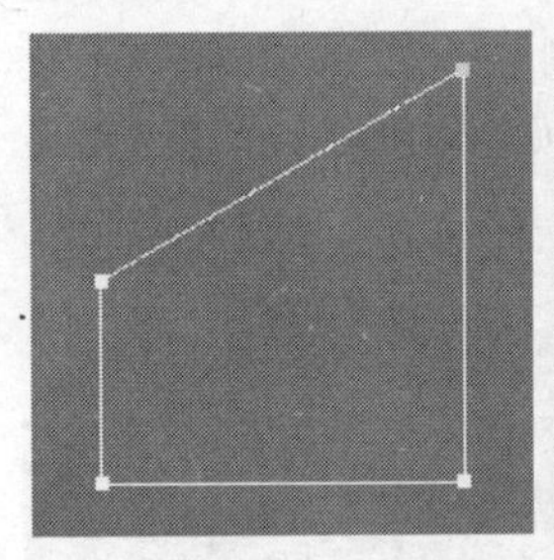

图4-108

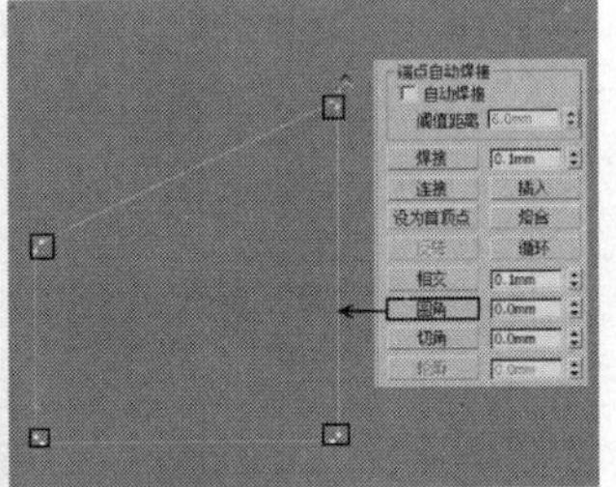

图4-109

03 使用"选择并移动"工具选择样条线，然后按住Shift键移动复制一条样条线到如图4-110所示的位置。

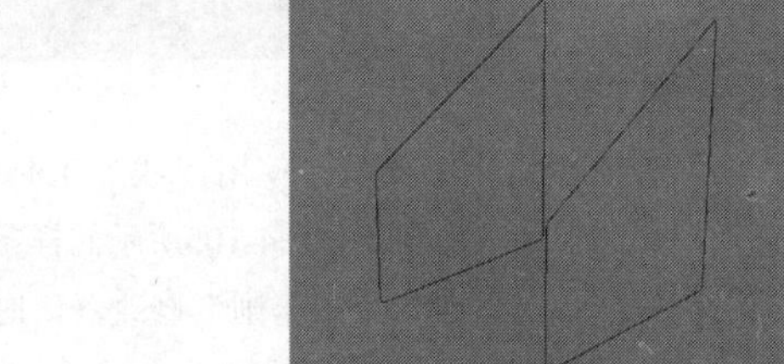

图4-110

04 使用"线"工具 线 在视图中绘制如图4-111和图4-112所示的样条线。

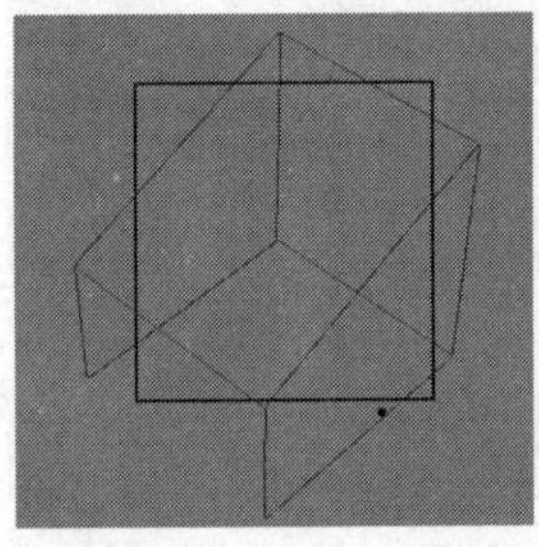

图4-111

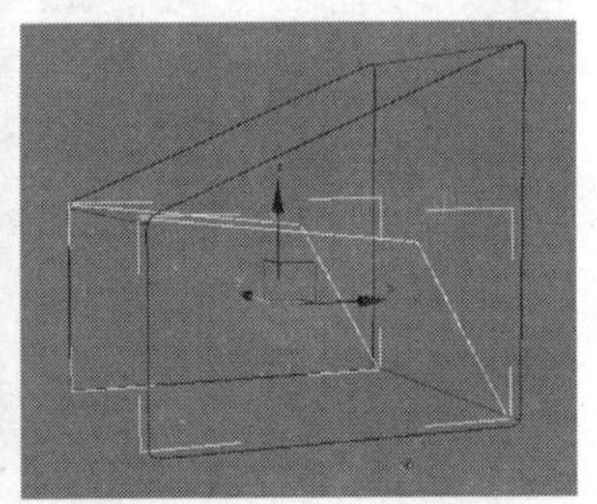

图4-112

05 依次选择样条线，然后在"渲染"卷展栏下勾选"在渲染中启用"和"在视口中启用"选项，接着勾选"矩形"选项，最后设置"长度"为7mm、"宽度"为4.5mm，具体参数设置如图4-113所示，模型效果如图4-114所示。

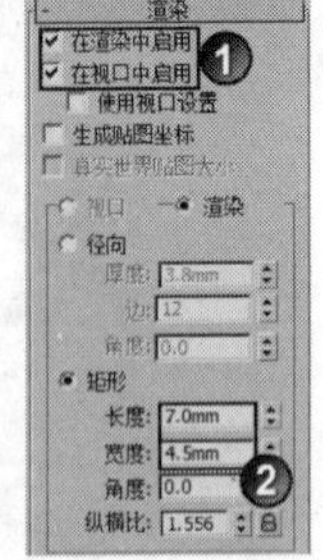

图4-113

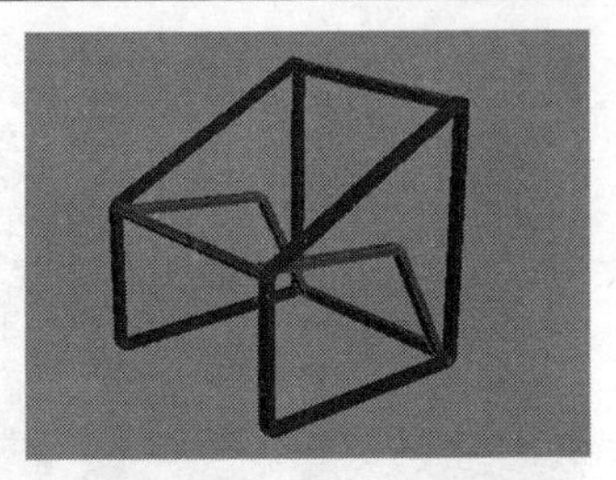

图4-114

06 下面创建座垫模型。使用"线"工具 线 在左视图中绘制出如图4-115所示的样条线。

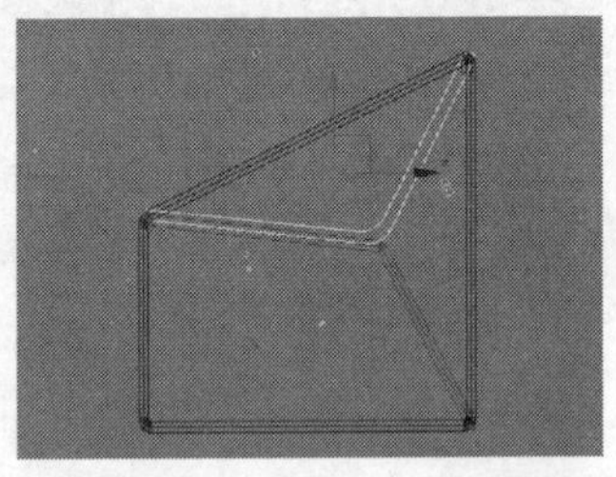

图4-115

07 为样条线加载一个"挤出"修改器，然后在"参数"卷展栏下设置"数量"为120mm，如图4-116所示，最终效果如图4-117所示。

图4-116

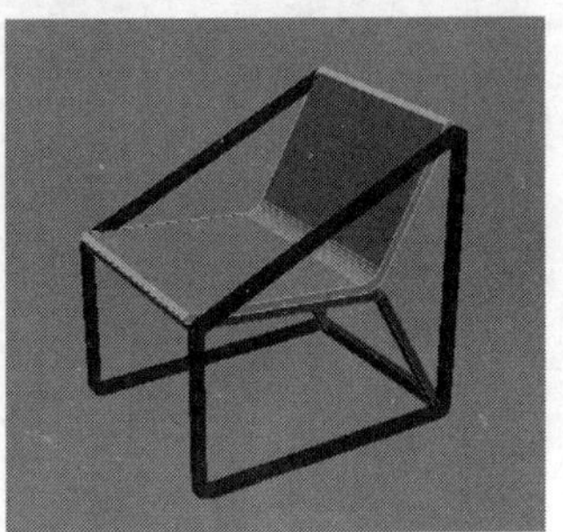

图4-117

实战097 金属挂篮

场景位置	无
实例位置	DVD>实例文件>CH04>实战097.max
视频位置	DVD>多媒体教学>CH04>实战097.flv
难易指数	★☆☆☆☆
技术掌握	线工具

金属挂篮模型如图4-118所示。

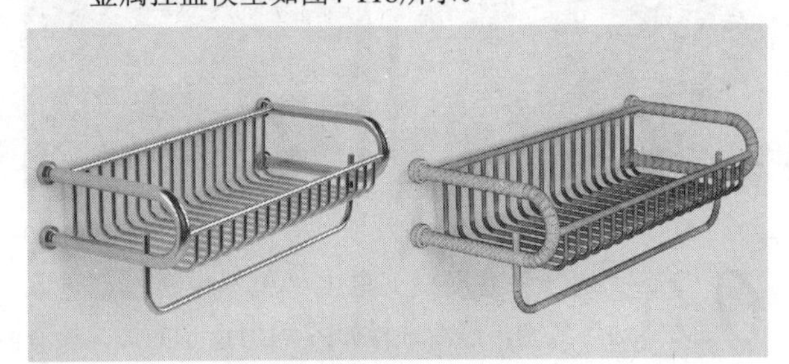

图4-118

01 下面创建主体模型。使用"线"工具 线 在左视图中绘制出如图4-119所示的样条线。

02 使用“选择并移动”工具选择样条线，然后按住Shift键移动复制一条样条线到如图4-120所示的位置。

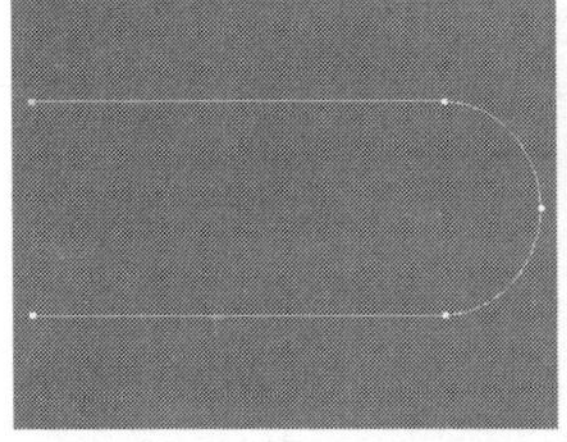
图4-119

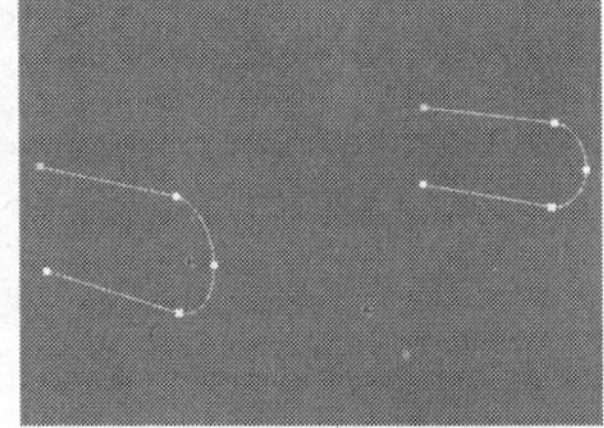
图4-120

03 选择样条线，然后在“渲染”卷展栏下勾选“在渲染中启用”和“在适口中启用”选项，接着勾选“径向”选项，最后设置“厚度”为15mm、“边”为24，具体参数设置如图4-121所示。

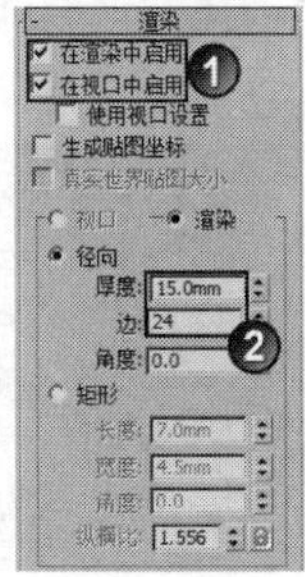
图4-121

04 使用“线”工具 线 制作出如图4-122和图4-123所示的模型。

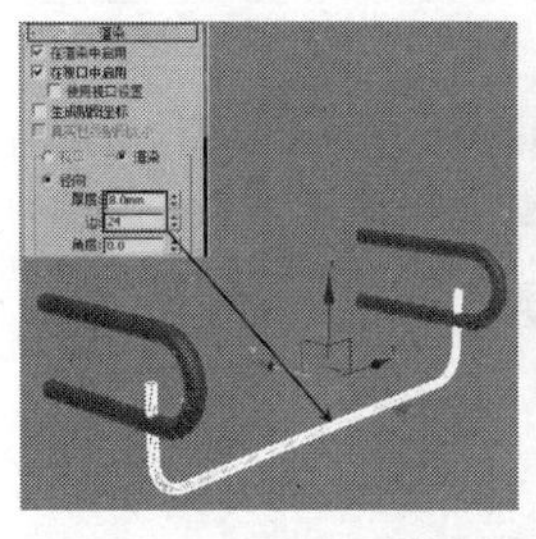
图4-122

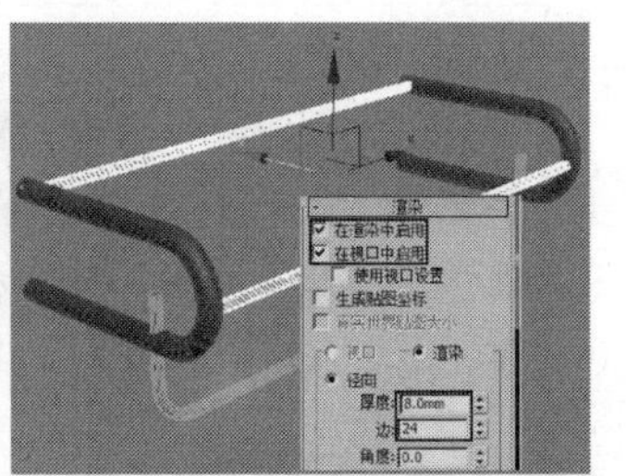
图4-123

05 继续使用“线”工具 线 和样条线的可渲染功能制作出其他模型，完成后的效果如图4-124所示。

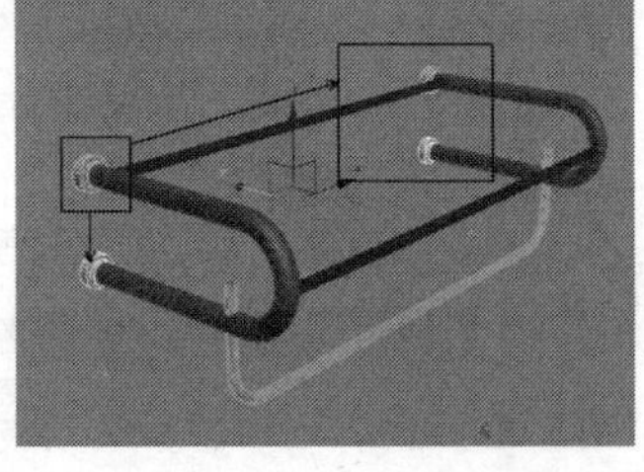
图4-124

06 下面创建铁丝模型。使用“线”工具 线 在视图中绘制出如图4-125所示的样条线，然后在“渲染”卷展栏下勾选“在渲染中启用”和“在适口中启用”选项，接着勾选“径向”选项，最后设置“厚度”为5mm、“边”为24，如图4-126所示。

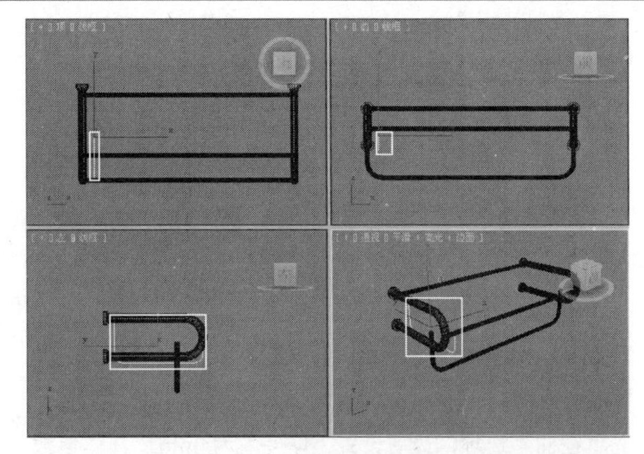
图4-125

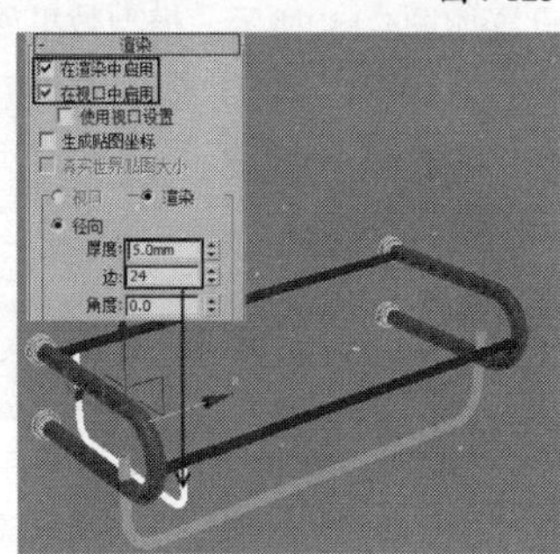
图4-126

07 使用“选择并移动”工具选择铁丝模型，然后按住Shift键移动复制一些铁丝到相应的位置，最终效果如图4-127所示。

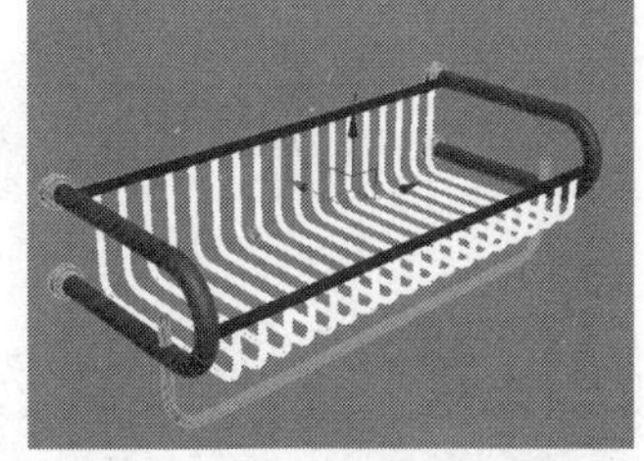
图4-127

实战098 铁艺置物架

场景位置	无
实例位置	DVD>实例文件>CH04>实战098.max
视频位置	DVD>多媒体教学>CH04>实战098.flv
难易指数	★☆☆☆☆
技术掌握	线工具、长方体工具

铁艺置物架模型如图4-128所示。

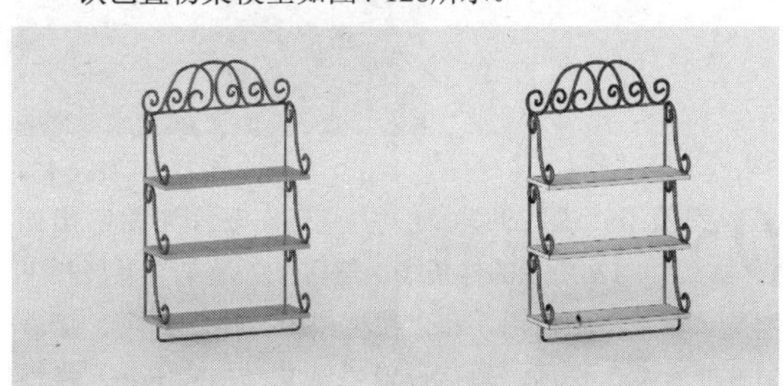
图4-128

01 下面创建雕花模型。使用“线”工具在左视图中绘制出如图4-129所示的样条线。

图4-129

02 选择样条线，然后在“渲染”卷展栏下勾选“在渲染中启用”和“在视口中启用”选项，接着勾选“径向”选项，最后设置“厚度”为4mm，具体参数设置如图4-130所示，模型效果如图4-131所示。

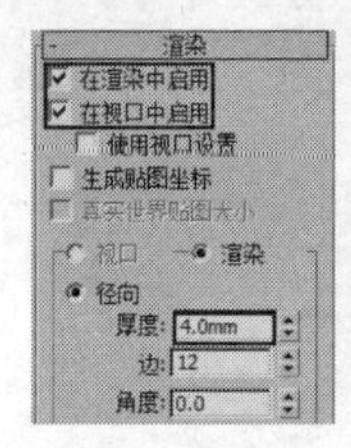

图4-130

图4-131

03 使用“线”工具 线 在左视图中绘制出如图4-132所示的样条线，然后在“渲染”卷展栏下勾选“在渲染中启用”和“在视口中启用”选项，接着勾选“径向”选项，最后设置“厚度”为3.5mm，模型效果如图4-133所示。

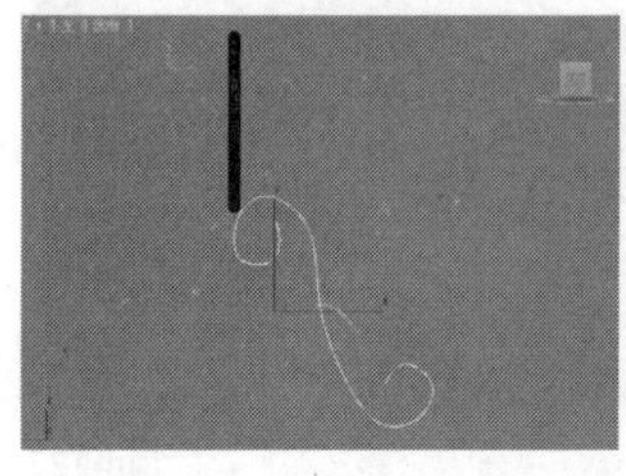

图4-132

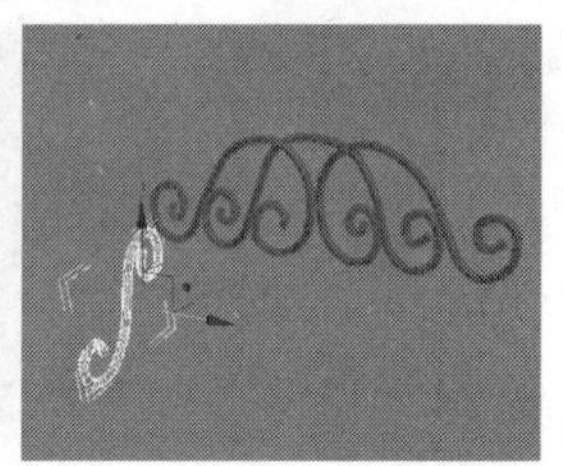

图4-133

04 使用“选择并移动”工具选择模型，然后按住Shift键移动复制5个模型到如图4-134所示的位置。

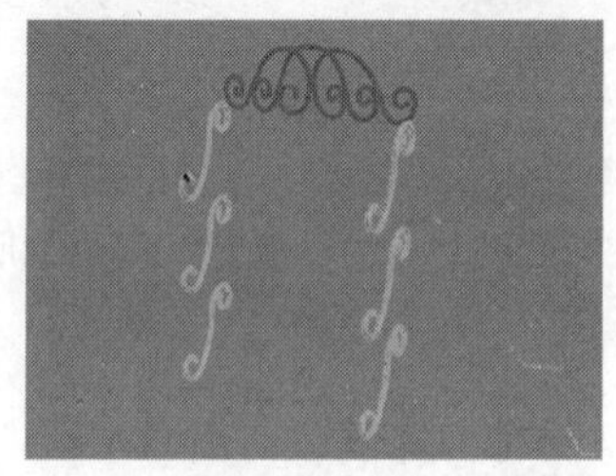

图4-134

05 使用“线”工具 线 在左视图中绘制出如图4-135所示的样条线，然后在“渲染”卷展栏下勾选“在渲染中启用”和“在视口中启用”选项，接着勾选“径向”选项，最后设置“厚度”为3.5mm，模型效果如图4-136所示。

图4-135

图4-136

06 下面创建隔板模型。使用“长方体”工具 长方体 在场景中创建一个长方体，然后在“参数”卷展栏下设置“长度”为6mm、“宽度”为200mm、“高度”为70mm，模型位置如图4-137所示。

07 使用“选择并移动”工具选择长方体，然后按住Shift键移动复制两个长方体到另外两个支架上，最终效果如图4-138所示。

图4-137

图4-138

实战099 简约皮椅

场景位置	无
实例位置	DVD>实例文件>CH04>实战099.max
视频位置	DVD>多媒体教学>CH04>实战099.flv
难易指数	★☆☆☆☆
技术掌握	线工具、圆柱体工具、切角长方体工具

简约皮椅模型如图4-139所示。

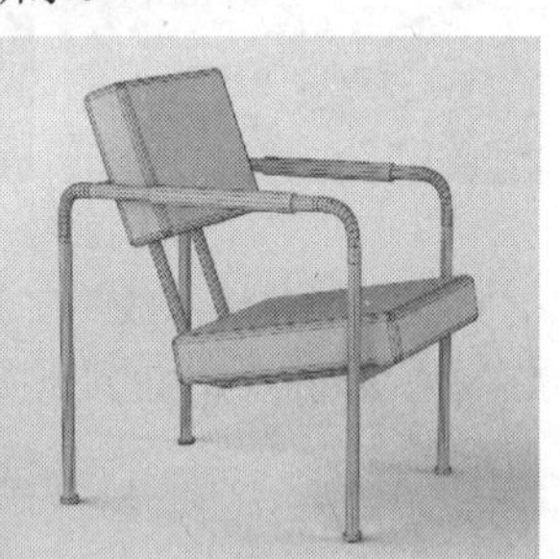

图4-139

01 下面创建支架模型。使用“线”工具 线 在视图中绘制出如图4-140所示的样条线。

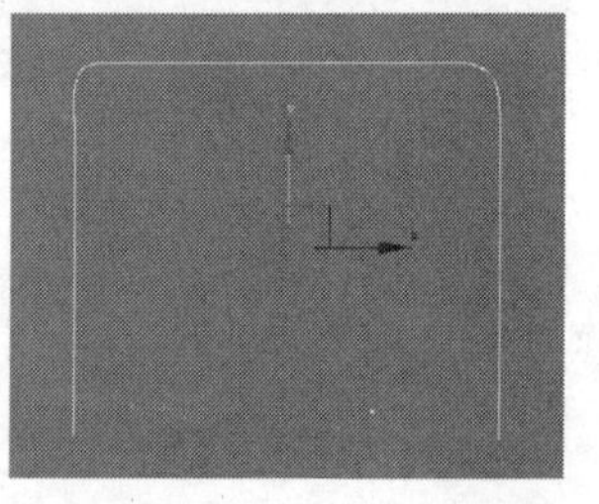

图4-140

02 使用“选择并移动”工具选择样条线，然后按住Shift键移动复制一条样条线到如图4-141所示的位置。

03 继续使用“线”工具 线 在左视图中绘制出如图4-142所示的样条线。

图4-141

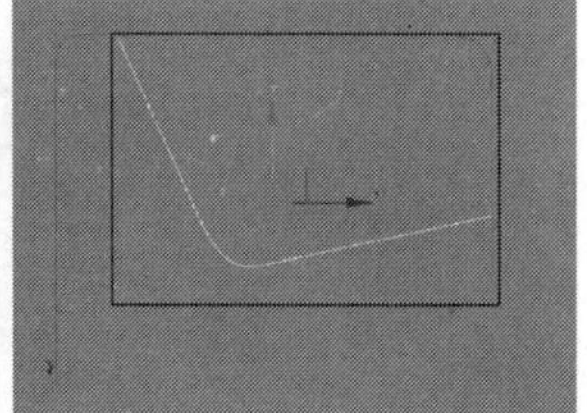
图4-142

04 选择如图4-143所示的样条线，然后在“渲染”卷展栏下勾选“在渲染中启用”和“在视口中启用”选项，接着勾选“径向”选项，最后设置“厚度”为8mm，模型效果如图4-144所示。

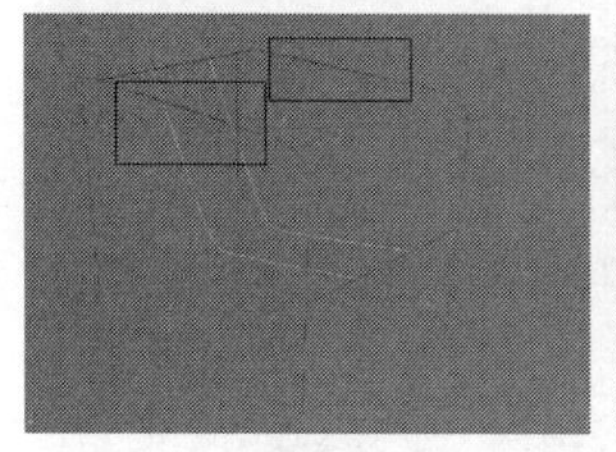
图4-143

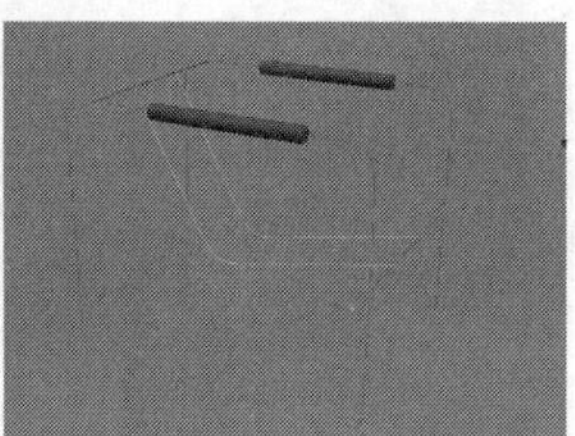
图4-144

05 依次选择其他样条线，然后在“渲染”卷展栏下勾选“在渲染中启用”和“在视口中启用”选项，接着勾选“径向”选项，最后设置“厚度”为6mm，如图4-145所示。

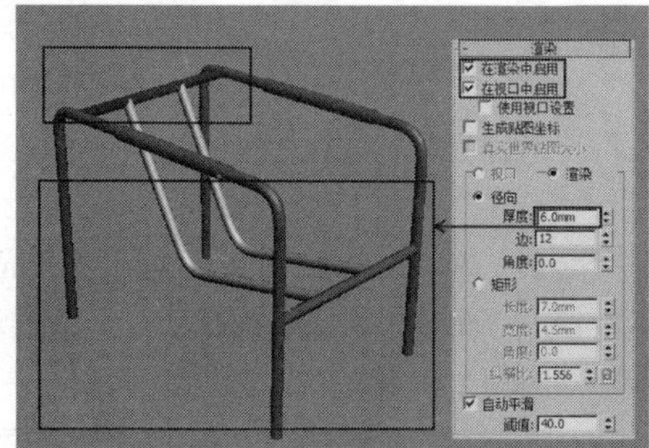

图4-145

06 使用“圆柱体”工具 圆柱体 在支架底部创建一个圆柱体，然后在“参数”卷展栏下设置“半径”为3.2mm、“高度”为1mm、“高度分段”为1，模型位置如图4-146所示。

图4-146

07 使用“选择并移动”工具选择圆柱体，然后按住Shift键移动复制3个圆柱体到另外3个支架的底部，完成后的效果如图4-147所示。

08 下面创建靠背和座垫模型。使用“切角长方体”工具 切角长方体 在场景中创建一个切角长方体，然后在“参数”卷展栏下设置“长度”为20mm、“宽度”为100mm、“高度”为100mm、“圆角”为3mm，模型效果如图4-148所示。

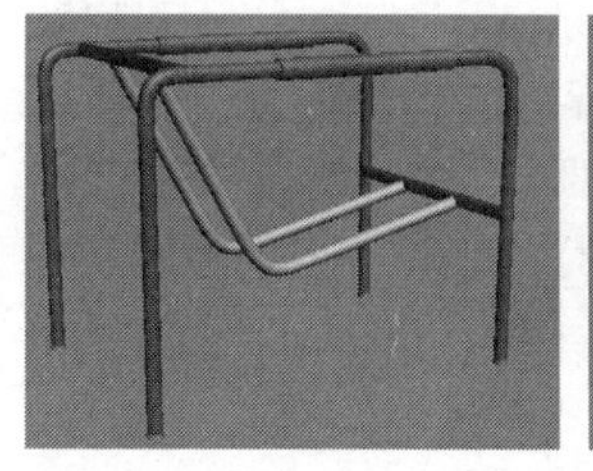
图4-147

图4-148

09 使用“选择并旋转”工具将切角长方体旋转一定角度，完成后的效果如图4-149所示。

10 使用“切角长方体”工具 切角长方体 在场景中创建一个切角长方体，然后在“参数”卷展栏下设置“长度”为20mm、“宽度”为65mm、“高度”为95mm、“圆角”为3mm，接着使用“选择并旋转”工具将切角长方体旋转一定角度，简约皮椅模型最终效果如图4-150所示。

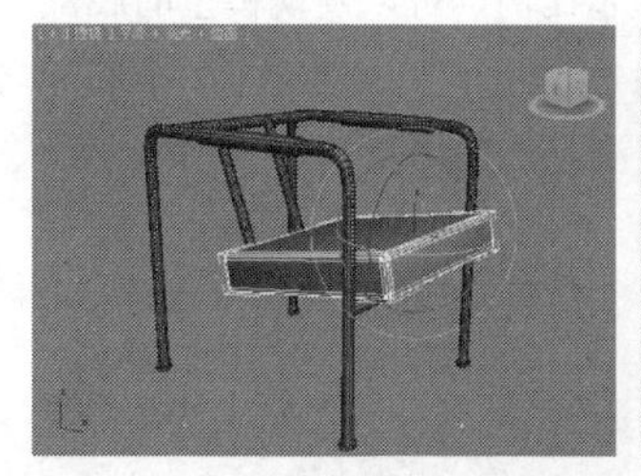
图4-149

图4-150

实战100 壁灯

场景位置	无
实例位置	DVD>实例文件>CH04>实战100.max
视频位置	DVD>多媒体教学>CH04>实战100.flv
难易指数	★☆☆☆☆
技术掌握	线工具、弧工具、圆工具、车削修改器、挤出修改器

壁灯模型如图4-151所示。

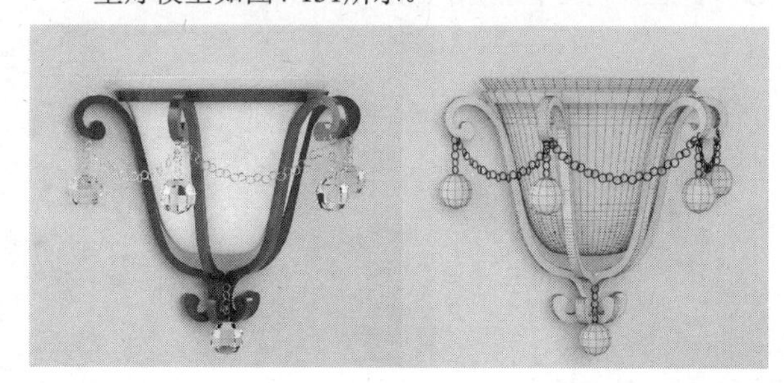
图4-151

01 下面创建灯罩模型。使用“线”工具 线 在前视图中绘制出如图4-152所示的样条线。

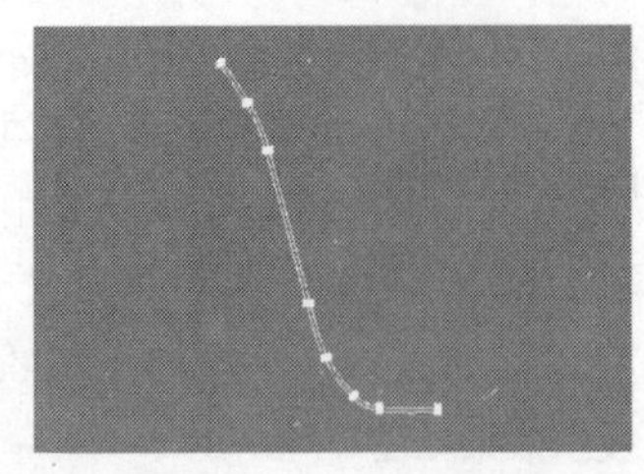

图4-152

02 为样条线加载一个“车削”修改器，然后在“参数”卷展栏下设置“度数”为360、“分段”为32、“方向”为y轴 Y、“对齐”为“中心” 中心，如图4-153所示，模型效果如图4-154所示。

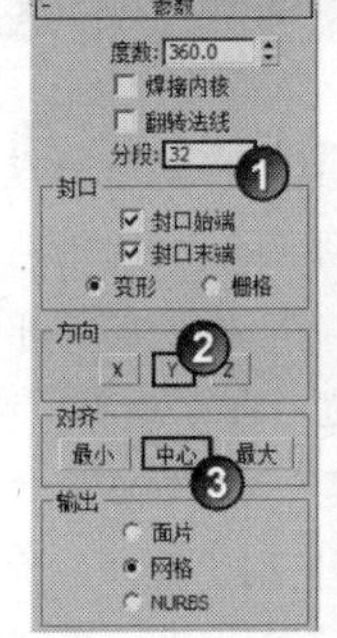

图4-153 图4-154

03 在顶视图中放大显示比例，可以发现模型的底部有个“洞”，如图4-155所示，因此选择“车削”修改器的“轴”次物体层次，然后调整轴，使模型变成无缝效果，如图4-156所示。

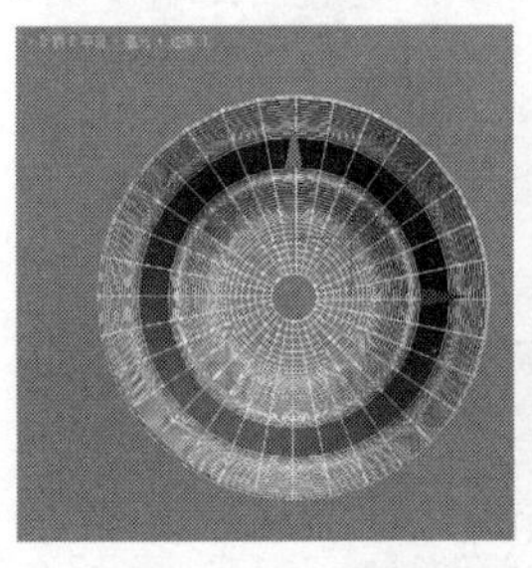

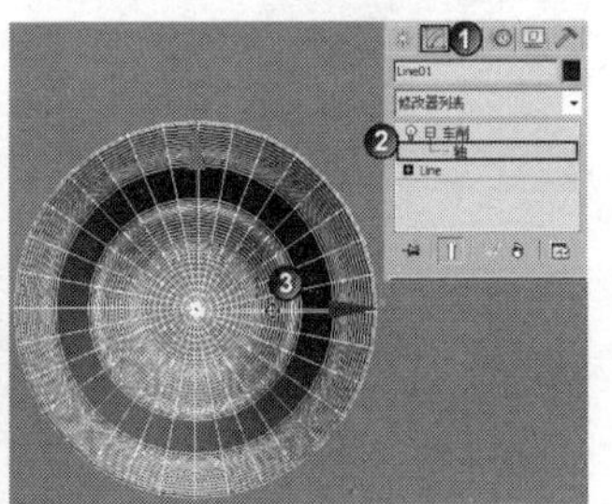

图4-155 图4-156

04 下面创建装饰模型。使用“线”工具 线 在前视图中绘制出如图4-157所示的样条线。

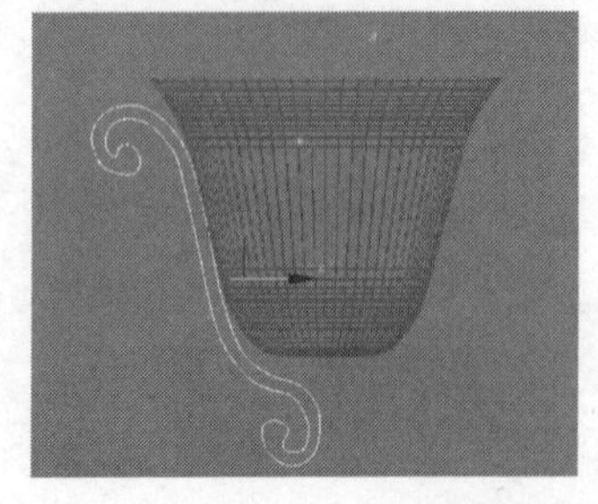

图4-157

05 为样条线加载一个“挤出”修改器，然后在“参数”卷展栏下设置“数量”为10mm，如图4-158所示，模型效果如图4-159所示。

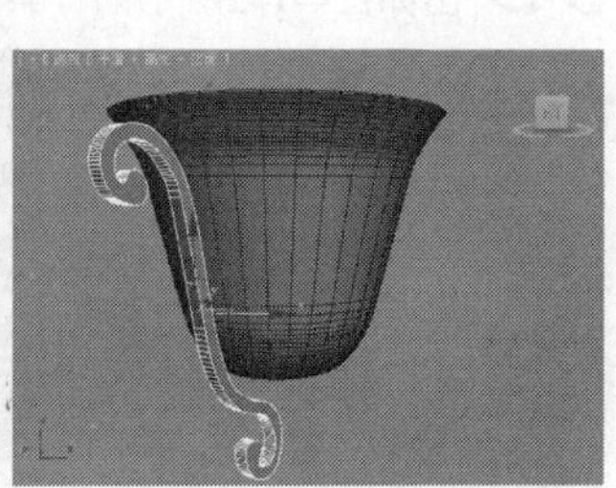

图4-158 图4-159

06 使用“选择并旋转”工具 选择装饰模型，然后按住Shift键围绕壁灯旋转复制3个模型，如图4-160所示。

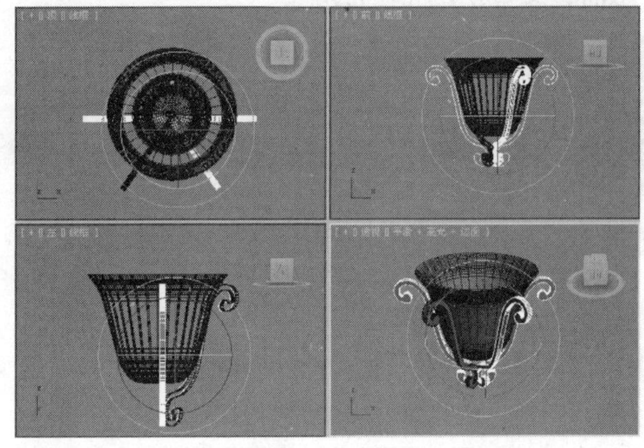

图4-160

07 使用“弧”工具 弧 在顶视图中绘制一条如图4-161所示的圆弧，然后在“渲染”卷展栏下勾选“在渲染中启用”和“在视口中启用”选项，接着勾选“矩形”选项，最后设置“长度”为13mm、“宽度”为4mm、“角度”为-30，具体参数设置如图4-162所示，模型效果如图4-163所示。

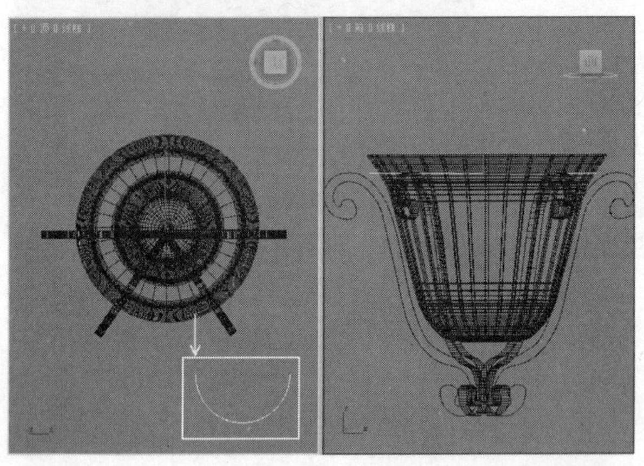

图4-161

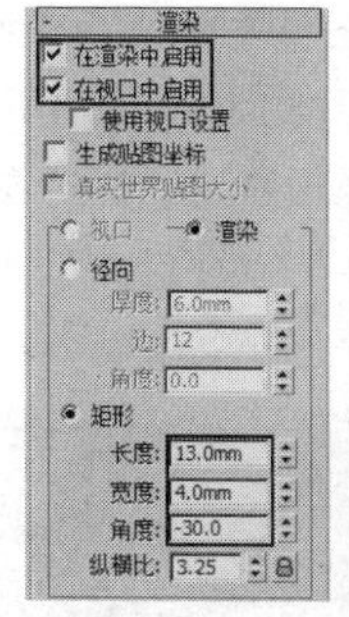

图4-162

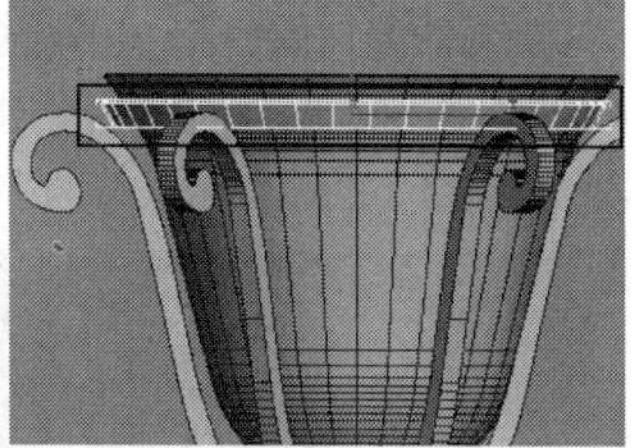

图4-163

08 使用“圆”工具 圆 在前视图中绘制一个圆形，然后在“参数”卷展栏下设置“半径”为5mm，接着在“渲染”卷展栏下勾选“在渲染中启用”和“在视口中启用”，再勾选“径向”选项，最后设置“厚度”为1mm，具体参数设置如图4-164所示，模型效果如图4-165所示。

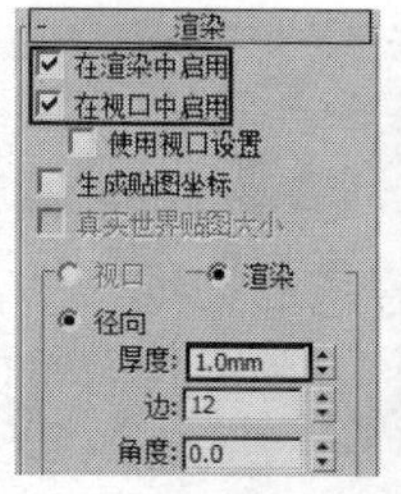

图4-164

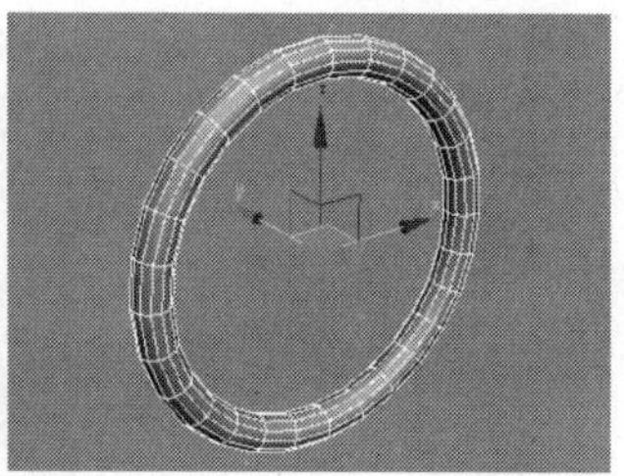

图4-165

09 使用“选择并移动”工具选择圆环，然后按住Shift键移动复制出4个圆环，接着使用“选择并旋转”工具调整好各个圆环的角度，完成后的效果如图4-166所示。

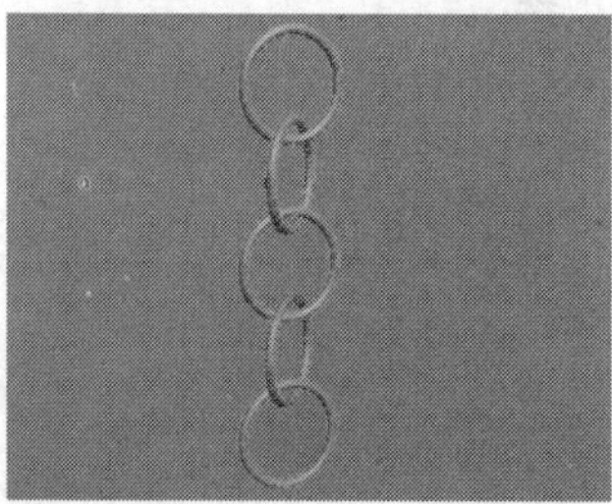

图4-166

10 使用“球体”工具 球体 在吊链底部创建一个球体，然后在“参数”卷展栏下设置“半径”为18mm、“分段”为13，接着关闭“平滑”选项，具体参数设置如图4-167所示，模型位置如图4-168所示。

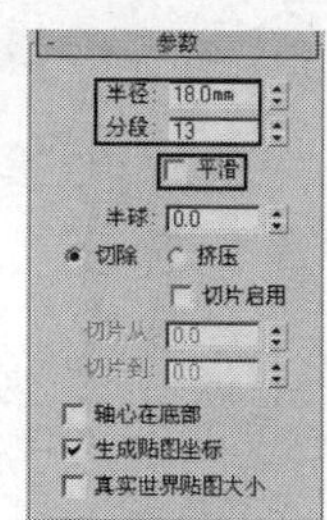

图4-167

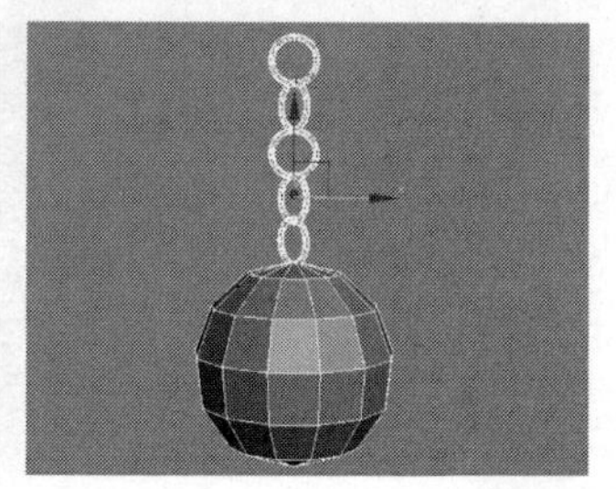

图4-168

11 使用“选择并移动”工具选择吊链和球体模型，然后按住Shift键移动复制一些模型到其他位置，效果如图4-169所示。

图4-169

实战101 花槽

场景位置	无
实例位置	DVD>实例文件>CH04>实战101.max
视频位置	DVD>多媒体教学>CH04>实战101.flv
难易指数	★★☆☆☆
技术掌握	线工具、车削修改器、挤出修改器

花槽模型如图4-170所示。

图4-170

01 下面创建主体模型。使用“线”工具 线 在前视图中绘制出如图4-171所示的样条线。

02 在“选择”卷展栏下单击“顶点”按钮，进入“顶点”级别，然后选择所有顶点，接着在“几何体”卷展栏下单击“圆角”按钮 圆角 ，最后在视图中拖曳光标为顶点进行圆角处理，如图4-172所示。

图4-171

图4-172

03 选择样条线，然后为其加载一个“车削”修改器，接着在“参数”卷展栏下设置“分段”为36，模型效果如图4-173所示。

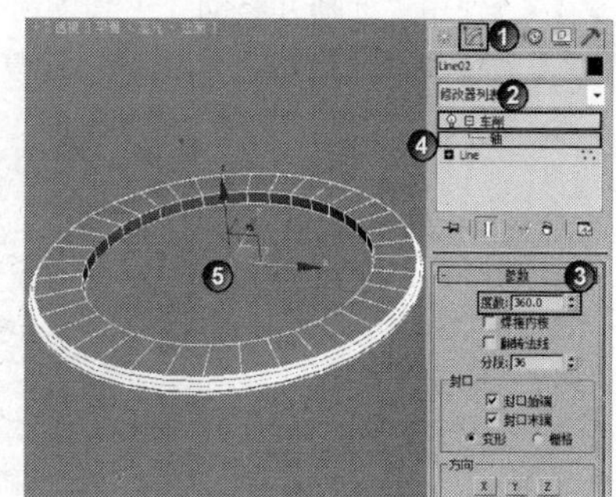

图4-173

04 使用“线”工具 线 在前视图中绘制出如图4-174所示的样条线，然后为其加载一个“车削”修改器，接着在“参数”卷展栏下设置“方向”为y Y 轴、“对齐”为“最大” 最大，模型效果如图4-175所示。

图4-174

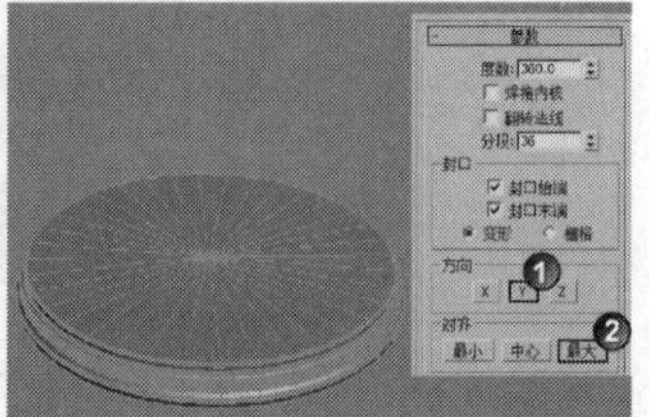

图4-175

05 继续使用“线”工具 线 和“车削”修改器创建出如图4-176所示的模型。

06 使用“线”工具 线 在顶视图中绘制出如图4-177所示的样条线。

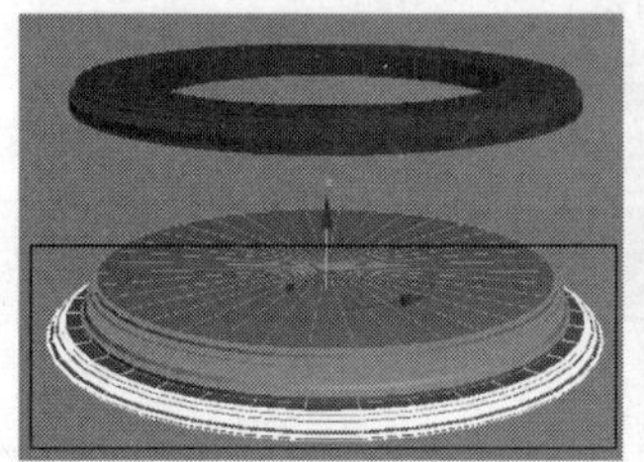

图4-176

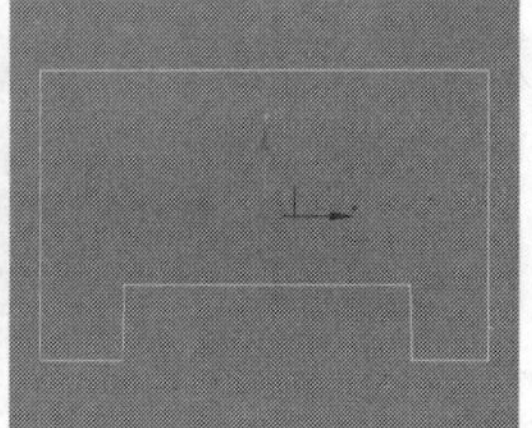

图4-177

07 为样条线加载一个“挤出”修改器，然后在“参数”卷展栏下设置“数量”为52mm，如图4-178所示，模型效果如图4-179所示。

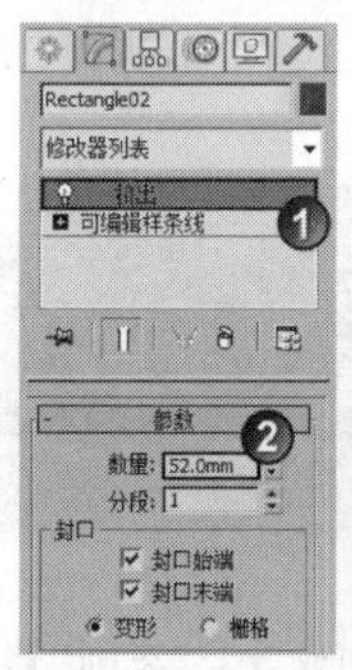

图4-178

图4-179

08 使用“选择并移动”工具 选择上一步挤出来的模型，然后按住Shift键移动复制3个模型到如图4-180所示的位置。

图4-180

09 下面创建支柱和底座模型。使用“线”工具 线 在前视图中绘制出如图4-181所示的样条线，然后为其加载一个“车削”修改器，接着在“参数”卷展栏下设置“方向”为y轴 Y 、“对齐”为“最大” 最大，模型效果如图4-182所示。

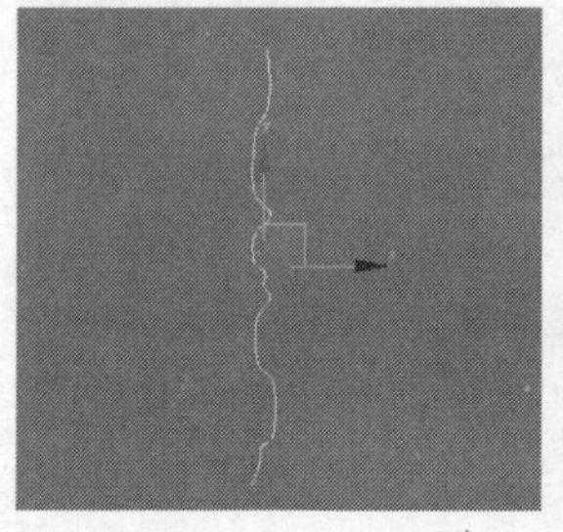

图4-181

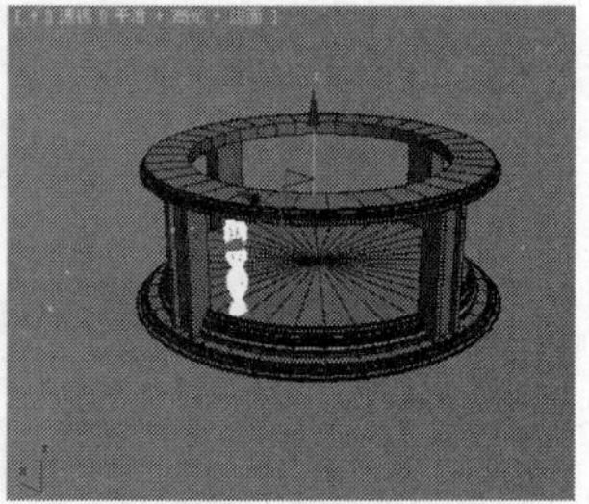

图4-182

10 使用“选择并旋转”工具 选择支柱模型，然后按住Shift键旋转复制19个模型到如图4-183所示的位置。

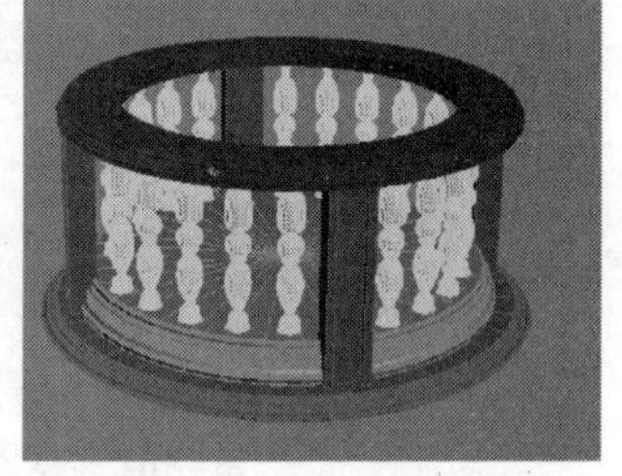

图4-183

11 使用“线”工具 线 在前视图中绘制出如图4-184所示的样条线，然后为其加载一个“车削”修改器，接着在“参数”卷展栏下设置“方向”为y轴 Y 、“对齐”为“最大” 最大，模型效果如图4-185所示。

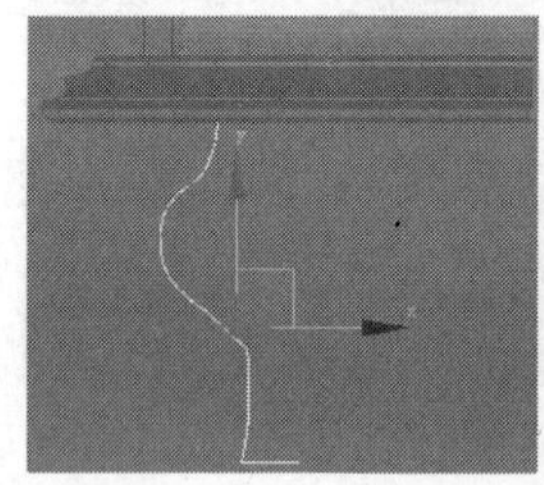

图4-184

图4-185

12 使用“选择并旋转”工具 选择底座模型，然后按住Shift键旋转复制3个模型到合适的位置，最终效果如图4-186所示。

图4-186

实战102 金属茶几

场景位置	无
实例位置	DVD>实例文件>CH04>实战102.max
视频位置	DVD>多媒体教学>CH04>实战102.flv
难易指数	★☆☆☆☆
技术掌握	线工具、矩形工具、挤出修改器

金属茶几模型如图4-187所示。

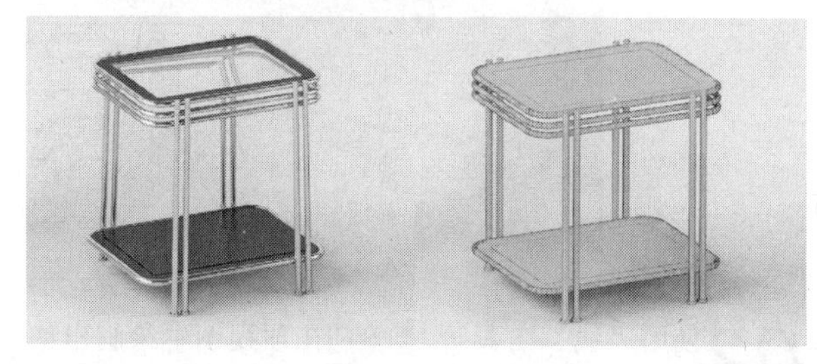

图4-187

01 下面创建桌面模型。使用“矩形”工具 矩形 在顶视图中绘制一个矩形，然后在“参数”卷展栏下设置“长度”为130mm、“宽度”为200mm、“角半径”为4mm，如图4-188所示。

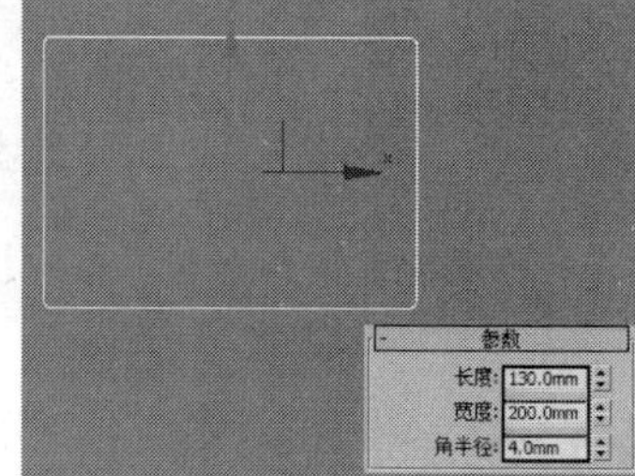

图4-188

02 为矩形加载一个“挤出”修改器，然后在“参数”卷展栏下设置“数量”为2mm、“分段”为1，如图4-189所示，模型效果如图4-190所示。

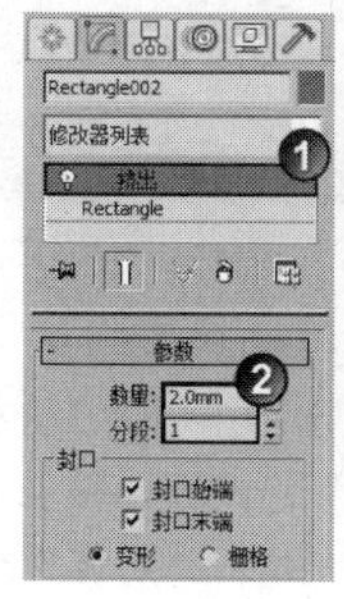

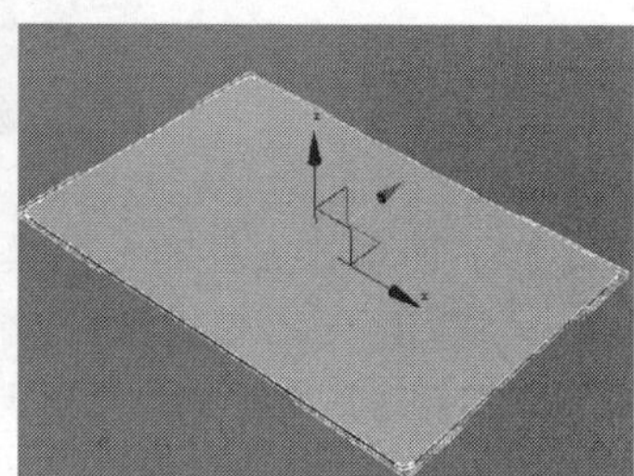

图4-189　图4-190

03 使用“线”工具 线 在顶视图中绘制出如图4-191所示的样条线。

图4-191

04 为样条线加载一个“挤出”修改器，然后在“参数”卷展栏下设置“数量”为2mm、“分段”为1，模型效果如图4-192所示。

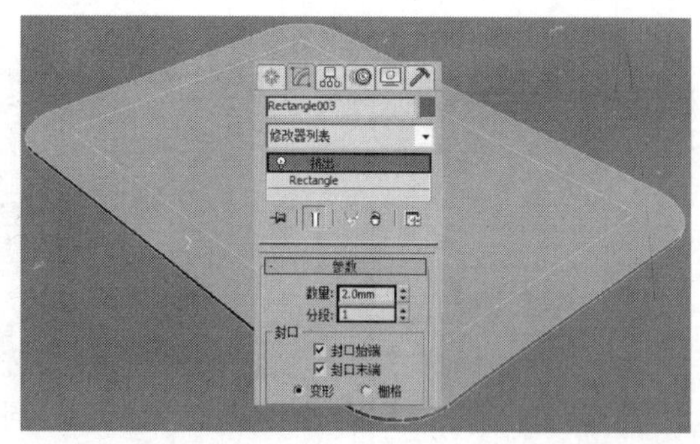

图4-192

05 使用“线”工具 线 在顶视图中绘制出如图4-193所示的样条线，然后在“渲染”卷展栏下勾选“在渲染中启用”和“在视口中启用”选项，接着勾选“径向”选项，最后设置“厚度”为6.5mm，模型效果如图4-194所示。

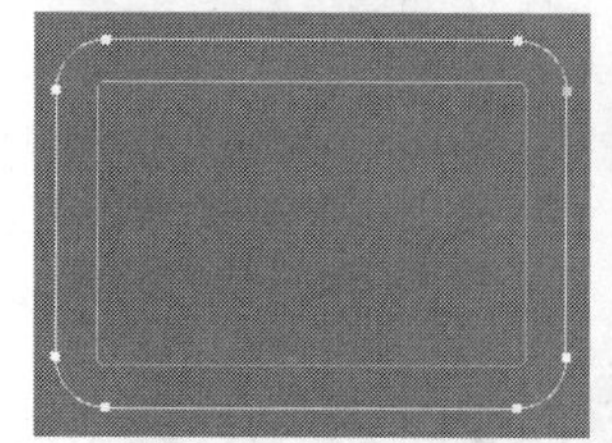

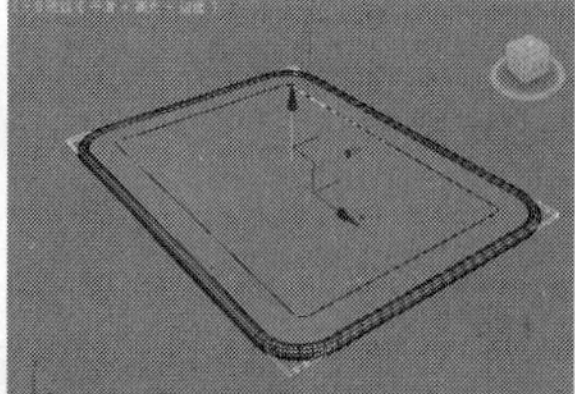

图4-193　图4-194

06 使用“选择并移动”工具选择上一步创建出来的模型，然后按住Shift键移动复制两个模型到如图4-195所示的位置。

07 使用“选择并移动”工具选择顶部的所有模型，然后按住Shift键移动复制一份到如图4-196所示的位置。

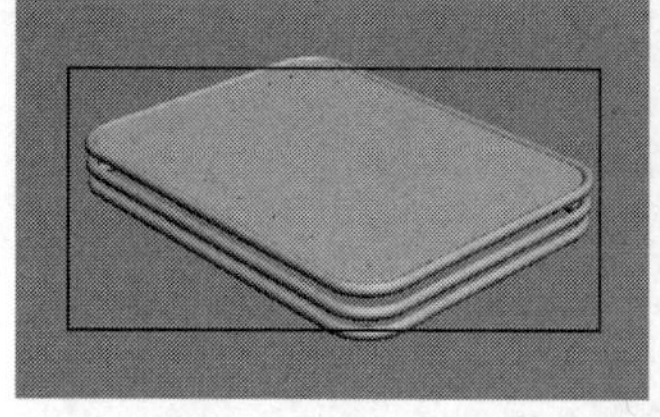

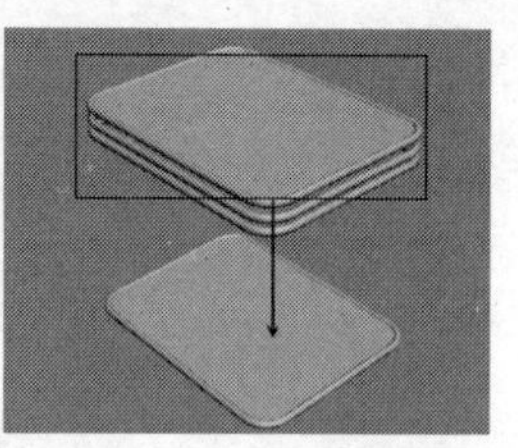

图4-195　图4-196

08 下面创建腿部模型。使用“线”工具 线 在前视图中绘制出如图4-197所示的样条线。

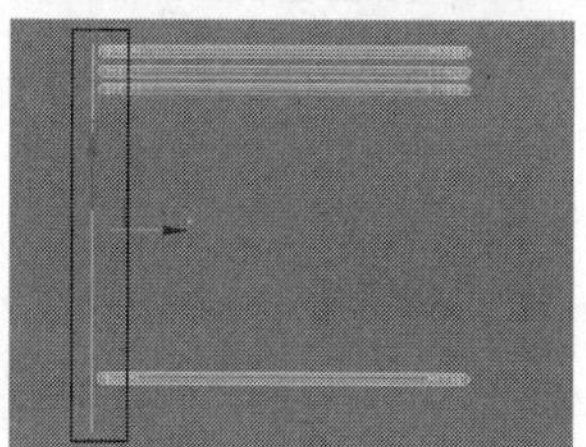

图4-197

09 选择样条线，然后在“渲染”卷展栏下勾选“在渲染中启用”和“在视口中启用”选项，接着勾选“径向”选项，最后设置“厚度”为6.5mm，具体参数设置如图4-198所示，模型效果如图4-199所示。

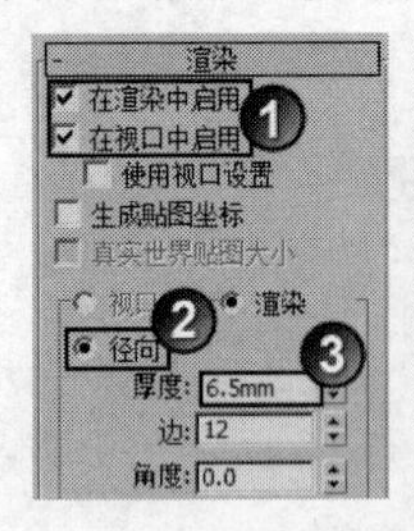

图4-198

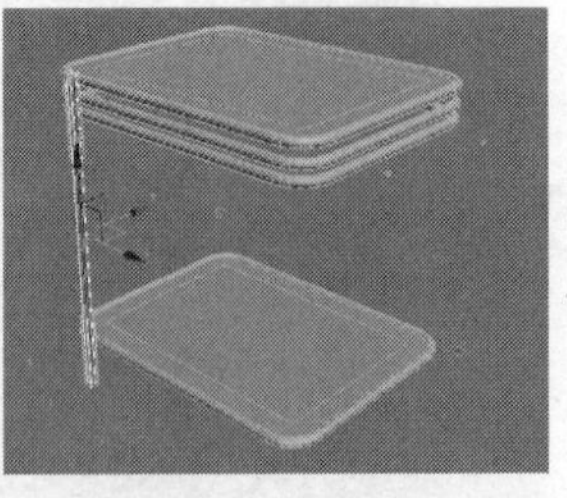

图4-199

10 使用“选择并移动”工具选择上一步创建出来的模型，然后按住Shift键移动复制7个到合适的位置，最终效果如图4-200所示。

图4-200

实战103 田园梳妆台

场景位置	无
实例位置	DVD>实例文件>CH04>实战103.max
视频位置	DVD>多媒体教学>CH04>实战103.flv
难易指数	★★☆☆☆
技术掌握	线工具、挤出修改器、车削修改器

田园梳妆台模型如图4-201所示。

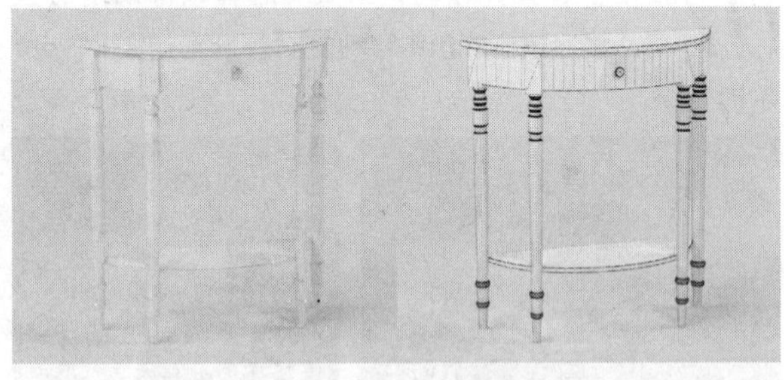

图4-201

01 下面创建台面和抽屉模型。使用“线”工具 线 在顶视图中绘制出如图4-202所示的样条线。

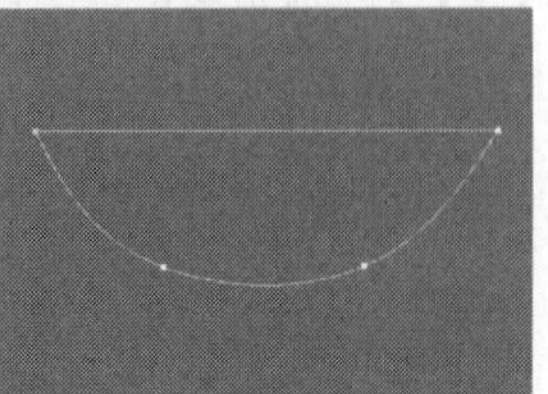

图4-202

02 为样条线加载一个“挤出”修改器，然后在“参数”卷展栏下设置“数量”为4mm，模型效果如图4-203所示。

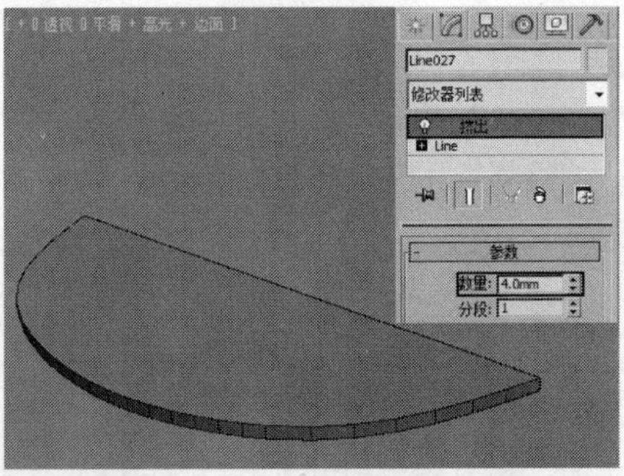

图4-203

03 使用“线”工具 线 在顶视图中绘制出如图4-204所示的样条线，然后为其加载一个“挤出”修改器，接着在“参数”卷展栏下设置“数量”为28mm，模型效果如图4-205所示。

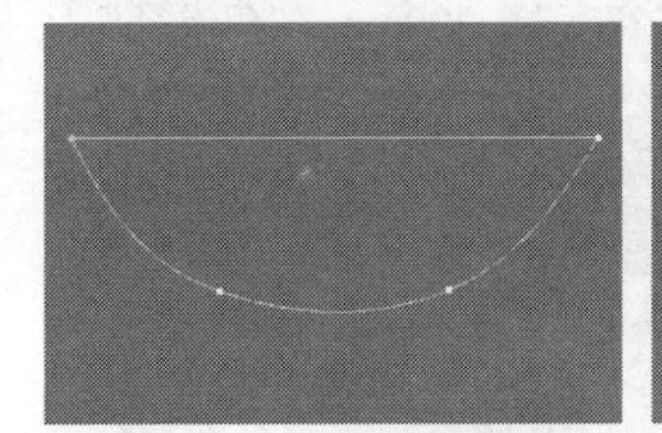

图4-204

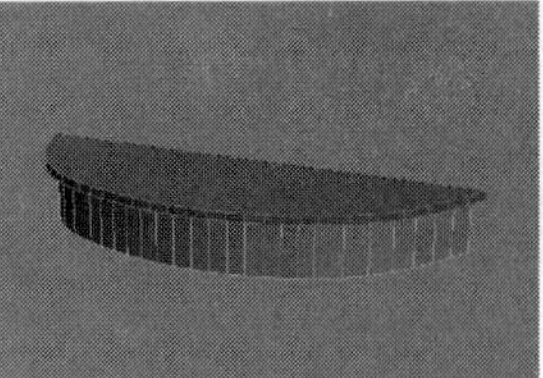

图4-205

04 采用相同的方法继续使用“线”工具 线 和“挤出”修改器制作如图4-206所示的模型。

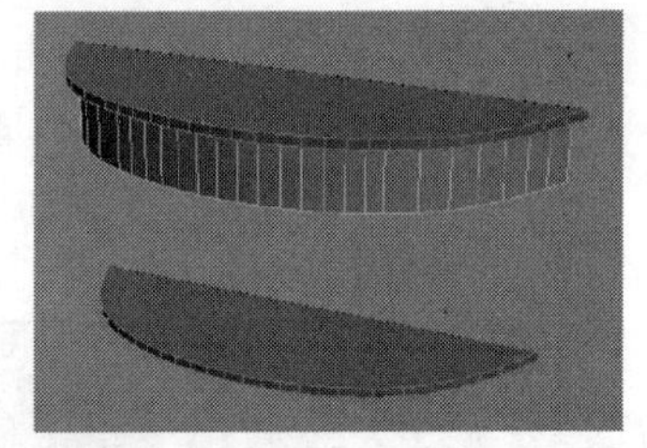

图4-206

05 下面创建支柱和把手模型。使用“线”工具 线 在前视图中绘制出如图4-207所示的样条线，然后为其加载一个“车削”修改器，接着在“参数”卷展栏下设置“方向”为y轴 Y 、“对齐”为“最大” 最大 ，模型效果如图4-208所示。

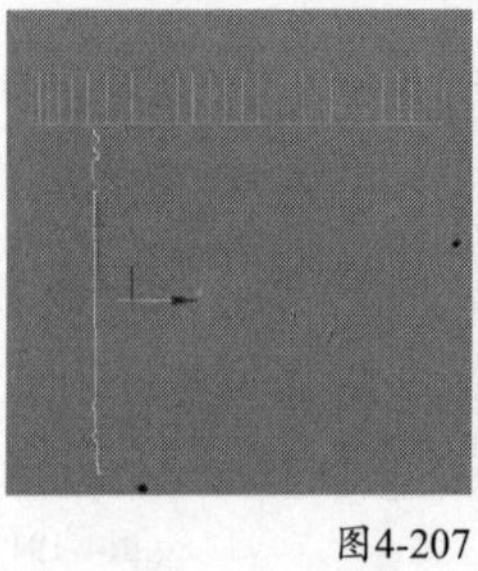

图4-207

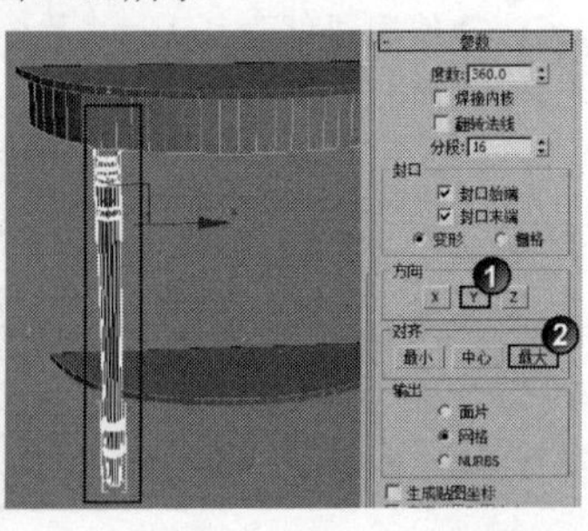

图4-208

06 使用“长方体”工具 长方体 在支柱顶部创建一个长方体，然后在“参数”卷展栏下设置“长度”为13mm、“宽度”为13mm、“高度”为26mm，模型位置如图4-209所示。

07 使用“选择并旋转”工具选择长方体，然后按住Shift键旋转复制3个长方体到如图4-210所示的位置。

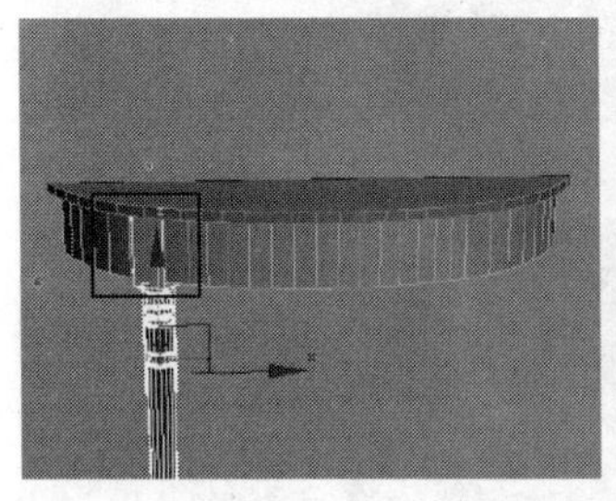

图4-209

图4-210

08 使用“线”工具 线 在顶视图中绘制出如图4-211所示的样条线，然后为其加载一个“车削”修改器，模型效果如图4-212所示。

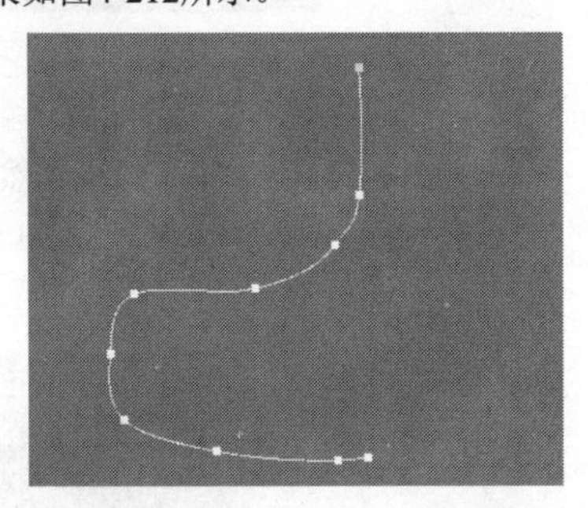

图4-211

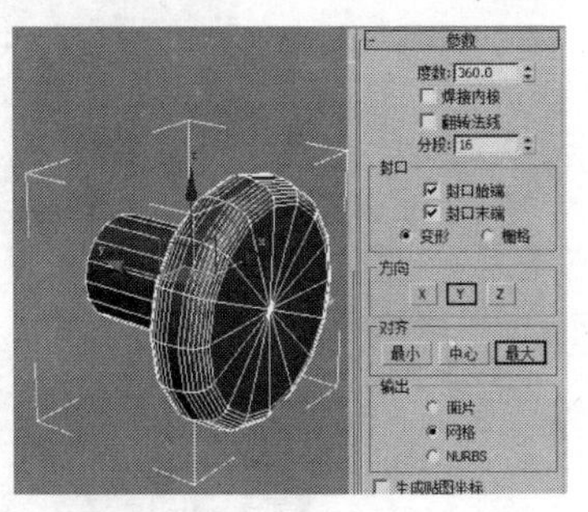

图4-212

09 将把手模型放到抽屉上，最终效果如图4-213所示。

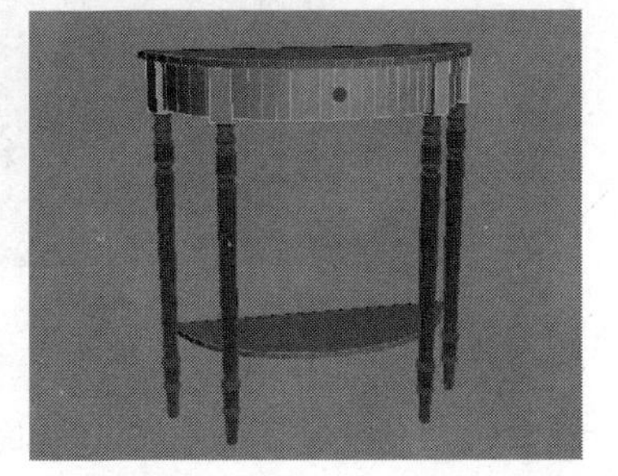

图4-213

实战104 铁艺餐桌

场景位置	无
实例位置	DVD>实例文件>CH04>实战104.max
视频位置	DVD>多媒体教学>CH04>实战104.flv
难易指数	★★☆☆☆
技术掌握	线工具、圆工具、车削修改器

铁艺餐桌模型如图4-214所示。

图4-214

01 下面创建桌面模型。使用“线”工具 线 在前视图中绘制出如图4-215所示的样条线。

02 为样条线加载一个“车削”修改器，然后在“参数”卷展栏下设置“方向”为y轴 Y 、“对齐”为“最大” 最大 ，模型效果如图4-216所示。

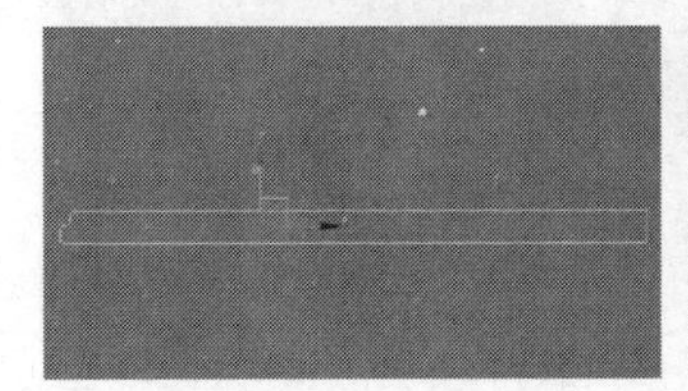

图4-215

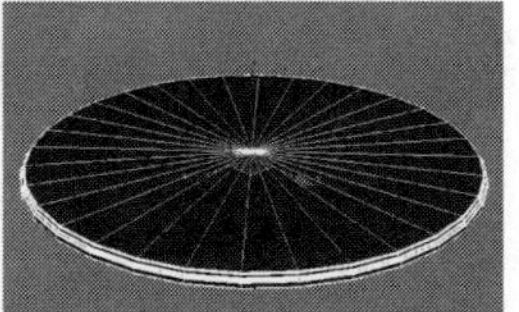

图4-216

03 下面创建桌腿模型。使用“线”工具 线 在前视图中绘制出如图4-217所示的样条线。

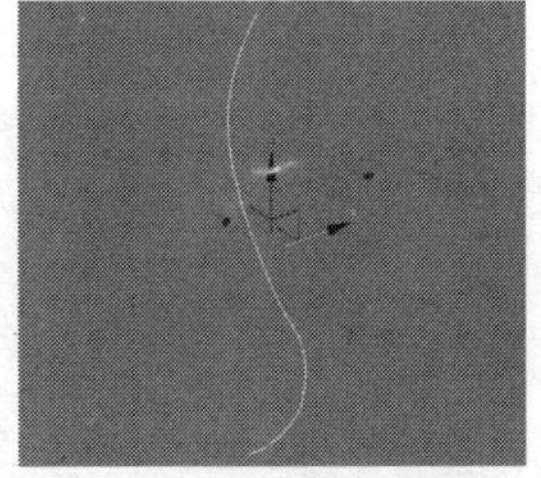

图4-217

04 选择样条线，然后在“渲染”卷展栏下勾选“在渲染中启用”和“在视口中启用”选项，接着勾选“矩形”选项，最后设置“长度”为4mm、“宽度”为3mm，具体参数设置如图4-218所示，模型效果如图4-219所示。

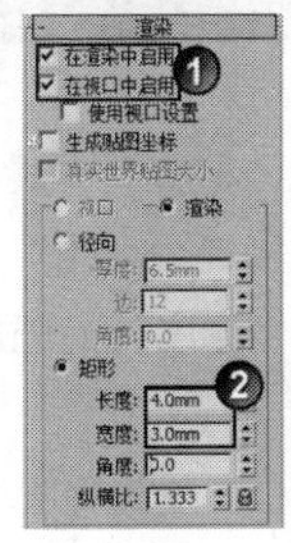

图4-218

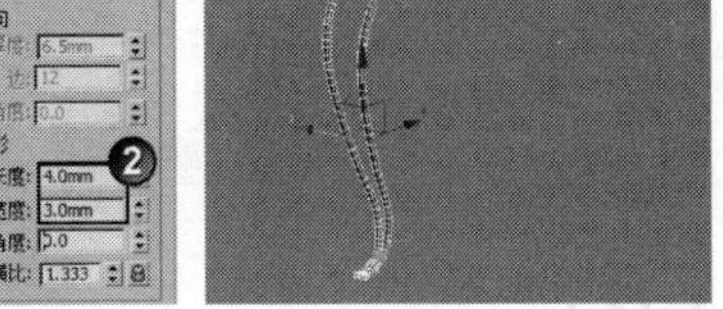

图4-219

05 使用“线”工具 线 在左视图中绘制出如图4-220所示的样条线，然后在“渲染”卷展栏下勾选“在渲染中启用”和“在视口中启用”选项，接着勾选“矩形”选项，最后设置“长度”为2mm、“宽度”为3mm，模型效果如图4-221所示。

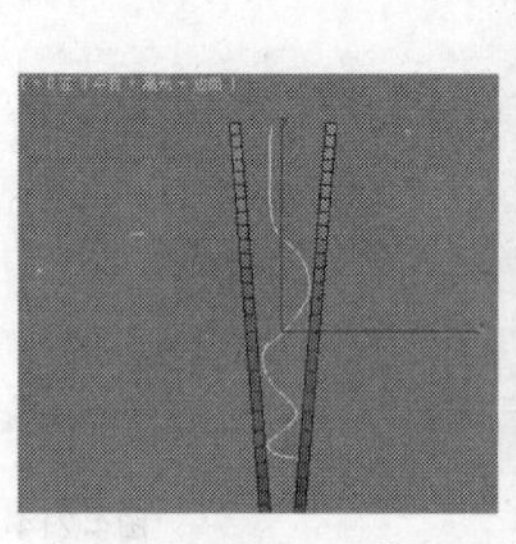

图4-220

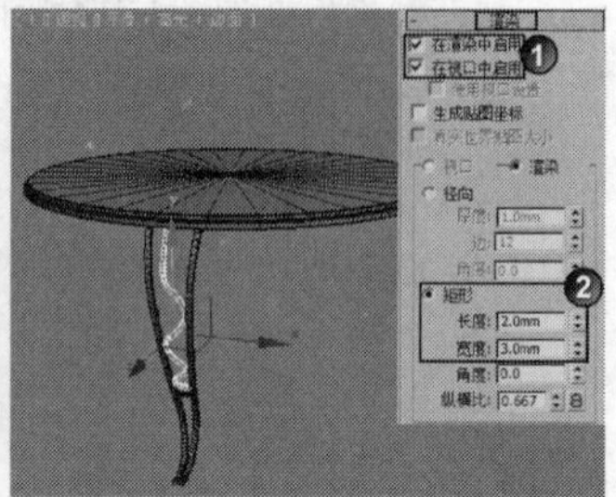

图4-221

06 使用“选择并旋转”工具选择如图4-222所示的模型，然后按住Shift键旋转复制3份模型到如图4-223所示。

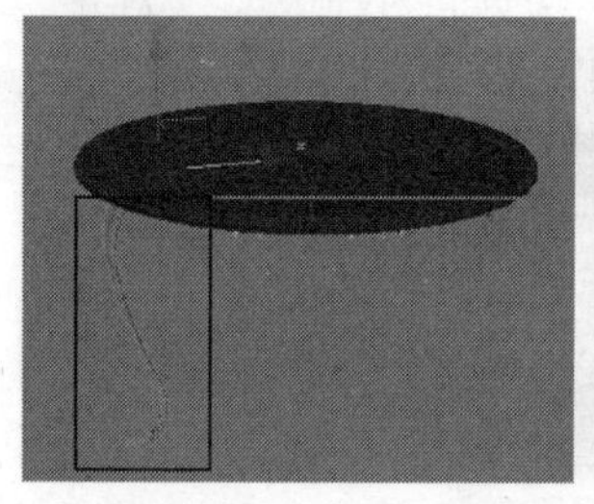

图4-222

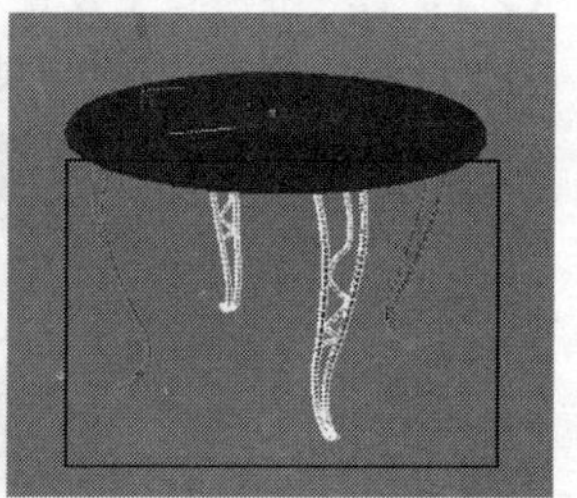

图4-223

07 使用“圆”工具 圆 在视图中绘制一个圆形，然后在“参数”卷展栏下设置160mm，如图4-224所示。

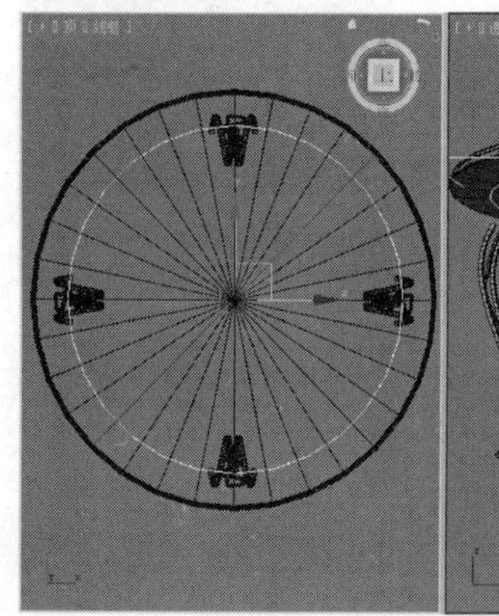

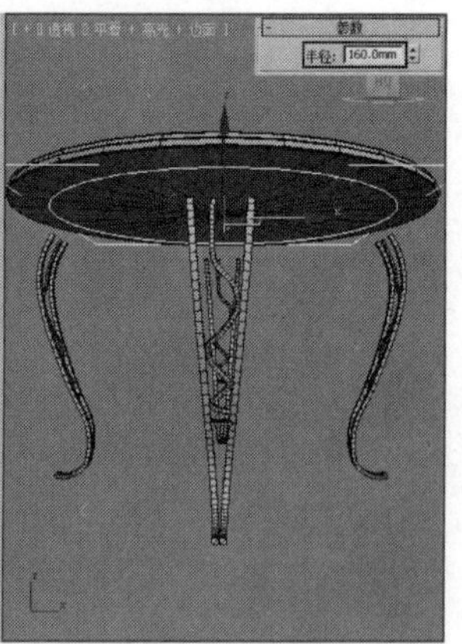

图4-224

08 选择圆形，然后在“渲染”卷展栏下勾选“在渲染中启用”和“在视口中启用”选项，接着勾选“径向”选项，最后设置“厚度”为5mm，模型效果如图4-225所示。

09 使用“选择并移动”工具选择圆环，然后按住Shift键移动复制一个圆环到如图4-226所示的位置。

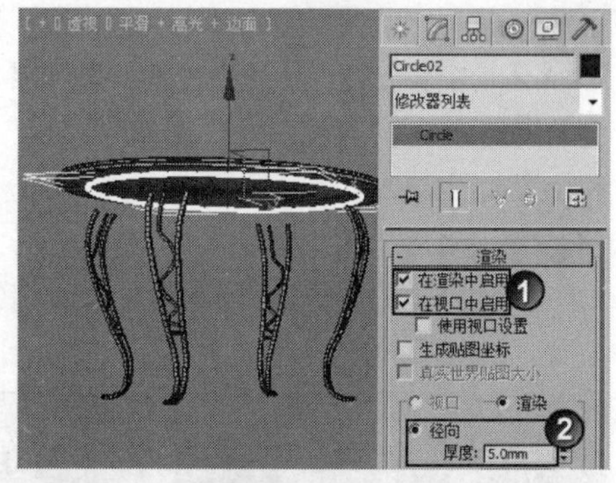

图4-225

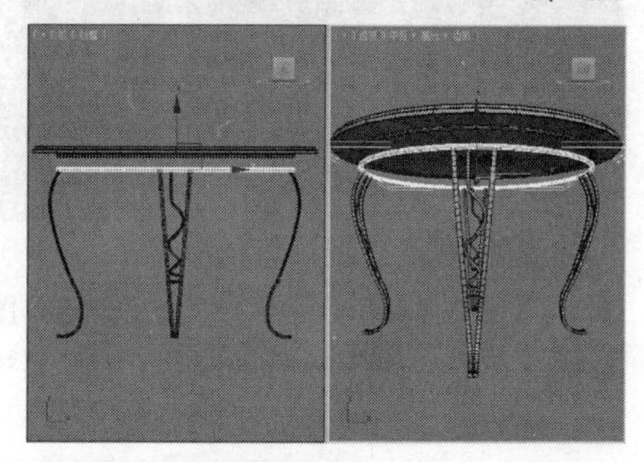

图4-226

10 使用“线”工具 线 在前视图中绘制出如图4-227所示的样条线，然后在“渲染”卷展栏下勾选“在渲染中启用”和“在视口中启用”选项，接着勾选“径向”选项，最后设置“厚度”为5mm，模型效果如图4-228所示。

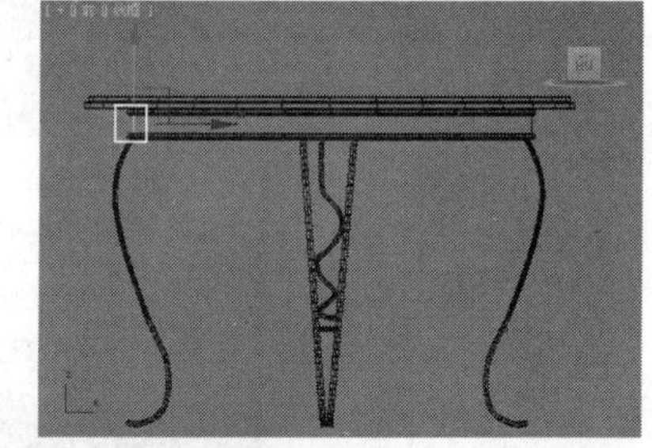

图4-227

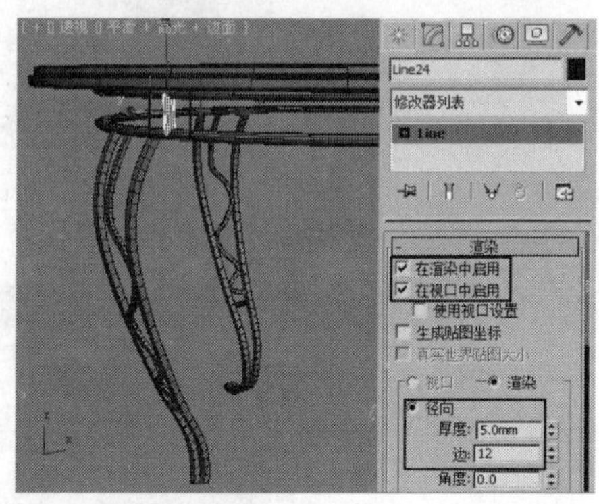

图4-228

11 使用“选择并旋转”工具选择上一步创建出来的模型，然后按住Shift键旋转复制11个模型到如图4-229所示的位置。

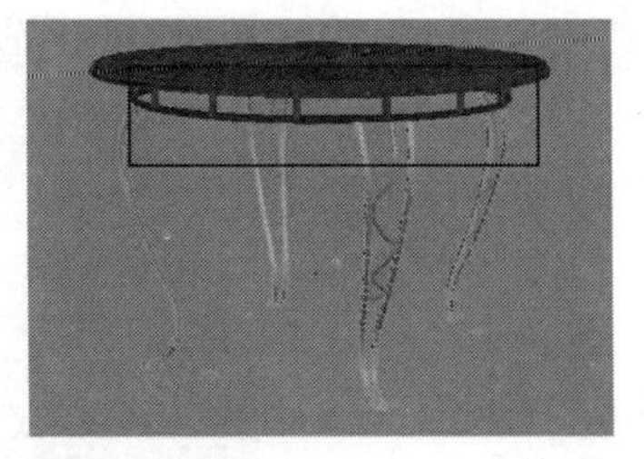
图4-229

12 使用“线”工具 线 在前视图中绘制出如图4-230所示的样条线，然后在“渲染”卷展栏下勾选“在渲染中启用”和“在视口中启用”选项，接着勾选“径向”选项，最后设置“厚度”为4mm，模型效果如图4-231所示。

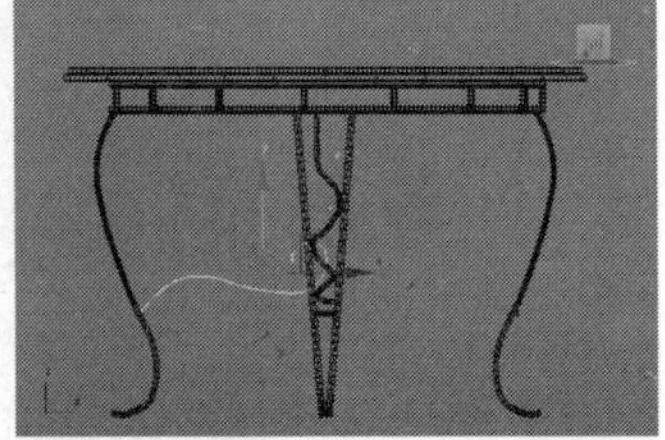
图4-230

图4-231

13 使用“选择并旋转”工具选择上一步创建出来的模型，然后按住Shift键旋转复制3个模型到合适的位置，最终效果如图4-232所示。

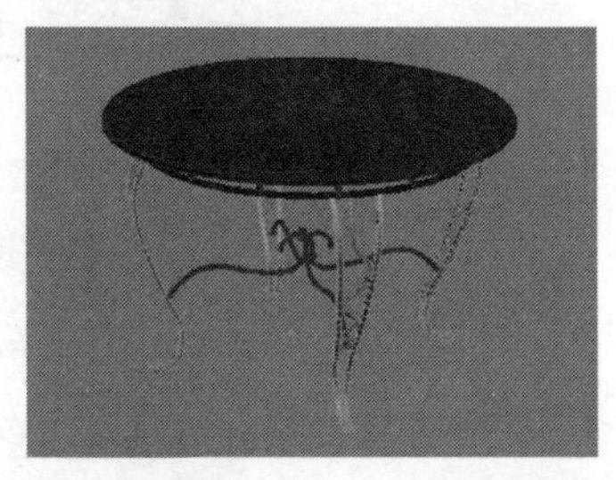
图4-232

实战105 伸缩门

场景位置	无
实例位置	DVD>实例文件>CH04>实战105.max
视频位置	DVD>多媒体教学>CH04>实战105.flv
难易指数	★★★☆☆
技术掌握	线工具、插入工具、挤出工具、切角工具、车削修改器

伸缩门模型如图4-233所示。

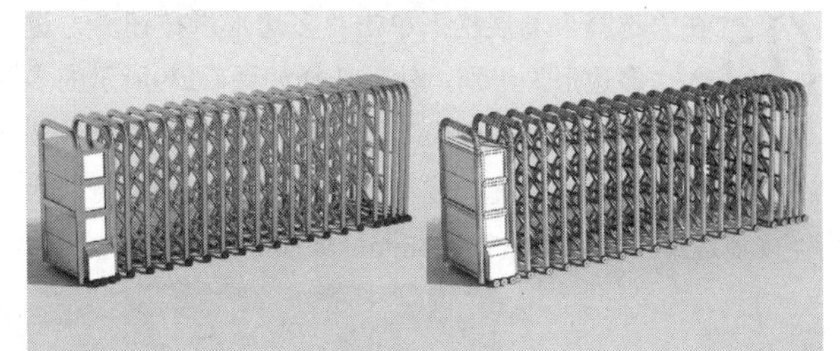
图4-233

01 下面创建控制箱模型。使用“线”工具 线 在前视图中绘制出如图4-234所示的样条线，然后在“渲染”卷展栏下勾选“在渲染中启用”和“在视口中启用”选项，接着勾选“径向”选项，最后设置“厚度”为9mm，具体参数设置如图4-235所示。

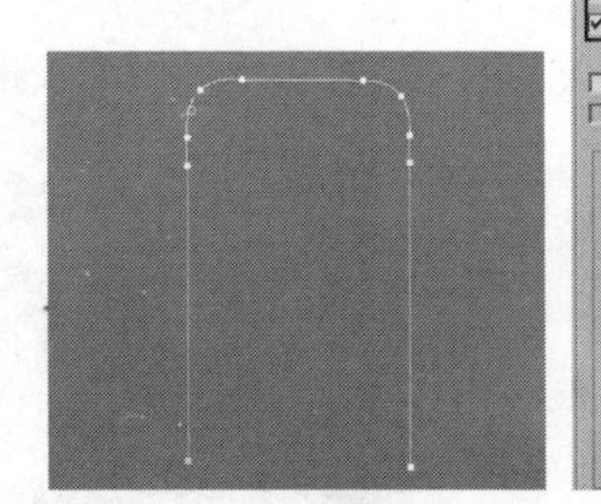
图4-234

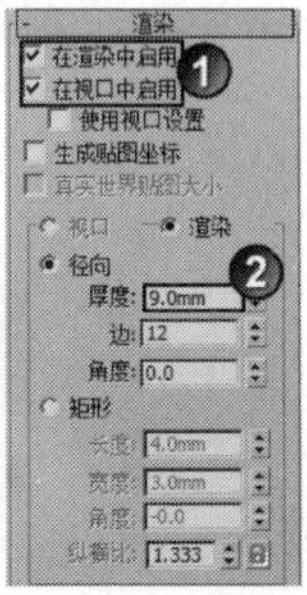

图4-235

02 使用“选择并移动”工具选择上一步创建的模型，然后按住Shift键移动复制一个模型到如图4-236所示的位置。

03 使用“长方体”工具 长方体 在两个架子之间创建一个长方体，然后在“参数”卷展栏下设置“长度”为60mm、“宽度”为100mm、“高度”为150mm、“高度分段”为4，模型效果如图4-237所示。

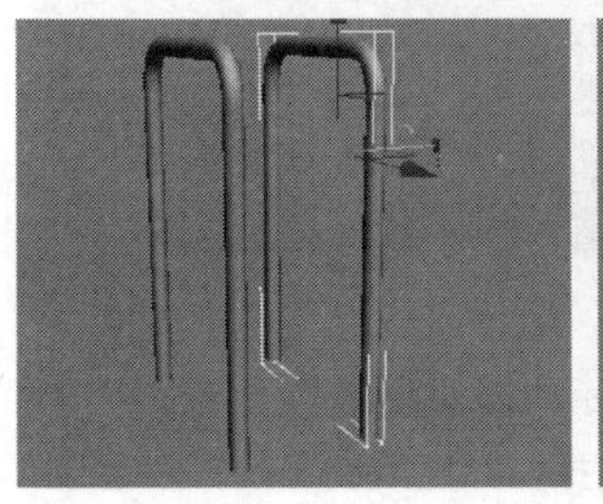
图4-236

图4-237

04 在长方体上单击鼠标右键，然后在弹出的菜单中选择“转换为>转换为可编辑多边形”命令，接着在“选择”卷展栏下单击“顶点”按钮，进入“顶点”级别，最后将模型调整成如图4-238所示的效果。

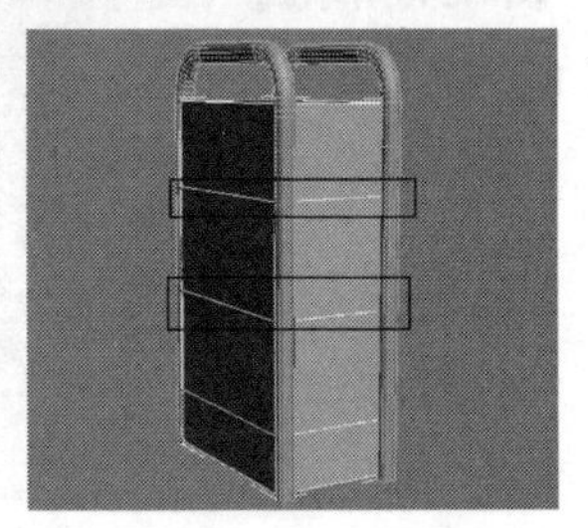
图4-238

05 在“选择”卷展栏下单击“多边形”按钮■，进入“多边形”级别，然后选择如图4-239所示的多边形，接着在“编辑多边形”卷展栏下单击“插入”按钮 插入 后面的“设置”按钮□，最后设置插入类型为“按多边形”、“数量”为4mm，如图4-240所示。

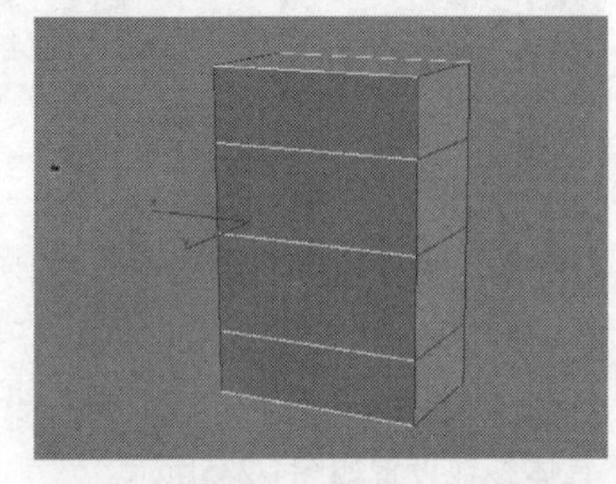

图4-239

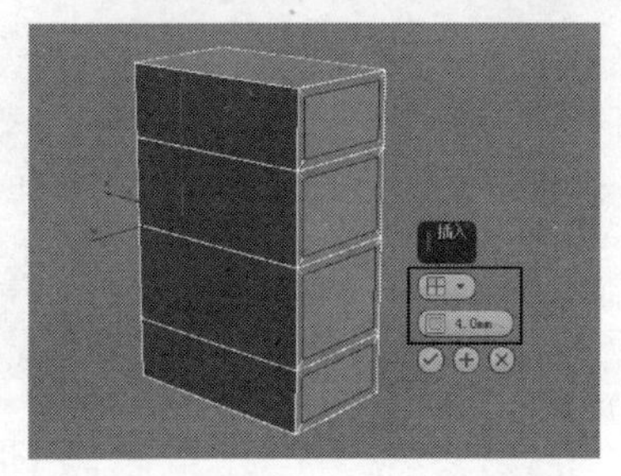

图4-240

技巧与提示

注意，在选择多边形时，与选定多边形正对的多边形也要选择，如图4-241所示。

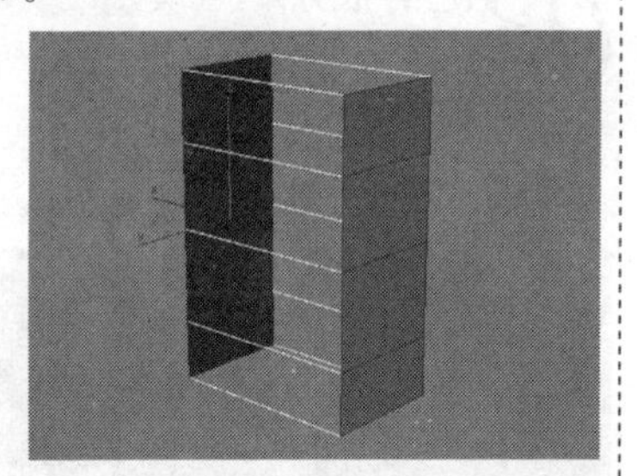

图4-241

06 选择如图4-242所示的多边形（与选定多边形正对的多边形也要选择），然后在“编辑多边形”卷展栏下单击“插入”按钮 插入 后面的“设置”按钮□，接着设置插入类型为“组”、“数量”为4mm，如图4-243所示。

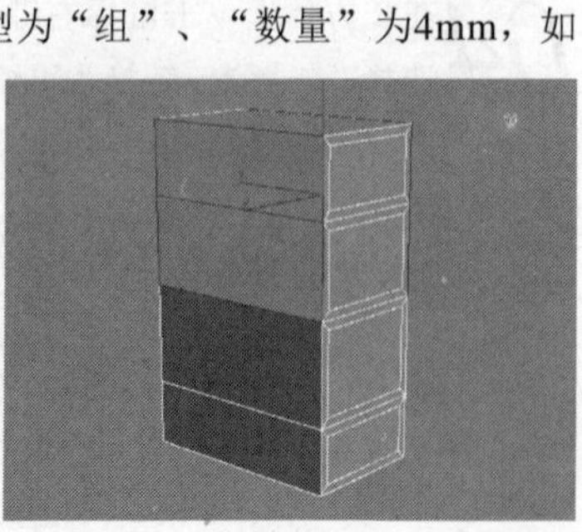

图4-242

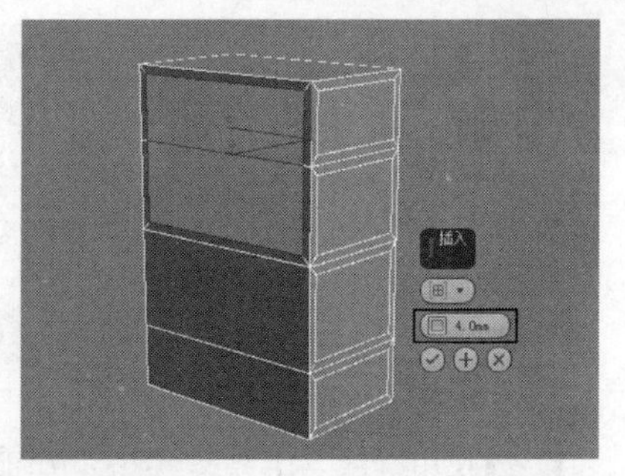

图4-243

07 采用相同的方法将下部的4个多边形也插入4mm，如图4-244所示。

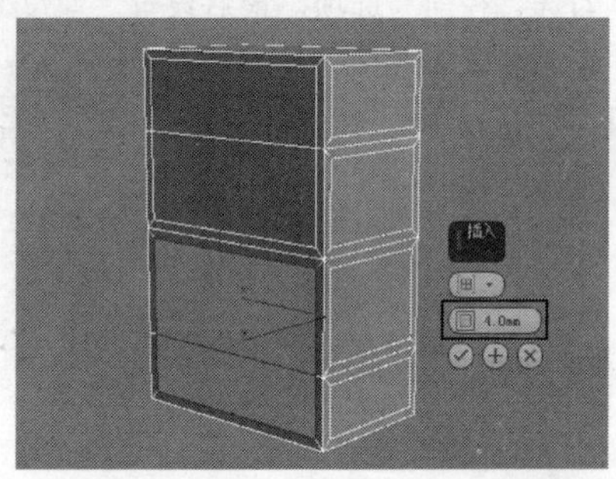

图4-244

08 选择如图4-245所示的多边形（与选定多边形正对的多边形也要选择），然后在“编辑多边形”卷展栏下单击“挤出”按钮 挤出 后面的“设置”按钮□，接着设置“高度”为-4mm，如图4-246所示。

图4-245

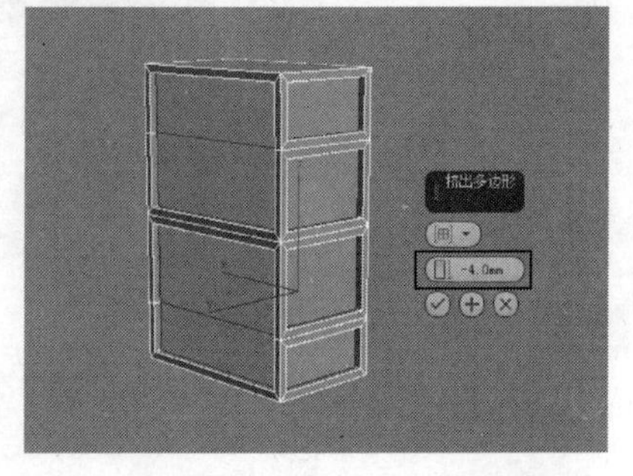

图4-246

09 选择如图4-247所示的多边形，然后在“编辑多边形”卷展栏下单击“挤出”按钮 挤出 后面的“设置”按钮□，接着设置“高度”为12mm，如图4-248所示。

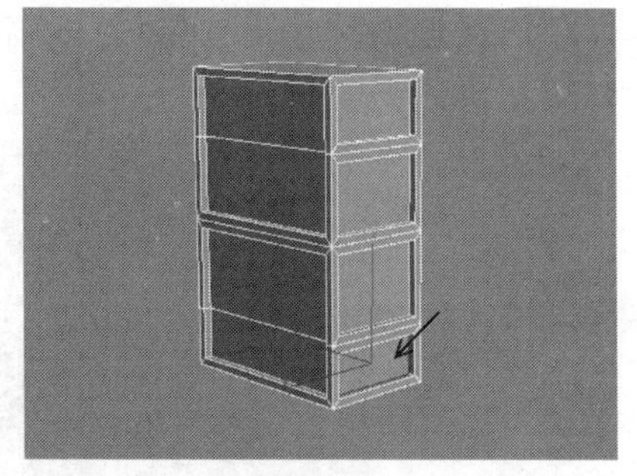

图4-247

图4-248

10 在“选择”卷展栏下单击“顶点”按钮，进入“顶点”级别，然后在前视图中框选如图4-249所示的两个顶点，接着使用“选择并移动”工具将其向下拖曳一段距离，如图4-250所示。

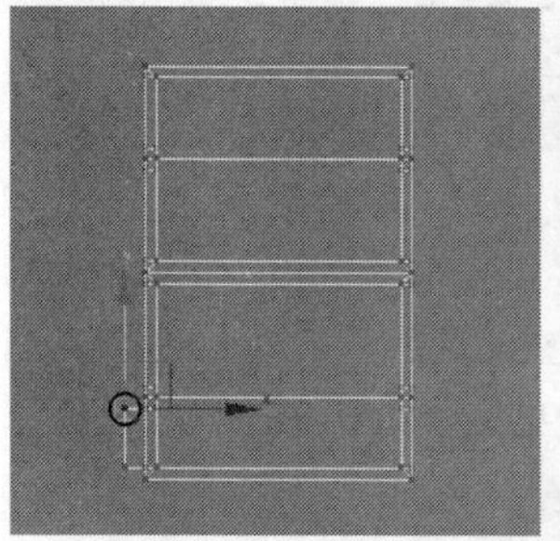

图4-249　图4-250

11 在“选择”卷展栏下单击“边”按钮，然后选择所有边，如图4-251所示，接着在“编辑边”卷展栏下单击“切角”按钮 切角 后面的“设置”按钮，最后设置“边切角量”为0.5mm，如图4-252所示，此时模型的整体效果如图4-253所示。

图4-251

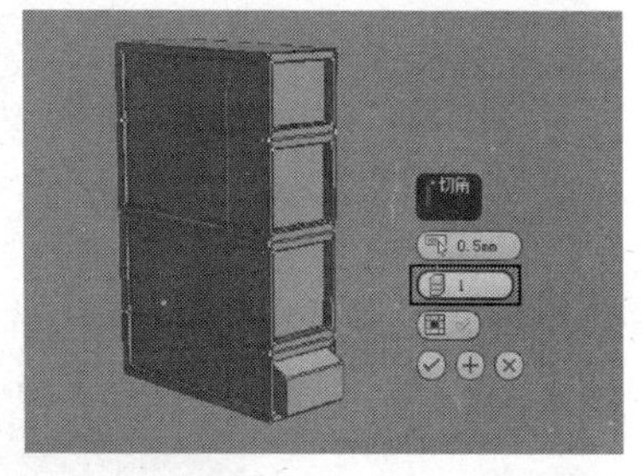

图4-252

图4-253

12 下面创建伸缩结构模型。使用“切角长方体”工具 切角长方体 在场景中创建一个切角长方体，然后在“参数”卷展栏下设置“长度”为200mm、“宽度”为8mm、“高度”为5mm、“圆角”为1mm、“宽度分段”为3，接着使用“选择并旋转”工具将其旋转一定的角度，如图4-254所示。

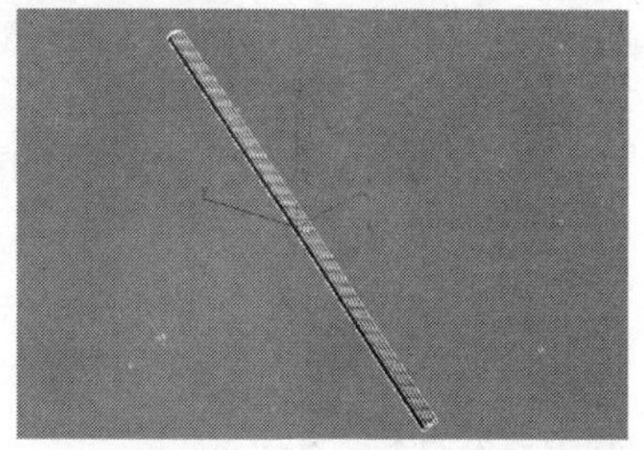

图4-254

13 选择切角长方体，然后单击鼠标右键，并在弹出的菜单中选择“转换为>转换为可编辑多边形”命令，接着在“选择”卷展栏下单击“多边形”按钮，进入“多边形”级别，再选择如图4-255所示的多边形，在“编辑多边形”卷展栏下单击“挤出”按钮 挤出 后面的“设置”按钮，最后设置“高度”为-1.5mm，如图4-256所示。

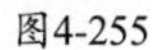

图4-255

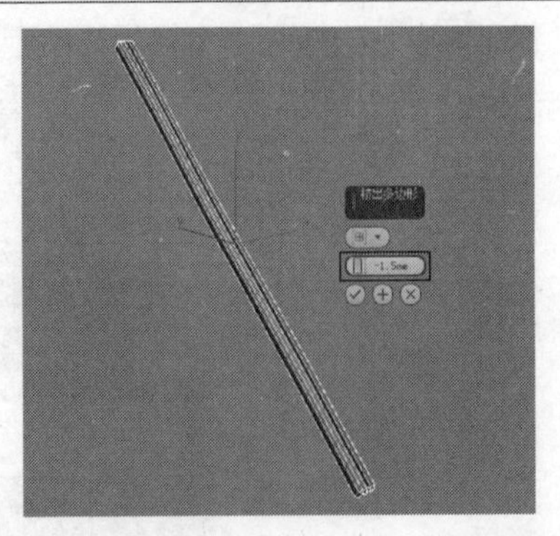

图4-256

14 选择切角长方体，然后在“主工具栏”中单击“镜像”按钮，接着在弹出的对话框中设置“镜像轴”为y轴、“克隆当前选择”为“复制”，如图4-257所示，模型效果如图4-258所示。

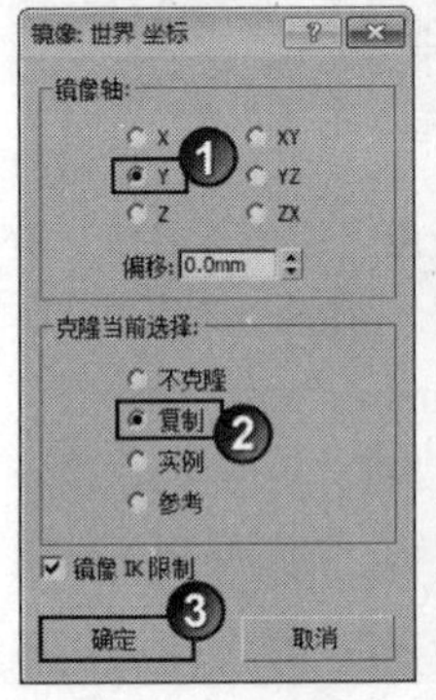

图4-257

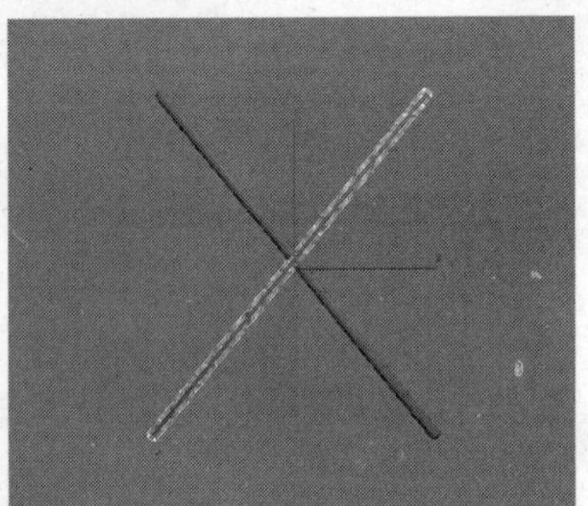

图4-258

15 使用“线”工具 线 在顶视图中绘制出如图4-259所示的样条线，然后为其加载一个“车削”修改器，接着在“参数”卷展栏下设置“方向”为x轴 X （具体造型要在“轴”次物体层级下进行调整），模型效果如图4-260所示。

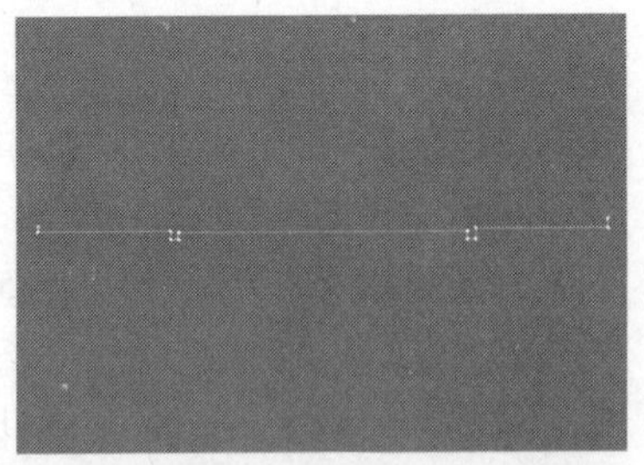

图4-259

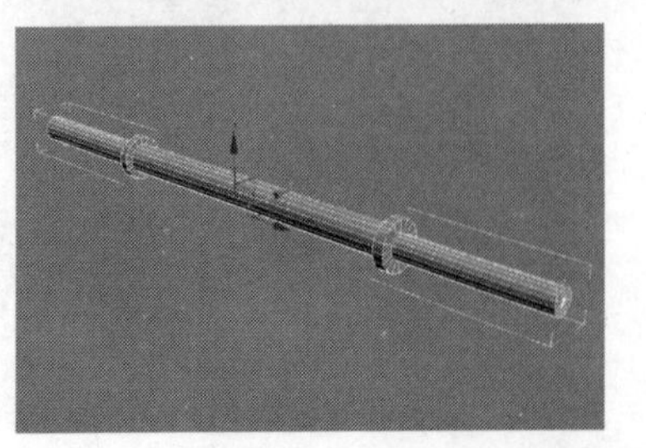

图4-260

16 将上面制作出来的模型进行复制，完成后的效果如图4-261所示。

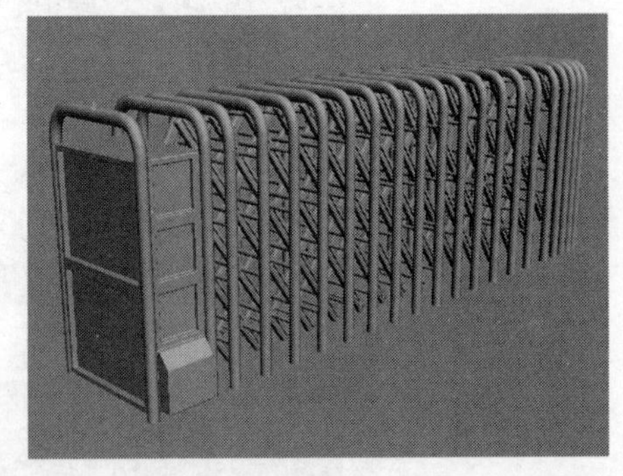

图4-261

17 下面创建滑轮模型。使用“切角圆柱体”工具 切角长方体 在场景中创建一个切角圆柱体，然后在“参数”卷展栏下设置“半径”为5mm、“高度”为2.5mm、“圆角”为0.3mm，模型位置如图4-262所示。

图4-262

18 使用“选择并移动”工具选择上一步创建的切角圆柱体，然后按住Shift键移动复制一些切角圆柱体到相应的位置，最终效果如图4-263所示。

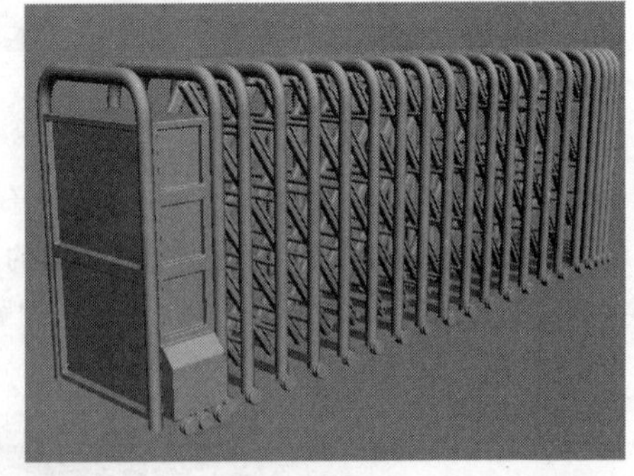

图4-263

第5章 修改器建模

学习要点：常用修改器的使用方法 / 运用多种修改器创建各种模型

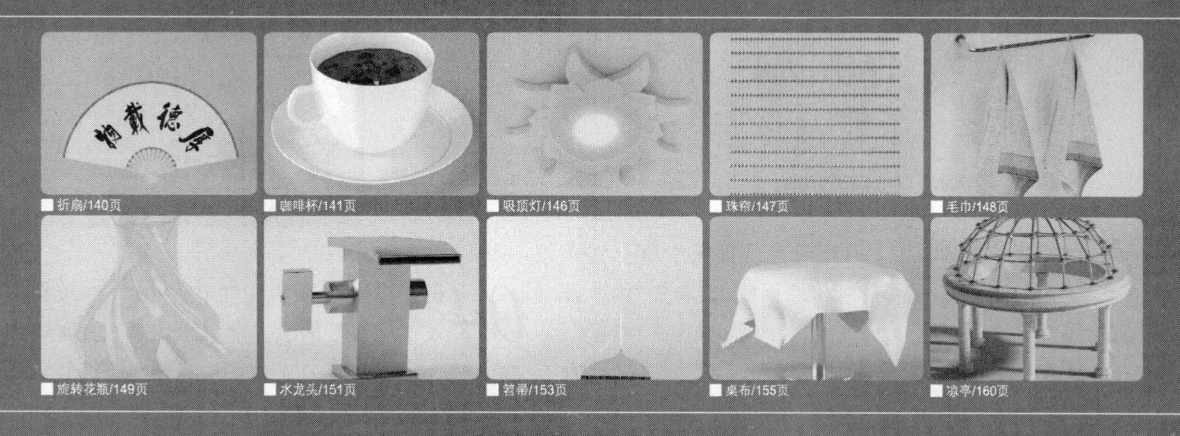

实战106 折扇

场景位置	无
实例位置	DVD>实例文件>CH05>实战106.max
视频位置	DVD>多媒体教学>CH05>实战106.flv
难易指数	★☆☆☆☆
技术掌握	弯曲修改器、旋转复制功能、仅影响轴技术

折扇模型如图5-1所示。

图5-1

01 下面创建扇面模型。使用“长方体”工具 长方体 在场景中创建一个长方体，然后在“参数”卷展栏下设置“长度”为10mm、“宽度”为60mm、“高度”为60mm、“宽度分段”为32、“高度分段”为10，如图5-2所示。

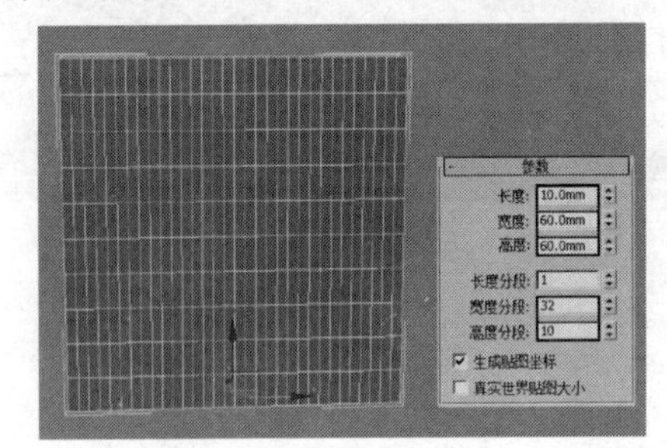

图5-2

02 选择长方体，然后在“命令”面板中单击“修改”按钮，进入“修改”面板，接着在“修改器列表”中为长方体加载一个“弯曲”修改器，最后在“参数”卷展栏下设置“角度”为160、“弯曲轴”为x轴，具体参数设置如图5-3所示，模型效果如图5-4所示。

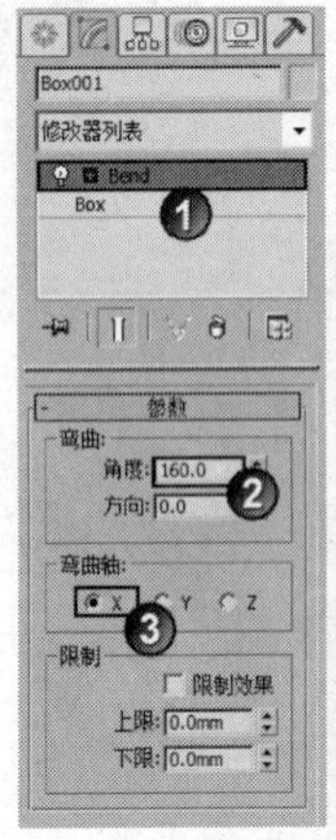

图5-3

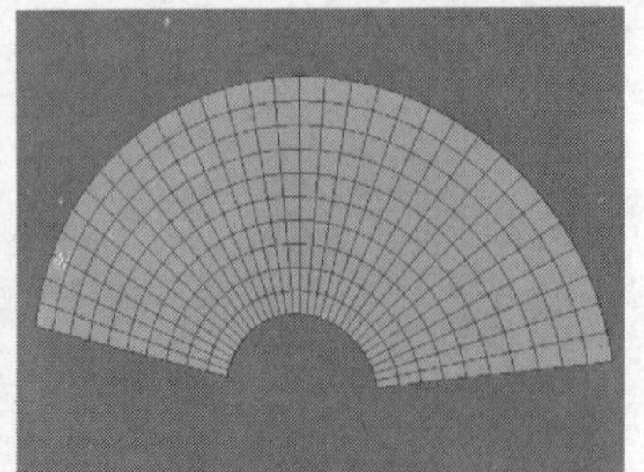

图5-4

技术专题 16 为对象加载修改器

为对象加载修改器的方法非常简单。选择一个对象后，进入“修改”面板，然后单击“修改器列表”后面的▾按钮，接着在弹出的下拉列表中就可以选择相应的修改器，如图5-5所示。

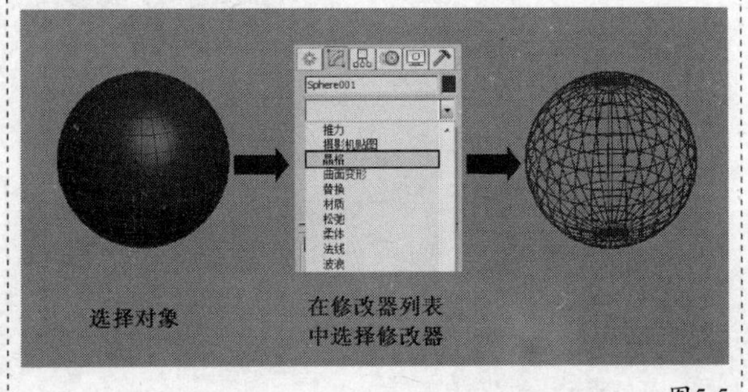

图5-5

03 下面创建扇骨模型。使用“长方体”工具 长方体 在场景中创建一个长方体，然后在“参数”卷展栏下设置“长度”为32mm、“宽度”为1mm、“高度”为2mm，如图5-6所示。

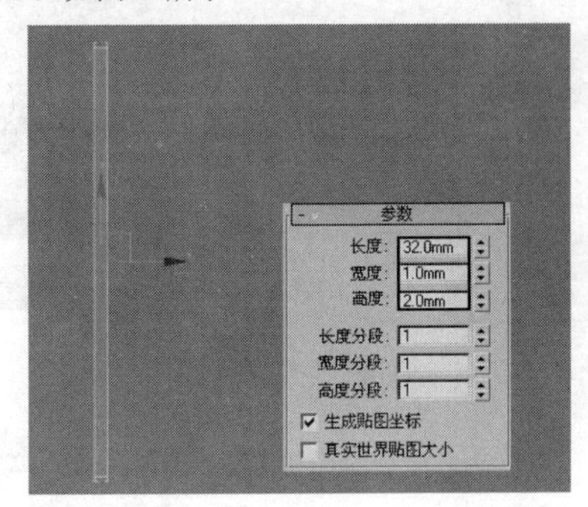

图5-6

04 在“命令”面板中单击“层次”按钮，进入“层次”面板，然后单击“仅影响轴”按钮 仅影响轴 ，接着在前视图中将轴心点调整到如图5-7所示的位置。

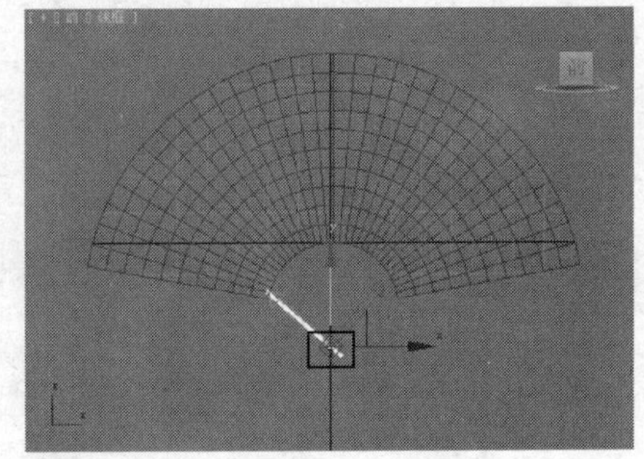

图5-7

05 单击“仅影响轴”按钮 仅影响轴 ，退出“仅影响轴”模式，然后使用“选择并旋转”工具选择长方体，接着按住Shift键的同时旋转复制长方体，最后在弹出的对话框中设置“对象”为“复制”、“副本数”为12，复制后的模型效果如图5-8所示。

06 使用“圆柱体”工具 圆柱体 在扇骨的交叉处创建一个圆柱体，然后在“参数”卷展栏下设置“半径”为3.5mm、“高度”为6.5mm、“高度分段”为1，最终效果如图5-9所示。

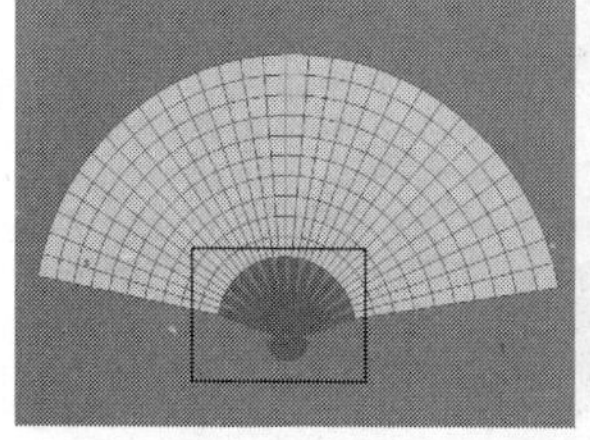

图5-8

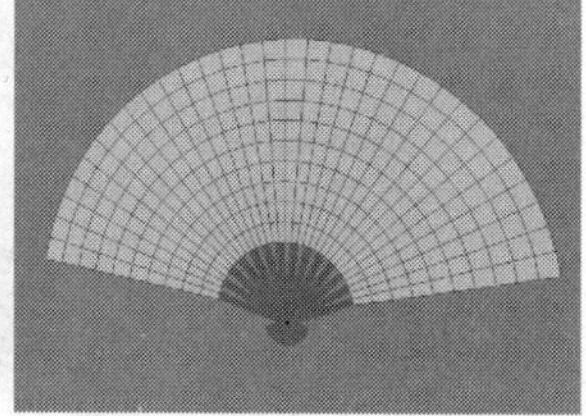

图5-9

实战107 咖啡杯

场景位置	无
实例位置	DVD>实例文件>CH05>实战107.max
视频位置	DVD>多媒体教学>CH05>实战107.flv
难易指数	★★☆☆☆
技术掌握	网格平滑修改器、FFD 4×4×4修改器、噪波修改器、平滑修改器

咖啡杯模型如图5-10所示。

图5-10

01 下面创建盘子模型。使用“圆柱体”工具 圆柱体 在场景中创建一个圆柱体，然后在“参数”卷展栏下设置“半径”为18mm、“高度”为5mm、“高度分段”为1，具体参数设置如图5-11所示，模型效果如图5-12所示。

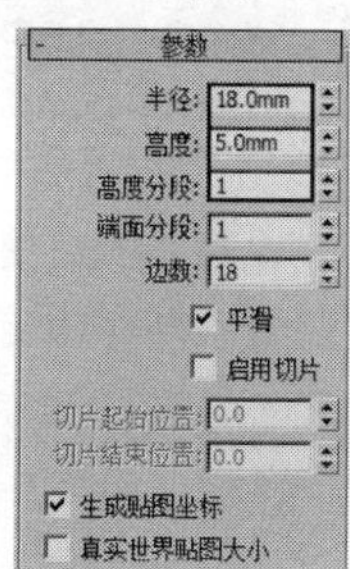

图5-11

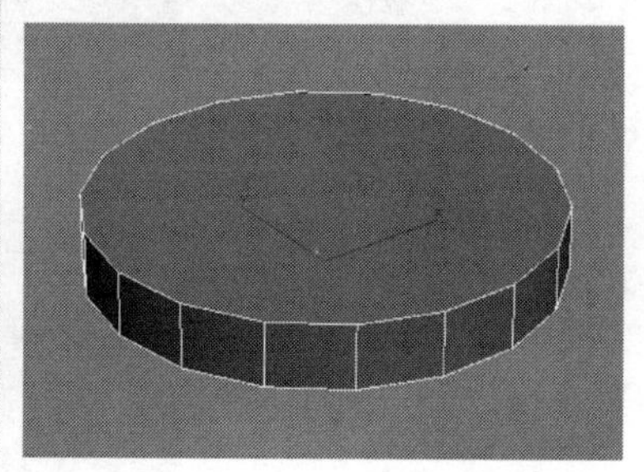

图5-12

02 选择圆柱体，然后单击鼠标右键，接着在弹出的菜单中选择“转换为>转换为可编辑多边形”命令，将圆柱体转换为可编辑多边形，如图5-13所示。

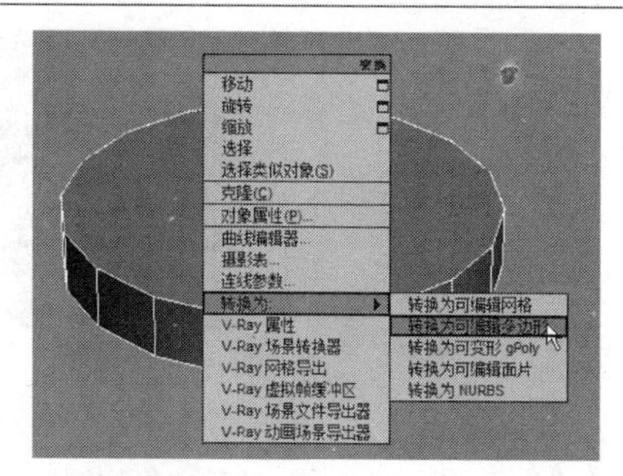

图5-13

03 在“选择”卷展栏下单击“顶点”按钮，进入“顶点”级别，然后在前视图中框选底部的一圈顶点，如图5-14所示，接着使用“选择并均匀缩放”工具在顶视图中向内缩放顶点，如图5-15所示，模型在透视图中的显示效果如图5-16所示。

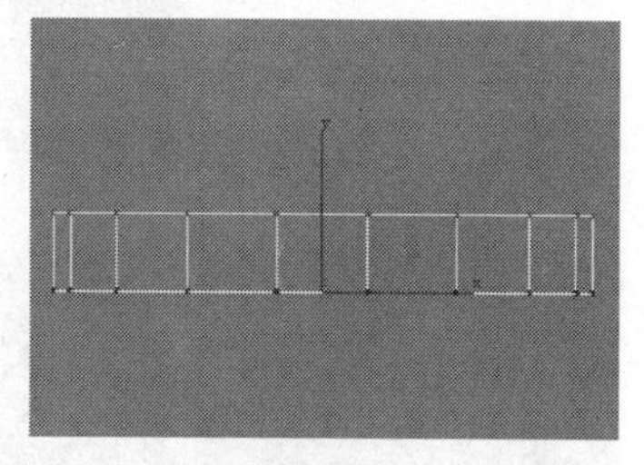

图5-14

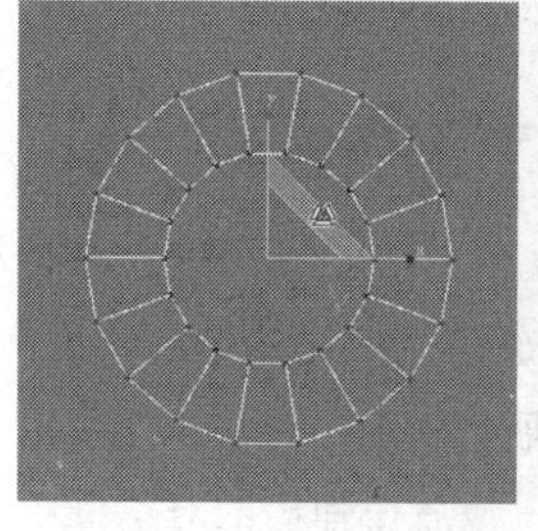

图5-15

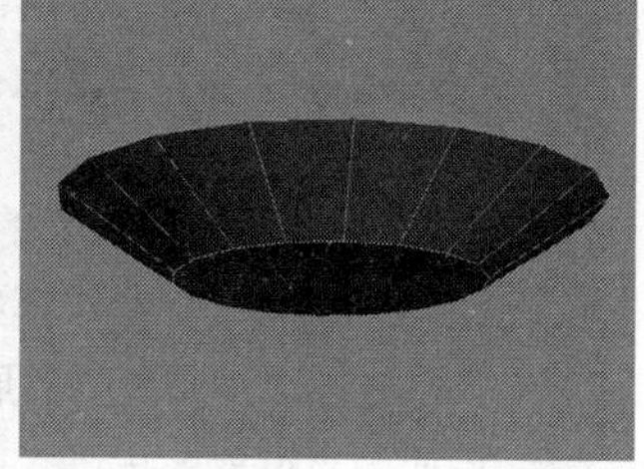

图5-16

04 在“选择”卷展栏下单击“多边形”按钮，进入“多边形”级别，然后选择顶部的多边形，如图5-17所示，接着在“编辑多边形”卷展栏下单击“插入”按钮 插入 后面的“设置”按钮，最后设置“数量”为0.5mm，如图5-18所示。

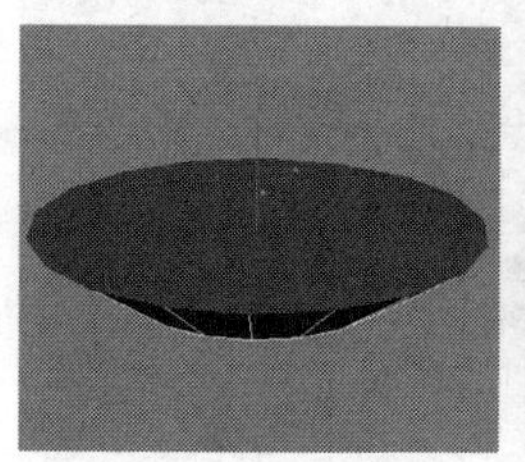

图5-17

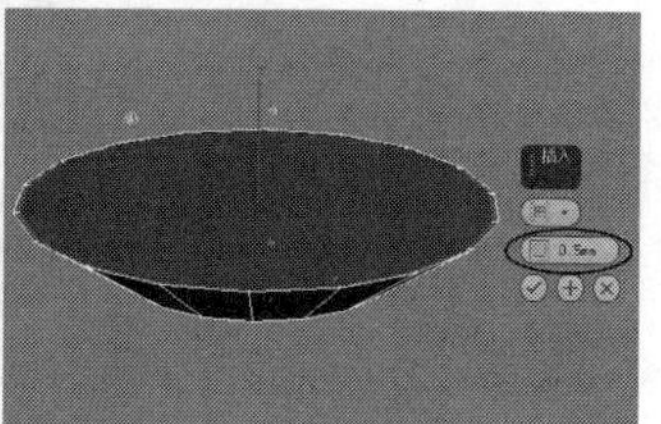

图5-18

05 保持对多边形的选择，在“编辑多边形”卷展栏下单击“挤出”按钮 挤出 后面的“设置”按钮，然后在弹出的对话框中设置“挤出高度”为-4mm，模型效果如图5-19所示。

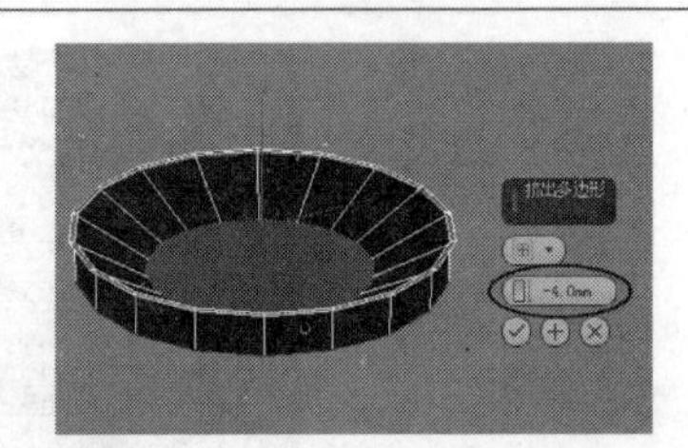

图5-19

06 在“选择”卷展栏下单击“顶点”按钮，进入“顶点”级别，然后选择如图5-20所示的顶点，接着使用“选择并均匀缩放”工具在顶视图中向内缩放顶点，如图5-21所示，在透视图中的效果如图5-22所示。

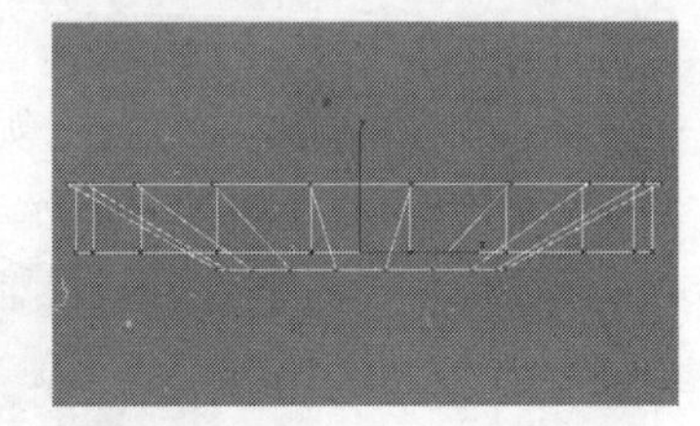

图5-20

图5-21

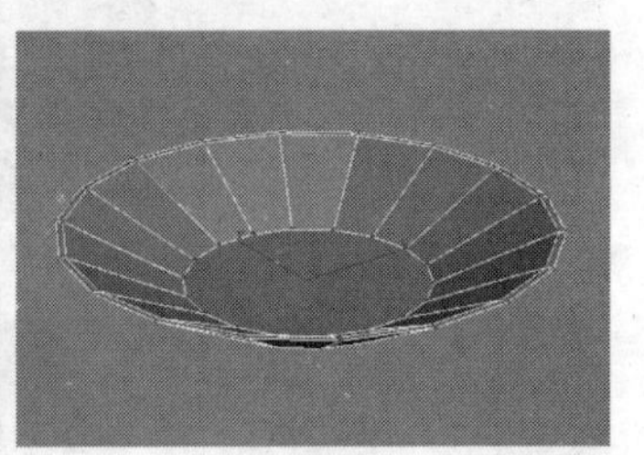

图5-22

07 在“选择”卷展栏下单击“边”按钮，进入“边”级别，然后选择如图5-23所示的边（横向的边），接着在“编辑边”卷展栏下单击“切角”按钮 切角 后面的“设置”按钮，最后在弹出的对话框中设置“边切角量”为0.15mm，如图5-24所示。

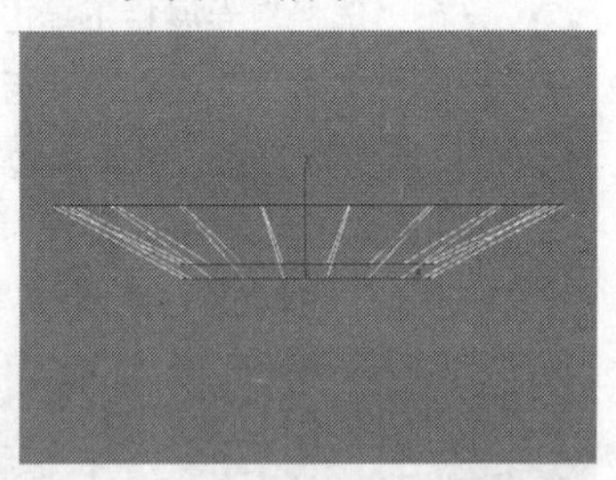

图5-23

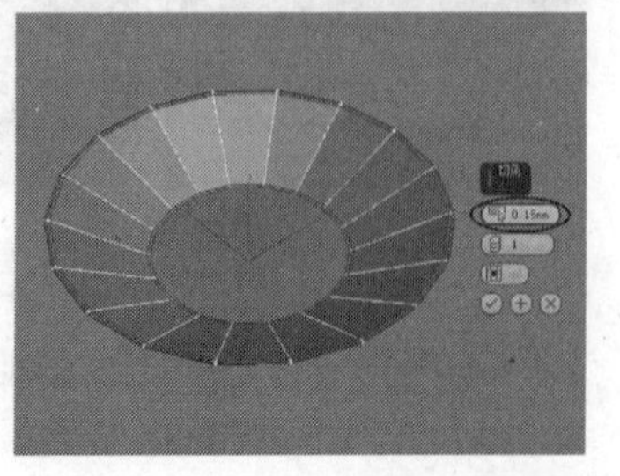

图5-24

08 在“修改器列表”中为盘子加载一个“网格平滑”修改器，然后在“细分量”卷展栏下设置“迭代次数”为2，如图5-25所示，模型效果如图5-26所示。

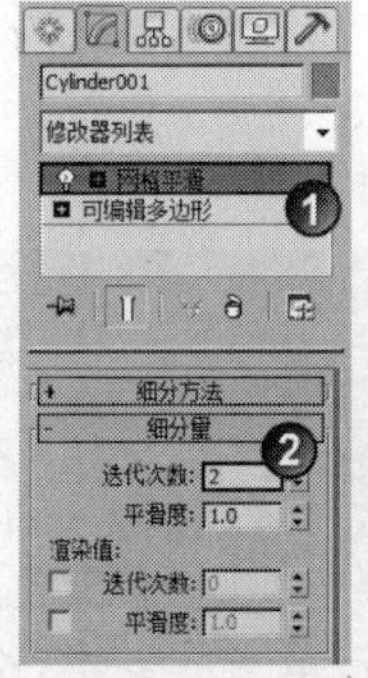

图5-25

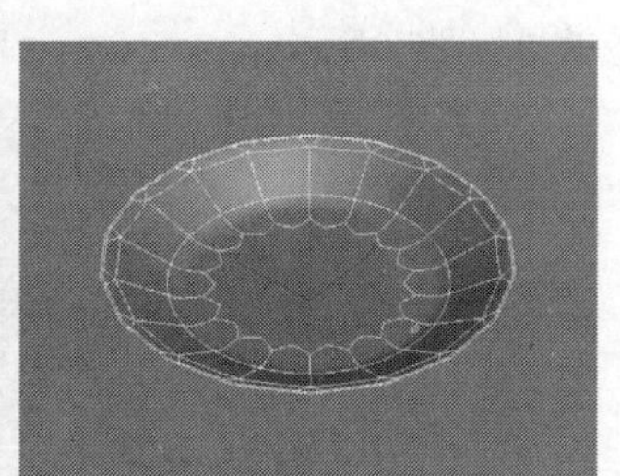

图5-26

技巧与提示

杯子的制作方法与盘子的制作方法完全相同，因此这里不再重复讲解，杯子模型的效果如图5-27所示。

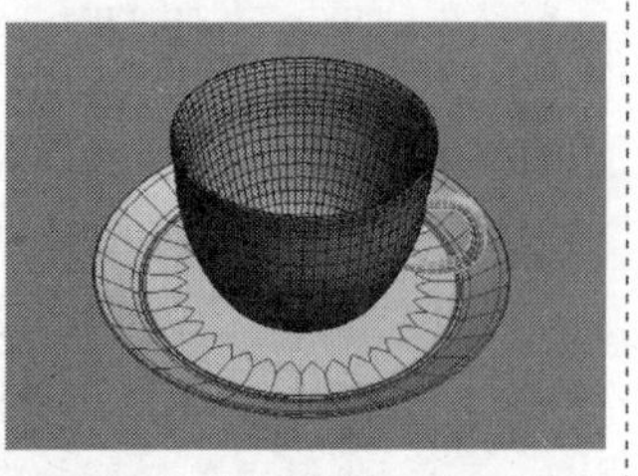

图5-27

09 下面创建咖啡模型。使用“球体”工具 球体 在场景中创建一个球体，然后在“参数”卷展栏下设置“半径”为2.4mm、“分段”为36、“半球”为0.58，具体参数设置如图5-28所示，半球效果如图5-29所示。

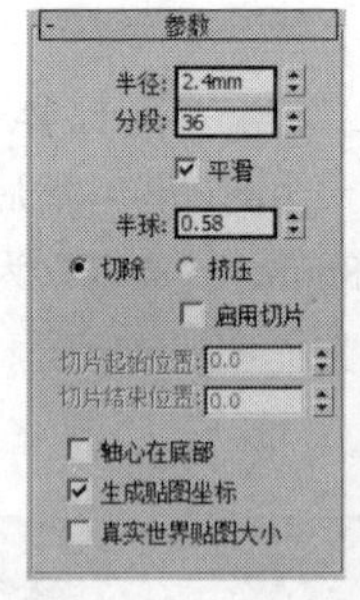

图5-28

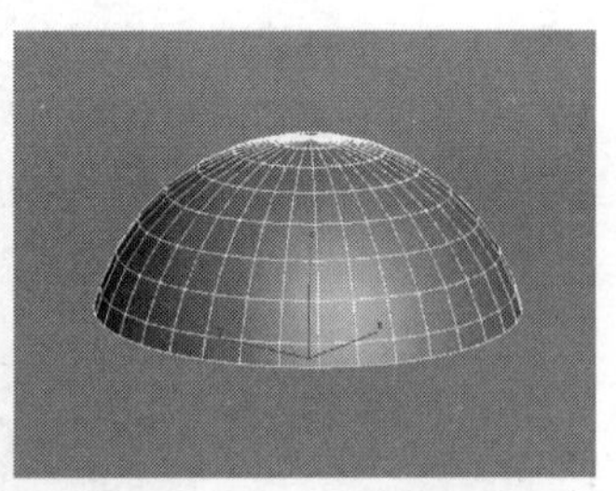

图5-29

10 按A键激活“角度捕捉切换”工具，然后使用“选择并旋转”工具在前视图中将半球旋转180°，如图5-30所示。

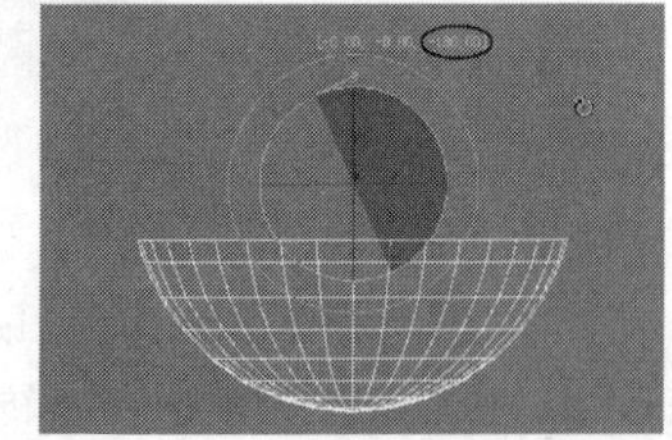

图5-30

11 在“修改器列表”中为模型加载一个FFD 4×4×4修改器，然后选择“控制点”次物体层级，如图5-31所示，接着在前视图中选择顶部的一圈的控制点，最后将其向上拖曳一段距离，如图5-32所示。

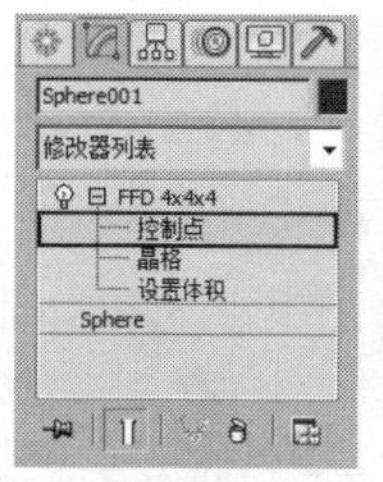

图5-31

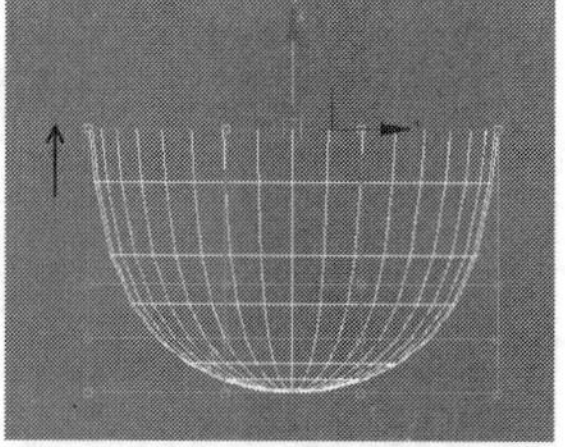
图5-32

12 在“修改器列表”中为模型加载一个“噪波”修改器，然后在“参数”卷展栏下设置“种子”为7、“比例”为0.1，接着勾选“分形”选项，并设置“迭代次数”为1，最后在“强度”选项组下设置z为0.55mm，具体参数设置如图5-33所示，模型效果如图5-34所示。

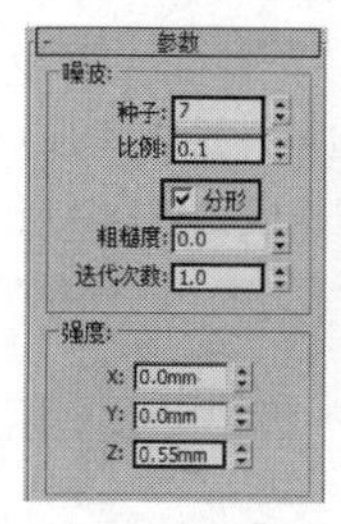

图5-33

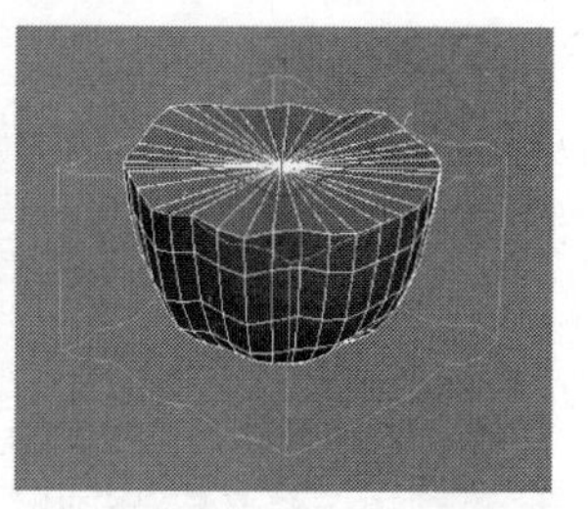
图5-34

13 继续为咖啡模型加载一个“平滑”修改器，然后在“参数”卷展栏下勾选“自动平滑”选项，如图5-35所示，最终效果如图5-36所示。

图5-35

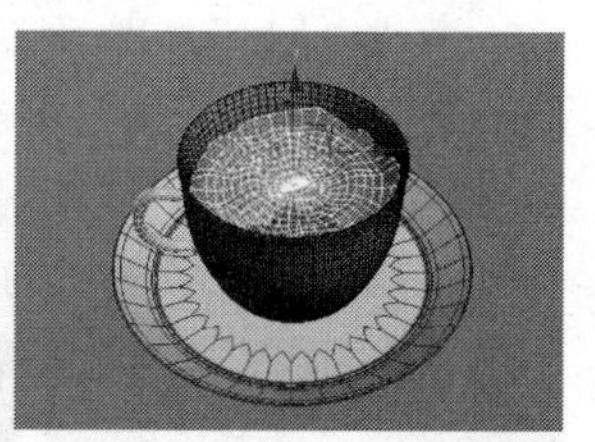
图5-36

实战108 平底壶

场景位置	无
实例位置	DVD>实例文件>CH05>实战108.max
视频位置	DVD>多媒体教学>CH05>实战108.flv
难易指数	★★☆☆☆
技术掌握	壳修改器、网格平滑修改器

平底壶模型如图5-37所示。

图5-37

01 下面创建壶盖和壶身模型。使用“球体”工具 球体 在场景中创建一个球体，然后在“参数”卷展栏下设置“半径”为50mm、“分段”为36，如图5-38所示。

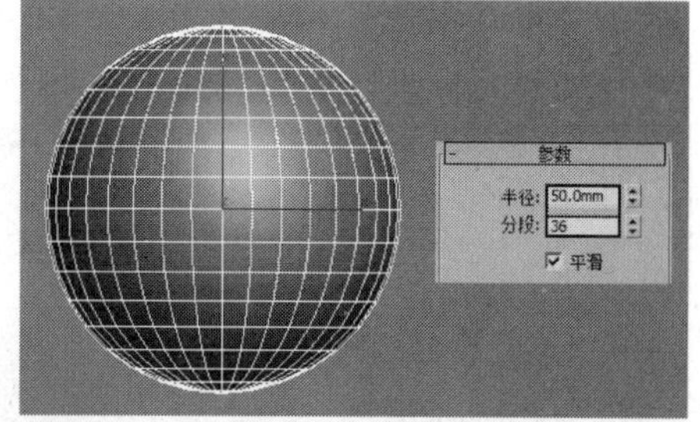

图5-38

02 在球体上单击鼠标右键，然后在弹出的菜单中选择“转换为>转换为可编辑多边形”命令，将球体转换为可编辑多边形，如图5-39所示。

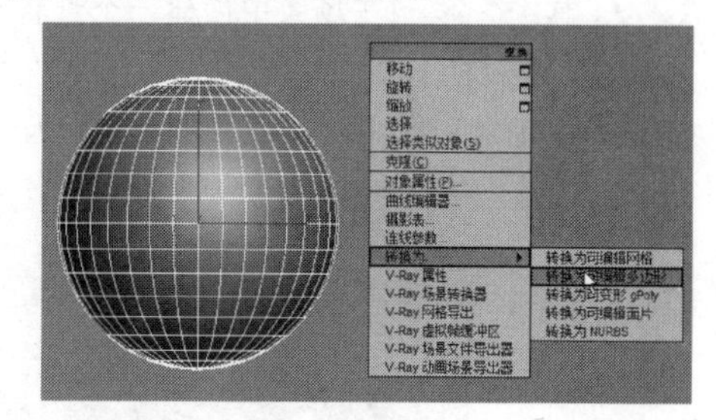
图5-39

03 在“选择”卷展栏下单击“多边形”按钮■，进入“多边形”级别，然后选择如图5-40所示的多边形，接着在“编辑几何体”卷展栏下单击“分离”按钮 分离 ，最后在弹出的“分离”对话框中单击“确定”按钮 确定 ，如图5-41所示。

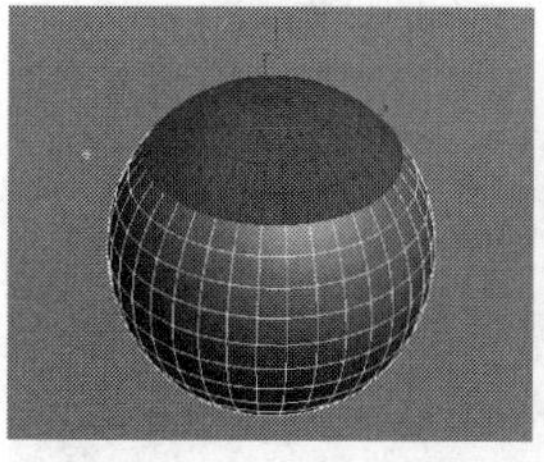
图5-40

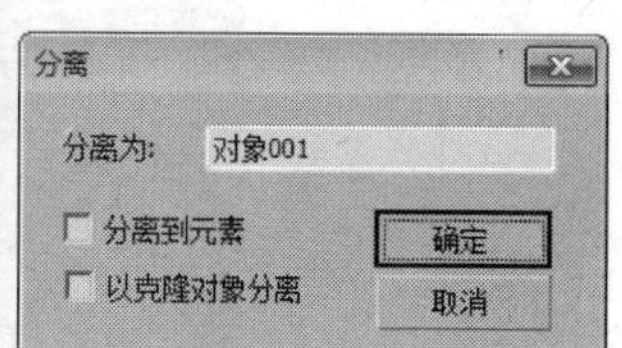

图5-41

04 在“选择”卷展栏下单击“多边形”按钮■，退出“多边形”级别，然后选择壶身模型，接着在“修改器列表”中为其加载一个“壳”修改器，最后在“参数”卷展栏下设置“外部量”为2mm，如图5-42所示。

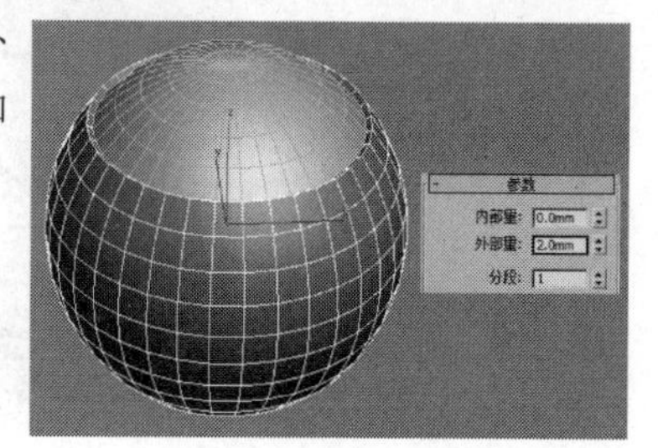

图5-42

05 继续为壶身和壶盖模型加载一个“网格平滑”修改器，然后在“细分量”卷展栏下设置“迭代次数”为1，模型效果如图5-43所示。

06 使用“球体”工具 球体 在壶盖的顶部创建一个大小合适的球体，完成后的效果如图5-44所示。

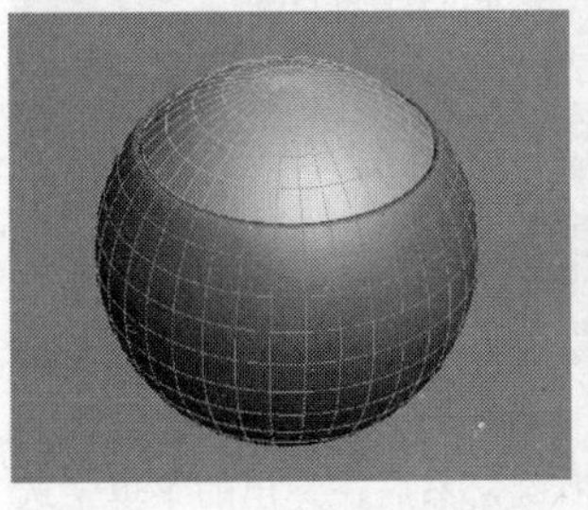

图5-43

图5-44

07 下面创建壶嘴和壶把模型。使用“管状体”工具 管状体 在场景中创建一个管状体，然后在“参数”卷展栏下设置“半径1”为7mm、“半径2”为6mm、“高度”为50mm、“高度分段”为1，如图5-45所示。

图5-45

08 使用“选择并旋转”工具在前视图中将管状体旋转40°，如图5-46所示，然后使用“选择并移动”工具将其拖曳到如图5-47所示的位置。

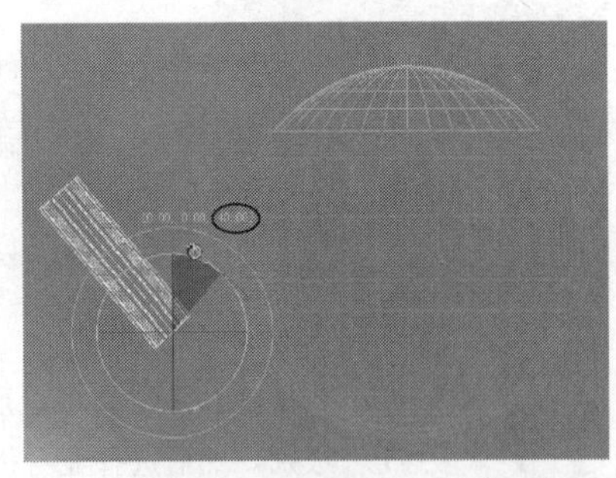

图5-46

图5-47

09 将管状体转换为可编辑多边形，然后进入“顶点”级别，接着选择壶嘴顶部的一圈顶点，最后使用“选择并均匀缩放”工具在透视图中将其调整成如图5-48所示的效果。

10 使用“管状体”工具 管状体 在如图5-49所示的位置创建一个管状体。

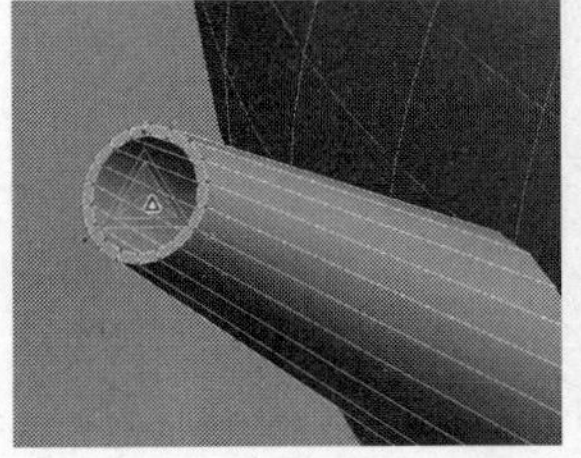

图5-48

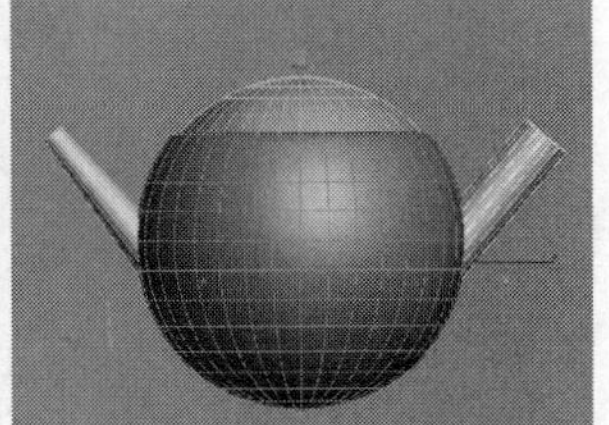

图5-49

11 使用“圆柱体”工具 圆柱体 在场景中创建一个圆柱体，然后在“参数”卷展栏下设置“半径”为7mm、“高度”为60mm、“高度分段”为5，如图5-50所示。

12 将圆柱体转换为多边形，进入“顶点”级别，然后在前视图中将其调整成如图5-51所示的形状。

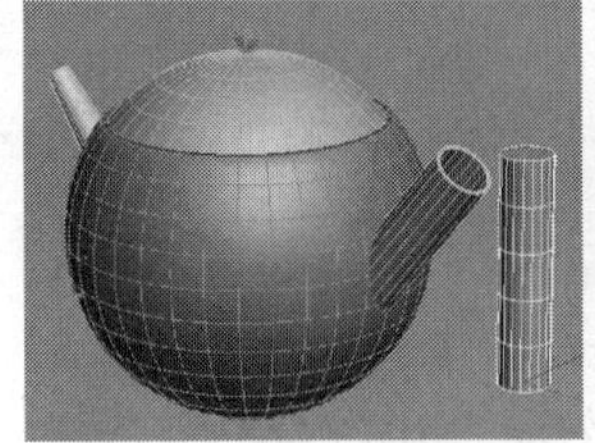

图5-50

图5-51

13 进入“边”级别，然后选择顶部和底部的两圈边，如图5-52所示，接着在“编辑边”卷展栏下单击“切角”按钮 切角 后面的“设置”按钮，最后设置“边切角量”为2mm、“分段”为2，如图5-53所示。

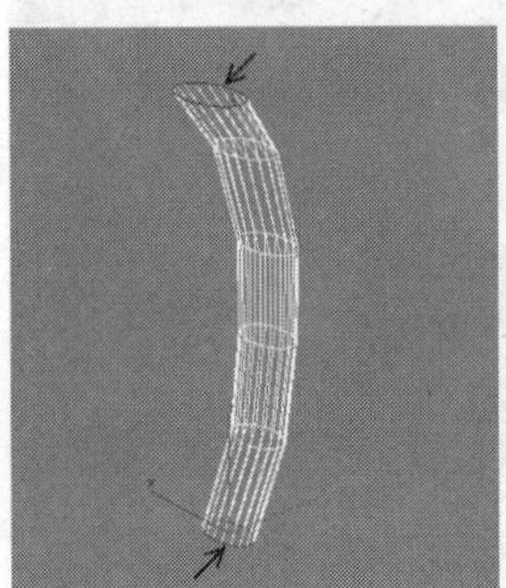

图5-52

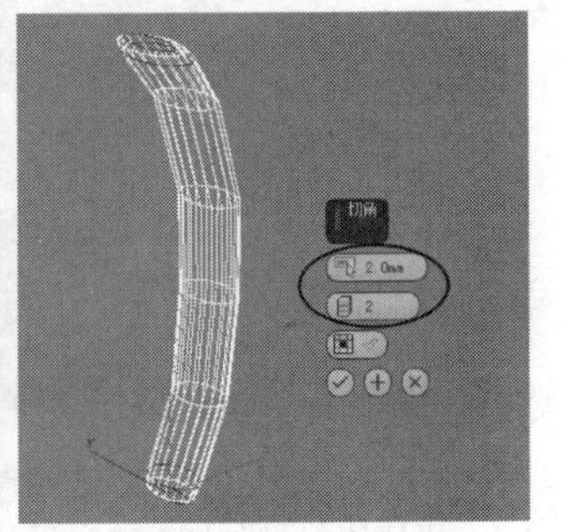

图5-53

技术专题 17 孤立当前选择

在很多场景中，都同时存在多个对象，但是在对某个对象进行操作时，其他对象往往会影响当前编辑的对象（这种影响属于视线影响）。这时可以采用孤立选择模式对其进行单独显示，具体操作方法是选择要孤立的对象，然后按Alt+Q

组合键或选择“工具>孤立当前选择”菜单命令，如图5-54所示。操作完成后，可以执行“工具>结束隔离”菜单命令显示出其他对象，如图5-55所示。

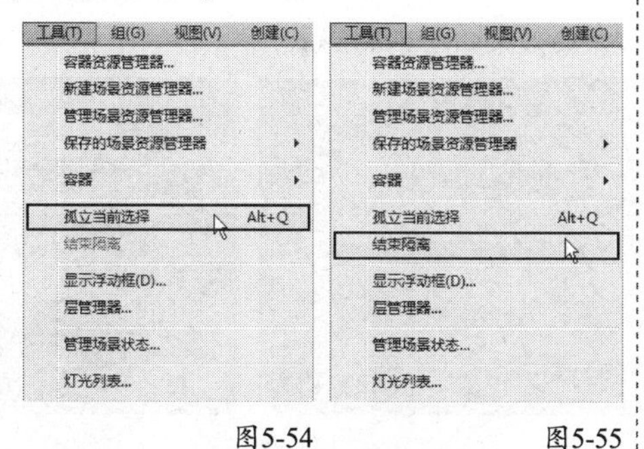

图5-54 图5-55

14 为壶把加载一个“网格平滑”修改器，然后在“细分量”卷展栏下设置“迭代次数”为2，最终效果如图5-56所示。

图5-56

实战109 高脚杯

场景位置	无
实例位置	DVD>实例文件>CH05>实战109.max
视频位置	DVD>多媒体教学>CH05>实战109.flv
难易指数	★☆☆☆☆
技术掌握	车削修改器

高脚杯模型如图5-57所示。

图5-57

01 使用“线”工具 线 在前视图中绘制出如图5-58所示的样条线。

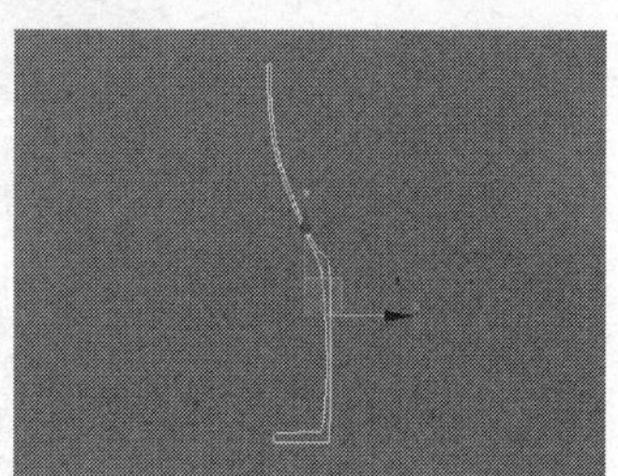

图5-58

02 在“修改器列表”中为样条线加载一个“车削”修改器，然后在“参数”卷展栏下设置“方向”为y轴 Y 、“对齐”为“最大” 最大 ，具体参数设置如图5-59所示，模型效果如图5-60所示。

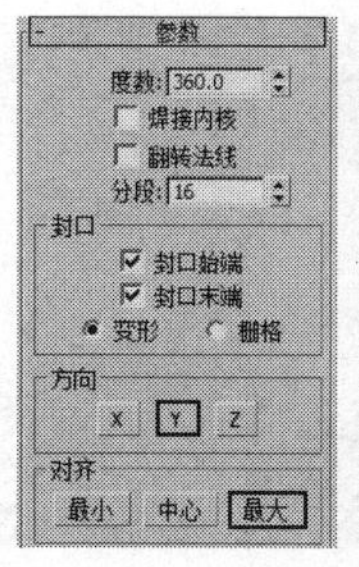

图5-59 图5-60

03 使用“选择并移动”工具选择高脚杯模型，然后按住Shift键的同时移动复制一个高脚杯，最终效果如图5-61所示。

图5-61

实战110 酒具

场景位置	无
实例位置	DVD>实例文件>CH05>实战110.max
视频位置	DVD>多媒体教学>CH05>实战110.flv
难易指数	★☆☆☆☆
技术掌握	车削修改器、壳修改器

酒具模型如图5-62所示。

图5-62

01 下面创建盘子模型。使用“线”工具 线 在前视图中绘制出如图5-63所示的样条线。

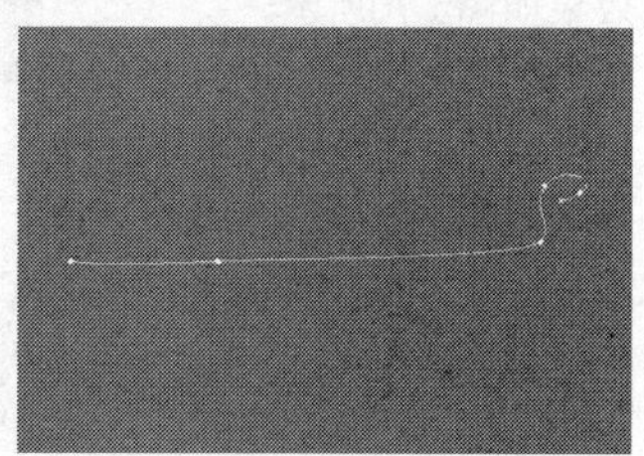

图5-63

02 为样条线加载一个“车削”修改器，然后在“参数”卷展栏下设置“分段”为34、“方向”为y轴Y、“对齐”为“最小”最小，如图5-64所示，模型效果如图5-65所示。

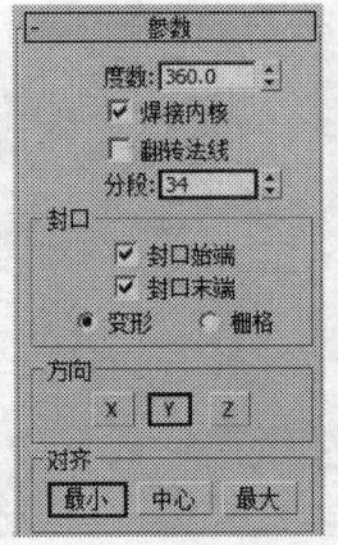

图5-64

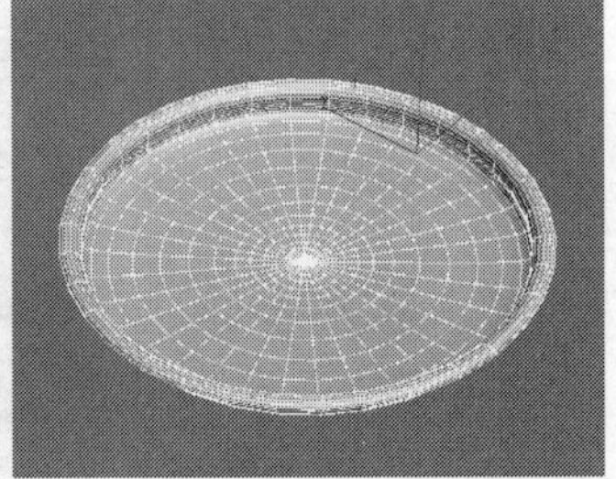
图5-65

03 为盘子模型加载一个“壳”修改器，然后在“参数”卷展栏下设置“外部量”为1mm，如图5-66所示，模型效果如图5-67所示。

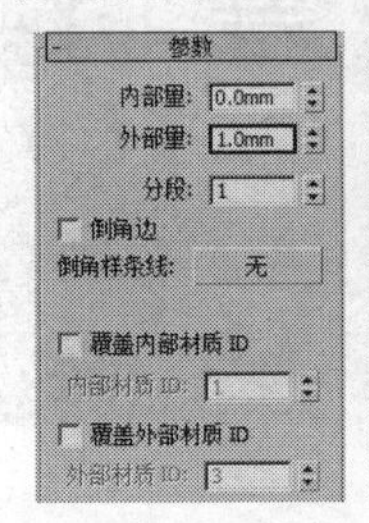

图5-66

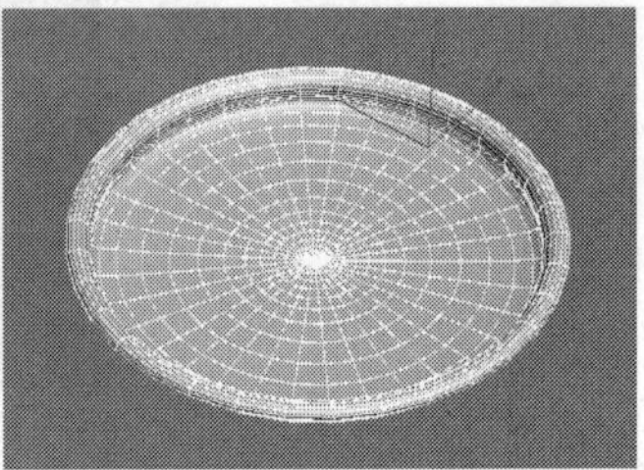
图5-67

04 下面创建酒瓶和酒杯模型。使用“线”工具线在前视图中绘制出如图5-68所示的样条线。

05 为样条线加载一个“车削”修改器，然后在“参数”卷展栏下设置“分段”为32、“方向”为y轴Y、“对齐”为“最小”最小，模型效果如图5-69所示。

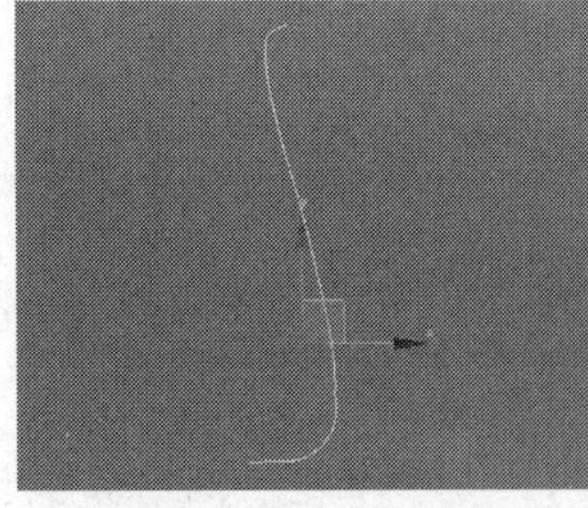
图5-68

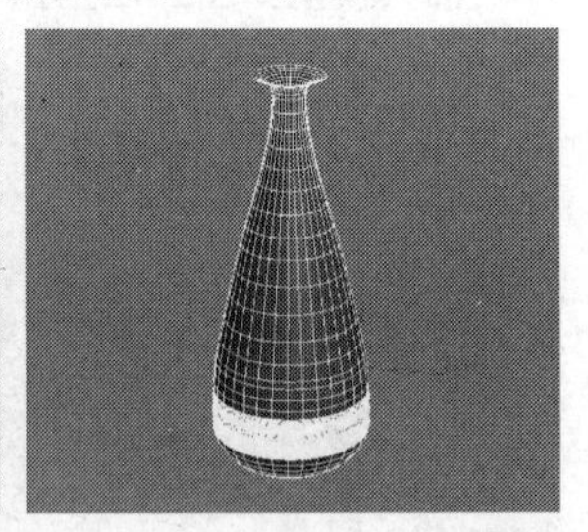
图5-69

06 继续为酒瓶模型加载一个“壳”修改器，然后在“参数”卷展栏下设置“外部量”为1mm，模型效果如图5-70所示。

图5-70

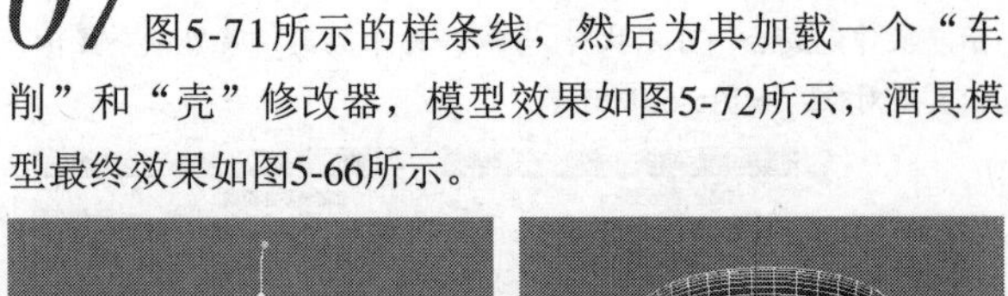

07 使用“线”工具线在前视图中绘制出如图5-71所示的样条线，然后为其加载一个“车削”和“壳”修改器，模型效果如图5-72所示，酒具模型最终效果如图5-66所示。

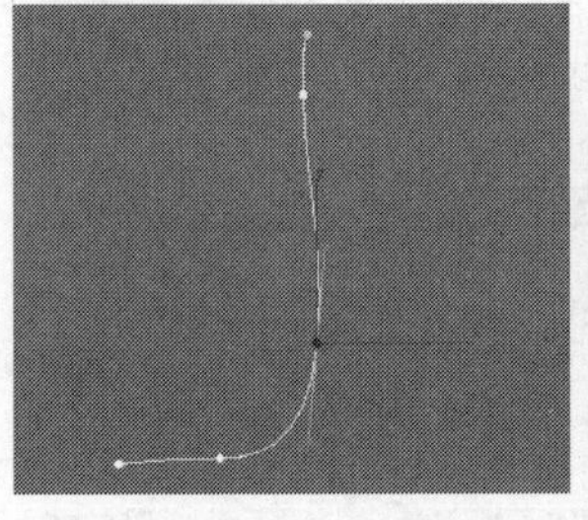
图5-71

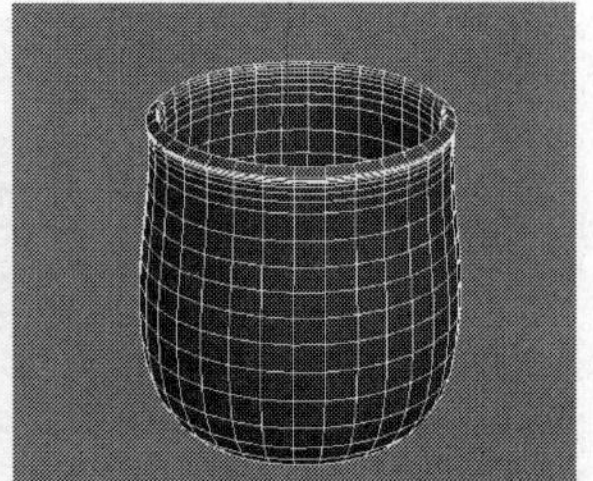
图5-72

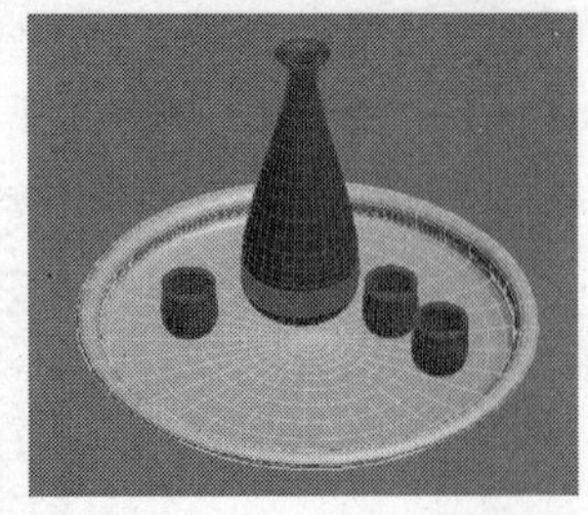
图5-73

实战111 吸顶灯

场景位置	无
实例位置	DVD>实例文件>CH05>实战111.max
视频位置	DVD>多媒体教学>CH05>实战111.flv
难易指数	★☆☆☆☆
技术掌握	挤出修改器、对称修改器

吸顶灯模型如图5-74所示。

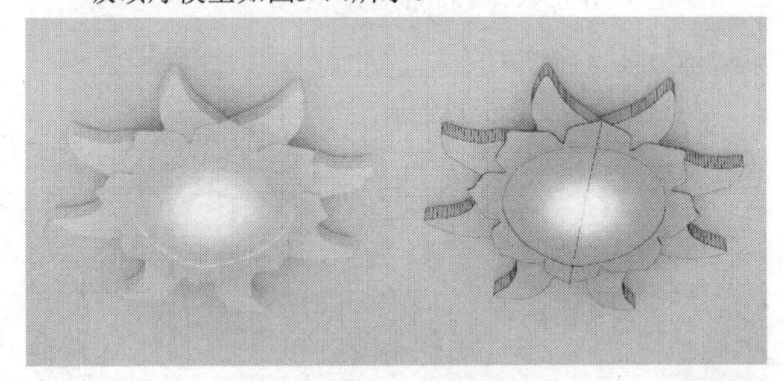
图5-74

01 使用“线”工具线在前视图中绘制出如图5-75所示的样条线。

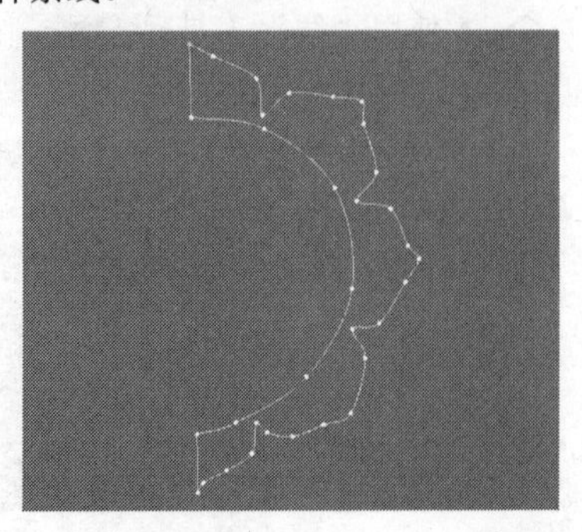
图5-75

02 为样条线加载一个"挤出"修改器，然后在"参数"卷展栏下设置"数量"为2mm，模型效果如图5-76所示。

03 为模型加载一个"对称"修改器，然后在"参数"卷展栏下设置"镜像轴"为x轴，如图5-77所示。

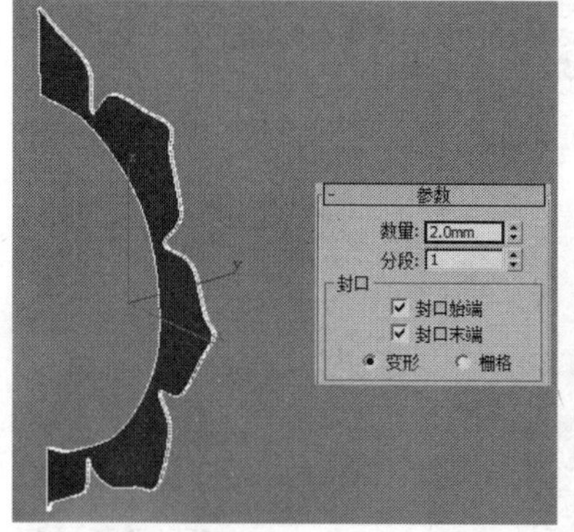

图5-76

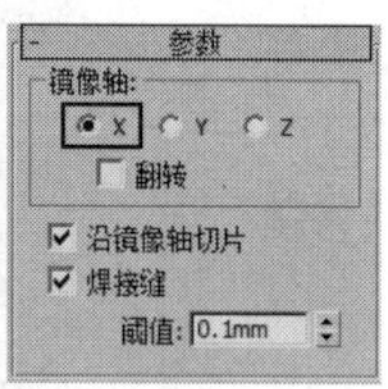

图5-77

04 选择"对称"修改器的"镜像"次物体层级，如图5-78所示，然后在视图中调整好镜像轴的位置，如图5-79所示。

图5-78

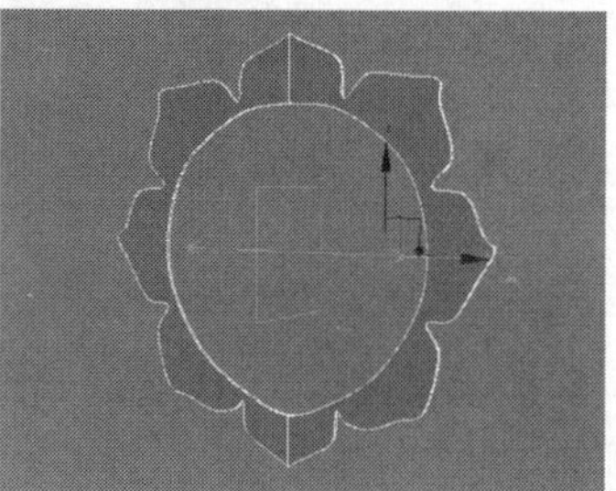

图5-79

05 使用"线"工具 线 在前视图中绘制出如图5-80所示的样条线。

06 为样条线加载一个"挤出"修改器，然后在"参数"卷展栏下设置"数量"为20mm，模型效果如图5-81所示。

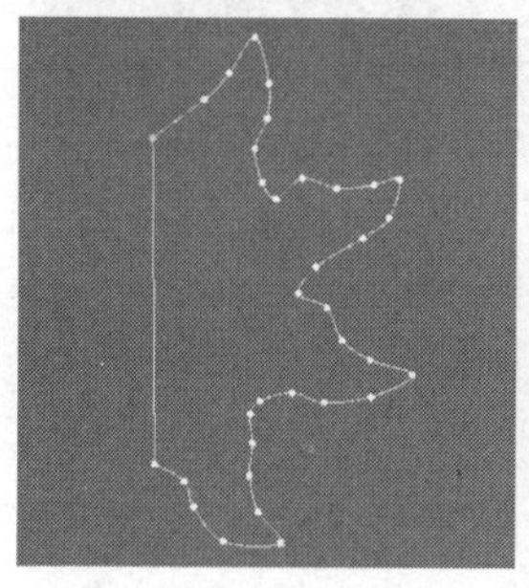

图5-80

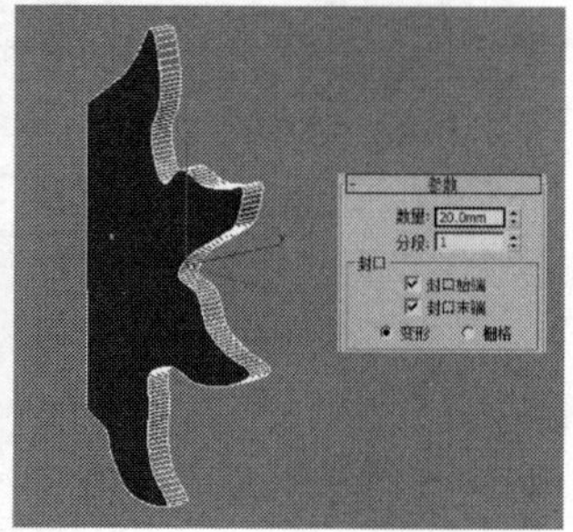

图5-81

07 为模型加载一个"对称"修改器，然后在"参数"卷展栏下设置"镜像轴"为x轴，接着选择"对称"修改器的"镜像"次物体层级，最后在前视图中调整好镜像轴的位置，如图5-82所示，最终效果如图5-83所示。

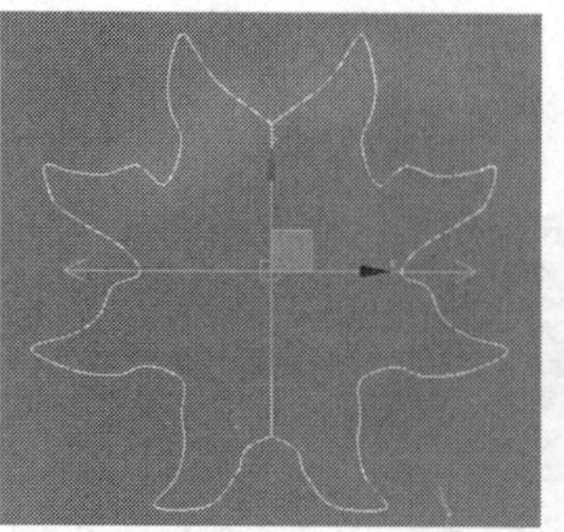

图5-82

图5-83

实战112 珠帘

场景位置	无
实例位置	DVD>实例文件>CH05>实战112.max
视频位置	DVD>多媒体教学>CH05>实战112.flv
难易指数	★☆☆☆☆
技术掌握	晶格修改器

珠帘模型如图5-84所示。

图5-84

01 使用"平面"工具 平面 在场景中创建一个平面，然后在"参数"卷展栏下设置"长度"为400mm、"宽度"为160mm、"长度分段"为15、"宽度分段"为22，模型效果如图5-85所示。

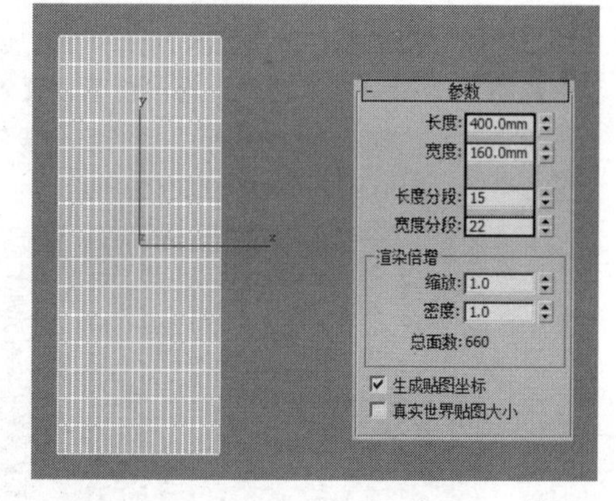

图5-85

02 为平面加载一个"晶格"修改器，然后展开"参数"卷展栏，接着在"支柱"选项组下设置"半径"为0.5mm、"边数"为6，并勾选"平滑"选项，最后在"节点"选项组下勾选"八面体"选项，并设置"半径"为4mm、"分段"为1，具体参数设置如图5-86所示，最终效果如图5-87所示。

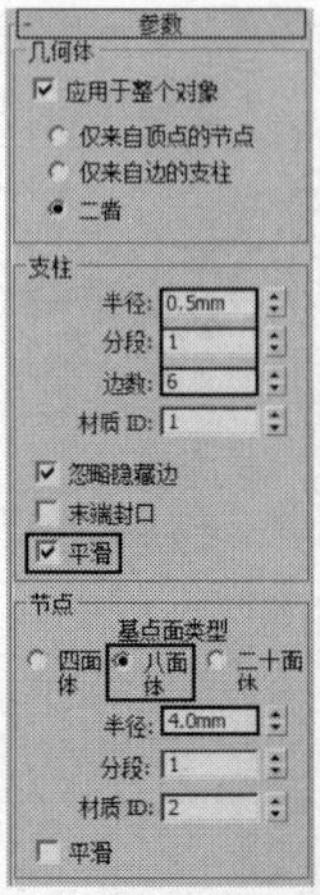

图5-86 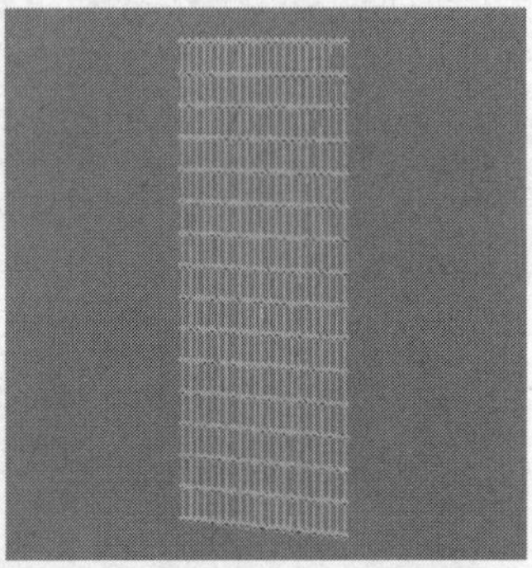　　图5-87

实战113 毛巾

场景位置	无
实例位置	DVD>实例文件>CH05>实战113.max
视频位置	DVD>多媒体教学>CH05>实战113.flv
难易指数	★★☆☆☆
技术掌握	Cloth（布料）修改器、细化修改器、网格平滑修改器、壳修改器

毛巾模型如图5-88所示。

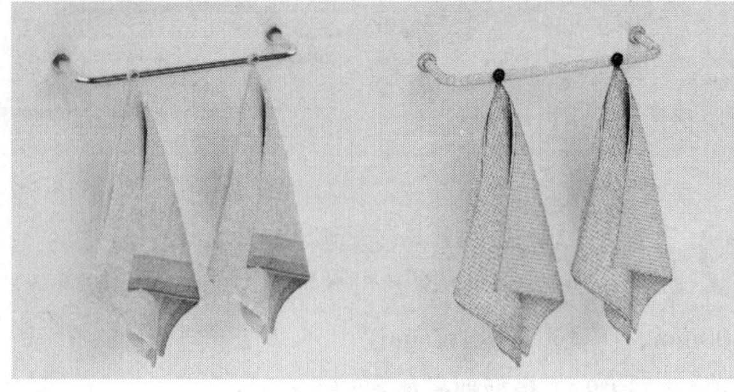

图5-88

01 使用“平面”工具 平面 在场景中创建一个平面，然后在“参数”卷展栏下设置“长度”为6200mm、“宽度”为1700mm、“长度分段”为50、“宽度分段”为10，模型效果如图5-89所示。

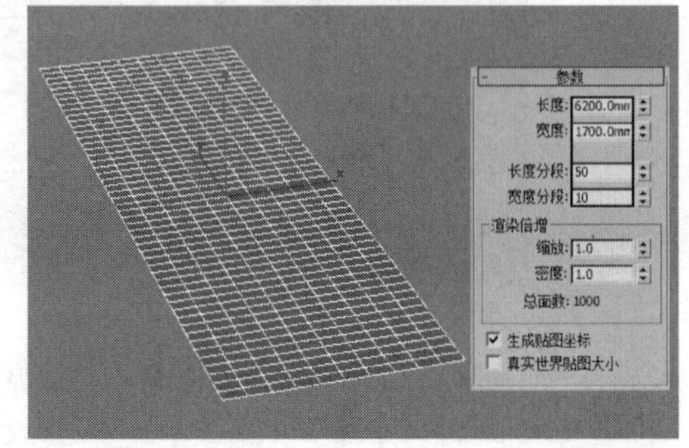

图5-89

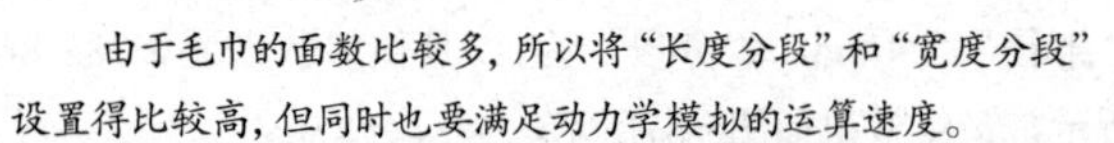

技巧与提示

由于毛巾的面数比较多，所以将“长度分段”和“宽度分段”设置得比较高，但同时也要满足动力学模拟的运算速度。

02 为平面模型加载一个Cloth（布料）修改器，然后单击“对象”卷展栏下“对象属性”按钮 对象属性，打开“对象属性”对话框，接着选择平面Plane001，再勾选“布料”选项，最后单击“确定”按钮 确定，如图5-90所示。

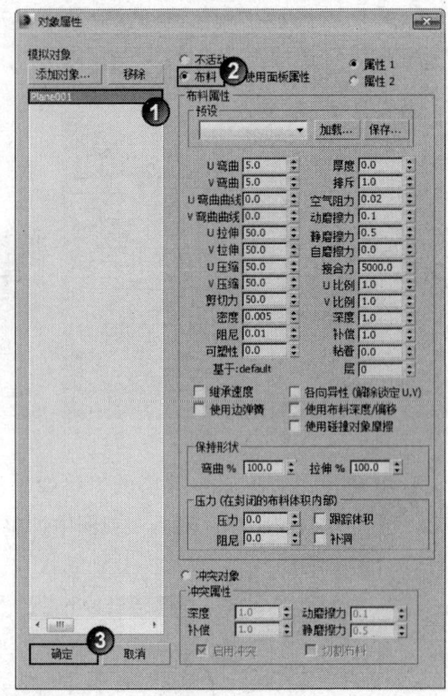

图5-90

03 选择Cloth（布料）修改器的“组”次物体层级，如图5-91所示，然后选择布料中心的两个顶点，如图5-92所示，接着在“组”卷展栏下单击“设定组”按钮 设定组，最后在弹出的“设定组”中单击“确定”按钮 确定，如图5-93所示。

图5-91 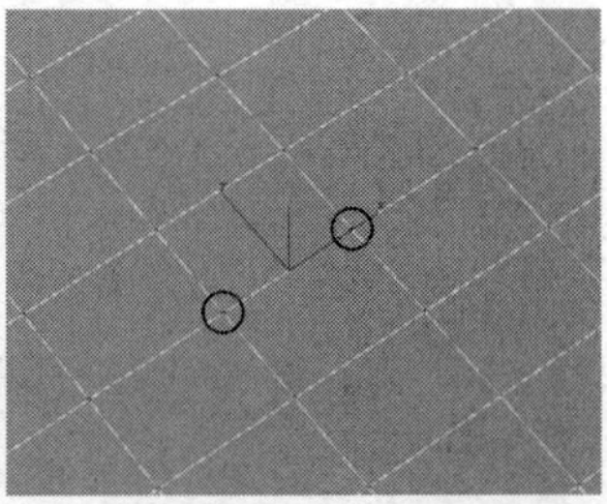　　图5-92

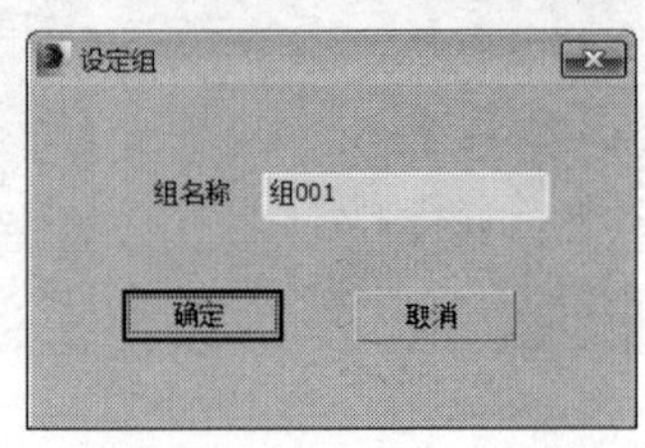

图5-93

04 在“组”卷展栏下单击“绘制”按钮 绘制，这样可以将上一步定义的组设定为“拖动”模式，如图5-94所示。

05 为了得到比较好的模拟效果，返回Cloth（布料）修改器的顶层级，在“模拟参数”卷展栏下勾选“自相冲突”以及“检查相交”选项，如图5-95所示。

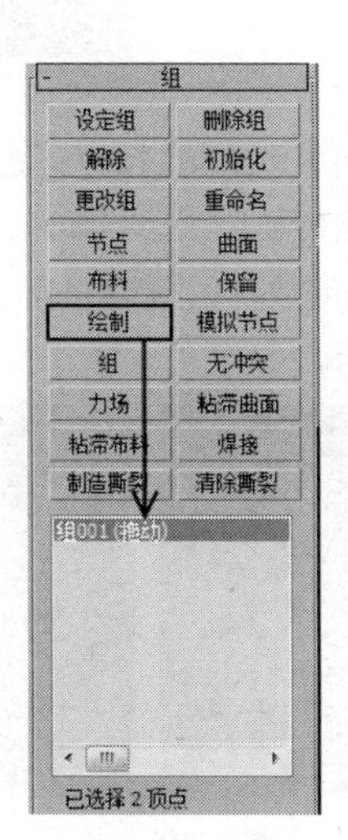

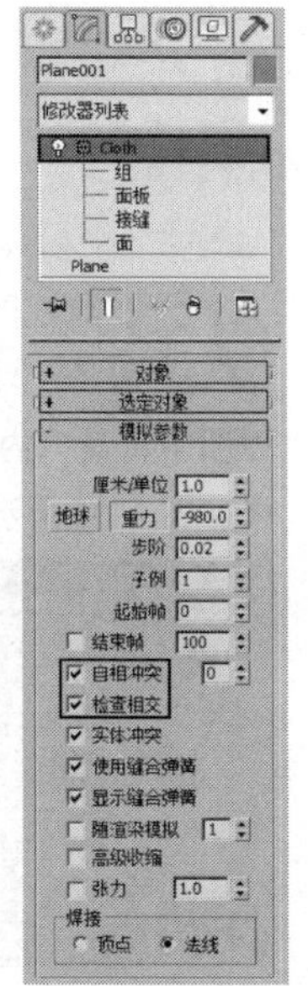

图5-94　　图5-95

技巧与提示

“自相冲突”选项可以模拟出布料自身碰撞时产生的细节；勾选“检查相交”选项的目的是为了防止布料表面产生面与面的交叉现象。

06 在“对象”卷展栏下单击“模拟局部”按钮 模拟局部 ，待布料出现比较理想的效果时单击“模拟局部”按钮 模拟局部 结束模拟，如图5-96所示。

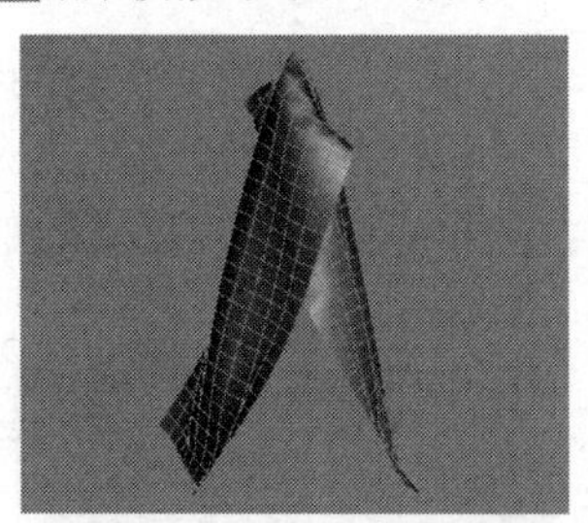

图5-96

07 为毛巾模型加载一个“细化”修改器，然后在“参数”卷展栏下设置“操作于”为“多边形”□，如图5-97所示，模型效果如图5-98所示。

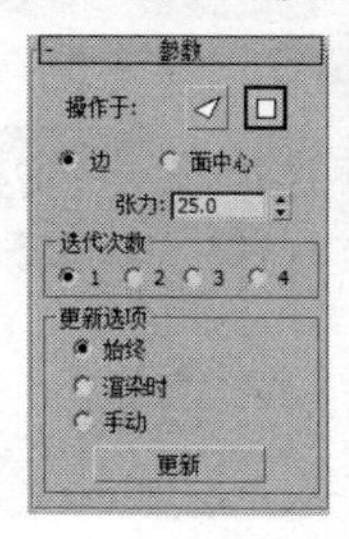

图5-97　　图5-98

技巧与提示

“细化”修改器可以增加模型的段值，这个修改器是一个很方便且很常用的修改器。

08 为毛巾模型加载一个“网格平滑”修改器，然后在“细分量”卷展栏下设置“迭代次数”为2，如图5-99所示，模型效果如图5-100所示。

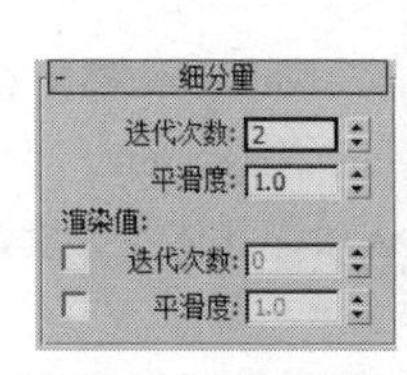

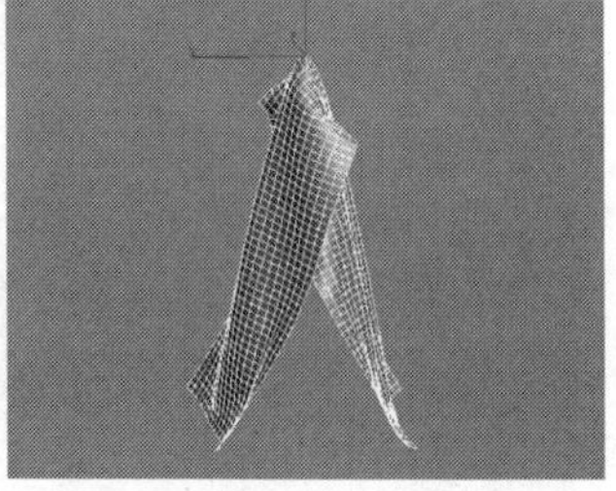

图5-99　　图5-100

09 继续为毛巾模型加载一个“壳”修改器，然后在“参数”卷展栏下设置“外部量”为10mm，如图5-101所示，最终效果如图5-102所示。

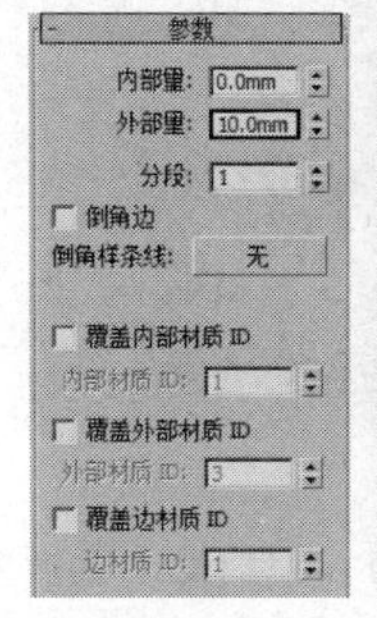

图5-101　　图5-102

实战114 旋转花瓶

场景位置	无
实例位置	DVD>实例文件>CH05>实战114.max
视频位置	DVD>多媒体教学>CH05>实战114.flv
难易指数	★★☆☆☆
技术掌握	挤出修改器、FFD（圆柱体）修改器、扭曲修改器、壳修改器

花瓶模型如图5-103所示。

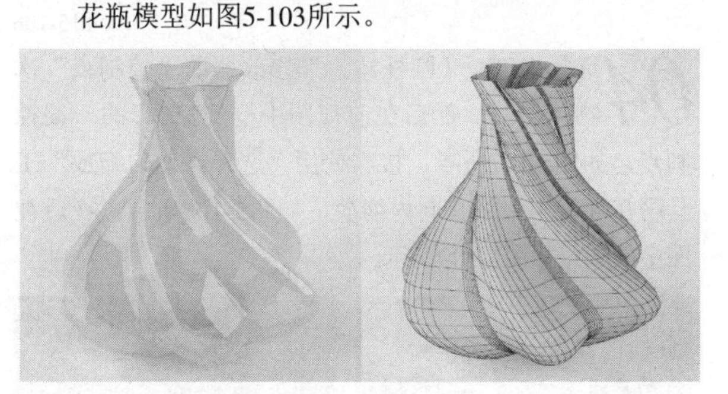

图5-103

01 使用“星形”工具 星形 在视图中绘制一个星形，然后在“参数”卷展栏下设置“半径1”为80mm、“半径2”为50mm、“点”为6、“圆角半径1”为20mm、“圆角半径2”为6mm，如图5-104所示。

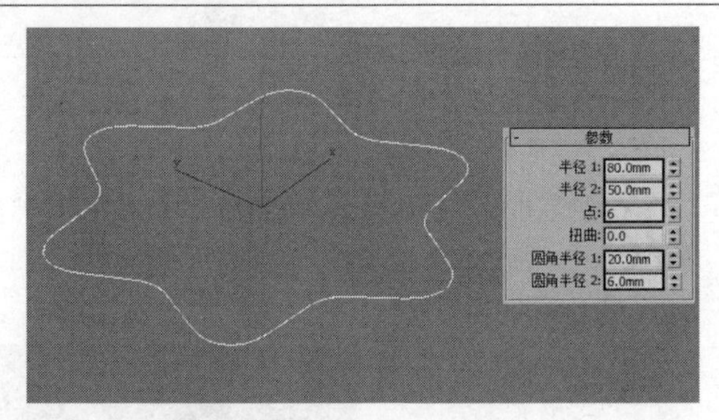

图5-104

02 为星形加载一个“挤出”修改器，然后在“参数”卷展栏下设置“数量”为180mm、“分段”为24，接着关闭“封口末端”选项，具体参数设置与模型效果如图5-105所示。

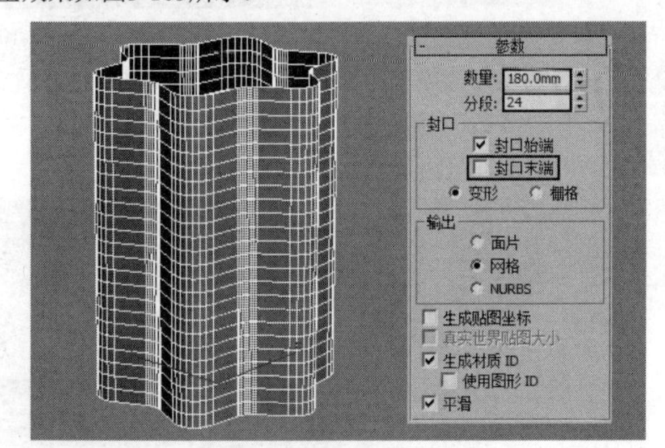

图5-105

03 为模型加载一个“FFD（圆柱体）”修改器，然后在“FFD参数”卷展栏下单击“设置点数”按钮 设置点数 ，接着在弹出的对话框中设置“侧面”为6、“径向”为2、“高度”为4，如图5-106所示。

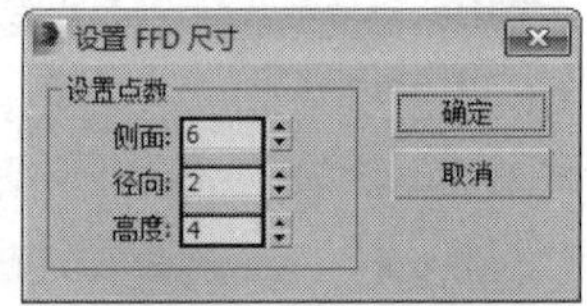

图5-106

04 选择“FFD（圆柱体）”修改器的“控制点”次物体层级，然后在前视图中框选第2行的一圈控制点，如图5-107所示，接着使用“选择并均匀缩放”工具在顶视图中将其向内缩放，如图5-108所示，在透视图中的效果如图5-109所示。

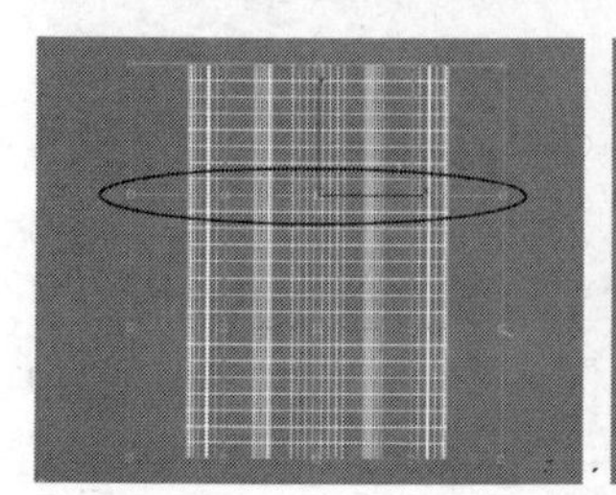

图5-107 图5-108

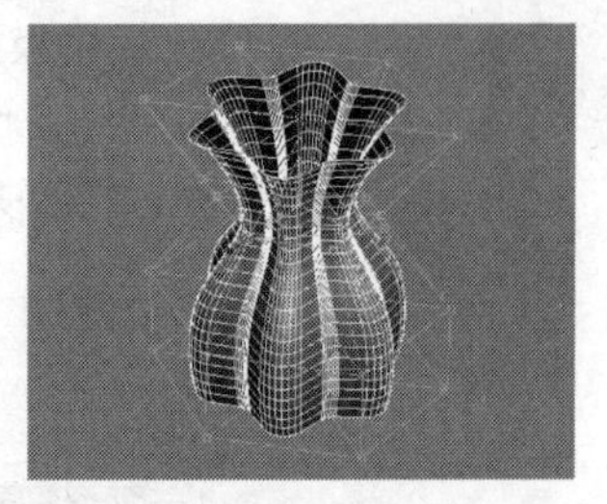

图5-109

05 在前视图中框选第1行的一圈控制点，如图5-110所示，然后使用“选择并均匀缩放”工具在顶视图中将其向内缩放，如图5-111所示，在透视图中的效果如图5-112所示。

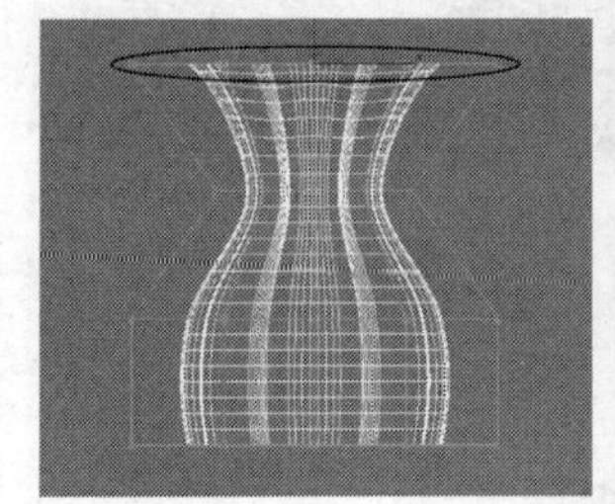

图5-110

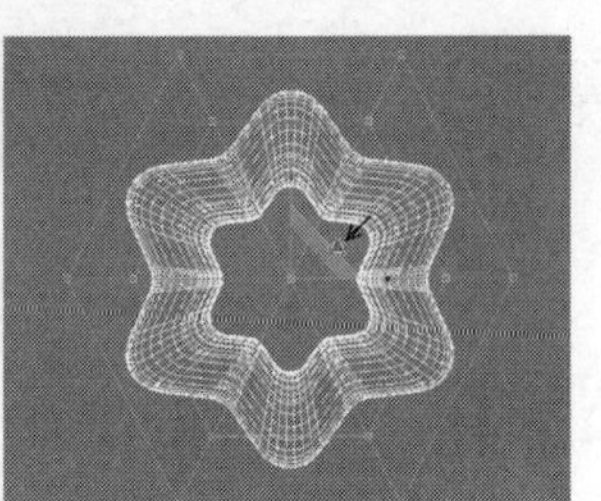

图5-111

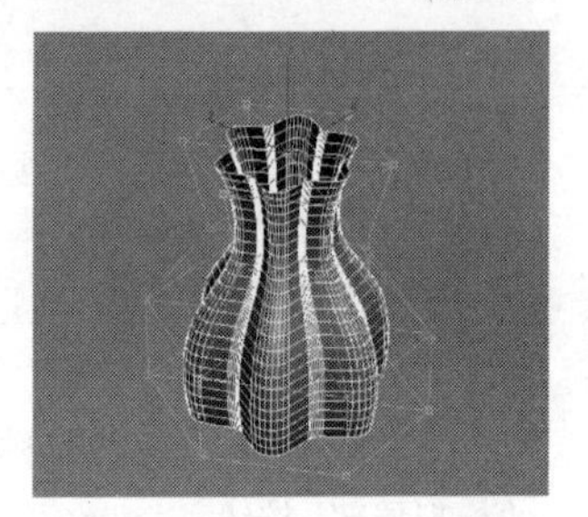

图5-112

06 在前视图中框选第3行的一圈控制点，如图5-113所示，然后使用“选择并均匀缩放”工具在顶视图中将其向外缩放，如图5-114所示，在透视图中的效果如图5-115所示。

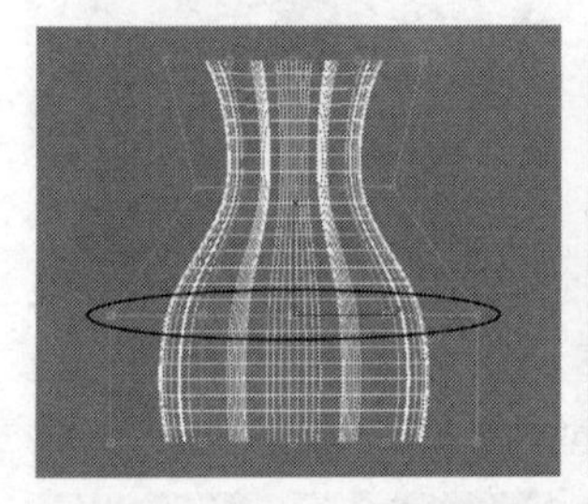

图5-113

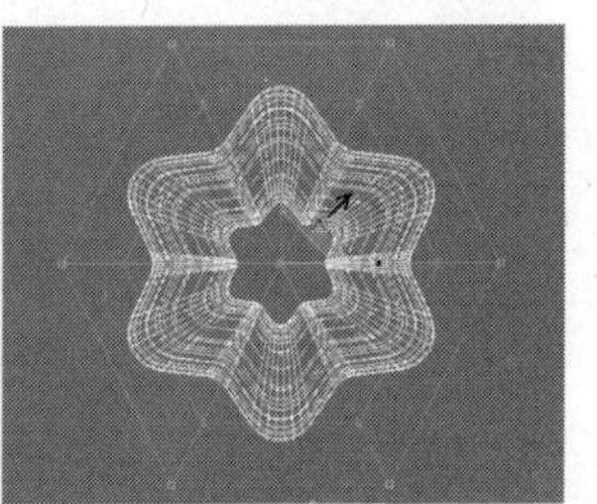

图5-114

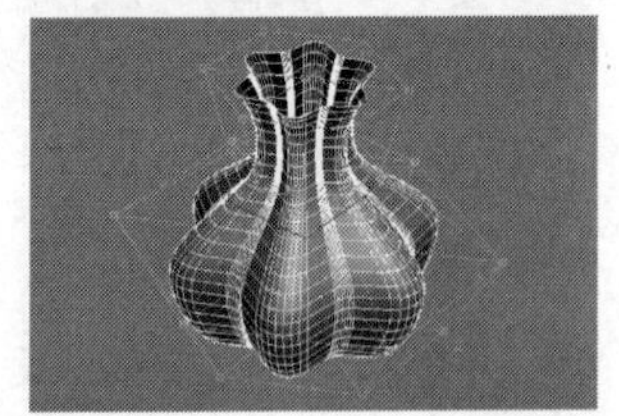

图5-115

07继续使用“选择并均匀缩放”工具和“选择并移动”工具对花瓶的细节进行调整，完成后的效果如图5-116所示。

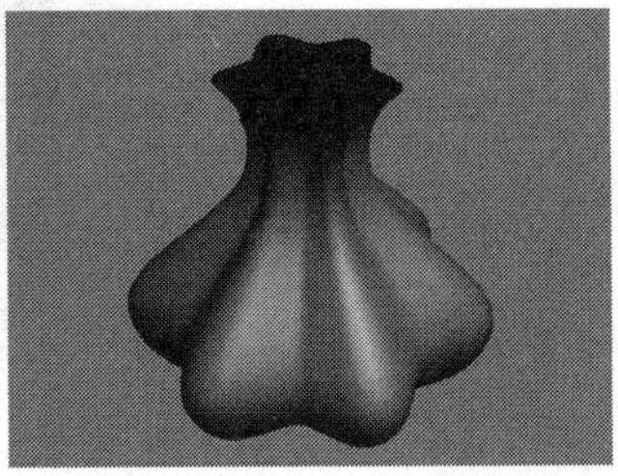

图5-116

08为模型加载一个“扭曲”修改器，然后在“参数”卷展栏下设置“角度”为115、“偏移”为45、“扭曲轴”为z轴，具体参数设置如图5-117所示，模型效果如图5-118所示。

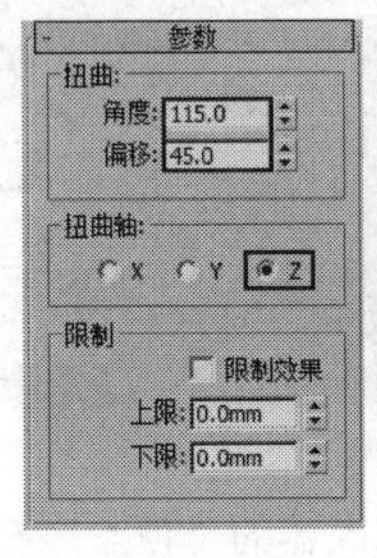

图5-117

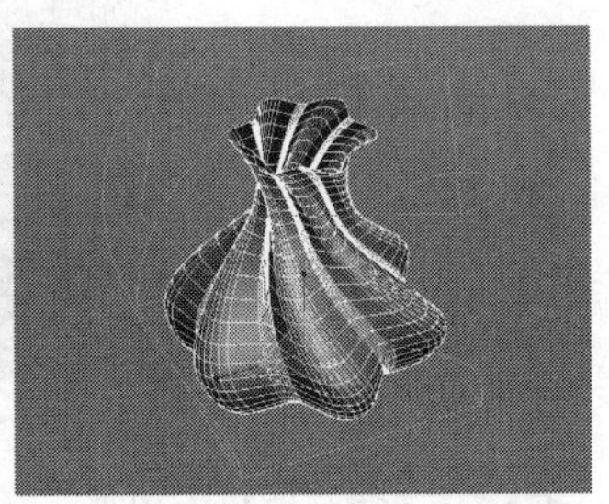

图5-118

09继续为模型加载一个“壳”修改器，然后在“参数”卷展栏下设置“外部量”为1mm，最终效果如图5-119所示。

图5-119

实战115 水龙头

场景位置	无
实例位置	DVD>实例文件>CH05>实战115.max
视频位置	DVD>多媒体教学>CH05>实战115.flv
难易指数	★★☆☆☆
技术掌握	编辑多边形修改器

水龙头模型如图5-120所示。

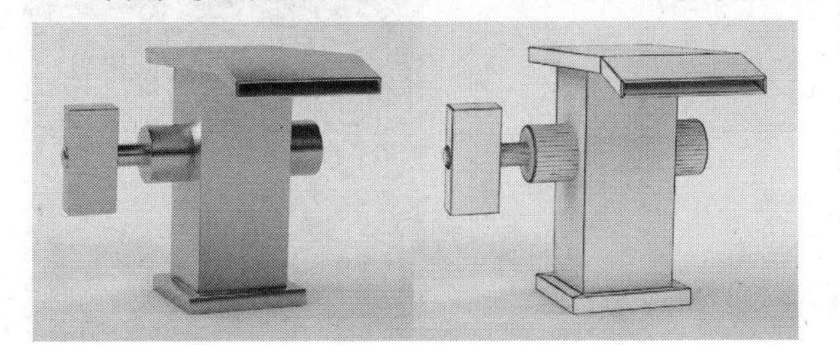

图5-120

01使用“长方体”工具长方体在场景中创建一个长方体，然后在“参数”卷展栏下设置“长度”为80mm、“宽度”为80mm、“高度”为6mm，模型效果如图5-121所示。

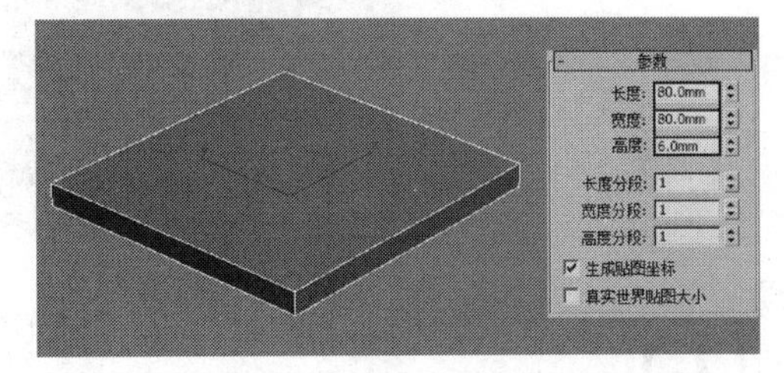

图5-121

02为长方体加载一个“编辑多边形”修改器，然后选择“多边形”次物体层级，并选择顶部的多边形，如图5-122所示，接着在“编辑多边形”卷展栏下单击“插入”按钮插入后面的“设置”按钮，最后设置“数量”为5mm，如图5-123所示。

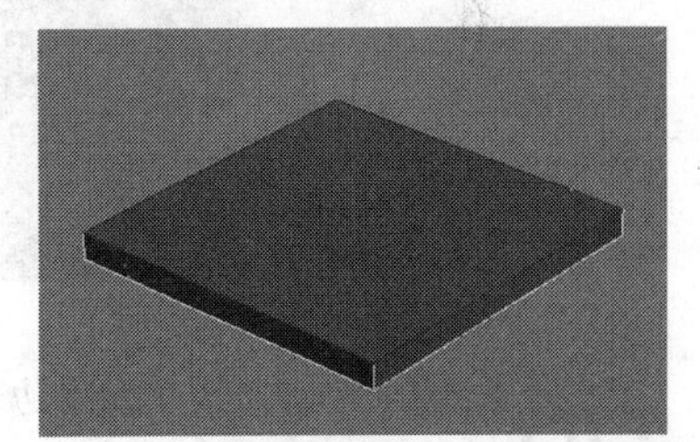

图5-122

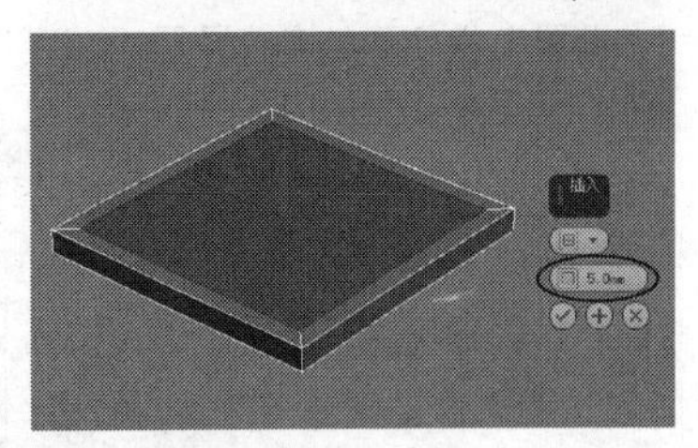

图5-123

03保持对多边形的选择，在“编辑多边形”卷展栏下单击“挤出”按钮挤出后面的“设置”按钮，然后设置“高度”为160mm，如图5-124所示。

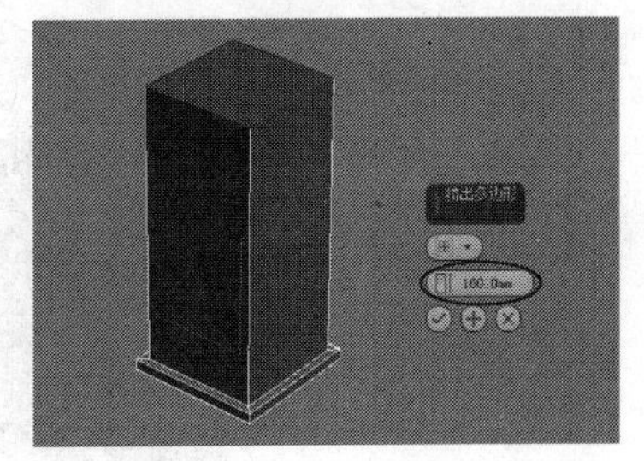

图5-124

04保持对多边形的选择，在“编辑多边形”卷展栏下单击“倒角”按钮倒角后面的“设置”按钮，然后设置“高度”为0mm、“轮廓”为16mm，如图5-125所示。

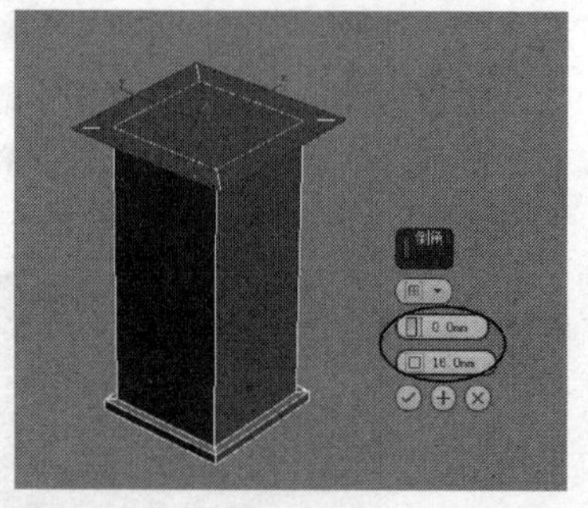

图5-125

05 保持对多边形的选择，在“编辑多边形”卷展栏下单击“挤出”按钮 挤出 后面的“设置”按钮，然后设置“高度”为10mm，如图5-126所示。

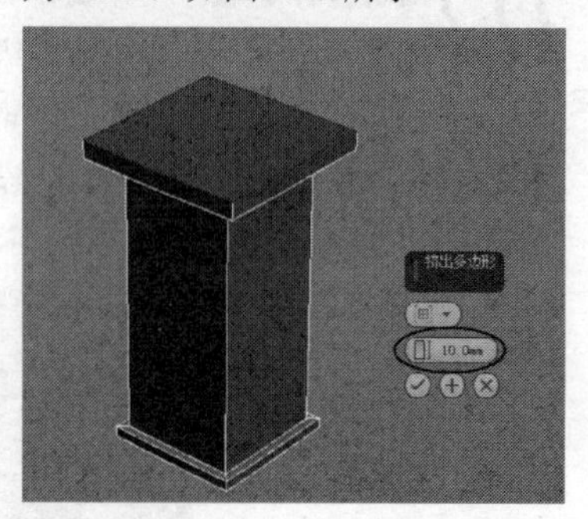

图5-126

06 选择如图5-127所示的多边形，然后在“编辑多边形”卷展栏下单击“挤出”按钮 挤出 后面的“设置”按钮，接着设置“高度”为38mm，如图5-128所示。

图5-127

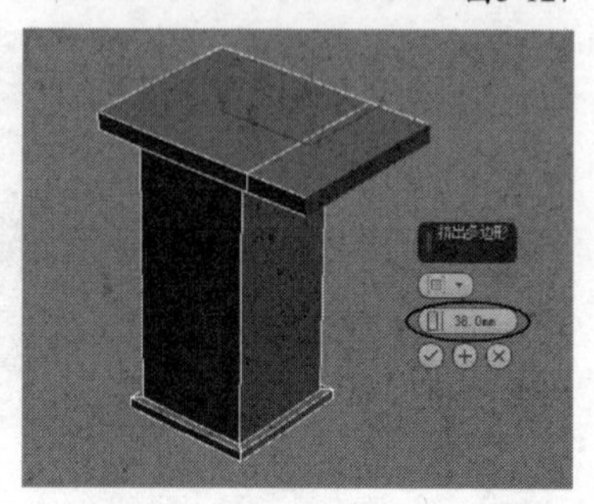

图5-128

07 保持对多边形的选择，在“编辑多边形”卷展栏下单击“插入”按钮 插入 后面的“设置”按钮，然后设置“数量”为2mm，如图5-129所示。

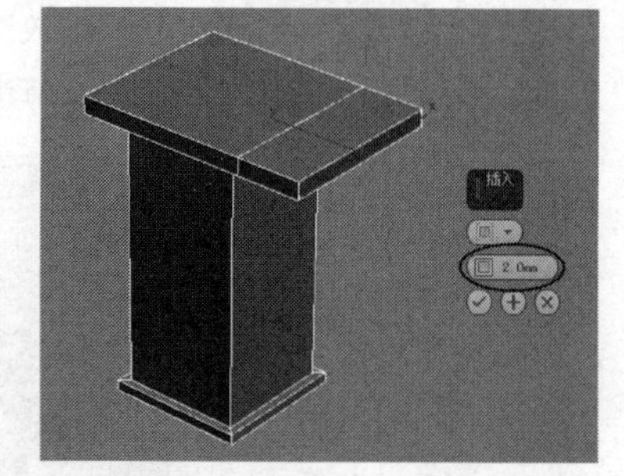

图5-129

08 保持对多边形的选择，在“编辑多边形”卷展栏下单击“挤出”按钮 挤出 后面的“设置”按钮，然后设置“高度”为-38mm，如图5-130所示。

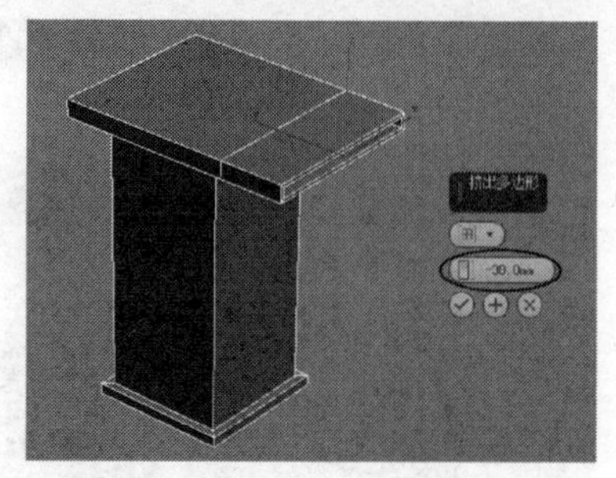

图5-130

09 选择“编辑多边形”修改器的“顶点”次物体层级，然后在左视图中框选如图5-131所示的顶点，接着使用“选择并移动”工具将其向下拖曳一段距离，如图5-132所示。

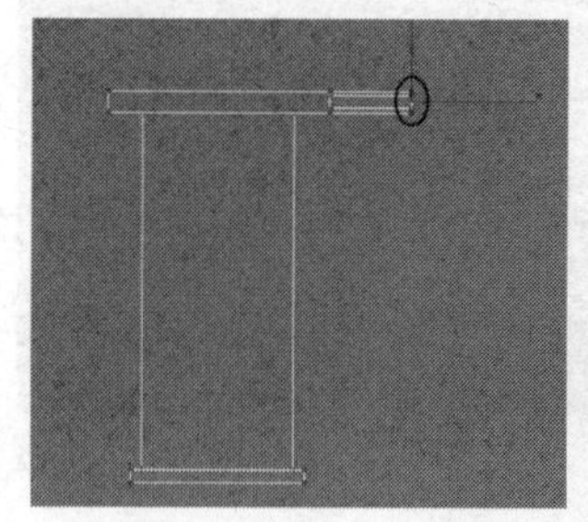

图5-131

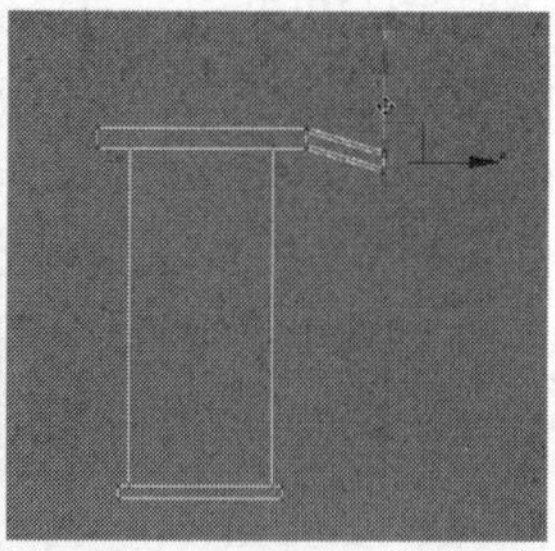

图5-132

10 选择“编辑多边形”修改器的“边”次物体层级，然后选择所有的边，如图5-133所示，接着在“编辑边”卷展栏下单击“切角”按钮 切角 后面的“设置”按钮，最后设置“边切角量”为1mm、“分段”为4，如图5-134所示。

图5-133

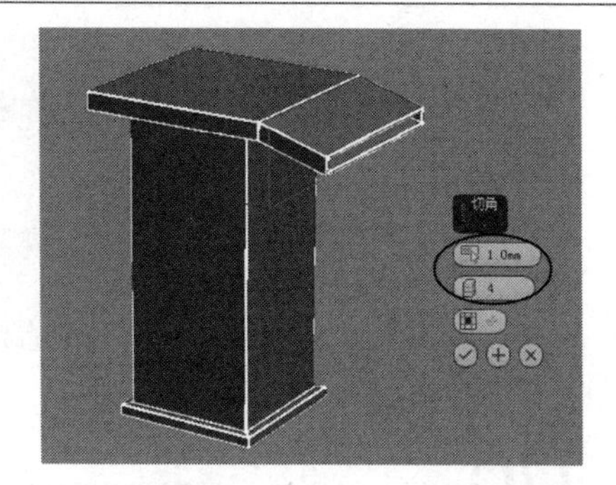

图5-134

11 使用“圆柱体”工具 圆柱体 在左视图中创建一个圆柱体，然后在“参数”卷展栏下设置“半径”为20mm、“高度”为135mm、“高度分段”为1、“边数”为36，如图5-135所示。

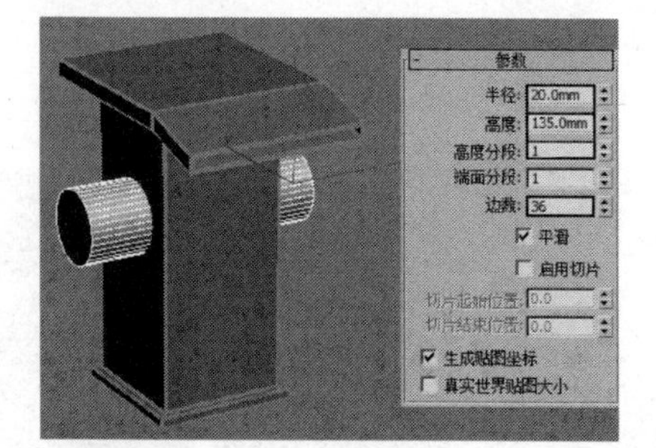

图5-135

12 为圆柱体加载一个“编辑多边形”修改器，选择“边”次物体层级，然后选择如图5-136所示的边，接着在“编辑边”卷展栏下单击“切角”按钮 切角 后面的“设置”按钮，最后设置“边切角量”为2.5mm、“分段”为7，如图5-137所示。

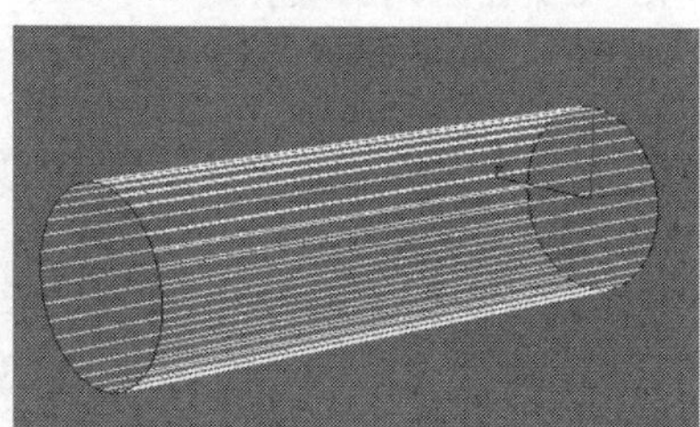

图5-136

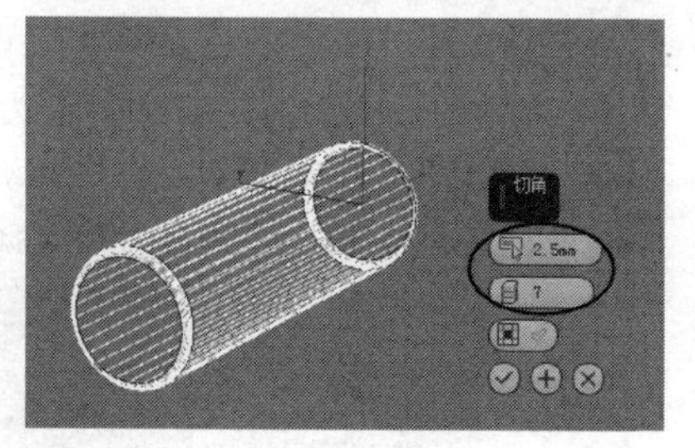

图5-137

13 使用“切角圆柱体”工具 切角圆柱体 在左视图中创建一个切角圆柱体，然后在“参数”卷展栏下设置“半径”为9mm、“高度”为70mm、“圆角”为2.5mm、“高度分段”为1、“圆角分段”为3、“边数”为24，模型位置如图5-138所示。

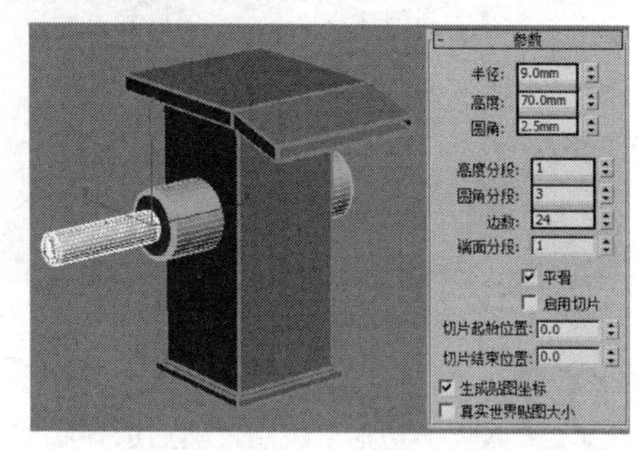

图5-138

14 使用“切换长方体”工具 切角长方体 在场景中创建一个切角长方体，然后在“参数”卷展栏下设置“长度”为20mm、“宽度”为40mm、“高度”为80mm、“圆角”为2.5mm、“圆角分段”为3，具体参数设置如图5-139所示，最终效果如图5-140所示。

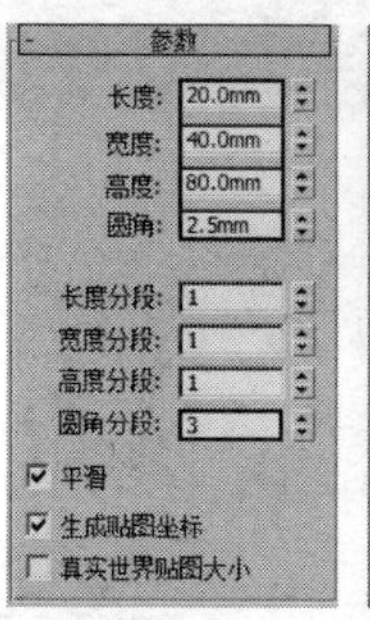

图5-139

图5-140

实战116 笤帚

场景位置	DVD>场景文件>CH05>实战116.max
实例位置	DVD>实例文件>CH05>实战116.max
视频位置	DVD>多媒体教学>CH05>实战116.flv
难易指数	★★☆☆☆
技术掌握	Hair和Fur（WSM）（毛发和毛发（WSM））修改器

笤帚模型如图5-141所示。

图5-141

01 打开光盘中的“场景文件>CH05>实战116.max”文件，如图5-142所示。

02 选择扫帚底部的模型，然后为其加载一个Hair和Fur（WSM）（毛发和毛发（WSM））修改器，此时这个模型的表面会出现很多凌乱的毛发，如图5-143所示。

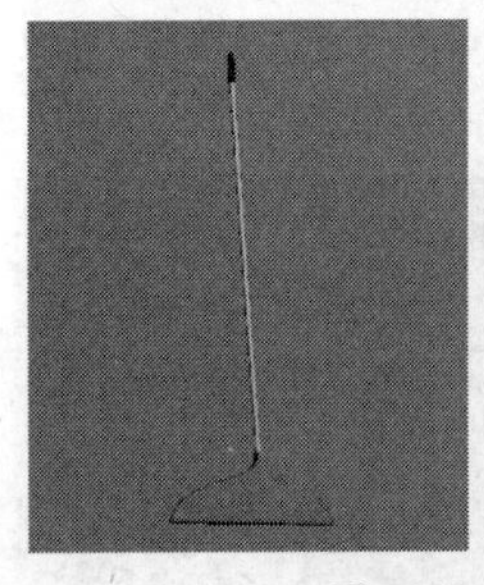

图5-142

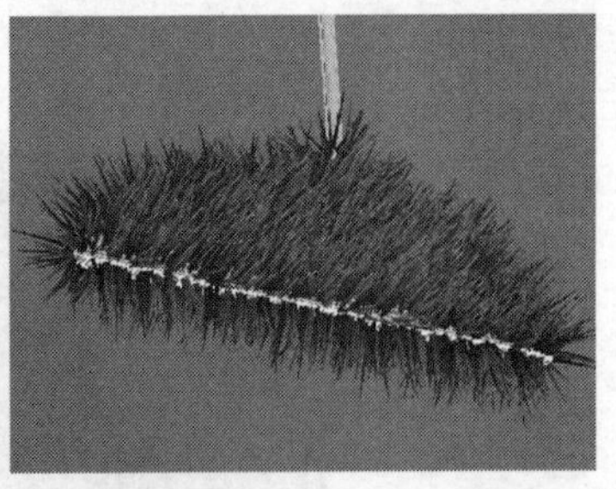

图5-143

03 在“选择”卷展栏下单击“多边形”按钮■，进入“多边形”级别，然后选择底部的多边形，如图5-144所示。

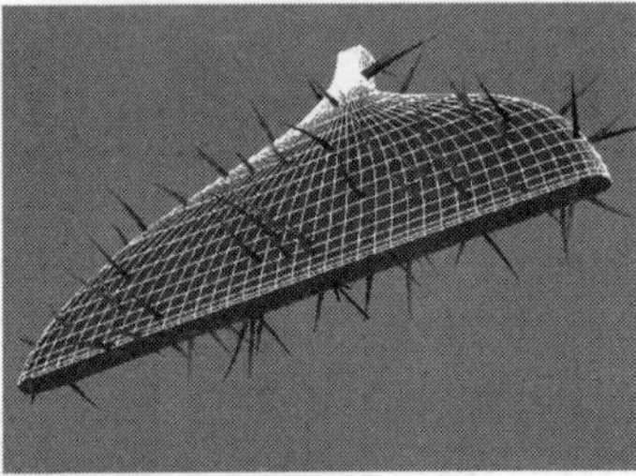

图5-144

技巧与提示 

如果毛发在视图中显示的数量过多，挡住了选择多边形的操作，可以在“显示”卷展栏下对“百分比”参数值进行调节，如图5-145所示。待多边形选择完成后再改回原来的数值。

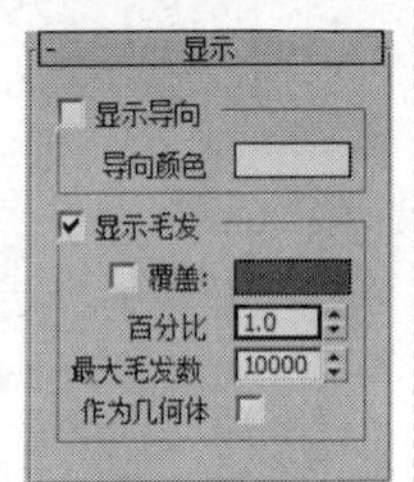

图5-145

04 在“选择”卷展栏下再次单击“多边形”按钮■，退出“多边形”级别，此时毛发就只出现在上一步选择的多边形上，如图5-146所示。

图5-146

05 展开“常规参数”卷展栏，然后设置“头发数量”为400、“随机比例”为5、“根厚度”为5、“梢厚度”为3，具体参数设置如图5-147所示，效果如图5-148所示。

图5-147

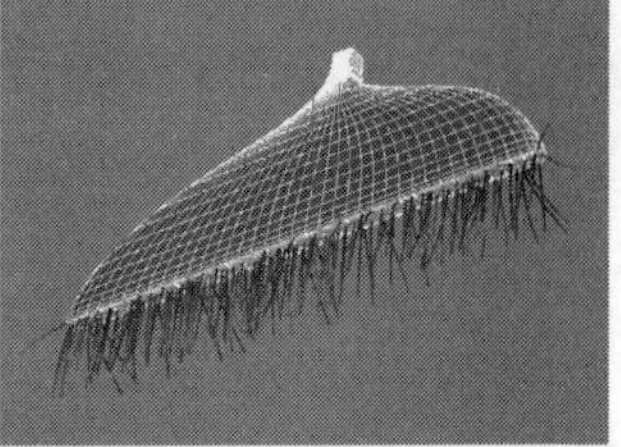

图5-148

06 展开“材质参数”卷展栏，然后设置“阻挡环境光”为100，并设置“梢颜色”为（红:96，绿:75，蓝:40）、“根颜色”为（红:48，绿:24，蓝:0），接着设置“色调变化”和“值变化”为5，再设置“高光”为30、“光泽度”为70，最后设置“自身阴影”和“几何体阴影”为0，具体参数设置如图5-149所示，效果如图5-150所示。

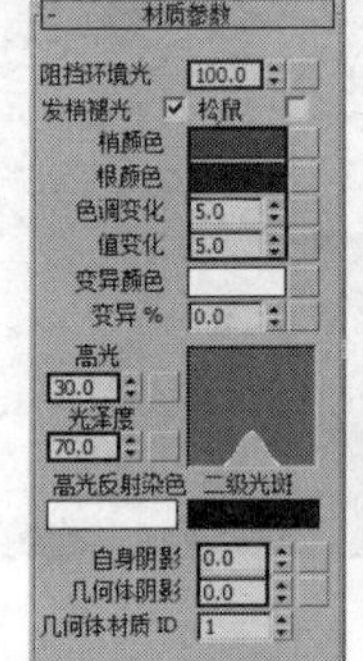

图5-149

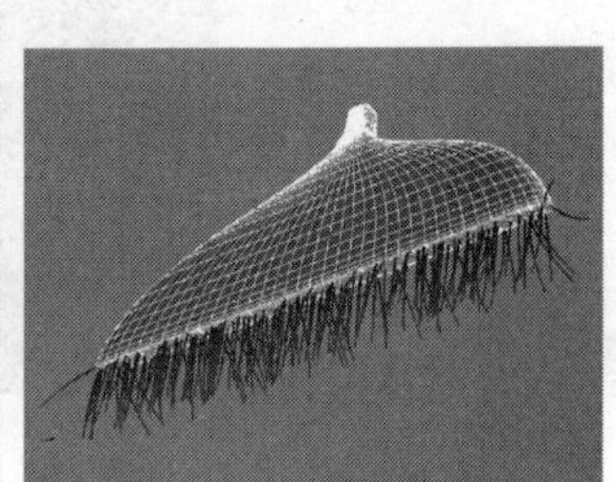

图5-150

07 展开“卷发参数”卷展栏，然后设置“卷发根”为0、“卷发梢”为20，接着在“卷发动画方向”选项组下设置y为25mm，具体参数设置如图5-151所示，效果如图5-152所示。

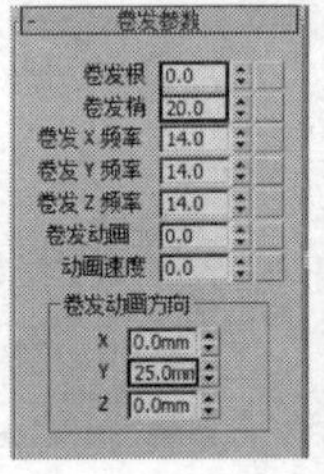

图5-151

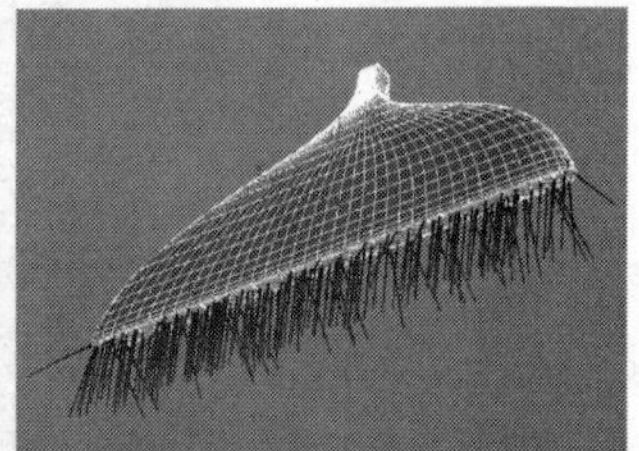

图5-152

08 展开“多股参数”卷展栏，然后设置“数量”为24、“根展开”为0.05、“梢展开”为0.3、“扭曲”为2、“偏移”为0.2、“纵横比”为1.515、“随机化”为0，具体参数设置如图5-153所示，最终效果如图5-154所示。

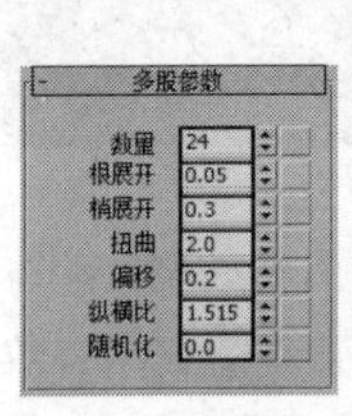

图5-153

图5-154

实战117 桌布

场景位置	无
实例位置	DVD>实例文件>CH05>实战117.max
视频位置	DVD>多媒体教学>CH05>实战117.flv
难易指数	★★★☆☆
技术掌握	Cloth（布料）修改器、细化修改器

桌布模型如图5-155所示。

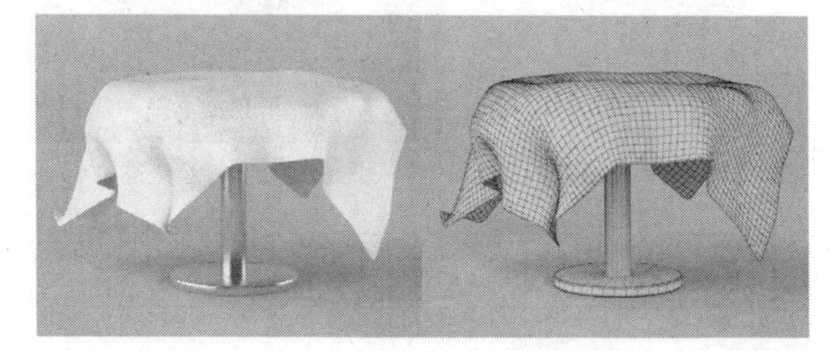

图5-155

01 下面创建桌子模型。使用“切角圆柱体”工具 切角圆柱体 在场景中创建一个切角圆柱体，然后在“参数”卷展栏下设置“半径”为80mm、“高度”为10mm、“圆角”为1mm、“高度分段”为1、“圆角分段”为3、“边数”为36，具体参数设置如图5-156所示，模型效果如图5-157所示。

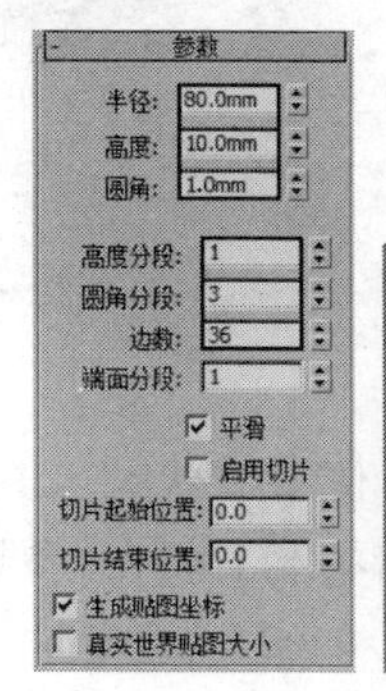

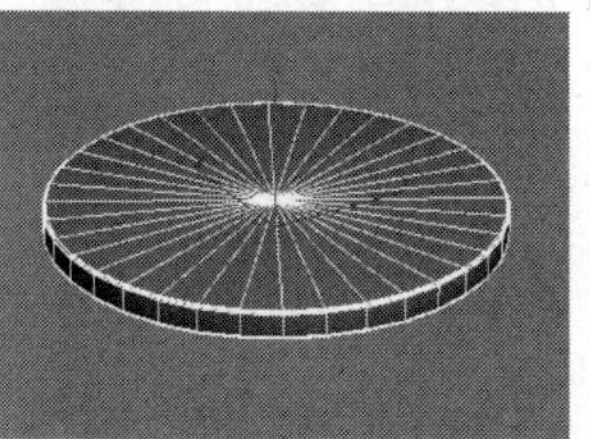

图5-156 图5-157

02 继续使用“切角圆柱体”工具 切角圆柱体 在场景中创建两个切角圆柱体，具体参数设置如图5-158和图5-159所示，模型位置如图5-160所示。

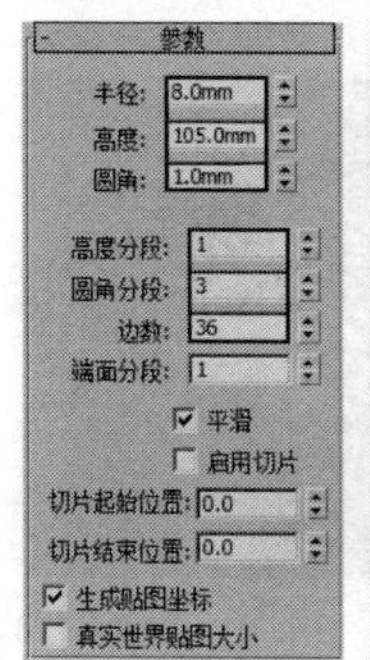

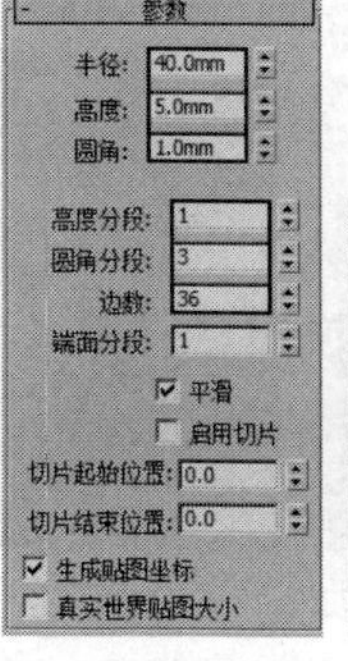

图5-158 图5-159 图5-160

03 下面创建桌布模型。使用“平面”工具 平面 在桌面的顶部创建一个平面，然后在“参数”卷展栏下设置“长度”为250mm、“宽度”为250mm、“长度分段”为20、“宽度分段”为20，具体参数设置如图5-161所示，模型效果如图5-162所示。

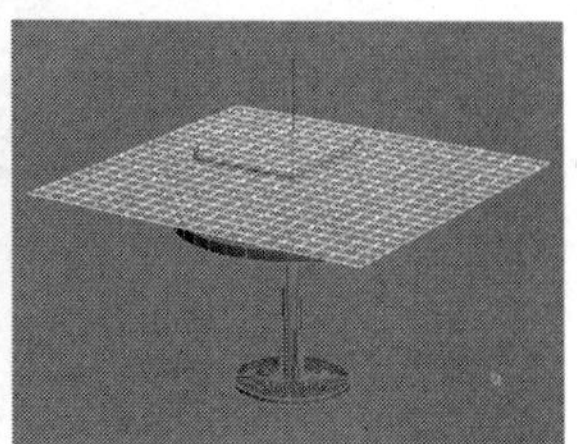

图5-161 图5-162

技巧与提示

对于制作桌布的平面，在理论上应设置比较多的分段数，这样模拟出来效果才会逼真，但过多的分段数也会增加计算时间，因此在制作时适当设置即可。

04 为平面加载一个Cloth（布料）修改器，然后在“对象”卷展栏下单击“对象属性”按钮 对象属性 ，接着在弹出的“对象属性”对话框中选择Plane001，再勾选“布料”选项，如图5-163所示。

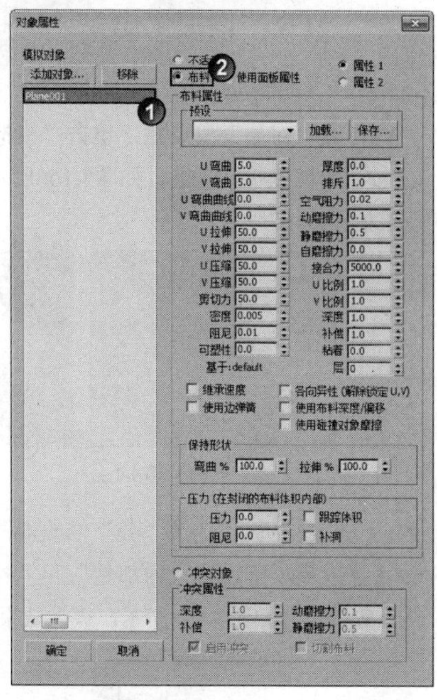

图5-163

05 单击“添加对象”按钮 添加对象... ，然后在弹出的对话框中全选模型，接着单击“添加”按钮 添加 ，如图5-164所示。

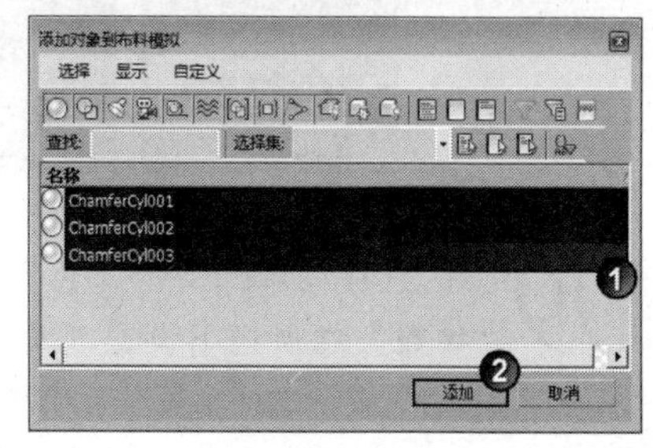

图5-164

06 选择添加的3个切角圆柱体，然后勾选“冲突对象”选项，接着单击“确定”按钮 确定 ，如图5-165所示。

图5-165

07 在“对象”卷展栏下单击“模拟”按钮 模拟 开始模拟布料效果，如图5-166所示，模拟完成后的效果如图5-167所示。

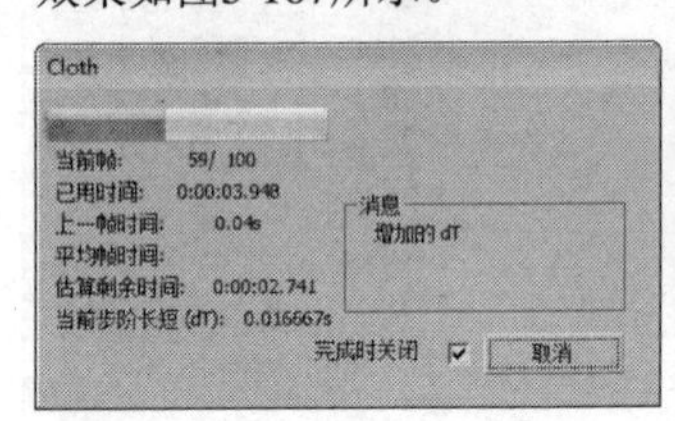

图5-166　　图5-167

08 为桌布加载一个“壳”修改器，然后在“参数”卷展栏下设置“内部量”和“外部量”为1mm，具体参数设置如图5-168所示，模型效果如图5-169所示。

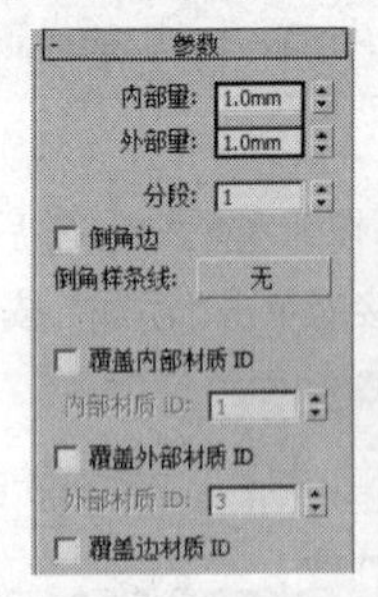

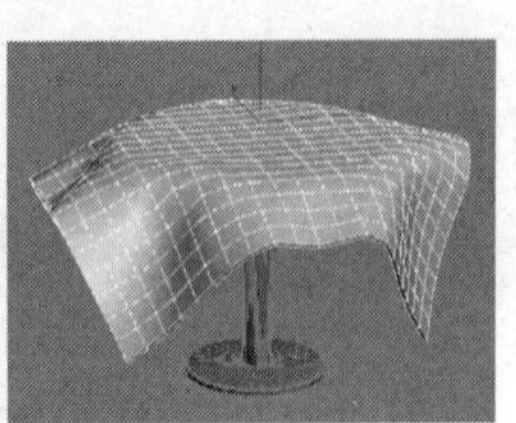

图5-168　　图5-169

09 继续为模型加载一个“细化”修改器，然后在“参数”卷展栏下设置“操作于”为“多边形” □，接着设置“迭代次数”为2，具体参数设置如图5-170所示，最终效果如图5-171所示。

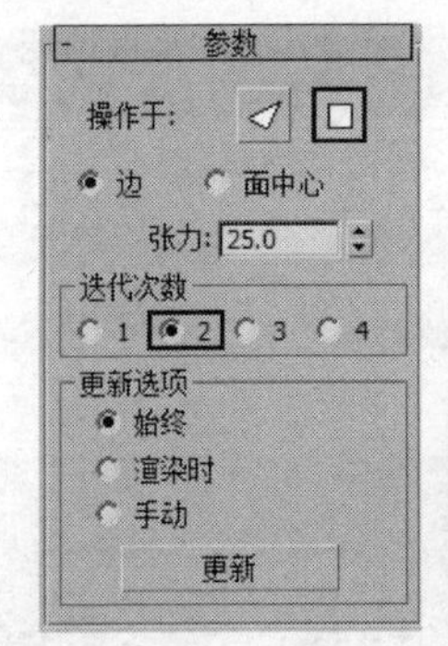

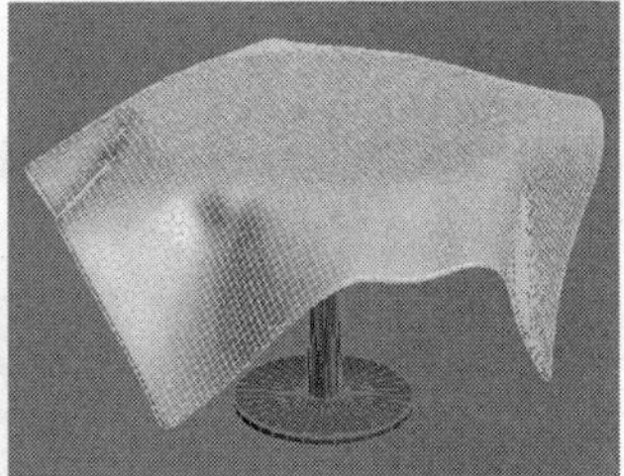

图5-170　　图5-171

实战118 单人沙发

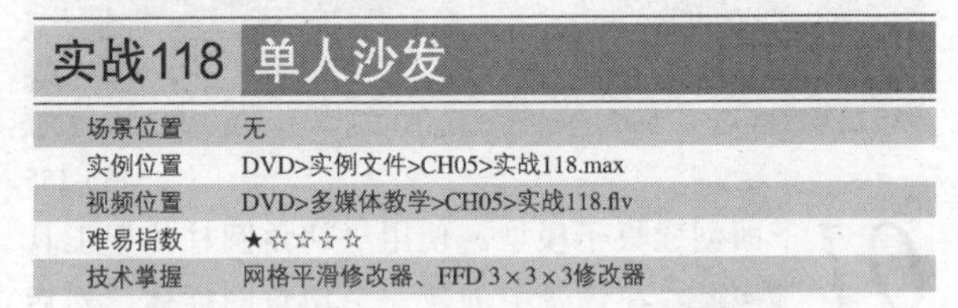

场景位置	无
实例位置	DVD>实例文件>CH05>实战118.max
视频位置	DVD>多媒体教学>CH05>实战118.flv
难易指数	★☆☆☆☆
技术掌握	网格平滑修改器、FFD 3×3×3修改器

单人沙发模型如图5-172所示。

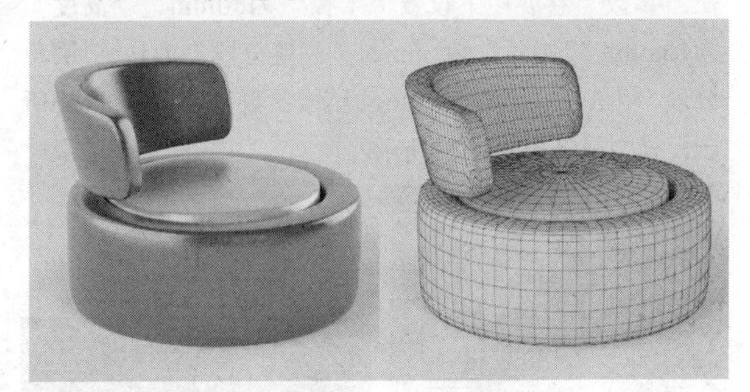

图5-172

01 下面创建座垫模型。使用“管状体”工具 管状体 在场景中创建一个管状体，然后在“参数”卷展栏下设置“半径1”为55mm、“半径2”为40mm、“高度”为40mm、“高度分段”为1、“边数”为18，具体参数设置如图5-173所示，模型效果如图5-174所示。

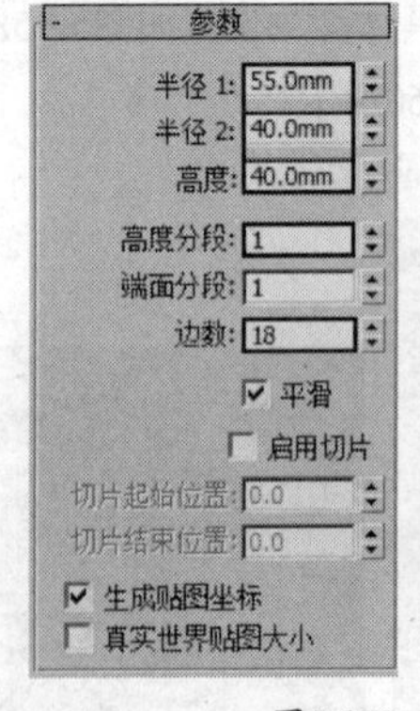

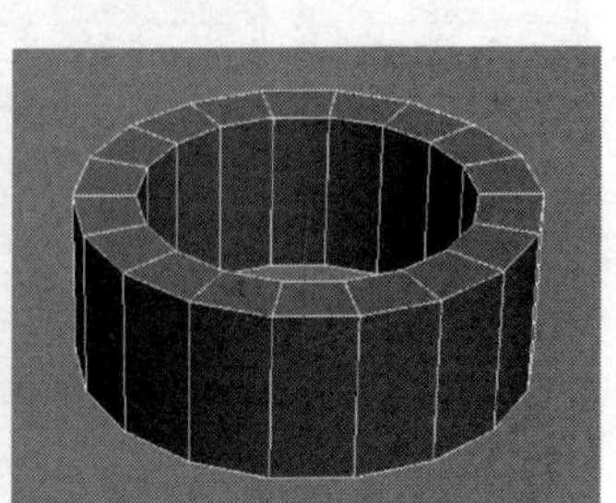

图5-173　　图5-174

02 将管状体转换为可编辑多边形，进入“边”级别，然后选择如图5-175所示的4条边，接着在“选择”卷展栏下单击“循环”按钮 循环 ，这样可以选择所有环形边，如图5-176所示。

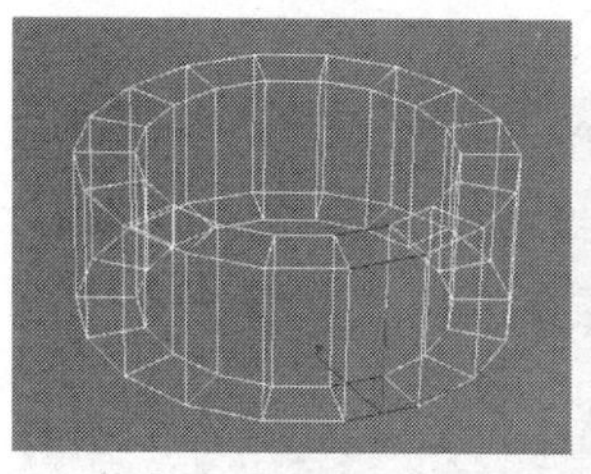

图5-175

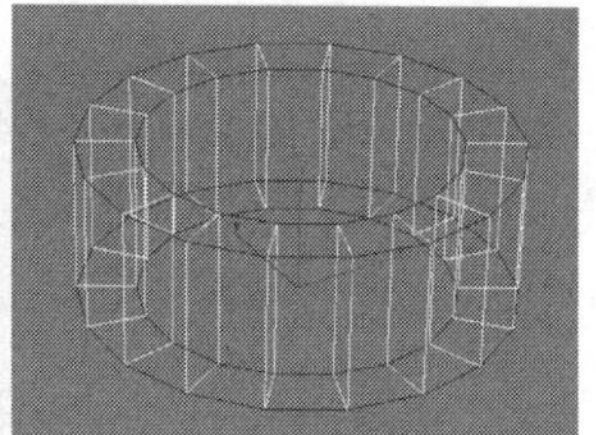

图5-176

03 在“编辑边”卷展栏下单击“切角”按钮 切角 后面的“设置”按钮，然后设置“边切角量”为2mm，如图5-177所示。

04 为模型加载一个“网格平滑”修改器，然后在“细分量”卷展栏下设置“迭代次数”为1，模型效果如图5-178所示。

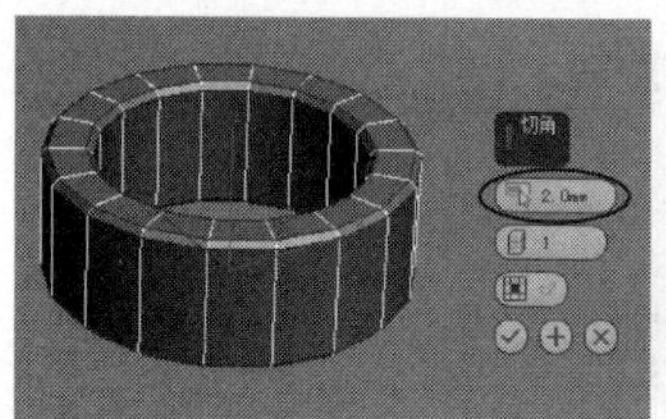

图5-177

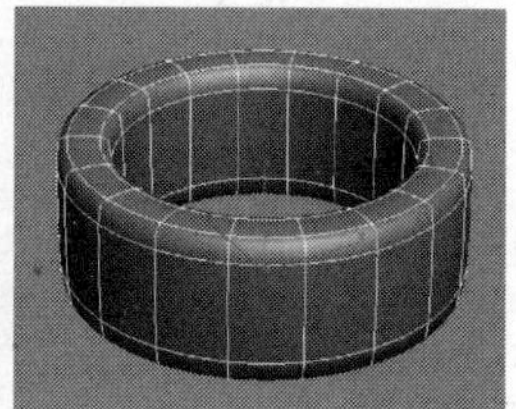

图5-178

05 使用“圆柱体”工具 圆柱体 在场景中创建一个圆柱体，然后在“参数”卷展栏下设置“半径”为40mm、“高度”为41mm、“高度分段”为1、“端面分段”为3，具体参数设置如图5-179所示，模型位置如图5-180所示。

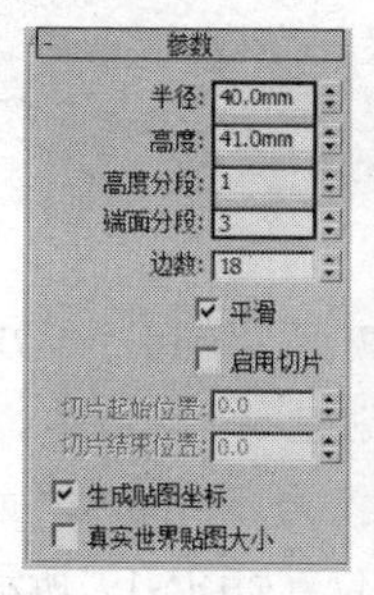

图5-179

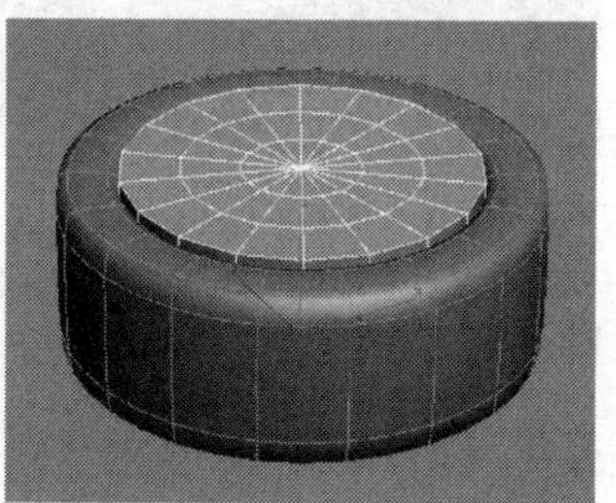

图5-180

06 将圆柱体转换为可编辑多边形，进入“边”级别，然后选择如图5-181所示的边，接着在“编辑边”卷展栏下单击“切角”按钮 切角 后面的“设置”按钮，最后设置“边切角量”为2mm，如图5-182所示。

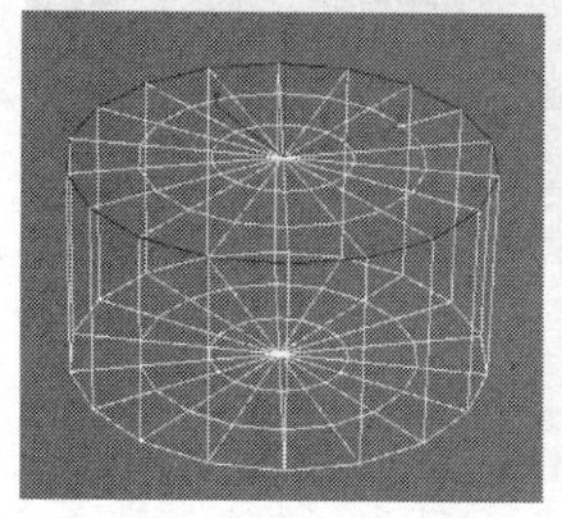

图5-181

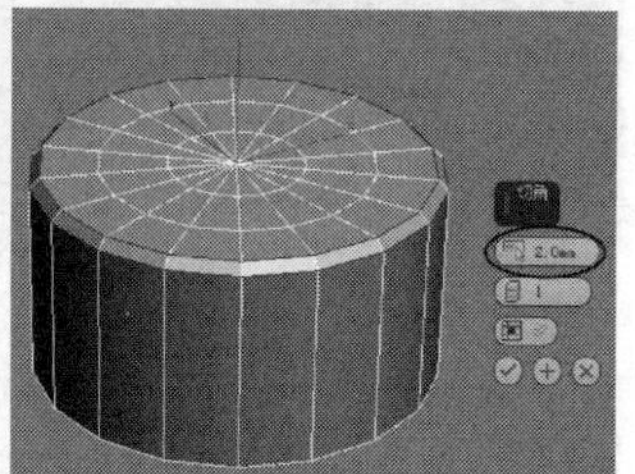

图5-182

07 为模型加载一个“网格平滑”修改器，然后在“细分量”卷展栏下设置“迭代次数”为1，模型效果如图5-183所示。

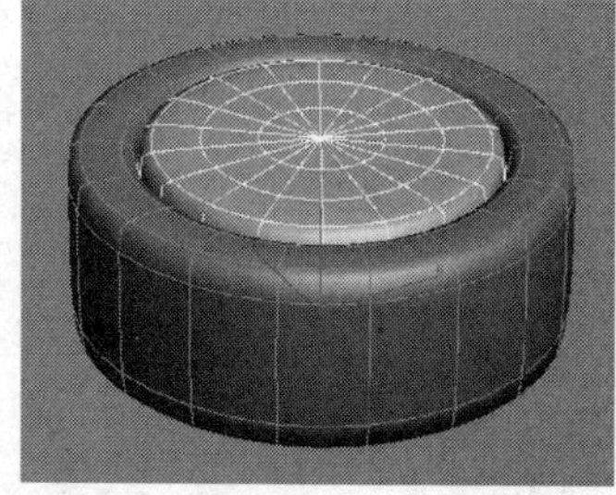

图5-183

08 下面创建靠背模型。使用“管状体”工具 管状体 在场景中创建一个管状体，然后在“参数”卷展栏下设置“半径1”为45mm、“半径2”为54mm、“高度”为35mm，接着勾选“切片启用”选项，最后设置“切片起始位置”为0、“切片结束位置”为-150，具体参数设置如图5-184所示，模型如图5-185所示。

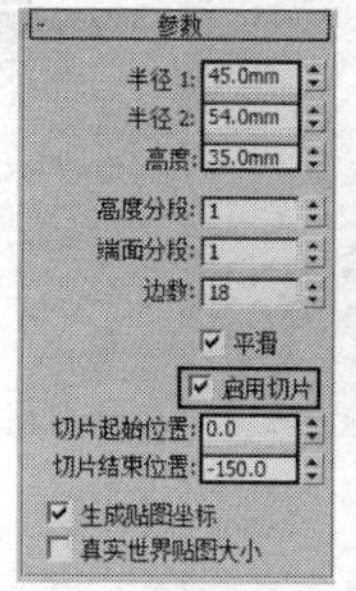

图5-184

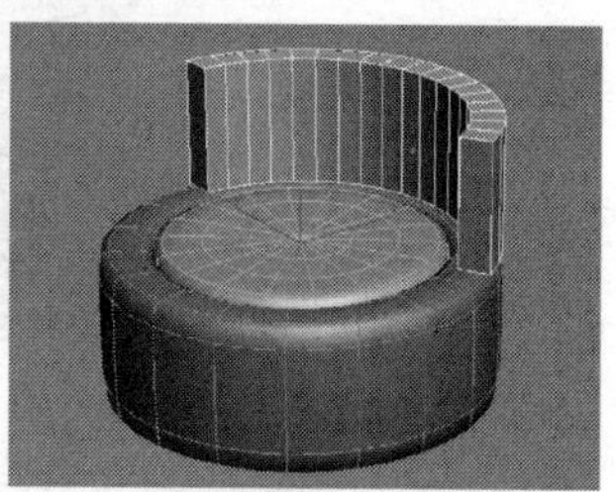

图5-185

09 将管状体转换为可编辑多边形，进入“边”级别，然后选择如图5-186所示的边，接着在“编辑边”卷展栏下单击“切角”按钮 切角 后面的“设置”按钮，最后设置“边切角量”为2mm，如图5-187所示。

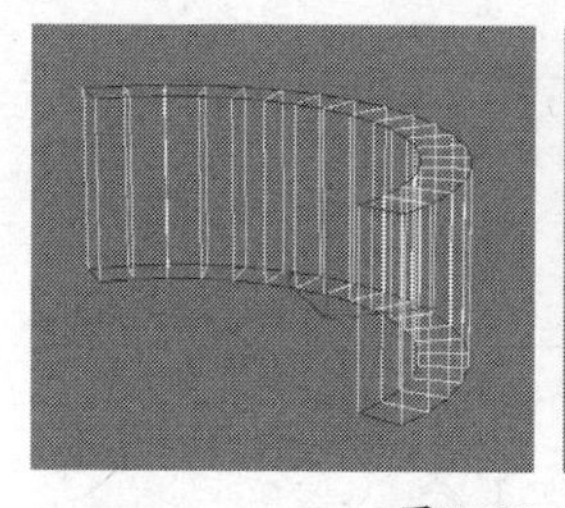

图5-186

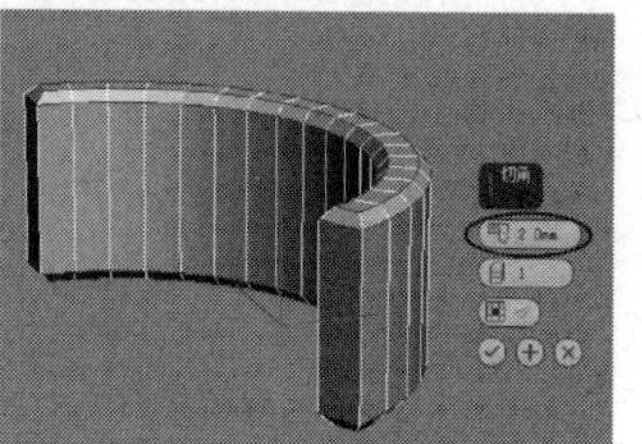

图5-187

10 为模型加载一个“网格平滑”修改器，然后在“细分量”卷展栏下设置“迭代次数”为1，效果如图5-188所示。

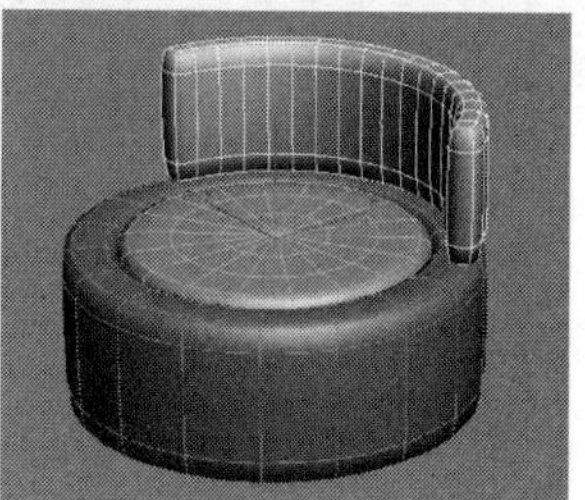

图5-188

11 为模型加载一个FFD 3×3×3修改器，然后选择“控制点”次物体层级，接着在各视图中对控制点进行调节，如图5-189所示，最终效果如图5-190所示。

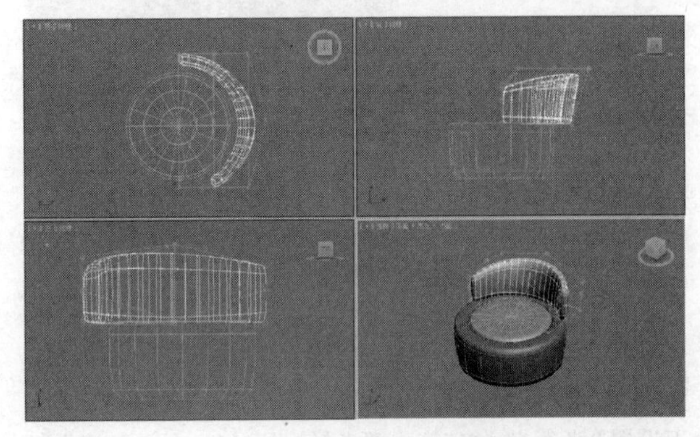

图5-189

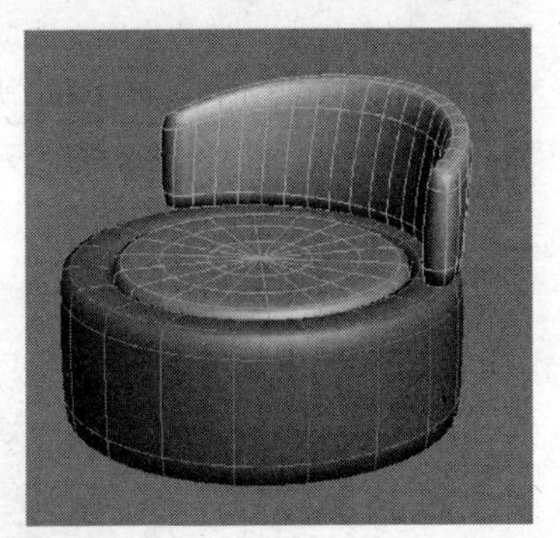

图5-190

实战119 木椅

场景位置	无
实例位置	DVD>实例文件>CH05>实战119.max
视频位置	DVD>多媒体教学>CH05>实战119.flv
难易指数	★★☆☆☆
技术掌握	FFD 3×3×3修改器、FFD（长方体）修改器

木椅模型如图5-191所示。

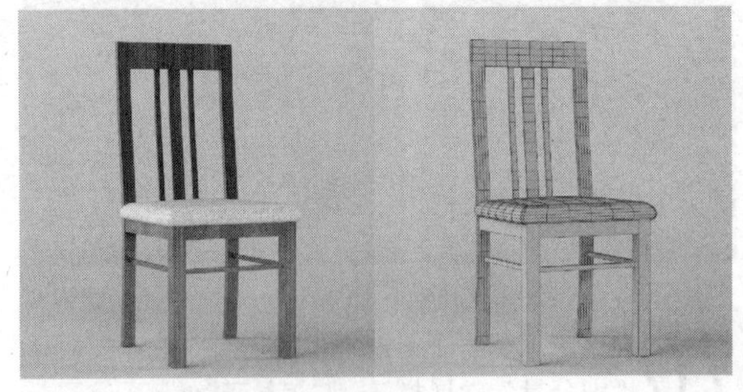

图5-191

01 下面创建座垫模型。使用“切角长方体”工具 切角圆柱体 在场景中创建一个切角长方体，然后在“参数”卷展栏下设置“长度”为150mm、“宽度”为160mm、“高度”为20mm、“圆角”为3mm、“长度分段”为6、“宽度分段”为6、“高度分段”为4，具体参数设置如图5-192所示，模型效果如图5-193所示。

图5-192

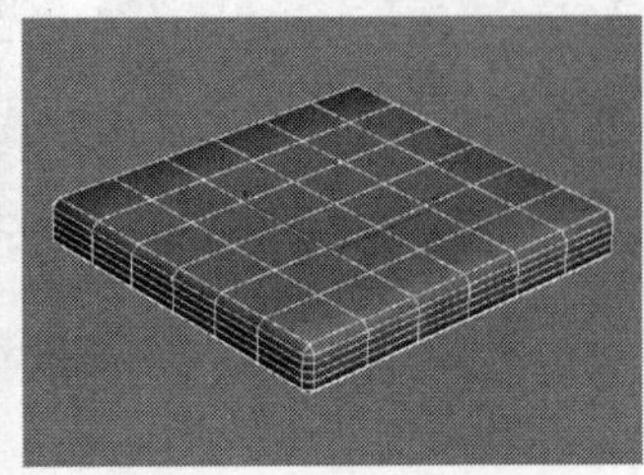

图5-193

02 为切角长方体加载一个FFD 3×3×3修改器，然后选择“控制点”次物体层级，接着在前视图中框选顶部的9个控制点，如图5-194所示，最后使用“选择并均匀缩放”工具在顶视图中向内缩放控制点，如图5-195所示，在透视图中的效果如图5-196所示。

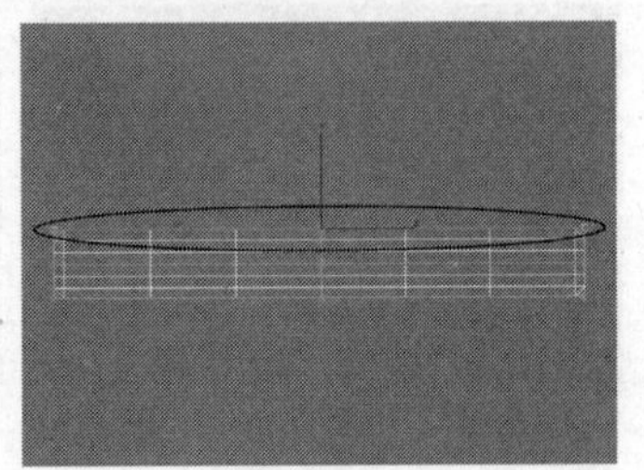

图5-194

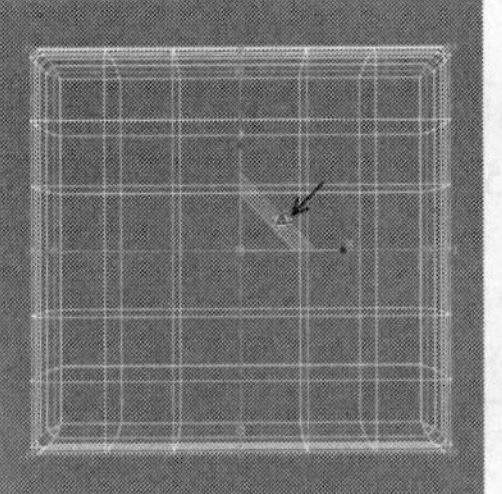

图5-195

图5-196

03 下面创建腿部和靠背模型。使用“长方体”工具 长方体 在场景中创建一个长方体，然后在“参数”卷展栏下设置“长度”为150mm、“宽度”为5mm、“高度”为5mm，模型位置如图5-197所示，接着复制3个长方体到另外3个位置，完成后的效果如图5-198所示。

图5-197

图5-198

04 继续使用“长方体”工具 长方体 创建如图5-199~图5-204所示的模型（注意这些模型的摆放位置）。

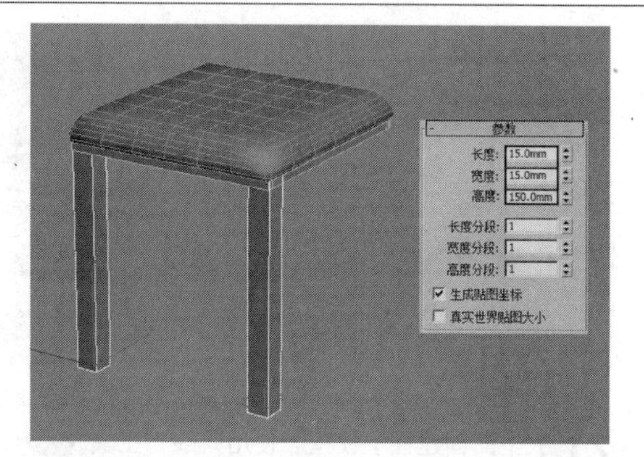

图5-199

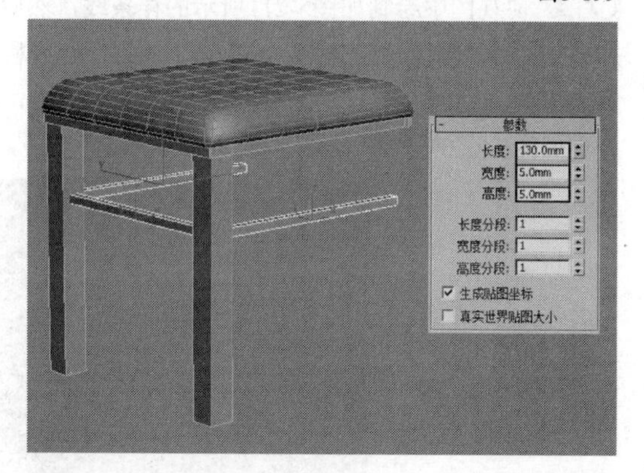

图5-200

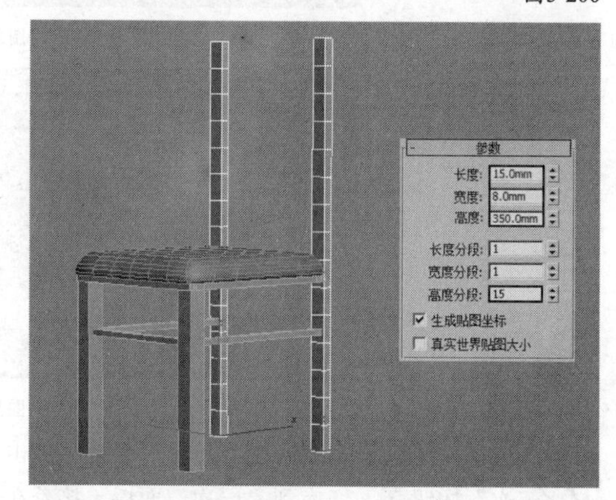

图5-201

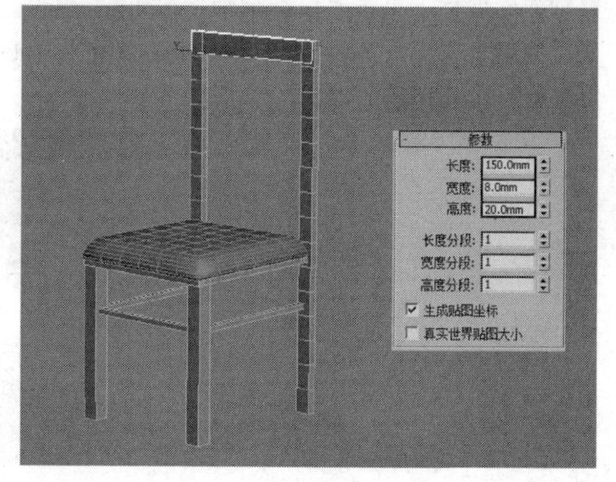

图5-202

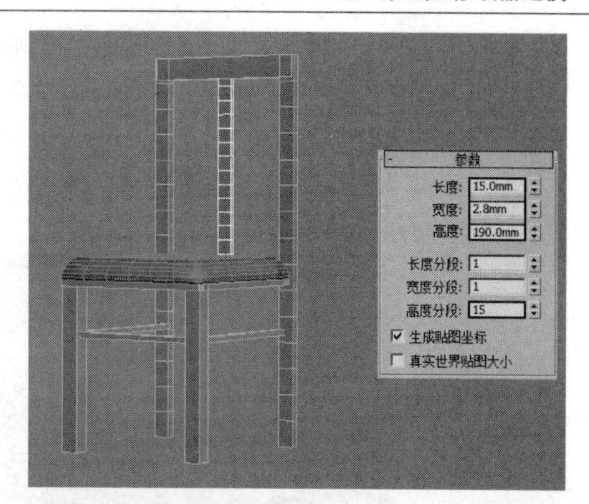

图5-203

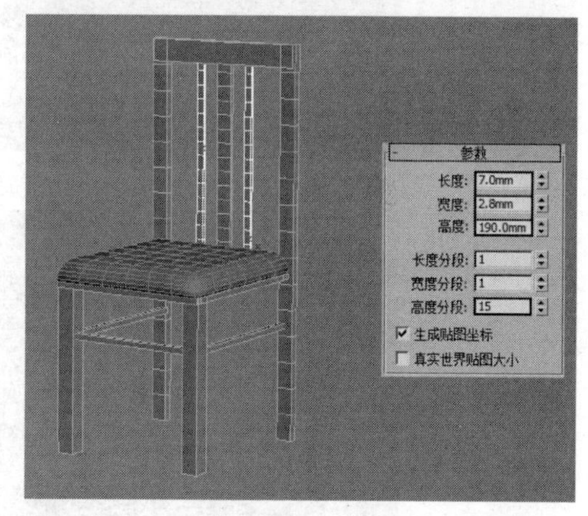

图5-204

05 选择如图5-205所示的模型，然后执行“组>组”菜单命令，将所选对象变为一个“组001”。

06 选择“组001”，然后为其加载一个“FFD（长方体）”修改器，接着在“FFD参数”卷展栏下单击“设置点数”按钮 设置点数 ，最后在弹出的对话框中设置“长度”为5、“宽度”为5、“高度”为5，如图5-206所示。

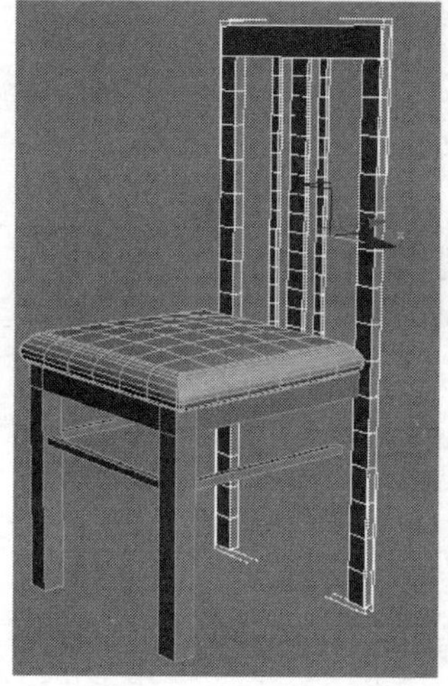

图5-205

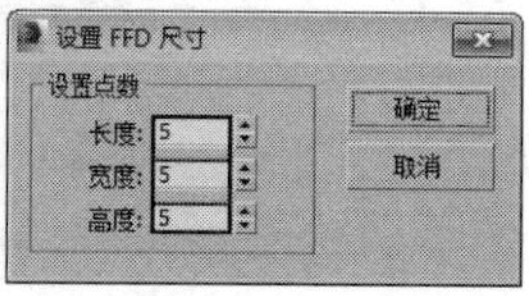

设置 FFD 尺寸
设置点数
长度: 5
宽度: 5
高度: 5
确定
取消

图5-206

07 选择“FFD（长方体）”修改器的“控制点”次物体层级，然后在前视图中框选如图5-207所示的控制点，接着使用“选择并移动”工具将其向右拖曳一段距离，如图5-208所示，调整完成后再对细节进行调节，最终效果如图5-209所示。

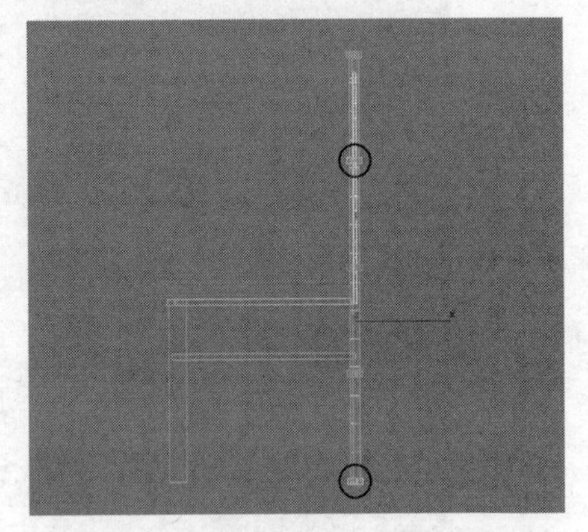
图5-207

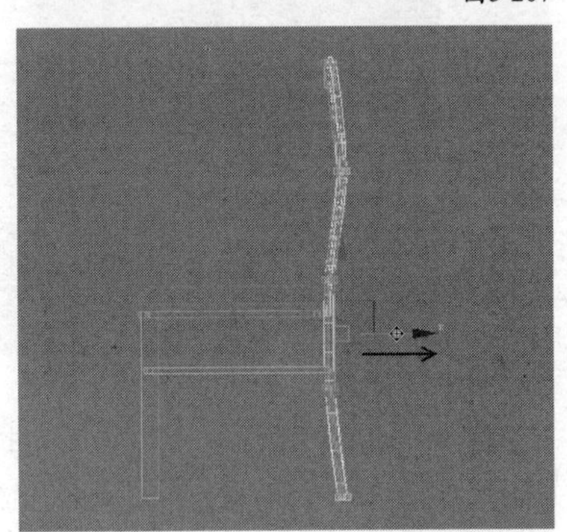
图5-208

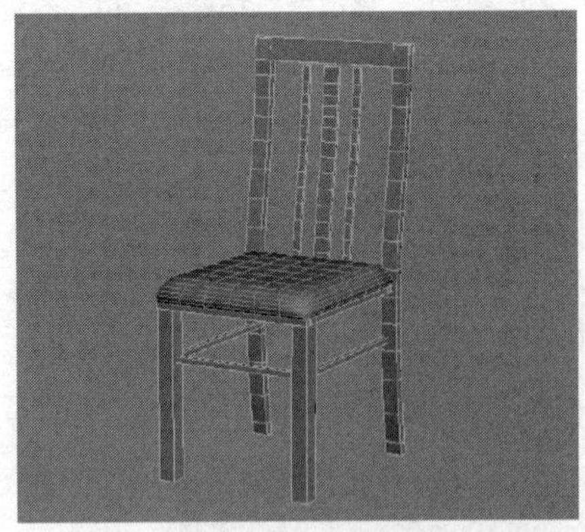
图5-209

实战120 凉亭

场景位置	无
实例位置	DVD>实例文件>CH05>实战120.max
视频位置	DVD>多媒体教学>CH05>实战120.flv
难易指数	★★☆☆☆
技术掌握	车削修改器、晶格修改器

凉亭模型如图5-210所示。

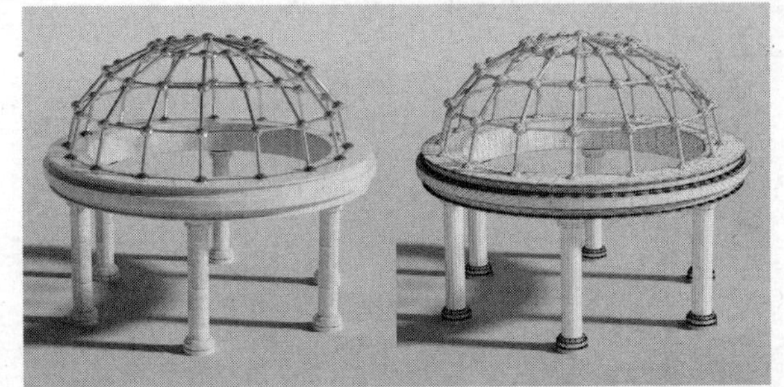
图5-210

01 下面创建柱子模型。使用“线”工具 线 在前视图中绘制如图5-211所示的样条线，然后为其加载一个“车削”修改器，接着在“参数”卷展栏下设置“方向”为y轴 Y、“对齐”为“最大” 最大，模型效果如图5-212所示。

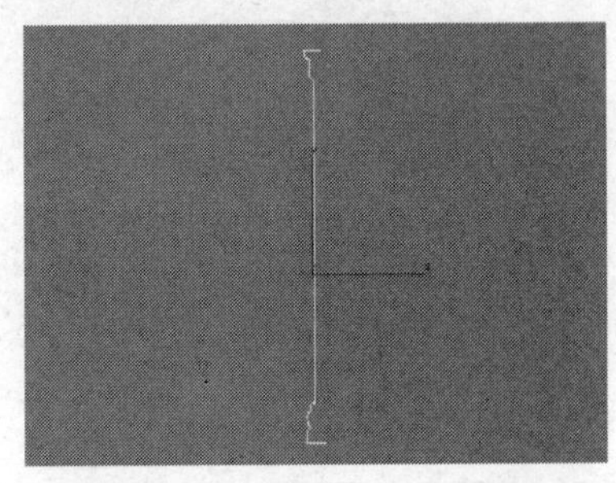
图5-211

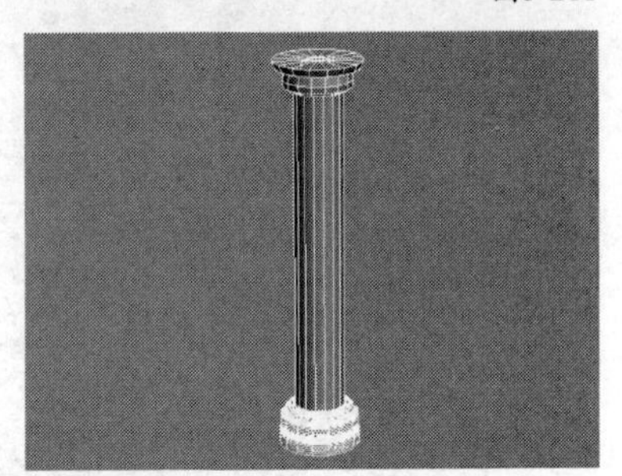
图5-212

02 选择柱子模型，然后在“命令”面板中单击“层次”按钮，切换到“层次”面板，接着在“调整轴”卷展栏下单击“仅影响轴”按钮 仅影响轴，最后使用“选择并移动”工具在顶视图中将轴心点拖曳到如图5-213所示的位置。

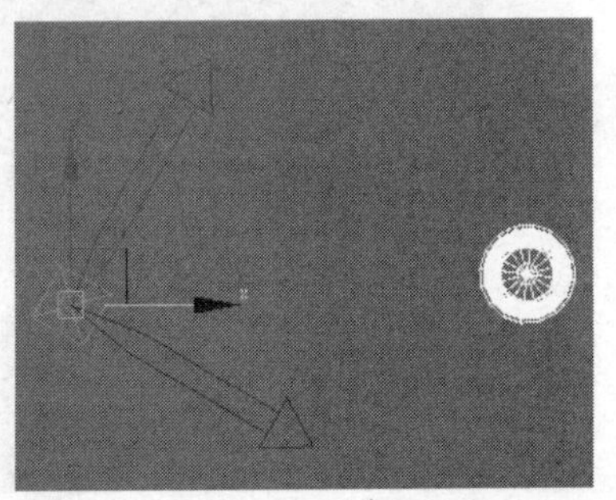
图5-213

03 再次单击“仅影响轴”按钮 仅影响轴 ，退出“仅影响轴”模式，然后按A键激活“角度捕捉切换”工具，接着按住Shift键使用“选择并旋转”工具在顶视图中以60°为增量旋转复制5个柱子模型，如图5-214所示，复制完成后的效果如图5-215所示。

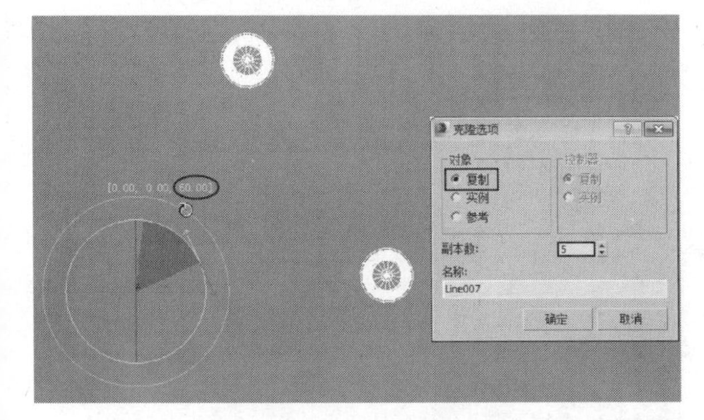

图5-214

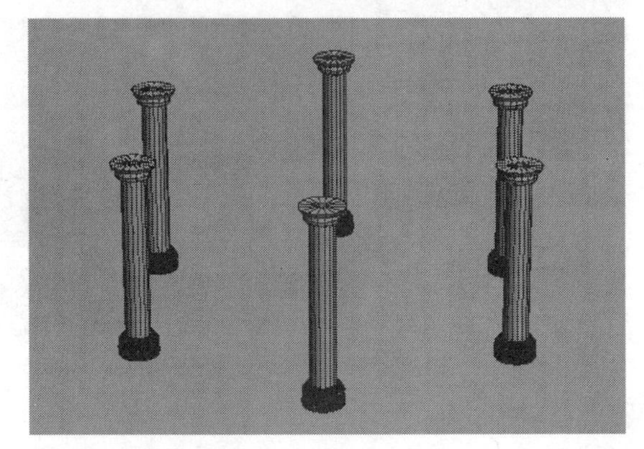

图5-215

04 下面创建亭顶模型。使用“管状体”工具 管状体 在场景中创建一个管状体，然后在“参数”卷展栏下设置“半径1”为200mm、“半径2”为155mm、“高度”为10mm、“高度分段”为1、“边数”为36，具体参数设置如图5-216所示，模型位置如图5-217所示。

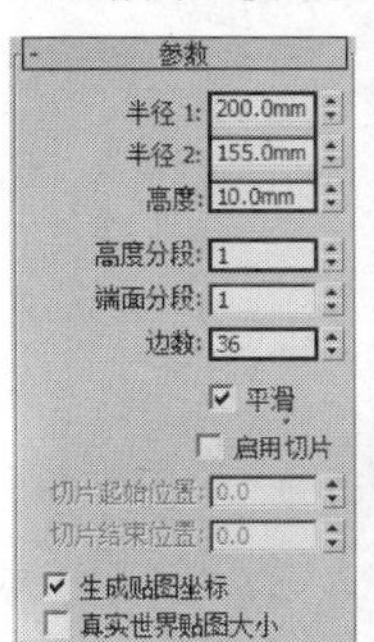

图5-216　　图5-217

05 使用“选择并移动”工具选择管状体，然后在前视图中按住Shift键向上移动复制一个管状体，接着在“参数”卷展栏下将“半径1”修改为185mm，效果如图5-218所示。

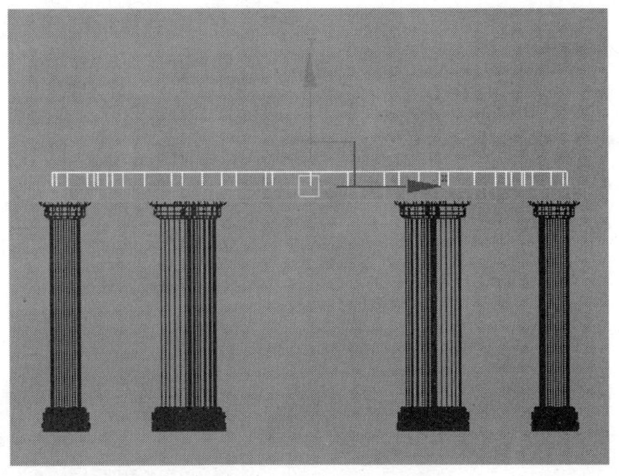

图5-218

06 使用“选择并移动”工具选择上一步复制的管状体，然后在前视图中按住Shift键向上移动复制一个管状体，接着在“参数”卷展栏下将“半径1”修改为190mm，效果如图5-219所示。

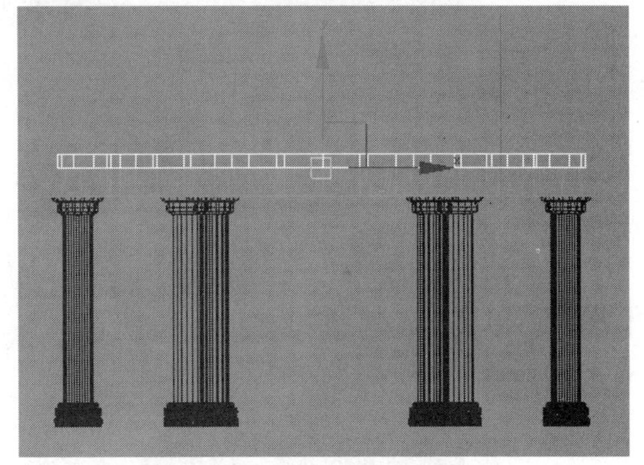

图5-219

07 选择创建好的3个管状体并切换到前视图，然后在“主工具栏”中单击“镜像”按钮，接着在弹出的“镜像:屏幕坐标”对话框中设置“镜像轴”为y轴、“偏移”为30mm、“克隆当前选择”为“复制”，如图5-220所示，效果如图5-221所示。

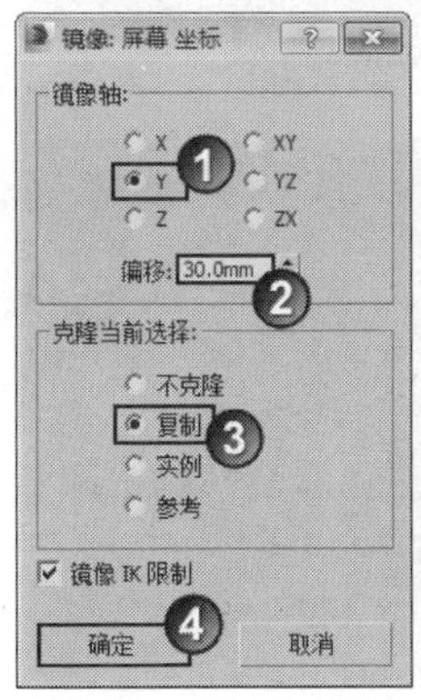

图5-220　　图5-221

08 使用“球体”工具 球体 在凉亭顶部创建一个球体，然后在“参数”卷展栏下设置“半径”为165mm、“分段”为16，接着设置“半球”为0.5，具体参数设置如图5-222所示，模型位置如图5-223所示。

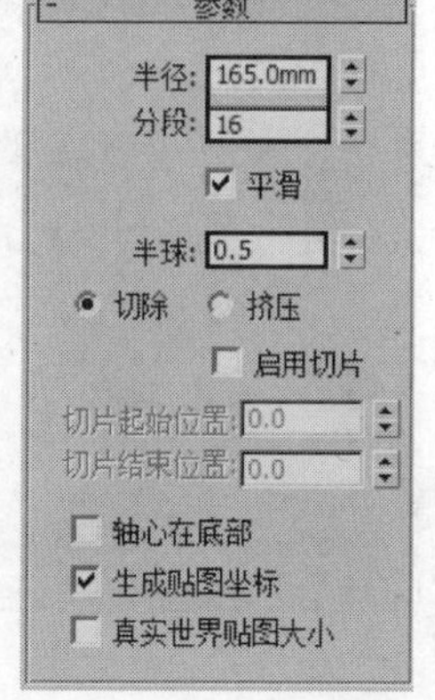

图5-222

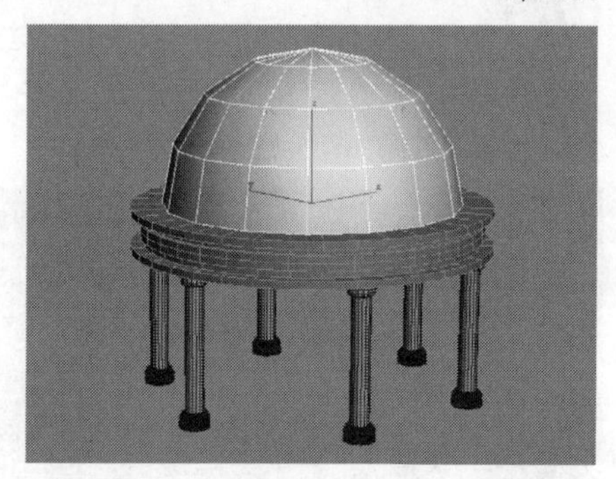

图5-223

09 将半球体转换为可编辑多边形，进入“多边形”级别，然后选择底部的多边形，如图5-224所示，接着按Delete键将其删除，效果如图5-225所示。

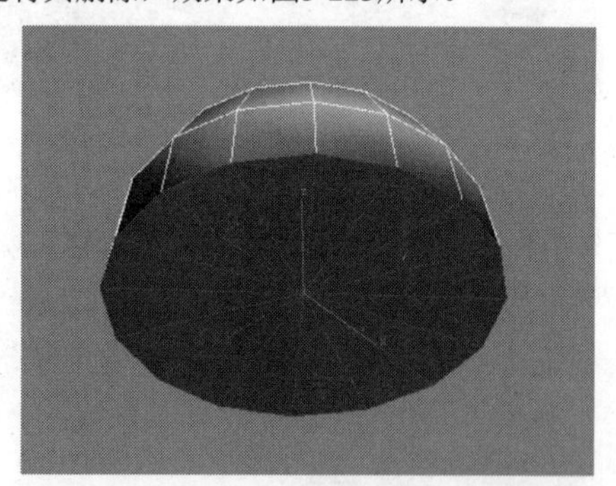

图5-224

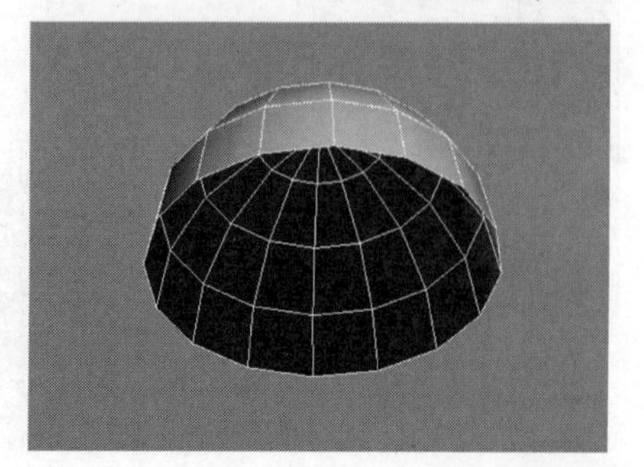

图5-225

10 为球体加载一个“晶格”修改器，然后展开“参数”卷展栏，接着在“支柱”选项组下设置“半径”为4mm、“边数”为1、“边数“为10，最后在“节点”选项组下勾选“二十面体”选项，并设置“半径”为10mm、“分段”为2，具体参数设置如图5-226所示，最终效果如图5-227所示。

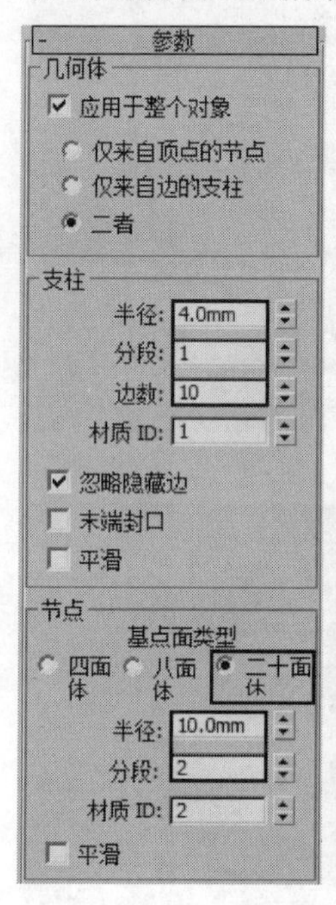

图5-226

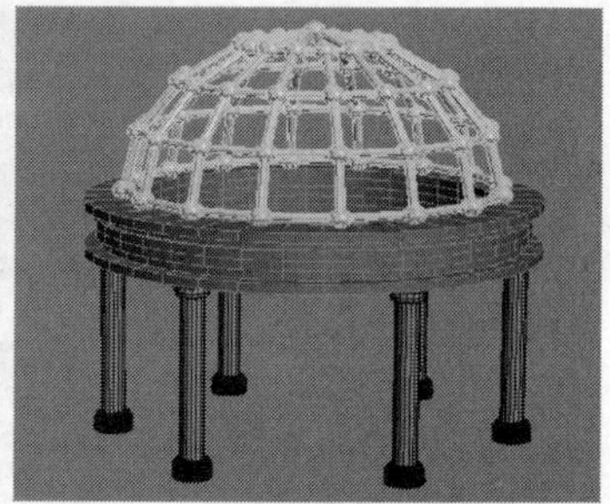

图5-227

06

第6章 网格建模

学习要点：网格建模的思路 / 网格建模的常用工具

■床头柜/164页 ■不锈钢餐叉/166页 ■餐桌/169页 ■欧式床头柜/171页 ■沙发/175页

■床头柜/164页 ■不锈钢餐叉/166页 ■餐桌/169页 ■欧式床头柜/171页 ■沙发/175页

家装造型设计师

工业造型设计师

室内设计表现师

建筑设计表现师

实战121 床头柜

场景位置	无
实例位置	DVD>实例文件>CH06>实战121.max
视频位置	DVD>多媒体教学>CH06>实战121.flv
难易指数	★☆☆☆☆
技术掌握	挤出工具、切角工具

床头柜模型如图6-1所示。

图6-1

01 下面创建柜体模型。使用“长方体”工具 长方体 在场景中创建一个长方体，然后在“参数”卷展栏下设置“长度”为90mm、“宽度”为100mm、“高度”为60mm、“长度分段”为3、“宽度分段”为3，具体参数设置如图6-2所示，模型效果如图6-3所示。

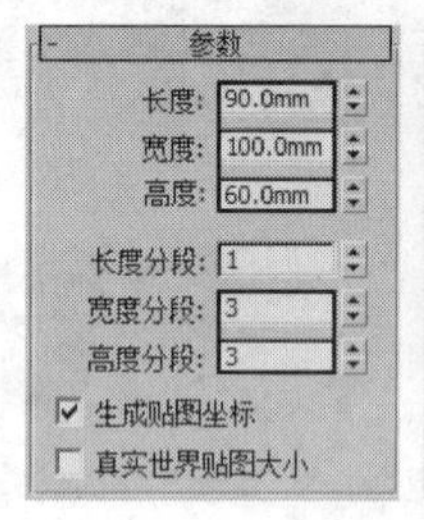

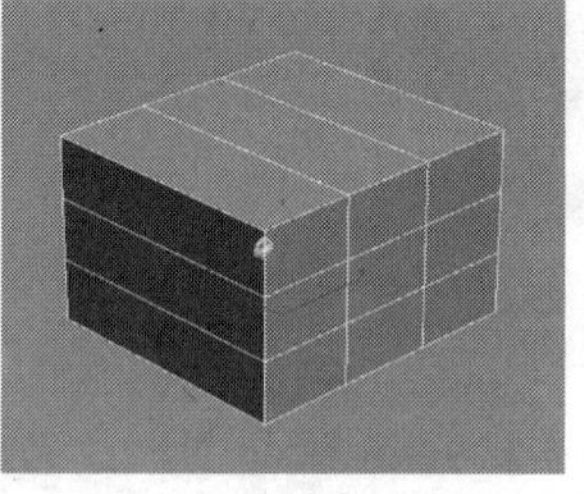

图6-2 图6-3

02 选择长方体，然后单击鼠标右键，接着在弹出的菜单中选择“转换为>转换为可编辑网格”命令，如图6-4所示。

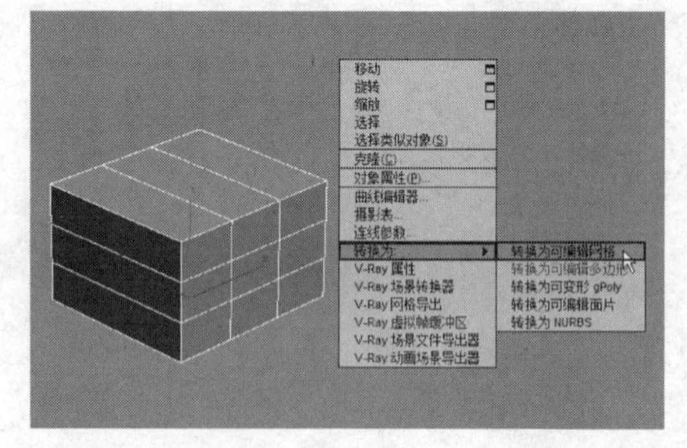

图6-4

03 在“选择”卷展栏下单击“顶点”按钮，进入“顶点”级别，然后在顶视图中框选中间的顶点，如图6-5所示，接着使用“选择并均匀缩放”工具沿x轴向右缩放顶点，如图6-6所示。

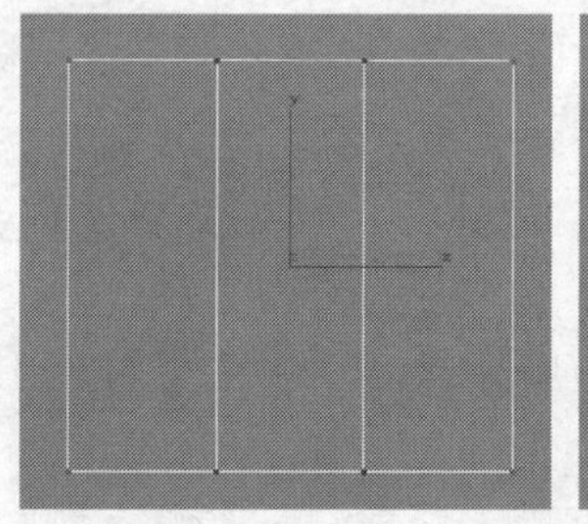

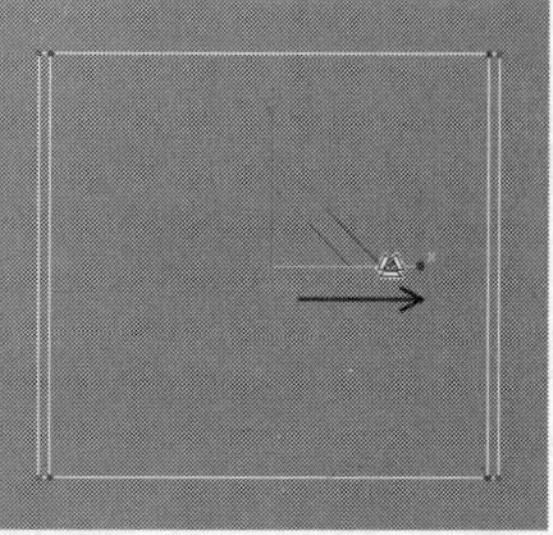

图6-5 图6-6

04 在“选择”卷展栏下单击“顶点”按钮，进入“顶点”级别，然后在左视图中框选中间的顶点，如图6-7所示，接着使用“选择并均匀缩放”工具沿y轴向上缩放顶点，如图6-8所示，在透视图中的布线效果如图6-9所示。

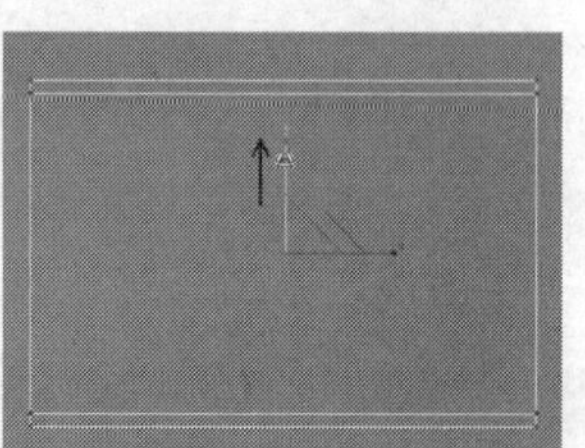

图6-7 图6-8

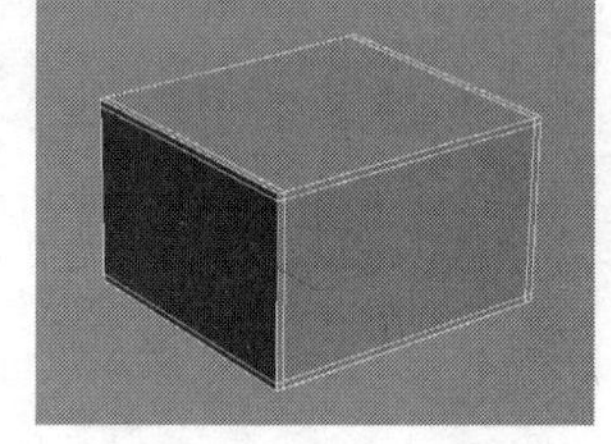

图6-9

05 在“选择”卷展栏下单击“多边形”按钮，进入“多边形”级别，然后选择如图6-10所示的多边形，接着在“编辑几何体”卷展栏下的“挤出”按钮 挤出 后面的输入框中输入-40mm，最后按Enter键确定操作，如图6-11所示。

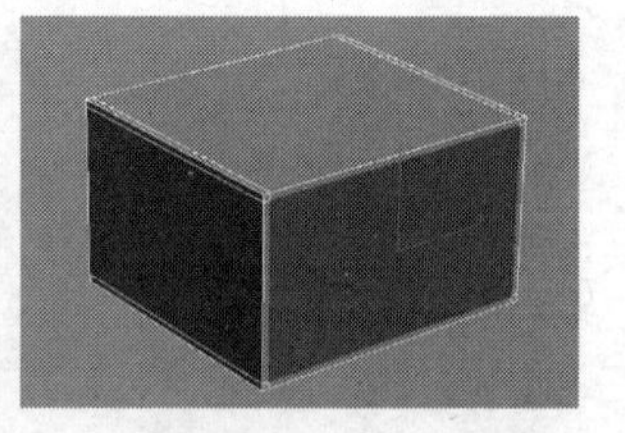

图6-10

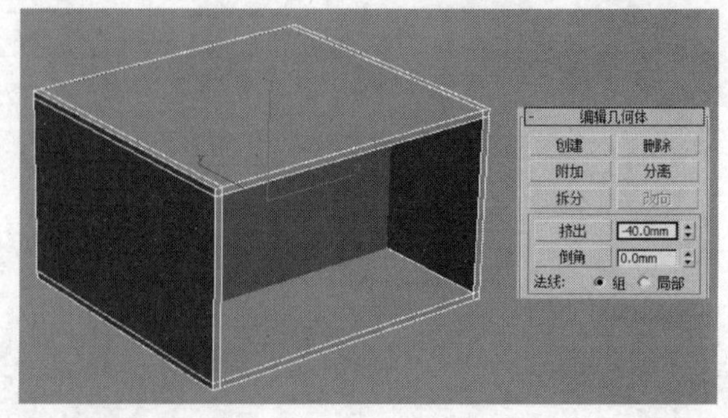

图6-11

06 在“选择”卷展栏下单击“边”按钮，进入“边”级别，然后选择如图6-12所示的边，接着在“编辑几何体”卷展栏下的“切角”按钮 切角 后面的输入框中输入0.3mm，最后按Enter键确定操作，如图6-13所示。

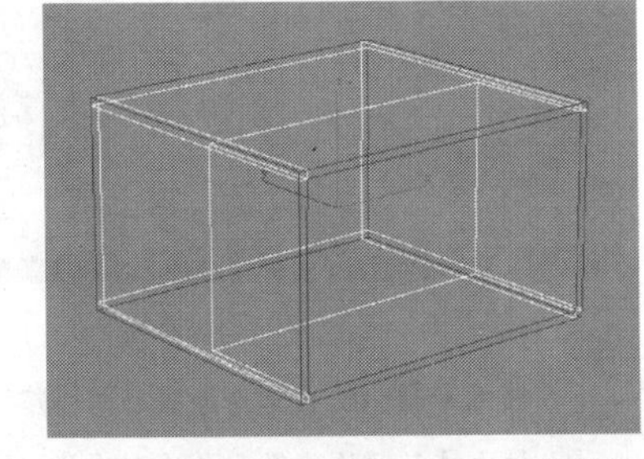

图6-12

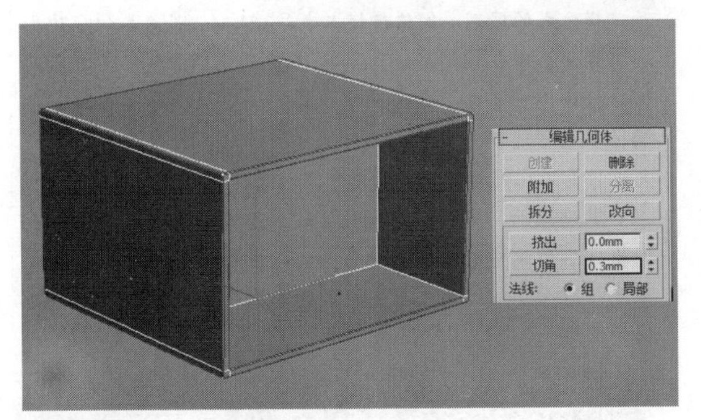

图6-13

07 使用“长方体”工具 长方体 在场景中创建一个长方体，然后在“参数”卷展栏下设置“长度”为2.5mm、“宽度”为100mm、“高度”为29mm，模型位置如图6-14所示。

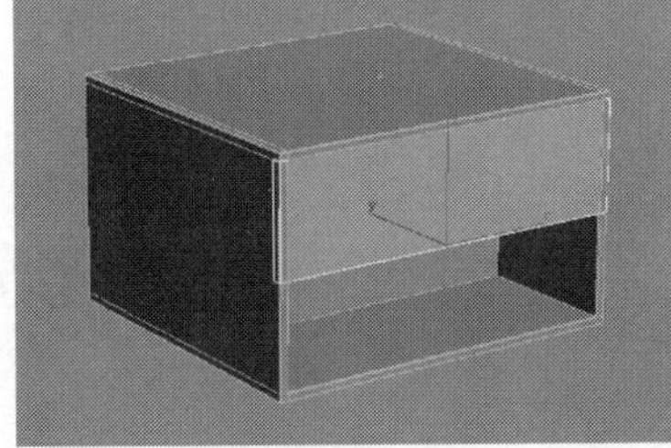

图6-14

08 将长方体转换为可编辑网格对象，进入“边”级别，然后选择如图6-15所示的边，接着在“编辑几何体”卷展栏下的“切角”按钮 切角 后面的输入框中输入0.3mm，最后按Enter键确定操作，如图6-16所示。

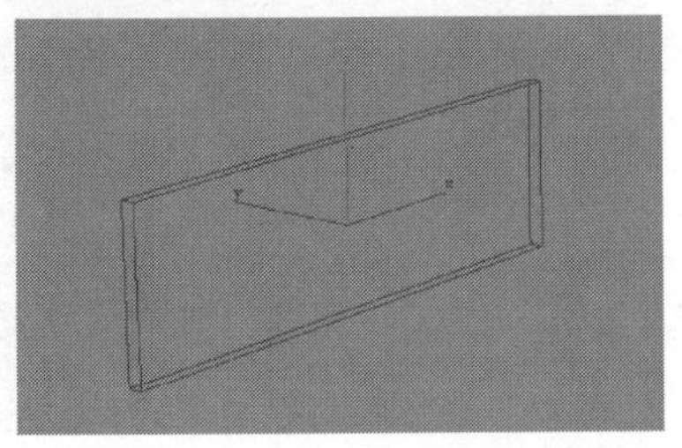

图6-15

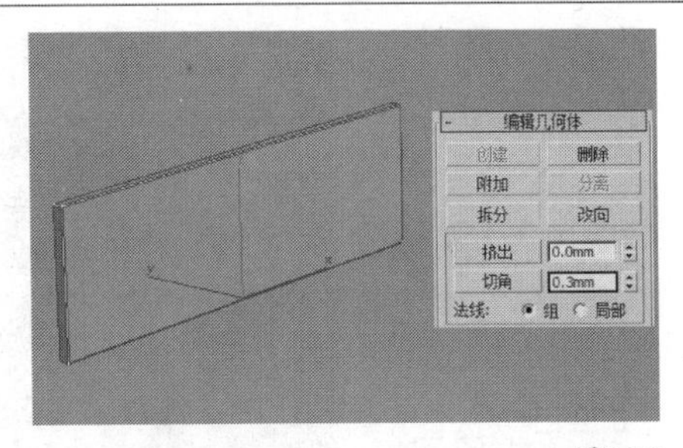

图6-16

09 使用“选择并移动”工具选择切角后的长方体，然后按住Shift键向下移动复制一个模型到如图6-17所示的位置。

图6-17

10 使用“线”工具 线 在顶视图中绘制如图6-18所示的样条线，这里提供一张孤立选择图，如图6-19所示。

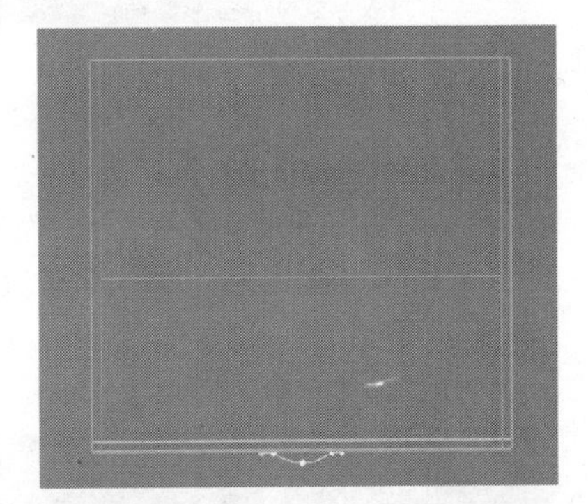

图6-18

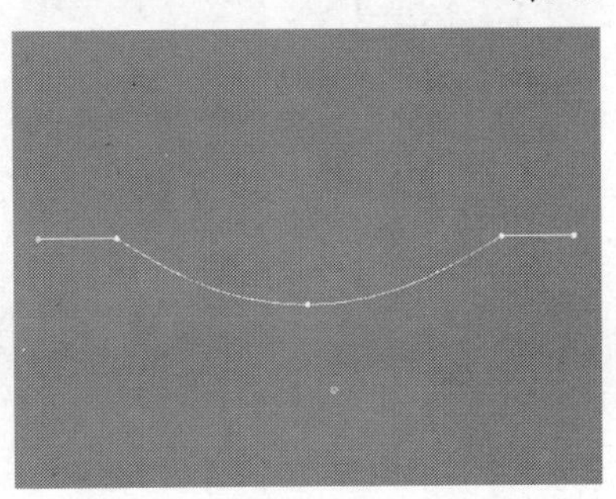

图6-19

11 选择样条线，然后在“渲染”卷展栏下勾选“在渲染中启用”和“在视图中启用”选项，接着勾选“矩形”选项，最后设置“长度”为3.8mm、“宽度”为0.6mm，具体参数设置如图6-20所示，模型效果如图6-21所示。

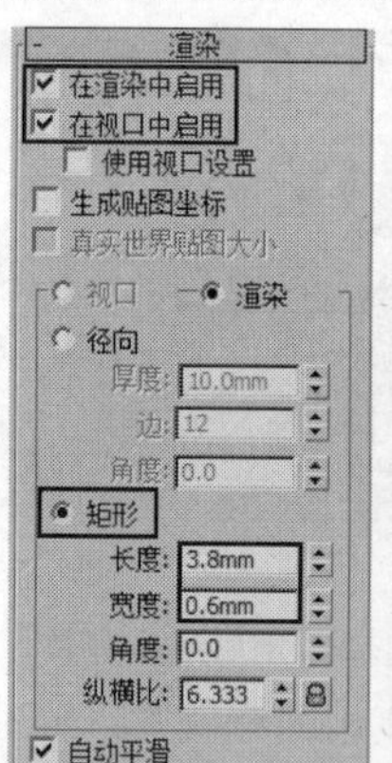

图6-20

图6-21

12 使用“选择并移动”工具选择把手模型，然后按住Shift键向下移动复制一个把手模型到如图6-22所示的位置。

图6-22

13 下面创建支柱模型。使用“切角圆柱体”工具 切角圆柱体 在柜体底部创建一个切角圆柱体，然后在“参数”卷展栏下设置“半径”为3.535mm、“高度”为16mm、“圆角”为0.5mm、“高度分段”为1、“圆角分段”为3、“边数”为24，具体参数设置如图6-23所示，模型位置如图6-24所示。

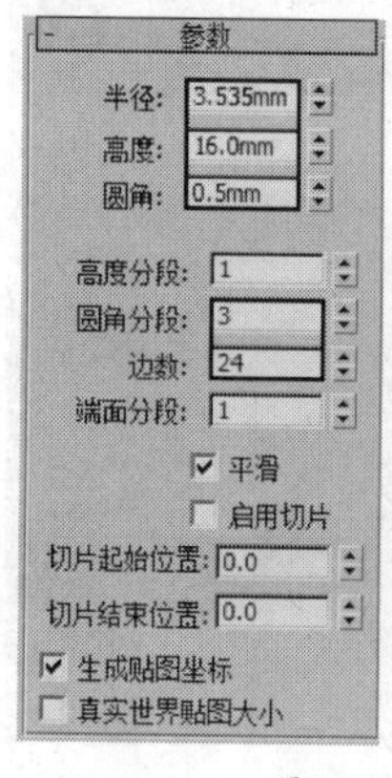

图6-23

图6-24

14 继续使用“切角圆柱体”工具 切角圆柱体 在上一步创建的切角圆柱体底部创建一个切角圆柱体，然后在“参数”卷展栏下设置“半径”为6mm、“高度”为2mm、“圆角”为0.5mm、“高度分段”为1、“圆角分段”为3、“边数”为24，模型位置如图6-25所示。

15 使用“选择并移动”工具选择前面创建好的两个切角圆柱体，然后按住Shift键移动复制3份到另外3个柜角处，最终效果如图6-26所示。

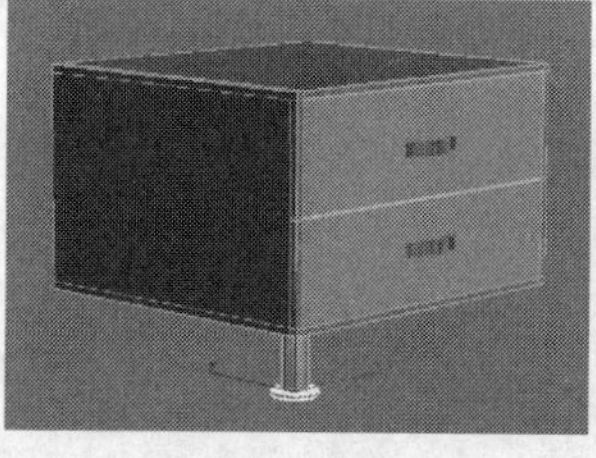

图6-25

图6-26

技术专题 18 多边形建模与网格建模的区别

初次接触网格建模和多边形建模时可能会难以辨别这两种建模方式的区别。网格建模本来是3ds Max最基本的多边形加工方法，但在3ds Max 4之后被多边形建模取代了，之后网格建模逐渐被忽略，不过网格建模的稳定性要高于多边形建模；多边形建模是当前最流行的建模方法，而且建模技术很先进，有着比网格建模更多更方便的修改功能。

其实这两种方法在建模的思路上基本相同，不同点在于网格建模所编辑的对象是三角面，而多边形建模所编辑的对象是三边面、四边面或更多边的面，因此多边形建模具有更高的灵活性。

实战122 不锈钢餐叉

场景位置	无
实例位置	DVD>实例文件>CH06>实战122.max
视频位置	DVD>多媒体教学>CH06>实战122.flv
难易指数	★☆☆☆☆
技术掌握	挤出工具、切角工具、网格平滑修改器

不锈钢餐叉模型如图6-27所示。

图6-27

01 下面创建叉头模型。使用“长方体”工具 长方体 在场景中创建一个长方体，然后在“参数”卷展栏下设置“长度”为100mm、“宽度”为80mm、“高度”为8mm、“长度分段”为2、“宽度分段”为7、“高度分段”为1，具体参数设置及模型效果如图6-28所示。

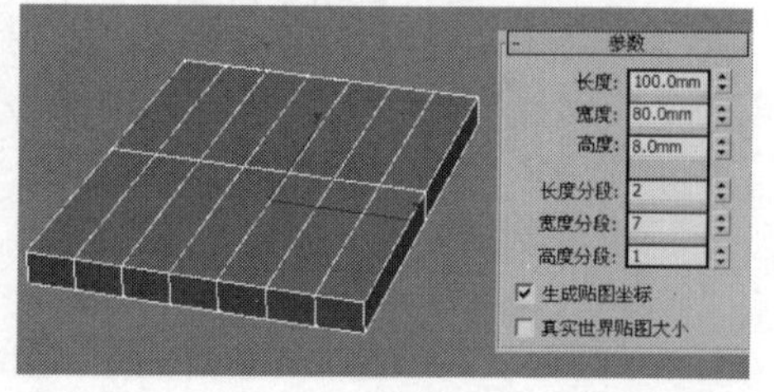

图6-28

02 选择长方体，然后单击鼠标右键，接着在弹出的菜单中选择“转换为>转换为可编辑网格”命令，如图6-29所示。

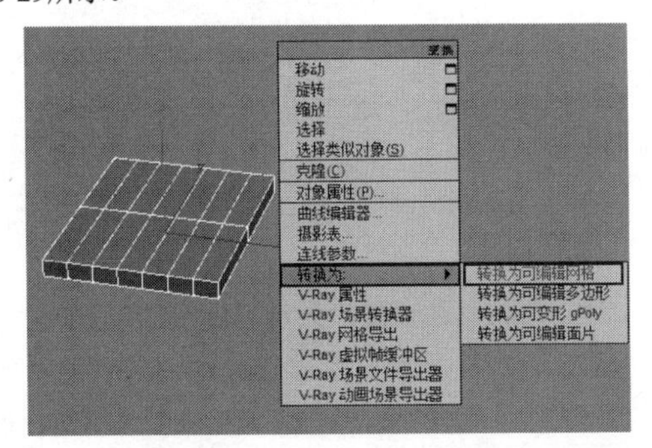

图6-29

03 在“选择”卷展栏下单击“顶点”按钮，进入“顶点”级别，然后在顶视图中框选底部的顶点，如图6-30所示，接着用“选择并均匀缩放”工具将其向内缩放成如图6-31所示的效果。

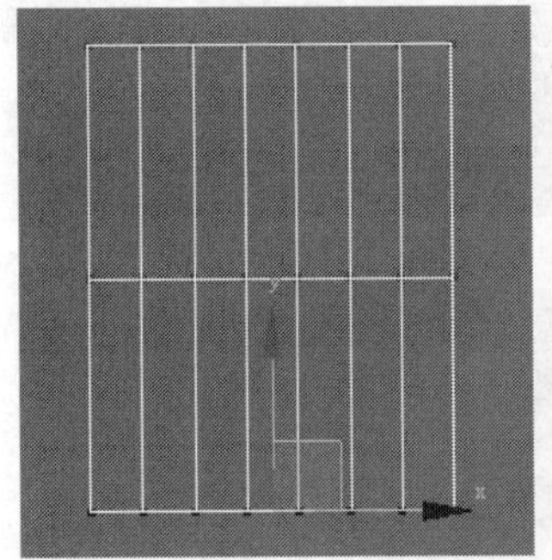

图6-30

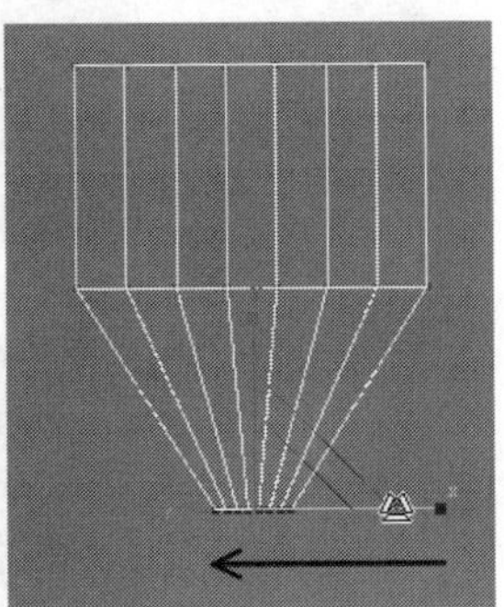

图6-31

04 在“选择”卷展栏下单击“多边形”按钮，进入“多边形”级别，然后选择如图6-32所示的多边形，接着在“编辑几何体”卷展栏下的“挤出”按钮 挤出 后面的输入框中输入50mm，最后按Enter键确认挤出操作，如图6-33所示。

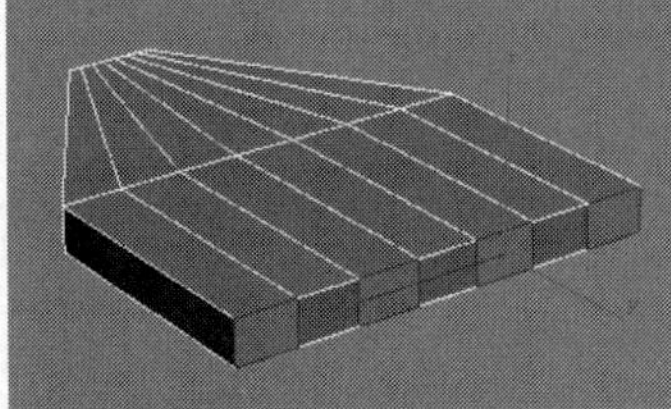

图6-32

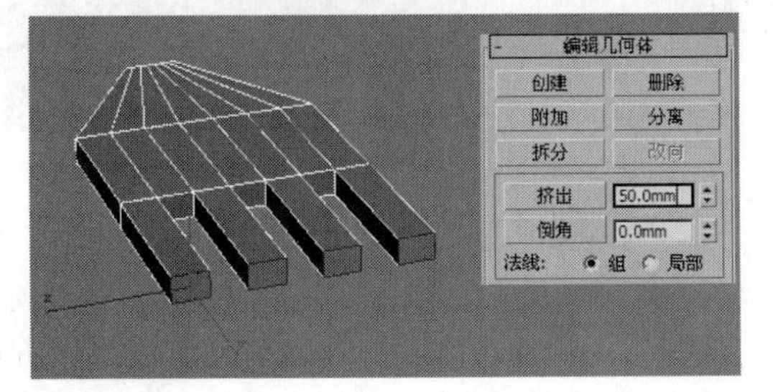

图6-33

05 进入“顶点”级别，然后在顶视图中框选顶部的顶点，接着使用“选择并均匀缩放”工具将其缩放成如图6-34所示的效果。

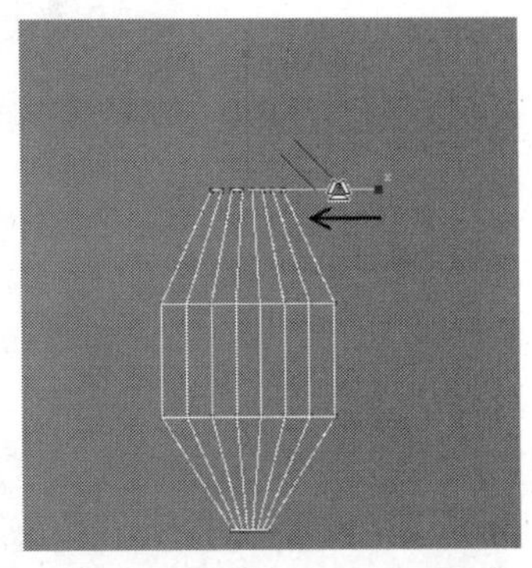

图6-34

06 保持对顶点的选择，使用“选择并移动”工具在左视图中将其向左拖曳一段距离，如图6-35所示，然后在前视图中将所选顶点向上拖曳到如图6-36所示的位置。

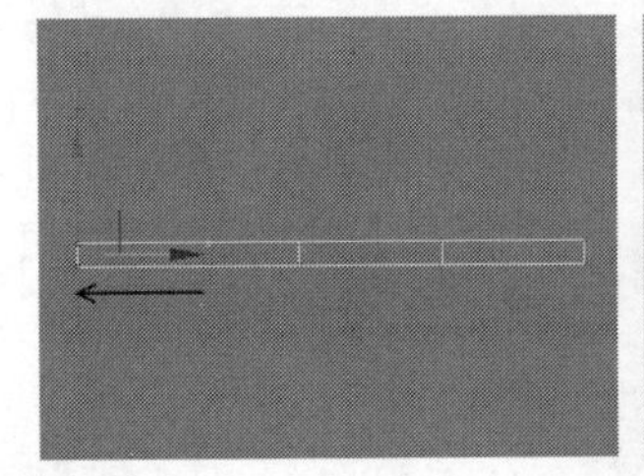

图6-35

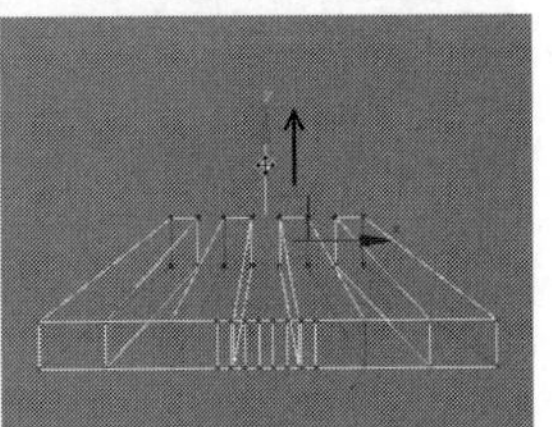

图6-36

07 进入“多边形”级别，然后选择如图6-37所示的多边形，接着在“编辑几何体”卷展栏下的“挤出”按钮 挤出 后面的输入框中输入60mm，最后按Enter键确认挤出操作，如图6-38所示。

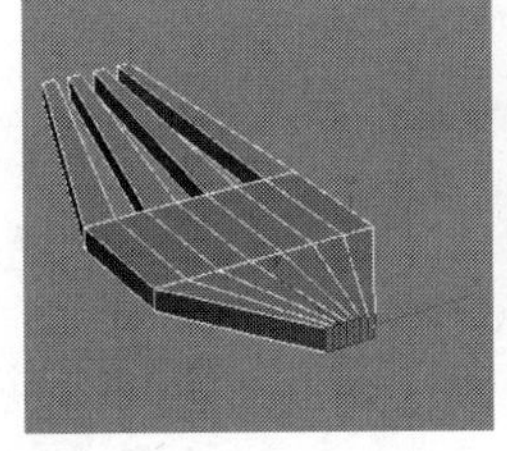

图6-37

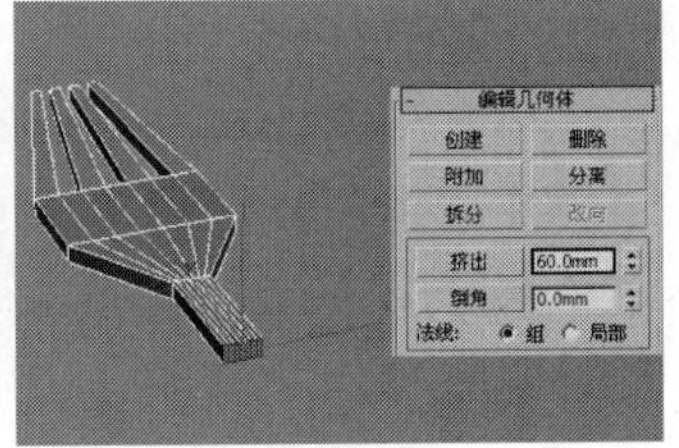

图6-38

08 保持对多边形的选择，再次将其挤出20mm，效果如图6-39所示，然后使用“选择并均匀缩放”工具在前视图中将其放大到如图6-40所示的效果。

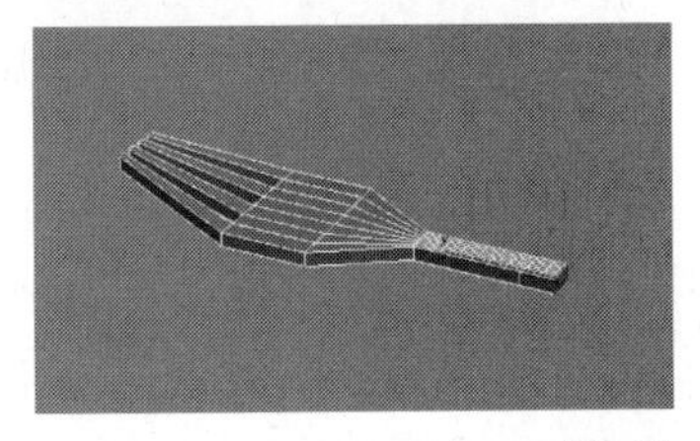

图6-39

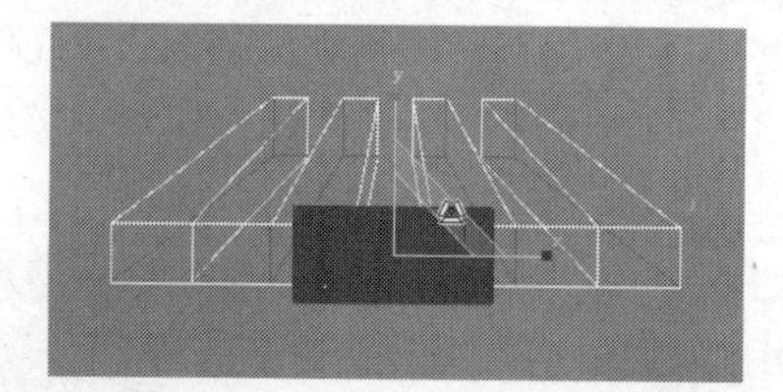

图6-40

09 进入“边”级别，然后选择如图6-41所示的边，接着在“编辑几何体”卷展栏下的“切角”按钮 切角 后面的输入框中输入0.5mm，最后按Enter键确认挤出操作，如图6-42所示。

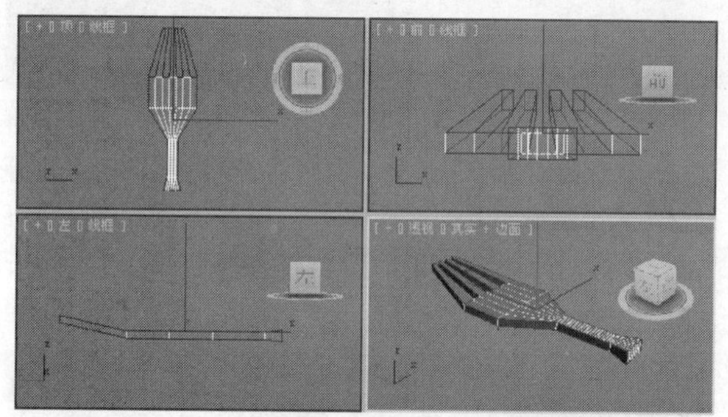

图6-41

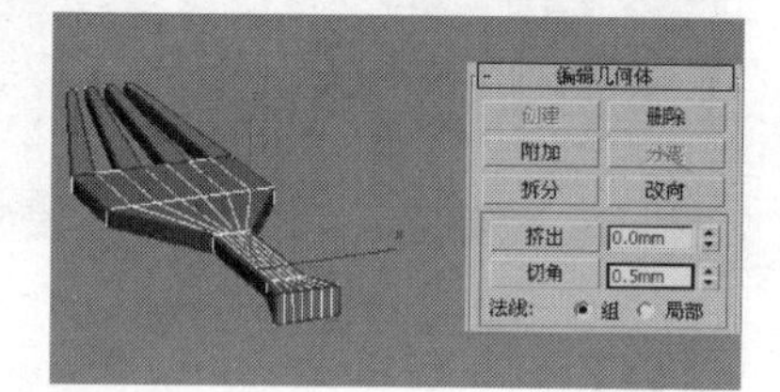

图6-42

技巧与提示

在网格建模中，不能像多边形建模那样对边进行“环形”和“循环”选择，这是网格建模最大的缺点之一。

10 为模型加载一个“网格平滑”修改器，然后在“细分量”卷展栏下设置“迭代次数”为2，如图6-43所示。

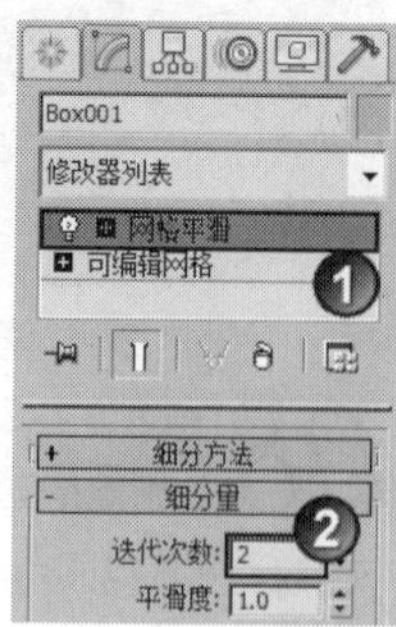

图6-43

11 下面创建把手模型。使用“圆柱体”工具 圆柱体 在前视图中创建一个圆柱体，然后在“参数”卷展栏下设置“半径”为10mm、“高度”为320mm、“高度分段”为1，具体参数设置及圆柱体在透视图中的效果如图6-44所示。

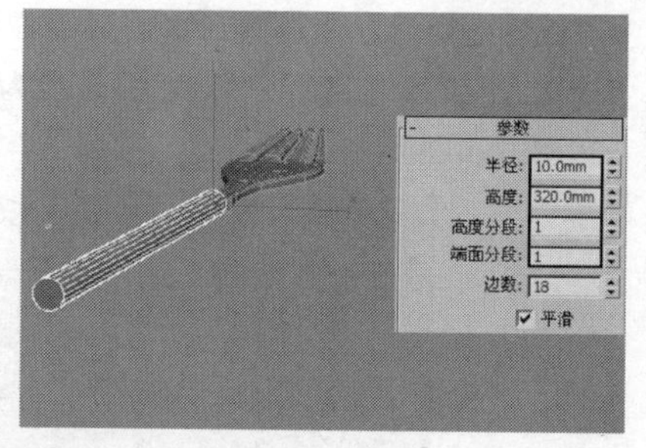

图6-44

12 将圆柱体转换为可编辑网格对象，然后进入“顶点”级别，接着选择顶部的顶点，如图6-45所示，最后使用“选择并均匀缩放”工具在前视图中将其放大到如图6-46所示的效果。

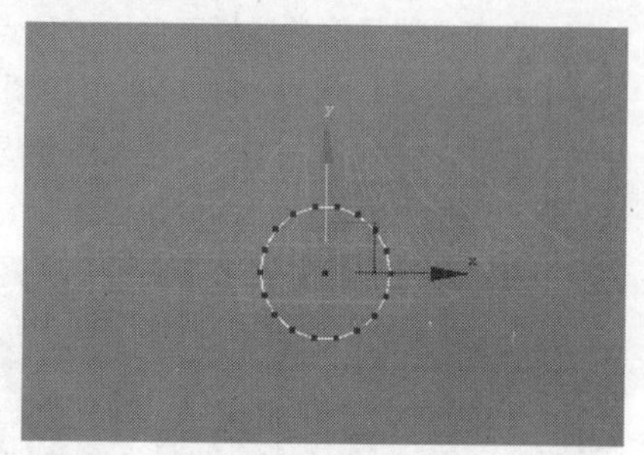

图6-45

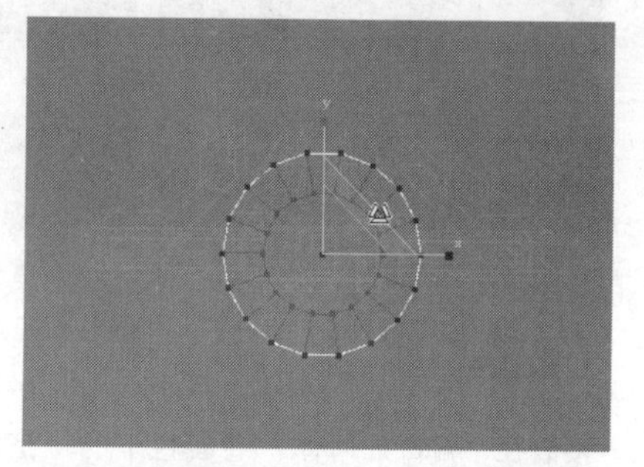

图6-46

技巧与提示

这里只需要选择顶部的顶点，因此可以直接在左视图中进行框选，如图6-47所示。

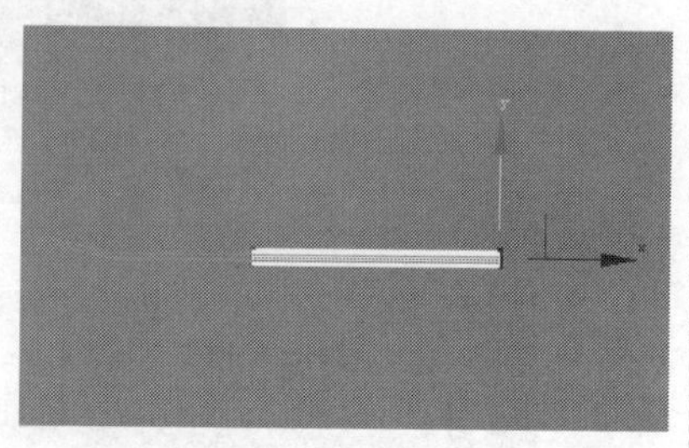

图6-47

13 进入“边”级别，然后选择顶部和顶部的环形边，如图6-48所示，接着在“编辑几何体”卷展栏下的“切角”按钮 切角 后面的输入框中输入2.5mm，最后按Enter键确认挤出操作，如图6-49所示。

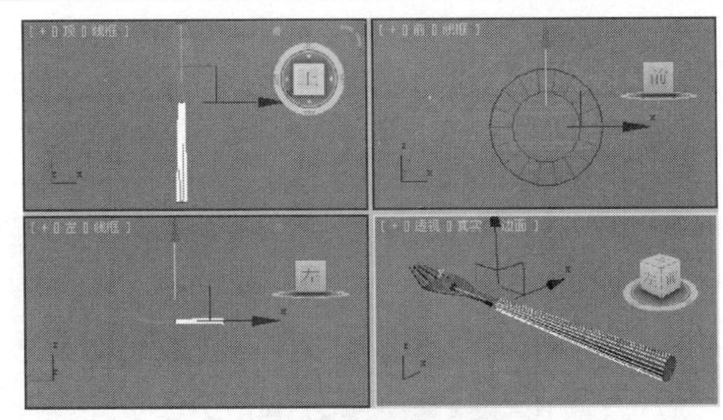

图6-48

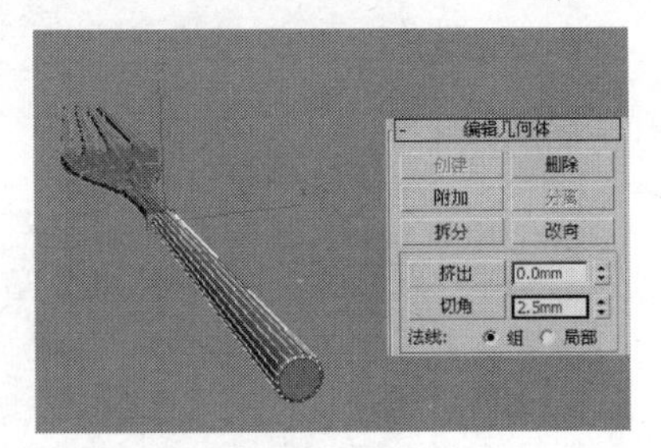

图6-49

14 为把手模型加载一个“网格平滑”修改器，然后在“细分量”卷展栏下设置“迭代次数”为2，最终效果如图6-50所示。

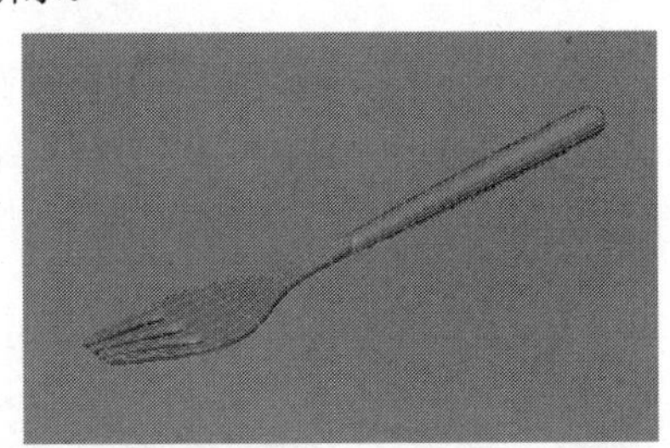

图6-50

实战123 餐桌

场景位置	无
实例位置	DVD>实例文件>CH06>实战123.max
视频位置	DVD>多媒体教学>CH06>实战123.flv
难易指数	★☆☆☆☆
技术掌握	挤出工具、切角工具、网格平滑修改器

餐桌模型如图6-51所示。

图6-51

01 下面创建桌面模型。使用“长方体”工具 长方体 在场景中创建一个长方体，然后在“参数”卷展栏下设置“长度”为150mm、“宽度”为320mm、“高度”为5mm、“长度分段”为3、“宽度分段”为3、“高度分段”为1，具体参数设置如图6-52所示，模型效果如图6-53所示。

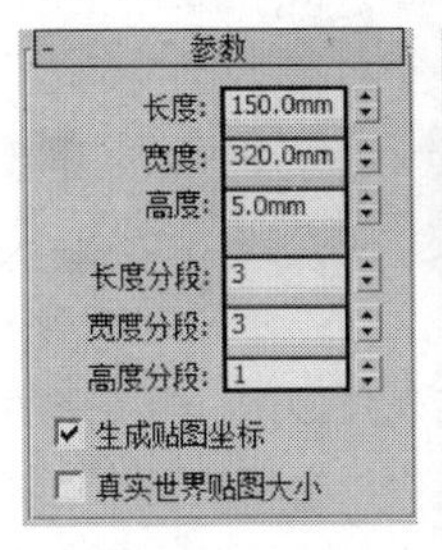

图6-52

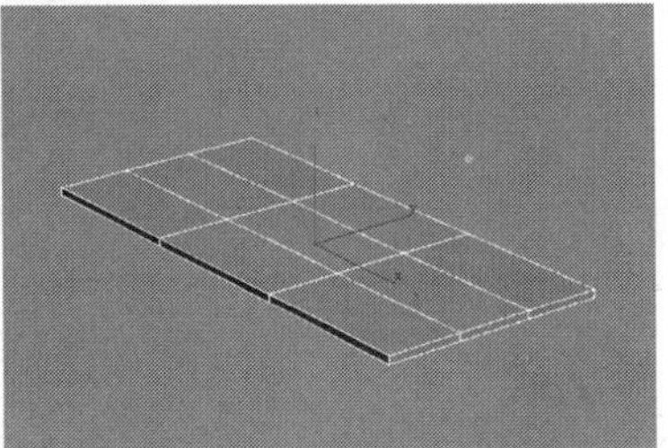

图6-53

02 将长方体转换为可编辑网格，然后进入“顶点”级别，接着在顶视图中框选竖向中间的顶点，如图6-54所示，接着使用“选择并均匀缩放”工具沿x轴向外缩放顶点，如图6-55所示。

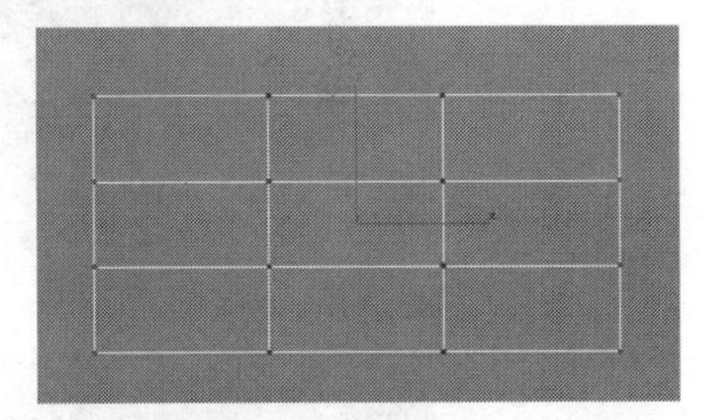

图6-54

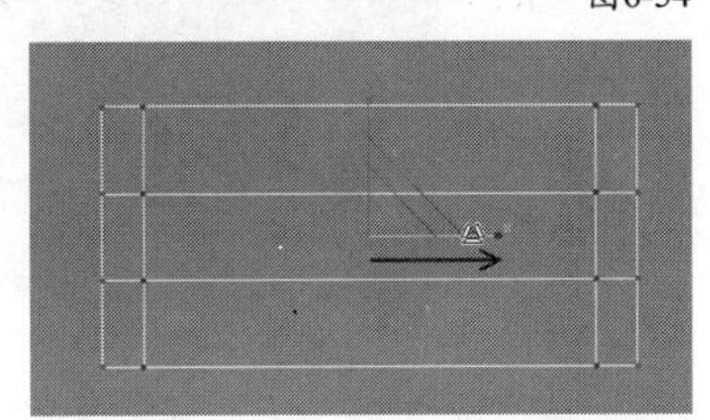

图6-55

03 在顶视图中框选横向中间的顶点，如图6-56所示，然后使用“选择并均匀缩放”工具沿y轴向上缩放顶点，如图6-57所示，模型布线在透视图中的效果如图6-58所示。

图6-56

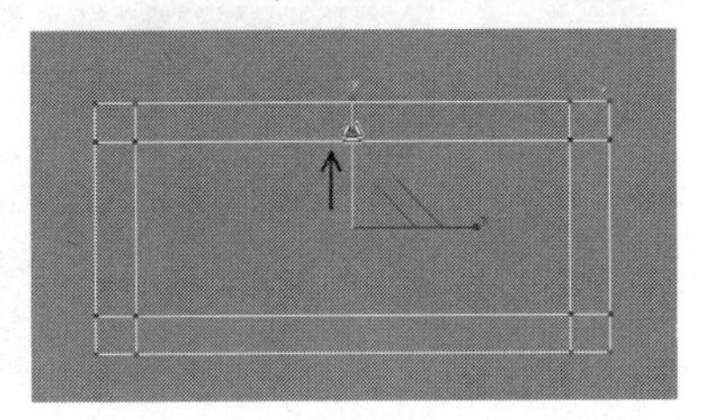

图6-57

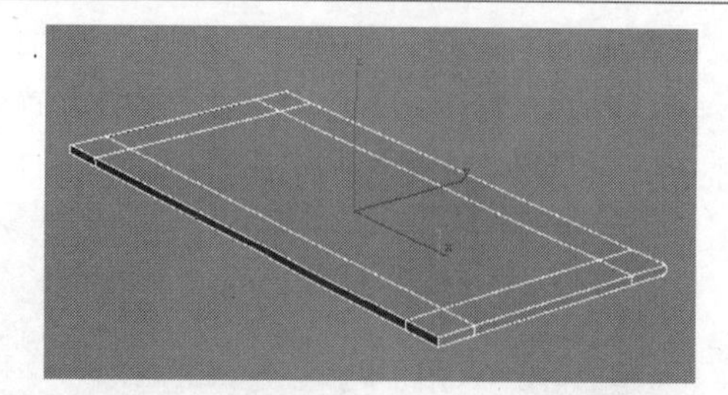

图6-58

04 进入“多边形”级别，然后选择如图6-59所示的多边形，接着在“编辑几何体”卷展栏下的“挤出”按钮 挤出 后面的输入框中输入25mm，最后按Enter键确定操作，如图6-60所示。

图6-59

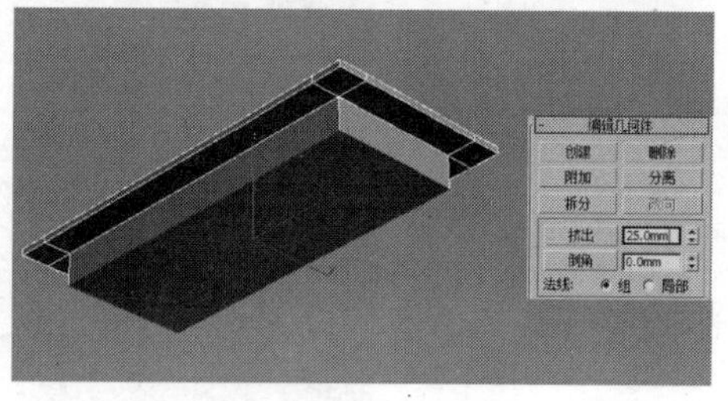

图6-60

05 选择如图6-61所示的多边形，接着在“编辑几何体”卷展栏下的“挤出”按钮 挤出 后面的输入框中输入2mm，最后按Enter键确定操作，如图6-62所示。

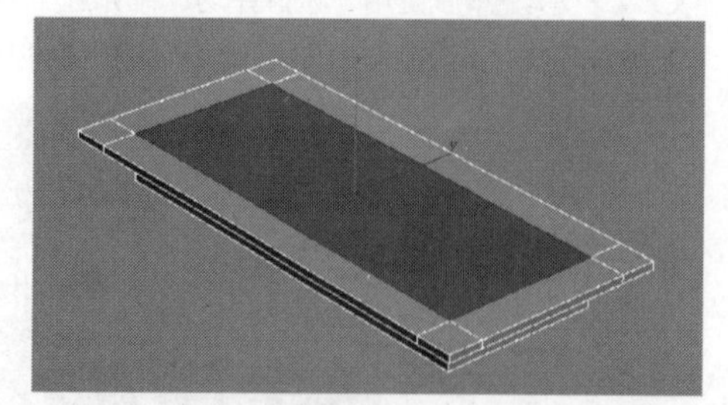

图6-61

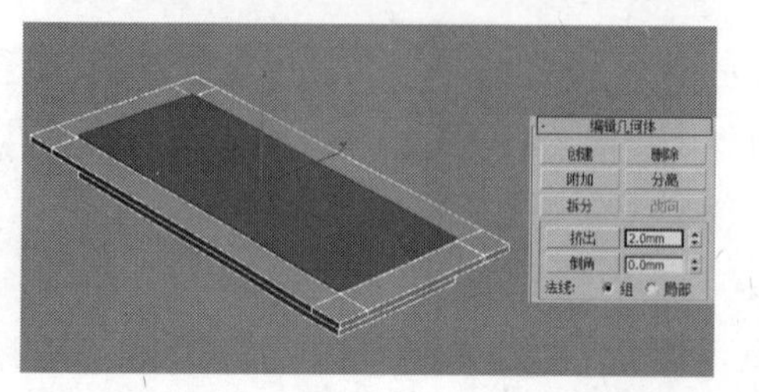

图6-62

06 进入“边”级别，然后选择如图6-63所示的边，接着在“编辑几何体”卷展栏下的“切角”按钮 切角 后面的输入框中输入2mm，最后按Enter键确定操作，模型效果如图6-64所示。

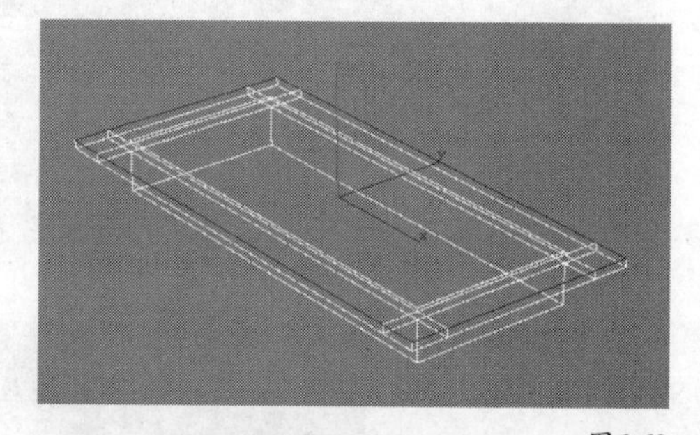

图6-63

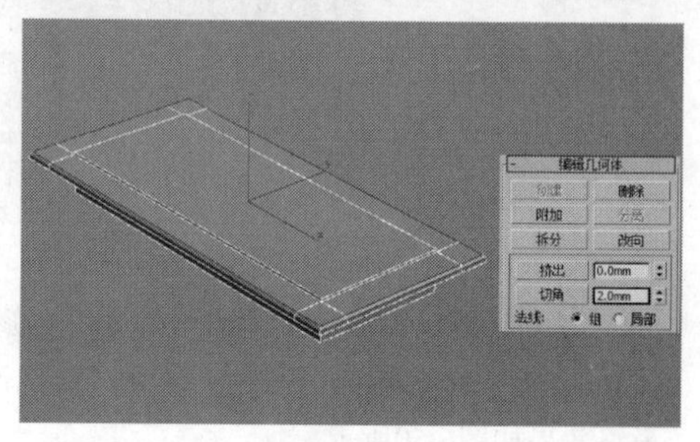

图6-64

07 选择如图6-65所示的边，接着在“编辑几何体”卷展栏下的“切角”按钮 切角 后面的输入框中输入0.5mm，最后按Enter键确定操作，模型效果如图6-66所示。

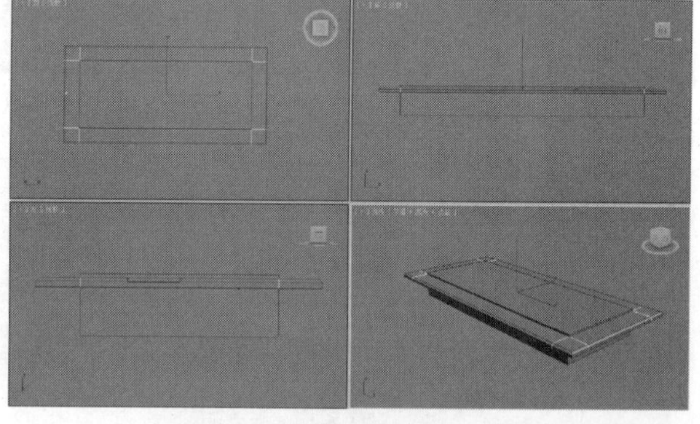

图6-65

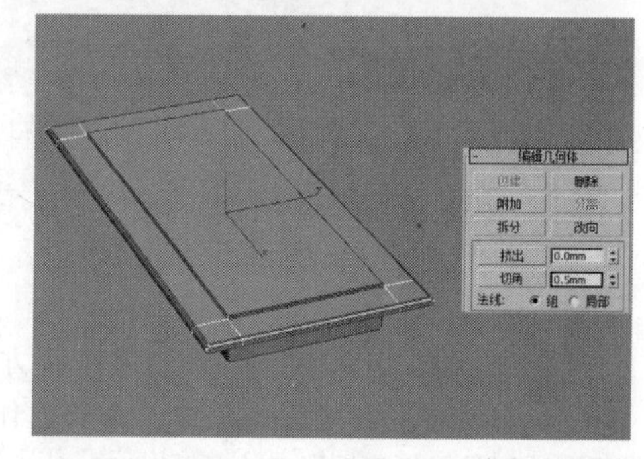

图6-66

08 下面创建桌腿模型。使用“长方体”工具 长方体 在场景中创建一个长方体，然后在“参数”卷展栏下设置“长度”为18mm、“宽度”为18mm、“高度”为170mm、“长度分段”为1、“宽度分段”为1、“高度分段”为8，模型位置如图6-67所示。

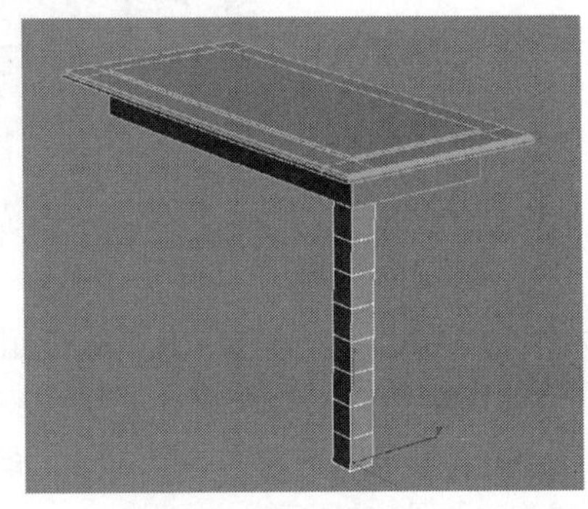

图6-67

09 将长方体转换为可编辑网格，然后进入“顶点”级别，接着使用“选择并均匀缩放”工具在前视图中选择相应的顶点，并在顶点进行缩放，如图6-68所示，最后使用“选择并移动”工具在前视图中将左腿模型调节成如图6-69所示的形状。

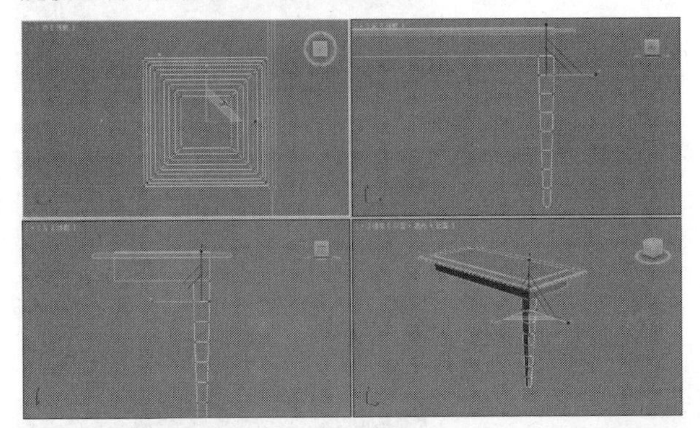

图6-68

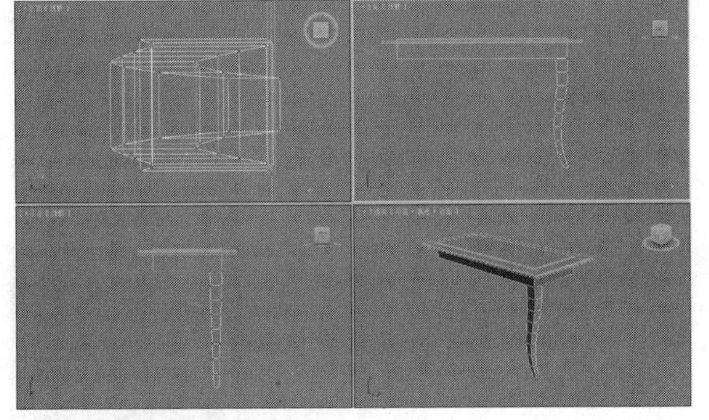

图6-69

10 进入“边”级别，然后选择如图6-70所示的边，接着在“编辑几何体”卷展栏下的“切角”按钮 切角 后面的输入框中输入0.2mm，最后按Enter键确定操作，如图6-71所示。

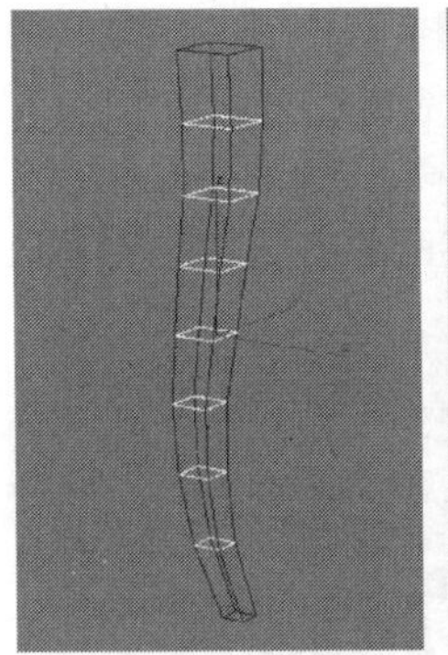

图6-70

图6-71

11 为桌腿模型加载一个“网格平滑”修改器，然后在“细分量”卷展栏下设置“迭代次数”为2，模型效果如图6-72所示。

图6-72

12 使用“选择并移动”工具选择桌腿模型，然后按住Shift键移动复制3个模型到另外3个桌角处，最终效果如图6-73所示。

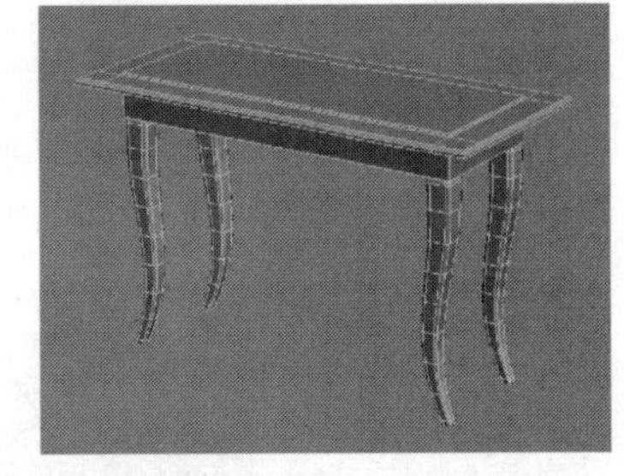

图6-73

实战124 欧式床头柜

场景位置	无
实例位置	DVD>实例文件>CH06>实战124.max
视频位置	DVD>多媒体教学>CH06>实战124.flv
难易指数	★★★☆☆
技术掌握	挤出工具、切角工具、倒角工具、网格平滑修改器、车削修改器

欧式床头柜模型如图6-74所示。

图6-74

01 使用"长方体"工具 长方体 在场景中创建一个长方体，然后在"参数"卷展栏下设置"长度"为130mm、"宽度"为5mm、"高度"为230mm、"长度分段"为6，具体参数设置如图6-75所示，模型效果如图6-76所示。

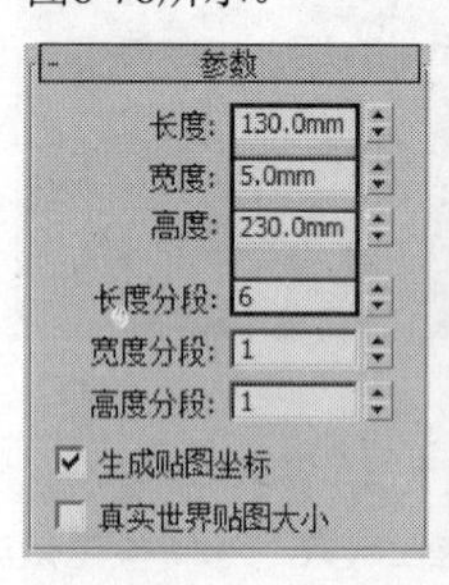

图6-75

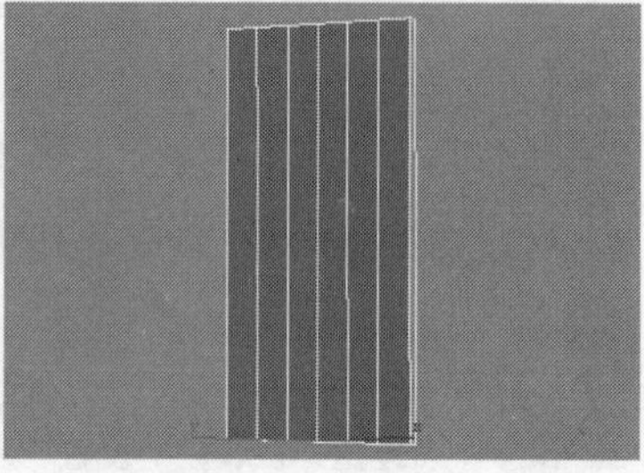

图6-76

02 将长方体转换为可编辑网格，然后进入"顶点"级别，接着在左视图中将顶点调整成如图6-77所示的效果。

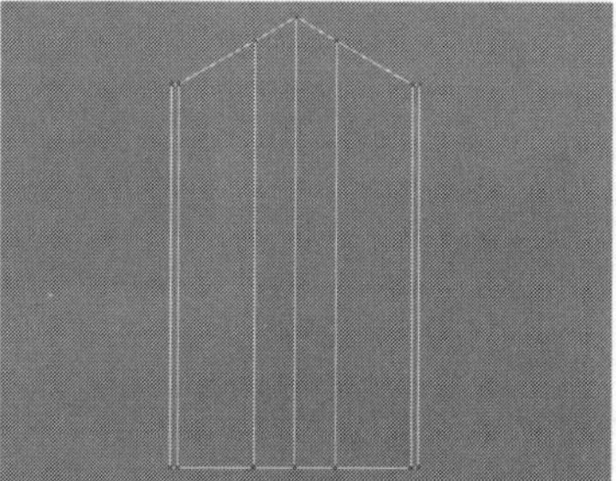

图6-77

03 进入"多边形"级别，然后选择如图6-78所示的多边形，接着在"编辑几何体"卷展栏下的"挤出"按钮 挤出 后面的输入框中输入30mm，最后按Enter键确定操作，如图6-79所示。

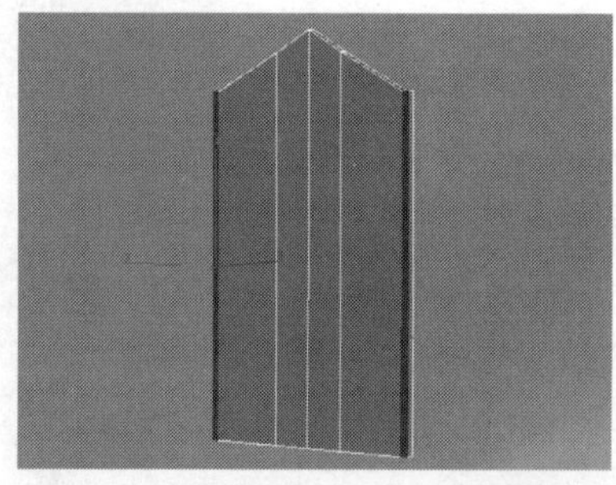

图6-78

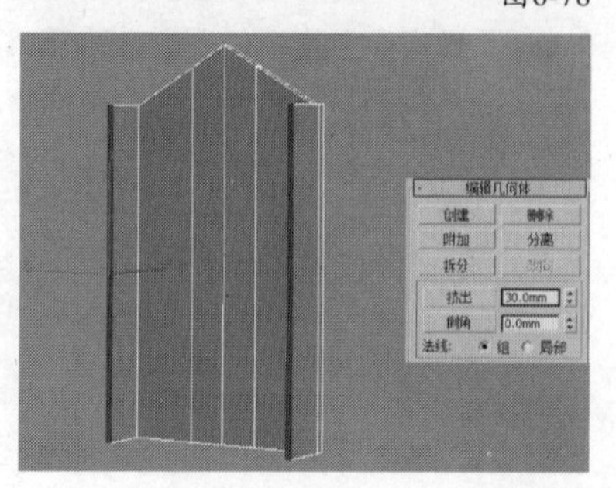

图6-79

04 采用相同的方法继续挤出3次多边形（高度也是30mm），完成后的效果如图6-80所示。

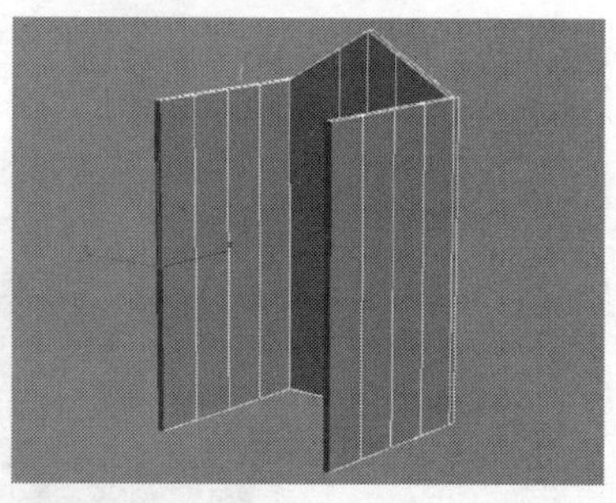

图6-80

05 进入"边"级别，然后选择如图6-81所示的边，接着在"编辑几何体"卷展栏下的"切角"按钮 切角 后面的输入框中输入6mm，最后按Enter键确定操作，如图6-82所示。

图6-81

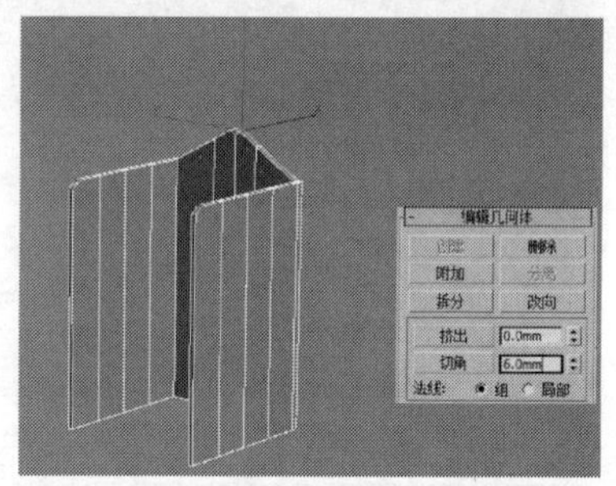

图6-82

06 选择如图6-83所示的边，选择的边在线框模式下的显示效果如图6-84所示，然后在"编辑几何体"卷展栏下的"切角"按钮 切角 后面的输入框中输入1mm，最后按Enter键确定操作，如图6-85所示。

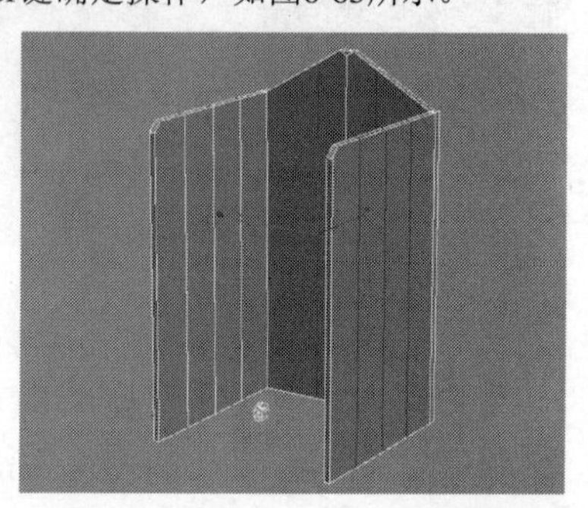

图6-83

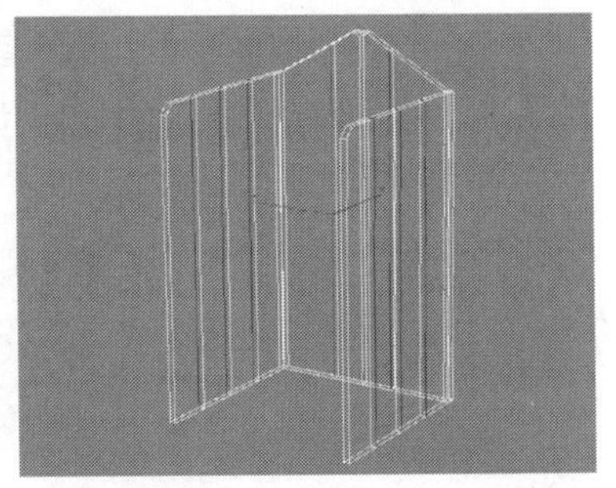

图6-84

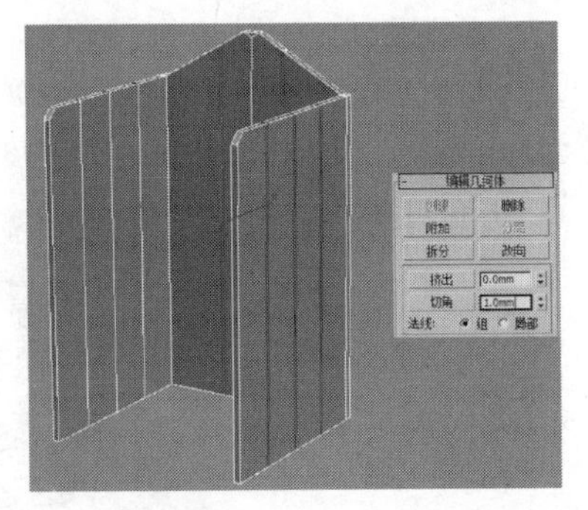

图6-85

07 进入“多边形”级别，然后选择如图6-86所示的多边形，接着在“编辑几何体”卷展栏下的“挤出”按钮 挤出 后面的输入框中输入1mm，最后按Enter键确定操作，如图6-87所示。

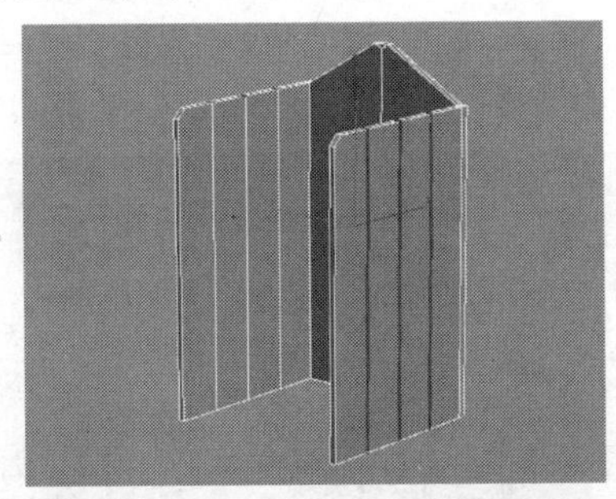

图6-86

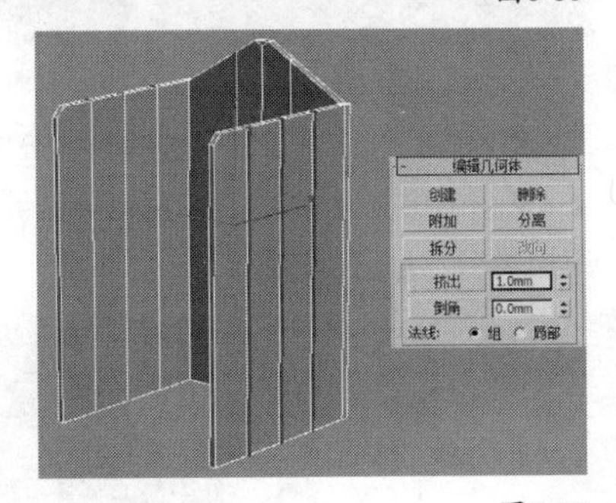

图6-87

08 进入“边”级别，然后选择如图6-88所示的边，选择的边在线框模式下的显示效果如图6-89所示，接着在“编辑几何体”卷展栏下的“切角”按钮 切角 后面的输入框中输入0.3mm，最后按Enter键确定操作，如图6-90所示。

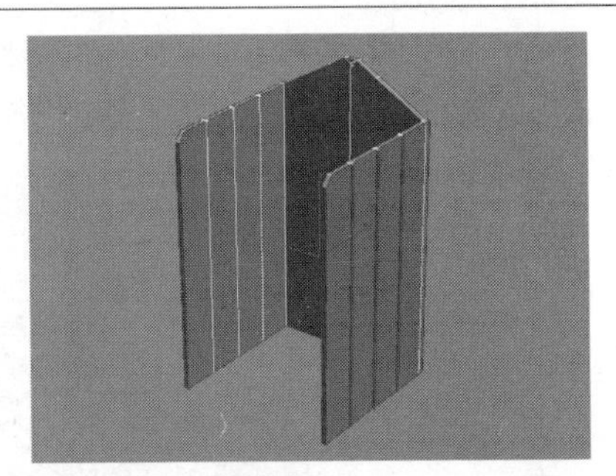

图6-88

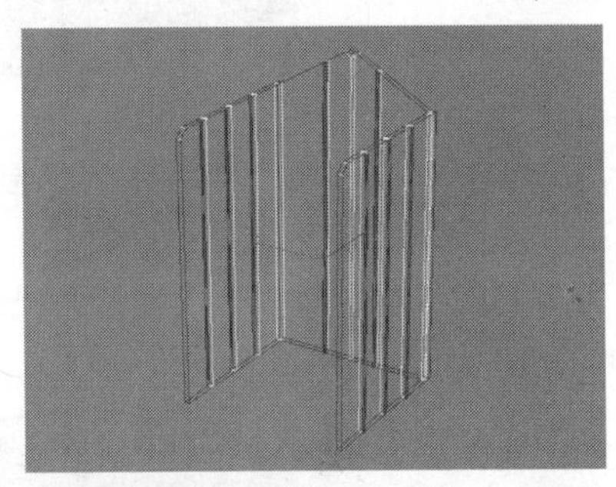

图6-89

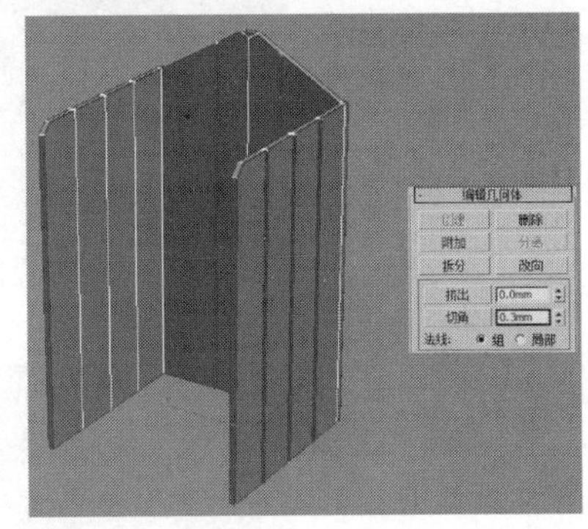

图6-90

09 为模型加载一个“网格平滑”修改器，然后在“细分量”卷展栏下设置“迭代次数”为3，模型效果如图6-91所示。

10 使用“长方体”工具 长方体 在场景中创建一个长方体，然后在“参数”卷展栏下设置“长度”为140mm、“宽度”为130mm、“高度”为15mm、“长度分段”为3、“宽度分段”为3、“高度分段”为1，模型位置如图6-92所示。

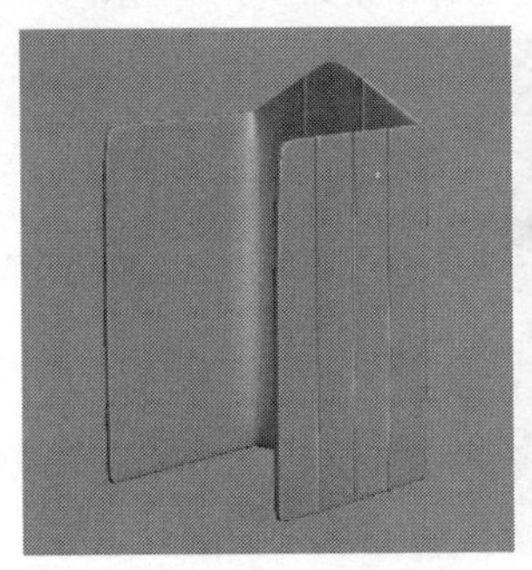

图6-91 图6-92

11 将长方体转换为可编辑网格，然后进入“顶点”级别，接着在顶视图中调整好各个顶点的位置，如图6-93所示。

图6-93

12 进入“多边形”级别，然后选择如图6-94所示的多边形，接着在“编辑几何体”卷展栏下的“挤出”按钮 挤出 后面的输入框中输入1mm，最后按Enter键确定操作，如图6-95所示。

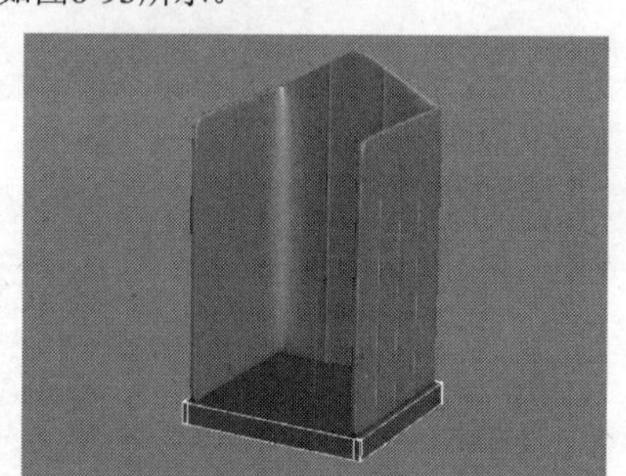

图6-94

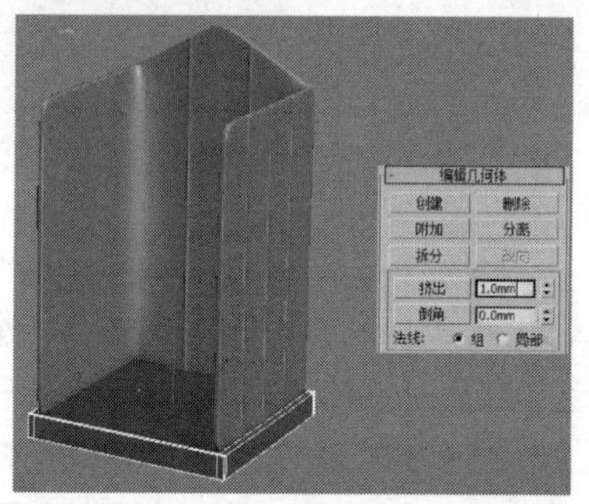

图6-95

13 保持对多边形的选择，在“编辑几何体”卷展栏下的“倒角”按钮 倒角 后面的输入框中输入-3mm，如图6-96所示，模型整体效果如图6-97所示。

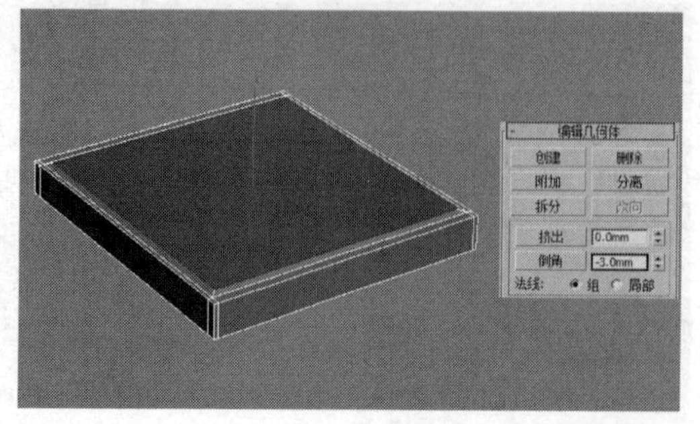

图6-96

图6-97

14 使用“长方体”工具 长方体 在场景中创建一个长方体，然后在“参数”卷展栏下设置“长度”为120mm、“宽度”为95mm、“高度”为6mm，模型位置如图6-98所示。

图6-98

15 使用“选择并移动”工具选择长方体，然后按住Shift键移动复制3个长方体到如图6-99所示的位置。

16 继续使用“长方体”工具 长方体 创建剩下的柜体模型，完成后的效果如图6-100所示。

图6-99

图6-100

17 使用“线”工具 线 在顶视图中绘制如图6-101所示的样条线。这里提供一张孤立选择图供用户参考，如图6-102所示。

图6-101

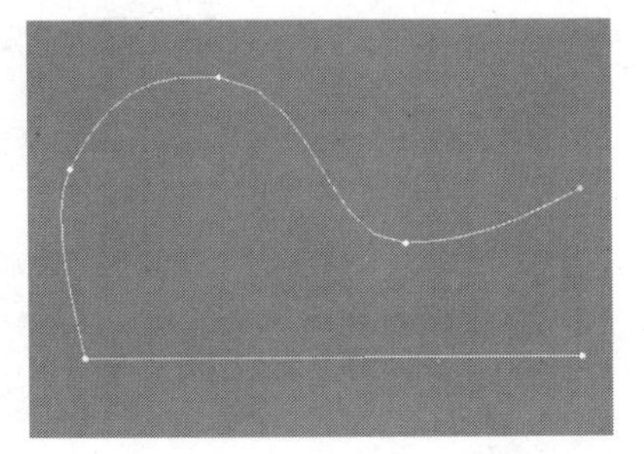

图6-102

18 为样条线加载一个“车削”修改器，然后在“参数”卷展栏下设置“分段”为32、“方向”为y轴 Y 、“对齐”为“最大” 最大 ，模型效果如图6-103所示。

19 使用“选择并移动”工具选择上一步创建的模型，然后按住Shift键移动复制3个模型到其他3个抽屉上，最终效果如图6-104所示。

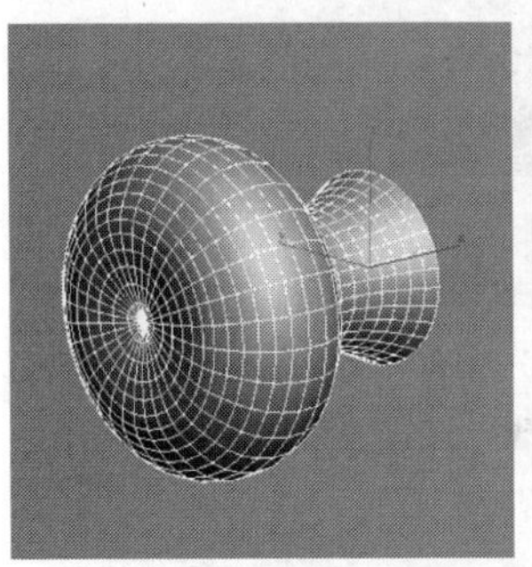

图6-103　　图6-104

实战125 沙发

场景位置	无
实例位置	DVD>实例文件>CH06>实战125.max
视频位置	DVD>多媒体教学>CH06>实战125.flv
难易指数	★★★☆☆
技术掌握	切角工具、由边创建图形工具、网格平滑修改器

沙发效果如图6-105所示。

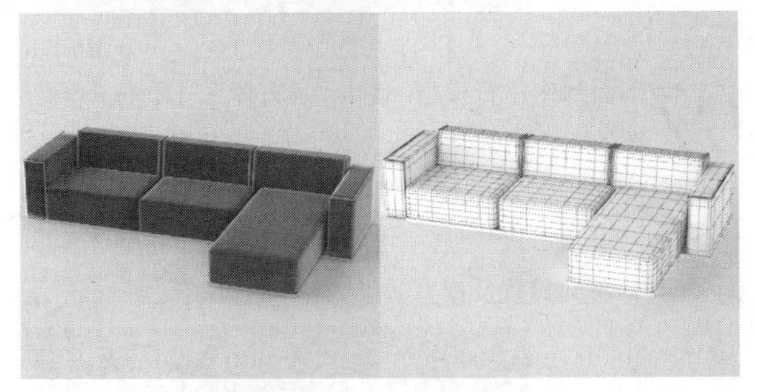

图6-105

01 下面制作扶手模型。使用“长方体”工具 长方体 在场景中创建一个长方体，然后在“参数”卷展栏下设置“长度”为700mm、“宽度”为200mm、“高度”为450mm，具体参数设置及模型效果如图6-106所示。

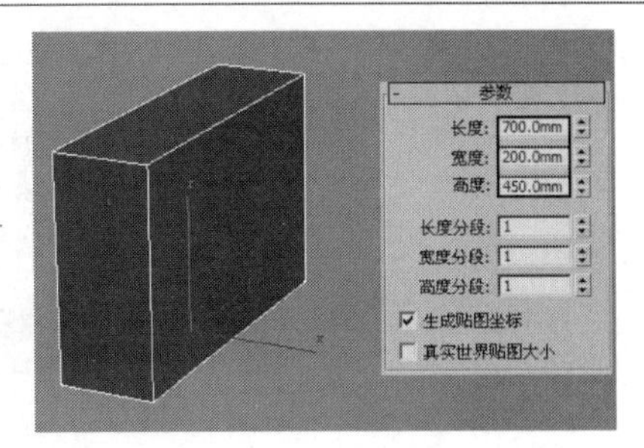

图6-106

02 将长方体转换为可编辑网格，进入“边”级别，然后选择所有边，在“编辑几何体”卷展栏下的“切角”按钮后面的输入框中输入15mm，如图6-107所示。

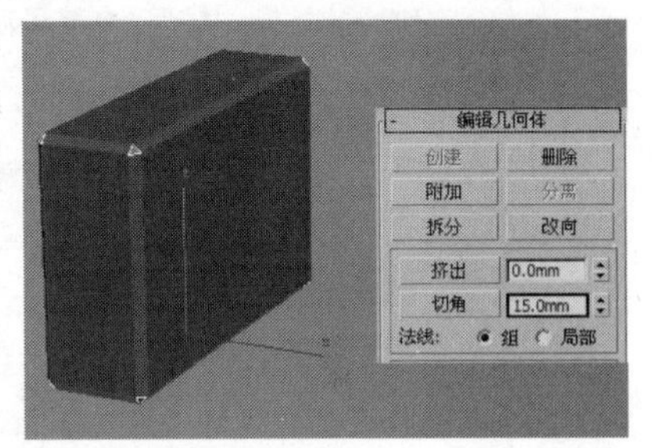

图6-107

03 选择如图6-108所示的边，然后在“选择”卷展栏下单击“由边创建图形”按钮 由边创建图形 ，接着在弹出的“创建图形”对话框中设置“图形类型”为“线性”，如图6-109所示。

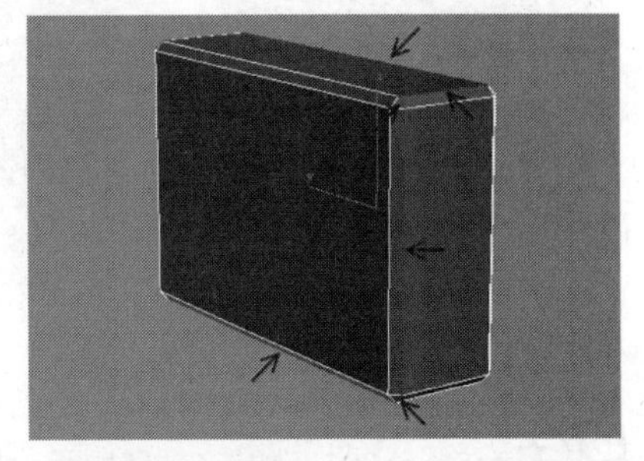

图6-108

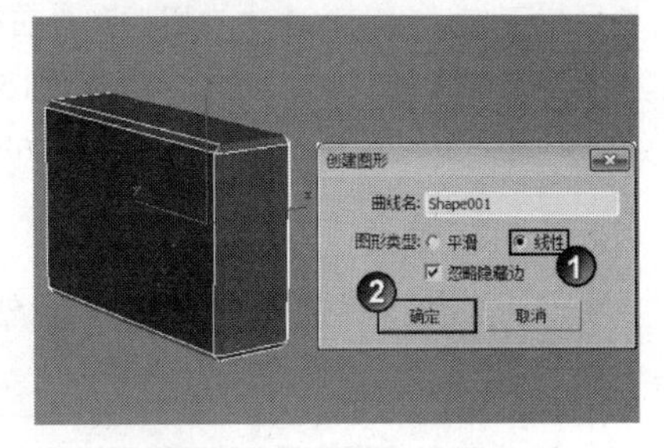

图6-109

技术专题 19 由边创建图形

网格建模中的“由边创建图形”工具 由边创建图形 与多边形建模中的“利用所选内容创建图形”工具 利用所选内容创建图形 类似，都是利用所选边来创建图形。下面以图6-110中的一个网格球体来详细介绍该工具的使用方法（在球体的周围创建一个圆环图形）。

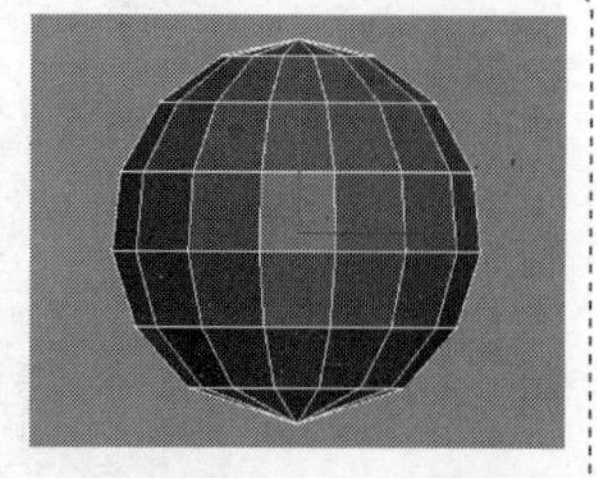

图6-110

第1步：进入“边”级别，然后在前视图中框选中间的边，如图6-111所示。

第2步：在“编辑几何体”卷展栏下单击“由边创建图形”按钮 由边创建图形 ，打开“创建图形”对话框，如图6-112所示。

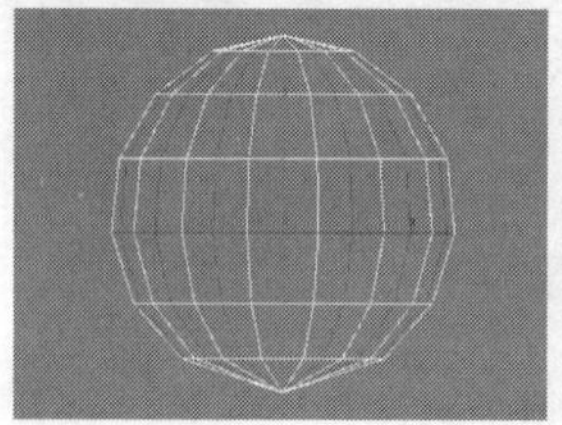

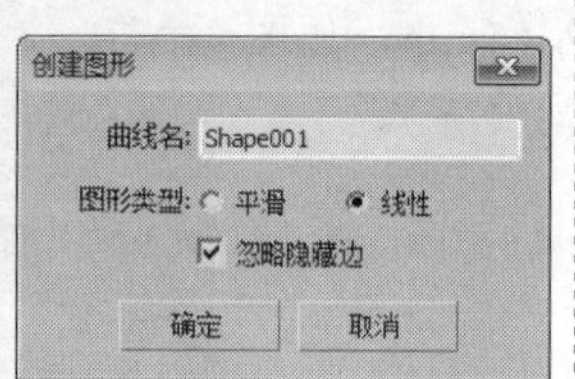

图6-111　　图6-112

第3步：选择一种图形类型。如果选择“平滑”类型，则图形非常平滑，如图6-113所示；如果选择“线性”类型，则图形具有明显的转折，如图6-114所示。

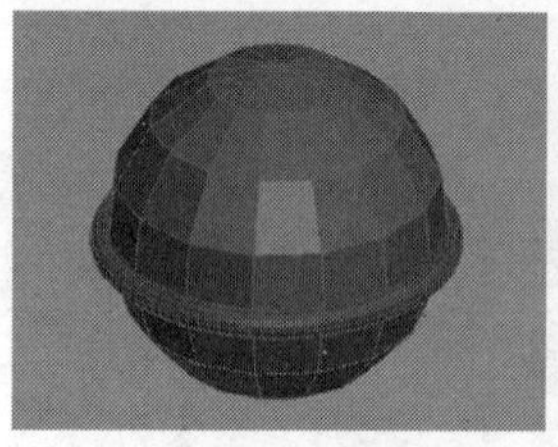

图6-113　　图6-114

04 按H键打开“从场景选择”对话框，然后选择图形Shape001，如图6-115所示，接着在“渲染”卷展栏下勾选“在渲染中启用”和“在视口中启用”选项，最后设置“径向”的“厚度”为15mm、“边”为10，具体参数设置及图形效果如图6-116所示。

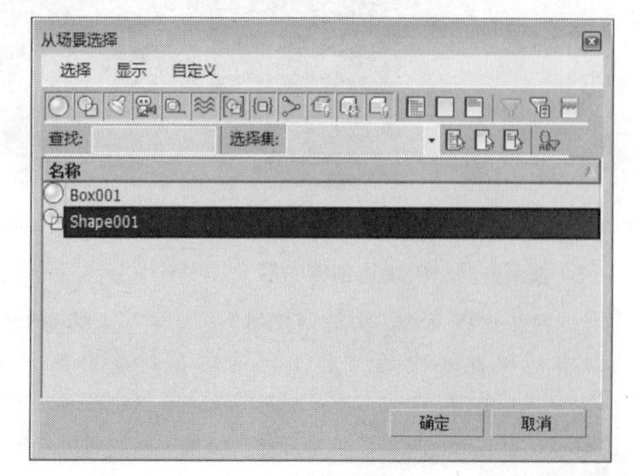

图6-115

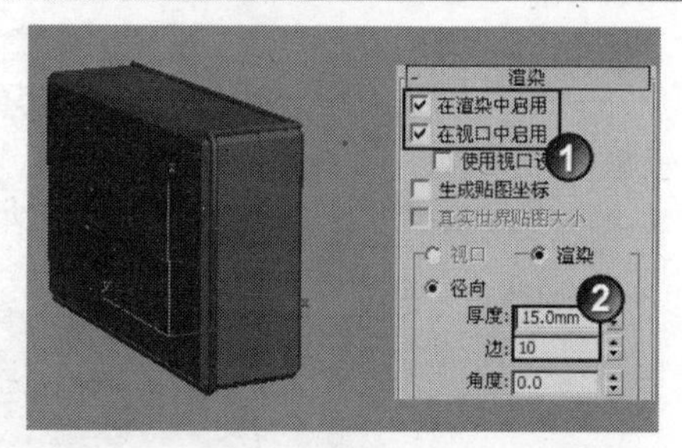

图6-116

05 为扶手模型加载一个“网格平滑”修改器，然后在“细分量”卷展栏下设置“迭代次数”为2，具体参数设置及模型效果如图6-117所示。

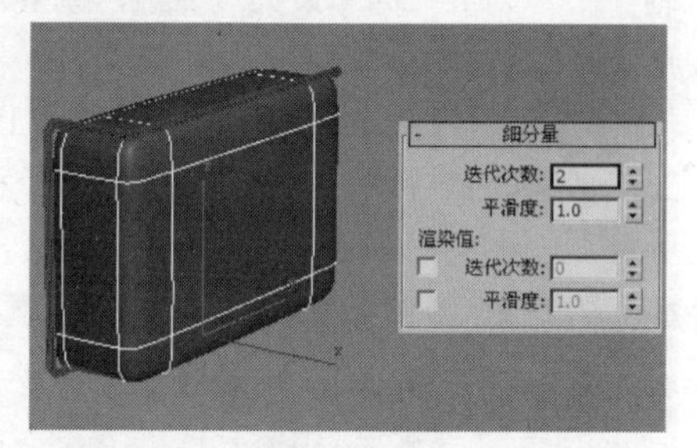

图6-117

06 选择扶手和图形，然后为其创建一个组，接着在“主工具栏”中单击“镜像”按钮，最后在弹出的“镜像：世界坐标”对话框中设置“镜像轴”为x轴、“偏移”为-1000mm、“克隆当前选择”为“复制”，如图6-118所示。

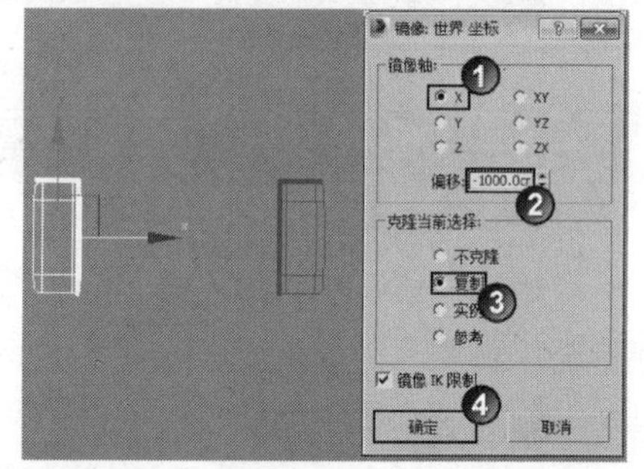

图6-118

07 下面制作靠背模型。使用“长方体”工具 长方体 在场景中创建一个长方体，然后在“参数”卷展栏下设置“长度”为200mm、“宽度”为800mm、“高度”为500mm、“长度分段”为3、“宽度分段”为3、“高度分段”为5，具体参数设置及模型效果如图6-119所示。

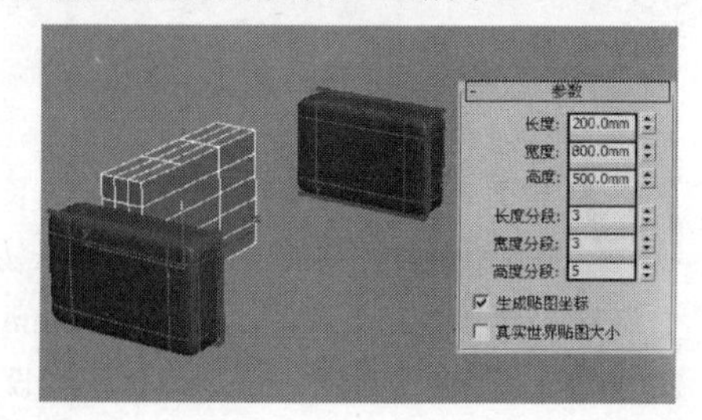

图6-119

08 将长方体转换为可编辑网格，进入“顶点”级别，然后在左视图中使用“选择并移动”工具将顶点调整成如图6-120所示的效果，调整完成后在透视图中的效果如图6-121所示。

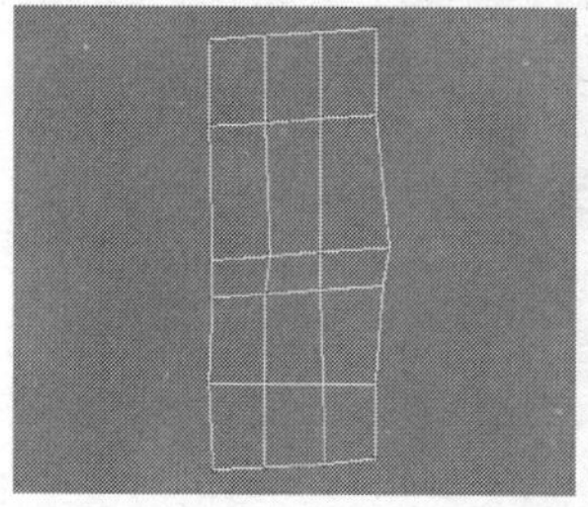

图6-120

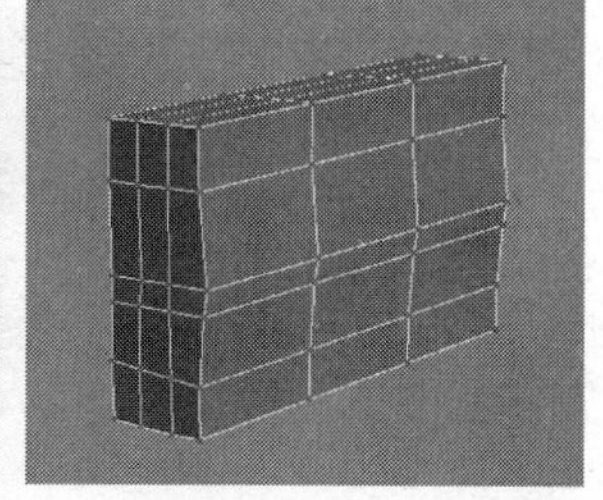

图6-121

09 进入“边”级别，然后选择如图6-122所示的边，接着将其切角15mm，如图6-123所示。

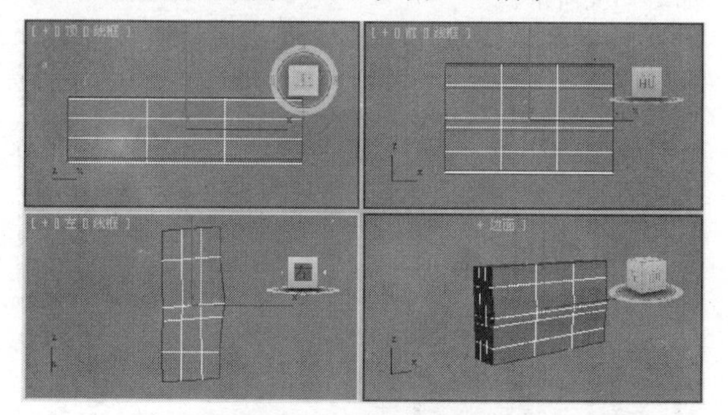

图6-122

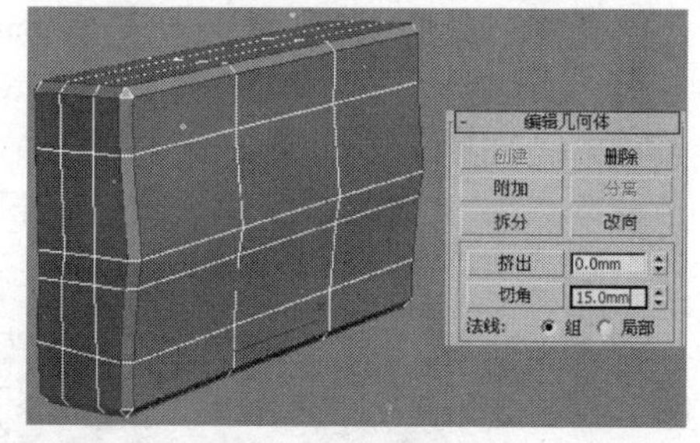

图6-123

10 选择如图6-124所示的边，然后在“选择”卷展栏下单击“由边创建图形”按钮 由边创建图形 ，接着在弹出的“创建图形”对话框中设置“图形类型”为“线性”，如图6-125所示，效果如图6-126所示。

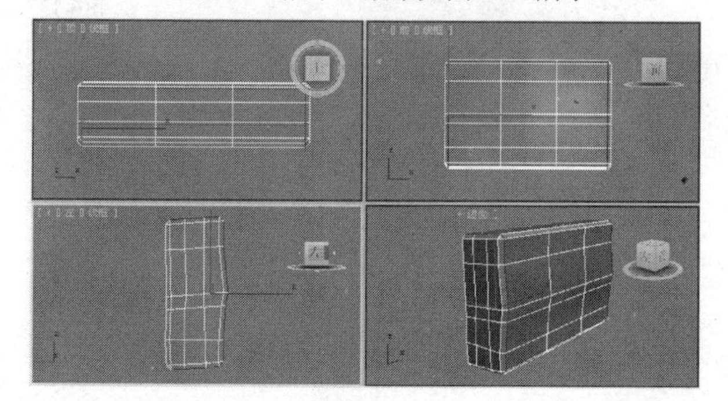

图6-124

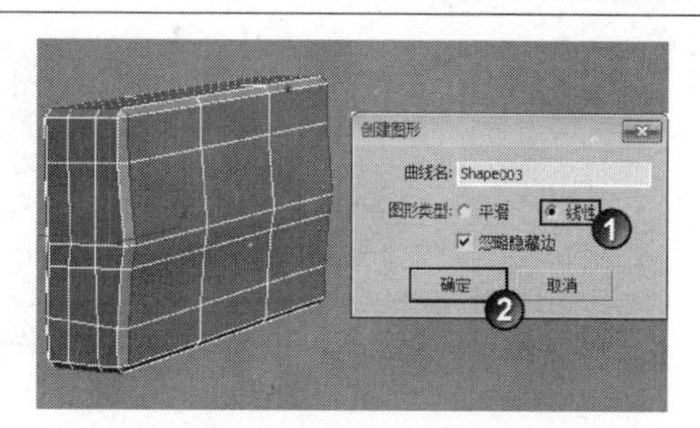

图6-125

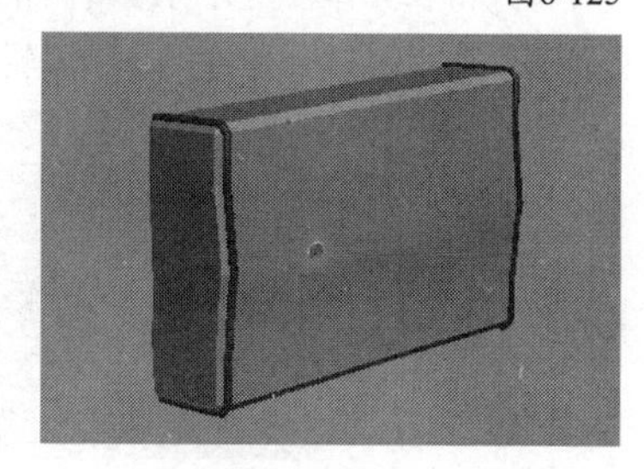

图6-126

技巧与提示

由于在前面已经创建了一个图形，且已经设置了“渲染”参数，因此步骤10中的图形不用再设置“渲染”参数。

11 为靠背模型加载一个“网格平滑”修改器，然后在“细分量”卷展栏下设置“迭代次数”为1，具体参数设置及模型效果如图6-127所示。

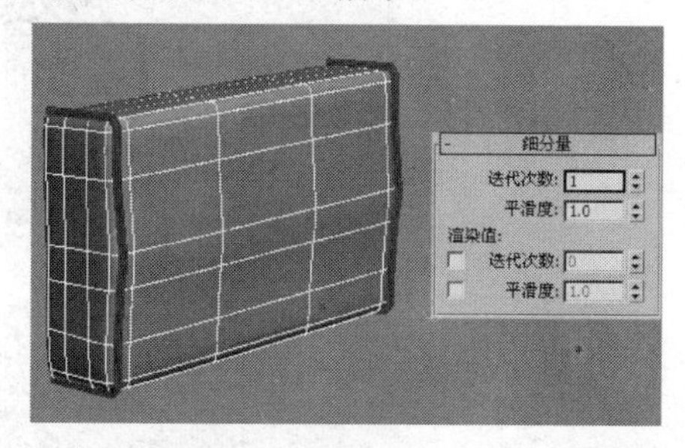

图6-127

12 为靠背模型和图形创建一个组，然后复制两组靠背模型，接着调整好各个模型的位置，完成后的效果如图6-128所示。

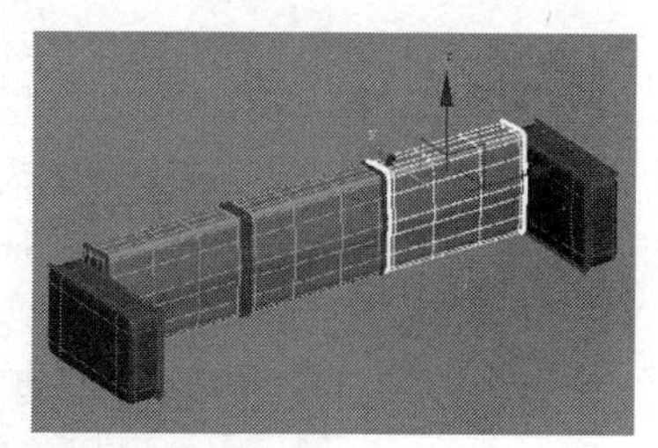

图6-128

13 下面制作座垫模型。使用“长方体”工具 长方体 在场景中创建一个长方体，然后在“参数”卷展栏下设置“长度”为450mm、“宽度”为800mm、“高度”200mm，具体参数设置及模型位置如图6-129所示。

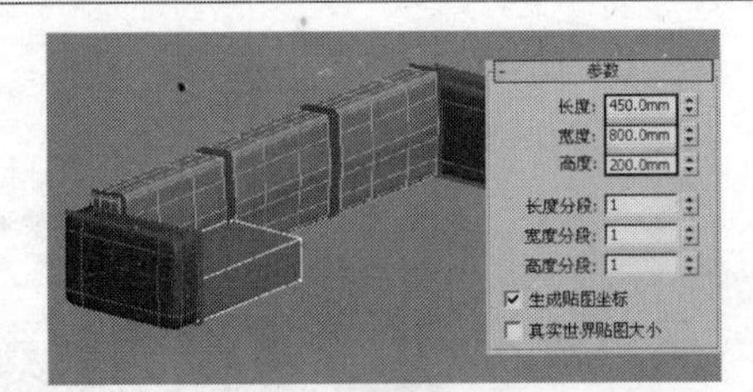

图6-129

14 将长方体转换为可编辑网格，进入“边”级别，然后选择所有边，在“编辑几何体”卷展栏下的“切角”按钮后面的输入框中输入20mm，如图6-130所示。

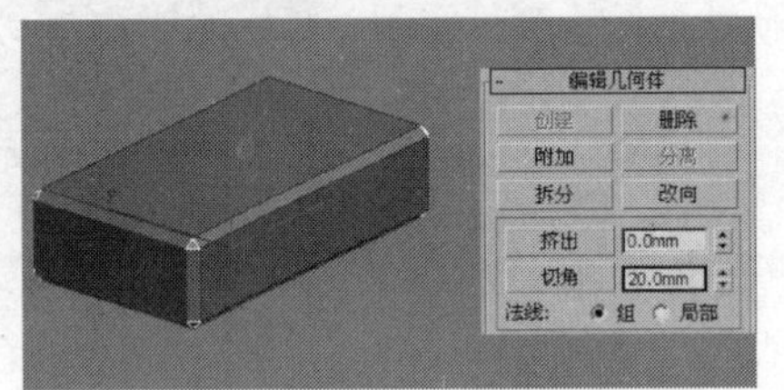

图6-130

15 为模型加载一个“网格平滑”修改器，然后在“细分量”卷展栏下设置“迭代次数”为2，具体参数设置及模型效果如图6-131所示，接着复制一个座垫，模型效果如图6-132所示。

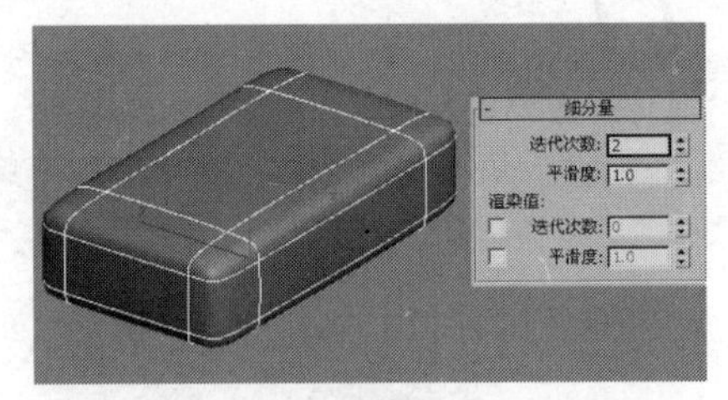

图6-131

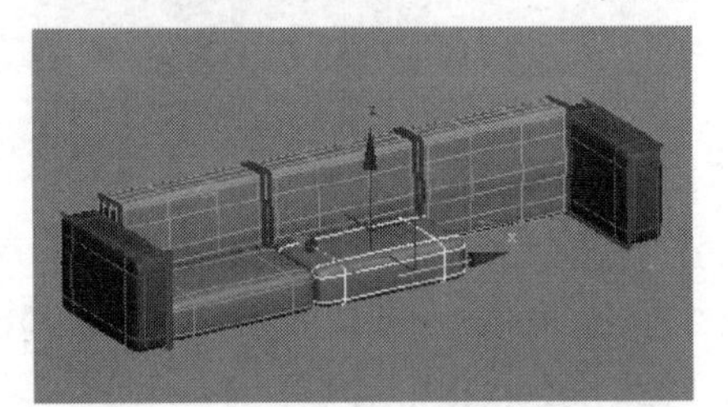

图6-132

16 继续使用“长方体”工具 长方体 在场景中创建一个长方体，然后在“参数”卷展栏下设置“长度”为2000mm、“宽度”为800mm、“高度”200mm，具体参数设置及模型位置如图6-133所示。

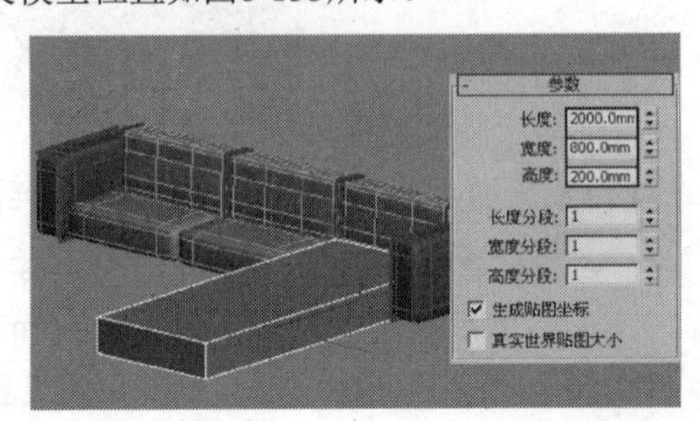

图6-133

17 采用步骤14~步骤15的方法处理好模型，完成后的效果如图6-134所示。

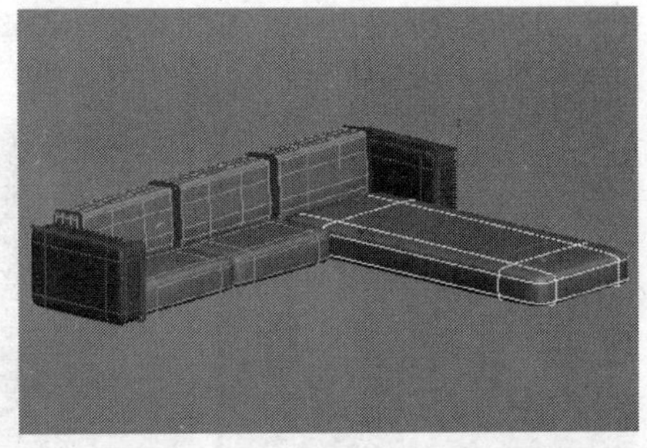

图6-134

18 使用“线”工具 线 在顶视图中绘制如图6-135所示的样条线。这里提供一张孤立选择图，如图6-136所示。

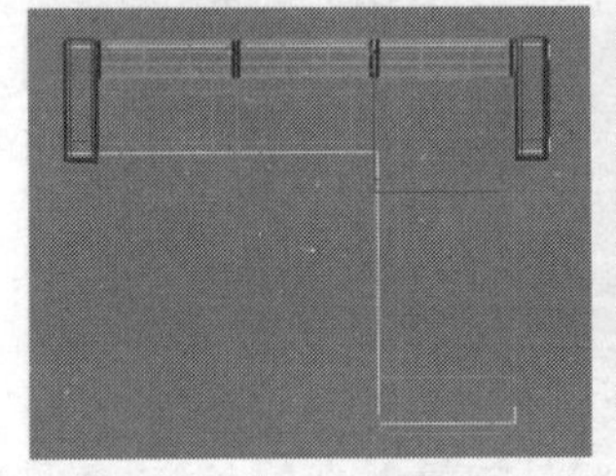

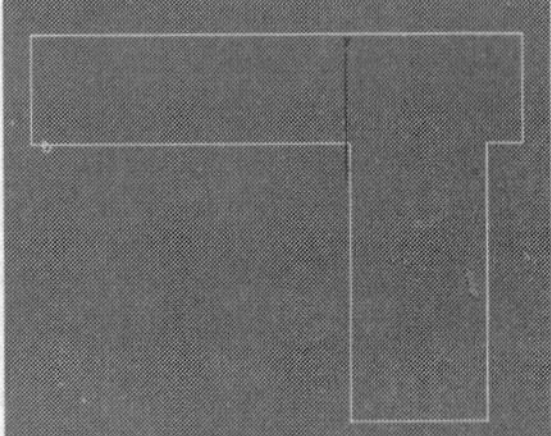

图6-135　　图6-136

19 选择样条线，然后在“渲染”卷展栏下勾选“在渲染中启用”和“在视口中启用”选项，接着勾选“矩形”选项，最后设置“长度”为46mm、“宽度”为22mm，具体参数设置及模型效果如图6-137所示，最终效果如图6-138所示。

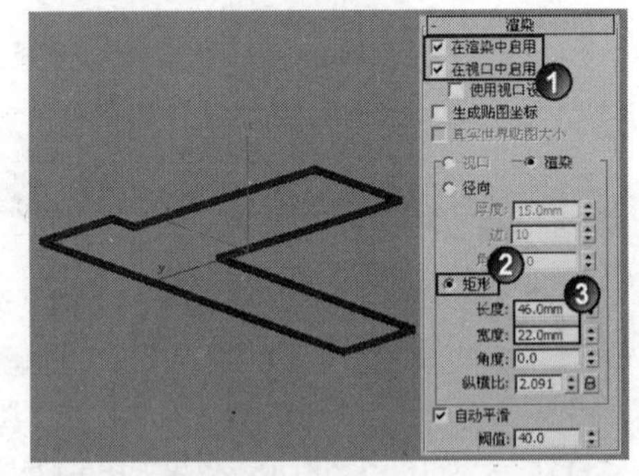

图6-137

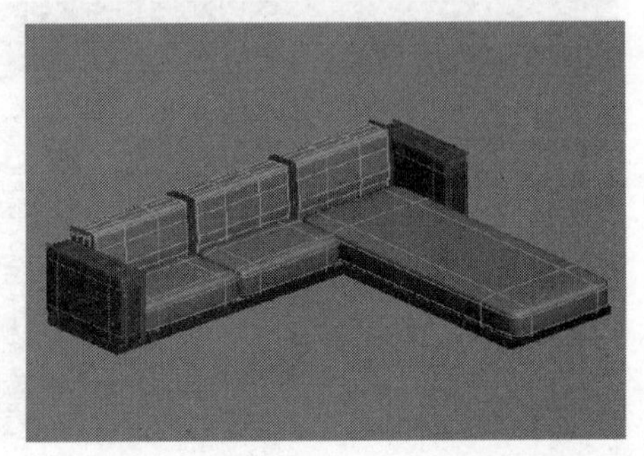

图6-138

第7章 NURBS建模

学习要点：NURBS建模的思路 / NURBS建模的常用工具

家装造型设计师

工业造型设计师

室内设计表现师

建筑设计表现师

实战126 艺术花瓶

场景位置	无
实例位置	DVD>实例文件>CH07>实战126.max
视频位置	DVD>多媒体教学>CH07>实战126.flv
难易指数	★☆☆☆☆
技术掌握	点曲线工具、创建U向放样曲面工具、创建封口曲面工具

艺术花瓶模型如图7-1所示。

图7-1

01 在“创建”面板中单击“图形”按钮，然后设置“图形”类型为“NURBS曲线”，接着单击“点曲线”按钮 点曲线 ，如图7-2所示，最后在顶视图中绘制一条如图7-3所示的点曲线。

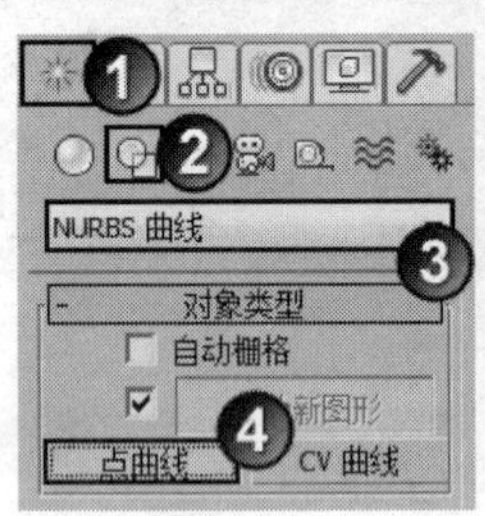

图7-2

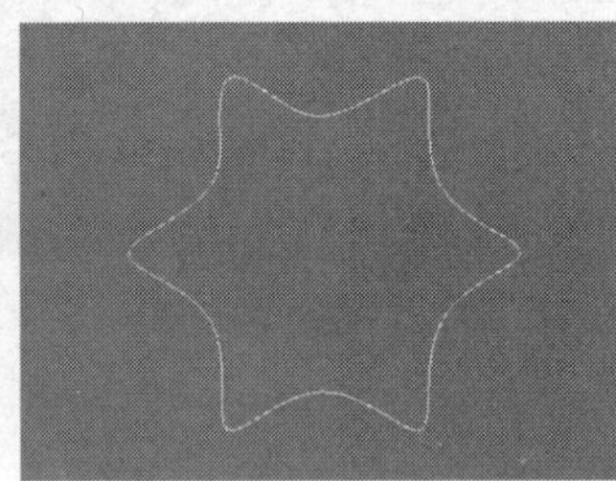

图7-3

技巧与提示

“点曲线”由点来控制曲线的形状，每个点始终位于曲线上；“CV曲线”由顶点（CV）来控制曲线的形状，这些顶点不必位于曲线上。

02 继续使用“点曲线”工具 点曲线 在顶视图中绘制4条圆形的点曲线，如图7-4所示，然后在透视图中调整好各点曲线的位置，如图7-5所示。

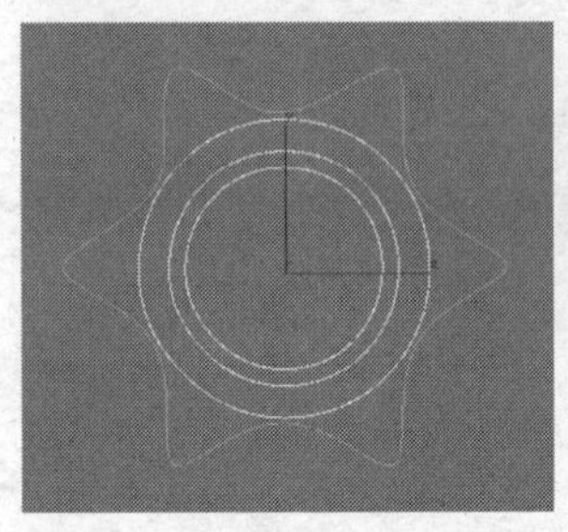

图7-4

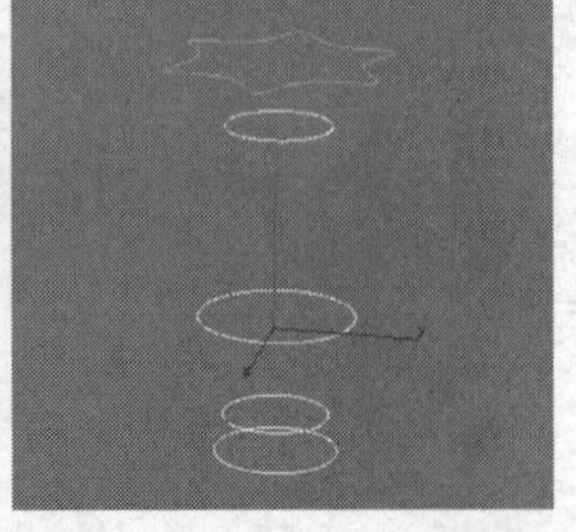

图7-5

03 切换到“修改”面板，然后在“常规”卷展栏下单击“NURBS创建工具箱”按钮，打开“NURBS工具箱”，如图7-6所示。

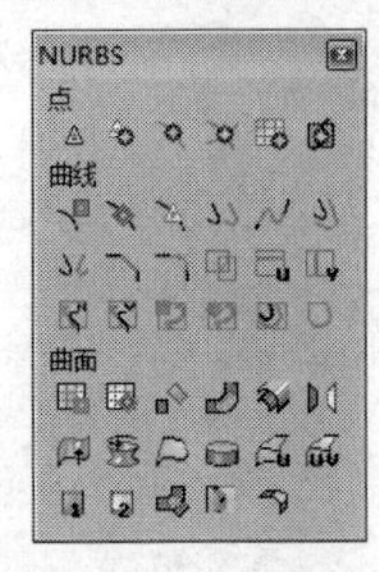

图7-6

技术专题 20 NURBS工具箱

在“常规”卷展栏下单击“NURBS创建工具箱”按钮打开“NURBS工具箱”，如图7-7所示。“NURBS工具箱”中包含用于创建NURBS对象的所有工具，主要分为3个功能区，分别是“点”功能区、“曲线”功能区和“曲面”功能区。

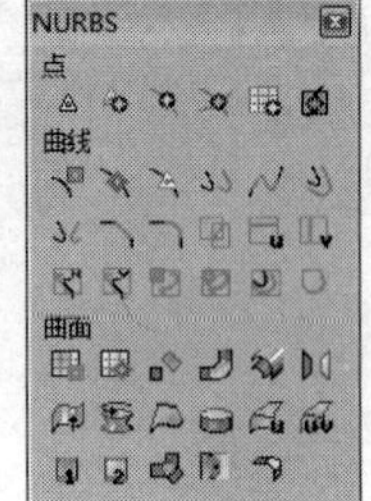

图7-7

① 创建点的工具

创建点：创建单独的点。

创建偏移点：根据一个偏移量创建一个点。

创建曲线点：创建从属曲线上的点。

创建曲线-曲线点：创建一个从属于“曲线-曲线”的相交点。

创建曲面点：创建从属于曲面上的点。

创建曲面-曲线点：创建从属于“曲面-曲线”的相交点。

② 创建曲线的工具

创建CV曲线：创建一条独立的CV曲线子对象。

创建点曲线：创建一条独立点曲线子对象。

创建拟合曲线：创建一条从属的拟合曲线。

创建变换曲线：创建一条从属的变换曲线。

创建混合曲线：创建一条从属的混合曲线。

创建偏移曲线：创建一条从属的偏移曲线。

创建镜像曲线：创建一条从属的镜像曲线。

创建切角曲线：创建一条从属的切角曲线。

创建圆角曲线：创建一条从属的圆角曲线。

创建曲面-曲面相交曲线：创建一条从属于“曲面-曲面”的相交曲线。

创建U向等参曲线：创建一条从属的U向等参曲线。

创建V向等参曲线：创建一条从属的V向等参曲线。

创建法向投影曲线：创建一条从属于法线方向的投影曲线。

创建向量投影曲线：创建一条从属于向量方向的投影曲线。

创建曲面上的CV曲线：创建一条从属于曲面上的CV曲线。

创建曲面上的点曲线：创建一条从属于曲面上的点曲线。

创建曲面偏移曲线：创建一条从属于曲面上的偏移曲线。

创建曲面边曲线：创建一条从属于曲面上的边曲线。

③ 创建曲面的工具

创建CV曲线：创建独立的CV曲面子对象。

创建点曲面：创建独立的点曲面子对象。

创建变换曲面：创建从属的变换曲面。

创建混合曲面：创建从属的混合曲面。

创建偏移曲面：创建从属的偏移曲面。

创建镜像曲面：创建从属的镜像曲面。

创建挤出曲面：创建从属的挤出曲面。

创建车削曲面：创建从属的车削曲面。

创建规则曲面：创建从属的规则曲面。

创建封口曲面：创建从属的封口曲面。

创建U向放样曲面：创建从属的U向放样曲面。

创建UV放样曲面：创建从属的UV向放样曲面。

创建单轨扫描：创建从属的单轨扫描曲面。

创建双轨扫描：创建从属的双轨扫描曲面。

创建多边混合曲面：创建从属的多边混合曲面。

创建多重曲线修剪曲面：创建从属的多重曲线修剪曲面。

创建圆角曲面：创建从属的圆角曲面。

04 在“NURBS工具箱”中单击“创建U向放样曲面”按钮，然后在视图中从上到下依次单击点曲线，拾取点曲线完毕后单击鼠标右键完成操作，如图7-8所示，放样完成后的模型效果如图7-9所示。

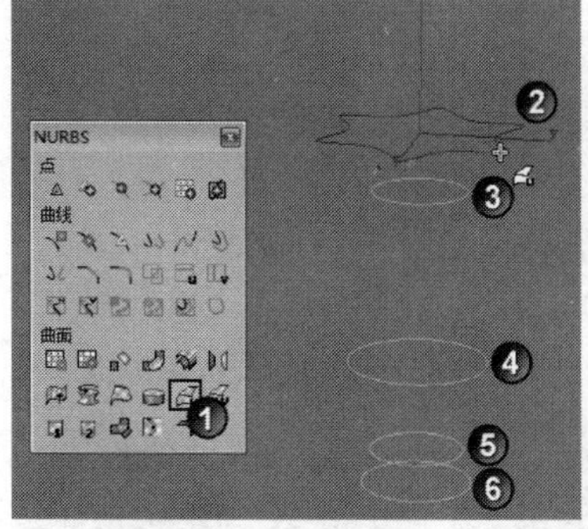

图7-8

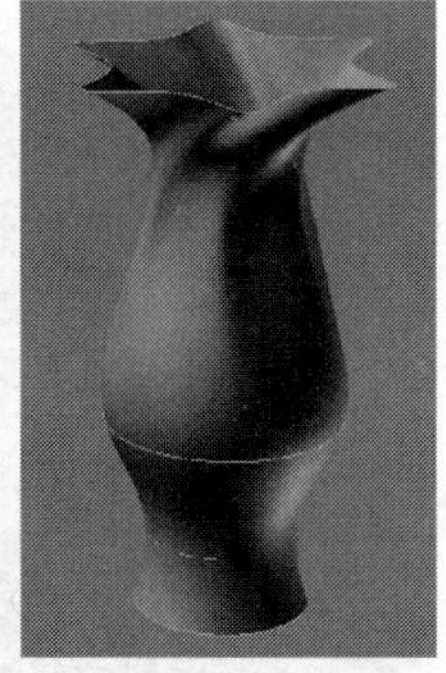
图7-9

05 在“修改”面板中选择NURBS曲线的“点”层级，然后在视图中对花瓶的造型细节进行调整，完成后的效果如图7-10所示。

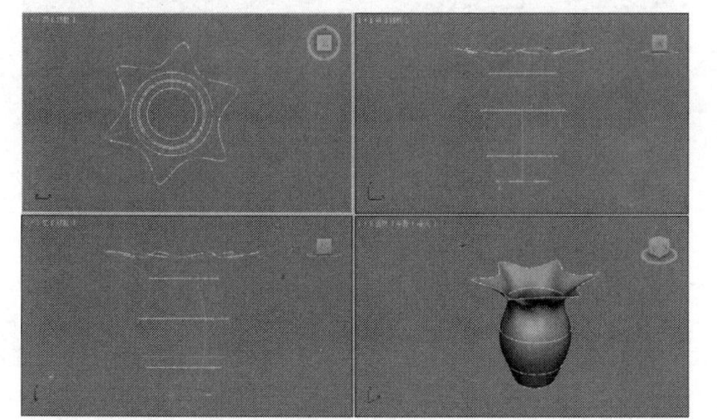
图7-10

06 在“NURBS工具箱”中单击“创建封口曲面”按钮，然后在视图中单击底部的截面，如图7-11所示，最终效果如图7-12所示。

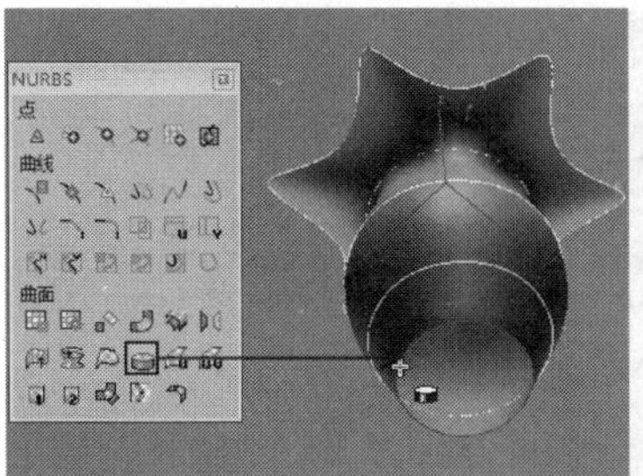

图7-11

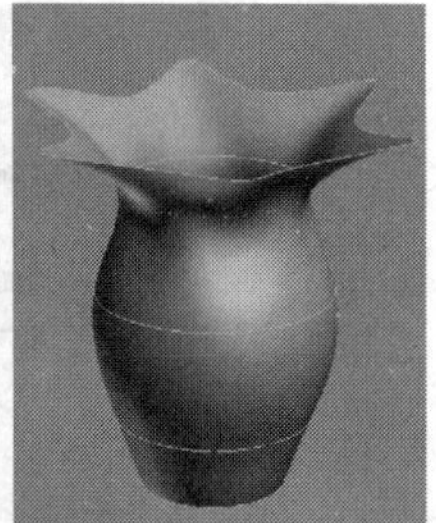
图7-12

技巧与提示

NURBS建模方法是一种高级建模方法，所谓NURBS就是Non—Uniform Rational B-Spline（非均匀有理B样条曲线）。NURBS建模方法适合于创建一些复杂的弯曲曲面。NBURBS有两种类型的对象，分别是“NURBS曲面”和“NURBS曲线”。

实战127 陶瓷花瓶

场景位置	DVD>场景文件>CH07>实战127.max
实例位置	DVD>实例文件>CH07>实战127.max
视频位置	DVD>多媒体教学>CH07>实战127.flv
难易指数	★☆☆☆☆
技术掌握	点曲线工具、创建车削曲面工具

陶瓷花瓶模型如图7-13所示。

图7-13

01 下面创建矮花瓶。设置“图形”类型为“NURBS曲线”，然后使用“点曲线”工具 点曲线 在前视图中绘制如图7-14所示的点曲线。

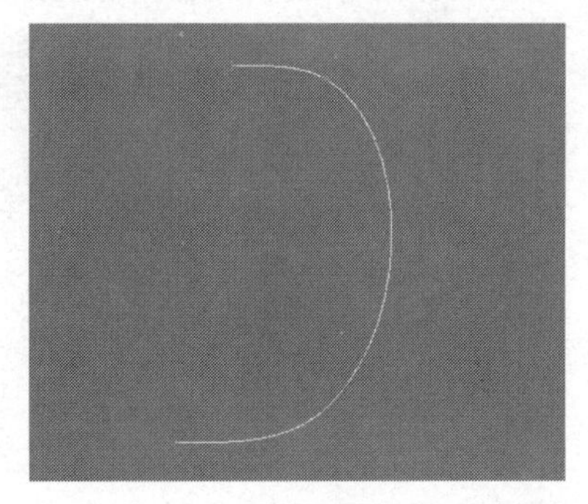
图7-14

02 进入“修改”面板，然后在“NURBS工具箱”中单击“创建车削曲面”按钮，接着在视图中单击点曲线，如图7-15所示，车削完成后的模型效果如图7-16所示。

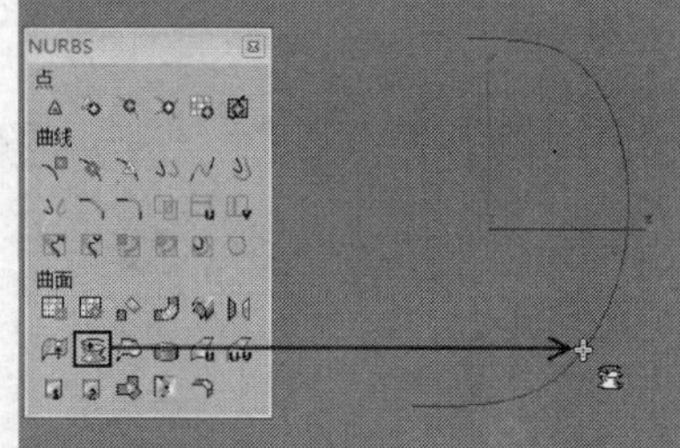

图7-15

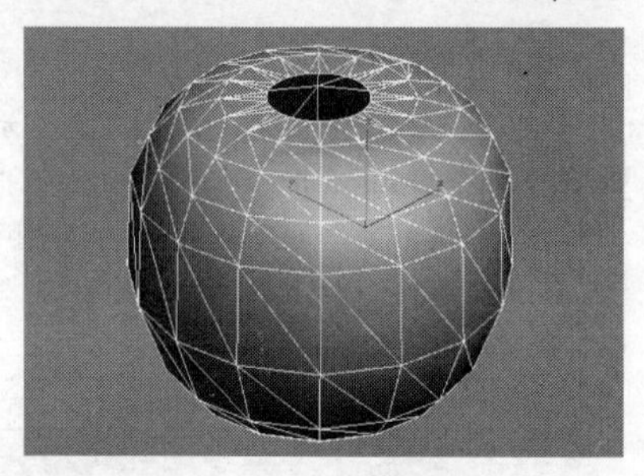

图7-16

03 为模型加载一个“细化”修改器（参数设置保持默认），效果如图7-17所示，然后为模型加载一个“壳”修改器，接着在“参数”卷展栏下设置“外部量”为0.5mm，效果如图7-18所示。

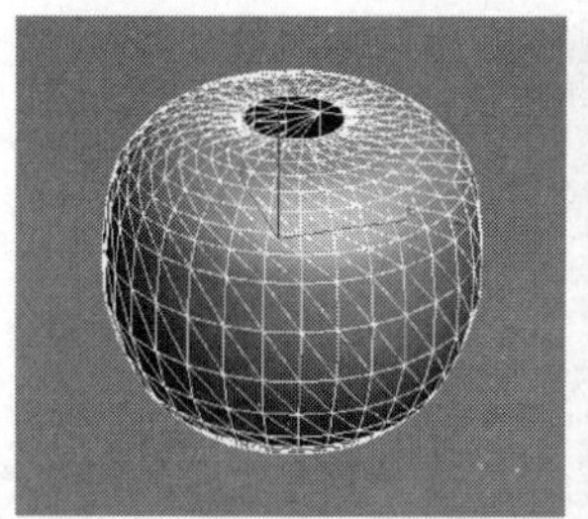

图7-17

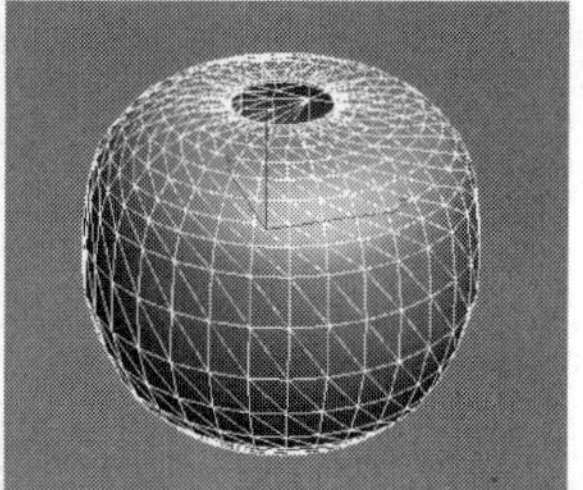

图7-18

04 下面创建高花瓶。使用“点曲线”工具 点曲线 在前视图中绘制如图7-19所示的点曲线，然后在“NURBS工具箱”中单击“创建车削曲面”按钮，接着在视图中单击点曲线，车削完成后的模型效果如图7-20所示。

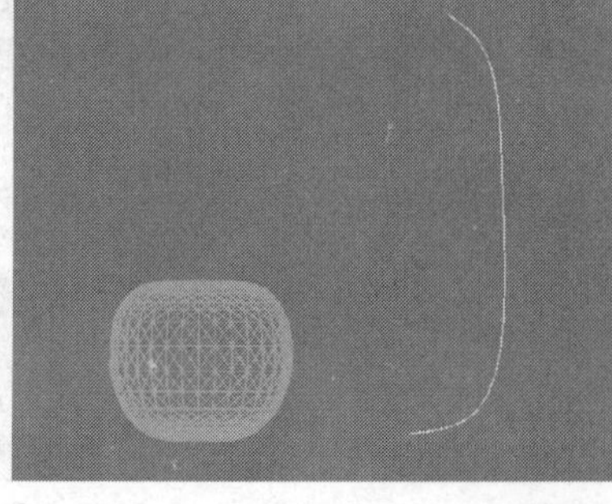

图7-19

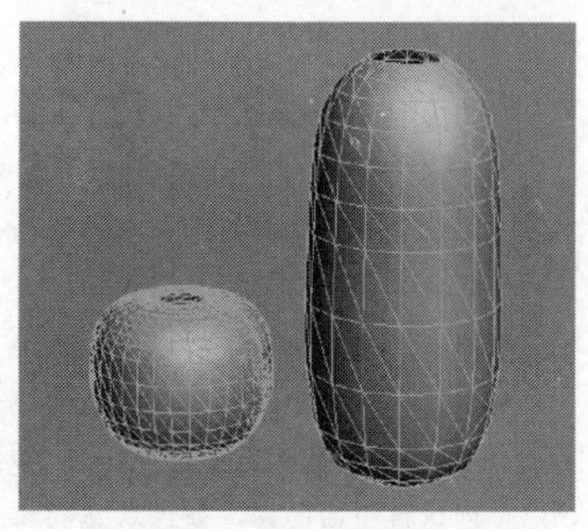

图7-20

05 在“修改”面板中选择NURBS曲线的“点”层级，然后在视图中对花瓶的细节进行调整，完成后的效果如图7-21所示。

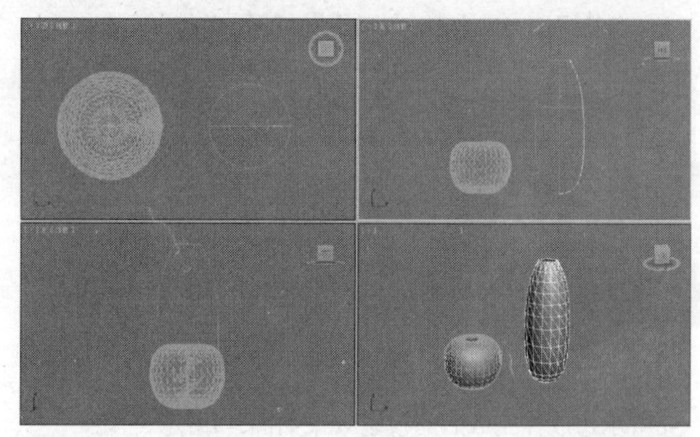

图7-21

06 为模型加载一个“细化”修改器和“壳”修改器（参数设置与矮花瓶相同），效果如图7-22所示。

07 单击界面左上角的“应用程序”图标，然后执行“导入>合并”菜单命令，接着将光盘中的“场景文件>CH07>实战127.max”文件合并到场景中，并将其放在高的花瓶口上，最终效果如图7-23所示。

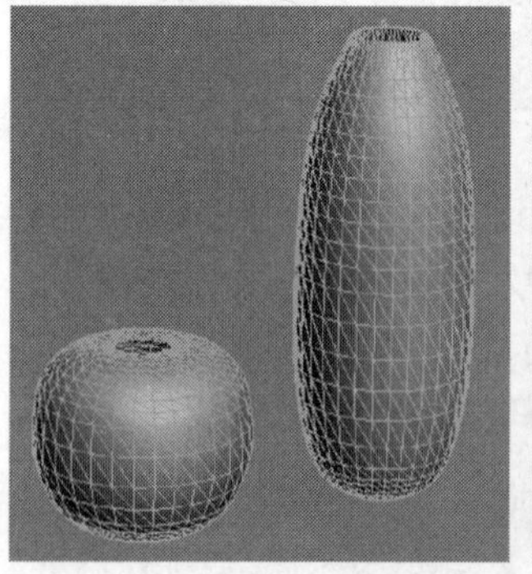

图7-22

图7-23

实战128 盆景植物

场景位置	DVD>场景文件>CH07>实战128.max
实例位置	DVD>实例文件>CH07>实战128.max
视频位置	DVD>多媒体教学>CH07>实战128.flv
难易指数	★☆☆☆☆
技术掌握	CV曲面工具

盆景植物模型如图7-24所示。

图7-24

01 在“创建”面板中单击“几何体”按钮，然后设置“几何体”类型为“NURBS曲面”，接着单击“CV曲面”按钮 CV 曲面 ，如图7-25所示。

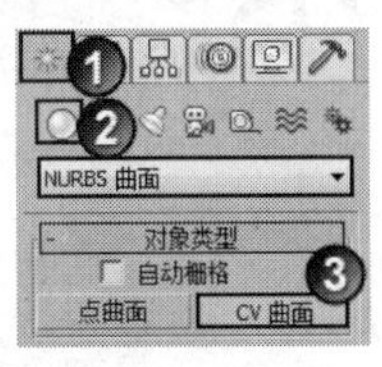

图7-25

02 使用“CV曲面”工具 CV 曲面 在场景中创建一个CV曲面，然后在“创建参数”卷展栏下设置“长度”为6mm、“宽度”为13mm、“长度CV数”为5、“宽度CV数”为5，接着按Enter键确认操作，具体参数设置如图7-26所示，效果如图7-27所示。

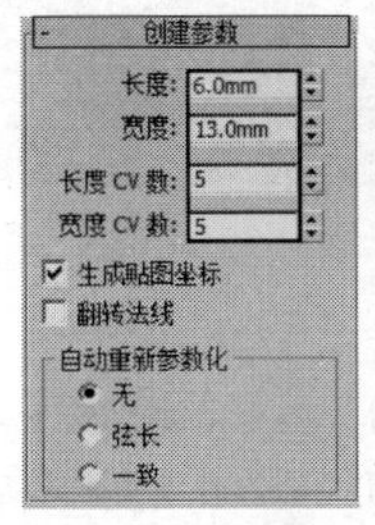

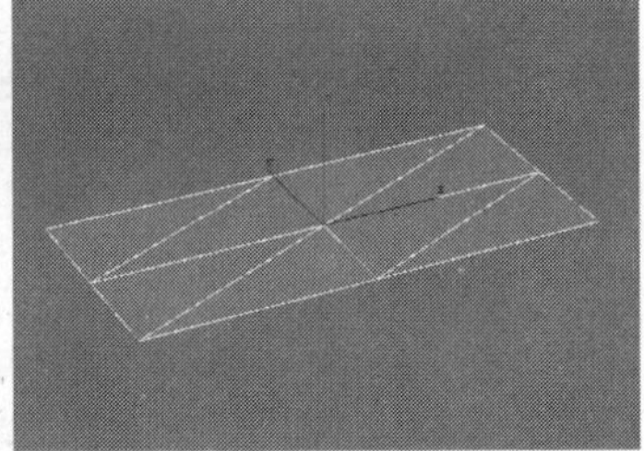

图7-26　　图7-27

技巧与提示

注意，“点曲线”和“CV曲面”的长、宽、高参数只能在创建时进行设置，也就是只能在创建过程中在“创建”面板中进行设置，不能在“修改”面板中进行设置。

03 进入“修改”面板，然后选择“曲面CV”层级，如图7-28所示，此时在视图中可以观察到黄色的网格和绿色的CV控制点，如图7-29所示。

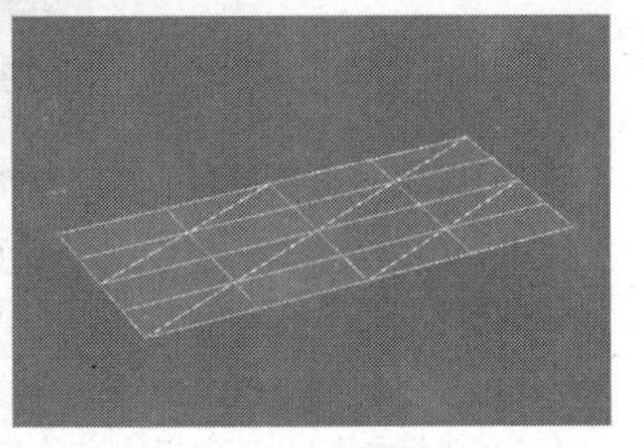

图7-28　　图7-29

技巧与提示

在制作叶子的时候，如果使用多边形建模方法来调整形状会浪费很多时间，并且需要很多的段值才能够保证叶子的平滑度，而使用NIURBS建模方法就简便多了，并且对内存的消耗也很少。

04 使用“选择并移动”工具在顶视图中调整好CV控制点的位置，如图7-30所示，在透视图中的显示效果如图7-31所示。

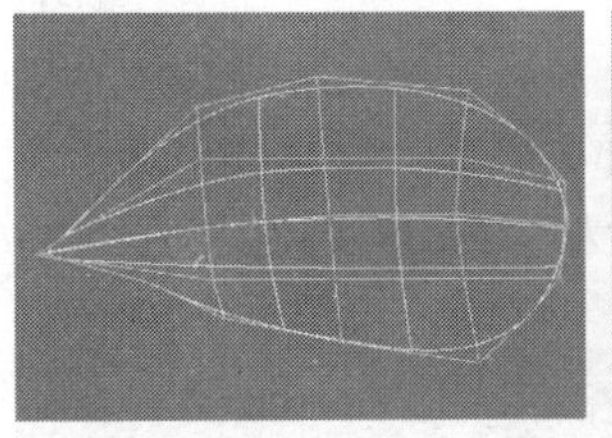

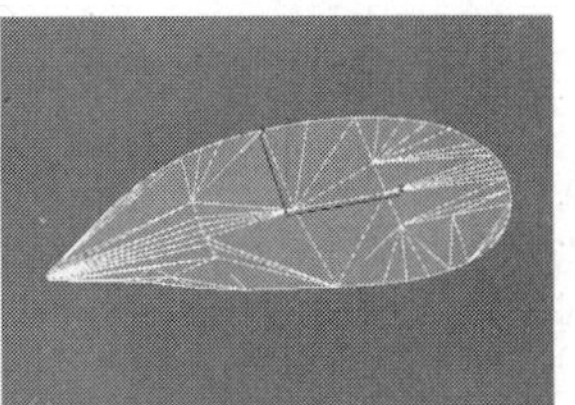

图7-30　　图7-31

05 继续在前视图和顶视图中调整CV控制点，完善叶片的造型细节，完成后的效果如图7-32所示。

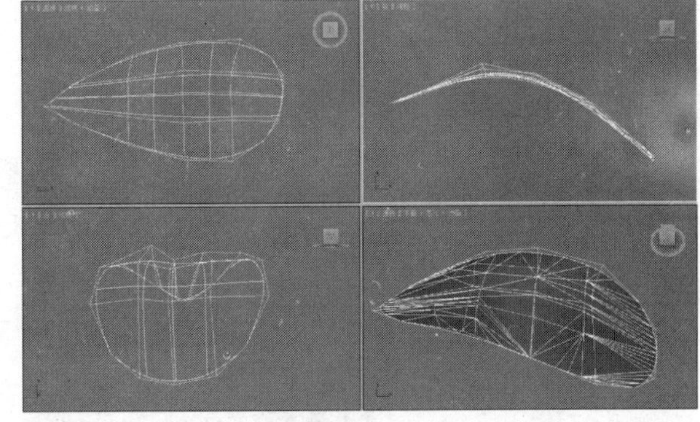

图7-32

06 单击界面左上角的“应用程序”图标，然后执行“导入>合并”菜单命令，接着将光盘中的“场景文件>CH07>实战128.max”文件合并到场景中，最后复制一些叶片到枝条上，最终效果如图7-33所示。

图7-33

实战129 藤艺饰品

场景位置	无
实例位置	DVD>实例文件>CH07>实战129.max
视频位置	DVD>多媒体教学>CH07>实战129.flv
难易指数	★☆☆☆☆
技术掌握	创建曲面上的点曲线工具、分离工具

藤艺饰品模型如图7-34所示。

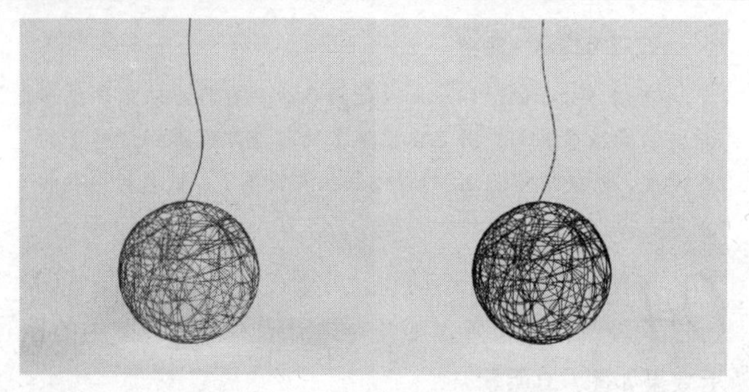

图7-34

01 使用“球体”工具 球体 在场景中创建一个球体，然后在球体上单击鼠标右键，接着在弹出的菜单中选择“转换为>转换为NUBRS”命令，如图7-35所示。

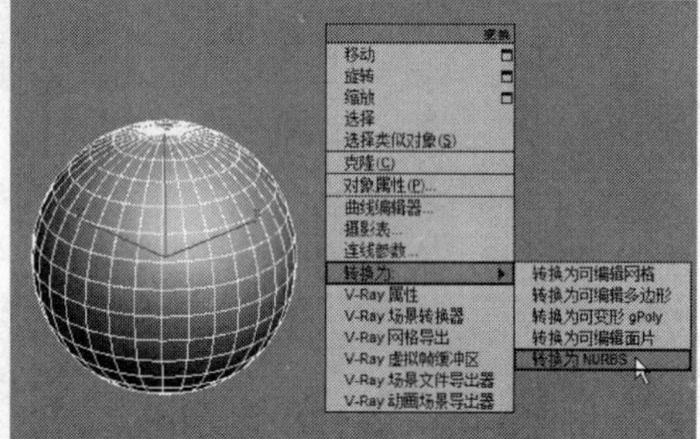

图7-35

02 进入“修改”面板，然后在“NUBRS工具箱”中单击“创建曲面上的点曲线”按钮，接着在球体的表面绘制出比较凌乱的点曲线，绘制完成后单击鼠标右键结束曲线的绘制，如图7-36所示。

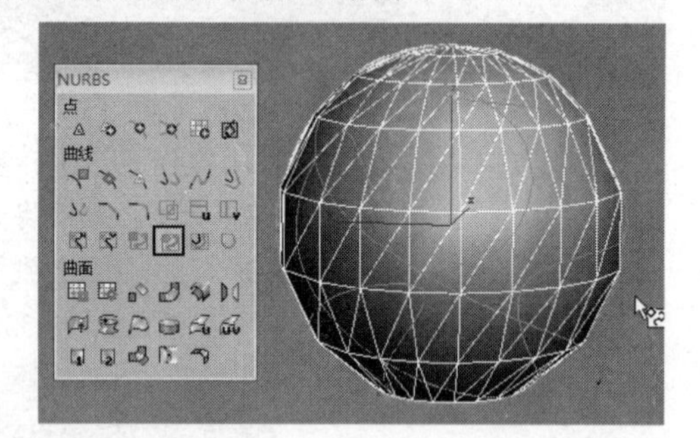

图7-36

03 选择“NUBRS曲面”的“曲线”次物体层级，然后选择如图7-37所示的曲线。

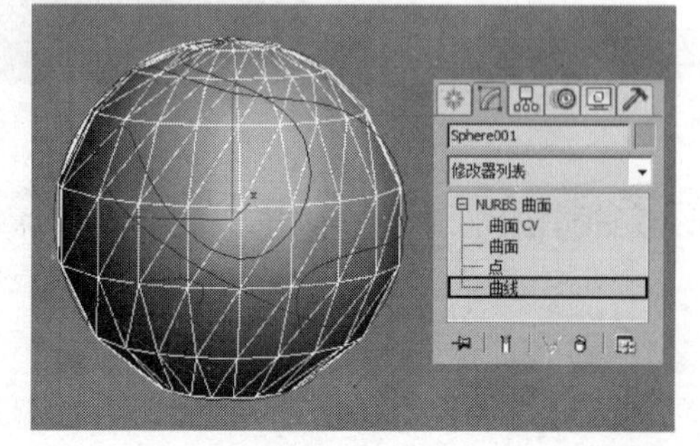

图7-37

04 展开“曲线公用”卷展栏，然后单击“分离”按钮 分离 ，接着在弹出的对话框中关闭“相关”选项，如图7-38所示。

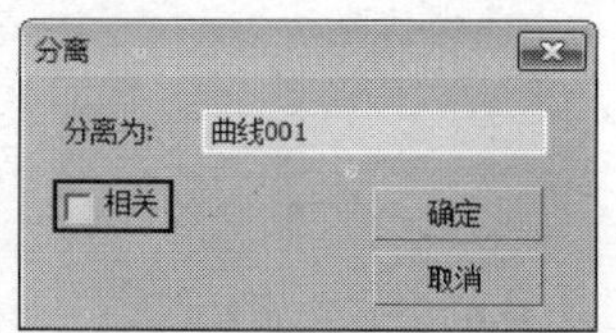

图7-38

技巧与提示

在分离曲线时，会占用非常多的内存资源，需要等待“较长”时间才能将其分离出来。

05 选择分离出来的曲线，然后在“渲染”卷展栏下勾选“在渲染中启用”和“在视口中启用”选项，接着设置“厚度”为0.5mm，如图7-39所示，效果如图7-40所示。

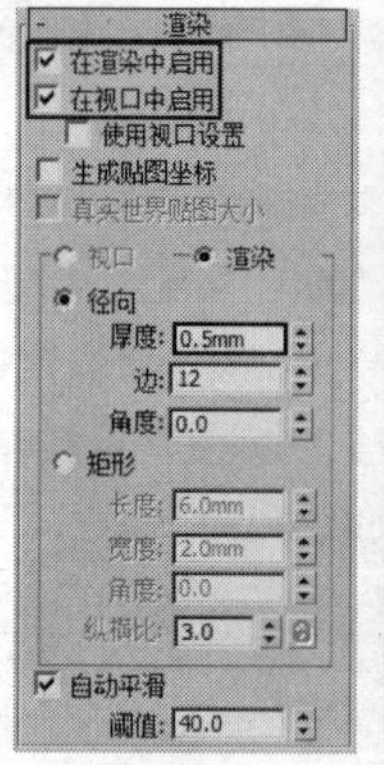

图7-39　图7-40

技巧与提示

注意，在设置曲线的径向厚度时，不一定要按照步骤05给出的数值进行设置，因为前面在创建球体时没有给出球体的半径值。

06 按住Shift键使用“选择并旋转”工具在顶视图中旋转复制出一些模型，完成后的效果如图7-41所示。

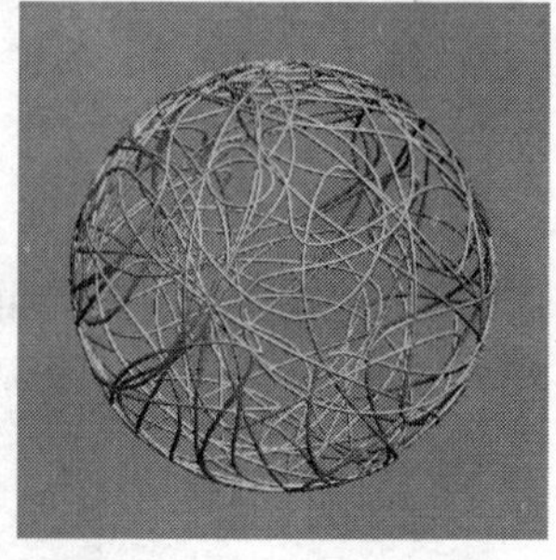

图7-41

技巧与提示

不同的模型有不同的制作方法，通过本例可以看出NUBRS建模方法非常适合于制作藤艺模型。

07 使用“点曲线”工具 点曲线 在前视图中绘制一条如图7-42所示的点曲线，然后在“渲染”卷展栏下勾选“在渲染中启用”和“在视口中启用”选项，接着设置“厚度”为1mm，最终效果如图7-43所示。

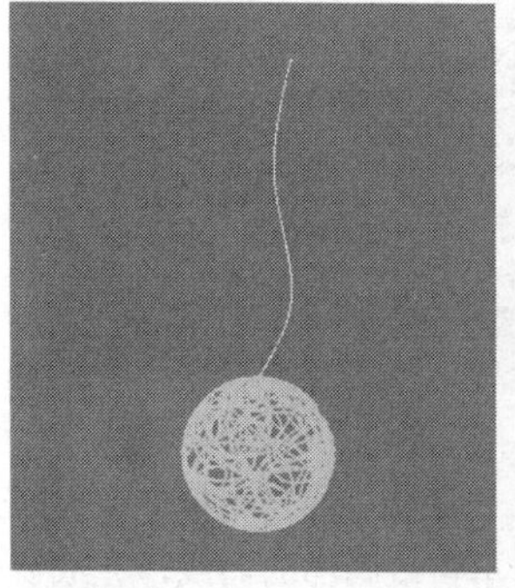

图7-42

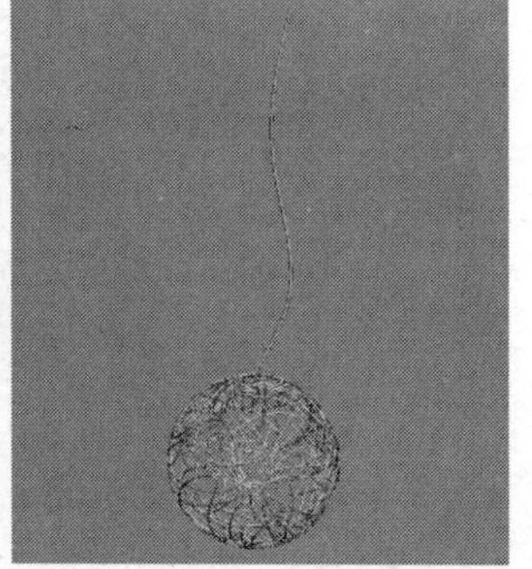

图7-43

实战130 洗涤瓶

场景位置	无
实例位置	DVD>实例文件>CH07>实战130.max
视频位置	DVD>多媒体教学>CH07>实战130.flv
难易指数	★☆☆☆☆
技术掌握	创建U向放样曲面工具、创建封口曲面工具

洗涤瓶模型如图7-44所示。

图7-44

01 下面创建瓶盖模型。使用“圆”工具 圆 在顶视图中绘制一个如图7-45所示的圆形。

02 按住Shift键使用“选择并移动”工具在前视图中向下移动复制出其他的圆形，然后使用“选择并均匀缩放”工具在顶视图中调整顶部两个圆形的大小，如图7-46所示。

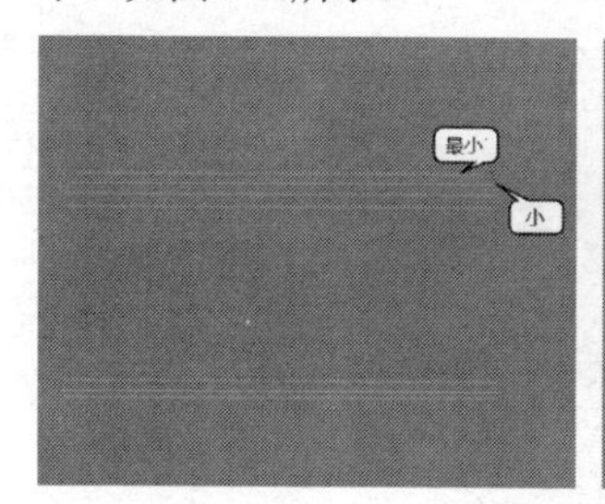

图7-45

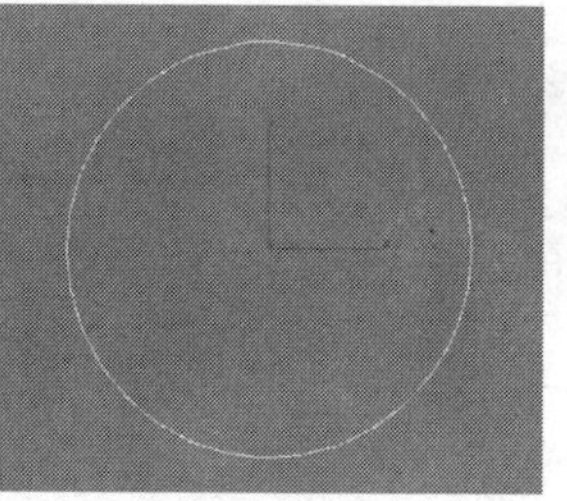

图7-46

03 选择其中一个圆形，然后将其转换为NURBS对象，如图7-47所示，接着在“NURBS工具箱”中单击“创建U向放样曲面”按钮，最后在视图中单击第1个圆形，并向下依次单击其他的圆形，放样的实体会依次出现，如图7-48所示，放样完成后的模型效果如图7-49所示。

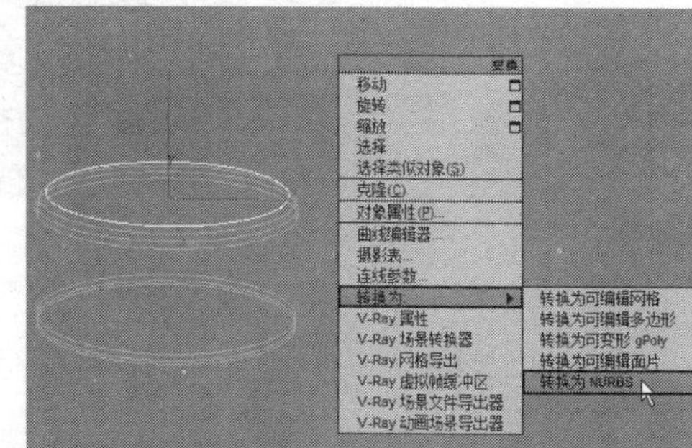

图7-47

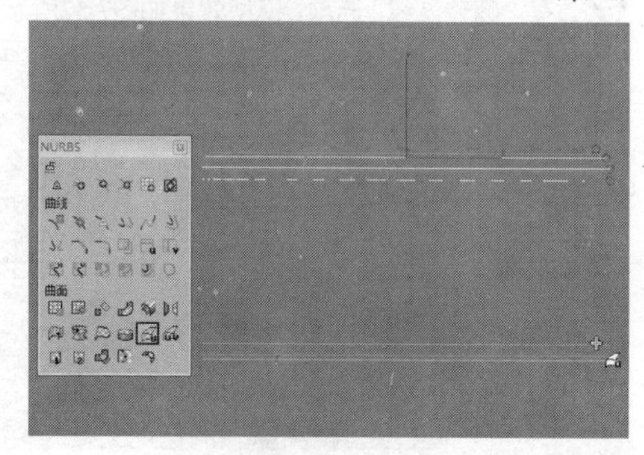

图7-48

图7-49

04 在“NURBS工具箱”中单击“创建封口曲面”按钮，然后在视图中单击最顶部的曲线，如图7-50所示，完成后的效果如图7-51所示。

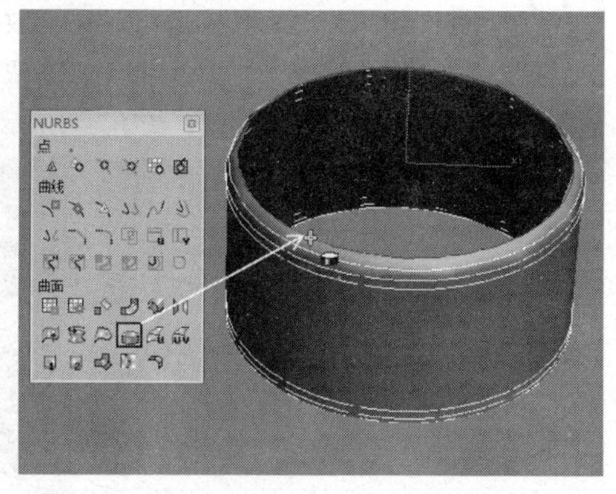

图7-50

图7-51

技巧与提示

在视图中可以观察到顶部的曲面是黑色的，这说明顶面的法线方向反了。

05 进入"修改"面板，然后在"封口曲面"卷展栏下勾选"翻转法线"选项，模型效果如图7-52所示。

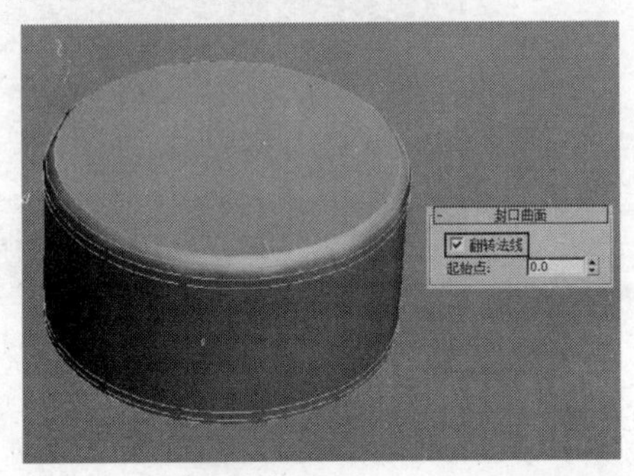

图7-52

06 下面创建瓶身模型。使用"圆"工具 圆 在视图中绘制如图7-53所示的圆形。

图7-53

07 将其中一个圆形转换为NURBS对象，然后在"NURBS工具箱"中单击"创建U向放样"按钮，接着在视图中单击第1个圆形，最后向下依次单击其他圆形，放样的实体会依次出现，如图7-54所示。

图7-54

技巧与提示

将视图角度调整到瓶子的底部，可以发现底部仍然是空的，所以下面要对其进行封口操作，如图7-55所示。

图7-55

08 在"NURBS工具箱"中单击"创建封口曲面"按钮，然后在视图中单击最底部的曲线，完成后的效果如图7-56所示。

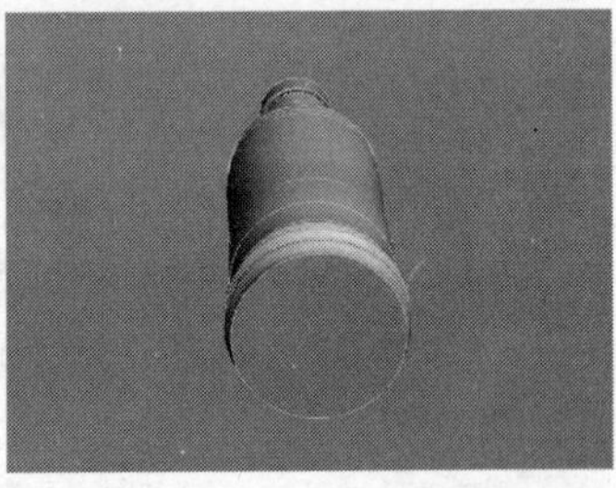
图7-56

09 为瓶子加载一个"壳"修改器，然后在"参数"卷展栏下设置"外部量"为1mm，最终效果如图7-57所示。

图7-57

技巧与提示

在加载"壳"修改器之前的瓶子是没有厚度的，如果此时为瓶子赋予材质，3ds Max会发生错误，所以需要为其添加厚度。

第8章 多边形建模

学习要点：多边形建模的思路 / 多边形建模的常用工具 / 运用多种建模方法创建各种模型

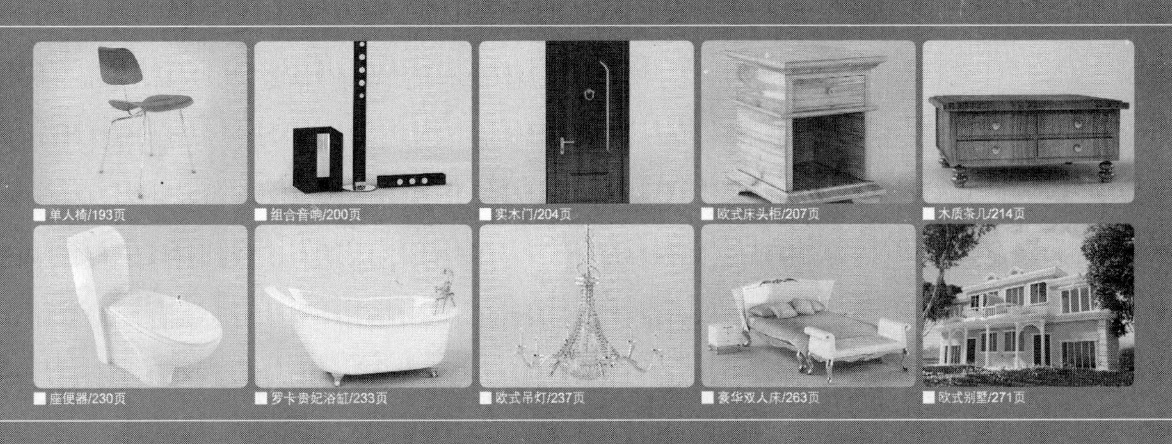

家装造型设计师 工业造型设计师 室内设计表现师 建筑设计表现师

实战131 浴巾架

场景位置	无
实例位置	DVD>实例文件>CH08>实战131.max
视频位置	DVD>多媒体教学>CH08>实战131.flv
难易指数	★☆☆☆☆
技术掌握	挤出工具、切角工具

浴巾架模型如图8-1所示。

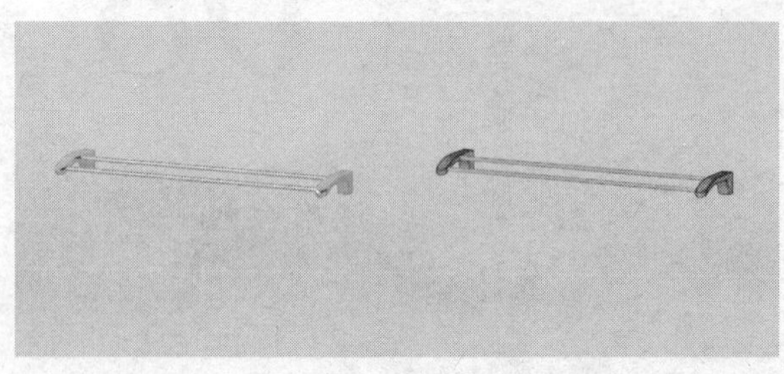

图8-1

01 下面创建挂件模型。使用“长方体”工具 长方体 在场景中创建一个长方体，然后在“参数”卷展栏下设置“长度”为25mm、“宽度”为180mm、“高度”为18mm、“长度分段”为2、“宽度分段”为4、“高度分段”为1，如图8-2所示。

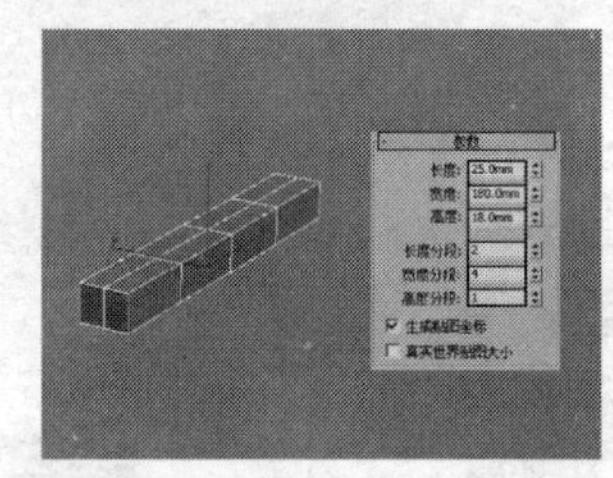

图8-2

02 选择长方体，然后单击鼠标右键，接着在弹出的菜单中选择“转换为>转换为可编辑多边形”命令，将其转换为可编辑多边形，如图8-3所示。

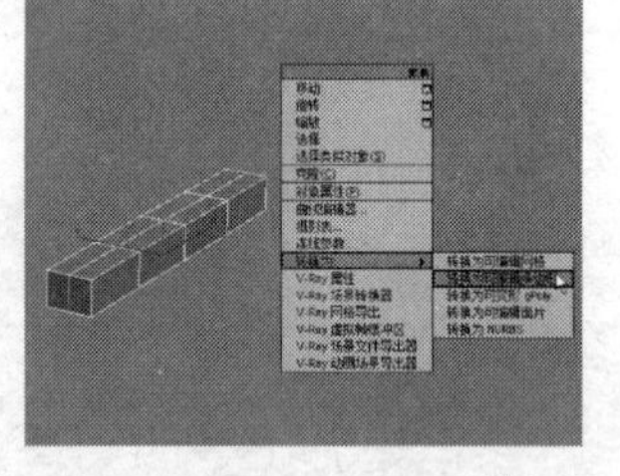

图8-3

03 进入“修改”面板，然后在“选择”卷展栏下单击“顶点”按钮，进入“顶点”级别，接着在顶视图中框选如图8-4所示的顶点，最后使用“选择并移动”工具沿x轴将其向右拖曳一段距离，如图8-5所示。

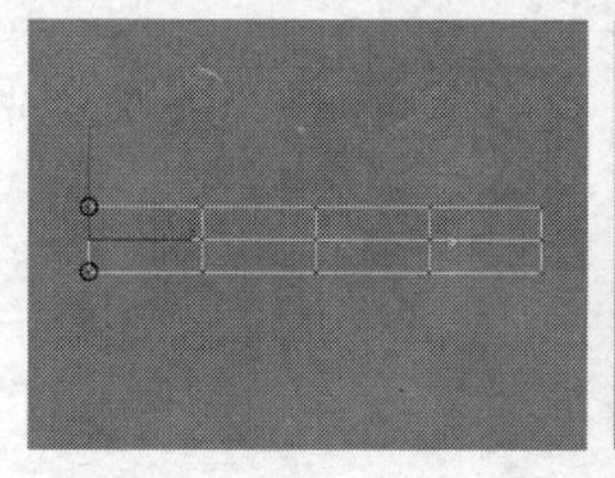

图8-4

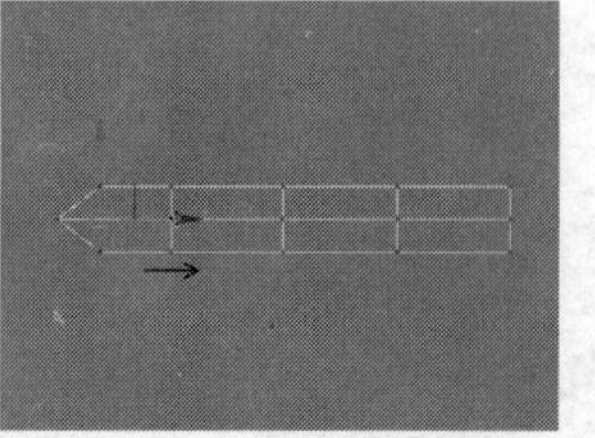

图8-5

04 切换到前视图，然后使用“选择并移动”工具将模型调节成如图8-6所示的形状。

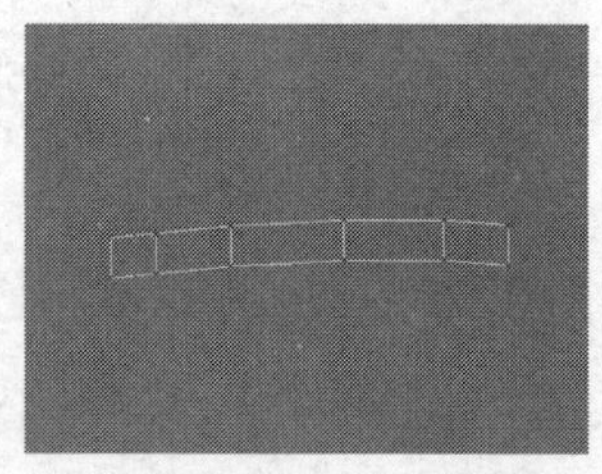

图8-6

05 在“选择”卷展栏下单击“多边形”按钮，进入“多边形”级别，然后选择如图8-7所示的多边形，接着在“编辑多边形”卷展栏下单击“挤出”按钮 挤出 后面的“设置”按钮，最后设置“高度”为15mm，如图8-8所示。

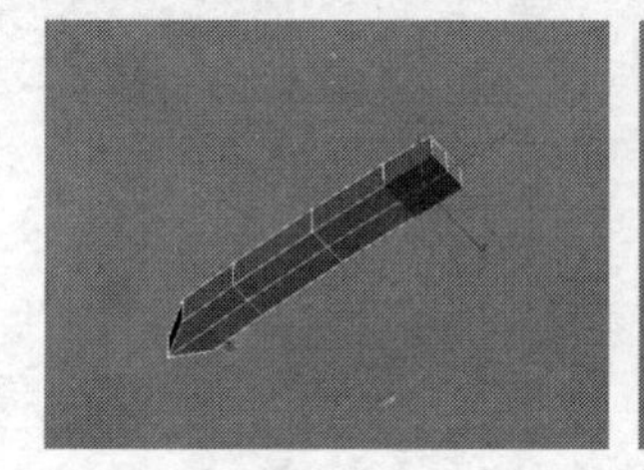

图8-7

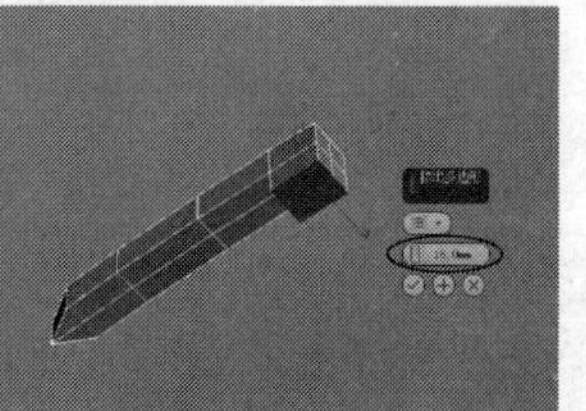

图8-8

06 保持对多边形的选择，在“编辑多边形”卷展栏下单击“挤出”按钮 挤出 后面的“设置”按钮，然后设置“高度”为15mm，如图8-9所示。

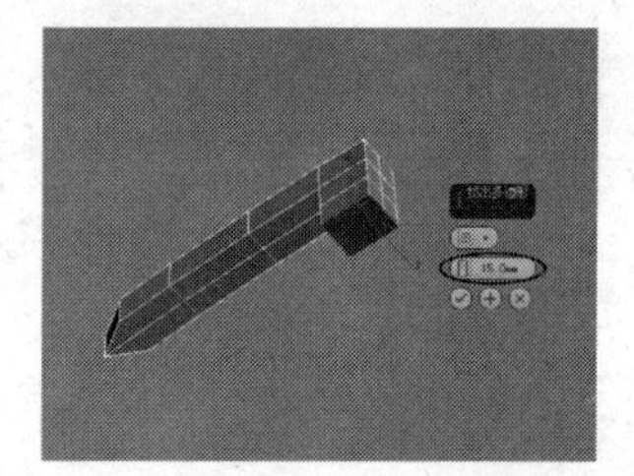

图8-9

07 进入“顶点”级别，然后在前视图中将挤出来的模型调整成如图8-10所示的效果。

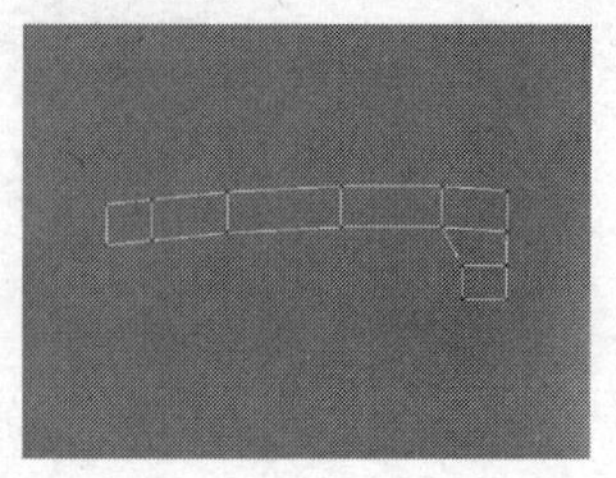

图8-10

08 在“选择”卷展栏下单击“边”按钮，进入“边”级别，然后选择如图8-11所示的边，接着在“编辑边”卷展栏下单击“切角”按钮 切角 后面的“设置”按钮，最后设置“边切角量”为0.8mm，如图8-12所示。

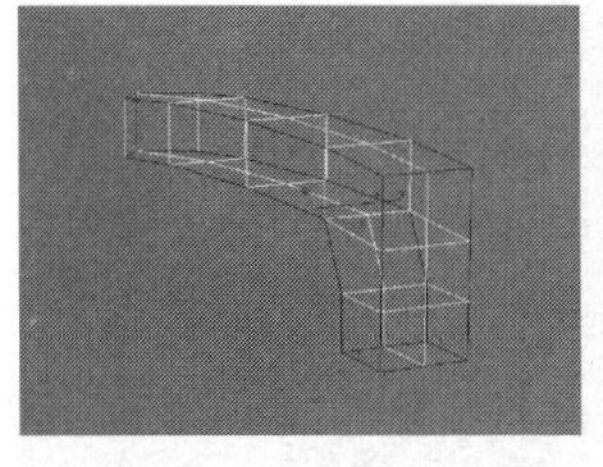

图8-11

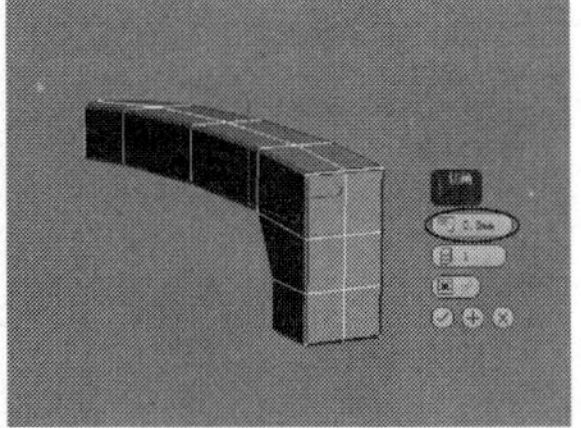

图8-12

09 为模型加载一个"网格平滑"修改器，然后在"细分量"卷展栏下设置"迭代次数"为2，模型效果如图8-13所示。

10 使用"选择并移动"工具选择模型，然后按住Shift键移动复制一个模型到如图8-14所示的位置。

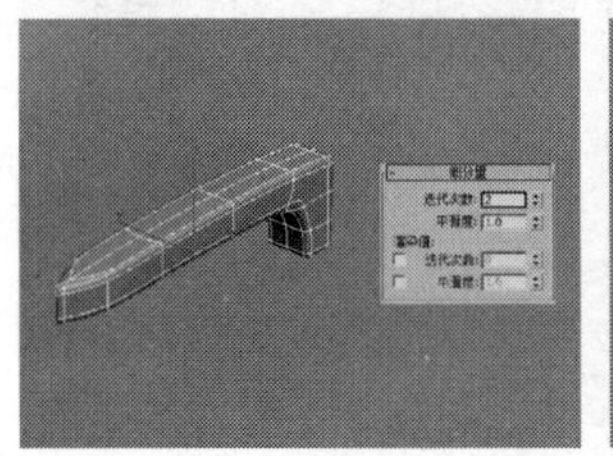

图8-13

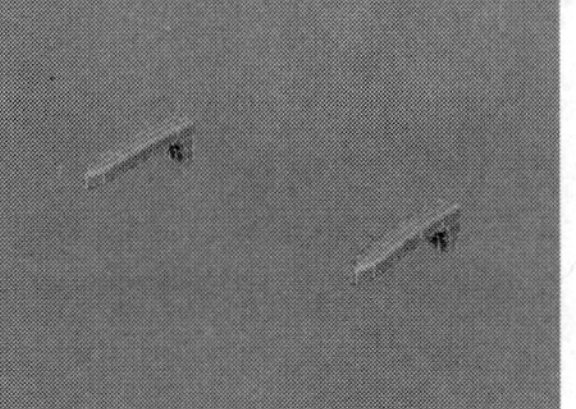

图8-14

11 下面创建架子模型。使用"线"工具 线 在左视图中绘制一条如图8-15所示的样条线，然后在"渲染"卷展栏下勾选"在渲染中启用"和"在视口中启用"选项，接着设置"厚度"为8mm，模型效果如图8-16所示。

图8-15

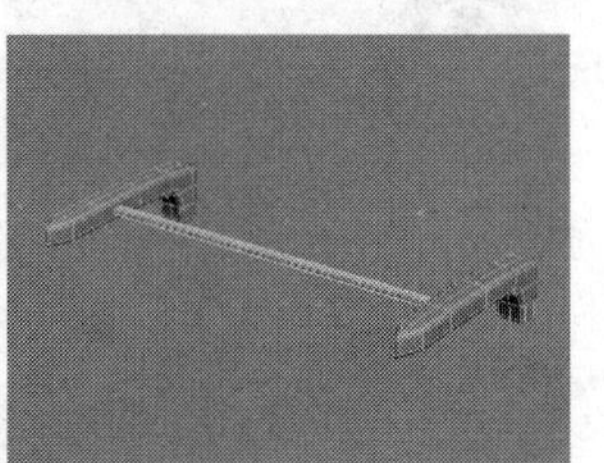

图8-16

12 使用"选择并移动"工具选择模型，然后按住Shift键移动复制一个模型到合适的位置，最终效果如图8-17所示。

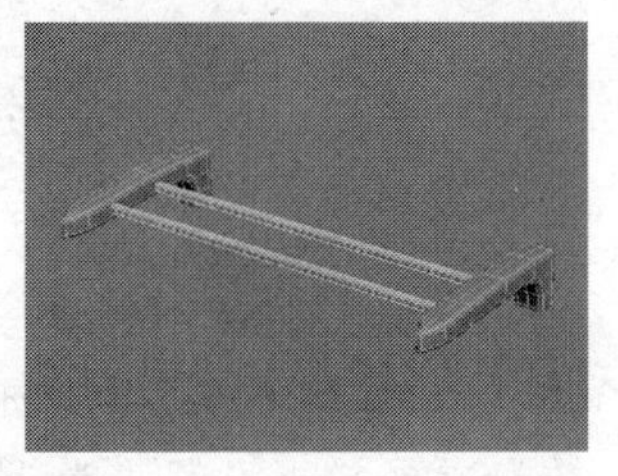

图8-17

技术专题 21 多边形建模的优点

多边形建模方法在编辑上更加灵活，对硬件的要求也很低，其建模思路与网格建模的思路很接近，其不同点在于网格建模只能编辑三角面，而多边形建模对面数没有要求。将对象转换成可编辑多边形以后，可以在"顶点"、"边"、"边界"、"多边形"和"元素"5种级别下编辑对象。

实战132 苹果

场景位置	无
实例位置	DVD>实例文件>CH08>实战132.max
视频位置	DVD>多媒体教学>CH08>实战132.flv
难易指数	★☆☆☆☆
技术掌握	多边形的顶点调节、切角工具

苹果模型如图8-18所示。

图8-18

01 使用"球体"工具 球体 在场景中创建一个球体，然后在"参数"卷展栏下设置"半径"为50mm、"分段"为12，具体参数设置及模型效果如图8-19所示。

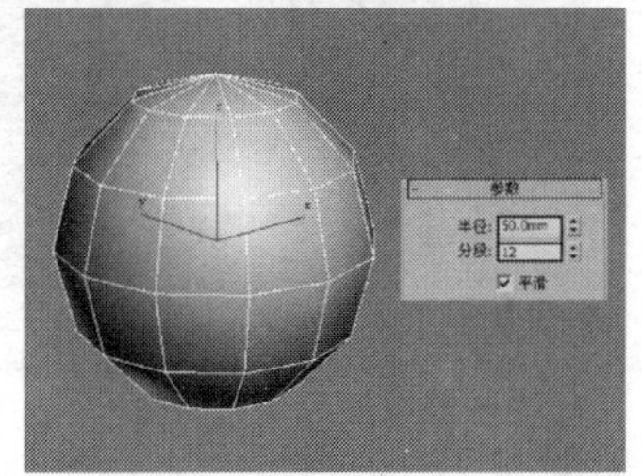

图8-19

02 选择球体，然后单击鼠标右键，接着在弹出的菜单中选择"转换为>转换为可编辑多边形"命令，将其转换为可编辑多边形，如图8-20所示。

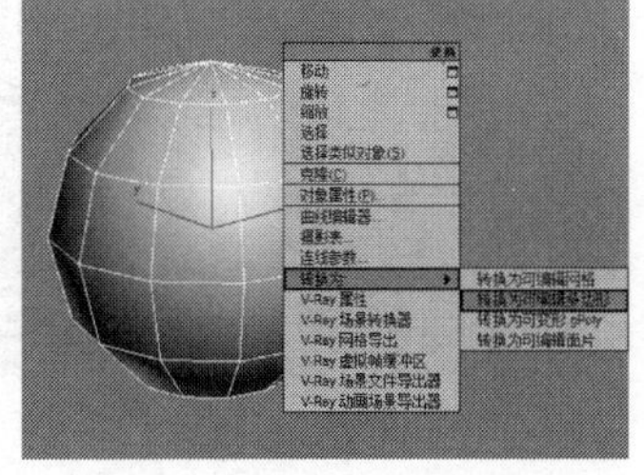

图8-20

03 在"选择"卷展栏下单击"顶点"按钮，进入"顶点"级别，然后在顶视图中选择顶部的一个顶点，如图8-21所示，接着使用"选择并移动"工具在前视图中将其向下拖曳到如图8-22所示的位置。

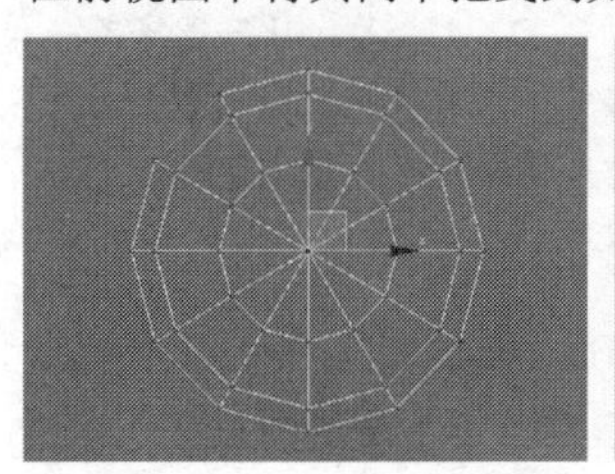

图8-21

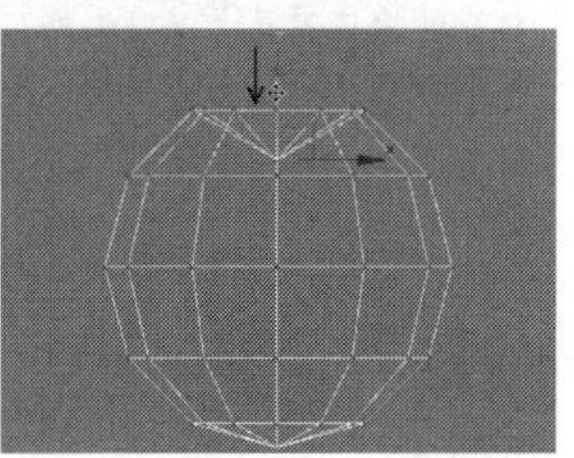

图8-22

技巧与提示

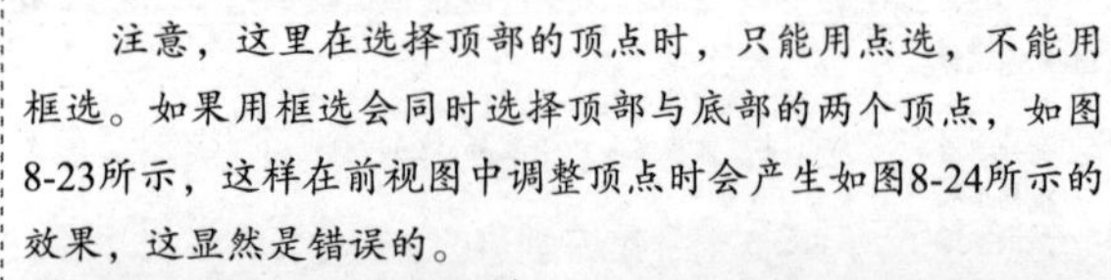

注意，这里在选择顶部的顶点时，只能用点选，不能用框选。如果用框选会同时选择顶部与底部的两个顶点，如图8-23所示，这样在前视图中调整顶点时会产生如图8-24所示的效果，这显然是错误的。

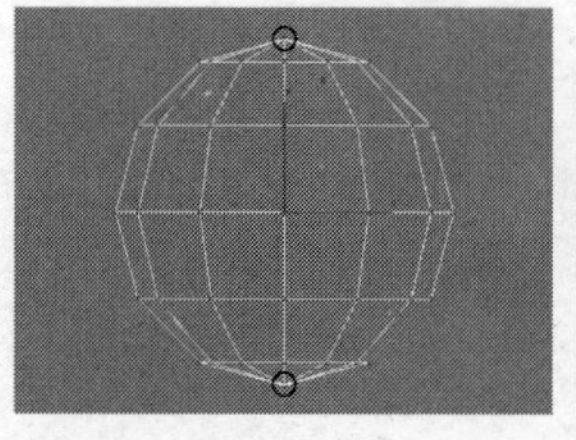

图8-23

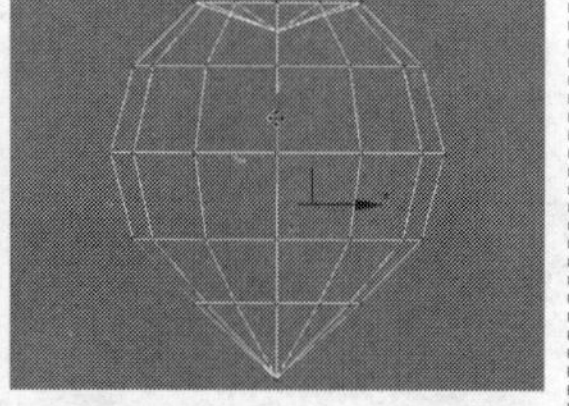

图8-24

04 在顶视图中选择（注意，这里也是点选）如图8-25所示的5个顶点，然后使用"选择并移动"工具在前视图中将其向上拖曳到如图8-26所示的位置。

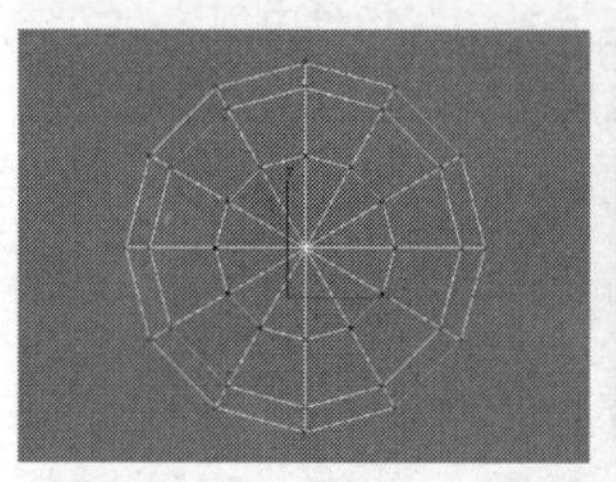

图8-25

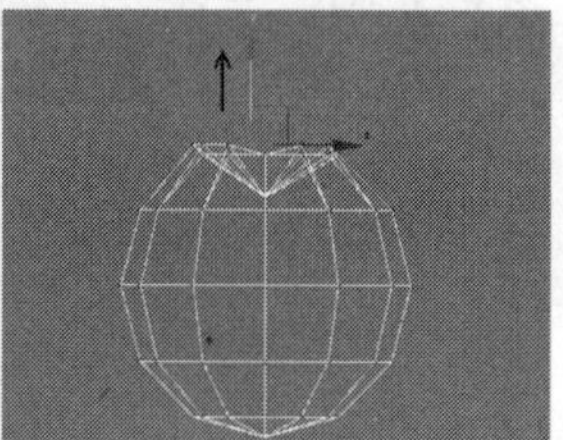

图8-26

05 在"选择"卷展栏下单击"边"按钮，进入"边"级别，然后在顶视图中选择（点选）如图8-27所示的一条边，接着单击"循环"按钮 循环 ，这样可以选择一圈边，如图8-28所示。

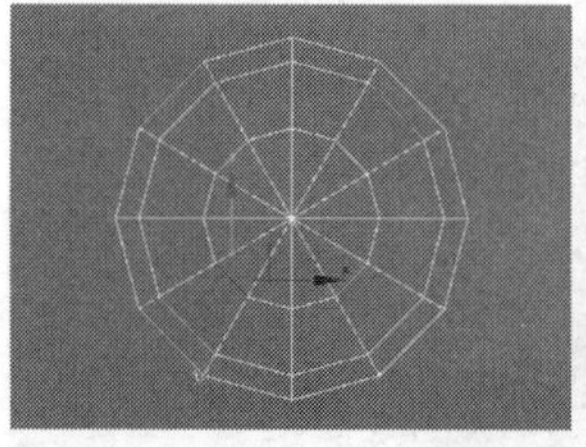

图8-27

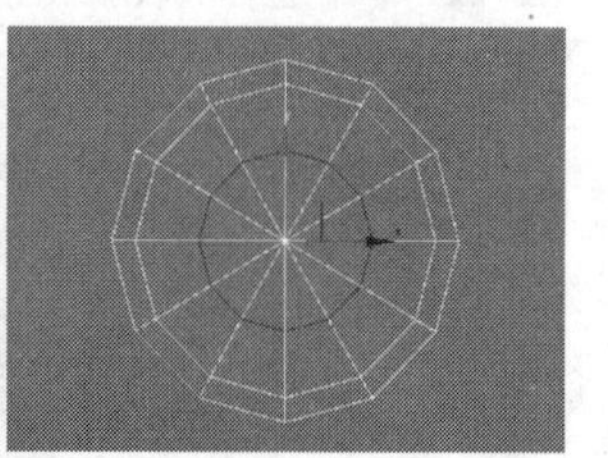

图8-28

技术专题 22 选择多边形级别的快捷键

在实际工作中制作效果图项目时，为了提高工作效率，往往不会在"选择"卷展栏下选择多边形的级别，而是直接用快捷键来代替。多边形的级别分为"顶点"、"边"、"边界"、"多边形"和"元素"5个级别，这5个级别分别对应的快捷键是大键盘上的1、2、3、4、5键，比如选择了一个多边形，按大键盘上的1键就可以直接进入"顶点"级别。在后面的操作中不会描述得这么详细，而是直接表述为"进入某个级别"。

06 保持对边的选择，在"编辑边"卷展栏下单击"切角"按钮 切角 后面的"设置"按钮，然后设置"边切角量"为6.3mm，如图8-29所示。

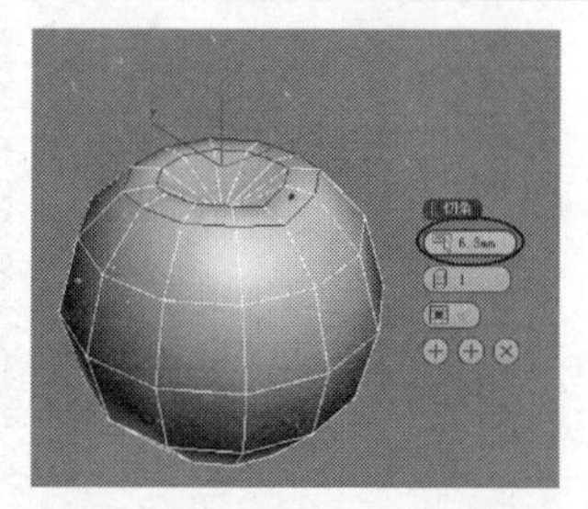

图8-29

07 进入"顶点"级别，然后在前视图中选择底部的一个顶点，如图8-30所示，接着使用"选择并移动"工具将其向上拖曳到如图8-31所示的位置。

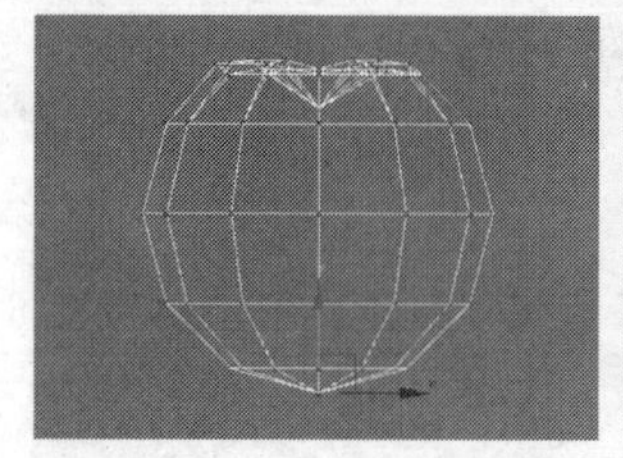

图8-30

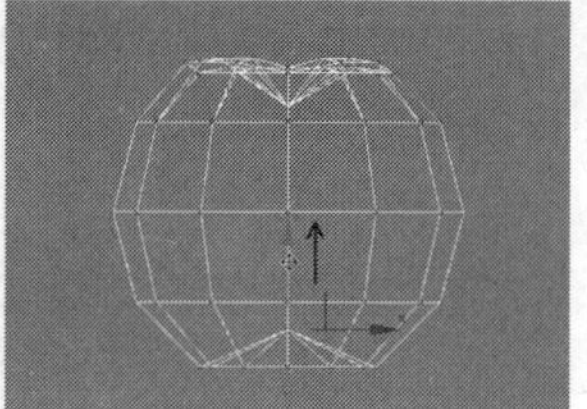

图8-31

08 在透视图中选择如图8-32所示的5个顶点，然后使用"选择并移动"工具在前视图中将其稍微向上拖曳一段距离，如图8-33所示。

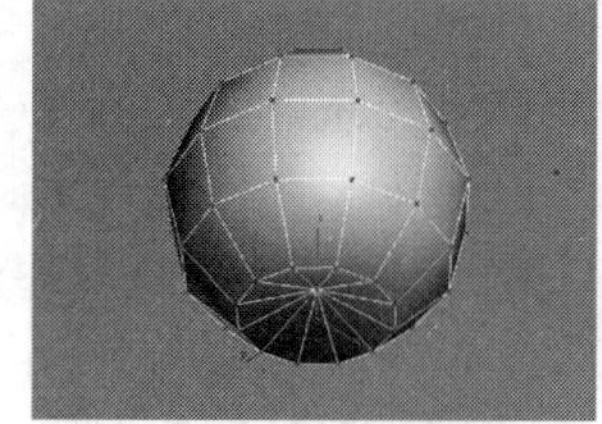

图8-32

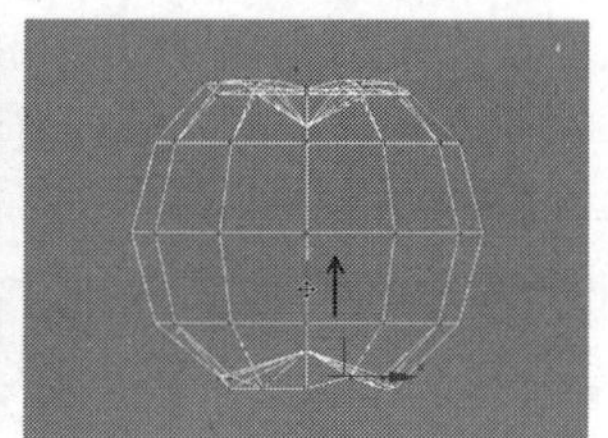

图8-33

09 为模型加载一个"网格平滑"修改器，然后在"细分量"卷展栏下设置"迭代次数"为2，效果如图8-34所示。

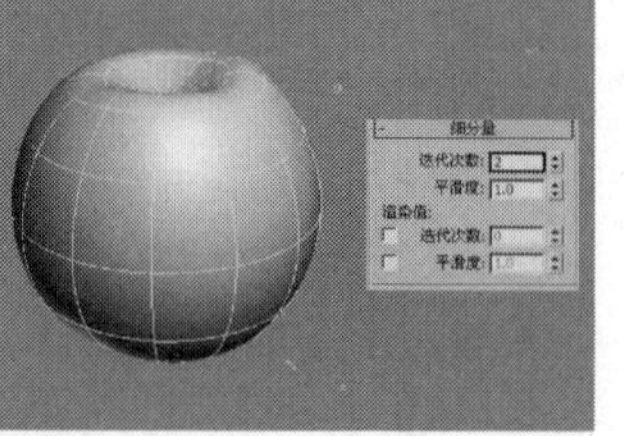

图8-34

10 下面制作苹果的把模型。使用"圆柱体"工具 圆柱体 在场景中创建一个圆柱体，然后在"参数"卷展栏下设置"半径"为2mm、"高度"为15mm、"高度分段"为5，具体参数设置及模型位置如图8-35所示。

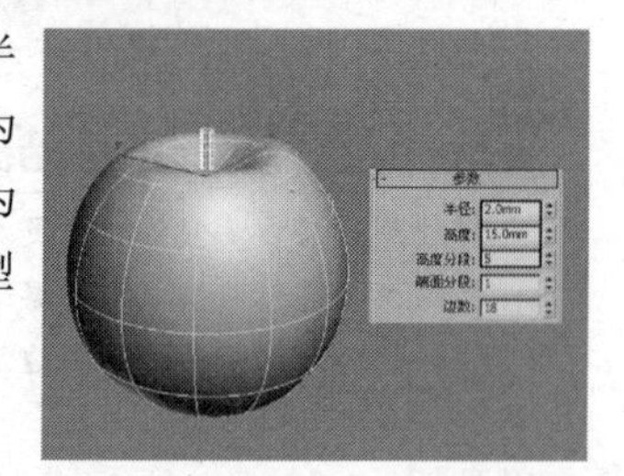

图8-35

11 将圆柱体转换为可编辑多边形，进入“顶点”级别，然后在前视图中选择如图8-36所示的一个顶点，然后使用“选择并移动”工具将其稍微向下拖曳一段距离，如图8-37所示。

图8-36

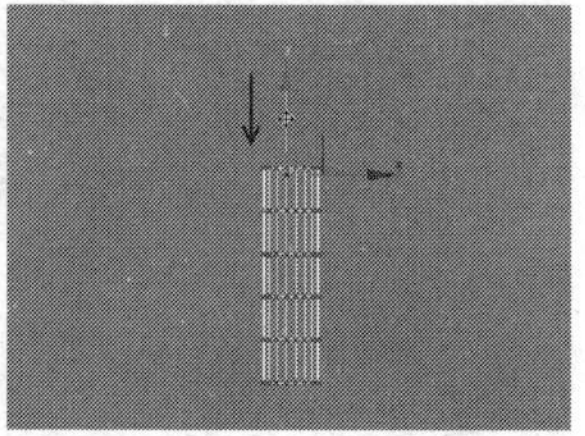

图8-37

12 在前视图中选择（框选）如图8-38所示的一个顶点，然后使用“选择并均匀缩放”工具在透视图将其向内缩放成如图8-39所示的效果。

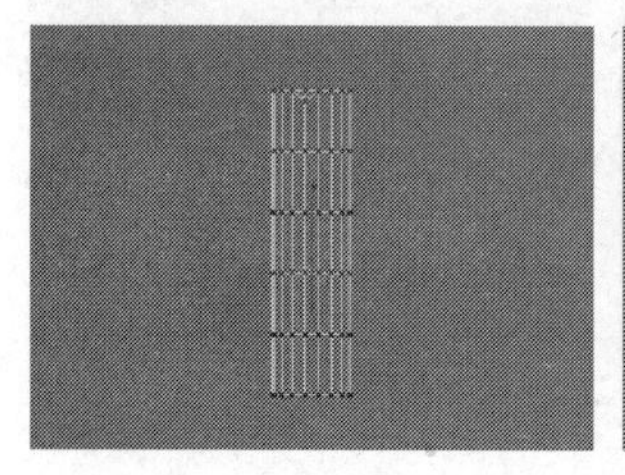

图8-38

图8-39

13 继续对把模型的细节进行调整，最终效果如图8-40所示。

图8-40

实战133 金属水龙头

场景位置	无
实例位置	DVD>实例文件>CH08>实战133.max
视频位置	DVD>多媒体教学>CH08>实战133.flv
难易指数	★☆☆☆☆
技术掌握	切角工具、挤出修改器

金属水龙头模型如图8-41所示。

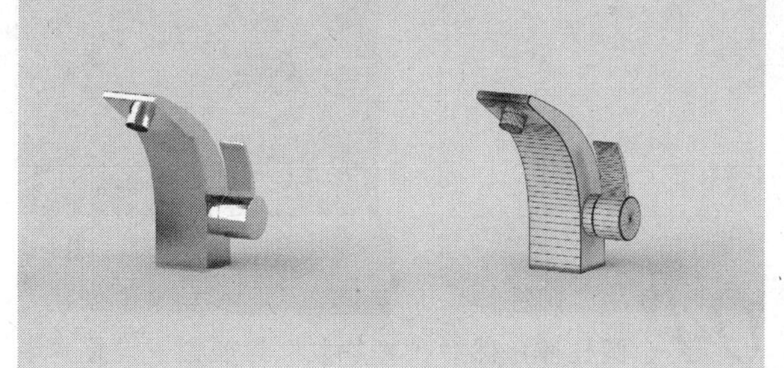

图8-41

01 使用“线”工具 线 在左视图中绘制如图8-42所示的样条线，然后为其加载一个“挤出”修改器，接着在“参数”卷展栏下设置“数量”为26mm，模型效果如图8-43所示。

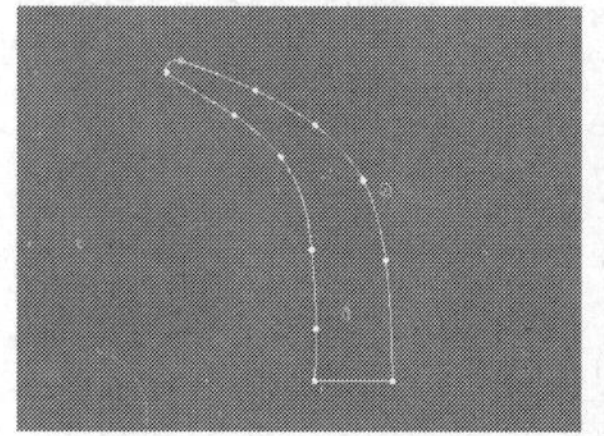

图8-42

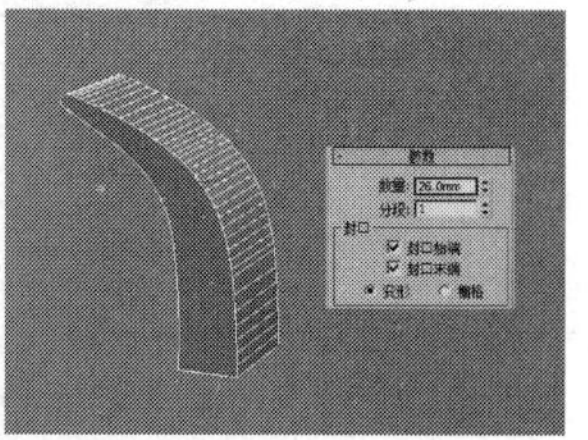

图8-43

02 将模型转换为可编辑多边形，进入“边”级别，然后选择如图8-44所示的边（两侧的边），接着在“编辑边”卷展栏下单击“切角”按钮 切角 后面的“设置”按钮，最后设置“边切角量”为0.2mm、“分段”为6，如图8-45所示。

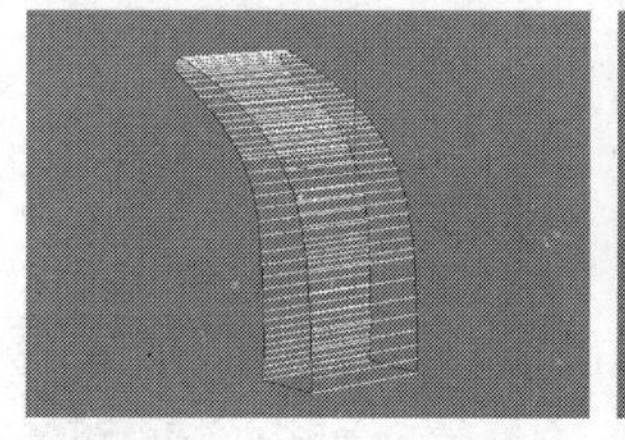

图8-44

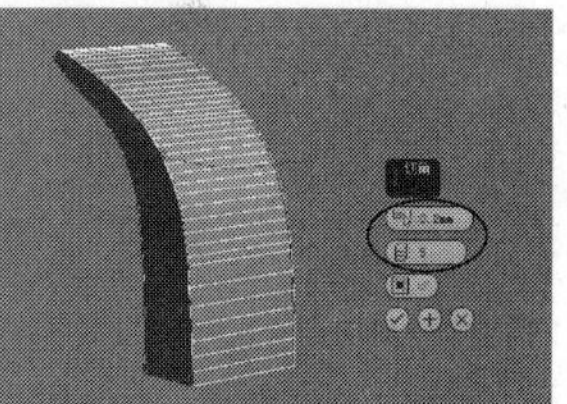

图8-45

03 使用“管状体”工具 管状体 在场景中创建一个管状体，然后在“参数”卷展栏下设置“半径1”为6.5mm、“半径2”为6mm、“高度”为2mm、“高度分段”为1、“边数”为36，如图8-46所示。

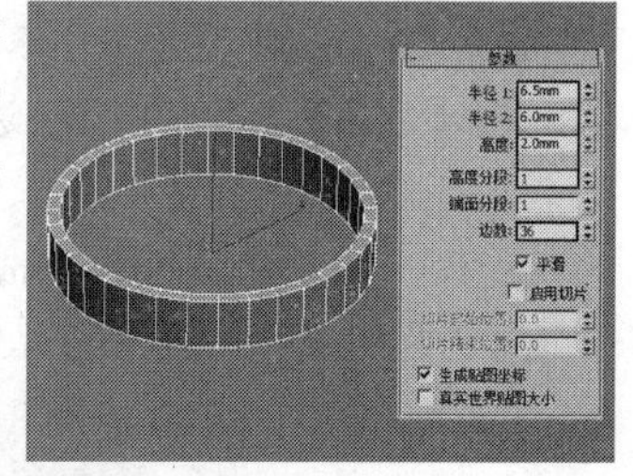

图8-46

04 使用“选择并旋转”工具将管状体旋转一定的角度，然后将其放在如图8-47所示的位置。

05 继续使用“管状体”工具 管状体 在场景中创建一个管状体，然后在“参数”卷展栏下设置“半径1”为6mm、“半径2”为5.5mm、“高度”为6mm、“高度分段”为1、“边数”为36，模型位置如图8-48所示。

图8-47

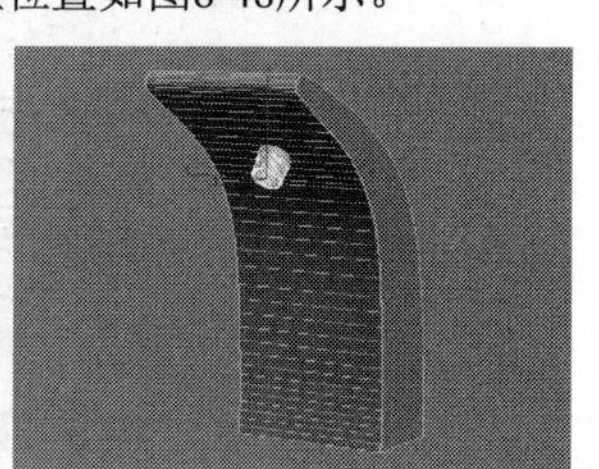

图8-48

06 下面创建开关模型。使用“线”工具 线 在左视图中绘制出如图8-49所示的样条线，这里提供一张孤立选择图供用户参考，如图8-50所示。

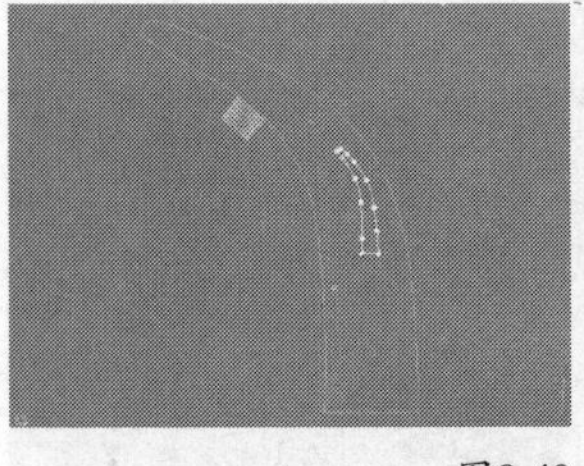

图8-49

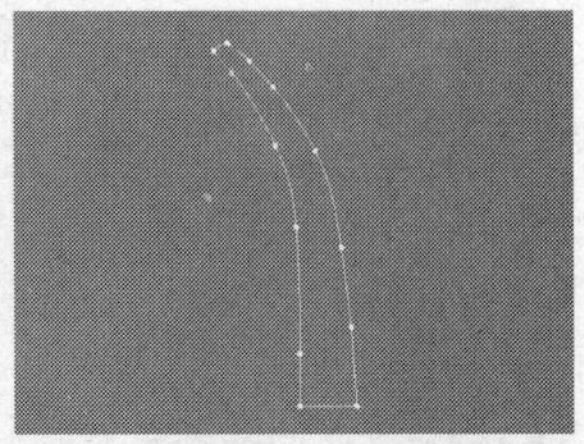

图8-50

07 为样条线加载一个“挤出”修改器，然后在“参数”卷展栏下设置“数量”为12mm，模型效果如图8-51所示。

08 使用“切角圆柱体”工具 切角圆柱体 在左视图中创建一个切角圆柱体，然后在“参数”卷展栏下设置“半径”为9mm、“高度”为5.5mm、“圆角”为0.3mm、“圆角分段”为4、“边数”为24，模型位置如图8-52所示。

图8-51

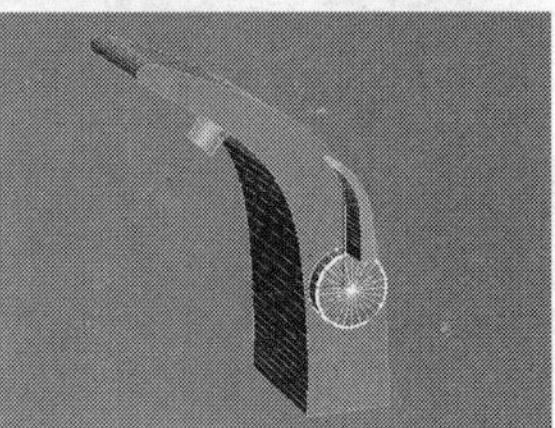

图8-52

09 继续使用“切角圆柱体”工具 切角圆柱体 在上一步创建的切角圆柱体旁边创建一个切角圆柱体，然后在“参数”卷展栏下设置“半径”为9.5mm、“高度”为14mm、“圆角”为0.5mm、“圆角分段”为4、“边数”为24，最终效果如图8-53所示。

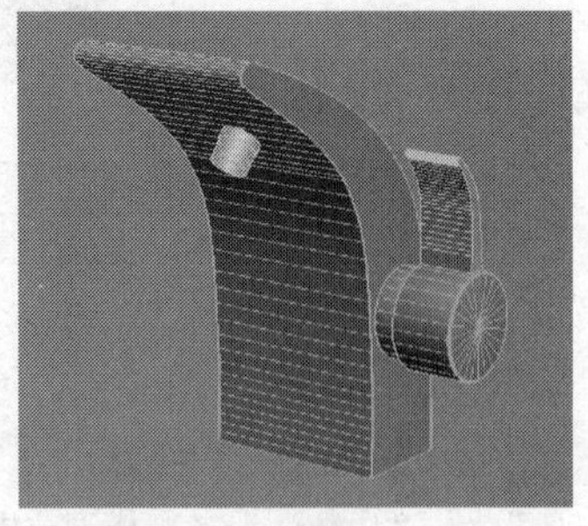

图8-53

实战134 调味罐

场景位置	无
实例位置	DVD>实例文件>CH08>实战134.max
视频位置	DVD>多媒体教学>CH08>实战134.flv
难易指数	★★☆☆☆
技术掌握	分离工具、布尔工具、弧工具、车削修改器、壳修改器

调味罐模型如图8-54所示。

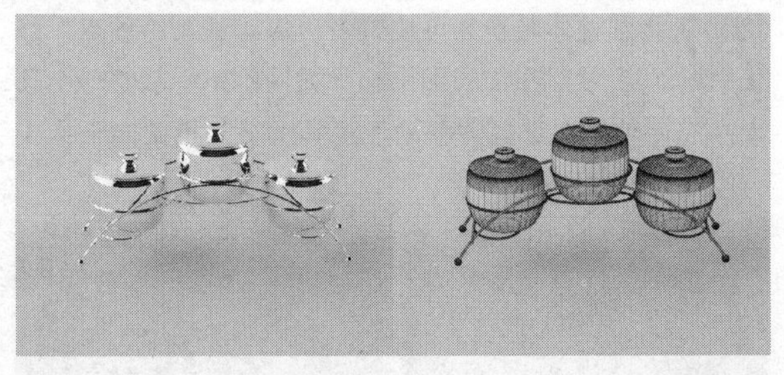

图8-54

01 使用“线”工具 线 在前视图中绘制如图8-55所示的样条线，然后为其加载一个“车削”修改器，接着在“参数”卷展栏下设置“分段”为32、“方向”为y轴、“对齐”为“最大”，模型效果如图8-56所示。

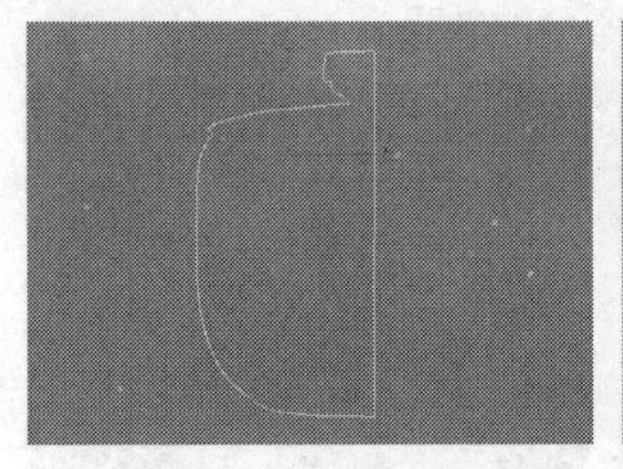

图8-55

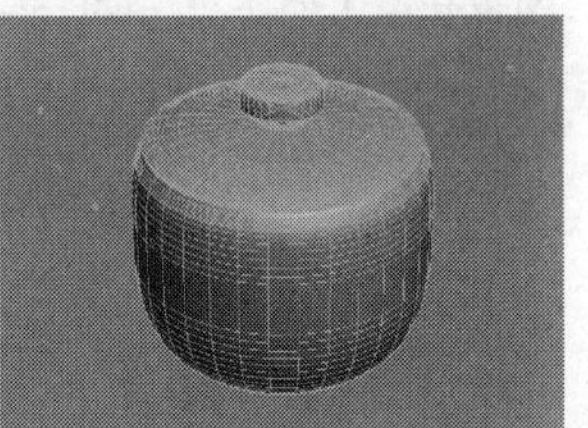

图8-56

02 将模型转换为可编辑多边形，进入“多边形”级别，然后在前视图中框选盖子以下的所有多边形，如图8-57所示，接着在“编辑几何体”卷展栏下单击“分离”按钮 分离 ，最后在弹出的对话框中单击“确定”按钮 确定 进行分离，如图8-58所示。

图8-57

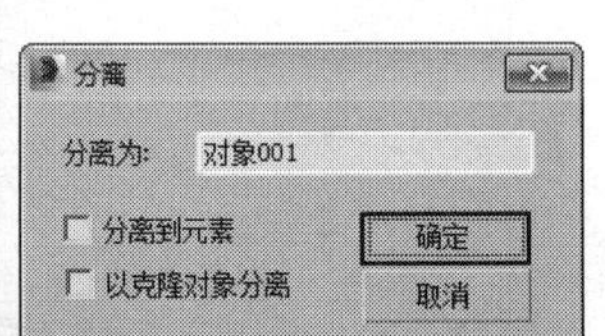

图8-58

03 选择上一步分离出来的“对象001”，然后为其加载一个“壳”修改器，接着在“参数”卷展栏下设置“内部量”为1mm，模型效果如图8-59所示。

图8-59

04 使用“圆柱体”工具 圆柱体 在场景中创建一个圆柱体，然后在“参数”卷展栏下设置“半径”为5mm、“高度”为40mm、“高度分段”为1，接着在前视图中调整好角度，并将其放在如图8-60所示的位置，在透视图中的效果如图8-61所示。

图8-60

图8-61

05 选择罐体模型，设置“几何体”类型为“复合对象”，然后单击“布尔”按钮 布尔 ，接着在“拾取布尔”卷展栏下单击“拾取操作对象B”按钮 拾取操作对象 B ，最后在场景中单击圆柱体，如图8-62所示，运算完成后的模型效果如图8-63所示。

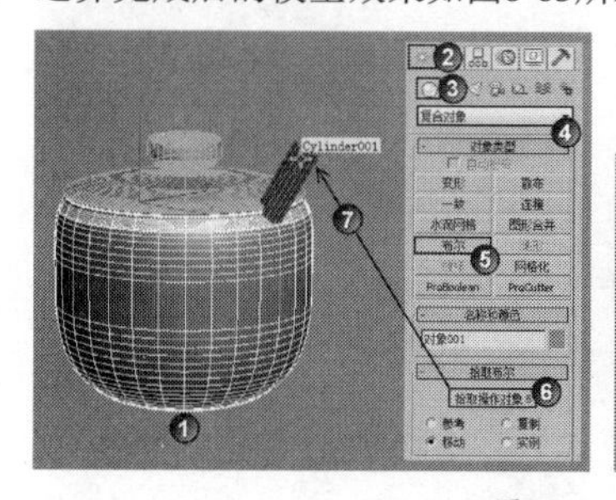
图8-62

图8-63

06 下面创建支架模型。使用“弧”工具 弧 在前视图中绘制一条弧线，然后在“参数”卷展栏下设置“半径”为175mm、“从”为28、“到”为150，具体参数设置及弧形位置如图8-64所示。

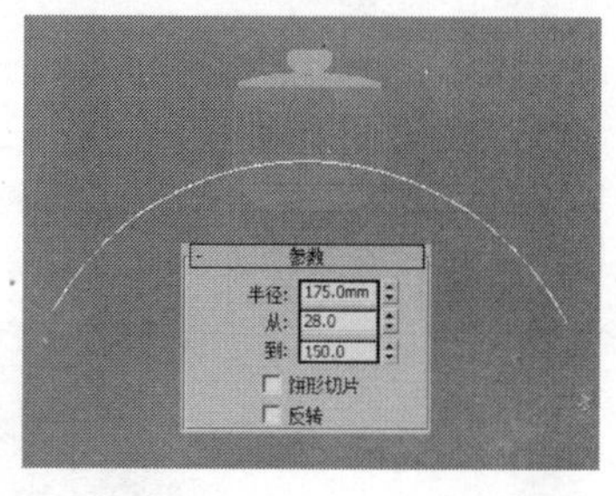

图8-64

07 选择弧线，然后在“渲染”卷展栏下勾选“在渲染中启用”和“在视口中启用”选项，接着设置“厚度”为3mm，具体参数设置及模型效果如图8-65所示。

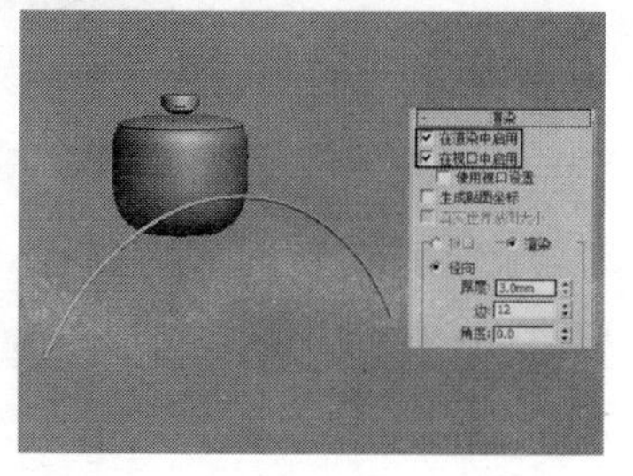
图8-65

08 使用“球体”工具 球体 在弧线的两端各创建一个球体，然后在“参数”卷展栏下设置“半径”为4.5mm，如图8-66所示，接着复制出两个调味罐模型，最后复制出一个支架，完成后的效果如图8-67所示。

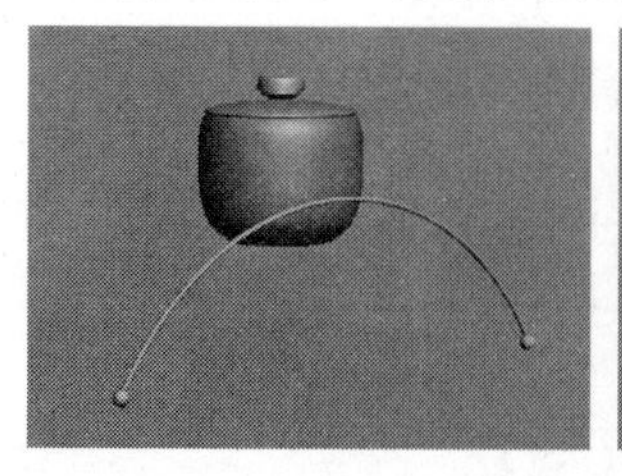
图8-66

图8-67

09 继续使用“线”工具 线 和“圆”工具 圆 创建其他支架模型，最终效果如图8-68所示。

图8-68

实战135 单人椅

场景位置	无
实例位置	DVD>实例文件>CH08>实战135.max
视频位置	DVD>多媒体教学>CH08>实战135.flv
难易指数	★★☆☆☆
技术掌握	调节多边形的顶点、FFD 3×3×3修改器、涡轮平滑修改器、壳修改器

单人椅模型如图8-69所示。

图8-69

01 使用“平面”工具 平面 在场景中创建一个平面，然后在“参数”卷展栏下设置“长度”为500mm、“宽度”为460mm、“长度分段”和“宽度分段”为5，如图8-70所示。

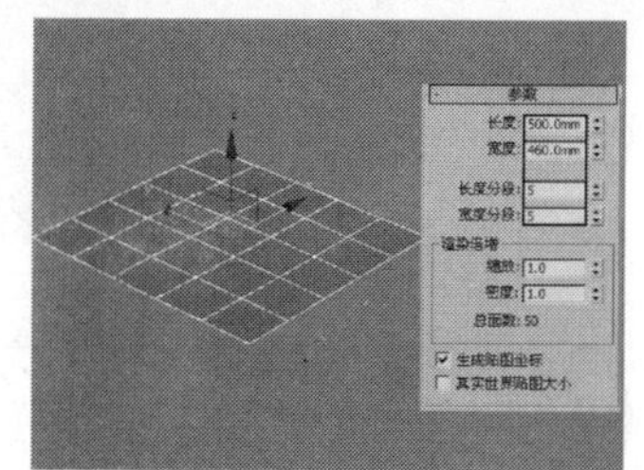
图8-70

02 将平面转换为可编辑多边形，进入“顶点”级别，然后在顶视图中选择4个边角上的顶点，如图8-71所示，接着使用“选择并均匀缩放”工具将顶点向内缩放成如图8-72所示的效果。

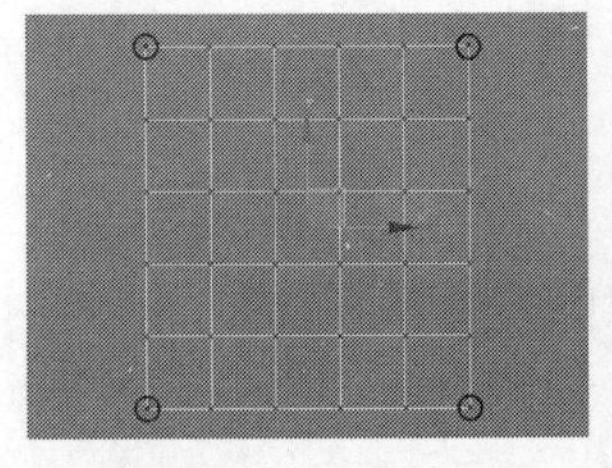

图8-71

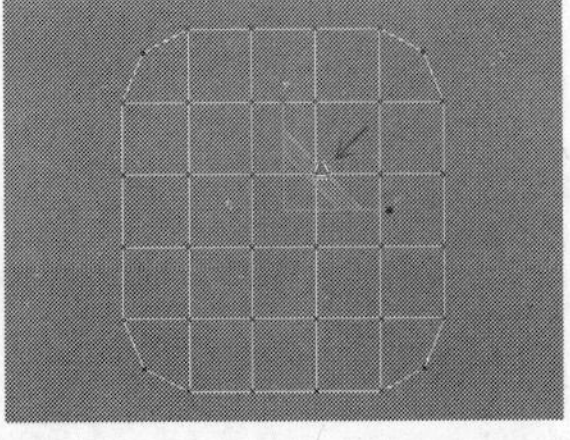

图8-72

03 切换到左视图，然后使用“选择并移动”工具将右侧的两组顶点调整成如图8-73所示的效果，在透视图中的效果如图8-74所示。

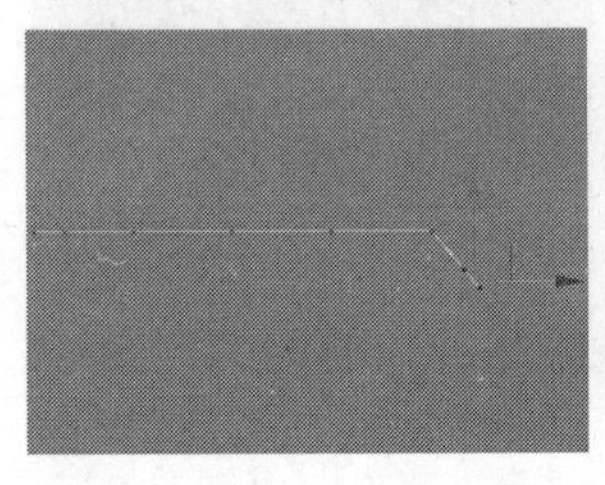

图8-73

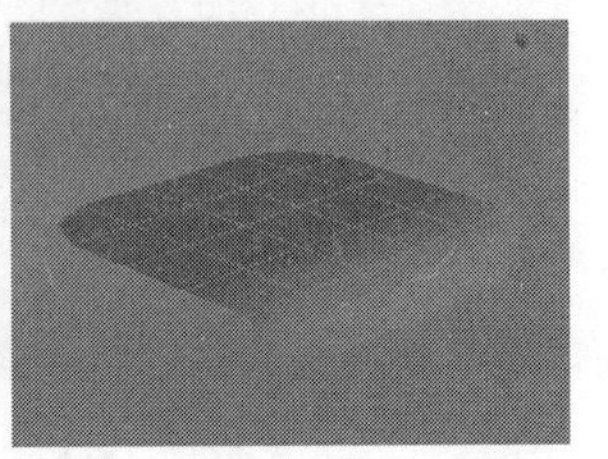

图8-74

04 为模型加载一个FFD 3×3×3修改器，然后选择该修改器的“控制点”层级，接着在前视图中框选中间的控制点，如图8-75所示，最后使用“选择并移动”工具将控制点向下拖曳一段距离，如图8-76所示。

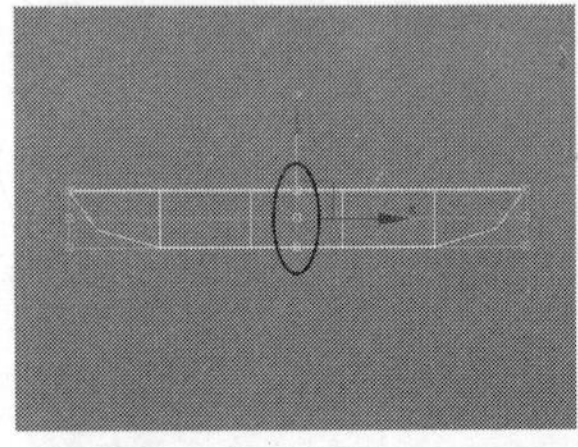

图8-75

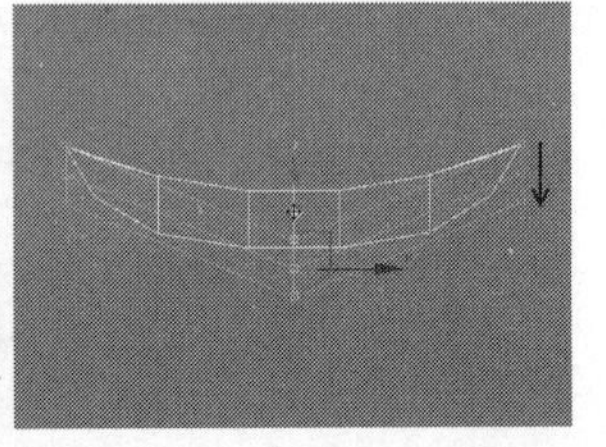

图8-76

05 为模型加载一个“涡轮平滑”修改器，然后在“涡轮平滑”卷展栏下设置“迭代次数”为2，具体参数设置及模型效果如图8-77所示。

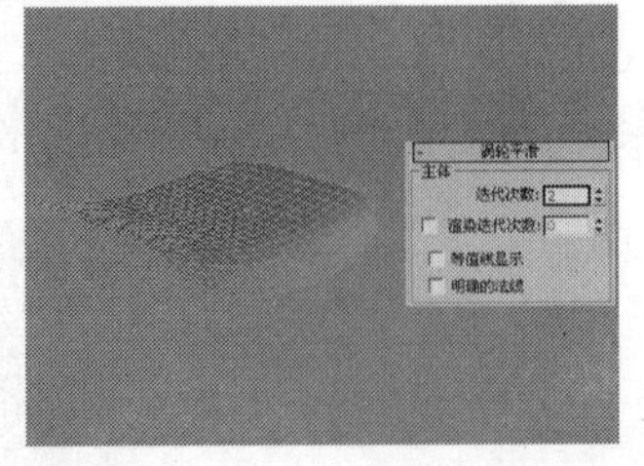

图8-77

06 继续为模型加载一个“壳”修改器，然后在“参数”卷展栏下设置“外部量”为10mm，具体参数设置及模型效果如图8-78所示。

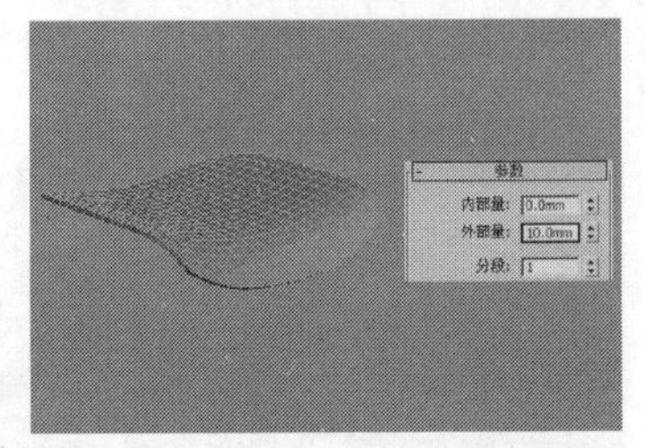

图8-78

07 采用相同的方法制作出靠背模型，完成后的效果如图8-79所示。

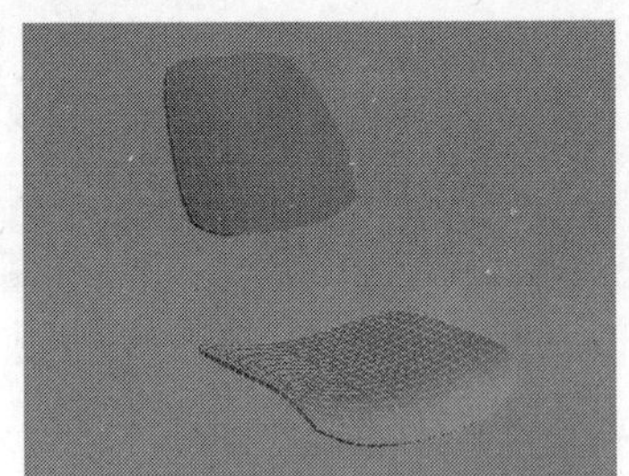

图8-79

08 使用“线”工具 线 在前视图中绘制一条如图8-80所示的样条线，然后在“渲染”卷展栏下勾选“在渲染中启用”和“在视口中启用”选项，接着设置“径向”的“厚度”为15mm，如图8-81所示。

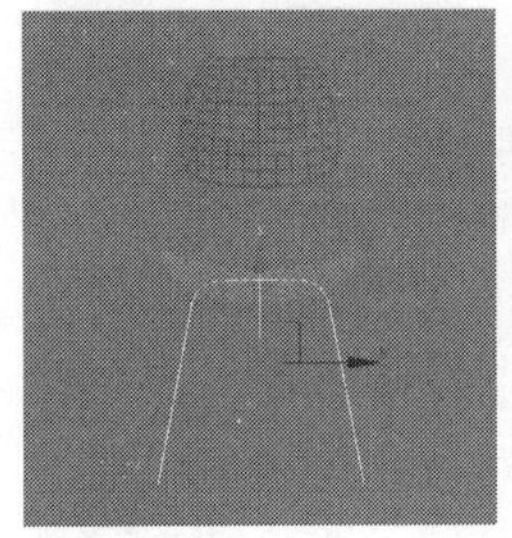

图8-80

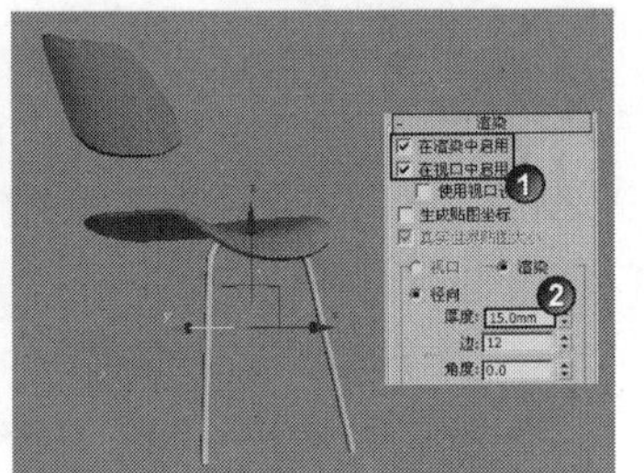

图8-81

09 继续使用“线”工具 线 制作剩余的椅架模型，最终效果如图8-82所示。

图8-82

实战136 保温杯

场景位置	无
实例位置	DVD>实例文件>CH08>实战136.max
视频位置	DVD>多媒体教学>CH08>实战136.flv
难易指数	★★☆☆☆
技术掌握	插入工具、挤出工具、切角工具、网格平滑修改器

保温杯模型如图8-83所示。

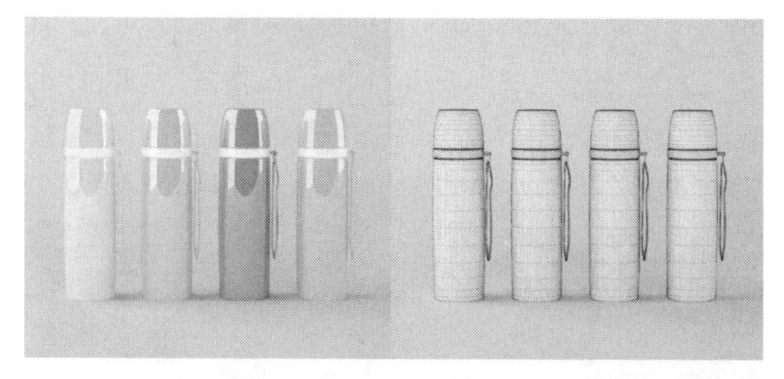

图8-83

01 下面创建杯身模型。使用“圆柱体”工具 圆柱体 在场景中创建一个圆柱体，然后在“参数”卷展栏下设置“半径”为30mm、“高度”为200mm、“高度分段”为5，如图8-84所示。

02 将圆柱体转换为可编辑多边形，然后进入“顶点”级别，接着在前视图中调整好顶点在竖向上的位置，如图8-85所示。

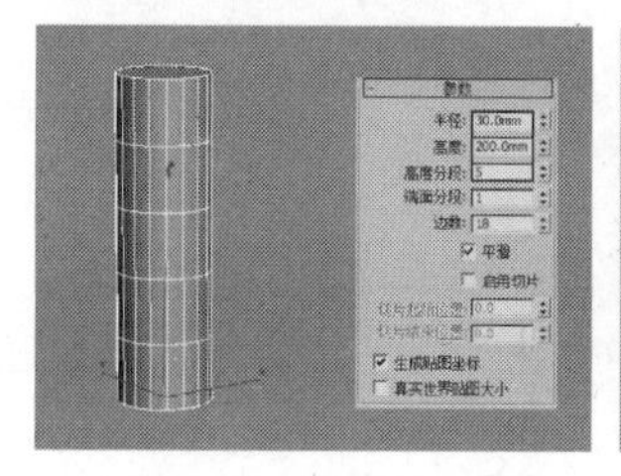

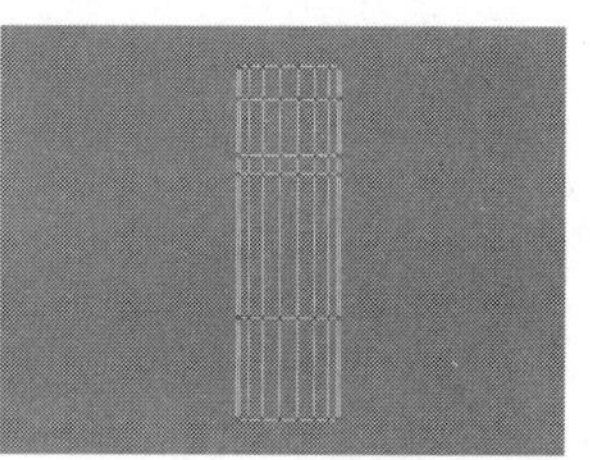

图8-84 图8-85

03 在前视图中框选顶部的顶点，如图8-86所示，然后使用“选择并均匀缩放”工具在顶视图中将其向内缩放，如图8-87所示，接着在前视图中框选底部的顶点，如图8-88所示，然后使用“选择并均匀缩放”工具在顶视图中将其向内缩放，如图8-89所示。

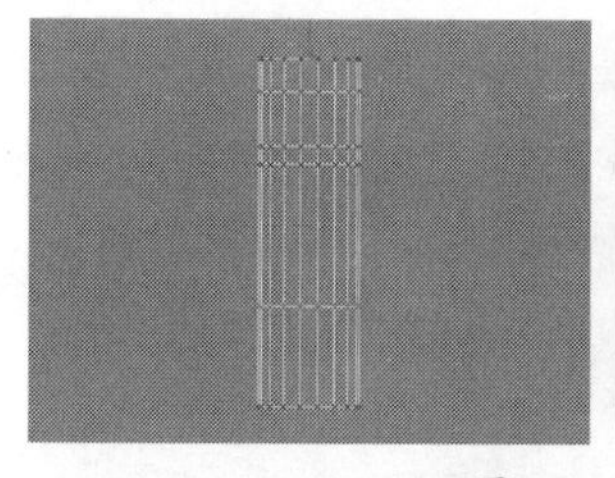

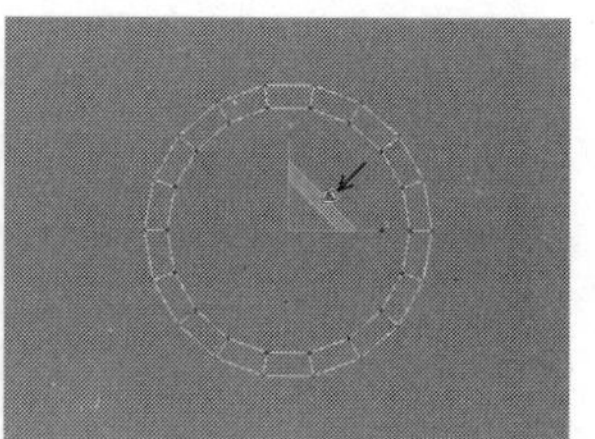

图8-86 图8-87

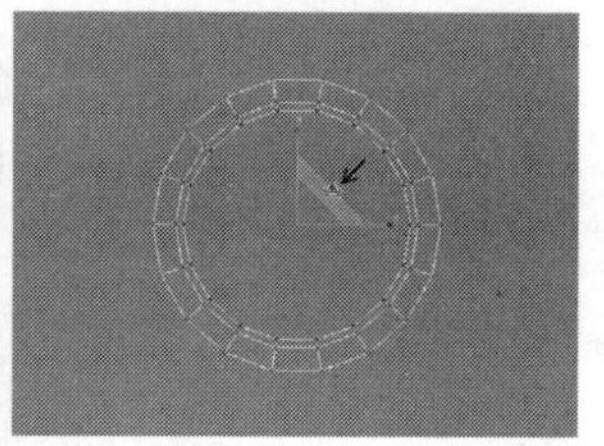

图8-88 图8-89

04 进入“多边形”级别，然后选择如图8-90所示的多边形，接着在“编辑多边形”卷展栏下单击“插入”按钮 插入 后面的“设置”按钮，最后设置“数量”为0.6mm，如图8-91所示。

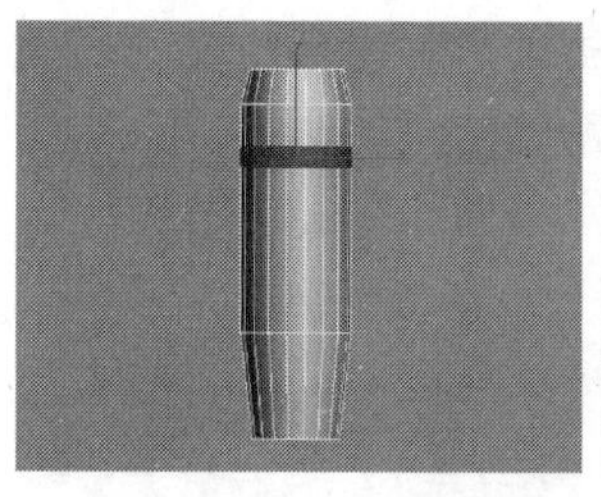

图8-90 图8-91

05 选择如图8-92所示的多边形，然后在“编辑多边形”卷展栏下单击“挤出”按钮 挤出 后面的“设置”按钮，接着设置挤出类型为“局部法线”、“高度”为-1mm，如图8-93所示。

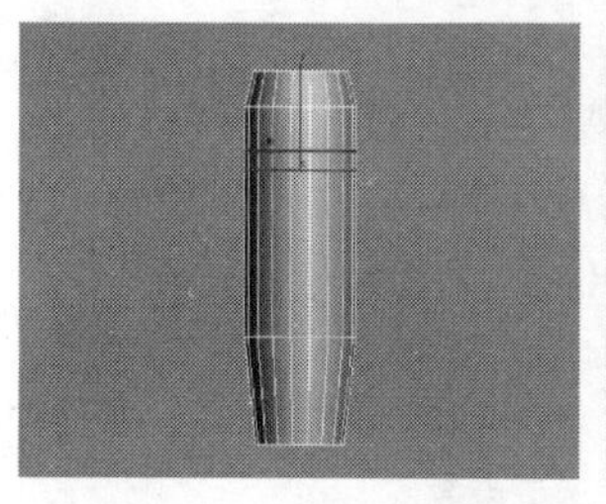

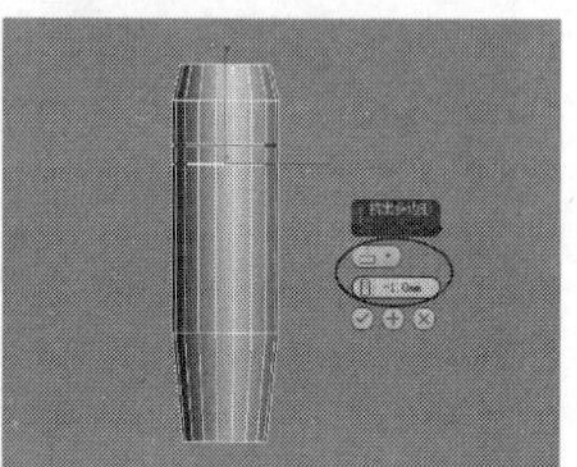

图8-92 图8-93

06 进入“边”级别，然后选择如图8-94所示的边，接着在“编辑边”卷展栏下单击“切角”按钮 切角 后面的“设置”按钮，最后设置“边切角量”为0.2mm，如图8-95所示。

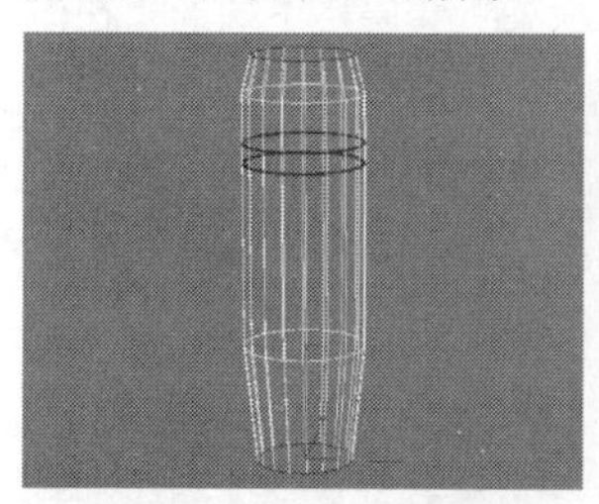

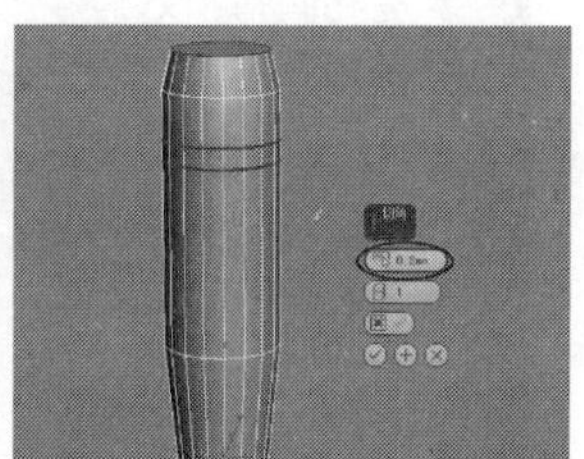

图8-94 图8-95

07 为模型加载一个“网格平滑”修改器，然后在“细分量”卷展栏下设置“迭代次数”为2，模型效果如图8-96所示。

08 下面创建绳子模型。使用“切角圆柱体”工具 切角圆柱体 在左视图中创建一个切角圆柱体，然后在“参数”卷展栏下设置“半径”为1.8mm、“高度”为5mm、“圆角”为0.1mm、“边数”为24，模型位置如图8-97所示。

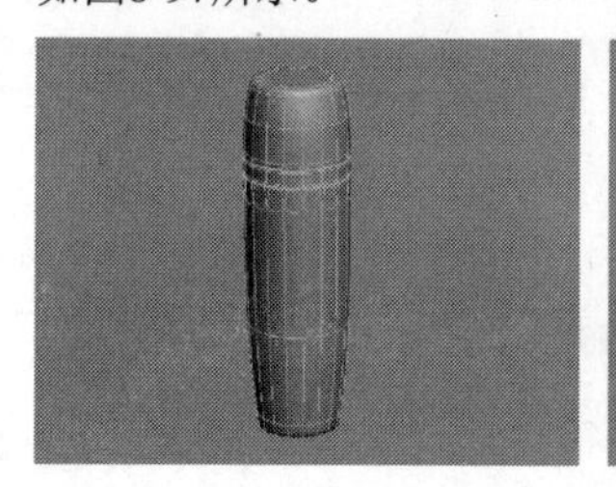

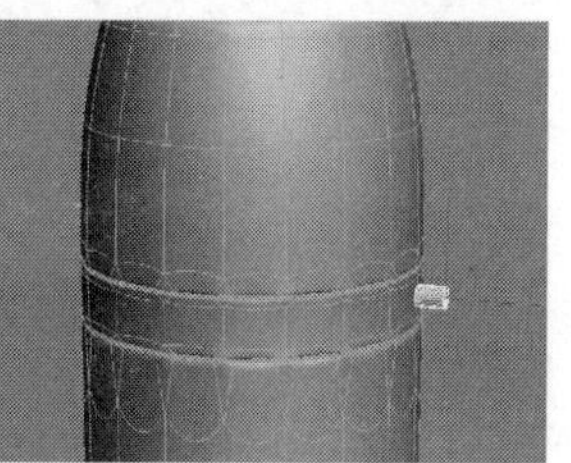

图8-96 图8-97

09 继续使用“切角圆柱体”工具 切角圆柱体 在左视图中创建一个切角圆柱体（可以用移动复制功能来完成），然后在“参数”卷展栏下设置“半径”为2mm、“高度”为5mm、“圆角”为0.1mm、“边数”为24，模型位置如图8-98所示。

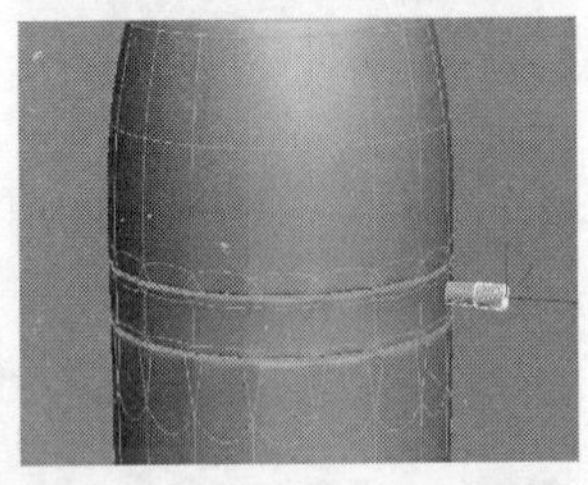

图8-98

10 使用“圆”工具 圆 在左视图中绘制一个圆形，然后在“参数”卷展栏下设置“半径”为6mm，如图8-99所示，在透视图中的位置如图8-100所示。

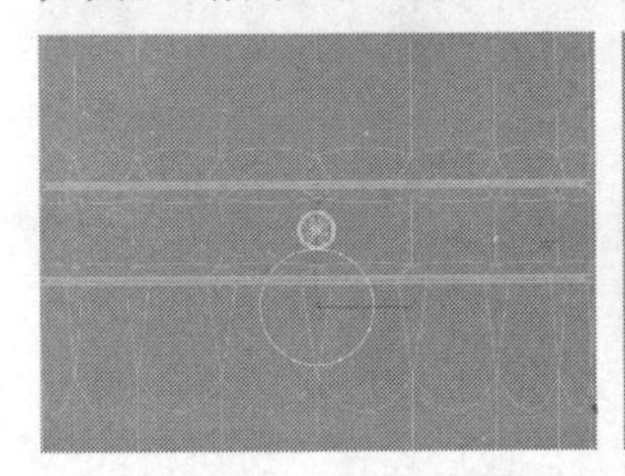

图8-99

图8-100

11 选择圆形，然后在“渲染”卷展栏下勾选“在渲染中启用”和“在视口中启用”选项，接着勾选“矩形”选项，最后设置“长度”为1.5mm、“宽度”为0.6mm，如图8-101所示。

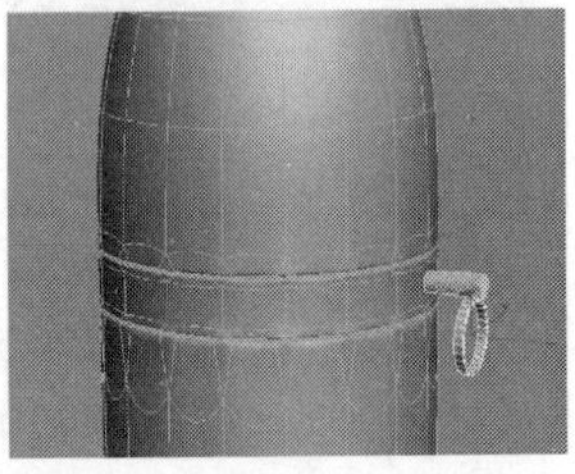

图8-101

12 使用“线”工具 线 在前视图中绘制如图8-102所示的样条线，然后在“渲染”卷展栏下勾选“在渲染中启用”和“在视口中启用”选项，接着勾选“矩形”选项，最后设置“长度”为4.5mm、“宽度”为1mm，效果如图8-103所示。

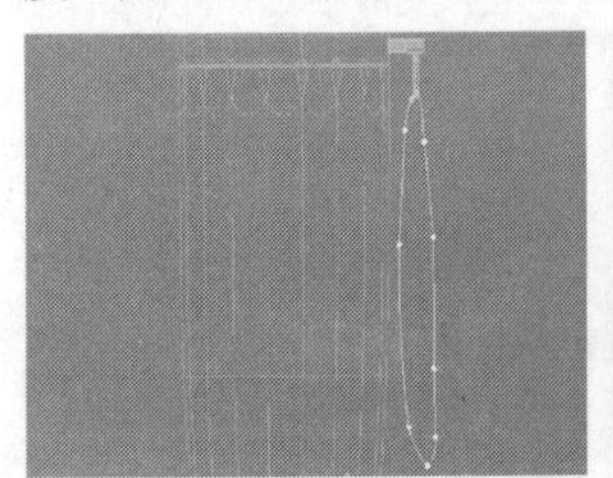

图8-102

图8-103

13 将绳子模型转换为可编辑多变形，进入“边”级别，然后选择两侧边，如图8-104所示，接着在“编辑边”卷展栏下单击“切角”按钮 切角 后面的“设置”按钮，最后设置“边切角量”为0.3mm，如图8-105所示。

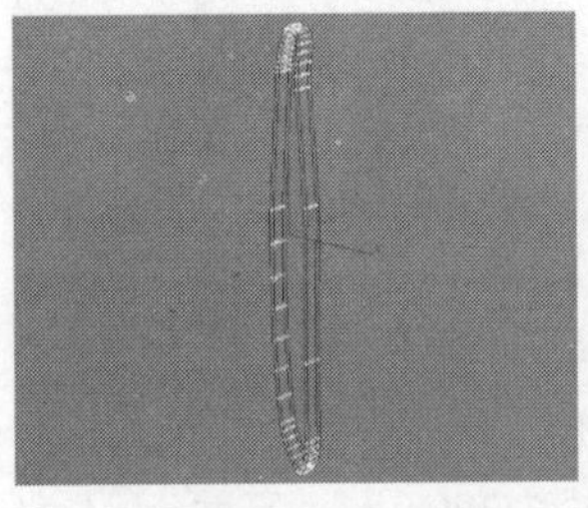

图8-104

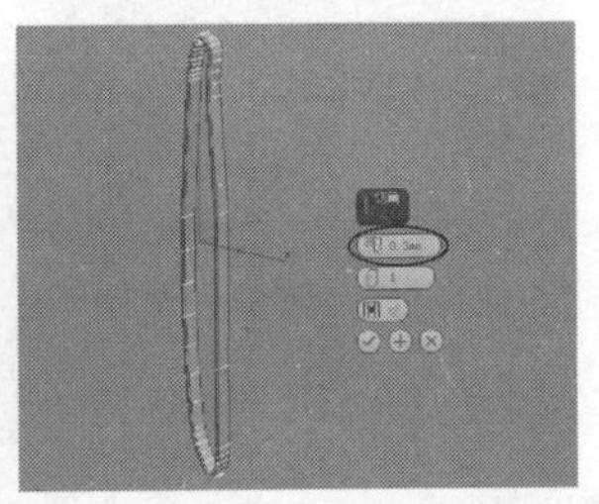

图8-105

14 为绳子模型加载一个“网格平滑”修改器，然后在“细分量”卷展栏下设置“迭代次数”为1，最终效果如图8-106所示。

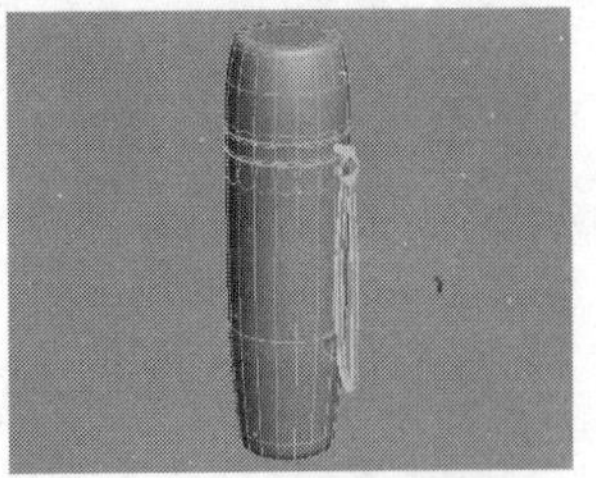

图8-106

实战137 低音炮

场景位置	无
实例位置	DVD>实例文件>CH08>实战137.max
视频位置	DVD>多媒体教学>CH08>实战137.flv
难易指数	★★★☆☆
技术掌握	挤出工具、连接工具、插入工具、切角工具

低音炮模型如图8-107所示。

图8-107

01 下面创建音量控制器模型。使用“长方体”工具 长方体 在场景中创建一个长方体，然后在“参数”卷展栏下设置“长度”为100mm、“宽度”为120mm、“高度”为120mm、“长度分段”为1、“宽度分段”为3、“高度分段”为3，如图8-108所示。

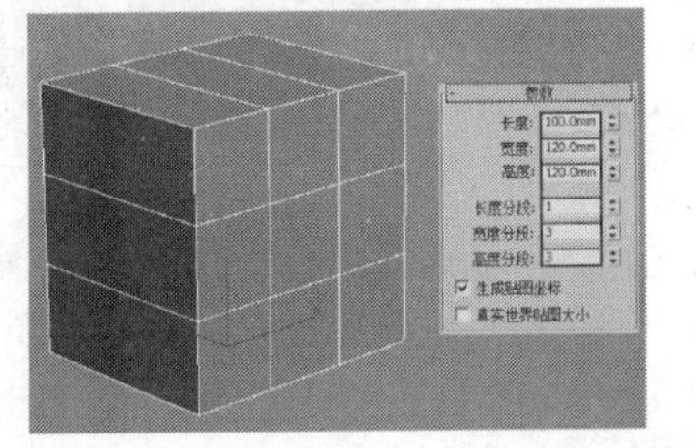

图8-108

02 将长方体转换为可编辑多边形，然后进入“顶点”级别，接着在前视图中调整好顶点的位置，如图8-109所示，在透视图中的效果如图8-110所示。

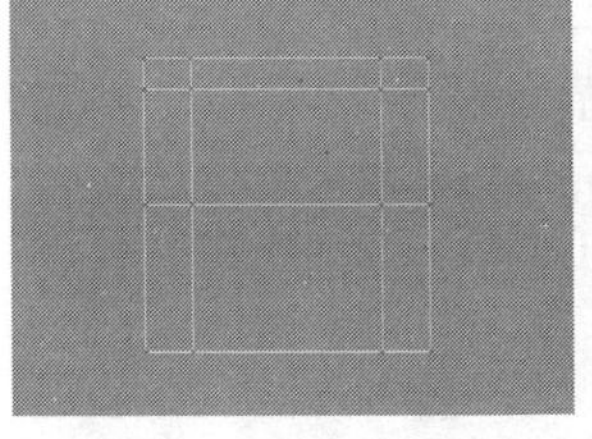
图8-109

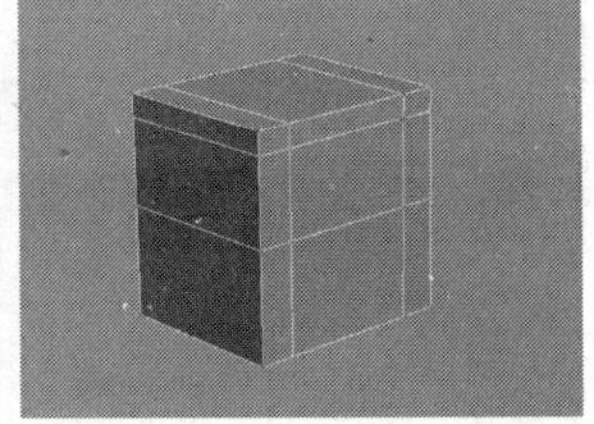
图8-110

03 进入“多边形”级别，然后选择如图8-111所示的多边形，接着在“编辑多边形”卷展栏下单击“挤出”按钮 挤出 后面的“设置”按钮，最后设置“高度”为5mm，如图8-112所示。

图8-111

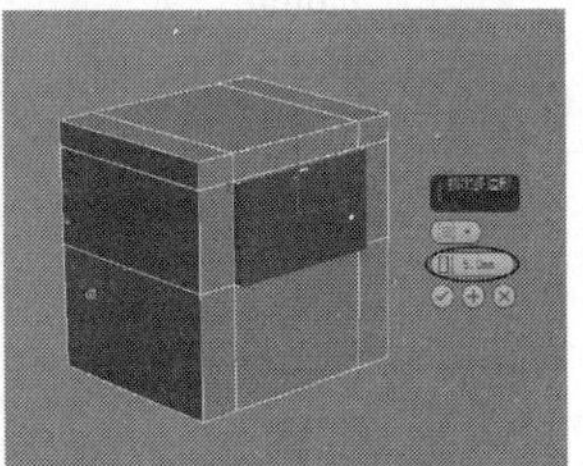
图8-112

04 进入“边”级别，然后选择如图8-113所示的边，接着在“编辑边”卷展栏下单击“连接”按钮 连接 后面的“设置”按钮，最后设置“分段”为3，如图8-114所示。

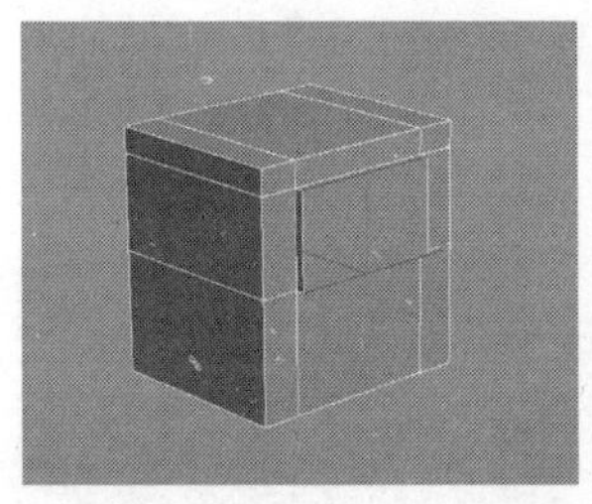
图8-113

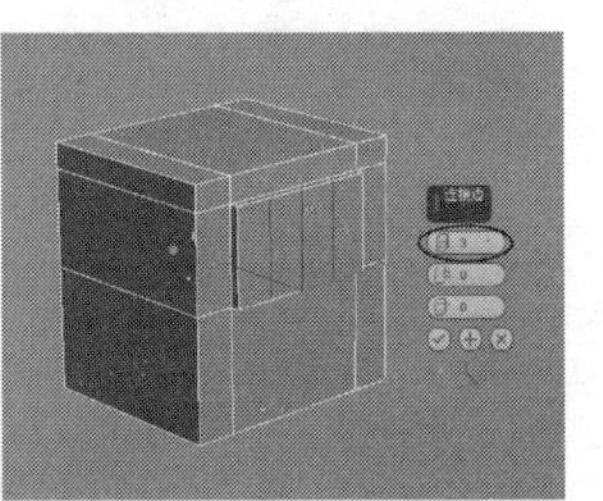
图8-114

05 选择如图8-115所示的边，然后在“编辑边”卷展栏下单击“连接”按钮 连接 后面的“设置”按钮，接着设置“分段”为1，如图8-116所示。

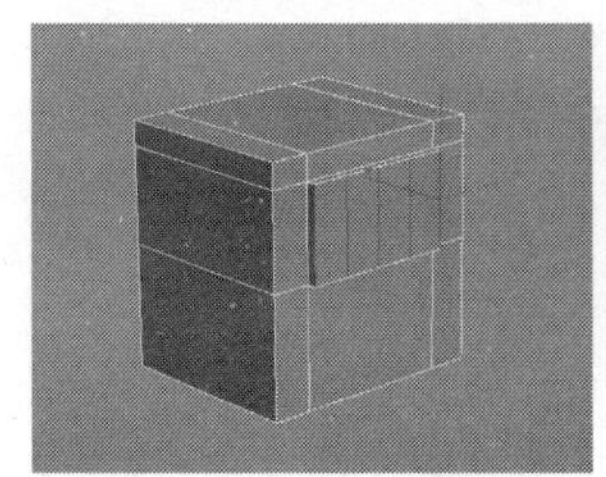
图8-115

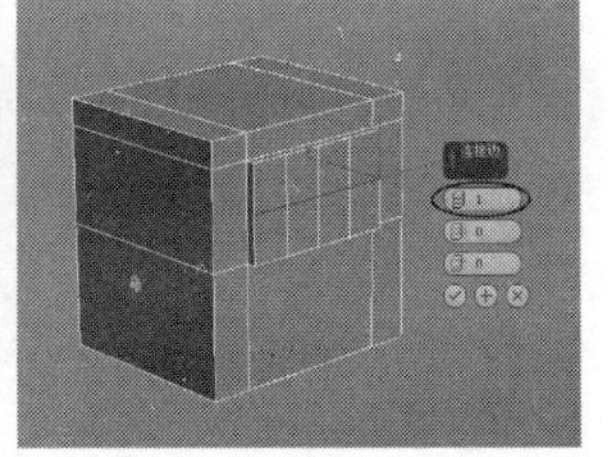
图8-116

06 进入“顶点”级别，然后选择如图8-117所示的两个顶点，接着在“编辑顶点”卷展栏下单击“切角”按钮 切角 后面的“设置”按钮，最后设置“顶点切角量”为20.246mm（使切角出来的中间的顶点相互重合），如图8-118所示。

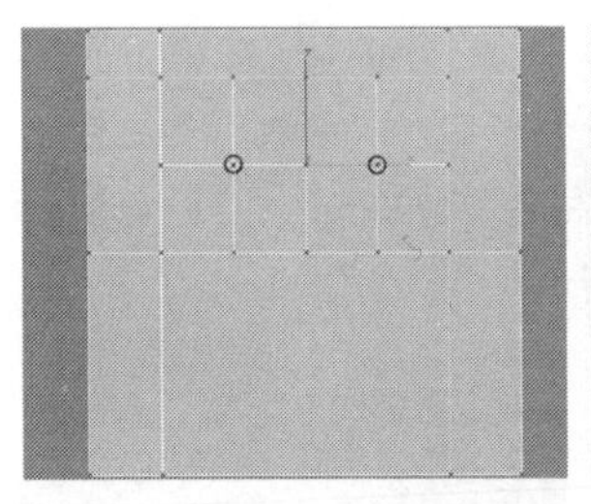
图8-117

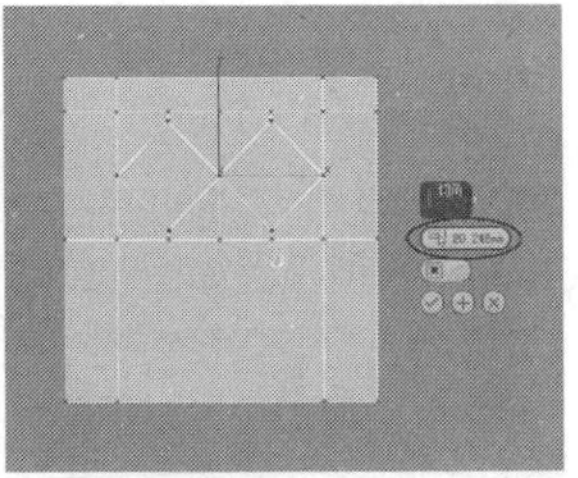
图8-118

07 进入“多边形”级别，然后选择如图8-119所示的多边形，接着在“编辑多边形”卷展栏下单击“挤出”按钮 挤出 后面的“设置”按钮，最后设置“高度”为10mm，如图8-120所示。

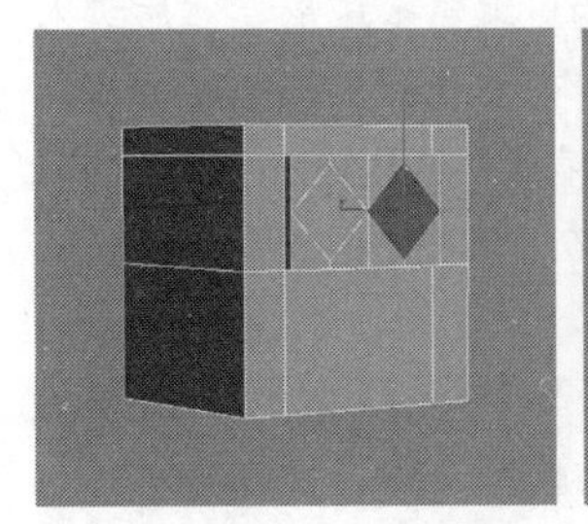
图8-119

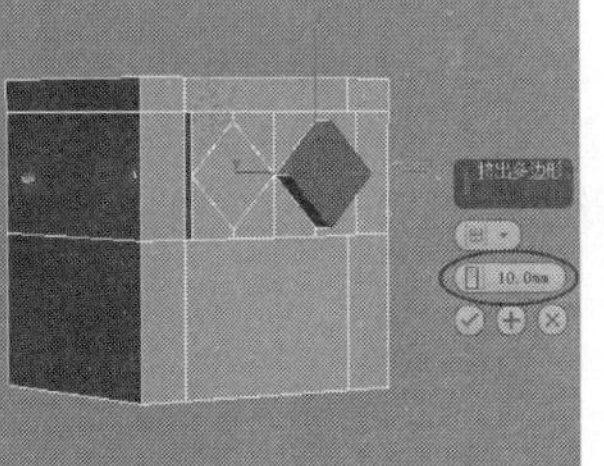
图8-120

08 选择如图8-121所示的多边形，然后在“编辑多边形”卷展栏下单击“挤出”按钮 挤出 后面的“设置”按钮，接着设置“高度”为-10mm，模型效果如图8-122所示。

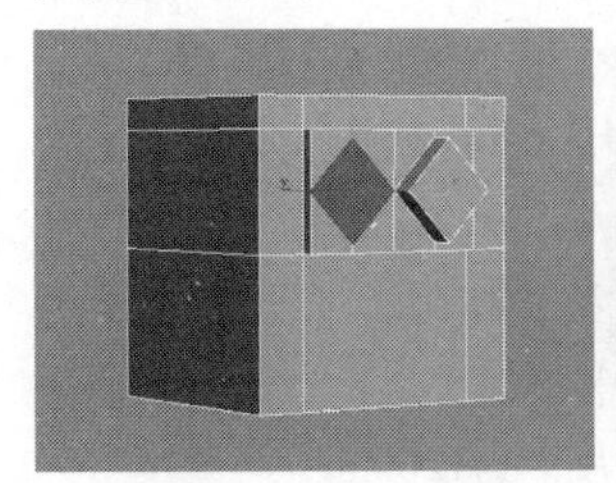
图8-121

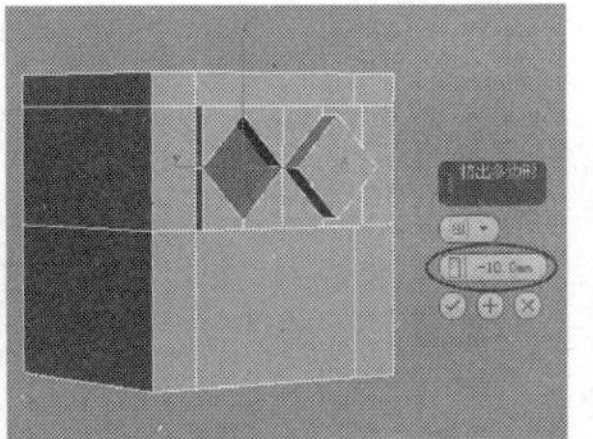
图8-122

09 进入“边”级别，然后选择如图8-123所示的边，接着在“编辑边”卷展栏下单击“切角”按钮 切角 后面的“设置”按钮，最后设置“边切角量”为0.5mm，如图8-124所示。

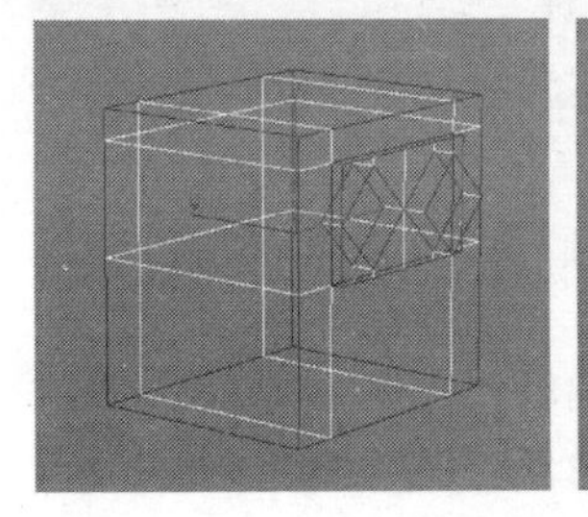
图8-123

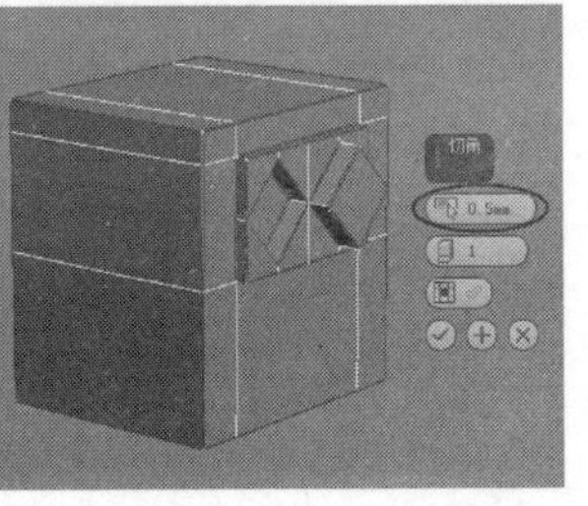
图8-124

10 为模型加载一个“网格平滑”修改器，然后在“细分量”卷展栏下设置“迭代次数”为3，模型效果如图8-125所示。

11 使用“切角圆柱体”工具 切角圆柱体 在模型底部创建一个切角圆柱体，然后在“参数”卷展栏下设置“半径”为8.5mm、“高度”为23mm、“圆角”为1mm，模型位置如图8-126所示。

图8-125

图8-126

12 将切角圆柱体转换为可编辑多边形，然后进入“顶点”级别，接着在前视图中框选底部的顶点，最后使用“选择并均匀缩放”工具在顶视图向内缩放顶点，如图8-127所示，在透视图中的效果如图8-128所示。

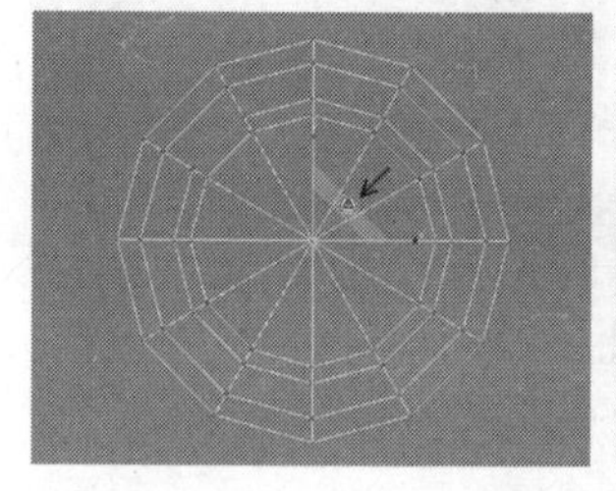

图8-127

图8-128

13 使用“选择并移动”工具选择底座模型，然后按住Shift键移动复制出3个模型到另外3个角上，如图8-129所示。

14 下面创建扩音器模型。使用“长方体”工具 长方体 在左视图中创建一个长方体，然后在“参数”卷展栏下设置“长度”为120mm、“宽度”为8mm、“高度”为110mm、“长度分段”为6、“宽度分段”为1、“高度分段”为2，如图8-130所示。

图8-129

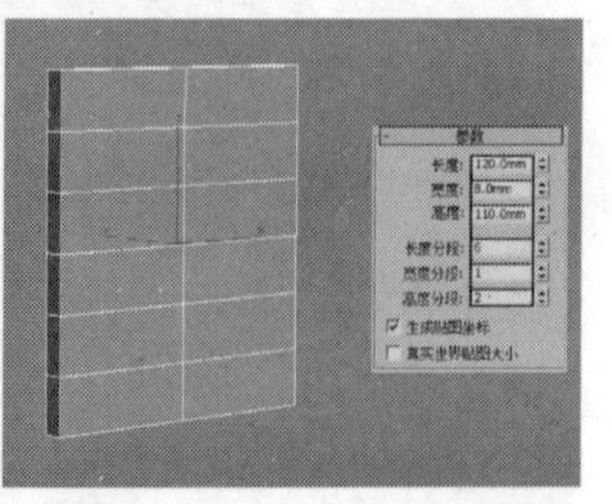

图8-130

15 将长方体转换为可编辑多边形，然后进入“顶点”级别，接着在前视图和左视图中调整好顶点的位置，如图8-131所示。

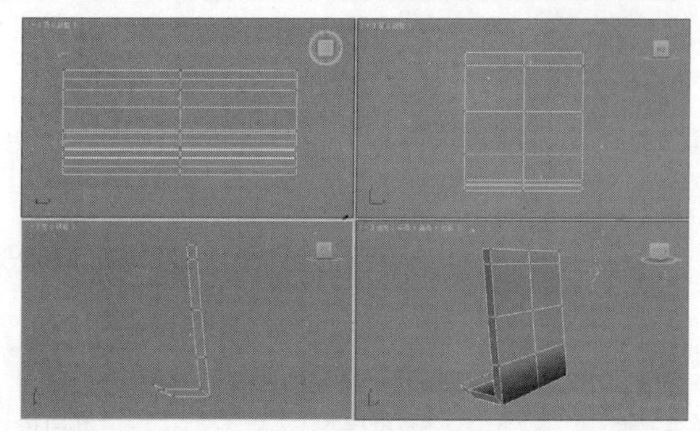

图8-131

16 进入“多边形”级别，然后选择如图8-132所示的多边形，接着在“编辑多边形”卷展栏下单击“插入”按钮 插入 后面的“设置”按钮，最后设置“数量”为8mm，如图8-133所示。

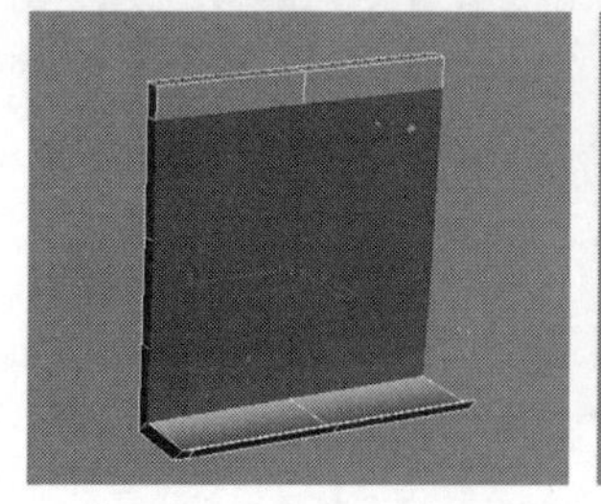

图8-132

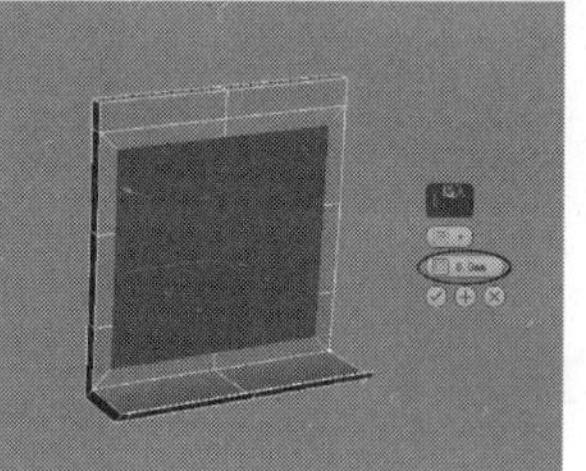

图8-133

17 保持对多边形的选择，在“编辑多边形”卷展栏下单击“挤出”按钮 挤出 后面的“设置”按钮，然后设置“高度”为7mm，如图8-134所示。

18 继续使用“插入”工具 插入 将多边形插入6mm，然后使用“挤出”工具 挤出 将多边形挤出5mm，如图8-135所示。

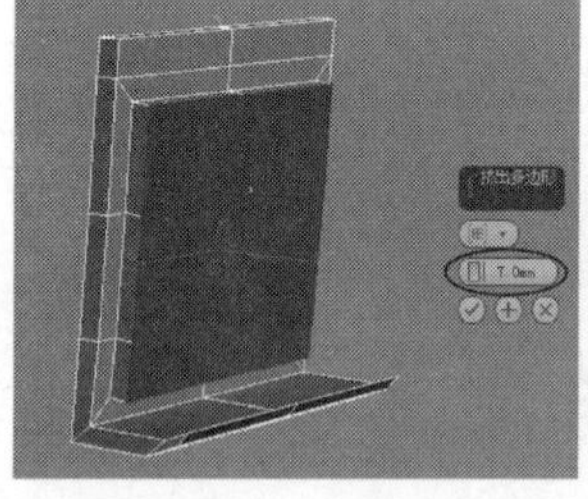

图8-134

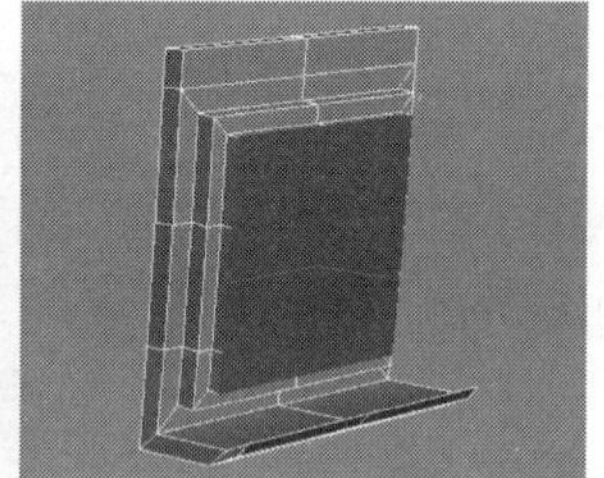

图8-135

19 进入“顶点”级别，然后选择如图8-136所示的顶点，接着在“编辑顶点”卷展栏下单击“切角”按钮 切角 后面的“设置”按钮，最后设置“顶点切角量”为42.525mm，如图8-137所示。

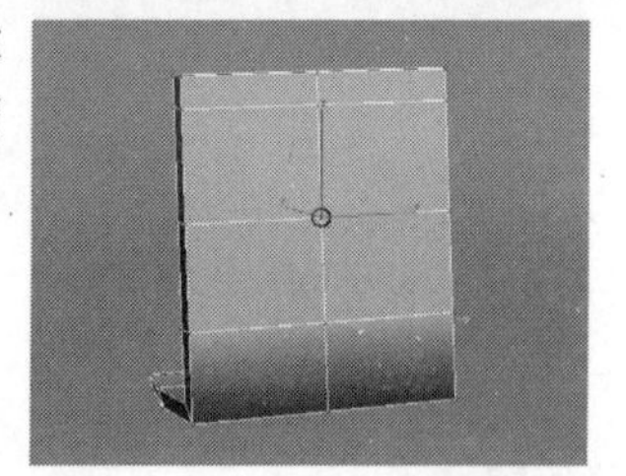

图8-136

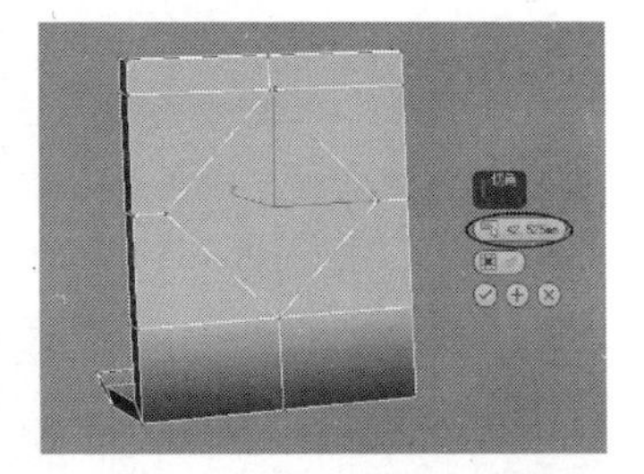

图8-137

20 进入“多边形”级别，然后如图8-138所示选择背面多边形，接着在“编辑多边形”卷展栏下单击“插入”按钮 插入 后面的“设置”按钮■，最后设置“数量”为5mm，如图8-139所示。

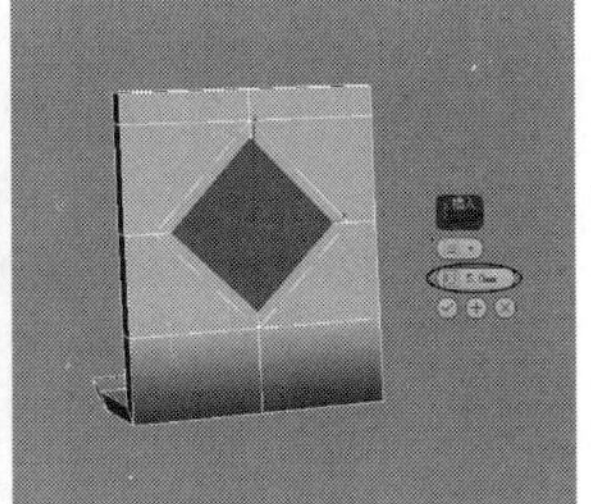

图8-138　　图8-139

21 保持对多边形的选择，在“编辑多边形”卷展栏下单击“挤出”按钮 挤出 后面的“设置”按钮■，然后设置“高度”为-8mm，如图8-140所示。

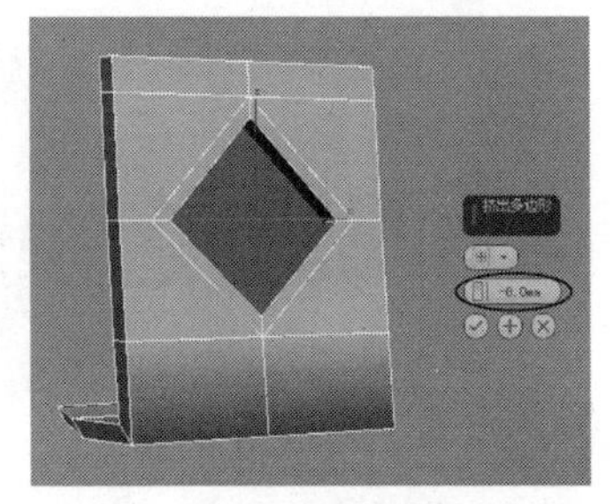

图8-140

22 保持对多边形的选择，在“编辑多边形”卷展栏下单击“插入”按钮 插入 后面的“设置”按钮■，然后设置“数量”为10mm，如图8-141所示。

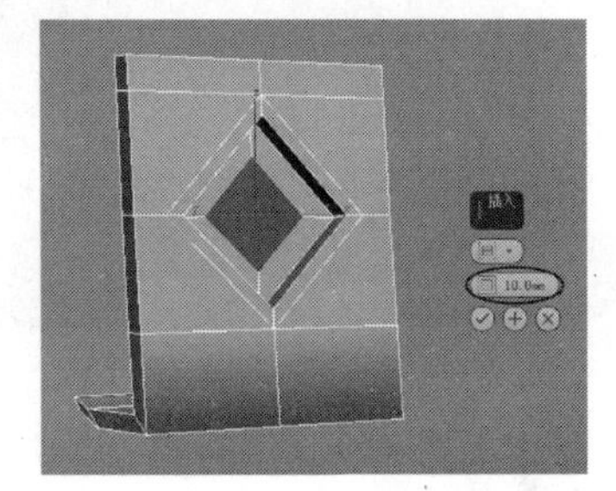

图8-141

23 保持对多边形的选择，在“编辑多边形”卷展栏下单击“挤出”按钮 挤出 后面的“设置”按钮■，然后设置“高度”为-8mm，如图8-142所示。

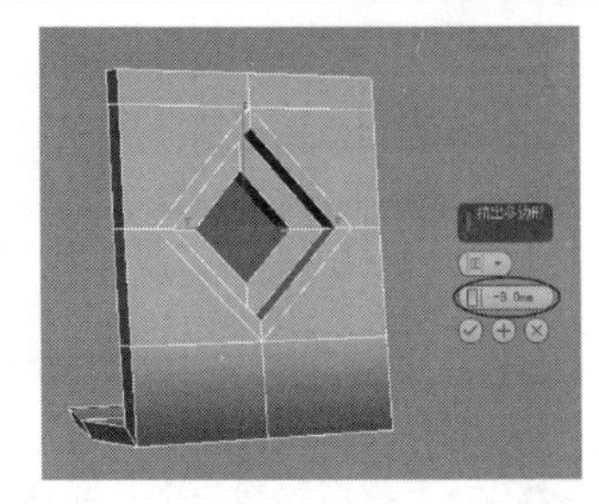

图8-142

24 进入“边”级别，然后选择如图8-143所示的边，在线框模式下的显示效果如图8-144所示，接着在“编辑边”卷展栏下单击“切角”按钮 切角 后面的“设置”按钮■，最后设置“边切角量”为0.5mm，如图8-145所示。

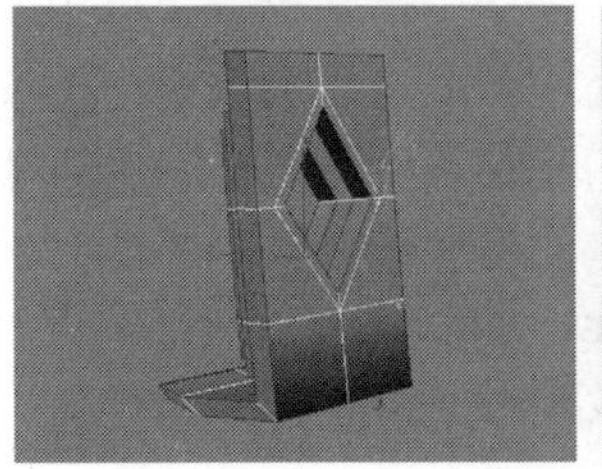

图8-143　　图8-144

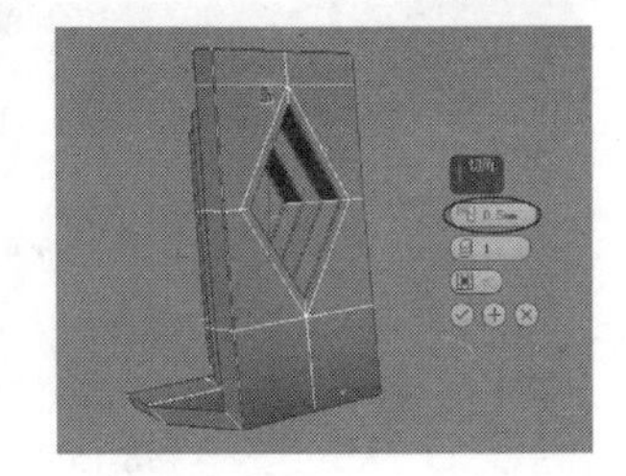

图8-145

25 为模型加载一个“网格平滑”修改器，然后在“细分量”卷展栏下设置“迭代次数”为3，模型效果如图8-146所示。

26 使用“几何球体”工具 几何球体 在前视图中创建一个几何球体，然后在“参数”卷展栏下设置“半径”为20mm、“分段”为6，接着勾选“半球”选项，如图8-147所示。

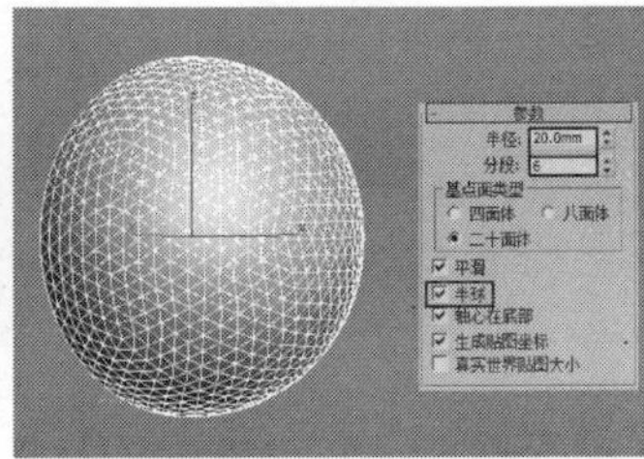

图8-146　　图8-147

27 将几何半球转换为可编辑多边形，然后选择如图8-148所示的多边形，接着按Delete键将其删除，效果如图8-149所示。

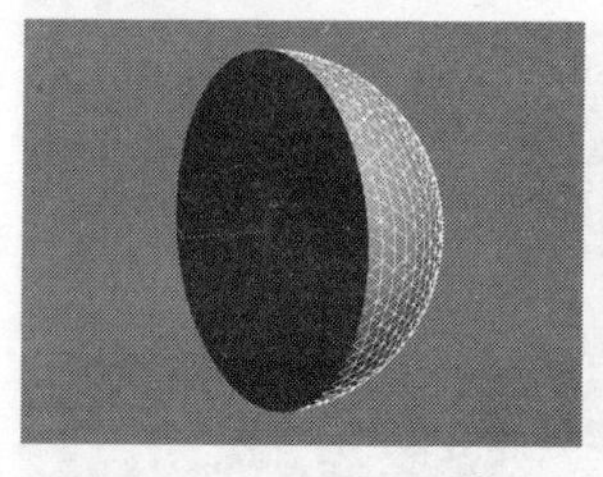
图8-148

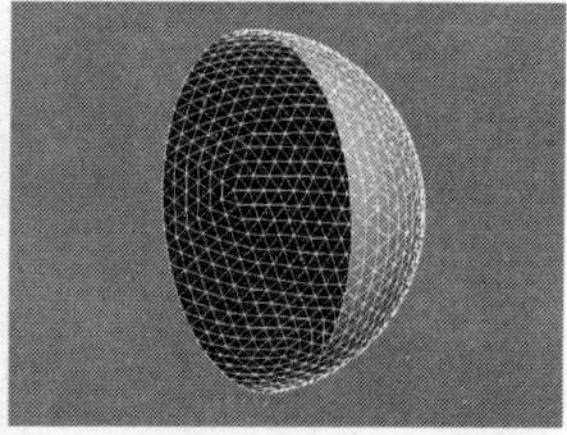
图8-149

28 为模型加载一个“晶格”修改器，然后在“参数”卷展栏下勾选“仅来自边的支柱”选项，并设置“半径”为0.2mm、“分段”为1、“边数”为6，如图8-150所示。

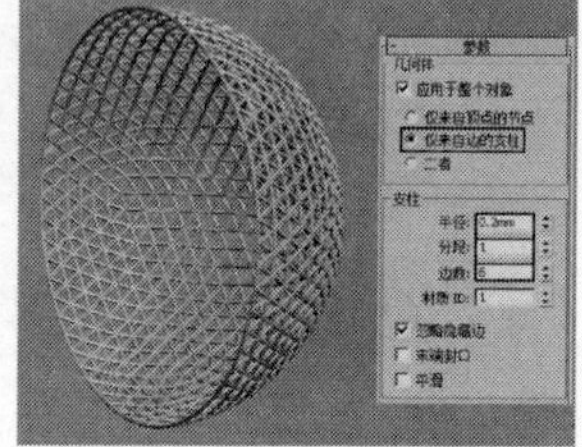
图8-150

29 将网膜放在喇叭口上，并适调整好其与喇叭口的吻合度，完成后的效果如图8-151所示，最终效果如图8-152所示。

图8-151

图8-152

实战138 组合音响

场景位置	无
实例位置	DVD>实例文件>CH08>实战138.max
视频位置	DVD>多媒体教学>CH08>实战138.flv
难易指数	★★☆☆☆
技术掌握	附加工具、Proboolean工具

组合音响模型如图8-153所示。

图8-153

01 下面创建第1个音响。使用“切角长方体”工具 切角长方体 在前视图中创建一个切角长方体，然后在“参数”卷展栏下设置“长度”为43mm、“宽度”为10mm、“高度”为2.5mm、“圆角”为0.2mm、“宽度分段”为4、“圆角分段”为3，如图8-154所示。

02 继续使用“切角长方体”工具 切角长方体 在场景中创建如图8-155所示的切角长方体。

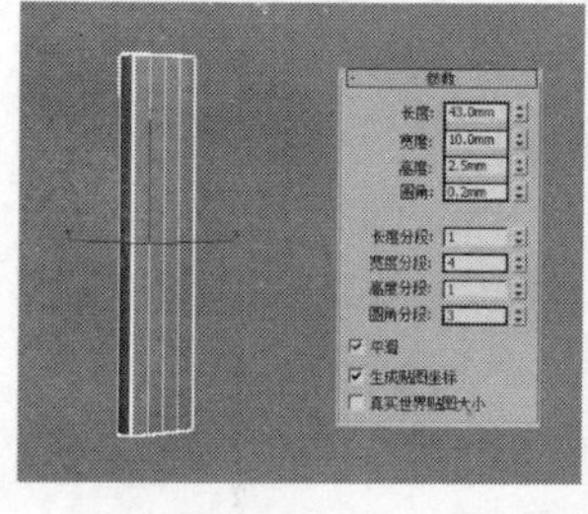
图8-154

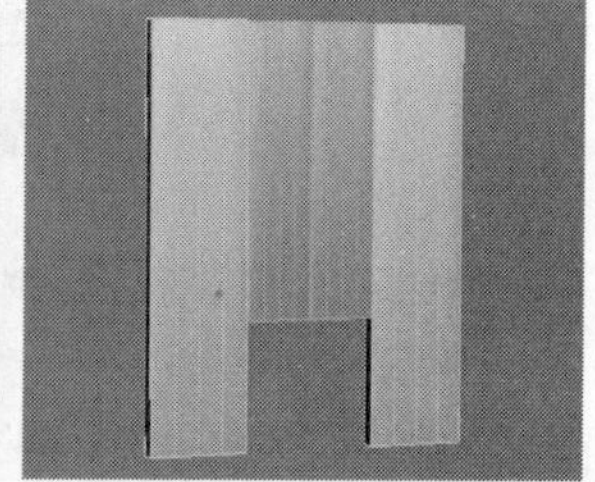
图8-155

03 使用“长方体”工具 长方体 在场景中创建一个长方体，如图8-156所示，然后将其转换为可编辑多边形，进入“多边形”级别，接着选择如图8-157所示的多边形，最后按Delete键将其删除，效果如图8-158所示。

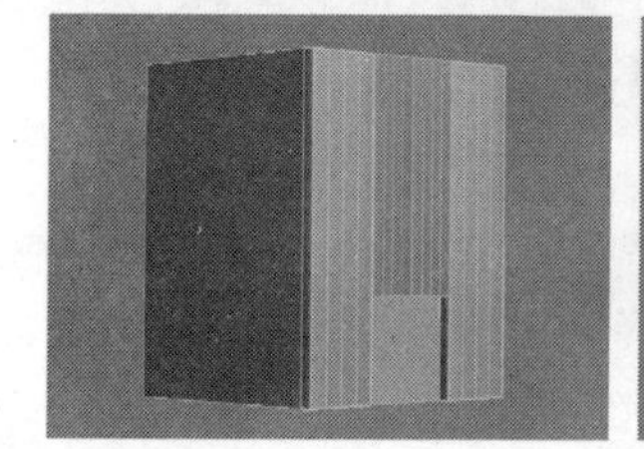
图8-156

图8-157

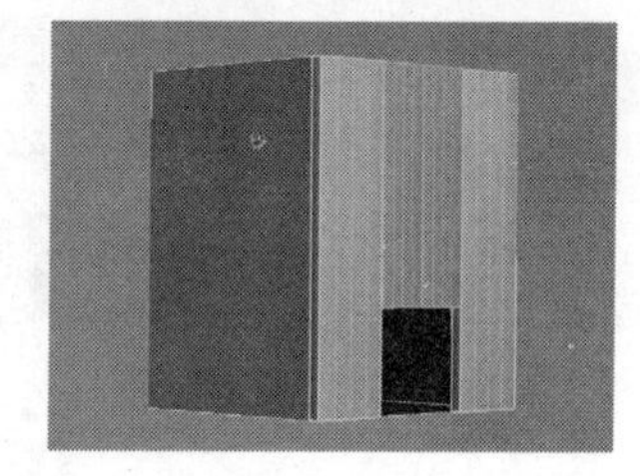
图8-158

04 为长方体加载一个“壳”修改器，然后在“参数”卷展栏下设置“内部量”为4mm、“外部量”为0mm，模型效果如图8-159所示。

图8-159

05 下面创建第2个音响模型。使用“线”工具 线 在顶视图中绘制如图8-160所示的样条线，然后为其加载一个“挤出”修改器，接着在“参数”卷展栏下设置“数量”为3mm，模型效果如图8-161所示。

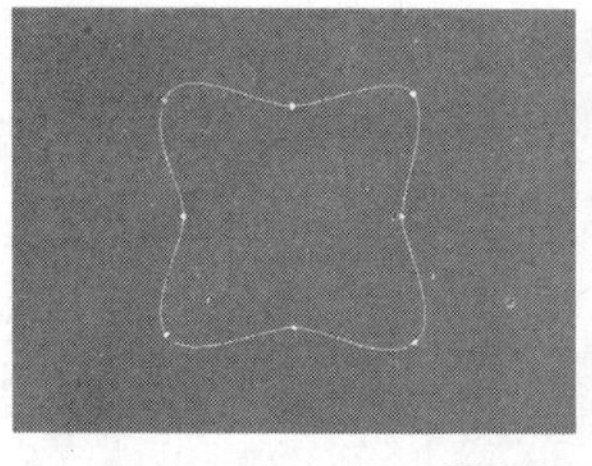

图8-160

图8-161

06 在前视图中复制3个模型，然后调整好中间两个模型的“挤出”修改器的“数量”参数值，完成后的效果如图8-162所示。

07 继续使用“圆柱体”工具 圆柱体 创建好支柱以及底座模型，完成后的效果如图8-163所示。

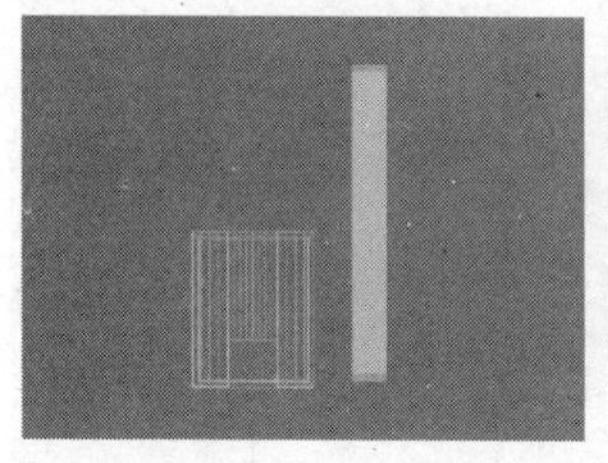

图8-162

图8-163

08 继续使用“圆柱体”工具 圆柱体 在前视图中创建一个大小合适的圆柱体，其位置如图8-164所示（圆柱体的一部分要嵌入音响里面），然后向下复制4个圆柱体，并适当修改其半径大小，如图8-165所示。

图8-164

图8-165

09 将其中一个圆柱体（可以选择第1个）转换为可编辑多边形，然后在“编辑几何体”卷展栏下单击“附加”按钮 附加 ，接着单击另外4个圆柱体，将这5个圆柱体附加为一个整体，如图8-166所示。

图8-166

10 选择音响的中间部分，如图8-167所示，设置“几何体”类型为“复合对象”，然后单击ProBoolean按钮 ProBoolean ，接着在“拾取布尔对象”卷展栏下单击“开始拾取”按钮 开始拾取 ，最后在视图中单击附加在一起的圆柱体，如图8-168所示，模型效果如图8-169所示。

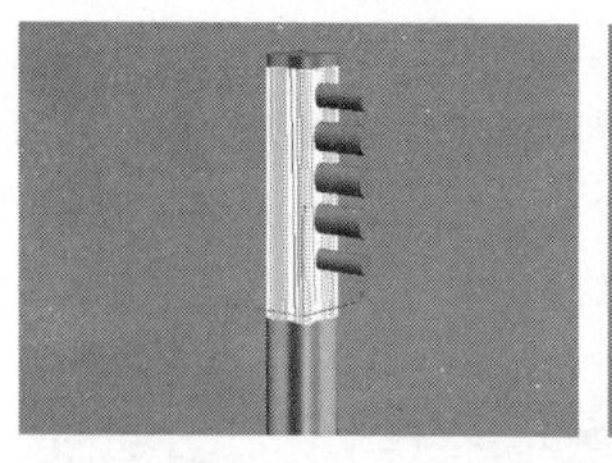

图8-167

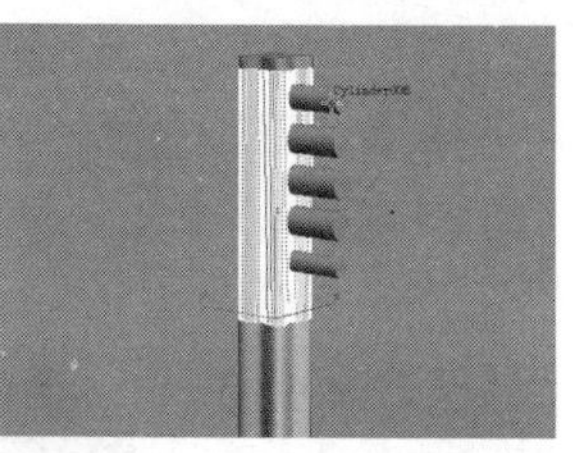

图8-168

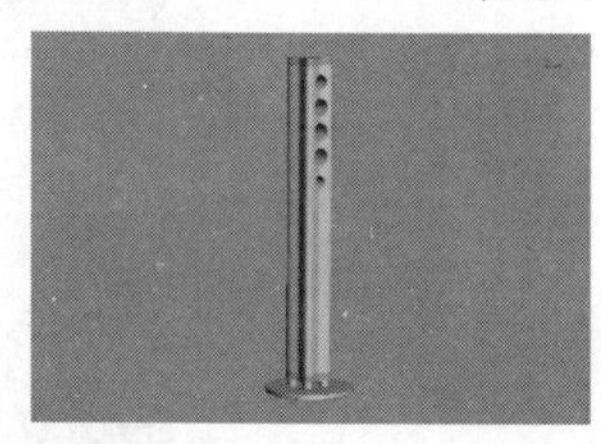

图8-169

11 使用多边形建模方法制作出音响上的喇叭模型，完成后的效果如图8-170所示。

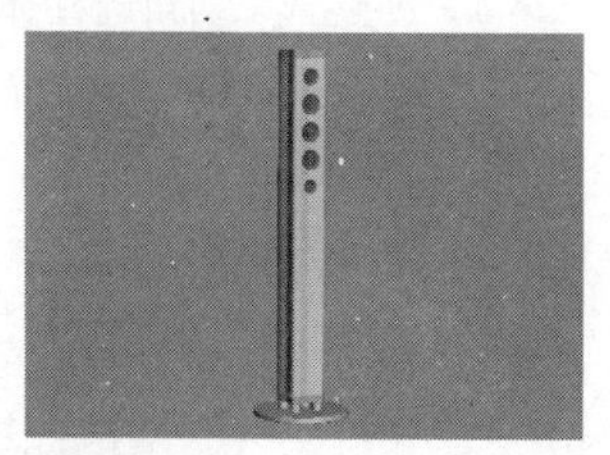

图8-170

12 下面创建第3个音响模型。将第2个音响的一部分模型复制出来，然后将其旋转90°，如图8-171所示，最终效果如图8-172所示。

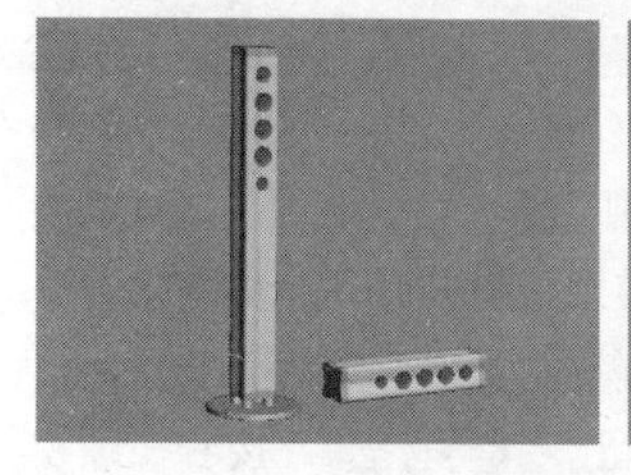

图8-171

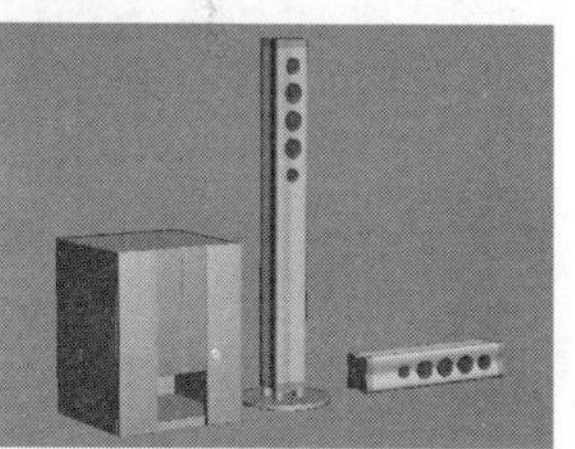

图8-172

实战139 多人餐桌椅

场景位置	无
实例位置	DVD>实例文件>CH08>实战139.max
视频位置	DVD>多媒体教学>CH08>实战139.flv
难易指数	★★☆☆☆
技术掌握	仅影响轴技术、调节多边形的顶点、挤出工具、切角工具

餐桌椅模型如图8-173所示。

图8-173

01 下面制作桌子模型。使用“切角圆柱体”工具 切角圆柱体 在场景中创建出一个切角圆柱体，然后在“参数”卷展栏下设置“半径”为750mm、“高度”为20mm、“圆角”为2mm、“边数”为36，具体参数设置及模型效果如图8-174所示。

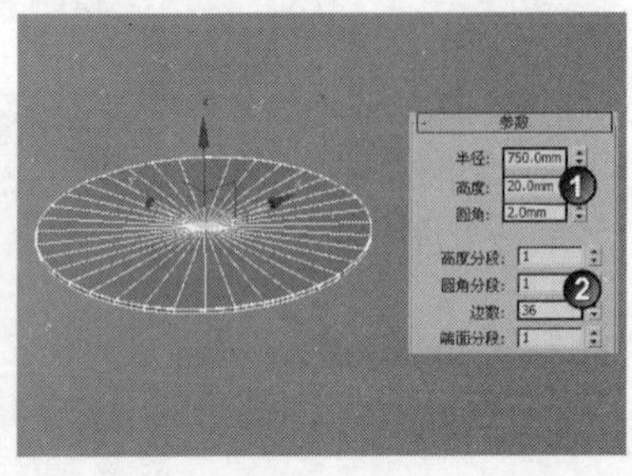

图8-174

02 继续使用“切角圆柱体”工具 切角圆柱体 在场景中创建一个切角圆柱体，然后在“参数”卷展栏下设置“半径”为65mm、“高度”为1000mm、“圆角”为5mm、“圆角分段”为3、“边数”为36，具体参数设置及模型位置如图8-175所示。

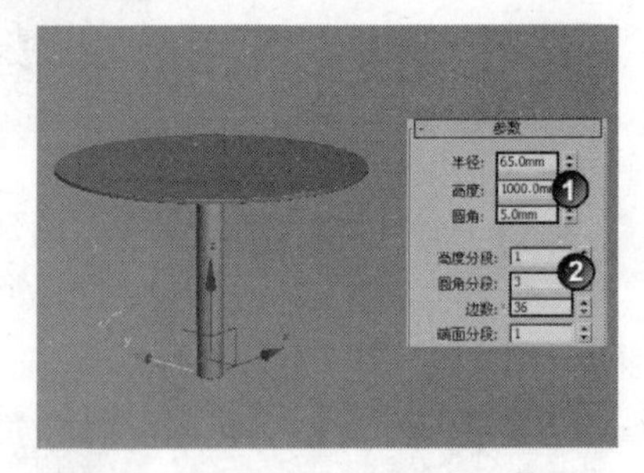

图8-175

03 选择上一步创建的圆柱体，然后使用“选择并旋转”工具将其旋转到如图8-176所示的角度。

04 在“命令”面板中单击“层级”按钮，然后单击“仅影响轴”按钮 仅影响轴 ，接着在顶视图中将轴心点拖曳到桌面的中心位置，如图8-177所示。调整完成后再次单击“仅影响轴”按钮 仅影响轴 ，退出“仅影响轴”模式。

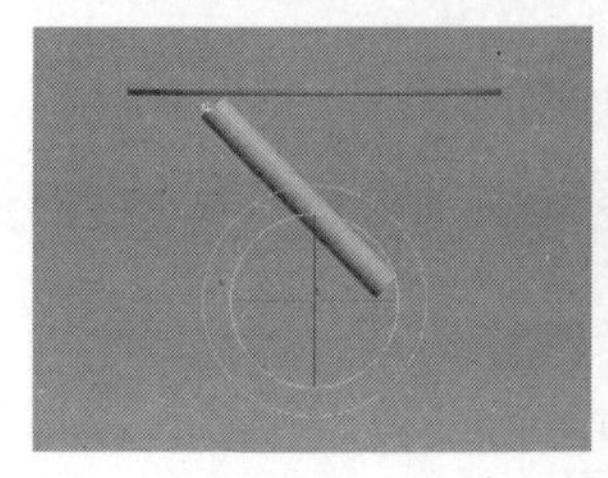

图8-176

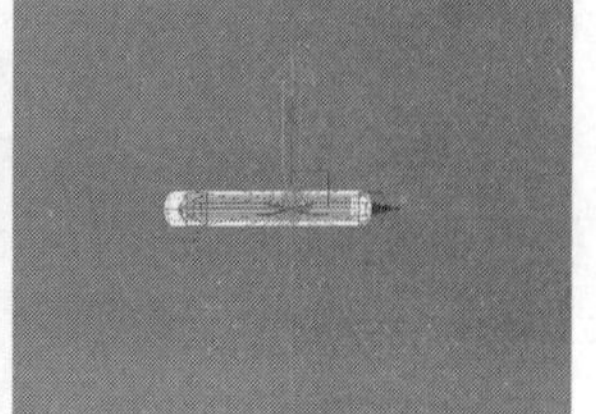

图8-177

05 按A键激活“角度捕捉切换”工具，然后按住Shift键使用“选择并旋转”工具在顶视图中旋转（旋转-90°）复制切角圆柱体，接着在弹出的对话框中设置“副本数”为3，如图8-178所示。

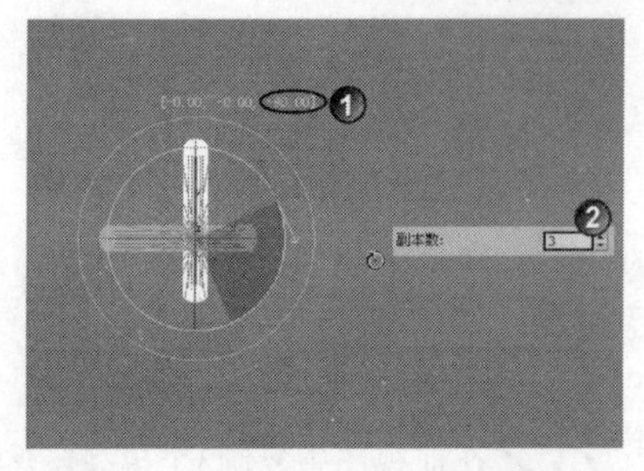

图8-178

06 下面制作椅子模型。使用“长方体”工具 长方体 在场景中创建一个长方体，然后在“参数”卷展栏下设置“长度”为650mm、“宽度”为650mm、“高度”为500mm、“长度分段”为2，具体参数设置及模型效果如图8-179所示。

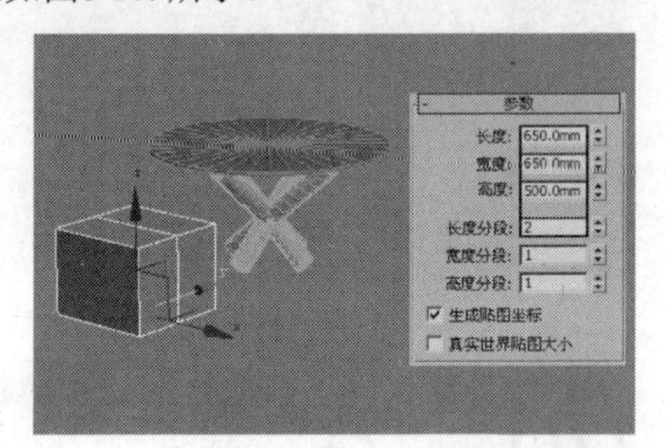

图8-179

07 将长方体转换为可编辑多边形，进入“顶点”级别，然后使用“选择并移动”工具在顶视图中将中间的顶点向下拖曳到如图8-180所示的位置。

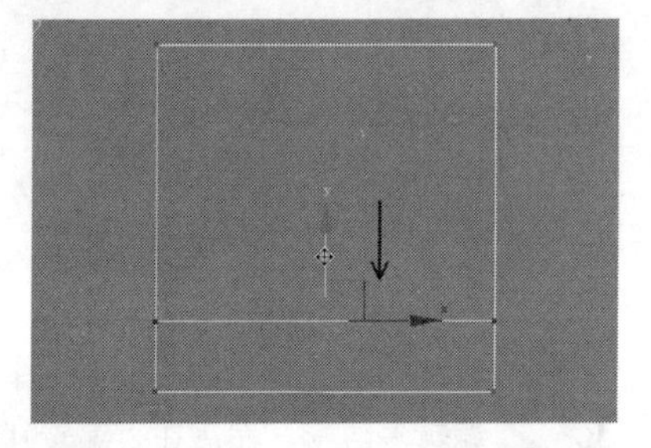

图8-180

技巧与提示

为了方便对长方体的操作，可以按Alt+Q组合键进入“孤立选择”模式。另外，单击鼠标右键，在弹出的菜单中选择“孤立当前选择”命令，也可以进入“孤立显示”模式，如图8-181所示。

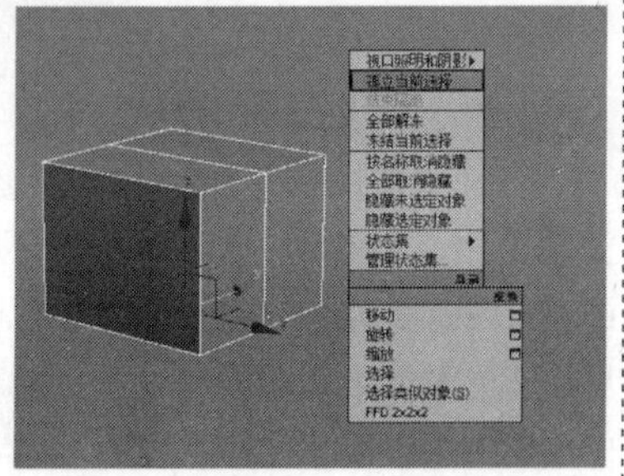

图8-181

08 在前视图中选择顶部的顶点，如图8-182所示，然后使用“选择并均匀缩放”工具将顶点向内缩放成如图8-183所示的效果。

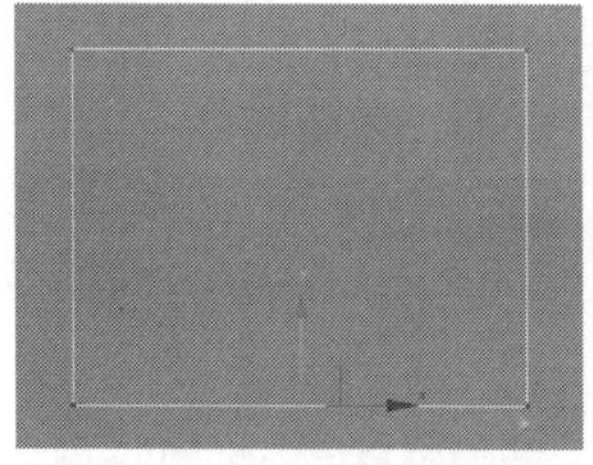
图8-182

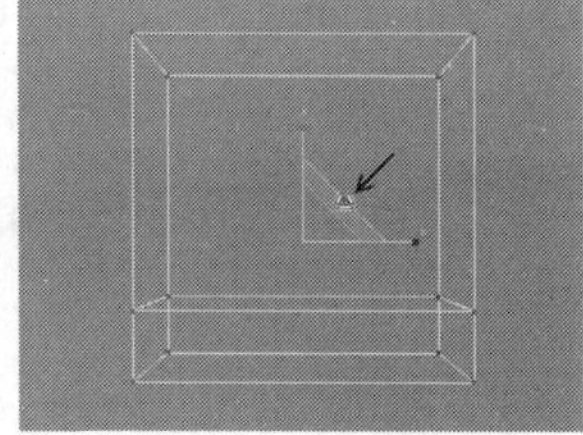
图8-183

09 在“选择”卷展栏下单击“多边形”按钮，进入“多边形”级别，然后选择如图8-184所示的多边形，接着在“编辑多边形”卷展栏下单击“挤出”按钮 挤出 后面的“设置”按钮，最后设置“高度”为820mm，如图8-185所示。

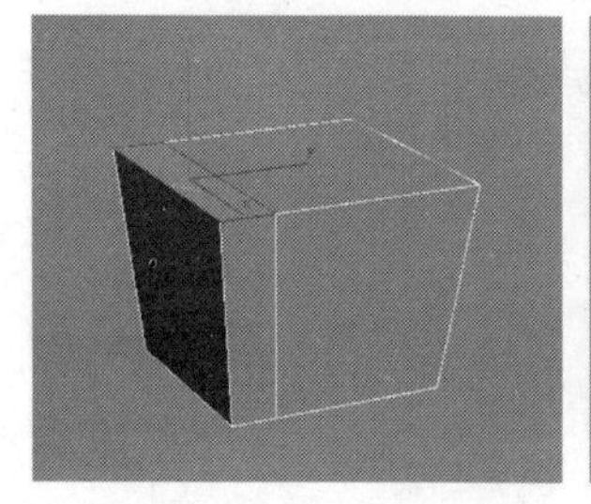
图8-184

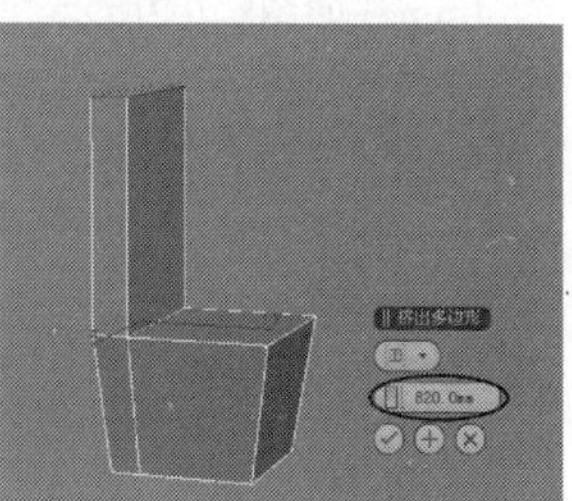
图8-185

10 在“选择”卷展栏下单击“边”按钮，进入“边”级别，然后选择如图8-186所示的边，接着在“编辑边”卷展栏下单击“切角”按钮 切角 后面的“设置”按钮，最后设置“边切角量”为15mm，如图8-187所示。

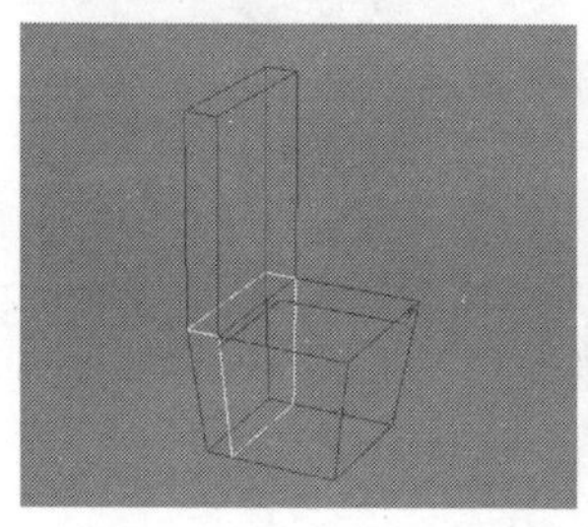
图8-186

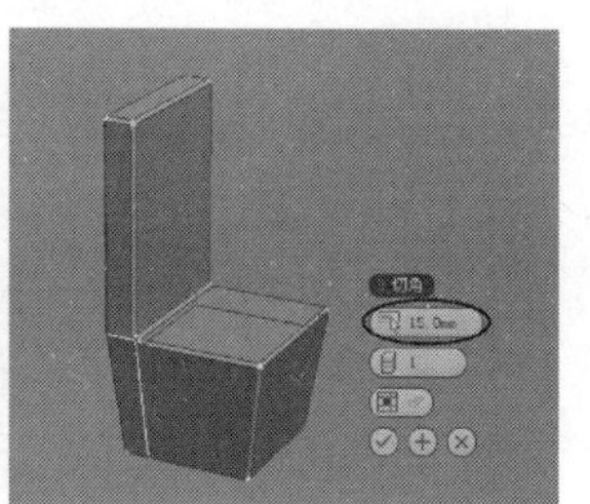
图8-187

11 为模型加载一个“涡轮平滑”修改器，然后在“涡轮平滑”卷展栏下设置“迭代次数”为2，如图8-188所示。

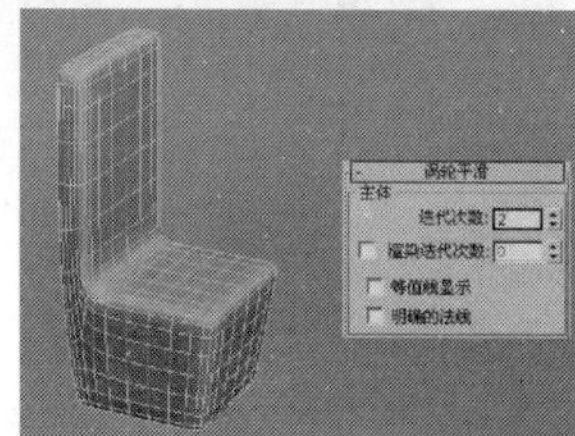

图8-188

12 再次将模型转换为可编辑多边形，进入“边”级别，然后选择如图8-189所示的边，接着在“编辑边”卷展栏下单击“利用所选内容创建图形”按钮 利用所选内容创建图形 ，最后在弹出的“创建图形”对话框中设置“图形类型”为“线性”，如图8-190所示。

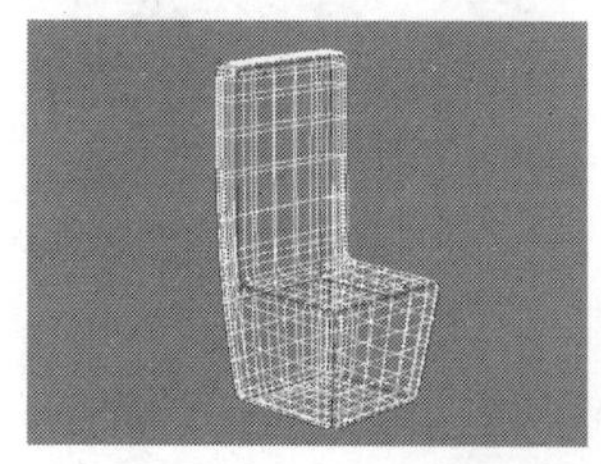
图8-189

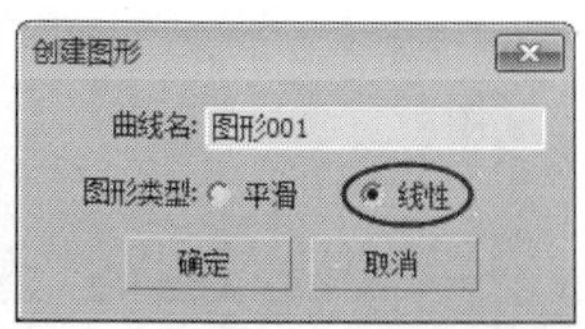

图8-190

13 选择“图形001”，然后在“渲染”卷展栏下勾选“在渲染中启用”和“在视口中启用”选项，接着设置“径向”的“厚度”为8mm，具体参数设置及图形效果如图8-191所示。

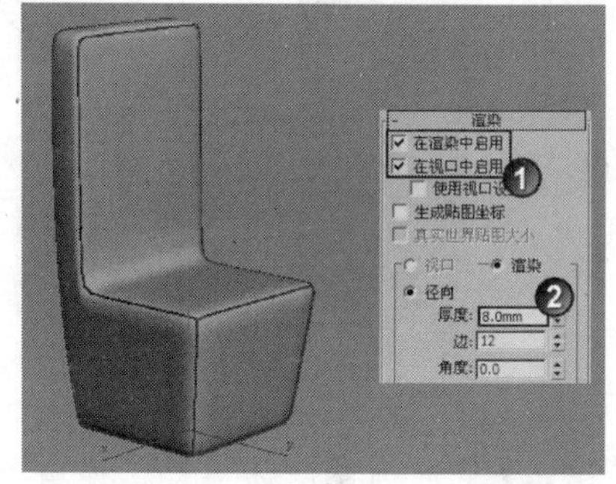

图8-191

技术专题 23 从场景选取难选择的图形

由于图形与椅子模型紧挨在一起，因此用鼠标很难选择到图形。为了一次性选择到图形，可以按H键打开“从场景选择”对话框，然后选择“图形001”即可，如图8-192所示。

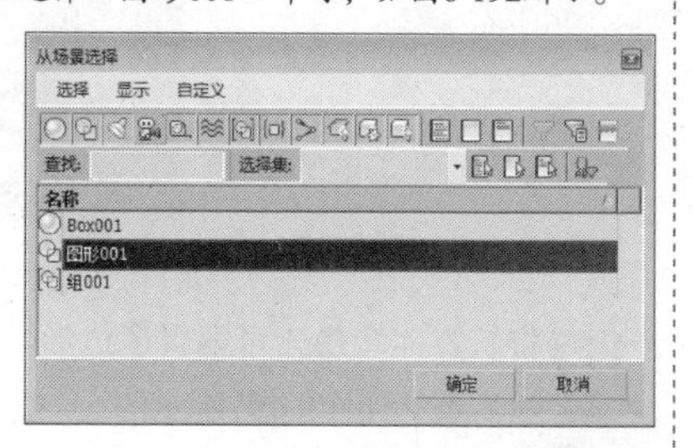

图8-192

14 同时选择椅子模型和“图形001”，然后为其加载一个FFD 4×4×4修改器，接着选择“控制点”层级，最后在左视图中将模型调整成如图8-193所示的形状。

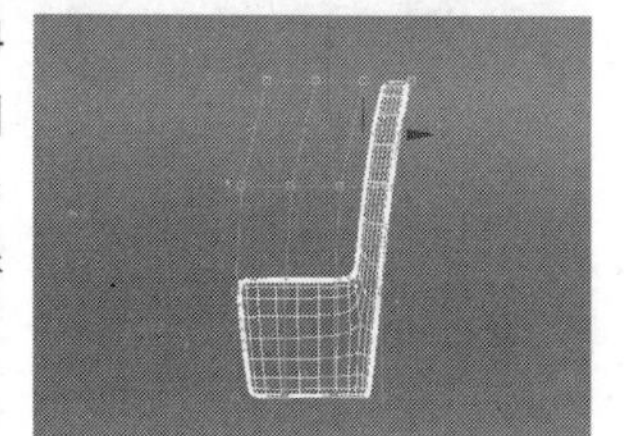
图8-193

15 利用“仅影响轴”技术和“选择并旋转”工具围绕餐桌旋转复制4把椅子，最终效果如图8-194所示。

图8-194

实战140 实木门

场景位置	无
实例位置	DVD>实例文件>CH08>实战140.max
视频位置	DVD>多媒体教学>CH08>实战140.flv
难易指数	★★★☆☆
技术掌握	倒角工具、切角工具、连接工具

实木门模型如图8-195所示。

图8-195

01 下面创建门体模型。使用“长方体”工具 长方体 在场景中创建一个长方体，然后在“参数”卷展栏下设置“长度”为12mm、“宽度”为130mm、“高度”为270mm、“长度分段”为1、“宽度分段”为12，如图8-196所示。

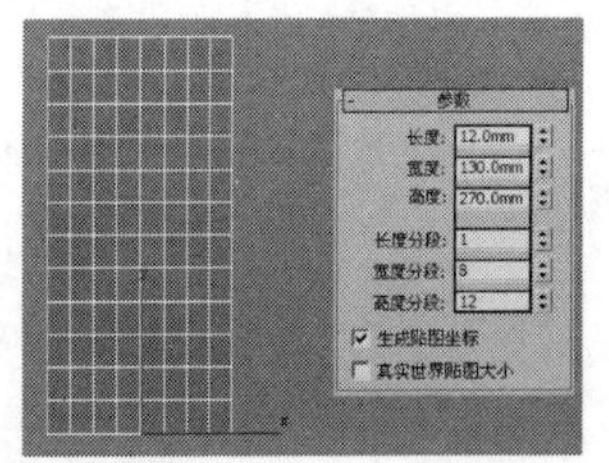

图8-196

02 将长方体转换为可编辑多边形，进入“边”级别，然后选择如图8-197所示的边，接着在“编辑边”卷展栏 单击“切角”按钮 切角 后面的“设置”按钮，最后设置“边切角量”为1.8mm，如图8-198所示。

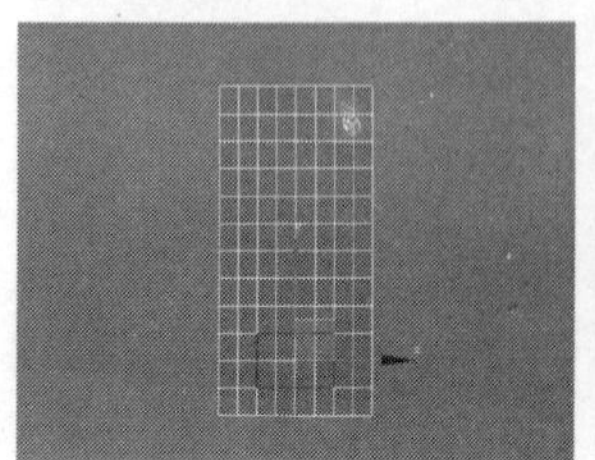

图8-197

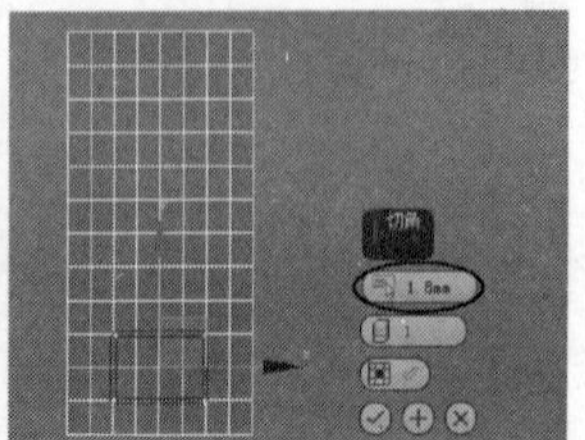

图8-198

03 进入“多边形”级别，然后选择如图8-199所示的多边形，接着在“编辑多边形”卷展栏下单击“倒角”按钮 倒角 后面的“设置”按钮，最后设置“高度”为0.7mm、“轮廓”为-0.6mm，如图8-200所示。

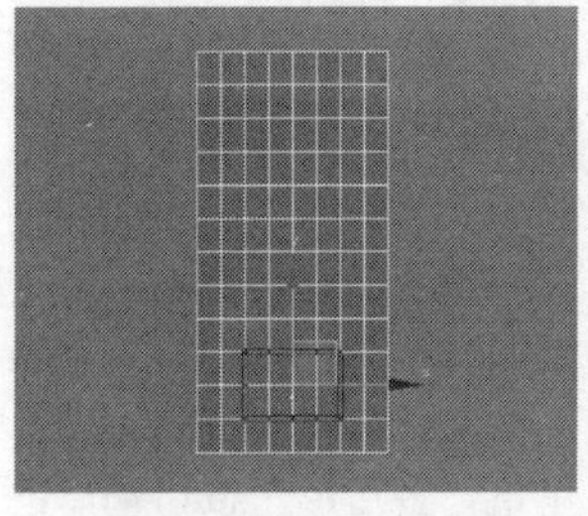

图8-199

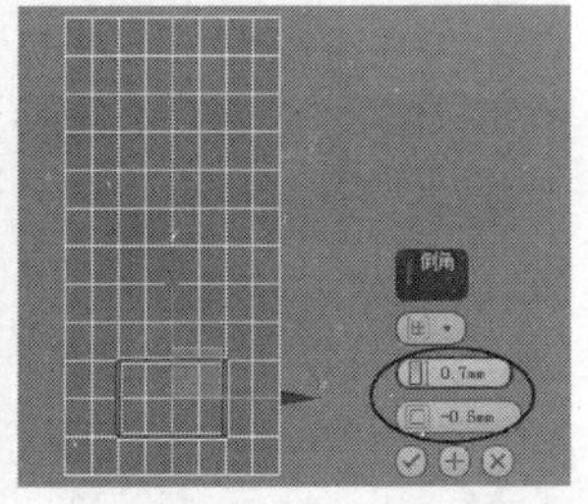

图8-200

04 选择如图8-201所示的多边形的选择，在“编辑多边形”卷展栏下单击“倒角”按钮 倒角 后面的“设置”按钮，然后设置“高度”为1.5mm、“轮廓”为-4mm，如图8-202所示。

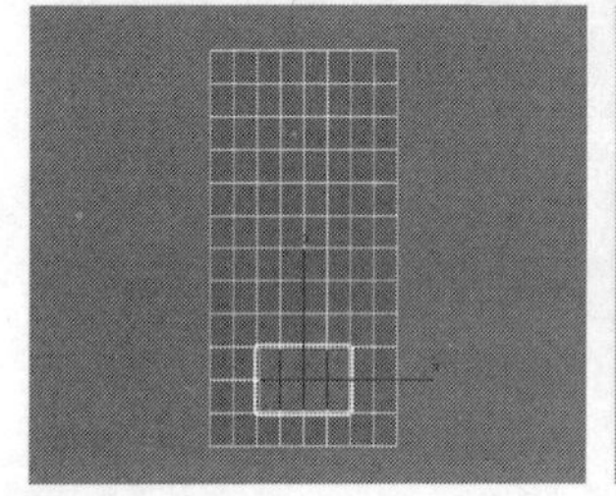

图8-201

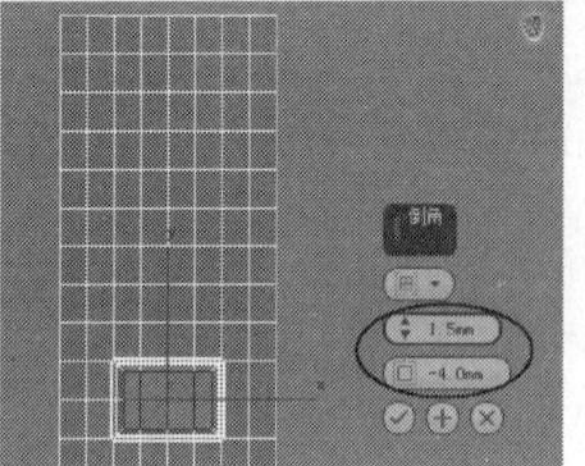

图8-202

05 进入“顶点”级别，然后使用“选择并移动”工具在前视图中将顶部第3行的顶点调节成如图8-203所示的布线。

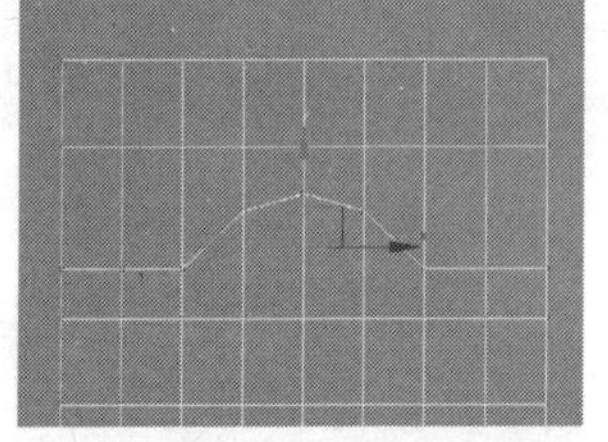

图8-203

06 进入“边”级别，然后选择如图8-204所示的边，接着在“编辑边”卷展栏下单击“切角”按钮 切角 后面的“设置”按钮，最后设置“边切角量”为1.8mm，如图8-205所示。

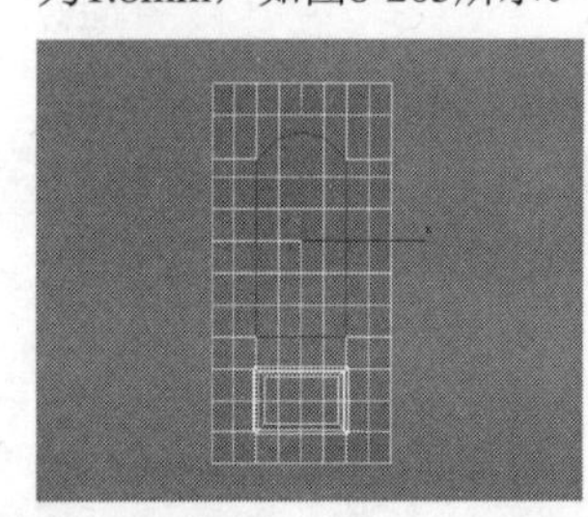

图8-204

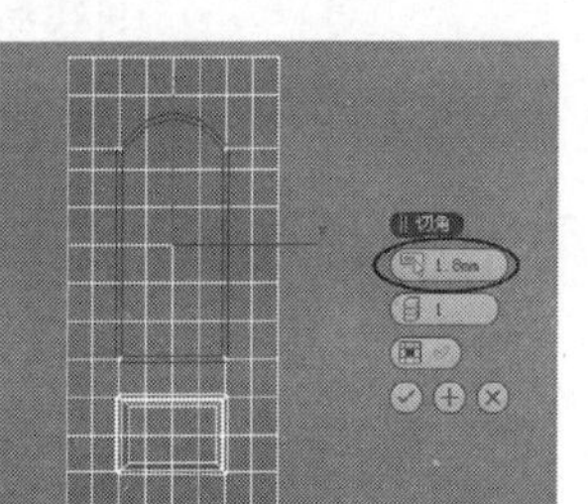

图8-205

07 进入“多边形”级别，然后选择如图8-206所示的多边形，接着在“编辑多边形”卷展栏下单击

"倒角"按钮 倒角 后面的"设置"按钮，最后设置"高度"为0.7mm、"轮廓"为-0.6mm，如图8-207所示。

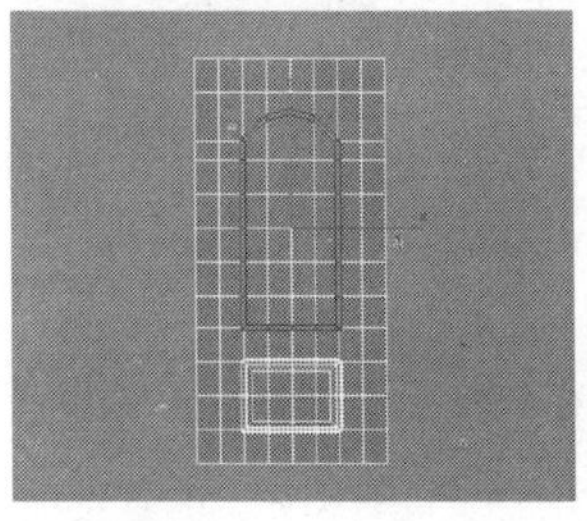

图8-206

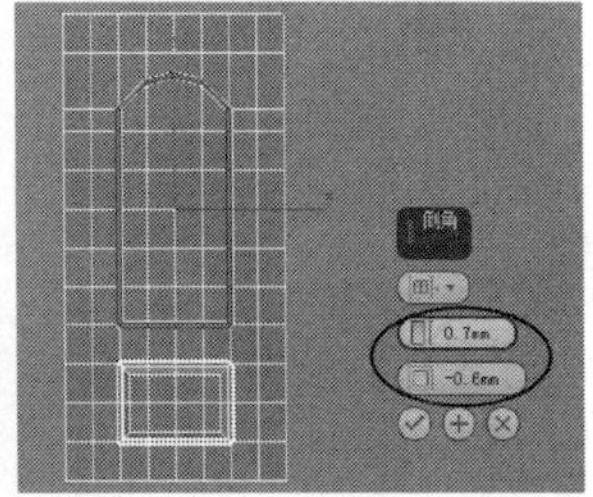

图8-207

08 选择如图8-208所示的多边形，然后在"编辑多边形"卷展栏下单击"倒角"按钮 倒角 后面的"设置"按钮，接着设置"高度"为1.5mm、"轮廓"为-4mm，如图8-209所示。

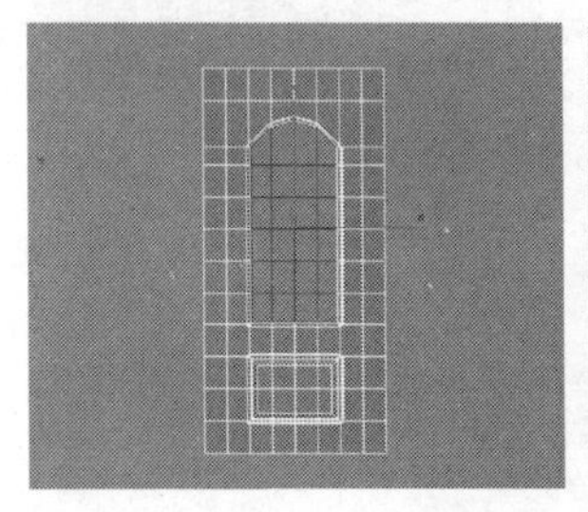

图8-208

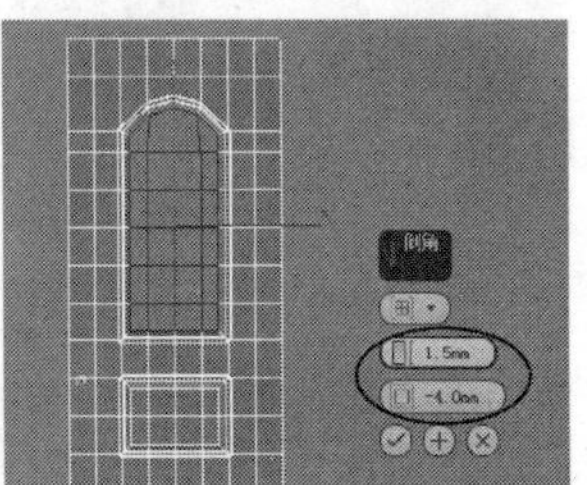

图8-209

09 进入"顶点"级别，然后选择左右两侧第2行的顶点，接着使用"选择并均匀缩放"工具沿y轴将其缩放成如图8-210所示的布线，最后使用"选择并移动"工具将顶部第2行的顶点调节成如图8-211所示的效果。

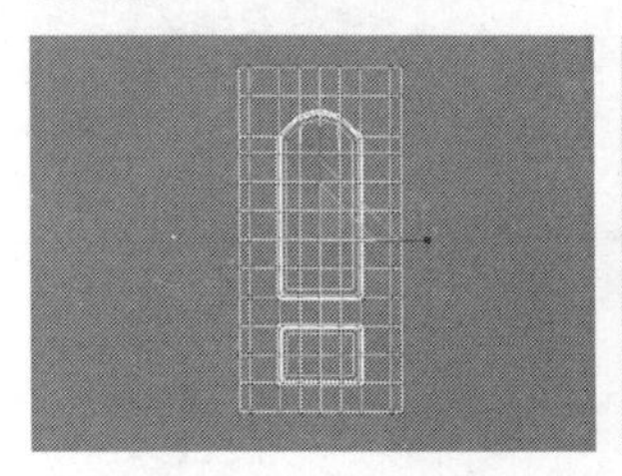

图8-210

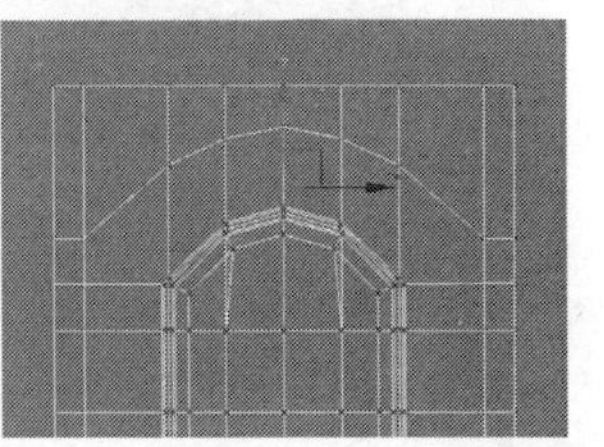

图8-211

10 进入"边"级别，然后选择如图8-212所示的边，接着"编辑边"卷展栏下单击"切角"按钮 切角 后面的"设置"按钮，最后设置"边切角量"为0.7mm，如图8-213所示。

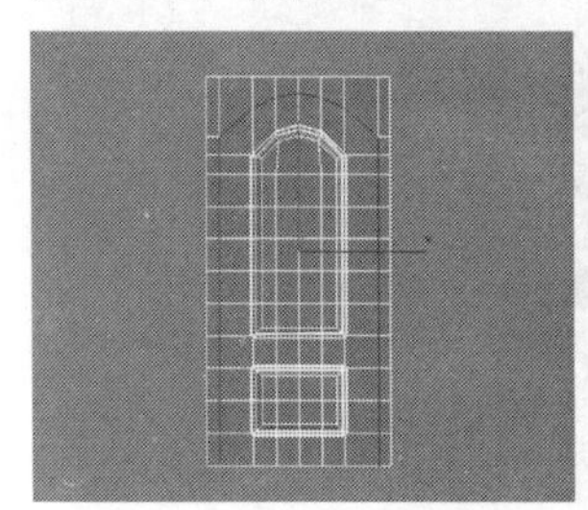

图8-212

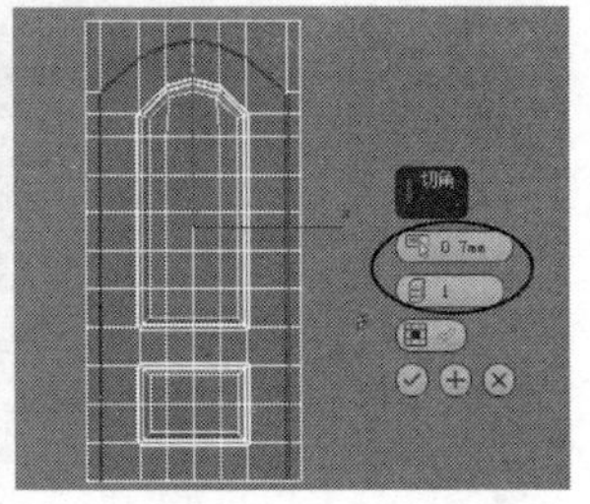

图8-213

11 进入"多边形"级别，然后选择如图8-214所示的多边形，接着"编辑多边形"卷展栏下单击"倒角"按钮 倒角 后面的"设置"按钮，最后设置"高度"为0.6mm"轮廓"为-0.3mm，如图8-215所示。

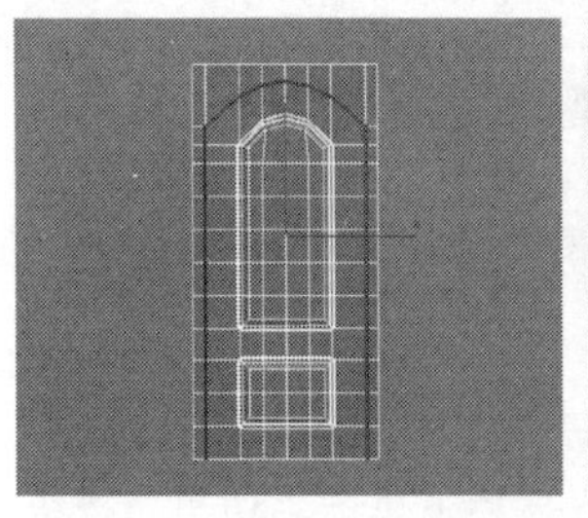

图8-214

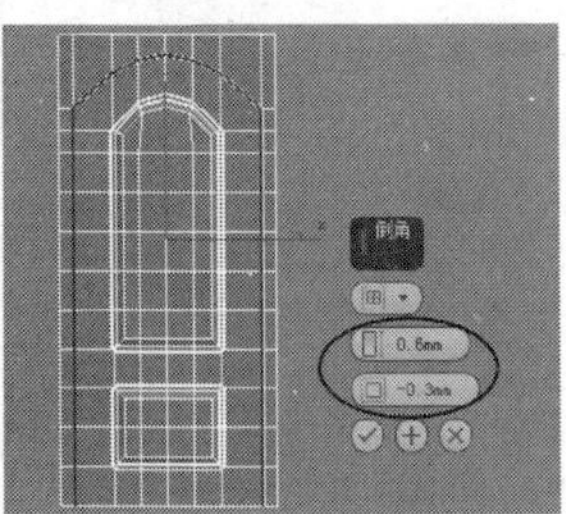

图8-215

12 进入"边"级别，然后选择如图8-216所示的边，接着在"编辑边"卷展栏下单击"连接"按钮 连接 后面的"设置"按钮，最后设置"分段"为2，如图8-217所示。

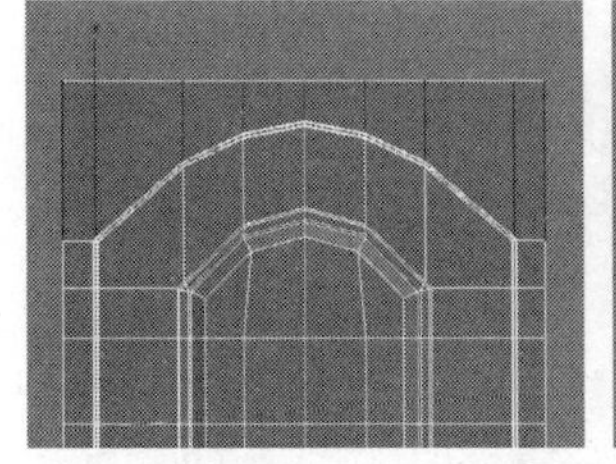

图8-216

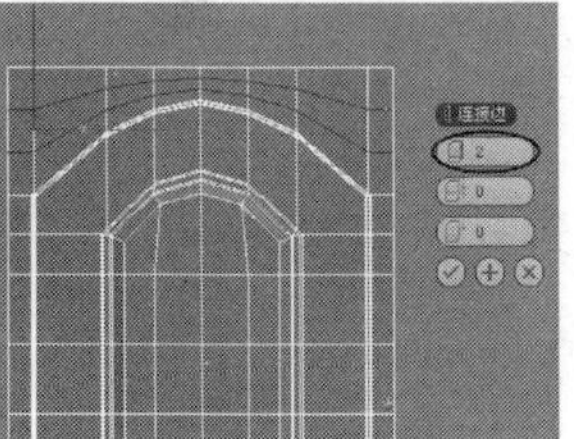

图8-217

13 进入"顶点"级别，然后使用"选择并移动"工具将连接出来的顶点调节成如图8-218所示的效果。

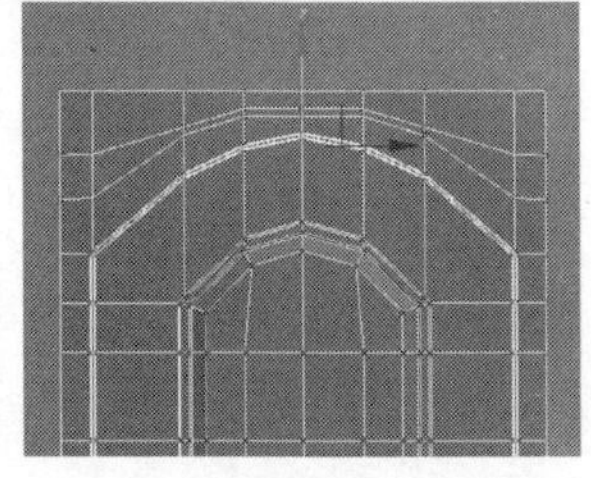

图8-218

14 进入"边"级别，然后选择如图8-219所示的边，接着在"编辑边"卷展栏下单击"连接"按钮 连接 后面的"设置"按钮，最后设置"分段"为1，如图8-220所示。

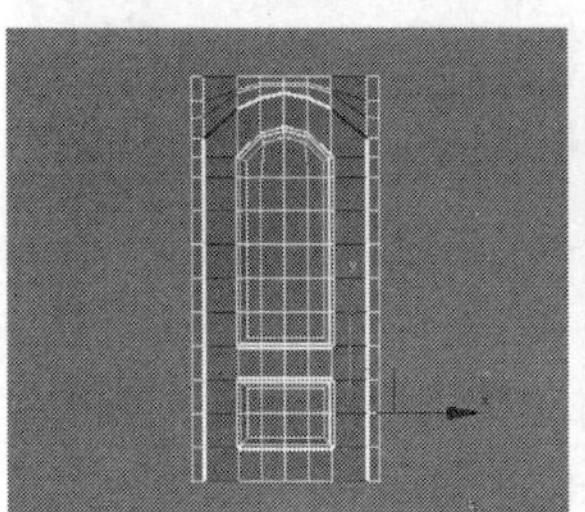

图8-219

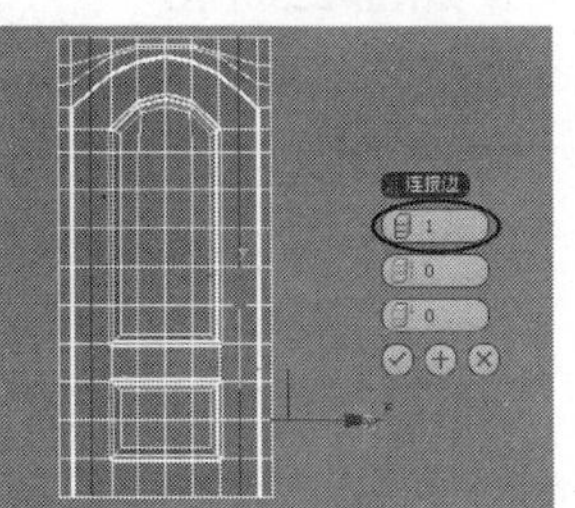

图8-220

15 进入"多边形"级别，然后选择如图8-221所示的多边形，接着在"编辑多边形"卷展栏下单击"倒角”按钮 倒角 后面的“设置”按钮▣，最后设置“高度”为0.8mm、“轮廓”为-0.8mm，如图8-222所示。

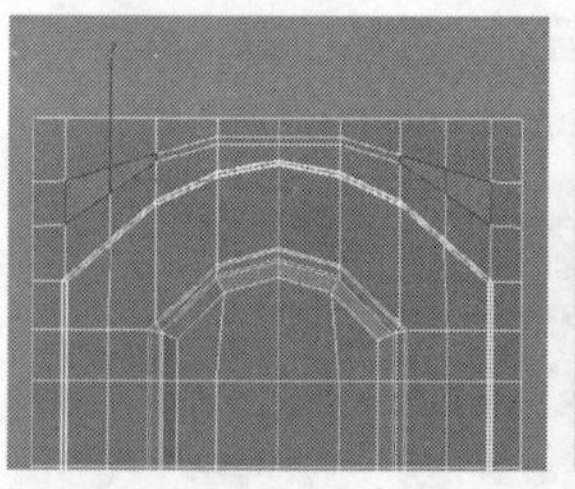

图8-221

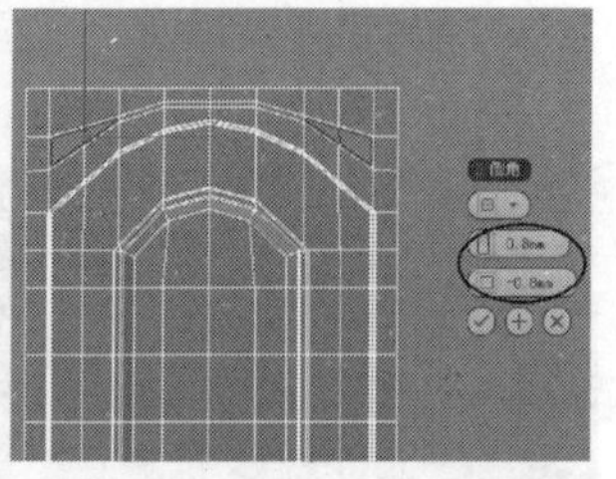

图8-222

16 进入“边”级别，然后选择如图8-223所示的边，接着在“编辑边”卷展栏下单击“切角”按钮 切角 后面的“设置”按钮▣，最后设置“边切角量”为0.1mm，如图8-224所示。

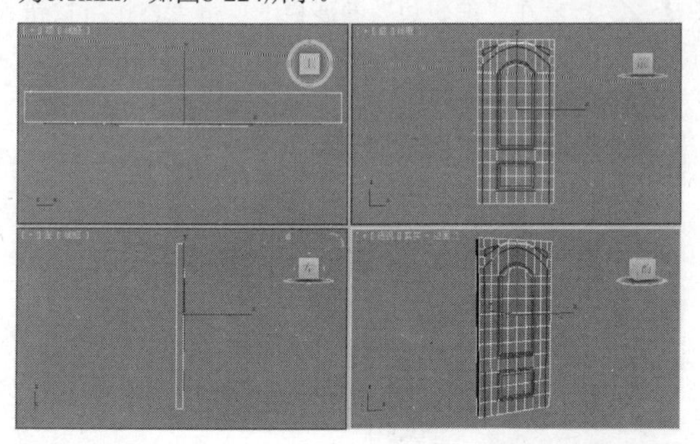

图8-223

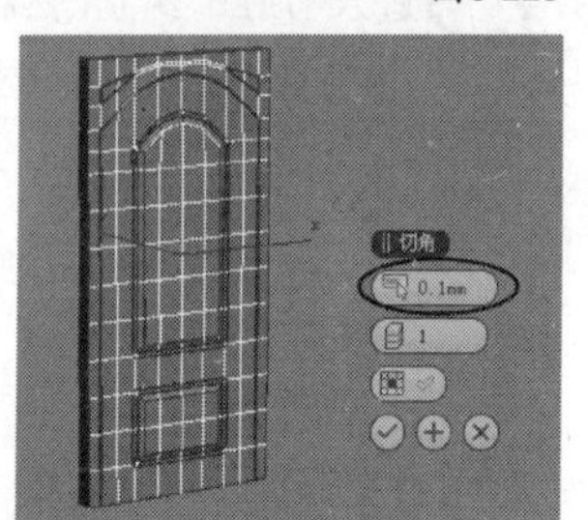

图8-224

17 为模型加载一个“网格平滑”修改器，然后在“细分量”卷展栏下设置“迭代次数”为3，效果如图8-225所示。

图8-225

18 下面创建门框模型。使用“平面”工具 平面 在前视图中创建一个长宽与门相同的平面，然后将其转换为可编辑多边形，接着选择如图8-226所示的3条边，最后使用“选择并移动”工具✣将选择的边向外拖曳到如图8-227所示的位置。

图8-226

图8-227

19 选择相应的边，然后使用移动复制功能复制出一些边，完成后的效果如图8-228所示，接着将门框模型放置到门体上，使其重叠在一起，最终效果如图8-229所示。

图8-228

图8-229

实战141 简约床头柜

场景位置	无
实例位置	DVD>实例文件>CH08>实战141.max
视频位置	DVD>多媒体教学>CH08>实战141.flv
难易指数	★☆☆☆☆
技术掌握	挤出工具、切角工具

简约床头柜模型如图8-230所示。

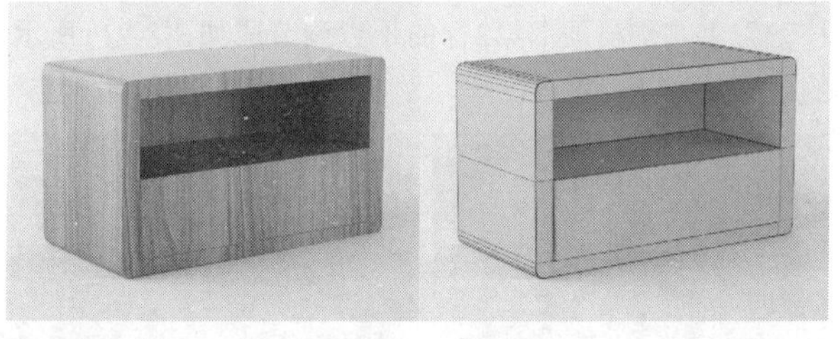

图8-230

01 使用“长方体”工具 长方体 在场景中创建一个长方体，然后在“参数”卷展栏下设置“长度”为140mm、“宽度”为240mm、“高度”为120mm、“长度分段”为4、“宽度分段”为3，如图8-231所示。

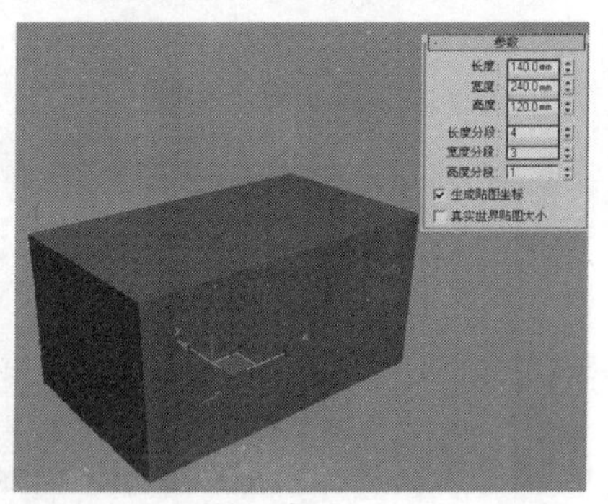

图8-231

02 将长方体转换为可编辑多边形，进入“顶点”级别，然后在前视图中选择中间竖向的顶点，接着使用“选择并均匀缩放”工具将其向两侧缩放到如图8-232所示的效果，最后选择中间的顶点向上缩放到如图8-233所示的效果。

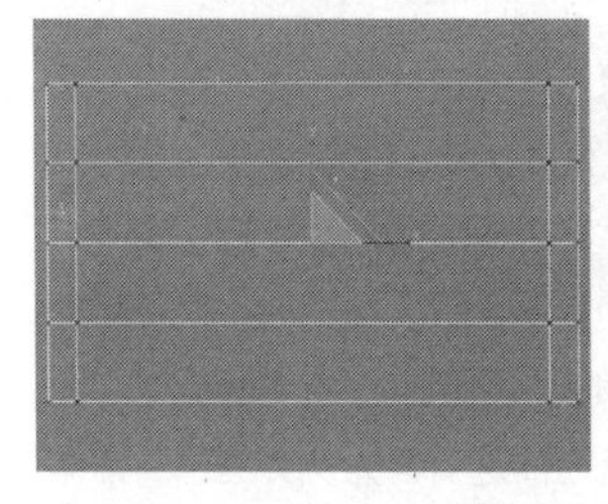

图8-232

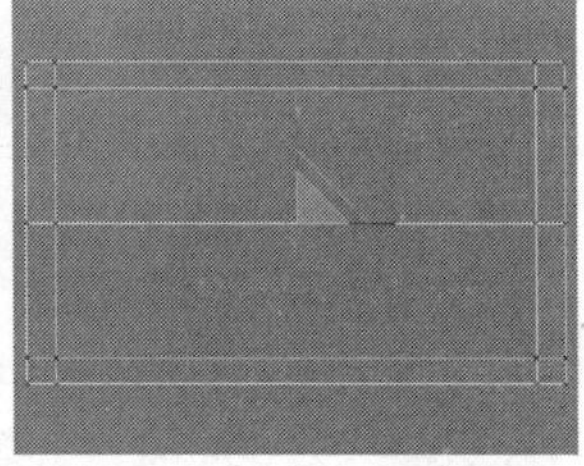

图8-233

03 进入“多边形”级别，然后选择如图8-234所示的多边形，接着在“编辑多边形”卷展栏下单击“挤出”按钮 挤出 后面的“设置”按钮，最后设置“高度”为-120mm，如图8-235所示。

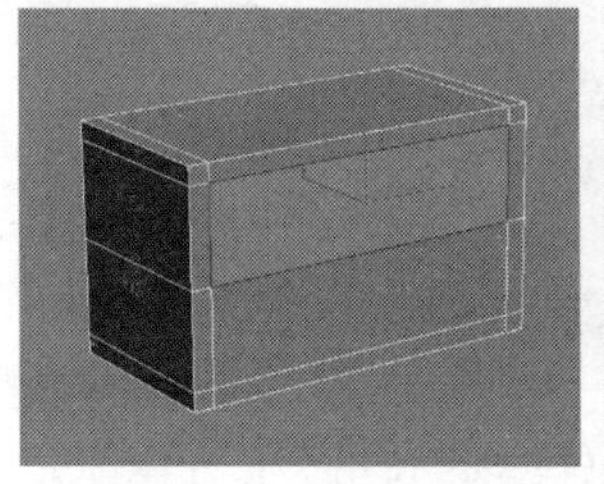

图8-234

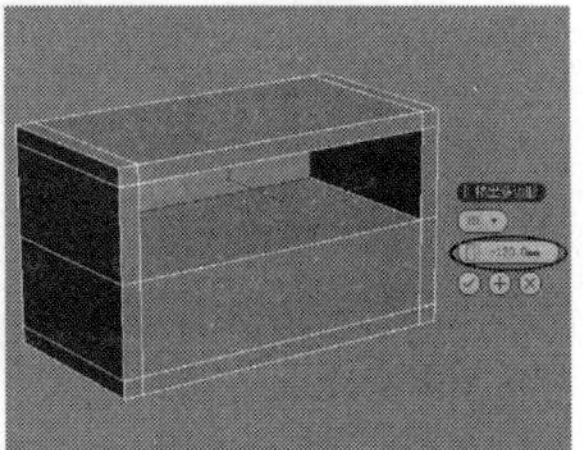

图8-235

04 进入“边”级别，然后选择如图8-236所示的边（按Alt+X组合键可以将模型以半透明的方式显示出来），接着在“编辑边”卷展栏下单击“切角”按钮 切角 后面的“设置”按钮，最后设置“边切角量”为8mm、“分段”为4，如图8-237所示。

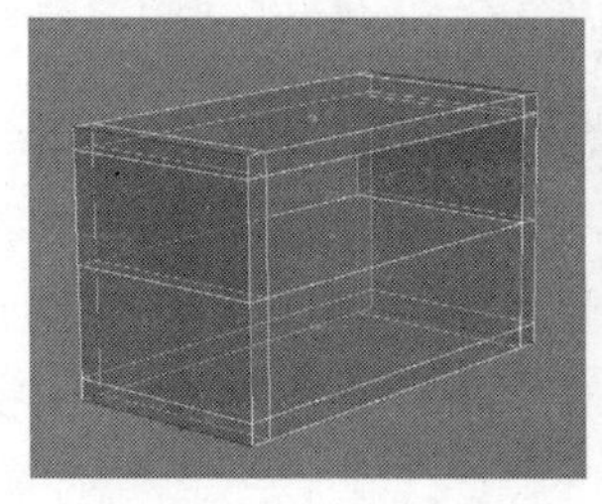

图8-236

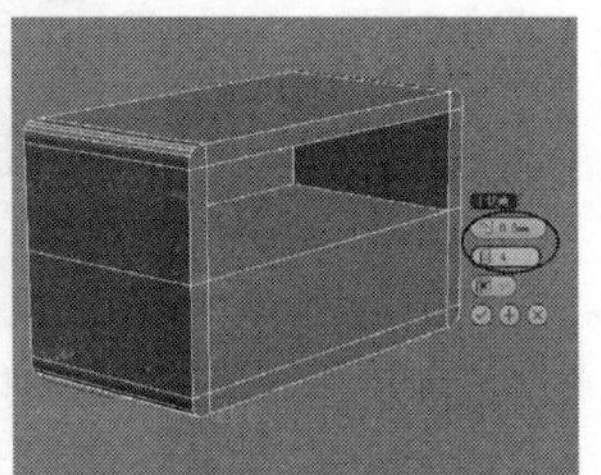

图8-237

05 进入“多边形”级别，然后选择如图8-238所示的多边形，接着在“编辑多边形”卷展栏下单击“挤出”按钮 挤出 后面的“设置”按钮，最后设置“高度”为2mm，如图8-239所示。

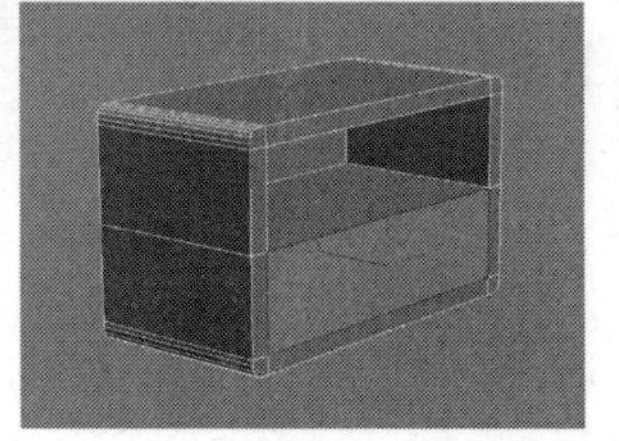

图8-238

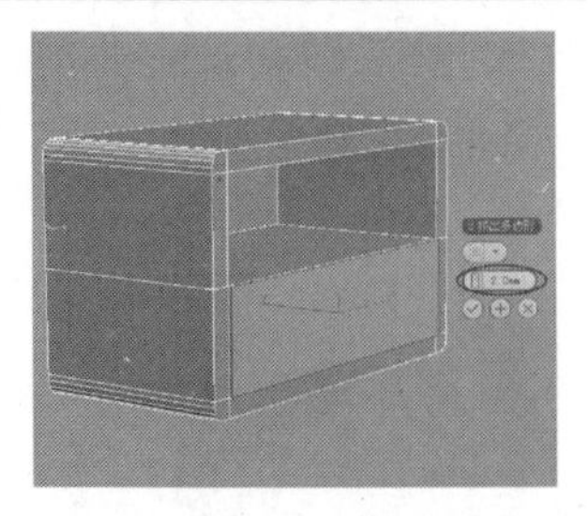

图8-239

06 进入“边”级别，然后选择如图8-240所示的边，接着在“编辑边”卷展栏下单击“切角”按钮 切角 后面的“设置”按钮，最后设置“切角量”为0.5mm，如图8-241所示。

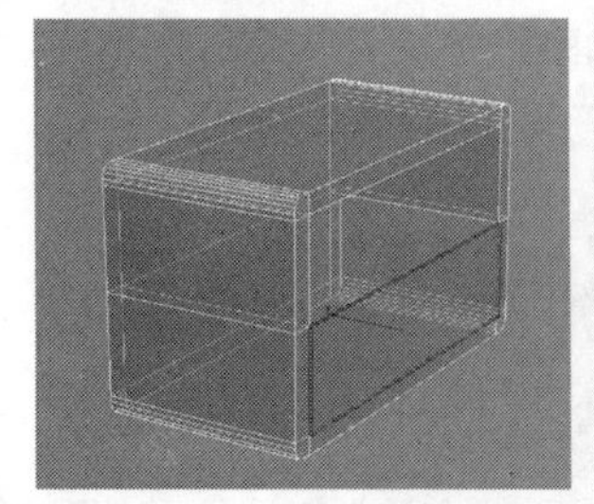

图8-240

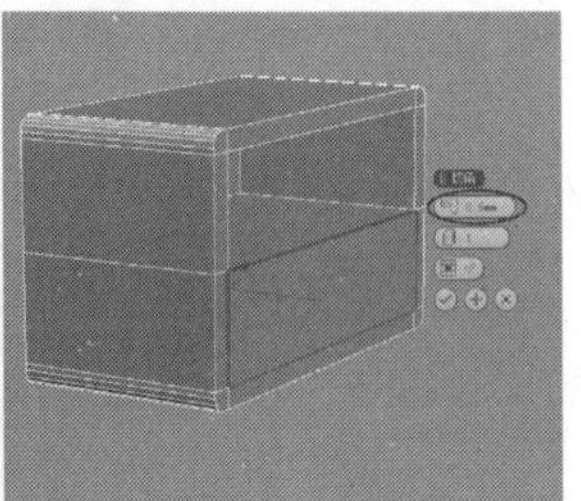

图8-241

07 选择如图8-242所示的边，然后在“编辑边”卷展栏下单击“切角”按钮 切角 后面的“设置”按钮，接着设置“边切角量”为0.5mm，如图8-243所示，最终效果如图8-244所示。

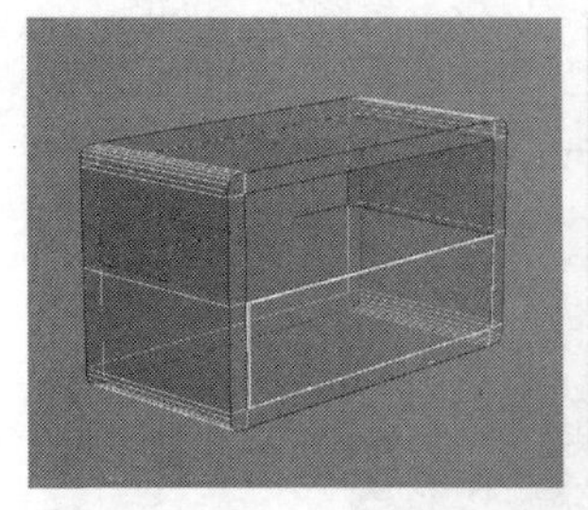

图8-242

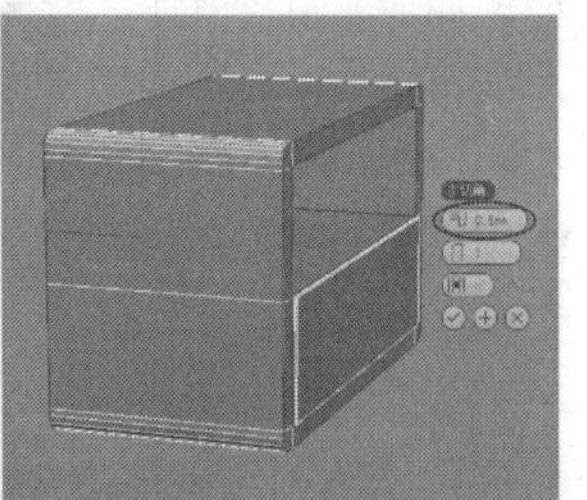

图8-243

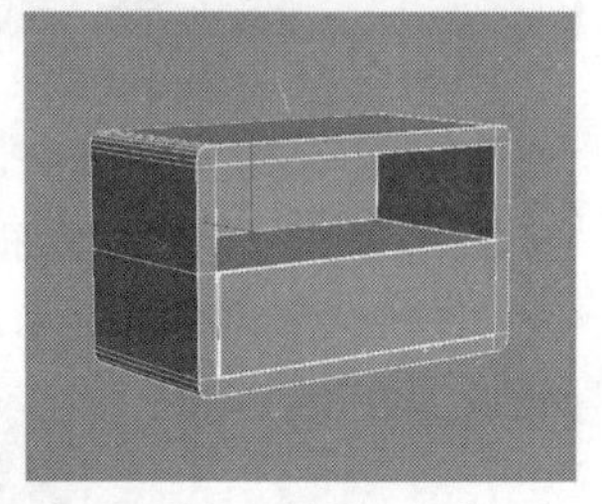

图8-244

实战142 欧式床头柜

场景位置	无
实例位置	DVD>实例文件>CH08>实战142.max
视频位置	DVD>多媒体教学>CH08>实战142.flv
难易指数	★★★☆☆
技术掌握	倒角工具、切角工具、车削修改器、挤出修改器

欧式床头柜模型如图8-245所示。

图8-245

01 下面创建柜面和底面模型。使用“长方体”工具 长方体 在场景中创建一个长方体，然后在“参数”卷展栏下设置“长度”为60mm、“宽度”为50mm、“高度”为3mm，如图8-246所示。

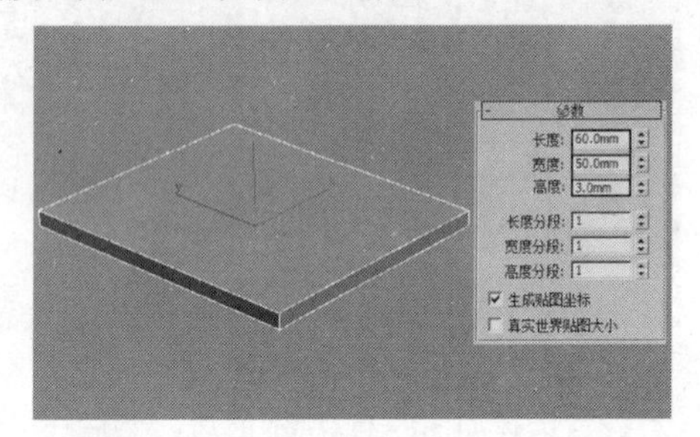

图8-246

02 将长方体转换为可编辑多边形，进入“多边形”级别，然后选择如图8-247所示的多边形（底部的多边形），接着在“编辑多边形”卷展栏下单击“倒角”按钮 倒角 后面的“设置”按钮▣，最后设置“高度”为1.5mm、“轮廓”为-3mm，如图8-248所示。

图8-247

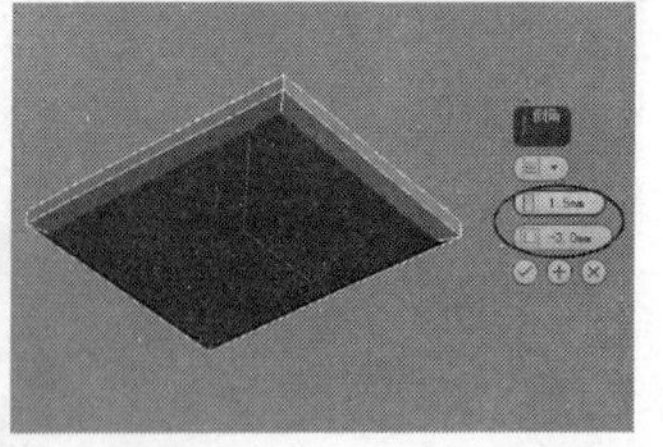

图8-248

03 保持对多边形的选择，在“编辑多边形”卷展栏下单击“倒角”按钮 倒角 后面的“设置”按钮▣，然后设置“高度”为1.5mm、“轮廓”为-1mm，如图8-249所示。

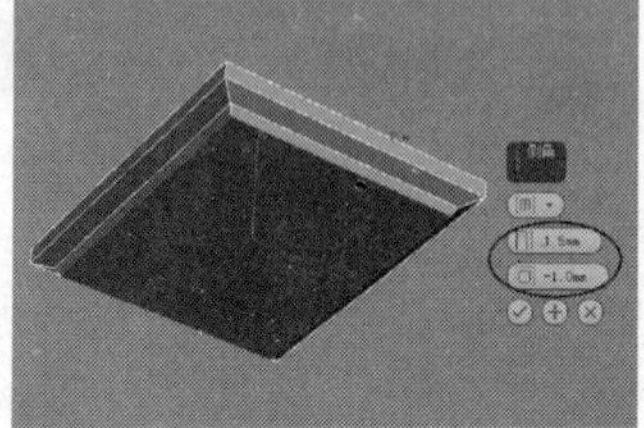

图8-249

04 进入“边”级别，然后选择如图8-250所示的边，接着在“编辑边”卷展栏下单击“切角”按钮 切角 后面的“设置”按钮▣，最后设置“边切角量”为0.3mm，如图8-251所示。

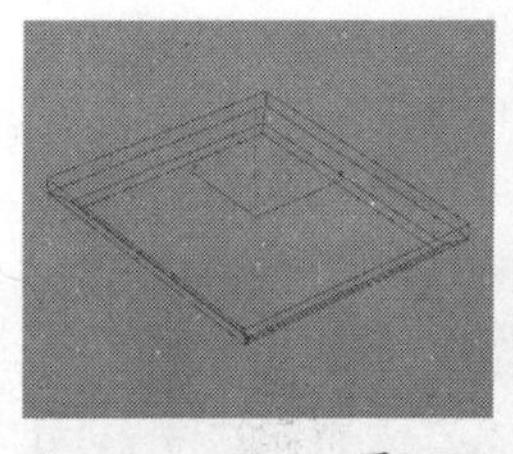

图8-250

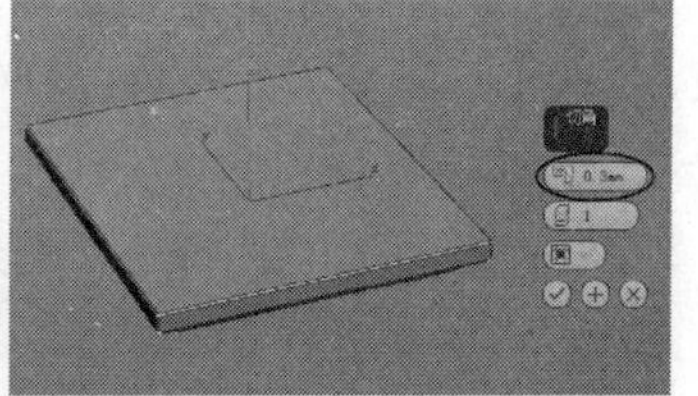

图8-251

05 选择模型，然后在“主工具栏”中单击“镜像”按钮，接着在弹出的对话框中设置“镜像轴”为z轴、“偏移”为-50mm、“克隆当前选择”为“实例”，具体参数设置如图8-252所示，效果如图8-253所示。

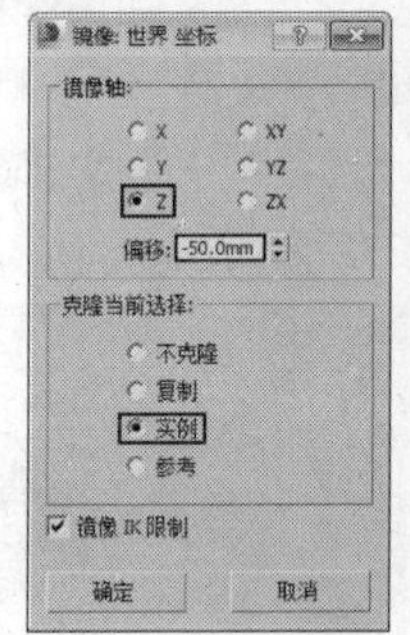

图8-252

图8-253

06 下面创建隔断和抽屉模型。使用“长方体”工具 长方体 在左视图中创建一个长方体，然后在“参数”卷展栏下设置“长度”为40mm、“宽度”为50mm、“高度”为2mm，模型位置如图8-254所示。

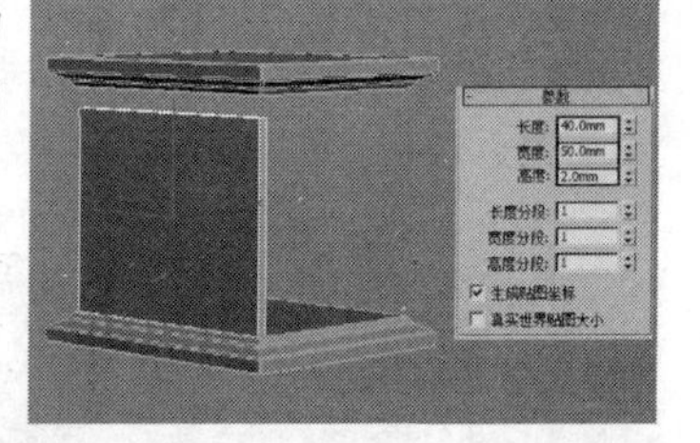

图8-254

07 利用移动复制功能复制一个长方体到另一侧，然后在长方体的顶部创建一个大小合适的长方体，完成后的效果如图8-255所示。

08 采用前面的方法使用“倒角”工具 倒角 和“切角”工具 切角 创建出隔断和抽屉模型，完成后的效果如图8-256所示。

图8-255

图8-256

09 下面创建把手和腿部模型。使用"线"工具 线 在顶视图中绘制如图8-257所示的样条线，这里提供一张孤立选择图，供用户参考，如图8-258所示。

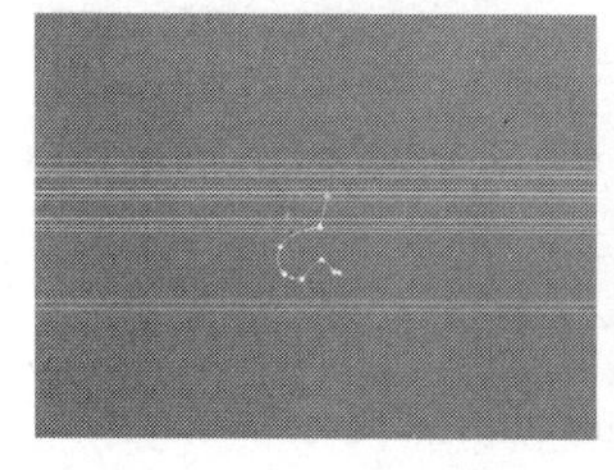

图8-257

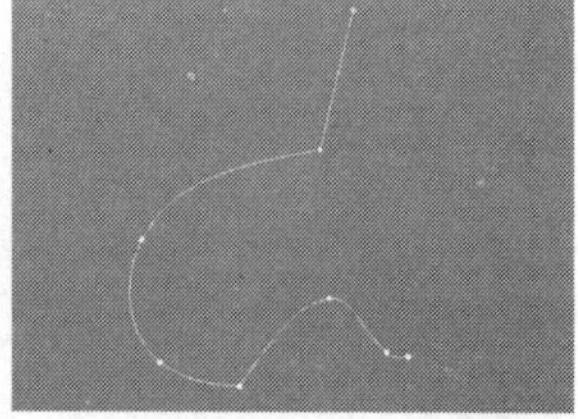

图8-258

10 为样条线加载一个"车削"修改器，然后在"参数"卷展栏下设置"分段"为32、"方向"为y轴 Y 、"对齐"为"最大 最大 ，模型效果如图8-259所示。

图8-259

11 使用"线"工具 线 在前视图中绘制出如图8-260所示的样条线，这里提供一张孤立选择图，供用户参考，如图8-261所示。

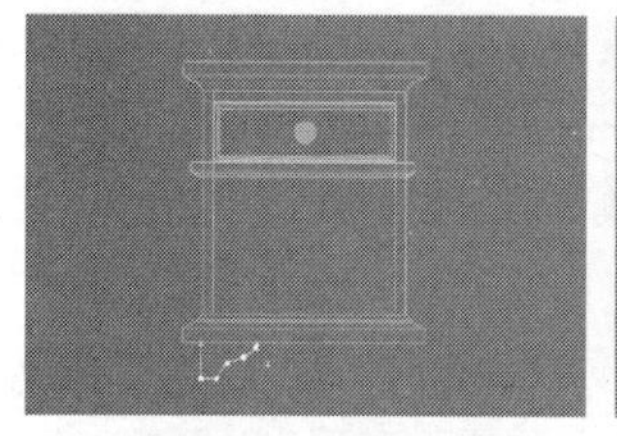

图8-260

图8-261

12 为样条线加载一个"挤出"修改器，然后在"参数"卷展栏下设置"数量"为1mm，模型效果如图8-262所示，接着复制7个模型到如图8-263所示的位置，最终效果如图8-264所示。

图8-262

图8-263

图8-264

实战143 铁艺方桌

场景位置	无
实例位置	DVD>实例文件>CH08>实战143.max
视频位置	DVD>多媒体教学>CH08>实战143.flv
难易指数	★★☆☆☆
技术掌握	挤出工具、切角工具

铁艺方桌模型如图8-265所示。

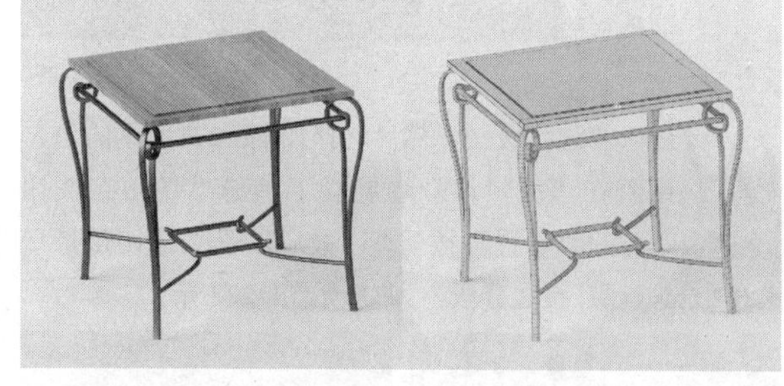

图8-265

01 下面创建桌面模型。使用"长方体"工具 长方体 在场景中创建一个长方体，然后在"参数"卷展栏下设置"长度"为150mm、"宽度"为150mm、"高度"为6mm、"长度分段"为3、"宽度分段"为3，如图8-266所示。

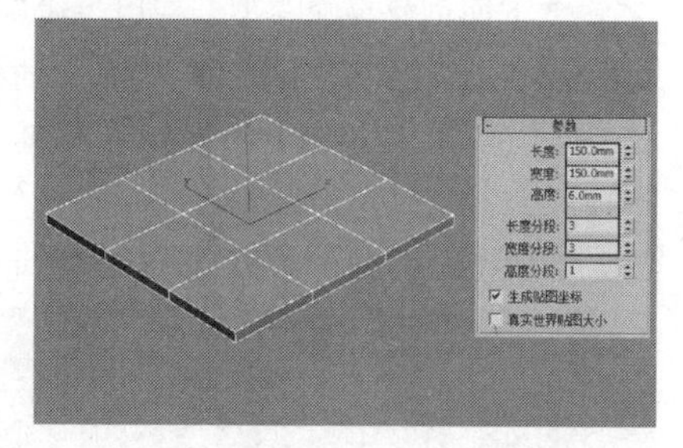

图8-266

02 将长方体转换为可编辑多边形，然后进入"顶点"级别，接着在顶视图中调整好顶点的位置，如图8-267所示，在透视图中的效果如图8-268所示。

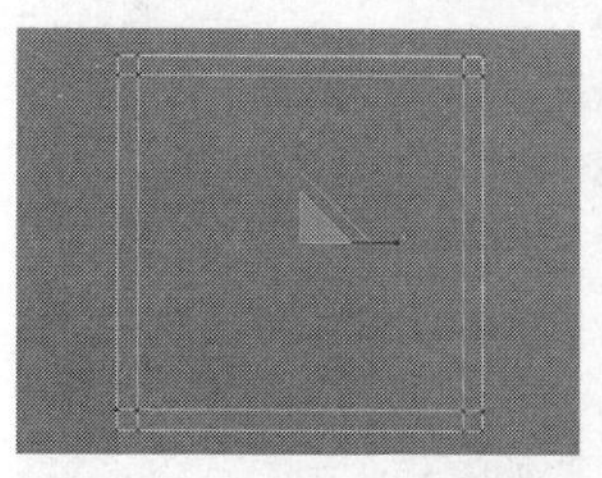

图8-267

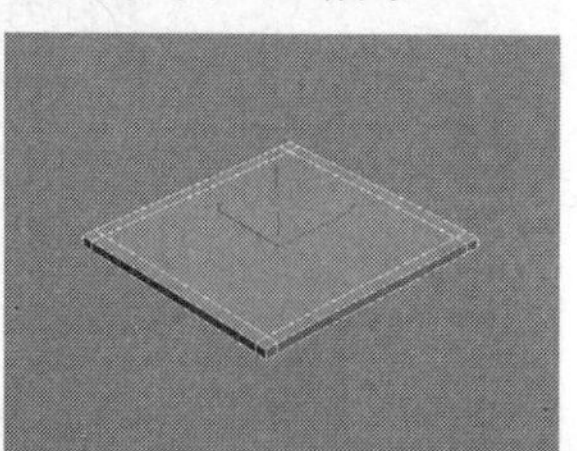

图8-268

03 进入"多边形"级别，然后选择如图8-269所示的多边形，接着在"编辑多边形"卷展栏下单击"挤出"按钮 挤出 后面的"设置"按钮，最后设置"高度"为1mm，如图8-270所示。

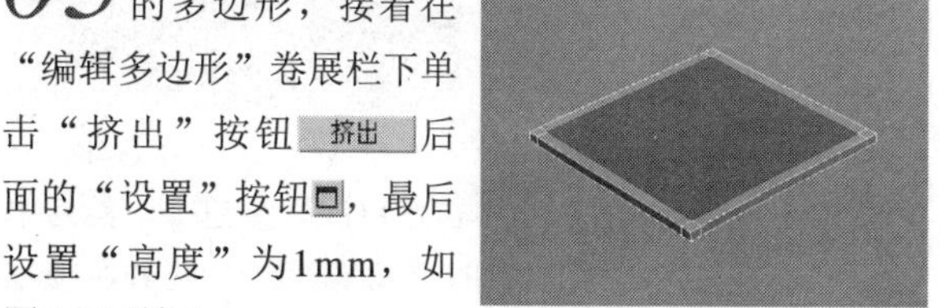

图8-269

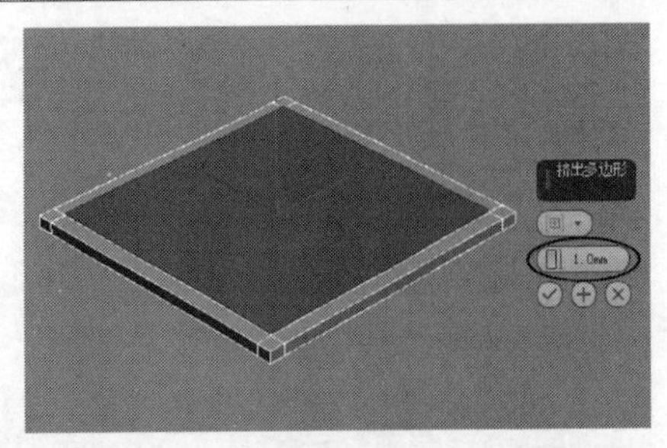

图8-270

04 进入“边”级别，然后选择如图8-271所示的边，接着在“编辑边”卷展栏下单击“切角”按钮 切角 后面的“设置”按钮，最后设置“边切角量”为0.2mm、“连接边分段”为3，如图8-272所示。

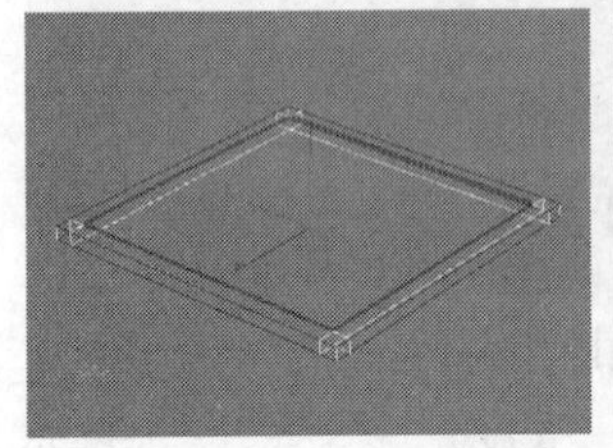

图8-271

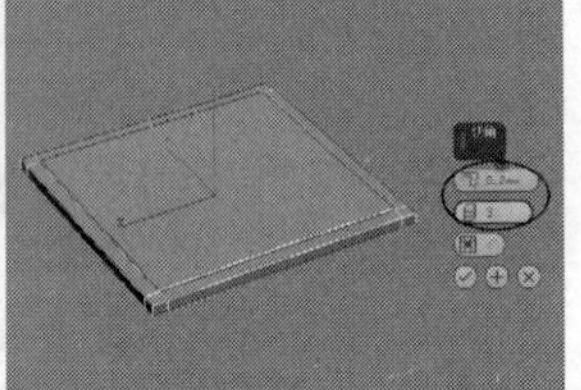

图8-272

05 下面创建桌腿模型。使用“线”工具 线 在前视图中绘制如图8-273所示的样条线，然后在“渲染”卷展栏下勾选“在渲染中启用”和“在视口中启用”选项，接着勾选“矩形”选项，最后设置“长度”为4mm、“宽度”为2mm，模型效果如图8-274所示。

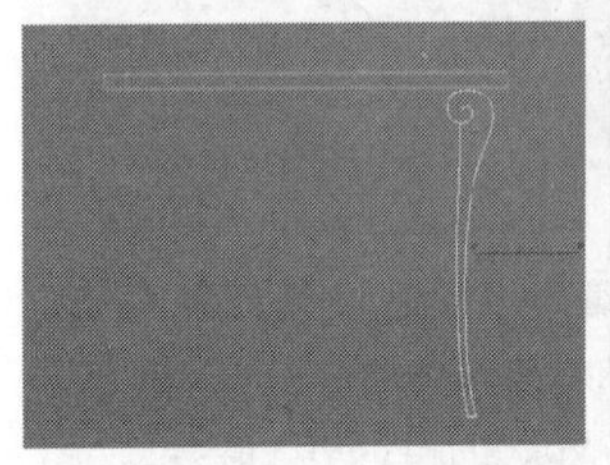

图8-273

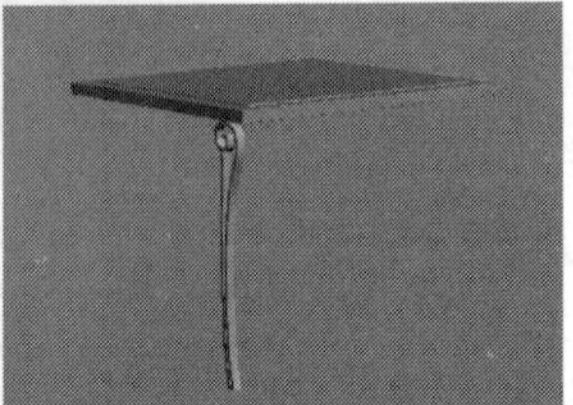

图8-274

06 使用“选择并旋转”工具在顶视图中将桌腿模型旋转-45°，如图8-275所示，然后调整好其位置，如图8-276所示。

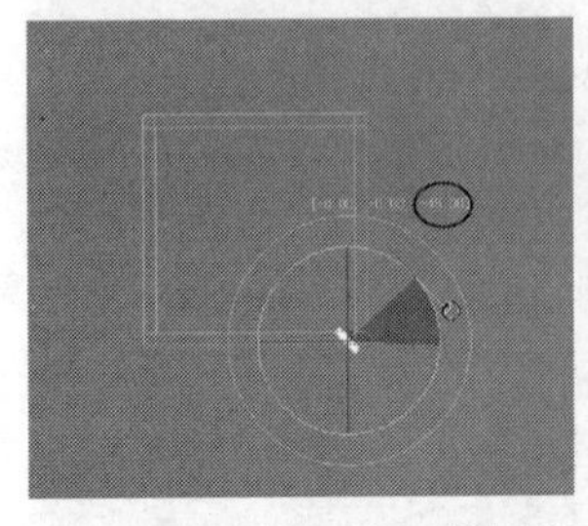

图8-275

图8-276

07 在“命令”面板中单击“层次”按钮，然后单击“仅影响轴”按钮 仅影响轴 ，接着在顶视图中将轴心点调整到桌面的中心位置，如图8-277所示。调整完成后再次单击“仅影响轴”按钮 仅影响轴 ，退出“仅影响轴”模式。

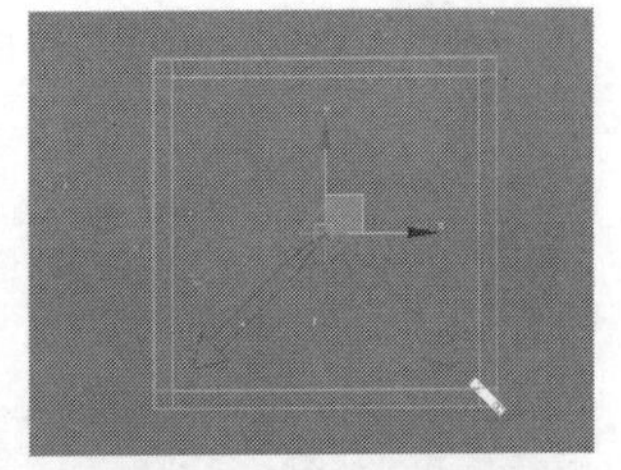

图8-277

08 在“主工具栏”中单击“角度捕捉切换”按钮，然后按住Shift键使用“选择并旋转”工具在顶视图中以90°为增量旋转复制3个模型，如图8-278所示，在透视图中的效果如图8-279所示。

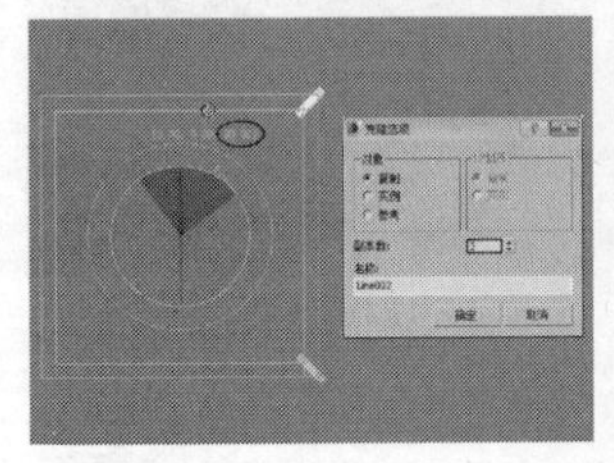

图8-278

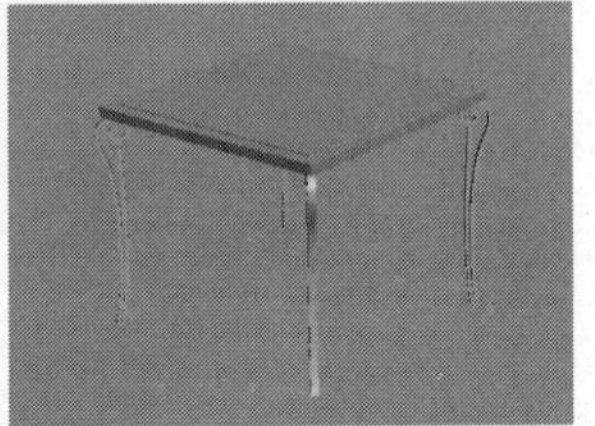

图8-279

09 使用“矩形”工具 矩形 在顶视图中绘制一个矩形，然后在“参数”卷展栏下设置“长度”为140mm、“宽度”为140mm、“角半径”为2mm，如图8-280所示，接着在“渲染”卷展栏下勾选“在渲染中启用”和“在视口中启用”选项，最后设置“径向”的“厚度”为4mm，模型效果如图8-281所示。

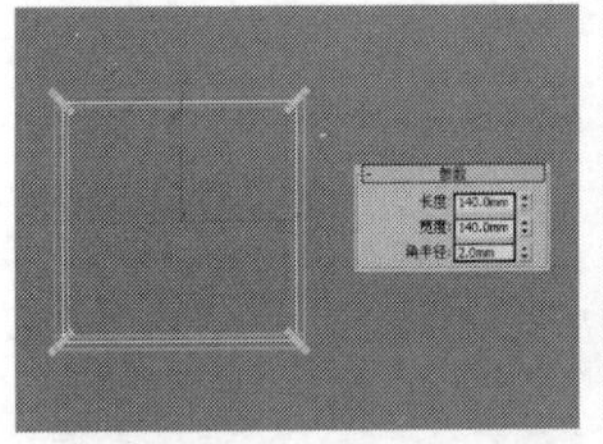

图8-280

图8-281

10 使用“选择并移动”工具向下移动复制一个矩形，然后在“参数”卷展栏下将“长度”和“宽度”修改为50mm，矩形位置如图8-282所示。

图8-282

11 使用“线”工具 线 在前视图中绘制一条如图8-283所示的样条线，然后在“渲染”卷展栏下勾选“在渲染中启用”和“在视口中启用”选项，接着设置“厚度”为3mm，最后调整好其角度，模型效果如图8-284所示。

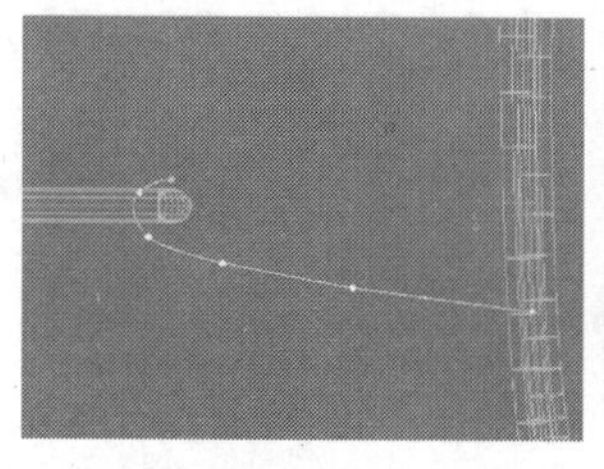

图8-283

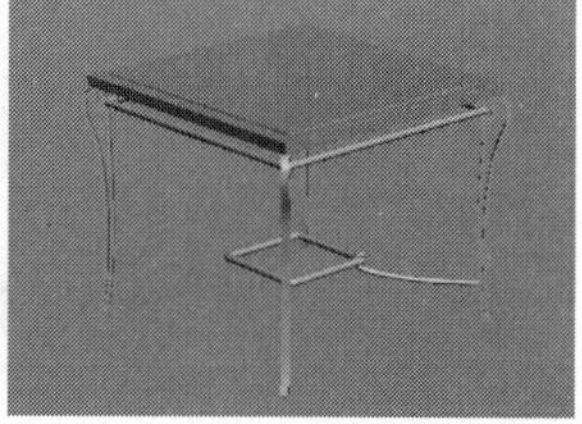

图8-284

12 利用“仅影响轴”技术和“选择并旋转”工具围绕桌腿模型旋转复制3个模型，最终效果如图8-285所示。

图8-285

实战144 欧式圆茶几

场景位置	无
实例位置	DVD>实例文件>CH08>实战144.max
视频位置	DVD>多媒体教学>CH08>实战144.flv
难易指数	★★★☆☆
技术掌握	连接工具、挤出工具、切角工具、插入工具

欧式圆茶几模型如图8-286所示。

图8-286

01 下面创建桌面模型。使用“圆柱体”工具 圆柱体 在场景中创建一个圆柱体，然后在“参数”卷展栏下设置“半径”为310mm、“高度”为80mm、“高度分段”为1、“端面分段”为1、“边数”为18，如图8-287所示。

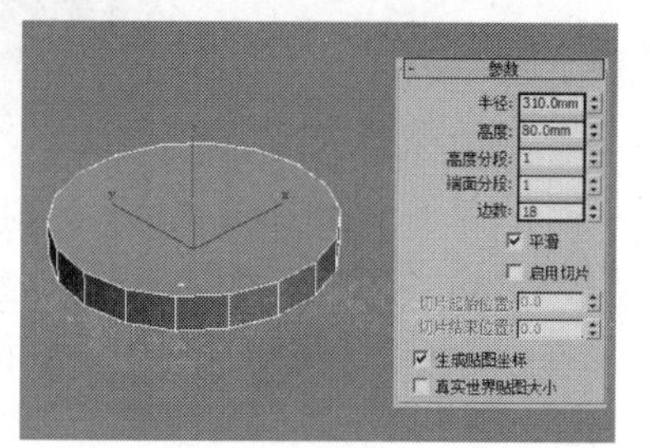

图8-287

02 将圆柱体转换为可编辑多边形，进入“边”级别，然后选择如图8-288所示的边，接着在“编辑边”卷展栏下单击“连接”按钮 连接 后面的“设置”按钮，最后设置“分段”为2、“收缩”为70、“滑块”为0，如图8-289所示。

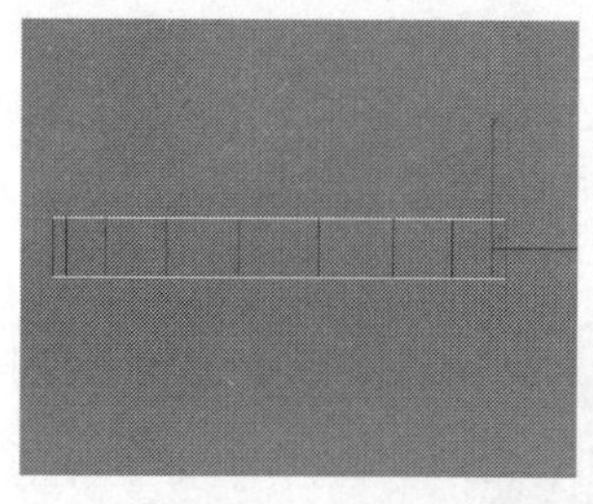

图8-288

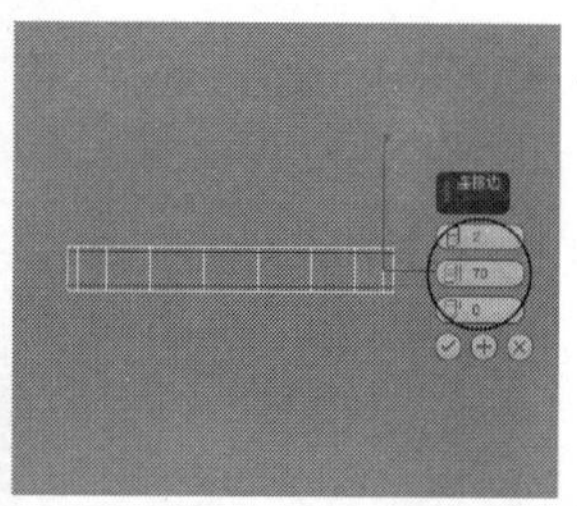

图8-289

03 进入“多边形”级别，然后选择如图8-290所示的多边形，接着在“编辑多边形”卷展栏下单击“挤出”按钮 挤出 后面的“设置”按钮，最后设置挤出类型为“局部法线”、“高度”为4mm，如图8-291所示。

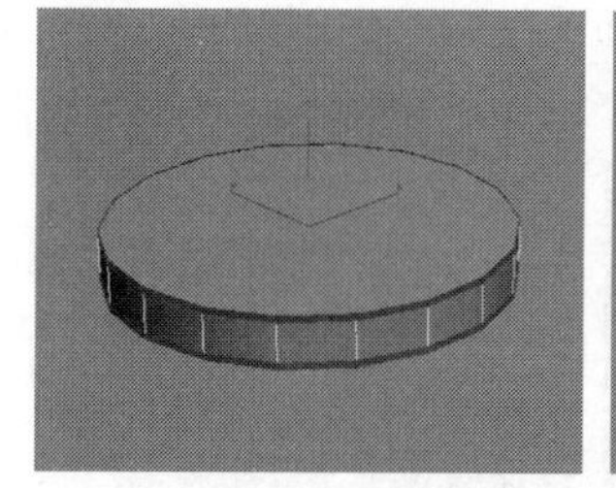

图8-290

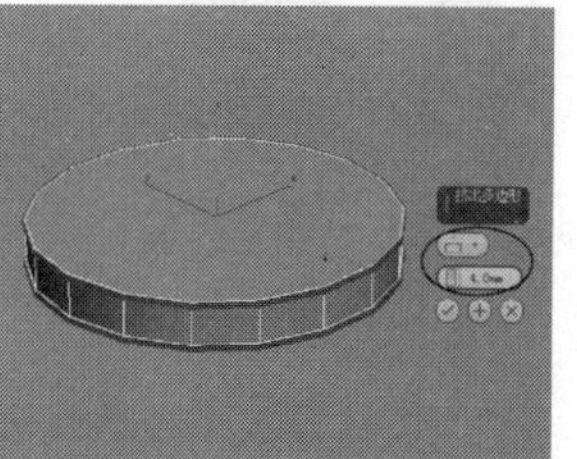

图8-291

04 选择新挤出来的多边形，如图8-292所示，然后在“编辑多边形”卷展栏下单击“挤出”按钮 挤出 后面的“设置”按钮，接着设置挤出类型为“局部法线”、“高度”为8mm，如图8-293所示。

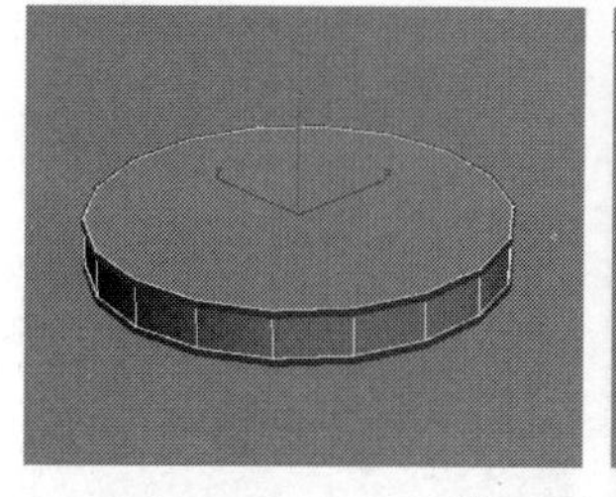

图8-292

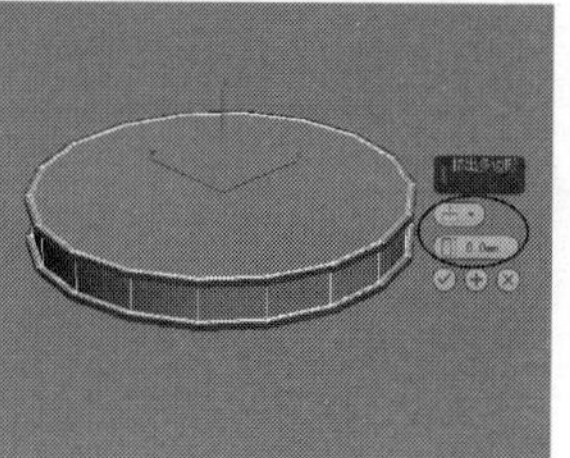

图8-293

05 选择新挤出来的多边形，如图8-294所示，然后在“编辑多边形”卷展栏下单击“挤出”按钮 挤出 后面的“设置”按钮，接着设置挤出类型为“组”、“高度”为8mm，如图8-295所示。

图8-294

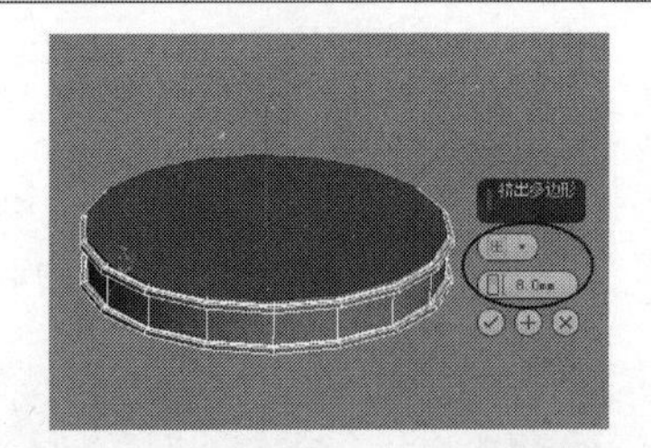

图8-295

06 为模型加载一个"网格平滑"修改器，然后在"细分量"卷展栏下设置"迭代次数"为2，模型效果如图8-296所示。

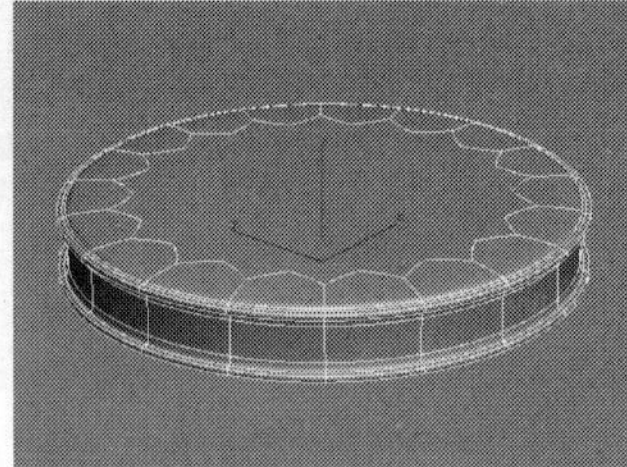

图8-296

07 下面创建腿部模型。使用"线"工具 线 在前视图中绘制出如图8-297所示的样条线，然后在样条线的底部继续绘制一条如图8-298所示的样条线。

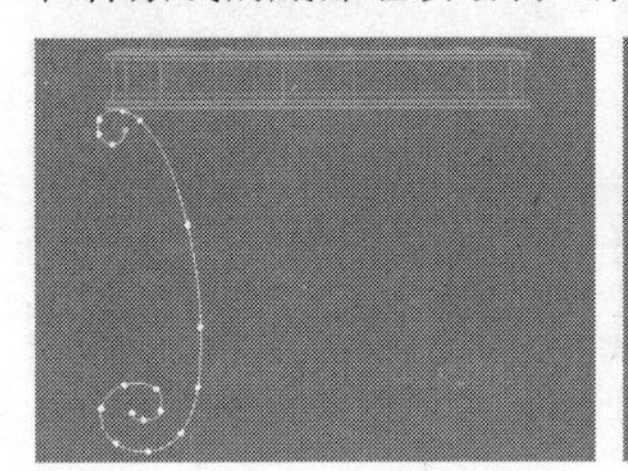

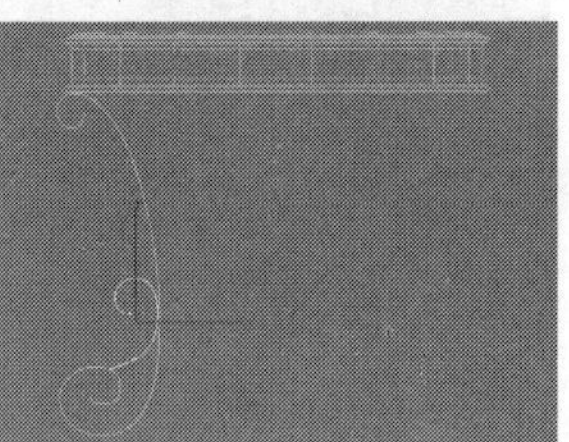

图8-297　图8-298

08 选择其中一条样条线，然后在"几何体"卷展栏下单击"附加"按钮 附加 ，接着单击另一条样条线，如图8-299所示，这样可以将两条样条线附加为一个整体，如图8-300所示。

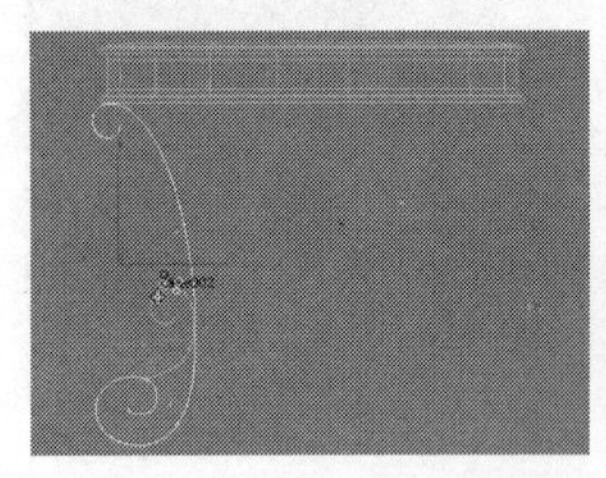

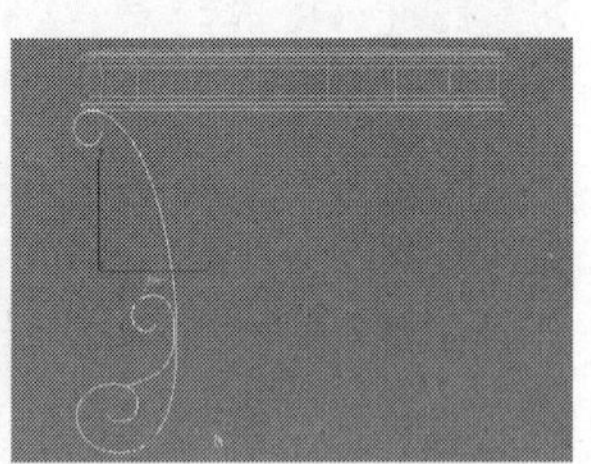

图8-299　图8-300

技术专题 24 附加样条线

样条线附加技术在实际工作中非常实用，该技术可以将多条样条线附加成为一个整体（一条样条线），这样就很方便对其进行整体修改或操作。下面以图8-301中的黑、白、灰3个矩形图形来讲解附加样条线技术的具体操作方法。

第1步：先区分这3个图形是不是一个整体。如果图形的颜色一致，则可能是一个整体（因为3个图形的颜色可能是相同的，这时它们就不是一个整体）；全选图形，如果图像只出现了一个坐标轴，就表示是一个整体，如果是多个坐标轴，则表示它们是独立存在的，而在全选这3个矩形时出现了3个坐标轴，就表示是3个独立存在的图形，如图8-302所示。

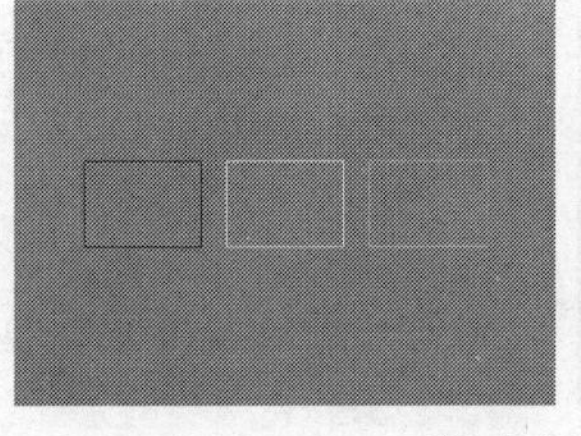

图8-301　图8-302

第2步：先选择其中任何一个矩形，然后将其转换为可编辑样条线，接着在"几何体"卷展栏下单击"附加"按钮 附加 ，最后依次单击另外两个矩形，如图8-303和图8-304所示，这样可以将3个矩形附加为一个整体。附加成为一个整体以后，3个矩形就不是独立存在的了，它们的颜色也会统一起来，如图8-305所示，而将其选中以后，也只会出现一个坐标轴，如图8-306所示。

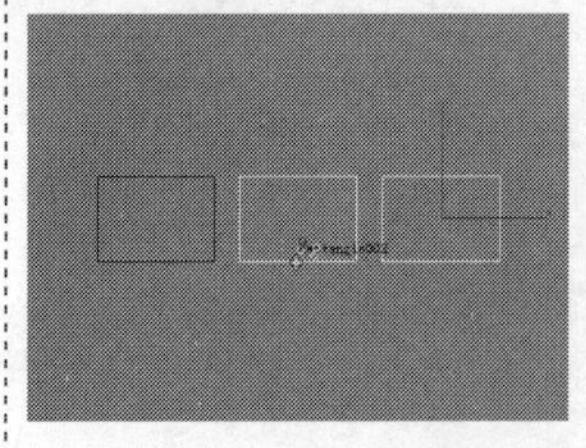

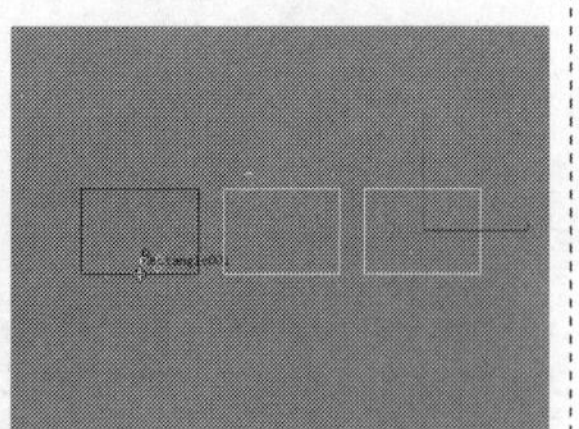

图8-303　图8-304

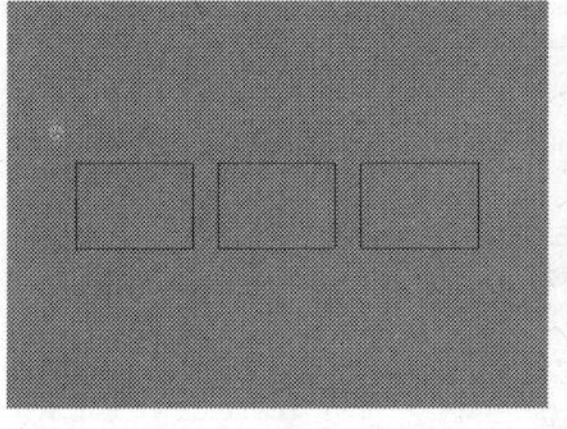

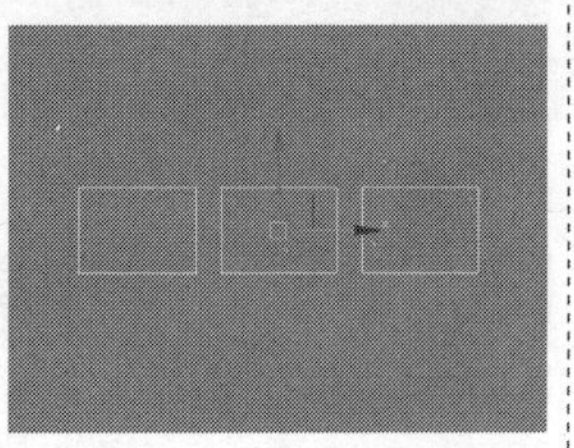

图8-305　图8-306

09 选择样条线，然后在"渲染"卷展栏下勾选"在渲染中启用"和"在视口中启用"选项，接着勾选"矩形"选项，最后设置"长度"为35mm、"宽度"为8mm，模型效果如图8-307所示。

图8-307

10 将桌腿模型转换为可编辑多边形，进入"边"级别，然后在左视图中框选如图8-308所示的边，接着在"编辑边"卷展栏下单击"连接"按钮 连接 后面的"设置"按钮□，最后设置"分段"为2、"收缩"为50，如图8-309所示。

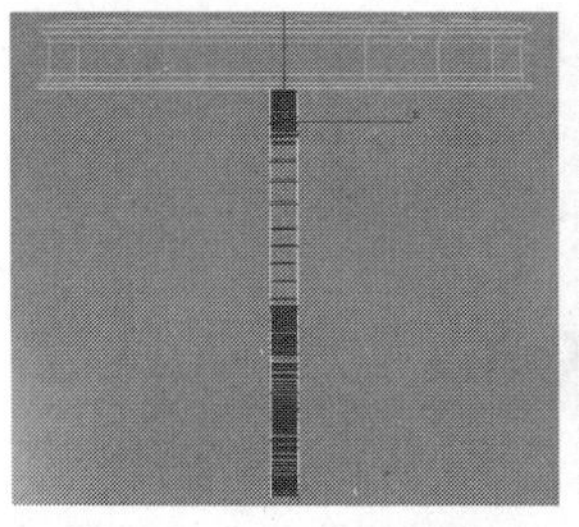

图8-308

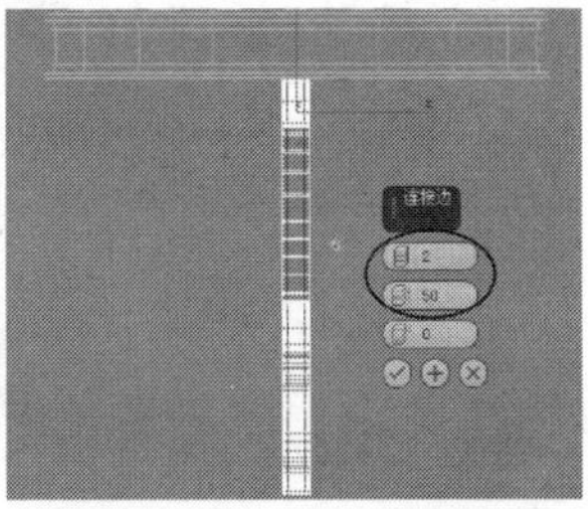

图8-309

11 保持对连接出来的边的选择，在“编辑边”卷展栏下单击“切角”按钮 切角 后面的“设置”按钮，然后设置“边切角量”为1mm，如图8-310所示。

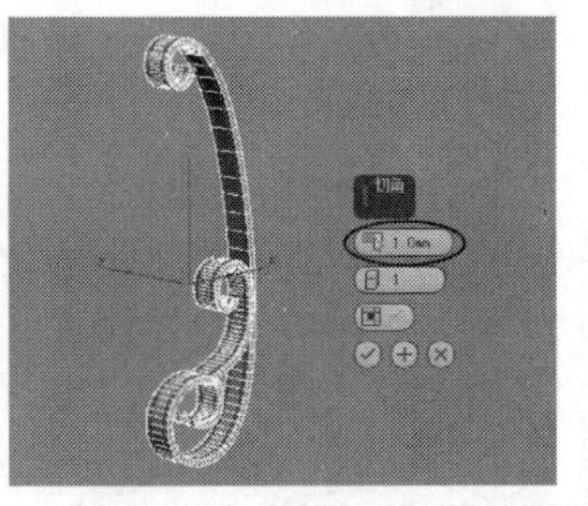

图8-310

12 进入“多边形”级别，然后选择如图8-311所示的多边形，接着在“编辑多边形”卷展栏下单击“挤出”按钮 挤出 后面的“设置”按钮，最后设置挤出类型为“局部法线”、“高度”为-1mm，如图8-312所示。

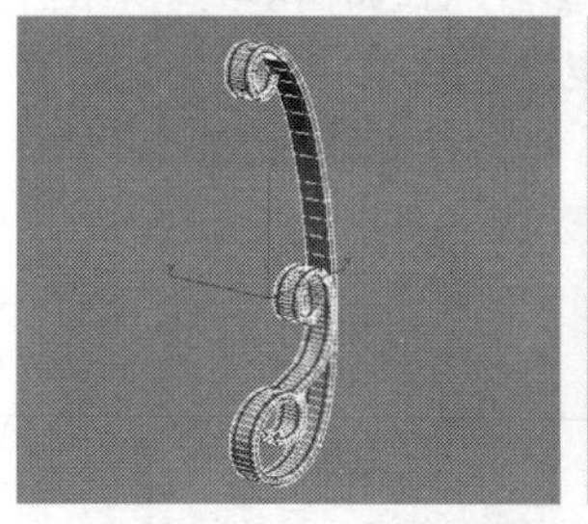

图8-311

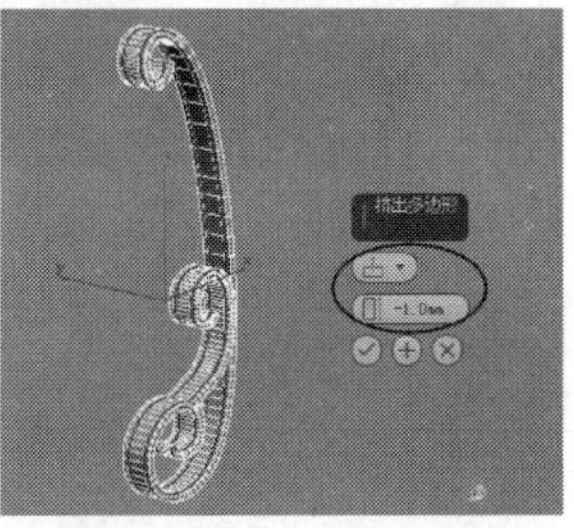

图8-312

13 进入“边”级别，然后选择如图8-313所示的边，在线框模型下的显示效果如图8-314所示，接着在“选择”卷展栏下单击“循环”按钮 循环，这样可以选中与选定边相关的所有循环边，如图8-315所示。

图8-313

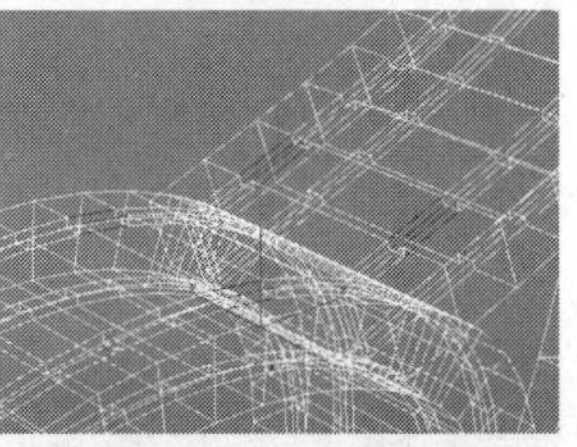

图8-314

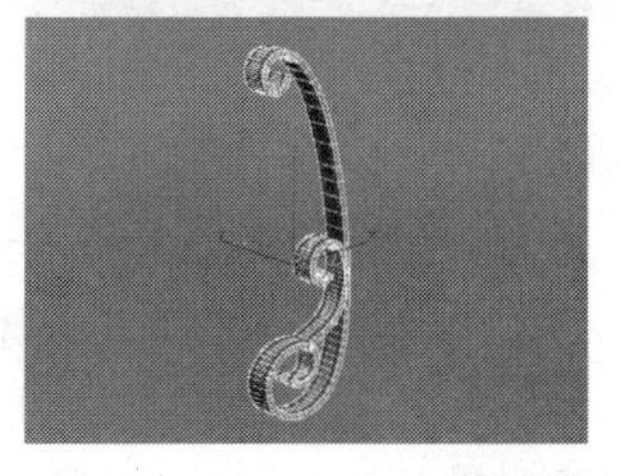

图8-315

14 保持对边的选择，在“编辑边”卷展栏下单击“切角”按钮 切角 后面的“设置”按钮，然后设置“边切角量”为0.2mm，如图8-316所示。

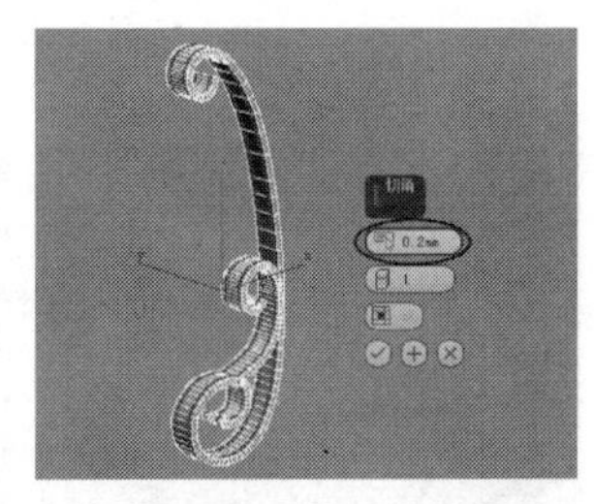

图8-316

15 为桌腿模型加载一个“网格平滑”修改器，然后在“细分量”卷展栏下设置“迭代次数”为2，模型效果如图8-317所示，接着利用“仅影响轴”技术和“选择并旋转”工具以120°为增量旋转复制两个模型，如图8-318所示。

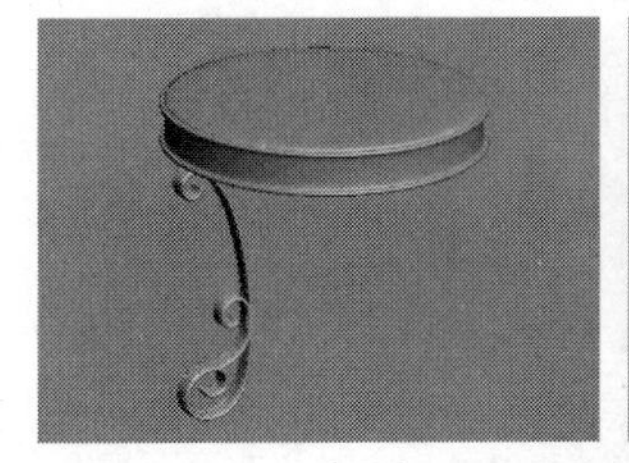

图8-317

图8-318

16 使用“管状体”工具 管状体 在顶视图中创建一个管状体，然后在“参数”卷展栏下设置“半径1”为145mm、“半径2”为155mm、“高度”为25mm、“高度分段”为1，模型位置如图8-319所示。

图8-319

17 将管状体转换为可编辑多边形，进入“多边形”级别，然后选择如图8-320所示的多边形，接着在“编辑多边形”卷展栏下单击“插入”按钮 插入 后面的“设置”按钮，最后设置“数量”为3mm，如图8-321所示。

图8-320

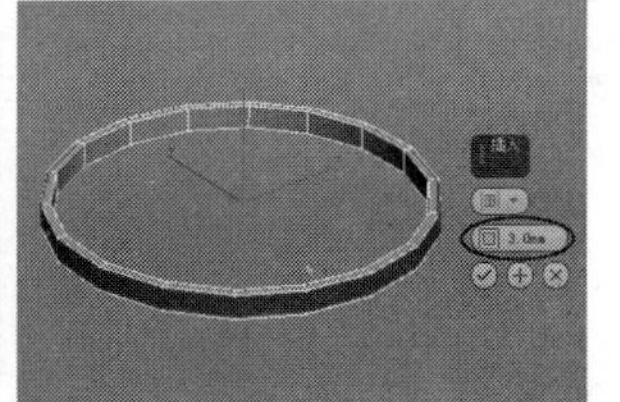

图8-321

18 保持对多边形的选择，在“编辑多边形”卷展栏下单击“挤出”按钮 挤出 后面的“设置”按钮，然后设置挤出类型为“局部法线”、“高度”为2.5mm，模型效果如图8-322所示，最终效果如图8-323所示。

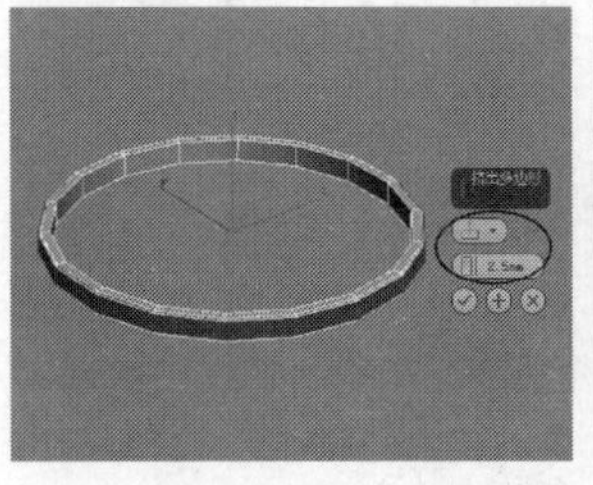

图8-322

图8-323

实战145 木质茶几

场景位置	无
实例位置	DVD>实例文件>CH08>实战145.max
视频位置	DVD>多媒体教学>CH08>实战145.flv
难易指数	★★★☆☆
技术掌握	插入工具、挤出工具、切角工具、倒角工具

木质茶几模型如图8-324所示。

图8-324

01 下面创建主体模型。使用“长方体”按钮 长方体 在场景中创建一个长方体，然后在“参数”卷展栏下设置“长度”为150mm、“宽度”为150mm、“高度”为5mm，如图8-325所示。

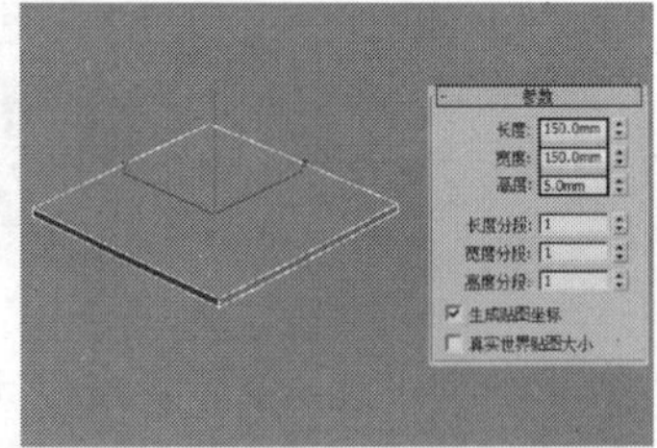

图8-325

02 将长方体转换为可编辑多边形，进入“多边形”级别，然后选择如图8-326所示的多边形，接着在“编辑多边形”卷展栏下单击“插入”按钮 插入 后面的“设置”按钮，最后设置“数量”为5mm，如图8-327所示。

图8-326

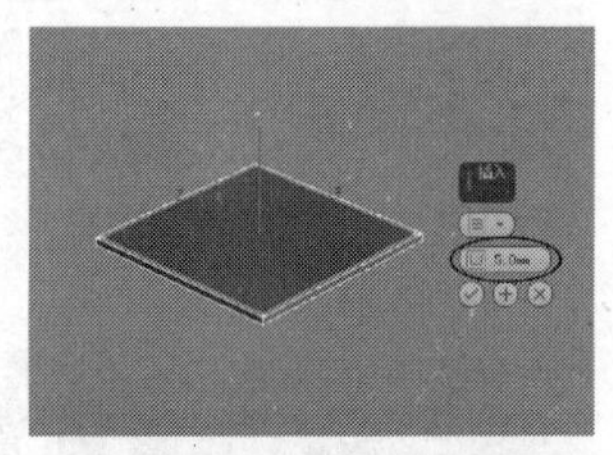

图8-327

03 保持对多边形的选择，在“编辑多边形”卷展栏下单击“挤出”按钮 挤出 后面的“设置”按钮，然后设置“高度”为1.5mm，如图8-328所示。

04 继续使用“插入”工具 插入 和“挤出”工具 挤出 将模型处理成如图8-329所示的效果。

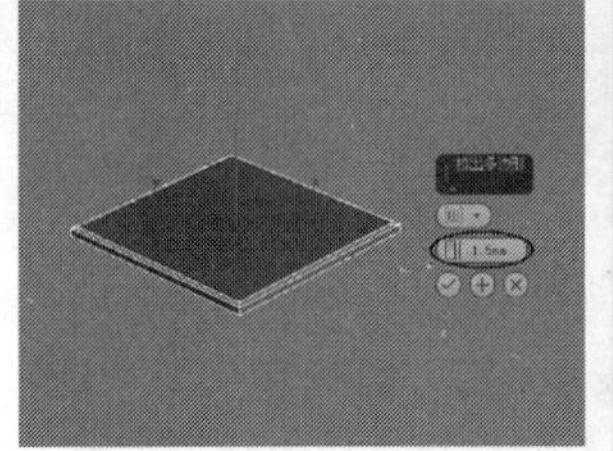

图8-328

图8-329

05 进入“边”级别，然后选择如图8-330所示的边，接着在“编辑边”卷展栏下单击“切角”按钮 切角 后面的“设置”按钮，最后设置“边切角量”为0.2mm，如图8-331所示。

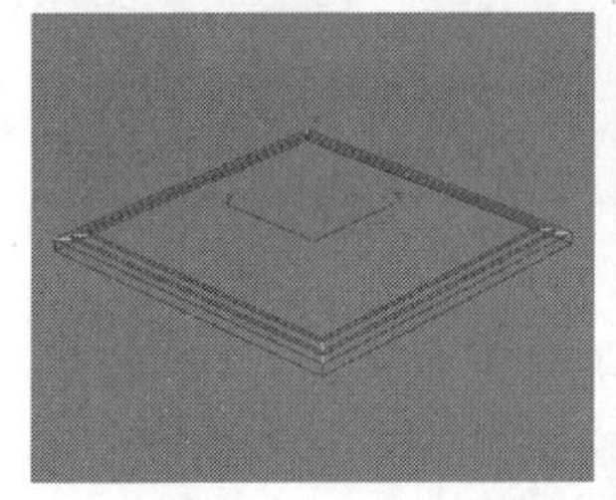

图8-330

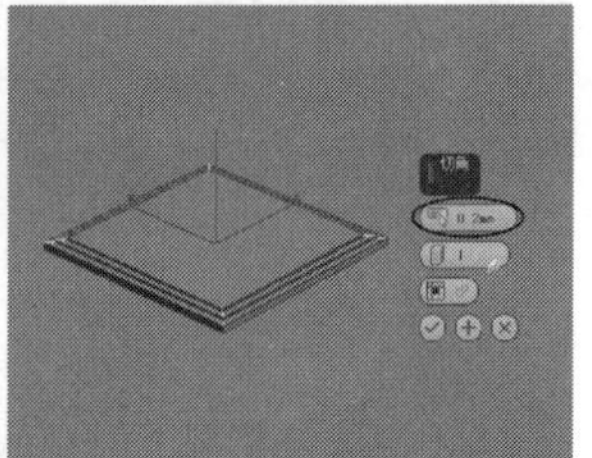

图8-331

06 进入“多边形”级别，然后选择如图8-332所示的多边形，接着在“编辑多边形”卷展栏下单击“插入”按钮 插入 后面的“设置”按钮，最后设置“数量”为5mm，如图8-333所示。

图8-332

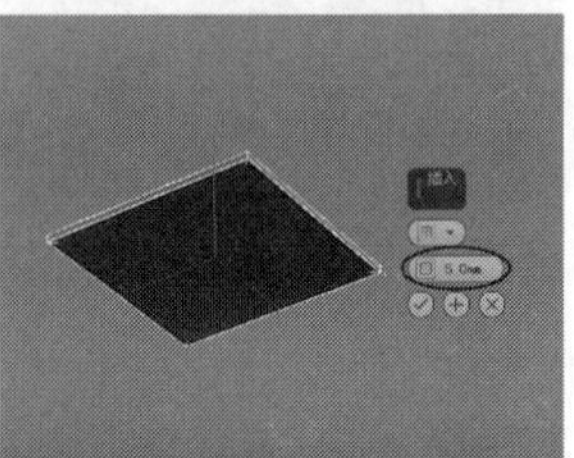

图8-333

07 保持对多边形的选择，在“编辑多边形”卷展栏下单击“挤出”按钮 挤出 后面的“设置”按钮，然后设置“高度”为40mm，如图8-334所示。

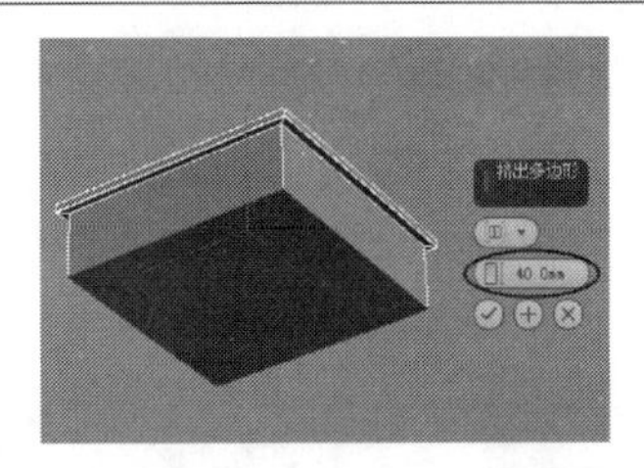

图8-334

08 进入“边”级别，然后选择如图8-335所示的竖向边线，接着在“编辑边”卷展栏下单击“连接”按钮 连接 后面的“设置”按钮，最后设置“分段”为1，如图8-336所示。

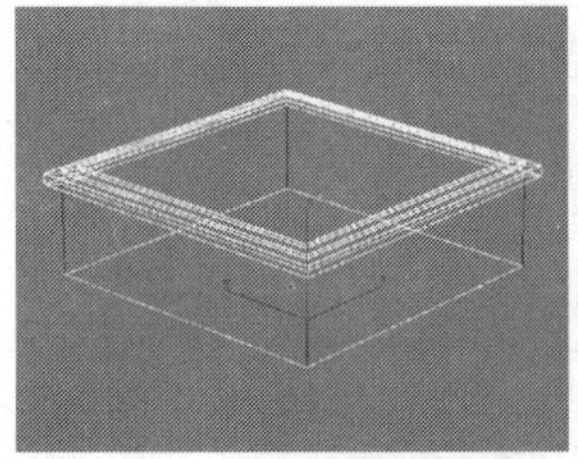

图8-335

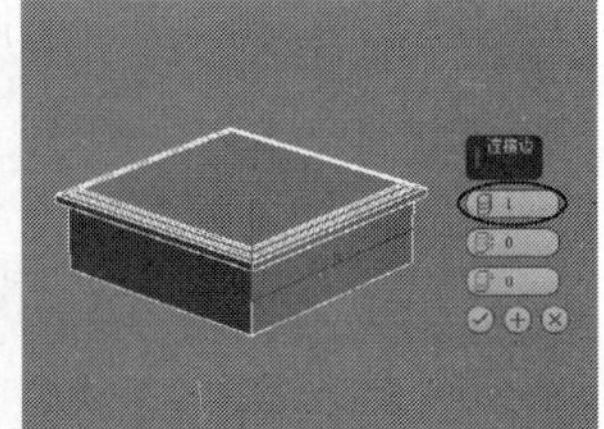

图8-336

技巧与提示

在选择背面的边时，可以按住Alt键使用鼠标中键旋转视图进行选择，也可以按F3键进入“线框”模式，在该模式下进行选择。除此之外，还可以按Alt+X组合键将模型以半透明的方式显示出来，以方便选择边。

09 选择如图8-337所示的边，然后在“编辑边”卷展栏下单击“连接”按钮 连接 后面的“设置”按钮，接着设置“分段”为1，如图8-338所示。

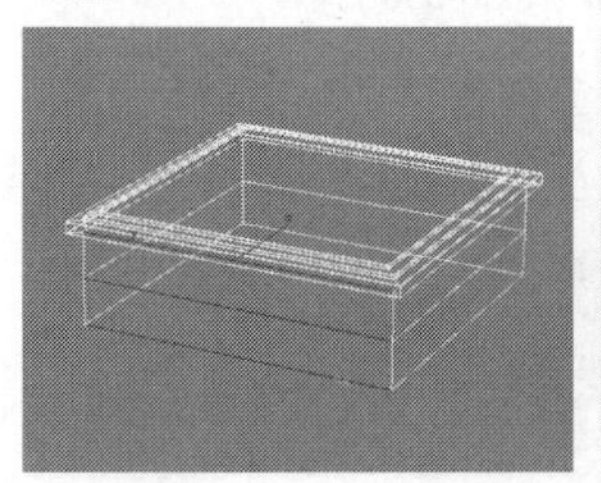

图8-337

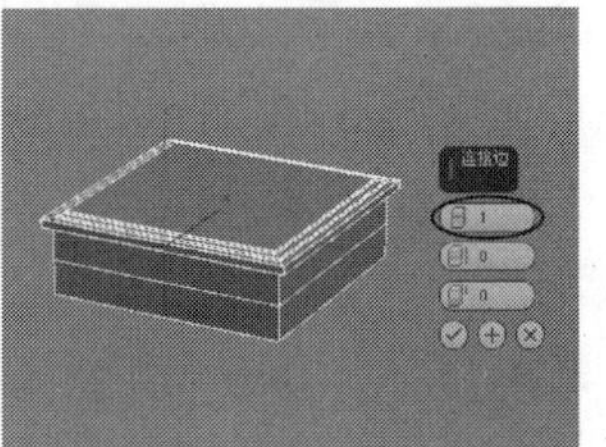

图8-338

10 进入“多边形”级别，然后选择如图8-339所示的多边形，接着在“编辑多边形”卷展栏下单击“插入”按钮 插入 后面的“设置”按钮，最后设置插入类型为“按多边形”、“数量”为2mm，如图8-340所示。

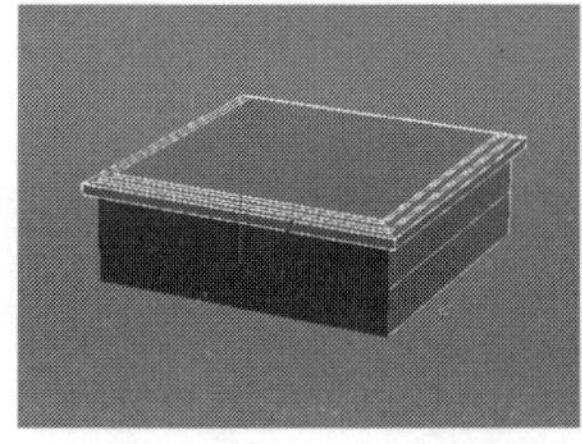

图8-339

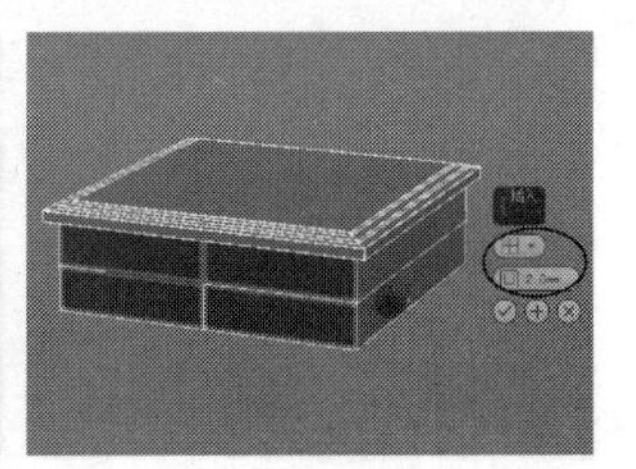

图8-340

11 保持对多边形的选择，在“编辑多边形”卷展栏下单击“挤出”按钮 挤出 后面的“设置”按钮，然后设置“高度”为1mm，如图8-341所示。

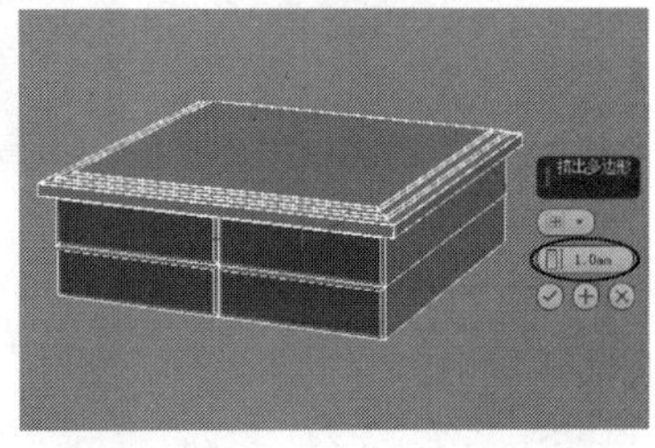

图8-341

12 保持对多边形的选择，在“编辑多边形”卷展栏下单击“倒角”按钮 倒角 后面的“设置”按钮，然后设置“高度”为0mm、“轮廓”为0.5mm，如图8-342所示。

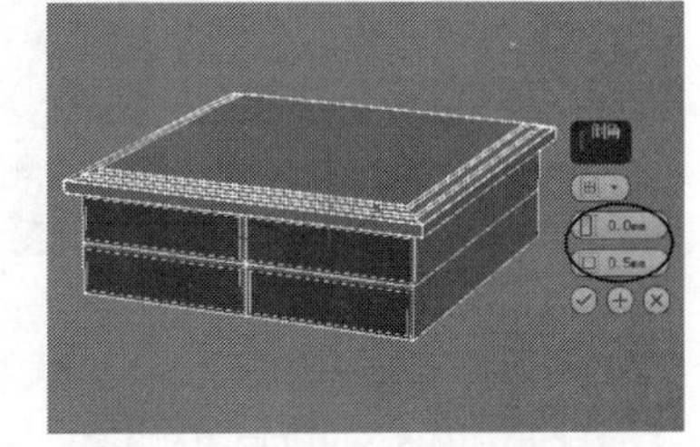

图8-342

13 保持对多边形的选择，使用“挤出” 挤出 将其挤出1mm，如图8-343所示，然后在“编辑多边形”卷展栏下单击“倒角”按钮 倒角 后面的“设置”按钮，最后设置“高度”为0.4mm、“轮廓”为-0.5mm，如图8-344所示。

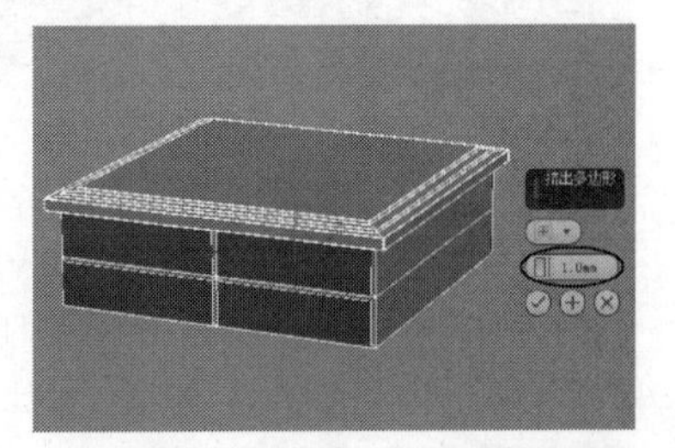

图8-343

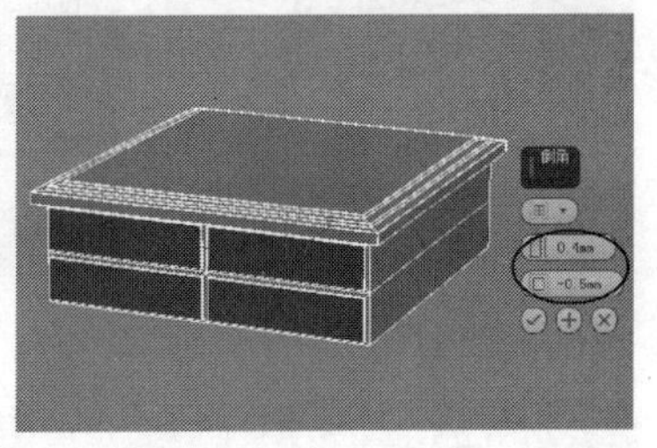

图8-344

14 下面创建把手和腿部模型。使用“线”工具 线 在顶视图中绘制一条如图8-345所示的样条线。这里提供一张孤立选择图，供用户参考，如图8-346所示。

图8-345

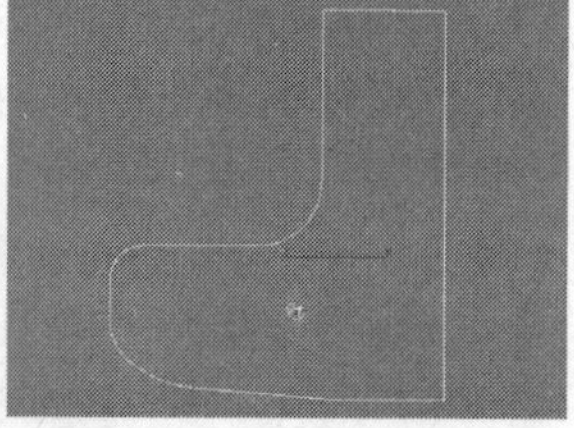

图8-346

15 为样条线加载一个“车削”修改器，然后在“参数”卷展栏下设置“分段”为32、“方向”为y轴 Y 、“对齐”为“最大” 最大 ，模型效果如图8-347所示，接着将模型摆放到抽屉上，并复制3个到另外3个抽屉上，如图8-348所示。

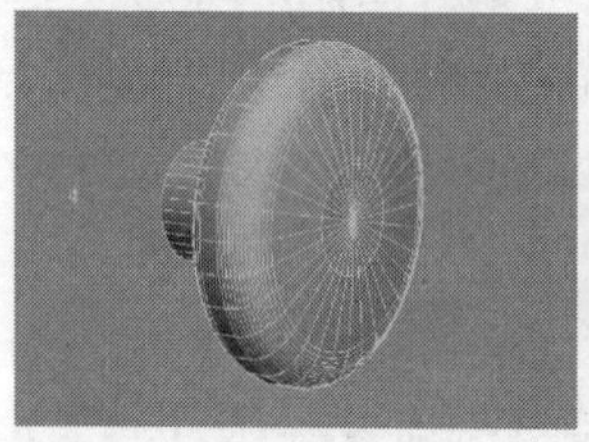

图8-347

图8-348

16 使用“样条线”工具 线 在前视图中绘制出如图8-349所示的样条线，这里提供一张孤立的选择图，供用户参考，如图8-350所示。

图8-349

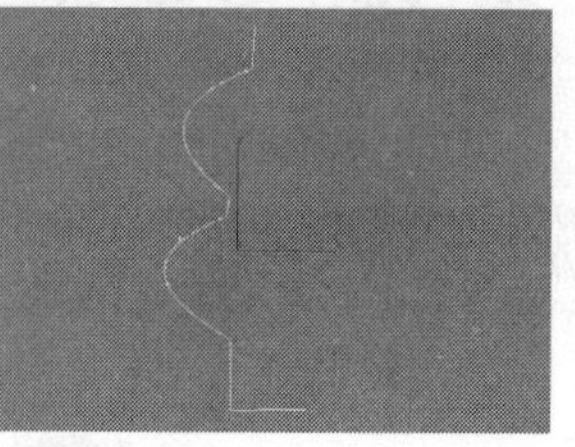

图8-350

17 为样条线加载一个“车削”修改器，然后在“参数”卷展栏下“方向”为y轴 Y 、“对齐”为“最大” 最大 ，模型效果如图8-351所示，接着将模型复制3个到另外3个柜角处，最终效果如图8-352所示。

图8-351

图8-352

实战146 绒布餐椅

场景位置	无
实例位置	DVD>实例文件>CH08>实战146.max
视频位置	DVD>多媒体教学>CH08>实战146.flv
难易指数	★★★☆☆
技术掌握	切角工具、挤出工具、连接工具、FFD 3×3×3修改器、软选择功能

绒布餐椅模型如图8-353所示。

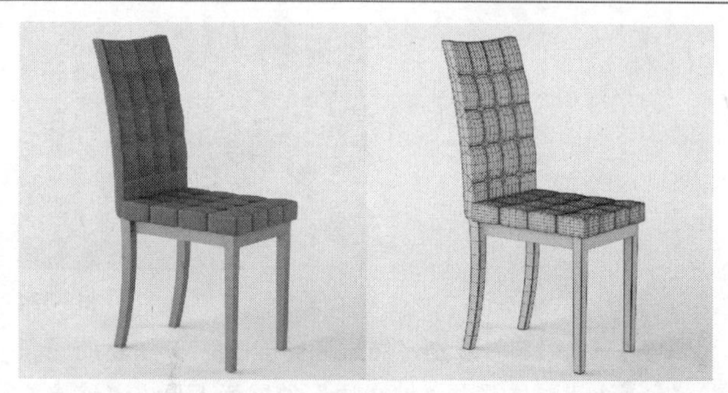

图8-353

01 下面创建座垫和靠背模型。使用“长方体”工具 长方体 在场景中创建一个长方体，然后在“参数”卷展栏下设置“长度”为150mm、“宽度”为160mm、“高度”为35mm、“长度分段”为4、“宽度分段”为4，如图8-354所示。

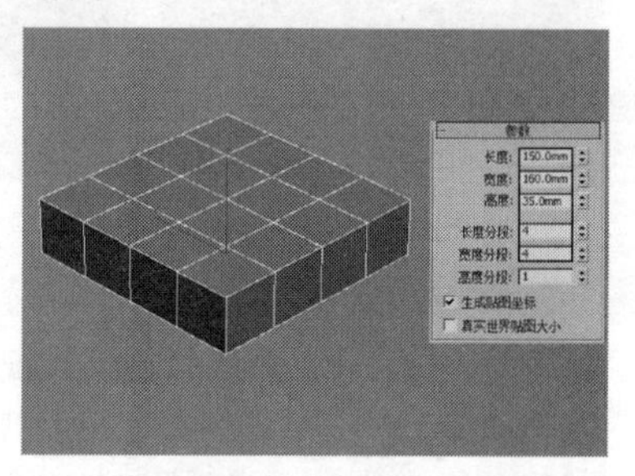

图8-354

02 将长方体转换为可编辑的多边形，进入“边”级别，然后选择如图8-355所示的边，接着在“编辑边”卷展栏下单击“切角”按钮 切角 后面的“设置”按钮，最后设置“边切角量”为0.6mm，如图8-356所示。

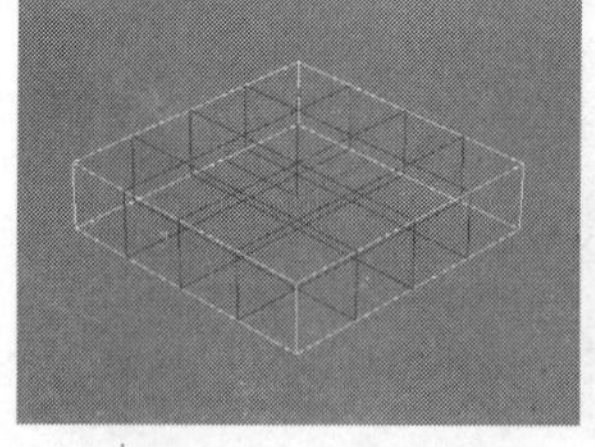

图8-355

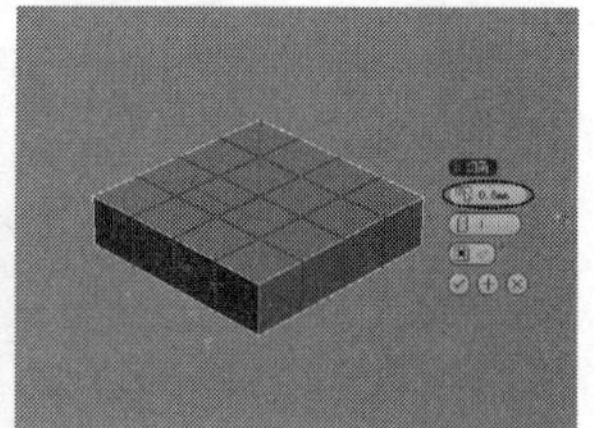

图8-356

03 进入“多边形”级别，然后选择如图8-357所示的多边形，接着在“编辑多边形”卷展栏下单击“挤出”按钮 挤出 后面的“设置”按钮，最后设置挤出类型为“局部法线”、“高度”为1.5mm，如图8-358所示。

图8-357

图8-358

04 进入“边”级别，然后选择如图8-359所示的边，接着在“编辑边”卷展栏下单击“连接”按钮 连接 后面的“设置”按钮，最后设置“分段”为1，如图8-360所示。

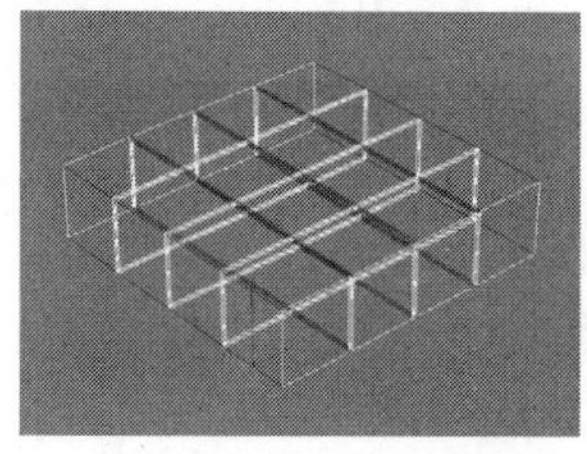

图8-359

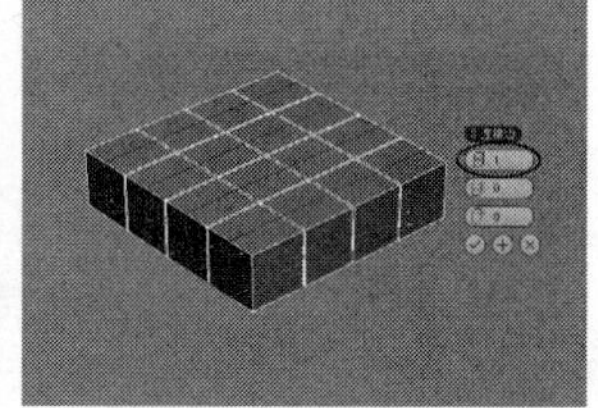

图8-360

05 选择如图8-361所示的边，然后在“编辑边”卷展栏下单击“连接”按钮 连接 后面的“设置”按钮，接着设置“分段”为1，如图8-362所示。

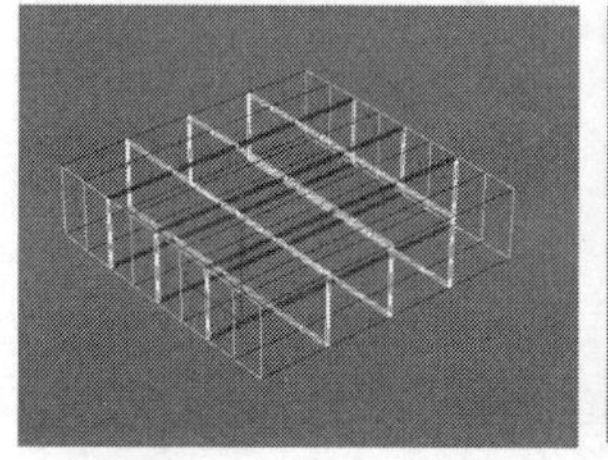

图8-361

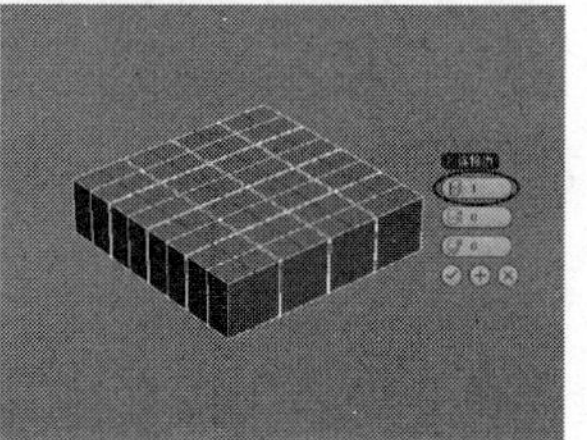

图8-362

06 选择如图8-363所示的边，然后在“编辑边”卷展栏下单击“切角”按钮 切角 后面的“设置”按钮，接着设置“边切角量”为1mm，如图8-364所示。

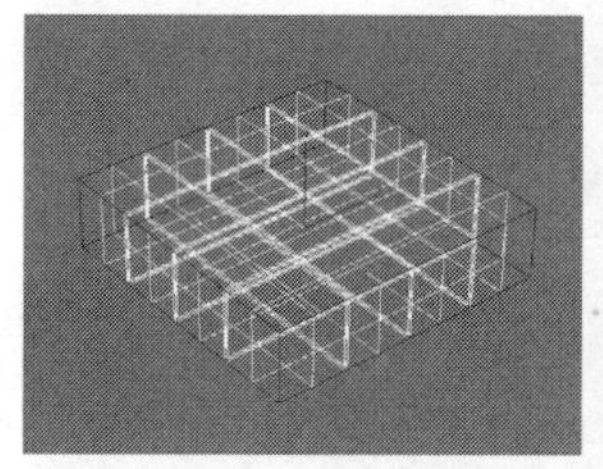

图8-363

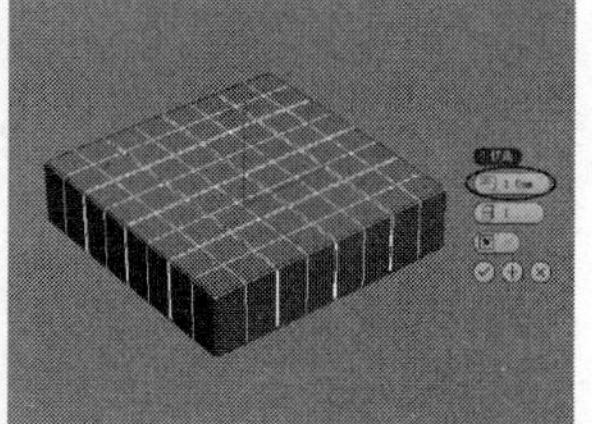

图8-364

07 为模型加载一个“网格平滑”修改器，然后在“细分量”卷展栏下设置“迭代次数”为2，模型效果如图8-365所示。

图8-365

08 选择网格平滑后面的模型，然后再次将其转换为可编辑多边形，然后进入“顶点”级别，然后选择如图8-366所示的顶点，接着在“软选择”卷展栏下勾选“使用软选择”选项，最后设置“衰减”为25mm，如图8-367所示。

图8-366

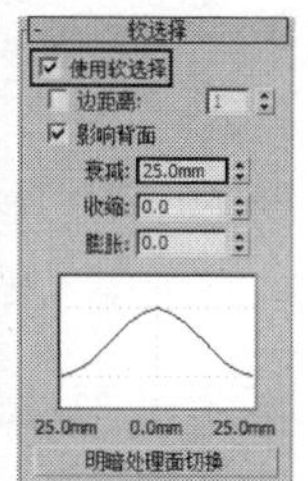

图8-367

09 保持对顶点的选择，使用“选择并移动”工具在透视图中沿z轴的向上进行拖曳，完成后的效果如图8-368所示。

图8-368

10 采用相同的方法创建出如图8-369所示的靠背模型，然后为靠背模型加载一个FFD 3×3×3修改器，接着选择FFD 3×3×3修改器的“控制点”次物体层级，最后将模型调整成如图8-370所示的效果。

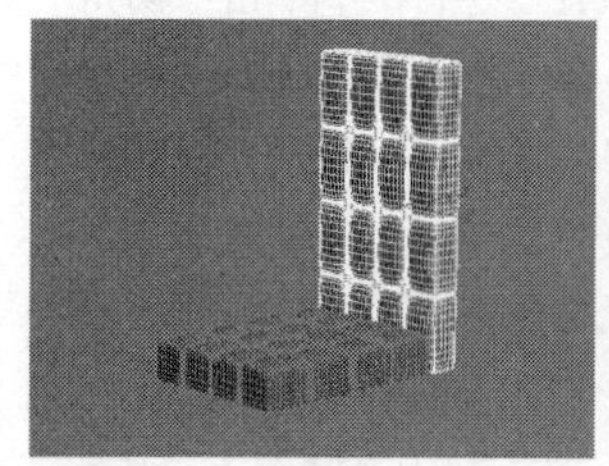

图8-369

图8-370

11 下面创建椅腿模型。使用“长方体”工具 长方体 在场景中创建一个长方体，然后在“参数”卷展栏下设置“长度”为140mm、“宽度”为100mm、“高度”为18mm，模型位置如图8-371所示。

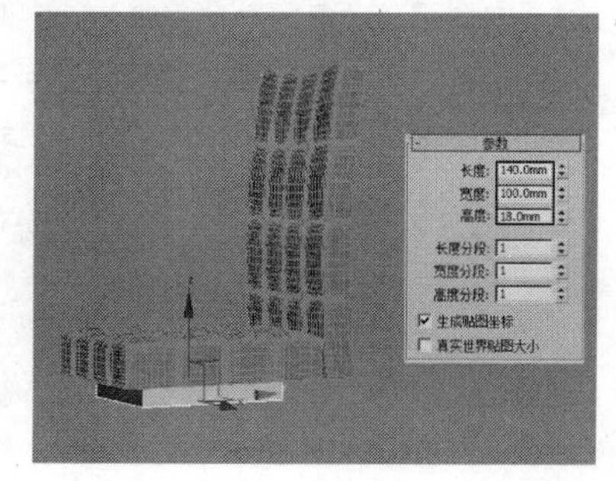

图8-371

12 继续使用“长方体”工具 长方体 在场景中创建一个长方体，然后在“参数”卷展栏下设置“长度”为12mm、“宽度”为12mm、“高度”为130mm，模型位置如图8-372所示。

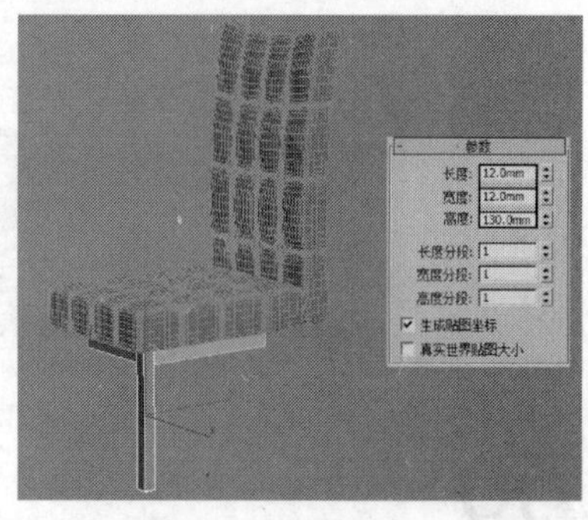

图8-372

13 将上一步创建的长方体转换为可编辑多边形，然后进入“顶点”级别，接着使用“选择并均匀缩放”工具将底部的顶点缩放成如图8-373所示的效果。

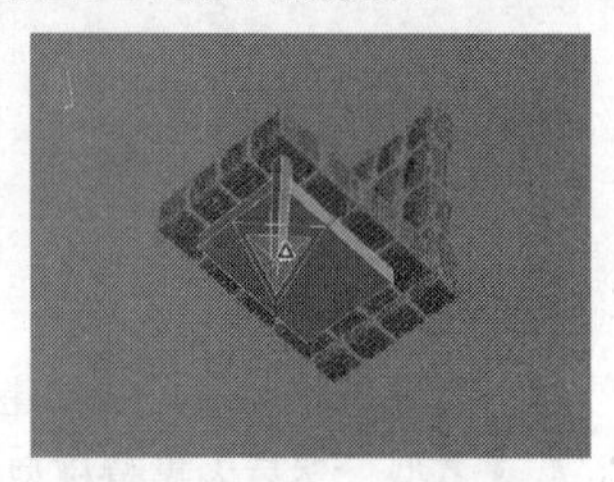

图8-373

14 进入“边”级别，然后选择如图8-374所示的侧面边线，接着在“编辑边”卷展栏下单击“切角”按钮 切角 后面的“设置”按钮，最后在弹出的对话框中设置“边切角量”为0.9mm、“连接边分段”为4，如图8-375所示。

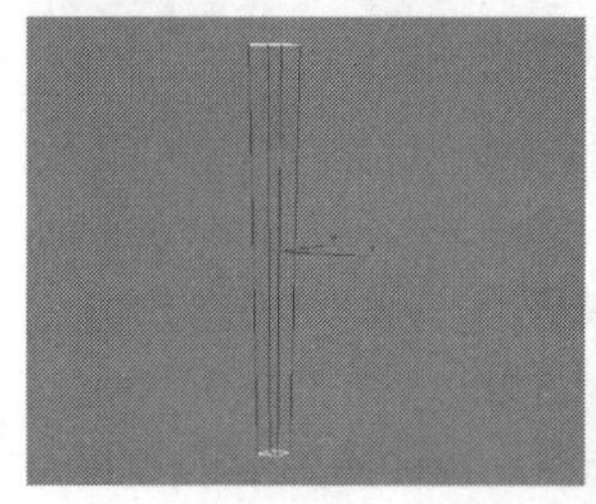

图8-374 图8-375

15 利用移动复制功能复制3个椅腿模型到另外3个位置，完成后的效果如图8-376所示。

图8-376

16 选择其中一条后腿模型，进入“边”级别，然后选择所有竖向上的边，如图8-377所示，接着在“编辑边”卷展栏下单击“连接”按钮 连接 后面的“设置”按钮，最后设置“分段”为9，如图8-378所示。

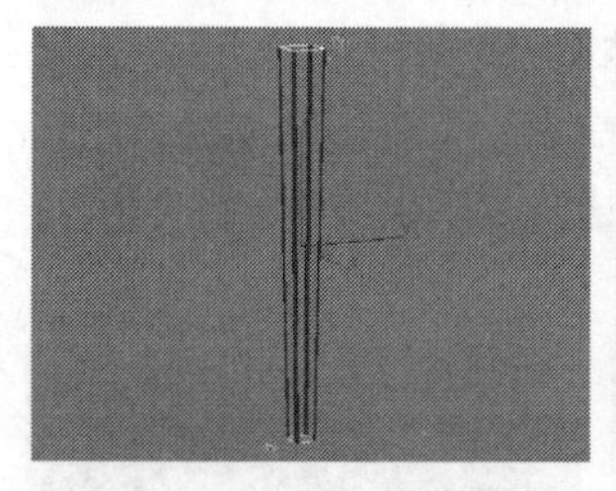

图8-377 图8-378

17 采用相同的方法为另外一条后腿模型连接9条横向的边，然后选择两条后腿模型，并为其加载一个FFD 3×3×3修改器，接着进入“控制点”次物体层级，最后将模型调整成如图8-379所示的效果，最终效果如图8-380所示。

图8-379 图8-380

实战147 木质餐椅

场景位置	无
实例位置	DVD>实例文件>CH08>实战147.max
视频位置	DVD>多媒体教学>CH08>实战147.flv
难易指数	★★☆☆☆
技术掌握	FFD 4×4×4修改器、切角工具、桥工具

木质餐椅模型如图8-381所示。

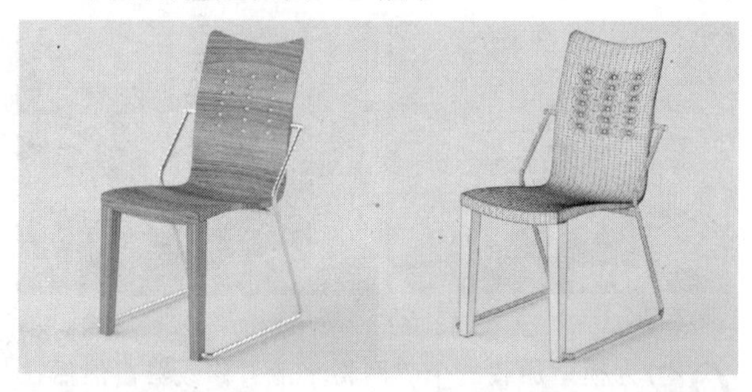

图8-381

01 下面创建椅腿模型。使用“线”工具 线 在视图中绘制如图8-382所示的样条线。

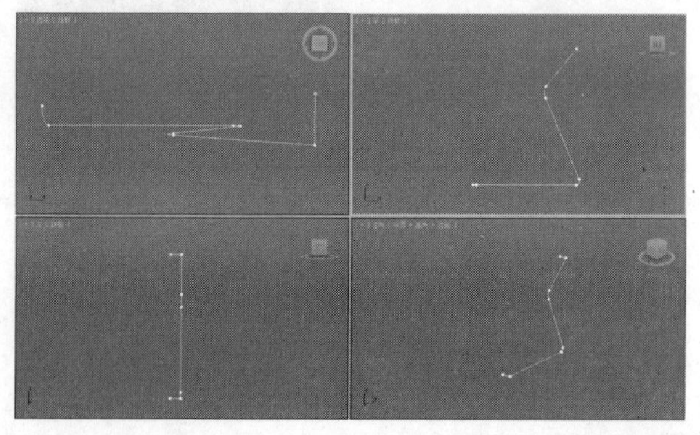

图8-382

02 使用“选择并移动”工具选择样条线，然后按住Shift键在左视图中向左移动复制一条样条线到如图8-383所示的位置。

03 选择样条线，然后在“渲染”卷展栏下勾选“在渲染中启用”和“在视口中启用”选项，接着勾选“径向”选项，最后设置“厚度”为4mm，如图8-384所示。

图8-383

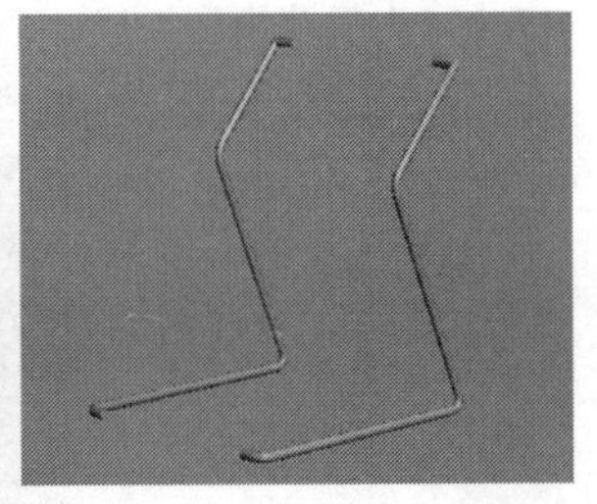

图8-384

04 使用“线”工具 线 在左视图中绘制一条如图8-385所示的样条线，然后在“渲染”卷展栏下勾选“在渲染中启用”和“在视口中启用”选项，接着勾选“径向”选项，最后设置“厚度”为4mm，模型效果如图8-386所示。

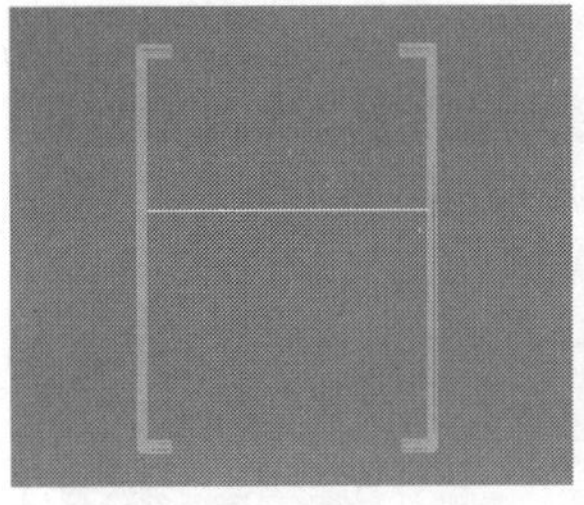

图8-385

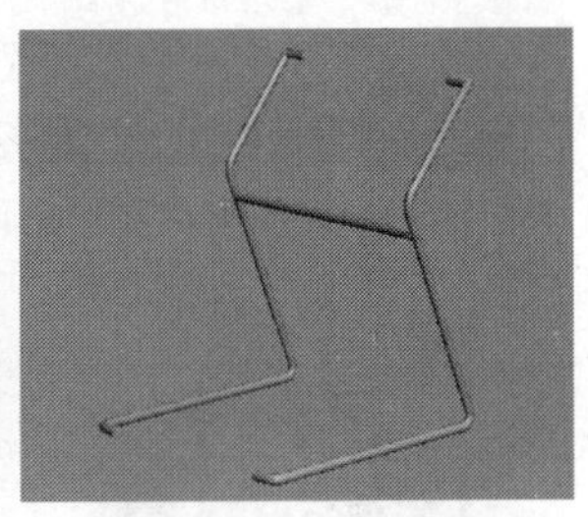

图8-386

05 使用“长方体”工具 长方体 在场景中创建一个长方体，然后在“参数”卷展栏下设置“长度”为12mm、“宽度”为12mm、“高度”为110mm，模型位置如图8-387所示。

06 将长方体转换为可编辑多边形，然后进入“顶点”级别，接着使用“选择并均匀缩放”工具将底部的顶点等比例缩放成如图8-388所示的效果。

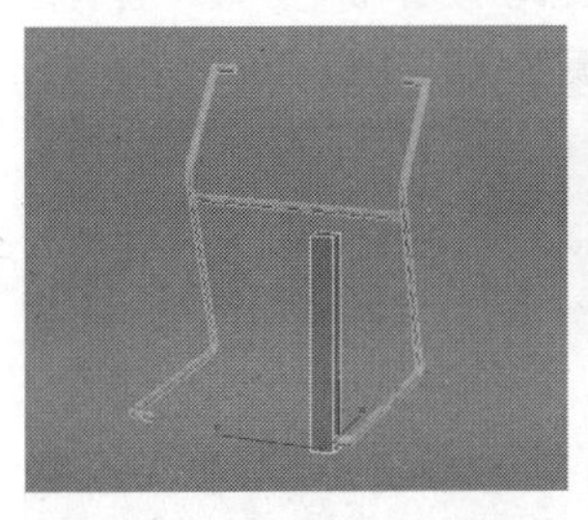

图8-387

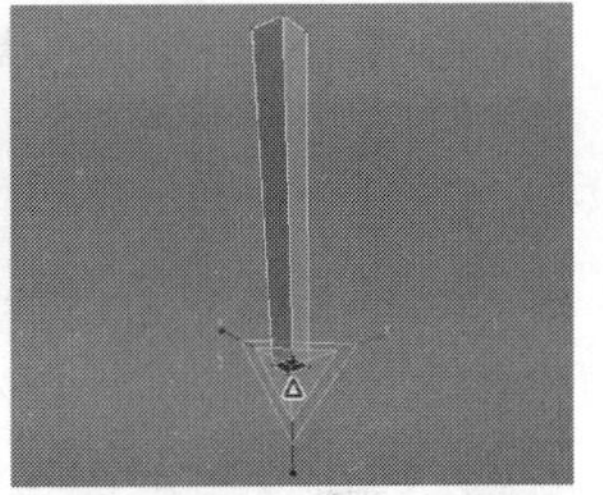

图8-388

07 使用“选择并移动”工具选择缩放后的模型，然后按住Shift键移动复制一个模型到如图8-389所示的位置。

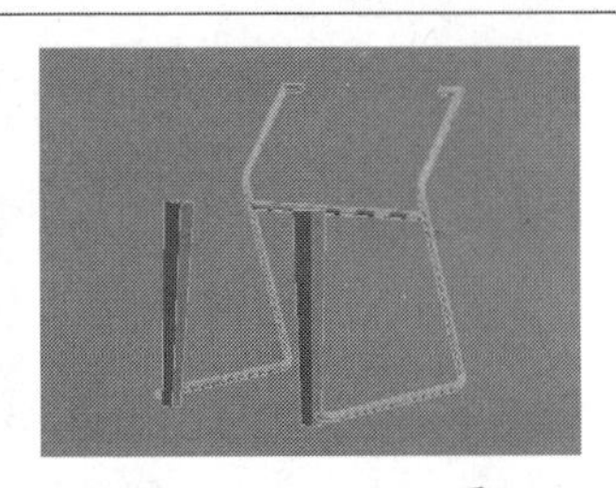

图8-389

08 下面创建靠背和椅垫模型。使用“线”工具 线 在前视图中绘制如图8-390所示的样条线，然后为其加载一个“挤出”修改器，接着在“参数”卷展栏下设置“数量”为85mm、“分段”为4，模型效果如图8-391所示。

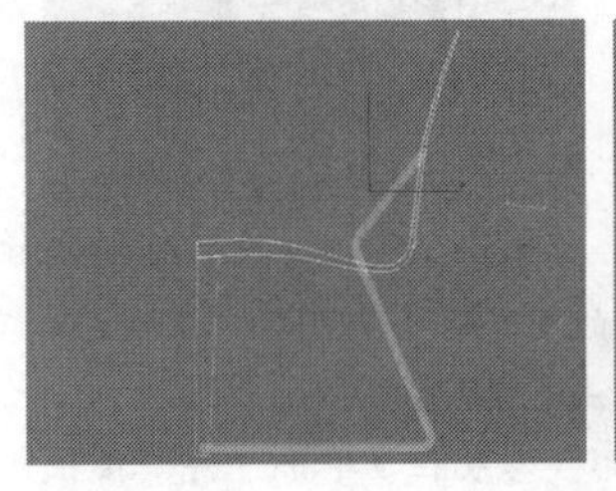

图8-390

图8-391

09 为模型加载一个FFD 4×4×4修改器，然后选择“控制点”次物体层级，接着将模型调整成如图8-392所示的效果。

图8-392

10 将模型转换为可编辑多边形，进入“顶点”级别，然后在左视图中框选如图8-393所示的顶点，接着在“编辑顶点”卷展栏下单击“切角”按钮 切角 后面的“设置”按钮，最后设置“顶点切角量”为1mm，如图8-394所示。

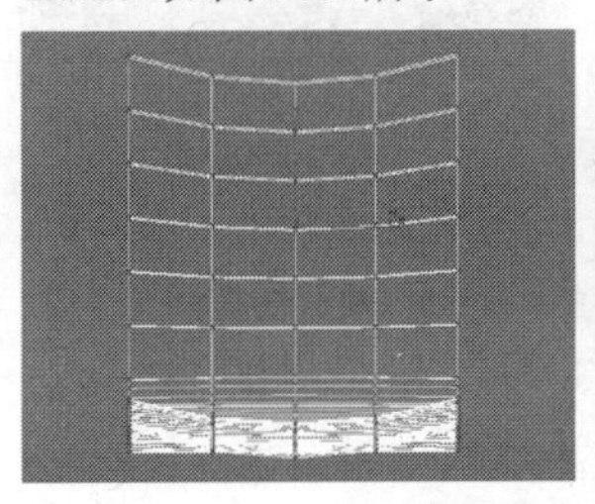

图8-393

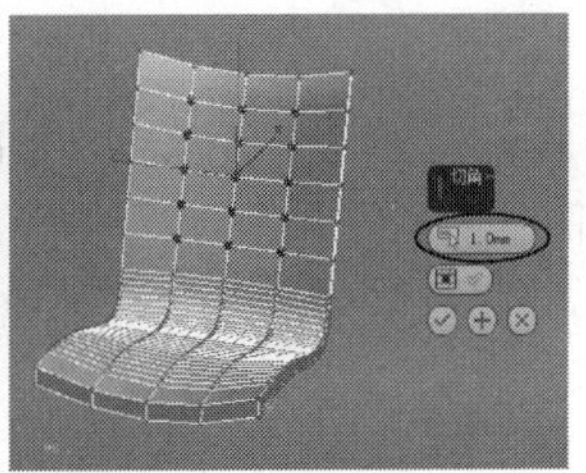

图8-394

11 进入“多边形”级别，然后选择上一步切角出来的多边形，如图8-395所示，接着在“编辑多边形”卷展栏下单击“桥”按钮 桥 ，效果如图8-396所示。

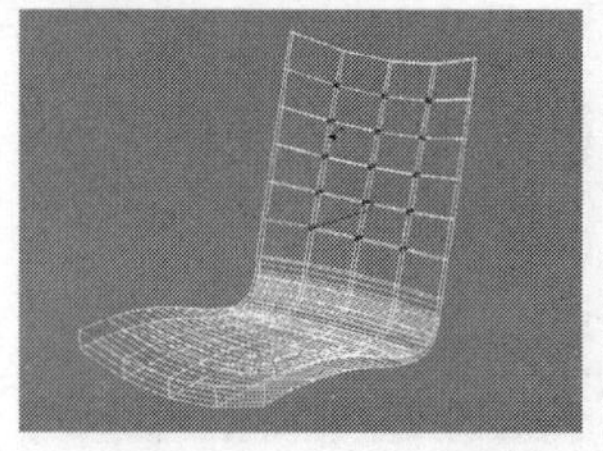

图8-395

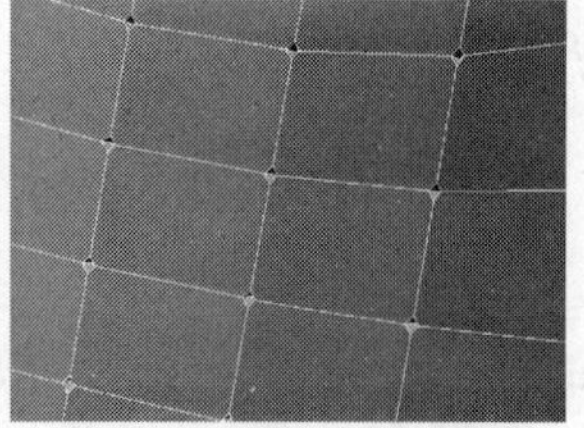

图8-396

技术专题 25 桥接多边形

桥接多边形技术是一项非常实用的技术，常常用来“打通”两个对面的多边形。下面以图8-397中的一个长方体多边形为例来介绍如何桥接多边形。

图8-397

第1步：选择两个相对着的多边形，如图8-398所示。注意，如果多边形不相对，则无法进行桥接。

第2步：在“编辑多边形”卷展栏下单击“桥”按钮 桥 ，这样便可“打通”多边形，如图8-399所示。

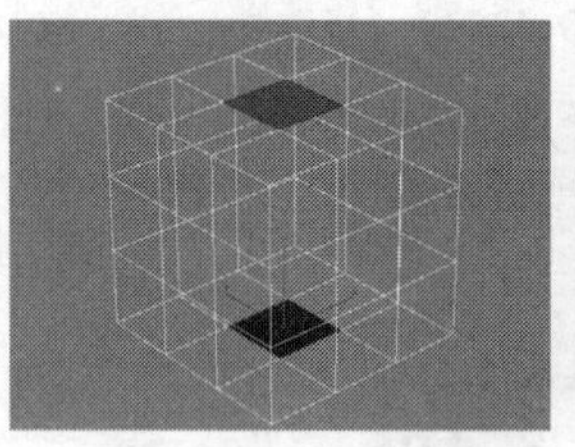

图8-398

图8-399

12 仔细对多边形的顶点和边进行调整（移除过多的边和顶点），使模型的布线效果更加整洁，完成后的模型布线效果如图8-400所示。

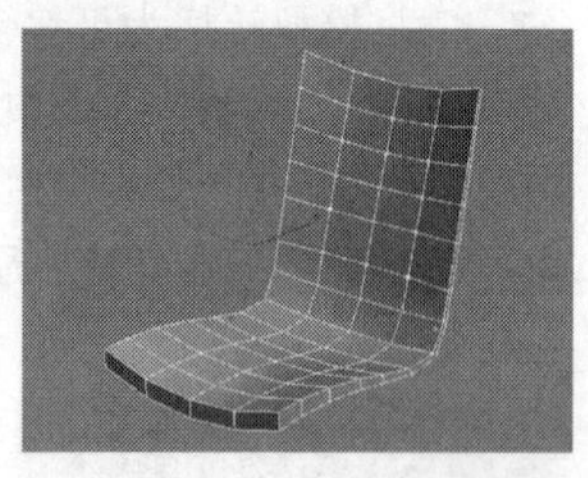

图8-400

技巧与提示

注意，移除边或顶点不能直接按Delete键，而是要在“编辑边”或“编辑顶点”卷展栏下单击“移除”按钮 移除 进行删除。

13 进入“边”级别，然后选择如图8-401所示的边（模型边缘上的边），接着在“编辑边”卷展栏下单击“切角”按钮 切角 后面的“设置”按钮□，最后设置“边切角量”为0.1mm，如图8-402所示。

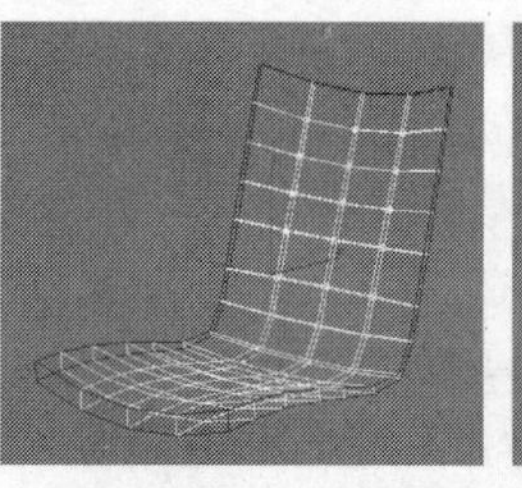

图8-401

图8-402

14 为靠背模型加载一个“网格平滑”修改器，然后在“细分量”卷展栏下设置“迭代次数”为2，最终如图8-403所示。

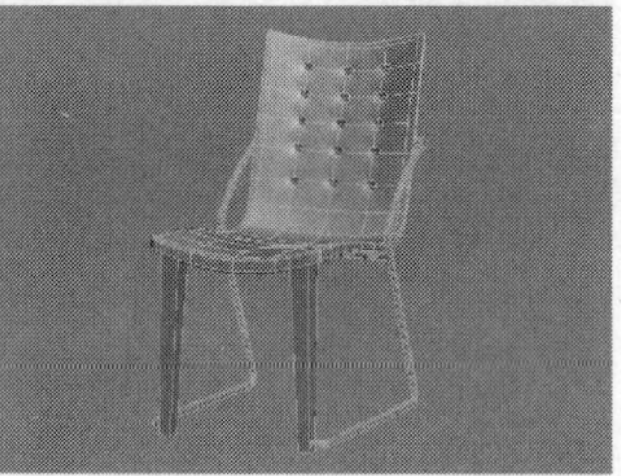

图8-403

实战148 简约沙发

场景位置	无
实例位置	DVD>实例文件>CH08>实战148.max
视频位置	DVD>多媒体教学>CH08>实战148.flv
难易指数	★★★☆☆
技术掌握	切角工具、挤出工具、切割工具、利用所选内容创建图形工具

简约沙发模型如图8-404所示。

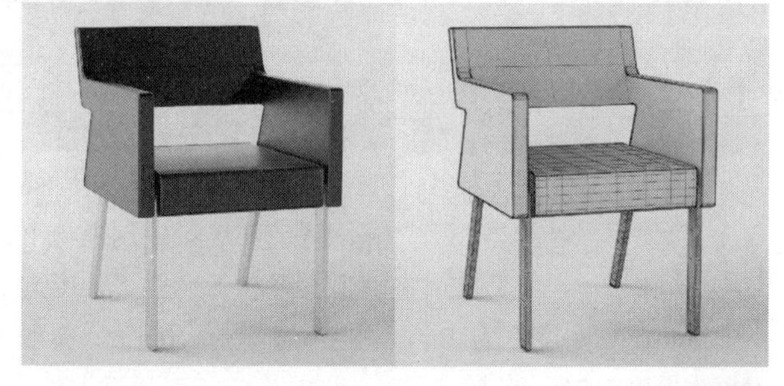

图8-404

01 下面创建腿部模型。使用“矩形”工具 矩形 在前视图中绘制一个如图8-405所示的矩形，然后为其加载一个“挤出”修改器，接着在“参数”卷展栏下设置“数量”为5.5mm，模型效果如图8-406所示。

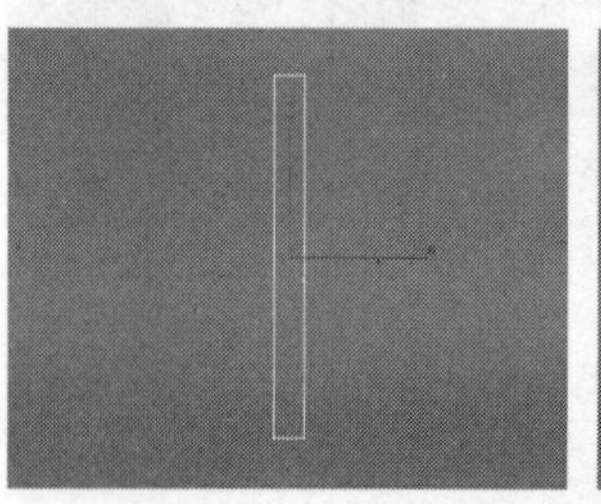

图8-405

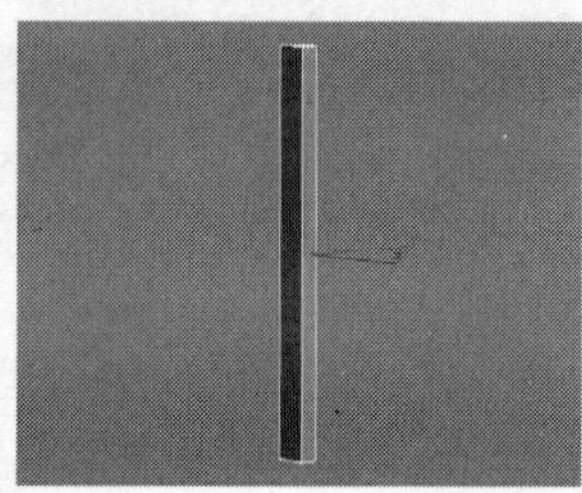

图8-406

02 将模型转换为可编辑多边形，进入“边”级别，然后选择所有边，接着在“编辑边”卷展栏下单击“切角”按钮 切角 后面的“设置”按钮，最后设置“边切角量”为0.3mm，如图8-407所示。

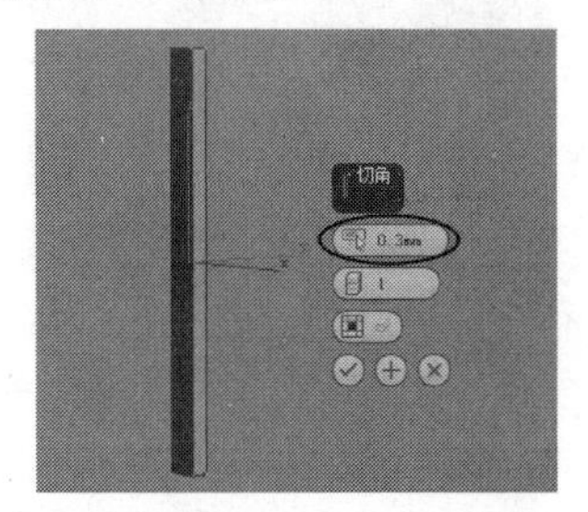

图8-407

03 为模型加载一个“网格平滑”修改器，然后在“参数”卷展栏下设置“迭代次数”为2，模型效果如图8-408所示，接着按住Shift键在左视图中使用“选择并移动”工具移动复制一个模型到如图8-409所示的位置（注意，选择复制方式为“复制”）。

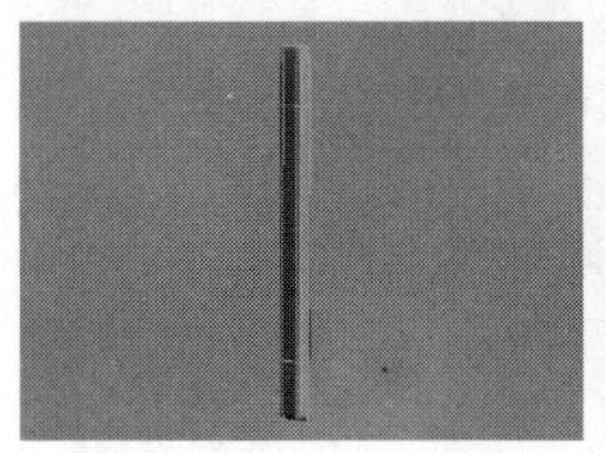

图8-408

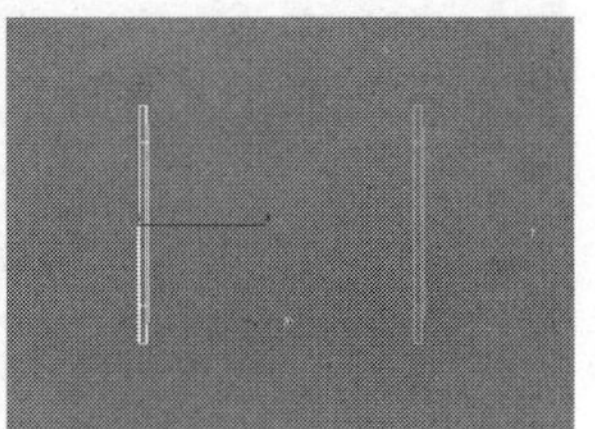

图8-409

技巧与提示

这里不能以“实例”或“参考”方式来复制模型，否则在调整复制出来的模型时，其他模型也会跟着改变。

04 切换到前视图，然后按住Shift键使用“选择并移动”工具移动复制一个模型到如图8-410所示的位置，接着选择“可编辑多边形”对象，再进入“顶点”级别，最后将模型调整成如图8-411所示的效果。

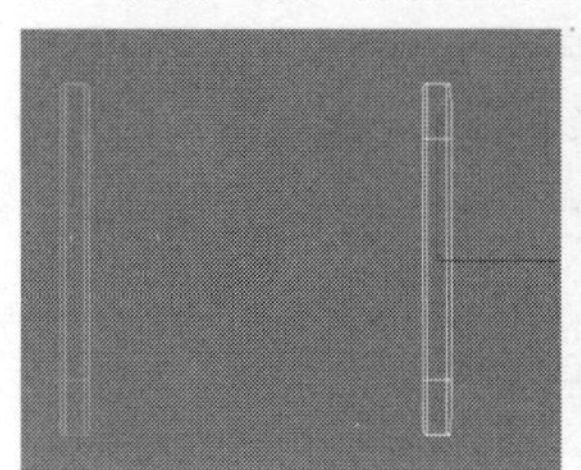

图8-410

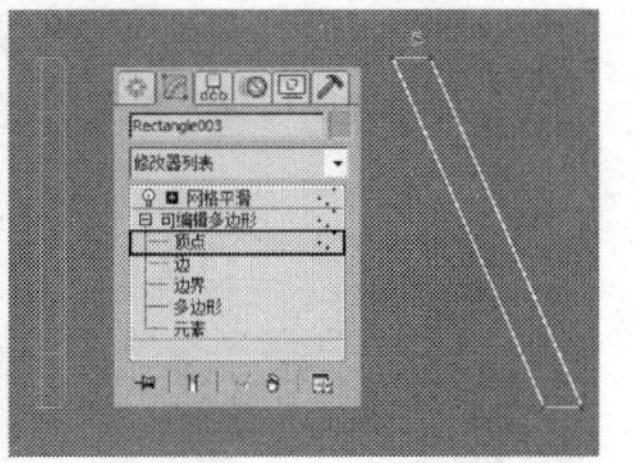

图8-411

05 使用“选择并移动”工具选择上一步调整好的模型，然后按住Shift键移动复制出一个模型到如图8-412所示的位置。

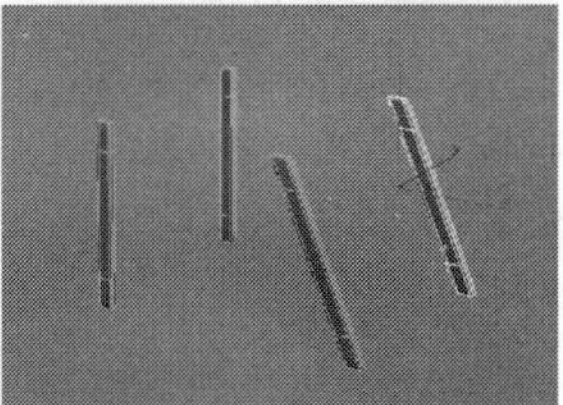

图8-412

06 下面创建座垫和靠背模型。使用“长方体”工具 长方体 在场景中创建一个长方体，然后在“参数”卷展栏下设置“长度”为140mm、“宽度”为180mm、“高度”为35mm，模型位置如图8-413所示。

图8-413

07 将长方体转换为可编辑多边形，然后进入“顶点”级别，接着在前视图中将右侧的顶点调整成如图8-414所示的效果，在透视图中的显示效果如图8-415所示。

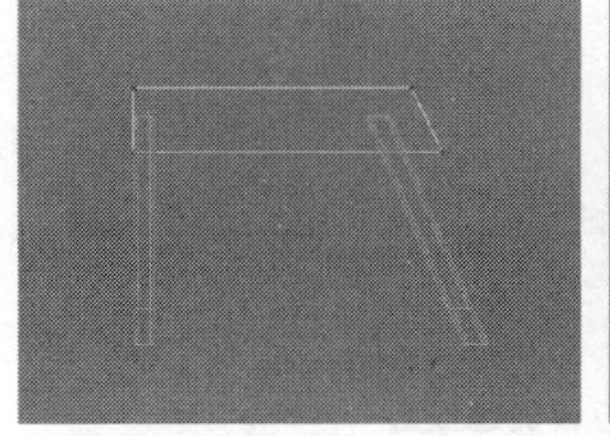

图8-414

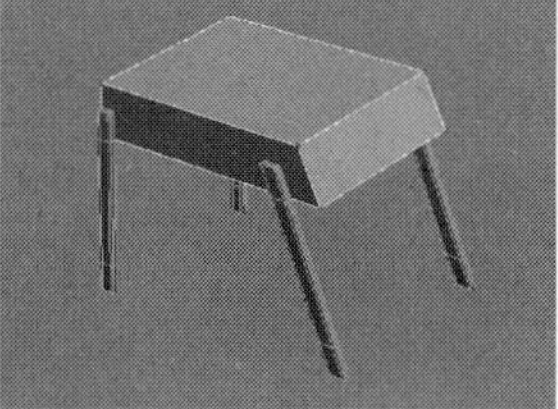

图8-415

08 进入“边”级别，然后选择所有的边，如图8-416所示，接着在“编辑边”卷展栏下单击“切角”按钮 切角 后面的“设置”按钮，最后设置“边切角量”为1mm，如图8-417所示。

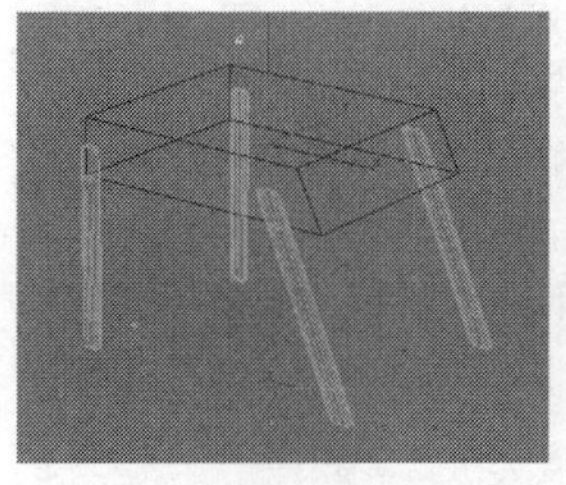

图8-416

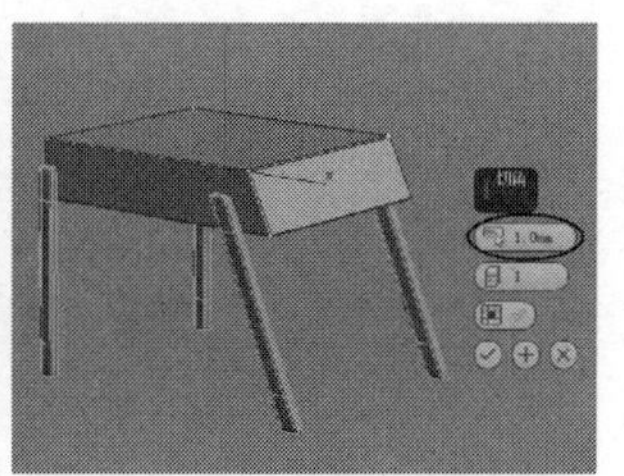

图8-417

09 为模型加载一个“网格平滑”修改器，然后在“细分量”卷展栏下设置“迭代次数”为2，模型效果如图8-418所示。

图8-418

10 再次将模型转换为可编辑多边形，进入“边”级别，然后选择如图8-419所示的边，接着在“编辑边”卷展栏下单击“利用所选内容创建图形”按钮 利用所选内容创建图形 ，最后在弹出的对话框中设置“图形类型”为“线性”，如图8-420所示。

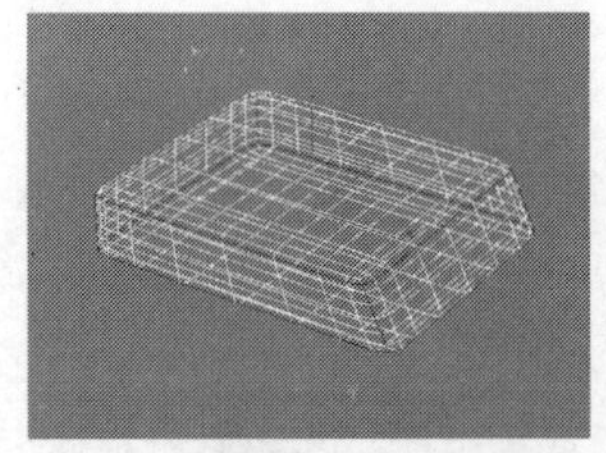

图8-419

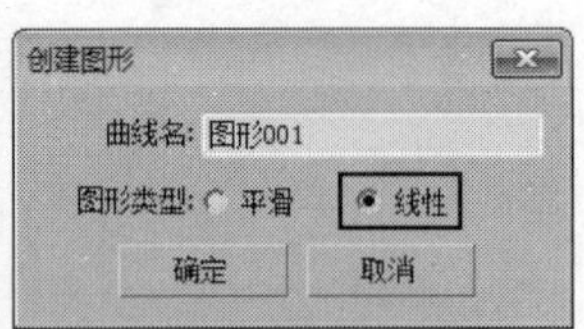

图8-420

11 选择“图形001”，然后在“渲染”卷展栏下勾选“在渲染中启用”和“在视口中启用”选项，接着勾选“径向”选项，最后设置“厚度”为1mm，模型效果如图8-421所示。

图8-421

技术专题 26 利用所选内容创建图形

在前面的第6章中介绍过网格建模的“由边创建图形”工具 由边创建图形 ，而多边形建模中也有个类似的工具，即“利用所选内容创建新图形”工具 利用所选内容创建图形 ，只是该工具要重要得多，同时也是多边形建模中使用频率最高的工具之一，可以将选定的边创建为样条线图形。选择边以后，单击该按钮可以弹出一个“创建图形”对话框，在该对话框中可以设置图形名称以及设置图形的类型，如果选择“平滑”类型，则生成的平滑的样条线，如图8-422所示；如果选择“线性”类型，则样条线的形状与选定边的形状保持一致，如图8-423所示。

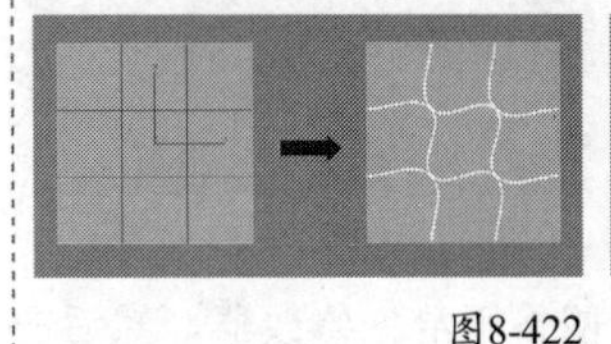

图8-422

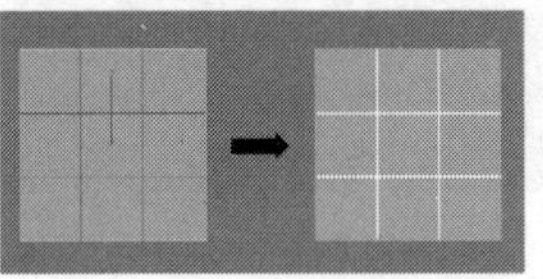

图8-423

12 使用“线”工具 线 在前视图中绘制如图8-424所示的样条线，这里提供一张孤立的选择图供用户参考，如图8-425所示，然后为其加载一个“挤出”修改器，接着在“参数”卷展栏下设置“数量”为12mm，模型效果如图8-426所示。

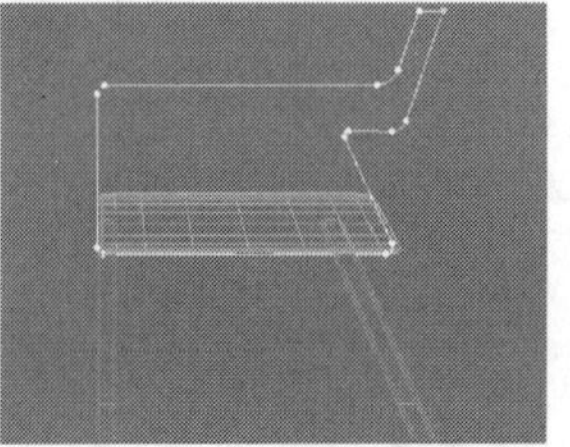

图8-424

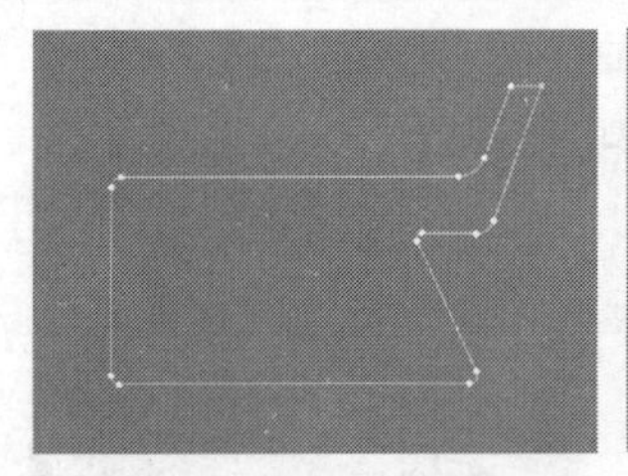

图8-425

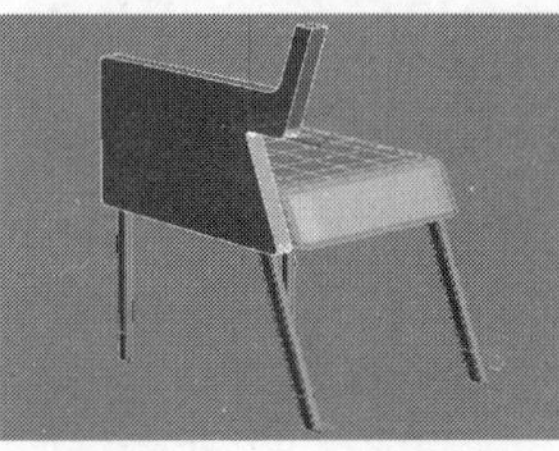

图8-426

13 将模型转换为可编辑多边形，进入“边”级别，然后在“编辑几何体”卷展栏下单击“切割”按钮 切割 ，接着在如图8-427所示的位置拖曳光标切割出一条边，切割完成后单击鼠标右键完成操作，效果如图8-428所示。

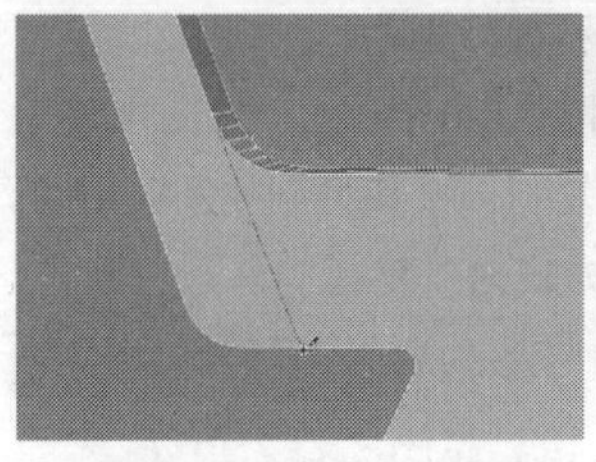

图8-427

图8-428

14 进入“多边形”级别，然后选择如图8-429所示的多边形，然后在“编辑多边形”卷展栏下单击“挤出”按钮 挤出 后面的“设置”按钮□，最后设置“高度”为75mm，如图8-430所示。

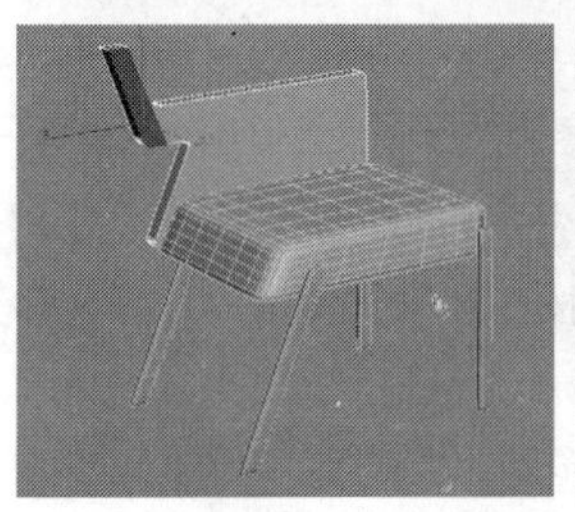

图8-429

图8-430

15 进入“边”级别，然后选择如图8-431所示的边，接着在“编辑边”卷展栏下单击“切角”按钮 切角 后面的“设置”按钮□，最后设置“边切角量”为1mm，如图8-432所示。

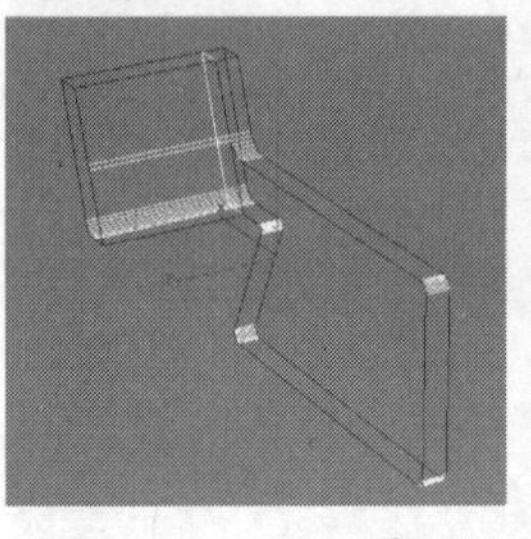

图8-431

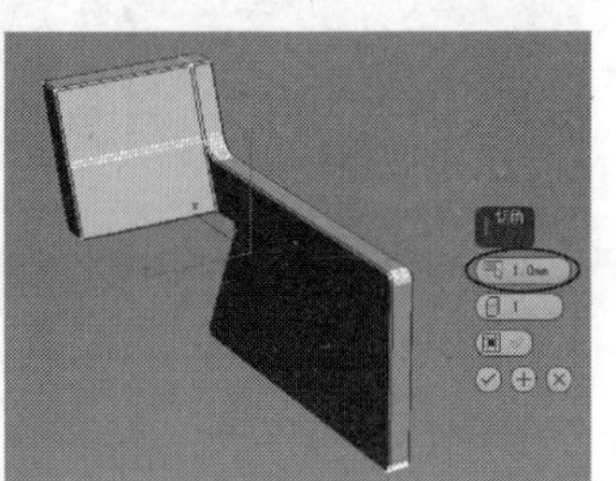

图8-432

16 选择如图8-433所示的边，然后在“编辑边”卷展栏下单击“利用所选内容创建图形”按钮 利用所选内容创建图形 ，接着在弹出的对话框中设置“图形类型”为“线性”，如图8-434所示。

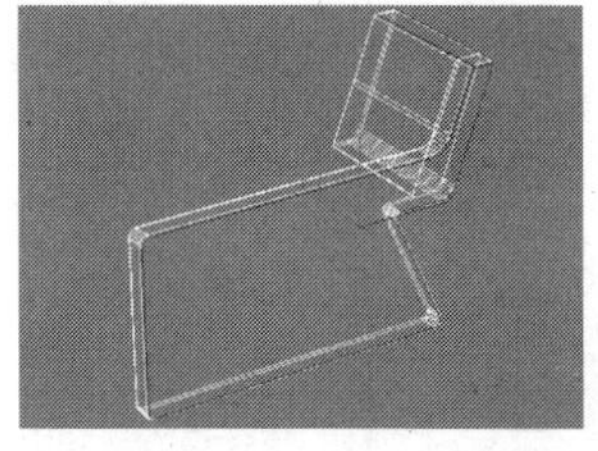

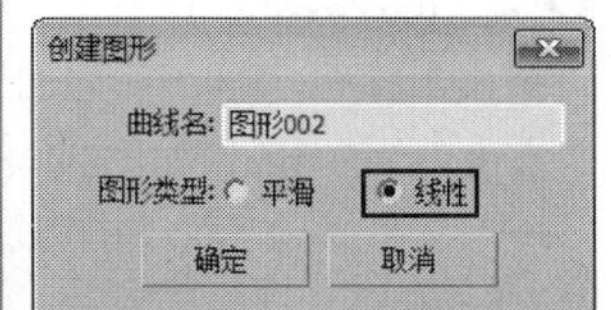

图8-433　　图8-434

17 选择“图形002”，然后在“渲染”卷展栏下勾选“在渲染中启用”和“在视口中启用”选项，接着勾选“径向”选项，最后设置“厚度”为1mm，模型效果如图8-435所示。

图8-435

18 选择靠背模型和“图形002”，执行“组>组”菜单命令，将其编为一组，然后切换到左视图，在“主工具栏”中单击“镜像”按钮，接着在弹出的对话框中设置“镜像轴”为x轴、“克隆当前选择”为“复制”，如图8-436所示，最后调整好复制出来的模型的具体位置，最终效果如图8-437所示。

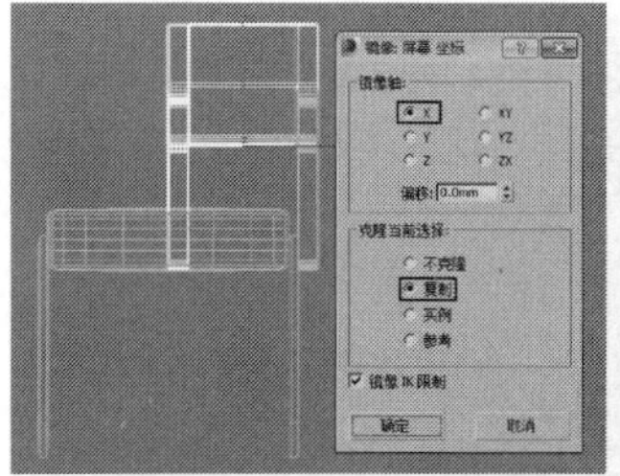

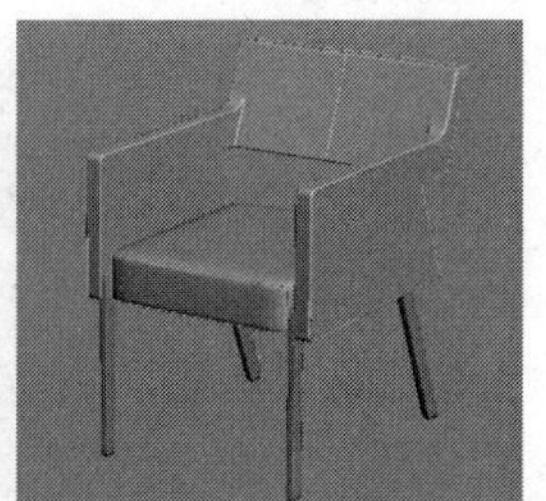

图8-436　　图8-437

实战149　简约组合餐桌椅

场景位置	无
实例位置	DVD>实例文件>CH08>实战149.max
视频位置	DVD>多媒体教学>CH08>149.flv
难易指数	★★☆☆☆
技术掌握	挤出工具、连接工具、切角工具

简约组合餐桌椅模型如图8-438所示。

图8-438

01 下面创建餐桌模型。使用“切角长方体”工具 切角长方体 在场景中创建一个切角圆柱体，然后在“参数”卷展栏下设置“长度”为140mm、“宽度”为200mm、“高度”为8mm、“圆角”为1mm、“圆角分段”为3，如图8-439所示。

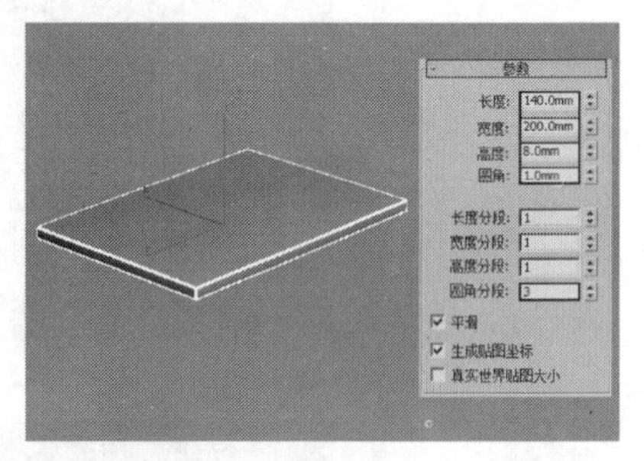

图8-439

技术专题 27 消除模型上的渐变光斑

在创建切角长方体或者切角圆柱体等对象时，模型的表面会呈现深浅不一的渐变色光斑，如图8-440所示。这种情况不仅会影响模型的显示效果，也会影响渲染效果。改善这种情况的方法主要有以下两种。

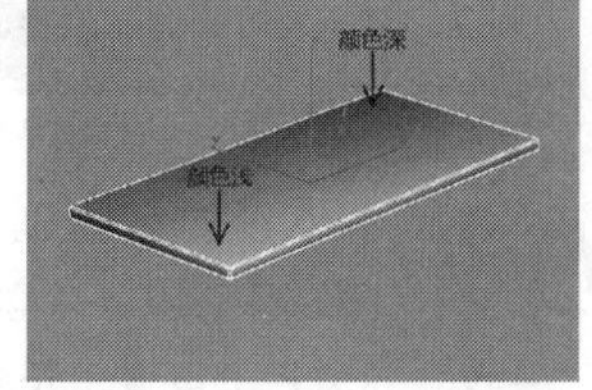

图8-440

第1种：直接在模型的“参数”卷展栏下关闭“平滑”选项，这样就可以消除光斑，如图8-441所示。

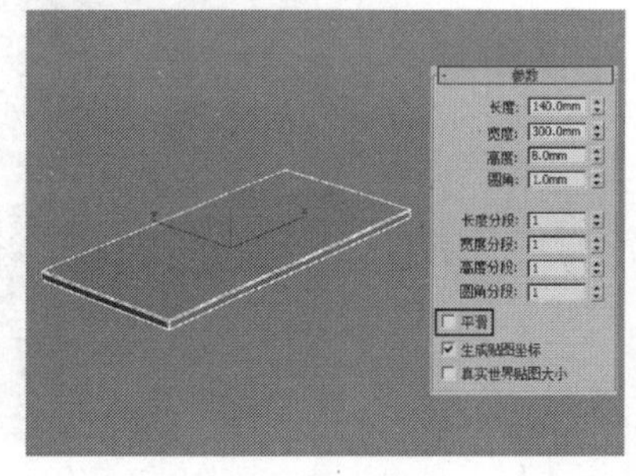

图8-441

第2种：为模型加载一个“平滑”修改器，同时不需要改动修改器的任何参数，这样也可以消除光斑，如图8-442所示。

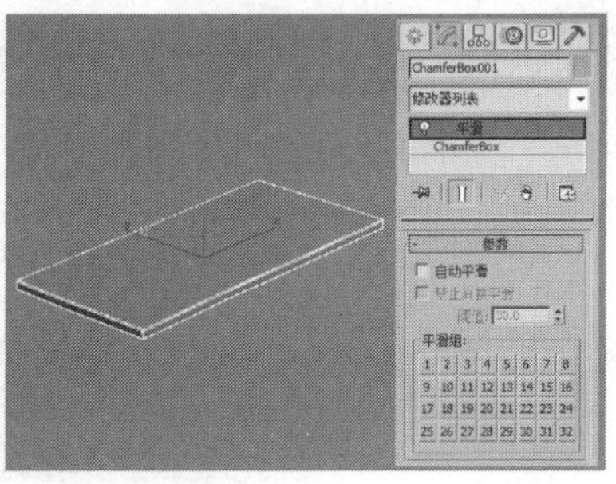

图8-442

02 继续使用“切角长方体”工具 切角长方体 在场景中创建两个切角长方体，具体参数设置以及模型位置如图8-443和图8-444所示。

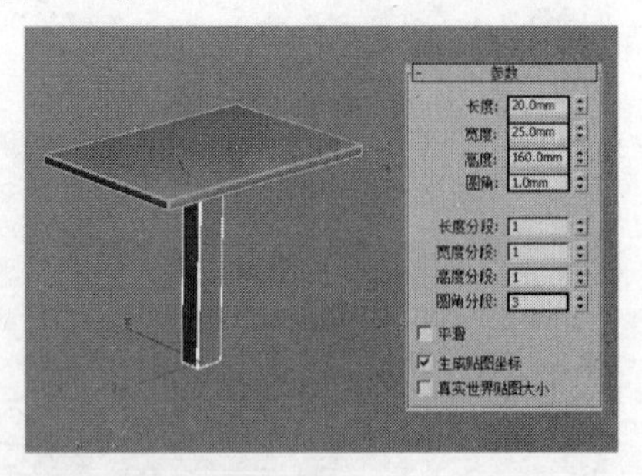

图8-443

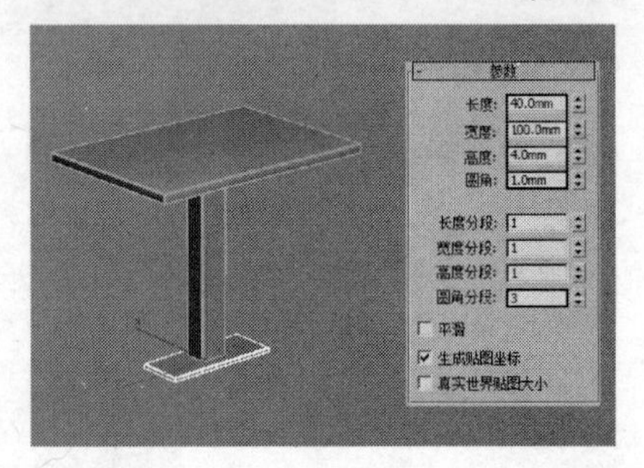

图8-444

03 下面创建餐椅模型。使用“长方体”工具 长方体 在场景中创建一个长方体，然后在“参数”卷展栏下设置“长度”为70mm、“宽度”为80mm、“高度”为5mm、“长度分段”为3、“宽度分段”为3，如图8-445所示。

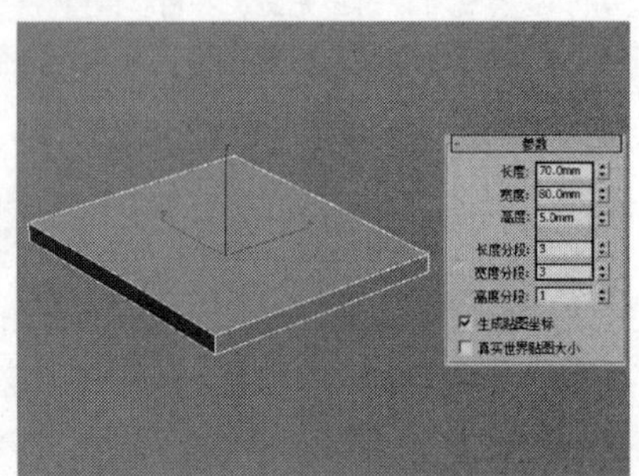

图8-445

04 将长方体转换为可编辑多边形，然后进入“顶点”级别，接着在顶视图中将顶点调整成如图8-446所示的效果。

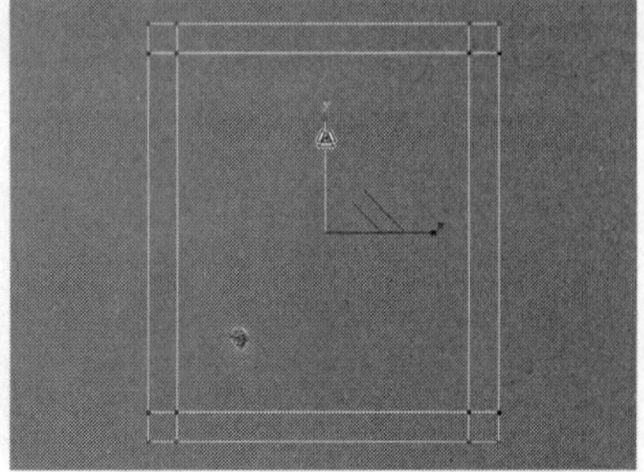

图8-446

05 进入“多边形”级别，然后选择如图8-447所示的多边形，接着在“编辑多边形”卷展栏下单击“挤出”按钮 挤出 后面的“设置”按钮▢，最后设置“高度”为50mm，如图8-448所示。

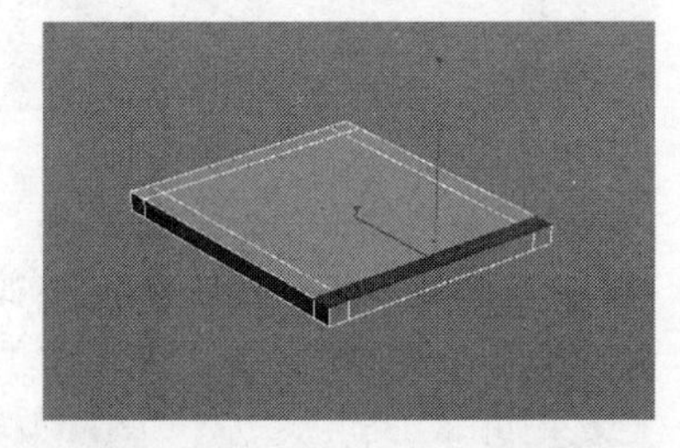

图8-447

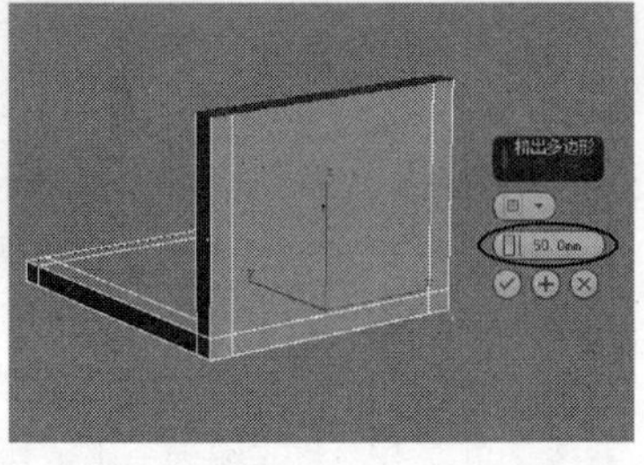

图8-448

06 选择如图8-449所示的多边形，然后在“编辑多边形”卷展栏下单击“挤出”按钮 挤出 后面的“设置”按钮▢，接着设置“高度”为100mm，如图8-450所示。

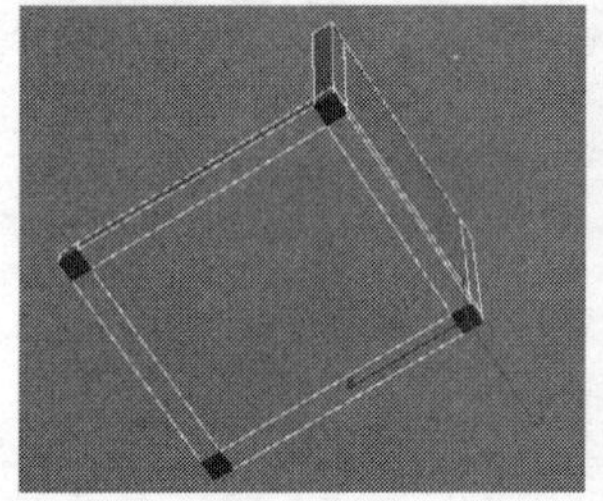

图8-449

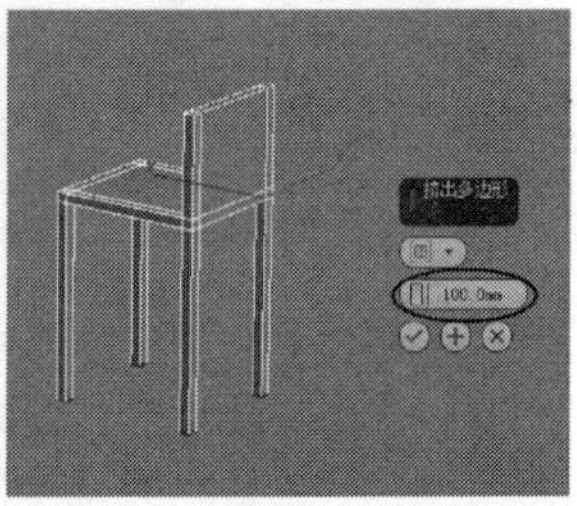

图8-450

07 进入“顶点”级别，然后在左视图中调整好顶点的位置，如图8-451所示，在透视图中的效果如图8-452所示。

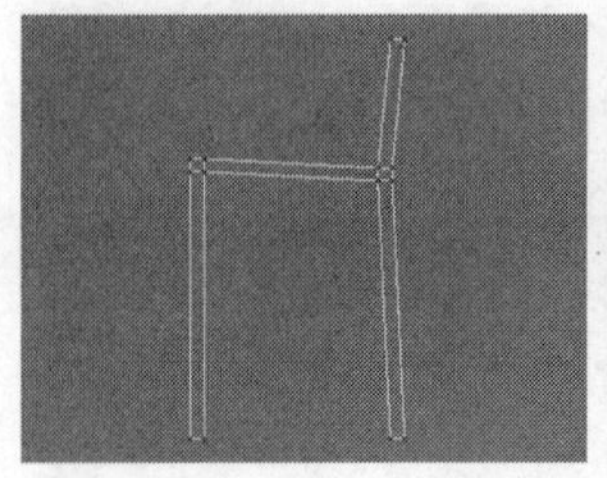

图8-451

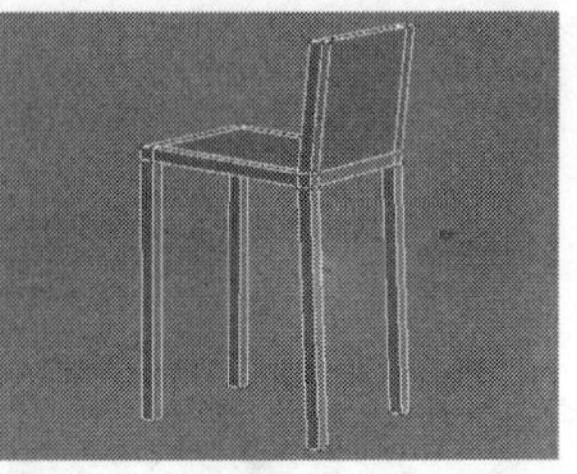

图8-452

08 进入“边”级别，然后选择如图8-453所示的边，接着在“编辑边”卷展栏下单击“连接”按钮 连接 后面的“设置”按钮▢，最后设置“分段”为1，如图8-454所示。

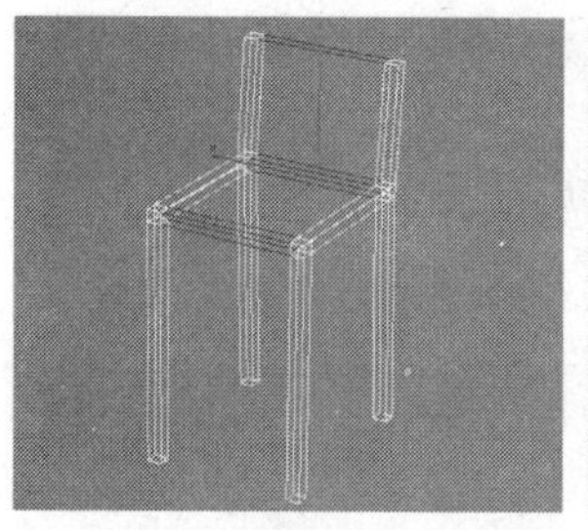

图8-453

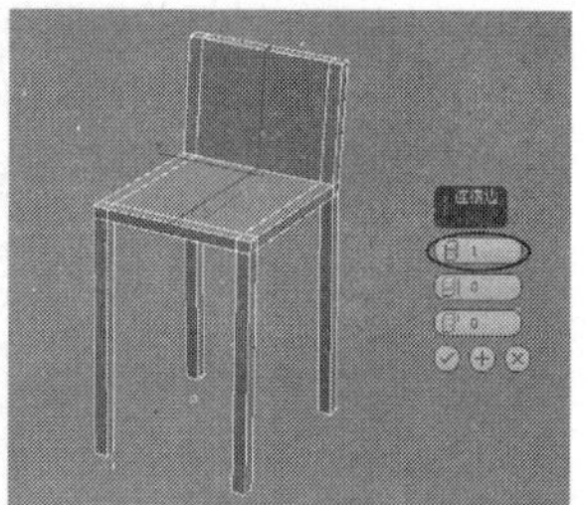

图8-454

09 进入“顶点”级别，然后在视图中将模型调整成如图8-455所示的效果（在正交视图中调节顶点时，需要随时观察透视图中模型的形状变化）。

图8-455

10 进入“边”级别，然后选择如图8-456所示的边，接着在“编辑边”卷展栏下单击“切角”按钮 切角 后面的“设置”按钮，最后设置“边切角量”为0.5mm，如图8-457所示。

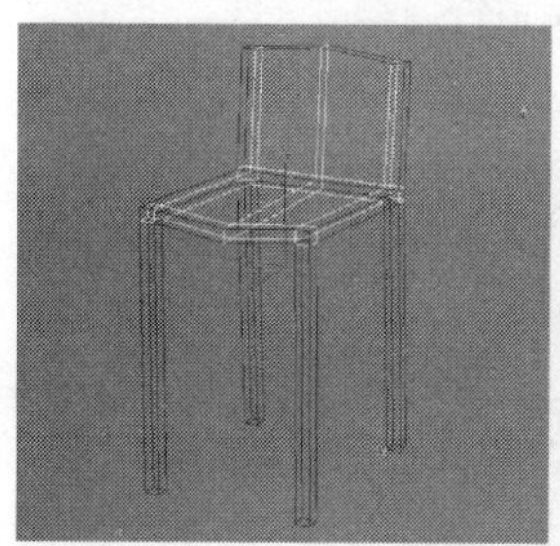

图8-456

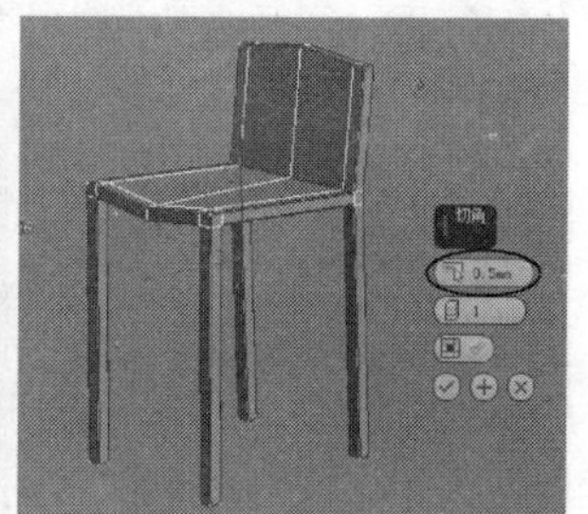

图8-457

11 为模型加载一个“网格平滑”修改器，然后在“细分量”卷展栏下设置“迭代次数”为2，模型效果如图8-458所示。

图8-458

12 使用“线”工具 矩形 在顶视图中绘制一个如图8-459所示的矩形，然后在“渲染”卷展栏下勾选“在渲染中启用”和“在视口中启用”选项，接着勾选“径向”选项，最后设置“厚度”为2.5mm，效果如图8-460所示。

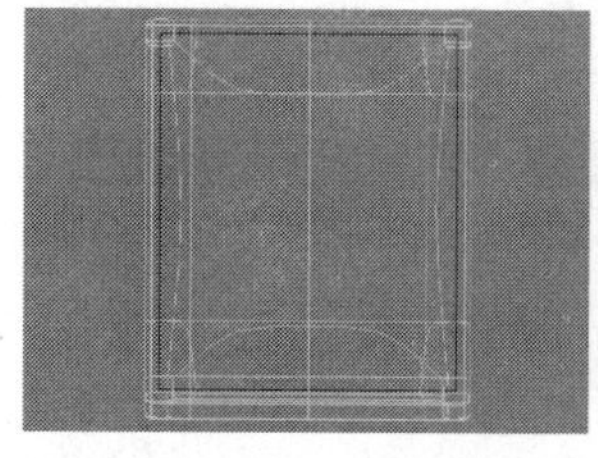

图8-459

图8-460

13 使用“镜像”工具镜像复制一把座椅到桌子的另一侧，最终效果如图8-461所示。

图8-461

实战150 田园组合餐桌椅

场景位置	无
实例位置	DVD>实例文件>CH08>实战150.max
视频位置	DVD>多媒体教学>CH08>实战150.flv
难易指数	★★☆☆☆
技术掌握	挤出工具、切角工具、循环工具、利用所选内容创建图形工具

田园组合餐桌椅模型如图8-462所示。

图8-462

01 下面创建餐桌模型。使用“长方体”工具 长方体 在场景中创建一个长方体，然后在“参数”卷展栏下设置“长度”为100mm、“宽度”为150mm、“高度”为8mm，如图8-463所示。

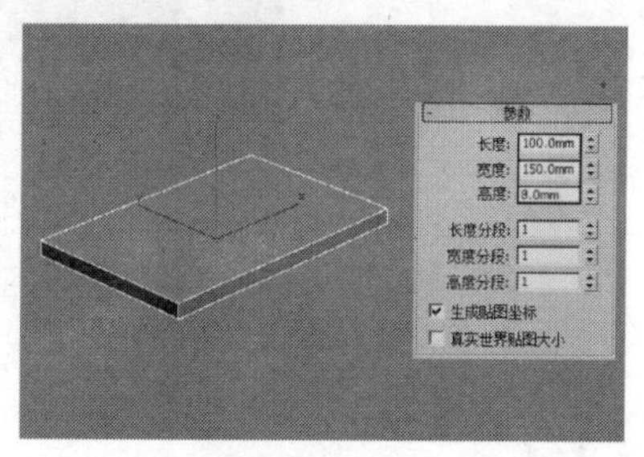

图8-463

02 使用“选择并移动”工具选择长方体，然后按住Shift键在前视图中移动复制出一个长方体到如图8-464所示的位置。

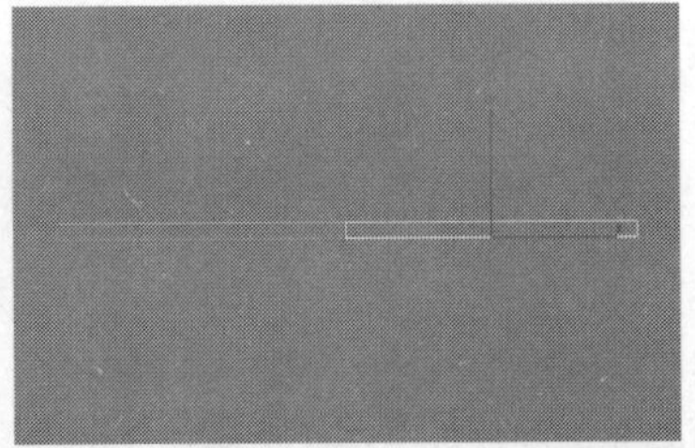

图8-464

03 使用“长方体”工具 长方体 在场景中创建出其他的长方体，具体参数设置及模型位置如图8-465~图8-468所示。

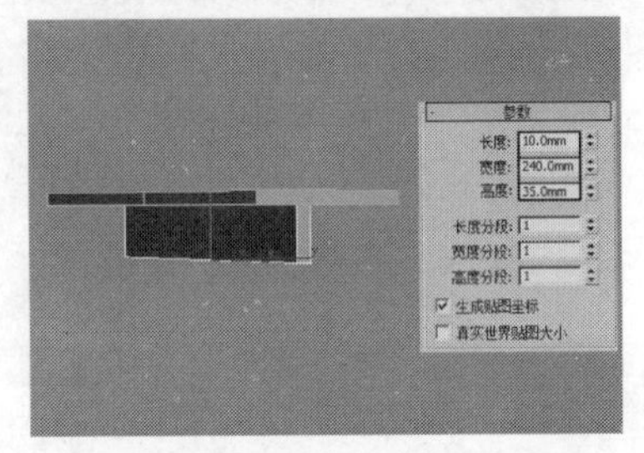

图8-465

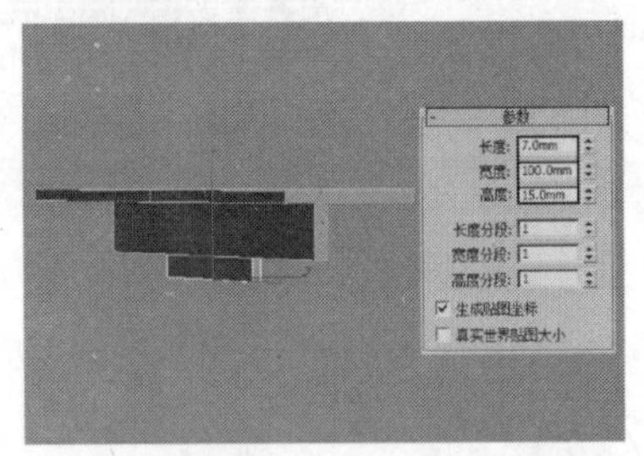

图8-466

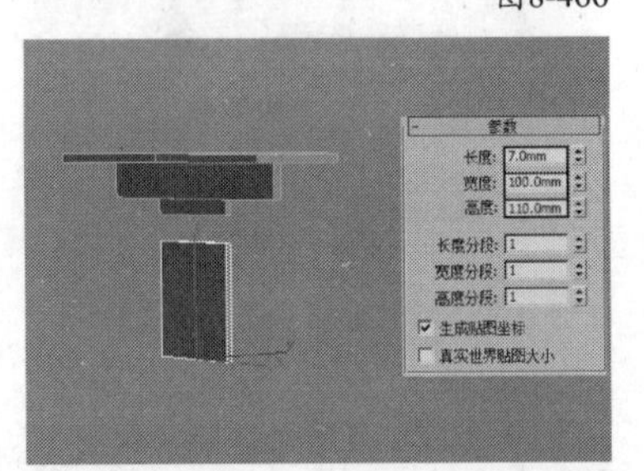

图8-467

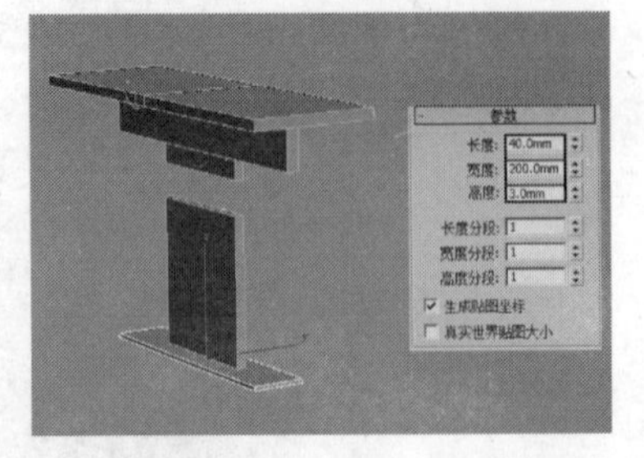

图8-468

04 使用“线”工具 线 在前视图中绘制如图8-469所示的样条线，然后在“渲染”卷展栏下勾选“在渲染中启用”和“在视口中启用”选项，接着勾选“矩形”选项，最后设置“长度”为7mm、“宽度”为1mm，模型效果如图8-470所示。

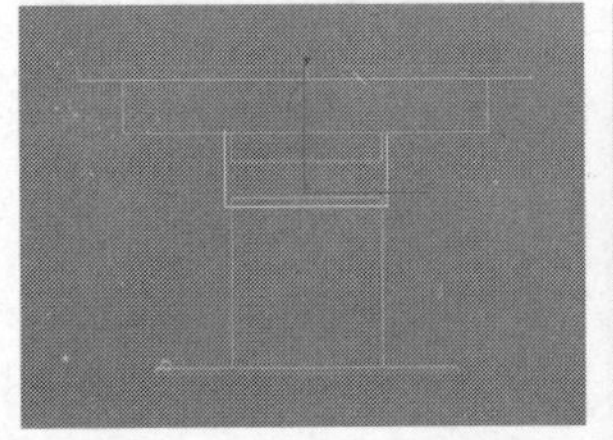

图8-469

图8-470

05 继续使用“线”工具 线 创建其他模型，完成后的效果如图8-471所示。

图8-471

06 下面创建餐椅模型。使用“长方体”工具 长方体 在场景中创建一个长方体，然后在“参数”卷展栏下设置“长度”为80mm、“宽度”为95mm、“高度”为8mm、“长度分段”为4、“宽度分段”为4、“高度分段”为2，如图8-472所示。

07 将长方体转换为可编辑多边形，进入“顶点”级别，然后在前视图中将顶点调整成如图8-473所示的效果。

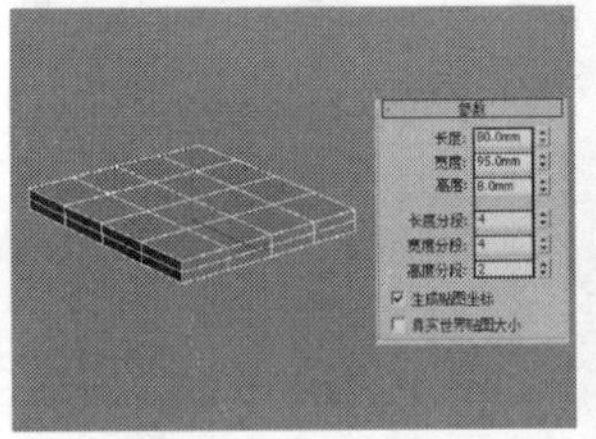

图8-472

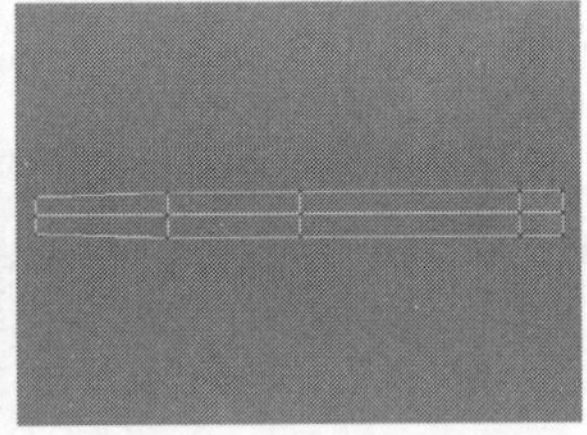

图8-473

08 进入“多边形”级别，然后选择如图8-474所示的多边形，接着在“编辑多边形”卷展栏下单击“挤出”按钮 挤出 后面的“设置”按钮，最后设置“高度”为20mm，如图8-475所示。

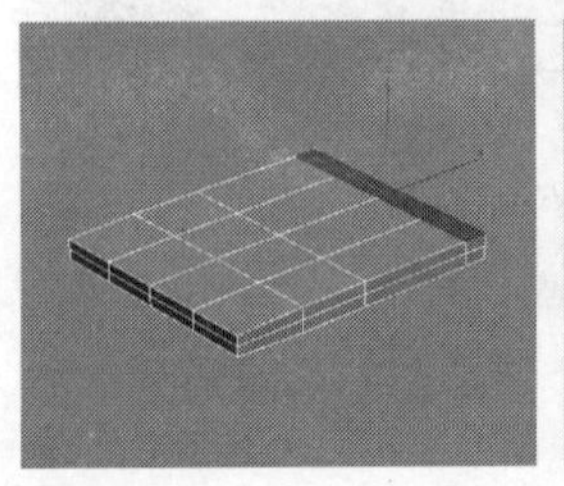

图8-474

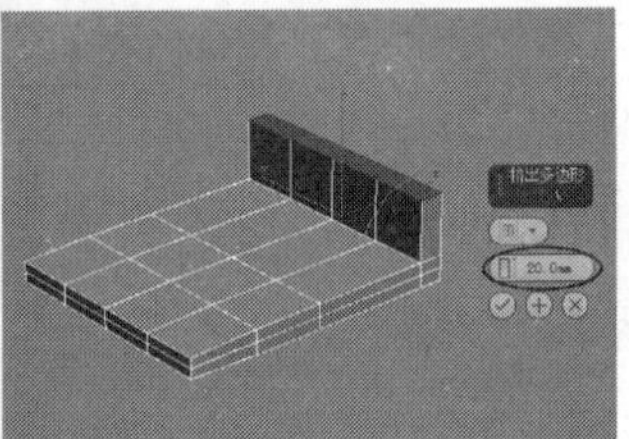

图8-475

09 继续使用“挤出”工具 挤出 将模型挤出3次，挤出的“高度”都为20mm，完成后的模型效果如图8-476所示。

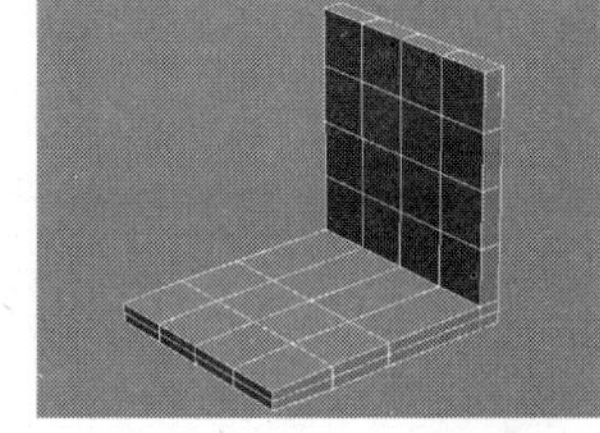

图8-476

10 进入“顶点”级别，然后在各个视图中仔细调节模型的顶点，完成后的效果如图8-477所示。

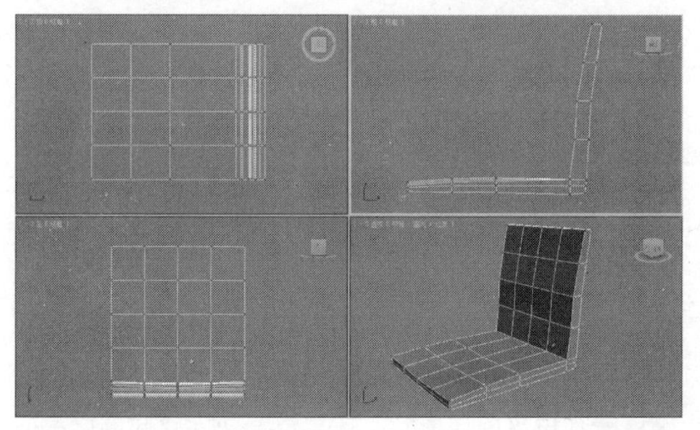

图8-477

11 进入“边”级别，然后选择如图8-478所示的边，接着在“编辑边”卷展栏下单击“切角”按钮 切角 后面的“设置”按钮，最后设置“边切角量”为1mm，如图8-479所示。

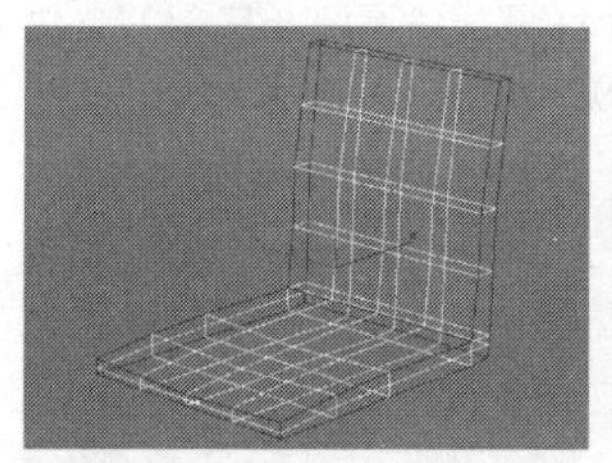

图8-478

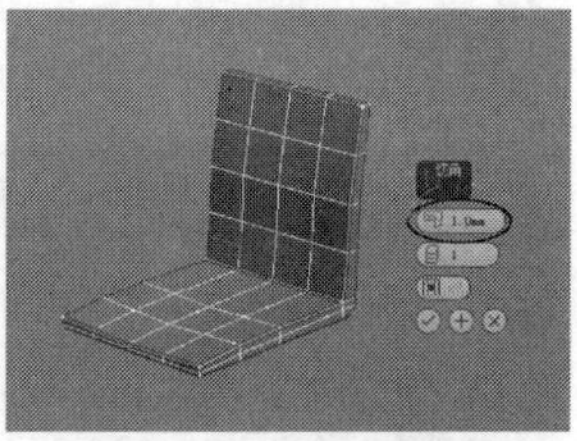

图8-479

12 为模型加载一个“网格平滑”修改器，然后在“细分量”卷展栏下设置“迭代次数”为2，模型效果如图8-480所示。

图8-480

13 再次将模型转换为可编辑多边形，然后进入“边”级别，接着选择边缘上的一条边，如图8-481所示，最后在“选择”卷展栏下单击“循环”按钮 循环 ，这样就选中了一圈边，如图8-482所示。

图8-481

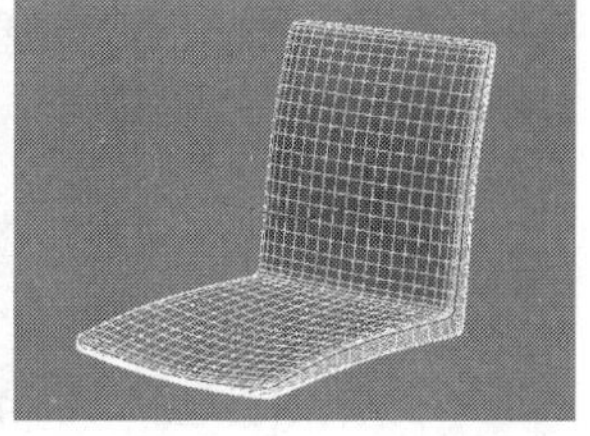

图8-482

14 保持对边的选择，在“编辑边”卷展栏下单击“利用所选内容创建图形”按钮 利用所选内容创建图形 ，然后在弹出的对话框中设置“图形类型”为“线性”，如图8-483所示。

15 选择“图形001”，然后在“渲染”卷展栏下勾选“在渲染中启用”和“在视口中启用”选项，接着勾选“径向”选项，最后设置“厚度”为0.6mm，模型效果如图8-484所示。

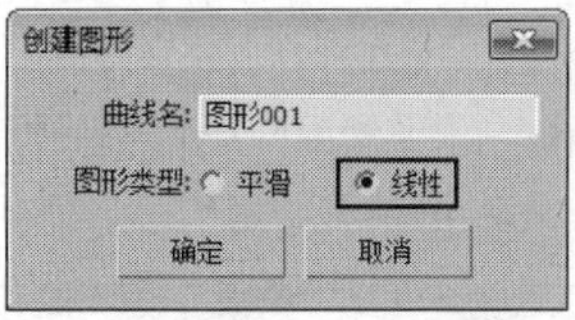

创建图形
曲线名: 图形001
图形类型: 平滑 线性
确定 取消

图8-483

图8-484

16 使用“线”工具 线 在左视图中绘制出如图8-485所示的样条线，然后在“渲染”卷展栏下勾选“在渲染中启用”和“在视口中启用”选项，接着勾选“径向”选项，最后设置“厚度”为2.5mm，模型效果如图8-486所示。

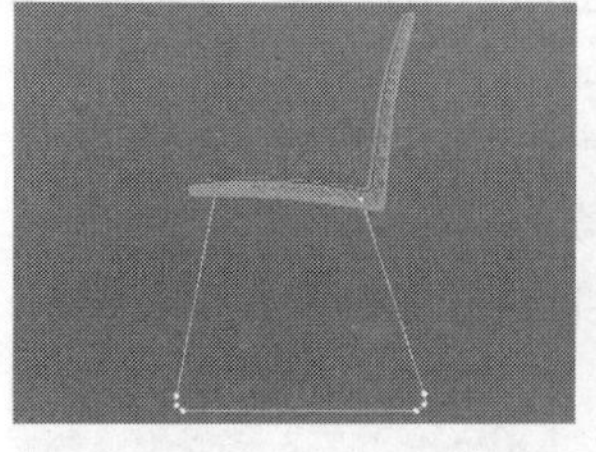

图8-485

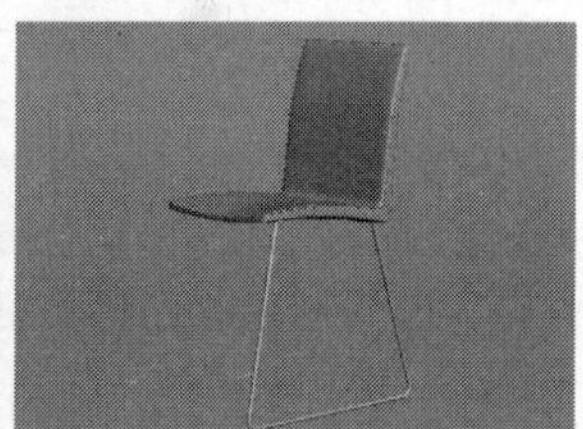

图8-486

17 使用“选择并移动”工具选择腿部模型，然后按住Shift键移动复制一个模型到另一侧，如图8-487所示。

18 选择椅子模型，然后使用“选择并旋转”工具旋转复制一把椅子模型到桌子的另一侧，最终效果如图8-488所示。

图8-487

图8-488

实战151 中式餐桌椅

场景位置	无
实例位置	DVD>实例文件>CH08>实战151.max
视频位置	DVD>多媒体教学>CH08>实战151.flv
难易指数	★★☆☆☆
技术掌握	切角工具、插入工具、挤出工具

中式餐桌椅模型如图8-489所示。

图8-489

01 下面创建餐桌模型。使用“圆柱体”工具 圆柱体 在场景中创建一个圆柱体，然后在“参数”卷展栏下设置“半径”为100mm、“高度”为7mm、“高度分段”为1、“边数”为36，如图8-490所示。

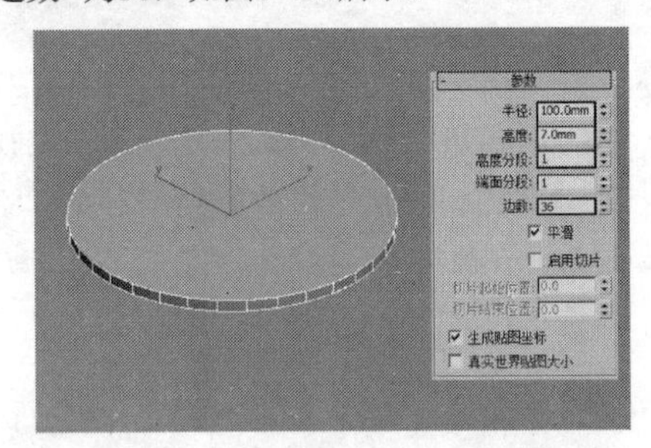

图8-490

02 选择圆柱体，然后使用“选择并均匀缩放”工具在顶视图中沿y轴负方向进行缩放，如图8-491所示，缩放完成后的模型效果如图8-492所示。

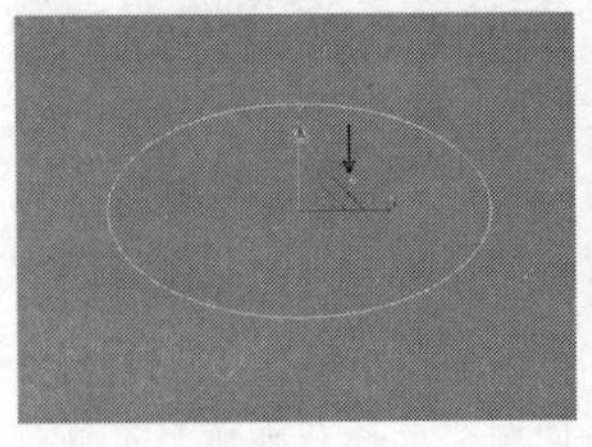

图8-491

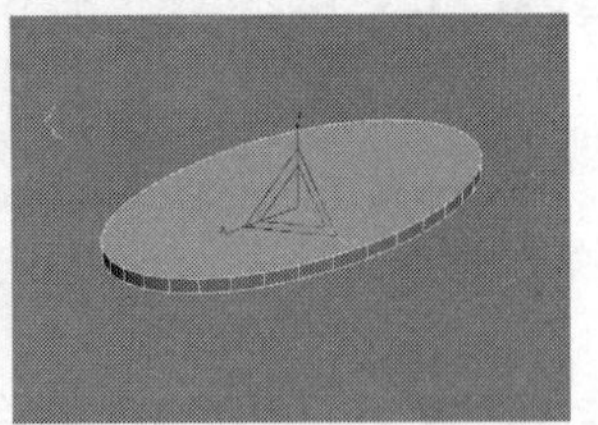

图8-492

03 将模型转换为可编辑多边形，进入“边”级别，然后选择如图8-493所示的边，接着在“编辑边”卷展栏下单击“切角”按钮 切角 后面的“设置”按钮，最后设置“边切角量”为1mm、“分段”为6，如图8-494所示。

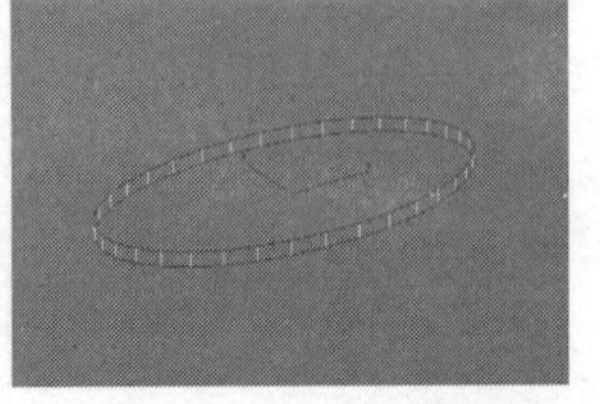

图8-493

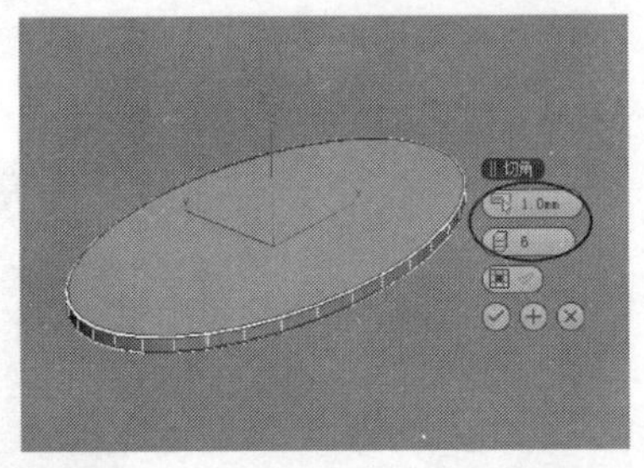

图8-494

04 使用“线”工具 线 在前视图中绘制如图8-495所示的样条线，然后在“渲染”卷展栏下勾选“在渲染中启用”和“在视口中启用”选项，接着勾选“径向”选项，最后设置“厚度”为3.5mm，模型效果如图8-496所示。

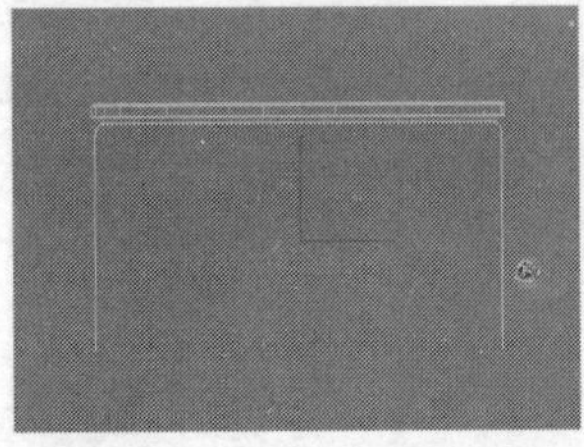

图8-495

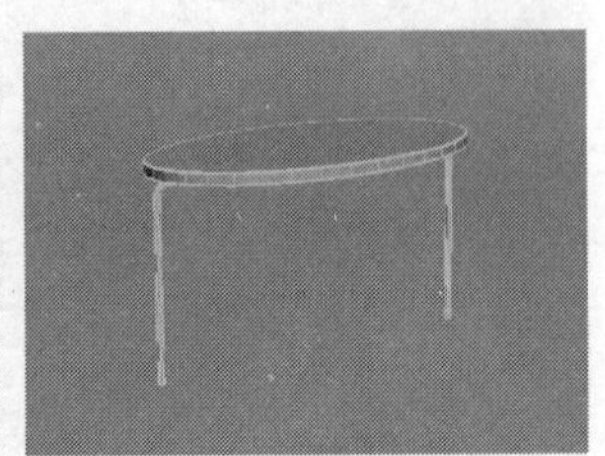

图8-496

05 使用“圆柱体”工具 圆柱体 在桌腿的底部创建一个圆柱体，然后在“参数”卷展栏下设置“半径”为2.3mm、“高度”为0.8mm、“高度分段”为1、“边数”为36，接着复制一个圆柱体到另一个桌腿的底部，如图8-497所示。

06 采用相同的方法制作好另一条桌腿与底部的垫块模型，完成后的效果如图8-498所示。

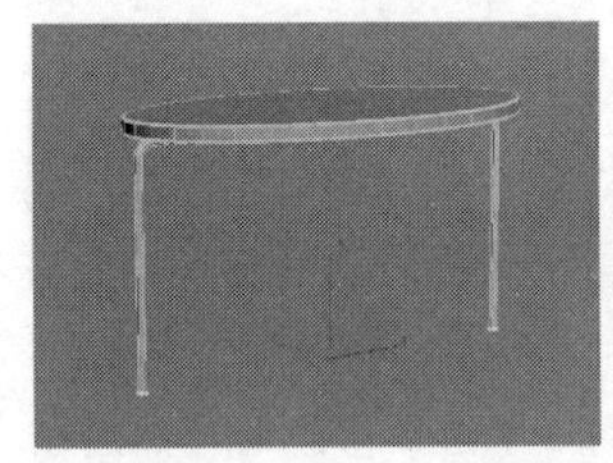

图8-497

图8-498

07 下面创建餐椅模型。使用“长方体”工具 长方体 在场景中创建一个长方体，然后在“参数”卷展栏下设置“长度”为45mm、“宽度”为45mm、“高度”为3mm，如图8-499所示。

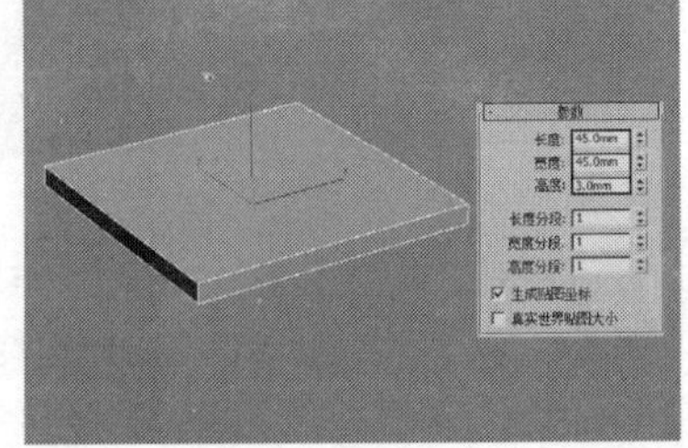

图8-499

08 将长方体转换为可编辑多边形，进入“边”级别，然后选择如图8-500所示的边（长方体4角上的竖边），接着在“编辑边”卷展栏下单击“切角”按钮 切角 后面的“设置”按钮□，最后设置“边切角量”为8mm、“分段”为2，如图8-501所示。

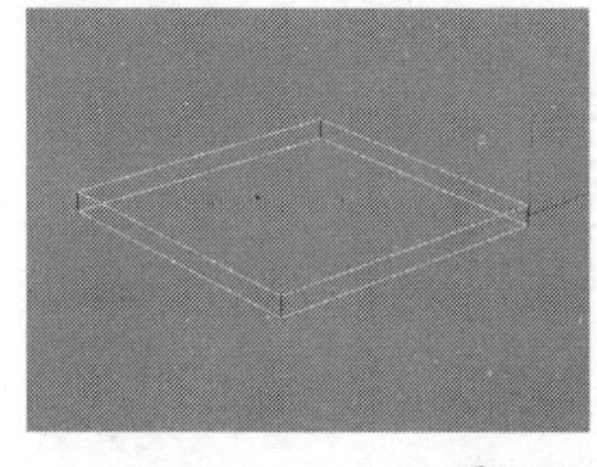
图8-500

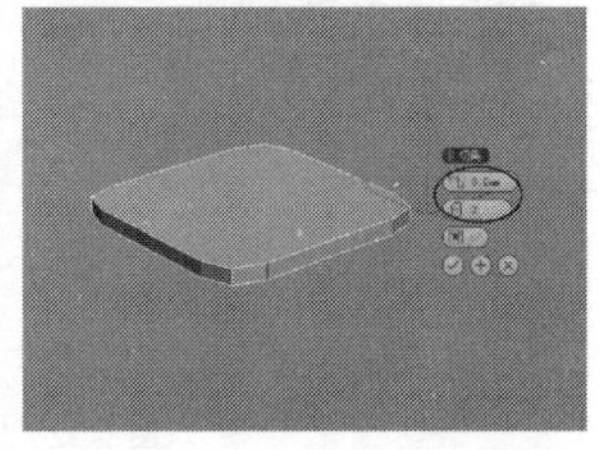
图8-501

09 进入“多边形”级别，然后选择如图8-502所示的多边形，接着在“编辑多边形”卷展栏下单击“插入”按钮 插入 后面的“设置”按钮□，最后设置“数量”为1mm，如图8-503所示。

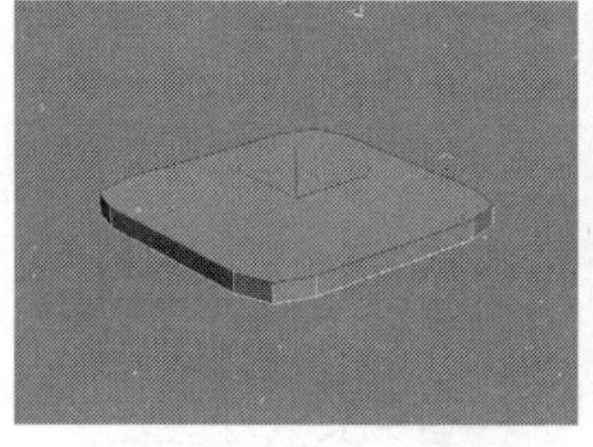
图8-502

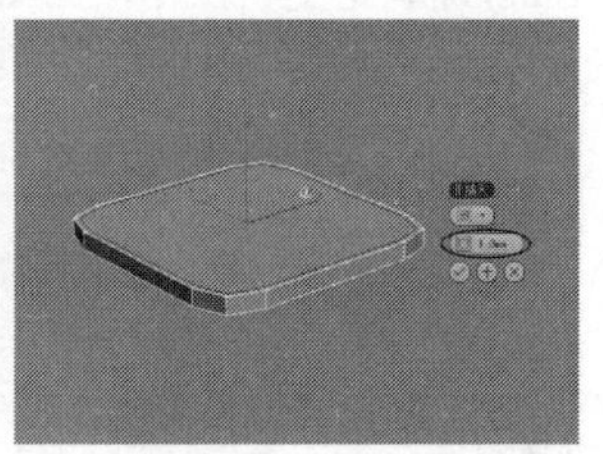
图8-503

10 选择如图8-504所示的多边形，然后在“编辑多边形”卷展栏下单击“挤出”按钮 挤出 后面的“设置”按钮□，接着设置“高度”为10mm，如图8-505所示。

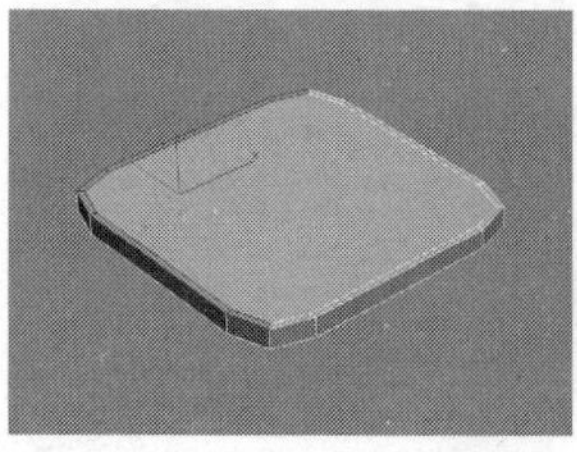
图8-504

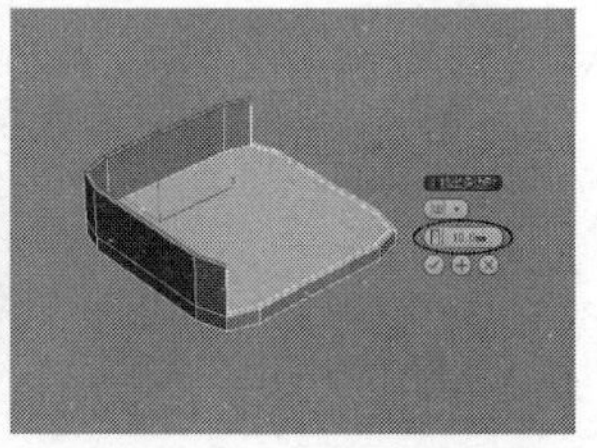
图8-505

11 保持对多边形的选择，在“编辑多边形”卷展栏下单击“挤出”按钮 挤出 后面的“设置”按钮□，然后在弹出的对话框中设置“高度”为10mm，如图8-506所示。

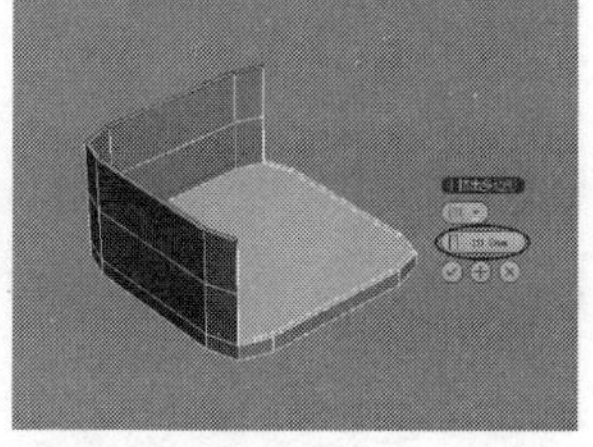
图8-506

12 进入“边”级别，然后选择如图8-507所示的边，接着在“编辑边”卷展栏下单击“切角”按钮 切角 后面的“设置”按钮□，最后设置“边切角量”为10mm、“分段”为2，如图8-508所示。

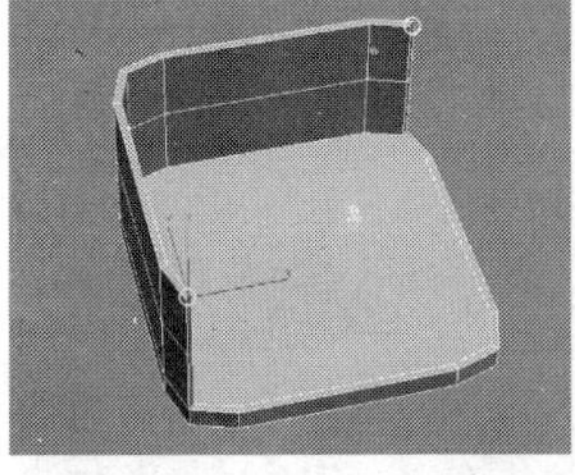
图8-507

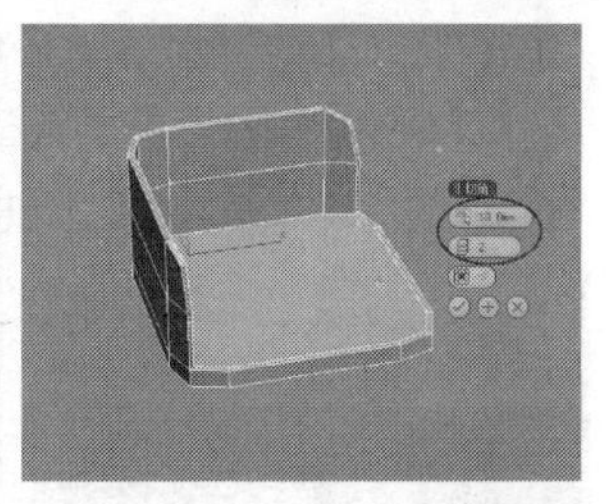
图8-508

13 选择如图8-509所示的边，然后在“编辑边”卷展栏下单击“切角”按钮 切角 后面的“设置”按钮□，接着设置“边切角量”为0.15mm，如图8-510所示。

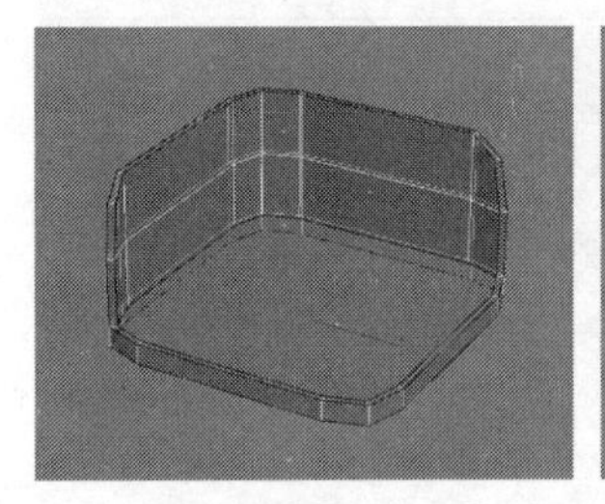
图8-509

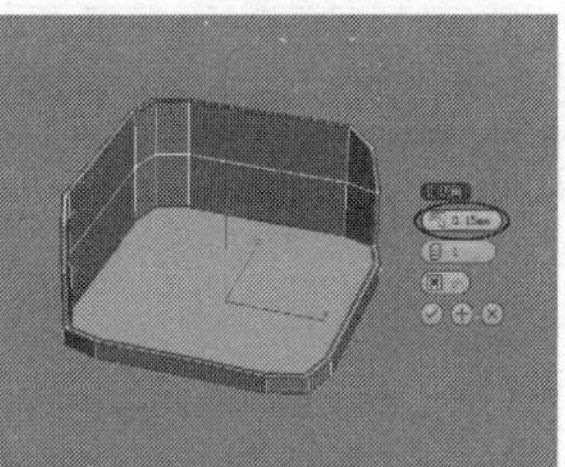
图8-510

14 为模型加载一个“网格平滑”修改器，然后在“细分量”卷展栏下设置“迭代次数”为2，模型效果如图8-511所示。

15 采用多边形建模方法制作出椅垫模型（具体制作方法与上面一致，在这里就不再进行重复讲解），完成后的效果如图8-512所示。

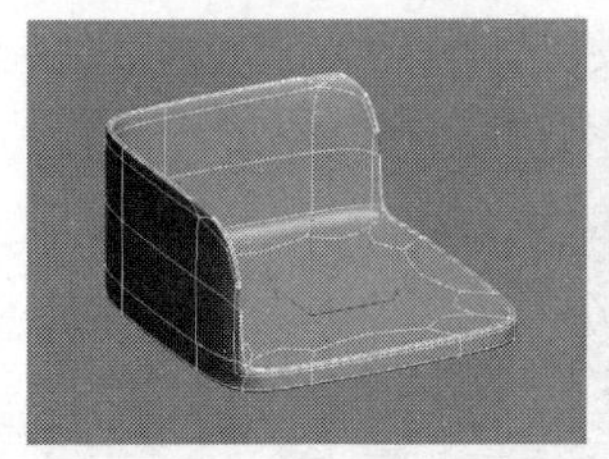
图8-511

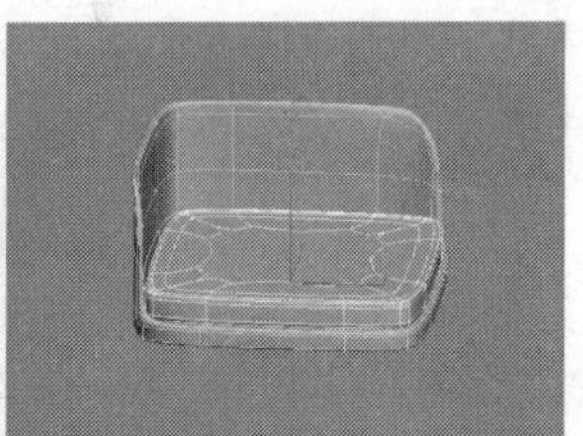
图8-512

16 使用“线”工具 线 在前视图中绘制如图8-513所示的样条线，然后在“渲染”卷展栏下勾选“在渲染中启用”和“在视口中启用”选项，接着勾选“径向”选项，最后设置“厚度”为2mm，模型效果如图8-514所示。

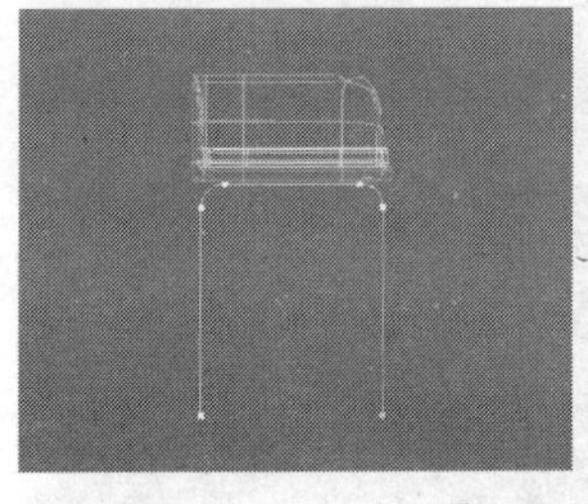
图8-513

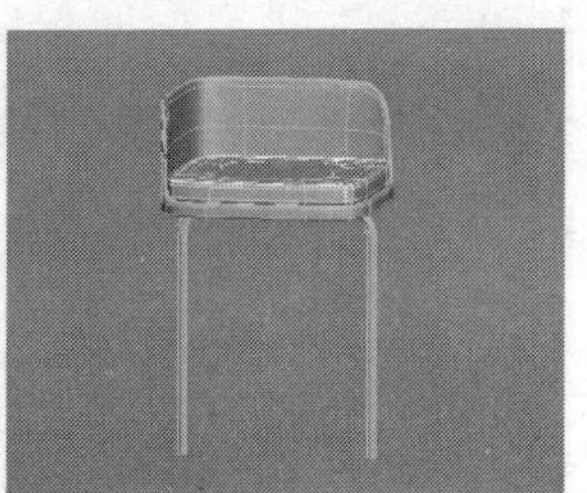
图8-514

17 使用“选择并旋转”工具○旋转复制一个椅腿模型，完成后的效果如图8-515所示。

18 选择椅子模型，然后使用“选择并旋转”工具旋转复制3把椅子模型到相应的位置，中式餐桌椅模型的最终效果如图8-516所示。

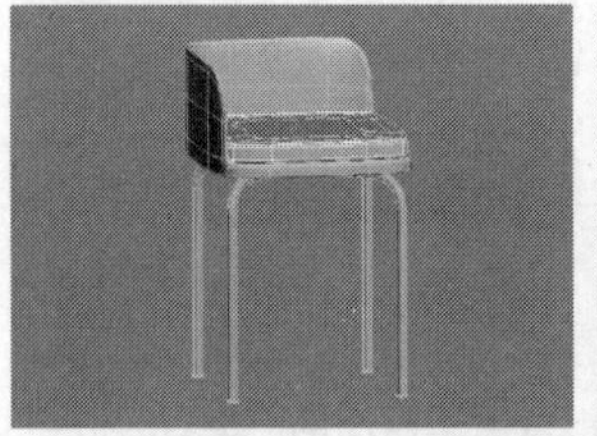

图8-515

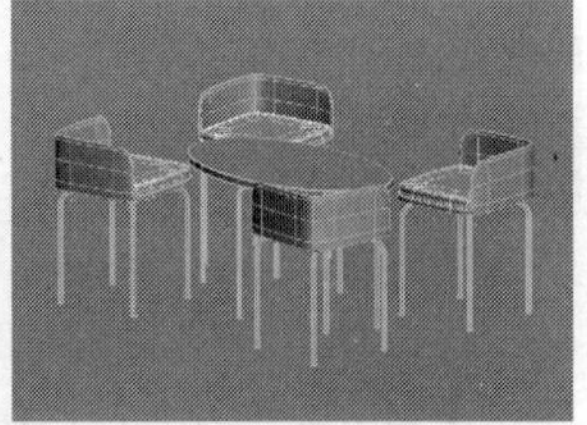

图8-516

实战152 座便器

场景位置	无
实例位置	DVD>实例文件>CH08>实战152.max
视频位置	DVD>多媒体教学>CH08>实战152.flv
难易指数	★★★☆☆
技术掌握	挤出工具、插入工具、倒角工具、切角工具

座便器模型如图8-517所示。

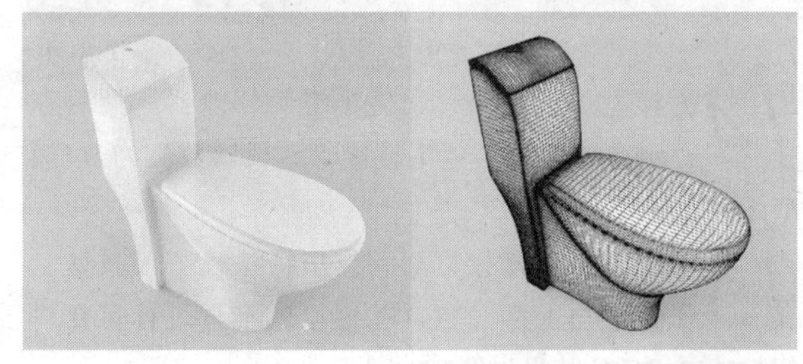

图8-517

01 下面创建主体模型。使用“圆柱体”工具 圆柱体 在场景中创建一个圆柱体，然后在“参数”卷展栏下设置“半径”为30mm、“高度”为90mm、“边数”为8，如图8-518所示。

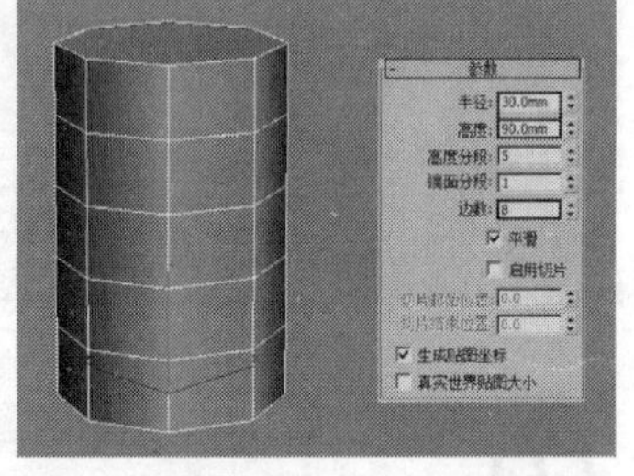

图8-518

02 将圆柱体转换为可编辑多边形，然后进入“顶点”级别，接着将模型调整成如图8-519所示的效果。

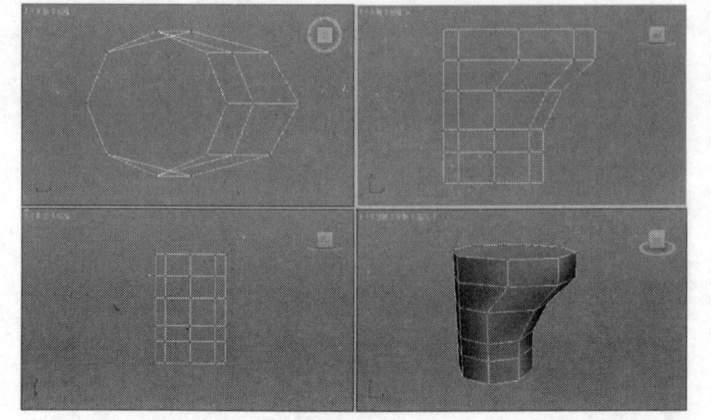

图8-519

03 进入“多边形”级别，然后选择如图8-520所示的多边形，接着在“编辑多边形”卷展栏下单击“挤出”按钮 挤出 后面的“设置”按钮，最后设置“高度”为20mm，如图8-521所示。

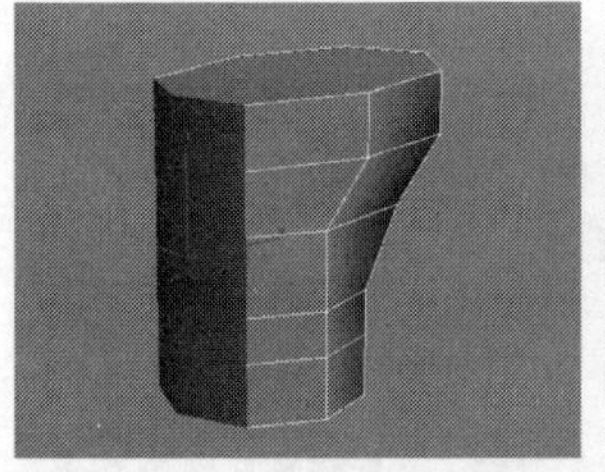

图8-520

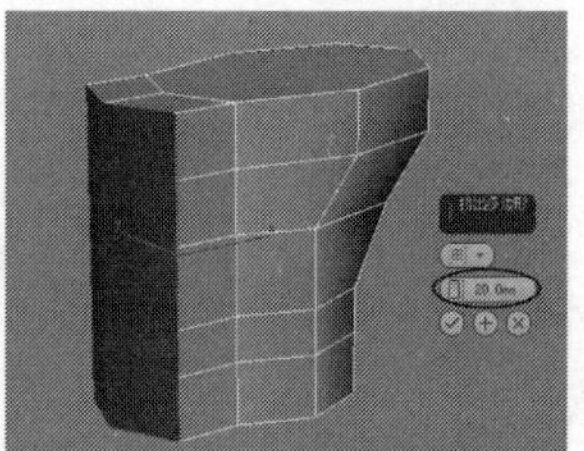

图8-521

04 进入“顶点”级别，然后使用“选择并移动”工具在顶视图中框选如图8-522所示的顶点，然后在“选择并移动”工具上单击鼠标右键，接着在弹出的对话框中设置“绝对:世界”的x轴为-50mm，并按Enter键确定变换操作，如图8-523所示，效果如图8-524所示。

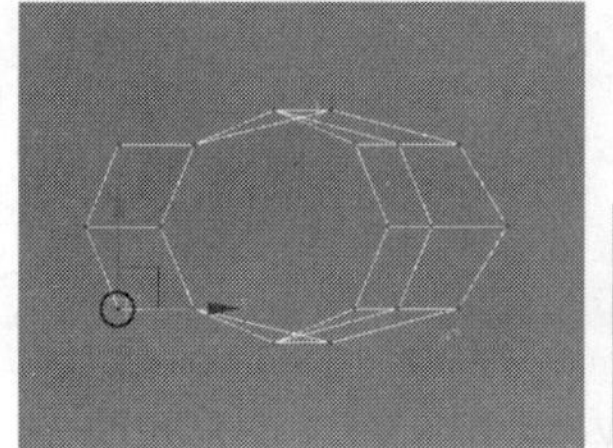

图8-522

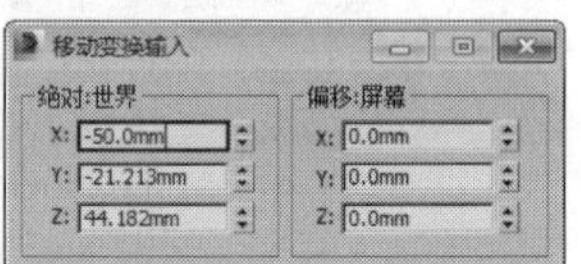

图8-523

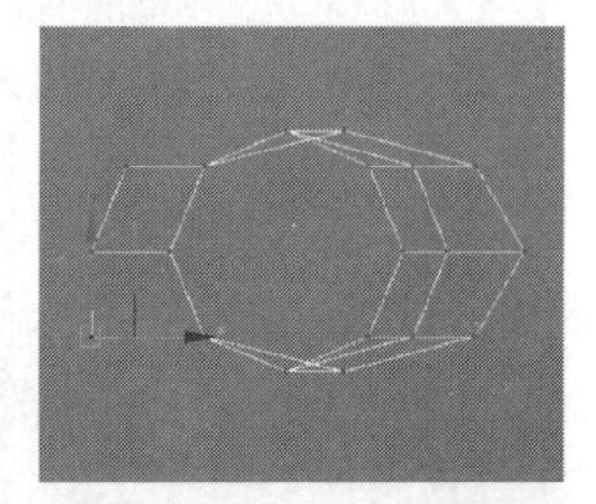

图8-524

05 采用相同的方法处理好上面的顶点，如图8-525所示，模型在透视图中的效果如图8-526所示。

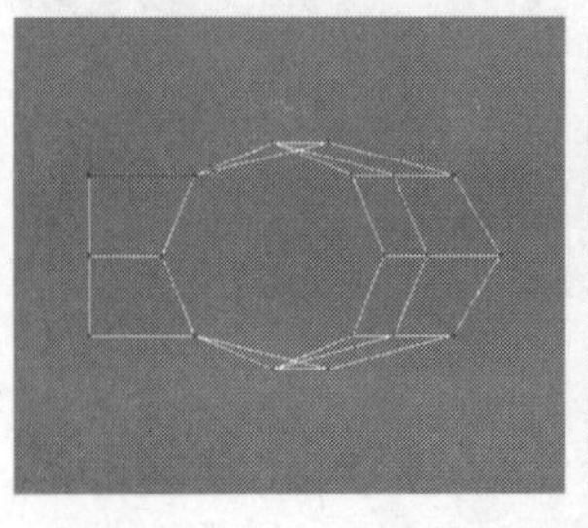

图8-525

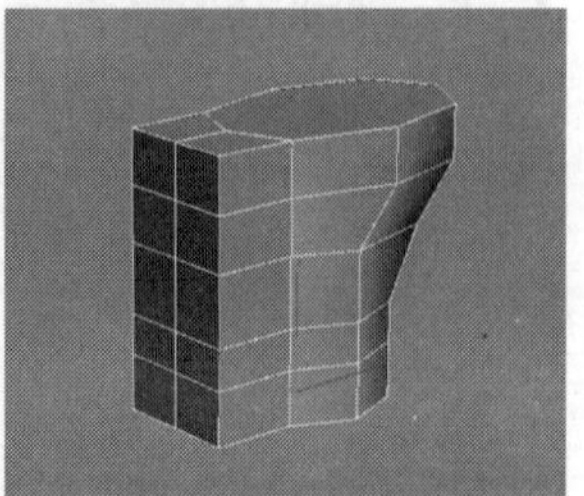

图8-526

06 继续在“顶点”级别下对模型的顶点进行调节，使模型的布线更加整洁，完成后的模型效果如图8-527所示。

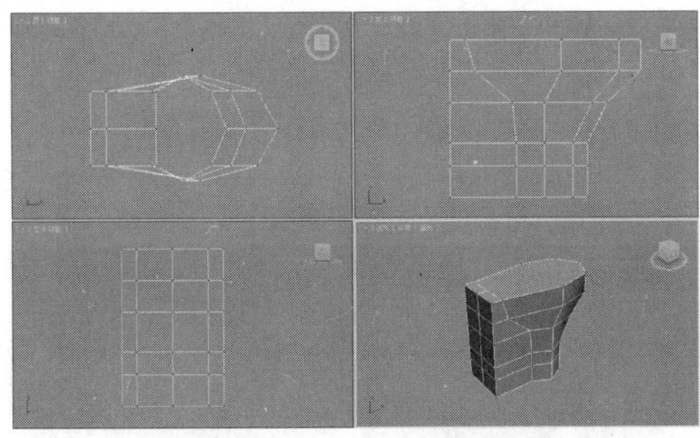

图8-527

07 下面创建水箱模型。进入“多边形”级别，然后选择如图8-528所示的多边形，接着在“编辑多边形”卷展栏下单击“挤出”按钮 挤出 后面的“设置”按钮，最后设置“高度”为25mm，如图8-529所示。

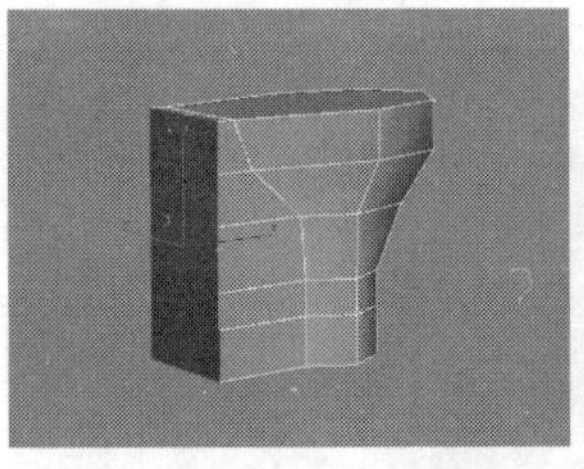

图8-528

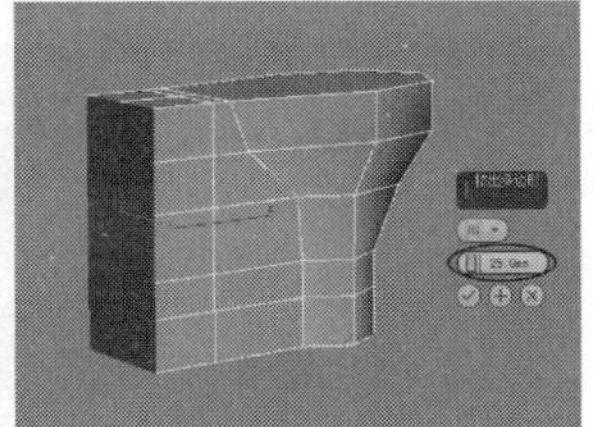

图8-529

08 选择如图8-530所示的多边形，然后在“编辑多边形”卷展栏下单击“挤出”按钮 挤出 后面的“设置”按钮，接着设置“高度”为20mm，如图8-531所示。

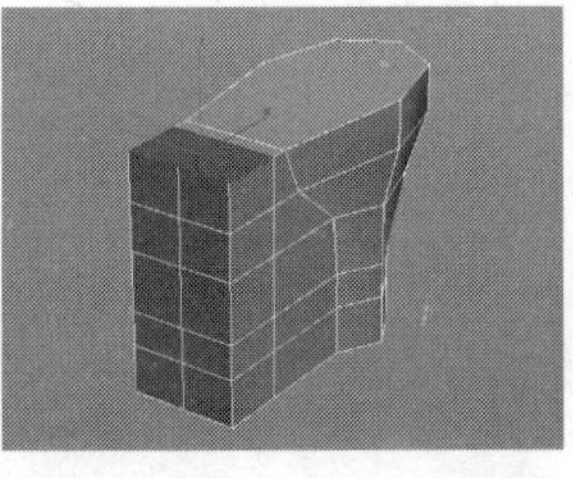

图8-530

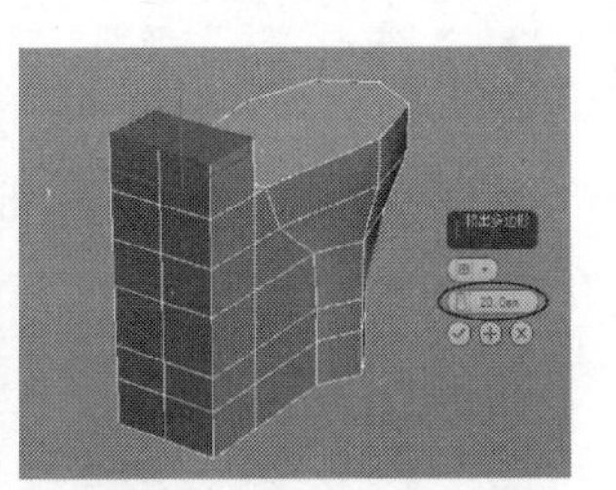

图8-531

09 继续使用“挤出”工具 挤出 将多边形挤出两次，挤出的“高度”同样为20mm，完成后的模型效果如图8-532所示。

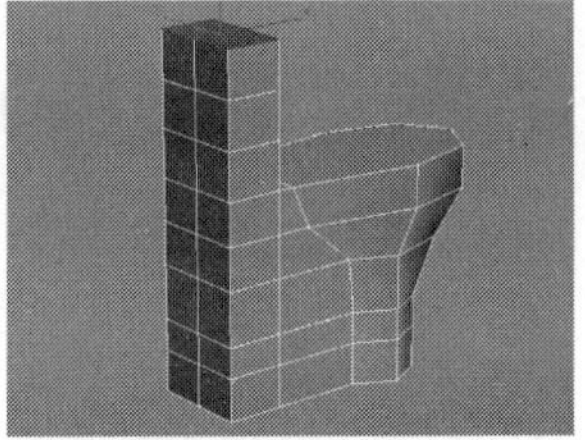

图8-532

10 选择如图8-533所示的多边形，然后在“编辑多边形”卷展栏下单击“挤出”按钮 挤出 后面的“设置”按钮，接着设置“高度”为50mm，如图8-534所示。

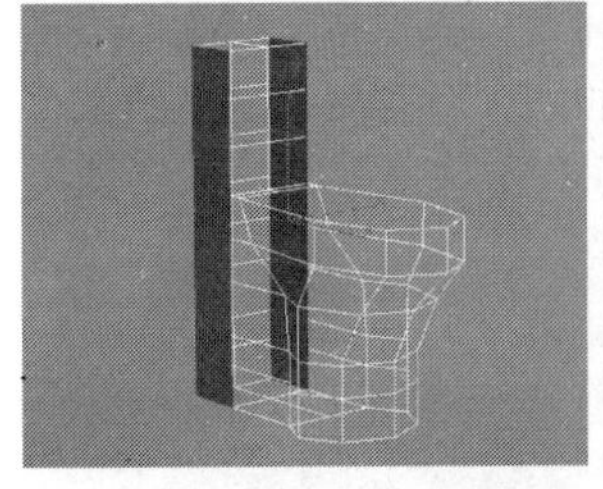

图8-533 图8-534

11 进入“顶点”级别，然后在前视图中仔细调节模型左侧的顶点，完成后的模型效果如图8-535所示。

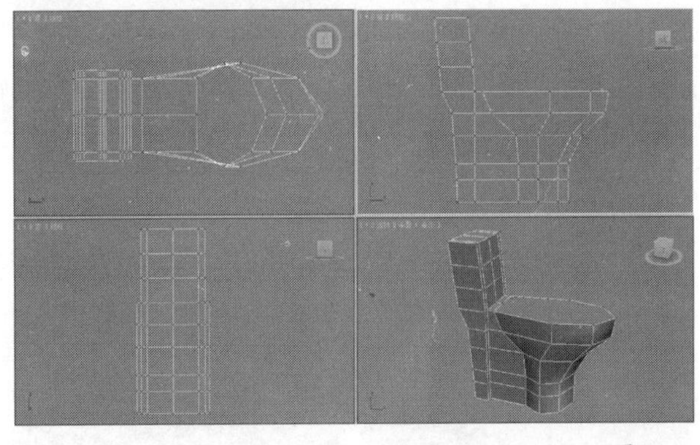

图8-535

12 进入“多边形”级别，然后选择如图8-536所示的多边形，接着在“编辑多边形”卷展栏下单击“插入”按钮 插入 后面的“设置”按钮，最后设置“数量”为7mm，如图8-537所示。

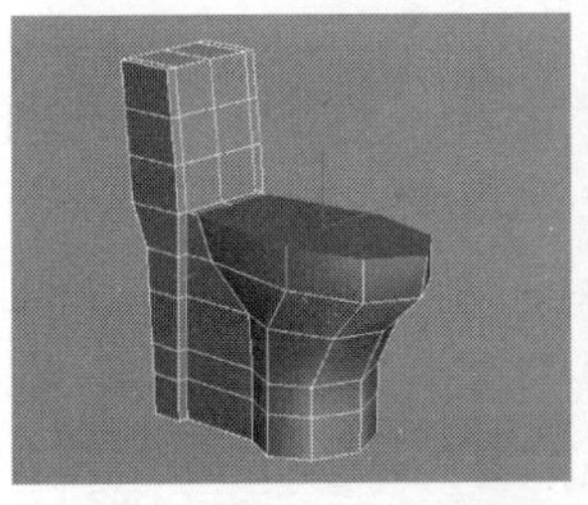

图8-536

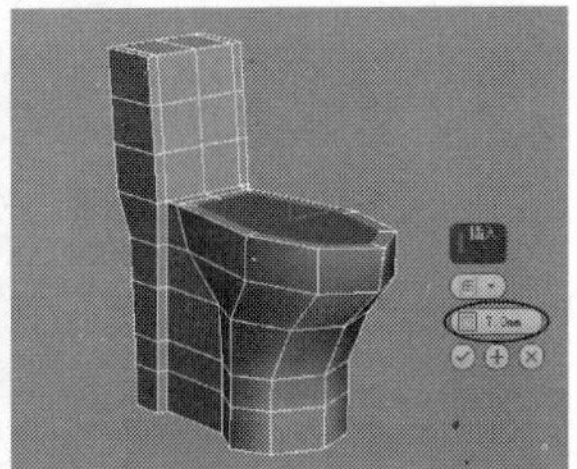

图8-537

13 保持对多边形的选择，在“编辑多边形”卷展栏下单击“挤出”按钮 挤出 后面的“设置”按钮，然后设置“高度”为-15mm，如图8-538所示。

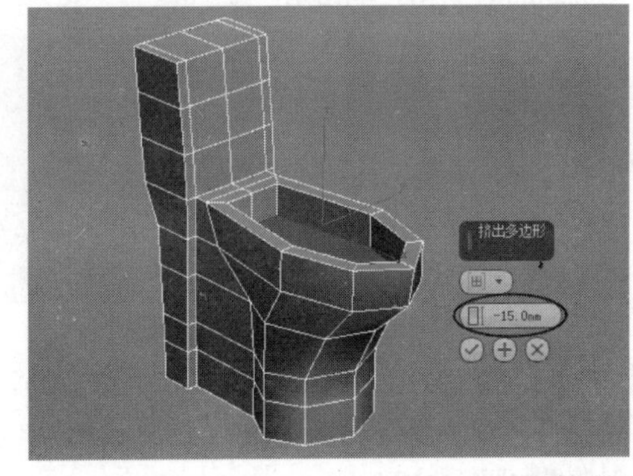

图8-538

14 保持对多边形的选择，在“编辑多边形”卷展栏下单击“倒角”按钮 倒角 后面的“设置”按钮，然后设置“高度”为-10mm、“轮廓”为-12mm，如图8-539所示。

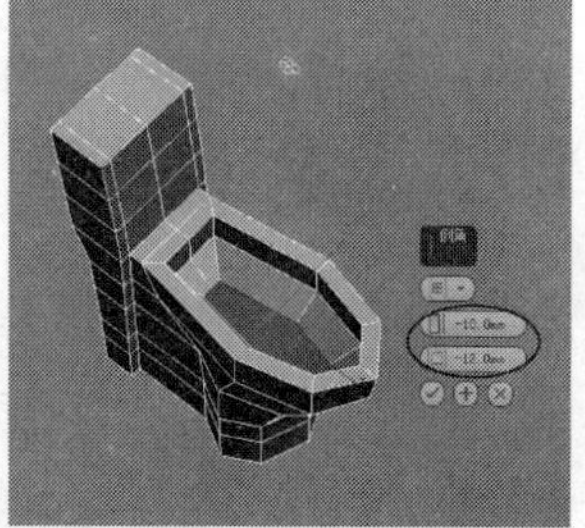

图8-539

15 保持对多边形的选择，使用“选择并均匀缩放”工具在顶视图中将多边形向内缩放成如图8-540所示的效果，模型在透视图中的效果如图8-541所示。

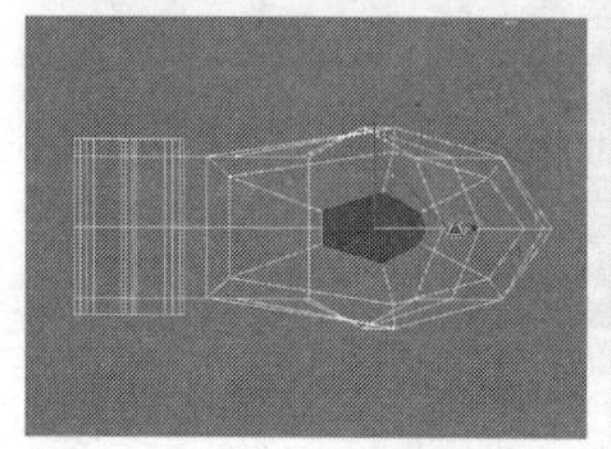

图8-540

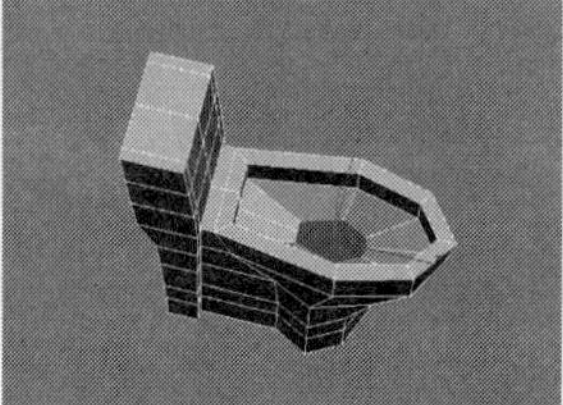

图8-541

16 保持对多边形的选择，在“编辑多边形”卷展栏下单击“挤出”按钮 挤出 后面的“设置”按钮，然后设置“高度”为-60mm，如图8-542所示。

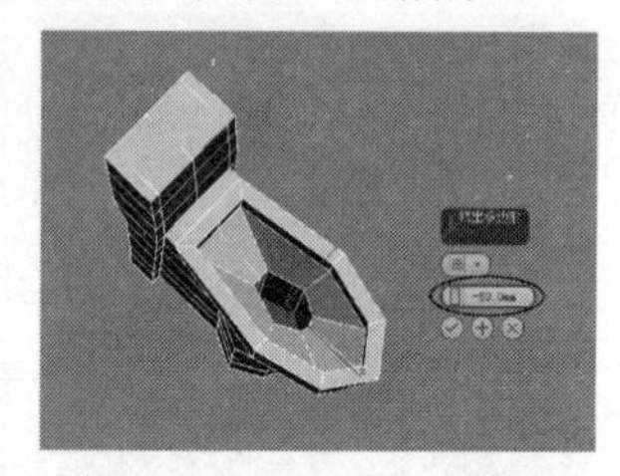

图8-542

17 进入“边”级别，然后选择如图8-543所示的边，接着在“编辑边”卷展栏下单击“切角”按钮 切角 后面的“设置”按钮，最后设置“边切角量”为0.25mm，如图8-544所示。

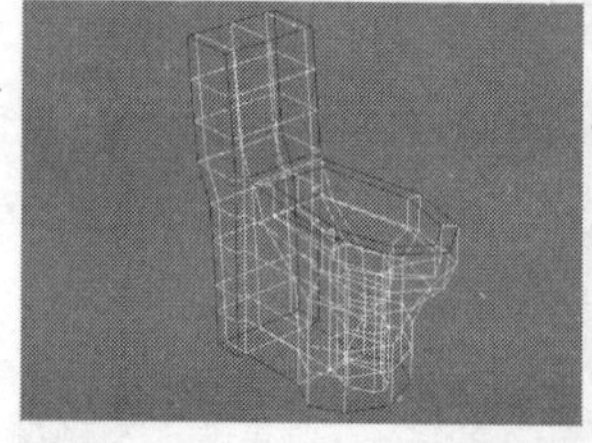

图8-543

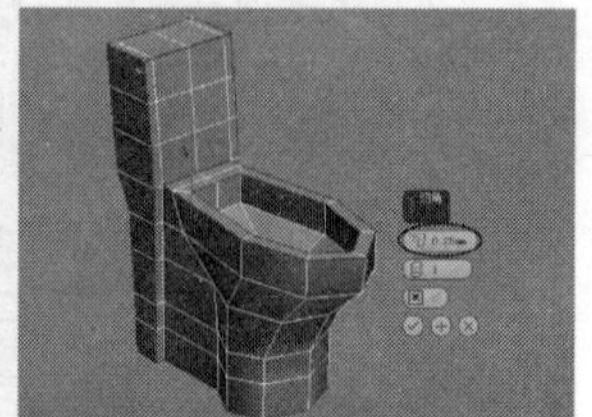

图8-544

18 为模型加载一个“网格平滑”修改器，然后在“细分量”卷展栏下设置“迭代次数”为3，模型效果如图8-545所示。

19 下面创建座便器盖子模型。使用“长方体”工具 长方体 在顶视图中创建一个长方体，然后在“参数”卷展栏下设置“长度”为50mm、“宽度”为100mm、“高度”为6mm、“长度分段”为6、“宽度分段”为6、“高度分段”为2，模型位置如图8-546所示。

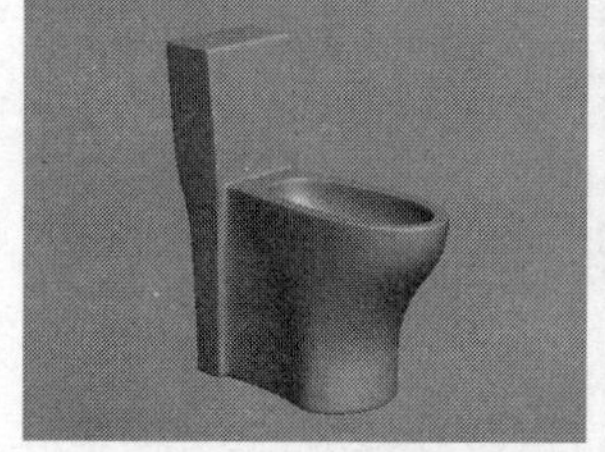

图8-545

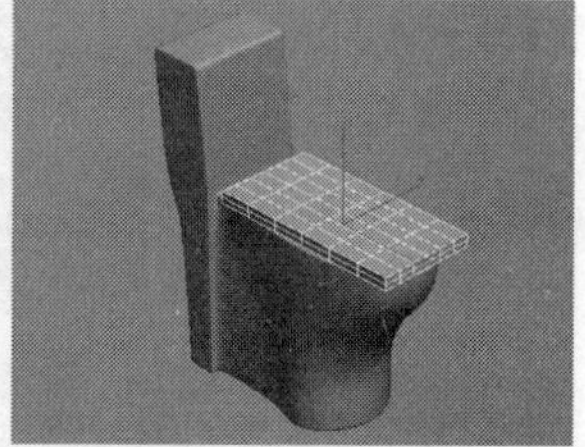

图8-546

20 将长方体转换为可编辑多边形，进入“顶点”级别，然后在前视图和顶视图中将模型调整成如图8-547所示的效果。

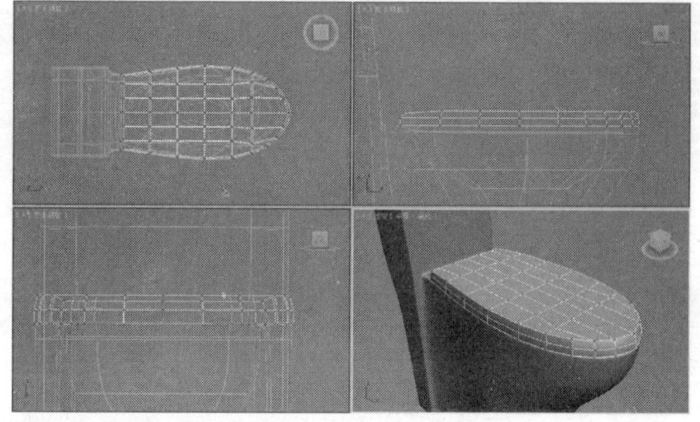

图8-547

21 进入“边”级别，然后选择如图8-548所示的边，接着在“编辑边”卷展栏下单击“切角”按钮 切角 后面的“设置”按钮，最后设置“边切角量”为0.25mm，如图8-549所示。

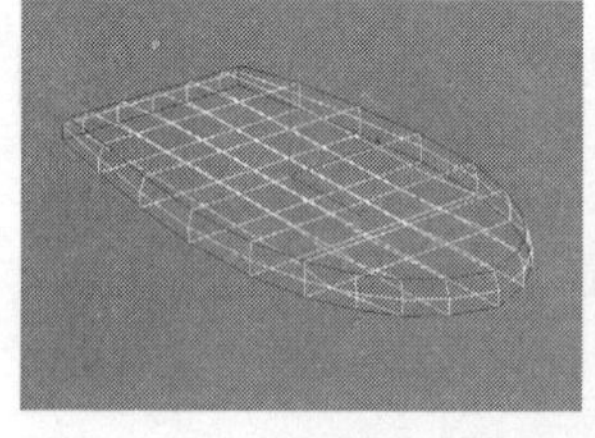

图8-548

图8-549

22 为模型加载一个“网格平滑”修改器，然后在“细分量”卷展栏下设置“迭代次数”为3，模型效果如图8-550所示。

图8-550

23 下面创建水箱盖子模型。使用“长方体”工具 长方体 在顶视图中创建一个长方体，然后在“参数”卷展栏下设置“长度”为52mm、“宽度”为27mm、“高度”为3mm、“长度分段”为4、“宽度分段”为4、“高度分段”为2，模型位置如图8-551所示。

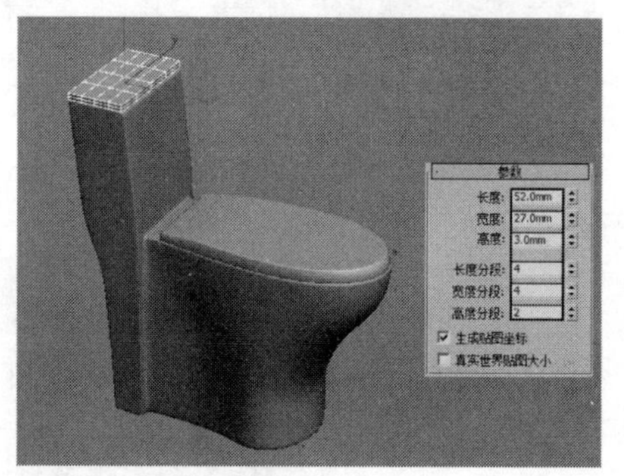

图8-551

24 将长方体转换为可编辑多边形，进入“顶点”级别，然后在顶视图中框选中间的顶点，如图8-552所示，接着在“编辑顶点”卷展栏下单击“切角”按钮 切角 后面的“设置”按钮，最后设置“顶点切角量”为4mm，并勾选“打开切角”选项，如图8-553所示。

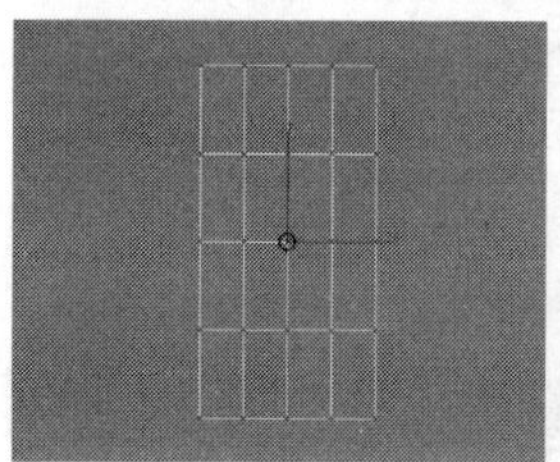

图8-552

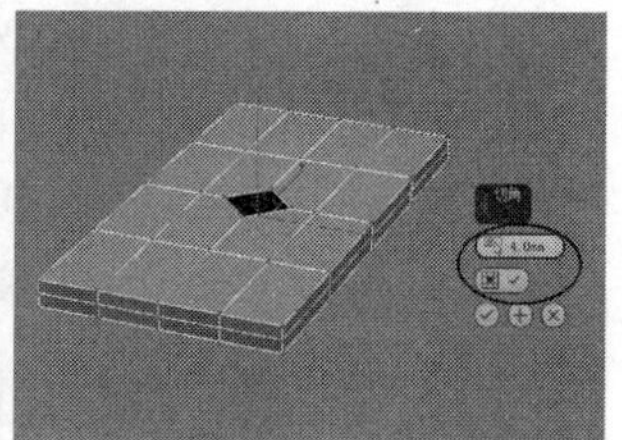

图8-553

25 进入“边”级别，然后选择如图8-554所示的边，接着在“编辑边”卷展栏下单击“切角”按钮 切角 后面的“设置”按钮，最后设置“边切角量”为0.25mm，如图8-555所示。

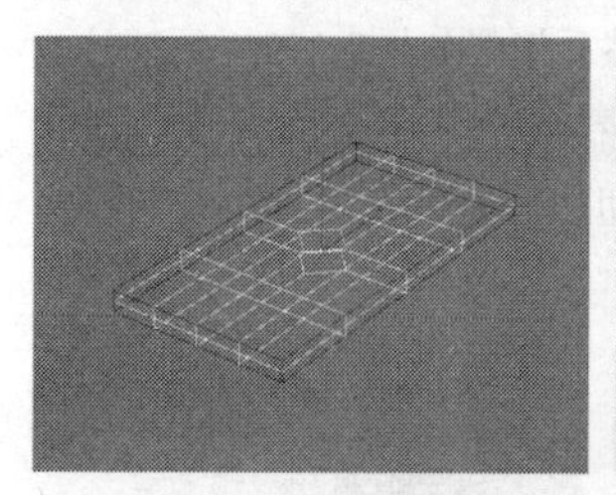

图8-554

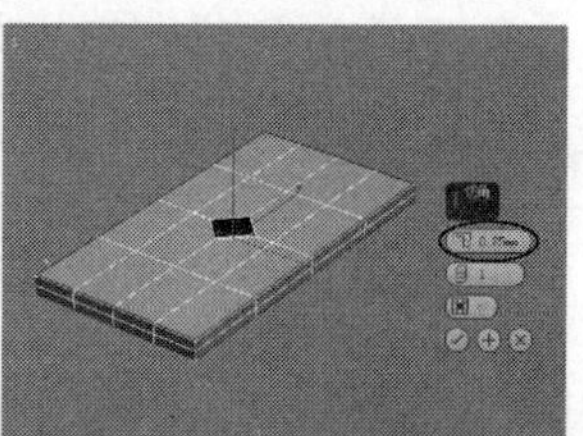

图8-555

26 为模型加载一个“网格平滑”修改器，然后在“细分量”卷展栏下设置“迭代次数”为3，最终效果如图8-556所示。

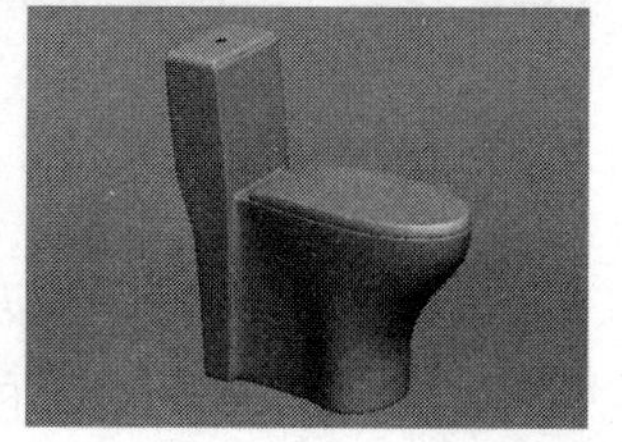

图8-556

实战153 罗卡贵妃浴缸

场景位置	无
实例位置	DVD>实例文件>CH08>实战153.max
视频位置	DVD>多媒体教学>CH08>实战153.flv
难易指数	★★★☆☆
技术掌握	插入工具、挤出工具、切角工具

罗卡贵妃浴缸模型如图8-557所示。

图8-557

01 使用“长方体”工具 长方体 在场景中创建一个长方体，然后在“参数”卷展栏下设置“长度”为40mm、“宽度”为120mm、“高度”为55mm、“长度分段”为4、“宽度分段”为3、“高度分段”为3，如图8-558所示。

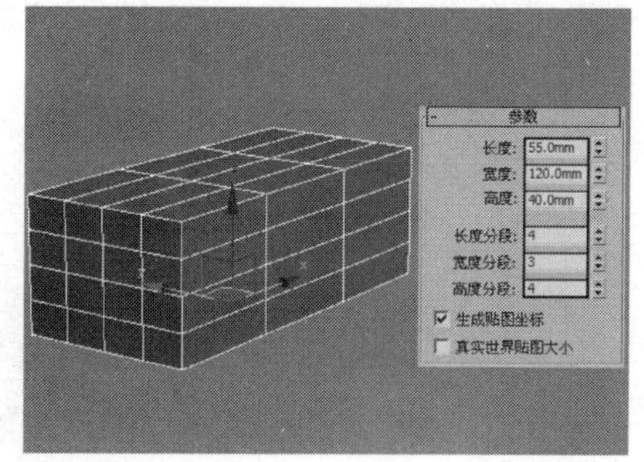

图8-558

02 将长方体转换为可编辑多边形，然后进入“顶点”级别，接着将模型调整成如图8-559所示的效果。

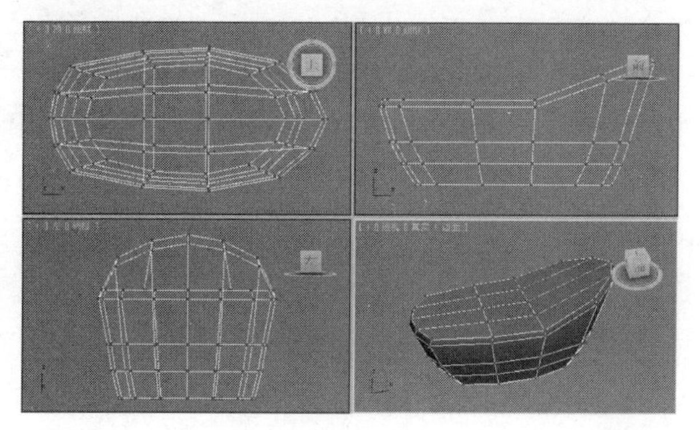

图8-559

03 进入“多边形”级别，然后选择如图8-560所示的多边形，接着在“编辑多边形”卷展栏下单击“插入”按钮 插入 后面的“设置”按钮，最后设置“数量”为2mm，如图8-561所示。

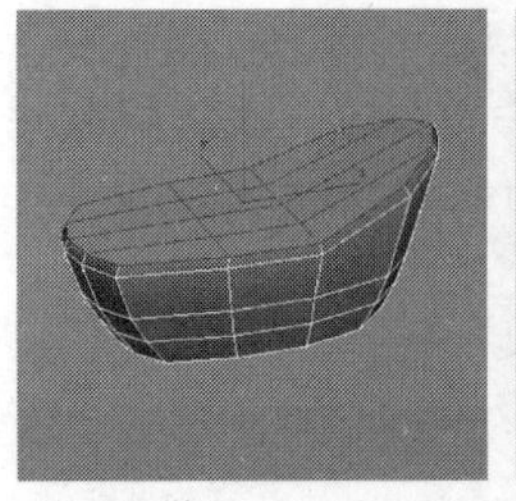

图8-560

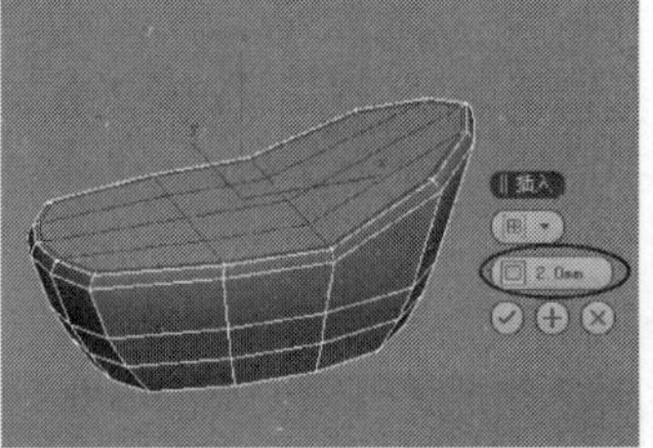

图8-561

04 保持对多边形的选择，在“编辑多边形”卷展栏下单击“挤出”按钮 挤出 后面的“设置”按钮，然后设置“高度”为-17mm，如图8-562所示。

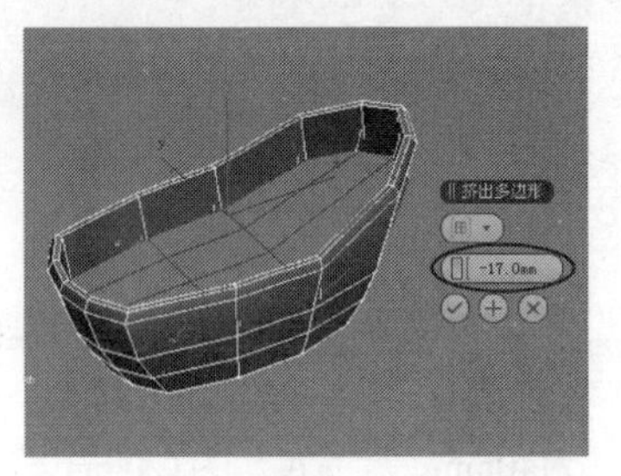

图8-562

05 进入“顶点”级别，然后调整好各个顶点的位置，如图8-563所示，调整完成后的模型效果如图8-564所示。

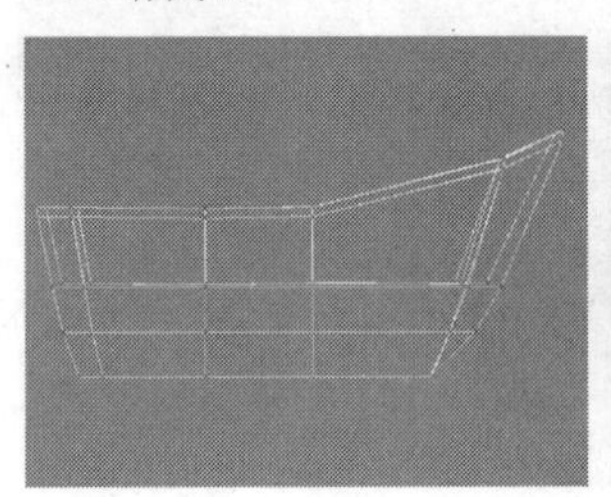

图8-563

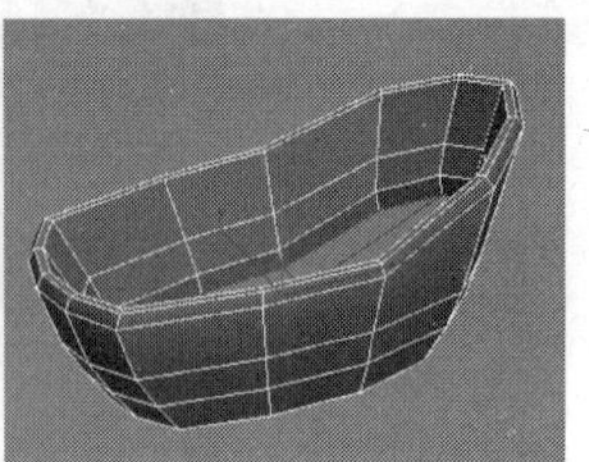

图8-564

06 进入“多边形”级别，然后选择如图8-565所示的多边形，接着在“编辑多边形”卷展栏下单击“挤出”按钮 挤出 后面的“设置”按钮，最后设置挤出类型为“局部法线”、“高度”为5mm，如图8-566所示。

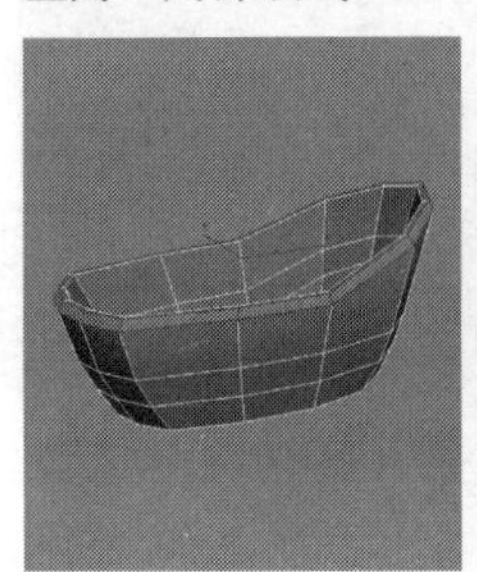

图8-565

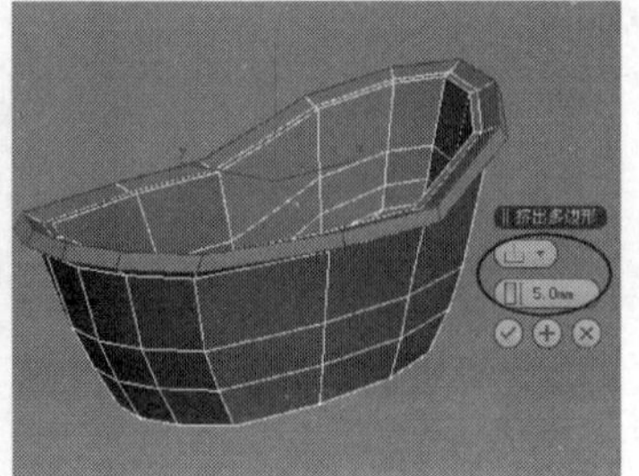

图8-566

07 进入“边”级别，然后选择如图8-567所示的边，接着在“编辑边”卷展栏下单击“切角”按钮 切角 后面的“设置”按钮，最后设置“边切角量”为0.6mm，如图8-568所示。

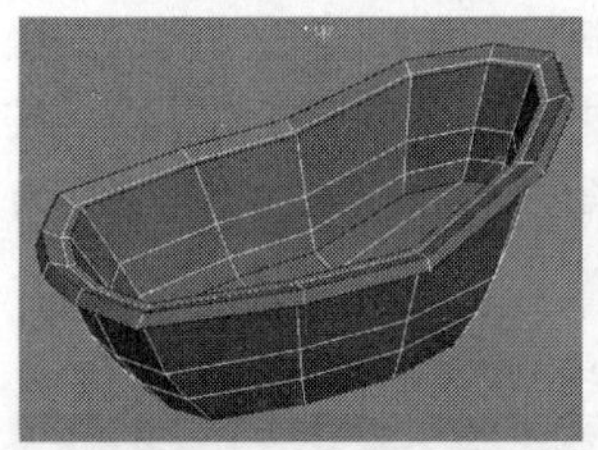

图8-567

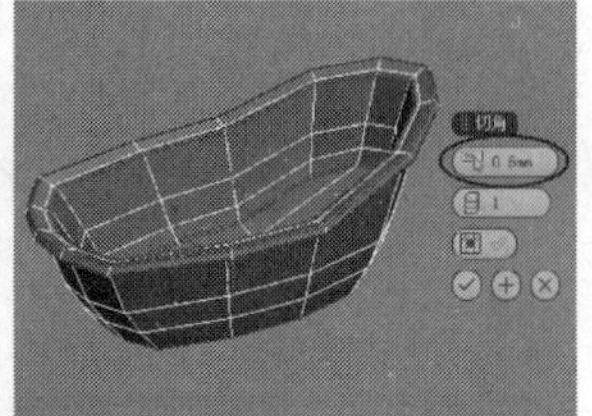

图8-568

08 为模型加载一个“网格平滑”修改器，然后在“细分量”卷展栏下设置“迭代次数”为2，模型效果如图8-569所示。

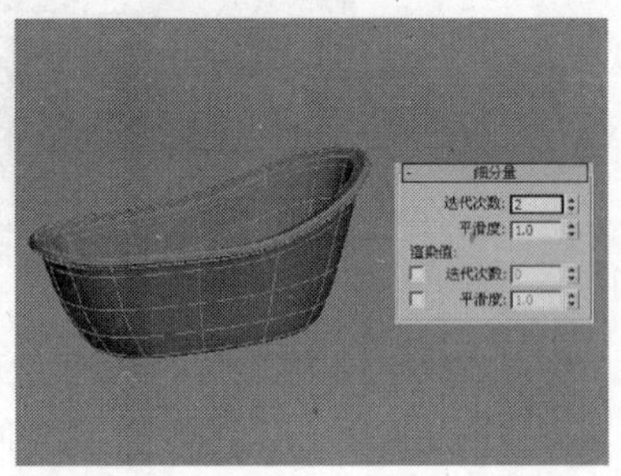

图8-569

09 下面创建底座模型。使用“长方体”工具 长方体 在场景中创建一个长方体，然后在“参数”卷展栏下设置“长度”为6mm、“宽度”为8mm、“高度”为11mm、“高度分段”为3，如图8-570所示。

10 将长方体转换为可编辑多边形，然后进入“顶点”级别，接着将模型调整成如图8-571所示的效果。

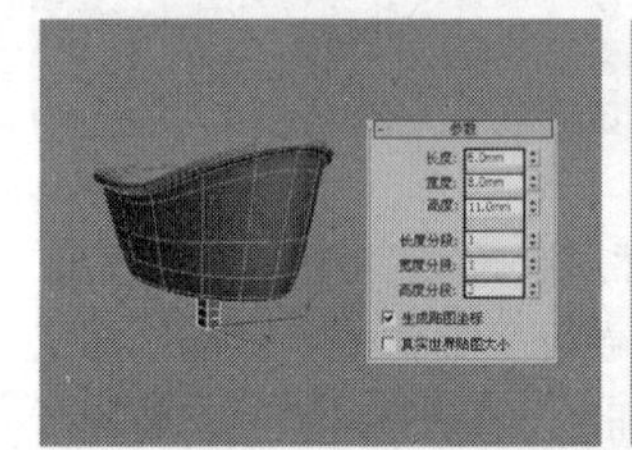

图8-570

图8-571

11 进入“边”级别，然后选择如图8-572所示的边，接着在“编辑边”卷展栏下单击“切角”按钮 切角 后面的“设置”按钮，最后设置“边切角量”为0.3mm，如图8-573所示。

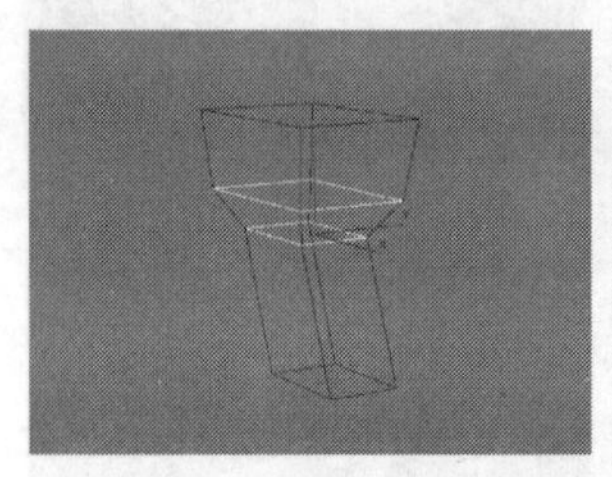

图8-572

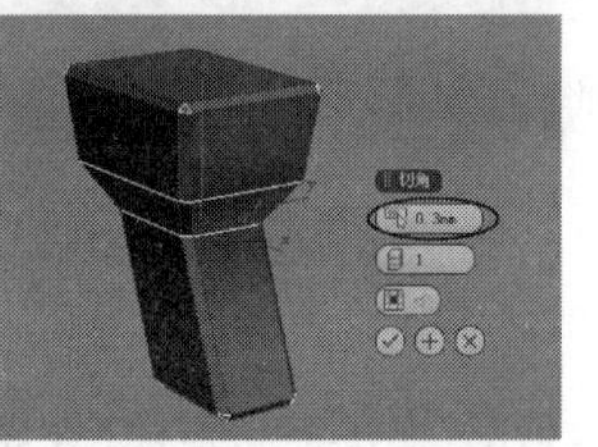

图8-573

12 为模型加载一个“网格平滑”修改器，然后在“细分量”卷展栏下设置“迭代次数”为2，模型效果如图8-574所示。

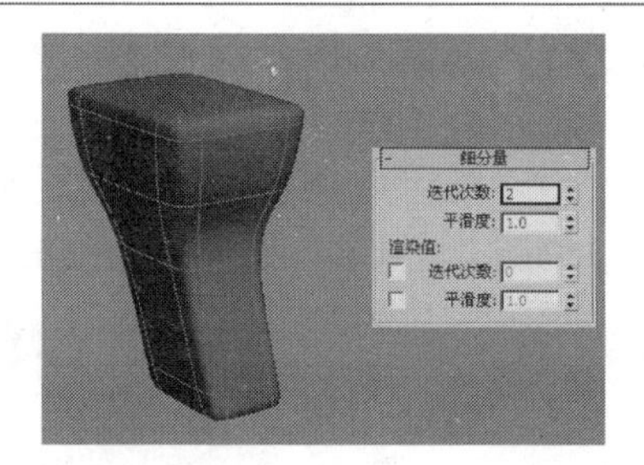

图8-574

13 使用“选择并移动”工具选择底座模型，然后按住Shift键移动复制3个模型到另外3个角上，如图8-575所示。

14 使用“圆柱体”工具圆柱体、多边形建模方法以及“网格平滑”修改器制作出如图8-576所示的开关模型。

图8-575

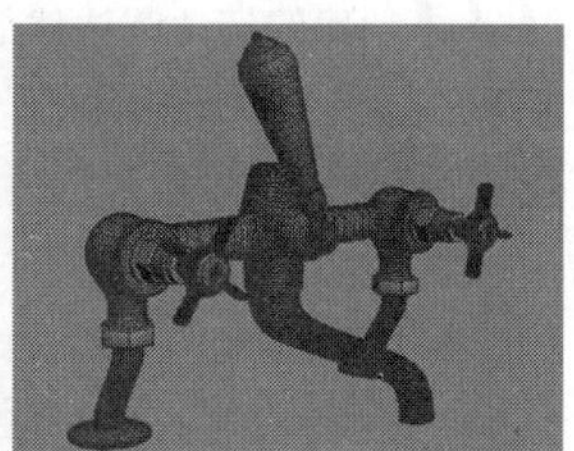

图8-576

15 使用“线”工具线在开关上创建一条如图8-577所示的水管模型，最终效果如图8-578所示。

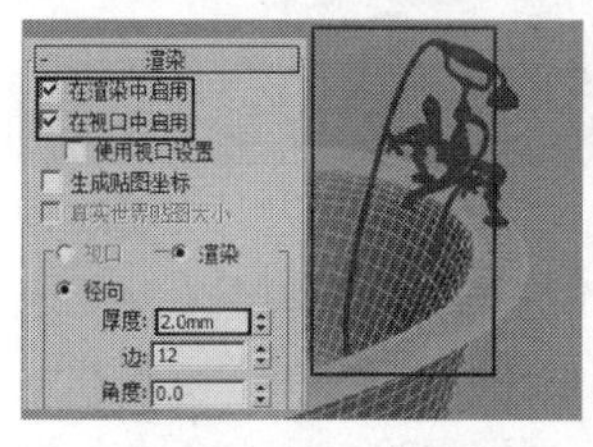

图8-577

图8-578

实战154 洗手池

场景位置	无
实例位置	DVD>实例文件>CH08>实战154.max
视频位置	DVD>多媒体教学>CH08>实战154.flv
难易指数	★★★☆☆
技术掌握	插入工具、挤出工具、切角工具

洗手池模型如图8-579所示。

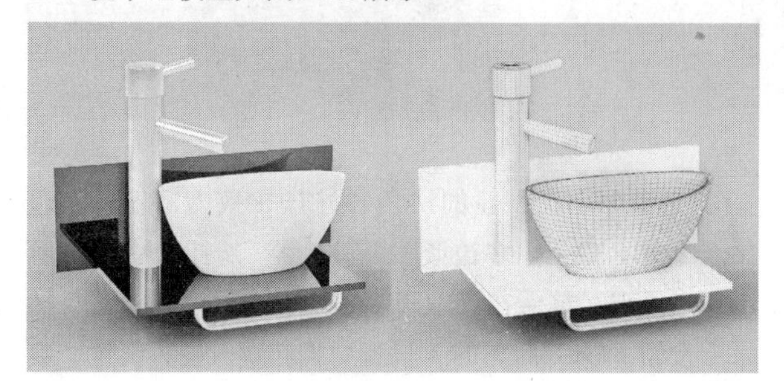

图8-579

01 下面创建主体模型。使用“圆柱体”工具圆柱体在场景中创建一个圆柱体，然后在“参数”卷展栏下设置“半径”为80mm、“高度”为80mm、“高度分段”为4，如图8-580所示。

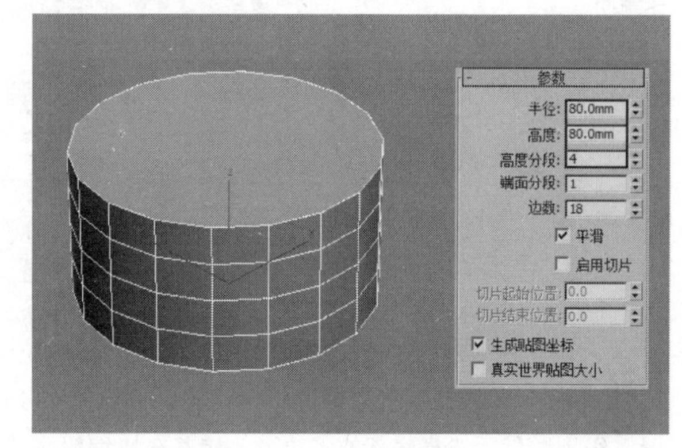

图8-580

02 选择圆柱体，然后使用“选择并均匀缩放”工具在顶视图中沿y轴将模型缩放成如图8-581所示的效果。

03 将模型转换为可编辑多边形，进入“多边形”级别，然后选择顶部的多边形，接着在“编辑多边形”卷展栏下单击“插入”按钮插入后面的“设置”按钮，最后设置“数量”为5mm，如图8-582所示。

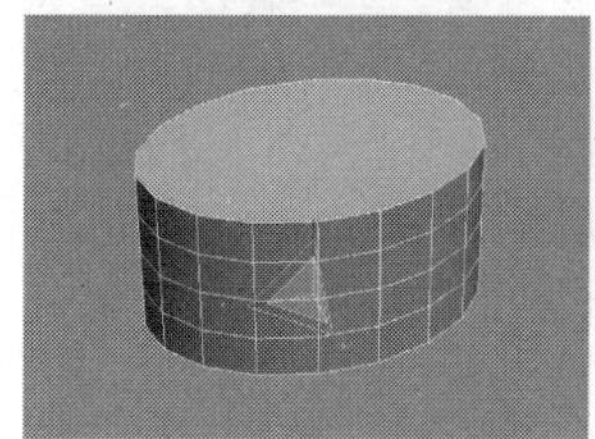

图8-581

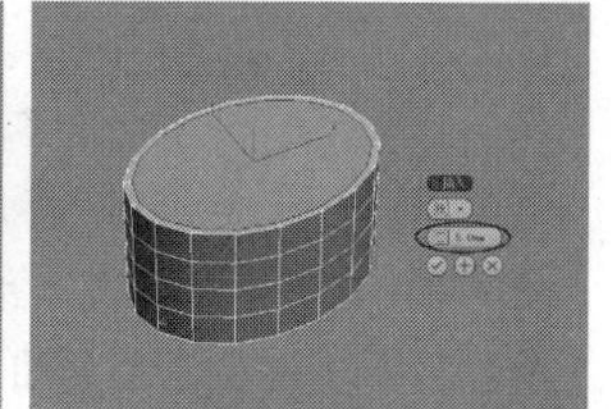

图8-582

04 保持对多边形的选择，在“编辑多边形”卷展栏下单击“挤出”按钮挤出后面的“设置”按钮，然后设置“高度”为-20mm，如图8-583所示，接着单击两次“应用并继续”按钮，最后单击“确定”按钮，效果如图8-584所示。

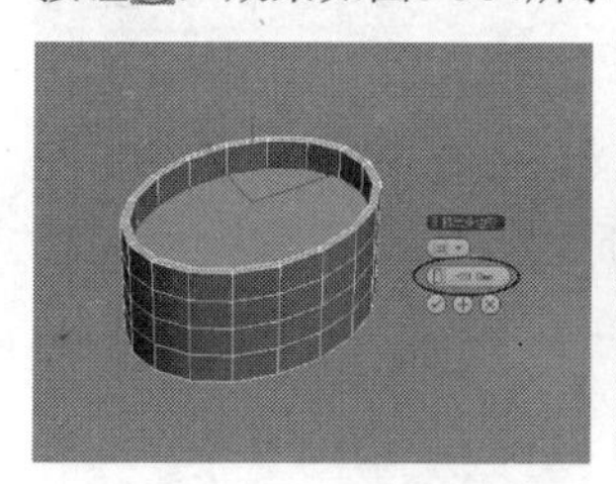

图8-583

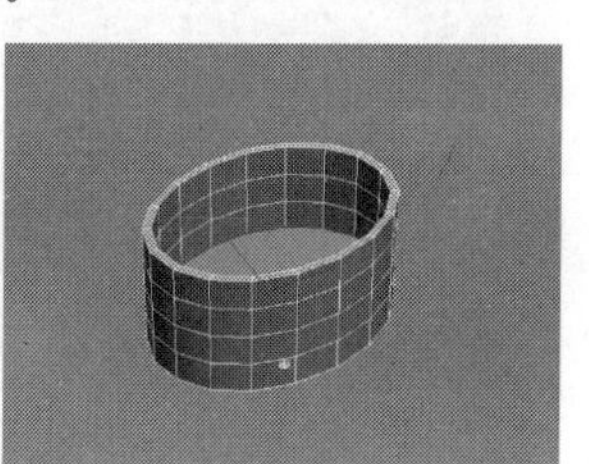

图8-584

05 为模型加载一个FFD 3×3×3修改器，然后选择“控制点”次物体层级，接着使用“选择并均匀缩放”工具在各个视图中对控制点进行缩放，缩放完成后的模型效果如图8-585所示。

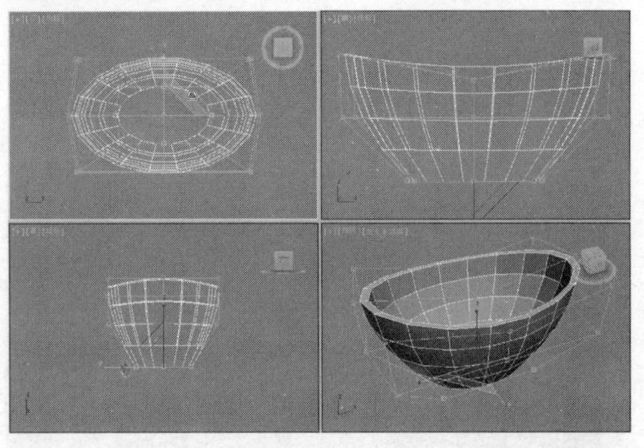

图8-585

06 由于模型不够平滑，因此还需要对其进行调整。再次将模型转换为可编辑多边形，进入“多边形”级别，然后选择底部的多边形，接着在“编辑多边形”卷展栏下单击“插入”按钮 插入 后面的“设置”按钮，并设置“数量”为10mm，如图8-586所示，最后重复一次插入操作，完成后的模型效果如图8-587所示。

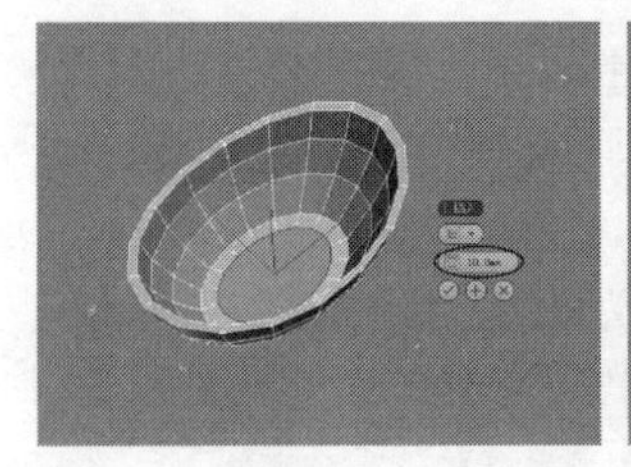

图8-586

图8-587

07 进入“边”级别，然后选择如图8-588所示的边，接着在“编辑边”卷展栏下单击“切角”按钮 切角 后面的“设置”按钮，最后设置“边切角量”为0.6mm，如图8-589所示。

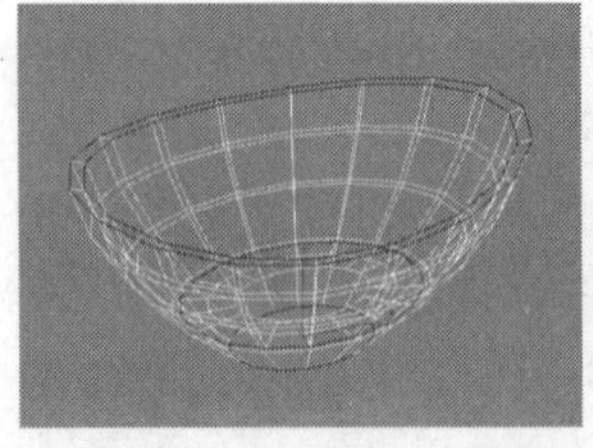

图8-588

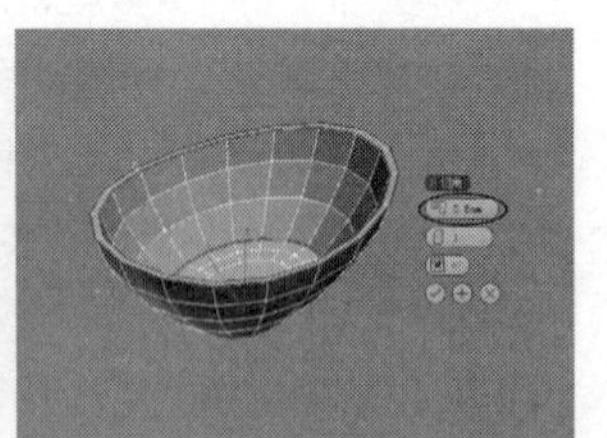

图8-589

08 为模型加载一个“网格平滑”修改器，然后在“细分量”卷展栏下设置“迭代次数”为2，模型效果如图8-590所示。

图8-590

09 下面创建水龙头模型。使用“切角圆柱体”工具 切角圆柱体 在顶视图中创建一个切角圆柱体，然后在“参数”卷展栏下设置“半径”为13mm、“高度”为150mm、“圆角”为1mm、“高度分段”为1，模型位置如图8-591所示。

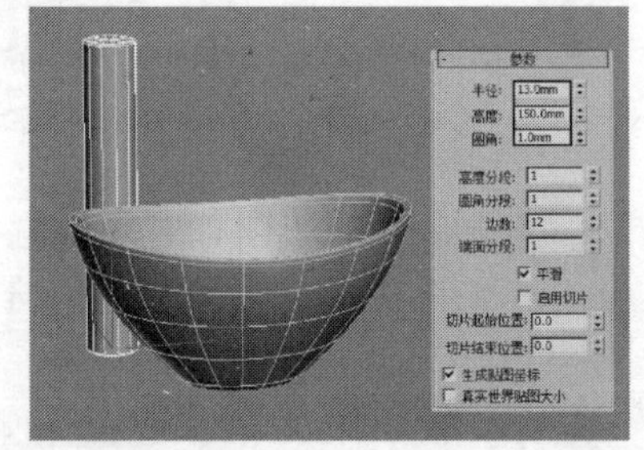

图8-591

10 继续使用“切角圆柱体”工具 切角圆柱体 在上一步创建的切角圆柱体的底部创建一个切角圆柱体，然后在“参数”卷展栏下设置“半径”为16mm、“高度”为25mm、“圆角”为1.5mm、“圆角分段”为4、“边数”为24，模型位置如图8-592所示。

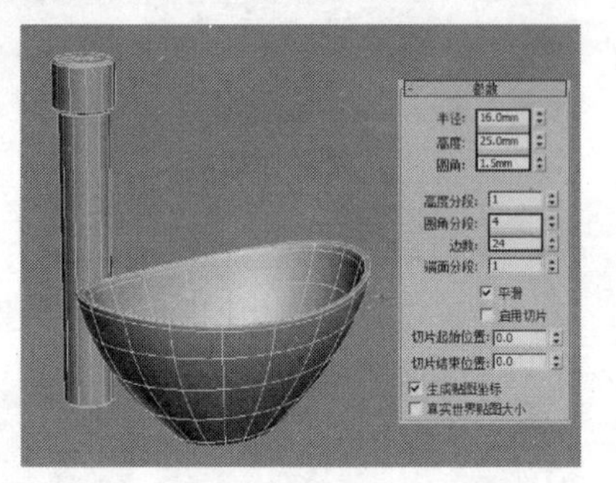

图8-592

11 再次使用“切角圆柱体”工具 切角圆柱体 在场景中创建一个切角圆柱体，然后在“参数”卷展栏下设置“半径”为6.5mm、“高度”为70mm、“圆角”为1mm，模型位置如图8-593所示。

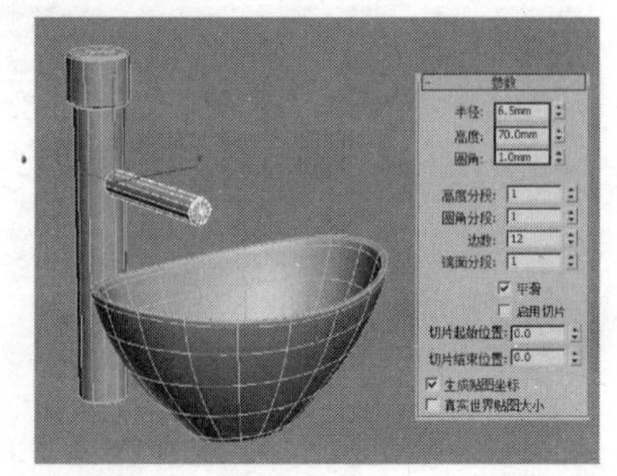

图8-593

12 将上一步创建的切角圆柱体转换为可编辑多边形，进入“多边形”级别，然后选择如图8-594所示的多边形，接着在“编辑多边形”卷展栏下单击“插入”按钮 插入 后面的“设置”按钮，最后设置“数量”为0.5mm，如图8-595所示。

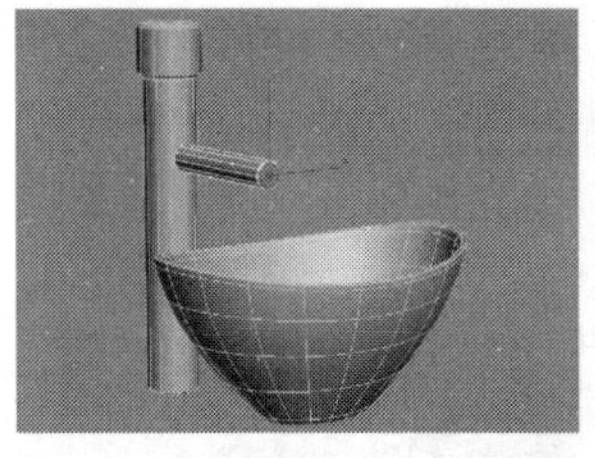

图8-594

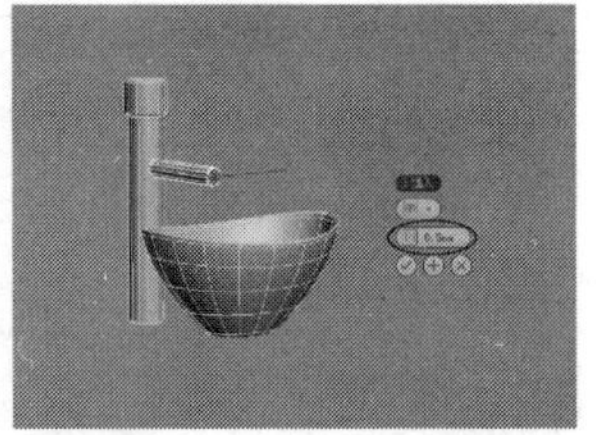

图8-595

13 保持对多边形的选择，在“编辑多边形”卷展栏下单击“挤出”按钮 挤出 后面的“设置”按钮□，然后设置“高度”为-60mm，如图8-596所示。

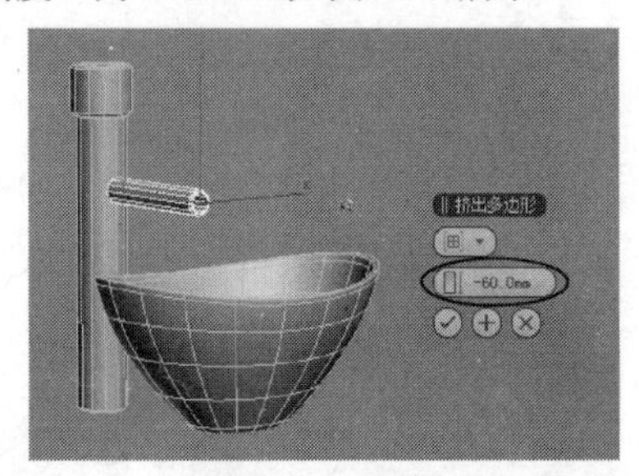

图8-596

14 使用“切角圆柱体”工具 切角圆柱体 在场景中创建一个如图8-597所示的切角圆柱体。

15 下面创建支架模型。使用“长方体”工具 长方体 在场景中创建一个长方体，然后在“参数”卷展栏下设置“长度”为90mm、“宽度”为260mm、“高度”为5mm，模型位置如图8-598所示。

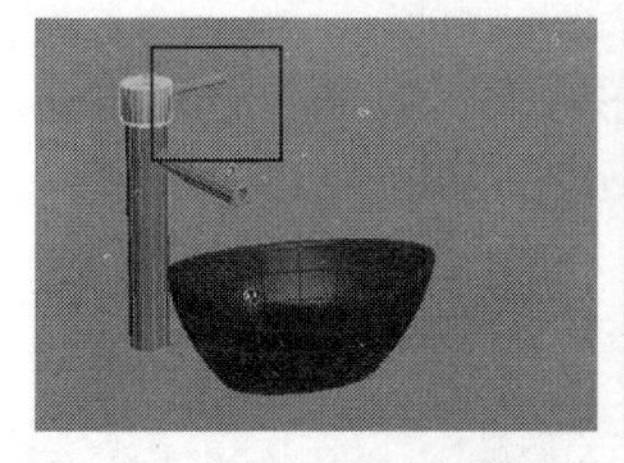

图8-597

图8-598

16 继续使用“长方体”工具 长方体 在洗手池底部创建一个长方体，然后在“参数”卷展栏下设置“长度”为130mm、“宽度”为200mm、“高度”为6mm，如图8-599所示。

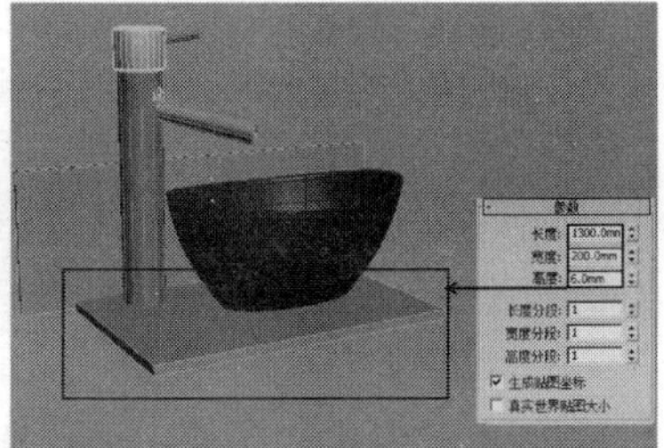

图8-599

17 使用“线”工具 线 在左视图中绘制一条如图8-600所示的样条线，然后在“渲染”卷展栏下勾选“在渲染中启用”和“在视口中启用”选项，接着勾选“径向”选项，最后设置“厚度”为4mm，最终效果如图8-601所示。

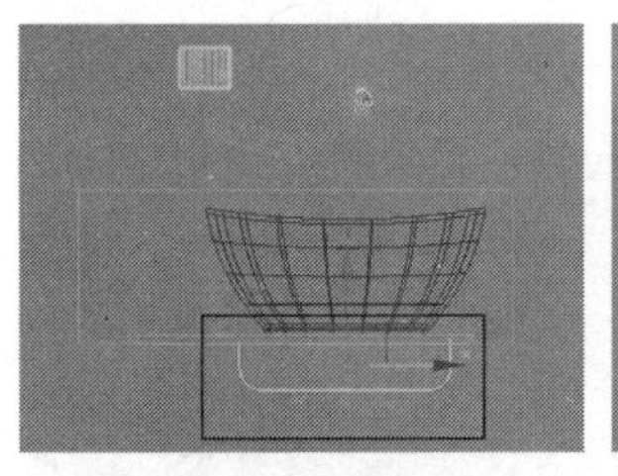

图8-600

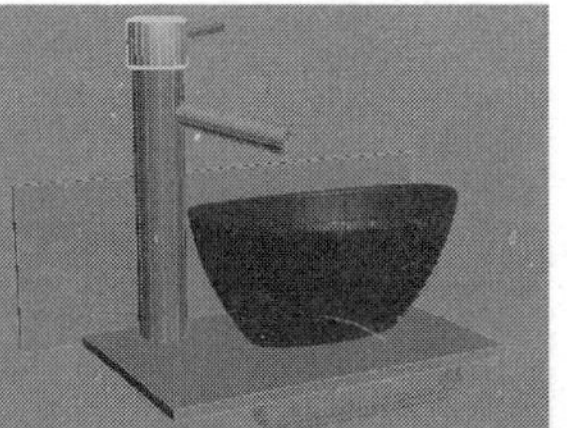

图8-601

实战155 欧式吊灯

场景位置	无
实例位置	DVD>实例文件>CH08>实战155.max
视频位置	DVD>多媒体教学>CH08>实战155.flv
难易指数	★★★★☆
技术掌握	放样工具、仅影响轴工具、间隔工具、挤出工具、切角工具

欧式吊灯模型如图8-602所示。

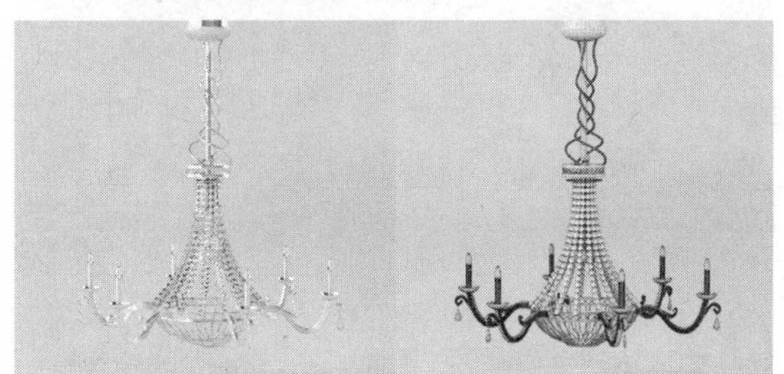

图8-602

01 下面创建吸盘模型。使用“球体”工具 球体 在场景中创建一个大小合适的球体，具体参数如图8-603所示，然后将其转换为可编辑多边形，进入“多边形”级别，接着选择如图8-604所示的多边形，最后按Delete键将其删除，效果如图8-605所示。

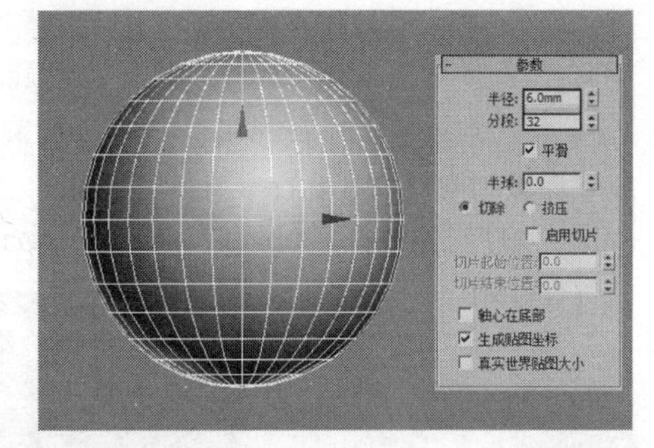

图8-603

图8-604

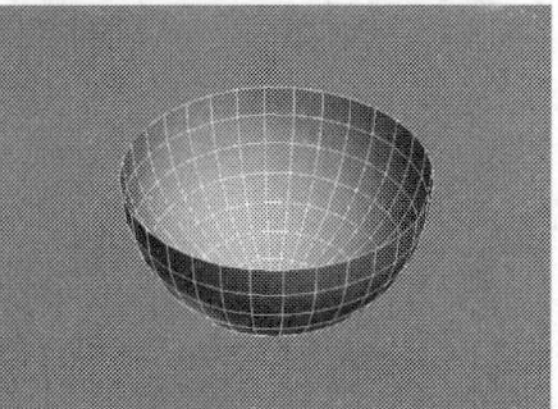

图8-605

02 进入“边”级别，然后选择如图8-606所示的边，接着按住Shift键使用“选择并均匀缩放”工具将选择的边向内复制一份，如图8-607所示。

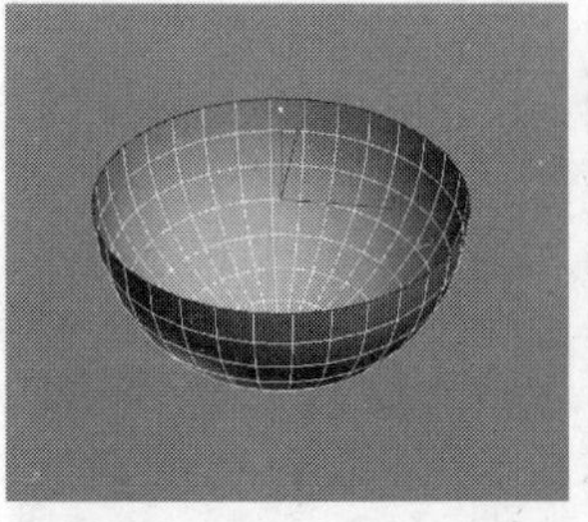

图8-606

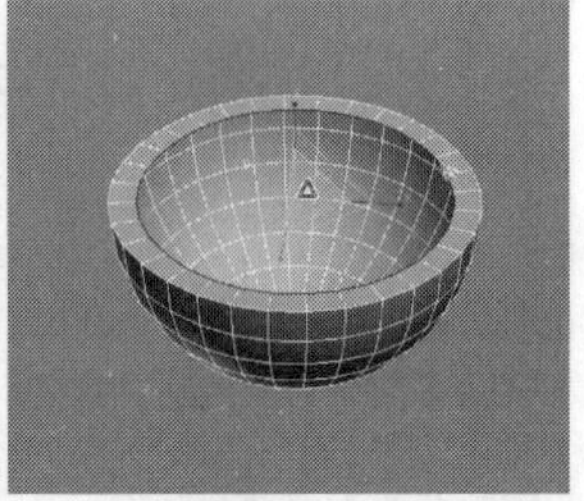

图8-607

03 保持对边的选择，按住Shift键使用“选择并移动”工具 在前视图中沿y轴向上进行移动复制，如图8-608所示，在透视图中的效果如图8-609所示。

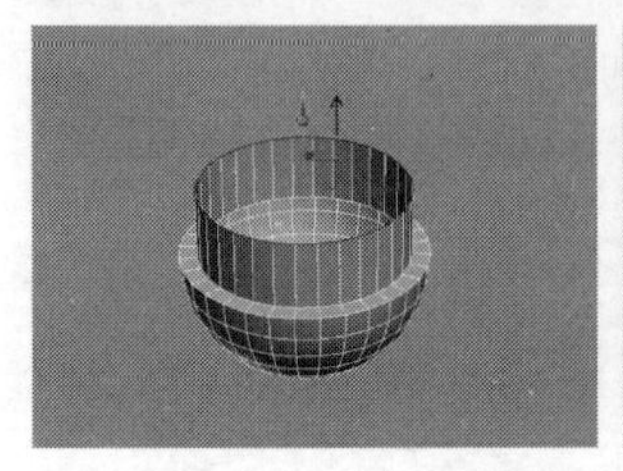

图8-608

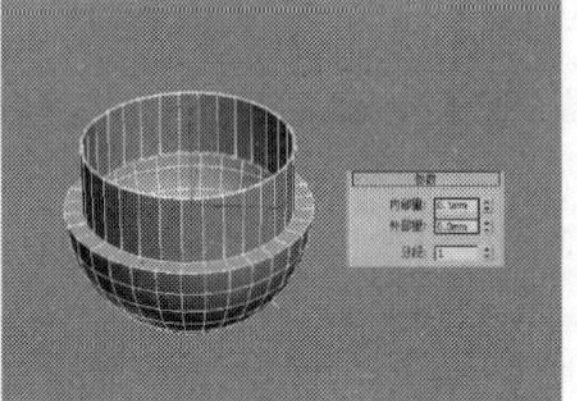

图8-609

04 为模型加载一个“壳”修改器，然后在“参数”卷展栏下设置“内部量”为0.1mm，模型效果如图8-610所示。

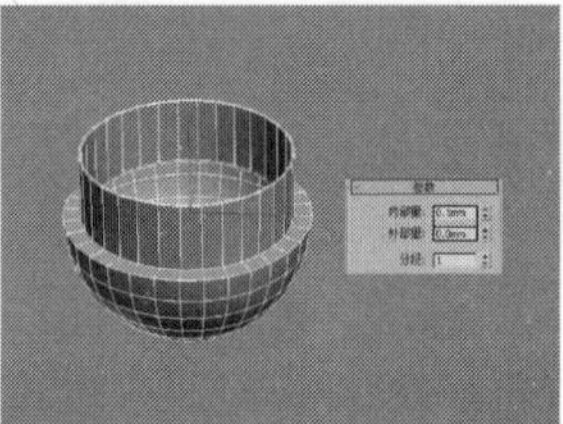

图8-610

05 下面创建支柱模型。使用“螺旋线”工具 螺旋线 在顶视图中绘制一条螺旋线，然后在“参数”卷展栏下设置“半径1”为6mm、“半径2”为0mm、“高度”为50mm、“圈数”为3，具体参数设置及螺旋线位置如图8-611所示。

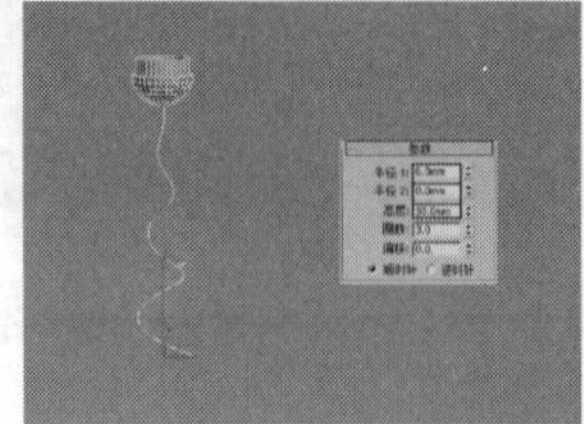

图8-611

06 选择螺旋线，然后在“参数”卷展栏下勾选“在渲染中启用”和“在视口中启用”选项，接着设置“径向”的“厚度”为0.6mm、“边”为24，具体参数设置如图8-612所示。

07 使用“选择并旋转”工具旋转复制一些螺旋线，完成后的效果如图8-613所示。

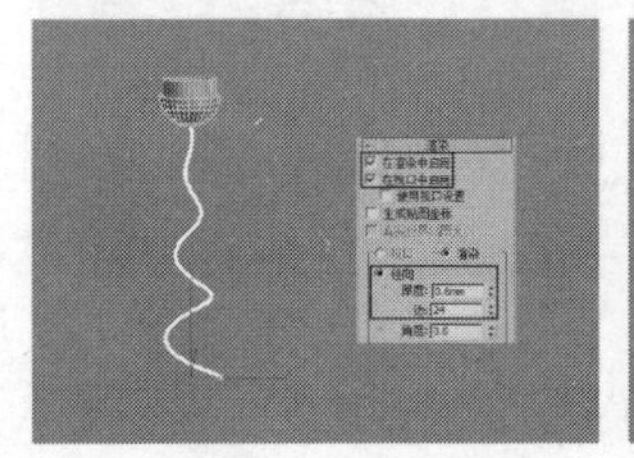

图8-612

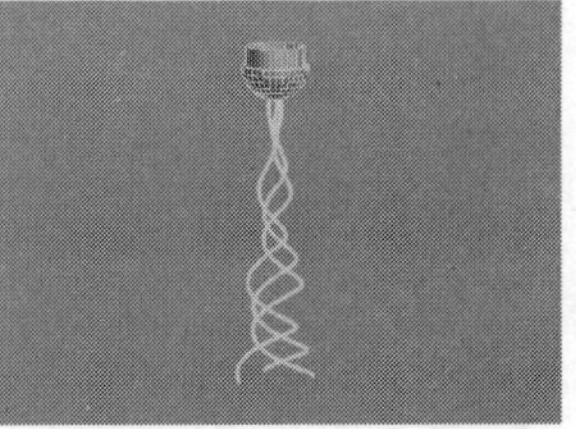

图8-613

08 使用“圆柱体”工具 圆柱体 在吸盘底部创建一个圆柱体，然后在“参数”卷展栏下设置“半径”为0.8mm、“高度”为50mm、“高度分段”为5，具体参数设置及圆柱体位置如图8-614所示。

09 在上一步创建好的圆柱体下方再创建一个圆柱体，然后转换为可编辑多边形，接着将其调整成如图8-615所示的效果。

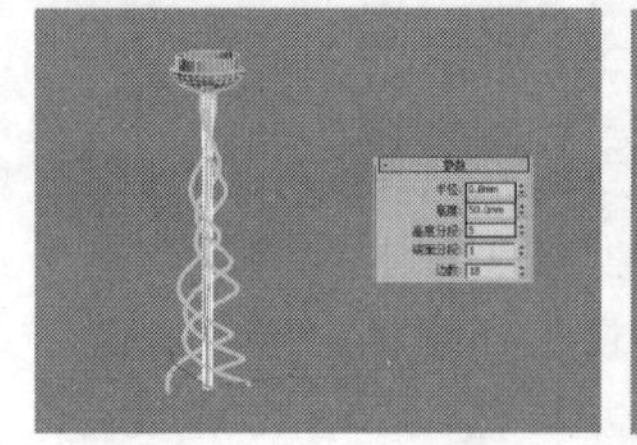

图8-614

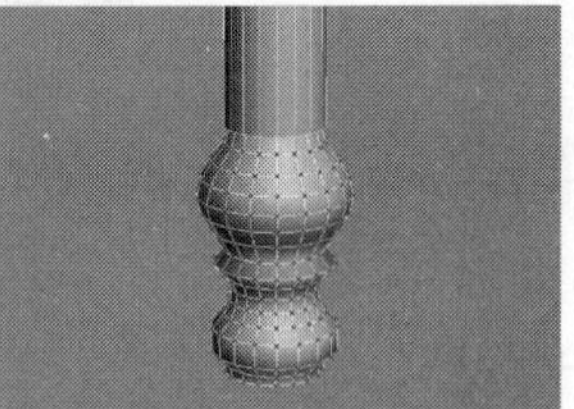

图8-615

10 继续使用“圆柱体”工具 圆柱体 在场景中创建一个合适的圆柱体，如图8-616所示，然后将其转换为可编辑多边形，进入“多边形”级别，接着选择底部的多边形，最后按Delete将其删除，效果如图8-617所示。

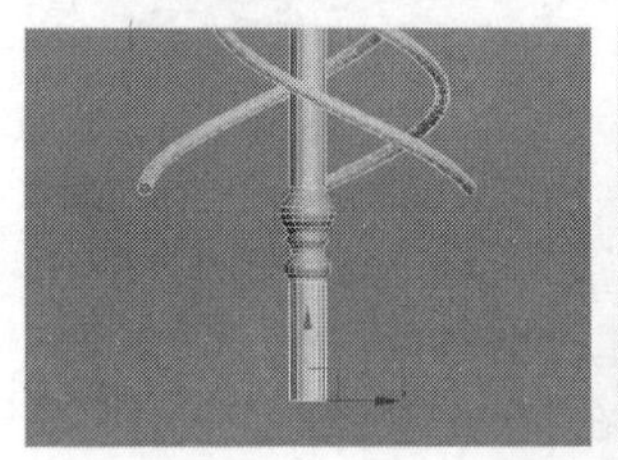

图8-616

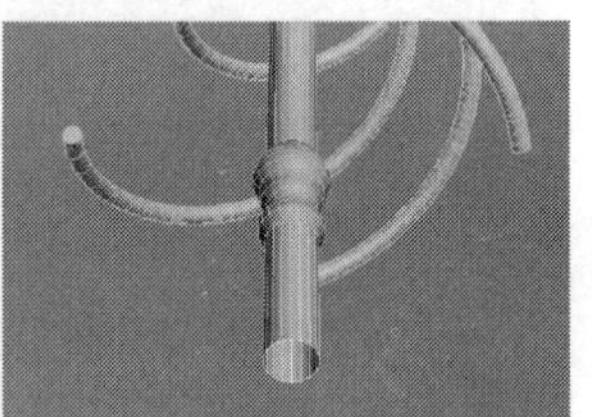

图8-617

11 进入“边”级别，然后选择底部的一圈边，接着按住Shift键使用“选择并均匀缩放”工具将其向外放大复制到如图8-618所示的效果。

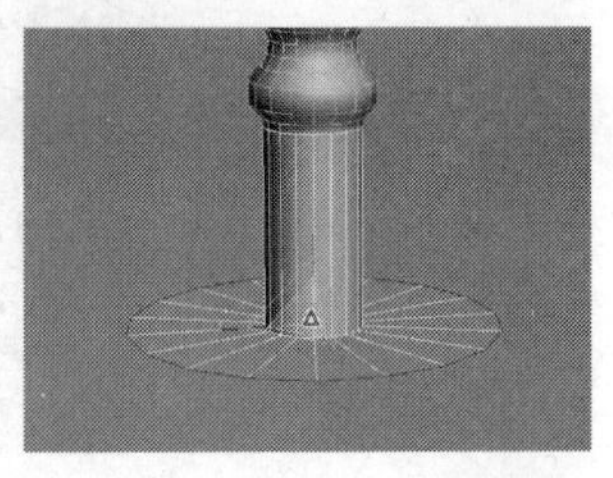

图8-618

12 使用“挤出”工具 挤出 和“插入”工具 插入 等常用的工具在上一步创建的模型底部再制作一个如图8-619所示的模型。

图8-619

13 下面创建装饰模型。使用“圆柱体”工具 圆柱体 在支柱上参考螺旋线创建一个大小合适的圆柱体，如图8-620所示，然后将其转换为可编辑多边形，进入“多边形”级别，接着选择顶部和底部的多边形，最后按Delete键将其删除，如图8-621所示。

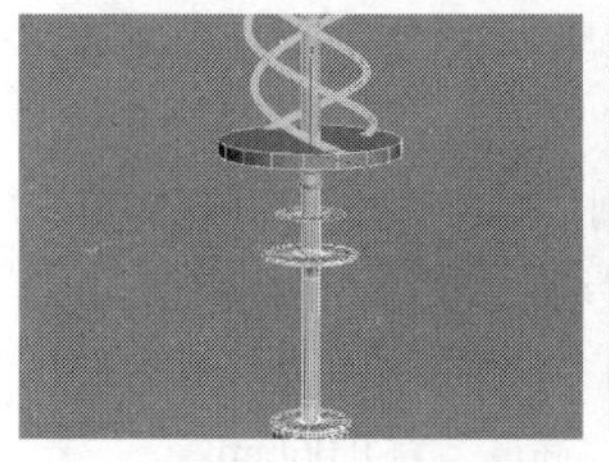

图8-620

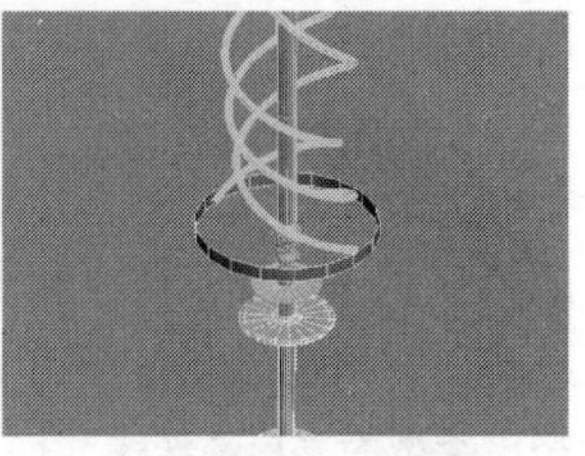

图8-621

14 为模型加载一个“壳”修改器，然后在“参数”卷展栏下设置“内部量”为0.3mm、“外部量”为0mm，接着为其加载一个“网格平滑”修改器，效果如图8-622所示。

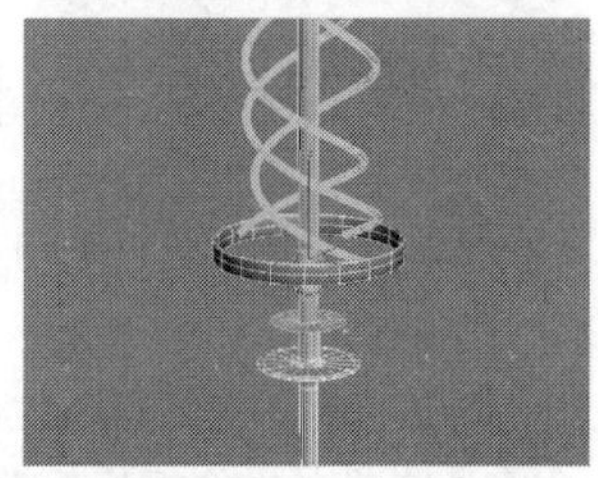

图8-622

15 使用“选择并移动”工具选择上一步创建的圆环，然后按住Shift键向下移动复制一个模型合适的位置，如图8-623所示，接着使用“长方体”工具 长方体 创建两个交叉的长方体，完成后的效果如图8-624所示。

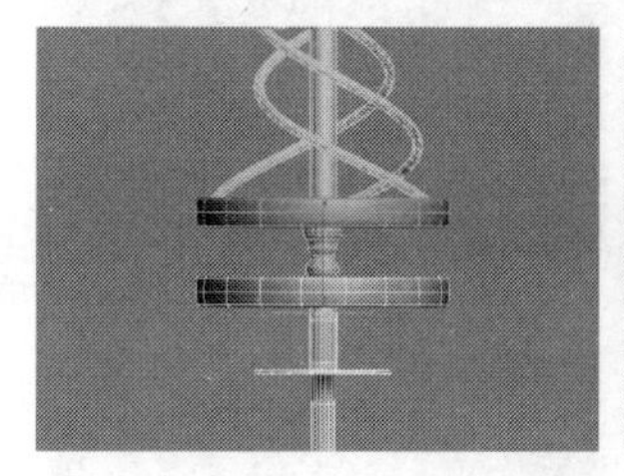

图8-623

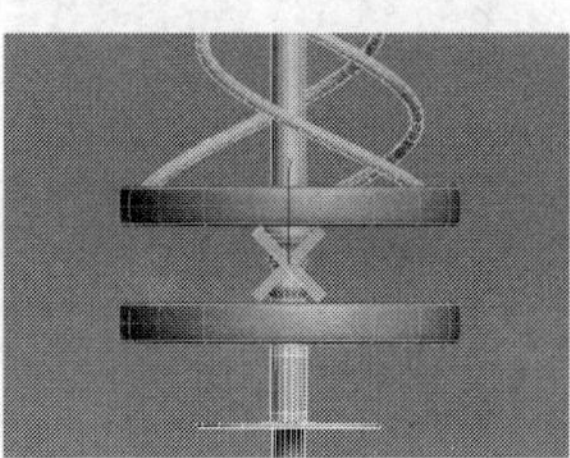

图8-624

16 选择两个长方体，然后在“命令”面板中单击“层次”按钮，进入“层次”面板，接着单击“仅影响轴”按钮 仅影响轴 ，最后将轴心点调整到环形模型的中心位置，如图8-625所示。

17 单击“仅影响轴”按钮 仅影响轴 ，退出“仅影响轴”模式，然后按住Shift键使用“选择并旋转”工具旋转复制长方体，接着在弹出的对话框中设置“对象”为“复制”、“副本数”为13（该数值可以根据实际情况而定），最后单击“确定”按钮 确定 ，效果如图8-626所示。

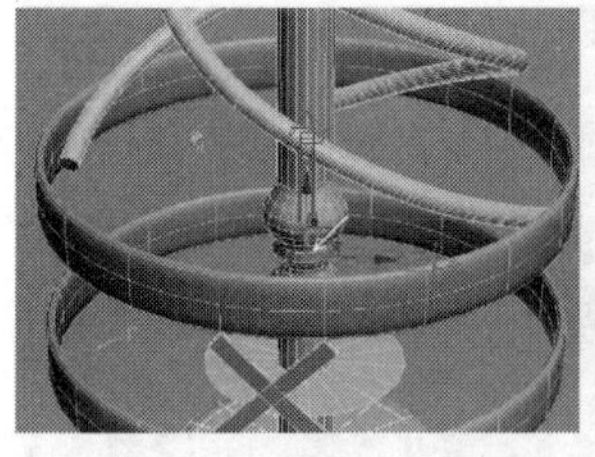

图8-625

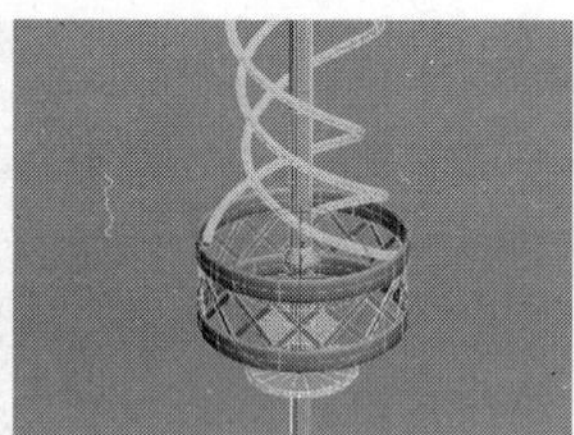

图8-626

18 下面创建灯罩模型。灯罩模型的制作方法与吸盘模型的制作方法完全相同，因此这里不再重复讲解，完成后的模型效果如图8-627所示。

图8-627

19 下面创建水晶链模型。使用“线”工具 线 在左视图中绘制一条如图8-628所示的样条线，然后使用“异面体”工具 异面体 在样条线上创建一个异面体，接着在“参数”卷展栏下设置“系列”为“立方体/八面体”、“半径”为0.85mm，模型位置如图8-629所示。

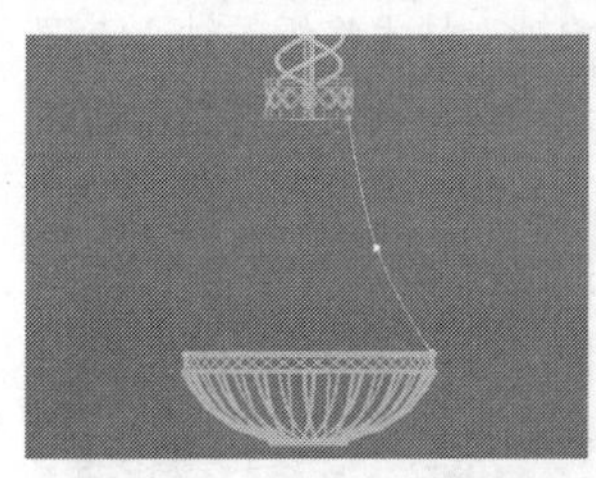

图8-628

图8-629

20 在“主工具栏”中的空白处单击鼠标右键，然后在弹出的菜单中选择“附加”命令，调出“附加”工具栏，如图8-630所示。

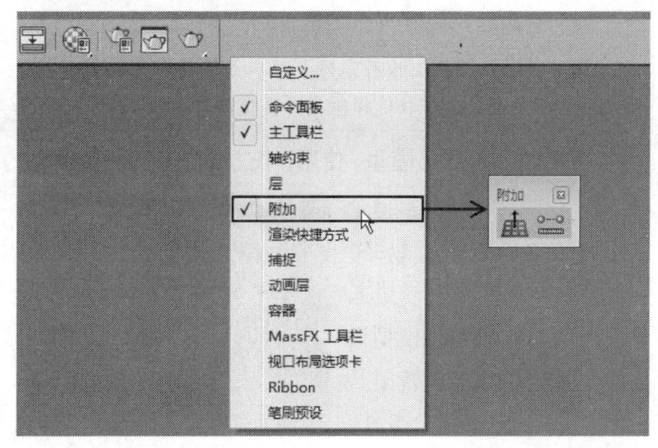

图8-630

21 选择异面体，在“附加”工具栏中单击“间隔工具”按钮，然后在弹出的对话框中单击“拾取路径”按钮 拾取路径 ，接着在视图中拾取样条线，并设置“计数”为29，最后单击“应用”按钮 应用 ，如图8-631所示，效果如图8-632所示。

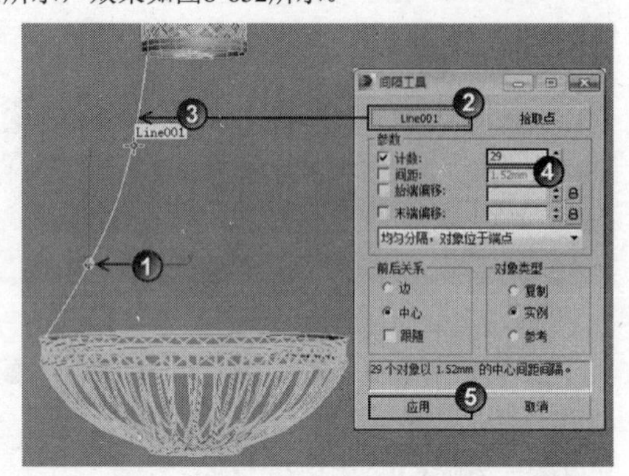

图8-631

图8-632

22 选择所有异面体，然后执行“组>组”菜单命令，接着利用“仅影响轴”技术将组的轴心点调整到中心位置，如图8-633所示，最后利用旋转复制功能围绕灯罩复制一圈吊坠，如图8-634所示。

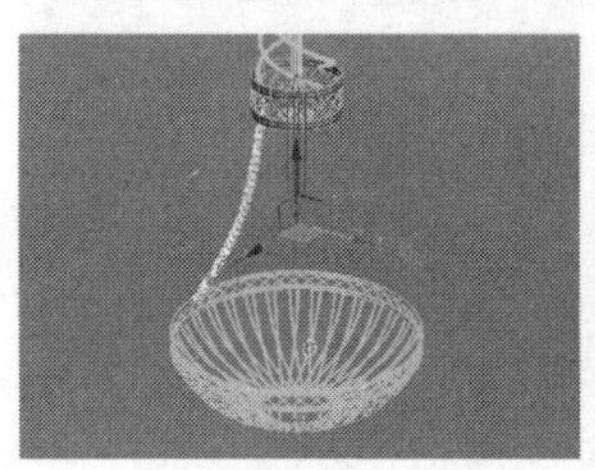
图8-633

图8-634

技巧与提示

在选择同一种类型的对象时，可以先选择一个对象，然后按Ctrl+Q组合键，可以选择所有同类型对象。

23 下面创建支架模型。使用“长方体”工具 长方体 在场景中创建一个大小合适的长方体，然后将其转换为可编辑多边形，进入“顶点”级别，接着将模型调整成如图8-635所示的效果。

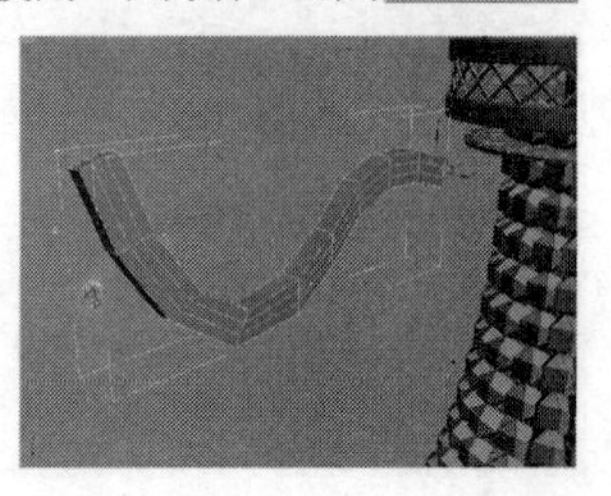
图8-635

24 进入“多边形”级别，然后使用“挤出”工具 挤出 挤出如图8-636所示的多边形，接着采用相同的方法将模型挤出成如图8-637所示的效果。

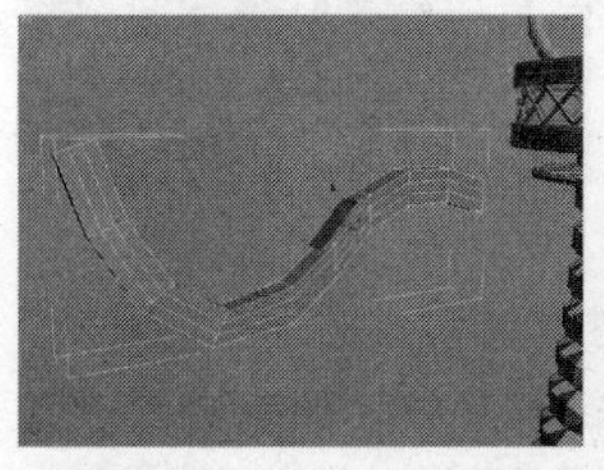
图8-636

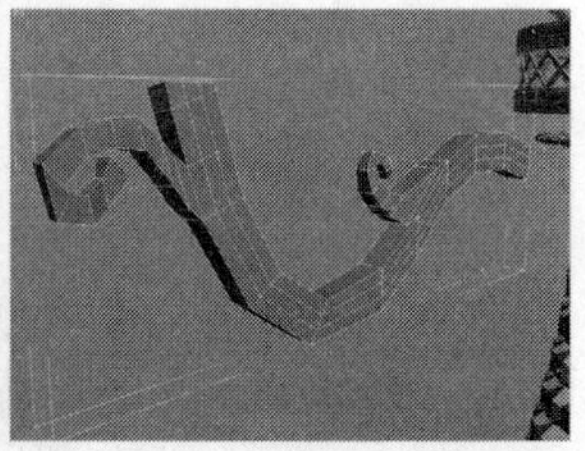
图8-637

25 进入“边”级别，然后选择如图8-638所示的边，接着在“编辑边”卷展栏下单击“切角”按钮 切角 后面的“设置”按钮，最后设置“边切角量”为0.06mm。

26 进入“多边形”级别，然后选择如图8-639所示的多边形，接着在“编辑多边形”卷展栏下单击“挤出”按钮 挤出 后面的“设置”按钮，最后设置挤出类型为“局部法线”、“高度”为-0.06mm。

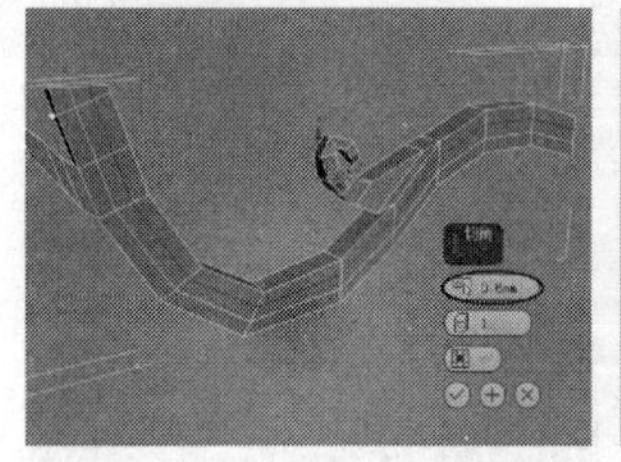
图8-638

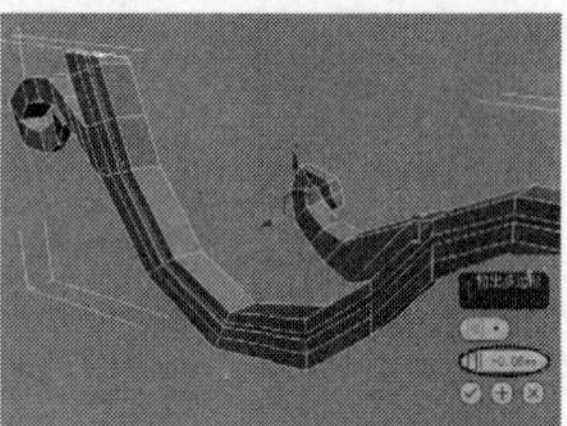
图8-639

27 采用相同的方法使用“挤出”工具 挤出 将模型挤出成如图8-640所示的效果。

28 进入“边”级别，然后选择如图8-641所示的边，接着在“编辑边”卷展栏下单击“切角”按钮 切角 后面的“设置”按钮，最后设置“边切角量”为0.02mm。

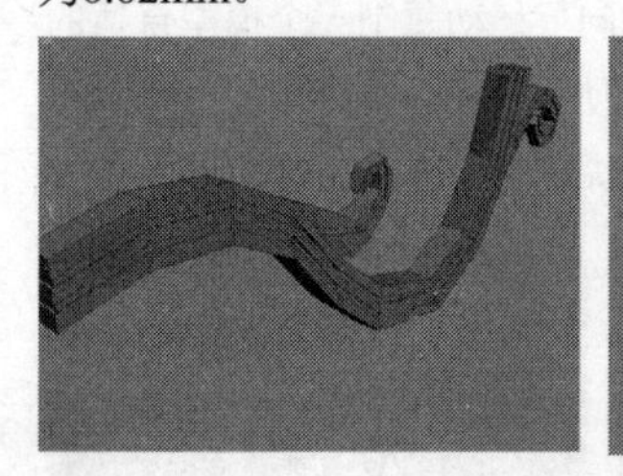
图8-640

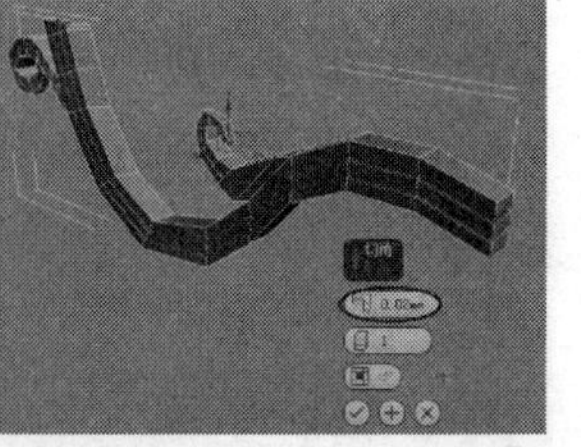
图8-641

29 为模型加载一个“网格平滑”修改器，然后将其放在如图8-642所示的位置。

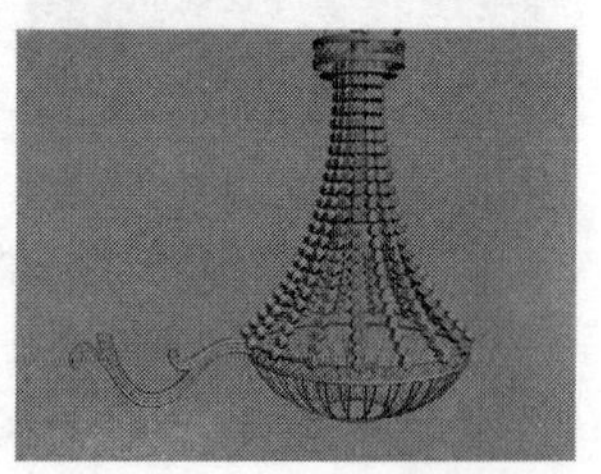
图8-642

30 采用前面的方法调整好枝状结构的中心点，然后使用旋转复制功能复制出5个枝状结构，完成后的模型效果如图8-643所示。

31 水晶灯模型的基本形状已经出来了，下面可以为其创建一些简单的装饰物品，如图8-644所示。

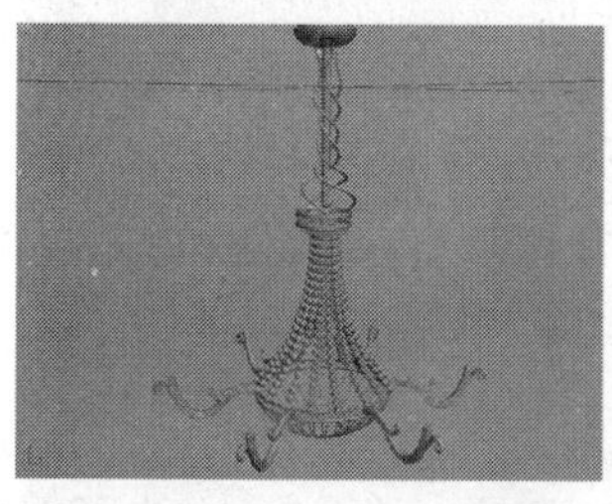
图8-643

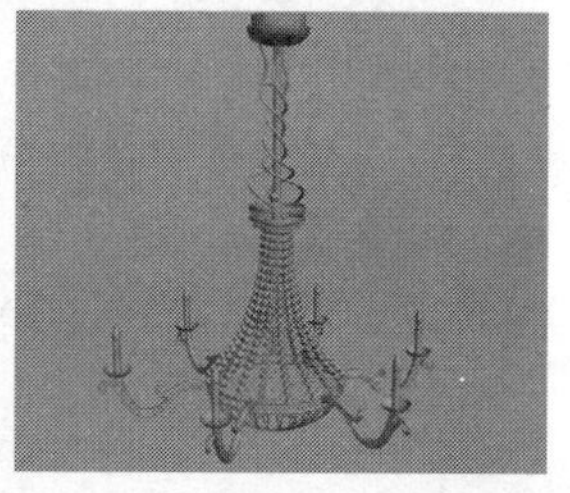
图8-644

32 在支架的挂钩处创建一个大小合适的水晶吊坠，如图8-645所示，然后将其复制到其他的挂钩上，最终效果如图8-646所示。

图8-645

图8-646

实战156 转角沙发

场景位置	无
实例位置	DVD>实例文件>CH08>实战156.max
视频位置	DVD>多媒体教学>CH08>实战156.flv
难易指数	★☆☆☆☆
技术掌握	挤出工具、连接工具、切角工具、利用所选内容创建图形工具

转角沙发模型如图8-647所示。

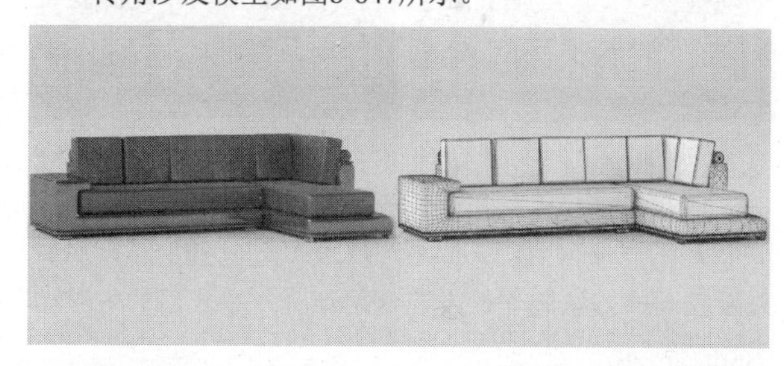
图8-647

01 下面创建主体模型。使用"长方体"工具 长方体 在场景中创建一个长方体，然后在"参数"卷展栏下设置"长度"为100mm、"宽度"为240mm、"高度"为20mm、"长度分段"为1、"宽度分段"为2、"高度分段"为2，如图8-648所示。

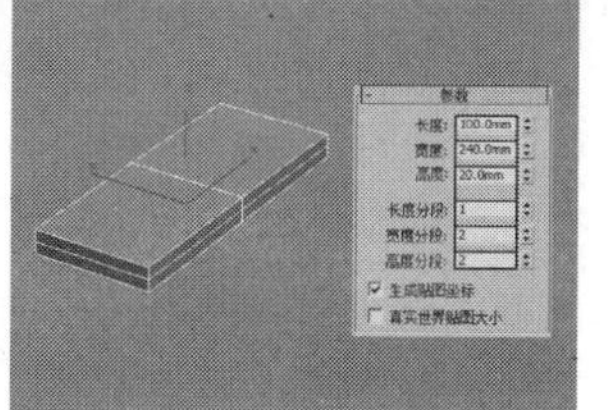
图8-648

02 将长方体转换为可编辑多边形，然后进入"顶点"级别，接着在前视图中调整好顶点的位置，如图8-649所示，在透视图中的效果如图8-650所示。

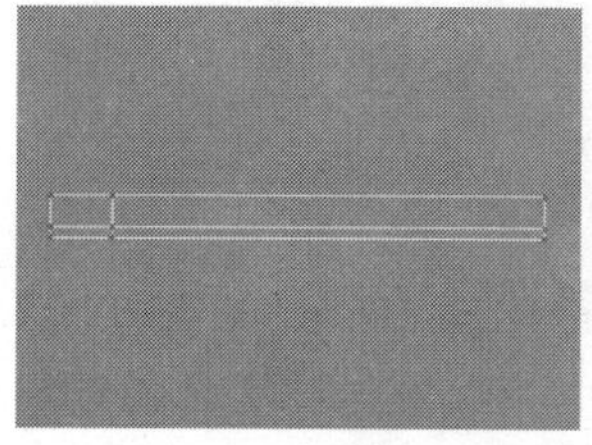
图8-649

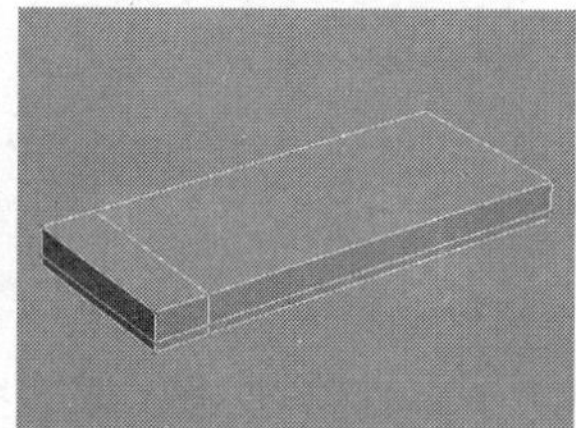
图8-650

03 进入"多边形"级别，然后选择如图8-651所示的多边形，接着在"编辑多边形"卷展栏下单击"挤出"按钮 挤出 后面的"设置"按钮，最后设置"高度"为25mm，如图8-652所示。

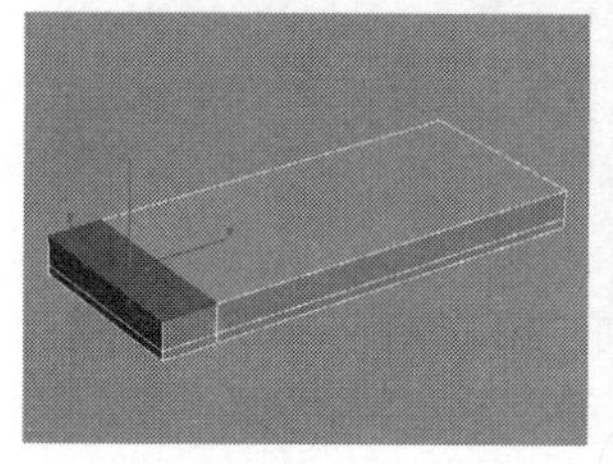
图8-651

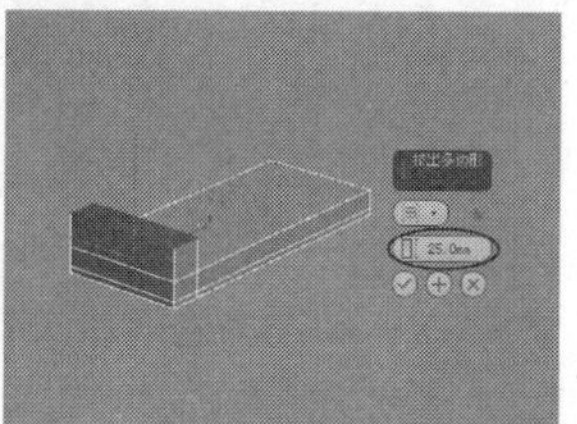
图8-652

04 保持对多边形的选择，在"编辑多边形"卷展栏下单击"挤出"按钮 挤出 后面的"设置"按钮，然后设置"高度"为10mm，如图8-653所示。

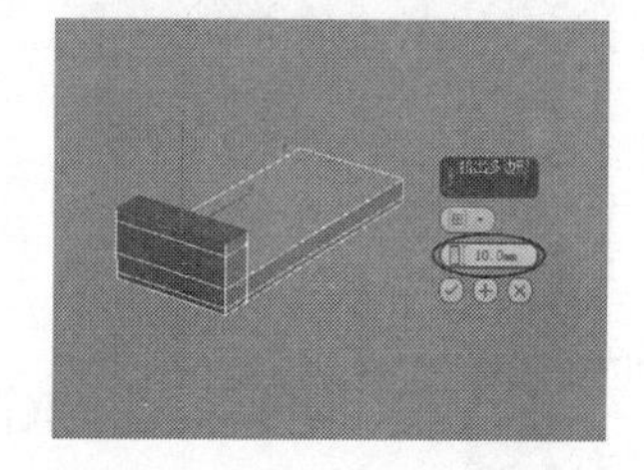
图8-653

05 选择如图8-654所示的多边形，然后在"编辑多边形"卷展栏下单击"挤出"按钮 挤出 后面的"设置"按钮，接着设置"高度"为25mm，如图8-655所示。

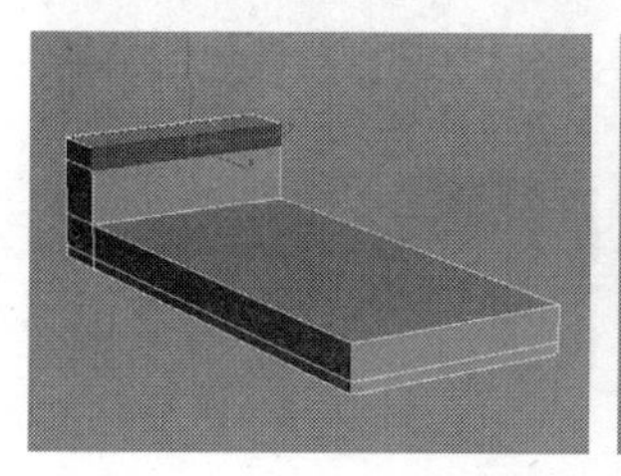
图8-654

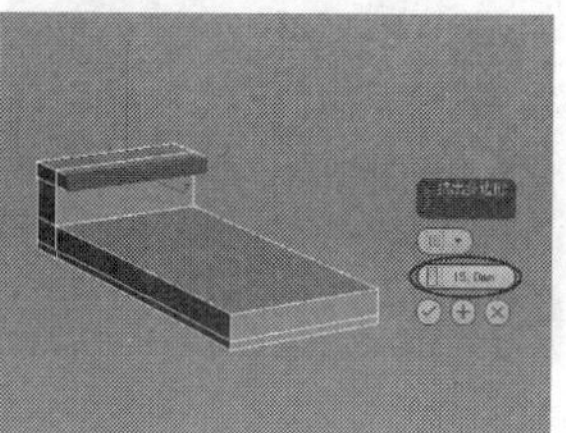
图8-655

06 进入"边"级别，然后选择如图8-656所示的边，接着在"编辑边"卷展栏下单击"连接"按钮 连接 后面的"设置"按钮，最后设置"分段"为1、"收缩"为0、"滑块"为68，如图8-657所示。

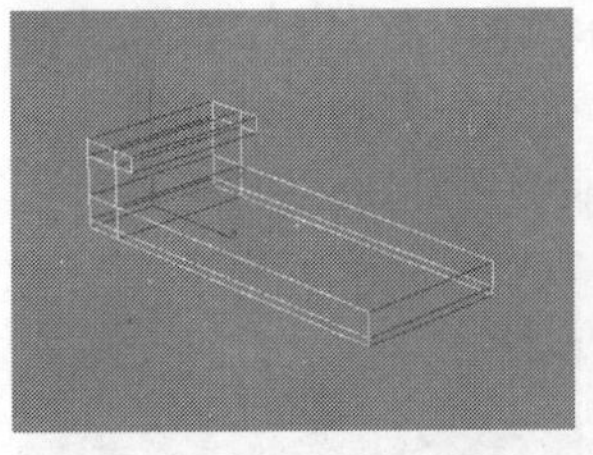

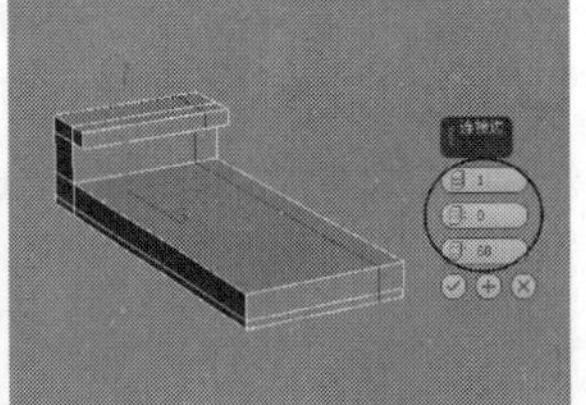

图8-656　　图8-657

07 选择如图8-658所示的边，然后在“编辑边”卷展栏下单击“连接”按钮 连接 后面的“设置”按钮□，接着设置“分段”为1、“收缩”为0、“滑块”为-85，如图8-659所示。

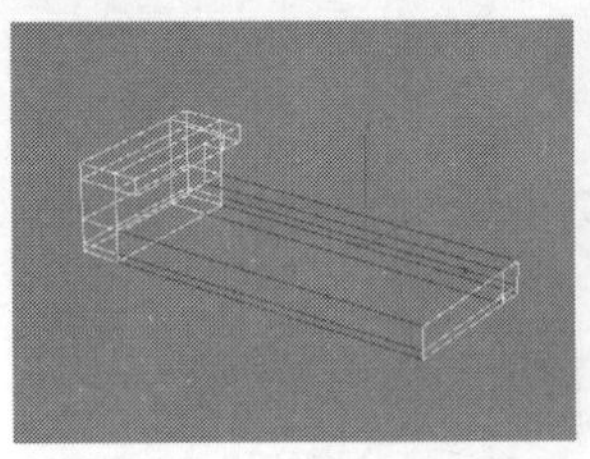

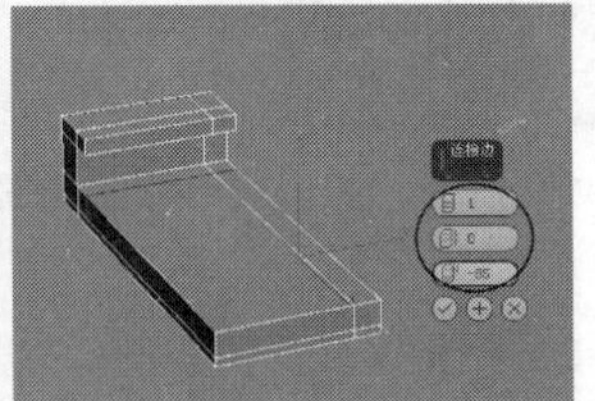

图8-658　　图8-659

08 进入“多边形”级别，然后选择如图8-660所示的多边形，接着在“编辑多边形”卷展栏下单击“挤出”按钮 挤出 后面的“设置”按钮□，最后设置“高度”为50mm，如图8-661所示。

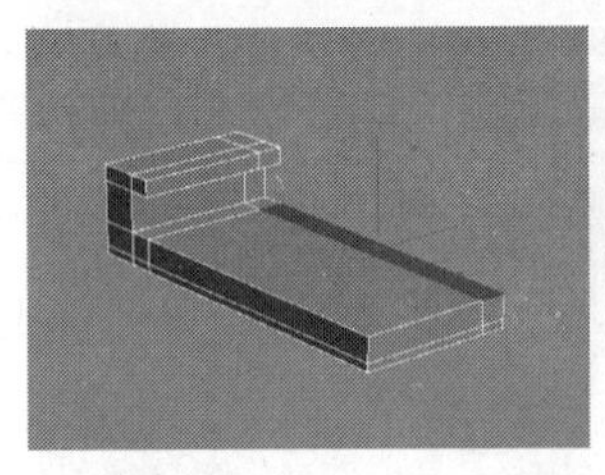

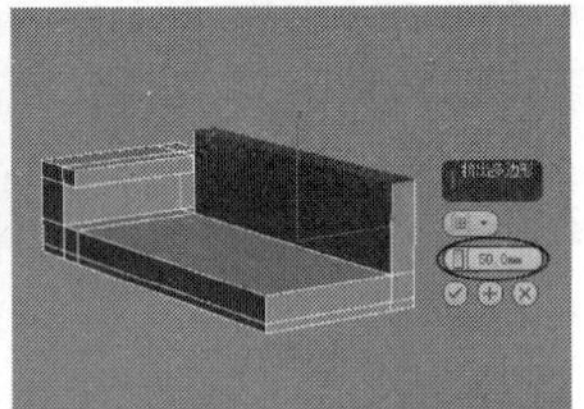

图8-660　　图8-661

09 进入“边”级别，然后选择如图8-662所示的边，接着在“编辑边”卷展栏下单击“切角”按钮 切角 后面的“设置”按钮□，最后设置“边切角量”为0.5mm，如图8-663所示。

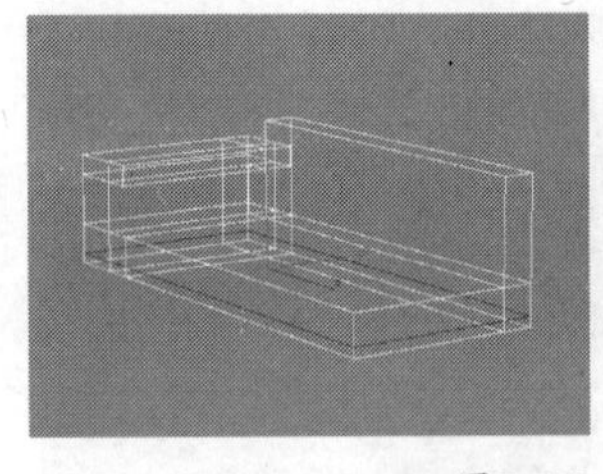

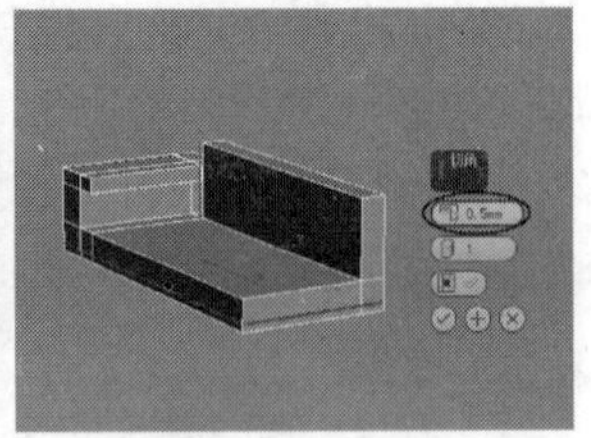

图8-662　　图8-663

10 进入“多边形”级别，然后选择如图8-664所示的多边形，接着在“编辑多边形”卷展栏下单击“挤出”按钮 挤出 后面的“设置”按钮□，最后设置“挤出类型”为“局部法线”、“高度”为-1.5mm，如图8-665所示。

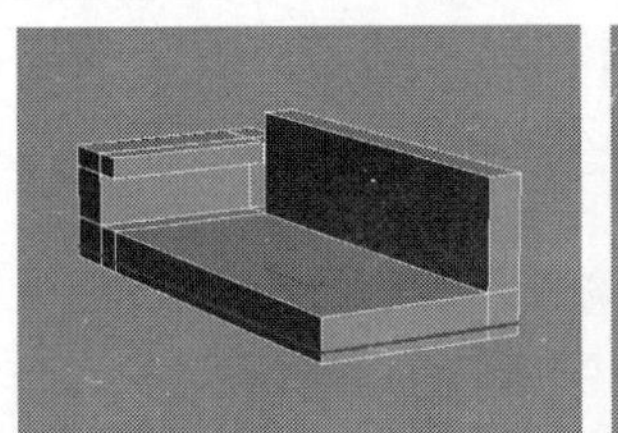

图8-664　　图8-665

11 进入“边”级别，然后选择如图8-666所示的边，接着在“编辑边”卷展栏下单击“切角”按钮 切角 后面的“设置”按钮□，最后设置“边切角量”为1mm，如图8-667所示。

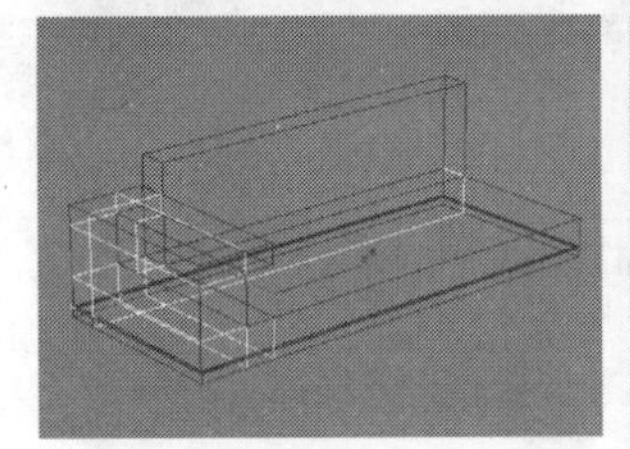

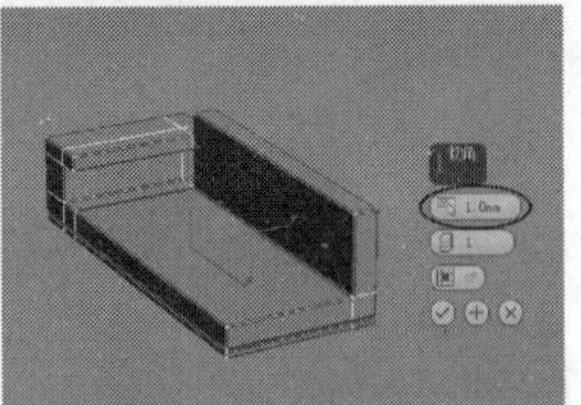

图8-666　　图8-667

12 为模型加载一个“网格平滑”修改器，然后在“细分量”卷展栏下设置“迭代次数”为2，模型效果如图8-668所示。

13 使用“切角圆柱体”工具 切角圆柱体 在左视图中创建一个切角圆柱体，然后在“参数”卷展栏下设置“半径”为7mm、“高度”为190mm、“圆角”为2mm、“圆角分段”为4、“边数”为36，模型位置如图8-669所示。

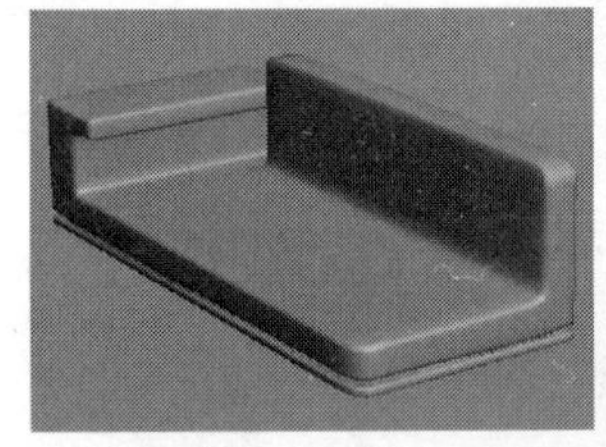

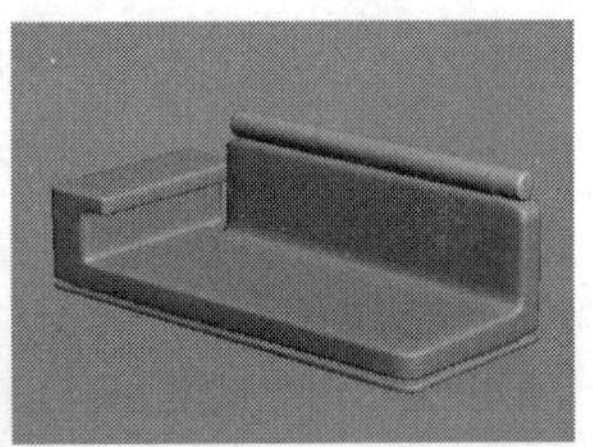

图8-668　　图8-669

14 继续使用“切角圆柱体”工具 切角圆柱体 创建沙发的底座模型，完成后的效果如图8-670所示，然后采用相同的方法制作沙发左侧的部分，完成后的效果如图8-671所示。

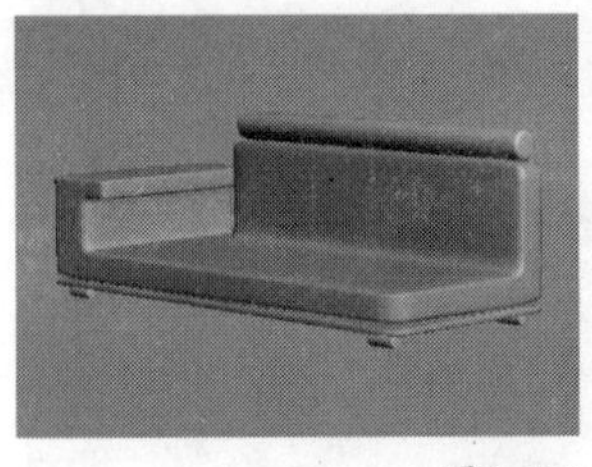

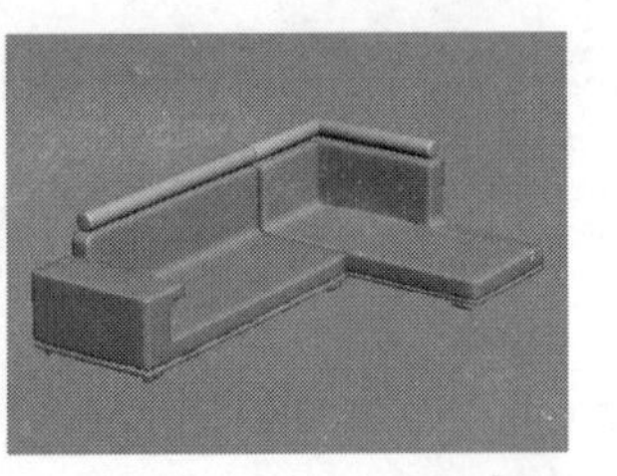

图8-670　　图8-671

15 下面创建座垫模型。使用“切角长方体”工具 切角长方体 在场景中创建一个切角长方体，然后在“参数”卷展栏下设置“长度”为78mm、“宽度”为210mm、“高度”为25mm、“圆角”为5mm，模型位置如图8-672所示。

16 继续使用“切角长方体”工具 切角长方体 在左侧的沙发上创建一个大小合适的切角长方体，如图8-673所示。

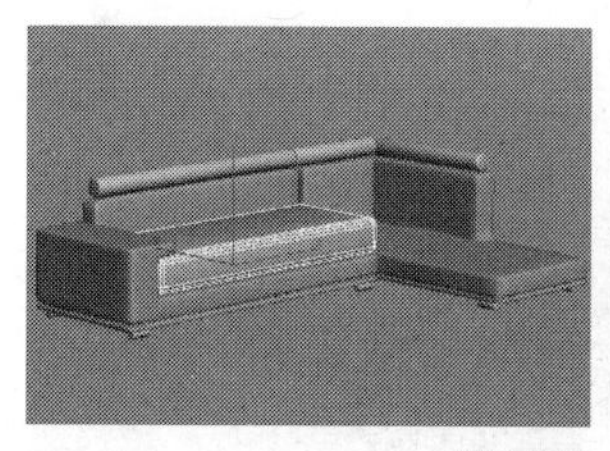

图8-672

图8-673

17 下面创建靠垫模型。使用“切角长方体”工具 切角长方体 在场景中创建一个切角长方体，然后在“参数”卷展栏下设置“长度”为10mm、“宽度”为60mm、“高度”为50mm、“圆角”为2mm，如图8-674所示。

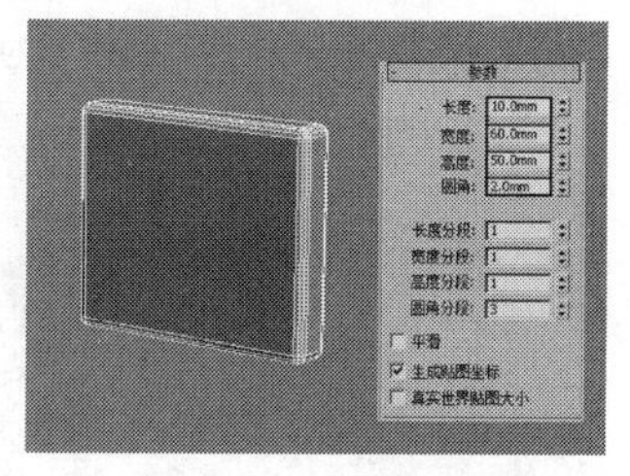

图8-674

18 将切角长方体转换为可编辑多边形，进入“边”级别，然后选择如图8-675所示的边，接着在“编辑边”卷展栏下单击“利用所选内容创建图形”按钮 利用所选内容创建图形 ，最后在弹出的对话框中设置“图形类型”为“线性”，如图8-676所示。

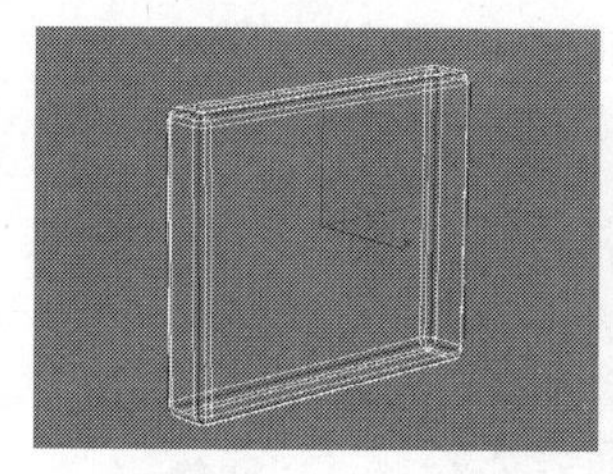

图8-675

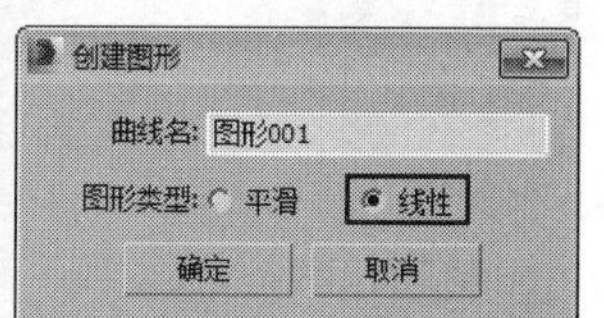

图8-676

19 选择“图形001”，然后在“渲染”卷展栏下勾选“在渲染中启用”和“在视口中启用”选项，接着设置“径向”的“厚度”为0.5mm，模型效果如图8-677所示。

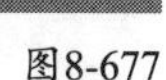

图8-677

20 使用“选择并移动”工具选择靠垫模型，然后按住Shift键移动复制6个模型到相应的位置，最终效果如图8-678所示。

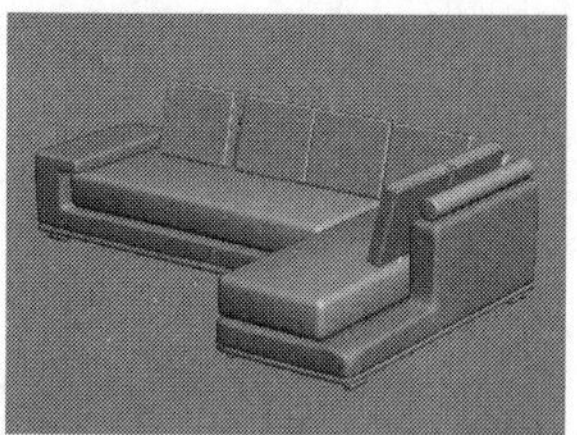

图8-678

实战157 多人沙发

场景位置	无
实例位置	DVD>实例文件>CH08>实战157.max
视频位置	DVD>多媒体教学>CH08>实战157.flv
难易指数	★★★☆☆
技术掌握	切角工具、挤出工具、塌陷工具、利用所选内容创建图形工具

多人沙发模型如图8-679所示。

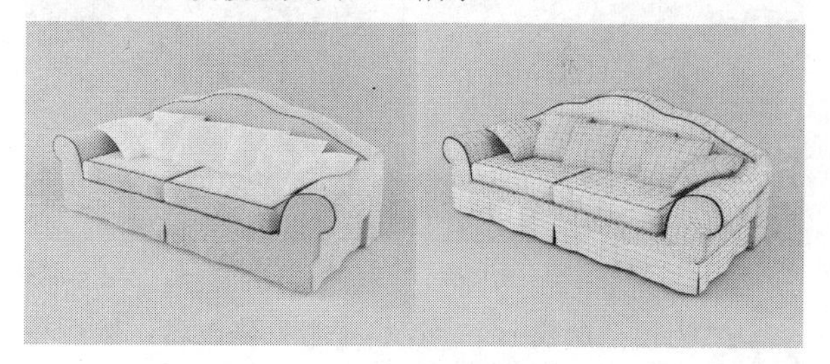

图8-679

01 下面创建靠背模型。使用“长方体”工具 长方体 在场景中创建一个长方体，然后在“参数”卷展栏下设置“长度”为250mm、“宽度”为2200mm、“高度”为920mm、“长度分段”为2、“宽度分段”为10、“高度分段”为2，如图8-680所示。

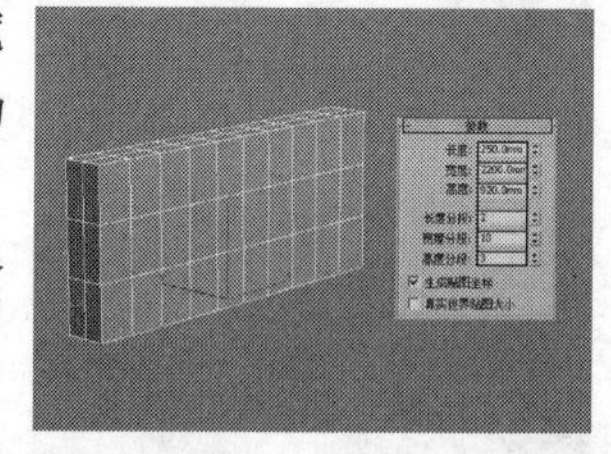

图8-680

02 将长方体转换为可编辑多边形，然后进入“顶点”级别，接着将模型调整成如图8-681所示的效果。

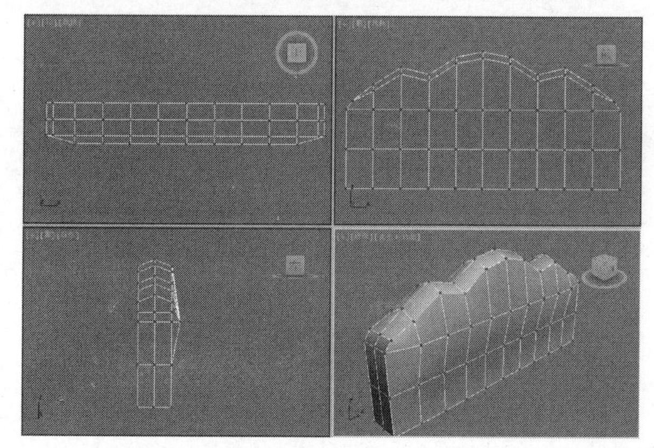

图8-681

03 进入“边”级别，然后选择如图8-682所示的边，接着在“编辑边”卷展栏下单击“利用所选内容创建图形”按钮 利用所选内容创建图形 ，最后在弹出的对话框中设置“图形类型”为“线性”，如图8-683所示。

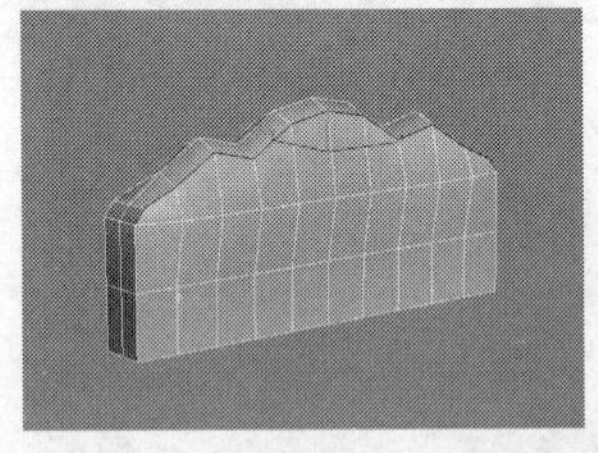
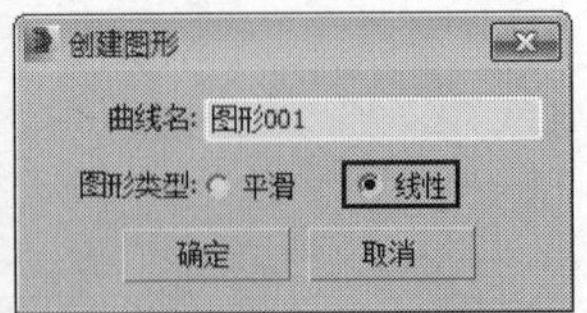

图8-682　　图8-683

04 选择如图8-684所示的边，然后在“编辑边”卷展栏下单击“切角”按钮 切角 后面的“设置”按钮□，最后设置“边切角量”为2mm，如图8-685所示。

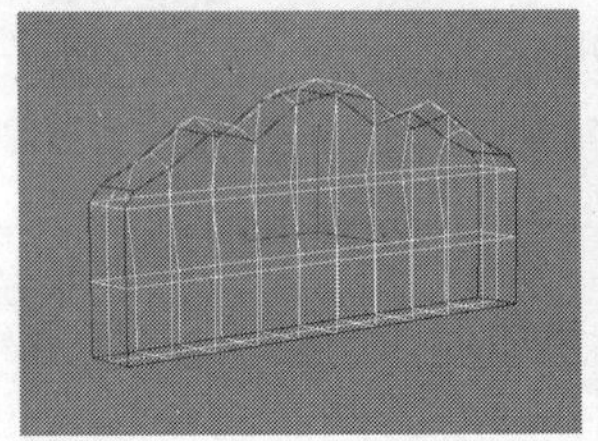
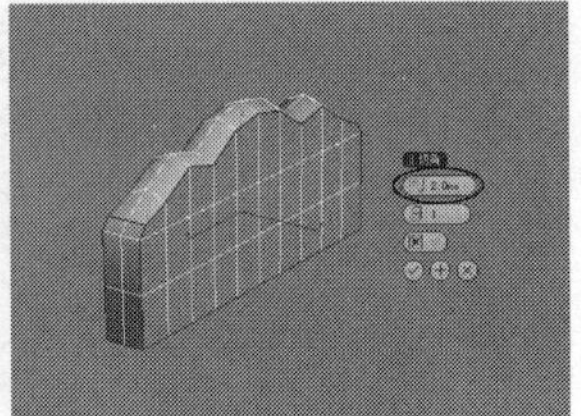

图8-684　　图8-685

05 为模型加载一个“网格平滑”修改器，然后在“细分量”卷展栏下设置“迭代次数”为2，模型效果如图8-686所示。

06 选择“图形001”，然后在“渲染”卷展栏下勾选“在渲染中启用”和“在视口中启用”选项，接着设置“厚度”为7mm，模型效果如图8-687所示。

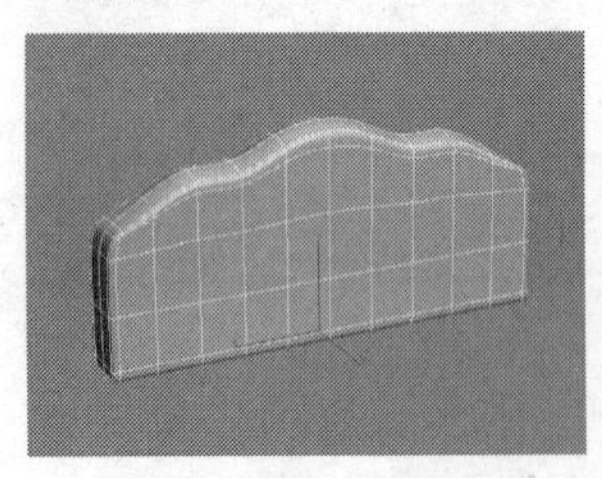
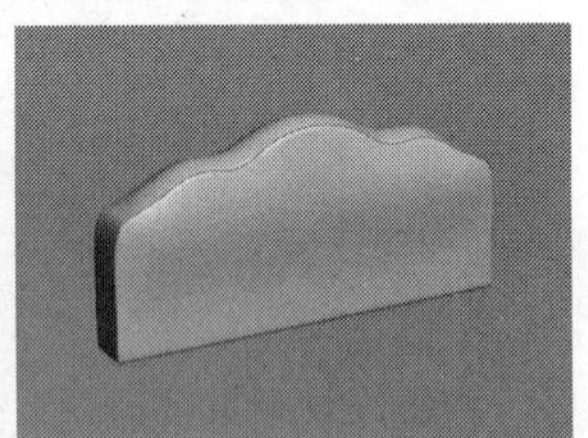

图8-686　　图8-687

07 下面创建扶手模型。使用“长方体”工具 长方体 在顶视图中创建一个长方体，然后在“参数”卷展栏下设置“长度”为1000mm、“宽度”为1080mm、“高度”为105mm、“长度分段”为3、“宽度分段”为5、“高度分段”为1，如图8-688所示。

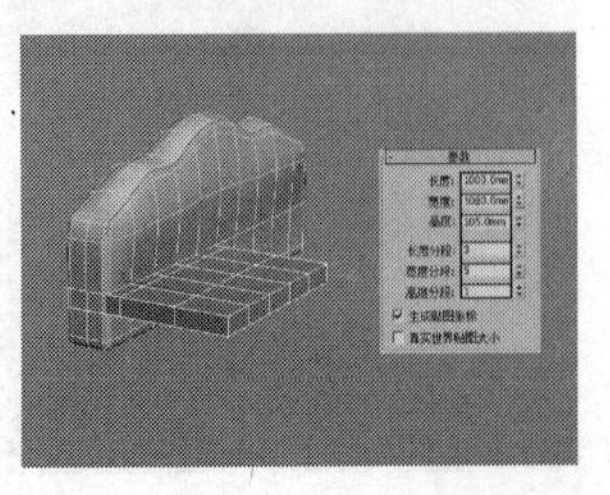

图8-688

08 将长方体转换为可编辑多边形，进入“多边形”级别，然后选择如图8-689所示的多边形，接着在“编辑多边形”卷展栏下单击“挤出”按钮 挤出 后面的“设置”按钮□，最后设置“高度”为100mm，如图8-689所示。

09 挤出完成后继续将选择的多边形再挤出两次（“高度”同样设置为100mm），完成后的效果如图8-690所示。

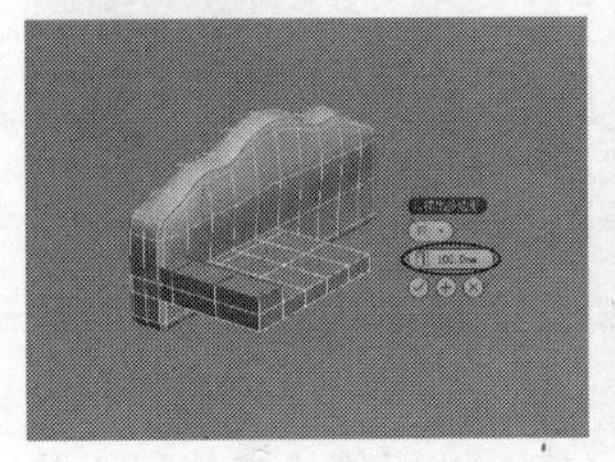
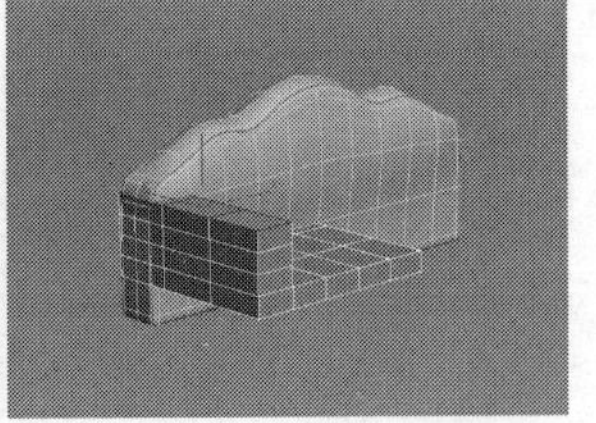

图8-689　　图8-690

10 选择如图8-691所示的多边形，然后在“编辑多边形”卷展栏下单击“挤出”按钮 挤出 后面的“设置”按钮□，接着设置“高度”为100mm，如图8-692所示。

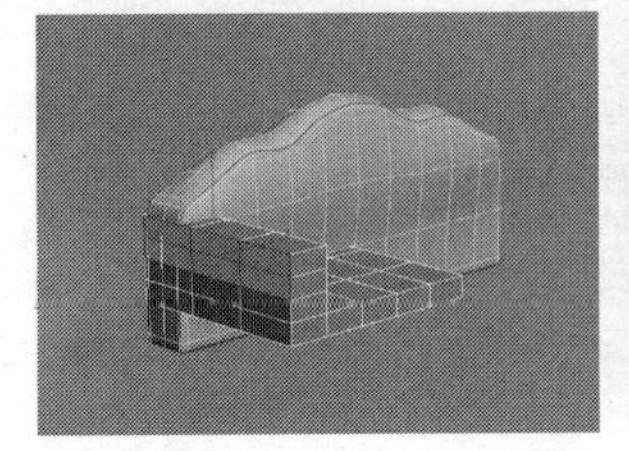
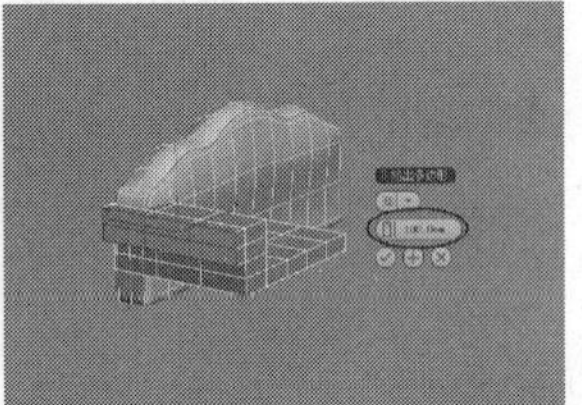

图8-691　　图8-692

11 进入“顶点”级别，然后将模型调整成如图8-693所示的效果，然后在“主工具栏”中单击“镜像”按钮，接着在弹出的对话框中设置“镜像轴”为x轴、“偏移”为1080mm、“克隆当前选择”为“实例”，如图8-694所示，最后将镜像的模型放到如图8-695所示的位置。

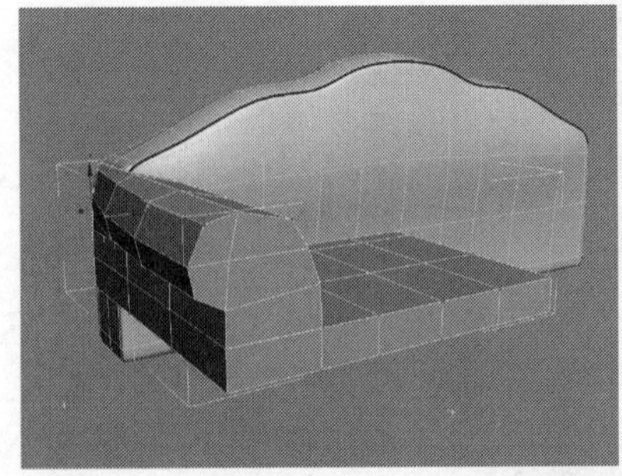
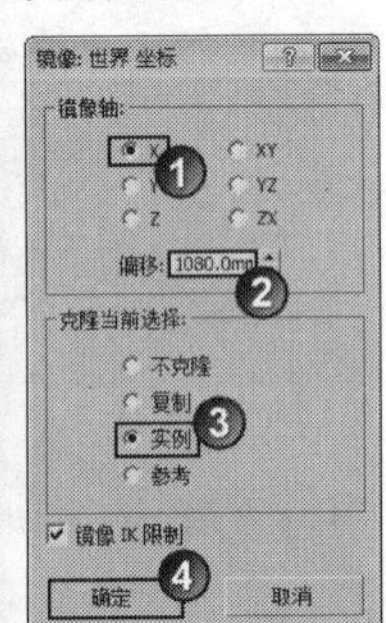

图8-693　　图8-694

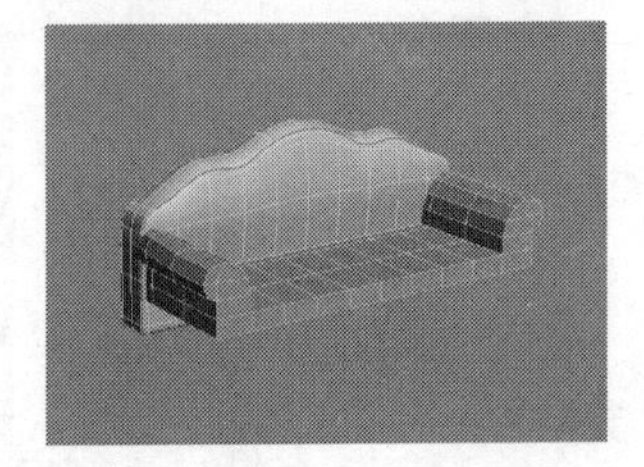

图8-695

12 选择两个扶手模型和座垫模型，然后在“命令”面板中单击“实用程序”按钮，接着在“实用程序”卷展栏下单击“塌陷”按钮 塌陷 ，最后在“塌陷”卷展栏下单击“塌陷选定对象”按钮 塌陷选定对象 ，将这3个模型塌陷成一个整体，如图8-696所示。

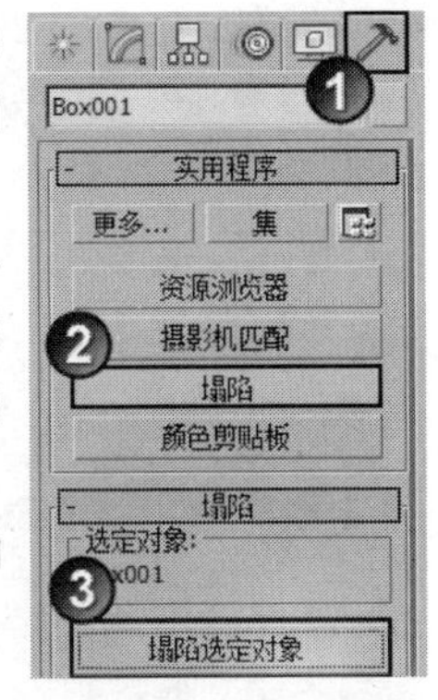

图8-696

13 将塌陷后的模型转换为可编辑多边形，进入“边”级别，然后选择如图8-697所示的边，接着在“编辑边”卷展栏下单击“切角”按钮 切角 后面的“设置”按钮，最后设置“边切角量”为1mm，如图8-698所示。

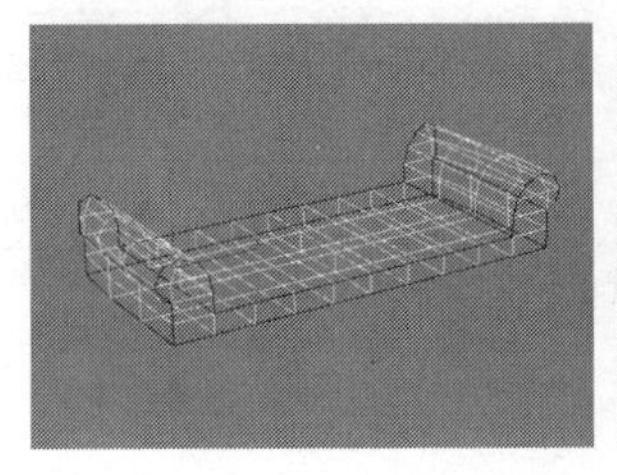

图8-697

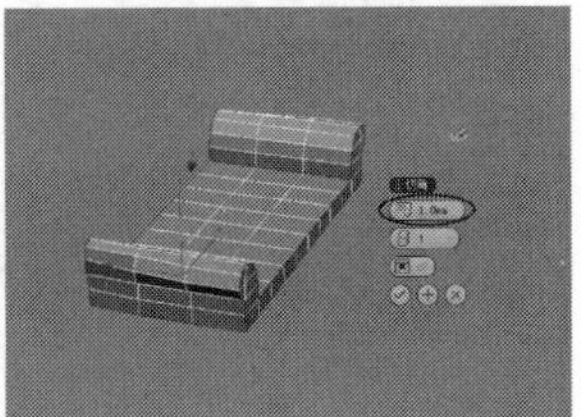

图8-698

技巧与提示

在选择切角的边时，一定要注意不能多选或少选，否则在进行“网格平滑”处理时都会出现一定的错误。

14 为模型加载一个“网格平滑”修改器，然后在“细分量”卷展栏下设置“迭代次数”为2，模型效果如图8-699所示。

15 采用前面的方法使用“利用所选内容创建图形”工具 利用所选内容创建图形 创建扶手上的镶边模型，完成后的效果如图8-700所示。

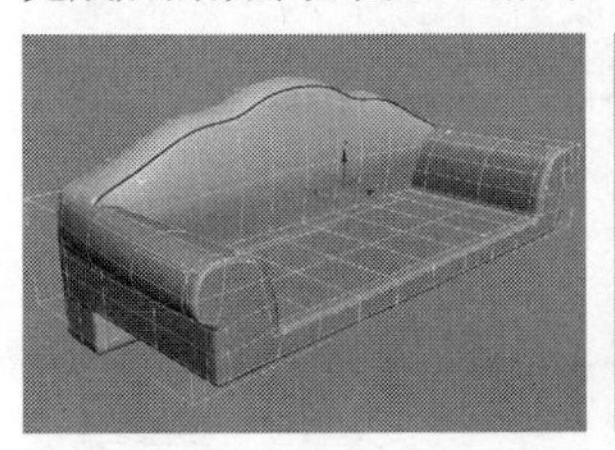

图8-699

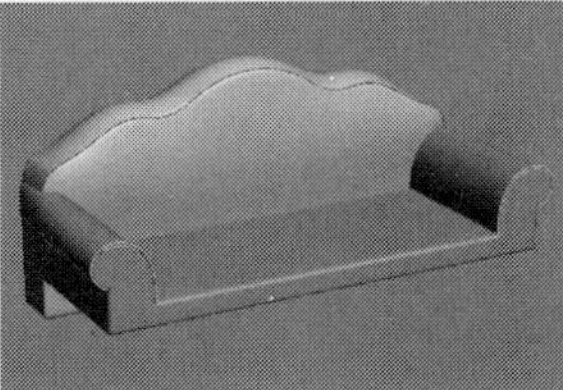

图8-700

16 下面创建座垫模型。使用“切角长方体”工具 切角长方体 在顶视图中创建一个切角长方体，然后在“参数”卷展栏下设置“长度”为700mm、“宽度”为850mm、“高度”为150mm、“圆角”为30mm、“长度分段”为8、“宽度分段”为10、“高度分段”为2，具体参数设置及模型位置如图8-701所示。

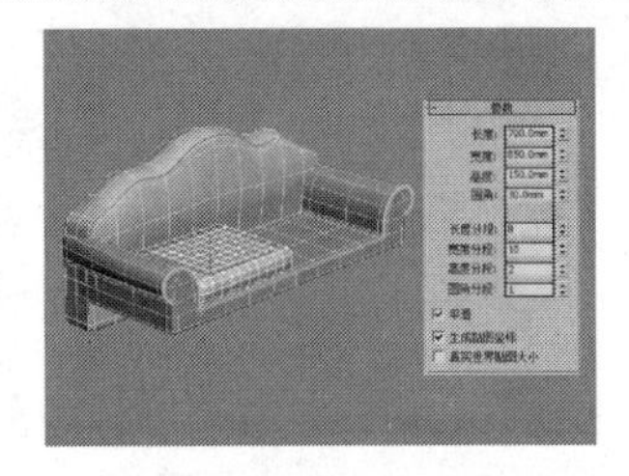

图8-701

17 将切角长方体转换为可编辑多边形，然后进入“顶点”级别，接着将模型调整成如图8-702所示的效果。

18 采用前面的方法使用“利用所选内容创建图形”工具 利用所选内容创建图形 创建座垫上的镶边模型，完成后的效果如图8-703所示。

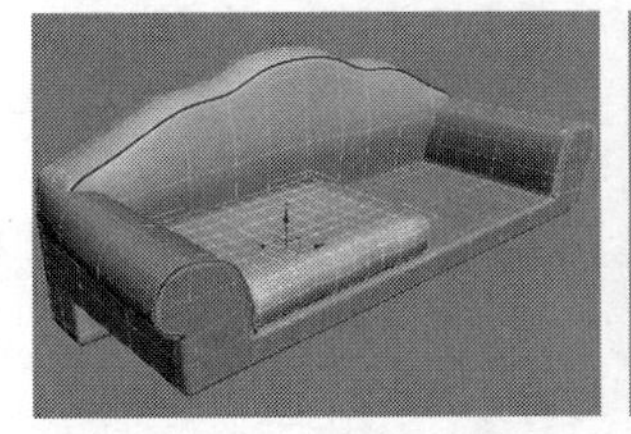

图8-702

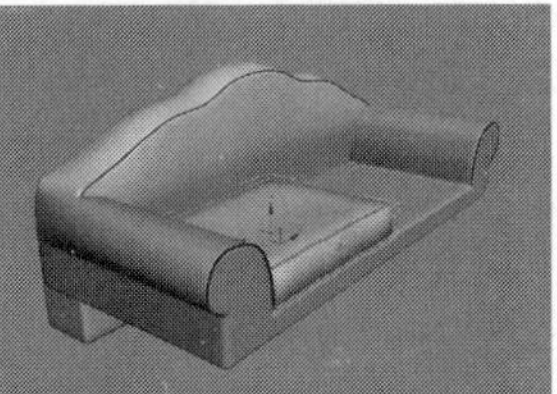

图8-703

19 使用“选择并移动”工具选择座垫模型，然后按住Shift键移动复制一个模型到如图8-704所示的位置。

20 下面创建布料模型。使用“平面”工具 平面 在场景中创建一个大小合适的平面，模型位置如图8-705所示。

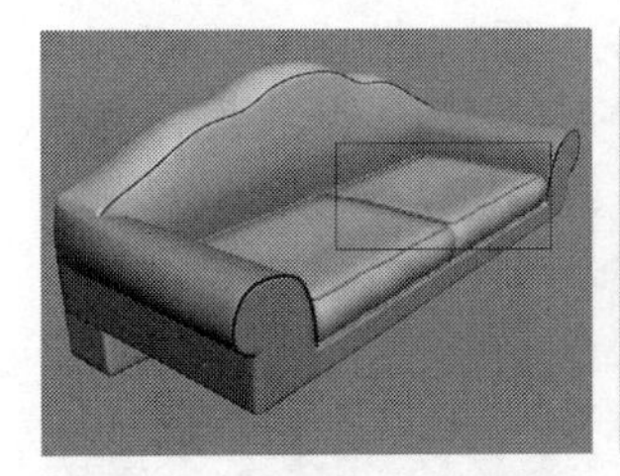

图8-704

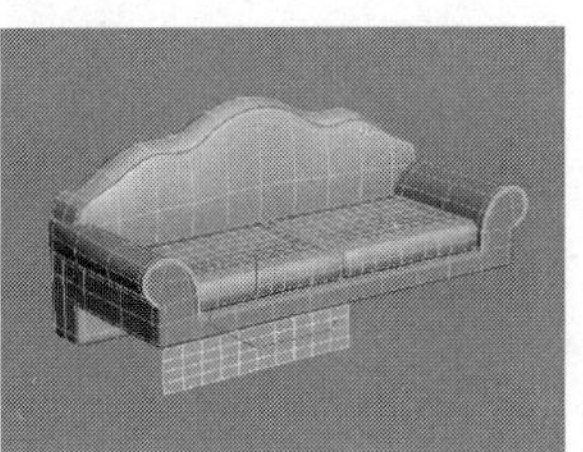

图8-705

21 将平面转换为可编辑多边形，然后进入“顶点”级别，接着将模型调整成如图8-706所示的效果。

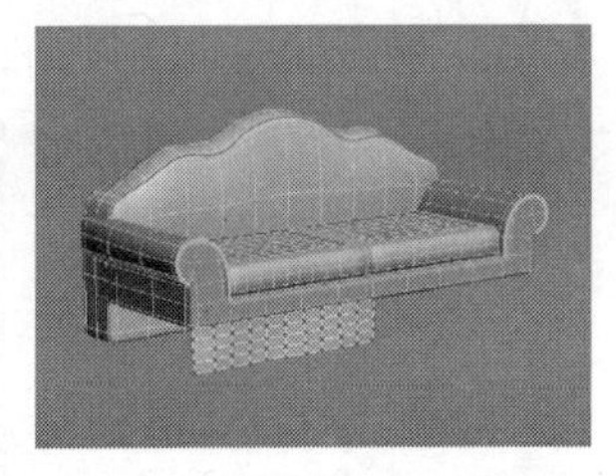

图8-706

22 采用相同的方法制作其他布料模型，完成后的模型效果如图8-707所示，然后使用多边形建模方法在座垫上制作一些抱枕模型，最终效果如图8-708所示。

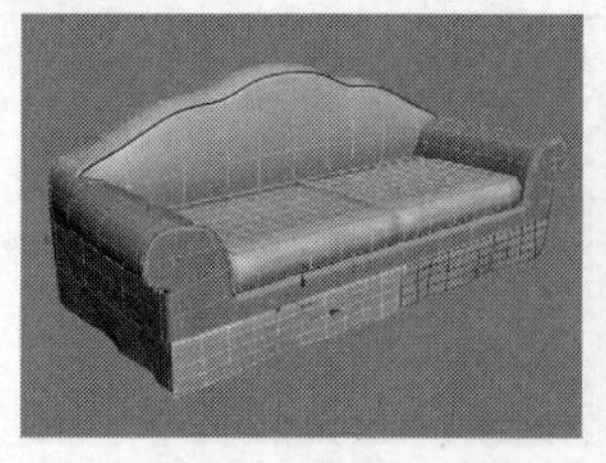

图8-707

图8-708

实战158 欧式单人沙发

场景位置	无
实例位置	DVD>实例文件>CH08>实战158.max
视频位置	DVD>多媒体教学>CH08>实战158.flv
难易指数	★★★☆☆
技术掌握	切角工具、挤出工具、倒角工具

欧式单人沙发模型如图8-709所示。

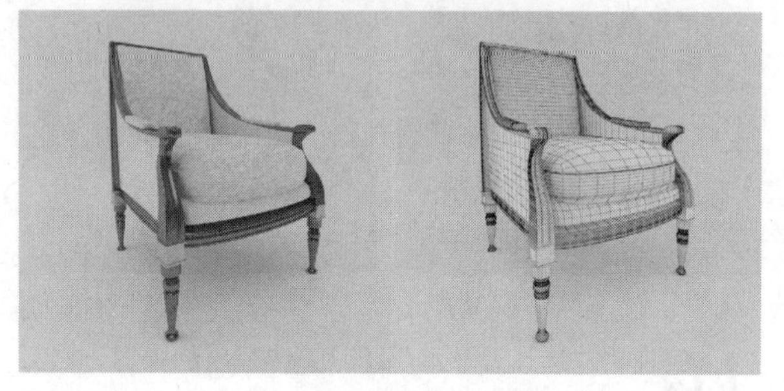

图8-709

01 下面创建靠背模型。使用“长方体”工具 长方体 在场景中创建一个长方体，然后在“参数”卷展栏下设置“长度”为25mm、“宽度”为15mm、“高度”为2mm、“长度分段”为4、“宽度分段”为1、“高度分段”为1，如图8-710所示。

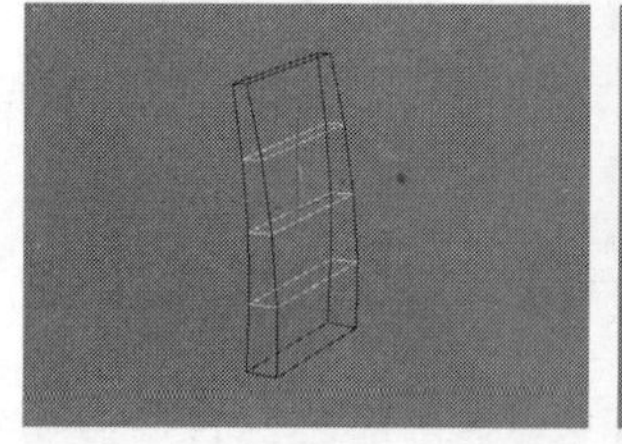

图8-710

02 使用“选择并旋转”工具在左视图中将长方体沿y轴旋转5°，如图8-711所示。

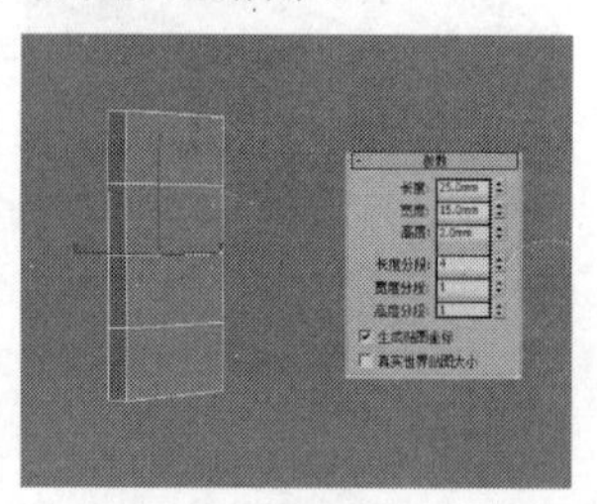

图8-711

03 将长方体转换为可编辑多边形”，然后进入“顶点”级别，接着将模型调整成如图8-712所示的效果。

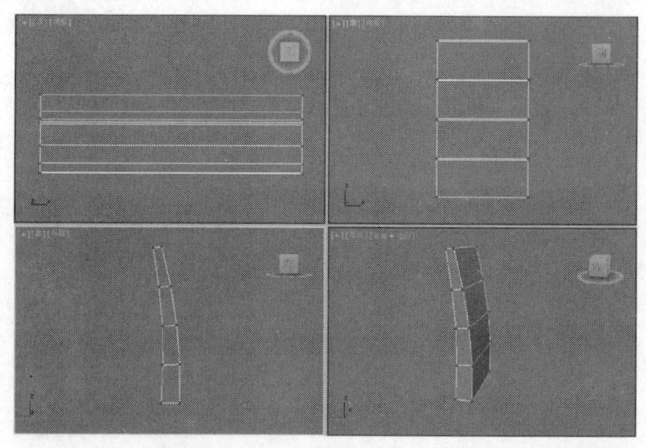

图8-712

04 进入“边”级别，然后选择如图8-713所示的边，接着在“编辑边”卷展栏下单击“切角”按钮 切角 后面“设置”按钮，最后设置“边切角量”为0.2mm，如图8-714所示。

图8-713

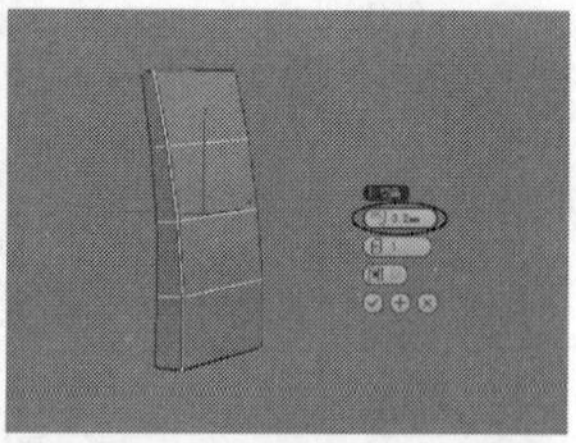

图8-714

05 为模型加载一个“网格平滑”修改器，然后在“细分量”卷展栏下设置“迭代次数”为3，模型效果如图8-715所示。

图8-715

06 下面创建座垫模型。使用“长方体”工具 长方体 在场景中创建一个长方体，然后在“参数”卷展栏下设置“长度”为25mm、“宽度”为20mm、“高度”为4mm、“长度分段”为5、“宽度分段”为5、“高度分段”为5，如图8-716所示。

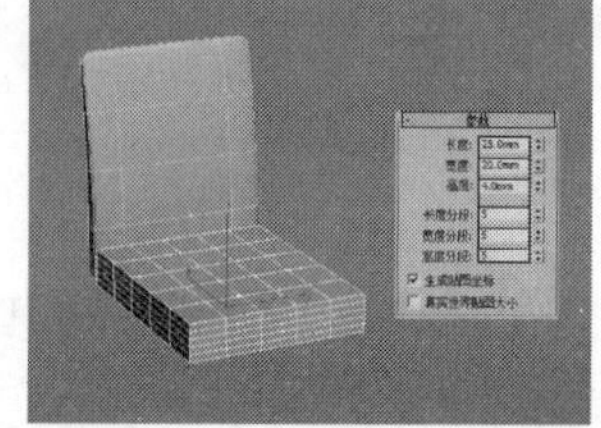

图8-716

07 将长方体转换为可编辑多边形，然后进入“顶点”级别，接着将模型调整成如图8-717所示的效果。

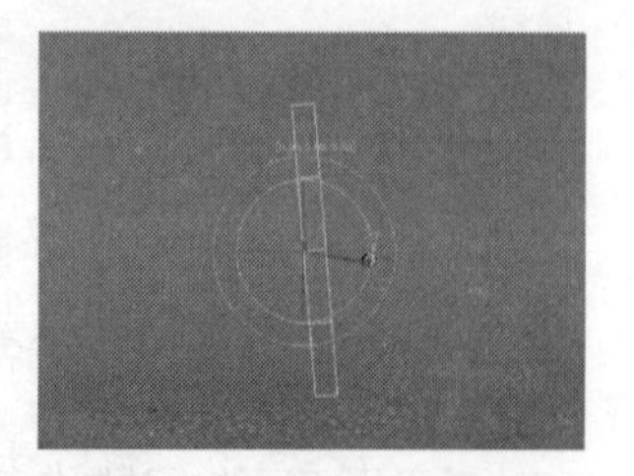

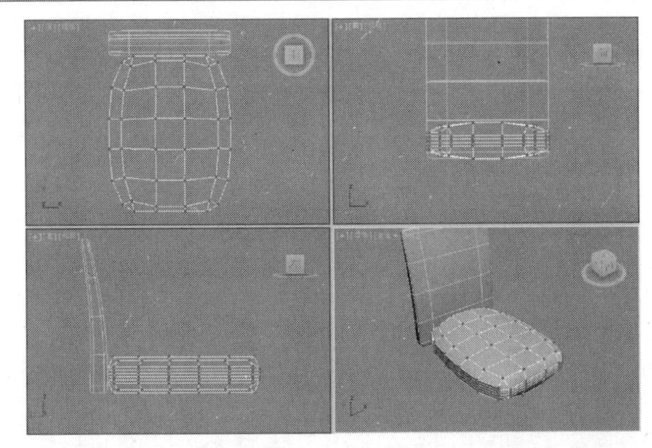

图8-717

08 进入“多边形”级别，然后选择如图8-718所示的多边形，接着在“编辑多边形”卷展栏下单击“挤出”按钮 挤出 后面的“设置”按钮，最后设置挤出类型为“局部法线”、“高度”为0.22mm，如图8-719所示。

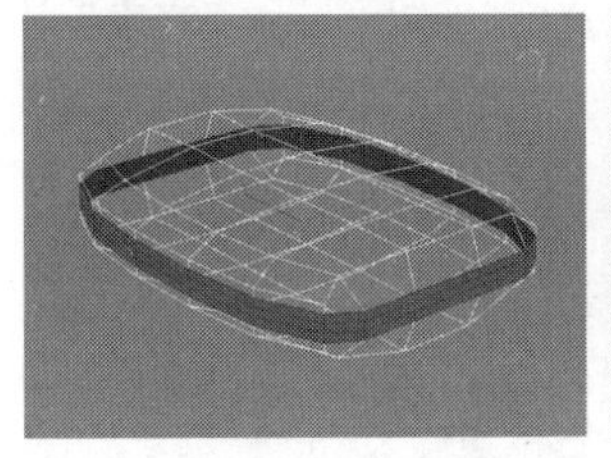

图8-718

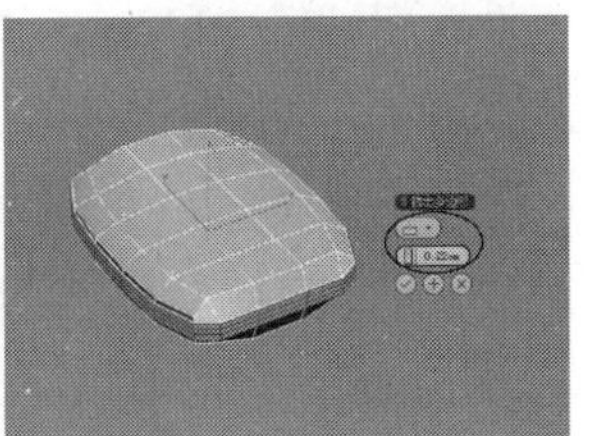

图8-719

09 进入“边”级别，然后选择如图8-720所示的边，接着在“编辑边”卷展栏下单击“切角”按钮 切角 后面的“设置”按钮，最后设置“边切角量”为0.05mm，如图8-721所示。

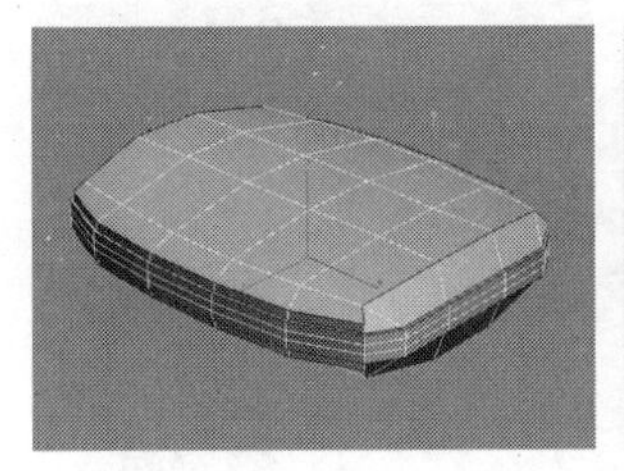

图8-720

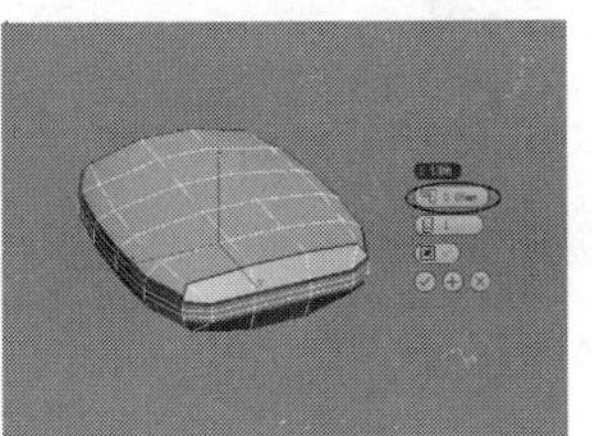

图8-721

10 为模型加载一个“网格平滑”修改器，然后在“细分量”卷展栏下设置“迭代次数”为1，接着采用相同的方法制作座垫底部的模型，完成后的模型效果如图8-722所示。

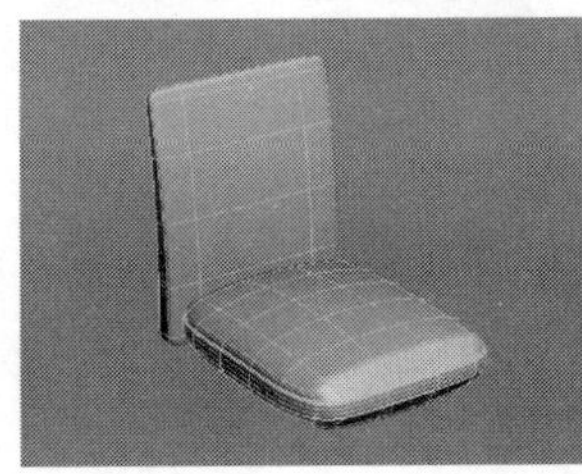

图8-722

11 下面创建扶手模型。使用“长方体”工具 长方体 在场景中创建一个长方体，然后在“参数”卷展栏下设置“长度”为0.5mm、“宽度”为25mm、“高度”为1.5mm、“长度分段”为2、“宽度分段”为10、“高度分段”为3，接着将其转换为可编辑多边形，进入“顶点”级别，最后将模型调整成如图8-723所示。

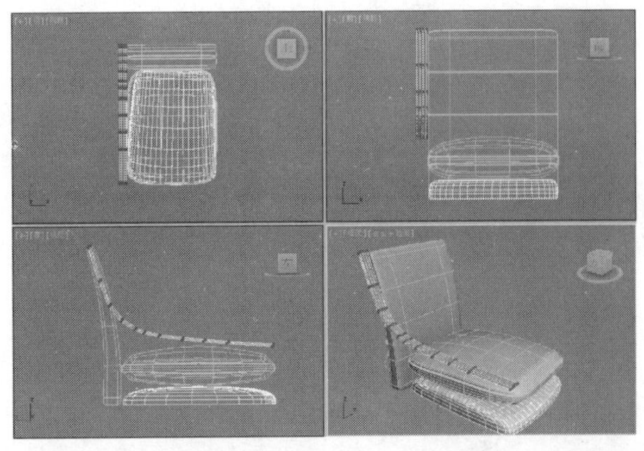

图8-723

12 进入“多边形”级别，然后选择如图8-724所示的多边形，接着在“编辑多边形”卷展栏下单击“挤出”按钮 挤出 后面的“设置”按钮，最后设置“高度”为0.6mm，如图8-725所示。

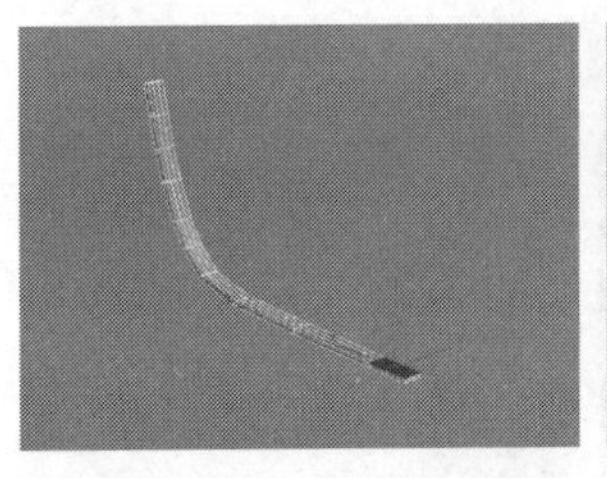

图8-724

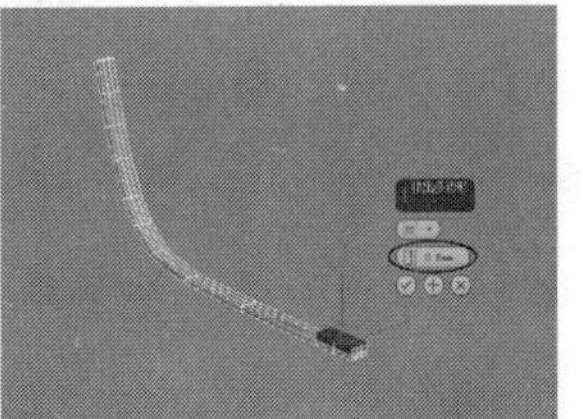

图8-725

13 选择如图8-726所示的多边形，然后在“编辑多边形”卷展栏下单击“倒角”按钮 倒角 后面的“设置”按钮，最后设置“高度”为-0.05mm、“轮廓”为-0.05mm，如图8-727所示。

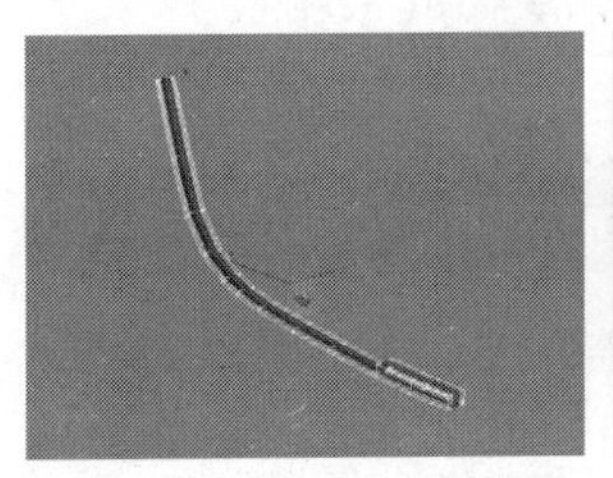

图8-726

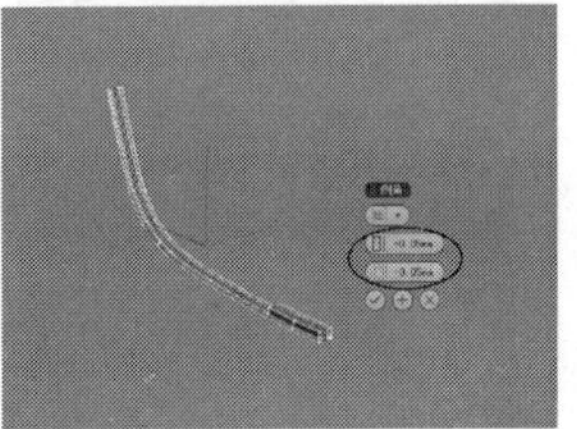

图8-727

14 进入“边”级别，然后选择如图8-728所示的边，接着在“编辑边”卷展栏下单击“切角”按钮 切角 后面的“设置”按钮，最后设置“边切角量”为0.03mm，如图8-729所示。

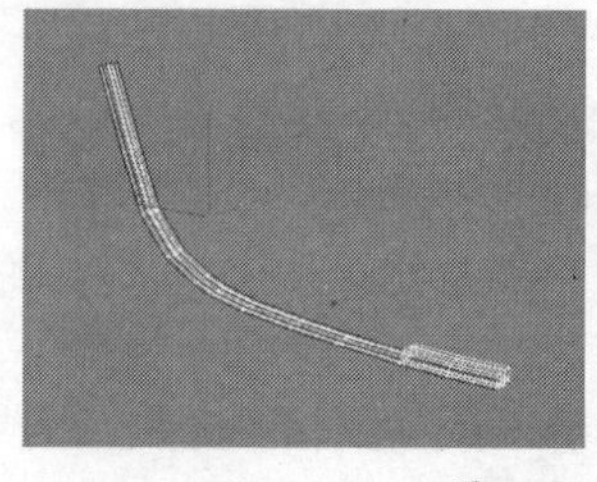

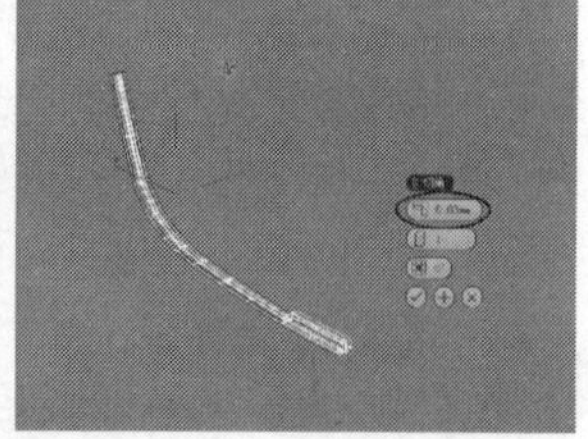

图8-728　　图8-729

15 为模型加载一个“网格平滑”修改器，然后在“细分量”卷展栏下设置“迭代次数”为1，模型效果如图8-730所示。

16 采用相同的方法使用“倒角”工具 倒角 和“切角”工具 切角 制作如图8-731所示的模型。

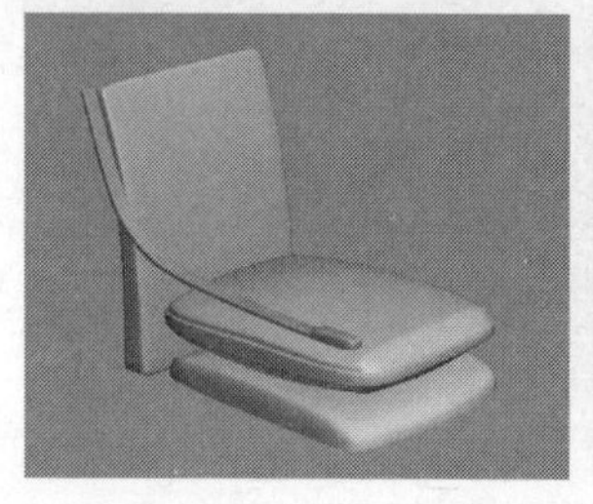

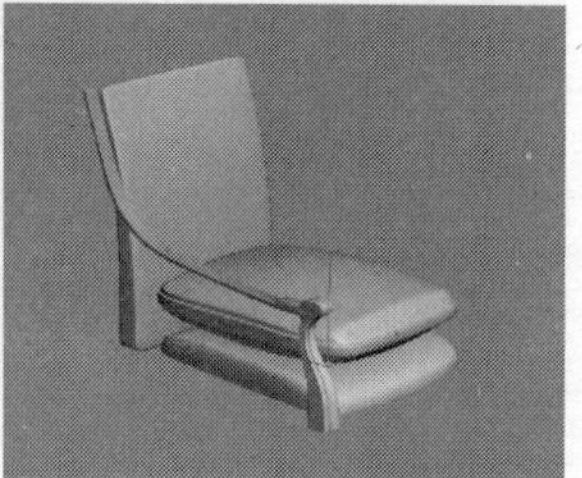

图8-730　　图8-731

17 将两个模型放在合适的位置，然后制作其他模型，完成后的效果如图8-732所示。

18 下面创建腿部模型。使用“线”工具 线 在前视图中绘制如图8-733所示的样条线。

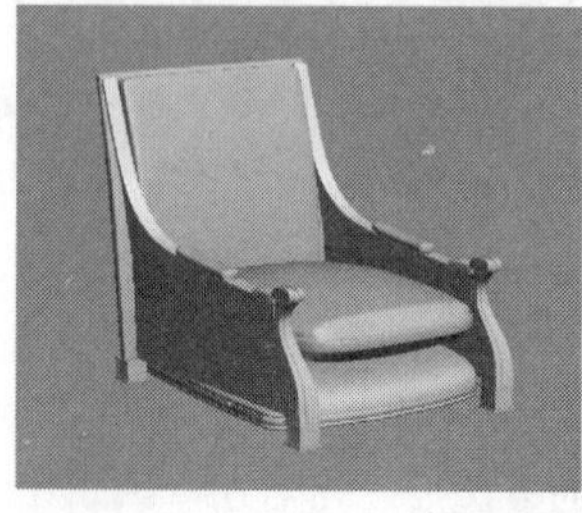

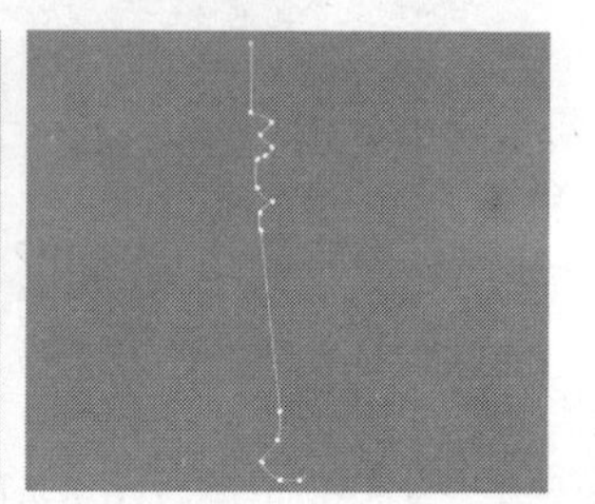

图8-732　　图8-733

19 为样条线加载一个“车削”修改器，然后在“参数”卷展栏下设置“方向”为y轴 Y、“对齐”为“最大”按钮 最大，模型效果如图8-734所示。

20 使用“选择并移动”工具选择腿部模型，然后按住Shift键移动复制3个模型到相应的位置，最终效果如图8-735所示。

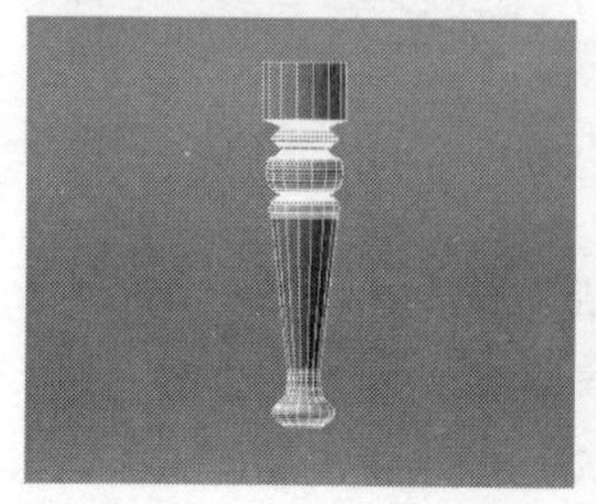

图8-734　　图8-735

实战159 欧式梳妆台

场景位置	无
实例位置	DVD>实例文件>CH08>实战159.max
视频位置	DVD>多媒体教学>CH08>实战159.flv
难易指数	★★★☆☆
技术掌握	挤出工具、切角工具、连接工具、插入工具、倒角工具

欧式梳妆台模型如图8-736所示。

图8-736

01 下面创建台面模型。使用“长方体”工具 长方体 在场景中创建一个长方体，然后在“参数”卷展栏下设置“长度”为100mm、“宽度”为200mm、“高度”为5mm、“长度分段”为3、“宽度”为7、“高度分段为”1，如图8-737所示。

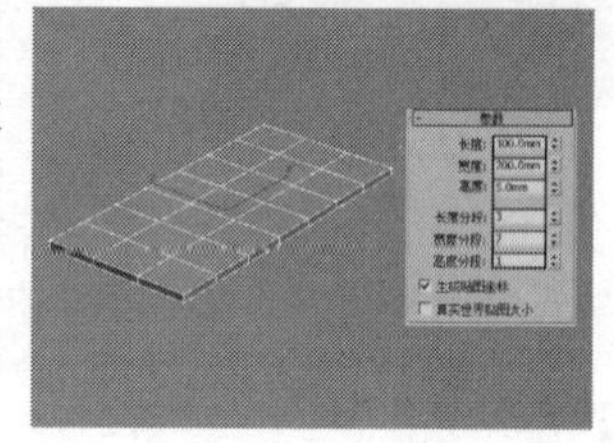

图8-737

02 将长方体转换为可编辑多边形，然后进入“顶点”级别，接着在顶视图中将顶点调整成如图8-738所示的效果，在透视图中的效果如图8-739所示。

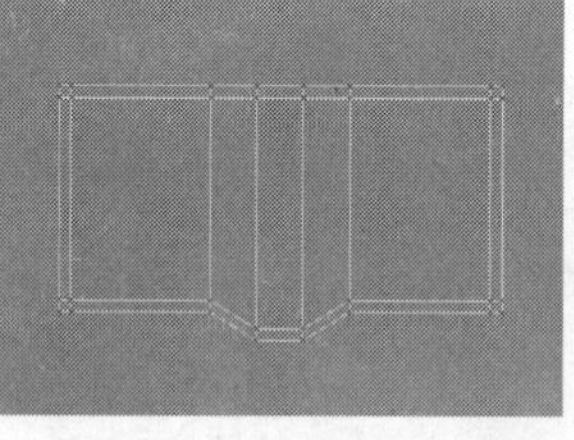

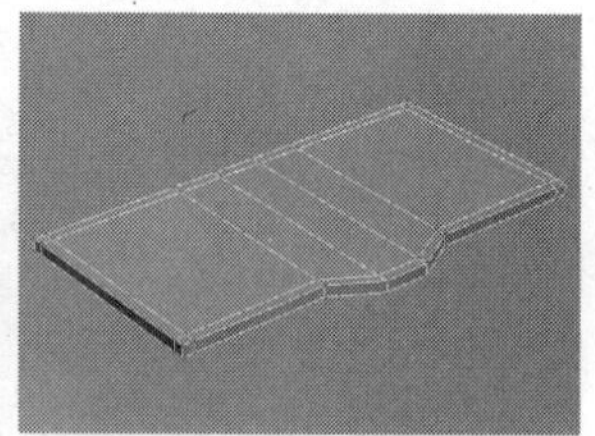

图8-738　　图8-739

03 进入“多边形”级别，然后选择如图8-740所示的多边形，接着在“编辑多边形”卷展栏下单击“挤出”按钮 挤出 后面的“设置”按钮，最后设置“高度”为2.5mm，如图8-741所示。

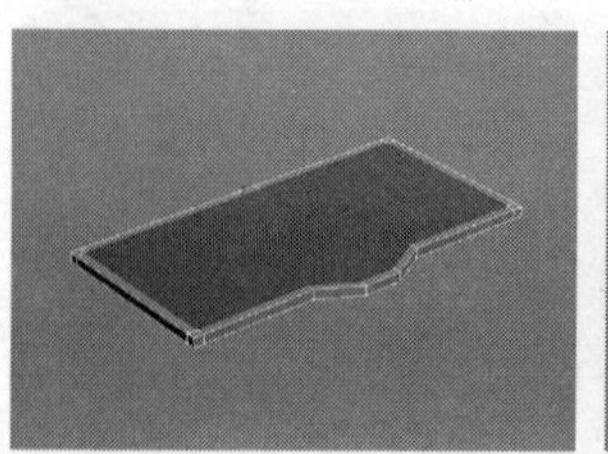

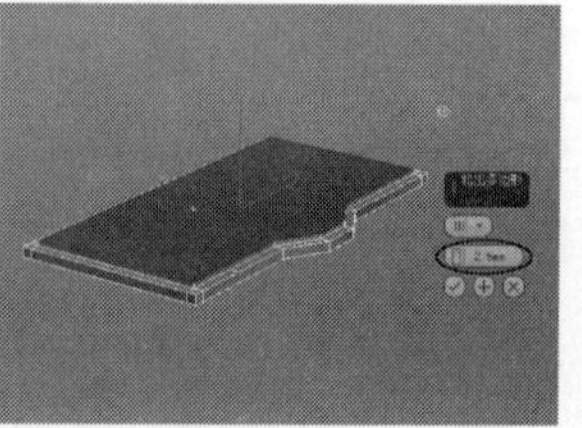

图8-740　　图8-741

04 进入“边”级别，然后选择如图8-742所示的边，接着在“编辑边”卷展栏下单击“切角”按钮 切角 后面的“设置”按钮，最后设置“边切角量”为0.3mm，如图8-743所示。

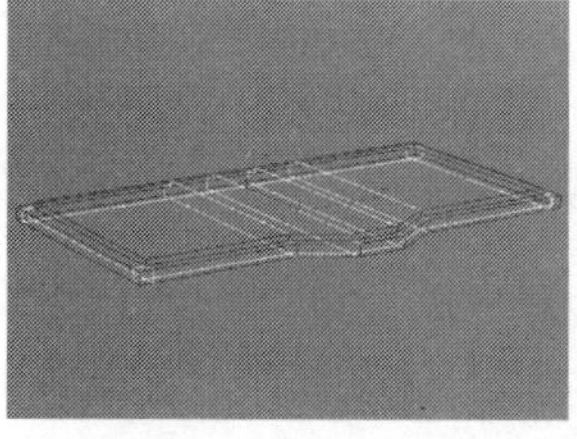

图8-742

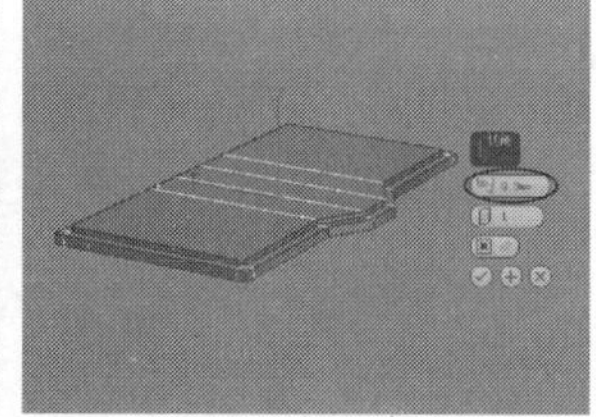

图8-743

05 进入“多边形”级别，然后选择如图8-744所示的多边形，接着在“编辑多边形”卷展栏下单击“挤出”按钮 挤出 后面的“设置”按钮，最后设置“高度”为70mm，如图8-745所示。

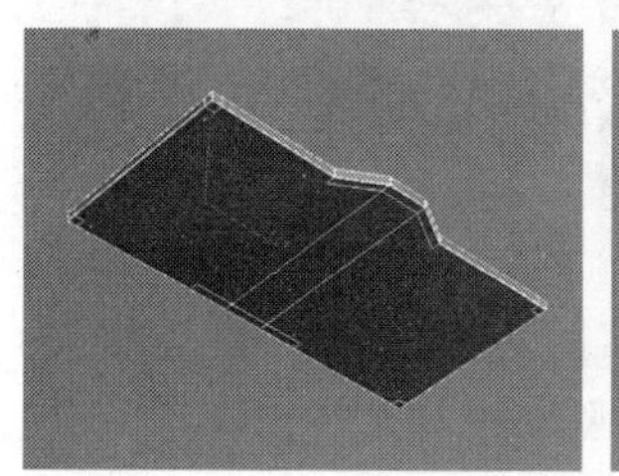

图8-744

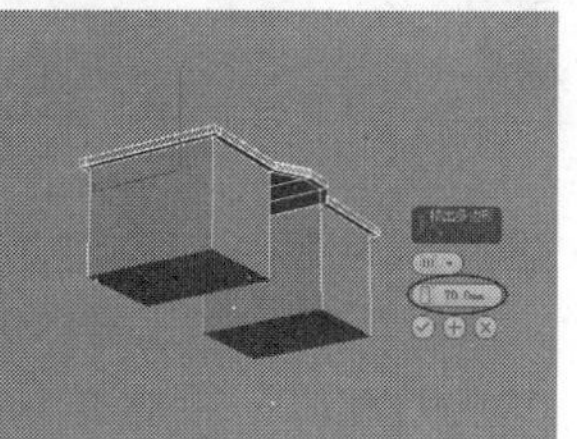

图8-745

06 进入“边”级别，然后选择如图8-746所示的边，接着在“编辑边”卷展栏下单击“连接”按钮 连接 后面的“设置”按钮，最后设置“分段”为1，如图8-747所示。

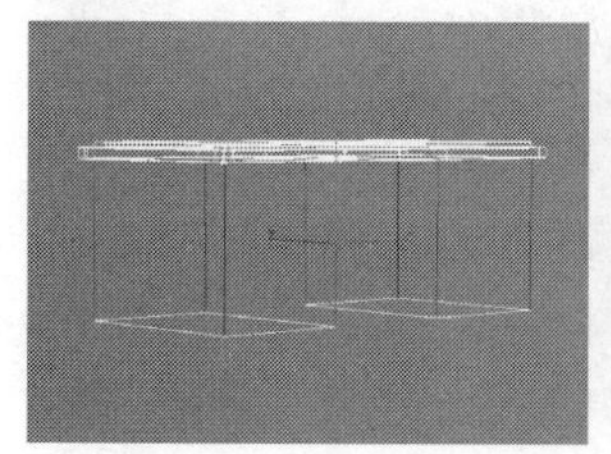

图8-746

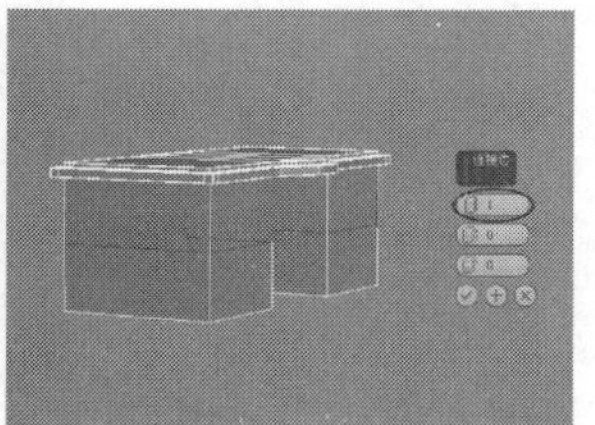

图8-747

07 进入“多边形”级别，然后选择如图8-748所示的多边形，接着在“编辑多边形”卷展栏下单击“插入”按钮 插入 后面的“设置”按钮，最后设置插入类型为“按多边形”、“数量”为3mm，如图8-749所示。

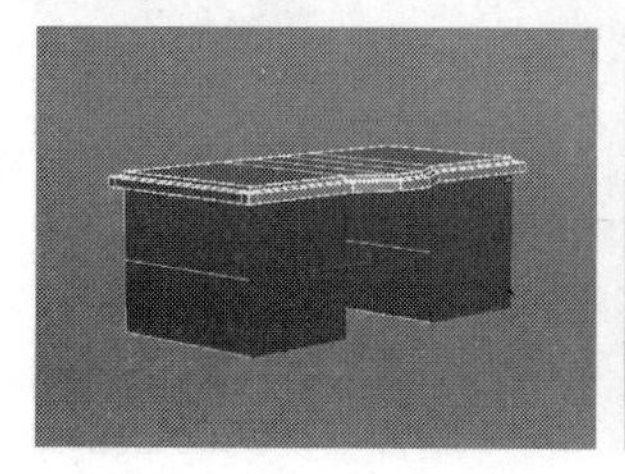

图8-748

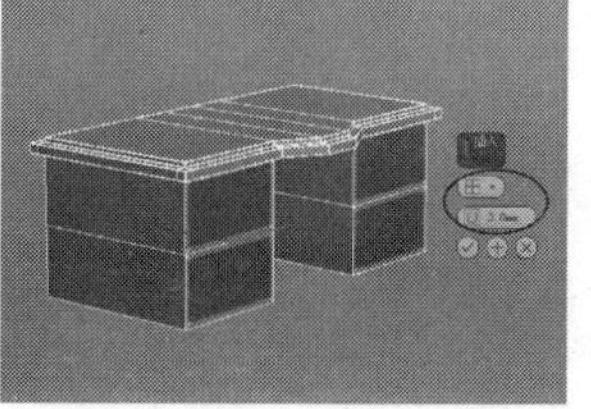

图8-749

08 保持对多边形的选择，在“编辑多边形”卷展栏下单击“挤出”按钮 挤出 后面的“设置”按钮，最后设置“高度”为-60mm，如图8-750所示。

09 下面创建抽屉模型。使用“长方体”工具 长方体 在前视图中创建一个长方体，然后在“参数”卷展栏下设置“长度”为30mm、“宽度”为63mm、“高度”为3mm，如图8-751所示。

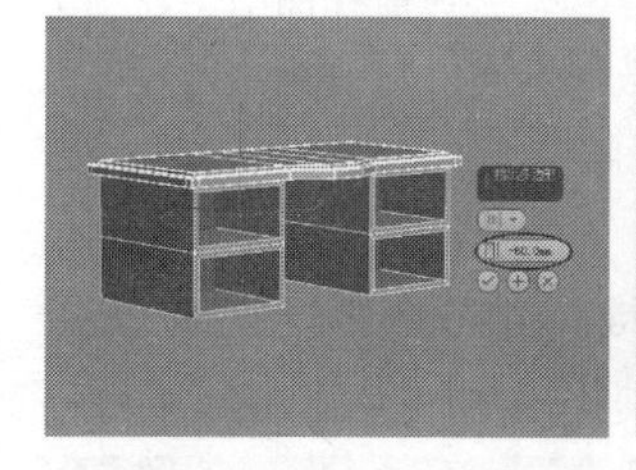

图8-750

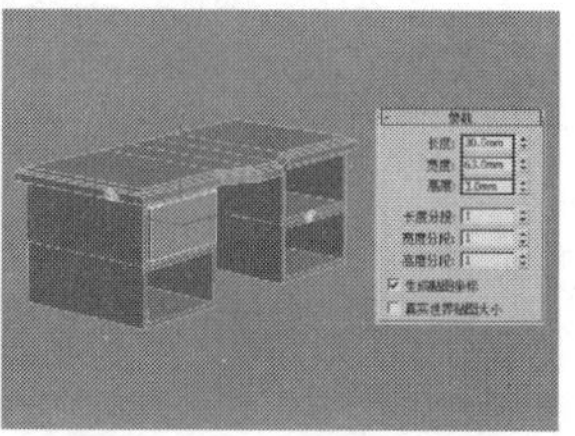

图8-751

10 将长方体转换为可编辑多边形，进入“多边形”级别，然后选择如图8-752所示的多边形，接着在“编辑多边形”卷展栏下单击“插入”按钮 插入 后面的“设置”按钮，最后设置“数量”为1mm，如图8-753所示。

图8-752

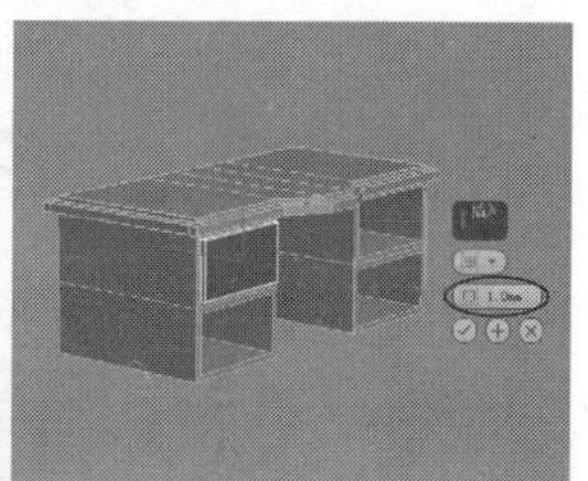

图8-753

11 保持对多边形的选择，在“编辑多边形”卷展栏下单击“倒角”按钮 倒角 后面的“设置”按钮，然后设置“高度”为0.6mm、“轮廓量”为-0.6mm，如图8-754所示。

12 继续使用“插入”工具 插入 和“倒角”工具 倒角 将模型处理成如图8-755所示的效果。

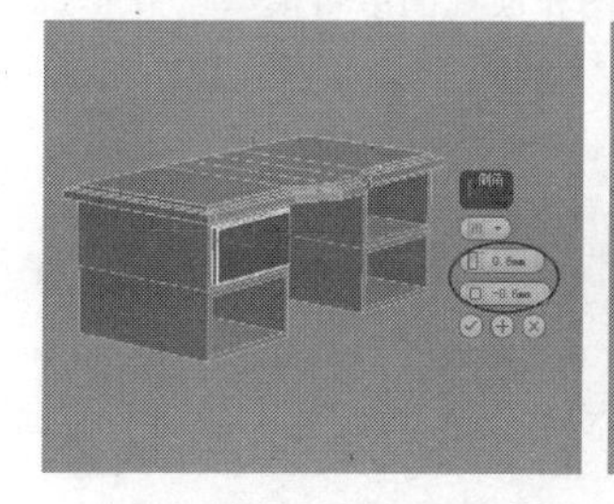

图8-754

图8-755

13 进入“边”级别，然后选择如图8-756所示的边，接着在“编辑边”卷展栏下单击“切角”按钮 切角 后面的“设置”按钮，最后设置“边切角量”为0.2mm、“连接边分段”为3，如图8-757所示。

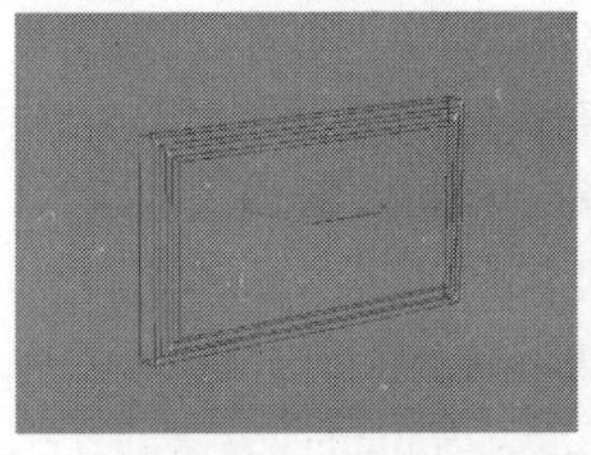

图8-756

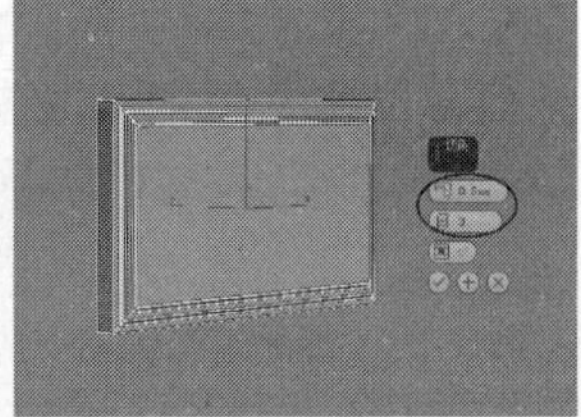

图8-757

14 使用“球体”工具 球体 在前视图中创建一个球体，然后在“参数”卷展栏下设置“半径”为1.8mm，模型位置如图8-758所示。

15 使用“选择并移动”工具选择抽屉和把手模型，然后按住Shift键移动复制3份模型到合适的位置，如图8-759所示。

图8-758

图8-759

16 使用“平面”工具 平面 在抽屉之间创建一个平面，然后在“参数”卷展栏下设置“长度”为85mm、“宽度”为65mm、“长度分段”为1、“宽度分段”为6，模型位置如图8-760所示。

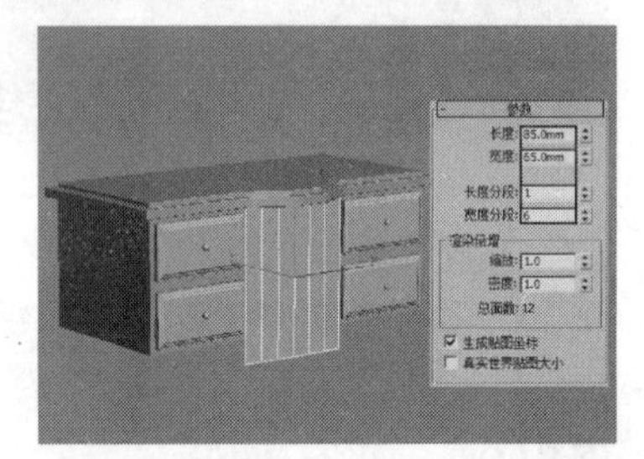

图8-760

17 将平面转换为可编辑多边形，然后进入“顶点”级别，接着在前视图和顶视图中将模型调节成如图8-761所示的效果。

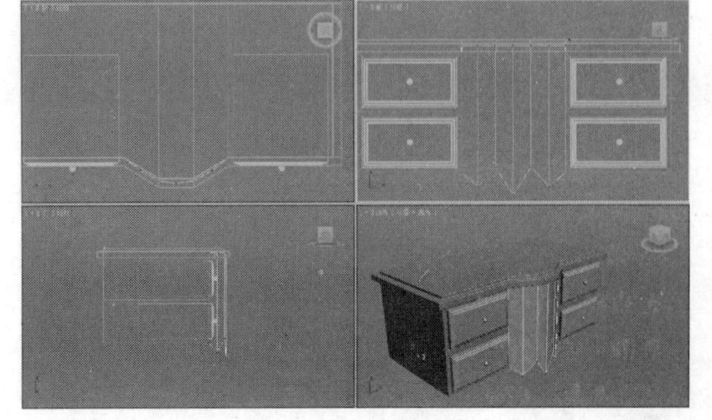

图8-761

18 为模型加载一个“网格平滑”修改器，然后在“细分量”卷展栏下设置“迭代次数”为2，接着为其加载一个“壳”修改器，最后在“参数”卷展栏下设置“内部量”为2mm，模型效果如图8-762所示。

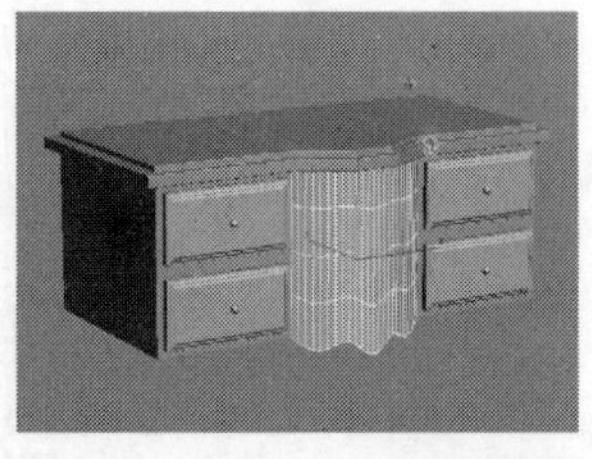

图8-762

19 继续使用多边形建模方法创建一个如图8-763所示的模型，然后将其放在如图8-764所示的位置。

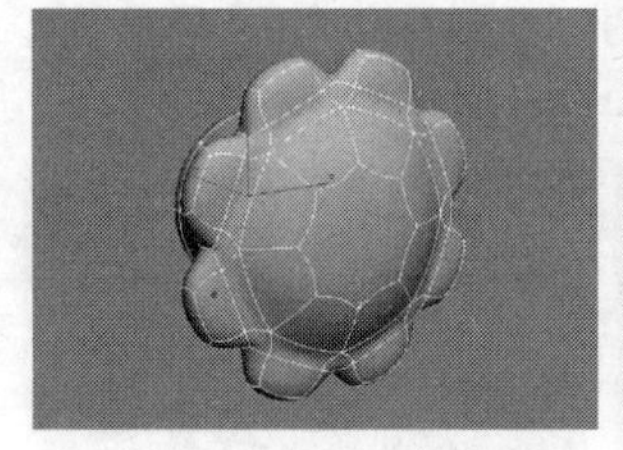

图8-763

图8-764

20 下面创建腿部模型。使用“长方体”工具 长方体 在前视图中创建一个长方体，然后在“参数”卷展栏下设置“长度”为80mm、“宽度”为10mm、“高度”为10mm、“长度分段”为6，具体参数设置及模型位置如图8-765所示。

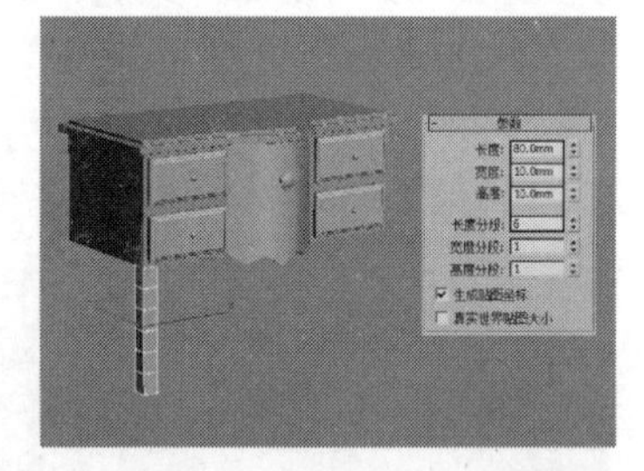

图8-765

21 将长方体转换为可编辑多边形，进入“顶点”级别，然后将模型调整成如图8-766所示的效果。

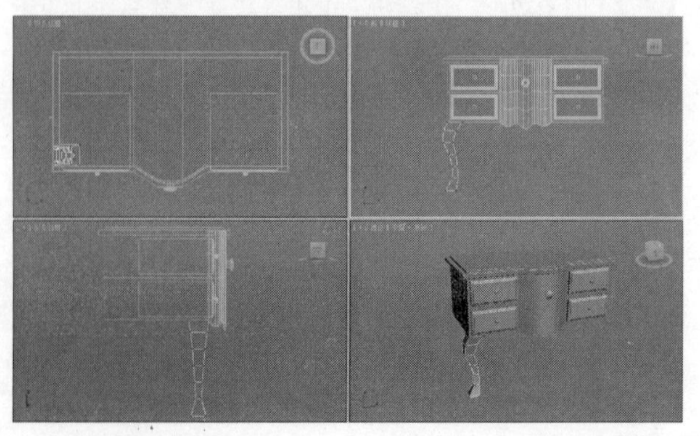

图8-766

22 进入“边”级别，然后选择如图8-767所示的边，接着在“编辑边”卷展栏下单击“切角”按钮 切角 后面的“设置”按钮，最后设置“边切角量”为0.1mm，如图8-768所示。

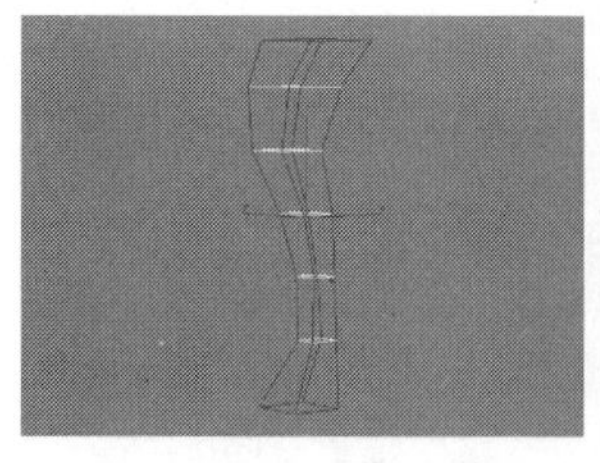
图8-767

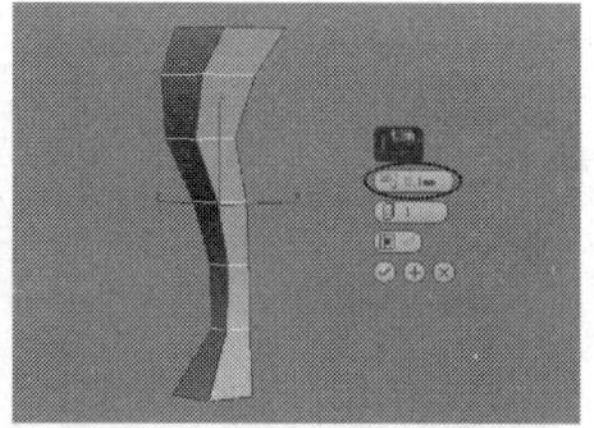
图8-768

23 为模型加载一个“网格平滑”修改器，然后在“细分量”卷展栏下设置“迭代次数”为2，效果如图8-769所示，接着复制3条腿部模型到相应的位置，最终效果如图8-770所示。

图8-769

图8-770

实战160 中式酒柜

场景位置	无
实例位置	DVD>实例文件>CH08>实战160.max
视频位置	DVD>多媒体教学>CH08>实战160.flv
难易指数	★★☆☆☆
技术掌握	倒角工具、挤出工具、切角工具、插入工具、连接工具

中式酒柜模型如图8-771所示。

图8-771

01 下面创建柜面模型。使用“长方体”工具 长方体 在场景中创建一个长方体，然后在“参数”卷展栏下设置“长度”为92mm、“宽度”为290mm、“高度”为2mm，如图8-772所示。

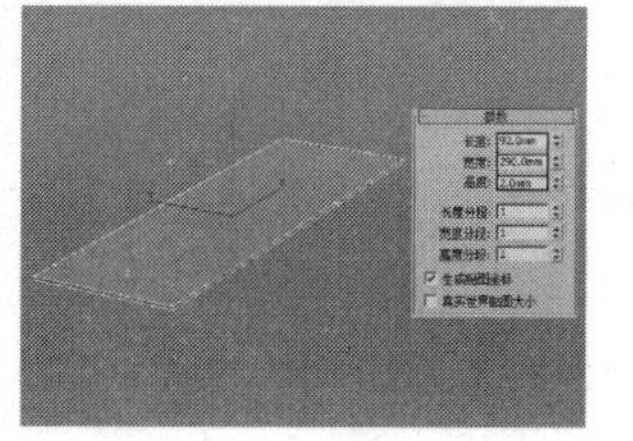
图8-772

02 将长方体转换为可编辑多边形，进入“多边形”级别，然后选择如图8-773所示的多边形，接着在“编辑多边形”卷展栏下单击“倒角”按钮 倒角 后面的“设置”按钮，最后设置“高度”为1mm、“轮廓”为-0.6mm，如图8-774所示。

图8-773

图8-774

03 保持对多边形的选择，在“编辑多边形”卷展栏下单击“挤出”按钮 挤出 后面的“设置”按钮，然后设置“高度”为1mm，如图8-775所示。

04 进入“边”级别，然后选择所有边，接着在“编辑边”卷展栏下单击“切角”按钮 切角 后面的“设置”按钮，最后设置“边切角量”为0.2mm、“连接边分段”为3，如图8-776所示。

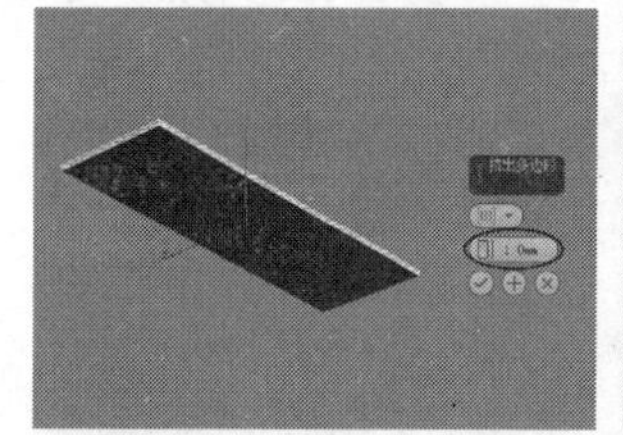
图8-775

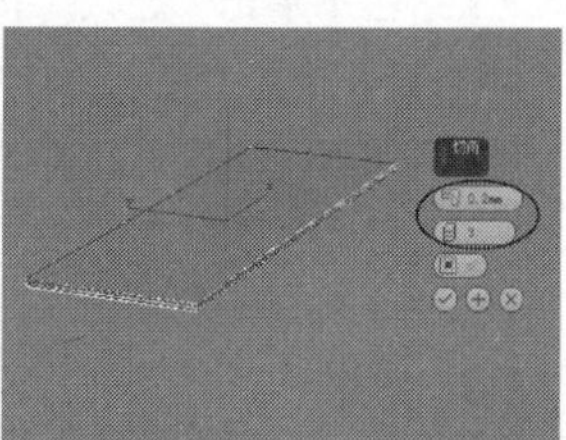
图8-776

05 下面创建柜体模型。使用“长方体”工具 长方体 在左视图中创建一个长方体，然后在“参数”卷展栏下设置“长度”为135mm、“宽度”为88mm、“高度”为95mm、“长度分段”为3，接着将其转换为可编辑多边形，进入“顶点”级别，最后调整好各个顶点的位置，如图8-777所示。

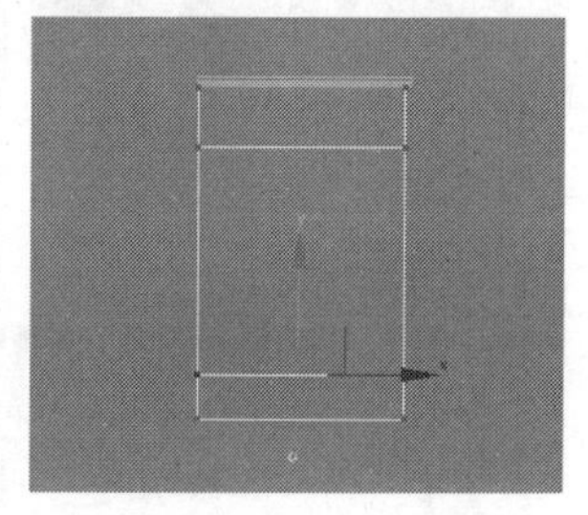
图8-777

06 进入“多边形”级别，然后选择如图8-778所示的多边形，接着在“编辑多边形”卷展栏下单击“插入”按钮 插入 后面的“设置”按钮，最后设置插入类型为“按多边形”、“数量”为4.5mm，如图8-779所示。

图8-778　　图8-779

07 进入“边”级别，然后选择如图8-780所示的边，接着在“编辑边”卷展栏下单击“连接”按钮 连接 后面的“设置”按钮□，最后设置“分段”为5，如图8-781所示。

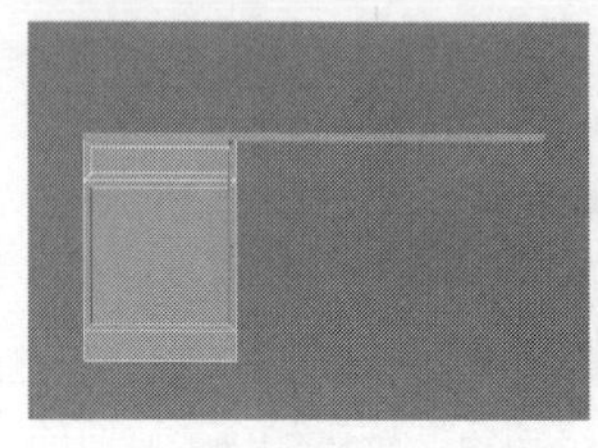

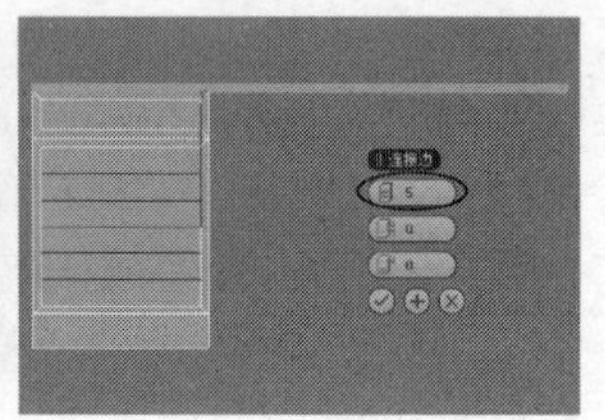

图8-780　　图8-781

08 选择如图8-782所示的边，然后在“编辑边”卷展栏下单击“连接”按钮 连接 后面的“设置”按钮□，接着设置“分段”为3，如图8-783所示。

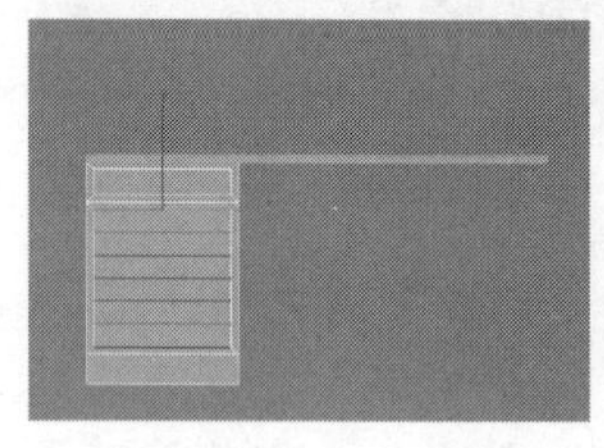

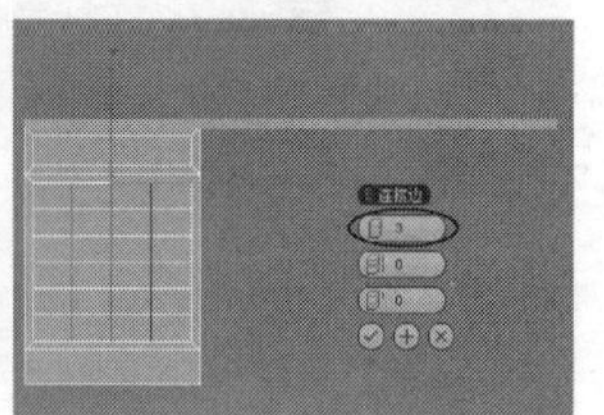

图8-782　　图8-783

09 进入“多边形”级别，然后选择如图8-784所示的多边形，接着在“编辑多边形”卷展栏下单击“挤出”按钮 挤出 后面的“设置”按钮□，最后设置“高度”为1mm，如图8-785所示。

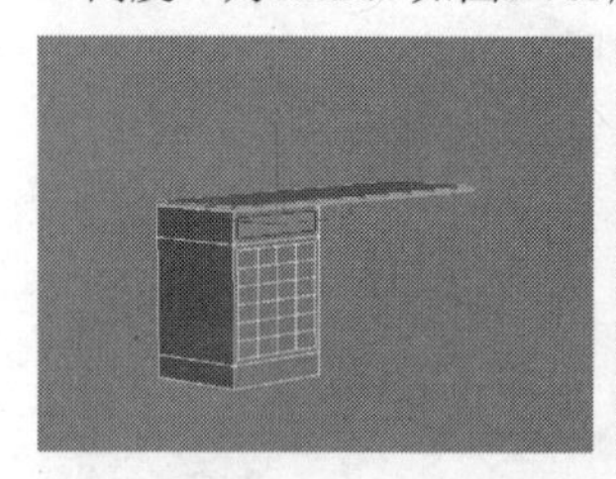

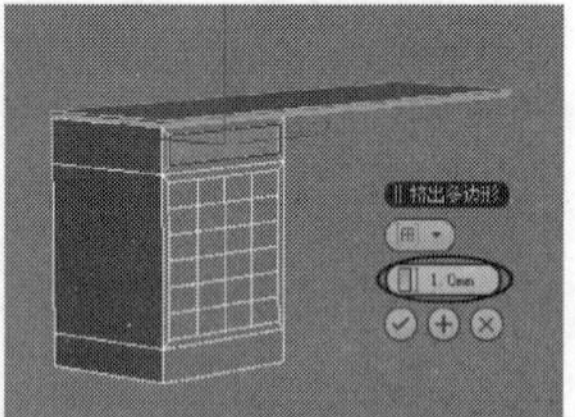

图8-784　　图8-785

10 保持对多边形的选择，在“编辑多边形”卷展栏下单击“倒角”按钮 倒角 后面的“设置”按钮□，接着设置“高度”为0.2mm、“轮廓”为-0.3mm，如图8-786所示。

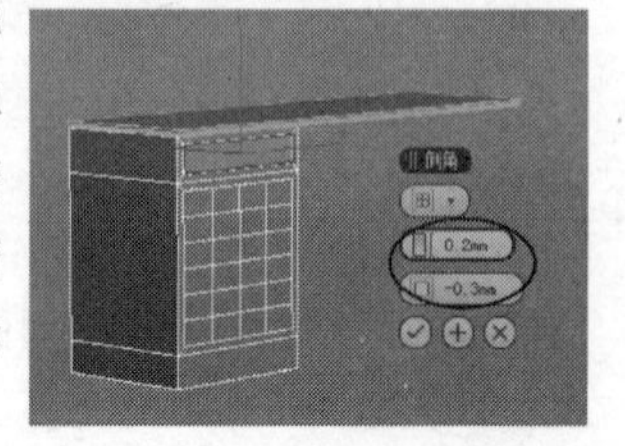

图8-786

11 选择如图8-787所示的多边形，然后在“编辑多边形”卷展栏下单击“插入”按钮 插入 后面的“设置”按钮□，接着设置插入类型为“按多边形”、“数量”为1mm，如图8-788所示。

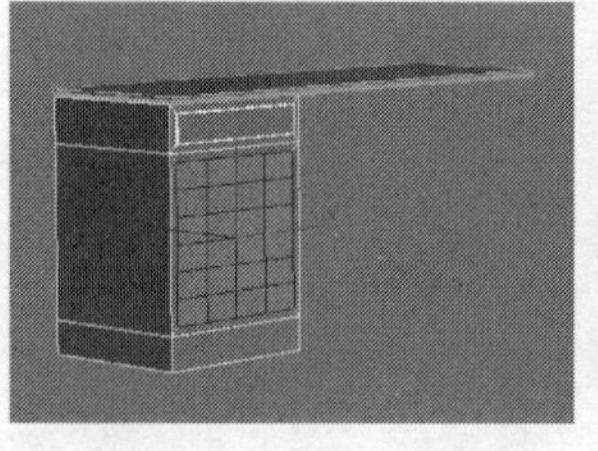

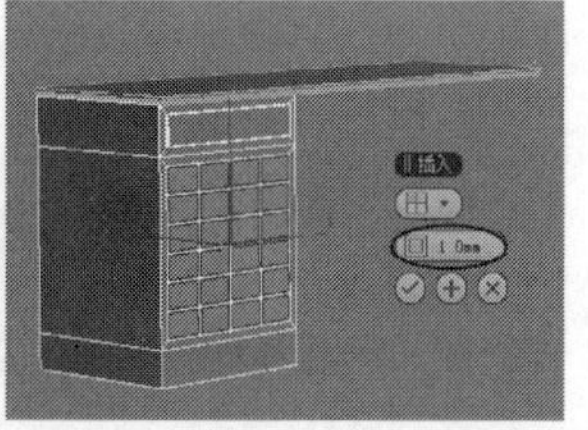

图8-787　　图8-788

12 保持对多边形的选择，在“编辑多边形”卷展栏下单击“挤出”按钮 挤出 后面的“设置”按钮□，然后设置“高度”为-80mm，如图8-789所示。

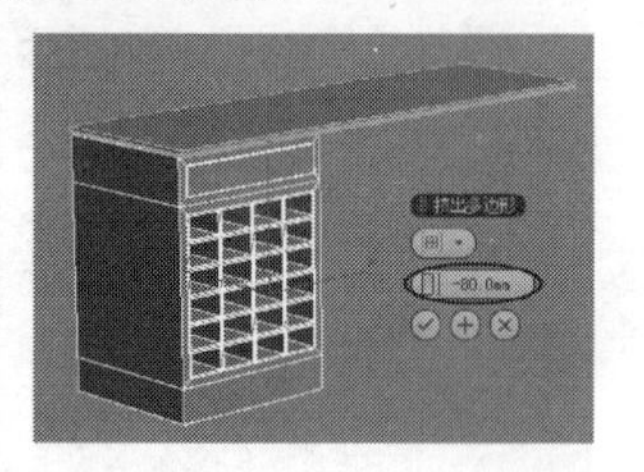

图8-789

13 进入“边”级别，然后选择如图8-790所示的边，接着在“编辑边”卷展栏下单击“切角”按钮 切角 后面的“设置”按钮□，最后设置“边切角量”为0.3mm，如图8-791所示。

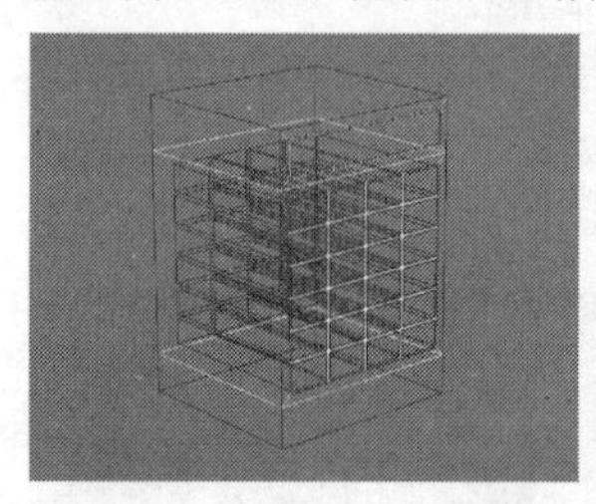

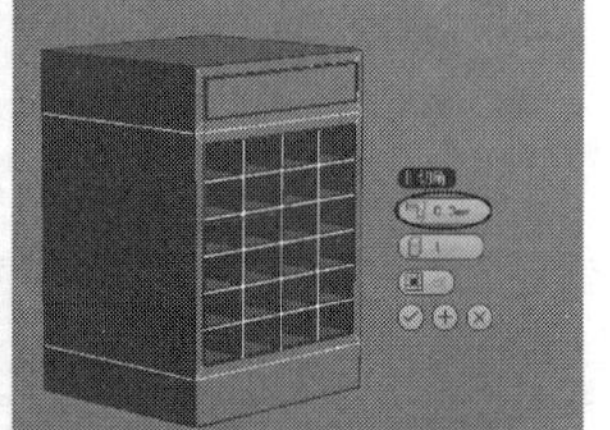

图8-790　　图8-791

14 使用“选择并移动”工具✥选择柜体模型，然后按住Shift键移动复制3份模型到如图8-792所示的位置。

15 下面创建把手模型。使用“球体”工具 球体 在顶视图中创建一个球体，然后在“参数”卷展栏下设置“半径”为8mm、“分段”为32、“半球”为0.5，模型位置如图8-793所示。

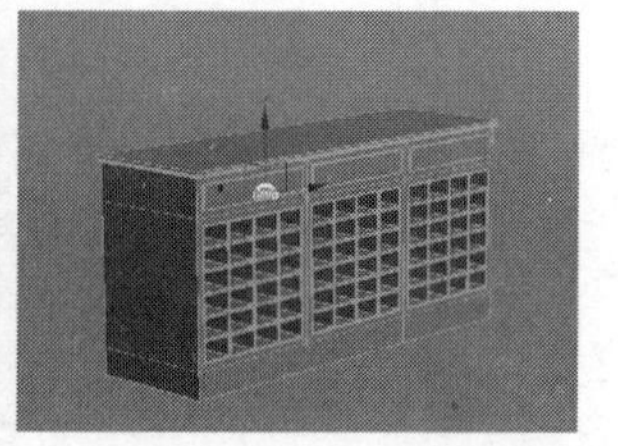

图8-792　　图8-793

16 将模型转换为可编辑多边形，进入“多边形”级别，然后选择如图8-794所示的多边形，接着按Delete键将其删除，效果如图8-795所示。

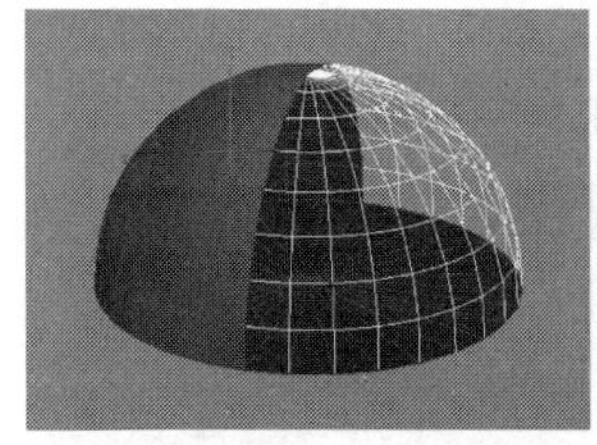
图8-794

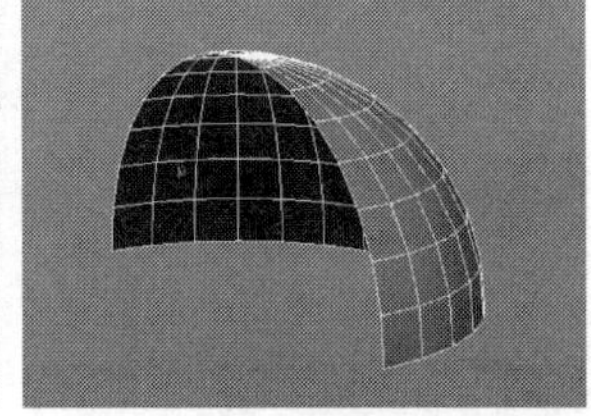
图8-795

17 为模型加载一个“壳”修改器，然后在“参数”卷展栏下设置“内部量”为0.3mm，效果如图8-796所示。

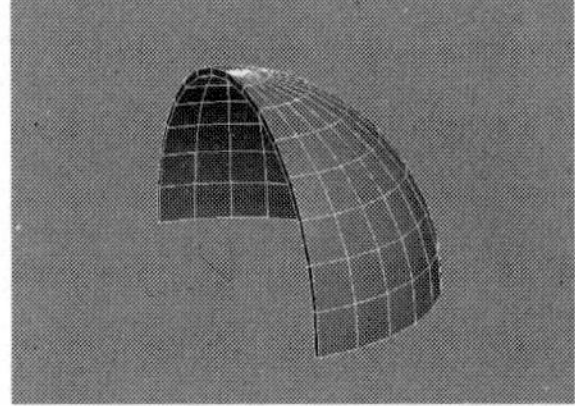
图8-796

18 使用“线”工具 线 在前视图中绘制如图8-797所示的样条线，然后为其加载一个“挤出”修改器，接着在“参数”卷展栏下设置“数量”为0.5mm，效果如图8-798所示。

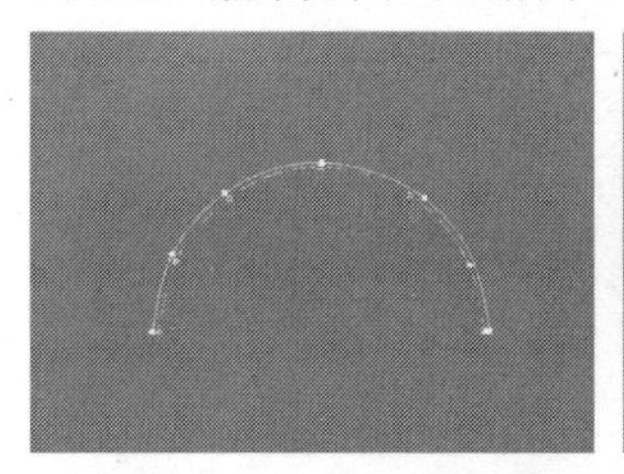
图8-797

图8-798

19 使用“选择并移动”工具选择把手模型，然后按住Shift键移动复制两个模型到另外柜体上，最终效果如图8-799所示。

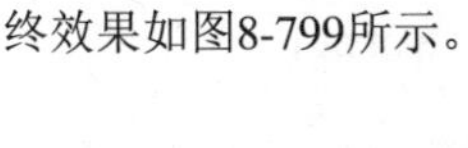

图8-799

实战161 中式鞋柜

场景位置	无
实例位置	DVD>实例文件>CH08>实战161.max
视频位置	DVD>多媒体教学>CH08>实战161.flv
难易指数	★★★☆☆
技术掌握	切角工具、插入工具、倒角工具、挤出工具、连接工具、倒角剖面修改器

中式鞋柜模型如图8-800所示。

图8-800

01 使用“长方体”工具 长方体 在场景中创建一个长方体，然后在“参数”卷展栏下设置“长度”为320mm、“宽度”为900mm、“高度”为1000mm、“长度分段”为1、“宽度分段”和“高度分段”为2，具体参数设置及模型效果如图8-801所示。

02 将长方体转换为可编辑多边形，进入“顶点”级别，然后使用“选择并移动”工具在前视图中将中间的顶点向上拖曳到如图8-802所示的位置。

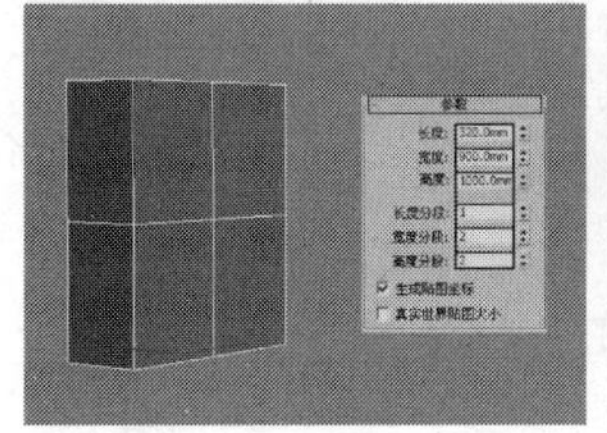
图8-801

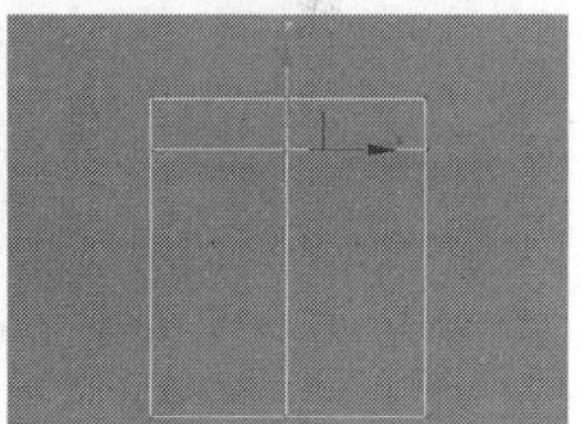
图8-802

03 进入“边”级别，然后选择如图8-803所示的边，接着在“编辑边”卷展栏下单击“切角”按钮 切角 后面的“设置”按钮，最后设置“边切角量”为20mm，如图8-804所示。

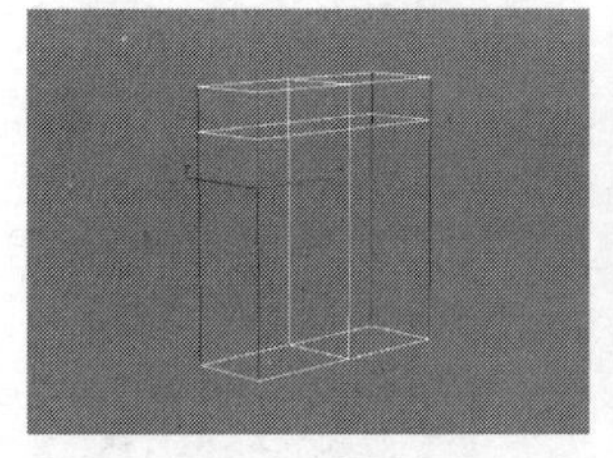
图8-803

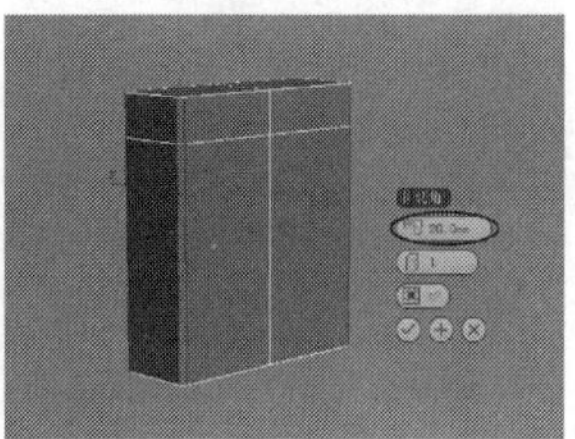
图8-804

04 进入“多边形”级别，然后选择如图8-805所示的多边形，接着在“编辑多边形”卷展栏下单击“插入”按钮 插入 后面的“设置”按钮，最后设置“数量”为15mm，如图8-806所示。

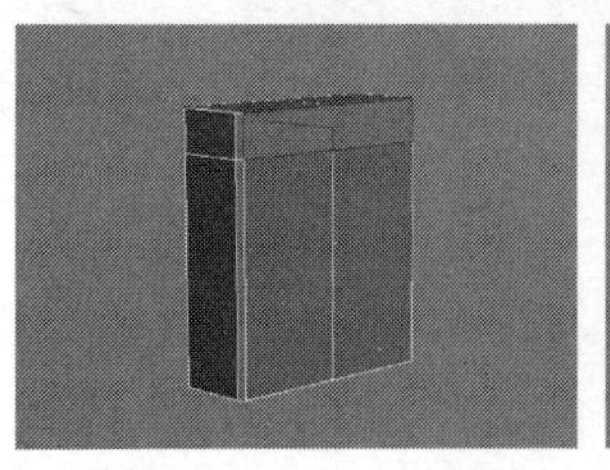
图8-805

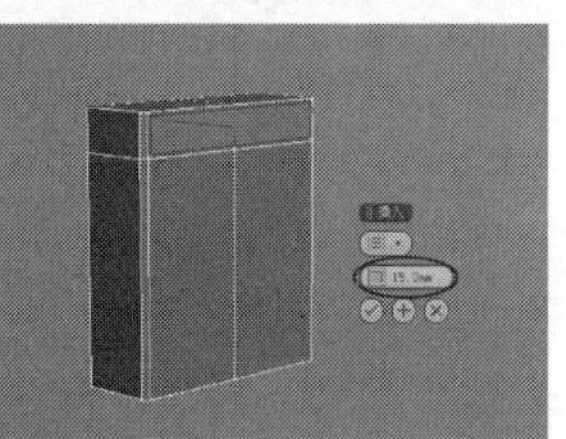
图8-806

05 选择如图8-807所示的多边形，然后在“编辑多边形”卷展栏下单击“插入”按钮 插入 后面的“设置”按钮▣，接着设置“数量”为10mm，如图8-808所示。

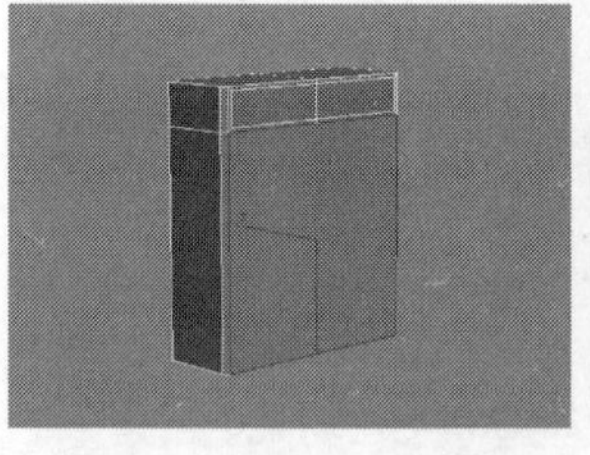

图8-807

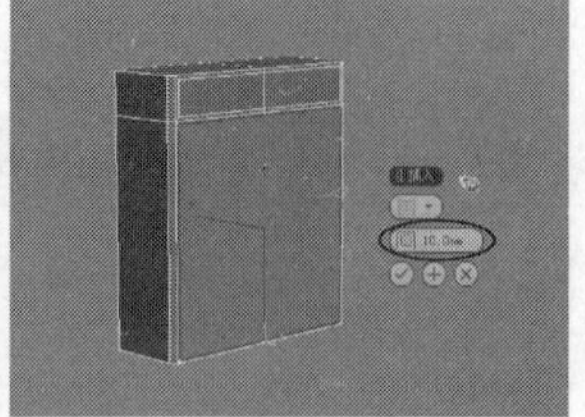

图8-808

06 选择如图8-809所示的多边形，然后在“编辑多边形”卷展栏下单击“倒角”按钮 倒角 后面的“设置”按钮▣，接着设置“高度”为13mm、“轮廓”为-1mm，如图8-810所示。

图8-809

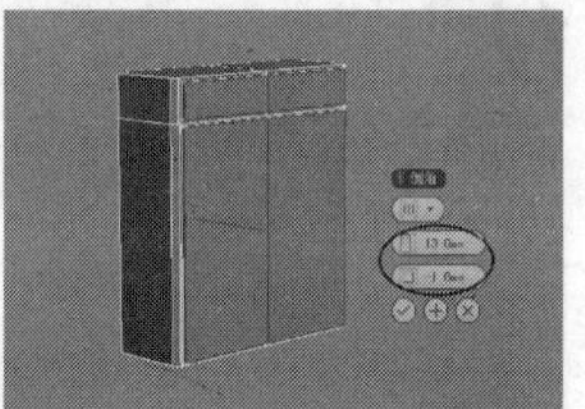

图8-810

07 选择如图8-811所示的多边形，然后在“编辑多边形”卷展栏下单击“插入”按钮 插入 后面的“设置”按钮▣，接着设置“数量”为10mm，如图8-812所示，最后将另外一侧的多边形也插入10mm，如图8-813所示。

图8-811

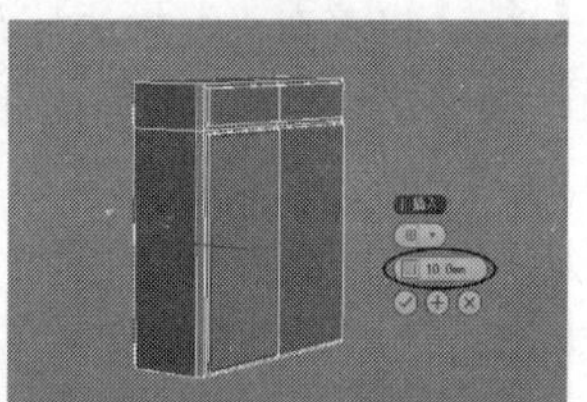

图8-812

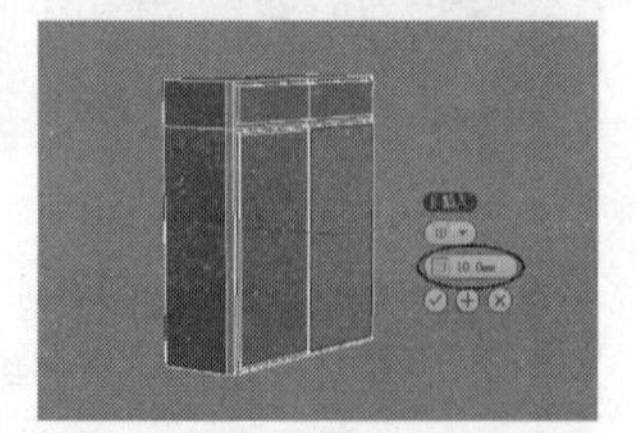

图8-813

技巧与提示 

这里如果同时选择两个多边形进行插入，则两个多边形会视为一个多边形进行插入，如图8-814所示。当然，如果要同时选择多边形进行插入，可以选择插入类型为“按多边形”。

图8-814

08 选择如图8-815所示的多边形，然后在“编辑多边形”卷展栏下单击“倒角”按钮 倒角 后面的“设置”按钮▣，接着设置“高度”为8mm、“轮廓”为-1mm，如图8-816所示，最后将另外一侧的多边形也进行相同的倒角操作，如图8-817所示。

图8-815

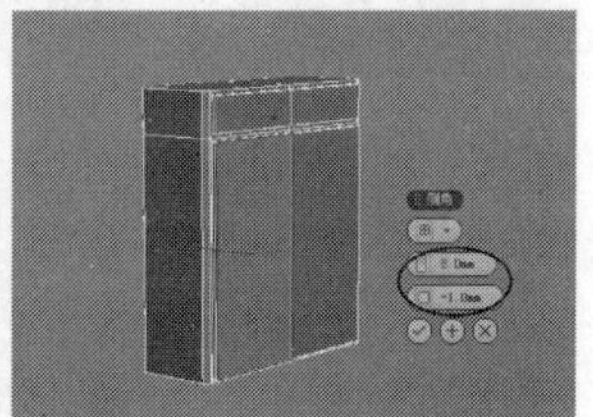

图8-816

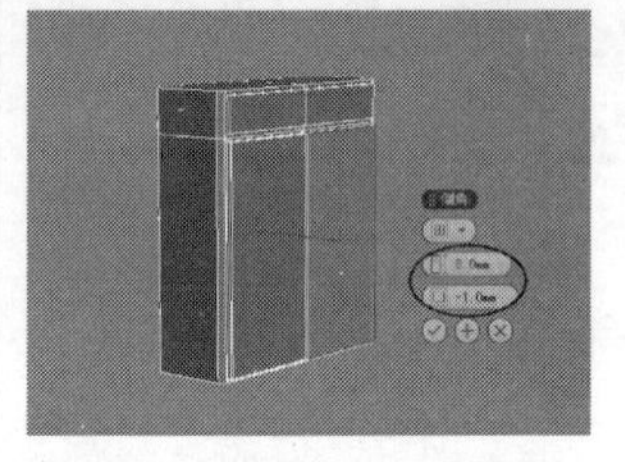

图8-817

09 选择如图8-818所示的多边形，然后在“编辑多边形”卷展栏下单击“插入”按钮 插入 后面的“设置”按钮▣，接着设置“数量”为10mm，如图8-819所示。

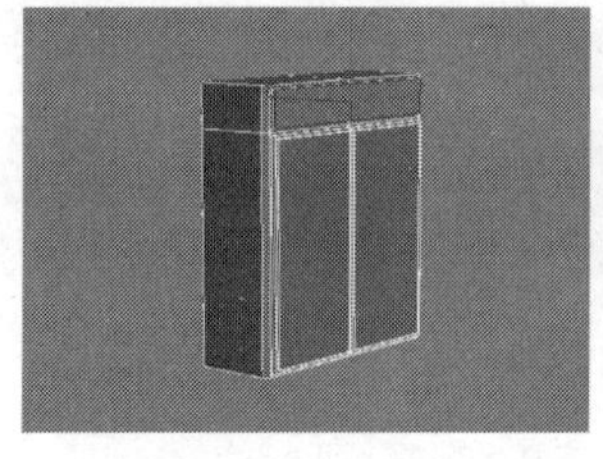

图8-818

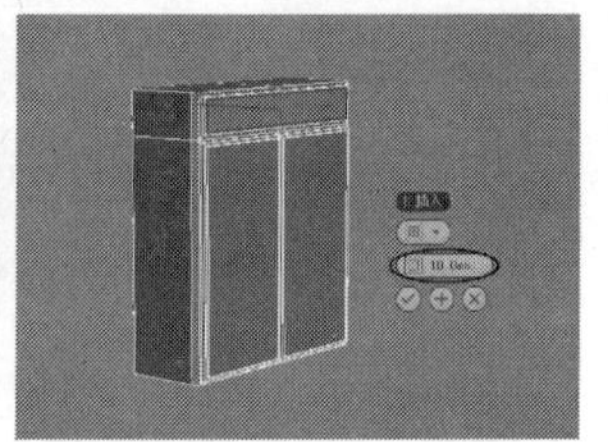

图8-819

10 保持对多边形的选择，在“编辑多边形”卷展栏下单击“倒角”按钮 倒角 后面的“设置”按钮▣，然后设置“高度”为8mm、“轮廓”为-1mm，如图8-820所示。

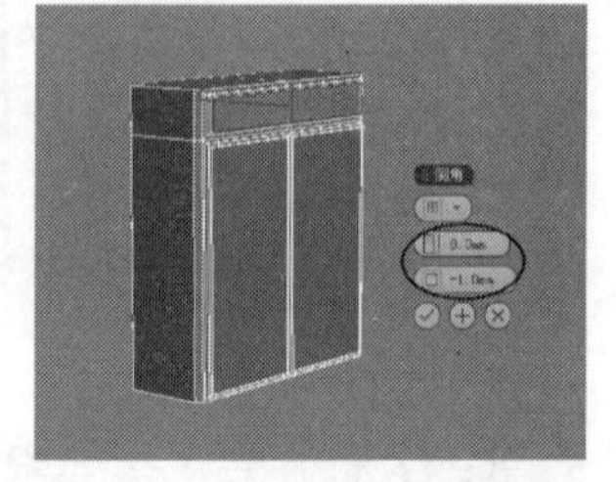

图8-820

11 选择如图8-821所示的多边形，然后在“编辑多边形”卷展栏下单击“插入”按钮 插入 后面的“设置”按钮▣，接着设置“数量”为60mm，如图8-822所示。

图8-821

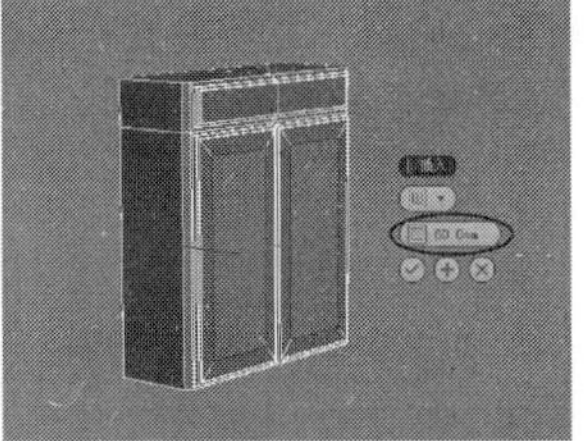

图8-822

12 保持对多边形的选择，在“编辑多边形”卷展栏下单击“倒角”按钮 倒角 后面的“设置”按钮▣，然后设置“高度”为-3mm、“轮廓”为-2mm，如图8-823所示。

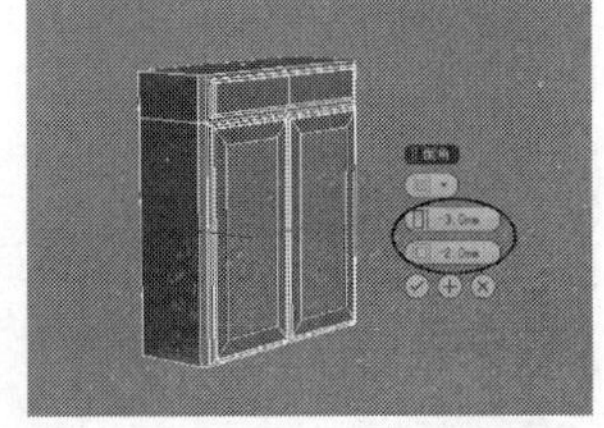

图8-823

13 使用“线”工具 线 在顶视图中绘制一条如图8-824所示的样条线，然后在前视图中继续绘制一条如图8-825所示的样条线。

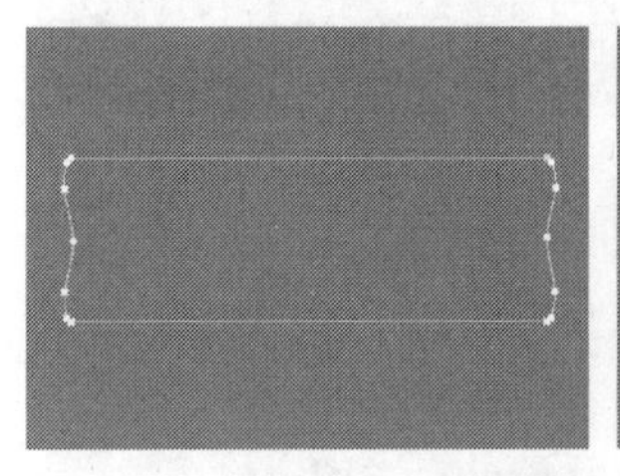

图8-824

图8-825

14 为先绘制的样条线加载一个“倒角剖面”修改器，然后在“参数“卷展栏下单击“拾取剖面”按钮 拾取剖面 ，接着在视图中拾取另一条样条线，如图8-826所示，效果如图8-827所示。

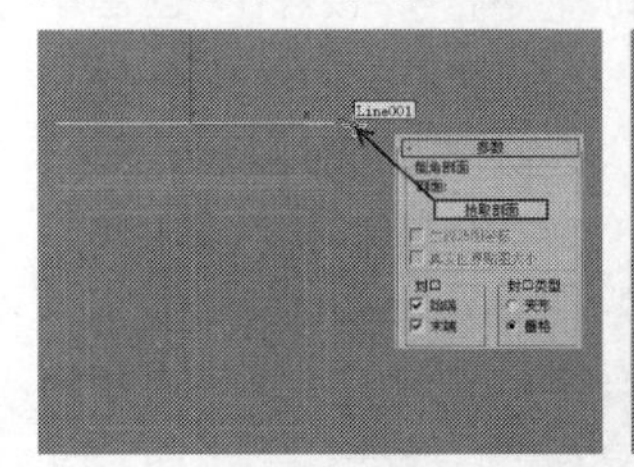

图8-826

图8-827

技巧与提示

“倒角剖面”修改器可以使用另一个图形路径作为倒角的截剖面来挤出一个图形。

15 使用“矩形”工具 矩形 在顶视图中绘制一个如图8-828所示的圆角矩形。这里提供一张孤立选择图，如图8-829所示。

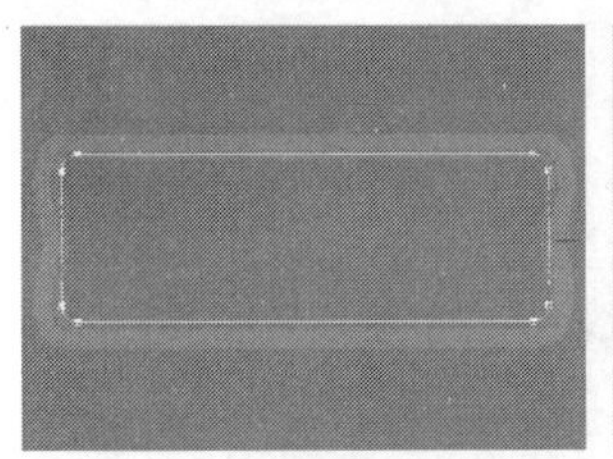

图8-828

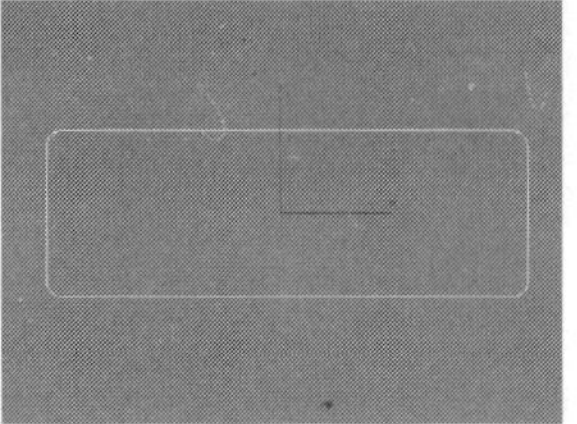

图8-829

16 为圆角矩形加载一个“倒角剖面”修改器，然后在“参数“卷展栏下单击“拾取剖面”按钮 拾取剖面 ，接着在视图中拾取前面绘制的样条线，如图8-830所示，效果如图8-831所示。

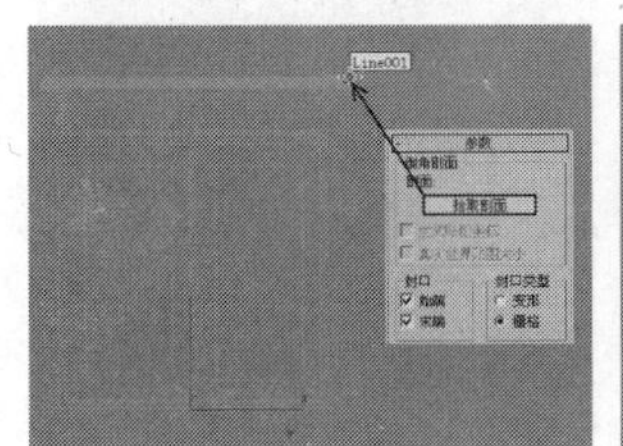

图8-830

图8-831

17 将底座模型转换为可编辑多边形，进入“多边形”级别，然后选择如图8-832所示的多边形，接着在“编辑多边形”卷展栏下单击“挤出”按钮 挤出 后面的“设置”按钮▣，最后设置“高度”为40mm，如图8-833所示。

图8-832

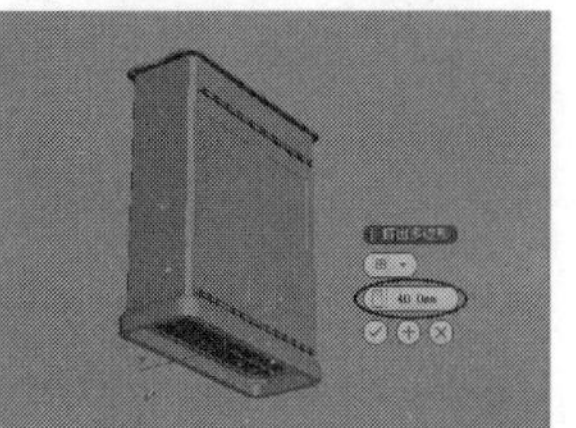

图8-833

18 选择如图8-834所示的多边形，然后在“编辑多边形”卷展栏下单击“挤出”按钮 挤出 后面的“设置”按钮▣，接着设置“高度”为70mm，如图8-835所示。

图8-834

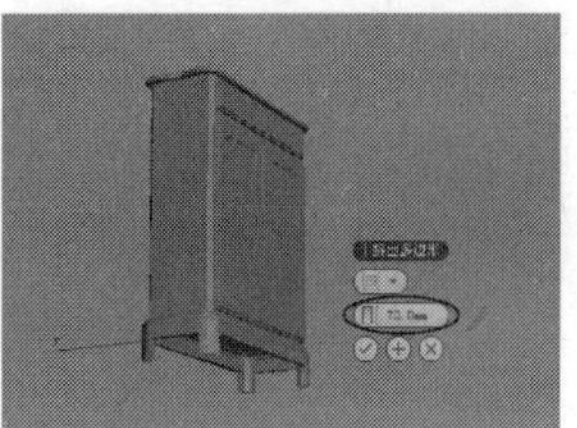

图8-835

19 进入“边”级别，然后选择如图8-836所示的边，接着在“编辑边”卷展栏下单击“连接”按钮 连接 后面的“设置”按钮▣，最后设置“分段”为3，如图8-837所示。

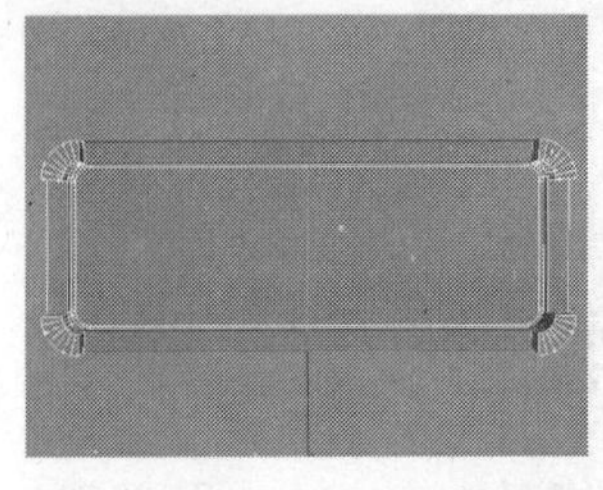

图8-836

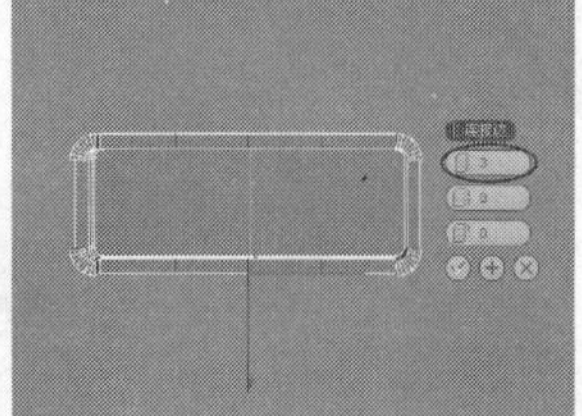

图8-837

20 进入“顶点”级别，然后在前视图中使用“选择并移动”工具将中间的顶点向下拖曳到如图8-838所示的位置，整体效果如图8-839所示。

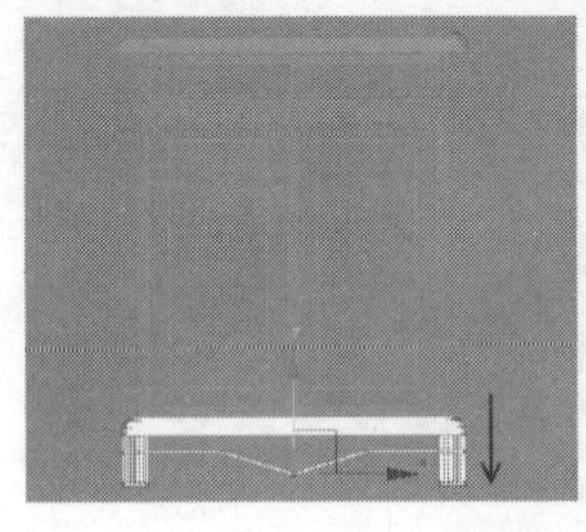

图8-838

图8-839

21 使用“线”工具 线 在顶视图中绘制一条如图8-840所示的样条线。这里提供一张孤立选择图，如图8-841所示。

图8-840

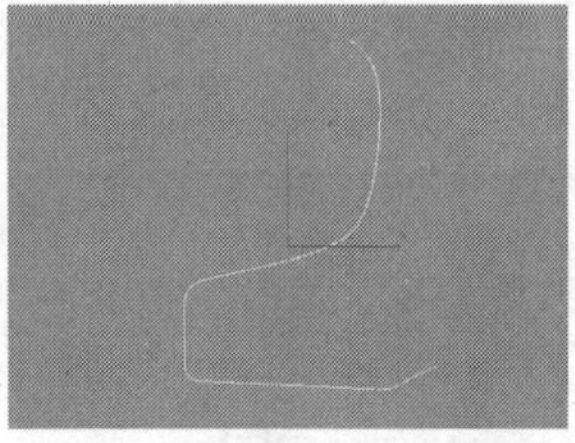

图8-841

22 为样条线加载一个“车削”修改器，然后在“参数”卷展栏下设置“分段”为32，接着设置“方向”为y轴 Y 、“对齐”为“最大” 最大 ，如图8-842所示，最后复制3个把手到其他位置，最终效果如图8-843所示。

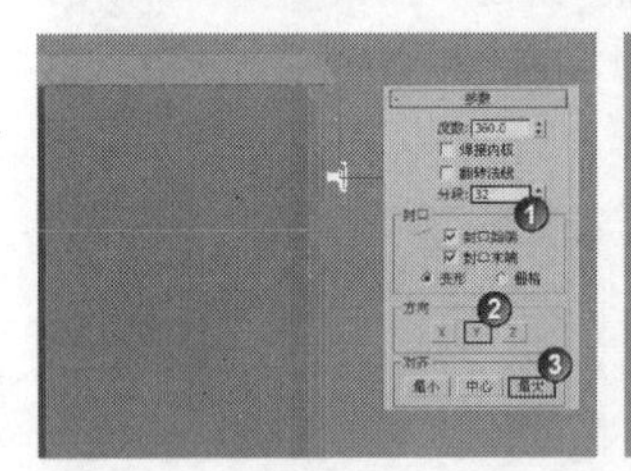

图8-842

图8-843

实战162 中式雕花椅

场景位置	无
实例位置	DVD>实例文件>CH08>实战162.max
视频位置	DVD>多媒体教学>CH08>实战162.flv
难易指数	★★★★☆
技术掌握	放样/插入/倒角/挤出/切角/塌陷/连接/桥工具

中式雕花椅模型如图8-844所示。

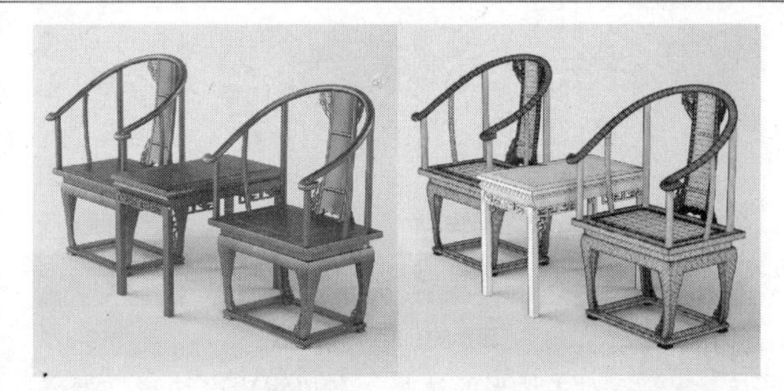

图8-844

01 下面创建扶手模型。使用“线”工具 线 在视图中绘制如图8-845所示的样条线。注意，该样条线需要先在顶视图中进行绘制，然后在不同的视图中进行调节。

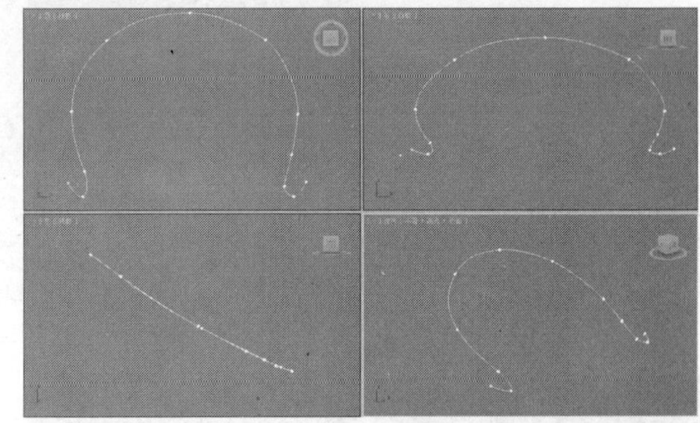

图8-845

02 使用“圆”工具 圆 在顶视图中绘制一个大小合适的圆形作为放样的截面图形，如图8-846所示。

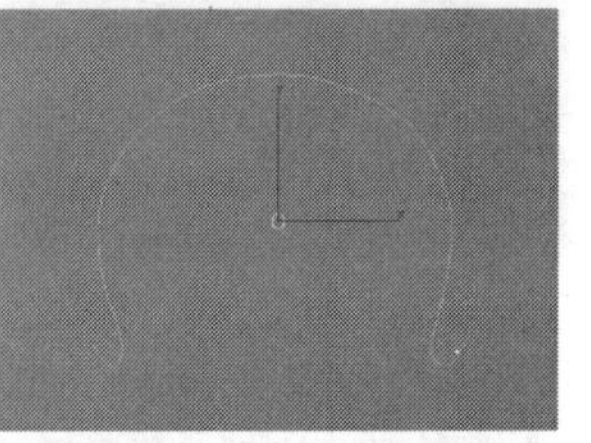

图8-846

03 选择样条线，设置“几何体”类型为“复合对象”，然后单击“放样”按钮 放样 ，接着在“创建方法”卷展栏下单击“获取图形”按钮 获取图形 ，最后在视图中单击圆形，如图8-847所示，模型效果如图8-848所示。

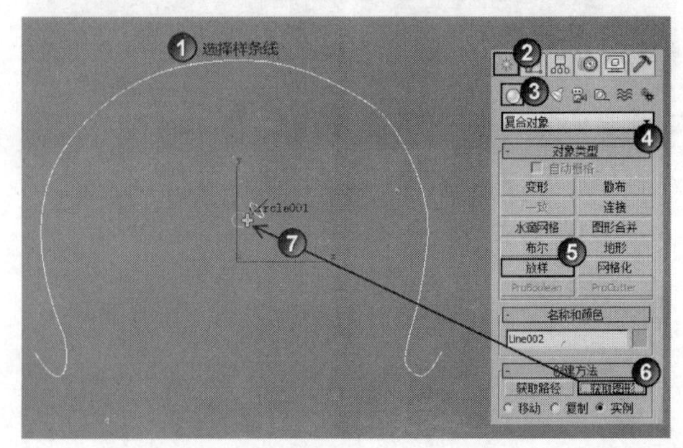

图8-847

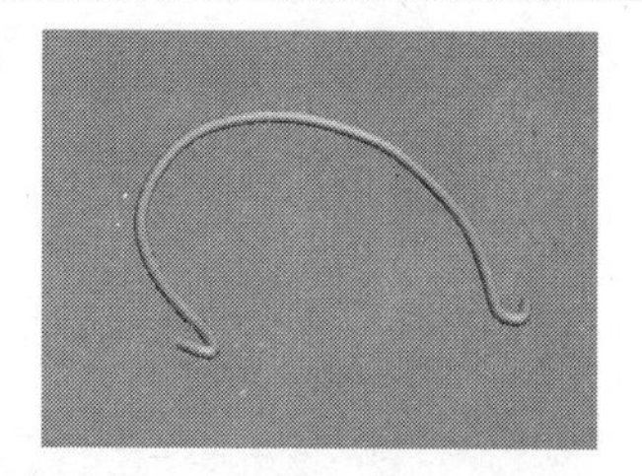

图8-848

技巧与提示

放样完成后，可以将圆形隐藏起来或是直接按Delete键将其删除。另外说明一点，如果要觉得放样出来的模型太粗或是太细，可以对圆形的"半径"值进行调节，放样模型的截面半径也会随之而改变。

04 使用"圆柱体"工具 圆柱体 在扶手模型下创建4个大小合适的圆柱体，模型位置如图8-849所示。

05 下面创建椅垫模型。使用"长方体"工具 长方体 在场景中创建一个长方体，然后在"参数"卷展栏下设置"长度"为190mm、"宽度"为310mm、"高度"为4mm，如图8-850所示。

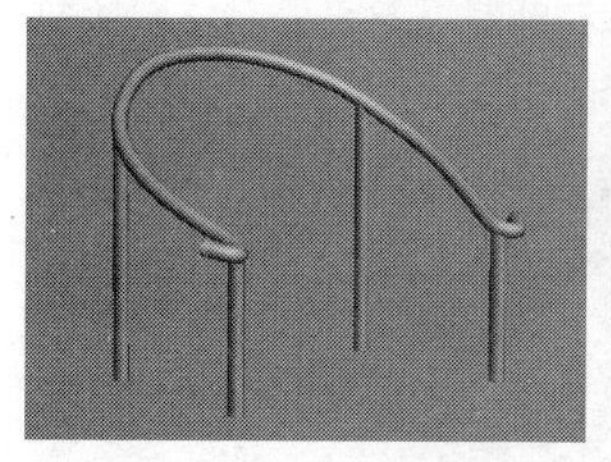

图8-849

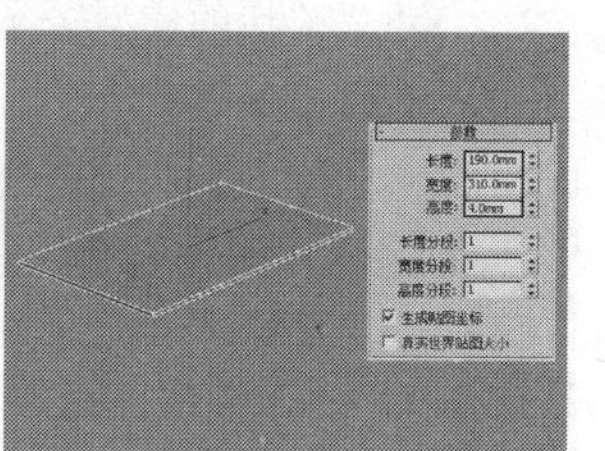

图8-850

06 将长方体转换为可编辑多边形，进入"多边形"级别，然后选择如图8-851所示的多边形，接着在"编辑多边形"卷展栏下单击"插入"按钮 插入 后面的"设置"按钮，最后设置"数量"为25mm，如图8-852所示。

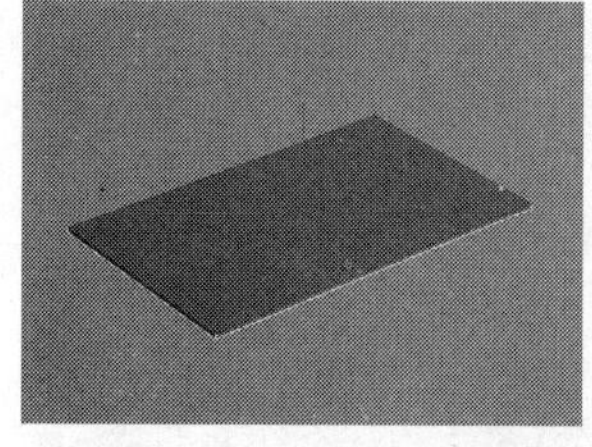

图8-851

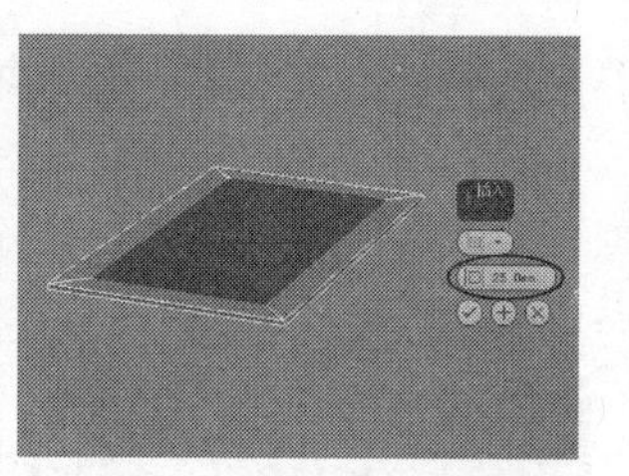

图8-852

07 保持对多边形的选择，在"编辑多边形"卷展栏下单击"倒角"按钮 倒角 后面的"设置"按钮，然后设置"高度"为-1.5mm、"轮廓"为-5mm，如图8-853所示。

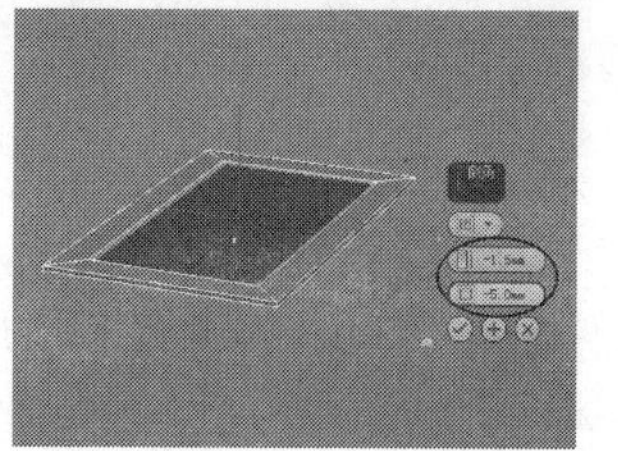

图8-853

08 保持对多边形的选择，在"编辑多边形"卷展栏下单击"插入"按钮 插入 后面的"设置"按钮，然后设置"数量"为8mm，如图8-854所示，接着使用"选择并移动"工具在透视图中沿z轴向上将选择的多边形拖曳一段距离，如图8-855所示。

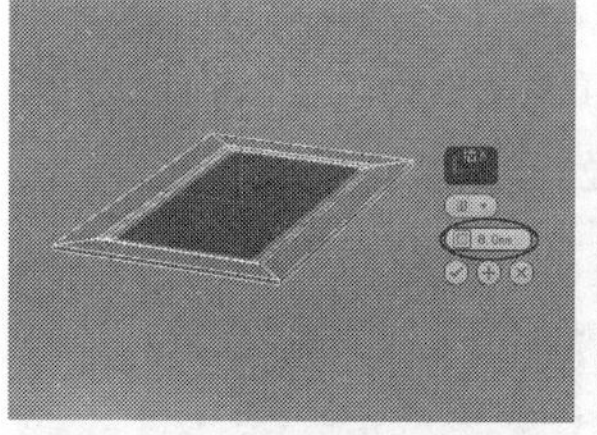

图8-854

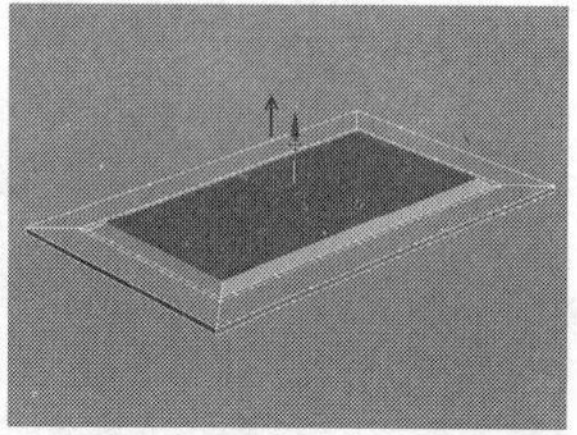

图8-855

09 选择如图8-856所示的多边形，然后在"编辑多边形"卷展栏下单击"插入"按钮 插入 后面的"设置"按钮，接着设置"数量"为15mm，如图8-857所示。

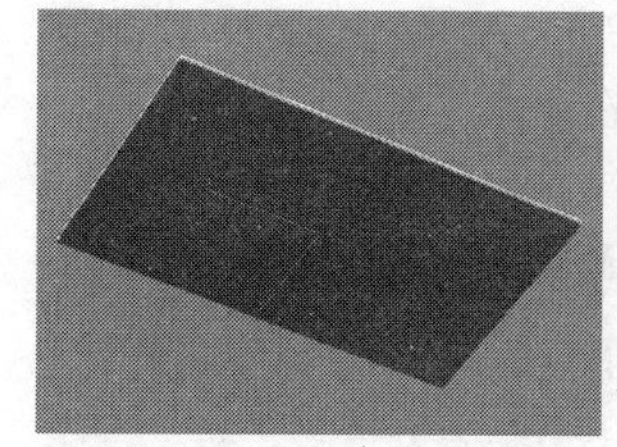

图8-856

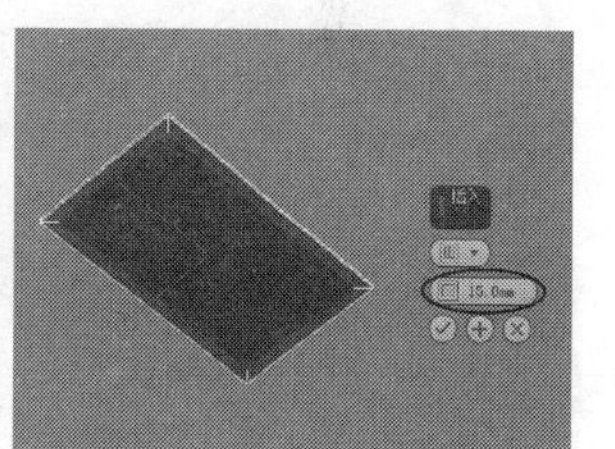

图8-857

10 保持对多边形的选择，在"编辑多边形"卷展栏下单击"挤出"按钮 挤出 后面的"设置"按钮，然后设置"高度"为25mm，如图8-858所示。

11 进入"边"级别，然后选择所有边，接着在"编辑边"卷展栏下单击"切角"按钮 切角 后面的"设置"按钮，最后设置"边切角量"为0.8mm、"连接边分段"为2，如图8-859所示。

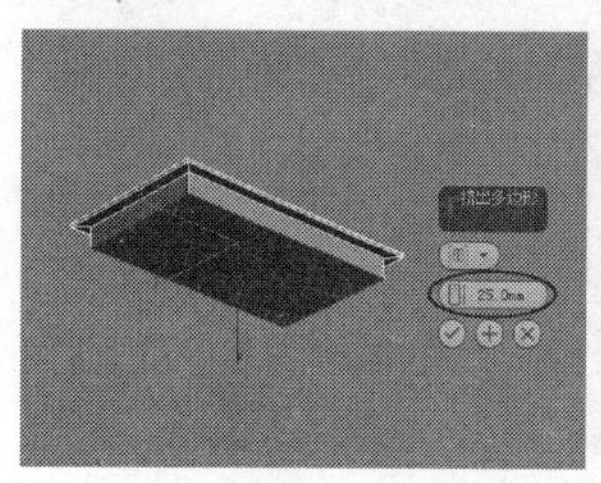

图8-858

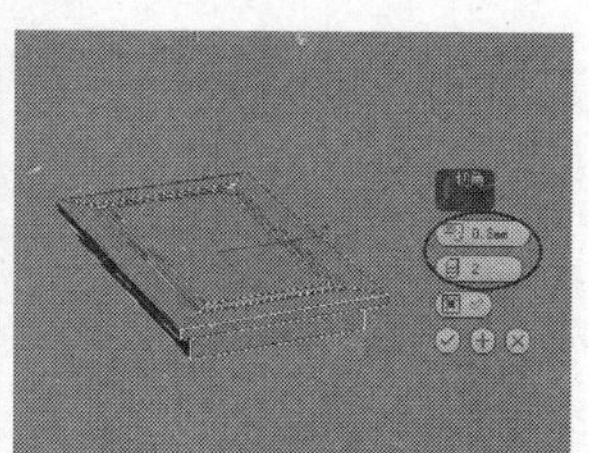

图8-859

12 为模型加载一个"网格平滑"修改器，然后在"细分量"卷展栏下设置"迭代次数"为2，模型效果如图8-860所示。

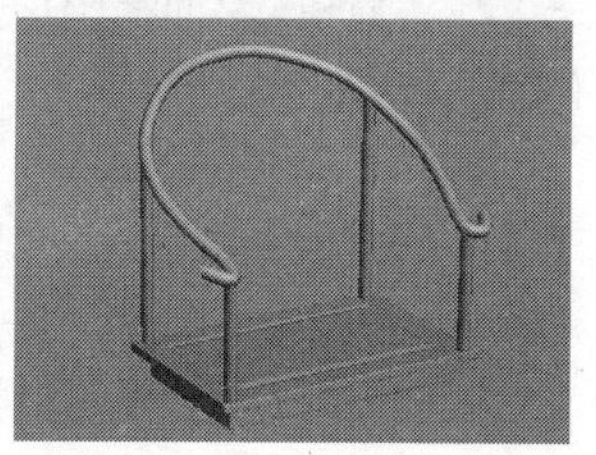

图8-860

13 下面创建靠背模型。使用“圆柱体”工具 圆柱体 在椅垫的顶部创建一个圆柱体，然后在“参数”卷展栏下设置“半径”为6mm、“高度”为282mm、“高度分段”为6、“边数”为12，模型位置如图8-861所示。

14 为圆柱体加载一个“弯曲”修改器，然后在“参数”卷展栏下设置“角度”为-30、“弯曲轴”为z轴，具体参数设置如图8-862所示。

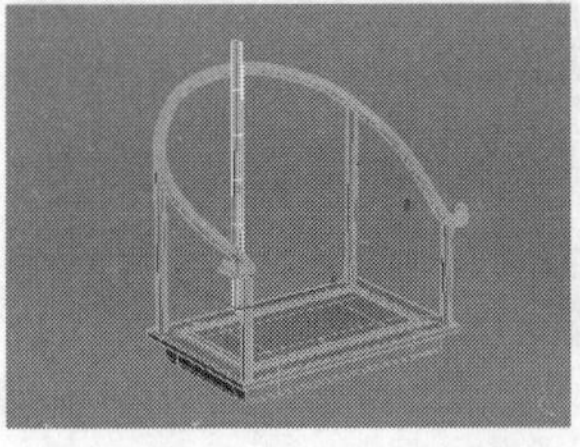

图8-861

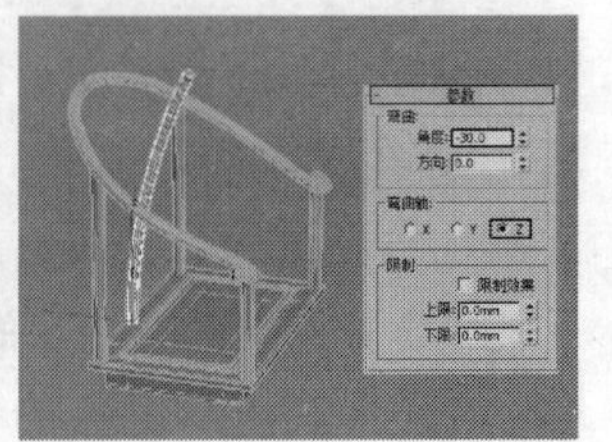

图8-862

15 使用“选择并旋转”工具在左视图中对模型进行逆时针旋转，如图8-863所示，然后按住Shift键使用“选择并移动”工具在前视图中向右移动复制一个模型，如图8-864所示。

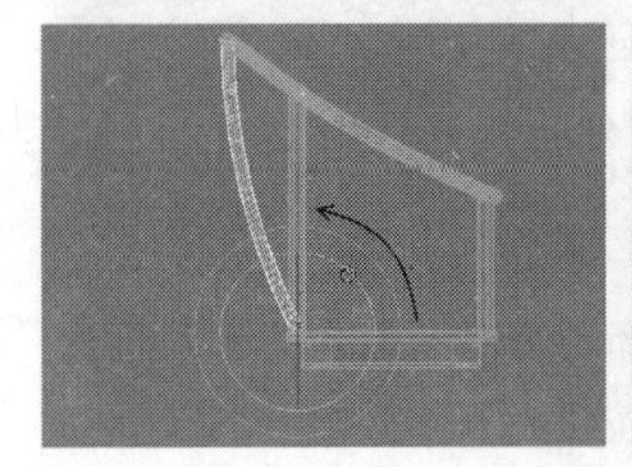

图8-863

图8-864

16 将左侧的模型转换为可编辑多边形，进入“多边形”级别，然后选择如图8-865所示的多边形，接着使用“挤出”工具 挤出 将其挤出如图8-866所示的效果。

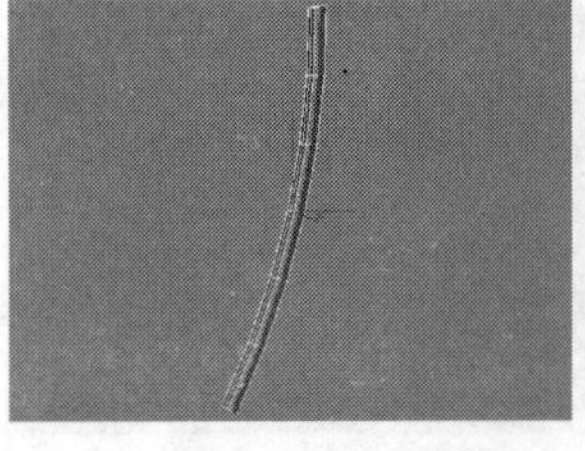

图8-865

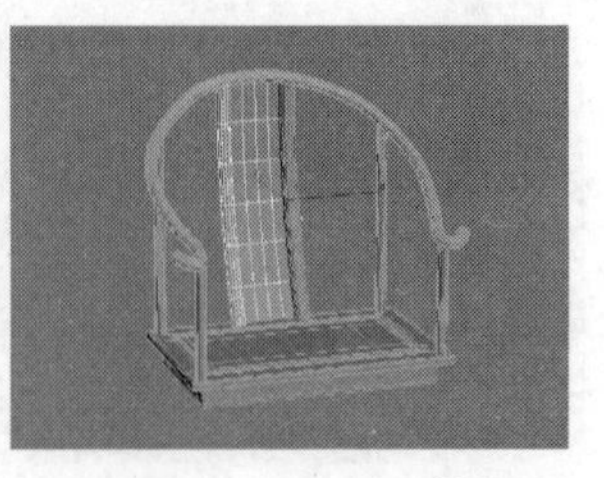

图8-866

17 进入“顶点”级别，然后调整好各个顶点的位置，使靠背模型之间没有任何缝隙，如图8-867所示。

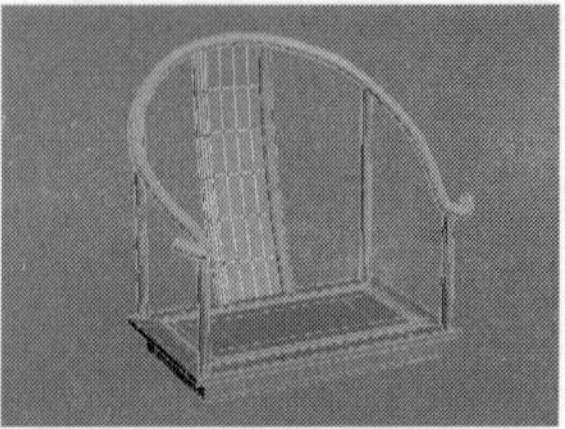

图8-867

18 选择靠背模型的所有部件，在“命令”面板中单击“实用程序”按钮，然后单击“塌陷”按钮 塌陷 ，接着“塌陷”卷展栏下单击“塌陷选定对象”按钮 塌陷选定对象 ，将选择的对象塌陷成一个整体，如图8-868所示。

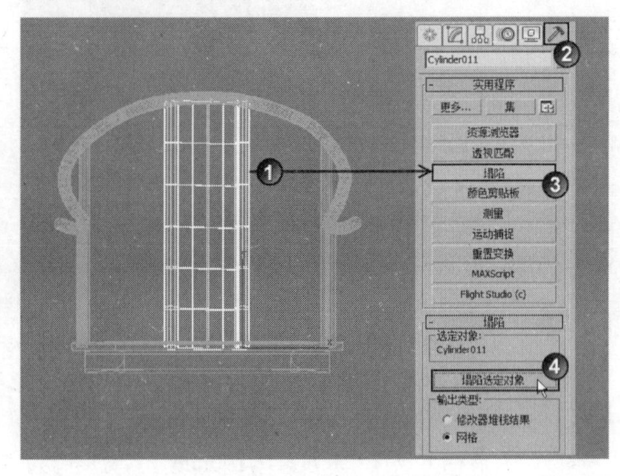

图8-868

19 将塌陷后的模型转换为可编辑多边形，然后仔细调节模型的顶点，完成后的效果如图8-869所示。

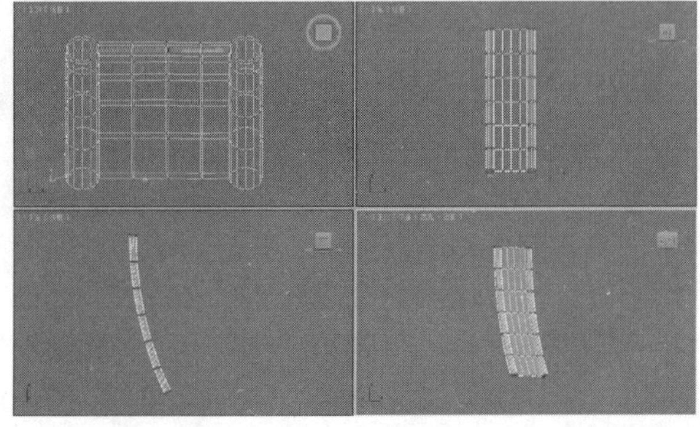

图8-869

20 进入“边”级别，然后选择如图8-870所示的边，接着在“编辑边”卷展栏下单击“连接”按钮 连接 后面的“设置”按钮，最后设置“分段”为12，如图8-871所示。

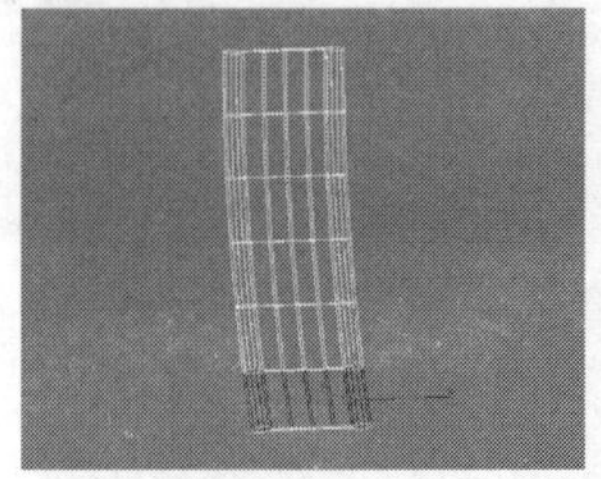

图8-870

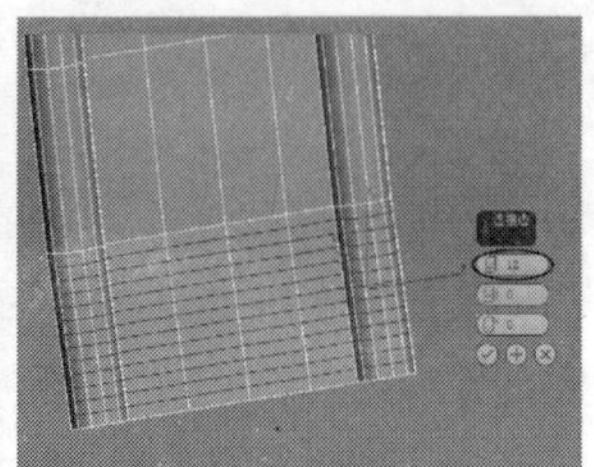

图8-871

21 选择如图8-872所示的边，然后在“编辑边”卷展栏下单击“连接”按钮 连接 后面的“设置”按钮，接着设置“分段”为4，如图8-873所示。

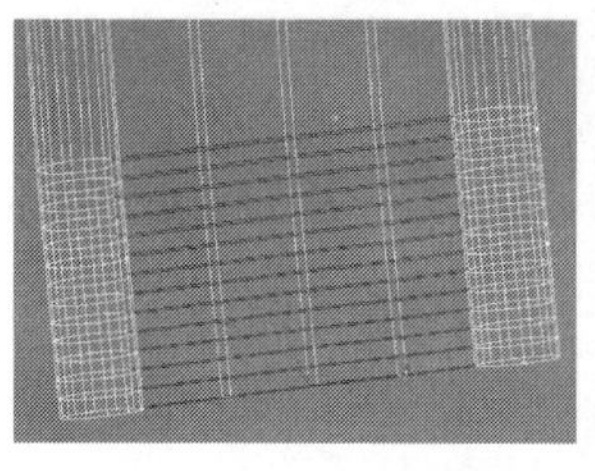
图8-872

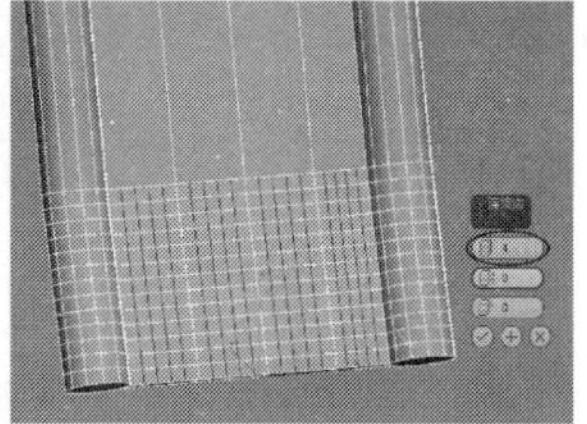
图8-873

22 进入"多边形"级别，然后选择如图8-874所示的两个多边形（注意，不要漏选背面的多边形），接着在"编辑多边形"卷展栏下单击"桥"按钮 桥 ，将两个多边形桥接起来，效果如图8-875所示，最后采用相同的方法桥接其他多边形，完成后的模型效果如图8-876所示。

图8-874

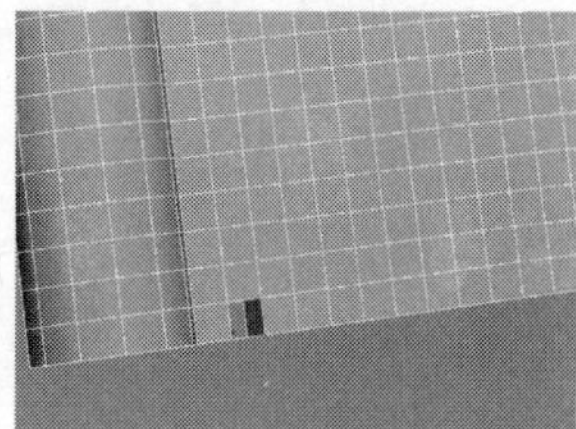
图8-875

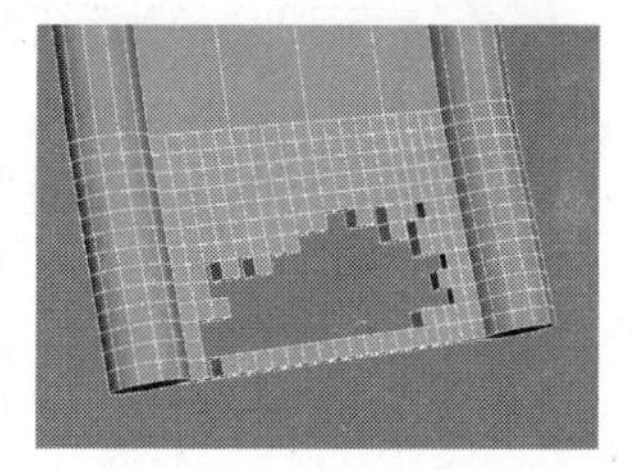
图8-876

技巧与提示

桥接多边形后，会残留一些多余的面，选择这些面，然后按Delete键将其删除即可。

23 为模型加载一个"网格平滑"修改器，然后在"细分量"卷展栏下设置"迭代次数"为2，模型效果如图8-877所示。

24 下面创建椅腿模型。使用"长方体"工具 长方体 在顶视图中创建一个长方体，然后在"参数"卷展栏下设置"长度"为180mm、"宽度"为275mm、"高度"为30mm、"长度分段"为10、"宽度分段"为12、"高度分段"为2，模型位置如图8-878所示。

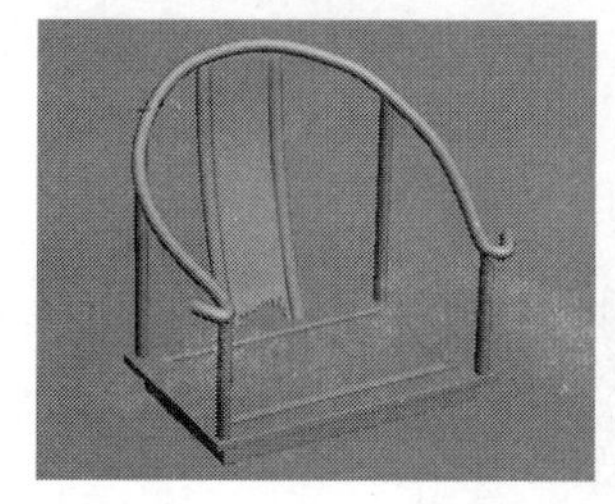
图8-877

图8-878

25 将长方体转换为可编辑多边形，进入"多边形"级别，然后选择如图8-879所示的多边形，接着在"编辑多边形"卷展栏下单击"挤出"按钮 挤出 后面的"设置"按钮□，最后设置"高度"为20mm，如图8-880所示。

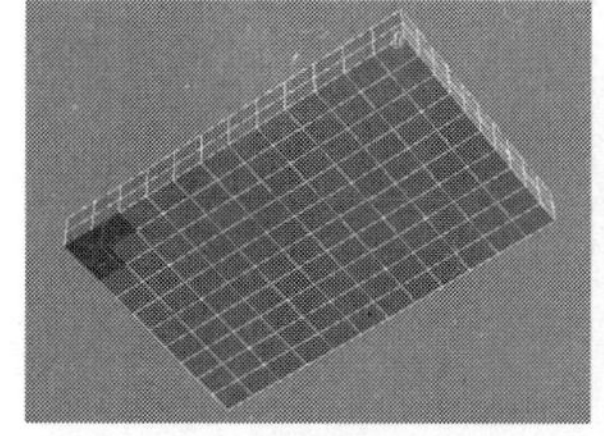
图8-879

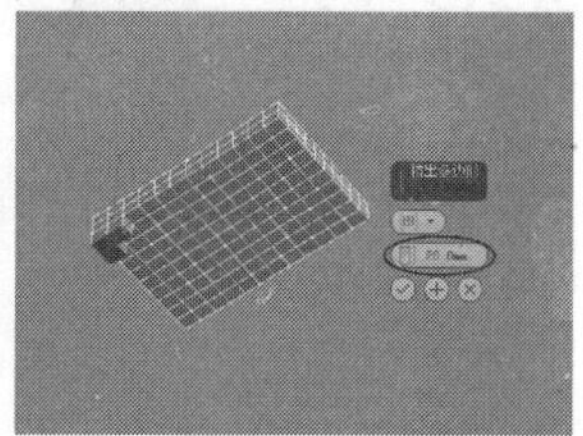
图8-880

26 继续使用"挤出"工具 挤出 将多边形挤出7次（"高度"同样设置为20mm），完成后的效果如图8-881所示。

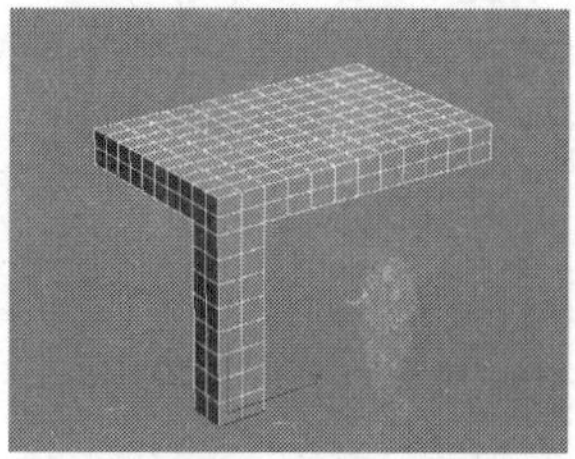
图8-881

27 进入"顶点"级别，然后在前视图和左视图中对顶点进行仔细调节，完成后的效果如图8-882所示。

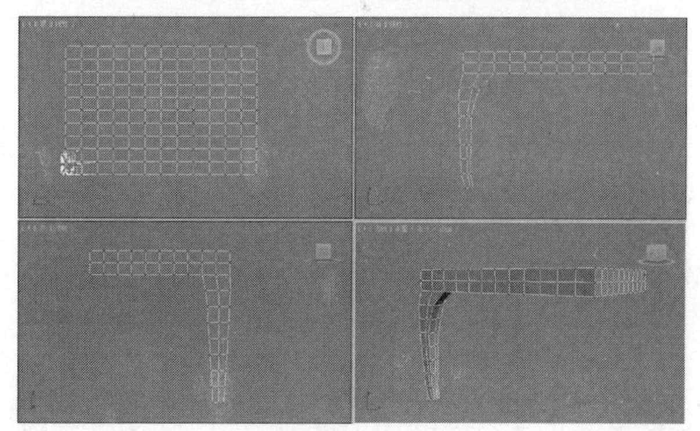
图8-882

28 进入"多边形"级别，然后选择如图8-883所示的多边形，接着在"编辑几何体"卷展栏下单击"分离"按钮 分离 ，最后在弹出的"分离"对话框中单击"确定"按钮 确定 ，如图8-884所示。

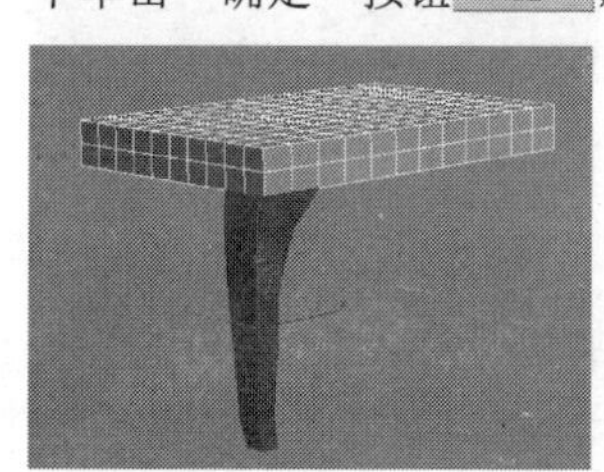
图8-883

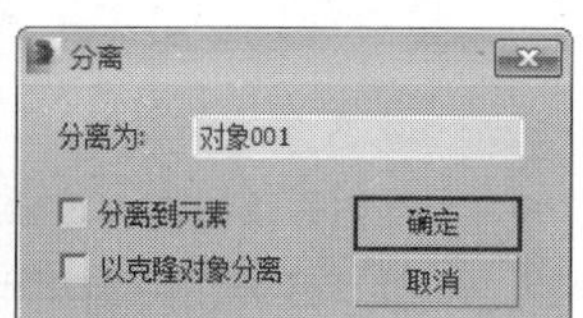

图8-884

29 选择分离出来的“对象001”，然后进入“边界”级别，接着选择如图8-885所示的边界，最后在“编辑边界”卷展栏下单击“封口”按钮 封口 ，这样可以将选定的边界进行封口操作，效果如图8-886所示。

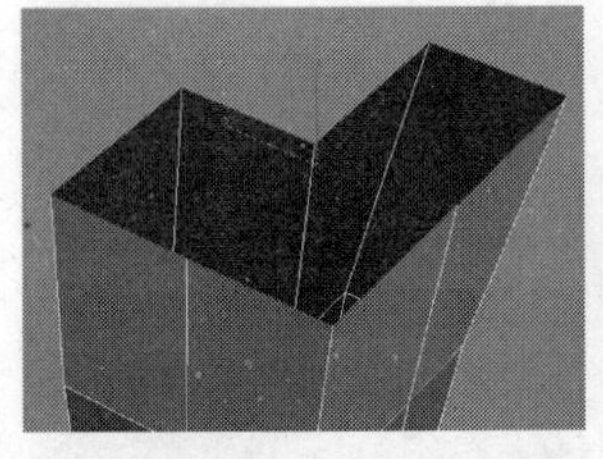
图8-885

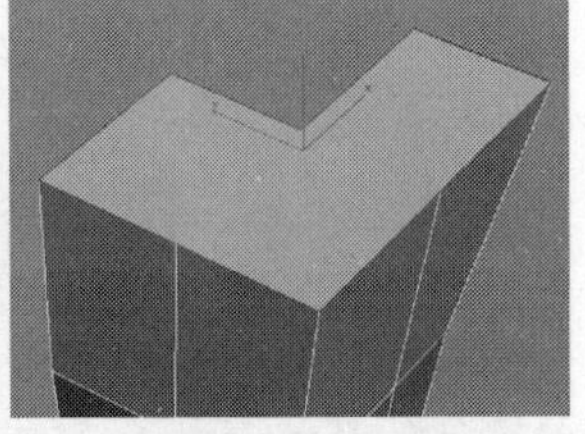
图8-886

30 进入“边”级别，然后选择如图8-887的边，接着在“编辑边”卷展栏下单击“切角”按钮 切角 后面的“设置”按钮□，最后设置“边切角量”为1mm，如图8-888所示。

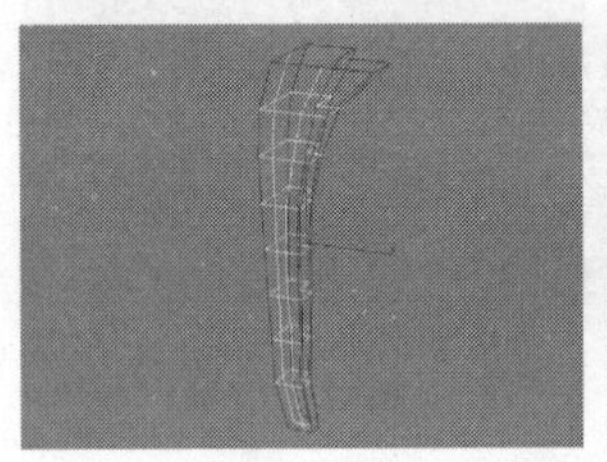
图8-887

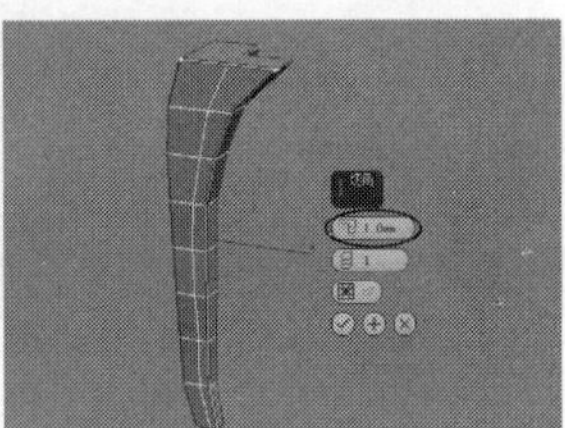
图8-888

31 为模型加载一个“网格平滑”修改器，然后在“细分量”卷展栏下设置“迭代次数”为2，模型效果如图8-889所示，接着将模型镜像复制3个到另外3个位置，模型效果如图8-890所示。

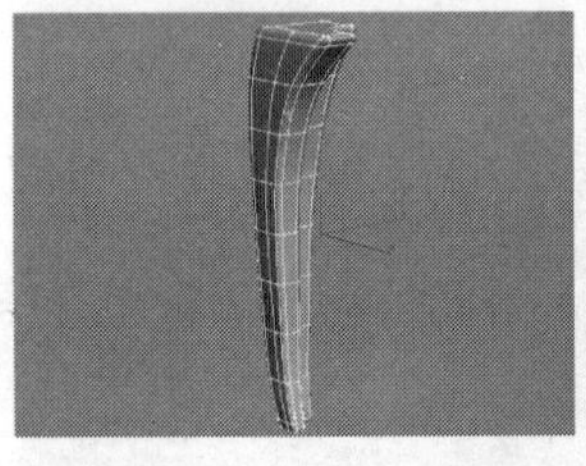
图8-889

图8-890

32 使用“长方体”工具 长方体 在椅腿的底部创建一个长方体，然后在“参数”卷展栏下设置“长度”为200mm、“宽度”为260mm、“高度”为10mm、“长度分段”为3、“宽度分段”为3、“高度分段”为1，模型位置如图8-891所示。

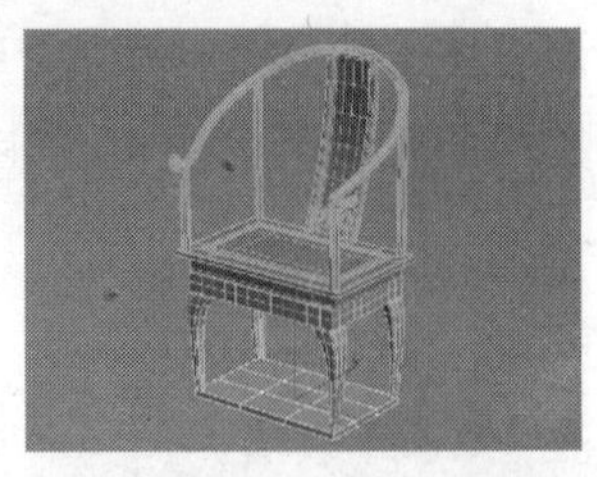
图8-891

33 将长方体转换为可编辑多边形，进入“顶点”级别，然后在顶视图中将模型的顶点调节成如图8-892所示的效果。

图8-892

34 进入“多边形”级别，然后选择如图8-893所示的多边形（注意，不要漏选底部的多边形），接着在“编辑多边形”卷展栏下单击“桥”按钮 桥 ，模型效果如图8-894所示。

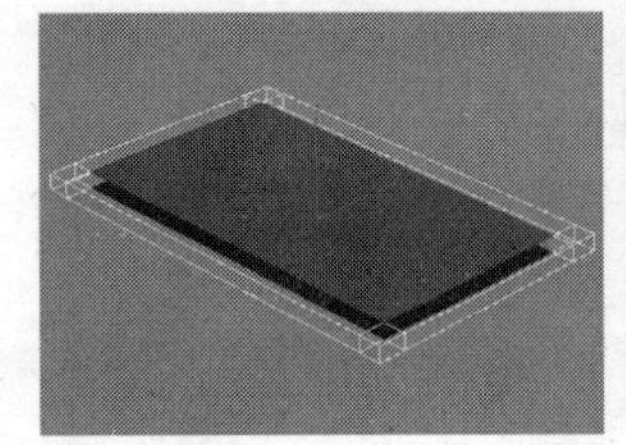
图8-893

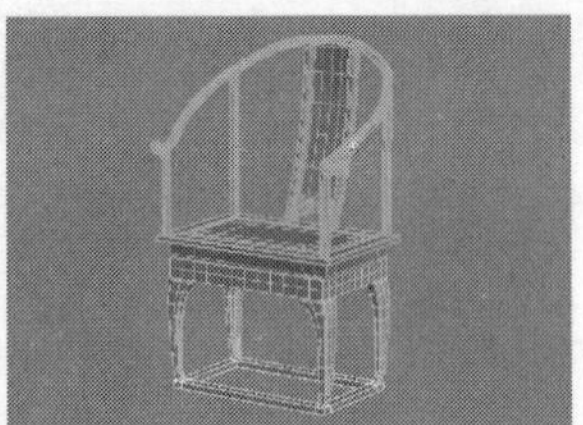
图8-894

35 继续使用“倒角”工具 倒角 、“挤出”工具 挤出 和“切换”工具 切角 制作底座模型，完成后的效果如图8-895所示。

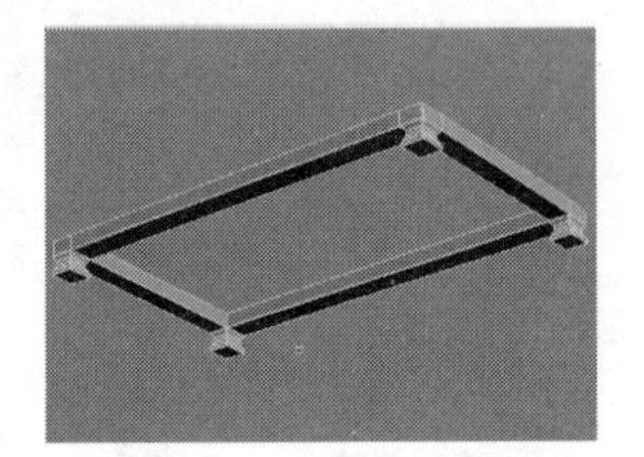
图8-895

36 下面创建雕花模型。使用“线”工具 线 在前视图中绘制如图8-896所示的雕花样条线。这里提供一张孤立选择图，供用户参考，如图8-897所示。

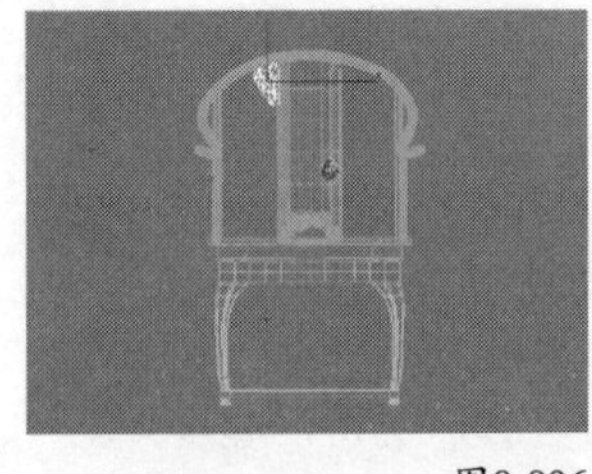
图8-896

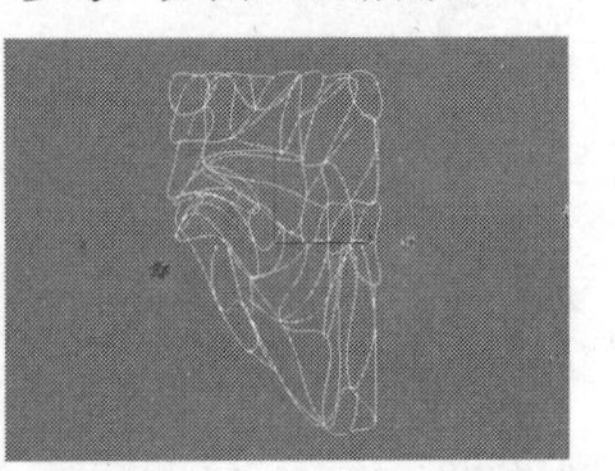
图8-897

技巧与提示

这里绘制的样条线比较复杂，可以先绘制出大致的形状，然后在“顶点”级别下对样条线进行调整。

37 为样条线加载一个“挤出”修改器，然后在“参数”卷展栏下设置“数量”为2mm，接着为其加载一个“壳”修改器，最后在“参数”卷展栏下设置“外部量”为1.3mm，模型效果如图8-898所示。

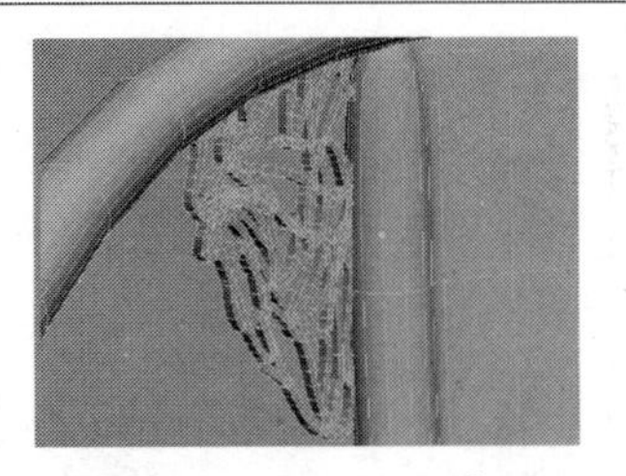

图8-898

38 使用“镜像”工具镜像复制3个模型到其他3个位置，完成后的效果如图8-899所示，接着在靠背上制作一些装饰细节模型，最终效果如图8-900所示。

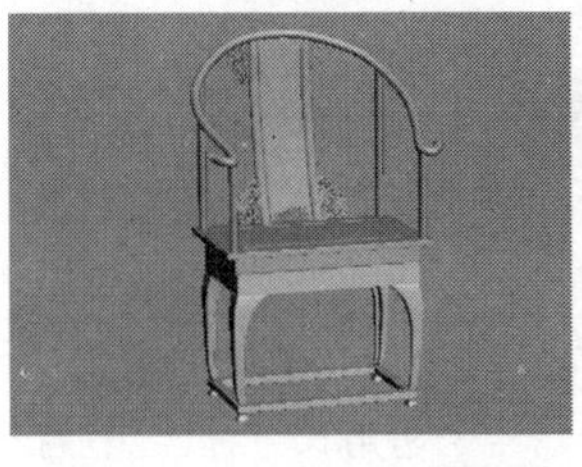

图8-899

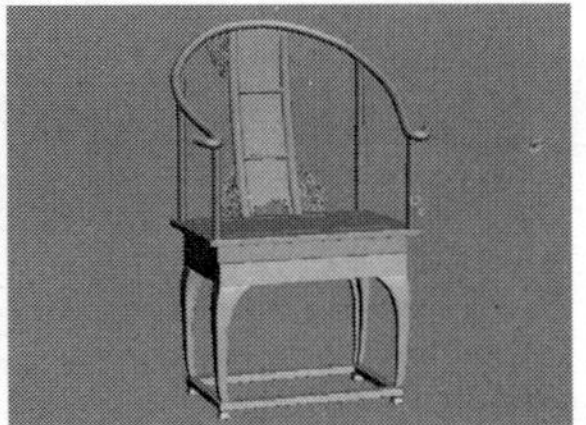

图8-900

实战163 白色双人软床

场景位置	无
实例位置	DVD>实例文件>CH08>实战163.max
视频位置	DVD>多媒体教学>CH08>实战163.flv
难易指数	★★★☆☆
技术掌握	切角工具、挤出工具、连接工具

白色双人软床模型如图8-901所示。

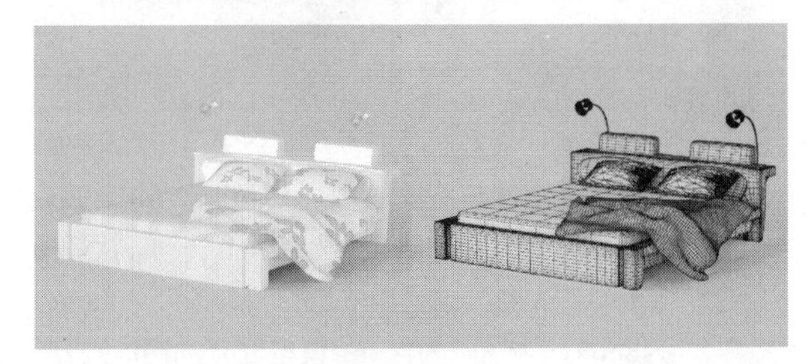

图8-901

01 下面创建床板模型。使用“长方体”工具 长方体 在场景中创建一个长方体，然后在“参数”卷展栏下设置“长度”为200mm、“宽度”为140mm、“高度”为10mm、“长度分段”为3、“宽度分段”为3，如图8-902所示。

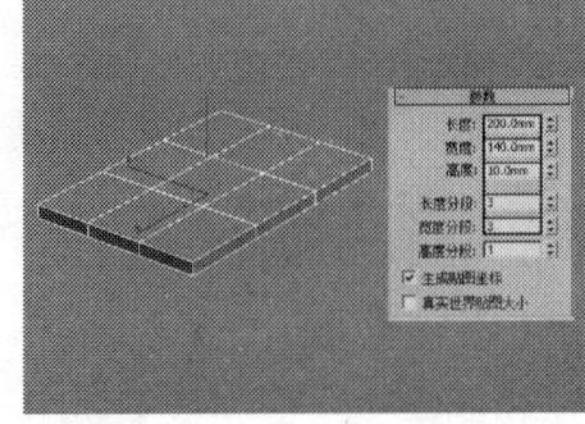

图8-902

02 将长方体转换为可编辑多边形，然后进入“顶点”级别，接着在顶视图中将顶点调节成如图8-903所示的效果。

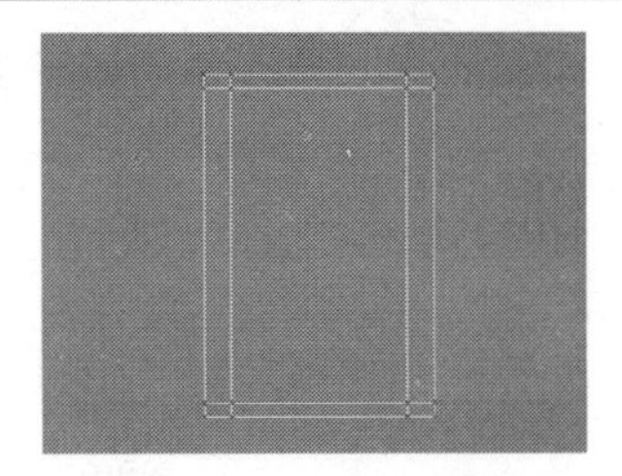

图8-903

03 进入“边”级别，然后选择如图8-904所示的边，接着在“编辑边”卷展栏下单击“切角”按钮 切角 后面的“设置”按钮，最后设置“边切角量”为1mm，如图8-905所示。

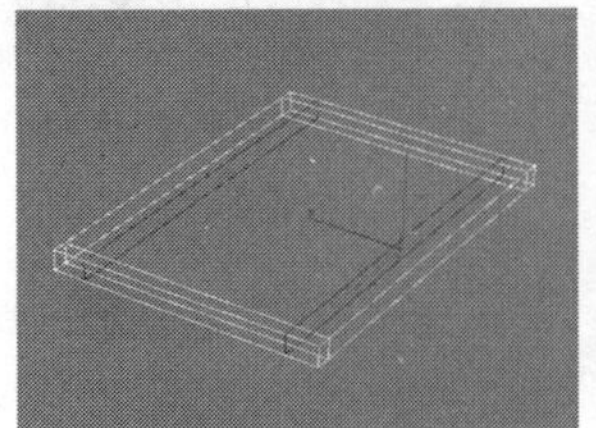

图8-904

图8-905

04 进入“多边形”级别，然后选择如图8-906所示的多边形，接着在“编辑多边形”卷展栏下单击“挤出”按钮 挤出 后面的“设置”按钮，最后设置挤出类型为“局部法线”、“高度”为-1.5mm，如图8-907所示。

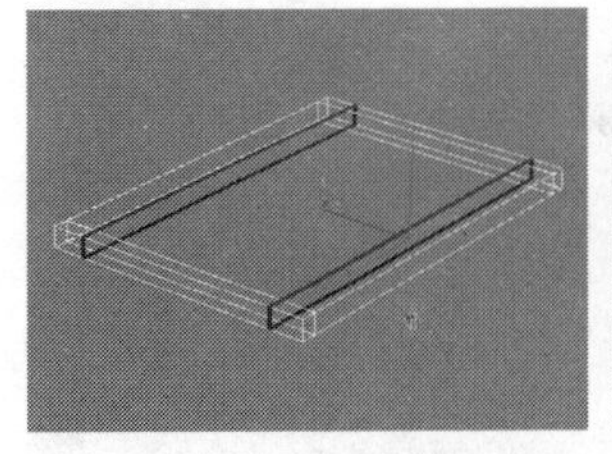

图8-906

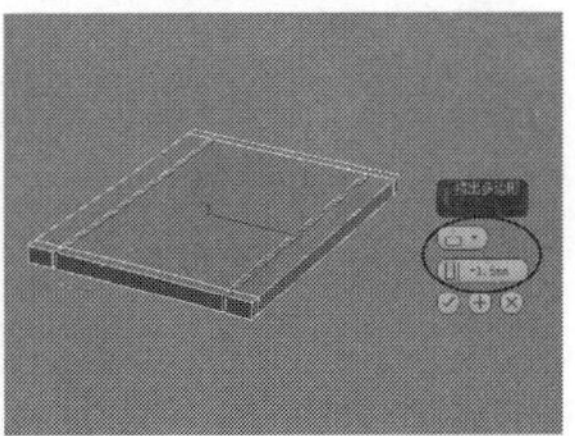

图8-907

05 选择如图8-908所示的多边形，然后在“编辑多边形”卷展栏下单击“挤出”按钮 挤出 后面的“设置”按钮，接着设置挤出类型为“组”、“高度”为25mm，如图8-909所示。

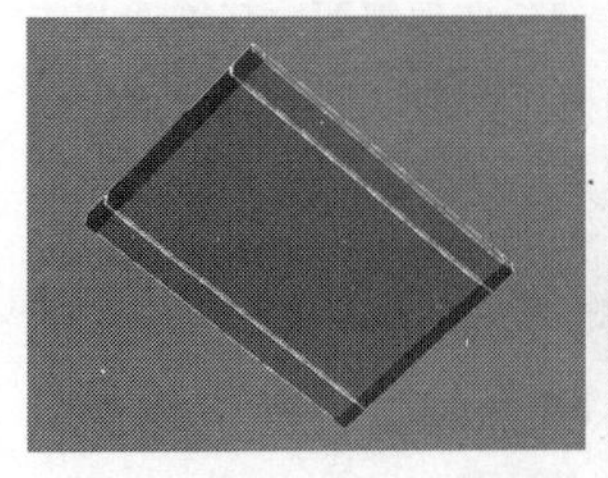

图8-908

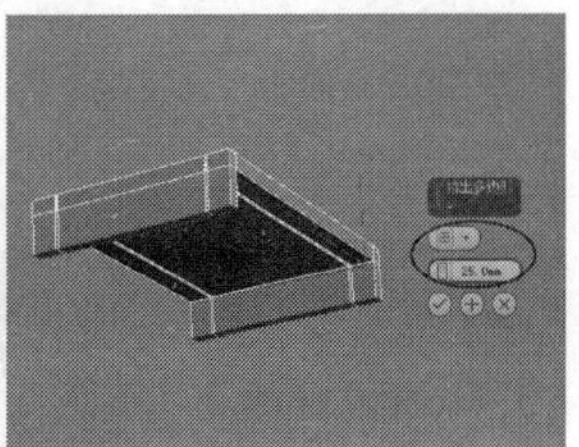

图8-909

06 选择如图8-910所示的多边形，然后在“编辑多边形”卷展栏下单击“挤出”按钮 挤出 后面的“设置”按钮，接着设置“高度”为10mm，如图8-911所示，最后继续使用“挤出”工具 挤出 将模型挤出如图8-912所示的效果。

图8-910

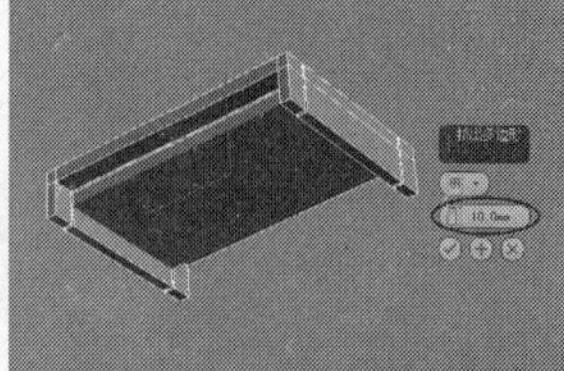

图8-911

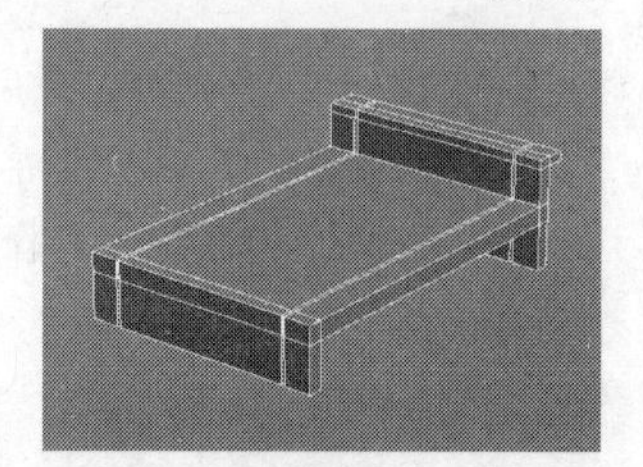

图8-912

07 进入“顶点”级别，然后选择如图8-913所示的4个顶点，接着使用“选择并均匀缩放”工具在前视图中将其向内缩放成如图8-914所示的效果。

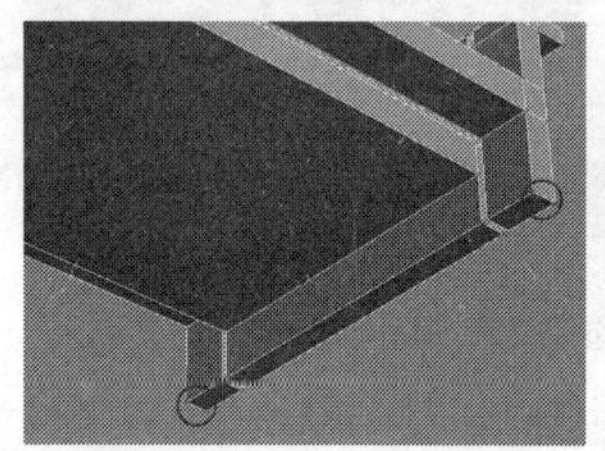

图8-913

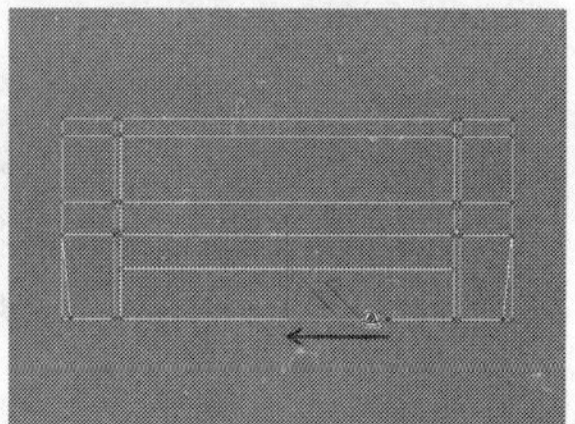

图8-914

08 进入“边”级别，然后选择如图8-915所示的边，接着在“编辑边”卷展栏下单击“连接”按钮 连接 后面的“设置”按钮，最后设置“分段”为3，如图8-916所示。

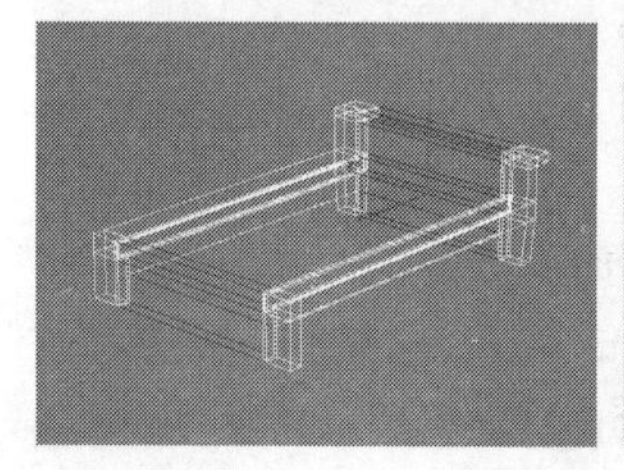

图8-915

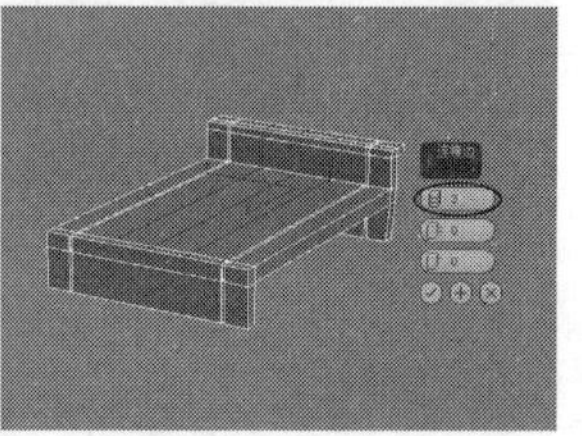

图8-916

09 进入“顶点”级别，然后在顶视图中仔细调节床头的顶点，完成后的模型效果如图8-917所示。

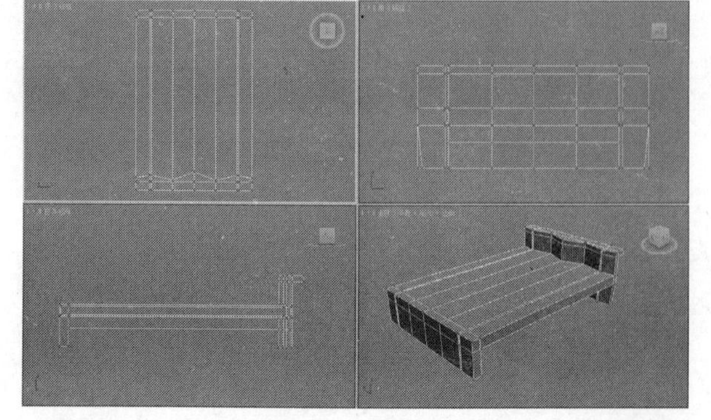

图8-917

10 进入“边”级别，然后选择如图8-918所示的边，接着在“编辑边”卷展栏下单击“切角”按钮 切角 后面的“设置”按钮，最后设置“边切角量”为1mm，如图8-919所示。

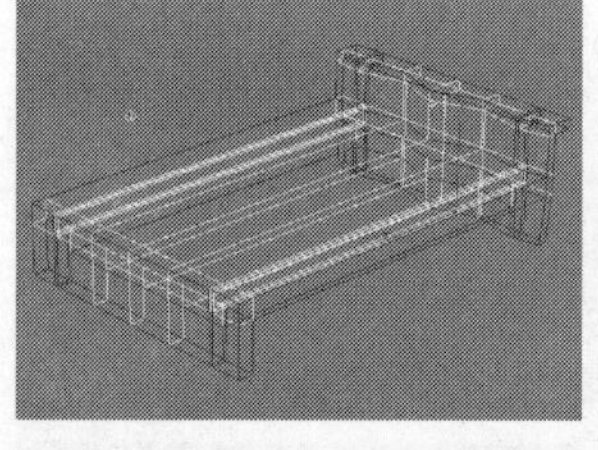

图8-918

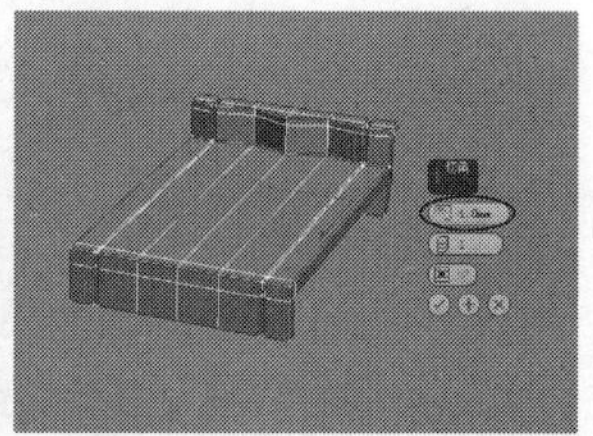

图8-919

11 为模型加载一个“网格平滑”修改器，然后在“细分量”卷展栏下设置“迭代次数”为2，模型效果如图8-920所示。

12 下面创建床垫模型。使用“切角长方体”工具 切角长方体 在床板上创建一个切角长方体，然后在“参数”卷展栏下设置“长度”为200mm、“宽度”为160mm、“高度”为10mm、“圆角”为1mm、“长度分段”为8、“宽度分段”为6，模型位置如图8-921所示。

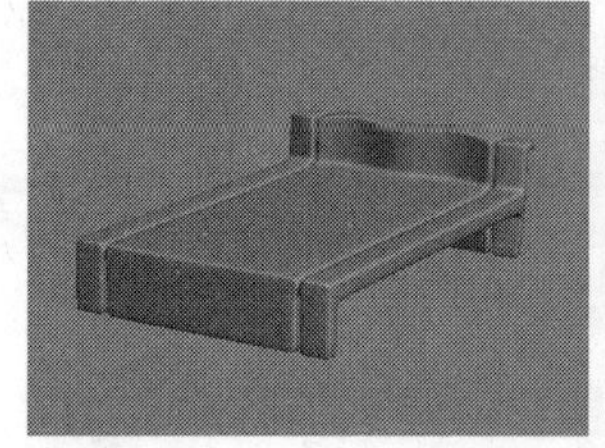

图8-920

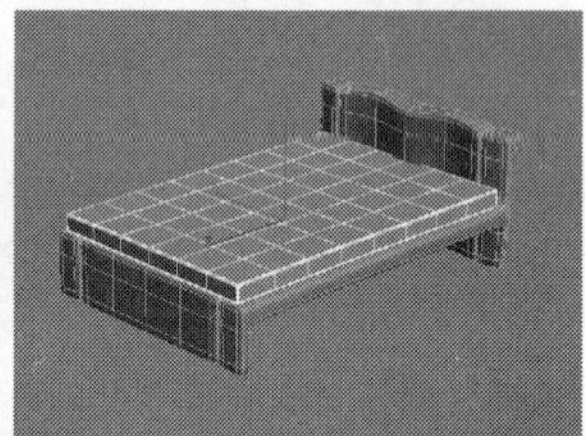

图8-921

13 下面创建靠枕模型。使用“切角长方体”工具 切角长方体 在床头处创建一个切角长方体，然后在“参数”卷展栏下设置“长度”为15mm、“宽度”为40mm、“高度”为8mm、“圆角”为1mm，模型位置如图8-922所示，接着复制一个模型到另一侧，如图8-923所示。

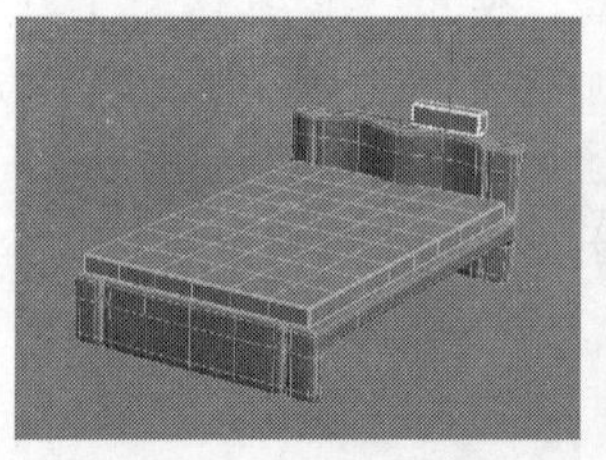

图8-922

图8-923

14 继续使用多边形建模方法制作枕头以及其他模型，最终效果如图8-924所示。

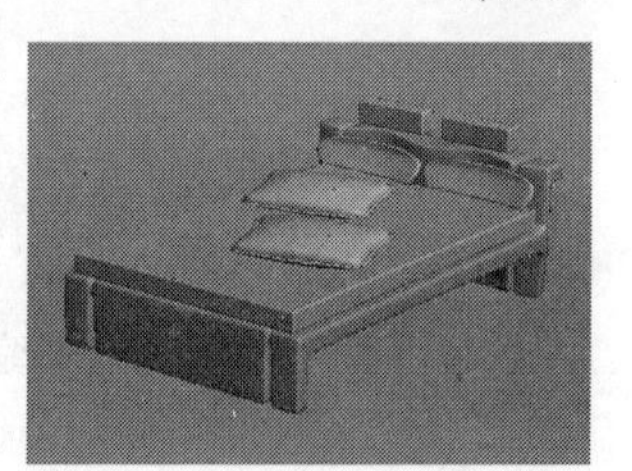

图8-924

实战164 豪华双人床

场景位置	无
实例位置	DVD>实例文件>CH08>实战164.max
视频位置	DVD>多媒体教学>CH08>实战164.flv
难易指数	★★★★☆
技术掌握	挤出工具、切角工具、Cloth（布料）修改器

豪华双人床模型如图8-925所示。

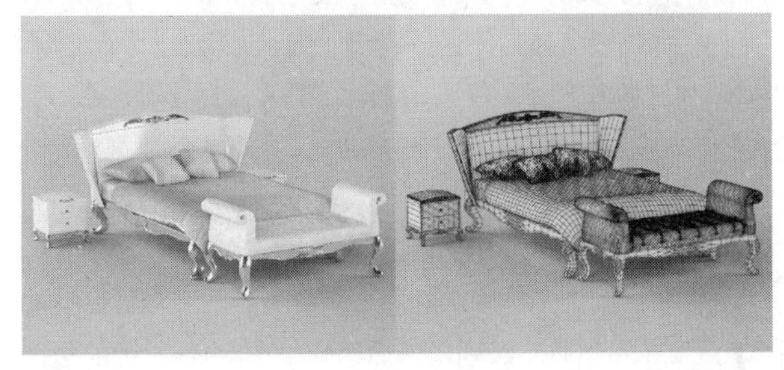

图8-925

01 下面制作床头模型。使用“长方体”工具 长方体 在场景中创建一个长方体，然后在“参数”卷展栏下设置“长度”为10mm、“宽度”为200mm、“高度”为130mm、“长度分段”为1、“宽度分段”为4、“高度分段”为2，具体参数设置及模型效果如图8-926所示。

02 将长方体转换为可编辑多边形，然后进入“顶点”级别，接着在前视图中将顶点调整成如图8-927所示的效果。

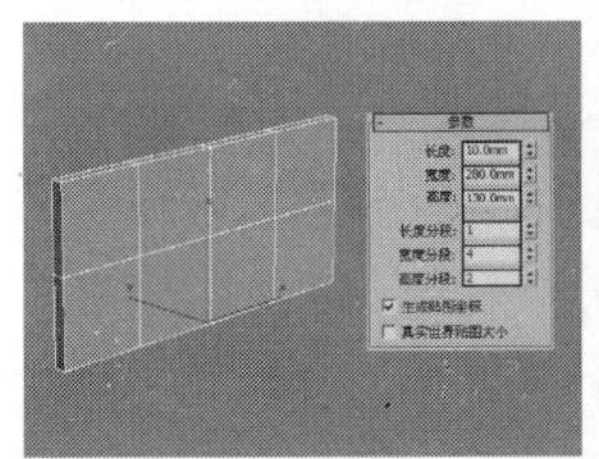

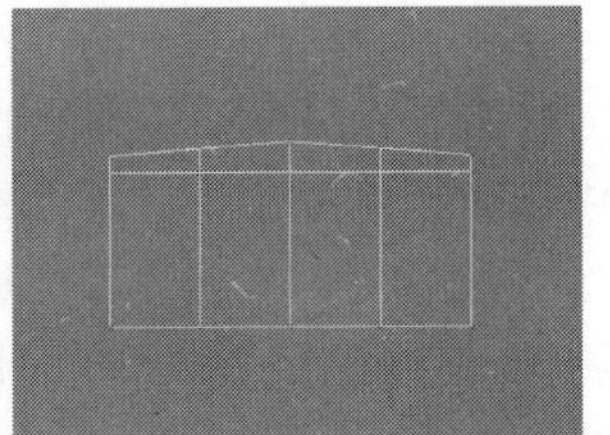

图8-926　图8-927

03 进入“多边形”级别，然后选择如图8-928所示的多边形，接着在“编辑多边形”卷展栏下单击“挤出”按钮 挤出 后面的“设置”按钮▣，最后设置挤出类型为“局部法线”、“高度”为4mm，如图8-929所示。

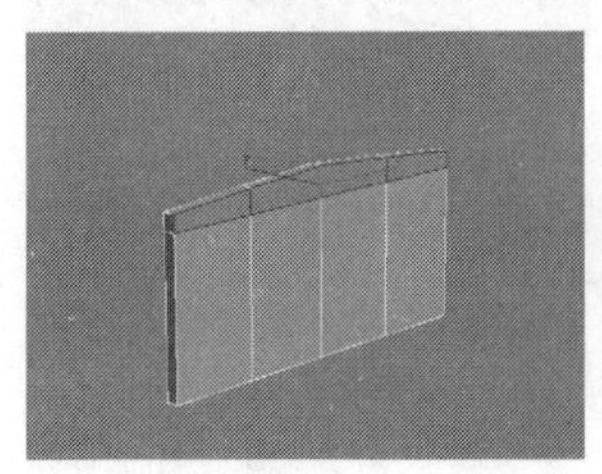

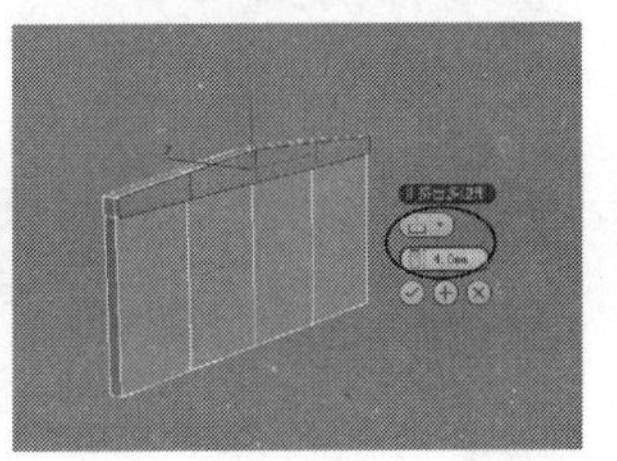

图8-928　图8-929

04 进入“边”级别，然后选择如图8-930所示的边，接着在“编辑边”卷展栏下单击“切角”按钮 切角 后面的“设置”按钮▣，最后设置“边切角量”为1mm，如图8-931所示。

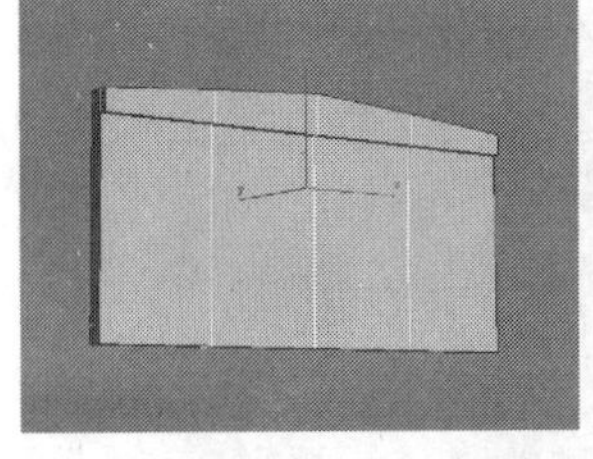

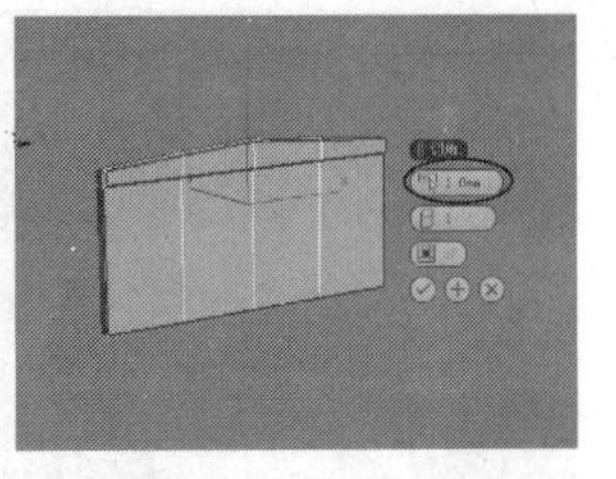

图8-930　图8-931

05 为模型加载一个“网格平滑”修改器，然后在“细分量”卷展栏下设置“迭代次数”为2，具体参数设置及模型效果如图8-932所示。

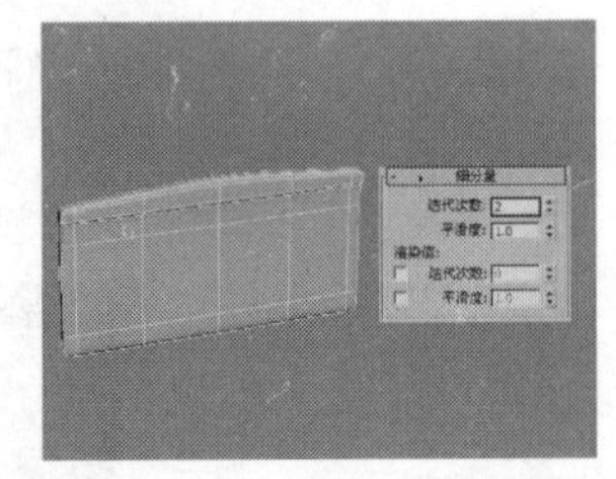

图8-932

06 使用“切角长方体”按钮 切角长方体 在场景中创建一个切角长方体，然后在“参数”卷展栏下设置“长度”为90mm、“宽度”为9mm、“高度”为140mm、“圆角”为2mm、“圆角分段”为3，具体参数设置及模型位置如图8-933所示，接着移动复制一个切角长方体到另一侧，如图8-934所示。

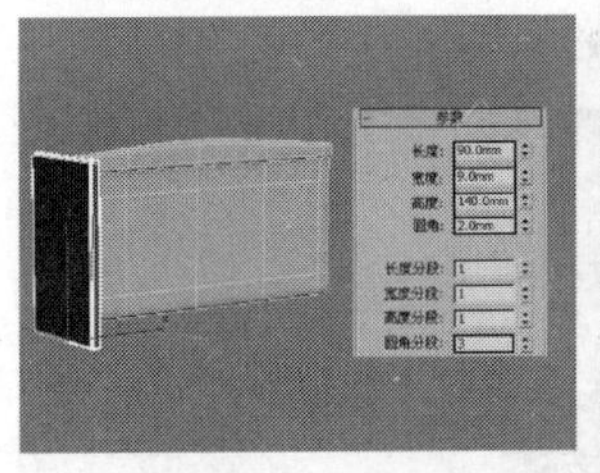

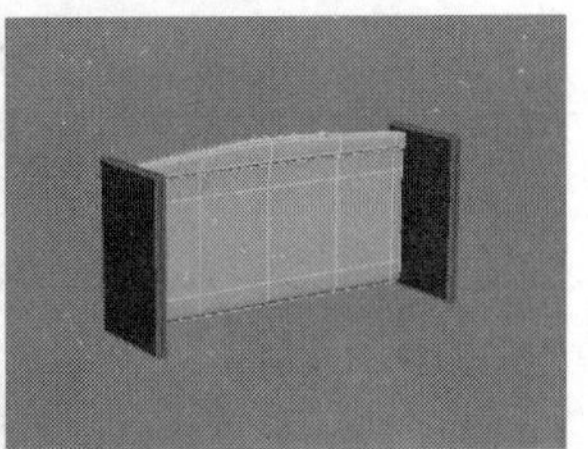

图8-933　图8-934

07 下面创建床板模型。使用“长方体”工具 长方体 在场景中创建一个长方体，然后在“参数”卷展栏下设置“长度”为350mm、“宽度”为270mm、“高度”为15mm、“长度分段”为1、“宽度分段”为1、“高度分段”为2，具体参数设置及模型位置如图8-935所示。

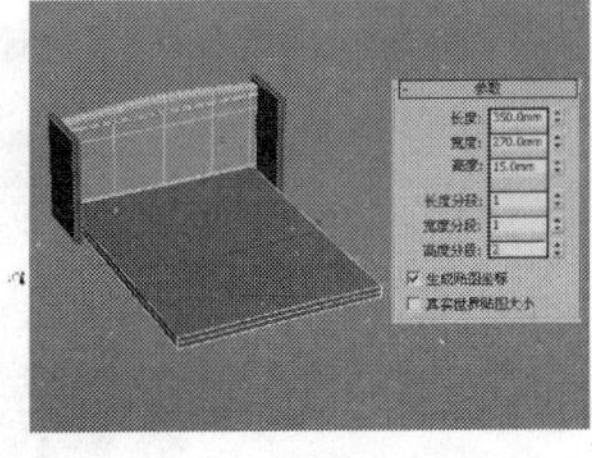

图8-935

08 将长方体转换为可编辑多边形，进入“顶点”级别，然后将顶点调整成如图8-936所示的效果。

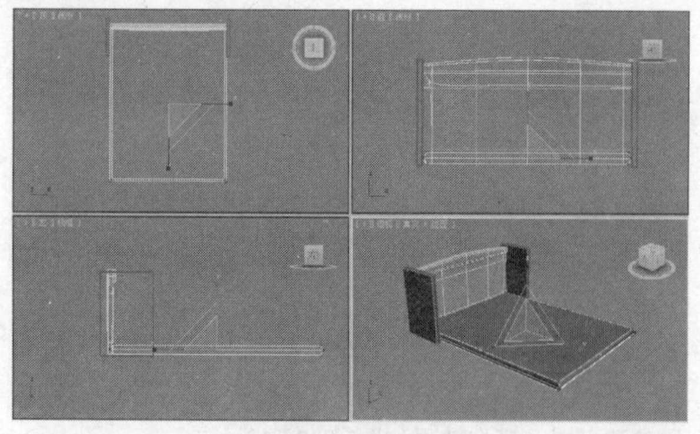

图8-936

09 进入“边”级别，然后选择所有的边，接着在“编辑边”卷展栏下单击“切角”按钮 切角 后面的“设置”按钮，最后设置“边切角量”为1mm，如图8-937所示。

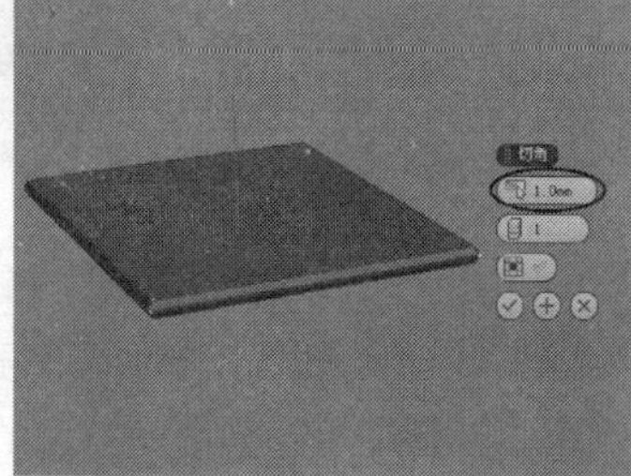

图8-937

10 为模型加载一个“网格平滑”修改器，然后在“细分量”卷展栏下设置“迭代次数”为3，具体参数设置及模型效果如图8-938所示。

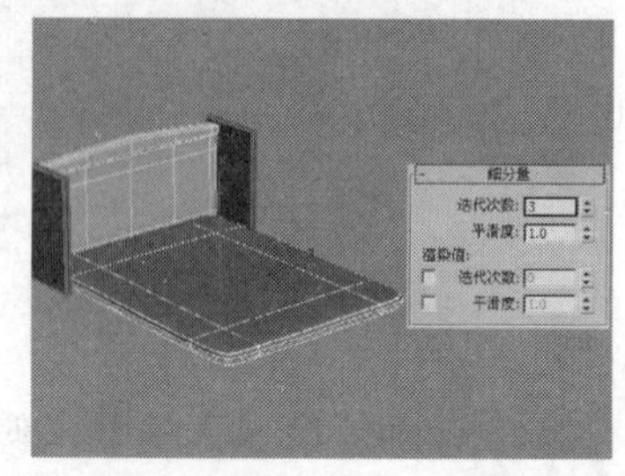

图8-938

11 下面制作床腿模型。使用“长方体”工具 长方体 在场景中创建一个长方体，然后在“参数”卷展栏下设置“长度”为30mm、“宽度”为30mm、“高度”为90mm、“长度分段”为1、“宽度分段”为1、“高度分段”为5，具体参数设置及模型位置如图8-939所示。

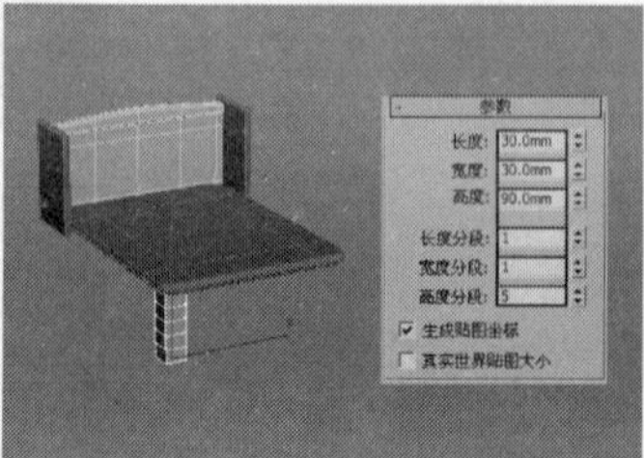

图8-939

12 将长方体转换为可编辑多边形，进入“顶点”级别，然后将模型调整成如图8-940所示的形状。

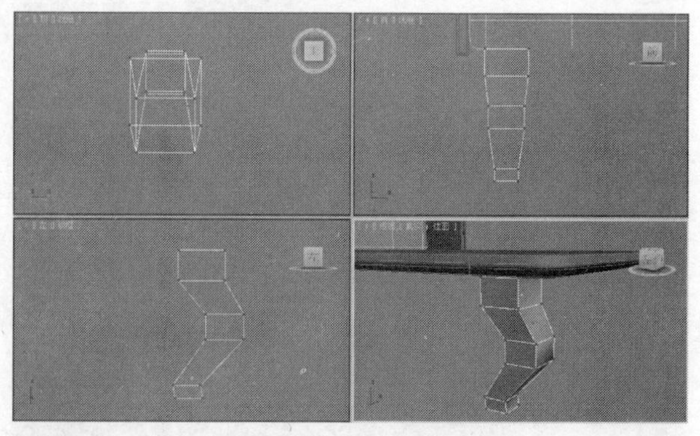

图8-940

13 进入“边”级别，然后选择如图8-941所示的边，接着在“编辑边”卷展栏下单击“切角”按钮 切角 后面的“设置”按钮，最后设置“边切角量”为1mm，如图8-942所示。

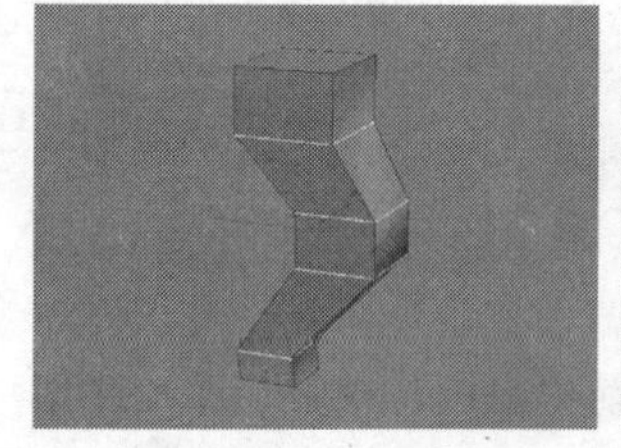

图8-941

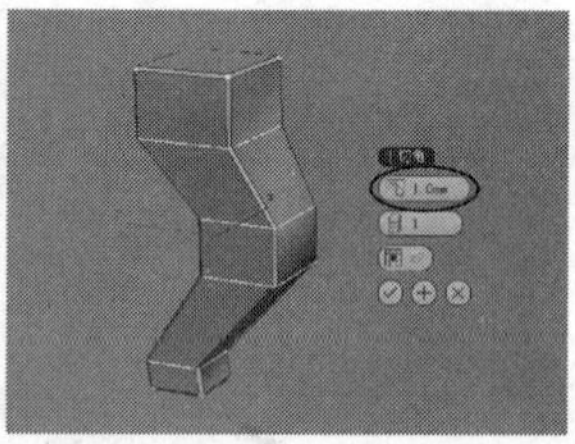

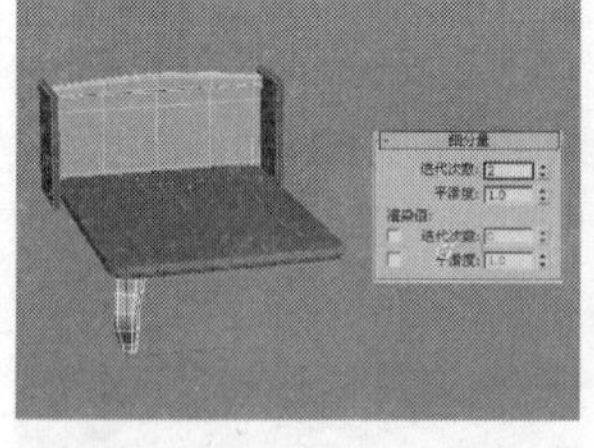

图8-942

14 为模型加载一个“网格平滑”修改器，然后在“细分量”卷展栏下设置“迭代次数”为2，接着调整好其角度，效果如图8-943所示。

15 利用“镜像”工具或移动复制功能复制3个床腿模型到床板的另外3个角上，完成后的效果如图8-944所示。

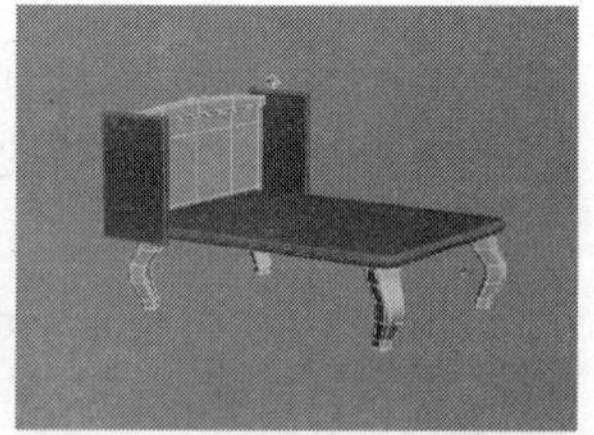

图8-943

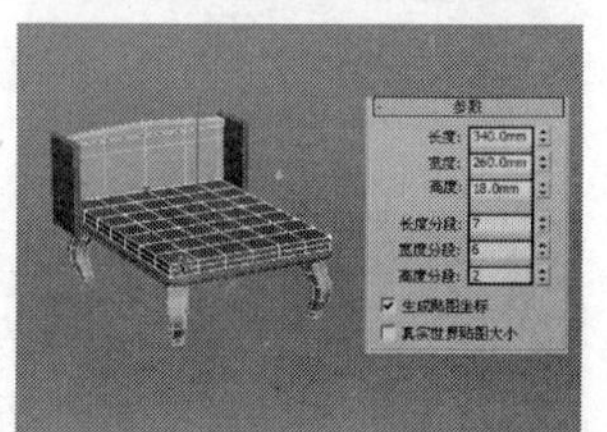

图8-944

16 下面制作床垫模型。使用“长方体”工具 长方体 在床板上创建一个长方体，然后在“参数”卷展栏下设置“长度”为340mm、“宽度”为260mm、“高度”为18mm、“长度分段”为7、“宽度分段”为6、“高度分段”为2，具体参数设置及模型位置如图8-945所示。

图8-945

17 将长方体转换为可编辑多边形，进入“顶点”级别，然后在左视图中选择如图8-946所示的顶点，接着在顶视图中使用“选择并均匀缩放”工具将顶点向外缩放成如图8-947所示的效果。

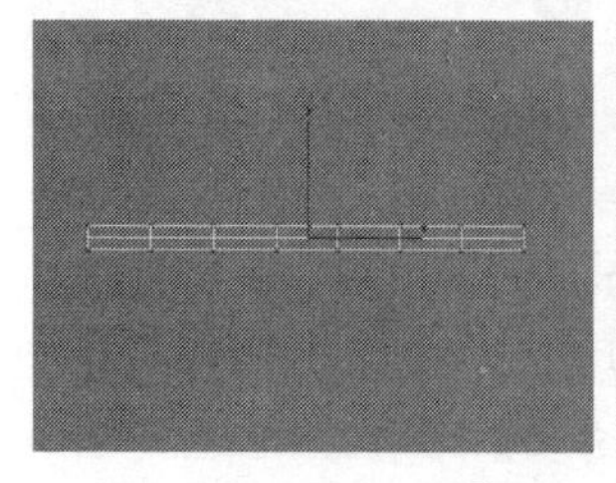

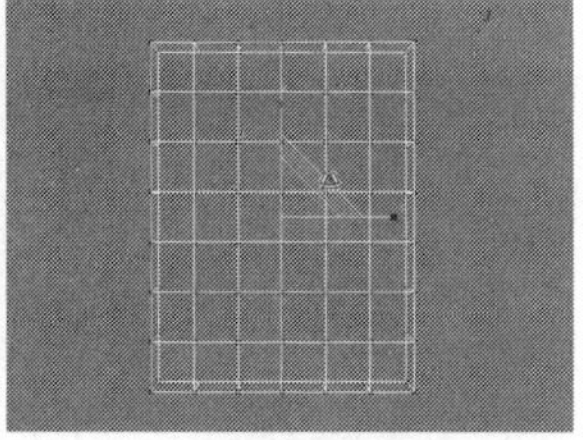

图8-946　　图8-947

18 为模型加载一个“细化”修改器，然后在“参数”卷展栏下设置“操作于”为“多边形”、“迭代次数”为2，具体参数设置及模型效果如图8-948所示。

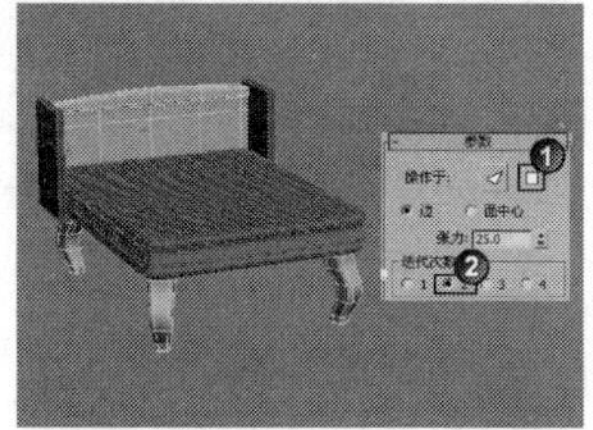

图8-948

19 下面制作床单模型。使用“平面”工具 平面 在顶视图中创建一个平面，然后在“参数”卷展栏下设置“长度”和“宽度”为350mm、“长度分段”和“宽度分段”为60，具体参数设置及平面位置如图8-949所示，切换到左视图，接着使用“选择并移动”工具将平面向上拖曳到如图8-950所示的位置。

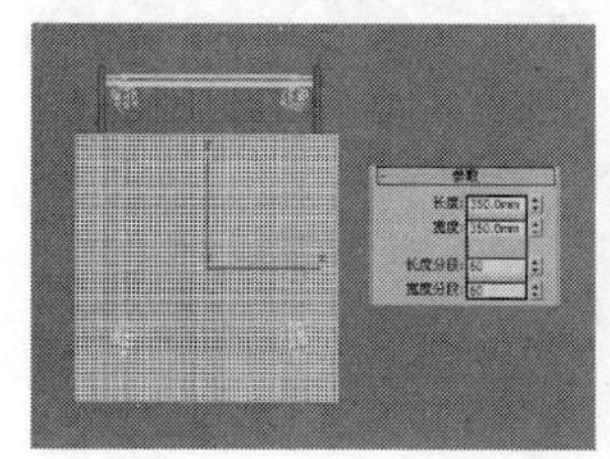

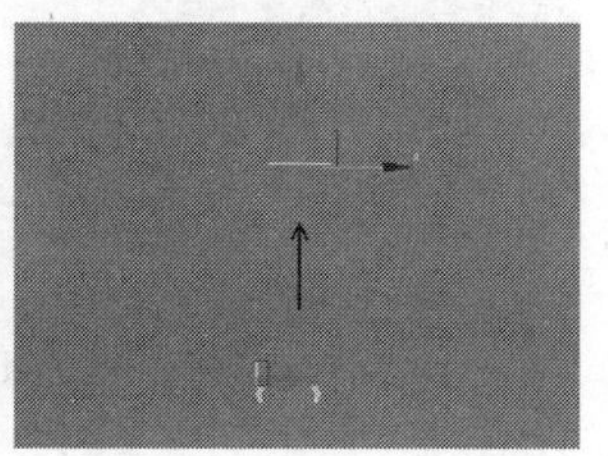

图8-949　　图8-950

技巧与提示

在制作类似于床单这种物体时，一般会采用两种方法来制作，即多边形建模和Cloth（布料）修改器。由于多边形建模没有Cloth（布料）修改器方便，因此本例使用该修改器来制作。但是要使用该修改器，那么两个模拟对象必须具有一定的高度（这个高度不是一个确定值）。

20 为平面”加载一个Cloth（布料）修改器，然后在“对象”卷展栏下单击“对象属性”按钮 对象属性 ，打开“对象属性”对话框，接着单击“添加对象”按钮 添加对象... ，最后在弹出的“添加对象到布料模拟”对话框中选择Box007（即床垫模型），如图8-951所示。

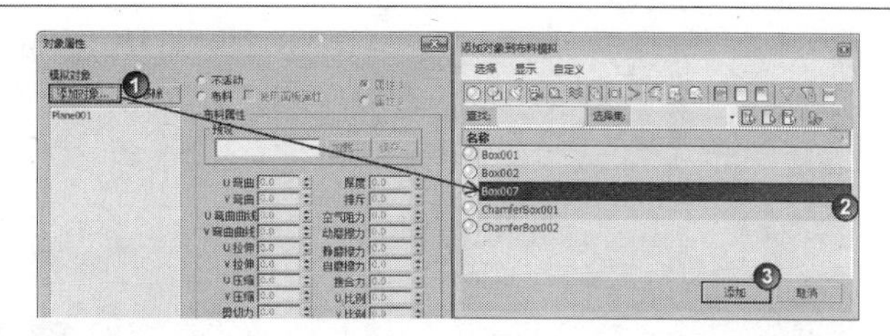

图8-951

21 在对象列表中选择Box007，然后勾选“冲突对象”选项，如图8-952所示，接着选择Plane001，最后勾选“布料”选项，如图8-953所示。

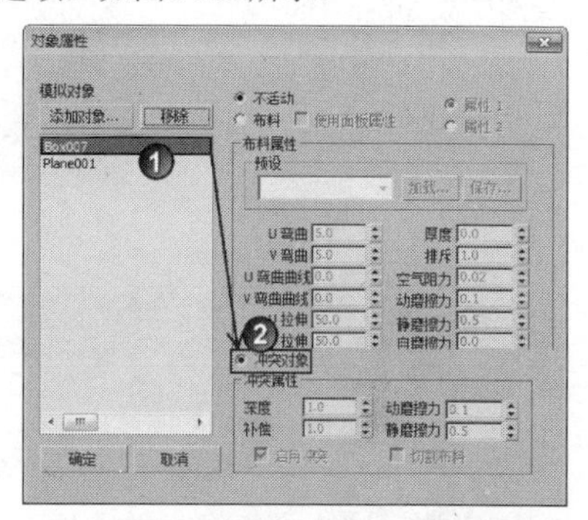

图8-952

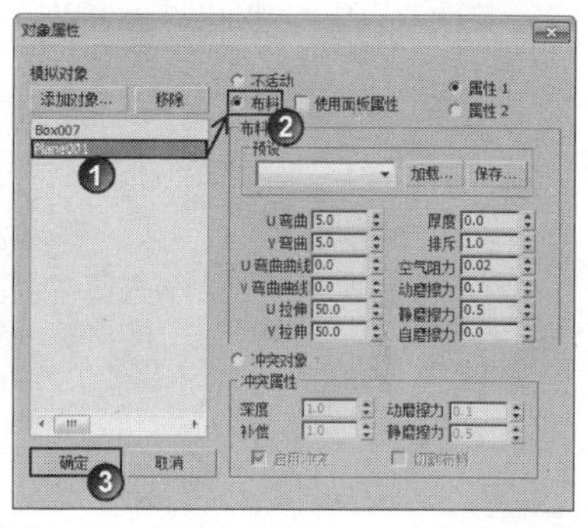

图8-953

22 在“对象”卷展栏下单击“模拟”按钮 模拟 （模拟平面下落撞击到床垫的动力学动画），在模拟过程中会显示模拟进度的Cloth（布料）对话框，如图8-954所示，模拟完成后的效果如图8-955所示。

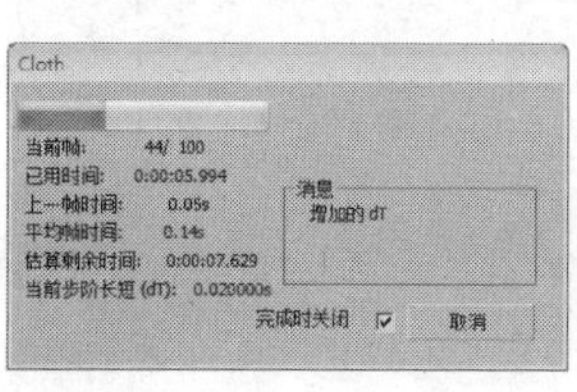

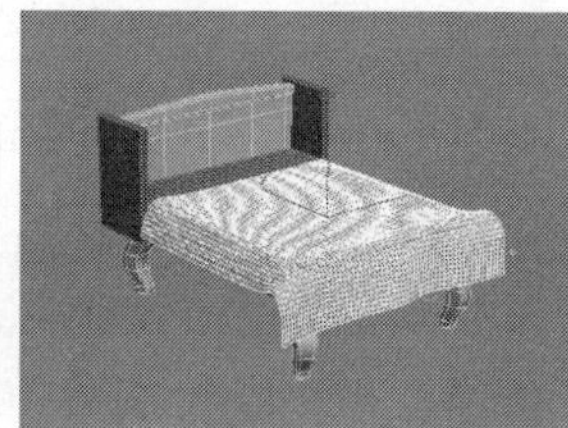

图8-954　　图8-955

23 为床单模型加载一个“壳”修改器，然后在“参数”卷展栏下设置“外部量”为2mm，具体参数设置及模型效果如图8-956所示，接着为其加载一个“网格平滑”修改器，最后在“细分量”卷展栏下设置“迭代次数”为1，具体参数设置及模型效果如图8-957所示。

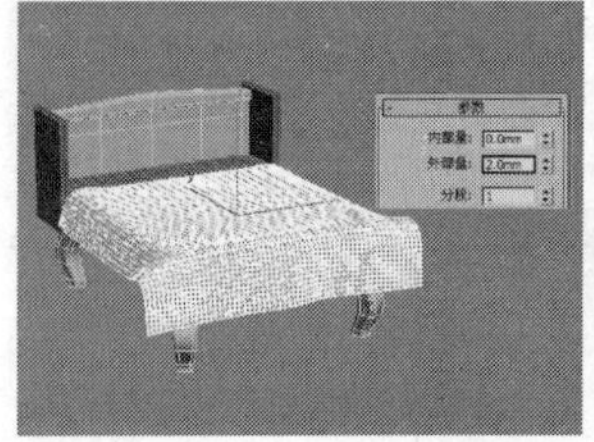

图8-956

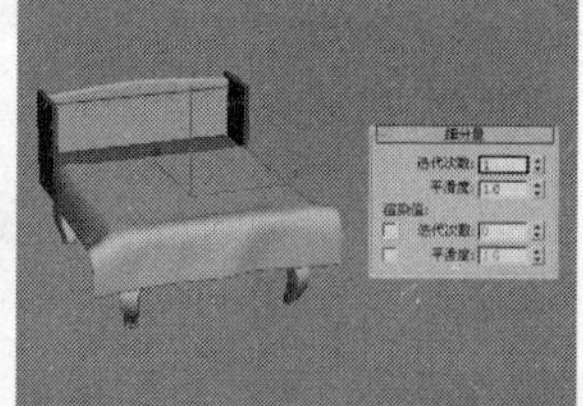

图8-957

24 继续使用多边形建模方法制作枕头模型，最终效果如图8-958所示。

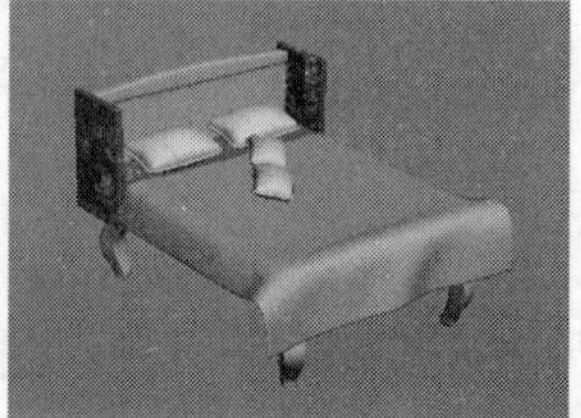

图8-958

实战165 简欧双人床

场景位置	无
实例位置	DVD>实例文件>CH08>实战165.max
视频位置	DVD>多媒体教学>CH08>实战165.flv
难易指数	★★★★☆
技术掌握	利用所选内容创建图形工具、切角工具、挤出工具、倒角工具、连接工具

简欧双人床模型如图8-959所示。

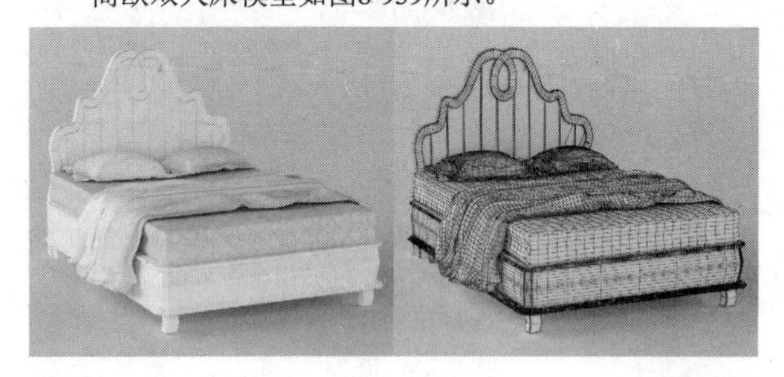

图8-959

01 下面创建床头模型。使用“线”工具 线 在前视图中绘制一条如图8-960所示的样条线，然后在“渲染”卷展栏下勾选“在渲染中启用”和“在视口中启用”选项，接着勾选“矩形”选项，最后设置“长度”为8mm、“宽度”为10mm，模型效果如图8-961所示。

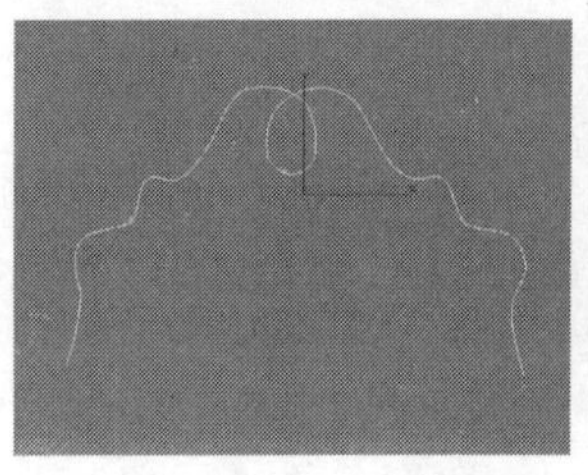

图8-960

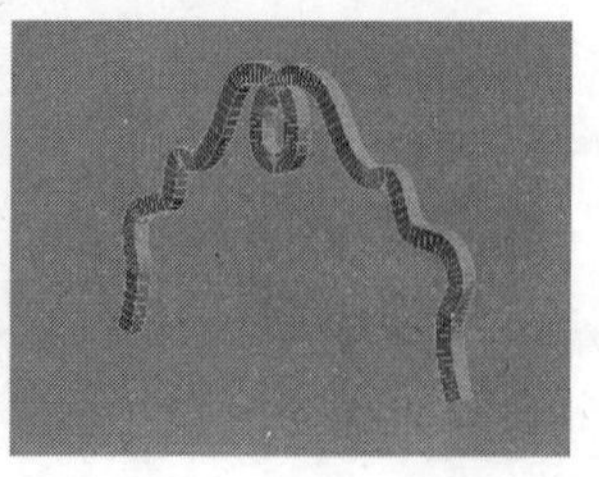

图8-961

02 将模型转换为可编辑多边形，进入“边”级别，然后选择如图8-962所示的边，接着在“编辑边”卷展栏下单击“切角”按钮 切角 后面的“设置”按钮□，最后设置“边切角量”为1mm、“连接边分段”为2，如图8-963所示。

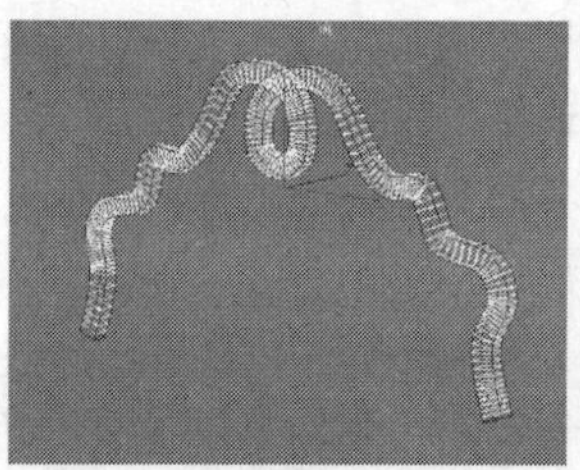

图8-962

图8-963

03 选择如图8-964所示的边，然后在“编辑边”卷展栏下单击“利用所选内容创建图形”按钮 利用所选内容创建图形 ，接着在弹出的对话框中设置“图形类型”为“线性”，如图8-965所示。

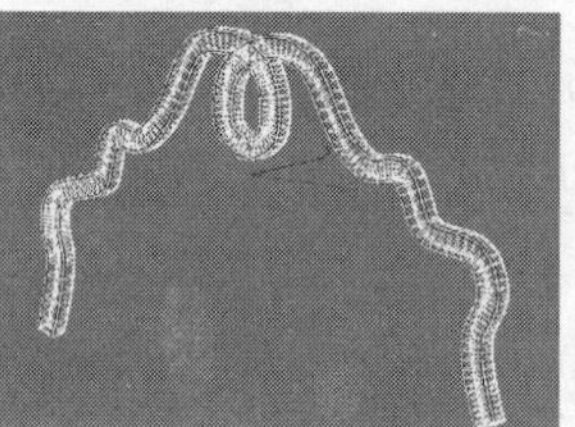

图8-964

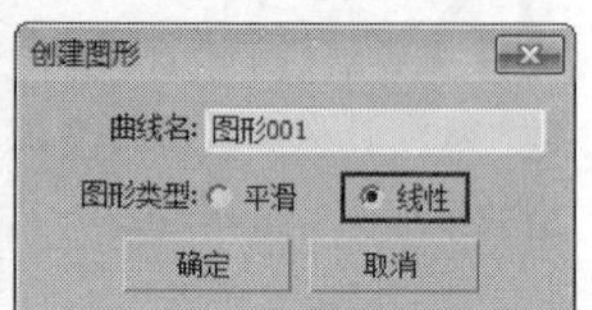

图8-965

04 选择“图形001”，然后在“渲染”卷展栏下勾选“在渲染中启用”和“在视口中启用”选项，接着设置“径向”的“厚度”为0.5mm，模型效果如图8-966所示。

05 使用“长方体”工具 长方体 在前视图中创建一个长方体，然后在“参数”卷展栏下设置“长度”为70mm、“宽度”为230mm、“高度”为4mm、“长度分段”为4、“宽度分段”为11，模型位置如图8-967所示。

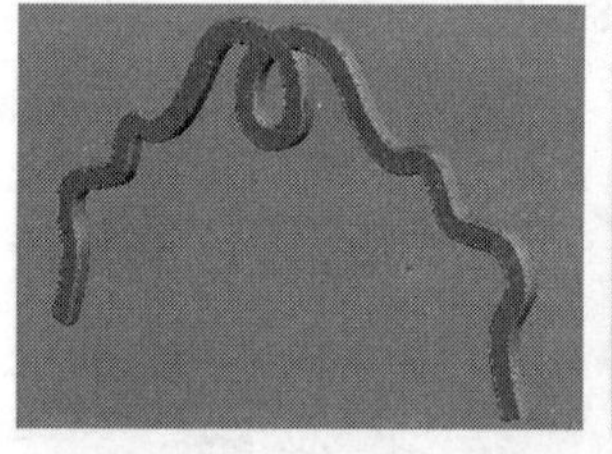

图8-966

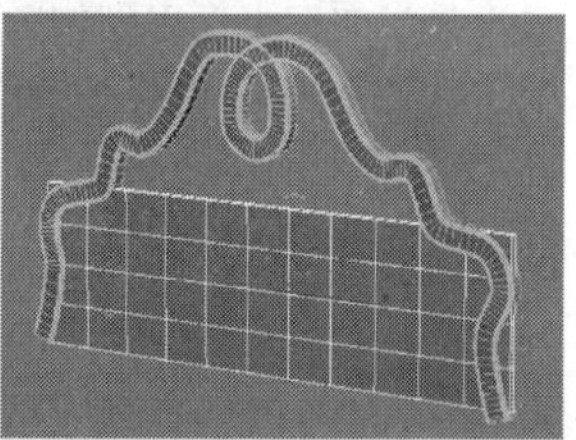

图8-967

06 将长方体转换为可编辑多边形，然后进入“顶点”级别，接着在前视图中将模型调整成如图8-968所示的效果，在透视图中的效果如图8-969所示。

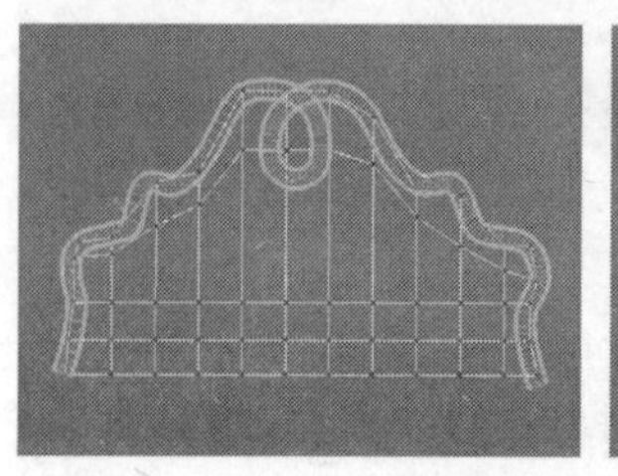

图8-968

图8-969

07 进入“边”级别，然后选择如图8-970所示的边，接着在“编辑边”卷展栏下单击“切角”按钮

切角 后面的“设置”按钮，最后设置“边切角量”为1mm，如图8-971所示。

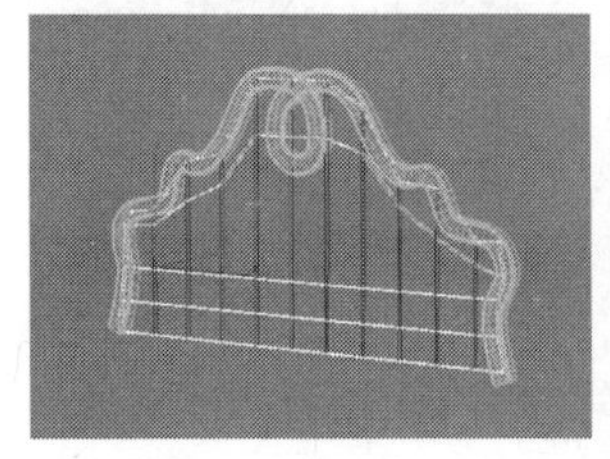

图8-970

图8-971

08 进入“多边形”级别，然后选择如图8-972所示的多边形，接着在“编辑多边形”卷展栏下单击“挤出”按钮 挤出 后的“设置”按钮，最后设置“高度”为-1.5mm，如图8-973所示。

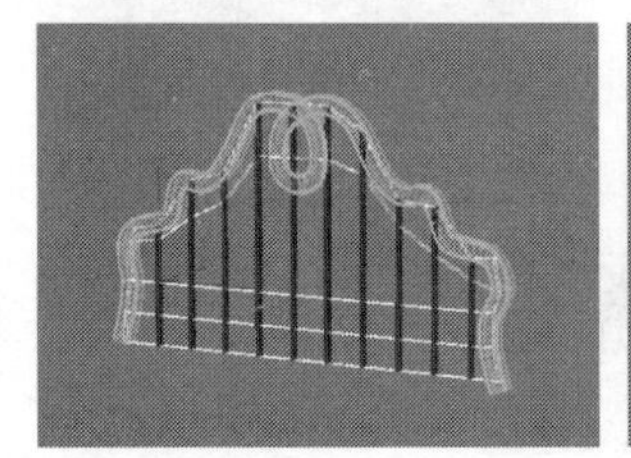

图8-972

图8-973

09 下面创建床板模型。使用“长方体”工具 长方体 在场景中创建一个长方体，然后在“参数”卷展栏下设置“长度”为330mm、“宽度”为230mm、“高度”为25mm，如图8-974所示。

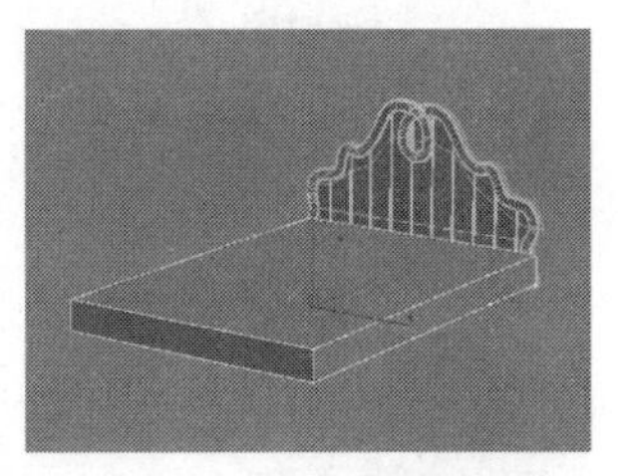

图8-974

10 将长方体转换为可编辑多边形，进入“边”级别，然后选择如图8-975所示的边，接着在“编辑边”卷展栏下单击“切角”按钮 切角 后面的“设置”按钮，最后设置“边切角量”为5mm，如图8-976所示。

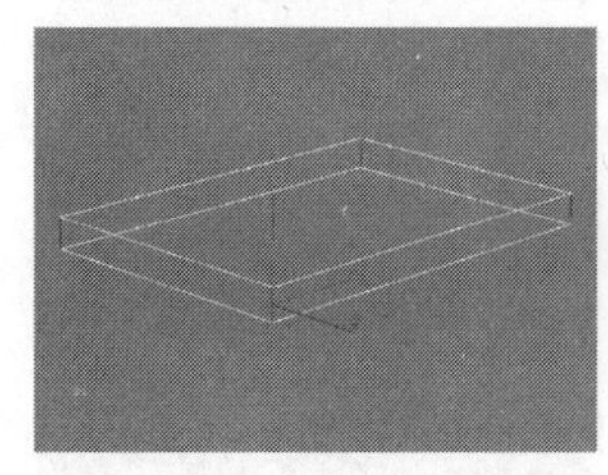

图8-975

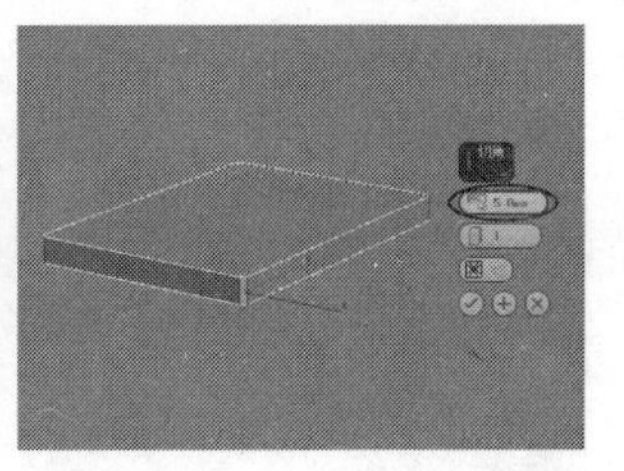

图8-976

11 进入“多边形”级别，然后选择如图8-977所示的多边形，接着在“编辑多边形”卷展栏下单击“倒角”按钮 倒角 后面的“设置”按钮，最后设置“高度”为0mm、“轮廓”为2mm，如图8-978所示。

图8-977

图8-978

12 保持对多边形的选择，在“编辑多边形”卷展栏下单击“挤出”按钮 挤出 后的“设置”按钮，然后设置“高度”为1.5mm，如图8-979所示。

13 继续使用“倒角”工具 倒角 和“挤出”工具 挤出 将模型处理成如图8-980所示的效果。

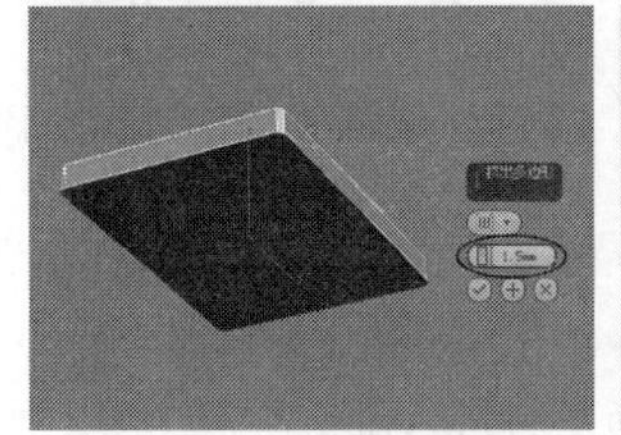

图8-979

图8-980

14 进入“边”级别，然后选择如图8-981所示的边，接着在“编辑边”卷展栏下单击“连接”按钮 连接 后面的“设置”按钮，最后设置“分段”为1，如图8-982所示。

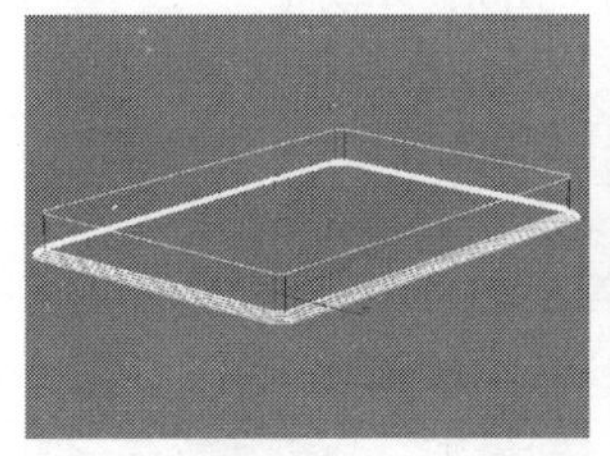

图8-981

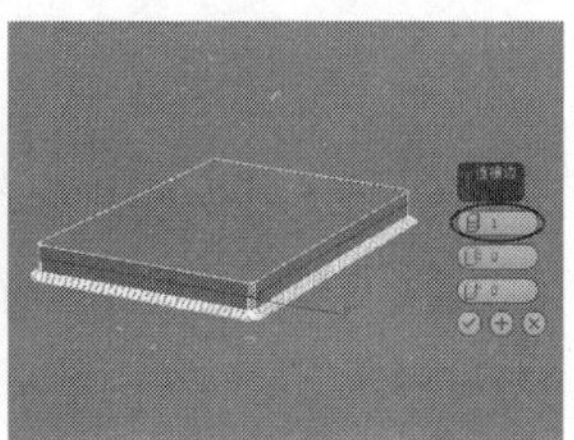

图8-982

15 使用“选择并均匀缩放”工具在顶视图中向外缩放连接出来的边，如图8-983所示，在透视图中的效果如图8-984所示。

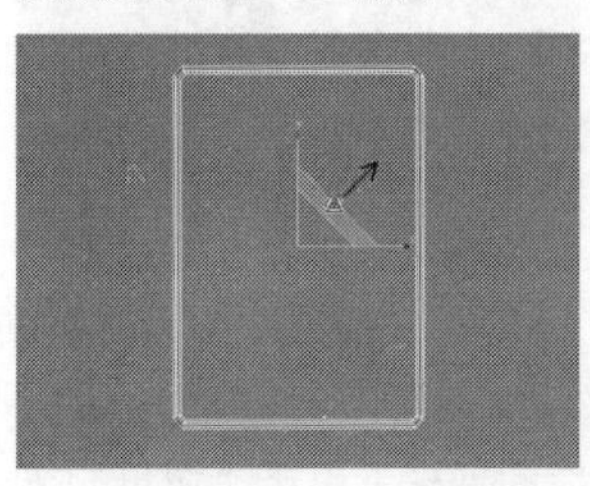

图8-983

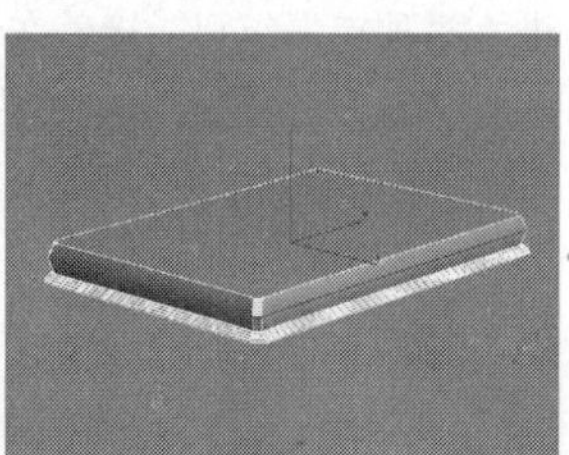

图8-984

16 选择所有的边，然后在“编辑边”卷展栏下单击“切角”按钮 切角 后面的“设置”按钮，接着设置“边切角量”为0.2mm，如图8-985所示。

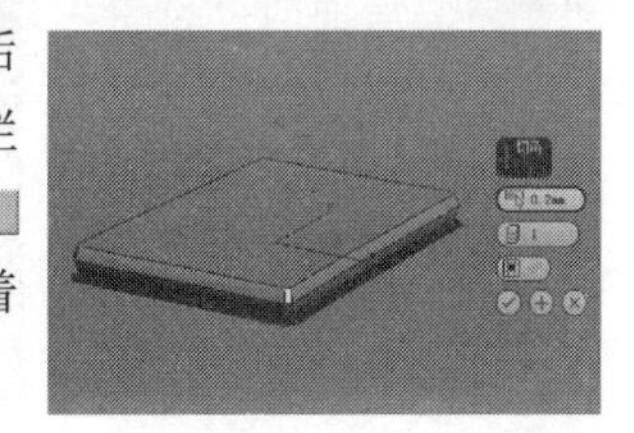

图8-985

17 为模型加载一个“网格平滑”修改器，然后在“细分量”卷展栏下设置“迭代次数”为2，模型效果如图8-986所示。

18 下面创建床垫模型。使用“长方体”工具 长方体 在床板上创建一个长方体，然后在“参数”卷展栏下设置“长度”为330mm、“宽度”为220mm、“高度”为30mm、“长度分段”为9、“宽度分段”为6、“高度分段”为2，模型位置如图8-987所示。

图8-986

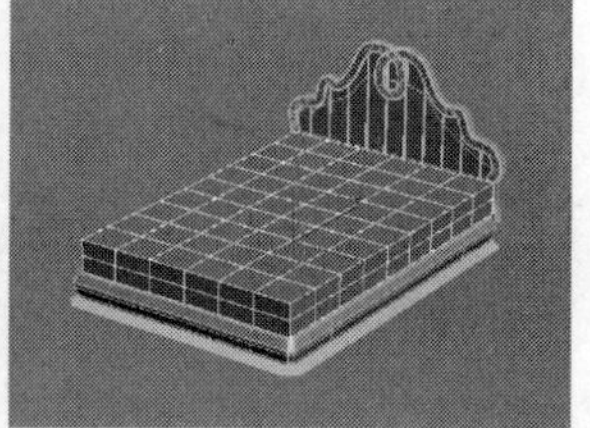

图8-987

19 为长方体加载一个“细化”修改器，然后在“参数”卷展栏下设置“操作于”为“多边形”、“迭代次数”为2，模型效果如图8-988所示。

20 使用“长方体”工具 长方体 在床板底部创建一个长方体，然后在“参数”卷展栏下设置“长度”为12mm、“宽度”为12mm、“高度”为-20mm、“高度分段”为2，模型位置如图8-989所示。

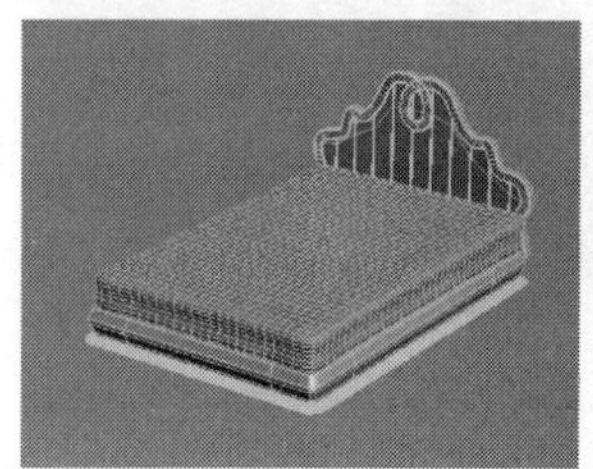

图8-988

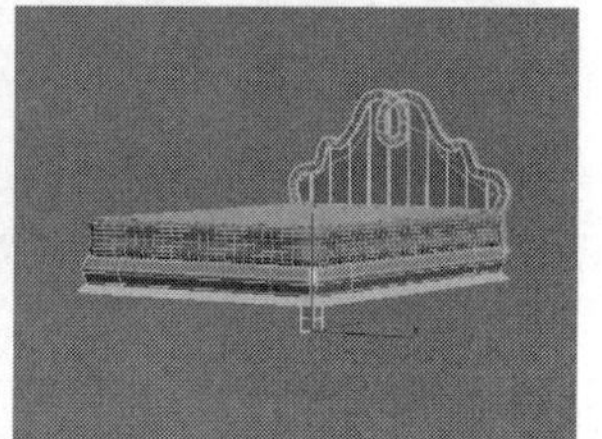

图8-989

21 将长方体转换为可编辑多边形，然后进入“顶点”级别，接着在左视图中调节好模型的顶点，如图8-990所示。

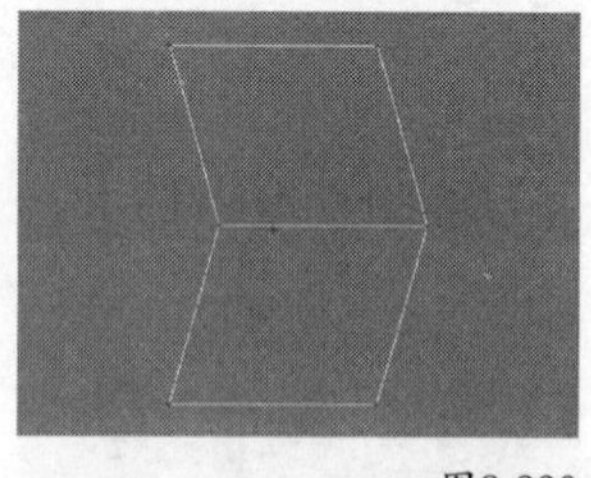

图8-990

22 进入“边”级别，然后选择如图8-991所示的边，接着在“编辑边”卷展栏下单击“切角”按钮 切角 后面的“设置”按钮，最后设置“边切角量”为0.5mm、“连接边分段”为3，如图8-992所示。

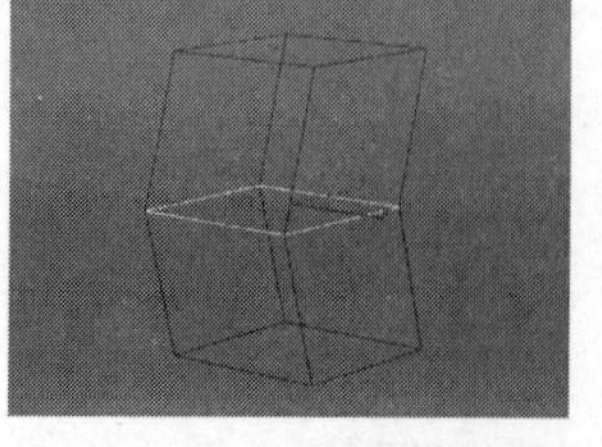

图8-991

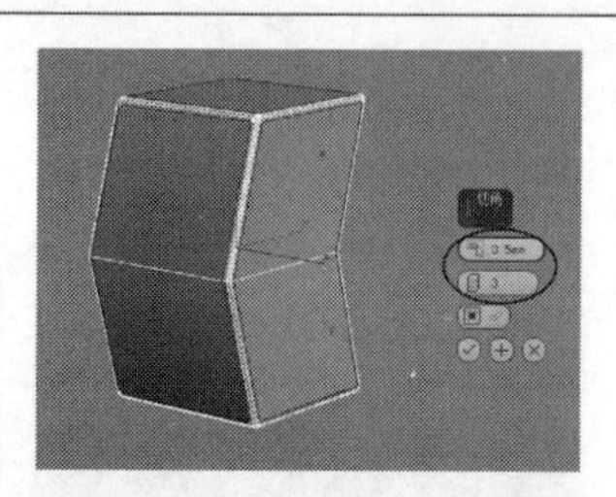

图8-992

23 使用“镜像”工具将制作好的床腿模型镜像复制3个到另外3个位置，最终效果如图8-993所示。

图8-993

实战166 室外雕塑

场景位置	无
实例位置	DVD>实例文件>CH08>实战166.max
视频位置	DVD>多媒体教学>CH08>实战166.flv
难易指数	★★★☆☆
技术掌握	挤出修改器、车削修改器、利用所选内容创建图形工具

室外雕塑模型如图8-994所示。

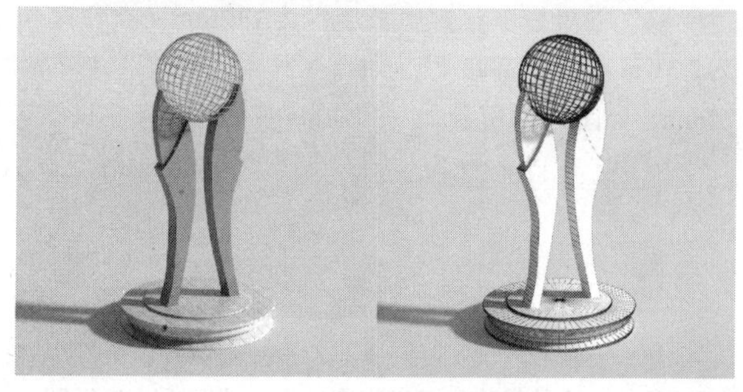

图8-994

01 下面创建弧形支撑架模型。使用“线”工具 线 在前视图中绘制如图8-995所示的样条线，然后为加载其一个“挤出”修改器，接着在“参数”卷展栏下设置“数量”为19.5mm，模型效果如图8-996所示。

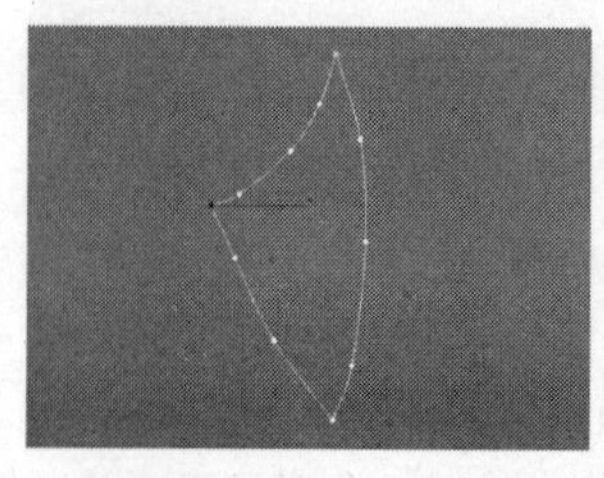

图8-995

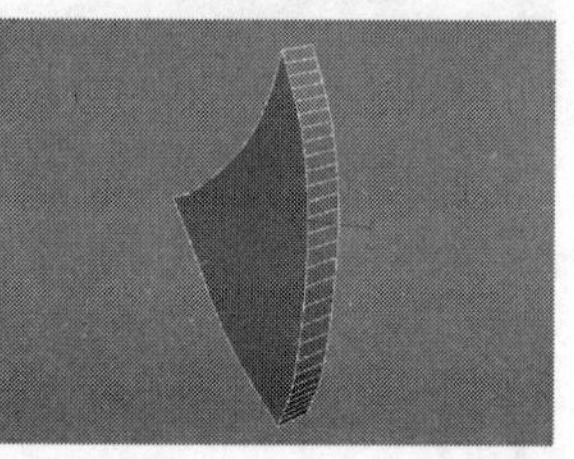

图8-996

02 继续使用“线”工具 线 在前视图中绘制如图8-997所示的样条线，然后为其加载一个“挤出”修改器，接着在“参数”卷展栏下设置“数量”为31.5mm，模型效果如图8-998所示。

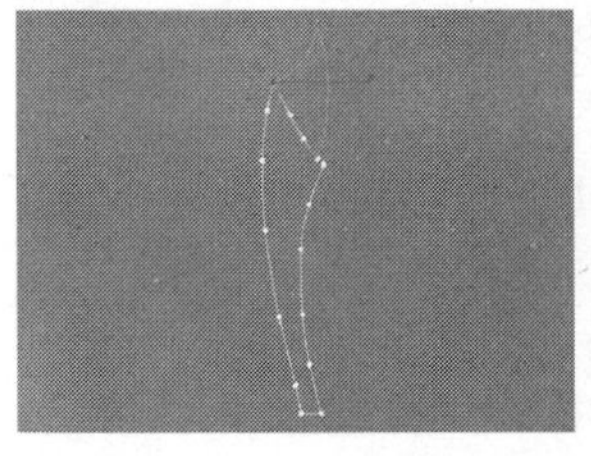

图8-997

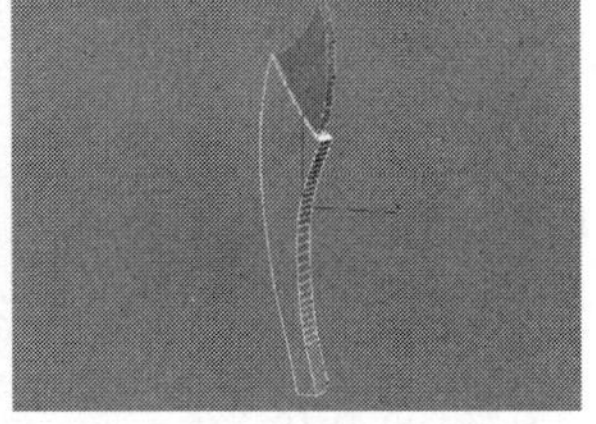

图8-998

03 在前视图中选择创建好的模型，然后在“主工具栏”中单击“镜像”按钮，接着在弹出的对话框中设置“镜像轴”为x轴、“克隆当前选择”为“复制”，效果如图8-999所示。

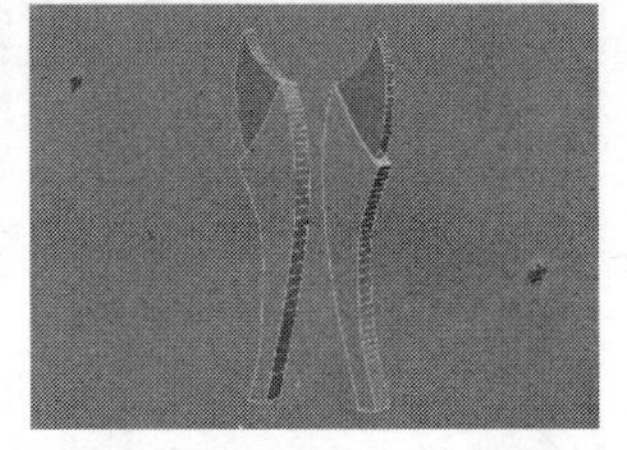

图8-999

04 下面创建网状球体模型。使用“球体”工具 球体 在场景中创建一个球体，然后设置“半径”为72mm、“分段”为32，模型位置如图8-1000所示，接着使用“选择并旋转”工具在前视图中将其旋转-15°，如图8-1001所示。

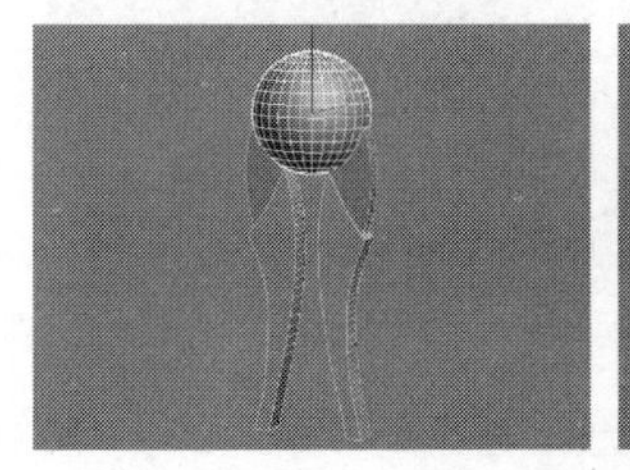

图8-1000

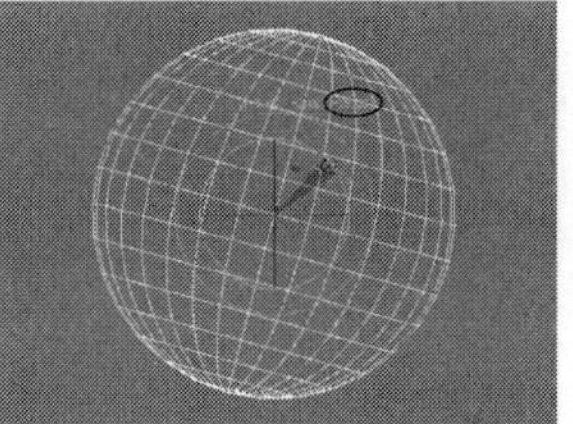

图8-1001

05 将球体转换为可编辑多边形，进入“边”级别，然后选择所有的边，如图8-1002所示，接着在“编辑边”卷展栏下单击“利用所选内容创建图形”按钮 利用所选内容创建图形 ，最后在弹出的对话框中设置“图形类型”为“线性”，如图8-1003所示。

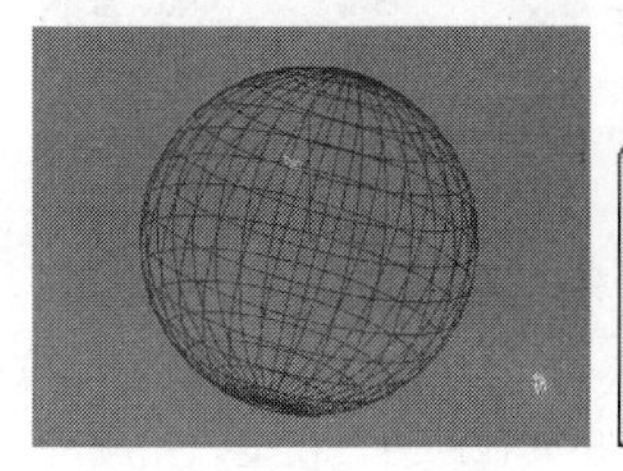

图8-1002

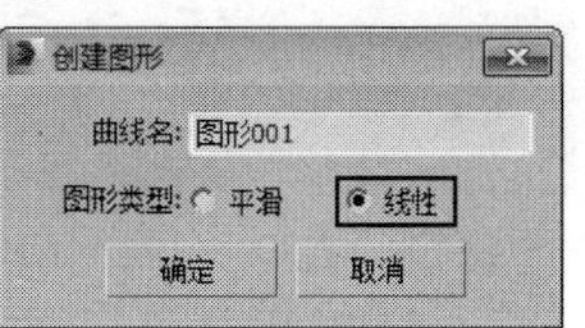

图8-1003

技巧与提示 

创建好图形以后，原始的多边形球体可以将其隐藏或直接将其删除掉。

06 选择“图形001”，然后在“渲染”卷展栏下勾选“在渲染中启用”和“在视口中启用”选项，接着设置“厚度”为1.2mm，模型效果如图8-1004所示。

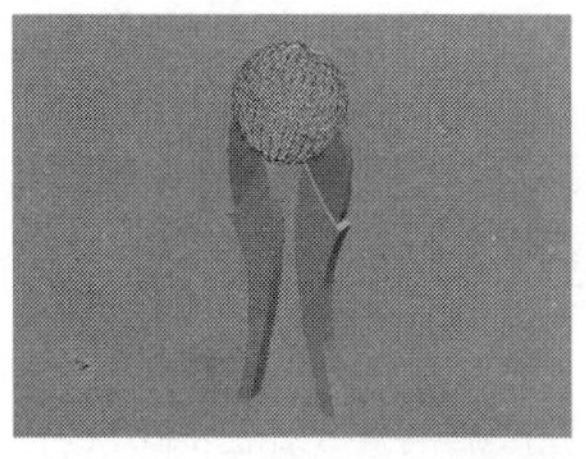

图8-1004

07 下面创建底座模型。使用“线”工具 线 在前视图中绘制一条如图8-1005所示的样条线。这里提供一张孤立选择图供用户参考，如图8-1006所示。

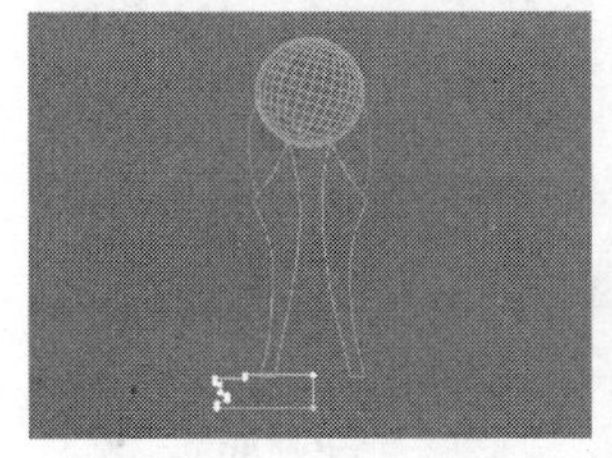

图8-1005

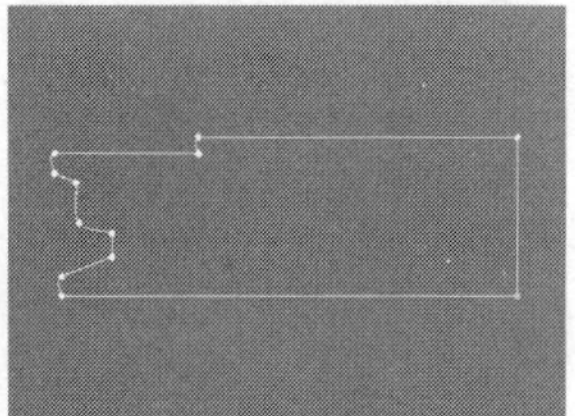

图8-1006

08 为样条线加载一个“车削”修改器，然后在“参数”卷展栏下设置“方向”为y轴 Y 、“对齐”为“最大”，模型效果如图8-1007所示，最终效果如图8-1008所示。

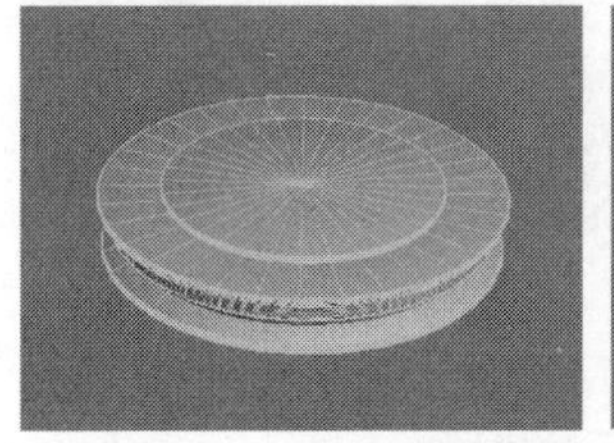

图8-1007

图8-1008

实战167 店铺

场景位置	无
实例位置	DVD>实例文件>CH08>实战167.max
视频位置	DVD>多媒体教学>CH08>实战167.flv
难易指数	★★★☆☆
技术掌握	长方体工具、矩形工具、挤出修改器、壳修改器

店铺模型如图8-1009所示。

图8-1009

01 下面创建外墙模型。使用“长方体”工具 长方体 在场景中创建一个长方体，然后在“参数”卷展栏下设置“长度”为800mm、“宽度”为300mm、“高度”为10mm，如图8-1010所示。

02 选择长方体，然后在“主工具栏”中单击“镜像”按钮，接着在弹出的对话框中设置“镜像轴”为z轴、“偏移”为300mm、“克隆当前选择”为“复制”，最后采用相同的方法镜像复制一个长方体，完成后的效果如图8-1011所示。

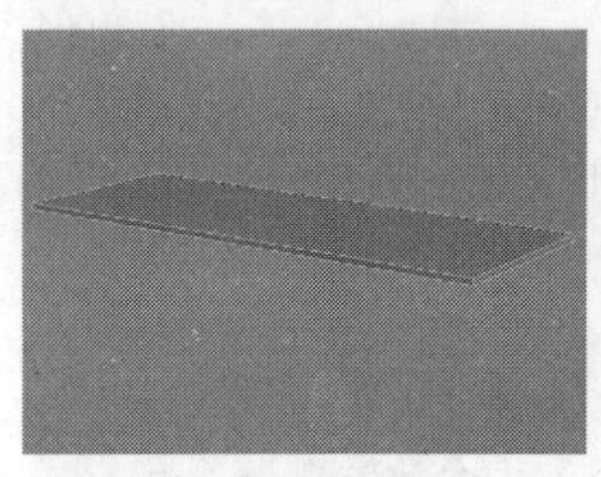
图8-1010

图8-1011

03 使用“长方体”工具 长方体 在场景中创建一个长方体，然后在“参数”卷展栏下设置“长度”为20mm、“宽度”为300mm、“高度”为600mm，模型位置如图8-1012所示，接着复制4个长方体到如图8-1013所示的位置。

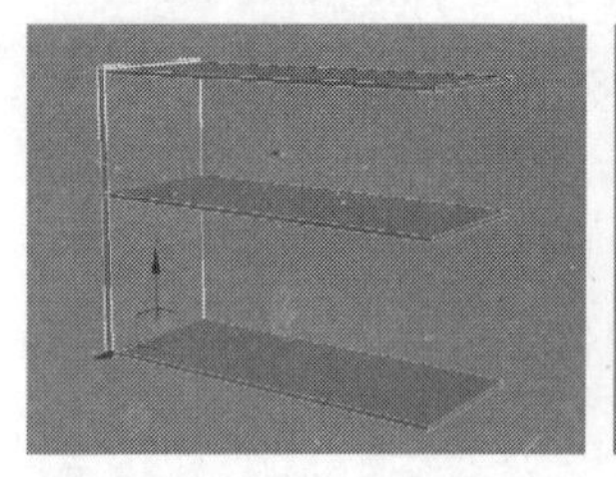
图8-1012

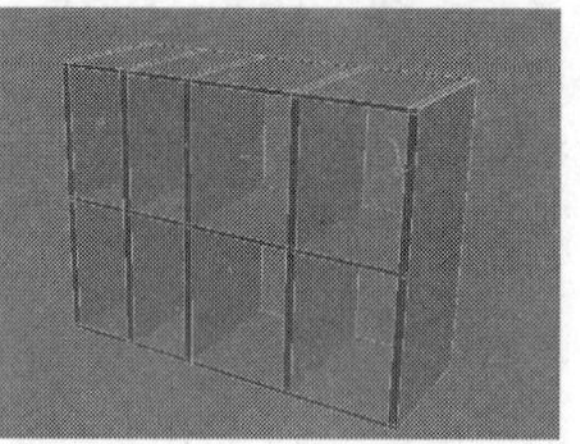
图8-1013

04 使用“长方体”工具 长方体 在场景中创建如图8-1014和图8-1015所示的模型。

图8-1014

图8-1015

05 继续使用“长方体”工具 长方体 在背面创建一个长方体，然后在“参数”卷展栏下设置“长度”为600mm、“宽度”为800mm、“高度”为20mm，模型效果如图8-1016所示。

图8-1016

06 下面创建窗户和玻璃模型。使用“矩形”工具 矩形 在左视图中绘制一个矩形，然后在“参数”卷展栏下设置“长度”为140mm、“宽度”为140mm，如图8-1017所示。

07 将矩形转换为可编辑样条线，进入“样条线”级别，然后在“几何体”卷展栏下单击“轮廓”按钮 轮廓，接着在视图中拖曳光标，为矩形进行廓边操作，如图8-1018所示。

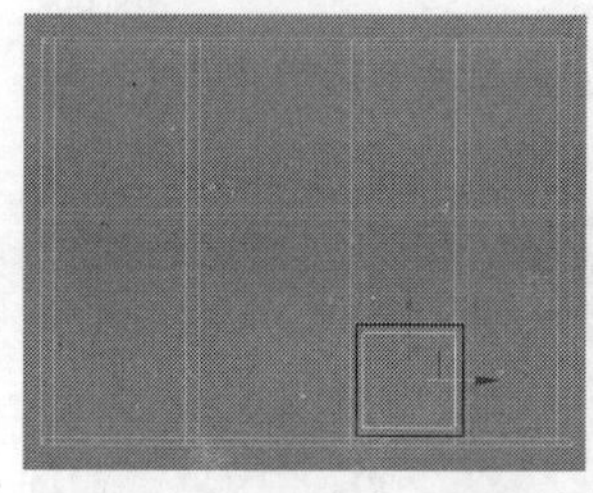
图8-1017

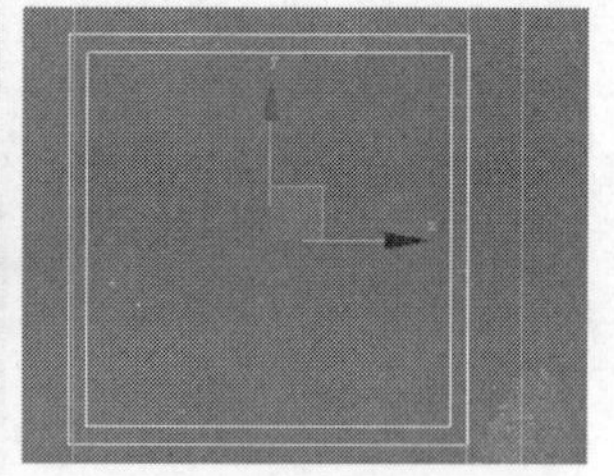
图8-1018

08 为样条线加载一个“挤出”修改器，然后在“参数”卷展栏下设置“数量”为5mm，模型效果如图8-1019所示。

09 采用相同的方法制作剩余的窗框模型，完成后的模型效果如图8-1020所示。

图8-1019

图8-1020

10 使用“矩形”工具 矩形 在左视图中绘制如图8-1021所示的图形（图形必须附加成一个整体）。

11 为图形加载一个“挤出”修改器，然后在“参数”卷展栏下设置“数量”为5mm，模型效果如图8-1022所示。

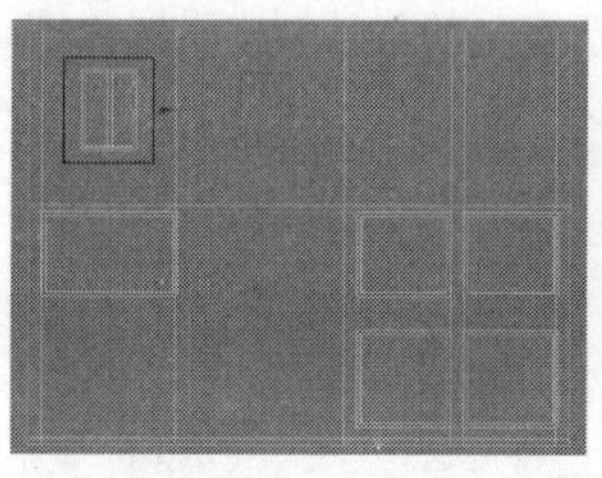
图8-1021

图8-1022

12 采用相同的方法创建出其他的窗户模型，完成后的模型效果如图8-1023所示。

13 使用“长方体”工具 长方体 在场景中创建一些长方体作为窗户玻璃，完成后的模型效果如图8-1024所示。

图8-1023

图8-1024

14 下面创建遮阳棚模型。使用“球体”工具 球体 在左视图中创建一个球体，然后在“参数”卷展栏下设置“半径”为50mm，接着将其转换为可编辑多边形，进入“多边形”级别，再选择如图8-1025所示的多边形，最后按Delete键将其删除。

15 为模型加载一个“壳”修改器，然后在“参数”卷展栏下设置“外部量”为1mm，模型效果如图8-1026所示。

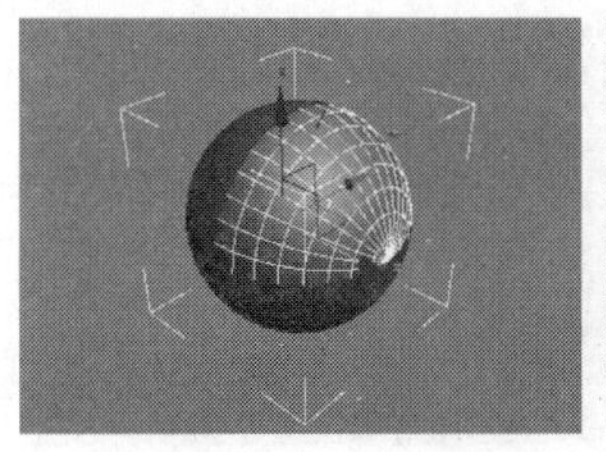

图8-1025

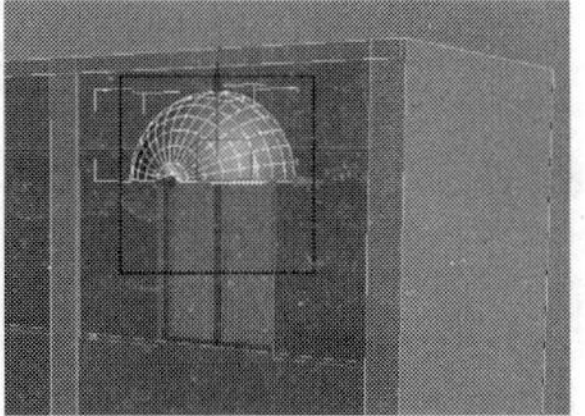

图8-1026

16 进入“顶点”级别，然后在左视图中将模型调整成如图8-1027所示的效果，接着复制3个模型到如图8-1028所示的位置。

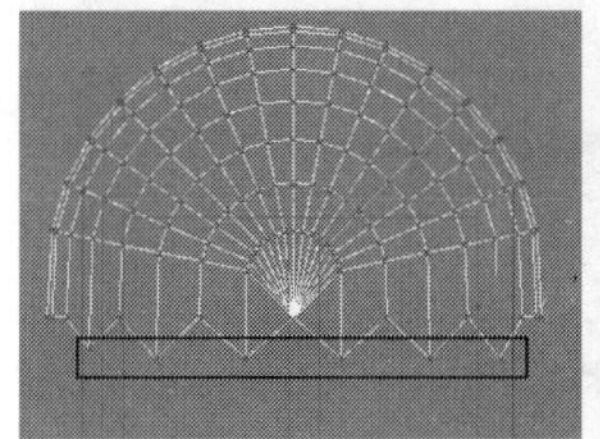

图8-1027

图8-1028

17 使用“线”工具 线 在前视图中绘制如图8-1029所示的样条线，然后为其加载一个“挤出”修改器，接着在“参数”卷展栏下设置“数量”为250mm，模型效果如图8-1030所示。

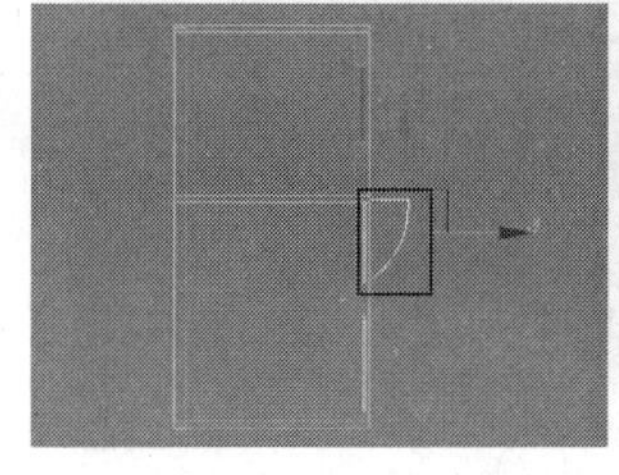

图8-1029

图8-1030

18 使用“长方体”工具 长方体 在场景中创建一些长方体作为窗台的栏杆，如图8-1031所示，最终效果如图8-1032所示。

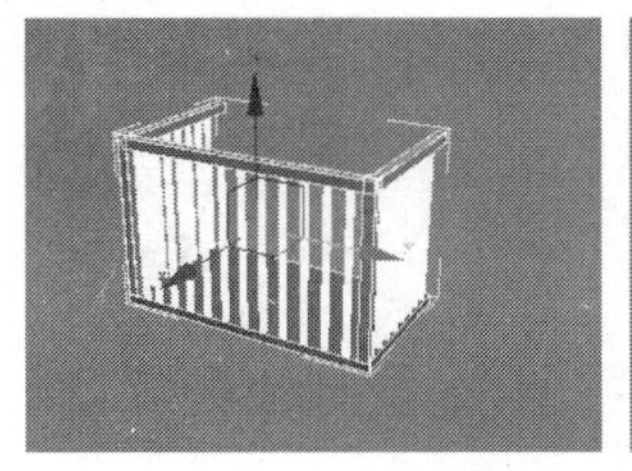

图8-1031

图8-1032

实战168 欧式别墅

场景位置	无
实例位置	DVD>实例文件>CH08>实战168.max
视频位置	DVD>多媒体教学>CH08>实战168.flv
难易指数	★★★★★
技术掌握	倒角工具、挤出工具、插入工具、切角工具、连接工具

欧式别墅模型如图8-1033所示。

图8-1033

01 下面制作别墅的顶层部分。使用“长方体”工具 长方体 在场景中创建一个长方体，然后在“参数”卷展栏下“长度”为5000mm、“宽度”为15000mm、“高度”为150mm，接着设置“长度分段”、“宽度分段”和“高度分段”都为1，具体参数设置及模型效果如图8-1034所示。

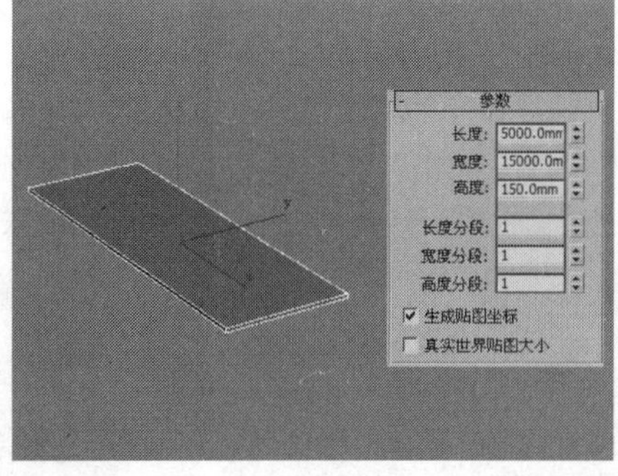

图8-1034

技巧与提示

本例是一个难度比较大的模型，其制作过程基本上囊括了多边形建模中的各种常用工具。

02 将长方体转换为可编辑多边形，进入“多边形”级别，然后选择如图8-1035所示的多边形，接着在“编辑多边形”卷展栏下单击“倒角”按钮 倒角 后面的“设置”按钮□，最后设置“高度”为150mm、“轮廓”为-70mm，如图8-1036所示。

图8-1035

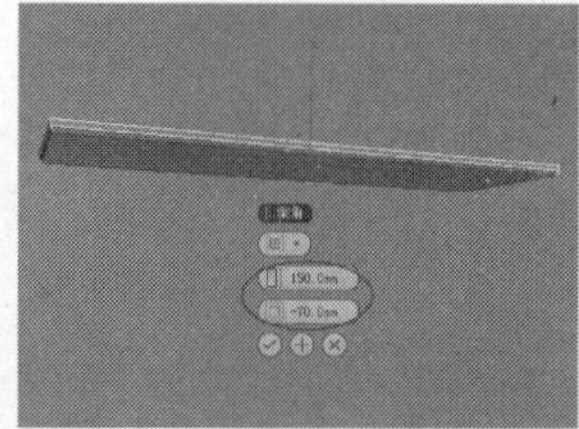

图8-1036

03 保持对多边形的选择，在“编辑多边形”卷展栏下单击“倒角”按钮 倒角 后面的“设置”按钮□，然后设置“高度”为120mm、“轮廓”为-90mm，如图8-1037所示。

04 保持对多边形的选择，在“编辑多边形”卷展栏下单击“倒角”按钮 倒角 后面的“设置”按钮□，然后设置“高度”为0mm、“轮廓”为50mm，如图8-1038所示。

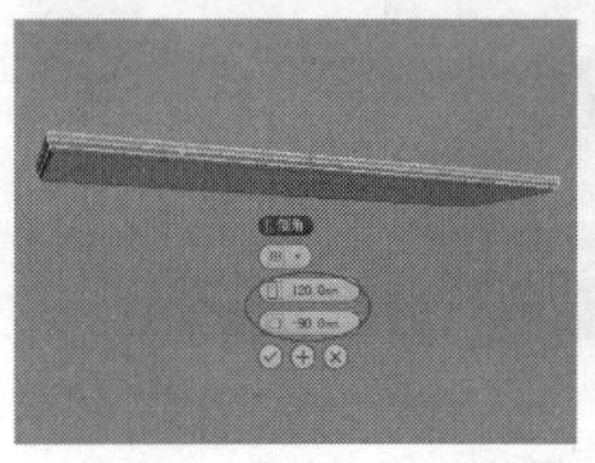

图8-1037

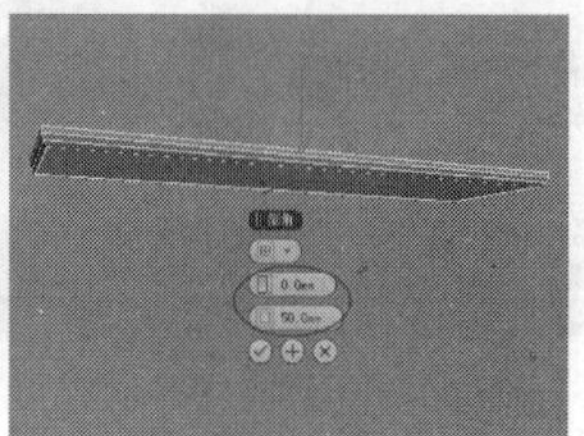

图8-1038

技巧与提示

步骤04中将“高度”设置为0mm主要是给模型阔边，使底部的多边形变大，从而方便下一步的操作。

05 保持对多边形的选择，在“编辑多边形”卷展栏下单击“挤出”按钮 挤出 后面的“设置”按钮□，然后设置“高度”为40mm，如图8-1039所示。

06 保持对多边形的选择，在“编辑多边形”卷展栏下单击“插入”按钮 插入 后面的“设置”按钮□，然后设置“数量”为70mm，如图8-1040所示。

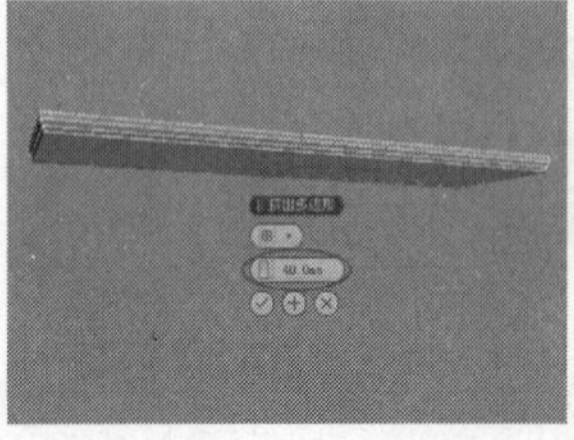

图8-1039

图8-1040

07 保持对多边形的选择，在“编辑多边形”卷展栏下单击“挤出”按钮 挤出 后面的“设置”按钮□，然后设置“高度”为80mm，如图8-1041所示。

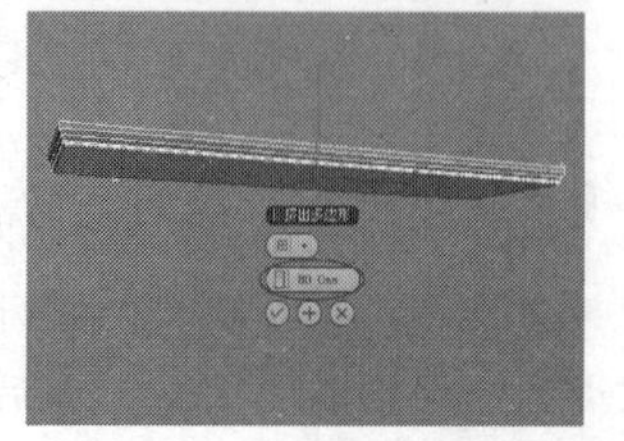

图8-1041

08 进入“边”级别，然后选择所有边，接着在“编辑边”卷展栏下单击“切角”按钮 切角 后面的“设置”按钮□，最后设置“边切角量”为4mm、“连接边分段”为2，如图8-1042所示。

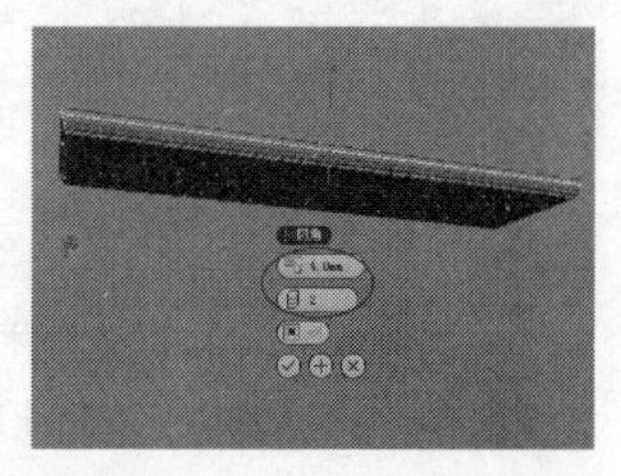

图8-1042

09 使用“线”工具 线 在前视图中绘制如图8-1043所示的样条线。这里提供一张孤立选择图，如图8-1044所示。

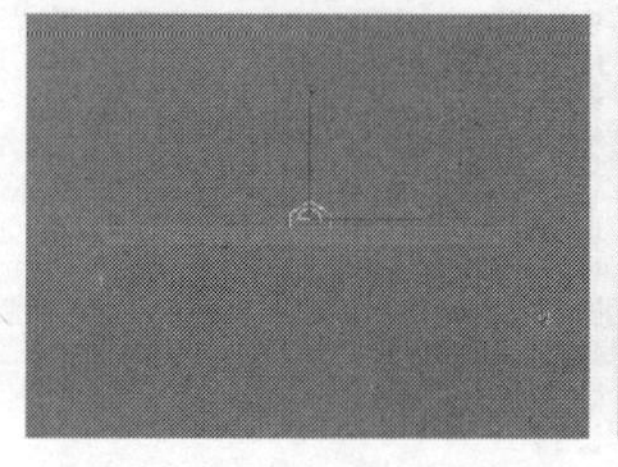

图8-1043

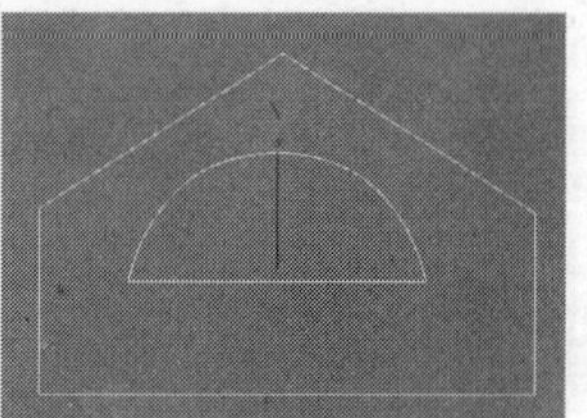

图8-1044

10 为样条线加载一个“挤出”修改器，然后在“参数”卷展栏下设置“数量”为850mm，效果如图8-1045所示。

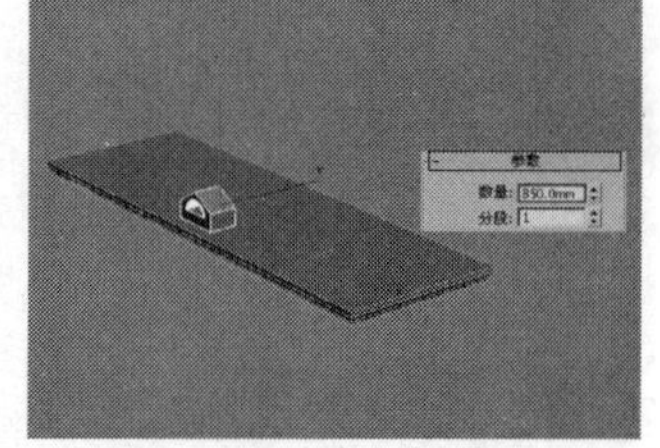

图8-1045

技巧与提示

这里可能会遇到一个问题，就是挤出来的模型没有产生“孔洞”，如图8-1046所示。这是因为前面绘制的样条线是分开的（即两条样条线），而对这两条样条线加载“挤出”修改器，相当于是分别为每条进行加载，而不是对整体进行加载。因此，在挤出之前需要将两条样条线附加成一个整体。具体操作流程如下。

图8-1046

第1步：选择其中一条样条线，然后在“几何体”卷展栏下单击“附加”按钮 附加 ，接着在视图中单击另外一条样条线，如图8-1047所示，这样就可以将两条样条线附加成一个整体，如图8-1048所示。

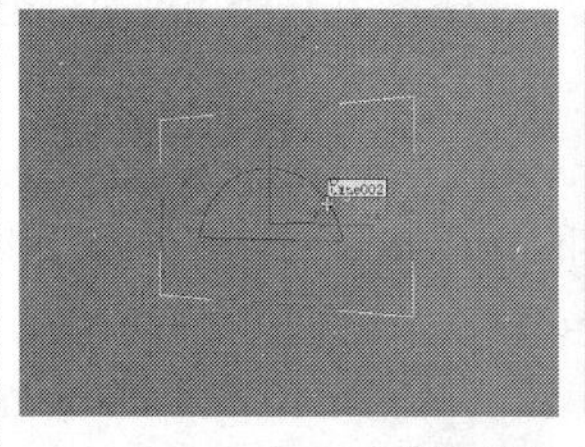
图8-1047

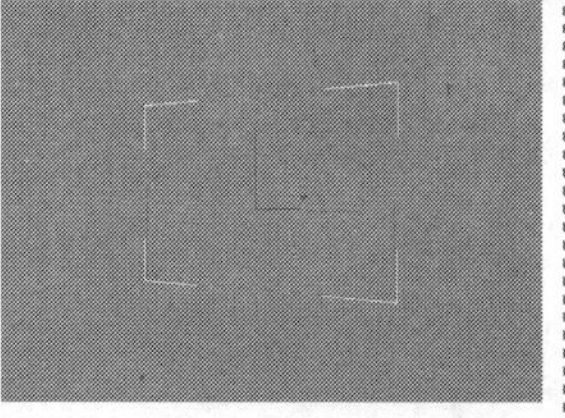
图8-1048

第2步：为样条线加载“挤出”修改器，此时得到的挤出效果就是正确的了，如图8-1049所示。

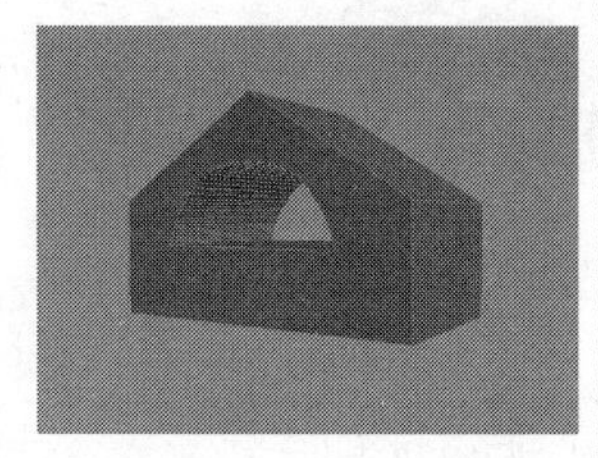
图8-1049

11 使用“线”工具 线 在前视图中绘制如图8-1050所示的样条线，然后为其加载一个“挤出”修改器，接着在“参数”卷展栏下设置“数量”为850mm，效果如图8-1051所示。

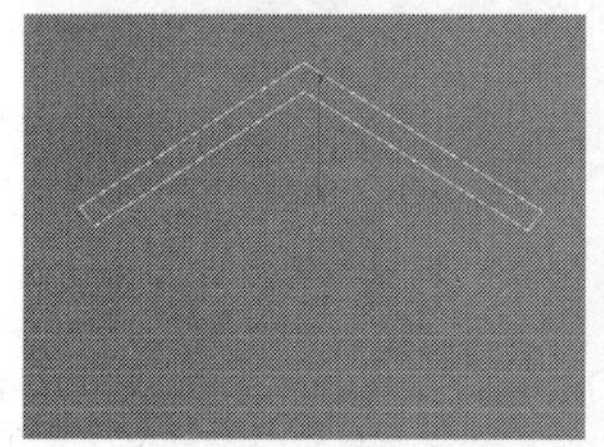
图8-1050

图8-1051

12 使用“长方体”工具 长方体 在场景中创建一个长方体，然后在“参数”卷展栏下设置“长度”为180mm、“宽度”为1530mm、“高度”为40mm、“宽度分段”为2，具体参数设置及模型位置如图8-1052所示。

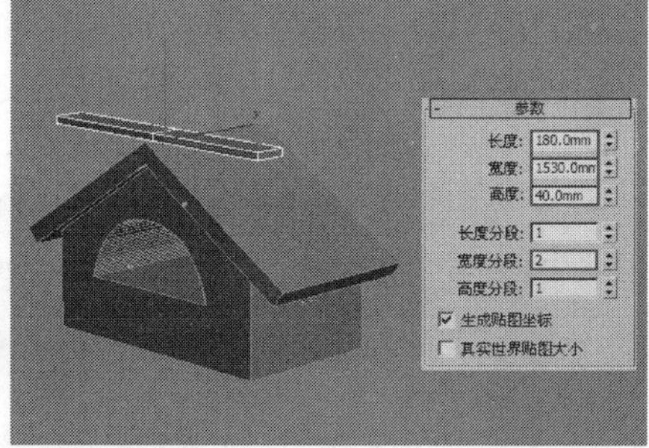

图8-1052

13 将长方体转换为可编辑多边形，进入“多边形”级别，然后选择如图8-1053所示的多边形，接着在“编辑多边形”卷展栏下单击“插入”按钮 插入 后面的“设置”按钮，最后设置“数量”为15mm，如图8-1054所示。

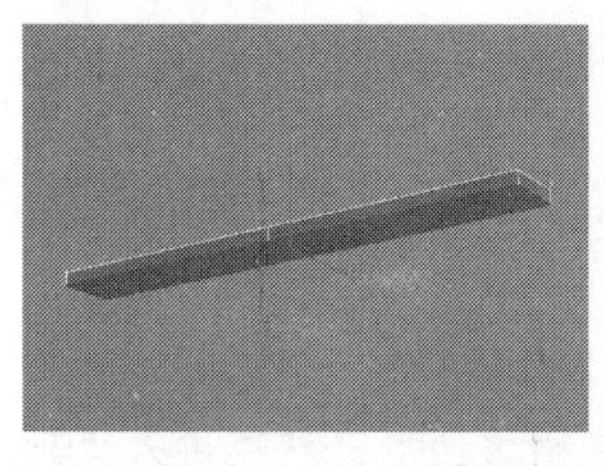
图8-1053

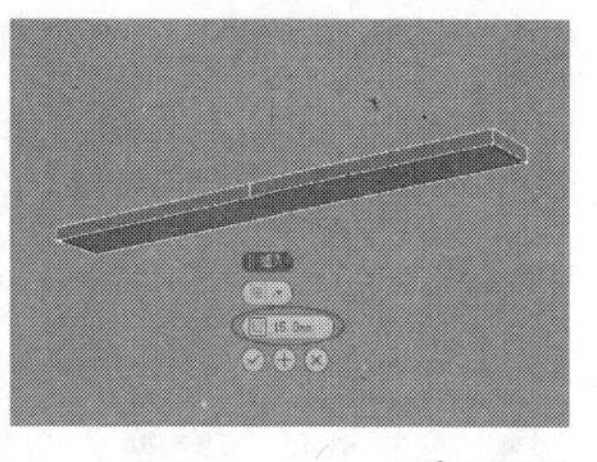
图8-1054

14 保持对多边形的选择，在“编辑多边形”卷展栏下单击“挤出”按钮 挤出 后面的“设置”按钮，然后设置“高度”为15mm，如图8-1055所示。

15 继续使用“插入”工具 插入 和“挤出”工具 挤出 将模型调整成如图8-1056所示的效果。

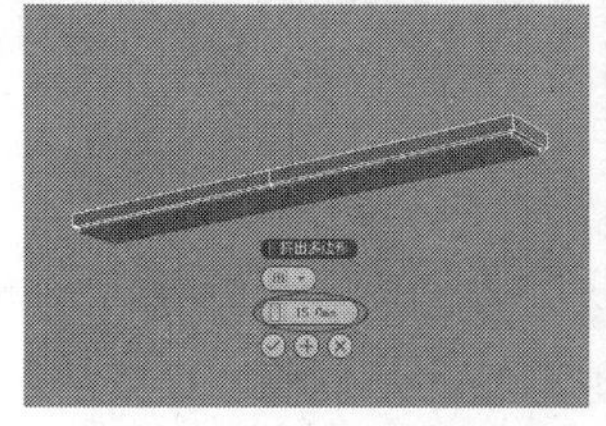
图8-1055

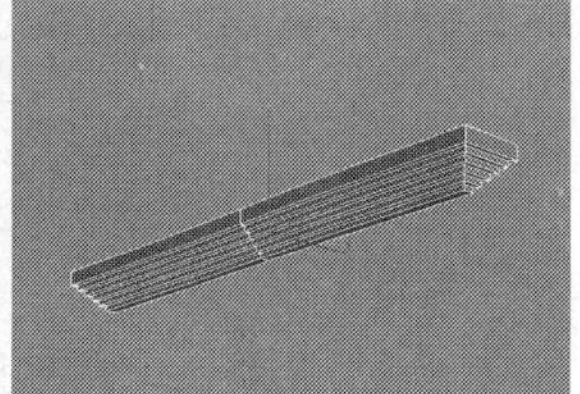
图8-1056

16 进入“顶点”级别，然后在前视图中使用“选择并移动”工具将顶点调整成如图8-1057所示的效果，整体效果如图8-1058所示。

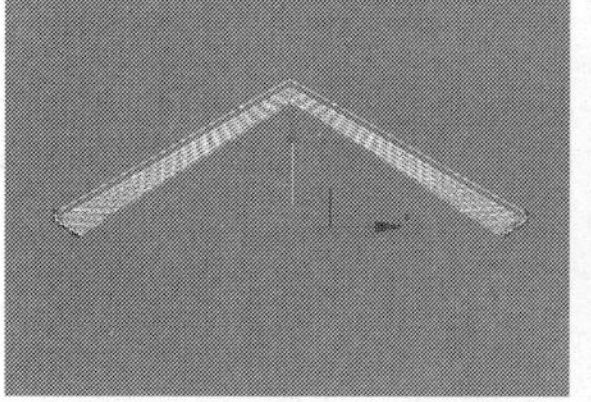
图8-1057

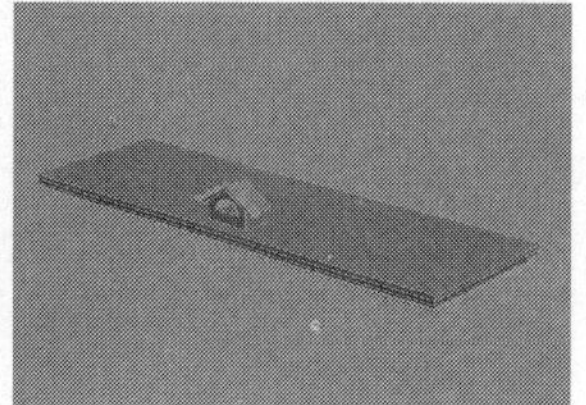
图8-1058

17 继续用多边形建模技术制作出窗台模型，完成后的效果如图8-1059所示。

18 为小房子模型建立一个组，然后复制一组模型到如图8-1060所示的位置。

图8-1059

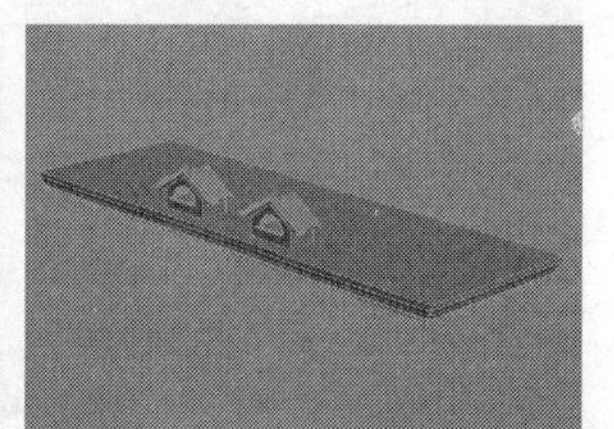
图8-1060

19 使用“长方体”工具 长方体 、“倒角”工具 倒角 和“挤出”工具 挤出 创建如图8-1061所示的模型。

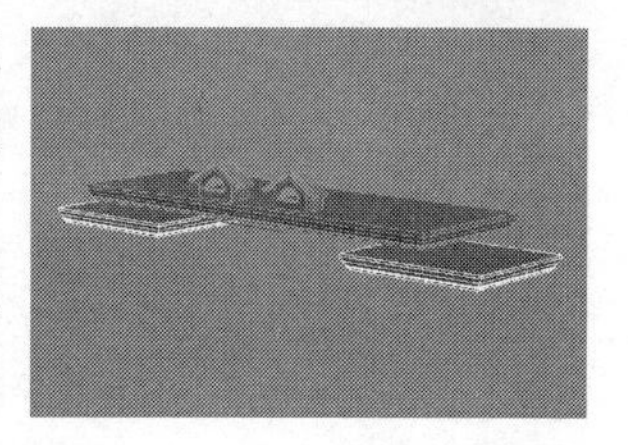
图8-1061

20 使用“长方体”工具 长方体 在场景中创建一个长方体，然后在“参数”卷展栏下设置“长度”为4100mm、“宽度”为9500mm、“高度”为3500mm、“长度分段”为1、“宽度分段”为9、“高度分段”为3，具体参数设置及模型位置如图8-1062所示。

21 将长方体转换为可编辑多边形，然后进入“顶点”级别，接着将顶点调整成如图8-1063所示的效果。

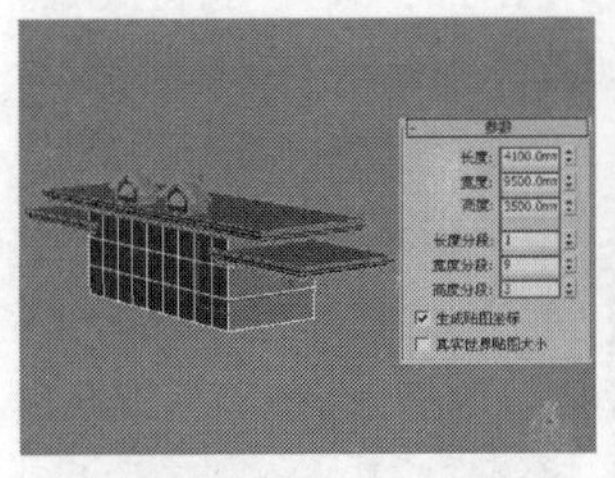

图8-1062

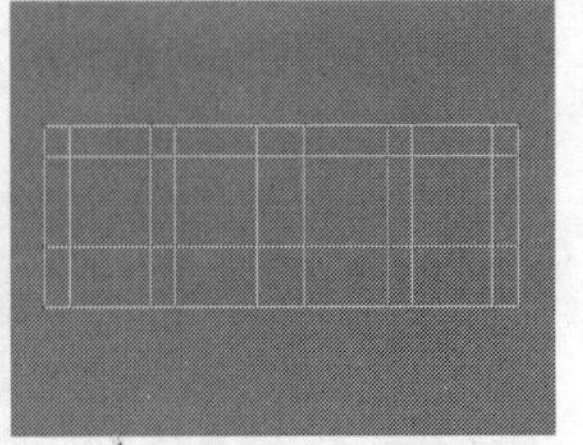

图8-1063

22 进入“边”级别，然后选择如图8-1064所示的边，接着在“编辑边”卷展栏下单击“连接”按钮 连接 后面的“设置”按钮，最后设置“分段”为2、“收缩”为-65，如图8-1065所示。

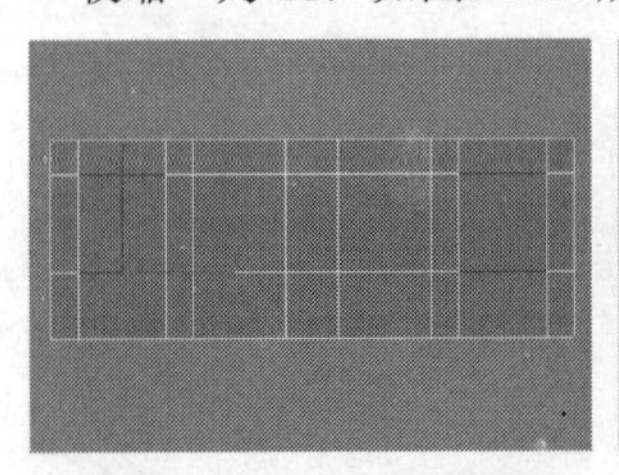

图8-1064

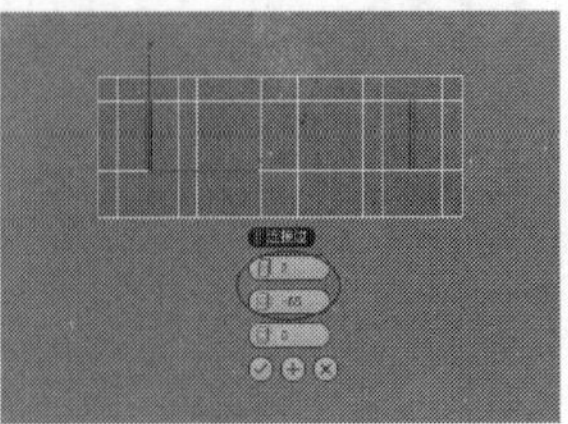

图8-1065

23 进入“多边形”级别，然后选择如图8-1066所示的多边形，接着在“编辑多边形”卷展栏下单击“挤出”按钮 挤出 后面的“设置”按钮，最后设置“高度”为40mm，如图8-1067所示。

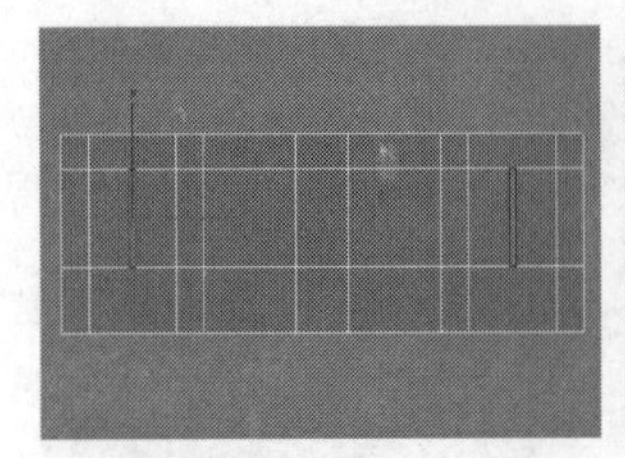

图8-1066

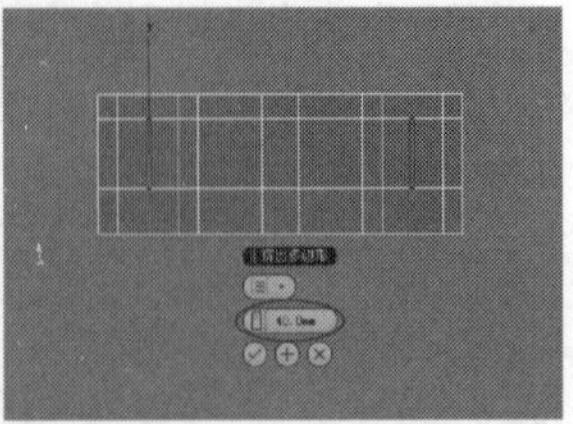

图8-1067

24 继续使用“连接”按钮 连接 和“挤出”工具 挤出 制作如图8-1068所示的多边形。

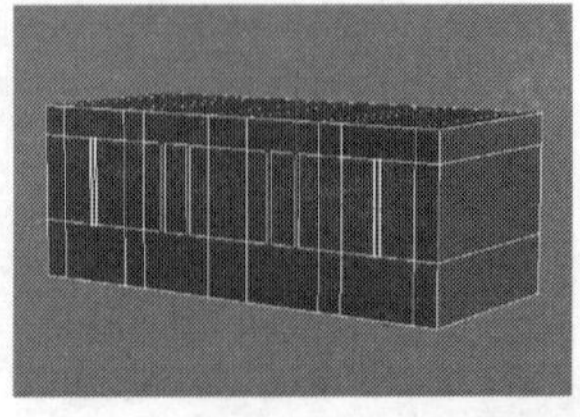

图8-1068

25 使用“长方体”工具 长方体 在场景中创建一个长方体，然后在“参数”卷展栏下设置“长度”为130mm、“宽度”为150mm、“高度”为1800mm，具体参数设置及模型位置如图8-1069所示，接着复制一些长方体到其他位置，如图8-1070所示。

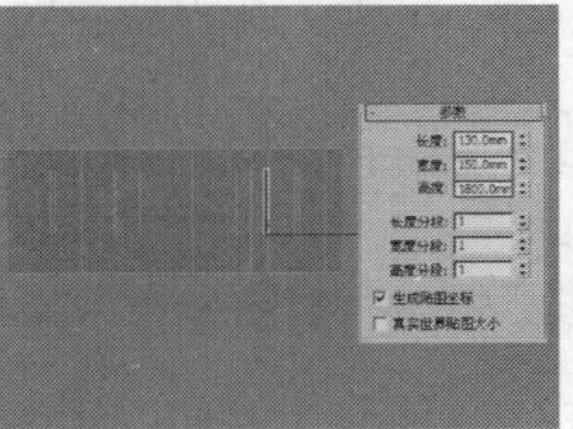

图8-1069

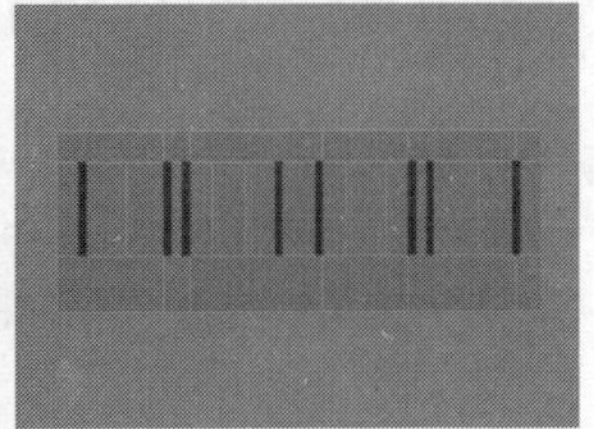

图8-1070

26 使用“长方体”工具 长方体、“倒角”工具 倒角 和“挤出”工具 挤出 制作如图8-1071所示的窗台模型。这里提供一张孤立选择图，如图8-1072所示。

图8-1071

图8-1072

27 使用“长方体”工具 长方体 在如图8-1073所示的位置创建一个大小合适的长方体。

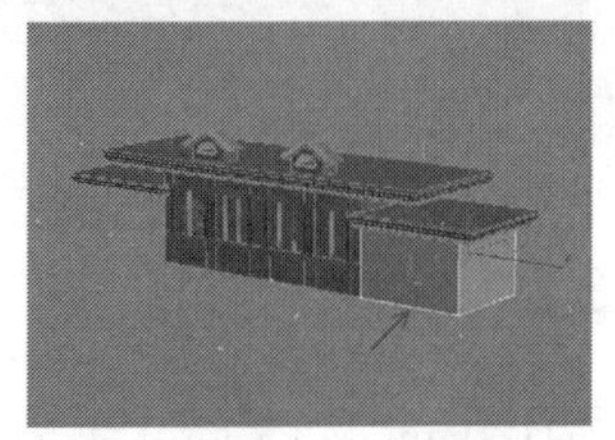

图8-1073

28 使用“线”工具 线 在前视图中绘制出如图8-1074所示的样条线，然后为其加载一个“挤出”修改器，接着在“参数”卷展栏下设置“数量”为300mm，效果如图8-1075所示。

图8-1074

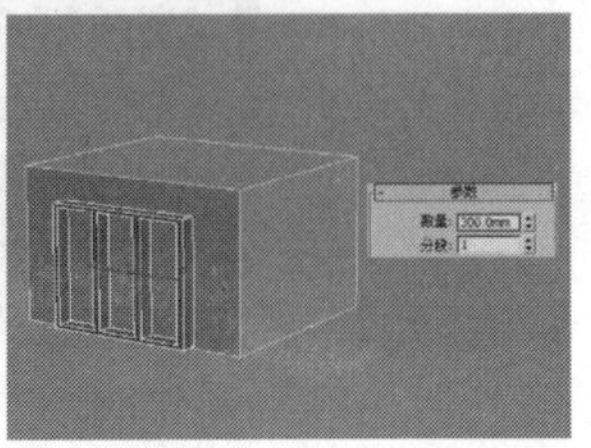

图8-1075

29 使用“平面”工具 平面 在前视图中创建一个平面作为玻璃，然后在“参数”卷展栏下设置“长度”为1870mm、“宽度”为2100mm，具体参数设置及平面位置如图8-1076所示。

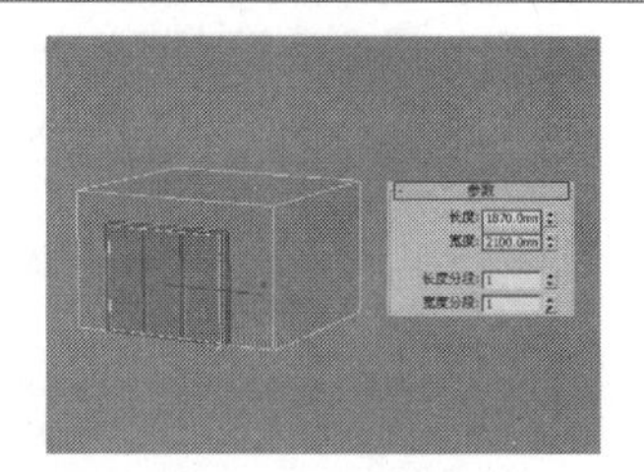

图8-1076

30 将前面绘制好的窗台模型复制一份到大门上，然后使用“选择并均匀缩放”工具调整好其大小比例，如图8-1077所示，接着使用“长方体”工具 长方体 创建一些长方体作为装饰砖块，如图8-1078所示，最后将制作好的大门模型镜像复制一份到另外一侧，如图8-1079所示。

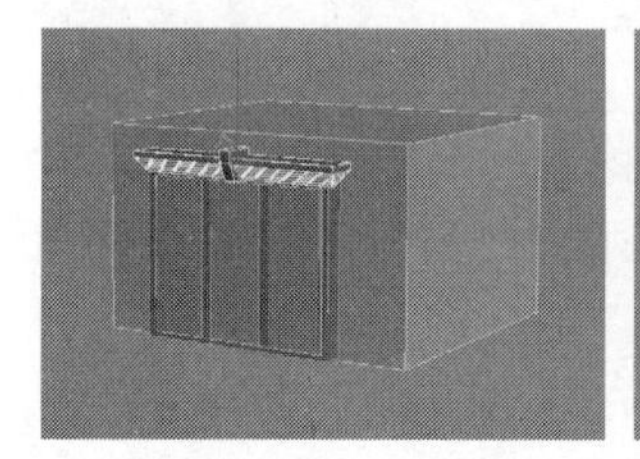

图8-1077

图8-1078

图8-1079

31 下面制作别墅的中间部分。使用“线”工具 线 在顶视图中绘制如图8-1080所示的样条线，然后为其加载一个“挤出”修改器，接着在“参数”卷展栏下设置“数量”为200mm，效果如图8-1081所示。

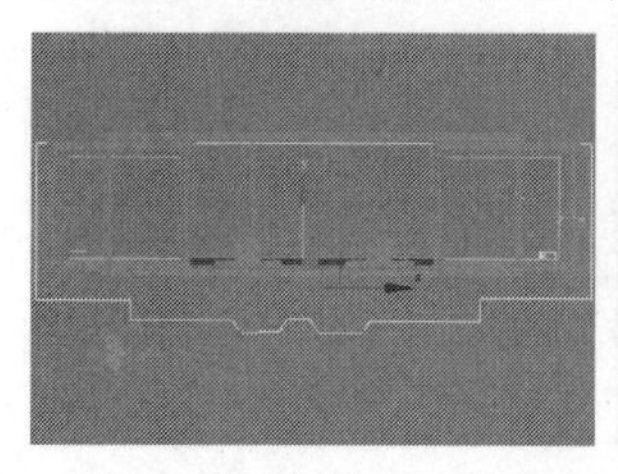

图8-1080

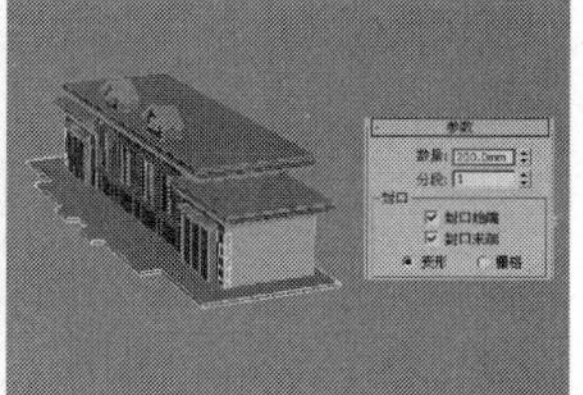

图8-1081

32 将模型转换为可编辑多边形，然后使用“倒角”工具 倒角 将模型的底面处理成如图8-1082所示的效果。

图8-1082

33 使用“线”工具 线 在顶视图中绘制如图8-1083所示的样条线，然后为其加载一个“挤出”修改器，接着在“参数”卷展栏下设置“数量”为150mm，效果如图8-1084所示。

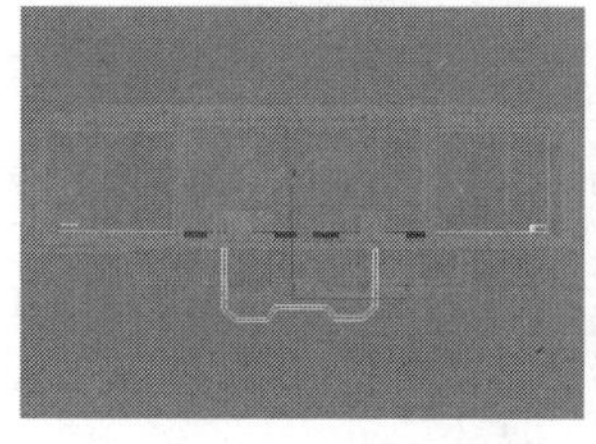

图8-1083

图8-1084

34 复制一个围栏到底部，然后将“挤出”修改器的“数量”值修改为300mm，效果如图8-1085所示。

图8-1085

35 使用“线”工具 线 在前视图绘制出如图8-1086所示的样条线，然后为其加载一个“车削”修改器，接着在“参数”卷展栏下设置“分段”为18、“方向”为y轴 Y 、“对齐”方式为“最小” 最小 ，如图8-1087所示。

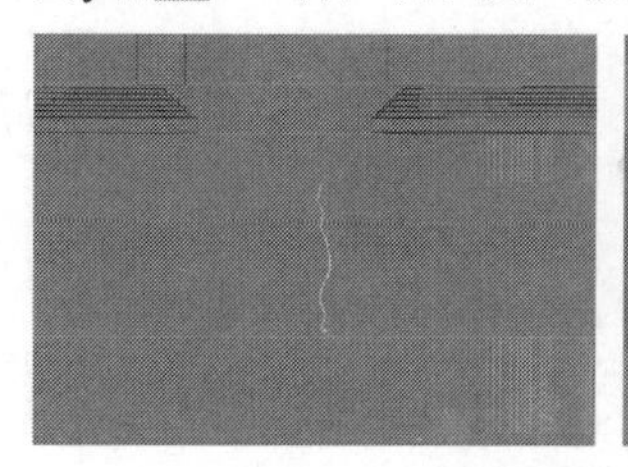

图8-1086

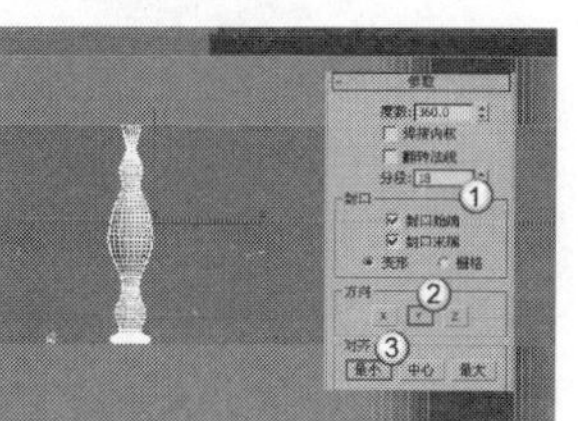

图8-1087

36 利用复制功能复制一些罗马柱到围栏的其他位置，完成后的模型效果如图8-1088所示。

图8-1088

37 继续使用样条线建模和多边形建模制作如图8-1089所示的模型，然后利用多边形建模制作出底层模型（参考顶层的制作方法），如图8-1090所示。

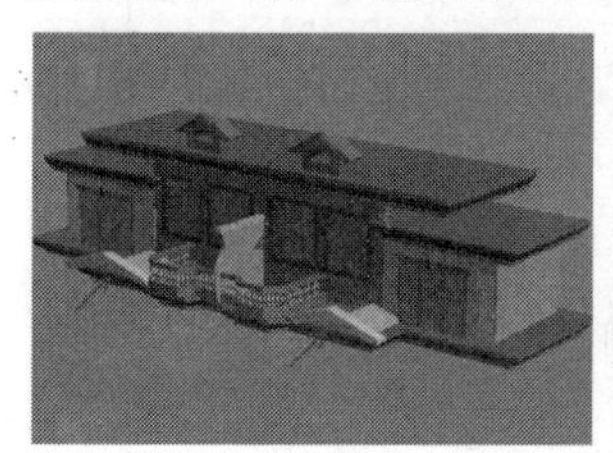

图8-1089

图8-1090

38 使用“圆柱体”工具 圆柱体 在场景中创建一根柱子模型，如图8-1091所示，然后复制4根柱子到其他位置，如图8-1092所示。

图8-1091

图8-1092

39 使用“线”工具 线 在前视图中（两根柱子之间）绘制如图8-1093所示的样条线，然后为其加载一个“挤出”修改器，接着在“参数”卷展栏下设置“数量”为100mm，效果如图8-1094所示，最后复制一个模型到另一侧的两根柱子之间，如图8-1095所示。

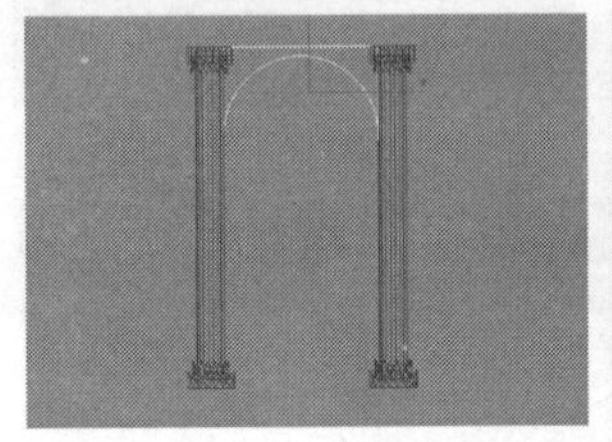
图8-1093

图8-1094

图8-1095

40 使用“线”工具 线 在顶视图中绘制如图8-1096所示的样条线。这里提供一张孤立选择图，如图8-1097所示。

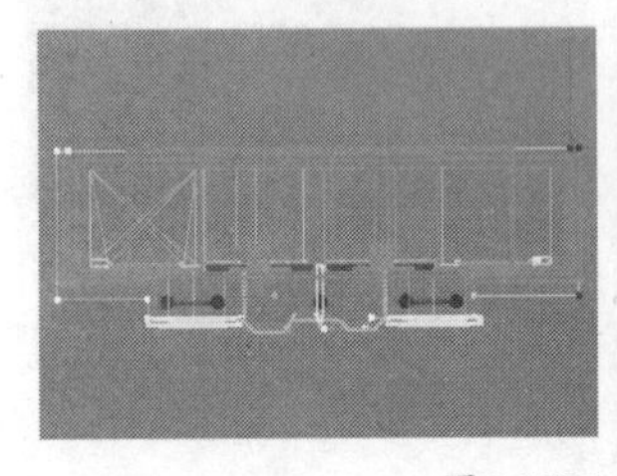
图8-1096

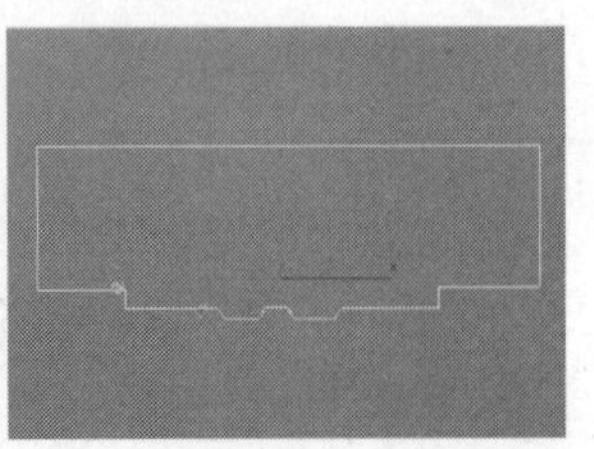
图8-1097

41 为样条线加载一个“挤出”修改器，然后在“参数”卷展栏下设置“数量”为200mm，最终效果如图8-1098所示。

图8-1098

实战169 简约别墅

场景位置	无
实例位置	DVD>实例文件>CH08>实战169.max
视频位置	DVD>多媒体教学>CH08>实战169.flv
难易指数	★★★★★
技术掌握	挤出/连接/插入/倒角/焊接/切片平面/切片/分离工具

简约别墅模型如图8-1099所示。

图8-1099

01 下面创建别墅主体。使用“长方体”工具 长方体 在场景中创建一个长方体，然后在“参数”卷展栏下设置“长度”为6000mm、“宽度”为4000mm、“高度”为1300mm，具体参数设置及模型效果如图8-1100所示。

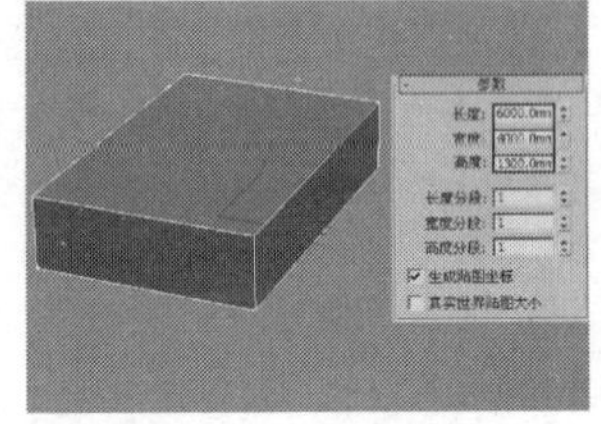
图8-1100

02 将长方体转换为可编辑多边形，进入“多边形”级别，然后选择如图8-1101所示的多边形，接着在“编辑多边形”卷展栏下单击“挤出”按钮 挤出 后面的“设置”按钮，最后设置“高度”为2800mm，如图8-1102所示。

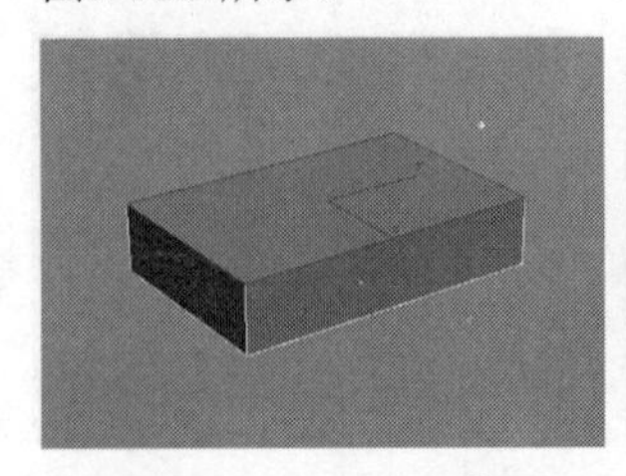
图8-1101

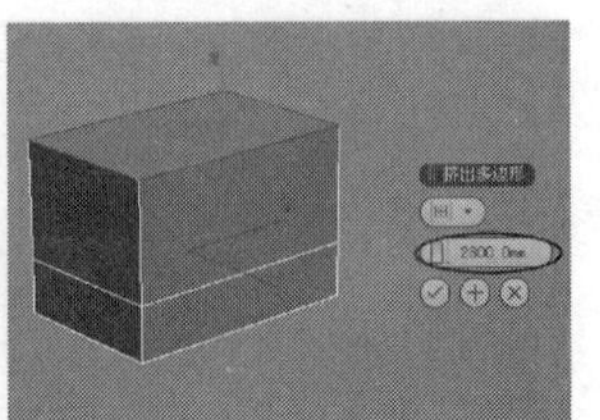
图8-1102

03 保持对多边形的选择，在“编辑多边形”卷展栏下单击“挤出”按钮 挤出 后面的“设置”按钮，然后设置“高度”为450mm，如图8-1103所示。

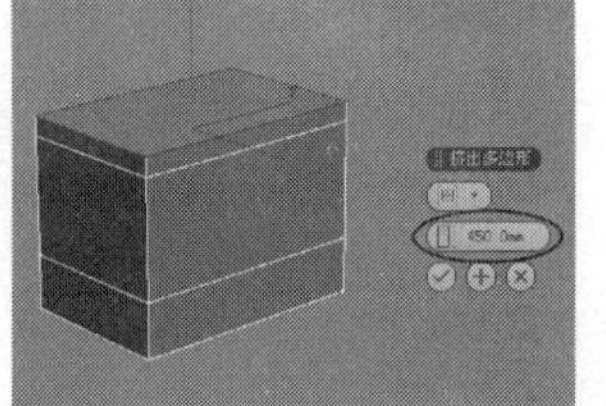
图8-1103

04 选择如图8-1104所示的多边形，然后在“编辑多边形”卷展栏下单击“挤出”按钮 挤出 后面的“设置”按钮▣，接着设置“高度”为800mm，如图8-1105所示。

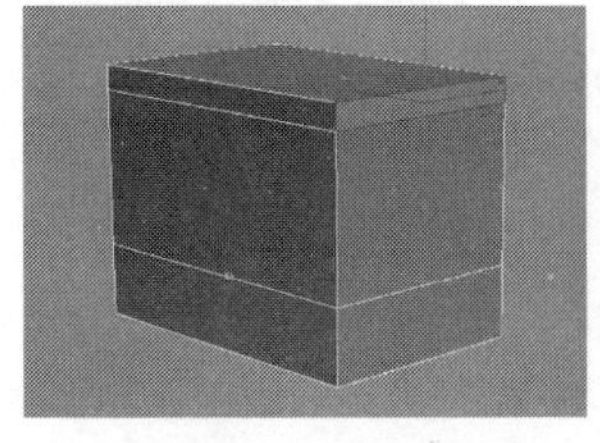
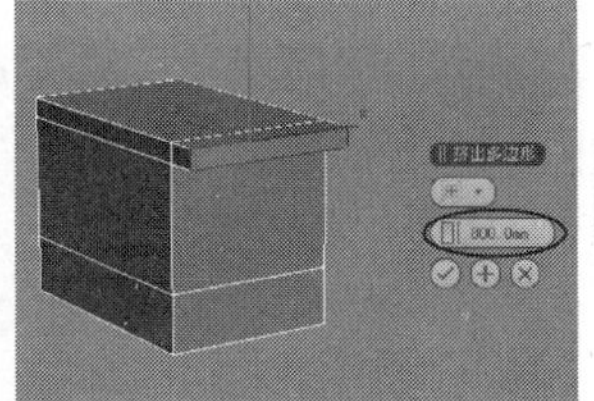

图8-1104 图8-1105

05 选择如图8-1106所示的多边形，然后在“编辑多边形”卷展栏下单击“挤出”按钮 挤出 后面的“设置”按钮▣，接着设置“高度”为40mm，如图8-1107所示。

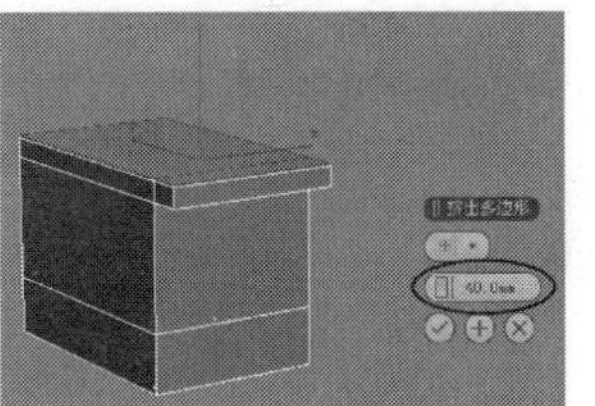

图8-1106 图8-1107

06 选择如图8-1108所示的多边形，然后在“编辑多边形”卷展栏下单击“挤出”按钮 挤出 后面的“设置”按钮▣，接着设置挤出类型为“局部法线”、“高度”为90mm，如图8-1109所示。

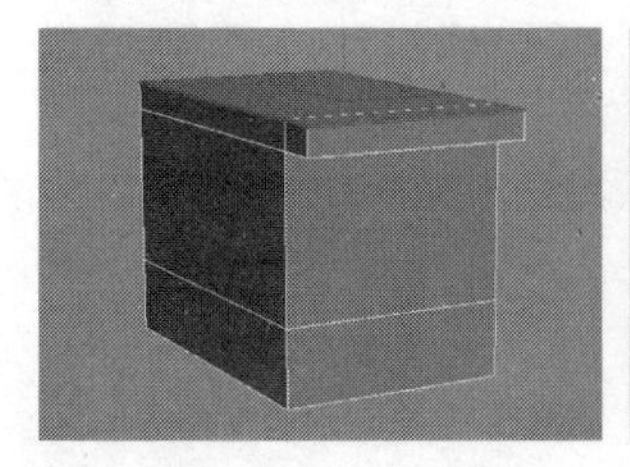
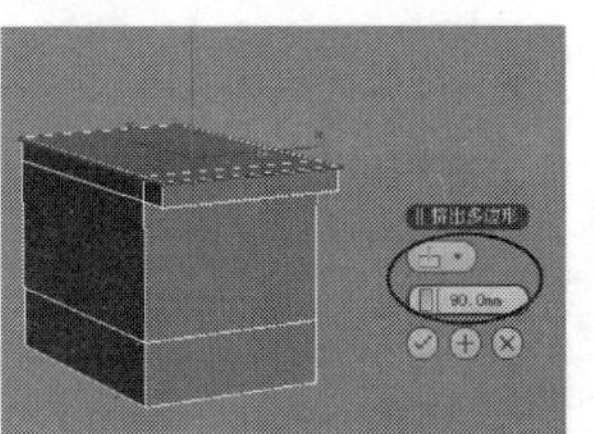

图8-1108 图8-1109

07 进入“边”级别，然后选择如图8-1110所示的边，接着在“编辑边”卷展栏下单击“连接”按钮 连接 后面的“设置”按钮▣，最后设置“分段”为2、“收缩”为91、“滑块”为3，如图8-1111所示。

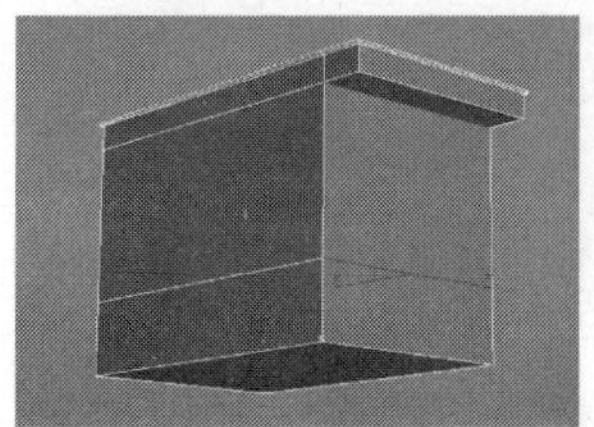
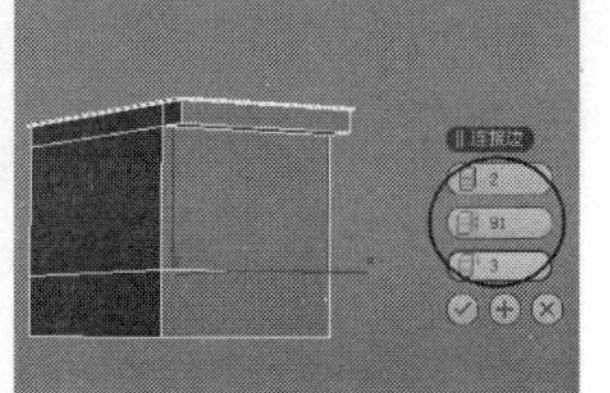

图8-1110 图8-1111

08 选择如图8-1112所示的边，然后在“编辑边”卷展栏下单击“连接”按钮 连接 后面的“设置”按钮▣，接着设置“分段”为2、“收缩”为-70、“滑块”为501，如图8-1113所示。

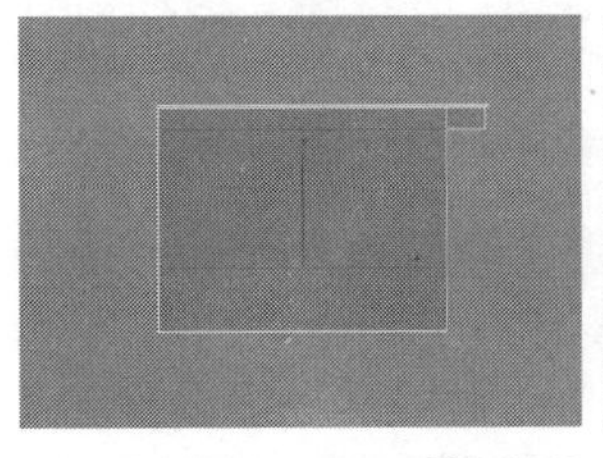
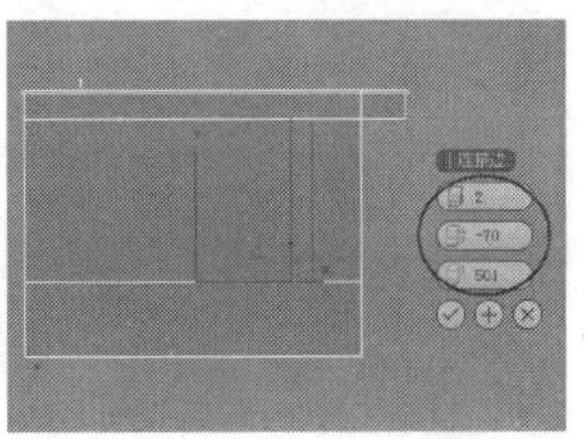

图8-1112 图8-1113

09 选择如图8-1114所示的边，然后在“编辑边”卷展栏下单击“连接”按钮 连接 后面的“设置”按钮▣，接着设置“分段”为2、“收缩”为-24、“滑块”为-92，如图8-1115所示。

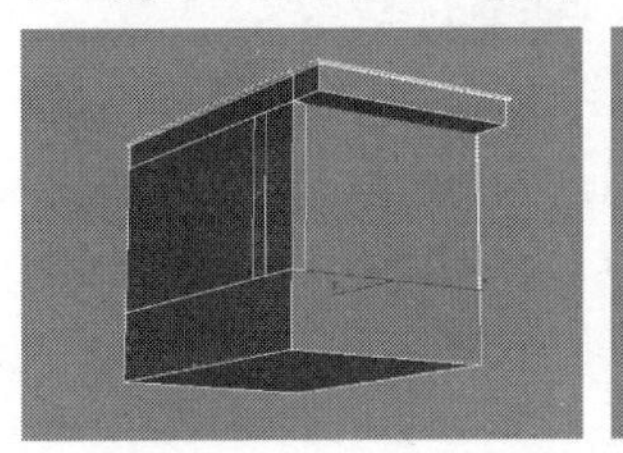
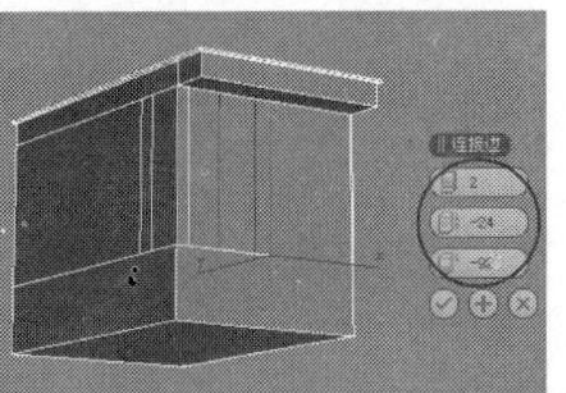

图8-1114 图8-1115

10 进入“多边形”级别，然后选择如图8-1116所示的多边形，接着在“编辑多边形”卷展栏下单击“插入”按钮 插入 后面的“设置”按钮▣，最后设置插入类型为“按多边形”、“数量”为50mm，如图8-1117所示。

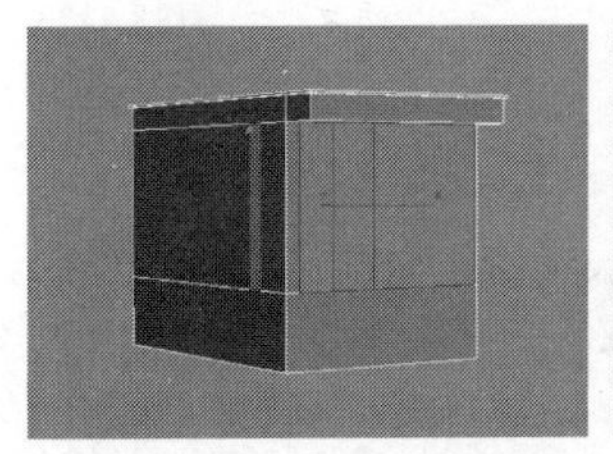
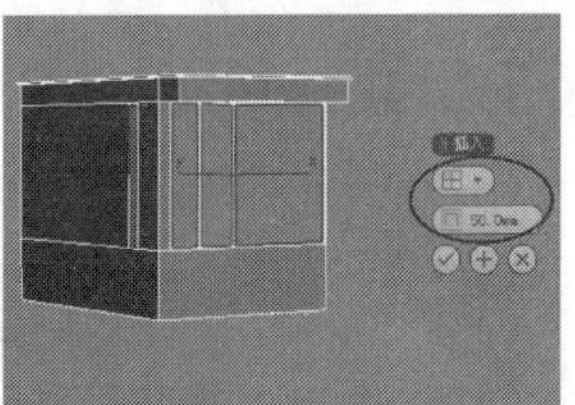

图8-1116 图8-1117

11 保持对多边形的选择，在“编辑多边形”卷展栏下单击“倒角”按钮 倒角 后面的“设置”按钮▣，然后设置“高度”为-40mm、“轮廓”为-6mm，如图8-1118所示。

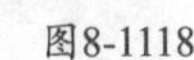

图8-1118

12 进入“边”级别，然后选择如图8-1119所示的边，然后在“编辑边”卷展栏下单击“连接”按钮 连接 后面的“设置”按钮▣，接着设置“分段”为1，如图8-1120所示。

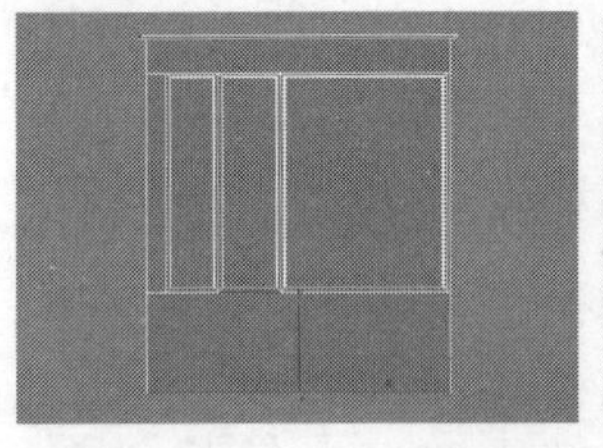
图8-1119

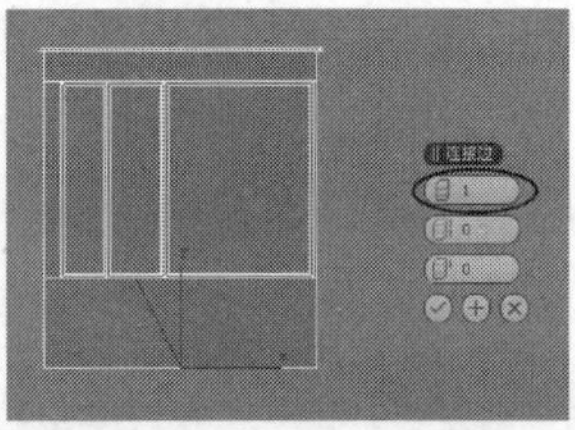

图8-1120

13 进入"顶点"级别，然后使用"选择并移动"工具在前视图中将连接出来的顶点调整成如图8-1121所示的效果。

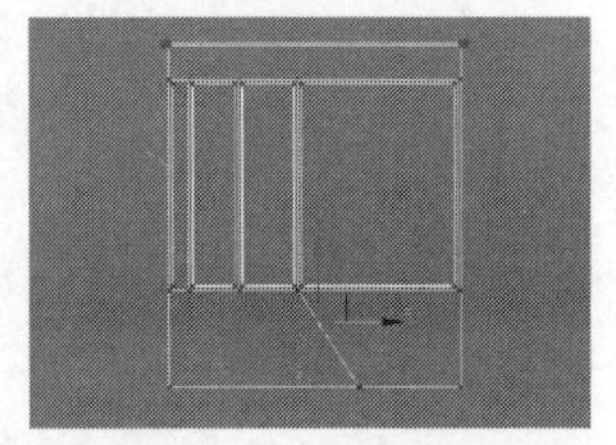
图8-1121

14 选择如图8-1122所示的两个顶点，然后在"编辑顶点"卷展栏下单击"焊接"按钮 焊接 后面的"设置"按钮，接着设置"焊接阈值"为2mm，如图8-1123所示。

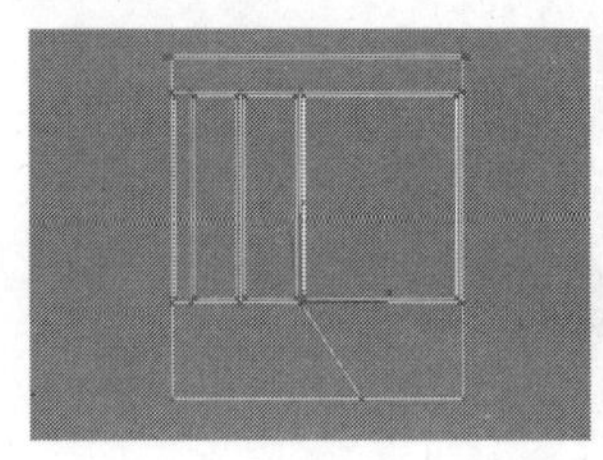
图8-1122

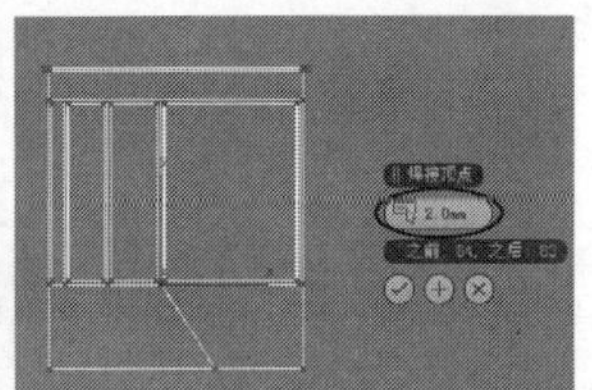
图8-1123

技巧与提示

虽然从视觉上看起来是一个顶点，但实际上是两个顶点，因为是重叠的，很难看出来。如果要观察选择到了多少个顶点，可以在"选择"卷展栏下进行查看，如图8-1124所示。

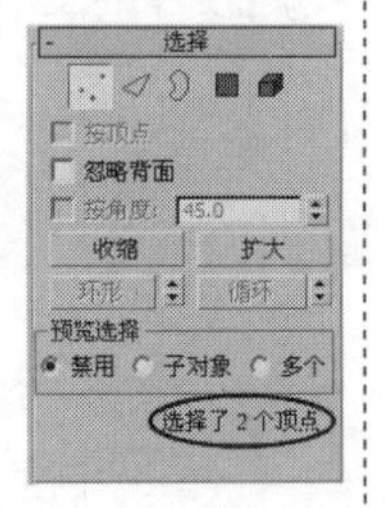

图8-1124

15 进入"多边形"级别，然后选择如图8-1125所示的多边形，接着在"编辑多边形"卷展栏下单击"挤出"按钮 挤出 后面的"设置"按钮，最后设置"高度"为800mm，如图8-1126所示。

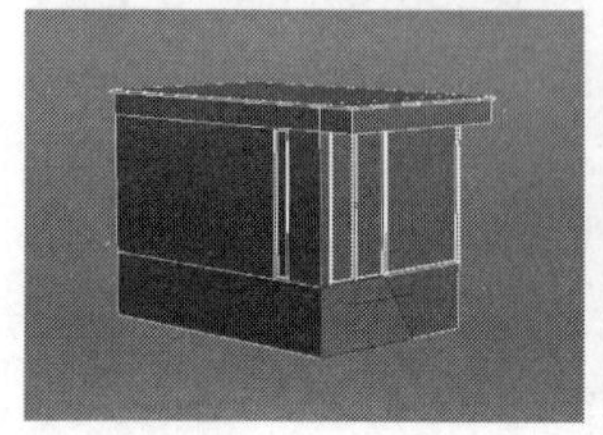
图8-1125

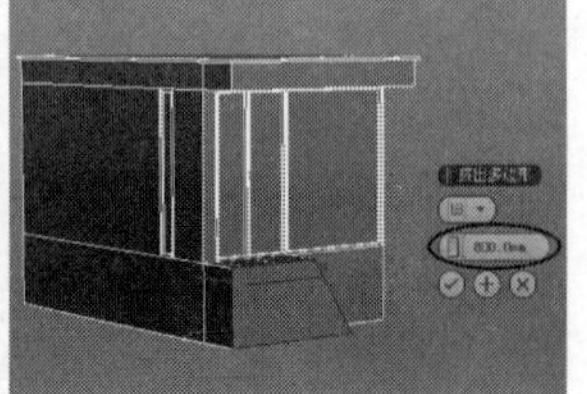
图8-1126

16 进入"边"级别，然后选择如图8-1127所示的边，接着在"编辑边"卷展栏下单击"连接"按钮 连接 后面的"设置"按钮，最后设置"分段"为1、"收缩"为0、"滑块"为59，如图8-1128所示。

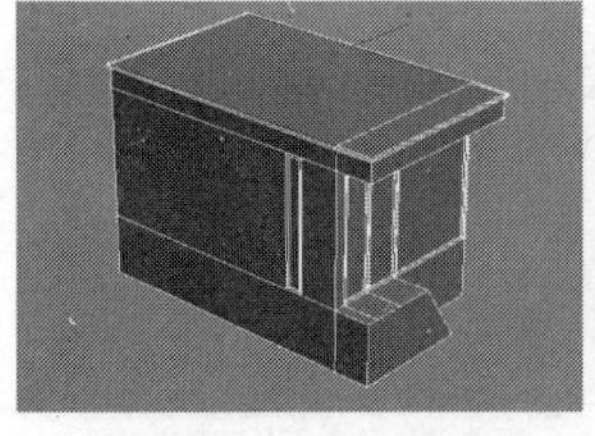
图8-1127

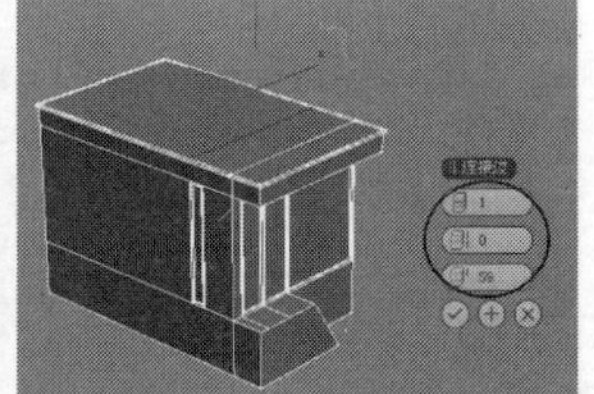
图8-1128

17 选择如图8-1129所示的边，然后在"编辑边"卷展栏下单击"连接"按钮 连接 后面的"设置"按钮，接着设置"分段"为1、"收缩"为0、"滑块"为48，如图8-1130所示。

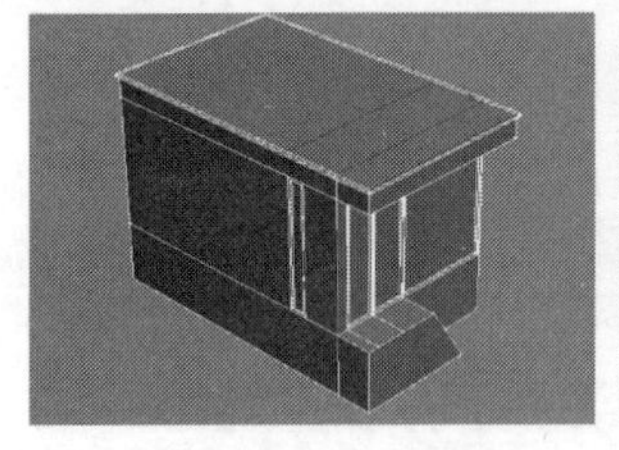
图8-1129

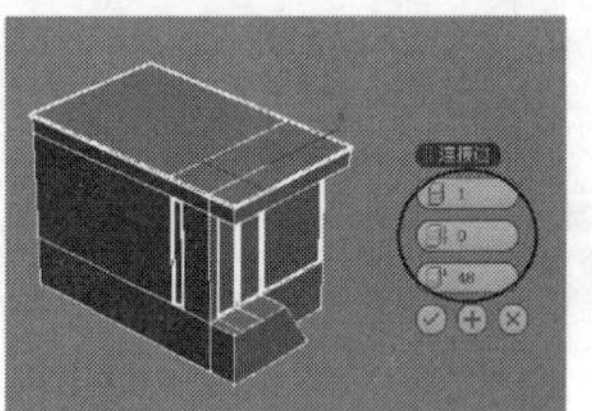
图8-1130

18 选择如图8-1131所示的边，然后在"编辑边"卷展栏下单击"连接"按钮 连接 后面的"设置"按钮，接着设置"分段"为1、"收缩"为0、"滑块"为-35，如图8-1132所示。

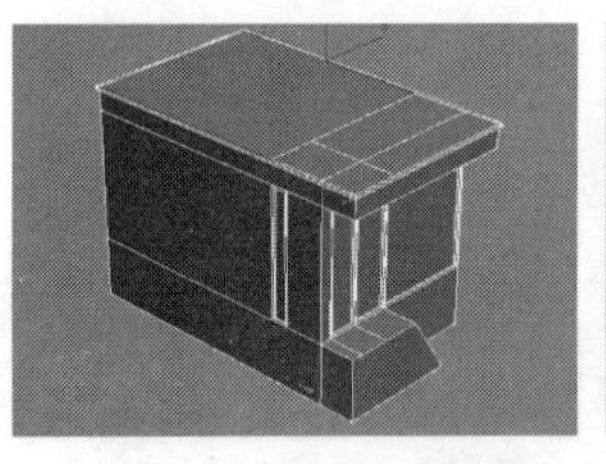
图8-1131

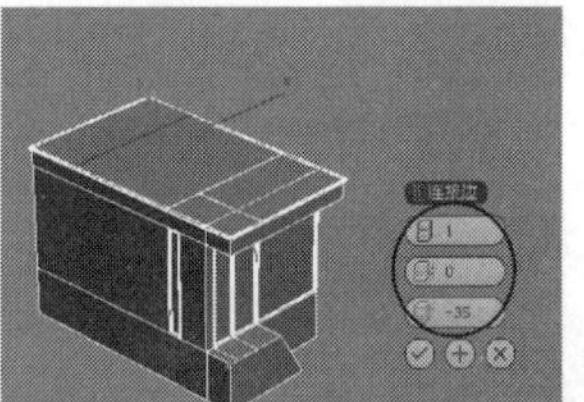
图8-1132

19 进入"多边形"级别，然后选择如图8-1133所示的多边形，接着在"编辑多边形"卷展栏下单击"挤出"按钮 挤出 后面的"设置"按钮，最后设置"高度"为2000mm，如图8-1134所示。

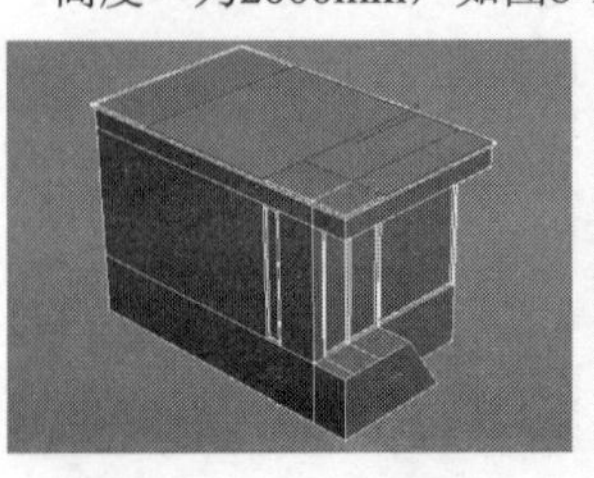
图8-1133

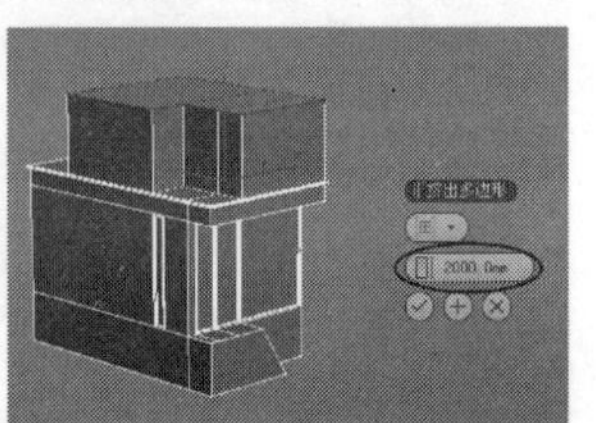
图8-1134

20 保持对多边形的选择，在"编辑多边形"卷展栏下单击"挤出"按钮 挤出 后面的"设置”按钮▫，然后设置“高度”为400mm，如图8-1135所示。

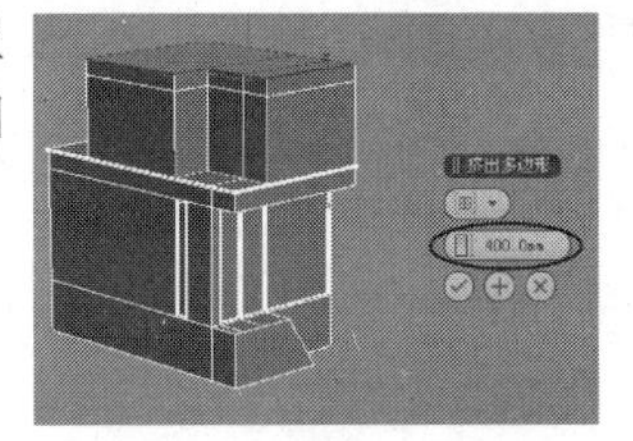
图8-1135

21 选择如图8-1136所示的多边形，在“编辑多边形”卷展栏下单击“挤出”按钮 挤出 后面的“设置”按钮▫，然后设置“高度”为1500mm，如图8-1137所示。

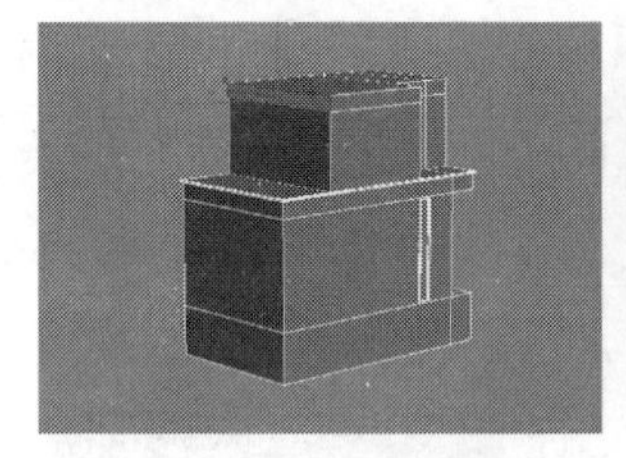
图8-1136

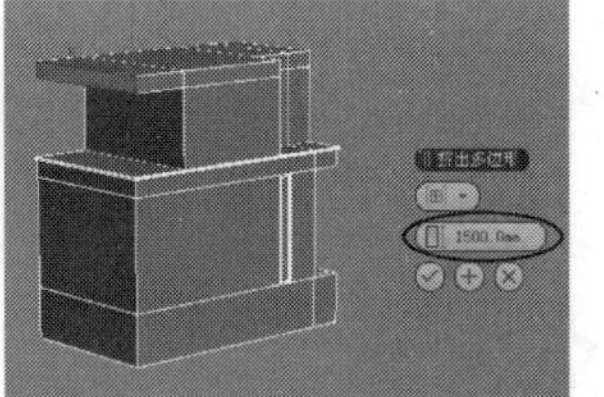
图8-1137

22 进入“边”级别，然后选择如图8-1138所示的边，然后在“编辑边”卷展栏下单击“连接”按钮 连接 后面的“设置”按钮▫，接着设置“分段”为1、“收缩”为0、“滑块”为18，如图8-1139所示。

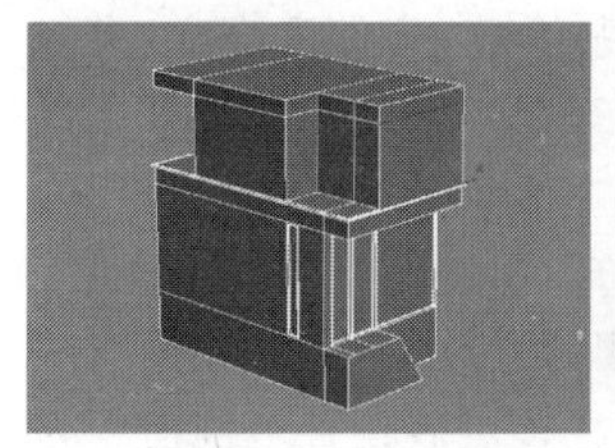
图8-1138

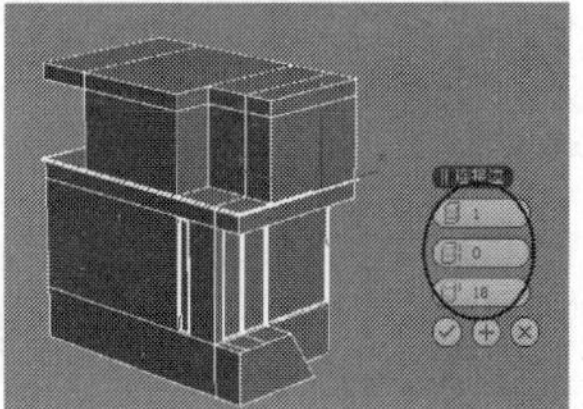
图8-1139

23 选择如图8-1140所示的边，然后在“编辑边”卷展栏下单击“连接”按钮 连接 后面的“设置”按钮▫，接着设置“分段”为1，如图8-1141所示。

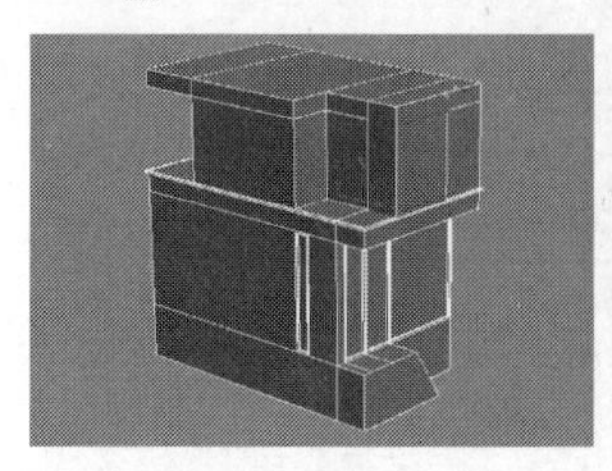
图8-1140

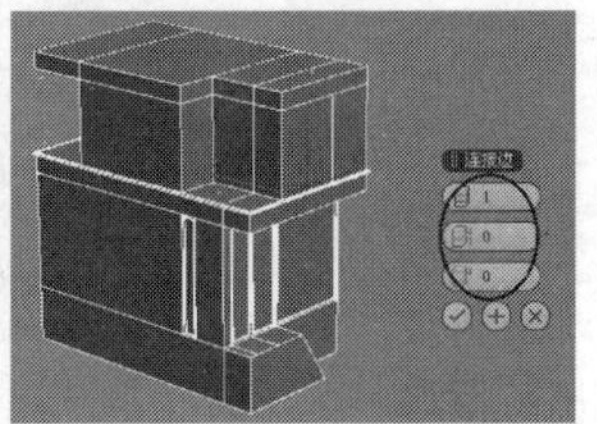
图8-1141

24 进入“多边形”级别，然后选择如图8-1142所示的多边形，接着在“编辑多边形”卷展栏下单击“插入”按钮 插入 后面的“设置”按钮▫，最后设置插入类型为“组”、“数量”为50mm，如图8-1143所示。

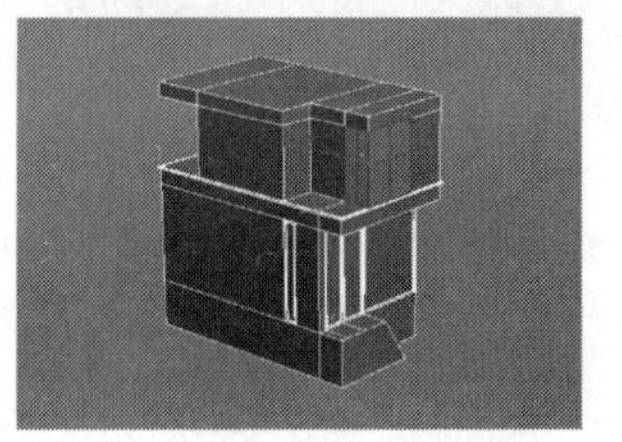
图8-1142

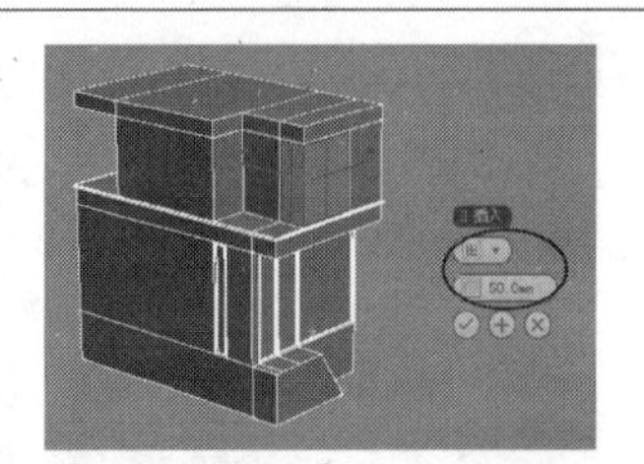
图8-1143

25 保持多边形的选择，在“编辑多边形”卷展栏下单击“倒角”按钮 倒角 后面的“设置”按钮▫，然后设置“高度”为-40mm、“轮廓”为-6mm，如图8-1144所示。

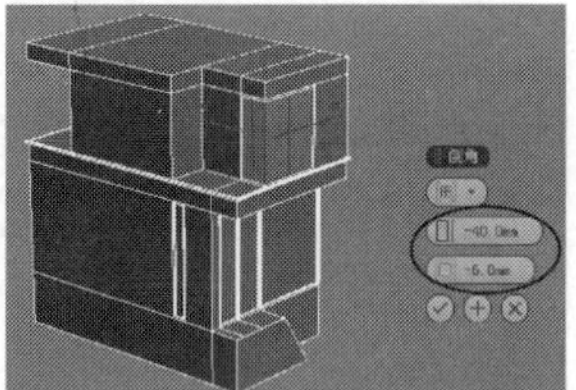
图8-1144

26 下面分离别墅墙体。进入“边”级别，选择如图8-1145所示的边，然后在“编辑几何体”卷展栏下单击“切片平面”按钮 切片平面 ，此时视图中会出现一个黄色线框的平面（这就是切片平面），接着在前视图中将其向上拖曳到如图8-1146所示的位置（高过门的位置），最后在“编辑几何体”卷展栏下单击“切片”按钮 切片 和“切片平面”按钮 切片平面 完成操作，效果如图8-1147所示。

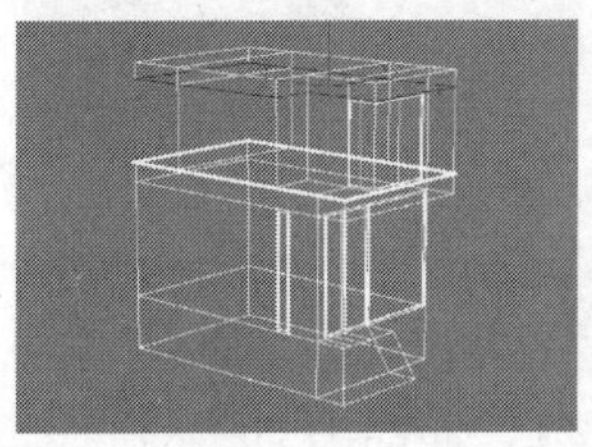
图8-1145

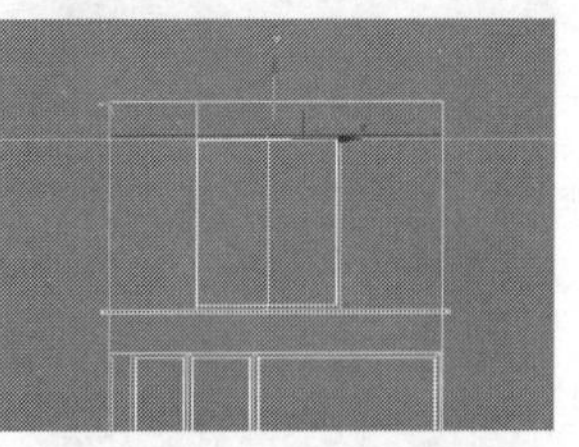
图8-1146

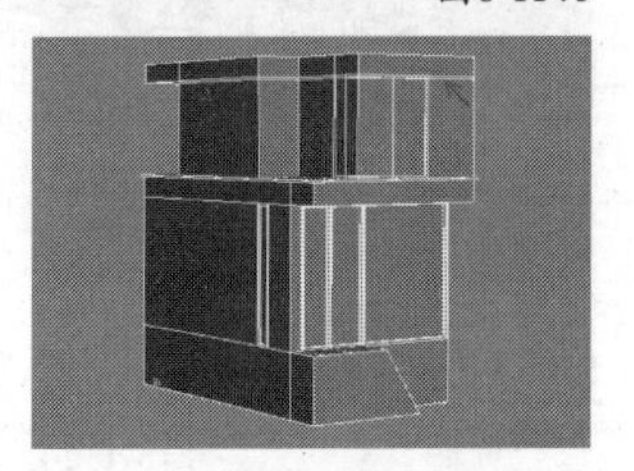
图8-1147

技巧与提示

选择边以后，使用“切片平面”工具 切片平面 可以对选定边进行切割操作，指定切割位置以后单击“切片”按钮 切片 和“切片平面”按钮 切片平面 可以完成切割操作。

27 选择如图8-1148所示的边，然后使用“切片平面”工具 切片平面 和“切片”工具 切片 对其进行切割操作，完成后的效果如图8-1149所示。

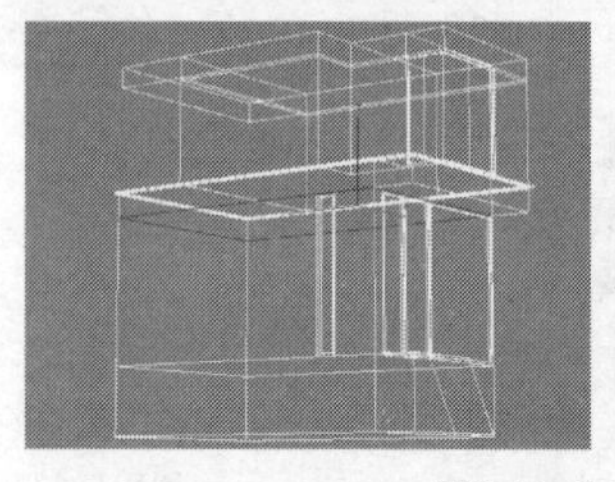

图8-1148

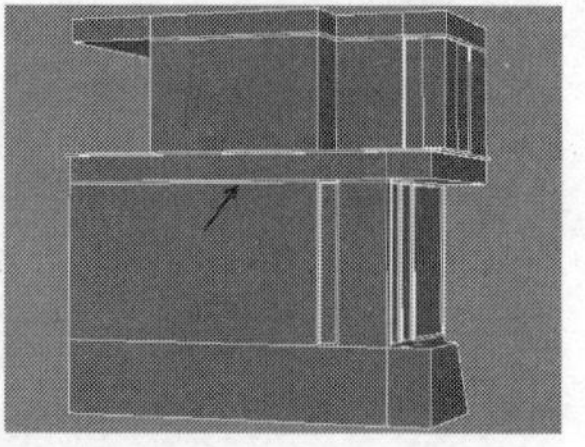

图8-1149

28 选择如图8-1150所示的边，然后使用“切片平面”工具 切片平面 和“切片”工具 切片 对其进行切割操作，完成后的效果如图8-1151所示。

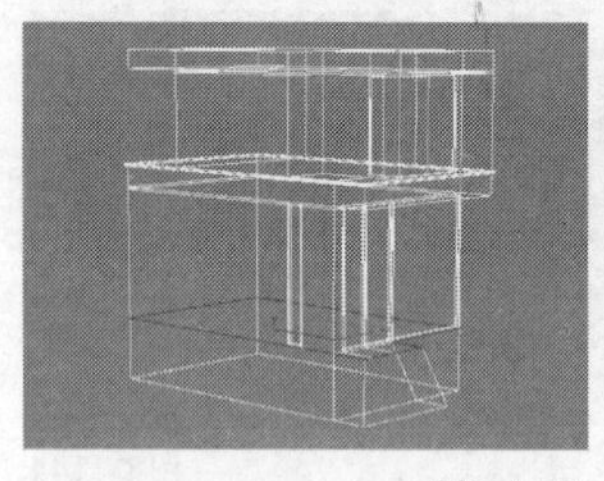

图8-1150

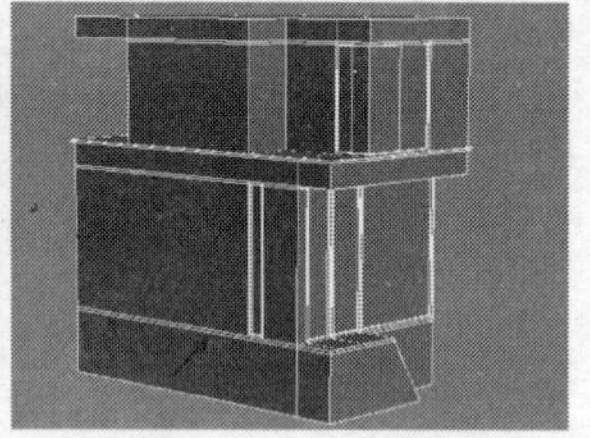

图8-1151

29 选择如图8-1152所示的边，然后使用“切片平面”工具 切片平面 和“切片”工具 切片 对其进行切割操作，完成后的效果如图8-1153所示。

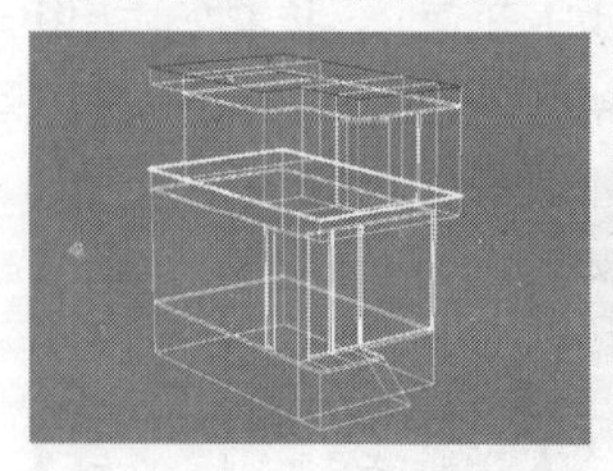

图8-1152

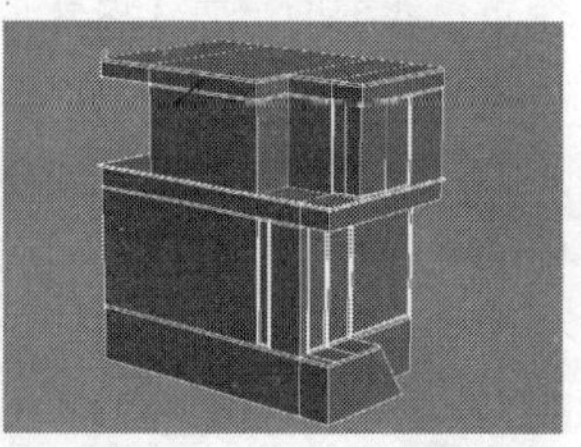

图8-1153

30 进入“多边形”级别，然后选择如图8-1154所示的多边形，接着在“编辑几何体”卷展栏下单击“分离”按钮 分离 ，最后在弹出的“分离”对话框中勾选“以克隆对象分离”选项，如图8-1155所示。

图8-1154

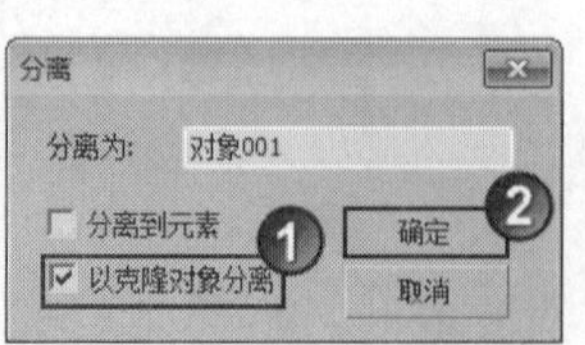

图8-1155

31 按H键打开“从场景选择”对话框，然后选择“对象001”，如图8-1156所示，接着为其更换一种颜色，以便识别，如图8-1157所示。

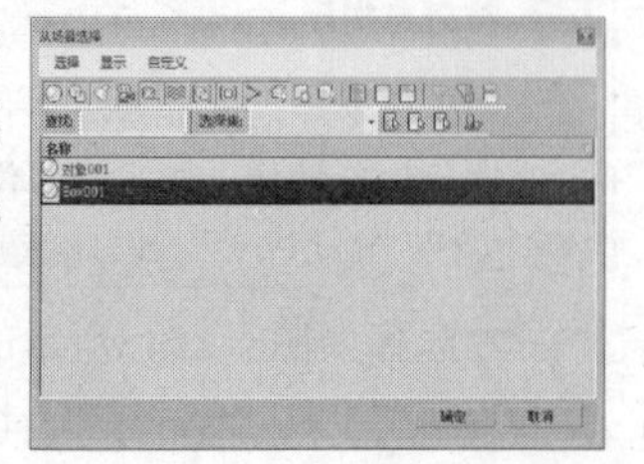

图8-1156

图8-1157

32 继续对多边形进行分离，完成后的模型效果如图8-1158所示。

33 下面制作栏杆。使用“线”工具 线 在顶视图中绘制一条如图8-1159所示的样条线。

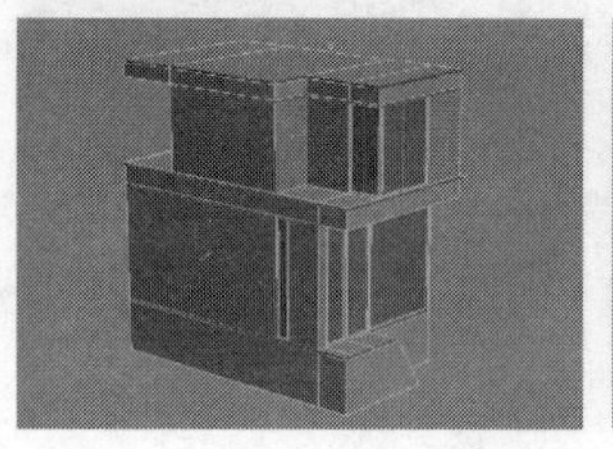

图8-1158

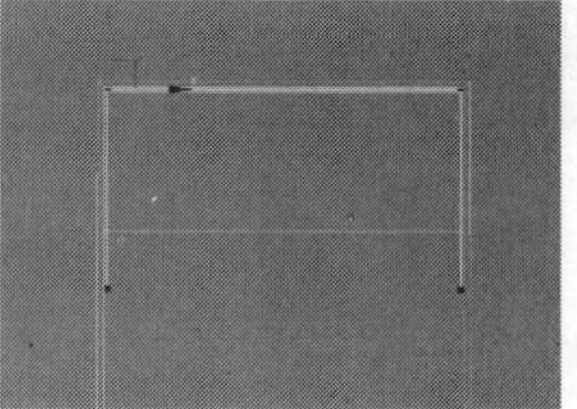

图8-1159

34 在“创建”面板中设置几何体类型为“AEC扩展”，然后单击“栏杆”按钮 栏杆 ，如图8-1160所示。

35 在“栏杆”卷展栏下单击“拾取栏杆路径”按钮 拾取栏杆路径 ，然后拾取绘制的样条线，并勾选“匹配拐角”选项，接着在“上围栏”选项组下设置“剖面”为“方形”、“深度”为35mm、“宽度”为40mm、“高度”为850mm，最后在“下围栏”选项组下设置“剖面”为“无”，具体参数设置如图8-1161所示。

36 展开“立柱”卷展栏，然后设置“剖面”为“无”，具体参数设置如图8-1162所示。

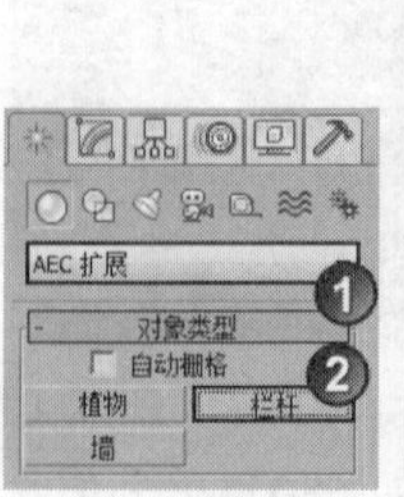

图8-1160

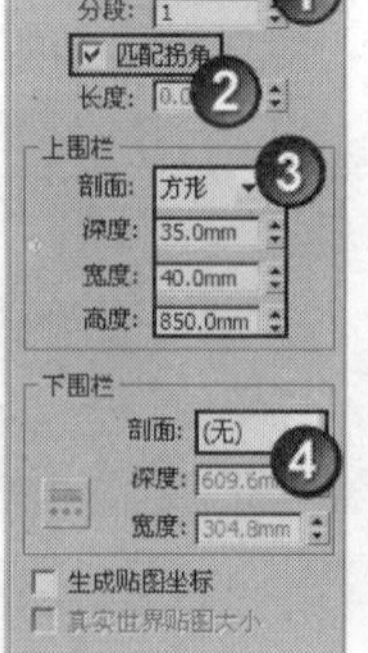

图8-1161

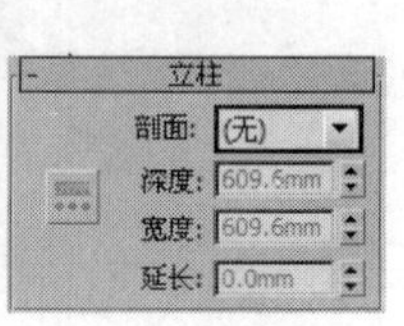

图8-1162

37 展开“栅栏”卷展栏，然后设置“类型”为“支柱”，接着在“支柱”选项组下设置“剖面”为“方形”、“深度”为20mm、“宽度”为20mm，再单击“支柱间距”按钮 打开“支柱间距”对话框，最后设置“计数”为100，具体参数设置如图8-1163所示，栏杆效果如图8-1164所示。

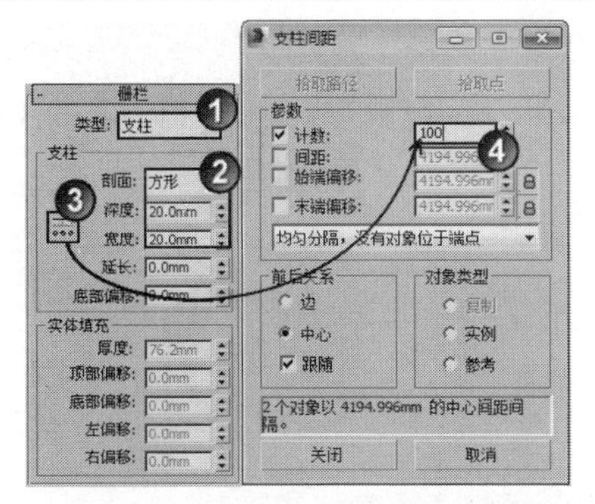

图8-1163

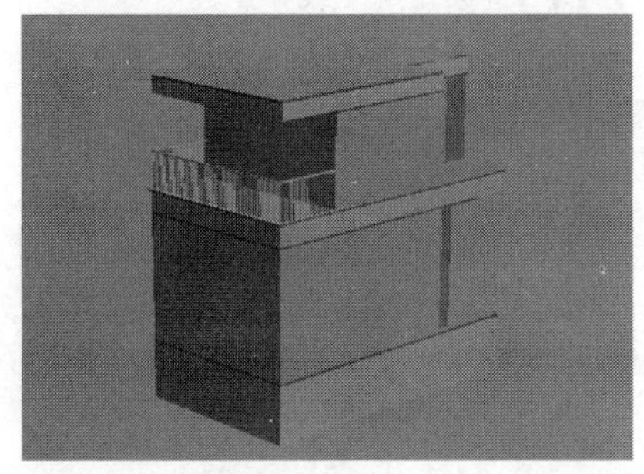

图8-1164

38 采用相同的方法继续使用“栏杆”工具 栏杆 制作其他栏杆，最终效果如图8-1165所示。

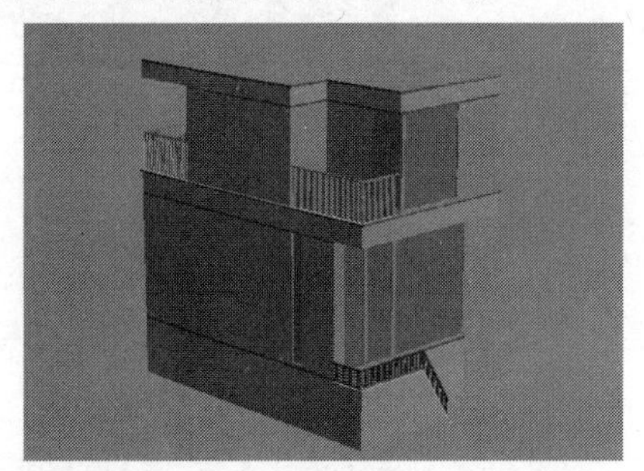

图8-1165

实战170 根据CAD图纸创建户型图

场景位置	无
实例位置	DVD>实例文件>CH08>实战170.max
视频位置	DVD>多媒体教学>CH08>实战170.flv
难易指数	★★★☆☆
技术掌握	根据CAD图纸创建模型

户型图模型如图8-1166所示。

图8-1166

01 单击界面左上角的“应用程序”图标，然后执行“导入>导入”菜单命令，接着在弹出的“选择要导入的文件”对话框中选择光盘中的“场景文件>CH08>实战170.dwg”文件，导入CAD文件后的效果如图8-1167所示。

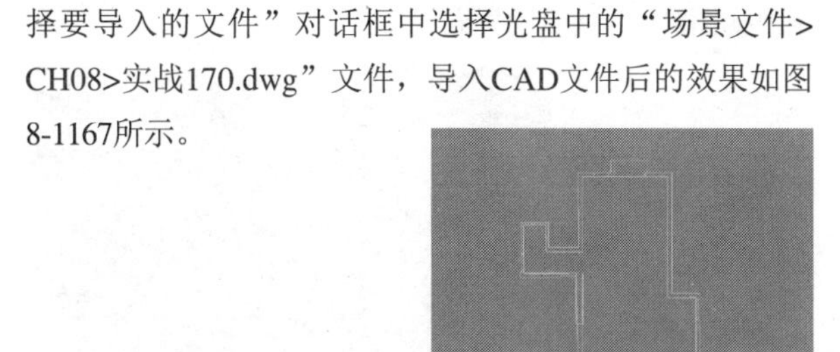

图8-1167

技巧与提示

在实际工作中，客户一般都会提供一个CAD图纸文件（即.dwg文件），然后要求建模师根据图纸中的尺寸创建出模型。另外，这里要说明一点，本例不属于多边形建模的范畴，属于样条线建模，之所以将其安排在这里，是因为本例的制作难度虽然不大，但是对于初学者而已，如果没有进行深入的学习，是比较难制作出实例效果的，因此将其安排为所有建模实例的最后一个。

02 选择所有线，然后单击鼠标右键，接着在弹出的菜单中选择“冻结当前选择”命令，如图8-1168所示。

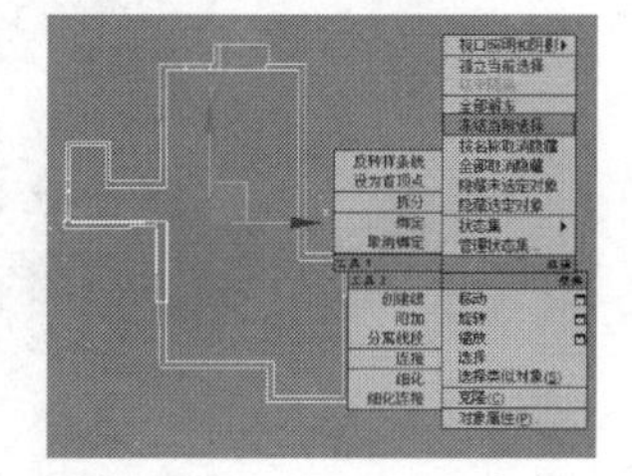

图8-1168

技巧与提示

冻结线后，在绘制线或进行其他操作时，就不用担心操作失误选择到参考线。

03 在“主工具栏”中的“捕捉开关”按钮上单击鼠标右键，然后在弹出的“栅格和捕捉设置”对话框中单击“捕捉”选项卡，接着勾选“顶点”选项，如图8-1169所示，再单击“选项”选项卡，最后勾选“捕捉到冻结对象”和“启用轴约束”选项，如图8-1170所示。

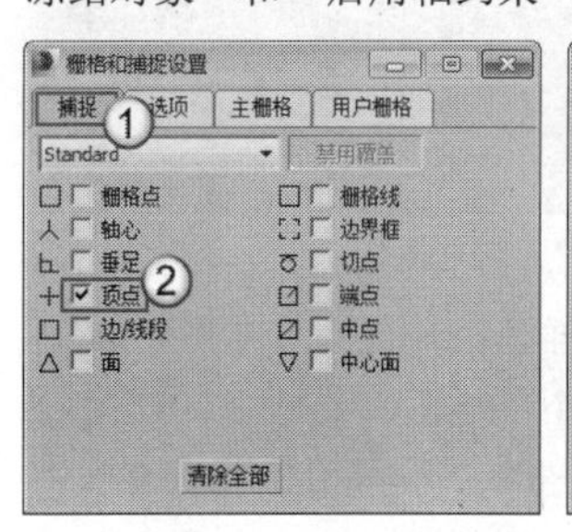

图8-1169

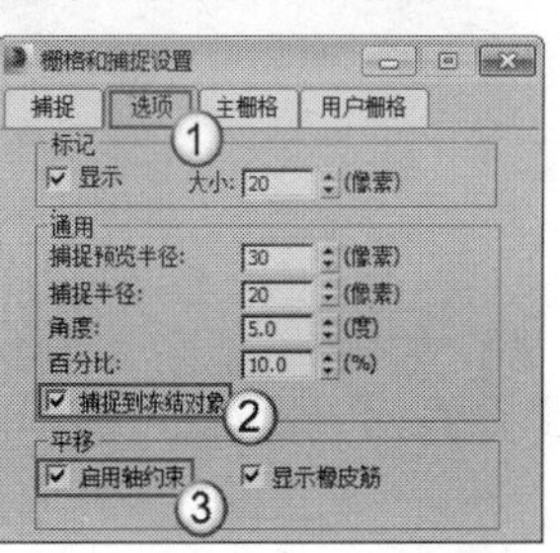

图8-1170

04 按S键激活“捕捉开关”，然后使用“线”工具 线 根据CAD图纸中的线在顶视图中绘制出如图8-1171所示的样条线。

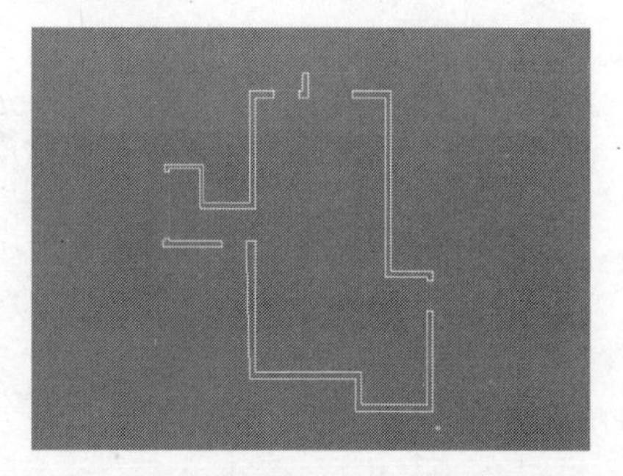

图8-1171

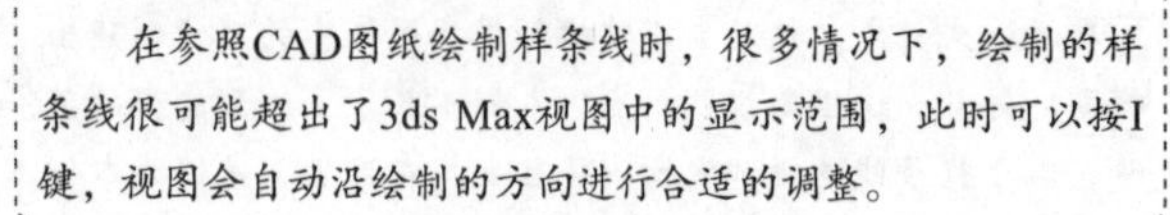

技巧与提示

在参照CAD图纸绘制样条线时，很多情况下，绘制的样条线很可能超出了3ds Max视图中的显示范围，此时可以按I键，视图会自动沿绘制的方向进行合适的调整。

05 选择所有的样条线，然后在“修改器列表”中为其加载一个“挤出”修改器，接着在“参数”卷展栏下设置“数量”为2800mm，具体参数设置及模型效果如图8-1172所示。

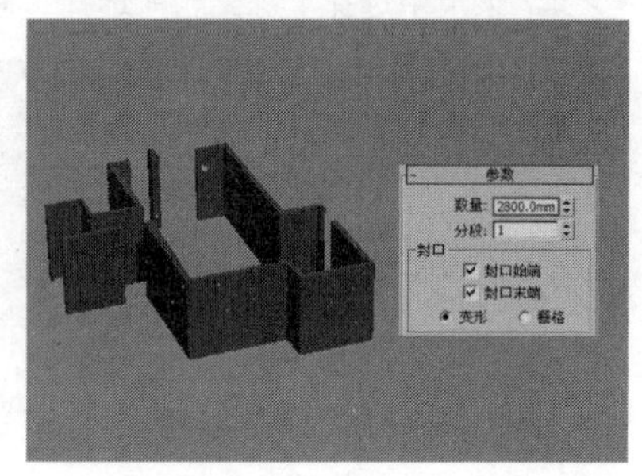

图8-1172

06 使用“矩形”工具 矩形 和“线”工具 线 根据CAD图纸中的线在顶视图中绘制如图8-1173所示的图形（黑色的图形）。

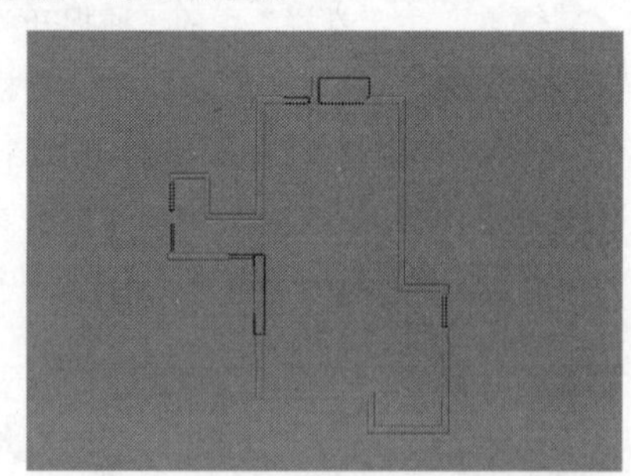

图8-1173

07 选择上一步绘制的样条线，然后在“修改器列表”中为其加载一个“挤出”修改器，接着在“参数”卷展栏下设置“数量”为500mm，具体参数设置及模型效果如图8-1174所示。

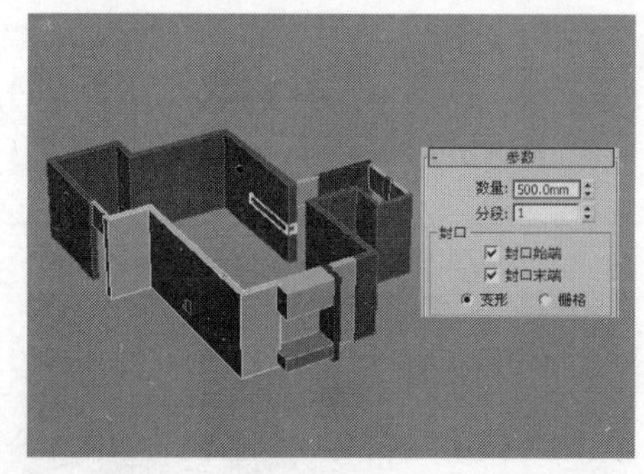

图8-1174

08 继续使用“线”工具 线 根据CAD图纸中的线在顶视图中绘制如图8-1175所示的样条线。由于样条线太多，这里再提供一张孤立选择模式的样条线图，如图8-1176所示。

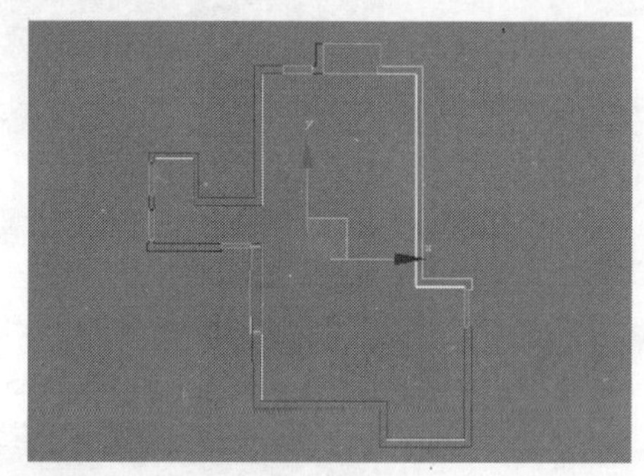

图8-1175

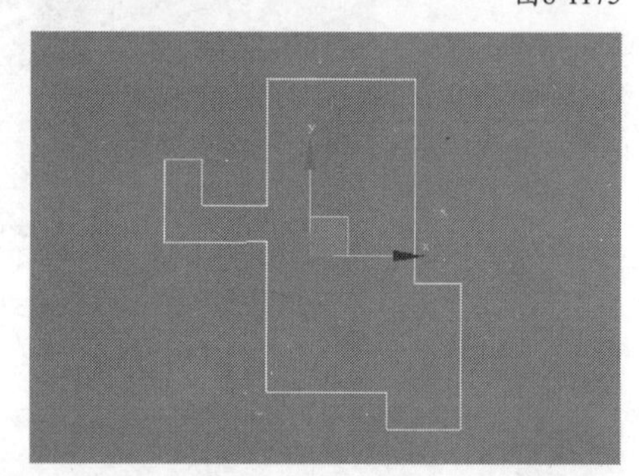

图8-1176

09 在“修改器列表”中为样条线加载一个“挤出”修改器，然后在“参数”卷展栏下设置“数量”为100mm，最终效果如图8-1177所示。

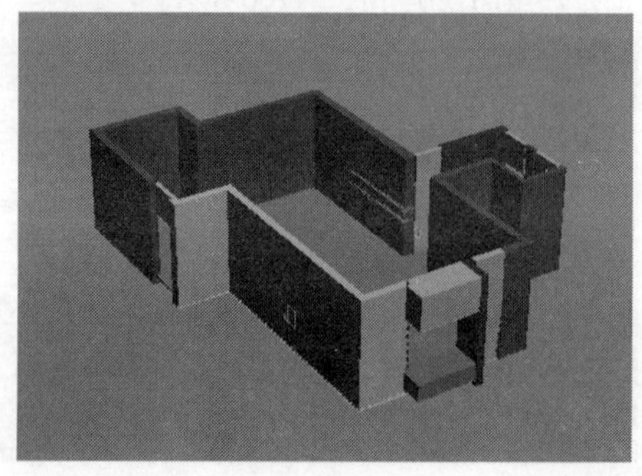

图8-1177

第9章 室内外灯光应用

学习要点：各种常用灯光的使用方法 / 室内外各种灯光的布置思路及相关技巧

家装造型设计师

工业造型设计师

室内设计表现师

建筑设计表现师

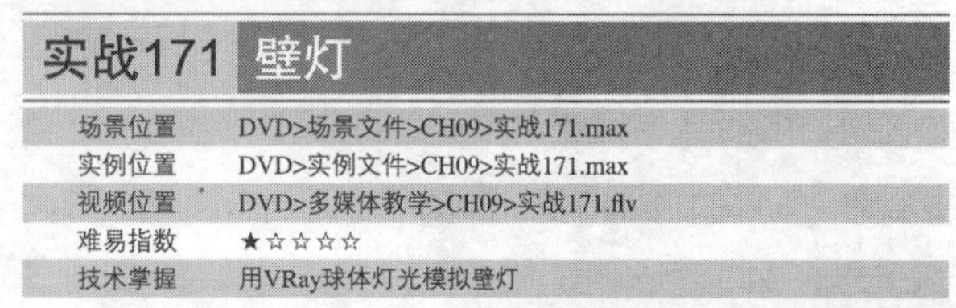

实战171 壁灯

场景位置	DVD>场景文件>CH09>实战171.max
实例位置	DVD>实例文件>CH09>实战171.max
视频位置	DVD>多媒体教学>CH09>实战171.flv
难易指数	★☆☆☆☆
技术掌握	用VRay球体灯光模拟壁灯

壁灯效果如图9-1所示。

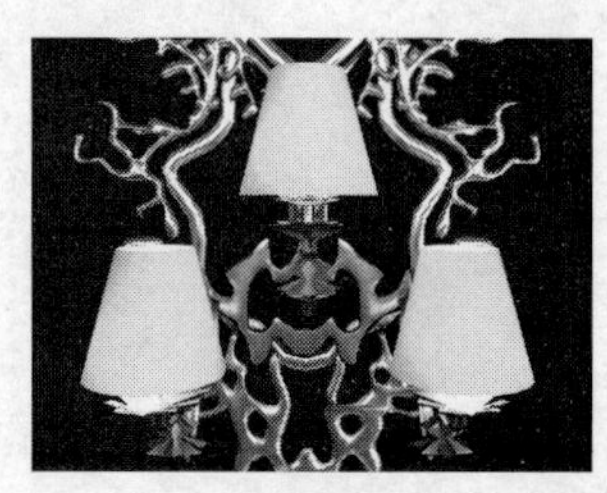

图9-1

01 打开光盘中的“场景文件>CH09>实战171.max”文件，如图9-2所示。

图9-2

技术专题 28 重新链接场景缺失资源

这里要讲解一个在实际工作中非常实用的技术，即追踪场景资源技术。在打开一个场景文件时，往往会缺失贴图、光域网文件。比如，用户在打开本例的场景文件时，会弹出一个“缺少外部文件”对话框，提醒用户缺少外部文件，如图9-3所示。造成这种情况的原因是移动了实例文件或贴图文件的位置（如将其从D盘移动到了E盘），造成3ds Max无法自动识别文件路径。遇到这种情况可以先单击“继续”按钮 继续 ，然后再查找缺失的文件。

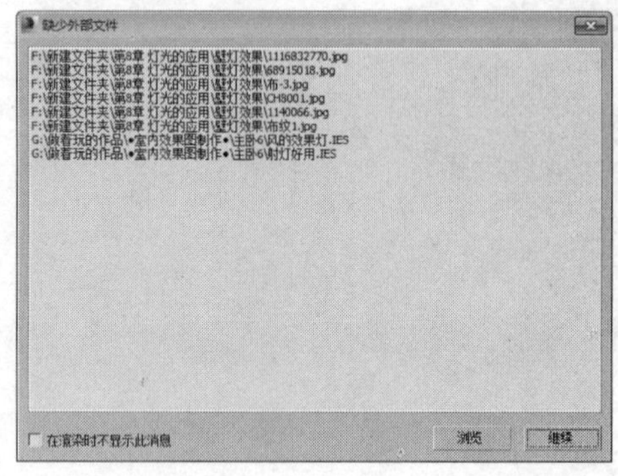

图9-3

域网等文件没有被删除的情况下。

第1种：逐个在“材质编辑器”对话框中的各个材质通道中将贴图路径重新链接好；光域网文件在灯光设置面板中进行链接。这种方法非常繁琐，一般情况下不会使用。

第2种：按Shift+T组合键打开“资源追踪”对话框，如图9-4所示。在该对话框中可以观察到缺失了那些贴图文件或光域网（光度学）文件。这时可以按住Shift键全选缺失的文件，然后单击鼠标右键，在弹出的菜单中选择“设置路径”命令，如图9-5所示，接着在弹出的对话框中链接好文件路径（贴图和光域网等文件最好放在一个文件夹中，另外，也可以直接将文件路径复制到对话框中），如图9-6所示。链接好文件路径以后，有些文件可能仍然显示缺失，这是因为在前期制作中可能有多余的文件，因此3ds Max保留了下来，只要场景贴图齐备即可，如图9-7所示。

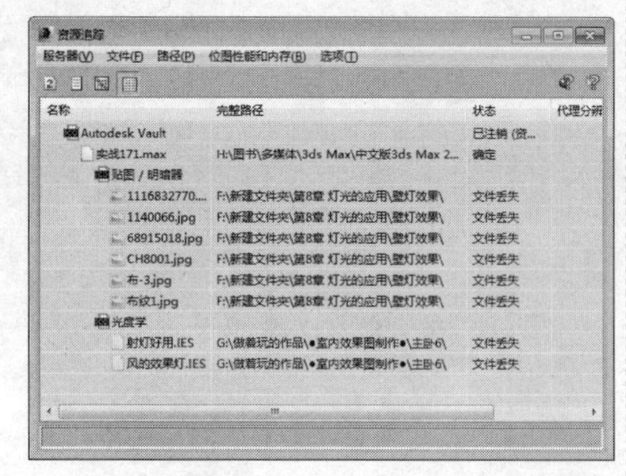

图9-4

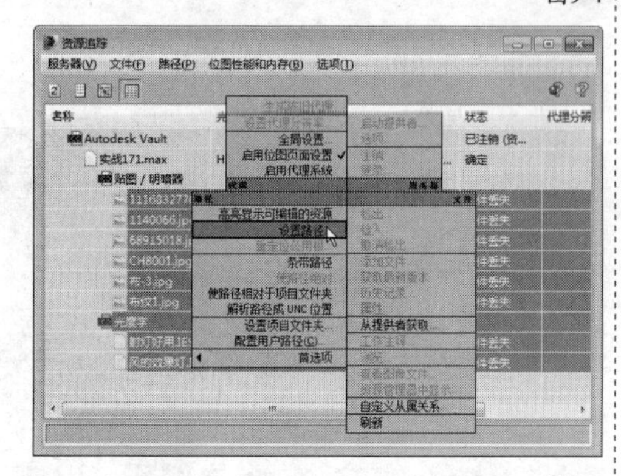

图9-5

图9-6

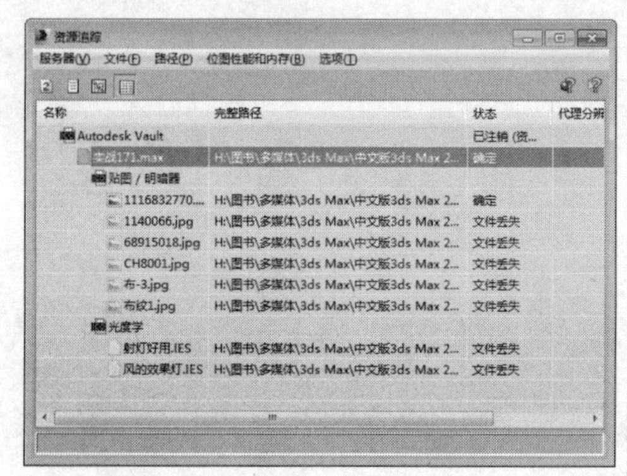

图9-7

02 在“创建”面板中单击“灯光”按钮，然后设置灯光类型为VRay，接着单击“VRay灯光”按钮 VR灯光 ，如图9-8所示，最后在3个灯罩内创建3盏VRay灯光，其位置如图9-9所示。

图9-8

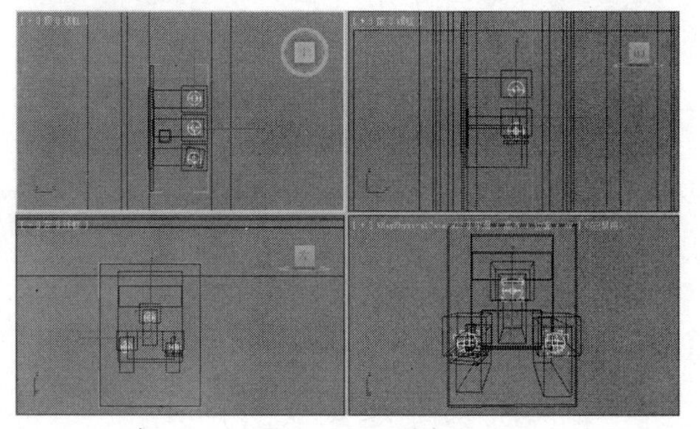
图9-9

技巧与提示

由于这盏灯光的参数完全相同，因此可以先创建一盏灯光，然后采用“实例”复制的方式复制两盏灯光到其他两个灯罩内。这种方法适合具有多盏相同参数，且灯光类型相同的场景中。

03 选择上一步创建的VRay灯光，然后进入“修改”面板，接着展开“参数”卷展栏，具体参数设置如图9-10所示。

设置步骤

① 在“常规”选项组下设置“类型”为“球体”。

② 在“强度”选项组下设置 “倍增”为8，且“颜色”为（红:247，绿:212，蓝:157）。

③ 在“大小”选项组下设置“半径”为6.045mm。

④ 在“选项”选项组勾选“不可见”选项。

⑤ 在“采样”选项组下设置“细分”为15。

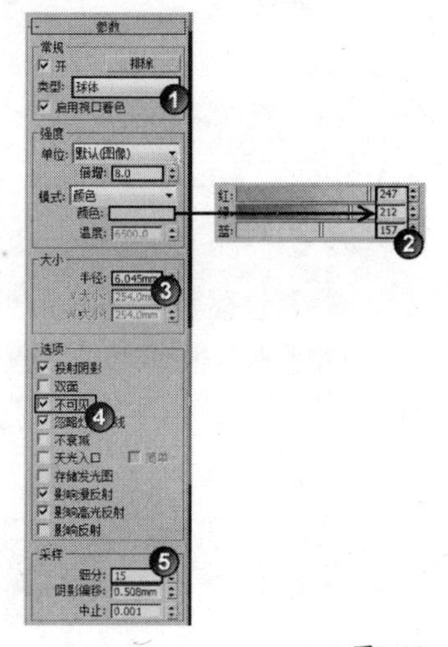
图9-10

技巧与提示

当设置VRay灯光的“类型”为“球体”时，这种灯光就和“标准”灯光中的泛光灯类似。但是VRay灯光的阴影比泛光灯的阴影更加真实，且设置的项目也要少一些。

04 在摄影机视图中按F9键测试渲染当前场景，效果如图9-11所示。

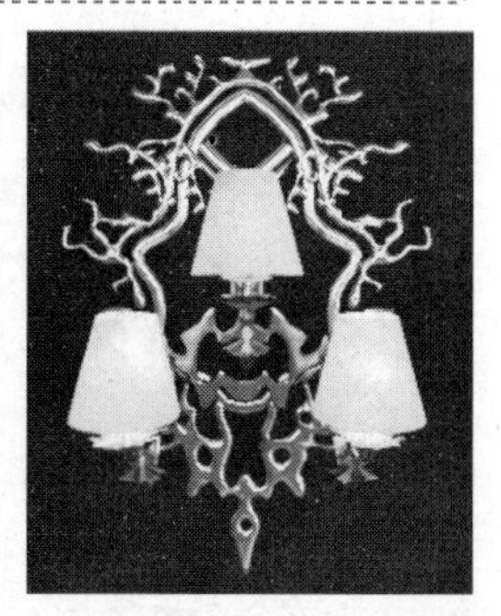
图9-11

05 继续在场景中创建4盏VRay灯光，其位置如图9-12所示。这4盏VRay灯光也可以使用“实例”复制的方法进行创建。

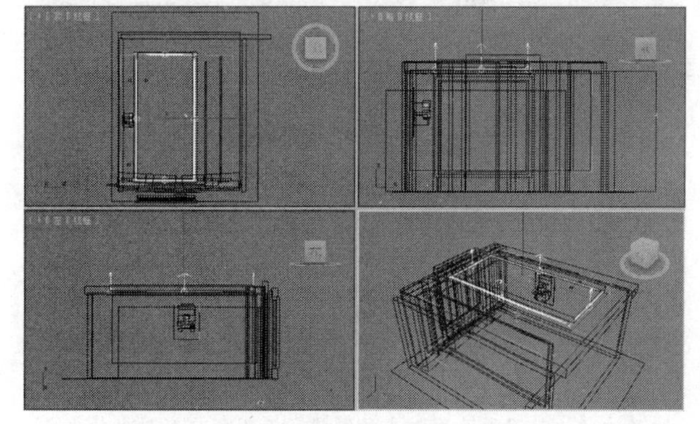
图9-12

技术专题 29 通过缩放改变灯光的尺寸

在实际工作中，为了节省操作时间，在创建相同类型的灯光时，不会一盏一盏去创建，而是先创建一盏灯光，然后根据实际情况来进行复制创建。如果这些灯光的参数设置完全相同，则用“实例”复制的方式进行创建；如果灯光类型相同，但是参数设置不同，则用“复制”复制方式进行创建。在复制创建灯光的过程中，肯定会遇到复制灯光的尺寸不符合所处位置模型的尺寸，这就需要对灯光的尺寸进行修改，但是如果灯光数量非常多，要一盏一盏去修改尺寸参数，将会耗费大量的操作时间。而为了节省时间，可以采用一种简便方法来改变灯光的尺寸，即使用“选择并均匀缩放”工具对灯光的长宽比例进行缩放。下面以本例步骤05中的灯光为例来介绍一下如何缩放灯光的长宽比例。

第1步：先创建一盏VRay灯光，并在“参数”卷展栏下调节好其“大小”参数，使灯光的尺寸大致符合所处位置的模型尺寸，如图9-13所示。

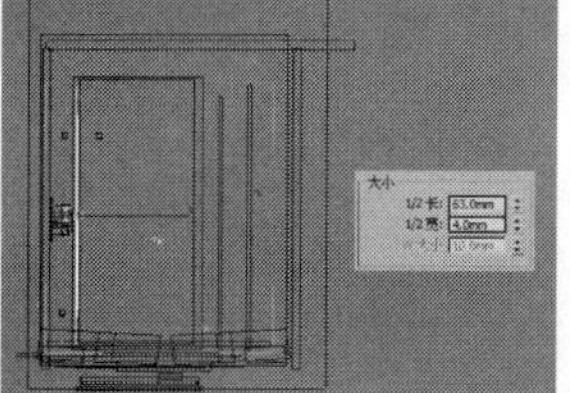
图9-13

第2步：选择创建的VRay灯光，然后按住Shift键使用“选择并移动”工具向右移动复制一盏灯光到另外一侧，接着在弹出的“克隆选项”对话框中设置“对象”为“实例”，如图9-14所示，复制的灯光效果如图9-15所示（注意，此时的灯光尺寸没有改变）。

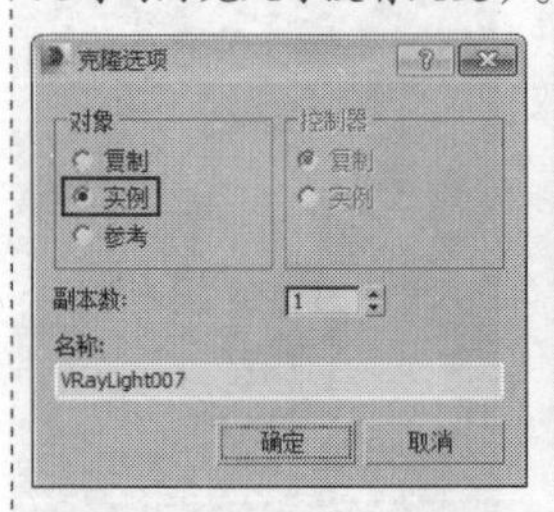

图9-14

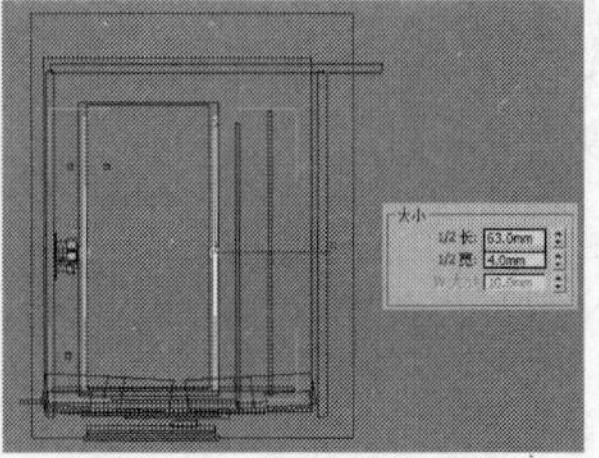

图9-15

第3步：继续向上“实例”复制一盏VRay灯光，如图9-16所示，然后使用“选择并旋转”工具将复制的灯光旋转90°，使其与模型的角度相符，如图9-17所示。

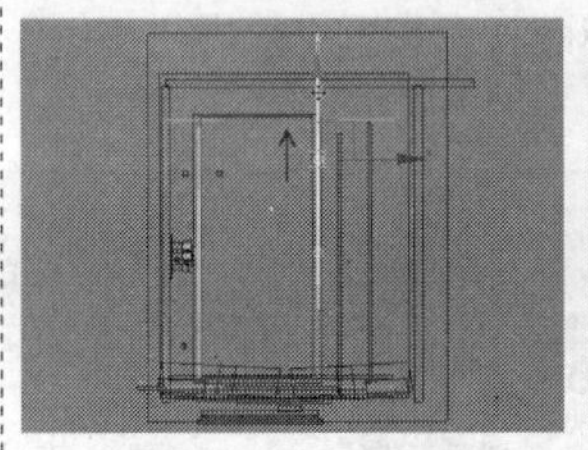

图9-16

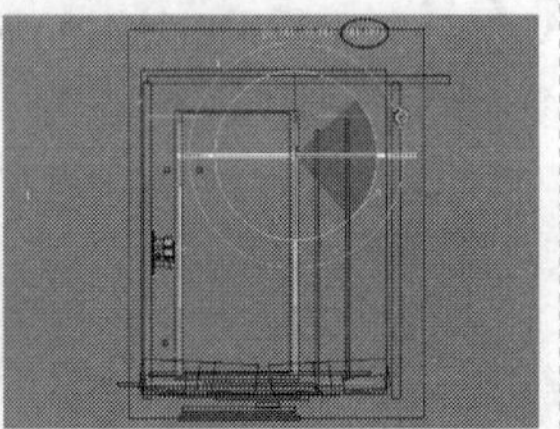

图9 17

第4步：调整复制灯光的位置，使其处于正确的位置，如图9-18所示，然后使用“选择并均匀缩放”工具沿x轴负方向（向内）缩放灯光，使其尺寸与模型尺寸相符，如图9-19所示。注意，在对灯光的尺寸进行缩放后，灯光的“大小”参数并不会改变，还是保持原来的尺寸，也就是说，这种修改尺寸的方法只是改变灯光的形状，而不会改变灯光的大小参数。另外，虽然这盏VRay灯光是通过“实例”复制方式得来的，但是在对齐缩放时，其他灯光的尺寸并不会跟着一起发生改变，这就大大方便了操作。

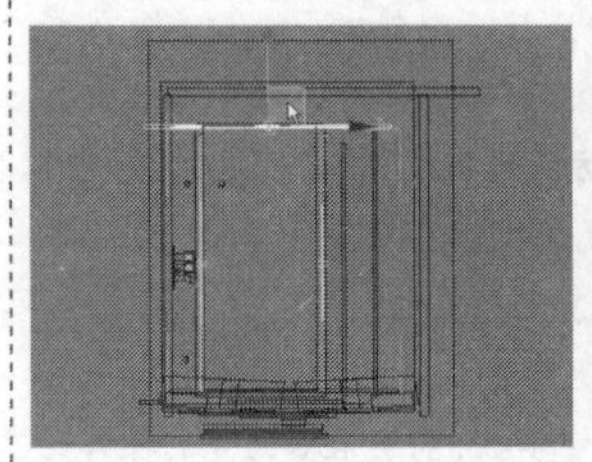

图9-18

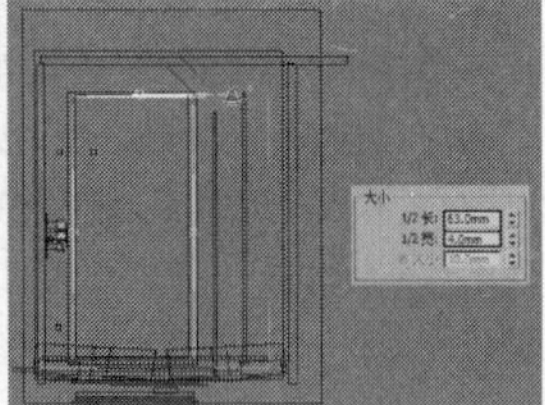

图9-19

第5步：将缩放尺寸后的VRay灯光向下“实例”复制一盏到对应的位置，完成灯光的创建，如图9-20所示。

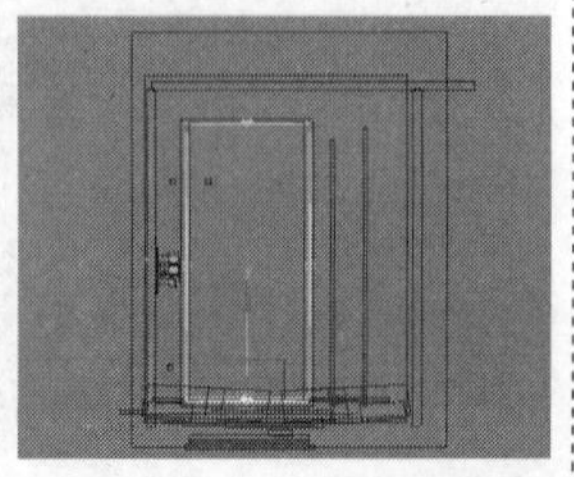

图9-20

这里还要说明一点，通过“实例”复制方式创建的灯光，如果要改变其大小，最好的方法是通过“选择并均匀缩放”工具进行缩放，而不要直接在“参数”卷展栏下的“大小”选项组下进行修改（除非这些灯光的尺寸完全相同），因为一旦修改了其大小，则所有灯光的大小都会跟着改变。比如将其中任意一盏VRay灯光的“1/2宽”数值修改为40mm，则其他3盏灯光也会跟着一起变化，如图9-21所示。

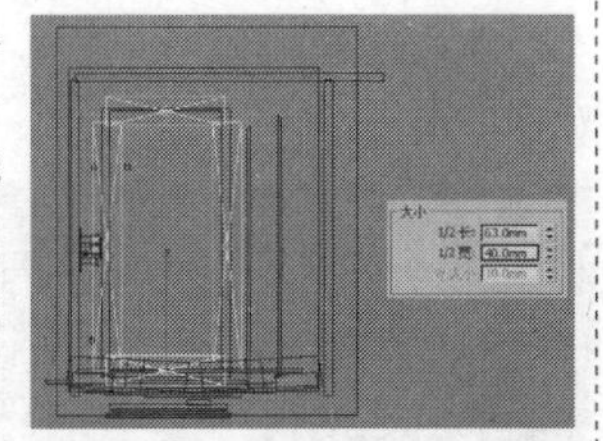

图9-21

06 选择上一步创建的VRay灯光，然后进入“修改”面板，接着展开“参数”卷展栏，具体参数设置如图9-22所示。

设置步骤

① 在“常规”选项组下设置“类型”为“平面”。

② 在“强度”选项组下设置“颜色”为（红:255，绿:214，蓝:143），然后设置“倍增”为0.15。

③ 在“选项”选项组下勾选“不可见”选项。

07 在摄影机视图中按F9键渲染当前场景，最终效果如图9-23所示。

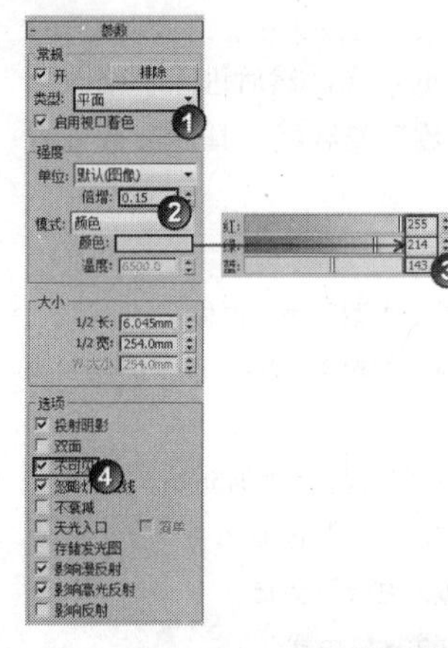

图9-22

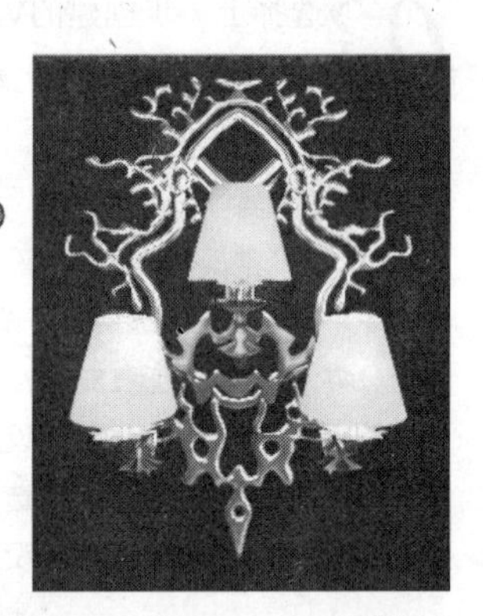

图9-23

实战172 灯泡照明

场景位置	DVD>场景文件>CH09>实战172.max
实例位置	DVD>实例文件>CH09>实战172.max
视频位置	DVD>多媒体教学>CH09>实战172.flv
难易指数	★☆☆☆☆
技术掌握	用VRay球体灯光模拟灯泡照明

灯泡照明效果如图9-24所示。

图9-24

01 打开光盘中的“场景文件>CH09>实战172.max”文件，如图9-25所示。

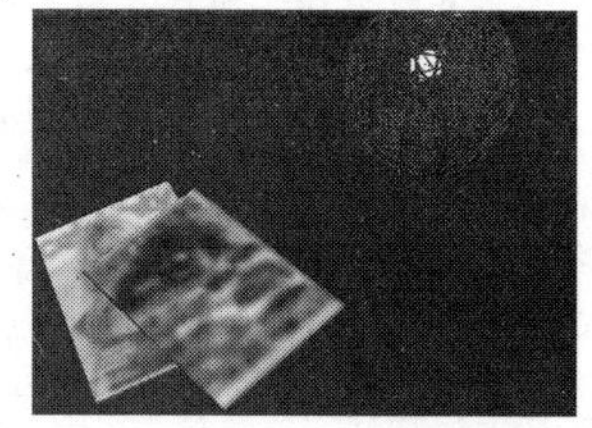

图9-25

02 在“创建”面板中单击“灯光”按钮，然后设置灯光类型为VRay，接着单击“VRay灯光”按钮 VR灯光 ，接着在场景中创建一盏VRay灯光（放在灯罩内），其位置如图9-26所示。

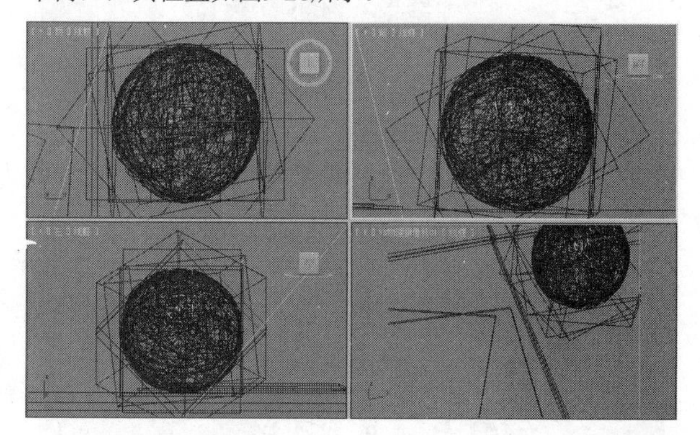

图9-26

03 选择上一步创建的VRay灯光，然后进入“修改”面板，接着展开“参数”卷展栏，具体参数设置如图9-27所示。

设置步骤

① 在“常规”选项组下设置“类型”为“球体”。

② 在“强度”选项组下设置“颜色”为白色（红:255，绿:255，蓝:255），然后设置“倍增”为40。

③ 在“采样”选项组下设置“细分”为30。

04 在摄影机视图中按F9键测试渲染当前场景，效果如图9-28所示。

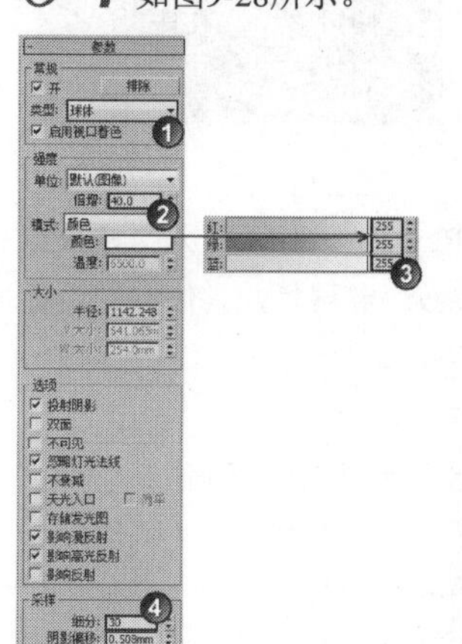

图9-27

图9-28

05 继续在场景中创建一盏VRay灯光，将其放在顶部作为辅助灯光，其位置如图9-29所示。

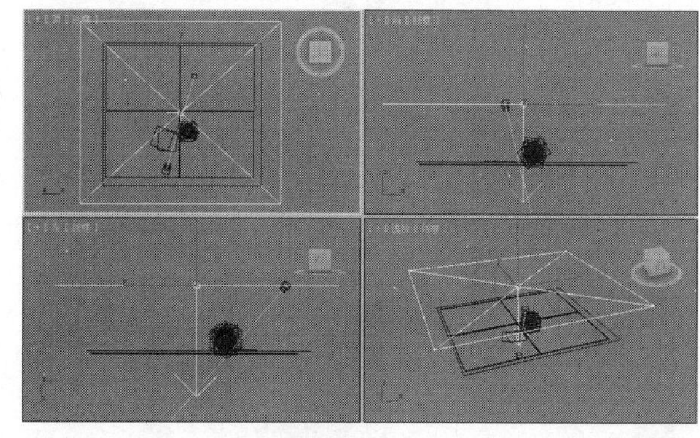

图9-29

06 选择上一步创建的VRay灯光，然后进入“修改”面板，接着展开“参数”卷展栏，具体参数设置如图9-30所示。

设置步骤

① 在“常规”选项组下设置“类型”为“平面”。

② 在“强度”选项组下设置“颜色”为白色（红:255，绿:255，蓝:255），然后设置“倍增”为0.04。

③ 在“大小”选项组下设置“1/2长”为1500mm、“1/2宽”为1400mm。

④ 在“选项”选项组下勾选“不可见”选项。

⑤ 在“采样”选项组下设置“细分”为30。

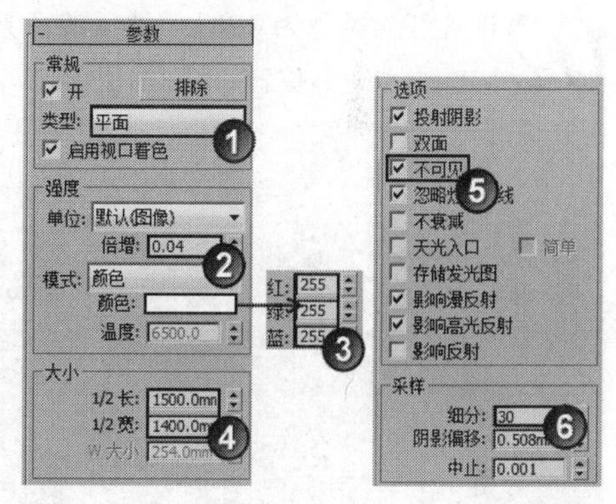

图9-30

技巧与提示

注意，在创建VRay灯光时，一般都要勾选“不可见”选项，这样在最终渲染的效果中才不会出现VRay灯光的形状。

07 在摄影机视图中按F9键渲染当前场景，最终效果如图9-31所示。

图9-31

实战173 灯带

场景位置	DVD>场景文件>CH09>实战173.max
实例位置	DVD>实例文件>CH09>实战173.max
视频位置	DVD>多媒体教学>CH09>实战173.flv
难易指数	★☆☆☆☆
技术掌握	用VRay平面灯光模拟灯带

灯带效果如图9-32所示。

图9-32

01 打开光盘中的“场景文件>CH09>实战173.max”文件，如图9-33所示。

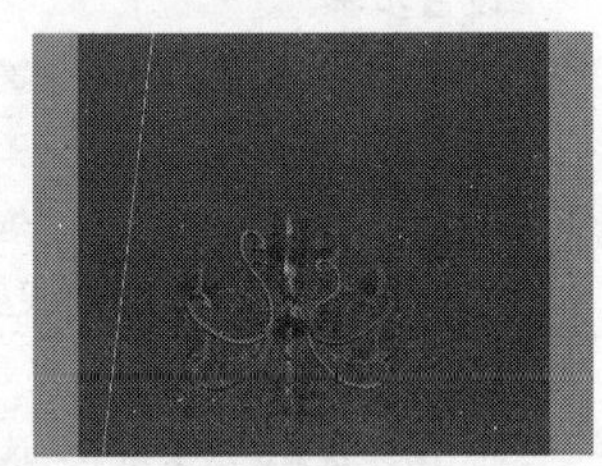
图9-33

02 设置灯光类型为VRay，然后在场景中创建4盏VRay灯光，其位置如图9-34所示。

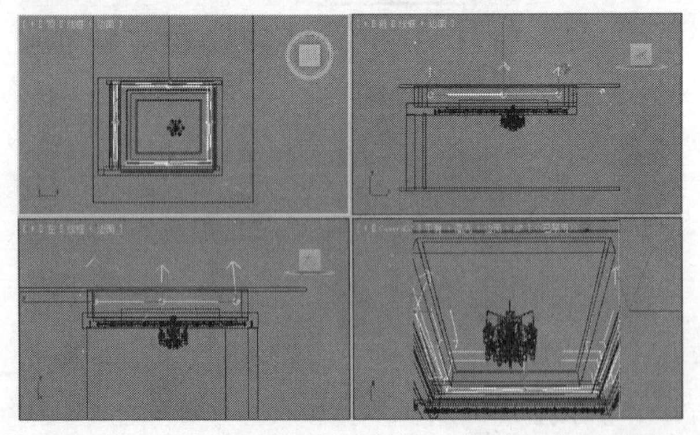
图9-34

技术专题 30 冻结与过滤对象

制作到这里用户可能会发现一个问题，那就是在调整灯光位置时总是会选择到其他物体。这里以图9-35中的场景来介绍两种快速选择灯光的方法。

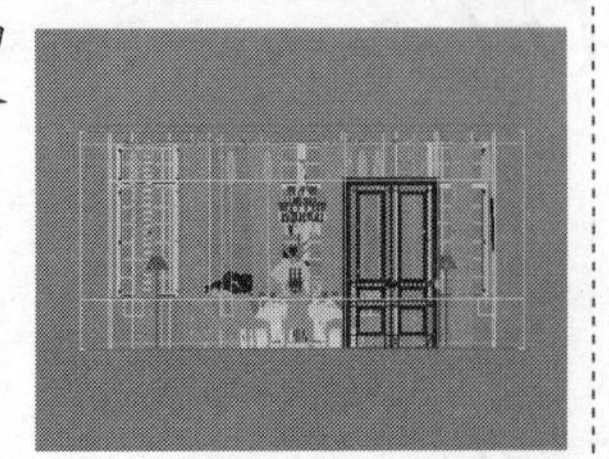
图9-35

第1种：冻结除了灯光外的所有对象。在“主工具栏”中设置“选择过滤器”类型为“G-几何体”，如图9-36所示，然后在视图中框选对象，这样选择的对象全部是几何体，不会选择到其他对象，如图9-37所示。选择好对象以后单击鼠标右键，然后在弹出的菜单中选择“冻结当前选择”命令，如图9-38所示，冻结的对象将以灰色状态显示在视图中，如图9-39所示。将“选择过滤器”类型设置为“全部”，此时无论怎么选择都不会选择到几何体了。另外，如果要解冻对象，可以在视图中单击鼠标右键，然后在弹出的菜单中选择“全部解冻”命令。

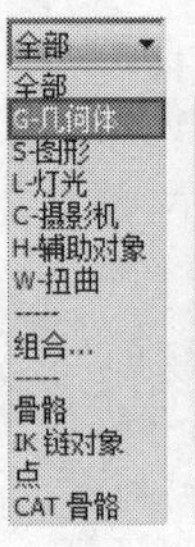

图9-36

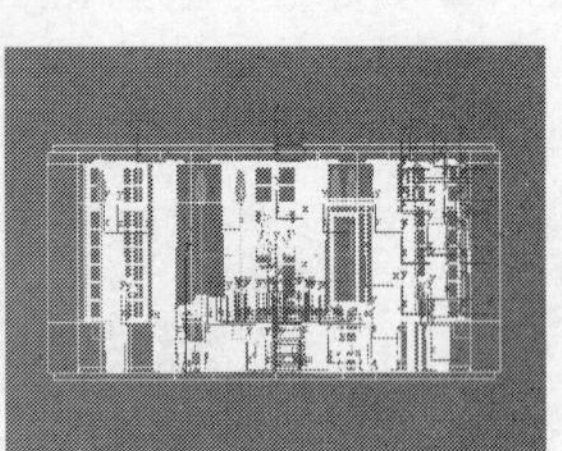
图9-37

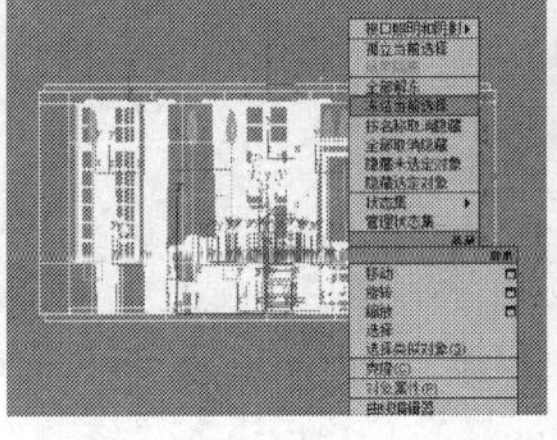
图9-38

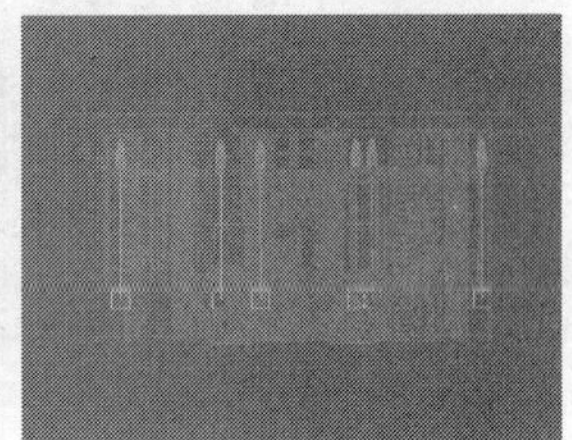
图9-39

第2种：过滤掉灯光外的所有对象。在“主工具栏”中设置“选择过滤器”类型为“L-灯光”，如图9-40所示，这样无论怎么选择，选择的对象永远都只有灯光，不会选择到其他对象，如图9-41所示。

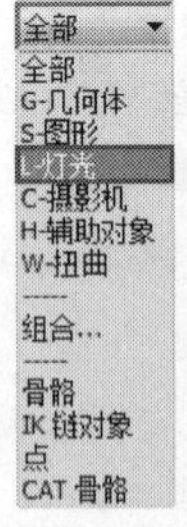

图9-40

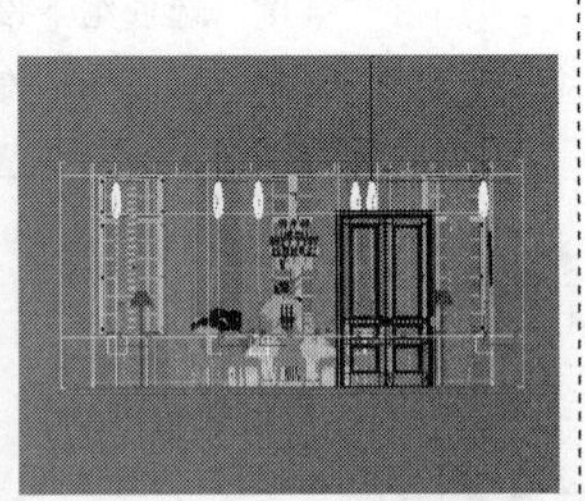
图9-41

03 选择上一步创建的VRay灯光，然后进入“修改”面板，接着展开“参数”卷展栏，具体参数设置如图9-42所示。

设置步骤

① 在“常规”选项组下设置“类型”为“平面”。

② 在“强度”选项组下设置“颜色”为（红:255，绿:158，蓝:71），然后设置“倍增”为30。

04 在摄影机视图中按F9键测试渲染当前场景，效果如图9-43所示。

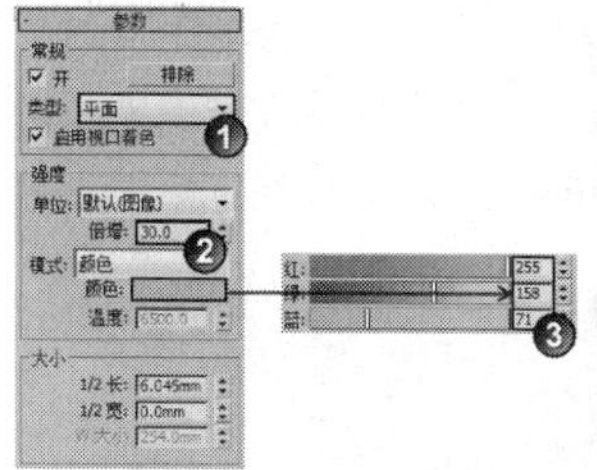
图9-42

图9-43

05 设置灯光类型为“光度学”，然后单击“目标灯光”按钮 目标灯光 ，接着在场景中创建11盏目标灯光，其位置如图9-44所示。

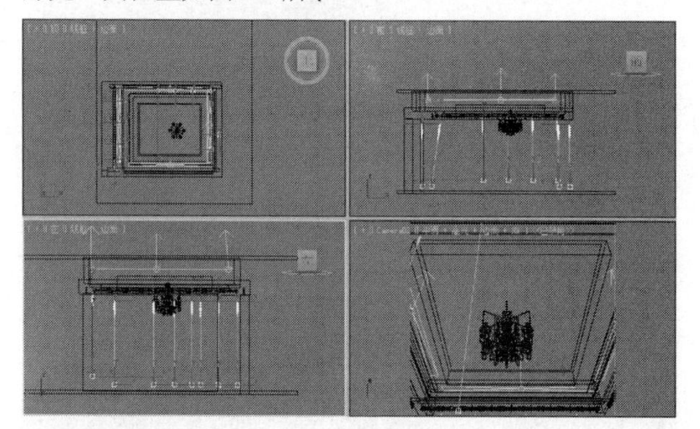
图9-44

06 选择上一步创建的目标灯光光源，然后进入“修改”面板，具体参数设置如图9-45所示。

设置步骤

① 展开“常规参数”卷展栏，然后在“阴影”选项组下勾选“启用”选项，接着设置阴影类型为“阴影贴图”，最后设置“灯光分布（类型）”为“光度学Web”。

② 展开“分布（光度学Web）卷展栏，然后在其通道中加载光盘中的“实例文件>CH09>实战173>中间亮.ies”文件。

③ 展开“强度/颜色/衰减”卷展栏，然后设置“过滤颜色”为（红:255，绿:219，蓝:173），接着设置“强度”为34000。

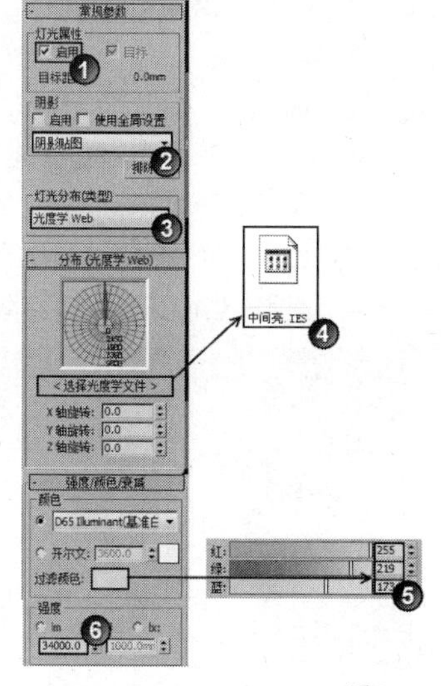
图9-45

技术专题 31 光域网

将“灯光分布（类型）”设置为“光度学Web”后，系统会自动增加一个“分布（光度学Web）”卷展栏，在“分布（光度学Web）”通道中可以加载光域网文件。

光域网是灯光的一种物理性质，用来确定光在空气中的发散方式。

不同的灯光在空气中的发散方式也不相同，比如手电筒会发出一个光束，而壁灯或台灯发出的光又是另外一种形状，这些不同的形状是由灯光自身的特性来决定的，也就是说这些形状是由光域网造成的。灯光之所以会产生不同的图案，是因为每种灯在出厂时，厂家都要对每种灯指定不同的光域网。在3ds Max中，如果为灯光指定一个特殊的文件，就可以产生与现实生活中相同的发散效果，这种特殊文件的标准格式为.ies，图9-46所示的是一些不同光域网的显示形态，图9-47所示的是这些光域网的渲染效果。

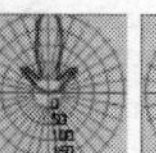
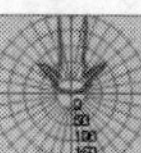
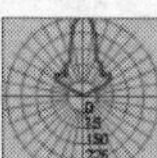
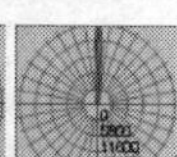
图9-46

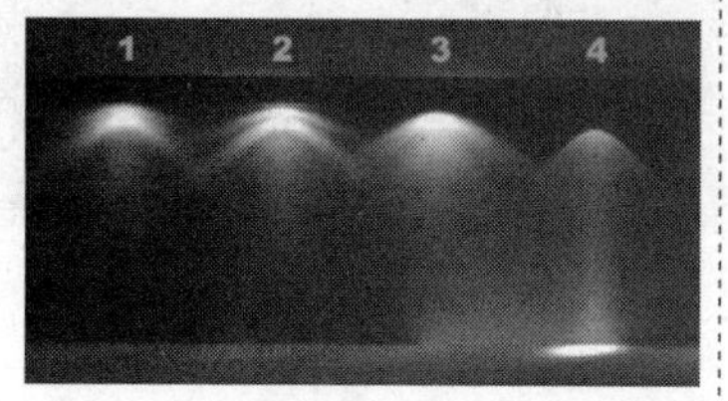

图9-47

07 在摄影机视图中按F9键渲染当前场景，最终效果如图9-48所示。

图9-48

实战174 吊灯

场景位置	DVD>场景文件>CH09>实战174.max
实例位置	DVD>实例文件>CH09>实战174.max
视频位置	DVD>多媒体教学>CH09>实战174.flv
难易指数	★☆☆☆☆
技术掌握	用VRay球体灯光和平面灯光模拟吊灯照明

吊灯照明效果如图9-49所示。

图9-49

01 打开光盘中的“场景文件>CH09>实战174.max”文件，如图9-50所示。

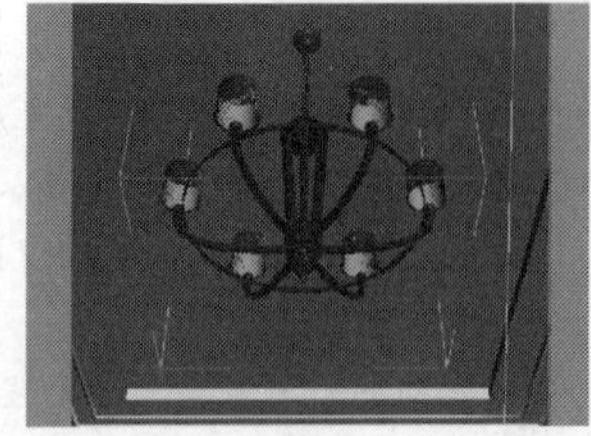

图9-50

02 设置灯光类型为VRay，然后在灯罩内创建6盏VRay灯光，其位置如图9-51所示。

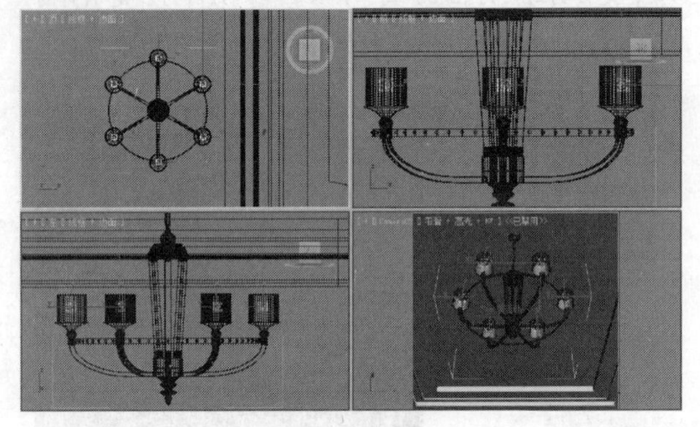

图9-51

技巧与提示

注意，这6盏灯光的参数设置均相同，因此只需要先创建其中一盏，然后通过“实例”复制出另外5盏，这样在修改其中任何一盏灯光的参数时，其他的灯光参数均会产生相同的变化。另外，在本章中的其他实例中，如果一次性创建多盏相同的灯光，大多都采用这种创建方式。

03 选择上一步创建的任意一盏VRay灯光，然后进入“修改”面板，接着展开“参数”卷展栏，具体参数设置如图9-52所示。

设置步骤

① 在“常规”选项组下设置“类型”为“球体”。

② 在“强度”选项组下设置“倍增”为100，然后设置“颜色”为（红:253，绿:184，蓝:76）。

③ 在“大小”选项组下设置“半径”为20mm。

④ 在“选项”选项组下勾选“不可见”选项，然后关闭“影响反射”选项。

⑤ 在“采样”选项组下设置“细分”为20。

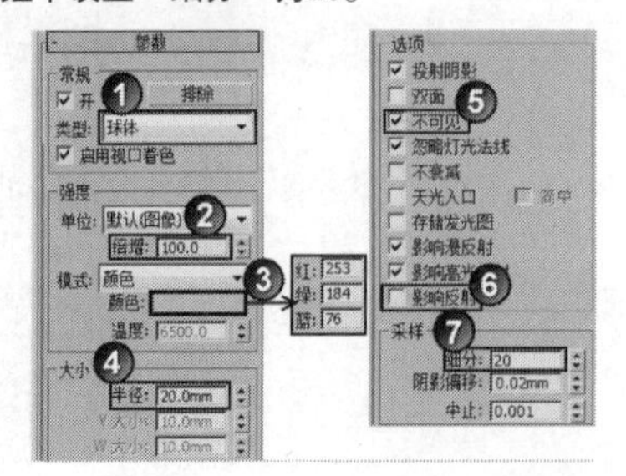

图9-52

04 在摄影机视图中按F9键测试渲染当前场景，效果如图9-53所示。此时可以观察到吊灯产生了照明效果，但由于没有后方灯带的映衬，此时整体效果不太理想。

图9-53

05 继续在光槽内创建4盏VRay灯光作为灯带照明灯光，其位置如图9-54所示。

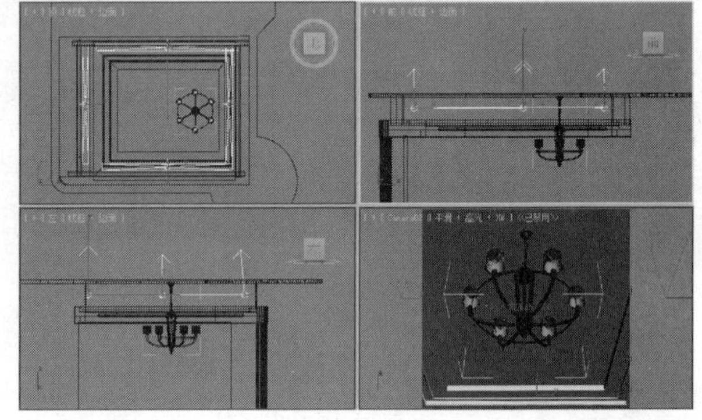

图9-54

06 选择上一步创建的任意一盏VRay灯光，然后进入“修改”面板，接着展开“参数”卷展栏，具体参数设置如图9-55所示。

设置步骤

① 在“常规”选项组下设置“类型”为“平面”。

② 在“强度”选项组下设置“倍增”为2，然后设置“颜色”为（红:255，绿:158，蓝:71）。

③ 在“大小”选项组下设置“1/2长”为2500mm、“1/2宽”为120mm。

④ 在“选项”选项组勾选“不可见”选项。

⑤ 在“采样”选项组下设置“细分”为16。

07 在透视图中按C键切换到摄影机视图，然后按F9键渲染当前场景，最终效果如图9-56所示。

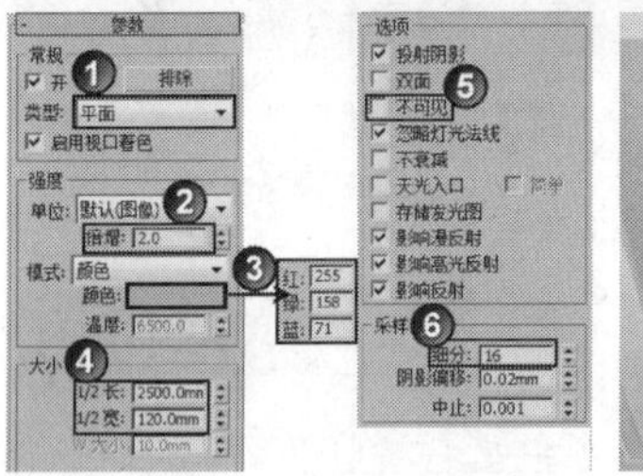

图9-55

图9-56

实战175 灯箱照明

场景位置	DVD>场景文件>CH09>实战175.max
实例位置	DVD>实例文件>CH09>实战175.max
视频位置	DVD>多媒体教学>CH09>实战175.flv
难易指数	★★☆☆☆
技术掌握	用VRay灯光材质和VRay平面灯光模拟灯箱照明

灯箱照明效果如图9-57所示。

图9-57

01 打开光盘中的“场景文件>CH09>实战175.max”文件，如图9-58所示。

02 在摄影机视图中按F9键测试渲染当前场景，效果如图9-59所示，可以观察到此时的场景非常暗。

图9-58

图9-59

03 按M键打开“材质编辑器”对话框，然后选择一个空白材质球，接着单击“从对象拾取材质”按钮，并吸取灯箱模型内侧的材质，最后在“参数”卷展栏下设置“颜色”的发光强度为6，如图9-60所示。

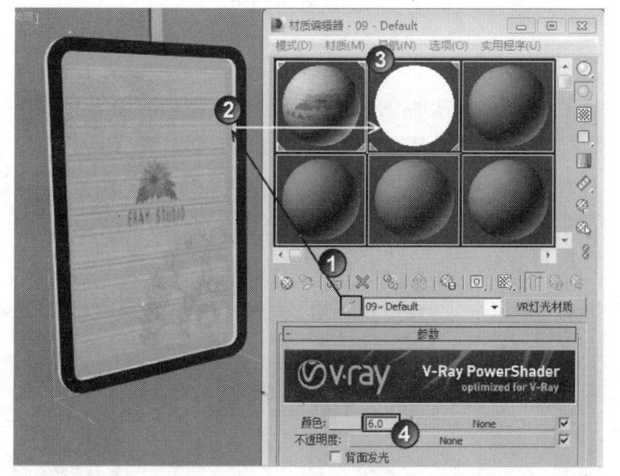

图9-60

技巧与提示 

选择一个材质球以后，使用“从对象拾取材质”工具在场景中单击某个模型的材质，该材质球上的材质就会被这个模型的材质所替换。

04 在摄影机视图中按F9键测试渲染当前场景，效果如图9-61所示。

图9-61

技巧与提示 

从图9-61中可以观察到，“VRay灯光材质”模拟的灯槽发光（灯带）效果还是比较理想的。当然，这个灯带效果也可以使用VRay平面灯光来进行模拟，但是没有“VRay灯光材质”方便。注意，如果是大面积的灯带，最好还是使用VRay灯光来进行模拟，以避免产生大面积的光斑。

05 设置灯光类型为VRay，然后在场景中创建一盏VRay灯光模拟上方的光槽，其位置如图9-62所示。

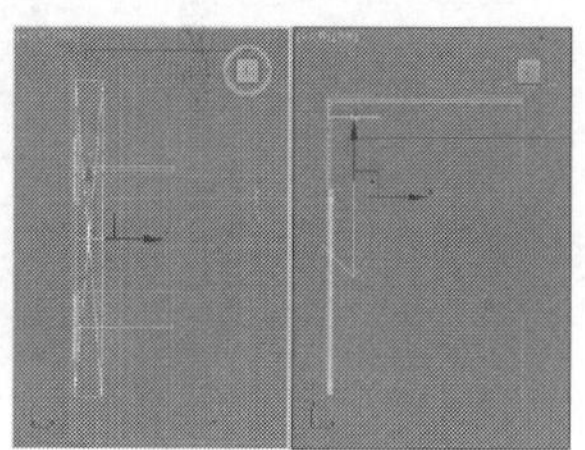

图9-62

06 选择上一步创建的VRay灯光，然后进入“修改”面板，接着展开“参数”卷展栏，具体参数设置如图9-63所示。

设置步骤

① 在“常规”选项组下设置“类型”为“平面”。

② 在“强度”选项组下设置“倍增”为15，然后设置“颜色”为白色。

③ 在“大小”选项组下设置“1/2长”为200mm、“1/2宽”为2000mm。

07 在摄影机视图中按F9键测试渲染当前场景，效果如图9-64所示。此时可以观察到灯箱与灯带都产生了合适的发光效果，下面来调整场景的整体亮度。

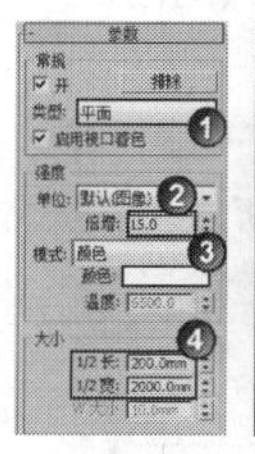

图9-63

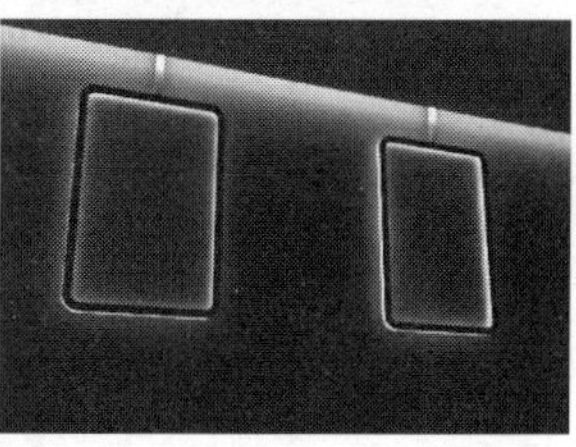

图9-64

08 按F10键打开“渲染设置”对话框，然后单击VRay选项卡，接着在“全局照明环境（天光）覆盖”选项组下勾选“开”选项，并设置“倍增”为1.8，具体参数设置如图9-65所示。

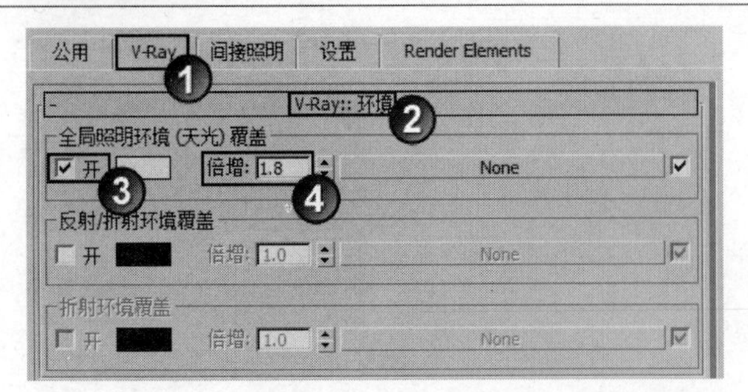

图9-65

技巧与提示

由于当前场景是一个开放场景，十分适于环境光的进入，如图9-66所示。因此，这里可以直接使用了“全局照明环境（天光）覆盖”来快速补充场景的亮度，而没有采用添加灯光的一般制作方法，实际的工作要根据场景的特点来选用更合理的布光方式。

图9-66

09 在透视图中按C键切换到摄影机视图，然后按F9键渲染当前场景，最终效果如图9-67所示。

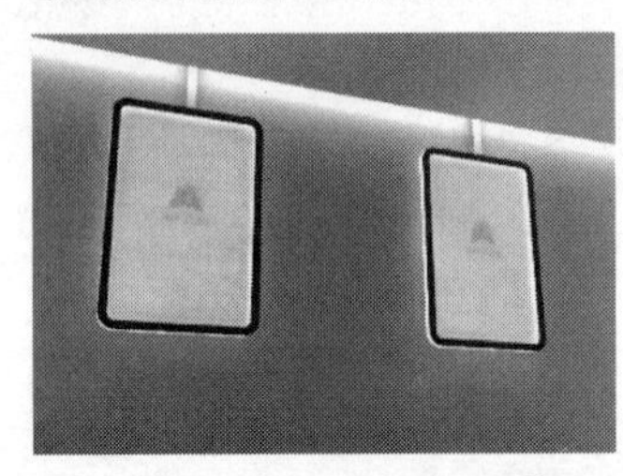

图9-67

实战176 屏幕照明

场景位置	DVD>场景文件>CH09>实战176.max
实例位置	DVD>实例文件>CH09>实战176.max
视频位置	DVD>多媒体教学>CH09>实战176.flv
难易指数	★☆☆☆☆
技术掌握	用VRay平面灯光模拟屏幕发光；用球体灯光模拟台灯

屏幕照明效果如图9-68所示。

图9-68

01 打开光盘中的“场景文件>CH09>实战176.max”文件，如图9-69所示。

02 设置灯光类型为VRay，然后在紧贴电视屏幕的地方创建一盏VRay灯光，其位置与方向如图9-70所示。

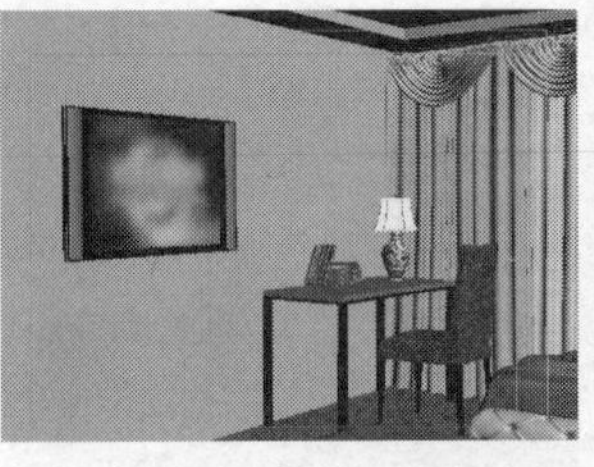

图9-69

图9-70

03 选择上一步创建的VRay灯光，然后进入“修改”面板，接着展开“参数”卷展栏，具体参数设置如图9-71所示。

设置步骤

① 在“常规”选项组下设置“类型”为“平面”。

② 在“强度”选项组下设置“倍增”为30，然后设置“颜色”为（红:111，绿:155，蓝:236）。

③ 在“大小”选项组下设置“1/2长”为44mm、“1/2宽”为26mm。

④ 在“选项”选项组下勾选“不可见”选项。

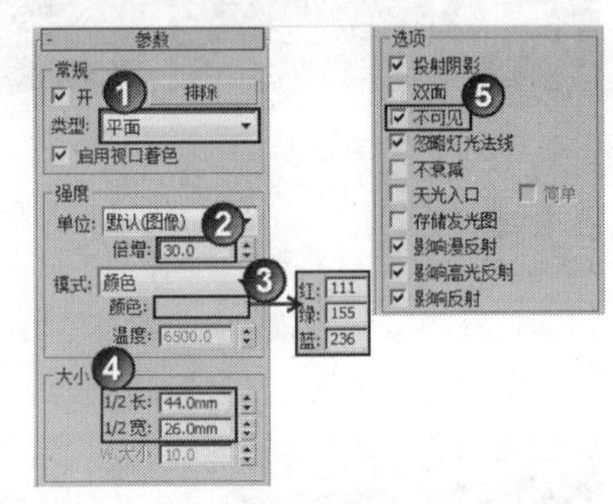

图9-71

04 在摄影机视图中按F9键测试渲染当前场景，效果如图9-72所示。此时可以观察到电视屏幕上已经产生了发光效果，但是场景中的整体亮度还不足。

05 在台灯的灯罩内创建一盏VRay球体灯光，其具体位置如图9-73所示。

图9-72

图9-73

06 选择上一步创建的VRay灯光，然后进入“修改”面板，接着展开“参数”卷展栏，具体参数设置如图9-74所示。

设置步骤

① 在“常规”选项组下设置“类型”为“球体”。

② 在“强度”选项组下设置“倍增”为15，然后设置“颜色”为（红:236，绿:190，蓝:111）。

③ 在“大小”选项组下设置“半径”为5mm。

④ 在“选项”选项组下勾选“不可见”选项。

07 在透视图中按C键切换到摄影机视图，然后按F9键渲染当前场景，最终效果如图9-75所示。

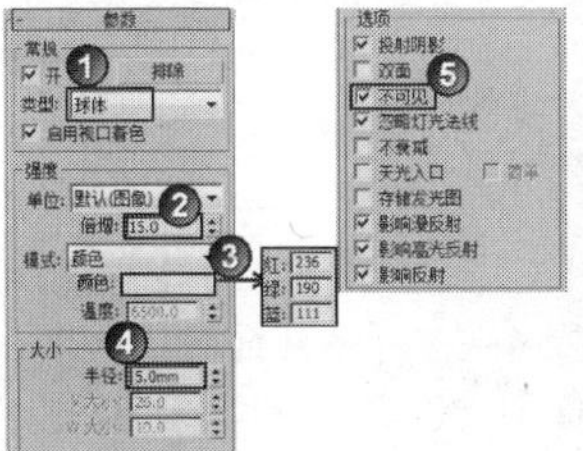

图9-74

图9-75

实战177 射灯

场景位置	DVD>场景文件>CH09>实战177.max
实例位置	DVD>实例文件>CH09>实战177.max
视频位置	DVD>多媒体教学>CH09>实战177.flv
难易指数	★☆☆☆☆
技术掌握	用目标灯光模拟射灯

射灯照明效果如图9-76所示。

图9-76

01 打开光盘中的“场景文件>CH09>实战177.max”文件，如图9-77所示。

02 设置灯光类型为“光度学”，然后在前视图中创建一盏目标灯光，其位置如图9-78所示。

图9-77

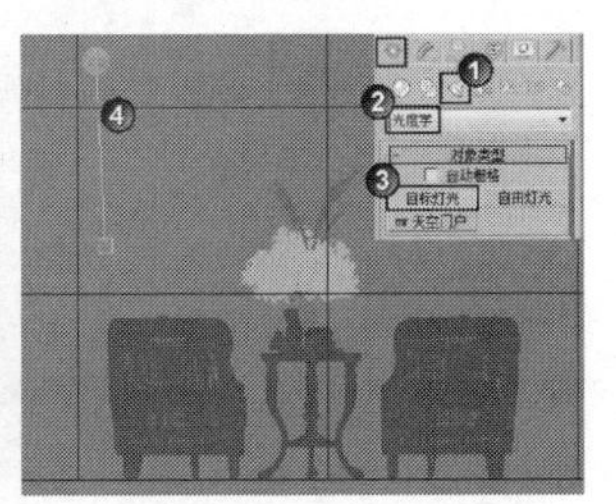

图9-78

03 选择上一步创建的目标灯光，然后进入“修改”面板，具体参数设置如图9-79所示。

设置步骤

① 展开“常规参数”卷展栏，然后在“阴影”选项组下勾选“启用”选项，接着设置阴影类型为“VRay阴影”，最后设置“灯光分布（类型）”为“光度学Web”。

② 展开“分布（光度学Web）”卷展栏，然后在其通道中加载光盘中的“实例文件>CH09>实战177>1.ies”文件。

③ 展开“强度/颜色/衰减”卷展栏，然后设置“过滤颜色”为（红:255，绿:215，蓝:153），接着设置“强度”为30000。

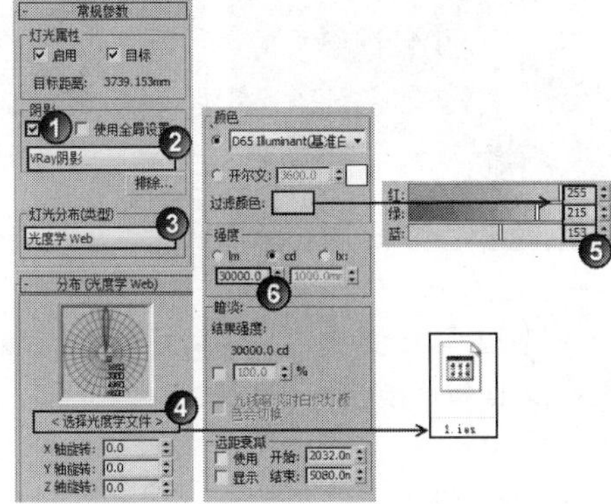

图9-79

04 以“实例”复制方式复制3盏目标灯光到沙发上方的其他位置，如图9-80所示。

05 在摄影机视图中按F9键渲染当前场景，最终效果如图9-81所示。

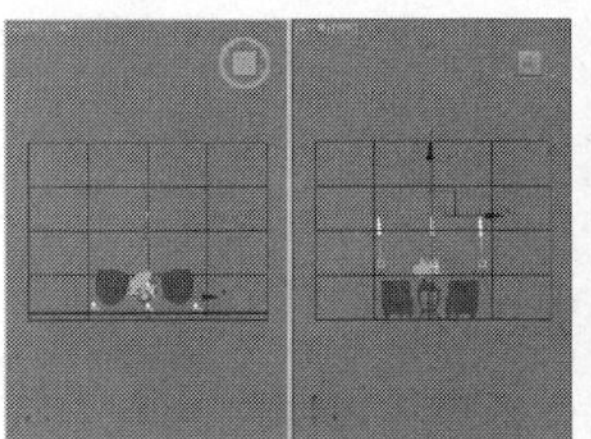

图9-80

图9-81

技巧与提示

在实际工作中，对于射灯（筒灯）的使用有一个小技巧，如果为了突出场景中的某处设计亮点或主题，即使设计中该处正上方并不存在灯位，仍然可以在其上方创建一盏射灯（筒灯）进行针对性照明，如本例花束上方的射灯。

实战178 台灯

场景位置	DVD>场景文件>CH09>实战178.max
实例位置	DVD>实例文件>CH09>实战178.max
视频位置	DVD>多媒体教学>CH09>实战178.flv
难易指数	★☆☆☆☆
技术掌握	用VRay球体灯光模拟台灯；用目标灯光模拟射灯

台灯照明效果如图9-82所示。

图9-82

01 打开光盘中的"场景文件>CH09>实战178.max"文件，如图9-83所示。

02 设置灯光类型为VRay，然后在场景中创建一盏VRay灯光，其位置如图9-84所示。

图9-83

图9-84

03 选择上一步创建的VRay灯光，然后进入"修改"面板，接着展开"参数"卷展栏，具体参数设置如图9-85所示。

设置步骤

① 在"常规"选项组下设置"类型"为"球体"。

② 在"强度"选项组下设置"倍增"为30，然后设置"颜色"为（红:255，绿:219，蓝:161）。

③ 在"大小"选项组下设置"半径"为80mm。

④ 在"选项"选项组下勾选"不可见"选项。

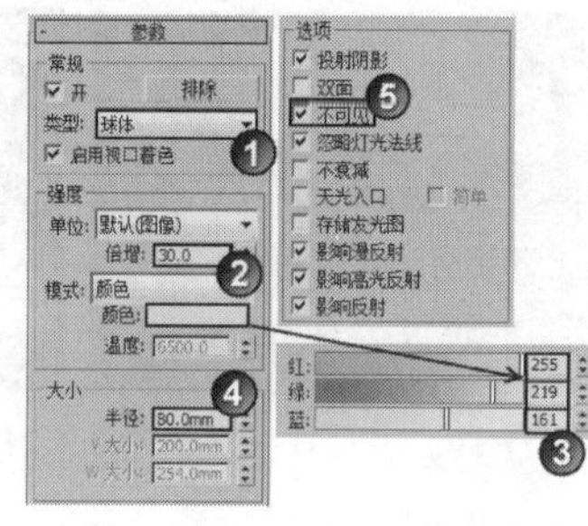

图9-85

04 在摄影机视图中按F9键测试渲染当前场景，效果如图9-86所示。

05 设置灯光类型为"光度学"，然后在沙发的后方创建两盏目标灯光，其位置如图9-87所示。

图9-86

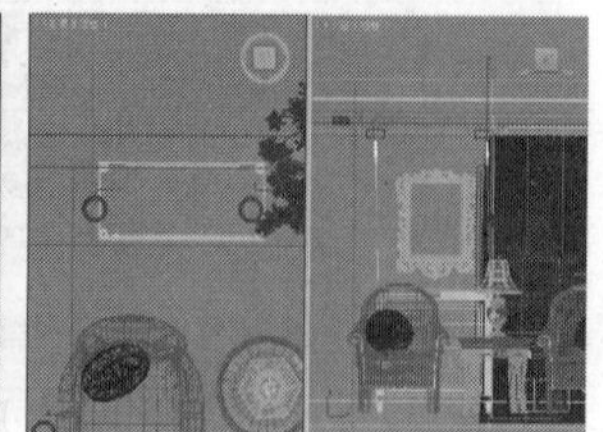

图9-87

06 选择上一步创建的目标灯光，然后进入"修改"面板，具体参数设置如图9-88所示。

设置步骤

① 展开"常规参数"卷展栏，然后在"阴影"选项组下勾选"启用"选项，接着设置阴影类型为"VRay阴影"，最后设置"灯光分布（类型）"为"光度学Web"。

② 展开"分布（光度学Web）卷展栏，然后在其通道中加载光盘中的"实例文件>CH09>实战178>1.ies"文件。

③ 展开"强度/颜色/衰减"卷展栏，然后设置"过滤颜色"为（红:255，绿:201，蓝:116），接着设置"强度"为34000。

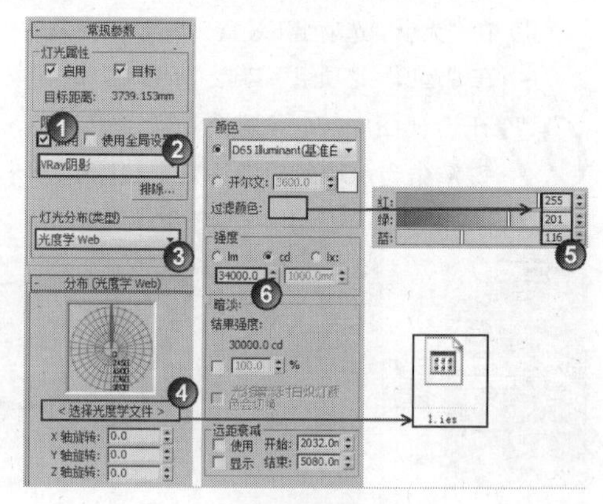

图9-88

07 在透视图中按C键切换到摄影机视图，然后按F9键渲染当前场景，最终效果如图9-89所示。

图9-89

实战179 烛光

场景位置	DVD>场景文件>CH09>实战179.max
实例位置	DVD>实例文件>CH09>实战179.max
视频位置	DVD>多媒体教学>CH09>实战179.flv
难易指数	★☆☆☆☆
技术掌握	用VRay球体灯光模拟烛光

烛光效果如图9-90所示。

图9-90

01 打开光盘中的"场景文件>CH08>实战179.max"文件，如图9-91所示。

图9-91

02 设置灯光类型为VRay，然后在顶视图中创建3盏VRay灯光，接着将其放在蜡烛的火苗处，如图9-92所示。

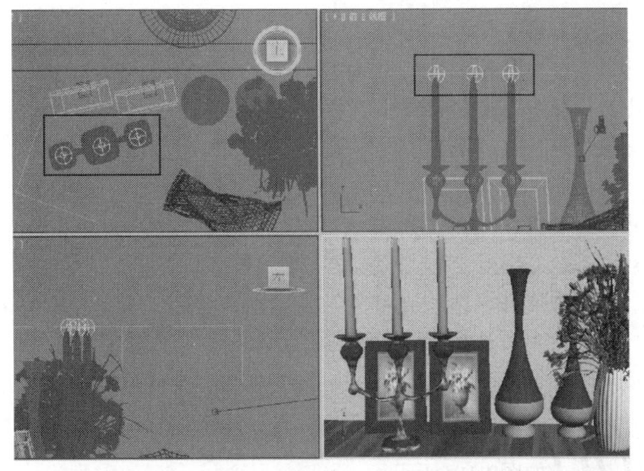

图9-92

03 选择上一步创建的VRay灯光，然后进入“修改”面板，接着展开“参数”卷展栏，具体参数设置如图9-93所示。

设置步骤

① 在“常规”选项组下设置“类型”为“球体”。

② 在“强度”选项组下设置“倍增”为70，然后设置“颜色”为（红:252，绿:166，蓝:17）。

③ 在“大小”选项组下设置“半径”为660mm。

④ 在“选项”选项组下勾选“不可见”选项。

⑤ 在“采样”选项组下设置“细分”为20。

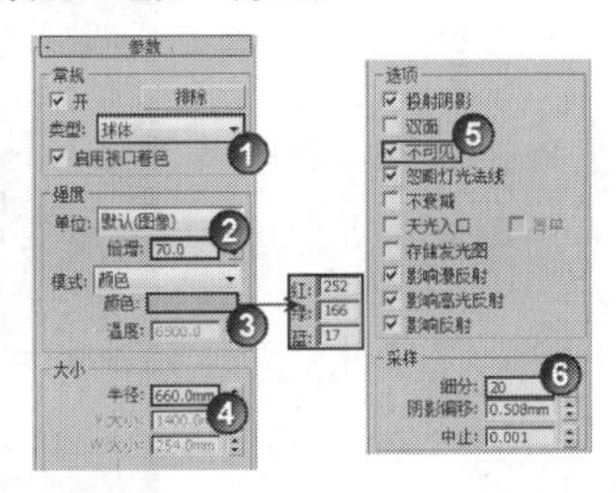

图9-93

04 继续在场景中创建一盏VRay平面光源用于补光，其大小、位置与角度如图9-94所示。

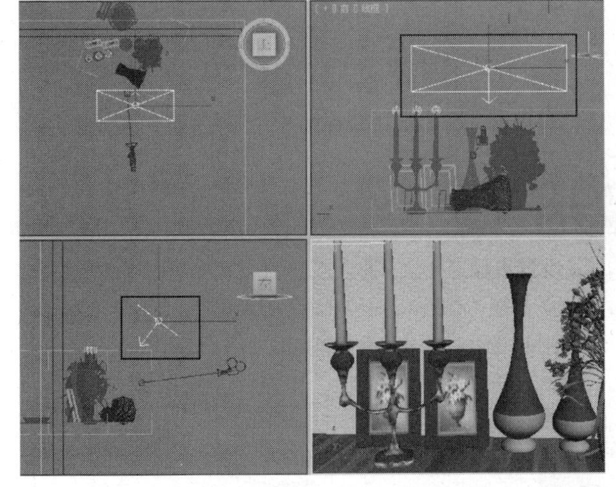

图9-94

05 选择上一步创建的VRay灯光，然后进入“修改”面板，接着展开“参数”卷展栏，具体参数设置如图9-95所示。

设置步骤

① 在“常规”选项组下设置“类型”为“平面”。

② 在“强度”选项组下设置“倍增”为1.5，然后设置“颜色”为白色。

③ 在“大小”选项组下设置“1/2长”为11500mm、“1/2宽”为5590mm。

④ 在“选项”选项组下勾选“不可见”选项。

⑤ 在“采样”选项组下设置“细分”为16。

06 在透视图中按C键切换到摄影机视图，然后按F9键渲染当前场景，最终效果如图9-96所示。

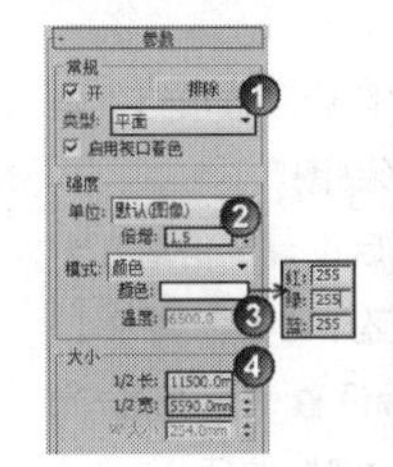

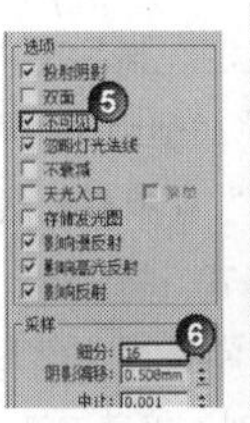

图9-95

图9-96

实战180 舞台灯光

场景位置	DVD>场景文件>CH09>实战180.max
实例位置	DVD>实例文件>CH09>实战180.max
视频位置	DVD>多媒体教学>CH09>实战180.flv
难易指数	★★★☆☆
技术掌握	用目标聚光灯模拟舞台灯光

舞台灯光效果如图9-97所示。

图9-97

01 打开光盘中的“场景文件>CH09>实战180.max”文件，如图9-98所示。

02 设置灯光类型为“标准”，然后单击“目标聚光灯”按钮 目标聚光灯 ，接着在场景中创建9盏目标聚光灯，其位置如图9-99所示。

图9-98

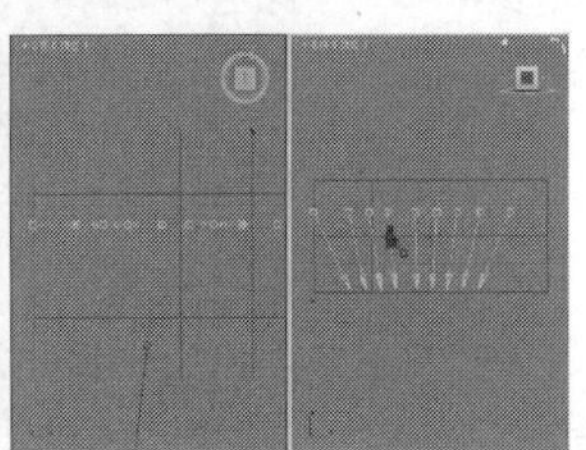

图9-99

技巧与提示

目标聚光灯可以产生一个锥形的照射区域，区域以外的对象不会受到灯光的影响。目标聚光灯由透射点和目标点组成，其方向性非常好，对阴影的塑造能力也很强，如图9-100所示。使用目标聚光灯作为体积光可以模拟各种锥形的光柱效果。

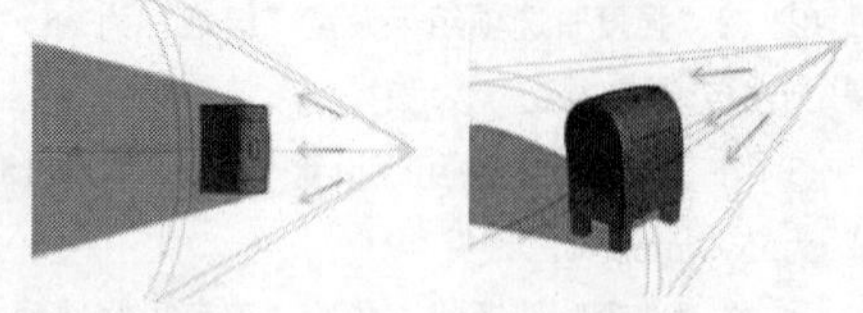

图9-100

03 选择上一步创建的目标聚光灯，然后进入“修改”面板，具体参数设置如图9-101所示。.

设置步骤

① 展开“常规参数”卷展栏，然后在“阴影”选项组下勾选“启用”选项，接着设置阴影类型为“阴影贴图”。

② 展开“强度/颜色/衰减”卷展栏，然后设置“倍增”为10，接着设置“颜色”为（红:172，绿:130，蓝:212）。

③ 展开“聚光灯参数”卷展栏，然后设置“聚光区/光束”为10、“衰减区/区域”为20，接着勾选“圆”选项。

④ 展开“高级效果”卷展栏，然后在“贴图”通道中加载光盘中的“实例文件>CH09>实战180>Volumask.bmp”文件。

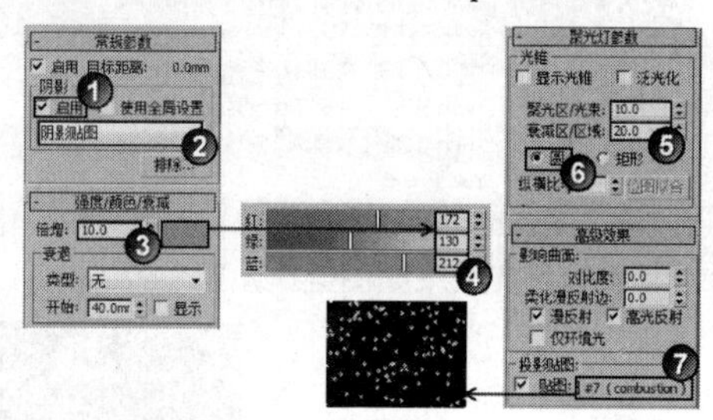

图9-101

技巧与提示

在“贴图”通道中加载黑白贴图后，白色区域就会产生光照，而黑色区域将不会产生光照，这样就很方便地模拟出了舞台灯光的光束效果。

04 按大键盘上的8键打开“环境和效果”对话框，然后单击“环境”选项卡，接着单击“添加”按钮 添加... ，最后在弹出的对话框中选择“体积光”选项，如图9-102所示。

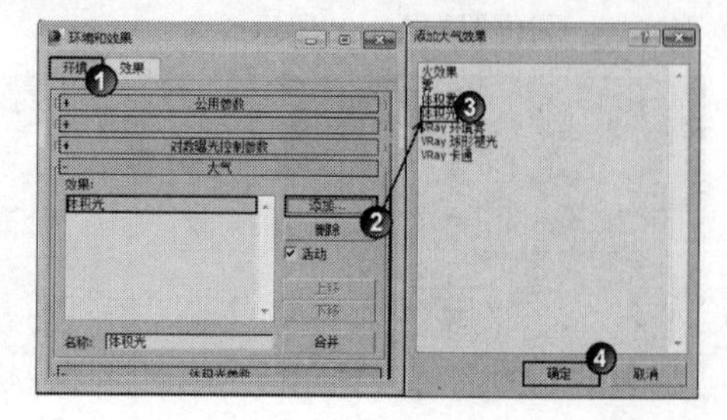

图9-102

技巧与提示

键盘上的数字键分为两种，一种是大键盘上的数字键，另一种是小键盘上的数字键，如图9-103所示。

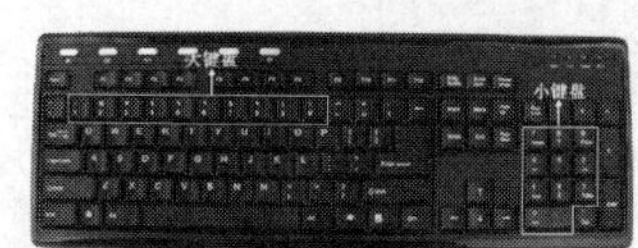

图9-103

05 展开“体积光参数”卷展栏，然后单击“拾取灯光”按钮 拾取灯光 ，接着在场景中拾取所有目标聚光灯，如图9-104所示。

06 在摄影机视图中按F9键测试渲染当前场景，效果如图9-105所示。

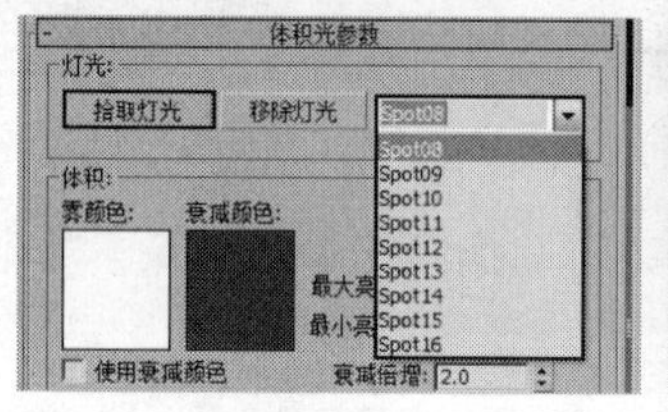

图9-104　图9-105

07 继续分两次在场景中创建6盏目标聚光灯，其方向及位置如图9-106和图9-107所示。

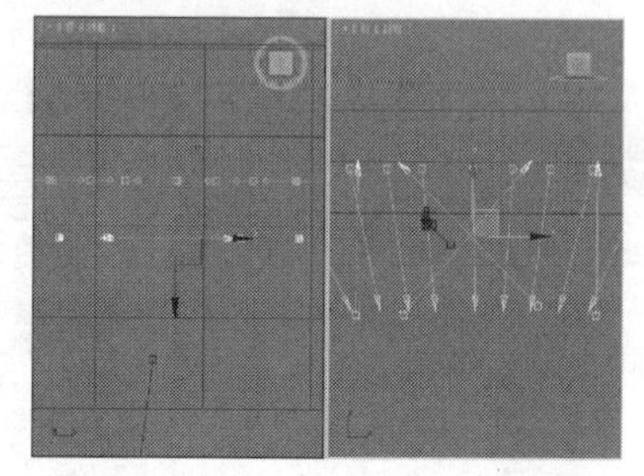

图9-106

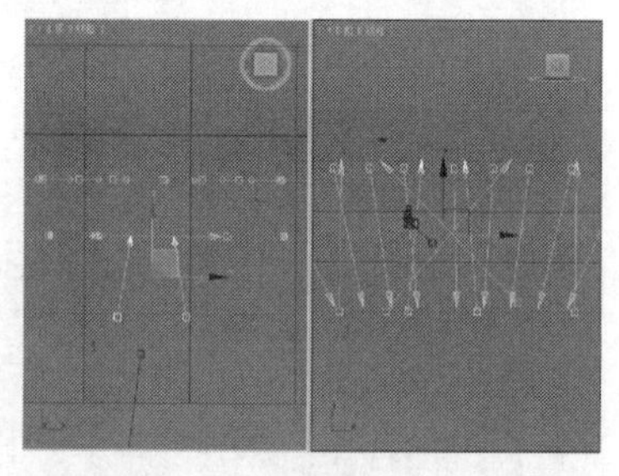

图9-107

08 选择上一步创建的目标聚光灯，然后进入“修改”面板，具体参数设置如图9-107所示。.

设置步骤

① 展开“常规参数”卷展栏，然后在“阴影”选项组下勾选“启用”选项，接着设置阴影类型为“阴影贴图”。

② 展开“强度/颜色/衰减”卷展栏，然后设置“倍增”为5，接着设置“颜色”为（红:130，绿:145，蓝:212）。

③ 展开“聚光灯参数”卷展栏，然后设置“聚光区/光束”为10、“衰减区/区域”为20，接着勾选“圆”选项。

④ 展开“高级效果”卷展栏，然后在“贴图”通道中加载光盘中的“实例文件>CH09>实战180>黑白.bmp”文件。

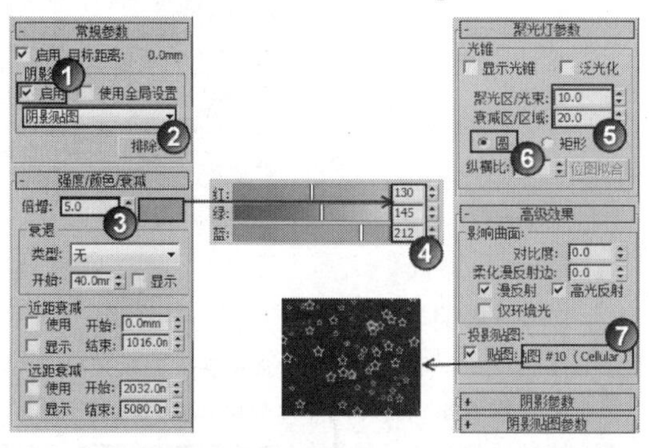

图9-108

09 在透视图中按C键切换到摄影机视图，然后按F9键渲染当前场景，最终效果如图9-109所示。

图9-109

实战181 摄影场景布光

场景位置	DVD>场景文件>CH09>实战181.max
实例位置	DVD>实例文件>CH09>实战181.max
视频位置	DVD>多媒体教学>CH09>实战181.flv
难易指数	★☆☆☆☆
技术掌握	用VRay平面灯光模拟摄影场景布光（三点照明技术）

摄影场景布光效果如图9-110所示。

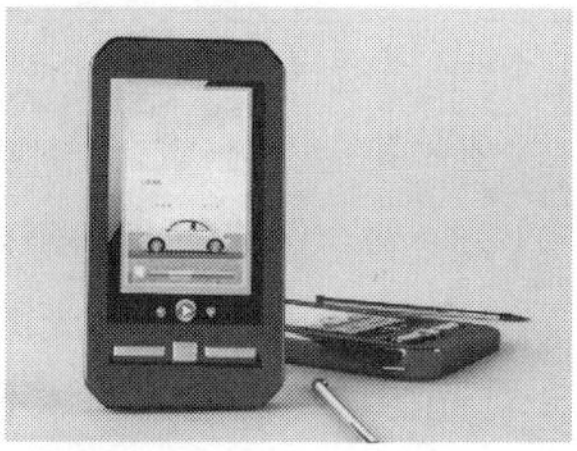

图9-110

01 打开光盘中的“场景文件>CH09>实战181.max”文件，如图9-111所示。

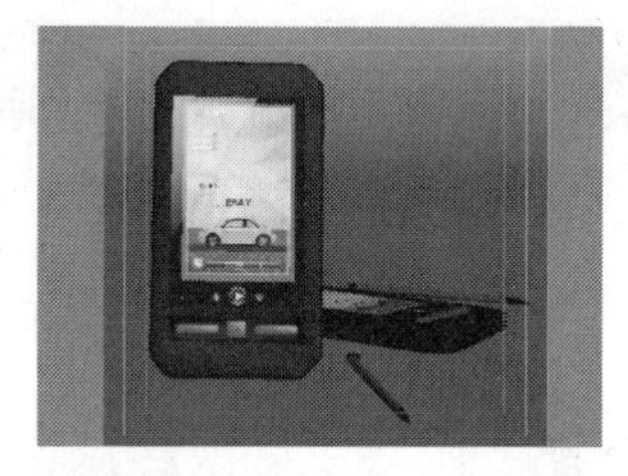

图9-111

02 设置灯光类型为VRay，然后在场景中创建一盏VRay灯光，其位置如图9-112所示。

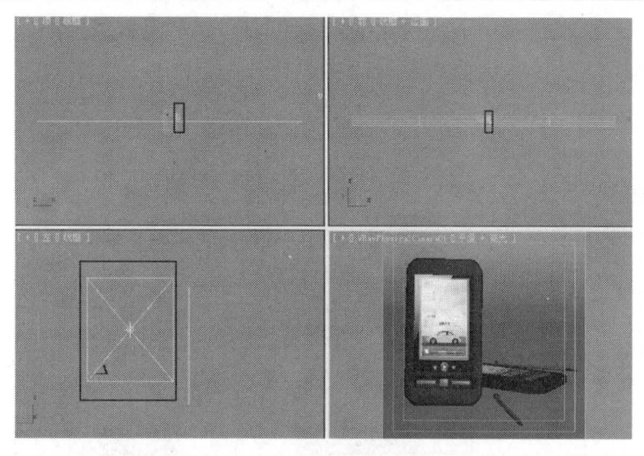

图9-112

03 选择上一步创建的VRay灯光，然后进入“修改”面板，接着展开“参数”卷展栏，具体参数设置如图9-113所示。

设置步骤

① 在“常规”选项组下设置“类型”为“平面”。

② 在“强度”选项组下设置“倍增”为50，然后设置“颜色”为（红:255，绿:253，蓝:245）。

③ 在“大小”选项组下设置“1/2长”为350mm、“1/2宽”为350mm。

④ 在“选项”选项组下勾选“不可见”选项。

04 在摄影机视图中按F9键测试渲染当前场景，效果如图9-114所示。

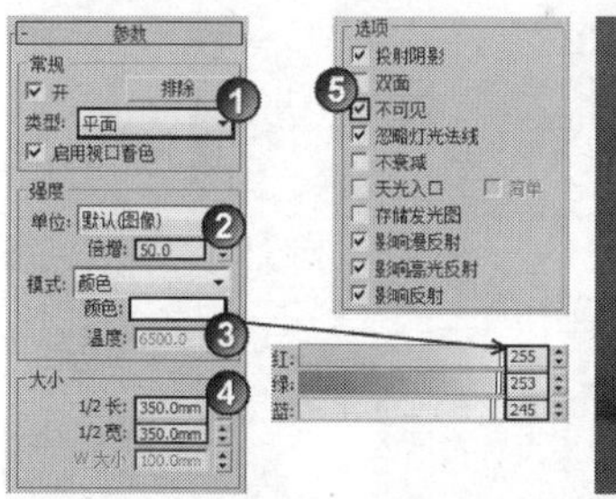

图9-113

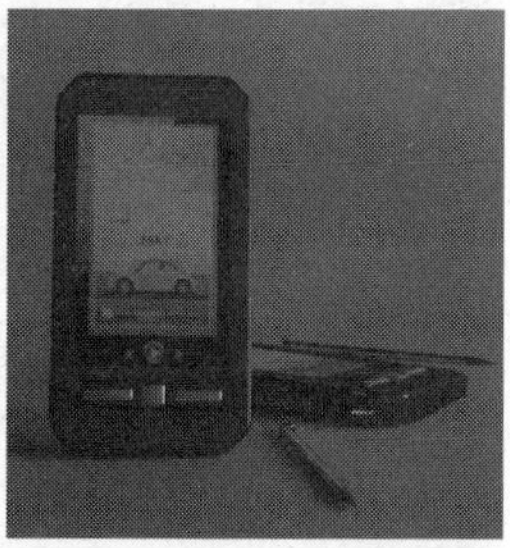

图9-114

05 继续在场景中创建一盏VRay灯光，其位置如图9-115所示。

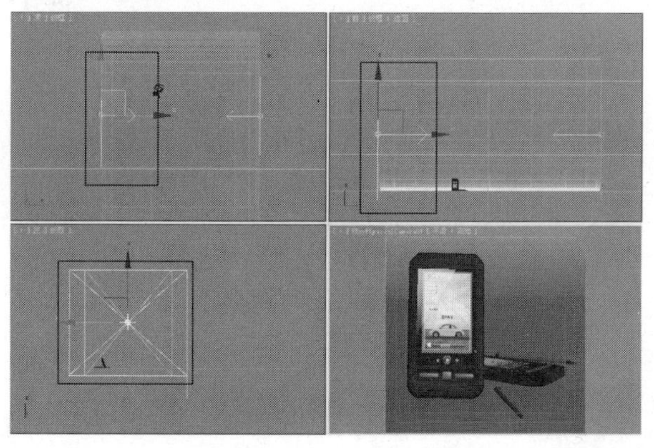

图9-115

06 选择上一步创建的VRay灯光，然后进入“修改”面板，接着展开“参数”卷展栏，具体参数设置如图9-116所示。

设置步骤

① 在“常规”选项组下设置“类型”为“平面”。

② 在“强度”选项组下设置“倍增”为50，然后设置“颜色”为（红:220，绿:235，蓝:255）。

③ 在“大小”选项组下设置“1/2长”为350mm、“1/2宽”为350mm。

④ 在“选项”选项组下勾选“不可见”选项。

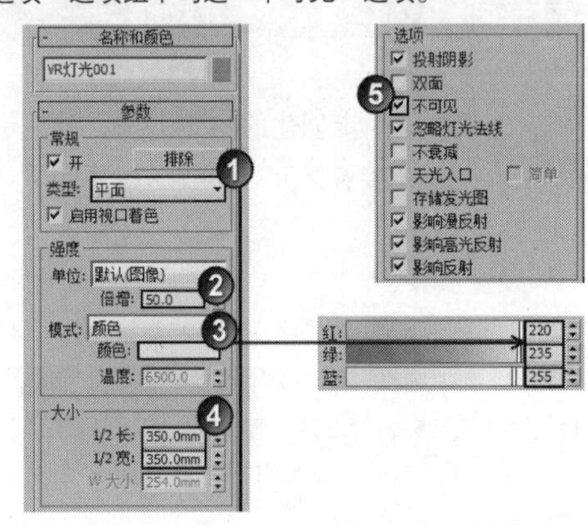

图9-116

07 再次在场景中创建一盏VRay灯光，其位置如图9-117所示。

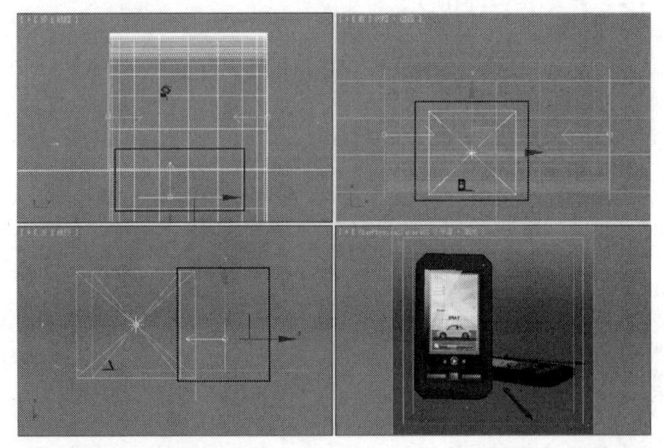

图9-117

08 选择上一步创建的VRay灯光，然后进入“修改”面板，接着展开“参数”卷展栏，具体参数设置如图9-118所示。

设置步骤

① 在“常规”选项组下设置“类型”为“平面”。

② 在“强度”选项组下设置“颜色”为（红:220，绿:235，蓝:255），然后设置“倍增”为85。

③ 在“大小”选项组下设置“1/2长”为350mm、“1/2宽”为350mm。

④ 在“选项”选项组下勾选“不可见”选项，然后关闭“影响反射”选项。

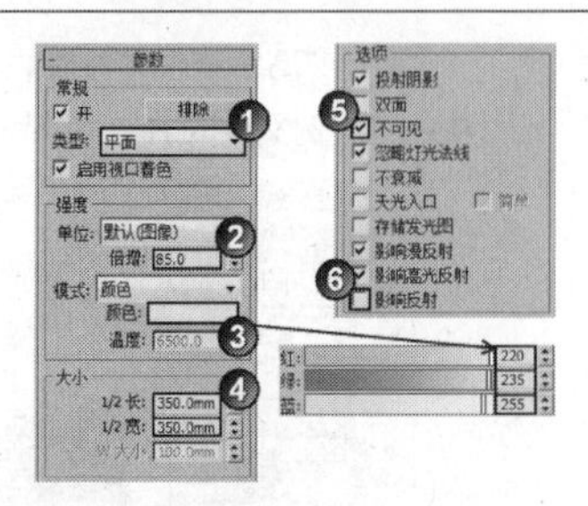

图9-118

技术专题 32 三点照明

本例是一个很典型的三点照明实例，顶部一盏灯光作为主光源，左右各一盏灯光作为辅助灯光，这种布光方法很容易表现物体的细节，很适合用在工业产品的布光中，如图9-119所示。

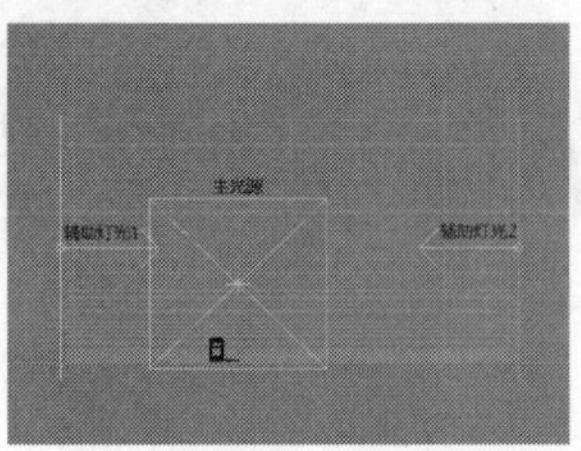

图9-119

09 在摄影机视图中按F9键渲染当前场景，最终效果如图9-120所示。

图9-120

实战182 灯光排除

场景位置	DVD>场景文件>CH09>实战182.max
实例位置	DVD>实例文件>CH09>实战182.max
视频位置	DVD>多媒体教学>CH09>实战182.flv
难易指数	★★☆☆☆
技术掌握	将物体排除于光照之外

在现实世界中，灯光的光与影是不可分开的，即位于灯光照射范围内的物体不但会接受灯光照明，也会投下对应的阴影。在3ds Max中，可以通过灯光排除产生一些超现实的光影效果，如将模型排除在灯光照射范围之外，如图9-121所示；或使灯光范围内的模型只接受照明而不产生投影，如图9-122所示；又或者使灯光范围内的模型只产生投影而不进行照明，如图9-123所示。

图9-121

图9-122

图9-123

01 打开光盘中的“场景文件>CH09>实战182.max”文件，如图9-124所示。

02 设置灯光类型为VRay，然后在场景中创建一盏VRay灯光，其具体位置与角度如图9-125所示。

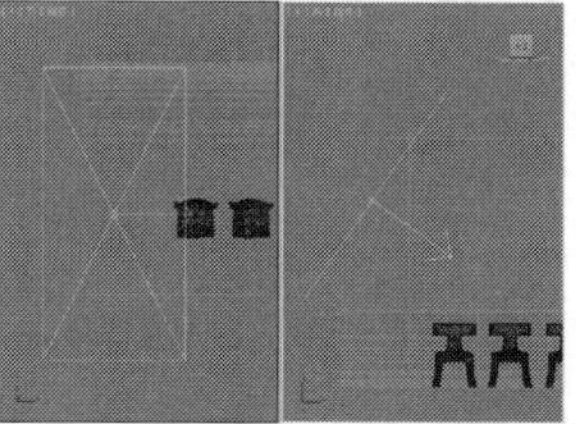

图9-124 图9-125

03 选择创建的VRay灯光，然后进入“修改”面板，接着展开“参数”卷展栏，具体参数设置如图9-126所示。

设置步骤

① 在“常规”选项组下设置“类型”为“平面”。

② 在“强度”选项组下设置“倍增”为120，然后设置“颜色”为（红:220，绿:235，蓝:255）。

③ 在“大小”选项组下设置“1/2长”为320cm、“1/2宽”为380cm。

④ 在“选项”选项组下勾选“不可见”选项。

⑤ 在“采样”选项组下设置“细分”为30。

04 在摄影机视图中按F9键测试渲染当前场景，效果如图9-127所示。此时可以观察到场景中的3把椅子的受光强度根据与灯光的距离产生了自然的衰减效果，并且在地面投射出了真实的阴影细节。

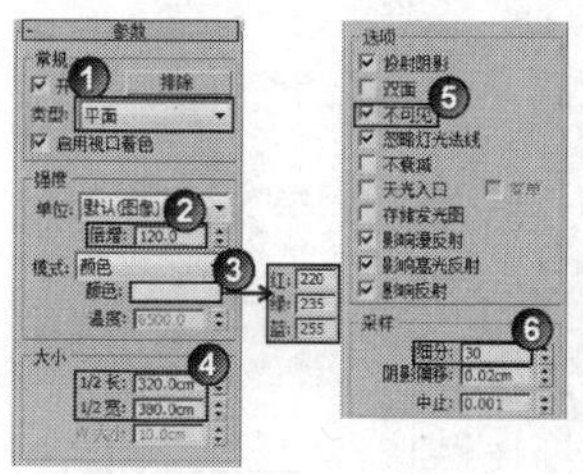

图9-126 图9-127

05 选择VRay灯光，在“参数”卷展栏下单击“排除”按钮 排除 ，然后在弹出的对话框中的“场景对象”列表中选择“椅子左”对象，接着单击 >> 按钮，最后勾选“排除”和“二者兼有”选项，如图9-128所示。

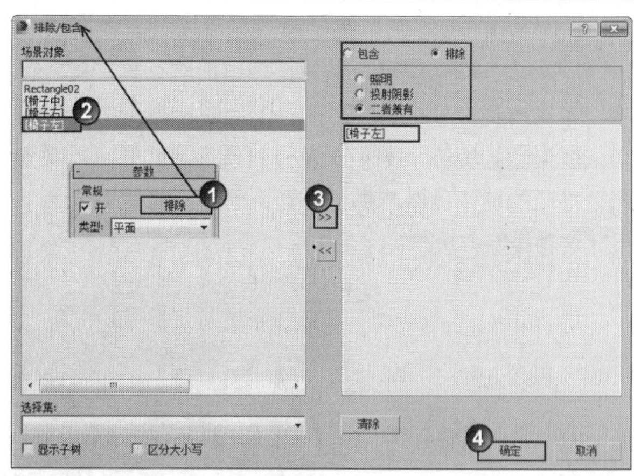

图9-128

06 在摄影机视图中按F9键测试渲染当前场景，效果如图9-129所示。此时可以观察到左侧被排除的椅子既没有受到灯光照明，也没有产生阴影细节，而另外两把椅子的受光效果与阴影均很正常。

图9-129

技巧与提示

这种排除方法主要用于单独突出场景中的重点对象。注意，在实际的操作中如果只需要对复杂场景中的少数对象进行照明，可以将“排除/包含”对话框中右侧的选项更改为“包含”，然后将要照明的模型添加到右侧的列表中即可。

07 选择VRay灯光，在“参数”卷展栏下单击“排除”按钮 排除 ，然后在弹出的对话框中将“排除”方式调整为“投射阴影”，接着在摄影机视图中按F9键测试渲染当前场景，效果如图9-130所示。此时可以观察到被排除的椅子虽然受到了灯光照明，但是没有产生阴影细节，整把椅子像悬浮在空中一样。

图9-130

技巧与提示 

由于阴影的计算同样需要耗费时间，同时为了避免多个灯光产生凌乱的阴影效果，因此在实际的工作中添加补光时，也可以通过上面的方法来避免图像中醒目的位置产生不自然的阴影效果。

08 选择VRay灯光，在“参数”卷展栏下单击“排除”按钮 排除 ，然后在弹出的对话框中将“排除”方式调整为“照明”，接着在摄影机视图中按F9键测试渲染当前场景，效果如图9-131所示。此时可以观察到被排除的椅子虽然产生了阴影，但是没有受到光照效果（这种排除方法在实际工作中很少使用）。

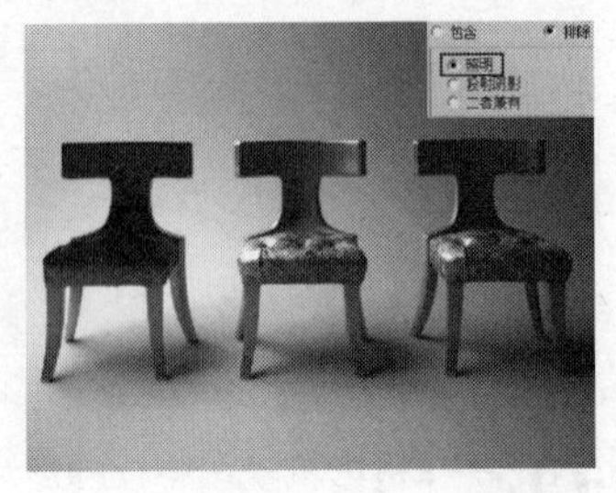

图9-131

技巧与提示

除了光与影的排除外，VRay灯光还可以通过“参数”卷展栏下的“选项”选项组下的参数产生其他细节的排除效果，比如在“选项”选项组下关闭“影响反射”选项，如图9-132所示，灯光仅对模型产生漫反射照明与投影，但不再使模型产生反射高光细节，如图9-133所示。这种方法主要在纯粹提高场景亮度的补光时使用。另外，这种方法可以避免计算产生更为复杂的反射，从而节省渲染时间。

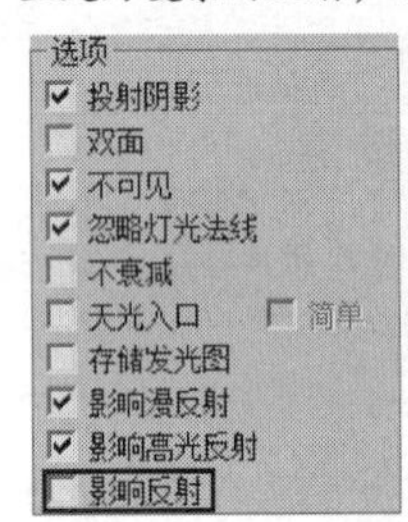

图9-132

图9-133

实战183 灯光阴影贴图照明

场景位置	DVD>场景文件>CH09>实战183.max
实例位置	DVD>实例文件>CH09>实战183.max
视频位置	DVD>多媒体教学>CH09>实战183.flv
难易指数	★☆☆☆☆
技术掌握	用阴影贴图表现灯光阴影细节

灯光阴影贴图的照明效果如图9-134所示。

图9-134

01 打开光盘中的“场景文件>CH09>实战183.max”文件，如图9-135所示。

图9-135

02 设置灯光类型为“标准”，然后单击“目标平行光”按钮 目标平行光 ，接着在场景中创建一盏目标平行光，其位置如图9-136所示。

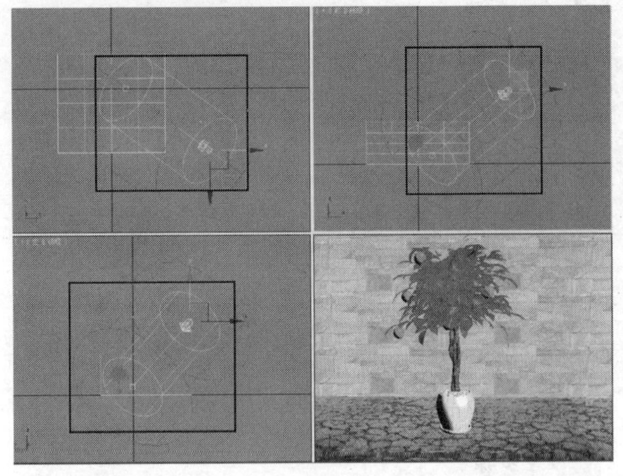

图9-136

03 选择上一步创建的目标平行光，然后进入“修改”面板，具体参数设置如图9-137所示。

设置步骤

① 展开“常规参数”卷展栏下，然后在“阴影”选项组下勾选“启用”选项，接着设置阴影类型为“阴影贴图”。

② 展开“强度/颜色/衰减”卷展栏，然后设置“倍增”为4。

③ 展开“平行光参数”卷展栏，然后设置“聚光区/光束”为300mm、“衰减区/区域”为600mm。

④ 展开“高级效果”卷展栏，然后在“投影贴图”选项组下勾选“贴图”选项，接着在其贴图通道中加载光盘中的“实例文件>CH09>实战183>阴影贴图.jpg”文件。

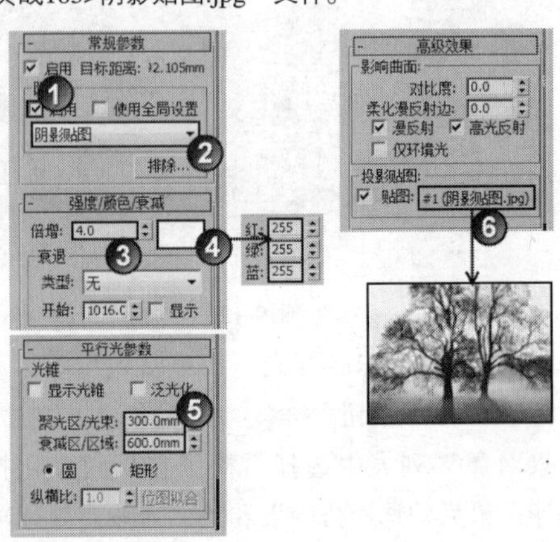

图9-137

技术专题 33 柔化阴影贴图

这里要注意一点，在使用阴影贴图时，需要先在Photoshop将其进入柔化处理，这样可以生产柔和、虚化的阴影边缘。下面以图9-138中的黑白图像为例来介绍一下柔化方法。

图9-138

执行“滤镜>模糊>高斯模糊”菜单命令，打开“高斯模糊”对话框，然后对“半径”数值进行调整（在预览框中可以预览模糊效果），如图9-139所示，接着单击“确定”按钮 确定 完成模糊处理，效果如图9-140所示。

图9-139

图9-140

04 在摄影机视图中按F9键渲染当前场景，最终效果如图9-141所示。

图9-141

实战184 mental ray焦散

场景位置	DVD>场景文件>CH09>实战184.max
实例位置	DVD>实例文件>CH09>实战184.max
视频位置	DVD>多媒体教学>CH09>实战184.flv
难易指数	★★☆☆☆
技术掌握	用mental ray渲染器配合灯光产生焦散特效

焦散是光线穿过半透明和体积物体（如玻璃和水晶），或从其他金属物体表面反射的结果。当光线发射到场景中到达物体表面时，一部分光线会被物体表面反射，另一部分会以定向方式穿过物体表面，发生折射。光线碰撞到一个反射表面后，会以特殊的方式反弹开并指向一个靠近物体的焦点。同理，透明物体会使光线弯曲，其中一部分会指向其他表面上的一个焦点并产生焦散效果。焦散效果只在复数光线聚集到一个焦点（或区域）时才会出现。完全平坦的表面和物体不能够产生很好的焦散效果。因为这些表面总是趋于在各个方向上散射光线，很少有机会产生那些能使光线聚集到一起的焦点。

mental ray焦散效果如图9-142所示。

01 打开光盘中的“场景文件>CH09>实战184.max”文件，如图9-143所示。

图9-142

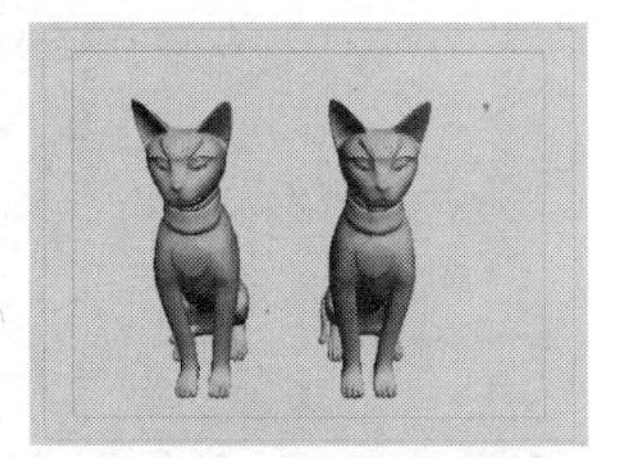

图9-143

02 按F10键打开“渲染设置”对话框，然后单击“公用”选项卡，接着展开“指定渲染器”卷展栏，并在“产品级”选项后面单击“选择渲染器”按钮 ...，最后在弹出的对话框中选择mental ray渲染器，如图9-144所示。

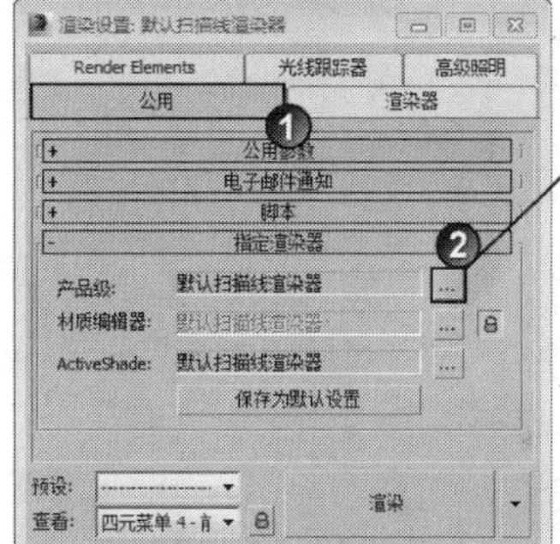

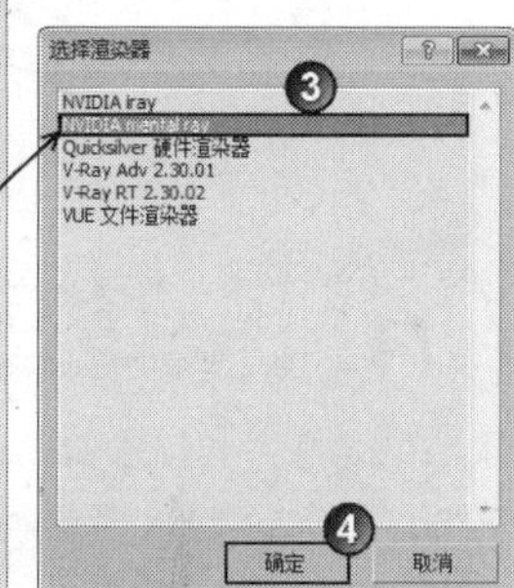

图9-144

03 单击“全局照明”选项卡，然后展开“焦散和光子贴图（GI）”卷展栏，接着在“焦散”选项组和“光子贴图（GI）”选项组下勾选“启用”选项，如图9-145所示。

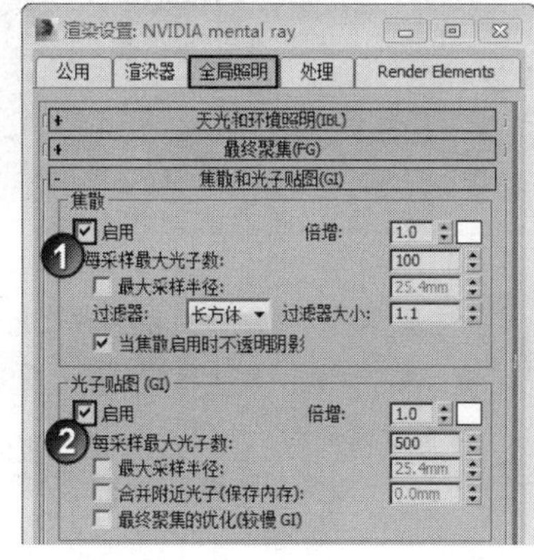

图9-145

04 设置灯光类型为“标准”，然后单击“天光”按钮 天光，接着在场景中创建一盏天光，其位置如图9-146所示。

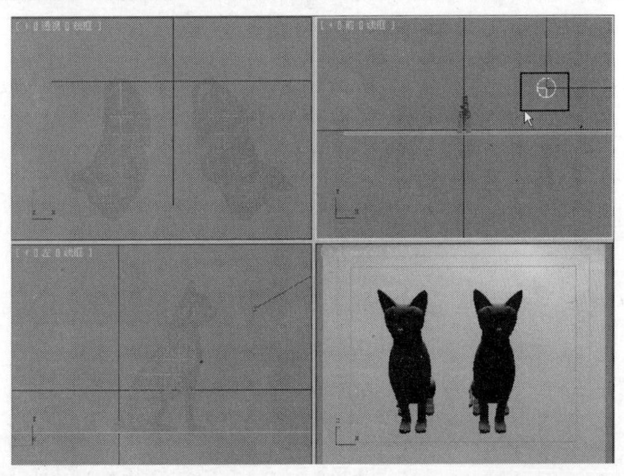

图9-146

05 选择上一步创建的天光，然后进入"修改"面板，接着在"天光参数"卷展栏下设置"倍增"为0.42，如图9-147所示。

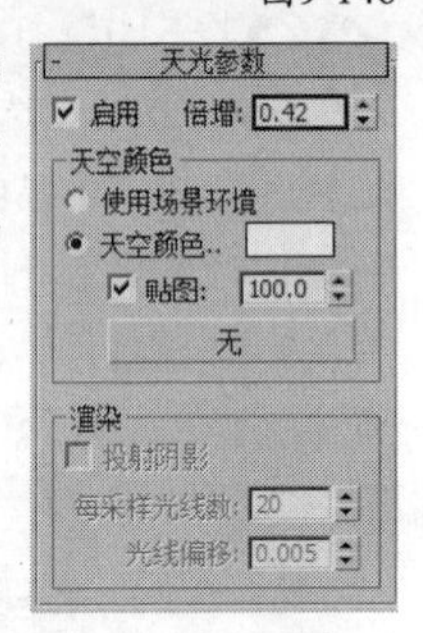

图9-147

06 设置灯光类型为"标准"，然后单击"mr区域聚光灯"按钮 mr Area Spot ，接着在场景中创建一盏mr区域聚光灯，其位置如图9-148所示。

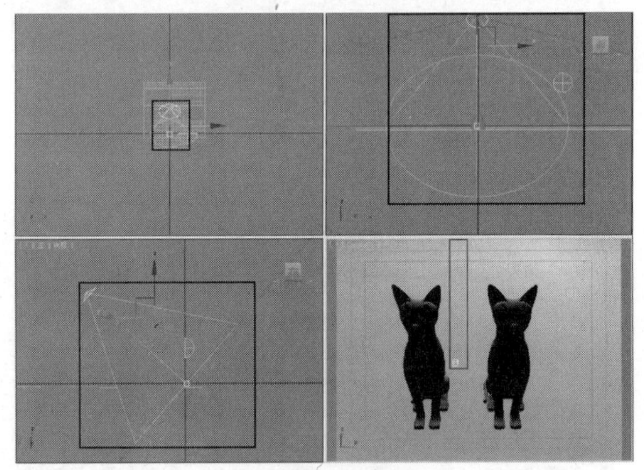

图9-148

07 选择上一步创建的mr区域聚光灯，然后进入"修改"面板，具体参数设置如图9-149所示。

设置步骤

① 展开"强度/颜色/衰减"卷展栏，然后设置"倍增"为1。

② 展开"聚光灯参数"卷展栏，然后设置"聚光区/光束"为60、"衰减区/区域"为140。

③ 展开"区域灯光参数"卷展栏，然后设置"高度"为500mm、"宽度"为500mm，接着在"采样"选项组下设置U、V值为8。

④ 展开"mental ray间接照明"卷展栏，然后关闭"自动计算能量与光子"选项，接着在"手动设置"选项组下勾选"启用"选项，最后设置"能量"为3000000、"衰退"为2、"焦散光子"为120000、"GI光子"为30000。

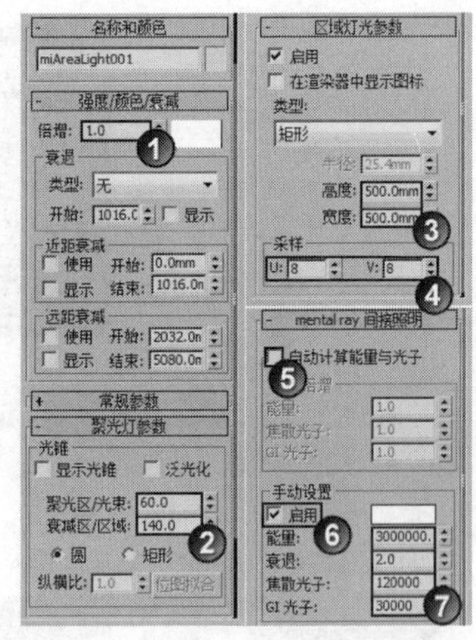

图9-149

08 选中场景中的两个对象，然后单击鼠标右键，并在弹出的菜单中选择"对象属性"命令，如图9-150所示，接着在弹出的"对象属性"对话框中单击mental ray选项卡，再勾选"生成焦散"选项，最后关闭"接收焦散"选项，如图9-151所示。

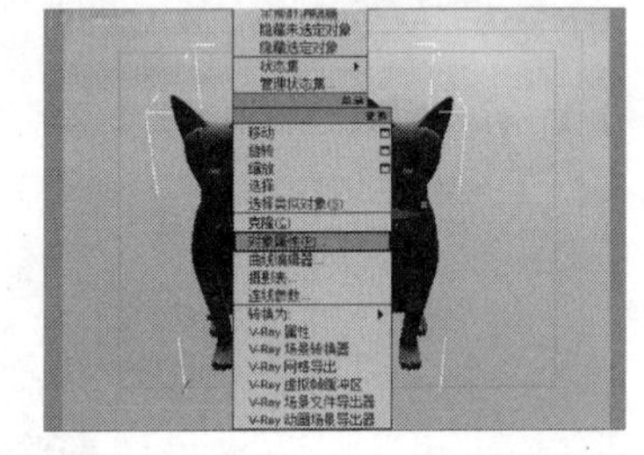

图9-150

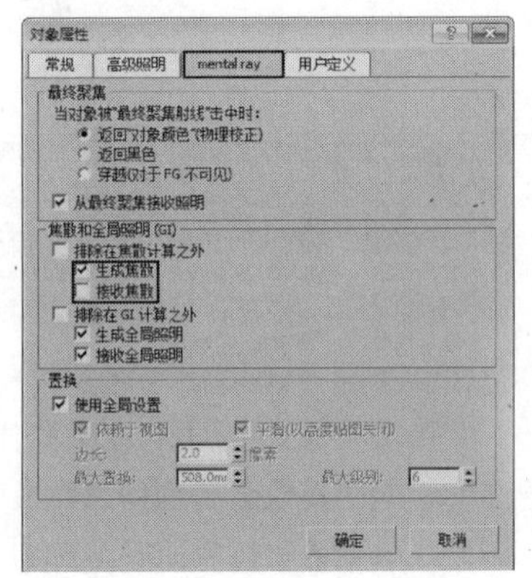

图9-151

技巧与提示

在默认情况下，所有物体都处于"生成焦散"和"接受焦散"状态，因此需要将场景中产生焦散效果的对象属性修改为"产生焦散"，但也要关闭"接收焦散"，而其他接受焦散的对象可以保持默认设置。

09 在摄影机视图中按F9键渲染当前场景，最终效果如图9-152所示。

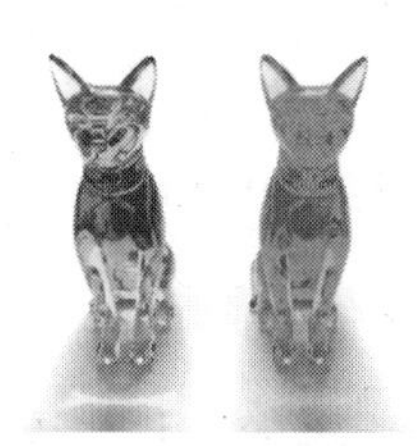

图9-152

实战185 VRay焦散

场景位置	DVD>场景文件>CH09>实战185.max
实例位置	DVD>实例文件>CH09>实战185.max
视频位置	DVD>多媒体教学>CH09>实战185.flv
难易指数	★☆☆☆☆
技术掌握	用VRay渲染器配合灯光产生焦散特效

VRay焦散与mental ray焦散的原理大同小异，只不过使用的渲染器不同而已。本例制作的焦散效果如图9-153所示。

图9-153

01 打开光盘中的“场景文件>CH09>实战185.max”文件，如图9-154所示。

02 设置灯光类型为“标准”，然后在场景中创建一盏目标平行光，其位置如图9-155所示。

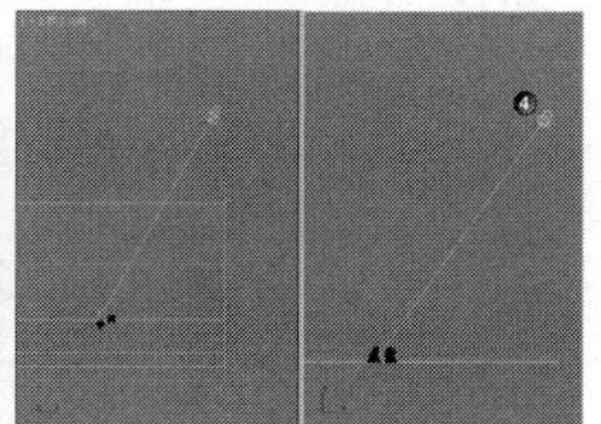

图9-154　　图9-155

03 选择上一步创建的目标平行光，然后进入“修改”面板，具体参数设置如图9-156所示。

设置步骤

① 展开“常规参数”卷展栏，然后在“阴影”选项组下勾选“启用”选项，接着设置阴影类型为“VRay阴影”。

② 展开“强度/颜色/衰减”卷展栏，然后设置“倍增”为1，接着设置颜色为白色。

③ 展“VRay阴影参数”卷展栏，然后勾选“区域阴影”选项，接着勾选“球体”选项，最后设置“U尺寸”为300mm、“V尺寸”为10mm、“W尺寸”为10mm。

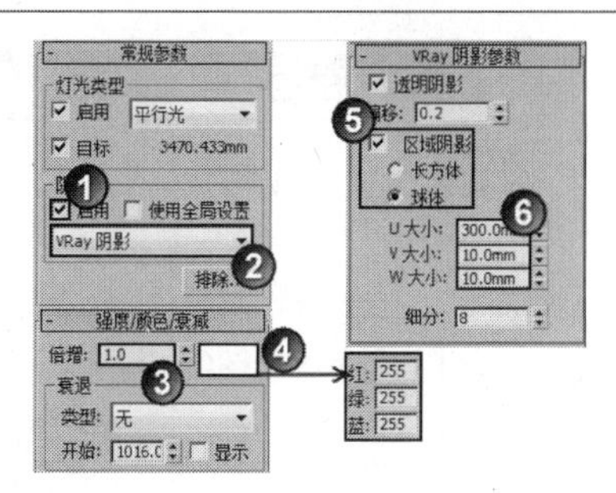

图9-156

04 按F10键打开“渲染设置”对话框，然后单击“公用”选项卡，接着展开“指定渲染器”卷展栏，并在“产品级”选项后面单击“选择渲染器”按钮...，最后在弹出的对话框中选择VRay渲染器，如图9-157所示。

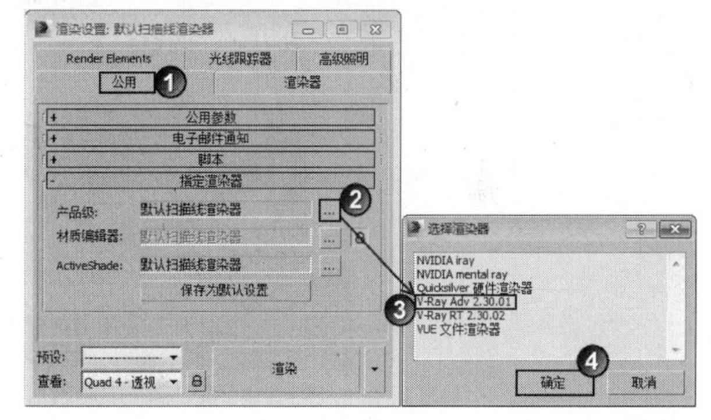

图9-157

05 单击“间接照明”选项卡，然后展开“焦散”卷展栏，接着勾选“开”选项，最后设置“倍增”为4、“搜索距离”为500mm、“最大光子数”为300、“最大密度”为0mm，具体参数设置如图9-158所示。

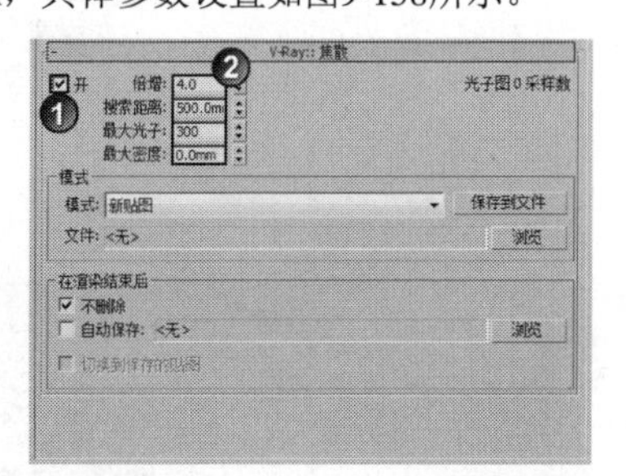

图9-158

06 在摄影机视图中按F9键渲染当前场景，最终效果如图9-159所示。

图9-159

实战186 室内阳光

场景位置	DVD>场景文件>CH09>实战186.max
实例位置	DVD>实例文件>CH09>实战186.max
视频位置	DVD>多媒体教学>CH09>实战186.flv
难易指数	★☆☆☆☆
技术掌握	用VRay太阳模拟室内阳光；用VRay穹顶灯光模拟天光

室内阳光效果如图9-160所示。

图9-160

01 打开光盘中的“场景文件>CH08>实战186.max”文件，如图9-161所示。

图9-161

02 设置灯光类型为VRay，然后在场景中创建一盏VRay太阳，接着在弹出的对话框中单击“是”按钮 是(Y)，如图9-162所示，灯光位置与高度如图9-163所示。

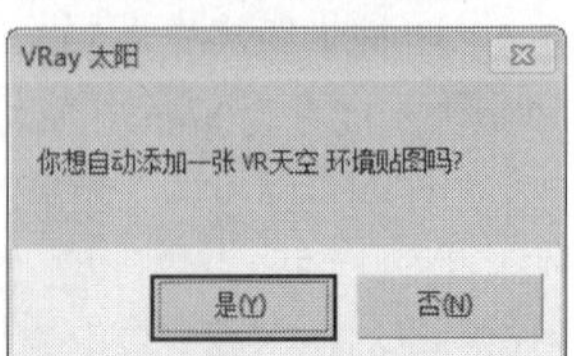

图9-162

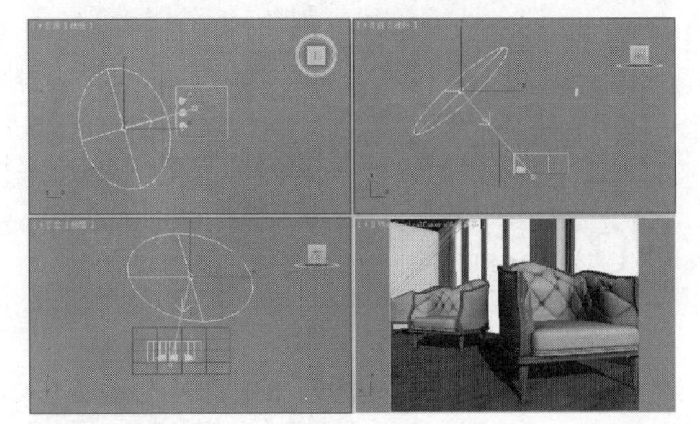

图9-163

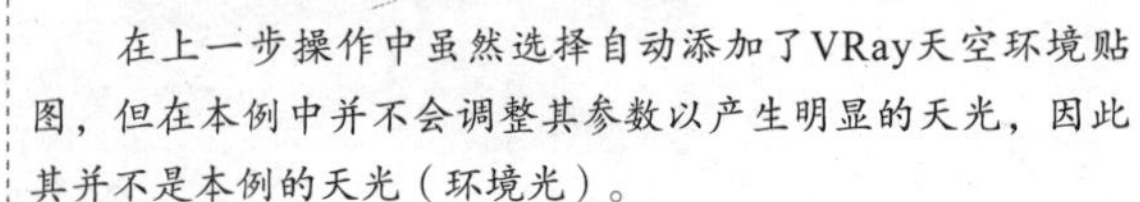

技巧与提示

在上一步操作中虽然选择自动添加了VRay天空环境贴图，但在本例中并不会调整其参数以产生明显的天光，因此其并不是本例的天光（环境光）。

03 选择上一步创建的VRay太阳，然后在“VRay太阳参数”卷展栏下设置“强度倍增”为0.85、“大小倍增”为12、“阴影细分”为10，具体参数设置如图9-164所示。

图9-164

04 在场景中创建一盏VRay灯光来模拟天光，其位置如图9-165所示。

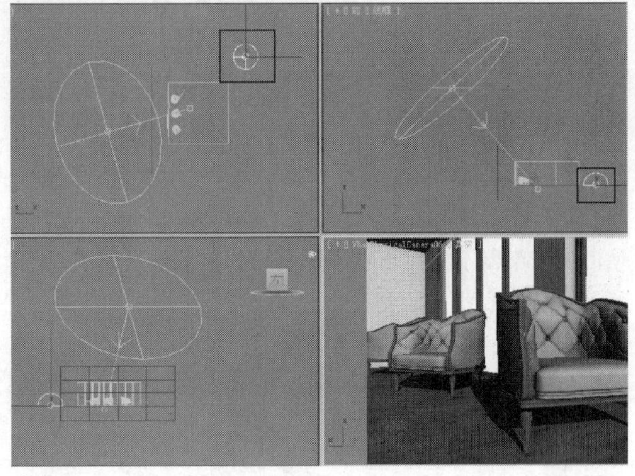

图9-165

05 选择上一步创建的VRay灯光，然后进入“修改”面板，接着展开“参数”卷展栏，具体参数设置如图9-166所示。

设置步骤

① 在“常规”选项组下设置“类型”为“穹顶”。

② 在“强度”选项组下设置“倍增”为120，然后设置“颜色”为（红:106，绿:155，蓝:255）。

③ 在“选项”选项组下勾选“不可见”选项。

④ 在“采样”选项组下设置“细分”为15。

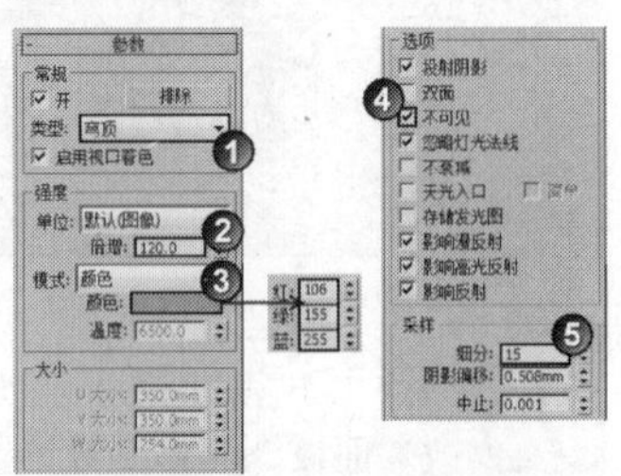

图9-166

06 在透视图中按C键切换到摄影机视图，然后按F9键渲染当前场景，最终效果如图9-167所示。

图9-167

实战187 天光

场景位置	DVD>场景文件>CH09>实战187.max
实例位置	DVD>实例文件>CH09>实战187.max
视频位置	DVD>多媒体教学>CH09>实战187.flv
难易指数	★☆☆☆☆
技术掌握	用VRay太阳模拟天光

天光效果如图9-168所示。

图9-168

01 打开光盘中的“场景文件>CH09>实战187.max”文件，如图9-169所示。

图9-169

02 设置灯光类型为VRay，然后在场景中创建一盏VRay太阳，其位置如图9-170所示。

图9-170

03 选择上一步创建的VRay太阳，然后进入“修改”面板，接着在“VRay太阳参数”卷展栏下设置“强度倍增”为0.03、“大小倍增”为20、“阴影细分”为20，具体参数设置如图9-171所示。

图9-171

04 按大键盘上的8键打开“环境和效果”对话框，然后单击“环境”按钮，接着在“环境贴图”下面的通道中加载一张“VRay天空”环境贴图，如图9-172所示。

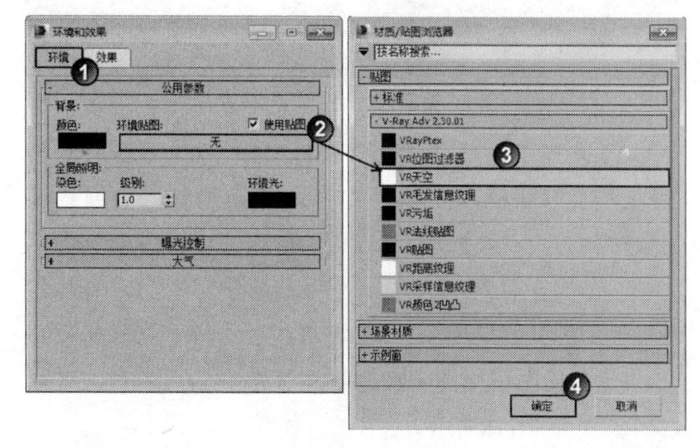

图9-172

技巧与提示

如果在创建VRay太阳时自动加载了“VRay天空”环境贴图，那么步骤04就可以省去。

05 在摄影机视图中按F9键渲染当前场景，最终效果如图9-173所示。

图9-173

实战188 自然光照

场景位置	DVD>场景文件>CH09>实战188.max
实例位置	DVD>实例文件>CH09>实战188.max
视频位置	DVD>多媒体教学>CH09>实战188.flv
难易指数	★☆☆☆☆
技术掌握	用VRay太阳模拟自然光

自然光照效果如图9-174所示。

图9-174

01 打开光盘中的“场景文件>CH09>实战188.max”文件，如图9-175所示。

02 设置灯光类型为VRay，然后在场景中创建一盏VRay太阳，其位置如图9-176所示。

图9-175

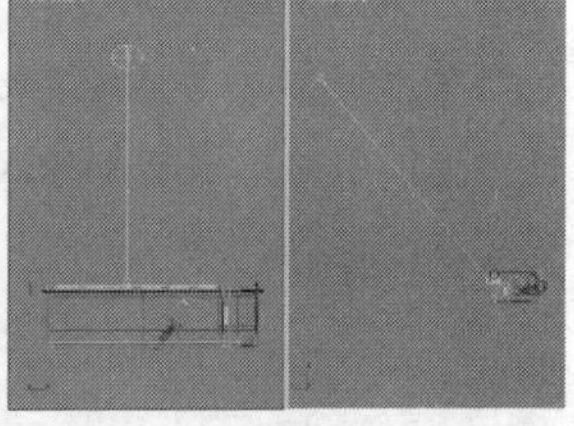

图9-176

03 选择上一步创建的VRay太阳，然后进入"修改"面板，接着在"VRay太阳参数"卷展栏下设置"浊度"为5.2、"臭氧"为0.35、"强度倍增"为0.05、"大小倍增"为10、"阴影细分"为25，具体参数设置如图9-177所示。

04 在摄影机视图中按F9键测试渲染当前场景，效果如图9-178所示。

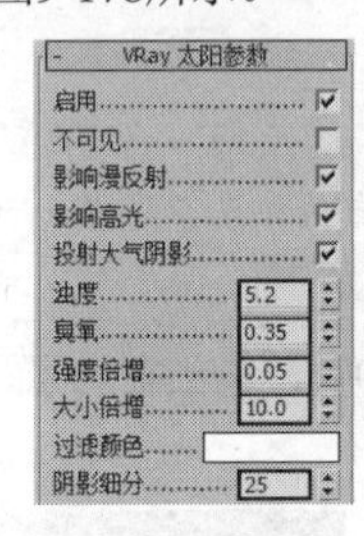

图9-177

图9-178

技巧与提示

图9-178中的亮度并非只是由VRay太阳进行照明，场景中的灯光材质（背景）也产生了部分照明效果，但由于此时背景贴图的亮度已经比较合适，如果再调整发光材质虽然可以提高场景亮度，但同时也会影响到自身已体现出的亮度，因此通过调整"VRay天空"环境贴图来提高场景亮度是最佳选择。

05 按大键盘上的8键打开"环境和效果"对话框，然后单击"环境"选项卡，接着在"环境贴图"通道中加载一张"VRay天空"环境贴图，如图9-179所示。

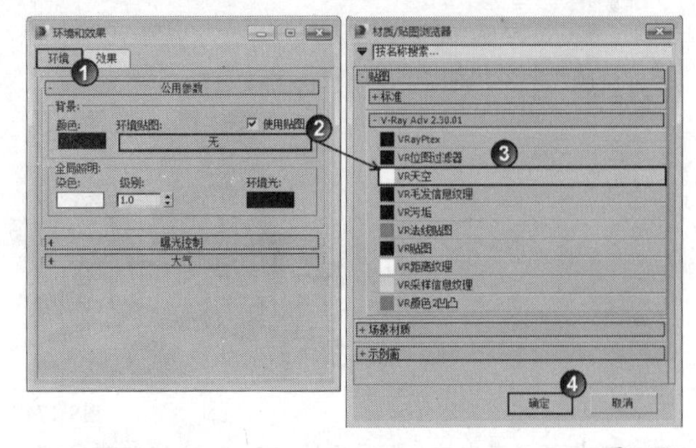

图9-179

06 按M键打开"材质编辑器"对话框，然后将"VRay天空"环境贴图以"实例"复制的方式拖曳到一个空白材质上，如图9-180所示，接着在"VRay天空参数"卷展栏下勾选"指定太阳节点"选项，最后设置"太阳强度倍增"为0.2，如图9-181所示。

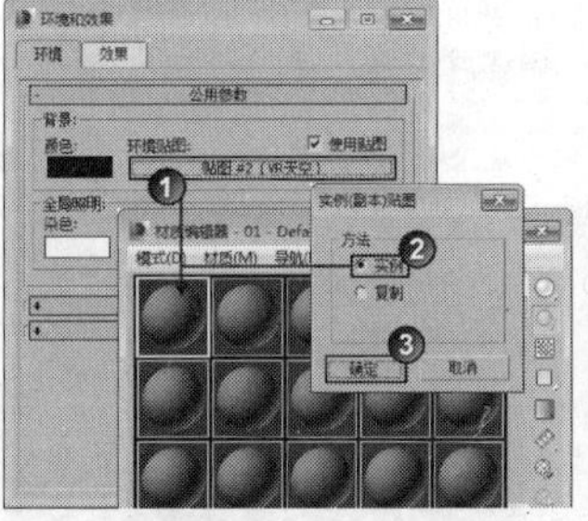

图9-180

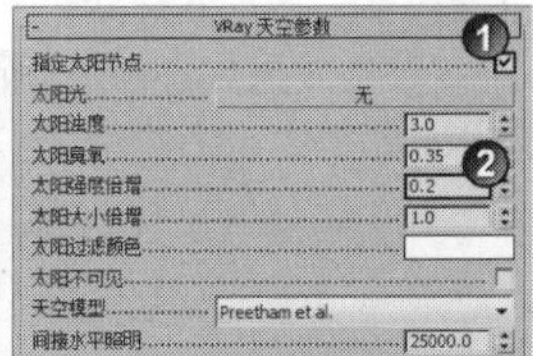

图9-181

07 在透视图中按C键切换到摄影机视图，然后按F9键渲染当前场景，最终效果如图9-182所示。

图9-182

实战189 夜晚室内灯光

场景位置	DVD>场景文件>CH09>实战189.max
实例位置	DVD>实例文件>CH09>实战189.max
视频位置	DVD>多媒体教学>CH09>实战189.flv
难易指数	★☆☆☆☆
技术掌握	用VRay球体灯光模拟壁灯

夜晚室内灯光效果如图9-183所示。

图9-183

01 打开光盘中的"场景文件>CH09>实战189.max"文件，如图9-184所示。

图9-184

02 设置灯光类型为VRay，然后在场景中创建一盏VRay灯光，其位置如图9-185所示。

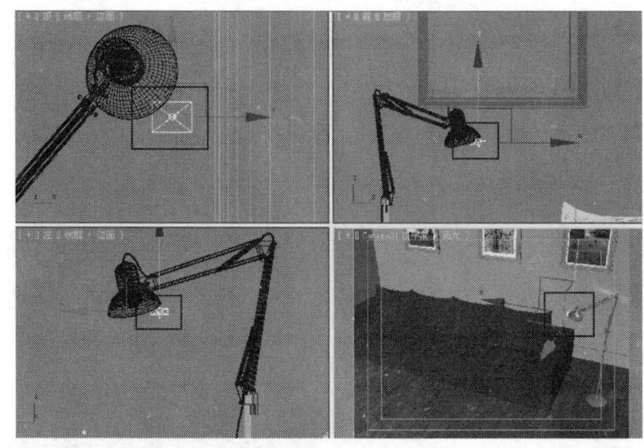

图9-185

03 选择上一步创建的VRay灯光，然后进入“修改”面板，接着展开“参数”卷展栏，具体参数设置如图9-186所示。

设置步骤

① 在“常规”选项组下设置“类型”为“平面”。

② 在“强度”选项组下设置“倍增”为5000，然后设置“颜色”为（红:189，绿:212，蓝:254）。

③ 在“大小”选项组下设置“1/2长”为30mm、“1/2宽”为30mm。

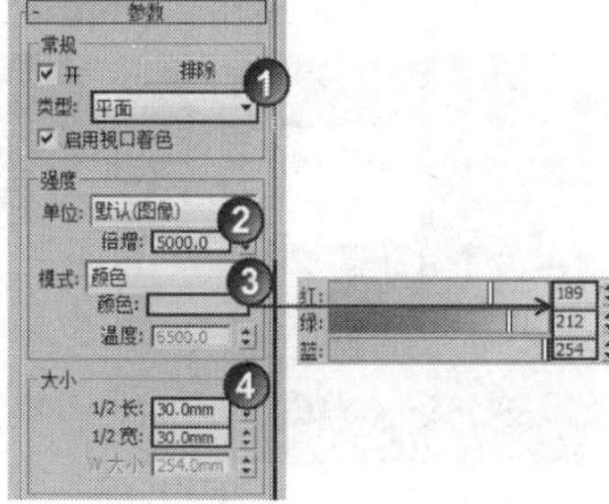

图9-186

> **技巧与提示**
>
> 使用VRay灯光的“平面”类型灯光可以用来模拟夜景效果，只需要设置灯光的“颜色”和“倍增”参数就可以得到比较好的夜景效果。如果要得到更佳的渲染效果，可以适当加大“细分”数值，但是“细分”值越大，渲染速度越慢。

04 在摄影机视图中按F9键测试渲染当前场景，效果如图9-187所示。

图9-187

05 继续在场景中创建一盏VRay灯光，其位置如图9-188所示。

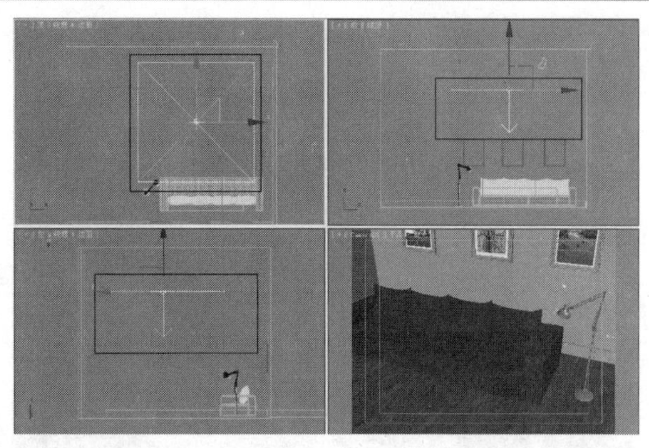

图9-188

06 选择上一步创建的VRay灯光，然后进入“修改”面板，接着展开“参数”卷展栏，具体参数设置如图9-189所示。

设置步骤

① 在“常规”选项组下设置“类型”为“平面”。

② 在“强度”选项组下设置“倍增”为2，然后设置“颜色”为（红:189，绿:212，蓝:254）。

③ 在“选项”选项组下勾选“不可见”选项。

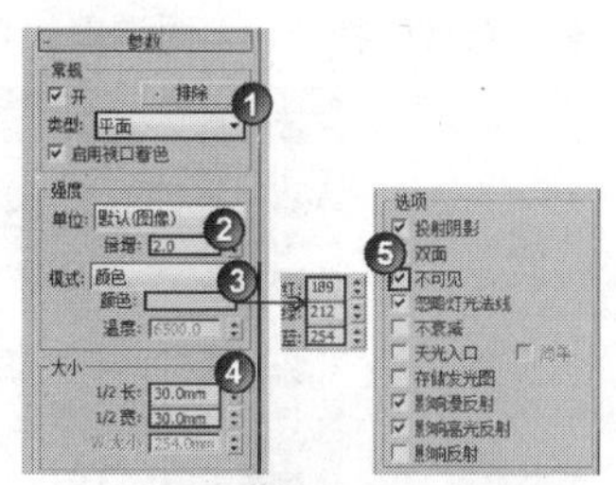

图9-189

07 在摄影机视图中按F9键渲染当前场景，最终效果如图9-190所示。

图9-190

实战190 室内黄昏光照

场景位置	DVD>场景文件>CH09>实战190.max
实例位置	DVD>实例文件>CH09>实战190.max
视频位置	DVD>多媒体教学>CH09>实战190.flv
难易指数	★☆☆☆☆
技术掌握	用VRay太阳模拟室内黄昏光照

室内黄昏光照效果如图9-191所示。

图9-191

01 打开光盘中的“场景文件>CH09>实战190.max”文件，如图9-192所示。

02 设置灯光类型为VRay，然后在场景中创建一盏VRay太阳，接着在弹出的对话框中单击“是”按钮 是(Y) ，其位置与高度如图9-193所示。

图9-192

图9-193

03 选择上一步创建的VRay太阳，然后在“VRay太阳参数”卷展栏下设置“臭氧”为0.35、“强度倍增”为0.023、“大小倍增”为10、“阴影细分”为10，具体参数设置如图9-194所示。

04 在摄影机视图中按F9键测试渲染当前场景，效果如图9-195所示。此时可以观察到阳光的光影已经有了黄昏的特征。下面调整天光以略微提高场景亮度。

图9-194

图9-195

05 按大键盘上的8键打开“环境和效果”对话框，然后单击“环境”选项卡，接着在“环境贴图”通道中加载一张“VRay天空”环境贴图，如图9-196所示。

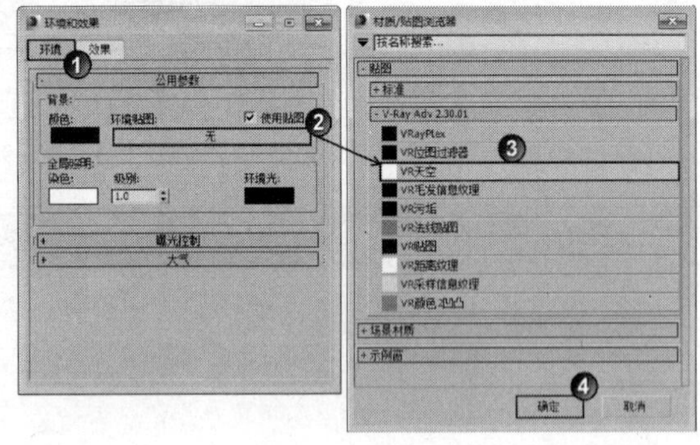

图9-196

06 按M键打开“材质编辑器”对话框，将“VRay天空”环境贴图以“实例”复制的方式拖曳到一个空白材质上，然后在“VRay天空参数”卷展栏下勾选“指定太阳节点”选项，接着单击“太阳光”选项后面的按钮，并在场景中拾取VRay太阳，最后设置“太阳强度倍增”为0.01，具体参数设置如图9-197所示。

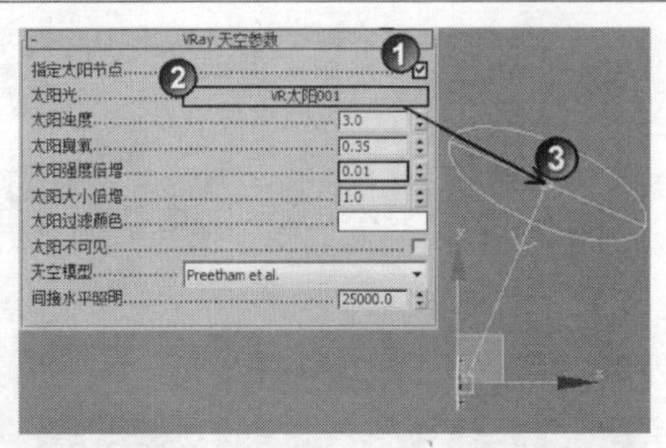

图9-197

07 在摄影机视图中按F9键测试渲染当前场景，效果如图9-198所示，可以观察到由于天光的介入，场景亮度已经得到了提高，但是黄昏阳光的色泽又变得不太理想。

图9-198

08 在左视图中选择到创建好的VRay太阳，然后向下移动以压低太阳的角度，如图9-199所示，接着在摄影机视图中按F9键渲染当前场景，最终效果如图9-200所示。

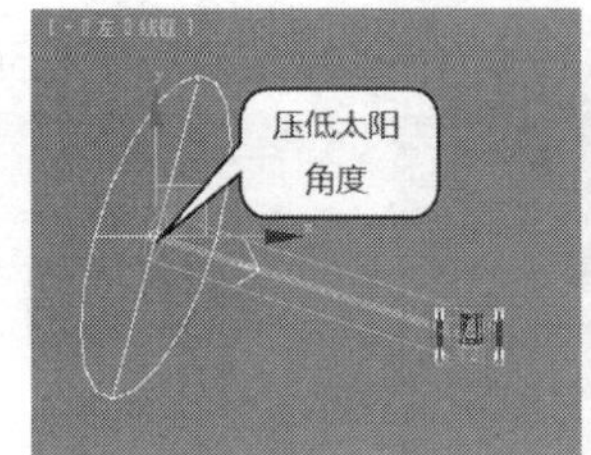

图9-199

图9-200

技巧与提示

可以看到当将VRay太阳与VRay天空环境贴图关联在一起后，通过调整VRay太阳的角度可以轻松实现灯光颜色以及强度的调整。要注意的是这种方法适合调整包括黄昏光线在内的所有日光氛围。

实战191 室外黄昏光照

场景位置	DVD>场景文件>CH09>实战191.max
实例位置	DVD>实例文件>CH09>实战191.max
视频位置	DVD>多媒体教学>CH09>实战191.flv
难易指数	★☆☆☆☆
技术掌握	用VRay太阳模拟室外黄昏光照

室外黄昏效果如图9-201所示。

图9-201

01 打开光盘中的“场景文件>CH09>实战191.max”文件，如图9-202所示。

02 设置灯光类型为VRay，然后在场景中创建一盏VRay太阳，其位置如图9-203所示。

图9-202

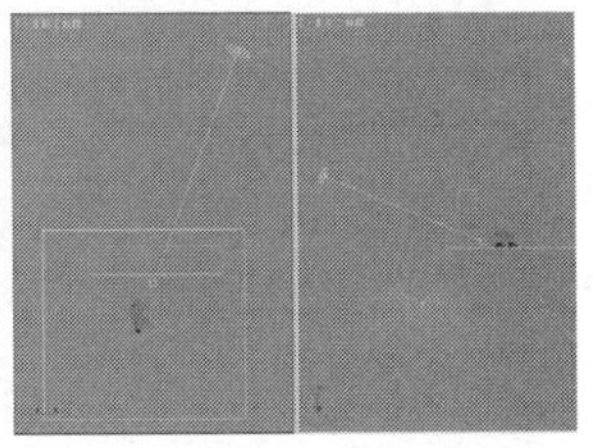

图9-203

03 选择上一步创建的VRay太阳，然后进入“修改”面板，接着在“VRay太阳参数”卷展栏下设置“浊度”为8、“臭氧”为0、“强度倍增”为0.14、“大小倍增”为1、“阴影细分”为10，具体参数设置如图9-204所示。

04 在摄影机视图中按F9键渲染当前场景，最终效果如图9-205所示。

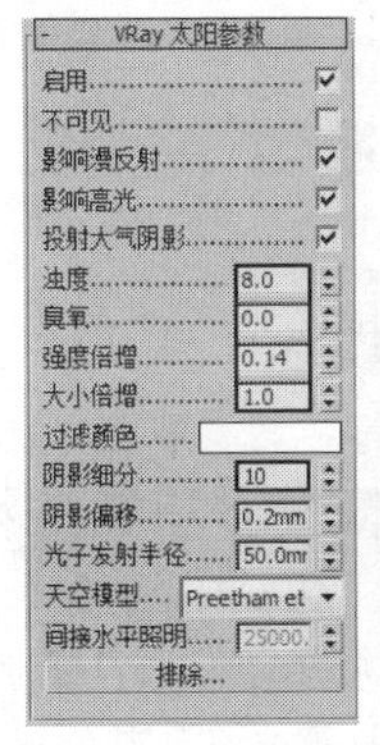

图9-204

图9-205

实战192 清晨街道灯光

场景位置	DVD>场景文件>CH09>实战192.max
实例位置	DVD>实例文件>CH09>实战192.max
视频位置	DVD>多媒体教学>CH09>实战192.flv
难易指数	★★★★☆
技术掌握	用雾效果模拟雾特效；用VRay太阳模拟清晨阳光；用目标聚光灯模拟路灯和车灯

清晨街道灯光效果如图9-206所示。

图9-206

01 打开光盘中的“场景文件>CH09>实战192.max”文件，如图9-207所示。

图9-207

02 下面设置场景雾效果。按大键盘上的8键打开“环境和效果”对话框，然后在“大气”卷展栏下单击“添加”按钮 添加... ，接着在弹出的对话框中选择“雾”选项，最后在“雾参数”卷展栏下勾选“指数”选项，并设置“近端%”为0、“远端%”为90，如图9-208所示。

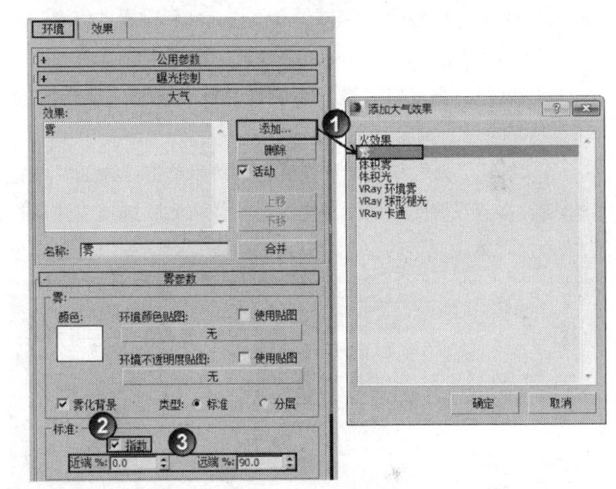

图9-208

03 下面制作清晨的阳光。设置灯光类型为VRay，然后在场景中创建一盏VRay太阳，其位置与高度如图9-209所示。

04 选择上一步创建的VRay太阳，然后在“VRay太阳参数”卷展栏下设置“浊度”为2、“臭氧”为1、“强度倍增”为0.008、“大小倍增”为10、“阴影细分”为10，具体参数设置如图9-210所示。

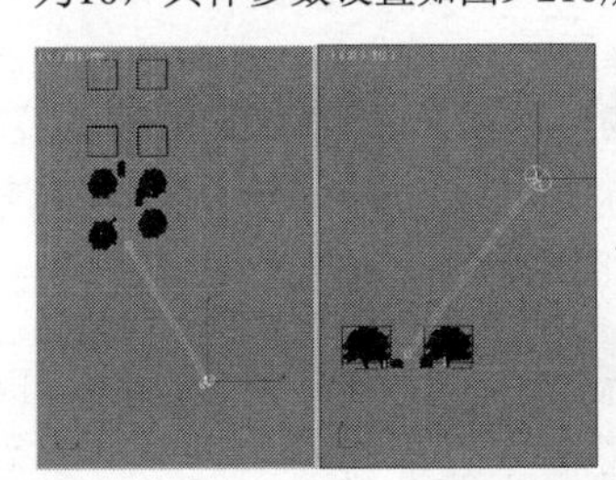

图9-209

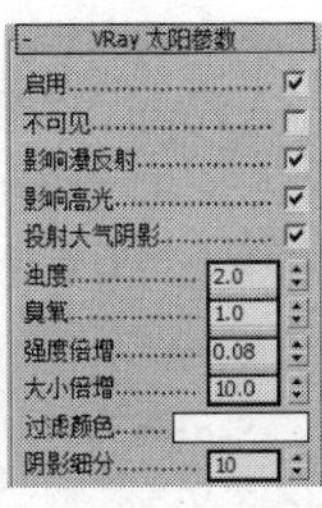

图9-210

05 在摄影机视图中按F9键测试渲染当前场景，效果如图9-211所示。

06 下面设置场景中的路灯。设置灯光类型为“标准”，然后在场景中创建4盏目标聚光灯，其位置与分布如图9-212所示。

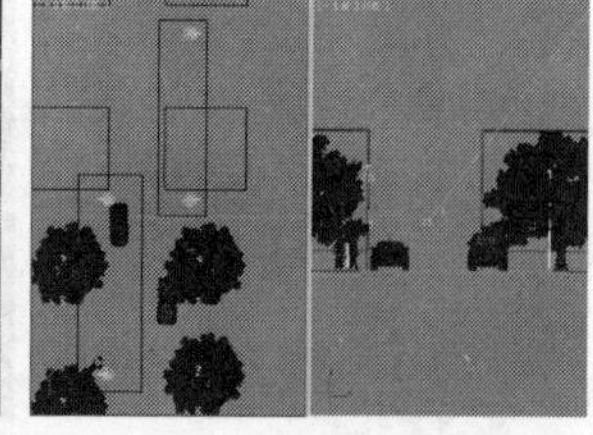

图9-211　　图9-212

07 选择上一步创建的目标聚光灯，然后进入“修改”面板，具体参数设置如图9-213所示。

设置步骤

① 展开“常规参数”卷展栏，然后在“阴影”下勾选“启用”选项，接着设置阴影类型为“阴影贴图”。

② 展开“强度/颜色/衰减”卷展栏，然后设置“倍增”为0.4，接着设置颜色为（红:234，绿:188，蓝:129）。

③ 展开“聚光灯参数”卷展栏，然后设置“聚光区/光束”为30.2、“衰减区/区域”为50。

④ 展开“大气和效果”卷展栏，然后单击“添加”按钮 添加 ，接着在弹出的对话框中选择“体积光”选项（注意在此处添加“体积光”后，在“环境和效果”对话框中也会同步添加）。

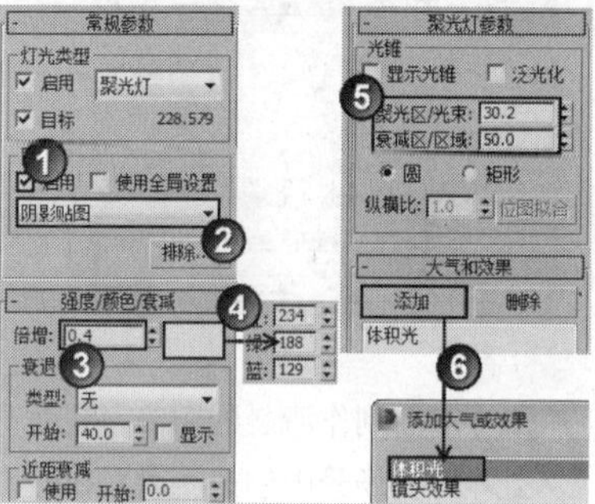

图9-213

08 在“环境和效果”对话框中展开“体积光参数”卷展栏，然后单击“拾取灯光”按钮 拾取灯光 ，接着在场景中拾取上一步创建的所有目标聚光灯，再设置“密度”为4，最后设置“开始%”为80、“结束%”为20，如图9-214所示。

09 下面为场景中的路灯设置辅助光源。设置灯光类型为“标准”，然后在场景中创建4盏泛光灯，其位置与分布如图9-215所示。

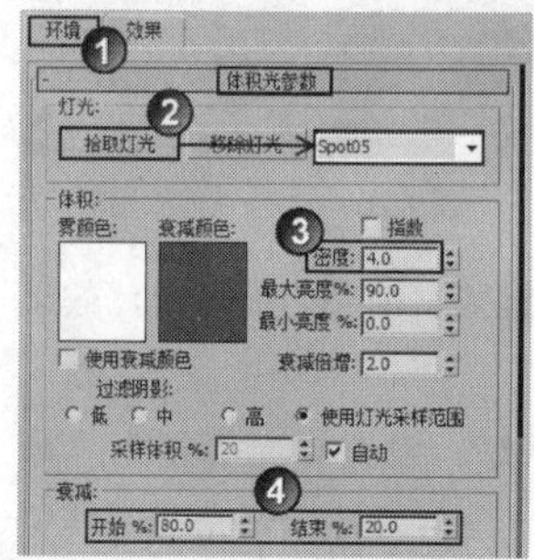

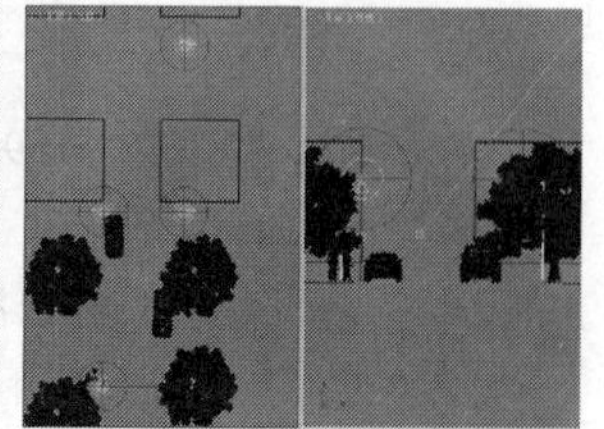

图9-214　　图9-215

技巧与提示

泛光灯可以向周围发散光线，它的光线可以到达场景中无限远的地方，如图9-216所示。泛光灯比较容易创建和调节，能够均匀地照射场景，但是在一个场景中如果使用太多泛光灯可能会导致场景明暗层次过于单调，缺乏对比。

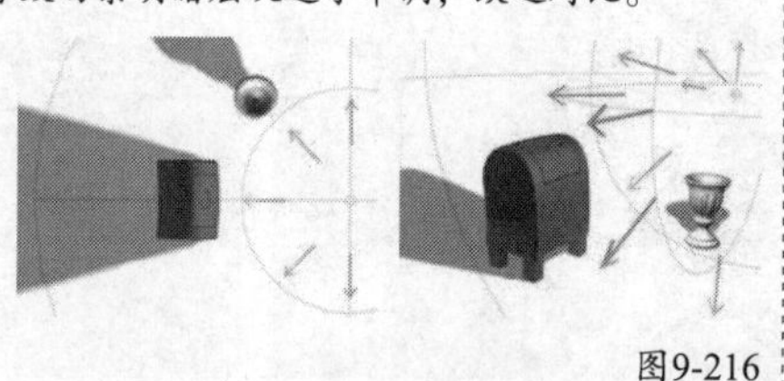

图9-216

10 选择上一步创建的泛光灯，然后在“强度/颜色/衰减”卷展栏下设置“倍增”为3、“颜色”为（红:234，绿:188，蓝:129），接着在“远距衰减”下勾选“使用”和“显示”选项，最后设置“开始”为80mm、“结束”为200mm，具体参数设置如图9-217所示。

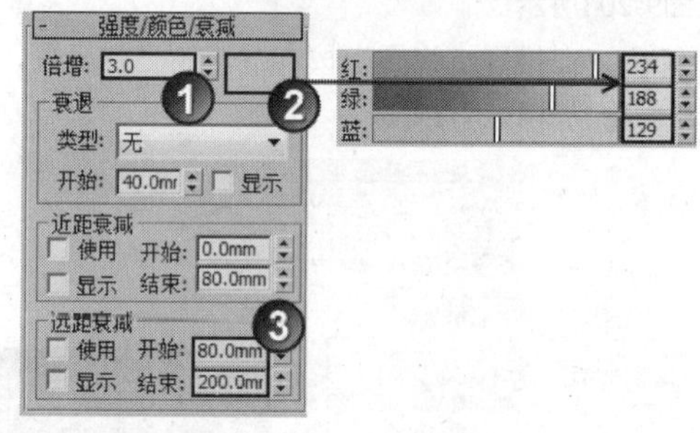

图9-217

11 在摄影机视图中按F9键测试渲染当前场景，效果如图9-218所示。

12 下面设置车灯。设置灯光类型为“标准”，然后在场景中创建两盏目标聚光灯，其位置如图9-219所示。

图9-218　　图9-219

13 选择上一步创建的目标聚光灯，然后进入“修改”面板，具体参数设置如图9-220所示。

设置步骤

① 展开“强度/颜色/衰减”卷展栏，然后设置“倍增”为0.18，接着设置“颜色”为（红:234，绿:188，蓝:129）。

② 展开“聚光灯参数”卷展栏，然后设置“聚光区/光束”为1、“衰减区/区域”为3，接着勾选“圆”选项。

③ 展开“大气和效果”卷展栏，然后单击“添加”按钮 添加 ，接着在弹出的对话框中选择“体积光”选项。

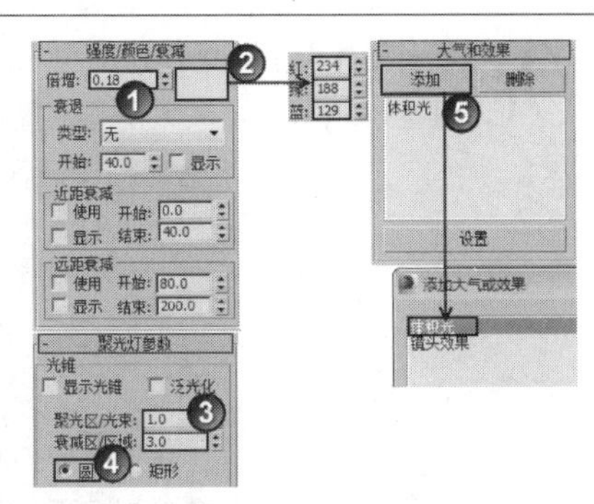

图9-220

14 按大键盘上的8键打开“环境和效果”对话框，选中第2个“体积光”效果，然后在“体积光参数”卷展栏下单击“拾取灯光”按钮 拾取灯光 ，并在场景中拾取车灯上的两盏目标聚光灯，接着设置“密度”为4，最后设置“开始%”为80、“结束%”为20，具体参数设置如图9-221所示。

15 在透视图中按C键切换到摄影机视图，然后按F9键渲染当前场景，最终效果如图9-222所示。

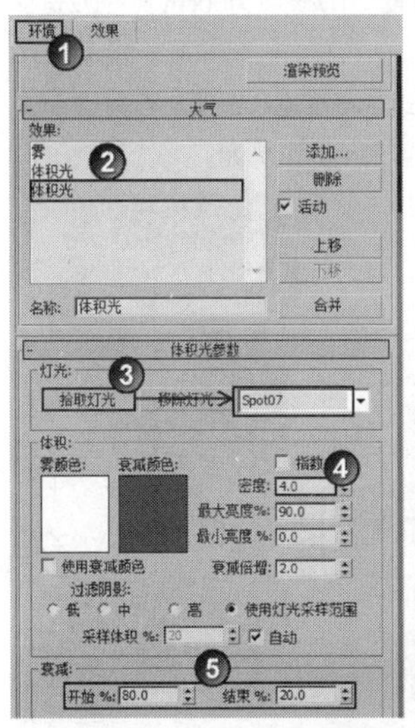

图9-221　　图9-222

实战193 室外建筑日景

场景位置	DVD>场景文件>CH09>实战193.max
实例位置	DVD>实例文件>CH09>实战193.max
视频位置	DVD>多媒体教学>CH09>实战193.flv
难易指数	★☆☆☆☆
技术掌握	用VRay太阳模拟室外建筑日景光照

室外建筑日景效果如图9-223所示。

图9-223

01 打开光盘中的“场景文件>CH09>实战193.max”文件，如图9-224所示。

02 设置灯光类型为VRay，然后在场景中创建一盏VRay太阳，接着在弹出的对话框中单击“是”按钮 是(Y) ，其位置与高度如图9-225所示。

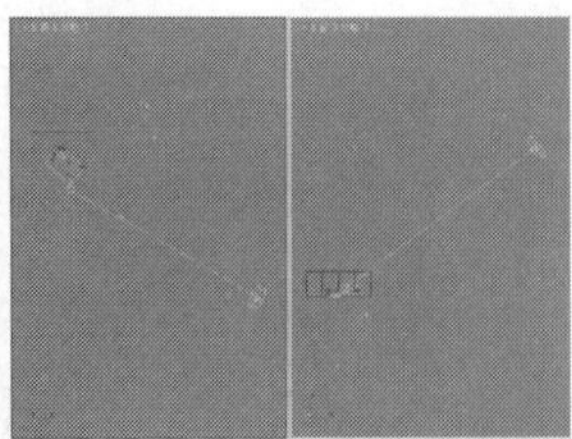

图9-224　　图9-225

03 选择上一步创建的VRay太阳，然后进入“修改”面板，接着在“VRay太阳参数”卷展栏下设置“浊度”为3、“臭氧”为0.35、“强度倍增”为0.4、“大小倍增”为10、“阴影细分”为20，具体参数设置如图9-226所示。

04 在透视图中按C键切换到摄影机视图，然后按F9键渲染当前场景，最终效果如图9-227所示。

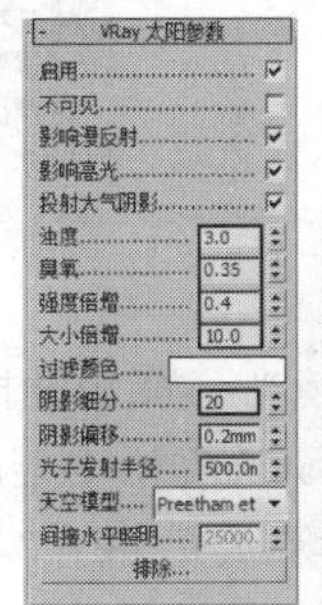

图9-226　　图9-227

技巧与提示

如果默认自动加载的“VRay天空”环境贴图不理想，可以将其关联复制到材质球上，然后调整参数即可。

实战194 室外建筑夜景

场景位置	DVD>场景文件>CH09>实战194.max
实例位置	DVD>实例文件>CH09>实战194.max
视频位置	DVD>多媒体教学>CH09>实战194.flv
难易指数	★★★☆☆
技术掌握	用VRay太阳模拟月光；用VRay灯光模拟室内主光；用目标灯光模拟室内射灯和吊灯

室外建筑夜景的灯光效果如图9-228所示。

图9-228

01 打开光盘中的“场景文件>CH09>实战194.max”文件，如图9-229所示。

02 下面创建室外的月光。设置灯光类型为VRay，然后在场景中创建一盏VRay太阳，接着在弹出的对话框中单击“是”按钮 是(Y) ，其位置如图9-230所示。

图9-229

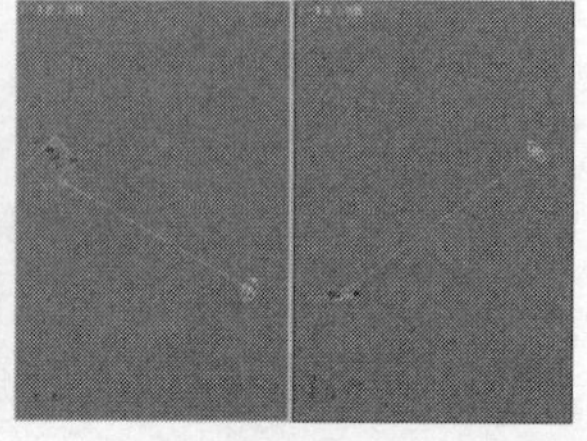

图9-230

03 选择上一步创建的VRay太阳，然后在“VRay太阳参数”卷展栏下设置“强度倍增”为0.015、“大小倍增”为10、“阴影细分”为20、“阴影偏移”为0.2cm、“光子发射半径”为50cm，具体参数设置如图9-231所示。

图9-231

04 下面设置室外的环境光。按F10键打开“渲染设置”对话框，选择VRay选项卡，然后展开“环境”卷展栏，接着在“全局照明环境（天光）覆盖”选项组下勾选“开”选项，最后设置“倍增”为1.5，如图9-232所示。

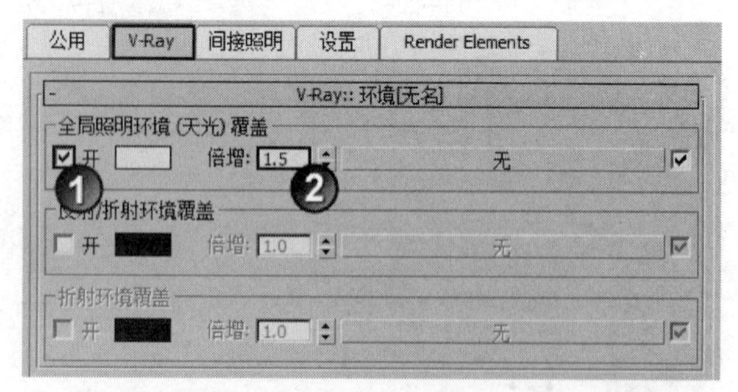

图9-232

05 在摄影机视图中按F9键测试渲染当前场景，效果如图9-233所示。此时可以观察到已经出现了比较理想的夜晚环境光效果，接下来设置室内的灯光。

图9-233

06 下面创建上下两个楼层的主光源。在场景中创建两盏VRay灯光，其大小与位置如图9-234所示。

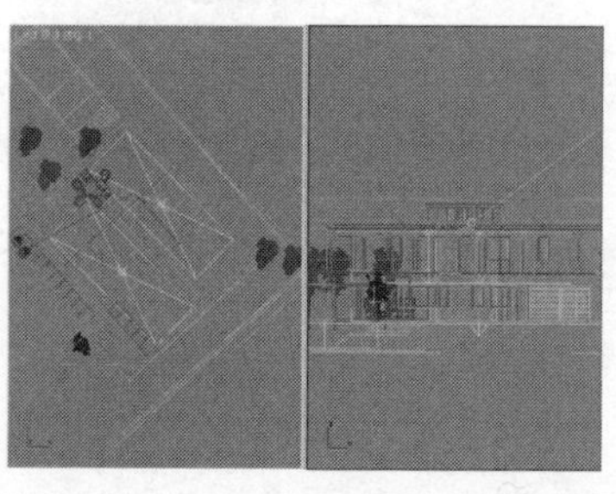

图9-234

07 选择上一步创建的VRay灯光，然后进入“修改”面板，接着展开“参数”卷展栏，具体参数设置如图9-235所示。

设置步骤

① 在“常规”选项组下设置“类型”为“平面”。

② 在“强度”选项组下设置“倍增”为5，然后设置“颜色”为（红:255，绿:210，蓝:152）。

③ 在“大小”选项组下设置“1/2长”为30cm、“1/2宽”为10cm。

④ 在“选项”选项组下勾选“不可见”选项。

⑤ 在“采样”选项组下设置“细分”为20。

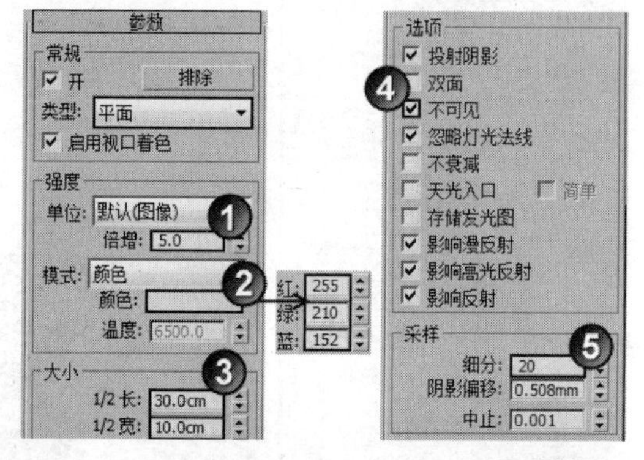

图9-235

08 在摄影机视图中按F9键测试渲染当前场景，效果如图9-236所示。

图9-236

09 下面创建场景中的射灯。设置灯光类型为“光度学”，然后在场景中创建8盏目标灯光，其位置与分布如图9-237所示。

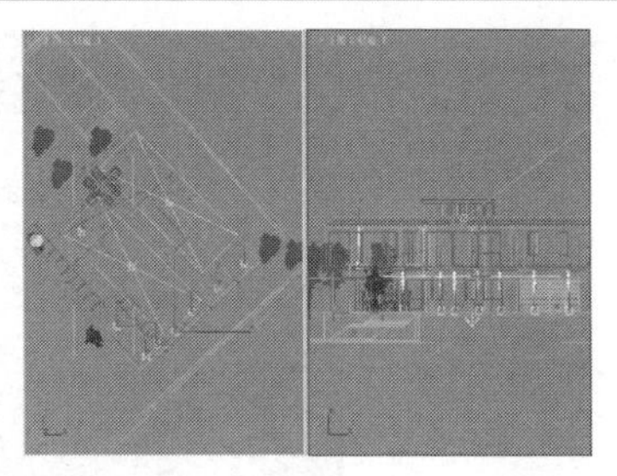

图9-237

10 选择上一步创建的目标灯光，然后进入“修改”面板，具体参数设置如图9-238所示。

设置步骤

① 展开“常规参数”卷展栏，然后在“阴影”选项下勾选“启用”选项，接着设置阴影类型为“VRay阴影”，最后设置“灯光分布（类型）”为“光度学Web”。

② 展开“分布（光度学Web）”卷展栏，然后在其通道中加载光盘中的“实例文件>CH09>实战194>1.ies”文件。

③ 展开“强度/颜色/衰减”卷展栏，然后设置“过滤颜色”为（红:252，绿:219，蓝:161），接着设置“强度”为50。

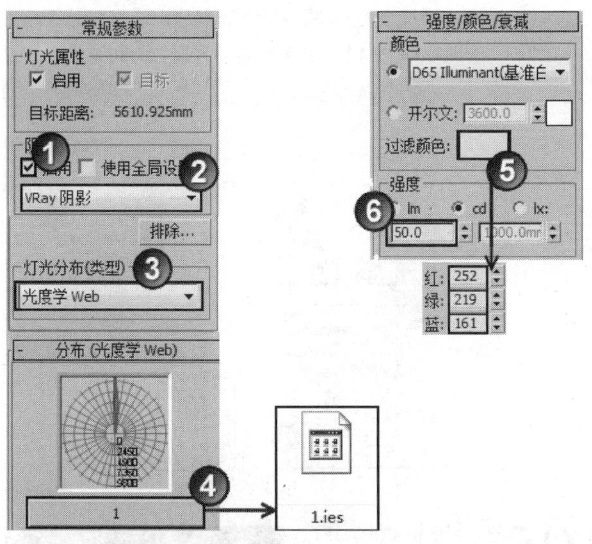

图9-238

11 在摄影机视图中按F9键测试渲染当前场景，效果如图9-239所示。

图9-239

12 下面创建场景中的吊灯。在场景中创建一盏目标灯光，其位置如图9-240所示。

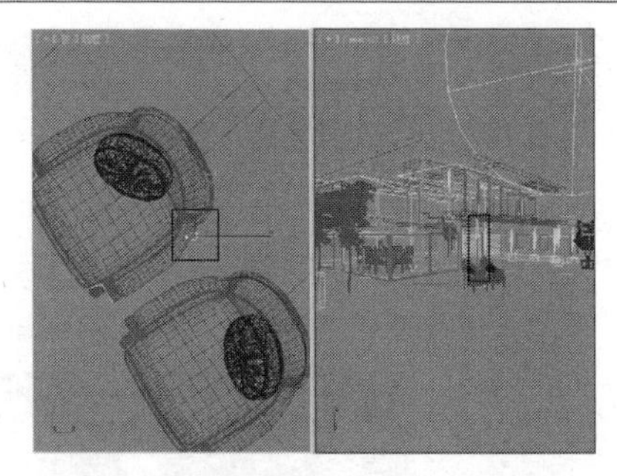

图9-240

13 选择上一步创建的目标灯光，然后进入“修改”面板，具体参数设置如图9-241所示。

设置步骤

① 展开“常规参数”卷展栏，然后在“阴影”选项下勾选“启用”选项，接着设置阴影类型为“VRay阴影”，最后设置“灯光分布（类型）”为“光度学Web”。

② 展开“分布（光度学Web）”卷展栏，然后在其通道中加载光盘中的“实例文件>CH09>实战194>2.ies”文件。

③ 展开“强度/颜色/衰减”卷展栏，然后设置“过滤颜色”为（红:252，绿:219，蓝:161），接着设置“强度”为100。

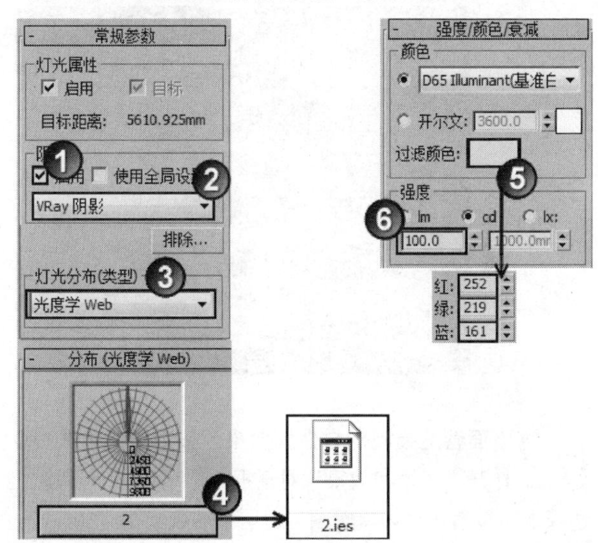

图9-241

14 在透视图中按C键切换到摄影机视图，然后按F9键渲染当前场景，最终效果如图9-242所示。

图9-242

实战195 宾馆夜晚灯光

场景位置	DVD>场景文件>CH09>实战195.max
实例位置	DVD>实例文件>CH09>实战195.max
视频位置	DVD>多媒体教学>CH09>实战195.flv
难易指数	★☆☆☆☆
技术掌握	用目标灯光模拟射灯；用VRay灯光模拟室内暖色灯光

宾馆夜晚灯光效果如图9-243所示。

图9-243

01 打开光盘中的“场景文件>CH09>实战195.max”文件，如图9-244所示。

图9-244

02 下面营造夜晚的自然光效果。按大键盘上的8键打开“环境和效果”对话框，然后选择“环境”选项卡，接着在“环境贴图”通道中加载一张“VRay天空”环境贴图，如图9-245所示。

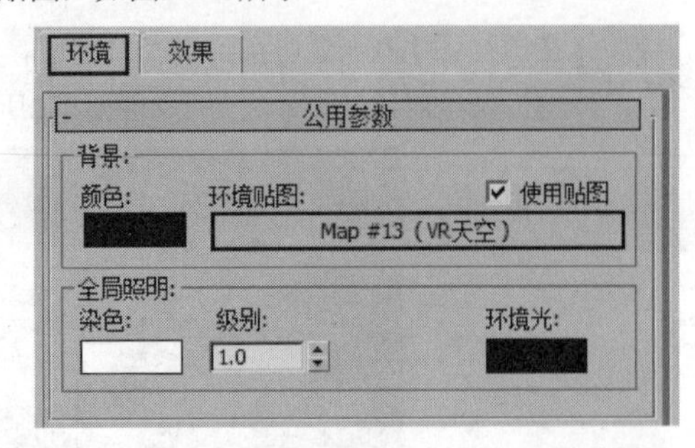

图9-245

03 下面设置楼层间的射灯效果。设置灯光类型为“光度学”，然后在场景中创建11盏目标灯光作为楼顶射灯，其位置与分布如图9-246所示。

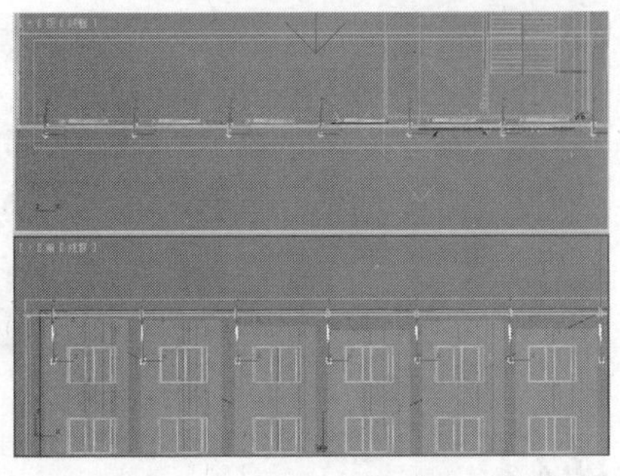

图9-246

04 选择上一步创建的目标灯光，然后进入“修改”面板，具体参数设置如图9-247所示。

设置步骤

① 展开“常规参数”卷展栏，然后在“阴影”选项组下勾选“启用”选项，接着设置阴影类型为“VRay阴影”，最后设置“灯光分布（类型）”为“光度学Web”。

② 展开“分布（光度学Web）卷展栏，然后在其通道中加载光盘中的“实例文件>CH09>实战195>中间亮.ies”文件。

③ 展开“强度/颜色/衰减”卷展栏，然后设置“过滤颜色”为（红:248，绿:193，蓝:134），接着设置“强度”为800。

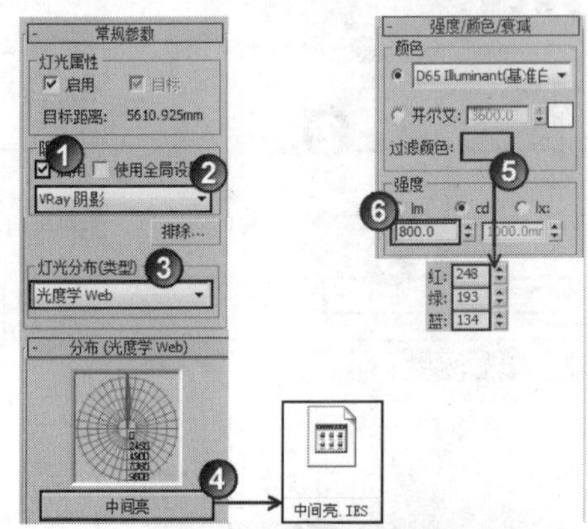

图9-247

05 在摄影机视图中按F9键测试渲染当前场景，效果如图9-248所示。此时可以观察到天幕颜色、环境光氛围以及布置的楼顶射灯都比较合适。

图9-248

06 继续在场景中创建12盏目标灯光作为灯箱上的射灯，其位置与分布如图9-249所示。

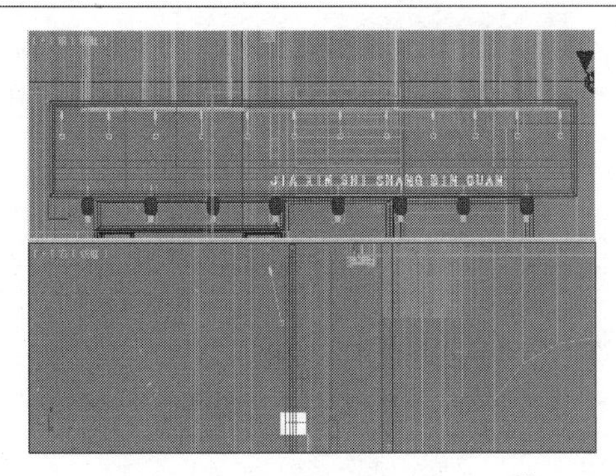

图9-249

07 选择上一步创建的目标灯光，然后进入“修改”面板，具体参数设置如图9-250所示。

设置步骤

① 展开“常规参数”卷展栏，然后在“阴影”选项组下勾选“启用”选项，接着设置阴影类型为“VRay阴影”，最后设置“灯光分布（类型）”为“光度学Web”。

② 展开“分布（光度学Web）卷展栏，然后在其通道中加载光盘中的“实例文件>CH09>实战175>经典筒灯.ies”文件。

③ 展开“强度/颜色/衰减”卷展栏，然后设置“过滤颜色”为（红:248，绿:193，蓝:134），接着设置“强度”为40。

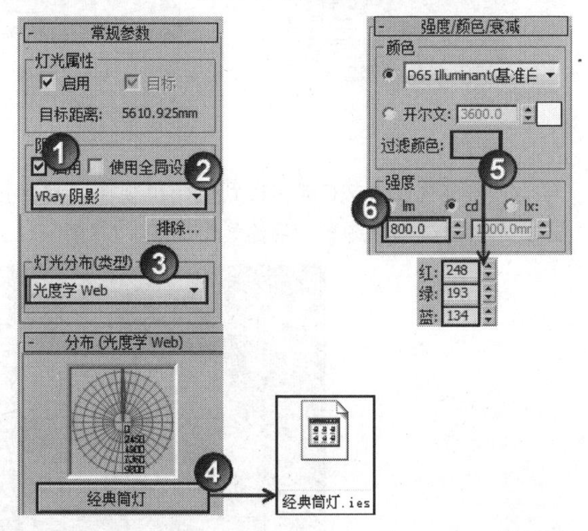

图9-250

08 继续在场景中创建3盏目标灯光，其位置如图9-251所示。

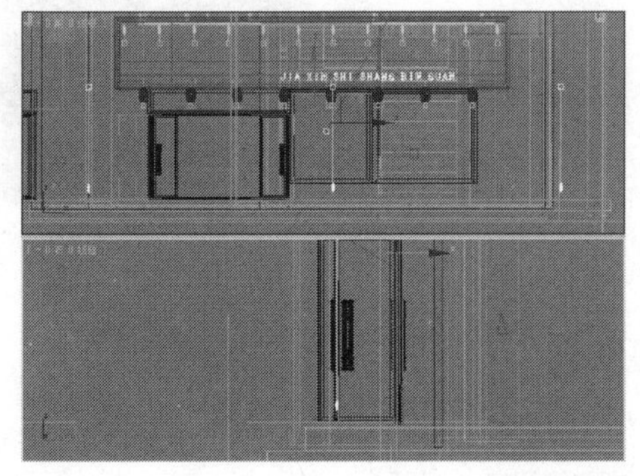

图9-251

09 选择上一步创建的目标灯光，然后进入“修改”面板，具体参数设置如图9-252所示。

设置步骤

① 展开“常规参数”卷展栏，然后在“阴影”选项组下勾选“启用”选项，接着设置阴影类型为“VRay阴影”，最后设置“灯光分布（类型）”为“光度学Web”。

② 展开“分布（光度学Web）卷展栏，然后在其通道中加载光盘中的“实例文件>CH09>实战195>经典筒灯.ies”文件。

③ 展开“强度/颜色/衰减”卷展栏，然后设置“过滤颜色”为（红:121，绿:130，蓝:255），接着设置“强度”为1516。

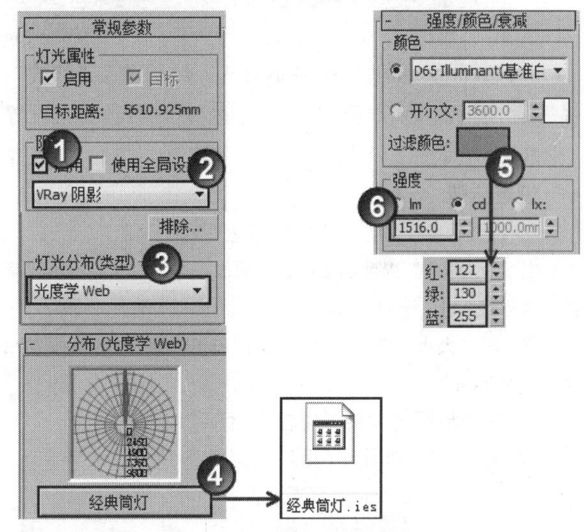

图9-252

10 在摄影机视图中按F9键测试渲染当前场景，效果如图9-253所示。

图9-253

11 下面来模拟建筑各个房间内的暖色灯光效果。设置灯光类型为VRay，然后在场景中创建18盏VRay灯光，其位置与分布如图9-254所示。

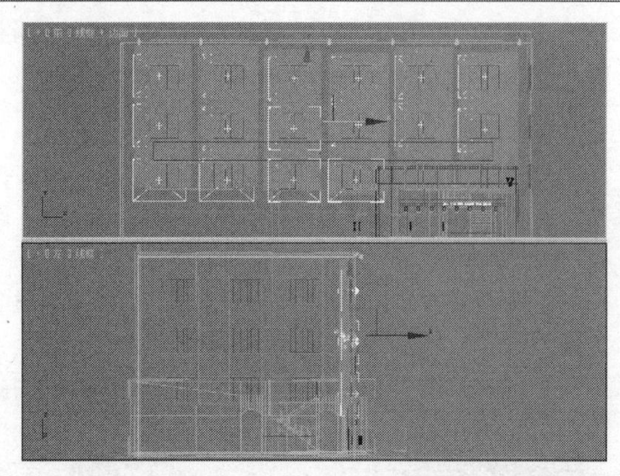

图9-254

12 选择上一步创建的VRay灯光，然后进入“修改”面板，接着展开“参数”卷展栏，具体参数设置如图9-255所示。

设置步骤

① 在“常规”选项组下设置“类型”为“平面”。

② 在“强度”选项组下设置“倍增”为30，然后设置“颜色”为（红:255，绿:158，蓝:72）。

③ 在“大小”选项组下设置“1/2长”为275mm、“1/2宽”为245mm。

④ 在“选项”选项组下勾选“不可见”选项。

⑤ 在“采样”选项组下设置“细分”为12。

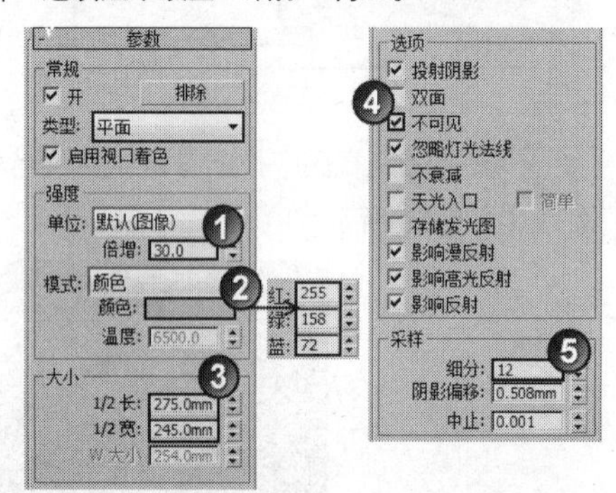

图9-255

13 继续在场景中创建一盏VRay灯光用于模拟建筑入口的灯光效果，其位置与高度如图9-256所示。

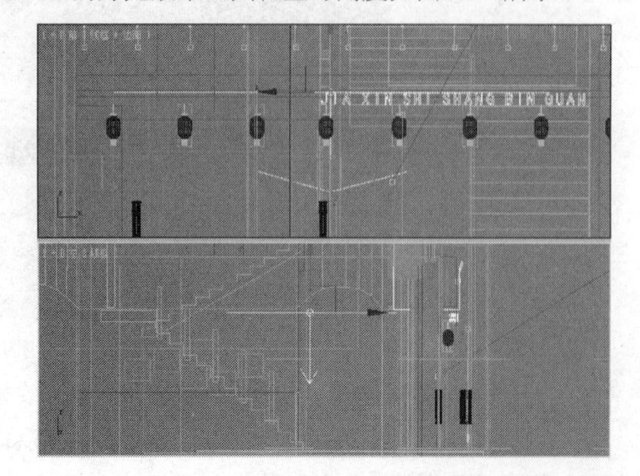

图9-256

14 选择上一步创建的VRay灯光，然后进入“修改”面板，接着展开“参数”卷展栏，具体参数设置如图9-257所示。

设置步骤

① 在“常规”选项组下设置“类型”为“平面”。

② 在“强度”选项组下设置“倍增”为13，然后设置“颜色”为（红:255，绿:158，蓝:72）。

③ 在“大小”选项组下设置“1/2长”为275mm、“1/2宽”为245mm。

④ 在“选项”选项组下勾选“不可见”选项。

⑤ 在“采样”选项组下设置“细分”为12。

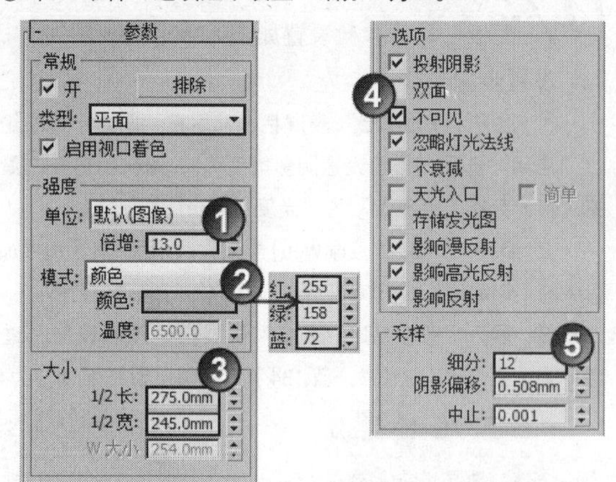

图9-257

15 在透视图中按C键切换到摄影机视图，然后按F9键渲染当前场景，最终效果如图9-258所示。

图9-258

第10章 摄影机应用

学习要点：目标摄影机的常用功能和使用方法 / VRay物理摄影机的常用功能和使用方法

家装造型设计师 工业造型设计师 室内设计表现师 建筑设计表现师

实战196 运动模糊

场景位置	DVD>场景文件>CH10>实战196.max
实例位置	DVD>实例文件>CH10>实战196.max
视频位置	DVD>多媒体教学>CH10>实战196.flv
难易指数	★☆☆☆☆
技术掌握	用目标摄影机和VRay渲染器制作运动模糊特效

运动模糊效果如图10-1所示。

图10-1

01 打开光盘中的“场景文件>CH10>实战196.max”文件，如图10-2所示。

图10-2

02 在操作界面右下角单击“播放动画”按钮▶，播放轮胎的滚动动画，效果如图10-3所示。如果动画播放效果正常，则再次单击“播放动画”按钮▶停止播放。

图10-3

03 在“创建”面板中单击“摄影机”按钮，然后设置摄影机类型为“标准”，接着单击“目标”按钮 目标 ，如图10-4所示，最后在场景中创建一台目标摄影机，其位置如图10-5所示。

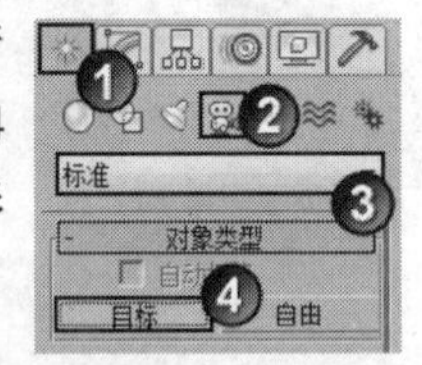

图10-4

图10-5

04 选择目标摄影机，然后在“参数”卷展栏下设置“镜头”为43.608mm、“视野”为44.859度，具体参数设置如图10-6所示。

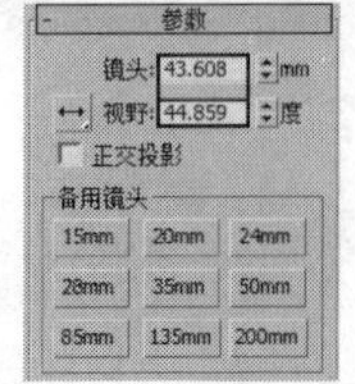

图10-6

05 按F10键打开“渲染设置”对话框，然后单击“公用”选项卡，接着展开“指定渲染器”卷展栏，并在“产品级”选项后面单击“选择渲染器”按钮...，最后在弹出的对话框中选择VRay渲染器，如图10-7所示。

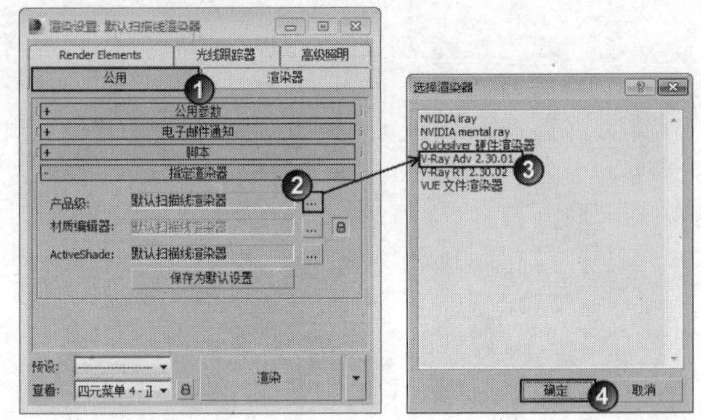

图10-7

06 选择VRay选项卡，然后展开“摄像机”卷展栏，接着在“运动模糊”选项组下勾选“开”选项，最后设置“持续时间（帧数）”为0.7、“间隔中心”为0.5、“偏移”为0、“细分”为30，具体参数设置如图10-8所示。

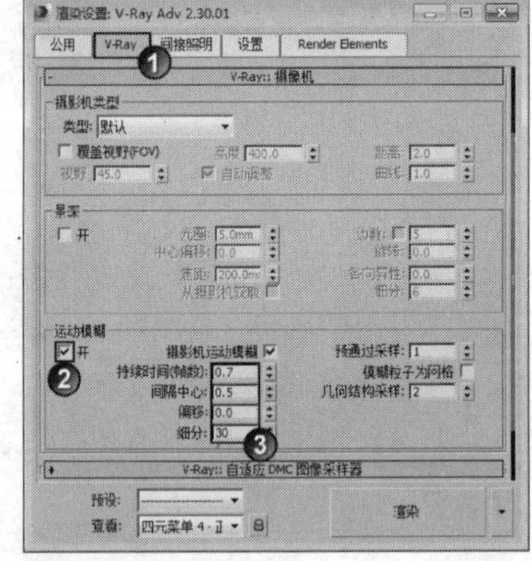

图10-8

07 将时间滑块拖曳到第0帧位置，如图10-9所示，然后在透视图中按C键切换到摄影机视图，接着按F9键渲染当前场景，效果如图10-10所示。

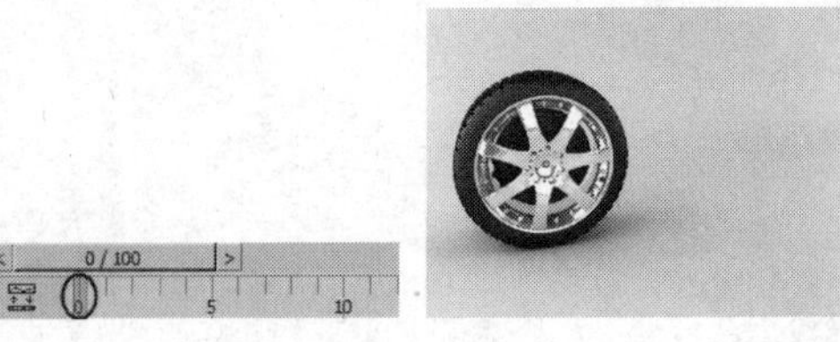

图10-9　图10-10

技巧与提示

从图10-10中观察不到运动模糊效果，这是因为第0帧的轮胎还处于未运动状态，因此看不到运动迷糊效果。

08 将时间滑块拖曳到第45帧位置，然后按F9键渲染当前场景，此时渲染出来的图像就产生了运动模糊效果，如图10-11所示。

图10-11

实战197 景深

场景位置	DVD>场景文件>CH10>实战197.max
实例位置	DVD>实例文件>CH10>实战197.max
视频位置	DVD>多媒体教学>CH10>实战197.flv
难易指数	★☆☆☆☆
技术掌握	用目标摄影机和VRay渲染器制作景深特效

景深效果如图10-12所示。

图10-12

01 打开光盘中的“场景文件>CH10>实战197.max”文件，如图10-13所示。

图10-13

02 设置摄影机类型为“标准”，然后在场景中创建一台目标摄影机，其焦点位置要框住桃花，如图10-14所示。

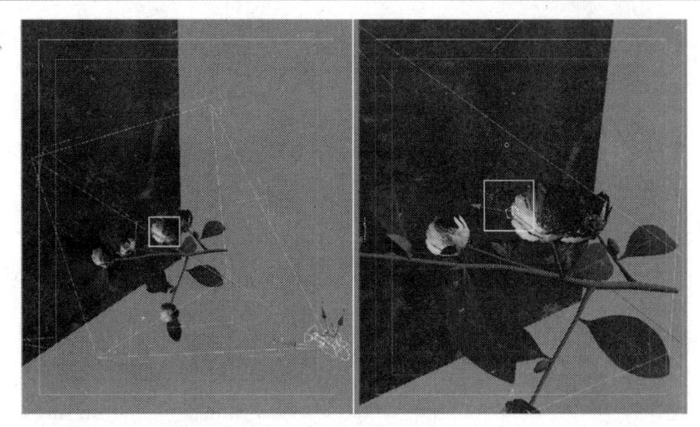

图10-14

03 选择目标摄影机，然后在“参数”卷展栏下设置“镜头”为41.167mm、“视野”为47.234度，最后设置“目标距离”为1723.4mm，具体参数设置如图10-15所示。

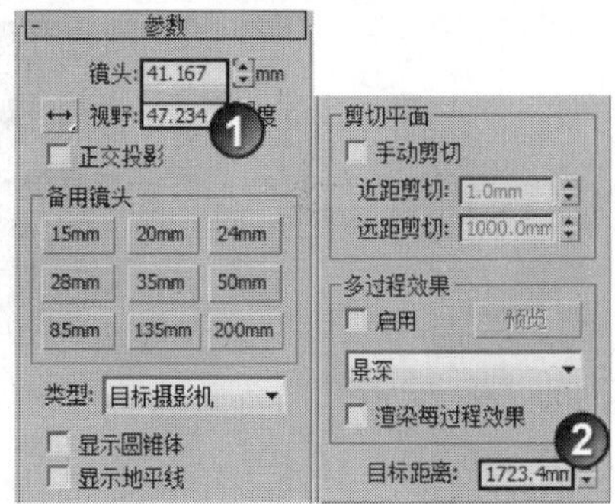

图10-15

04 按F10键打开“渲染设置”对话框，然后设置渲染器为VRay渲染器，接着单击VRay选项卡，展开“摄像机”卷展栏，最后在“景深”选项组下勾选“开”选项和“从摄影机获取”选项，具体参数设置如图10-16所示。

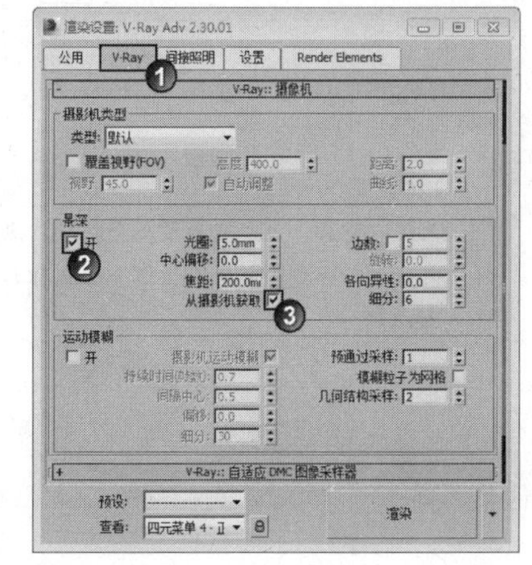

图10-16

技巧与提示

勾选“从摄影机获取”选项后，摄影机焦点位置的物体在画面中是最清晰的，而距离焦点越远的物体将会很模糊。

05 在摄影机视图中按F9键渲染当前场景，最终效果如图10-17所示。

图10-17

技术专题 34 景深的形成原理

“景深”就是指拍摄主题前后所能在一张照片上成像的空间层次的深度。简单地说，景深就是聚焦清晰的焦点前后“可接受的清晰区域”，如图10-18所示。

图10-18

下面讲解景深形成的原理。

1.焦点

与光轴平行的光线射入凸透镜时，理想的镜头应该是所有的光线聚集在一点后，再以锥状的形式扩散开，这个聚集所有光线的点就称为“焦点”，如图10-19所示。

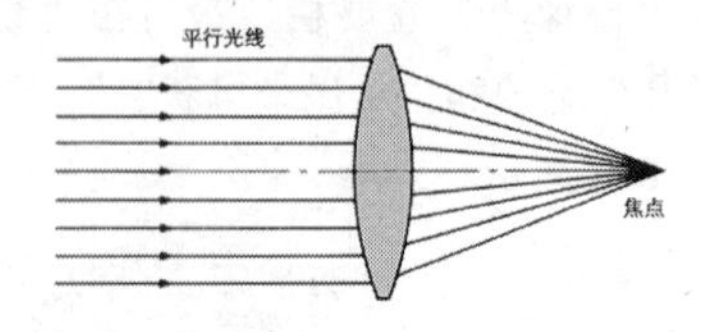

图10-19

2.弥散圆

在焦点前后，光线开始聚集和扩散，点的影像会变得模糊，从而形成一个扩大的圆，这个圆就称为“弥散圆”，如图10-20所示。

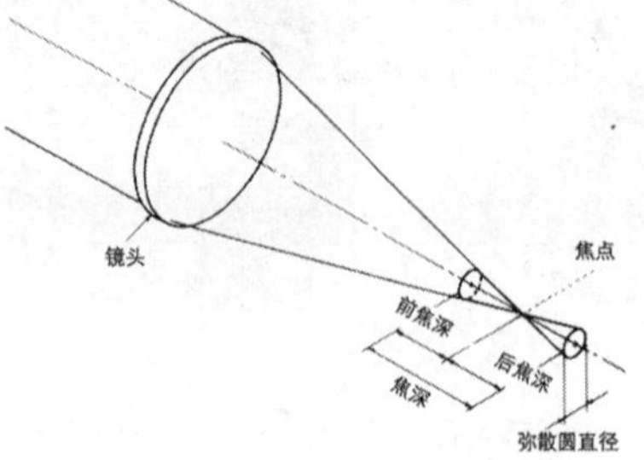

图10-20

每张照片都有主题和背景之分，景深和摄影机的距离、焦距和光圈之间存在着以下3种关系（这3种关系可以用图10-21来表示）。

第1种：光圈越大，景深越小；光圈越小，景深越大。

第2种：镜头焦距越长，景深越小；焦距越短，景深越大。

第3种：距离越远，景深越大；距离越近，景深越小。

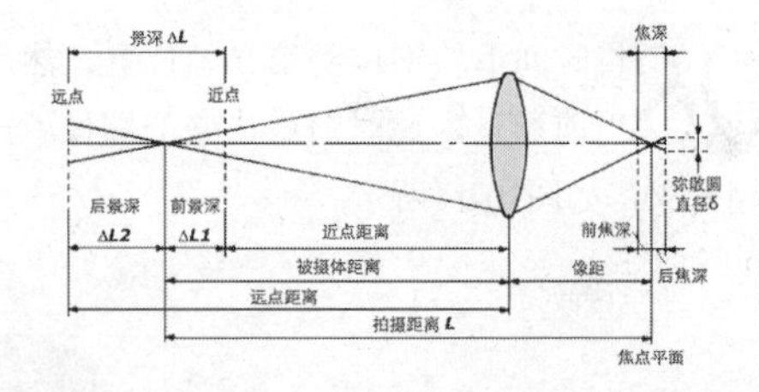

图10-21

景深可以很好地突出主题，不同的景深参数下的效果也不相同，如图10-22突出的是蜘蛛的头部，而图10-23突出的是蜘蛛和被捕食的螳螂。

图10-22

图10-23

实战198 缩放因子

场景位置	DVD>场景文件>CH10>实战198.max
实例位置	DVD>实例文件>CH10>实战198.max
视频位置	DVD>多媒体教学>CH10>实战198.flv
难易指数	★☆☆☆☆
技术掌握	用VRay物理摄影机的缩放因子参数调整镜头的远近

本例使用VRay物理摄影机的“缩放因子”参数制作的局部缩放效果如图10-24所示。

图10-24

01 打开光盘中的“场景文件>CH10>实战198.max”文件，如图10-25所示。

图10-25

02 设置摄影机类型为VRay，然后单击“VRay物理摄影机”按钮 VR物理摄影机 ，接着在场景中创建一台VRay物理相机，其位置如图10-26所示。

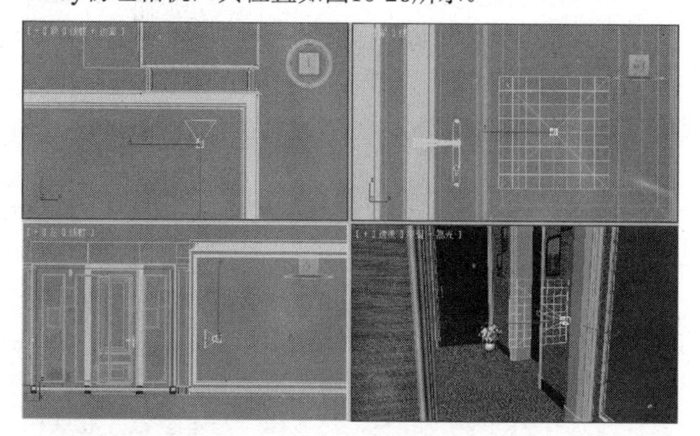

图10-26

03 选择VRay物理相机，然后展开“基本参数”卷展栏，接着设置“焦距（mm）”为40、“缩放因子”为0.3、“横向偏移”为0、“纵向偏移”为0、“光圈数”为0.7，最后设置“自定义平衡”为白色，具体参数设置如图10-27所示。

04 在透视图中按C键切换到摄影机视图，然后按F9键测试渲染当前场景，效果如图10-28所示。

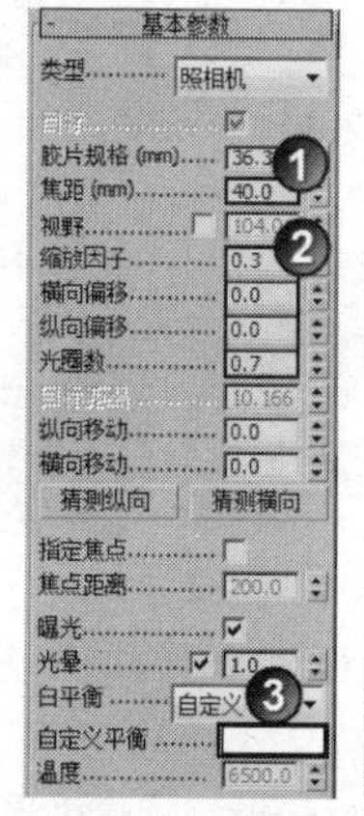

图10-27 图10-28

05 选择VRay物理相机，然后在“基本参数”卷展栏下设置“缩放因子”为0.57，其他参数保持不变，如图10-29所示。

06 在摄影机视图中按F9键测试渲染当前场景，效果如图10-30所示。

图10-29 图10-30

07 选择VRay物理相机，然后在“基本参数”卷展栏下设置“缩放因子”为1.5，其他参数保持不变，如图10-31所示。

08 在摄影机视图中按F9键测试渲染当前场景，效果如图10-32所示。

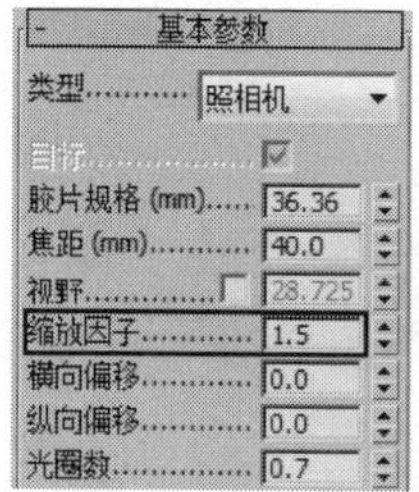

图10-31 图10-32

技巧与提示

“缩放因子”参数非常重要，因为它可以改变摄影机视图的远近范围，从而改变物体的远近关系。

实战199 光圈数

场景位置	DVD>场景文件>CH10>实战198.max
实例位置	DVD>实例文件>CH10>实战199.max
视频位置	DVD>多媒体教学>CH10>实战199.flv
难易指数	★☆☆☆☆
技术掌握	用VRay物理摄影机的光圈数参数调整画面的明暗度

本例使用VRay物理摄影机的“光圈数”参数制作的明暗效果如图10-33所示。

图10-33

01 重新打开上一实例的场景“实战198.max”文件，然后在相同的位置创建一台VRay物理相机，接着在“基本参数”卷展栏下设置“焦距（mm）”为40、“缩放因子”为0.57、“横向偏移”为0、“纵向偏移”为0、“、“光圈数”为1.5，如图10-34所示，最后按F9键测试渲染当前场景，效果如图10-35所示。

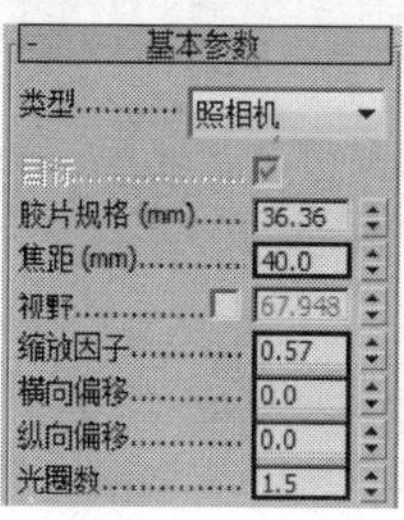

图10-34 图10-35

02 选择VRay物理摄影机，然后在“基本参数”卷展栏下修改“光圈数”为0.7，如图10-36所示，接着按F9键测试渲染当前场景，效果如图10-37所示。

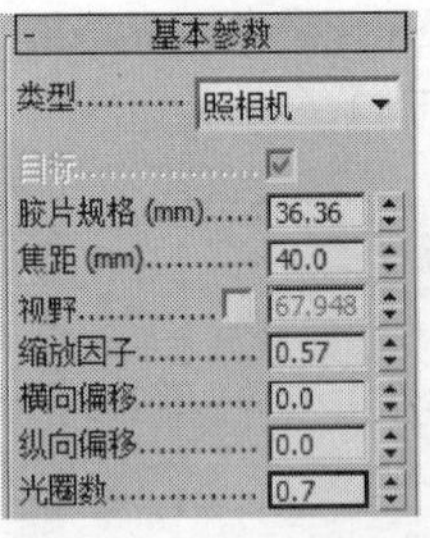

图10-36 图10-37

03 选择VRay物理摄影机，然后在“基本参数”卷展栏下提高“光圈数”为2.2，如图10-38所示，接着按F9键测试渲染当前场景，效果如图10-39所示。

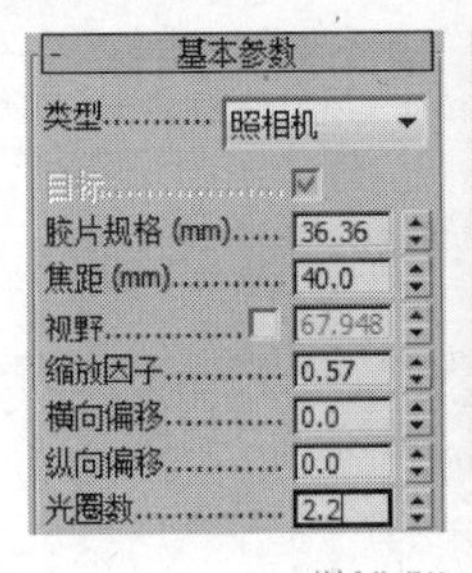

图10-38 图10-39

技巧与提示

经过上面3个步骤的参数调整与渲染效果对比，可以发现“光圈数”数值越大，渲染效果越亮，因此场景中如果存在VRay物理摄影机，就可以通过该参数来调整画面的亮度，相当于Photoshop中的“亮度/对比度”功能。

实战200 光晕

场景位置	DVD>场景文件>CH10>实战198.max
实例位置	DVD>实例文件>CH10>实战200.max
视频位置	DVD>多媒体教学>CH10>实战200.flv
难易指数	★☆☆☆☆
技术掌握	用VRay物理摄影机制作镜头光晕效果

本例使用VRay物理摄影机的“光晕”参数制作的镜头光晕效果如图10-40所示。

图10-40

01 重新打开上一实例的场景“实战198.max”文件，然后在相同的位置创建一台VRay物理相机，在“基本参数”卷展栏下设置“焦距（mm）”为40、“缩放因子”为0.57、“横向偏移”为0、“纵向偏移”为0、“光圈数”为0.7，具体参数设置如图10-41所示，最后按F9键测试渲染当前场景，效果如图10-42所示。

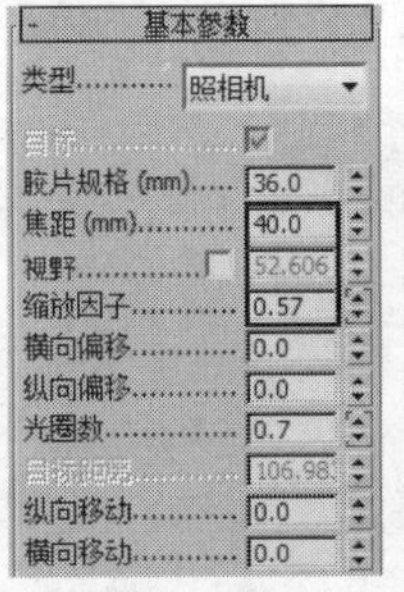

图10-41 图10-42

02 选择VRay物理相机，然后在“基本参数”卷展栏下勾选“光晕”选项，接着设置其大小为2，其他的参数保持不变，如图10-43所示，最后按F9键测试渲染当前场景，效果如图10-44所示。

图10-43 图10-44

03 选择VRay物理相机，然后在“基本参数”卷展栏下设置“光晕”大小为3，其他参数保持不变，如图10-45所示，接着按F9键测试渲染当前场景，效果如图10-46所示。

图10-45 图10-46

第11章
室内外材质应用

学习要点：材质制作的一般流程 / 常见材质的制作方法

■ 壁纸材质/324页 ■ 地砖材质/327页 ■ 古木材质/33页 ■ 塑料材质/329页 ■ 哑光皮纹材质/333页

■ 毛巾材质/338页 ■ 不锈钢材质/344页 ■ 镜子材质/347页 ■ 清玻璃材质/348页 ■ 叶片及草地材质/354页

家装造型设计师

工业造型设计师

室内设计表现师

建筑设计表现师

实战201 壁纸材质

场景位置	DVD>场景文件>CH11>实战201.max
实例位置	DVD>实例文件>CH11>实战201.max
视频位置	DVD>多媒体教学>CH11>实战201.flv
难易指数	★☆☆☆☆
技术掌握	用VRayMtl材质模拟壁纸材质

壁纸材质效果如图11-1所示。

壁纸材质的模拟效果如图11-2所示。

图11-1

图11-2

01 打开光盘中的“场景文件>CH11>实战201.max”文件，如图11-3所示。

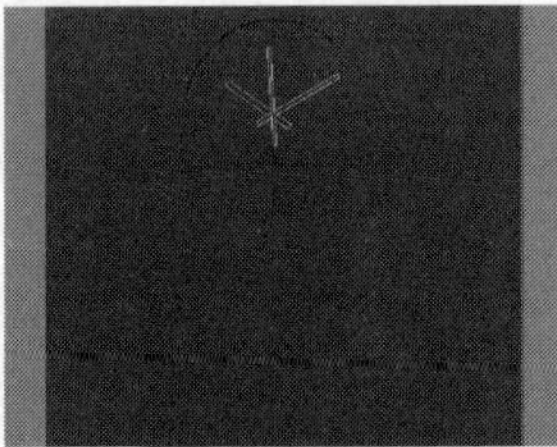

图11-3

02 按M键打开“材质编辑器”对话框，然后选择一个空白材质球，接着单击Standard（标准）按钮 Standard ，最后在弹出的“材质/贴图浏览器”对话框中双击VRayMtl选项，如图11-4所示。

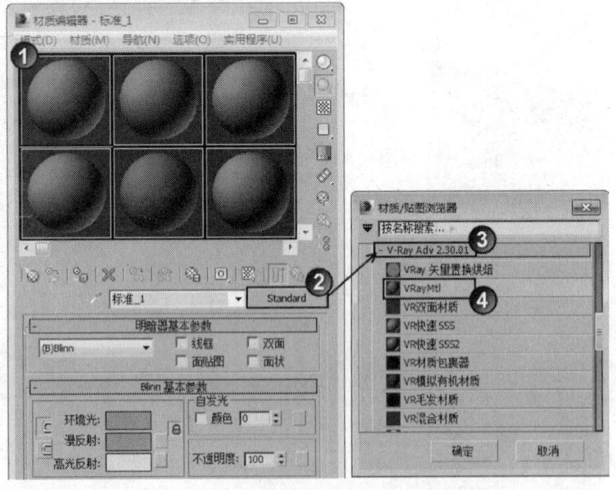

图11-4

技术专题 35 材质编辑器的基础知识

“材质编辑器”对话框非常重要，因为所有的材质都在这里完成。打开“材质编辑器”对话框的方法主要有以下两种。

第1种：执行“渲染>材质编辑器>精简材质编辑器”菜单命令或“渲染>材质编辑器>Slate材质编辑器”菜单命令，如图11-5所示。

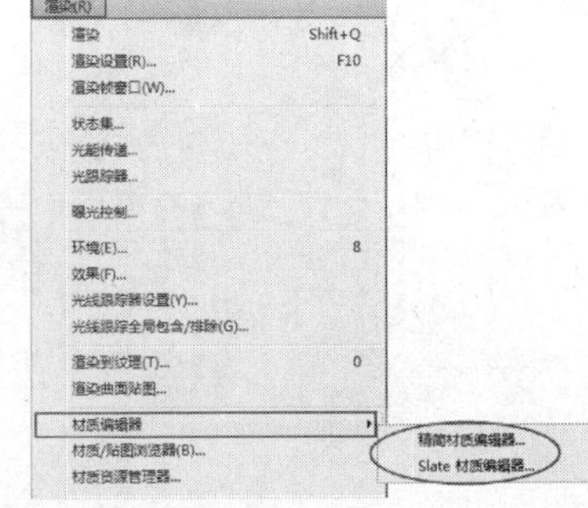

图11-5

第2种：在“主工具栏”中单击“材质编辑器”按钮或直接按M键。此时打开的“材质编辑器”对话框是“Slate材质编辑器”对话框，如图11-6所示。该对话框虽然功能强大，但是设计材质时操作很繁杂，因此在实际工作中几乎不会用到该材质编辑器。

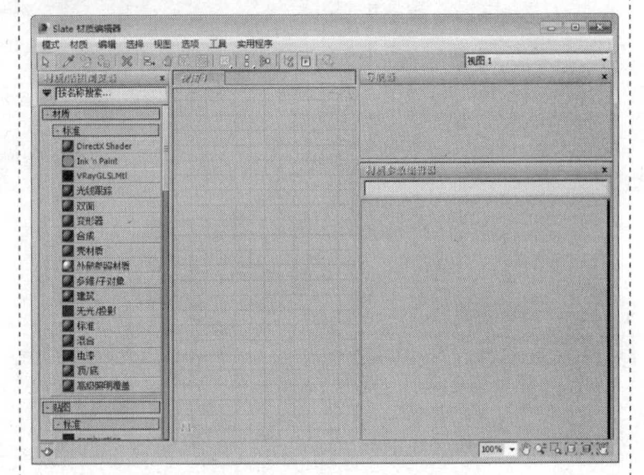

图11-6

在“材质编辑器”对话框中执行“模式>精简材质编辑器”命令，可以切换如图11-7所示的“材质编辑器”对话框，该对话框分为4大部分，最顶端为菜单栏，充满材质球的窗口为示例窗，示例窗左侧和下部的两排按钮为工具栏，其余的是参数控制区。这个材质编辑器相比于Slate材质编辑器，界面更简洁，且操作更简化，因此在本书所有实例中均采用该材质编辑器进行编写。

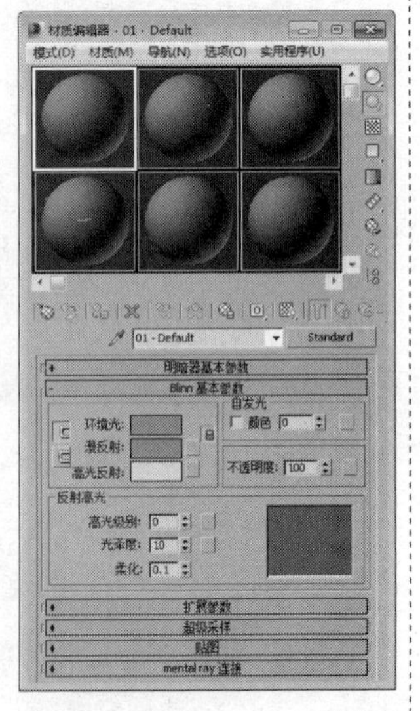

图11-7

03 将VRayMtl材质命名为bzcz，然后在“基本参数”卷展栏下单击“漫反射”贴图通道后面的按钮▒，接着在弹出的对话框中选择光盘中的“实例文件>CH11>实战201>壁纸.jpg”文件，如图11-8所示，制作好的材质球效果如图11-9所示。可以观察到通过“漫反射”贴图快速模拟出了壁纸的纹理与质感。

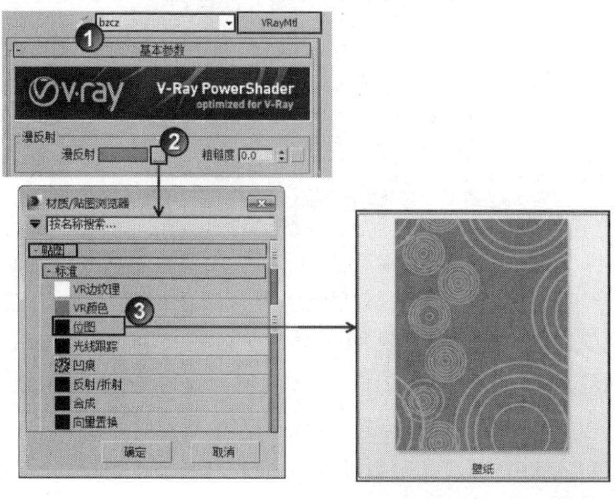

图11-8

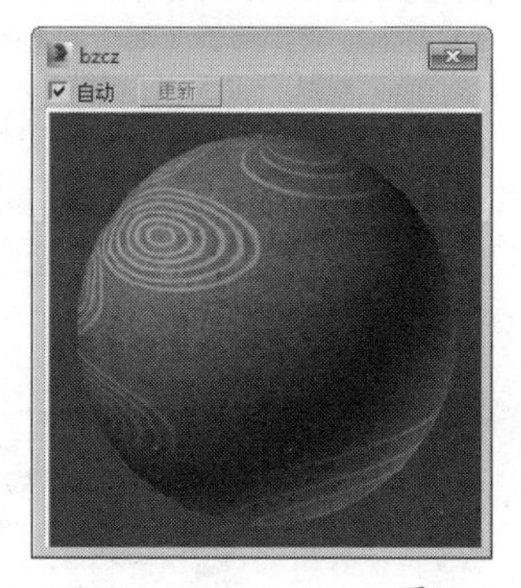

图11-9

04 在场景中选择墙面模型，然后在“材质编辑器”对话框中单击“将材质指定给选定对象”按钮▒，这样可以将设定好的材质指定给选定模型，如图11-10所示。

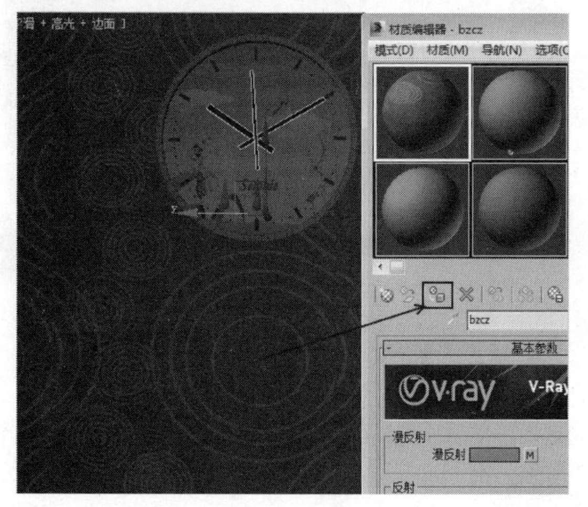

图11-10

05 按C键回到摄影机视图，然后按Shift+Q组合键或F9键测试渲染当前场景，效果如图11-11所示。此时可以观察到材质虽然表现出了纹理与质感，但纹理大小以及位置并不理想，接下来通过“UVW贴图”修改器进行调整。

图11-11

06 选择墙面模型，然后为其加载一个“UVW贴图”修改器，接着在“参数”卷展栏下设置“贴图”类型为“长方体”，并设置“长度”为119cm、“宽度”为91.14cm，具体参数设置如图11-12所示。

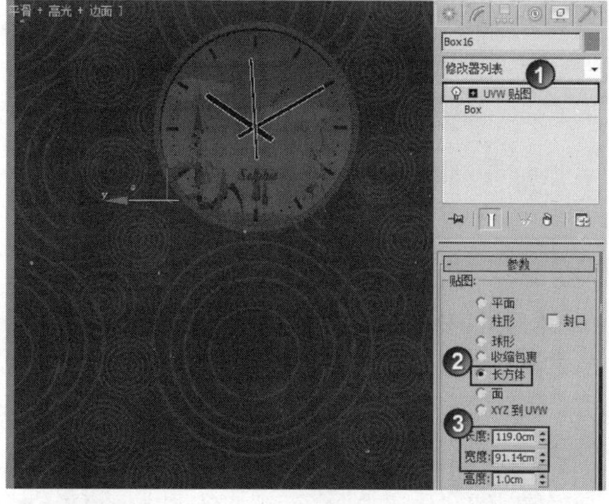

图11-12

07 按1键选择“UVW贴图”修改器的Gizmo次物体层级，然后将壁纸贴图上的“大圆弧”调整到与挂钟对齐，如图11-13所示。

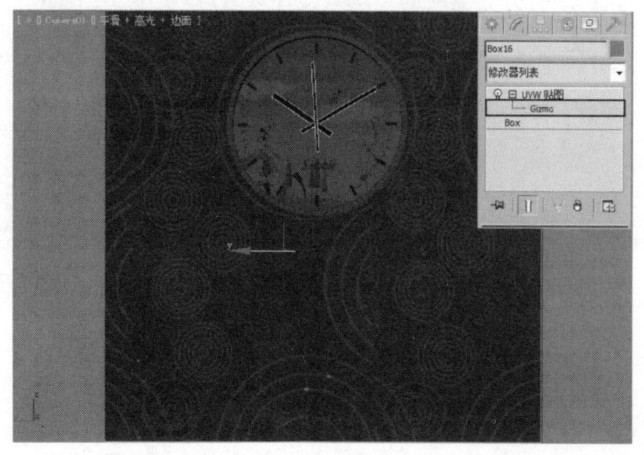

图11-13

08 在摄影机视图中按F9键渲染当前场景，最终效果如图11-14所示。

图11-14

实战202 杂志材质

场景位置	DVD>场景文件>CH11>实战202.max
实例位置	DVD>实例文件>CH11>实战202.max
视频位置	DVD>多媒体教学>CH11>实战202.flv
难易指数	★☆☆☆☆
技术掌握	用VRayMtl材质模拟书本材质

杂志材质效果如图11-15所示。

图11-15

本例共需要制作3个材质，分别是“杂志01”、“杂志02”和“杂志03”，如图11-16～图11-18所示。

图11-16

图11-17

图11-18

01 打开光盘中的“场景文件>CH11>实战202.max”文件，如图11-19所示。

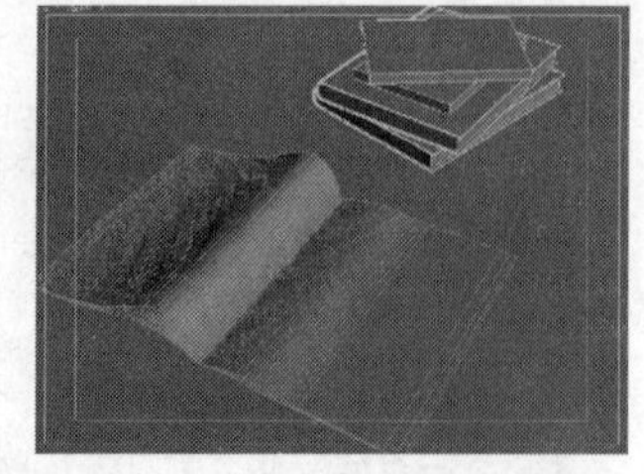

图11-19

02 按M键打开“材质编辑器”对话框，然后选择一个空白材质球，接着设置材质类型为VRayMtl材质，如图11-20所示。

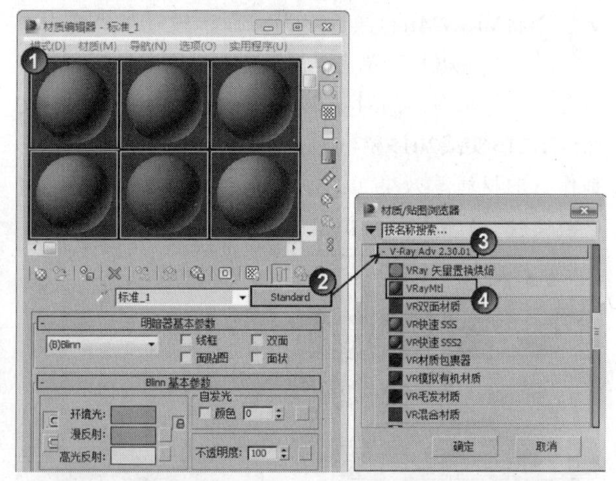

图11-20

03 将VRayMtl材质命名为“杂志01”，然后在“漫反射”贴图通道中加载光盘中的“实例文件>CH11>实战202>011.jpg”文件，接着设置“反射”颜色为（红:35，绿:35，蓝:35），最后设置“反射光泽度”为0.72，具体参数设置如图11-21所示，制作好的材质球效果如图11-22所示。

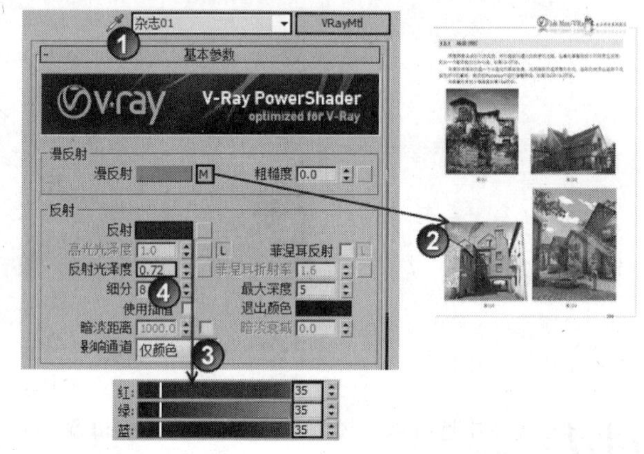

图11-21

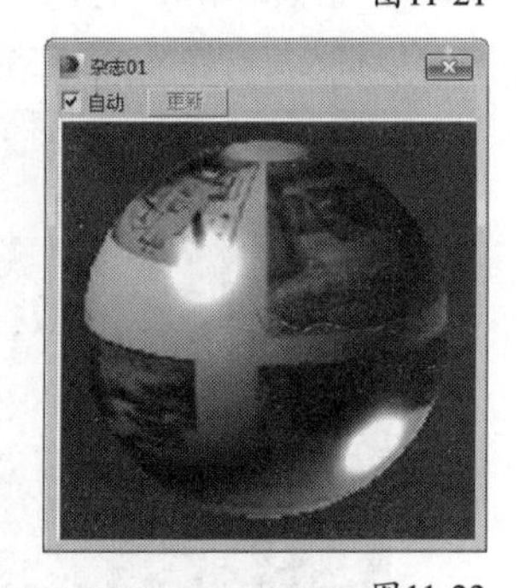

图11-22

04 将制作好的“杂志01”材质球拖曳复制到一个空白材质球上，然后将其命名为“杂志02”，接着将“漫反射”通道中的贴图更换为“实例文件>CH11>实战202>022.jpg”文件，具体参数设置如图11-23所示，制作好的材质球效果如图11-24所示。

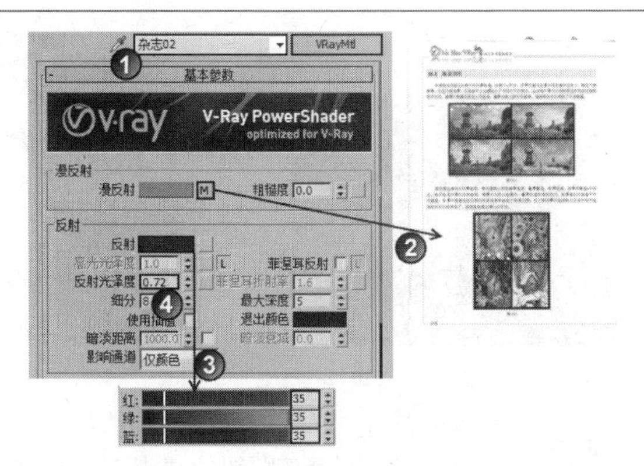

图11-23

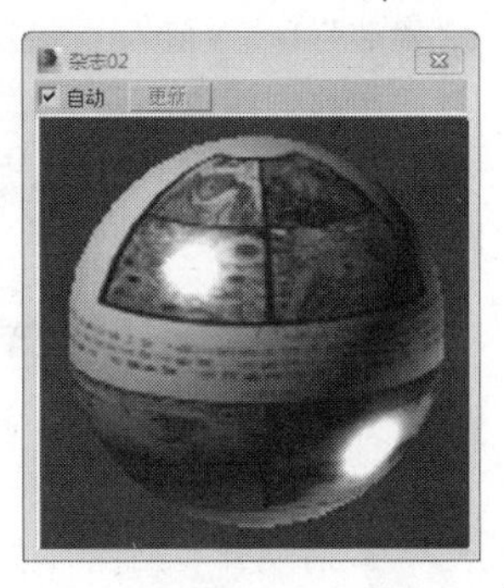

图11-24

05将制作好的“杂志01”材质球拖曳复制到一个空白材质球上，然后将其命名为“杂志03”，接着将“漫反射”通道中的贴图更换为“实例文件>CH11>实战202>杂志03.jpg”文件，具体参数设置如图11-25所示，制作好的材质球效果如图11-26所示。

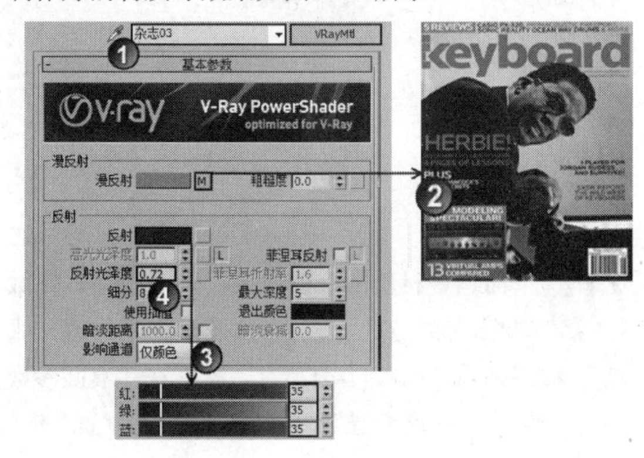

图11-25

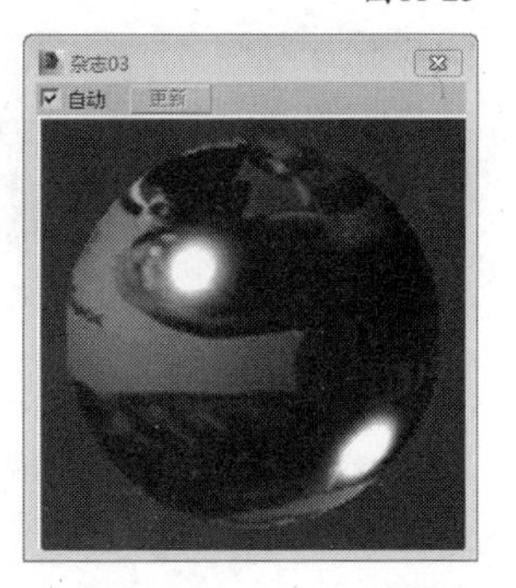

图11-26

06将制作好的材质指定给对应的模型，然后在摄影机视图中按F9键渲染当前场景，最终效果如图11-27所示。

图11-27

实战203 地砖材质

场景位置	DVD>场景文件>CH11>实战203.max
实例位置	DVD>实例文件>CH11>实战203.max
视频位置	DVD>多媒体教学>CH11>实战203.flv
难易指数	★☆☆☆☆
技术掌握	用VRayMtl材质模拟地砖材质

地砖材质效果如图11-28所示。

本例共需要制作一个地砖材质，其模拟效果如图11-29所示。

图11-28

图11-29

01打开光盘中的“场景文件>CH11>实战203.max”文件，如图11-30所示。

图11-30

02选择一个空白材质球，然后设置材质类型为VRayMtl材质，并将其命名为dzcz，接着在“漫反射”贴图通道中加载光盘中的“实例文件>CH11>实战203>地砖.jpg”文件，如图11-31所示。

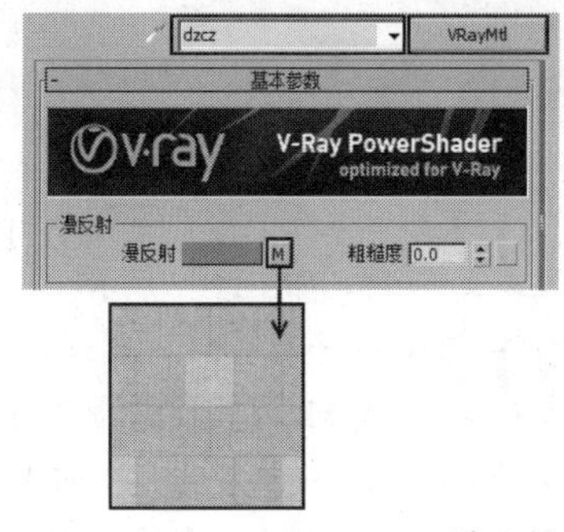

图11-31

03 在“反射”选项组下设置“反射”颜色为（红:69，绿:69，蓝:69），然后设置“反射光泽度”为0.9、“细分”为30，具体参数设置如图11-32所示，制作好的材质球效果如图11-33所示。

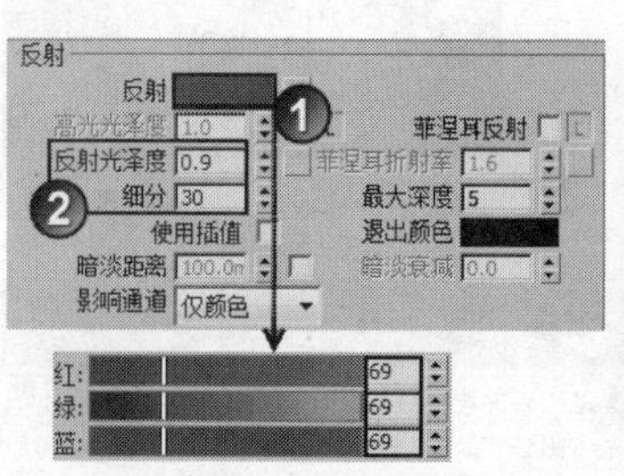

图11-32

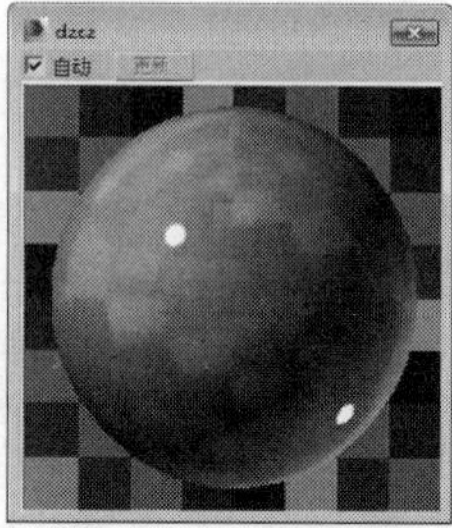

图11-33

技巧与提示

“反射光泽度”选项主要用来控制反射效果的清晰度，默认数值1的情况下为镜面反射，数值越小反射越模糊。

04 将制作好的材质指定给场景中相对应的模型，然后在摄影机视图中按F9键渲染当前场景，最终效果如图11-34所示。

图11-34

实战204 木地板材质

场景位置	DVD>场景文件>CH11>实战204.max
实例位置	DVD>实例文件>CH11>实战204.max
视频位置	DVD>多媒体教学>CH11>实战204.flv
难易指数	★☆☆☆☆
技术掌握	用VRayMtl材质模拟木地板材质

木地板材质效果如图11-35所示。

木地板材质的模拟效果如图11-36所示。

图11-35

图11-36

01 打开光盘中的“场景文件>CH11>实战204.max”文件，如图11-37所示。

02 选择一个空白材质球，然后设置材质类型为VRayMtl材质，并命名为dbmw，接着在“漫反射”贴图通道中加载光盘中的“实例文件>CH11>实战204>地板.jpg”文件，如图11-38所示。

图11-37

图11-38

03 切换到贴图的“坐标”卷展栏，然后设置“模糊”为0.01，以提高贴图的清晰度，接着设置“瓷砖”U、V值为6以缩小纹理间隔，具体参数设置如图11-39所示。

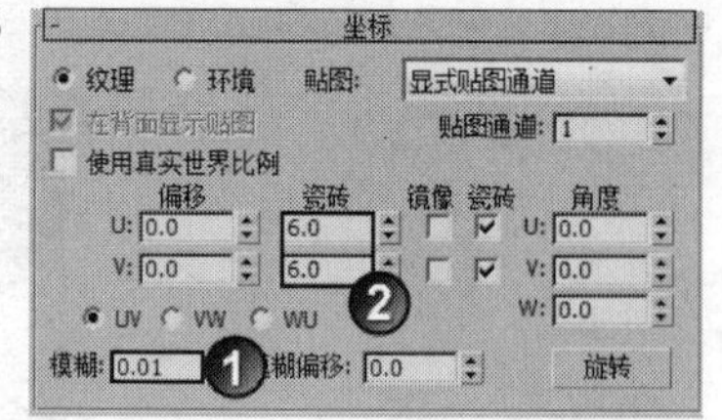

图11-39

04 单击“转到父对象”按钮，返回到顶层级，然后展开“贴图”卷展栏，接着使用鼠标左键将“漫反射”通道中的贴图拖曳到“凹凸”贴图通道上，并在弹出的对话框中设置“方法”为“实例”，最后设置“凹凸”的强度为5，如图11-40所示。

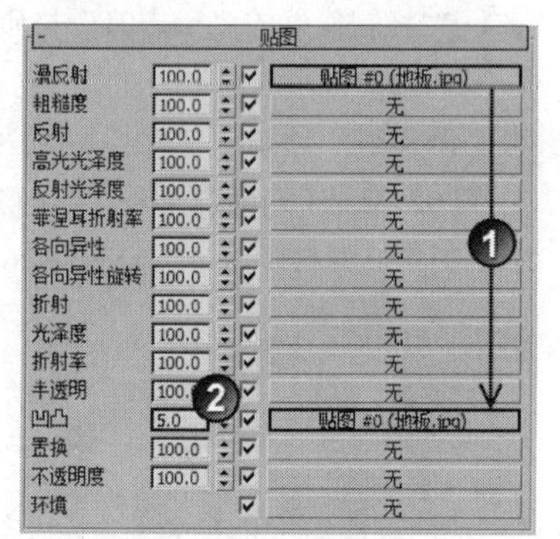

图11-40

05 下面调整材质的反射效果。展开“基本参数”卷展栏，然后在“反射”贴图通道中加载一张“衰减”程序贴图，如图11-41所示，接着在“衰减参数”卷展栏下设置“衰减类型”为Fresnel，最后设置“前”通道的颜色为（R:82，G:82，B:82）、“侧”通道的颜色（R:228，G:228，B:228），具体参数设置如图11-42所示。

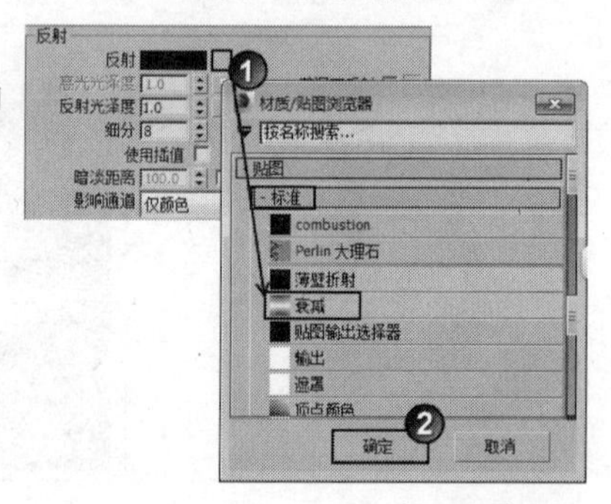

图11-41

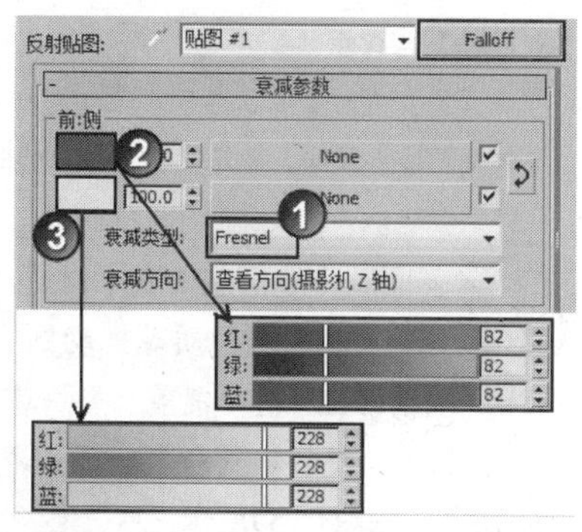

图11-42

06 返回到“基本参数”卷展栏，然后在“反射”选项组下设置“反射光泽度”为0.08，以模拟出材质表面的高光细节，如图11-43所示。

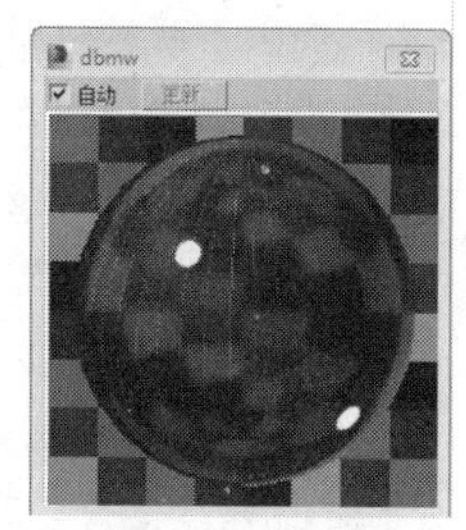

图11-43

07 将制作好的材质指定给对应的模型，然后在摄影机视图中按F9键渲染当前场景，最终效果如图11-44所示。

图11-44

实战205 红木材质

场景位置	DVD>场景文件>CH11>实战205.max
实例位置	DVD>实例文件>CH11>实战205.max
视频位置	DVD>多媒体教学>CH11>实战205.flv
难易指数	★☆☆☆☆
技术掌握	用VRayMtl材质模拟红木材质

红木材质如图11-45所示。

红木材质的模拟效果如图11-46所示。

图11-45

图11-46

01 打开光盘中的“场景文件>CH11>实战205.max”文件，如图11-47所示。

02 选择一个空白材质球，然后设置材质类型为VRayMtl材质，接着在“漫反射”贴图通道中加载一张光盘中的“实例文件>CH11>实战205>红木.jpg”文件，最后在“坐标”卷展栏下设置“模糊”为0.3，如图11-48所示。

图11-47

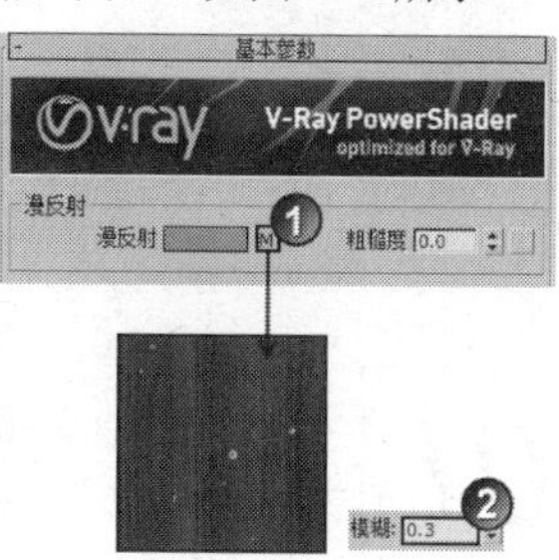

图11-48

03 设置“反射”颜色为(红:23，绿:23，蓝:23)，然后设置“反射光泽度”为0.7、“细分”为15，具体参数设置如图11-49所示，制作好的材质球效果如图11-50所示。

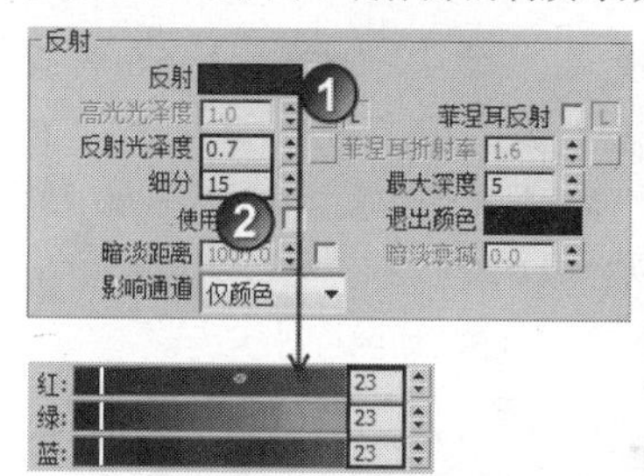

图11-49

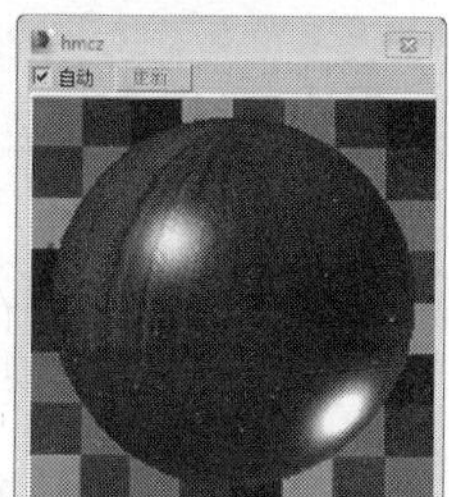

图11-50

04 将制作好的材质指定给对应的模型，然后在摄影机视图中按F9键渲染当前场景，最终效果如图11-51所示。

图11-51

实战206 古木材质

场景位置	DVD>场景文件>CH11>实战206.max
实例位置	DVD>实例文件>CH11>实战206.max
视频位置	DVD>多媒体教学>CH11>实战206.flv
难易指数	★☆☆☆☆
技术掌握	用VRayMtl材质模拟古木材质

古木材质效果如图11-52所示。

图11-52

本例共需要制作两种古木材质，其模拟效果如图11-53和图11-54所示。

图11-53

图11-54

01 打开光盘中的“场景文件>CH11>实战206.max”文件，如图11-55所示。

图11-55

02 下面制作圈椅的古木材质。选择一个空白材质球，然后设置材质类型为VRayMtl材质，并将其命名为gmcz1，接着在“漫反射”贴图通道中加载光盘中的“实例文件>CH11>实战206>木纹1.jpg”文件，最后在“坐标”卷展栏下设置“模糊”为0.5，如图11-56所示。

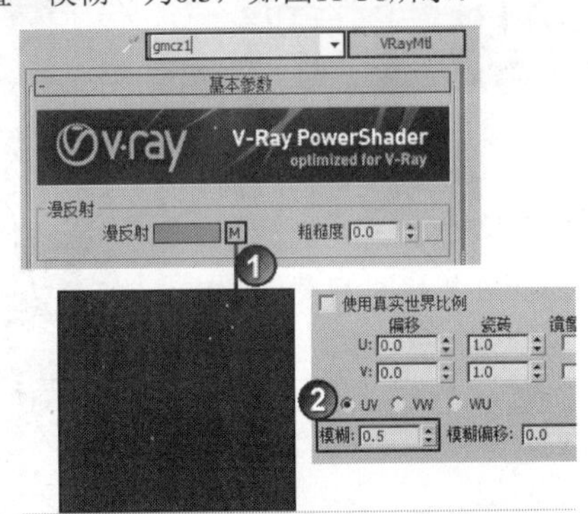

图11-56

03 返回“基本参数”卷展栏，然后设置“反射”颜色为（R:38，G:38，B:38）、“高光光泽度”为0.81、“反射光泽度”为0.95，具体参数设置如图11-57所示，制作好的材质球效果如图11-58所示。

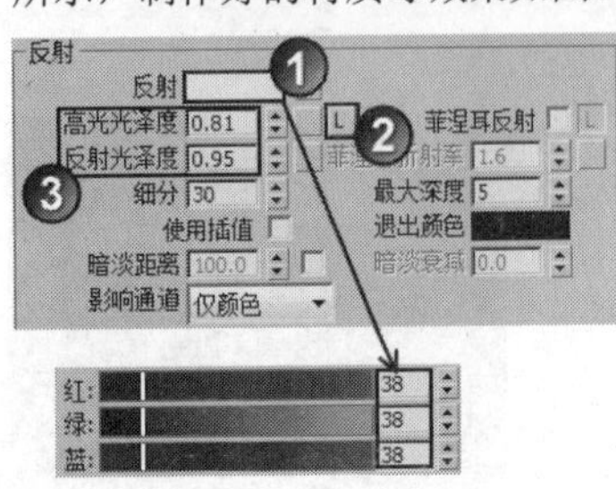

图11-57

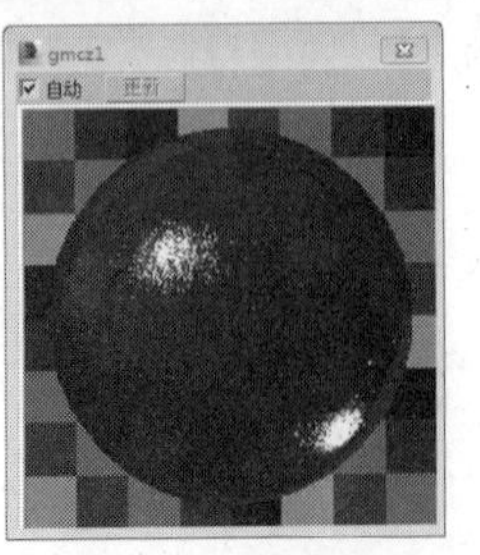

图11-58

技巧与提示

注意，在默认情况下，“高光光泽度”和“菲涅耳反射率”是无法设置的，必须先单击后面的L按钮L进行解锁后才能进行操作。

04 下面制作墙面装饰古木材质。使用鼠标左键将制作好的gmcz1材质球拖动到一个空白材质球上，这样可以用gmcz1材质覆盖掉空白材质，然后将其命名为gmcz2，如图11-59所示。

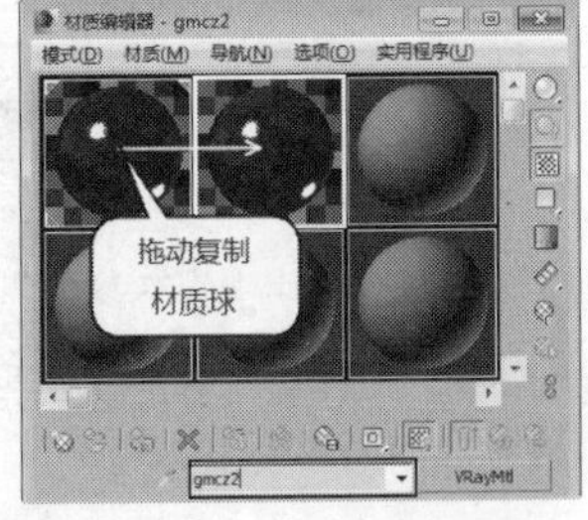

图11-59

05 由于两种材质只是贴图不同而已，因此只需要单击“漫反射”贴图通道，然后在“位图参数”卷展栏下将“木纹1.jpg”贴图修改为“木纹2.jpg”贴图文件，接着在“坐标”卷展栏下将“模糊”值修改为0.5，最后设置“瓷砖”的U为5，具体参数设置如图11-60所示，制作好的材质球效果如图11-61所示。

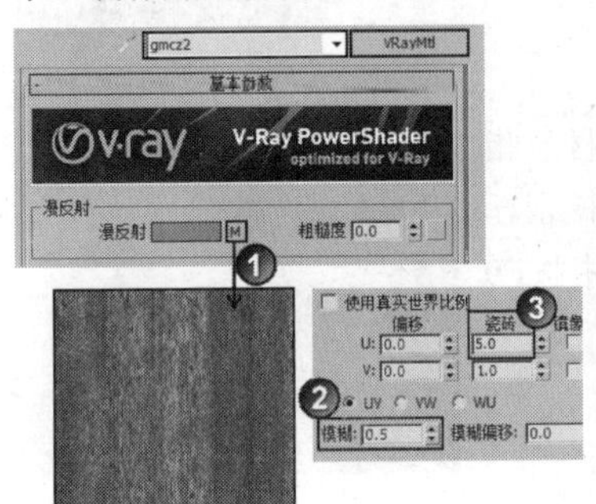

图11-60

图11-61

06 将制作好的材质指定给对应的模型，然后在摄影机视图中按F9键渲染当前场景，最终效果如图11-62所示。

图11-62

实战207 竹藤材质

场景位置	DVD>场景文件>CH11>实战207.max
实例位置	DVD>实例文件>CH11>实战207.max
视频位置	DVD>多媒体教学>CH11>实战207.flv
难易指数	★☆☆☆☆
技术掌握	用VRayMtl材质模拟竹藤材质

竹藤材质效果如图11-63所示。

竹藤材质的模拟效果如图11-64所示。

图11-63

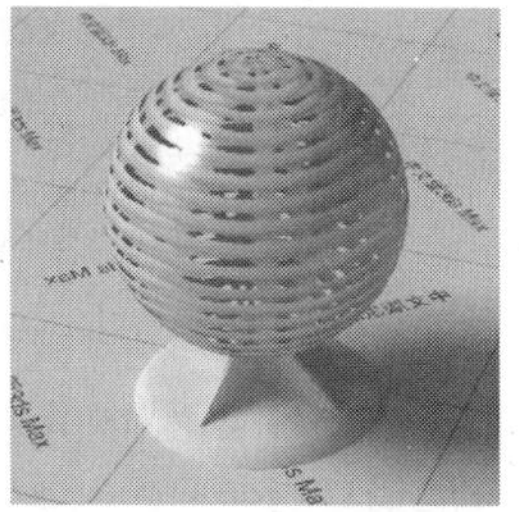

图11-64

01 打开光盘中的“场景文件>CH11>实战207.max”文件，如图11-65所示。

02 选择一个空白材质球，然后设置材质类型为VRayMtl材质，并将其命名为ztcz，接着在“漫反射”贴图通道中加载光盘中的“实例文件>CH11>实战207>藤条01.jpg”文件，如图11-66所示。

图11-65

图11-66

03 在“反射”选项组下设置“反射”颜色为（红:31，绿:31，蓝:31），然后设置“反射光泽度”为0.8，具体参数设置如图11-67所示。

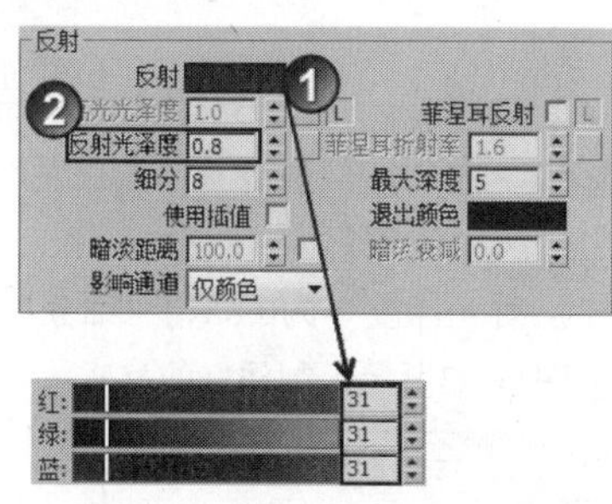

图11-67

04 展开“贴图”卷展栏，然后在“不透明度”贴图通道中加载光盘中的“实例文件>CH11>实战207>藤条02.jpg”文件，如图11-68所示，制作好的材质球效果如图11-69所示。

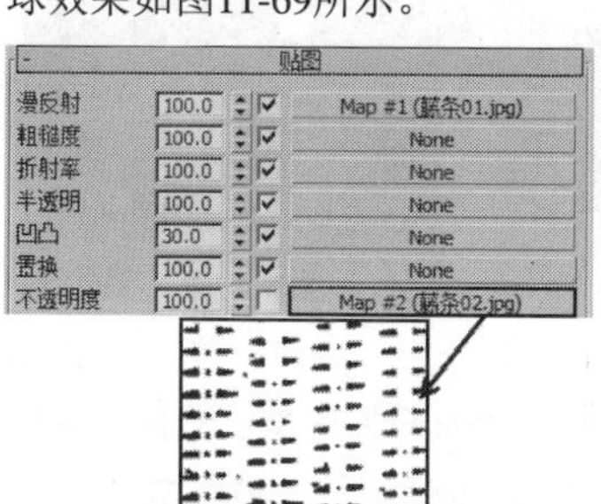

图11-68

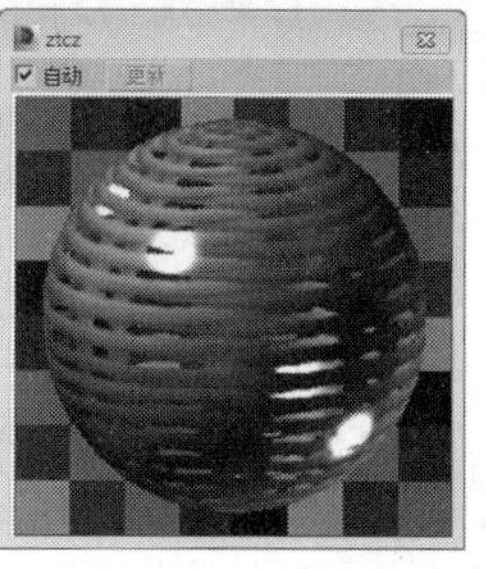

图11-69

技巧与提示

如果要查看材质球效果，可以在窗口中双击材质球，将其打开为一个独立的窗口，用户可以对该窗口进行缩放并实时预览材质效果。

05 将制作好的材质指定给场景中相对应的模型，然后在摄影机视图中按F9键渲染当前场景，最终效果如图11-70所示。

图11-70

实战208 塑料材质

场景位置	DVD>场景文件>CH11>实战208.max
实例位置	DVD>实例文件>CH11>实战208.max
视频位置	DVD>多媒体教学>CH11>实战208.flv
难易指数	★☆☆☆☆
技术掌握	用VRayMtl材质模拟塑料材质

塑料材质效果如图11-71所示。

图11-71

本例共需要制作3种颜色（黄色、青色和红色）的塑料材质，其模拟效果如图11-72~图1-74所示。

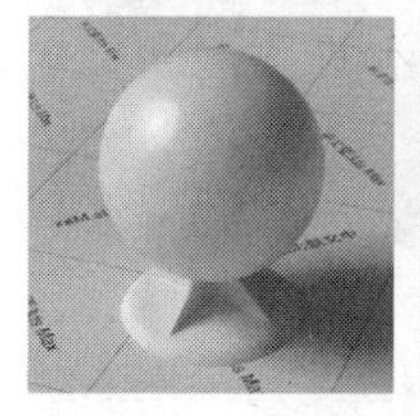

图11-72

图11-73

图11-74

01 打开光盘中的“场景文件>CH11>实战208.max”文件，如图11-75所示。

图11-75

02 选择一个空白材质球，然后设置材质类型为VRayMtl材质并命名slyellow，接着设置“漫反射”颜色为（红:255，绿:247，蓝:34），如图11-76所示。

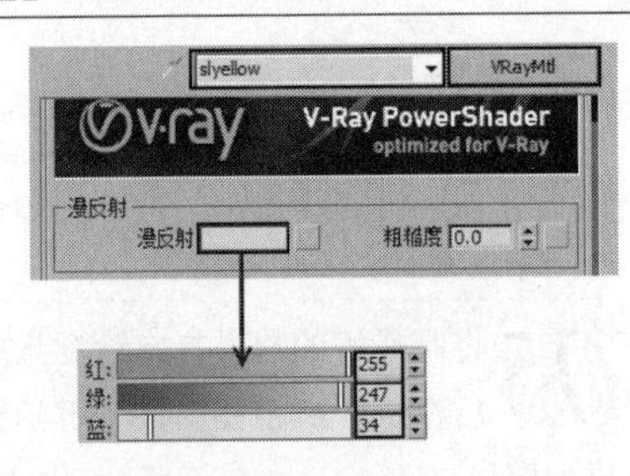

图11-76

03 在“反射”贴图通道中加载一张“衰减”程序贴图，然后在“衰减参数”卷展栏下设置“衰减类型”为Fresnel，接着设置“前”通道的颜色为（红:22，绿:22，蓝:22）、“侧”通道的颜色为（红:200，绿:200，蓝:200），最后设置“高光光泽度”为0.8、“反射光泽度”为0.7、“细分”为15，具体参数设置如图11-77所示，制作好的材质球效果如图11-78所示。

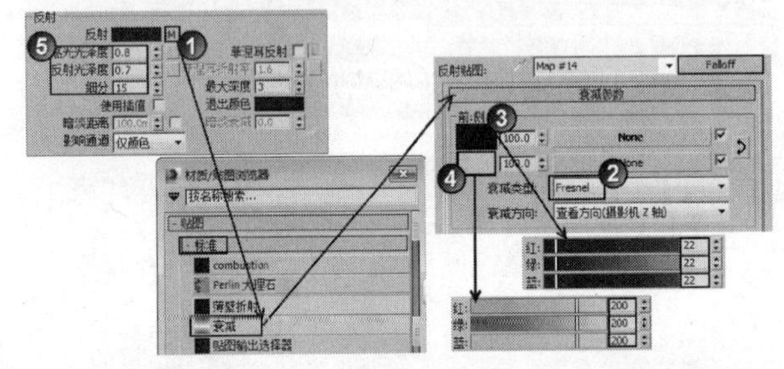

图11-77

图11-78

技巧与提示

另外两种材质的设置方法完全相同，只是要将“漫反射”的颜色设置为青色和红色，这里就不再重复介绍。

04 将制作好的材质指定给对应的模型，然后在摄影机视图中按F9键渲染当前场景，最终效果如图11-79所示。

图11-79

实战209 音响材质

场景位置	DVD>场景文件>CH11>实战209.max
实例位置	DVD>实例文件>CH11>实战209.max
视频位置	DVD>多媒体教学>CH11>实战209.flv
难易指数	★☆☆☆☆
技术掌握	用VRayMtl材质模拟音响材质

音响材质效果如图11-80所示。

音响材质的模拟效果如图11-81所示。

图11-80

图11-81

01 打开光盘中的“场景文件>CH11>实战209.max”文件，如图11-82所示。

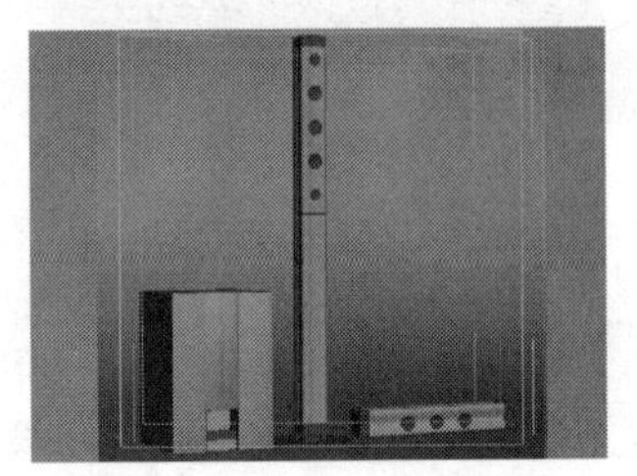

图11-82

02 选择一个空白材质球，设置材质类型为VRayMtl材质，然后设置“漫反射”颜色为黑色，接着设置“反射”颜色为（红:65，绿:65，蓝:65），最后设置“反射光泽度”为0.85、“细分”为20，具体参数设置如图11-83所示，制作好的材质球效果如图11-84所示。

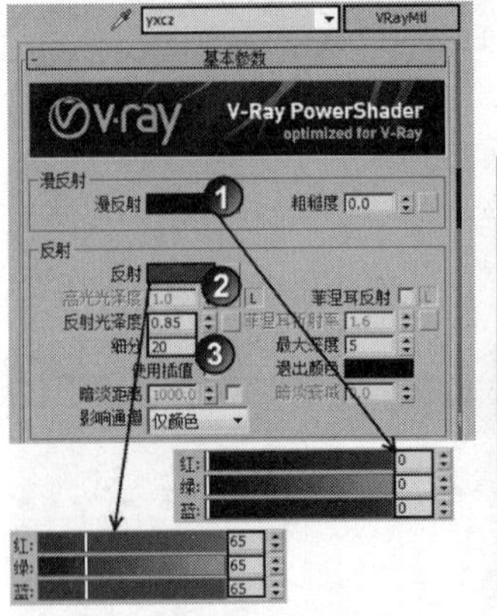

图11-83

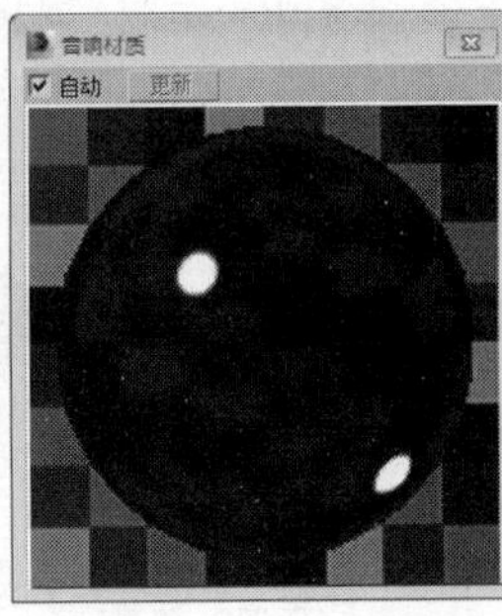

图11-84

03 将制作好的材质指定给对应的模型，然后在摄影机视图中按F9键渲染当前场景，最终效果如图11-85所示。

图11-85

实战210 烤漆材质

场景位置	DVD>场景文件>CH11>实战210.max
实例位置	DVD>实例文件>CH11>实战210.max
视频位置	DVD>多媒体教学>CH11>实战210.flv
难易指数	★☆☆☆☆
技术掌握	用VRayMtl材质模拟烤漆材质

烤漆材质效果如图11-86所示。

烤漆材质的模拟效果如图11-87所示。

图11-86　　图11-87

01 打开光盘中的“场景文件>CH11>实战210.max”文件，如图11-88所示。

图11-88

02 选择一个空白材质球，然后设置材质类型为VRayMtl材质，并将其命名为kqcz，接着设置“漫反射”颜色为（红:127，绿:0，蓝:0），如图11-89所示。

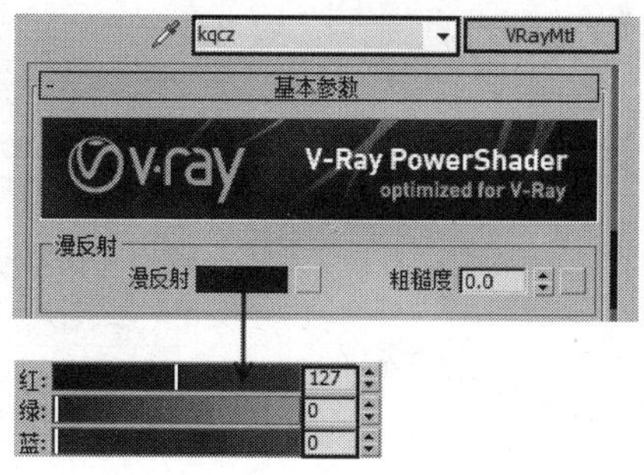

图11-89

03 设置“反射”颜色为白色，然后勾选“菲涅耳反射”选项，接着设置“细分”为15，如图11-90所示，制作好的材质球效果如图11-91所示。

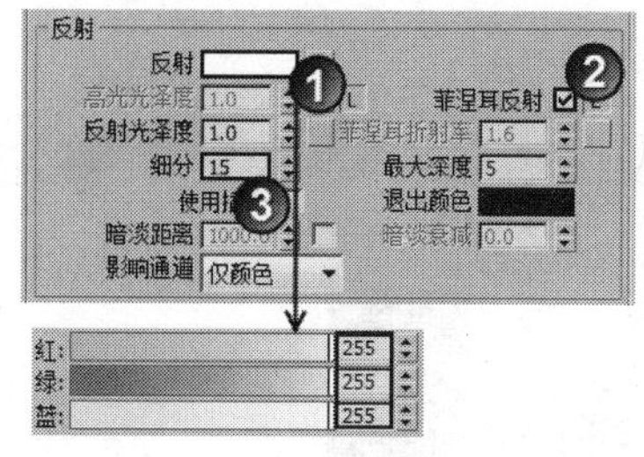

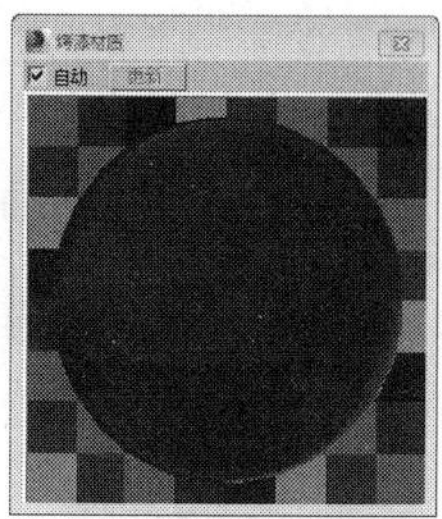

图11-90　　图11-91

04 将制作好的材质指定给对应的模型，然后在摄影机视图中按F9键渲染当前场景，最终效果如图11-92所示。

图11-92

实战211 亚光皮纹材质

场景位置	DVD>场景文件>CH11>实战211.max
实例位置	DVD>实例文件>CH11>实战211.max
视频位置	DVD>多媒体教学>CH11>实战211.flv
难易指数	★☆☆☆☆
技术掌握	用VRayMtl材质模拟亚光皮纹材质

亚光皮纹材质效果如图11-93所示。

亚光皮纹材质的模拟效果如图11-94所示。

图11-93　　图11-94

01 打开光盘中的“场景文件>CH11>实战211.max”文件，如图11-95所示。

图11-95

02 选择一个空白材质球，然后设置材质类型为VRayMtl材质，并将其命名为ygpw，接着在“漫反射”贴图通道中加载光盘中的“实例文件>CH11>实战211>布纹.jpg”文件，如图11-96所示。

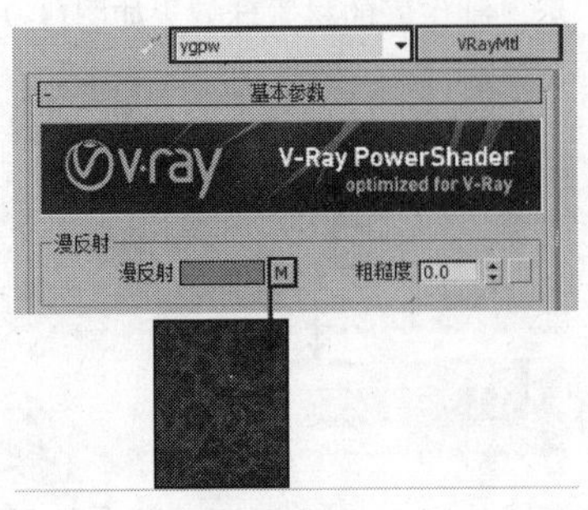

图11-96

技巧与提示

本例的材质并没有直接在“漫反射”贴图通道中直接添加皮纹，而是添加了一张花纹，这主要是为了丰富皮革的纹理效果，下面会通过“凹凸”贴图通道来模拟皮纹的表面细节。

03 在“反射”贴图通道中加载一张“衰减”程序贴图，然后在“衰减参数”卷展栏下设置“衰减类型”为Fresnel，接着设置“前”通道的颜色为（红:20，绿:20，蓝:20）、“侧”通道的颜色为（红:200，绿:200，蓝:200），最后设置“反射光泽度”为0.54、“细分”为15，具体参数设置如图11-97所示。

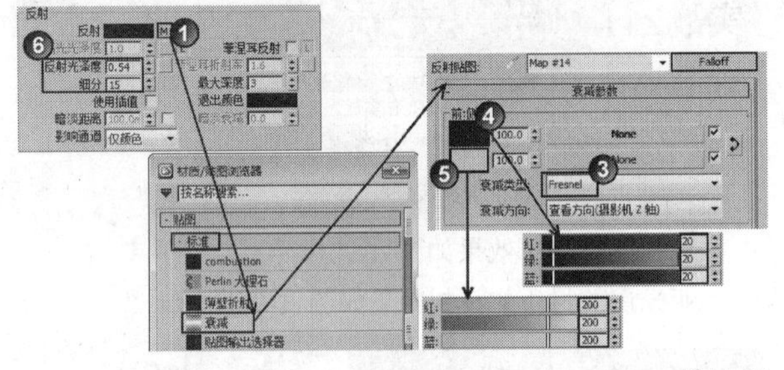

图11-97

04 展开“贴图”卷展栏，然后在“凹凸”贴图通道中加载加载光盘中的“实例文件>CH11>实战211>凹凸.jpg”文件，接着设置“凹凸”的强度为90，如图11-98所示，制作好的材质球效果如图11-99所示。

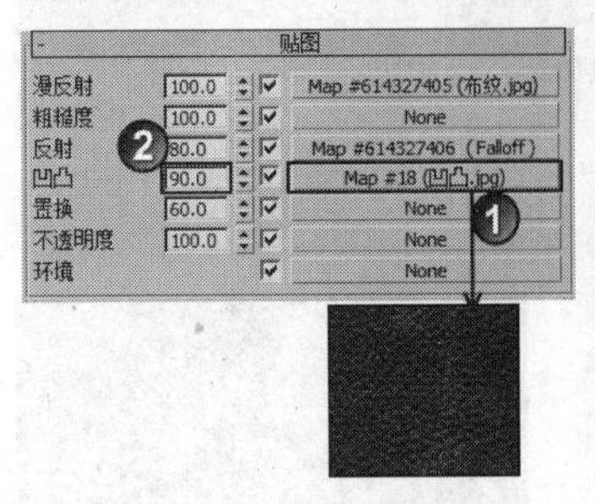

图11-98

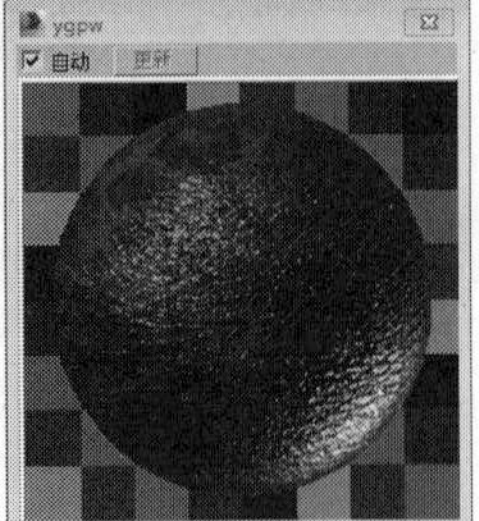

图11-99

05 将制作好的材质指定给场景中相对应的模型，然后在摄影机视图中按F9键渲染当前场景，最终效果如图11-100所示。

图11-100

实战212 亮光皮纹材质

场景位置	DVD>场景文件>CH11>实战212.max
实例位置	DVD>实例文件>CH11>实战212.max
视频位置	DVD>多媒体教学>CH11>实战212.flv
难易指数	★☆☆☆☆
技术掌握	用VRayMtl材质模拟亮光皮纹材质

亮光皮纹材质效果如图11-101所示。

亮光皮纹材质的模拟效果如图11-102所示。

图11-101

图11-102

01 打开光盘中的“场景文件>CH11>实战212.max”文件，如图11-103所示。

02 选择一个空白材质球，然后设置材质类型为VRayMtl材质，并将其命名为lgpw，接着设置“漫反射”颜色为黑色，如图11-104所示。

图11-103

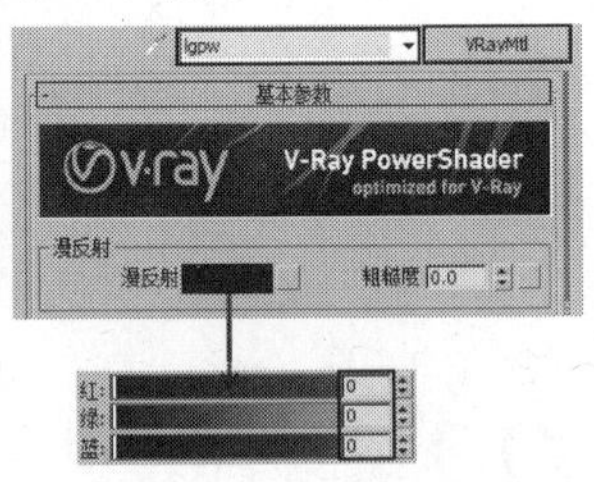

图11-104

03 设置“漫反射”颜色为白色，然后勾选“菲涅耳反射”选项，接着设置“高光光泽度”为0.7、“反射光泽度”为0.88、“细分”为30，具体参数设置如图11-105所示。

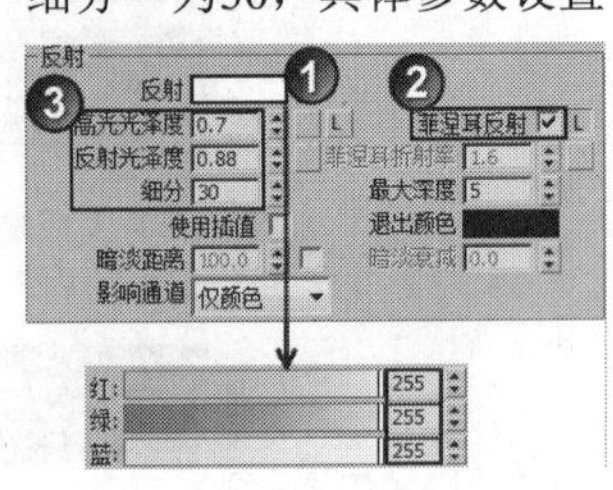

图11-105

04 展开“贴图”卷展栏，然后在“凹凸”贴图通道中加载光盘中的“实例文件>CH11>实战212>凹凸.jpg”文件，接着设置凹凸的强度为50，如图11-106所示，制作好的材质球效果如图11-107所示。

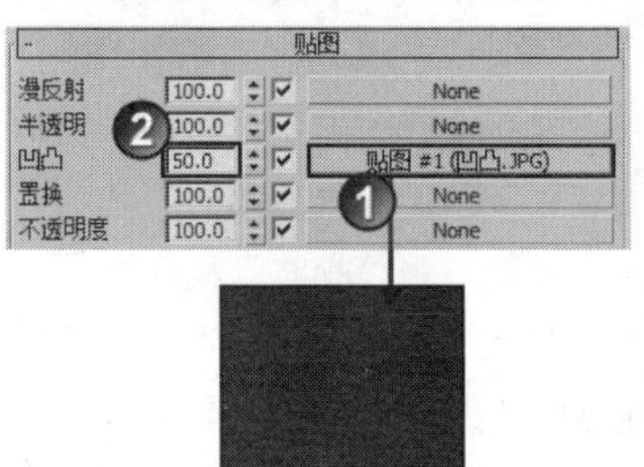

图11-106

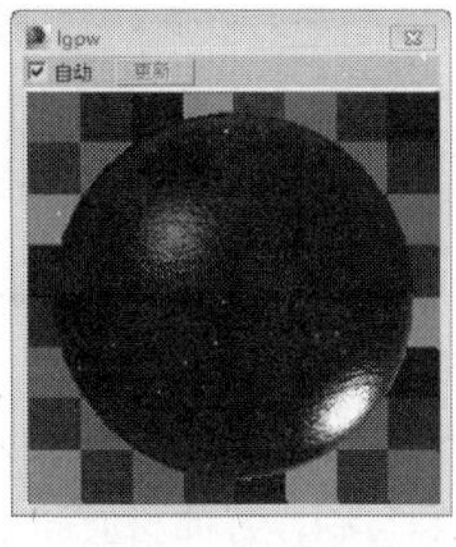

图11-107

05 将制作好的材质指定给对应的模型，然后在摄影机视图中按F9键渲染当前场景，最终效果如图11-108所示。

图11-108

实战213 麻布材质

场景位置	DVD>场景文件>CH11>实战213.max
实例位置	DVD>实例文件>CH11>实战213.max
视频位置	DVD>多媒体教学>CH11>实战213.flv
难易指数	★☆☆☆☆
技术掌握	用VRayMtl材质模麻布材质

麻布材质效果如图11-109所示。

麻布材质的模拟效果如图11-110所示。

图11-109

图11-110

01 打开光盘中的“场景文件>CH11>实战213.max”文件，如图11-111所示。

02 选择一个空白材质球，然后设置材质类型为VRayMtl材质，并将其命名为mbcz，接着在“漫反射”贴图通道中加载光盘中的“实例文件>CH11>实战213>麻布.jpg”文件，最后在“坐标”卷展栏下设置“模糊”为0.5，如图11-112所示。

图11-111

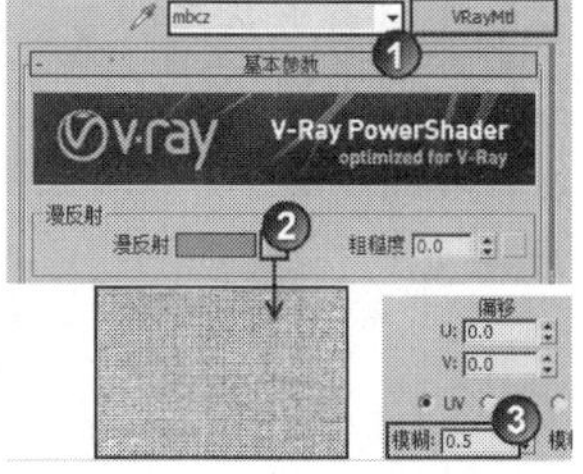

图11-112

03 展开“贴图”卷展栏，然后使用鼠标左键将“漫反射”通道中的贴图拖曳到“凹凸”贴图通道上，接着在弹出的对话框中设置“方法”为“实例”，最后设置“凹凸”的强度为20，如图11-113所示，制作好的材质球效果如图11-114所示。

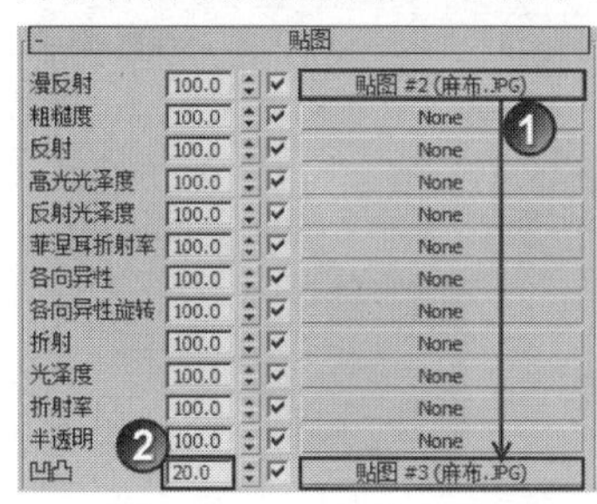

图11-113

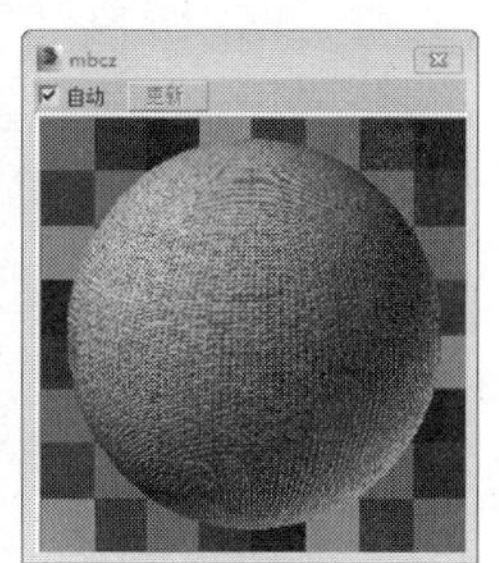

图11-114

04 将制作好的材质指定给场景中相对应的模型，然后在摄影机视图中按F9键渲染当前场景，最终效果如图11-115所示。

图11-115

实战214 绒布材质

场景位置	DVD>场景文件>CH11>实战214.max
实例位置	DVD>实例文件>CH11>实战214.max
视频位置	DVD>多媒体教学>CH11>实战214.flv
难易指数	★★☆☆☆
技术掌握	用标准材质模拟绒布材质

绒布材质效果如图11-116所示。

绒布材质的模拟效果如图11-117所示。

图11-116

图11-117

01 打开光盘中的“场景文件>CH11>实战214.max”文件，如图11-114所示。

图11-114

02 选择一个空白材质球，并将其命名为rbcz，然后在“明暗器基本参数”卷展栏下设置明暗器类型为(O) Oren-Nayar-Blinn，接着在“漫反射”贴图通道中加载一张光盘中的“实例文件>CH11>实战214>布材质.jpg”文件，如图11-119所示。

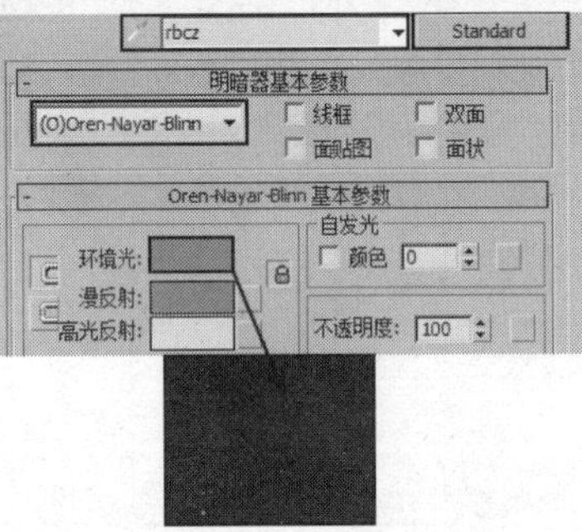

图11-119

技巧与提示

使用“标准”材质中的（O）Oren-Nayar-Blinn明暗器非常适合制作具有毛绒效果的物体。

03 在“自发光”选项组下勾选“颜色”选项，然后在其通道中加载一张“遮罩”程序贴图，如图11-120所示。

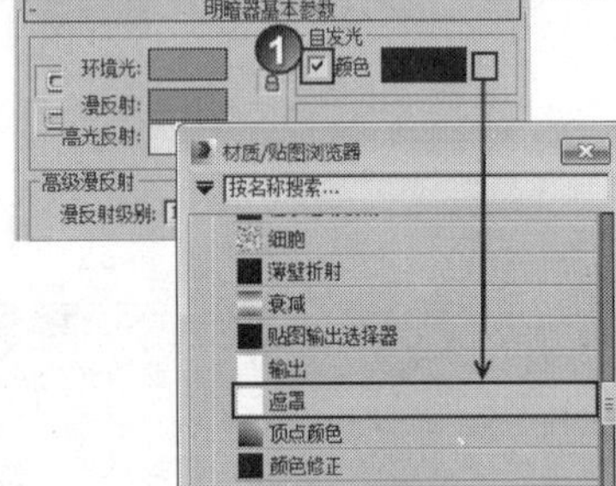

图11-120

04 展开“遮罩参数”卷展栏，然后在“贴图”通道中加载一张“衰减”程序贴图，并设置“衰减类型”为Fresnel，接着在“遮罩”通道中加载一张“衰减”程序贴图，并设置“衰减类型”为“阴影/灯光”，如图11-121所示。

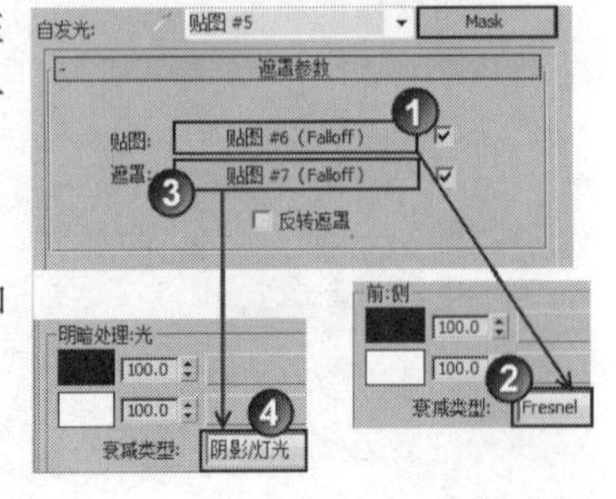

图11-121

05 返回到顶层级，然后在“反射高光”选项组下设置“高光级别”为5、“光泽度”为10，如图11-122所示。

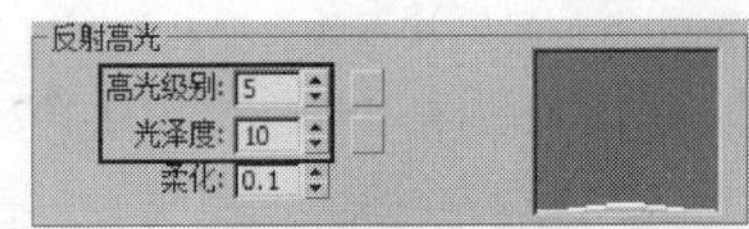

图11-122

06 展开“贴图”卷展栏，然后勾选“凹凸”选项，并在其贴图通道中加载一张“噪波”程序贴图，接着在“噪波参数”卷展栏下设置“大小”为2，最后设置“凹凸”的强度为100，具体参数设置如图11-123所示，制作好的材质球效果如图11-124所示。

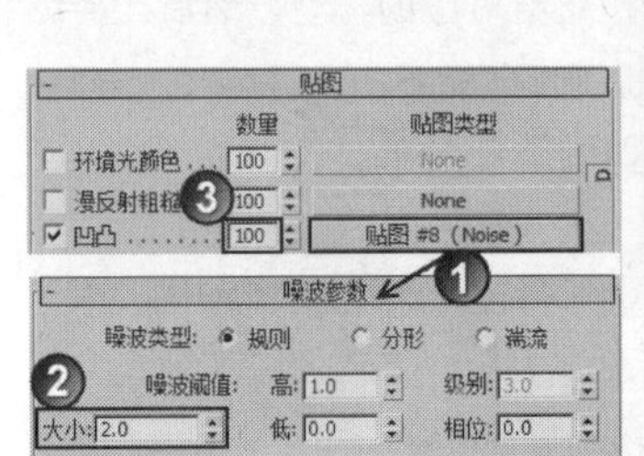

图11-123

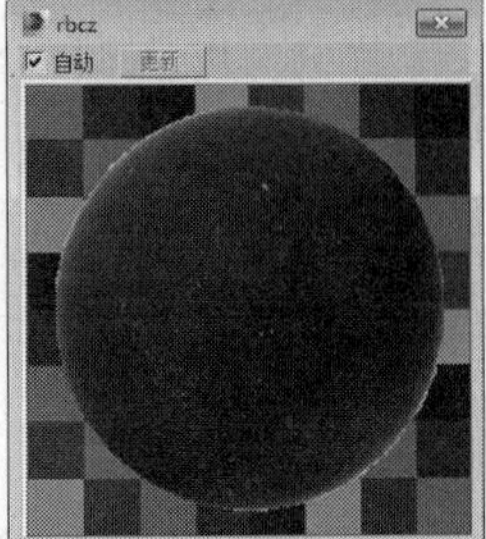

图11-124

07 将制作好的材质指定给对应的模型，然后在摄影机视图中按F9键渲染当前场景，最终效果如图11-125所示。

图11-125

实战215 花纹布料及纱窗材质

场景位置	DVD>场景文件>CH11>实战215.max
实例位置	DVD>实例文件>CH11>实战215.max
视频位置	DVD>多媒体教学>CH11>实战215.flv
难易指数	★★★☆☆
技术掌握	用混合材质模拟花纹布料材质；用VRayMtl模拟纱窗材质

花纹布料及纱窗材质效果如图11-126所示。

图11-126

本例共需要制作两个材质，分别是花纹布料材质和纱窗材质，其模拟效果如图11-127和图11-128所示。

图11-127

图11-128

01 打开光盘中的“场景文件>CH11>实战215.max”文件，如图11-129所示。

图11-129

02 下面制作花纹面料材质。选择一个空白材质球，然后设置材质类型为“混合”材质，并将其命名为hwbl，接着在“遮罩”贴图通道中加载光盘中的“实例文件>CH11>实战215>遮罩.jpg”文件，如图11-130所示。

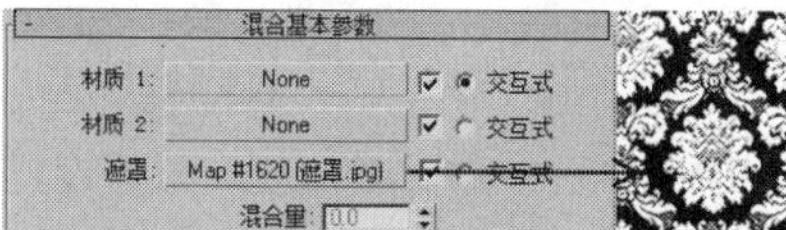
图11-130

03 在“材质1”通道中加载一个“VRay材质包裹器”材质，然后展开“VRay材质包裹器参数”卷展栏，接着在“基本材质”通道中加载一个“标准”材质，最后设置“生成全局照明”为1.2，如图11-131所示。

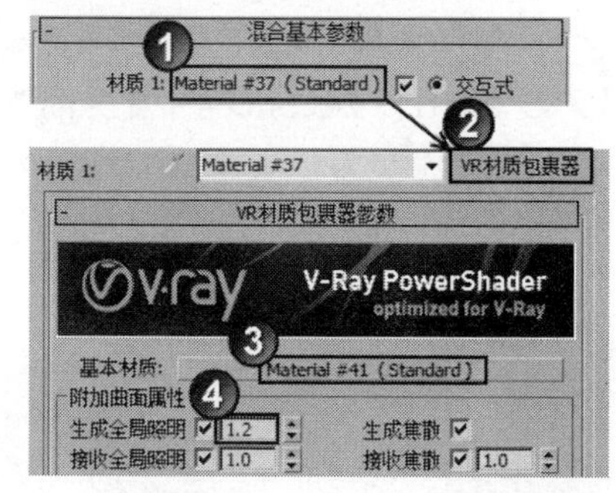
图11-131

04 单击“基本材质”通道，进入“标准”材质参数设置面板，然后在“明暗器基本参数”卷展栏下设置明暗器类型为“（ML）多层”，接着在“多层基本参数”卷展栏下设置“漫反射”颜色为（红:29，绿:11，蓝:11），如图11-132所示。

05 在“第一高光反射层”选项组下设置“颜色”为（红:160，绿:64，蓝:64），然后设置“级别”为109、“光泽度”为25、“各向异性”为50、“方向”为38，接着在“第二高光反射层”选项组下设置“颜色”为白色，最后设置“级别”为39、“光泽度”为0、“各向异性”为63、“方向”为-145，具体参数设置如图11-133所示。

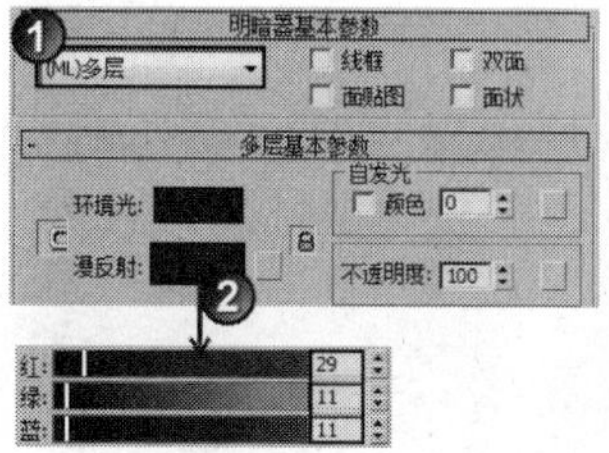
图11-132

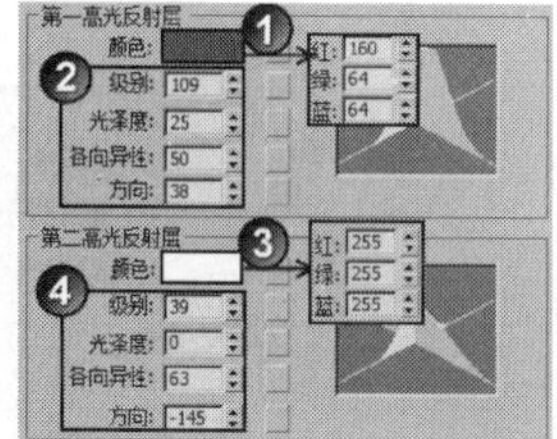
图11-133

06 返回到“混合”材质参数设置面板，然后在“材质2”通道中加载一个VRayMtl材质，接着设置“漫反射”颜色为（红:163，绿:114，蓝:70）、“反射”颜色为（红:165，绿:162，蓝:133），最后设置“高光光泽度”为0.85、“反射光泽度”为0.8、“细分”为20，并勾选“菲涅耳反射”选项，具体参数设置如图11-134所示，制作好的材质球效果如图11-135所示。

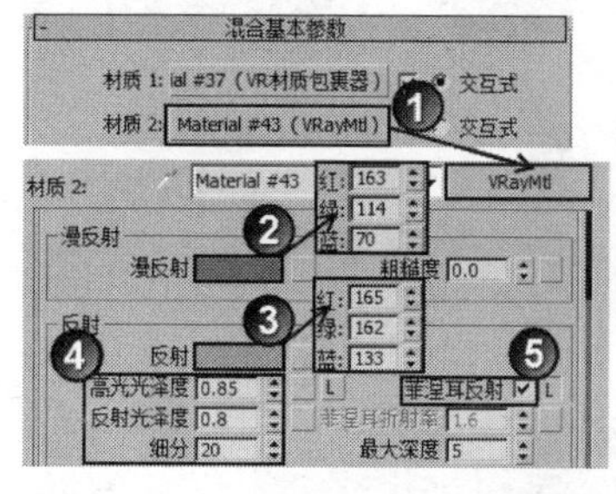
图11-134

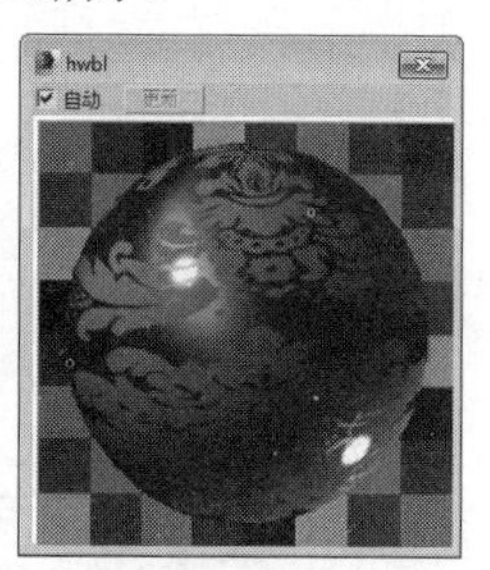
图11-135

07 下面制作纱窗材质。选择一个空白材质球，然后设置材质类型为VRayMtl材质，并将其命名为sccz，接着设置“漫反射”颜色为（红:249，绿:255，蓝:199），最后设置“反射”颜色为（红:55，绿:55，绿:55）、“反射光泽度”为0.8、“细分”为22，具体参数设置如图11-136所示。

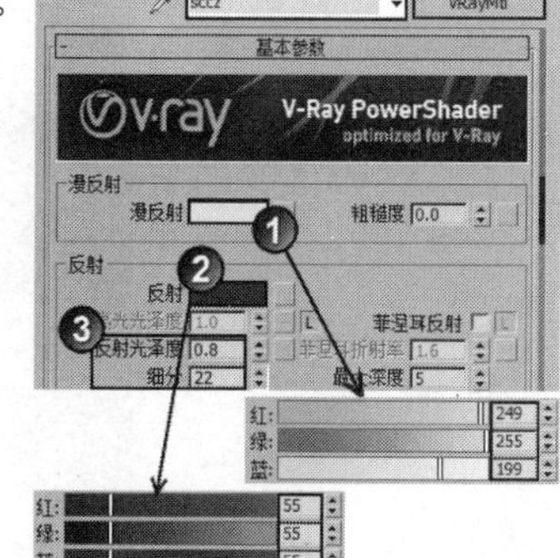
图11-136

08 在“折射”贴图通道中加载一张“衰减”程序贴图，然后在“衰减参数”卷展栏下设置“前”通道的颜色为（红:136，绿:136，蓝:136）、“侧”通道的颜色为（红:40，绿:40，蓝:40），接着设置“衰减类型”为“垂直/平行”，最后设置“光泽度”为0.8、“细分”为20、“折射率”为1.001，并勾选“影响阴影”选项，具体参数设置如图11-137所示，制作好的材质球效果如图11-138所示。

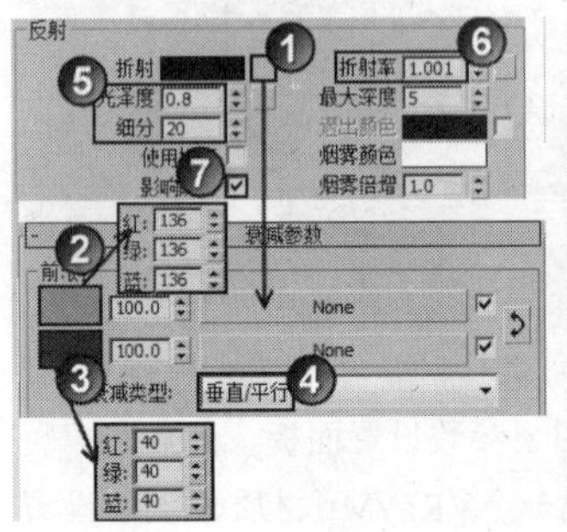

图11-137

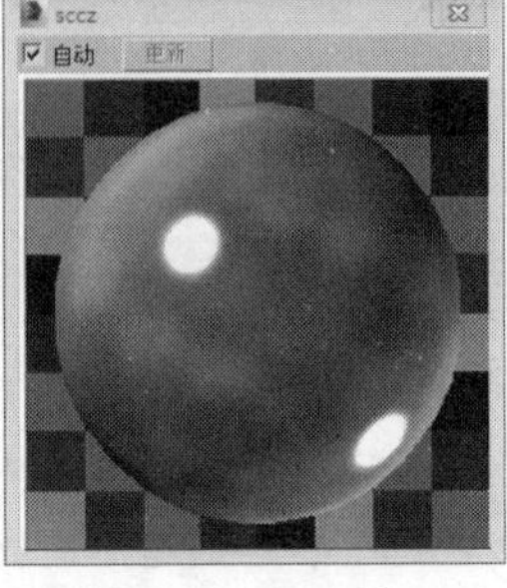

图11-138

09 将制作好的材质指定给对应的模型，然后在摄影机视图中按F9键渲染当前场景，最终效果如图11-139所示。

图11-139

实战216 毛巾材质

场景位置	DVD>场景文件>CH11>实战216.max
实例位置	DVD>实例文件>CH11>实战216.max
视频位置	DVD>多媒体教学>CH11>实战216.flv
难易指数	★★★☆☆
技术掌握	用VRayMtl材质、置换贴图和凹凸贴图模拟毛巾材质

毛巾材质效果如图11-140所示。

图11-140

本例共需要制作两种毛巾操作，其模拟效果如图11-141和图11-142所示。

图11-141

图11-142

01 打开光盘中的“场景文件>CH11>实战216.max”文件，如图11-143所示。

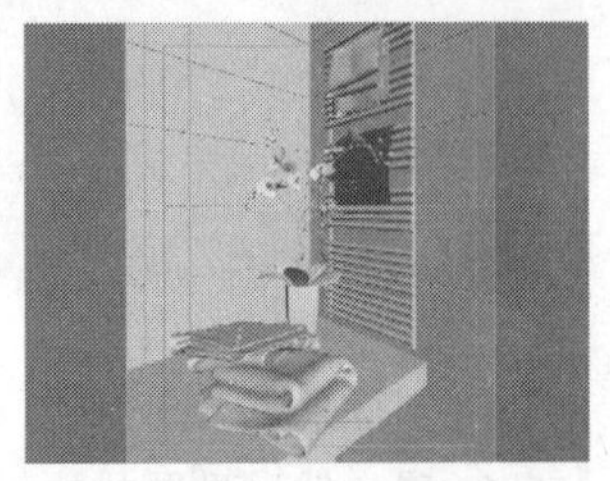

图11-143

02 下面制作棕色毛巾材质。选择一个空白材质球，然后设置材质类型为VRayMtl材质，并将其命名为mjcz1，展开“贴图”卷展栏，然后在“漫反射”贴图通道中加载一张“VRay颜色”程序贴图，接着展开“VRay颜色参数”卷展栏，最后设置“红”为0.028、“绿”为0.018、“蓝”为0.018，如图11-144所示。

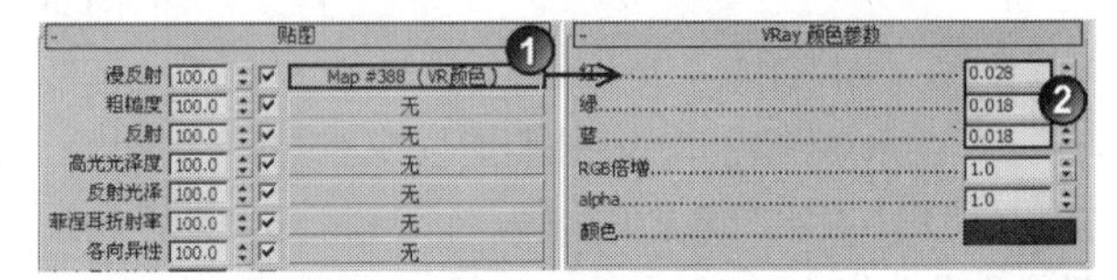

图11-144

03 在“置换”贴图通道中加载光盘中的“实例文件>CH11>实战216>毛巾置换.jpg”贴图文件，然后设置置换的强度为5，如图11-145所示，制作好的材质球效果如图11-146所示。

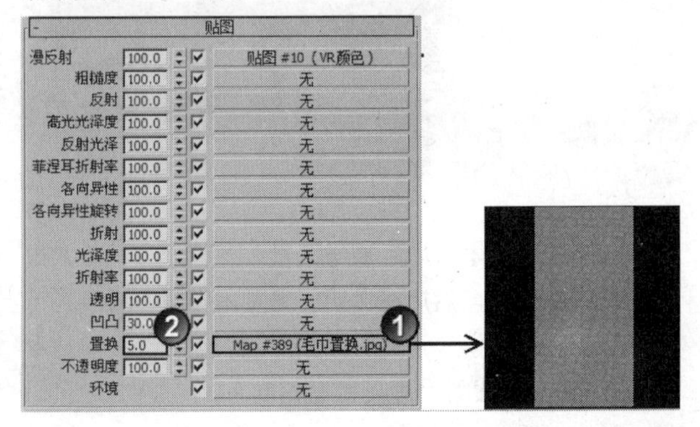

图11-145

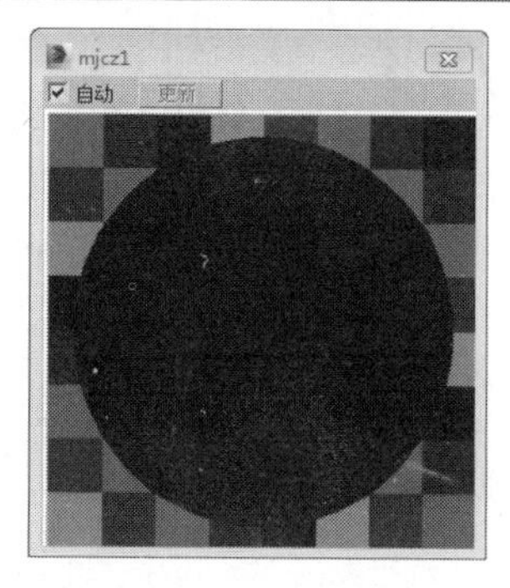
图11-146

04 选择图11-147所示的毛巾模型，然后为其加载一个“VRay置换模式”修改器，接着在“纹理贴图”通道中加载一张光盘中的“实例文件>CH11>实战216>毛巾置换.jpg”贴图文件，最后设置“数量”为0.3mm、“分辨率”为2048，具体参数设置如图11-148所示。

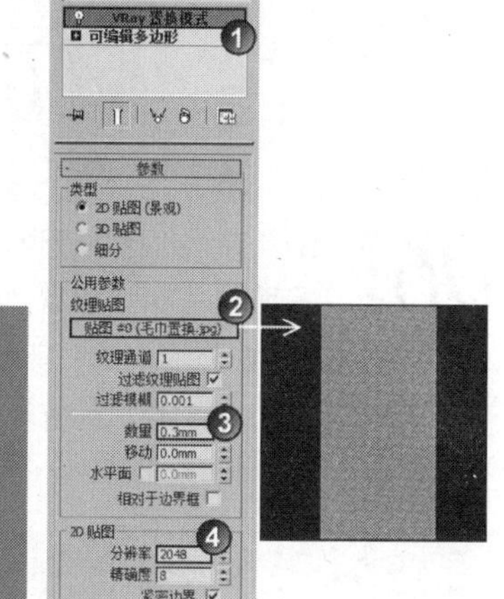
图11-147　　图11-148

05 下面制作白色毛巾材质。相对于黑色毛巾材质而言，白色毛巾材质主要在表面色彩上有区别，因此可以将制作好的黑色毛巾材质复制一个到空白材质球上，并将其命名为mzcz2，然后展开“VRay颜色参数”卷展栏，调整“红”为0.932、“绿”为0.932、“蓝”为0.932即可，如图11-149所示，制作好的材质球效果如图11-150所示。

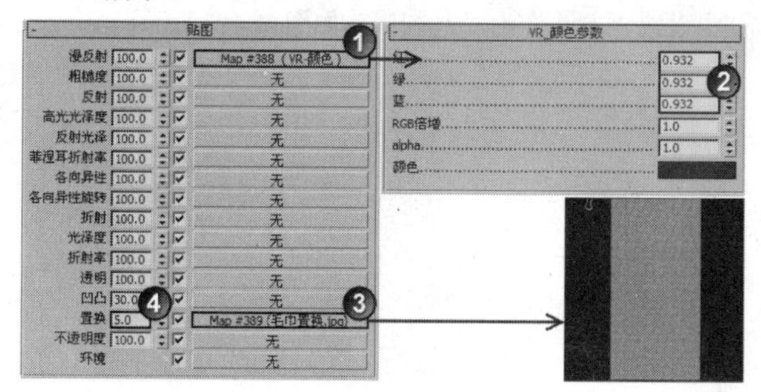
图11-149

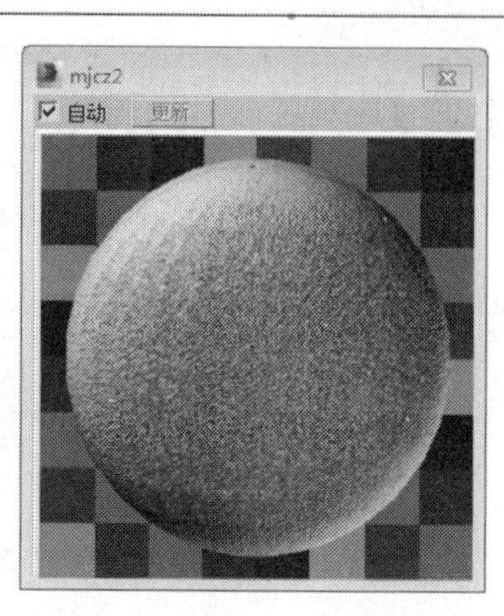
图11-150

06 选择场景中其他毛巾，然后将白色毛巾材质指定给这些毛巾模型，接着为其加载一个“VRay置换模式”修改器（参数设置与黑色毛巾相同），最后在摄影机视图中按F9键渲染当前场景，最终效果如图11-151所示。

图11-151

实战217 白陶瓷与花纹陶瓷材质

场景位置	DVD>场景文件>CH11>实战217.max
实例位置	DVD>实例文件>CH11>实战217.max
视频位置	DVD>多媒体教学>CH11>实战217.flv
难易指数	★★☆☆☆
技术掌握	用多维/子对象材质和VRayMtl材质模拟花纹陶瓷材质

白陶瓷与花纹陶瓷材质效果如图11-152所示。

图11-152

本例共需要制作两个材质，分别是白陶瓷材质和花纹陶瓷材质，其模拟效果如图11-153和图11-154所示。

图11-153

图11-154

01 打开光盘中的“场景文件>CH11>实战217.max”文件，如图11-155所示。

图11-155

02 选择茶壶模型，然后按4键进入“多边形”级别，然后选择壶身上的一个多边形，此时可以在“曲面属性”卷展栏下查看到其属于ID 2的一部分，如图11-156所示。单击“选择ID”按钮 选择ID ，则会自动选择到模型中所有属于ID 2的多边形，如图11-157所示。

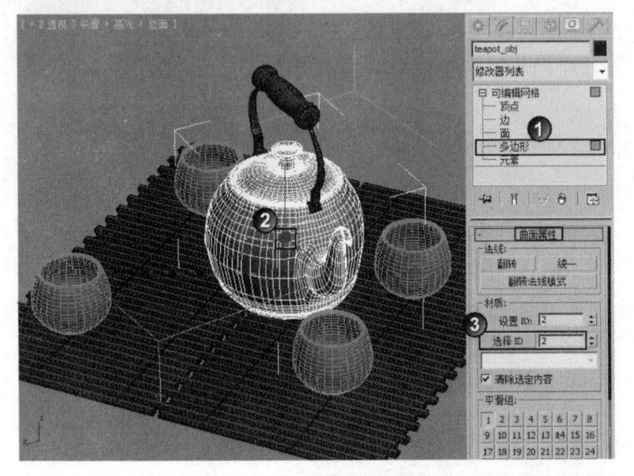

图11-156

图11-157

03 在“选择ID”按钮 选择ID 后面的输入框中输入1，然后单击“选择ID”按钮 选择ID ，此时可以选择到所有属于ID 1的多边形，如图11-158所示。

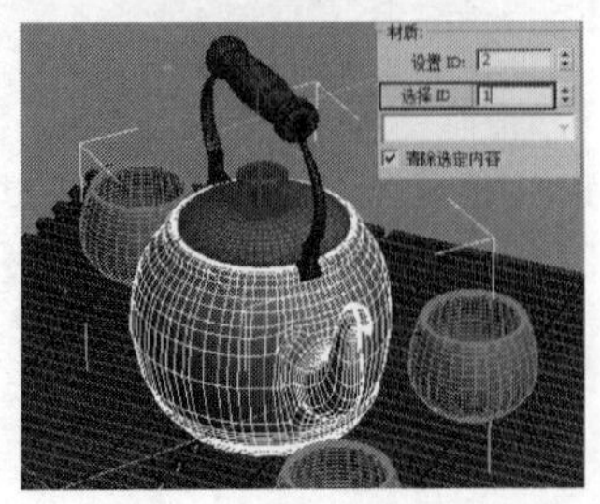

图11-158

04 选择一个空白材质球，设置材质类型为“多维/子对象”材质，然后在“多维/子对象基本参数”卷展栏下单击“设置数量”按钮 设置数量 ，接着在弹出的对话框中设置“材质数量”为2，如图11-159所示。

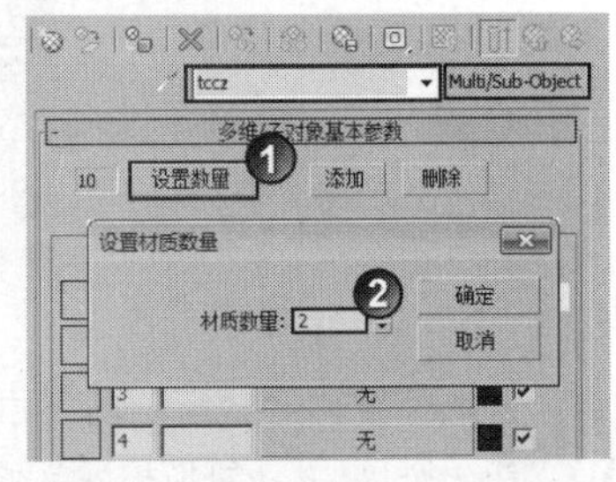

图11-159

05 将ID 1与ID 2材质分别命名为btcz与hwtc，然后在ID 1材质通道中加载一个VRayMtl材质，如图11-160所示。

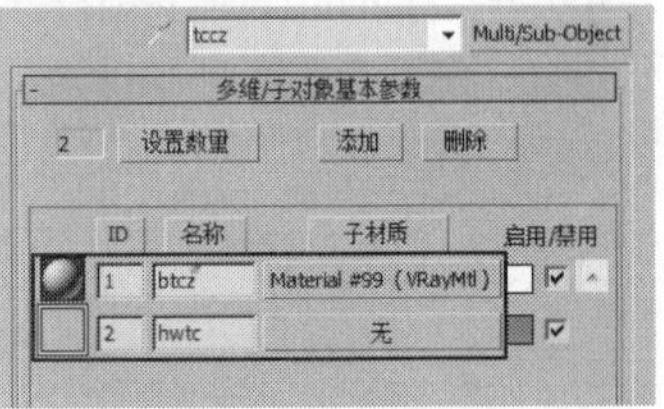

图11-160

06 单击ID 1后面的材质通道，进入VRayMtl材质参数设置面板，然后设置“漫反射”颜色和“反射”颜色为白色，接着勾选“菲涅耳反射”选项，如图11-161所示，制作好的材质球效果如图11-162所示（这个材质就是壶盖的白陶瓷材质）。

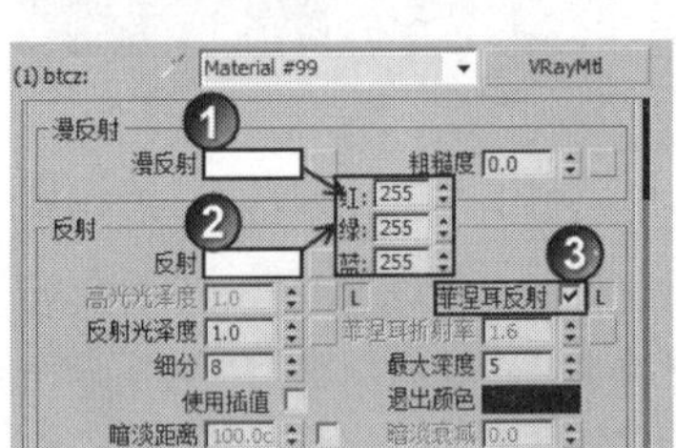

图11-161　图11-162

07 下面制作花纹陶瓷材质。返回到“多维/子对象”材质参数设置面板，然后使用鼠标左键将ID 1通道中的材质拖曳到ID 2材质通道上，接着在弹出的对话框中设置“方法”为“复制”，如图11-163所示。

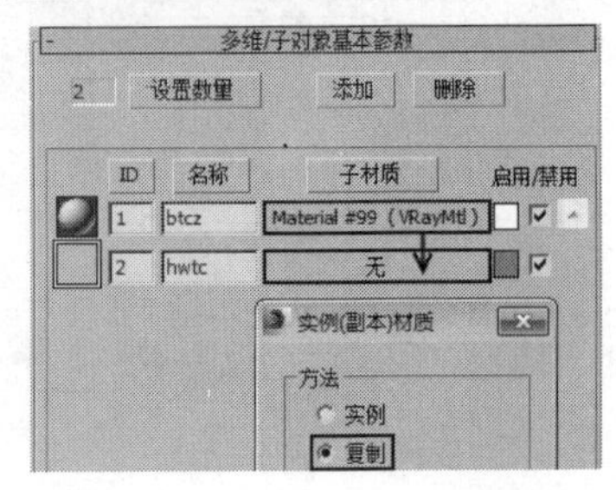

图11-163

08 单击ID 2后面的材质通道，进入VRayMtl材质参数设置面板，然后在“漫反射”贴图通道中加载光盘中的“实例文件>CH11>实战217>茶具.jpg”文件，接着在“坐标”卷展栏下设置“模糊”为0.01，如图11-164所示，制作好的花纹陶瓷材质球效果如图11-165所示，白陶瓷与花纹陶瓷材质的混合效果如图11-166所示。

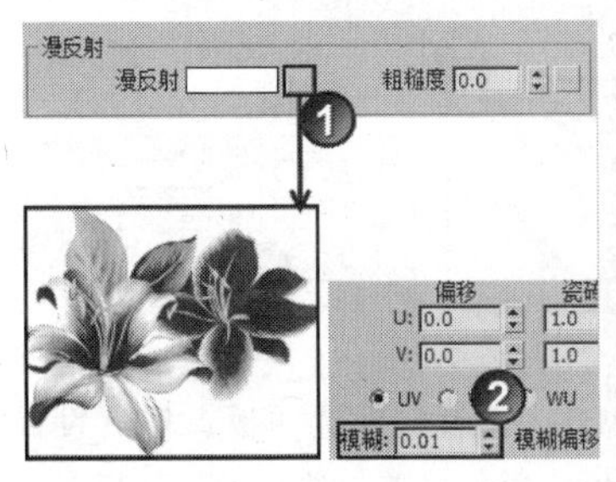

图11-164

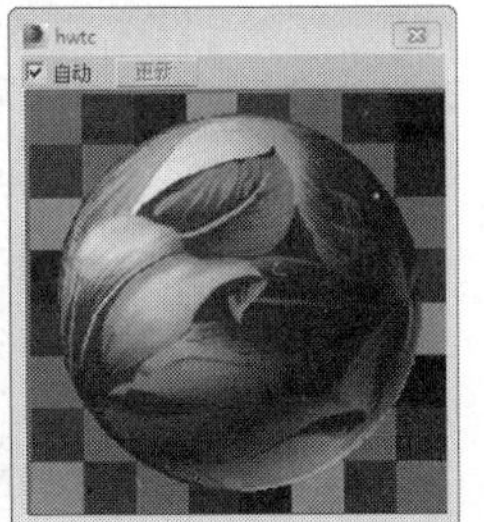

图11-165

图11-166

技术专题 36 多维/子对象材质的用法及原理解析

很多初学者都无法理解“多维/子对象”材质的原理及用法，下面就以图11-167中的一个多边形球体来详解介绍一下该材质的原理及用法。

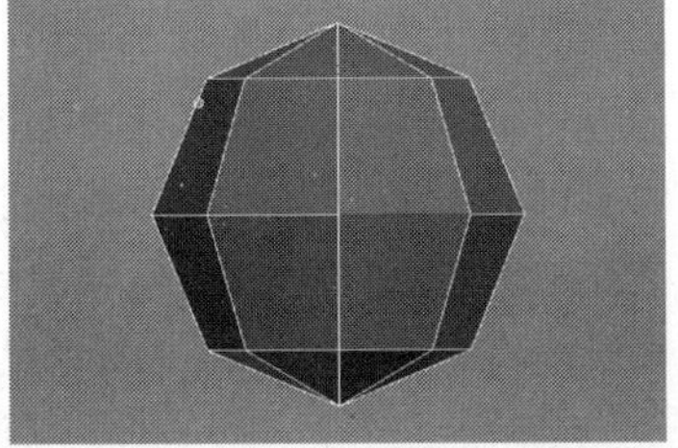

图11-167

第1步：设置多边形的材质ID号。每个多边形都具有自己的ID号，进入“多边形”级别，然后选择两个多边形，接着在“多边形:材质ID”卷展栏下将这两个多边形的材质ID设置为1，如图11-168所示。同理，用相同的方法设置其他多边形的材质ID，如图11-169和图11-170所示。

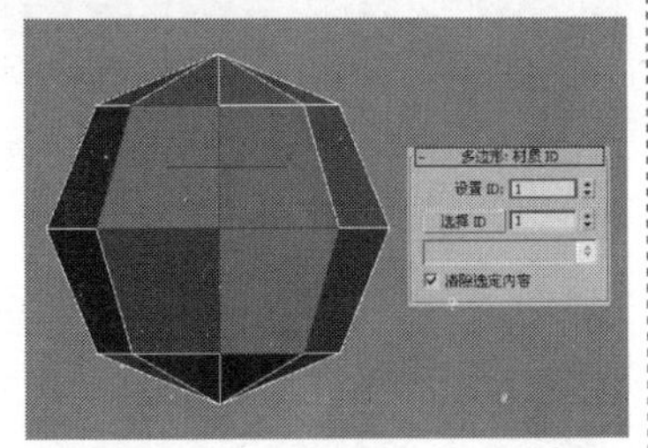

图11-168

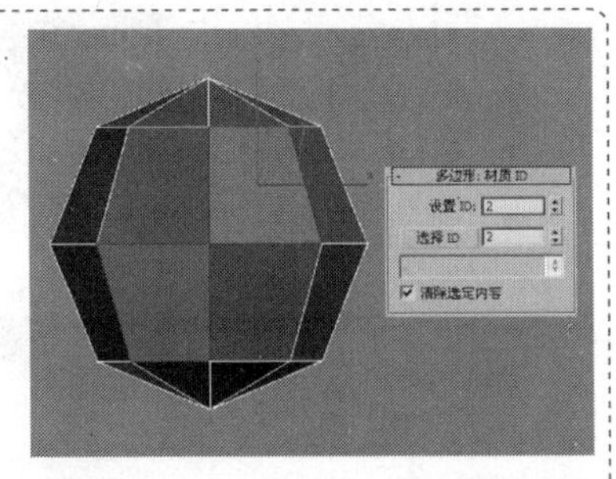

图11-169

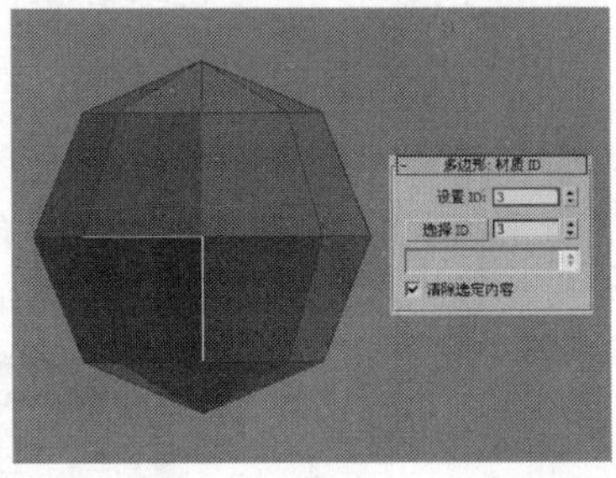

图11-170

第2步：设置“多维/子对象”材质。由于这里只有3个材质ID号。因此将“多维/子对象”材质的数量设置为3，并分别在各个子材质通道加载一个VRayMtl材质，然后分别设置VRayMtl材质的“漫反射”颜色为蓝、绿、红，如图11-171所示，接着将设置好的“多维/子对象”材质指定给多边形球体，效果如图11-172所示。

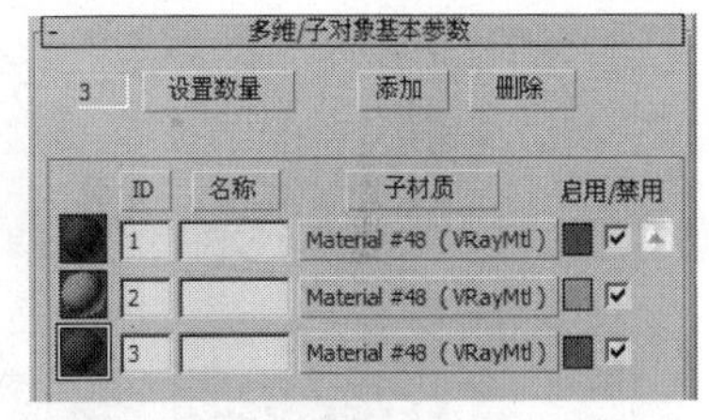

图11-171

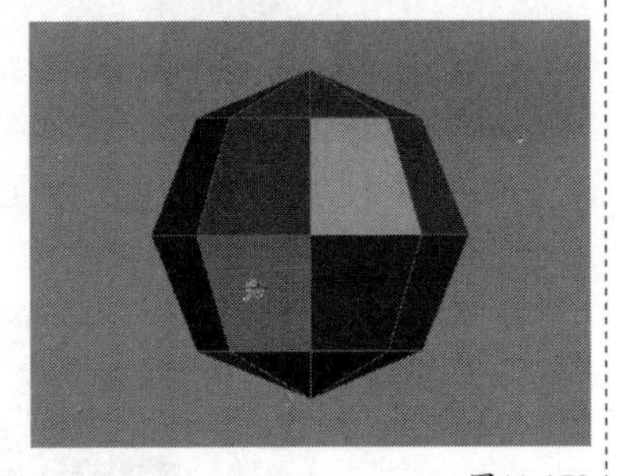

图11-172

从图11-172得出的结果可以得出一个结论：“多维/子对象”材质的子材质的ID号对应模型的材质ID号。也就是说，ID 1子材质指定给了材质ID号为1的多边形，ID 2子材质指定给了材质ID号为2的多边形，ID 3子材质指定给了材质ID号为3的多边形。

09 将制作好的材质指定给对应的模型，然后在摄影机视图中按F9键渲染当前场景，最终效果如图11-173所示。

图11-173

实战218 青花瓷与茶水材质

场景位置	DVD>场景文件>CH11>实战218.max
实例位置	DVD>实例文件>CH11>实战218.max
视频位置	DVD>多媒体教学>CH11>实战218.flv
难易指数	★★☆☆☆
技术掌握	用VRayMtl材质模拟青花瓷与茶水材质

青花瓷与茶水材质效果如图11-174所示。

图11-174

本例共需要制作两个材质，分别是青花瓷材质和茶水材质，如图11-175和图11-176所示。

图11-175　　图11-176

01 打开光盘中的“场景文件>CH11>218.max”文件，如图11-177所示。

图11-177

02 下面制作青花瓷材质。选择一个空白材质球，设置材质类型为VRayMtl材质，然后在“漫反射”贴图通道中加载光盘中的“实例文件>CH11>实战218>青花瓷.jpg”文件，接着在“坐标”卷展栏下设置“模糊”为0.01，再设置“瓷砖”的U为2，最后关闭“瓷砖”的U和V选项，具体参数设置如图11-178所示。

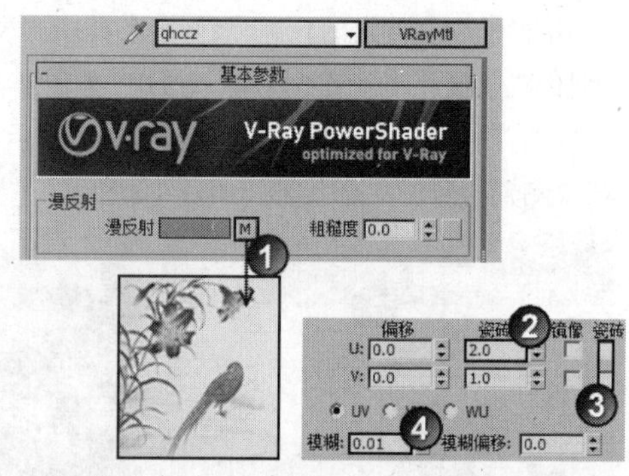

图11-178

03 返回到VRayMtl材质参数设置面板，然后设置“反射”颜色为白色，接着勾选“菲涅耳反射”选项，如图11-179所示，制作好的材质球效果如图11-180所示。

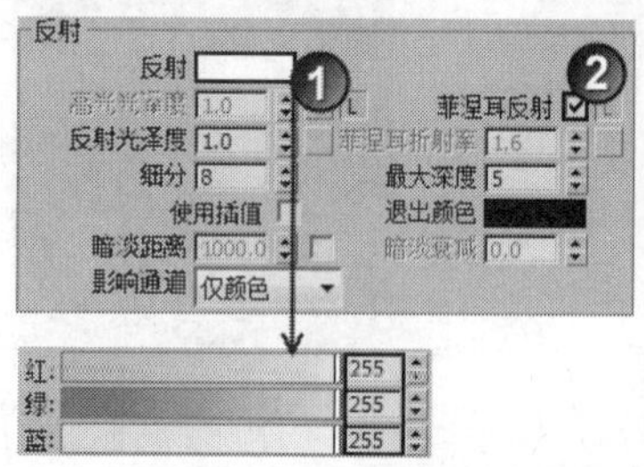

图11-179　　图11-180

04 下面制作茶水材质。选择一个空白材质球，设置材质类型为VRayMtl材质，并将其命名为cscz，然后设置“漫反射”颜色为黑色，接着在“反射”贴图通道中加载一张“衰减”程序贴图，并在“衰减参数”卷展栏下设置“侧”通道的颜色为（红:221，绿:255，蓝:223），再设置“衰减类型”为“垂直/平行”，最后设置“细分”为30，具体参数设置如图11-181所示。

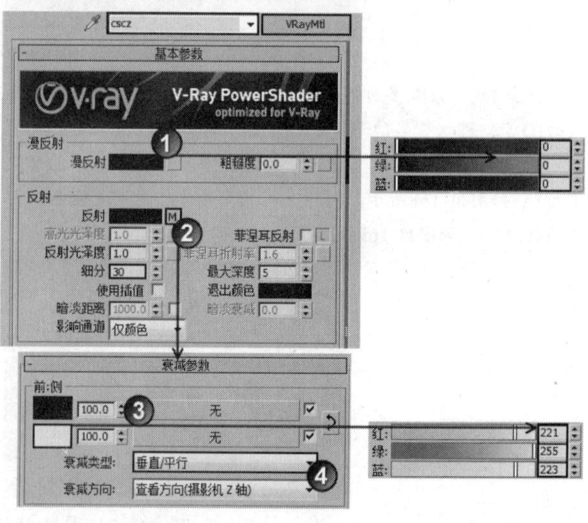

图11-181

05 设置"折射"颜色为白色，然后设置"折射率"为1.2、"细分"为30，接着设置"烟雾颜色"为（红:246，绿:255，蓝:226），再设置"烟雾倍增"为0.2，最后勾选"影响阴影"选项，具体参数设置如图11-182所示。

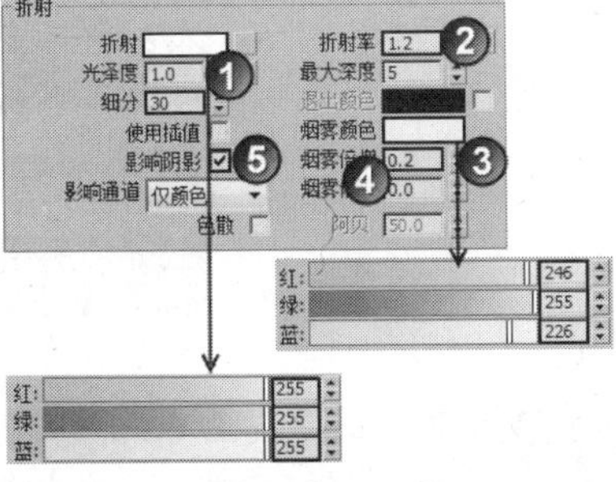

图11-182

06 展开"贴图"卷展栏，然后在"凹凸"贴图通道中加载一张"噪波"程序贴图，接着在"噪波参数"卷展栏下设置"噪波类型"为"分形"、"大小"为30，最后设置"凹凸"的强度为20，具体参数设置如图11-183所示，制作好的材质球效果如图11-184所示。

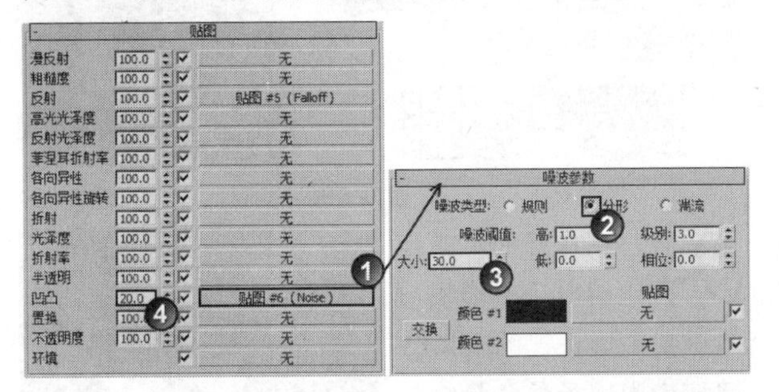

图11-183

图11-184

07 将制作好的材质指定给对应的模型，然后在摄影机视图中按F9键渲染当前场景，最终效果如图11-185所示。

图11-185

实战219 金箔材质

场景位置	DVD>场景文件>CH11>实战219.max
实例位置	DVD>实例文件>CH11>实战219.max
视频位置	DVD>多媒体教学>CH11>实战219.flv
难易指数	★★☆☆☆
技术掌握	用VRayMtl材质模拟金箔材质

金箔材质效果如如图11-186所示。

金箔材质的模拟效果如图11-187所示。

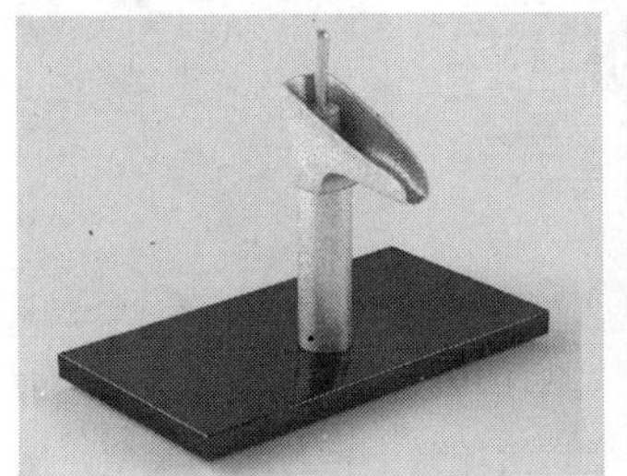

图11-186

图11-187

01 打开光盘中的"场景文件>CH11>实战219.max"文件，如图11-188所示。

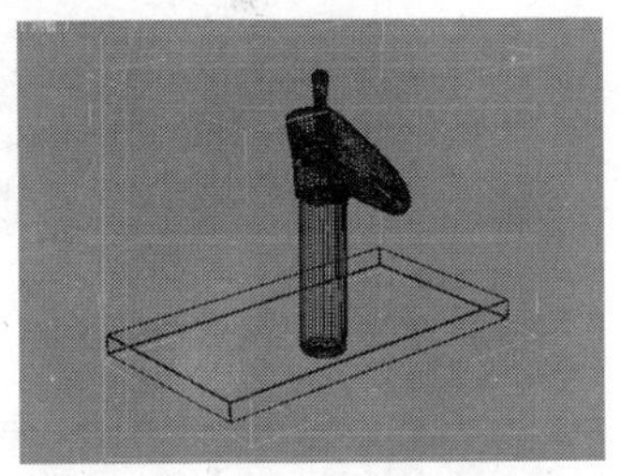

图11-188

02 选择一个空白材质球，然后设置材质类型为VRayMtl材质，并将其命名为jbcz，接着设置"漫反射"颜色为（红:163，绿:114，蓝:70），如图11-189所示。

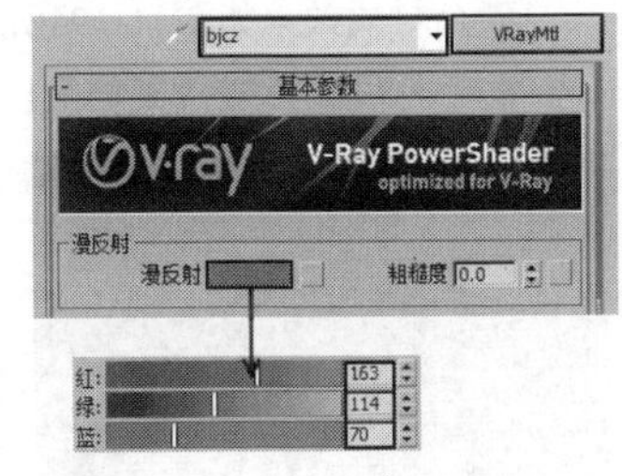

图11-189

03 设置"反射"颜色为（红:131，绿:134，蓝:92），然后设置"高光光泽度"为0.85、"反射光泽度"为0.8、"细分"为24，如图11-190所示。

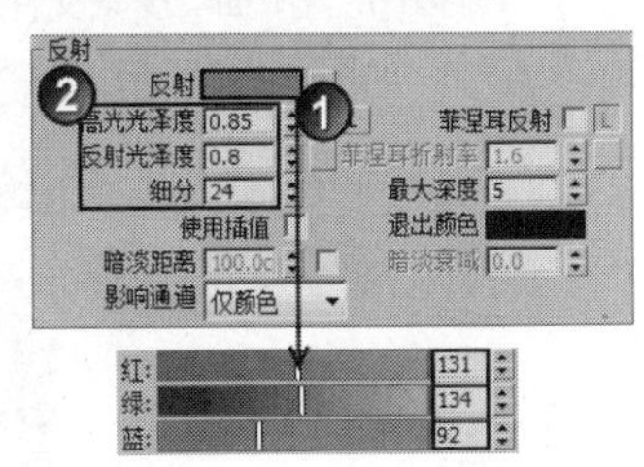

图11-190

04 展开“贴图”卷展栏，然后在“凹凸”贴图通道中加载一张“凹痕”程序贴图，接着在“凹痕参数”卷展栏下设置“大小”为3、“强度”为20，最后设置凹凸的强度为10，具体参数设置如图11-191所示，制作好的材质球效果如图11-192所示。

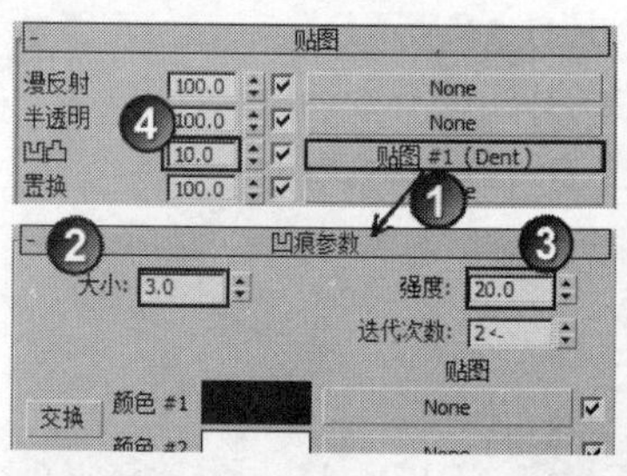

图11-191

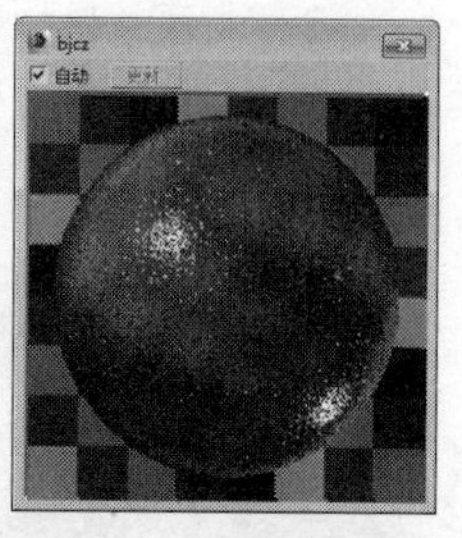

图11-192

05 将制作好的材质指定给场景中相对应的模型，然后在摄影机视图中按F9键渲染当前场景，最终效果如图11-193所示。

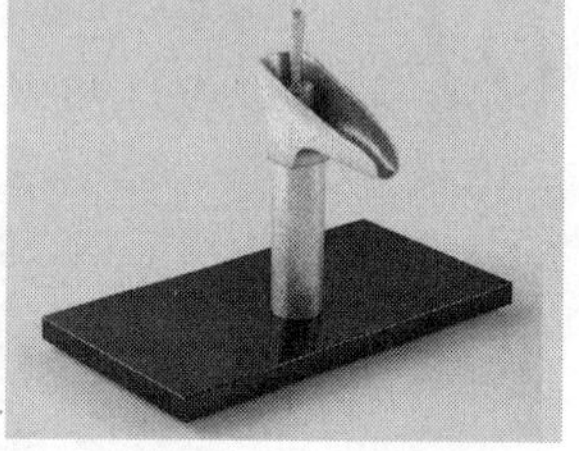

图11-193

实战220 砂金材质

场景位置	DVD>场景文件>CH11>实战220.max
实例位置	DVD>实例文件>CH11>实战220.max
视频位置	DVD>多媒体教学>CH11>实战220.flv
难易指数	★☆☆☆☆
技术掌握	用VRayMtl材质模拟砂金材质

砂金材质效果如图11-194所示。

砂金材质的模拟效果如图11-195所示。

图11-194

图11-195

01 打开光盘中的“场景文件>CH11>实战220.max”文件，如图11-196所示。

图11-196

02 选择一个空白材质球，然后设置材质类型为VRayMtl材质，接着设置“漫反射”为（红:152，绿:97，蓝:49），如图11-197所示。

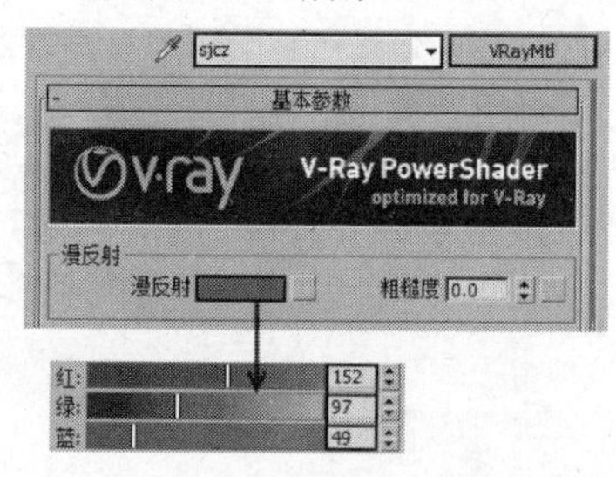

图11-197

03 设置“反射”颜色为（红:139，绿:136，蓝:99），然后设置“高光光泽度”为0.85、“反射光泽度”为0.8、“细分”为15，具体参数设置如图11-198所示，制作好的材质球效果如图11-199所示。

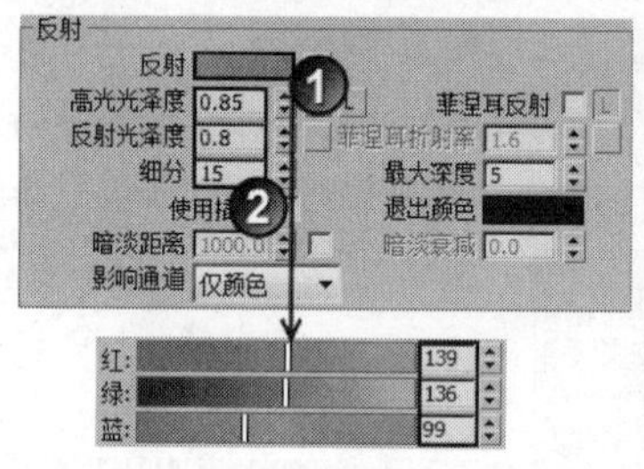

图11-198

图11-199

04 将制作好的材质指定给对应的模型，然后在摄影机视图中按F9键渲染当前场景，最终效果如图11-200所示。

图11-200

实战221 不锈钢材质

场景位置	DVD>场景文件>CH11>实战221.max
实例位置	DVD>实例文件>CH11>实战221.max
视频位置	DVD>多媒体教学>CH11>实战221.flv
难易指数	★☆☆☆☆
技术掌握	用VRayMtl材质模拟不锈钢材质

不锈钢材质效果如图11-201所示。

不锈钢材质的模拟效果如图11-202所示。

图11-201

图11-202

01 打开光盘中的“场景文件>CH11>实战201.max”文件，如图11-203所示。

图11-203

02 选择一个空白材质球，然后设置材质类型为VRayMtl材质，并将其命名为bxgcz，接着设置“漫反射”颜色为（红:70，绿:70，蓝:70），如图11-204所示。

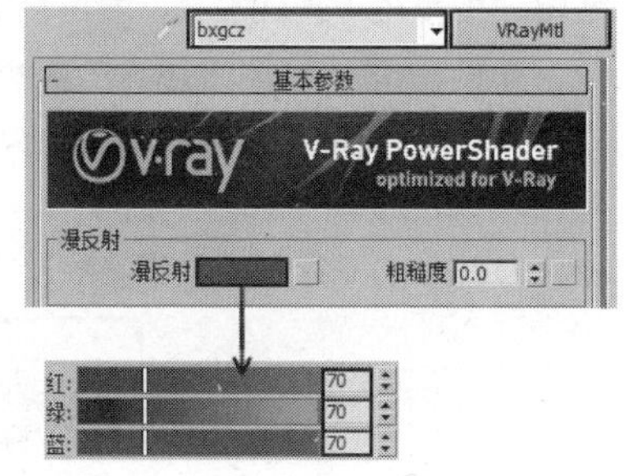

图11-204

03 设置“反射”颜色为（红:150，绿:150，蓝:150），然后设置“反射光泽度”为0.9、“细分”为20，具体参数设置如图11-205所示，制作好的材质球效果如图11-206所示。

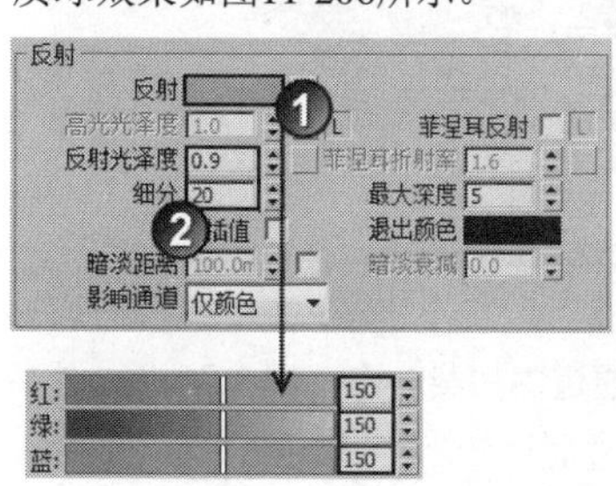

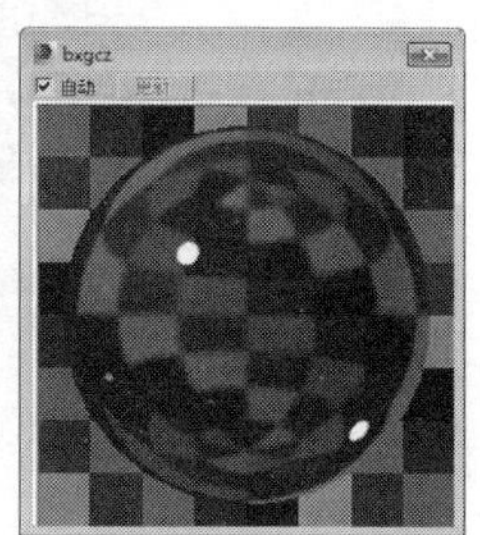

图11-205　图11-206

04 将制作好的材质指定给场景中相对应的模型，然后在摄影机视图中按F9键渲染当前场景，最终效果如图11-207所示。

图11-207

实战222 拉丝金属材质

场景位置	DVD>场景文件>CH11>实战222.max
实例位置	DVD>实例文件>CH11>实战222.max
视频位置	DVD>多媒体教学>CH11>实战222.flv
难易指数	★☆☆☆☆
技术掌握	用VRayMtl材质模拟拉丝金属材质

拉丝金属材质效果如图11-208所示。

拉丝金属材质的模拟效果如图11-209所示。

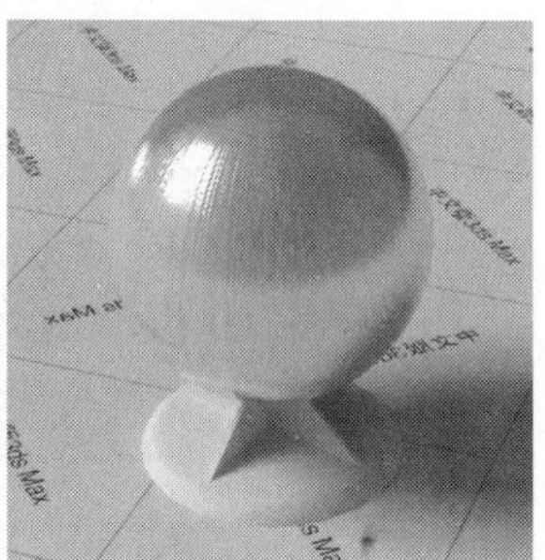

图11-208　图11-209

01 打开光盘中的“场景文件>CH11>实战222.max”文件，如图11-210所示。

图11-210

02 选择一个空白材质球，然后设置材质类型为VRayMtl材质，并将其命名为lsjs，接着在“漫反射”贴图通道中加载光盘中的“实例文件>CH11>实战222>e.jpg”文件，最后在“坐标”卷展栏下设置“瓷砖”的U为3，如图11-211所示。

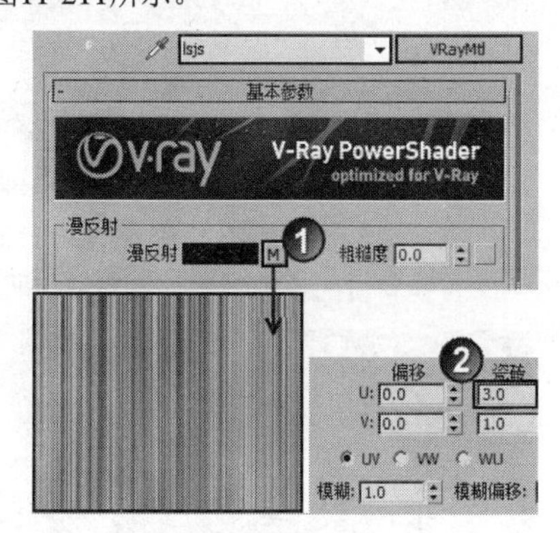

图11-211

03 设置“反射”颜色为（红:183，绿:183，蓝:183），然后设置“反射光泽度”为0.85、“细分”为20，具体参数设置如图11-212所示。

图11-212

04 展开“贴图”卷展栏，然后使用鼠标左键将“漫反射”通道中的贴图拖曳到“凹凸”通道上（在弹出的对话框中设置“方法”为“复制”），如图11-213所示，制作好的材质球效果如图11-214所示。

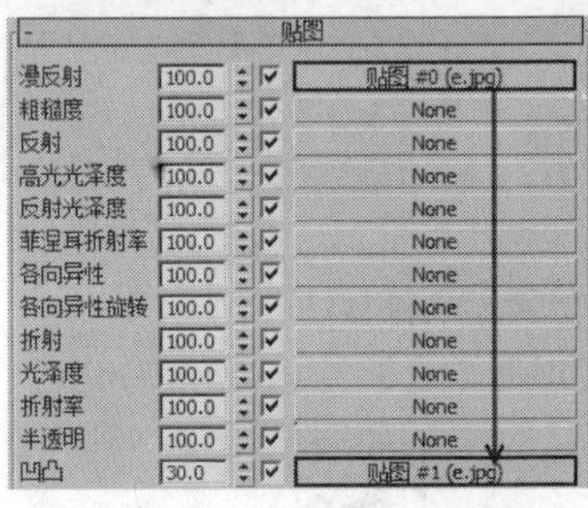

图11-213　　图11-214

05 将制作好的材质指定给对应的模型，然后在摄影机视图中按F9键渲染当前场景，最终效果如图11-215所示。

图11-215

实战223 古铜材质

场景位置	DVD>场景文件>CH11>实战223.max
实例位置	DVD>实例文件>CH11>实战223.max
视频位置	DVD>多媒体教学>CH11>实战223.flv
难易指数	★★★☆☆
技术掌握	用标准材质模拟古铜材质

古铜材质效果如图11-216所示。

古铜材质的模拟效果如图11-217所示。

图11-216　　图11-217

01 打开光盘中的“场景文件>CH11>实战223.max”文件，如图11-218所示。

图11-218

02 选择一个空白材质球并将其命名为gtcz，然后在“漫反射”贴图通道中加载一张“衰减”程序贴图，接着在“衰减参数”卷展栏下设置“前”通道的颜色强度为68、“侧”通道的颜色强度为10，再设置“前”通道的颜色为（红:32，绿:15，蓝:0）、“侧”通道的颜色为（红:236，绿:157，蓝:72），最后设置“衰减类型”为“垂直/平行”，具体参数设置如图11-219所示。

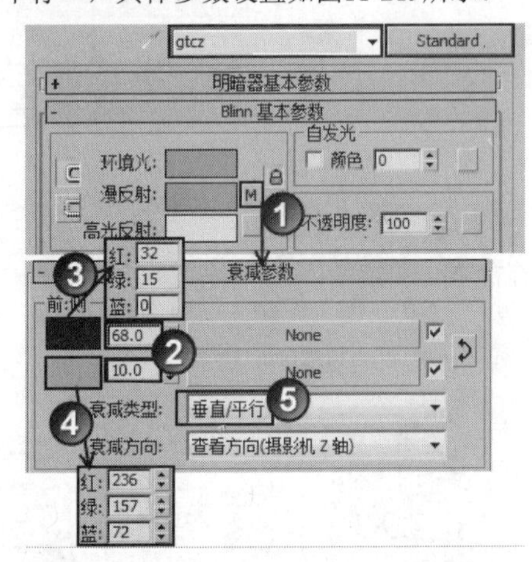

图11-219

03 在“前”贴图通道中加载一个“混合”材质，然后在“混合参数”卷展栏下设置“颜色#1”为（红:32，绿:15，蓝:0）、“颜色#2”为（红:46，绿:73，蓝:45），如图11-220所示。

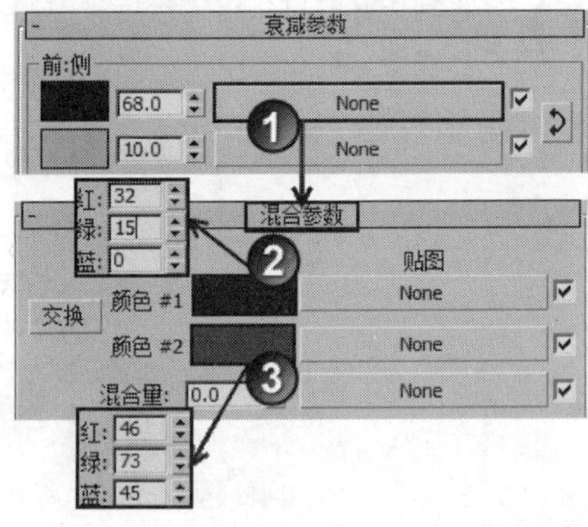

图11-220

04 返回到“标准”材质参数设置面板，然后在“高光级别”贴图通道上加载一张“斑点”程序贴图，接着在“斑点参数”卷展栏下设置“大小”为1.6，最后设置“颜色#1”为（红:133，绿:133，蓝:133）、“颜色#2”为白色，具体参数设置如图11-221所示。

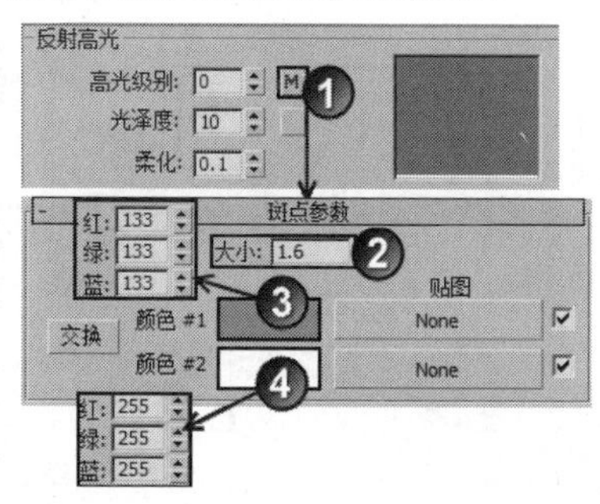

图11-221

05 展开“贴图”卷展栏，然后设置凹凸的强度为35，接着在“凹凸”贴图通道中加载一张“烟雾”程序贴图，最后设置“大小”为1000、“迭代次数”为10、“指数”为0.05，如图11-222所示，制作好的材质球效果如图11-223所示。

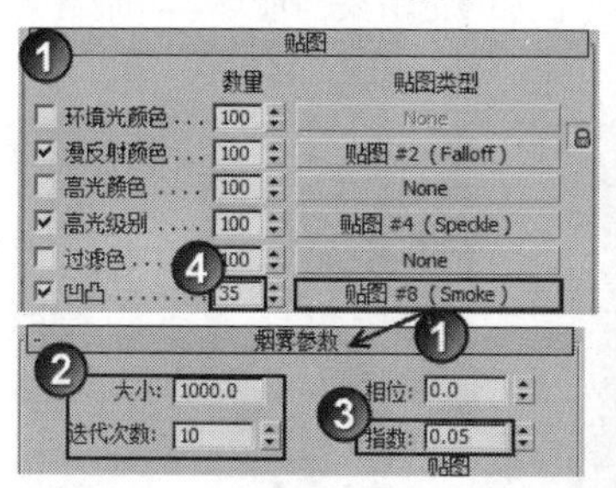

图11-222　图11-223

06 将制作好的材质指定给场景中相对应的模型，然后在摄影机视图中按F9键渲染当前场景，最终效果如图11-224所示。

图11-224

实战224 镜子材质

场景位置	DVD>场景文件>CH11>实战224.max
实例位置	DVD>实例文件>CH11>实战224.max
视频位置	DVD>多媒体教学>CH11>实战224.flv
难易指数	★☆☆☆☆
技术掌握	用VRayMtl材质模拟镜子材质

镜子材质效果如图11-225所示。

镜子材质的模拟效果如图11-226所示。

图11-225　图11-226

01 打开光盘中的“场景文件>CH11>实战224.max”文件，如图11-227所示。

图11-227

02 选择一个空白材质球，然后设置材质类型为VRayMtl材质，并将其命名为jzcz，接着设置“漫反射”颜色为黑色，最后设置“反射”颜色为白色，如图11-228所示，制作好的材质球效果如图11-229所示。

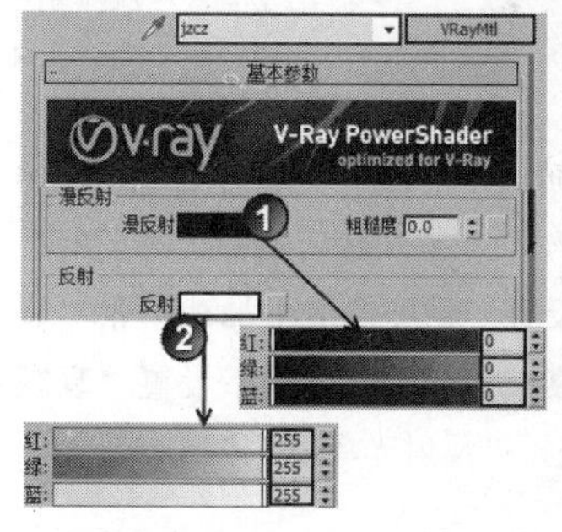

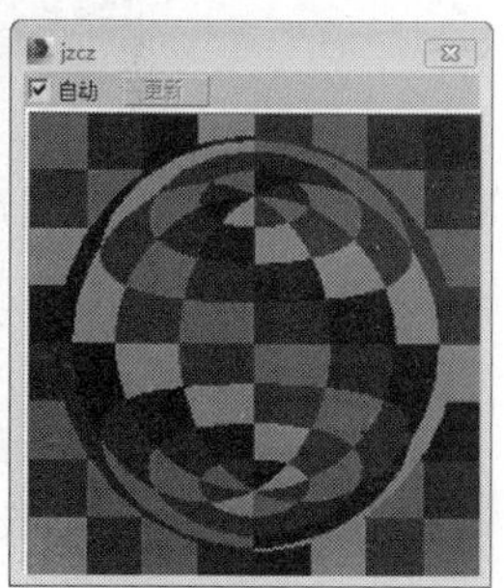

图11-228　图11-229

03 将制作好的材质指定给对应的模型，然后在摄影机视图中按F9键渲染当前场景，最终效果如图11-230所示。

图11-230

实战225 清玻璃材质

场景位置	DVD>场景文件>CH11>实战225.max
实例位置	DVD>实例文件>CH11>实战225.max
视频位置	DVD>多媒体教学>CH11>实战225.flv
难易指数	★☆☆☆☆
技术掌握	用VRayMtl材质模拟清玻璃材质

清玻璃材质效果如图11-231所示。

清玻璃材质的模拟效果如图11-232所示。

图11-231

图11-232

01 打开光盘中的“场景文件>CH11>实战225.max”文件，如图11-233所示。

图11-233

02 选择一个空白材质球，设置材质类型为VRayMtl材质，并将其命名为qblcz，然后设置“漫反射”颜色为黑色，接着在“反射”贴图通道中加载一张“衰减”程序贴图，并在“衰减参数”卷展栏下设置“衰减类型”为Fresnel，最后设置“反射光泽度”为0.93，如图11-234所示。

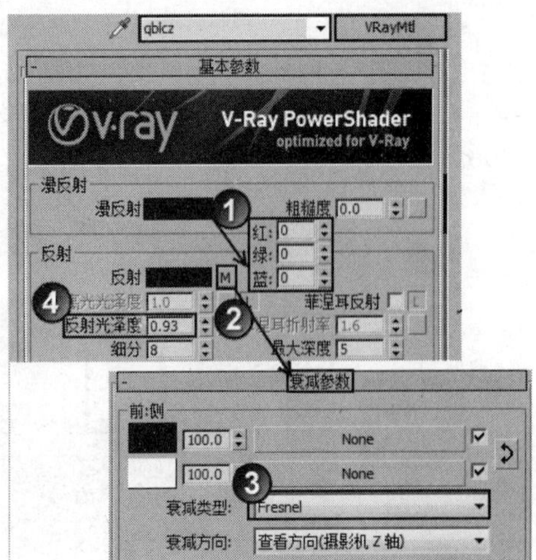

图11-234

03 设置“折射”颜色为（红:252，绿:252，蓝:252），然后设置“折射率”为1.517、“光泽度”为0.93、“细分”为24、“烟雾倍增”为0.1，最后勾选“影响阴影”选项，如图11-235所示，制作好的材质球效果如图11-236所示。

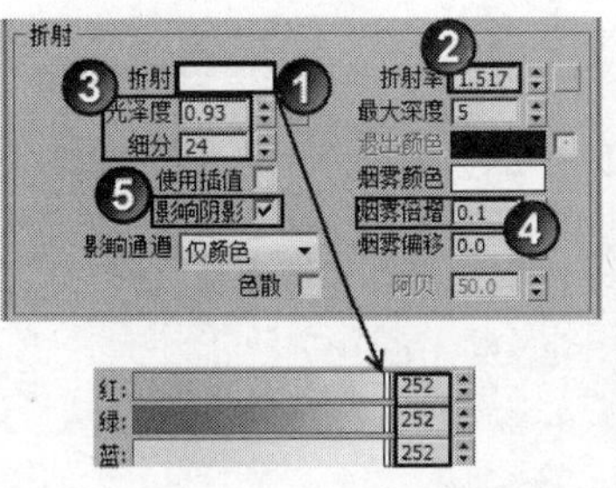

图11-235

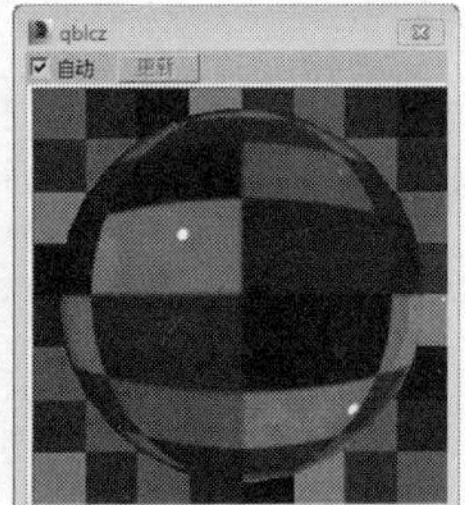

图11-236

技巧与提示

为了在渲染中使光线正确穿透玻璃并投影，一定要勾选“影响阴影”选项。此外，在制作透明材质时一定要参考材质真实的折射率，以表现出更真实的材质效果。

04 将制作好的材质指定给场景中相对应的模型，然后在摄影机视图中按F9键渲染当前场景，最终效果如图11-237所示。

图11-237

实战226 磨砂玻璃材质

场景位置	DVD>场景文件>CH11>实战226.max
实例位置	DVD>实例文件>CH11>实战226.max
视频位置	DVD>多媒体教学>CH11>实战226.flv
难易指数	★☆☆☆☆
技术掌握	用VRayMtl材质模磨砂玻璃纸材质

磨砂玻璃材质效果如图11-238所示。

磨砂玻璃材质的模拟效果如图11-239所示。

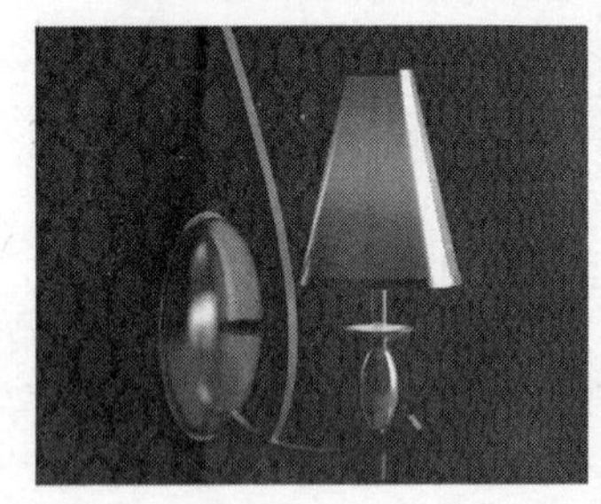

图11-238

图11-239

01 打开光盘中的“场景文件>CH11>实战226.max”文件，如图11-240所示。

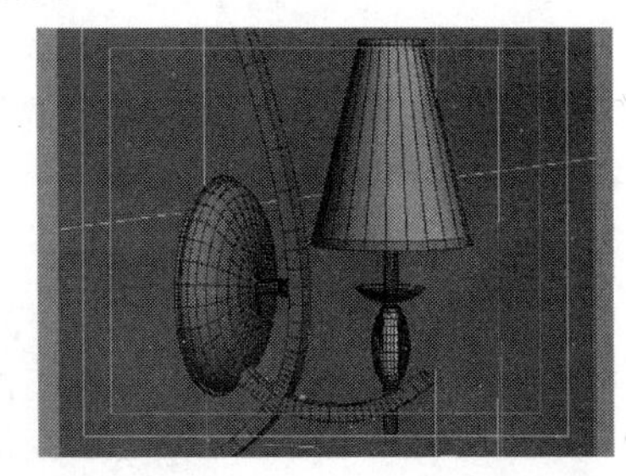

图11-240

02 选择一个空白材质球，然后设置材质类型为VRayMtl材质，并将其命名msbl，接着设置“漫反射”颜色为（红:240，绿:220，蓝:189），最后设置“反射”颜色为（红:149，绿:149，蓝:149）、“高光光泽度”为0.75、“反射光泽度”为0.8、“细分”为24，如图11-241所示。

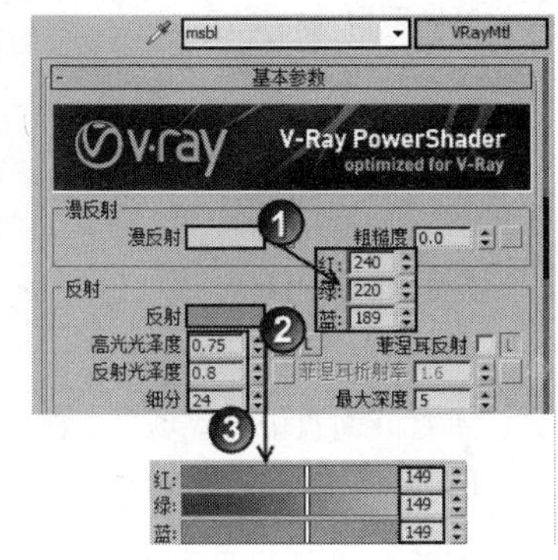

图11-241

03 设置“折射”颜色为（红:25，绿:25，蓝:25）、“光泽度”为0.95、“细分”为30，然后勾选“影响阴影”选项，如图11-242所示，制作好的材质球效果如图11-243所示。

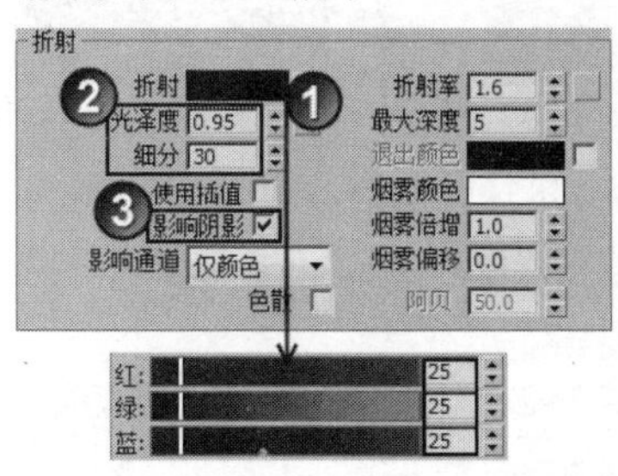

图11-242 图11-243

04 将制作好的材质指定给对应的模型，然后在摄影机视图中按F9键渲染当前场景，最终效果如图11-244所示。

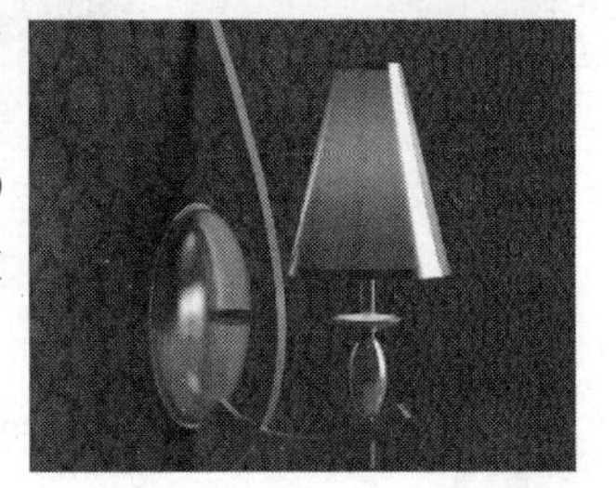

图11-244

实战227 渐变玻璃材质

场景位置	DVD>场景文件>CH11>实战227.max
实例位置	DVD>实例文件>CH11>实战227.max
视频位置	DVD>多媒体教学>CH11>实战227.flv
难易指数	★★☆☆☆
技术掌握	用VRayMtl材质和渐变程序贴图模拟渐变玻璃材质

渐变玻璃材质效果如图11-245所示。

图11-245

渐变玻璃材质的模拟效果如图11-246所示。

图11-246

01 打开光盘中的“场景文件>CH11>实战227.max”文件，如图11-247所示。

图11-247

02 选择一个空白材质球，然后设置材质类型为VRayMtl材质，并将其命名为jbbl，接着在“漫反射”贴图通道中加载一张“渐变”程序贴图，如图11-248所示。

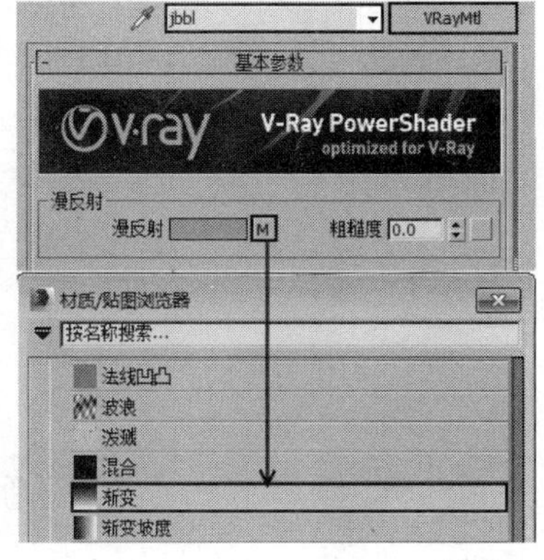

图11-248

03 展开“渐变参数”卷展栏，然后设置“颜色#1”为（红:18，绿:196，蓝:0）、“颜色#2”为（红:30，绿:226，蓝:4）、“颜色#3”为（红:255，绿:218，蓝:13），如图11-249所示。

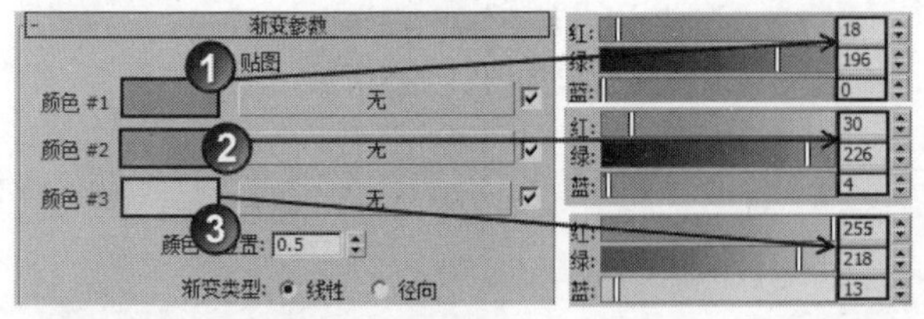

图11-249

04 在“材质编辑器”对话框中单击“转到父对象”按钮，返回到VRayMtl材质参数设置面板，然后设置“反射”颜色”为（红:161，绿:161，蓝:161），接着设置“高光光泽度”为0.9，最后勾选“菲涅耳反射”选项，具体参数设置如图11-250所示。

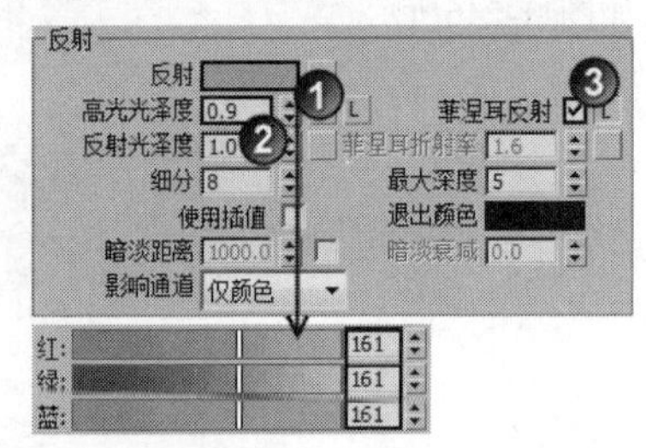

图11-250

05 设置“折射”颜色为（红:201，绿:201，蓝:201），然后设置“折射率”为1.5，接着勾选“影响阴影”选项，具体参数设置如图11-251所示，制作好的材质球效果如图11-252所示。

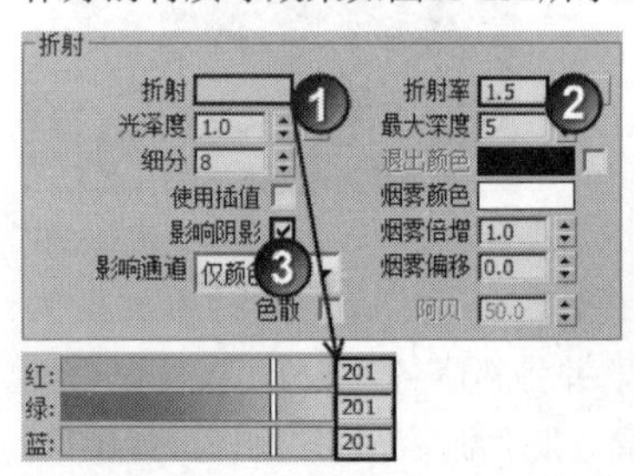

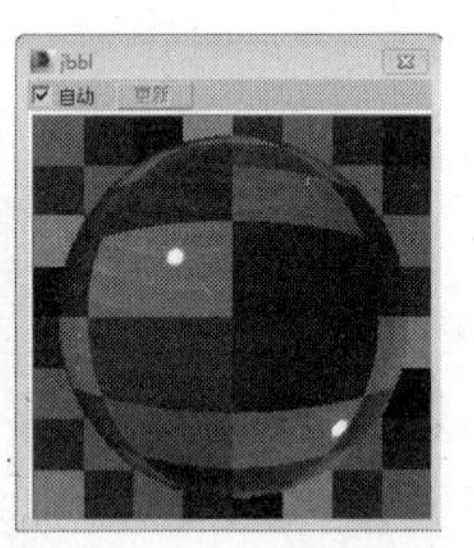

图11-251　图11-252

06 将制作好的材质指定给对应的模型，然后在摄影机视图中按F9键渲染当前场景，最终效果如图11-253所示。

图11-253

实战228 水晶玻璃灯罩材质

场景位置	DVD>场景文件>CH11>实战228.max
实例位置	DVD>实例文件>CH11>实战228.max
视频位置	DVD>多媒体教学>CH11>实战228.flv
难易指数	★☆☆☆☆
技术掌握	用VRayMtl材质模拟水晶材质

水晶灯玻璃灯罩的效果如图11-254所示。

图11-254

水晶灯玻璃灯罩材质的模拟效果如图11-255所示。

图11-255

01 打开光盘中的“场景文件>CH11>实战228.max”文件，如图11-256所示。

图11-256

02 选择一个空白材质球，然后设置材质类型为VRayMtl，接着将其命名为sjdz，再设置“漫反射”颜色为白色，如图11-257所示。

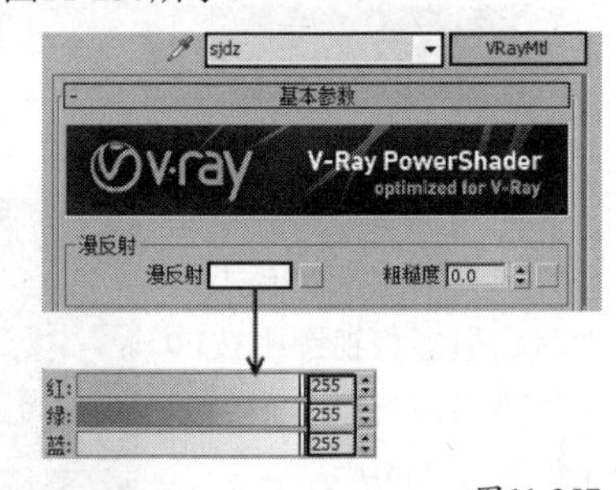

图11-257

03 在“反射”选项组下设置“反射”为白色，然后勾选“菲涅耳反射”选项，如图11-258所示。

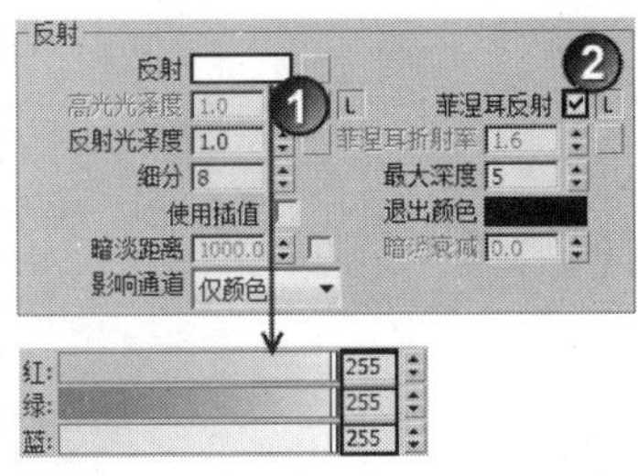

图11-258

04 设置“折射”颜色为（红:215，绿:224，蓝:226），然后勾选“影响阴影”选项，接着设置“影响通道”为“颜色+Alpha”，如图11-259所示，制作好的材质球效果如图11-260所示。

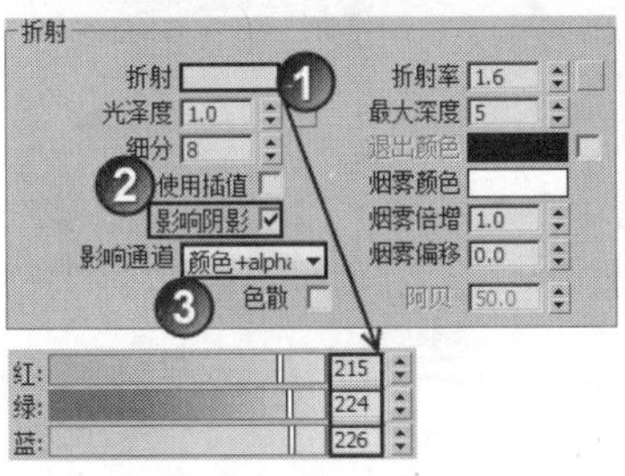

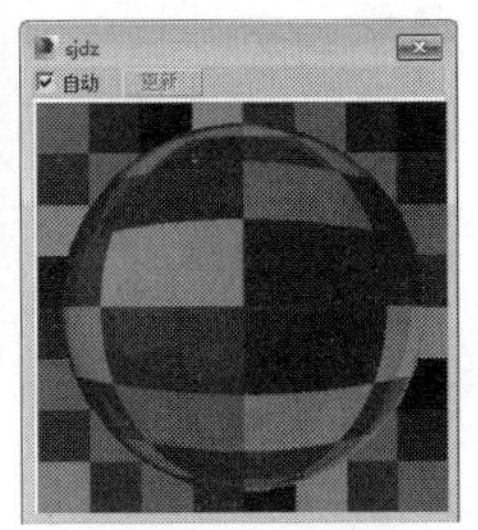

图11-259　　图11-260

05 将制作好的材质指定给对应的模型，然后在摄影机视图中按F9键渲染当前场景，最终效果如图11-261所示。

图11-261

实战229 清水材质

场景位置	DVD>场景文件>CH11>实战229.max
实例位置	DVD>实例文件>CH11>实战229.max
视频位置	DVD>多媒体教学>CH11>实战229.flv
难易指数	★★☆☆☆
技术掌握	用VRayMtl材质模拟清水材质

清水材质效果如图11-262所示。

清水材质的模拟效果如图11-263所示。

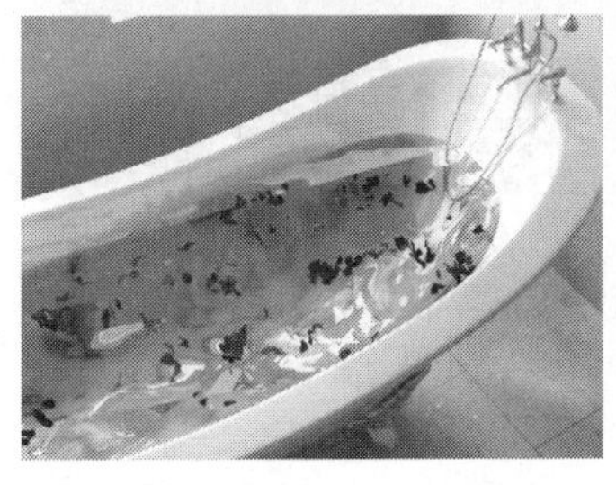

图11-262　　图11-263

01 打开光盘中的“场景文件>CH11>实战229.max”文件，如图11-264所示。

图11-264

02 选择一个空白材质球，设置材质类型为VRayMtl材质，并将其命名为qscz，然后设置“漫反射”颜色为黑色，接着在“反射”贴图通道中加载一张“衰减”程序贴图，并在“衰减参数”卷展栏下设置“衰减类型”为“垂直/平行”，最后设置“反射光泽度”为0.93，具体参数设置如图11-265所示。

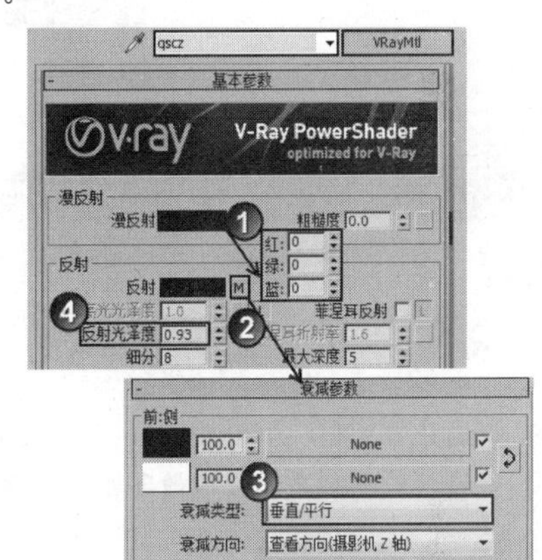

图11-265

03 设置“折射”颜色为白色，然后“光泽度”为0.93、“细分”为24、“折射率”为1.33，接着勾选“影响阴影”选项，最后设置“烟雾颜色”为（红:220，绿:255，蓝:251）、“烟雾倍增”为0.002，具体参数设置如图11-266所示。

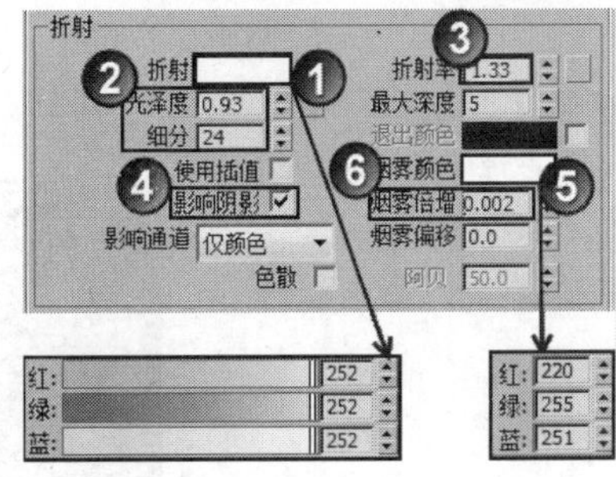

图11-266

04 展开“贴图”卷展栏，然后在“凹凸”贴图通道中加载一张“噪波”程序贴图，接着在“噪波参数”卷展栏下设置“噪波类型”为“分形”、“大小”为20，最后设置“凹凸”的强度为30，具体参数设置如图11-267所示，制作好的材质球效果如图11-268所示。

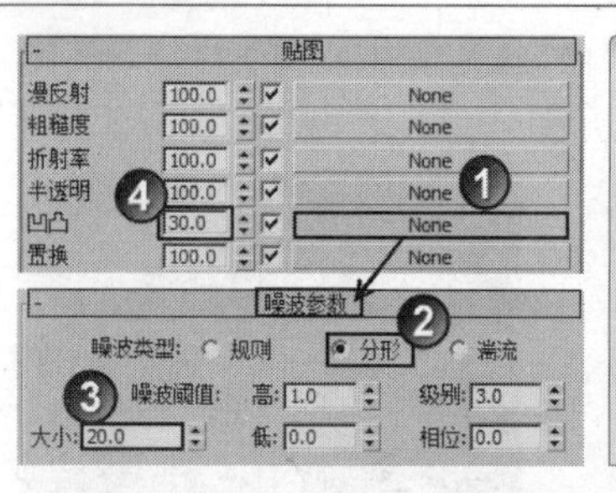

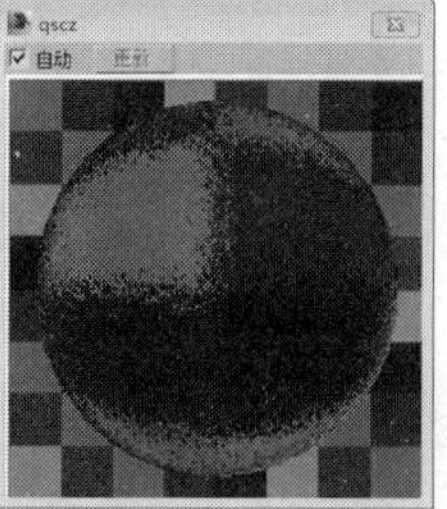

图11-267　　图11-268

05 将制作好的材质指定给对应的模型，然后在摄影机视图中按F9键渲染当前场景，最终效果如图11-269所示。

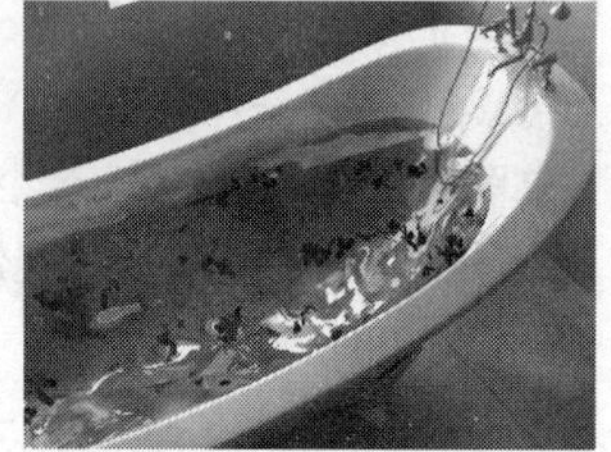

图11-269

实战230 有色饮料材质

场景位置	DVD>场景文件>CH11>实战230.max
实例位置	DVD>实例文件>CH11>实战230.max
视频位置	DVD>多媒体教学>CH11>实战230.flv
难易指数	★☆☆☆☆
技术掌握	用VRayMtl材质模拟有色饮料材质

有色饮料材质效果如图11-270所示。

有色饮料材质的模拟效果如图11-271所示。

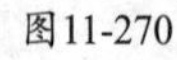

图11-270　　图11-271

01 打开光盘中的"场景文件>CH11>实战230.max"文件，如图11-272所示。

图11-272

02 选择一个空白材质球，然后设置材质类型为VRayMtl，并将其命名为ylcz，接着设置"漫反射"颜色为（红:255，绿:114，蓝:0），如图11-273所示。

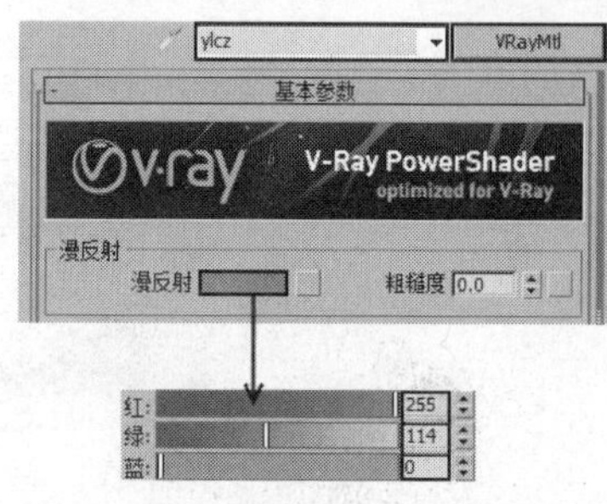

图11-273

03 设置"反射"颜色为（红:18，绿:18，蓝:18），然后勾选"菲涅耳反射"选项，如图11-274所示。

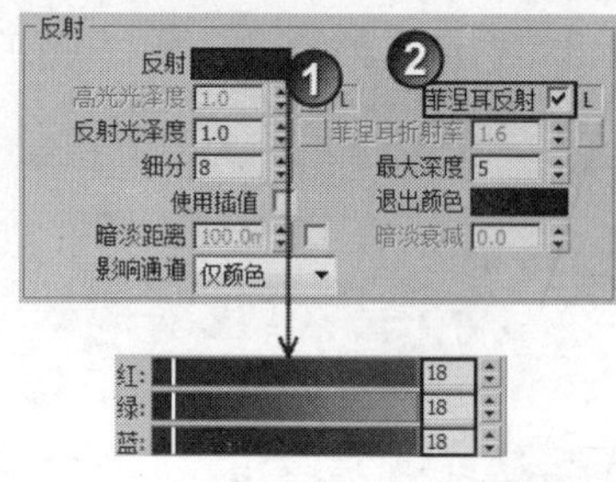

图11-274

04 设置"折射"颜色为（红:198，绿:198，蓝:198），然后设置"折射率"为1.333，接着设置"烟雾颜色"为（红:255，绿:214，蓝:161）、"烟雾倍增"为0.02，最后勾选"影响阴影"选项，具体参数设置如图11-275所示，制作好的材质球效果如图11-276所示。

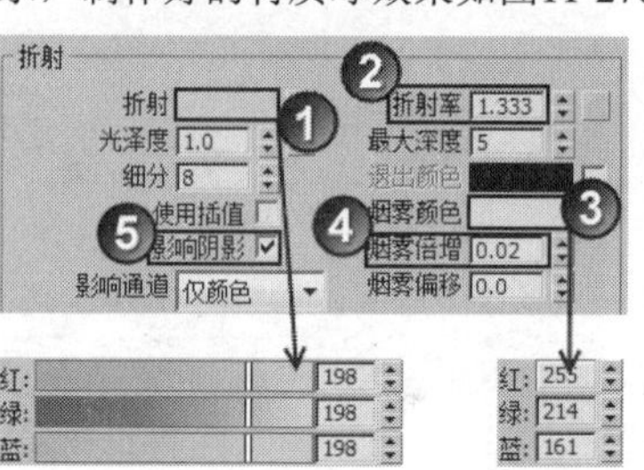

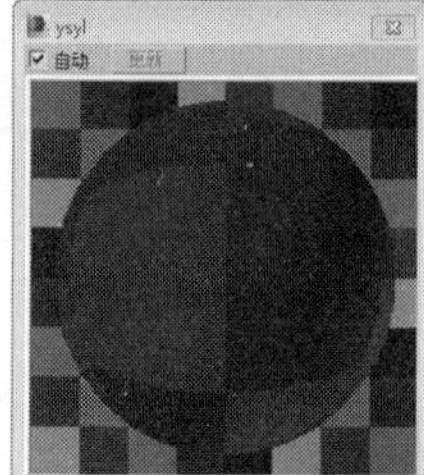

图11-275　　图11-276

技巧与提示

在制作有色液体或有色玻璃时，主要是通过"雾效颜色"选项来表现对应的色彩，色彩浓度可以通过"雾效倍增"选项来调整，数值越大，色彩越浓，但透光性越差。

05 将制作好的材质指定给场景中相对应的模型，然后在摄影机视图中按F9键渲染当前场景，最终效果如图11-277所示。

图11-277

实战231 荧光材质

场景位置	DVD>场景文件>CH11>实战231.max
实例位置	DVD>实例文件>CH11>实战231.max
视频位置	DVD>多媒体教学>CH11>实战231.flv
难易指数	★★☆☆☆
技术掌握	用标准材质模拟荧光材质

荧光材质效果如图11-278所示。

荧光材质的模拟效果如图11-279所示。

图11-278

图11-279

01 打开光盘中的“场景文件>CH11>实战231.max”文件，如图11-280所示。

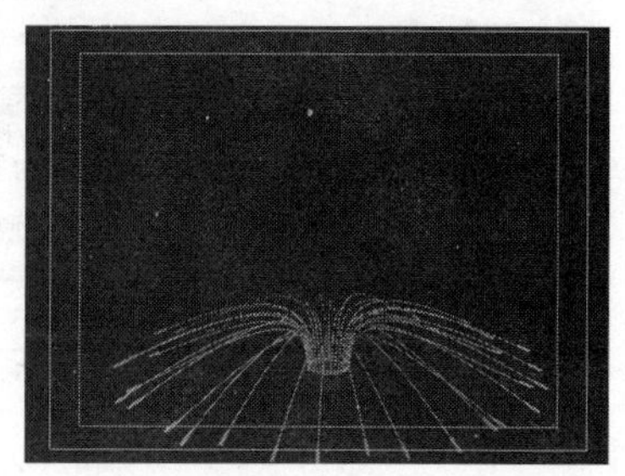

图11-280

02 选择一个空白材质球，然后将其命名为zfgcz，接着设置“漫反射”颜色为（红:65，绿:138，蓝:228），如图11-281所示。

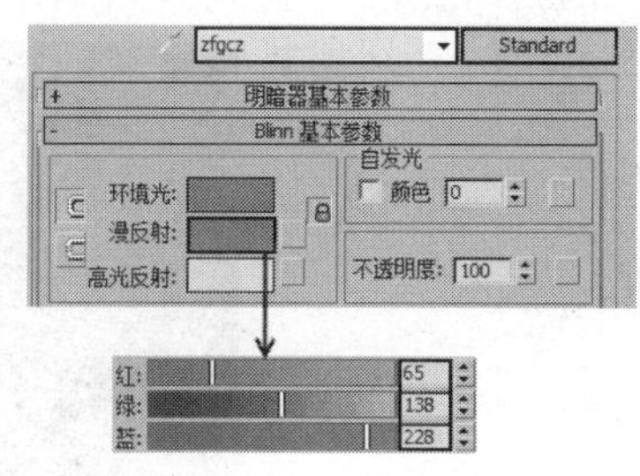

图11-281

03 展开“Blinn基本参数”卷展栏，然后在“自发光”选项组下勾选“颜色”选项，接着设置颜色为（红:183，绿:209，蓝:248），如图11-282所示。

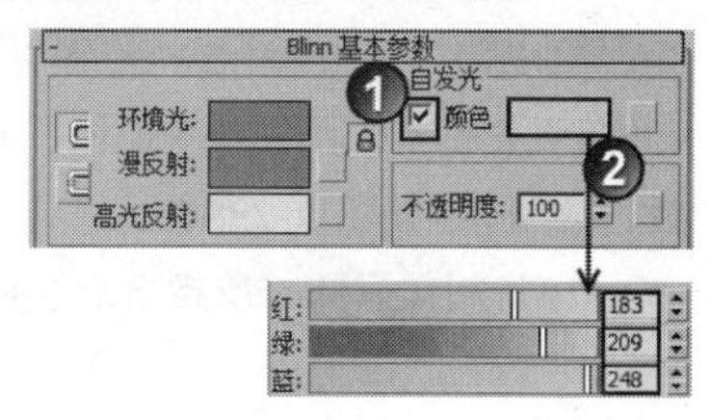

图11-282

04 在“不透明度”贴图通道中加载一张“衰减”程序贴图，然后在“衰减参数”卷展栏下设置“衰减类型”为“垂直/平行”，如图11-283所示，制作好的材质球效果如图11-284所示。

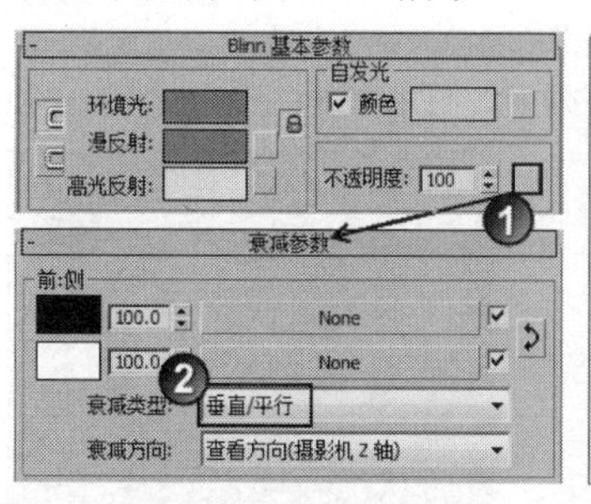

图11-283

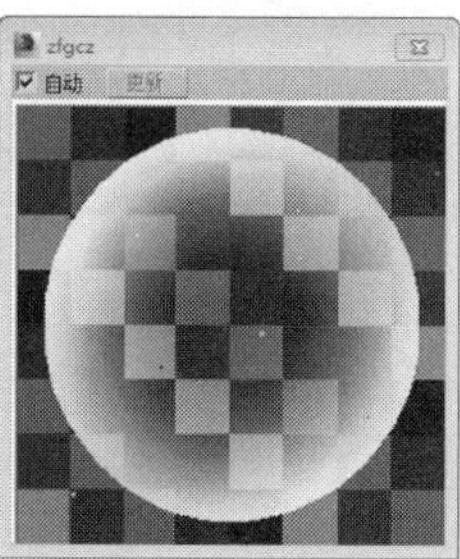

图11-284

05 将制作好的材质指定给场景中相对应的模型，然后按F9键测试渲染当前场景，效果如图11-285所示。

图11-285

06 为了产生柔和的荧光效果，按大键盘上的8键打开“环境和效果”对话框，然后单击“效果”选项卡，接着在“效果”卷展栏下添加一个“模糊”效果，如图11-286所示。

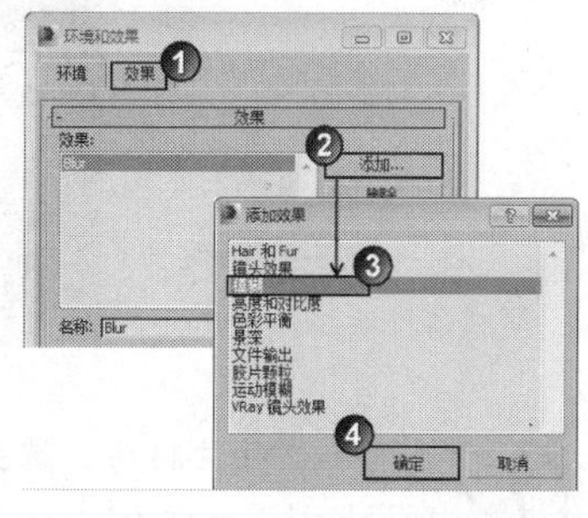

图11-286

07 将制作好的材质指定给对应的模型，然后在摄影机视图中按F9键渲染当前场景，最终效果如图11-287所示。

图11-287

实战232 叶片及草地材质

场景位置	DVD>场景文件>CH11>实战232.max
实例位置	DVD>实例文件>CH11>实战232.max
视频位置	DVD>多媒体教学>CH11>实战232.flv
难易指数	★★☆☆☆
技术掌握	用VRayMtl材质模拟叶片和草地材质

叶片及草地的材质效果如图11-288所示。

图11-288

本例共需要制作两个材质，分别是叶片材质和草地材质，其模拟效果如图11-289和图11-290所示。

图11-289　　图11-290

01 打开光盘中的“场景文件>CH11>实战232.max”文件，如图11-291所示。

图11-291

02 下面制作叶片材质。选择一个空白材质球，然后设置材质类型为VRayMtl材质，并将其命名为sycz，接着在“漫反射”贴图通道中加载光盘中的“实例文件>CH11>实战232>叶子.jpg”文件，如图11-292所示。

图11-292

03 设置“反射”颜色为（红:8，绿:8，蓝:8），然后设置“反射光泽度”为0.78，如图11-293所示，制作好的材质球效果如图11-294所示。

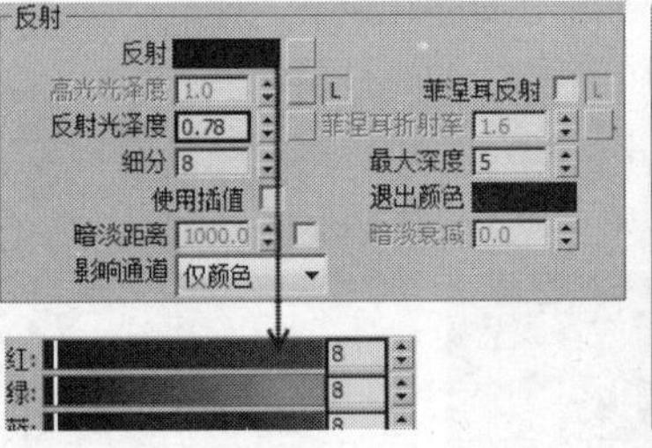

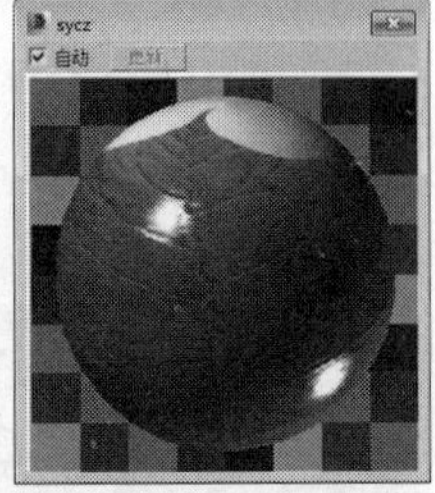

图11-293　　图11-294

04 下面制作草地材质。选择一个空白材质球，设置材质类型为VRayMtl材质，并将其命名为cdcz，然后在“漫反射”贴图通道中加载光盘中的“实例文件>CH11>实战232>草地.jpg”文件，接着在“坐标”卷展栏下设置“模糊”为0.01、“瓷砖”U和V为5，如图11-295所示，制作好的材质球效果如图11-296所示。

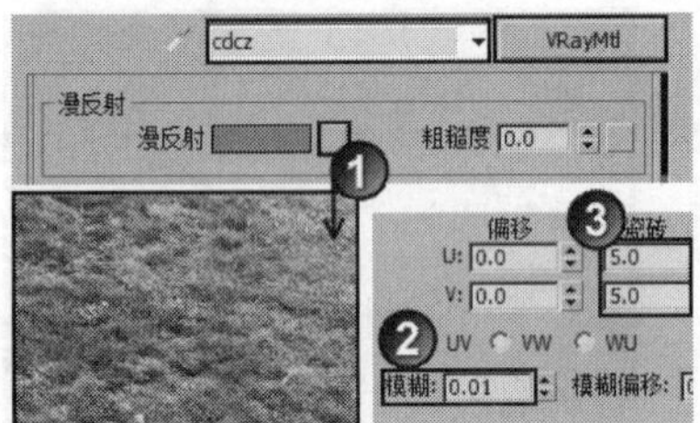

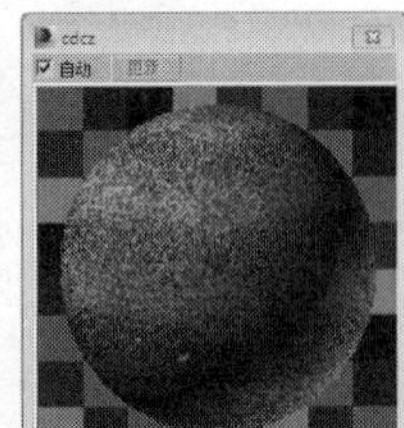

图11-295　　图11-296

05 将制作好的材质指定给场景中相对应的模型，然后按F9键测试渲染当前场景，效果如图11-297所示，可以观察到草地表面缺少真实的“凹凸”细节，下面通过凹凸贴图之外的方法来制作真实的草地细节。

图11-297

06 选择草地模型，为其加载一个“VRay置换模式”修改器，然后在“参数”卷展栏下设置“类型”为“3D贴图”，接着将“位图参数”卷展栏下的“草地.jpg”文件拖曳到“纹理贴图”通道上，最后设置“数量”为7cm，如图11-298所示。

07 将制作好的材质指定给场景中相对应的模型，然后在摄影机视图中按F9键渲染当前场景，最终效果如图11-299所示。

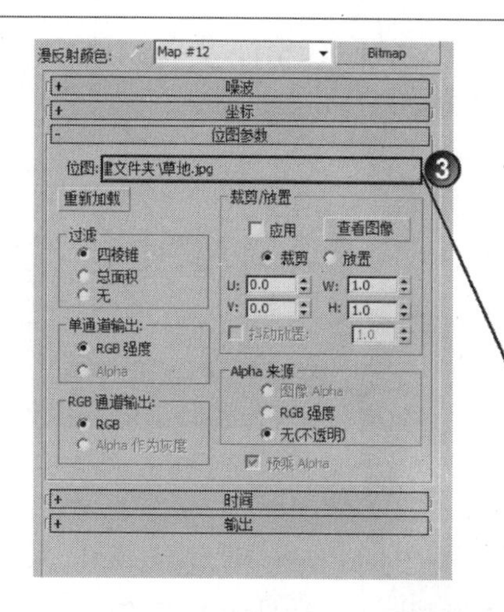

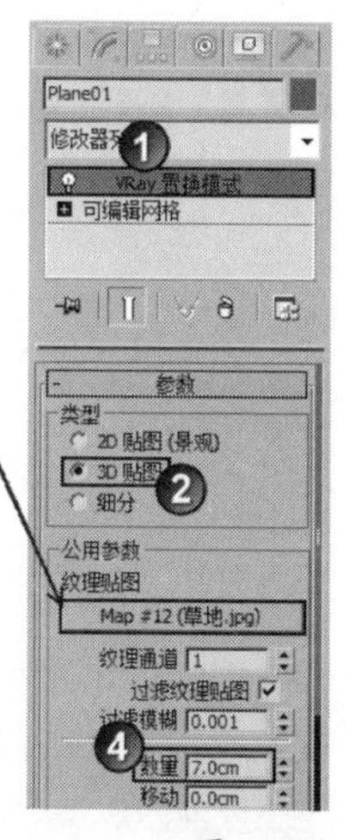

图11-298

图11-299

实战233 公路材质

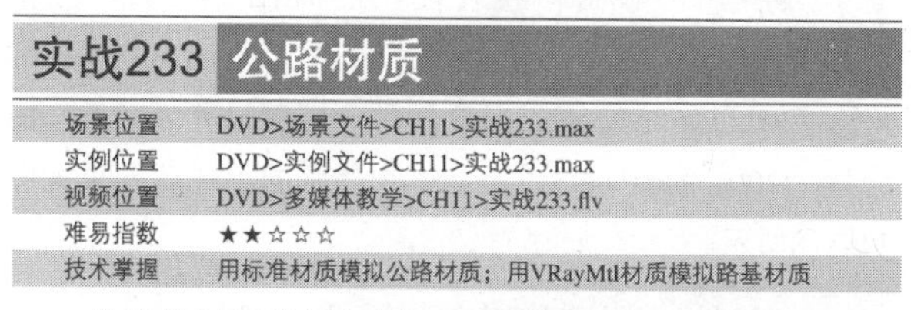

场景位置	DVD>场景文件>CH11>实战233.max
实例位置	DVD>实例文件>CH11>实战233.max
视频位置	DVD>多媒体教学>CH11>实战233.flv
难易指数	★★☆☆☆
技术掌握	用标准材质模拟公路材质；用VRayMtl材质模拟路基材质

公路的材质效果如图11-300所示。

图11-300

本例共需要制作两个材质，分别是公路材质和路基材质，其模拟效果如图11-301和图11-302所示。

图11-301

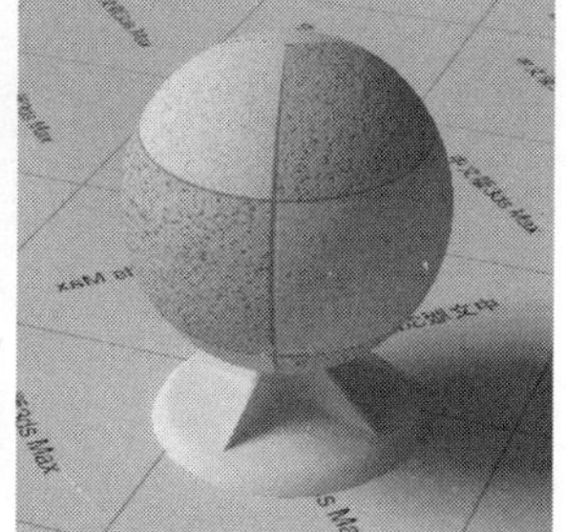

图11-302

01 打开光盘中的“场景文件>CH11>实战233.max”文件，如图11-303所示。

图11-303

02 下面制作公路材质。选择一个空白材质球，并将其命名为glcz，然后在“漫反射”贴图通道中加载光盘中的“实例文件>CH11>实战233>公路.jpg”文件，接着在“坐标”卷展栏下设置“瓷砖”的U为3，最后设置“模糊”为0.01，具体参数设置如图11-304所示。

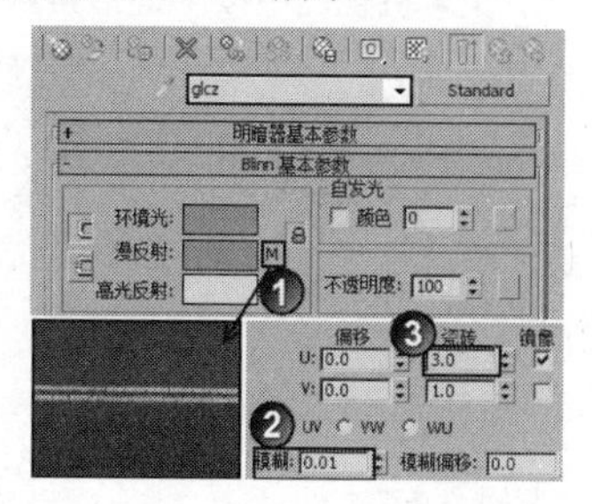

图11-304

03 展开“贴图”卷展栏，然后使用鼠标左键将“漫反射”通道中的贴图拖曳到“凹凸”贴图通道上，如图11-305所示，制作好的材质球效果如图11-306所示。

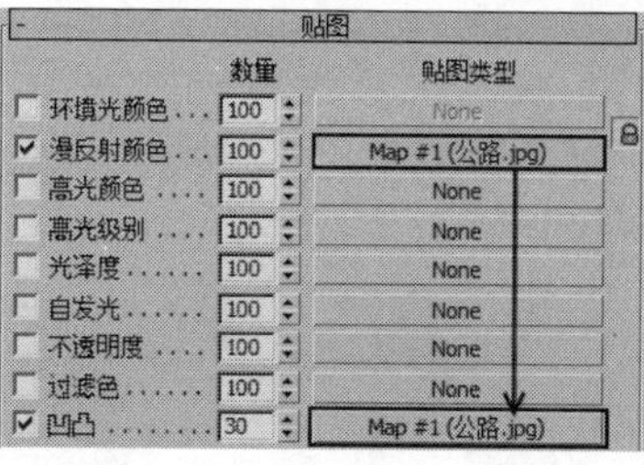

图11-305

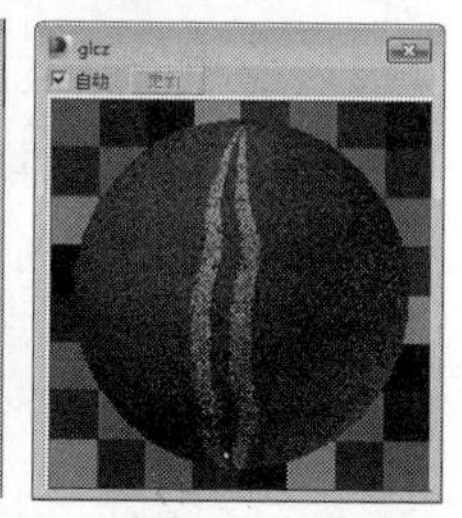

图11-306

04 下面制作路基材质（地面材质）。选择一个空白材质球，并将其命名为dmcz，然后设置材质类型为VRayMtl材质，接着在“漫反射”贴图通道中加载光盘中的“实例文件>CH11>实战233>地面砖.jpg”文件，最后在“坐标”卷展栏下设置“模糊”为0.01，如图11-307所示。

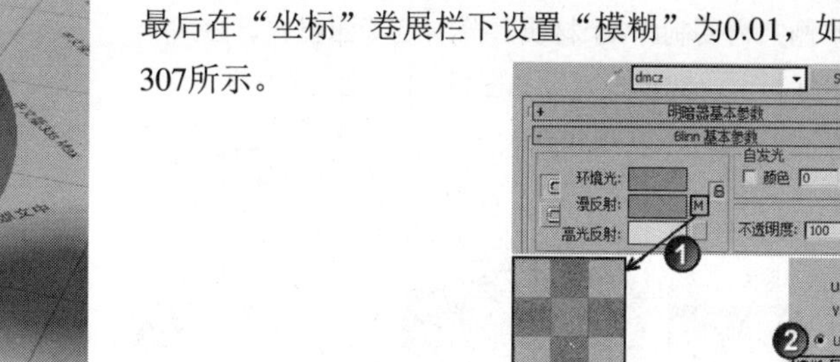

图11-307

05 展开“贴图”卷展栏，然后使用鼠标左键将“漫反射”通道中的贴图拖曳到“凹凸”贴图通道上，接着设置“凹凸”的强度为50，如图11-308所示，制作好的材质球效果如图11-309所示。

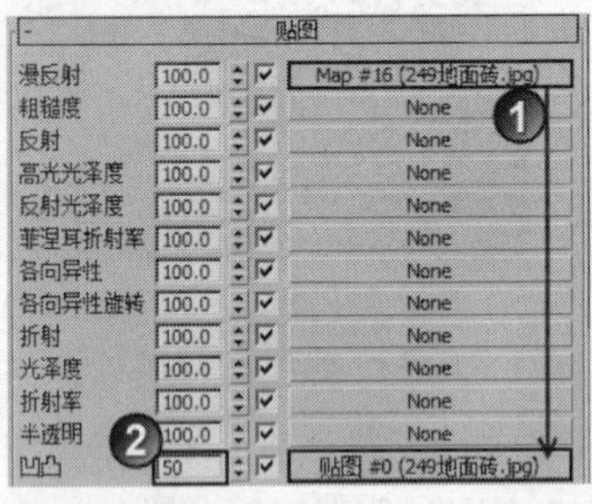

图11-308

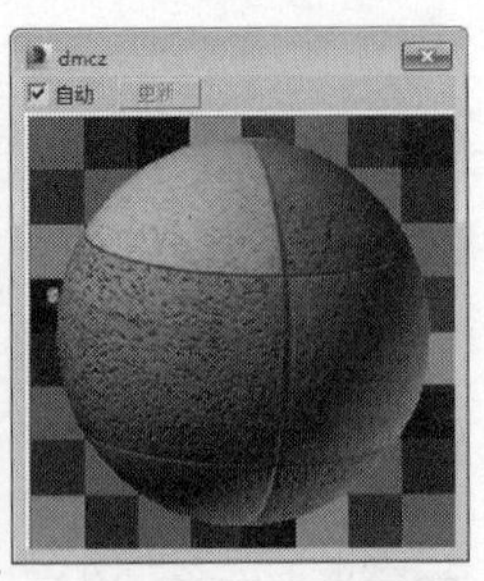

图11-309

06 将制作好的材质指定给对应的模型，然后在摄影机视图中按F9键渲染当前场景，最终效果如图11-310所示。

图11-310

实战234 西饼店材质

场景位置	DVD>场景文件>CH11>实战234.max
实例位置	DVD>实例文件>CH11>实战234.max
视频位置	DVD>多媒体教学>CH11>实战234.flv
难易指数	★★☆☆☆
技术掌握	用VRayMtl材质模拟建筑外观材质

西饼店材质如图11-311所示。

图11-311

本例共需要制作3个材质，分别是墙面材质、台阶材质和店标材质，其模拟效果如图11-312~图11-314所示。

图11-312

图11-313

图11-314

01 打开光盘中的“场景文件>CH11>实战234.max”文件，如图11-315所示。

图11-315

02 下面制作墙面材质。选择一个空白材质球，然后设置材质类型为VRayMtl，接着设置“漫反射”颜色为（红:208，绿:208，蓝:208），如图11-316所示。

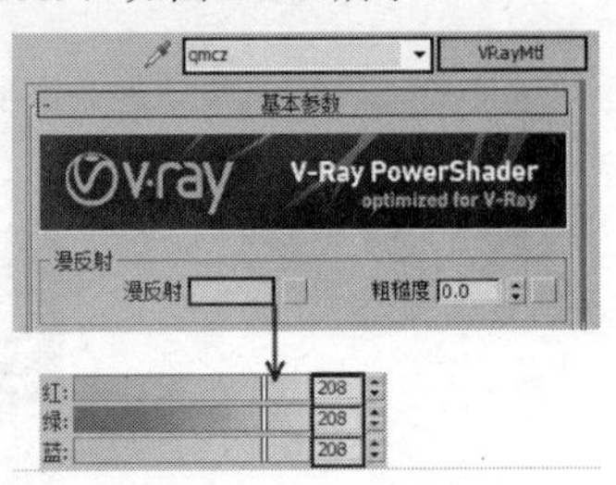

图11-316

03 展开“贴图”卷展栏，然后在“凹凸”贴图通道中加载光盘中的“实例文件>CH11>实战229>7003159535723[1].jpg”文件，接着设置“凹凸”的强度为200，如图11-317所示，制作好的材质球效果如图11-318所示。

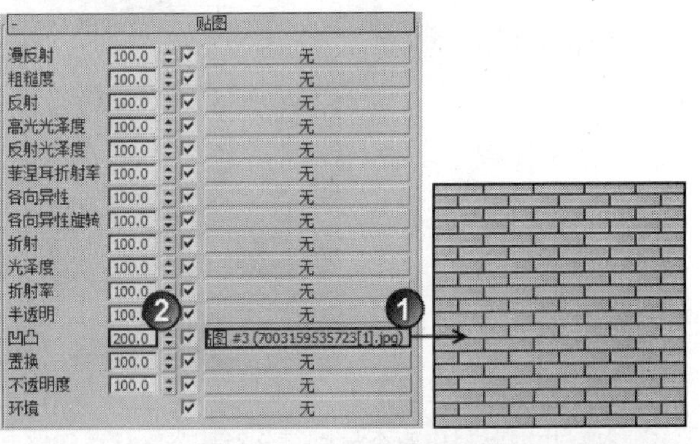

图11-317

图11-318

04 下面制作台阶材质。选择一个空白材质球，设置材质类型为VRayMtl材质，然后在“漫反射”贴图通道中加载光盘中的“实例文件>CH11>实战234>20.jpg”文件，接着在“坐标”卷展栏下设置“模糊”为0.01，如图11-319所示。

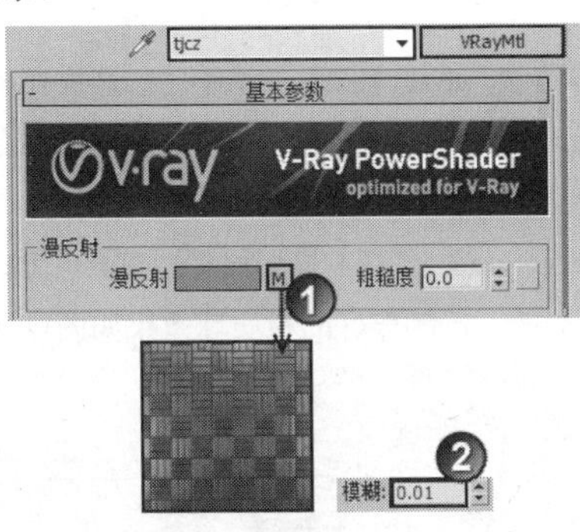

图11-319

05 设置“反射”颜色为（红:17，绿:17，蓝:17），然后设置“反射光泽度”为0.86、“细分”为20，具体参数设置如图11-320所示。

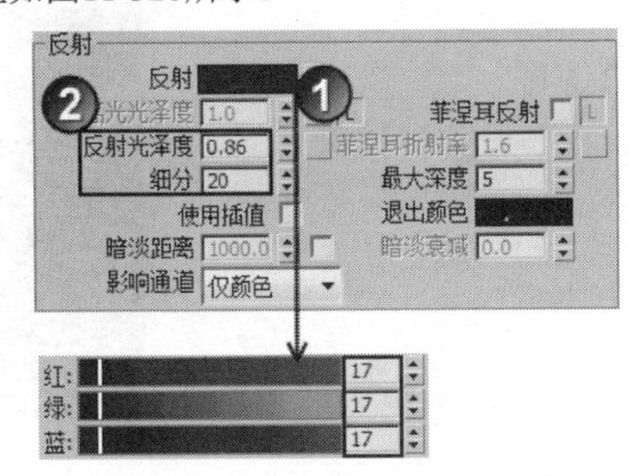

图11-320

06 展开“贴图”卷展栏，然后使用鼠标左键将“漫反射”通道中的贴图拖曳到“凹凸”贴图通道上，接着设置“凹凸”的强度为200，如图11-321所示，制作好的材质球效果如图11-322所示。

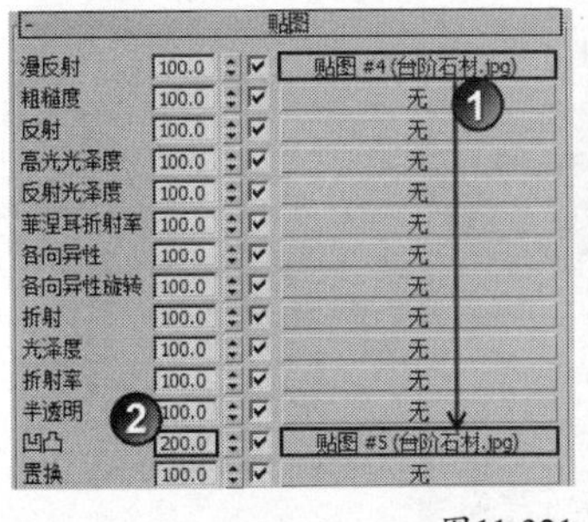

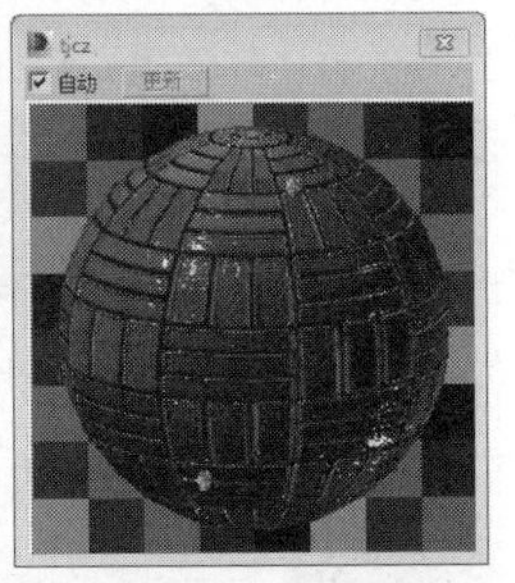

图11-321 图11-322

07 下面制作店标材质。选择一个空白材质球，设置材质类型为VRayMtl材质，然后设置“漫反射”颜色为（红:166，绿:33，蓝:33），接着设置“反射”颜色为（红:12，绿:12，蓝:12），最后设置“反射光泽度”为0.85、“细分”为12，具体参数设置如图11-323所示，制作好的材质球效果如图11-324所示。

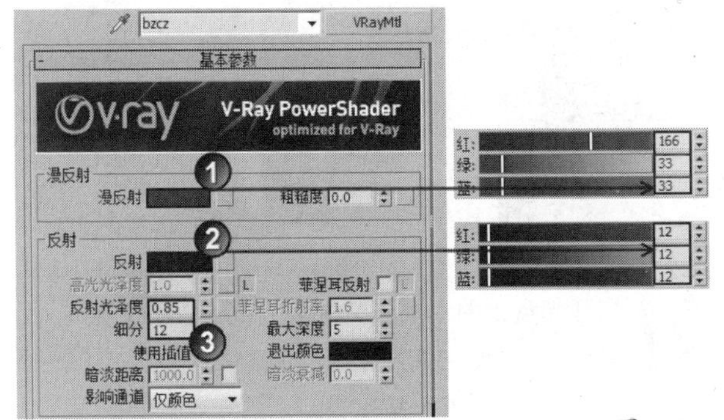

图11-323

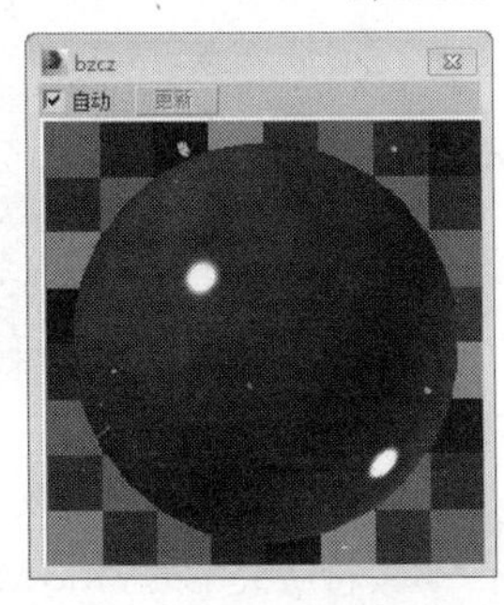

图11-324

08 将制作好的材质指定给对应的模型，然后在摄影机视图中按F9键渲染当前场景，最终效果如图11-325所示。

图11-325

实战235 简约别墅材质

场景位置	DVD>场景文件>CH11>实战235.max
实例位置	DVD>实例文件>CH11>实战235.max
视频位置	DVD>多媒体教学>CH11>实战235.flv
难易指数	★★★★☆
技术掌握	用VRayMtl材质模拟木纹材质、玻璃材质和树木材质

简约别墅材质效果如图11-326所示。

图11-326

本例共需要制作3个材质，分别是木纹材质、玻璃材质和树木材质，如图11-327~图11-329所示。

图11-327

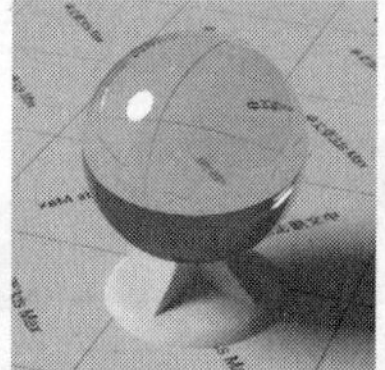

图11-328

图11-329

01 打开光盘中的“场景文件>CH11>实战235.max”文件，如图11-330所示。

图11-330

02 下面制作木纹材质。选择一个空白材质球，设置材质类型为VRayMtl材质，然后在“漫反射”贴图通道中加载光盘中的“实例文件>CH11>实战235>木纹.jpg”文件，接着在“坐标”卷展栏下设置“模糊”为0.5，如图11-331所示。

图11-331

03 在“反射”贴图通道中加载光盘中的“实例文件>CH11>实战235>木纹黑白.jpg”文件，如图11-332所示。

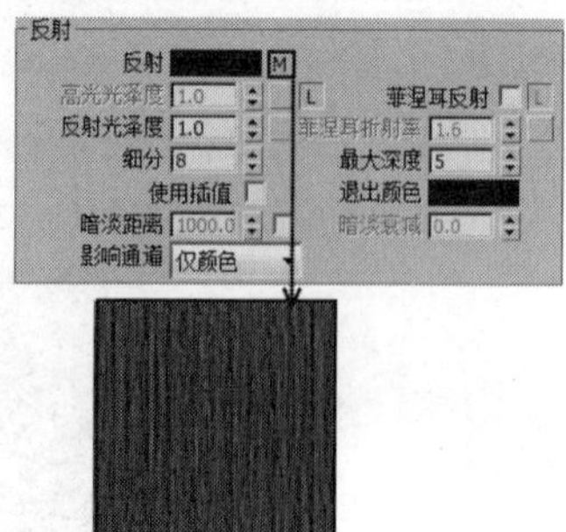

图11-332

04 将“反射”通道中的贴图拖曳到“反射光泽度”贴图通道上，然后在弹出的对话框中设置“方法”为“实例”，接着勾选“菲涅耳反射”选项，最后设置“菲涅耳折射率”为2.2，如图11-333所示。

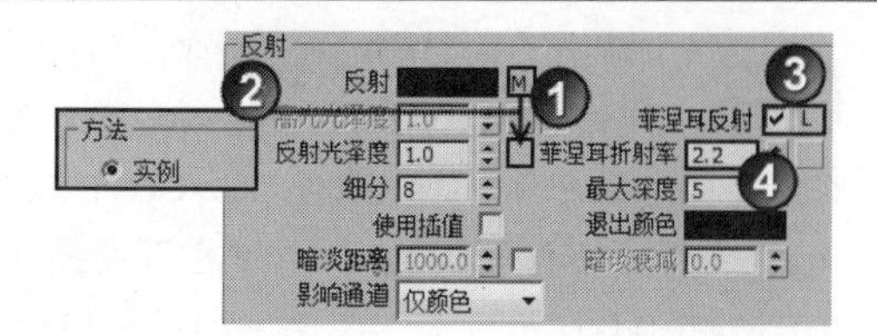

图11-333

05 展开“贴图”卷展栏，然后在“凹凸”贴图通道中加载一张“法线凹凸”程序贴图，接着在“法线”贴图通道中加载光盘中的“实例文件>CH11>实战235>木纹凹凸.jpg”文件，最后设置“凹凸”的强度为60，如图11-334所示，制作好的材质球效果如图11-335所示。

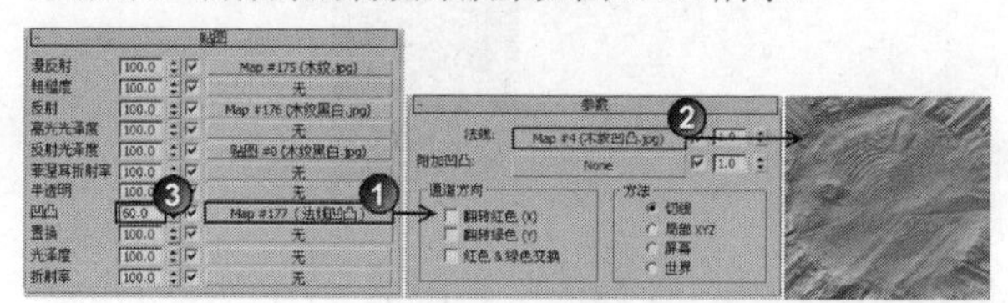

图11-334

图11-335

06 下面制作玻璃材质。选择一个空白材质球，设置材质类型为VRayMtl材质，然后设置“漫反射”颜色为（红:98，绿:163，蓝:223），接着设置“反射”颜色为（红:27，绿:27，蓝:27），最后设置“折射”颜色为（红:183，绿:237，蓝:250），如图11-336所示，制作好的材质球效果如图11-337所示。

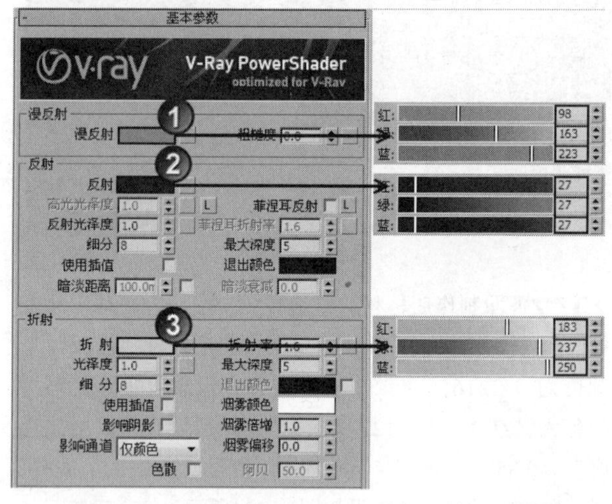

图11-336

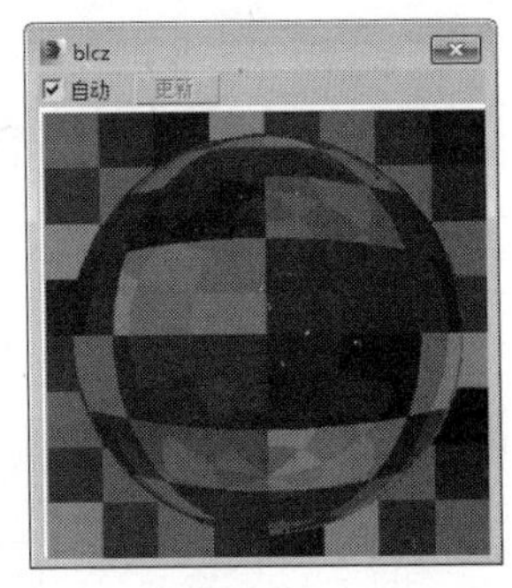

图11-337

07 下面制作树木材质。设置材质类型为VRayMtl材质，然后在“漫反射”贴图通道中加载光盘中的“实例文件>CH11>实战235>室外树木.jpg”文件，接着在“坐标”卷展栏下设置“模糊”为0.1，如图11-338所示。

图11-338

08 设置“反射”颜色为（红:79，绿:79，蓝:79），然后设置“反射光泽度”为0.72，接着勾选“菲涅耳反射”选项，具体参数设置如图11-339所示。

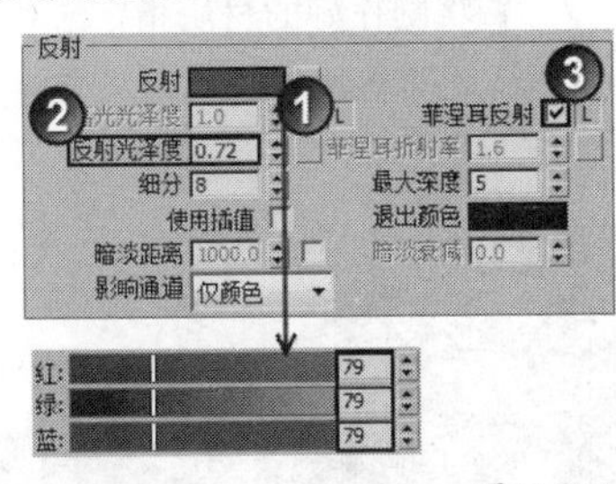

图11-339

09 设置“折射”颜色为（红:3，绿:3，蓝:3），然后设置“光泽度”为0.7，接着勾选“影响阴影”选项，最后在“半透明”选项组下设置“类型”为“混合模型”，具体参数设置如图11-340所示。

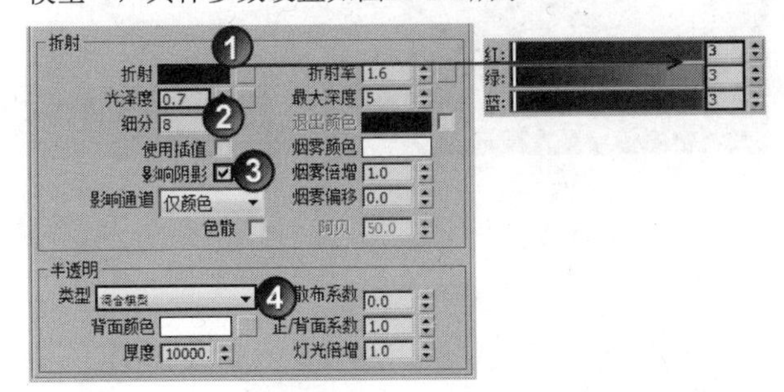

图11-340

10 展开“贴图”卷展栏，然后使用鼠标左键将“漫反射”通道中的贴图拖曳到“半透明”贴图通道上，并在弹出的对话框中设置“方法”为“实例”，如图11-341所示，接着在“不透明度”贴图通道中加载光盘中的“实例文件>CH11>实战235>室外树木黑白贴图.jpg”文件，最后在“坐标”卷展栏下设置“模糊”为0.1，如图11-342所示，制作好的材质球效果如图11-343所示。

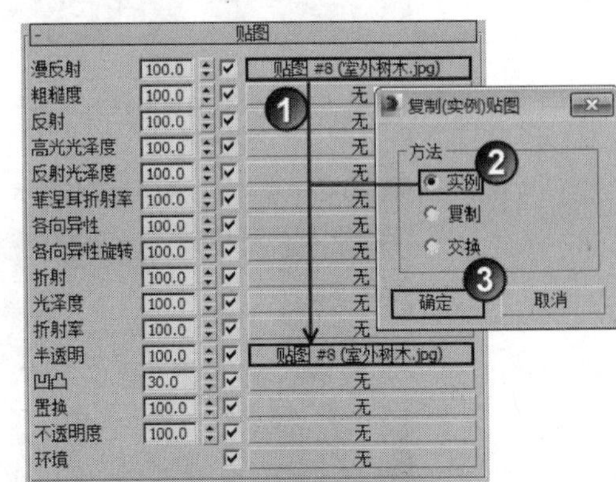

图11-341

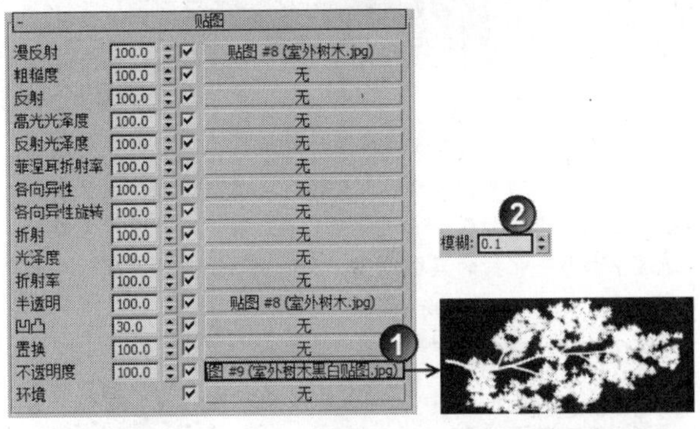

图11-342

图11-343

技术专题 37 不透明度贴图的原理解析

“不透明度”贴图的原理是通过在“不透明度”贴图通道中加载一张黑白图像，遵循“黑透、白不透”的原理，即黑白图像中黑色部分为透明，白色部分为不透明。如在如图11-344所示的场景中并没有真实的树木模型，而是使用了很多面片和“不透明度”贴图来模拟真实的叶子和花瓣模型。

图11-344

下面详细讲解使用“不透明度”贴图模拟树木模型的制作流程。

第1步：在场景中创建一些面片，如图11-345所示。

图11-345

第2步：打开“材质编辑器”对话框，然后设置材质类型为“标准”材质，接着在“贴图”卷展栏下的“漫反射颜色”贴图通道中加载一张树贴图，最后在“不透明度”贴图通道中加载一张树的黑白贴图，如图11-346所示，制作好的材质球效果如图11-347所示。

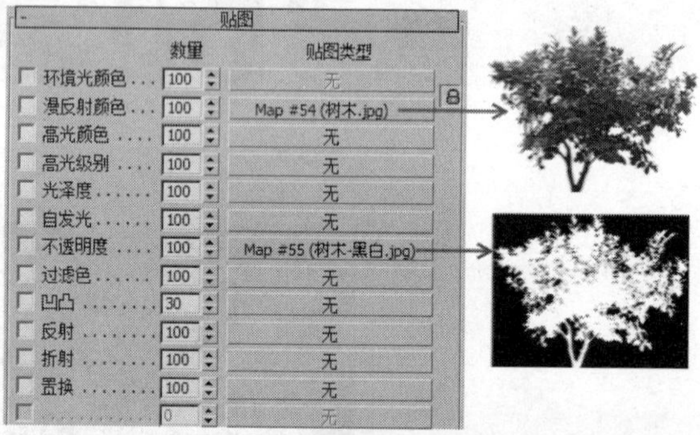

贴图

	数量	贴图类型
环境光颜色	100	无
漫反射颜色	100	Map #54 (树木.jpg)
高光颜色	100	无
高光级别	100	无
光泽度	100	无
自发光	100	无
不透明度	100	Map #55 (树木-黑白.jpg)
过滤色	100	无
凹凸	30	无
反射	100	无
折射	100	无
置换	100	无
	0	无

图11-346

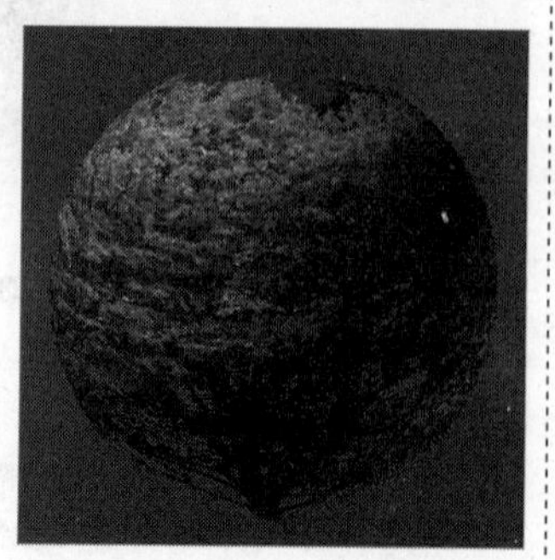

图11-347

第3步：将制作好的材质指定给面片，如图11-348所示，然后按F9键渲染场景，可以观察到面片已经变成了真实的树木效果，如图11-349所示。

图11-348

图11-349

11 将制作好的材质指定给对应的模型，然后在摄影机视图中按F9键渲染当前场景，最终效果如图11-350所示。

图11-350

第12章 VRay渲染器快速入门

学习要点：VRay渲染的一般流程 / VRay渲染器常用参数的用法 / 渲染元素、多角度渲染等常用渲染技巧

家装造型设计师

工业造型设计师

室内设计表现师

建筑设计表现师

实战236 VRay渲染的一般流程

场景位置	DVD>场景文件>CH12>实战236.max
实例位置	DVD>实例文件>CH12>实战236.max
视频位置	DVD>多媒体教学>CH12>实战236.flv
难易指数	★★★☆☆
技术掌握	用VRay渲染器渲染场景的流程

在一般情况下，VRay渲染的一般使用流程主要包含以下4个步骤。

第1步：创建好摄影机以确定要表现的内容。

第2步：制作好场景中的材质。

第3步：设置测试渲染参数，然后逐步布置好场景中的灯光，并通过测试渲染确定效果。

第4步：设置最终渲染参数，然后渲染最终成品图。

本例将通过一个书房空间来详细介绍一下VRay渲染的一般流程，效果如图12-1所示。

图12-1

01 下面创建场景中的摄影机。打开光盘中的“场景文件>CH12>实战236.max”文件，如图12-2所示，可以观察到场景的框架十分简单，有高细节的书架与椅子等模型。接下来创建一台摄影机来确定要表现的主体。

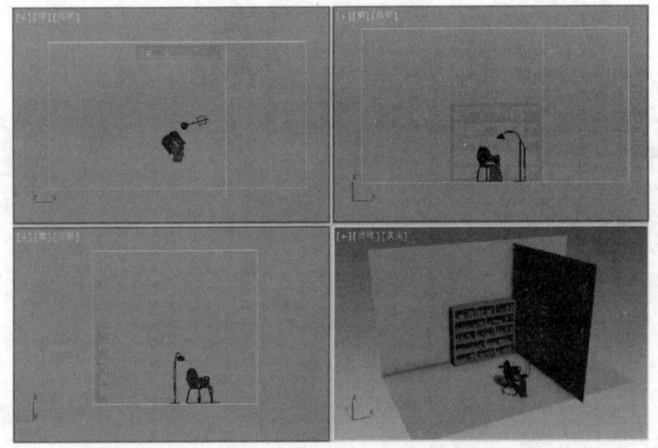

图12-2

技巧与提示

VRay渲染器是保加利亚的Chaos Group公司开发的一款高质量渲染引擎，主要以插件的形式应用在3ds Max、Maya、SketchUp等软件中。由于VRay渲染器可以真实地模拟现实光照，并且操作简单，可控性也很强，因此被广泛应用于建筑表现、工业设计和动画制作等领域。

VRay的渲染速度与渲染质量比较均衡，也就是说在保证较高渲染质量的前提下也具有较快的渲染速度，所以它是目前效果图制作领域最为流行的渲染器。图12-3和图12-4所示的是一些比较优秀的效果图作品。

图12-3

图12-4

02 设置“摄影机”类型为VRay，然后在场景的顶视图中创建一台VRay物理相机，接着在左视图中调整好高度，如图12-5所示。

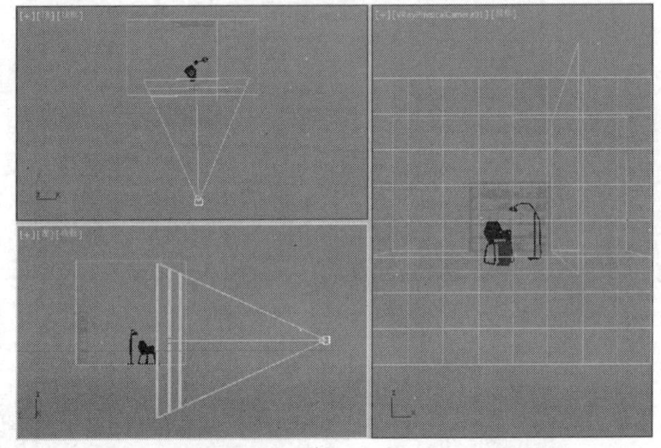

图12-5

技巧与提示

在创建摄影机时，通常要将视口调整为三视口，其中顶视图用于观察摄影机的位置，左（前）视图用于观察高度，而另外一个视口则用于实时观察。

03 由于摄影机视图内模型的显示过小，因此选择创建好的VRay物理相机，然后在“基本参数”卷展栏下设置“焦距”为120，如图12-6所示。

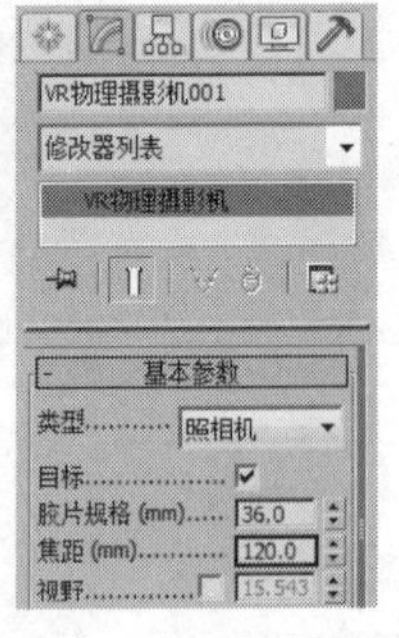

图12-6

04 在摄影机视图按Shift+F组合键打开渲染安全框，效果如图12-7所示，可以观察到模型的显示大小比较合适，但视图的长宽比例并不理想，当前所表现出的空间感比较压抑。

图12-7

05 按F10键打开“渲染设置”对话框，然后单击“公用”选项卡，接着在“公用参数”卷展栏下设置“宽度”为405、“高度”为450，如图12-8所示。经过调整后，摄影机视图的显示效果就很正常了，如图12-9所示。至此，本场景的摄影机创建完毕，接下来开始设置场景中的材质。

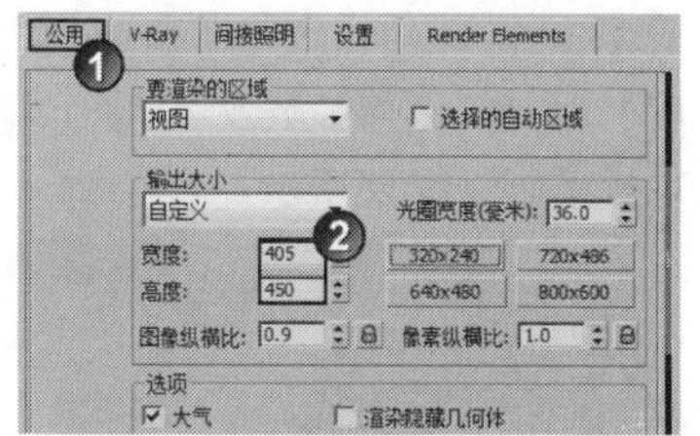

图12-8

图12-9

技巧与提示

如果在设置“输出大小”前已经激活了“锁定图像纵横比”按钮，则需要在设置时单击该按钮进行解锁（否则在调整其中一个参数时，另外一个参数也会跟着比例进行相应变化），待设置完成后重新将其激活。

06 下面制作墙面的白色涂料材质。选择一个空白材质球，然后设置材质类型为VRayMtl，并将其命名为qmcz，接着设置“漫反射”为白色，如图12-10所示，制作好的材质球效果如图12-11所示。

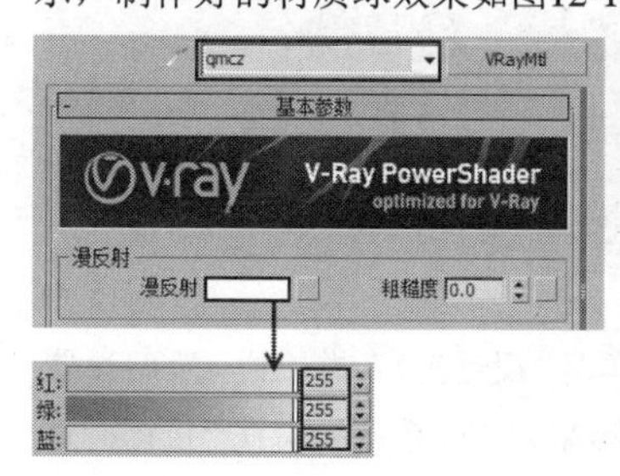

图12-10

图12-11

技巧与提示

本例的场景对象材质主要包括地毯材质、绸缎材质、木纹材质、书本材质和金属材质，如图12-12所示。

图12-12

07 下面制作地毯布纹材质。选择一个空白材质球，然后设置材质类型为VRayMtl材质，并将其命名为dtbw，接着在“漫反射”贴图通道中加载光盘中的“实例文件>CH12>实战236>地毯.jpg”文件，如图12-13所示。

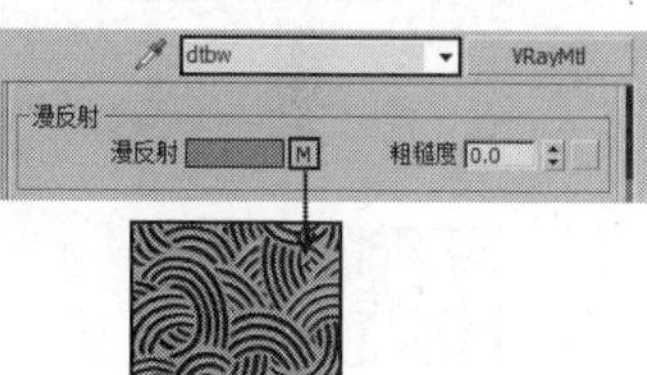

图12-13

08 展开“贴图”卷展栏，然后使用鼠标左键将“漫反射”通道中的贴图拖曳到“凹凸”贴图通道上，接着设置“凹凸”的强度为300，如图12-14所示，制作好的材质球效果如图12-15所示。

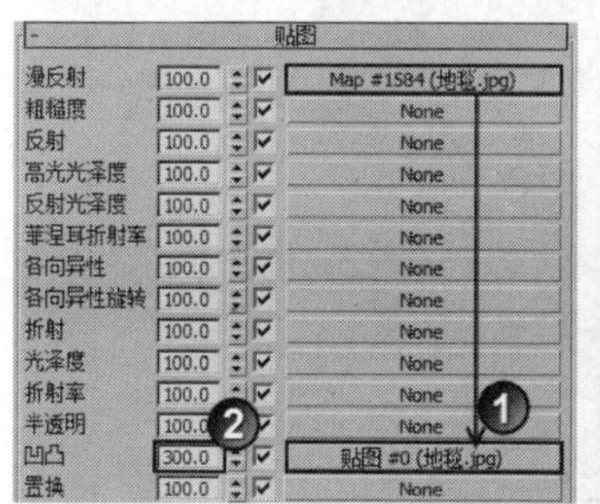

图12-14

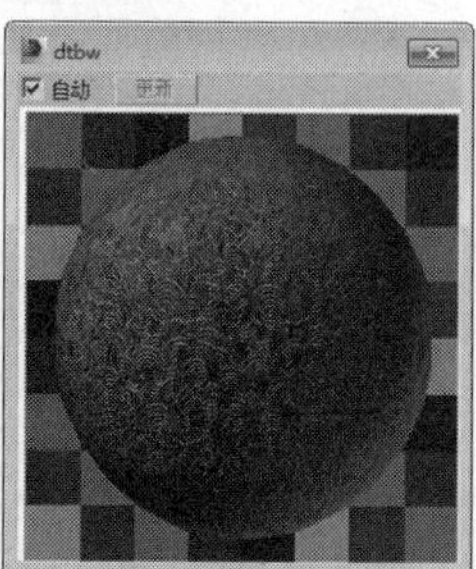

图12-15

09 下面制作书架木纹材质。选择一个空白材质球，然后设置材质类型为VRayMtl材质，并将其命名为sjmw，接着在“漫反射”贴图通道中加载光盘中的“实例文件>CH12>实战236>木纹.jpg”文件，接着在“坐标”卷展栏下设置“模糊”为0.01、“瓷砖”的U和V为2，如图12-16所示。

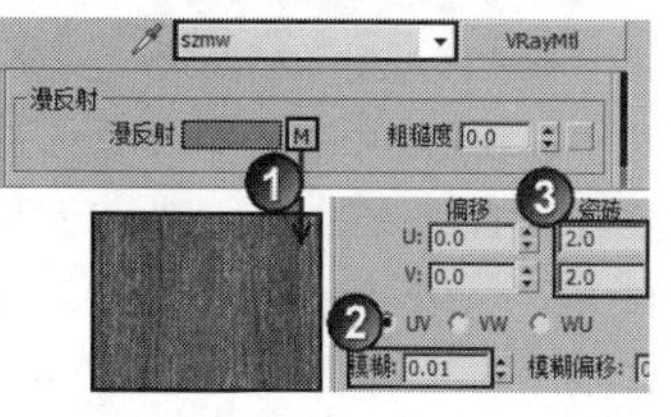

图12-16

10 设置“反射”颜色（红:69，绿:69，蓝:69），然后勾选“菲涅尔反射”选项，接着设置“高光光泽度”为0.9、“反射光泽度”为0.95，如图12-17所示，制作好的材质球效果如图12-18所示。

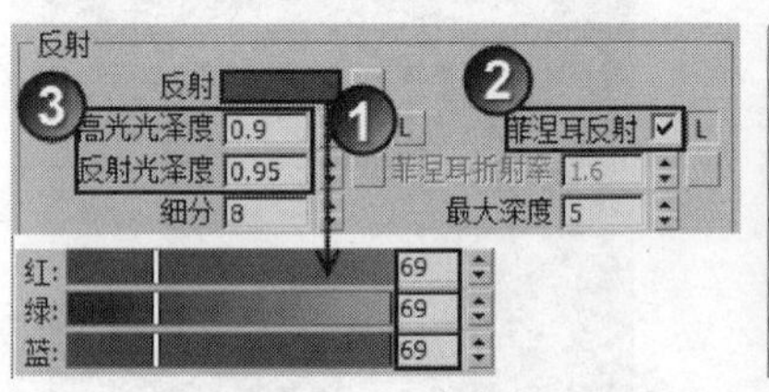

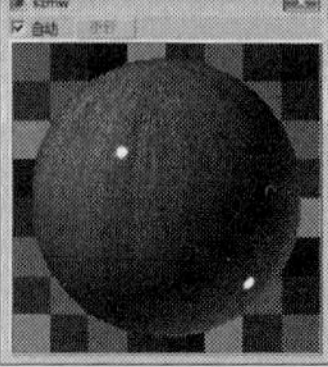

图12-17　图12-18

11 下面制作书本材质。选择一个空白材质球，然后设置材质类型为VRayMtl，并将其命名为sjcz，接着在“漫反射”贴图通道中加载光盘中的“实例文件>CH12>实战236>书01.jpg”文件，如图12-19所示，制作好的材质球效果如图12-20所示。

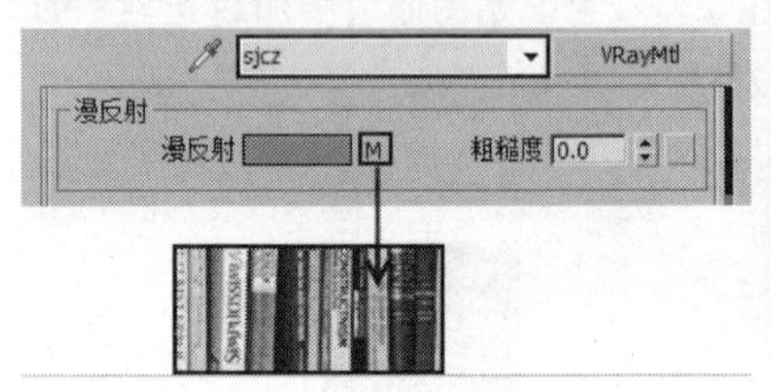

图12-19　图12-20

12 由于加载的贴图为多本书的书脊，为了表现理想的效果，需要为书本模型加载一个“UVW贴图”修改器，然后对相应参数进行调节，如图12-21所示。

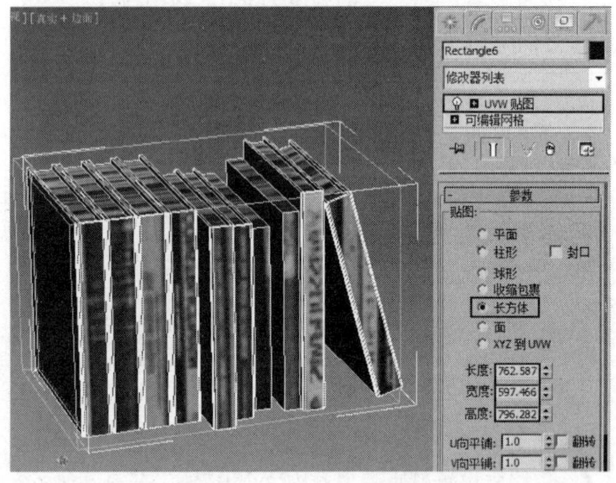

图12-21

13 下面制作绸缎材质。选择一个空白材质球，然后设置材质类型为VRayMtl，并将其命名为cdcz，接着在“漫反射”贴图通道中加载光盘中的“实例文件>CH12>实战236>绸缎.jpg”文件，如图12-22所示。

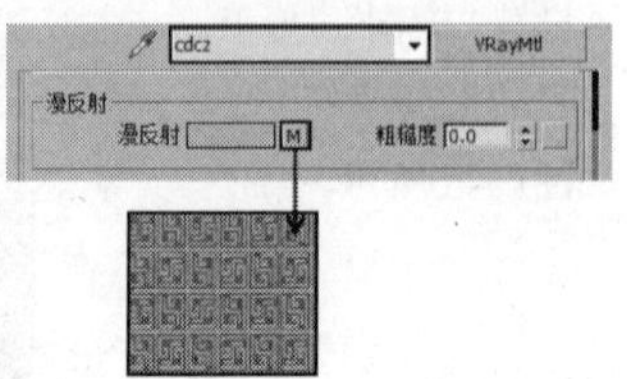

图12-22

14 设置“反射”颜色为（红:59，绿:44，蓝:20），然后设置“高光光泽度”为0.6、“反射光泽度”为0.8，如图12-23所示，制作好的材质球效果如图12-24所示。

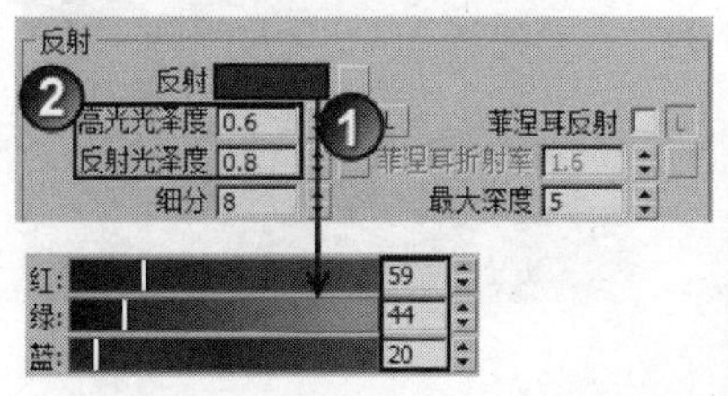

图12-23　图12-24

15 下面制作金属材质。选择一个空白材质球，然后设置材质类型为VRayMtl材质，并将其命名为yzjs，接着设置“反射”颜色为（红:165，绿:162，蓝:133），最后设置“高光光泽度”为0.85、“反射光泽度”为0.8，具体参数设置如图12-25所示，制作好的材质球效果如图12-26所示。

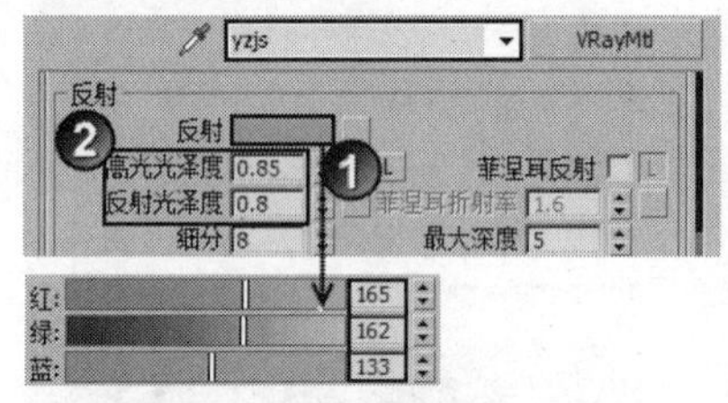

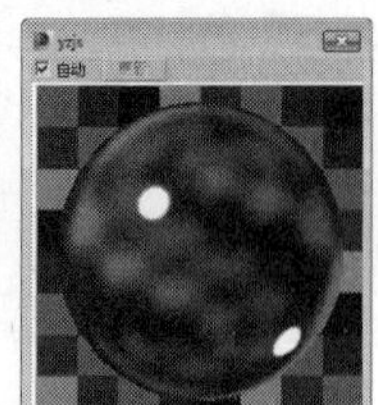

图12-25　图12-26

技巧与提示

材质设置完成后，需要将设置好的材质指定给场景中所对应的模型对象。

16 下面设置测试渲染参数。按F10键打开“渲染设置”对话框，设置渲染器为VRay渲染器，然后单击VRay选项卡，接着在“全局开关”卷展栏下关闭“隐藏灯光”和“光泽效果”选项，最后设置“二次光线偏移”为0.001，如图12-27所示。

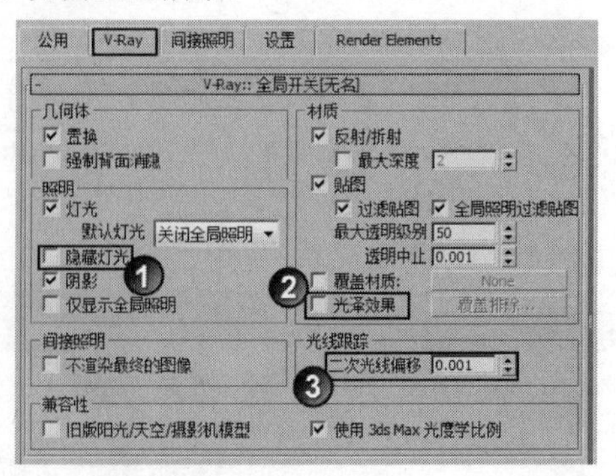

图12-27

17 展开“图像采样器（反锯齿）”卷展栏，然后设置“图像采样器”类型为“固定”，接着在“抗锯齿过滤器”选项组下关闭“开”选项，如图12-28所示。

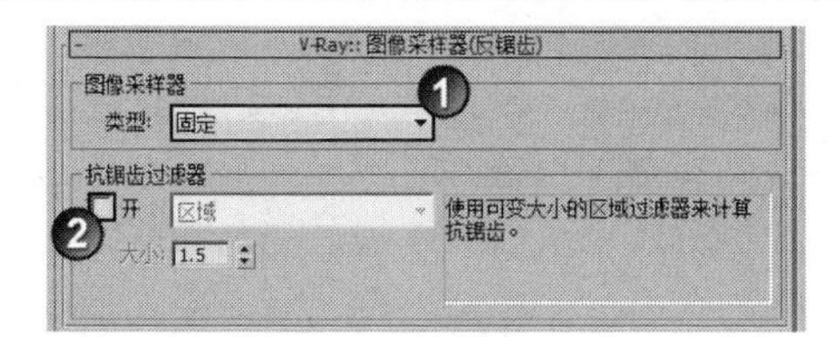

图12-28

18 单击“间接照明”选项卡，然后在“间接照明（GI）”卷展栏下勾选“开”选项，接着设置“首次反弹”的全局照明引擎为“发光图”、“二次反弹”的全局照明引擎为“灯光缓存”，如图12-29所示。

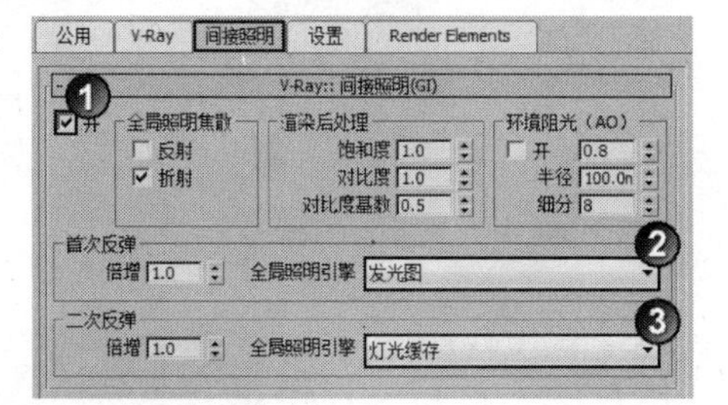

图12-29

19 展开“发光图”卷展栏，然后设置“当前预置”为“非常低”，接着设置“半球细分”为50、“插值采样”为20，具体参数设置如图12-30所示。

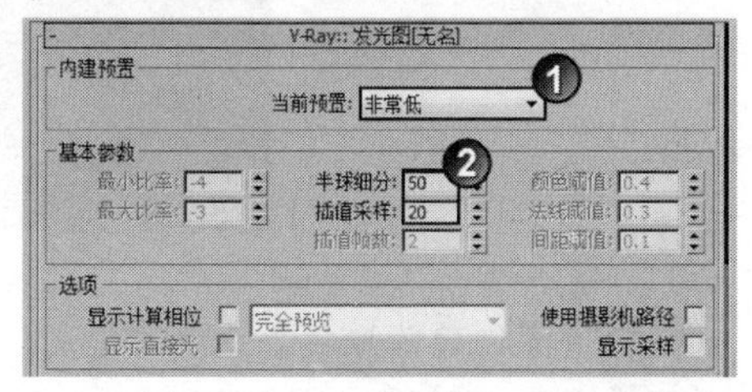

图12-30

技巧与提示

注意，在设置测试渲染参数时，一般都将“半球细分”设置为50、“插值采样”设置为20。

20 展开“灯光缓存”卷展栏，然后设置“细分”为400，接着勾选“显示计算相位”选项，如图12-31所示。

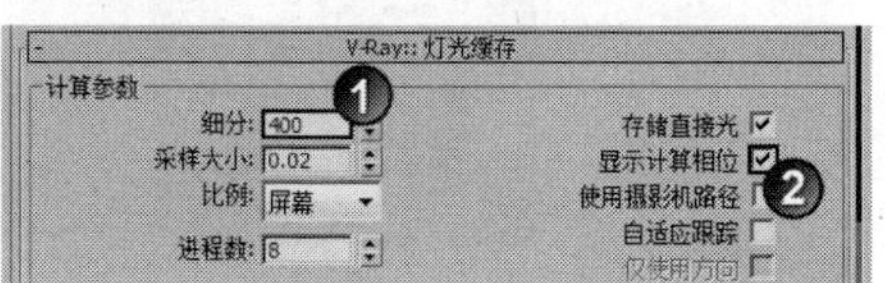

图12-31

21 选择“设置”选项卡，然后在“系统”卷展栏下设置“区域排序”为Top->Bottom（上->下），如图12-32所示。

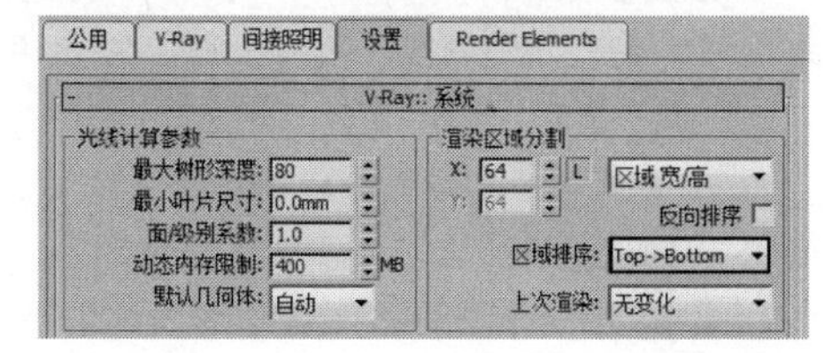

图12-32

22 下面创建场景中的灯光，首先创建环境光。设置“灯光”类型为VRay，然后在顶视图中创建一盏VRay灯光，其位置如图12-33所示。

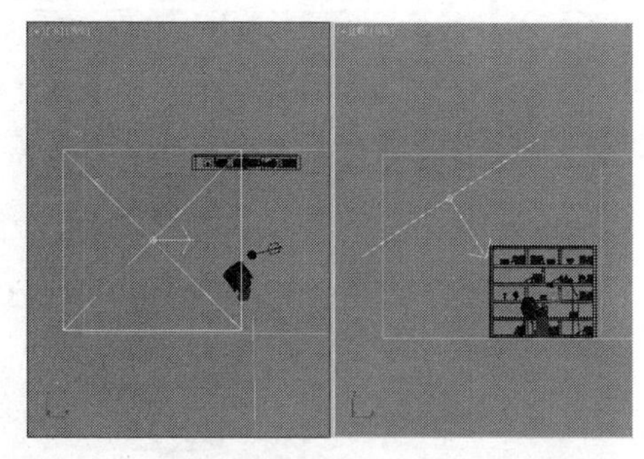

图12-33

技术专题 38 灯光的创建顺序

在一般情况下，创建灯光时都应该按照以下3个步骤顺序来进行创建。

第1步：创建阳光（月光）以及环境光，确定好场景灯光的整体基调。

第2步：根据空间中真实灯光的照明强度、影响范围并结合表现意图，逐步创建好空间中真实存在的灯光。

第3步：根据渲染图像所要表现出的效果创建补光，完善最终灯光效果。

23 选择上一步创建的VRay灯光，然后展开“参数”卷展栏，具体参数设置如图12-34所示。

设置步骤

① 在“常规”选项组下设置“类型”为“平面”。

② 在“强度”选项组下后设置“倍增”为2，然后设置“颜色”为（红:245，绿:245，蓝:255）。

③ 在“大小”选项组下设置“1/2长”为100cm、“1/2宽”为80cm。

④ 在“选项”选项组下勾选“不可见”选项。

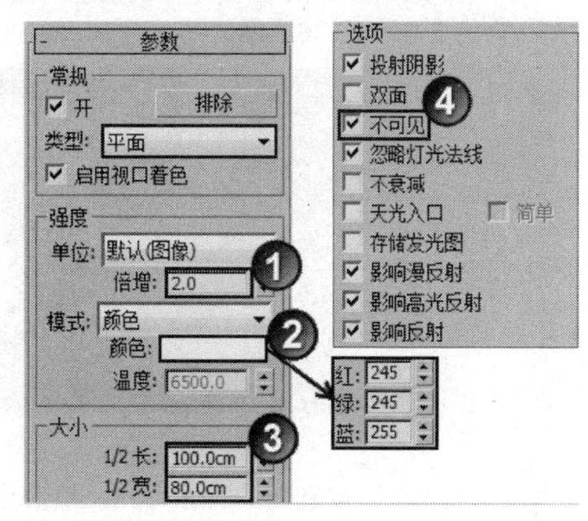

图12-34

24 按C键切换到摄影机视图，然后按Shift+Q组合键或F9键测试渲染当前场景，效果如图12-35所示，可以观察到场景一片漆黑，这是由于VRay物理相机的感光度过低造成的。

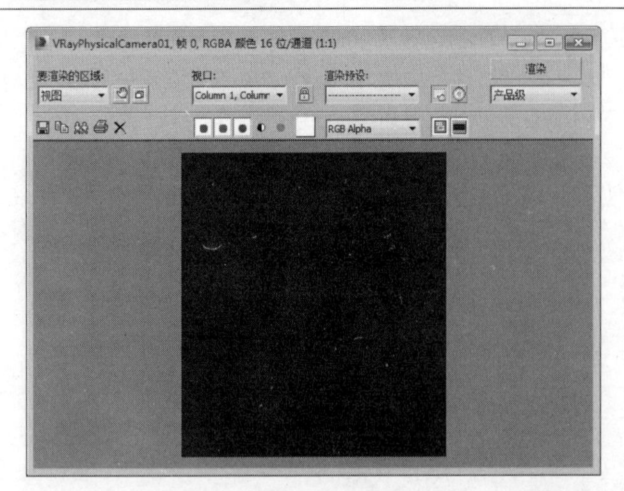
图12-35

25 选择场景中的VRay物理相机，然后在“基本参数”卷展栏下设置“光圈数”参数值为2，如图12-36所示，接着按F9键测试渲染当前场景，效果如图12-37所示。此时可以观察到场景中产生了基本的亮度。

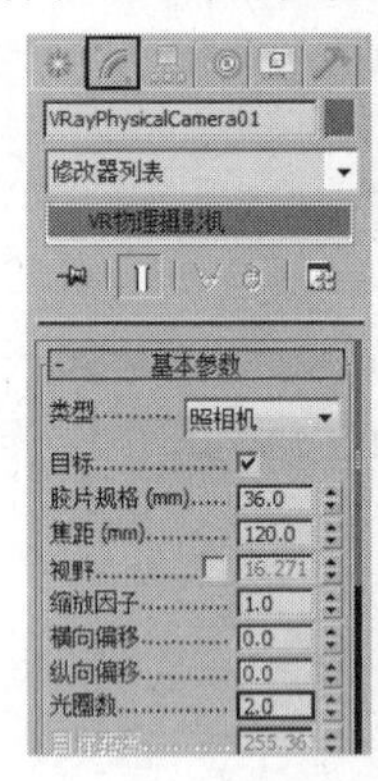
图12-36

图12-37

26 下面创建书架上的射灯。设置“灯光”类型为“光度学”，然后在书架上方创建两盏目标灯光，其位置如图12-38所示。

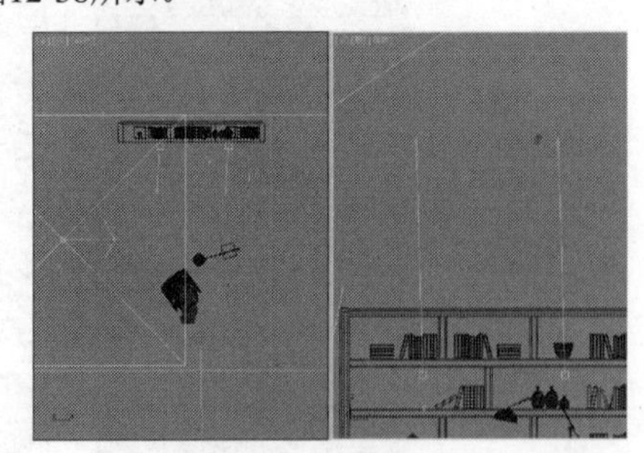
图12-38

27 选择上一步创建的目标灯光，然后进入“修改”面板，具体参数设置如图12-39所示。

设置步骤

① 展开“常规参数”卷展栏，然后在“阴影”选项组下勾选“启用”选项，接着设置阴影类型“VRay阴影”，最后设置“灯光分布（类型）”为“光度学Web”。

② 展开“分布（光度学Web）”卷展栏，然后在其通道中加载光盘中的“实例文件>CH12>实战236>02.ies”文件。

③ 展开“强度/颜色/衰减”卷展栏，然后设置“过滤颜色”为（红:255，绿:217，蓝:168），接着设置“强度”为60000。

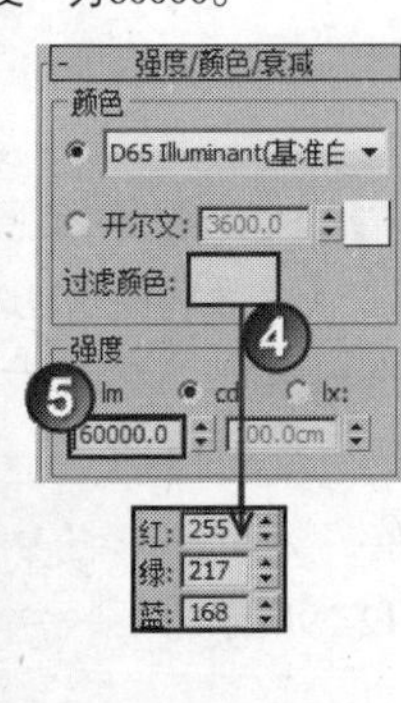
图12-39

28 按F9键测试渲染当前场景，效果如图12-40所示。

图12-40

29 下面创建落地灯。设置“灯光”类型为“标准”，然后在床左侧的落地灯处创建一盏目标聚光灯，其位置如图12-41所示。

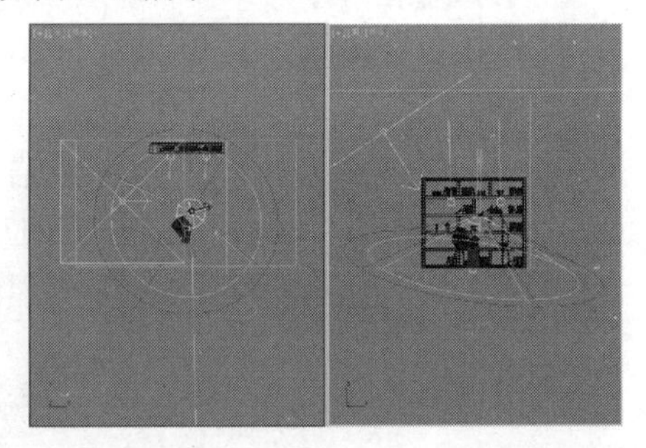
图12-41

30 选择上一步创建的目标聚光灯，然后展开“参数”卷展栏，具体参数设置如图12-42所示。

设置步骤

① 展开“常规参数”卷展栏，然后在“阴影”选项组下勾选“启用”选项，接着设置阴影类型“阴影贴图”。

② 展开“强度/颜色/衰减”卷展栏，然后设置“倍增”为0.45、“颜色”为（红:251，绿:170，蓝:65）。

③ 展开“聚光灯参数”卷展栏，然后设置“聚光区/光束”为126.6、“衰减区/区域”为135.4。

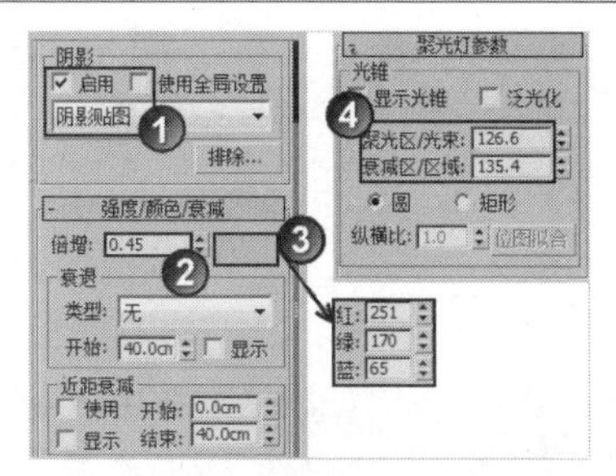

图12-42

31 按F9键测试渲染当前场景，效果如图12-43所示。至此，场景中的真实灯光就创建完毕了，接下来在椅子与落地灯上方创建点缀补光，以突出画面内容。

图12-43

32 下面创建点缀补光。设置“灯光”类型为“光度学”，然后在椅子及落地灯上方创建两盏目标灯光，其位置如图12-44所示。

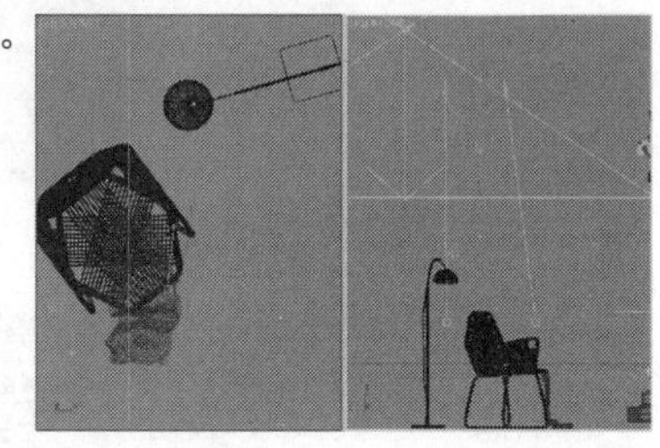

图12-44

33 选择上一步创建的目标灯光，然后进入“修改”面板，具体参数设置如图12-45所示。

设置步骤

① 展开“常规参数”卷展栏，然后在“阴影”选项组下勾选“启用”选项，接着设置阴影类型为“VRay阴影”，最后设置“灯光分布（类型）”为“光度学Web”。

② 展开“分布（光度学Web）”卷展栏，然后在其通道中加载光盘中的“实例文件>CH12>实战236>02.ies”文件。

③ 展开“强度/颜色/衰减”卷展栏，然后设置“过滤颜色”为（红:255，绿:217，蓝:168），接着设置“强度”为5000。

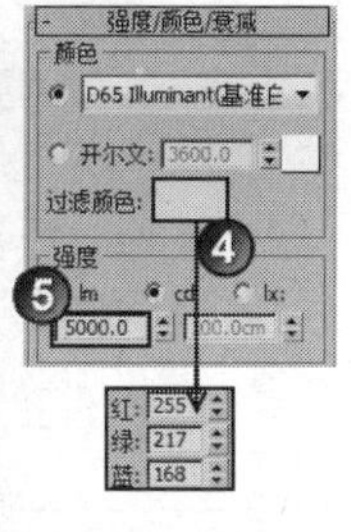

图12-45

34 按F9键测试渲染当前场景，效果如图12-46所示。至此，场景灯光创建完毕，接下来通过调整VRay物理相机的参数来确定渲染图像的最终亮度与色调。

图12-46

35 选择VRay物理相机，然后在“基本参数”卷展栏下设置“光圈数”为1.68以提高场景亮度，接着关闭“光晕”选项，最后设置“自定义平衡”的颜色为（红:255，绿:255，蓝:227），如图12-47所示。

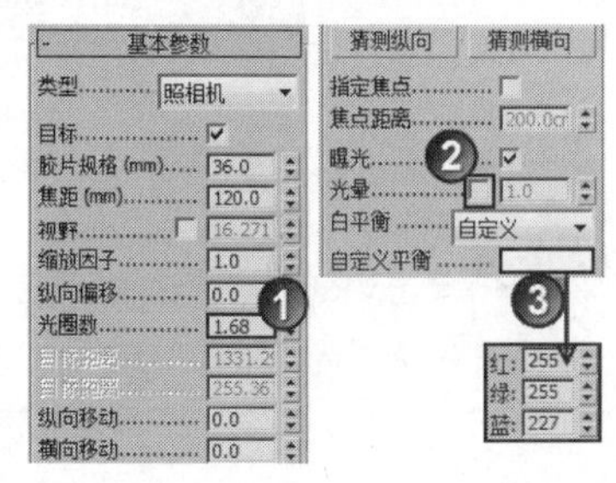

图12-47

技巧与提示

由于场景内的灯光均为暖色，因此会造成图像整体偏黄，调整“自定义平衡”的颜色为白色可以有效纠正偏色。

36 按F9键测试渲染当前场景，效果如图12-48所示。

图12-48

技巧与提示

灯光设置完成后，下面就要对场景中的材质与灯光细分进行调整，以得到最精细的渲染效果。

37 提高材质细分有利于减少图像中的噪点等问题，但过高的材质细分也会影响渲染速度。在本例中主要将书架木纹材质“反射”选项组下的“细分”值调整到24即可，如图12-49所示。其他材质的“细分”值控制在16即可。

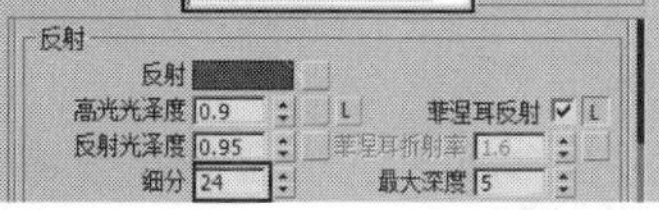

图12-49

38 提高灯光细分也有利于减少图像中的噪点等问题，同样过高的灯光细分也会影响到渲染速度。在本例中主要将模拟环境光的VRay灯光“细分”值提高到30，如图12-50所示。其他灯光的“细分”值控制在24即可。

图12-50

39 下面设置最终渲染参数。按F10键打开“渲染设置”对话框，然后展开“公共参数”卷展栏，接着设置“宽度”为1800、“高度”为2000，如图12-51所示。

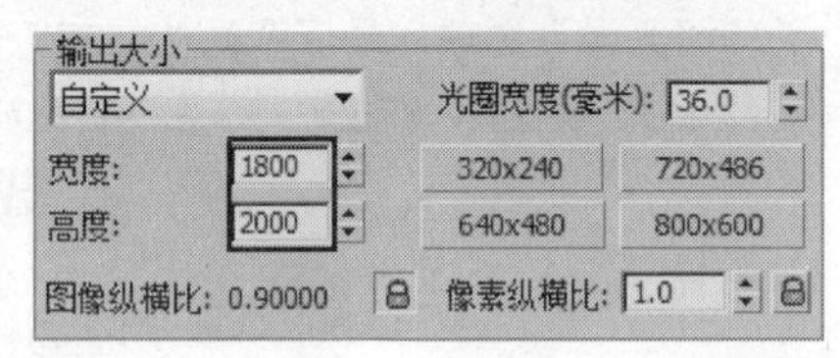

图12-51

40 单击VRay选项卡，然后在“全局开关”卷展栏下勾选“光泽效果”选项，如图12-52所示。

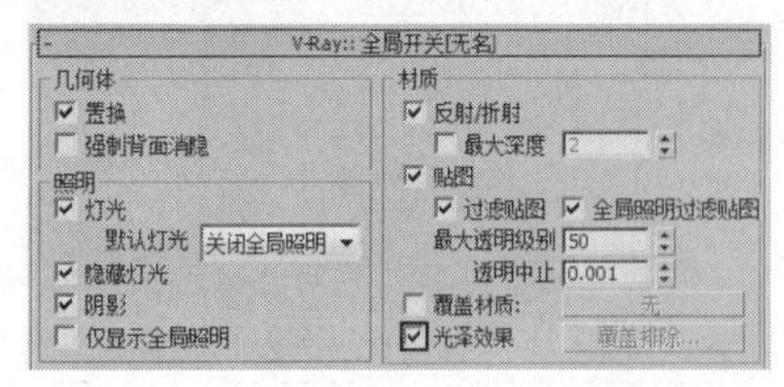

图12-52

41 在“图像采样器（反锯齿）”卷展栏下设置“图像采样器”类型为“自适应DMC”，接着在“抗锯齿过滤器”选项组下勾选“开启”选项，并设置“抗锯齿过滤器”为Catmull-Rom，如图12-53所示。

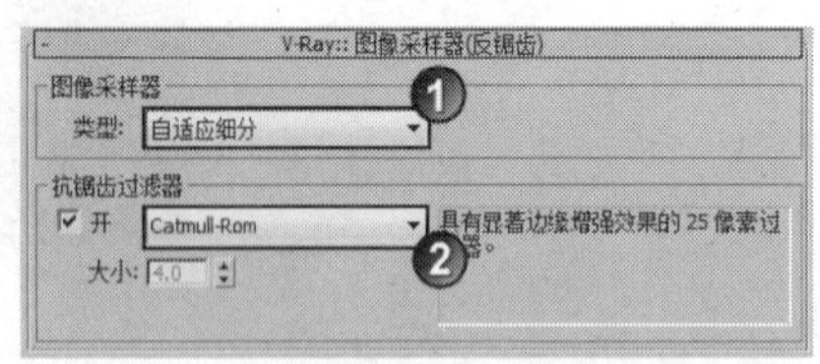

图12-53

42 单击“间接照明”选项卡，然后在“发光图”卷展栏下设置“当前预置”为“高”，接着设置“半球细分”为70、“插值采样”为30，如图12-54所示。

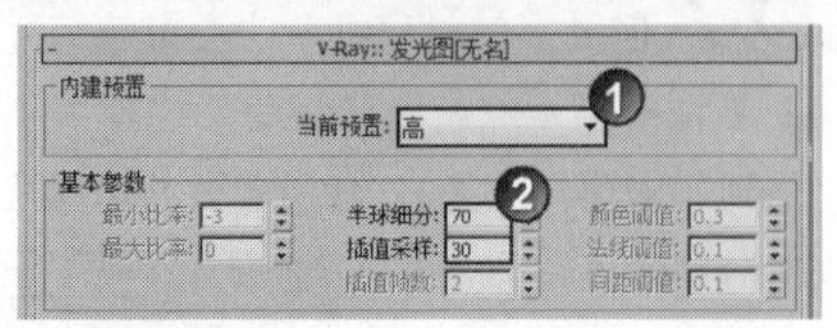

图12-54

43 展开“灯光缓存”卷展栏，然后设置“细分”1000，如图12-55所示。

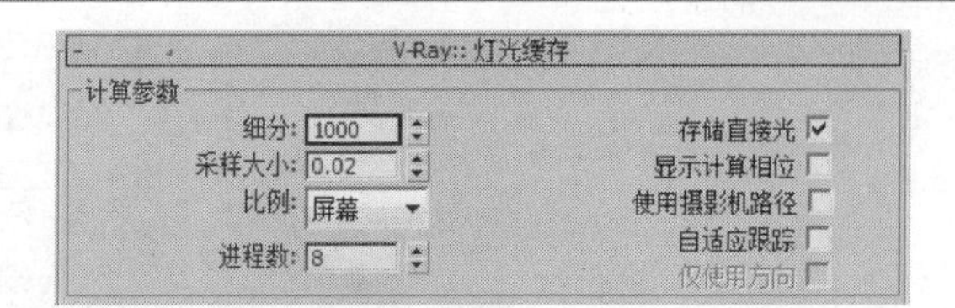

图12-55

44 单击“设置”选项卡，然后在“DMC采样器”卷展栏下设置“适应数量”为0.75、“噪波阈值”为0.005、“最小采样值”为24，如图12-56所示。

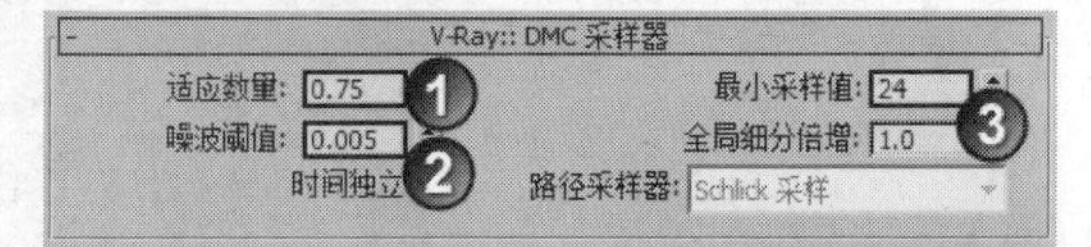

图12-56

45 按F9键渲染当前场景，最终效果如图12-57所示。

图12-57

实战237 VRay帧缓冲区

场景位置	DVD>场景文件>CH12>实战237.max
实例位置	DVD>实例文件>CH12>实战237.max
视频位置	DVD>多媒体教学>CH12>实战237.flv
难易指数	★☆☆☆☆
技术掌握	VRay帧缓冲区的调出方法及其重要工具的用法

“VRay帧缓冲区”是VRay渲染器的渲染缓存窗口，如图12-58所示。其功能相对于3ds Max自带的渲染窗口更为丰富，下面来了解其启用方法与常用功能的使用方法。

图12-58

01 打开光盘中的“场景文件>CH12>实战237.max”文件，如图12-59所示。

图12-59

02 按F9键测试渲染当前场景，默认设置下将使用3ds Max自带的帧缓冲区，如图12-60所示。接下来启用VRay帧缓冲区。

图12-60

03 按F10键打开“渲染设置”对话框，然后单击VRay选项卡，接着在“帧缓冲区”卷展栏下勾选“启用内置帧缓冲区”选项、“渲染到内存帧缓冲区”和“从MAX获取分辨率”选项，如图12-61所示。

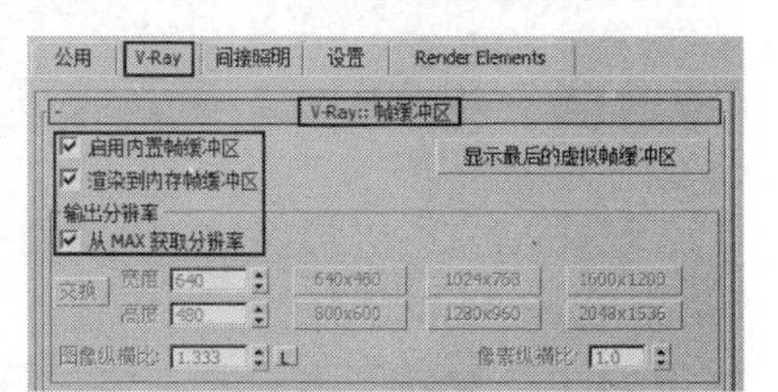

图12-61

04 在启用VRay帧缓冲区以后，默认的3ds Max帧缓冲器仍在后台工作，为了降低计算机的负担，可以单击“公用”选项卡，然后在“公用参数”卷展栏下关闭“渲染帧窗口”选项，如图12-62所示。

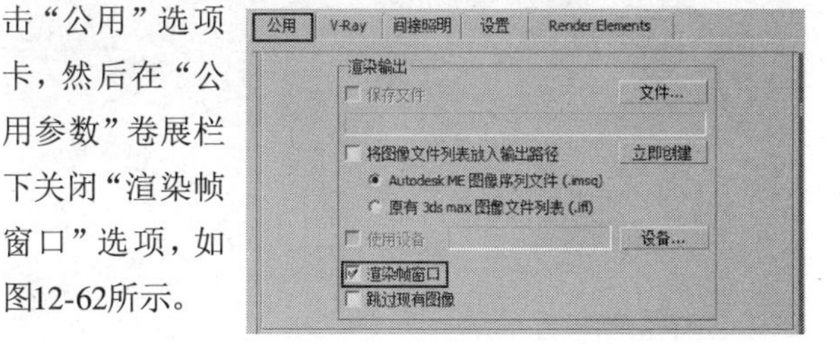

图12-62

05 参数设置完成后再次按F9键测试渲染当前场景，此时将弹出VRay的帧缓冲区，如图12-63所示。

图12-63

技术专题 39 VRay帧缓冲区重要工具介绍

在“VRay帧缓冲器”对话框上下各有一排按钮，接下来了解其中几个常用按钮的功能。

复制到Max帧缓冲区：单击该按钮，可以将当前VRay帧缓冲区内的图像复制到3ds Max帧缓冲器，如图12-64所示。该功能常用于修改材质或灯光前后渲染效果的对比。

图12-64

跟踪鼠标渲染：单击该按钮，在渲染时将鼠标置于渲染图像中的任意位置，此时将优先渲染鼠标停留区域的图像，如图12-65所示。

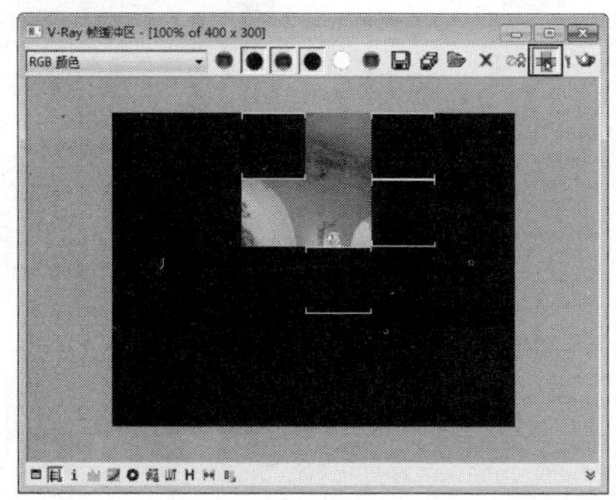

图12-65

区域渲染：单击该按钮，然后在渲染图像内划定区域范围，则在下次渲染时只渲染划定范围内的图像，如图12-66和图12-67所示。使用该功能可以快速查看区域材质与灯光的调整效果。

图12-66

图12-67

显示校正控制器：在图像渲染完成后，单击该按钮将弹出"颜色校正"对话框，如图12-68所示。通过调节该对话框中的曲线可以校正VRay帧缓冲器内图像的亮度与对比度，如图12-69所示。注意，在用曲线调节图像效果时，要先激活"使用颜色曲线校正"按钮才能显示出调整效果；而如果是使用"颜色校正"对话框中的"色阶"进行调整，则需要激活"使用色校正"按钮。

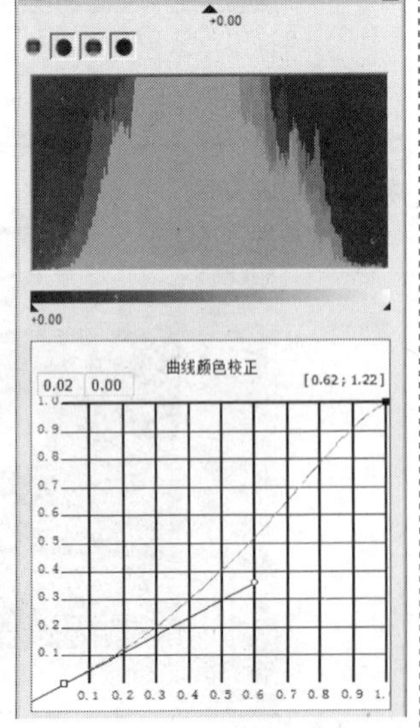

图12-68

图12-69

实战238 全局开关之隐藏灯光

场景位置	DVD>场景文件>CH12>实战238.max
实例位置	DVD>实例文件>CH12>实战238.max
视频位置	DVD>多媒体教学>CH12>实战238.flv
难易指数	★☆☆☆☆
技术掌握	隐藏灯光选项的功能

"全局开关"卷展栏下的"隐藏灯光"选项用于控制场景内隐藏的灯光是否参考渲染时的照明，在同一场景内该选项勾选前后的效果对比如图12-70和图12-71所示。

图12-70

图12-71

01 打开光盘中的"场景文件>CH12>实战238.max"文件，如图12-72所示。

图12-72

02 按F9键测试渲染当前场景，效果如图12-73所示。下面通过场景中的射灯来了解“隐藏灯光”选项的功能。

图12-73

03 选择场景中所有的射灯，然后单击鼠标右键，接着在弹出的菜单中选择“隐藏选定对象”命令，将所选灯光隐藏起来，如图12-74所示。

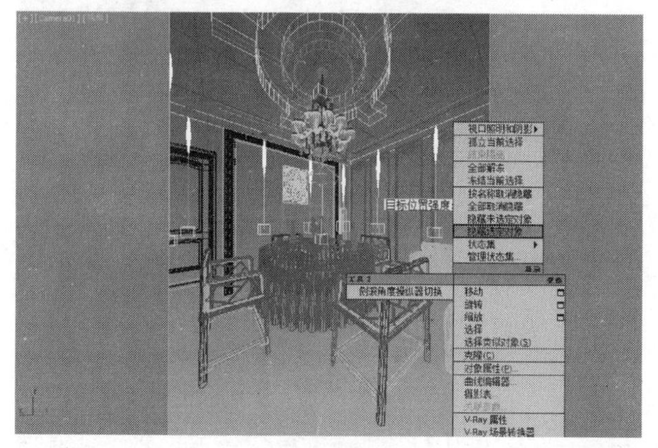

图12-74

04 按F9键测试渲染当前场景，效果如图12-75所示。可以观察到场景中的射灯仍然产生了照明效果，这是因为“隐藏灯光”选项在默认情况下处于开启状态，如图12-76所示。

图12-75

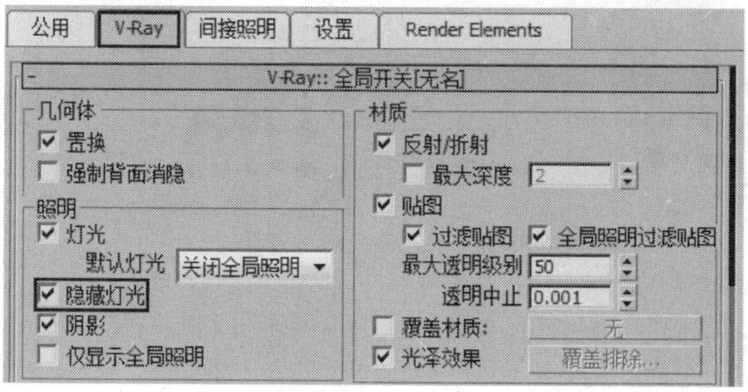

图12-76

05 关闭“隐藏灯光”选项，如图12-77所示，然后再次按F9键测试渲染当前场景，效果如图12-78所示，可以观察到射灯已经不再产生照明效果。

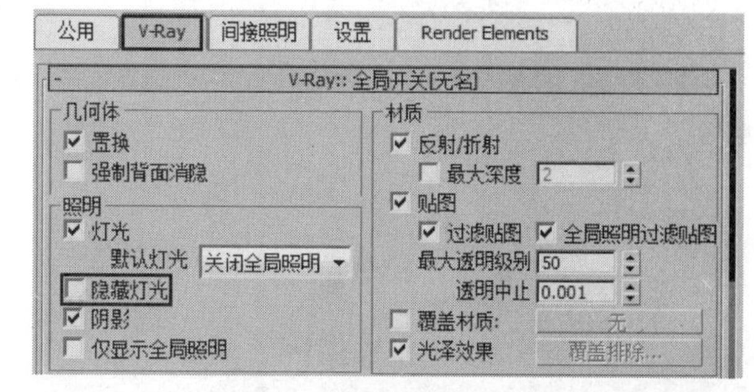

图12-77

图12-78

技巧与提示

在灯光测试时通常情况下应该关闭“隐藏灯光”选项，从而方便单独调整单个或某区域灯光的细节效果。

实战239 全局开关之覆盖材质

场景位置	DVD>场景文件>CH12>实战239.max
实例位置	DVD>实例文件>CH12>实战239.max
视频位置	DVD>多媒体教学>CH12>实战239.flv
难易指数	★☆☆☆☆
技术掌握	覆盖材质选项的功能

“全局开关”卷展栏下的“覆盖材质”选项用于统一控制场景内所有模型的材质效果，该功能通常用于检查场景模型是否完整，如图12-79所示。

图12-79

01 打开光盘中的“场景文件>CH12>实战239.max”文件，如图12-80所示。

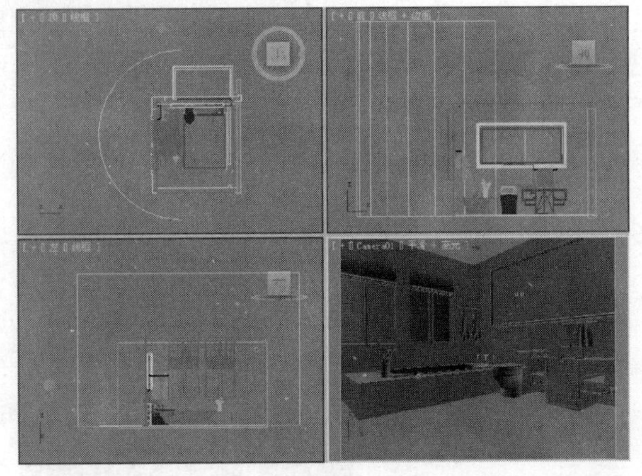

图12-80

02 选择一个空白材质球，然后设置材质类型为VRayMtl，并将其命名为cscz，接着设置“漫反射”颜色为白色，如图12-81所示。

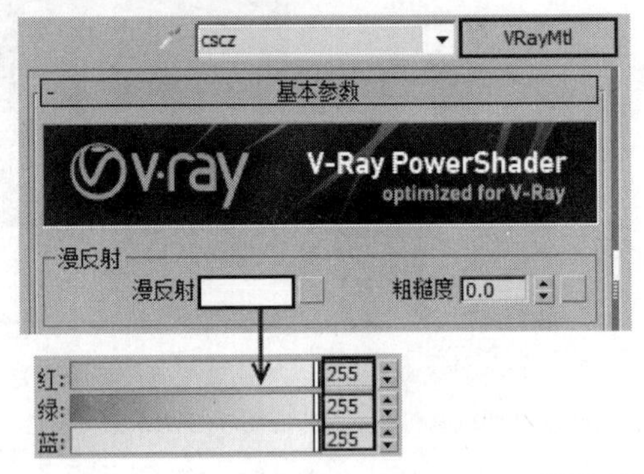

图12-81

03 按F10打开“渲染设置”对话框，然后在“全局开关”卷展栏下勾选“覆盖材质”选项，接着使用鼠标左键将cscz材质以“实例”方式复制到“覆盖材质”选项后的None按钮 None 上，如图12-82所示。

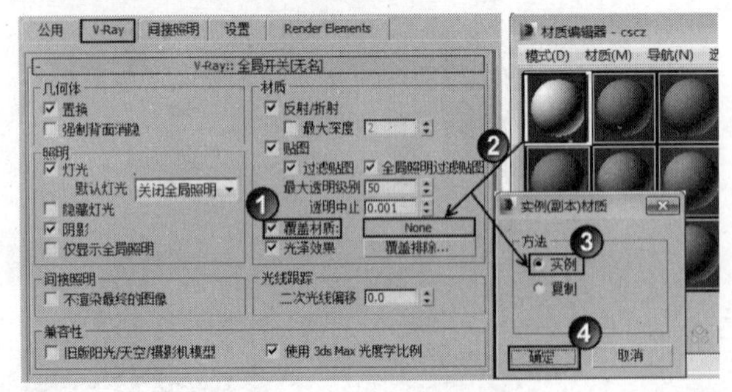

图12-82

04 为了快速产生照明效果，可以展开“环境”卷展栏，然后在“全局照明环境（天光）覆盖”选项组下勾选“开”选项，接着设置“倍增”为2，如图12-83所示。

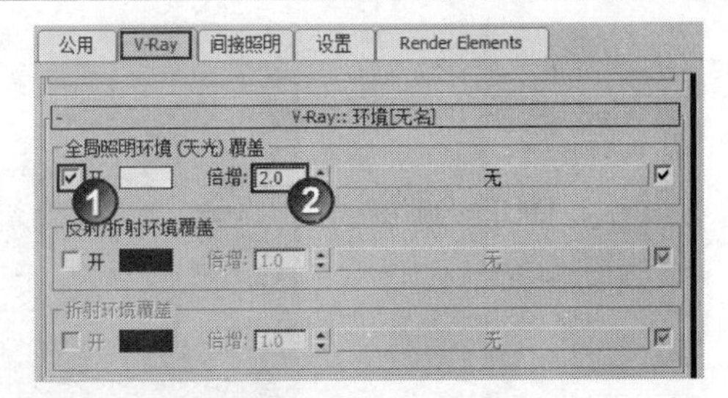

图12-83

05 按F9键测试渲染当前场景，效果如图12-84所示，可以观察到所有对象均显示为灰白色。如果模型有破面、漏光现象就会非常容易发现，如图12-85和图12-86所示。

图12-84

图12-85

图12-86

技巧与提示

在场景中由于窗户没有创建玻璃模型，因此天光可以顺利进入室内。如果是在创建了窗户玻璃的场景中，则需要在渲染前隐藏玻璃模型或在“全局开关”卷展栏下单击“覆盖排除”按钮 覆盖排除... ，然后在弹出的对话框内排除玻璃模型的材质覆盖，如图12-87所示。

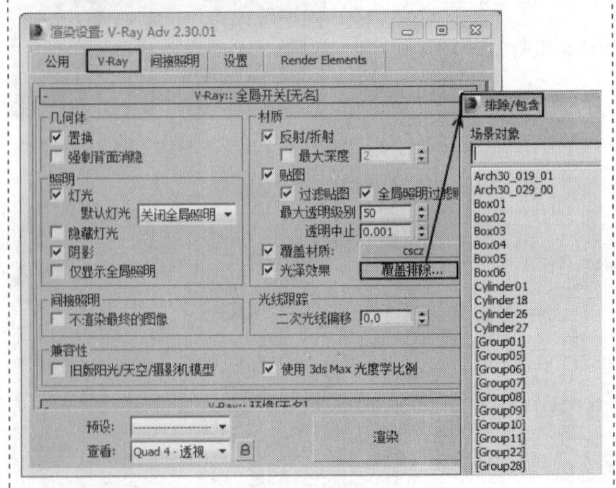

图12-87

实战240 全局开关之光泽效果

场景位置	DVD>场景文件>CH12>实战240.max
实例位置	DVD>实例文件>CH12>实战240.max
视频位置	DVD>多媒体教学>CH12>实战240.flv
难易指数	★☆☆☆☆
技术掌握	光泽效果选项的功能

“全局开关”卷展栏下的“光泽效果”选项用于统一控制场景内的模糊反射效果，该选项开启前后的场景渲染效果与耗时对比如图12-88和图12-89所示。

图12-88

图12-89

01 打开光盘中的“场景文件>CH12>实战240.max”文件，如图12-90所示。

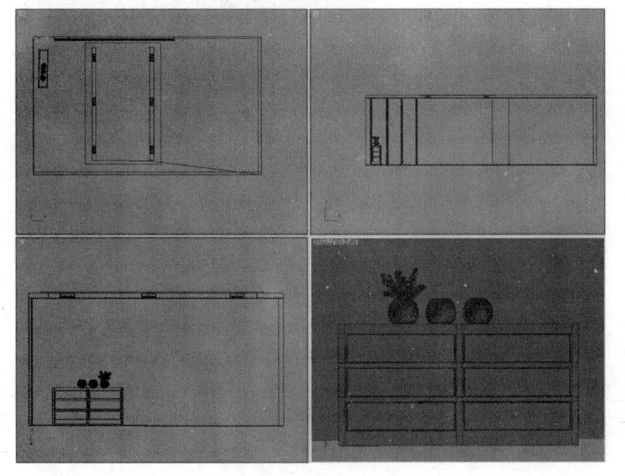

图12-90

02 按F9键测试渲染当前场景，效果如图12-91所示。由于默认情况下勾选了“光泽效果”选项，因此当前的边柜漆面产生了较真实的模糊效果，整体渲染时间则约为2分40秒。

图12-91

技巧与提示

关于渲染图像中时间的显示请参考“实战225 系统之帧标记”。

03 按F10键打开“渲染设置”对话框，然后在“全局开关”卷展栏下关闭“光泽效果”选项，如图12-92所示。

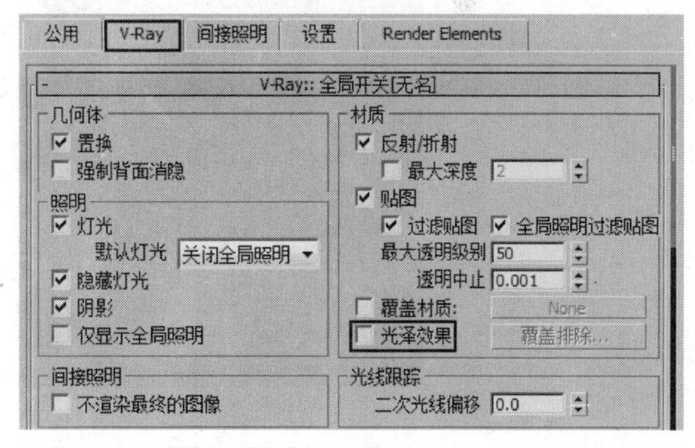

图12-92

04 再次按F9键测试渲染当前场景，效果如图12-93所示，可以观察到渲染出了光亮的漆面效果，渲染时间也大幅降低到约1分25秒。

图12-93

技巧与提示

由于材质的光泽效果对灯光照明效果的影响十分小，因此在测试渲染灯光效果时，可以关闭“光泽效果”选项以加快渲染速度，而在成品图的渲染时则需要勾选该选项以体现真实的材质模糊反射细节。

实战241 图像采样器之采样类型

场景位置	DVD>场景文件>CH12>实战241.max
实例位置	DVD>实例文件>CH12>实战241.max
视频位置	DVD>多媒体教学>CH12>实战241.flv
难易指数	★★☆☆☆
技术掌握	3种图像采样器的作用

图像采样指的是VRay渲染器在渲染时对渲染图像中每个像素使用的采样方式，VRay渲染器共有“固定”、“自适应细分”以及“自适应确定性蒙特卡洛”3种采样方式，其生成的效果与耗时对比如图12-94~图12-96所示，接下来了解各采样器的特点与使用方法。

图12-94

图12-95

图12-96

01 打开光盘中的“场景文件>CH12>实战241.max”文件，如图12-97所示。下面将利用该场景来测试3种采样类型的效果以及影响采样时间的关键参数。

图12-97

02 下面测试“固定”采样器的作用。在“图像采样器（反锯齿）”卷展栏下设置“图像采样器”类型为“固定”采样器，如图12-98所示。该采样器是VRay最简单的采样器，对于每一个像素它使用一个固定数量的样本，选择该采样方式后将自动添加一个“固定图像采样器”卷展栏，如图12-99所示。

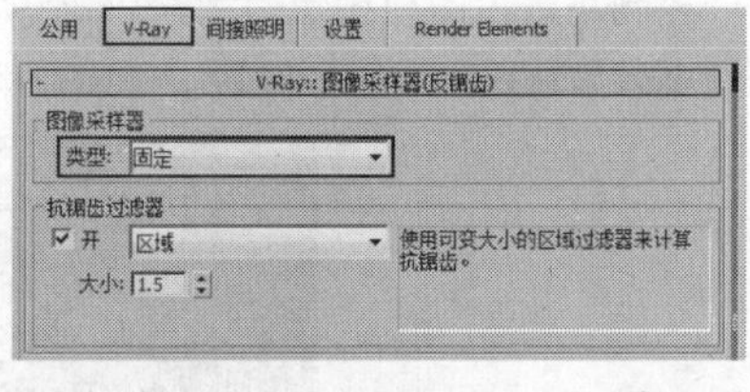

图12-98

图12-99

技巧与提示

“固定”采样器的效果由“固定图像采样器”卷展栏下的“细分”数值控制，设定的该数值表示每个像素使用的样本数量。

03 保持“细分”值为1，按F9键测试渲染当前场景，效果如图12-100所示，细节放大效果如图12-101所示，可以观察到图像中的锯齿现象比较明显，但对于材质与灯光的查看并没有影响，耗时约为1分27秒。

图12-100

图12-101

04 在“固定图像采样器”卷展栏下将“细分”值修改为2，如图12-102所示，然后按F9键测试渲染当前场景，效果如图12-103所示，细节放大效果如图12-104所示，可以观察到图像中的锯齿现象虽然得到了改善，但图像细节反而变得更模糊，而耗时则增加到约3分56秒。

V-Ray:: 固定图像采样器
细分: 2

图12-102

图12-103

图12-104

技巧与提示

经过上面的测试可以发现，在使用“固定”采样器并保持默认的“细分”值为1时，可以快速渲染出用于观察材质与灯光效果的图像，但如果增大“细分”值则会使图像变得模糊，同时大幅增加渲染时间。因此，通常用默认设置“固定”采样器类来测试灯光效果，而如果需要渲染大量的模糊特效（比如运动模糊、景深模糊、反射模糊和折射模糊），则可以考虑提高其“细分”值，以达到质量与耗时的平衡。

05 下面测试“自适应细分”采样器的作用。在“图像采样器（反锯齿）”卷展栏下设置“图像采样器”类型为“自适应细分”采样器，如图12-105所示。该采样器是用得最多的采样器，对于模糊和细节要求不太高的场景，可以得到速度和质量的平衡。在室内效果图的制作中，这个采样器几乎可以适用于所有场景。选择该采样方式后将自动添加一个“自适应细分图像采样器”卷展栏，如图12-106所示。

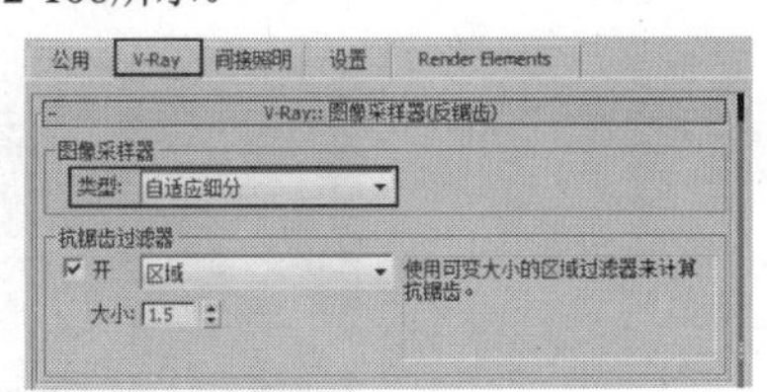

图12-105

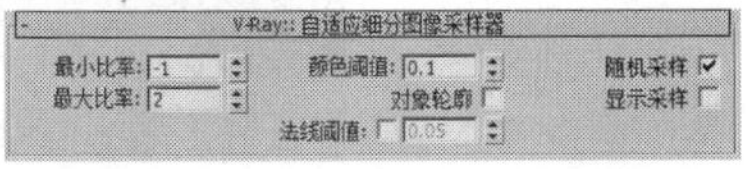

V-Ray:: 自适应细分图像采样器
最小比率: -1　颜色阈值: 0.1　随机采样
最大比率: 2　对象轮廓　显示采样
法线阈值: 0.05

图12-106

技巧与提示

“自适应细分”采样器的效果主要通过“自适应细分图像采样器”卷展栏下的“最小比率”与“最大比率”两个选项来控制。

最小比率：决定每个像素使用的样本的最小数量。值为0意味着一个像素使用一个样本；值为-1意味着每两个像素使用一个样本；值为-2则意味着每4个像素使用一个样本，采样值越大效果越好。

最大比率：决定每个像素使用的样本的最大数量。值为0意味着一个像素使用一个样本；值为1意味着每个像素使用4个样本；值为2 则意味着每个像素使用8个样本，采样值越大效果越好。

06 保持默认的“自适应细分”采样器设置，按F9键测试渲染当前场景，效果如图12-107所示，可以观察到图像没有明显的锯齿效果，材质与灯光的表现也比较理想，耗时约为3分27秒。

图12-107

07 在“自适应细分图像采样器”卷展栏下将“最小比率”修改为0，如图12-108所示，然后测试渲染当前场景，效果如图12-109所示，可以观察到图像并没有产生明显的变化，而耗时则增加到约3分58秒。

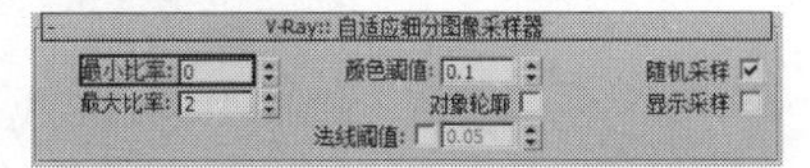

图12-108

图12-109

08 将“最小比率”数值还原为-1，然后将“最大比率”修改为3，如图12-110所示，接着测试渲染当前场景，效果如图12-111所示，可以观察到图像效果并没有明显的变化，而耗时则增加到约5分24秒。

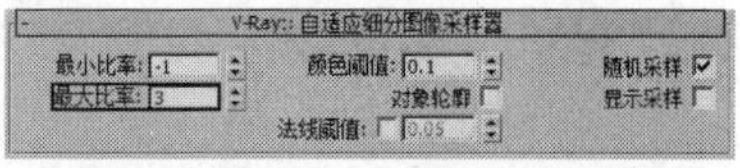

图12-110

图12-111

技巧与提示

经过上面的测试可以发现，使用“自适应细分”采样器时，通常情况下“最小比率”为-1、“最大比率”为2时就能得到较好的效果。而提高“最小比率”或“最大比率”并不会有明显的图像质量改善，但渲染时间会大幅增加，因此在使用该采样器时保持默认设置即可。

09 下面测试“自适应确定性蒙特卡洛”采样器的作用。在“图像采样器（反锯齿）”卷展栏下设置“图像采样器”类型为“自适应确定性蒙特卡洛”采样器，如图12-112所示。该采样器是最为复杂的采样器，它根据每个像素和它相邻像素的明暗差异来产生不同数量的样本，从而使需要表现细节的地方使用更多的采样，使效果更为精细，而在细节较少的地方减少采样，以缩短计算时间。选择该采样方式后将自动添加一个“自适应DMC图像采样器”卷展栏，如图12-113所示。

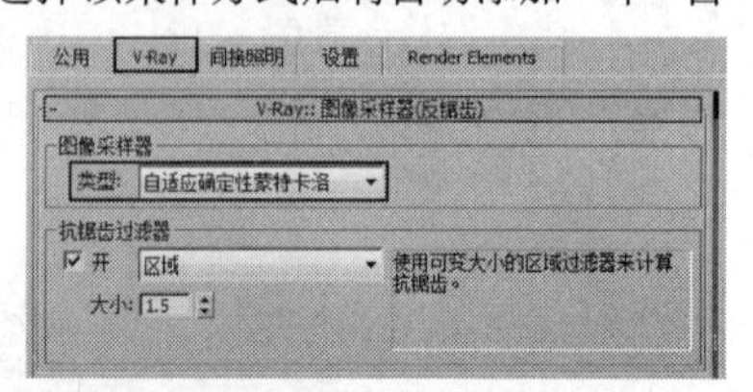

图12-112

图12-113

技巧与提示

“自适应确定性蒙特卡洛”采样器的效果主要通过“自适应DMC图像采样器”卷展栏下的“最小细分”与“最大细分”两个选项来控制。

最小细分：决定每个像素使用的样本的最小数量，主要用在对角落等不平坦的地方采样，数值越大图像品质越好，所花费的时间也越长。在一般情况下，都不要将该参数的值设置为1或更大的数值，除非有一些细小的线条无法正确表现。

最大细分：决定每个像素使用的样本的最大数量，主要用在对角落等平坦的地方采样，数值越大图像品质越好，所花费的时间也越长。

10 保持默认的“自适应确定性蒙特卡洛”采样器设置，按F9键测试渲染当前场景，效果如图12-114所示，可以观察到图像没有明显的锯齿效果，材质与灯光的表达也比较理想，耗时约为2分59秒。

图12-114

11 在“自适应DMC图像采样器”卷展栏下将“最小比率”修改为2，如图12-115所示，然后测试渲染当前场景，效果如图12-116所示，可以观察到图像效果并没有明显的变化，而耗时则增加到约3分24秒。

图12-115

图12-116

12 将“最小细分”数值还原1，然后将“最大细分”修改为5，如图12-117所示，接着测试渲染当前场景，效果如图12-118所示，可以观察到图像效果并没有明显的变化，而耗时则增加到约3分51秒。

图12-117

图12-118

技巧与提示

经过以上的测试并对比"自适应细分"采样器的渲染质量与时间可以发现，"自适应确定性蒙特卡洛"采样器在取得相近的图像质量的前提下，所耗费的时间相对更少，因此当场景具有大量微小细节，如在具有VRay毛发或模糊效果（景深和运动模糊等）的场景中，为了尽可能提高渲染速度，该采样器是最佳选择。

实战242 图像采样器之反锯齿类型

场景位置	DVD>场景文件>CH12>实战242.max
实例位置	DVD>实例文件>CH12>实战242.max
视频位置	DVD>多媒体教学>CH12>实战242.flv
难易指数	★★☆☆☆
技术掌握	常用反锯齿过滤器的作用

VRay渲染器支持3ds Max内置的绝大部分反锯齿类型，在本例中主要介绍最常用的3种类型，分别是"区域"、Catmull-Rom以及Mitchell-Netravali，生成的效果与耗时对比如图12-119~图12-121所示。

图12-119

图12-120

图12-121

01 打开光盘中的"场景文件>CH12>实战242.max"文件，如图12-122所示。

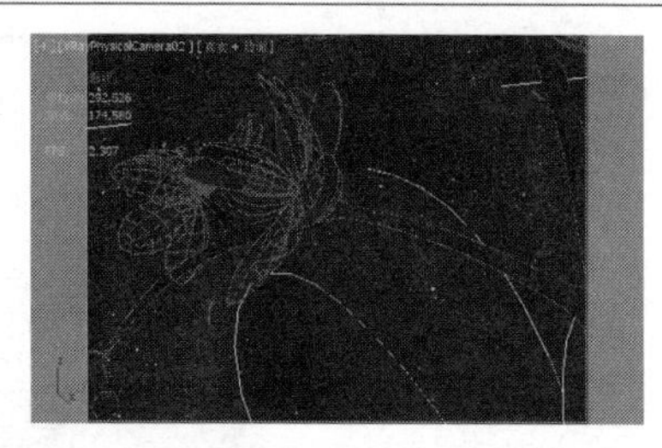

图12-122

02 展开"图像采样器（反锯齿）"卷展栏，可以观察到"抗锯齿过滤器"的"开"选项处于关闭状态，这表示没有使用任何抗锯齿过滤器，如图12-123所示。

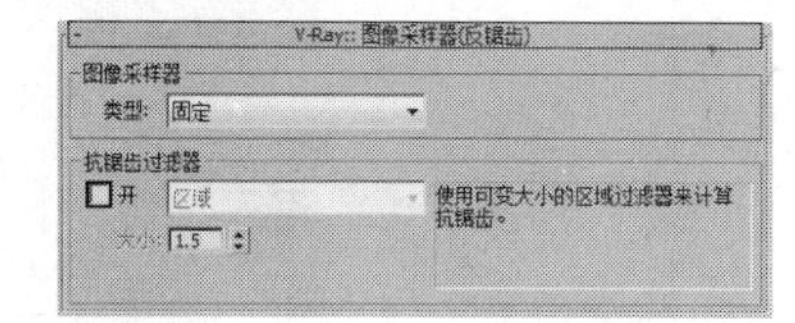

图12-123

03 按F9键测试渲染当前场景，渲染效果如图12-124所示，细节放大效果如图12-125所示。

图12-124

图12-125

04 下面测试"区域"反锯齿过滤器的作用。在"图像采样器（反锯齿）"卷展栏下将"抗锯齿过滤器"类型设置为"区域"，如图12-126所示，然后测试渲染当前场景，效果如图12-127所示，细节放大效果如图12-128所示，可以观察到图像整体变得相对平滑，但细节稍有些模糊（注意叶片上的条纹），耗时增加到约2分52秒。

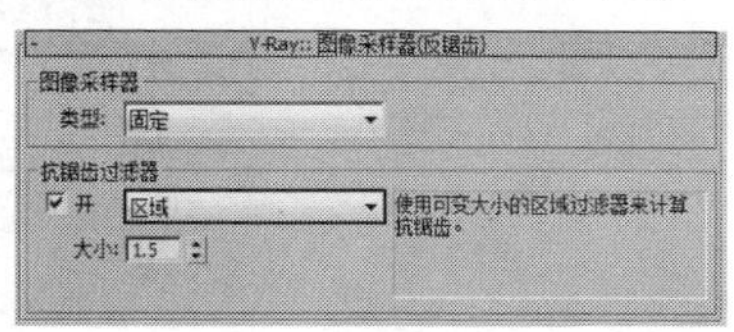

图12-126

图12-127

图12-128

05 下面测试Catmull-Rom反锯齿过滤器。在“图像采样器（反锯齿）”卷展栏下设置“抗锯齿过滤器”类型为Catmull-Rom，如图12-129所示，然后测试渲染当前场景，效果如图12-130所示，细节放大效果如图12-131所示，可以观察到图像整体变得比较平滑，但图像细节变得比较锐利，耗时增加到约2分55秒。

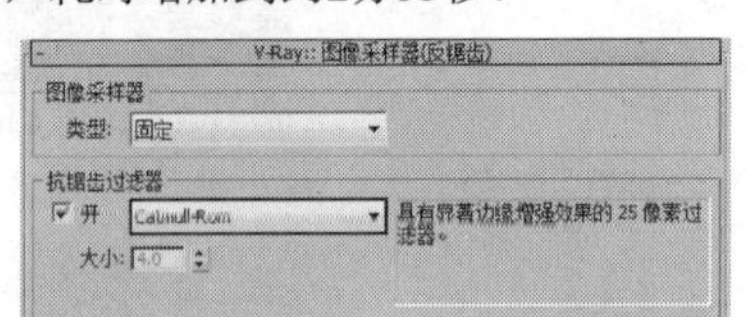

图12-129

图12-130

图12-131

06 下面测试Mitchell-Netravali反锯齿过滤器。在“图像采样器（反锯齿）”卷展栏下设置“抗锯齿过滤器”类型为Mitchell-Netravali，如图12-132所示，然后测试渲染当前场景，效果如图12-133所示，细节放大效果如图12-134所示，可以观察到图像整体变得平滑，但图像细节损失较大，耗时约为2分52秒。

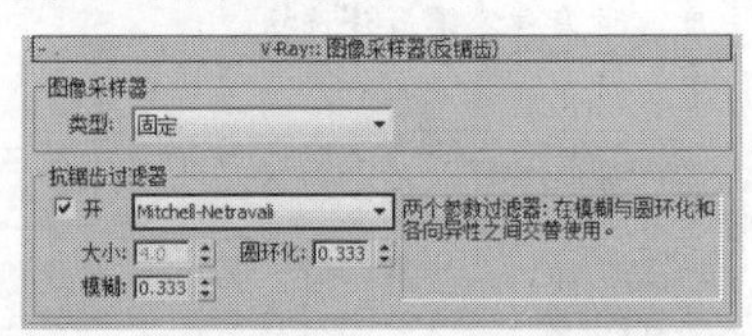

图12-132

图12-133

图12-134

技巧与提示

经过上面的测试对比可以发现，如果要得到清晰锐利的图像效果，最好选择Catmull-Rom反锯齿过滤器；如果是渲染有模糊特效的场景则应选择Mitchell-Netravali反锯齿过滤器；在通常情况下，选择“区域” 反锯齿过滤器可以取得渲染质量与效率的平衡。

实战243 颜色贴图

场景位置	DVD>场景文件>CH12>实战243.max
实例位置	DVD>实例文件>CH12>实战243.max
视频位置	DVD>多媒体教学>CH12>实战243.flv
难易指数	★☆☆☆☆
技术掌握	用颜色贴图快速调整场景的曝光度

在“颜色贴图”卷展栏下有一个曝光（“类型”选项）功能，利用该功能可以快速改变场景的曝光效果，从而达到调整渲染图像亮度和对比度的目的，常用的曝光类型有“线性倍增”、“指数”以及“莱因哈德”3种，其在相同灯光与相同渲染参数（除曝光方式不同

外）下效果对比如图12-135~图12-137所示。

图12-135

图12-136

图12-137

01 打开光盘中的“场景文件>CH12>实战243.max”文件，如图12-138所示。

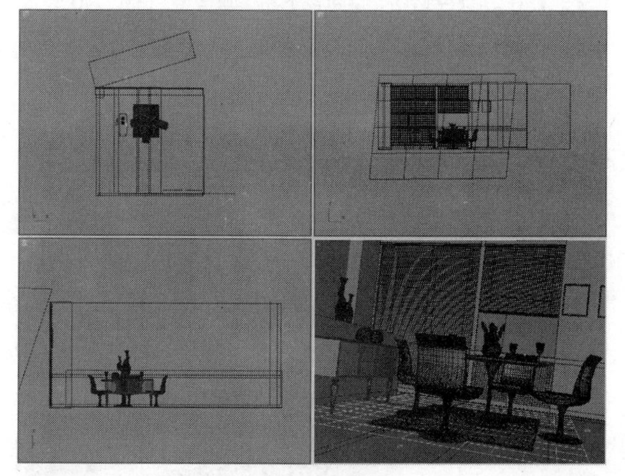

图12-138

02 下面测试“线性倍增”曝光模式。展开“颜色贴图”卷展栏，然后设置“类型”为“线性倍增”，如图12-139所示。“线性倍增”曝光模式是基于最终图像色彩的亮度来进行简单的亮度倍增，太亮的颜色成分（在1或255之上）将会被限制，但是这种模式可能会导致靠近光源的点过于明亮。

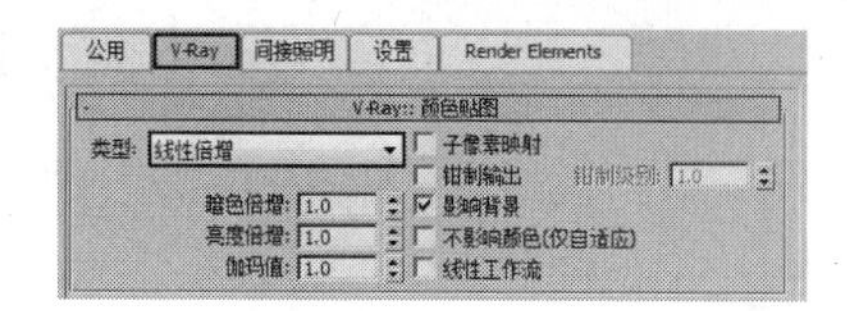

图12-139

03 按F9键测试渲染当前场景，效果如图12-140所示，可以观察到使用这种曝光模式的产生的图像很明亮，色彩也比较艳丽。

图12-140

04 如果要提高图像的亮部与暗部的对比，可以降低“暗色倍增”数值的同时提高“亮度倍增”的数值，如图12-141所示，然后测试渲染当前场景，效果如图12-142所示，可以观察到图像的明暗对比加强了一些，但窗口的一些区域却出现了曝光过度的现象。

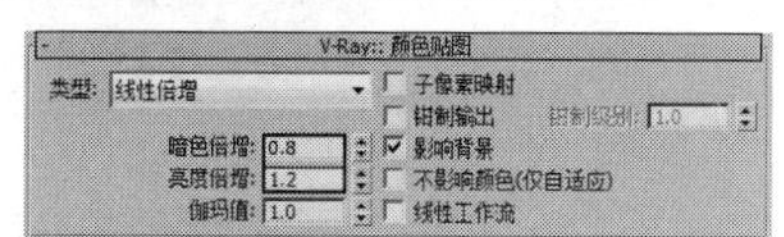

图12-141

图12-142

技巧与提示

经过上面的测试可以发现，“线性倍增”模式所产生的曝光效果整体明亮，但容易在局部产生曝光过度的现象。此外，“暗色倍增”与“亮度倍增”选项分别控制着图像亮部与暗部的亮度。

05 下面测试“指数”曝光模式。“指数”曝光模式与“线性倍增”曝光模式相比，不容易曝光，而且明暗对比也没有那么明显。该模式基于亮度来使之图像更加饱和，这对防止非常明亮的区域产生过度曝光十分有效，但是这个模式不会钳制颜色范围，而是代之以让它们更饱和（降低亮度）。在“颜色贴图”卷展栏下设置“类型”为“指数”，如图12-143所示。

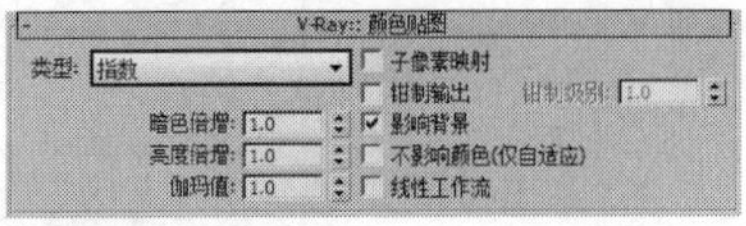

V-Ray:: 颜色贴图
类型: 指数
子像素映射
钳制输出
钳制级别: 1.0
暗色倍增: 1.0
亮度倍增: 1.0
伽玛值: 1.0
影响背景
不影响颜色(仅自适应)
线性工作流

图12-143

06 测试渲染当前场景，效果如图12-144所示，可以观察到使用“指数”曝光模式的产生的图像整体较暗，色彩也比较平淡。

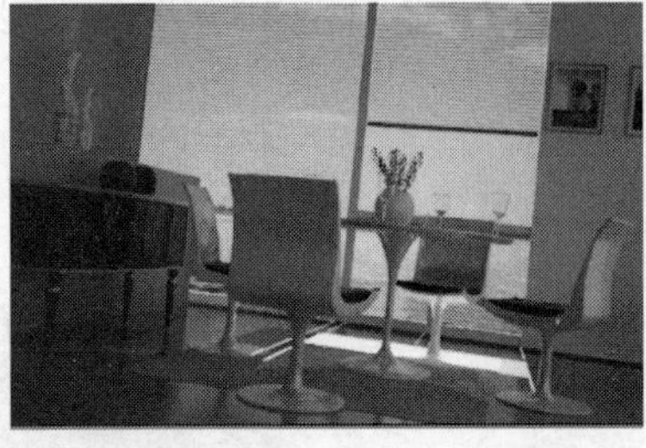

图12-144

07 如果要加大图像的亮部与暗部的对比，可以降低“暗色倍增”数值的同时提高“亮度倍增”的数值，如图12-145所示，然后测试渲染当前场景，效果如图12-146所示，可以观察到场景的明暗对比加强了，但是整体的色彩还是不如“线性倍增”曝光模式的艳丽。

V-Ray:: 颜色贴图
类型: 指数
子像素映射
钳制输出
钳制级别: 1.0
暗色倍增: 0.6
亮度倍增: 1.8
伽玛值: 1.0
影响背景
不影响颜色(仅自适应)
线性工作流

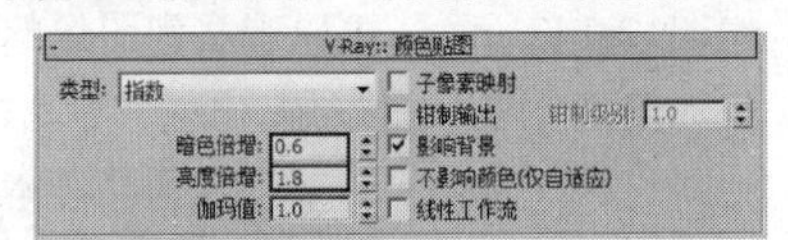

图12-145

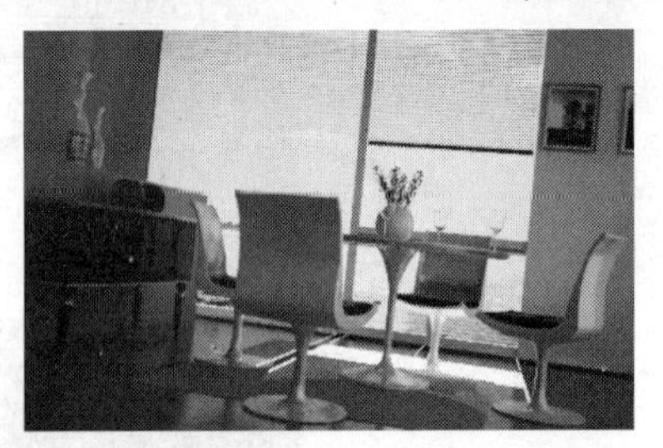

图12-146

技巧与提示

经过上面的测试可以发现，“指数”曝光模式所产生的曝光效果整体偏暗，通过“暗色倍增”与“亮度倍增”选项的调整可以改善亮度与对比效果（该模式下数值的变动幅度需要大一些才能产生较明显的效果），但在色彩的表现力上还是不如“线性倍增”曝光模式。

08 下面测试“莱因哈德”曝光模式。展开“颜色贴图”卷展栏，然后设置“类型”为“莱因哈德”，如图12-147所示。这种曝光模式是“线性倍增”曝光模式与“指数”曝光模式的结合模式，在该模式下主要通过调整“伽玛值”参数来校正图像的亮度与对比度细节。

V-Ray:: 颜色贴图
类型: 莱因哈德
子像素映射
钳制输出
钳制级别: 1.0
倍增: 1.0
加深值: 1.0
伽玛值: 1.0
影响背景
不影响颜色(仅自适应)
线性工作流

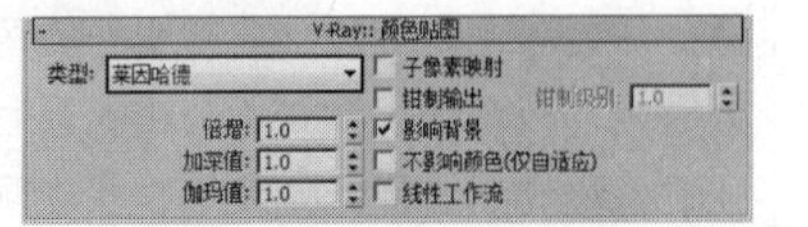

图12-147

09 渲染渲染当前场景，效果如图12-148所示，可以观察到使用“莱茵哈德”曝光模式产生的图像亮度适中，明暗对比较强，色彩表现力也较理想。

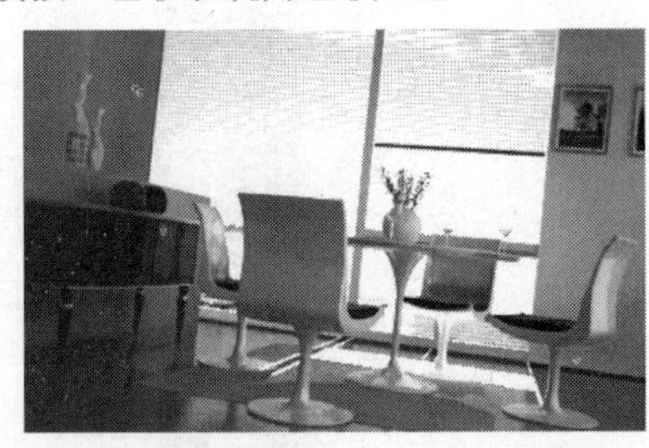

图12-148

10 在“颜色贴图”卷展栏下将“伽玛值”提高为1.4，如图12-149所示，然后测试渲染当前场景，效果如图12-150所示，可以观察到图像的整体亮度提高了，而明暗对比度则会变弱。

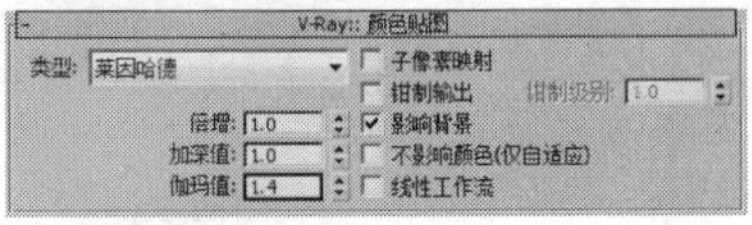

V-Ray:: 颜色贴图
类型: 莱因哈德
子像素映射
钳制输出
钳制级别: 1.0
倍增: 1.0
加深值: 1.0
伽玛值: 1.4
影响背景
不影响颜色(仅自适应)
线性工作流

图12-149

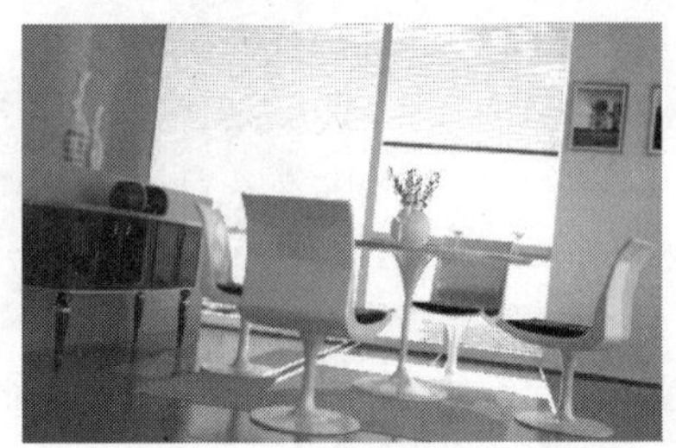

图12-150

11 在“颜色贴图”卷展栏下将“伽马值”降低为0.5，如图12-151所示，然后测试渲染当前场景，效果如图12-152所示，可以观察到图像的整体亮度降低了，而明暗对比度则会变强。

V-Ray:: 颜色贴图
类型: 莱因哈德
子像素映射
钳制输出
钳制级别: 1.0
倍增: 1.0
加深值: 1.0
伽玛值: 0.5
影响背景
不影响颜色(仅自适应)
线性工作流

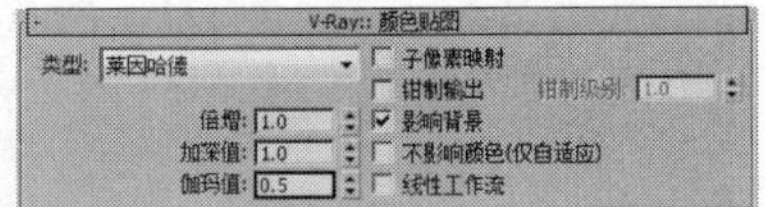

图12-151

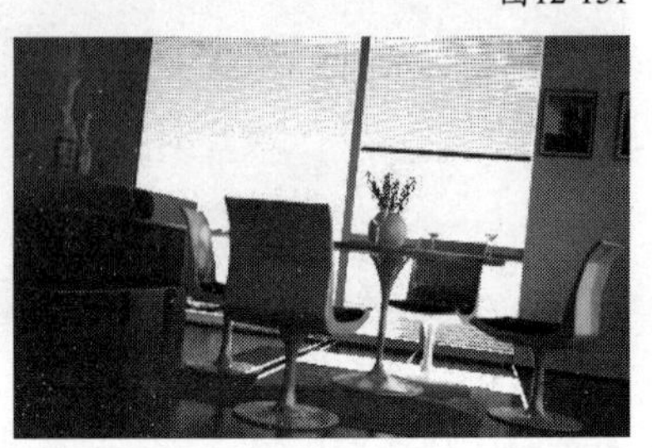

图12-152

技巧与提示

经过上面的测试可以发现，“莱因哈德”曝光模式是一种比较灵活的曝光模式，如果场景室外灯光亮度很高，为了防止过度曝光并保持图像的色彩效果，这种模式是最佳选择。

实战244 环境之全局照明环境（天光）覆盖

场景位置	DVD>场景文件>CH12>实战244.max
实例位置	DVD>实例文件>CH12>实战244.max
视频位置	DVD>多媒体教学>CH12>实战244.flv
难易指数	★☆☆☆☆
技术掌握	全局照明环境（天光）覆盖的作用

通过“环境”卷展栏下的“全局照明环境（天光）覆盖”功能可以快速模拟出环境光效果，开启该功能前后的对比效果如图12-153和图12-154所示。

图12-153

图12-154

01 打开光盘中的“场景文件>CH12>实战244.max”文件，如图12-155所示。本场景已经创建好了太阳光。

图12-155

02 测试渲染当前场景，效果如图12-156所示，可以观察到图像出现了日光光影效果，但是在日光直射的区域外，出现了十分暗淡的阴影（左侧的树木与右侧的草地）。

图12-156

03 展开“环境”卷展栏，然后在“全局照明环境（天光）覆盖”选项组勾选“开”选项，如图12-157所示，接着测试渲染当前场景，效果如图12-158所示，可以观察到图像整体变得更为明亮，左侧的树木与右侧的草地等区域的照明效果也得到了良好的改善。

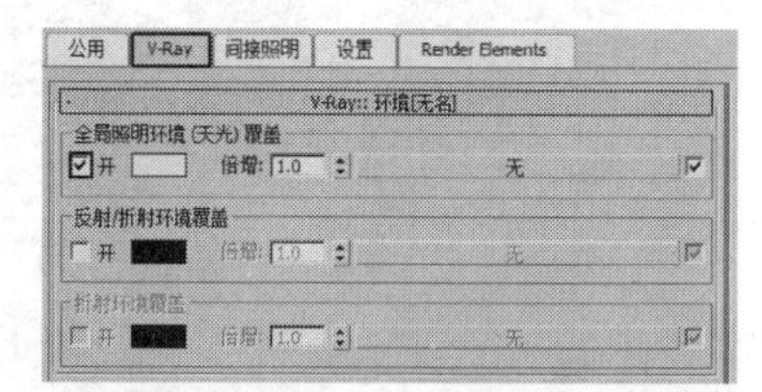

图12-157

图12-158

实战245 环境之反射/折射环境覆盖

场景位置	DVD>场景文件>CH12>实战245.max
实例位置	DVD>实例文件>CH12>实战245.max
视频位置	DVD>多媒体教学>CH12>实战245.flv
难易指数	★☆☆☆☆
技术掌握	反射/折射环境覆盖的作用

通过“环境”卷展栏下的“反射/折射环境覆盖”功能可以快速在场景内添加反射和折射细节，开启该功能的前后效果对比如图12-159和图12-160所示。

图12-159

图12-160

01 打开光盘中的“场景文件>CH12>实战245.max”文件，如图12-161所示。

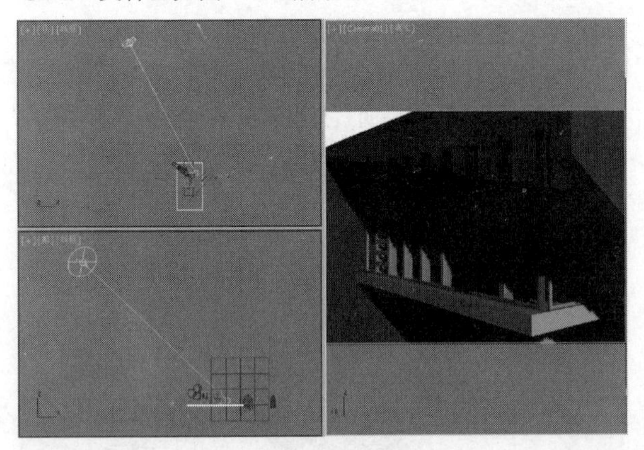

图12-161

02 测试渲染当前场景，效果如图12-162所示，可以观察到由于没有开启“反射/折射环境覆盖”功能，玻璃的质感并不强。

图12-162

03 展开“环境”卷展栏，然后在“反射/折射环境覆盖”选项组下勾选“开”选项，接着在后面的贴图通道中加载一个VRayHDRI环境贴图，如图12-163所示。

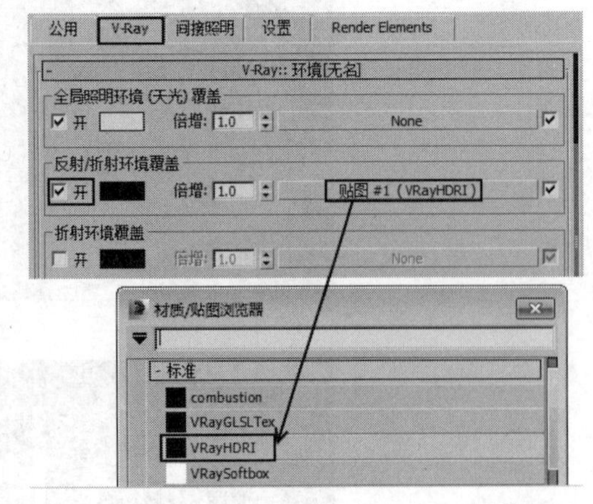

图12-163

04 按M键打开“材质编辑器”对话框，然后使用鼠标左键将“反射/折射环境覆盖”通道中的VRayHDRI环境贴图拖曳到一个空白材质球上，接着在弹出的对话框中设置“方法”为“实例”，如图12-164所示。

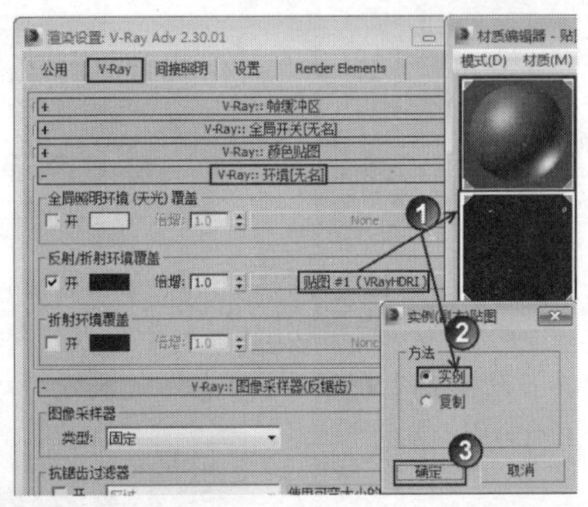

图12-164

05 单击“浏览”按钮 浏览 ，然后在弹出的对话框中的“实例文件>CH12>实战215>户外.HDR”文件，接着设置“贴图类型”为“球体”，如图12-165所示，最后测试渲染当前场景，效果如图12-166所示，可以观察到玻璃上出现了反射等细节，质感也得到了明显的加强。

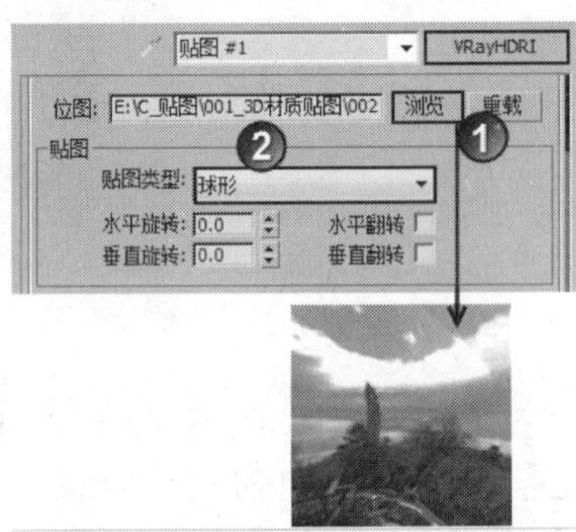

图12-165

图12-166

06 如果要加强影响度，可以提高“全局倍增”数值，如图12-167所示，然后再次测试渲染当前场景，效果如图12-168所示。

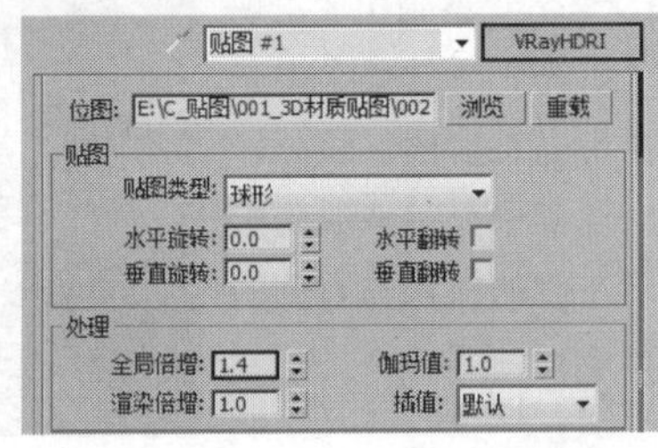

图12-167

图12-168

实战246 间接照明（GI）

场景位置	DVD>场景文件>CH12>实战246.max
实例位置	DVD>实例文件>CH12>实战246.max
视频位置	DVD>多媒体教学>CH12>实战246.flv
难易指数	★★☆☆☆
技术掌握	间接照明（GI）的作用

在现实生活中，光源所产生的光照有“直接照明”与“间接照明”之分。“直接照明”指的是光线直接照射在对象上产生的直接照明效果，而“间接照明”指的是光线被阻挡（如墙面、沙发）后不断反弹所产生的额外照明，这也是真实物理世界中存在的现象。但由于计算间接照明效果十分复杂，因此不是每款渲染器都能产生理想的模拟效果，有的渲染器甚至只计算“直接光照”（如3ds Max自带的扫描线渲染器），而VRay渲染器则可以在全局光（即直接照明+间接照明）进行计算。图12-169~图12-171所示的是在同一场景未开启全局光、开启全局光与调整了全局光强度的效果对比。

图12-169

图12-170

图12-171

01 打开光盘中的“场景文件>CH12>实战246.max”文件，如图12-172所示。本场景只创建了一盏太阳光。

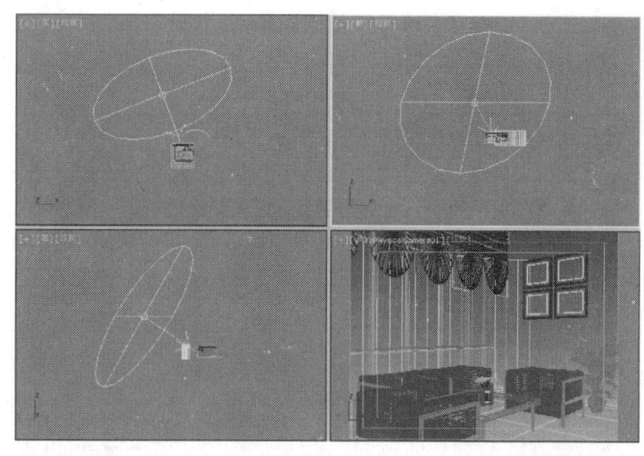

图12-172

02 单击“间接照明”选项卡，然后展开“间接照明（GI）”卷展栏，可以观察在默认情况下没有开启“间接照明（GI）”功能，也就是说此时场景中没有间接照明效果，如图12-173所示。

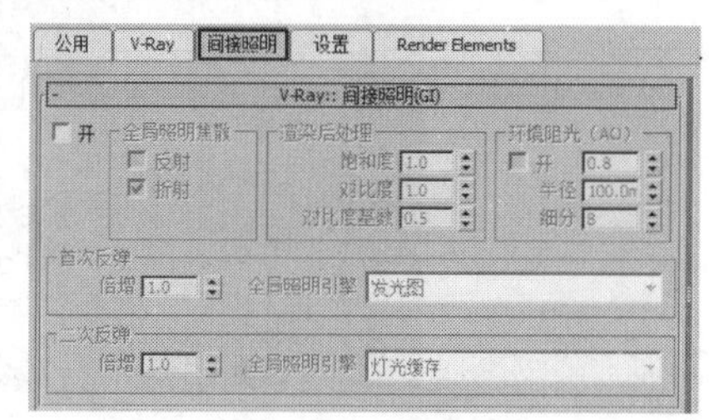

图12-173

03 测试渲染当前场景，效果如图12-174所示，可以观察到由于没有间接照明反弹光线，此时仅阳光投射的区域产生了较明亮的亮度，而在其他区域则变得十分昏暗，甚至看不到一点光亮。

图12-174

04 在“间接照明（GI）”卷展栏下勾选“开”选项，然后设置“首次反弹”的全局照明引擎为“发光图”、“二次反弹”的全局照明引擎为“灯光缓存”，如图12-175所示。

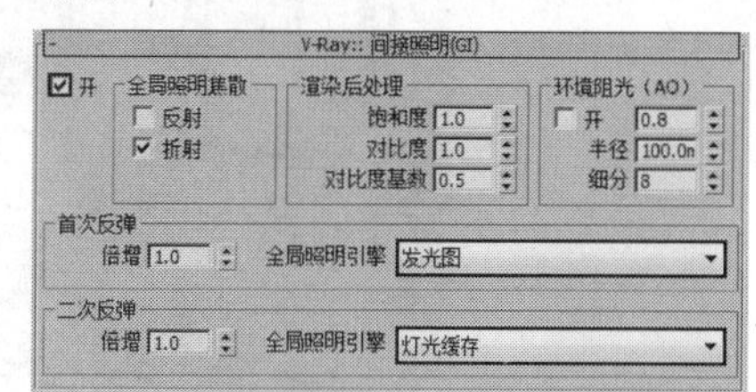

图12-175

技术专题 40 “首次反弹”与“二次反弹”的区别

“首次反弹”指的是直接光照，“倍增”值主要用来控制其强度，一般保持默认即可。如果“倍增”值大于1，整个场景会显得很亮。后面的引擎主要用来控制直接光照的方式，最常用的是“发光图”。

“二次反弹”指的是间接照明，“倍增值”决定受直接光影响向四周发射光线的强度，默认值1可以得到一个很好的效果，但有的场景中边与边之间的连接线比较模糊，可以适当调整“倍增”值，一般设置在0.5~1。后面的引擎主要用来控制直接光照的方式，一般选用“灯光缓存”。

在室内空间中计算间接照明时，“首次反弹”的全局照明引擎选择“发光图”，“二次反弹”的全局照明引擎选择“灯光缓存”是最理想的搭配。在本章后面的实例中如果没有特别说明，“间接照明”卷展栏下的参数搭配都采用该设置。

05 测试渲染当前场景，效果如图12-176所示，可以观察到由于间接照明反弹光线，此时整体室内空间都获得了一定的亮度，但整体效果还需要进一步调整。

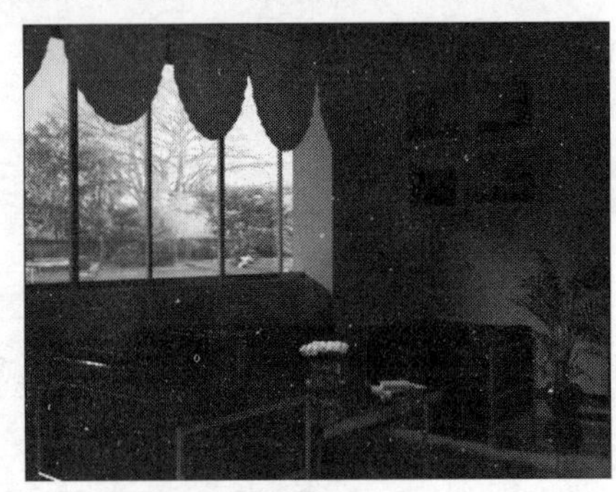

图12-176

06 将“首次反弹”的“倍增”值提高为2，如图12-177所示，然后测试渲染当前场景，效果如图12-178所示，可以观察到此时的光照得到了一定的改善。

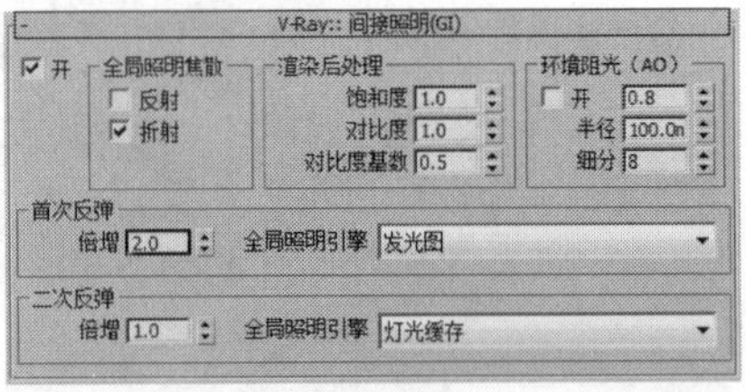

V-Ray:: 间接照明(GI)
开
全局照明焦散
反射
折射
渲染后处理
饱和度 1.0
对比度 1.0
对比度基数 0.5
环境阻光（AO）
开 0.8
半径 100.0n
细分 8
首次反弹
倍增 2.0
全局照明引擎 发光图
二次反弹
倍增 1.0
全局照明引擎 灯光缓存

图12-177

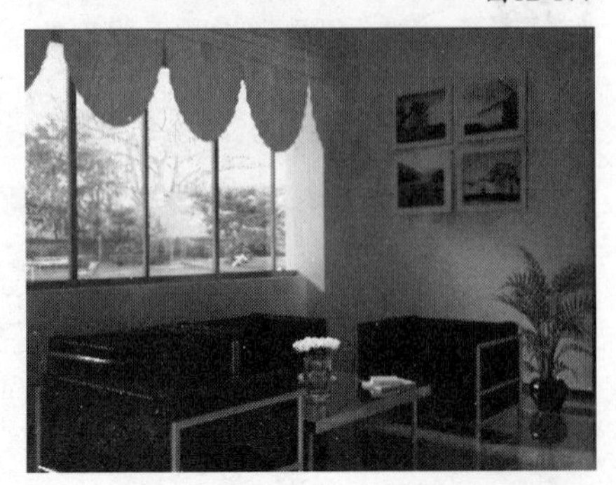

图12-178

07 将“首次反弹”的“倍增”值还原为1，然后将“二次反弹”的“倍增”值设置为0.5（注意，该值最大为1，如果降低数值将减弱间接照明的反弹强度），如图12-179所示，接着测试渲染当前场景，效果如图12-180所示，可以观察到由于减弱了间接照明的反弹强度，场景又变得非常昏暗。

V-Ray:: 间接照明(GI)
开
全局照明焦散
反射
折射
渲染后处理
饱和度 1.0
对比度 1.0
对比度基数 0.5
环境阻光（AO）
开 0.8
半径 100.0n
细分 8
首次反弹
倍增 1.0
全局照明引擎 发光图
二次反弹
倍增 0.5
全局照明引擎 灯光缓存

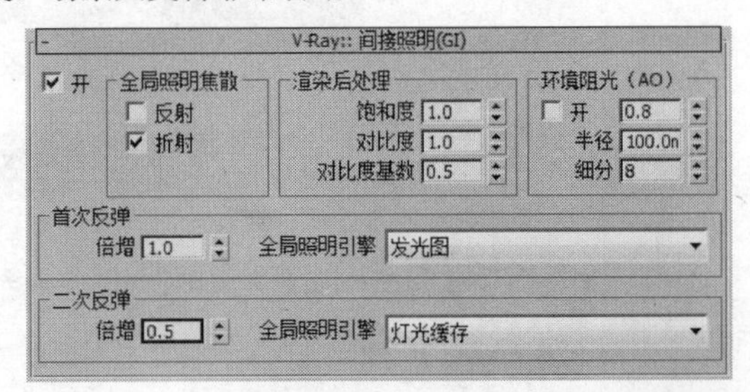

图12-179

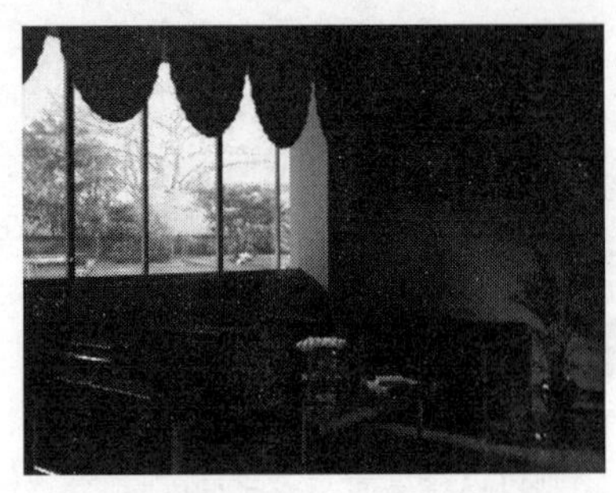

图12-180

技术专题 41 环境阻光技术解析

在“间接照明（GI）”卷展栏下有一个比较常用的“环境阻光（AO）”选项，这个选项组下的3个选项可以用来刻画模型交接面（如墙面交线）以及角落处的暗部细节效果，如图12-181所示，渲染后得到的效果如图12-182所示，可以观察到在墙线等位置产生了较明显的阴影细节。

V-Ray:: 间接照明(GI)
开
全局照明焦散
反射
折射
渲染后处理
饱和度 1.0
对比度 1.0
对比度基数 0.5
环境阻光（AO）
开 0.8
半径 100.0n
细分 8
首次反弹
倍增 1.0
全局照明引擎 发光图
二次反弹
倍增 0.5
全局照明引擎 灯光缓存

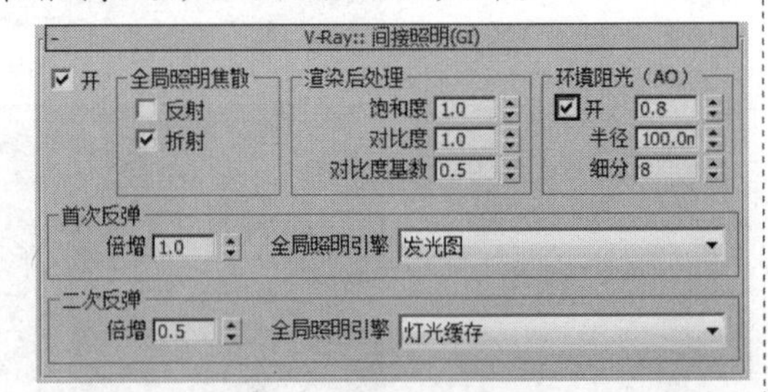

图12-181

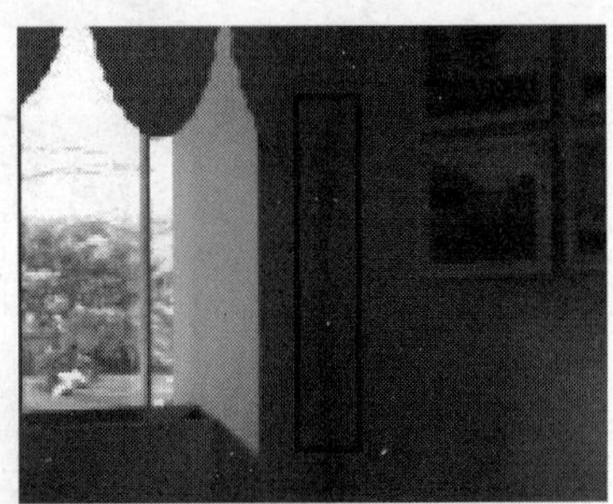

图12-182

实战247 间接照明之发光图

场景位置	DVD>场景文件>CH12>实战247.max
实例位置	DVD>实例文件>CH12>实战247.max
视频位置	DVD>多媒体教学>CH12>实战247.flv
难易指数	★★★☆☆
技术掌握	发光图的作用

“发光图”全局照明引擎仅计算场景中某些特定点的间接照明，然后对剩余的点进行插值计算。其优点是速度要快于直接计算，特别是具有大量平坦区域的场景，产生的噪波较少。“发光图”不但可以保存，也可以调用，特别是在渲染相同场景的不同方向的图像或动画的过程中可以加快渲染速度，还可以加速从面积光源产生的直接漫反射灯光的计算。当然，“发光图”也是有缺点的，由于采用了插值计算，间接照明的一些细节可能会被丢失或模糊，如果参数过低，可能会导致在渲染动画的过程中产生闪烁，需要占用较大的内存，运动模糊中的运动物体的间接照明可能不是完全正确的，也可能会导致一些噪波的产生，发光图所产生的质量与渲染时间与“发光图”卷展栏下的很多参数设置有关。图12-183~图12-185所示的是不同参数所产生的发光图效果与耗时对比。

图12-183

图12-184

图12-185

01 打开光盘中的“场景文件>CH12>实战247.max”文件，如图12-186所示。

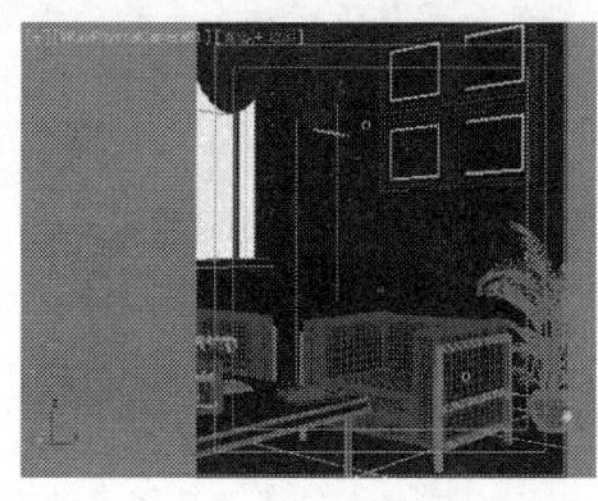

图12-186

02 单击“间接照明”选项卡，然后展开“间接照明（GI）”卷展栏，接着设置“首次反弹”的“倍增”为3、全局照明引擎为“发光图”，最后设置“二次反弹”的全局照明引擎为“灯光缓存”，如图12-187所示。

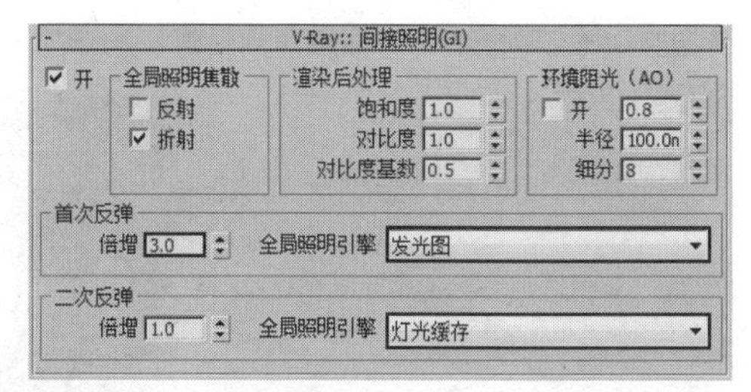

图12-187

技巧与提示

将“首次反弹”的全局照明引擎设置为“发光图”后，在下面会自动添加一个“发光图”卷展栏，如图12-188所示，可以观察到该卷展栏下的参数非常复杂，但是在实际工作中只需要修改“内建预置”选项组下的“当前预置”选项即可达到快速调整场景的目的。下面就对“内建预置”下拉列表中的“非常低”、“中”、“非常高”和“自定义”4档参数进行详细介绍，如图12-189所示。

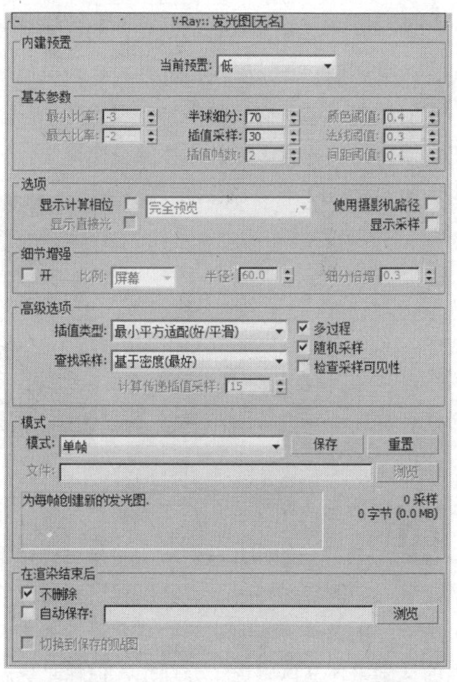

图12-188

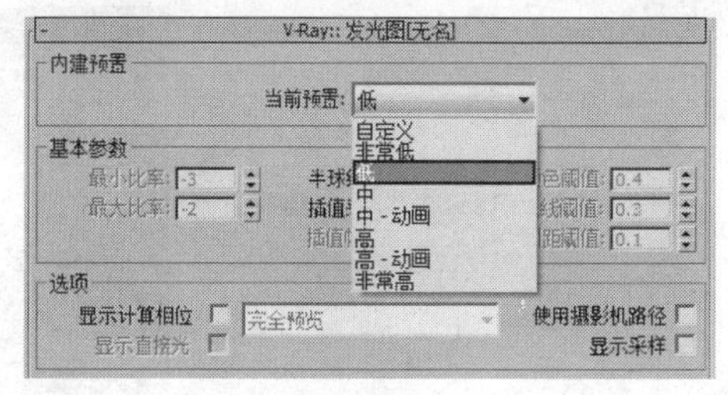

图12-189

03 在“发光图”卷展栏下设置“当前预置”为“非常低”，如图12-190所示，然后测试渲染当前场景，效果如图12-191所示，可以观察到图像的质量较差，墙面交线出现了不正确的高光，墙壁上的挂画也没有体现明显的边框立体感，感觉照片是直接贴在墙上的，耗时约为1分28秒。

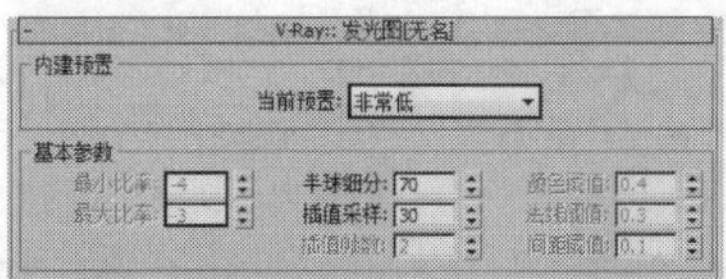

图12-190

图12-191

技巧与提示

虽然在“非常低”模式下出现了众多的图像品质问题，但其所表现的灯光整体亮度与色彩却是可以参考的。考虑到该模式的渲染时间，在进行灯光效果的渲染测试时也可以直接使用。

04 在“发光图”卷展栏下设置“当前预置”为“中”，如图12-192所示，然后测试渲染当前场景，效果如图12-193所示，可以观察到图像质量得到了一定的改善，墙面交线的高光错误得到了一定程度的纠正，墙壁上的挂画边框的立体感也变得比较强，而耗时也增加到约2分29秒。

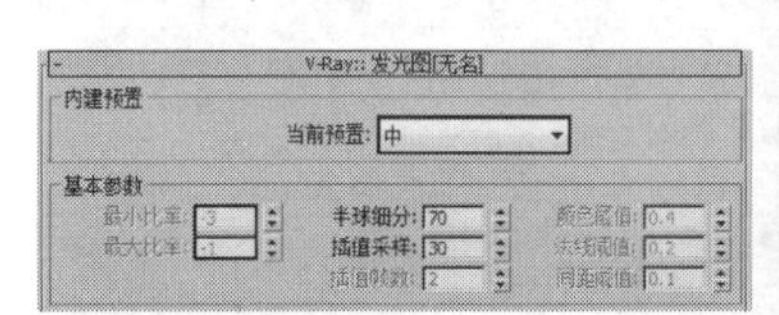

图12-192

图12-193

05 在“发光图”卷展栏下设置“当前预置”为“非常高”，如图12-194所示，然后测试渲染当前场景，效果如图12-195所示，可以观察到图像的质量得到了进一步的改善，墙面交线的高光错误基本消除，墙壁上的挂画整体立体感也十分理想，但耗时也剧增到约23分45秒。

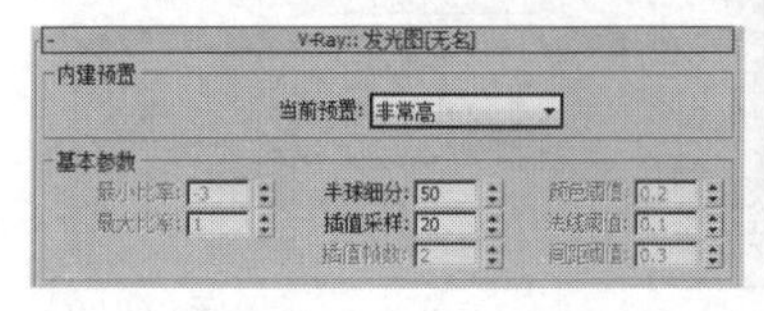

图12-194

图12-195

技巧与提示

对比上面的3张测试渲染图可以发现，在不同级别的预置模式下，“最小比率”与“最大比率”两个参数值也有所不同，下面对这两个参数的作用与区别进行详细介绍。

最小比率：主要控制场景中比较平坦且面积较大的面的发光图计算质量，这个参数确定全局照明中首次传递的分辨率。0意味着使用与最终渲染图像相同的分辨率，这将使发光图类似于直接计算GI的方法；-1意味着使用最终渲染图像一半的分辨率。在一般情况下都需要将其设置为负值，以便快速计算大而平坦的区域的GI，这个参数类似于“自适应细分”采样器的“最小比率”参数（尽管不完全一样），测试渲染时可以设置为-5或-4，渲染成品图时则可以设置为-2或-1。

最大比率：主要控制场景中细节比较多且弯曲较大的物体表面或物体交汇处的质量，这个参数确定GI传递的最终分辨率，类似于“自适应细分”采样器的“最大比率”参数。测试渲染时可以设置为-5或-4，最终出图时可以设置为-2、-1或0。

这两个参数的解释比较复杂，简单来说其决定了发光图计算的精度，两者差值越大，计算越精细，所耗费的时间也越长。但仅仅调整这两个参数并不能产生较理想的效果，也不便控制渲染时间，接下来通过“自定义”模式来平衡渲染品质与渲染速度。

06 在“发光图”卷展栏下设置“当前预置”为“自定义”，然后设置“最小比率”为-3、“最大比率”为0、“半球细分”为70、“插值采样”为35，具体参数设置如图12-196所示，接着测试渲染当前场景，效果如图12-197所示，可以观察到本次渲染得到的图像质量变得更为理想，而且耗时也减少到约7分45秒。

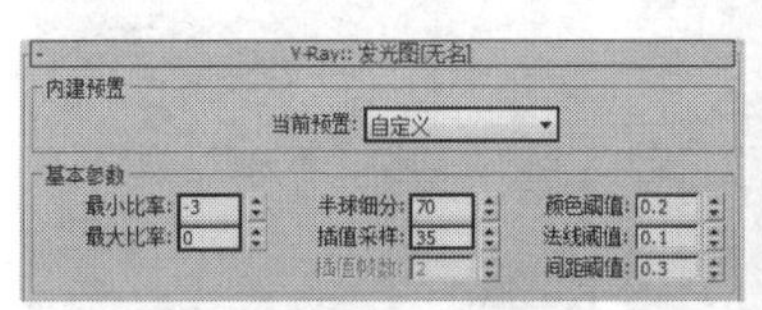

图12-196

图12-197

技巧与提示

半球细分：决定单独的全局照明样本的数量，对整图的质量有重要影响。较小的取值可以获得较快的渲染速度，但是也可能会产生黑斑；较高的取值可以得到平滑的图像。注意，“半球细分”并不代表被追踪光线的实际数量，光线的实际数量接近于这个参数的平方值。测试渲染时可以设置为10~15，以可提高渲染速度，但图像质量很差，最终出图时可以设置为40~75，这样可以模拟光线条数和光线数量，值越高表现的光线越多，样本精度也越高，品质也越好。

插值采样：控制场景中的黑斑，值越大黑斑越平滑，但设置的太大造成阴影显得不真实，较小的取值会产生更光滑的细节，但是也可能产生黑斑。测试渲染时采用默认设置即可，而需要表现高品质图像时可以设置为30~40。

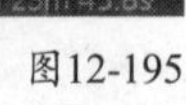

实战248 间接照明之灯光缓存

场景位置	DVD>场景文件>CH12>实战248.max
实例位置	DVD>实例文件>CH12>实战248.max
视频位置	DVD>多媒体教学>CH12>实战248.flv
难易指数	★☆☆☆☆
技术掌握	灯光缓存的作用

“灯光缓存”全局照明引擎是一种近似于场景中全局光照明的技术，“二次反弹”的全局照明引擎一般都使用它。“灯光缓存”是建立在追踪从摄影机可见的许多光线路径的基础上（即只计算渲染视图中的可见光），每一次沿路径的光线反弹都会储存照明信息，它们组成了一个3D结构。优点是“灯光缓存”对于细小物体的周边和角落可以产生正确的效果，并且可以节省大量的计算时间。

“灯光缓存”的缺点是独立于视口，并且是在摄影机的特定位置产生的，它为间接可见的部分场景产生了一个近似值（如在一个封闭的房间内使用一个灯光贴图就可以近似完全的计算全局光照），同时它只支持VRay自带的材质，对凹凸类的贴图支持也不够好，不能完全正确计算运动模糊中的运动物体。相对于复杂的“发光图”参数，“灯光缓冲”的控制较为简单，通常调整其下的“细分”值即可。图12-198和图12-199所示的是不同“细分”值所产生的效果与耗时对比。

图12-198

图12-199

01 打开光盘中的“场景文件>CH12>实战248.max”文件，如图12-200所示。

图12-200

02 展开“灯光缓存”卷展栏，然后设置“细分”为200，如图12-201所示，接着测试渲染当前场景，效果如图12-202所示，细节放大效果如图12-203所示，可以观察到图像中的整体灯光效果还算理想，仅在墙面交线等位置出现了较小范围的高光错误，此时的耗时约为1分35秒。

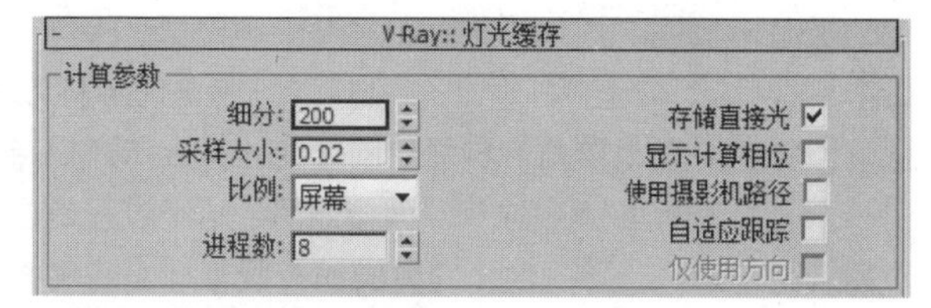

图12-201

图12-202

图12-203

03 将“细分”值提高到600，如图12-204所示，然后测试渲染当前场景，效果如图12-205所示，细节放大效果如图12-206所示，可以观察到高光错误已经得到了纠正，耗时增加到约2分14秒。

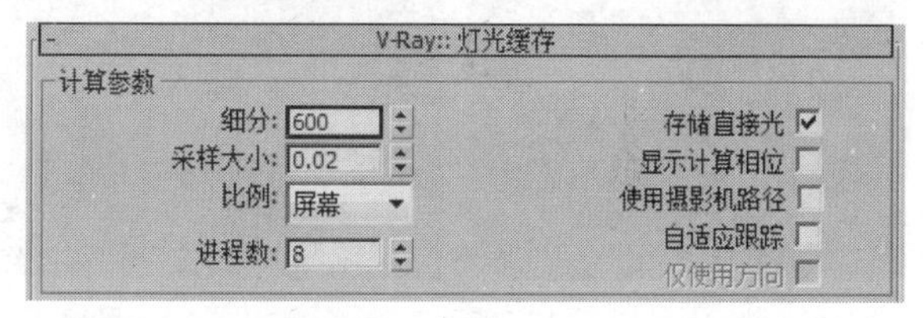

图12-204

图12-205

图12-206

技巧与提示 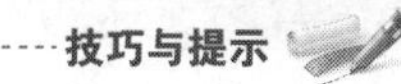

经过以上测试可以发现“灯光缓存”是一种可以在渲染质量与渲染时间上取得良好平衡的全局光引擎，其主要影响参数是“细分”指，值越大质量越好，但所增加的计算时间也比较明显，测试渲染时可以设置为100~300，最终渲染时可以设置为800~1200。

实战249 间接照明之BF算法

场景位置	DVD>场景文件>CH12>实战249.max
实例位置	DVD>实例文件>CH12>实战249.max
视频位置	DVD>多媒体教学>CH12>实战249.flv
难易指数	★☆☆☆☆
技术掌握	BF算法的作用

"BF算法"引擎是一种简单的灯光计算方法，根据每一个表面的Shade点独立计算间接照明，这个过程是通过追踪位于这些点上方的不同方向的一些半球光线来实现的。其优点是可以保护间接照明中所有的细节（例如小而锐利的阴影）并解决渲染动画闪烁的缺点。此外，"BF算法"不需要占用额外的内存，并且可以正确计算运动模糊中运动物体的间接照明。

"BF算法"的缺点是由于直接计算往往会导致图像产生较多的噪波，解决的方法只有大量增加发射光线的数量，而这会增加渲染时间。"BF算法"的控制参数相对比较简单，只要调整"细分"值便可有效控制图像的最终效果。图12-207和图12-208所示的是不同"细分"值所产生的效果与耗时对比。

图12-207

图12-208

01 打开光盘中的"场景文件>CH12>实战249.max"文件，如图12-209所示。

图12-209

02 展开"间接照明（GI）"卷展栏，然后设置"二次反弹"的全局照明引擎为"BF算法"，如图12-210所示。设置完成后，在下面会自动添加一个"BF强算全局光"卷展栏，如图12-211所示。

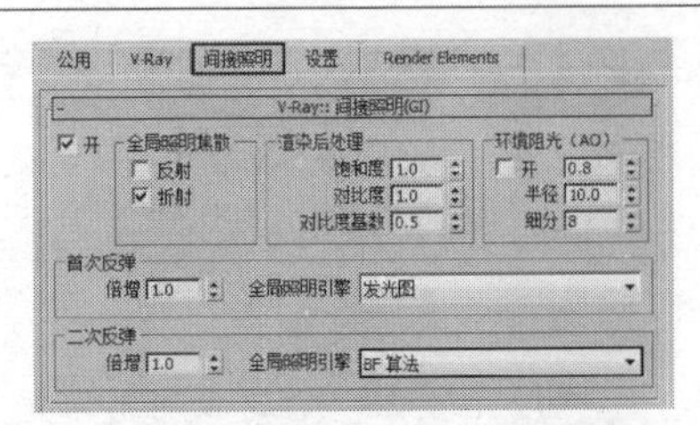

图12-210

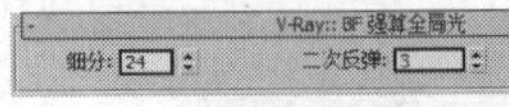

图12-211

03 测试渲染当前场景，效果如图12-212所示，可以观察到图像没有太明显的品质问题，仅在模型表面形成了轻微的噪点，耗时约42秒。

图12-212

04 在"BF强算全局光"卷展栏下设置"细分"为24、"二次反弹"为8，如图12-213所示，然后测试渲染当前场景，效果如图12-214所示的图像，可以观察到噪点得到了有效控制，耗时增加到49秒。

图12-213

图12-214

技巧与提示

从上面的测试过程可以发现"BF算法"引擎可以较快地渲染完成较高质量的图像，因此在需要快速出图的时候可以选用其作为"二次反弹"的引擎。但在室内场景中如果灯光较为集中且明亮时则容易出现图12-215中的问题，即灯光边缘不整齐，且会出现光斑等。因此，该引擎更适合用于渲染灯光较为简单的建筑场景。

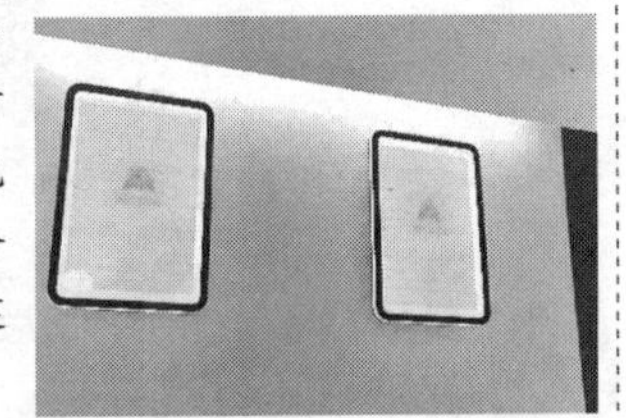

图12-215

实战250 DMC采样器之适应数量

场景位置	DVD>场景文件>CH12>实战250.max
实例位置	DVD>实例文件>CH12>实战250.max
视频位置	DVD>多媒体教学>CH12>实战250.flv
难易指数	★☆☆☆☆
技术掌握	适应数量的作用

"DMC采样器"的"适应数量"功能可以控制图像中的光斑等细节，该选项的设定数值为采样时最小的终止数量，因此较小的数值可以使采样更为精细，但也会耗费更多的计算时间。图12-216~图12-218所示是不同"适应数量"值渲染得到的图像效果与耗时对比。

图12-216

图12-217

图12-218

01 打开光盘中的"场景文件>CH12>实战250.max"文件，如图12-219所示。

图12-219

02 单击"设置"选项卡，然后展开"DMC采样器"卷展栏，可以观察到"适应数量"的默认值为0.75，如图12-220所示。

03 测试渲染当前场景，效果如图12-221所示，可以观察到图像中的整体灯光效果尚可接受，但在远端的墙面上出现了较大面积的光斑，耗时约为53秒。

图12-220

图12-221

04 在"DMC采样器"卷展栏下设置"适应数量"为1，如图12-222所示，然后测试渲染当前场景，效果如图12-223所示，可以观察到提高数值后，远端墙面光斑变得更为明显，近处的透明纱窗上也出现了一些光斑，耗时降低到约36秒。

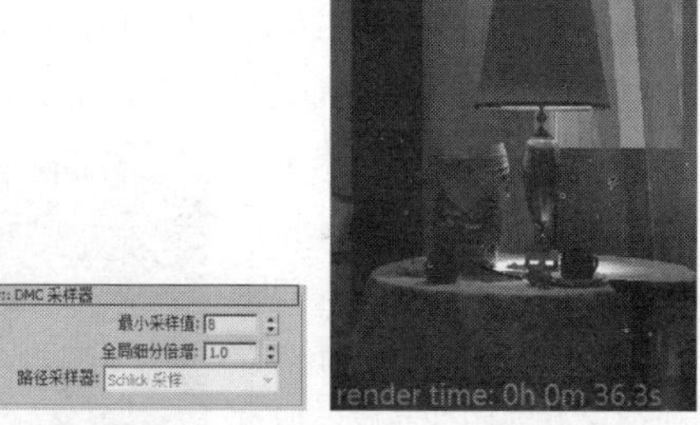

图12-222 图12-223

05 在"DMC采样器"卷展栏下设置"适应数量"至0.55，如图12-224所示，然后测试渲染当前场景，效果如图12-225所示，可以观察到降低该数值后，远端墙面及近处的透明纱窗变得平滑，但耗时增加到约53秒。

图12-224 图12-225

06 在"DMC采样器"卷展栏下设置"适应数量"为0.1，如图12-226所示，然后再次测试渲染当前场景，效果如图12-227所示，可以观察到相对于0.55的设置，此时的图像并没有太多变化，但耗时剧增到约为4分7秒。

图12-226 图12-227

技巧与提示

经过以上的测试可以发现，适当降低"适应数量"值可以在较合理的时间内得到较高品质的图像，在测试渲染时通常保持默认值0.75即可，在渲染成品图时控制在0.55~0.75，设置太低并不能进一步改善图像质量，反而会大幅增加渲染时间。

实战251 DMC采样器之噪波阈值

场景位置	DVD>场景文件>CH12>实战251.max
实例位置	DVD>实例文件>CH12>实战251.max
视频位置	DVD>多媒体教学>CH12>实战251.flv
难易指数	★☆☆☆☆
技术掌握	噪波阈值的作用

"DMC采样器"的"噪波阈值"参数可以控制图像的噪点等，VRay渲染器在评估一种模糊效果是否足够好的时候，最小接受值即为该选项设定的数值，小于该数值的采样在最后的结果中将直接转化为噪波。因此，较小的取值意味着较少的噪波，同时使用更多的样本以获得更好的图像品质，但也会耗费更多的计算时间。图12-228~图12-230所示是不同"噪波阈值"数值渲染得到的图像效果与耗时对比。

图12-228

图12-229

图12-230

01 打开光盘中的"场景文件>CH12>实战251.max"文件，如图12-231所示。

图12-231

02 展开"DMC采样器"卷展栏，可以观察到"噪波阈值"的默认值为0.01，如图12-232所示。

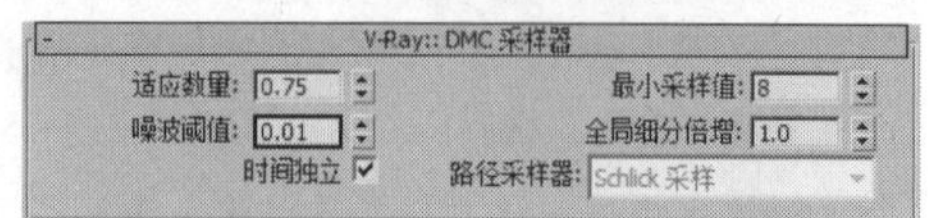

图12-232

03 测试渲染当前场景，效果如图12-233所示，细节放大效果如图12-234所示，可以观察到图像存在很多噪点，远端的墙面上尤为明显，耗时约54秒。

图12-233

图12-234

04 在"DMC采样器"卷展栏下设置"适应数量"为0.1，如图12-235所示，然后测试渲染当前场景，效果如图12-236所示，细节放大效果如图12-237所示，可以观察到此时的噪点更为明显，耗时降低到约52秒。

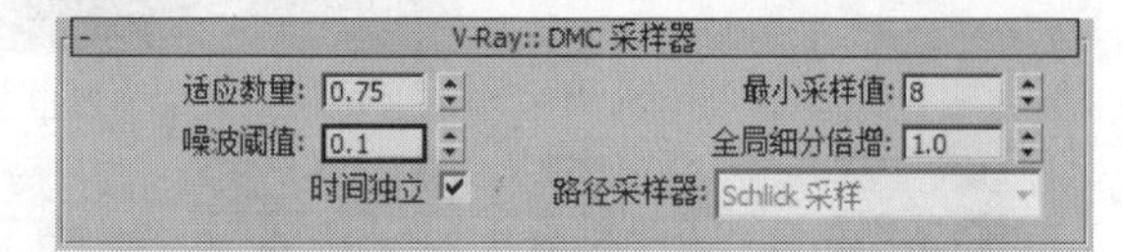

图12-235

图12-236

图12-237

05 在"DMC采样器"卷展栏下设置"适应数量"为0.001，如图12-238所示，然后再次测试渲染当前场景，效果如图12-239所示，细节放大效果如图12-240所示，可以观察到此时的噪点得到了控制，墙面变得比较光滑，耗时则增加都约1分31秒。

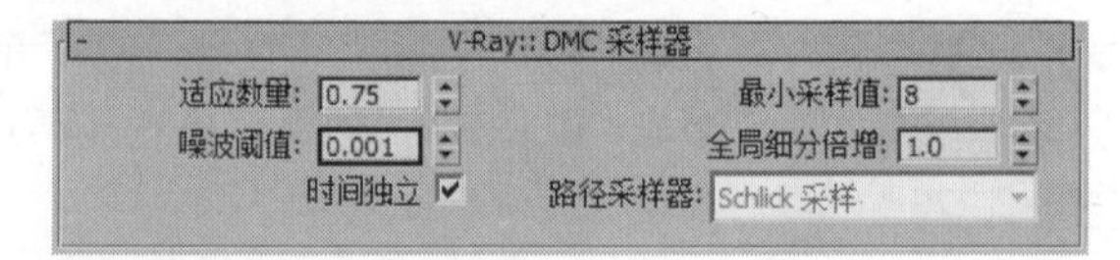

图12-238

图12-239

图12-240

技巧与提示

经过以上的测试可以发现，适当的降低“噪波阈值”参数值可以有效的消除模型表面噪点，在测试渲染时保持默认即可，渲染最终成品图时可设置为0.001～0.005，以得到高品质图像。

实战252 DMC采样器之最小采样值

场景位置	DVD>场景文件>CH12>实战252.max
实例位置	DVD>实例文件>CH12>实战252.max
视频位置	DVD>多媒体教学>CH12>实战252.flv
难易指数	★☆☆☆☆
技术掌握	最小采样值的作用

“DMC采样器”的“最小采样值”选项可以进一步消除图像中的噪点，该参数设定的数值为VRay渲染器早期终止算法生效时必须获得的最少样本数量，较高的取值将会减慢渲染速度，但同时会使早期终止算法更可靠。图12-241~图12-243所示的是不同“最小采样值”渲染得到的图像效果与耗时对比。

图12-241

图12-242

图12-243

01 打开光盘中的“场景文件>CH12>实战252.max”文件，如图12-244所示。

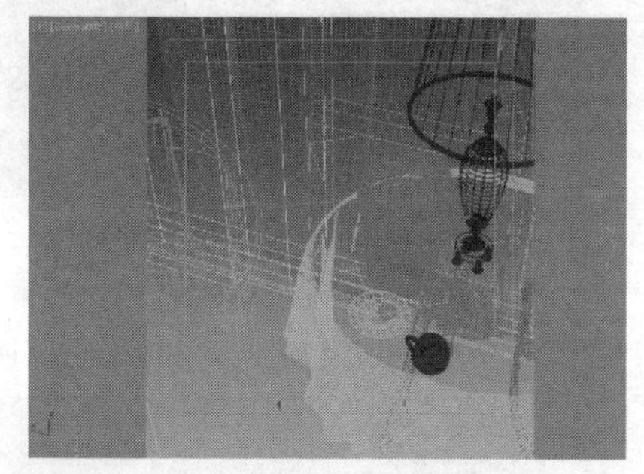

图12-244

02 展开“DMC采样器”卷展栏，可以观察到“最小采样值”的默认值为8，如图12-245所示。

V-Ray:: DMC 采样器
适应数量: 0.75 最小采样值: 8
噪波阈值: 0.01 全局细分倍增: 1.0
时间独立 ☑ 路径采样器: Schlick 采样

图12-245

03 测试渲染当前场景，效果如图12-246所示，细节放大效果如图12-247所示，可以观察模型的表面存在噪点，此时耗时约1分39秒。

图12-246

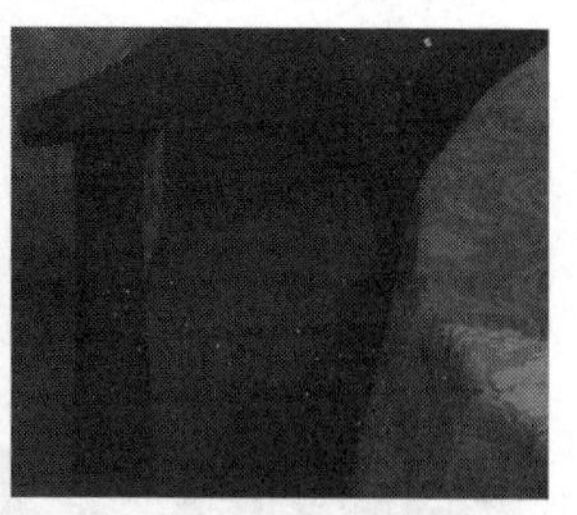

图12-247

04 在“DMC采样器”卷展栏下设置“最小采样值”为2，如图12-248所示，然后测试渲染当前场景，效果如图12-249所示，细节放大效果如图12-250所示，可以观察到此时的噪点变得更为明显，耗时约1分18秒。

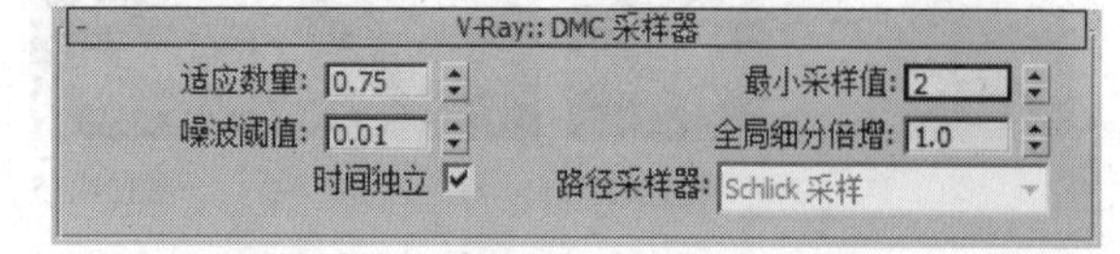

图12-248

图12-249

图12-250

05 在“DMC采样器”卷展栏下设置“噪波阈值”为36，如图12-251所示，然后再次测试渲染当前场景，效果如图12-252所示，细节放大效果如图12-253所示，此时可以观察到噪点得了有效控制，耗时约1分40秒。

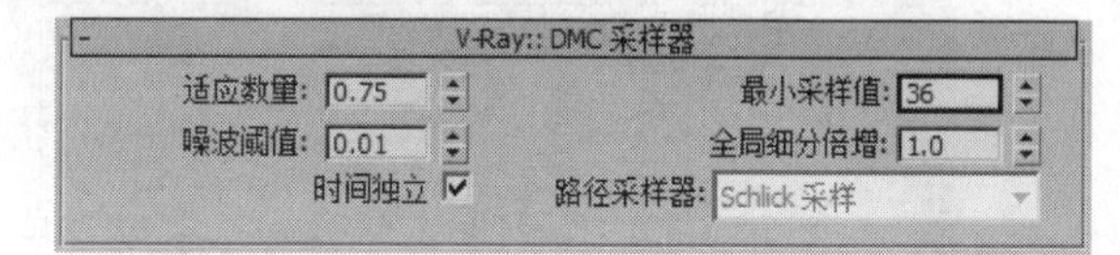

图12-251

图12-252

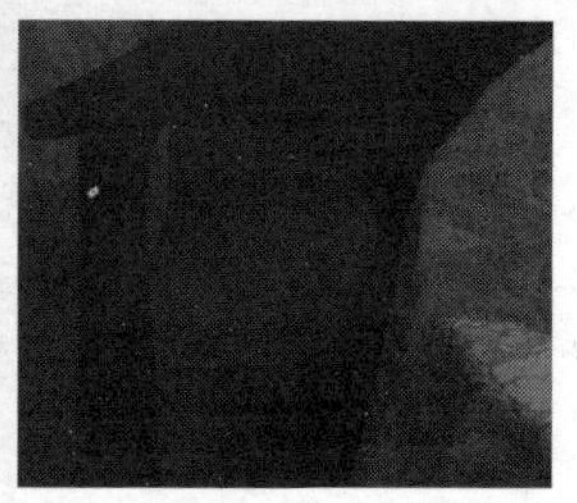

图12-253

技巧与提示

经过以上的测试可以发现，适当增加“最小采样值”可以比较彻底地消除噪点，在测试渲染时通常保持默认数值8即可，在渲染成品图时控制在16~32即可。要注意的是在实际工作中如果“最小采样值”设置为32时，噪点如果仍然较明显，可以通过提高下面的“全局细分倍增”来进一步校正。图12-254所示的是设置该值为1时的渲染效果，图12-255所示的是提高到4时的渲染效果。“全局细分倍增”参数值是渲染过程中任何地方任何参数的细分值的倍数值，因此可以较大程度的提高图像的采样品质，但所增加的渲染时间也比较多。

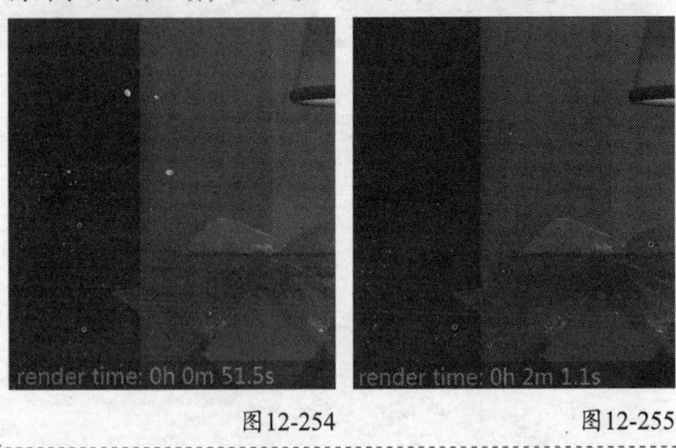

图12-254　　图12-255

实战253 系统之光计算参数

场景位置	DVD>场景文件>CH12>实战253.max
实例位置	DVD>实例文件>CH12>实战253.max
视频位置	DVD>多媒体教学>CH12>实战253.flv
难易指数	★☆☆☆☆
技术掌握	最大树形深度的作用

VRay“系统”卷展栏下的参数如图12-256所示。这里的参数主要用于设置VRay渲染时的系统资源分配、渲染区域、帧标记以及VRay日志等内容，这些参数的调整并不会影响VRay渲染的最终图像效果，主要是用于控制渲染时间、调整帧标记以及查看VRay渲染的详细过程等内容。在本例中主要介绍其中的“光计算参数”选项组。

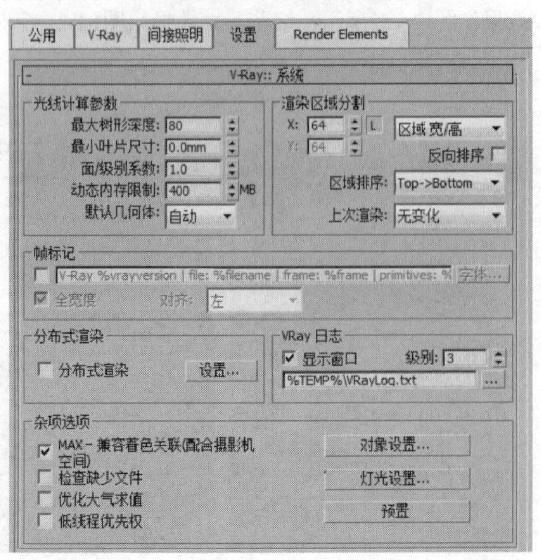

图12-256

VRay渲染器在计算场景光线时，为了准确模拟光线与场景模型的碰撞和反弹，VRay会将场景中的几何体信息组织成一个特别的结构，这个结构称为“二元空间划分树（BSP树，即Binary Space Partitioning）”。“BSP树”是一种分级数据结构，是通过将场景细分成两个部分来建立的，然后在每一个部分中寻找并依次细分它们，这两个部分称为“BSP树的节点”。

设置“最大树形深度”可以定义“BSP树”的最大深度，较大的值将占用更多的内存，但是渲染会很快，一直到一些临界点，超过临界点（每一个场景不一样）以后会开始减慢；较小的参数值将使“BSP树”少占用系统内存，但是整个渲染速度会变慢。图12-257~图12-259所示的是不同的“最大树形深度”值渲染得到的效果与耗时对比。

图12-257

图12-258

图12-259

01 打开光盘中的“场景文件>CH12>实战253.max”文件，如图12-260所示。

图12-260

02 展开“系统”卷展栏，可以观察到“最大树形深度”的默认值为80，如图12-261所示。

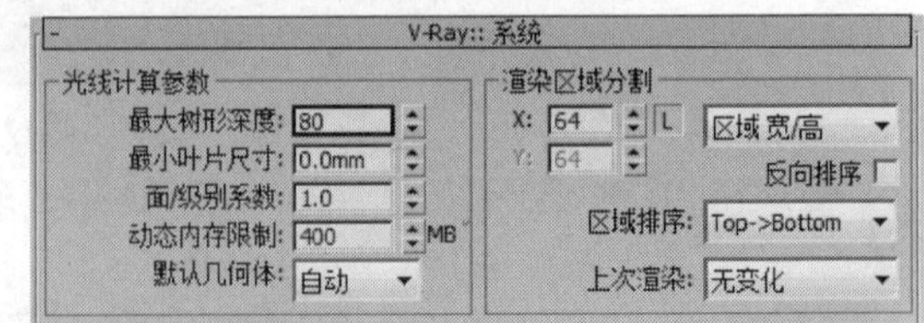

图12-261

03 测试渲染当前场景，效果如图12-262所示，此时耗时约3分14秒。

图12-262

04 在“系统”卷展栏下设置“最大树形深度”为20，如图12-263所示，然后测试渲染当前场景，效果如图12-264所示，可以观察到图像的质量没有发生变化，但耗时剧增到约8分12秒。

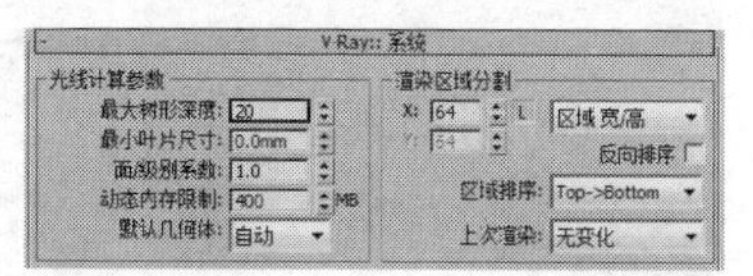

图12-263

图12-264

05 在“系统”卷展栏下设置“最大树形深度”为最大值100，如图12-265所示，然后测试渲染场景，效果如图12-266所示，可以观察到图像质量没有发生变化，但耗时降低到约3分8秒。

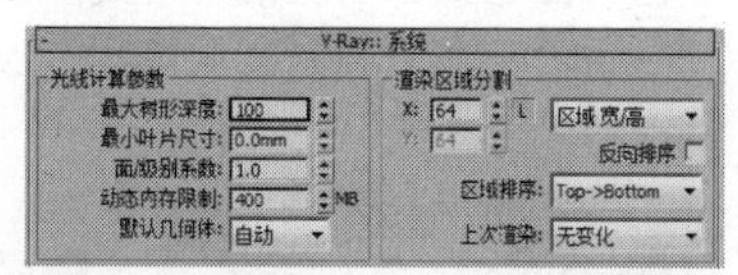

图12-265

图12-266

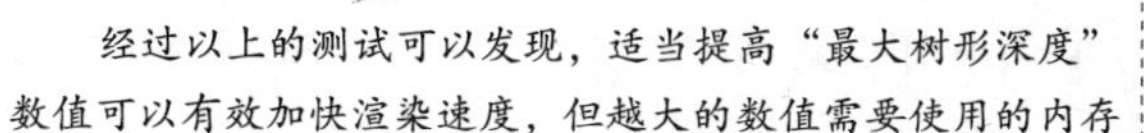

技巧与提示

经过以上的测试可以发现，适当提高“最大树形深度”数值可以有效加快渲染速度，但越大的数值需要使用的内存也越多，因此如果电脑配置比较高，可以提高到最大值100，但如果电脑配置相对比较低的用户，为了保证软件的稳定运行，保持默认值80即可。

此外，VRay渲染器可以通过“光计算参数”选项组下的“动态内存限制”选项来指定其在进行光线计算时所能占用的内存最大值。该数值越大，渲染速度越快，如图12-267和图12-268所示。但是该参数的具体限定同样要根据计算机的配置而定，通常默认的数值可以保证软件稳定运行，而在硬件条件允许的情况下可以适当提高以加快渲染速度。此外，如果在渲染时出现动态内存不足而自动关闭软件时，也可以尝试增大该数值。

图12-267

图12-268

实战254 系统之渲染区域分割

场景位置	DVD>场景文件>CH12>实战254.max
实例位置	DVD>实例文件>CH12>实战254.max
视频位置	DVD>多媒体教学>CH12>实战254.flv
难易指数	★☆☆☆☆
技术掌握	渲染区域分割的x/y参数的作用

VRay“系统”卷展栏下有一个“渲染区域分割”选项组，该选项组中的x/y参数可以用来调整渲染时每次计算的渲染块大小。修改这两个参数的默认值时，并不能影响渲染的图像效果，如图12-269所示，但是可以在渲染耗时上体现出变化，如图12-270和图12-271所示。

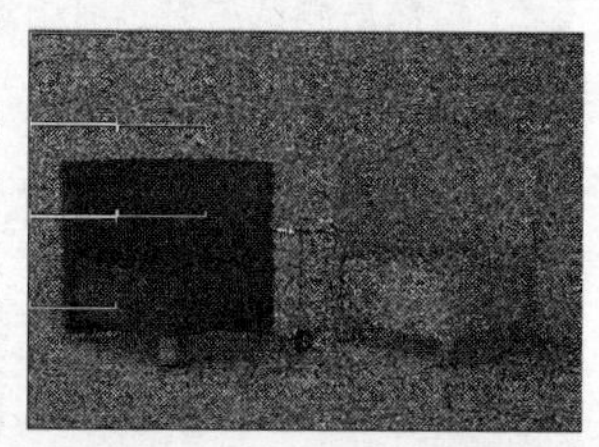

图12-269

图12-270

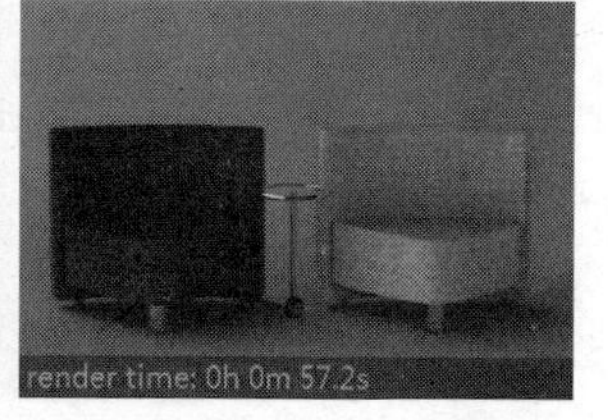

图12-271

01 打开光盘中的“场景文件>CH12>实战254.max”文件，如图12-272所示。

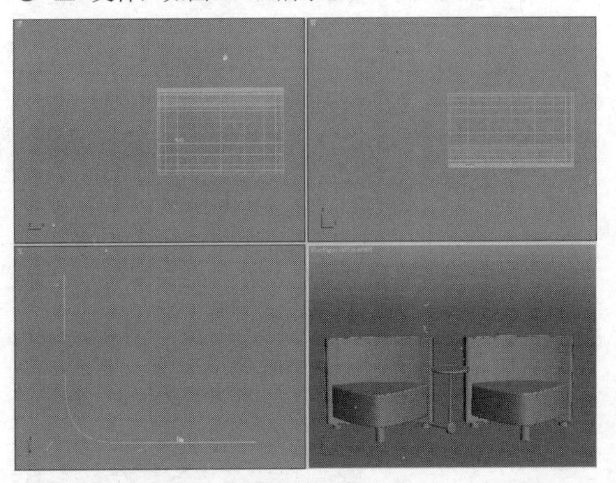

图12-272

02 展开“系统”卷展栏，可以观察到x/y的默认值为64，如图12-273所示。

V-Ray:: 系统
光线计算参数
最大树形深度: 100
最小叶片尺寸: 0.0mm
面/级别系数: 1.0
动态内存限制: 400 MB
默认几何体: 自动
渲染区域分割
X: 64 L 区域宽/高
Y: 64
反向排序
区域排序: Top->Bottom
上次渲染: 无变化

图12-273

03 测试渲染当前场景，此时的渲染块大小如图12-274所示，效果及耗时如图12-275所示，当前耗时约54.2秒。

图12-274　图12-275

04 在“系统”卷展栏中设置x为32，如图12-276所示，然后测试渲染当前场景，此时的渲染块大小如图12-277所示，效果及耗时如图12-278所示，当前耗时约54.1秒。

V-Ray:: 系统
光线计算参数
最大树形深度: 100
最小叶片尺寸: 0.0mm
面/级别系数: 1.0
动态内存限制: 400 MB
默认几何体: 自动
渲染区域分割
X: 32 L 区域宽/高
Y: 32
反向排序
区域排序: Top->Bottom
上次渲染: 无变化

图12-276

图12-277　图12-278

05 在“系统”卷展栏中设置x为128，如图12-279所示，然后测试渲染当前场景，此时的渲染块大小如图12-280所示，效果及耗时如图12-281所示，当前耗时约57.2秒。

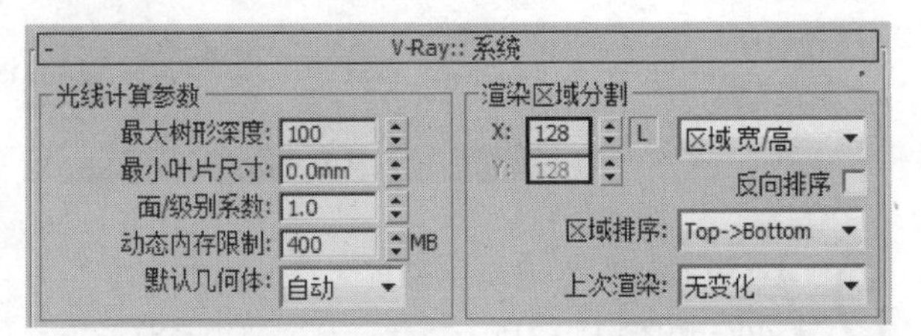

图12-279

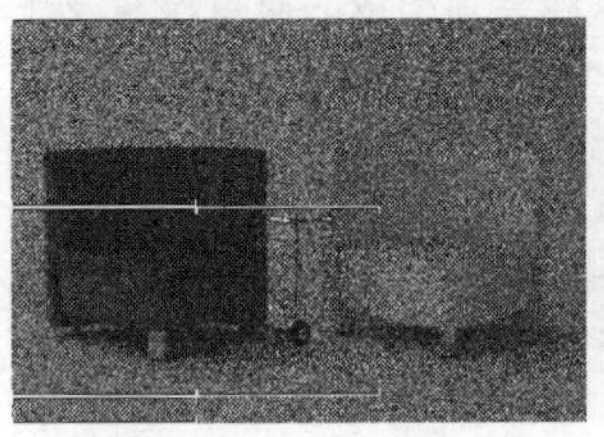

图12-280　图12-281

技巧与提示 

经过以上测试可以发现，相对较小的渲染块可以较快的完成图像渲染。在测试渲染时保持x/y参数为默认值即可，在最终渲染时可以调整到32以提高渲染速度。

实战255 系统之帧标记

场景位置	DVD>场景文件>CH12>实战255.max
实例位置	DVD>实例文件>CH12>实战255.max
视频位置	DVD>多媒体教学>CH12>实战255.flv
难易指数	★☆☆☆☆
技术掌握	帧标记的作用

VRay“系统”卷展栏下的“VRay帧标记”选项可以在渲染图像上显示渲染的相关信息，不同的函数设置及字体可以显示不同的信息量及字体等效果，如图12-282和图12-283所示。

图12-282　图12-283

01 打开光盘中的“场景文件>CH12>实战255.max”文件，如图12-284所示。

02 展开“系统”卷展栏，然后勾选“帧标记”选项，如图12-285所示。

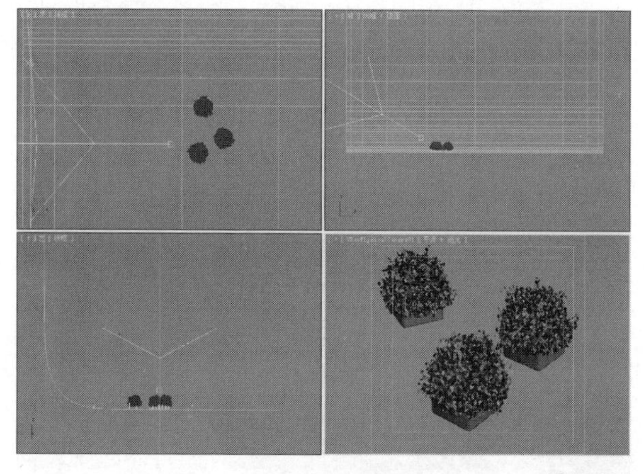

图12-284

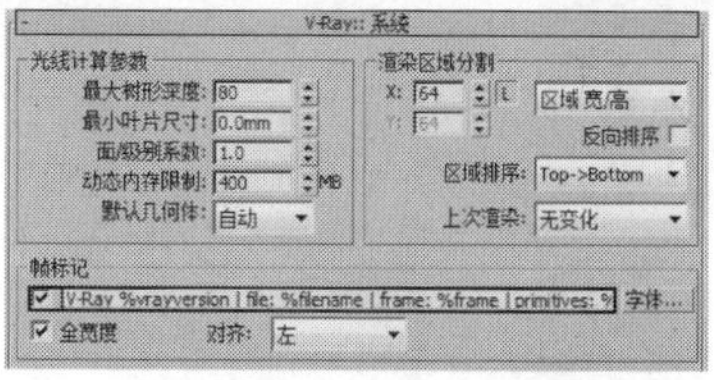

图12-285

03 测试渲染当前场景，效果如图12-286所示。默认的帧标记从左至右依次显示了VRay渲染器的版本、渲染场景名称、渲染帧数、光线交叉数以及渲染时间。

图12-286

04 如果仅需要显示渲染时间并显示较大的字体，可以删除其他标记函数，然后单击右侧的“字体”按钮字体...，如图12-287所示，接着在弹出的“字体”对话框选择一种合适的字体类型，最后设置好字形以及字体大小，如图12-288所示。

图12-287

图12-288

05 测试渲染当前场景，效果如图12-289所示，可以观察到此时只显示了渲染时间，同时字体也变大了。

图12-289

技巧与提示 

除了默认显示的帧标记函数，VRay渲染器还可以通过下列函数显示对应的渲染信息。

%computername：网络中计算机的名称。

%date：显示当前系统日期。

%time：显示当前系统时间。

%w：以“像素”为单位的图像宽度。

%h：以“像素”为单位的图像高度。

%camera：显示帧中使用的摄影机名称（如果场景中不存在摄影机，则显示为空）。

%ram：显示系统中物理内存的数量。

%vmem：显示系统中可用的虚拟内存。

%mhz：显示系统CPU的时钟频率。

%os：显示当前使用的操作系统。

实战256 系统之VRay日志

场景位置	无
实例位置	无
视频位置	DVD>多媒体教学>CH12>实战256.flv
难易指数	★☆☆☆☆
技术掌握	VRay日志的作用

VRay“系统”卷展栏下的“VRay日志”选项可以在渲染时以文本形式记录渲染的过程，如图12-290所示。

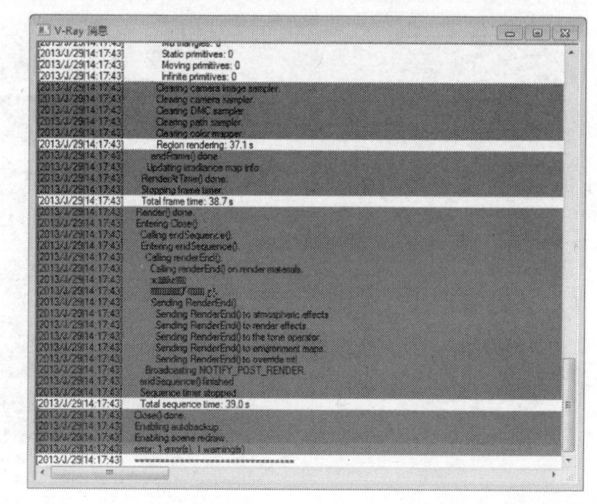

图12-290

01 任意打开一个场景文件，然后展开“系统”卷展栏，接着在“VRay日志”选项组下勾选“显示窗口”选项，如图12-291所示。

图12-291

02 测试渲染场景，此时将生成如图12-292所示的“VRay消息”对话框。注意，错误信息会以error开头并以棕色显示，而警告消息则以warning开头并以绿色显示（不同版本的VRay渲染器在色彩上可能有所不同），而白色文字通常为场景相关的信息，如渲染对象数量和渲染灯光数量等。

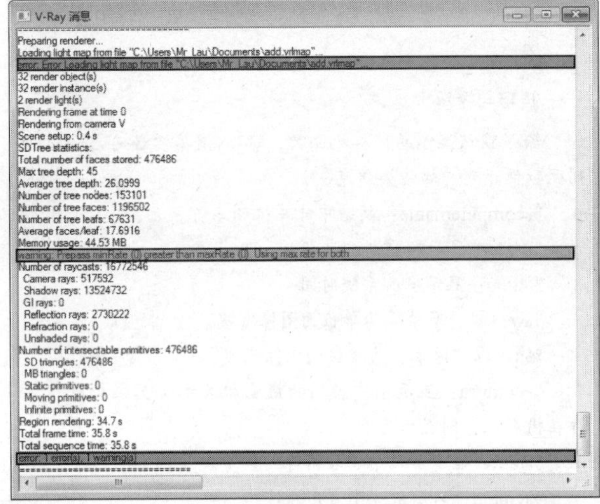

图12-292

03 如果将“VRay日志”选项组下的“级别”参数调整到4，图12-293所示，则在渲染时将以紫色显示详细的渲染进程（步骤），如图12-294所示，可以观察到此时的信息量十分大，但可参考的价值并不多，因此通常保持默认值3即可。

图12-293

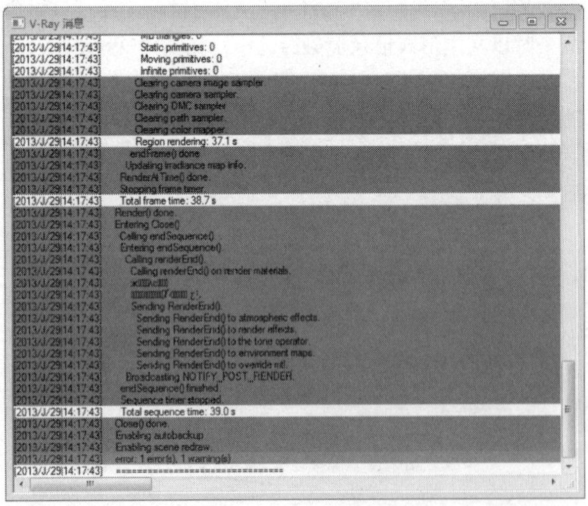

图12-294

技巧与提示

默认设置下的“级别”为3，此时显示错误、警告及正常信息；调整到2则只显示错误与警告信息；调整到1则只显示错误信息。

04 如果要以文本的形式保存VRay日志，可以在“VRay日志”选项组的右下角单击...按钮，如图12-295所示，然后在弹出的对话框中设置好文本保存名称与路径，如图12-296所示。在渲染完成后，打开保存的文件即可查看相关的渲染信息，如图12-297所示。

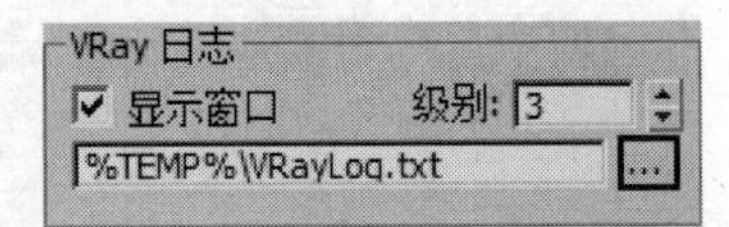

图12-295

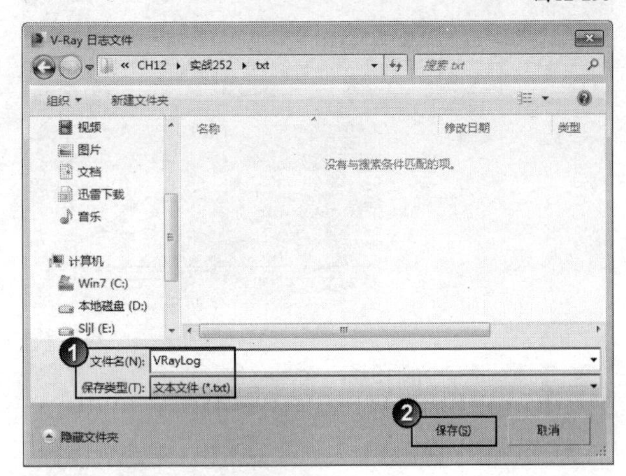

图12-296

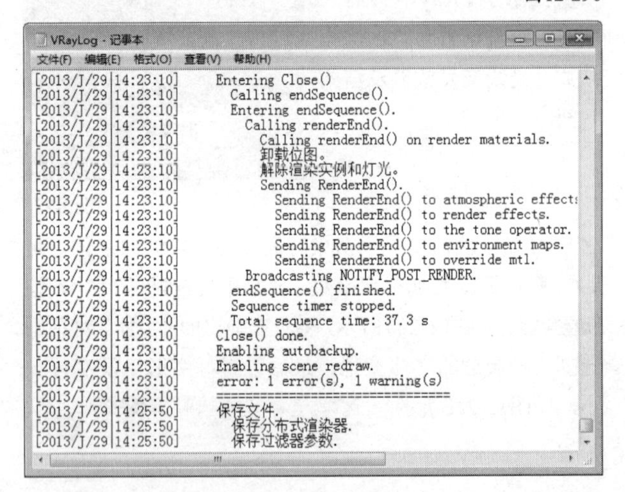

图12-297

实战257 系统之预置

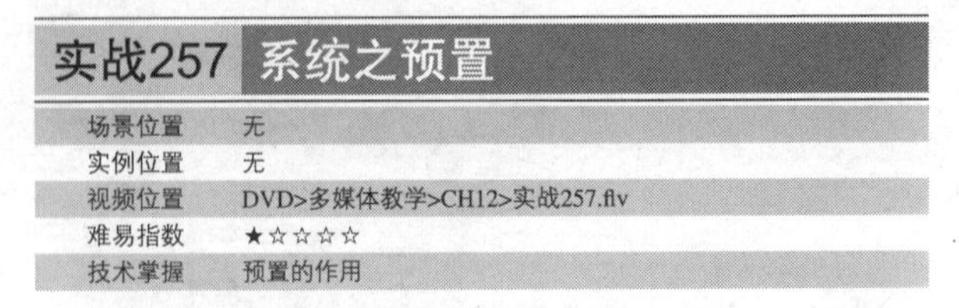

场景位置	无
实例位置	无
视频位置	DVD>多媒体教学>CH12>实战257.flv
难易指数	★☆☆☆☆
技术掌握	预置的作用

在“系统”卷展栏下单击“预置”按钮 预置 ，可以将当前设置的渲染文件保存为预置文件，在下次需要使用到相同渲染参数时可以直接调用，如图12-298所示。

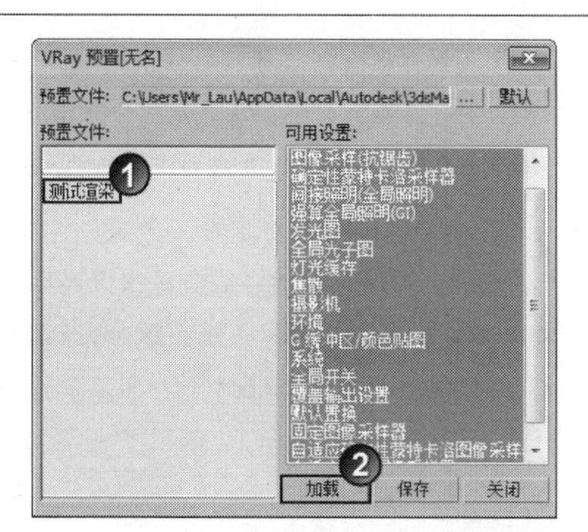

图12-298

01 任意打开一个场景文件，展开“系统”卷展栏，然后在“杂项选项”选项组下单击的“预置”按钮 预置 ，如图12-299所示，接着在弹出的“VRay预置”对话框中全选右侧列表中的所有参数，并在左侧列表中输入当前渲染参数的名称，最后单击“保存”按钮 保存 进行，如图12-300所示。

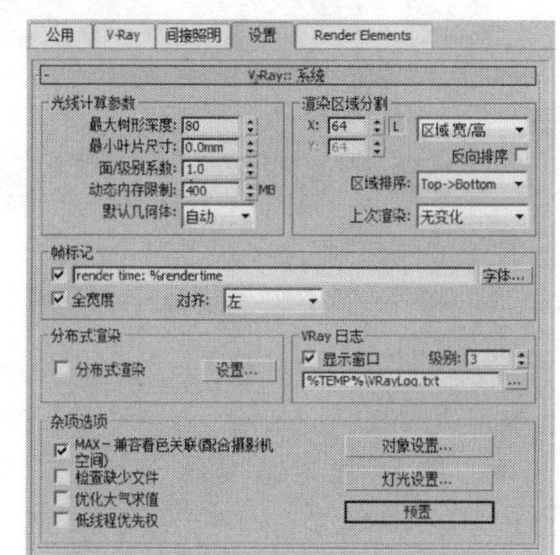

图12-299

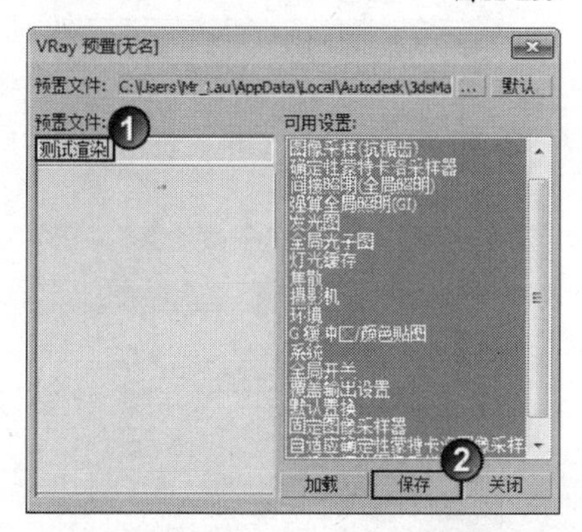

图12-300

02 关闭当前场景，然后打开一个不同的场景文件，并设置渲染器为VRay渲染器，接着在“杂项选项”选项组下单击的“预置”按钮 预置 ，在弹出的“VRay预置”对话框可以查看到之前保存的预置文件，单击“加载”按钮 加载 即可快速将之前设置好的测试渲染参数加载到新打开的场景中，如图12-301所示。

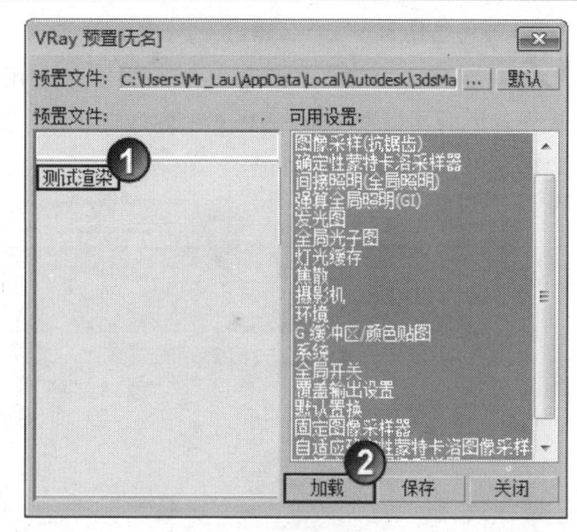

图12-301

实战258 系统之渲染元素

场景位置	DVD>场景文件>CH12>实战258.max
实例位置	DVD>实例文件>CH12>实战258.max
视频位置	DVD>多媒体教学>CH12>实战258.flv
难易指数	★☆☆☆☆
技术掌握	渲染元素的作用

在VRay渲染器的Render Elements（渲染元素）选项卡下可以在渲染正常图像时同步渲染一些单独的元素（如场景中反射和折射效果）。在本例中主要以“VRay渲染ID”元素渲染如图12-302所示的彩色通道图来介绍Render Elements（渲染元素）选项卡的使用方法与技巧。

图12-302

01 打开光盘中的“场景文件>CH12>实战228.max”文件，如图12-303所示，然后测试渲染当前场景，效果如图12-304所示。

图12-303

图12-304

02 单击Render Elements（渲染元素）选项卡，然后单击“添加”按钮，接着在弹出的“渲染元素”对话框中选择“VRay渲染ID”元素，最后单击“确定”按钮，如图12-305所示。

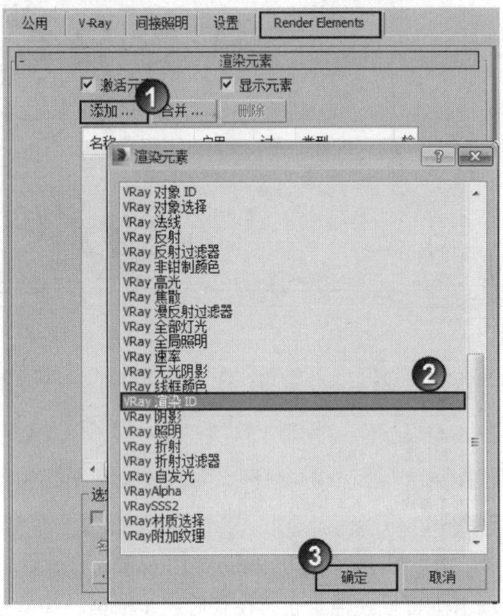

图12-305

03 选择好“VRay渲染ID”元素后，勾选“显示元素”及“启用”选项，然后设置好渲染元素的保存名称与路径，如图12-306所示。

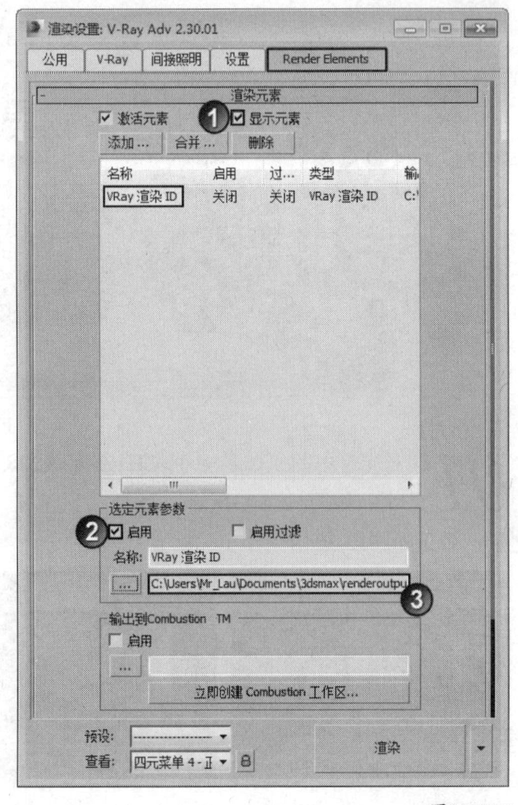

图12-306

技巧与提示

勾选“显示元素”选项后，可以在图像渲染完成后自动弹出一个对话框以显示生成的渲染元素效果。

04 渲染测试当前场景，效果如图12-307所示，可以观察到同时生成了渲染图像以及彩色通道图像。这样在使用Photoshop进行后期处理时，可以通过魔棒等工具精确选择到各个色块区域，方便图像局部细节的调整。

图12-307

实战259 多角度批处理渲染

场景位置	DVD>场景文件>CH12>实战259.max
实例位置	DVD>实例文件>CH12>实战259.max
视频位置	DVD>多媒体教学>CH12>实战259.flv
难易指数	★☆☆☆☆
技术掌握	批处理渲染的作用

在实际工作中，同一场景经常需要进行多个角度的表现，此时可以通过“批处理渲染”功能自动进行多角度的渲染及图像的自动保存，如图12-308所示。

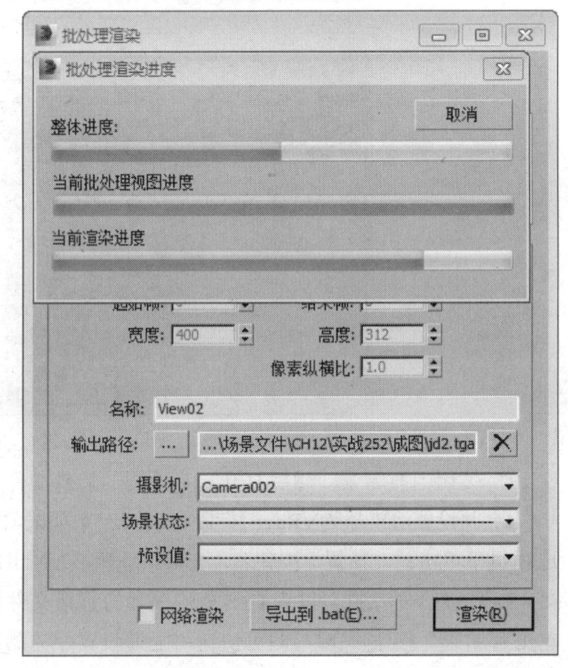

图12-308

01 打开光盘中的“场景文件>CH12>实战259.max”文件，该场景设置了两个渲染角度，如图12-309和图12-310所示。

图12-309

图12-310

02 执行“渲染>批处理渲染”菜单命令，如图12-311所示，然后在弹出的“批处理渲染”对话框中连续单击两次“添加”按钮添加(A)...，创建两个视角，如图12-312所示。

渲染(R) 自定义(U) MAXScript(M) 帮助(H)
渲染 Shift+Q
渲染设置(R)... F10
渲染帧窗口(W)...
状态集...
曝光控制...
环境(E)... 8
批处理渲染...
打印大小助手...

图12-311

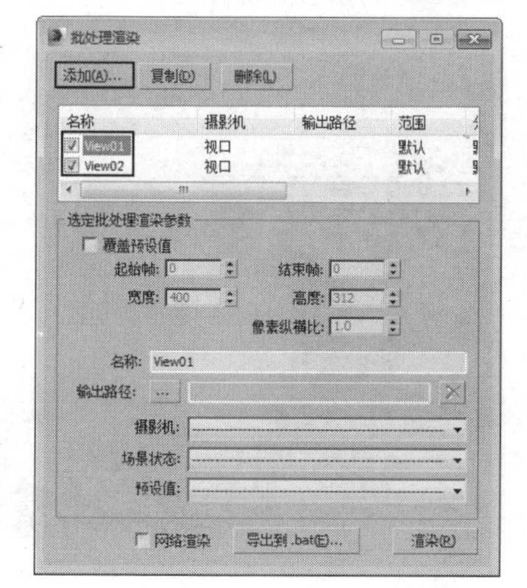

图12-312

03 选择View01视角，然后在“摄影机”下拉列表中选择Camera001，接着单击“输出路径”选项后面的按钮...设置好渲染文件的保存路径，如图12-313所示。设置完成后采用相同的方法设置好View02视角，如图12-314所示。

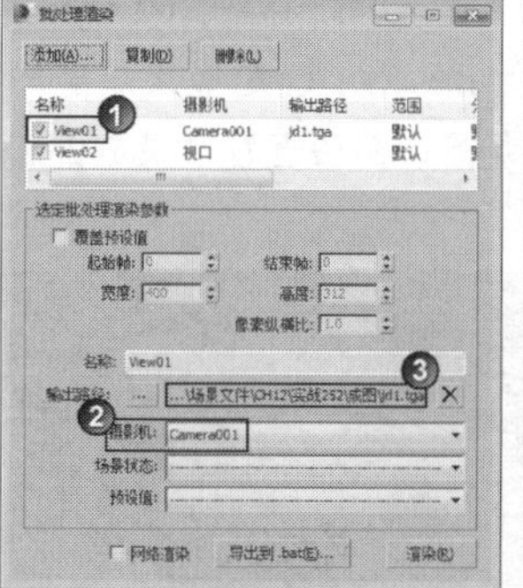

图12-313

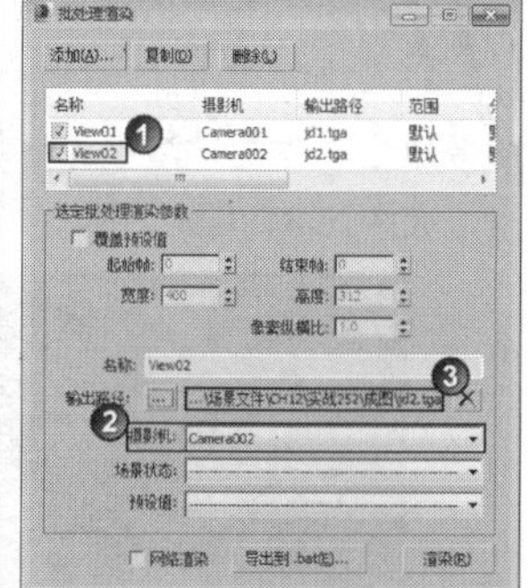

图12-314

04 在“批处理渲染”对话框中单击“渲染”按钮渲染(R)，此时将弹出一个显示渲染进度的“批处理渲染进度”对话框，如图12-315所示。渲染完成后，在设置好的文件保存路径下即可找到渲染好的图像，如图12-316所示。

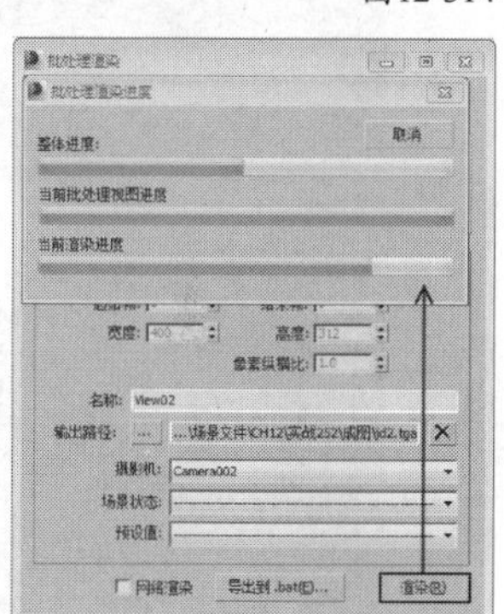

图12-315

图12-316

实战260 渲染自动保存与关机

场景位置	DVD>场景文件>CH12>实战260.max
实例位置	DVD>实例文件>CH12>实战260.max
视频位置	DVD>多媒体教学>CH12>实战260.flv
难易指数	★☆☆☆☆
技术掌握	渲染自动保存与关机

在实际的工作中最终成品图的渲染通常需要较长的

时间，为了方便在外出或是休息时间自动保存渲染好的图像并关闭计算机，可以使用渲染自动保存与关机功能。

01 打开光盘中的“场景文件>CH12>实战260.max”文件，如图12-317所示。为了确定最终渲染的图像质量，先测试渲染当前场景，然后查看效果是否满意，如图12-318所示。

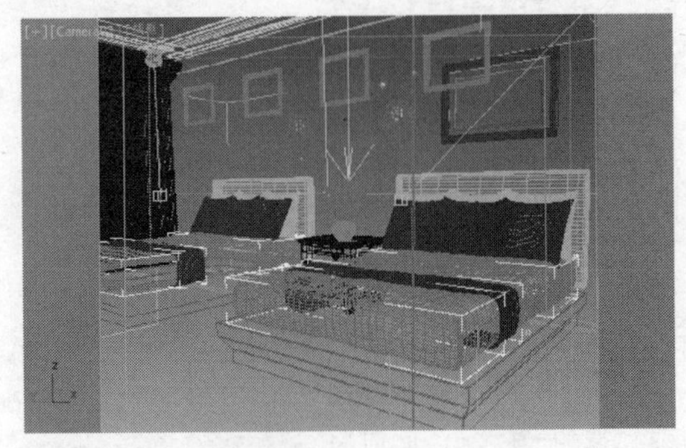

图12-317

图12-318

> **技巧与提示**
>
> 由于在设置自动关机后，只要进行了渲染，则不管是渲染正常完成还是手动终止，计算机都会自动关机，因此必须先渲染一张小图查看图像效果是否达到要求。

02 单击“公用”选项卡，然后在“渲染输出”选项组下设置好最终图像的名称与保存路径，如图12-319所示。

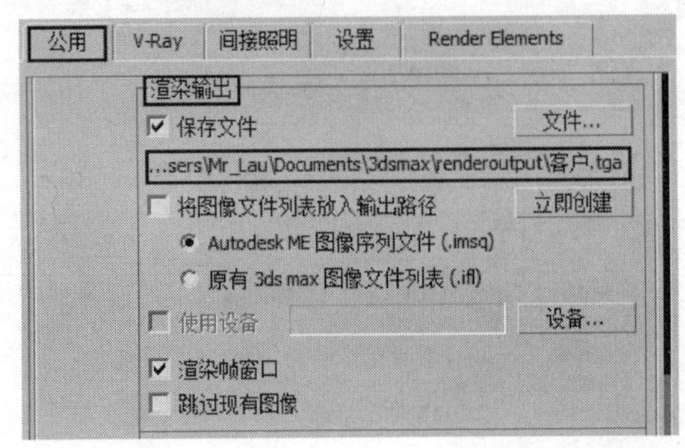

图12-319

03 展开“脚本”卷展栏，然后在“渲染后期”选项组下单击“文件”按钮 文件... ，如图12-320所示，接着在弹出的对话框中选择光盘中的“实例文件>CH12>实战230>渲染完自动关机脚本.ms”脚本文件，最后单击“打开”按钮 打开(O) ，如图12-321所示。

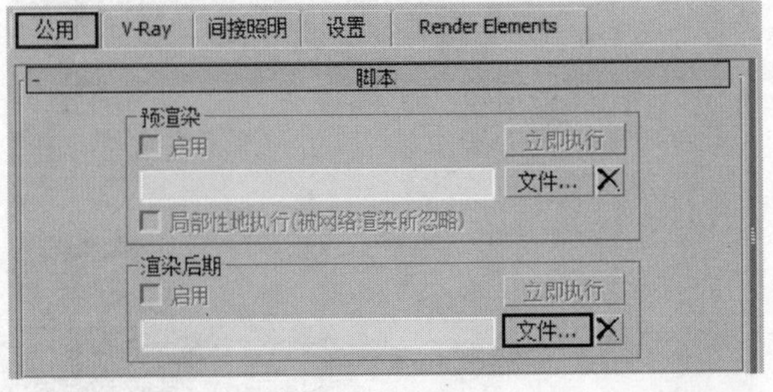

图12-320

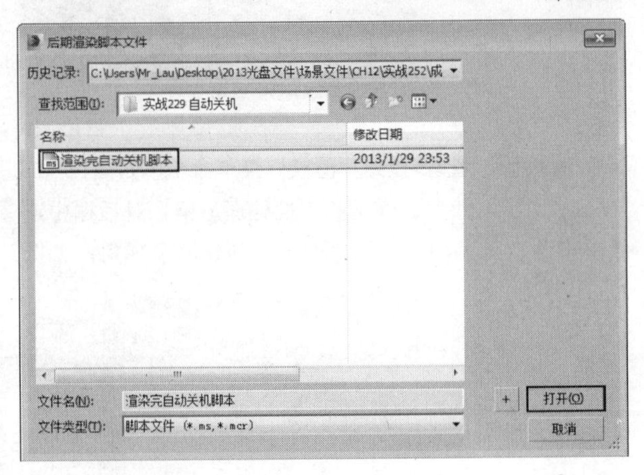

图12-321

04 渲染当前场景，在渲染完成后将弹出一个自动关机的提示对话框，如图12-322所示，待提示时间结束后将自动进入关机程序。

图12-322

第13章 效果图常见效果制作与后期处理

学习要点：为效果图添加常见效果 / 调整效果图的亮度 / 调整效果图的层次感 / 调整效果图的清晰度 / 调整效果图的色彩 / 调整效果图的光效 / 调整效果图的环境

■ 加载环境贴图/402页 ■ 体积光效果/403页 ■ 镜头效果/405页 ■ 调整效果图的亮度/410页 ■ 调整效果图的层次感/411页

■ 调整效果图的清晰度/413页 ■ 统一效果图的色调/415页 ■ 为效果图添加光晕/416页 ■ 为效果图制作四季光效/418页 ■ 为效果图添加室外环境/419页

家装造型设计师 工业造型设计师 室内设计表现师 建筑设计表现师

实战261 加载环境贴图

场景位置	DVD>场景文件>CH13>实战261.max
实例位置	DVD>实例文件>CH13>实战261.max
视频位置	DVD>多媒体教学>CH13>实战261.flv
难易指数	★☆☆☆☆
技术掌握	加载室外环境贴图

在渲染场景时，如果需要体现出室外的环境效果，就需要通过环境贴图来实现。图13-1所示是加载环境贴图前后的渲染效果对比。

图13-1

01 打开光盘中的“场景文件>CH13>实战261.max”文件，如图13-2所示，然后按F9键测试渲染当前场景，效果如图13-3所示。

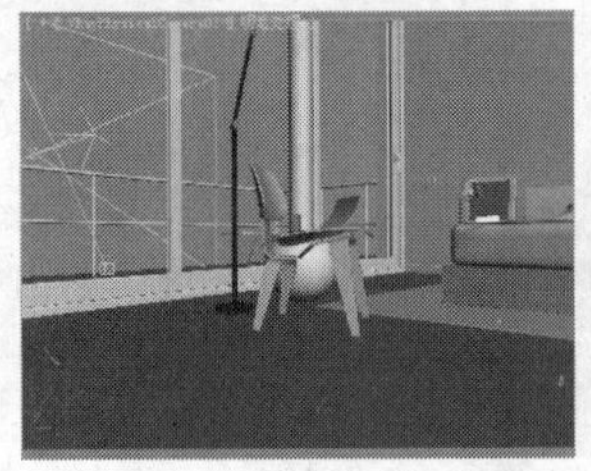

图13-2

图13-3

技巧与提示

在默认情况下，背景颜色都是黑色，也就是说渲染出来的背景颜色是黑色。如果更改背景颜色，则渲染出来的背景颜色也会跟着改变。而图13-3所示的背景是天蓝色的，这是因为加载了“VRay天空”环境贴图的原因。

02 按大键盘上的8键打开“环境和效果”对话框，然后在“环境贴图”选项组下单击“无”按钮 无 ，接着在弹出的“材质/贴图浏览器”对话框中单击“位图”选项，最后在弹出的“选择位图图像文件”对话框中选择光盘中的“实例文件>CH13>实战261>背景.jpg文件”，如图13-4所示。

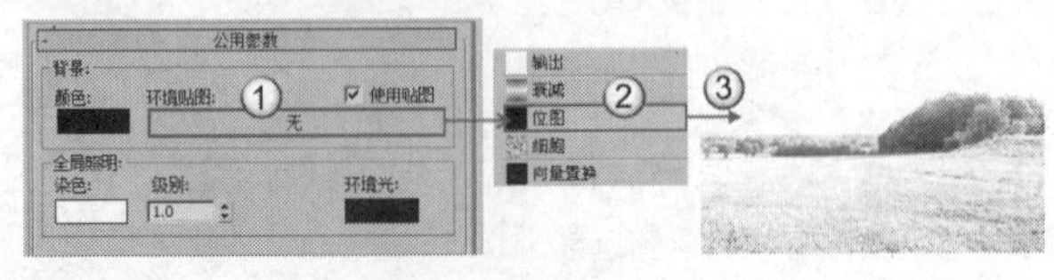

图13-4

03 按C键切换到摄影机视图，然后按F9键渲染当前场景，最终效果如图13-5所示。

图13-5

技巧与提示

背景图像可以直接渲染出来，当然也可以在Photoshop中进行合成，不过这样比较麻烦，能在3ds Max中完成的尽量在3ds Max中完成。

实战262 全局照明

场景位置	DVD>场景文件>CH13>实战262.max
实例位置	DVD>实例文件>CH13>实战262.max
视频位置	DVD>多媒体教学>CH13>实战262.flv
难易指数	★☆☆☆☆
技术掌握	调节全局照明的染色和级别

在现实摄影中，对同一场景使用不同的色调进行拍摄，会得到不同的色调效果。在3ds Max中，通过全局照明颜色的调整，可以快速改变场景环境光的颜色，从而影响渲染图像的整体色调，如图13-6所示。

图13-6

01 打开光盘中的“场景文件>CH13>实战262.max”文件，如图13-7所示。

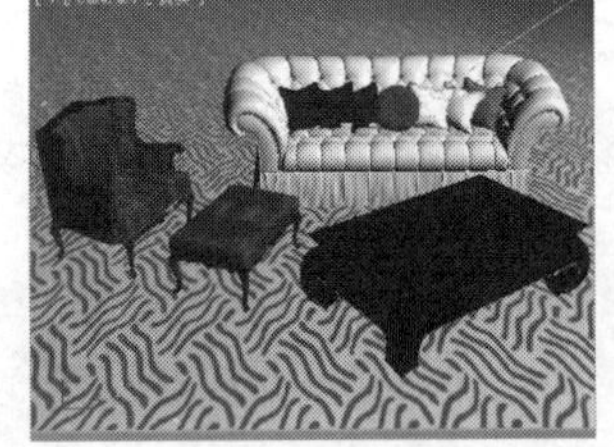

图13-7

02 按大键盘上的8键打开“环境和效果”对话框，然后在“全局照明”选项组下设置“染色”为白色，接着设置“级别”为1，如图13-8所示，最后按F9键测试渲染当前场景，效果如图13-9所示。

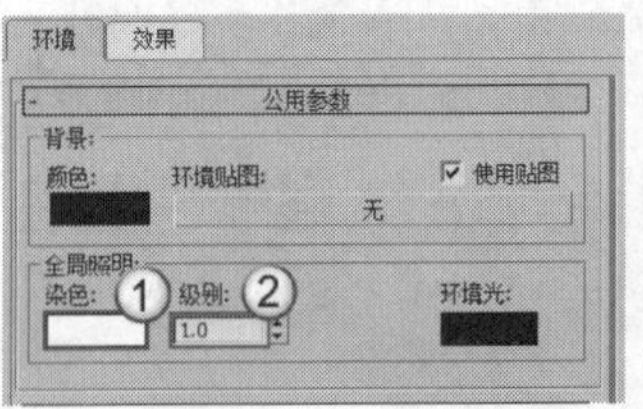

图13-8

图13-9

03 在“全局照明”选项组下设置“染色”为蓝色（红:121，绿:175，蓝:255），然后设置“级别”为1.5，如图13-10所示，接着按F9键测试渲染当前场景，效果如图13-11所示。

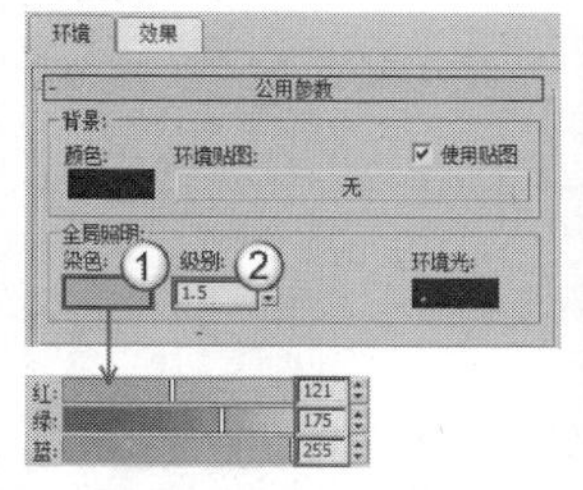

图13-10　图13-11

04 在“全局照明”选项组下设置“染色”为黄色（红:247，绿:231，蓝:45），然后设置“级别”为0.5，如图13-12所示，接着按F9键测试渲染当前场景，效果如图13-13所示。

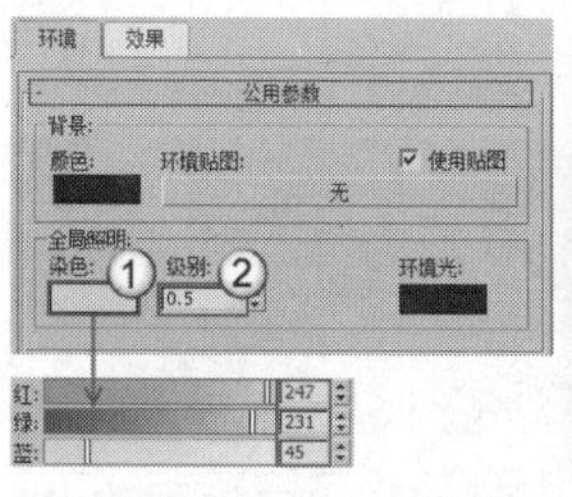
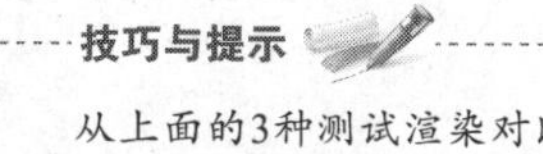

图13-12　图13-13

技巧与提示

从上面的3种测试渲染对比效果中可以观察到，当改变“染色”颜色时，场景中的物体会受到“染色”颜色的影响而发生变化；当增大“级别”数值时，场景会变亮，而减小“级别”数值时，场景会变暗。

实战263 体积光效果

场景位置	DVD>场景文件>CH13>实战263.max
实例位置	DVD>实例文件>CH13>实战263.max
视频位置	DVD>多媒体教学>CH13>实战263.flv
难易指数	★★★☆☆
技术掌握	用体积光制作体积光

体积光效果如图13-14所示。

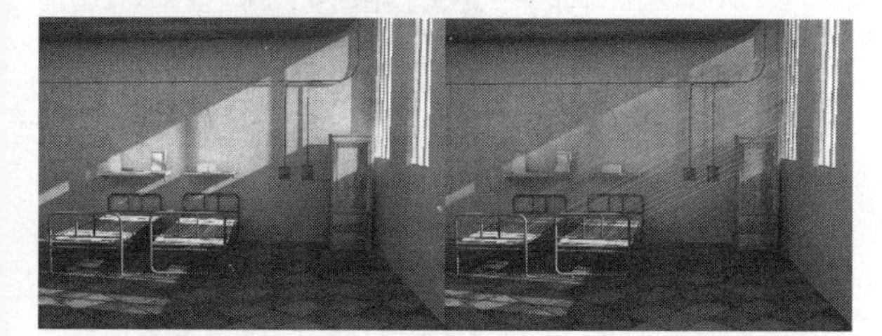

图13-14

01 打开光盘中的“场景文件>CH13>实战263.max”文件，如图13-15所示。

02 设置灯光类型为VRay，然后在天空中创建一盏VRay太阳，其位置如图13-16所示。

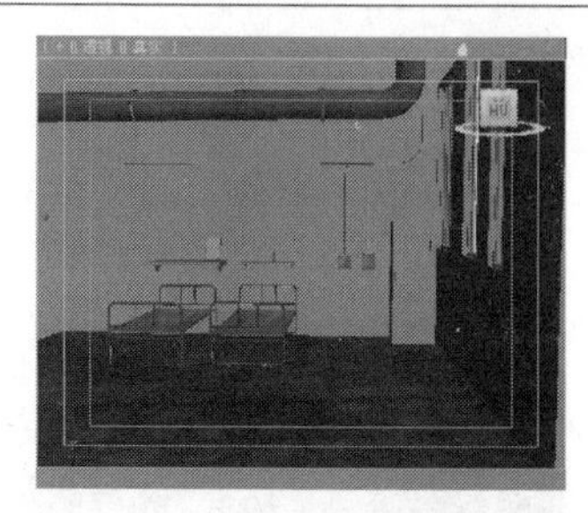

图13-15

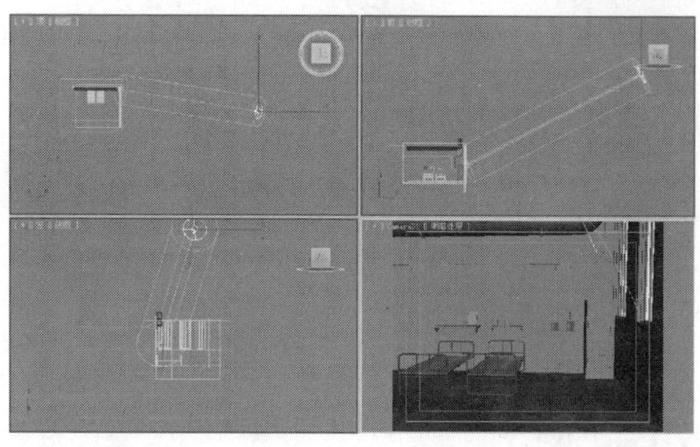

图13-16

03 选择VRay太阳，然后在“VRay太阳参数”卷展栏下设置“强度倍增”为0.06、“阴影细分”为8、“光子发射半径”为495 mm，具体参数设置如图13-17所示，接着按F9键测试渲染当前场景，效果如图13-18所示。

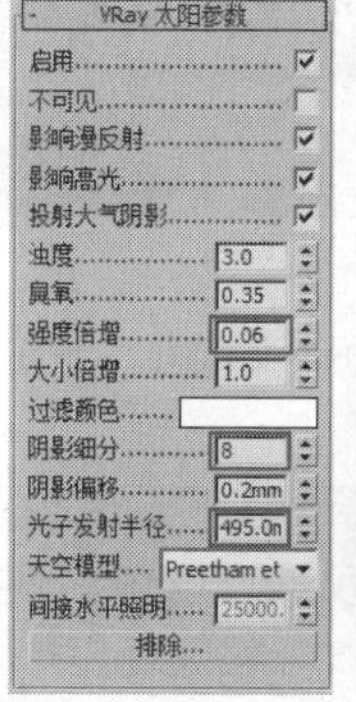

图13-17　图13-18

技巧与提示

从图13-18中可以观察到场景渲染出来是黑色的，这是因为窗户外面有个面片将灯光遮挡住了，如图13-19所示。如果不修改这个面片的属性，灯光就不会射进室内。

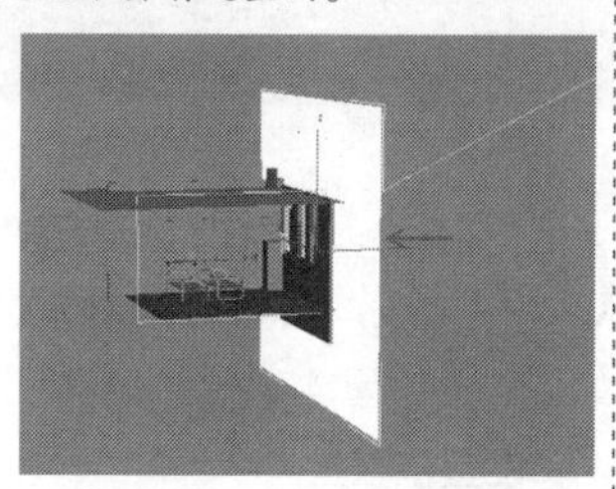

图13-19

04 选择窗户外面的面片，然后单击鼠标右键，接着在弹出的菜单中选择“对象属性”命令，最后在弹出的“对象属性”对话框中关闭“投影阴影”选项，如图13-20所示。

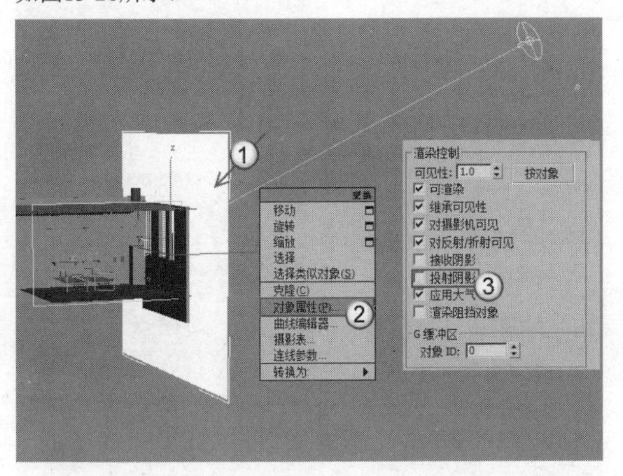

图13-20

05 在摄影机视图中按F9键测试渲染当前场景，效果如图13-21所示。

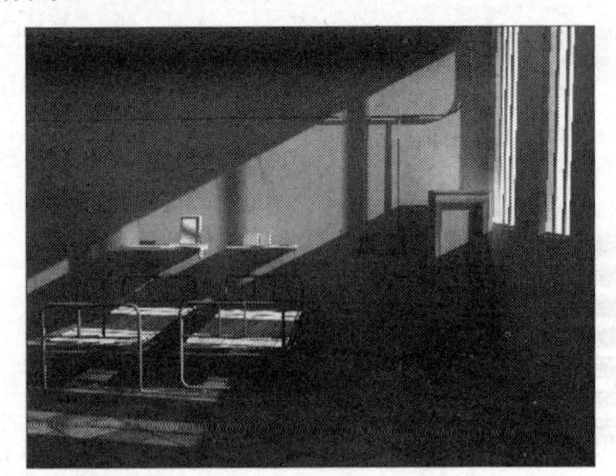

图13-21

06 在前视图中创建一盏VRay灯光作为辅助光源，其位置如图13-22所示。

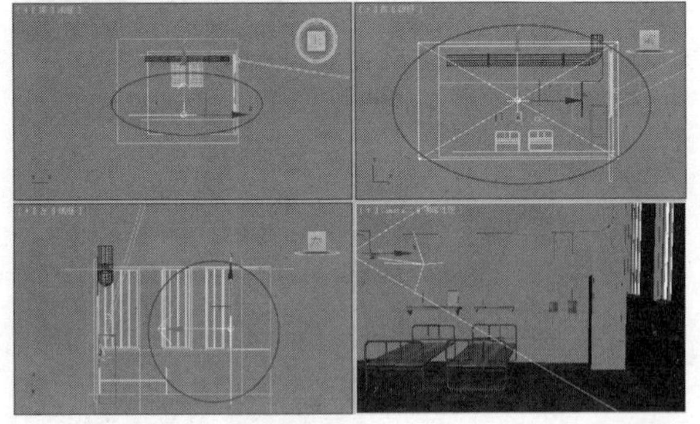

图13-22

07 选择上一步创建的VRay灯光，然后进入“修改”面板，接着展开“参数”卷展栏，具体参数设置如图13-23所示。

设置步骤

① 在“常规”选项组下设置“类型”为“平面”。

② 在“大小”选项组下设置“1/2长”为975mm、“1/2宽”为550mm。

③ 在“选项”选项组下勾选“不可见”选项。

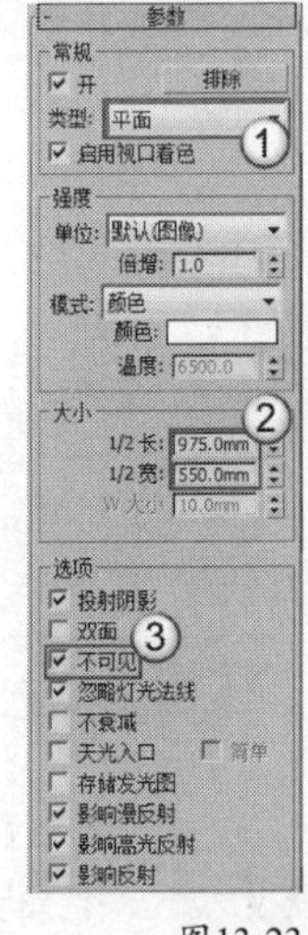

图13-23

08 设置灯光类型为“标准”，然后在天空中创建一盏目标平行光，其位置如图13-24所示（与VRay太阳的位置相同）。

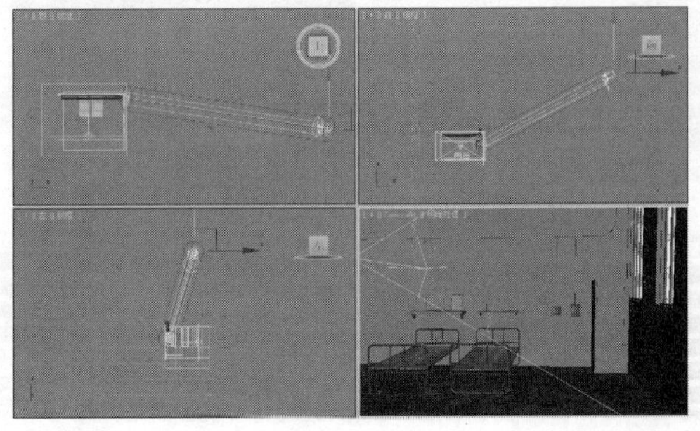

图13-24

09 选择上一步创建的目标平行光，然后进入“修改”面板，具体参数设置如图13-25所示。

设置步骤

① 展开“常规参数”卷展栏，然后设置阴影类型为“VRay阴影”。

② 展开“强度/颜色/衰减”卷展栏，然后设置“倍增”为0.9。

③ 展开“平行光参数”卷展栏，然后设置“聚光区/光束”为150mm、“衰减区/区域”为300mm。

④ 展开“高级效果”卷展栏，然后在“投影贴图”通道中加载光盘中的“实例文件>CH13>实战263>55.jpg”文件。

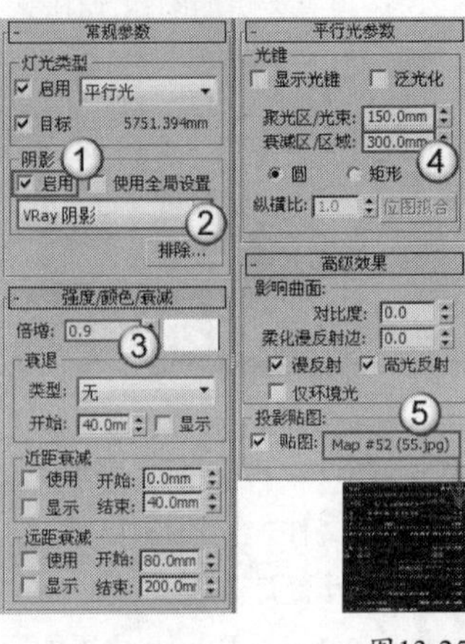

图13-25

10 在摄影机视图中按F9键测试渲染当前场景，效果如图13-26所示。

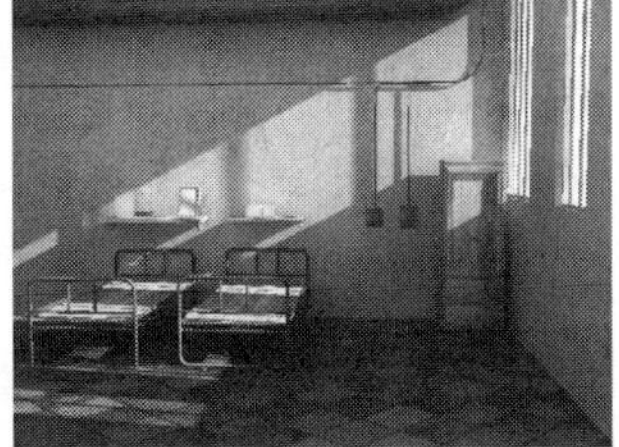

图13-26

技巧与提示

虽然在"投影贴图"通道中加载了黑白贴图，但是灯光还没有产生体积光束效果。

11 按大键盘上的8键打开"环境和效果"对话框，然后展开"大气"卷展栏，接着单击"添加"按钮 添加... ，最后在弹出的"添加大气效果"对话框中选择"体积光"选项，如图13-27所示。

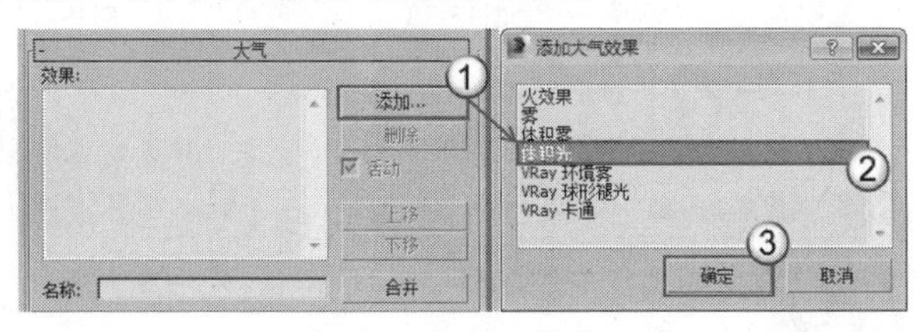

图13-27

12 在"效果"列表中选择"体积光"选项，在"体积光参数"卷展栏下单击"拾取灯光"按钮 拾取灯光 ，然后在场景中拾取目标平行灯光，接着设置"雾颜色"为（红:247，绿:232，蓝:205），再勾选"指数"选项，并设置"密度"为3.8，最后设置"过滤阴影"为"中"，具体参数设置如图13-28所示。

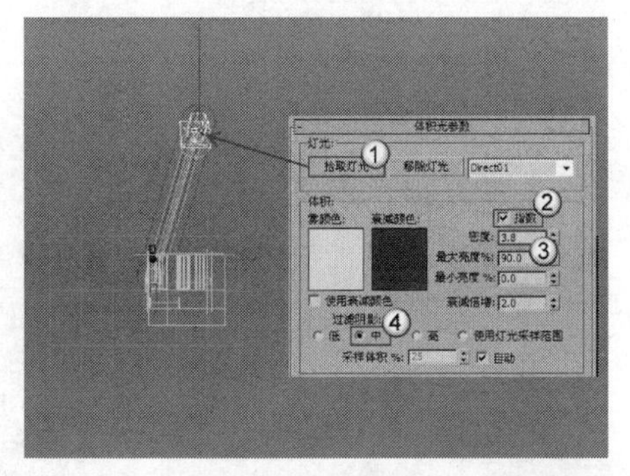

图13-28

13 在摄影机视图中按F9键渲染当前场景，最终效果如图13-29所示。

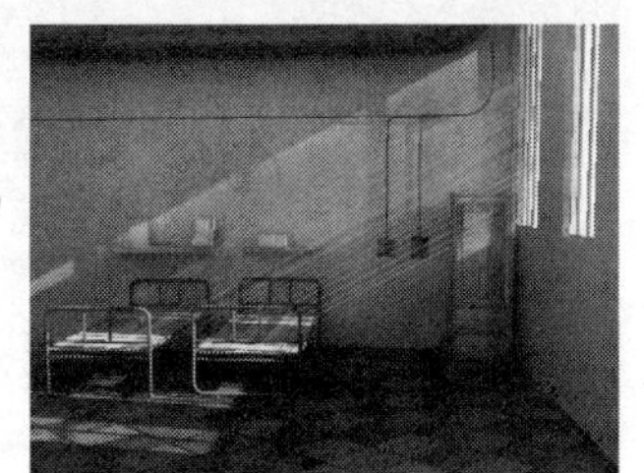

图13-29

实战264 镜头效果

场景位置	DVD>场景文件>CH13>实战264.max
实例位置	DVD>实例文件>CH13>实战264.max
视频位置	DVD>多媒体教学>CH13>实战264.flv
难易指数	★★★☆☆
技术掌握	用镜头效果制作各种镜头特效

镜头效果如图13-30所示。

图13-30

01 打开光盘中的"场景文件>CH13>实战264.max"文件，如图13-31所示。

图13-31

02 按大键盘上的8键打开"环境和效果"对话框，然后在"效果"选项卡下单击"添加"按钮 添加... ，接着在弹出的"添加效果"对话框中选择"镜头效果"选项，如图13-32所示。

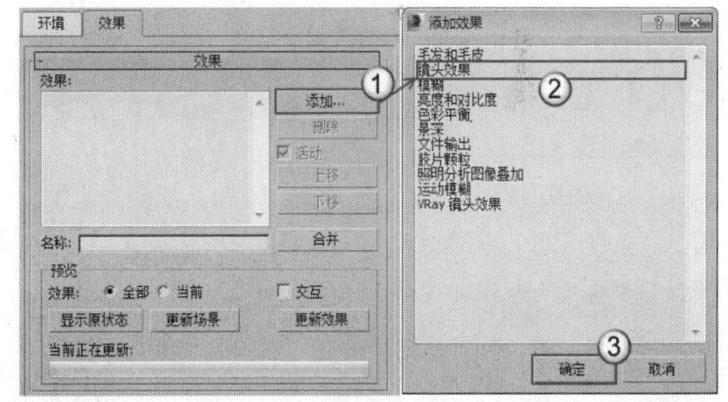

图13-32

03 选择"效果"列表框中的"镜头效果"选项，然后在"镜头效果参数"卷展栏下的左侧列表选择"光晕"选项，接着单击 > 按钮将其加载到右侧的列表中，如图13-33所示。

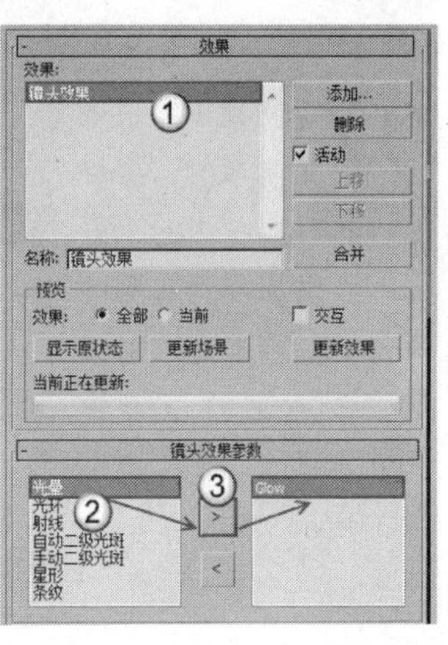

图13-33

04 展开“镜头效果全局”卷展栏，然后单击“拾取灯光”按钮 拾取灯光 ，接着在视图中拾取两盏泛光灯，如图13-34所示。

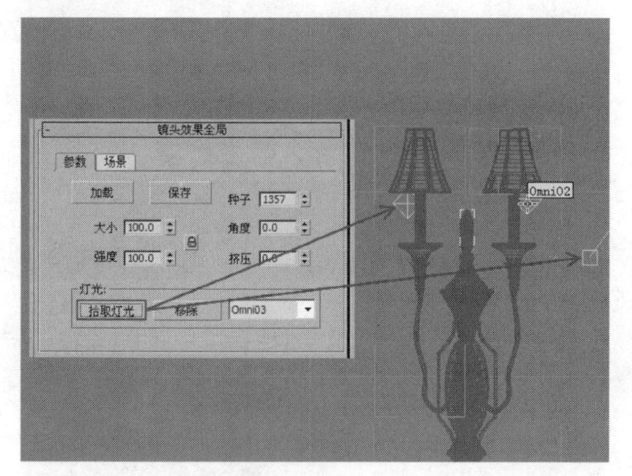

图13-34

05 展开“光晕元素”卷展栏，然后在“参数”选项卡下设置“强度”为60，接着在“径向颜色”选项组下设置“边缘颜色”为（红:255，绿:144，蓝:0），具体参数设置如图13-35所示。

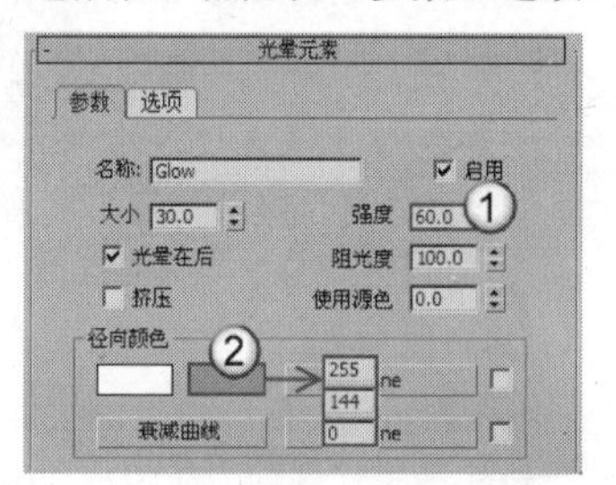

图13-35

06 返回到“镜头效果参数”卷展栏，然后将左侧的条纹效果加载到右侧的列表中，接着在“条纹元素”卷展栏下设置“强度”为5，如图13-36所示。

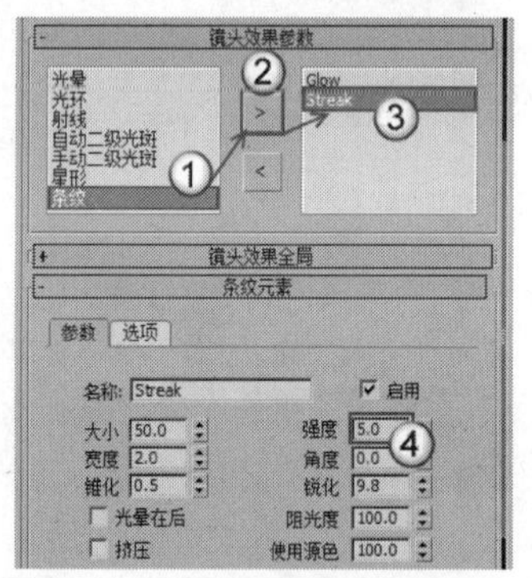

图13-36

07 返回到“镜头效果参数”卷展栏，然后将左侧的“射线”效果加载到右侧的列表中，接着在“射线元素”卷展栏下设置“强度”为28，如图13-37所示。

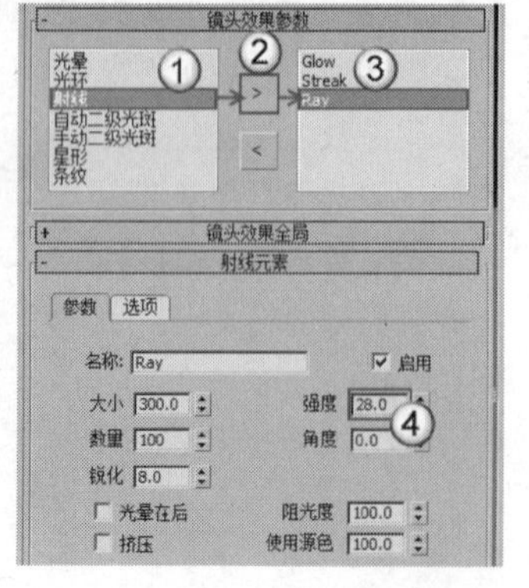

图13-37

08 返回到“镜头效果参数”卷展栏，然后将左侧的“手动二级光斑”效果加载到右侧的列表中，接着在“手动二级光斑元素”卷展栏下设置“强度”为35，如图13-38所示，最后按F9键渲染当前场景，效果如图13-39所示。

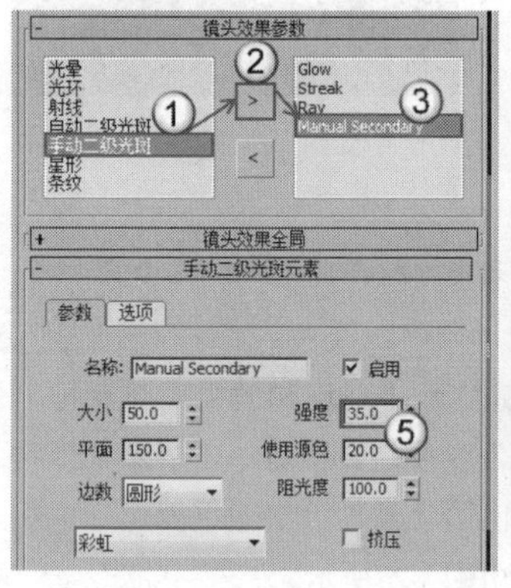

图13-38　　图13-39

> **技巧与提示**
>
> 前面的步骤是制作的各种效果的叠加效果，下面制作单个镜头特效。

09 将前面制作好的场景文件保存好，然后重新打开光盘中的“场景文件>CH13>实战264.max”文件，下面制作射线特效。在“效果”卷展栏下加载一个“镜头效果”，然后在“镜头效果参数”卷展栏下将“射线”效果加载到右侧的列表中，接着在“射线元素”卷展栏下设置“强度”为80，具体参数设置如图13-40所示，最后按F9键渲染当前场景，效果如图13-41所示。

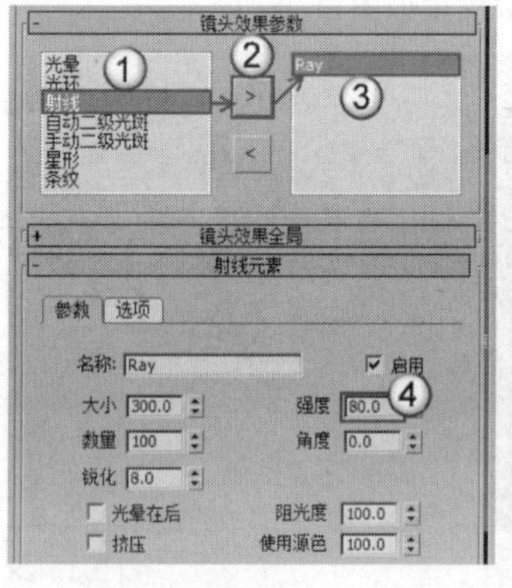

图13-40　　图13-41

> **技巧与提示**
>
> 注意，这里省略了一个步骤，在加载“镜头效果”以后，同样要拾取两盏泛光灯，否则不会生成射线效果。

10 下面制作“手动二级光斑特效”。将上一步制作好的场景文件保存好，然后重新打开光盘中的“场景文件>CH13>实战264.max”文件。在“效果”

卷展栏下加载一个“镜头效果”，然后在“镜头效果参数”卷展栏下将“手动二级光斑”效果加载到右侧的列表中，接着在“手动二级光斑元素”卷展栏下设置“强度”为400、“边数”为“六”，具体参数设置如图13-42所示，最后按F9键渲染当前场景，效果如图13-43所示。

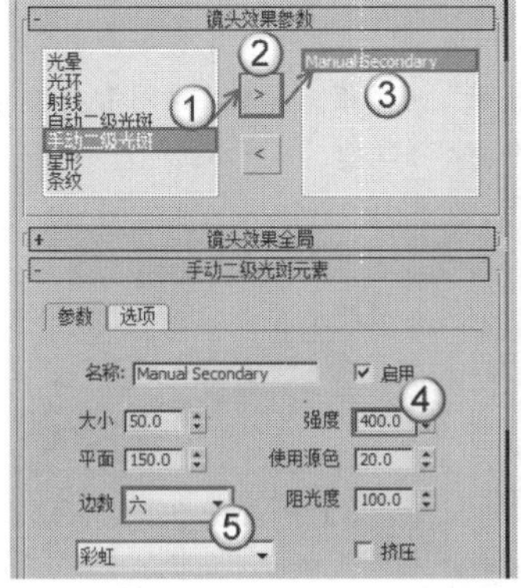

图13-42 图13-43

11 下面制作条纹特效。将上一步制作好的场景文件保存好，然后重新打开光盘中的“场景文件>CH13>实战264.max”文件。在“效果”卷展栏下加载一个“镜头效果”，然后在“镜头效果参数”卷展栏下将“条纹”效果加载到右侧的列表中，接着在“条纹元素”卷展栏下设置“强度”为300、“角度”为45，具体参数设置如图13-44所示，最后按F9键渲染当前场景，效果如图13-45所示。

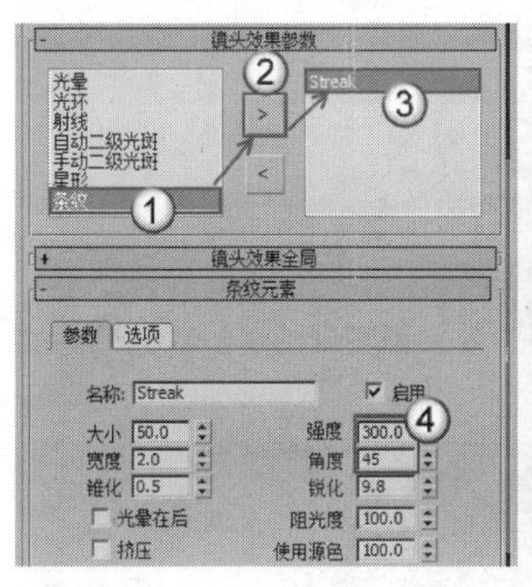

图13-44 图13-45

12 下面制作星形特效。将上一步制作好的场景文件保存好，然后重新打开光盘中的“场景文件>CH13>实战264.max”文件。在“效果”卷展栏下加载一个“镜头效果”，然后在“镜头效果参数”卷展栏下将“星形”效果加载到右侧的列表中，接着在“星形元素”卷展栏下设置“强度”为250、“宽度”为1，具体参数设置如图13-46所示，最后按F9键渲染当前场景，效果如图13-47所示。

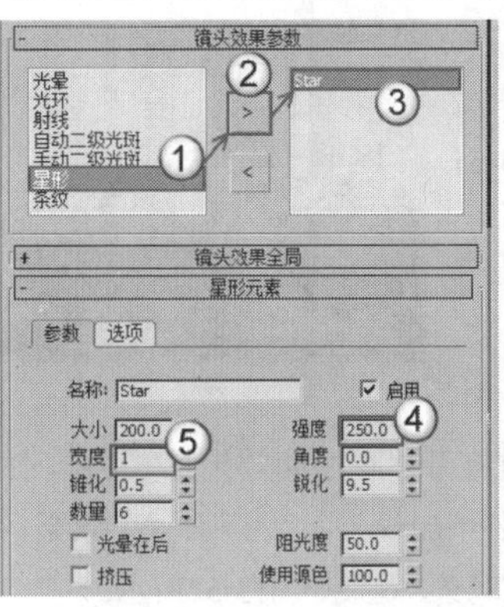

图13-46 图13-47

13 下面制作“自动二级光斑特效”。将上一步制作好的场景文件保存好，然后重新打开光盘中的“场景文件>CH13>实战264.max”文件。在“效果”卷展栏下加载一个“镜头效果”，然后在“镜头效果参数”卷展栏下将“自动二级光斑”效果加载到右侧的列表中，接着在“自动二级光斑元素”卷展栏下设置“最大”为80、“强度”为200、“数量”为4，具体参数设置如图13-48所示，最后按F9键渲染当前场景，效果如图13-49所示。

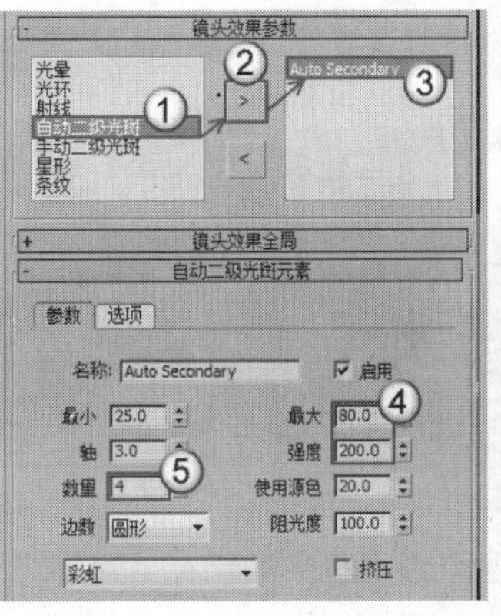

图13-48 图13-49

实战265 色彩平衡效果

场景位置	DVD>场景文件>CH13>实战265.max
实例位置	DVD>实例文件>CH13>实战265.max
视频位置	DVD>多媒体教学>CH13>实战265.flv
难易指数	★☆☆☆☆
技术掌握	用色彩平衡效果调整场景的色调

在一般情况下，调整图像的色彩平衡都通过Photoshop来完成，但是也可以使用3ds Max的“色彩平衡”效果来调节，只是这样会耗费大量的渲染时间，如图13-50所示。

图13-50

01 打开光盘中的“场景文件>CH13>实战265.max”文件，如图13-51所示。

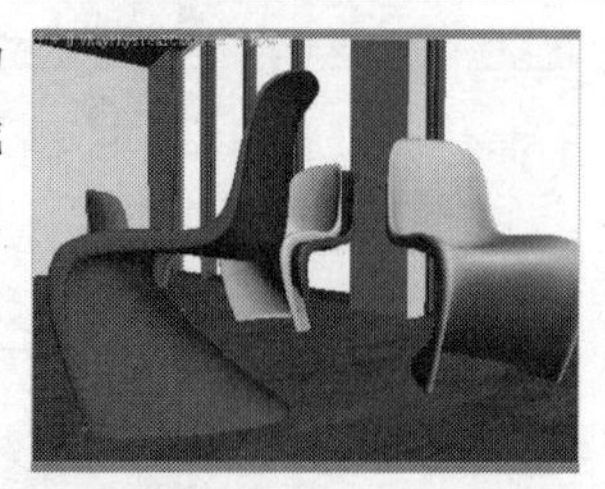

图13-51

02 按大键盘上的8键打开“环境和效果”对话框，然后在“效果”卷展栏下加载一个“色彩平衡”效果，接着按F9键测试渲染当前场景，效果如图13-52所示。

图13-52

03 展开“色彩平衡参数”卷展栏，然后设置“青-红”为15、“洋红-绿”为-15、“黄-蓝”为0，如图13-53所示，接着按F9键测试渲染当前场景，效果如图13-54所示。

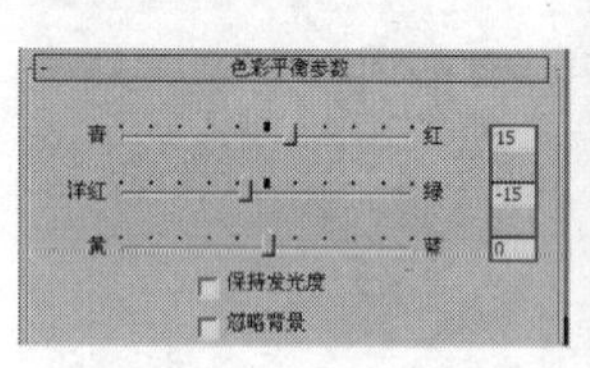

图13-53

图13-54

04 在“色彩平衡参数”卷展栏下重新将“青-红”修改为-15、“洋红-绿”修改为0、“黄-蓝”为15，如图13-55所示，按F9键测试渲染当前场景，效果如图13-56所示。

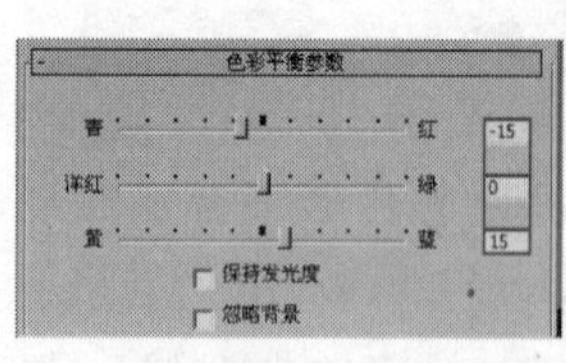

图13-55

图13-56

技术专题 42 用Photoshop调整色彩平衡

与调整图像的“亮度/对比度”一样，色彩平衡也可以在Photoshop中进行调节，且操作方法也非常简单，具体操作步骤如下。

第1步：在Photoshop中打开默认渲染的图像，如图13-57所示。

图13-57

第2步：执行“图像>调整>色彩平衡”菜单命令或按Ctrl+B组合键打开“色彩平衡”对话框，如果要向图像中添加偏暖的色调，如向图像中加入洋红色，就可以将“洋红-绿色”滑块向左拖曳，如图13-58和图13-59所示。

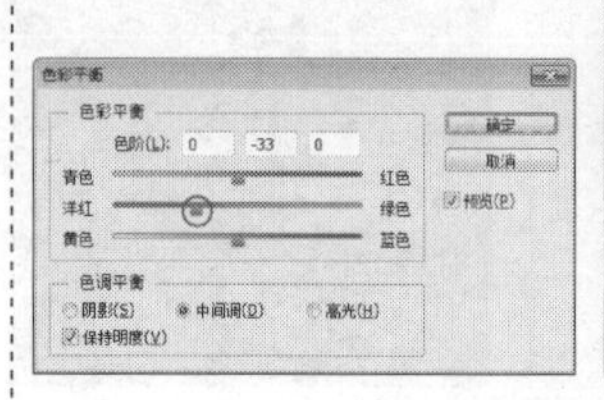

图13-58

图13-59

第3步：同理，如果要向图像中加入偏冷的色调，如向图像中加入青色，就可以将“青色-红色”滑块向左拖曳，如图13-60和图13-61所示。

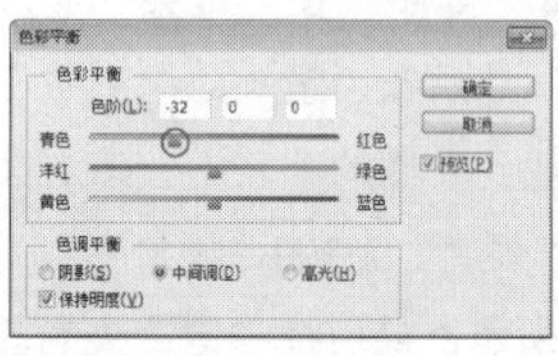

图13-60

图13-61

实战266 用曲线调整效果图的亮度

场景位置	DVD>场景文件>CH13>实战266.png
实例位置	DVD>实例文件>CH13>实战266.psd
视频位置	DVD>多媒体教学>CH13>实战266.flv
难易指数	★☆☆☆☆
技术掌握	用曲线命令调整效果图的亮度

用“曲线”命令调整效果图亮度的前后对比效果如图13-62所示。

图13-62

01 启动Photoshop CS6，然后按Ctrl+O组合键打开光盘中的“场景文件>CH13>实战266.png”文件，如图13-63所示，打开后的界面效果如图13-64所示。

图13-63

图13-64

技巧与提示

在Photoshop中打开图像的方法主要有以下3种。

第1种：按Ctrl+O组合键。

第2种：执行“文件>打开”菜单命令。

第3种：直接将文件拖曳到操作界面中。

02 在“图层”面板中选择“背景”图层，然后按Ctrl+J组合键将该图层复制一层，得到“图层1”，如图13-65所示。

图13-65

技巧与提示

在实际工作中，为了节省操作时间，一般都使用快捷键来进行操作，复制图层的快捷键为Ctrl+J组合键。

03 执行“图像>调整>曲线”菜单命令或按Ctrl+M组合键，打开“曲线”对话框，然后将曲线调整成弧形状，如图13-66所示，效果如图13-67所示。

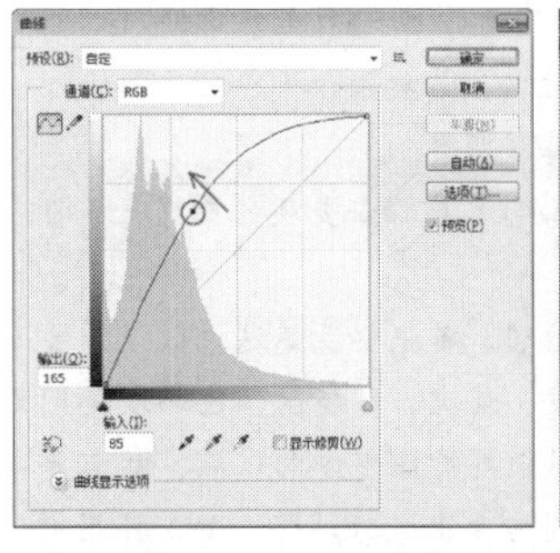

图13-66　图13-67

04 执行“文件>存储为”菜单命令或按Shift+Ctrl+S组合键，打开“存储为”对话框，然后为文件命名，并设置存储格式为.psd格式，如图13-68所示。

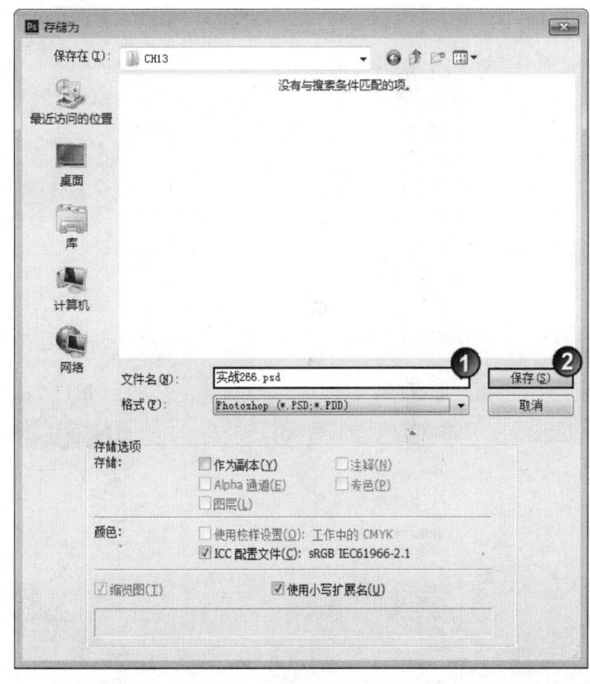

图13-68

技术专题 43 后期处理概述

所谓后期处理就是对效果图进行修饰，将效果图在渲染中不能实现的效果在后期处理中完美体现出来。后期处理是效果图制作中非常关键的一步，这个环节相当重要。在一般情况下都是使用Adobe公司的Photoshop来进行后期处理。图13-69所示是Photoshop CS6的启动画面。

图13-69

另外，请用户特别注意，在实际工作中不要照搬本章实例的参数，因为每幅效果图都有不同的要求。因此，本章的精粹在于“方法”，而不是“技术”。

在效果图后期处理中，必须遵循以下3点最基本的原则。

第1点：尊重设计师和业主的设计要求。

第2点：遵循大多数人的审美观。

第3点：保留原图的真实细节，在保证美观的前提下尽量不要进行过多修改。

对于一幅效果图的后期处理，首先要清楚这幅效果图要处理哪些方面，如图像的亮度、层次、清晰度、色彩或是图像的光效和环境等。清楚了效果图的调整方向以后，就需要用到Photoshop的专业工具或是命令来进行调整，如工具箱中的相关工具、调色命令、特殊滤镜和混合模式等，如图13-70~图13-73所示。

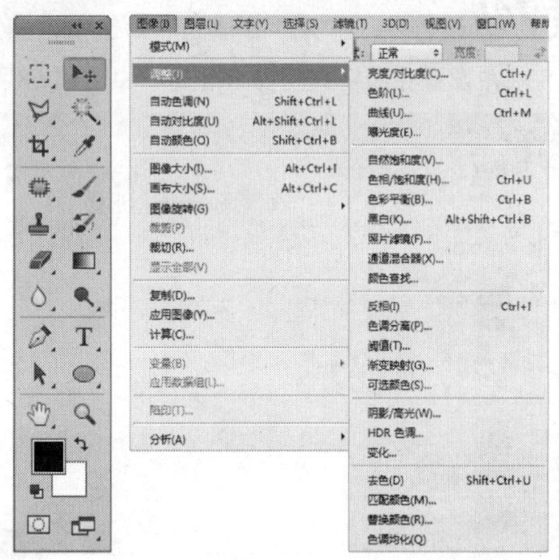

图13-70　　图13-71

图13-72　　图13-73

实战267 用亮度/对比度调整效果图的亮度

场景位置	DVD>场景文件>CH13>实战267.png
实例位置	DVD>实例文件>CH13>实战267.psd
视频位置	DVD>多媒体教学>CH13>实战267.flv
难易指数	★☆☆☆☆
技术掌握	用亮度/对比度命令调整效果图的亮度

用“亮度/对比度”命令调整效果图亮度的前后对比效果如图13-74所示。

图13-74

01 打开光盘中的“场景文件>CH13>实战267.png”文件，如图13-75所示。

图13-75

02 执行“图像>调整>亮度/对比度”菜单命令，打开“亮度/对比度”对话框，然后设置“亮度”为26、“对比度”为53，如图13-76所示，最终效果如图13-77所示。

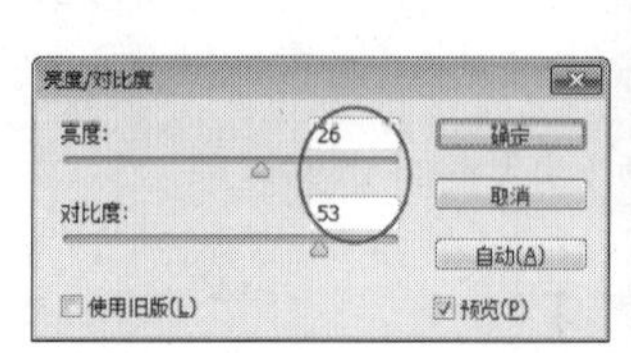

图13-76　　图13-77

实战268 用正片叠底调整过亮的效果图

场景位置	DVD>场景文件>CH13>实战268.png
实例位置	DVD>实例文件>CH13>实战268.psd
视频位置	DVD>多媒体教学>CH13实战268.flv
难易指数	★☆☆☆☆
技术掌握	用正片叠底模式调整过亮的效果图

用“正片叠底”模式调整过亮效果图的前后对比效果如图13-78所示。

图13-78

01 打开光盘中的“场景文件>CH13>实战268.png”文件，如图13-79所示，从图中可以观察到图像的暗部（阴影）区域并不明显。

图13-79

02 按Ctrl+J组合键将“背景”图层复制一层，得到“图层1”，然后在“图层”面板中设置“图层1”的“混合模式”为“正片叠底”，接着设置该图层的“不透明度”为38%，如图13-80所示，最终效果如图13-81所示。

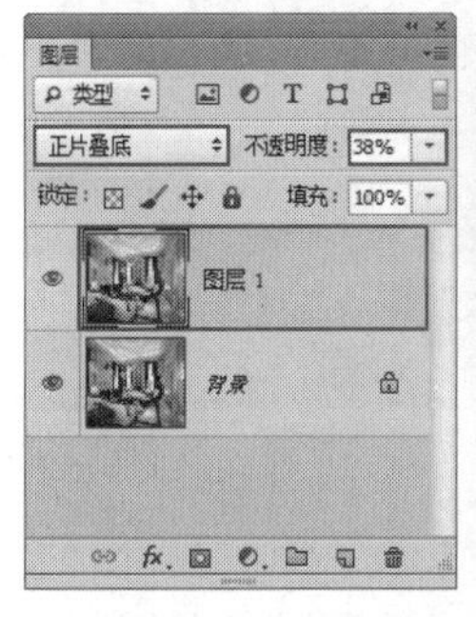

图13-80　　图13-81

技巧与提示

图层的混合模式在效果图后期处理中的使用频率的非常频繁。用混合模式可以调整画面的细节效果，也可以用来调整画面的整体或局部的明暗及色彩关系。

实战269 用色阶调整效果图的层次感

场景位置	DVD>场景文件>CH13>实战269.png
实例位置	DVD>实例文件>CH13>实战269.psd
视频位置	DVD>多媒体教学>CH13>实战269.flv
难易指数	★☆☆☆☆
技术掌握	用色阶命令调整效果图的层次感

用“色阶”命令调整效果图层次感的前后对比效果如图13-82所示。

图13-82

01 打开光盘中的“场景文件>CH13>实战269.png”文件，如图13-83所示。

图13-83

02 执行“图像>调整>色阶”菜单命令或按Ctrl+L组合键，打开“色阶”对话框，然后设置“输入色阶”的灰度色阶为0.7，如图13-84所示，效果如图13-85所示。

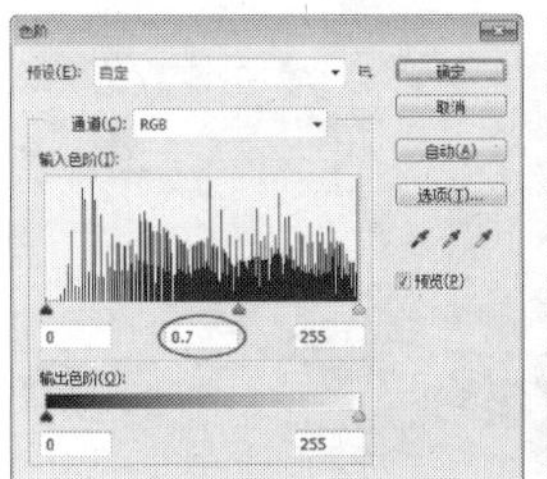

图13-84　　图13-85

03 再次按Ctrl+L组合键打开“色阶”对话框，然后设置“输入色阶”的灰度色阶为0.77，接着设置“输出色阶”的白色色阶为239，如图13-86所示，最终效果如图13-87所示。

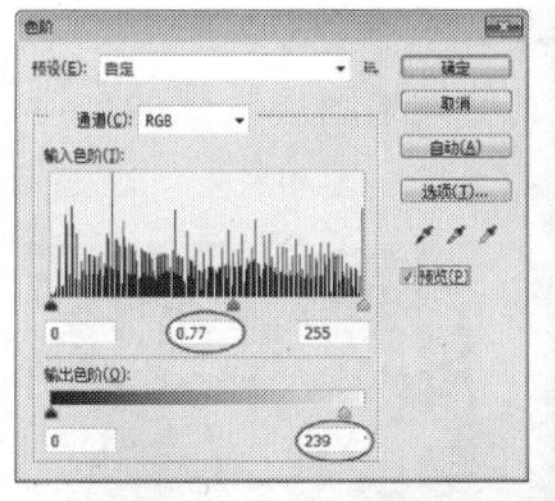

图13-86　　图13-87

实战270 用曲线调整效果图的层次感

场景位置	DVD>场景文件>CH13>实战270.png
实例位置	DVD>实例文件>CH13>实战270.psd
视频位置	DVD>多媒体教学>CH13>实战270.flv
难易指数	★☆☆☆☆
技术掌握	用曲线命令调整效果图的层次感

用“曲线”命令调整效果图层次感的前后对比效果如图13-88所示。

图13-88

01 打开光盘中的“场景文件>CH13>实战270.png”文件，如图13-89所示。

图13-89

02 执行“图像>调整>曲线”菜单命令，打开“曲线”对话框，然后将曲线调整成如图13-90所示的形状，最终效果如图13-91所示。

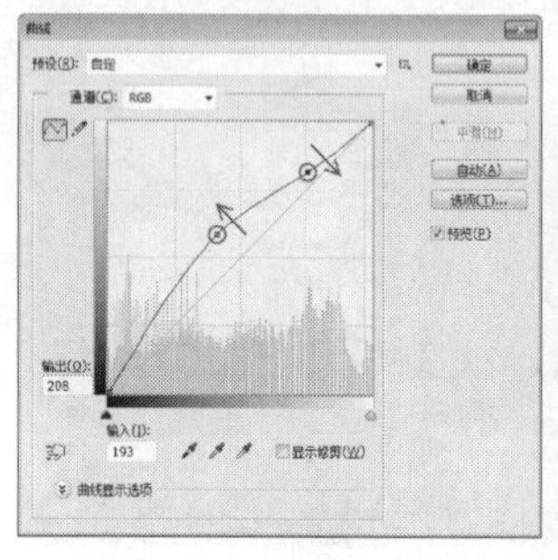

图13-90

图13-91

实战271 用智能色彩还原调整效果图的层次感

场景位置	DVD>场景文件>CH13>实战271.png
实例位置	DVD>实例文件>CH13>实战271.psd
视频位置	DVD>多媒体教学>CH13>实战271.flv
难易指数	★☆☆☆☆
技术掌握	用智能色彩还原滤镜调整效果图的层次感

用“智能色彩还原”滤镜调整效果图层次感的前后对比效果如图13-92所示。

图13-92

01 打开光盘中的“场景文件>CH13>实战271.png”文件，如图13-93所示。

图13-93

02 执行“滤镜>DCE Tools>智能色彩还原”菜单命令，然后在弹出的“智能色彩还原”对话框中勾选“色彩还原”选项，接着设置“色彩还原”为21，最后勾选“闪光灯开启”选项，如图13-94所示，最终效果如图13-95所示。

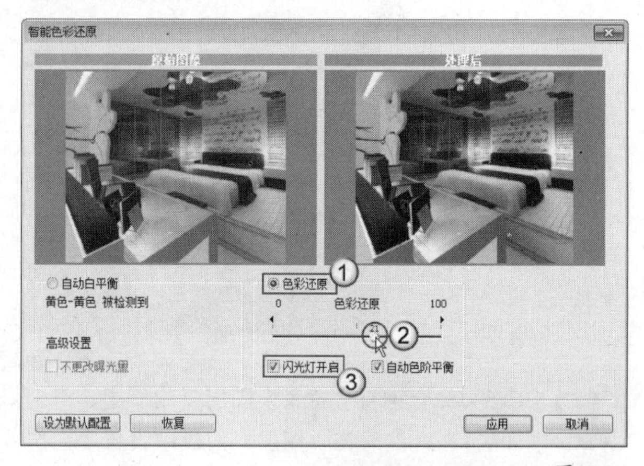

图13-94

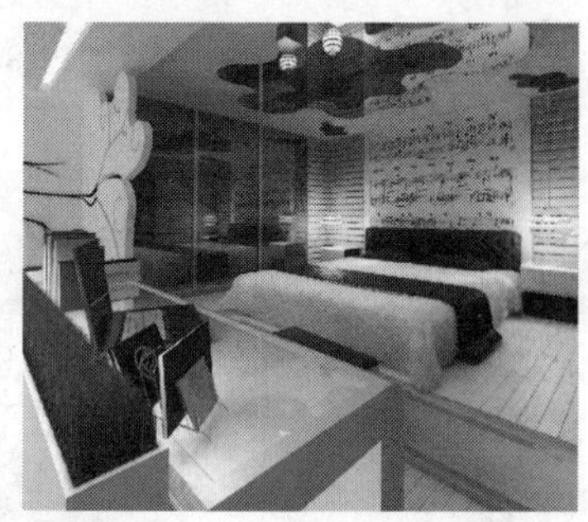

图13-95

技巧与提示

“智能色彩还原”滤镜是DCE Tools外挂滤镜集合中的一个，主要用来修缮和还原图像的原始色彩。DCE Tools滤镜集合是调整效果图层次感的重要工具。

实战272 用明度调整效果图的层次感

场景位置	DVD>场景文件>CH13>实战272.png
实例位置	DVD>实例文件>CH13>实战272.psd
视频位置	DVD>多媒体教学>CH13>实战272.flv
难易指数	★☆☆☆☆
技术掌握	用明度模式调整效果图的层次感

用“明度”模式调整效果图层次感的前后对比效果如图13-96所示。

图13-96

01 打开光盘中的“场景文件>CH13>实战272.png”文件，如图13-97所示。

图13-97

02 按Ctrl+J组合键将“背景”图层复制一层，得到“图层1”，然后执行“图像>调整>去色”菜单命令或按Shift+Ctrl+U组合键，将彩色图像调整成灰度图像，如图13-98所示。

图13-98

03 在“图层”面板中设置“图层1”的“混合模式”为“明度”，如图13-99所示，最终效果如图13-100所示。

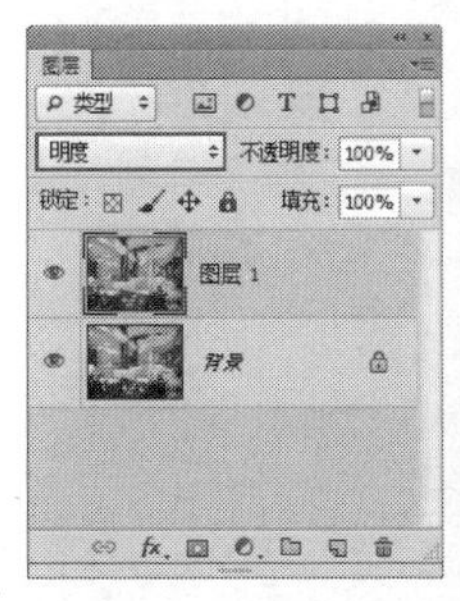

图13-99

图13-100

技巧与提示

效果图的后期调整方法有很多，使用混合模式只是其中之一，无论采用何种方法进行调整，只要能达到最理想的效果就是好方法。

实战273 用USM锐化调整效果图的清晰度

场景位置	DVD>场景文件>CH13>实战273.png
实例位置	DVD>实例文件>CH13>实战273.psd
视频位置	DVD>多媒体教学>CH13>实战273.flv
难易指数	★☆☆☆☆
技术掌握	用USM锐化滤镜调整效果图的清晰度

用“USM锐化”滤镜调整效果图清晰度的前后对比效果如图13-101所示。

图13-101

01 打开光盘中的“场景文件>CH13>实战273.png”文件，如图13-102所示。

图13-102

02 执行“滤镜>锐化>USM锐化”菜单命令，然后在弹出的“USM锐化”对话框中设置“数量”为128%、“半径”为2.8像素，如图13-103所示，最终效果如图13-104所示。

图13-103

图13-104

实战274 用自动修缮调整效果图的清晰度

场景位置	DVD>场景文件>CH13>实战274.png
实例位置	DVD>实例文件>CH13>实战274.psd
视频位置	DVD>多媒体教学>CH13>实战274.flv
难易指数	★☆☆☆☆
技术掌握	用自动修缮滤镜调整效果图的清晰度

用“自动修缮”滤镜调整效果图清晰度的前后对比效果如图13-105所示。

图13-105

01 打开光盘中的“场景文件>CH13>实战274.png”文件，如图13-106所示。

图13-106

02 执行“滤镜>DCE Tools>自动修缮”菜单命令，然后在弹出的“自动修缮”对话框中设置“锐化”为139，如图13-107所示，最终效果如图13-108所示。

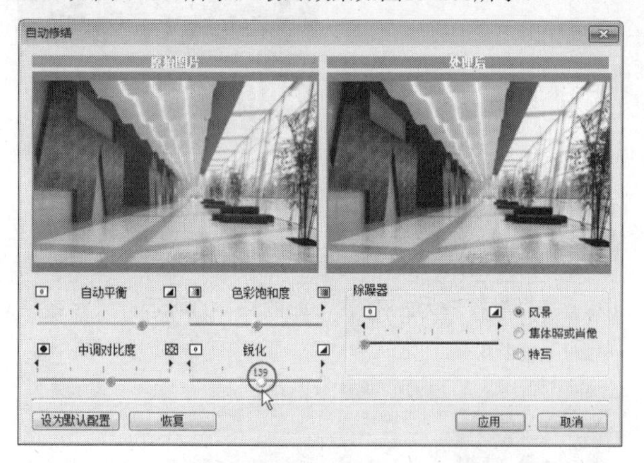

图13-107

图13-108

技巧与提示

图像的清晰度设置尽量在渲染中完成，因为Photoshop是一个二维图像处理软件，没有三维软件中的空间分析程序。在VRay中一般使用反（抗）锯齿来设置图像的清晰度，同时也可以在材质的贴图通道中改变“模糊”值来完成，如图13-109所示。

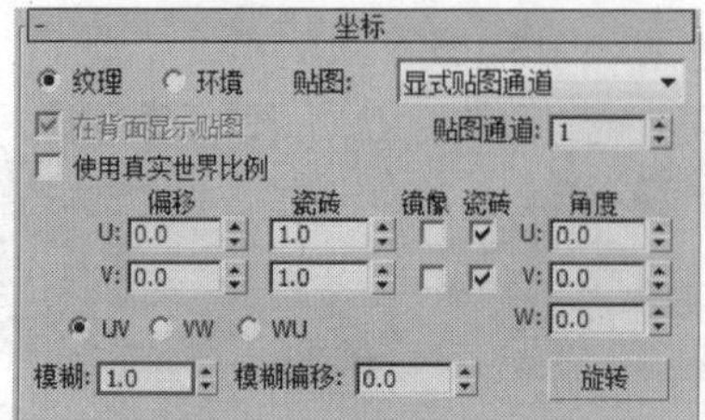

图13-109

实战275 用色相/饱和度调整色彩偏淡的效果图

场景位置	DVD>场景文件>CH13>实战275.png
实例位置	DVD>实例文件>CH13>实战275.psd
视频位置	DVD>多媒体教学>CH13>实战275.flv
难易指数	★☆☆☆☆
技术掌握	用色相/饱和度命令调整色彩偏淡的效果图

用“色相/饱和度”命令调整色彩偏淡的效果图的前后对比效果如图13-110所示。

图13-110

01 打开光盘中的“场景文件>CH13>实战275.png”文件，如图13-111所示，从图中可以观察到图像的色彩过于偏淡。

图13-111

02 执行“图像>调整>色相/饱和度”菜单命令，然后在弹出的“色相/饱和度”对话框中设置“饱和度”为50，如图13-112所示，最终效果如图13-113所示。

图13-112

图13-113

实战276 用照片滤镜统一效果图的色调

场景位置	DVD>场景文件>CH13>实战276.png
实例位置	DVD>实例文件>CH13>实战276.psd
视频位置	DVD>多媒体教学>CH13>实战276.flv
难易指数	★☆☆☆☆
技术掌握	用照片滤镜调整图层统一效果图的色调

用“照片滤镜”调整图层统一效果图色调的前后对比效果如图13-114所示。

图13-114

01 打开光盘中的“场景文件>CH13>实战276.png”文件，如图13-115所示，从图中可以观察到画面的色调不是很统一。

图13-115

02 在“图层”面板下面单击“创建新的填充或调整图层”按钮，然后在弹出的菜单中选择“照片滤镜”命令，为“背景”图层添加一个“照片滤镜”调整图层，如图13-116所示。

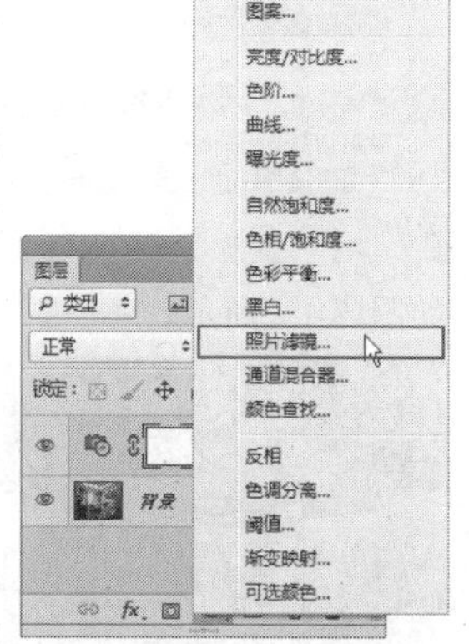

图13-116

03 在“属性”面板中勾选“颜色”选项，然后设置“颜色”为（R:248，G:120，B:198），接着设置“浓度”为50%，如图13-117所示，最终效果如图13-118所示。

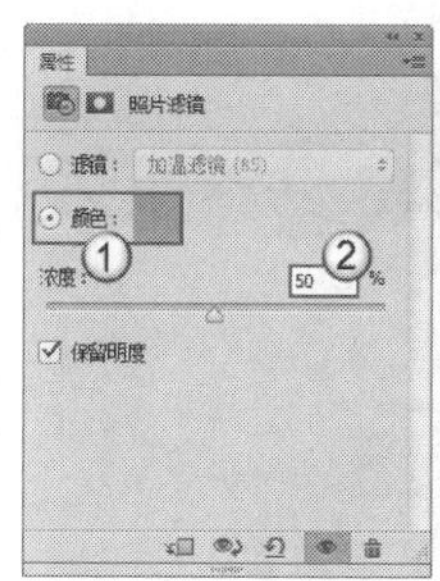

图13-117

图13-118

技巧与提示

在效果图制作中，统一画面色调是非常有必要的。所谓统一画面色调并不是将画面的所有颜色使用一个色调来表达，而是要将画面的色调用一个主色调和多个次色调来表达，这样才能体现出和谐感、统一感。

实战277 用色彩平衡统一效果图的色调

场景位置	DVD>场景文件>CH13>实战277.png
实例位置	DVD>实例文件>CH13>实战277.psd
视频位置	DVD>多媒体教学>CH13>实战277.flv
难易指数	★☆☆☆☆
技术掌握	用色彩平衡调整图层统一效果图的色调

用“色彩平衡”调整图层统一效果图色调的前后对比效果如图13-119所示。

图13-119

01 打开光盘中的“场景文件>CH13>实战277.png”文件，如图13-120所示，从图中可以观察到画面的色调不是很统一。

图13-120

02 在“图层”面板下面单击“创建新的填充或调整图层”按钮，然后在弹出的菜单中选择“色彩平衡”命令，为“背景”图层添加一个“色彩平衡”调整图层，接着在“调整”面板中设置“青色-红色”为5、“洋红-绿色”为-16、“黄色-蓝色”为6，如图13-121所示，最终效果如图13-122所示。

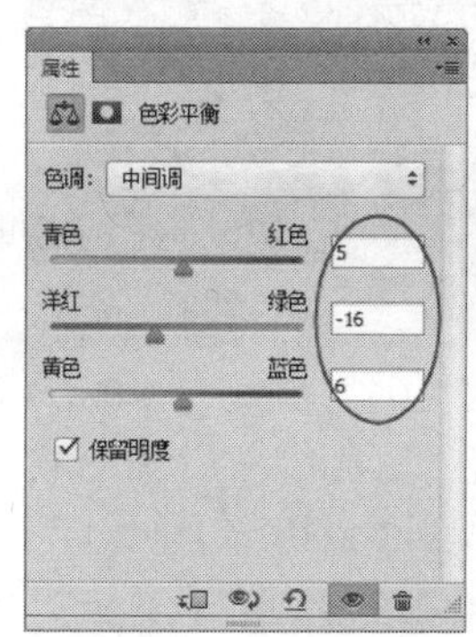

图13-121

图13-122

实战278 用叠加增强效果图光域网的光照

场景位置	DVD>场景文件>CH13>实战278.png
实例位置	DVD>实例文件>CH13>实战278.psd
视频位置	DVD>多媒体教学>CH13>实战278.flv
难易指数	★★★☆☆
技术掌握	用叠加模式增强效果图的光域网光照

用“叠加”模式增强效果图的光域网光照的前后对比效果如图13-123所示。

图13-123

01 打开光盘中的“场景文件>CH13>实战278.png”文件，如图13-124所示，从图中可以观察到左侧的窗帘处缺少光域网效果。

02 按Shift+Ctrl+N组合键新建一个“图层1”，然后在“工具箱”中选择“钢笔工具”，接着绘制如图13-125所示的路径。

图13-124

图13-125

03 按Ctrl+Enter组合键将路径转换为选区，然后按Shift+F6组合键打开“羽化选区”对话框，接着设置“羽化半径”为2像素，如图13-126所示。

04 设置前景色为白色，然后按Alt+Delete组合键用前景色填充选区，接着按Ctrl+D组合键取消选区，效果如图13-127所示。

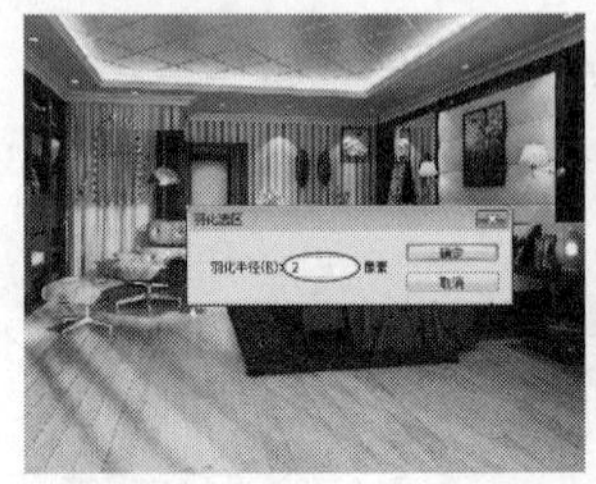
图13-126

图13-127

05 在“图层”面板中设置“图层1”的“混合模式”为“叠加”，效果如图13-128所示。

06 在“图层”面板下面单击“添加图层蒙版”按钮，为“图层1”添加一个图层蒙版，如图13-129所示。

图13-128

图13-129

07 设置前景色为黑色，然后在“工具箱”中选择“画笔工具”，然后图层蒙版中进行绘制，将光效涂抹成如图13-130所示的效果。

08 按Ctrl+J组合键复制一个“图层1副本”图层，然后在“图层”面板中设置该图层的“不透明度”为30%，最终效果如图13-131所示。

图13-130

图13-131

实战279 用叠加为效果图添加光晕

场景位置	DVD>场景文件>CH13>实战279.png
实例位置	DVD>实例文件>CH13>实战279.psd
视频位置	DVD>多媒体教学>CH13>实战279.flv
难易指数	★★☆☆☆
技术掌握	用叠加模式为效果图添加光晕

用“叠加”模式为效果图添加光晕的前后对比效果如图13-132所示。

图13-132

01 打开光盘中的“场景文件>CH13>实战279.png”文件，如图13-133所示。

图13-133

02 按Shift+Ctrl+N组合键新建一个“图层1”，然后在“工具箱”中选择“椭圆选框工具”，接着在蜡烛上绘制一个图13-134所示的椭圆选区。

03 按Shift+F6组合键打开“羽化选区”对话框，然后设置“羽化半径”为6像素，接着设置前景色为白色，再按Alt+Delete组合键用前景色填充选区，最后按Ctrl+D组合键取消选区，效果如图13-135所示。

图13-134

图13-135

04 设置“图层1”的“混合模式”为“叠加”，效果如图13-136所示，然后按Ctrl+J组合键复制一个“图层1副本”图层，并设置该图层的“不透明度”为50%，效果如图13-137所示。

图13-136

图13-137

05 复制一些光晕到其他的蜡烛上，最终效果如图13-138所示。

图13-138

技巧与提示

光晕效果也可以使用混合模式中的“颜色减淡”和“线性减淡”模式来完成。

实战280 用柔光为效果图添加体积光

场景位置	DVD>场景文件>CH13>实战280.png
实例位置	DVD>实例文件>CH13>实战280.psd
视频位置	DVD>多媒体教学>CH13>实战280.flv
难易指数	★★☆☆☆
技术掌握	用柔光模式为效果图添加体积光

用“柔光”模式为效果图添加体积光的前后对比效果如图13-139所示。

图13-139

01 打开光盘中的“场景文件>CH13>实战280.png”文件，如图13-140所示。

图13-140

02 按Shift+Ctrl+N组合键新建一个“图层1”，然后在“工具箱”中选择“多边形套索工具”，接着在绘图区域勾勒出如图13-141所示的选区。

图13-141

03 将选区羽化10像素，然后设置前景色为白色，接着按Alt+Delete组合键用前景色填充选区，最后按Ctrl+D组合键取消选区，效果如图13-142所示。

图13-142

04 在“图层”面板中设置“图层1”的“混合模式”为“柔光”、“不透明度”为80%，效果如图13-143所示。

图13-143

05 使用相同的方法制作出其他的体积光，最终效果如图13-144所示。

图13-144

技巧与提示

在3ds Max中，体积光是在“环境和效果”对话框中进行添加的。但是添加体积光后，渲染速度会慢很多，因此在制作大场景时，最好在后期中添加体积光。

实战281 用色相为效果图制作四季光效

场景位置	DVD>场景文件>CH13>实战281.png
实例位置	DVD>实例文件>CH13>实战281.psd
视频位置	DVD>多媒体教学>CH13>实战281.flv
难易指数	★★☆☆☆
技术掌握	用色相模式为效果图制作四季光效

用“色相”模式为效果图制作四季光效的前后对比效果如图13-145所示。

图13-145

01 打开光盘中的“场景文件>CH13>实战281.png”文件，如图13-146所示。

图13-146

02 按Shift+Ctrl+N组合键新建一个“图层1”，然后从标尺栏中拖曳出两条如图13-147所示的参考线，将图像分割成4个区域。

图13-147

03 用“矩形选框工具”沿参考线绘制一个如图13-148所示的矩形选区，接着设置前景色为（R:249，G:255，B:175），最后按Alt+Delete组合键用前景色填充选区，效果如图13-149所示。

图13-148

图13-149

04 分别设置前景色为（R:102，G:227，B:0）、（R:176，G:215，B:255）和（R:227，G:195，B:0），然后用这3种颜色填充其他3个区域，完成后的效果如图13-150所示。

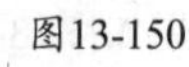

图13-150

05 在“图层”面板中设置“图层1”的“混合模式”为“色相”，最终效果如图13-151所示。

图13-151

实战282 为效果图添加室外环境

场景位置	DVD>场景文件>CH13>实战282-1.png、实战282-2.png
实例位置	DVD>实例文件>CH13>实战282.psd
视频位置	DVD>多媒体教学>CH13>实战282.flv
难易指数	★★☆☆☆
技术掌握	用魔棒工具为效果图添加室外环境

用“魔棒工具”为效果图添加室外环境的前后对比效果如图13-152所示。

图13-152

01 打开光盘中的“场景文件>CH13>实战282-1.png”文件，如图13-153所示，从图中可以观察窗外没有室外环境。

图13-153

02 导入光盘中的“场景文件>CH13>实战282-2.png”文件，得到“图层1”，如图13-154所示。

图13-154

03 选择“背景”图层，然后按Ctrl+J组合键将其复制一层，得到“图层2”，接着将其放在“图层1”的上一层，如图13-155所示。

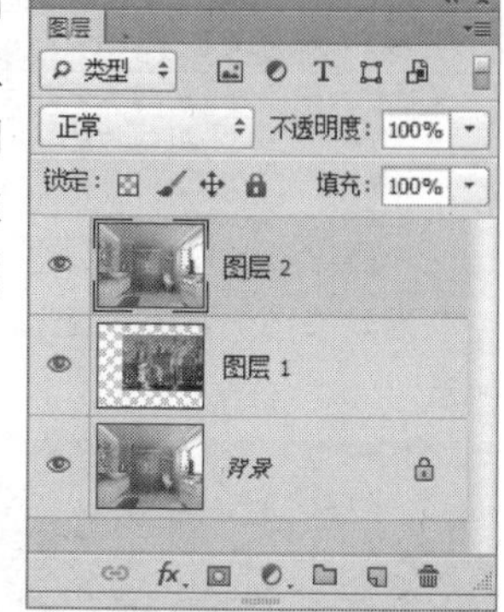

图13-155

04 在“工具箱”中选择“魔棒工具”，然后选择窗口区域，如图13-156所示。

图13-156

05 将选区羽化1像素，然后按Delete键删除选区内的图像，接着按Ctrl+D组合键取消选区，效果如图13-157所示。

图13-157

06 在“图层”面板中设置“图层1”的“不透明度”为60%，最终效果如图13-158所示。

图13-158

实战283 为效果图添加室内配饰

场景位置	DVD>场景文件>CH13>实战283-1.png、实战283-2.png
实例位置	DVD>实例文件>CH13>实战283.psd
视频位置	DVD>多媒体教学>CH13>实战283.flv
难易指数	★★☆☆☆
技术掌握	室内配饰的添加方法

为效果图添加室内配饰的前后对比效果如图13-159所示。

图13-159

01 打开光盘中的“场景文件>CH13>实战283-1.png”文件，如图13-160所示。从图中可以观察到天花板上没有灯饰。

图13-160

02 导入光盘中的“场景文件>CH13>实战283-2.png”文件，得到“图层1”，如图13-161所示。

图13-161

03 按Ctrl+T组合键进入“自由变换”状态，然后按住Shift+Alt组合键将吊灯等比例缩小到如图13-162所示的大小。

图13-162

04 在“图层1”的下一层新建一个“图层2”，然后用“椭圆选框工具”在天花板上绘制一个图13-163所示的椭圆选区。

图13-163

05 将选区羽化20像素，然后设置前景色为（R:253, G:227, B:187），接着按Alt+Delete组合键用前景色填充选区，最后按Ctrl+D组合键取消选区，效果如图13-164所示。

图13-164

06 在“图层”面板中设置“图层2”的“混合模式”为“滤色”，效果如图13-165所示。

图13-165

07 使用相同的方法继续制作一层阴影，最终效果如图13-166所示。

图13-166

技术专题 44 在效果图中添加配饰的要求

配饰在效果图中占据着相当重要的地位，虽然很多饰品现在都可以在三维软件中制作出来，但是有时为了节省建模时间就可以直接在后期中加入相应的配饰来搭配环境。

在为效果图添加配饰时需要注意以下4点。

第1点：比例及方位。加入的配饰要符合当前效果图的空间方位和透视比例关系。

第2点：光线及阴影。加入的配饰要根据场景中的光线方向来对配饰进行高光及阴影设置。

第3点：环境色。添加的配饰要符合场景材质的颜色。

第4点：反射及折射。在添加配饰时要考虑环境对配饰的影响，同时也要考虑配饰对环境的影响。

实战284 为效果图增强发光灯带环境

场景位置	DVD>场景文件>CH13>实战284.png
实例位置	DVD>实例文件>CH13>实战284.psd
视频位置	DVD>多媒体教学>CH13>实战284.flv
难易指数	★☆☆☆☆
技术掌握	用高斯模糊滤镜和叠加模式为效果图增强发光灯带环境

为效果图增强发光灯带环境的前后对比效果如图13-167所示。

图13-167

01 打开光盘中的“场景文件>CH13>实战284.png”文件，如图13-168所示。从图中可以观察到顶部的灯带的发光强度不是很强。

图13-168

技巧与提示

部分的光照效果都是在渲染中完成的，但是有时渲染的光照效果并不能达到理想效果，这时就需要进行后期调整来加强光照效果。

02 按Shift+Ctrl+N组合键新建一个“图层1”，然后在“工具箱”中选择“魔棒工具”，接着选择灯带区域，如图13-169所示。

图13-169

03 设置前景色为白色，然后按Alt+Delete组合键用前景色填充选区，接着按Ctrl+D组合键取消选区，效果如图13-170所示。

图13-170

04 执行“滤镜>模糊>高斯模糊”菜单命令，然后在弹出的对话框中设置“半径”为9.8像素，如图13-171所示。

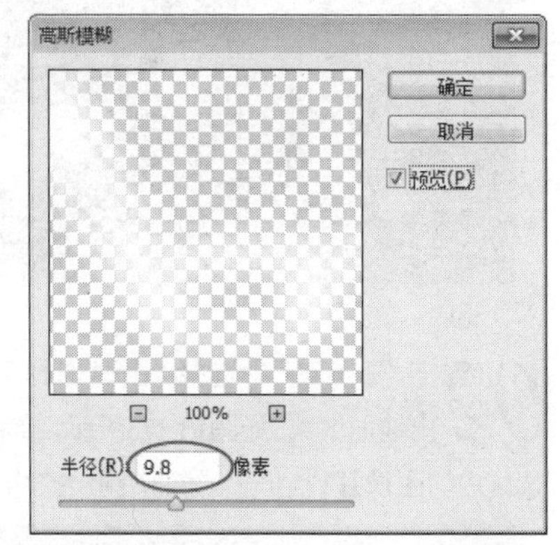

图13-171

05 在“图层”面板中设置“图层1”的“混合模式”为“叠加”，最终效果如图13-172所示。

图13-172

实战285 为效果图增强地面反射环境

场景位置	DVD>场景文件>CH13>实战285.png
实例位置	DVD>实例文件>CH13>实战285.psd
视频位置	DVD>多媒体教学>CH13>实战285.flv
难易指数	★★☆☆☆
技术掌握	用快速选择工具和动感模糊滤镜制作地面反射环境

为效果图增强地面反射环境的前后效果对比如图13-173所示。

图13-173

01 打开光盘中的“场景文件>CH13>实战285.png”文件，如图13-174所示。从图中可以观察到地面的反射效果不是很强烈。

图13-174

02 在“工具箱”中选择“快速选择工具”，然后勾选出地面区域，如图13-175所示，接着按Ctrl+J组合键将选区内的图像复制到一个新的“图层1”中，如图13-176所示。

图13-175

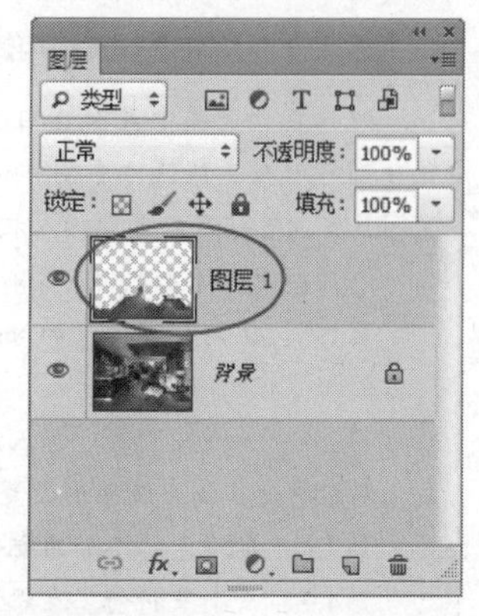

图13-176

03 执行“滤镜>模糊>动感模糊”菜单命令，然后在弹出的对话框中设置“角度”为90°、“距离”为50像素，如图13-177所示，效果如图13-178所示。

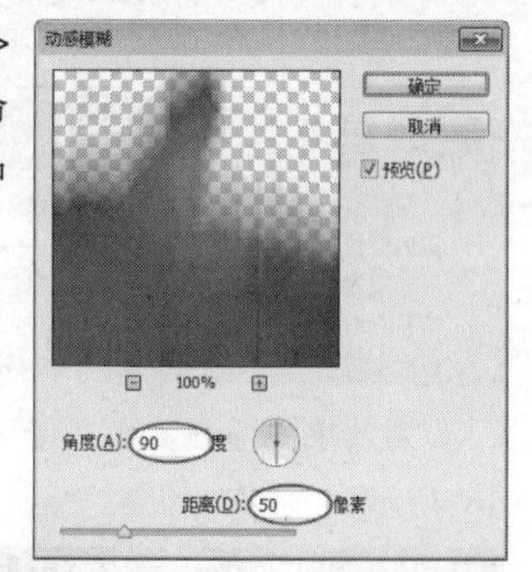

图13-177

图13-178

04 在“图层”面板中设置“图层1”的“不透明度”为60%，最终效果如图13-179所示。

图13-179

第14章 商业项目实训：家装篇

学习要点：小型家装空间效果图的制作方法 / 中型家装空间效果图的制作方法 / 大型家装空间效果图的制作方法

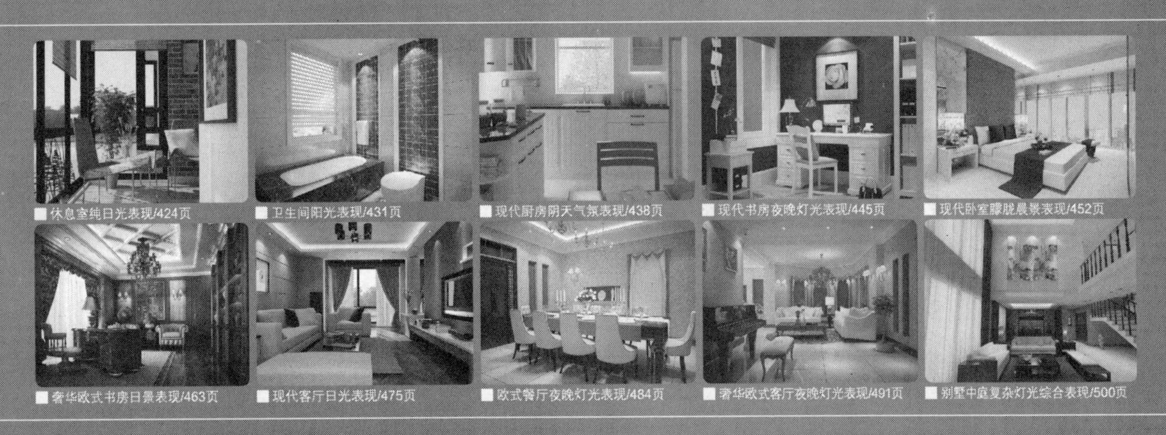

家装造型设计师

工业造型设计师

室内设计表现师

建筑设计表现师

实战286 精通小型半开放空间：休息室纯日光表现

实例信息

- 场景位置：DVD>实例文件>CH14>实战286.max
- 实例位置：DVD>实例文件>CH14>实战286.max
- 视频位置：DVD>多媒体教学>CH14>实战286.flv
- 难易指数：★★★★☆
- 技术掌握：砖墙材质、藤椅材质和花叶材质的制作方法；小型半开放空间纯日光效果的表现方法

实例介绍

本例是一个半开放的休息室空间，其中砖墙材质、藤椅材质和花叶材质的制作方法以及纯日光效果的表现方法是本例的学习要点。

>>>>材质制作

本例的场景对象材质主要包含砖墙材质、藤椅材质、环境材质、花叶材质、地板材质和窗框材质，如图14-1所示。

图14-1

● 制作砖墙材质

砖墙材质效果如图14-2所示。

图14-2

01 打开光盘中的“场景文件>CH14>实战286.max”文件，如图14-3所示。

图14-3

02 选择一个空白材质球，然后设置材质类型为VRayMtl材质，并将其命名为“砖墙”，具体参数设置如图14-4所示，制作好的材质球效果如图14-5所示。

设置步骤

① 在“漫反射”贴图通道中加载光盘中的“实例文件>CH14>实战286>砖墙.jpg”贴图文件。

② 在“反射”贴图通道中加载一张“衰减”程序贴图，然后设置“侧”通道的颜色为（红:18，绿:18，蓝:18），接着设置“衰减类型”为Fresnel，最后设置“高光光泽度”为0.5、“反射光泽度”为0.8。

③ 展开“贴图”卷展栏，然后在“凹凸”贴图通道中加载光盘中的“实例文件>CH14>实战286>砖墙‘凹凸’.jpg”贴图文件，接着设置“凹凸”的强度为120。

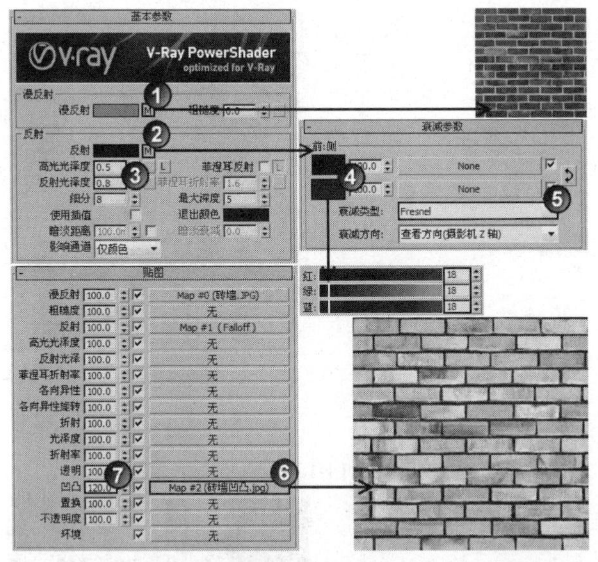

图14-4

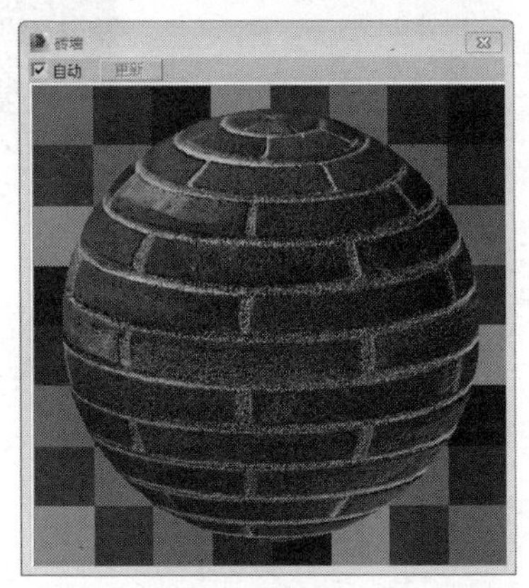
图14-5

● **制作藤椅材质**

藤椅材质效果如图14-6所示。

图14-6

选择一个空白材质球，然后设置材质类型为“标准”材质，并将其命名为“藤椅”，接着展开“Blinn基本参数”卷展栏，具体参数设置如图14-7所示，制作好的材质球效果如图14-8所示。

设置步骤

① 在“漫反射”贴图通道中加载光盘中的“实例文件>CH14>实战286>藤鞭.jpg”贴图文件。

② 在“不透明度”贴图通道中加载光盘中的“实例文件>CH14>实战286>藤鞭黑白.jpg”贴图文件。

③ 在“反射高光”选项组下设置“高光级别”为61。

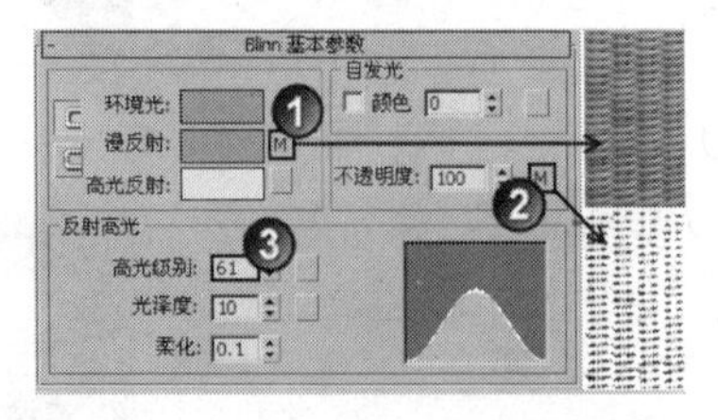

图14-7

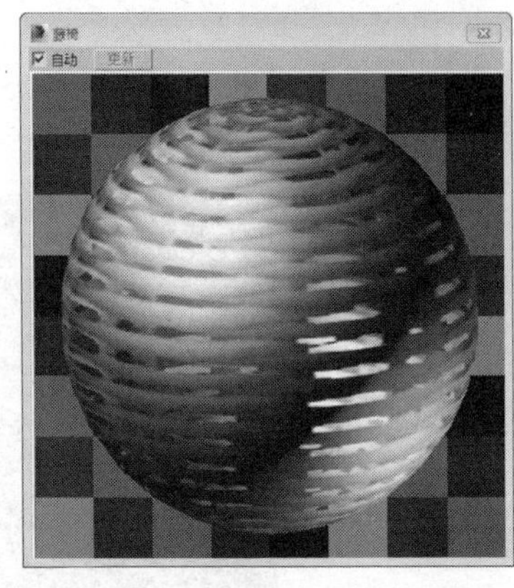
图14-8

● **制作环境材质**

环境材质效果如图14-9所示。

图14-9

选择一个空白材质球，然后设置材质类型为“VRay灯光材质”，并将其命名为“环境”，展开“参数”卷展栏，接着设置“颜色”的发光强度为2.5，并在其通道中加载光盘中的“实例文件>CH14>实战286>环境.jpg”贴图文件，最后在“坐标”卷展栏下设置“角度”的W为-45，具体参数设置如图14-10所示，制作好的材质球效果如图14-11所示。

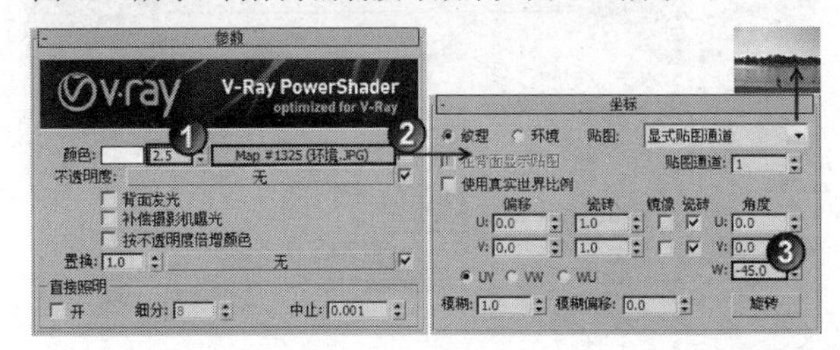

图14-10

图14-11

● 制作花叶材质

花叶材质效果如图14-12所示。

图14-12

选择一个空白材质球，然后设置材质类型为VRayMtl材质，并将其命名为“花叶”，具体参数设置如图14-13所示，制作好的材质球效果如图14-14所示。

设置步骤

① 在“漫反射”贴图通道中加载光盘中的“实例文件>CH14>实战286>花叶子.jpg”贴图文件。

② 设置“反射”颜色为（红:25，绿:25，蓝:25），然后设置“反射光泽度”为0.6、“最大深度”为4。

③ 设置“折射”颜色为（红:34，绿:34，蓝:34），然后设置“光泽度”为0.4。

④ 展开“贴图”卷展栏，然后在“凹凸”贴图通道中加载光盘中的“实例文件>CH14>实战286>花叶子黑白.jpg”贴图文件，然后设置“凹凸”的强度为100。

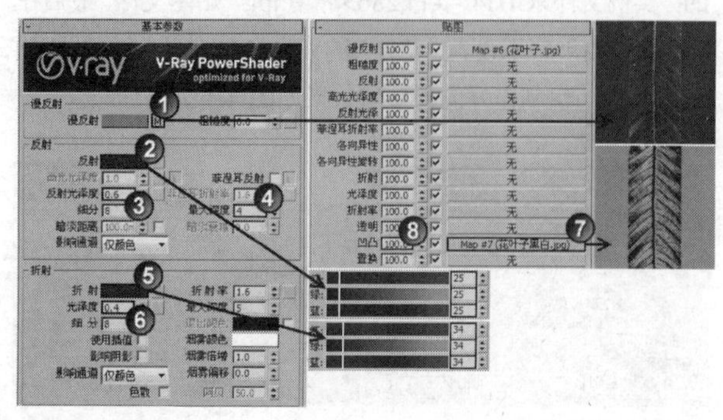

图14-13

图14-14

● 制作地板材质

地板材质效果如图14-15所示。

图14-15

选择一个空白材质球，然后设置材质类型为VRayMtl材质，并将其命名为“地板”，具体参数设置如图14-16所示，制作好的材质球效果如图14-17所示。

设置步骤

① 在“漫反射”贴图通道中加载光盘中的“实例文件>CH14>实战286>地板.jpg”贴图文件。

② 在“反射”贴图通道中加载“衰减”程序贴图，然后在“衰减参数”卷展栏下设置“侧”通道的颜色为（红:32，绿:32，蓝:32），接着设置“衰减类型”为Fresnel，最后设置“高光光泽度”为0.6、“反射光泽度”为0.85、“最大深度”为3。

③ 展开“贴图”卷展栏，然后将“漫反射”通道中的贴图拖曳到“凹凸”贴图通道上，接着设置“凹凸”的强度为40。

④ 展开“反射插值”卷展栏，然后设置“最小比率”为-2。

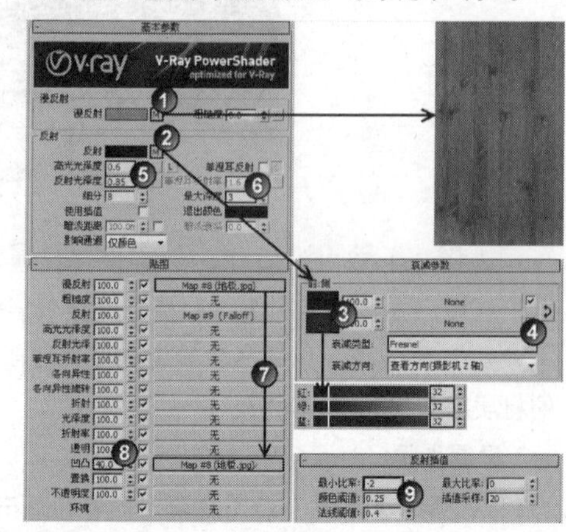

图14-16

图14-17

制作窗框材质

窗框材质效果如图14-18所示。

图14-18

选择一个空白材质球，然后设置材质类型为VRayMtl材质，并将其命名为“窗框”，具体参数设置如图14-19所示，制作好的材质球效果如图14-20所示。

设置步骤

① 设置“漫反射”颜色为（红:2，绿:6，蓝:15）。

② 设置“反射”颜色为（红:10，绿:10，蓝:10），然后设置“高光光泽度”为0.8、“反射光泽度”为0.85、“最大深度”为3。

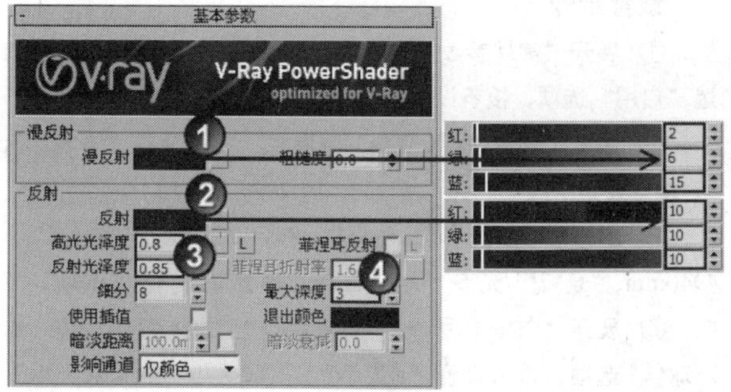

图14-19

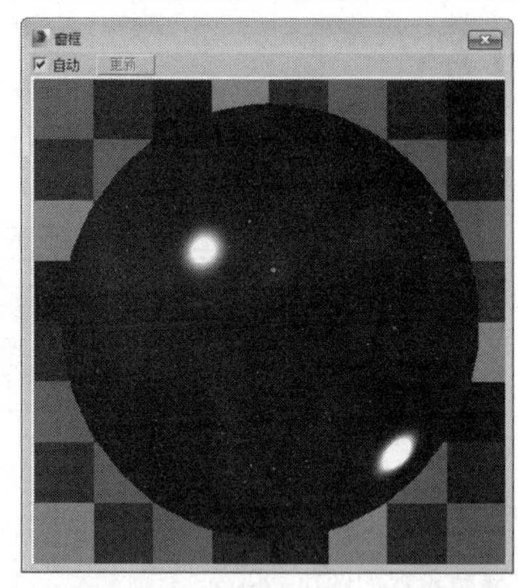

图14-20

>>>>设置测试渲染参数

01 按F10键打开“渲染设置”对话框，然后设置渲染器为VRay渲染器，接着在“公用参数”卷展栏下设置“宽度”为400、“高度”为327，最后单击“图像纵横比”选项后面的“锁定图像纵横比”按钮，锁定渲染图像的纵横比，具体参数设置如图14-21所示。

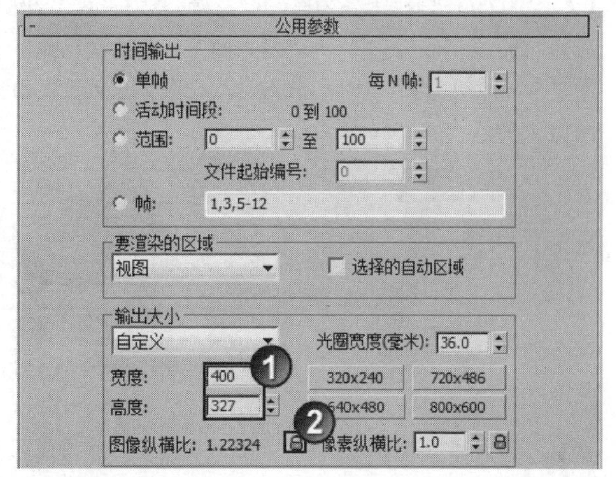

图14-21

02 单击VRay选项卡，然后在“图像采样器（反锯齿）”卷展栏下设置“图像采样器”的“类型”为“固定”，接着在“抗锯齿过滤器”选项组下勾选“开”选项，并设置过滤器类型为“区域”，具体参数设置如图14-22所示。

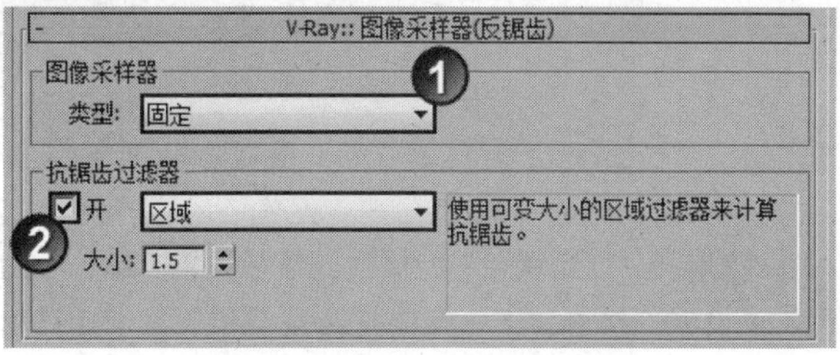

图14-22

03 展开“颜色贴图”卷展栏，然后设置“类型”为“指数”，接着设置“亮度倍增”为0.9、“伽马值”为1.1，最后勾选“子像素映射”和“钳制输出”选项，具体参数设置如图14-23所示。

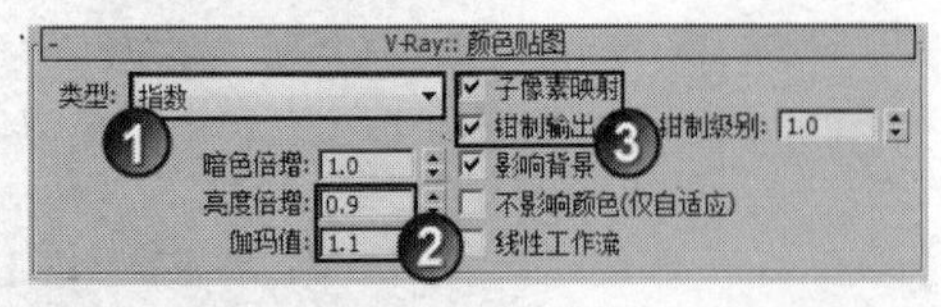

图14-23

04 展开“环境”卷展栏，然后在“全局照明环境（天光）覆盖”选项组下勾选“开”选项，具体参数设置如图14-24所示。

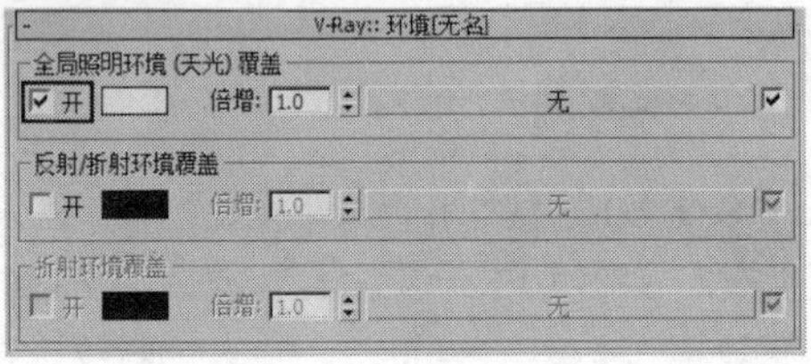

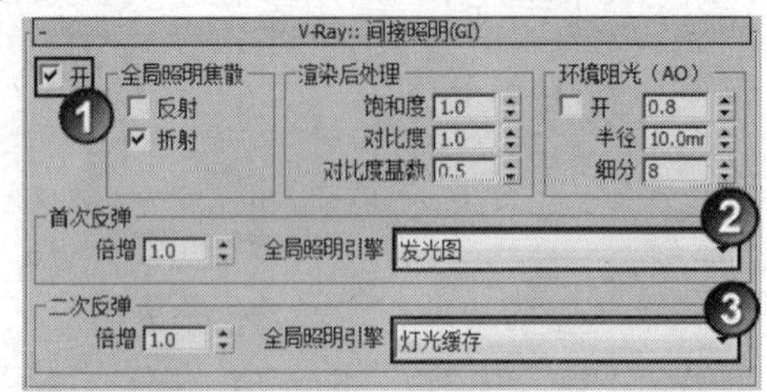

图14-24

05 单击“间接照明”选项卡，然后在“间接照明（GI）”卷展栏下勾选“开”选项，接着设置“首次反弹”的“全局照明引擎”为“发光图”、“二次反弹”的“全局照明引擎”为“灯光缓存”，具体参数设置如图14-25所示。

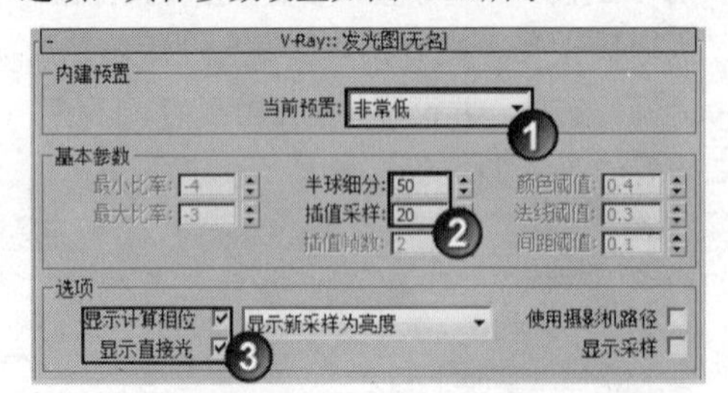

图14-25

06 展开“发光图”卷展栏，然后设置“当前预置”为“非常低”，接着设置“半球细分”为50、“插值采样”为20，最后勾选“显示计算相位”和“显示直接光”选项，具体参数设置如图14-26所示。

图14-26

07 展开“灯光缓存”卷展栏，然后设置“细分”为100，接着勾选“存储直接光”和“显示计算相位”选项，具体参数设置如图14-27所示。

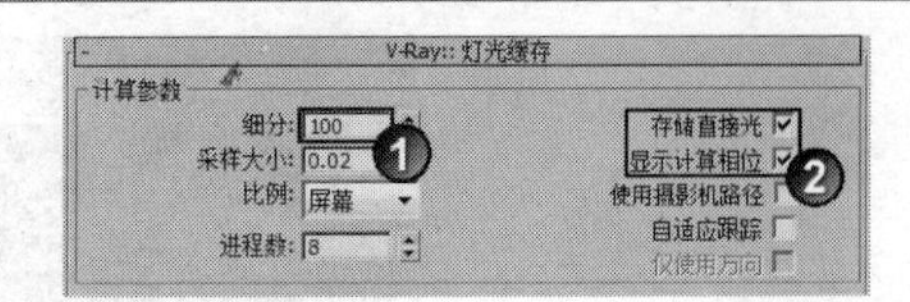

图14-27

08 单击“设置”选项卡，然后在“系统”卷展栏下设置“区域排序”为Top->Bottom（从上->下），接着关闭“显示窗口”选项，具体参数设置如图14-28所示。

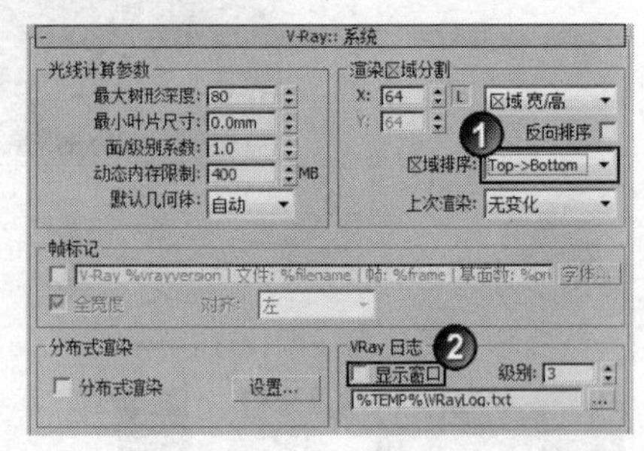

图14-28

>>>>灯光设置

本例共需要布置两处灯光，分别是室外的日光以及窗口处的天光。

● 创建日光

01 设置灯光类型为“标准”，然后在前视图中创建一盏目标平行光，其位置如图14-29所示。

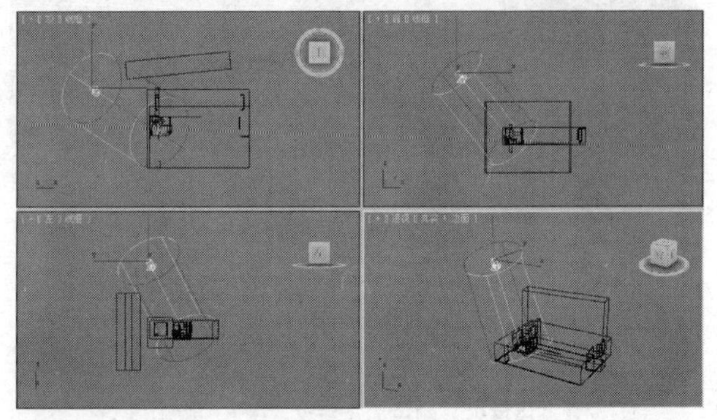

图14-29

02 选择上一步创建的目标平行光，然后切换到“修改”面板，具体参数设置如图14-30所示。

设置步骤

① 展开“常规参数”卷展栏，然后在“阴影”选项组下勾选“启用”选项，接着设置阴影类型为“VRay阴影”。

② 展开“强度/颜色/衰减”卷展栏，然后设置“倍增”为3，接着设置“颜色”为（红:250，绿:242，蓝:219）。

③ 展开“平行光参数”卷展栏，然后设置“聚光区/光束”为4940mm、“衰减区/光束”为4942mm，接着勾选“圆”选项。

④ 展开“VRay阴影参数”卷展栏，然后勾选“区域阴影”和“球体”选项，接着设置“U大小”、“V大小”和“W大小”都为200mm，最后设置“细分”为20。

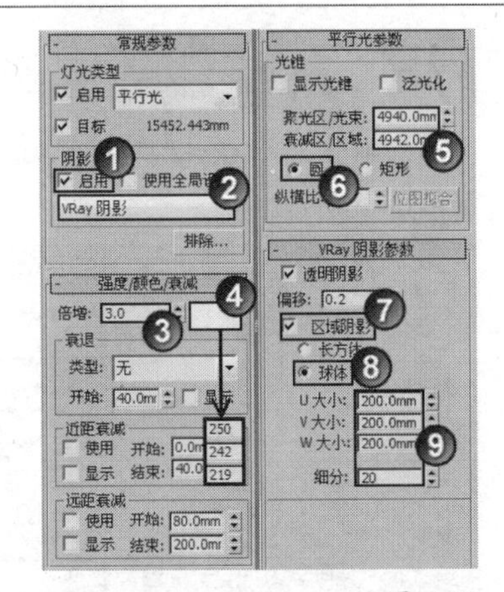

图14-30

03 按F9键测试渲染当前场景，效果如图14-31所示。

图14-31

● 创建天光

01 设置灯光类型为VRay，然后在左视图中创建一盏VRay灯光，其位置如图14-32所示。

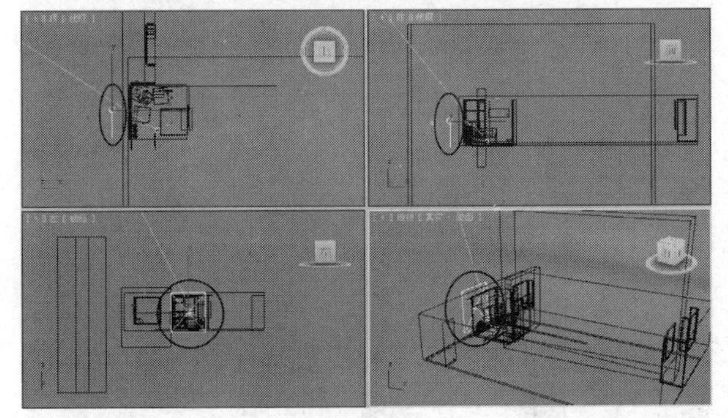

图14-32

02 选择上一步创建的VRay灯光，然后展开“参数”卷展栏，具体参数设置如图14-33所示。

设置步骤

① 在“常规”选项组下设置“类型”为“平面”。

② 在“强度”选项组下设置“倍增”为10，然后设置“颜色”为（红:225，绿:236，蓝:253）。

③ 在“大小”选项组下设置“1/2长”为1280mm、“1/2宽”为1400mm。

④ 在“选项”选项组下勾选“不可见”选项。

⑤ 在“采样”选项组下设置“细分”为20。

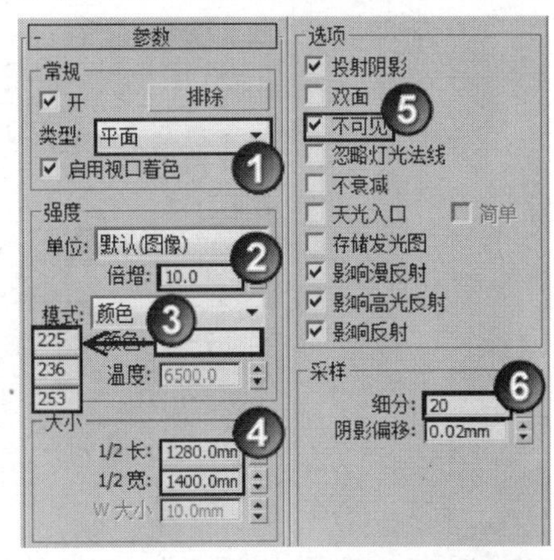

图14-33

03 按F9键测试渲染当前场景，效果如图14-34所示。

图14-34

04 继续在视图中创建一盏VRay灯光，其位置如图14-35所示。

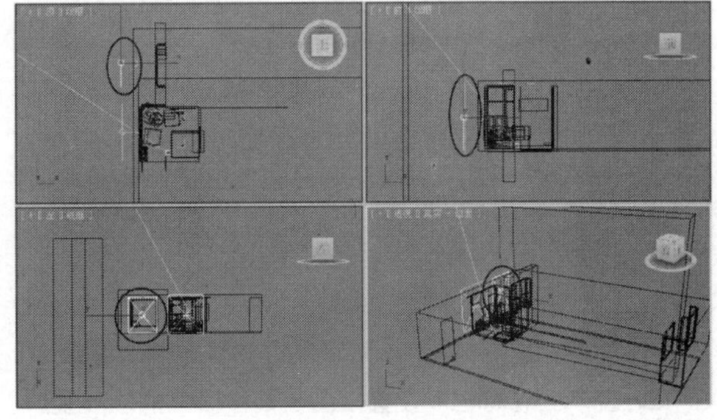

图14-35

05 选择上一步创建的VRay灯光，然后展开“参数”卷展栏，具体参数设置如图14-36所示。

设置步骤

① 在“常规”选项组下设置“类型”为“平面”。

② 在“强度”选项组下设置“倍增”为5，然后设置“颜色”为（红:144，绿:187，蓝:252）。

③ 在“大小”选项组下设置“1/2长”为1062mm、“1/2宽”为1256mm。

④ 在“选项”选项组下勾选“不可见”选项。

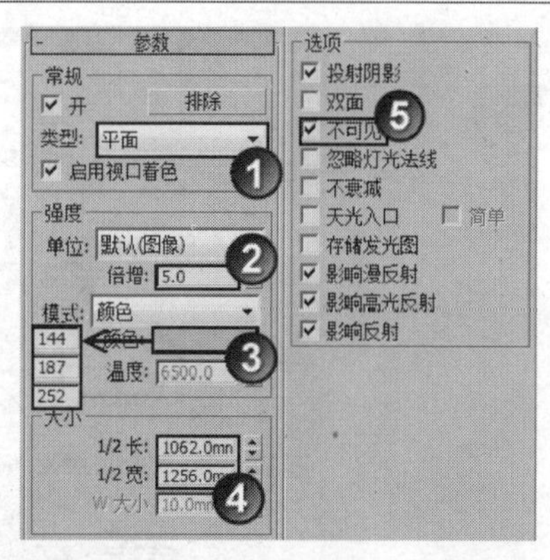

图14-36

06按F9键测试渲染当前场景，效果如图14-37所示。

图14-37

>>>>设置最终渲染参数

01按F10键打开“渲染设置”对话框，然后在“公用参数”卷展栏下设置“宽度”为2000、“高度”为1635，具体参数设置如图14-38所示。

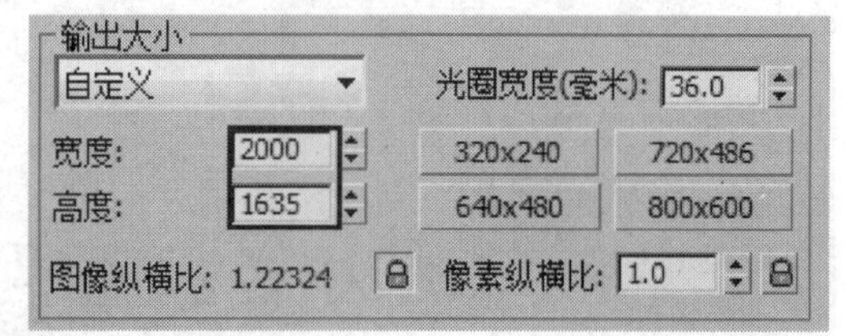

图14-38

02单击VRay选项卡，然后在“图像采样器（反锯齿）”卷展栏下设置“图像采样器”的“类型”为“自适应确定性蒙特卡洛”，接着在“抗锯齿过滤器”选项组下设置过滤器类型为Mitchell-Netravali，具体参数设置如图14-39所示。

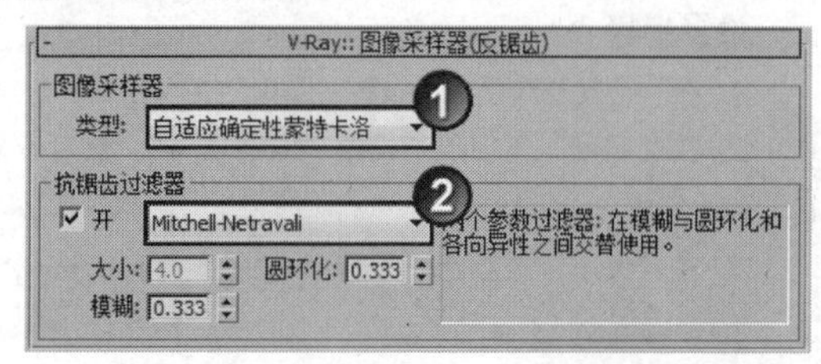

图14-39

03单击“间接照明”选项卡，然后在“发光图”卷展栏下设置“当前预置”为“中”，接着设置“半球细分”为60、“插值采样”为30，具体参数设置如图14-40所示。

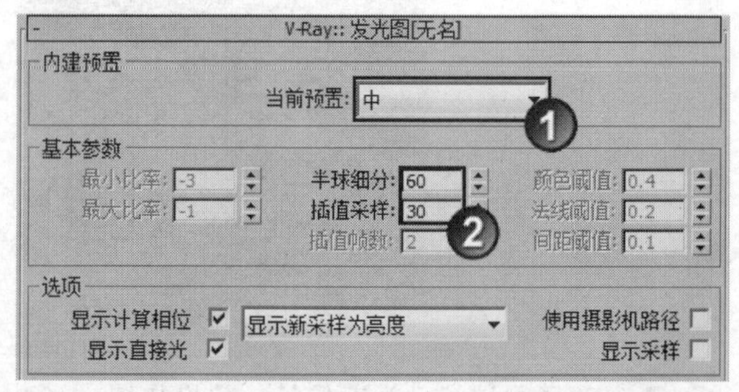

图14-40

04展开“灯光缓存”卷展栏，然后设置“细分”为1000，具体参数设置如图14-41所示。

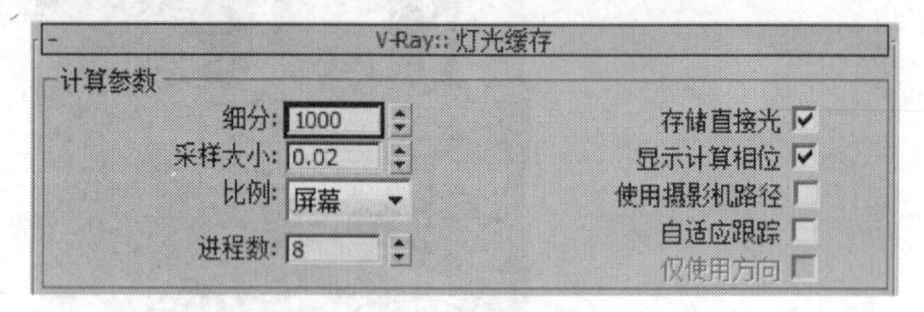

图14-41

05单击“设置”选项卡，然后展开“DMC采样器”卷展栏，接着设置“噪波阈值”为0.005、“最小采样值”为12，具体参数设置如图14-42所示。

图14-42

06在摄影机视图中按F9键渲染当前场景，最终效果如图14-43所示。

图14-43

实战 287 精通小型半封闭空间：卫生间阳光表现

实例信息

- 场景位置：DVD>实例文件>CH14>实战287.max
- 实例位置：DVD>实例文件>CH14>实战287.max
- 视频位置：DVD>多媒体教学>CH14>实战287.flv
- 难易指数：★★★★☆
- 技术掌握：墙面材质、大理石台面材质、外景材质、毛巾材质的制作方法；小型半封闭空间阳光效果的表现方法

实例介绍

本场景是一个小型的卫生间空间，其中墙面材质、大理石台面材质、外景材质和毛巾材质的制作方法以及阳光效果的表现方法是本例的学习要点。

>>>>材质制作

本例的场景对象材质主要包括墙面材质、大理石台面材质、外景材质、大理石地面材质和毛巾材质，如图14-44所示。

图14-44

● 制作墙面材质

墙面材质效果如图14-45所示。

图14-45

01 打开光盘中的“场景文件>CH14>实战287.max”文件，如图14-46所示。

图14-46

02 选择一个空白材质球，然后设置材质类型为VRayMtl材质，具体参数设置如图14-47所示。

设置步骤

① 在“漫反射”贴图通道中加载一张“平铺”程序贴图，然后在“标准控制”卷展栏下设置“预设类型”为“堆栈砌合”，接着展开“高级控制”卷展栏，并在“纹理”贴图通道中加载光盘中的“实例文件>CH14>实战287>紫罗红.jpg”文件，再设置“水平数”和“垂直数”为4，最后在“砖缝设置”选项组下下设置“水平间距”和“垂直间距”为0.5。

② 在“反射”贴图通道中加载一张“衰减”程序贴图，然后设置“侧”通道的颜色为（红:210，绿:210，蓝:210），接着设置“衰减类型”为Fresnel，最后设置“高光光泽度”为0.9、“反射光泽度”为0.9、“细分”为14。

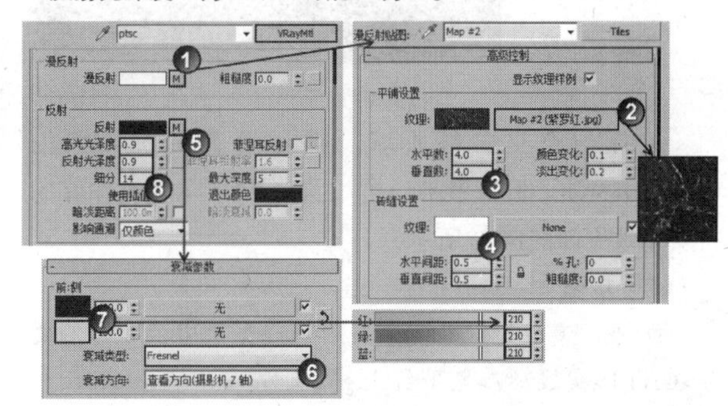

图14-47

03 展开“贴图”卷展栏，在“凹凸”贴图通道中加载一张“平铺”程序贴图，然后在“坐标”卷展栏下设置“模糊”为0.3，接着在“标准控制”卷展栏下设置“预设类型”为“堆栈砌合”，最后设置“凹凸”的强度为30，具体参数设置如图14-48所示，制作好的材质球效果如图14-49所示。

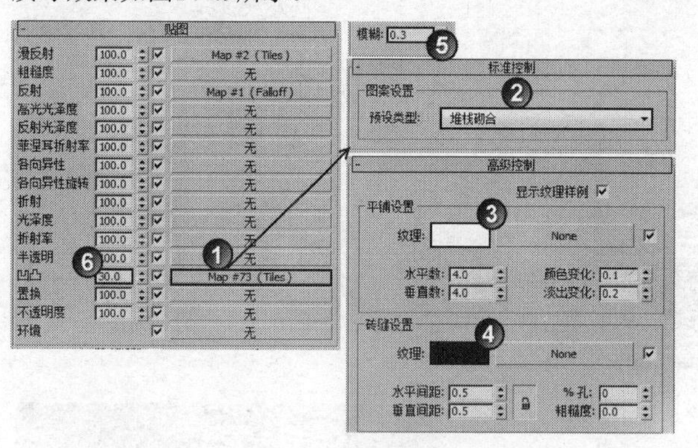

图14-48

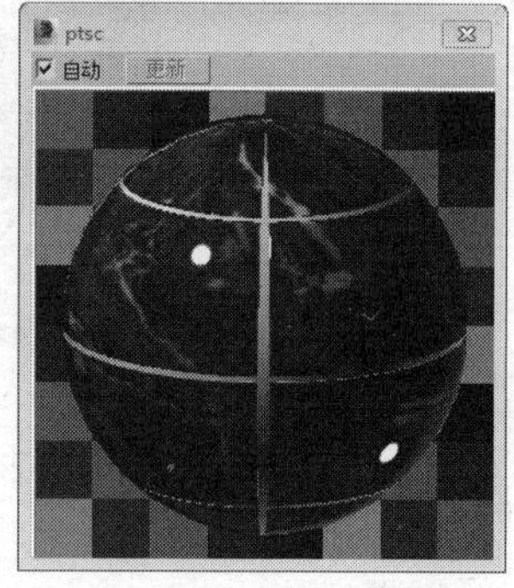

图14-49

● 制作大理石台面材质

大理石台面材质效果如图14-50所示。

图14-50

选择一个空白材质球，然后设置材质类型为VRayMtl材质，具体参数设置如图14-51所示，制作好的材质球效果如图14-52所示。

设置步骤

① 在“漫反射”贴图通道中加载光盘中的“实例文件>CH14>实战287>紫罗红.jpg”文件。

② 在“反射”贴图通道加载一张“衰减”程序贴图，然后在“衰减参数”卷展栏下设置“侧”通道的颜色为（红:210，绿:210，蓝:210），接着设置“衰减类型”为Fresnel，最后设置“高光光泽度”为0.9、“反射光泽度”为0.9、“细分”为14。

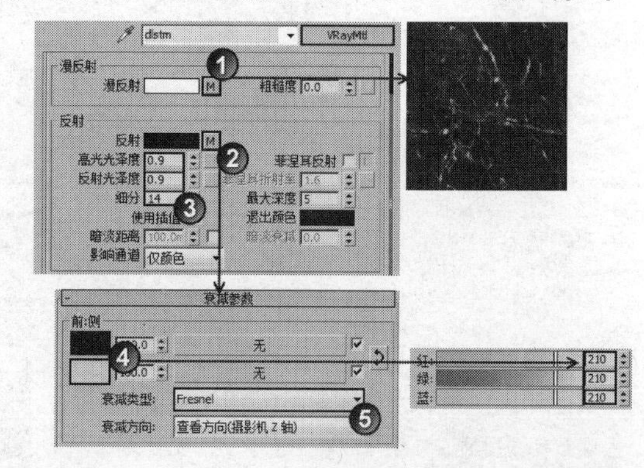

图14-51

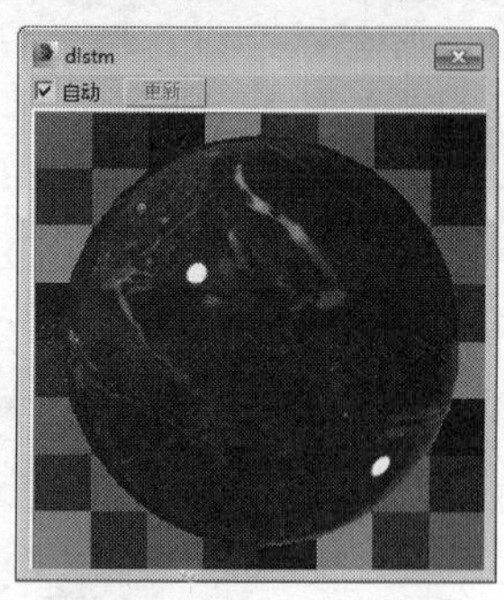

图14-52

● 制作外景材质

外景材质效果如图14-53所示。

图14-53

选择一个空白材质球，然后设置材质类型为“VRay灯光材质”，接着在“颜色”贴图通道中加载光盘中的“实例文件>CH14>实战287>外境.jpg”文件，最后设置颜色的强度为3（即发光的强度），如图14-54所示，制作好的材质球效果如图14-55所示。

图14-54

图14-55

● 制作大理石地面材质

大理石地面材质效果如图14-56所示。

图14-56

选择一个空白材质球，然后设置材质类型为VRayMtl材质，具体参数设置如图14-57所示，制作好的材质球效果如图14-58所示。

设置步骤

① 在“漫反射”贴图通道中加载光盘中的“实例文件>CH14>实战287>地面.jpg”文件。

② 在“反射”贴图通道加载一张“衰减”程序贴图，然后在“衰减参数”卷展栏下设置“侧”通道的颜色为（红:210，绿:210，蓝:210），接着设置“衰减类型”为Fresnel，最后设置“高光光泽度”为0.9、“反射光泽度”为0.9、“细分”为14。

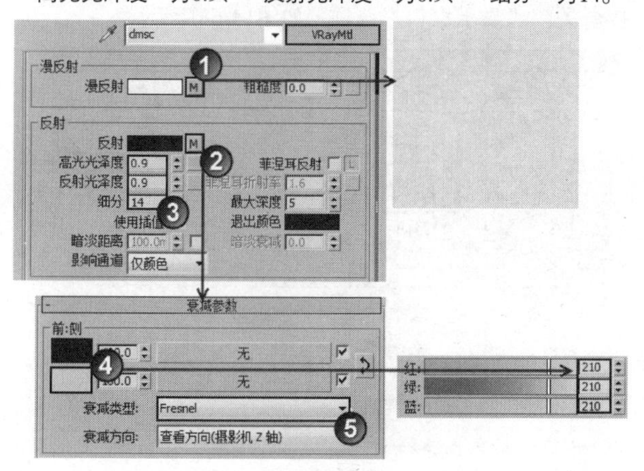

图14-57

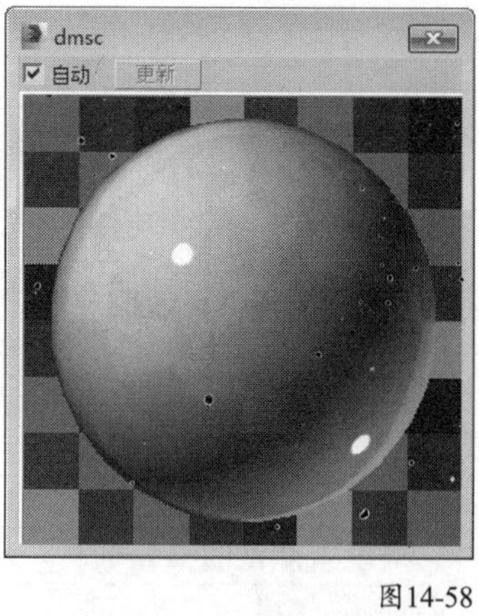

图14-58

● 制作毛巾材质

毛巾材质效果如图14-59所示。

图14-59

选择一个空白材质球，然后设置材质类型为VRayMtl材质，具体参数设置如图14-60所示，制作好的材质球效果如图14-61所示。

设置步骤

① 设置“漫反射”颜色为（红:243，绿:243，蓝:243）。

② 展开“贴图”卷展栏，然后在“置换”贴图通道中加载光盘中的“实例文件>CH14>实战287>毛巾‘凹凸’.jpg”文件，接着设置置换的强度为8。

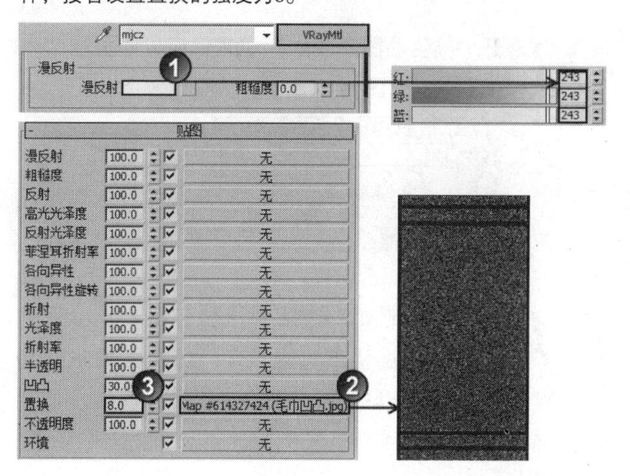

图14-60

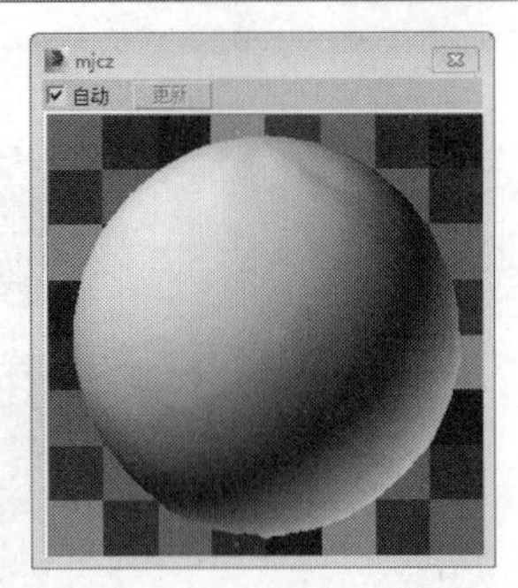
图14-61

>>>>设置测试渲染参数

01 按F10键打开“渲染设置”对话框，然后设置渲染器为VRay渲染器，接着在“公用参数”卷展栏下设置“宽度”为600、“高度”为669，最后单击“图像纵横比”选项后面的“锁定图像纵横比”按钮，锁定渲染图像的纵横比，如图14-62所示。

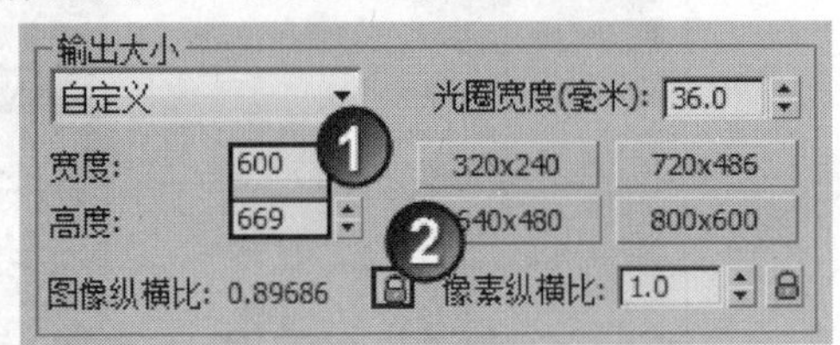
图14-62

02 单击VRay选项卡，然后在“图像采样器（反锯齿）”卷展栏下设置“图像采样器”类型为“固定”，接着在“抗锯齿过滤器”选项组下勾选“开”选项，如图14-63所示。

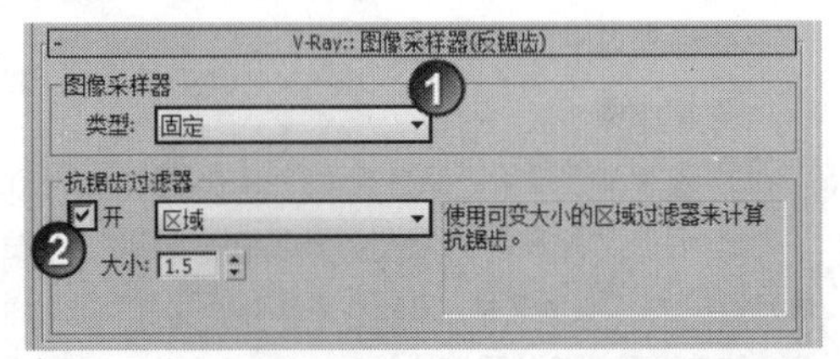
图14-63

03 展开“颜色贴图”卷展栏，然后设置“类型”为“指数”，如图14-64所示。

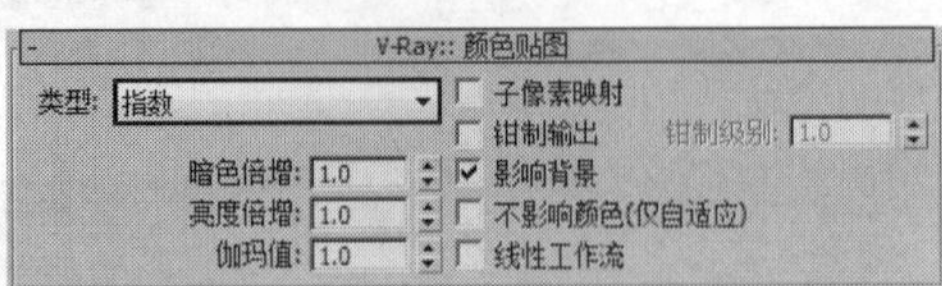
图14-64

04 单击“间接照明”选项卡，然后在“间接照明（GI）”卷展栏下勾选“开”选项，接着设置“首次反弹”的“全局照明引擎”为“发光图”、“二次反弹”的“全局照明引擎”为“灯光缓存”，如图14-65所示。

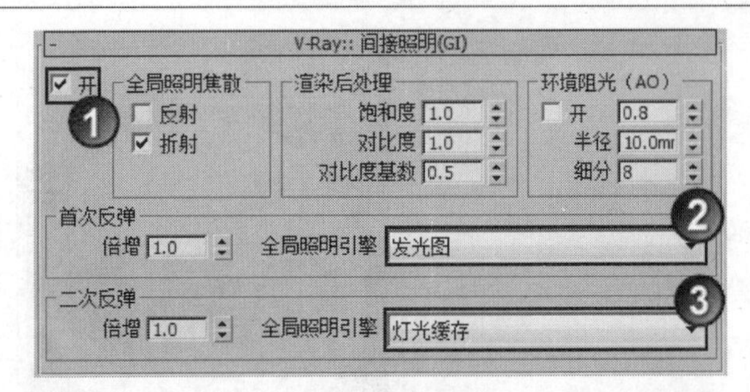
图14-65

05 展开“发光图”卷展栏，然后设置“当前预置”为“非常低”，接着设置“半球细分”为50、“插值采样”为20，最后勾选“显示计算相位”和“显示直接光”选项，具体参数设置如图14-66所示。

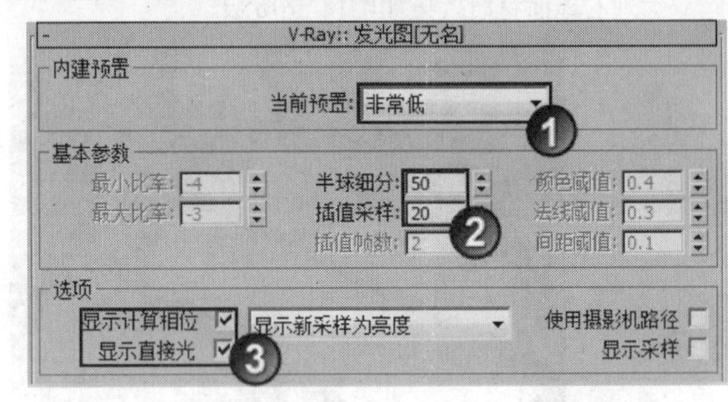
图14-66

06 展开“灯光缓存”卷展栏，然后设置“细分”为100，接着勾选“存储直接光”和“显示计算相位”选项，如图14-67所示。

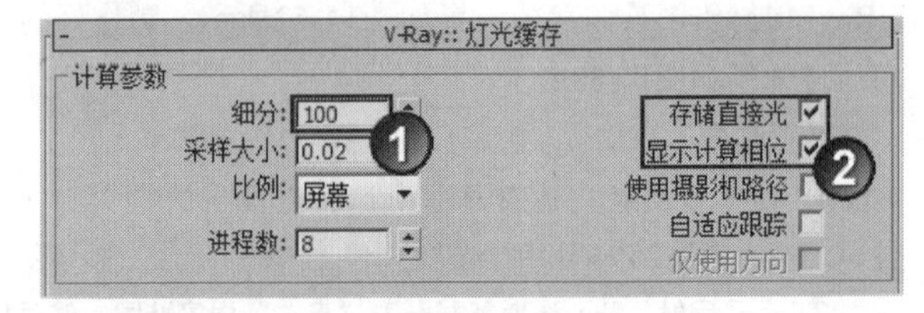
图14-67

07 单击“设置”选项卡，然后在“系统”卷展栏下设置“区域排序”为Top->Bottom（从上->下），接着关闭“显示窗口”选项，如图14-68所示。

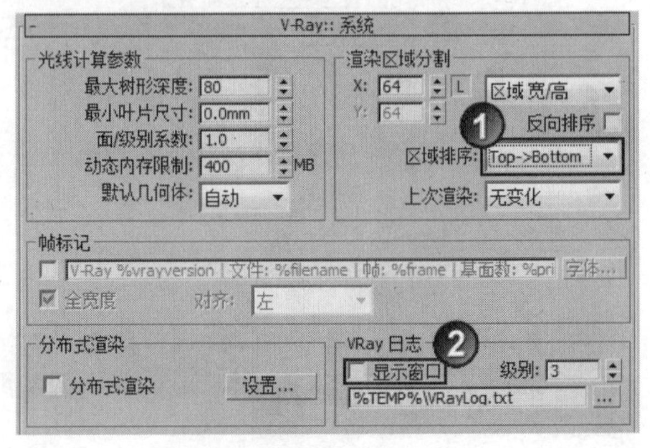
图14-68

>>>>创建VRay物理摄影机

01 设置摄影机类型为VRay，然后在场景中创建一台VRay物理摄影机，其位置如图14-69所示。创建完成后按C键切换到摄影机视图，然后按Shift+F组合键打开渲染安全框，摄影机视图效果如图14-70所示。

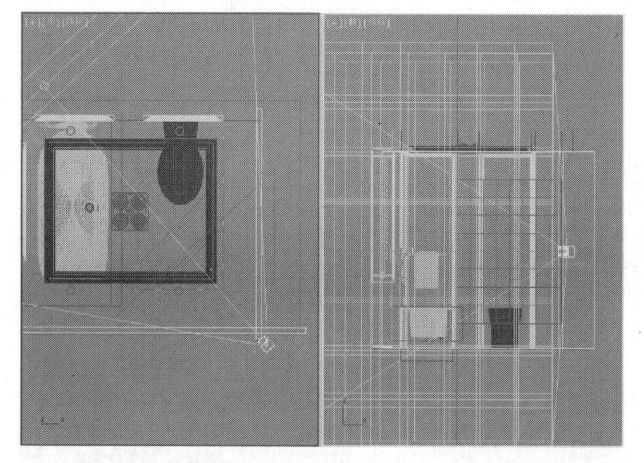

图14-69

图14-70

02 选择上一步创建的VRay物理摄影机，然后展开“基本参数”卷展栏，接着设置“光圈数”为1，再关闭“光晕”选项，最后设置“胶片速度（ISO）”为200，如图14-71所示。

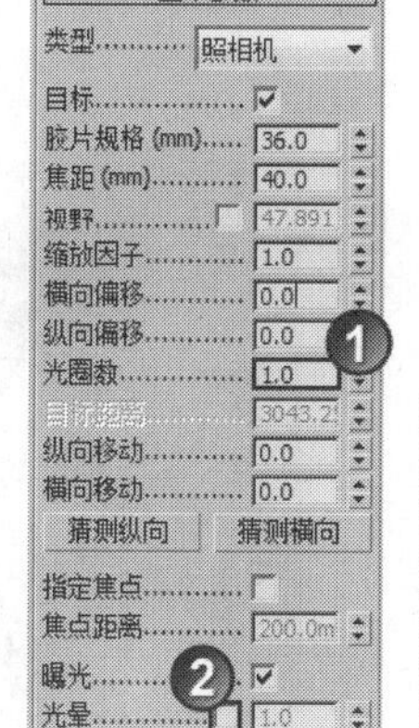

图14-71

技巧与提示

在默认情况下，VRay物理摄影机的感光十分弱，通常会调整较小的光圈值来增大感光度。

03 按F9键测试渲染当前场景，效果如图14-72所示，可以观察到背景的照明效果很理想，接下来布置场景中的灯光。

图14-72

>>>>灯光设置

本例要表现的是晴天下的阳光氛围，因此环境光比较明亮。具体到本场景，将使用暖色室内灯光突出环境氛围。

● 创建环境光

01 设置灯光类型为VRay，然后在室内创建一盏VRay灯光，接着在“参数”卷展栏下设置“类型”为“穹顶”，如图14-73所示。

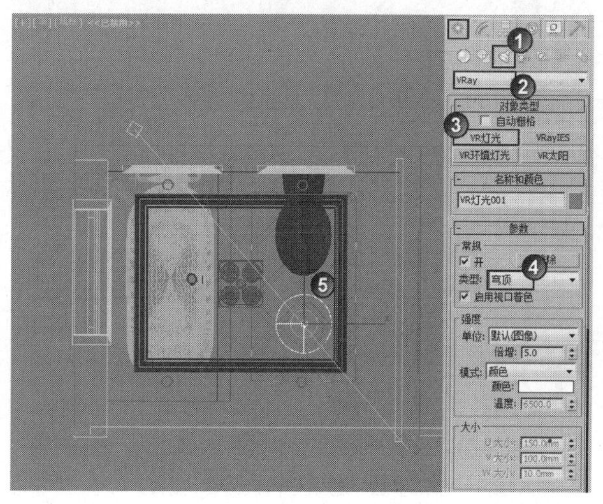

图14-73

02 选择上一步创建的VRay穹顶灯光，然后在“参数”卷展栏下设置“倍增”为5、“颜色”为白色，如图14-74所示。

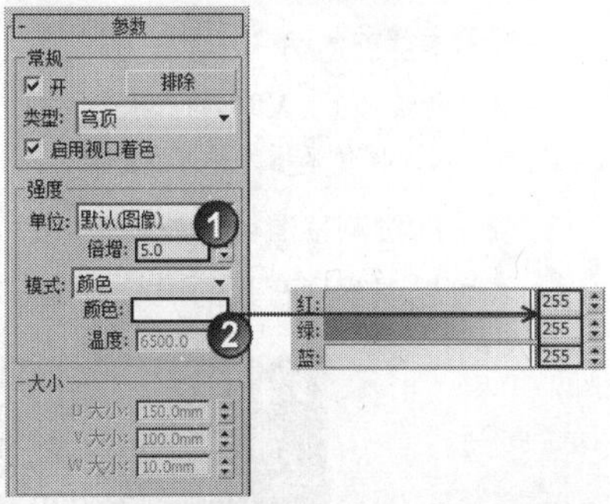

图14-74

03 按F9键测试渲染当前场景，效果如图14-75所示，可以观察到此时已经产生了合适的环境照明。

图14-75

● 创建射灯

01 设置灯光类型为“光度学”，然后在场景中参考灯孔位置创建4盏目标灯光，如图14-76所示。

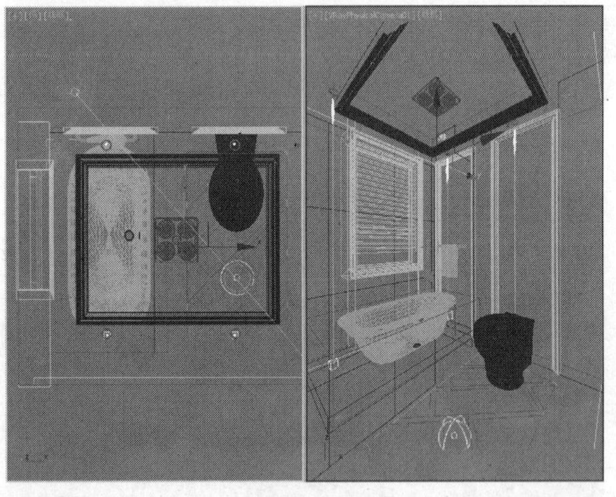

图14-76

02 选择上一步创建的目标灯光，然后进入“修改”面板，具体参数设置如图14-77所示。

设置步骤

① 展开“常规参数”卷展栏，然后在“阴影”选项组下勾选“启用”选项，接着设置阴影类型为“VRay阴影”，最后设置“灯光分布（类型）”为“光度学Web”。

② 展开“分布（光度学Web）”卷展栏，然后在其通道中加载光盘中的“实例文件>CH14>实战287>01.ies”文件。

③ 展开“强度/颜色/衰减”卷展栏，然后设置“过滤颜色”为（红:254，绿:229，蓝:201），接着设置“强度”为2000。

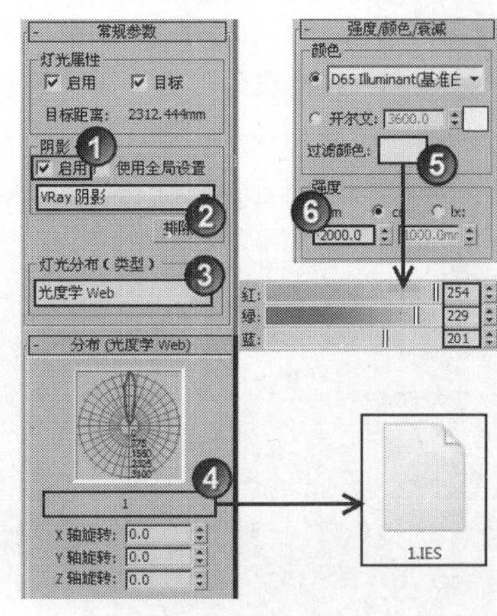

图14-77

03 按F9键测试渲染当前场景，效果如图14-78所示，可以观察到此时虽然产生了合适的射灯照明，但图像整体色调偏黄，接下来通过调整VRay物理摄影机的参数来调整色差。

图14-78

04 选择VRay物理摄影机，然后在“基本参数”卷展栏下设置“自定义平衡”颜色为（红:255，绿:255，蓝:212），如图14-79所示。

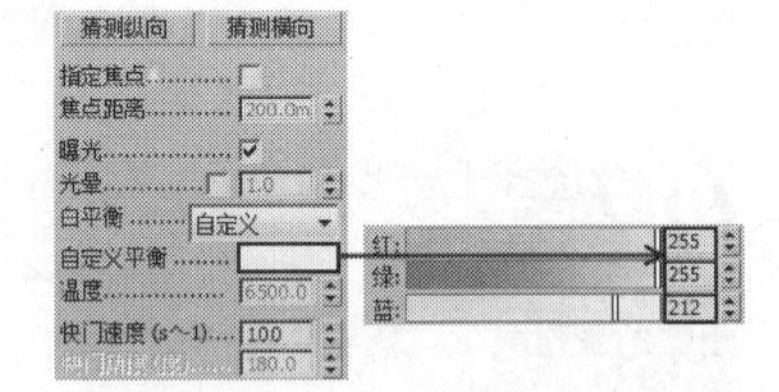

图14-79

05 按F9键测试渲染当前场景，效果如图14-80所示，可以观察到此时图像的整体色调已经得到改善。

图14-80

● 创建浴池底部灯带……………………………………………

01 设置灯光类型为VRay，然后在场景中浴缸下方创建一盏平面类型的VRay灯光，其位置如图14-81所示。

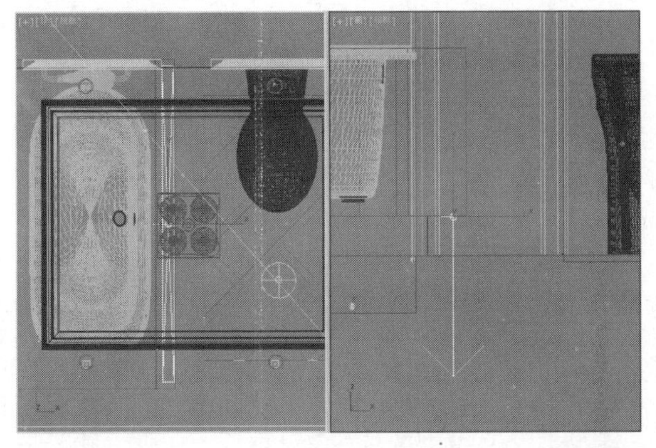

图14-81

02 选择上一步创建的VRay灯光，然后展开“参数”卷展栏，设置其参数如图14-82所示。

设置步骤

① 在“强度”选项组下设置“倍增”为4，然后设置“颜色”为（红:255，绿:234，蓝:171）。

② 在“大小”选项组下设置“1/2长”为30mm、“1/2宽”为800mm。

③ 在“选项”选项组下勾选“不可见”选项，然后关闭“影响高光反射”和“影响反射”选项。

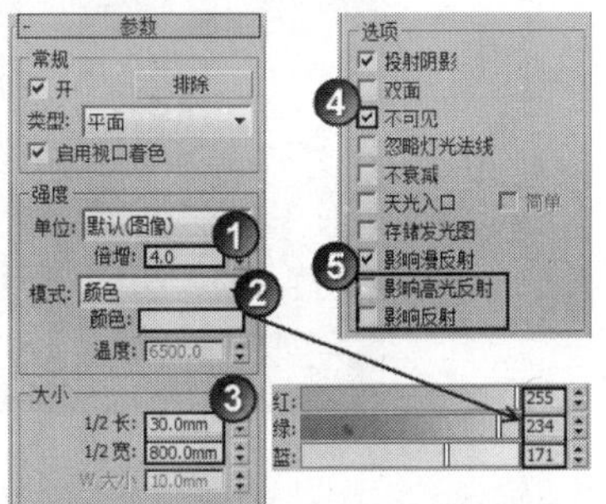

图14-82

03 按F9键测试渲染当前场景，效果如图14-83所示。至此，场景中的灯光布置完成，接下来设置最终渲染参数。

图14-83

>>>>设置最终渲染参数

01 按F10键打开“渲染设置”对话框，然后展开“公共参数”卷展栏，接着设置“宽度”为1500、“高度”为1673，如图14-84所示。

图14-84

02 单击VRay选项卡，然后在“图像采样器（反锯齿）”卷展栏下设置“图像采样器”类型为“自适应确定性蒙特卡洛”，接着在“抗锯齿过滤器”选项组下设置过滤器类型为Catmull-Rom，具体参数设置如图14-85所示。

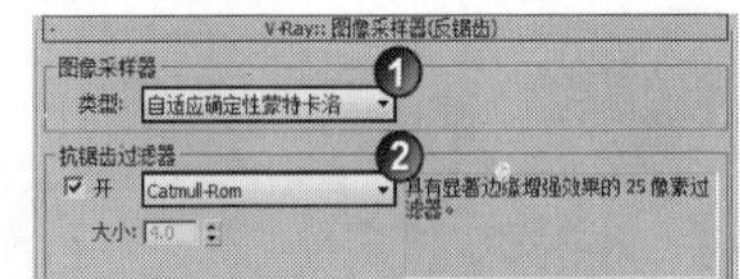

图14-85

03 单击“间接照明”选项卡，然后在“发光图”卷展栏下设置“当前预置”为“中”，接着设置“半球细分”为55、“插值采样”为25，如图14-86所示。

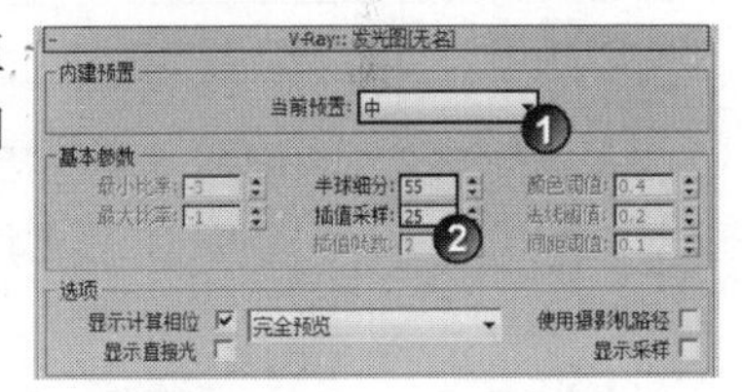

图14-86

04 展开“灯光缓存”卷展栏，然后设置“细分”1200，具体参数设置如图14-87所示。

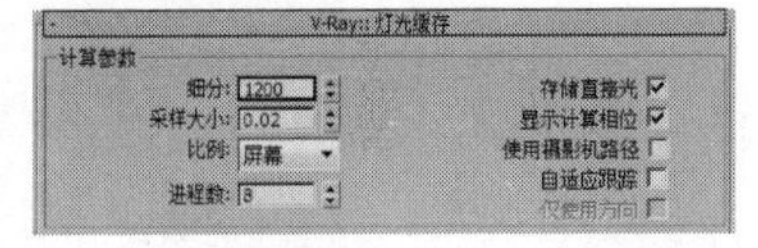

图14-87

05 单击“设置”选项卡，然后在“DMC采样器”卷展栏下设置“适应数量”为0.85、“噪波阈值”为0.001、“最小采样”为16，如图14-88所示。

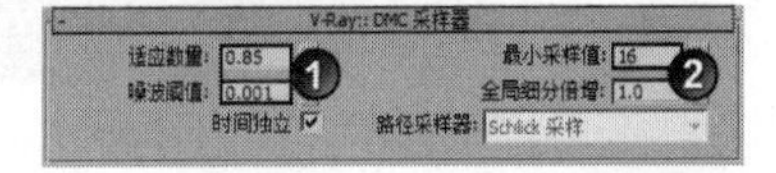

图14-88

06 在摄影机视图中按F9键渲染当前场景，最终效果如图14-89所示。

图14-89

实战288 精通小型半封闭空间：现代厨房阴天气氛表现

实例信息

- 场景位置：DVD>实例文件>CH14>实战288.max
- 实例位置：DVD>实例文件>CH14>实战288.max
- 视频位置：DVD>多媒体教学>CH14>实战288.flv
- 难易指数：★★★★☆
- 技术掌握：橱柜材质、黑木材质、玻璃材质、藤艺材质和窗帘材质和黑大理石材质的制作方法；小型半封闭空间阴天效果的表现方法

实例介绍

本场景是一个小型的现代厨房空间，其中橱柜材质、黑木材质、玻璃材质、藤艺材质和窗帘材质和黑大理石材质的制作方法以及阴天效果的表现方法是本例的学习要点。

>>>>材质制作

本例的场景对象材质主要包括橱柜材质、黑木材质、白陶瓷材质、玻璃材质、藤艺材质、窗帘材质和黑大理石材质，如图14-90所示。

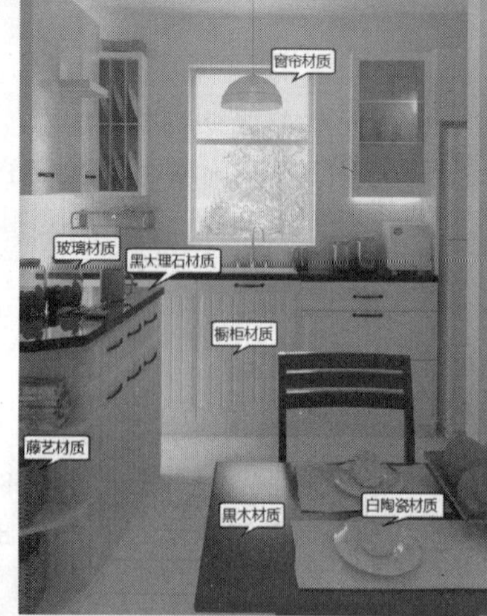

图14-90

● 制作橱柜材质

橱柜板材材质效果如图14-91所示。

图14-91

01 打开光盘中的“场景文件>CH14>实战288.max”文件，如图14-92所示。

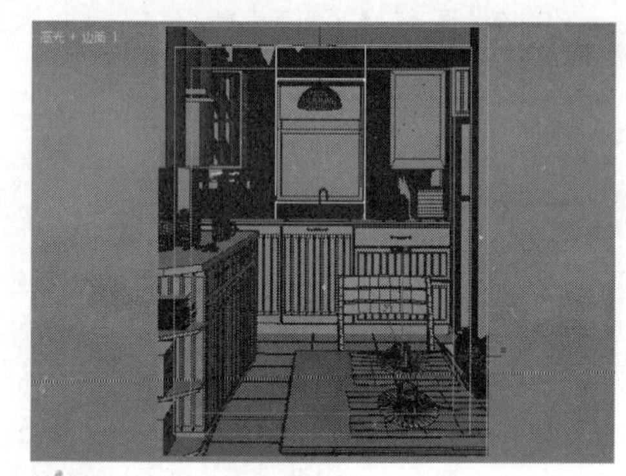

图14-92

02 选择一个空白材质球，然后设置材质类型为VRayMtl材质，并将其命名为cgbc，具体参数设置如图14-93所示，制作好的材质球效果如图14-94所示。

设置步骤

① 设置“漫反射”颜色为（红:247，绿:233，蓝:220）。

② 设置“反射”颜色为（红:30，绿:30，蓝:30），然后设置“反射光泽度”为0.5、“细分”为10。

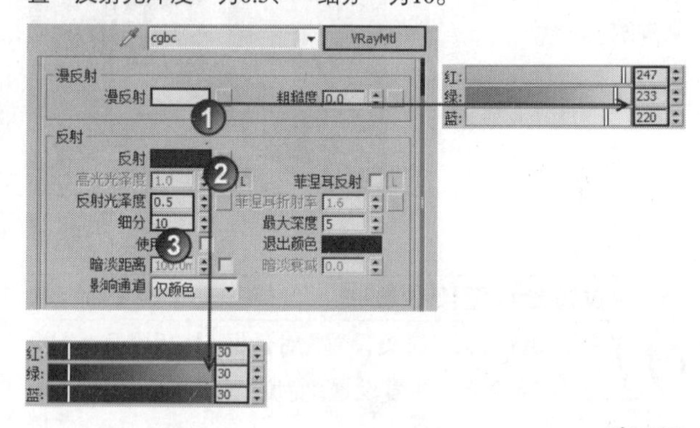

图14-93

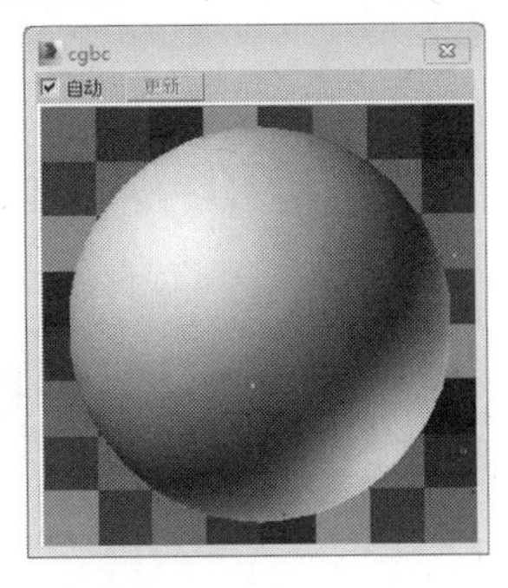

图14-94

制作黑木材质

餐桌板黑木材质效果如图14-95所示。

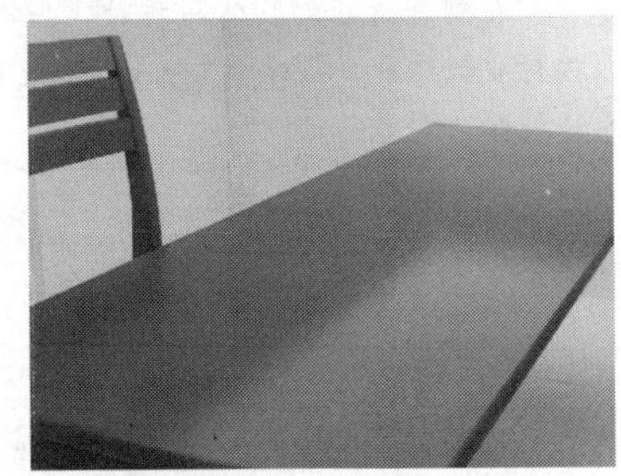

图14-95

01 选择一个空白材质球，然后设置材质类型为VRayMtl材质，并将其命名为czbc，具体参数设置如图14-96所示。

设置步骤

① 设置“漫反射”颜色为（红:42，绿:42，蓝:42）。

② 在“反射”贴图通道中加载一张“衰减”程序贴图，然后设置“侧”通道的颜色为（红:169，绿:169，蓝:169），接着设置“衰减类型”为Fresnel，最后设置“高光光泽度”为0.7、“反射光泽度”为0.85、“细分”为20。

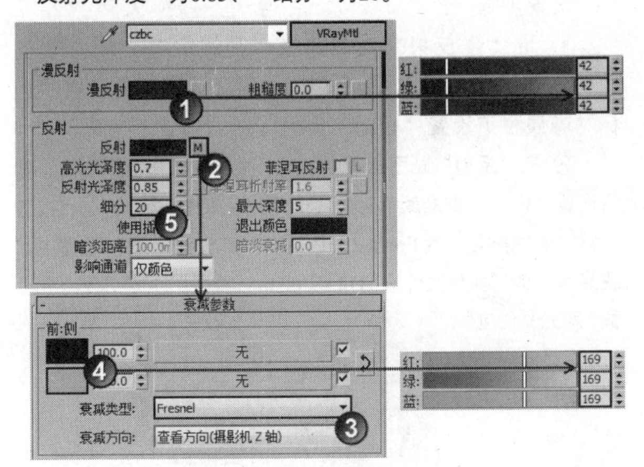

图14-96

02 展开“贴图”卷展栏，然后在“环境”贴图通道中加载一张“输出”程序贴图，接着在“输出”卷展栏下设置“输出量”为2，具体参数设置如图14-97所示，制作好的材质球效果如图14-98所示。

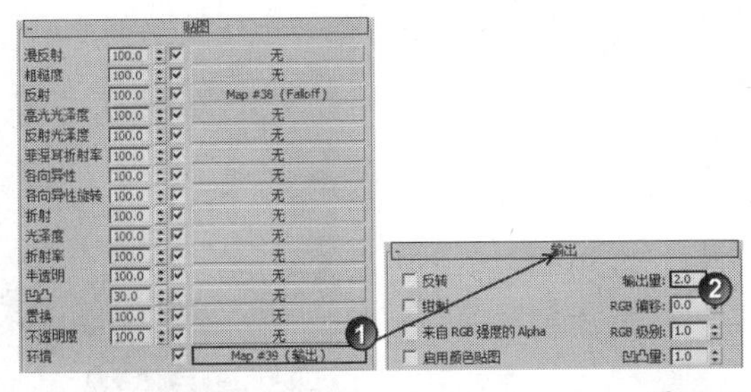

图14-97

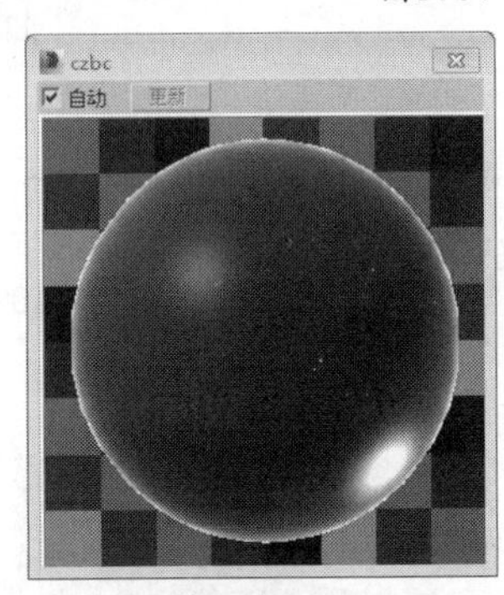

图14-98

制作白陶瓷材质

白陶瓷材质效果如图14-99所示。

图14-99

选择一个空白材质球，然后设置材质类型为VRayMtl材质，具体参数设置如图14-100所示，制作好的材质球效果如图14-101所示。

设置步骤

① 设置“漫反射”颜色为白色。

② 在“反射”贴图通道中加载一张“衰减”程序贴图，然后设置“衰减类型”为Fresnel，接着设置“高光光泽度”为0.95、“反射光泽度”为1、“细分”为20。

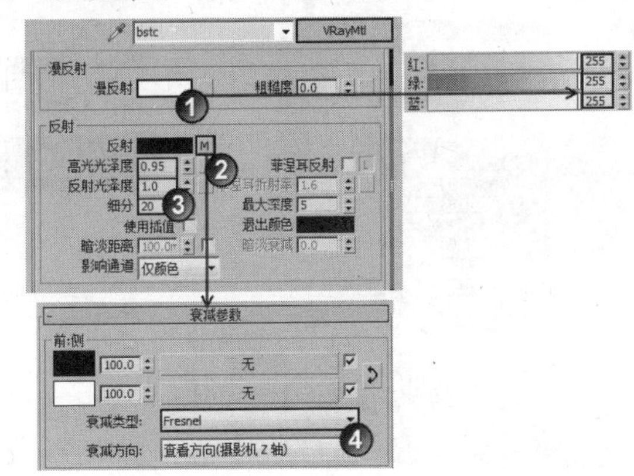

图14-100

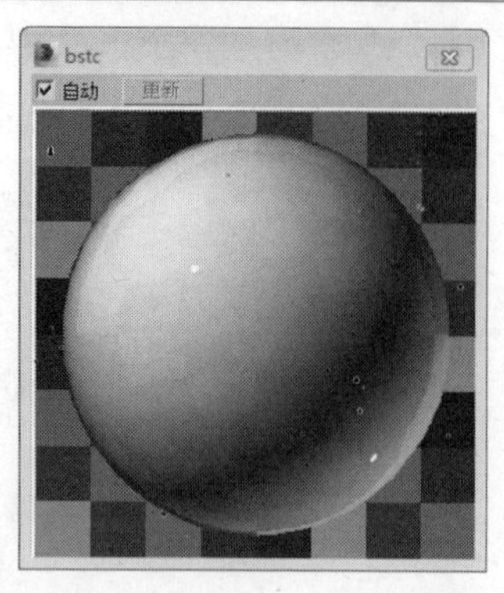

图14-101

● 制作玻璃材质

玻璃材质效果如图14-102所示。

图14-102

选择一个空白材质球，然后设置材质类型为VRayMtl材质，具体参数设置如图14-103所示，制作好的材质球效果如图14-104所示。

设置步骤

① 设置"漫反射"颜色为（红:135，绿:89，蓝:40）。

② 设置"反射"颜色为（红:50，绿:50，蓝:50），然后设置"高光光泽度"为0.8、"反射光泽度"为0.95、"细分"为10。

③ 设置"折射"颜色为（红:235，绿:235，蓝:235），然后设置"折射率"为1.57、"细分"为10、"烟雾倍增"为0.1，接着勾选"影响阴影"选项。

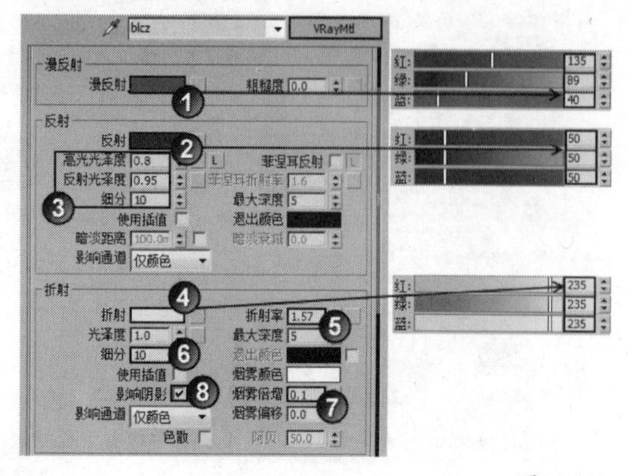

图14-103

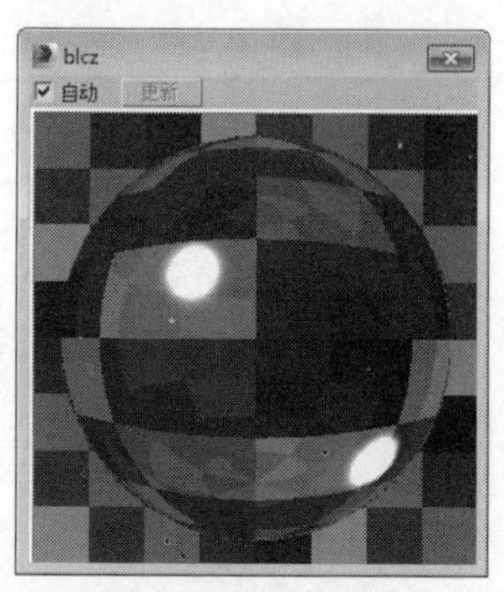

图14-104

技巧与提示

在制作透明的物体材质时，如玻璃、水、塑料等，这些材质制作方法相对于其他材质要复杂一些，因为需要设置"折射"参数。

● 制作藤艺材质

藤艺材质效果如图14-105所示。

图14-105

01 选择一个空白材质球，然后设置材质类型为VRayMtl材质，具体参数设置如图14-106所示。

设置步骤

① 在"漫反射"贴图通道中加载光盘中的"实例文件>CH14>实战288>藤条01.jpg"文件，然后在"坐标"卷展栏下设置"模糊"为0.1。

② 在"反射"贴图通道中加载一张"衰减"程序贴图，然后设置"侧"通道的颜色为（红:200，绿:200，蓝:200），接着设置"衰减类型"为Fresnel，最后在"高光光泽度"通道中加载光盘中的"实例文件>CH14>实战288>藤条02.jpg"文件，并设置"高光光泽度"为0.7、"反射光泽度"为0.79、"细分"为10。

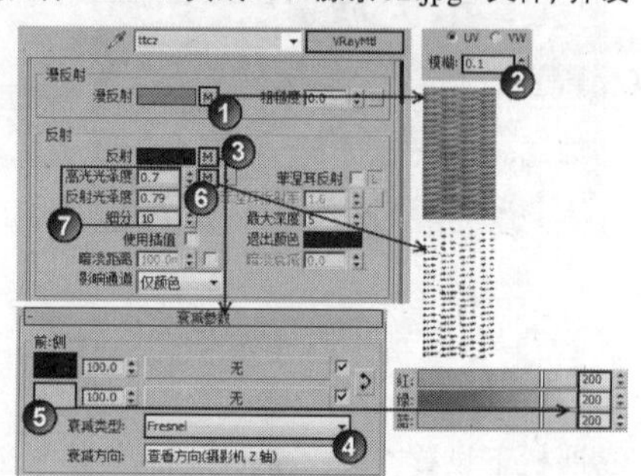

图14-106

02 展开“贴图”卷展栏，然后具体参数设置如图14-107所示，制作好的材质球效果如图14-108所示。

设置步骤

① 设置“高光光泽度”的强度为30。

② 在“不透明度”通道中加载光盘中的“实例文件>CH14>实战288>藤条02.jpg”文件。

③ 在“环境”贴图通道中加载一张“输出”程序贴图，然后在“输出”卷展栏下设置“输出量”为3。

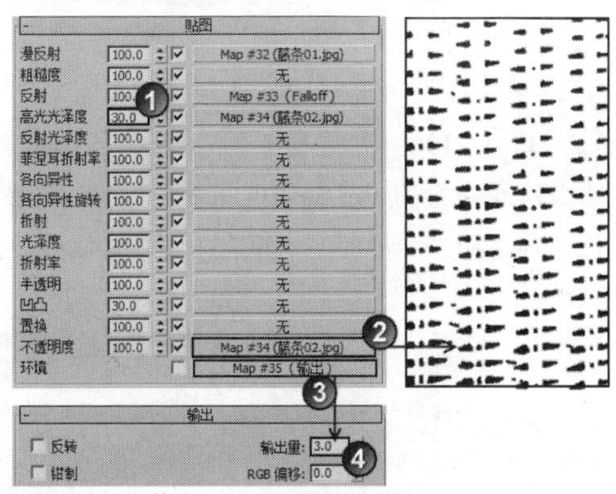

图14-107

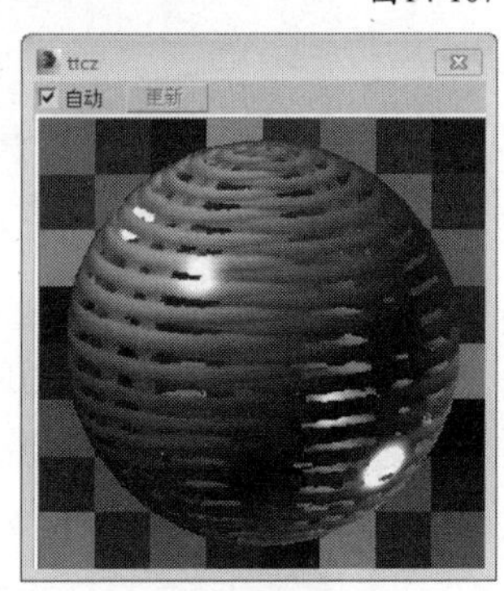

图14-108

● 制作窗帘材质

窗帘材质效果如图14-109所示。

图14-109

选择一个空白材质球，然后设置材质类型为VRayMtl材质，具体参数设置如图14-110所示，制作好的材质球效果如图14-111所示。

设置步骤

① 设置“漫反射”颜色为（红:220，绿:250，蓝:255）。

② 设置“反射”颜色为（红:30，绿:30，蓝:30），然后设置“反射光泽度”为0.5。

③ 设置“折射”颜色为（红:99，绿:99，蓝:99），然后设置“光泽度”为0.85、“折射率”为1.001，接着勾选“影响阴影”选项。

④ 展开“选项”卷展栏，然后关闭“跟踪反射”选项。

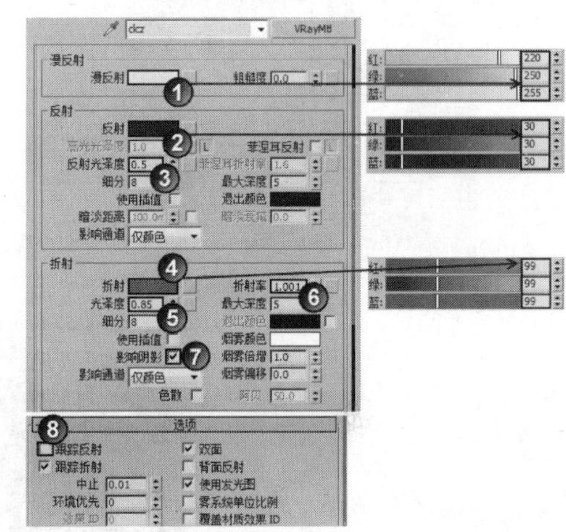

图14-110

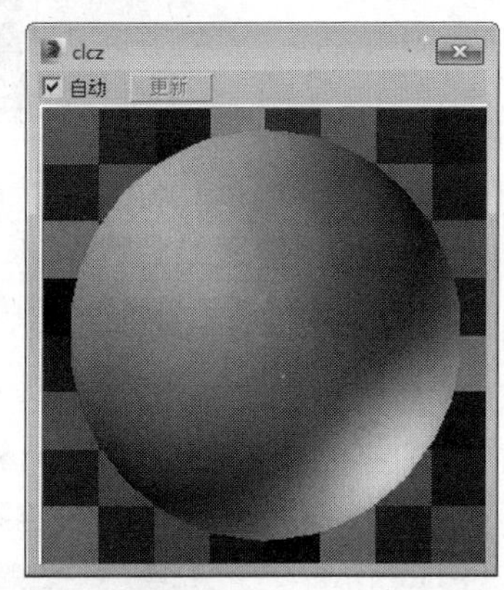

图14-111

● 制作黑大理石材质

黑大理石材质效果如图14-112所示。

图14-112

选择一个空白材质球，然后设置材质类型为VRayMtl材质，具体参数设置如图14-113所示，制作好的材质球效果如图14-114所示。

设置步骤

① 设置“漫反射”颜色为（红:8，绿:8，蓝:8）。

② 在“反射”贴图通道中加载一张“衰减”程序贴图，然后设置“衰减类型”为Fresnel，接着设置“高光光泽度”为0.89。

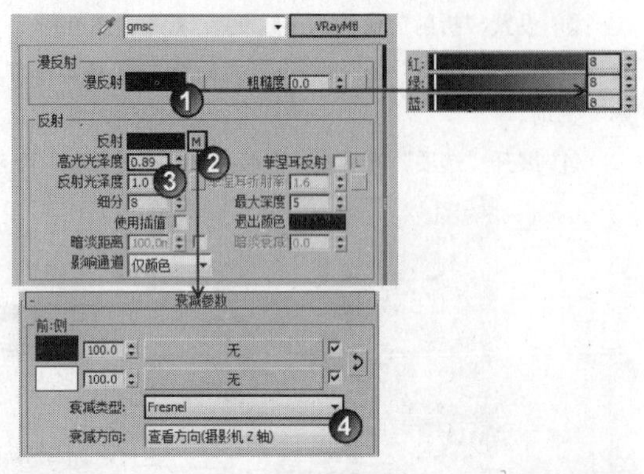

图14-113

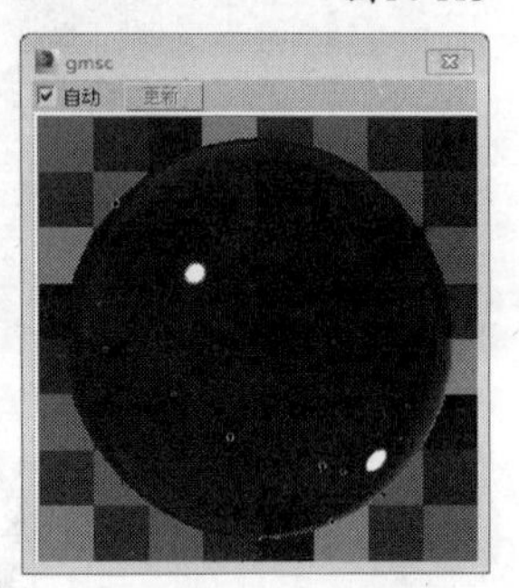

图14-114

>>>>设置测试渲染参数

01 按F10键打开“渲染设置”对话框，然后设置渲染器为VRay渲染器，接着在“公用参数”卷展栏下设置“宽度”为394、“高度”为500，最后单击“图像纵横比”选项后面的“锁定”，锁定渲染图像的纵横比，如图14-115所示。

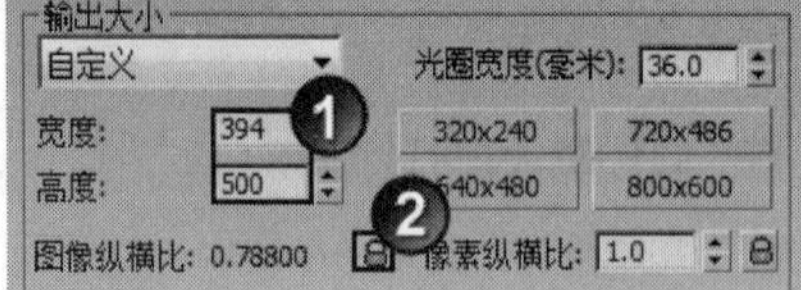

图14-115

02 单击VRay选项卡，然后在“图像采样器（反锯齿）”卷展栏下设置“图像采样器”类型为“自适应细分”，接着设置“抗锯齿过滤器”类型为Catmull-Rom，具体参数设置如图14-116所示。

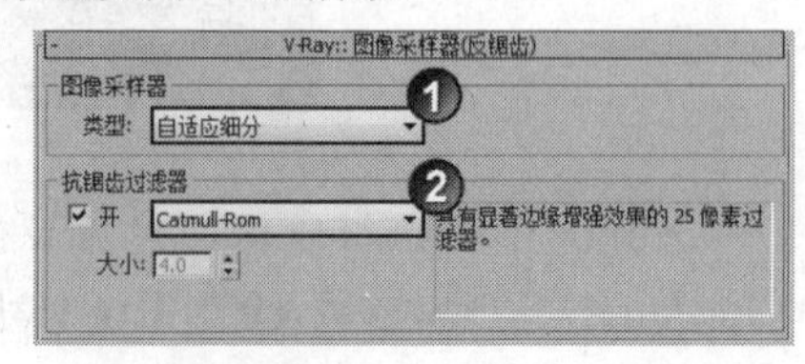

图14-116

03 展开“颜色贴图”卷展栏，然后设置“类型”为“指数”，接着设置“亮度倍增”为0.5、“伽马值”为1.7，最后勾选“子像素映射”和“钳制输出”选项，具体参数设置如图14-117所示。

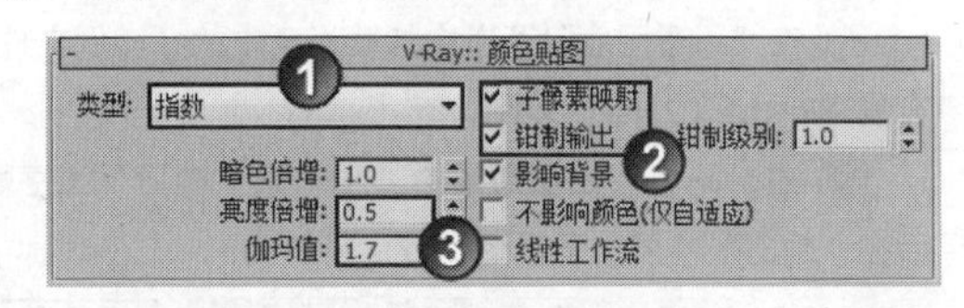

图14-117

04 单击“间接照明”选项卡，然后在”间接照明（GI）”卷展栏下勾选“开”选项，接着设置“首次反弹”的“全局照明引擎”为“发光图”、“二次反弹”的“全局照明引擎”为“灯光缓存”，如图14-118所示。

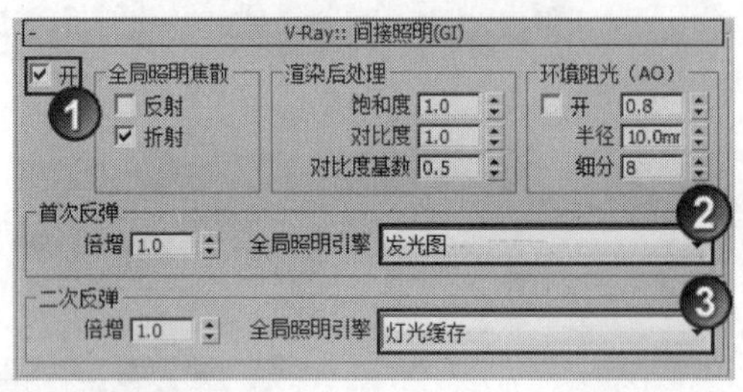

图14-118

05 展开“发光图”卷展栏，然后设置“当前预置”为“非常低”，接着设置“半球细分”为50、“插值采样”为20，最后勾选“显示计算相位”和“显示直接光”选项，具体参数设置如图14-119所示。

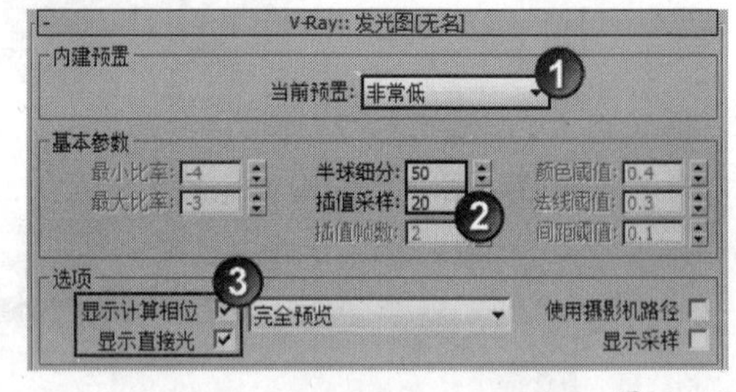

图14-119

06 展开“灯光缓存”卷展栏，然后设置“细分”为100，接着勾选“存储直接光”和“显示计算相位”选项，具体参数设置如图14-120所示。

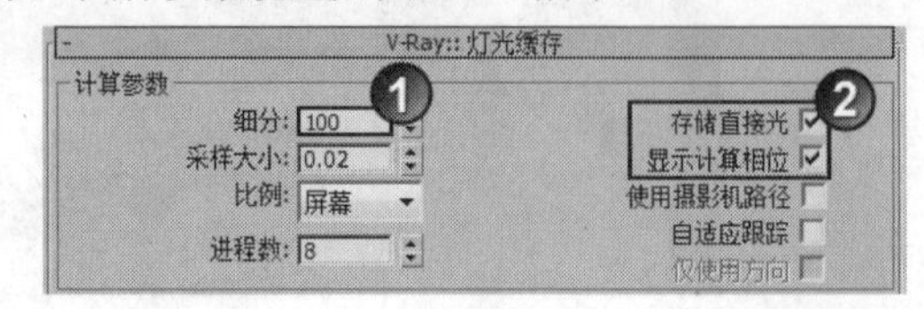

图14-120

07 单击“设置”选项卡，然后在“系统”卷展栏下设置“区域排序”为Top->Bottom（从上->下），接着关闭“显示窗口”选项，如图14-121所示。

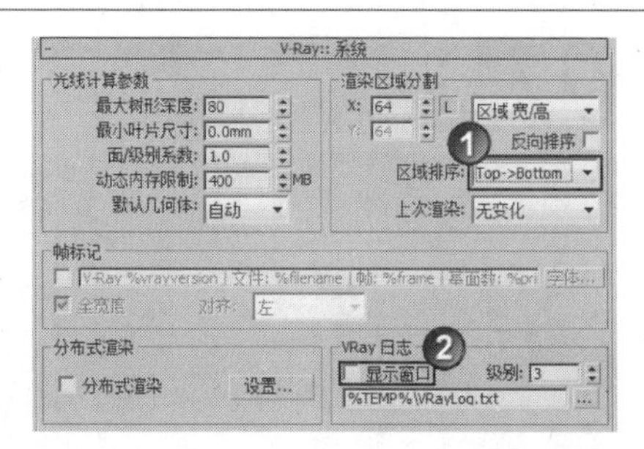

图14-121

>>>>灯光设置

本例的灯光布局分为室外和室内，其中室外采用阳光作为主光源，而室内主要布置辅助照明光源。

● 创建主光源（阳光）

01 设置灯光类型为VRay，然后在场景中创建一盏VRay太阳作为主光源，其位置如图14-122所示。

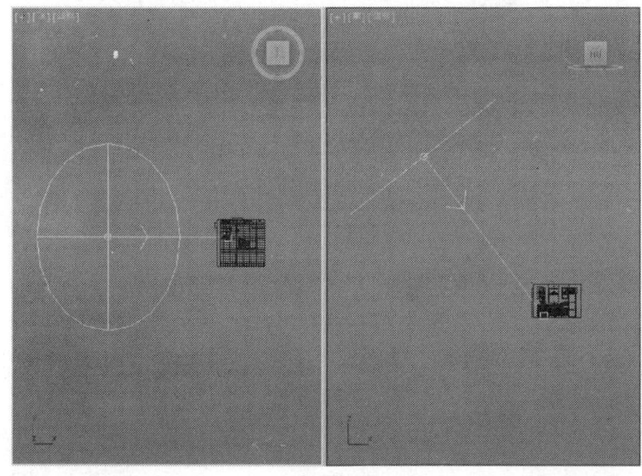

图14-122

02 选择上一步创建的VRay太阳，然后在“VRay太阳参数”卷展栏下设置“强度倍增”为0.005、“大小倍增”为10、“阴影细分”为10，具体参数设置如图14-123所示。

图14-123

03 按F9键测试渲染当前场景，效果如图14-124所示，可以观察到室外已经产生了比较良好的照明效果，同时室内的灯光效果也比较理想。下面开始布置室内的辅助光源。

图14-124

● 创建辅助光源

01 在场景中创建两盏VRay灯光作为辅助光源，其位置如图14-125所示。

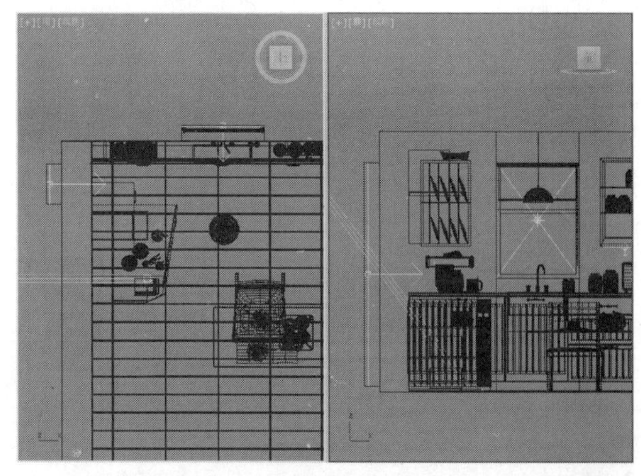

图14-125

02 选择上一步创建的VRay灯光，然后展开“参数”卷展栏，具体参数设置如图14-126所示。

设置步骤

① 在“常规”选项组下设置“类型”为“平面”。

② 在“强度”选项组下设置“倍增”为7，然后设置“颜色”为（红:255，绿:205，蓝:139）。

③ 在“大小”选项组下设置“1/2长”为550mm、“1/2宽”为750mm。

④ 在“选项”选项组下勾选“不可见”选项。

⑤ 在“采样”选项组下设置“细分”为30。

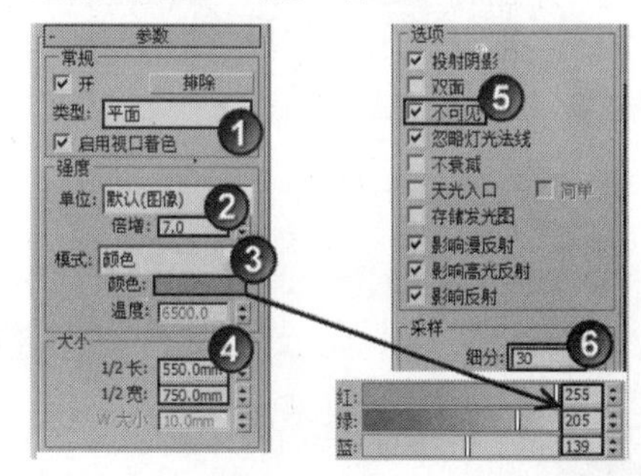

图14-126

03 在摄影机视图中按F9键测试渲染当前场景，效果如图14-127所示。

图14-127

技巧与提示

对于灯光颜色的设置是非常重要的，合理的灯光颜色可以营造出整个场景的气氛。

04 在场景中创建一盏VRay灯光作为辅助光源，其位置如图14-128所示。

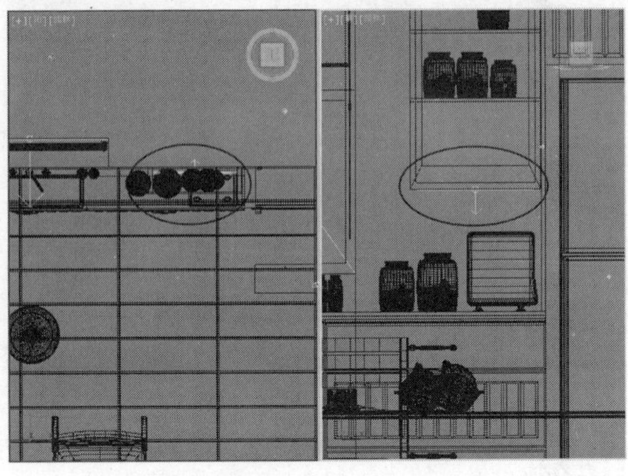

图14-128

05 选择上一步创建的VRay灯光，然后展开“参数”卷展栏，具体参数设置如图14-129所示。

设置步骤

① 在“常规”选项组下设置“类型”为“平面”。

② 在“强度”选项组下设置“颜色”为（红:255，绿:197，蓝:97），然后设置“倍增”为20。

③ 在“大小”选项组下设置“1/2长”为295mm、“1/2宽”为5mm。

④ 在“选项”选项组下勾选“不可见”选项。

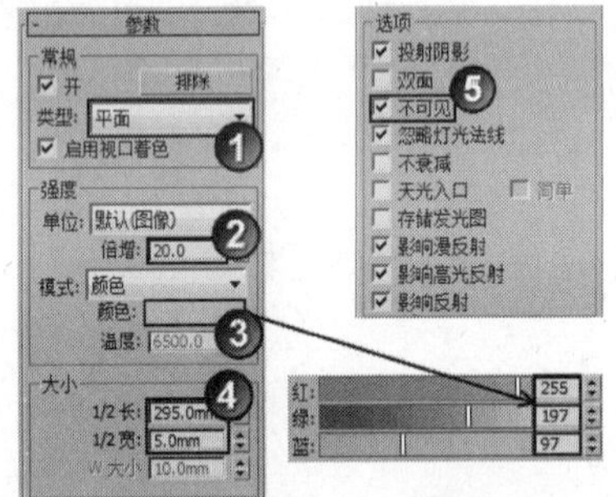

图14-129

06 在摄影机视图中按F9键测试渲染当前场景，效果如图14-130所示。

图14-130

07 继续在场景中创建一盏VRay灯光作为辅助光源，其位置如图14-131所示。

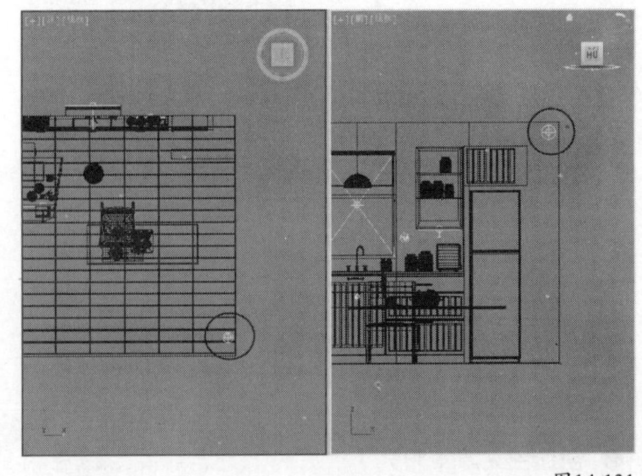

图14-131

08 选择上一步创建的VRay灯光，然后展开“参数”卷展栏，具体参数设置如图14-132所示。

设置步骤

① 在“常规”选项组下设置“类型”为“球体”。

② 在“强度”选项组下设置“倍增”为20，然后设置“颜色”为（红:255，绿:197，蓝:97）。

③ 在“大小”选项组下设置“半径”为100mm。

④ 在“选项”选项组下勾选“不可见”选项。

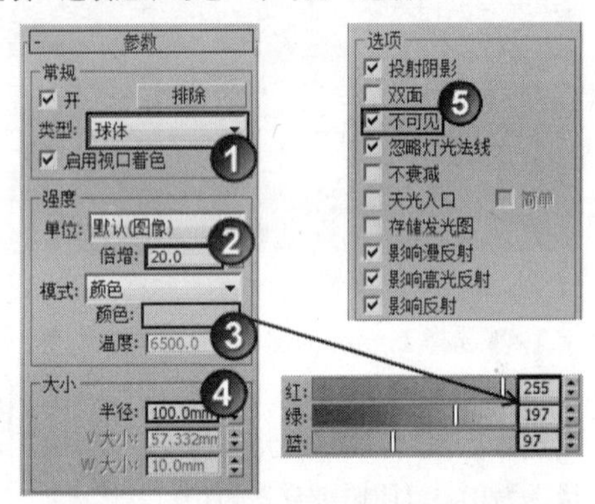

图14-132

09 在摄影机视图中按F9键测试渲染当前场景，效果如图14-133所示。

图14-133

>>>>设置最终渲染参数

01 按F10键打开“渲染设置”对话框，然后展开“公共参数”卷展栏，接着设置“宽度”为1575、“高度”为2000，如图14-134所示。

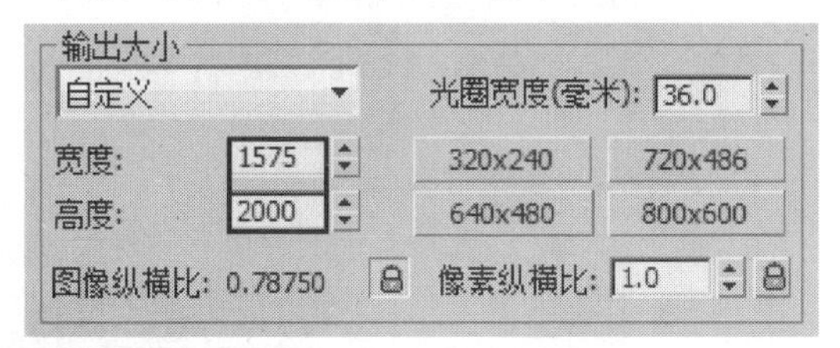

图14-134

02 单击VRay选项卡，然后在“图像采样器（反锯齿）”卷展栏下设置“图像采样器”类型为“自适应确定性蒙特卡洛”，接着设置“抗锯齿过滤器”类型为Mitchell-Netravali，具体参数设置如图14-135所示。

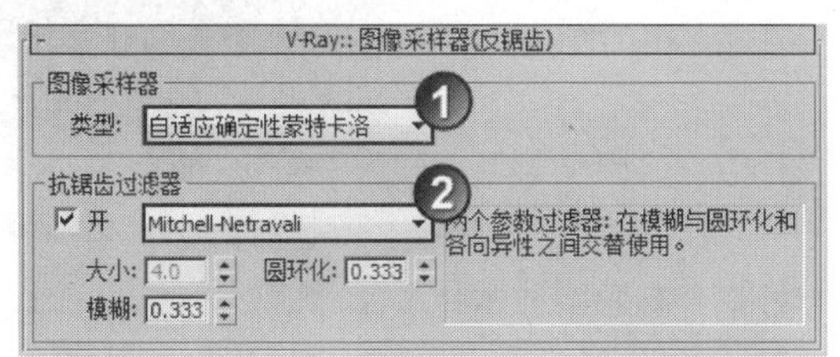

图14-135

03 展开“发光图”卷展栏，然后设置“当前预置”为“中”，如图14-136所示。

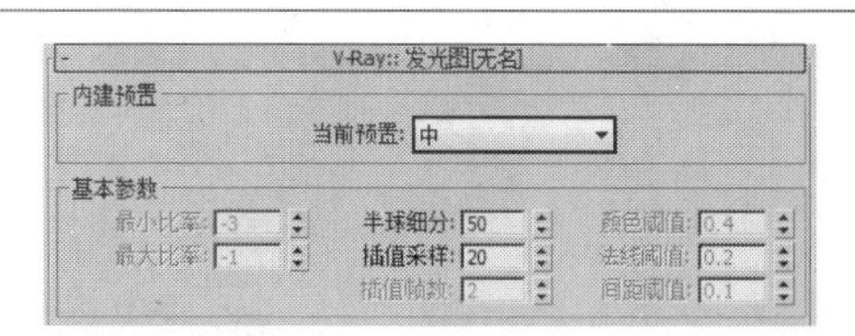

图14-136

04 单击“间接照明”选项卡，展开“灯光缓存”卷展栏，然后设置“细分”为1000，具体参数设置如图14-137所示。

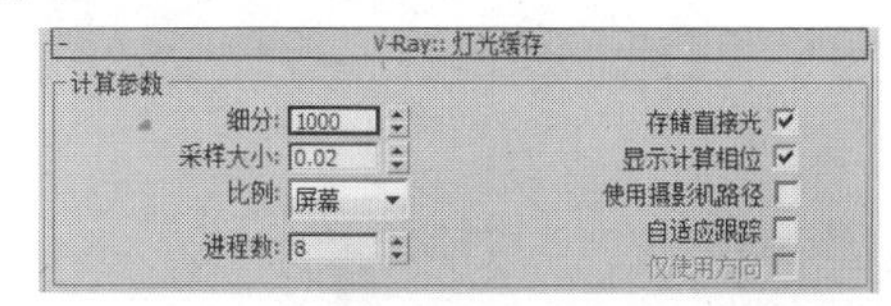

图14-137

05 在摄影机视图中按F9键渲染当前场景，最终渲染效果如图14-138所示。

图14-138

实战289 精通小型半封闭空间：现代书房夜晚灯光表现

实例信息

- 场景位置：DVD>实例文件>CH14>实战289.max
- 实例位置：DVD>实例文件>CH14>实战289.max
- 视频位置：DVD>多媒体教学>CH14>实战289.flv
- 难易指数：★★★★☆
- 技术掌握：墙面涂料材质、白色混油木材质、地毯材质和发光屏幕材质的制作方法；小型半封闭空间夜晚灯光的表现方法

实例介绍

在实际的工作中经常会选用晴朗的月夜作为夜晚效果图的表现方法，因为此时柔和的月光光线进入室内，会使整体空间都染上些许蓝色，与空间内暖色灯光形成较强的色彩对比。

>>>>材质制作

本例的场景对象材质主要包括墙面涂料材质、白色混油木材质、地毯材质和发光屏幕材质，如图14-139所示。

图14-139

● 制作墙面涂料材质

墙面涂料材质效果如图14-140所示。

图14-140

01 打开光盘中的“场景文件>CH14>实战289.max”文件，如图14-141所示。

图14-141

02 选择一个空白材质球，然后设置材质类型为VRayMtl材质，具体参数设置如图14-142所示，制作好的材质球效果如图14-143所示。

设置步骤

① 设置“漫反射”颜色为（红30，绿:30，蓝:40）。

② 设置“反射”颜色为（红16，绿:16，蓝:16），然后设置“高光光泽度”为0.25。

③ 展开“选项”卷展栏，然后关闭“跟踪反射”选项。

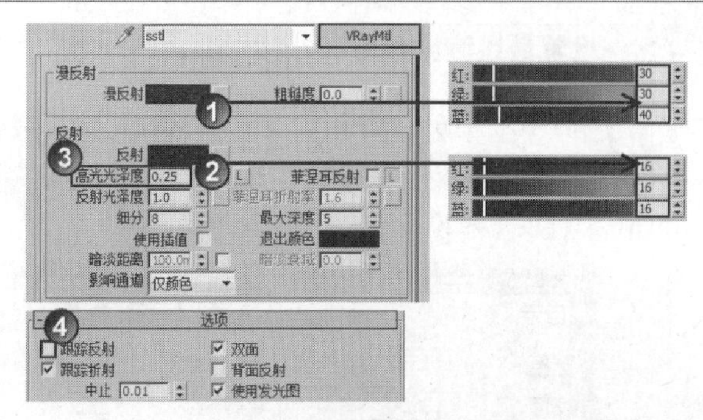

图14-142

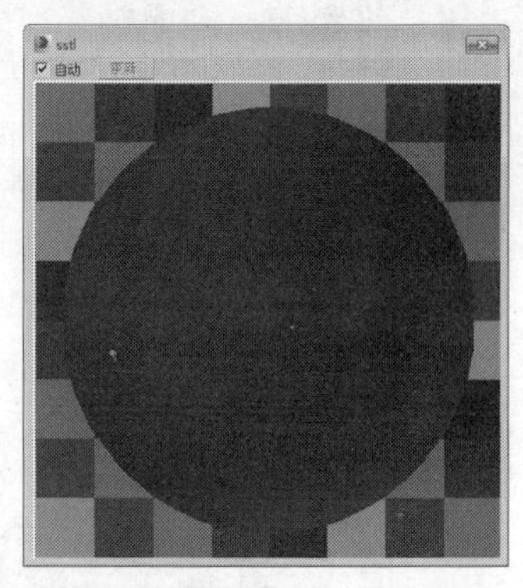

图14-143

● 制作白色混油木材质

白色混油木材质效果如图14-144所示。

图14-144

01 选择一个空白材质球，然后设置材质类型为VRayMtl材质，具体参数设置如图14-145所示。

设置步骤

① 设置“漫反射”颜色为（红250，绿:250，蓝:250）。

② 设置“反射”颜色为（红200，绿:200，蓝:200），然后设置“高光光泽度”为0.85、“反射光泽度”为0.8、“细分”为20，接着勾选“菲涅耳反射”选项。

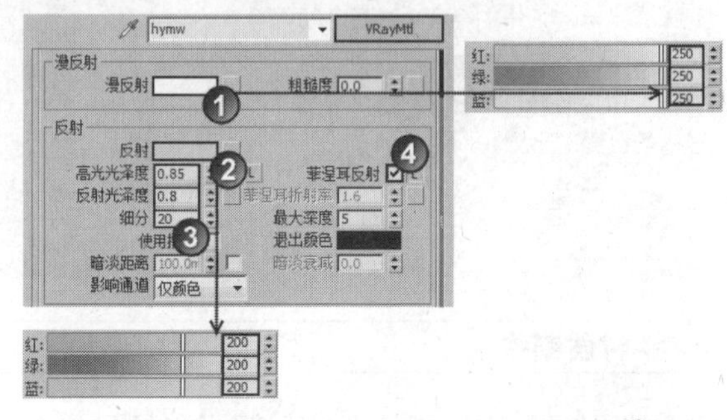

图14-145

02 展开“贴图”卷展栏，然后在“凹凸”贴图通道中加载光盘中的“实例文件>CH14>实战289>木纹凹凸.jpg”文件，接着在“坐标”卷展栏下设置“模糊”为0.5，最后设置“凹凸”的强度为20，具体参数设置如图14-146所示，制作好的材质球效果如图14-147所示。

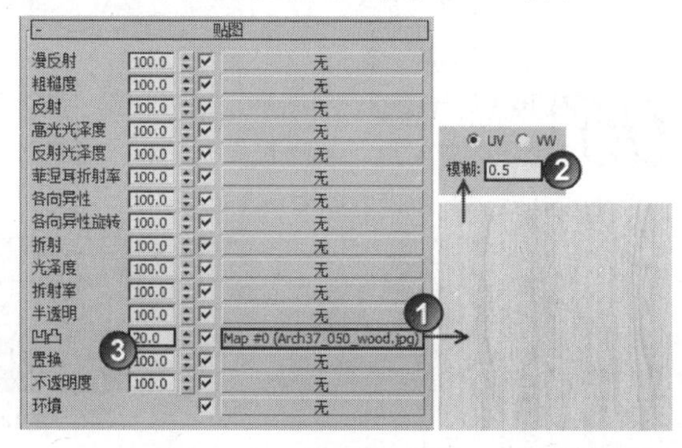

图14-146

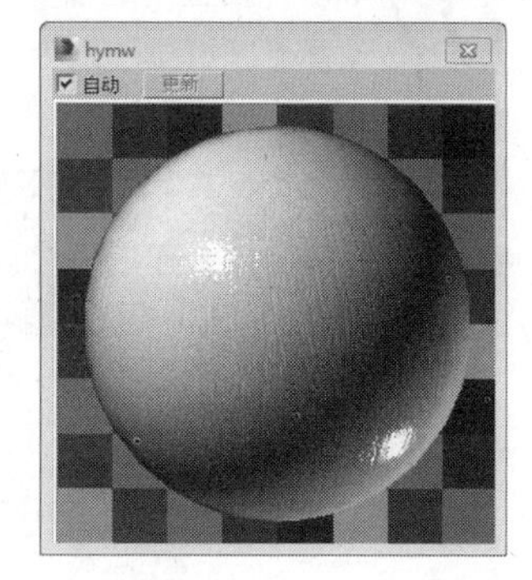

图14-147

● 制作地毯材质

地毯材质效果如图14-148所示。

图14-148

选择一个空白材质球，展开“贴图”卷展栏下，然后设置材质类型为VRayMtl材质，接着分别在“漫反射”和“凹凸”贴图通道中加载光盘中的“实例文件>CH14>实战289>G8-W022.jpg”文件，最后设置“凹凸”的强度为300，具体参数设置如图14-149所示，制作好的材质球效果如图14-150所示。

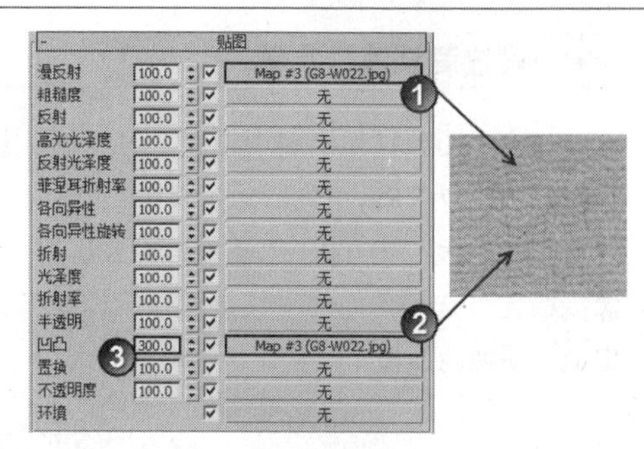

图14-149

图14-150

● 制作发光屏幕材质

发光屏幕的材质效果如图14-151所示。

图14-151

选择一个空白材质球，然后设置材质类型为“VRay灯光材质”，接着在“颜色”贴图通道中加载光盘中的“实例文件>CH14>实战289>桌面.jpg”文件，最后设置发光的强度为10，具体参数设置如图14-152所示，制作好的材质球效果如图14-153所示。

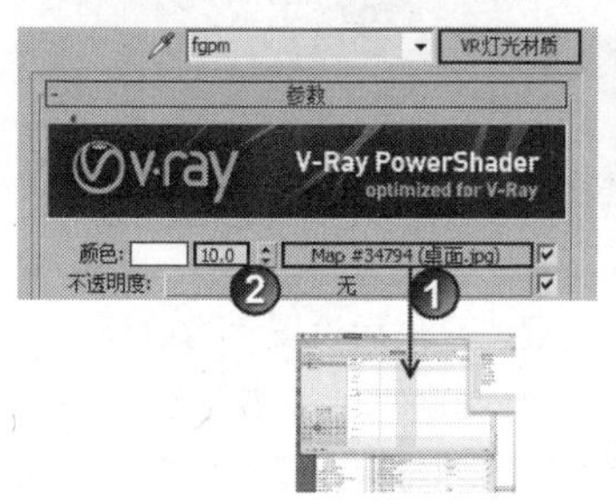

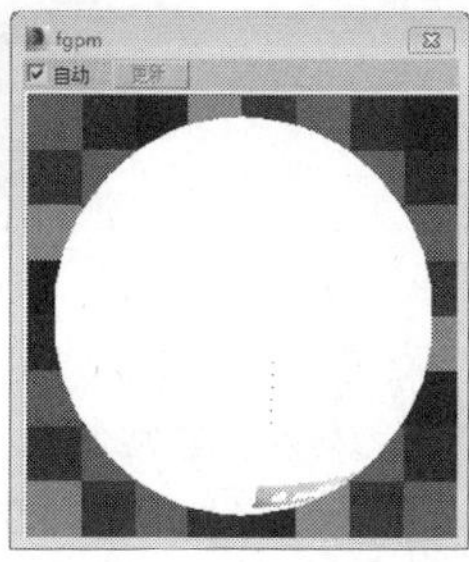

图14-152　图14-153

>>>>设置测试渲染参数

01 按F10键打开“渲染设置”对话框，然后设置渲染器为VRay渲染器，接着在“公用参数”卷展栏下设置“宽度”为400、“高度”为280，最后单击“图像纵横比”选项后面的“锁定图像纵横比”按钮，锁定渲染图像的纵横比，具体参数设置如图14-154所示。

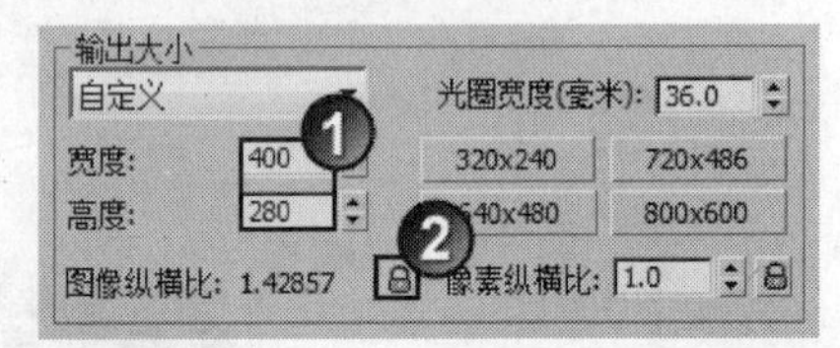

图14-154

02 单击VRay选项卡，然后在“图像采样器（反锯齿）”卷展栏下设置“图像采样器”的“类型”为“固定”，接着在“抗锯齿过滤器”选项组下勾选“开”选项，并设置过滤器类型为“区域”，具体参数设置如图14-155所示。

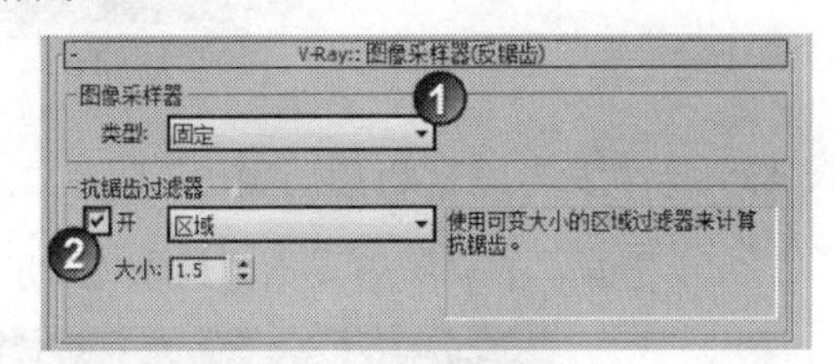

图14-155

03 展开“颜色贴图”卷展栏，然后设置“类型”为“指数”，然后勾选“子像素映射”和“钳制输出”选项，具体参数设置如图14-156所示。

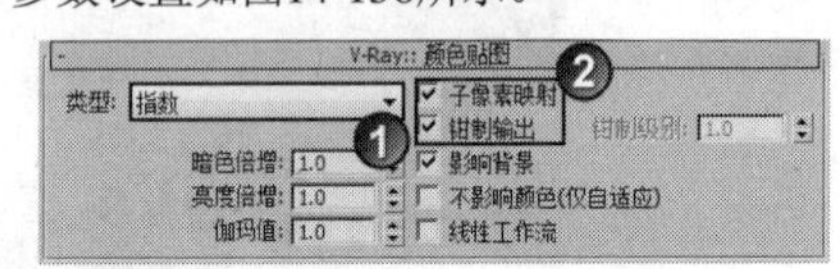

图14-156

04 单击“间接照明”选项卡，然后在“间接照明（GI）”卷展栏下勾选“开”选项，接着设置“首次反弹”的“全局照明引擎”为“发光图”、“二次反弹”的“全局照明引擎”为“灯光缓存”，具体参数设置如图14-157所示。

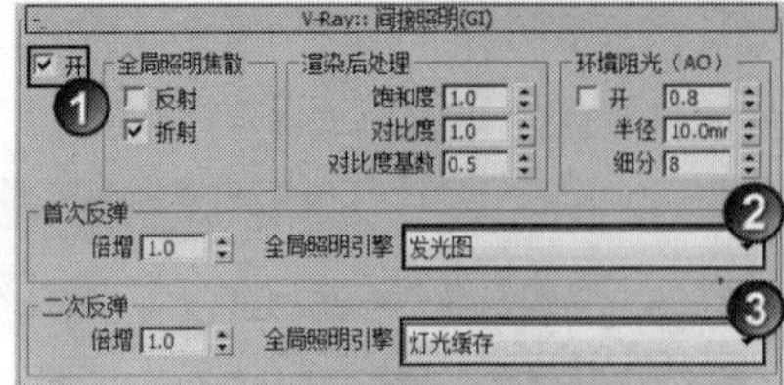

图14-157

05 展开“发光图”卷展栏，然后设置“当前预置”为“非常低”，接着设置“半球细分”为50、“插值采样”为20，最后勾选“显示计算相位”和“显示直接光”选项，具体参数设置如图14-158所示。

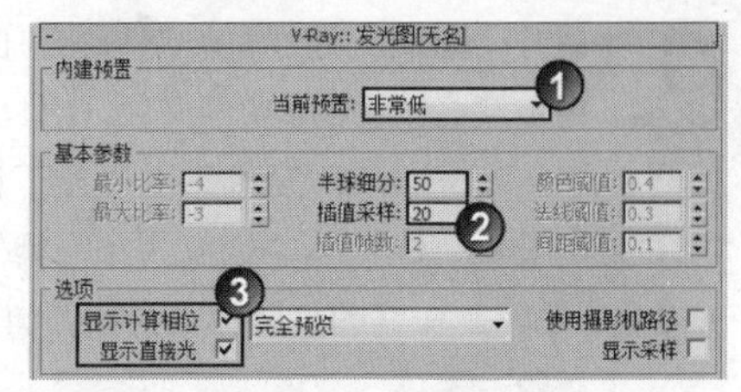

图14-158

06 展开“灯光缓存”卷展栏，然后设置“细分”为100，接着勾选“存储直接光”和“显示计算相位”选项，具体参数设置如图14-159所示。

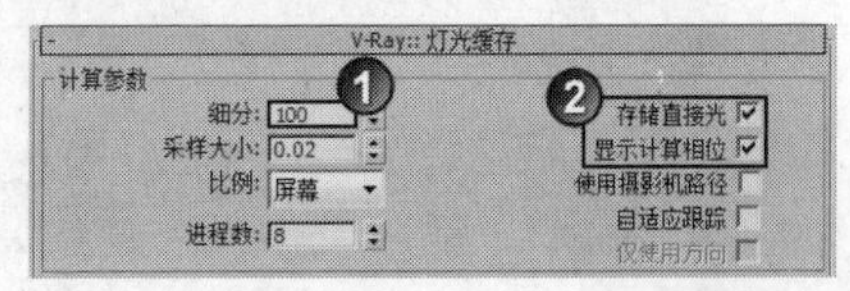

图14-159

07 单击“设置”选项卡，然后在“系统”卷展栏下设置“区域排序”为Top->Bottom（从上->下），接着关闭“显示窗口”选项，具体参数设置如图14-160所示。

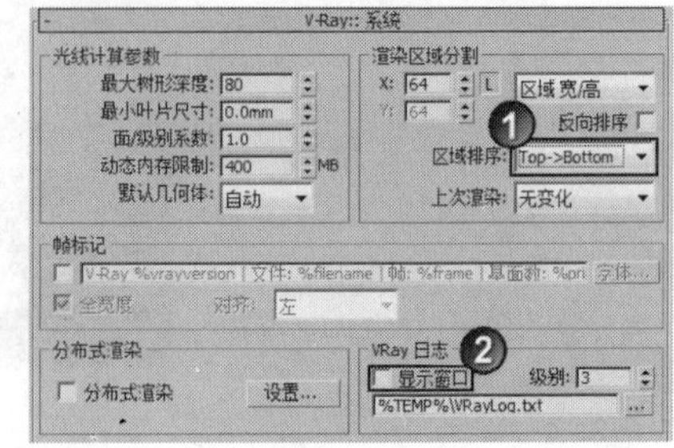

图14-160

>>>>灯光设置

本例的灯光布置主要突出月光氛围下室外冷色光线与室内暖色灯光的对比。

● 创建月夜天空

01 按大键盘上8键打开“环境和效果”对话框，然后在“环境贴图”通道中加载一张“VRay天空”环境贴图，如图14-161所示。

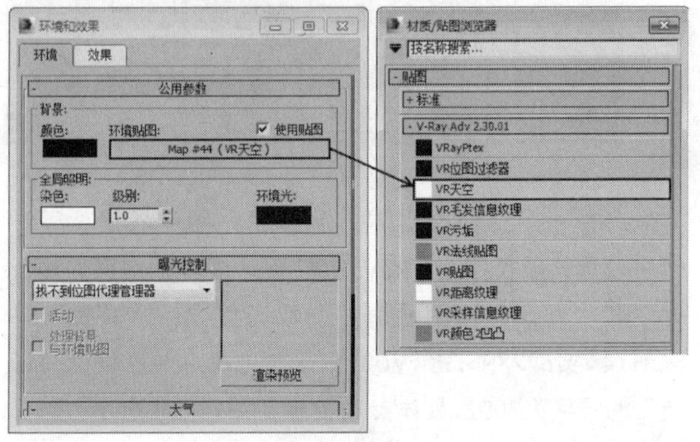

图14-161

02 将“VRay天空”环境贴图以“实例”方式拖曳复制到一个空白材质球，如图14-162所示，然后在“VRay天空参数”卷展栏下勾选“指定太阳节点”选项，接着设置“太阳强度倍增”为0.06，如图14-163所示。

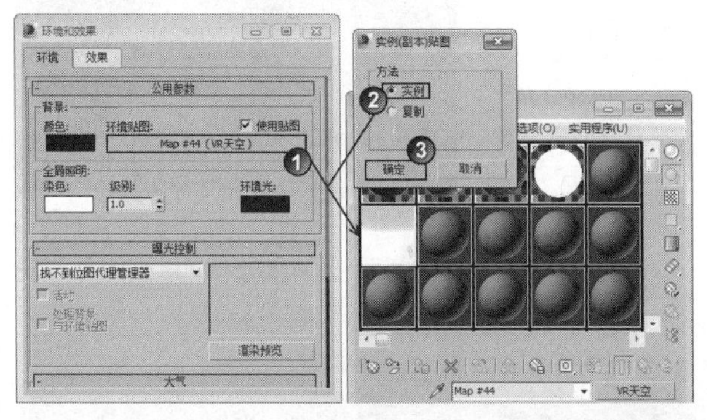

图14-162

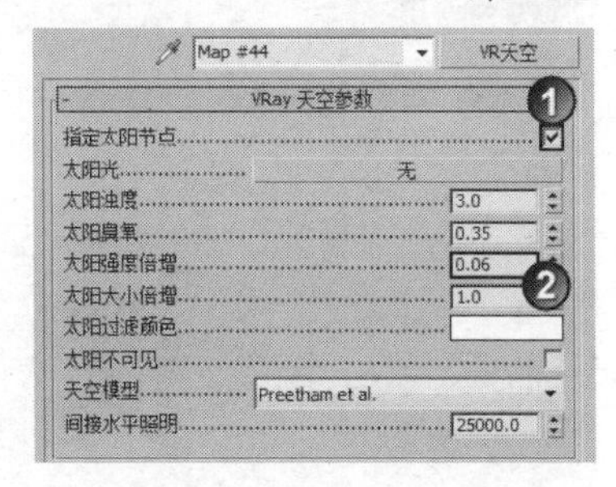

图14-163

03 选择场景中的VRay物理摄影机，然后在“基本参数”卷展栏下设置“光圈”为10，如图14-164所示。

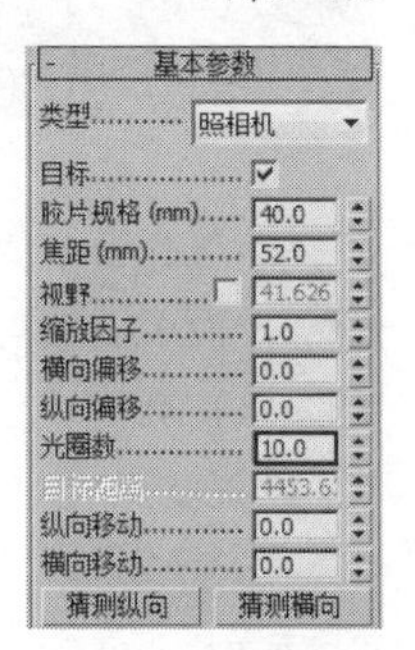

图14-164

04 在摄影机视图中按F9键测试渲染当前场景，效果如图14-165所示，可以观察到此时窗户外显示了蓝色的天幕效果。

图14-165

技巧与提示

图14-165中不但有室外微弱的月夜光线，同时屏幕也发出了白色的冷光，虽然现在室内还没创建灯光，但由于屏幕的材质是“Vray灯光材质”，因此屏幕同样会发光。

● 创建月夜环境氛围

01 设置灯光类型为“标准”，然后在场景中创建一盏目标平行光作为月光，灯光位置与高度如图14-166所示。

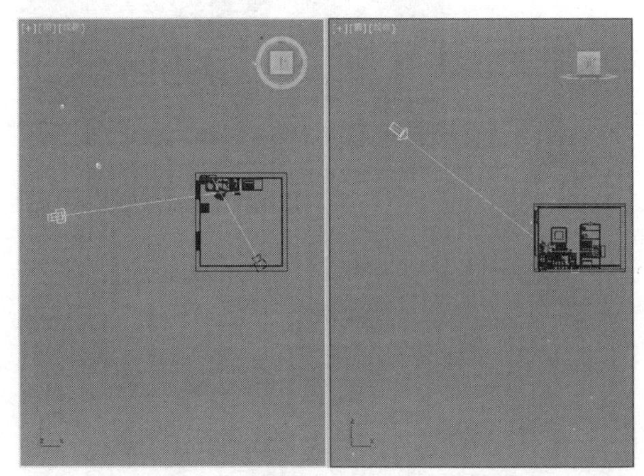

图14-166

02 选择上一步创建的目标平行光，然后进入“修改”面板，具体参数设置如图14-167所示。

设置步骤

① 展开“常规参数”卷展栏，然后在“阴影”选项组下勾选“启用”选项，接着设置阴影类型为“VRay阴影”。

② 展开“强度/颜色/衰减”卷展栏，然后设置“倍增”为5。

③ 展开“平行光参数”卷展栏，然后设置“聚光区/光束”为1750mm、“衰减区/区域”为3200mm。

④ 展开“VRay阴影参数”卷展栏，然后勾选“区域阴影”和“球体”选项，接着设置“细分”为20。

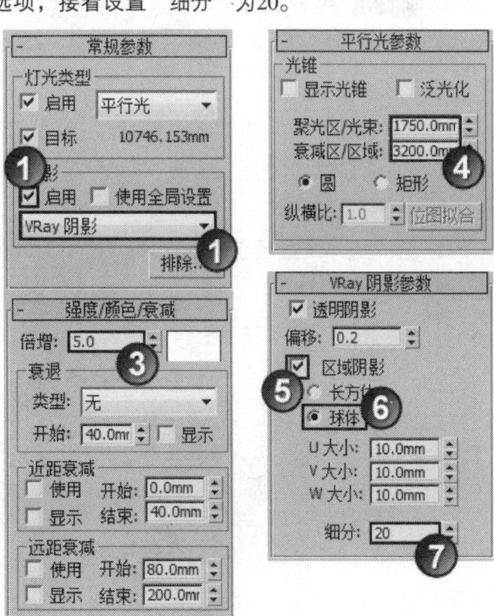

图14-167

03 在摄影机视图中按F9键测试渲染当前场景，效果如图14-168所示，可以观察到此时有月光投射入室内，接下来在窗户处创建环境补光来加强室内的亮度。

图14-168

● 创建环境光

01 设置灯光类型为VRay，然后在窗户外创建两盏VRay灯光，如图14-169所示。

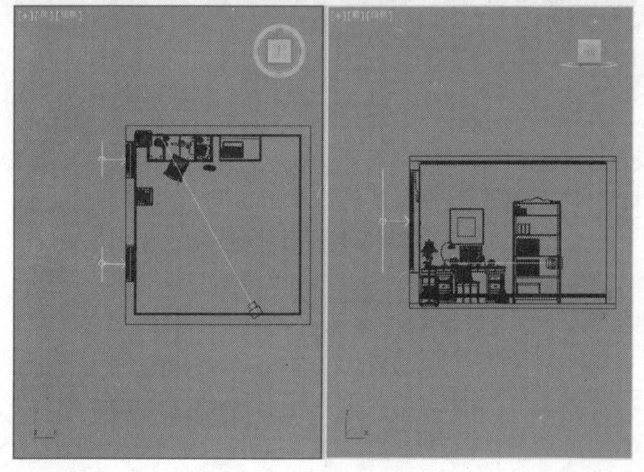

图14-169

02 选择上一步创建的VRay灯光，然后进入“修改”面板，接着展开“参数”卷展栏，具体参数设置如图14-170所示。

设置步骤

① 在“常规”选项组下设置“类型”为“平面”。

② 在“强度”选项组下设置“倍增”为25，然后设置“颜色”为（红:126，绿:181，蓝:254）。

③ 在“大小”选项组下设置“1/2长”为400mm、“1/2宽”为1000mm。

④ 在“选项”选项组下勾选“不可见”选项。

⑤ 在“采样”选项组下设置“细分”为20。

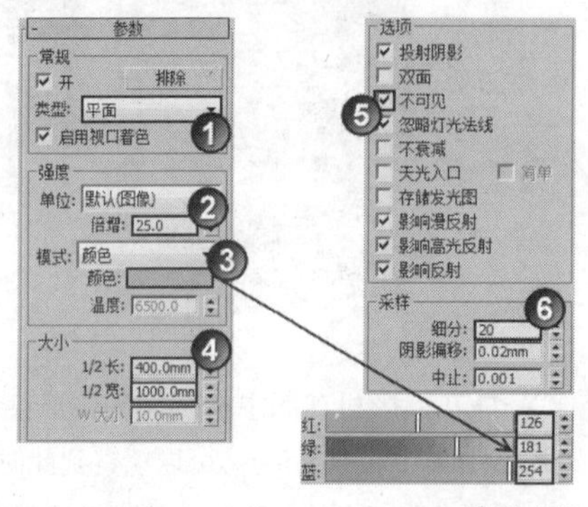

图14-170

03 在摄影机视图中按F9键测试渲染当前场景，效果如图14-171所示，可以观察到窗口区域的亮度得到了提高。

图14-171

04 选择前面创建的任意一盏VRay灯光，然后将其复制（选择“复制”方式）一盏到室内，接着调整好灯光的位置与角度，如图14-172所示。

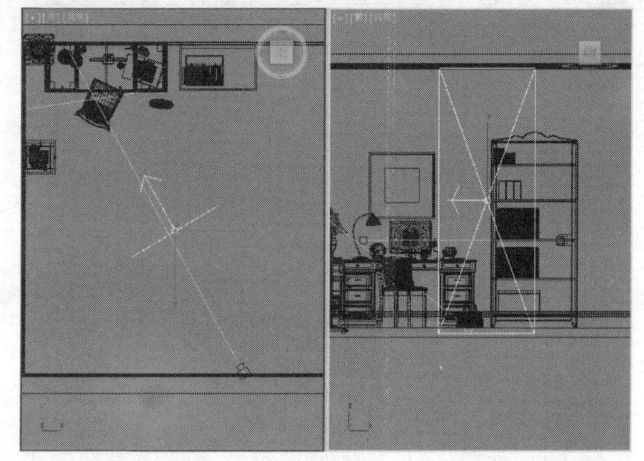

图14-172

05 选择上一步复制的VRay灯光，然后进入“修改”面板，接着展开“参数”卷展栏，具体参数设置如图14-173所示。

设置步骤

① 在“强度”选项组下设置“倍增”为8，然后设置“颜色”为白色。

② 在“大小”选项组下设置“1/2长”为600mm、“1/2宽”为1400mm。

③ 在“选项”选项组下勾选“不可见”选项，然后关闭“影响高光反射”和“影响反射”选项。

④ 在“采样”选项组下设置“细分”为20。

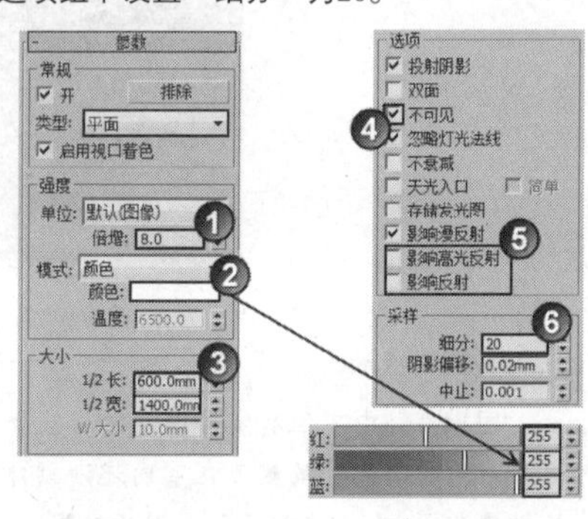

图14-173

06 在摄影机视图中按F9键测试渲染当前场景，效果如图14-174所示，可以观察到此室内的整体亮度已经得到了提高。

图14-174

● 创建室内筒灯

01 设置灯光类型为“光度学”，然后在场景中创建3盏目标灯光作为筒灯，灯光分布与具体位置如图14-175所示。

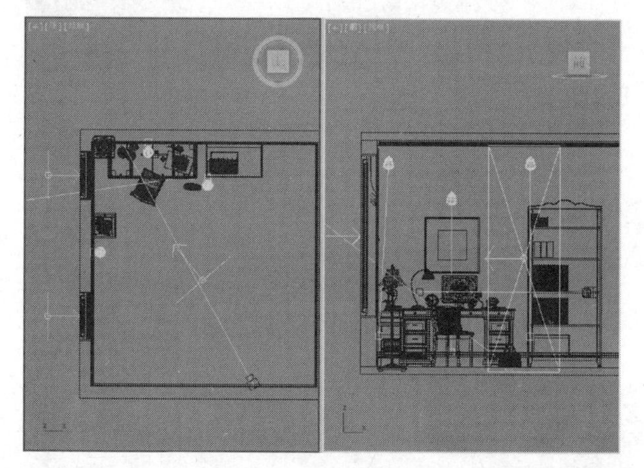

图14-175

02 选择上一步创建的目标灯光，然后进入“修改”面板，具体参数设置如图14-176所示。

设置步骤

① 展开“常规参数”卷展栏，然后在“阴影”选项组下勾选“启用”选项，接着设置阴影类型为“VRay阴影”，最后设置“灯光分布（类型）”为“光度学Web”。

② 展开“分布（光度学Web）”卷展栏，然后在其通道中加载光盘中的“实例文件>CH14>实例289 >多光.ies”文件。

③ 展开“强度/颜色/衰减”卷展栏，然后设置“过滤颜色”为（红:254，绿:153，蓝:86），接着设置“强度”为30000。

03 在摄影机视图中按F9键测试渲染当前场景，效果如图14-177所示，可以观察到室内的暖色灯光与室外投射的冷色灯光产生了比较理想的对比效果。

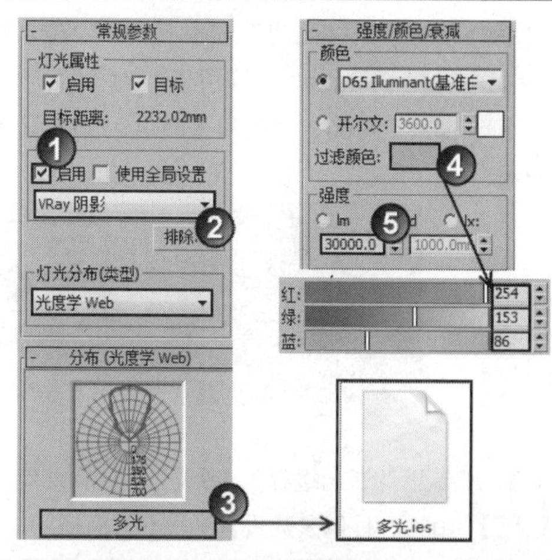

图14-176

图14-177

>>>>设置最终渲染参数

01 按F10键打开“渲染设置”对话框，然后在“公用参数”卷展栏下设置“宽度”为1500、“高度”为1050，具体参数设置如图14-178所示。

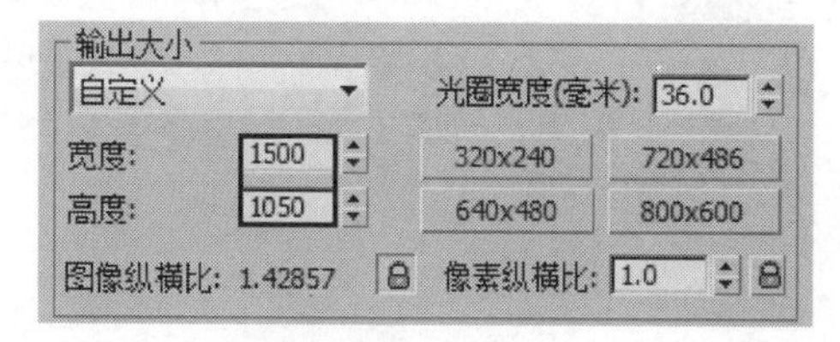

图14-178

02 单击VRay选项卡，然后在“图像采样器（反锯齿）”卷展栏下设置“图像采样器”的“类型”为“自适应确定性蒙特卡洛”，接着在“抗锯齿过滤器”选项组下设置过滤器类型为Mitchell-Netravali，具体参数设置如图14-179所示。

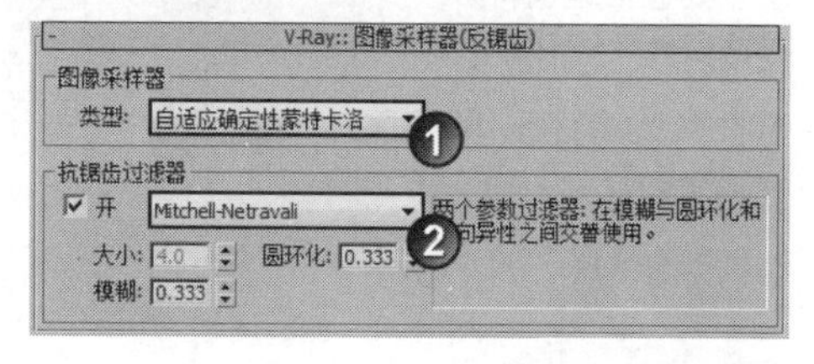

图14-179

03 单击“间接照明”选项卡，然后在“发光图”卷展栏下设置“当前预置”为“中”，接着设置“半球细分”为60、“插值采样”为30，具体参数设置如图14-180所示。

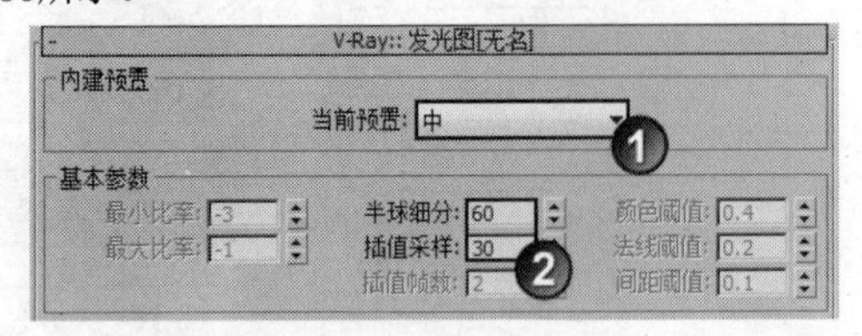

图14-180

04 展开“灯光缓存”卷展栏，然后设置“细分”为1000，具体参数设置如图14-181所示。

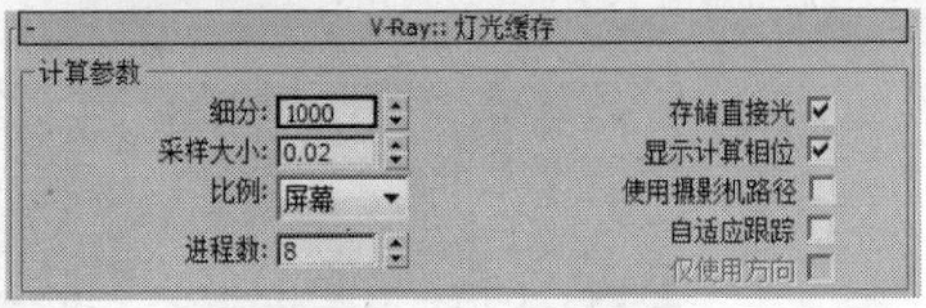

V-Ray:: 灯光缓存
计算参数
细分: 1000
采样大小: 0.02
比例: 屏幕
进程数: 8
存储直接光
显示计算相位
使用摄影机路径
自适应跟踪
仅使用方向

图14-181

05 单击“设置”选项卡，然后展开“DMC采样器”卷展栏，接着设置“噪波阈值”为0.005、“最小采样值”为12，具体参数设置如图14-182所示。

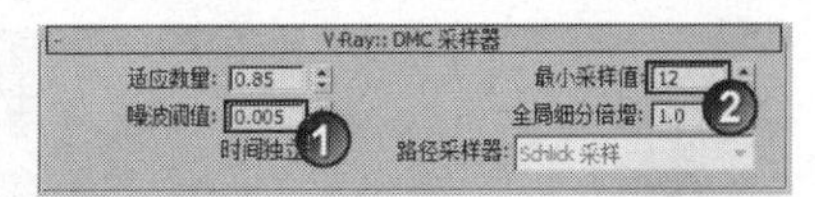

图14-182

06 在摄影机视图中按F9键渲染当前场景，最终效果如图14-183所示。

图14-183

实战290 精通小型半开放空间：现代卧室朦胧晨景表现

实例信息

- 场景位置：DVD>实例文件>CH14>实战290.max
- 实例位置：DVD>实例文件>CH14>实战290.max
- 视频位置：DVD>多媒体教学>CH14>实战290.flv
- 难易指数：★★★★☆
- 技术掌握：床单材质、镜面材质、软包材质、窗帘材质、水晶灯材质的制作方法；小型半开放空间朦胧晨景灯光效果的表现方法

实例介绍

本例是一个现代卧室空间，其中床单材质、镜面材质、软包材质、窗帘材质、水晶灯材质的制作方法以及朦胧晨景灯光的表现方法是本例的学习要点。

>>>>材质制作

本例场景的对象材质主要包括地毯材质、床单材质、镜面材质、软包材质、窗帘材质、水晶灯材质和环境材质，如图14-184所示。

图14-184

● 制作地毯材质

地毯材质效果如图14-185所示。

图14-185

01 打开光盘中的“场景文件>CH14>实战290.max”文件，如图14-186所示。

图14-186

02 选择一个空白材质球，然后设置材质类型为VRayMtl材质，并将其命名为“地毯”，接着展开“贴图”卷展栏，具体设置如图14-187所示，制作好的材质球效果如图14-188所示。

设置步骤

① 在“漫反射”贴图通道中加载一张“衰减”程序贴图，然后展开“衰减参数”卷展栏，接着在“前”贴图通道中加载光盘中的“实例文件>CH14>实战290>地毯.jpg”贴图文件，最后设置“衰减类型”为Fresnel。

② 在“凹凸”贴图通道中加载光盘中的“实例文件>CH14>实战290>地毯凹凸.jpg”贴图文件，然后设置“凹凸”的强度为60。

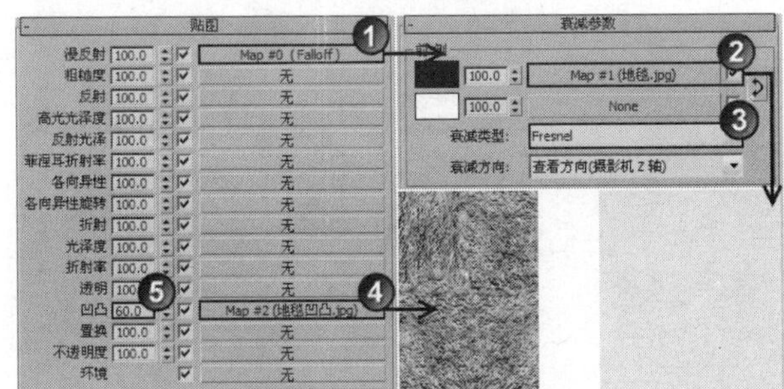

图14-187

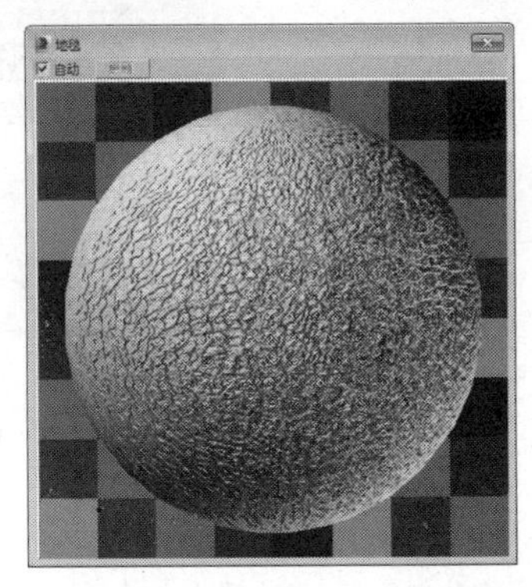

图14-188

● 制作床单材质

床单材质效果如图14-189所示。

图14-189

01 选择一个空白材质球，然后设置材质类型为“混合”材质，并将其命名为“床单”，接着展开“混合基本参数”卷展栏，最后分别在“材质1”和“材质2”通道中各加载一个VRayMtl材质，如图14-190所示。

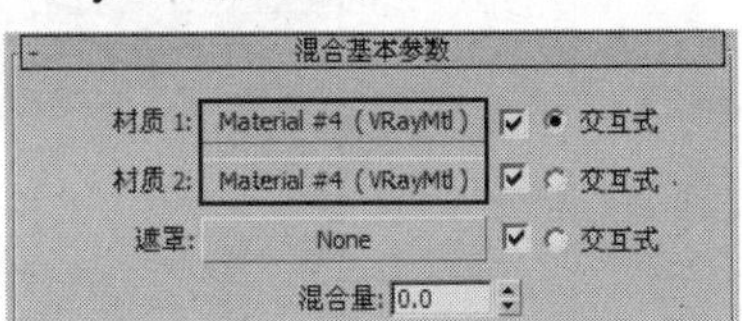

图14-190

02 单击“材质1”通道，切换到VRayMtl材质设置面板，具体参数设置如图14-191所示。

设置步骤

① 在“漫反射”贴图通道中加载一张“衰减”程序贴图。

② 展开“衰减参数”卷展栏，然后设置“前”通道的颜色为（红:37，绿:0，蓝:21）、“侧”通道的颜色为（红:58，绿:25，蓝:44），接着设置“衰减类型”为Fresnel；展开“混合曲线”卷展栏，然后调节好混合曲线的形状。

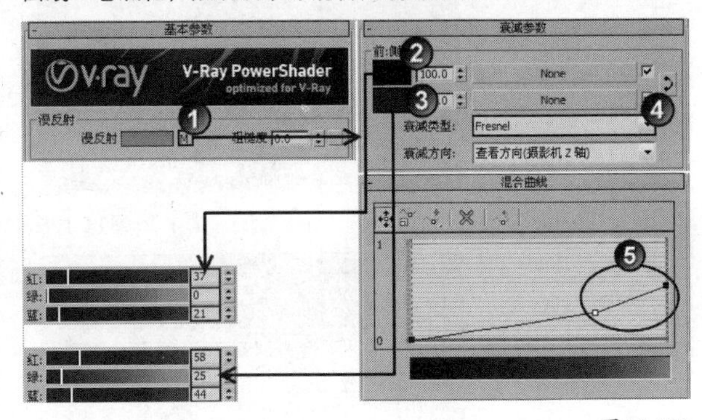

图14-191

技术专题 45 调节混合曲线

在默认情况下，混合曲线是对角直线，是最平滑的，如图14-192所示。下面介绍一下如何调节曲线。

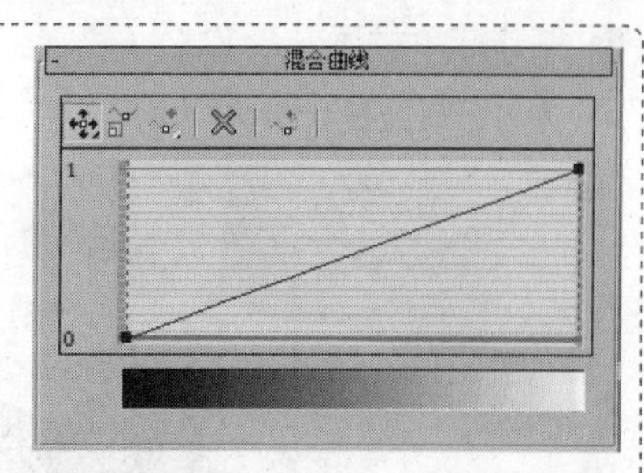

图14-192

1.移动点

移动点的工具包含3种，即、和，这3个工具的名称都称为“移动”工具。

移动：使用“移动”工具可以移动角点、Bezier角点和Bezier平滑角点，如图14-193~图14-196所示。另外，使用该工具还可以对Bezier角点的控制柄在任意方向进行调节，如图14-196所示。

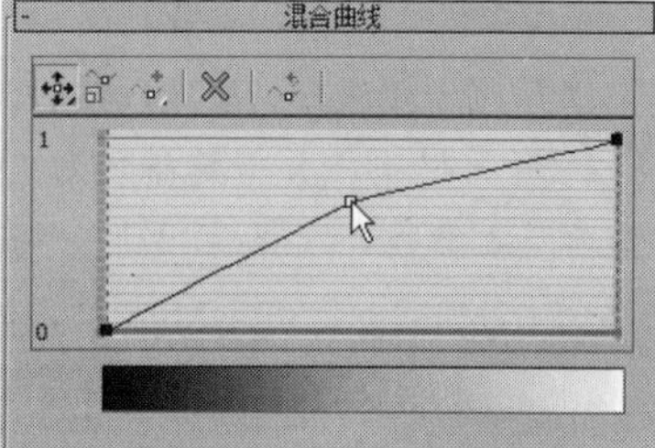

图14-193

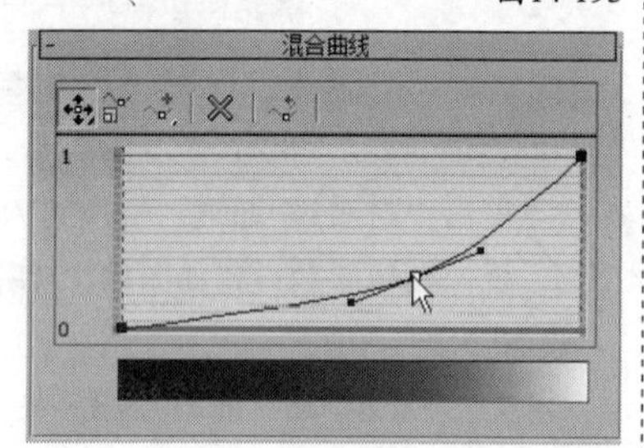

图14-194

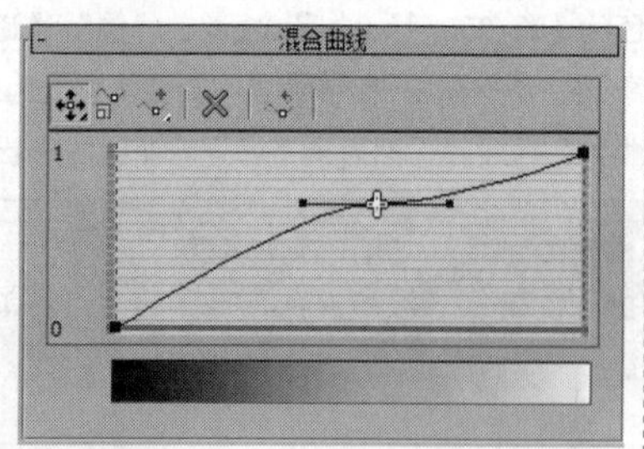

图14-195

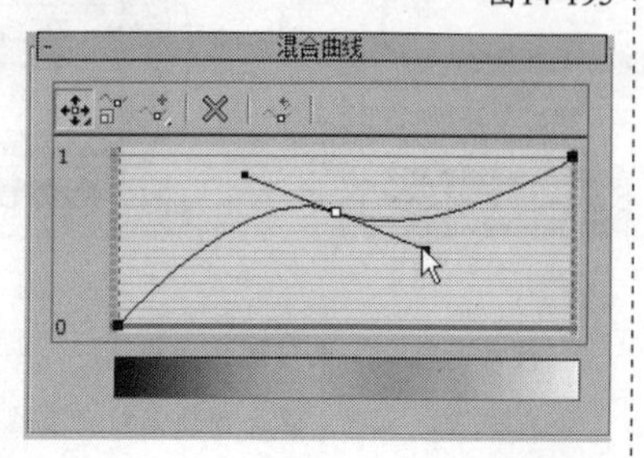

图14-196

移动：使用“移动”工具只能在水平方向上移动角点以及在水平方向上移动Bezier角点和Bezier平滑角点的控制柄，如图14-197和图14-198所示。

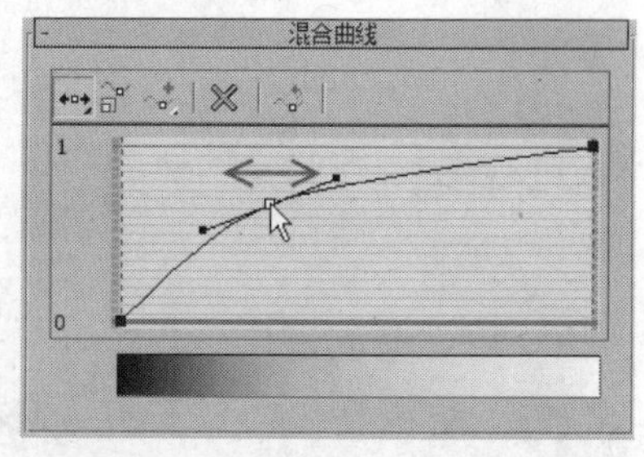

图14-197

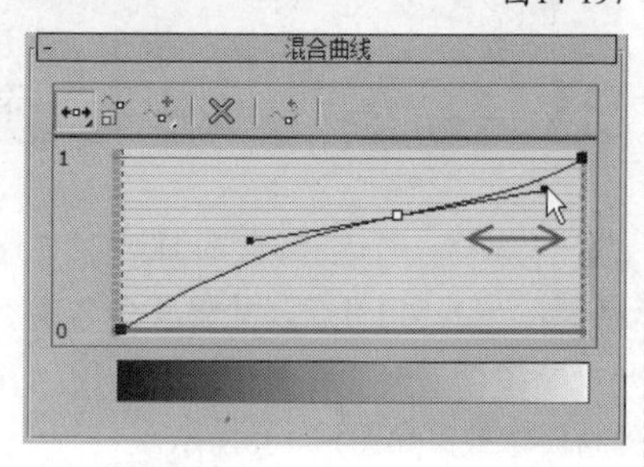

图14-198

移动：使用“移动”工具只能在垂直方向上移动角点以及在垂直方向移动Bezier角点和Bezier平滑角点的控制柄，如图14-199和图14-200所示。

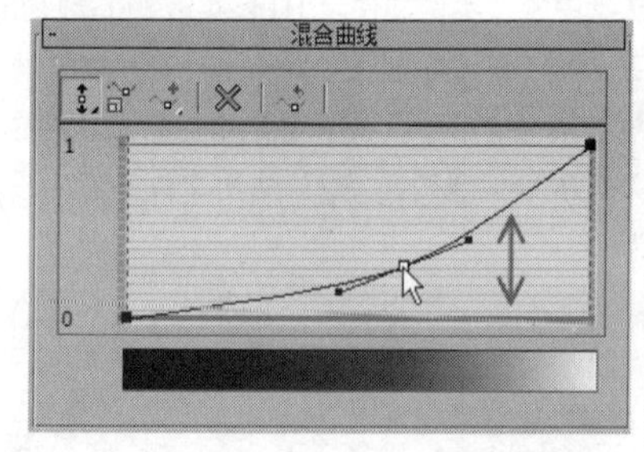

图14-199

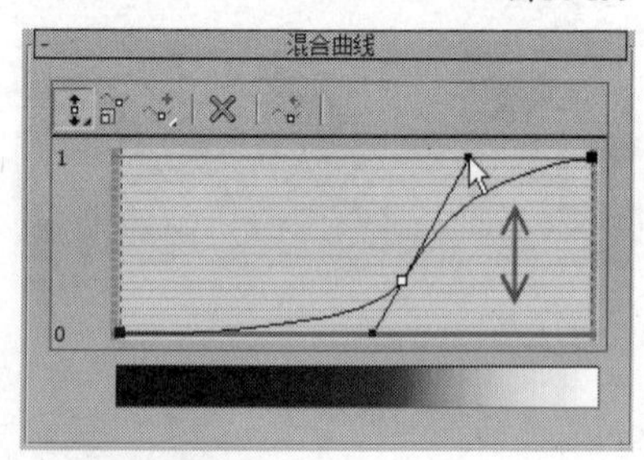

图14-200

2.缩放点

使用“缩放点”工具可以在保持角点相对位置的同时改变它们的输出量。对于Bezier角点，这种控制与垂直移动一样有效；对于Bezier平滑角点，可以缩放该点本身或任意的控制柄。

3.添加点

添加点的工具包含两种，分别是和，这两个工具的名称都称为“添加点”工具。

添加点：使用“添加点”工具可以在混合曲线上的任意位置添加一个角点（该角点的角是一个锐角），如图14-201所示。

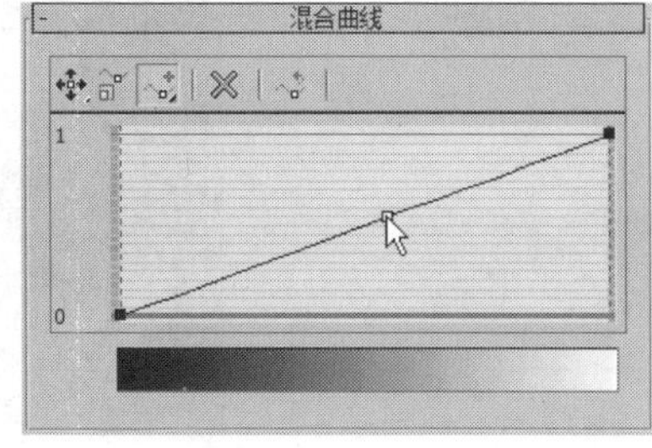

图14-201

添加点：使用“添加点”工具可以在混合曲线上的任意位置添加一个Bezier角点，如图14-202所示。

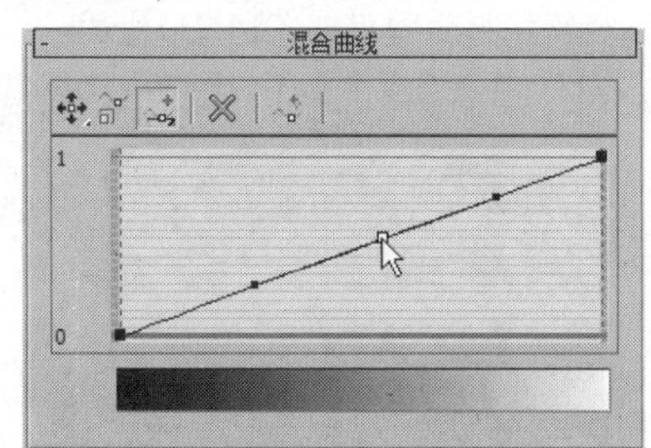

图14-202

4.删除点

选择一个角点以后，单击“删除点”按钮可以删除该角点。

5.重置曲线

单击“重置曲线”按钮，可以将任何形状的曲线重置为初始形状的对角直线。

了解了编辑混合曲线的工具以后，这里额外讲述一点，在实际工作中为了节省时间，一般都使用右键菜单来切换角点的类型。选择一个角度，然后单击鼠标右键，在弹出的菜单中即可选择不同的角度类型，如图14-203所示。

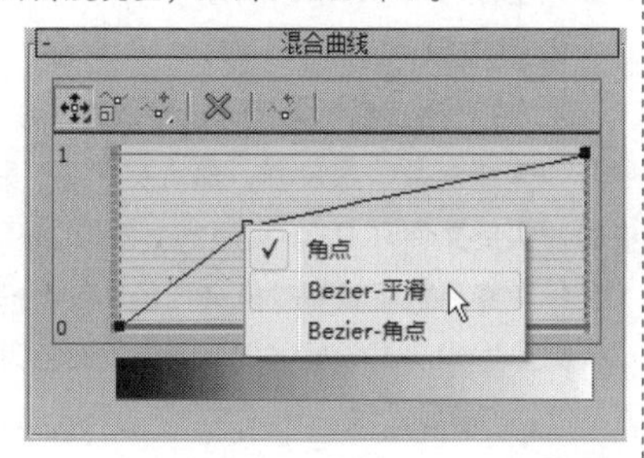

图14-203

03 单击“材质2”通道，切换到VRayMtl材质设置面板，具体参数设置如图14-204所示。

设置步骤

① 设置“漫反射”颜色为（红:58，绿:25，蓝:44）。

② 设置“反射”颜色为（红:131，绿:49，蓝:115），然后设置“反射光泽度”为0.7，接着勾选“使用插值”选项，再勾选“菲涅耳反射”选项，最后设置“菲涅耳折射率”为1.4（注意，要先解除锁定才能进行设置）。

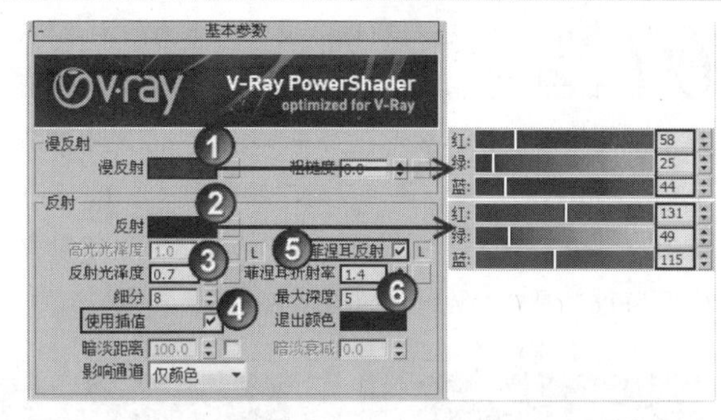

图14-204

04 返回到“混合”材质设置面板，然后在“遮罩”贴图通道中加载光盘中的“实例文件>CH14>实战290>床单遮罩.bmp”贴图文件，接着在“坐标”卷展栏下设置“瓷砖”的U和V分别为4.9和0.9，具体参数设置如图14-205所示，制作好的材质球效果如图14-206所示。

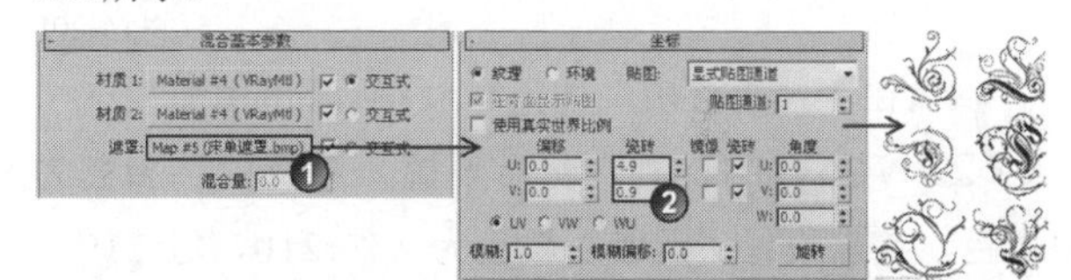

图14-205

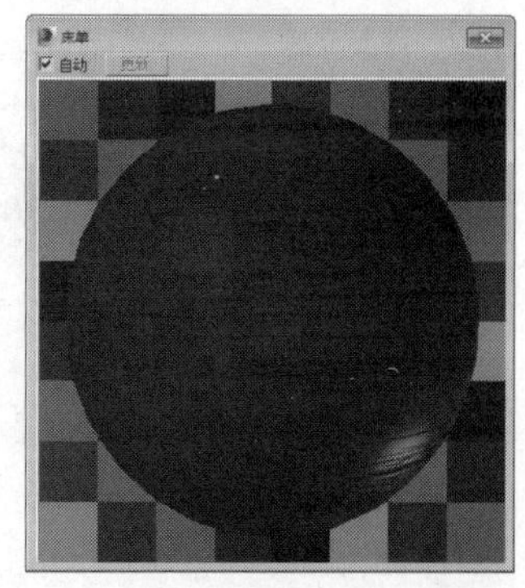

图14-206

● **制作镜面材质**

镜面材质效果如图14-207所示。

图14-207

01 选择一个空白材质球，设置材质类型为“VRay混合材质”，并将其命名为“镜面”，然后展开“参数”卷展栏，接着在“基本材质”通道中加载一个VRayMtl材质，再设置“反射”颜色为（红:8，绿:8，蓝:8），最后设置“高光光泽度”为0.6、“反射光泽度”为0.6，具体参数设置如图14-208所示。

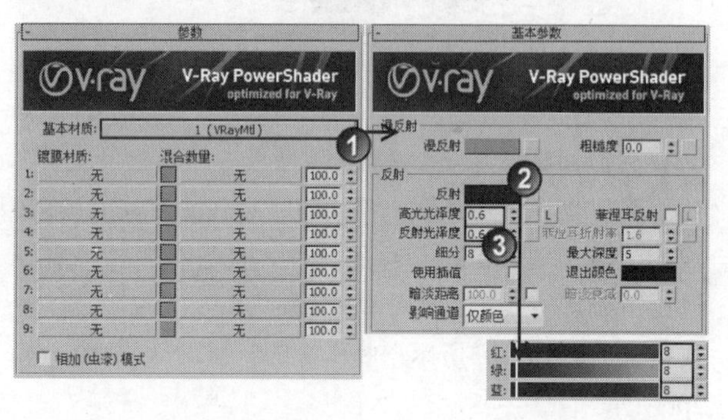

图14-208

02 在“镀膜材质”的第1个材质通道中加载一个VRayMtl材质，然后设置“漫反射”颜色为黑色，接着设置“反射”颜色为（红:210，绿:210，蓝:210），具体参数设置如图14-209所示。

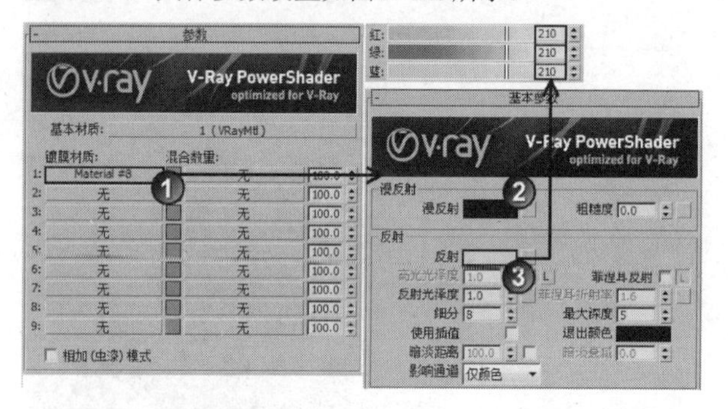

图14-209

03 在“混合数量”的第1个贴图通道中加载光盘中的“实例文件>CH14>实战290>黑白.bmp”贴图文件，如图14-210所示，制作好的材质球效果如图14-211所示。

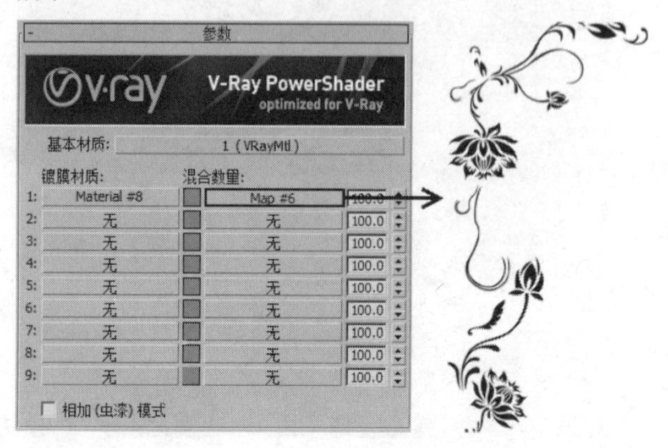

图14-210

图14-211

● **制作软包材质**

软包材质效果如图14-212所示。

图14-212

选择一个空白材质球，然后设置材质类型为VRayMtl材质，并将其命名为“软包”，接着展开“贴图”卷展栏，具体参数设置如图14-213所示，制作好的材质球效果如图14-214所示。

设置步骤

① 在“漫反射”贴图通道中加载一张“衰减”程序贴图，展开“衰减参数”卷展栏，然后在“前”贴图通道中加载光盘中的“实例文件>CH14>实战290>软包.jpg”贴图文件，接着在“坐标”卷展栏下设置“瓷砖”的U和V分别为3和0.7，再设置“模糊”为0.1，并设置“侧”通道的颜色为（红:248，绿:220，蓝:233），最后设置“衰减类型”为Fresnel。

② 在“凹凸”贴图通道中加载光盘中的“实例文件>CH14>实战290>软包凹凸.jpg”贴图文件，然后设置“凹凸”的强度为45。

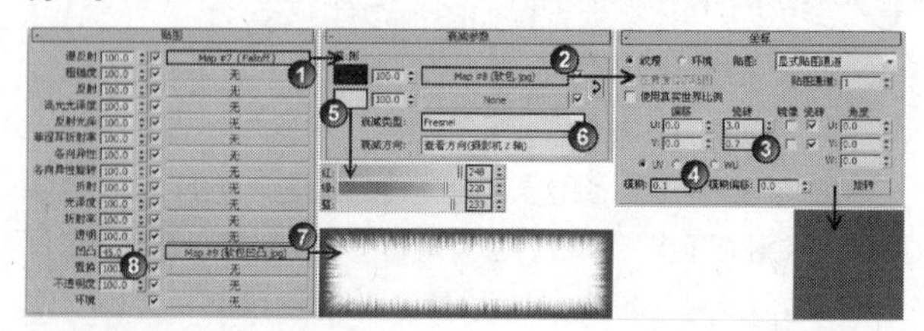

图14-213

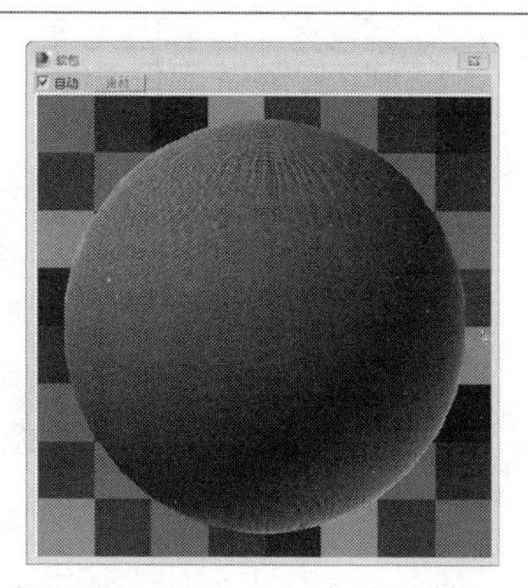

图14-214

● 制作窗帘材质

窗帘材质效果如图14-215所示。

图14-215

选择一个空白材质球，然后设置材质类型为VRayMtl材质，并将其命名为“窗帘”，具体参数设置如图14-216所示，制作好的材质球效果如图14-217所示。

设置步骤

① 在“漫反射”贴图通道中加载光盘中的“实例文件>CH14>实战290>窗帘.jpg”贴图文件。

② 设置“反射”颜色为（红:30，绿:30，蓝:30），然后设置“反射光泽度”为0.45。

③ 展开“贴图”卷展栏，然后在“凹凸”贴图通道中加载光盘中的“实例文件>CH14>实战290>窗帘凹凸.jpg”贴图文件，接着设置“凹凸”的强度为50。

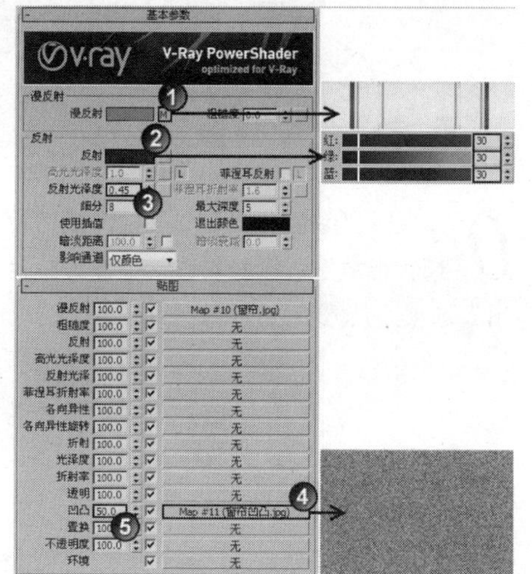

图14-216

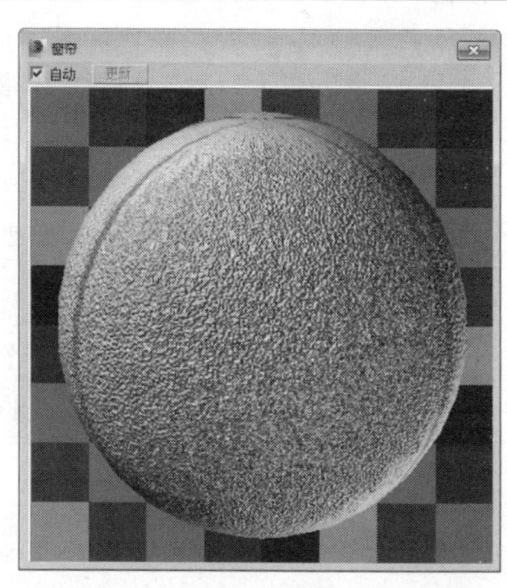

图14-217

● 制作水晶灯材质

水晶灯材质效果如图14-218所示。

图14-218

选择一个空白材质球，然后设置材质类型为VRayMtl材质，并将其命名为“水晶灯”，具体参数设置如图14-219所示，制作好的材质球效果如图14-220所示。

设置步骤

① 设置“漫反射”颜色为（红:248，绿:248，蓝:248）。

② 设置“反射”颜色为（红:250，绿:250，蓝:250），然后勾选“菲涅耳反射”选项。

③ 设置“折射”颜色为（红:130，绿:130，蓝:130），然后设置“折射率”为2，接着勾选“影响阴影”选项。

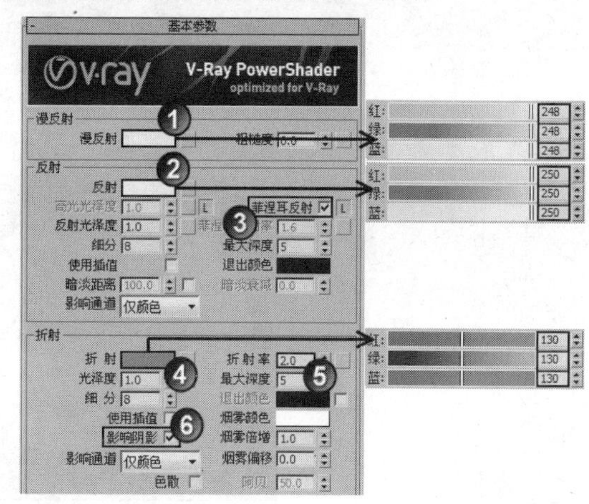

图14-219

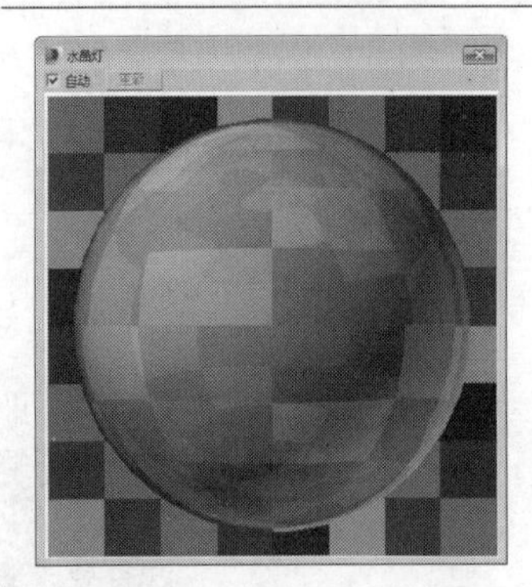

图14-220

● 制作环境材质

环境材质效果如图14-221所示。

图14-221

选择一个空白材质球，然后设置材质类型为“VRay灯光材质”，并将其命名为“环境”，展开“参数”卷展栏，接着设置发光的强度为2.4，最后在“颜色”贴图通道中加载光盘中的“实例文件>CH14>实战290>环境.jpg”贴图文件，具体参数设置如图14-222所示，制作好的材质球效果如图14-223所示。

图14-222

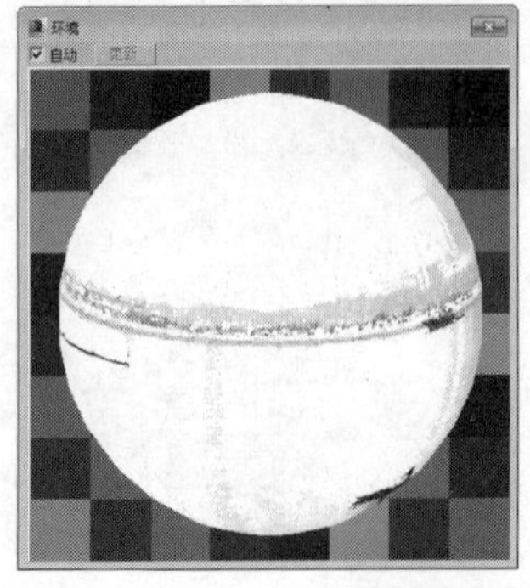

图14-223

>>>>设置测试渲染参数

01 按F10键打开“渲染设置”对话框，然后设置渲染器为VRay渲染器，接着在“公用参数”卷展栏下设置“宽度”为400、“高度”为300，最后单击“图像纵横比”选项后面的“锁定”按钮，锁定渲染图像的纵横比，具体参数设置如图14-224所示。

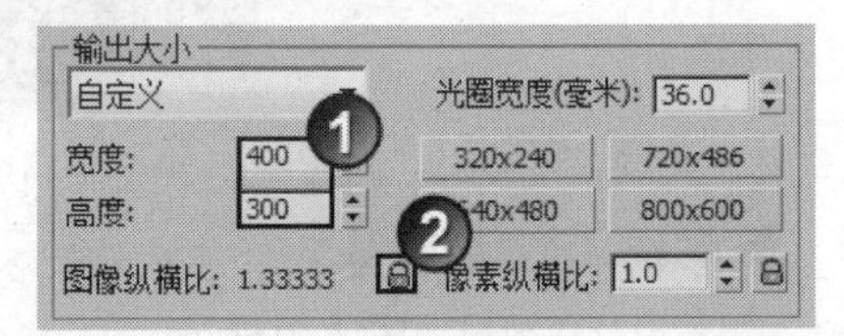

图14-224

02 单击VRay选项卡，然后在“图像采样器（反锯齿）”卷展栏下设置“图像采样器”的“类型”为“固定”，接着在“抗锯齿过滤器”选项组下勾选“开”选项，并设置过滤器类型为“区域”，具体参数设置如图14-225所示。

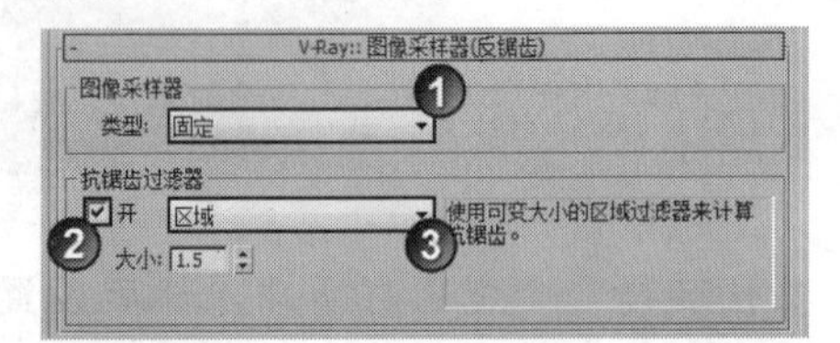

图14-225

03 展开“环境”卷展栏，然后在“全局照明环境（天光）覆盖”选项组下勾选“开”选项；在“反射/折射环境覆盖”选项组下勾选“开”选项，然后设置颜色为（红:204，绿:230，蓝:255）；在“折射环境覆盖”选项组下勾选“开”，然后设置颜色为（红:204，绿:230，蓝:255），具体参数设置如图14-226所示。

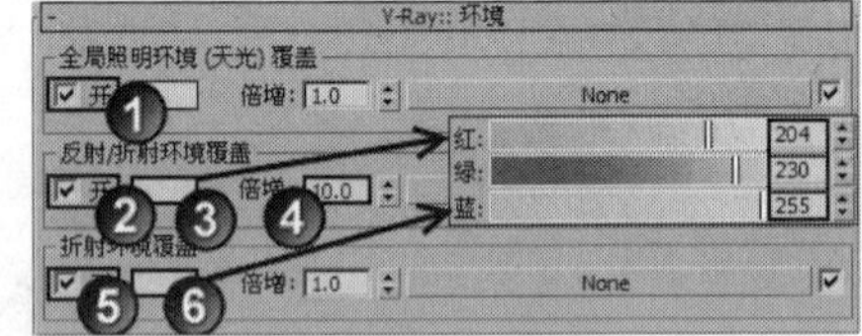

图14-226

04 展开“颜色贴图”卷展栏，然后设置“类型”为“指数”，接着勾选“子像素映射”和“钳制输出”选项，具体参数设置如图14-227所示。

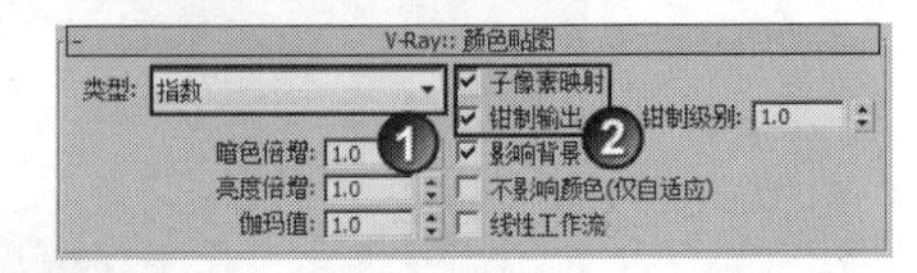

图14-227

05 单击“间接照明”选项卡，然后在“间接照明（GI）”卷展栏下勾选“开”选项，接着设置

“首次反弹”的“全局照明引擎”为“发光图”、“二次反弹”的“全局照明引擎”为“灯光缓存”，具体参数设置如图14-228所示。

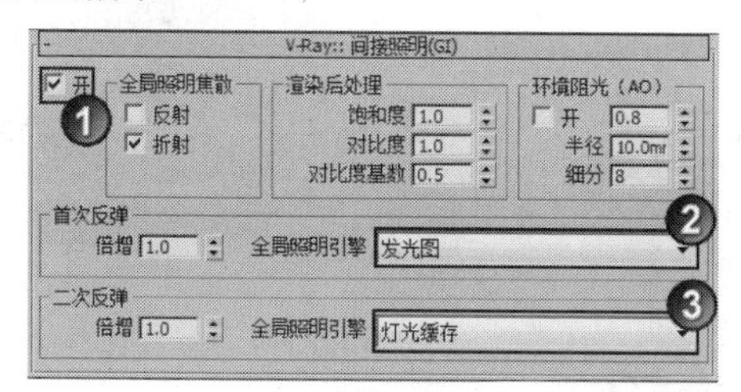

图14-228

06 展开“发光图”卷展栏，然后设置“当前预置”为“非常低”，接着设置“半球细分”为50、“插值采样”为20，最后勾选“显示计算相位”和“显示直接光”选项，具体参数设置如图14-229所示。

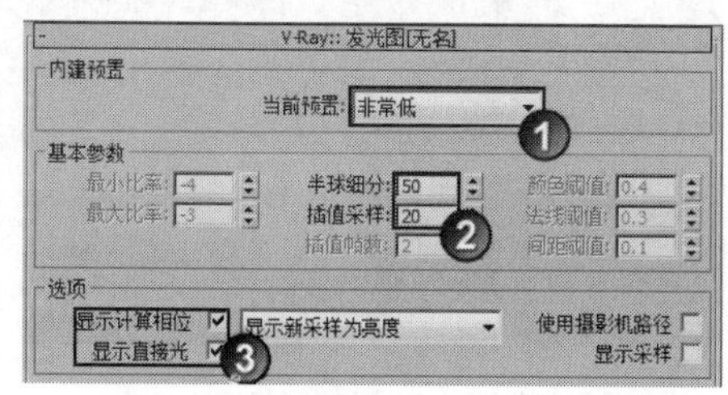

图14-229

07 展开“灯光缓存”卷展栏，然后设置“细分”为100，接着勾选“存储直接光”和“显示计算相位”选项，具体参数设置如图14-230所示。

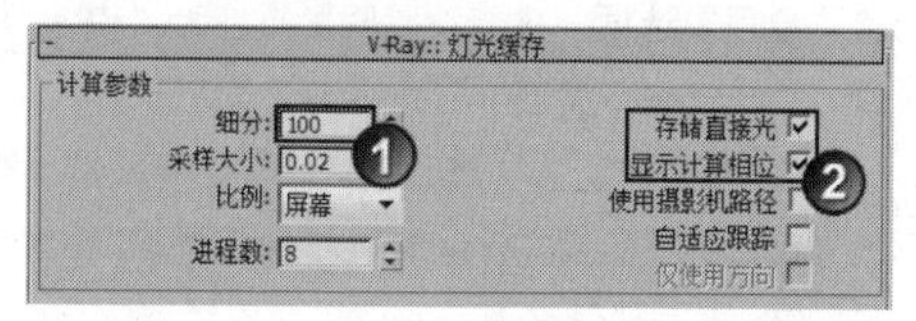

图14-230

08 单击“设置”选项卡，然后在“系统”卷展栏下设置“区域排序”为Top->Bottom（从上->下），接着关闭“显示窗口”选项，具体参数设置如图14-231所示。

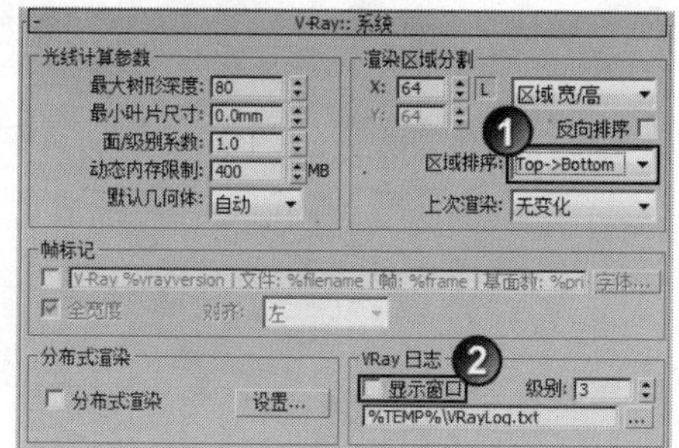

图14-231

09 按大键盘上的8键打开“环境和效果”对话框，然后展开“公用参数”卷展栏，接着在“背景”选项组下设置“颜色”为白色，如图14-232所示。

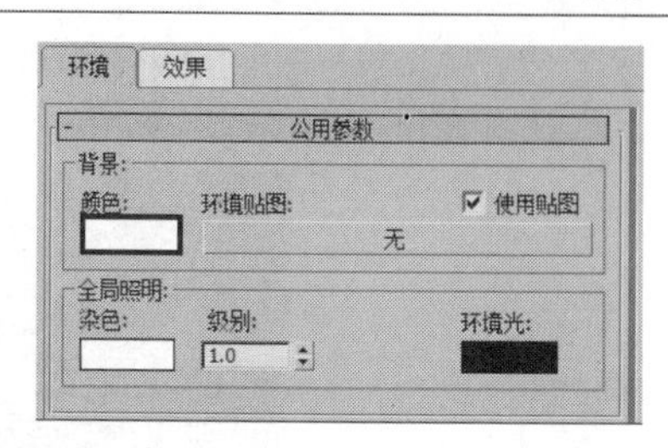

图14-232

>>>>灯光设置

本场景共需要布置4处灯光，分别是窗外的天光、室内的射灯、台灯以及天花板上的灯带。

● 创建天光

01 设置灯光类型为VRay，然后在前视图中创建一盏VRay灯光（放在窗外），其位置如图14-233所示。

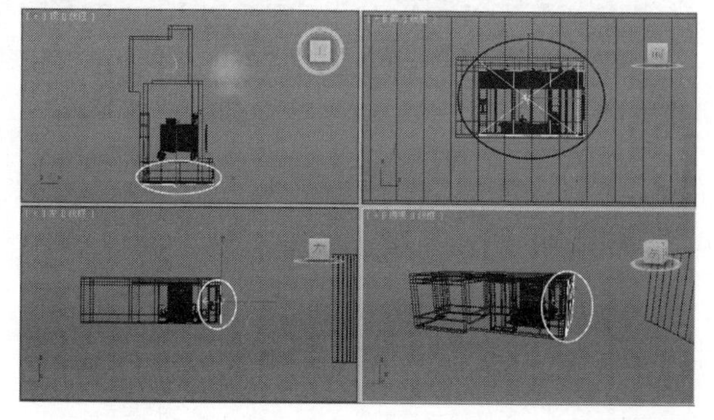

图14-233

02 选择上一步创建的VRay灯光，然后展开“参数”卷展栏，具体参数设置如图14-234所示。

设置步骤

① 在“常规”选项组下设置“类型”为“平面”。

② 在“亮度”选项组下设置“倍增”为6，然后设置“颜色”为（红:185，绿:225，蓝:255）。

③ 在“大小”选项组下设置“1/2长”为1950mm、“1/2宽”为1375mm。

④ 在“选项”选项组下勾选“不可见”选项，然后关闭“影响高光反射”和“影响反射”选项。

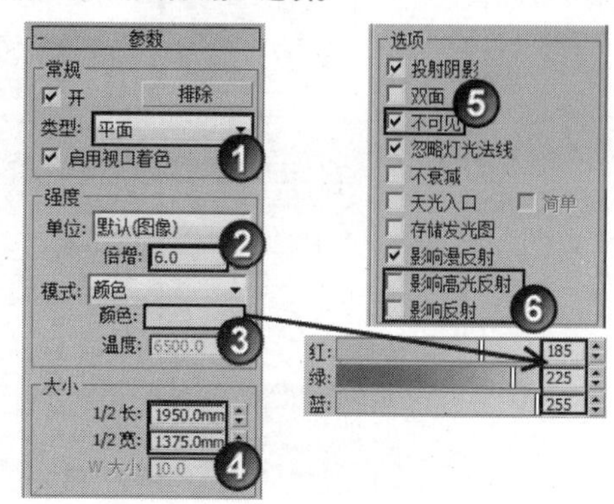

图14-234

03 在摄影机视图中按F9键测试渲染当前场景，效果如图14-235所示。

图14-235

● 创建射灯

01 设置灯光类型为"光度学"，然后在左视图中创建12盏目标灯光，其位置如图14-236所示。

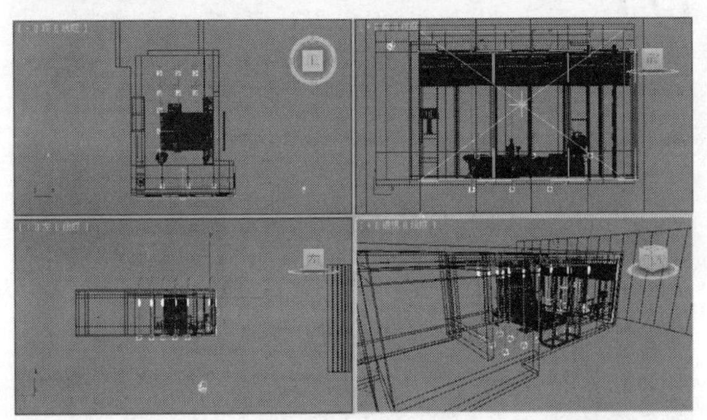

图14-236

02 选择上一步创建的目标灯光，然后切换到"修改"面板，具体参数设置如图14-237所示。

设置步骤

① 展开"常规参数"卷展栏，然后在"阴影"选项组下勾选"启用"选项，接着设置阴影类型为VRayShadow（VRay阴影），最后设置"灯光分布（类型）"为"光度学Web"。

② 展开"分布（光度学Web）"卷展栏，然后在其通道中加载光盘中的"实例文件>CH14>实战290>0.ies"光域网文件。

③ 展开"强度/颜色/衰减"卷展栏，然后设置"过滤颜色"为（红:255，绿:240，蓝:176），接着设置"强度"为8000。

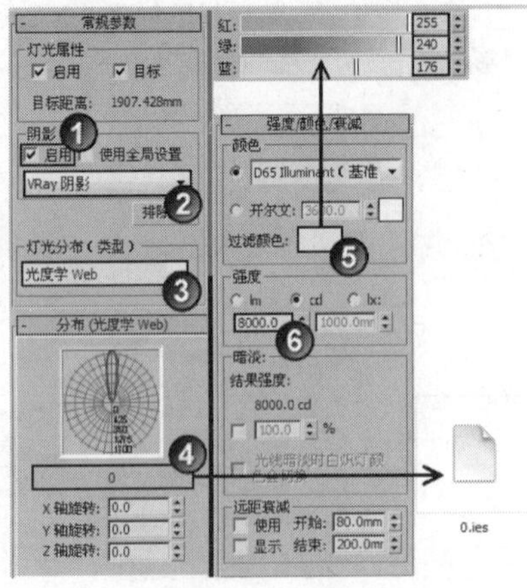

图14-237

03 在摄影机视图中按F9键测试渲染当前场景，效果如图14-238所示。

图14-238

04 继续在前视图中创建一盏目标灯光，其位置如图14-239所示。

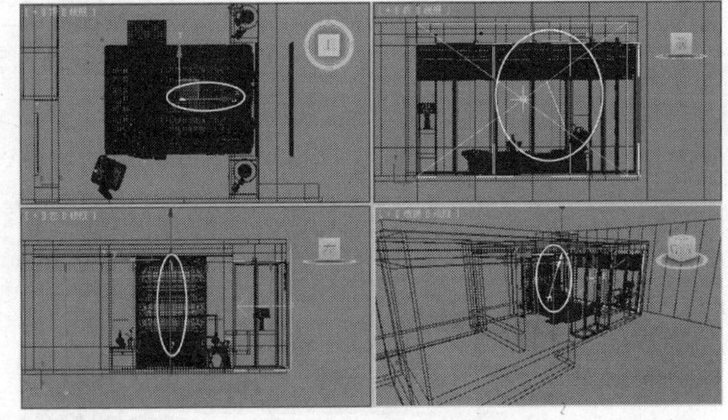

图14-239

05 选择上一步创建的目标灯光，然后切换到"修改"面板，具体参数设置如图14-240所示。

设置步骤

① 展开"常规参数"卷展栏，然后在"阴影"选项组下勾选"启用"选项，接着设置阴影类型为"VRay阴影"，最后设置"灯光分布（类型）"为"光度学Web"。

② 展开"分布（光度学Web）"卷展栏，然后在通道中加载光盘中的"实例文件>CH14>7.ies"光域网文件。

③ 展开"强度/颜色/衰减"卷展栏，然后设置"过滤颜色"为（红:255，绿:240，蓝:176），接着设置"强度"为50000。

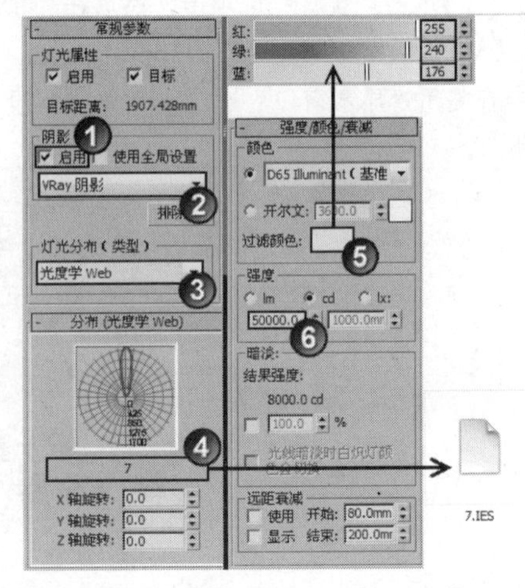

图14-240

06 在摄影机视图中按F9键测试渲染当前场景，效果如图14-241所示。

图14-241

● 创建台灯

01 设置灯光类型为VRay，然后在左视图中创建两盏VRay灯光（将其分别放在床头的台灯灯罩内），其位置如图14-242所示。

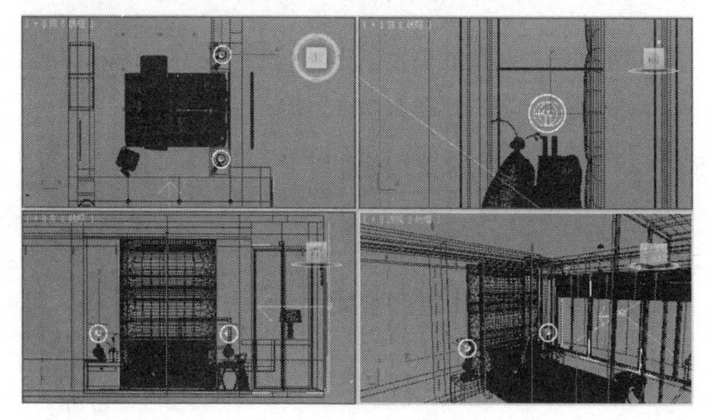

图14-242

02 选择上一步创建的VRay灯光，然后展开“参数”卷展栏，具体参数设置如图14-243所示。

设置步骤

① 在“常规”选项组下设置“类型”为“球体”。

② 在“亮度”选项组下设置“倍增”为250，然后设置“颜色”为（红:168，绿:213，蓝:255）。

③ 在“大小”选项组下设置“半径”为40mm。

④ 在“选项”选项组下勾选“不可见”选项，然后关闭“影响高光反射”和“影响反射”选项。

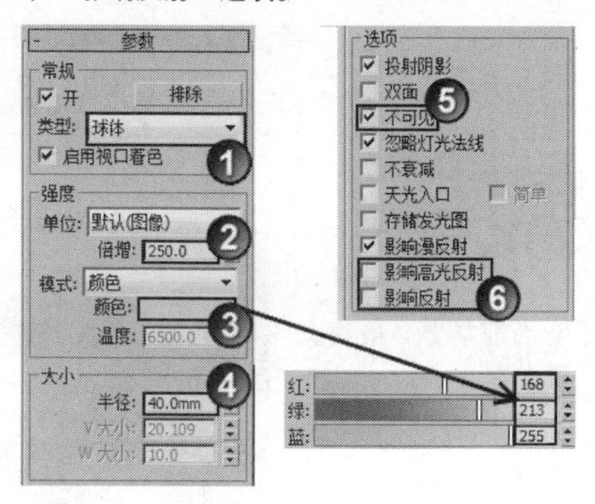

图14-243

03 在摄影机视图中按F9键测试渲染当前场景，效果如图14-244所示。

图14-244

04 继续在左视图中创建一盏VRay灯光，然后将其放在另外一盏台灯的灯罩内，如图14-245所示。

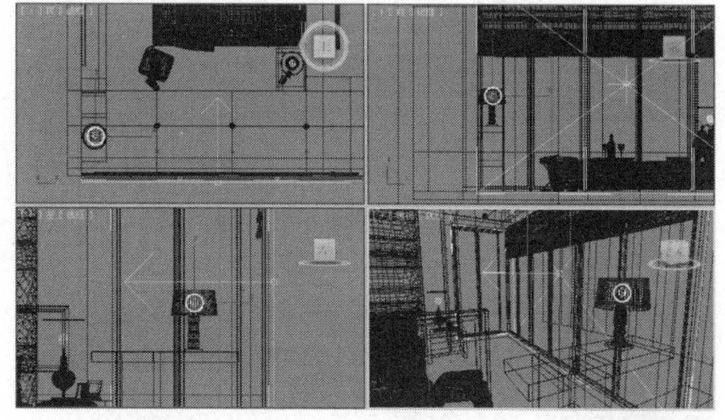

图14-245

05 选择上一步创建的VRay灯光，然后展开“参数”卷展栏，具体参数设置如图14-246所示。

设置步骤

① 在“常规”选项组下设置“类型”为“球体”。

② 在“亮度”选项组下设置“倍增”为250，然后设置“颜色”为（红:255，绿:198，蓝:107）。

③ 在“大小”选项组下设置“半径”为30mm。

④ 在“选项”选项组下勾选“不可见”选项，然后关闭“影响高光反射”和“影响反射”选项。

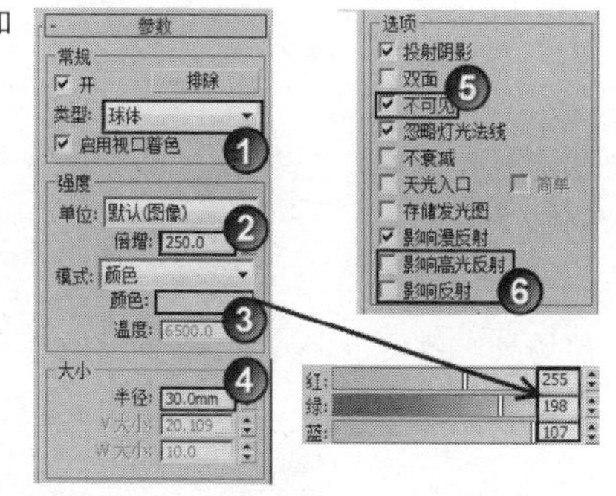

图14-246

06 按F9键测试渲染当前场景，效果如图14-247所示。

图14-247

● 创建灯带

01 设置灯光类型为VRay，然后在天花顶棚上创建一盏VRay灯光，其位置如图14-248所示。

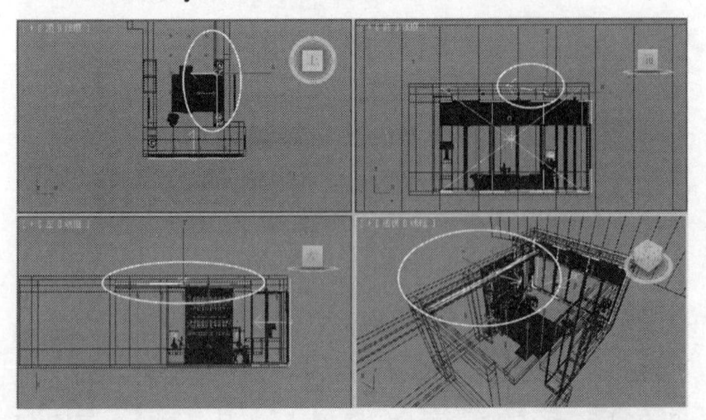

图14-248

02 选择上一步创建的VRay灯光，然后展开“参数”卷展栏，具体参数设置如图14-249所示。

设置步骤

① 在“常规”选项组下设置“类型”为“平面”。

② 在“亮度”选项组下设置“倍增”为25，然后设置“颜色”为（红:255，绿:198，蓝:92）。

③ 在“大小”选项组下设置“1/2长”为2250mm、“1/2宽”为40mm。

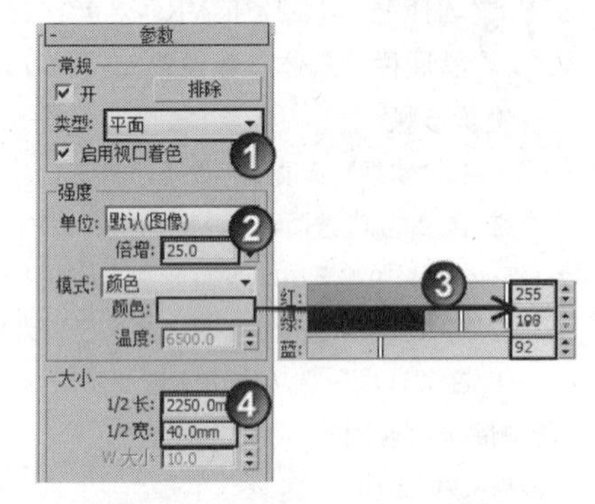

图14-249

03 在摄影机视图中按F9键测试渲染当前场景，效果如图14-250所示。

图14-250

>>>>设置最终渲染参数

01 按F10键打开“渲染设置”对话框，然后在“公用参数”卷展栏下设置“宽度”为1200、“高度”为900，具体参数设置如图14-251所示。

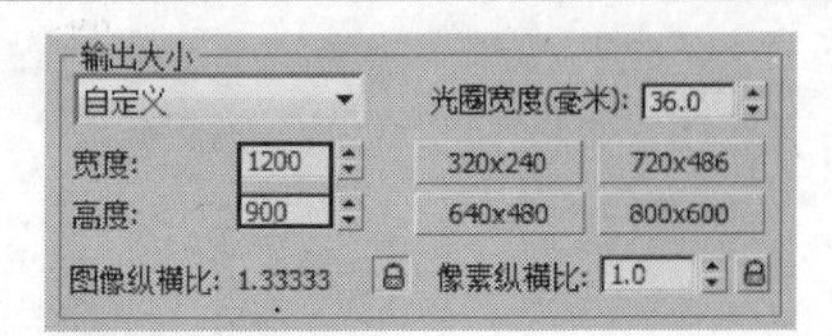

图14-251

02 单击VRay选项卡，然后在“图像采样器（反锯齿）”卷展栏下设置“图像采样器”的“类型”为“自适应确定性蒙特卡洛”，接着在“抗锯齿过滤器”选项组下设置过滤器类型为Mitchell-Netravali，具体参数设置如图14-252所示。

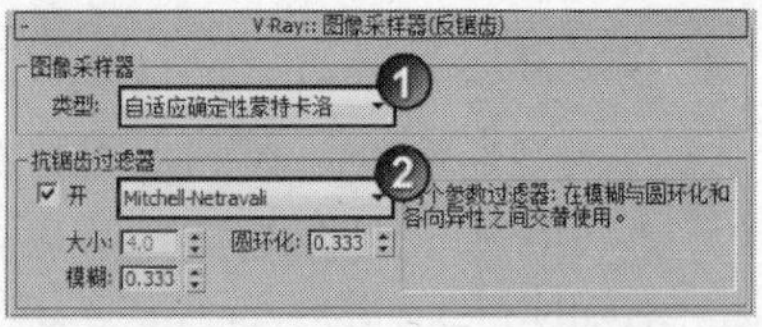

图14-252

03 单击“间接照明”选项卡，然后在“发光图”卷展栏下设置“当前预置”为“中”，接着设置“半球细分”为60、“插值采样”为30，具体参数设置如图14-253所示。

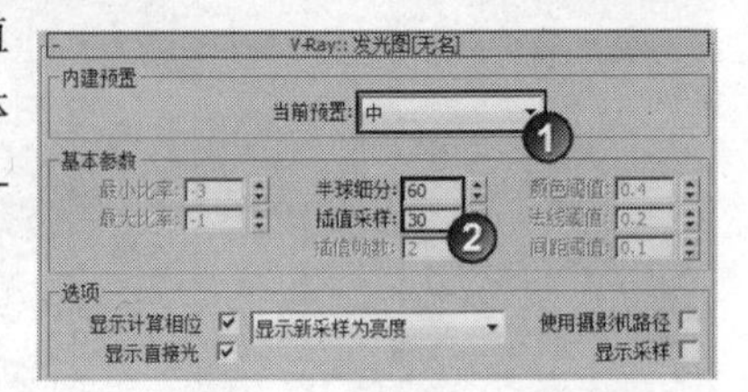

图14-253

04 展开“灯光缓存”卷展栏，然后设置“细分”为1000，具体参数设置如图14-254所示。

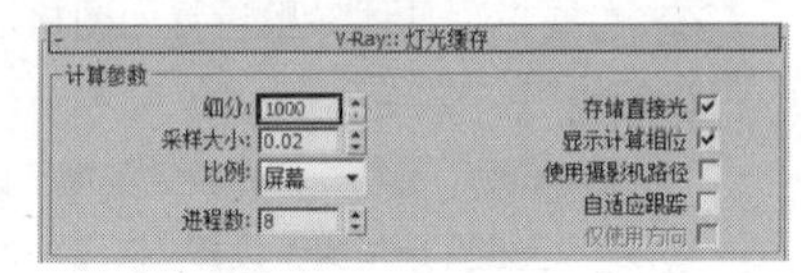

图14-254

05 单击“设置”选项卡，然后展开“DMC采样器”卷展栏，接着设置“噪波阈值”为0.005、“最少采样值”为12，具体参数设置如图14-255所示。

图14-255

06 在摄影机视图中按F9键渲染当前场景，最终效果如图14-256所示。

图14-256

实战291 精通中型半封闭空间：奢华欧式书房日景表现

实例信息

- 场景位置：DVD>实例文件>CH14>实战291.max
- 实例位置：DVD>实例文件>CH14>实战291.max
- 视频位置：DVD>多媒体教学>CH14>实战291.flv
- 难易指数：★★★★★
- 技术掌握：地板材质、窗纱材质、皮椅材质、窗帘材质和皮沙发材质的制作方法；中型半封闭空间日景效果的表现方法

实例介绍

本例是一个中型半封闭的奢华欧式书房空间，其中地板材质、窗纱材质、皮椅材质、窗帘材质和皮沙发材质的制作方法以及日景效果的表现方法是本例的学习要点。

>>>>材质制作

本例的场景对象材质主要包含地板材质、地毯材质、木纹材质、窗纱材质、皮椅材质、窗帘材质和皮沙发材质，如图14-257所示。

图14-257

● 制作地板材质

地板材质效果如图14-258所示。

图14-258

01 打开光盘中的“场景文件>CH14>实战291.max”文件，如图14-259所示。

图14-259

02 选择一个空白材质球，然后设置材质类型为“VRay材质包裹器”材质，并将其命名为“地板”，具体参数设置如图14-260所示，制作好的材质球效果如图14-261所示。

设置步骤

① 展开“VRay材质包裹器参数”卷展栏，然后设置“生成全局照明”为0.3，接着在“基本材质”通道中加载一个VRayMtl材质。

② 切换到VRayMtl材质设置面板，然后在“漫反射”贴图通道中加载光盘中的“实例文件>CH14>实战291>地板.jpg”贴图文件，接着在“坐标”卷展栏下设置“模糊”为0.01。

③ 在“反射”贴图通道中加载一张“衰减”程序贴图，然后在“衰减参数”卷展栏下设置“衰减类型”为Fresnel，接着设置“高光光泽度”为0.86、“反射光泽度”为0.92。

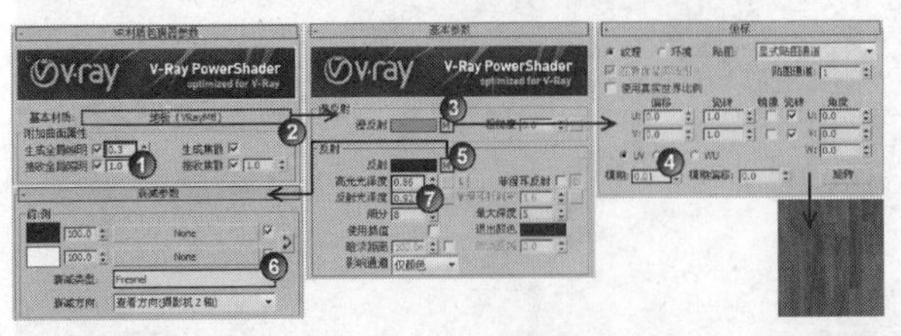

图14-260

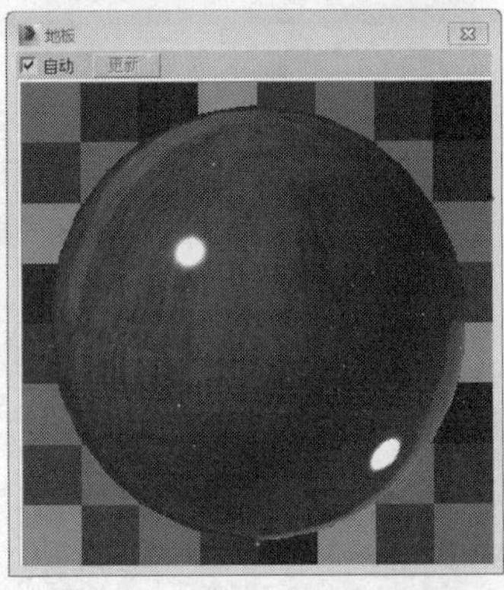

图14-261

● 制作地毯材质

地毯材质效果如图14-262所示。

图14-262

选择一个空白材质球，然后设置材质类型为VRayMtl材质，并将其命名为“地毯”，接着展开“贴图”卷展栏下，具体参数设置如图14-263所示，制作好的材质球效果如图14-264所示。

设置步骤

① 在“漫反射”贴图通道中加载光盘中的“实例文件>CH14>实战291>地毯.jpg”贴图文件。

② 在“凹凸”贴图通道中加载光盘中的“实例文件>CH14>实战291>地毯凹凸.jpg”贴图文件。

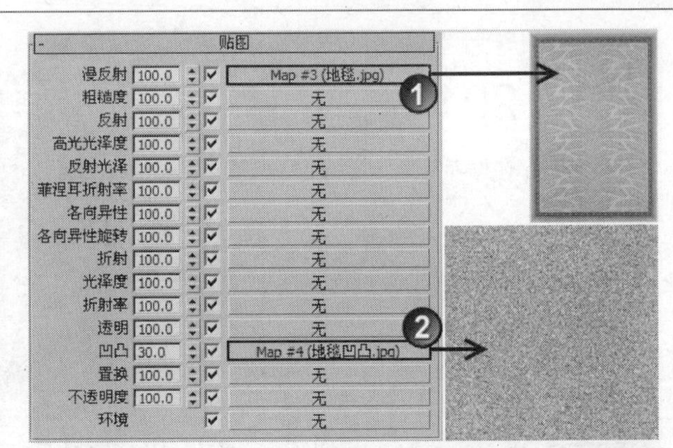

图14-263

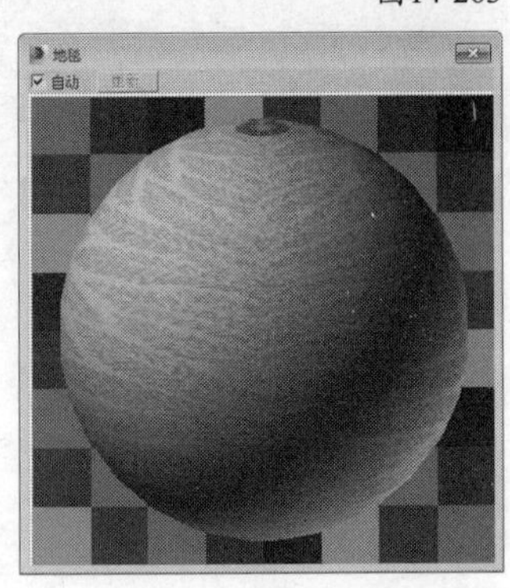

图14-264

技术专题 46 在视图中显示材质贴图

有时为了观察材质效果，需要在视图中进行查看，下面以一个技术专题来介绍下如何在视图中显示出材质贴图效果。

第1步：制作好材质以后选择相对应的模型，然后在“材质编辑器”对话框中单击“将材质指定给选定对象”按钮，效果如图14-265所示。从图中可以发现没有显示出贴图效果。

图14-265

第2步：单击“漫反射”贴图通道，切换到位图设置面板，在该面板中有一个“视口中显示明暗处理材质”按钮，激活该按钮就可以在视图中显示出材质贴图效果，如图14-266和图14-267所示。

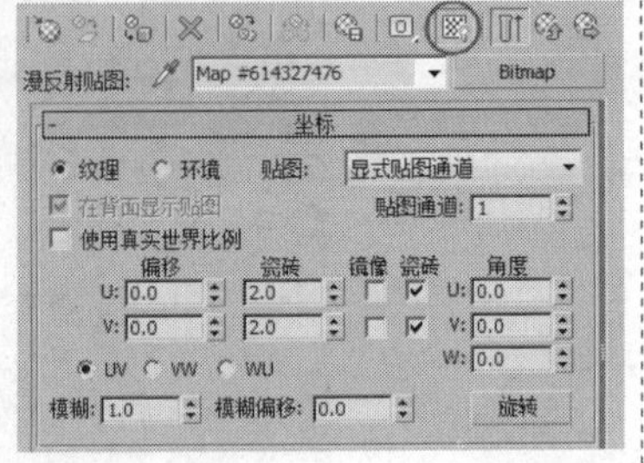

图14-266

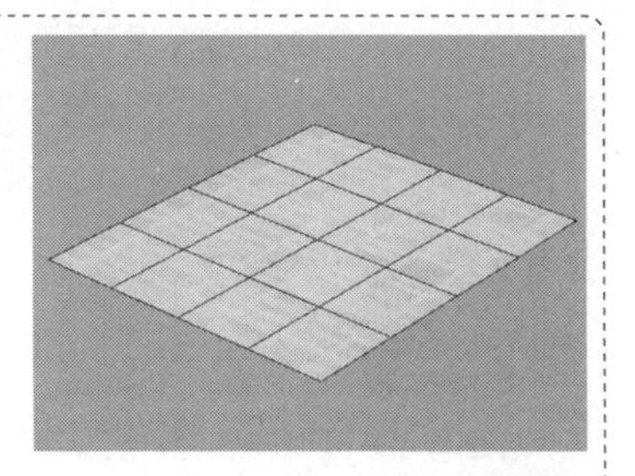

图14-267

● 制作木纹材质

木纹材质效果如图14-268所示。

图14-268

选择一个空白材质球，然后设置材质类型为“VRay材质包裹器”材质，并将其命名为“木纹”，具体参数设置如图14-269所示，制作好的材质球效果如图14-270所示。

设置步骤

① 展开“VRay材质包裹器参数”卷展栏，然后设置“生成全局照明”为0.3，接着在“基本材质”通道中加载一个VRayMtl材质。

② 切换到VRayMtl材质设置面板，然后在“漫反射”贴图通道中加载光盘中的“实例文件>CH14>实战291>木纹.jpg”贴图文件，接着在“坐标”卷展栏下设置“模糊”为0.01。

③ 在“反射”贴图通道中加载“衰减”程序贴图，然后在“衰减参数”卷展栏下设置“衰减类型”为Fresnel，接着设置“高光光泽度”为0.9、“反射光泽度”为0.92。

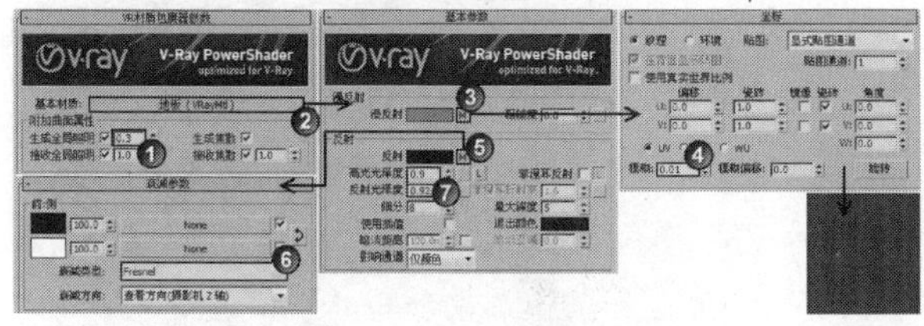

图14-269

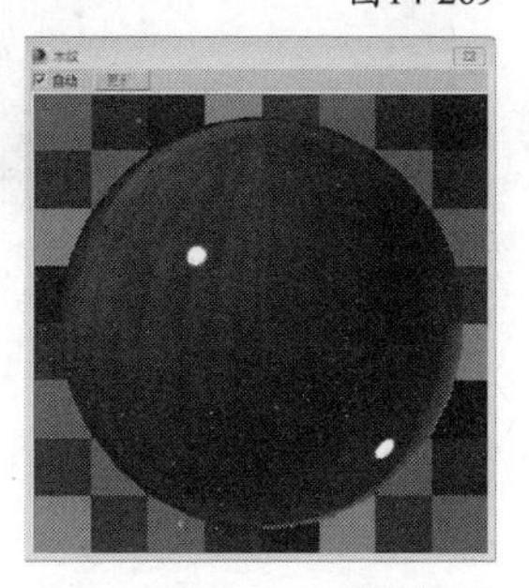

图14-270

● 制作窗纱材质

窗纱材质效果如图14-271所示。

图14-271

选择一个空白材质球，然后设置材质类型为“标准”材质，并将其命名为“窗纱”，具体参数设置如图14-272所示，制作好的材质球效果如图14-273所示。

设置步骤

① 展开“明暗器基本参数”卷展栏，然后设置明暗器类型为“（A）各向异性”。

② 展开“各向异性基本参数”卷展栏，然后设置“漫反射”颜色为白色，接着设置“不透明度”为65，最后设置“高光级别”为57、“光泽度”为10、“各向异性”为50。

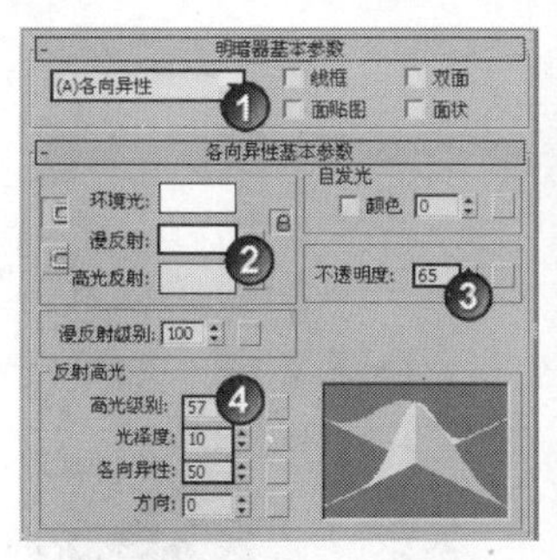

图14-272

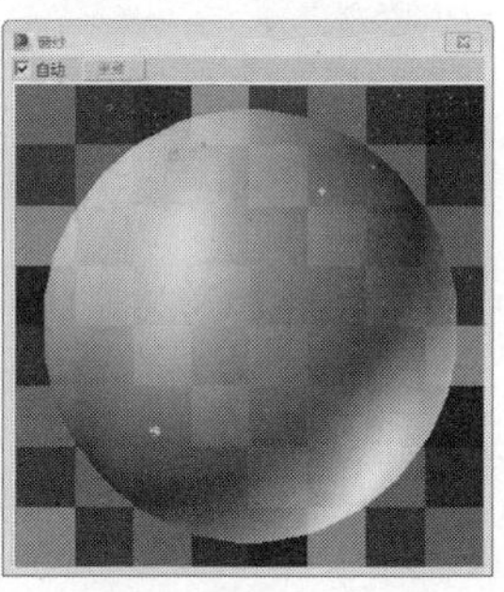

图14-273

● 制作皮椅材质

皮椅材质效果如图14-274所示。

图14-274

选择一个空白材质球，然后设置材质类型为VRayMtl材质，并将其命名为“皮椅”，具体参数设置如图14-275所示，制作好的材质球效果如图14-276所示。

设置步骤

① 在“漫反射”贴图通道中加载光盘中的“实例文件>CH14>实战291>皮椅.jpg”贴图文件，然后在“坐标”卷展栏下设置“模糊”为0.01。

② 在“反射”贴图通道中加载一张“衰减”程序贴图，然后在“衰减参数”卷展栏下设置“衰减类型”为Fresnel，接着设置“高光光泽度”为0.74、“反射光泽度”为0.61。

③ 展开“贴图”卷展栏，然后将“漫反射”通道中的贴图拖曳到“凹凸”贴图通道上，接着设置“凹凸”的强度为5。

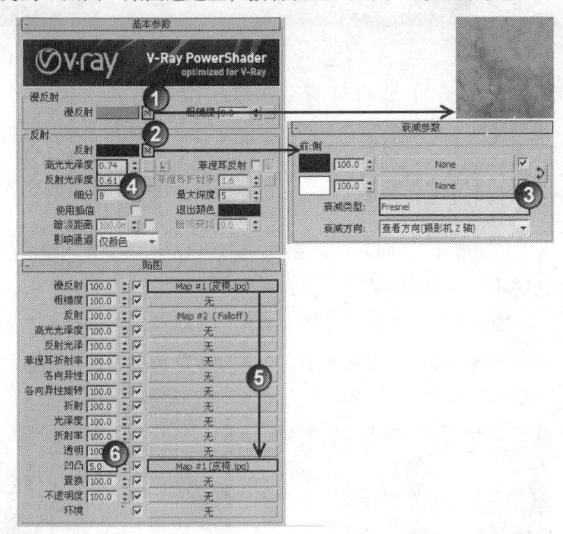

图14-275

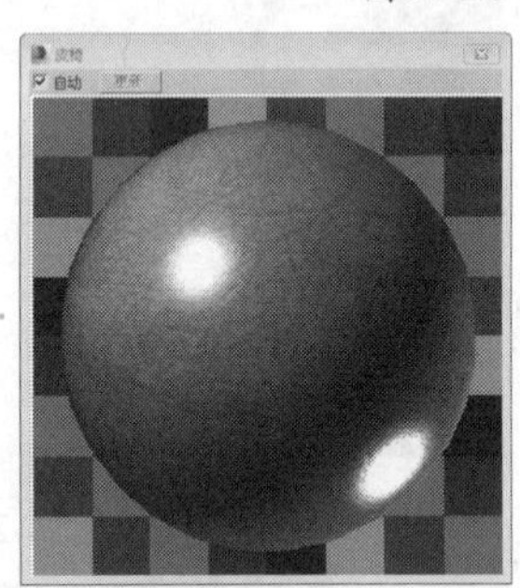

图14-276

● 制作窗帘材质

窗帘材质效果如图14-277所示。

图14-277

选择一个空白材质球，然后设置材质类型为“混合”材质，并将其命名为“窗帘”，接着展开“混合基本参数”卷展栏，具体参数设置如图14-278所示，制作好的材质球效果如图14-279所示。

设置步骤

① 在“材质1”通道中加载一个“标准”材质，然后在“明暗器基本参数”卷展栏下设置明暗器类型为“（A）各向异性”，接着在“漫反射”贴图通道中加载光盘中的“实例文件>CH14>实战291>窗帘.jpg”贴图文件，最后设置“高光级别”为58、“光泽度”为15、“各向异性”为50。

② 在“材质2”通道中加载一个VRayMtl材质，然后设置“漫反射”颜色为（红:119，绿:116，蓝:107），接着设置“反射”颜色为（红:45，绿:45，蓝:45），最后设置“高光光泽度”为0.85、“反射光泽度”为0.87。

③ 在“遮罩”贴图中加载光盘中的“实例文件>CH14>实战291>窗帘.jpg”贴图文件，然后在“坐标”卷展栏下设置“模糊”为0.01。

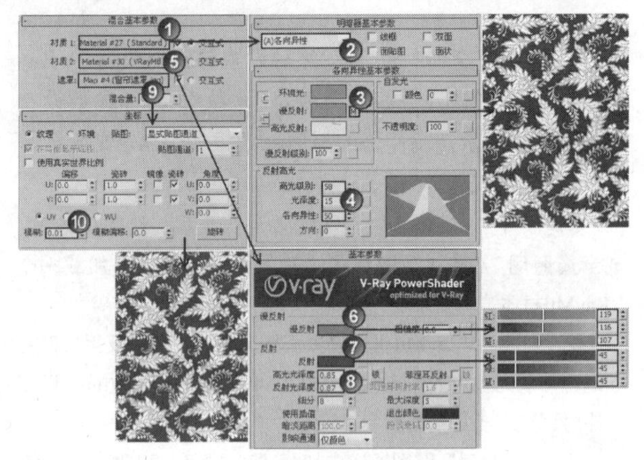

图14-278

图14-279

● 制作皮沙发材质

皮沙发材质效果如图14-280所示。

图14-280

01 选择一个空白材质球，然后设置材质类型为“多维/子对象”材质，并将其命名为“皮沙发”，接着在“多维/子对象基本参数”卷展栏下设置材质数量为2，最后分别在ID 1和ID2材质通道中各加载一个VRayMtl材质，具体参数设置如图14-281所示。

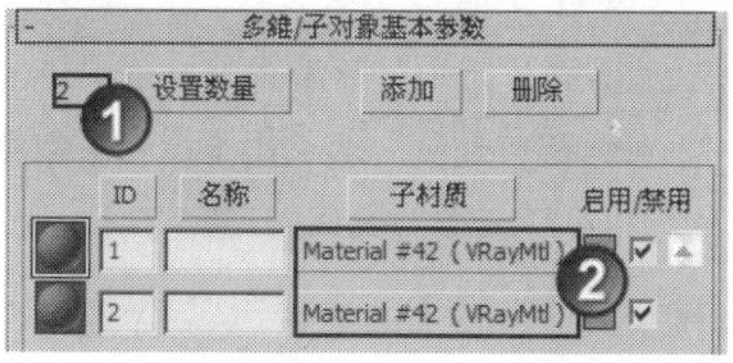

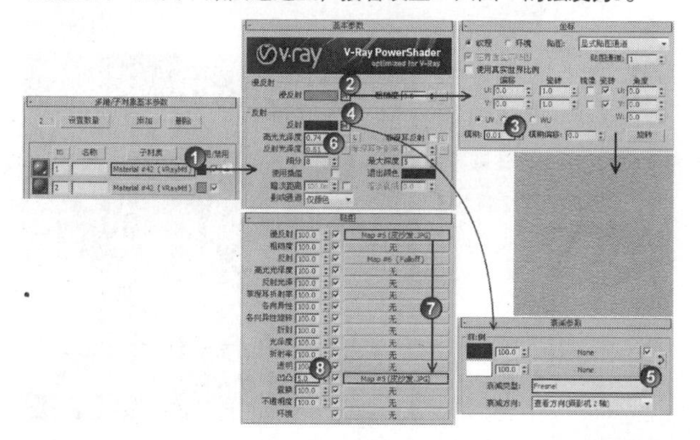

图14-281

02 单击ID 1材质通道，切换到VRayMtl材质设置面板，具体参数设置如图14-282所示。

设置步骤

① 在“漫反射”贴图通道中加载光盘中的“实例文件>CH14>实战291>皮沙发.jpg”贴图文件，然后在“坐标”卷展栏下设置“模糊”为0.01。

② 在“反射”贴图通道中加载一张“衰减”贴图，然后在“衰减参数”卷展栏下设置“衰减类型”为Fresnel，接着设置“高光光泽度”为0.74、“反射光泽度”为0.61。

③ 展开“贴图”卷展栏，然后将“漫反射”通道中的贴图文件拖曳到“凹凸”贴图通道上，接着设置“凹凸”的强度为5。

图14-282

03 单击ID 2材质通道，切换到VRayMtl材质设置面板，具体参数设置如图14-283所示，制作好的材质球效果如图14-284所示。

设置步骤

① 设置“漫反射”颜色为（红:162，绿:139，蓝:108）。

② 设置“反射”颜色为（红:205，绿:205，蓝:205），然后设置“高光光泽度”为0.89、“反射光泽度”为0.94。

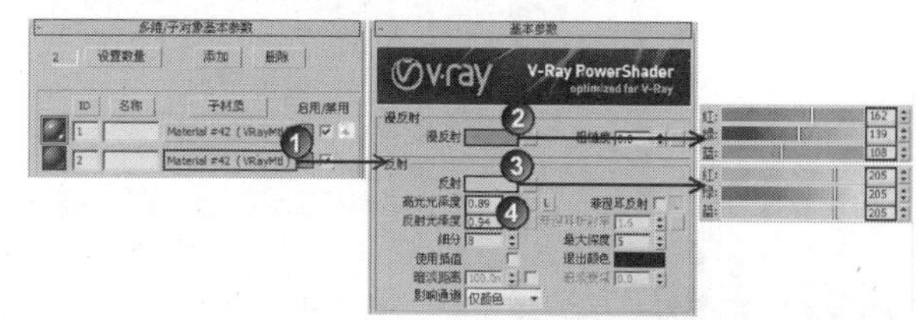

图14-283

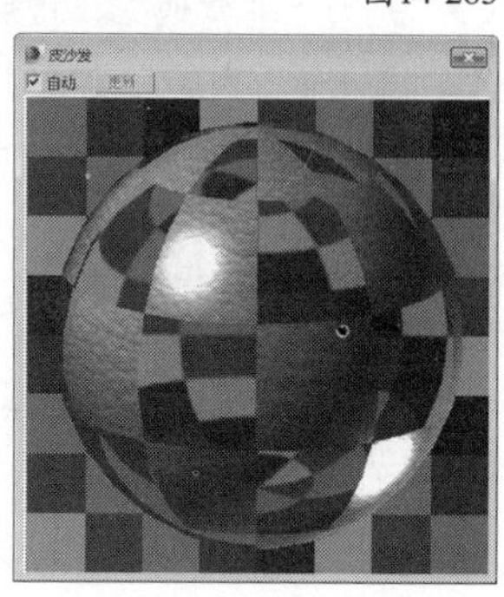

图14-284

>>>>设置测试渲染参数

01 按F10键打开“渲染设置”对话框，然后设置渲染器为VRay渲染器，接着在“公用参数”卷展栏下设置“宽度”为500、“高度”为450，最后单击“图像纵横比”选项后面的“锁定”按钮，锁定渲染图像的纵横比，具体参数设置如图14-285所示。

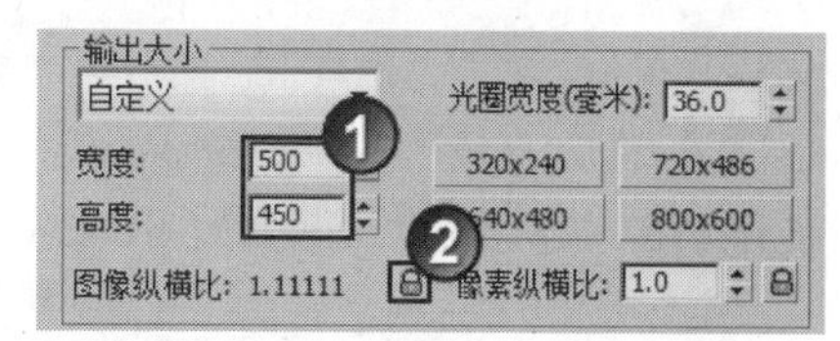

图14-285

02 单击VRay选项卡，然后在“图像采样器（反锯齿）”卷展栏下设置“图像采样器”的“类型”为“固定”，接着在“抗锯齿过滤器”选项组下勾选“开”选项，并设置过滤器类型为Mitchell-Netravali，具体参数设置如图14-286所示。

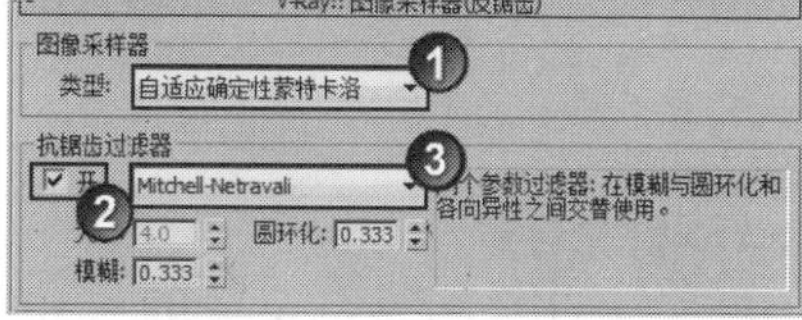

图14-286

03 单击“间接照明”选项卡，然后在“间接照明（GI）”卷展栏下勾选“开”选项，接着设置“首次反弹”的“全局照明引擎”为“发光图”、“二次反弹”的“全局照明引擎”为“灯光缓存”，具体参数设置如图14-287所示。

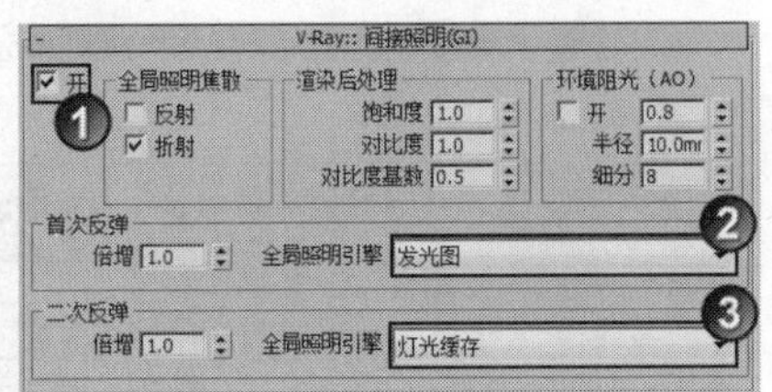

图14-287

04 展开“发光图”卷展栏，然后设置“当前预置”为“非常低”，接着设置“半球细分”为20、“插值采样”为10，最后勾选“显示计算相位”和“显示直接光”选项，具体参数设置如图14-288所示。

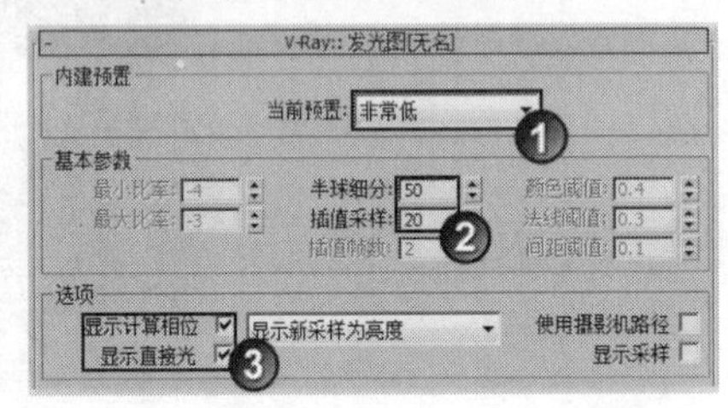

图14-288

05 展开“灯光缓存”卷展栏，然后设置“细分”为100，接着勾选“存储直接光”和“显示计算相位”选项，具体参数设置如图14-289所示。

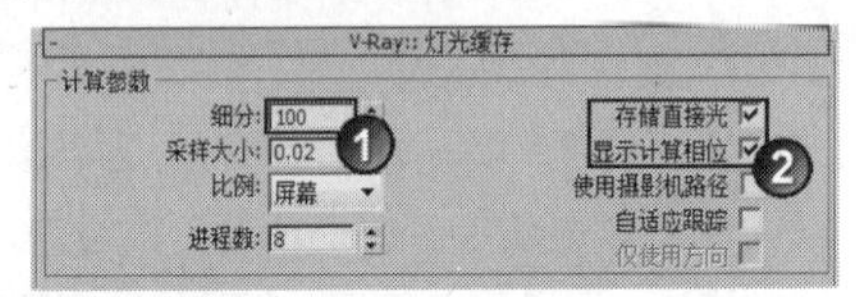

图14-289

06 单击“设置”选项卡，然后在“系统”卷展栏下设置“区域排序”为Top->Bottom（从上->下），接着关闭“显示窗口”选项，如图14-290所示。

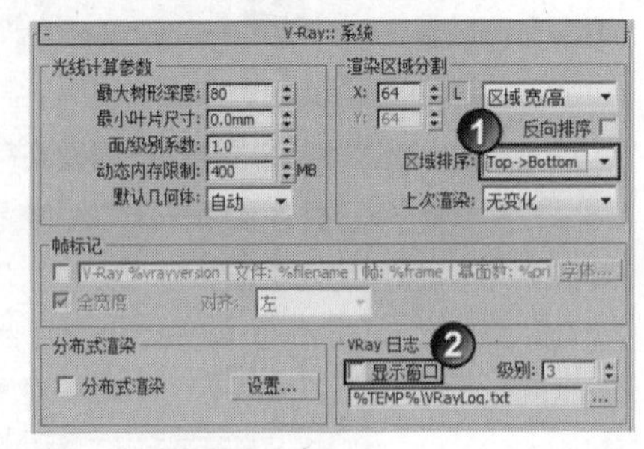

图14-290

>>>>灯光设置

本例的灯光设置比较复杂，共需要布置8处，分别是室外的天光、室内的辅助光源、筒灯、射灯、台灯、壁灯、书柜灯光以及天花板上的灯带。

● 创建天光

01 设置灯光类型为VRay，然后在前视图中创建一盏VRay灯光，其位置如图14-291所示。

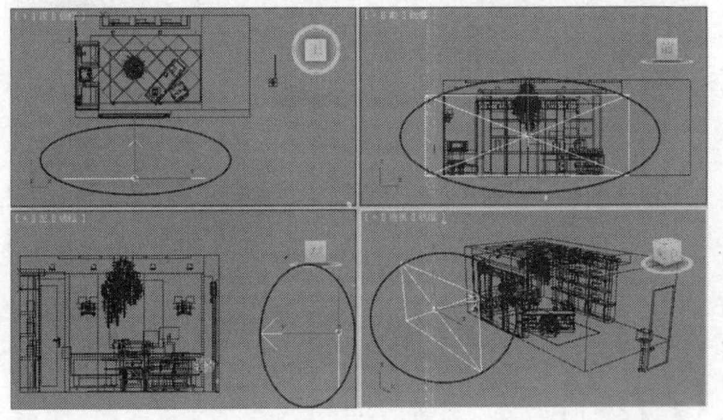

图14-291

02 选择上一步创建的VRay灯光，然后展开“参数”卷展栏，具体参数设置如图14-292所示。

设置步骤

① 在“常规”选项组下设置“类型”为“平面”。

② 在“亮度”选项组下设置“倍增”为20，然后设置“颜色”为（红:131，绿:184，蓝:255）。

③ 在“大小”选项组下设置“1/2长”为3785mm、“1/2宽”为1475mm。

④ 在“选项”选项组下勾选“不可见”选项。

⑤ 在“采样”选项组下设置“细分”为16。

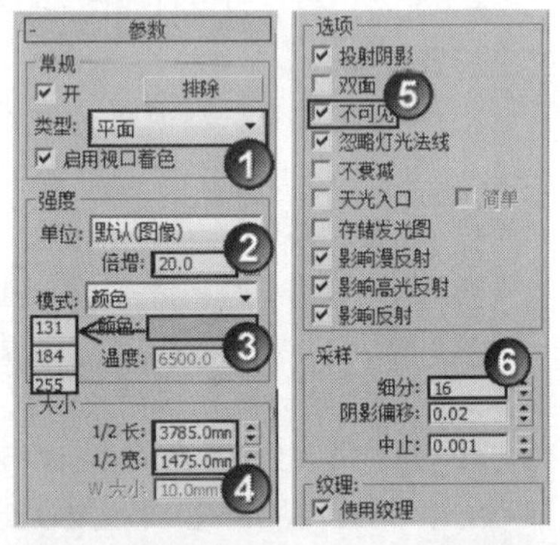

图14-292

03 在摄影机视图中按F9键测试渲染当前场景，效果如图14-293所示。

图14-293

04 继续在前视图中创建一盏VRay灯光，其位置如图14-294所示。

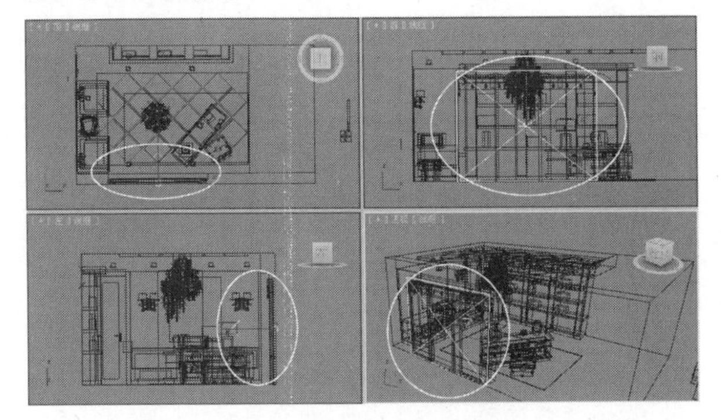

图14-294

05 选择上一步创建的VRay灯光，然后展开“参数”卷展栏，具体参数设置如图14-295所示。

设置步骤

① 在“常规”选项组下设置“类型”为“平面”。

② 在“亮度”选项组下设置“倍增”为6，然后设置“颜色”为（红:195，绿:226，蓝:255）。

③ 在“大小”选项组下设置“1/2长”为1902mm、“1/2宽”为1475mm。

④ 在“选项”选项组下勾选“不可见”选项。

⑤ 在“采样”选项组下设置“细分”为16。

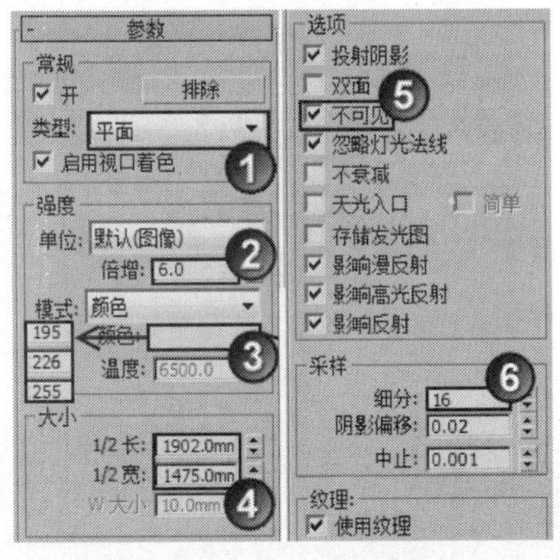

图14-295

06 在摄影机视图中按F9键测试渲染当前场景，效果如图14-296所示。

图14-296

● **创建辅助光源**

01 在左视图中创建一盏VRay灯光，其位置如图14-297所示。

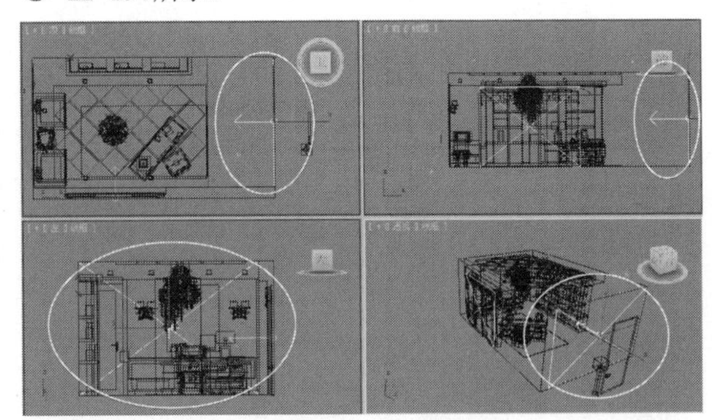

图14-297

02 选择上一步创建的VRay灯光，然后展开“参数”卷展栏，具体参数设置如图14-298所示。

设置步骤

① 在“常规”选项组下设置“类型”为“平面”。

② 在“亮度”选项组下设置“倍增”为1.8，然后设置“颜色”为（红:255，绿:245，蓝:221）。

③ 在“大小”选项组下设置“1/2长”为2412mm、“1/2宽”为1745mm。

④ 在“选项”选项组下勾选“不可见”选项。

⑤ 在“采样”选项组下设置“细分”为16。

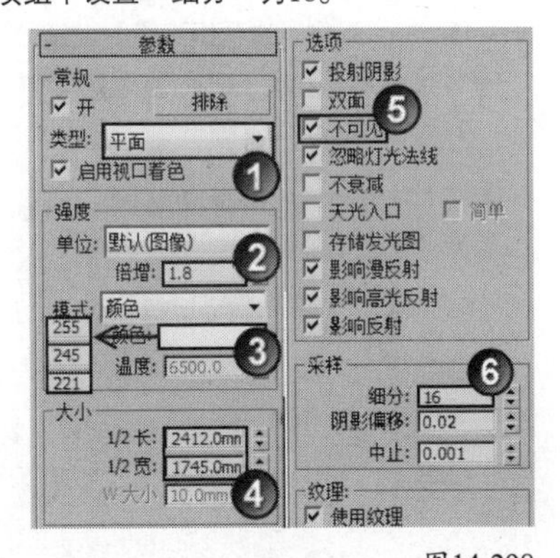

图14-298

03 在摄影机视图中按F9键测试渲染当前场景，效果如图14-299所示。

图14-299

● 创建筒灯

01 在顶视图中创建6盏VRay灯光（放在6个筒灯孔处），其位置如图14-300所示。

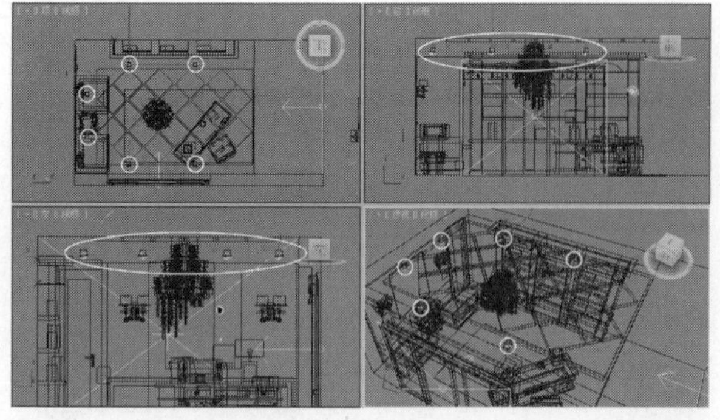

图14-300

02 选择上一步创建的VRay灯光，然后展开“参数”卷展栏，具体参数设置如图14-301所示。

设置步骤

① 在“常规”选项组下设置“类型”为“平面”。

② 在“亮度”选项组下设置“倍增”为60，然后设置“颜色”为（红:255，绿:245，蓝:221）。

③ 在“大小”选项组下设置“1/2长”和“1/2宽”为80mm。

④ 在“选项”选项组下勾选“不可见”选项，然后关闭“影响高光反射”和“影响反射”选项。

⑤ 在“采样”选项组下设置“细分”为12。

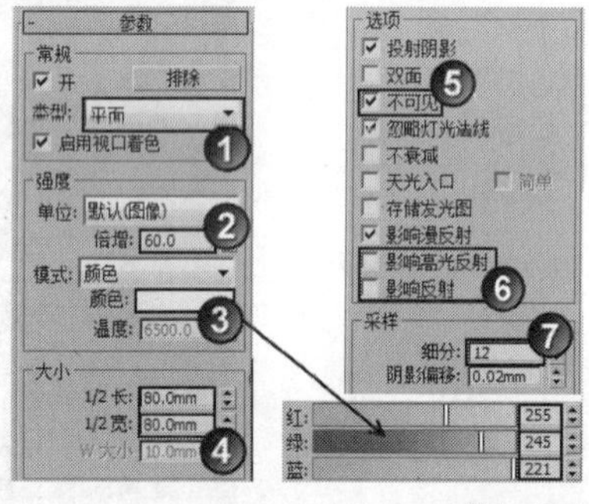

图14-301

03 在摄影机视图中按F9键测试渲染当前场景，效果如图14-302所示。

图14-302

04 在顶视图中创建3盏VRay灯光（放在3个筒灯孔处），其位置如图14-303所示。

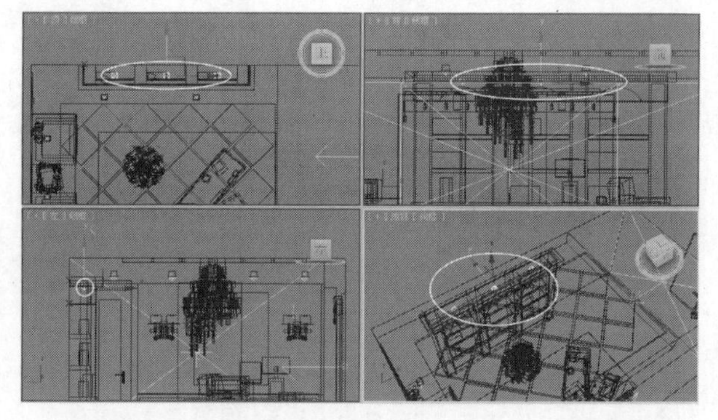

图14-303

05 选择上一步创建的VRay灯光，然后展开“参数”卷展栏，具体参数设置如图14-304所示。

设置步骤

① 在“常规”选项组下设置“类型”为“平面”。

② 在“亮度”选项组下设置“倍增”为120，然后设置“颜色”为（红:255，绿:174，蓝:78）。

③ 在“大小”选项组下设置“1/2长”和“1/2宽”为80mm。

④ 在“选项”选项组下勾选“不可见”选项，然后关闭“影响高光”和“影响反射”选项。

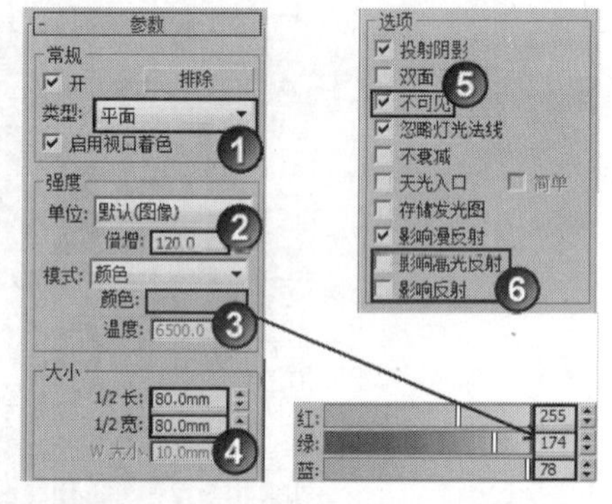

图14-304

06 在摄影机视图中按F9键测试渲染当前场景，效果如图14-305所示。

图14-305

07 继续在顶视图中创建一盏VRay灯光（放在左上角的筒灯孔处），其位置如图14-306所示。

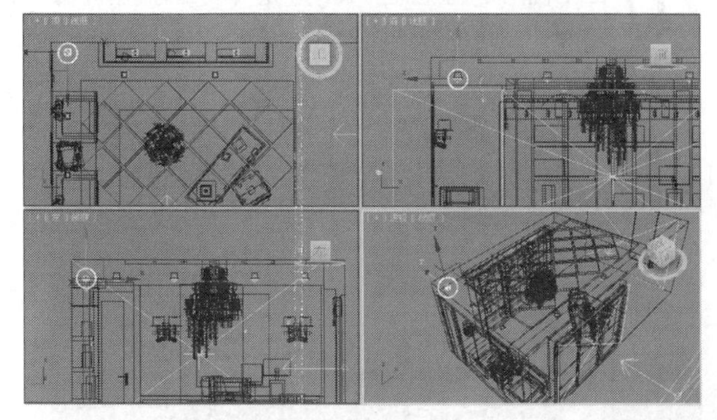

图14-306

08 选择上一步创建的VRay灯光，然后展开“参数”卷展栏，具体参数设置如图14-307所示。

设置步骤

① 在“常规”选项组下设置“类型”为“平面”。

② 在“亮度”选项组下设置“倍增”为100，然后设置“颜色”为（红:255，绿:245，蓝:221）。

③ 在“大小”选项组下设置“1/2长”和“1/2宽”为80mm。

④ 在“选项”选项组下勾选“不可见”选项，然后关闭“影响高光”和“影响反射”选项。

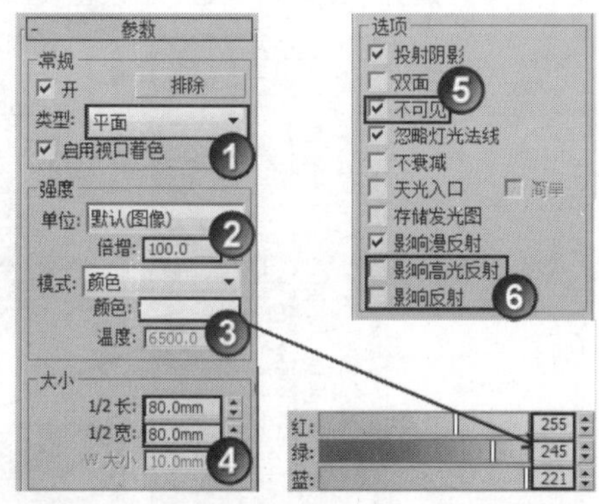

图14-307

09 在摄影机视图中按F9键测试渲染当前场景，效果如图14-308所示。

图14-308

● 创建射灯

01 设置灯光类型为“光度学”，然后在前视图中创建6盏目标灯光，其位置如图14-309所示。

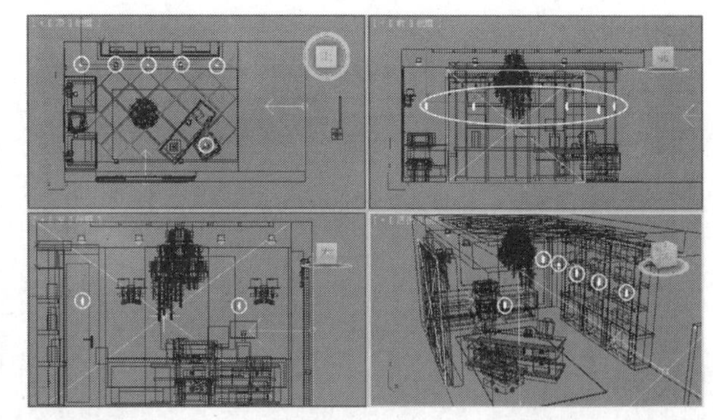

图14-309

02 选择上一步创建的目标灯光，然后切换到“修改”面板，具体参数设置如图14-310所示。

设置步骤

① 展开“常规参数”卷展栏，然后在“灯光属性”选项组下关闭“目标”选项，接着在“阴影”选项组下勾选“启用”选项，并设置阴影类型为“VRay阴影”，最后设置“灯光分布（类型）”为“光度学Web”。

② 展开“分布（光度学Web）”，然后在其通道中加载光盘中的“实例文件>CH14>实战291>经典筒灯.ies”光域网文件。

③ 展开“强度/颜色/衰减”卷展栏，然后设置“过滤颜色”为（红:255，绿:240，蓝:202），接着设置“强度”为5000。

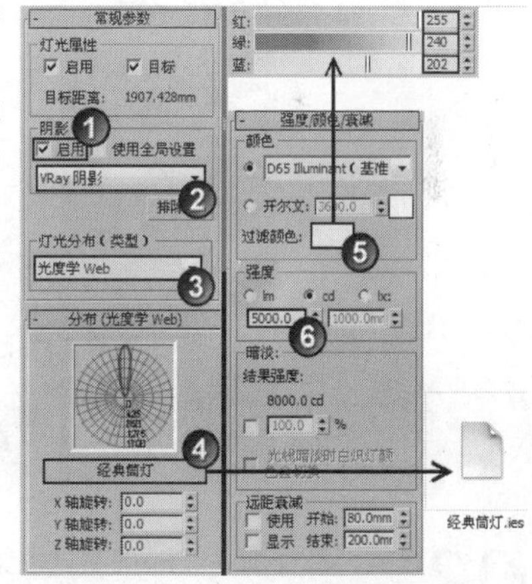

图14-310

03 在摄影机视图中按F9键测试渲染当前场景，效果如图14-311所示。

图14-311

● 创建台灯

01 设置灯光类型为VRay，然后在左视图中创建一盏VRay灯光（放在台灯的灯罩内），其位置如图14-312所示。

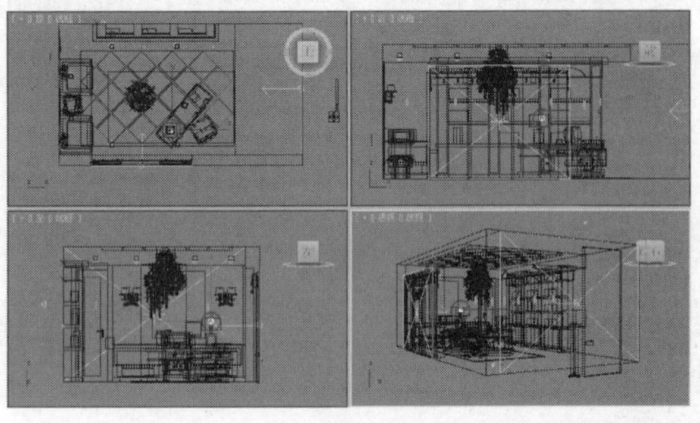

图14-312

02 选择上一步创建的VRay灯光，然后展开“参数”卷展栏，具体参数设置如图14-313所示。

设置步骤

① 在“常规”选项组下设置“类型”为“球体”。

② 在“亮度”选项组下设置“倍增”为60，然后设置“颜色”为（红:255，绿:206，蓝:112）。

③ 在“大小”选项组下设置“半径”为60mm。

④ 在“选项”选项组下勾选“不可见”选项，然后关闭“影响高光”和“影响反射”选项。

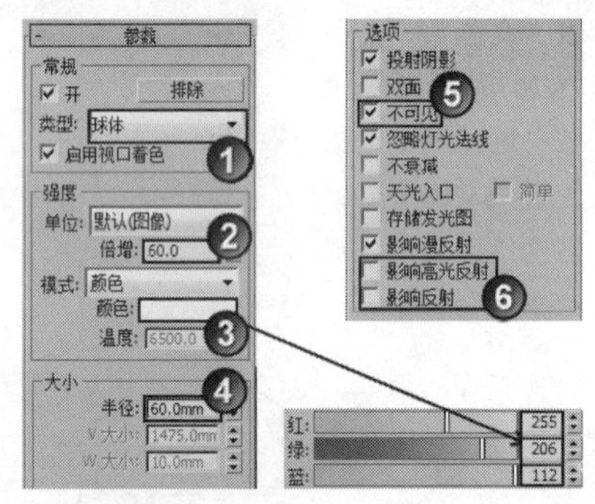

图14-313

03 在摄影机视图中按F9键测试渲染当前场景，效果如图14-314所示。

图14-314

● 创建壁灯

01 在左视图中创建4盏VRay灯光（放在4盏壁灯的灯罩内），其位置如图14-315所示。

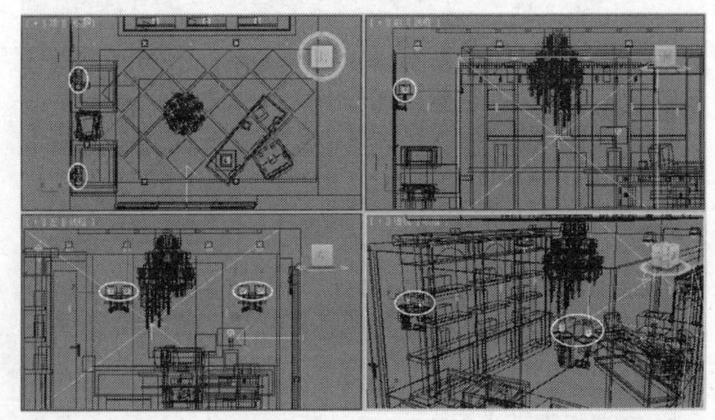

图14-315

02 选择上一步创建的VRay灯光，然后展开“参数”卷展栏，具体参数设置如图14-316所示。

设置步骤

① 在“常规”选项组下设置“类型”为“球体”。

② 在“亮度”选项组下设置“倍增”为80，然后设置“颜色”为（红:255，绿:214，蓝:153）。

③ 在“大小”选项组下设置“半径”为30.3mm。

④ 在“选项”选项组下勾选“不可见”选项。

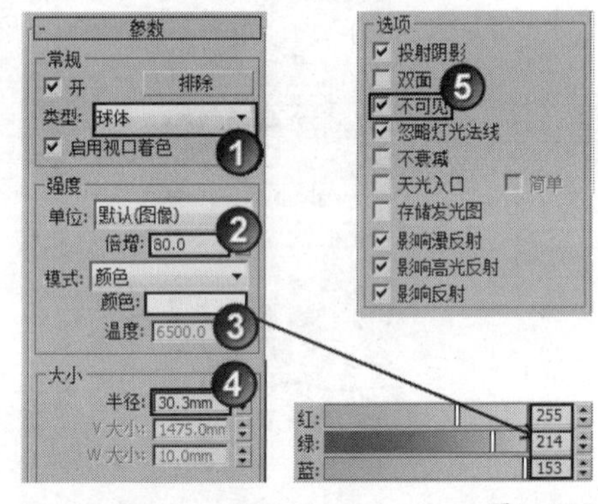

图14-316

03 在摄影机视图中按F9键测试渲染当前场景，效果如图14-317所示。

图14-317

● 创建书柜灯光

01 在顶视图中创建6盏VRay灯光（放在书柜的隔板下面），其位置如图14-318所示。

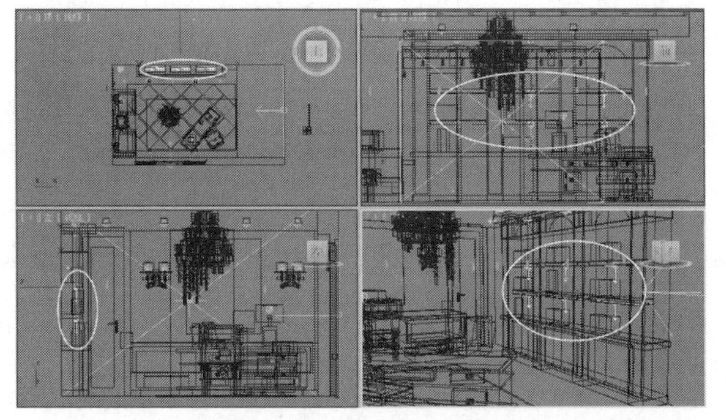

图14-318

02 选择上一步创建的VRay灯光，然后展开“参数”卷展栏，具体参数设置如图14-319所示。

设置步骤

① 在“常规”选项组下设置“类型”为“平面”。

② 在“亮度”选项组下设置“倍增”为10，然后设置“颜色”为（红:255，绿:186，蓝:87）。

③ 在“大小”选项组下设置“1/2长”为531mm、“1/2宽”为60mm。

④ 在“选项”选项组下勾选“不可见”选项。

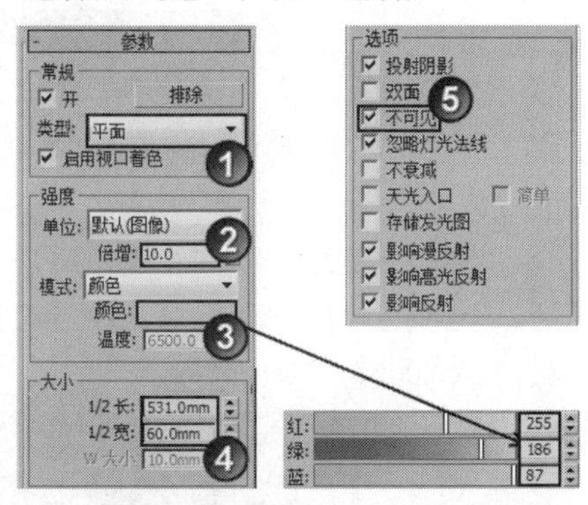

图14-319

03 在摄影机视图中按F9键测试渲染当前场景，效果如图14-320所示。

图14-320

● 创建灯带

01 在天花板的左侧创建一盏VRay灯光作为灯带，其位置如图14-321所示。

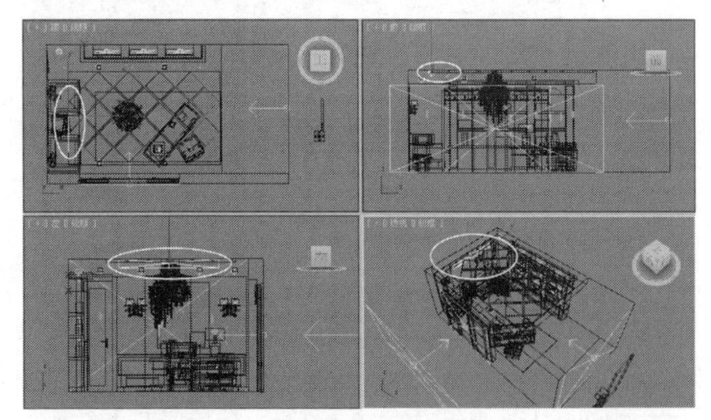

图14-321

02 选择上一步创建的VRay灯光，然后展开“参数”卷展栏，具体参数设置如图14-322所示。

设置步骤

① 在“常规”选项组下设置“类型”为“平面”。

② 在“亮度”选项组下设置“倍增”为2.5，然后设置“颜色”为白色。

③ 在“大小”选项组下设置“1/2长”为1328mm、“1/2宽”为121mm。

④ 在“选项”选项组下勾选“不可见”选项。

⑤ 在“采样”选项组下设置“细分”为12。

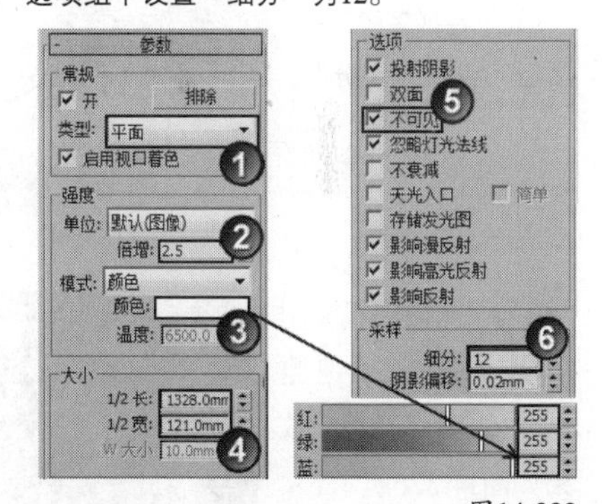

图14-322

03 在摄影机视图中按F9键测试渲染当前场景，效果如图14-323所示。

图14-323

04 继续在天花板上创建两盏VRay灯光作为灯带，其位置如图14-324所示。

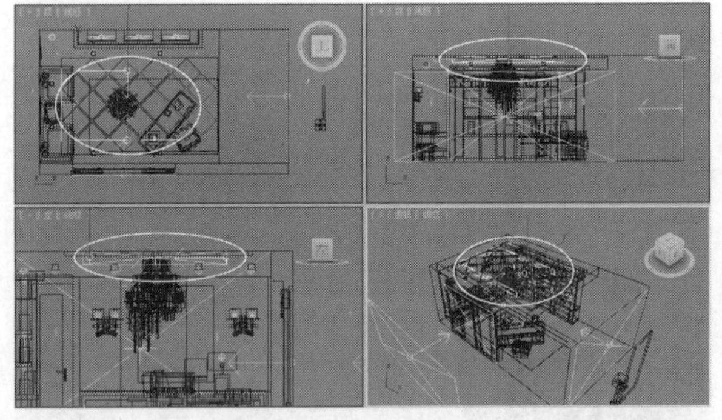

图14-324

05 选择上一步创建的VRay灯光，然后展开“参数”卷展栏，具体参数设置如图14-325所示。

设置步骤

① 在“常规”选项组下设置“类型”为“平面”。

② 在“亮度”选项组下设置“倍增”为3，然后设置“颜色”为白色。

③ 在“大小”选项组下设置“1/2长”为1907mm、“1/2宽”为121mm。

④ 在“选项”选项组下勾选“不可见”选项。

⑤ 在“采样”选项组下设置“细分”为12。

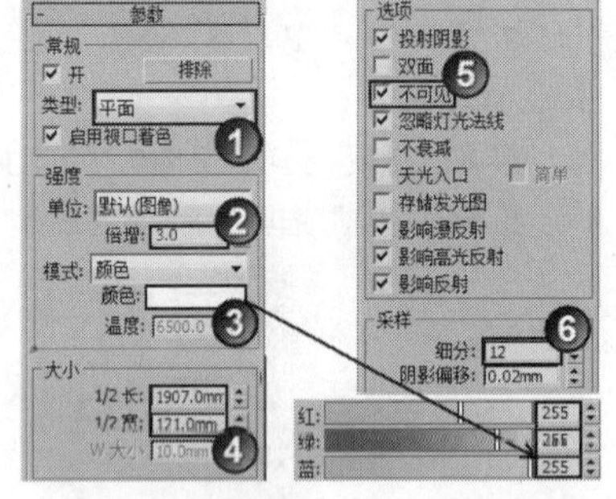

图14-325

06 在摄影机视图中按F9键测试渲染当前场景，效果如图14-326所示。

图14-326

>>>>设置最终渲染参数

01 按F10键打开“渲染设置”对话框，然后在“公用参数”卷展栏下设置“宽度”为2600、“高度”为2340，具体参数设置如图14-327所示。

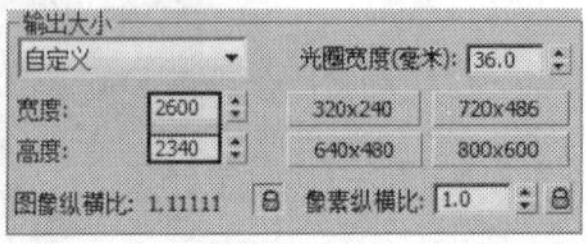

图14-327

02 单击VRay选项卡，然后在“图像采样器（反锯齿）”卷展栏下设置“图像采样器”的“类型”为“自适应确定性蒙特卡洛”，接着在“抗锯齿过滤器”选项组下设置过滤器类型为Mitchell-Netravali，最后设置“圆环化”和“模糊”为0，具体参数设置如图14-328所示。

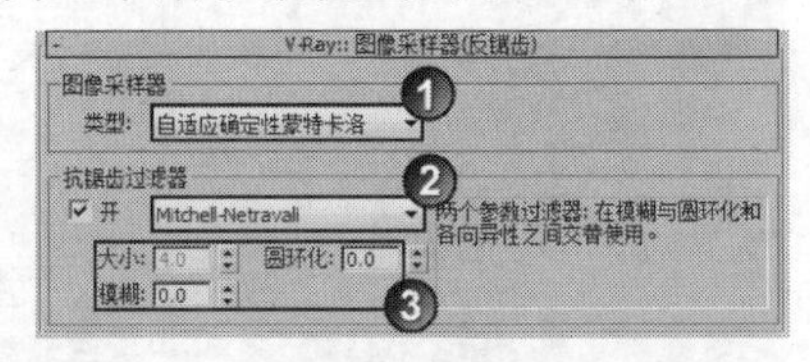

图14-328

03 单击“间接照明”选项卡，然后在“发光图”卷展栏下设置“当前预置”为“中”，接着设置“半球细分”为60、“插值采样”为30，具体参数设置如图14-329所示。

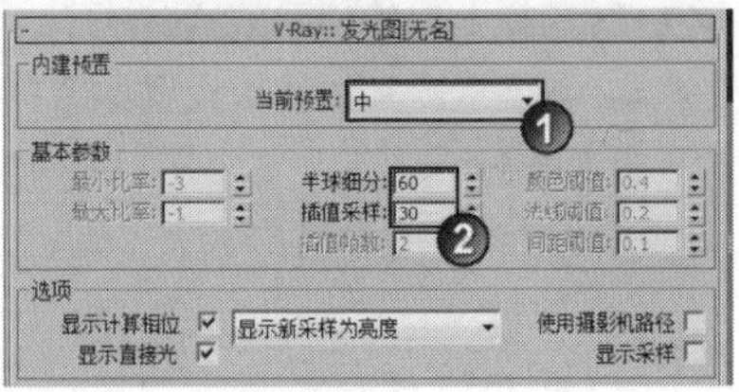

图14-329

04 展开“灯光缓存”卷展栏，然后设置“细分”为1000，具体参数设置如图14-330所示。

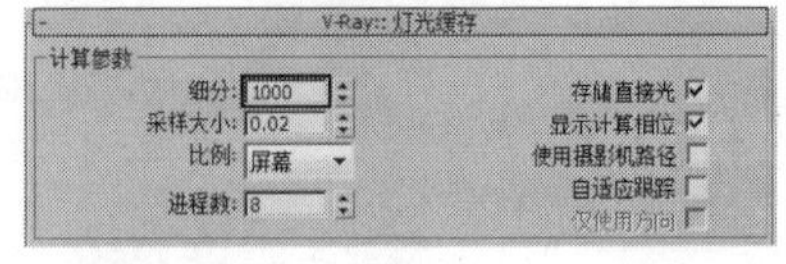

图14-330

05 单击“设置”选项卡，然后展开“DMC采样器”卷展栏，接着设置“适应数量”为0.75、“噪波阈值”为0.005、“最少采样值”为20，具体参数设置如图14-331所示。

图14-331

06 在摄影机视图中按F9键渲染当前场景，最终效果如图14-332所示。

图14-332

实战 292 精通中型半封闭空间：现代客厅日光表现

实例信息

- 场景位置：DVD>实例文件>CH14>实战292.max
- 实例位置：DVD>实例文件>CH14>实战292.max
- 视频位置：DVD>多媒体教学>CH14>实战292.flv
- 难易指数：★★★★☆
- 技术掌握：地板材质、沙发材质、大理石材质和音响材质的制作方法；中型半封闭空间日景灯光效果的表现方法

实例介绍

本例是一个现代风格的客厅空间，其中地板材质、沙发材质、大理石材质和音响材质的制作方法以及日景灯光效果的表现方法是本例的学习要点。

>>>>材质制作

本例的场景对象材质主要包含地板材质、沙发材质、大理石台面材质、墙面材质、地毯材质和音响材质，如图14-333所示。

图14-333

● 制作地板材质

地板材质效果如图14-334所示。

图14-334

01 打开光盘中的“场景文件>CH14>实战292.max”文件，如图14-335所示。

图14-335

02 选择一个空白材质球，然后设置材质类型为VRayMtl材质，并将其命名为“地板”，具体参数设置如图14-336所示，制作好的材质球效果如图14-337所示。

设置步骤

① 在“漫反射”贴图通道中加载光盘中的“实例文件>CH14>实战292>地板.jpg”贴图文件。

② 在“反射”贴图通道中加载一张“衰减”程序贴图，然后在“衰减参数”卷展栏下设置“侧”通道的颜色为(红:64，绿:64，蓝:64)，接着设置“衰减类型”为Fresnel，最后设置“高光光泽度”为0.75、“反射光泽度”为0.85、“细分”为15。

③ 展开“贴图”卷展栏，然后将“漫反射”通道中贴图拖曳到“凹凸”贴图通道上。

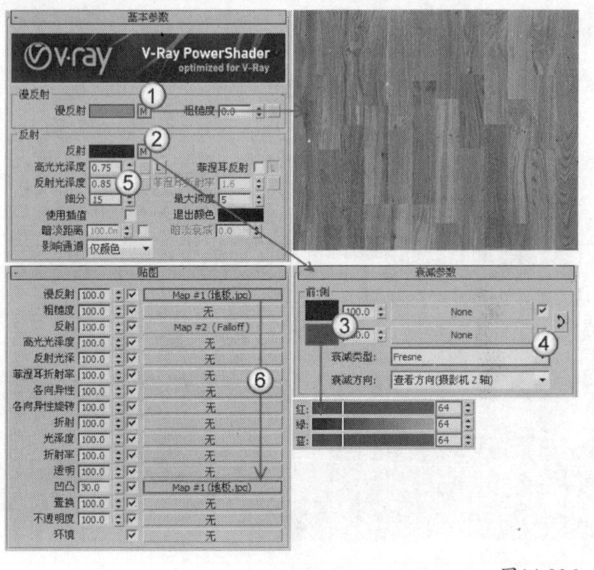

图14-336

图14-337

● 制作沙发材质

沙发材质效果如图14-338所示。

图14-338

选择一个空白材质球，然后设置材质类型为“VRay材质包裹器”材质，并将其命名为“沙发”，具体参数设置如图14-339所示，制作好的材质球效果如图14-340所示。

设置步骤

① 在“基本材质”通道中加载一个VRayMtl材质，然后在“漫反射”贴图通道中加载一张“衰减”程序贴图，接着在“衰减参数”卷展栏下设置“前”通道的颜色为（红:252，绿:206，蓝:146）、“侧”通道的颜色为（红:255，绿:236，蓝:206），最后设置“衰减类型”为Fresnel。

② 返回到“VRay材质包裹器参数”卷展栏，然后设置“生成全局照明”为0.6。

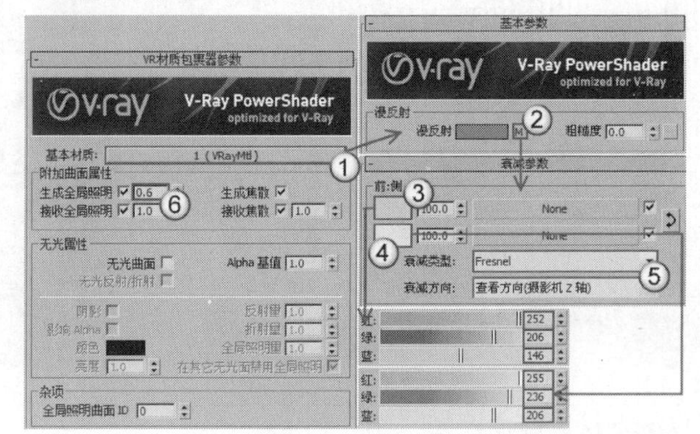

图14-339

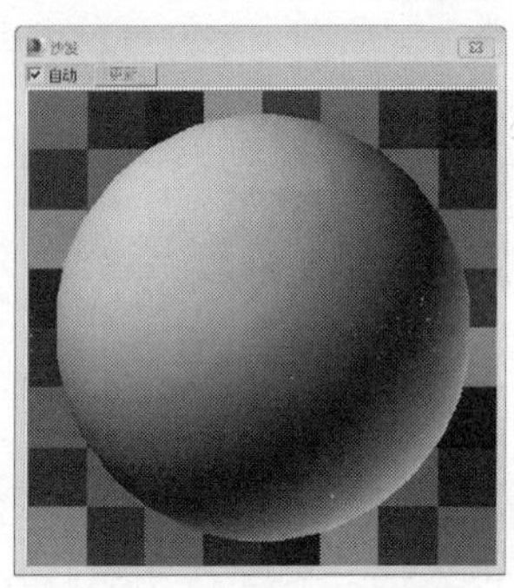

图14-340

● 制作大理石台面材质

大理石台面材质效果如图14-341所示。

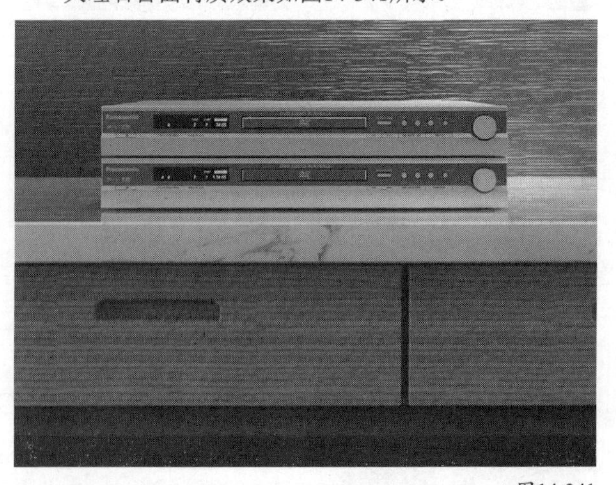

图14-341

选择一个空白材质球，然后设置材质类型为VRayMtl材质，并将其命名为“大理石台面”，具体参数设置如图14-342所示，制作好的材质球效果如图14-343所示。

设置步骤

① 在“漫反射”贴图通道中加载光盘中的“实例文件>CH14>实战292>理石.jpg”贴图文件。

② 在“反射”贴图通道中加载一张“衰减”程序贴图，然后在“衰减参数”卷展栏下设置“衰减类型”为Fresnel。

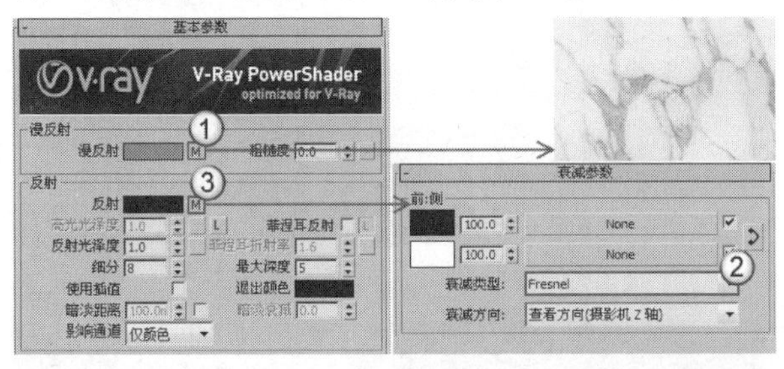

图14-342

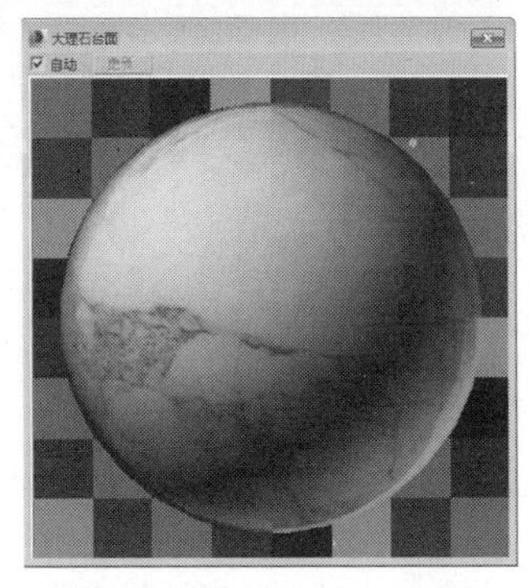

图14-343

● 制作墙面材质

墙面材质效果如图14-344所示。

图14-344

选择一个空白材质球，然后设置材质类型为VRayMtl材质，并将其命名为“墙面”，具体参数设置如图14-345所示，制作好的材质球效果如图14-346所示。

设置步骤

① 设置“漫反射”颜色为（红:84，绿:65，蓝:40）。

② 设置“反射”颜色为（红:15，绿:15，蓝:15），然后设置“高光光泽度”为0.6、“反射光泽度”为0.7。

③ 展开“贴图”卷展栏，然后在“凹凸”贴图通道中加载光盘中的“实例文件>CH14>实战292>墙纸.jpg”贴图文件，接着设置凹凸的强度为20；在“环境”贴图通道中加载一张“输出”程序贴图。

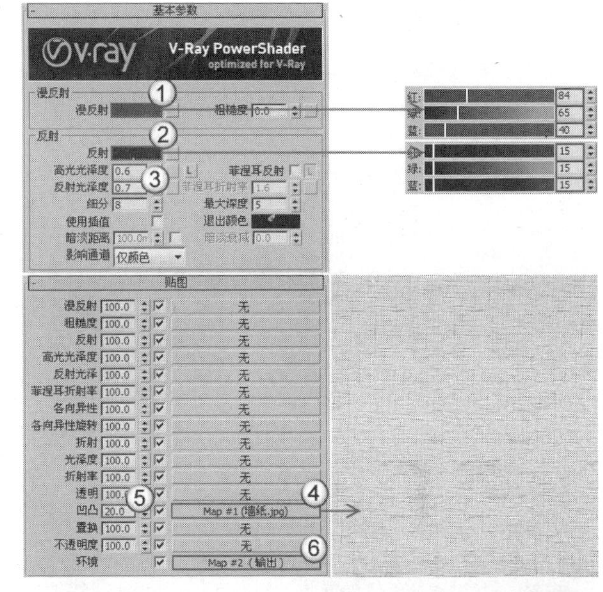

图14-345

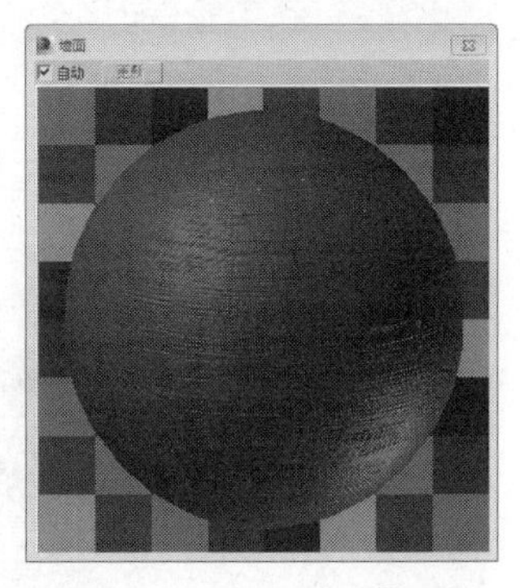

图14-346

● 制作地毯材质

地毯材质效果如图14-347所示。

图14-347

选择一个空白材质球，然后设置材质类型为"标准"材质，并将其命名为"地毯"，接着展开"贴图"卷展栏，具体设置如图14-348所示，制作好的材质球效果如图14-349所示。

设置步骤

① 在"漫反射颜色"贴图通道中加载光盘中的"实例文件>CH14>实战292>地毯.jpg"贴图文件。

② 在"凹凸"贴图通道中加载光盘中的"实例文件>CH14>实战292>地毯凹凸.jpg"。

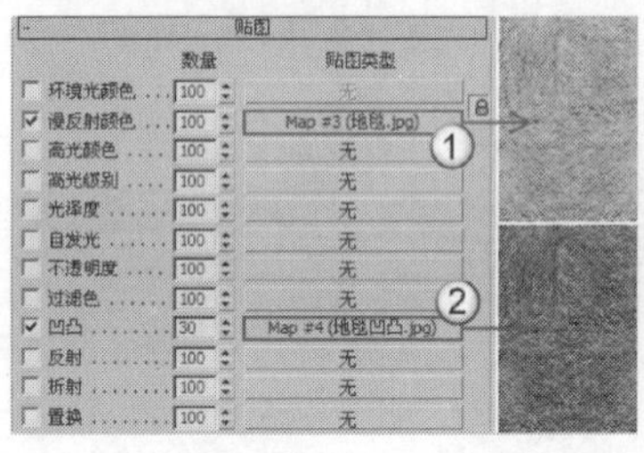

图14-348

图14-349

● 制作音响材质

音响材质效果如图14-350所示。

图14-350

01 选择一个空白材质球，然后设置材质类型为"VRay混合材质"，并将其命名为"音响"，接着展开"参数"卷展栏，最后在"基本材质"通道中加载一个VRayMtl材质，具体参数设置如图14-351所示。

设置步骤

① 在"漫反射"贴图通道中加载光盘中的"实例文件>CH14>实战292>纸纹.jpg"贴图文件。

② 设置"折射"颜色为（红:166，绿:166，蓝:166），然后设置"光泽度"为0.5、"细分"为2、"最大深度"为3。

③ 在"半透明"选项组下设置"类型"为"硬（蜡）模型"，然后设置"背面颜色"为（红:236，绿:129，蓝:57）。

02 在"镀膜材质"的第1个子材质通道中加载一个VRayMtl材质，然后设置"漫反射"颜色为（红:12，绿:12，蓝:12），具体参数设置如图14-352所示。

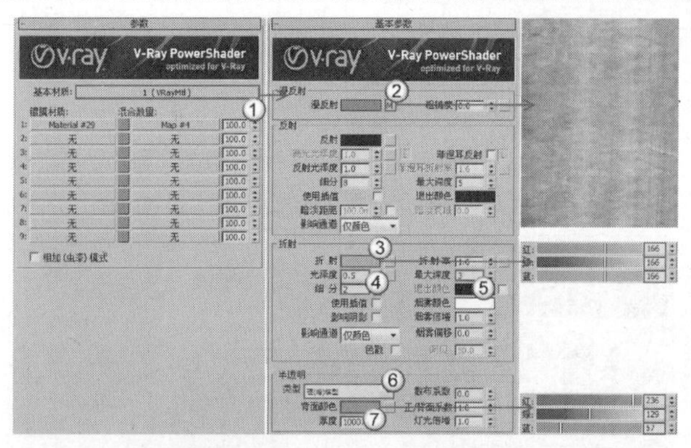

图14-351

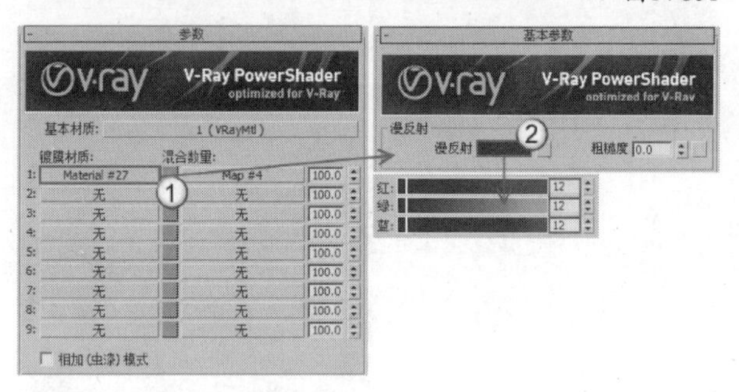

图14-352

03 在"混合数量"的第1个子贴图通道中加载光盘中的"实例文件>CH14>实战292>音响黑白.jpg"贴图文件，具体参数设置如图14-353所示，制作好的材质球效果如图14-354所示。

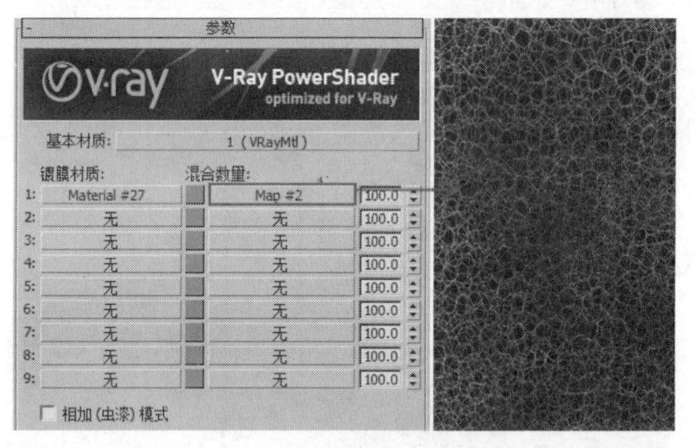

图14-353

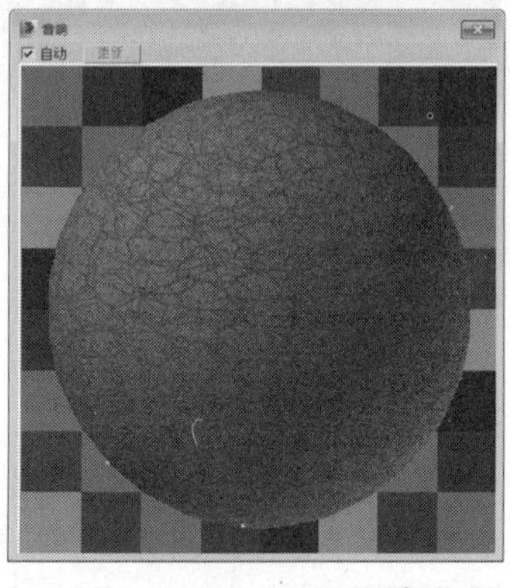

图14-354

>>>>设置测试渲染参数

01 按F10键打开“渲染设置”对话框，然后设置渲染器为VRay渲染器，接着在“公用参数”卷展栏下设置“宽度”为500、“高度”为278，最后单击“图像纵横比”选项后面的“锁定图像纵横比”按钮，锁定渲染图像的纵横比，具体参数设置如图14-355所示。

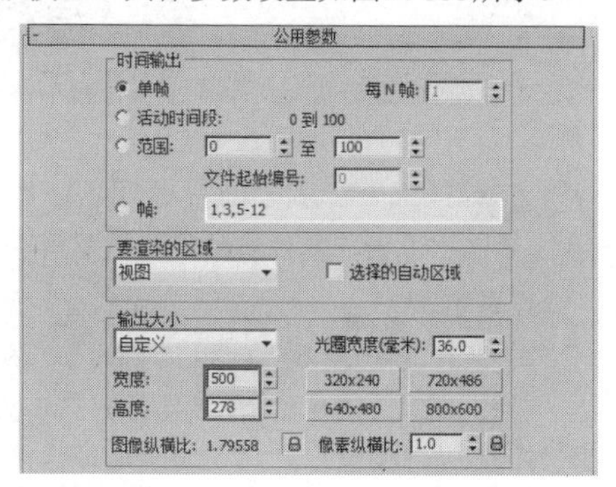

图14-355

02 单击VRay选项卡，然后在“图像采样器（反锯齿）”卷展栏下设置“图像采样器”的“类型”为“固定”，接着在“抗锯齿过滤器”选项组下勾选“开”选项，并设置过滤器类型为“区域”，具体参数设置如图14-356所示。

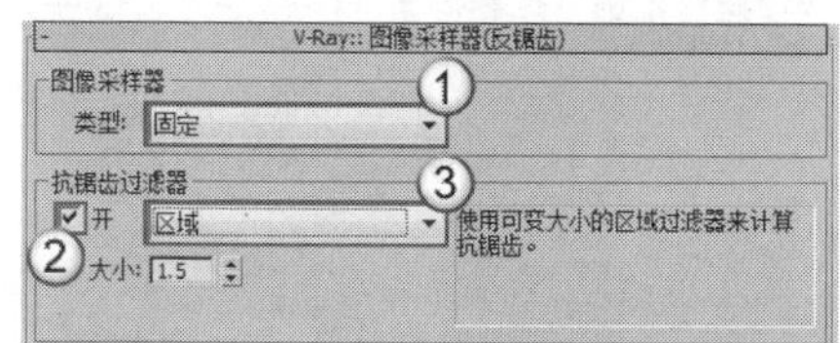

图14-356

03 展开“颜色贴图”卷展栏，然后设置“类型”为“指数”，接着设置“亮度增器”为0.9，最后勾选“子像素映射”和“钳制输出”选项，具体参数设置如图14-357所示。

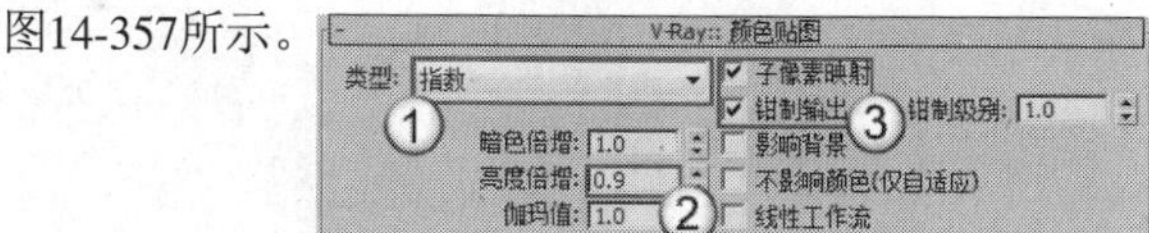

图14-357

04 单击“间接照明”选项卡，然后在“间接照明（GI）”卷展栏下勾选“开”选项，接着设置“首次反弹”的“全局照明引擎”为“发光图”、“二次反弹”的“全局照明引擎”为“灯光缓存”，具体参数设置如图14-358所示。

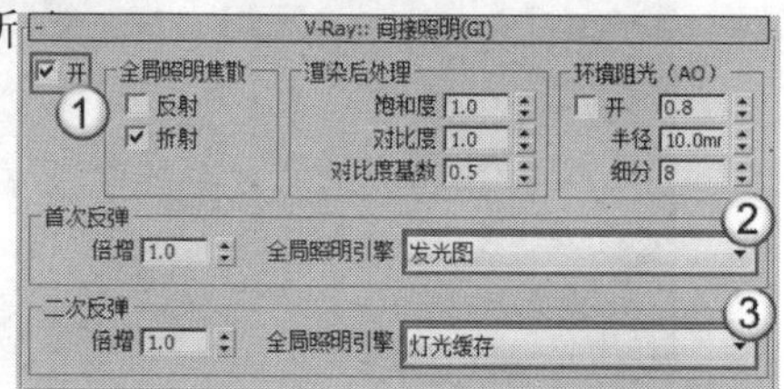

图14-358

05 展开“发光图”卷展栏，然后设置“当前预置”为“非常低”，接着设置“半球细分”为50、“插值采样”为20，最后勾选“显示计算相位”和“显示直接光”选项，具体参数设置如图14-359所示。

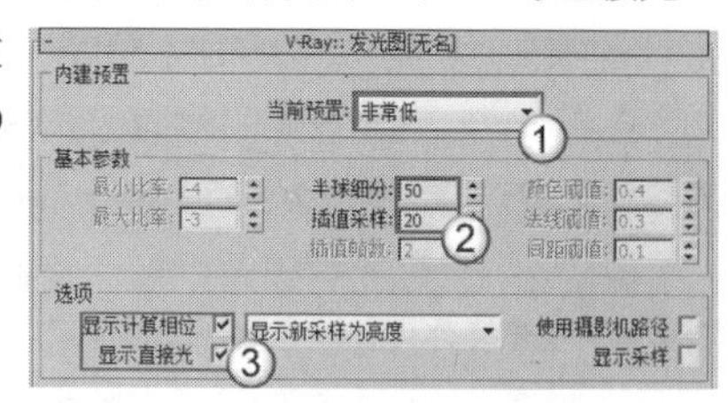

图14-359

06 展开“灯光缓存”卷展栏，然后设置“细分”为100，接着勾选“存储直接光”和“显示计算相位”选项，具体参数设置如图14-360所示。

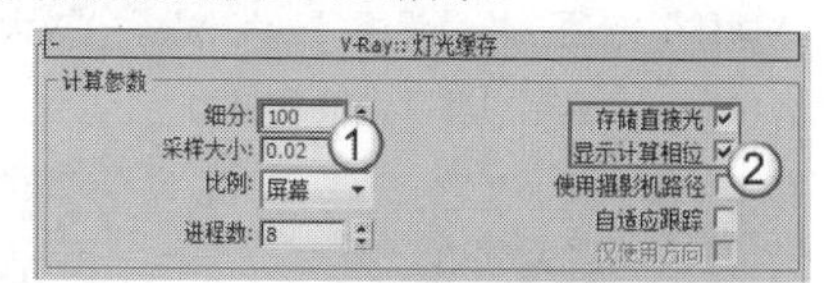

图14-360

07 单击“设置”选项卡，然后在“系统”卷展栏下设置“区域排序”为Top->Bottom（从上->下），接着关闭“显示窗口”选项，具体参数设置如图14-361所示。

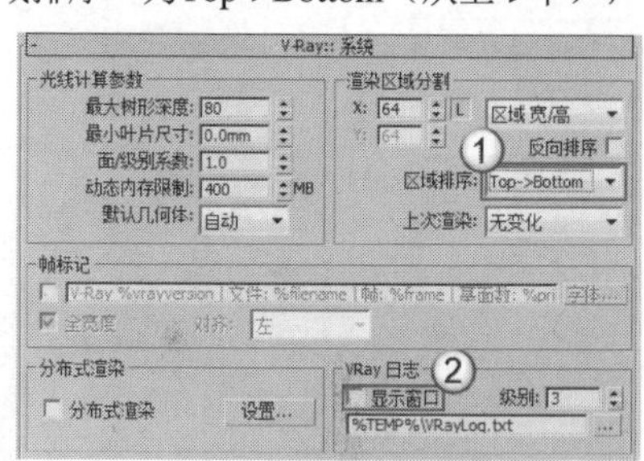

图14-361

>>>>灯光设置

本例共需要布置5处灯光，分别是室内的射灯、室外的阳光和天光、室内的辅助光源以及灯带。

● 创建射灯

01 设置灯光类型为“光度学”，然后在前视图中创建9盏目标灯光，其位置如图14-362所示。

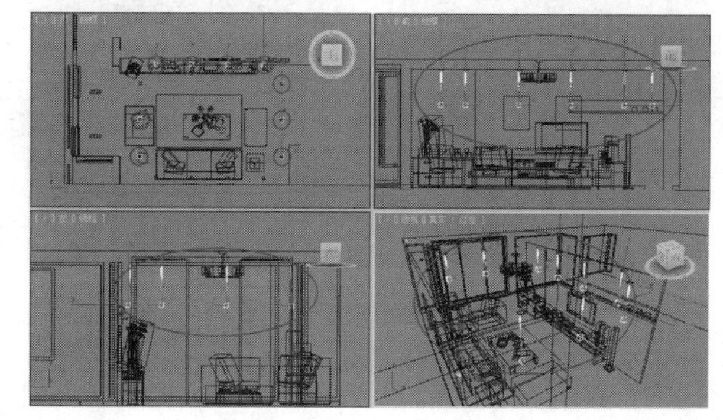

图14-362

02 选择上一步创建的目标灯光，然后切换到“修改”面板，具体参数设置如图14-363所示。

设置步骤

① 展开“常规参数”卷展栏，然后在“阴影”选项组下勾选“启用”选项，接着设置阴影类型为“VRay阴影”，最后设置“灯光分布（类型）”为“光度学Web”。

② 展开“分布（光度学Web）”，然后在其通道中加载光盘中的“实例文件>CH14>实战292>20.ies”光域网文件。

③ 展开“强度/颜色/衰减”卷展栏，然后设置“过滤颜色”为（红:255，绿:243，蓝:159），接着设置“强度”为34000。

④ 展开“VRay阴影参数”卷展栏，然后勾选“区域阴影”和“球体”选项，接着设置“U大小”、“V大小”和“W大小”为100mm，最后设置“细分”为20。

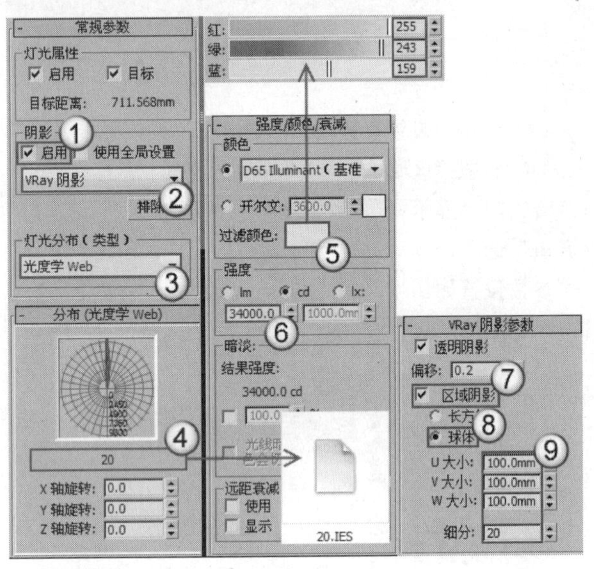

图14-363

03 在摄影机视图中按F9键测试渲染当前场景，效果如图14-364所示。

图14-364

04 继续在前视图中创建4盏目标灯光，其位置如图14-365所示。

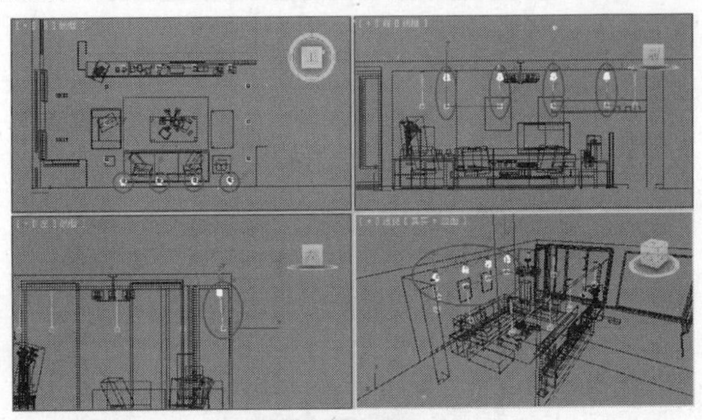

图14-365

05 选择上一步创建的目标灯光，然后切换到“修改”面板，具体参数设置如图14-366所示。

设置步骤

① 展开“常规参数”卷展栏，然后在“阴影”选项组下勾选“启用”选项，接着设置阴影类型为“VRay阴影”，最后设置“灯光分布（类型）”为“光度学Web”。

② 展开“分布（光度学Web）”，然后在其通道中加载光盘中的“实例文件>CH14>实战292>5.ies”光域网文件。

③ 展开“强度/颜色/衰减”卷展栏，然后设置“过滤颜色”为（红:254，绿:226，蓝:164），接着设置“强度”为1800。

④ 展开“VRay阴影参数”卷展栏，然后勾选“区域阴影”和“球体”选项，接着设置“U大小”、“V大小”和“W大小”为120mm。

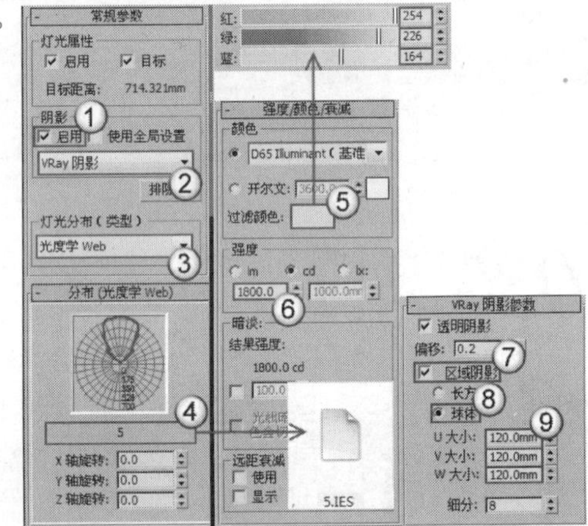

图14-366

06 在摄影机视图中按F9键测试渲染当前场景，效果如图14-367所示。

图14-367

创建阳光

01 设置灯光类型为“标准”，然后在前视图中创建一盏目标平行光，其位置如图14-368所示。

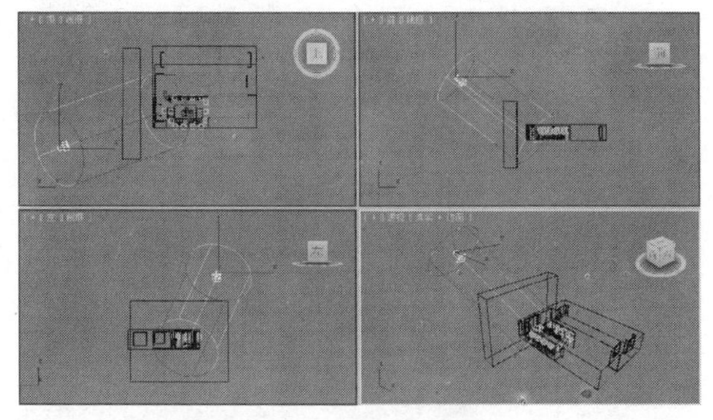

图14-368

02 选择上一步创建的目标平行光，然后切换到“修改”面板，具体参数设置如图14-369所示。

设置步骤

① 展开“常规参数”卷展栏，然后在“阴影”选项组下勾选“启用”选项，接着设置阴影类型为“VRay阴影”。

② 展开“强度/颜色/衰减”卷展栏，然后设置“倍增”为5，接着设置颜色为（红:255，绿:254，蓝:248）。

③ 展开“平行光参数”卷展栏，然后设置“聚光区/光束”为4913mm、“衰减区/区域”为4915mm。

④ 展开“VRay阴影参数”卷展栏，然后勾选“区域阴影”和“球体”选项，接着设置“U大小”为252mm、“V大小”和“W大小”为250mm。

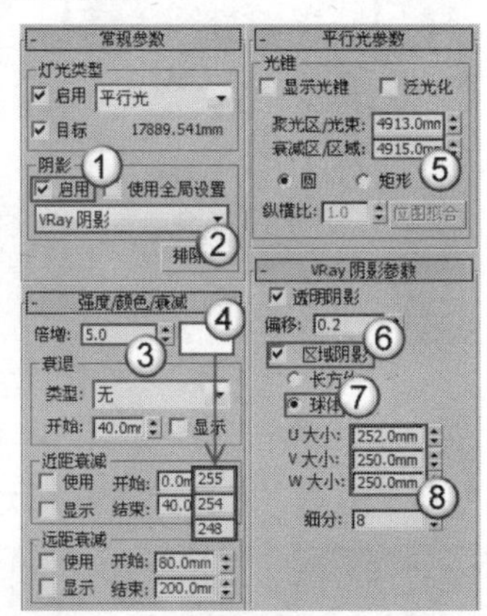

图14-369

03 在摄影机视图中按F9键测试渲染当前场景，效果如图14-370所示。

图14-370

创建天光

01 设置灯光类型为VRay，然后在左视图中创建一盏VRay灯光（放在窗外），其位置如图14-371所示。

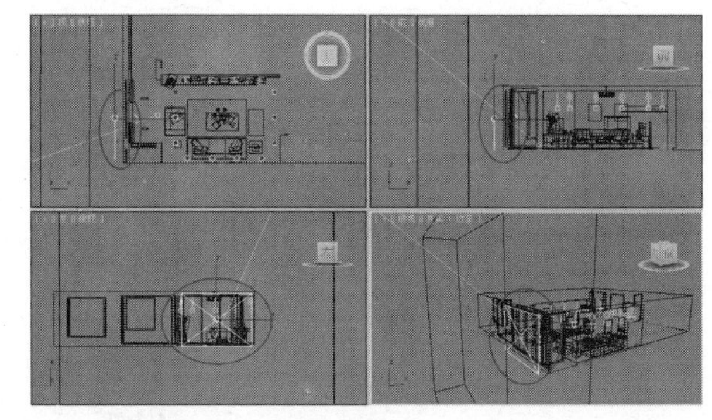

图14-371

02 选择上一步创建的VRay灯光，然后展开“参数”卷展栏，具体参数设置如图14-372所示。

设置步骤

① 在“常规”选项组下设置“类型”为“平面”。

② 在“强度”选项组下设置“倍增”为20，然后设置“颜色”为（红:144，绿:187，蓝:252）。

③ 在“大小”选项组下设置“1/2长”为1800mm、“1/2宽”为1300mm。

④ 在“选项”选项组下勾选“不可见”选项，然后关闭“忽略灯光法线”选项。

⑤ 在“采样”选项组下设置“细分”为20。

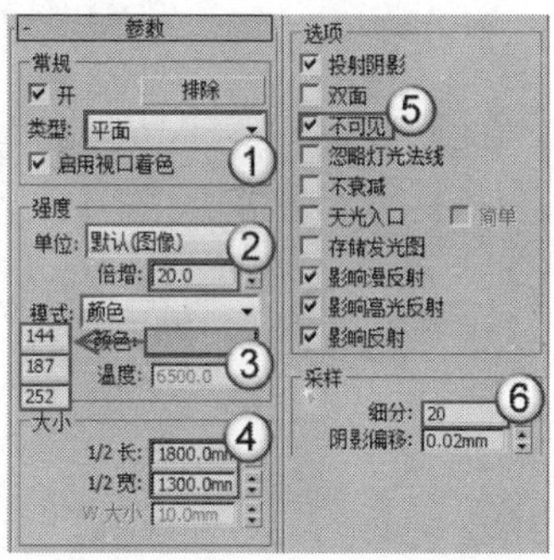

图14-372

创建辅助光源

01 在前视图中创建一盏VRay灯光（放在室内作为辅助光源），其位置如图14-373所示。

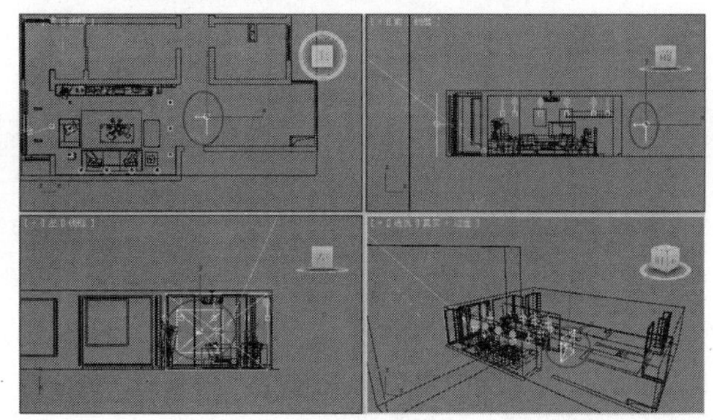

图14-373

02 选择上一步创建的VRay灯光，然后展开“参数”卷展栏，具体参数设置如图14-374所示。

设置步骤

① 在“常规”选项组下设置“类型”为“平面”。

② 在“强度”选项组下设置“倍增”为8，然后设置“颜色”为（红:255，绿:232，蓝:193）。

③ 在“大小”选项组下设置“1/2长”为800mm、“1/2宽”为730mm。

④ 在“选项”选项组下勾选“不可见”选项。

⑤ 在“采样”选项组下设置“细分”为20。

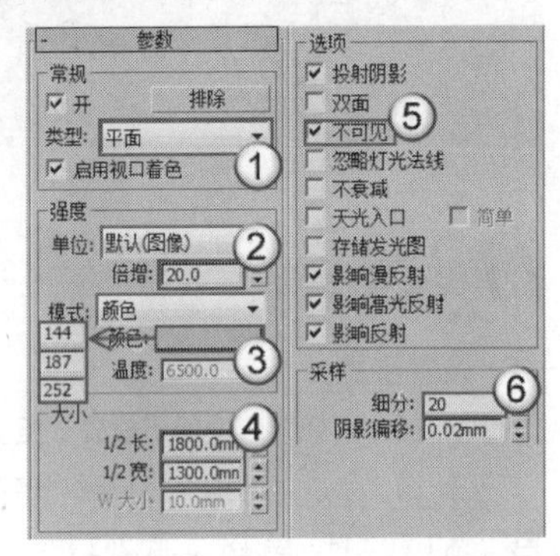

图14-374

03 在摄影机视图中按F9键测试渲染当前场景，效果如图14-375所示。

图14-375

● 创建灯带

01 在天花板上创建4盏VRay灯光作为灯带，其位置如图14-376所示。

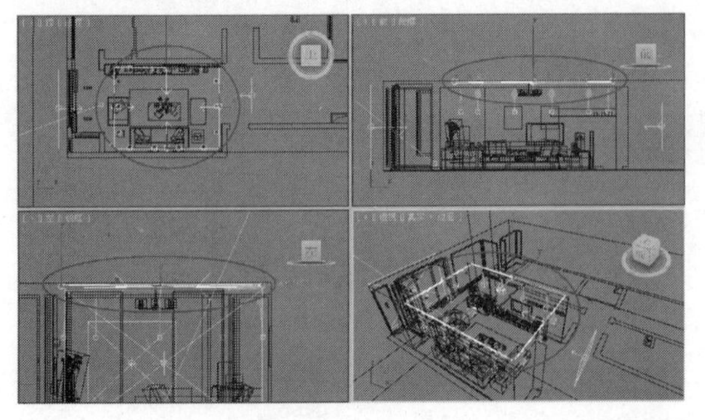

图14-376

02 选择上一步创建的VRay灯光，然后展开“参数”卷展栏，具体参数设置如图14-377所示。

设置步骤

① 在“常规”选项组下设置“类型”为“平面”。

② 在“强度”选项组下设置“倍增”为10，然后设置“颜色”为（红:255，绿:215，蓝:146）。

③ 在“大小”选项组下设置“1/2长”为1800mm、“1/2宽”为30mm。

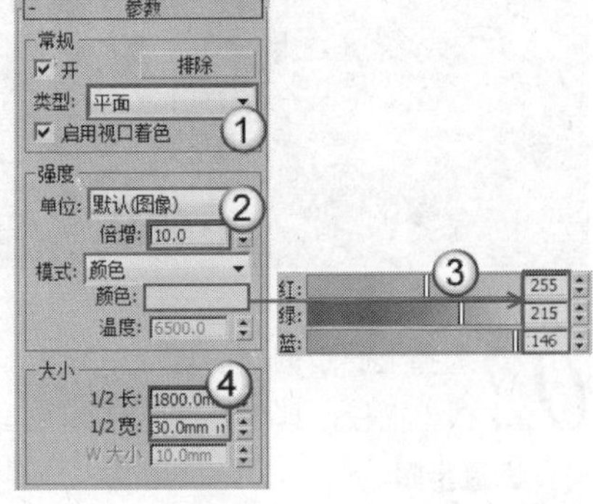

图14-377

03 在摄影机视图中按F9键测试渲染当前场景，效果如图14-378所示。

图14-378

04 继续在电视上方的墙壁上创建一盏VRay灯光作为灯带，其位置如图14-379所示。

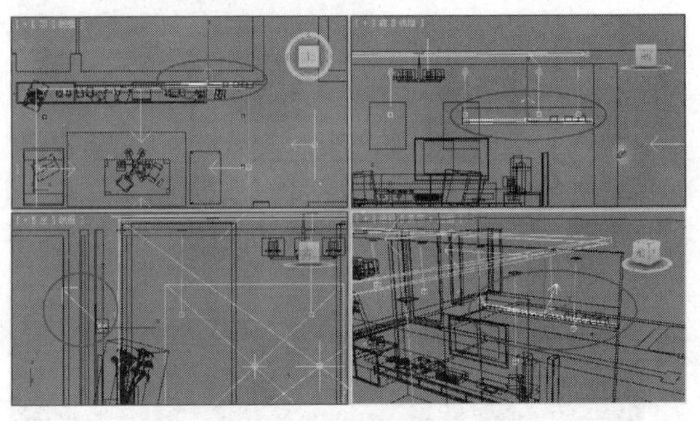

图14-379

05 选择上一步创建的VRay灯光，然后展开“参数”卷展栏，具体参数设置如图14-380所示。

设置步骤

① 在“常规”选项组下设置“类型”为“平面”。

② 在“强度”选项组下设置“倍增”为100，然后设置“颜色”为（红:60，绿:90，蓝:188）。

③ 在“大小”选项组下设置“1/2长”为1005mm、“1/2宽”为43mm。

④ 在“选项”选项组下勾选“不可见”选项。

⑤ 在“采样”选项组下设置“细分”为20。

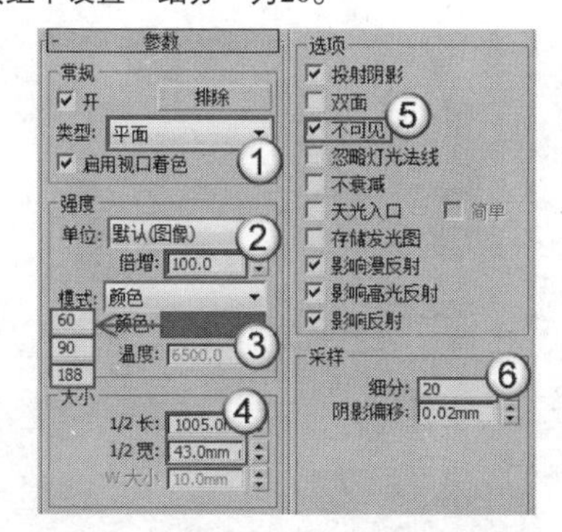

图14-380

06 在摄影机视图中按F9键测试渲染当前场景，效果如图14-381所示。

图14-381

>>>>设置最终渲染参数

01 按F10键打开“渲染设置”对话框，然后在“公用参数”卷展栏下设置“宽度”为2000、“高度”为1114，具体参数设置如图14-382所示。

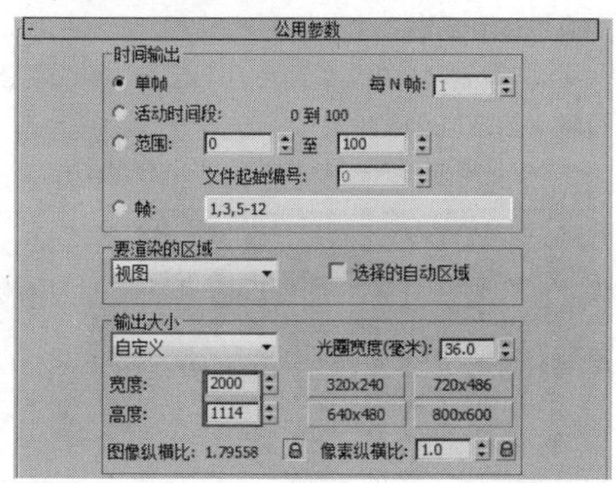

图14-382

02 单击VRay选项卡，然后在“图像采样器（反锯齿）”卷展栏下设置“图像采样器”的“类型”为“自适应细分”，接着在“抗锯齿过滤器”选项组下设置过滤器类型为Catmull-Rom，具体参数设置如图14-383所示。

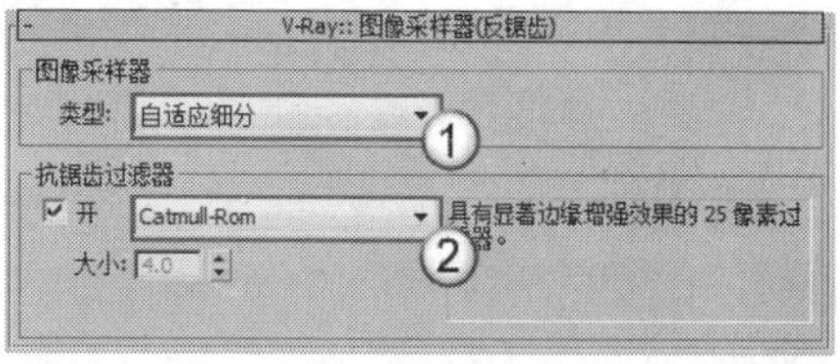

图14-383

03 单击“间接照明”选项卡，然后在“发光图”卷展栏下设置“当前预置”为“中”，接着设置“半球细分”为60、“插值采样”为30，具体参数设置如图14-384所示。

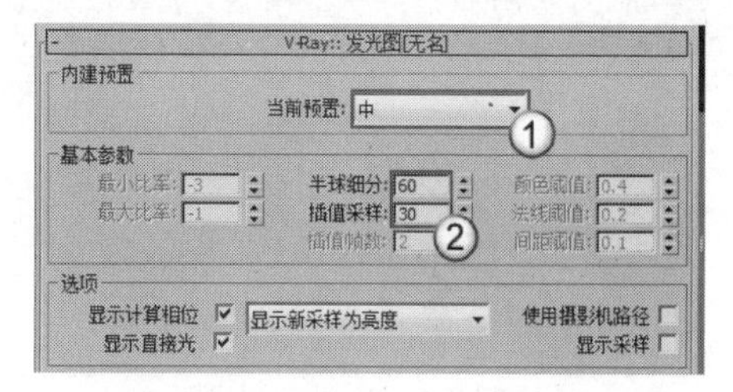

图14-384

04 展开“灯光缓存”卷展栏，然后设置“细分”为1000，具体参数设置如图14-385所示。

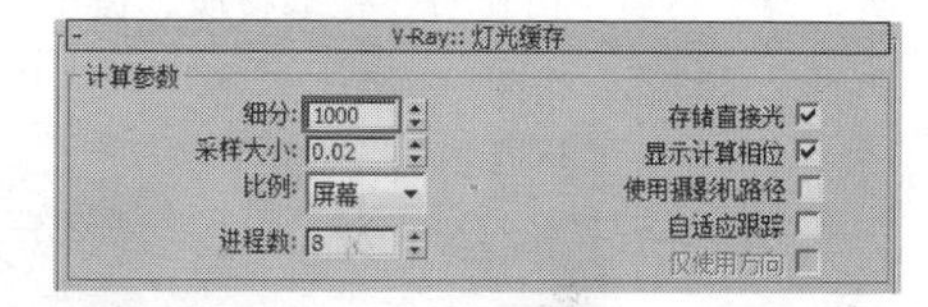

图14-385

05 单击“设置”选项卡，然后展开“DMC采样器”卷展栏，接着设置“噪波阈值”为0.005、“最小采样值”为12，具体参数设置如图14-386所示。

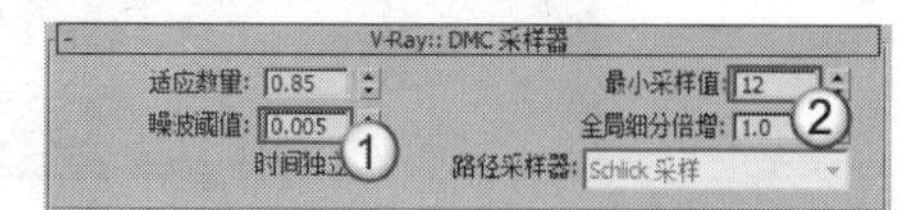

图14-386

06 在摄影机视图中按F9键渲染当前场景，最终效果如图14-387所示。

图14-387

实战 293 精通中型全封闭空间：欧式餐厅夜晚灯光表现

实例信息

- 场景位置：DVD>实例文件>CH14>实战293.max
- 实例位置：DVD>实例文件>CH14>实战293.max
- 视频位置：DVD>多媒体教学>CH14>实战293.flv
- 难易指数：★★★★☆
- 技术掌握：窗帘材质和桌布材质的制作方法；中型全封闭空间夜晚灯光效果的表现方法

实例介绍

本例是一个中型全封闭式的餐厅场景，其中窗帘材质和桌布材质的制作方法以及夜晚灯光效果的表现方法是本例的学习要点。

>>>>材质制作

本例的场景对象材质主要包括地面材质、餐桌材质、椅子材质、门材质、壁纸材质、窗帘材质、吊灯材质和桌布材质，如图14-388所示。

图14-388

● 制作地面材质

地面材质效果如图14-389所示。

图14-389

01 打开光盘中的"场景文件>CH14>实战293.max"文件，如图14-390所示。

图14-390

02 选择一个空白材质球，然后设置材质类型为VRayMtl材质，并将其命名为"地面"，具体参数设置如图14-391所示，制作好的材质球效果如图14-392所示。

设置步骤

① 在"漫反射"贴图通道中加载光盘中的"实例文件>CH14>实战293>地面.jpg"文件。

② 设置"反射"的颜色为（红:35，绿:35，蓝:35），然后设置"细分"为15。

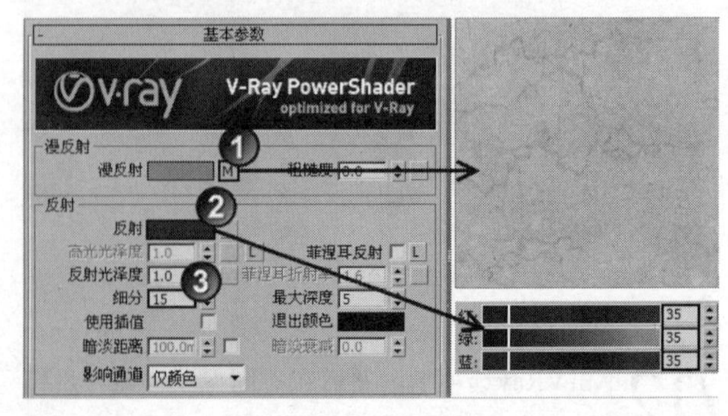

图14-391

图14-392

● 制作餐桌材质

餐桌材质效果如图14-393所示。

图14-393

选择一个空白材质球，然后设置材质类型为VRayMtl材质，并将其命名为“餐桌”，具体参数设置如图14-394所示，制作好的材质球效果如图14-395所示。

设置步骤

① 在“漫反射”贴图通道中加载光盘中的“实例文件>CH14>实战293>黑檀木.jpg”文件。

② 在“反射”贴图通道中加载一张“衰减”程序贴图，然后在“衰减参数”卷展栏下设置“侧”通道的颜色为（红:55，绿:56，蓝:78），接着设置“高光光泽度”为0.86、“反射光泽度”为0.9。

③ 展开“贴图”卷展栏，然后在“环境”贴图通道中加载一张“输出”程序贴图。

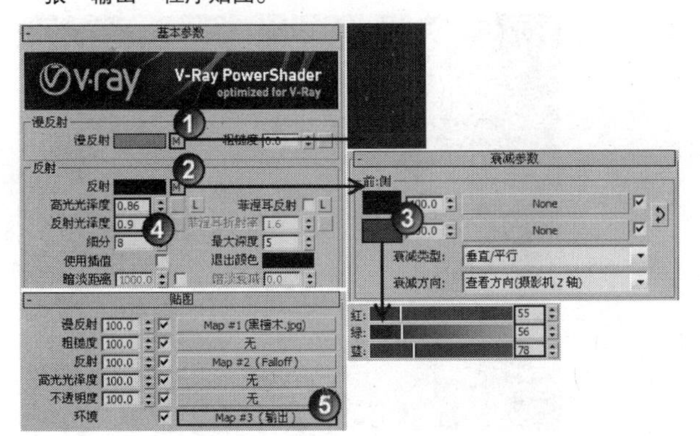

图14-394

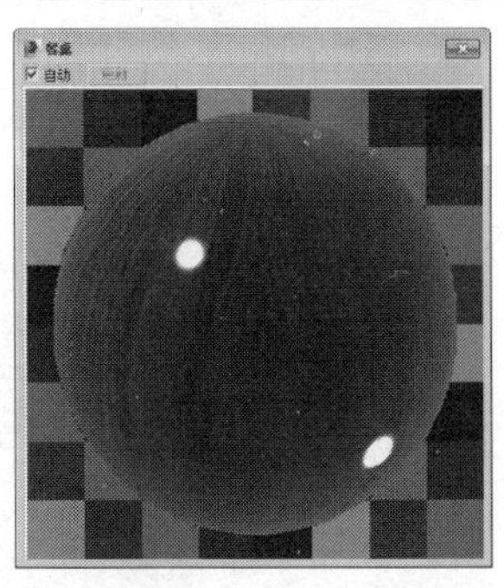

图14-395

● 制作椅子材质

椅子材质效果如图14-396所示。

图14-396

选择一个空白材质球，然后设置材质类型为VRayMtl材质，并将其命名为“椅子”，具体参数设置如图14-397所示，制作好的材质球效果如图14-398所示。

设置步骤

① 设置“漫反射”的颜色为（红:213，绿:191，蓝:154）。

② 展开“贴图”卷展栏，然后在“凹凸”贴图通道中加载一张“混合”程序贴图，接着在“混合参数”卷展栏下的“颜色#1”和“颜色#2”贴图通道中各加载一张“噪波”程序贴图。

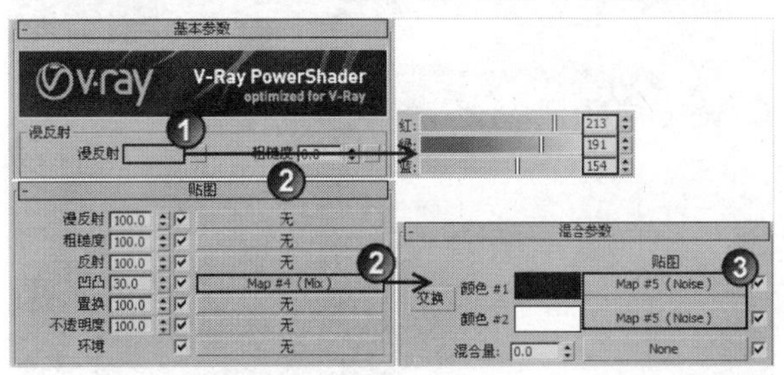

图14-397

图14-398

制作门材质

门材质效果如图14-399所示。

图14-399

选择一个空白材质球，然后设置材质类型为VRayMtl材质，并将其命名为“门”，具体参数设置如图14-400所示，制作好的材质球效果如图14-401所示。

设置步骤

① 在“漫反射”贴图通道中加载光盘中的“实例文件>CH14>实战293>深色红樱桃.jpg”文件，然后在“坐标”卷展栏下设置“模糊”为0.01。

② 设置“反射”的颜色为（红:40，绿:40，蓝:40），然后设置“反射光泽度”为0.75、“细分”为25。

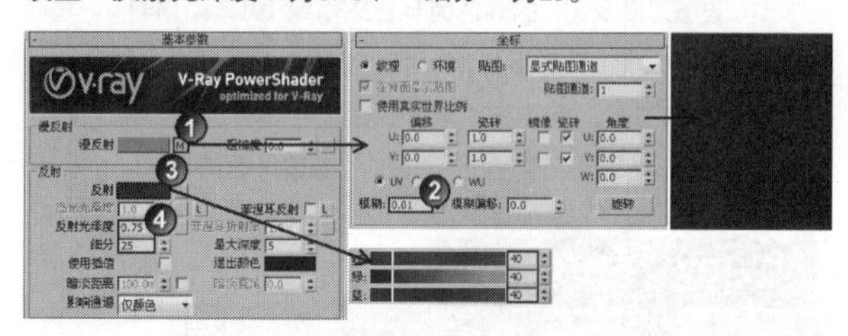

图14-400

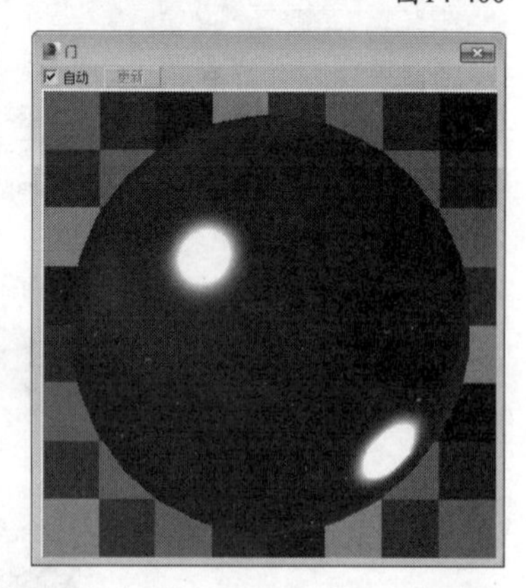

图14-401

制作壁纸材质

壁纸材质效果如图14-402所示。

图14-402

选择一个空白材质球，然后设置材质类型为VRayMtl材质，并将其命名为“壁纸”，接着在“漫反射”贴图通道中加载光盘中的“实例文件>CH14>实战293>壁纸.jpg”文件，如图14-403所示，制作好的材质球效果如图14-404所示。

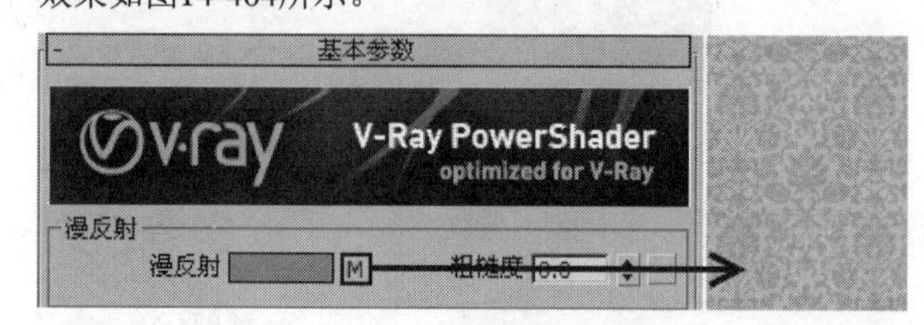

图14-403

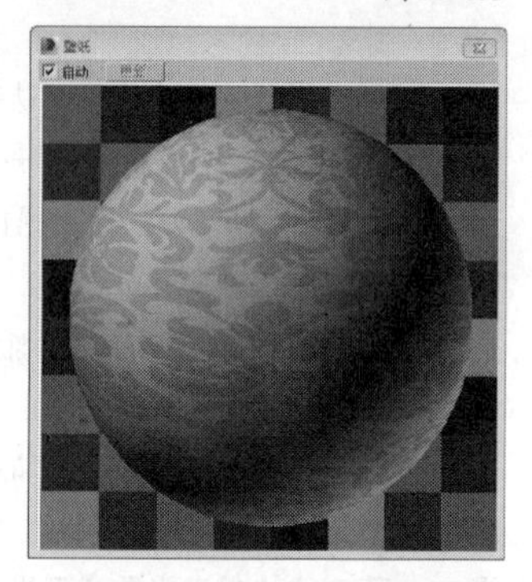

图14-404

制作窗帘材质

窗帘材质效果如图14-405所示。

图14-405

01 选择一个空白材质球，然后设置材质类型为“多维/子对象”材质，并将其命名为“窗帘”，接着设置材质数量为2，具体参数如图14-406所示。

设置步骤

① 在ID1材质通道中加载一个VRayMtl材质，并将其命名为“窗帘1”。

② 在“漫反射”贴图通道中加载一张“衰减”程序贴图，然后分别在“前”通道和“侧”通道中各加载光盘中的“实例文件>CH14>综合实例：餐厅夜景表现>窗帘.jpg”文件。

③ 设置“反射”的颜色为（红:15，绿:15，蓝:15），然后设置“反射光泽度”为0.65、“细分”为12。

④ 设置“折射”的颜色为（红:5，绿:5，蓝:5），然后设置“光泽度”为0.8、“细分”为12，接着勾选“影响阴影”选项，最后设置“影响通道”为“颜色+alpha”。

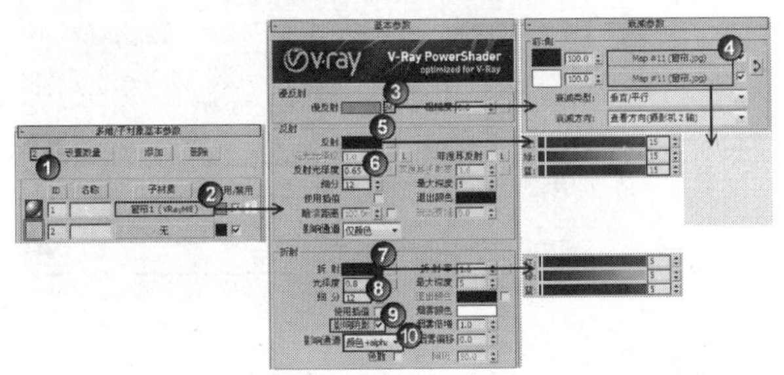

图14-406

02 在ID2材质通道中加载一个VRayMtl材质，并将其命名为“窗帘2”，然后在“漫反射”贴图通道中加载一张“衰减”程序贴图，接着分别在“前”通道和“侧”通道中各加载光盘中的“实例文件>CH14>综合实例：餐厅夜景表现>窗帘.jpg”文件，最后设置“衰减类型”为Fresnel，具体参数设置如图14-407所示，制作好的材质球效果如图14-408所示。

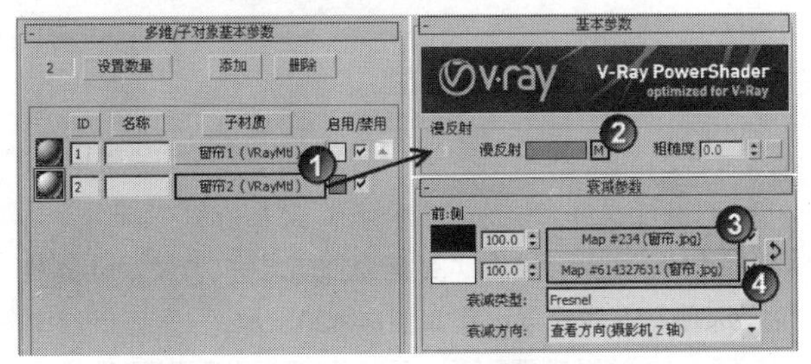

图14-407

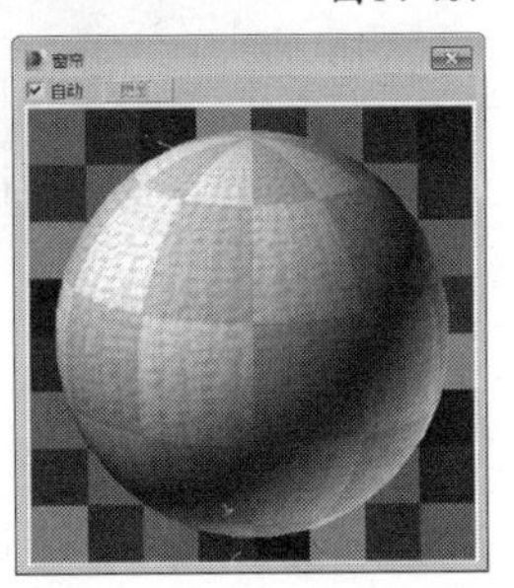

图14-408

● **制作吊灯材质**

吊灯材质效果如图14-409所示。

图14-409

选择一个空白材质球，然后设置材质类型为VRayMtl材质，并将其命名为“吊灯”，具体参数设置如图14-410所示，制作好的材质球效果如图14-411所示。

设置步骤

① 设置“漫反射”颜色为（红:152，绿:97，蓝:49）。

② 设置“反射”颜色为（红:139，绿:136，蓝:99），然后设置“高光光泽度”为0.85、“反射光泽度”0.8、“细分”为15。

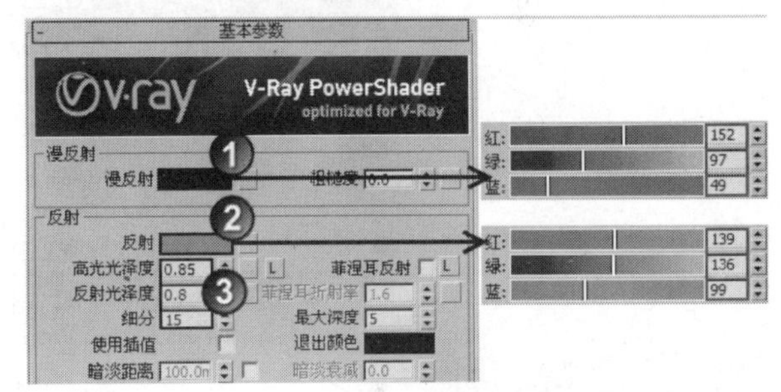

图14-410

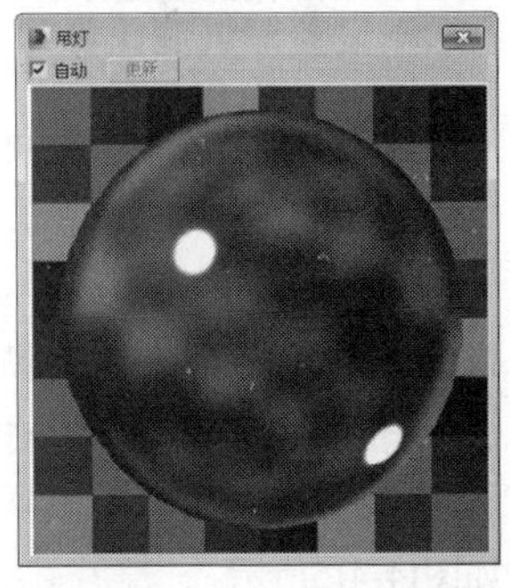

图14-411

● **制作桌布材质**

桌布材质效果如图14-412所示。

图14-412

选择一个空白材质球，然后设置材质类型为“VRay材质包裹器”材质，并将其命名为“桌布”，具体参数设置如图14-413所示，制作好的材质球效果如图14-414所示。

设置步骤

① 在“基本材质”通道中加载一个VRayMtl材质，然后设置“漫反射”的颜色为（红:58，绿:43，蓝:26），接着设置“反射”的颜色为（红:22，绿:22，蓝:22），最后设置“高光光泽度”为0.5。

② 设置“接收全局照明”为1.5。

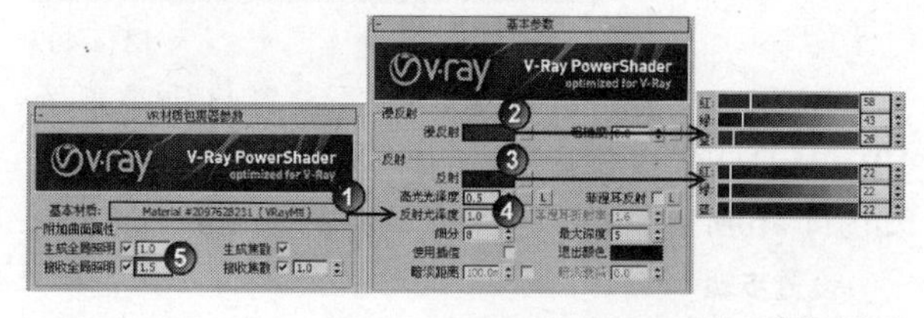

图14-413

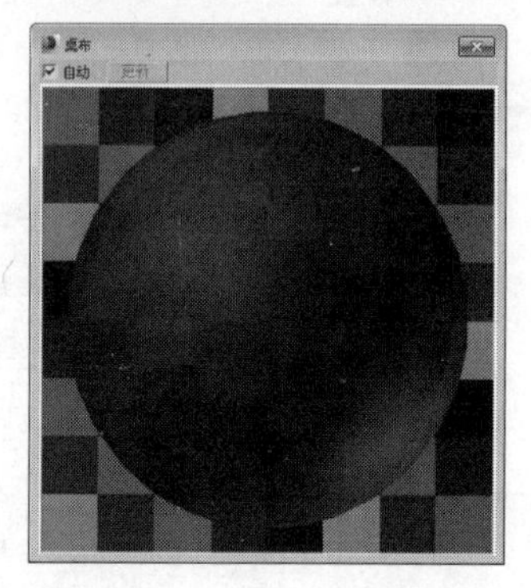

图14-414

>>>>设置测试渲染参数

01 按F10键打开“渲染设置”对话框，然后设置渲染器为VRay渲染器，接着在“公用参数”卷展栏下设置“宽度”为600、“高度”为450，最后单击“图像纵横比”选项后面的“锁定图像纵横比”按钮，锁定渲染图像的纵横比，具体参数设置如图14-415所示。

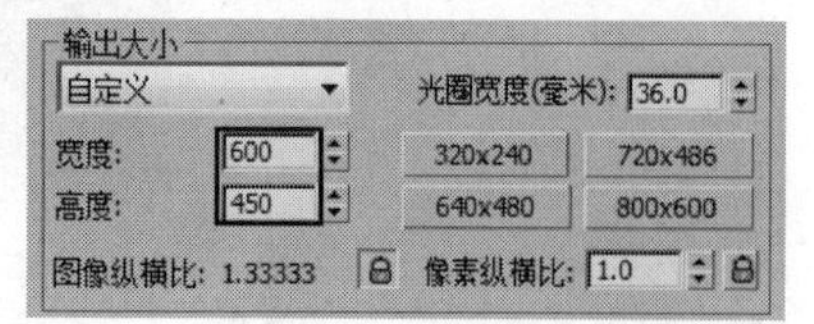

图14-415

02 单击VRay选项卡，然后在“图像采样器（反锯齿）”卷展栏下设置“图像采样器”的“类型”为“固定”，接着在“抗锯齿过滤器”选项组下勾选“开”选项，并设置过滤器类型为“区域”，具体参数设置如图14-416所示。

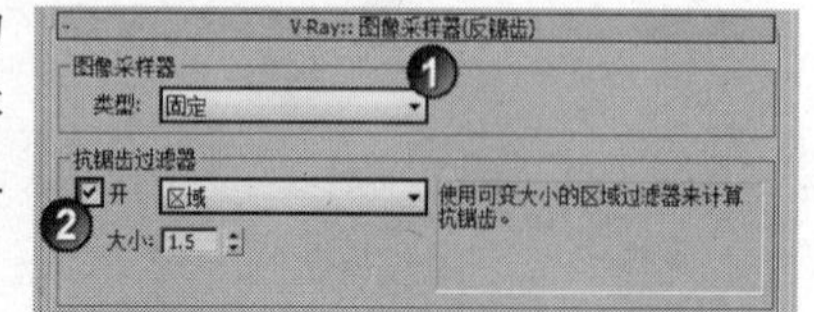

图14-416

03 展开“颜色贴图”卷展栏，然后设置“类型”为“指数”，接着勾选“子像素映射”和“钳制输出”选项，具体参数设置如图14-417所示。

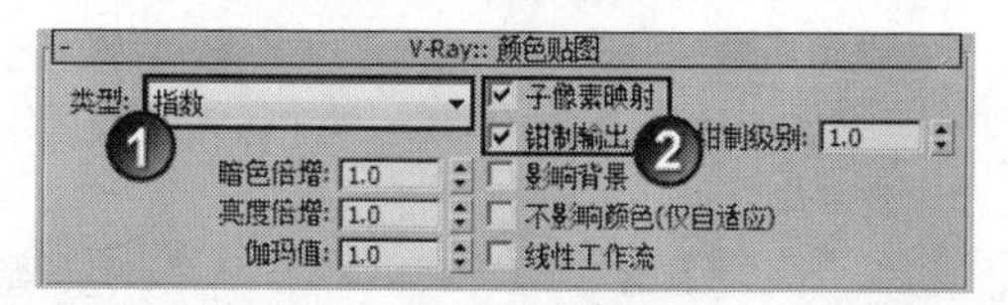

图14-417

04 单击“间接照明”选项卡，然后在“间接照明（GI）”卷展栏下勾选“开”选项，接着设置“首次反弹”的“全局照明引擎”为“发光图”、“二次反弹”的“全局照明引擎”为“灯光缓存”，具体参数设置如图14-418所示。

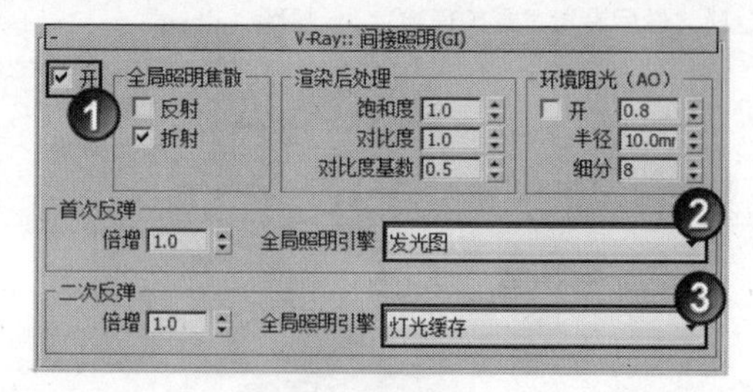

图14-418

05 展开“发光图”卷展栏，然后设置“当前预置”为“非常低”，接着设置“半球细分”为50、“插值采样”为20，最后勾选“显示计算相位”和“显示直接光”选项，具体参数设置如图14-419所示。

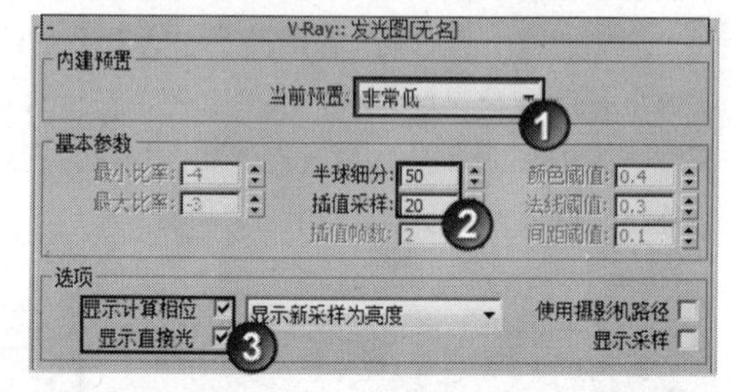

图14-419

06 展开“灯光缓存”卷展栏，然后设置“细分”为100，接着勾选“存储直接光”和“显示计算相位”选项，具体参数设置如图14-420所示。

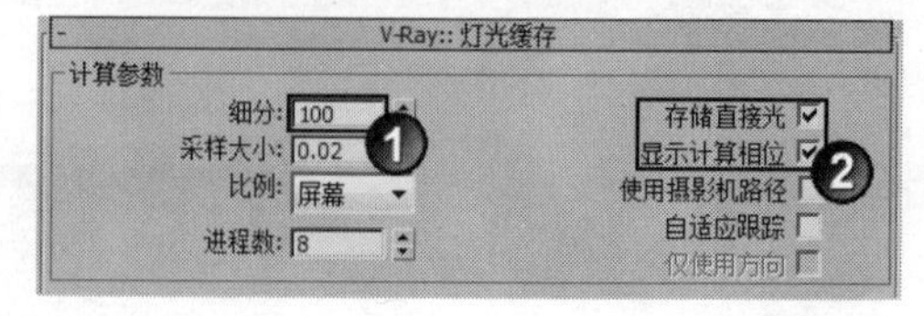

图14-420

07 单击“设置”选项卡，然后在“系统”卷展栏下设置“区域排序”为Top->Bottom（从上->下），接着关闭“显示窗口”选项，具体参数设置如图14-421所示。

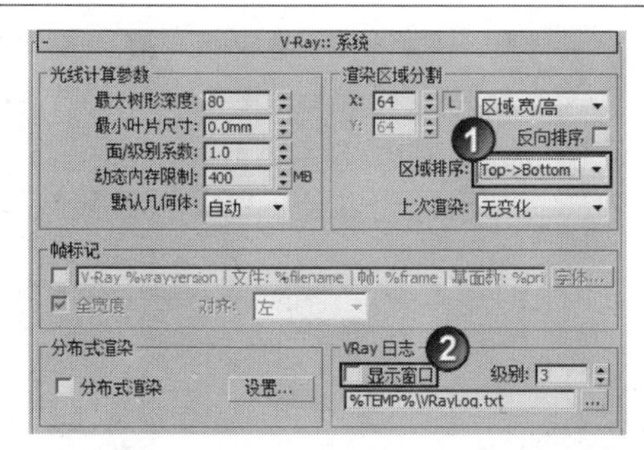

图14-421

>>>>灯光设置

本例共需要布置3处灯光，分别是3盏吊灯、天花板上的筒灯以及天花板正中央的灯带。

● 创建吊灯

01 设置灯光类型为“标准”，然后在3盏吊灯上各创建一盏目标聚光灯，如图14-422所示。

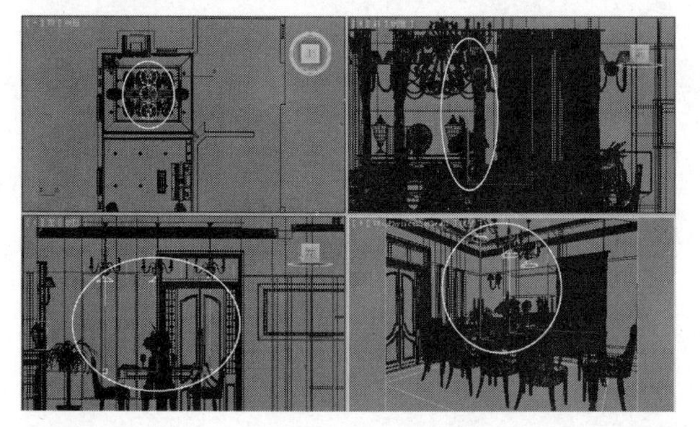

图14-422

02 选择上一步创建的目标聚光灯，然后进入“修改”面板，具体参数设置如图14-423所示。

设置步骤

① 展开“常规参数”卷展栏，然后在“阴影”选项组下勾选“启用”选项，接着设置阴影类型为“VRay阴影”。

② 展开“强度/颜色/衰减”卷展栏，然后设置“倍增”为1。

③ 展开“聚光灯参数”卷展栏，然后设置“聚光区/光束”为43、“衰减区/区域”为110。

④ 展开“VRay阴影参数”卷展栏，然后勾选“区域阴影”和“球体”选项，接着设置“细分”为15。

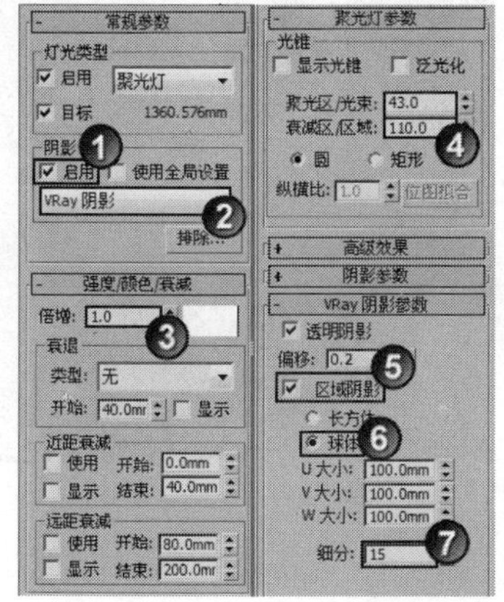

图14-423

● 创建筒灯

01 设置灯光类型为“光度学”，然后在天花吊顶的筒灯孔处创建6盏目标灯光，如图14-424所示。

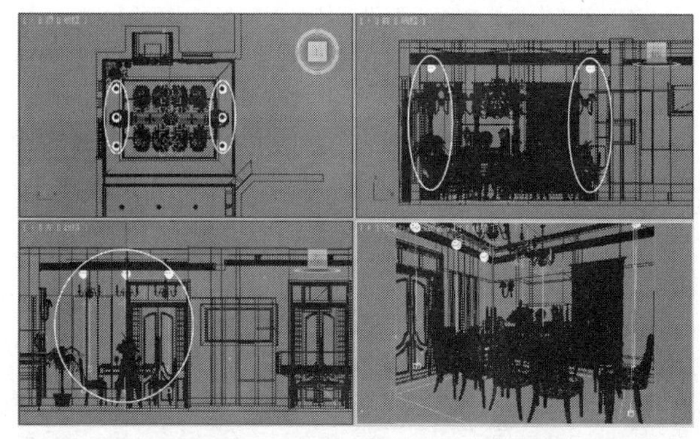

图14-424

02 选择上一步创建的目标灯光，然后进入“修改”面板，具体参数设置如图14-425所示。

设置步骤

① 展开“常规参数”卷展栏，然后在“阴影”选项组下勾选“启用”选项，接着设置阴影类型为“阴影贴图”，最后设置“灯光分布（类型）”为“光度学Web”。

② 展开“分布（光度学Web）”卷展栏，然后在其通道中加载光盘中的“实例文件>CH14>实战293>射灯.ies”文件。

③ 展开“强度/颜色/衰减”卷展栏，然后设置“过滤颜色”为（红:250，绿:221，蓝:175），接着设置“强度”为4500。

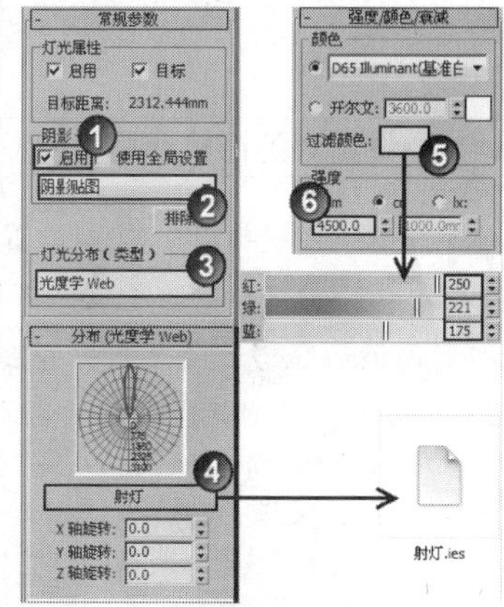

图14-425

● 创建灯带

01 设置灯光类型为VRay，然后在天花上创建4盏VRay灯光作为灯带，如图14-426所示。

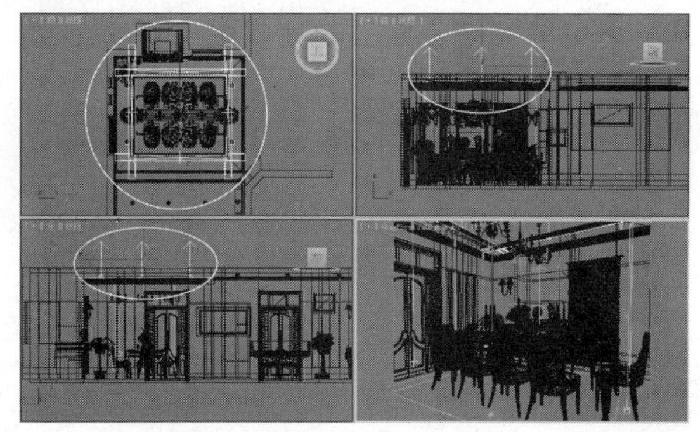

图14-426

02 选择上一步创建的VRay灯光，然后展开“参数”卷展栏，具体参数设置如图14-427所示。

设置步骤

① 在“常规”选项组下设置“类型”为“平面”。

② 在“强度”选项组下设置“倍增”为7，然后设置“颜色”为（红:255，绿:205，蓝:139）。

③ 在“大小”选项组下设置“1/2长”为2000mm、“1/2宽”为106mm。

④ 在“选项”选项组下勾选“不可见”，然后关闭“影响高光反射”和“影响反射”选项。

⑤ 在“采样”选项组下设置“细分”为30。

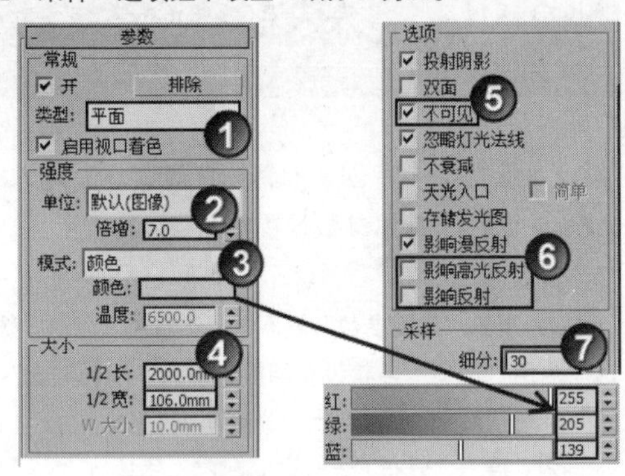

图14-427

>>>>设置最终渲染参数

01 按F10键打开“渲染设置”对话框，然后设置渲染器为VRay渲染器，接着单击“公用”选项卡，最后在“公用参数”卷展栏下设置渲染尺寸为2665×2000，并锁定图像的纵横比，如图14-428所示。

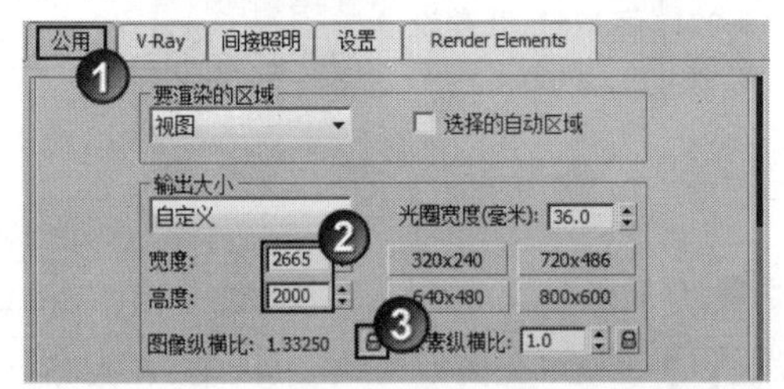

图14-428

02 单击VRay选项卡，然后在“图像采样器（反锯齿）”卷展栏下设置“图像采样器”的“类型”为“自适应确定性蒙特卡洛”，接着设置“抗锯齿过滤器”为Catmull-Rom，如图14-429所示。

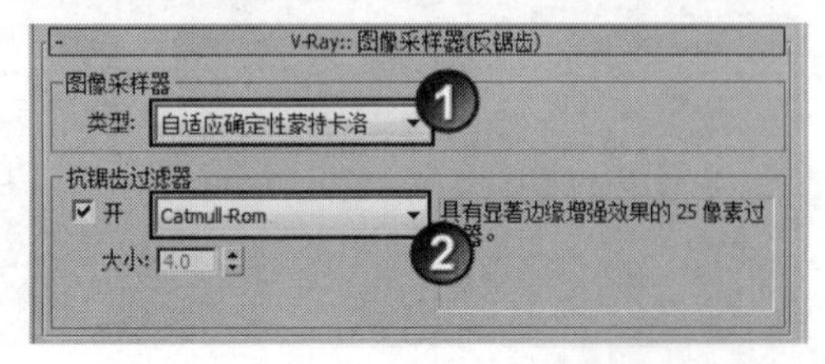

图14-429

03 展开“发光图”卷展栏，然后设置“当前预置”为“中”，接着设置“半球细分”为60、“插值采样”为30，如图14-430所示。

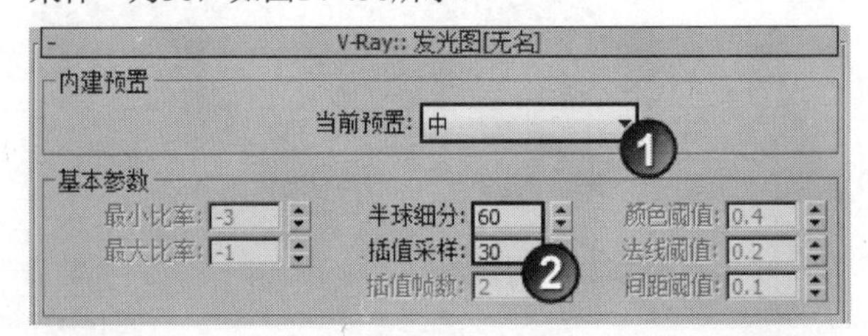

图14-430

04 展开“灯光缓存”卷展栏，然后设置“细分”为1000，接着勾选“显示计算相位”选项，如图14-431所示。

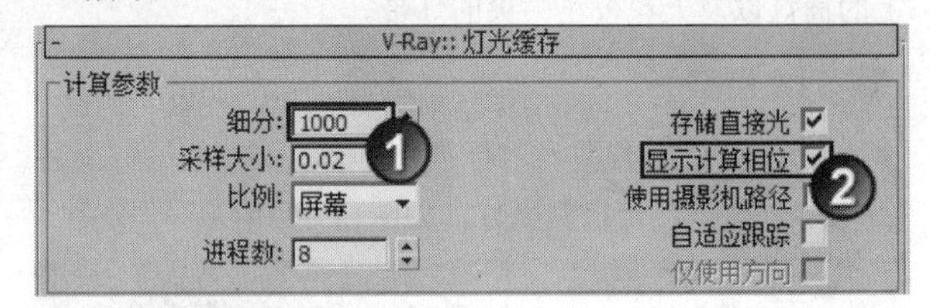

图14-431

05 单击“设置”选项卡，然后在“DMC采样器”卷展栏下设置“适应数量”为0.8、“噪波阈值”为0.005、“最小采样值”为12，如图14-432所示。

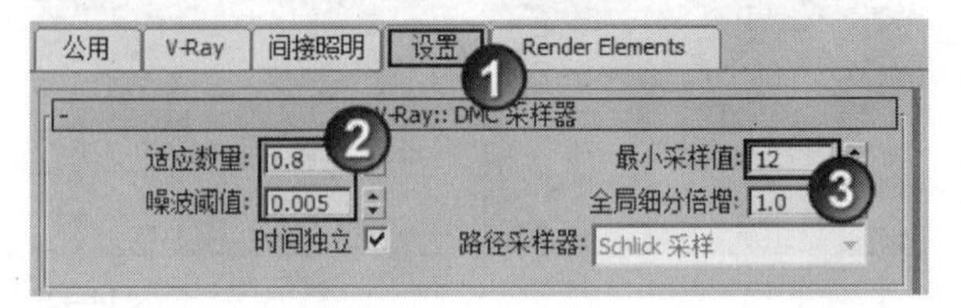

图14-432

06 在摄影机视图中按F9键渲染当前场景，最终效果如图14-433所示。

图14-433

实战 294 精通中型半封闭空间：奢华欧式客厅夜晚灯光表现

实例信息

- 场景位置：DVD>实例文件>CH14>实战294.max
- 实例位置：DVD>实例文件>CH14>实战294.max
- 视频位置：DVD>多媒体教学>CH14>实战294.flv
- 难易指数：★★★★☆
- 技术掌握：地面石材材质、钢琴烤漆材质、琴椅木纹材质、沙发皮纹材质和窗帘材质的制作方法；中型半封闭空间夜晚灯光效果的表现方法

实例介绍

本例是一个中型半封闭式的欧式客厅空间，其中地面石材材质、钢琴烤漆材质、琴椅木纹材质、沙发皮纹材质和窗帘材质的制作方法以及夜晚灯光效果的表现方法是本例的学习要点。

>>>>材质制作

本例的场景对象材质主要包括地面石材材质、壁纸材质、钢琴烤漆材质、琴椅木纹材质、沙发皮纹材质和窗帘材质，如图14-434所示。

图14-434

● 制作地面石材材质

地面石材材质效果如图14-435所示。

图14-435

01 打开光盘中的“场景文件>CH14>实战294.max”文件，如图14-436所示。

图14-436

02 选择一个空白材质球，然后设置材质类型为VRayMtl材质，并将其命名为“地面石材”，具体参数设置如图14-437所示，制作好的材质球效果如图14-438所示。

设置步骤

① 在“漫反射”贴图通道中加载光盘中的“实例文件>CH14>实战294>地面.jpg”文件，然后在“坐标”卷展栏下设置“平铺”的U为10、V为17。

② 设置“反射”颜色为(红:35，绿:35，蓝:35)，然后设置“细分”为15。

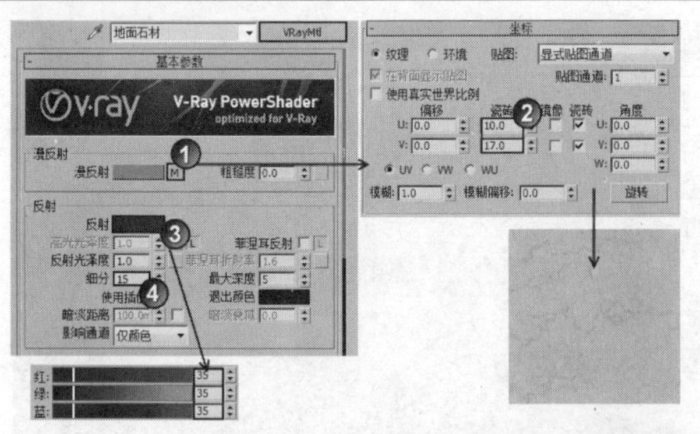

图14-437

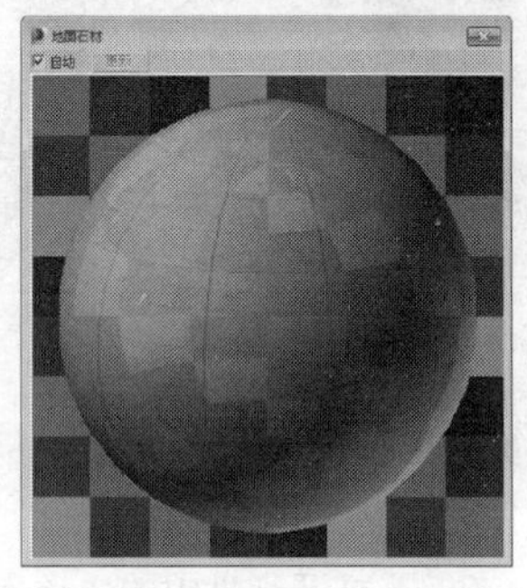

图14-438

● 制作壁纸材质

壁纸材质效果如图14-439所示。

图14-439

选择一个空白材质球，然后设置材质类型为VRayMtl材质，并将其命名为“壁纸”，接着在“漫反射”贴图通道中加载光盘中的“实例文件>CH14>实战294>壁纸.jpg”文件，如图14-440所示，制作好的材质球效果如图14-441所示。

图14-440

图14-441

● 制作钢琴烤漆材质

钢琴烤漆的材质效果如图14-442所示。

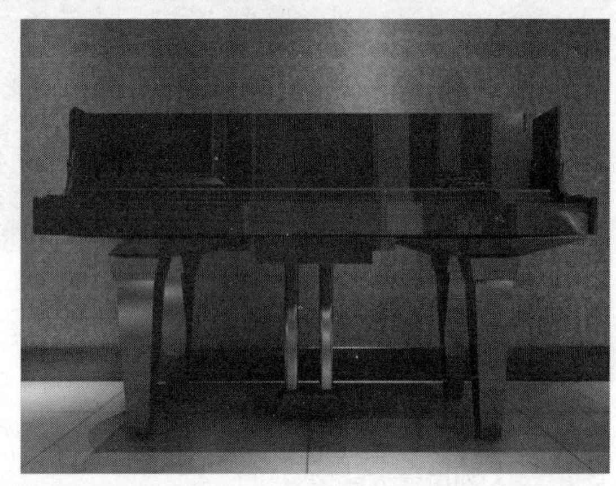

图14-442

选择一个空白材质球，然后设置材质类型为VRayMtl材质，并将其命名为“钢琴烤漆”，具体参数设置如图14-443所示，制作好的材质球效果如图14-444所示。

设置步骤

① 设置“漫反射”颜色为（红:47，绿:47，蓝:47）。

② 设置“漫反射”颜色为（红:64，绿:64，蓝:64）。

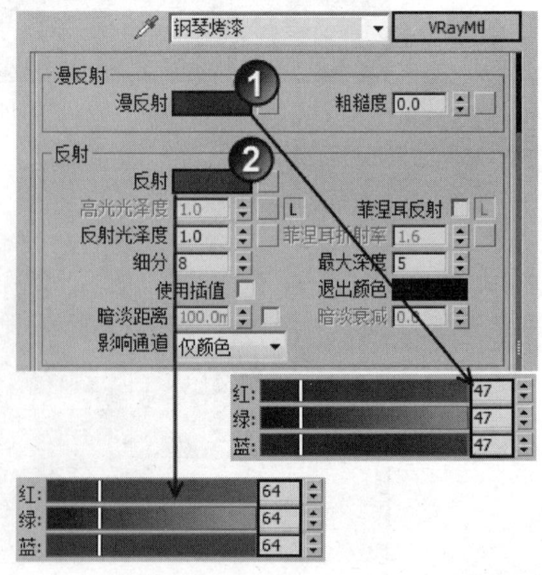

图14-443

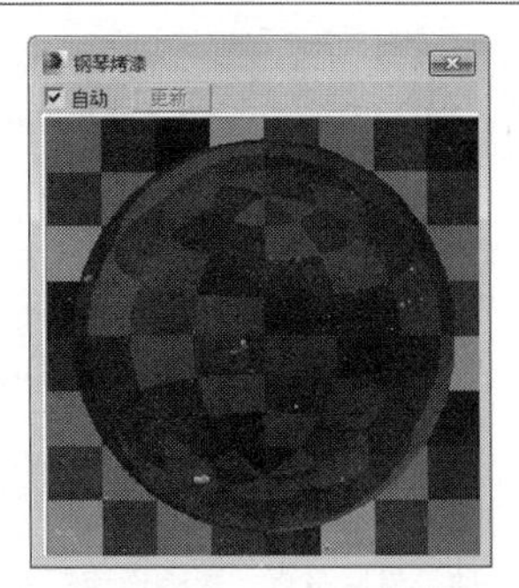

图14-444

● 制作琴椅木纹材质

琴椅木纹材质效果如图14-445所示。

图14-445

选择一个空白材质球，然后设置材质类型为VRayMtl材质，并将其命名为“琴椅木纹”，具体参数设置如图14-446所示，制作好的材质球效果如图14-447所示。

设置步骤

① 在“漫反射”贴图通道中加载光盘中的“实例文件>CH14>实战294>椅子木纹.jpg”贴图文件。

② 设置“反射”颜色为（红:47，绿:47，蓝:47），然后设置“反射光泽度”为0.85、“细分”为15。

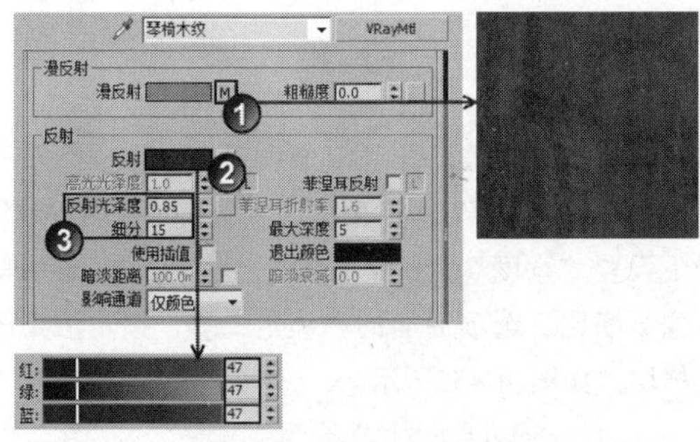

图14-446

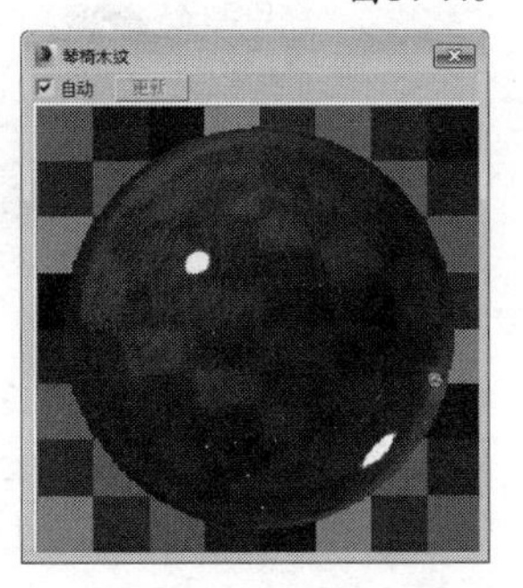

图14-447

● 制作沙发皮纹材质

沙发皮纹材质效果如图14-448所示。

图14-448

选择一个空白材质球，然后设置材质类型为VRayMtl材质，具体参数设置如图14-449所示，制作好的材质球效果如图14-450所示。

设置步骤

① 在“漫反射”贴图通道中加载光盘中的“实例文件>CH14>实战294>皮沙发.jpg”文件，然后在“坐标”卷展栏下设置“瓷砖”的U和V都为2。

② 在“反射”贴图中加载一张“衰减”程序贴图，然后在“衰减参数”卷展栏下设置“侧”通道的颜色为（红:109，绿:109，蓝:109），接着设置“反射光泽度”为0.82。

③ 展开“贴图”卷展栏，然后将“漫反射”通道中的贴图复制到“凹凸”贴图通道中，接着设置“凹凸”的强度为220。

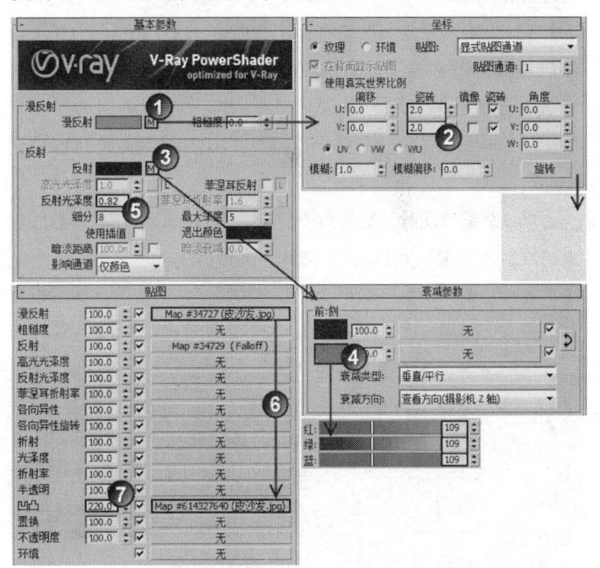

图14-449

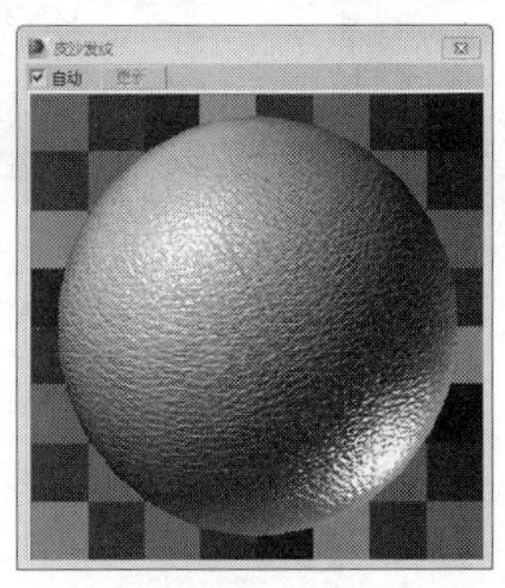

图14-450

● 制作窗帘材质

窗帘材质效果如图14-451所示。

图14-451

01 选择一个空白材质球，然后设置材质类型为"多维/子对象"材质，具体参数设置如图14-452所示。

设置步骤

① 单击"设置数量"按钮 设置数量，然后在弹出的对话框中设置"材质数量"为2，接着在ID 1材质通道中加载一个VRayMtl材质。

② 设置"漫反射"颜色为（红:230，绿:230，蓝:230），然后在其贴图通道中加载一张"衰减"程序贴图，接着展开"衰减参数"卷展栏，最后分别在"前"贴图通道和"侧"贴图通道中各加载光盘中的"实例文件>CH14>实战294>窗帘1.jpg"文件。

③ 设置"反射"颜色为（红:15，绿:15，蓝:15），然后设置"反射光泽度"为0.65、"细分"为12。

④ 设置"折射"颜色为（红:5，绿:5，蓝:5），然后设置"光泽度"为0.8、"细分"为12，接着勾选"影响阴影"选项，最后设置"影响通道"为"颜色+Alpha"。

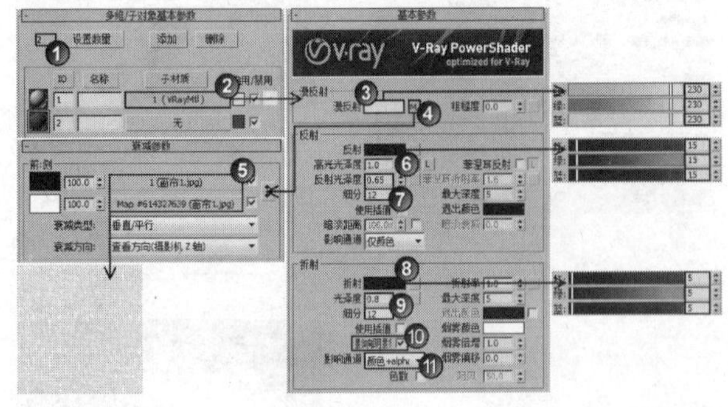

图14-452

02 在ID 2材质通道中加载一个VRayMtl材质，然后切换到VRayMtl材质参数设置面板，具体参数设置如图14-453所示，制作好的材质球效果如图14-454所示。

设置步骤

① 设置"漫反射"颜色为（红:62，绿:64，蓝:123），然后在其贴图通道中加载一张"衰减"程序贴图，接着分别在"前"贴图通道和"侧"贴图通道中各加载光盘中的"实例文件>CH14>实战294>窗帘.jpg"文件，最后设置"衰减类型"为Fresnel。

② 设置"反射"颜色为（红:15，绿:15，蓝:15），然后设置"反射光泽度"为0.65、"细分"为12。

③ 设置"折射"颜色为（红:5，绿:5，蓝:5），然后设置"光泽度"为0.8、"细分"为12，接着勾选"影响阴影"选项，最后设置"影响通道"为"颜色+Alpha"。

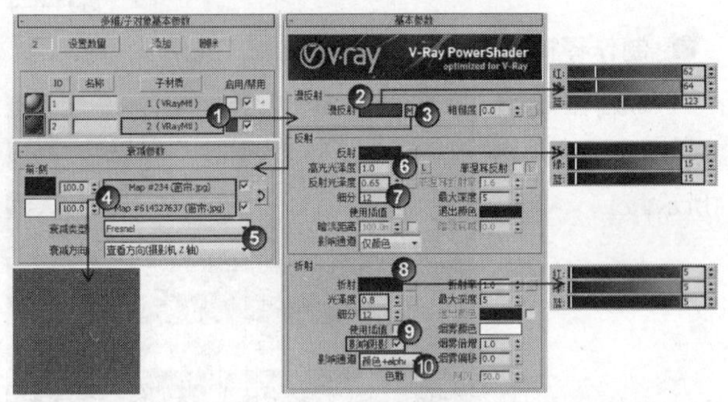

图14-453

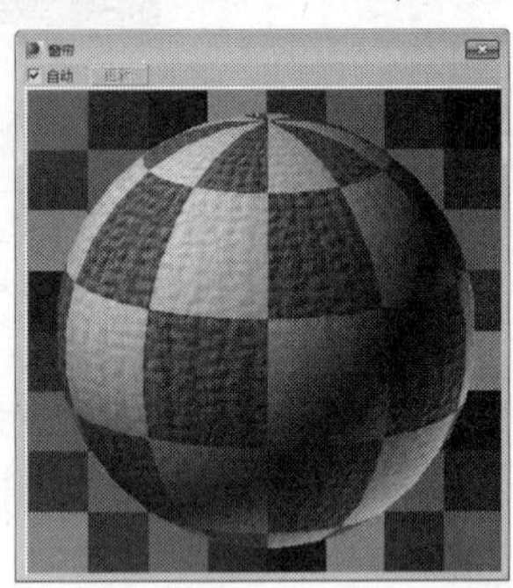

图14-454

>>>>设置测试渲染参数

01 按F10键打开"渲染设置"对话框，然后设置渲染器为VRay渲染器，接着在"公用参数"卷展栏下设置"宽度"为600、"高度"为450，最后单击"图像纵横比"选项后面的"锁定" ，锁定渲染图像的纵横比，如图14-455所示。

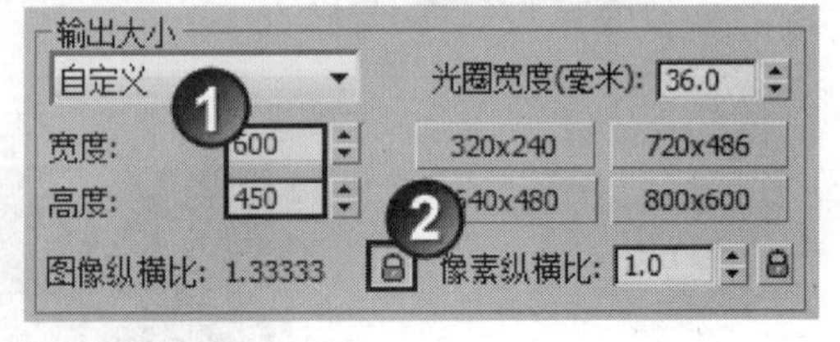

图14-455

02 单击VRay选项卡，然后在"图像采样器（反锯齿）"卷展栏下设置"图像采样器"类型为"固定"，接着在"抗锯齿过滤器"选项组下关闭"开"选项，如图14-456所示。

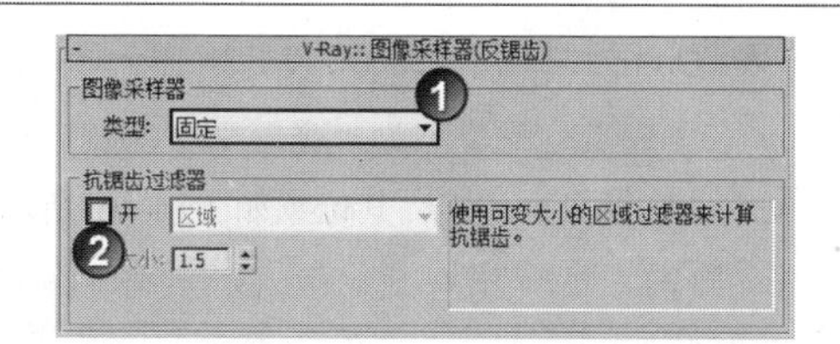

图14-456

03 在“图像采样器（反锯齿）”卷展栏下设置“类型”为“指数”，然后勾选“子像素映射”和“钳制输出”选项，如图14-457所示。

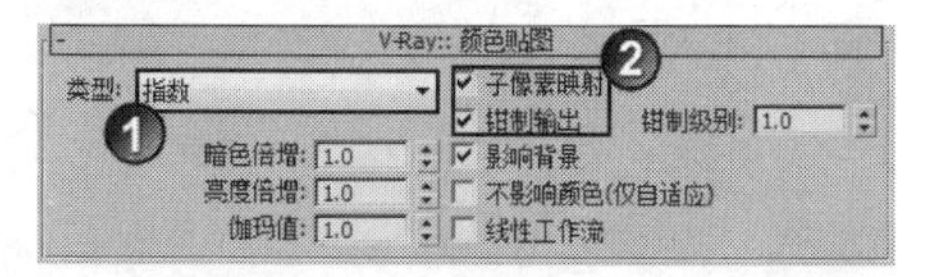

图14-457

04 单击“间接照明”选项卡，然后在”间接照明（GI）”卷展栏下勾选“开”选项，接着设置“首次反弹”的“全局照明引擎”为“发光图”、“二次反弹”的“全局照明引擎”为“灯光缓存”，如图14-458所示。

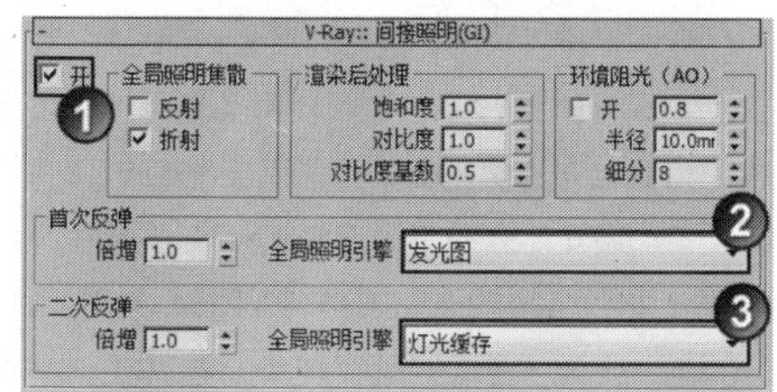

图14-458

05 展开“发光图”卷展栏，然后设置“当前预置”为“自定义”，接着设置“最小比率”为-5、“最大比率”为-4、“半球细分”为50、“插值采样”为20，最后勾选“显示计算相位”和“显示直接光”选项，如图14-459所示。

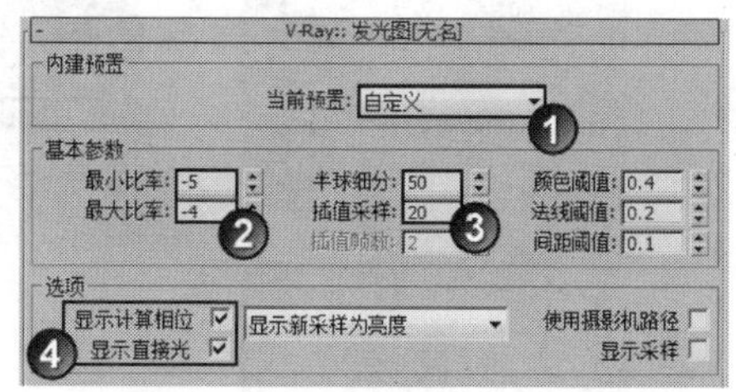

图14-459

06 展开“灯光缓存”卷展栏，然后设置“细分”为100，接着勾选“存储直接光”和“显示计算相位”选项，如图14-460所示。

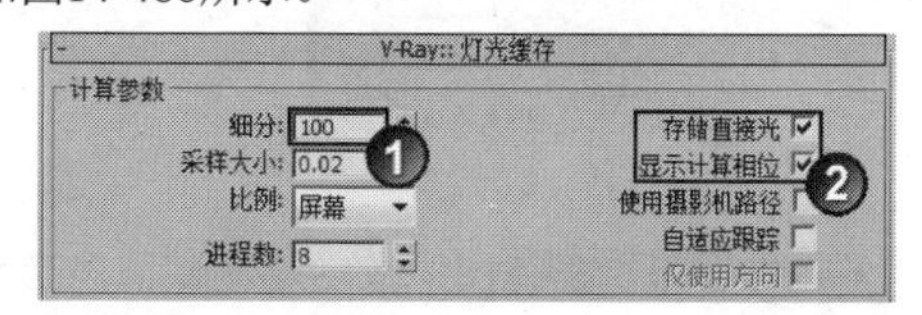

图14-460

07 单击“设置”选项卡，然后在“系统”卷展栏下设置“区域排序”为Top->Bottom（从上->下），接着关闭“显示窗口”选项，具体参数设置如图14-461所示。

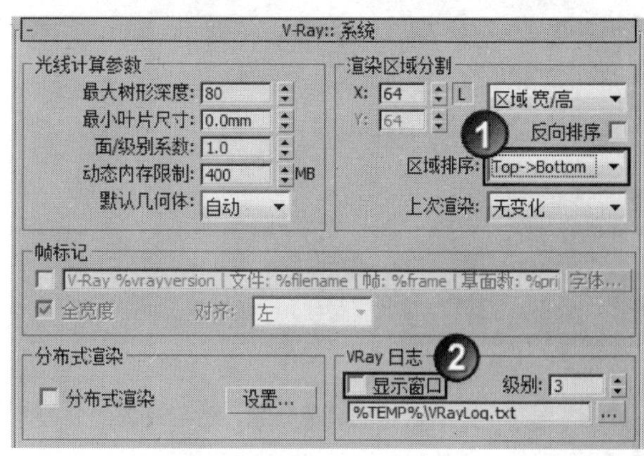

图14-461

>>>>创建VRay物理摄影机

01 设置“摄影机”类型为VRay，然后在场景中创建一台VRay物理摄影机，其位置如图14-462所示。

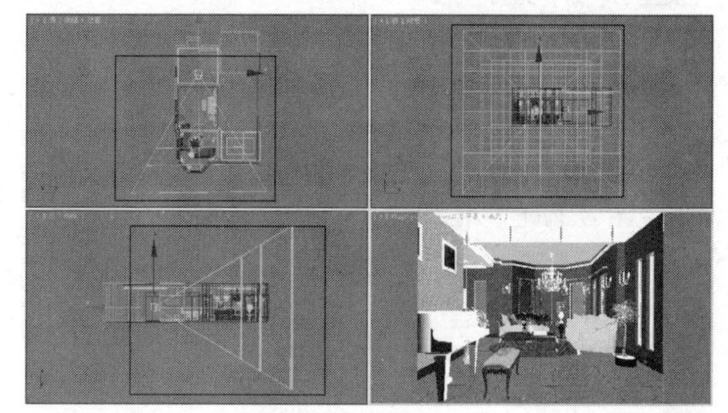

图14-462

02 选择上一步创建的VRay物理摄影机，然后展开“基本参数”卷展栏，接着设置“焦距（mm）”为31、“光圈数”为1，具体参数设置如图14-463所示。

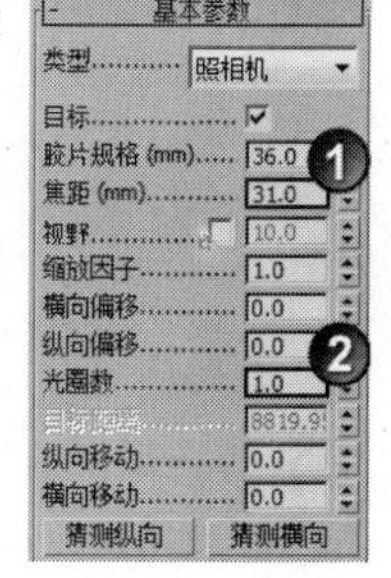

图14-463

>>>>灯光设置

本场景中的灯光布局比较复杂，总共包含5处，分别是筒灯、射灯、吊灯、壁灯以及一些辅助光源。

● 创建主光源

01 设置灯光类型为“光度学”，然后在场景中创建9盏目标灯光，其位置如图14-464所示。

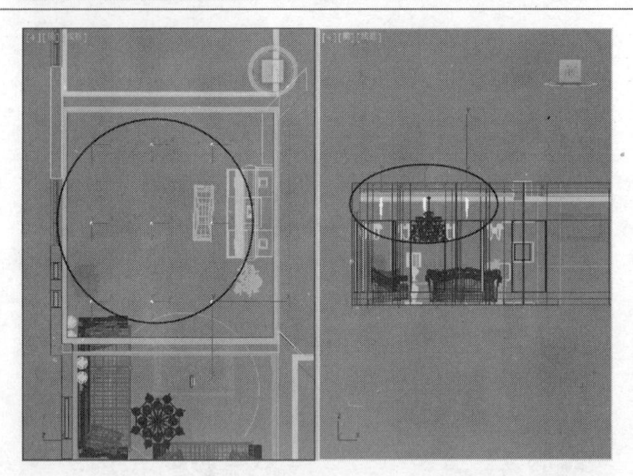

图14-464

02 选择上一步创建的目标灯光，然后进入“修改”面板，具体参数设置如图14-465所示。

设置步骤

① 展开“常规参数”卷展栏，然后在“灯光属性”选项组下关闭“目标”选项，接着“阴影”选项组下勾选“启用”选项，并设置阴影类型为“VRay阴影”，最后设置“灯光分布（类型）”为“光度学Web”。

② 展开“分布（光度学Web）”卷展栏，然后在其通道中加载光盘中的“实例文件>CH14>实战294>射灯.ies”文件。

③ 展开“强度/颜色/衰减”卷展栏，然后设置“过滤颜色”为（红:255，绿:215，蓝:164），接着设置“强度”为34000。

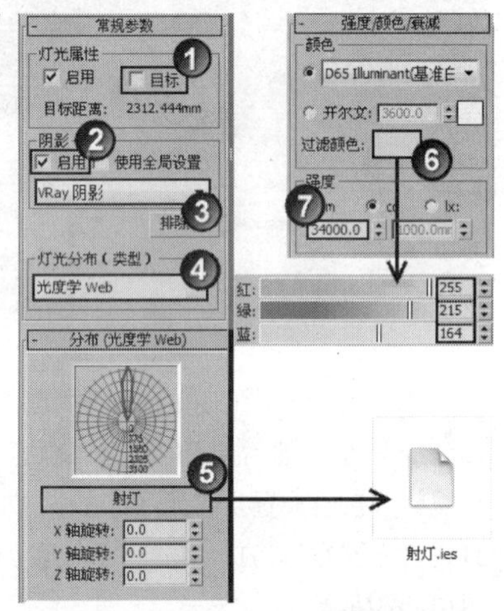

图14-465

03 在摄影机视图中按F9键测试渲染当前场景，效果如图14-466所示。

图14-466

● **创建射灯**

01 设置灯光类型为“光度学”，然后在场景中创建3盏目标灯光，其位置如图14-467所示。

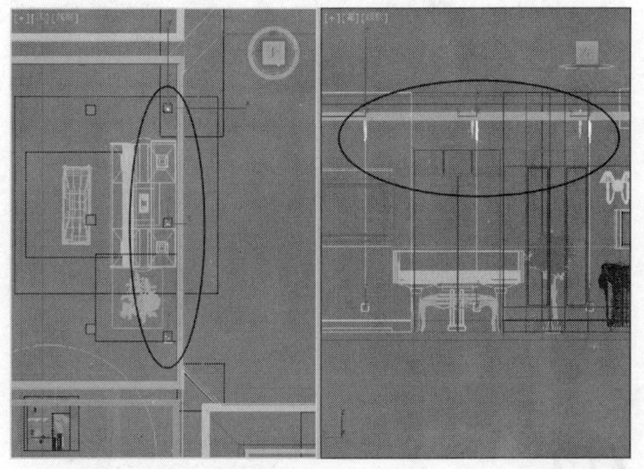

图14-467

02 选择上一步创建的目标灯光，然后进入“修改”面板，具体参数设置如图14-468所示。

设置步骤

① 展开“常规参数”卷展栏，然后在“阴影”选项组下勾选“启用”选项，接着设置阴影类型为“VRay阴影”，最后设置“灯光分布（类型）”为“光度学Web”。

② 展开“分布（光度学Web）”卷展栏，然后在其通道中加载光盘中的“实例文件>CH14>实战294>射灯.ies”文件。

③ 展开“强度/颜色/衰减”卷展栏，然后设置“过滤颜色”为（红:250，绿:221，蓝:175），接着设置“强度”为34000。

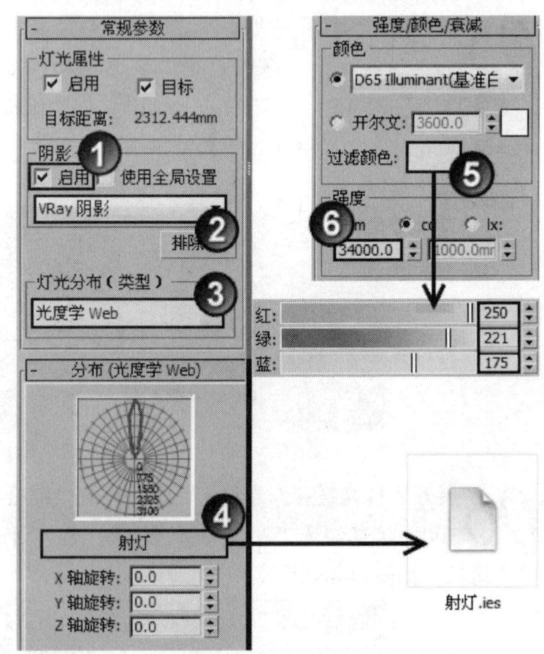

图14-468

03 在摄影机视图中按F9键测试渲染当前场景，效果如图14-469所示。

图14-469

● 创建吊灯……………………………………

01 设置灯光类型为“目标”，然后在场景中创建一盏目标聚光灯，其位置如图14-470所示。

图14-470

02 选择上一步创建的目标聚光灯，然后进入“修改”面板，具体参数设置如图14-471所示。

设置步骤

① 展开“常规参数”卷展栏，然后在“阴影”选项组下勾选“启用”选项，接着设置阴影类型为“VRay阴影”。

② 展开“强度/颜色/衰减”卷展栏，然后设置“倍增”为1。

③ 展开“聚光灯参数”卷展栏，然后设置“聚光区/光束”为43、“衰减区/区域”为110，接着勾选“圆”选项。

④ 展开“VRay阴影参数”卷展栏，然后勾选“区域阴影”选项，接着设置“U大小”、“V大小”和“W大小”都为100mm，最后设置“细分”为15。

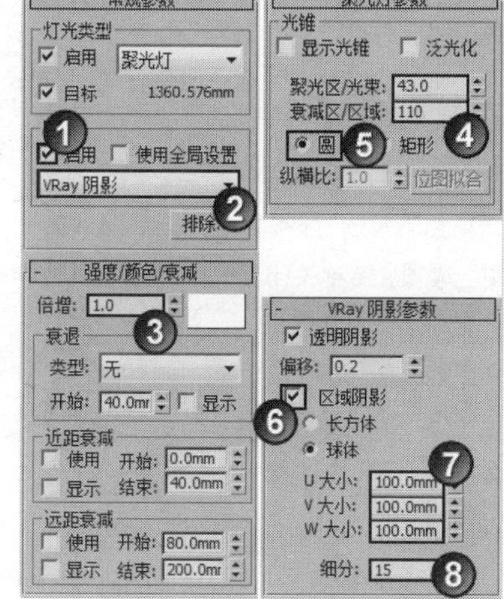

图14-471

03 在摄影机视图中按F9键测试渲染当前场景，效果如图14-472所示。

图14-472

04 设置灯光类型为VRay，然后在场景中创建16盏VRay灯光作为吊灯，其位置如图14-473所示。

图14-473

05 选择上一步创建的VRay灯光，然后展开“参数”卷展栏，具体参数设置如图14-474所示。

设置步骤

① 在“常规”选项组下设置“类型”为“球体”。

② 在“强度”选项组下设置“倍增”为100，然后设置“颜色”为（红:255，绿:205，蓝:139）。

③ 在“大小”选项组下设置“半径”为20mm。

④ 在“选项”选项组下勾选“不可见”选项，接着关闭“影响高光反射”和“影响反射”选项。

⑤ 在“采样”选项组下设置“细分”为30。

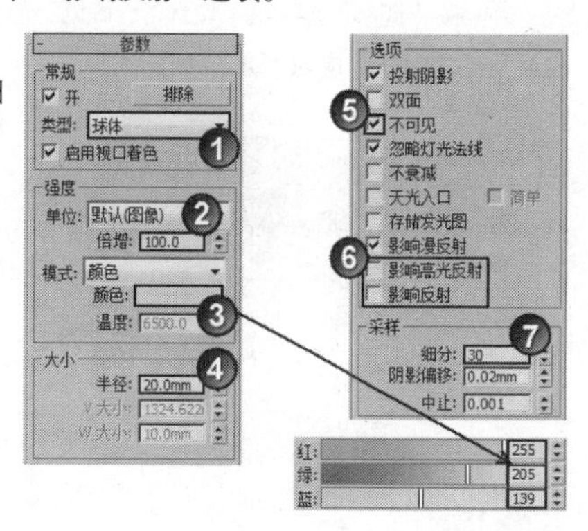

图14-474

06 在摄影机视图中按F9键测试渲染当前场景，效果如图14-475所示。

图14-475

● 创建壁灯

01 设置灯光类型为VRay，然后在场景中创建12盏VRay灯光作为壁灯，其位置如图14-476所示。

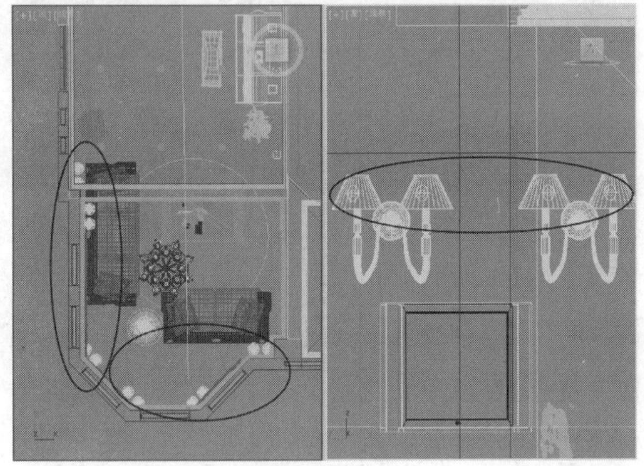

图14-476

02 选择上一步创建的VRay灯光，然后展开“参数”卷展栏，具体参数设置如图14-477所示。

设置步骤

① 在“常规”选项组下设置“类型”为“球体”。

② 在“强度”选项组下设置“颜色”为（红:255，绿:205，蓝:139），然后设置“倍增”为68。

③ 在“大小”选项组下设置“半径”为20mm。

④ 在“选项”选项组下勾选“不可见”选项，接着关闭“影响高光反射”和“影响反射”选项。

⑤ 在“采样”选项组下设置“细分”为30。

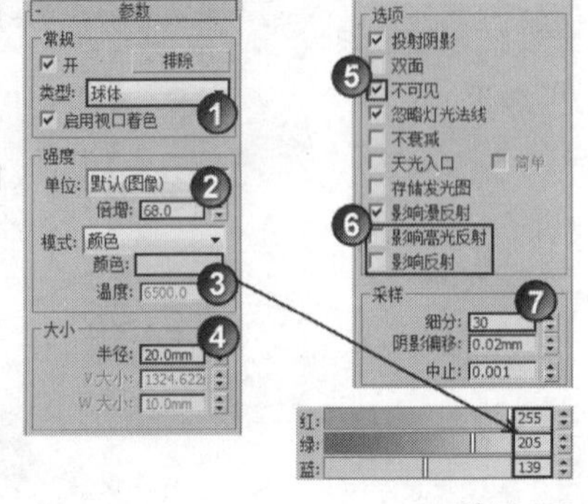

图14-477

03 在摄影机视图中按F9键测试渲染当前场景，效果如图14-478所示。

图14-478

● 创建辅助光源

01 设置灯光类型为VRay，然后在场景中创建一盏VRay灯光作为辅助光源，其位置如图14-479所示。

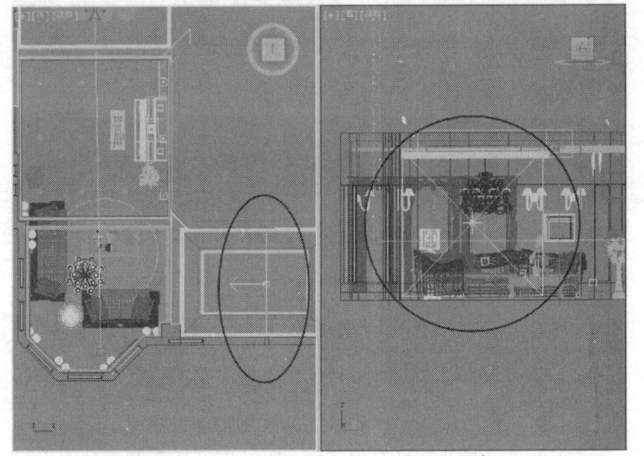

图14-479

02 选择上一步创建的VRay灯光，然后展开“参数”卷展栏，具体参数设置如图14-480所示。

设置步骤

① 在“常规”选项组下设置“类型”为“平面”。

② 在“强度”选项组下设置“倍增”为3，然后设置“颜色”为（红:255，绿:205，蓝:139）。

③ 在“大小”选项组下设置“1/2长”为1350mm、“1/2宽”为1350mm。

④ 在“选项”选项组下勾选“不可见”选项，接着关闭“影响高光反射”和“影响反射”选项。

⑤ 在“采样”选项组下设置“细分”为30。

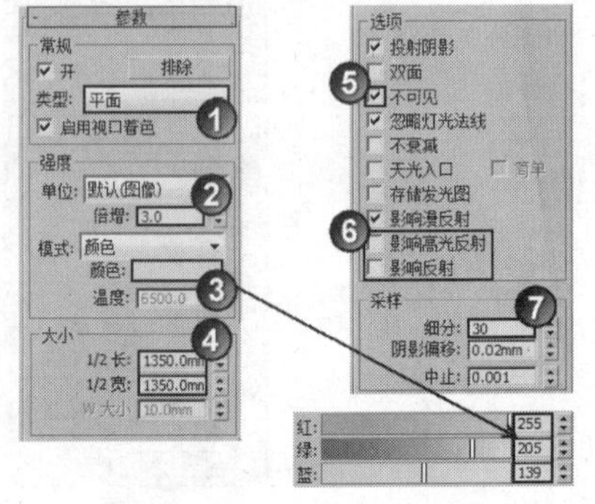

图14-480

03 在摄影机视图中按F9键测试渲染当前场景，效果如图14-481所示。

图14-481

>>>>设置最终渲染参数

01 按F10键打开“渲染设置”对话框，然后在“公用参数”卷展栏下设置“宽度”为2000、“高度”为1500，如图14-482所示。

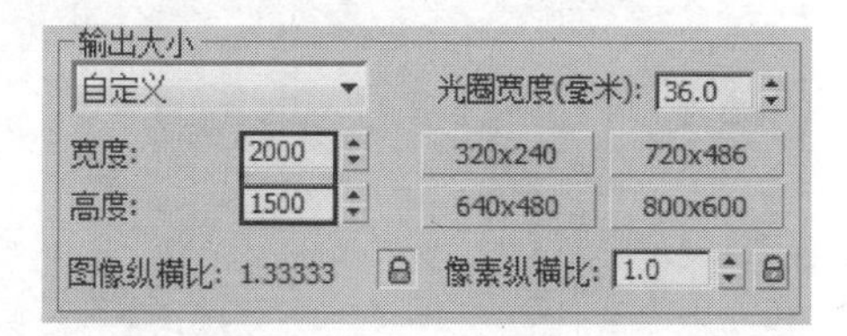

图14-482

02 单击VRay选项卡，然后在“图像采样器（反锯齿）”卷展栏下设置“图像采样器”类型为“自适应确定性蒙特卡洛”，接着在“抗锯齿过滤器”选项组下勾选“开”选项，并设置“抗锯齿过滤器”类型为Catmull-Rom；如图14-483所示。

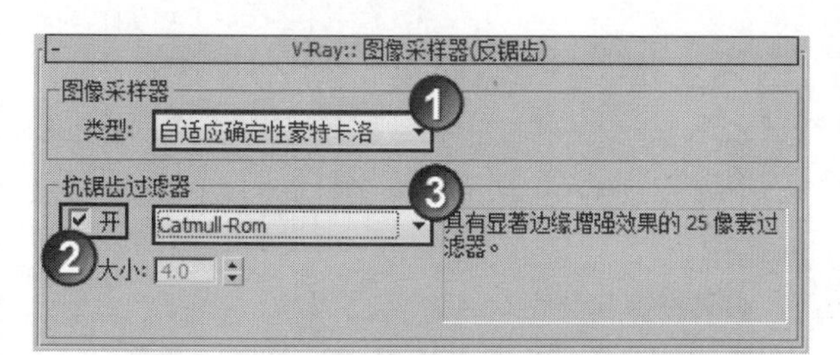

图14-483

03 单击“间接照明”选项卡，然后在“发光图”卷展栏下设置“当前预置”为“自定义”，接着设置“最小比率”为-3、“最大比率”为0，最后设置“半球细分”为70、“插值采样”为35，如图14-484所示。

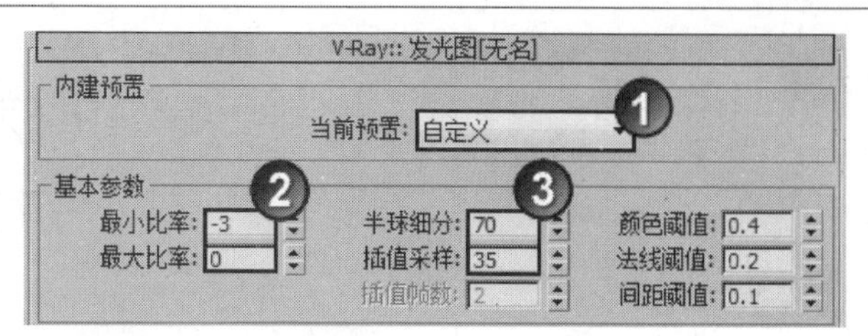

图14-484

04 展开“灯光缓存”卷展栏，然后设置“细分”1200，具体参数设置如图14-485所示。

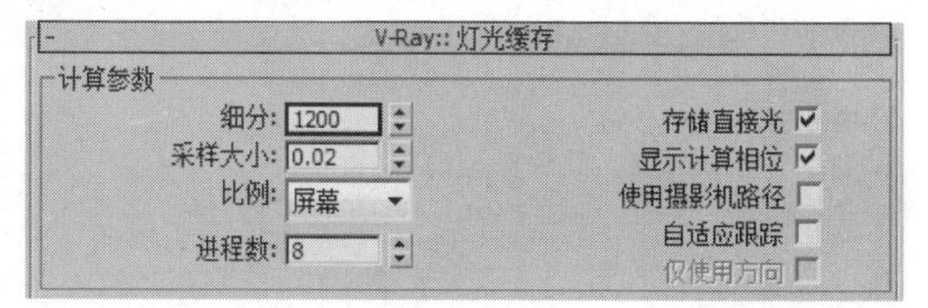

图14-485

05 单击“设置”选项卡，然后在“DMC采样器”卷展栏下设置“适应数量”为0.75、“噪波阈值”为0.005、“最少采样值”为20，如图14-486所示。

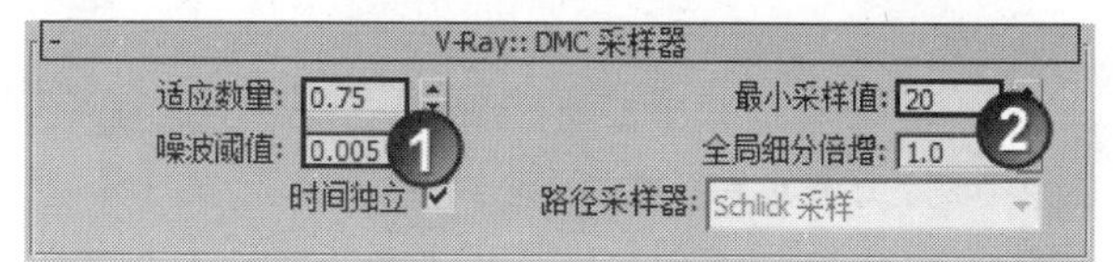

图14-486

06 在摄影机视图中按F9键渲染当前场景，最终效果如图14-487所示。

图14-487

实战 295 精通大型半封闭空间：别墅中庭复杂灯光综合表现

实例信息

- 场景位置：DVD>实例文件>CH14>实战295.max
- 实例位置：DVD>实例文件>CH14>实战295.max
- 视频位置：DVD>多媒体教学>CH14>实战295.flv
- 难易指数：★★★★★
- 技术掌握：窗纱材质、沙发材质、灯罩材质和瓷器材质的制作方法；大纵深空间灯光效果的表现方法

实例介绍

本例是一个纵深比较大的中式别墅中庭空间，其中窗纱材质、沙发材质、灯罩材质和瓷器材质的制作方法以及大纵深空间灯光效果的表现方法是本例的学习要点。

>>>>材质制作

本例的场景对象材质主要包含窗纱材质、沙发材质、木纹材质、地面材质、灯罩材质、瓷器材质和墙面材质，如图14-488所示。

图14-488

● 制作窗纱材质

窗纱材质效果如图14-489所示。

图14-489

01 打开光盘中的“场景文件>CH14>实战295.max”文件，如图14-490所示。

图14-490

02 选择一个空白材质球，然后设置材质类型为VRayMtl材质，并将其命名为“窗纱”，具体参数设置如图14-491所示，制作好的材质球效果如图14-192所示。

设置步骤

① 设置“漫反射”颜色为（红:243，绿:243，蓝:243）。

② 设置“反射”颜色为（红:15，绿:15，蓝:15），然后设置“反射光泽度”为0.65。

③ 设置“折射”颜色为（红:100，绿:100，蓝:100），然后设置“细分”为5、“折射率”为1.2，接着勾选“影响阴影”选项，最后设置“影响通道”为“颜色+Alpha”。

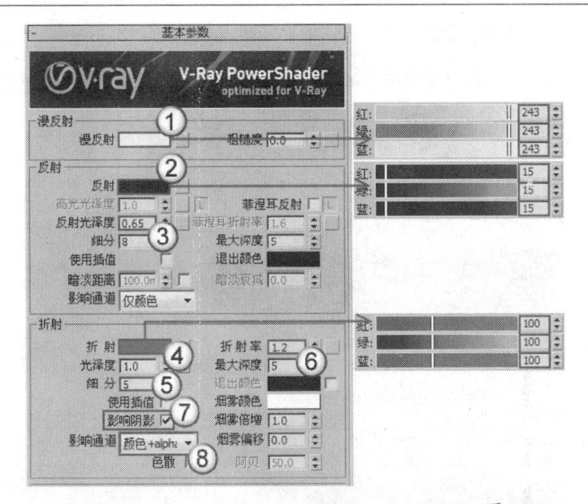

图14-491

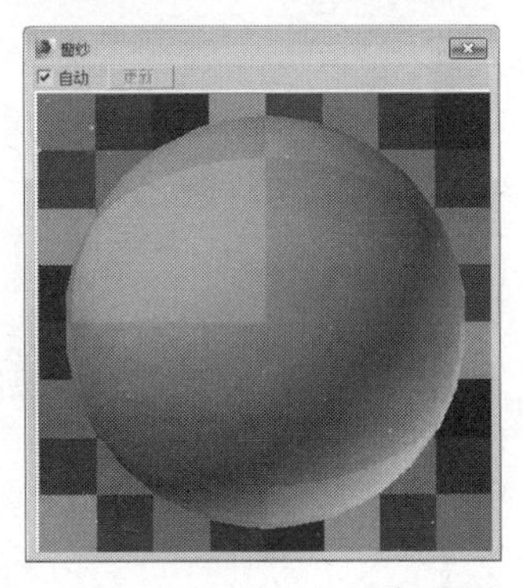

图14-492

● 制作沙发材质

沙发材质效果如图14-493所示。

图14-493

选择一个空白材质球，然后设置材质类型为“标准”材质，并将其命名为“沙发”，具体参数设置如图14-494所示，制作好的材质球效果如图14-495所示。

设置步骤

① 展开“明暗器基本参数”卷展栏，然后设置明暗器类型（O）Oren-Nayar-Blinn。

② 展开“Oren-Nayar-Blinn基本参数”卷展栏，然后设置“漫反射”颜色为（红:253，绿:252，蓝:247）。

③ 展开“贴图”卷展栏，然后在“凹凸”贴图通道中加载光盘中的“实例文件>CH14>实战295>凹凸贴图.jpg”贴图文件，接着设置“凹凸”的强度为75。

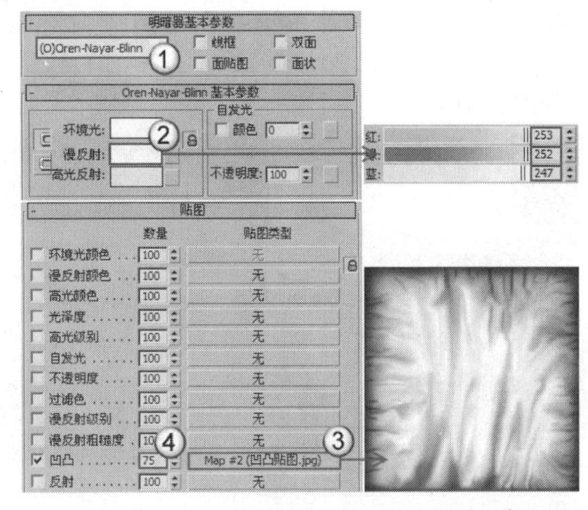

图14-494

图14-495

● 制作木纹材质

木纹材质效果如图14-496所示。

图14-496

选择一个空白材质球，然后设置材质类型为VRayMtl材质，并将其命名为“木纹”，具体参数设置如图14-497所示，制作好的材质球效果如图14-498所示。

设置步骤

① 在“漫反射”贴图通道中加载光盘中的“实例文件>CH14>

实战295>木纹.jpg”贴图文件。

② 在“反射”贴图通道中加载一张“衰减”程序贴图，然后在“衰减参数”卷展栏下设置“侧”通道的颜色为（红:217，绿:234，蓝:253），接着在“混合曲线”卷展栏下调节曲线的形状，最后设置“高光光泽度”为0.69、“反射光泽度”为0.9、“细分”为15。

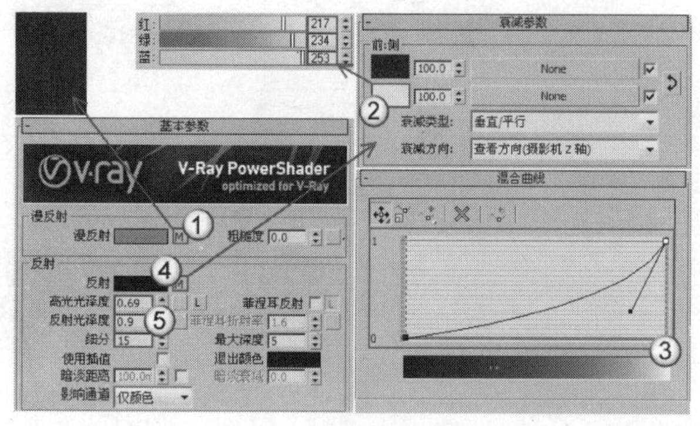

图14-497

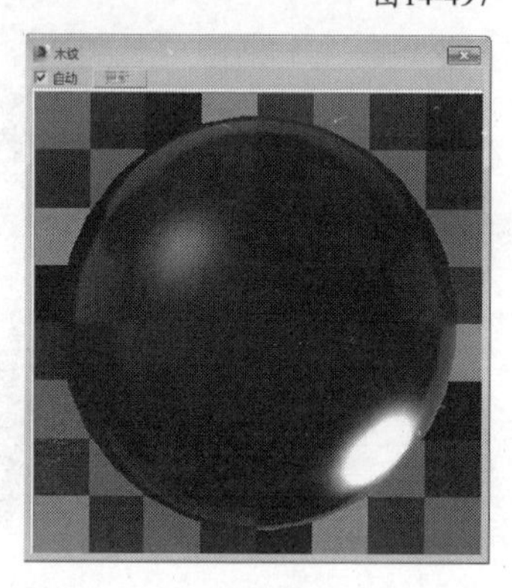

图14-498

● 制作地面材质

地面材质效果如图14-499所示。

图14-499

选择一个空白材质球，然后设置材质类型为VRayMtl材质，并将其命名为“地面”，具体参数设置如图14-500所示，制作好的材质球效果如图14-501所示。

设置步骤

① 在“漫反射”贴图通道中加载光盘中的“实例文件>CH14>实战295>大理石地面.jpg”贴图文件。

② 设置“反射”颜色为（红:35，绿:35，蓝:35），然后设置“高光光泽度”为0.95。

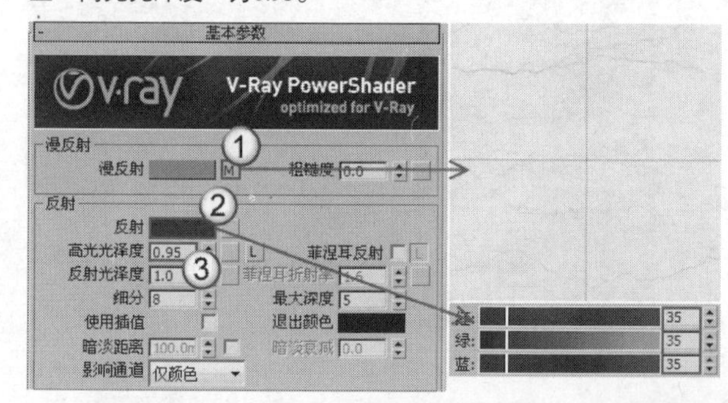

图14-500

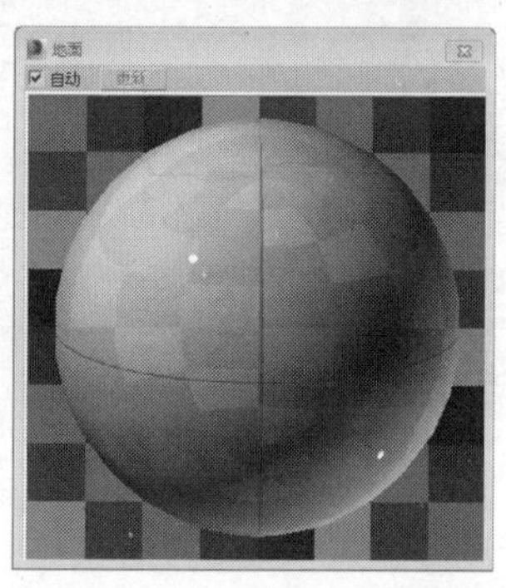

图14-501

● 制作灯罩材质

灯罩材质效果如图14-502所示。

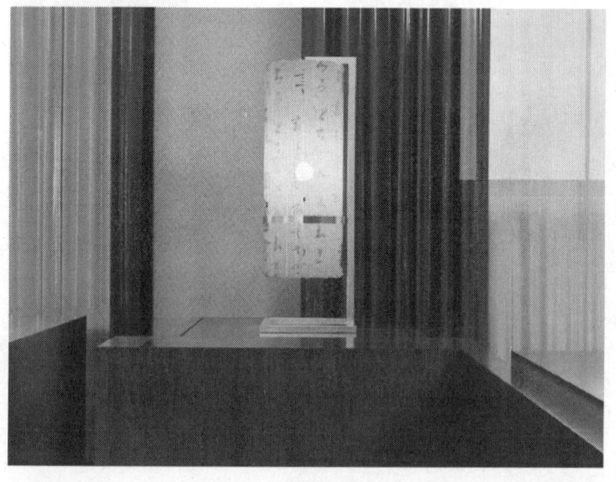

图14-502

选择一个空白材质球，然后设置材质类型为VRayMtl材质，并将其命名为“灯罩”，具体参数设置如图14-503所示，制作好的材质球效果如图14-504所示。

设置步骤

① 在“漫反射”贴图通道中加载光盘中的“实例文件>CH14>实战295>灯罩.jpg”贴图文件。

② 设置“反射”颜色为（红:10，绿:10，蓝:10）。

③ 设置“折射”颜色为（红:48，绿:48，蓝:48），然后设置“折射率”为1.3，接着勾选“影响阴影”选项。

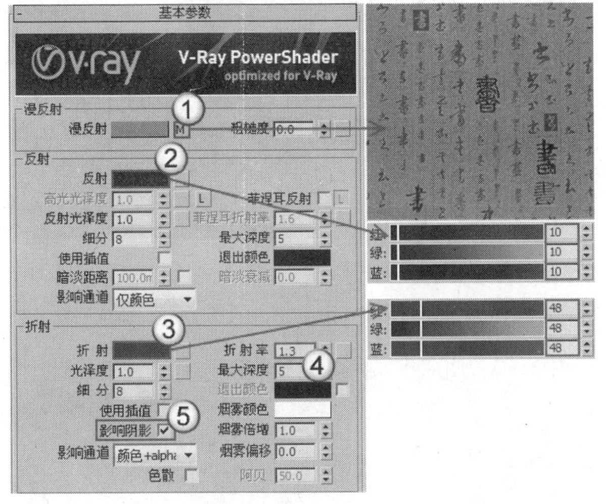

图14-503

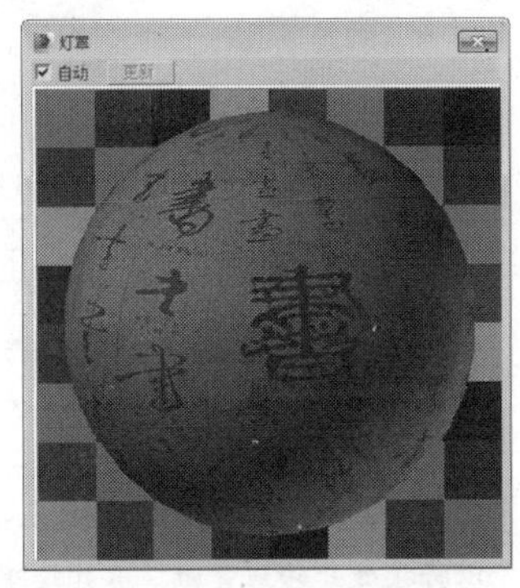

图14-504

● 制作瓷器材质

瓷器材质效果如图14-505所示。

图14-505

选择一个空白材质球，然后设置材质类型为VRayMtl材质，并将其命名为“瓷器”，具体参数设置如图14-506所示，制作好的材质球效果如图14-507所示。

设置步骤

① 在“漫反射”贴图通道中加载光盘中的“实例文件>CH14>实战295>瓷器花纹.jpg”贴图文件。

② 设置“反射”颜色为白色，然后设置“高光光泽度”为0.8，接着勾选“菲涅耳反射”选项。

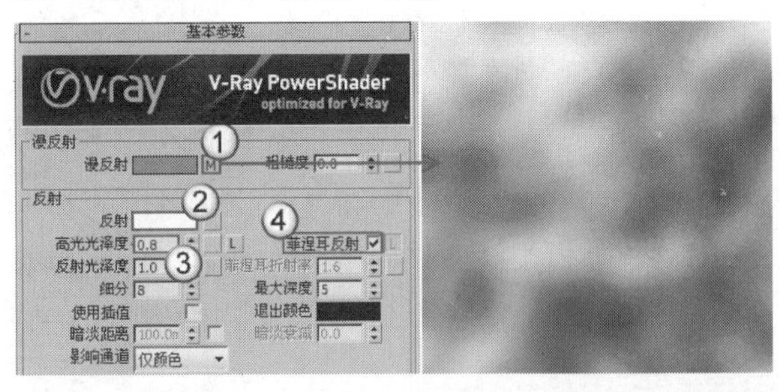

图14-506

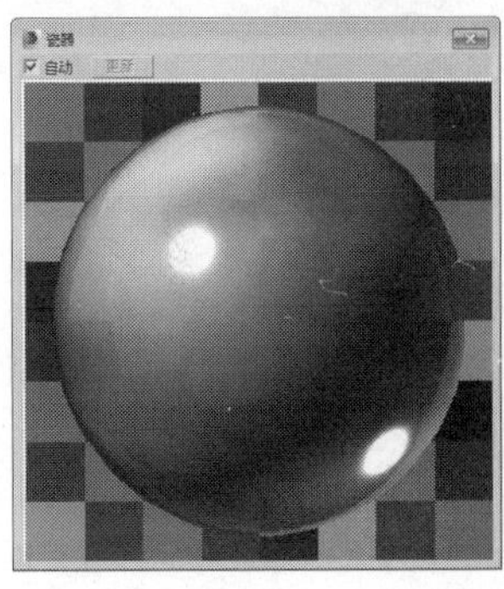

图14-507

技术专题 47 UVW贴图修改器

在为本场景中的花瓶指定材质以后，贴图在视图中显示出来的效果如图14-508所示，将其渲染出来后的效果如图14-509所示，这显然是不正确的。遇到这种情况，可以采用“UVW贴图”修改器来进行解决。该修改器在设置对象材质时相当重要，如果贴图不正确，一般都会使用该修改器该解决。

图14-508

图14-509

为花瓶加载一个“UVW贴图”修改器，该修改器可以通过将贴图坐标应用于对象，同时控制在对象曲面上如何显示贴图材质和程序材质。贴图坐标指定如何将位图投影到对象上，UVW坐标系与 XYZ坐标系相似，位图的U轴和V轴对应于X 和Y轴，对应于Z轴的W轴一般仅用于程序贴图。

为花瓶加载“UVW贴图”修改器以后，在“参数”卷展栏下可以查看到该修改器的相关选项，其中“贴图”选项组下的7种贴图方式最为重要，如图14-510所示。

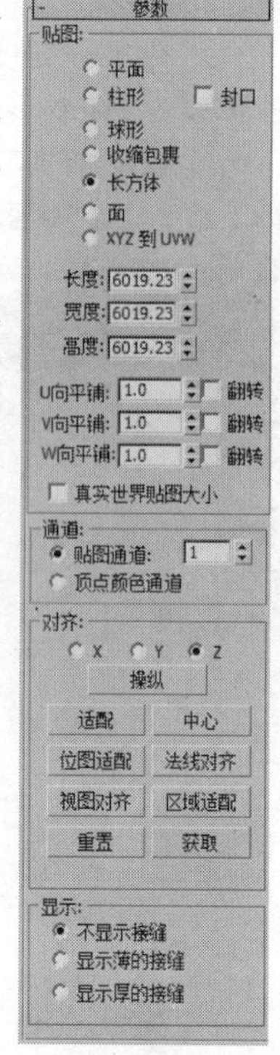

图14-510

平面：从对象上的一个平面投影贴图，类似于投影幻灯片，如图14-511所示。显然贴图效果不正确，但是可以选择“UVW贴图”修改器的Gizmo次物体层级，然后使用“选择并均匀缩放”工具在左视图中沿y向上缩放Gizmo，如图14-512所示，接着在顶视图中沿xy轴均匀向外缩放Gizmo，在贴图效果完全正确后停止缩放，如图14-513所示。调整完成后对花瓶进行渲染，效果如图14-514所示，这种贴图方式可以接受。

图14-511

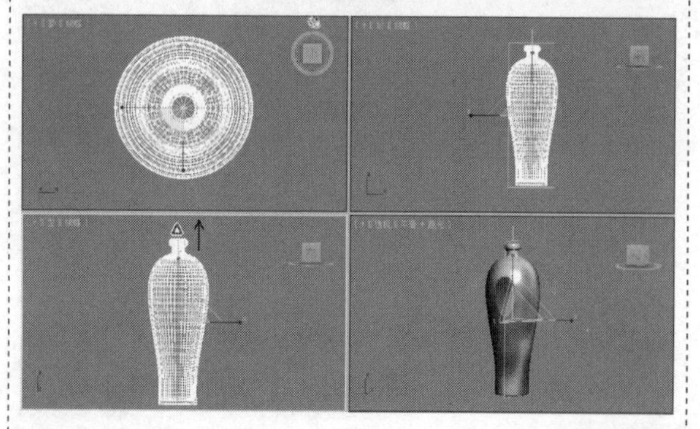

图14-512

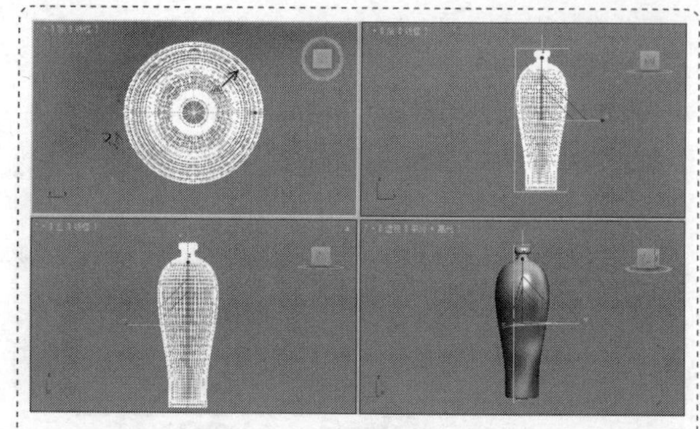

图14-513

图14-514

柱形：从圆柱体投影贴图，使用它包裹对象，适用于基本形状为圆柱形的对象，如图14-515所示。首先对Gizmo进行旋转，使Gizmo的方向与模型的方向相符，如图14-516所示，如果使用“选择并均匀缩放”工具在左视图中沿y向上缩放Gizmo，直到贴图显示正确为止，如图14-517所示。采用这种方式贴图时，会产生明显的接缝效果（除非贴图为无缝贴图，关于无缝贴图的制作方法可以在互联网上搜索相关的视频教程进行制作），如图14-518所示，因此在渲染时，可以将接缝处转到背面，不对接缝处进行渲染，如图14-519所示。从渲染效果中可以发现，这个花瓶适合用“柱形”贴图方式，因为这个花瓶类似于圆柱形对象。

图14-515

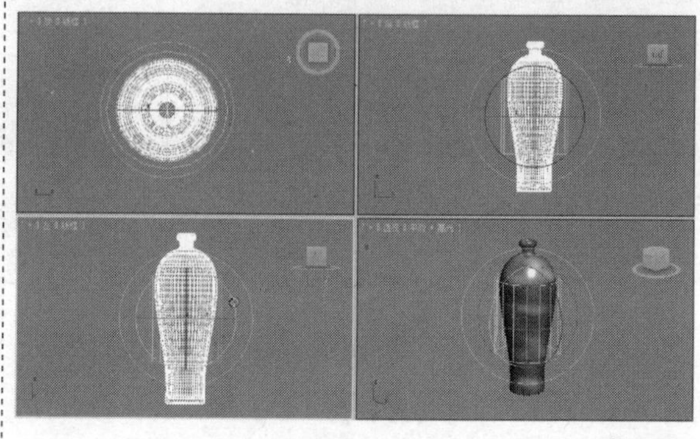

图14-516

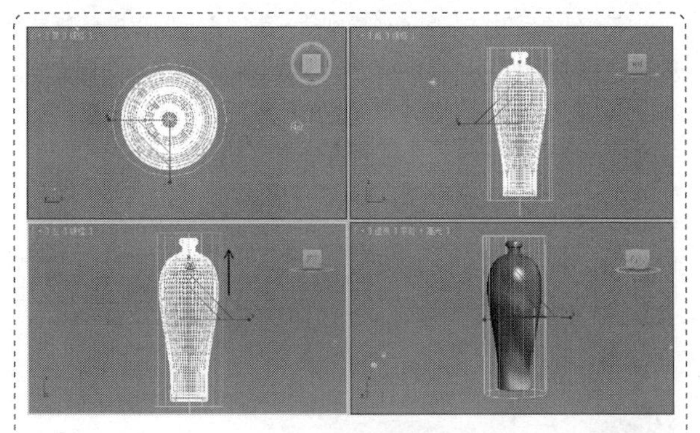

图14-517

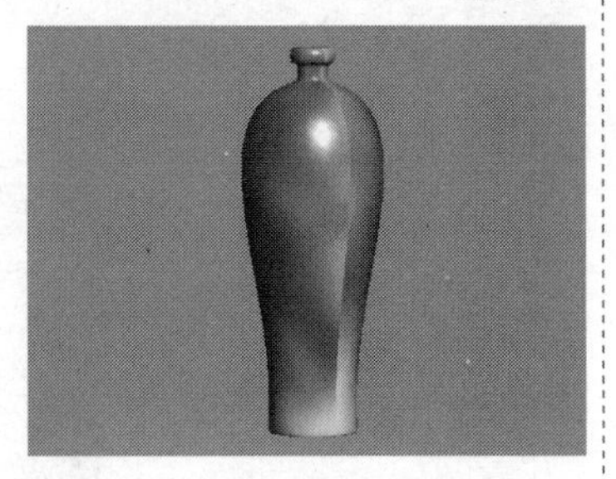

图14-518

图14-519

球形：通过从球体投影贴图来包围对象，适用于基本形状为球形的对象。在球体顶部和底部，位图边与球体两极交汇处会看到缝和贴图奇点，如图14-520所示，渲染效果如图14-521所示。

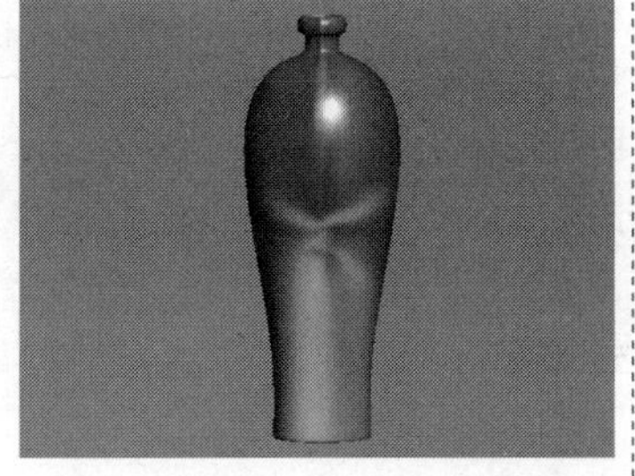

图14-520

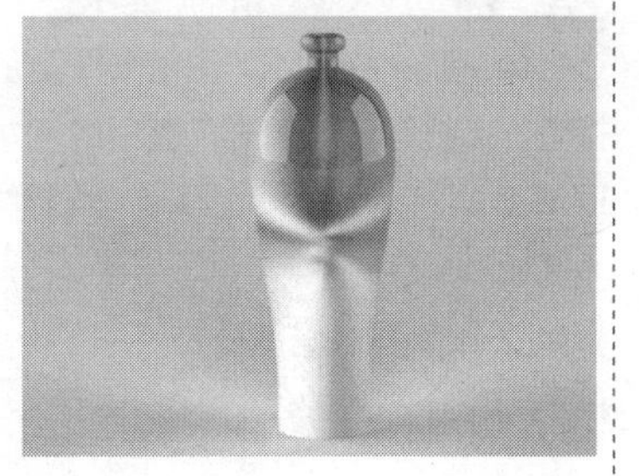

图14-521

收缩包裹：使用球形贴图，但是会截去贴图的各个角，然后在一个单独极点将它们全部结合在一起，仅创建一个奇点，如图14-522所示，渲染效果如图14-523所示。这种贴图方式适用于隐藏贴图奇点。

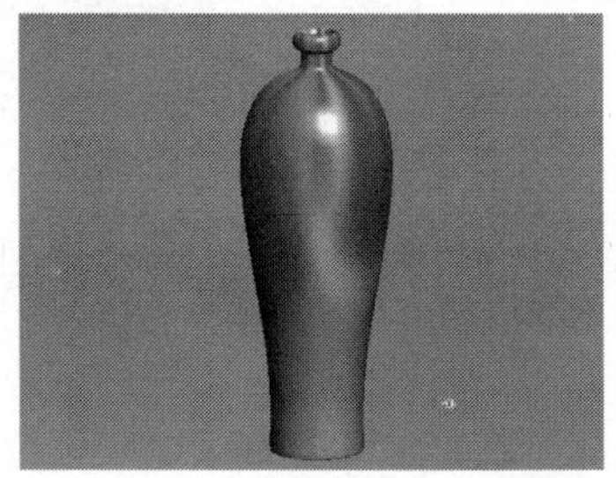

图14-522

图14-523

长方体：从长方体的6个侧面投影贴图，适用于基本形状为长方体的对象，如图14-524所示，渲染效果如图14-525所示。每个侧面投影为一个平面贴图，且表面上的效果取决于曲面法线。

图14-524

图14-525

面：为对象的每个面应用贴图副本，如图14-526所示，渲染效果如图14-527所示。这种贴图方式使用完整矩形贴图来贴图共享隐藏边的成对面。

图14-526

图14-527

XYZ到UVW：将3D程序坐标贴图到UVW坐标，如图14-528所示，渲染效果如图14-529所示。这种贴图方式会将程序纹理贴到表面，如果表面被拉伸，3D程序贴图也被拉伸。注意，这种贴图方式不适用于位图贴图，而是适用于3D程序贴图。

图14-528

图14-529

● 制作墙面材质

墙面石材的材质效果如图14-530所示。

图14-530

选择一个空白材质球，然后设置材质类型为VRayMtl材质，并将其命名为“墙面”，具体参数设置如图14-531所示，制作好的材质球效果如图14-532所示。

设置步骤

① 在“漫反射”贴图通道中加载光盘中的“实例文件>CH14>实战295>啡网纹.jpg”贴图文件。

② 在“反射”贴图通道中加载一张“衰减”程序贴图，然后在“衰减参数”卷展栏下设置“侧”通道的颜色为（红:230，绿:239，蓝:255），接着设置“衰减类型”为Fresnel，最后设置“高光光泽度”为0.92、“反射光泽度”为0.96。

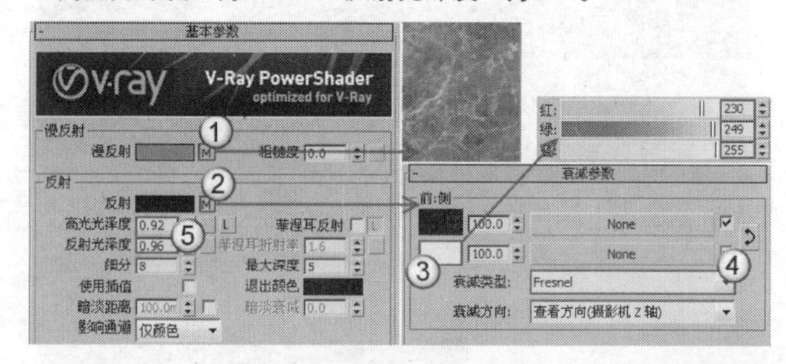

图14-531

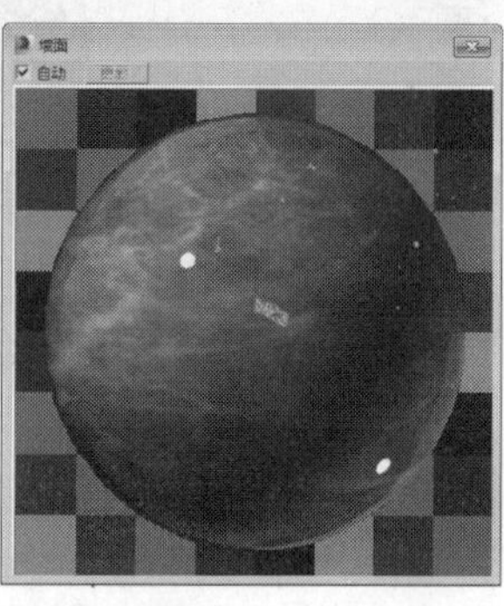

图14-532

>>>>设置测试渲染参数

01 按F10键打开“渲染设置”对话框，然后设置渲染器为VRay渲染器，接着在“公用参数”卷展栏下设置“宽度”为600、“高度”为450，最后单击“图像纵横比”选项后面的“锁定图像纵横比”按钮🔒，锁定渲染图像的纵横比，具体参数设置如图14-533所示。

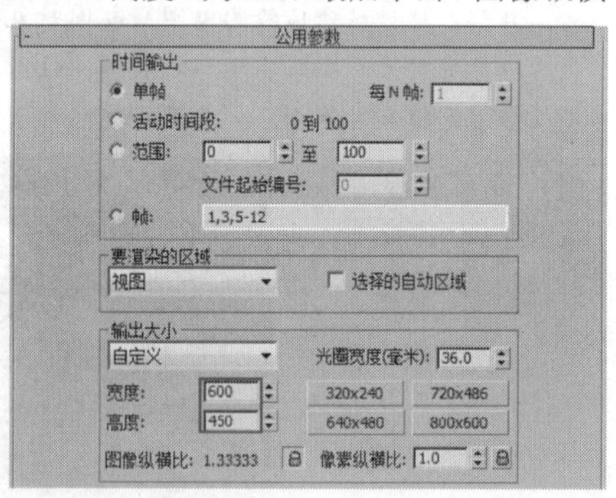

图14-533

02 单击VRay选项卡，然后在“图像采样器（反锯齿）”卷展栏下设置“图像采样器”的“类型”为“固定”，接着在“抗锯齿过滤器”选项组下勾选“开”选项，并设置过滤器类型为“区域”，具体参数设置如图14-534所示。

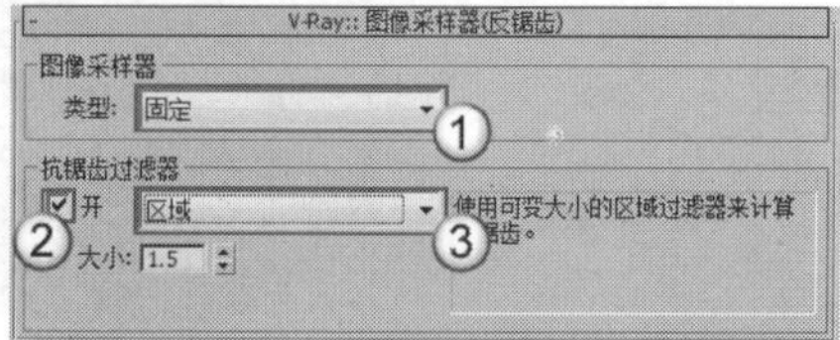

图14-534

03 展开“颜色贴图”卷展栏，然后设置“类型”为“指数”，接着勾选“子像素映射”和“钳制输出”选项，具体参数设置如图14-535所示。

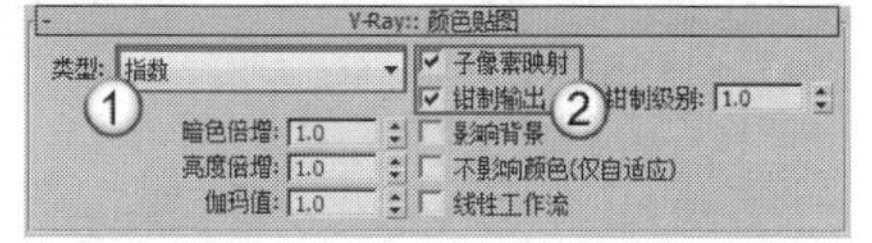

图14-535

04 单击“间接照明”选项卡，然后在“间接照明（GI）”卷展栏下勾选“开”选项，接着设置“首次反弹”的“全局照明引擎”为“发光图”、“二次反弹”的“全局照明引擎”为“灯光缓存”，具体参数设置如图14-536所示。

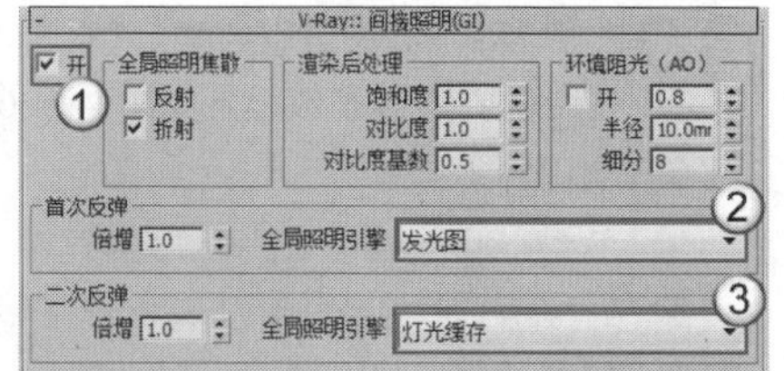

图14-536

05 展开“发光图”卷展栏，然后设置“当前预置”为“非常低”，接着设置“半球细分”为50、“插值采样”为20，最后勾选“显示计算相位”和“显示直接光”选项，具体参数设置如图14-537所示。

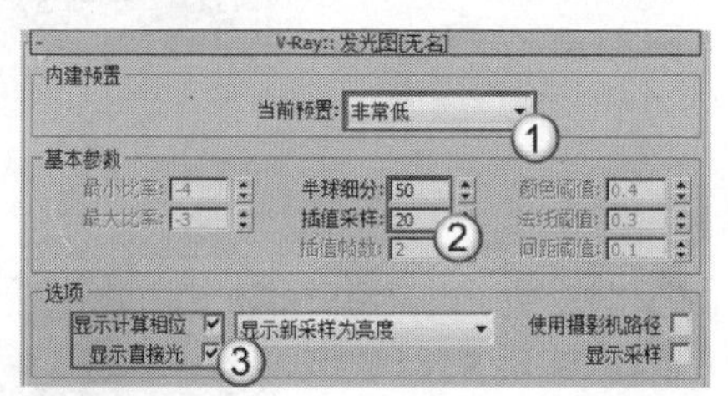

图14-537

06 展开“灯光缓存”卷展栏，然后设置“细分”为100，接着勾选“储存直接光”和“显示计算相位”选项，具体参数设置如图14-538所示。

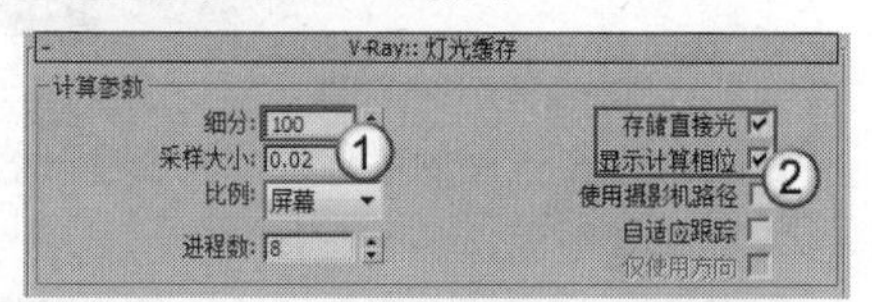

图14-538

07 单击“设置”选项卡，然后在“系统”卷展栏下设置“区域排序”为Top->Bottom（从上->下），接着关闭“显示窗口”选项，具体参数设置如图14-539所示。

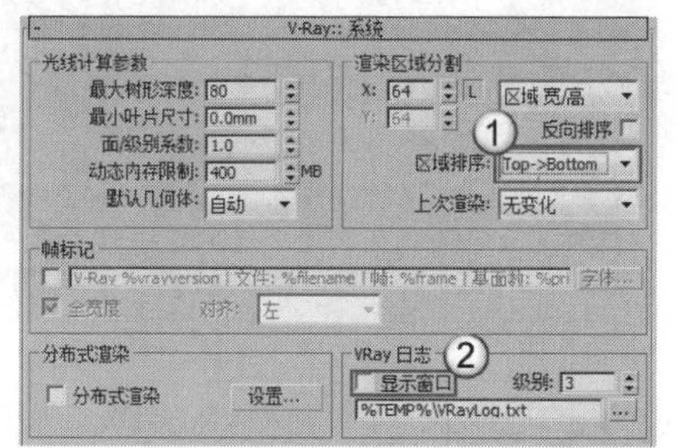

图14-539

>>>>灯光设置

本例共需要布置3处灯光，分别是室内的射灯、吊灯以及灯带。

● **创建射灯**

01 设置灯光类型为“光度学”，然后在左视图中创建10盏目标灯光，其位置如图14-540所示。

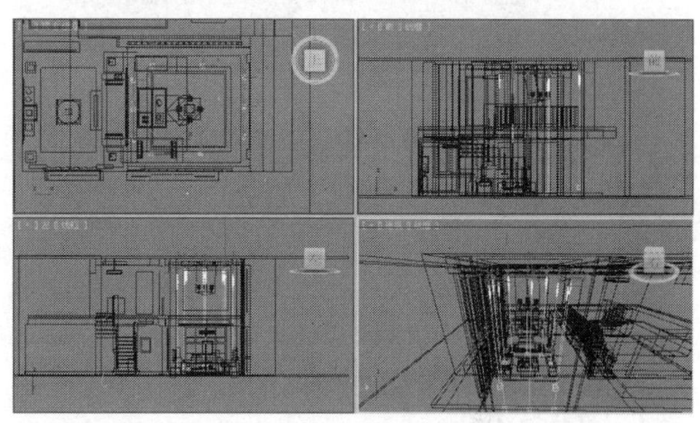

图14-540

02 选择上一步创建的目标灯光，然后切换到“修改”面板，具体参数设置如图14-541所示。

设置步骤

① 展开“常规参数”卷展栏，然后在“阴影”选项组下勾选“启用”选项，接着设置阴影类型为“VRay阴影”，最后设置“灯光分布（类型）”为“光度学Web”。

② 展开“分布（光度学Web）”卷展栏，然后在其通道中加载光盘中的“实例文件>CH14>实战295>19.ies”光域网文件。

③ 展开“强度/颜色/衰减”卷展栏，然后设置“过滤颜色”为（红:235，绿:168，蓝:96），接着设置“强度”为8000。

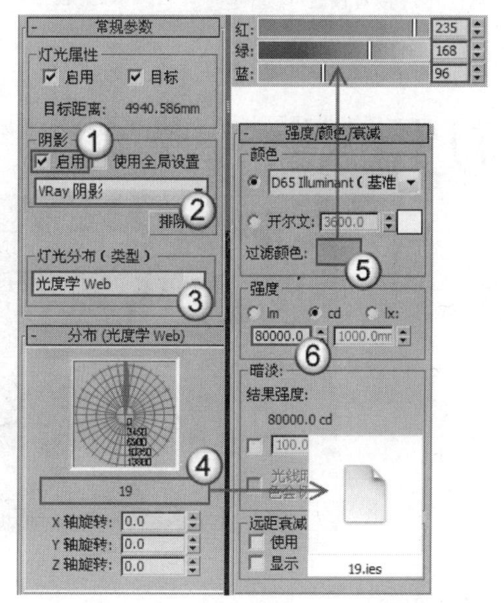

图14-541

03 继续在前视图中创建12盏目标灯光，其位置如图14-542所示。

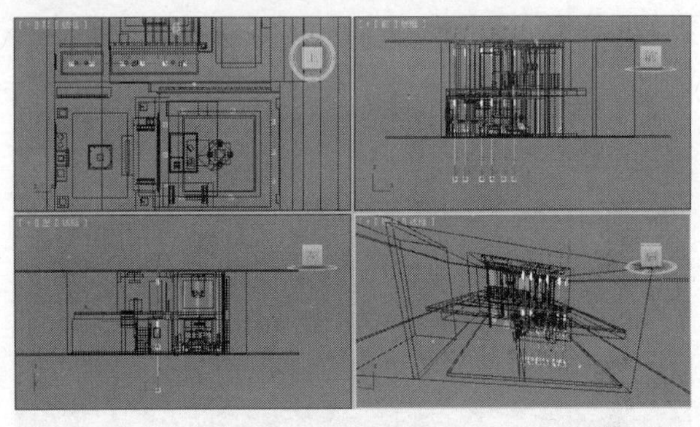

图14-542

04 选择上一步创建的目标灯光，然后切换到“修改”面板，具体参数设置如图14-543所示。

设置步骤

① 展开“常规参数”卷展栏，然后在“阴影”选项组下勾选“启用”选项，接着设置阴影类型为“VRay阴影”，最后设置“灯光分布（类型）”为“光度学Web”。

② 展开“分布（光度学Web）”卷展栏，然后在其通道中加载光盘中的“实例文件>CH14>实战295>0.ies”光域网文件。

③ 展开“强度/颜色/衰减”卷展栏，然后设置“过滤颜色”为（红:247，绿:208，蓝:158），接着设置“强度”为8000。

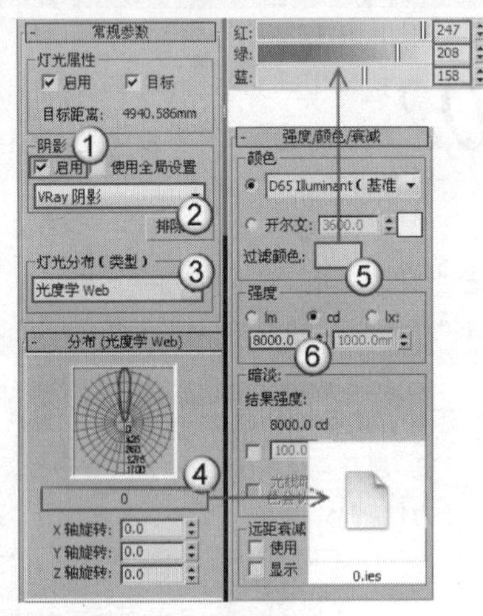

图14-543

05 在摄影机视图中按F9键测试渲染当前场景，效果如图14-544所示。

图14-544

● 创建吊灯

01 设置灯光类型为VRay，然后在吊灯的灯罩内创建4盏VRay灯光，其位置如图14-545所示。

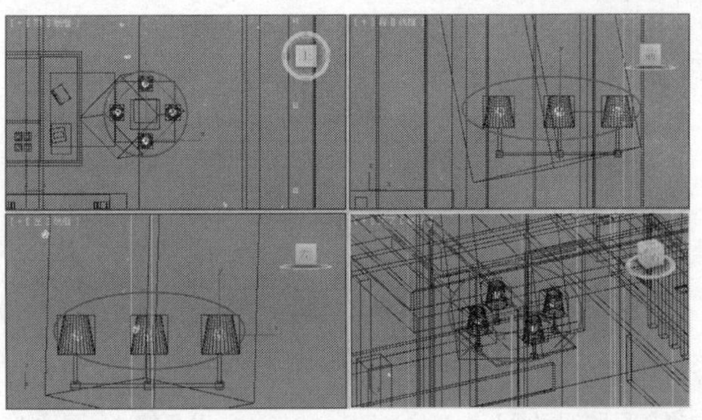

图14-545

02 选择上一步创建的VRay灯光，然后展开“参数”卷展栏，具体参数设置如图14-546所示。

设置步骤

① 在“常规”选项组下设置“类型”为“球体”。

② 在“强度”选项组下设置“倍增”为300，然后设置“颜色”为（红:242，绿:180，蓝:100）。

③ 在“大小”选项组下设置“半径”为24mm。

④ 在“选项”选项组下勾选“不可见”选项。

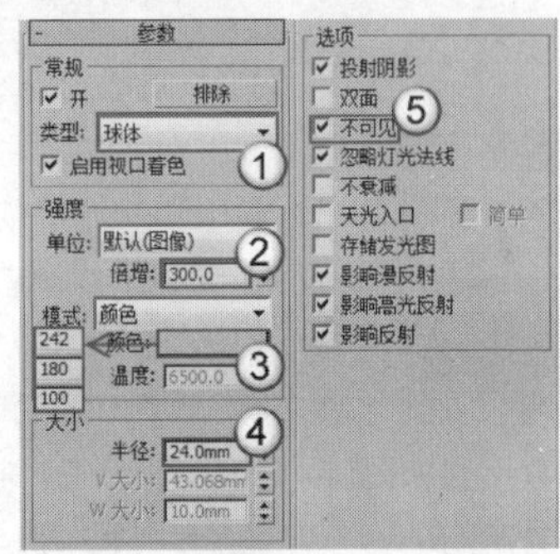

图14-546

03 在摄影机视图中按F9键测试渲染当前场景，效果如图14-547所示。

图14-547

04 继续在里屋的吊灯灯罩内创建一盏VRay灯光，其位置如图14-548所示。

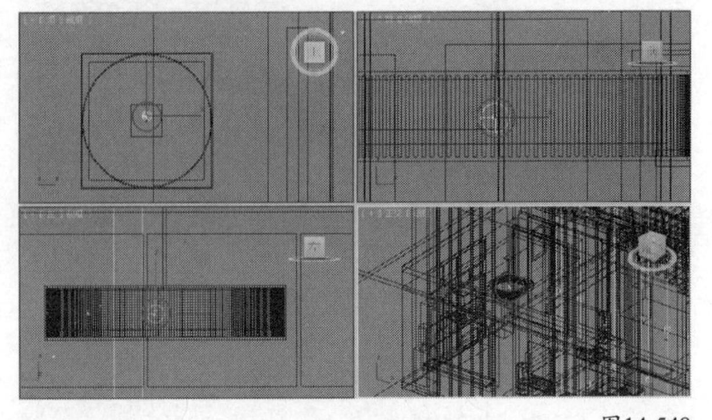

图14-548

05 选择上一步创建的VRay灯光，然后展开“参数”卷展栏，具体参数设置如图14-549所示。

设置步骤

① 在“常规”选项组下设置“类型”为“球体”。

② 在“强度”选项组下设置“倍增”为300，然后设置“颜色”为（红:244，绿:193，蓝:126）。

③ 在“大小”选项组下设置“半径”为28mm。

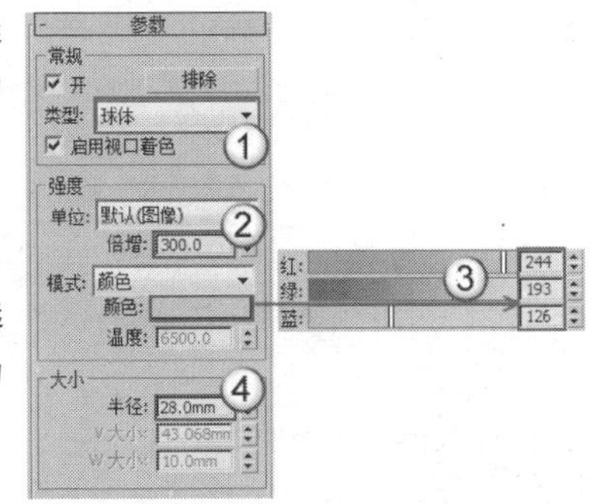

图14-549

06 在步骤（4）创建的VRay灯光的下方创建一盏VRay灯光，其位置如图14-550所示。

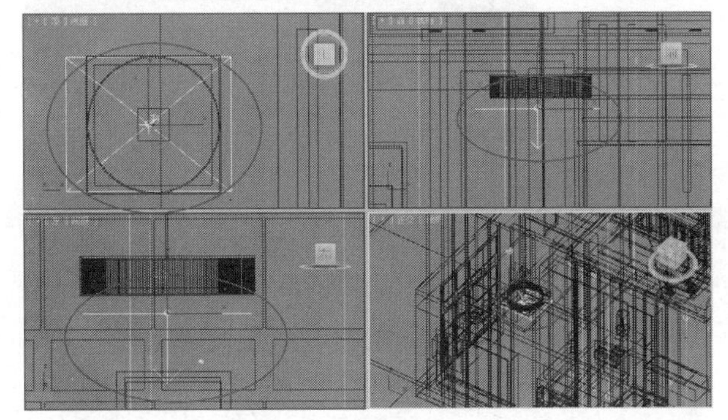

图14-550

07 选择上一步创建的VRay灯光，然后展开“参数”卷展栏，具体参数设置如图14-551所示。

设置步骤

① 在“常规”选项组下设置“类型”为“平面”。

② 在“强度”选项组下设置“倍增”为15，然后设置“颜色”为（红:244，绿:193，蓝:126）。

③ 在“大小”选项组下设置“1/2长”为480mm、“1/2宽”为380mm。

④ 在“选项”选项组下勾选“不可见”选项。

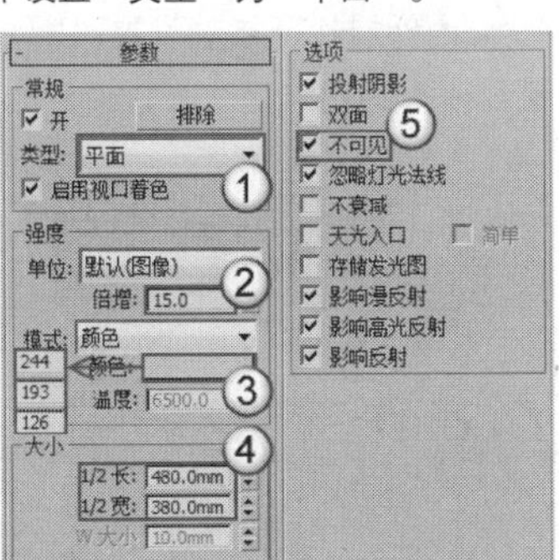

图14-551

08 在摄影机视图中按F9键测试渲染当前场景，效果如图14-552所示。

图14-552

● 创建灯带

01 在大厅的天花板上创建4盏VRay灯光作为灯带，其位置如图14-553所示。

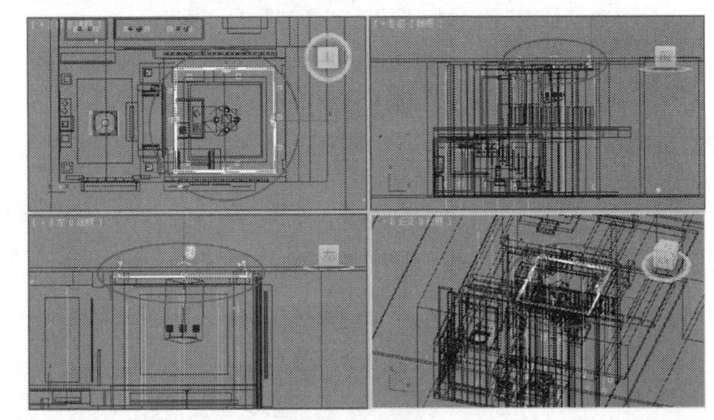

图14-553

02 选择上一步创建的VRay灯光，然后展开“参数”卷展栏，具体参数设置如图14-554所示。

设置步骤

① 在“常规”选项组下设置“类型”为“平面”。

② 在“强度”选项组下设置“倍增”为10，然后设置“颜色”为（红:242，绿:180，蓝:100）。

③ 在“大小”选项组下设置“半长”为800mm、“半宽”为40mm。

④ 在“选项”选项组下勾选“不可见”选项。

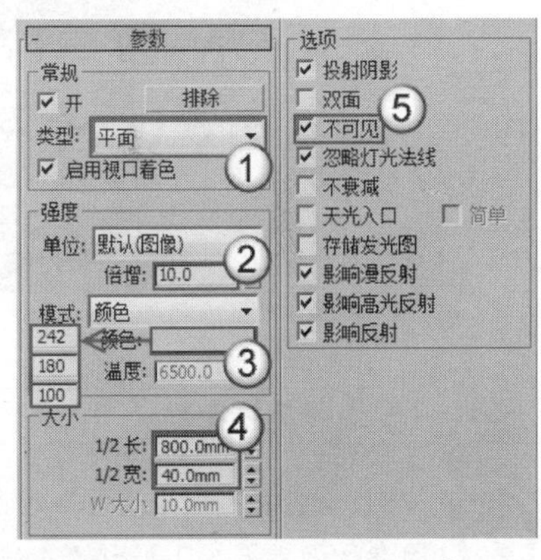

图14-554

03 继续在里屋的天花板上创建4盏VRay灯光作为灯带，其位置如图14-555所示。

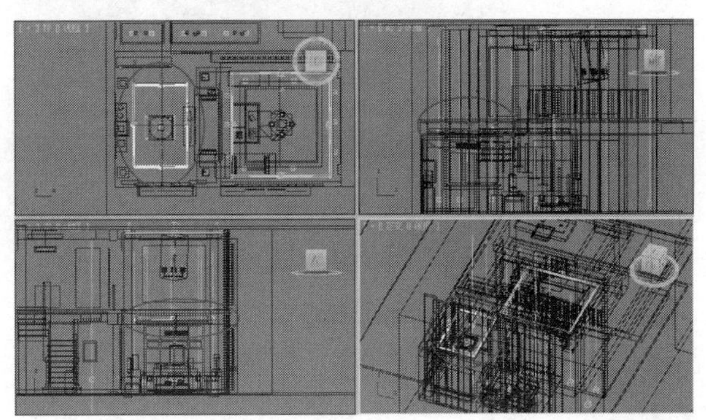

图14-555

04 选择上一步创建的VRay灯光，然后展开“参数”卷展栏，其位置如图14-556所示。

设置步骤

① 在“常规”选项组下设置“类型”为“平面”。

② 在“强度”选项组下设置“倍增”为15，然后设置“颜色”为（红:244，绿:193，蓝:126）。

③ 在“大小”选项组下设置“半长”为890mm、“半宽”为26mm。

④ 在“选项”选项组下勾选“不可见”选项。

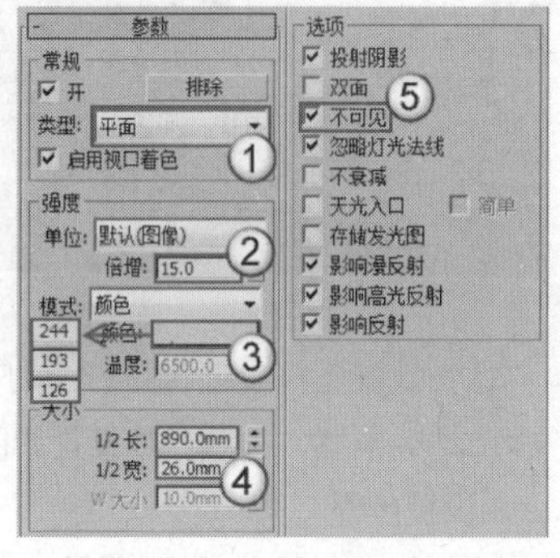

图14-556

05 在摄影机视图中按F9键测试渲染当前场景，效果如图14-557所示。

图14-557

>>>>设置最终渲染参数

01 按F10键打开“渲染设置”对话框，然后在“公用参数”卷展栏下设置“宽度”为2000、“高度”为1500，具体参数设置如图14-558所示。

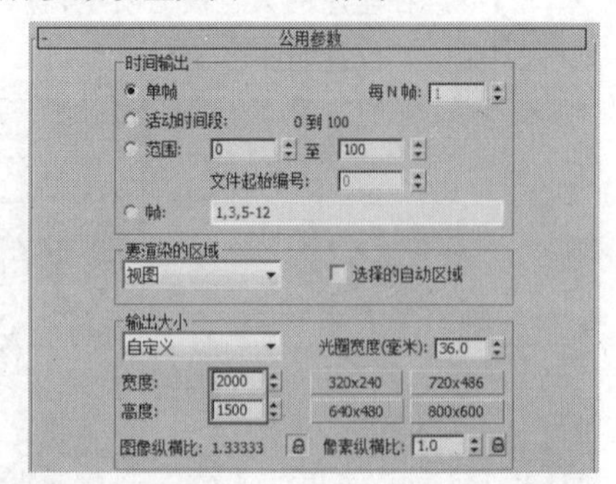

图14-558

02 单击VRay选项卡，然后在“图像采样器（反锯齿）”卷展栏下设置“图像采样器”的“类型”为“自适应确定性蒙特卡洛”，接着在“抗锯齿过滤器”选项组下设置过滤器类型为Mitchell-Netravali，具体参数设置如图14-559所示。

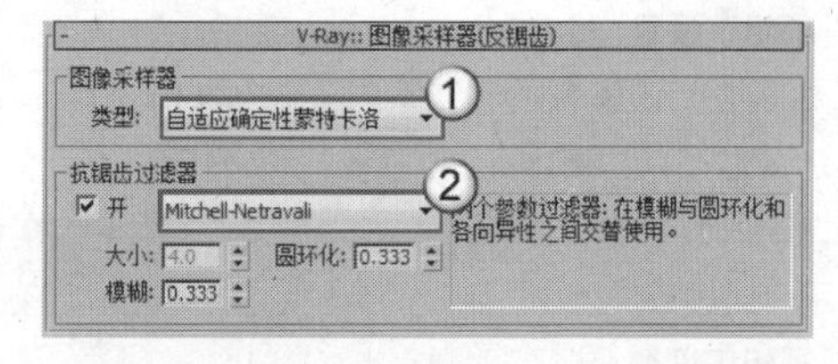

图14-559

03 单击“间接照明”选项卡，然后在“发光图”卷展栏下设置“当前预置”为“中”，接着设置“半球细分”为60、“插值采样”为30，具体参数设置如图14-560所示。

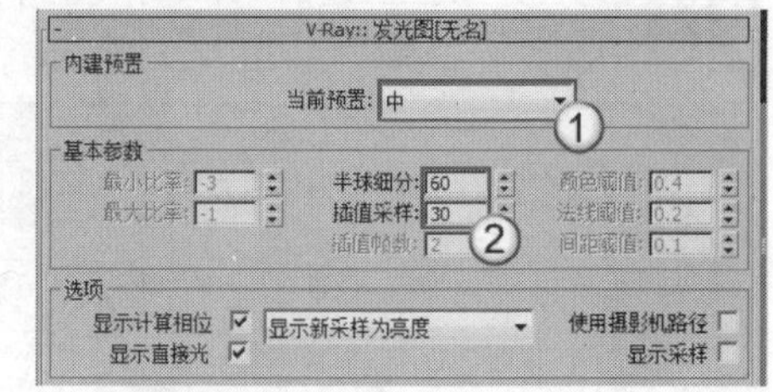

图14-560

04 展开“灯光缓存”卷展栏，然后设置“细分”为1000，具体参数设置如图14-561所示。

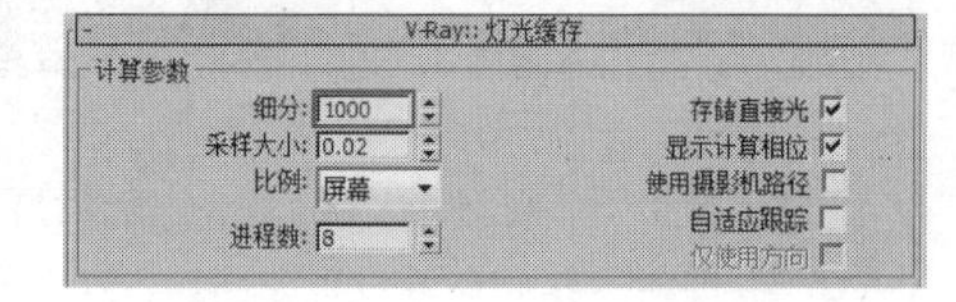

图14-561

05 单击“设置”选项卡，然后展开“DMC采样器”卷展栏，接着设置“噪波阈值”为0.005、“最小采样值”为12，具体参数设置如图14-562所示。

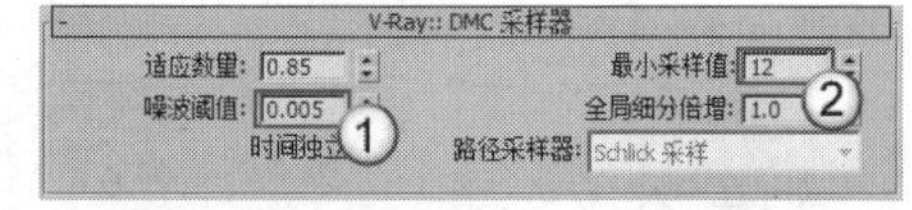

图14-562

06 在摄影机视图中按F9键渲染当前场景，最终效果如图14-563所示。

图14-563

第15章 商业项目实训：工装与建筑篇

学习要点：工装空间材质、灯光、渲染参数的设置方法 / 室外建筑材质、灯光、渲染参数的设置方法 / 模型的检查方法 / 光子图的渲染方法

■ 办公室日光表现/512页　■ 商店日光效果表现/521页　■ 接待大厅日光表现/532页　■ 地中海风格别墅多角度表现/543页　■ 现代风格别墅多角度表现/551页

■ 办公室日光表现/512页　■ 商店日光效果表现/521页　■ 接待大厅日光表现/532页　■ 地中海风格别墅多角度表现/543页　■ 现代风格别墅多角度表现/551页

家装造型设计师

工业造型设计师

室内设计表现师

建筑设计表现师

实战296 精通小型半封闭空间：办公室日光表现

实例信息

- 场景位置：DVD>实例文件>CH15>实战296.max
- 实例位置：DVD>实例文件>CH15>实战296.max
- 视频位置：DVD>多媒体教学>CH15>实战296.flv
- 难易指数：★★★★☆
- 技术掌握：木纹材质、皮纹材质、金属材质和窗帘材质的制作方法；小型半封闭空间日光效果的表现方法

实例介绍

本例是一个小型半封闭式的办公室公共空间，其中木纹材质、皮纹材质、金属材质和窗帘材质的制作方法以及日光效果的表现方法是本例的学习要点。

>>>>材质制作

本例的场景对象材质主要包括地面材质、书架木纹材质、书桌木纹材质、背板木纹材质、书画材质、沙发材质、椅子皮纹材质、金属材质和窗帘材质，如图15-1所示。

图15-1

● 制作地面材质

地面材质效果如图15-2所示。

图15-2

01 打开光盘中的“场景文件>CH15>实战296.max”文件，如图15-3所示。

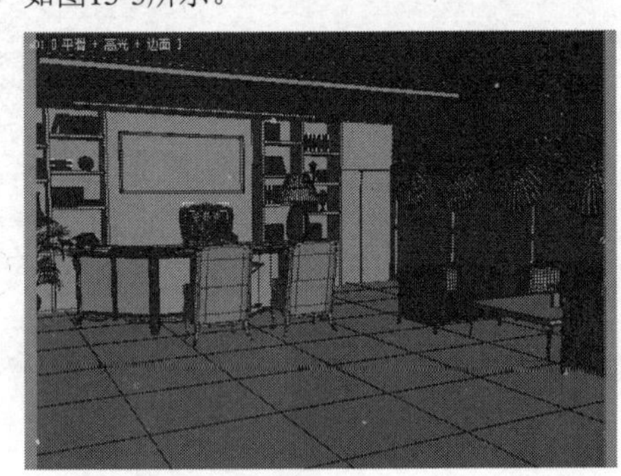

图15-3

02 选择一个空白材质球，然后设置材质类型为VRayMtl材质，接着在“漫反射”贴图通道中加载光盘中的“实例文件>CH15>实战296>地面.jpg”文件，如图15-4所示。

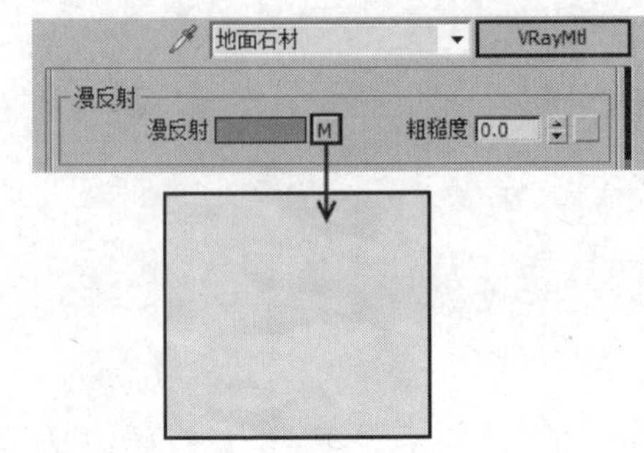

图15-4

03 设置“反射”颜色为（红:84，绿:84，蓝:84），然后设置“细分”为15，如图15-5所示，制作好的材质球效果如图15-6所示。

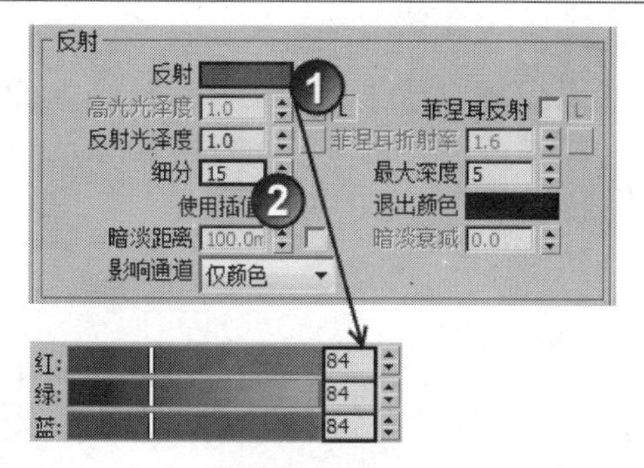

图15-5

图15-6

● 制作书架木纹材质

书架木纹材质效果如图15-7所示。

图15-7

01 选择一个空白材质球，然后设置材质类型为VRayMtl材质，接着在“漫反射”贴图通道中加载光盘中的“实例文件>CH15>实战296>木板.jpg”文件，如图15-8所示。

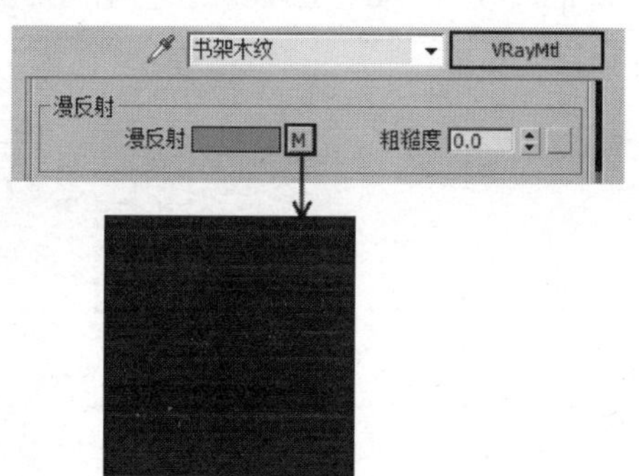

图15-8

02 设置“反射”颜色为白色，然后设置“高光光泽度”为0.81、“反射光泽度”为0.95，接着勾选“菲涅耳反射”选项，如图15-9所示，制作好的材质球效果如图15-10所示。

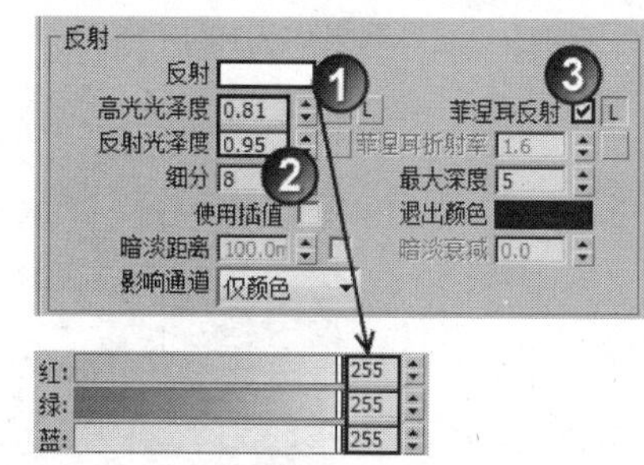

图15-9

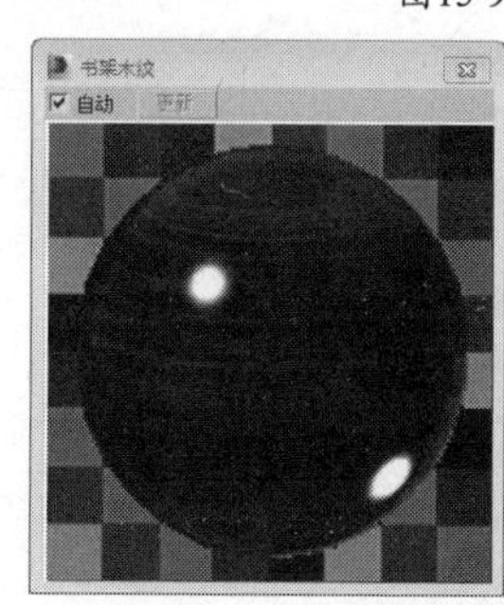

图15-10

● 制作书桌木纹材质

书桌木纹材质效果如图15-11所示。

图15-11

01 选择一个空白材质球，然后设置材质类型为VRayMtl材质，接着在“漫反射”贴图通道中加载光盘中的“实例文件>CH15>实战296>木板.jpg”文件，最后在“坐标”卷展栏下设置“角度”的W为45，如图15-12所示。

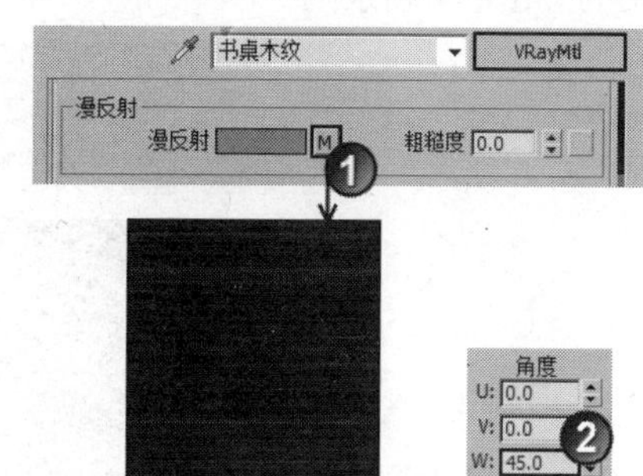

图15-12

02 设置“反射”颜色为白色，然后设置“高光光泽度”为0.81、“反射光泽度”为0.95、“细分”为20，接着勾选“菲涅耳反射”选项，如图15-13所示，制作好的材质球效果如图15-14所示。

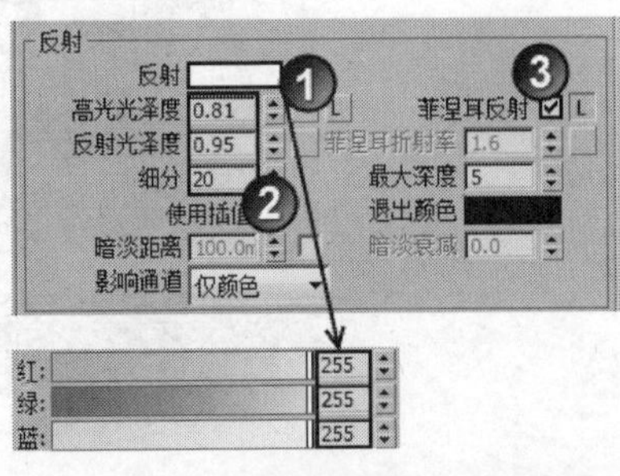

图15-13

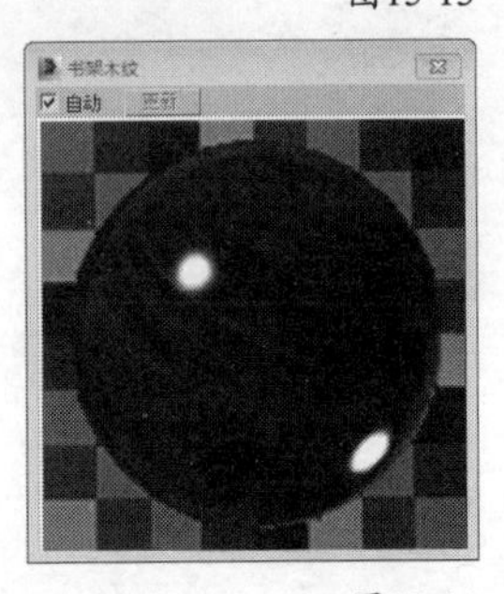

图15-14

● 制作背板木纹材质

背板木纹材质效果如图15-15所示。

图15-15

01 选择一个空白材质球，然后设置材质类型为VRayMtl材质，接着在“漫反射”贴图通道中加载光盘中的“实例文件>CH15>实战296>背景木.jpg”文件，如图15-16所示。

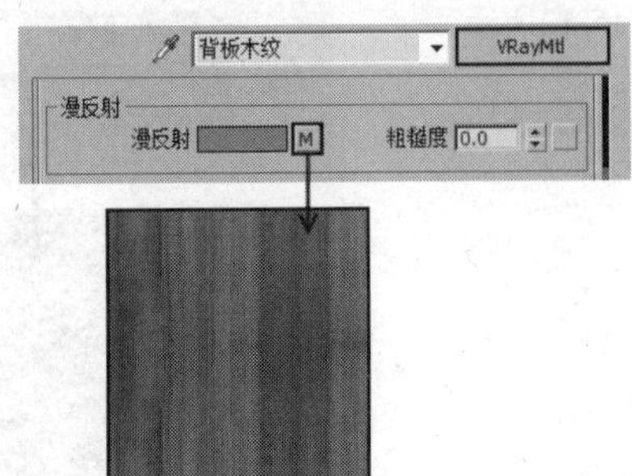

图15-16

02 设置“反射”颜色为白色，然后设置“高光光泽度”为0.81、“反射光泽度”为0.9，接着勾选“菲涅耳反射”选项，如图15-17所示，制作好的材质球效果如图15-18所示。

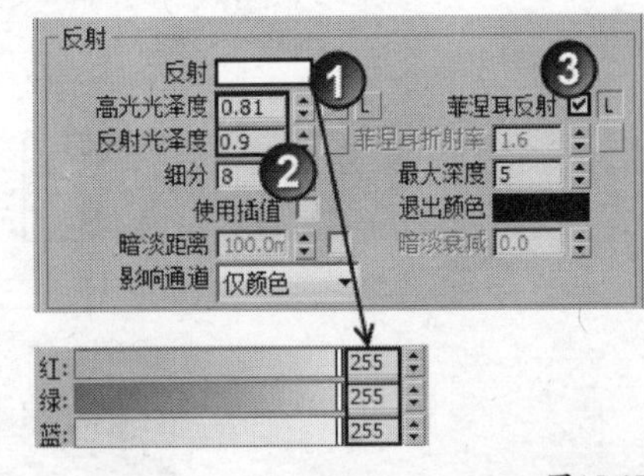

图15-17

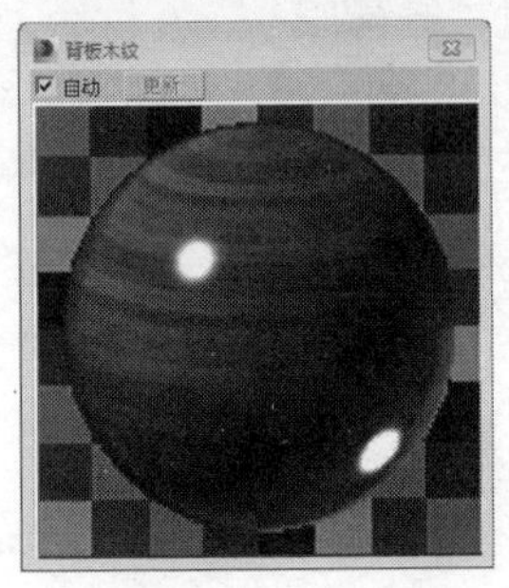

图15-18

● 制作书画材质

书画材质效果如图15-19所示。

图15-19

选择一个空白材质球，然后在“漫反射”贴图通道中加载光盘中的“实例文件>CH15>实战296>天道酬勤.jpg”文件，如图15-20所示，制作好的材质球效果如图15-21所示。

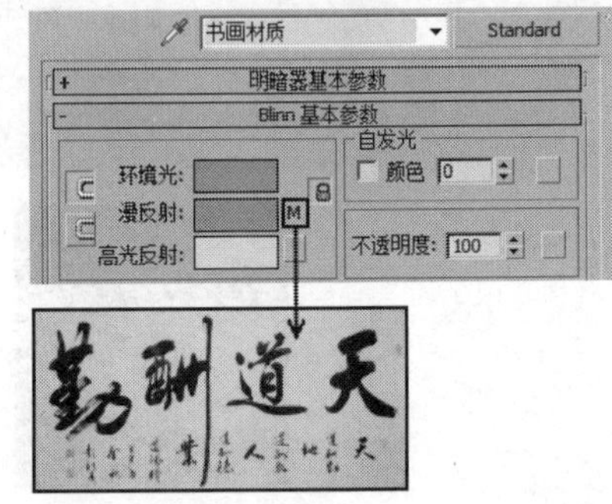

图15-20

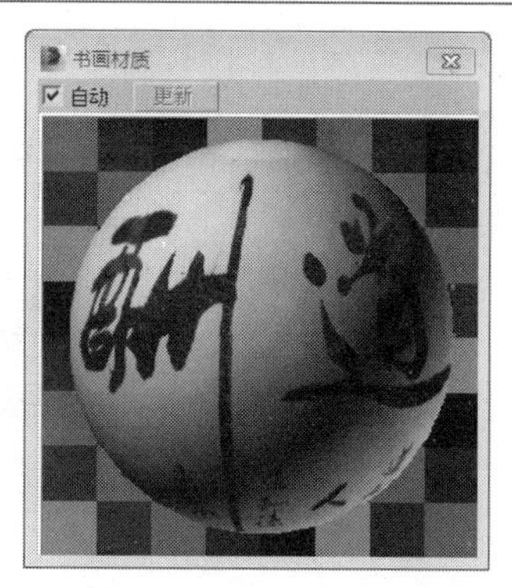

图15-21

● 制作沙发材质

沙发材质效果如图15-22所示。

图15-22

01 选择一个空白材质球，然后设置材质类型为VRayMtl材质，接着设置“漫反射”颜色为黑色，如图15-23所示。

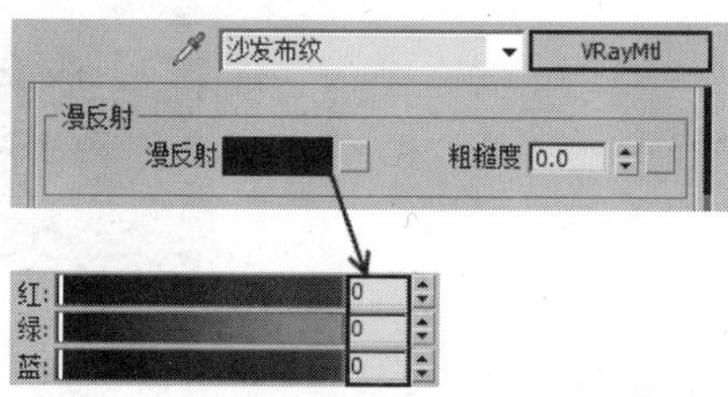

图15-23

02 设置“反射”颜色为（红:60，绿:60，蓝:60），然后设置“反射光泽度”为0.6、“细分”为25，如图15-24所示，制作好的材质球效果如图15-25所示。

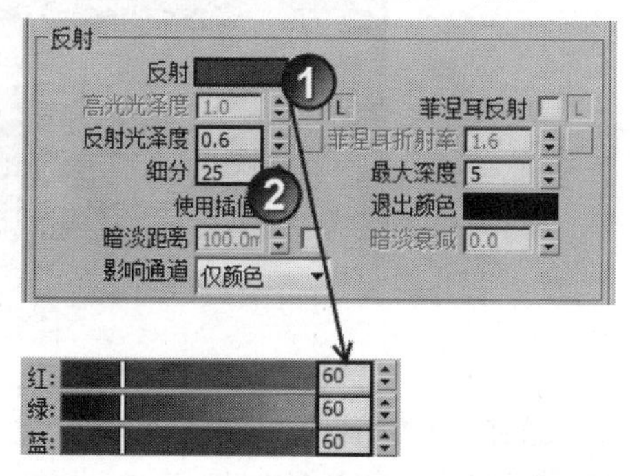

图15-24

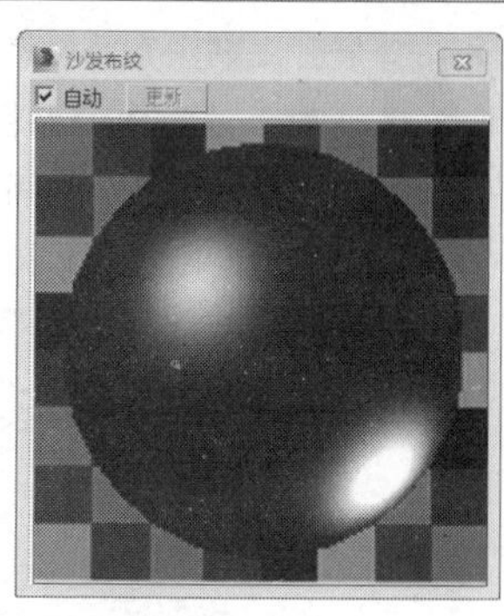

图15-25

● 制作椅子皮纹材质

椅子皮纹材质效果如图15-26所示。

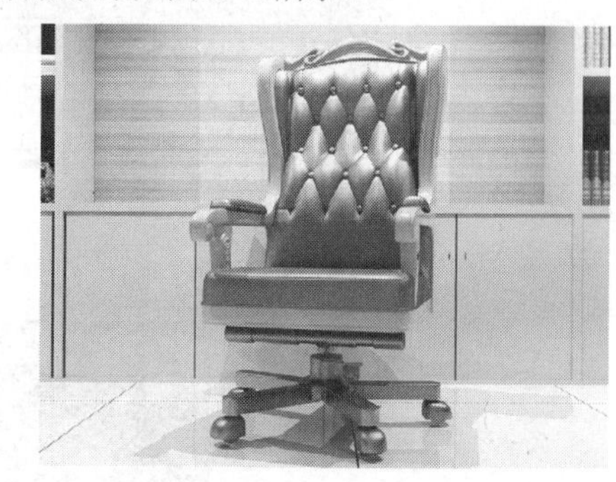

图15-26

01 选择一个空白材质球，然后设置材质类型为VRayMtl材质，接着在“漫反射”贴图通道中加载光盘中的“实例文件>CH15>实战296>皮质.jpg”文件，如图15-27所示。

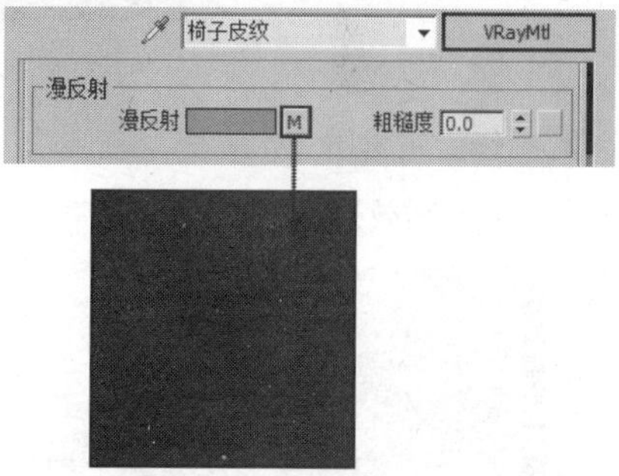

图15-27

02 设置“反射”颜色为（红:50，绿:50，蓝:50），然后设置“反射光泽度”为0.61、“细分”为25，如图15-28所示。

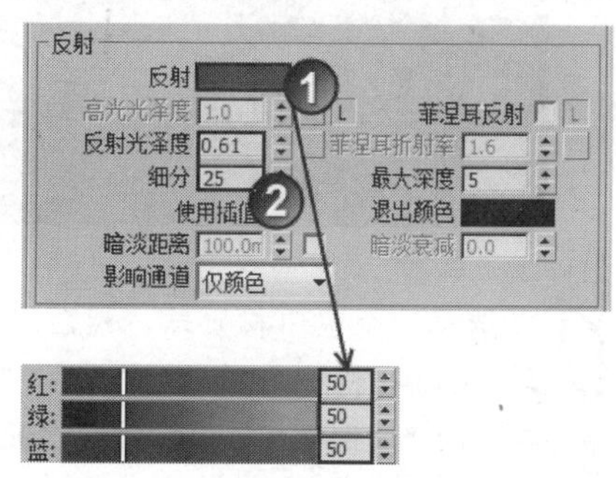

图15-28

03 展开“贴图”卷展栏，然后使用鼠标左键将“漫反射”通道中的贴图拖曳到“凹凸”贴图通道上，接着设置“凹凸”的强度为5，如图15-29所示，制作好的材质球效果如图15-30所示。

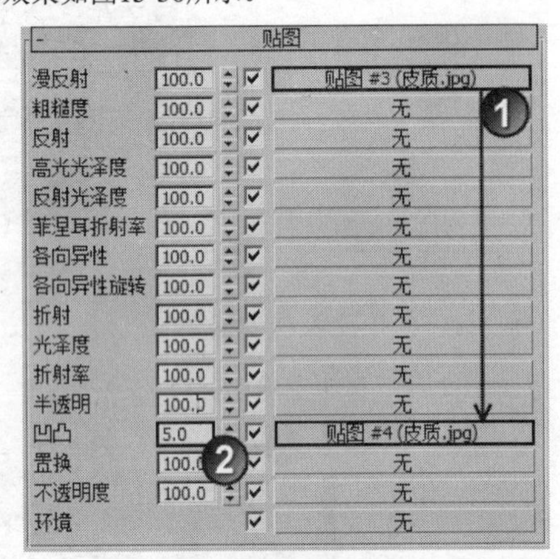

图15-29

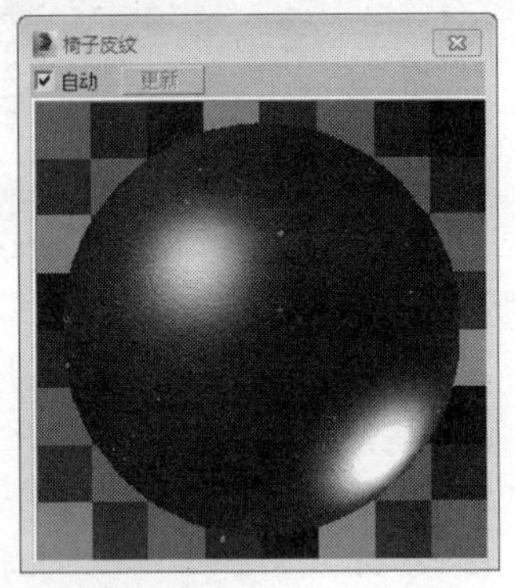

图15-30

● **制作金属材质**

金属材质效果如图15-31所示。

图15-31

01 选择一个空白材质球，然后设置材质类型为VRayMtl材质，接着在“漫反射”贴图通道中加载光盘中的“实例文件>CH15>实战296>金属.jpg”文件，如图15-32所示。

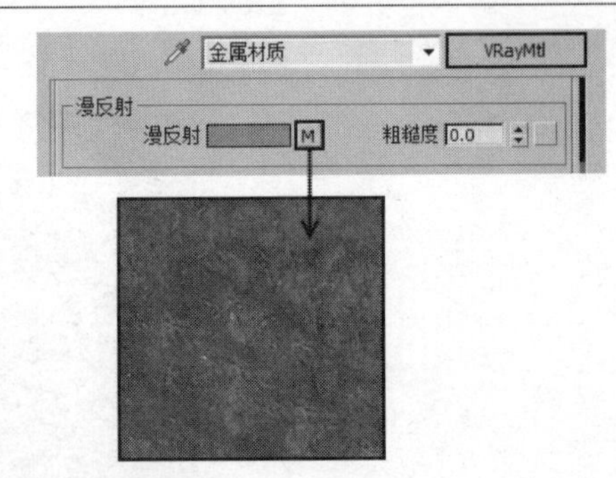

图15-32

02 设置“反射”颜色为（红:140，绿:140，蓝:140），然后设置“高光光泽度”为0.65、“反射光泽度”为0.85，如图15-33所示，制作好的材质球效果如图15-34所示。

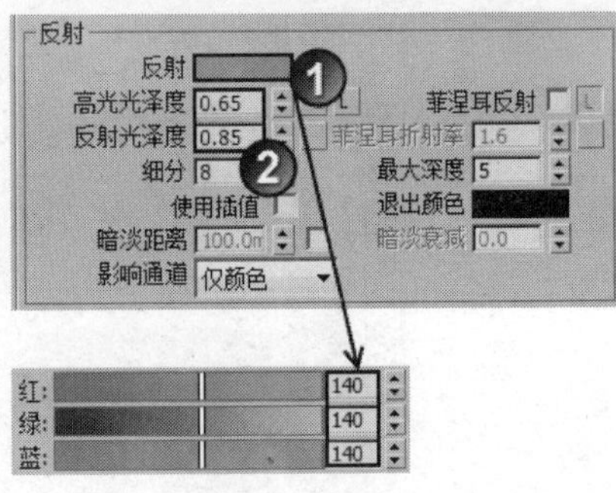

图15-33

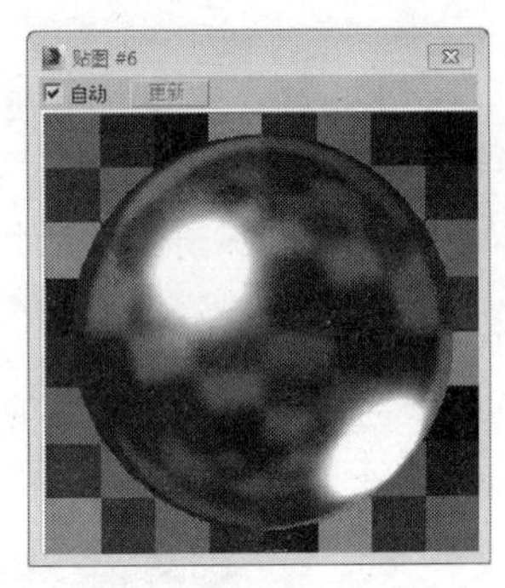

图15-34

● **制作窗帘材质**

窗帘材质效果如图15-35所示。

图15-35

选择一个空白材质球，然后设置材质类型为VRayMtl材质，接着在“漫反射”贴图通道中加载光盘中的“实例文件>CH15>实战296>窗帘布.jpg”文件，最后在“坐标”卷展栏下设置“瓷砖”的U和V都为2，如图15-36所示，制作好的材质球效果如图15-37所示。

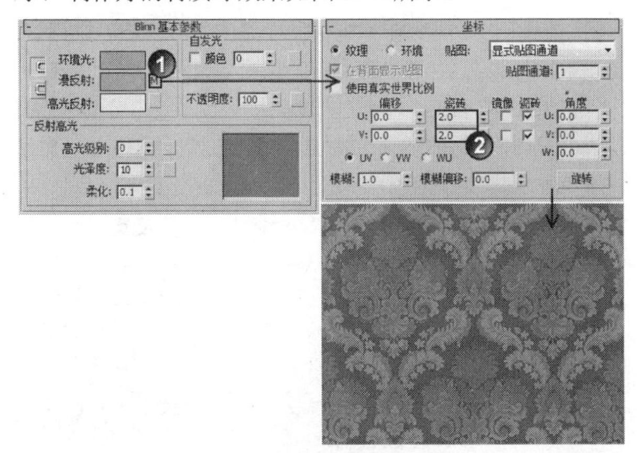

图15-36

图15-37

>>>>灯光设置

本场景主要布置5处灯光，分别是照亮场景的主光源和辅助光源以及一些射灯、灯带和吸顶灯。

● 创建主光源

01 设置灯光类型为VRay，然后在场景中创建一盏VRay灯光作为主光源，其位置如图15-38所示。

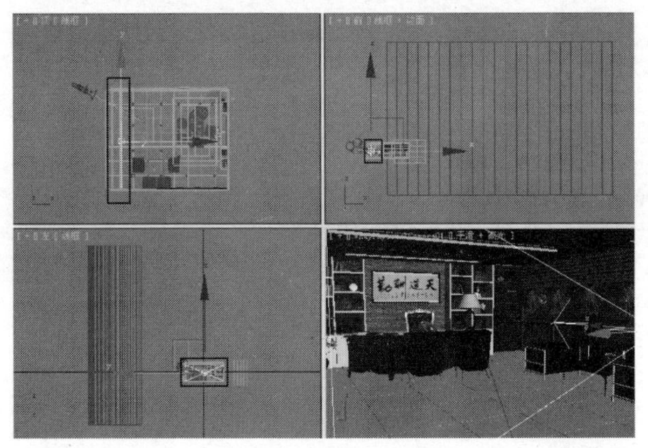

图15-38

02 选择上一步创建的VRay灯光，然后展开“参数”卷展栏，具体参数设置如图15-39所示。

设置步骤

① 在“常规”选项组下设置“类型”为“平面”。

② 在“强度”选项组下设置“倍增”为2，然后设置“颜色”为（红:255，绿:243，蓝:211）。

③ 在“大小”选项组下设置“1/2长”为135mm、“1/2宽”为55mm。

④ 在“选项”选项组下勾选“不可见”选项。

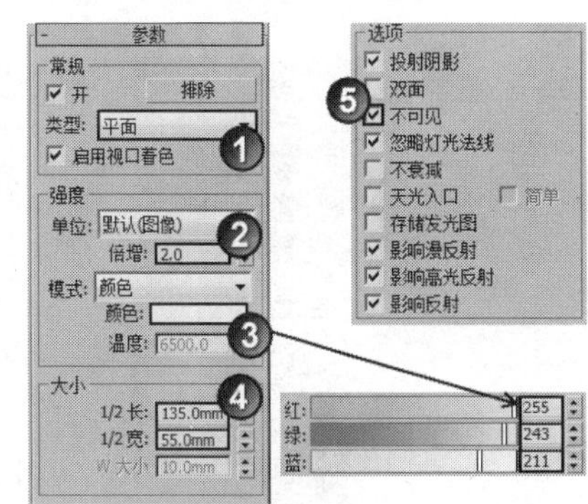

图15-39

03 在摄影机视图中按F9键测试渲染当前场景，效果如图15-40所示。

图15-40

● 创建辅助光源

01 设置灯光类型为“光度学”，然后在场景中创建3盏目标灯光，其位置如图15-41所示。

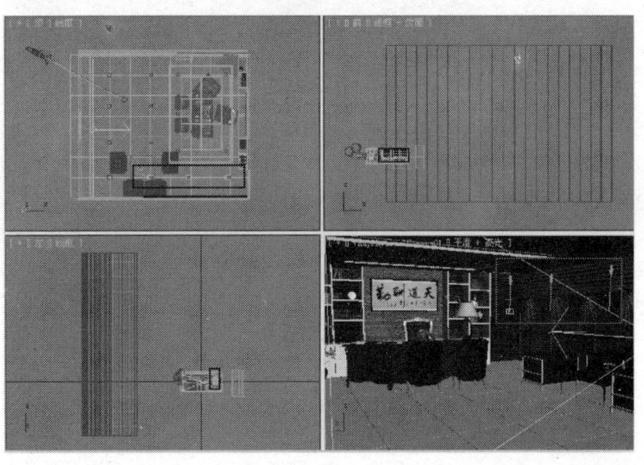

图15-41

02 选择上一步创建的目标灯光，然后进入“修改”面板，具体参数设置如图15-42所示。

设置步骤

① 展开“常规参数”卷展栏，然后在“阴影”选项组下勾选“启用”选项，接着设置阴影类型为“VRay阴影”，最后设置“灯光分布（类型）”为“光度学Web”。

② 展开“分布（光度学Web）”卷展栏，然后在其通道中加载光盘中的“实例文件>CH15>实战296>射灯1.ies”文件。

③ 展开“强度/颜色/衰减”卷展栏，然后设置“过滤颜色”为（红:255，绿:232，蓝:183），接着设置“强度”为10000。

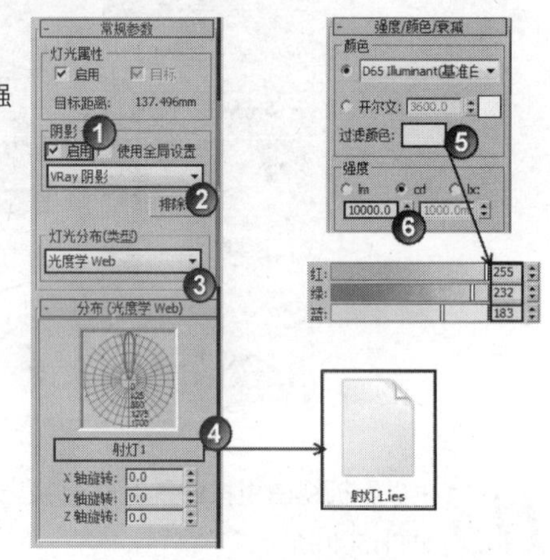

图15-42

03 在摄影机视图中按F9键测试渲染当前场景，效果如图15-43所示。

图15-43

● 创建射灯

01 在场景中创建3盏目标灯光作为射灯，其位置如图15-44所示。

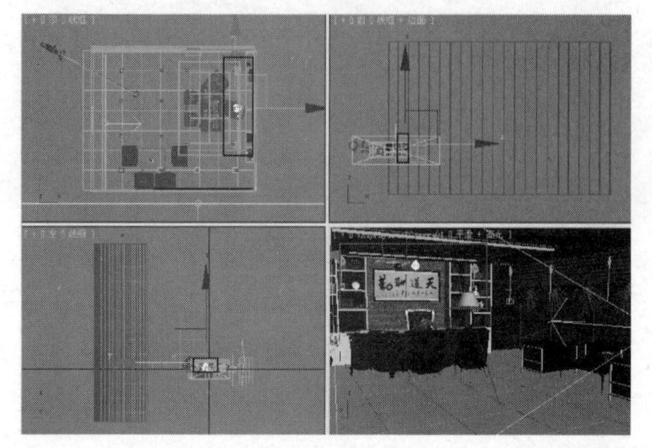

图15-44

02 选择上一步创建的目标灯光，然后进入“修改”面板，具体参数设置如图15-45所示。

设置步骤

① 展开“常规参数”卷展栏，然后在“阴影”选项组下勾选“启用”选项，接着设置阴影类型为“VRay阴影”，最后设置“灯光分布（类型）”为“光度学Web”。

② 展开“分布（光度学Web）”卷展栏，然后在其通道中加载光盘中的“实例文件>CH15>实战296>射灯2.ies”文件。

③ 展开“强度/颜色/衰减”卷展栏，然后设置“过滤颜色”为（红:255，绿:232，蓝:183），接着设置“强度”为40000。

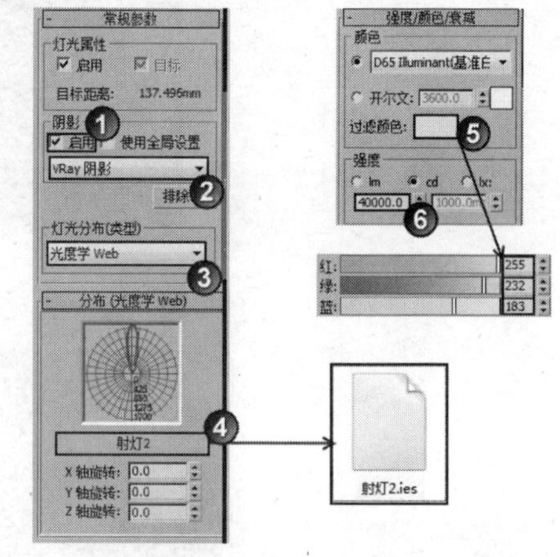

图15-45

03 在摄影机视图中按F9键测试渲染当前场景，效果如图15-46所示。

图15-46

● 创建灯带

01 设置灯光类型为VRay，然后在场景中创建4盏VRay灯光作为灯带，其位置如图15-47所示。

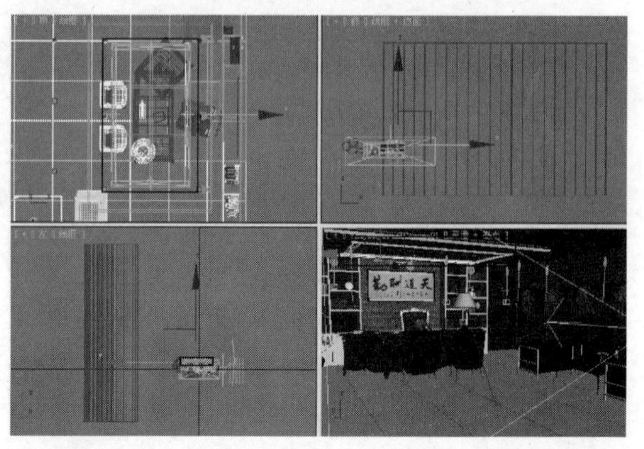

图15-47

02 选择上一步创建的VRay灯光，然后展开“参数”卷展栏，具体参数设置如图15-48所示。

设置步骤

① 在“常规”选项组下设置“类型”为“平面”。

② 在“强度”选项组下设置“倍增”为4，然后设置“颜色”为（红:255，绿:233，蓝:196）。

③ 在“大小”选项组下设置“1/2长”为2.5mm、“1/2宽”为70mm。

④ 在“选项”选项组下勾选“不可见”选项。

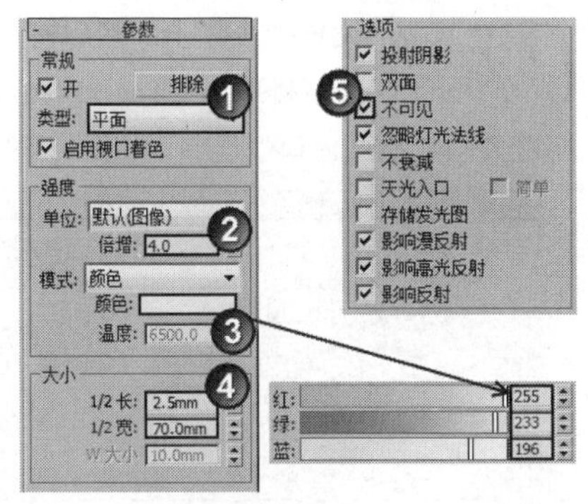

图15-48

03 在摄影机视图中按F9键测试渲染当前场景，效果如图15-49所示。

图15-49

● **创建吸顶灯**

01 在场景中创建一盏VRay灯光作为吸顶灯，其位置如图15-50所示。

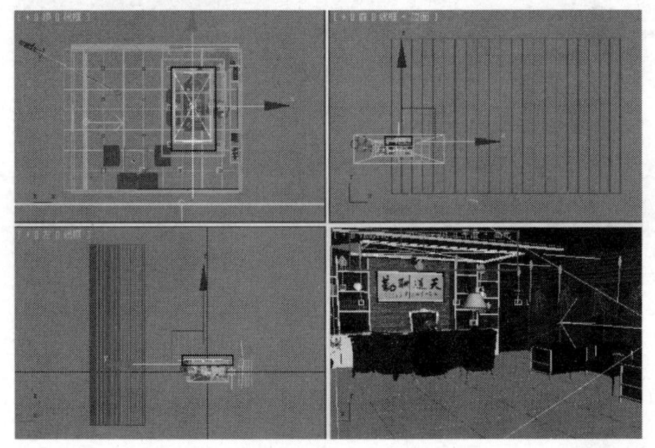

图15-50

02 选择上一步创建的VRay灯光，然后展开“参数”卷展栏，具体参数设置如图15-51所示。

设置步骤

① 在“常规”选项组下设置“类型”为“平面”。

② 在“强度”选项组下设置“倍增”为4，然后设置“颜色”为（红:255，绿:233，蓝:196）。

③ 在“大小”选项组下设置“1/2长”为3mm、“1/2宽”为75mm。

④ 在“选项”选项组下勾选“不可见”选项。

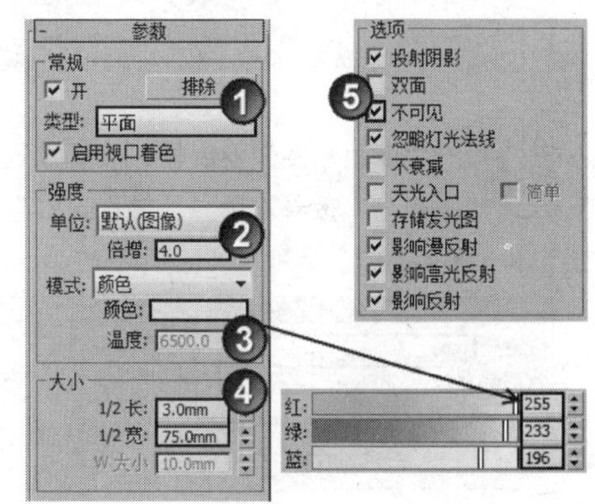

图15-51

03 在摄影机视图中按F9键测试渲染当前场景，效果如图15-52所示。

图15-52

>>>>渲染设置

01 按F10键打开“渲染设置”对话框，然后设置渲染器为VRay渲染器，接着在“公用参数”卷展栏下设置“宽度”为1500、“高度”为1125，最后单击“图像纵横比”选项后面的“锁定”，锁定渲染图像的纵横比，如图15-53所示。

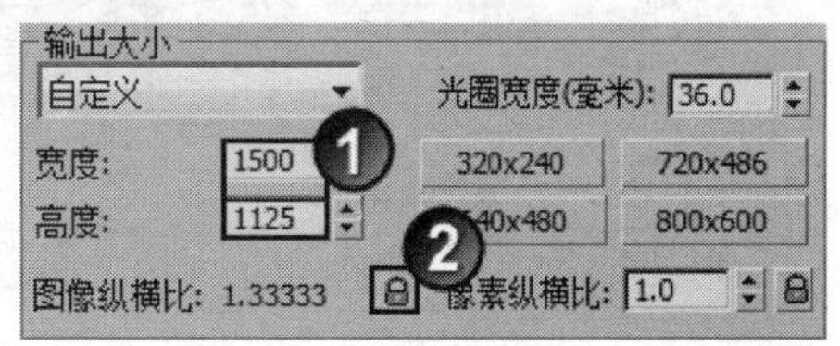

图15-53

02 单击VRay选项卡，然后在“图像采样器（反锯齿）”卷展栏下设置“图像采样器”类型为“自适应确定性蒙特卡洛”，接着设置“抗锯齿过滤器”类型为Catmull-Rom，如图15-54所示。

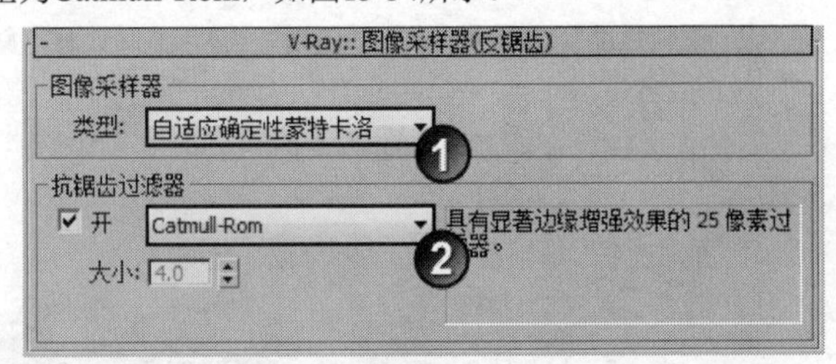

图15-54

03 展开“颜色贴图”卷展栏，然后设置“类型”为“指数”，接着勾选“子像素映射”、“钳制输出”和“影响背景”选项，如图15-55所示。

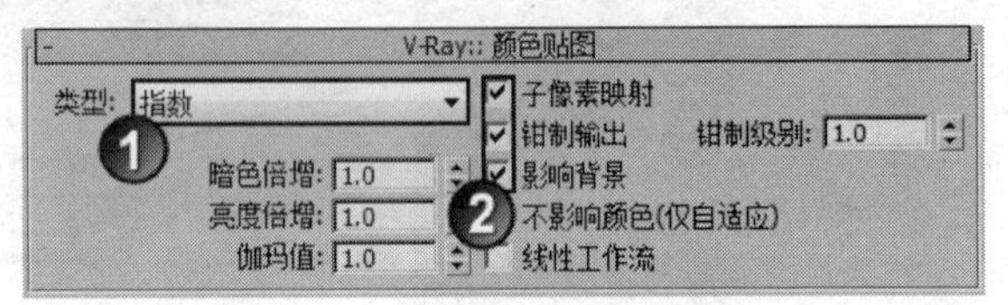

图15-55

04 单击“间接照明”选项卡，然后在“间接照明（GI）”卷展栏下勾选“开”选项，接着设置“首次反弹”下的“全局照明引擎”为“发光图”、“二次反弹”下的“全局照明引擎”为“灯光缓存”，如图15-56所示。

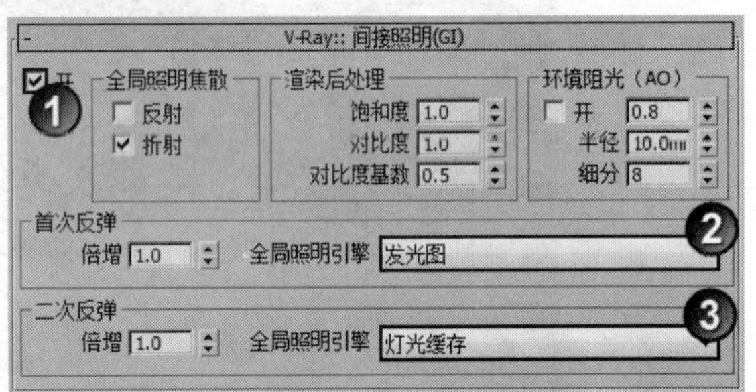

图15-56

05 展开“发光图”卷展栏，然后设置“当前预置”为“中”，接着设置“半球细分”为70、“插值采样”为30，最后勾选“显示计算相位”和“显示直接光”选项，如图15-57所示。

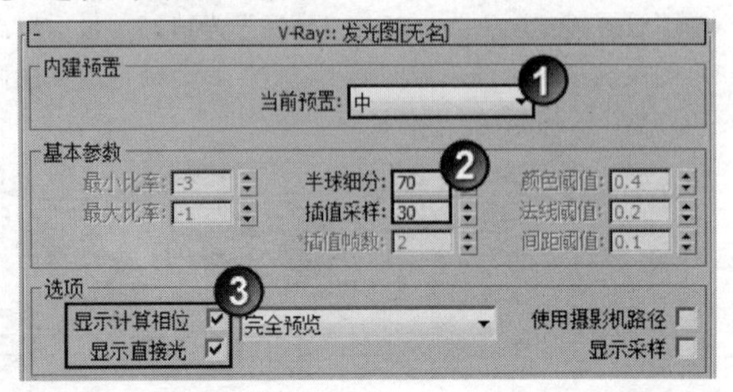

图15-57

06 展开“灯光缓存”卷展栏，然后设置“细分”为1000，接着勾选“存储直接光”和“显示计算相位”选项，如图15-58所示。

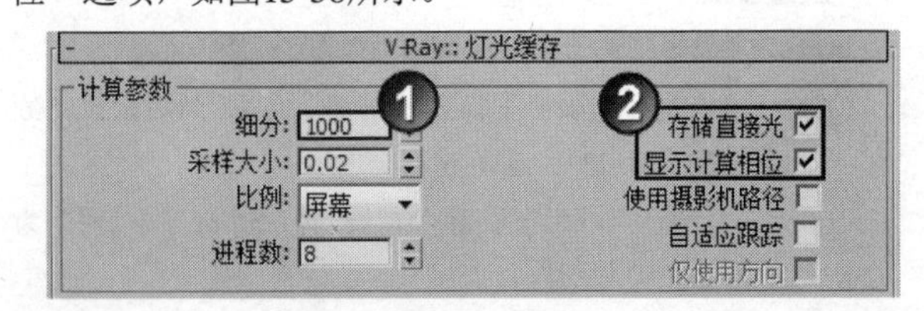

图15-58

07 单击“设置”选项卡，然后在“系统”卷展栏下设置“区域排序”为Top->Bottom（从上->下），接着关闭“显示窗口”选项，如图15-59所示。

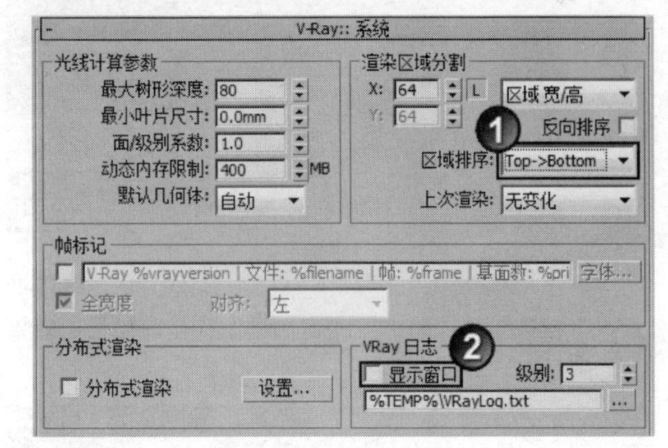

图15-59

08 展开“DMC采样器”卷展栏，然后设置“噪波阈值”为0.005、“最小采样值”为16，如图15-60所示。

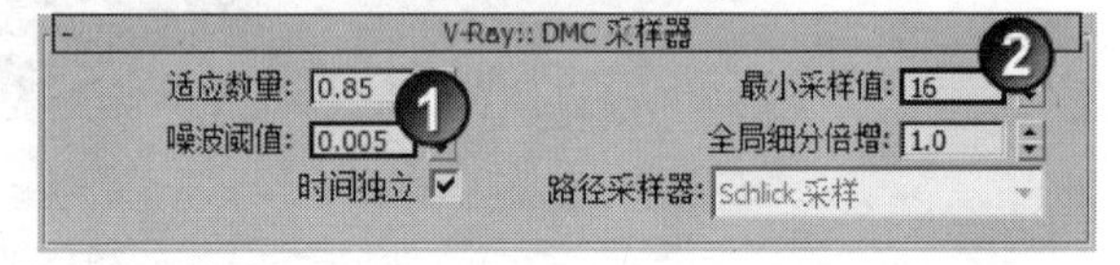

图15-60

09 在摄影机视图中按F9键渲染当前场景，最终效果如图15-61所示。

图15-61

实战 297 精通中型半封闭空间：商店日光效果表现

实例信息

- 场景位置：DVD>实例文件>CH15>实战297.max
- 实例位置：DVD>实例文件>CH15>实战297.max
- 视频位置：DVD>多媒体教学>CH15>实战297.flv
- 难易指数：★★★★☆
- 技术掌握：乳胶漆材质、墙面材质、釉面砖材质、布材质和发光环境材质的制作方法；中型半封闭空间日光效果的表现方法

实例介绍

本场景是一个中型半封闭式的商店公共空间，其中乳胶漆材质、墙面材质、釉面砖材质、布材质和发光环境材质的制作方法以及日光效果的表现方法是本例的学习要点。

>>>>材质制作

本例的场景对象材质主要包括天花乳胶漆材质、墙面材质、釉面砖材质、展柜木纹材质、布材质、窗玻璃材质和发光环境材质，如图15-62所示。

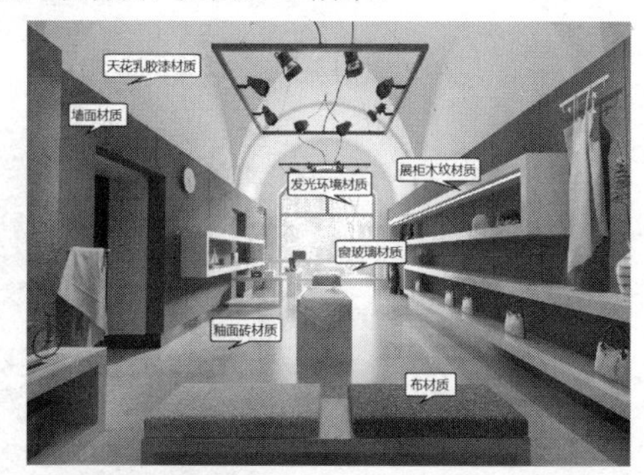

图15-62

● 制作天花乳胶漆材质

天花乳胶漆材质效果如图15-63所示。

图15-63

01 打开光盘中的“场景文件>CH15>实战297.max”文件，如图15-64所示。

图15-64

02 选择一个空白材质球，设置材质类型为VRayMtl材质，然后设置“漫反射”颜色为（红:246，绿:241，蓝:155），如图15-65所示。

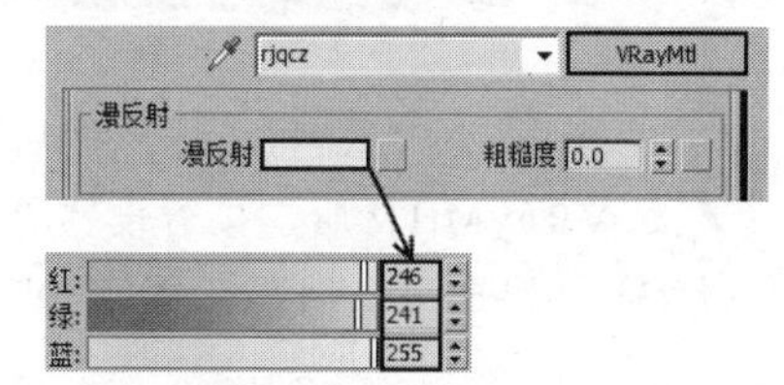

图15-65

03 设置“反射”颜色为（红:15，绿:15，蓝:15），然后设置“反射光泽度”为0.25，如图15-66所示。

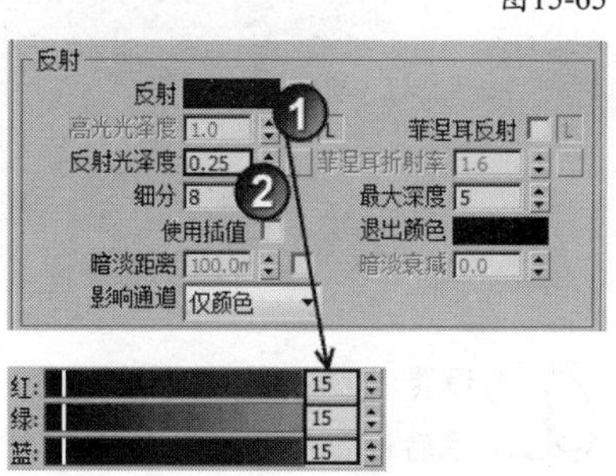

图15-66

04 展开“选项”卷展栏，然后关闭“跟踪反射”选项，如图15-67所示，制作好的材质球效果如图15-68所示。

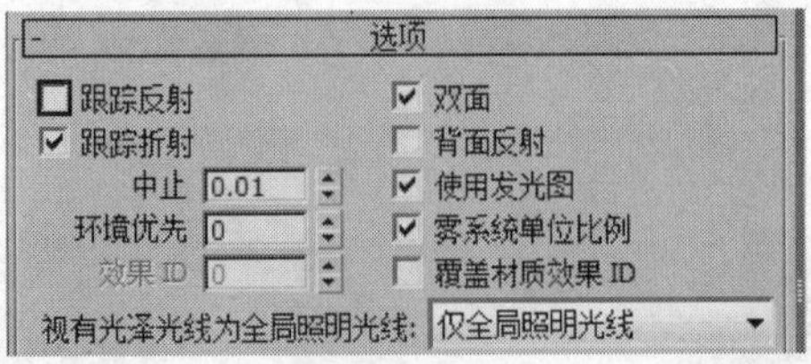

图15-67

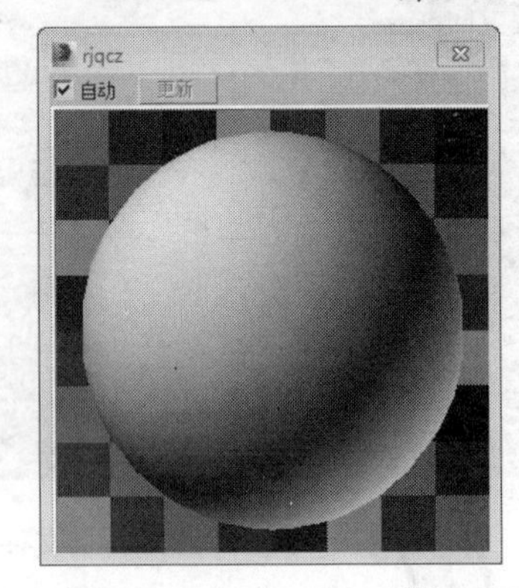

图15-68

● **制作墙面材质**

墙面灰色涂料材质效果如图15-69所示。

图15-69

01 选择一个空白材质球，然后设置材质类型为VRayMtl材质，接着设置“漫反射”颜色为（红:34，绿:26，蓝:21），如图15-70所示。

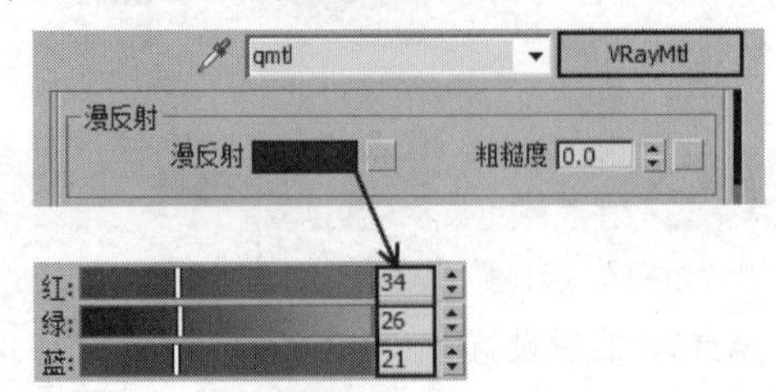

图15-70

02 设置“反射”颜色为（红:20，绿:20，蓝:20），然后设置“高光光泽度”为0.25，接着在“选项”卷展栏下关闭“跟踪反射”选项，如图15-71所示。

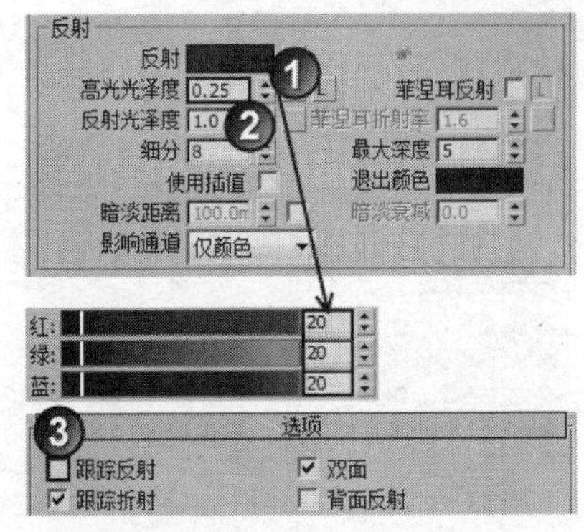

图15-71

03 展开“贴图”卷展栏，然后在“凹凸”贴图通道中加载光盘中的“实例文件>实战297>mat02b.jpg”文件，接着设置凹凸的强度为50，具体参数设置如图15-72所示，制作好的材质球效果如图15-73所示。

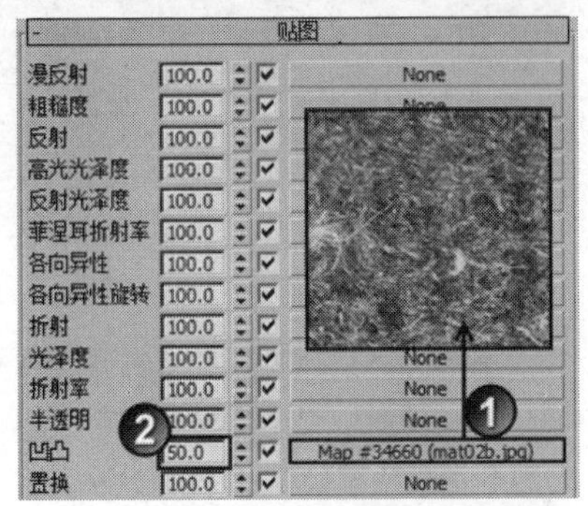

图15-72

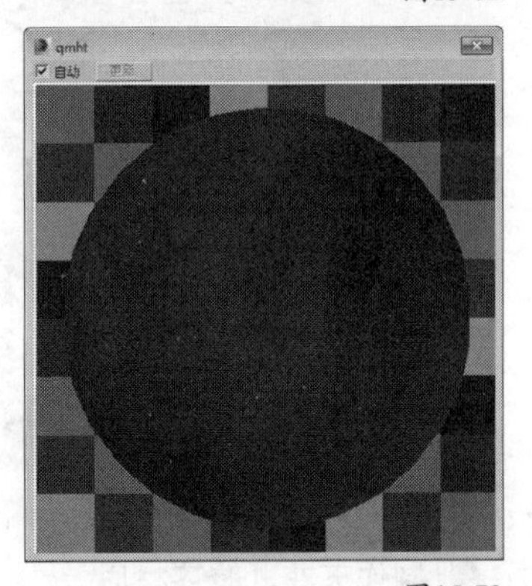

图15-73

● **制作釉面砖材质**

釉面砖材质效果如图15-74所示。

图15-74

01 选择一个空白材质球，然后设置材质类型为VRayMtl材质，接着在“漫反射”贴图通道中加载一张光盘中的“实例文件>实战297>地面砖1.jpg”文件，如图15-75所示。

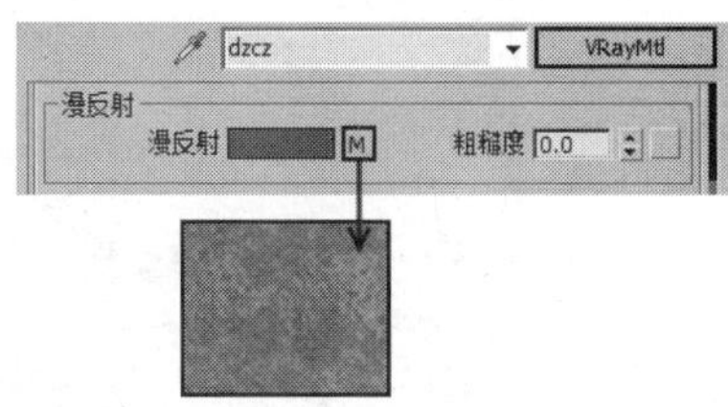

图15-75

02 设置“反射”颜色为（红:180，绿:180，蓝:180），然后设置“高光光泽度”为0.8、“反射光泽度”为0.85，接着勾选“菲涅耳反射”选项，具体参数设置如图15-76所示，制作好的材质球效果如图15-77所示。

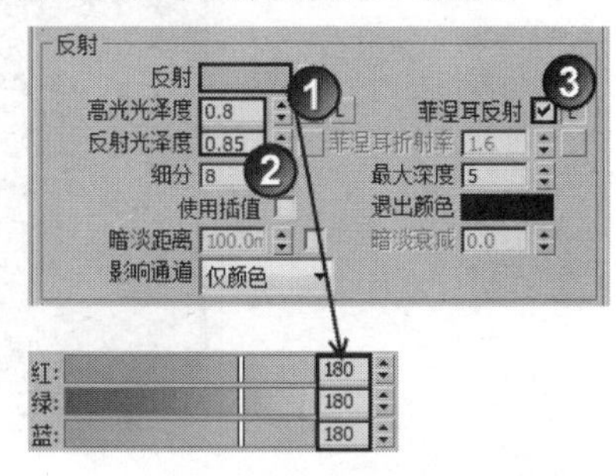

图15-76

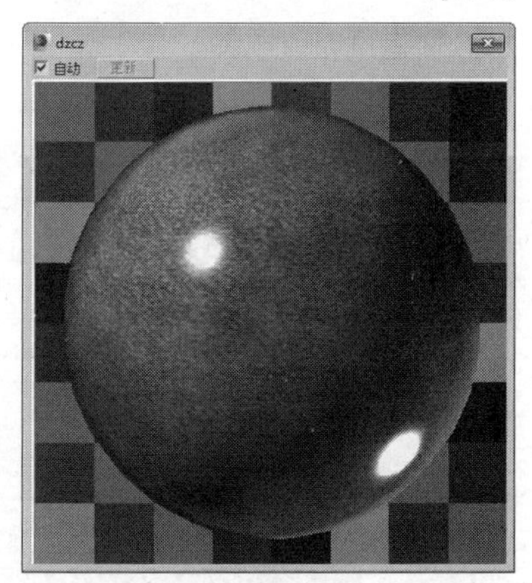

图15-77

● **制作展柜木纹材质**

展柜木纹材质效果如图15-78所示。

图15-78

01 选择一个空白材质球，然后设置材质类型为VRayMtl材质，接着在“漫反射”贴图通道中加载一张光盘中的“实例文件>实战297>木01.jpg”文件，最后在“坐标”卷展栏下设置“模糊”为0.01，具体参数设置如图15-79所示。

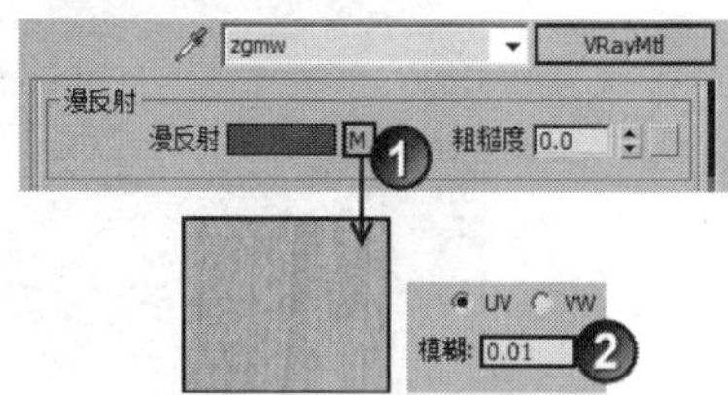

图15-79

02 设置“反射”颜色为（红:165，绿:165，蓝:165），然后设置“高光光泽度”为0.85、“反射光泽度”为0.9，接着勾选“菲涅耳反射”选项，具体参数设置如图15-80所示。

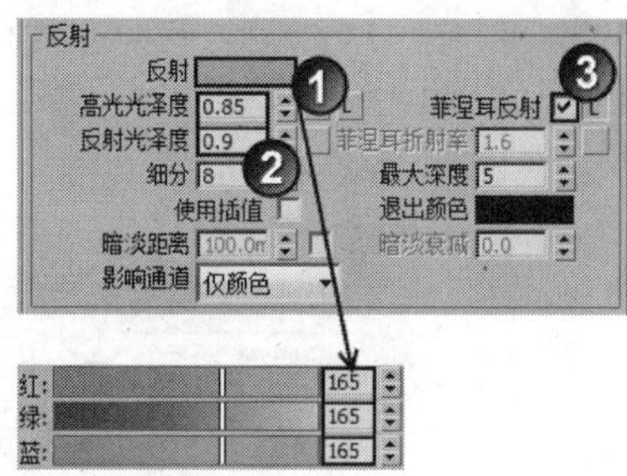

图15-80

03 展开“贴图”卷展栏，然后在将“漫反射”通道中的贴图以“复制”方式复制到“凹凸”贴图通道上，接着在“坐标”卷展栏下将“模糊”修改为0.1，最后设置凹凸的强度为10，具体参数设置如图15-81所示，制作好的材质球效果如图15-82所示。

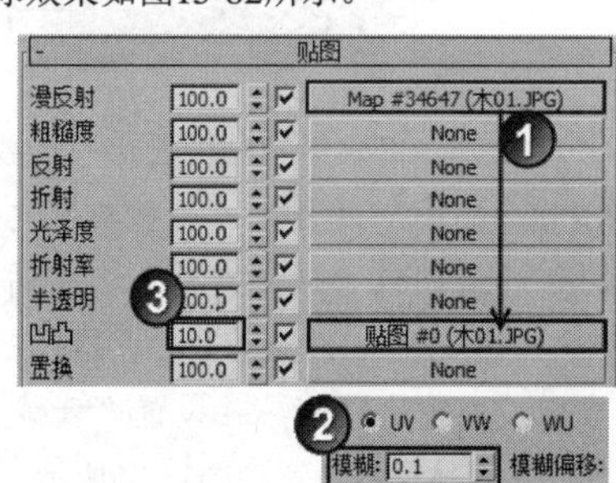

图15-81

图15-82

制作布材质

布材质效果如图15-83所示。

图15-83

01 选择一个空白材质球，然后设置明暗器类型为（O）Oren-Nayar-Blinn，接着设置“漫反射”颜色为（红:13，绿:13，蓝:13），最后设置“粗糙度”为75，具体参数设置如图15-84所示。

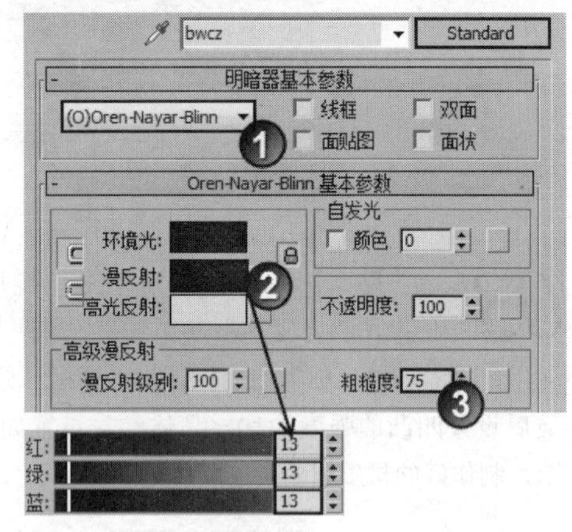

图15-84

02 在“自发光”贴图通道中加载一张“遮罩”程序贴图，展开“遮罩参数”卷展栏，然后在“贴图”通道加载一张“衰减”程序贴图，并设置“衰减类型”为Fresnel，接着在“遮罩”贴图通道中加载一张“衰减”程序贴图，并设置“衰减类型”为“阴影/灯光”，具体参数设置如图15-85所示。

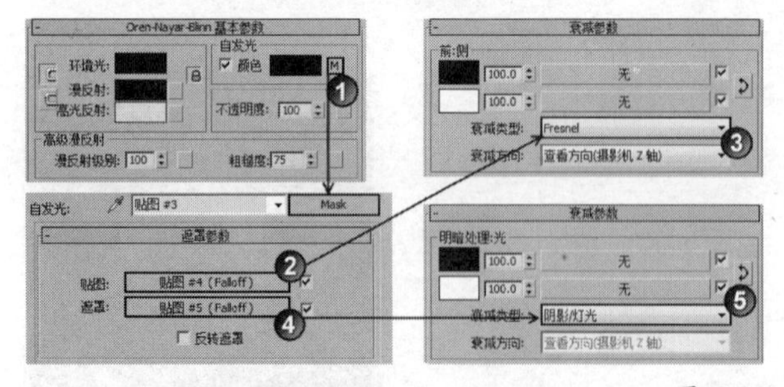

图15-85

03 展开“贴图”卷展栏，然后在“凹凸”贴图通道中加载光盘中的“实例文件>实战297>mat02b.jpg”文件，接着在“坐标”卷展栏下设置“模糊”为0.1，最后设置凹凸的强度为200，具体参数设置如图15-86所示，制作好的材质球效果如图15-87所示。

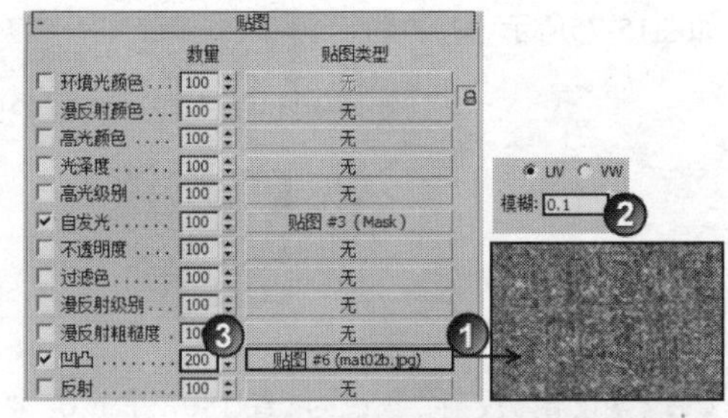

图15-86

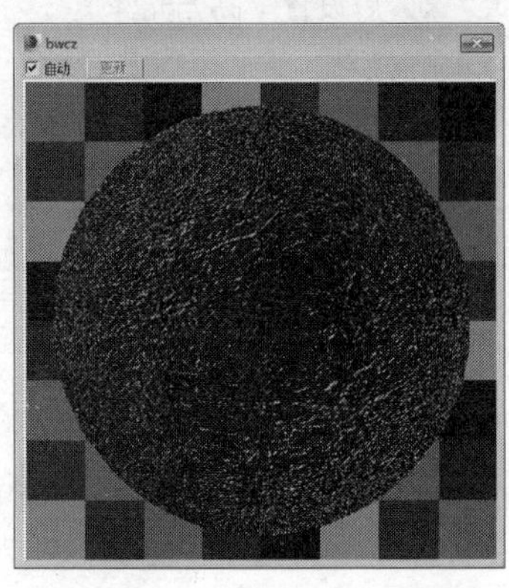

图15-87

制作窗玻璃材质

窗玻璃材质效果如图15-88所示。

图15-88

01 选择一个空白材质球，设置材质类型为VRayMtl材质，然后设置“漫反射”颜色为（红:240，绿:240，蓝:240），如图15-89所示。

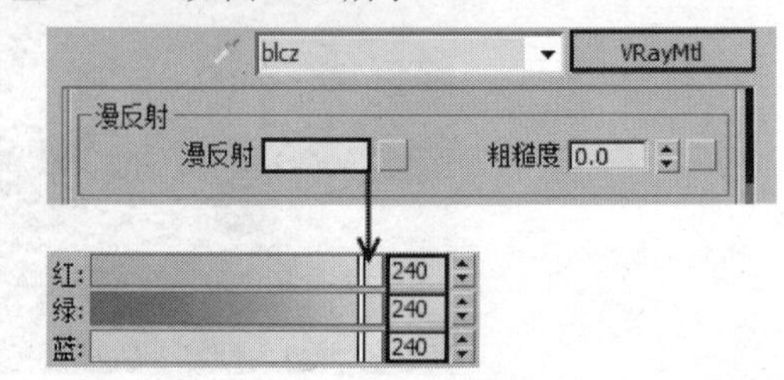

图15-89

02 设置“反射”颜色为(红:240，绿:240，蓝:240)，然后设置“高光光泽度”为0.91，接着勾选“菲涅耳反射”选项，具体参数设置如图15-90所示。

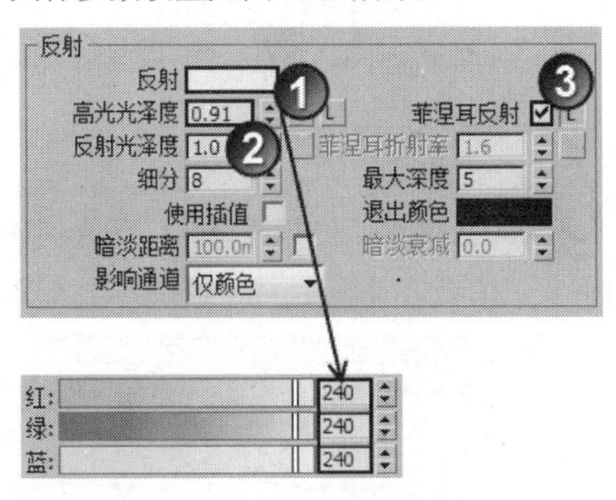

图15-90

03 设置“折射”颜色为（红:240，绿:240，蓝:240），然后设置“折射率”为1.517，接着勾选“影响阴影”选项，具体参数设置如图15-91所示，制作好的材质球效果如图15-92所示。

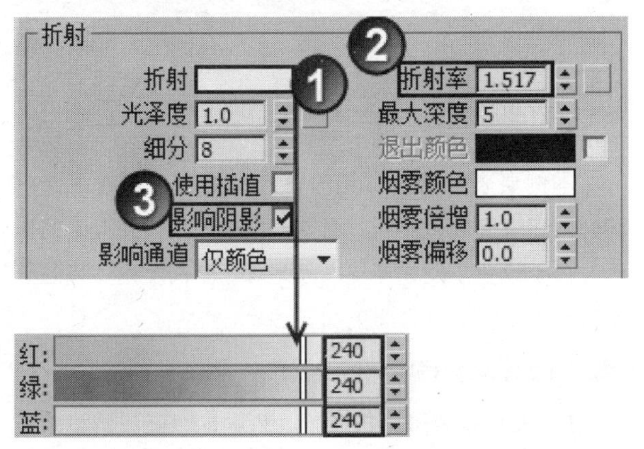

图15-91

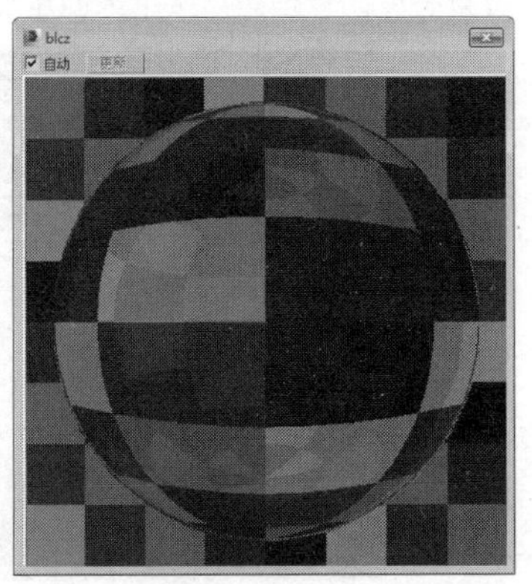

图15-92

● **制作发光环境材质**

发光环境材质效果如图15-93所示。

图15-93

选择一个空白材质球，然后设置材质类型为“VRay灯光材质”，接着在“颜色”贴图通道中加载光盘中的“实例文件>实战297>环境.jpg”文件，最后设置发光的强度为3，如图15-94所示，制作好的材质球效果如图15-95所示。

图15-94

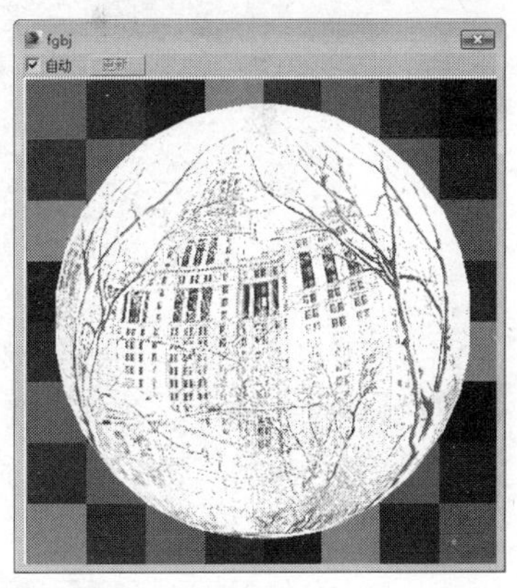

图15-95

>>>>设置测试渲染参数

01 按F10键打开“渲染设置”对话框，然后设置渲染器为VRay渲染器，接着在“公用参数”卷展栏下设置“宽度”为560、“高度”为400，最后单击“图像纵横比”选项后面的“锁定”🔒，锁定渲染图像的纵横比，如图15-96所示。

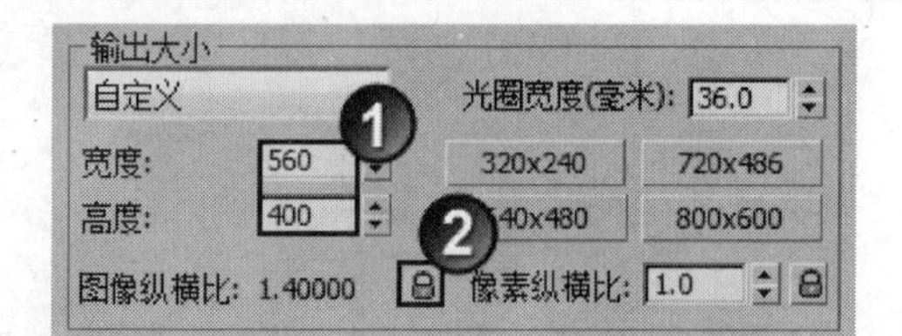

图15-96

02 单击VRay选项卡，然后在“图像采样器（反锯齿）”卷展栏下设置“图像采样器”类型为“固定”，接着在“抗锯齿过滤器”选项组下勾选“开”选项，并设置“抗锯齿过滤器”类型为“区域”，如图15-97所示。

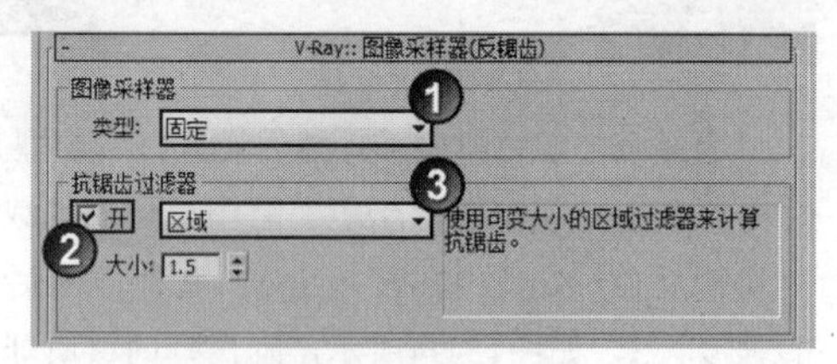

图15-97

03 单击“间接照明”选项卡，然后在“间接照明（GI）”卷展栏下勾选“开”选项，接着设置“首次反弹”下的“全局照明引擎”为“发光图”、“二次反弹”下的“全局照明引擎”为“灯光缓存”，如图15-98所示。

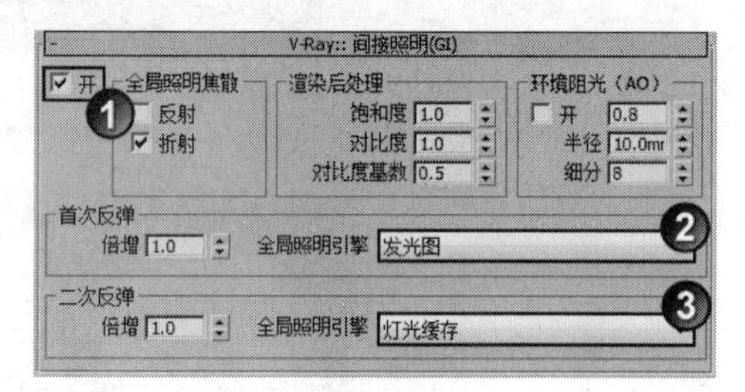

图15-98

04 展开“发光图”卷展栏，然后设置“当前预置”为“非常低”，接着设置“半球细分”为50、“插值采样”为20，最后勾选“显示计算相位”和“显示直接光”选项，如图15-99所示。

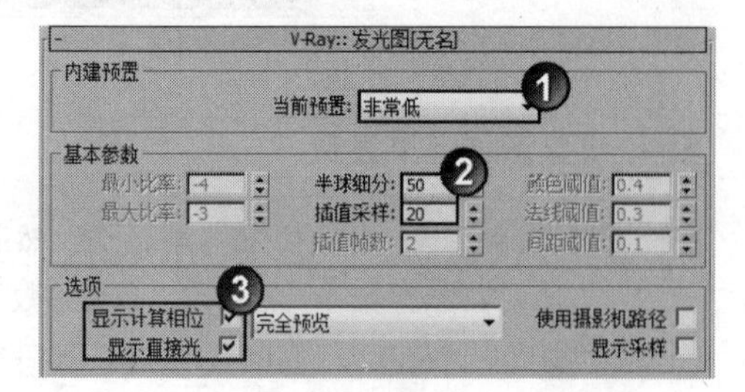

图15-99

05 展开“灯光缓存”卷展栏，然后设置“细分”为200，接着勾选“存储直接光”选项和“显示计算相位”选项，如图15-100所示。

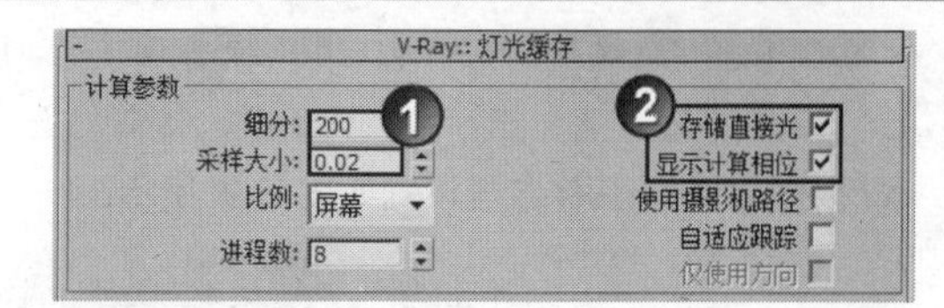

图15-100

06 单击“设置”选项卡，然后在“系统”卷展栏下设置“区域排序”为Top->Bottom（从上->下），接着关闭“显示窗口”选项，如图15-101所示。

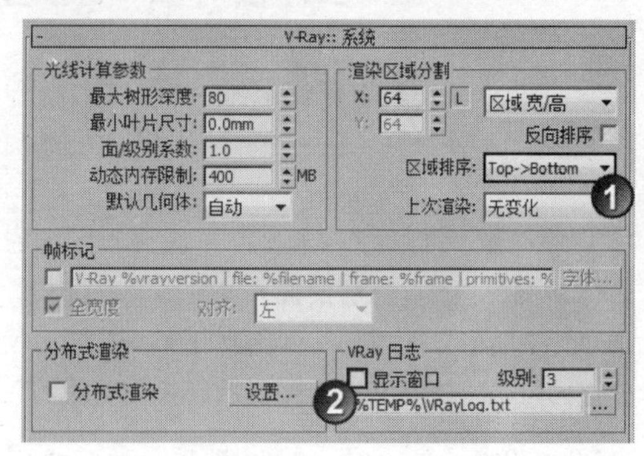

图15-101

>>>>灯光设置

本例要表现的是常见的日光氛围，空间内主要由阳光与环境光提供照明，而室内灯光只是起到点缀的作用，由于设置了发光环境，因此要先测试发光环境的照明效果。

● 测试发光背景照明效果

按C键切换到摄影机视图，然后按F9键测试渲染当前场景，效果如图15-102所示，可以观察到此时的发光背景亮度比较理想，接下来创建阳光。

图15-102

● 创建阳光

01 设置灯光类型为“标准”，然后在场景中创建一盏目标平行光作为阳光，其位置与高度如图15-103所示。

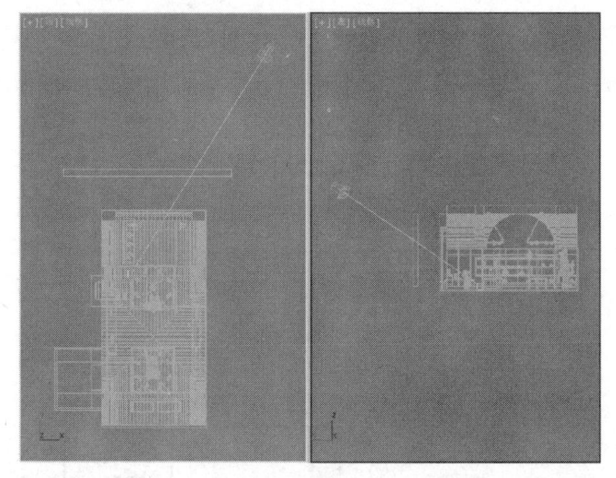

图15-103

02 选择上一步创建的目标平行光，然后进入“修改”面板，具体参数设置如图15-104所示。

设置步骤

① 展开“常规参数”卷展栏，然后在“阴影”选项组下勾选“启用”选项，接着设置阴影类型为“VRay阴影”。

② 展开“强度/颜色/衰减”卷展栏，然后设置“倍增”为2.6，接着设置“颜色”为白色。

③ 展开“平行光参数”卷展栏，然后设置“聚光区/光束”为4500mm、“衰减区/区域”为5000mm。

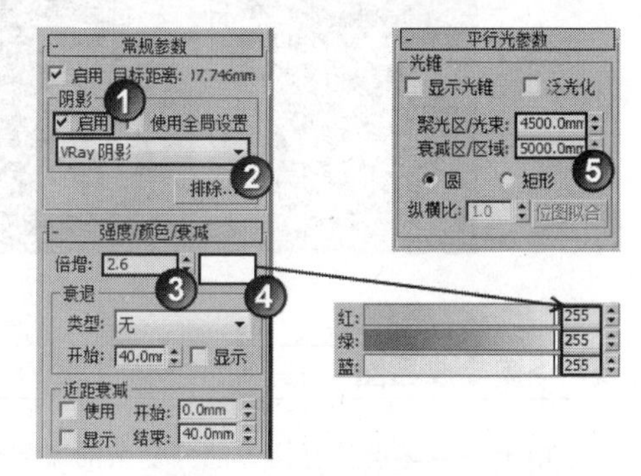

图15-104

03 为避免背景模型阻挡阳光进入室内，在“常规参数”卷展栏下单击“排除”按钮 排除... 打开“排除/包含”对话框，然后将背景模型Box21排除到右侧的列表中，如图15-105所示。

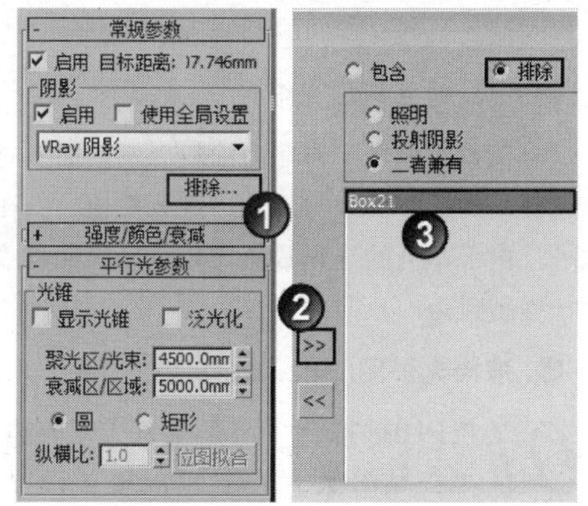

图15-105

04 在摄影机视图中按F9键测试渲染当前场景，效果如图15-106所示，可以观察到此时阳光的投影与亮度都比较适宜，接下来创建环境光来照亮整个场景。

图15-106

● 创建环境光

01 设置灯光类型为VRay，然后在场景中创建一盏平面类型的VRay灯光作为环境光，其位置如图15-107所示。

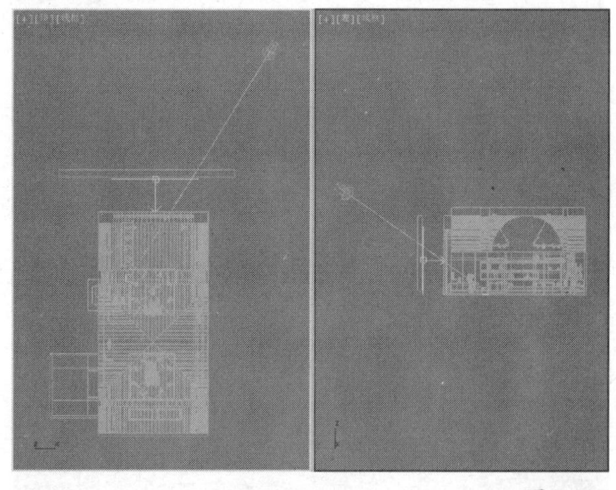

图15-107

02 选择VRay灯光，然后展开“参数”卷展栏，具体参数设置如图15-108所示。

设置步骤

① 在“常规”选项组下设置“类型”为“平面”。

② 在“强度”选项组下设置“倍增”为17，然后设置“颜色”为（红:174，绿:180，蓝:255）。

③ 在“大小”选项组下设置“1/2长”为1950mm、“1/2宽”为2280mm。

④ 在“选项”选项组下勾选“不可见”选项。

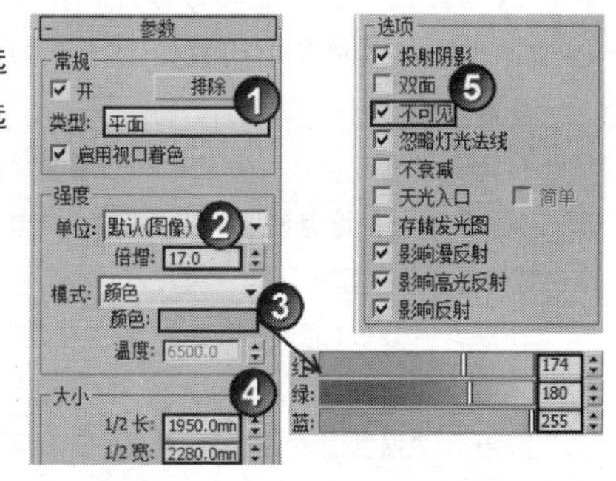

图15-108

03 在摄影机视图中按F9键测试渲染当前场景，效果如图15-109所示。

图15-109

● 创建射灯

01 设置灯光类型为“光度学”，然后在场景中创建6盏目标灯光作为射灯，其具体分布与位置如图15-110所示。

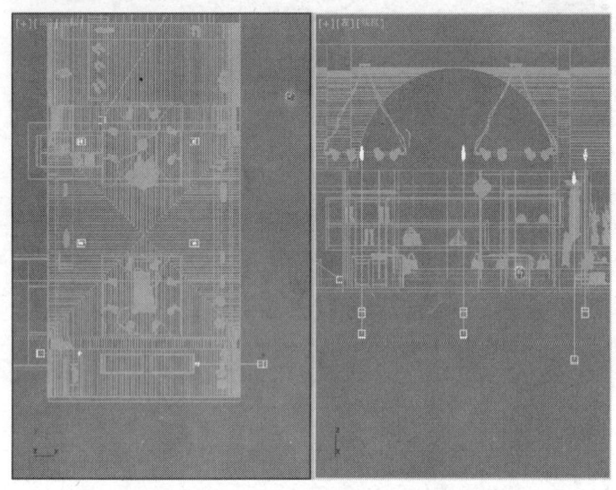

图15-110

技巧与提示

这里一共使用了6盏目标灯光，其目的主要是为了点缀灯光氛围，同时亮化场景中摆设的服饰等物体，这是公共空间常用的突出表现方法。

02 选择上一步创建的目标灯光，然后进入“修改”面板，具体参数设置如图15-111所示。

设置步骤

① 展开“常规参数”卷展栏，然后在“阴影”选项组下勾选“启用”选项，接着设置阴影类型为“VRay阴影”，最后设置“灯光分布（类型）”为“光度学Web”。

② 展开“分布（光度学Web）”卷展栏，然后在其通道中加载光盘中的“实例文件>CH15>实战297>鱼尾巴.ies”文件。

③ 展开“强度/颜色/衰减”卷展栏，然后设置“过滤颜色”为（红:255，绿:211，蓝:164），接着设置“强度”为7000。

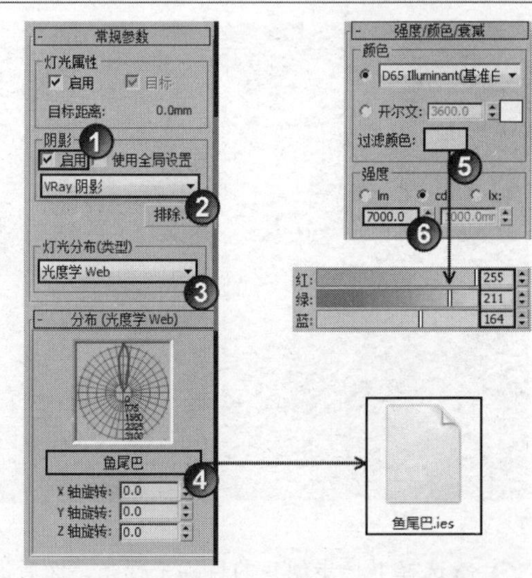

图15-111

03 在摄影机视图中按F9键测试渲染当前场景，效果如图15-112所示。

图15-112

>>>>渲染成品图

由于公装场景（包括一部分复杂的家装空间）的模型和灯光相对比较复杂，如果直接计算大尺寸的光子图（即间接照明中的“发光图”与“灯光缓存”贴图）将耗费大量的计算时间，为了加快工作效率，可以先以小尺寸计算好光子图，然后再利用计算好的光子图渲染最终图像。

● 提高材质与灯光细分

在本例中主要将墙面涂料以及地面石材的“细分”值提高到24，其他材质的“细分”值控制在16即可。另外，由于本例的灯光数量比较少，因此将“细分”值统一提高到30。

● 渲染光子图

01 按F10键打开“渲染设置”对话框，然后展开“公共参数”卷展栏，接着设置“宽度”为600、“高度”为430，如图15-113所示。

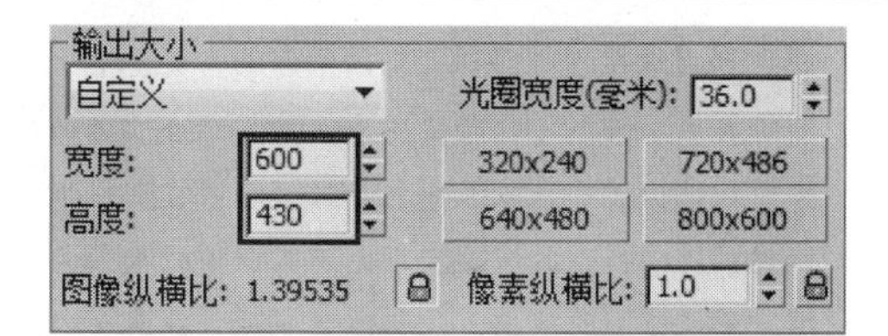

图15-113

02 单击VRay选项卡，然后在“全局开关”卷展栏中勾选“光泽效果”选项，如图15-114所示。

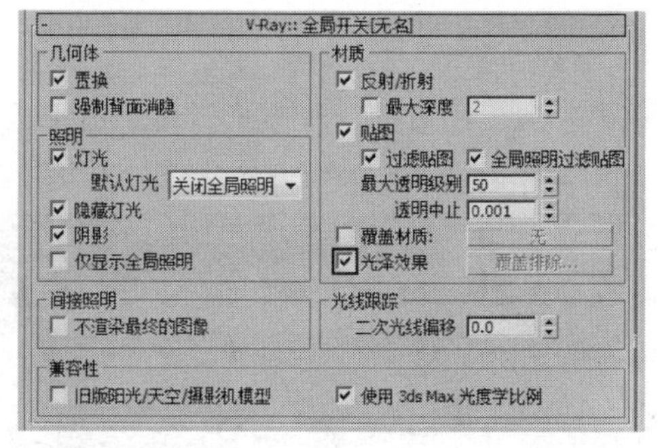

图15-114

03 在“图像采样器（反锯齿）”卷展栏下设置“图像采样器”类型为“自适应细分”，如图15-115所示。

图15-115

04 单击“间接照明”选项卡，在“发光图”卷展栏下设置“当前预置”为“中”，然后设置“半球细分”为55、“插值采样”为30，接着在“在渲染结束后”选项组下勾选“自动保存”选项，并设置好发光图的保存路径，最后勾选“切换到保存的贴图”选项，如图15-116所示。

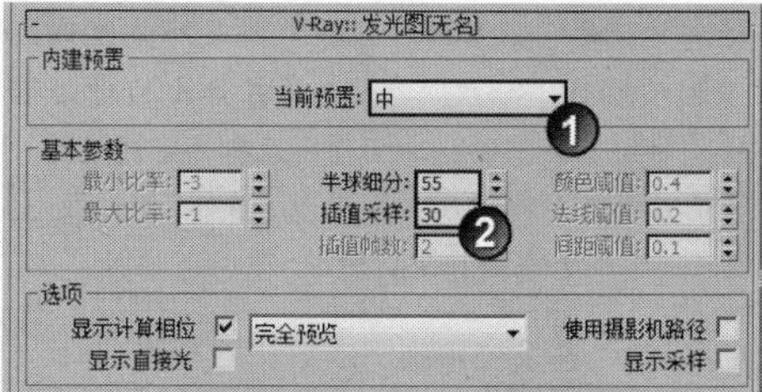

图15-116

05 展开“灯光缓存”卷展栏，然后设置“细分”1000，接着在“在渲染结束后”选项组下勾选“自动保存”选项，并设置好灯光缓存贴图的保存路径，最后勾选“切换到保存的缓存”选项，如图15-117所示。

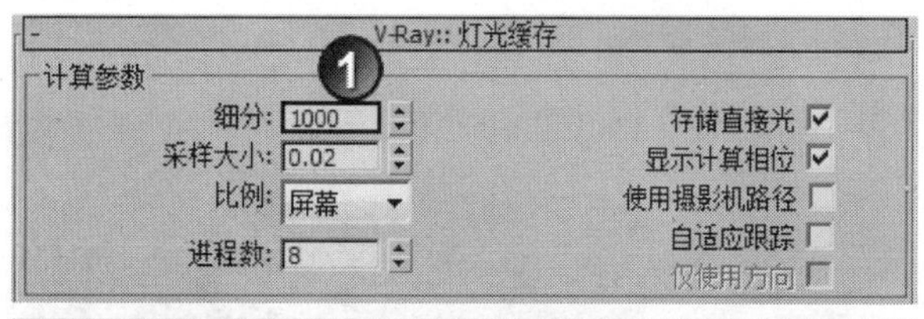

图15-117

技术专题 48 光子图概述

在VRay渲染器中，发贴图及灯光缓存贴图的计算时间除了与自身的参数设置有关以外，渲染图像的大小也会影响到计算时间，图像越大计算时间越多。在实际工作中，为了节省渲染时间，往往会先使用小尺寸的图像计算得到发光图与灯光缓存贴图，然后利用其渲染大尺寸的图像，得到的渲染图像质量也不会有明显的下降。这个使用小尺寸图像渲染高质量发光图与灯光缓存贴图的过程，就是常说的渲染“光子图”。

06 单击“设置”选项卡，然后在“DMC采样器”卷展栏下设置“适应数量”为0.75、“噪波阈值”为0.005、“最小采样值”为24，如图15-118所示。

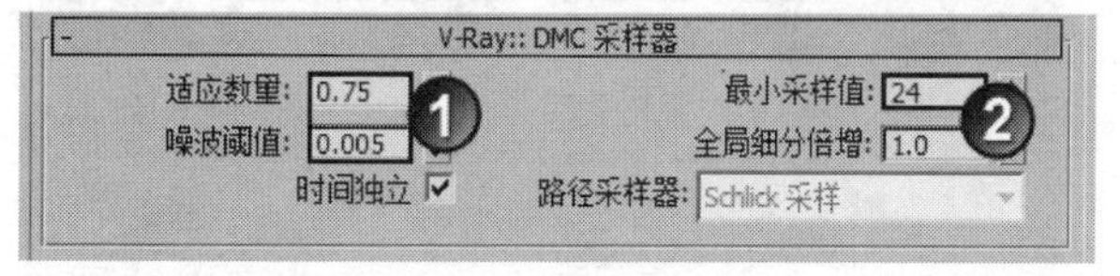

图15-118

07 在摄影机视图中按F9键测试渲染当前场景，效果如图15-119所示。

图15-119

● 渲染最终图像

01 按F10键打开“渲染设置”对话框，然后展开“公共参数”卷展栏，接着设置“宽度”为2000、“高度”为1433，如图15-120所示。

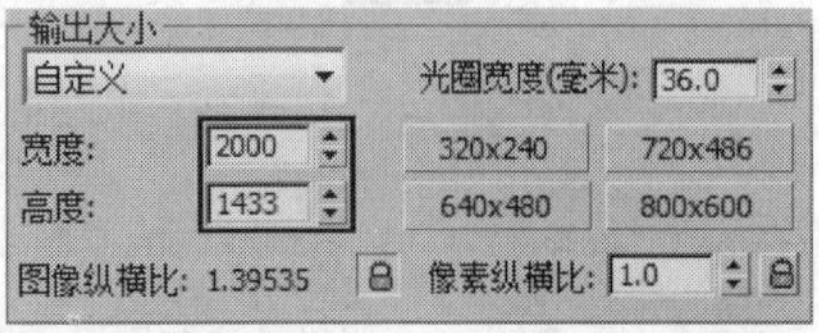

图15-120

02 在“图像采样器（反锯齿）”卷展栏下设置“抗锯齿过滤器”为Catmull-Rom，如图15-121所示。

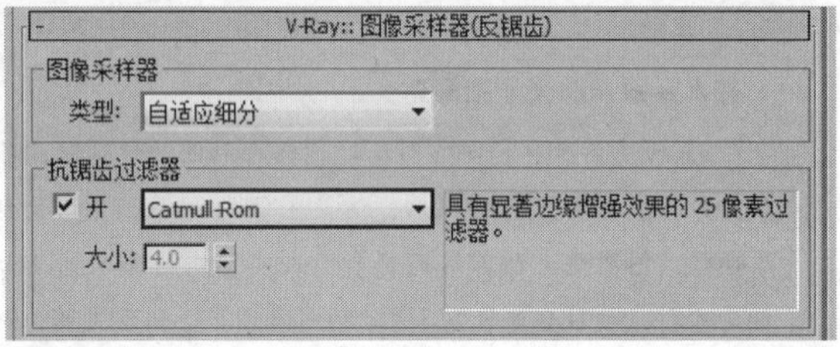

图15-121

03 在“发光图”及“灯光缓存”卷展栏下查看“模式”选项，确定其已自动调整为“从文件”模式，同时确定在下方显示了之前保存的路径，如图15-122所示。

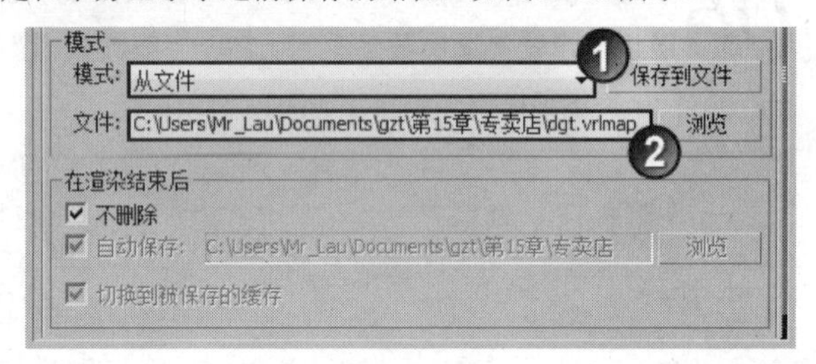

图15-122

04 在摄影机视图中按F9键渲染当前场景，最终得到的效果如图15-123所示。

图15-123

技术专题 49 线框图的渲染方法

在本书的所有建模实例以及大型综合实例的光盘源文件中，都给出了一张效果图与一张线框图，用线框图可以更好地观察场景模型的布局。下面以本例中的场景为例来详细介绍一下线框图的渲染方法与注意事项。注意，以下所讲方法是渲染线框图的通用方法（包括参数设置）。

第1步：设置线框材质。选择一个空白材质球，然后设置材质类型为VRayMtl材质，并将其命名为“线框”，接着设置“漫反射”颜色为（红:230，绿:230，蓝:230），同时在其通道中加载一张“VRay边纹理”程序贴图，再设置“颜色”为（红:10，绿:10，蓝:10），最后设置“像素”为0.4，具体参数设置如图15-124所示，制作好的材质球效果如图15-125所示。

图15-124

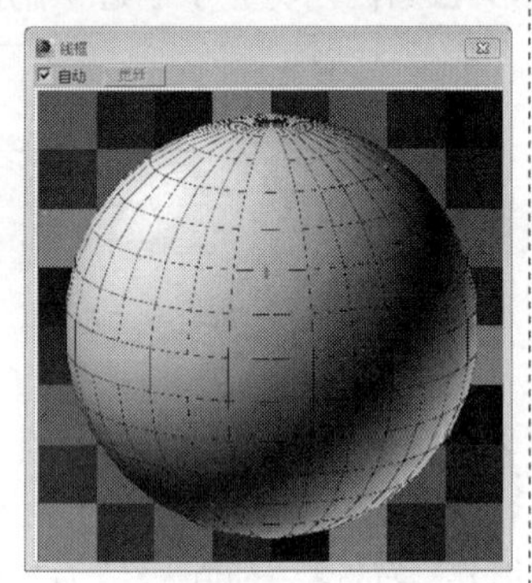

图15-125

第2步：按F10键打开“渲染设置”对话框，单击VRay选项卡，然后展开“全局开关”卷展栏，接着勾选“覆盖材质”选项，最后将“线框”材质球拖曳到该选项后面的“无”按钮 无 上（在弹出的对话框中设置“方法”为“实例”），如图15-126所示。通过这个步骤，可以将场景中的所有材质都替换为“线框”材质，这样就不用对场景中的对象重新指定材质了。

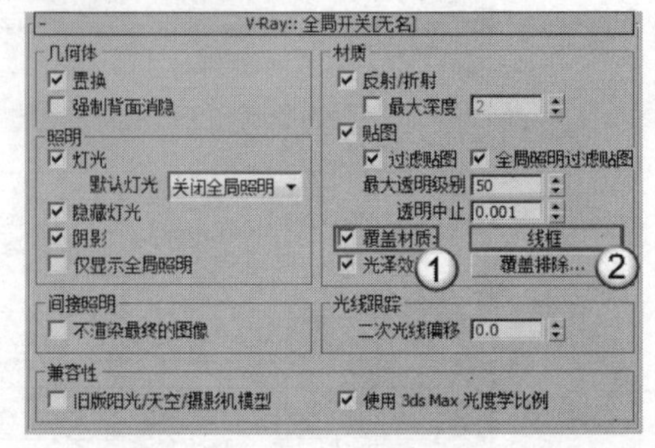

图15-126

第3步：按F9键渲染当前场景，效果如图15-127所示。从图中可以发现场景非常暗，这是因为场景中存在玻璃，且门窗外有阳光，而将“玻璃”材质（“玻璃”材质是半透明的）替换为“线框”材质（“线框”材质是不透明的）后，“线框”材质会挡住窗外的阳光，因此场景比较暗。基于此，需要将玻璃模型和窗纱模型排除掉，这样天光才能照射进室内。另外，如果场景中存在外景，最好也将其排除掉，这样才能得到更真实的线框图。

图15-127

第4步：在“全局开关”卷展栏下的“材质”选项组下单击“覆盖排除”按钮覆盖排除...，打开“排除/包含”对话框，然后在“场景对象”列表中选择Box14（玻璃）和择Box21（外景）对象，接着单击>>按钮将其排除到右侧的列表中，如图15-128和图15-129所示。

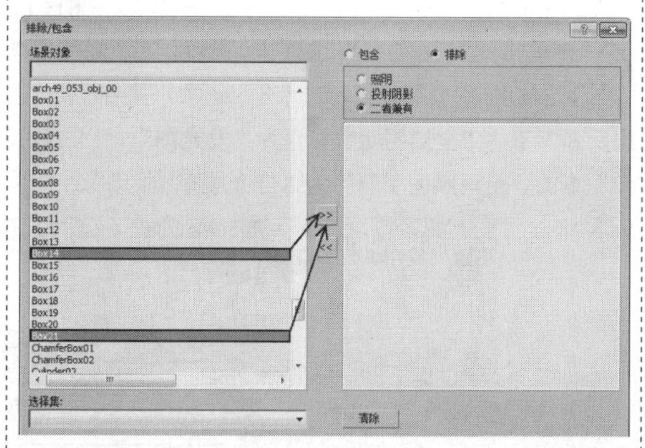

图15-128

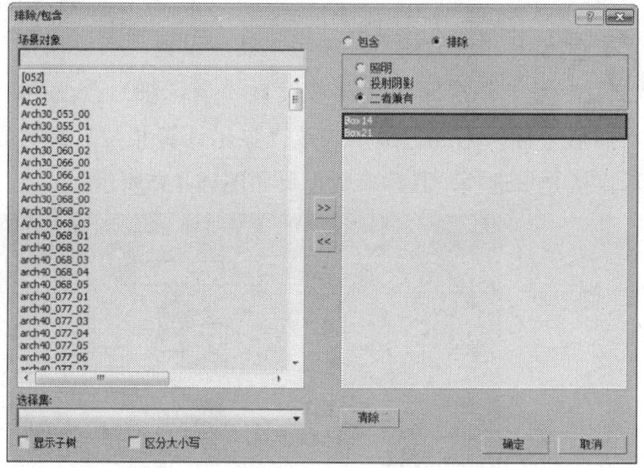

图15-129

第5步：按F9键渲染当前场景，效果如图15-130所示。从图中可以观察到现在场景的亮度提高了，同时光影效果也很正常了。

图15-130

这里再总结一下渲染线框图的注意事项。

第1点：渲染参数与效果图的渲染参数可以保持一致，无需改动。

第2点：最好用全局替代渲染技术来渲染线框图。

第3点：如果场景中有玻璃和窗纱等半透明对象以及外景对象，一定要将其排除掉。注意，没有挡住灯光的玻璃和窗纱无需排除。

实战298 精通大型半开放空间：接待大厅日光表现

实例信息

- 场景位置：DVD>实例文件>CH15>实战298.max
- 实例位置：DVD>实例文件>CH15>实战298.max
- 视频位置：DVD>多媒体教学>CH15>实战298.flv
- 难易指数：★★★★★
- 技术掌握：大理石地面材质、沙盘材质和椅子塑料材质的制作方法；大型半开放空间日光效果的表现方法

实例介绍

本例是一个大型半开放式的接待大厅场景，其中大理石地面材质、沙盘材质和椅子塑料材质的制作方法以及日光效果的表现方法是本例的学习要点。

>>>>场景测试

由于本场景比较大，在渲染时会耗费相当多的时间，为了避免一些不可预知的错误，因此最好事先对场景进行测试，查看模型是否存在问题。

● 设置测试渲染参数

01 打开光盘中的“场景文件>CH15>实战298.max”文件，如图15-131所示。

图15-131

02 按F10键打开“渲染设置”对话框，然后单击VRay选项卡，接着在“全局开关”卷展栏下关闭“隐藏灯光”和“光泽效果”选项，最后设置“二次光线偏移”为0.001，如图15-132所示。

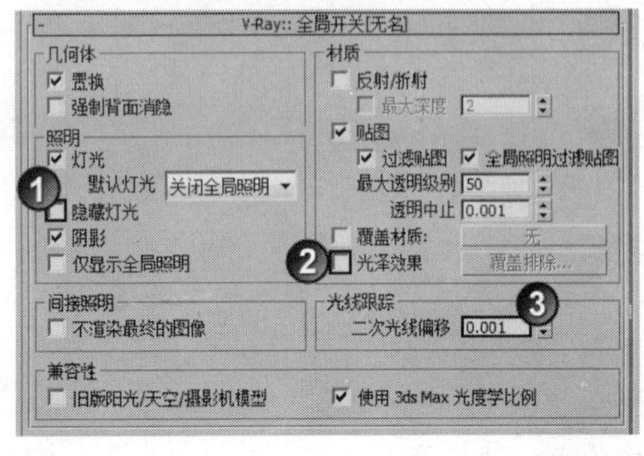

图15-132

03 展开“图像采样器（反锯齿）”卷展栏，然后设置“图像采样器”类型为“固定”，接着在“抗锯齿过滤器”选项组下关闭“开”选项，如图15-133所示。

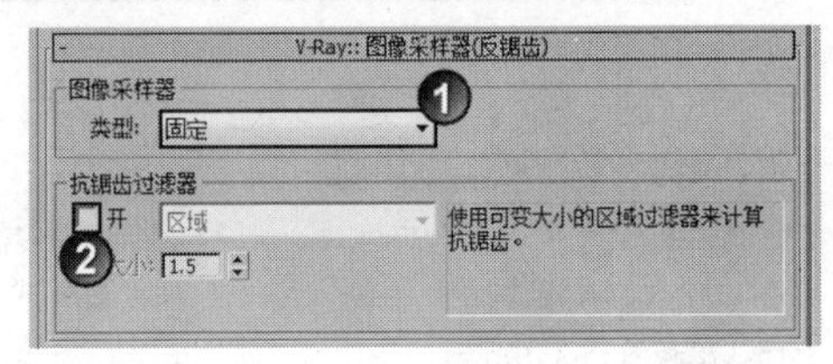

图15-133

04 单击“间接照明”选项卡，然后在“间接照明（GI）”卷展栏下勾选“开”选项，接着设置“首次反弹”下的“全局照明引擎”为“发光图”、“二次反弹”下的“全局照明引擎”为“灯光缓存”，如图15-134所示。

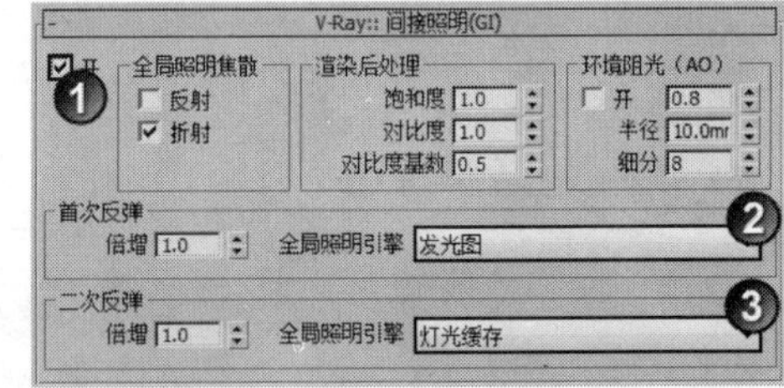

图15-134

05 展开“发光图”卷展栏，然后设置“当前预置”为“非常低”，接着设置“半球细分”为50、“插值采样”为20，最后勾选“显示计算相位”和“显示直接光”选项，具体参数设置如图15-135所示。

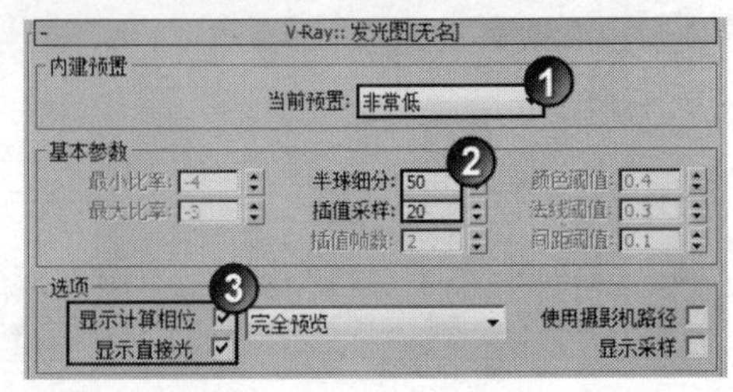

图15-135

06展开“灯光缓存”卷展栏，然后设置“细分”为200，接着勾选“存储直接光”和“显示计算相位”选项，如图15-136所示。

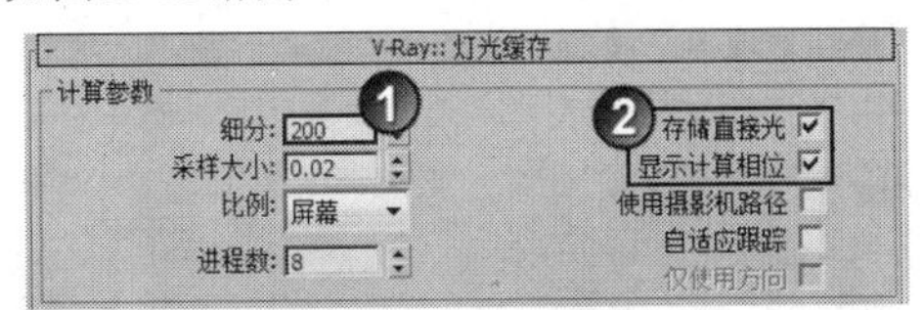

图15-136

07单击“设置”选项卡，然后在“系统”卷展栏下设置“区域排序”为Top->Bottom（从上->下），接着关闭“显示窗口”选项，如图15-137所示。

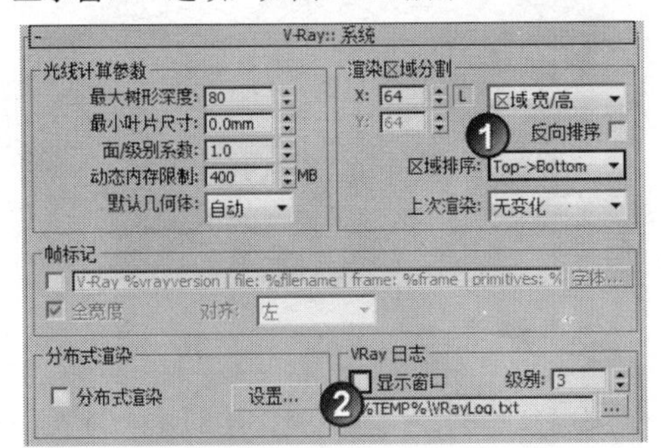

图15-137

● 检查模型

01按M键打开“材质编辑器”对话框，然后选择一个材质球，接着设置“漫反射”颜色为白色，如图15-138所示。

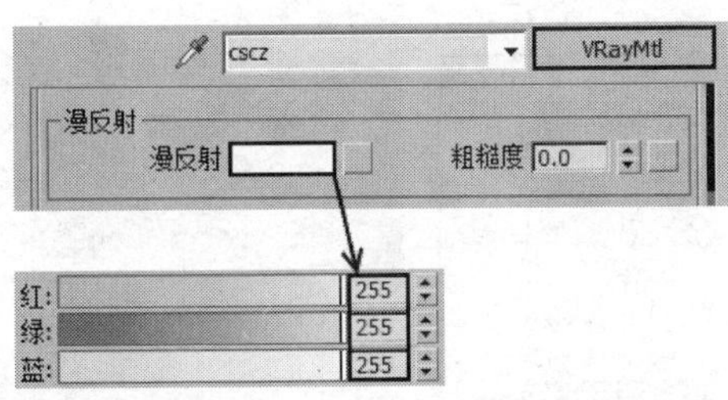

图15-138

02按F10键打开“渲染设置”对话框，然后单击VRay选项卡，接着在“全局开关”卷展栏下勾选“覆盖材质”选项，最后使用鼠标左键将制作好的材质以“实例”方式复制到“覆盖材质”选项后面的“无”按钮 无 上，如图15-139所示。

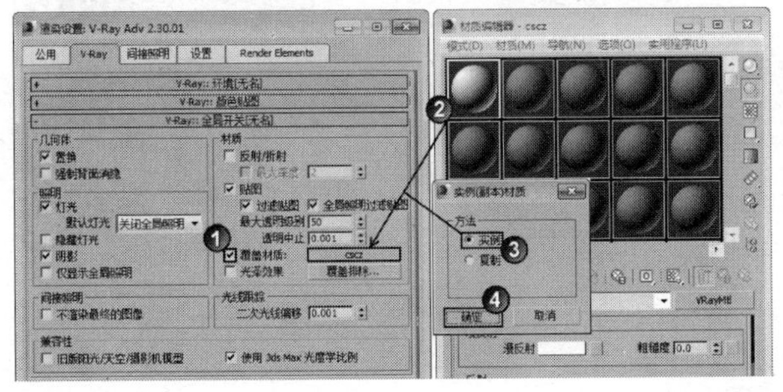

图15-139

03展开“环境”卷展栏，然后在“全局照明环境（天光）覆盖”选项组下勾选“开”选项，接着设置天光颜色为白色，如图15-140所示。

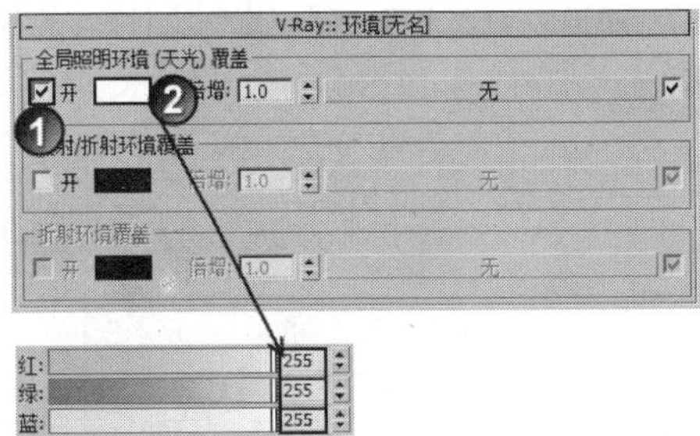

图15-140

04在摄影机视图中按F9键测试渲染当前场景，效果如图15-141所示，可以观察到模型完整，没有什么异常现象。

图15-141

>>>>材质制作

本例的场景对象材质主要包括大理石地面材质、柱子涂料材质、接待处背景木纹材质、沙盘台面石材材质、沙盘玻璃材质、沙盘楼梯材质、椅子塑料材质和吊灯灯罩材质，如图15-142所示。

图15-142

● 制作大理石地面材质

大理石地面的材质效果如图15-143所示。

图15-143

01 选择一个空白材质球，设置材质类型为VRayMtl材质，并将其命名为dlsdm，然后在“漫反射”贴图通道中加载光盘中的“实例文件>实战298>大理石地面.jpg”文件，如图15-144所示。

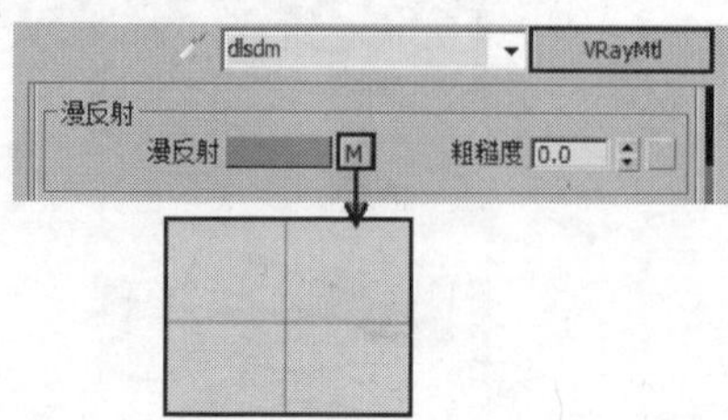

图15-144

02 设置“反射”颜色为(红:211，绿:211，蓝:211)，然后勾选“菲涅耳反射”选项，接着设置“高光光泽度”和“反射光泽度”为0.95，如图15-145所示，制作好的材质球效果如图15-146所示。

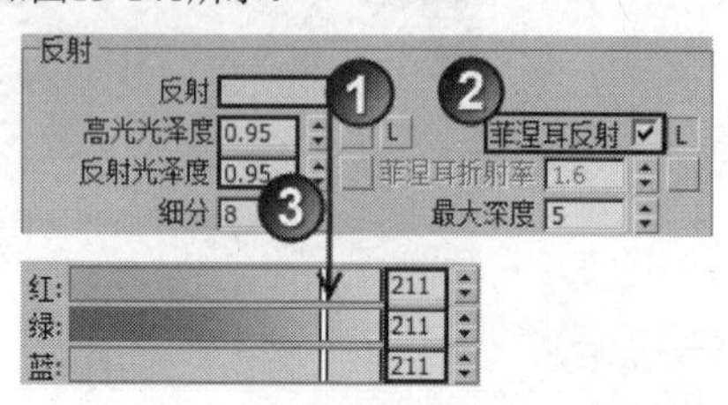

图15-145

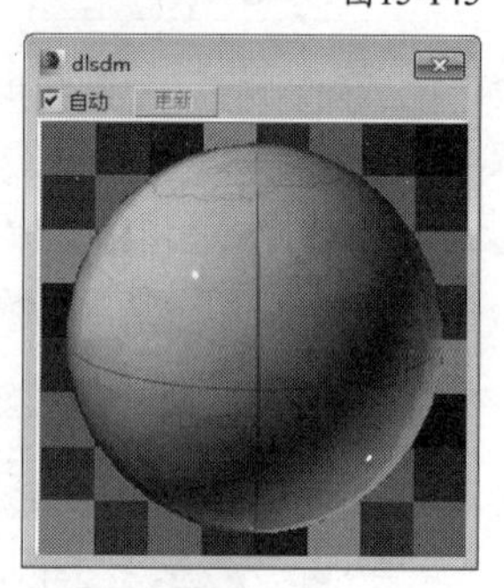

图15-146

技术专题 50 在复杂场景中指定对象材质的技巧

本场景的模型空间比较大，结构层次也比较复杂，为了保证在指定材质时不出现错误，可以使用以下步骤进行操作。

第1步：在制作某个模型的材质时，应该先选择该模型。以上面的大理石地面为例，先选择地面模型，然后按Alt+Q组合键将其独立显示出来（孤立选择模式），如图15-147所示。这样所要指定材质的对象就十分清楚了，不会错赋或漏赋。

图15-147

第2步：材质制作完成后，将其指定给独立显示的地面模型。为了避免已经指定材质的模型在后面的操作又被错赋材质，可以先选择模型，然后单击鼠标右键，接着在弹出的菜单中选择“冻结当前选择”命令，将其冻结起来，如图15-148所示。冻结模型也有利于减轻计算机的负担。

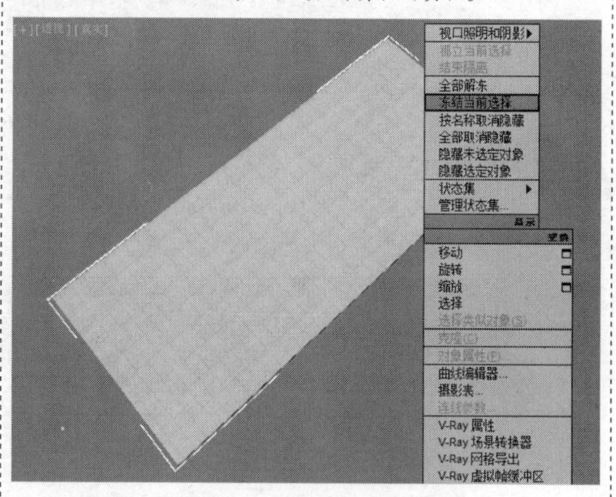

图15-148

第3步：切换到“显示”面板，然后在“隐藏”卷展栏下勾选“隐藏冻结对象”选项，如图15-149所示。这样可以将已经指定了材质的模型通过冻结的方式隐藏起来，场景中就只剩下没有指定材质的模型，如图15-150所示。通过这种方法隐藏模型有一个好处，即在通过普通的隐藏方式隐藏未冻结的模型时，不会影响到隐藏的冻结模型。另外，如果要显示隐藏的冻结模型，可以关闭“隐藏冻结对象”选项。

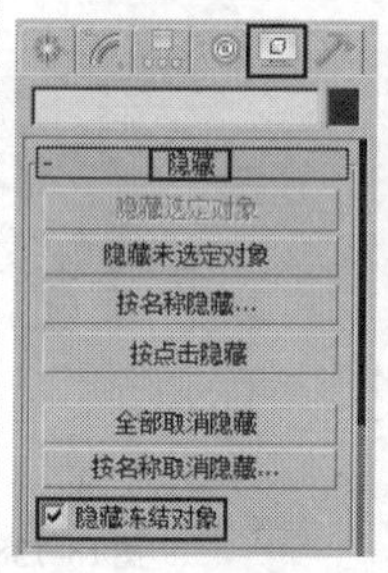

图15-149

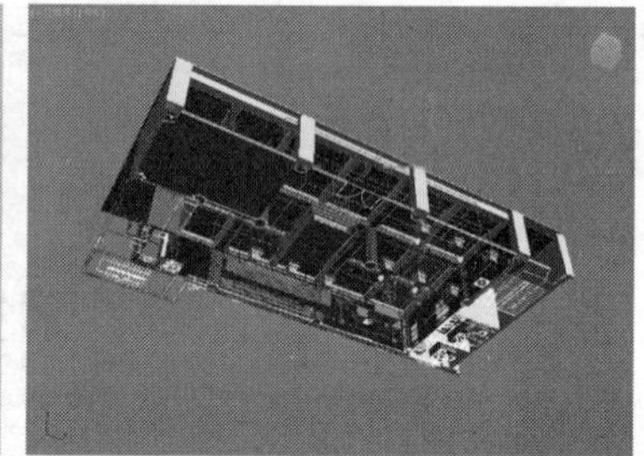

图15-150

制作柱子涂料材质

柱子涂料的材质效果如图15-151所示。

图15-151

01 选择一个空白材质球，然后设置材质类型为VRayMtl材质，并将其命名为hstl，接着设置“漫反射”颜色为（红:115，绿:95，蓝:78），如图15-152所示。

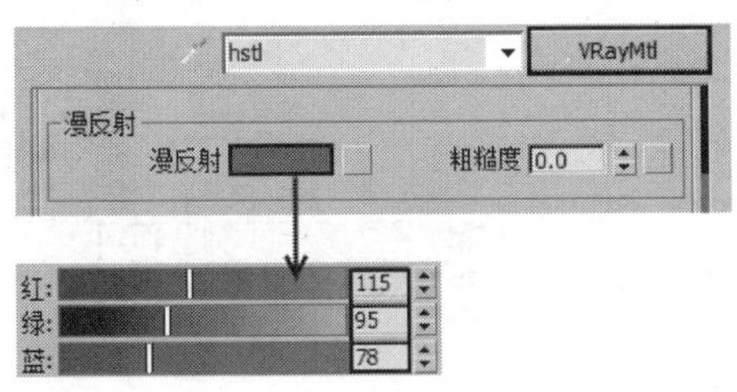

图15-152

02 设置“反射”颜色为（红:15，绿:15，蓝:15），然后设置“高光光泽度”为0.54，接着在“选项”卷展栏下关闭“跟踪反射”选项，如图15-153所示，制作好的材质球效果如图15-154所示。

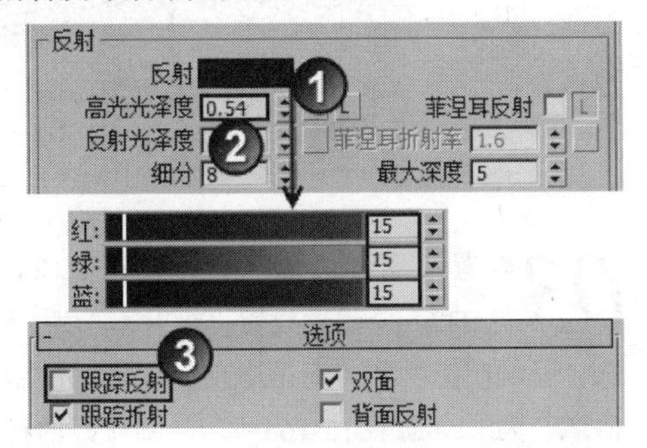

图15-153

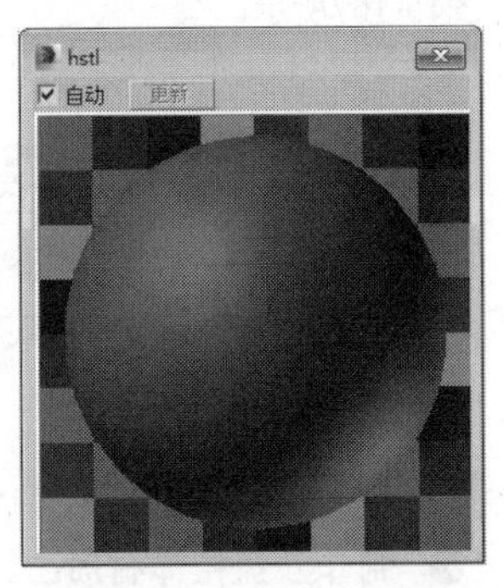

图15-154

01 选择一个空白材质球，然后设置材质类型为VRayMtl材质，并将其命名为bjmw，接着在“漫反射”贴图通道中加载光盘中的“实例文件>实战298>背景.jpg”文件，如图15-156所示。

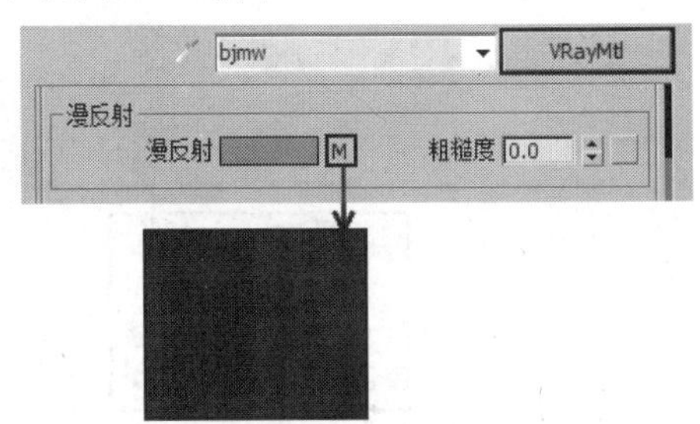

图15-156

02 设置“反射”颜色为（红:185，绿:185，蓝:185），然后设置“高光光泽度”为0.62、“反射光泽度”为0.85，如图15-157所示，制作好的材质球效果如图15-158所示。

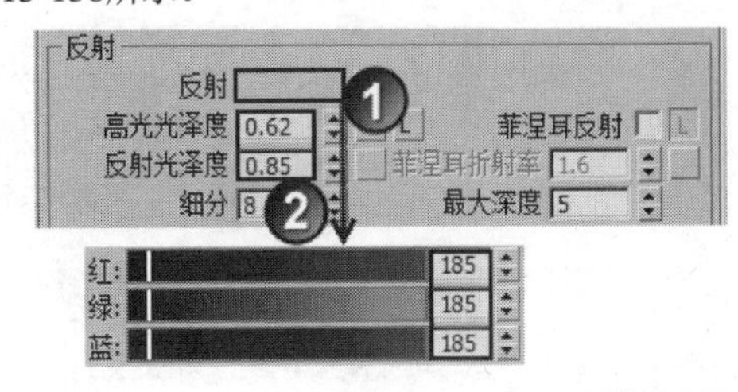

图15-157

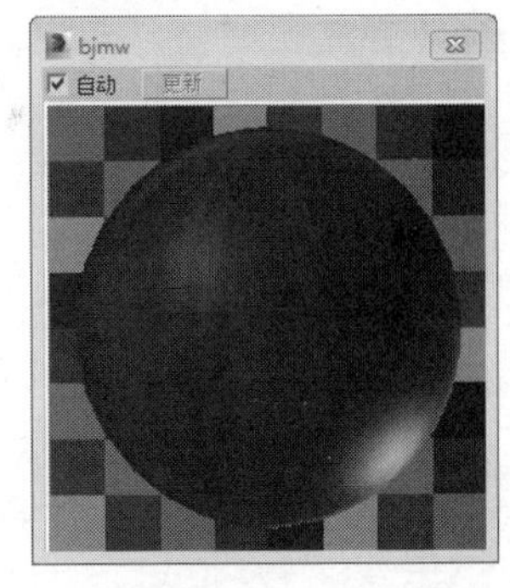

图15-158

● 制作接待处背景木纹材质

接待处背景木纹的材质效果如图15-155所示。

图15-155

● 制作沙盘台面石材材质

沙盘台面石材的材质效果如图15-159所示。

图15-159

01 选择一个空白材质球，然后设置材质类型为VRayMtl材质，并将其命名为tmsc，接着在“漫反射”贴图通道中加载光盘中的“实例文件>实战298>台面.jpg”文件，如图15-160所示。

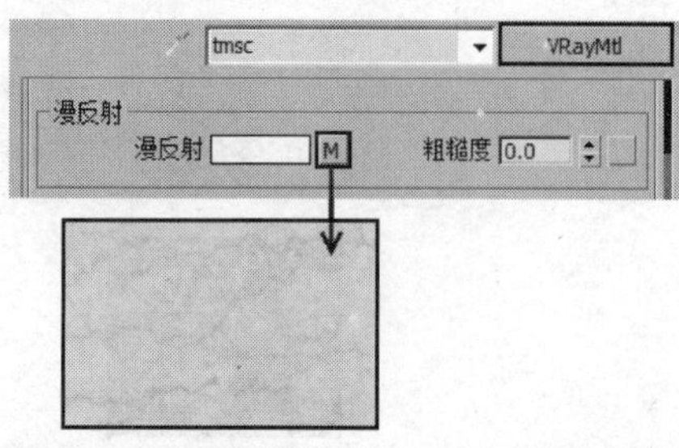

图15-160

02 设置“反射”颜色为（红:130，绿:130，蓝:130），然后勾选“菲涅耳反射”选项，接着设置“反射光泽度”为0.95，具体参数设置如图15-161所示，制作好的材质球效果如图15-162所示。

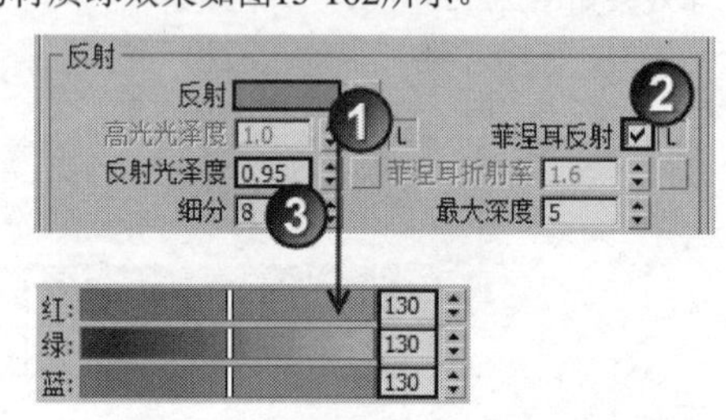

图15-161

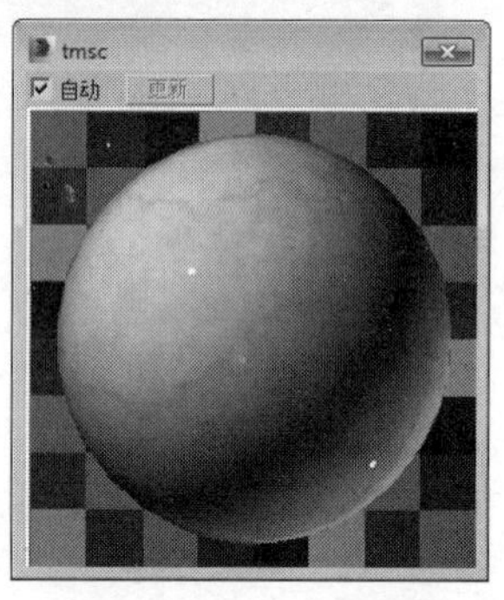

图15-162

● 制作沙盘玻璃材质

沙盘玻璃的材质效果如图15-163所示。

图15-163

01 选择一个空白材质球，然后设置材质类型为VRayMtl材质，并将其命名为spbl，接着设置“漫反射”颜色为（红:215，绿:239，蓝:253），如图15-164所示。

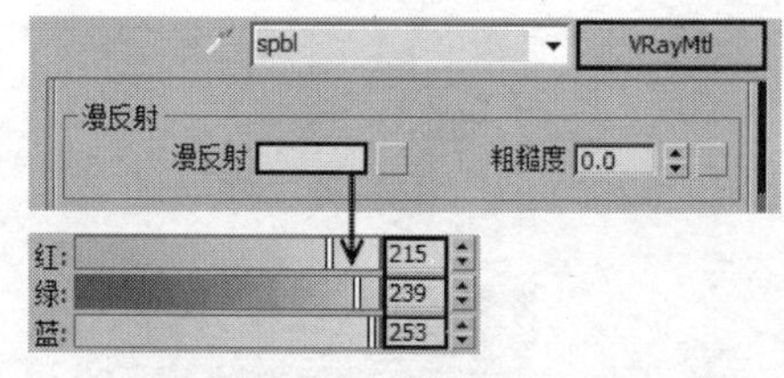

图15-164

02 设置“反射”颜色为（红:143，绿:143，蓝:143），然后勾选“菲涅耳反射”选项，如图15-165所示。

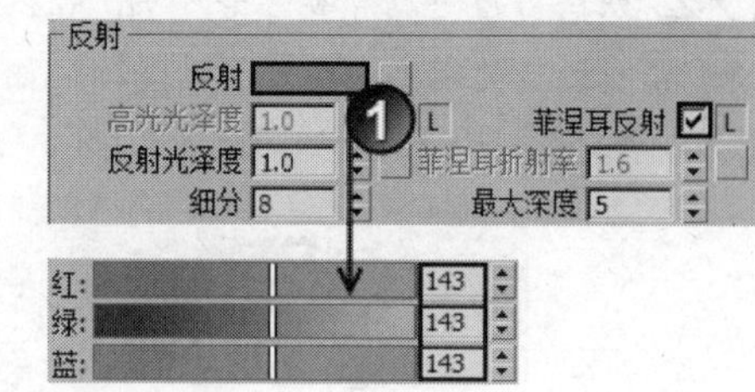

图15-165

03 设置“折射”颜色为（红:232，绿:232，蓝:232），然后设置“折射率”为1.517，接着勾选“影响阴影”和“退出颜色”选项，最后设置“烟雾倍增”为0.1，如图15-166所示，制作好的材质球效果如图15-167所示。

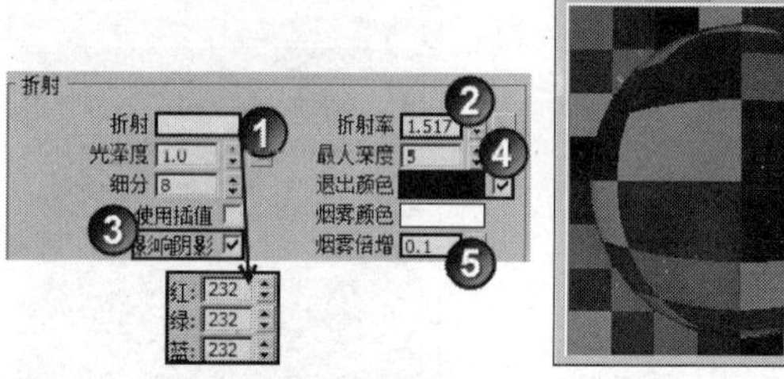

图15-166　图15-167

● 制作沙盘楼体材质

沙盘楼体的材质效果如图15-168所示。

图15-168

01 选择一个空白材质球，然后设置材质类型为VRayMtl材质，并将其命名为spcz，接着设置“漫反射”颜色为（红:237，绿:237，蓝:237），如图15-169所示。

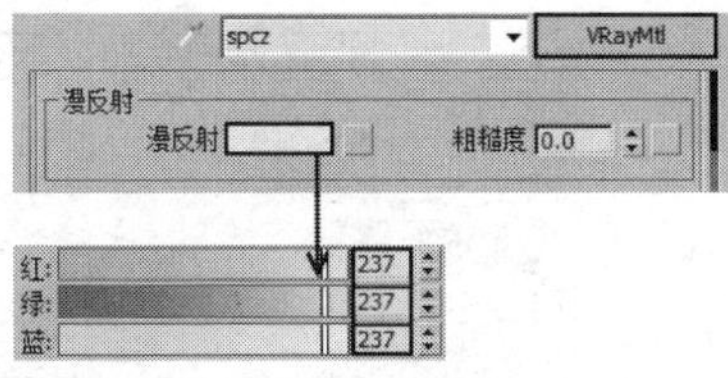

图15-169

02 展开“贴图”卷展栏，然后在“不透明度”贴图通道中加载一张“VRay边纹理”程序贴图，接着在“VRay边纹理参数”卷展栏下设置“颜色”为白色，最后在“厚度”选项组下勾选“像素”选项，并设置“像素”为0.3，如图15-170所示，制作好的材质球效果如图15-171所示。

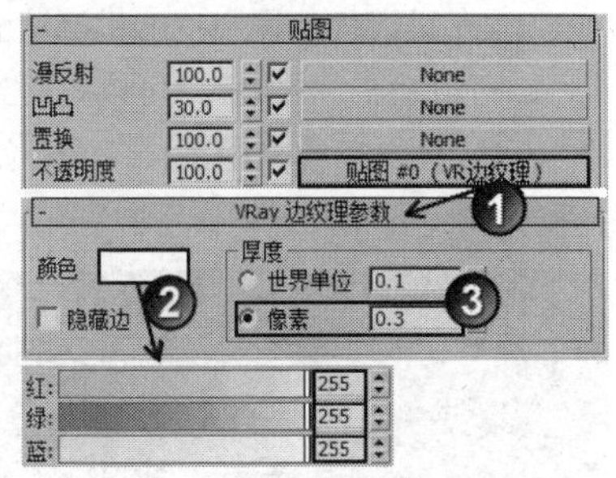

图15-170

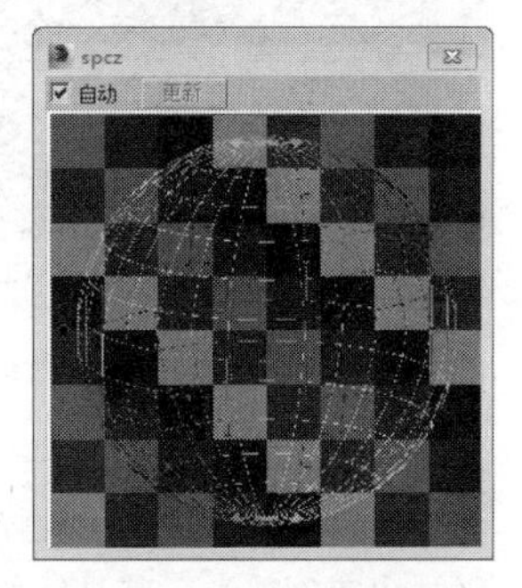

图15-171

● 制作椅子塑料材质

椅子塑料的材质效果如图15-172所示。

图15-172

01 选择一个空白材质球，然后设置材质类型为VRayMtl材质，并将其命名为yzsl，接着设置“漫反射”颜色为白色，如图15-173所示。

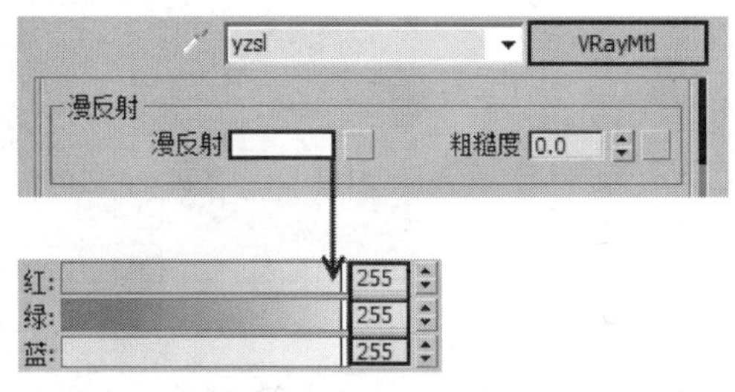

图15-173

02 设置“反射”颜色为（红:25，绿:25，蓝:25），然后设置“反射光泽度”为0.95，如图15-174所示，制作好的材质球效果如图15-175所示。

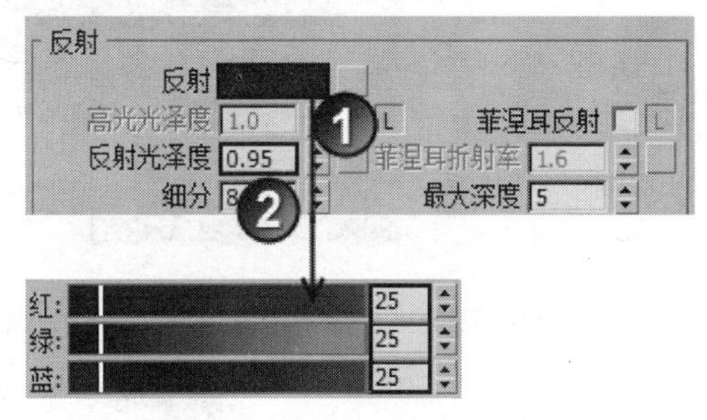

图15-174

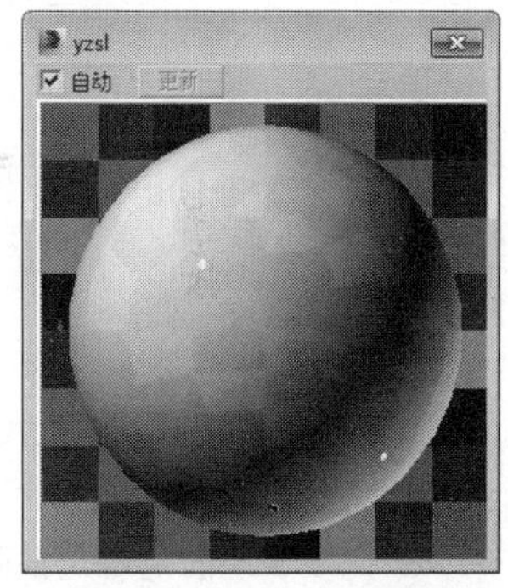

图15-175

● 制作吊灯灯罩材质

吊灯灯罩的材质效果如图15-176所示。

图15-176

01 选择一个空白材质球，然后设置材质类型为VRayMtl材质，并将其命名为dzbl，接着设置“漫反射”颜色为白色，如图15-177所示。

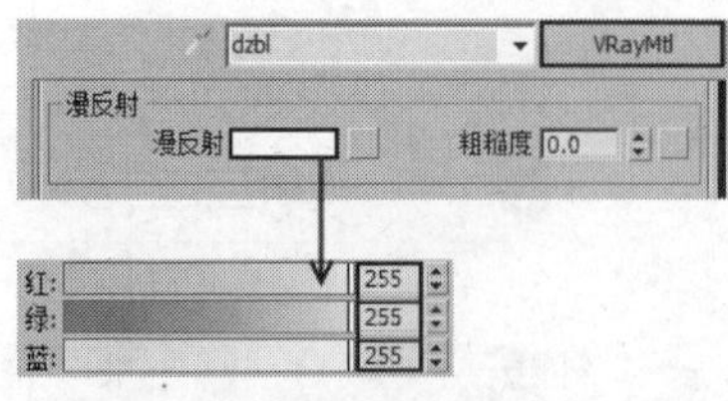

图15-177

02 设置“折射”颜色为（红:45，绿:45，蓝:45），然后设置“折射率”为1.6，接着勾选“影响阴影”选项，如图15-178所示，制作好的材质球效果如图15-179所示。

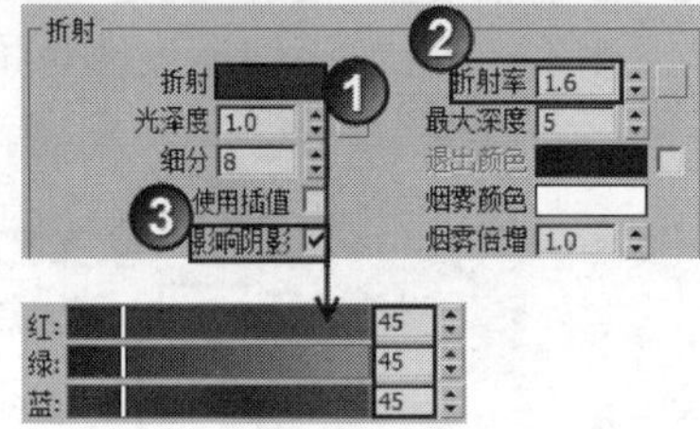

图15-178

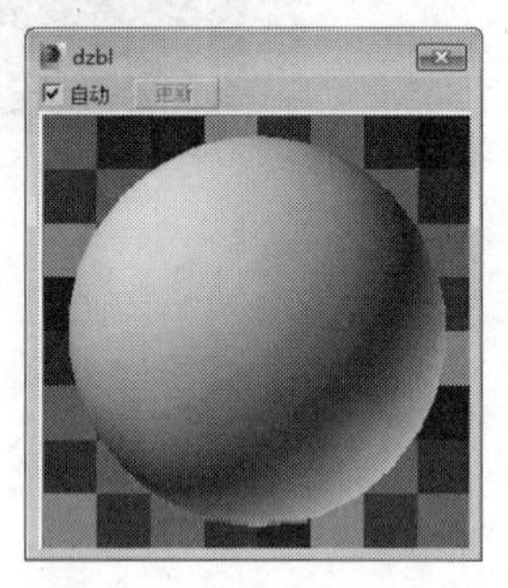

图15-179

>>>>灯光设置

本例要表现的是日光氛围，区别于小空间着重表现的是日光的投影与环境光照明。本空间将着重表现室内灯光的层次（如顶棚灯带、筒灯、墙面灯带和背景射灯）。

● 创建环境光

01 按大键盘上的8键打开“环境和效果”对话框，然后在“环境贴图”通道中加载一张“VRay天空”环境贴图，接着将其以“实例”方式复制到一个空白材质球上，如图15-180所示。

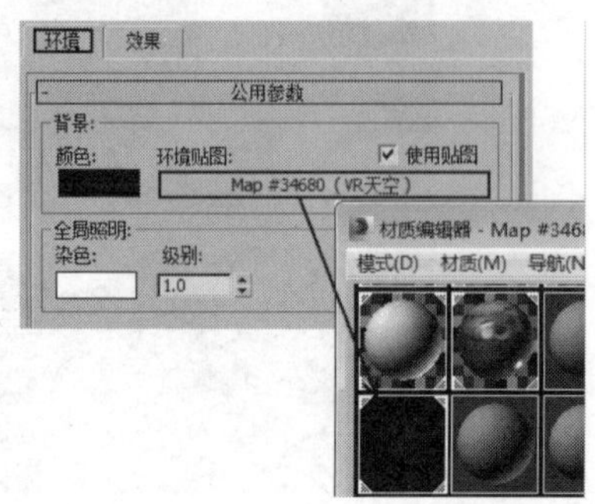

图15-180

02 选择材质球，然后在“VRay天空参数”卷展栏下勾选“指定太阳节点”选项，接着设置“太阳强度倍增”为0.058，如图15-181所示。

VRay 天空参数

指定太阳节点	✓
太阳光	无
太阳浊度	3.0
太阳臭氧	0.35
太阳强度倍增	0.058
太阳大小倍增	1.0
太阳过滤颜色	
太阳不可见	
天空模型	Preetham et al.
间接水平照明	25000.0

图15-181

03 在摄影机视图中按F9键测试渲染当前场景，效果如图15-182所示，可以观察到在场景右侧体现了较柔和的日光环境氛围。接下来开始创建室内灯光，首先制作室内起主要照明作用的筒灯。

图15-182

● 创建室内筒灯

01 设置灯光类型为“光度学”，然后在顶视图中根据天花板的分隔创建76盏目标灯光（结合“实例”复制快速创建），其具体分布与位置如图15-183所示。

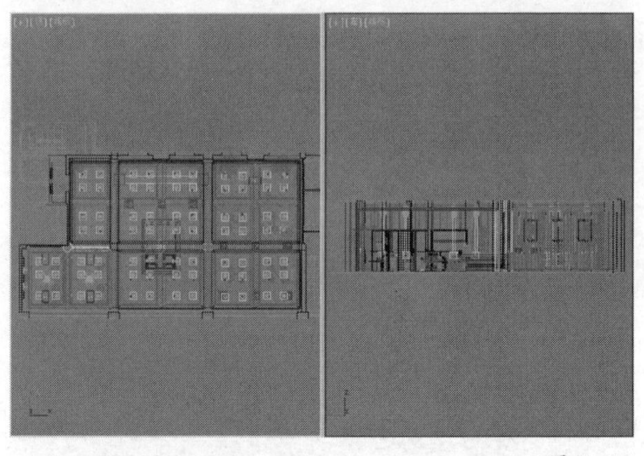

图15-183

02 选择上一步创建的目标灯光，然后进入“修改”面板，具体参数设置如图15-184所示。

设置步骤

① 展开“常规参数”卷展栏，然后在“阴影”选项组下勾选“启用”选项，接着设置阴影类型为“阴影贴图”，最后设置“灯光分布（类型）”为“光度学Web”。

② 展开“分布（光度学Web）”卷展栏，然后在其通道中加载光盘中的“实例文件>CH15>实战298>0.ies”文件。

③ 展开“强度/颜色/衰减”卷展栏，然后设置“过滤颜色”为（红:246，绿:229，蓝:210），接着设置“强度”为5800。

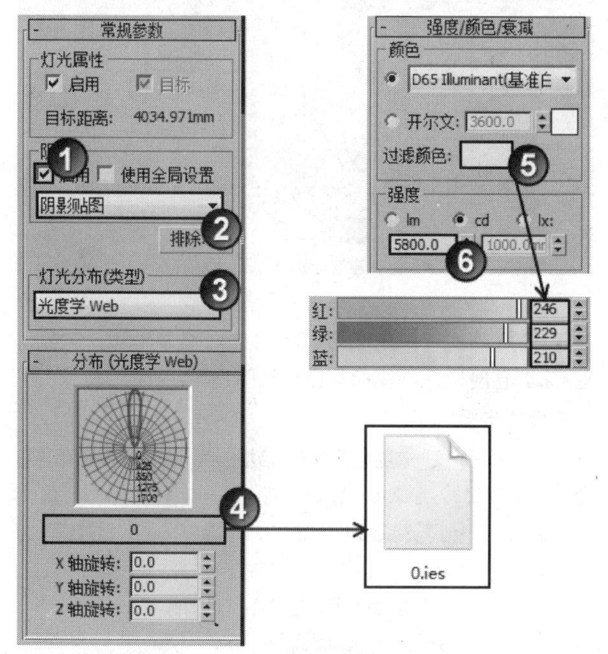

图15-184

03 在摄影机视图中按F9键测试渲染当前场景，效果如图15-185所示。

图15-185

技巧与提示

由于创建的筒灯数量极多，为了避免真实阴影造成的场景发暗现象以及复杂的计算过程，因此选择“阴影贴图”而不是选择常用的“VRay阴影”。

● 创建顶棚灯带

01 设置灯光类型为VRay，然后在顶视图中创建64盏平面类型的VRay灯光作为顶棚上的灯带，其具体分布与位置如图15-186所示。

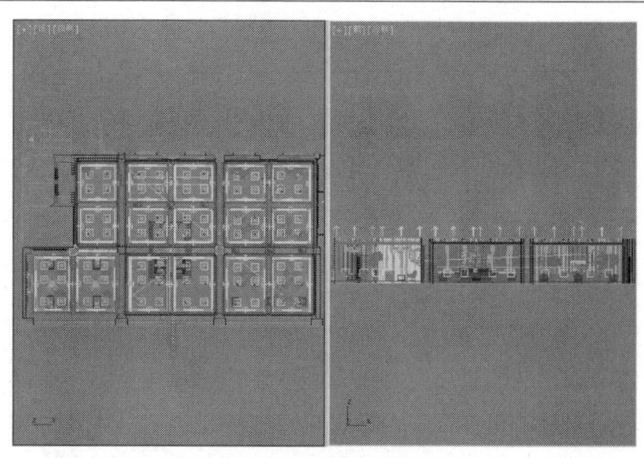

图15-186

02 选择上一步创建的VRay灯光，然后展开“参数”卷展栏，具体参数设置如图15-187所示。

设置步骤

① 在“强度”选项组下设置“倍增”为5.5，然后设置“颜色”为（红:232，绿:196，蓝:116）。

② 在“大小”选项组下设置“1/2长”为72mm、“1/2宽”为2300mm（注意，某些灯光的具体大小要根据所处位置来定）。

③ 在“选项”选项组下勾选“不可见”选项。

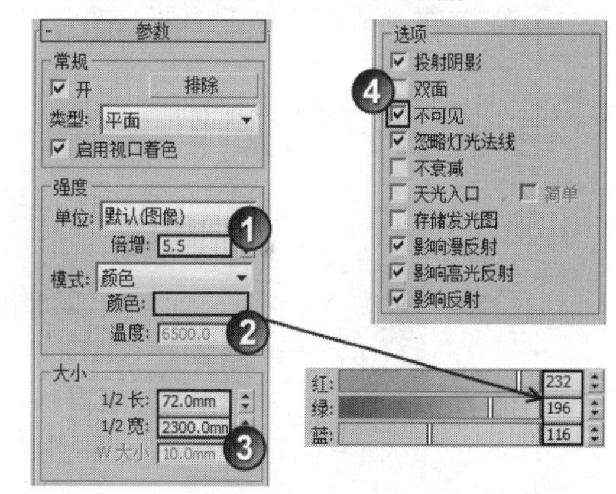

图15-187

03 在摄影机视图中按F9键测试渲染当前场景，效果如图15-188所示。

图15-188

● 创建暗藏灯带

01 在场景中创建11盏平面类型的VRay灯光作为暗藏灯带，其具体分布与位置如图15-189所示。

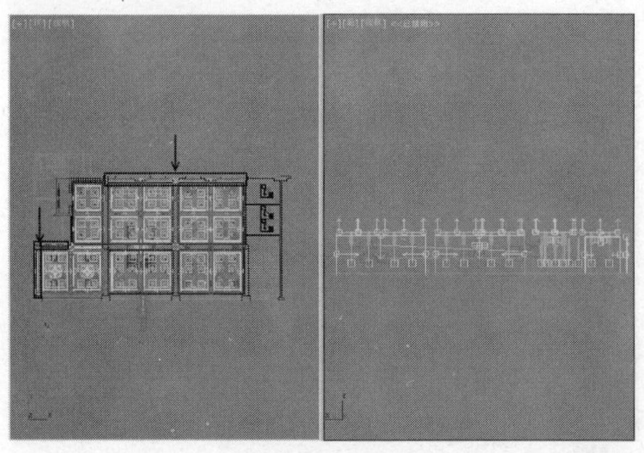

图15-189

02 选择上一步创建的VRay灯光，然后展开“参数”卷展栏，具体参数设置如图15-190所示。

设置步骤

① 在“强度”选项组下设置“倍增”为6，然后设置“颜色”为（红:250，绿:201，蓝:125）。

② 在“大小”选项组下设置“1/2长”为3850mm、“1/2宽”为45mm（注意，某些灯光的具体大小要根据所处位置来定）。

③ 在“选项”选项组下勾选“不可见”选项。

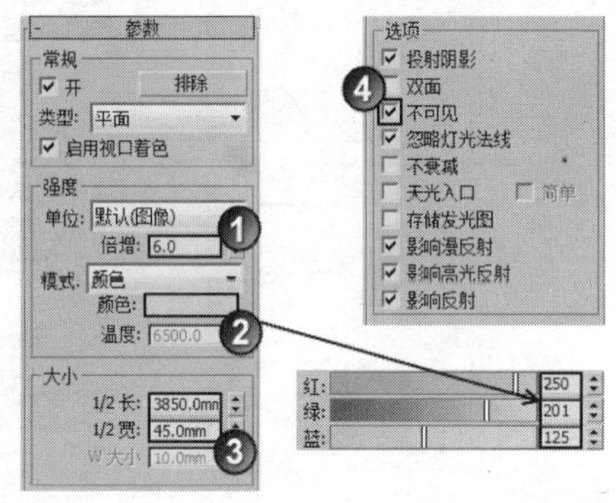

图15-190

03 在摄影机视图中按F9键测试渲染当前场景，效果如图15-191所示。接下来创建吊灯灯光（在该摄影机视图内主要为图像远端左侧隔房内的吊灯与楼盘展示台上方的吊灯）。

图15-191

● 创建吊灯

01 在场景中创建6盏平面类型的VRay灯光作为房间内的吊灯灯光，其具体分布与位置如图15-192所示。

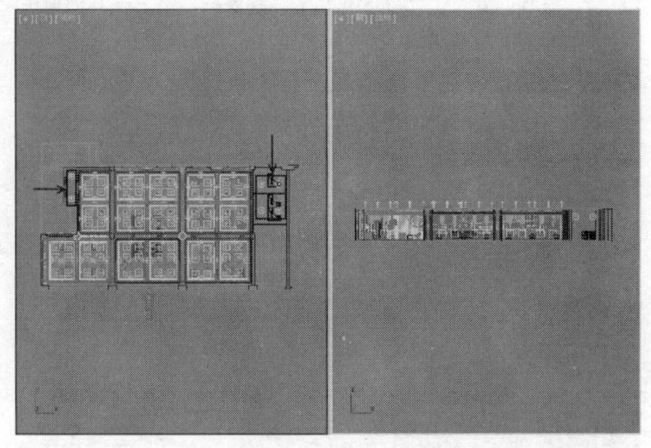

图15-192

02 选择上一步创建的VRay灯光，然后展开“参数”卷展栏，具体参数设置如图15-193所示。

设置步骤

① 在“强度”选项组下设置“倍增”为300，然后设置“颜色”为（红:253，绿:238，蓝:215）。

② 在“大小”选项组下设置“1/2长”为85mm、“1/2宽”为70mm。

③ 在“选项”选项组下勾选“不可见”选项。

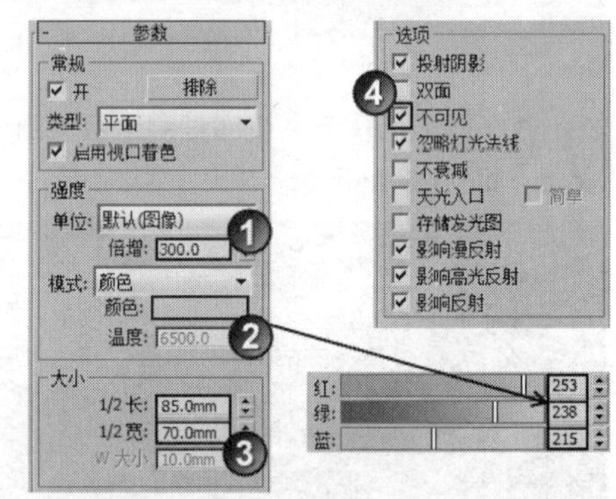

图15-193

03 在摄影机视图中按F9键测试渲染当前场景，效果如图15-194所示，可以观察到图像远端左侧房间内有了灯光效果。接下来创建展厅内的吊灯。

图15-194

04 在场景中创建24盏球体类型的VRay灯光作为吊灯，其分布与位置如图15-195所示。

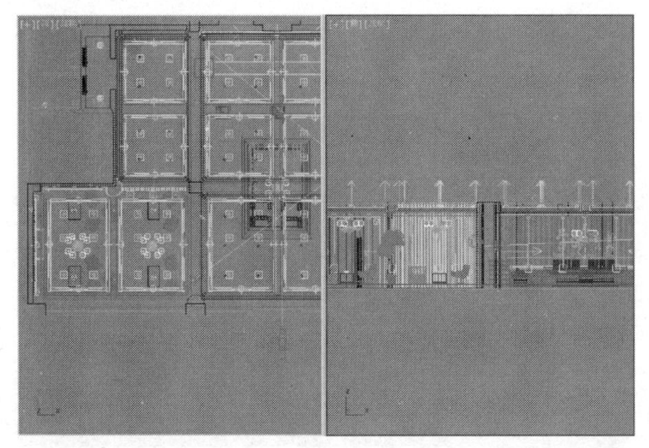

图15-195

05 选择上一步创建的VRay灯光，然后展开“参数”卷展栏，具体参数设置如图15-196所示。

设置步骤

① 在“常规”选项组下设置“类型”为“球体”。

② 在“强度”选项组下设置“倍增”为150，然后设置“颜色”为（红:250，绿:201，蓝:125）。

③ 在“大小”选项组下设置“半径”为25mm。

④ 在“选项”选项组下勾选“不可见”选项。

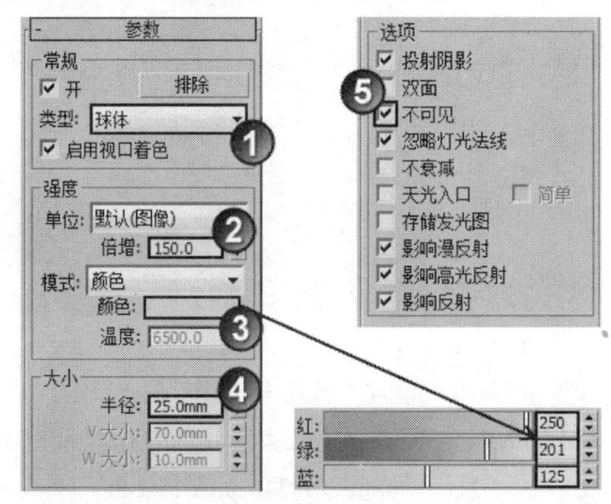

图15-196

06 在摄影机视图中按F9键测试渲染当前场景，效果如图15-197所示。接下来创建背景墙上的射灯（本视图中主要为左侧接待台处的背景射灯）。

图15-197

● 创建射灯

01 设置灯光类型为“光度学”，然后在场景中创建11盏目标灯光作为射灯，其具体分布与位置如图15-198所示。

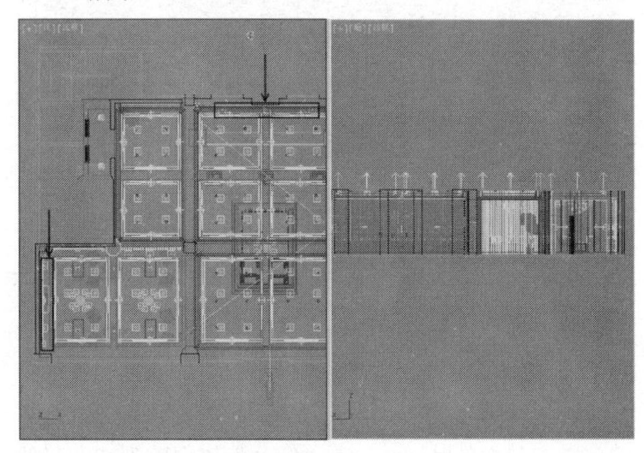

图15-198

02 选择上一步创建的目标灯光，然后进入“修改”面板，具体参数设置如图15-199所示。

设置步骤

① 展开“常规参数”卷展栏，然后在“阴影”选项组下勾选“启用”选项，接着设置阴影类型为“VRay阴影”，最后设置“灯光分布（类型）”为“光度学Web”。

② 展开“分布（光度学Web）”卷展栏，然后在其通道中加载光盘中的“实例文件>CH15>实战298>19.ies”文件。

③ 展开“强度/颜色/衰减”卷展栏，然后设置“过滤颜色”为（红:216，绿:240，蓝:254），接着设置“强度”为120000。

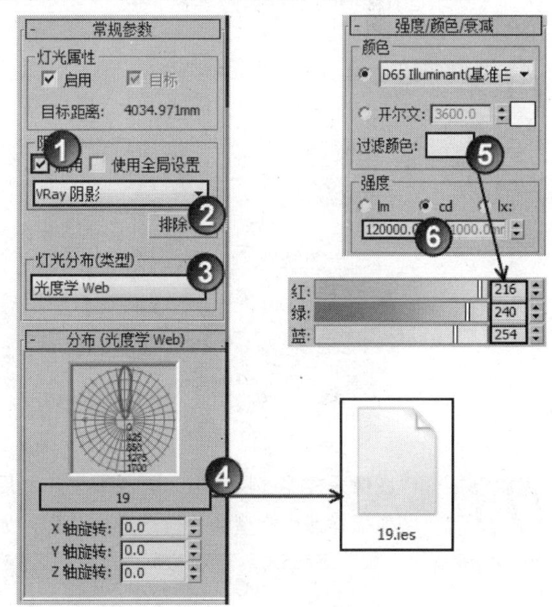

图15-199

03 在摄影机视图中按F9键测试渲染当前场景，效果如图15-200所示。至此，本场景的灯光创建完成，接下来渲染成品图。

图15-200

>>>>渲染成品图

● 提高材质与灯光细分

在本例中主要将地面石材材质的“细分”调整到30，其他材质的“细分”值控制在16~24即可。另外，需要将模拟筒灯的目标灯光的“细分”值调整到30，其他灯光的“细分”值控制在16~24之间即可。

● 渲染光子图

01 按F10键打开“渲染设置”对话框，然后展开“公共参数”卷展栏，接着设置“宽度”为500、“高度”为250，如图15-201所示。

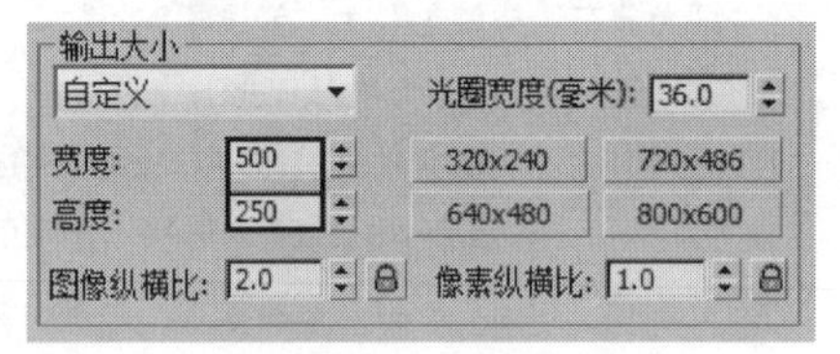

图15-201

02 单击VRay选项卡，然后在“全局开关”卷展栏中勾选“光泽效果”选项，如图15-202所示。

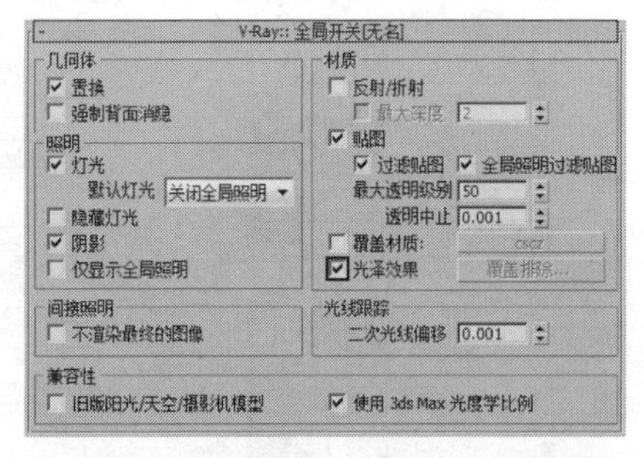

图15-202

03 展开“图像采样器（反锯齿）”卷展栏，然后设置“图像采样器”类型为“自适应细分”，如图15-203所示。

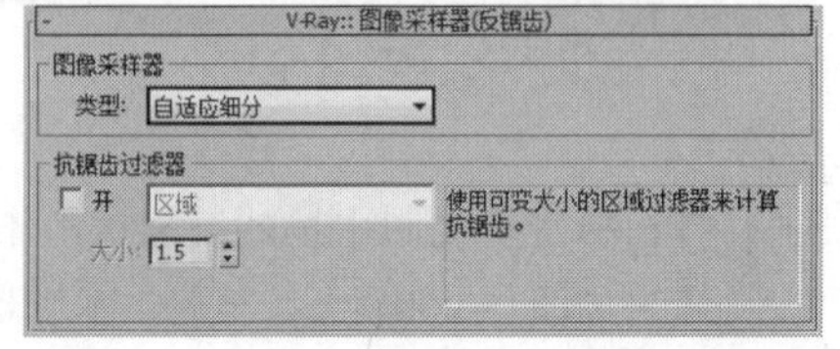

图15-203

04 单击“间接照明”选项卡，在“发光图”卷展栏下设置“当前预置”为“高”， 然后设置“半球细分”为75、“插值采样”为25，接着在“在渲染结束后”选项组下勾选“自动保存”选项，并设置好发光图的保存路径，最后勾选“切换到保存的贴图”选项，如图15-204所示。

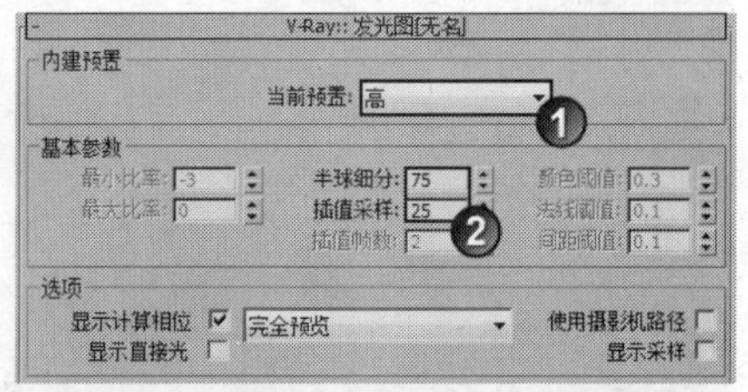

图15-204

05 展开“灯光缓存”卷展栏，然后设置“细分”为900，接着在“在渲染结束后”选项组下勾选“自动保存”选项，并设置好灯光缓存贴图的保存路径，最后勾选“切换到保存的缓存”选项，如图15-205所示。

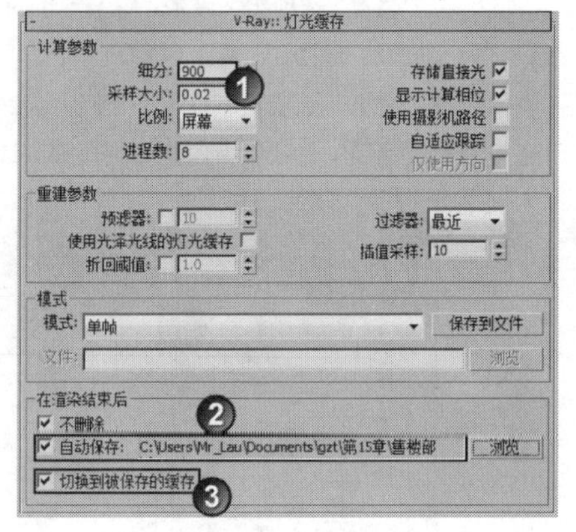

图15-205

06 单击“设置”选项卡，然后在“DMC采样器”卷展栏下设置“适应数量”为0.75、“噪波阈值”为0.005、“最小采样值”为24，如图15-206所示。

图15-206

07 在摄影机视图中按F9键测试渲染当前场景，效果如图15-207所示。

图15-207

● 渲染最终图像

01 按F10键打开“渲染设置”对话框，然后展开“公共参数”卷展栏，接着设置“宽度”为2000、“高度”为1000，如图15-208所示。

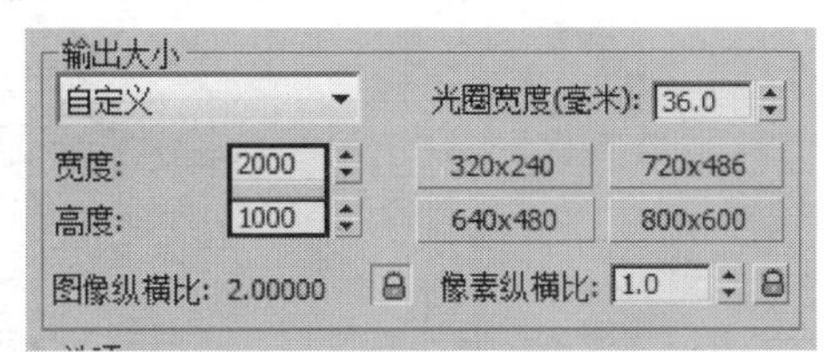

图15-208

02 展开“图像采样器（反锯齿）”卷展栏，然后在“抗锯齿过滤器”选项组下勾选“开”选项，接着设置“抗锯齿过滤器”为Catmull-Rom，如图15-209所示。

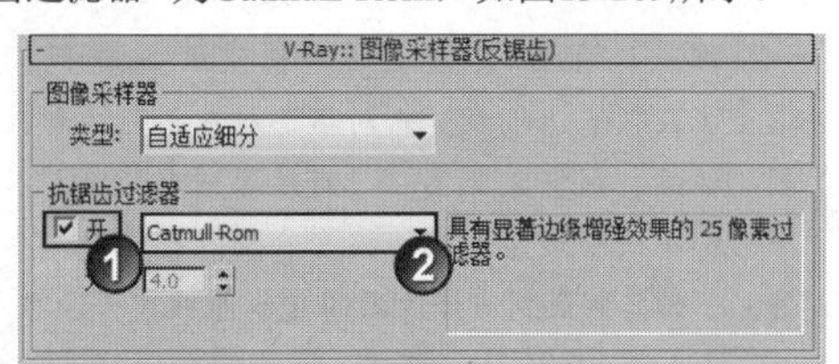

图15-209

03 在“发光图”及“灯光缓存”卷展栏下查看“模式”选项，确定其已自动调整为“从文件”模式，同时在下方显示了之前保存的路径，如图15-210所示。

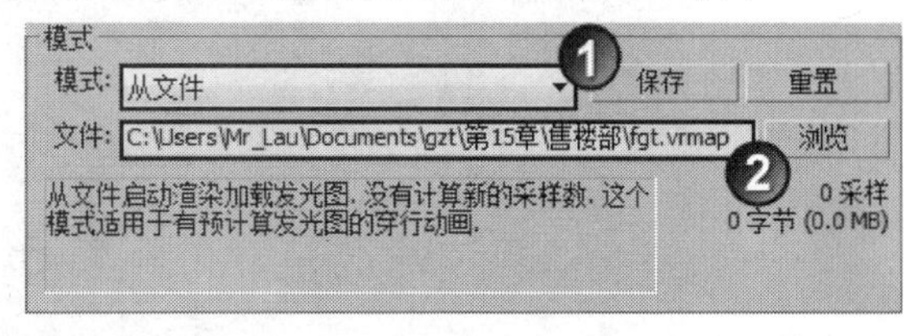

图15-210

04 在摄影机视图中按F9键测试渲染当前场景，最终得到的效果如图15-211所示。

图15-211

实战 299 精通建筑日景制作：地中海风格别墅多角度表现

实例信息

- 场景位置：DVD>实例文件>CH15>实战299.max
- 实例位置：DVD>实例文件>CH15>实战299.max
- 视频位置：DVD>多媒体教学>CH15>实战299.flv
- 难易指数：★★★★★
- 技术掌握：外墙材质、玻璃材质和草地材质的制作方法；大型室外建筑场景的制作流程与相关技巧

实例介绍

本例是一个超大型地中海风格的别墅场景，灯光、材质的设置方法很简单，重点在于掌握大型室外场景的制作流程，即“调整出图角度→检测模型是否存在问题→制作材质→创建灯光→设置最终渲染参数”这个流程。

>>>>创建摄影机

本例有3个出图角度，因此需要创建3台摄影机来确定这3个角度。另外，在本节内容中涉及了一个很重要的修改器——“摄影机校正”修改器。

01 打开光盘中的“场景文件>CH15>实战299.max”文件，如图15-212所示。

图15-212

02 设置摄影机类型为“标准”，然后在顶视图中创建一台目标摄影机，其位置如图15-213所示。

图15-213

03 选择目标摄影机，然后在“参数”卷展栏下设置“镜头”为35mm、“视野”为54.432度，如图15-214所示。

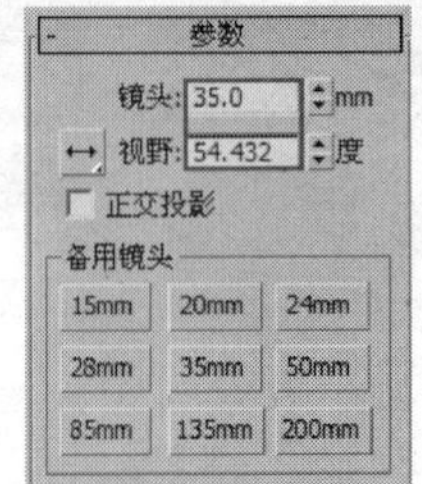

图15-214

04 确定了摄影机的观察范围后，在摄影机上单击鼠标右键，然后在弹出的菜单中选择“应用摄影机校正修改器”命令，对摄影机进行透视校正，使3点透视变成两点透视效果，如图15-215所示。

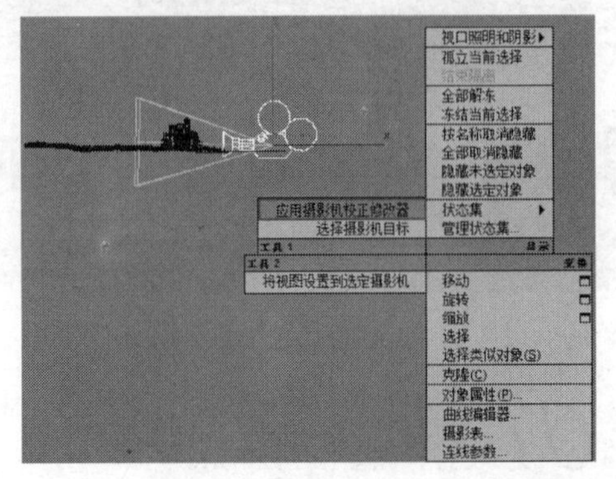

图15-215

05 切换到“修改”面板，然后在“2点透视校正”卷展栏下设置“数量”为-1.302，如图15-216所示。

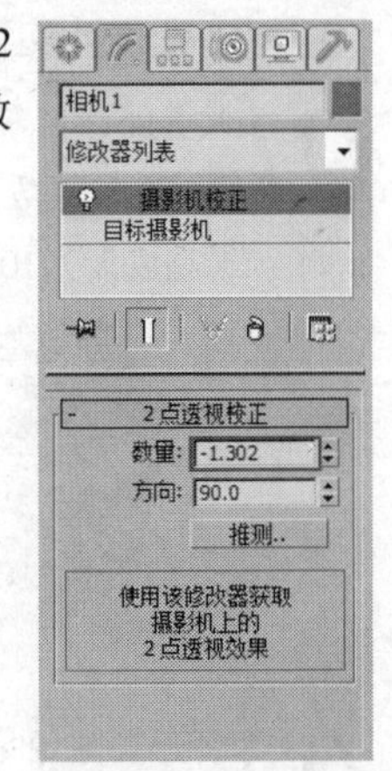

图15-216

技术专题 51 摄影机校正修改器

在默认情况下，摄影机视图使用3点透视，其中垂直线看上去在顶点上汇聚。而对摄影机应用“摄影机校正”修改器（注意，该修改器不在“修改器列表”中）以后，可以在摄影机视图中使用两点透视。在两点透视中，垂直线保持垂直。下面举例说明该修改器的具体作用。

第1步：在场景中创建一个圆柱体和一台目标摄影机，如图15-217所示。

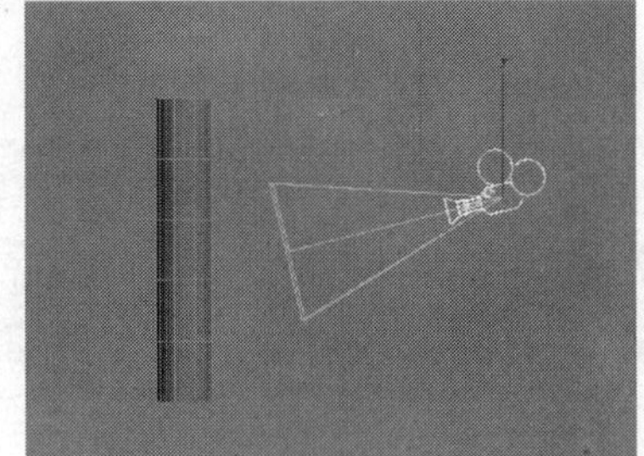

图15-217

第2步：按C键切换到摄影机视图，可以发现圆柱体在摄影机视图中与垂直线不垂直，如图15-218所示。

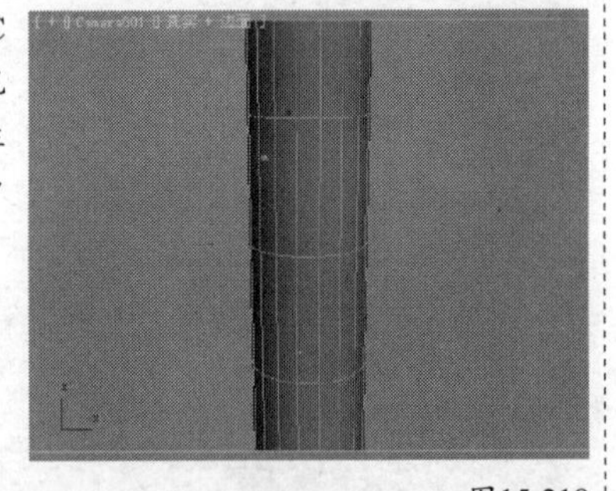

图15-218

第3步：为目标摄影机应用“摄影机校正”修改器，这样可以将圆柱体的垂直线与摄影机视图的垂直线保持垂直，如图15-219所示。这就是“摄影机校正”修改器的主要作用。

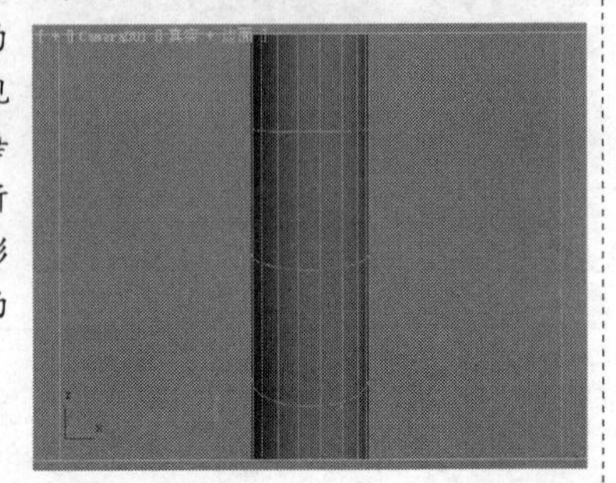

图15-219

06 按F10键打开“渲染设置”对话框，然后设置渲染器为VRay渲染器，接着单击“公用”选项卡，最后在“公用参数”卷展栏下设置渲染尺寸为1700×1020，并锁定图像的纵横比，如图15-220所示。

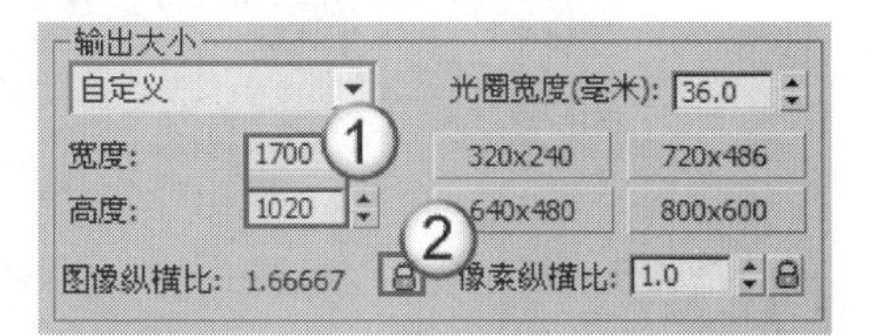

图15-220

07 按C键切换到摄影机视图，然后按Shift+F组合键打开安全框，观察完整的出图画面，如图15-221所示。

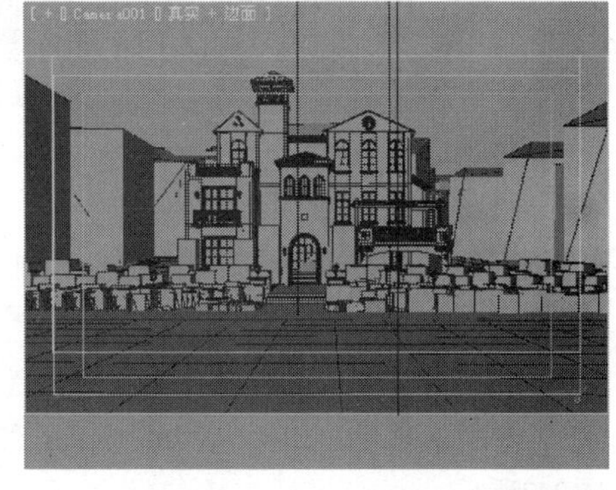

图15-221

08 复制两台目标摄影机，然后用相同的方法调整好第2个和第3个出图角度，如图15-222和图15-223所示。

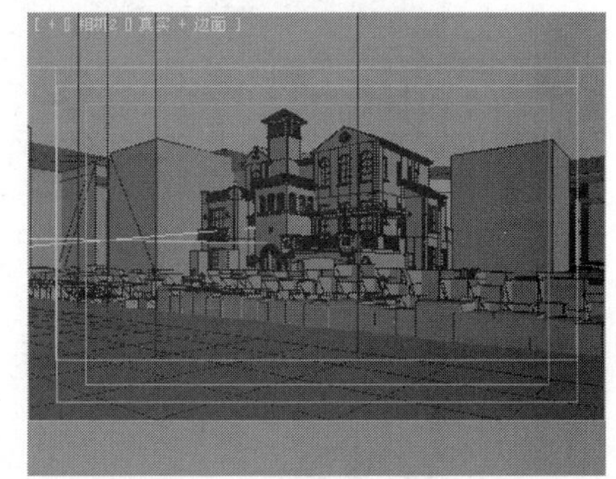

图15-222

图15-223

>>>>检查模型

摄影机的角度确定好以后，在设置材质与灯光之前需要对模型进行一次检测，以确定场景模型是否存在问题。

01 选择一个空白材质球，然后设置“漫反射”颜色为（红:240，绿:240，蓝:240），以这个颜色作为模型的通用颜色，材质球如图15-224所示。

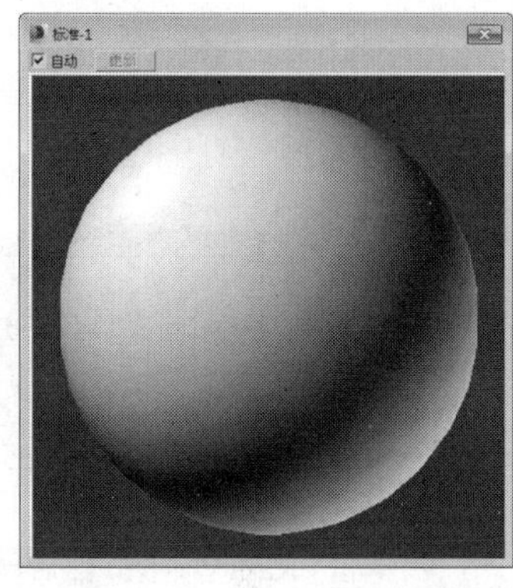

图15-224

02 打开“渲染设置”对话框，然后单击VRay选项卡，接着在“全局开关”卷展栏下勾选“覆盖材质”选项，再将设置好的材质球拖曳到“覆盖材质”选项后面的“无”按钮 无 上，最后在弹出的对话框中设置“方法”为“实例”，如图15-225所示。

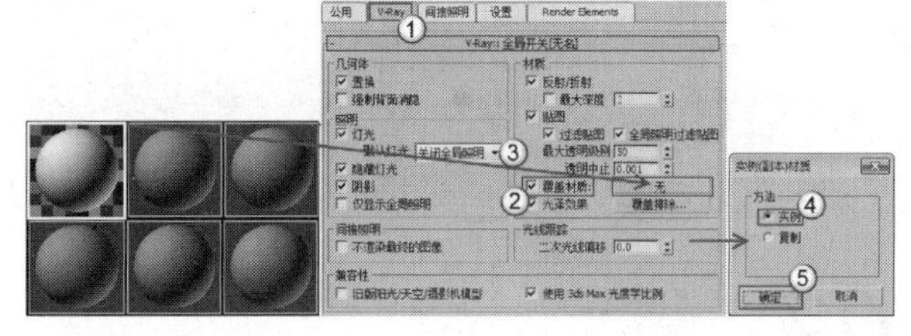

图15-225

03 设置灯光类型为VRay，然后在顶视图中创建一盏VRay灯光，其位置如图15-226所示。

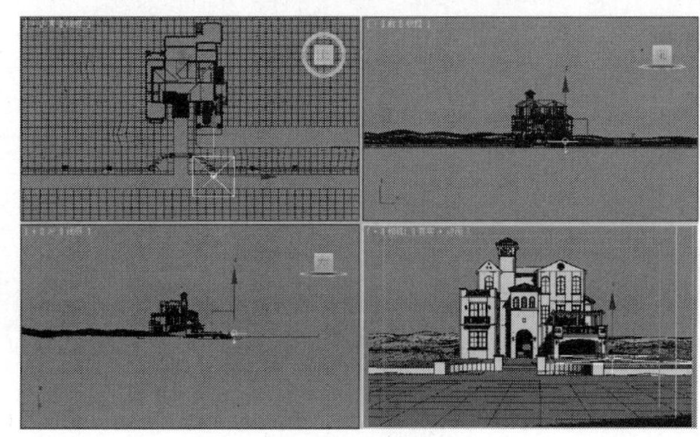

图15-226

04 选择上一步创建的VRay灯光，然后在“参数”卷展栏下设置“类型”为“穹顶”，接着设置“倍增”为1，最后勾选“不可见”选项，如图15-227所示。

05 打开“渲染设置”对话框，然后在“公用参数”卷展栏下设置测试渲染尺寸为500×300，如图15-228所示。

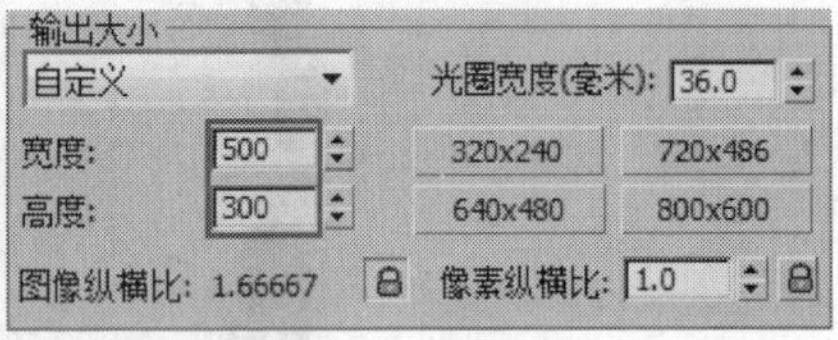

图15-227

图15-228

06 单击VRay选项卡，然后展开“图像采样器（反锯齿）”卷展栏，接着设置“图像采样器”的“类型”为“固定”，接着在“抗锯齿过滤器”选项组下关闭“开”选项，如图15-229所示。

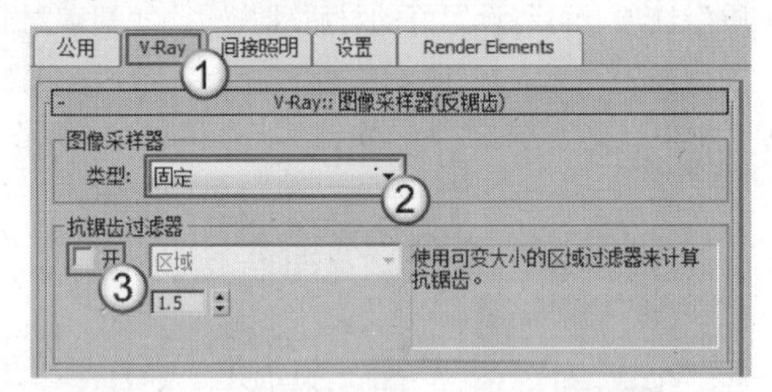

图15-229

07 单击“间接照明”选项卡，然后在“间接照明（GI）”卷展栏下勾选“开”选项，接着设置“首次反弹”的“全局照明引擎”为“发光图”、“二次反弹”的“全局照明引擎”为“灯光缓存”，如图15-230所示。

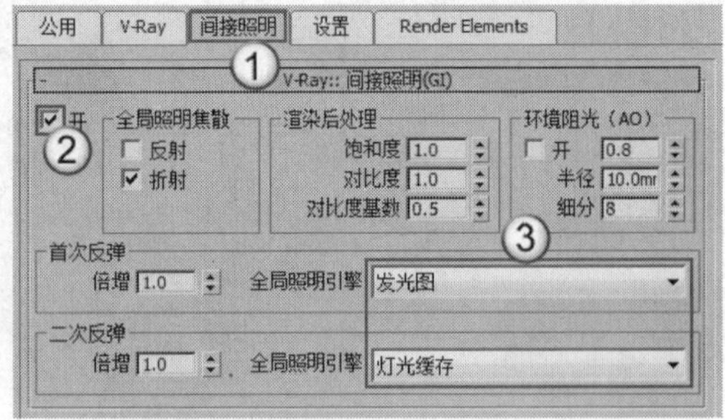

图15-230

08 展开“发光图”卷展栏，然后设置“当前预置”为“非常低”，接着设置“半球细分”为20、“插值采样”为10，最后勾选“显示计算相位”选项，如图15-231所示。

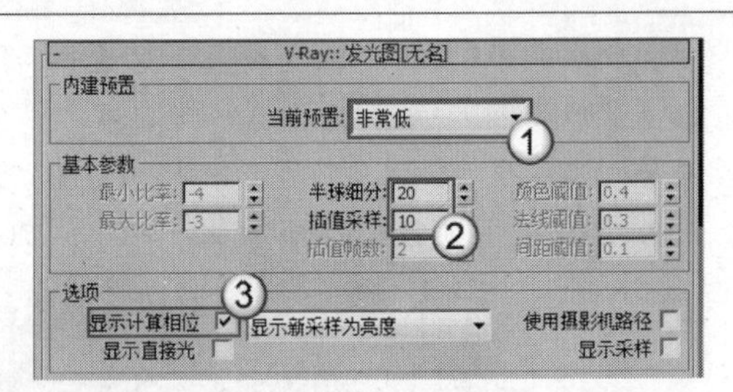

图15-231

09 展开“灯光缓存”卷展栏，然后设置“细分”为100、“进程数”为4，接着勾选“显示计算相位”选项，如图15-232所示。

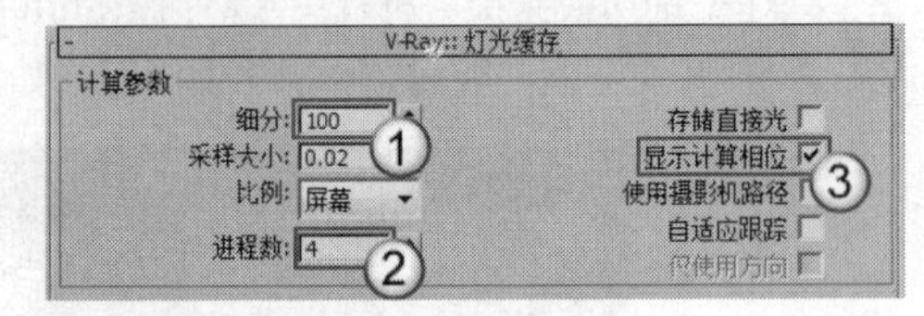

图15-232

技巧与提示

在检测模型时，尤其是较复杂的建筑模型，可以将渲染参数设置得非常低，这样可以节省很多渲染时间。

10 按大键盘上的8键打开“环境和效果”对话框，然后在“环境”选项卡下设置“颜色”为白色，如图15-233所示。

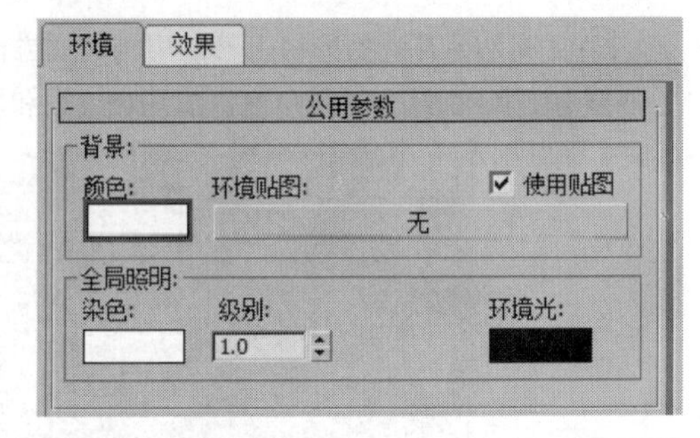

图15-233

11 按F9键测试渲染当前场景，效果如图15-234所示。

图15-234

技巧与提示

从图15-234中可以观察到模型没有任何问题，渲染角度也很合理。下面就可以为场景设置材质和灯光了。

>>>>材质制作

本例的场景对象材质主要包括外墙材质、玻璃材质和草地材质，如图15-235所示。

图15-235

● 制作外墙材质

外墙材质效果如图15-236所示。

图15-236

选择一个空白材质球，然后设置材质类型为VRayMtl材质，并将其命名为“外墙”，接着设置“漫反射”颜色为（红:255，绿:245，蓝:200），如图15-237所示，制作好的材质球效果如图15-238所示。

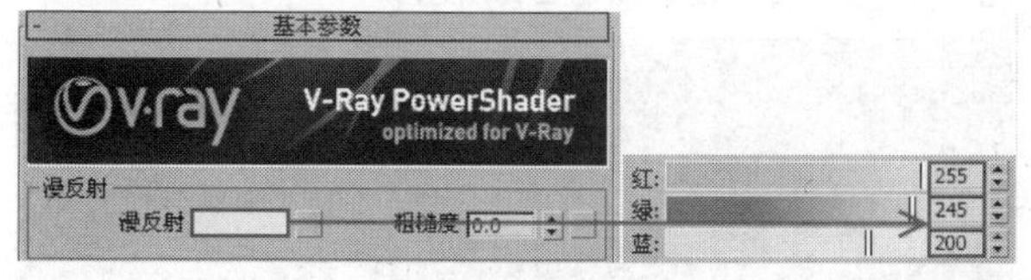

图15-237

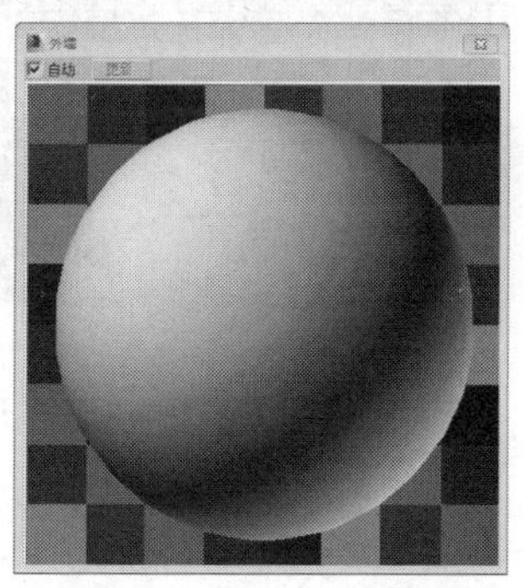

图15-238

● 制作玻璃材质

玻璃材质效果如图15-239所示。

图15-239

选择一个空白材质球，然后设置材质类型为VRayMtl材质，并将其命名为“玻璃”，具体参数设置如图15-240所示，制作好的材质球效果如图15-241所示。

设置步骤

① 设置“漫反射”颜色为黑色。

② 设置“反射”颜色为（红:85，绿:85，蓝:85），然后设置“高光光泽度”为0.85、“细分”为10。

③ 设置“折射”颜色为（红:230，绿:230，蓝:230），然后勾选“影响阴影”选项。

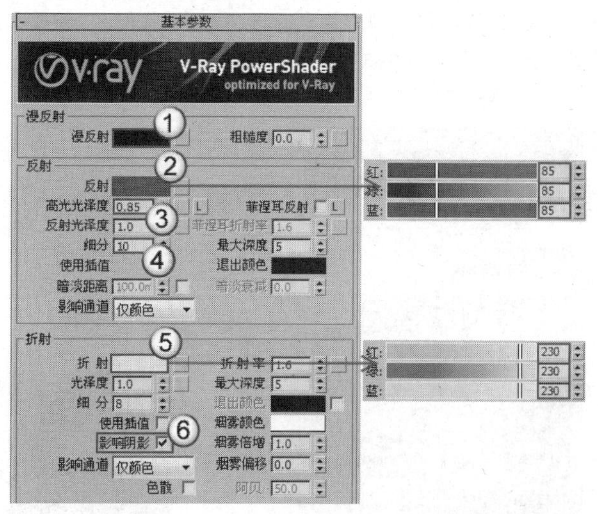

图15-240

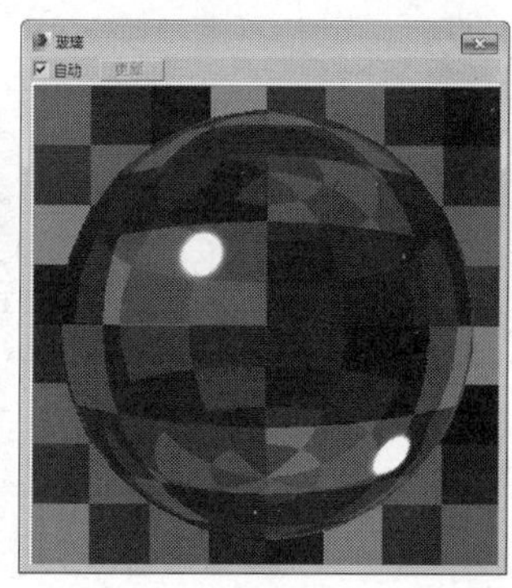

图15-241

● 制作草地材质

草地材质效果如图15-242所示。

图15-242

01 选择一个空白材质球，然后设置材质类型为VRayMtl材质，并将其命名为“草地”，具体参数设置如图15-243所示，制作好的材质球效果如图15-244所示。

设置步骤

① 在“漫反射”贴图通道中加载光盘中的“实例文件>CH15>实战299>Archexteriors1_001_Grass.jpg”文件，然后在“坐标”卷展栏下设置“模糊”为0.1。

② 设置“反射”颜色为（红:28，绿:43，蓝:25），然后设置“反射光泽度”为0.85。

③ 展开“选项”卷展栏，然后关闭“跟踪反射”选项。

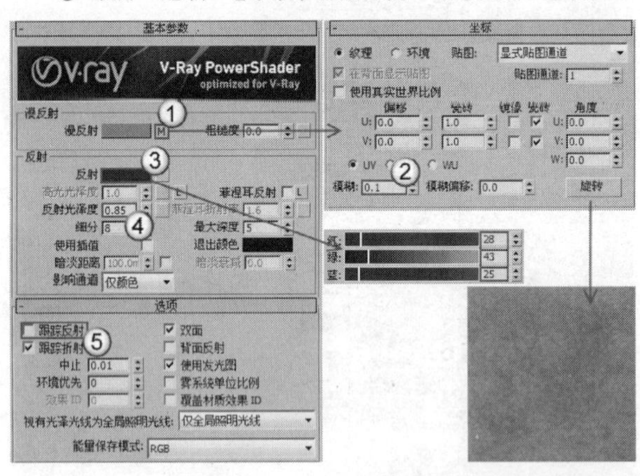

图15-243

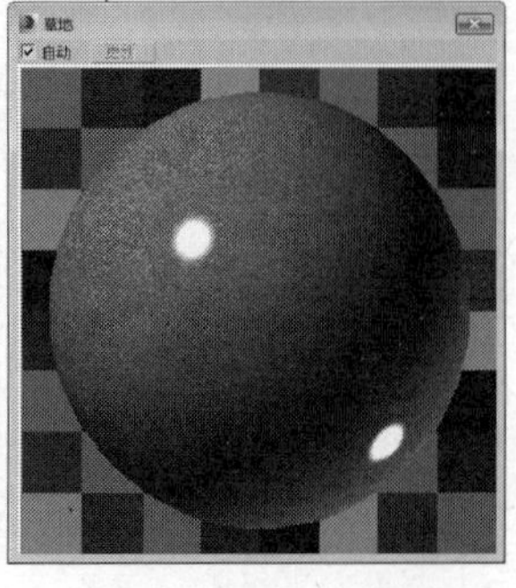

图15-244

02 选择草地模型，然后为其加载一个“VRay置换模式”修改器，接着展开“参数”卷展栏，具体参数设置如图15-245所示。

设置步骤

① 在“类型”选项组下勾选“2D贴图（景观）”选项。

② 在“公用参数”选项下的纹理贴图通道中加载光盘中的“实例文件>CH15>实战299>Archexteriors1_001_Grass.jpg”文件，然后设置“数量”为152.4mm。

③ 在“2D贴图”选项组下设置“分辨率”为2048。

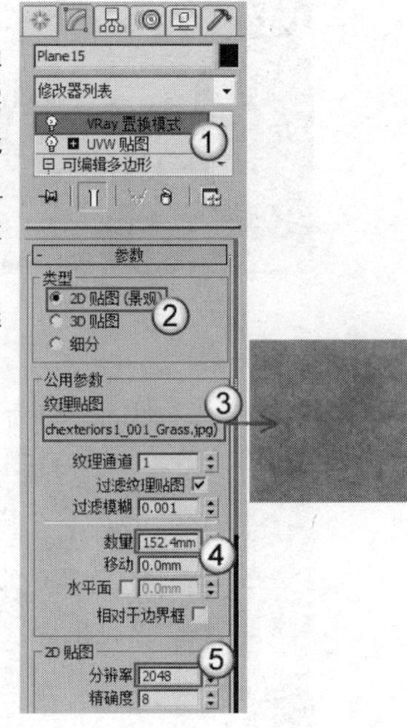

图15-245

>>>>灯光设置

由于本例是室外场景，且是制作白天效果，通常在没有特别要求的情况下，只需要为场景布置一盏太阳光就可以了。

01 设置灯光类型为VRay，然后在前视图中创建一盏VRay太阳，接着在弹出的对话框中单击“是”按钮 是(Y) ，其位置如图15-246所示。

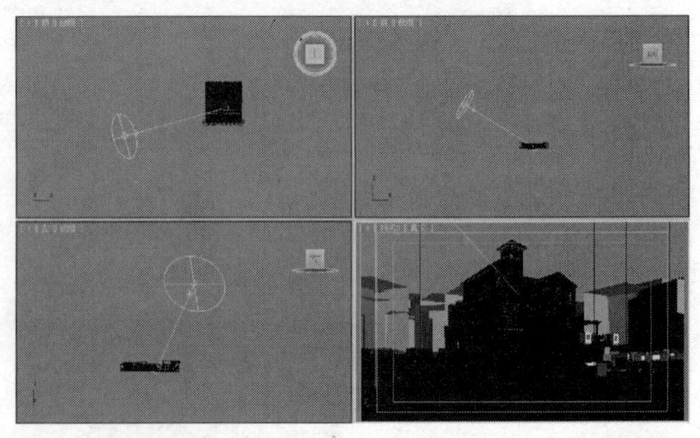

图15-246

02 按大键盘上的8键打开“环境与效果”对话框，然后将“环境贴图”通道中的“VRay天空”贴图拖曳到一个空白材质球上，并在弹出的对话框中设置“方法”为“实例”，如图15-247所示。

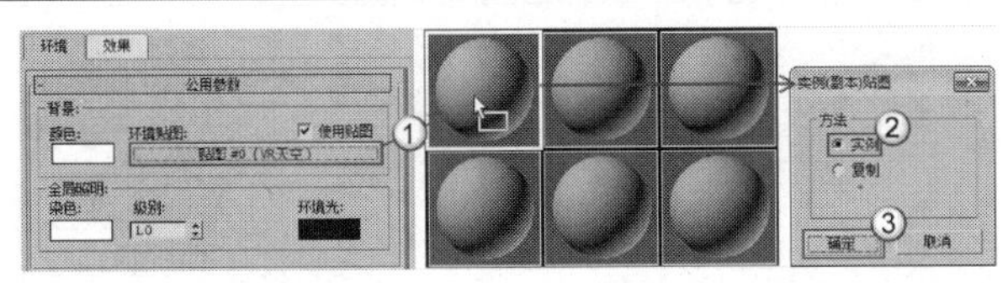

图15-247

03展开“VRay天空参数”卷展栏，勾选“指定太阳节点”选项，然后单击“太阳光”选项后面的“无”按钮 无 ，接着在场景中拾取VRay太阳，最后设置“太阳强度倍增”为0.04，具体参数设置如图15-248所示。

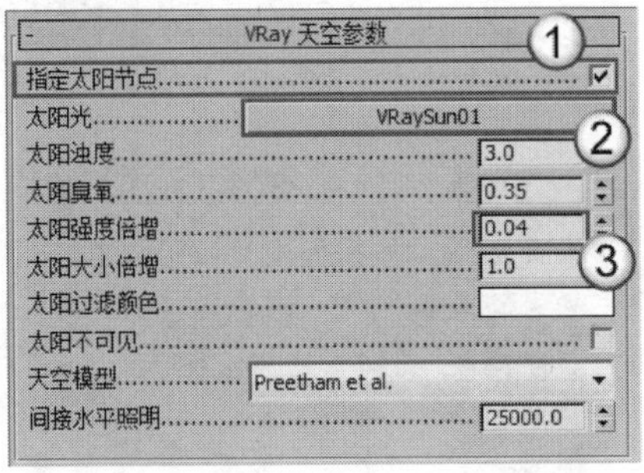

图15-248

04选择VRay太阳，然后在“VRay太阳参数”卷展栏下设置“强度倍增”为0.045、“大小倍增”为4、“阴影细分”为20、“光子发射半径”为150000mm，如图15-249所示。

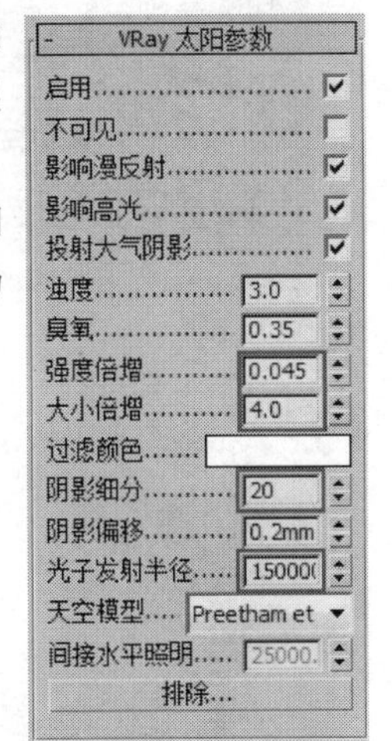

图15-249

05按F10键打开“渲染设置”对话框，然后单击VRay选项卡，接着在“全局开关”卷展栏下关闭“覆盖材质”选项，如图15-250所示。

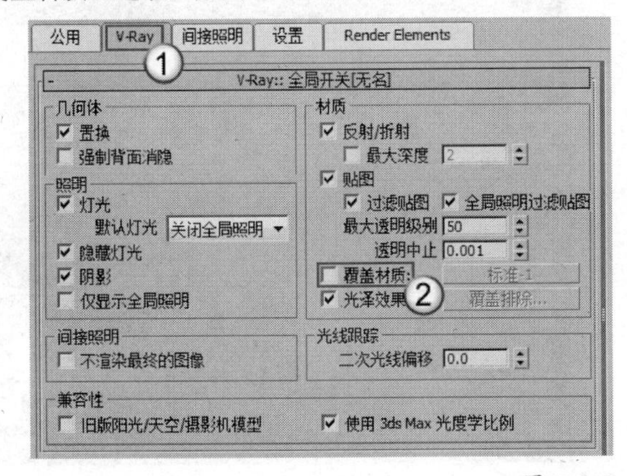

图15-250

06切换到第1个摄影机视图，然后在摄影机视图中按F9键测试渲染场景，效果如图15-251所示。

图15-251

技巧与提示

观察渲染效果，太阳的光照效果很理想。测试图中出现的锯齿现象是因为渲染参数过低的原因。

>>>>设置最终渲染参数

01按F10键打开“渲染设置”对话框，然后设置渲染器为VRay渲染器，接着单击“公用”选项卡，最后在“公用参数”卷展栏下设置渲染尺寸为1700×1020，并锁定图像的纵横比，如图15-252所示。

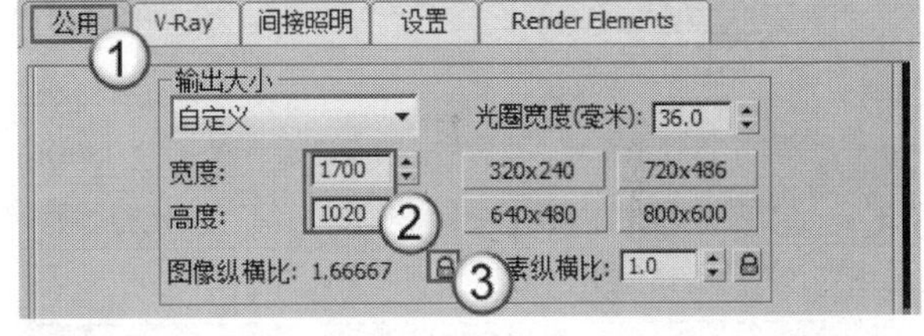

图15-252

02单击VRay选项卡，然后在“图像采样器（反锯齿）”卷展栏下设置“图像采样器”的“类型”为“自适应确定性蒙特卡洛”，接着在“抗锯齿过滤器”选项组下勾选“开”选项，并设置“抗锯齿过滤器”的类型为Mitchell-Netravali，如图15-253所示。

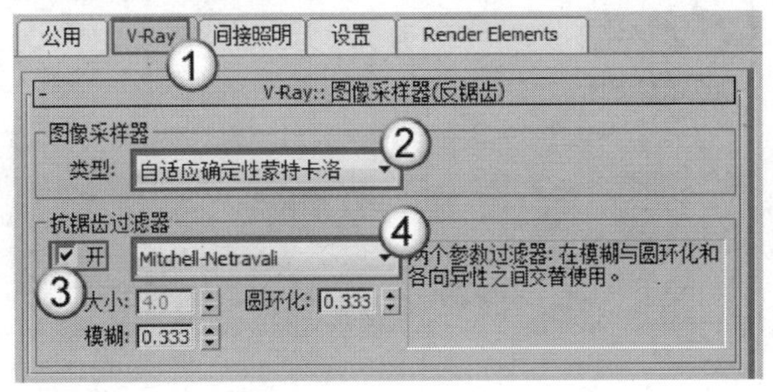

图15-253

03单击“间接照明”选项卡，然后在“间接照明（GI）”卷展栏下勾选“开”选项，接着设置

“首次反弹”的“全局照明引擎”为“发光图”、“二次反弹”的“全局照明引擎”为“灯光缓存”，如图15-254所示。

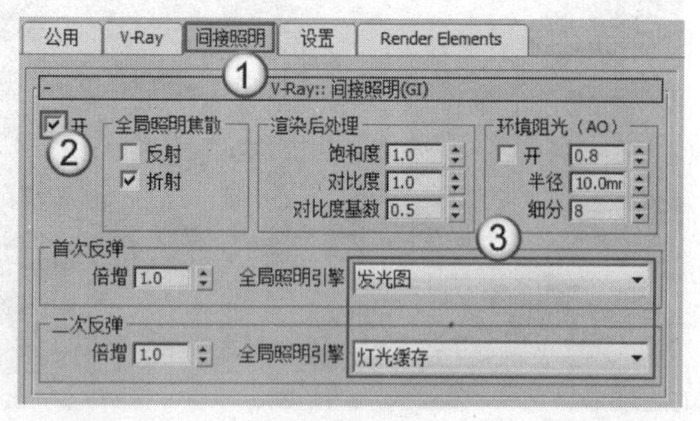

图15-254

04 展开“发光图”卷展栏，然后设置“当前预置”为“中”，接着设置“半球细分”为60、“插值采样”为20，最后勾选“显示计算相位”和“显示直接光”选项，如图15-255所示。

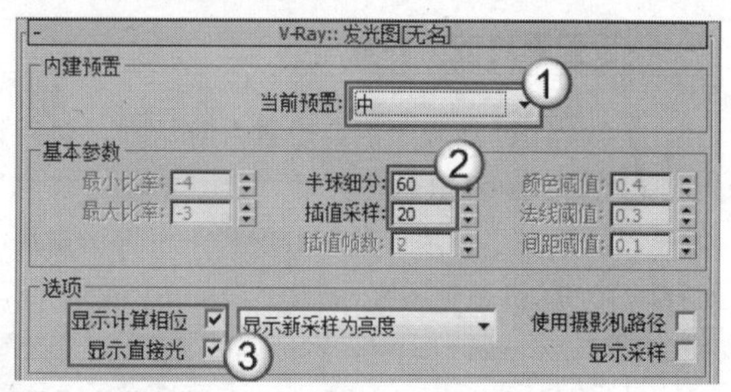

图15-255

05 展开“灯光缓存”卷展栏，然后设置“细分”为1500、“采样大小”为0.02，接着关闭“存储直接光”选项，最后勾选“显示计算相位”选项，如图15-256所示。

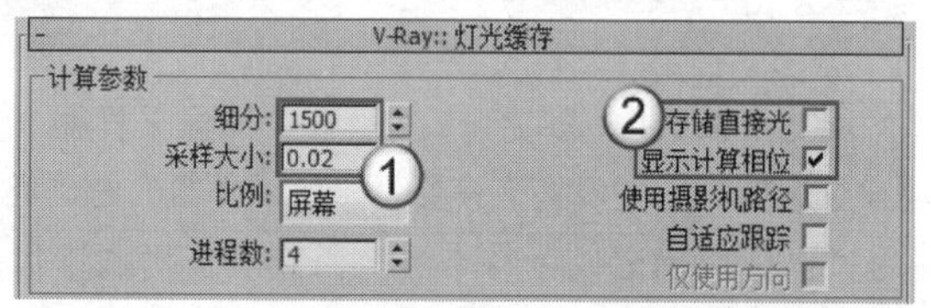

图15-256

06 单击“设置”选项卡，然后在“DMC采样器”卷展栏下设置“适应数量”为0.7、“噪波阈值”为0.002，如图15-257所示。

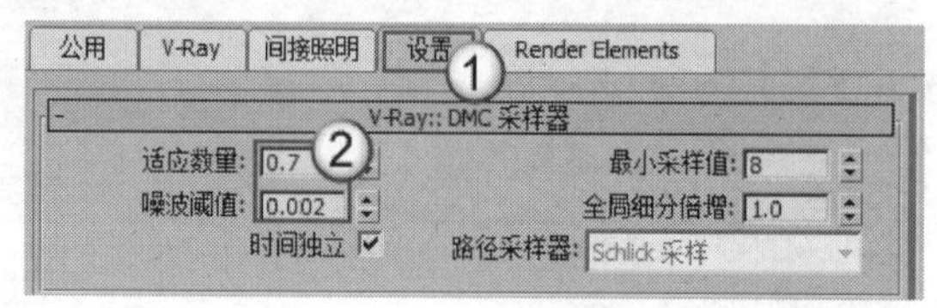

图15-257

07 展开“系统”卷展栏，然后设置“区域排序”为Top->Bottom（从上->下），接着关闭“显示窗口”选项，具体参数设置如图15-258所示。

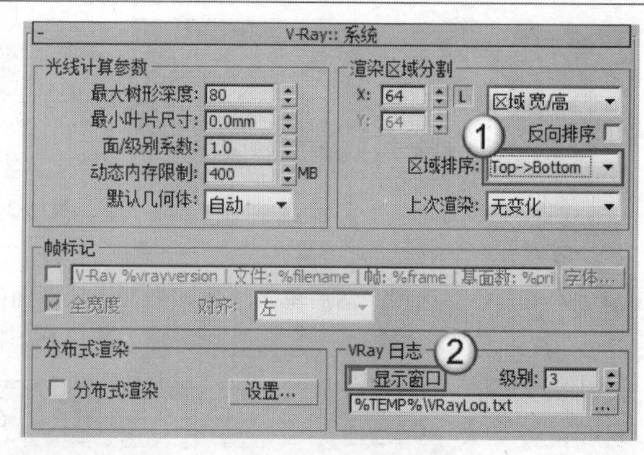

图15-258

08 切换到第1个摄影机视图，然后按F9键渲染当前场景，效果如图15-259所示。

图15-259

09 切换到第2个和第3个摄影机视图，然后按F9键渲染出这两个角度，效果如图15-260和图15-261所示。

图15-260

图15-261

实战300 精通建筑夜景制作：现代风格别墅多角度表现

实例信息

- 场景位置：DVD>实例文件>CH15>实战300.max
- 实例位置：DVD>实例文件>CH15>实战300.max
- 视频位置：DVD>多媒体教学>CH15>实战300.flv
- 难易指数：★★★★★
- 技术掌握：石材、木纹、池水材质的制作方法；别墅夜景灯光的表现方法；光子图的渲染方法

实例介绍

本例是一个超大型现代风格的别墅外观场景，墙面石材材质、地面石材、地板木纹以及池水材质是本例的学习重点，在灯光表现上主要学习月夜环境光以及多层空间布光的方法。由于本例的场景非常大，因此在材质与灯光的制作思路上与前面所讲的实例有些许不同，本例先是将材质与灯光的“细分”值设置得非常低，以方便测试渲染，待渲染成品图时再提高“细分”值。另外，本例还介绍了光子图的渲染方法。

>>>>创建摄影机

01 打开光盘中的“场景文件>CH15>实战300.max”文件，如图15-262所示。白色矩形框内的建筑为本例要表现的主体，后面的建筑物是用来作为背景，使渲染效果更具层次感。

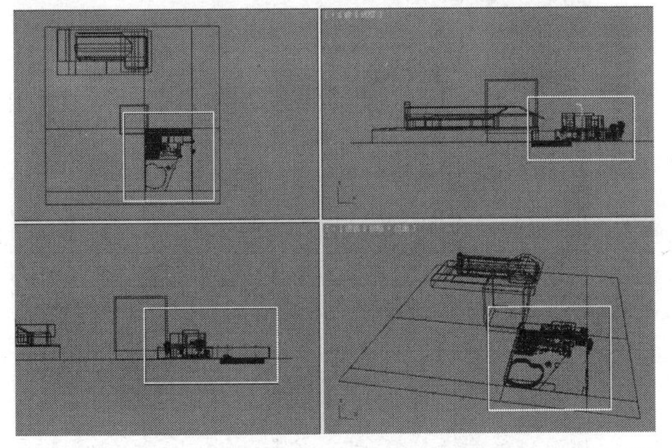

图15-262

技巧与提示

场景右侧是一个以长方体形式显示出来的物体，这其实是一棵高细节的树木模型，考虑到树模型的面很多，会严重影响计算机的反应速度，所以将其“对象属性”调整为“显示为外框”。

02 设置“摄影机”类型为“标准”，然后在顶视图中创建一台目标摄影机，如图15-263所示。

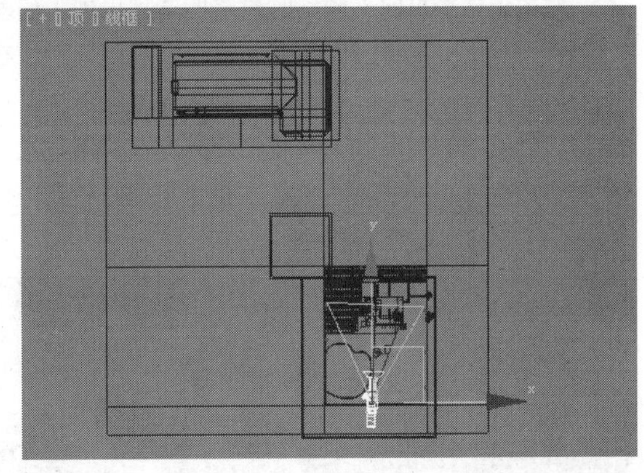

图15-263

03 在顶视图中向下略微调整摄影机，形成倾斜角度以加强建筑的体量感，如图15-264所示。

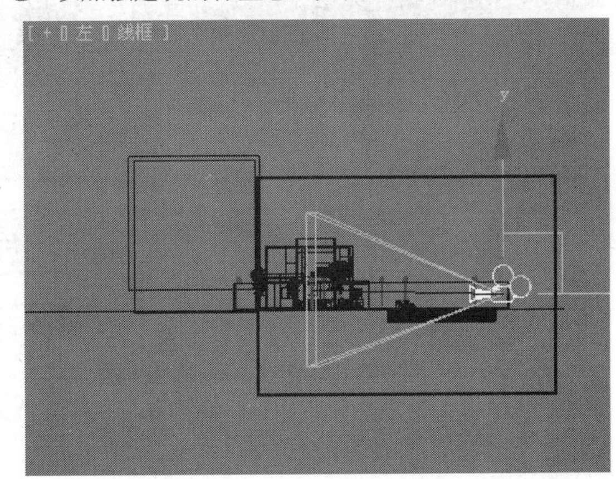

图15-264

04 按C键切换到摄影机视图，然后选择目标摄影机，接着在“参数”卷展栏下设置“镜头”为35mm、“视野”为54.432度，具体参数设置如图15-265所示，调整好的摄影机视图如图15-266所示。

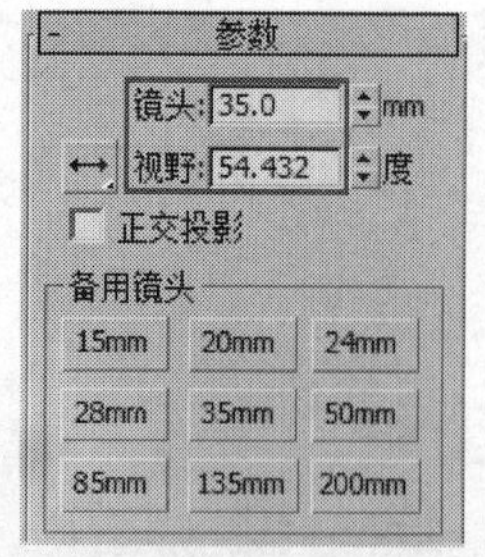

图15-265

图15-266

05 由于摄影机向上倾斜时建筑的透视出现了偏差，因此选择目标摄影机并单击鼠标右键，然后在弹出的菜单中选择“应用摄影机校正修改器”命令，如图15-267所示，接着在“2点透视校正”卷展栏下设置“数量”为-1.031、“方向”为90，对摄影机进行校正，使其变成两点透视，如图15-268所示。

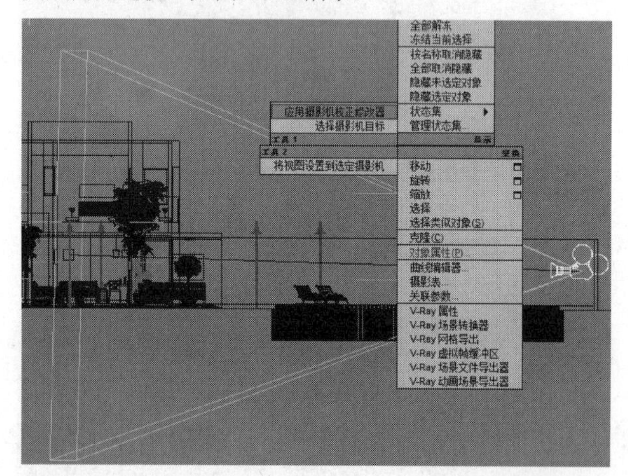

图15-267

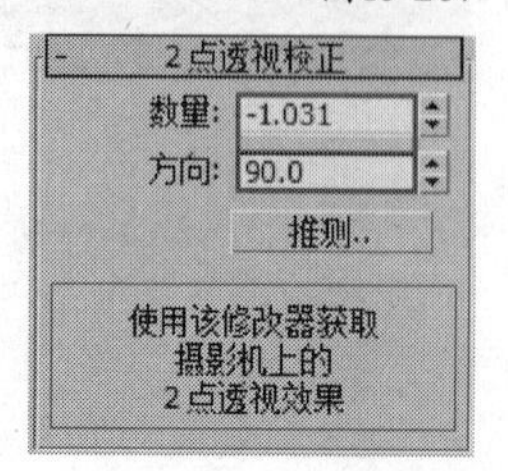

图15-268

06 按F10键打开“渲染设置”对话框，然后在“公用参数”卷展栏下设置“宽度”为300、“高度”为227，如图15-269所示。

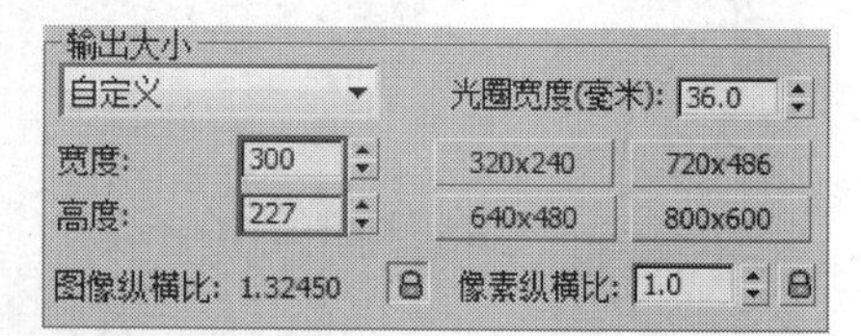

图15-269

07 按C键切换到Camera01视图，然后按Shift+F组合键显示安全框，确定好的摄影机1视图效果如图15-270所示。

图15-270

08 使用相同的方法设置好另外两个摄影机视图，效如图15-271和图15-272所示。

图15-271

图15-272

>>>>检查模型

01 按F10键打开“渲染设置”对话框，然后单击VRay选项卡，接着在“全局开关”卷展栏下关闭“隐藏灯光”和“光泽效果”选项，最后设置“二次光线偏移”为0.001，如图15-273所示。

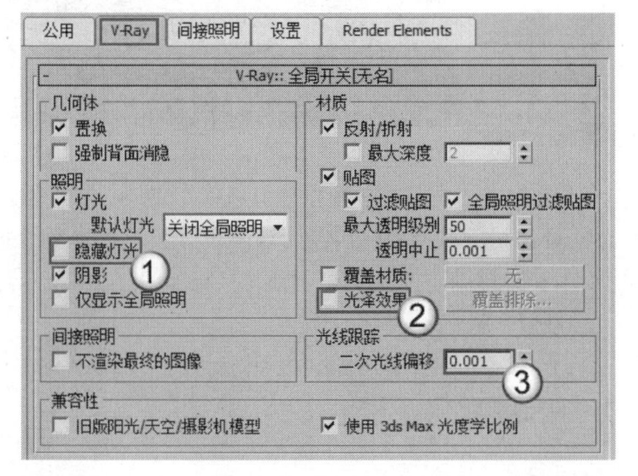

图15-273

02 展开“图像采样器（反锯齿）”卷展栏，然后设置“图像采样器”类型为“固定”，接着在“抗锯齿过滤器”选项组下关闭“开”选项，如图15-274所示。

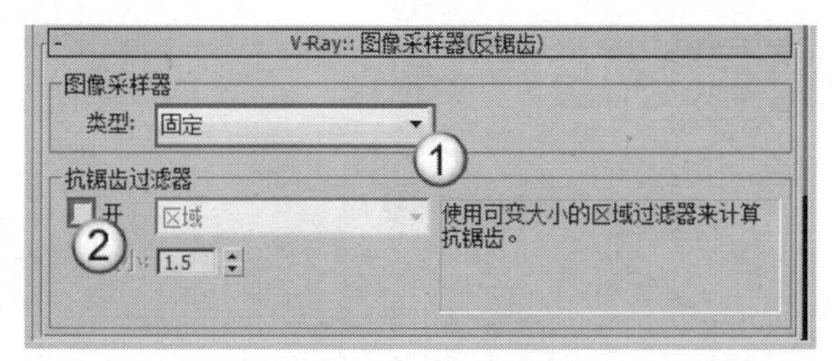

图15-274

03 单击“间接照明”选项卡，然后在“间接照明（GI）”卷展栏下勾选“开”选项，接着设置“首次反弹”的“全局照明引擎”为“发光图”、“二次反弹”的“全局照明引擎”为“灯光缓存”，如图15-275所示。

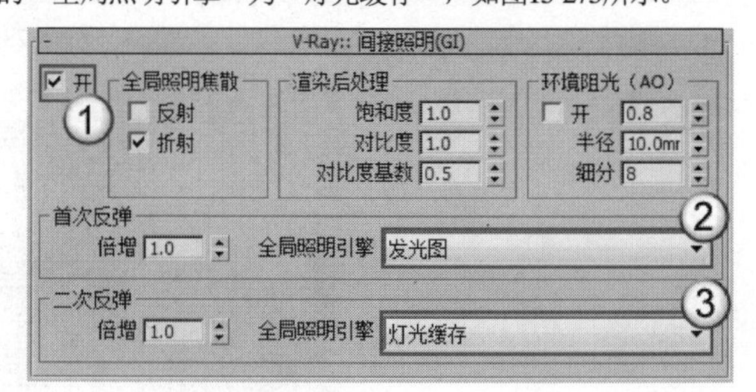

图15-275

04 展开“发光图”卷展栏，然后设置“当前预置”为“非常低”，接着设置“半球细分”为50、“插值采样”为20，最后勾选“显示计算相位”和“显示直接光”选项，如图15-276所示。

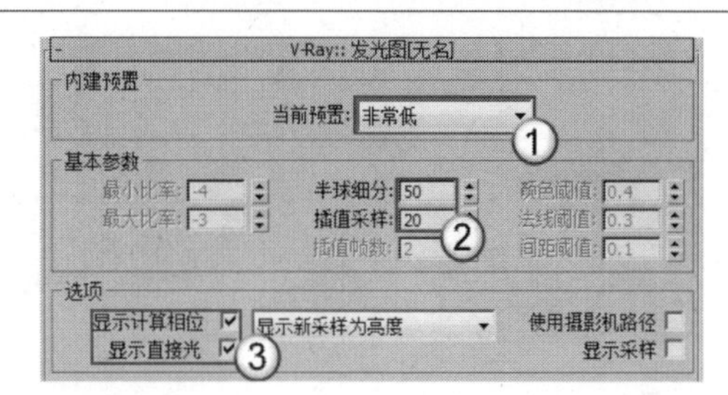

图15-276

05 展开“灯光缓存”卷展栏，然后设置“细分”为100，接着勾选“显示计算相位”选项，如图15-277所示。

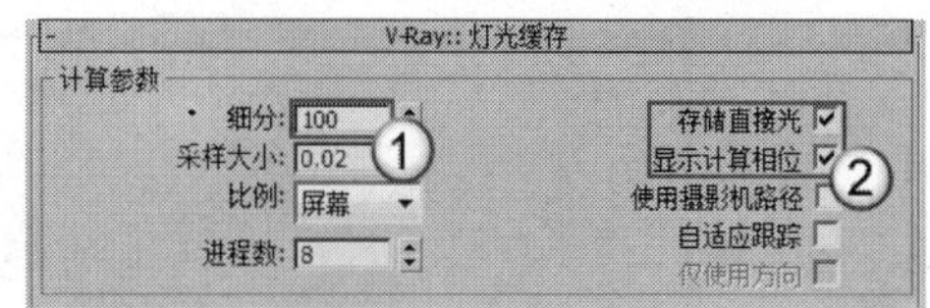

图15-277

06 单击“设置”选项卡，然后在“系统”卷展栏下设置“区域排序”为Top->Bottom（从上->下），接着关闭“显示窗口”选项，如图15-278所示。

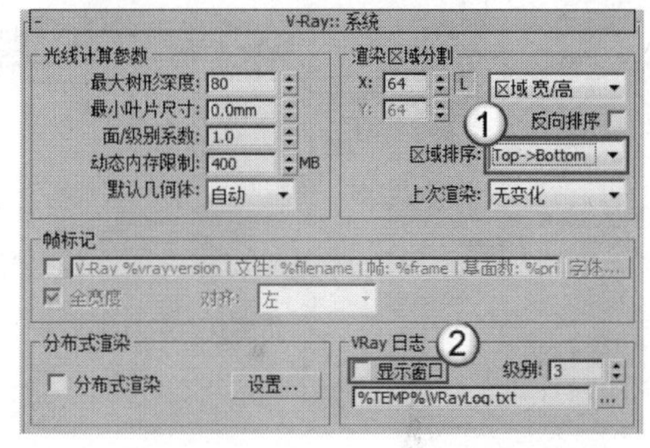

图15-278

07 选择一个空白材质球，然后设置“漫反射”颜色为（红:240，绿:240，蓝:240），以这个颜色作为模型的通用颜色，材质球效果如图15-279所示。

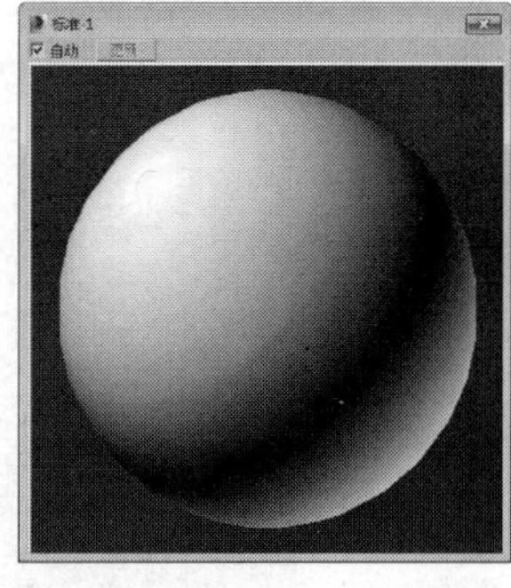

图15-279

08 打开“渲染设置”对话框，然后单击VRay选项卡，接着在“全局开关”卷展栏勾选“覆盖材质”选项，最后将设置好的材质球拖曳到“覆盖材质”选项后面的“无”按钮 无 上，并在弹出的对话框中设置“方法”为“实例”，如图15-280所示。

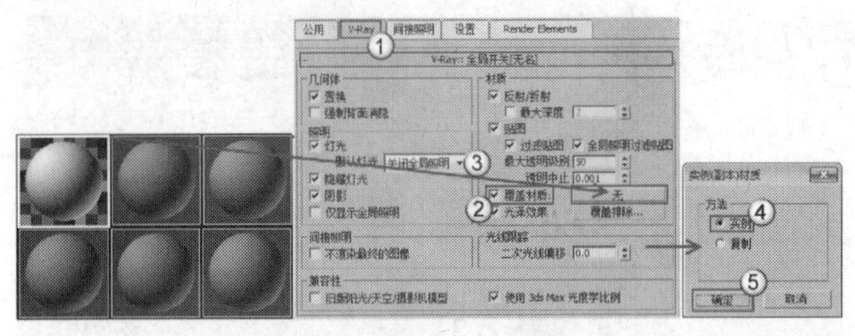

图15-280

09 展开“环境”卷展栏，然后在“全局照明环境（天光）覆盖”选项组下勾选“开”选项，接着设置天光颜色为白色，如图15-281所示。

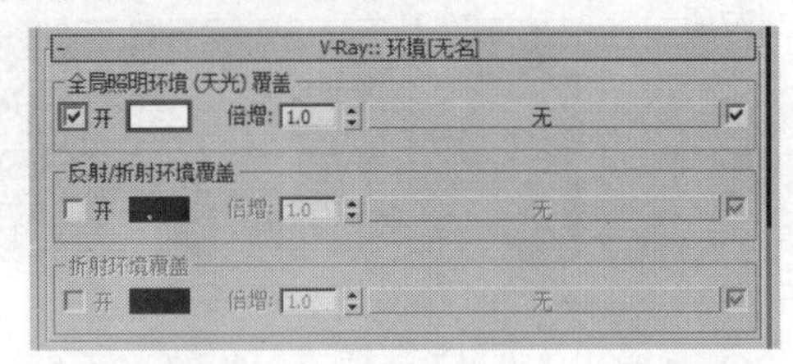

图15-281

10 按F9键测试渲染当前场景，效果如图15-282所示。

图15-282

>>>>材质制作

本例的场景对象材质主要包括墙面石材材质、地面石材材质、地板木纹材质以及池水材质，如图15-283所示。

图15-283

● 制作墙面石材材质

墙面石材材质的效果如图15-284所示。

图15-284

选择一个空白的材质球，然后设置材质类型为VRayMtl材质，并将其命名为“墙面石材”，具体参数设置如图15-285所示，制作好的材质球效果如图15-286所示。

设置步骤

① 在“漫反射”贴图通道中加载光盘中的“实例文件>CH15>实战300>墙面石材.jpg”文件。

② 设置“反射”颜色为（红:30，绿:30，蓝:30），然后设置“高光光泽度”为0.5，接着在“选项”卷展栏下关闭“跟踪反射”选项。

③ 展开“贴图”卷展栏，然后使用鼠标左键将“漫反射”通道中的贴图拖曳到“凹凸”通道上，接着设置“凹凸”的强度为50。

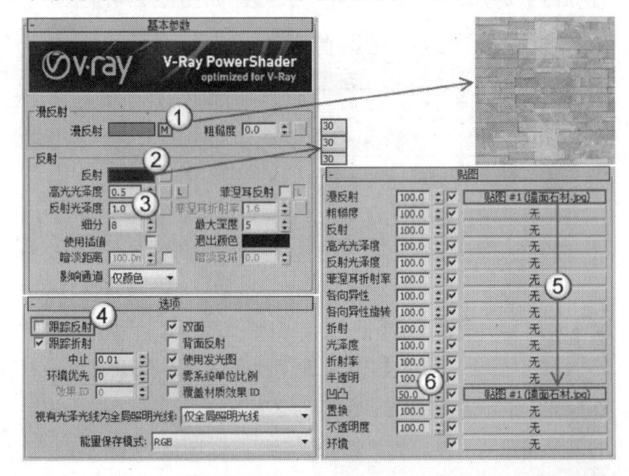

图15-285

图15-286

● 制作地面石材材质

地面石材材质的效果如图15-287所示。

图15-287

选择一个空白的材质球，然后设置材质类型为VRayMtl材质，并将其命名为“地面石材”，具体参数设置如图15-288所示，制作好的材质球效果如图15-289所示。

设置步骤

① 在“漫反射”贴图通道中加载光盘中的“实例文件>CH15>实战300>外墙砖.jpg”文件。

② 设置“反射”颜色为（红:185，绿:185，蓝:185），然后设置“高光光泽度”和“反射光泽度”均为0.86，接着勾选“菲涅耳反射”选项。

③ 展开“贴图”卷展栏，然后使用鼠标左键将“漫反射”通道中的贴图拖曳到“凹凸”通道上，接着设置“凹凸”的强度为20。

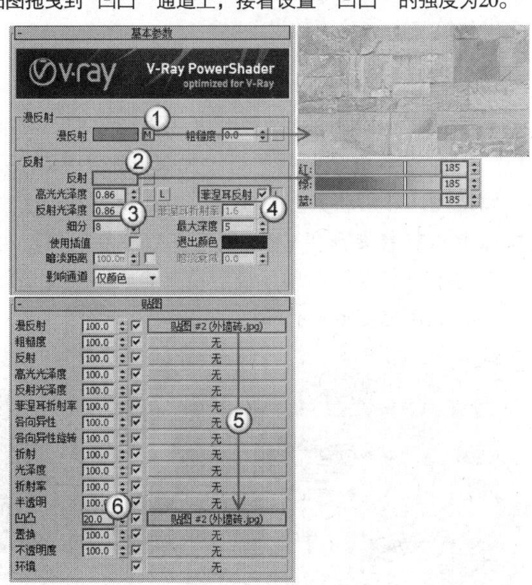

图15-288

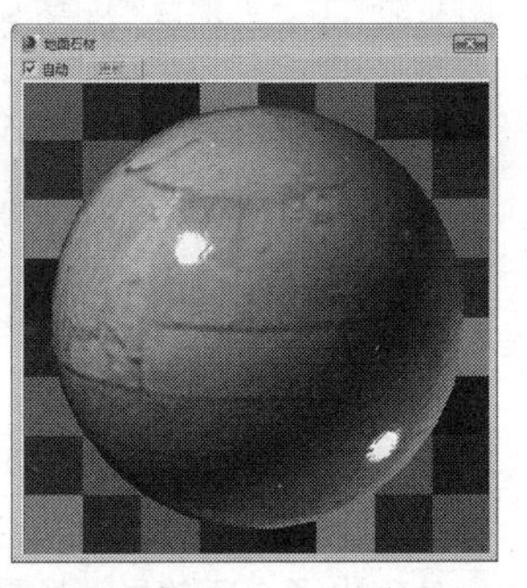

图15-289

● 制作地板木纹材质

地板木纹材质的效果如图15-290所示。

图15-290

选择一个空白材质球，然后设置材质类型为VRayMtl材质，并将其命名为“地板木纹”，具体参数设置如图15-291所示，制作好的材质球效果如图15-292所示。

设置步骤

① 在“漫反射”贴图通道中加载光盘中的“实例文件>CH15>实战300>地板.jpg”文件。

② 设置“反射”颜色为（红:191，绿:191，蓝:191），然后设置“高光光泽度”为0.93、“反射光泽度”为0.97，接着勾选“菲涅耳反射”选项。

③ 展开“贴图”卷展栏，然后在“凹凸”贴图通道中加载光盘中的“实例文件>CH15>实战300>地板凹凸.jpg”文件，接着设置“凹凸”的强度为20。

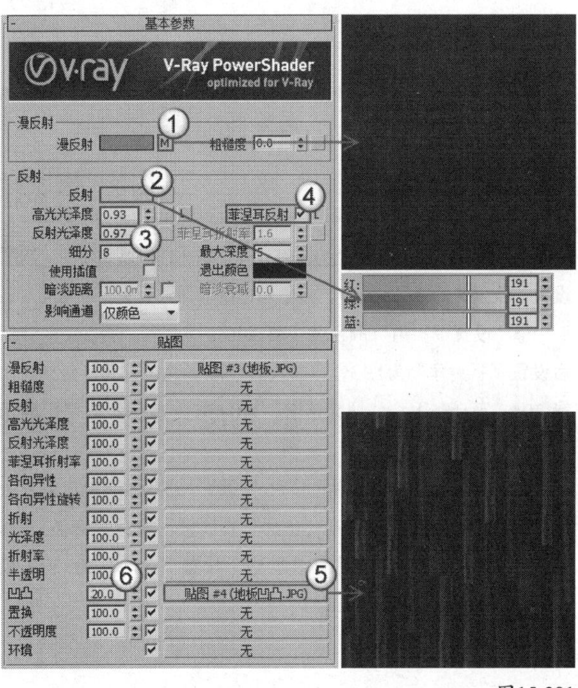

图15-291

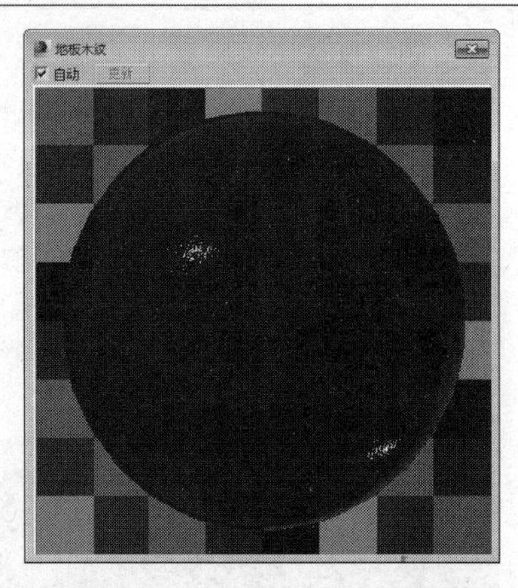

图15-292

● 制作池水材质

池水材质效果如图15-293所示。

图15-293

选择一个空白材质球，然后设置材质类型为VRayMtl材质，并将其命名为“池水”，具体参数设置如图15-294所示，制作好的材质球效果如图15-295所示。

设置步骤

① 设置“漫反射”颜色为（红:14，绿:39，蓝:0）。

② 设置“反射”颜色为（红:131，绿:131，蓝:131），然后设置“反射光泽度”为0.97，接着勾选“菲涅耳反射”选项。

③ 设置“折射”颜色为（红:240，绿:240，蓝:240），然后设置“折射率”为1.33，接着设置“烟雾颜色”为（红:196，绿:204，蓝:186）、“烟雾倍增”为0.001，最后勾选“影响阴影”选项。

④ 展开“贴图”卷展栏，在“凹凸”贴图通道中加载一张“噪波”程序贴图，然后在“坐标”卷展栏下设置“偏移”的x为380，接着在“噪波参数”卷展栏下设置“大小”为130，最后设置“凹凸”的强度为12。

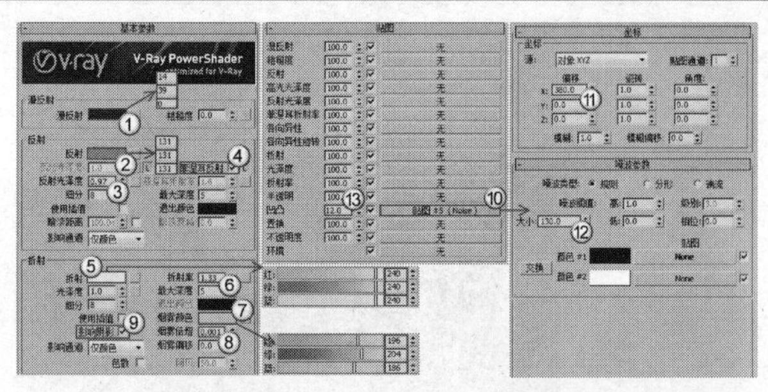

图15-294

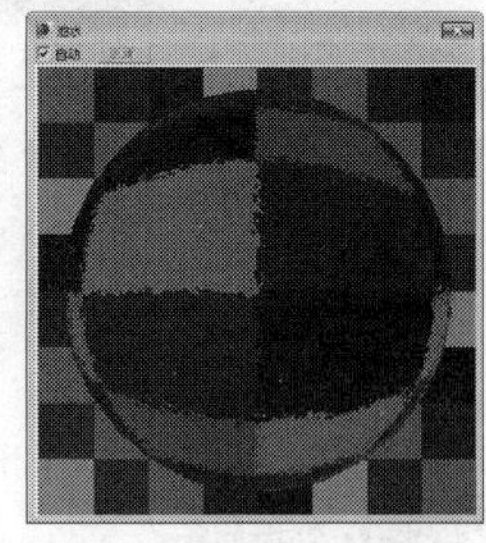

图15-295

>>>>灯光设置

本例将要表现晴朗天气下临近入夜的环境光氛围，此时只有环境光而没有阳光或月光，配合暖色灯光可以突出建筑空间与轮廓效果。

● 创建环境光

01 按大键盘上的8键打开“环境和效果”对话框，在“环境贴图”通道中加载一张“VRay天空”环境贴图，然后将其以“实例”方式复制到一个空白材质球上，接着展开“VRay天空参数”卷展栏，再勾选“指定太阳节点”选项，最后设置“太阳强度倍增”为0.024，如图15-296所示。

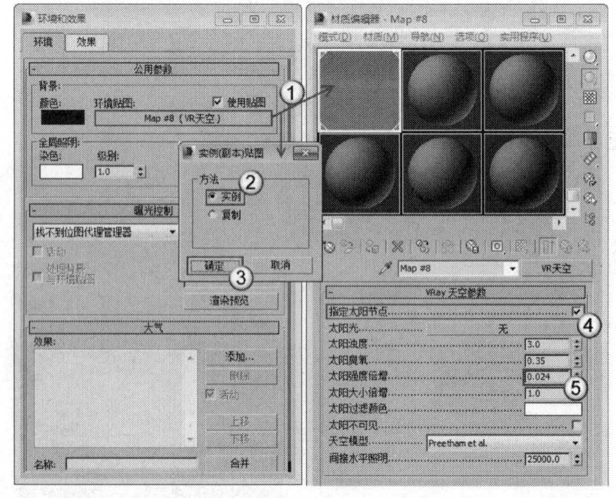

图15-296

02 在摄影机视图中按F9键测试渲染场景，效果如图15-297所示，可以观察到环境光的亮度和颜色已经体现出了合适效果，场景整体基调也有所体现。

图15-297

● 创建一层室内灯光

01 在场景中创建4处平面类型的VRay灯光（第1、2、4处的多盏灯光为“实例”复制），其具体分布与位置如图15-298所示。

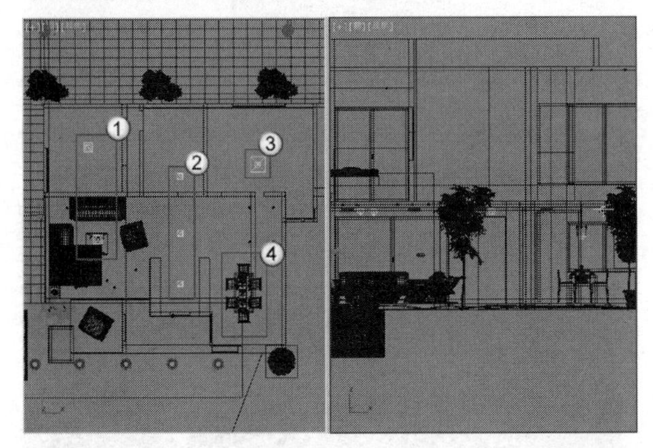

图15-298

02 选择第1处VRay灯光中的任意一盏，然后展开“参数”卷展栏，具体参数设置如图15-299所示。

设置步骤

① 在“强度”选项组下设置“倍增”为60，然后设置“颜色”为（红:255，绿:219，蓝:109）。

② 在“大小”选项组下设置“1/2长”和“1/2宽”为200mm。

③ 在“选项”选项组下勾选“不可见”选项。

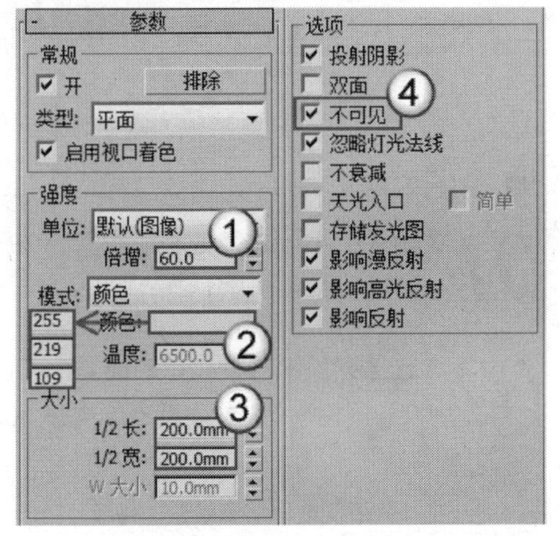

图15-299

03 选择第2处VRay灯光中的任意一盏，然后展开“参数”卷展栏，具体参数设置如图15-300所示。

设置步骤

① 在“强度”选项组下设置“倍增”为120，然后设置“颜色”为（红:255，绿:187，蓝:81）。

② 在“大小”选项组下设置“1/2长”为140mm、“1/2宽”为135mm。

③ 在“选项”选项组下勾选“不可见”选项。

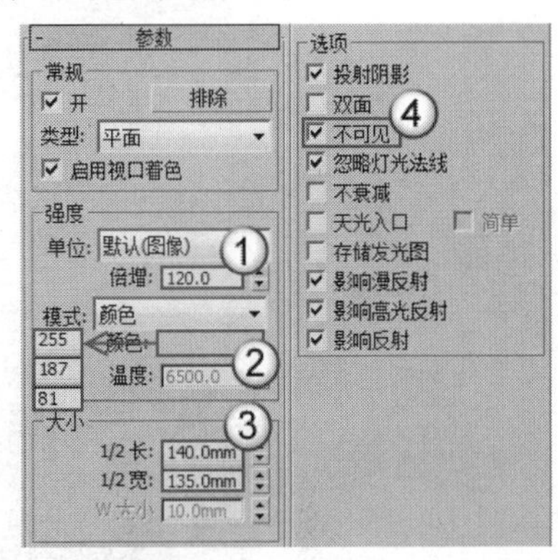

图15-300

04 选择第3处的VRay灯光，然后展开“参数”卷展栏，具体参数设置如图15-301所示。

设置步骤

① 在“强度”选项组下设置“倍增”为120，然后设置“颜色”为（红:255，绿:223，蓝:94）。

② 在“大小”选项组下设置“1/2长”和“1/2宽”为350mm。

③ 在“选项”选项组下勾选“不可见”选项。

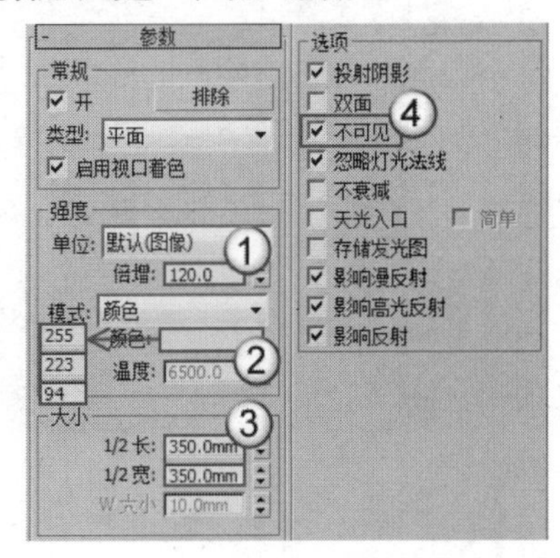

图15-301

05 选择第4处VRay灯光中的任意一盏，然后展开“参数”卷展栏，具体参数设置如图15-302所示。

设置步骤

① 在“强度”选项组下设置“倍增”为180，然后设置“颜色”为（红:255，绿:197，蓝:72）。

② 在“大小”选项组下设置“1/2长”为140mm、“1/2宽”为135mm。

③ 在“选项”选项组下勾选“不可见”选项。

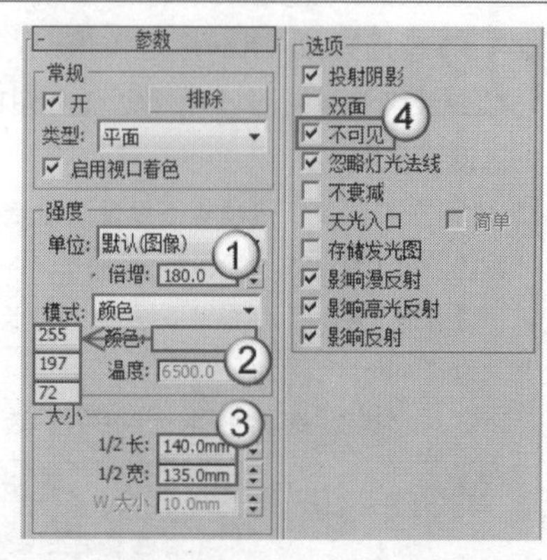

图15-302

06 在摄影机视图中按F9键测试渲染场景，效果如图15-303所示，可以观察到一层空间内产生了暖色灯光，接下来在里面创建筒灯，以丰富灯光效果。

图15-303

07 在一层空间的沙发上方创建4盏目标灯光，其位置与高度如图15-304所示。

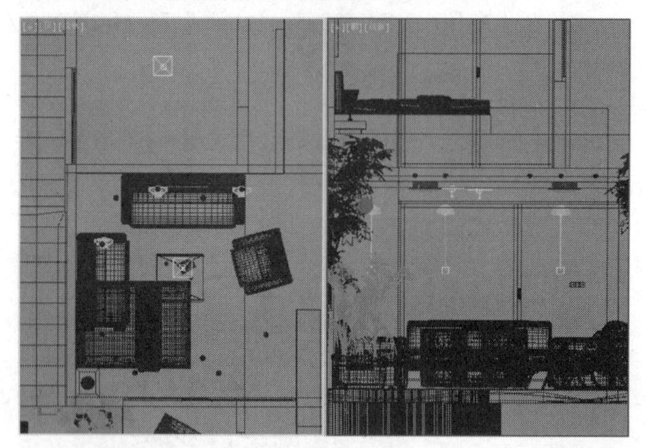

图15-304

08 选择上一步创建的目标灯光，然后展开“参数”卷展栏，具体参数设置如图15-305所示。

设置步骤

① 展开“常规参数”卷展栏，然后在“阴影”选项组下勾选“启用”选项，接着设置阴影类型为“VRay阴影”，最后设置“灯光分布（类型）”为“光度学Web”。

② 展开“分布（光度学Web）”卷展栏，然后在其通道中加载光盘中的“实例文件>CH15>实战300>TD-014.ies”文件。

③ 展开“强度/颜色/衰减”卷展栏，然后设置“过滤颜色”为（红:253，绿:219，蓝:146），接着设置“强度”为1000。

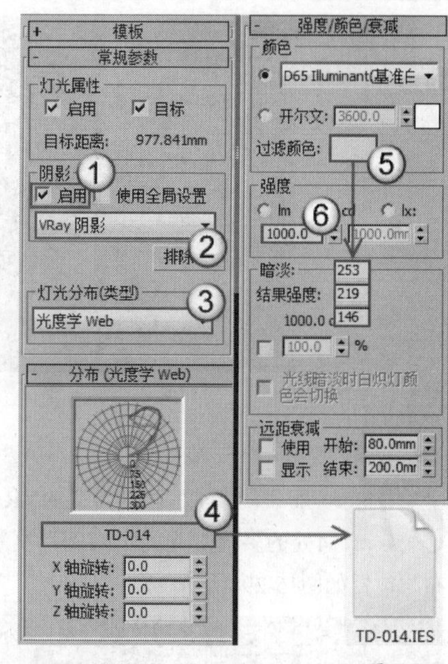

图15-305

09 在摄影机视图中按F9键测试渲染场景，效果如图15-306所示。接下来创建第2层的室内灯光。

图15-306

技巧与提示

虽然室内灯光的类型一致，但最好不要直接仅用一盏灯光复制完成整个一层的布光，而是要通过灯光大小、强度以及颜色的细微区别来体现现实中灯光变化感。

● 创建二层室内灯光

01 在顶视图中创建两处平面类型的VRay灯光，其具体分布与位置如图15-307所示。

02 选择第1处VRay灯光中的任意一盏，然后展开“参数”卷展栏，具体参数设置如图15-308所示。

设置步骤

① 在“强度”选项组下设置“倍增”为60，然后设置“颜色”为（红:255，绿:219，蓝:109）。

② 在“大小”选项组下设置“1/2长”和“1/2宽”为200mm。

③ 在“选项”选项组下勾选“不可见”选项。

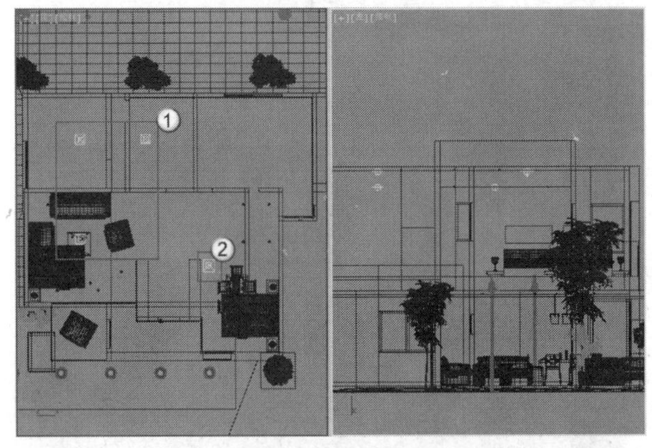

图15-307

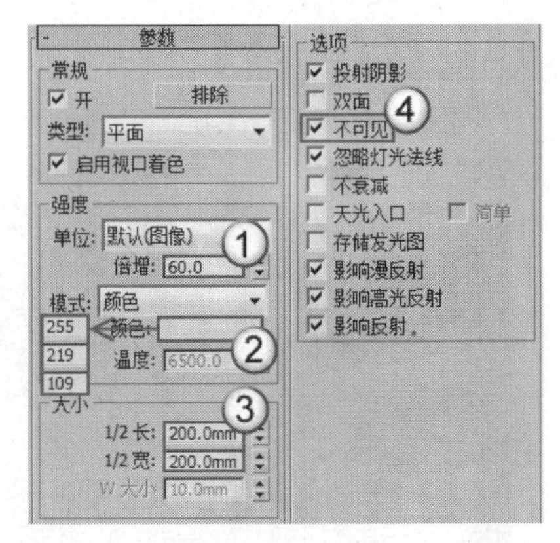

图15-308

03 在摄影机视图中按F9键测试渲染场景，效果如图15-309所示。至此，建筑的主体灯光创建完成，接下来创建大门前的灯光。

图15-309

● **创建门前灯**

01 在场景中创建5盏平面类型的VRay灯光作为门前灯光，其具体分布与位置如图15-310所示。

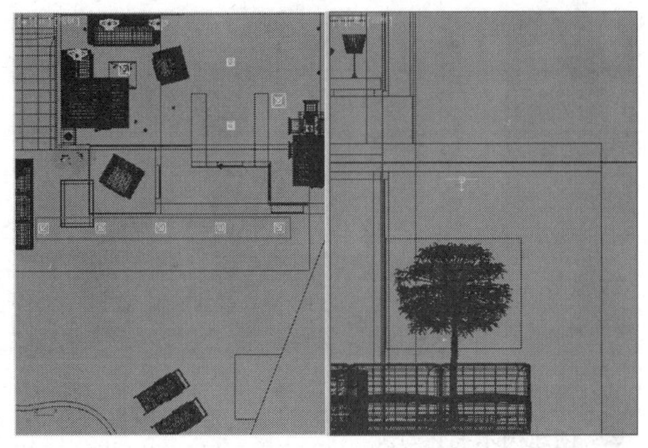

图15-310

02 选择上一步创建的VRay灯光中的任意一盏，然后展开“参数”卷展栏，具体参数设置如图15-311所示。

设置步骤

① 在“强度”选项组下设置“倍增”为150，然后设置“颜色”为（红:255，绿:211，蓝:133）。

② 在“大小”选项组下设置“1/2长”和“1/2宽”为180mm。

③ 在“选项”选项组下勾选“不可见”选项。

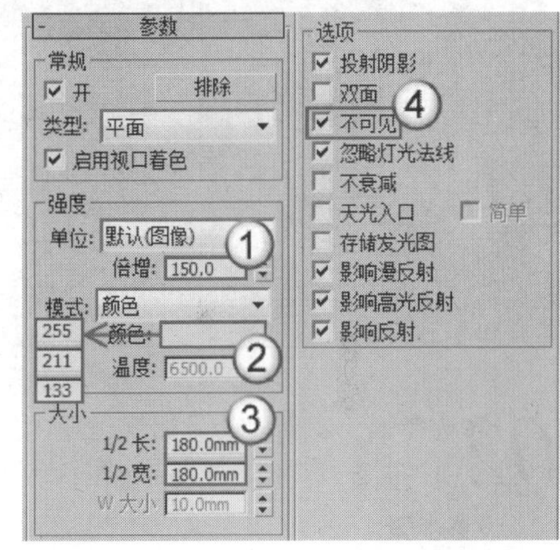

图15-311

03 将前面创建的目标灯光复制（选择“复制”方式，并调整其“强度”为4500）一盏到门廊处，其具体位置与高度如图15-312所示。

图15-312

04 在摄影机视图中按F9键测试渲染场景，效果如图15-313所示。至此，建筑灯光效果创建完成，接下来创建细节灯光。

图15-313

● 创建树木亮化灯光

01 选择树木模型，然后按Alt+Q组合键切换到孤立选择模式，接着设置“灯光”类型至“标准”，最后在树底部向上创建一盏目标聚光灯，其具体位置与形态如图15-314所示。

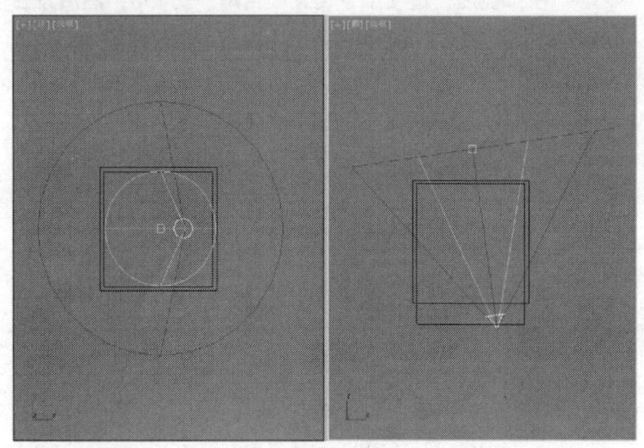

图15-314

02 选择上一步创建的目标聚光灯，然后进入“修改”面板，具体参数设置如图15-315所示。

设置步骤

① 展开“常规参数”卷展栏，然后在“阴影”选项组下勾选“启用”选项，接着设置阴影类型为“阴影贴图”。

② 展开“强度/颜色/衰减”卷展栏，然后设置“倍增”为0.75、颜色为（红:253，绿:176，蓝:114）。

③ 展开“聚光灯参数”卷展栏，设置“聚光区/光束”为35.1、“衰减区/区域”为70。

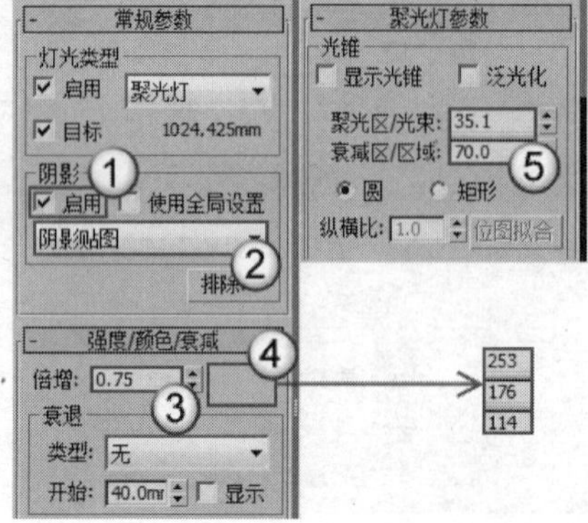

图15-315

03 在摄影机视图中按F9键测试渲染场景，效果如图15-316所示。

图15-316

> **技巧与提示**
>
> 在创建树木亮化灯光时，为了快速测试好灯光方向以及亮度，可以将其独立显示后单独进行渲染，如图15-317所示。
>
> 
>
> 图15-317

● 创建围墙路灯

01 在前视图中创建7盏目标灯光作为围墙路灯，其具体分布与位置如图15-318所示。

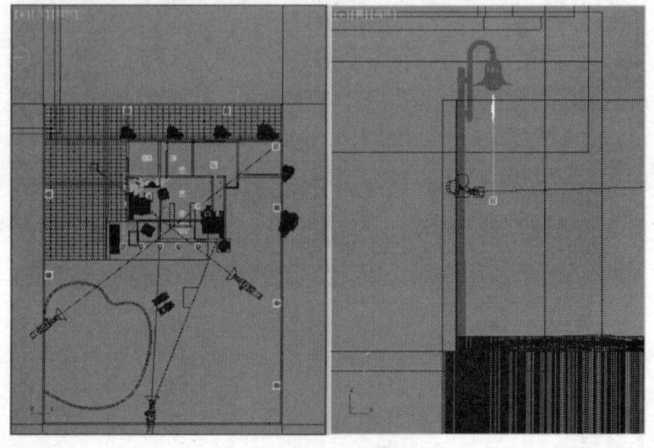

图15-318

02 选择上一步创建的目标灯光，然后进入“修改”面板，具体参数设置如图15-319所示。

设置步骤

① 展开“常规参数”卷展栏，然后在“阴影”选项组下勾选“启用”选项，接着设置阴影类型为“VRay阴影”，最后设置“灯光分布（类型）”为“光度学Web”。

② 展开“分布（光度学Web）”卷展栏，然后在其通道中加载光盘中的“实例文件>CH15>实战300>SD-025.ies”文件。

③ 展开“强度/颜色/衰减”卷展栏，然后设置“过滤颜色”为（红:253，绿:219，蓝:146），接着设置“强度”为200000。

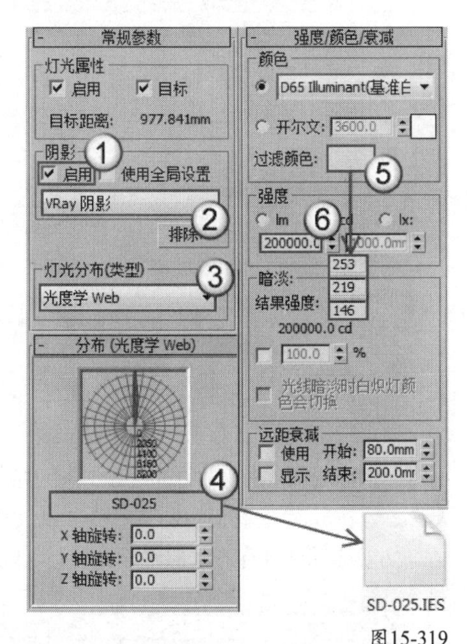

图15-319

03 在摄影机视图中按F9键测试渲染场景，效果如图15-320所示。

图15-320

>>>>渲染成品图

本例在设置材质与灯光的方法上与前面所讲的所有实例均有所不同，因为本例先是将材质与灯光的“细分”值都设置得非常低，以方便测试渲染（本例的场景非常大，如果先设置好最终的“细分”值，将耗费大量的测试渲染时间）。

● **提高材质与灯光细分**

在本例中需要将前面设置好的所有材质的“细分”值提高到24，同时要将所有灯光的“细分”值也提高到24。

● **渲染光子图**

01 按F10键打开“渲染设置”对话框，然后展开“公共参数”卷展栏，接着设置“宽度”为600、“高度”为453，如图15-321所示。

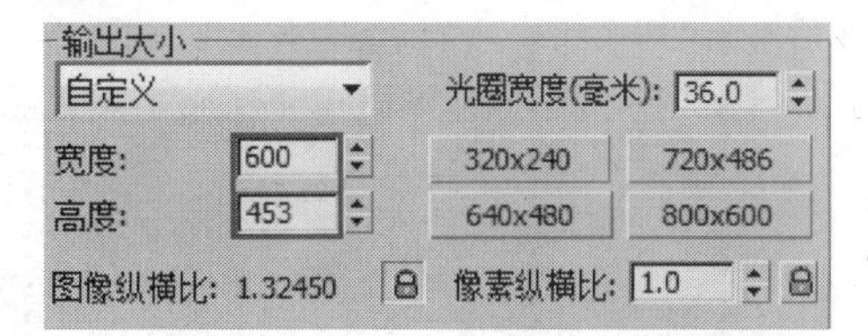

图15-321

02 单击VRay选项卡，然后在“全局开关”卷展栏中勾选“光泽效果”选项，如图15-322所示。

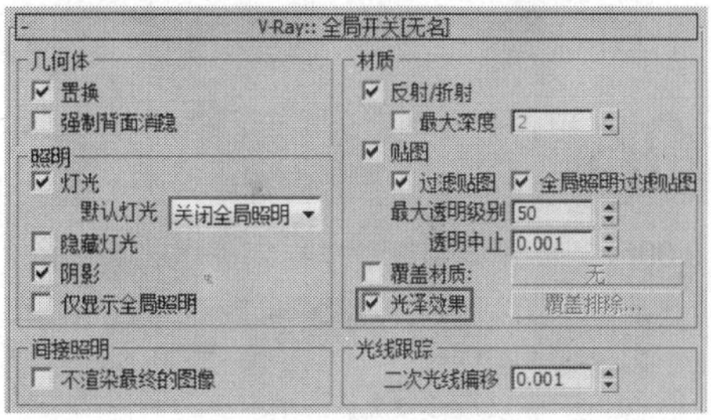

图15-322

03 展开“图像采样器（反锯齿）”卷展栏，然后设置“图像采样器”类型为“自适应细分”，如图15-323所示。

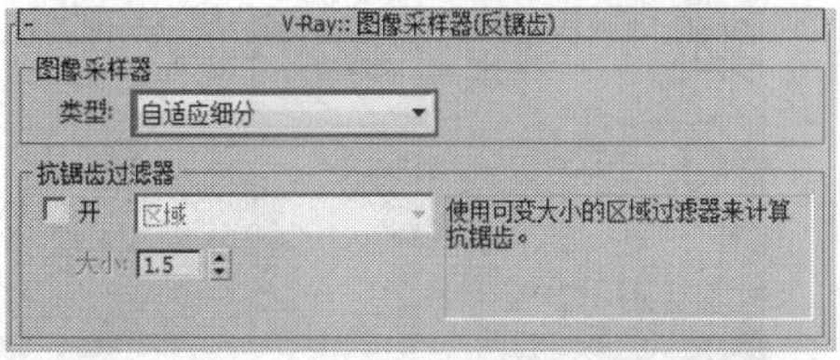

图15-323

04 单击“间接照明”选项卡，在“发光图”卷展栏下设置“当前预置”为“高”，然后设置“半球细分”为70、“插值采样”为40，接着在“在渲染结束后”选项组下勾选“自动保存”选项，并设置好发光图的保存路径，最后勾选“切换到保存的贴图”选项，如图15-324所示。

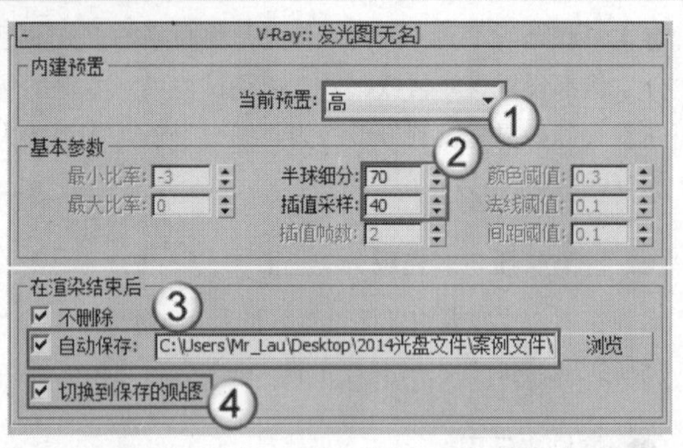

图15-324

05展开“灯光缓存”卷展栏，然后设置“细分”为1000，接着在“在渲染结束后”选项组下勾选“自动保存”选项，并设置好灯光缓存贴图的保存路径，最后勾选“切换到被保存的缓存”选项，如图15-325所示。

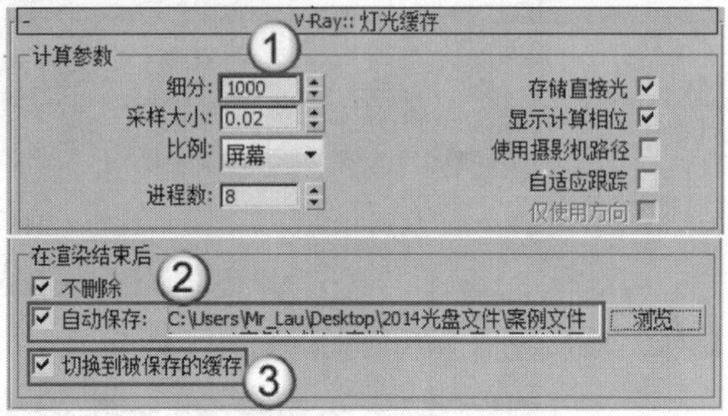

图15-325

06单击“设置”选项卡，然后在“DMC采样器”卷展栏下设置“适应数量”为0.75、“噪波阈值”为0.005、“最小采样值”为24，如图15-326所示。

图15-326

07按C键切换到摄影机视图，然后按F9键渲染当前场景，效果如图15-327所示。

图15-327

● 渲染最终图像

01按F10键打开“渲染设置”对话框，然后展开“公共参数”卷展栏，接着设置“宽度”为2000、“高度”为1510，如图15-328所示。

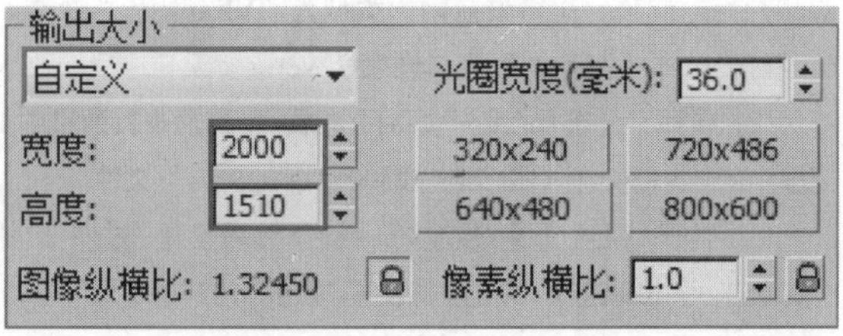

图15-328

02展开“图像采样器（反锯齿）”卷展栏，然后在“抗锯齿过滤器”选项组下勾选“开”选项，接着设置“抗锯齿过滤器”为Catmull-Rom，如图15-329所示。

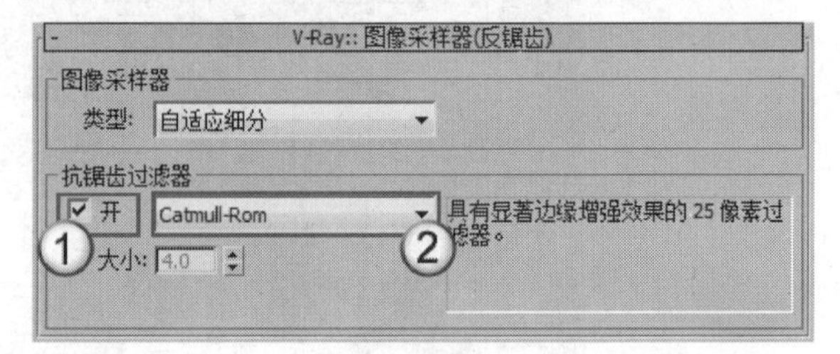

图15-329

03在“发光图”及“灯光缓存”卷展栏下查看“模式”选项，确定其已自动调整为“从文件”模式，并在下方显示了之前保存的路径，如图15-330所示。

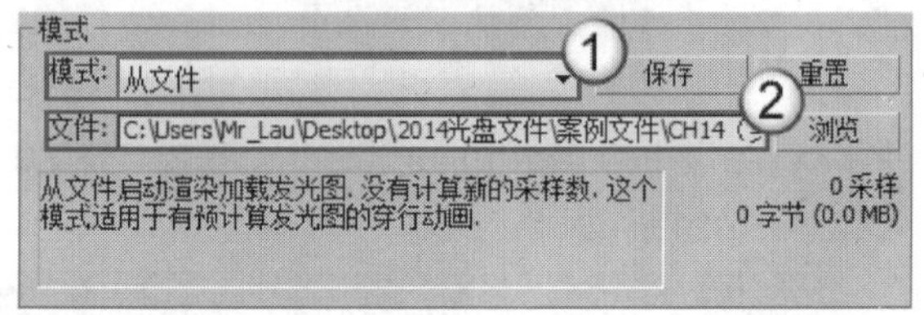

图15-330

04在摄影机视图中按F9键渲染场景，最终效果如图15-331所示。

图15-331

附录1：本书索引

一、3ds Max快捷键索引

1.主界面快捷键

操作	快捷键
显示降级适配（开关）	O
适应透视图格点	Shift+Ctrl+A
排列	Alt+A
角度捕捉（开关）	A
动画模式（开关）	N
改变到后视图	K
背景锁定（开关）	Alt+Ctrl+B
前一时间单位	.
下一时间单位	,
改变到顶视图	T
改变到底视图	B
改变到摄影机视图	C
改变到前视图	F
改变到等用户视图	U
改变到右视图	R
改变到透视图	P
循环改变选择方式	Ctrl+F
默认灯光（开关）	Ctrl+L
删除物体	Delete
当前视图暂时失效	D
是否显示几何体内框（开关）	Ctrl+E
显示第一个工具条	Alt+1
专家模式，全屏（开关）	Ctrl+X
暂存场景	Alt+Ctrl+H
取回场景	Alt+Ctrl+F
冻结所选物体	6
跳到最后一帧	End
跳到第一帧	Home
显示/隐藏摄影机	Shift+C
显示/隐藏几何体	Shift+O
显示/隐藏网格	G
显示/隐藏帮助物体	Shift+H
显示/隐藏光源	Shift+L
显示/隐藏粒子系统	Shift+P
显示/隐藏空间扭曲物体	Shift+W
锁定用户界面（开关）	Alt+0
匹配到摄影机视图	Ctrl+C
材质编辑器	M
最大化当前视图（开关）	W
脚本编辑器	F11
新建场景	Ctrl+N
法线对齐	Alt+N
向下轻推网格	小键盘-
向上轻推网格	小键盘+
NURBS表面显示方式	Alt+L或Ctrl+4
NURBS调整方格1	Ctrl+1
NURBS调整方格2	Ctrl+2
NURBS调整方格3	Ctrl+3

操作	快捷键
偏移捕捉	Alt+Ctrl+Space（Space键即空格键）
打开一个max文件	Ctrl+O
平移视图	Ctrl+P
交互式平移视图	I
放置高光	Ctrl+H
播放/停止动画	/
快速渲染	Shift+Q
回到上一场景操作	Ctrl+A
回到上一视图操作	Shift+A
撤销场景操作	Ctrl+Z
撤销视图操作	Shift+Z
刷新所有视图	1
用前一次的参数进行渲染	Shift+E或F9
渲染配置	Shift+R或F10
在XY/YZ/ZX锁定中循环改变	F8
约束到X轴	F5
约束到Y轴	F6
约束到Z轴	F7
旋转视图模式	Ctrl+R或V
保存文件	Ctrl+S
透明显示所选物体（开关）	Alt+X
选择父物体	PageUp
选择子物体	PageDown
根据名称选择物体	H
选择锁定（开关）	Space（Space键即空格键）
减淡所选物体的面（开关）	F2
显示所有视图网格（开关）	Shift+G
显示/隐藏命令面板	3
显示/隐藏浮动工具条	4
显示最后一次渲染的图像	Ctrl+I
显示/隐藏主要工具栏	Alt+6
显示/隐藏安全框	Shift+F
显示/隐藏所选物体的支架	J
百分比捕捉（开关）	Shift+Ctrl+P
打开/关闭捕捉	S
循环通过捕捉点	Alt+Space（Space键即空格键）
间隔放置物体	Shift+I
改变到光线视图	Shift+4
循环改变子物体层级	Ins
子物体选择（开关）	Ctrl+B
帖图材质修正	Ctrl+T
加大动态坐标	+
减小动态坐标	-
激活动态坐标（开关）	X
精确输入转变量	F12
全部解冻	7
根据名字显示隐藏的物体	5
刷新背景图像	Alt+Shift+Ctrl+B

操作	快捷键
显示几何体外框（开关）	F4
视图背景	Alt+B
用方框快显几何体（开关）	Shift+B
打开虚拟现实	数字键盘1
虚拟视图向下移动	数字键盘2
虚拟视图向左移动	数字键盘4
虚拟视图向右移动	数字键盘6
虚拟视图向中移动	数字键盘8
虚拟视图放大	数字键盘7
虚拟视图缩小	数字键盘9
实色显示场景中的几何体(开关)	F3
全部视图显示所有物体	Shift+Ctrl+Z
视窗缩放到选择物体范围	E
缩放范围	Alt+Ctrl+Z
视窗放大两倍	Shift++（数字键盘）
放大镜工具	Z
视窗缩小两倍	Shift+-（数字键盘）
根据框选进行放大	Ctrl+W
视窗交互式放大	[
视窗交互式缩小	]

2.轨迹视图快捷键

操作	快捷键
加入关键帧	A
前一时间单位	<
下一时间单位	>
编辑关键帧模式	E
编辑区域模式	F3
编辑时间模式	F2
展开对象切换	O
展开轨迹切换	T
函数曲线模式	F5或F
锁定所选物体	Space（Space键即空格键）
向上移动高亮显示	↓
向下移动高亮显示	↑
向左轻移关键帧	←
向右轻移关键帧	→
位置区域模式	F4
回到上一场景操作	Ctrl+A
向下收拢	Ctrl+↓
向上收拢	Ctrl+↑

3.渲染器设置快捷键

操作	快捷键
用前一次的配置进行渲染	F9
渲染配置	F10

4.示意视图快捷键

操作	快捷键
下一时间单位	>
前一时间单位	<
回到上一场景操作	Ctrl+A

5.Active Shade快捷键

操作	快捷键
绘制区域	D
渲染	R
锁定工具栏	Space（Space键即空格键）

6.视频编辑快捷键

操作	快捷键
加入过滤器项目	Ctrl+F
加入输入项目	Ctrl+I
加入图层项目	Ctrl+L
加入输出项目	Ctrl+O
加入新的项目	Ctrl+A
加入场景事件	Ctrl+S
编辑当前事件	Ctrl+E
执行序列	Ctrl+R
新建序列	Ctrl+N

7.NURBS编辑快捷键

操作	快捷键
CV约束法线移动	Alt+N
CV约束到U向移动	Alt+U
CV约束到V向移动	Alt+V
显示曲线	Shift+Ctrl+C
显示控制点	Ctrl+D
显示格子	Ctrl+L
NURBS面显示方式切换	Alt+L
显示表面	Shift+Ctrl+S
显示工具箱	Ctrl+T
显示表面整齐	Shift+Ctrl+T
根据名字选择本物体的子层级	Ctrl+H
锁定2D所选物体	Space（Space键即空格键）
选择U向的下一点	Ctrl+→
选择V向的下一点	Ctrl+↑
选择U向的前一点	Ctrl+←
选择V向的前一点	Ctrl+↓
根据名字选择子物体	H
柔软所选物体	Ctrl+S
转换到CV曲线层级	Alt+Shift+Z
转换到曲线层级	Alt+Shift+C
转换到点层级	Alt+Shift+P
转换到CV曲面层级	Alt+Shift+V
转换到曲面层级	Alt+Shift+S
转换到上一层级	Alt+Shift+T
转换降级	Ctrl+X

8.FFD快捷键

操作	快捷键
转换到控制点层级	Alt+Shift+C

二、本书技术专题速查表

附录2：效果图制作实用索引

一、常见物体折射率

1.材质折射率

物体	折射率	物体	折射率	物体	折射率
空气	1.0003	液体二氧化碳	1.200	冰	1.309
水（20° ）	1.333	丙酮	1.360	30% 的糖溶液	1.380
普通酒精	1.360	酒精	1.329	面粉	1.434
溶化的石英	1.460	Calspar2	1.486	80% 的糖溶液	1.490
玻璃	1.500	氯化钠	1.530	聚苯乙烯	1.550
翡翠	1.570	天青石	1.610	黄晶	1.610
二硫化碳	1.630	石英	1.540	二碘甲烷	1.740
红宝石	1.770	蓝宝石	1.770	水晶	2.000
钻石	2.417	氧化铬	2.705	氧化铜	2.705
非晶硒	2.920	碘晶体	3.340		

2.液体折射率

物体	分子式	密度	温度	折射率
甲醇	CH_3OH	0.794	20	1.3290
乙醇	C_2H_5OH	0.800	20	1.3618
丙醇	CH_3COCH_3	0.791	20	1.3593
苯	C_6H_6	1.880	20	1.5012
二硫化碳	CS_2	1.263	20	1.6276
四氯化碳	CCl_4	1.591	20	1.4607
三氯甲烷	$CHCl_3$	1.489	20	1.4467

物体	分子式	密度	温度	折射率
乙醚	$C_2H_5·O·C_2H_5$	0.715	20	1.3538
甘油	$C_3H_8O_3$	1.260	20	1.4730
松节油		0.87	20.7	1.4721
橄榄油		0.92	0	1.4763
水	H_2O	1.00	20	1.3330

3.晶体折射率

物体	分子式	最小折射率	最大折射率
冰	H_2O	1.313	1.309
氟化镁	MgF_2	1.378	1.390
石英	SiO_2	1.544	1.553
氯化镁	$MgCl_2·6H_2O$	1.559	1.580
锆石	$ZrO_2·SiO_2$	1.923	1.968
硫化锌	ZnS	2.356	2.378
方解石	$CaO·CO_2$	1.658	1.486
钙黄长石	$2CaO·Al_2O_3·SiO_2$	1.669	1.658
菱镁矿	$ZnO·CO_2$	1.700	1.509
刚石	Al_2O_3	1.768	1.760
淡红银矿	$3Ag_2S·AS_2S_3$	2.979	2.711

二、常用家具尺寸

单位：mm

家具	长度	宽度	高度	深度	直径
衣橱		700（推拉门）	400~650（衣橱门）	600~650	
推拉门		750~1500	1900~2400		
矮柜		300~600（柜门）		350~450	
电视柜			600~700	450~600	
单人床	1800、1806、2000、2100	900、1050、1200			
双人床	1800、1806、2000、2100	1350、1500、1800			
圆床					>1800
室内门		800~950、1200（医院）	1900、2000、2100、2200、2400		
卫生间、厨房门		800、900	1900、2000、2100		
窗帘盒			120~180	120（单层布）、160~180（双层布）	
单人式沙发	800~95		350~420（坐垫）、700~900（背高）	850~900	
双人式沙发	1260~1500			800~900	
三人式沙发	1750~1960			800~900	
四人式沙发	2320~2520			800~900	
小型长方形茶几	600~750	450~600	380~500（380最佳）		
中型长方形茶几	1200~1350	380~500或600~750			
正方形茶几	750~900	430~500			
大型长方形茶几	1500~1800	600~800	330~420（330最佳）		
圆形茶几			330~420		750、900、1050、1200
方形茶几		900、1050、1200、1350、1500	330~420		
固定式书桌			750	450~700（600最佳）	
活动式书桌			750~780	650~800	
餐桌		1200、900、750（方桌）	75~780（中式）、680~720（西式）		
长方桌	1500、1650、1800、2100、2400	800、900，1050、1200			
圆桌					900、1200、1350、1500、1800
书架	600~1200	800~900		250~400（每格）	

三、室内物体常用尺寸

1.墙面尺寸

单位：mm

物体	高度
踢脚板	60~200
墙裙	800~1500
挂镜线	1600~1800

2.餐厅

单位：mm

物体	高度	宽度	直径	间距
餐桌	750~790			>500（其中座椅占500）
餐椅	450~500			
二人圆桌			500或800	
四人圆桌			900	
五人圆桌			1100	
六人圆桌			1100~1250	
八人圆桌			1300	
十人圆桌			1500	
十二人圆桌			1800	
二人方餐桌		700×850		
四人方餐桌		1350×850		
八人方餐桌		2250×850		
餐桌转盘			700~800	
主通道		1200~1300		
内部工作道宽		600~900		
酒吧台	900~1050	500		
酒吧凳	600~750			

3.商场营业厅

单位：mm

物体	长度	宽度	高度	厚度	直径
单边双人走道		1600			
双边双人走道		2000			
双边三人走道		2300			
双边四人走道		3000			
营业员柜台走道		800			
营业员货柜台			800~1000	600	
单靠背立货架			1800~2300	300~500	
双靠背立货架			1800~2300	600~800	
小商品橱窗			400~1200	500~800	
陈列地台			400~800		
敞开式货架			400~600		
放射式售货架					2000
收款台	1600	600			

4.饭店客房

单位：mm/ m²

物体	长度	宽度	高度	面积	深度
标准间				25（大）、16~18（中）、16（小）	
床			400~450、850~950（床靠）		
床头柜		500~800	500~700		
写字台	1100~1500	450~600	700~750		

物体	长度	宽度	高度	面积	深度
行李台	910~1070	500	400		
衣柜		800~1200	1600~2000		500
沙发		600~800	350~400、1000（靠背）		
衣架			1700~1900		

5.卫生间

单位：mm/ m²

物体	长度	宽度	高度	面积
卫生间				3~5
浴缸	1220、1520、1680	720	450	
座便器	750	350		
冲洗器	690	350		
盥洗盆	550	410		
淋浴器		2100		
化妆台	1350	450		

6.交通空间

单位：mm

物体	宽度	高度
楼梯间休息平台	≥2100	
楼梯跑道	≥2300	
客房走廊		≥2400
两侧设座的综合式走廊	≥2500	
楼梯扶手		850~1100
门	850~1000	≥1900
窗	400~1800	
窗台		800~1200

7.灯具

单位：mm

物体	高度	直径
大吊灯	≥2400	
壁灯	1500~1800	
反光灯槽		≥2倍灯管直径
壁式床头灯	1200~1400	
照明开关	1000	

8.办公用具

单位：mm

物体	长度	宽度	高度	深度
办公桌	1200~1600	500~650	700~800	
办公椅	450	450	400~450	
沙发		600~800	350~450	
前置型茶几	900	400	400	
中心型茶几	900	900	400	
左右型茶几	600	400	400	
书柜		1200~1500	1800	450~500
书架		1000~1300	1800	350~450

附录3：常见材质参数设置索引

一、玻璃材质

材质名称	示例图	贴图	参数设置		用途
普通玻璃材质	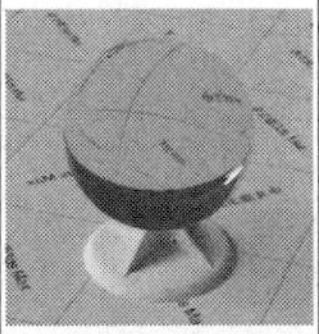		漫反射	漫反射颜色=红:129，绿:187，蓝:188	家具装饰
			反射	反射颜色=红:20，绿:20，蓝:20、高光光泽度=0.9、反射光泽度=0.95、细分=10、菲涅耳反射=勾选	
			折射	折射颜色=红:240，绿:240，蓝:240、细分=20影响阴影=勾选、烟雾颜色=红:242，绿:255，蓝:253、烟雾倍增=0.2	
			其他		
窗玻璃材质	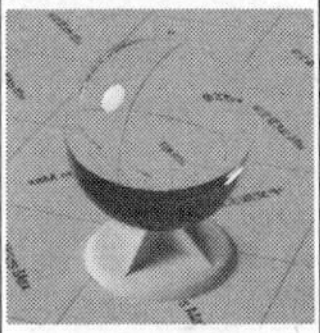		漫反射	漫反射颜色=红:193，绿:193，蓝:193	窗户装饰
			反射	反射通道=衰减贴图、侧=红:134，绿:134，蓝:134、衰减类型=Fresnel、反射光泽度=0.99、细分=20	
			折射	折射颜色=白色、光泽度=0.99、细分=20、影响阴影=勾选、烟雾颜色=红:242，绿:243，蓝:247、烟雾倍增=0.001	
			其他		
彩色玻璃材质	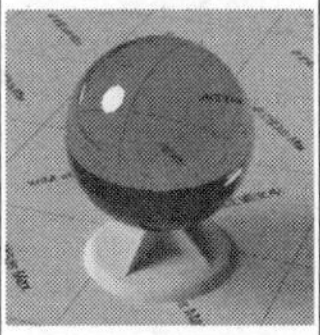		漫反射	漫反射颜色=黑色	家具装饰
			反射	反射颜色=白色、细分=15、菲涅耳反射=勾选	
			折射	折射颜色=白色、细分=15、影响阴影=勾选、烟雾颜色=自定义、烟雾倍增=0.04	
			其他		
磨砂玻璃材质	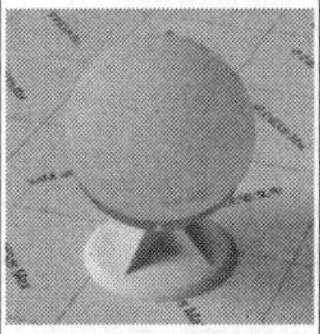		漫反射	漫反射颜色=红:180，绿:189，蓝:214	家具装饰
			反射	反射颜色=红:57，绿:57，蓝:57、菲涅耳反射=勾选、反射光泽度=0.95	
			折射	折射颜色=红:180，绿:180，蓝:180、光泽度=0.95、影响阴影=勾选、折射率=1.2、退出颜色=勾选、退出颜色=红:3，绿:30，蓝:55	
			其他		
龟裂缝玻璃材质			漫反射	漫反射颜色=红:213，绿:234，蓝:222	家具装饰
			反射	反射颜色=红:119，绿:119，蓝:119、高光光泽度=0.8、反射光泽度=0.9、细分=15	
			折射	折射颜色=红:217，绿:217，蓝:217、细分=15、影响阴影=勾选、烟雾颜色=红:247，绿:255，蓝:255、烟雾倍增=0.3	
			其他	凹凸通道=贴图、凹凸强度=-20	
镜子材质	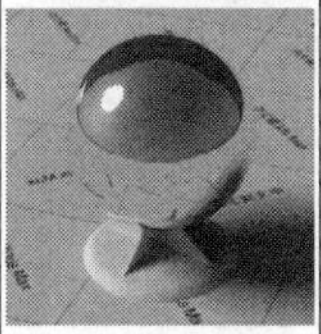		漫反射	漫反射颜色=红:24，绿:24，蓝:24	家具装饰
			反射	反射颜色=红:239，绿:239，蓝:239	
			折射		
			其他		
水晶材质			漫反射	漫反射颜色=红:248，绿:248，蓝:248	家具装饰
			反射	反射颜色=红:250，绿:250，蓝:250、菲涅耳反射=勾选	
			折射	折射颜色=红:130，绿:130，蓝:130、折射率=2、影响阴影=勾选	
			其他		

二、金属材质

材质名称	示例图	贴图	参数设置		用途
亮面不锈钢材质			漫反射	漫反射颜色=红:49，绿:49，蓝:49	家具及陈设品装饰
			反射	反射颜色=红:210，绿:210，蓝:210、高光光泽度=0.8 细分=16	
			折射		
			其他	双向反射=沃德	
亚光不锈钢材质			漫反射	漫反射颜色=红:40，绿:40，蓝:40	家具及陈设品装饰
			反射	反射颜色=红:180，绿:180，蓝:180、高光光泽度=0.8、反射光泽度=0.8、细分=20	
			折射		
			其他	双向反射=沃德	
拉丝不锈钢材质			漫反射		家具及陈设品装饰
			反射	反射颜色=红:77，绿:77，蓝:77、反射通道=贴图、反射光泽度=0.95、反射光泽度通道=贴图、细分=20	
			折射		
			其他	双向反射=沃德、各向异性（-1..1）=0.6、旋转=-15 凹凸通道=贴图	
银材质			漫反射	漫反射颜色=红:103，绿:103，蓝:103	家具及陈设品装饰
			反射	反射颜色=红:98，绿:98，蓝:98、反射光泽度=0.8、细分=为20	
			折射		
			其他	双向反射=沃德	
黄金材质			漫反射	漫反射颜色=红:133，绿:53，蓝:0	家具及陈设品装饰
			反射	反射颜色=红:225，绿:124，蓝:24、反射光泽度=0.95、细分=为15	
			折射		
			其他	双向反射=沃德	
黄铜材质			漫反射	漫反射颜色=红:70，绿:26，蓝:4	家具及陈设品装饰
			反射	反射颜色=红:225，绿:124，蓝:24、高光光泽度=0.7、反射光泽度=0.65、细分=为20	
			折射		
			其他	双向反射=沃德、各向异性（-1..1）=0.5	

三、布料材质

材质名称	示例图	贴图	参数设置		用途
绒布材质（注意，材质类型为标准材质）			明暗器	（O）Oren-Nayar-Blin	家具装饰
			漫反射	漫反射通道=贴图	
			自发光	自发光=勾选、自发光通道=遮罩贴图、贴图通道=衰减贴图（衰减类型=Fresnel）、遮罩通道=衰减贴图（衰减类型=阴影/灯光）	
			反射高光	高光级别=10	
			其他	凹凸强度=10、凹凸通道=噪波贴图、噪波大小=2（注意，这组参数需要根据实际情况进行设置）	
单色花纹绒布材质（注意，材质类型为标准材质）			明暗器	（O）Oren-Nayar-Blin	家具装饰
			自发光	自发光=勾选、自发光通道=遮罩贴图、贴图通道=衰减贴图（衰减类型=Fresnel）、遮罩通道=衰减贴图（衰减类型=阴影/灯光）	
			反射高光	高光级别=10	
			其他	漫反射颜色+凹凸通道=贴图、凹凸强度=-180（注意，这组参数需要根据实际情况进行设置）	

材质名称	示例图	贴图	参数设置		用途
麻布材质			漫反射	通道=贴图	
			反射		
			折射		
			其他	凹凸通道=贴图、凹凸强度=20	
抱枕材质		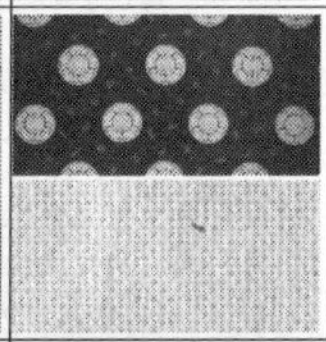	漫反射	漫反射通道=抱枕贴图、模糊=0.05	家具装饰
			反射	反射颜色=红:34，绿:34，蓝:34、反射光泽度=0.7、细分=20	
			折射		
			其他	凹凸通道=凹凸贴图、凹凸强度=50	
毛巾材质			漫反射	漫反射颜色=红:243，绿:243，蓝:243	家具装饰
			反射		
			折射		
			其他	置换通道=贴图、置换强度=8	
半透明窗纱材质	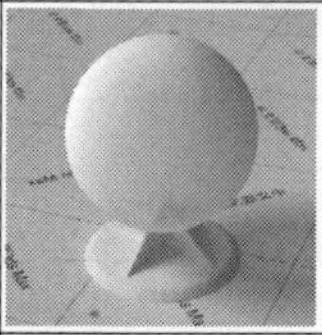		漫反射	漫反射颜色=红:240，绿:250，蓝:255	家具装饰
			反射		
			折射	折射通道=衰减贴图、前=红:180，绿:180，蓝:180、侧=黑色、光泽度=0.88、折射率=1.001、影响阴影=勾选	
			其他		
花纹窗纱材质（注意，材质类型为混合材质）			材质1	材质1通道=VRayMtl材质 漫反射颜色=红:98，绿:64，蓝:42	家具装饰
			材质2	材质2通道=VRayMtl材质、漫反射颜色=红:164，绿:102，蓝:35、反射颜色=红:162，绿:170，蓝:75、高光光泽度=0.82、反射光泽度=0.82、细分=15	
			遮罩	遮罩通道=贴图	
			其他		
软包材质		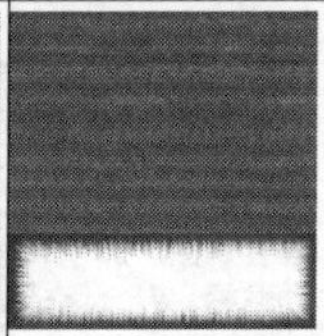	漫反射	漫反射通道=衰减贴图、前通道=软包贴图、模糊=0.1、侧=红:248，绿:220，蓝:233	家具装饰
			反射		
			折射		
			其他	凹凸通道=软包凹凸贴图、凹凸强度=45	
普通地毯		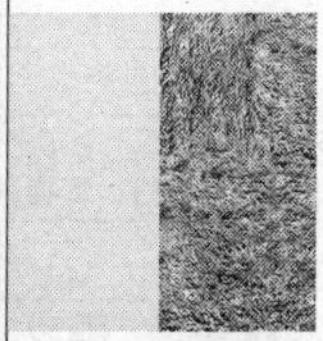	漫反射	漫反射通道=衰减贴图 前通道=地毯贴图、衰减类型=Fresnel	家具装饰
			反射		
			折射		
			其他	凹凸通道=地毯凹凸贴图、凹凸强度=60	
普通花纹地毯			漫反射	漫反射通道=贴图	家具装饰
			反射		
			折射		
			其他		

四、木纹材质

材质名称	示例图	贴图	参数设置		用途
高光木纹材质		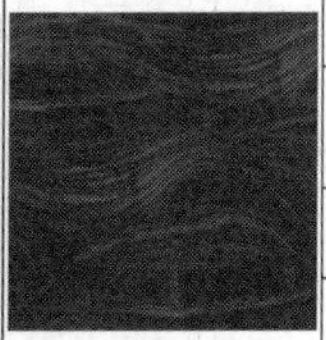	漫反射	漫反射通道=贴图	家具及地面装饰
			反射	反射颜色=红:40，绿:40，蓝:40、高光光泽度=0.75、反射光泽度=0.7、细分=15	
			折射		
			其他	凹凸通道=贴图、环境通道=输出贴图	

材质名称	示例图	贴图	参数设置		用途
亚光木纹材质			漫反射	漫反射通道=贴图、模糊=0.2	家具及地面装饰
			反射	反射颜色=红:213，绿:213，蓝:213、反射光泽度=0.6、菲涅耳反射=勾选	
			折射		
			其他	凹凸通道=贴图、凹凸强度=60	
木地板材质			漫反射	漫反射通道=贴图、瓷砖（平铺）U/V=6	地面装饰
			反射	反射颜色=红:55，绿:55，蓝:55、反射光泽度=0.8、细分=15	
			折射		
			其他		

五、石材材质

材质名称	示例图	贴图	参数设置		用途
大理石地面材质			漫反射	漫反射通道=贴图	地面装饰
			反射	反射颜色=红:228，绿:228，蓝:228、细分=15、菲涅耳反射=勾选	
			折射		
			其他		
人造石台面材质			漫反射	漫反射通道=贴图	台面装饰
			反射	反射通道=衰减贴图、衰减类型=Fresnel、高光光泽度=0.65、反射光泽度=0.9、细分=20	
			折射		
			其他		
拼花石材材质			漫反射	漫反射通道=贴图	地面装饰
			反射	反射颜色=红:228，绿:228，蓝:228、细分=15、菲涅耳反射=勾选	
			折射		
			其他		
仿旧石材材质			漫反射	漫反射通道=混合贴图、颜色#1通道=旧墙贴图、颜色#1通道=破旧纹理贴图、混合量=50	墙面装饰
			反射		
			折射		
			其他	凹凸通道=破旧纹理贴图、凹凸强度=10 置换通道=破旧纹理贴图、置换强度=10	
文化石材质			漫反射	漫反射通道=贴图	墙面装饰
			反射	反射颜色=红:30，绿:30，蓝:30 高光光泽度=0.5	
			折射		
			其他	凹凸通道=贴图、凹凸强度=50	
砖墙材质			漫反射	漫反射通道=贴图	墙面装饰
			反射	反射通道=衰减贴图、侧=红:18，绿:18，蓝:18、衰减类型=Fresnel、高光光泽度=0.5、反射光泽度=0.8	
			折射		
			其他	凹凸通道=灰度贴图、凹凸强度=120	
玉石材质			漫反射	漫反射颜色=红:180，绿:214，蓝:163	陈设品装饰
			反射	反射颜色=红:67，绿:67，蓝:67、高光光泽度=0.8、反射光泽度=0.85、细分=25	
			折射	折射颜色=红:220，绿:220，蓝:220、光泽度=0.6、细分=20、折射率=1、影响阴影=勾选、烟雾颜色=红:105，绿:150，蓝:115、烟雾倍增=0.1	
			其他	半透明类型=硬（蜡）模型、正/背面系数=0.5、正/背面系数=1.5	

六、陶瓷材质

材质名称	示例图	贴图	参数设置		用途
白陶瓷材质			漫反射	漫反射颜色=白色	陈设品装饰
			反射	反射颜色=红:131，绿:131，蓝:131、细分=15、菲涅耳反射=勾选	
			折射	折射颜色=红:30，绿:30，蓝:30 光泽度=0.95	
			其他	半透明类型=硬（蜡）模型、厚度=0.05mm（该参数要根据实际情况而定）	
青花瓷材质			漫反射	漫反射通道=贴图、模糊=0.01	陈设品装饰
			反射	反射颜色=白色 菲涅耳反射=勾选	
			折射		
			其他		
马赛克材质			漫反射	漫反射通道=马赛克贴图	墙面装饰
			反射	反射颜色=红:10，绿:10，蓝:10 反射光泽度=0.95	
			折射		
			其他	凹凸通道=灰度贴图	

七、漆类材质

材质名称	示例图	贴图	参数设置		用途
白色乳胶漆材质			漫反射	漫反射颜色=红:250，绿:250，蓝:250	墙面装饰
			反射	反射通道=衰减贴图、衰减类型=Fresnel、光光泽度=0.85 反射光泽度=0.9、细分=12	
			折射		
			其他	环境通道=输出贴图、输出量=3	
彩色乳胶漆材质（注意，材质类型为VRay材质包裹器材质）			基本材质	基本材质通道=VRayMtl材质	墙面装饰
			漫反射	漫反射颜色=红:205，绿:164，蓝:99	
			反射	细分=15	
			其他	生成全局照明=0.2、跟踪反射=关闭	
烤漆材质			漫反射	漫反射颜色=黑色	电器及乐器装饰
			反射	反射颜色=红:233，绿:233，蓝:233、反射光泽度=0.9、细分=20、菲涅耳反射=勾选	
			折射		
			其他		

八、皮革材质

材质名称	示例图	贴图	参数设置		用途
亮光皮革材质			漫反射	漫反射颜色=黑色	家具装饰
			反射	反射颜色=白色、高光光泽度=0.7、反射光泽度=0.88、细分=30、菲涅耳反射=勾选	
			折射		
			其他	凹凸通道=凹凸贴图	
亚光皮革材质			漫反射	漫反射通道=贴图	家具装饰
			反射	反射颜色=红:38，绿:38，蓝:38、反射光泽度=0.75 细分=15	
			折射		
			其他		

九、壁纸材质

材质名称	示例图	贴图	参数设置		用途
壁纸材质			漫反射	通道=贴图	墙面装饰
			反射		
			折射		
			其他		

十、塑料材质

材质名称	示例图	贴图	参数设置		用途
普通塑料材质			漫反射	漫反射颜色=自定义	陈设品装饰
			反射	反射通道=衰减贴图、前=红:22，绿:22，蓝:22、侧=红:200，绿:200，蓝:200、衰减类型=Fresnel、高光光泽度=0.8、反射光泽度=0.7、细分=15	
			折射		
			其他		
半透明塑料材质			漫反射	漫反射颜色=自定义	陈设品装饰
			反射	反射颜色=红:51，绿:51，蓝:51、高光光泽度=0.4、反射光泽度=0.6、细分=10	
			折射	折射颜色=红:221，绿:221，蓝:221、光泽度=0.9、细分=10、影响阴影=勾选、烟雾颜色=漫反射颜色、烟雾倍增=0.05	
			其他		
塑钢材质			漫反射	漫反射颜色=黑色	家具装饰
			反射	反射颜色=红:233，绿:233，蓝:233、反射光泽度=0.9、细分=20、菲涅耳反射=勾选	
			折射		
			其他		

十一、液体材质

材质名称	示例图	贴图	参数设置		用途
清水材质			漫反射	漫反射颜色=红:123，绿:123，蓝:123	室内装饰
			反射	反射颜色=白色、菲涅耳反射=勾选、细分=15	
			折射	折射颜色=红:241，绿:241，蓝:241、细分=20、折射率=1.333、影响阴影=勾选	
			其他	凹凸通道=噪波贴图、噪波大小=3（该参数要根据实际情况而定）	
游泳池水材质			漫反射	漫反射颜色=红:15，绿:162，蓝:169	公用设施装饰
			反射	反射颜色=红:132，绿:132，蓝:132、反射光泽度=0.97、菲涅耳反射=勾选	
			折射	折射颜色=红:241，绿:241，蓝:241、折射率=1.333、影响阴影=勾选、烟雾颜色=漫反射颜色、烟雾倍增=0.01	
			其他	凹凸通道=噪波贴图、噪波大小=3（该参数要根据实际情况而定）	
红酒材质			漫反射	漫反射颜色=红:146，绿:17，蓝:60	陈设品装饰
			反射	反射颜色=红:57，绿:57，蓝:57、细分=20、菲涅耳反射=勾选	
			折射	折射颜色=红:222，绿:157，蓝:191、细分=30、折射率=1.333、影响阴影=勾选、烟雾颜色=红:169，绿:67，蓝:74	
			其他		

十二、自发光材质

材质名称	示例图	贴图	参数设置		用途
灯管材质（注意，材质类型为VRay灯光材质）			颜色	颜色=白色、强度=25（该参数要根据实际情况而定）	电器装饰
电脑屏幕材质（注意，材质类型为VRay灯光材质）			颜色	颜色=白色、强度=25（该参数要根据实际情况而定）、通道=贴图	电器装饰
灯带材质（注意，材质类型为VRay灯光材质）			颜色	颜色=自定义、强度=25（该参数要根据实际情况而定）	陈设品装饰
环境材质（注意，材质类型为VRay灯光材质）			颜色	颜色=白色、强度=25（该参数要根据实际情况而定）、通道=贴图	室外环境装饰

十三、其他材质

材质名称	示例图	贴图	参数设置		用途
叶片材质（注意，材质类型为标准材质）			漫反射	漫反射通道=叶片贴图	室内/外装饰
			不透明度	不透明度通道=黑白遮罩贴图	
			反射高光	高光级别=40 光泽度=50	
			其他		
水果材质			漫反射	漫反射通道=草莓贴图	室内/外装饰
			反射	反射通道=衰减贴图、侧通道=草莓衰减贴图、衰减类型=Fresnel、反射光泽度=0.74、细分=12	
			折射	折射颜色=红:12，绿:12，蓝:12、光泽度=0.8、影响阴影=勾选、烟雾颜色=红:251，绿:59，蓝:33、烟雾倍增=0.001	
			其他	半透明类型=硬（蜡）模型、背面颜色=红:251，绿:48，蓝:21、凹凸通道=发现凹凸贴图、法线通道=草莓法线贴图	
草地材质			漫反射	漫反射通道=草地贴图	室外装饰
			反射	反射颜色=红:28，绿:43，蓝:25 反射光泽度=0.85	
			折射		
			其他	跟踪反射=关闭、草地模型=加载VRay置换模式修改器、类型=2D贴图（景观）、纹理贴图=草地贴图、数量=150mm（该参数要根据实际情况而定）	

材质名称	示例图	贴图	参数设置		用途
镂空藤条材质（注意，材质类型为标准材质）			漫反射	漫反射通道=藤条贴图	家具装饰
			不透明度	不透明度通道=黑白遮罩贴图	
			反射高光	高光级别=60	
			其他		
沙盘楼体材质			漫反射	漫反射颜色=红:237，绿:237，蓝:237	陈设品装饰
			反射		
			折射		
			其他	不透明度通道=VRay边纹理贴图、颜色=白色、像素=0.3	
书本材质			漫反射	漫反射通道=贴图	陈设品装饰
			反射	反射颜色=红:80，绿:80，蓝:80、细分=20 菲涅耳反射=勾选	
			折射		
			其他		
画材质			漫反射	漫反射通道=贴图	陈设品装饰
			反射		
			折射		
			其他		
毛发地毯材质（注意，该材质用VRay毛皮工具进行制作）			根据实际情况，对VRay毛皮的参数进行设定，如长度、厚度、重力、弯曲、结数、方向变量和长度变化。另外，毛发颜色可以直接在“修改”面板中进行选择		地面装饰